EL GRAN LIBRO DEL **CUERPO HUMANO**

LA GUÍA VISUAL DEFINITIVA

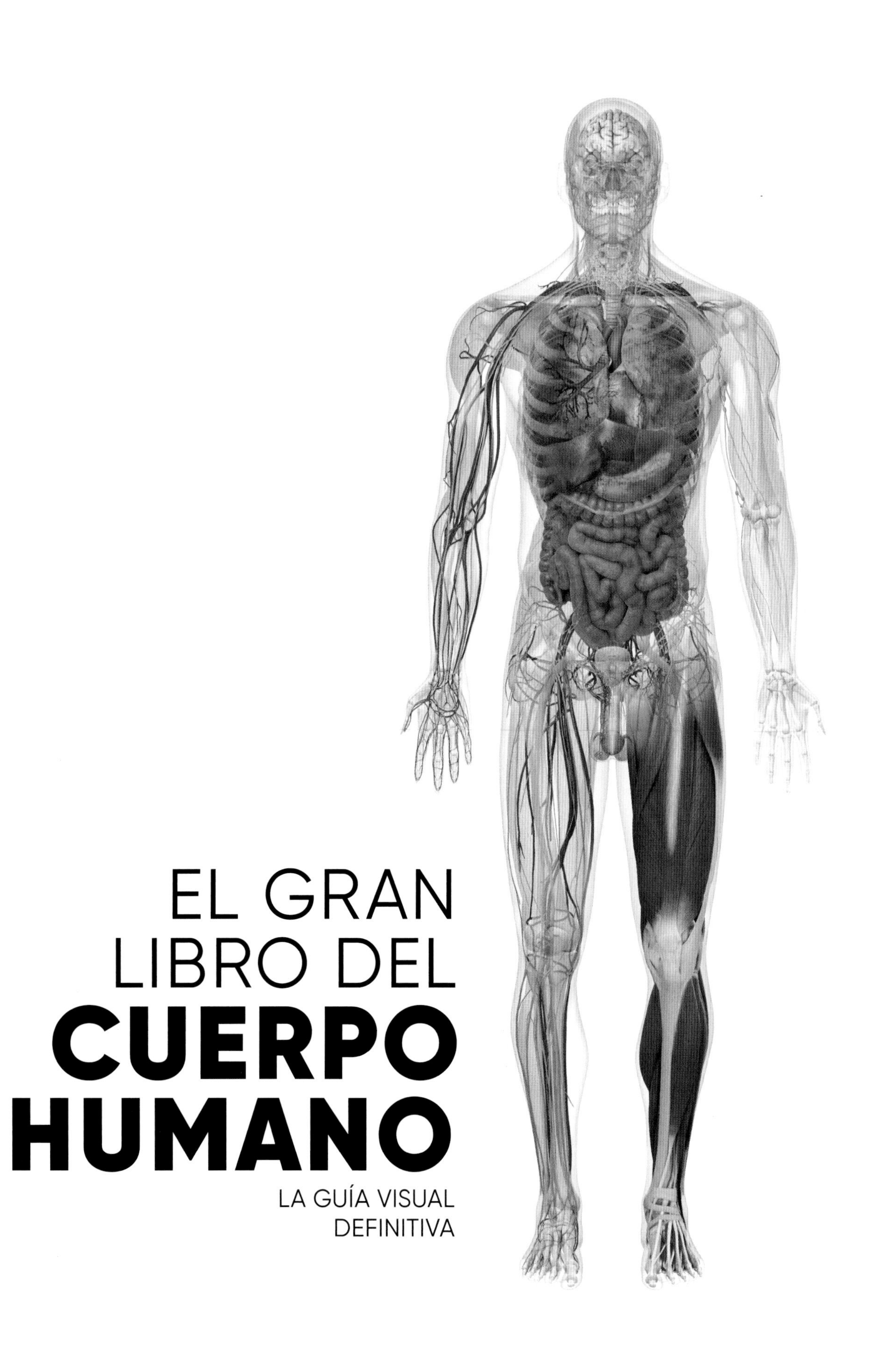

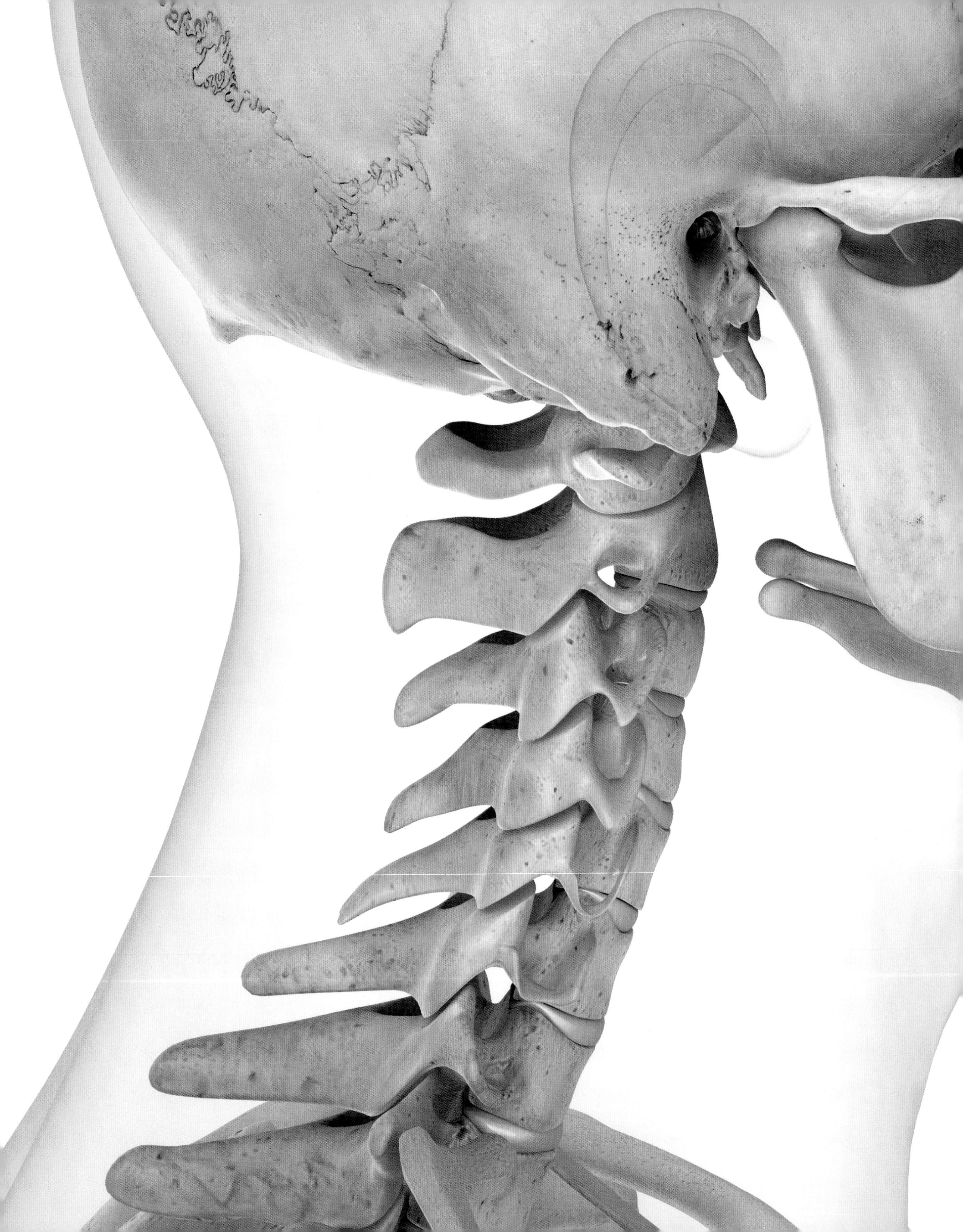

DK

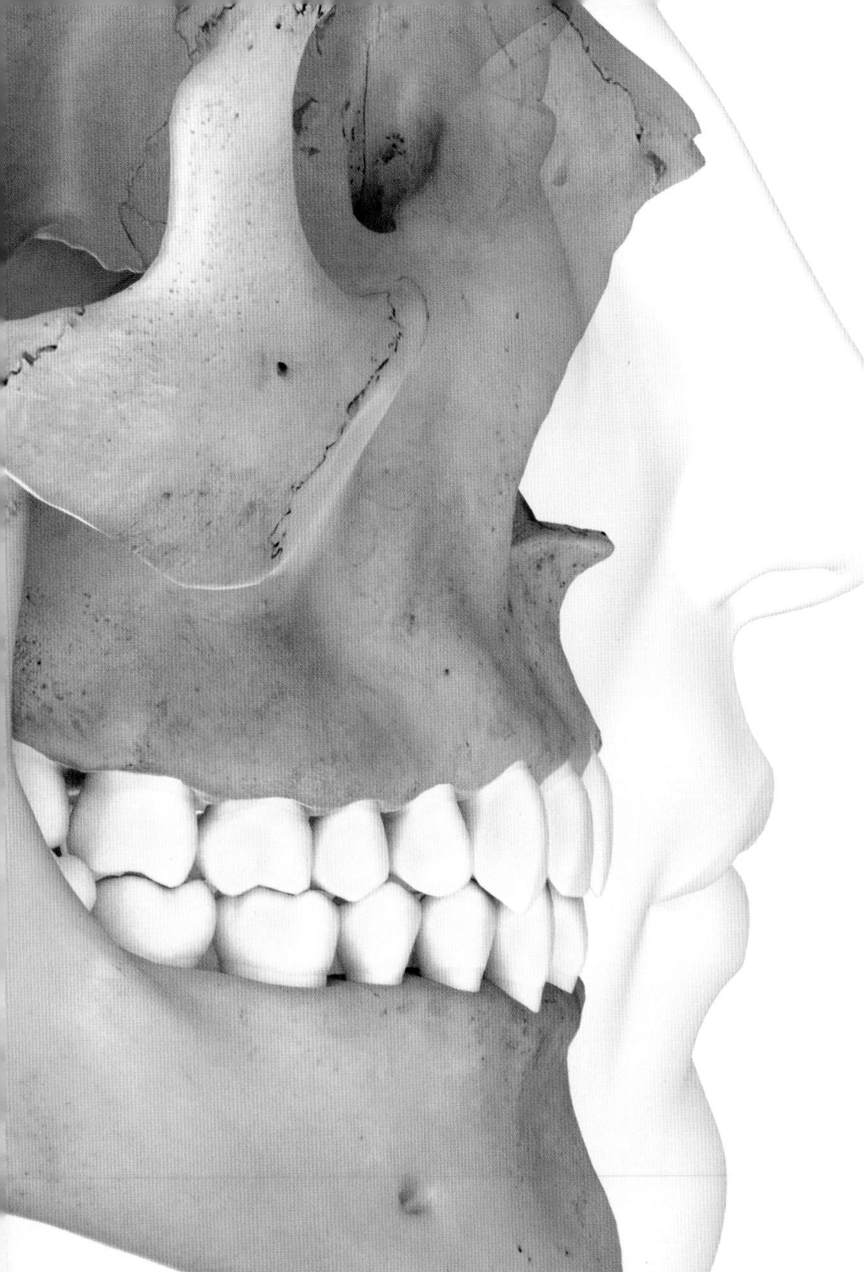

DOCTORA ALICE ROBERTS

EL GRAN LIBRO DEL CUERPO HUMANO

LA GUÍA VISUAL DEFINITIVA

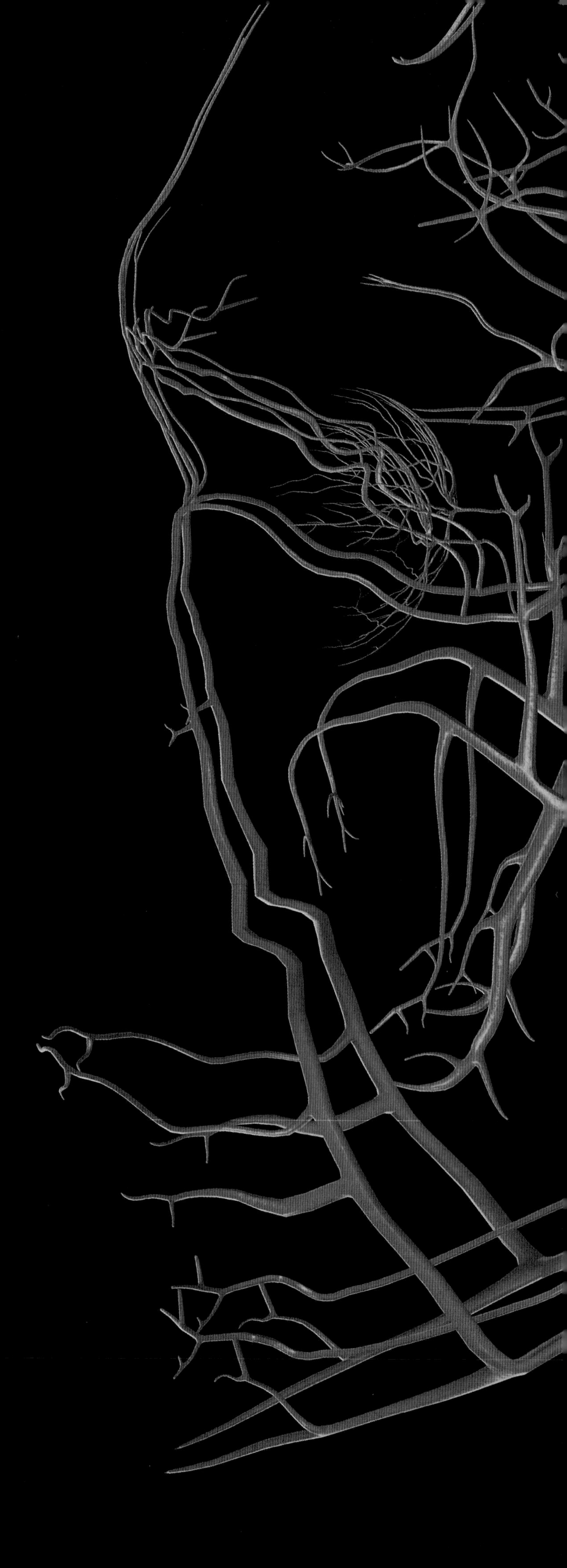

Edición de arte sénior
Ina Stradins y Mahua Mandal
Edición de arte
Alison Gardner, Yen Mai Tsang y Francis Wong
Diseño
Sonia Barbate, Clare Joyce, Helen McTeer, Simon Murrell y Steve Knowlden
Asistentes de diseño
Riccie Janus, Alex Lloyd, Fiona Macdonald y Rebecca Tennant
Producción editorial
Robert Dunn
Diseño de maqueta
Bimlesh Tiwary y Rakesh Kumar
Diseño de cubierta
Stephanie Cheng Hui Tan
Coordinación de cubiertas
Priyanka Sharma Saddi
Dirección de desarrollo de cubiertas
Sophia M.T.T.
Dirección de edición de arte
Michelle Baxter, Michael Duffy y Sudakshina Basu
Dirección de producción
Balwant Singh
Coordinación de diseño (Delhi)
Malavika Talukder
Dirección de diseño
Philip Ormerod

Edición sénior
Angeles Gavira, Janet Mohun, Wendy Horobin y Rob Houston
Edición de proyecto
Joanna Edwards, Nicola Hodgson, Ruth O'Rourke-Jones, Nikki Sims, David Summers y Hina Jain
Edición
Martha Evatt, Salima Hirani, Steve Setford y Hannah Westlake
Asistente editorial
Elizabeth Munsey
Índice
Hilary Bird
Control de producción
Meskerem Berhane
Iconografía
Liz Moore
Dirección editorial
Angeles Gavira y Soma B. Chowdhury
Coordinación editorial (Delhi)
Glenda Fernandes
Coordinación de publicaciones
Liz Wheeler
Dirección de publicaciones
Jonathan Metcalf

Ilustración
Medi-Mation (dirección creativa: Rajeev Doshi)

Antbits Ltd (Richard Tibbitts)
Dotnamestudios (Andrew Kerr)
Deborah Maizels

Edición Dra. Alice Roberts

Autores

EL CUERPO INTEGRADO
Linda Geddes

ANATOMÍA
Dra. Alice Roberts

CÓMO FUNCIONA EL CUERPO
PIEL, PELO Y UÑAS: Richard Walker
SISTEMA MUSCULOESQUELÉTICO: Richard Walker
SISTEMA NERVIOSO: Steve Parker
SISTEMA RESPIRATORIO: Dra. Justine Davies
SISTEMA CARDIOVASCULAR: Dra. Justine Davies
SISTEMA LINFÁTICO E INMUNITARIO: Daniel Price
SISTEMA DIGESTIVO: Richard Walker
SISTEMA URINARIO: Dra. Sheena Meredith
SISTEMA REPRODUCTOR: Dra. Gillian Jenkins
SISTEMA ENDOCRINO: Dra. Mimi Chen, Andrea Bagg

EL CICLO VITAL
Autores: Dra. Gillian Jenkins, Dra. Sheena Meredith
Asesores: Prof. Mark Hanson, Dra. Kristina Routh

ENFERMEDADES Y TRASTORNOS
Autores: Dr. Fintan Coyle (alergias, sangre, digestivo, pelo y uñas, respiratorio, piel)
Dra. Gillian Jenkins (cardiovascular, endocrino, infertilidad, reproductor, ETS, urinario)
Dra. Mary Selby (cáncer, ojo y oído, enfermedades infecciosas, trastornos hereditarios, sistema nervioso, trastornos mentales, musculoesquelético)
Asesores: Dr. Rob Hicks, Dra. Kristina Routh

Asesores

EL CUERPO INTEGRADO
Prof. Mark Hanson, Universidad de Southampton

ANATOMÍA
Prof. Harold Ellis, King's College, Londres
Prof. Susan Standring, King's College, Londres

CÓMO FUNCIONA EL CUERPO
PIEL, PELO Y UÑAS:
Prof. David Gawkrodger, Royal Hallamshire Hospital, Sheffield
SISTEMA MUSCULOESQUELÉTICO:
Dr. Christopher Smith, King's College, Londres
Dr. James Barnes, Bristol Royal Hospital for Children
SISTEMA NERVIOSO:
Dr. Adrian Pini, King's College, Londres
SISTEMA RESPIRATORIO:
Dr. Cedric Demaine, King's College, Londres
SISTEMA CARDIOVASCULAR:
Dr. Cedric Demaine, King's College, Londres
SISTEMA LINFÁTICO E INMUNITARIO:
Dra. Lindsay Nicholson, Universidad de Bristol
SISTEMA DIGESTIVO:
Dr. Richard Naftalin, King's College, Londres
SISTEMA URINARIO:
Dr. Richard Naftalin, King's College, Londres
SISTEMA REPRODUCTOR:
Dr. Cedric Demaine, King's College, Londres
SISTEMA ENDOCRINO:
Prof. Gareth Williams, Universidad de Bristol
Dra. Mimi Chen, Royal United Hospitals NHS Foundation Trust, Bristol

Investigadores: Christoper Rao, Kathie Wong, Imperial College, Londres

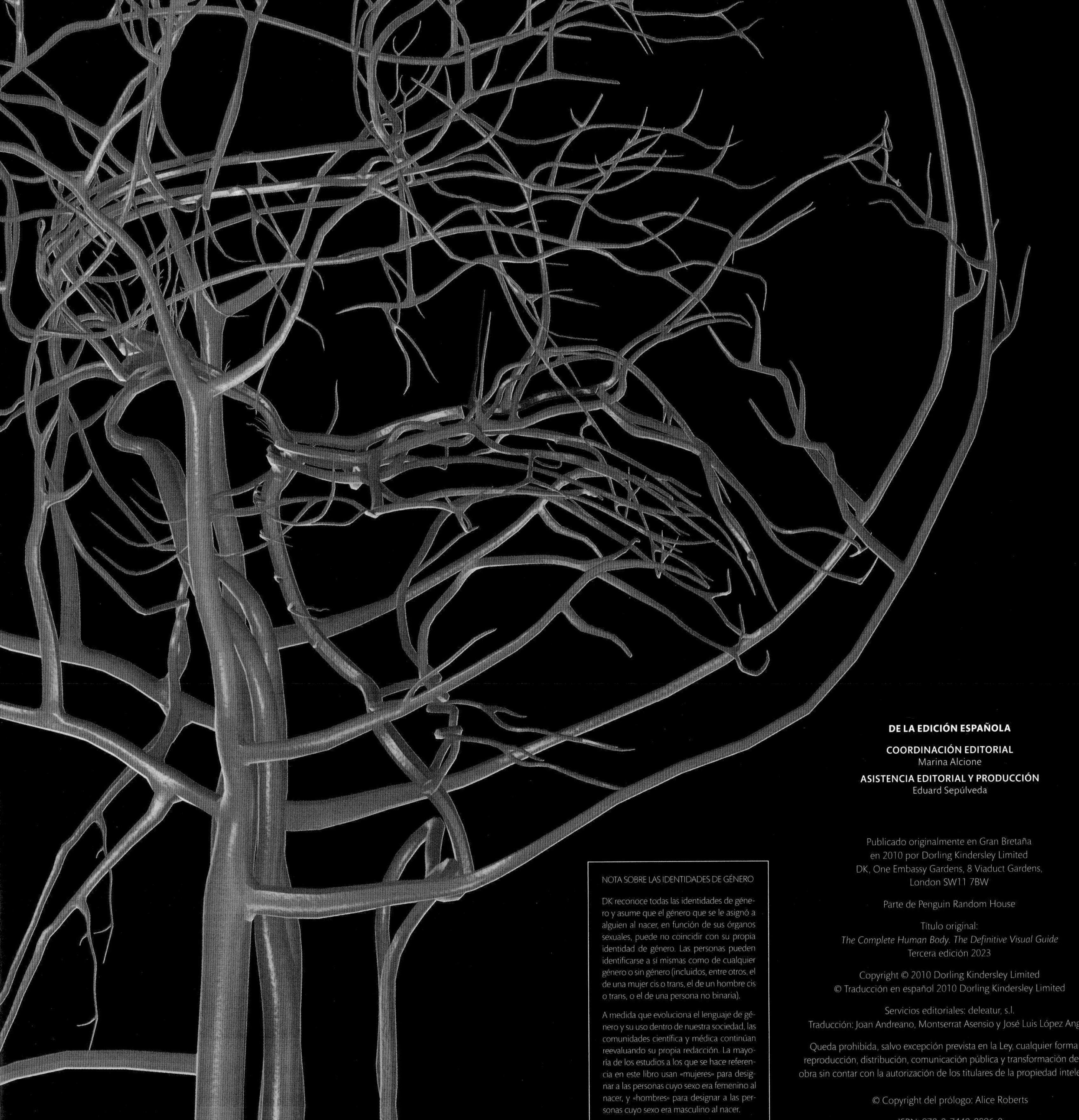

DE LA EDICIÓN ESPAÑOLA

COORDINACIÓN EDITORIAL
Marina Alcione

ASISTENCIA EDITORIAL Y PRODUCCIÓN
Eduard Sepúlveda

NOTA SOBRE LAS IDENTIDADES DE GÉNERO

DK reconoce todas las identidades de género y asume que el género que se le asignó a alguien al nacer, en función de sus órganos sexuales, puede no coincidir con su propia identidad de género. Las personas pueden identificarse a sí mismas como de cualquier género o sin género (incluidos, entre otros, el de una mujer cis o trans, el de un hombre cis o trans, o el de una persona no binaria).

A medida que evoluciona el lenguaje de género y su uso dentro de nuestra sociedad, las comunidades científica y médica continúan reevaluando su propia redacción. La mayoría de los estudios a los que se hace referencia en este libro usan «mujeres» para designar a las personas cuyo sexo era femenino al nacer, y «hombres» para designar a las personas cuyo sexo era masculino al nacer.

Publicado originalmente en Gran Bretaña
en 2010 por Dorling Kindersley Limited
DK, One Embassy Gardens, 8 Viaduct Gardens,
London SW11 7BW

Parte de Penguin Random House

Título original:
The Complete Human Body. The Definitive Visual Guide
Tercera edición 2023

Servicios editoriales: deleatur, s.l.
Traducción: Joan Andreano, Montserrat Asensio y José Luis López Ang

CONTENIDO

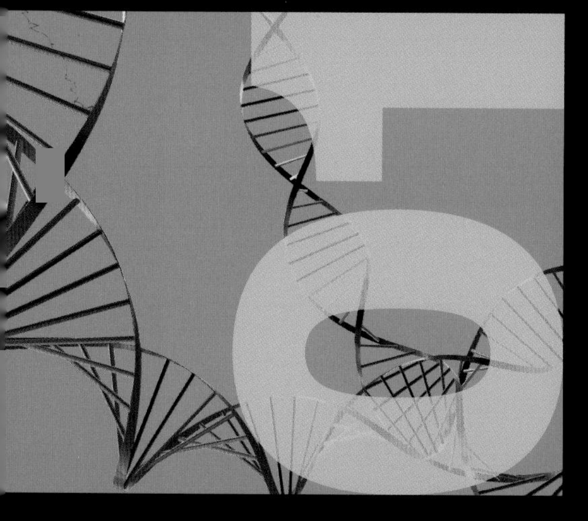

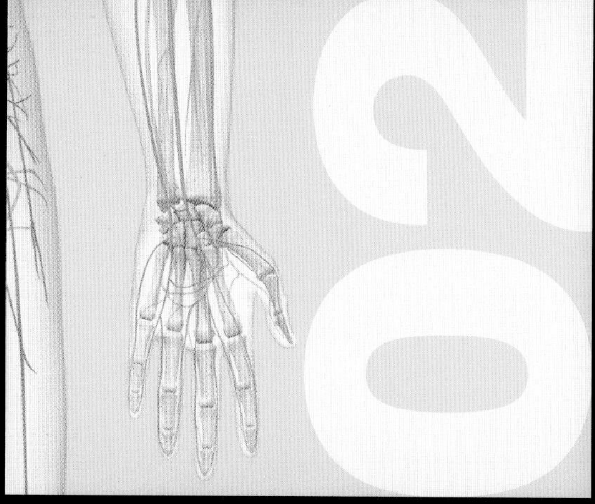

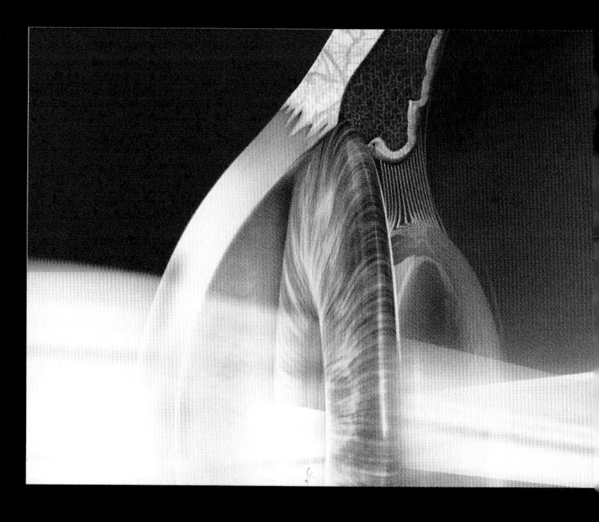

010 EL CUERPO INTEGRADO

028 ANATOMÍA

296 CÓMO FUNCIONA EL CUERPO

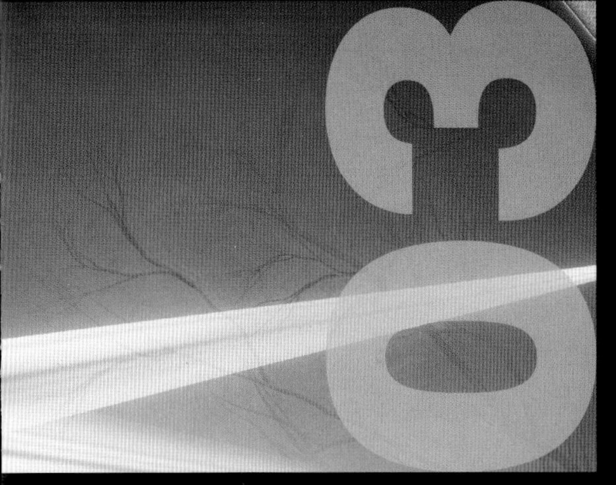

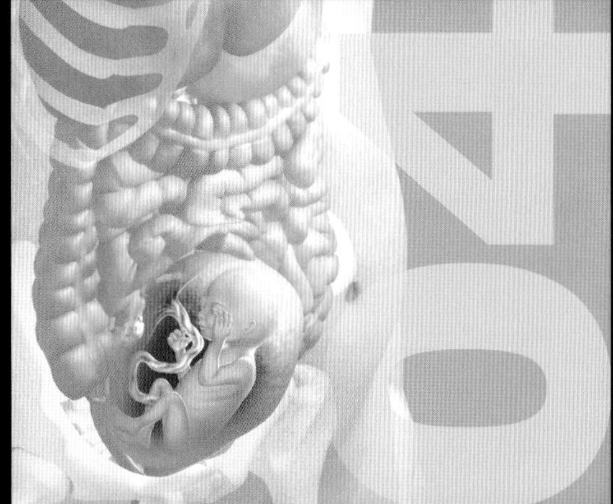

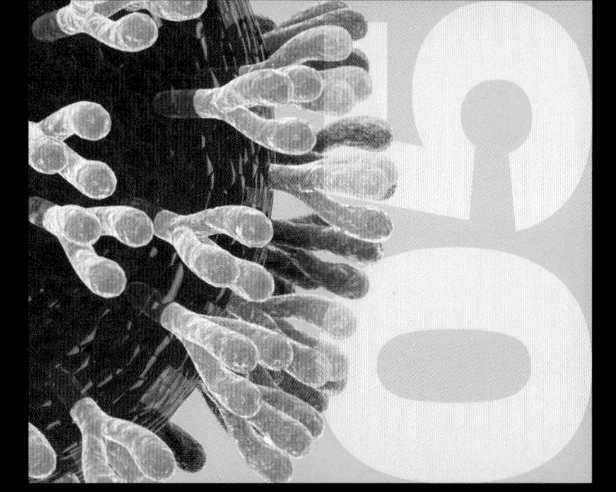

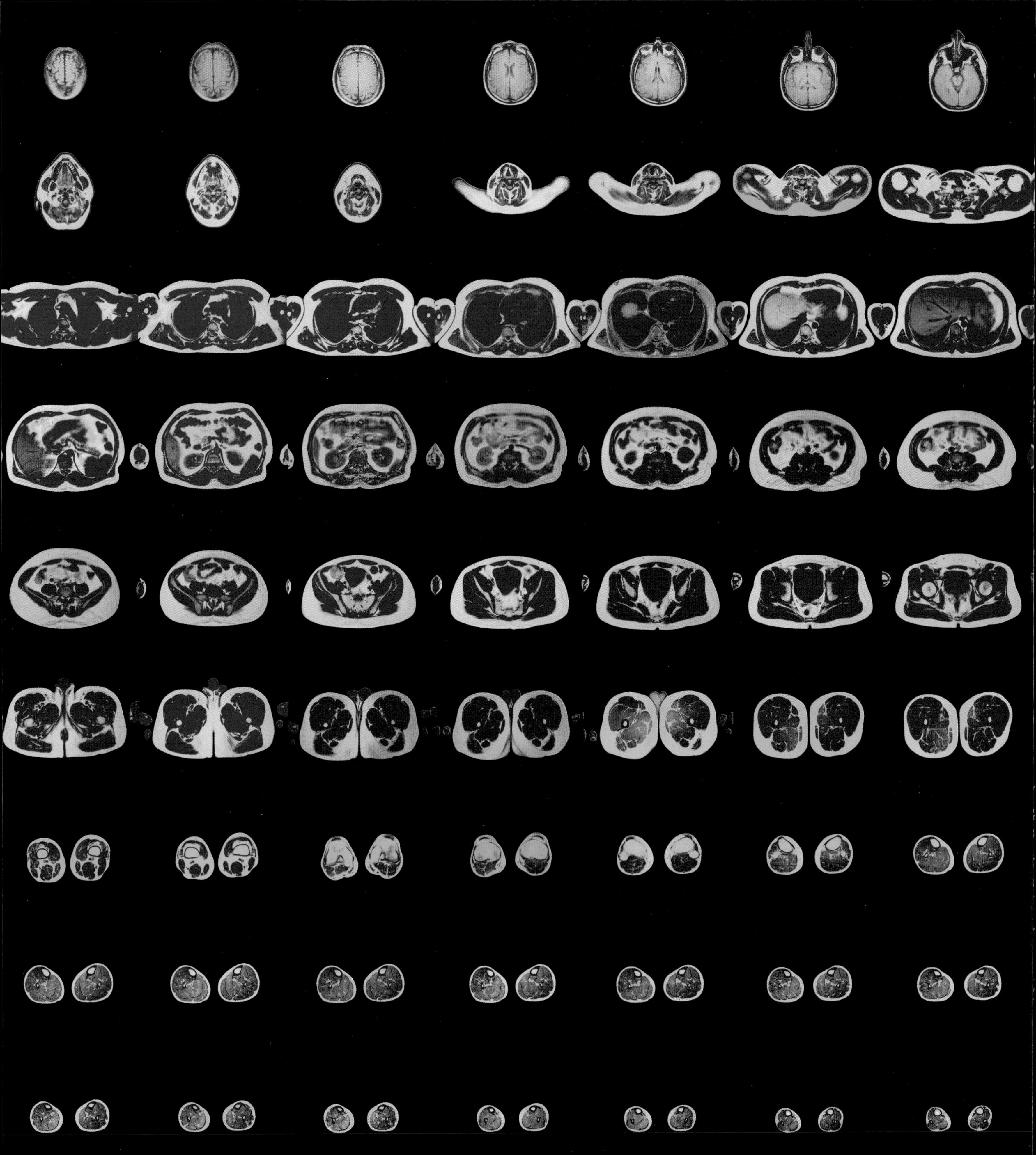

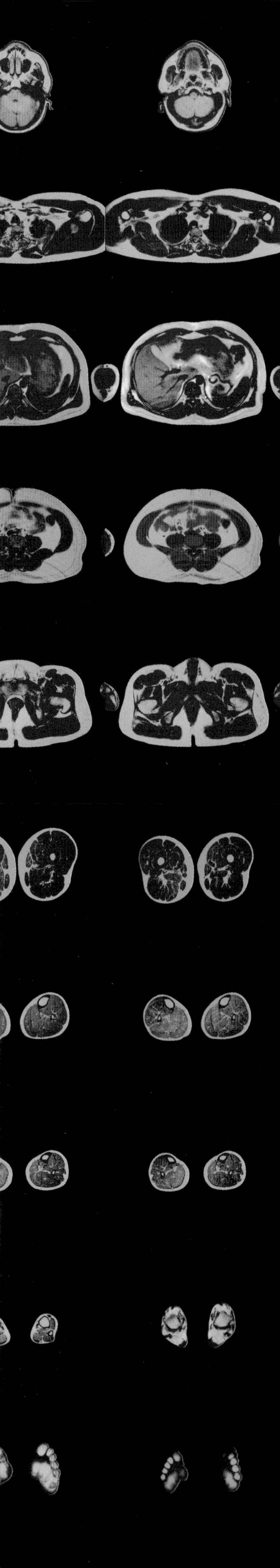

PRÓLOGO

El estudio del cuerpo humano tiene una historia sumamente larga. El documento médico más antiguo conocido es el papiro Edwin Smith, datado hacia 1600 a.C. Se trata de una especie de manual quirúrgico que relaciona diversas afecciones y las formas de tratarlas. Aun cuando algunos de sus tratamientos no serían recomendados hoy, el papiro nos muestra que los antiguos egipcios poseían ciertos conocimientos sobre la estructura interna del organismo: conocían el cerebro, el corazón, el hígado y los riñones, pero no comprendían cómo funcionaban estos órganos.

Históricamente, el estudio del cuerpo humano ha implicado la disección; el significado literal de la palabra anatomía es «cortar en pedazos». Al fin y al cabo, si intentamos descubrir cómo funciona una máquina, no nos será de mucha utilidad limitarnos a mirar su exterior e intentar imaginar cómo será la maquinaria interna. Todavía recuerdo una práctica de física en la escuela en que se nos encargó averiguar el funcionamiento de una tostadora. Lo comprendimos desmontándola; aunque debo reconocer que fracasamos al tratar de montarla de nuevo (lo que pudo ser una buena razón para que yo acabara siendo anatomista, y no cirujana). La mayoría de las facultades de medicina tienen aún salas de disección donde los estudiantes pueden aprender sobre la estructura del cuerpo humano de forma práctica. Esta posibilidad de aprendizaje es un privilegio, y depende completamente de la generosidad de las personas que donan sus cuerpos. Pero, además de la disección, en la actualidad disponemos de otras técnicas para explorar el cuerpo humano: cortándolo virtualmente mediante rayos X, resonancia magnética (RM) y tomografía computerizada (TC); o estudiando toda su arquitectura con el microscopio electrónico.

La primera sección de este libro es un atlas de anatomía humana. El cuerpo es como un puzzle de gran complejidad, con los órganos empaquetados muy juntos y acomodados en cavidades, con nervios y vasos sanguíneos entrelazados que se ramifican en el interior de los órganos o penetran en los músculos. Puede resultar difícil apreciar la organización de todos estos elementos, pero los ilustradores han conseguido presentar la anatomía de una manera que no es posible en la sala de disección: mostrando de forma sucesiva los huesos, músculos, vasos, nervios y órganos.

Por supuesto, el objeto de estudio no es una escultura inanimada, sino una máquina activa. Su funcionamiento es el tema central de la segunda parte de este libro, donde nos centramos en la fisiología. Muchos de nosotros empezamos a pensar en cómo está construido y cómo funciona el cuerpo solamente cuando algo falla en él. Así, la última sección contempla algunos de los problemas que dificultan el funcionamiento correcto de nuestros cuerpos.

Este libro, que podría considerarse una especie de manual de usuario, debería ser interesante, independientemente de la edad, para todos aquellos que habitamos un cuerpo humano.

DRA. ALICE ROBERTS

El cuerpo, pieza por pieza
Serie de imágenes obtenidas por resonancia magnética (RM) que muestran secciones horizontales del cuerpo, empezando por la cabeza y descendiendo a través del tórax y las extremidades superiores hasta las inferiores y los pies.

el cuerpo integrado

El cuerpo humano se compone de billones de células; cada célula es una unidad compleja que realiza intrincadas operaciones. Las células son los elementos fundamentales de los tejidos, los órganos y, en último término, de los sistemas orgánicos integrados que interactúan permitiéndonos funcionar y sobrevivir.

010
EL CUERPO INTEGRADO

LA EVOLUCIÓN HUMANA

¿Quiénes somos? ¿De dónde venimos? Podemos intentar averiguarlo estudiando la evolución humana. La evolución provee un contexto para comprender la estructura y el funcionamiento de nuestro cuerpo, e incluso cómo nos comportamos y pensamos.

LOS ORÍGENES

Al situar nuestra especie dentro del reino animal, queda claro que somos primates: mamíferos con cerebros grandes si nos comparamos con otros, buena agudeza visual y, por lo general, pulgares oponibles. Los primates divergieron, o se ramificaron, del resto de los grupos de mamíferos en el árbol evolutivo hace al menos 65 millones de años (m.a.), quizá incluso hace 85 m.a. (abajo).

Dentro del grupo de los primates, compartimos con otras especies —los homínidos— varios rasgos anatómicos: cuerpo grande con un tórax aplanado en sentido transversal; omóplatos en el dorso del tórax, soportado por largas clavículas; brazos y manos diseñados para colgarse de las ramas; y ausencia de rabo.

Los primeros homínidos surgieron en África hace al menos 20 m.a., y durante los 15 m.a. siguientes diversas especies se extendieron por África, Asia y Europa. Hoy día el cuadro es muy distinto: los humanos constituyen una población abundante y de distribución global que contrasta con las muy pequeñas poblaciones de los otros homínidos, amenazadas por la pérdida de su hábitat y por la extinción.

Cráneo ligeramente mayor que en los monos

Rostro más plano que en los monos

Robusta mandíbula simiesca

Posible ancestro
Proconsul vivió en África hace 27-17 m.a. Pese a que tiene algunos rasgos primates más primitivos, pudo ser un homínido temprano e incluso un ancestro común de los actuales, incluidos los humanos.

UN PRIMATE POCO COMÚN

De los gálagos a los bonobos, de los lémures a los gibones y gorilas, los primates están unidos por una herencia ancestral común (abajo) y por una tendencia a vivir en los árboles. Los humanos son primates insólitos que han desarrollado una forma distinta de desplazarse: sobre dos piernas, en el suelo. Pero aún compartimos características con los otros miembros de la familia primate: cinco dedos en manos y pies; pulgares oponibles, que pueden tocar las puntas de los demás dedos (otros primates también tienen oponibles los dedos gordos de los pies); grandes ojos frontales que permiten una buena percepción de la profundidad; uñas en vez de garras en los dedos de pies y manos; apareamiento a lo largo de todo el año y periodos de gestación largos que solamente producen una o dos crías por embarazo; y, además, un comportamiento flexible con gran importancia del aprendizaje.

CIENCIA

DATAR LA DIVERGENCIA

En el pasado, el estudio de la relación evolutiva entre especies vivas se basaba en la comparación de su anatomía y su conducta. Recientemente, los científicos comenzaron a comparar las proteínas y el ADN de las especies, y utilizaron sus diferencias para trazar árboles genealógicos. Aceptando un ritmo uniforme de cambio, y ajustando el árbol mediante la datación de fósiles, es posible calcular las fechas de divergencia de cada rama o linaje.

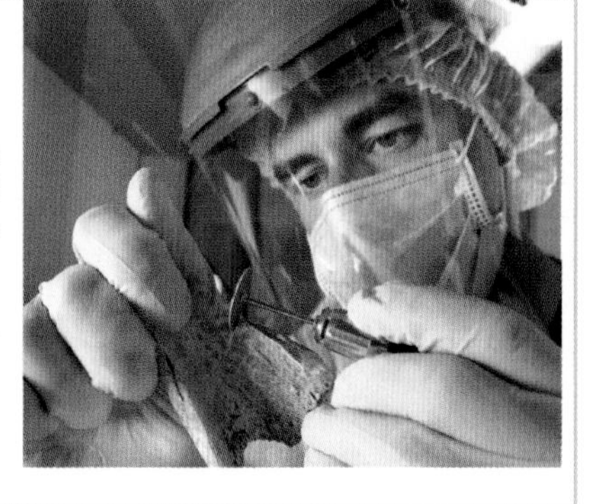

CLAVE
Simios
Monos del Viejo Mundo
Monos del Nuevo Mundo
Prosimios

MILLONES DE AÑOS
80
70
60
50
40
30
20
10
0

Humano
Chimpancé
Gorila
Orangután
Gibón
Babuino
Macaco
Vervet
Mono ardilla
Marmoseta
Mono tití
Lémur ratón
Lémur
Gálago

Árbol genealógico primate
El siguiente diagrama expone las relaciones evolutivas entre los primates actuales. Muestra que los seres humanos tenemos una relación más estrecha con los chimpancés, y que los homínidos están mucho más vinculados con los cercopitécidos (como los babuinos) que con los platirrinos (los monos ardilla, por ejemplo). Monos y homínidos presentan mayor cercanía entre sí que con los prosimios (como lémures y gálagos).

HOMÍNIDOS

Aunque pueda gustarnos pensar en nosotros mismos como en seres distintos de otros simios, nuestra anatomía y nuestra constitución genética nos ubican dentro de ese grupo. Tradicionalmente, los simios se han dividido en dos familias: simios menores (gibones y siamangs) y grandes simios (orangutanes, gorilas y chimpancés), y los humanos y sus ancestros se han ubicado en una familia separada: los homínidos. Pero los estudios han revelado una relación tan cercana entre los humanos y los simios africanos que es más lógico agrupar a gorilas, humanos y chimpancés como homínidos. Los humanos y sus ancestros hoy son conocidos como homininos. Más aún: los humanos están genéticamente más cerca de los chimpancés que ambos grupos con respecto a los gorilas. Por eso, al ser humano se le llama el «tercer chimpancé».

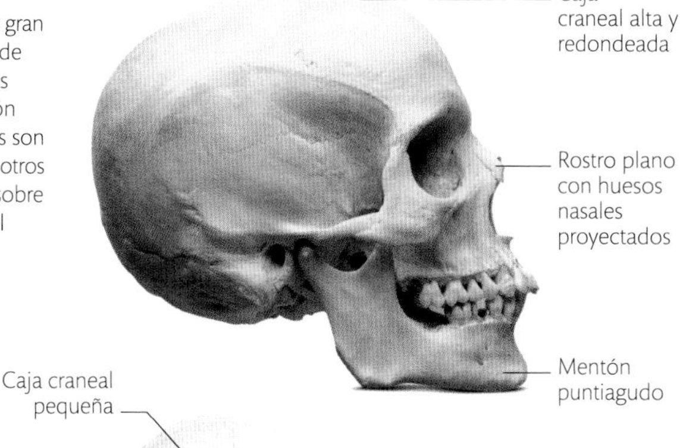
Caja craneal alta y redondeada
Rostro plano con huesos nasales proyectados
Mentón puntiagudo

Cráneo humano
El cráneo humano presenta una gran caja craneal, con un volumen de 1100-1700 cm³. Los dientes, las mandíbulas y las áreas de unión para los músculos masticadores son pequeños en comparación con otros simios. Los arcos superciliares, sobre la cavidad ocular, son leves; y el rostro es relativamente plano.

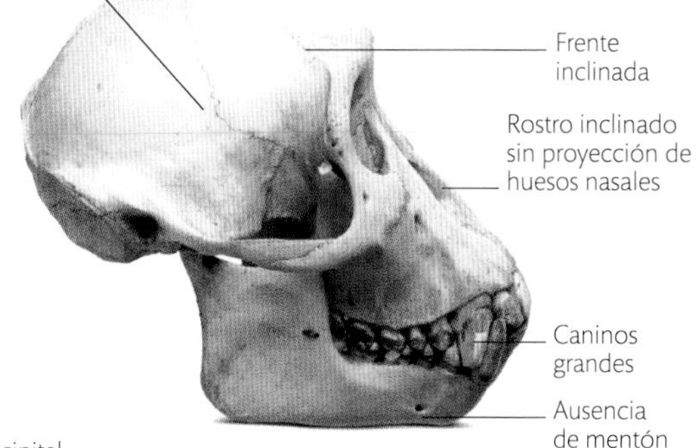
Caja craneal pequeña
Frente inclinada
Rostro inclinado sin proyección de huesos nasales
Caninos grandes
Ausencia de mentón

Cráneo de chimpancé
Los chimpancés tienen una caja craneal redondeada y relativamente pequeña que contiene un cerebro de 300-500 cm³. El rostro es relativamente grande, con arcos superciliares bastante prominentes y mandíbulas proyectadas al frente.

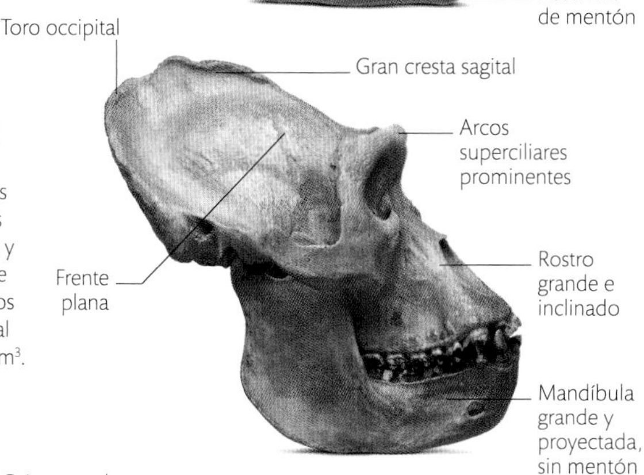
Toro occipital
Gran cresta sagital
Arcos superciliares prominentes
Frente plana
Rostro grande e inclinado
Mandíbula grande y proyectada, sin mentón

Cráneo de gorila
En lo alto del cráneo se alza el toro occipital, sobre el área de unión de los potentes músculos del cuello. El macho tiene unos prominentes arcos superciliares y una gran cresta sagital donde se acoplan los poderosos músculos de la mandíbula. La caja craneal tiene un volumen de 350-700 cm³.

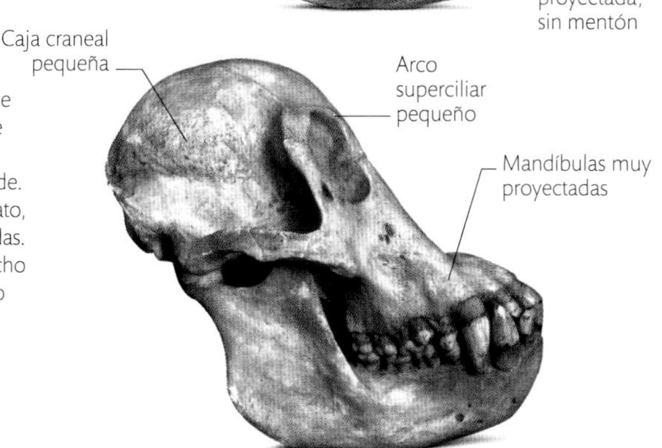
Caja craneal pequeña
Arco superciliar pequeño
Mandíbulas muy proyectadas

Cráneo de orangután
Al igual que el chimpancé, tiene una caja craneal relativamente pequeña, con un volumen de 300-500 cm³, y un rostro grande. El cráneo es sumamente prognato, con mandíbulas muy proyectadas. Los arcos superciliares son mucho más pequeños que en gorilas o chimpancés.

NUESTRO PARIENTE MÁS CERCANO

La ciencia ha demostrado que humanos y chimpancés compartimos un ancestro común hace 5-8 m.a. La comparación con nuestro pariente más cercano nos ofrece la oportunidad de identificar aquellos rasgos únicos que nos hacen humanos.

Los seres humanos hemos desarrollado dos características distintivas principales —la bipedación y un cerebro grande—, pero hay otras diferencias. La población humana es inmensa y de distribución global pero, de hecho, presenta menos diversidad genética que los chimpancés, probablemente porque nuestra especie es mucho más joven.

Reproductivamente somos muy similares, aunque las hembras humanas alcanzan la pubertad más tarde, y viven más tiempo tras la menopausia. Los humanos vivimos unos 80 años, mientras que los chimpancés alcanzan los 40-50 años en estado salvaje. Estos viven en grandes grupos jerarquizados, cuyas relaciones se refuerzan mediante el acicalamiento social; nuestra organización social es aún más compleja. Y aunque los chimpancés pueden aprender a utilizar un lenguaje de signos, solo los humanos somos capaces de comunicar pensamientos e ideas a través de sistemas lingüísticos complejos.

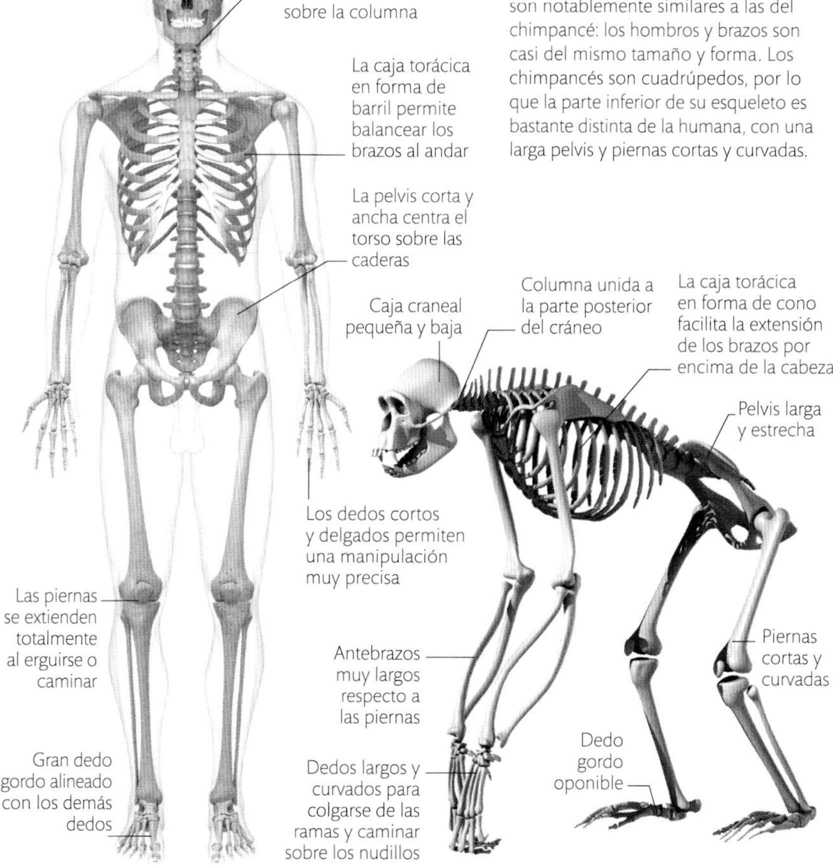
Caja craneal alta y redondeada
Cráneo situado directamente sobre la columna
La caja torácica en forma de barril permite balancear los brazos al andar
La pelvis corta y ancha centra el torso sobre las caderas
Los dedos cortos y delgados permiten una manipulación muy precisa
Las piernas se extienden totalmente al erguirse o caminar
Gran dedo gordo alineado con los demás dedos
Caja craneal pequeña y baja
Columna unida a la parte posterior del cráneo
La caja torácica en forma de cono facilita la extensión de los brazos por encima de la cabeza
Pelvis larga y estrecha
Antebrazos muy largos respecto a las piernas
Piernas cortas y curvadas
Dedos largos y curvados para colgarse de las ramas y caminar sobre los nudillos
Dedo gordo oponible

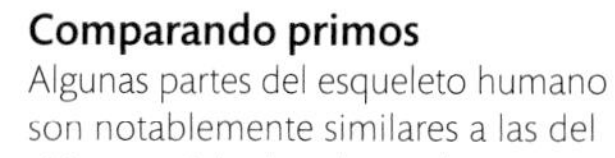

Comparando primos
Algunas partes del esqueleto humano son notablemente similares a las del chimpancé: los hombros y brazos son casi del mismo tamaño y forma. Los chimpancés son cuadrúpedos, por lo que la parte inferior de su esqueleto es bastante distinta de la humana, con una larga pelvis y piernas cortas y curvadas.

Crías dependientes
Los bebés humanos nacen en una etapa de desarrollo cerebral más temprana que los chimpancés: están más indefensos y, por tanto, son más dependientes. Con todo, la cabeza del bebé humano es relativamente grande al nacer, lo que implica un parto más largo y dificultoso.

ANCESTROS HUMANOS

Los humanos y sus ancestros son conocidos como homininos. Su registro fósil comienza en África, con numerosos hallazgos en el Valle del Rift. Las primeras especies caminaban erguidas, pero el desarrollo cerebral, las piernas particularmente largas y la creación de herramientas llegaron más tarde, con la aparición de nuestro género, *Homo*.

EL REGISTRO FÓSIL

Los hallazgos de las últimas décadas han adelantado las fechas de aparición de los primeros homininos. Ahora sabemos que *Homo sapiens* surgió en África. Quizás la mayor revelación de los estudios genéticos ha sido que muchas especies (incluida la nuestra) se cruzaron entre sí a lo largo del tiempo.

En África oriental y central se han hallado fósiles de algunos homininos tempranos, datados en más de 5 Ma. El más antiguo es *Sahelanthropus tchadensis*, el cual, dada la posición del foramen magnum (el gran orificio del que parte la médula espinal), parece haber caminado erguido. Los huesos fosilizados de piernas de *Ardipithecus ramidus* sugieren que trepaba a los árboles además de ser capaz de andar sobre las dos piernas. Hace 4,5 Ma apareció una variedad de especies conocidas como australopitecinos. Estos estaban bien adaptados a la bipedación, pero aún no tenían las largas piernas y el gran cerebro del género *Homo*. Hasta hace muy poco tiempo se pensaba que el primer hominino en salir de África fue *H. erectus*, cuyos fósiles se han hallado hasta en China. Pero el descubrimiento de pequeños homininos en Indonesia sugiere que es muy posible que se produjera una expansión anterior fuera de África.

Hoy somos la única especie hominina, lo cual es excepcional, pues durante la mayor parte de la historia humana han coincidido varias especies homininas.

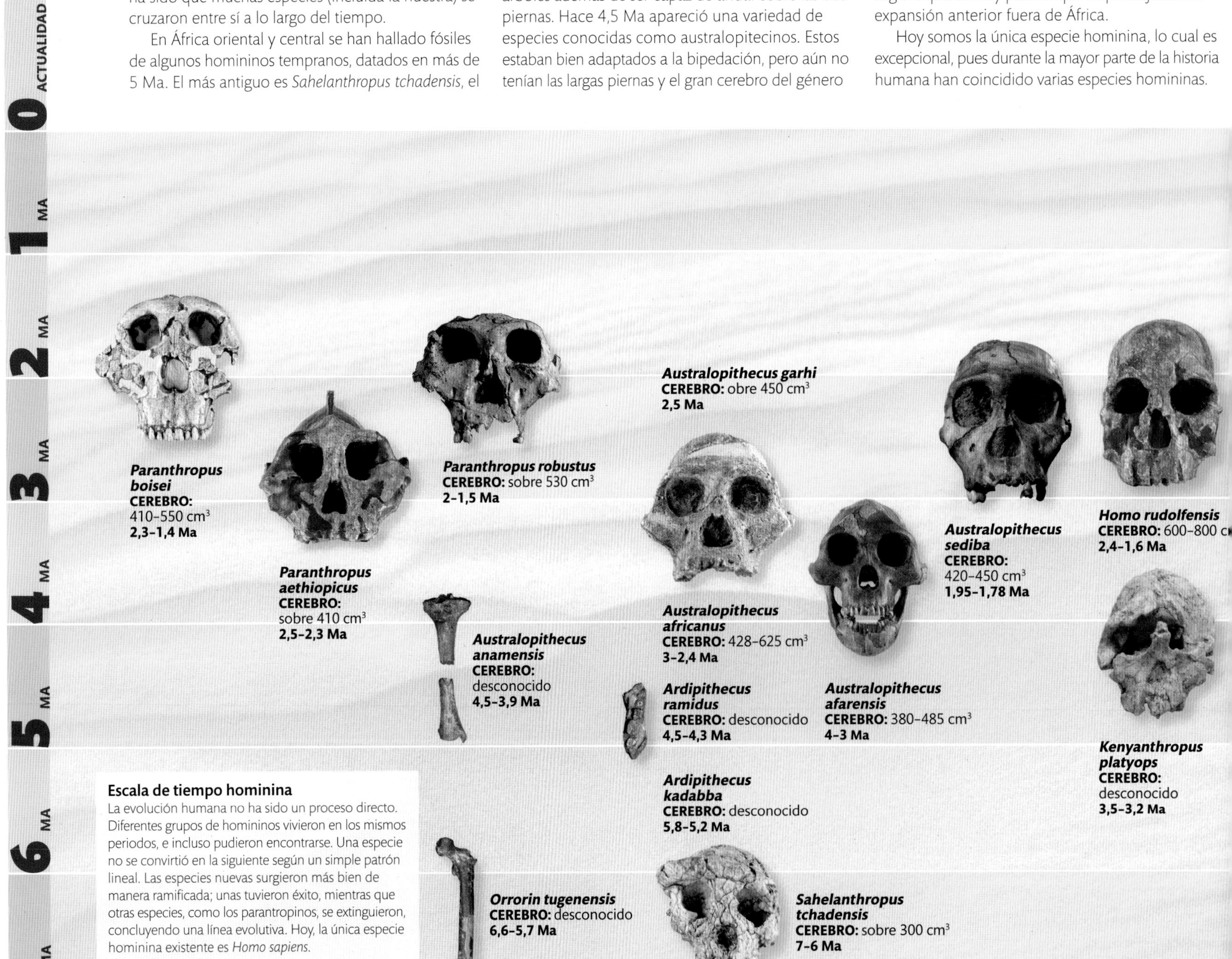
0 ACTUALIDAD
1 MA
2 MA
3 MA
4 MA
5 MA
6 MA
7 MA
Paranthropus boisei **CEREBRO:** 410–550 cm³ **2,3–1,4 Ma**
Paranthropus aethiopicus **CEREBRO:** sobre 410 cm³ **2,5–2,3 Ma**
Paranthropus robustus **CEREBRO:** sobre 530 cm³ **2–1,5 Ma**
Australopithecus garhi **CEREBRO:** obre 450 cm³ **2,5 Ma**
Australopithecus africanus **CEREBRO:** 428–625 cm³ **3–2,4 Ma**
Australopithecus sediba **CEREBRO:** 420–450 cm³ **1,95–1,78 Ma**
Homo rudolfensis **CEREBRO:** 600–800 c **2,4–1,6 Ma**
Australopithecus anamensis **CEREBRO:** desconocido **4,5–3,9 Ma**
Ardipithecus ramidus **CEREBRO:** desconocido **4,5–4,3 Ma**
Australopithecus afarensis **CEREBRO:** 380–485 cm³ **4–3 Ma**
Kenyanthropus platyops **CEREBRO:** desconocido **3,5–3,2 Ma**
Ardipithecus kadabba **CEREBRO:** desconocido **5,8–5,2 Ma**
Orrorin tugenensis **CEREBRO:** desconocido **6,6–5,7 Ma**
Sahelanthropus tchadensis **CEREBRO:** sobre 300 cm³ **7–6 Ma**

Escala de tiempo hominina

La evolución humana no ha sido un proceso directo. Diferentes grupos de homininos vivieron en los mismos periodos, e incluso pudieron encontrarse. Una especie no se convirtió en la siguiente según un simple patrón lineal. Las especies nuevas surgieron más bien de manera ramificada; unas tuvieron éxito, mientras que otras especies, como los parantropinos, se extinguieron, concluyendo una línea evolutiva. Hoy, la única especie hominina existente es *Homo sapiens*.

HUMANOS MODERNOS

Los estudios anatómicos y genéticos muestran que los neandertales y los humanos modernos son especies hermanas. Ambos evolucionaron a partir de una población ancestral común, divergiendo entre sí hace unos 650 000 años. Hace unos 400 000 años, ya en Europa, esta especie ancestral pudo evolucionar en los neandertales *(H. neanderthalensis)*, y hace unos 300 000 años aparecieron los primeros humanos anatómicamente modernos *(H. sapiens)* en África.

Conducta moderna
Este pedazo de ocre hallado en Pinnacle Point (Sudáfrica) sugiere que los humanos ya usaban pigmentos hace más de 160 000 años.

En Marruecos y en Etiopía se han hallado fósiles de los primeros humanos modernos, por lo que se cree que nuestra especie se originó en África.

Aunque resulta difícil trazar una línea entre los últimos fósiles de *H. heidelbergensis* y los primeros de *H. sapiens*, muchos consideran que el cráneo redondeado de Omo II, encontrado en el sur de Etiopía por el paleoantropólogo keniano Richard Leakey y su equipo, y datado en unos 195 000 años, es el fósil más antiguo de un humano moderno (abajo).

Las evidencias fósiles, arqueológicas y climáticas sugieren que la mayor expansión de humanos modernos salieron de África tuvo lugar hace entre 50 000 y 80 000 años, y a partir de ese momento se dispersaron a lo largo del litoral del océano Índico hasta Australia, y hacia el norte, hasta Europa y el noreste de Asia, y un poco más tarde hasta América.

PARIENTES EXTINTOS

Los neandertales habitaron en Europa durante cientos de miles de años antes de la entrada en escena de los humanos modernos, hace unos 40 000 años. Eran similares a nosotros en muchas aspectos, incluidos la tecnología, el arte y las joyas que crearon. Durante décadas se ha discutido si los neandertales y los humanos modernos entraron en contacto. Los neandertales parecen haber desaparecido cuando los humanos modernos llegaron a Europa. Sin embargo, el análisis del ADN de los fósiles revela que los humanos modernos y los neandertales se cruzaron; todavía hay rastros de ADN neandertal en nuestro ADN.

Dieta variada
Los restos arqueológicos de Gibraltar indican que los neandertales, como los humanos, tenían una dieta que incluía marisco, animales pequeños y aves, y quizá incluso delfines.

Homo habilis
CEREBRO:
500-650 cm³
2,4-1,4 Ma

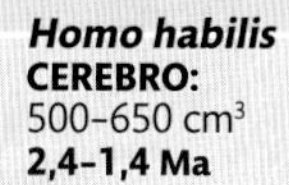

Homo ergaster
CEREBRO: 600-910 cm³
1,9-1,5 Ma

Homo erectus
CEREBRO:
750-1300 cm³
1,8 Ma-30 000 años

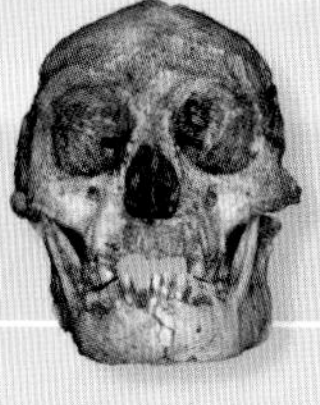

Homo floresiensis
CEREBRO:
sobre 400 cm³
95 000-12 000 años

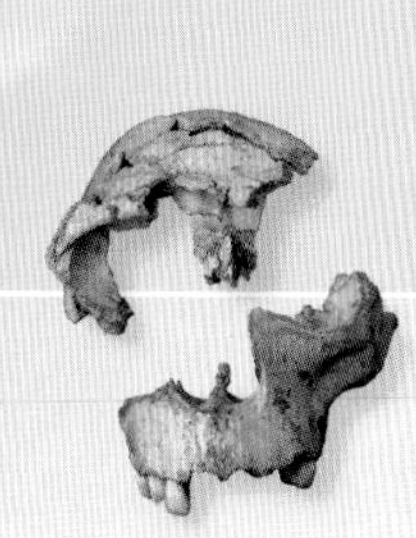

Homo antecessor
CEREBRO:
sobre 1000 cm³
780 000-500 000 años

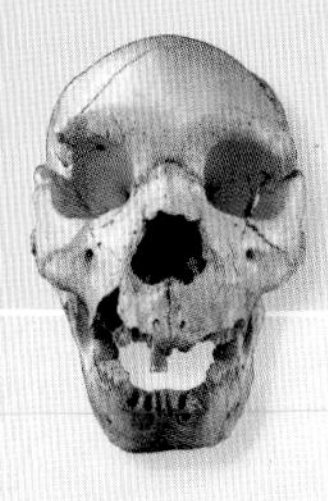

Homo heidelbergensis
CEREBRO:
1100-1400 cm³
600 000-100 000 años

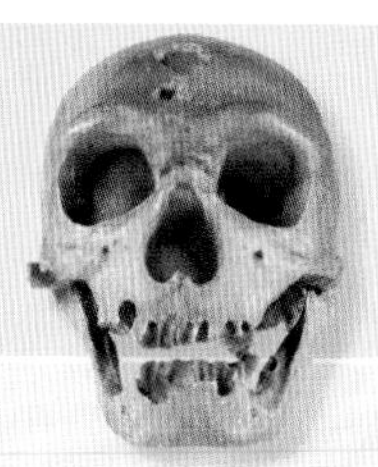

Homo neanderthalensis
CEREBRO: 1412 cm³
400 000-28 000 años

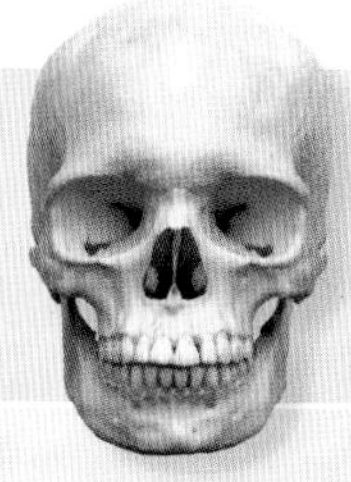

Homo sapiens
CEREBRO:
1000-2000 cm³
200 000 años-presente

PRIMEROS RESTOS

En 1967, un equipo dirigido por el paleoantropólogo keniano Richard Leakey descubrió fósiles de nuestra especie en las colinas arenosas de la formación Kibish, cerca del río Omo, en Etiopía (ver foto). Dichos fósiles estaban emparedados entre capas de antigua roca volcánica. Algunos años más tarde, en 2005, después de aplicar nuevas técnicas de datación a dichas capas, la edad de los fósiles se estimó en unos 195 000 años. Por lo tanto, estaríamos hablando de los restos más antiguos conocidos de *Homo sapiens*.

EL CÓDIGO GENÉTICO HUMANO

El ADN (ácido desoxirribonucleico) es el anteproyecto de toda vida, desde la más humilde levadura al ser humano. Proporciona un conjunto de instrucciones para ensamblar los millares de proteínas que nos convierten en lo que somos, y regula esta integración, asegurando que no se realice sin control.

LA MOLÉCULA DE LA VIDA

Aunque nuestro aspecto sea distinto, la estructura de nuestro ADN es idéntica. Este se compone de elementos fundamentales llamados bases o nucleótidos. Lo que varía entre individuos es el orden en que las bases se conectan en pares. Cuando los pares de bases se ensamblan pueden formar unidades funcionales, los genes, que «deletrean» las instrucciones para crear una proteína. Cada gen codifica una proteína, aunque algunas proteínas complejas son codificadas por más de un gen. Las proteínas cumplen muchas funciones vitales: forman estructuras como la piel o el pelo, transportan señales a lo largo del cuerpo y combaten a agentes infecciosos como las bacterias; también componen células y realizan los miles de procesos bioquímicos básicos necesarios para sustentar la vida. Pero solo alrededor del 1,5 % del ADN codifica genes. El resto compone secuencias reguladoras (ADN estructural) o genes obsoletos que ya no se «leen», incluidos genes de virus que se han incorporado a nuestros genomas.

Micrografía de ADN
Aunque el ADN es sumamente pequeño, puede observarse su estructura empleando un microscopio de efecto túnel, el cual ha ampliado esta imagen unos dos millones de veces.

Doble hélice de ADN
En la gran mayoría de los organismos, incluidos los humanos, largas hebras de ADN se entrelazan formando una espiral dextrógira o doble hélice, que está compuesta por un eje central de azúcar (desoxirribosa) y fosfato, y pares de bases complementarios que se unen en el medio. Cada giro de la hélice contiene unos diez pares de bases.

Eje de ADN
Formado por unidades alternas de fosfato y azúcar desoxirribosa

Guanina

Citosina

Timina

Adenina

PARES DE BASES

El ADN se compone de elementos llamados bases. Hay cuatro tipos: adenina (A), timina (T), citosina (C) y guanina (G). Cada base se une a un grupo fosfato y a un anillo de desoxirribosa para formar un nucleótido. En los humanos, las bases se emparejan hasta formar una doble hebra helicoidal donde la adenina se empareja con la timina, y la citosina con la guanina. Las dos hebras son «complementarias». Aunque se desenrollen y se desenlacen, pueden realinearse y reunirse.

Formación de enlaces

Las dos hebras de la doble hélice se unen y forman enlaces de hidrógeno. Así, la unión de guanina y citosina forma tres enlaces, y la de adenina y timina forma dos.

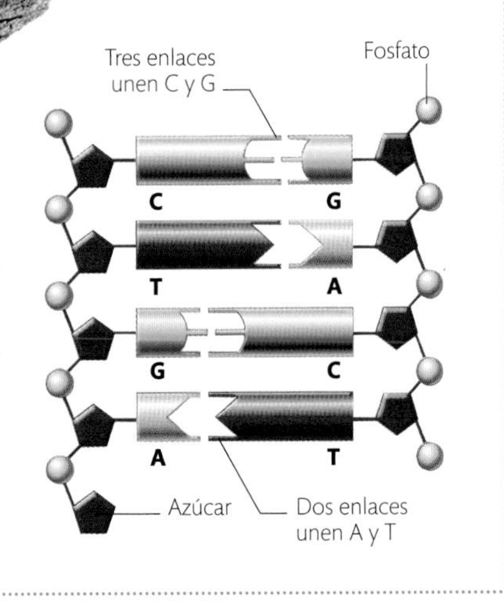
Tres enlaces unen C y G
Fosfato
C
G
T
A
G
C
A
T
Azúcar
Dos enlaces unen A y T

GENES

Un gen es una unidad de ADN necesaria para crear una proteína. Su tamaño va de solo unos cientos a millones de pares de bases. Los genes controlan nuestro desarrollo, y se activan y desactivan en respuesta a factores ambientales; por ejemplo, cuando una célula inmunitaria encuentra una bacteria, se activan genes que producen anticuerpos para destruirla. La expresión genética es regulada por proteínas que se enlazan a secuencias reguladoras en el interior de cada gen. Los genes contienen regiones que se traducen en proteínas (exones) y regiones no codificantes (intrones).

Color de ojos
La genética del color de los ojos es muy compleja, e implica a muchos genes distintos.

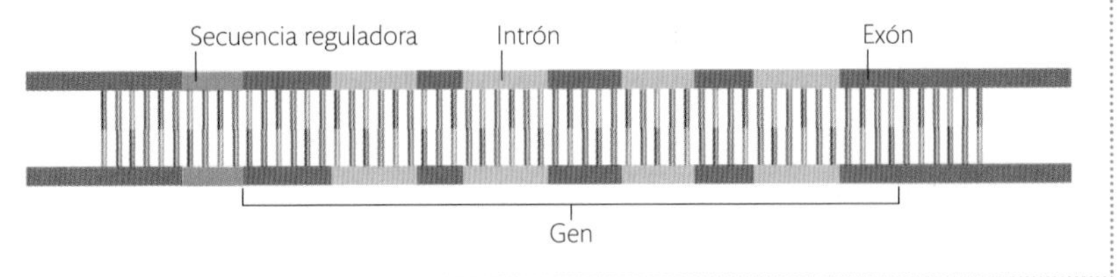
Secuencia reguladora
Intrón
Exón
Gen

EMPAQUETADO DE ADN

El genoma humano contiene aproximadamente 3000 millones de pares de bases de ADN: unos dos metros de ADN en cada célula, si se extendiera de extremo a extremo. Por ello, el ADN debe estar «empaquetado» para encajar en el interior de cada célula. El ADN se concentra en densas estructuras llamadas cromosomas, y cada célula contiene 23 pares de cromosomas (46 en total): un juego procede de la madre y el otro del padre. Para empaquetar el ADN, la doble hélice debe enrollarse antes alrededor de proteínas histonas, formando una estructura similar a las cuentas de un collar. Estas «cuentas» histonas se encierran juntas en cromatinas fuertemente enrolladas, las cuales, cuando una célula se prepara para dividirse, se rebobinan más sobre sí mismas dentro de los cromosomas.

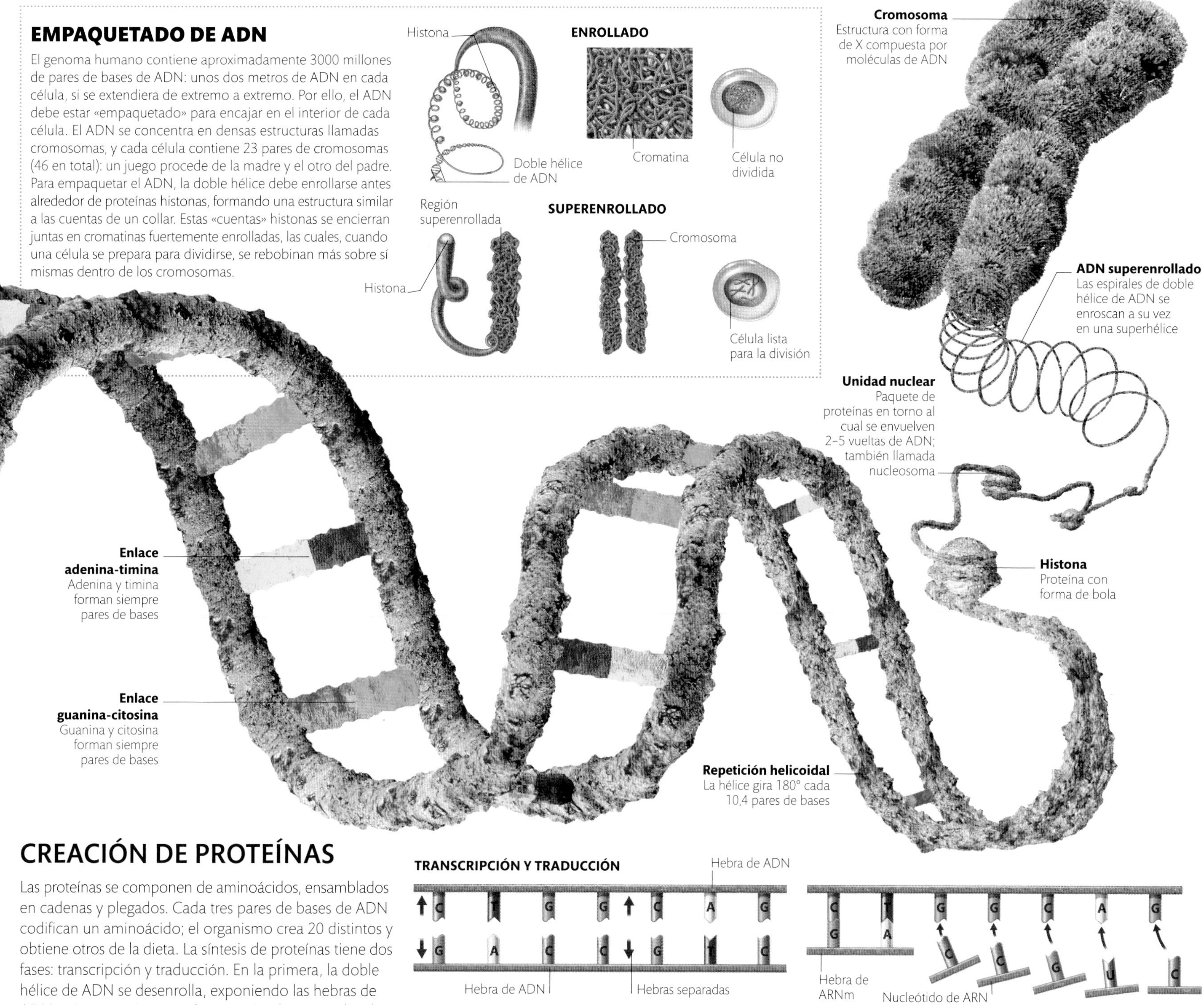
Histona
Doble hélice de ADN
ENROLLADO
Cromatina
Célula no dividida
Región superenrollada
Histona
SUPERENROLLADO
Cromosoma
Célula lista para la división
Cromosoma
Estructura con forma de X compuesta por moléculas de ADN
ADN superenrollado
Las espirales de doble hélice de ADN se enroscan a su vez en una superhélice
Unidad nuclear
Paquete de proteínas en torno al cual se envuelven 2–5 vueltas de ADN; también llamada nucleosoma
Histona
Proteína con forma de bola
Enlace adenina-timina
Adenina y timina forman siempre pares de bases
Enlace guanina-citosina
Guanina y citosina forman siempre pares de bases
Repetición helicoidal
La hélice gira 180° cada 10,4 pares de bases

CREACIÓN DE PROTEÍNAS

Las proteínas se componen de aminoácidos, ensamblados en cadenas y plegados. Cada tres pares de bases de ADN codifican un aminoácido; el organismo crea 20 distintos y obtiene otros de la dieta. La síntesis de proteínas tiene dos fases: transcripción y traducción. En la primera, la doble hélice de ADN se desenrolla, exponiendo las hebras de ADN; así, secuencias complementarias de una molécula relacionada, el ARN (ácido ribonucleico), crean una copia de la secuencia de ADN que puede traducirse en una proteína. Este ARN mensajero (ARNm) viaja a los ribosomas, donde se traduce en hebras de aminoácidos, que luego se pliegan en la estructura tridimensional de una proteína.

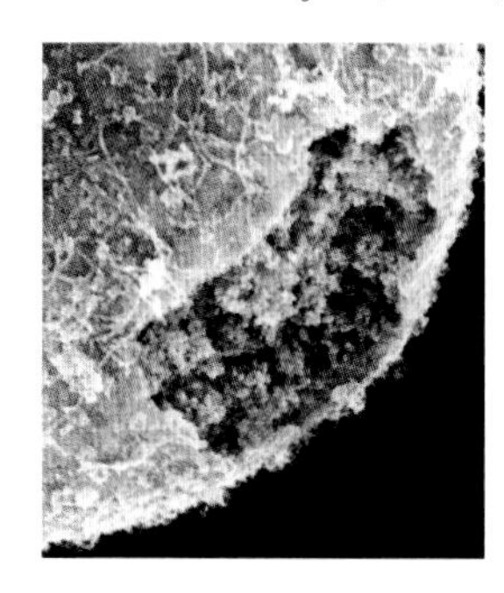

Núcleo celular
El ADN se encuentra en una estructura que se halla en el centro de la célula, el núcleo. Aquí tiene lugar la primera fase de la síntesis de proteínas.

TRANSCRIPCIÓN Y TRADUCCIÓN

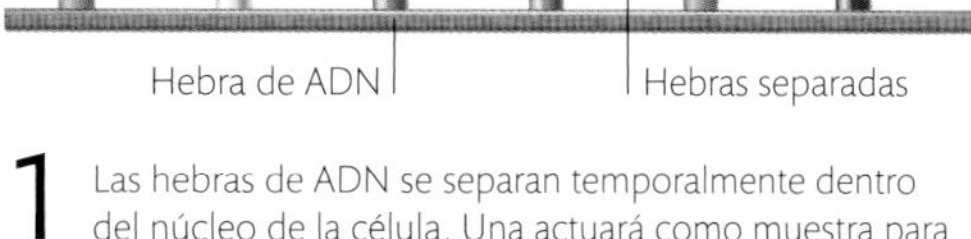
Hebra de ADN
C T G G C A G
G A C C G T C
Hebra de ADN
Hebras separadas

1 Las hebras de ADN se separan temporalmente dentro del núcleo de la célula. Una actuará como muestra para la formación de ARNm (ácido ribonucleico mensajero).

Hebra de ARNm
Nucleótido de ARN

2 Los nucleótidos de ARN con bases de correspondencia correcta se enlazan a las bases expuestas de ADN para formar una hebra de ARNm. Las bases de timina son reemplazadas por bases de uracilo.

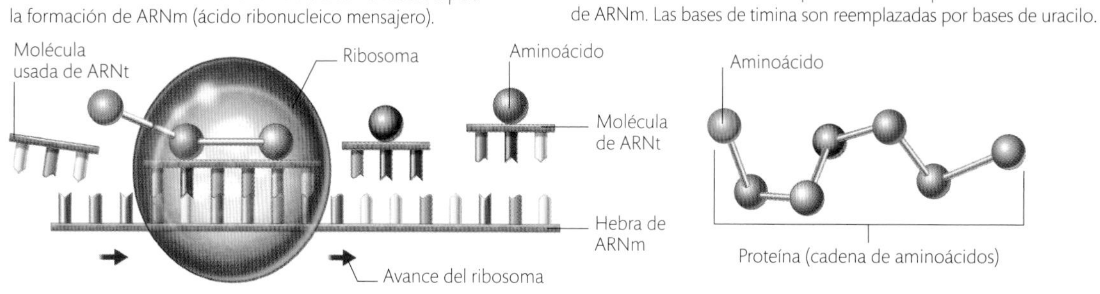
Molécula usada de ARNt
Ribosoma
Aminoácido
Molécula de ARNt
Hebra de ARNm
Avance del ribosoma

3 La hebra de ARNm se ensambla con un ribosoma que avanza por ella. Dentro del ribosoma, moléculas de ARNt (ácido ribonucleico de transferencia), cada una con un aminoácido, se insertan en el ARNm.

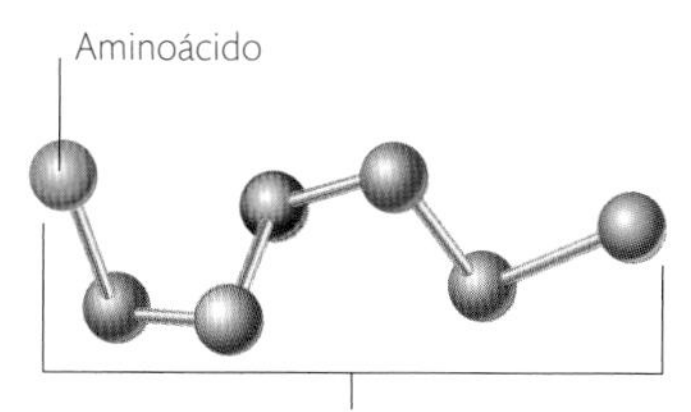
Aminoácido
Proteína (cadena de aminoácidos)

4 Mientras avanza por el ARNm, el ribosoma crea una secuencia específica de aminoácidos que se combinan para formar una proteína determinada.

EL GENOMA HUMANO

Los distintos organismos contienen distintos genes, pero una gran cantidad de genes son compartidos por diversos organismos. Así, por ejemplo, aproximadamente la mitad de los genes encontrados en humanos se hallan también en los plátanos. Sin embargo, no sería posible sustituir la versión del gen del plátano por uno humano, porque también nos diferencian las variaciones en el orden de los pares de bases dentro de cada gen. Los humanos poseemos más o menos los mismos genes, y muchas de las diferencias entre individuos pueden ser explicadas por sutiles variaciones en el interior de cada gen. El grado de esta variación es menor que entre humanos y otros animales, y menor aún que el existente entre los humanos y las plantas. El ADN entre humanos difiere menos de un 0,2 %, mientras que entre los humanos y los chimpancés difiere sobre el 5 %.

Los genes humanos están divididos de forma desigual en 23 pares de cromosomas, y cada cromosoma contiene secciones ricas y secciones pobres en genes. Cuando se tintan los cromosomas, estas regiones aparecen y se distinguen como bandas claras y oscuras. Todavía no sabemos cuántos genes codificantes de proteínas contiene exactamente el genoma humano, pero los investigadores estiman que entre 20 000 y 25 000.

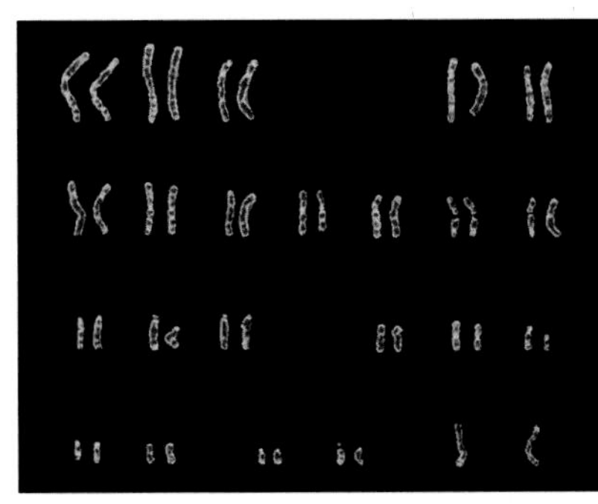

Cariotipo
Es un perfil de los cromosomas de una célula, ordenados por tamaño. El estudio del cariotipo de una persona permite a los médicos determinar la carencia o anomalía de algún cromosoma.

PERFIL GENÉTICO

Aparte de las sutiles variaciones genéticas, también varía nuestro ADN no codificante. El ADN redundante constituye gran parte de nuestro material genético, y aún no sabemos exactamente para qué sirve. Los científicos forenses buscan variaciones en el ADN no codificante para cotejar muestras tomadas a sospechosos con las halladas en el lugar de un crimen. Para ello, analizan secuencias cortas y repetidas de ADN de las regiones no codificantes, llamadas repeticiones cortas en tándem (STR en inglés). La cantidad exacta de repeticiones es sumamente variable entre individuos. Según un método, los forenses comparan diez de estas regiones; las cortan y las separan según su tamaño, para generar una serie de bandas, el perfil o huella genética.

Características comunes
El perfil genético también puede usarse para probar relaciones familiares. Aquí, dos niños muestran bandas compartidas con cada progenitor, prueba de que están emparentados.

Bandeo cromosómico
Cada cromosoma tiene dos brazos, y su tinción revela su composición en bandas. Las bandas se numeran para permitir localizar un gen específico si se conoce su ubicación. Éstas son las bandas del cromosoma 7.

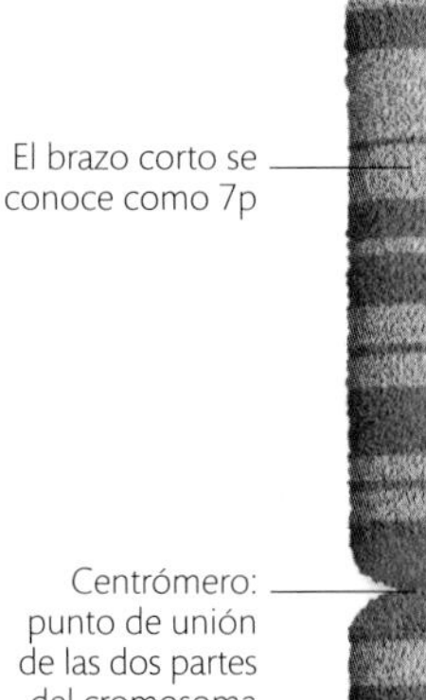
El brazo corto se conoce como 7p
Centrómero: punto de unión de las dos partes del cromosoma
El brazo largo se conoce como 7q
El gen de la fibrosis quística se halla en 7q31.2

El **97 %** del ADN del genoma humano tiene una **función desconocida**: es el llamado **ADN redundante**.

Complemento cromosómico
El genoma humano se almacena en 23 pares de cromosomas: 46 en total. De todos ellos, 22 pares almacenan información genética general y son llamados autosómicos; el par restante determina el sexo. Los cromosomas sexuales son dos: X e Y. Los hombres tienen uno X y uno Y, y las mujeres tienen dos X.

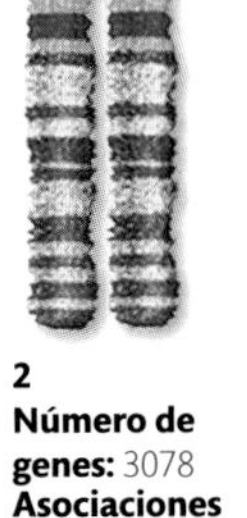
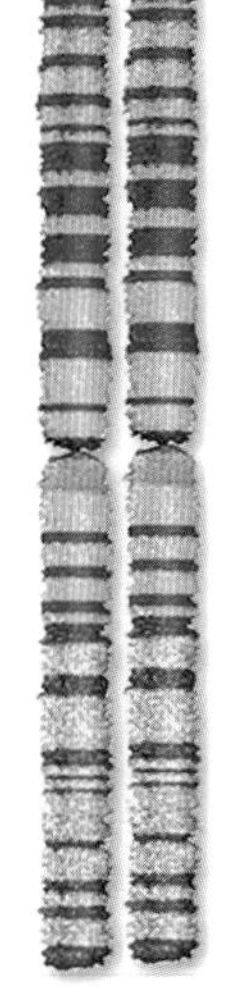

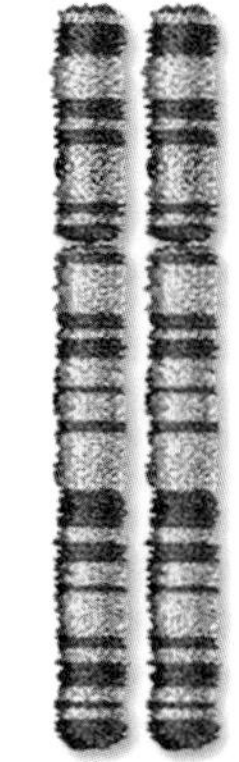
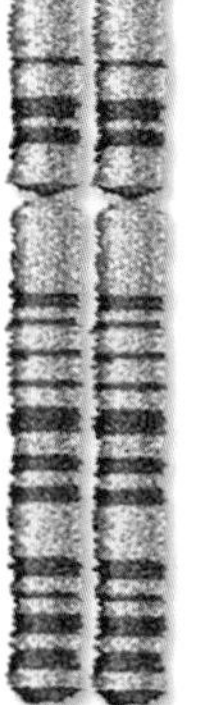
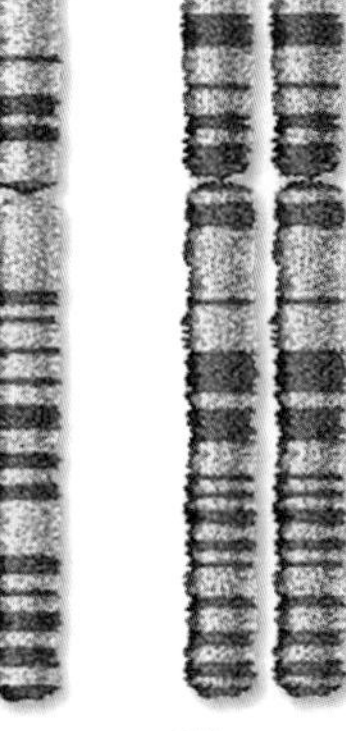
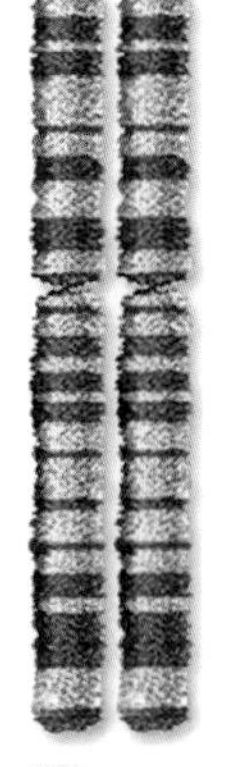
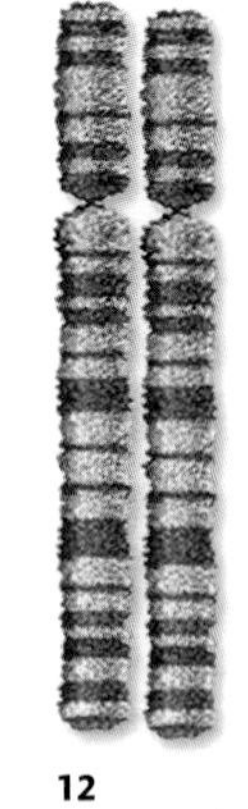

1
Número de genes: 4234
Asociaciones y trastornos: Tamaño del cerebro; enfermedad de Alzheimer; enfermedad de Parkinson; glaucoma; cáncer de próstata.

2
Número de genes: 3078
Asociaciones y trastornos: Rutilismo (pelo rojo); daltonismo; cáncer de mama; enfermedad de Crohn; esclerosis lateral amiotrófica (ELA); hipercolesterolemia.

3
Número de genes: 3723
Asociaciones y trastornos: Sordera; autismo; cataratas; sensibilidad a la infección por VIH; diabetes; enfermedad de Charcot-Marie-Tooth.

4
Número de genes: 542
Asociaciones y trastornos: Desarrollo de los vasos sanguíneos; genes del sistema inmunitario; cáncer de vejiga; enfermedad de Huntington; sordera; hemofilia; enfermedad de Parkinson.

5
Número de genes: 737
Asociaciones y trastornos: Reparación del ADN; adicción a la nicotina; enfermedad de Parkinson; síndrome de Lejeune; cáncer de mama; enfermedad de Crohn.

6
Número de genes: 2277
Asociaciones y trastornos: Receptor del cannabis; fortaleza del cartílago; genes del sistema inmunitario; epilepsia; síndrome de Williams; diabetes tipo 1; artritis reumatoide.

7
Número de genes: 4171
Asociaciones y trastornos: Percepción del dolor; formación de músculo, tendón y hueso; fibrosis quística; esquizofrenia; síndrome de Williams; sordera; diabetes tipo 2.

8
Número de genes: 1400
Asociaciones y trastornos: Desarrollo y funcionamiento cerebral; labio leporino y paladar hendido; esquizofrenia; síndrome de Werner.

9
Número de genes: 1931
Asociaciones y trastornos: Grupo sanguíneo; albinismo; cáncer de próstata; porfiria.

10
Número de genes: 1776
Asociaciones y trastornos: Respuesta inflamatoria; reparación del ADN; cáncer de mama; síndrome de Usher.

11
Número de genes: 546
Asociaciones y trastornos: Sentido del olfato; producción de hemoglobina; cáncer de mama; autismo; anemia de células falciformes; cáncer de vejiga; albinismo.

12
Número de genes: 1698
Asociaciones y trastornos: Fortaleza de cartílago y músculo; narcolepsia; tartamudez; enfermedad de Parkinson.

LA SUMA DE LOS GENES

Al nivel más simple, cada gen codifica una proteína, y cada proteína da lugar a un rasgo distinto del fenotipo. En los humanos, esto lo ilustran trastornos hereditarios como la fibrosis quística: una mutación en el gen CFTR, que produce una proteína presente en la mucosa, el sudor y los jugos gástricos, da lugar a la acumulación de un moco espeso en los pulmones, lo que hace a los portadores del gen defectuoso más propensos a las infecciones pulmonares. Si conocemos la diferencia de aspecto entre un gen sano y uno dañado, es posible diseñar un test genético para averiguar si alguien está en riesgo de sufrir una afección. Por ejemplo, las mutaciones del gen BRCA1 pueden predecir si una mujer sufre un riesgo alto de desarrollar un tipo de cáncer de mama. Sin embargo, muchos rasgos —como la altura o el color del pelo— son producto de la acción de varios genes. Y los genes son solo una parte de la ecuación. En el caso de la personalidad o la esperanza de vida, ciertos genes interactúan con factores ambientales (educación, dieta, etc.) para fijar cómo somos y cómo seremos (p. 418).

Diversidad humana
Aunque todos los humanos portamos más o menos los mismos genes en cuanto a las proteínas que producen, la inmensa cantidad de combinaciones posibles de los genes y de las formas en que se manifiestan explica la gran diversidad física humana en el mundo.

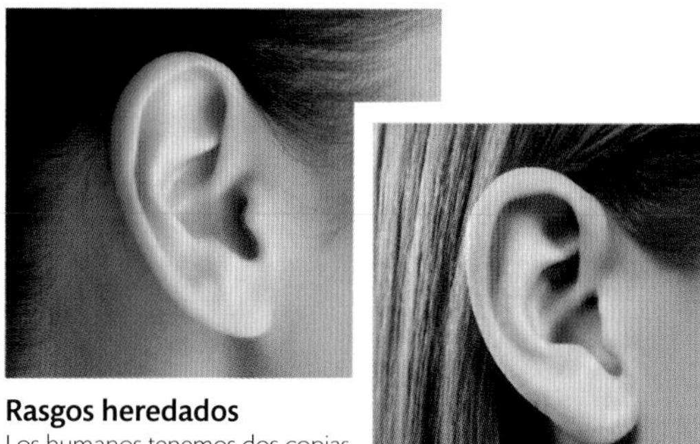

Rasgos heredados
Los humanos tenemos dos copias de cada gen, pero no todos los genes son iguales. Los dominantes muestran su efecto aunque solo haya uno en un par, mientras que los recesivos necesitan dos copias (p. 419). El lóbulo de la oreja colgante se debe a la forma dominante de un gen; el lóbulo pegado es recesivo.

AVANCES DECISIVOS

INGENIERÍA GENÉTICA

Esta manipulación genética permite sustituir un gen defectuoso o bien introducir genes nuevos. Estos ratones luminiscentes se obtuvieron al introducir en el genoma del ratón un gen de medusa que codifica una proteína fosforescente. El hallazgo de medios seguros para reemplazar genes en las células humanas correctas puede llevar a la cura de muchos tipos de enfermedades hereditarias; es la llamada terapia génica.

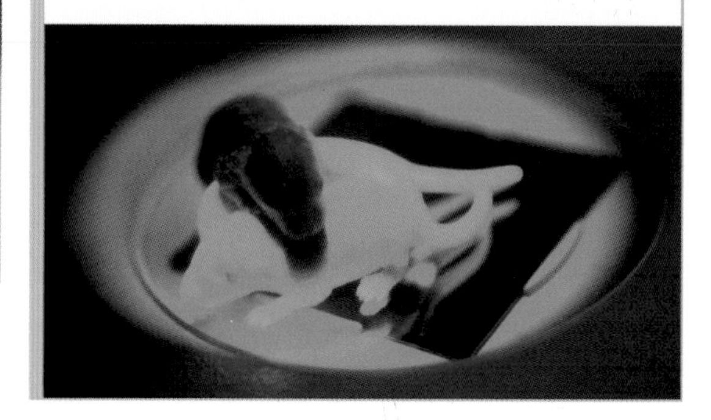

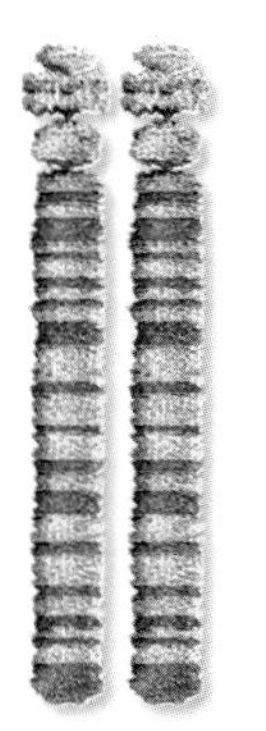

13
Número de genes: 925
Asociaciones y trastornos: Receptor del LSD; cáncer de mama (gen BRCA2); cáncer de vejiga; sordera; enfermedad de Wilson.

14
Número de genes: 1887
Asociaciones y trastornos: Producción de anticuerpos; enfermedad de Alzheimer; esclerosis lateral amiotrófica (ELA); distrofia muscular.

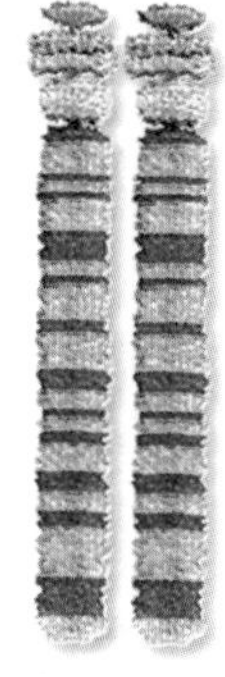

15
Número de genes: 1377
Asociaciones y trastornos: Color de ojos; y de piel; síndrome de Angelman; cáncer de mama; enfermedad de Tay-Sachs; síndrome de Marfan.

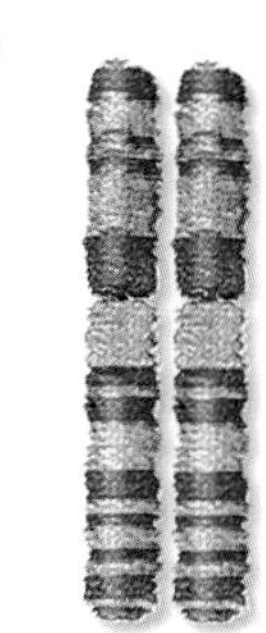

16
Número de genes: 1561
Asociaciones y trastornos: Rutilismo (pelo rojo); obesidad; enfermedad de Crohn; cáncer de mama; trisomía 16 (causa cromosómica más frecuente de aborto espontáneo).

17
Número de genes: 2417
Asociaciones y trastornos: Función del tejido conjuntivo; aparición precoz de cáncer de mama (BRCA1); osteogénesis imperfecta; cáncer de vejiga.

18
Número de genes: 756
Asociaciones y trastornos: Trisomía 18; enfermedad de Paget; porfiria; mutismo selectivo.

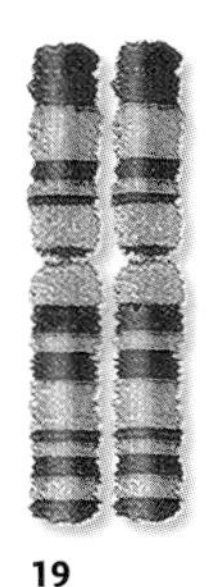

19
Número de genes: 1984
Asociaciones y trastornos: Cognición; enfermedad de Alzheimer; trastornos cardiovasculares; hipercolestero- lemia; AVC hereditario.

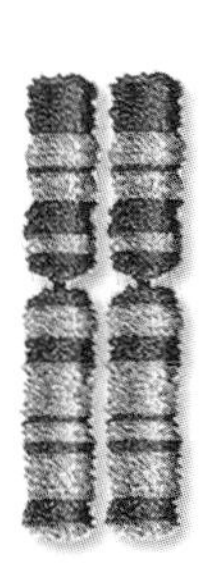

20
Número de genes: 1019
Asociaciones y trastornos: Enfermedad celíaca; diabetes tipo 1; encefalopatía espongiforme familiar.

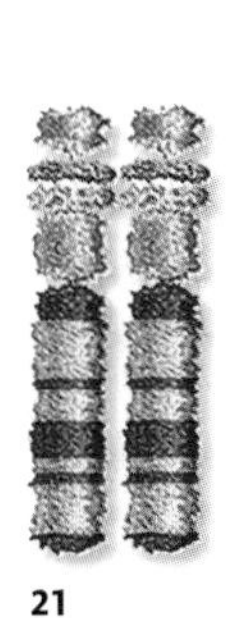

21
Número de genes: 595
Asociaciones y trastornos: Síndrome de Down; enfermedad de Alzheimer; esclerosis lateral amiotrófica (ELA); sordera.

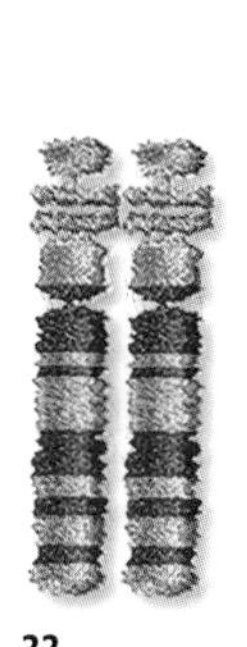

22
Número de genes: 1841
Asociaciones y trastornos: Producción de anticuerpos; cáncer de mama; esquizofrenia; esclerosis lateral amiotrófica (ELA).

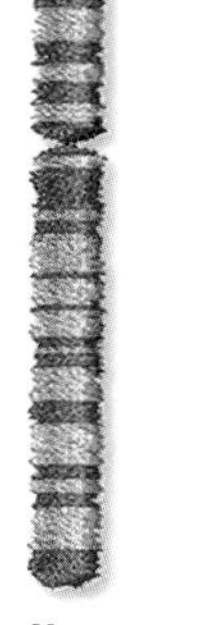

X
Número de genes: 1860
Asociaciones y trastornos: Cáncer de mama; daltonismo; hemofilia; síndrome del cromosoma X frágil, de Turner y de Klinefelter.

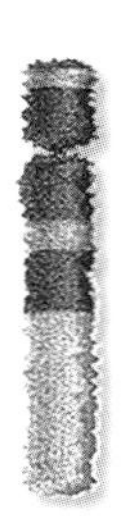

Y
Número de genes: 454
Asociaciones y trastornos: Desarrollo testicular; infertilidad asociada al cromosoma Y.

LA CÉLULA

Es difícil imaginarse el aspecto de 75 billones de células, pero un buen punto de partida consiste en mirarnos en un espejo. Así es como coexisten las células en un cuerpo humano tipo; y cada día sustituimos millones de ellas.

ANATOMÍA CELULAR

Las células son la unidad funcional básica de nuestro cuerpo. Son minúsculas: miden alrededor de 0,01 mm de diámetro; aun las más grandes no son más anchas que un cabello humano. Además, son inmensamente versátiles: algunas forman láminas, como las del revestimiento bucal o las de la piel; otras almacenan o generan energía, como las células adiposas y las musculares. Pese a su diversidad, todas tienen ciertas características en común, entre ellas, una membrana exterior, un centro de control llamado núcleo, y diminutas fuentes de energía llamadas mitocondrias.

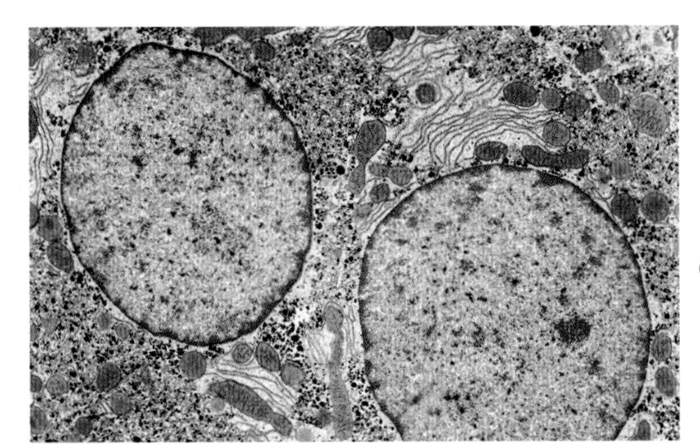

Célula hepática
Estas células producen proteínas, colesterol y bilis, y detoxifican y modifican sustancias de la sangre. Esto exige una gran cantidad de energía, por lo que estas células están repletas de mitocondrias (de color naranja).

Célula genérica
En el centro de la célula está el núcleo; ahí se almacena el material genético y se dan las primeras etapas de la síntesis de proteínas. La célula posee otras estructuras para integrar proteínas, como son los ribosomas, el retículo endoplasmático y el aparato de Golgi. Las mitocondrias proporcionan energía.

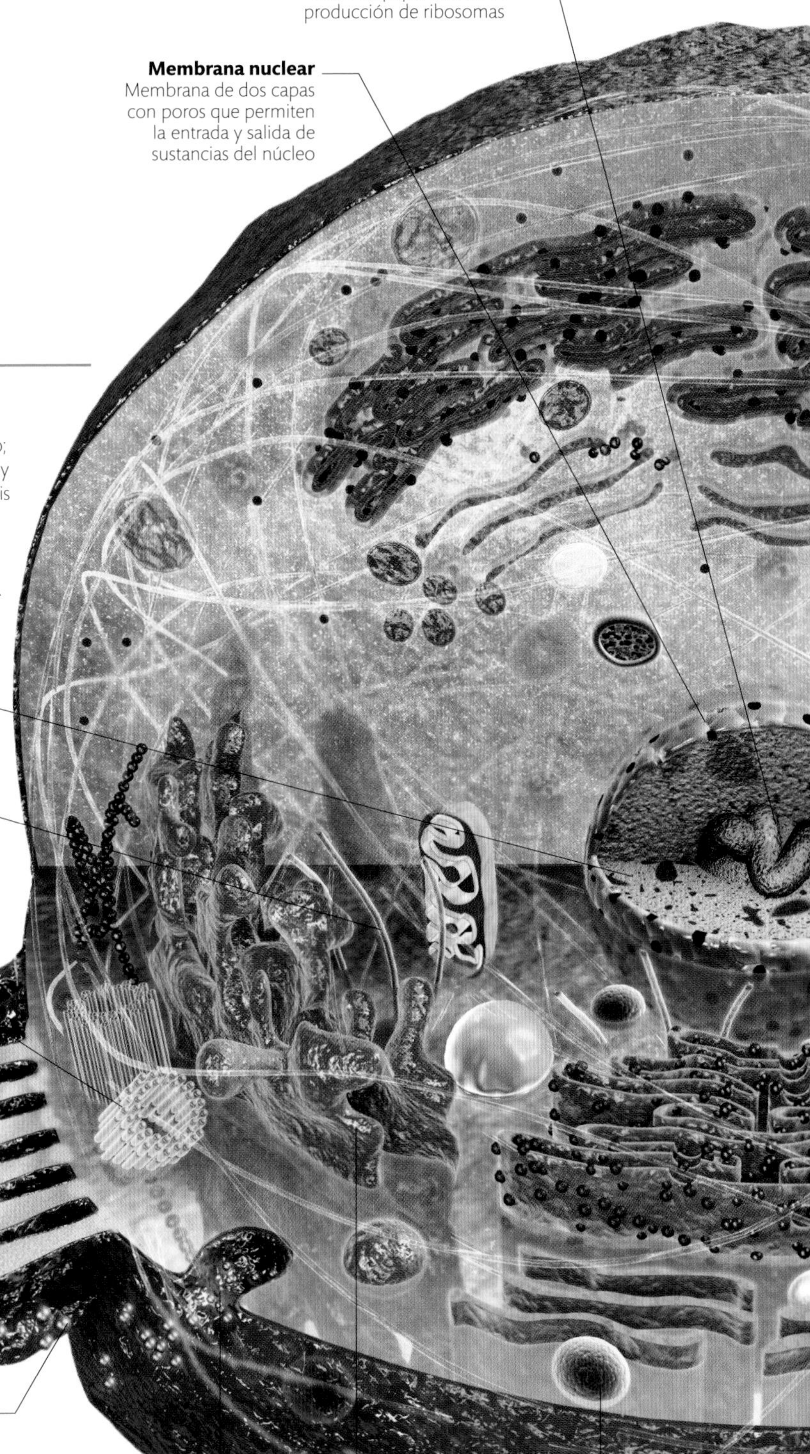

Núcleo
Centro de control de la célula; contiene cromatina y la mayor parte del ADN

Nucléolo
Región central del núcleo; tiene un papel vital en la producción de ribosomas

Membrana nuclear
Membrana de dos capas con poros que permiten la entrada y salida de sustancias del núcleo

Nucleoplasma
Líquido interior del núcleo, donde flotan el nucléolo y los cromosomas

Microtúbulos
Parte del citoesqueleto celular, ayudan al movimiento de sustancias a través del citoplasma acuoso

Centriolo
Compuesto por dos cilindros o túbulos, es esencial para la reproducción celular

Microvellosidades
Proyecciones que aumentan la superficie de la célula, ayudando a la absorción de nutrientes

Secreciones
Cuando una vesícula se fusiona con la membrana celular y libera su contenido, las secreciones salen de la célula por exocitosis

Vesícula secretora
Bolsa que contiene diversas sustancias, como las enzimas, producidas por la célula y secretadas por la membrana celular

Aparato de Golgi
Estructura que procesa y reempaqueta las proteínas producidas en el retículo endoplasmático rugoso para liberarlas en la membrana celular

Lisosoma
Produce potentes enzimas que ayudan a la digestión y a la excreción de sustancias y orgánulos desgastados

METABOLISMO CELULAR

El metabolismo celular es la descomposición de nutrientes que realiza una célula para generar energía que elabore nuevas proteínas o ácidos nucleicos. Las células emplean diversos combustibles para generar energía, pero el más común es la glucosa, transformada en adenosintrifosfato (ATP). Esto se produce en las mitocondrias mediante un proceso llamado respiración celular. En este proceso, las enzimas internas de las mitocondrias reaccionan con oxígeno y glucosa para producir ATP, agua y dióxido de carbono. La energía es liberada cuando el ATP se convierte en adenosindifosfato (ADP) por la pérdida de un grupo fosfato.

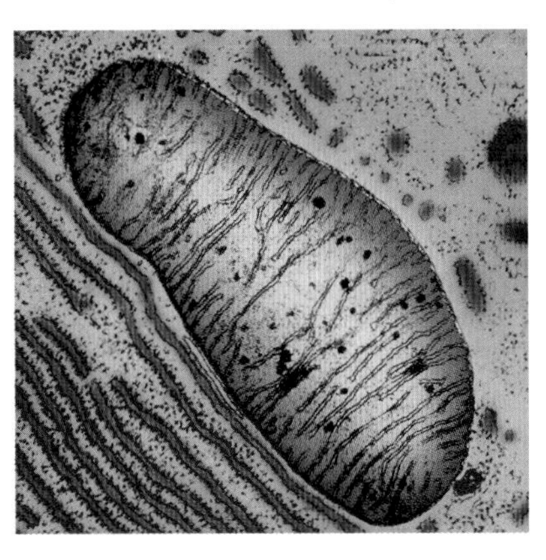

Mitocondria
Aunque la cantidad de mitocondrias varía en las diversas células, todas tienen la misma estructura básica: una membrana exterior y otra interior, sumamente plegada, donde se produce la energía.

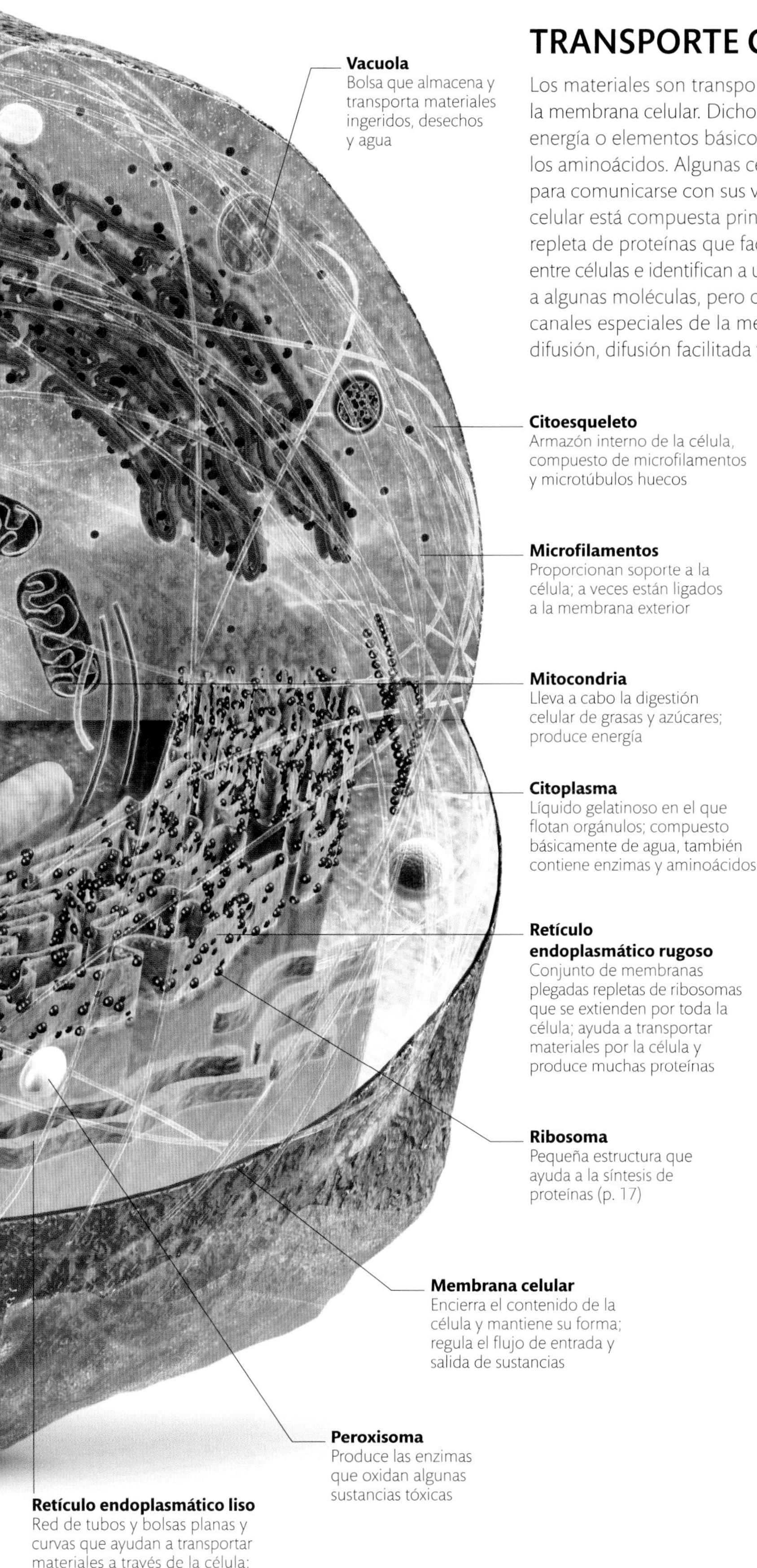
Vacuola
Bolsa que almacena y transporta materiales ingeridos, desechos y agua
Citoesqueleto
Armazón interno de la célula, compuesto de microfilamentos y microtúbulos huecos
Microfilamentos
Proporcionan soporte a la célula; a veces están ligados a la membrana exterior
Mitocondria
Lleva a cabo la digestión celular de grasas y azúcares; produce energía
Citoplasma
Líquido gelatinoso en el que flotan orgánulos; compuesto básicamente de agua, también contiene enzimas y aminoácidos
Retículo endoplasmático rugoso
Conjunto de membranas plegadas repletas de ribosomas que se extienden por toda la célula; ayuda a transportar materiales por la célula y produce muchas proteínas
Ribosoma
Pequeña estructura que ayuda a la síntesis de proteínas (p. 17)
Membrana celular
Encierra el contenido de la célula y mantiene su forma; regula el flujo de entrada y salida de sustancias
Peroxisoma
Produce las enzimas que oxidan algunas sustancias tóxicas
Retículo endoplasmático liso
Red de tubos y bolsas planas y curvas que ayudan a transportar materiales a través de la célula; almacena calcio; es el principal responsable del metabolismo de las grasas

TRANSPORTE CELULAR

Los materiales son transportados dentro y fuera de la célula a través de la membrana celular. Dichos materiales incluyen combustible para generar energía o elementos básicos esenciales para la síntesis de proteínas, como los aminoácidos. Algunas células pueden secretar moléculas señalizadoras para comunicarse con sus vecinas o con el resto del cuerpo. La membrana celular está compuesta principalmente por fosfolípidos, pero también está repleta de proteínas que facilitan el transporte, permiten la comunicación entre células e identifican a una célula ante otras. La membrana es permeable a algunas moléculas, pero otras necesitan un transporte activo a través de canales especiales de la membrana. Existen tres métodos de transporte: difusión, difusión facilitada y transporte activo (que requiere energía).

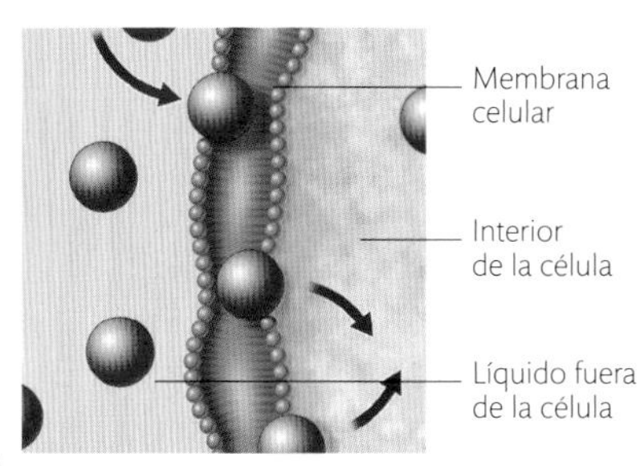
Membrana celular
Interior de la célula
Líquido fuera de la célula

Difusión
Las moléculas cruzan pasivamente la membrana de zonas de alta concentración a zonas de baja concentración. Agua y oxígeno cruzan por difusión.

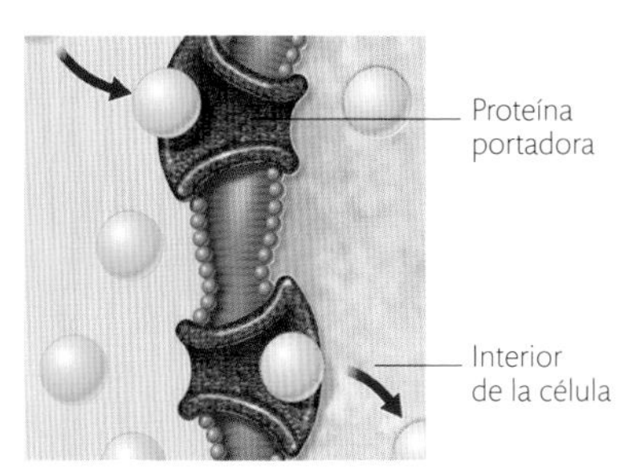
Proteína portadora
Interior de la célula

Difusión facilitada
Una proteína portadora se une con una molécula fuera de la célula; luego cambia de forma y expele la molécula al interior de la célula.

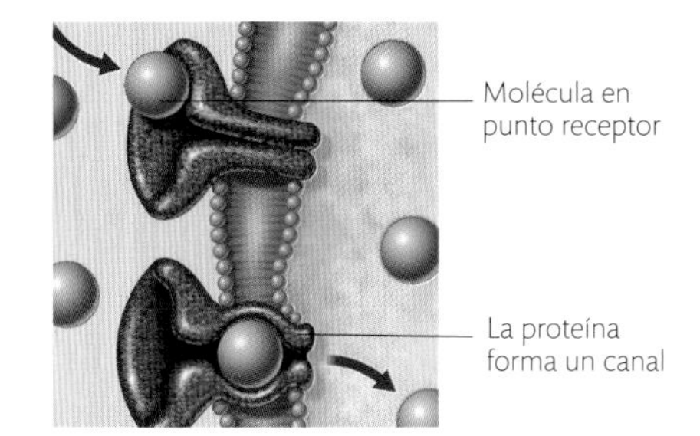
Molécula en punto receptor
La proteína forma un canal

Transporte activo
Las moléculas se unen a un punto receptor de la membrana celular y disparan una proteína que lo convierte en un canal por el que viajan las moléculas.

CREACIÓN DE NUEVAS CÉLULAS

Algunas células se reemplazan a sí mismas constantemente; otras duran toda la vida. Las células que revisten la boca cambian cada dos días, mientras que algunas neuronas están en el cerebro desde antes del nacimiento. Las células madre son células especializadas que se dividen y crean nuevas células de forma continua, como las sanguíneas, las inmunitarias o las adiposas. La división celular exige que el ADN de una célula sea copiado con exactitud y después compartido por igual entre dos células «hijas» mediante un proceso de mitosis. Los cromosomas son replicados antes de ser empujados a polos opuestos de la célula; entonces ésta se divide para producir dos hijas que comparten citoplasma y orgánulos.

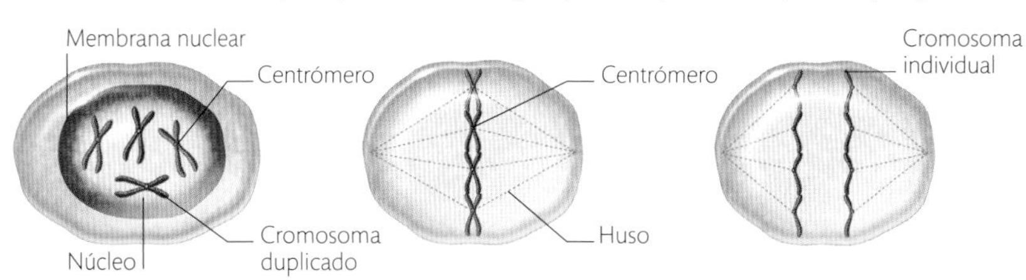
Membrana nuclear
Centrómero
Núcleo
Cromosoma duplicado
Centrómero
Huso
Cromosoma individual

1 Preparación
La célula produce proteínas y orgánulos nuevos, y duplica su ADN. El ADN se condensa en cromosomas con forma de X.

2 Alineamiento
Los cromosomas se alinean a lo largo de una red de filamentos llamada huso. Este se vincula a otra mayor, el citoesqueleto.

3 Separación
Los cromosomas son separados y empujados a polos opuestos de la célula. Cada polo tiene un juego idéntico de cromosomas.

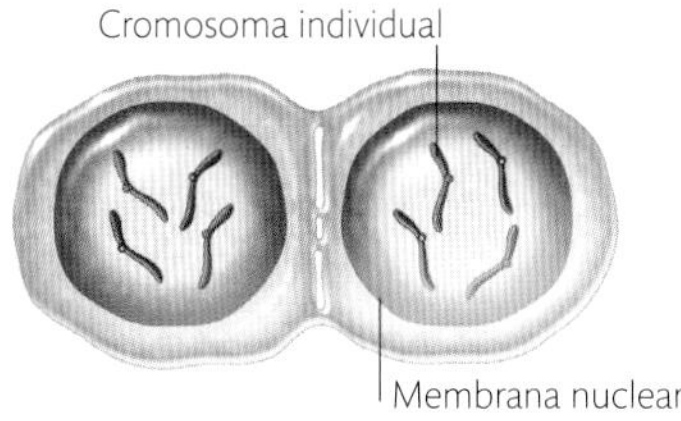
Cromosoma individual
Membrana nuclear

4 División
La célula se divide en dos células hijas que comparten a partes iguales citoplasma, membrana celular y orgánulos restantes.

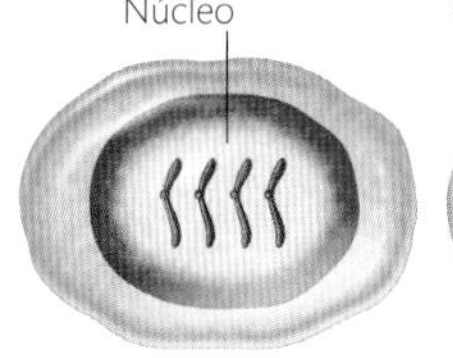
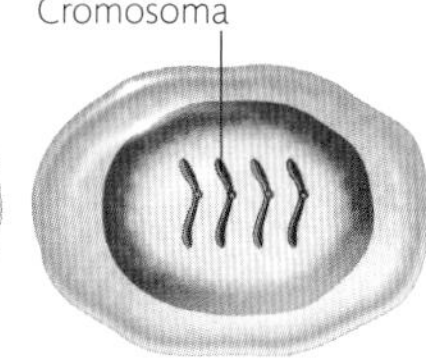
Núcleo
Cromosoma

5 Progenie
Cada célula hija contiene una copia completa del ADN de la célula madre; esto le permite seguir creciendo y, finalmente, dividirse ella misma.

CÉLULAS Y TEJIDOS

Las células son los elementos fundamentales de nuestro cuerpo. Unas trabajan en solitario –como las sanguíneas, que llevan oxígeno por el cuerpo, o los espermatozoides, que fecundan los óvulos–, y otras se organizan en tejidos, donde células con funciones distintas unen fuerzas para cumplir una o varias funciones específicas.

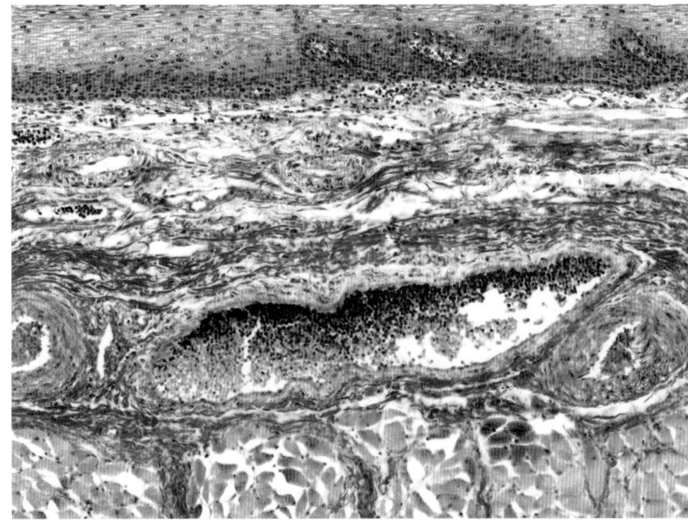

Tejidos integrados
Esta sección transversal de la pared del esófago muestra una combinación de tejidos: epitelio de revestimiento (rosa, arriba); colágeno conectivo (azul); vasos sanguíneos (circulares) y fibras musculares esqueléticas (morado, abajo).

TIPOS DE CÉLULAS

En nuestro cuerpo tenemos más de 200 tipos de células, cada uno adaptado a su función particular. Cada célula contiene la misma información genética, pero no todos los genes están activados en cada célula. Este patrón de expresión genética dicta el aspecto, comportamiento y papel de la célula en el cuerpo. Una célula adiposa está determinada casi por completo antes del nacimiento, influida por su posición en el cuerpo y por el cóctel de mensajeros químicos a los que está expuesta en dicho entorno. Al comienzo del desarrollo, las células madre empiezan a diferenciarse en tres capas de células más especializadas denominadas ectodermo, mesodermo y endodermo. Las primeras formarán la piel y las uñas, el revestimiento epitelial de nariz, boca y ano, el cerebro, los ojos y la médula espinal. Las del mesodermo forman el sistema circulatorio y el excretor, incluidos los riñones, y los músculos. Las del endodermo se convierten en las paredes del tracto digestivo, del respiratorio, y en los órganos glandulares, como el hígado y el páncreas.

CIENCIA
CÉLULAS MADRE

A los pocos días de la fecundación, el embrión está compuesto por una bola de células madre embrionarias (CME), que pueden convertirse en cualquier tipo de célula. La ciencia intenta aprovechar esta propiedad para obtener reemplazos corporales. A medida que el embrión crece, tal potencial de las CME es cada vez más limitado; para el nacimiento, la mayoría están totalmente diferenciadas, pero en ciertas partes del cuerpo, como la médula ósea, quedan algunas células madre adultas, que aunque no son tan universales como las embrionarias, conservan cierta capacidad de conversión. Quizá estas células también podrían usarse para la cura de enfermedades.

Células madre adultas
Las células madre adultas, como la gran célula blanca de la imagen, se encuentran en la médula ósea; allí se multiplican y producen millones de células sanguíneas como los eritrocitos (glóbulos rojos).

200

Tipos de **células distintas** del cuerpo humano. La mayoría **se organiza en grupos** para formar tejidos.

Eritrocitos
A diferencia de otras células humanas, los glóbulos rojos carecen de núcleo y casi de orgánulos. Están llenos de hemoglobina, una proteína portadora de oxígeno que da el color rojo a la sangre. Los eritrocitos se desarrollan en la médula ósea y circulan unos 120 días antes de ser descompuestos y reciclados.

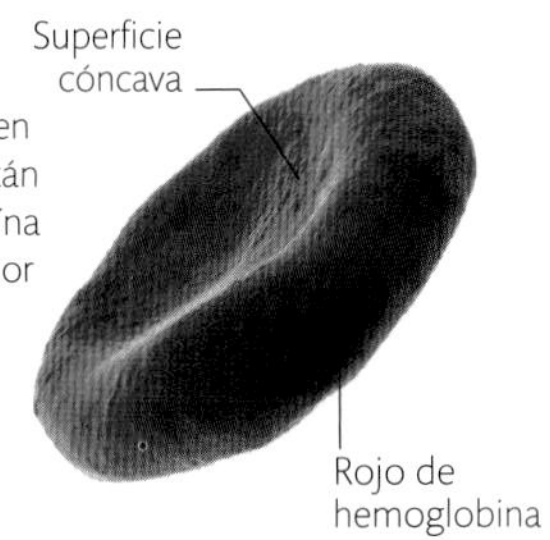
Superficie cóncava
Rojo de hemoglobina

Células epiteliales
Son células protectoras que revisten las cavidades y superficies del cuerpo, entre ellas las cutáneas y las que revisten los pulmones y el tracto reproductor. Algunas tienen cilios, proyecciones similares a dedos, que pueden expulsar el moco de los pulmones o llevar los óvulos a través de las trompas de Falopio, por ejemplo.

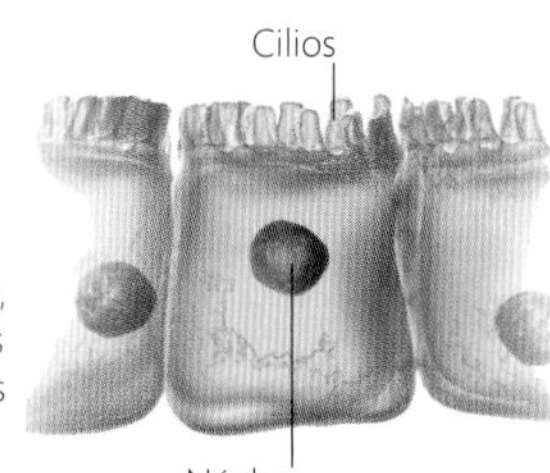
Cilios
Núcleo

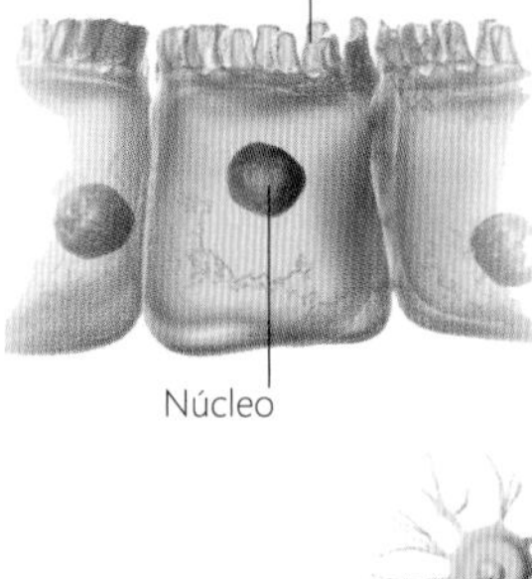

Adipocitos (células grasas)
Estas células están adaptadas para almacenar grasa y casi todo su interior está ocupado por una gran gota de grasa semilíquida. Cuando engordamos, estos se hinchan y se llenan con más grasa, y además aumenta su número.

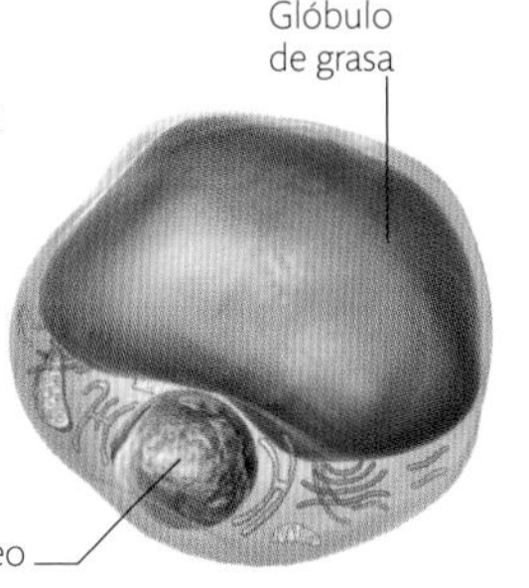
Glóbulo de grasa
Núcleo

Neuronas
Estas células excitables por la electricidad transmiten impulsos eléctricos (o potencial de acción) a través de un filamento llamado axón. Repartidas por el cuerpo, nos permiten movernos y percibir sensaciones como el dolor. Se comunican entre sí a través de conexiones llamadas sinapsis.

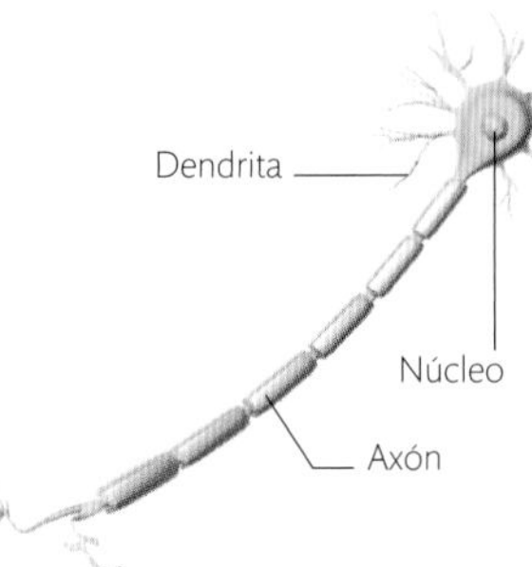
Dendrita
Núcleo
Axón

Espermatozoides
Son las células reproductoras masculinas. Poseen un flagelo (cola) que les permite ascender por el tracto reproductor femenino y fecundar un óvulo. Contienen solo 23 cromosomas, que, durante la fecundación, se emparejan con los 23 del óvulo para crear así un embrión con 46 cromosomas por célula.

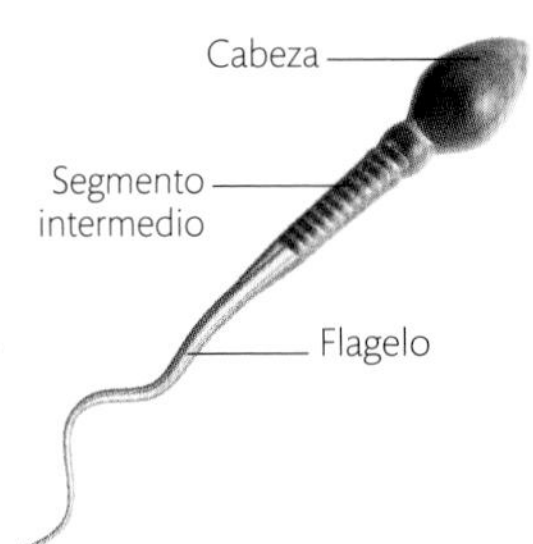
Cabeza
Segmento intermedio
Flagelo

Óvulos
Aun siendo una de las células más grandes del cuerpo, un óvulo humano apenas es visible a simple vista. Son las células reproductoras femeninas y, al igual que los espermatozoides, contienen solo 23 cromosomas. Cada mujer nace con una cantidad finita de óvulos, que decrece con la edad.

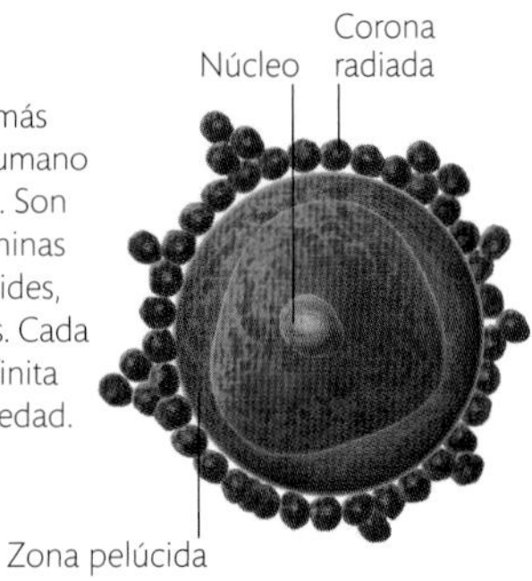
Núcleo
Corona radiada
Zona pelúcida

Células fotorreceptoras
Se hallan en la retina. Contienen un pigmento fotosensible y generan señales eléctricas al recibir luz, lo que nos permite ver. Hay dos tipos principales de fotorreceptoras: los bastones (abajo) perciben en blanco y negro, y funcionan bien con poca luz; los conos funcionan mejor con luz brillante y detectan los colores.

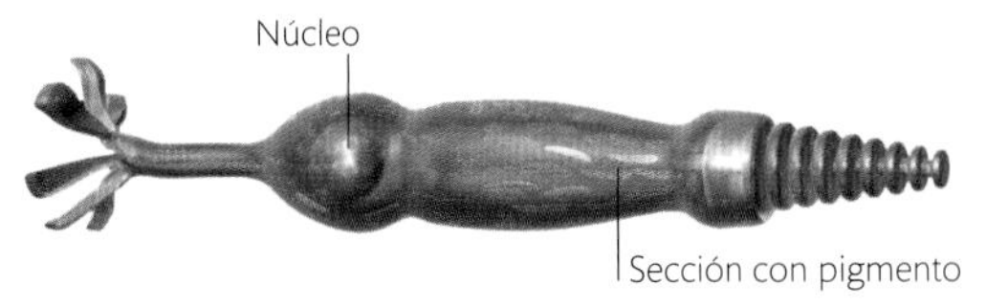
Núcleo
Sección con pigmento

Células musculares lisas
Es uno de los tres tipos de células musculares; son células fusiformes que se encuentran en las arterias y el tracto digestivo, y que producen contracciones largas y rítmicas. Para ello están repletas de filamentos contráctiles y de gran cantidad de mitocondrias que aportan la energía necesaria.

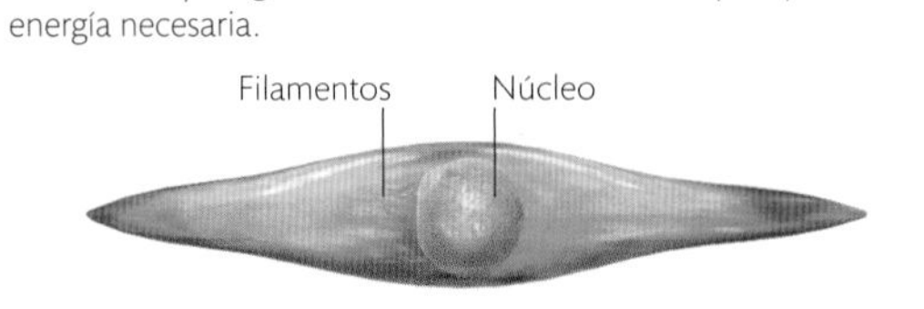
Filamentos
Núcleo

TIPOS DE TEJIDOS

Las células se agrupan con frecuencia con otras de su clase para formar tejidos con una función específica. Sin embargo, no todas las células de un tejido son necesariamente idénticas. Los cuatro tipos principales de tejidos del cuerpo humano son: muscular, conjuntivo, nervioso y epitelial. Y los diferentes tejidos de un mismo tipo pueden tener aspectos y funciones muy distintos. Así, por ejemplo, sangre, hueso y cartílago son todos tejidos conjuntivos, pero también lo son las capas de grasa, los tendones y ligamentos, y el tejido fibroso que mantiene en su sitio órganos y capas epiteliales. Órganos como el corazón y los pulmones están compuestos por varios tipos de tejidos distintos.

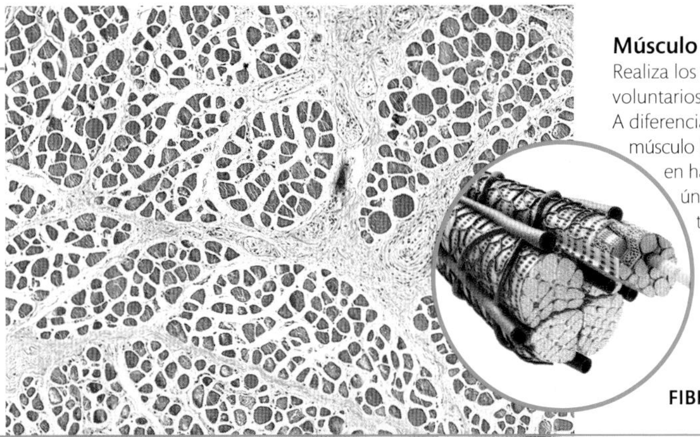

Músculo esquelético
Realiza los movimientos voluntarios de las extremidades. A diferencia de las células del músculo liso, estas se organizan en haces de fibras, que se únen al hueso mediante tendones. Están llenas de filamentos muy organizados que se deslizan unos sobre otros para producir contracciones.

FIBRAS MUSCULARES

Músculo liso
Capaz de contraerse en largos y ondulantes movimientos sin control consciente, el músculo liso se halla en capas sobre las paredes de vasos sanguíneos, estómago, intestinos y vejiga. Es vital para mantener la presión sanguínea y para empujar la comida a través del sistema digestivo.

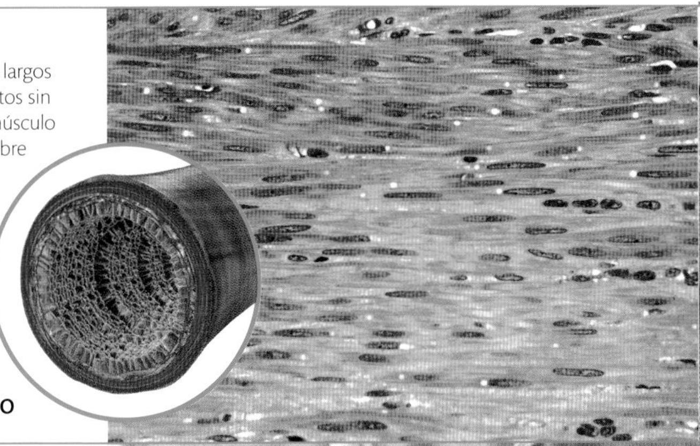

INTESTINO DELGADO

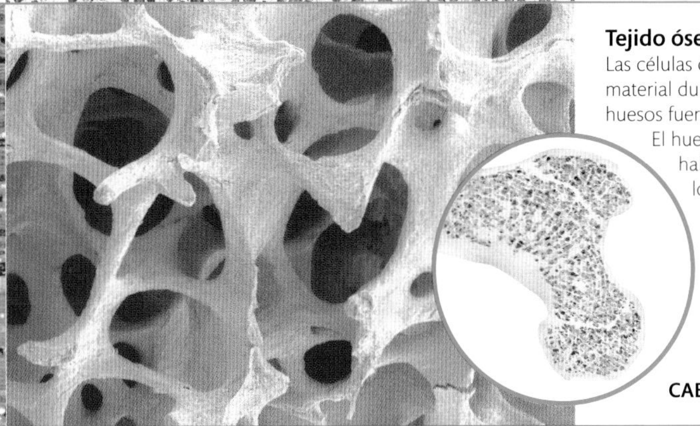

Tejido óseo esponjoso
Las células óseas segregan un material duro que hace a los huesos fuertes y quebradizos. El hueso esponjoso se halla en el centro de los huesos, y es más blando y débil que el compacto. Sus huecos a modo de panal están llenos de médula ósea o tejido conjuntivo.

CABEZA DEL FÉMUR

Cartílago
Este tejido conjuntivo, duro pero elástico, está compuesto por unas células llamadas condrocitos integradas en una matriz gelatinosa segregada por ellas mismas. El cartílago se halla en las articulaciones, en la nariz y el oído. Su alto contenido en agua lo hace fuerte pero flexible.

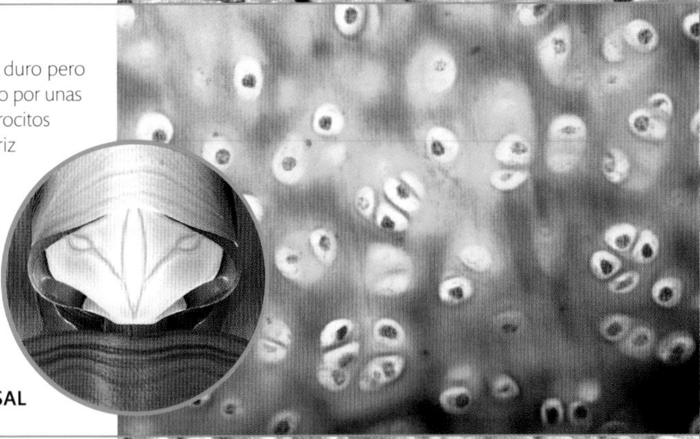

CARTÍLAGO NASAL

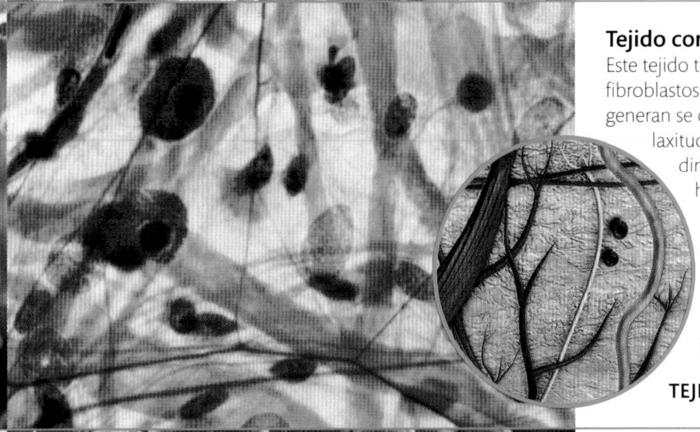

Tejido conjuntivo laxo
Este tejido también contiene fibroblastos, pero las fibras que generan se organizan con más laxitud y discurren en direcciones aleatorias, haciendo el tejido bastante flexible. El tejido conjuntivo laxo mantiene los órganos en su sitio; proporciona soporte y protección.

TEJIDO DÉRMICO

Tejido conjuntivo denso
Contiene fibroblastos, células que generan la proteína fibrosa colágeno tipo I. Las fibras se organizan en un patrón paralelo regular, lo que hace que el tejido sea muy fuerte. Este tejido se halla en la capa inferior de la piel y forma estructuras como ligamentos y tendones.

LIGAMENTOS DE LA RODILLA

Tejido adiposo
Se trata de un tejido conjuntivo compuesto por células de grasa llamadas adipocitos, y también por algunos fibroblastos, células inmunitarias y vasos sanguíneos. Su función principal es almacenar energía y proteger y aislar el organismo.

GRASA SUBCUTÁNEA

Tejido epitelial
Forma una cobertura para las superficies internas y externas del cuerpo. Algunos de estos tejidos pueden segregar sustancias como las enzimas digestivas; otros absorben sustancias como alimento o agua.

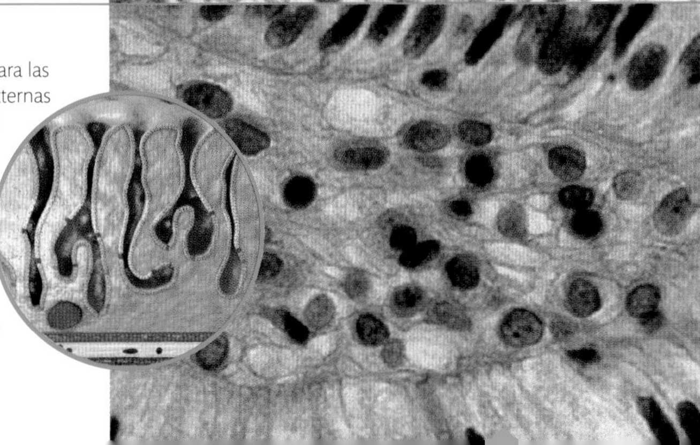

PARED GÁSTRICA

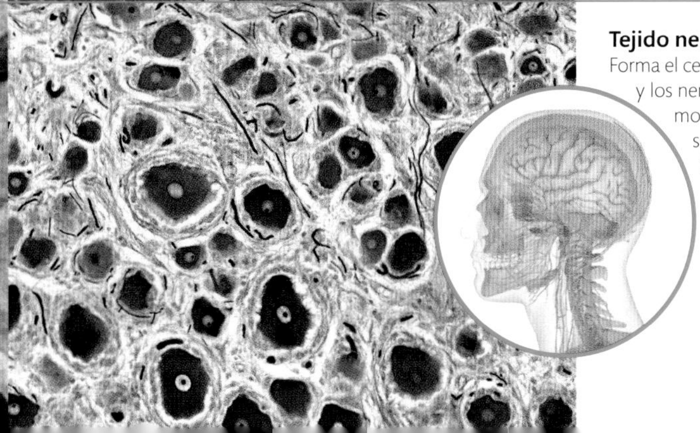

Tejido nervioso
Forma el cerebro, la médula espinal y los nervios que controlan el movimiento, transmiten sensaciones y regulan las funciones corporales. Principalmente está formado por redes de neuronas (p. anterior).

MÉDULA ESPINAL SUPERIOR

COMPOSICIÓN DEL CUERPO

Si los 75 billones de células que componen el cuerpo humano llevaran una existencia aislada y anárquica, no seríamos más que una masa informe. Pero están organizadas con gran precisión, ocupando su lugar en la estructura jerárquica que constituye un cuerpo humano en pleno funcionamiento.

NIVELES DE ORGANIZACIÓN

La organización global del cuerpo humano se puede visualizar como una jerarquía de niveles, como se muestra abajo: en el nivel más bajo se encuentran los constituyentes químicos básicos; a medida que se asciende, la cantidad de componentes de cada nivel —células, tejidos, órganos y sistemas— decrece, hasta llegar al organismo singular.

En el cuerpo se encuentran más de veinte elementos químicos; cuatro de ellos —oxígeno, carbono, hidrógeno y nitrógeno— constituyen alrededor del 96 % de la masa corporal. Cada elemento está compuesto de átomos, que son las unidades mínimas constitutivas de la materia; hay trillones de ellos en el cuerpo. Los átomos de los distintos elementos suelen combinarse con otros y formar así moléculas como agua (átomos de hidrógeno y oxígeno) o moléculas orgánicas, entre ellas las proteínas y el ADN. Estas moléculas orgánicas están construidas en torno a un «esqueleto» de átomos de carbono enlazados.

Las células son las unidades vivas más pequeñas. Se generan a partir de moléculas orgánicas, que forman su envoltura exterior y sus estructuras internas, y dirigen las reacciones metabólicas que las mantienen vivas. En nuestro cuerpo hay más de 200 tipos de células y cada uno está adaptado a un papel específico, pero no independiente (p. 22). Grupos de células similares con la misma función forman comunidades llamadas tejidos. Los cuatro tipos básicos de tejidos orgánicos son: epitelial, que cubre superficies y reviste cavidades; conjuntivo, que sustenta y protege las estructuras corporales; muscular, que genera movimiento, y por último, nervioso, que facilita una rápida comunicación interna (p. 23).

Los órganos, como el hígado, el cerebro y el corazón, son estructuras diferenciadas formadas por al menos dos tipos de tejidos. Cada uno cumple una función, o más, que ningún otro órgano puede realizar. Cuando varios órganos tienen un mismo fin, se vinculan dentro de un sistema, como el cardiovascular, que transporta sangre y oxígeno por todo el cuerpo. Los sistemas orgánicos, integrados e interdependientes, se unen formando un cuerpo humano completo (pp. 26-27).

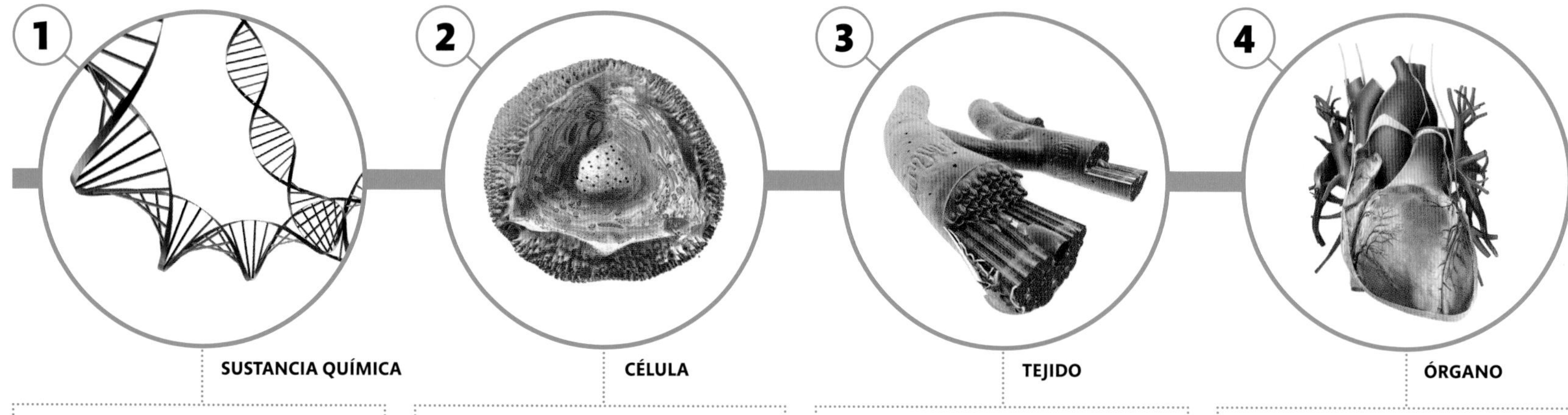
1
2
3
4
SUSTANCIA QUÍMICA
CÉLULA
TEJIDO
ÓRGANO

SUSTANCIAS QUÍMICAS

La sustancia química clave dentro de toda célula es el ADN (pp. 16-17). Sus largas moléculas recuerdan a escaleras de caracol, cuyos «peldaños», las bases, proporcionan instrucciones para crear proteínas. Estas, a su vez, realizan muchas funciones, desde construir células a controlar reacciones químicas.

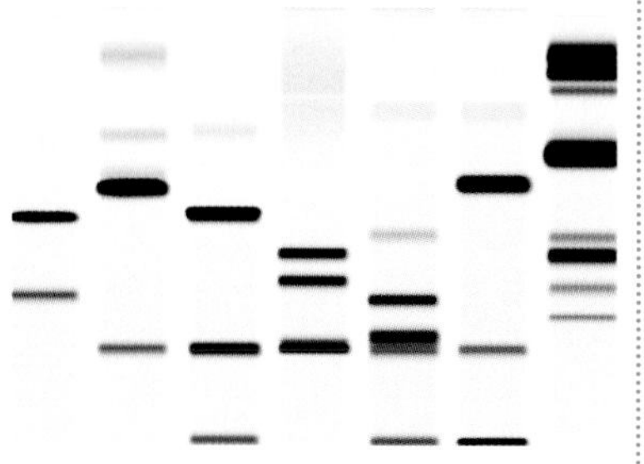

Secuenciación de ADN
Las bases de ADN pueden ser aisladas y separadas. Dicha secuenciación permite a los científicos «leer» las instrucciones codificadas en sus moléculas.

CÉLULAS

Aunque las células pueden diferir en forma y tamaño según su función (p. 22), todas poseen los mismos elementos básicos: una membrana exterior, orgánulos que flotan en un citoplasma gelatinoso, y un núcleo que contiene ADN (pp. 20-21). Las células son los componentes vivos básicos del cuerpo.

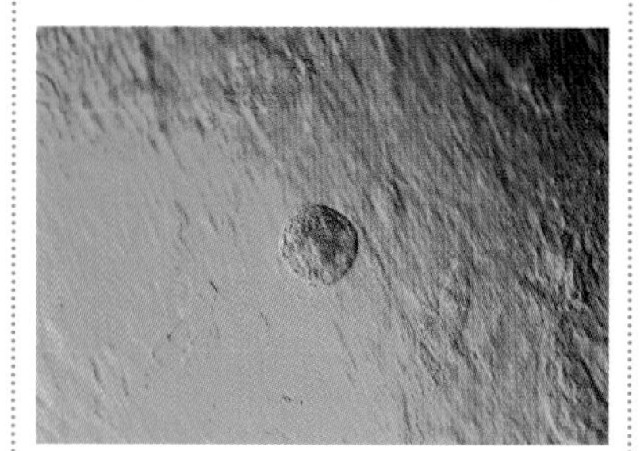

Células madre
Estas células no especializadas tienen la capacidad única de diferenciarse en gran variedad de células tisulares especializadas, como las musculares, las cerebrales o las sanguíneas.

TEJIDO CARDÍACO

El miocardio, uno de los tres tipos de tejido muscular, se halla solamente en las paredes del corazón. Sus células constituyentes se contraen a la vez para hacer que el corazón bombee y, trabajando como una red, conducen las señales que aseguran la precisa coordinación de ese bombeo.

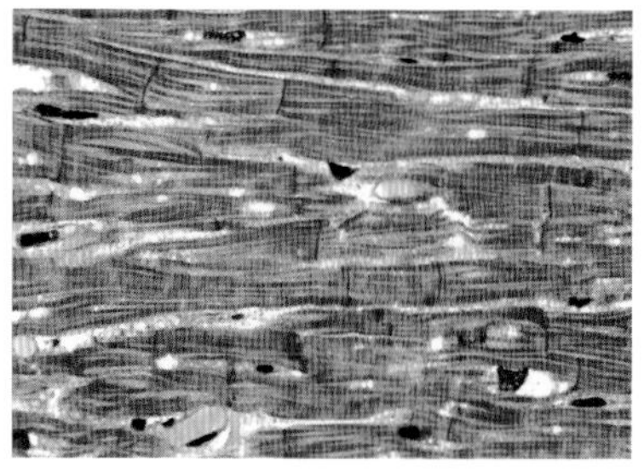

Fibras musculares
Las células, o fibras, del tejido cardíaco son largas y cilíndricas, y poseen ramas que forman enlaces con otras células para crear una red interconectada.

CORAZÓN

Al igual que otros órganos, el corazón está formado por varios tipos de tejidos, entre ellos el tejido muscular cardíaco. Entre los otros tipos se encuentran el conjuntivo, que protege el corazón y mantiene unidos los demás tejidos, y el epitelial, que reviste las cavidades y cubre las válvulas.

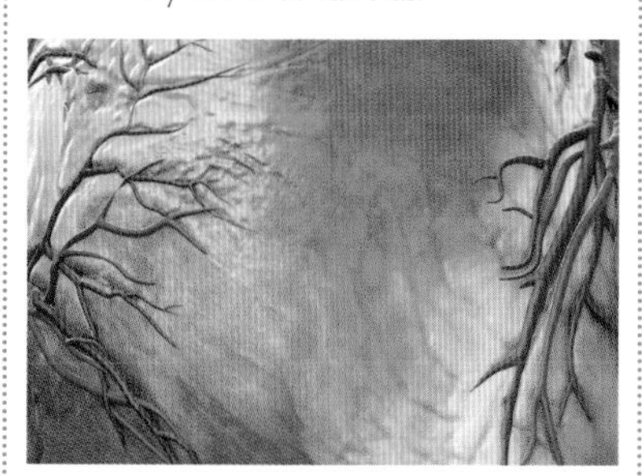

Estructura compleja
El interior del corazón se divide en cuatro cavidades a través de las cuales las paredes musculares bombean la sangre. El corazón está unido a una vasta red de venas y arterias.

75 billones

Número de células que constituyen el **cuerpo humano**.

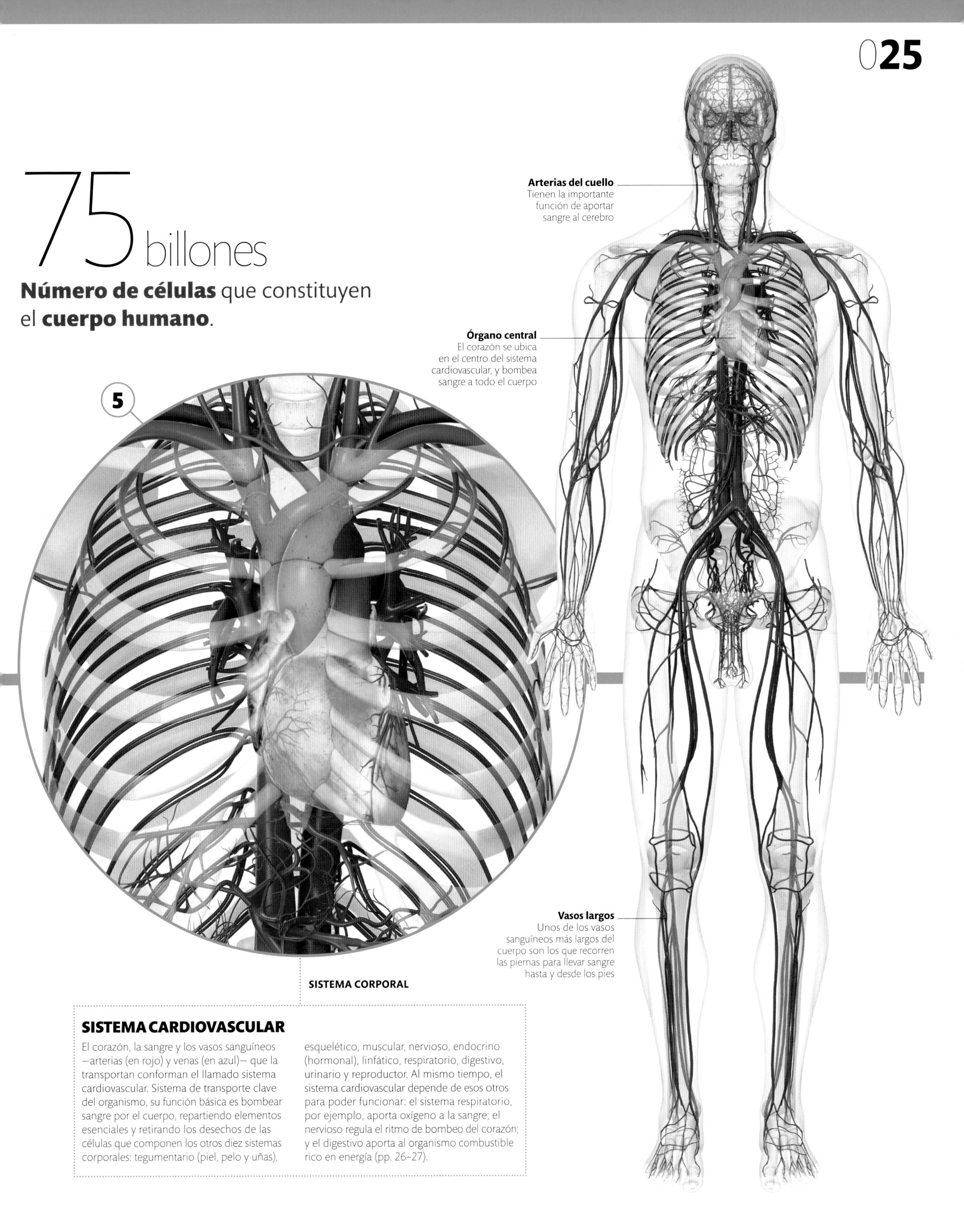

5
Arterias del cuello
Tienen la importante función de aportar sangre al cerebro
Órgano central
El corazón se ubica en el centro del sistema cardiovascular, y bombea sangre a todo el cuerpo
Vasos largos
Unos de los vasos sanguíneos más largos del cuerpo son los que recorren las piernas para llevar sangre hasta y desde los pies

SISTEMA CORPORAL

SISTEMA CARDIOVASCULAR

El corazón, la sangre y los vasos sanguíneos —arterias (en rojo) y venas (en azul)— que la transportan conforman el llamado sistema cardiovascular. Sistema de transporte clave del organismo, su función básica es bombear sangre por el cuerpo, repartiendo elementos esenciales y retirando los desechos de las células que componen los otros diez sistemas corporales: tegumentario (piel, pelo y uñas), esquelético, muscular, nervioso, endocrino (hormonal), linfático, respiratorio, digestivo, urinario y reproductor. Al mismo tiempo, el sistema cardiovascular depende de esos otros para poder funcionar: el sistema respiratorio, por ejemplo, aporta oxígeno a la sangre; el nervioso regula el ritmo de bombeo del corazón; y el digestivo aporta al organismo combustible rico en energía (pp. 26–27).

SISTEMAS CORPORALES

El cuerpo humano puede realizar muchas acciones: digerir alimento, pensar, moverse, incluso reproducirse y crear una nueva vida. Cada una de estas tareas la realiza un sistema corporal diferente: un grupo de órganos y tejidos que trabajan juntos. Sin embargo, la buena salud y la eficiencia corporal dependen de la armónica coordinación de los distintos sistemas.

INTERACCIÓN SISTÉMICA

Piense en lo que está haciendo su cuerpo ahora mismo. Está respirando, su corazón late y su presión sanguínea está controlada. Está consciente y alerta. Si ahora echara a correr, unas células especializadas, las quimiorreceptoras, detectarían un cambio en las necesidades metabólicas de su cuerpo e indicarían al cerebro que liberase adrenalina, que a su vez ordenaría al corazón que latiera más deprisa; aumentaría así la circulación sanguínea para permitir la llegada de más oxígeno a los músculos. Más tarde, las células del hipotálamo detectarían un aumento en su temperatura corporal y enviarían una señal a la piel para producir sudor, el cual se evaporaría y le enfriaría.

Los sistemas del cuerpo están vinculados por una vasta red de bucles de realimentación positiva y negativa, que utilizan moléculas señalizadoras como las hormonas e impulsos eléctricos procedentes de los nervios para poder comunicarse y mantener un estado de equilibrio. Aquí se describen los componentes y funciones básicos de cada sistema, y se analizan ejemplos de interacciones sistémicas.

SISTEMA LINFÁTICO

Está compuesto por una red de vasos y ganglios que drenan fluido de los capilares sanguíneos y lo devuelven a las venas. Sus funciones principales son mantener el equilibrio de líquidos en el sistema cardiovascular y distribuir células inmunitarias desde el sistema inmunitario al resto del cuerpo. El movimiento de la linfa depende de la contracción y relajación de músculos lisos del sistema muscular.

SISTEMA ENDOCRINO

Al igual que el nervioso, el sistema endocrino transporta los mensajes del resto de los sistemas, lo que permite que estén estrechamente coordinados y controlados. Usa mensajeros químicos llamados hormonas, segregadas normalmente por glándulas especializadas.

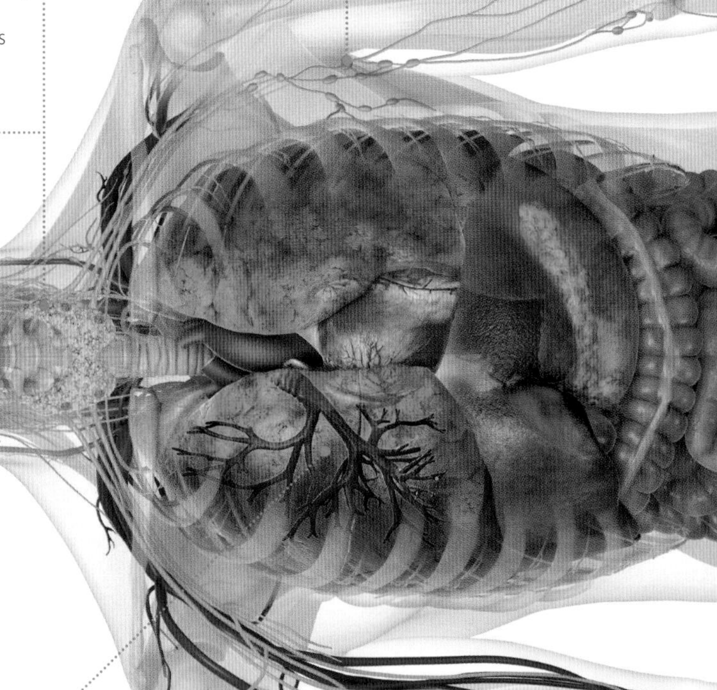

CONTROL DEL CORAZÓN

Los sistemas nerviosos simpático y parasimpático trabajan conjuntamente para regular el corazón y el gasto cardíaco (p. 361). Los nervios simpáticos liberan sustancias químicas que aumentan el ritmo y la fuerza de las contracciones del músculo cardíaco. El nervio vago, en el sistema parasimpático, libera otra sustancia que reduce el ritmo y el gasto cardíacos.

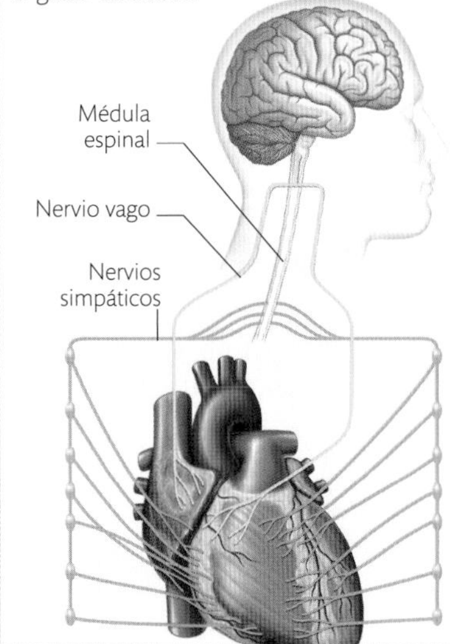
Médula espinal
Nervio vago
Nervios simpáticos

SISTEMA NERVIOSO

Encéfalo, médula espinal y nervios trabajan juntos para recoger, procesar y difundir información procedente de los medios interno y externo. El sistema nervioso se comunica a través de redes neuronales que conectan con el resto de los sistemas corporales. El encéfalo coordina y controla todos los demás sistemas para asegurar que funcionen normalmente y reciban todo lo necesario.

SISTEMA RESPIRATORIO

Para poder funcionar, cada célula del cuerpo necesita recibir oxígeno y deshacerse del dióxido de carbono, independientemente del sistema al que pertenezca. El sistema respiratorio permite esta función al introducir aire en los pulmones, donde se produce el intercambio pasivo de esas moléculas entre el aire y la sangre. El sistema cardiovascular transporta oxígeno y dióxido de carbono entre células y pulmones.

INSPIRAR Y ESPIRAR

La mecánica respiratoria se basa en la interacción entre los sistemas respiratorio y muscular. Los músculos intercostales y el diafragma se contraen junto con otros tres músculos para aumentar el volumen de la cavidad pectoral (pp. 350–351), lo que hace bajar el aire a los pulmones. En la espiración forzada interviene un grupo distinto de músculos, que reduce con rapidez la cavidad pectoral y obliga al aire a salir.

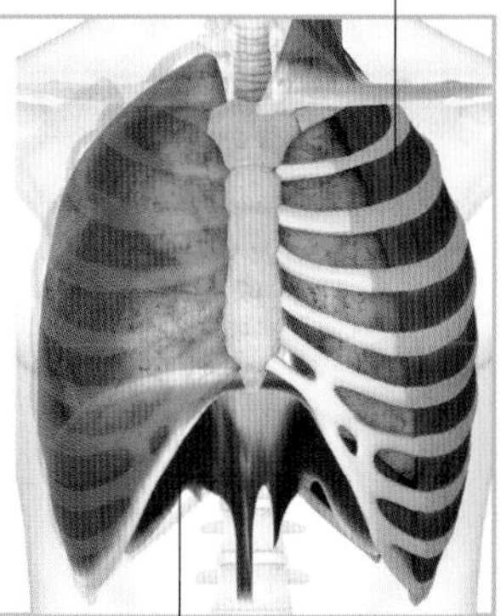
Músculos intercostales y accesorios
Diafragma

SISTEMA DIGESTIVO

Además de oxígeno, las células necesitan energía para funcionar. El sistema digestivo procesa y descompone el alimento ingerido para que sus diversos nutrientes puedan ser absorbidos de los intestinos al sistema circulatorio. Estos nutrientes se reparten más tarde entre las células de cada sistema para proporcionarles energía.

SISTEMA MUSCULAR

Está compuesto por tres tipos de músculos: esqueléticos, lisos y cardíacos. Es el responsable de la generación de movimiento, tanto el de las extremidades como el interno de otros sistemas corporales. Los músculos lisos, por ejemplo, ayudan al sistema digestivo impulsando la comida a lo largo del esófago y a través de estómago, intestinos y recto. Y el sistema respiratorio no podría funcionar si los músculos torácicos no se contrajeran para llenar los pulmones de aire (p. anterior).

SANGRE CIRCULANTE

Las venas del sistema cardiovascular dependen de la acción directa de músculos esqueléticos para devolver la sangre desoxigenada de las extremidades al corazón (p. 363). Como se muestra aquí, las contracciones musculares de la pierna comprimen las venas próximas, empujando la sangre hacia arriba. Cuando los músculos se relajan, válvulas unidireccionales dentro de las venas evitan que la sangre descienda, y las venas se llenan con sangre ascendente. El sistema linfático realiza el mismo proceso: las contracciones musculares ayudan al transporte de linfa a través de los vasos linfáticos (p. 366).

Sangre empujada hacia arriba

Contracción muscular

SISTEMA ESQUELÉTICO

Este sistema, formado por huesos, cartílagos, ligamentos y tendones, proporciona al cuerpo un soporte estructural y protección. Aloja gran parte del sistema nervioso en el cráneo y las vértebras, y los órganos vitales de los sistemas respiratorio y circulatorio dentro de la caja torácica. Además, sustenta a los sistemas circulatorio e inmunitario produciendo eritrocitos y leucocitos.

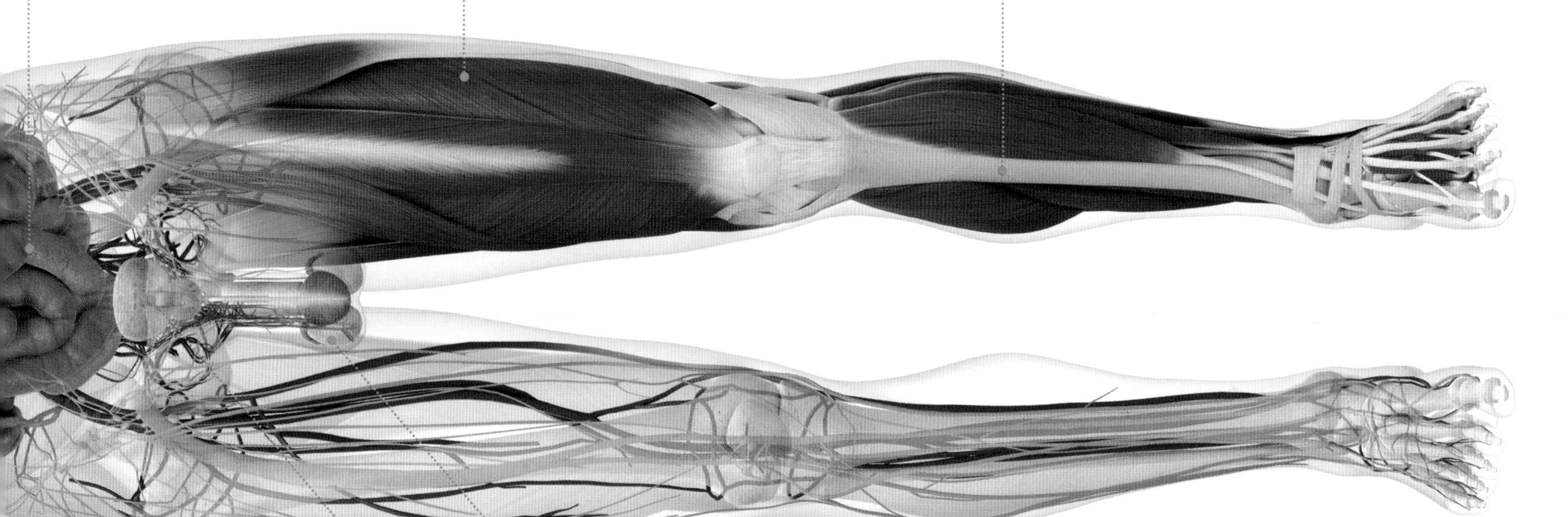

SISTEMA REPRODUCTOR

Aunque no es esencial para vivir, el sistema reproductor es necesario para propagar la vida. Los testículos producen gametos en forma de espermatozoides, y los ovarios en forma de óvulos; ambos se fusionan para crear un embrión. Además, los testículos y los ovarios producen hormonas como los estrógenos y la testosterona, por lo que también forman parte del sistema endocrino.

SISTEMA CARDIOVASCULAR

El sistema cardiovascular emplea la sangre para transportar oxígeno desde el sistema respiratorio y nutrientes desde el digestivo hasta las células de todos los sistemas corporales. También retira productos de dichas células. En el centro de este sistema se halla el músculo cardíaco, que bombea la sangre a través de los vasos sanguíneos.

SISTEMA URINARIO

Filtra y elimina muchos de los productos de desecho generados por otros sistemas corporales, como el digestivo. Lo hace filtrando la sangre a través de los riñones y produciendo orina; esta es recogida en la vejiga y excretada a continuación a través de la uretra (derecha). Los riñones ayudan además a mantener la presión sanguínea en el sistema cardiovascular al asegurarse de que la sangre reabsorbe la cantidad adecuada de agua.

PRODUCCIÓN DE ORINA

El riñón es la sede de una interacción clave entre los sistemas urinario y cardiovascular (p. 389). La orina se produce cuando las nefronas, unidades funcionales del riñón, filtran la sangre. Dentro de cada nefrona, la sangre es empujada a través de un glomérulo (masa de capilares) y filtrada por una membrana (cápsula de Bowman). El filtrado pasa por una serie de túbulos donde parte de la glucosa, las sales y el agua es reabsorbida al flujo sanguíneo: el resto, que incluye urea y productos de desecho, es excretado como orina.

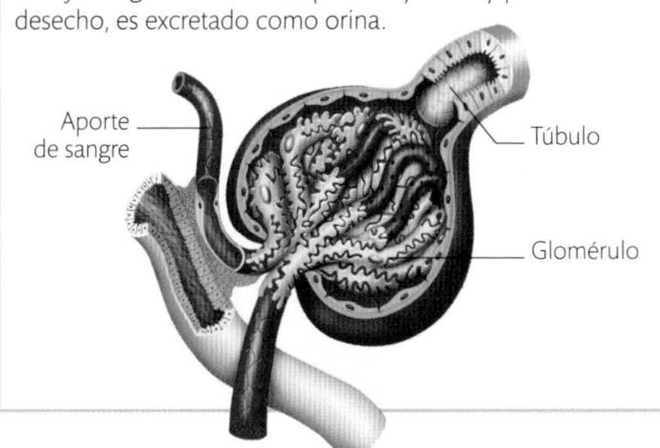
Aporte de sangre
Túbulo
Glomérulo

anatomía

El cuerpo humano es una «máquina viva» con numerosas y complejas partes funcionales. Para comprender cómo funciona, es vital saber cómo está ensamblado. Los avances tecnológicos nos permiten retirar las capas exteriores y revelar su maravilloso interior.

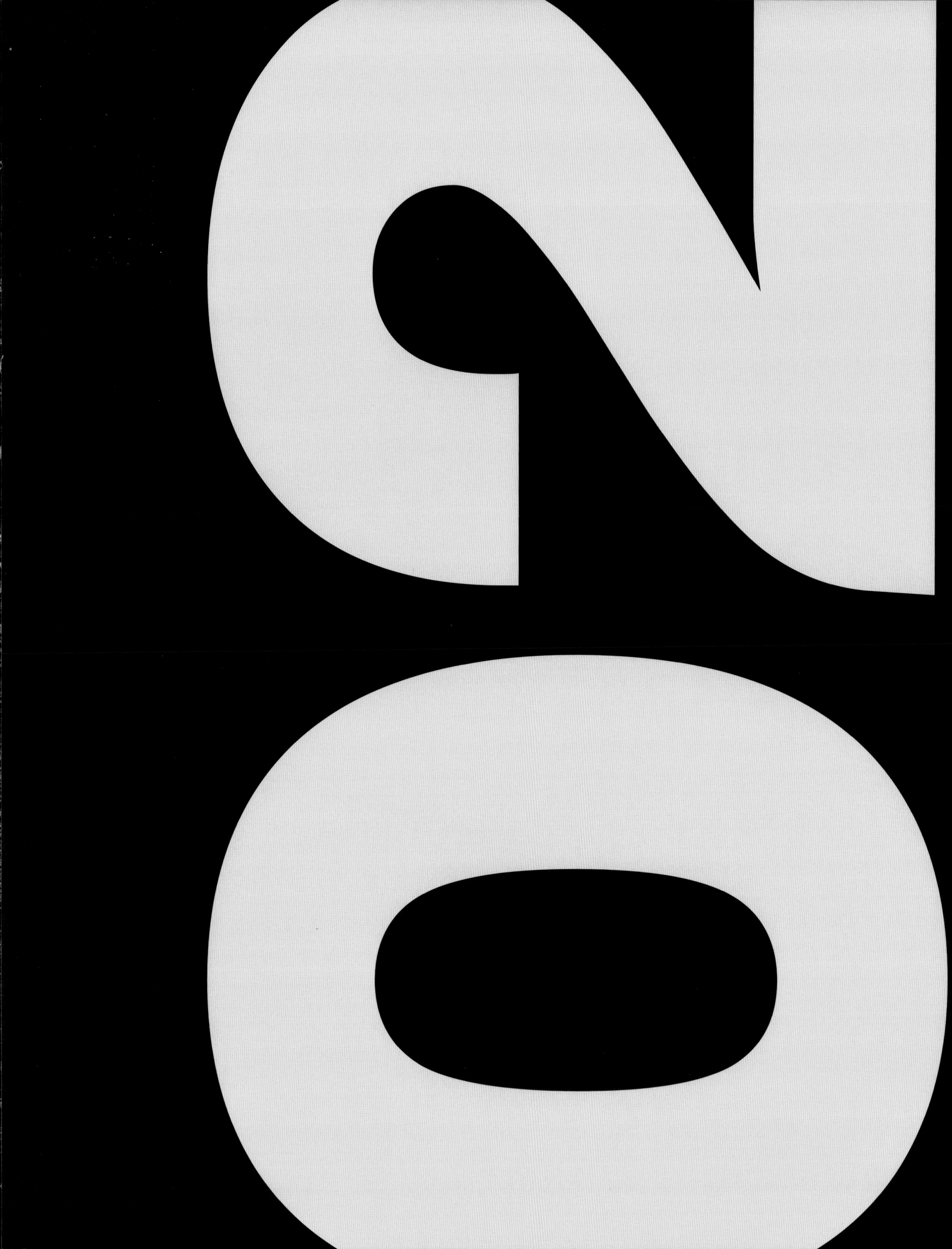

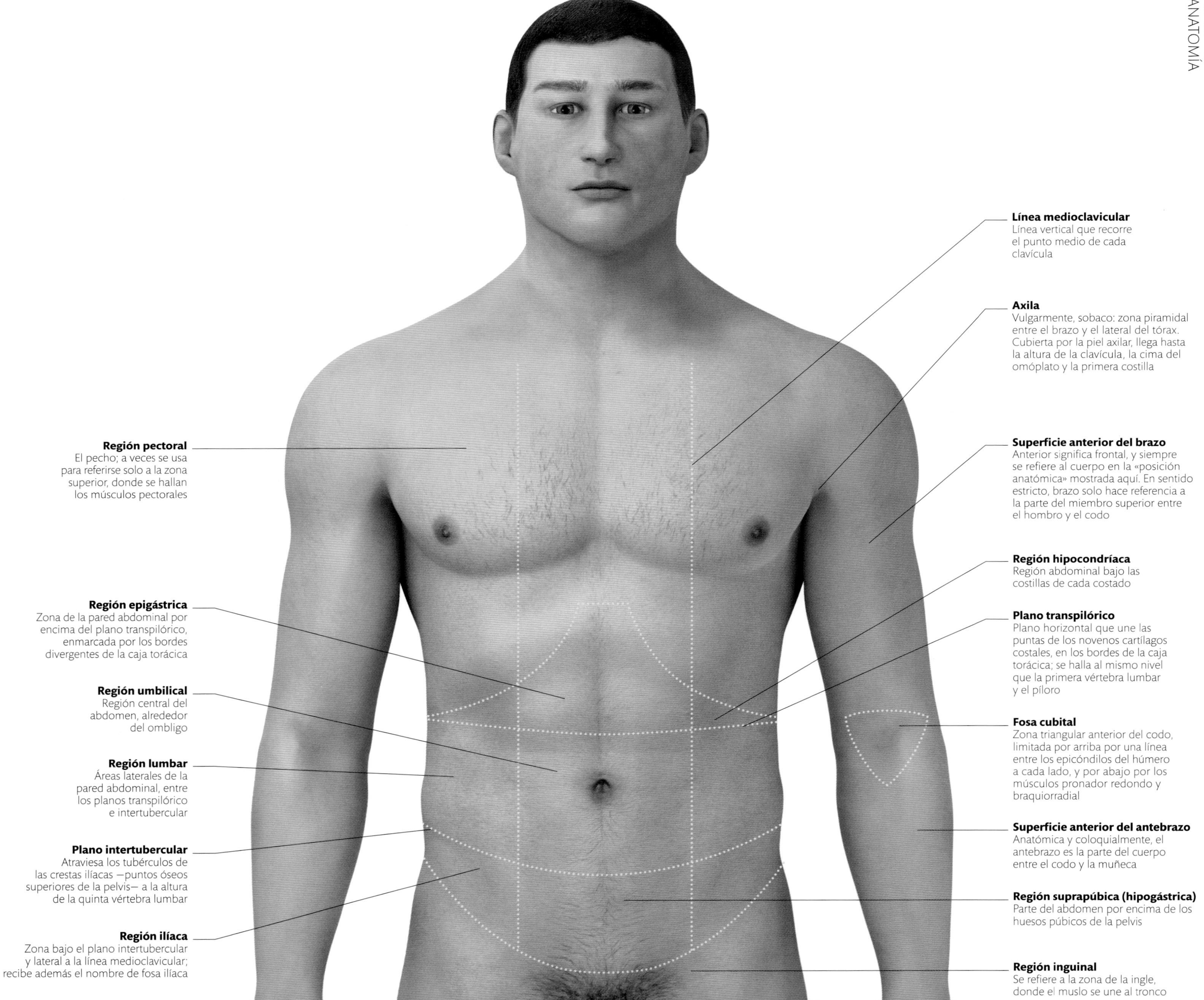
Región pectoral
El pecho; a veces se usa para referirse solo a la zona superior, donde se hallan los músculos pectorales
Región epigástrica
Zona de la pared abdominal por encima del plano transpilórico, enmarcada por los bordes divergentes de la caja torácica
Región umbilical
Región central del abdomen, alrededor del ombligo
Región lumbar
Áreas laterales de la pared abdominal, entre los planos transpilórico e intertubercular
Plano intertubercular
Atraviesa los tubérculos de las crestas ilíacas —puntos óseos superiores de la pelvis— a la altura de la quinta vértebra lumbar
Región ilíaca
Zona bajo el plano intertubercular y lateral a la línea medioclavicular; recibe además el nombre de fosa ilíaca
Línea medioclavicular
Línea vertical que recorre el punto medio de cada clavícula
Axila
Vulgarmente, sobaco: zona piramidal entre el brazo y el lateral del tórax. Cubierta por la piel axilar, llega hasta la altura de la clavícula, la cima del omóplato y la primera costilla
Superficie anterior del brazo
Anterior significa frontal, y siempre se refiere al cuerpo en la «posición anatómica» mostrada aquí. En sentido estricto, brazo solo hace referencia a la parte del miembro superior entre el hombro y el codo
Región hipocondríaca
Región abdominal bajo las costillas de cada costado
Plano transpilórico
Plano horizontal que une las puntas de los novenos cartílagos costales, en los bordes de la caja torácica; se halla al mismo nivel que la primera vértebra lumbar y el píloro
Fosa cubital
Zona triangular anterior del codo, limitada por arriba por una línea entre los epicóndilos del húmero a cada lado, y por abajo por los músculos pronador redondo y braquiorradial
Superficie anterior del antebrazo
Anatómica y coloquialmente, el antebrazo es la parte del cuerpo entre el codo y la muñeca
Región suprapúbica (hipogástrica)
Parte del abdomen por encima de los huesos púbicos de la pelvis
Región inguinal
Se refiere a la zona de la ingle, donde el muslo se une al tronco

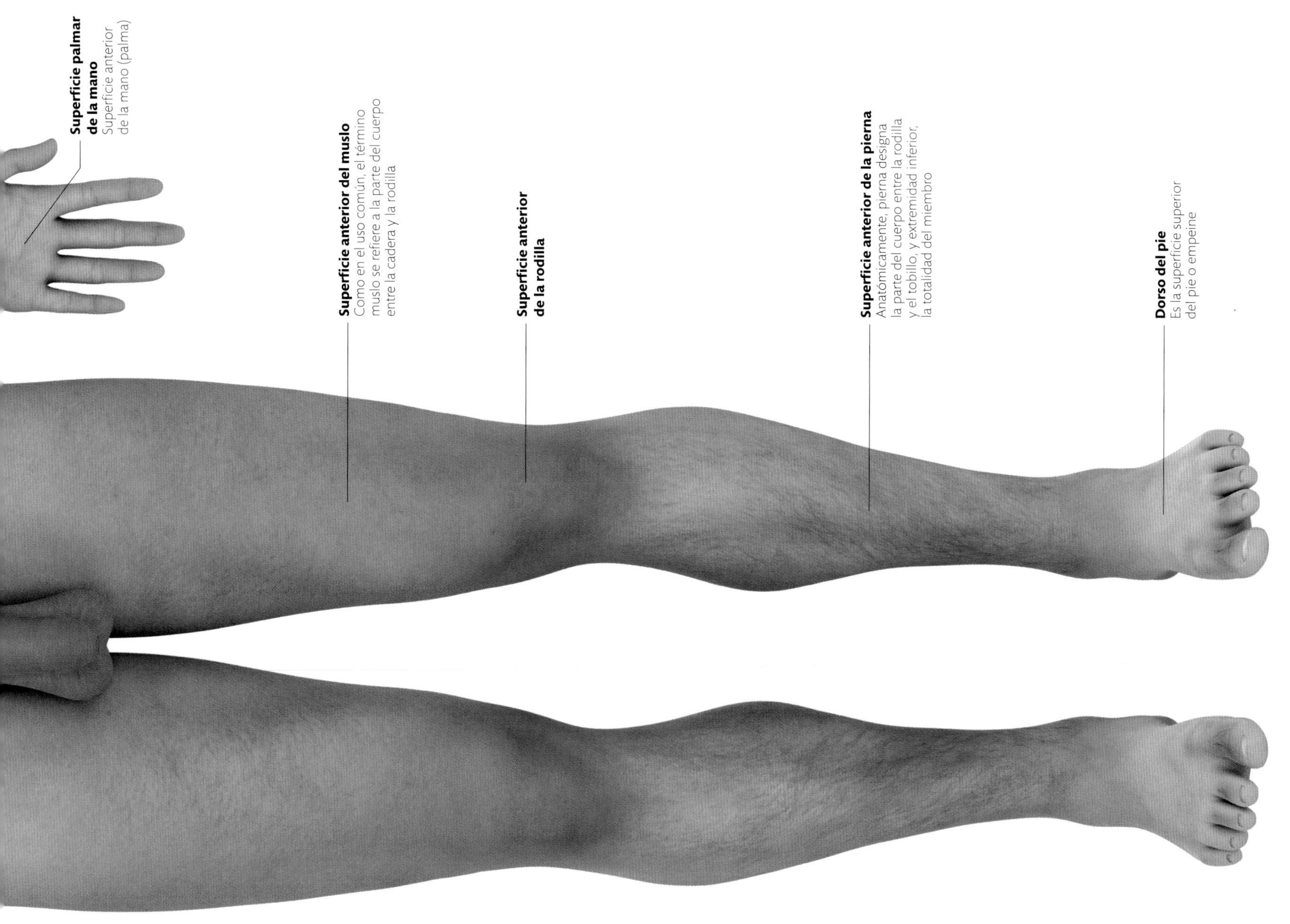
Superficie palmar de la mano
Superficie anterior de la mano (palma)
Superficie anterior del muslo
Como en el uso común, el término muslo se refiere a la parte del cuerpo entre la cadera y la rodilla
Superficie anterior de la rodilla
Superficie anterior de la pierna
Anatómicamente, pierna designa la parte del cuerpo entre la rodilla y el tobillo, y extremidad inferior, la totalidad del miembro
Dorso del pie
Es la superficie superior del pie o empeine

ANTERIOR (FRONTAL)

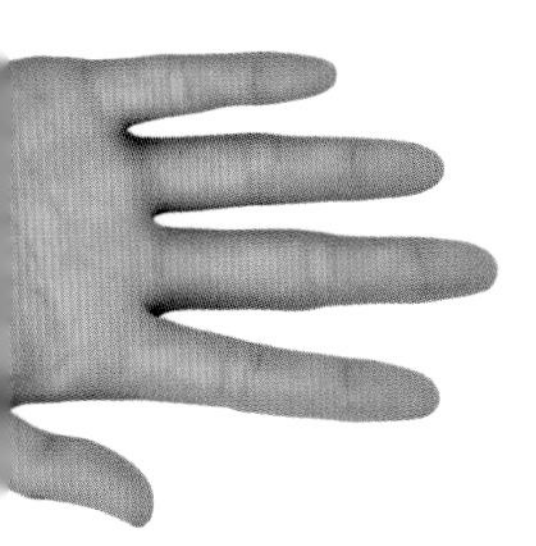

TERMINOLOGÍA ANATÓMICA

El lenguaje anatómico nos permite describir la estructura del cuerpo con claridad y precisión. Ello resulta útil para describir zonas y partes, así como los planos y líneas establecidos para delimitar el cuerpo, en términos mucho más exactos y detallados de lo que sería posible en lenguaje coloquial. Así, en vez de decir que un paciente tiene un dolor «a la izquierda del vientre», un médico puede ser mucho más preciso y hablar de «la región lumbar izquierda», para que otros médicos sepan exactamente lo que quiere decir.

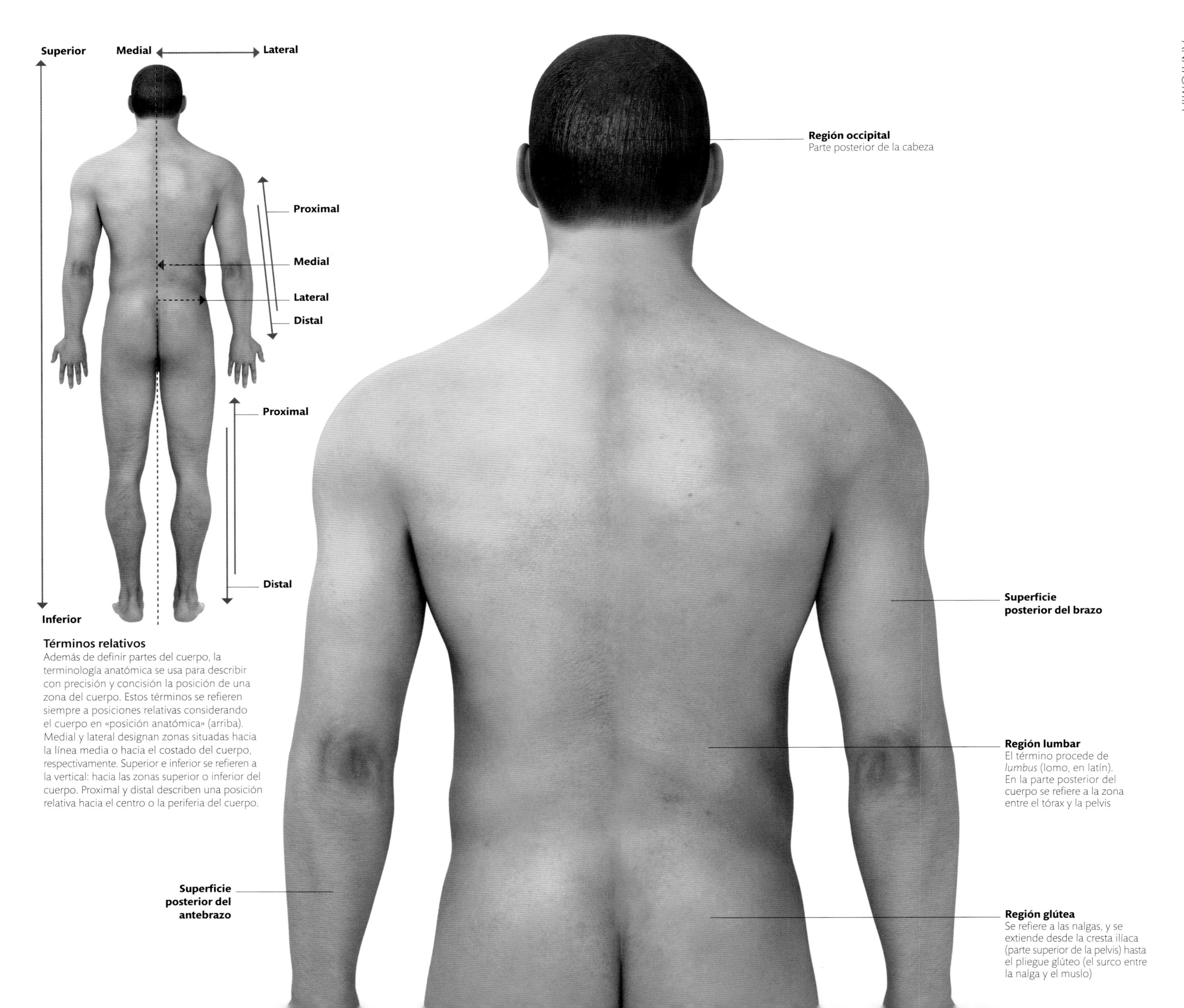
Superior
Medial
Lateral
Proximal
Medial
Lateral
Distal
Proximal
Distal
Inferior
Región occipital
Parte posterior de la cabeza
Superficie posterior del brazo
Región lumbar
El término procede de *lumbus* (lomo, en latín). En la parte posterior del cuerpo se refiere a la zona entre el tórax y la pelvis
Superficie posterior del antebrazo
Región glútea
Se refiere a las nalgas, y se extiende desde la cresta ilíaca (parte superior de la pelvis) hasta el pliegue glúteo (el surco entre la nalga y el muslo)

Términos relativos

Además de definir partes del cuerpo, la terminología anatómica se usa para describir con precisión y concisión la posición de una zona del cuerpo. Estos términos se refieren siempre a posiciones relativas considerando el cuerpo en «posición anatómica» (arriba). Medial y lateral designan zonas situadas hacia la línea media o hacia el costado del cuerpo, respectivamente. Superior e inferior se refieren a la vertical: hacia las zonas superior o inferior del cuerpo. Proximal y distal describen una posición relativa hacia el centro o la periferia del cuerpo.

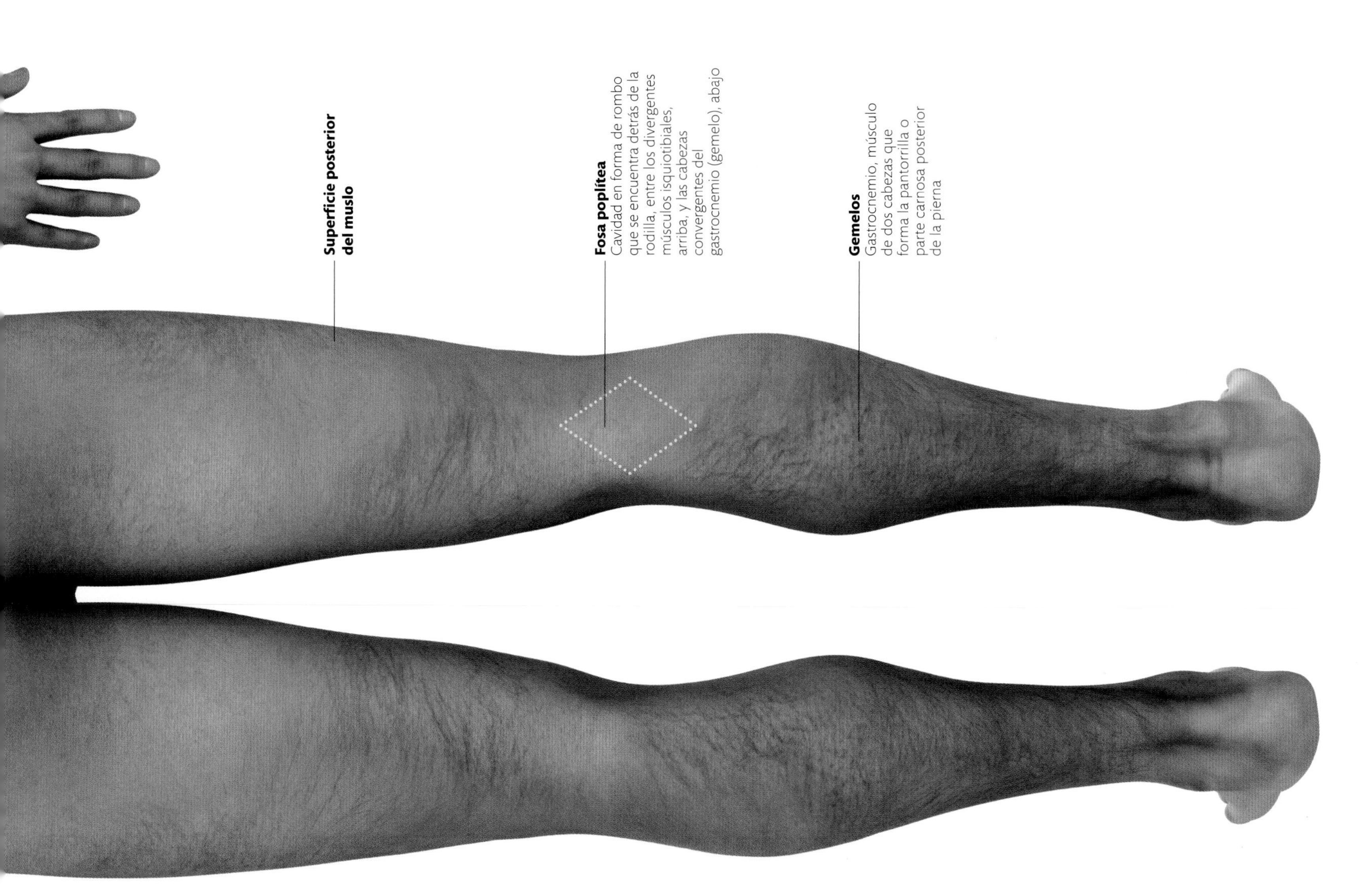
Superficie posterior del muslo
Fosa poplítea
Cavidad en forma de rombo que se encuentra detrás de la rodilla, entre los divergentes músculos isquiotibiales, arriba, y las cabezas convergentes del gastrocnemio (gemelo), abajo
Gemelos
Gastrocnemio, músculo de dos cabezas que forma la pantorrilla o parte carnosa posterior de la pierna
POSTERIOR (DORSAL)

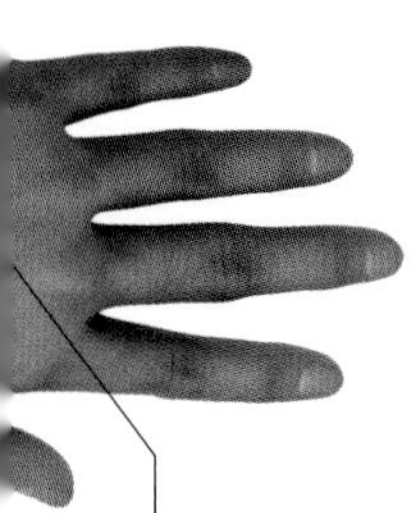
Dorso de la mano
Parte posterior de la mano

TERMINOLOGÍA ANATÓMICA

Se muestran aquí algunos de los términos utilizados para designar las grandes regiones de la parte posterior del cuerpo, y los usados para describir posiciones relativas. Aunque el lenguaje común tiene sus nombres para las grandes estructuras —como hombro o cadera—, estos se agotan al descender a los detalles. Es ahí donde entran los anatomistas, que han acuñado nombres normalmente derivados del latín o el griego. Las páginas siguientes muestran con detalle cabeza y cuello, tórax, abdomen y extremidades. El lenguaje anatómico pretende ilustrar, no confundir; algunos términos podrán parecer poco familiares o innecesarios, pero permiten una descripción precisa y clara.

Plano transversal
Corta el cuerpo horizontalmente, dividiéndolo en partes superiores e inferiores

TRANSVERSAL

Plano coronal

Plano sagital

Plano transversal

Flexión

Extensión

Aducción

Abducción

Términos anatómicos para el movimiento
El gráfico superior muestra los tres planos –sagital, coronal y transversal– que cortan el cuerpo; a la izquierda hay ejemplos reales de IRM que muestran las vistas de dichos planos. El gráfico superior ilustra además algunos términos médicos usados para describir ciertos movimientos de partes del cuerpo: la flexión reduce el ángulo de una articulación, como la del codo, y la extensión lo aumenta; la aducción acerca un miembro al plano sagital, mientras que la abducción lo separa del mismo.

PLANOS Y MOVIMIENTO

En ocasiones es mucho más sencillo apreciar y comprender la anatomía cortando el cuerpo tridimensional en secciones bidimensionales. La tomografía computerizada (TC) y la resonancia magnética (RM) son técnicas de diagnóstico por la imagen que muestran el cuerpo en secciones, cuya orientación (como se ve en las imágenes) se define según tres planos: sagital, coronal o transversal. También existen términos anatómicos precisos para definir las posiciones absolutas y relativas de las partes del cuerpo (pp. 30–33) y para describir los movimientos articulatorios, como abducción, aducción, flexión y extensión (izquierda). Algunas articulaciones, como hombros y rodillas, permiten además la rotación del miembro en torno a su eje; un tipo especial de rotación entre los huesos del antebrazo permite girar la mano con la palma hacia arriba (supinación) o hacia abajo (pronación).

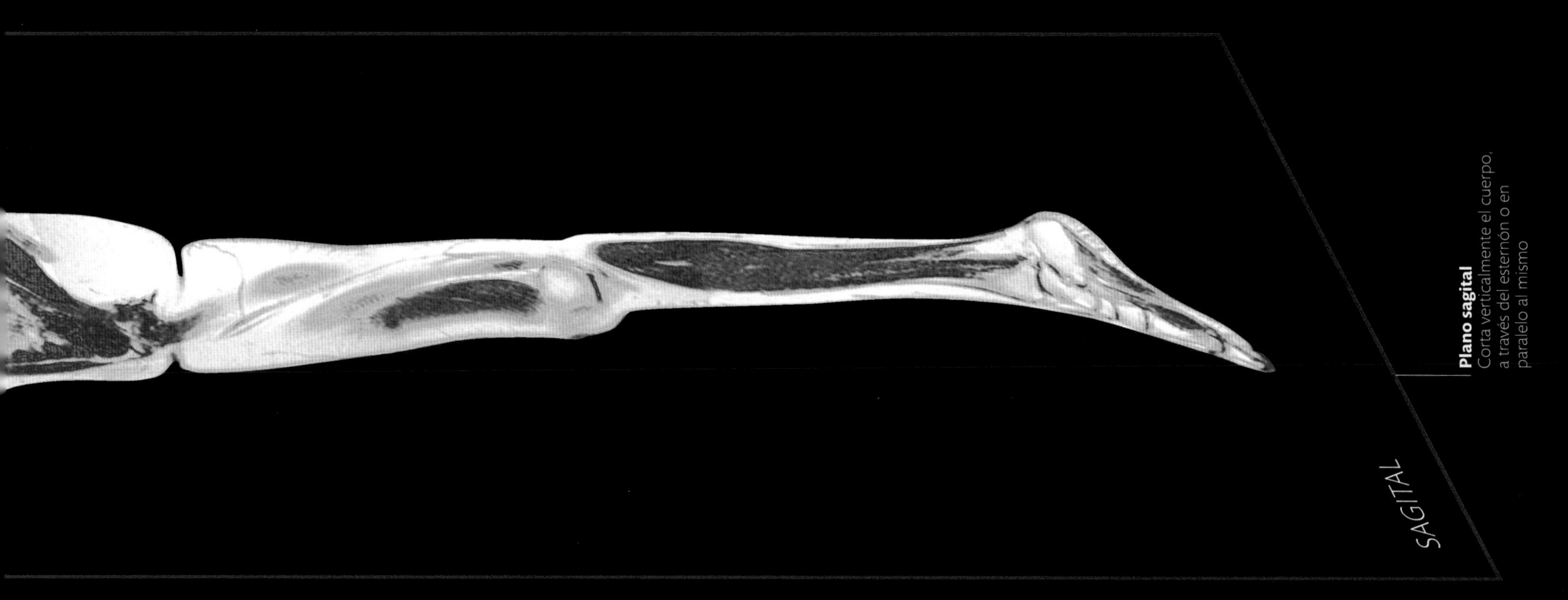
SAGITAL

Plano sagital
Corta verticalmente el cuerpo, a través del esternón o en paralelo al mismo

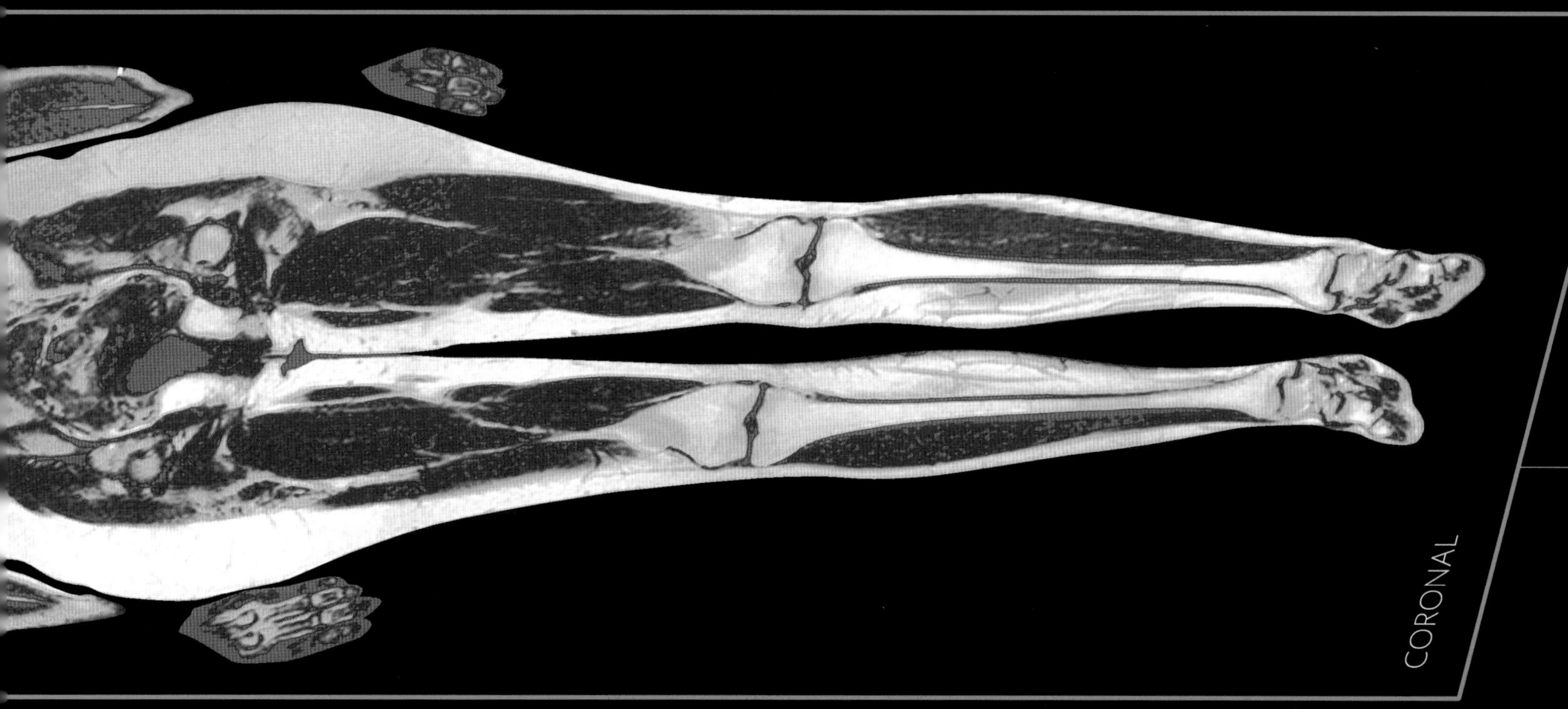
CORONAL

Plano coronal
Corta verticalmente el cuerpo a través de los hombros o en paralelo a ellos

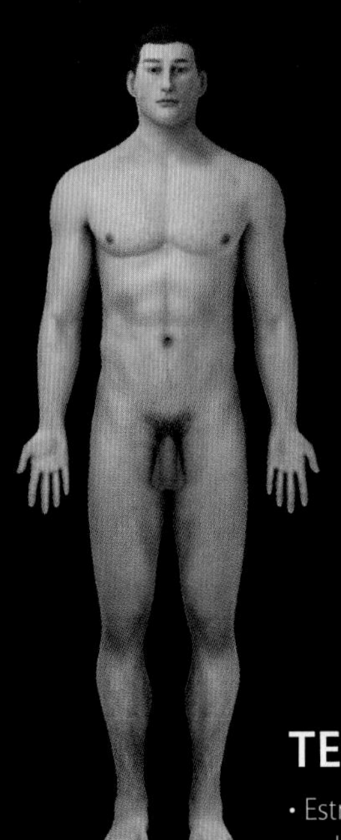

TEGUMENTARIO

- Estructura de piel, pelo y uñas pp. 38–39

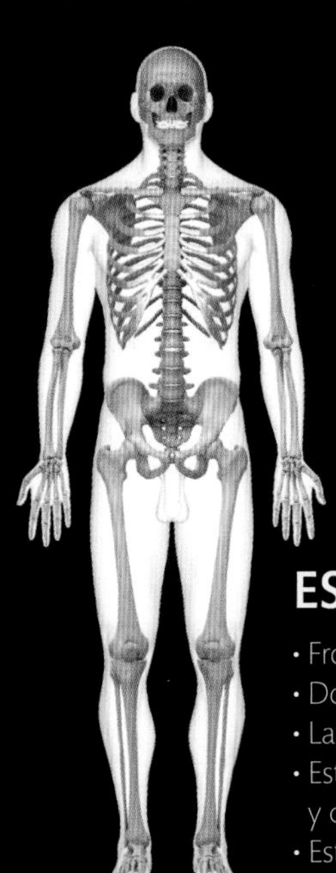

ESQUELÉTICO

- Frontal pp. 40–41
- Dorsal pp. 42–43
- Lateral pp. 44–45
- Estructura de huesos y cartílagos pp. 46–47
- Estructura de articulaciones y ligamentos pp. 48–49

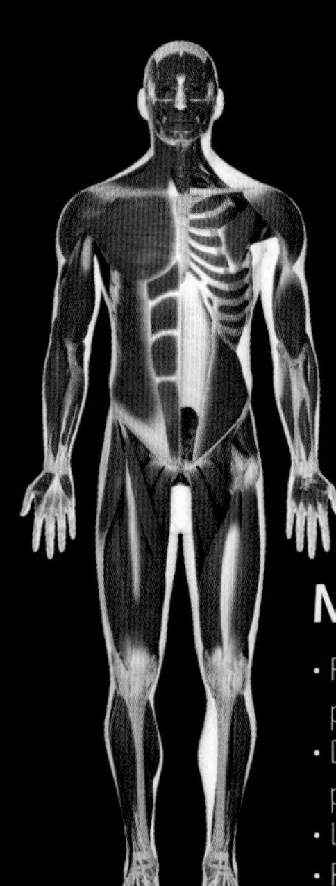

MUSCULAR

- Frontal (superficial del costado derecho; profundo del izquierdo) pp. 50–51
- Dorsal (superficial del costado derecho; profundo del izquierdo) pp. 52–53
- Lateral pp. 54–55
- Fijaciones de los músculos pp. 56–57
- Estructura muscular pp. 58–59

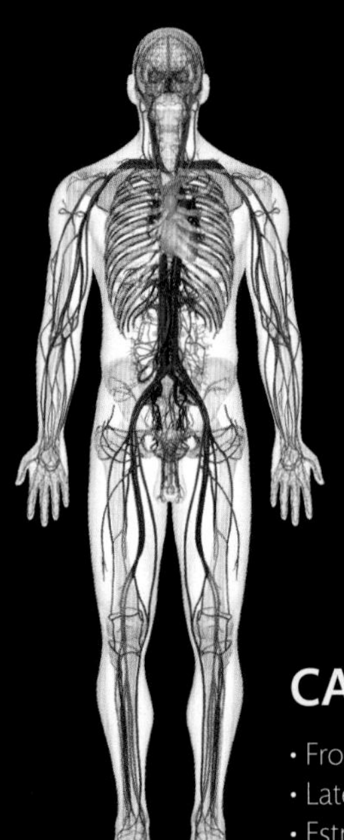

CARDIOVASCULAR

- Frontal pp. 68–69
- Lateral pp. 70–71
- Estructura de arterias, venas y capilares pp. 72–73

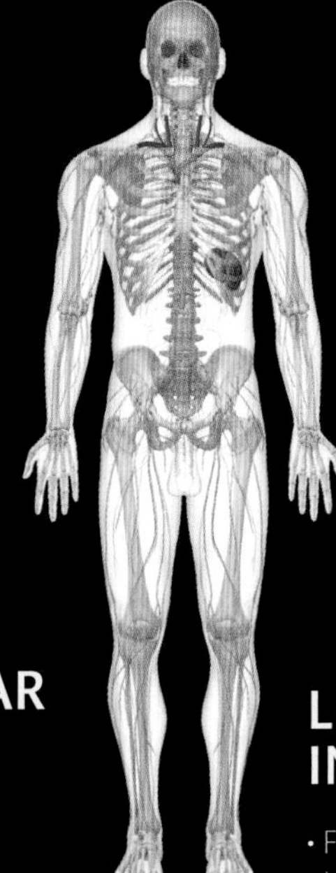

LINFÁTICO E INMUNITARIO

- Frontal pp. 74–75
- Lateral pp. 76–77

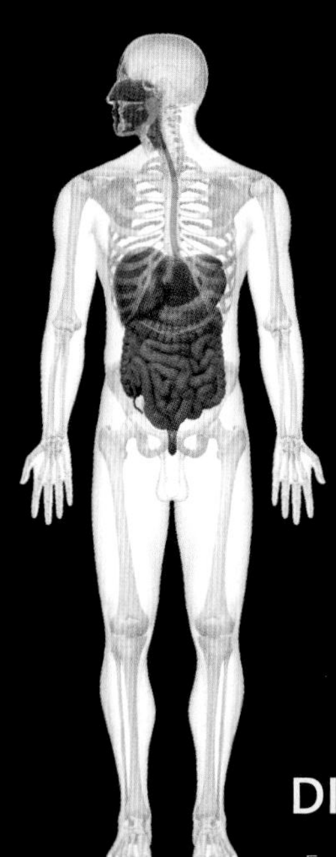

DIGESTIVO

- Frontal pp. 78–79

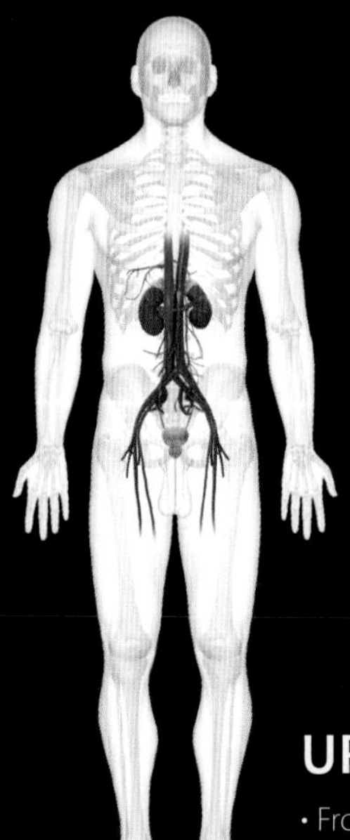

URINARIO

- Frontal (masculino: principal; femenino: recuadro) pp. 80–81

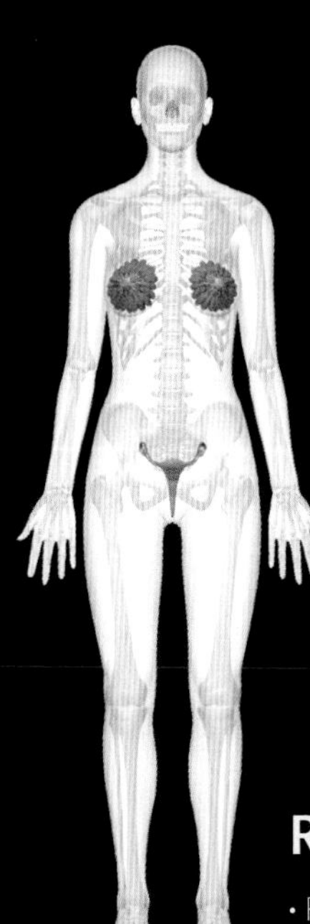

REPRODUCTOR

- Frontal (femenino: principal; masculino: recuadro) pp. 82–83

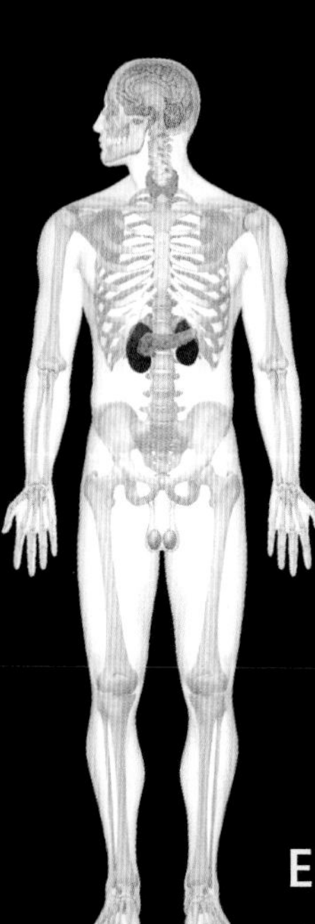

ENDOCRINO

- Frontal pp. 84–85

SISTEMAS CORPORALES

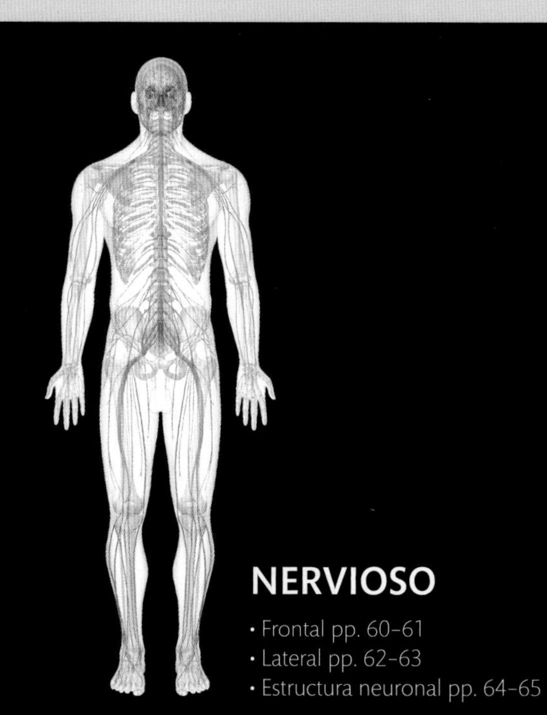

NERVIOSO

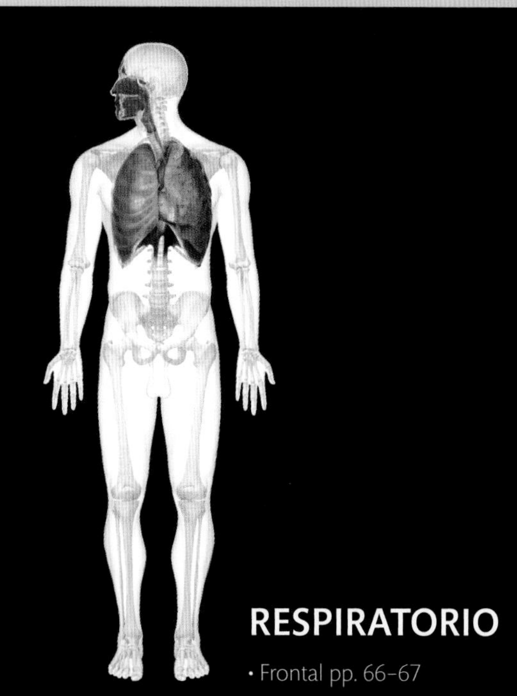

RESPIRATORIO

El cuerpo tiene once sistemas principales. Ninguno de ellos funciona aislado; los sistemas endocrino y nervioso, por ejemplo, trabajan estrechamente unidos, igual que el respiratorio y el cardiovascular. No obstante, para entender cómo está formado el cuerpo, resulta útil descomponerlo sistema por sistema. En esta parte del capítulo **Anatomía** se ofrece una visión general de cada uno de los once sistemas antes de examinarlos con mayor detalle en el **Atlas anatómico**.

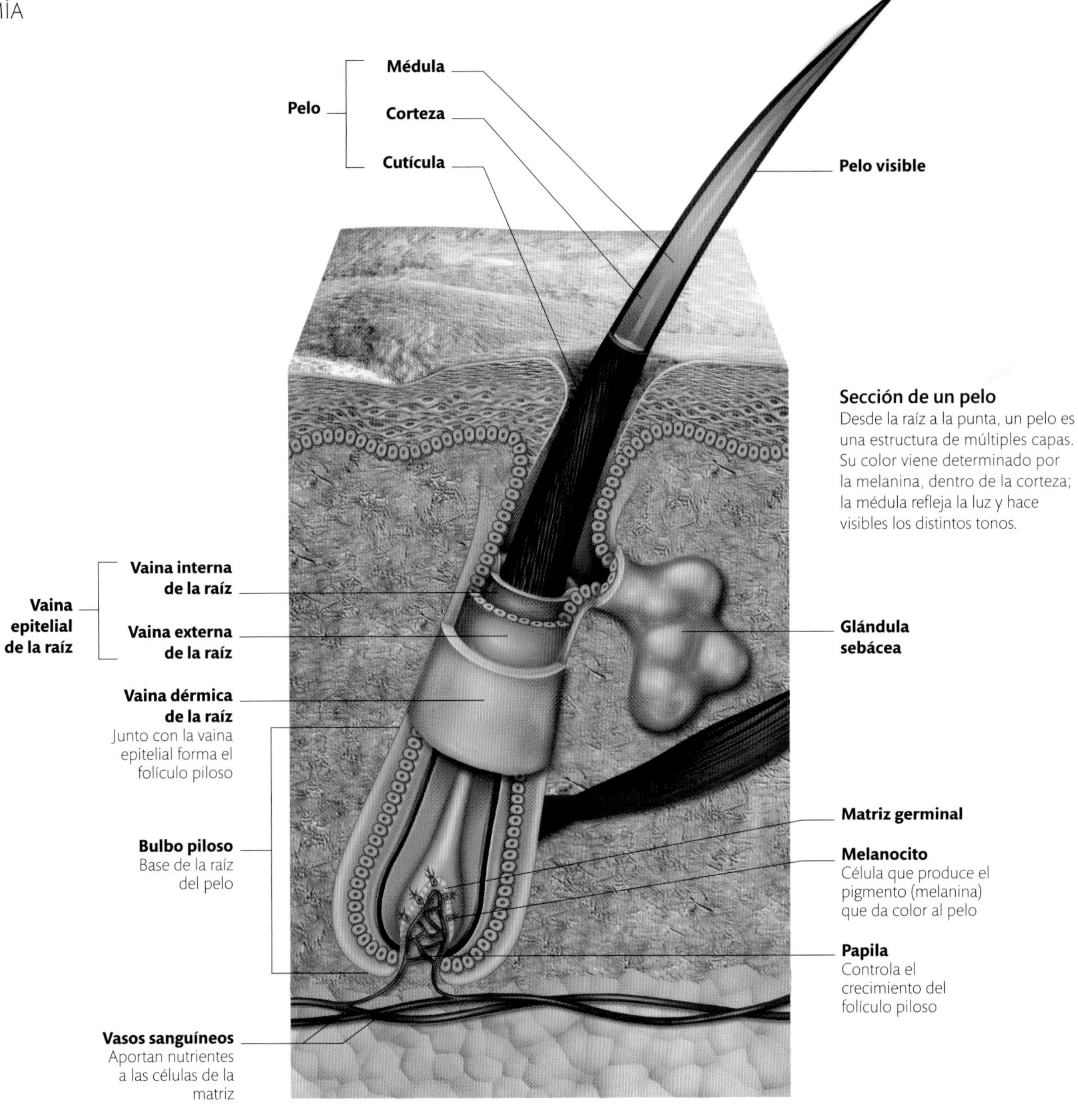
Pelo
Médula
Corteza
Cutícula
Pelo visible
Vaina epitelial de la raíz
Vaina interna de la raíz
Vaina externa de la raíz
Glándula sebácea
Vaina dérmica de la raíz
Junto con la vaina epitelial forma el folículo piloso
Bulbo piloso
Base de la raíz del pelo
Matriz germinal
Melanocito
Célula que produce el pigmento (melanina) que da color al pelo
Papila
Controla el crecimiento del folículo piloso
Vasos sanguíneos
Aportan nutrientes a las células de la matriz

Sección de un pelo
Desde la raíz a la punta, un pelo es una estructura de múltiples capas. Su color viene determinado por la melanina, dentro de la corteza; la médula refleja la luz y hace visibles los distintos tonos.

SECCIÓN LONGITUDINAL DE UN PELO

PIEL, PELO Y UÑAS ESTRUCTURA

La piel es el órgano más grande de nuestro cuerpo: pesa unos 4 kg y tiene una superficie de unos 2 m^2. Forma una resistente capa que nos protege de los elementos. Pero, además, nos permite apreciar las texturas y la temperatura del entorno; regula la temperatura corporal; permite la excreción por la transpiración, la comunicación por el rubor, el agarre gracias al relieve de las yemas de los dedos, y la producción de vitamina D a partir de la luz solar.

Los gruesos pelos de la cabeza y el fino vello corporal nos mantienen abrigados y secos. En realidad, el pelo visible está muerto; los pelos solamente están vivos en su raíz. El crecimiento constante y la autorreparación de las uñas protege nuestros dedos y mejora su sensibilidad.

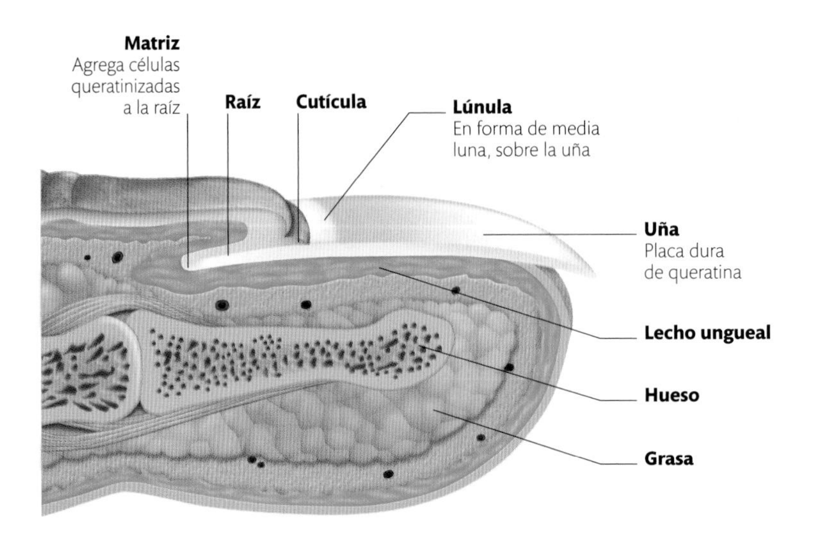
Matriz
Agrega células queratinizadas a la raíz
Raíz
Cutícula
Lúnula
En forma de media luna, sobre la uña
Uña
Placa dura de queratina
Lecho ungueal
Hueso
Grasa

SECCIÓN LONGITUDINAL DE UNA UÑA

SECCIÓN LONGITUDINAL DE LA PIEL

Sección de la piel
En un solo centímetro cuadrado de piel hay una media de 55 cm de fibras nerviosas, 70 cm de capilares sanguíneos, 15 glándulas sebáceas, 100 glándulas sudoríparas y unos 200 receptores sensoriales.

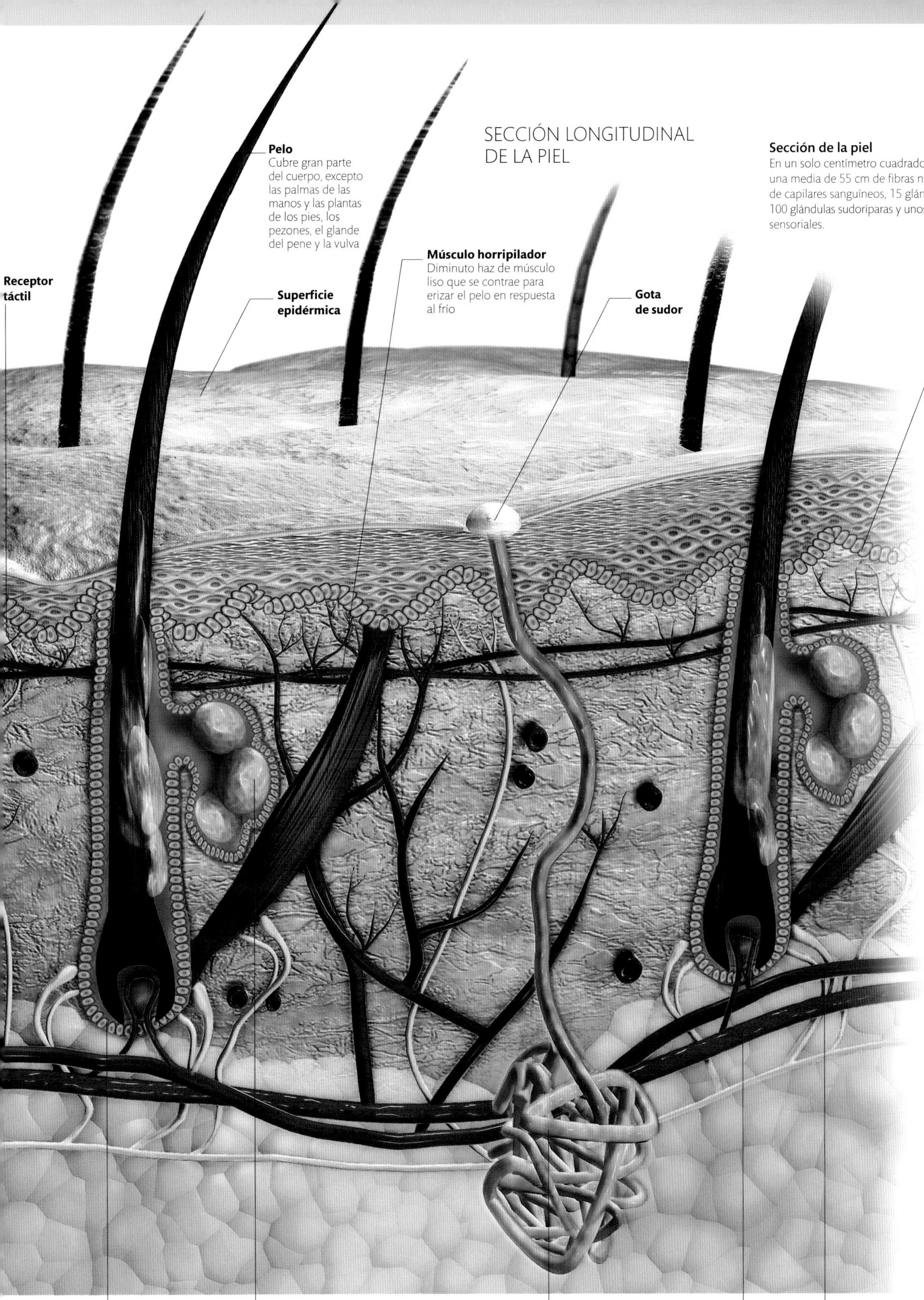

Pelo
Cubre gran parte del cuerpo, excepto las palmas de las manos y las plantas de los pies, los pezones, el glande del pene y la vulva

Receptor táctil

Superficie epidérmica

Músculo horripilador
Diminuto haz de músculo liso que se contrae para erizar el pelo en respuesta al frío

Gota de sudor

Capa basal epidérmica
Aquí se producen nuevas células epiteliales

Epidermis
Capa exterior de la piel. Esta capa consta de capas de células (queratinocitos) en renovación constante

Dermis
Capa interior, formada por un denso tejido conjuntivo; contiene los nervios y vasos sanguíneos que nutren la piel

Hipodermis
Capa subcutánea de tejido conjuntivo laxo; también llamada fascia superficial

Folículo piloso
Receptáculo en forma de copa que aloja el pelo en la dermis o hipodermis

Glándula sebácea
Segrega sebo al interior del folículo; esta secreción grasa ayuda a impermeabilizar la piel y la mantiene flexible; tiene efectos bactericidas

Glándula sudorípara
Nudo de tubos que se extiende desde la dermis hasta abrirse en un poro en la superficie epidérmica

Arteriola

Vénula

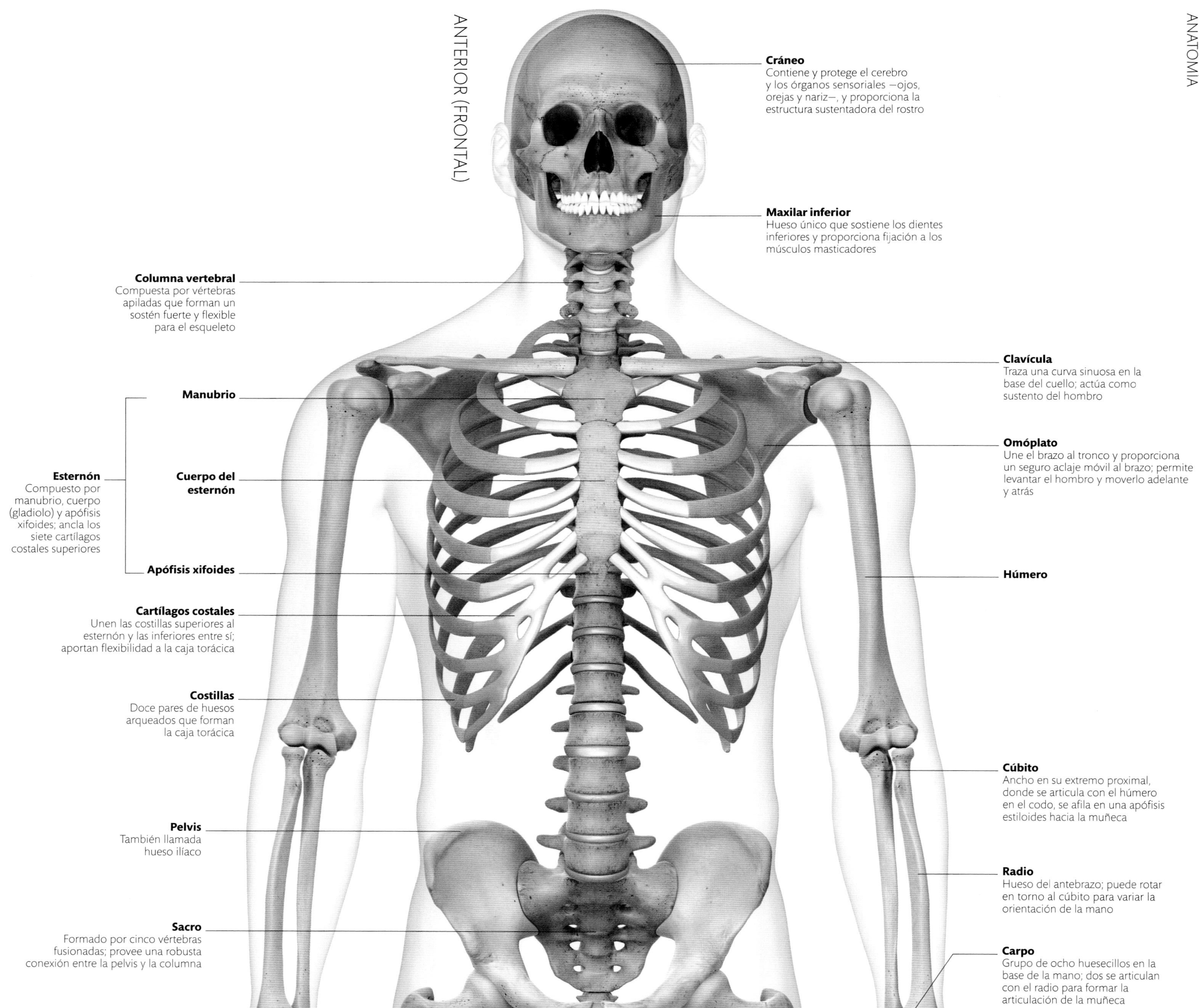

ANTERIOR (FRONTAL)
Cráneo Contiene y protege el cerebro y los órganos sensoriales –ojos, orejas y nariz–, y proporciona la estructura sustentadora del rostro
Maxilar inferior Hueso único que sostiene los dientes inferiores y proporciona fijación a los músculos masticadores
Columna vertebral Compuesta por vértebras apiladas que forman un sostén fuerte y flexible para el esqueleto
Clavícula Traza una curva sinuosa en la base del cuello; actúa como sustento del hombro
Manubrio
Omóplato Une el brazo al tronco y proporciona un seguro aclaje móvil al brazo; permite levantar el hombro y moverlo adelante y atrás
Esternón Compuesto por manubrio, cuerpo (gladiolo) y apófisis xifoides; ancla los siete cartílagos costales superiores
Cuerpo del esternón
Apófisis xifoides
Húmero
Cartílagos costales Unen las costillas superiores al esternón y las inferiores entre sí; aportan flexibilidad a la caja torácica
Costillas Doce pares de huesos arqueados que forman la caja torácica
Cúbito Ancho en su extremo proximal, donde se articula con el húmero en el codo, se afila en una apófisis estiloides hacia la muñeca
Pelvis También llamada hueso ilíaco
Radio Hueso del antebrazo; puede rotar en torno al cúbito para variar la orientación de la mano
Sacro Formado por cinco vértebras fusionadas; provee una robusta conexión entre la pelvis y la columna
Carpo Grupo de ocho huesecillos en la base de la mano; dos se articulan con el radio para formar la articulación de la muñeca

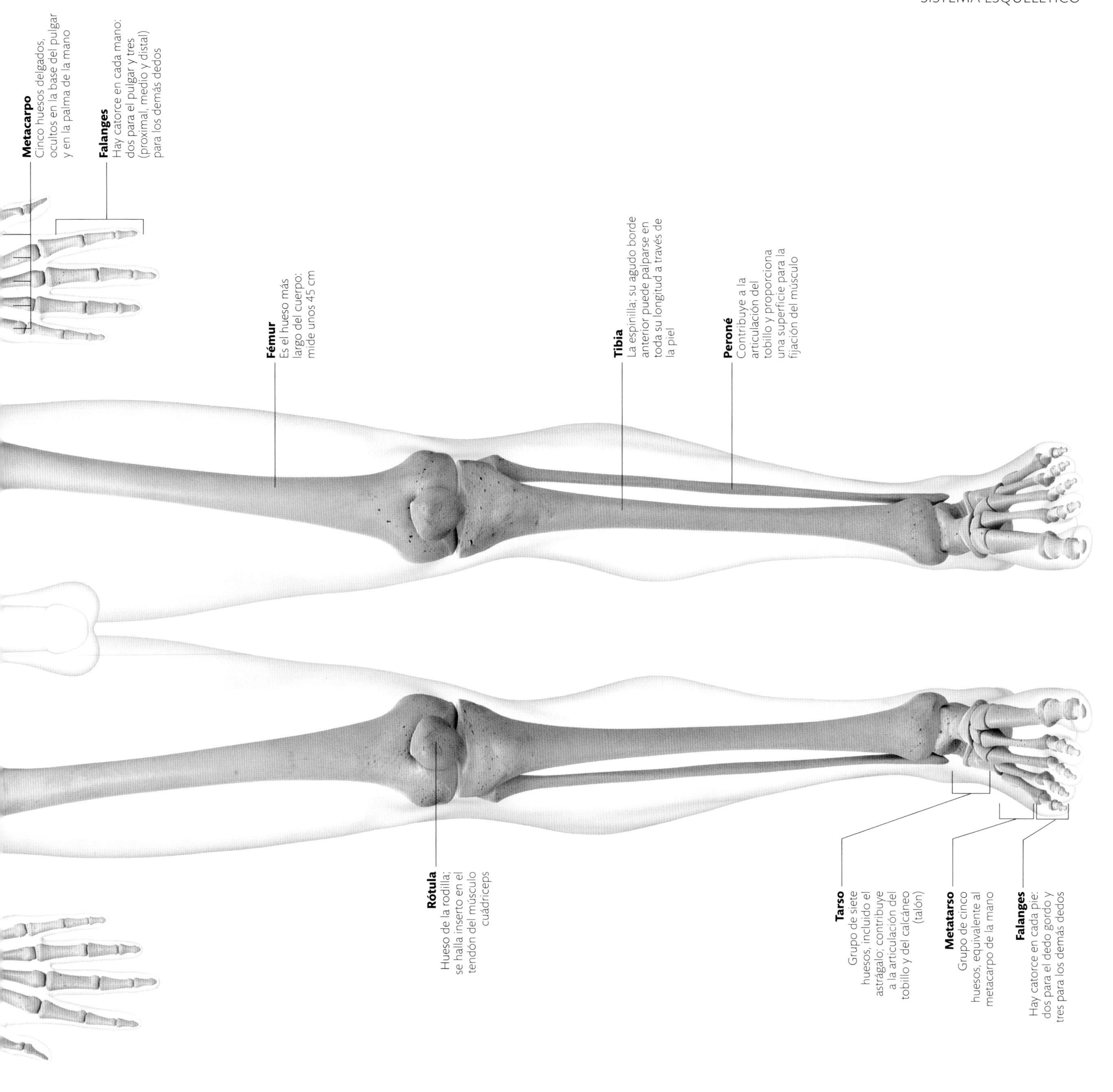
Metacarpo
Cinco huesos delgados, ocultos en la base del pulgar y en la palma de la mano
Falanges
Hay catorce en cada mano: dos para el pulgar y tres (proximal, medio y distal) para los demás dedos
Fémur
Es el hueso más largo del cuerpo: mide unos 45 cm
Tibia
La espinilla; su agudo borde anterior puede palparse en toda su longitud a través de la piel
Peroné
Contribuye a la articulación del tobillo y proporciona una superficie para la fijación del músculo
Rótula
Hueso de la rodilla; se halla inserto en el tendón del músculo cuádriceps
Tarso
Grupo de siete huesos, incluido el astrágalo; contribuye a la articulación del tobillo y del calcáneo (talón)
Metatarso
Grupo de cinco huesos, equivalente al metacarpo de la mano
Falanges
Hay catorce en cada pie: dos para el dedo gordo y tres para los demás dedos

SISTEMA **ESQUELÉTICO**

El esqueleto da forma al cuerpo, sustenta el peso de los demás tejidos, proporciona fijación a los músculos y forma un sistema de palancas vinculadas que estos pueden mover. Además, desempeña un importante papel en la protección de órganos y tejidos delicados, como el cerebro en el cráneo, la médula en los arcos protectores de las vértebras, y el corazón y los pulmones en la caja torácica. El esqueleto humano difiere en ambos sexos, algo muy evidente en la pelvis, que en la mujer debe formar el canal del parto y suele ser más ancha que en el hombre. El cráneo también varía: el masculino suele tener un arco superciliar mayor y zonas más prominentes en la nuca para la fijación muscular. Todo el esqueleto tiende a ser mayor y más robusto en el hombre.

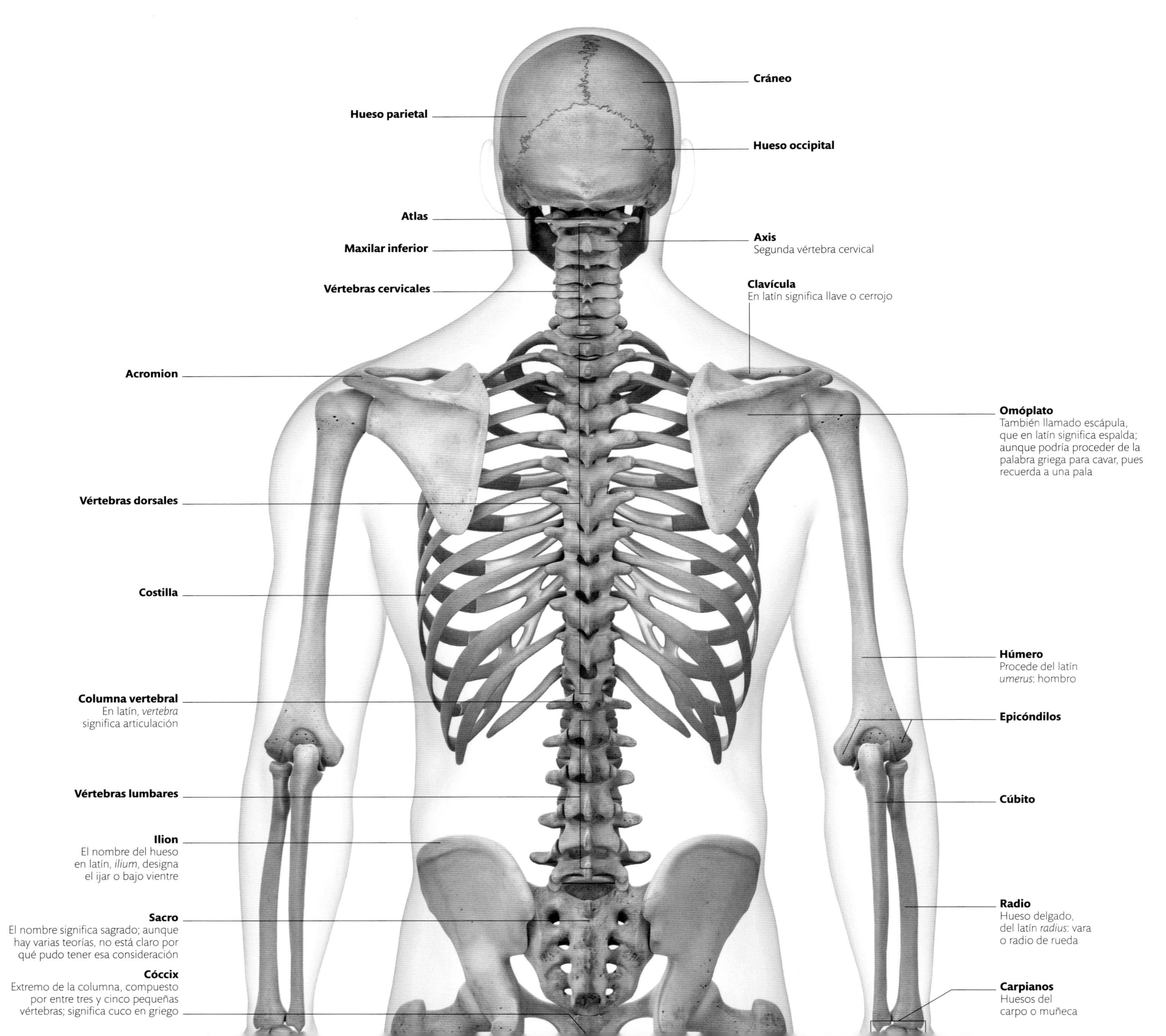
Cráneo
Hueso parietal
Hueso occipital
Atlas
Axis
Segunda vértebra cervical
Maxilar inferior
Vértebras cervicales
Clavícula
En latín significa llave o cerrojo
Acromion
Omóplato
También llamado escápula, que en latín significa espalda; aunque podría proceder de la palabra griega para cavar, pues recuerda a una pala
Vértebras dorsales
Costilla
Húmero
Procede del latín *umerus*: hombro
Columna vertebral
En latín, *vertebra* significa articulación
Epicóndilos
Vértebras lumbares
Cúbito
Ilion
El nombre del hueso en latín, *ilium*, designa el ijar o bajo vientre
Sacro
El nombre significa sagrado; aunque hay varias teorías, no está claro por qué pudo tener esa consideración
Radio
Hueso delgado, del latín *radius*: vara o radio de rueda
Cóccix
Extremo de la columna, compuesto por entre tres y cinco pequeñas vértebras; significa cuco en griego
Carpianos
Huesos del carpo o muñeca

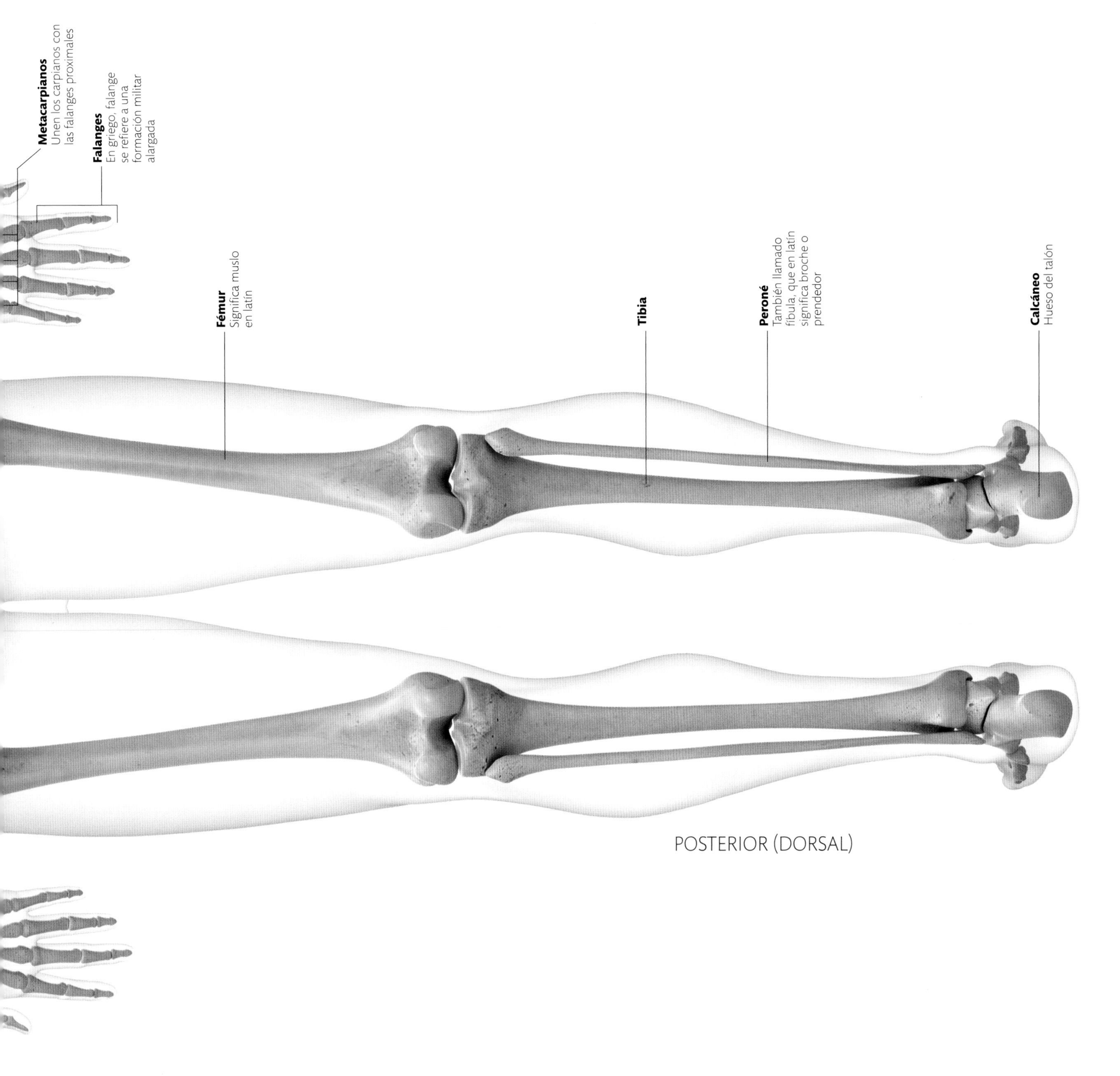
Metacarpianos
Unen los carpianos con las falanges proximales
Falanges
En griego, falange se refiere a una formación militar alargada
Fémur
Significa muslo en latín
Tibia
Peroné
También llamado fíbula, que en latín significa broche o prendedor
Calcáneo
Hueso del talón
POSTERIOR (DORSAL)

SISTEMA **ESQUELÉTICO**

Hay que recordar que el hueso es un tejido vivo, dinámico, que se reestructura continuamente en respuesta a los cambios mecánicos. Solemos pensar que los músculos se desarrollan en función del entrenamiento: podemos ver los efectos. Pero los huesos también responden al cambio, alterando su arquitectura ligeramente. Los huesos están llenos de vasos sanguíneos, y sangran al romperse. Las arterias entran en el hueso a través de pequeños orificios en su superficie, visibles a simple vista: los forámenes nutricios. La superficie del hueso, o periostio, está dotada de nervios sensoriales; por eso la rotura de un hueso provoca un gran dolor.

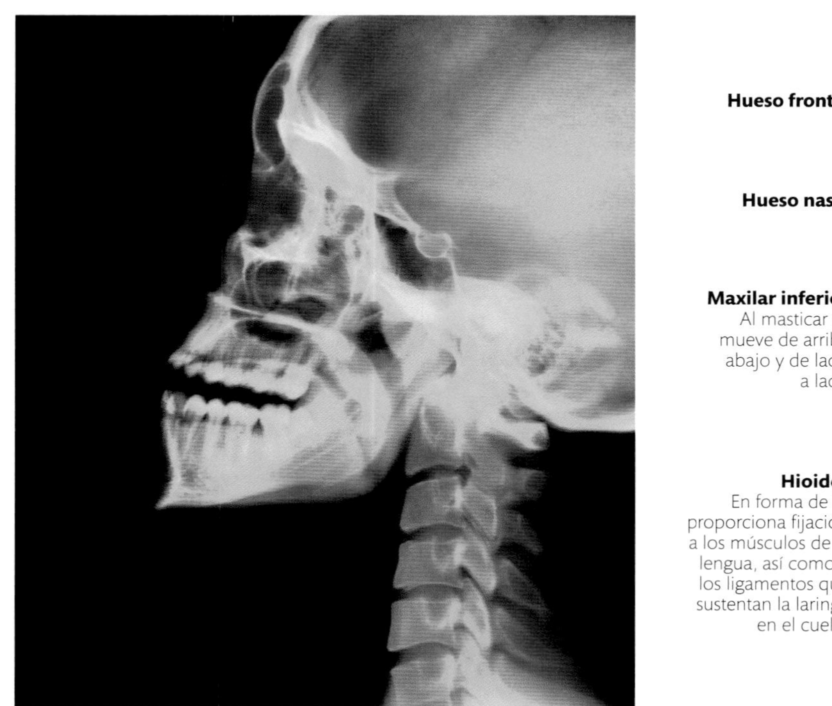

Radiografía lateral de cráneo y región cervical
En las radiografías –imágenes obtenidas por rayos X–, el hueso aparece brillante y los tejidos blandos más oscuros. La parte del cráneo situada justo sobre la columna aparece más clara: es la parte petrosa, o peñasco, zona sumamente densa del hueso temporal.

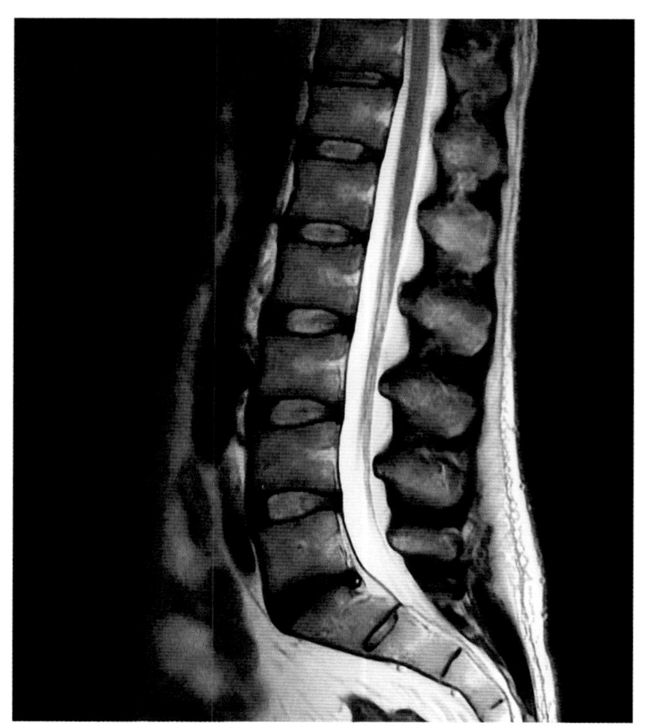

IRM de vértebras lumbares
Protegido dentro de la columna vertebral, puede verse en azul el afilado extremo de la médula espinal. El líquido y la grasa que rodean la médula aparecen en blanco.

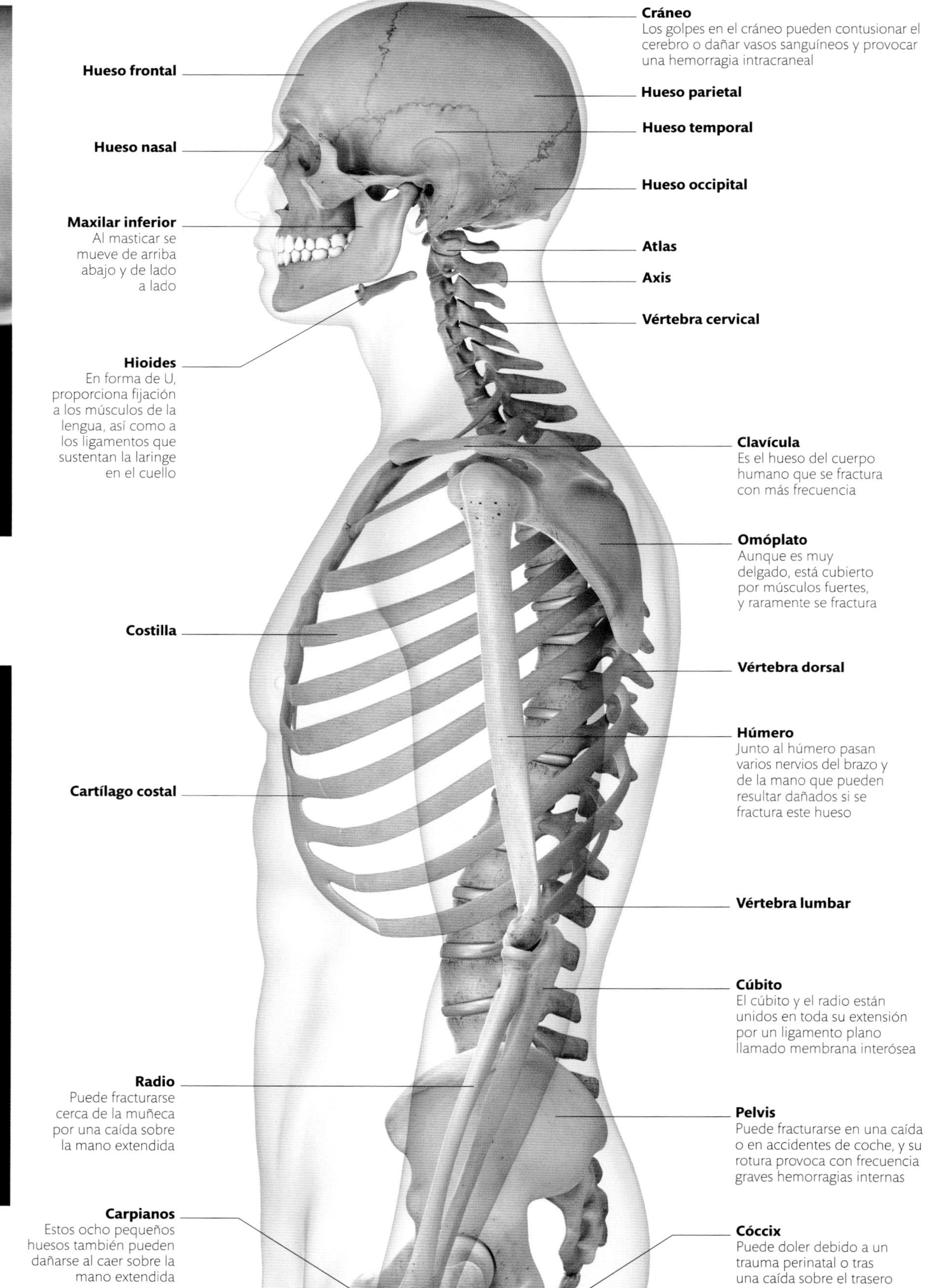
Hueso frontal
Hueso nasal
Maxilar inferior Al masticar se mueve de arriba abajo y de lado a lado
Hioides En forma de U, proporciona fijación a los músculos de la lengua, así como a los ligamentos que sustentan la laringe en el cuello
Costilla
Cartílago costal
Radio Puede fracturarse cerca de la muñeca por una caída sobre la mano extendida
Carpianos Estos ocho pequeños huesos también pueden dañarse al caer sobre la mano extendida
Cráneo Los golpes en el cráneo pueden contusionar el cerebro o dañar vasos sanguíneos y provocar una hemorragia intracraneal
Hueso parietal
Hueso temporal
Hueso occipital
Atlas
Axis
Vértebra cervical
Clavícula Es el hueso del cuerpo humano que se fractura con más frecuencia
Omóplato Aunque es muy delgado, está cubierto por músculos fuertes, y raramente se fractura
Vértebra dorsal
Húmero Junto al húmero pasan varios nervios del brazo y de la mano que pueden resultar dañados si se fractura este hueso
Vértebra lumbar
Cúbito El cúbito y el radio están unidos en toda su extensión por un ligamento plano llamado membrana interósea
Pelvis Puede fracturarse en una caída o en accidentes de coche, y su rotura provoca con frecuencia graves hemorragias internas
Cóccix Puede doler debido a un trauma perinatal o tras una caída sobre el trasero

SISTEMA ESQUELÉTICO

El hueso es el material más duro del cuerpo después de los dientes. Es el mineral de hueso —calcio y fosfatos— lo que le confiere su dureza y rigidez. El hueso constituye un almacén de calcio: si el nivel de calcio en sangre baja, este será liberado por los huesos. Otro componente del esqueleto es el cartílago. Muchos huesos se desarrollan en el embrión como «modelos» de cartílago y después se osifican; y en la edad adulta quedan cartílagos como el de la superficie de las articulaciones o los cartílagos costales que unen las costillas al esternón. No es tan duro como el hueso, pero tiene otras propiedades útiles: los cartílagos costales aportan cierta flexibilidad a la caja torácica, y el cartílago que recubre las articulaciones resiste bien la compresión y proporciona una superficie suave y de baja fricción.

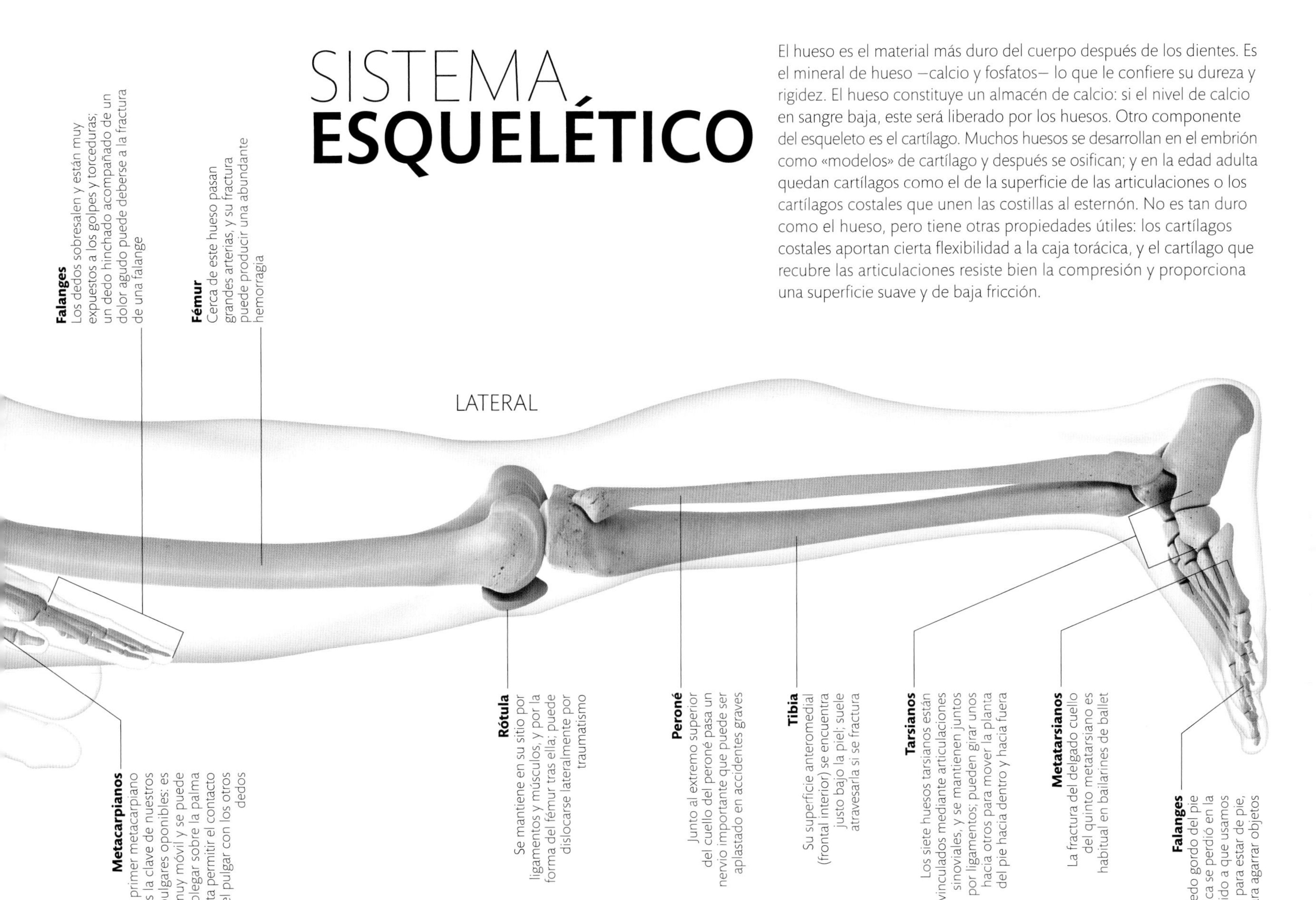
LATERAL
Falanges Los dedos sobresalen y están muy expuestos a los golpes y torceduras; un dedo hinchado acompañado de un dolor agudo puede deberse a la fractura de una falange
Fémur Cerca de este hueso pasan grandes arterias, y su fractura puede producir una abundante hemorragia
Metacarpianos El primer metacarpiano es la clave de nuestros pulgares oponibles: es muy móvil y se puede plegar sobre la palma hasta permitir el contacto del pulgar con los otros dedos
Rótula Se mantiene en su sitio por ligamentos y músculos, y por la forma del fémur tras ella; puede dislocarse lateralmente por traumatismo
Peroné Junto al extremo superior del cuello del peroné pasa un nervio importante que puede ser aplastado en accidentes graves
Tibia Su superficie anteromedial (frontal interior) se encuentra justo bajo la piel; suele atravesarla si se fractura
Tarsianos Los siete huesos tarsianos están vinculados mediante articulaciones sinoviales, y se mantienen juntos por ligamentos; pueden girar unos hacia otros para mover la planta del pie hacia dentro y hacia fuera
Metatarsianos La fractura del delgado cuello del quinto metatarsiano es habitual en bailarines de ballet
Falanges Los simios tienen el dedo gordo del pie oponible; esta característica se perdió en la evolución humana debido a que usamos los pies como plataformas para estar de pie, caminar y correr, más que para agarrar objetos

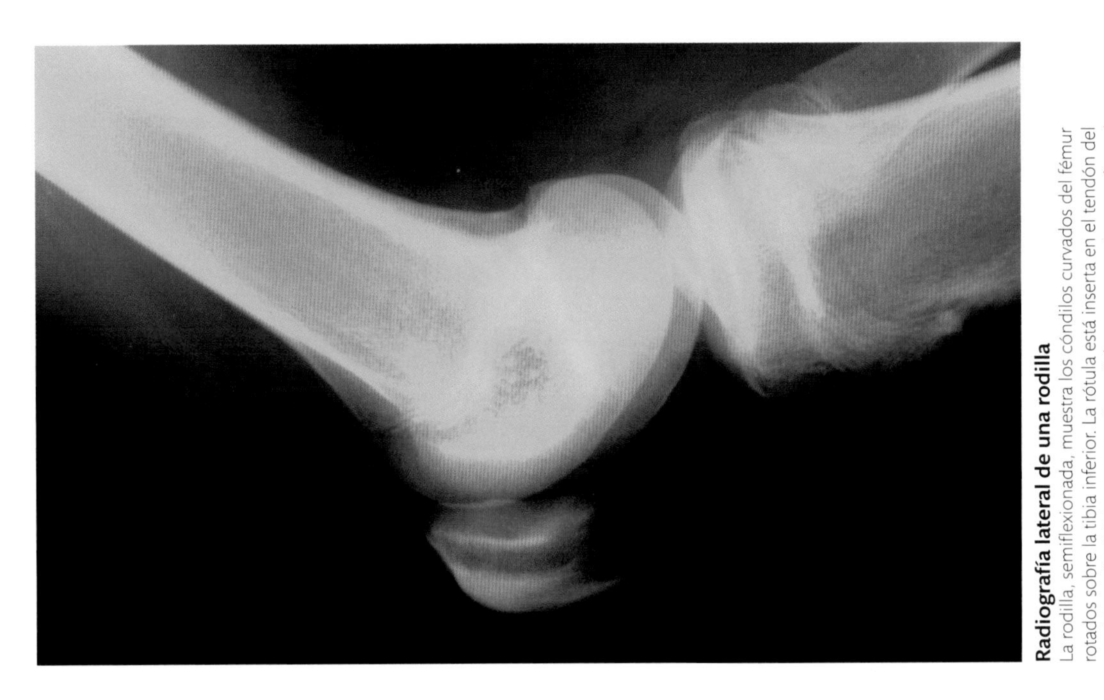

Radiografía lateral de una rodilla
La rodilla, semiflexionada, muestra los cóndilos curvados del fémur rotados sobre la tibia inferior. La rótula está inserta en el tendón del cuádriceps (invisible en una radiografía), que recorre la parte frontal de la rodilla.

Radiografía lateral de un pie
Puede verse claramente la articulación troclear que forma el tobillo: entre la tibia y el peroné, y el astrágalo o parte superior del tarso. También se ve el arco formado por los huesos del pie, que es sustentado por tendones y ligamentos.

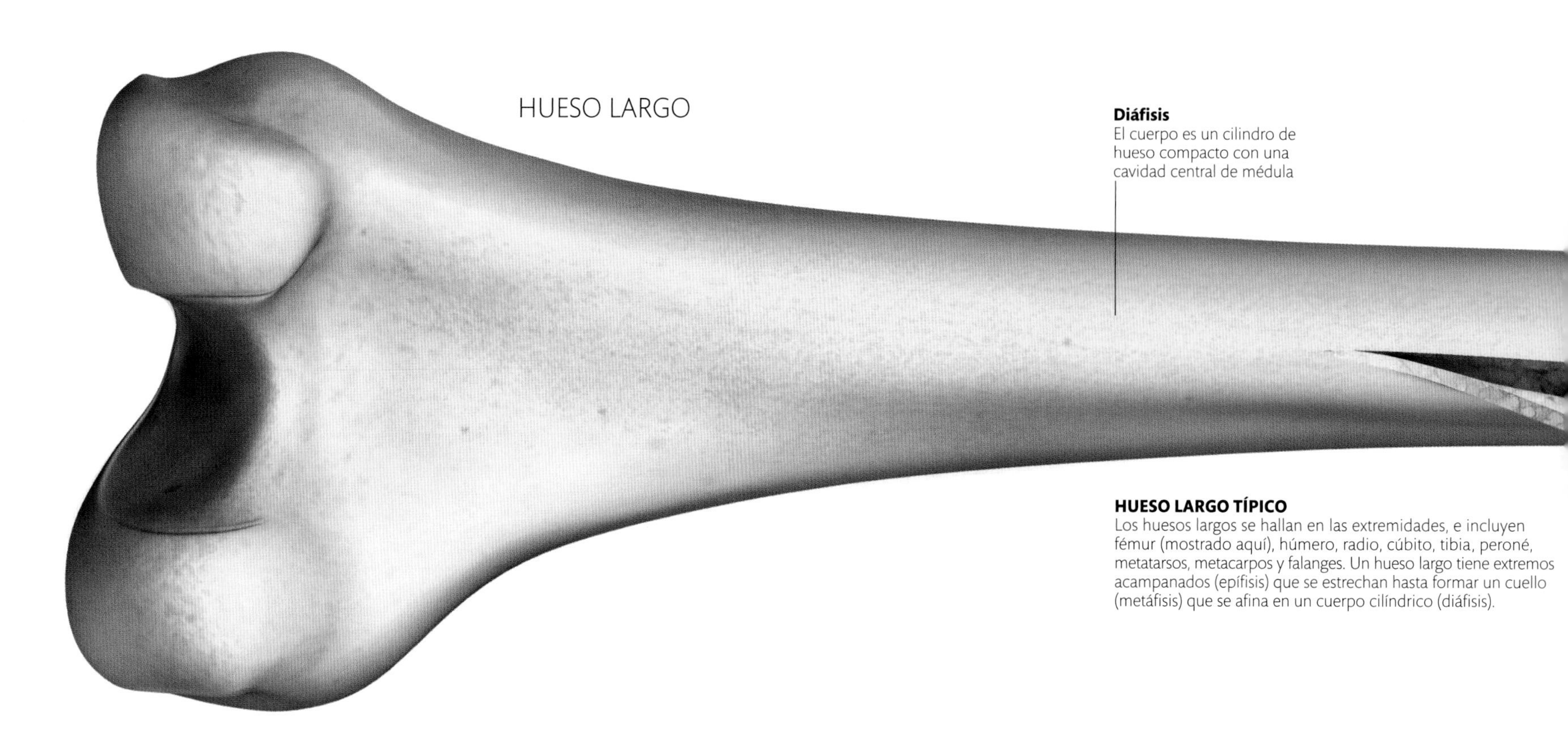
HUESO LARGO
Diáfisis
El cuerpo es un cilindro de hueso compacto con una cavidad central de médula

HUESO LARGO TÍPICO
Los huesos largos se hallan en las extremidades, e incluyen fémur (mostrado aquí), húmero, radio, cúbito, tibia, peroné, metatarsos, metacarpos y falanges. Un hueso largo tiene extremos acampanados (epífisis) que se estrechan hasta formar un cuello (metáfisis) que se afina en un cuerpo cilíndrico (diáfisis).

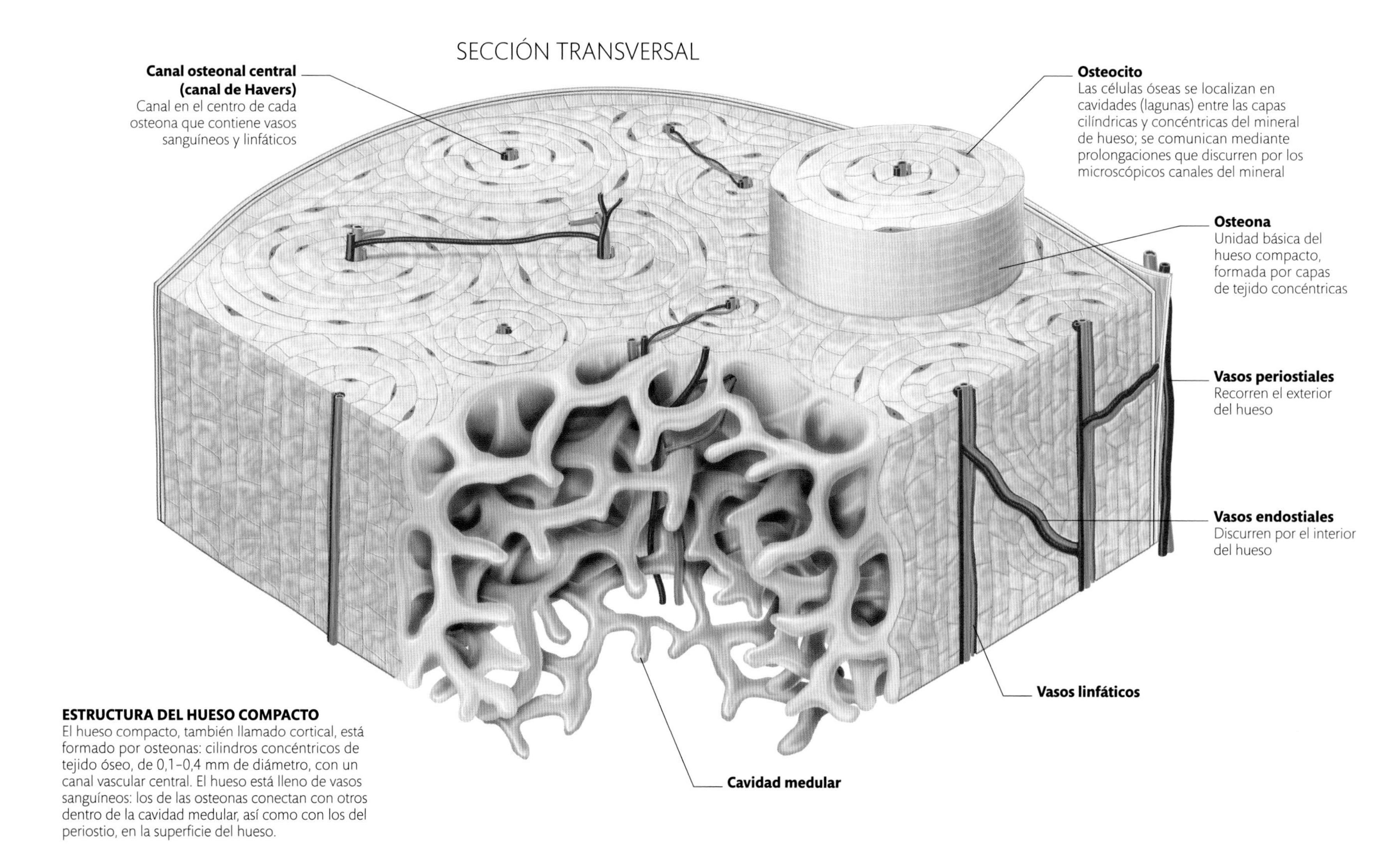
SECCIÓN TRANSVERSAL
Canal osteonal central (canal de Havers)
Canal en el centro de cada osteona que contiene vasos sanguíneos y linfáticos
Osteocito
Las células óseas se localizan en cavidades (lagunas) entre las capas cilíndricas y concéntricas del mineral de hueso; se comunican mediante prolongaciones que discurren por los microscópicos canales del mineral
Osteona
Unidad básica del hueso compacto, formada por capas de tejido concéntricas
Vasos periostiales
Recorren el exterior del hueso
Vasos endostiales
Discurren por el interior del hueso
Vasos linfáticos
Cavidad medular

ESTRUCTURA DEL HUESO COMPACTO
El hueso compacto, también llamado cortical, está formado por osteonas: cilindros concéntricos de tejido óseo, de 0,1–0,4 mm de diámetro, con un canal vascular central. El hueso está lleno de vasos sanguíneos: los de las osteonas conectan con otros dentro de la cavidad medular, así como con los del periostio, en la superficie del hueso.

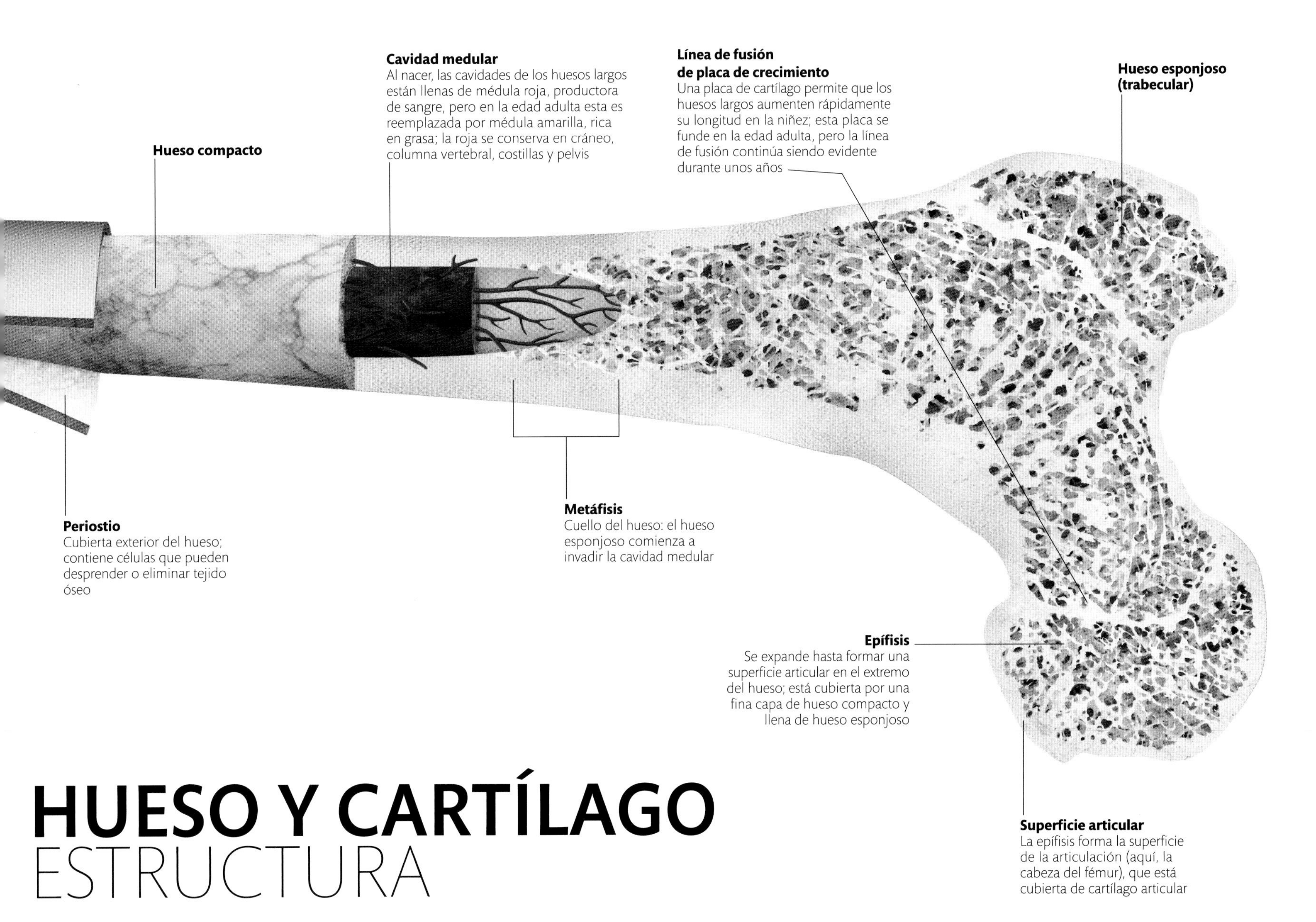
Cavidad medular
Al nacer, las cavidades de los huesos largos están llenas de médula roja, productora de sangre, pero en la edad adulta esta es reemplazada por médula amarilla, rica en grasa; la roja se conserva en cráneo, columna vertebral, costillas y pelvis
Línea de fusión de placa de crecimiento
Una placa de cartílago permite que los huesos largos aumenten rápidamente su longitud en la niñez; esta placa se funde en la edad adulta, pero la línea de fusión continúa siendo evidente durante unos años
Hueso esponjoso (trabecular)
Hueso compacto
Periostio
Cubierta exterior del hueso; contiene células que pueden desprender o eliminar tejido óseo
Metáfisis
Cuello del hueso: el hueso esponjoso comienza a invadir la cavidad medular
Epífisis
Se expande hasta formar una superficie articular en el extremo del hueso; está cubierta por una fina capa de hueso compacto y llena de hueso esponjoso
Superficie articular
La epífisis forma la superficie de la articulación (aquí, la cabeza del fémur), que está cubierta de cartílago articular

HUESO Y CARTÍLAGO
ESTRUCTURA

Un esqueleto adulto se compone principalmente de hueso, con un poco de cartílago como los cartílagos costales que completan las costillas. Gran parte del esqueleto humano se desarrolla en primer lugar como cartílago, que luego es reemplazado por hueso (pp. 308–309). Un feto de ocho semanas ya tiene modelos de cartílago de casi todos los componentes del esqueleto, y algunos modelos empiezan a transformarse en hueso. Esta transformación continúa durante el desarrollo fetal y la niñez. En el esqueleto de un adolescente aún quedan placas de cartílago junto al extremo de los huesos, lo que permite un rápido crecimiento. Cuando se completa el crecimiento, las placas se cierran y se osifican. Los huesos y los cartílagos son tejidos conjuntivos, con células incrustadas en una matriz, pero tienen propiedades distintas. El cartílago es un tejido fuerte pero flexible y soporta bien la carga; por eso se encuentra en las articulaciones, pero carece prácticamente de vasos sanguíneos y su factor de reparación es muy bajo. Por el contrario, el hueso está lleno de vasos y se repara muy bien. Las células óseas están incluidas en una matriz mineralizada, lo que crea un tejido sumamente duro y resistente.

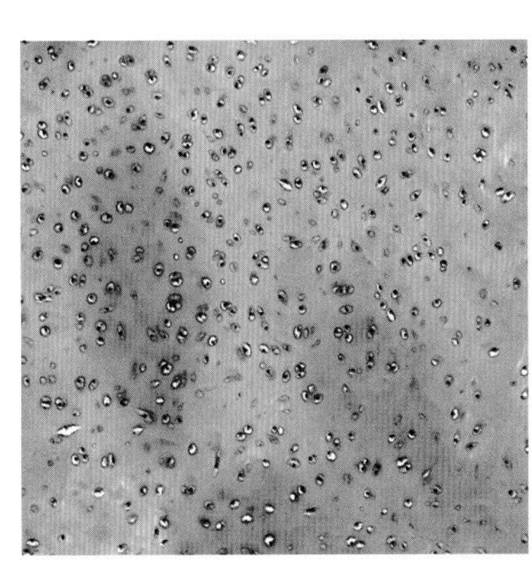

CARTÍLAGO
Este tejido se compone de unas células especializadas llamadas condrocitos (visibles aquí), contenidas en una matriz gelatinosa que acoge también fibras como el colágeno y la elastina. El cartílago puede ser hialino, elástico y fibrocartílago, según la proporción de sus constituyentes.

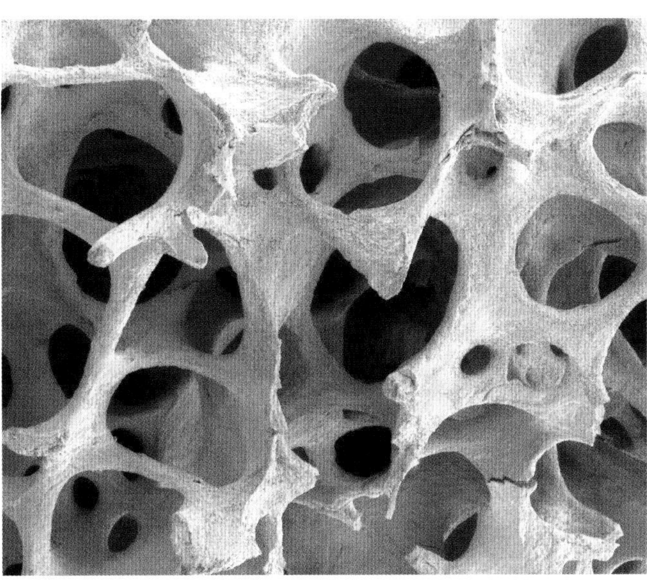

HUESO ESPONJOSO
También llamado hueso trabecular, se halla en la epífisis de los huesos largos, y rellena por completo huesos como las vértebras, los carpianos y los tarsianos. Está compuesto por diminutos tabiques entrelazados o trabéculas (en la imagen) que le confieren un aspecto esponjoso; la médula ósea ocupa los huecos entre trabéculas.

ARTICULACIONES Y LIGAMENTOS
ESTRUCTURA

Durante el desarrollo embrionario, el tejido conjuntivo entre los huesos en formación construye articulaciones, que pueden ser sólidas (articulaciones fibrosas o cartilaginosas) o presentar cavidades (articulaciones sinoviales). Las fibrosas están ligadas mediante fibras microscópicas de colágeno; incluyen la sutura del cráneo, los alvéolos dentales (gonfosis) y la articulación inferior de tibia y peroné. Las cartilaginosas incluyen la unión entre costillas y cartílagos costales, la articulación entre los componentes del esternón, y la sínfisis púbica; los discos intervertebrales también son articulaciones cartilaginosas especializadas. Las sinoviales contienen un líquido lubricante y están revestidas de cartílago para reducir la fricción; suelen ser muy móviles (pp. 310–311).

Peroné

Tibia

Articulación tibioperonea inferior
Aquí los huesos están unidos por un ligamento; la articulación tibioperonea superior es sinovial

Sindesmosis
En griego, atadura o unión. Los extremos inferiores de tibia y peroné están firmemente unidos por tejido fibroso. Las membranas interóseas del antebrazo y la pierna también pueden ser descritas como sindesmosis.

TOBILLO

ARTICULACIONES FIBROSAS

Gonfosis
Su nombre procede de la palabra griega para clavo. El tejido fibroso del ligamento periodontal une el cemento del diente al hueso de la cavidad.

Hueso alveolar
Hueso de la mandíbula que forma la cavidad dentaria (alvéolo)

Cemento
Cubre las raíces del diente

Ligamento periodontal
Tejido conjuntivo denso que ancla el diente en la cavidad

DIENTE

Sutura
Es la articulación existente entre los huesos planos del cráneo. En el de un recién nacido es flexible y permite el crecimiento a lo largo de la niñez. En el cráneo adulto, las suturas son articulaciones trabadas, prácticamente inmóviles, y con el tiempo se fusionan por completo.

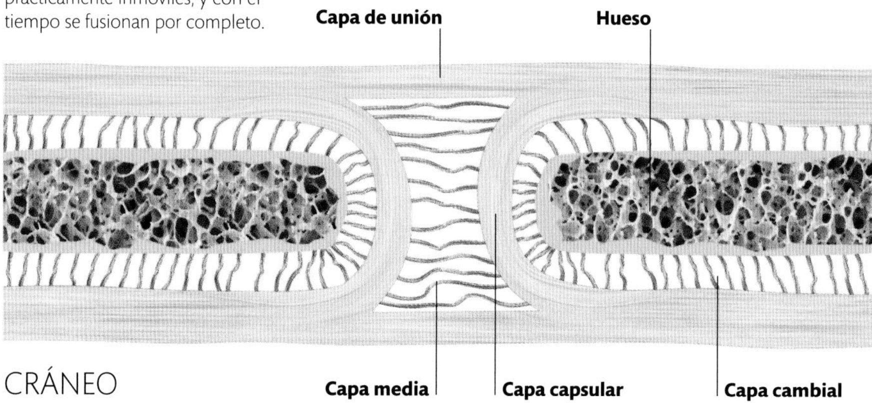
Capa de unión
Hueso
Capa media
Capa capsular
Capa cambial

CRÁNEO

ARTICULACIONES CARTILAGINOSAS

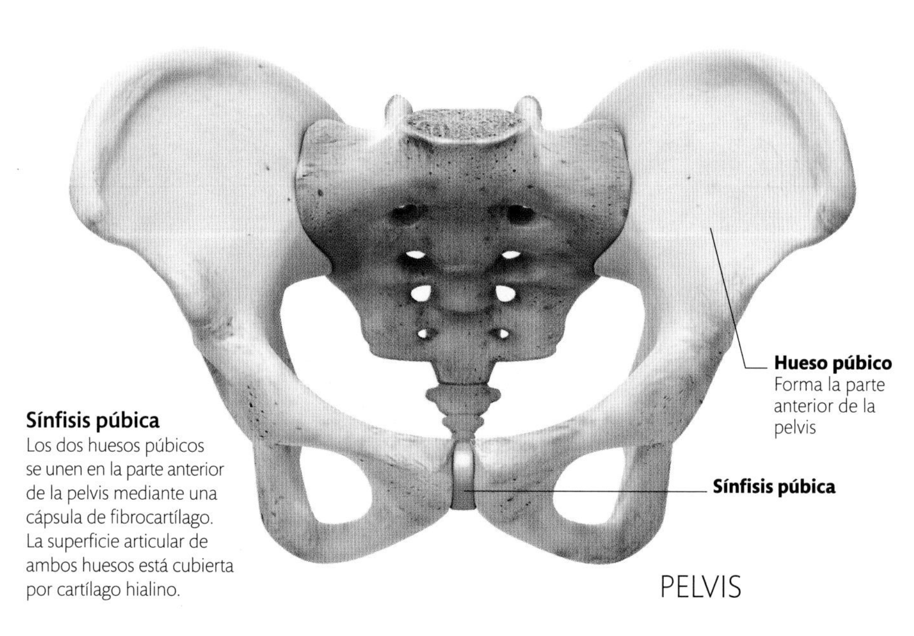
Hueso púbico
Forma la parte anterior de la pelvis
Sínfisis púbica

Sínfisis púbica
Los dos huesos púbicos se unen en la parte anterior de la pelvis mediante una cápsula de fibrocartílago. La superficie articular de ambos huesos está cubierta por cartílago hialino.

PELVIS

Disco intervertebral
La cápsula o disco de fibrocartílago situado entre las vértebras está formado por un anillo exterior fibroso y un núcleo pulposo.

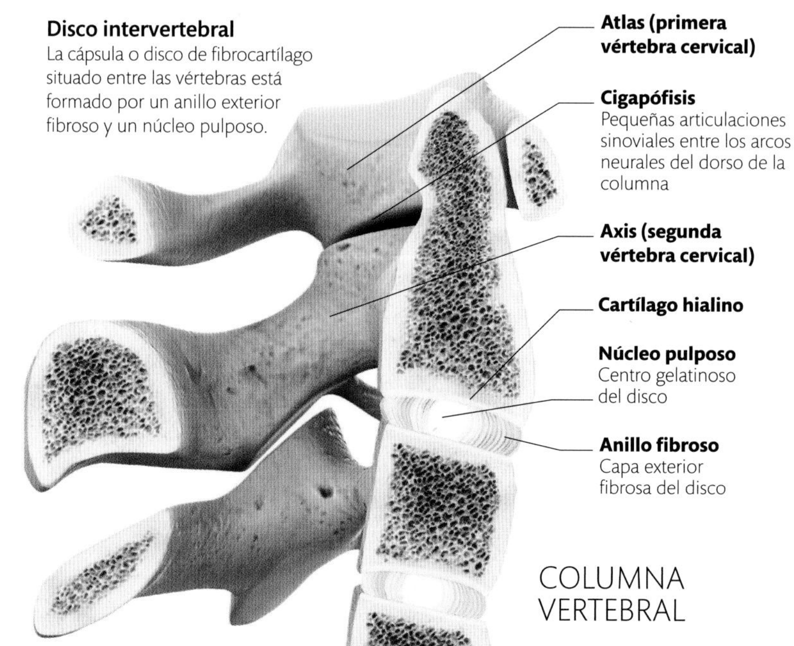
Atlas (primera vértebra cervical)
Cigapófisis
Pequeñas articulaciones sinoviales entre los arcos neurales del dorso de la columna
Axis (segunda vértebra cervical)
Cartílago hialino
Núcleo pulposo
Centro gelatinoso del disco
Anillo fibroso
Capa exterior fibrosa del disco

COLUMNA VERTEBRAL

ARTICULACIONES SINOVIALES

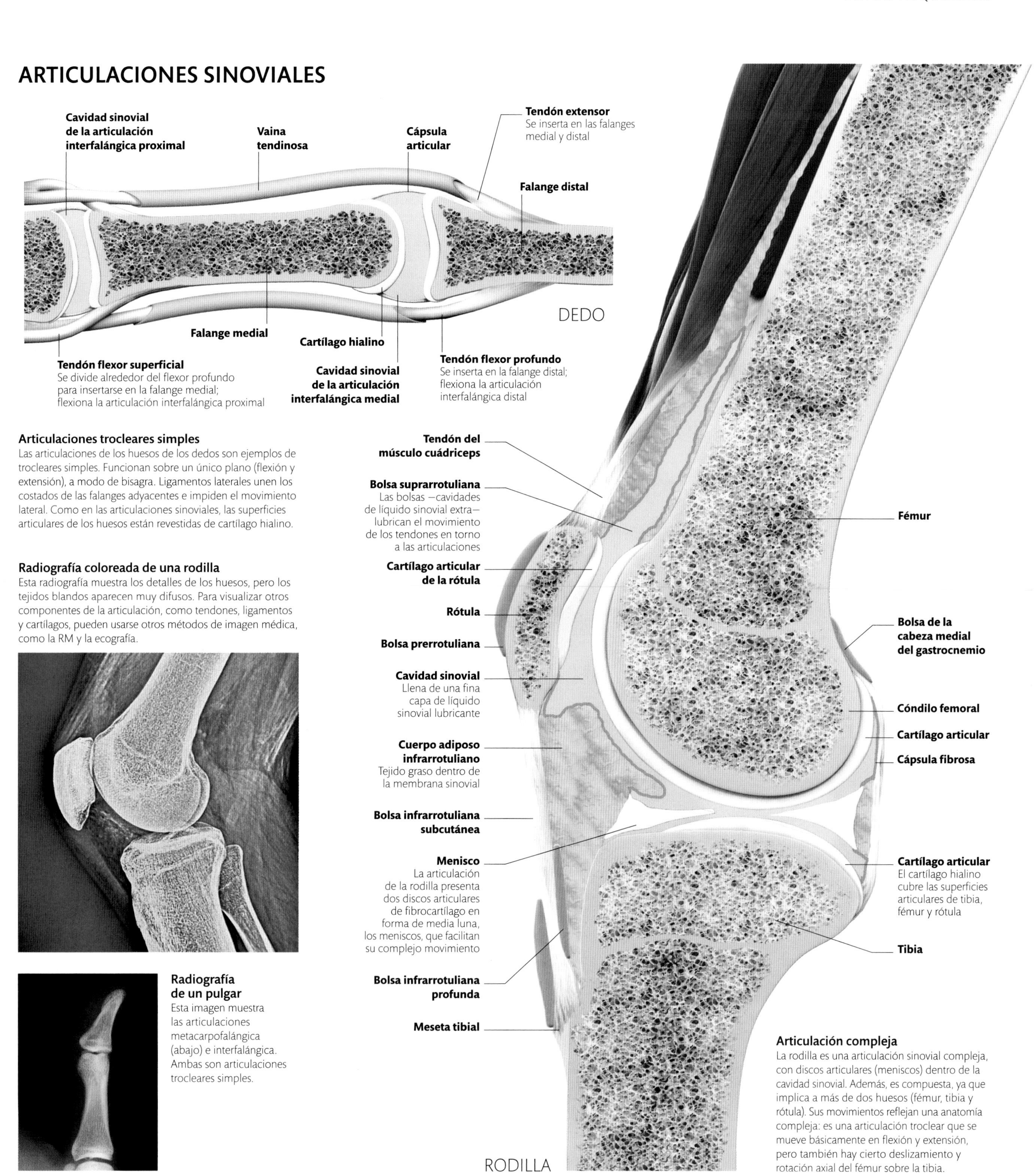
Cavidad sinovial de la articulación interfalángica proximal
Vaina tendinosa
Cápsula articular
Tendón extensor
Se inserta en las falanges medial y distal
Falange distal
DEDO
Falange medial
Cartílago hialino
Tendón flexor superficial
Se divide alrededor del flexor profundo para insertarse en la falange medial; flexiona la articulación interfalángica proximal
Cavidad sinovial de la articulación interfalángica medial
Tendón flexor profundo
Se inserta en la falange distal; flexiona la articulación interfalángica distal
Tendón del músculo cuádriceps
Bolsa suprarrotuliana
Las bolsas —cavidades de líquido sinovial extra— lubrican el movimiento de los tendones en torno a las articulaciones
Cartílago articular de la rótula
Rótula
Bolsa prerrotuliana
Cavidad sinovial
Llena de una fina capa de líquido sinovial lubricante
Cuerpo adiposo infrarrotuliano
Tejido graso dentro de la membrana sinovial
Bolsa infrarrotuliana subcutánea
Menisco
La articulación de la rodilla presenta dos discos articulares de fibrocartílago en forma de media luna, los meniscos, que facilitan su complejo movimiento
Bolsa infrarrotuliana profunda
Meseta tibial
Fémur
Bolsa de la cabeza medial del gastrocnemio
Cóndilo femoral
Cartílago articular
Cápsula fibrosa
Cartílago articular
El cartílago hialino cubre las superficies articulares de tibia, fémur y rótula
Tibia
RODILLA

Articulaciones trocleares simples

Las articulaciones de los huesos de los dedos son ejemplos de trocleares simples. Funcionan sobre un único plano (flexión y extensión), a modo de bisagra. Ligamentos laterales unen los costados de las falanges adyacentes e impiden el movimiento lateral. Como en las articulaciones sinoviales, las superficies articulares de los huesos están revestidas de cartílago hialino.

Radiografía coloreada de una rodilla

Esta radiografía muestra los detalles de los huesos, pero los tejidos blandos aparecen muy difusos. Para visualizar otros componentes de la articulación, como tendones, ligamentos y cartílagos, pueden usarse otros métodos de imagen médica, como la RM y la ecografía.

Radiografía de un pulgar

Esta imagen muestra las articulaciones metacarpofalángica (abajo) e interfalángica. Ambas son articulaciones trocleares simples.

Articulación compleja

La rodilla es una articulación sinovial compleja, con discos articulares (meniscos) dentro de la cavidad sinovial. Además, es compuesta, ya que implica a más de dos huesos (fémur, tibia y rótula). Sus movimientos reflejan una anatomía compleja: es una articulación troclear que se mueve básicamente en flexión y extensión, pero también hay cierto deslizamiento y rotación axial del fémur sobre la tibia.

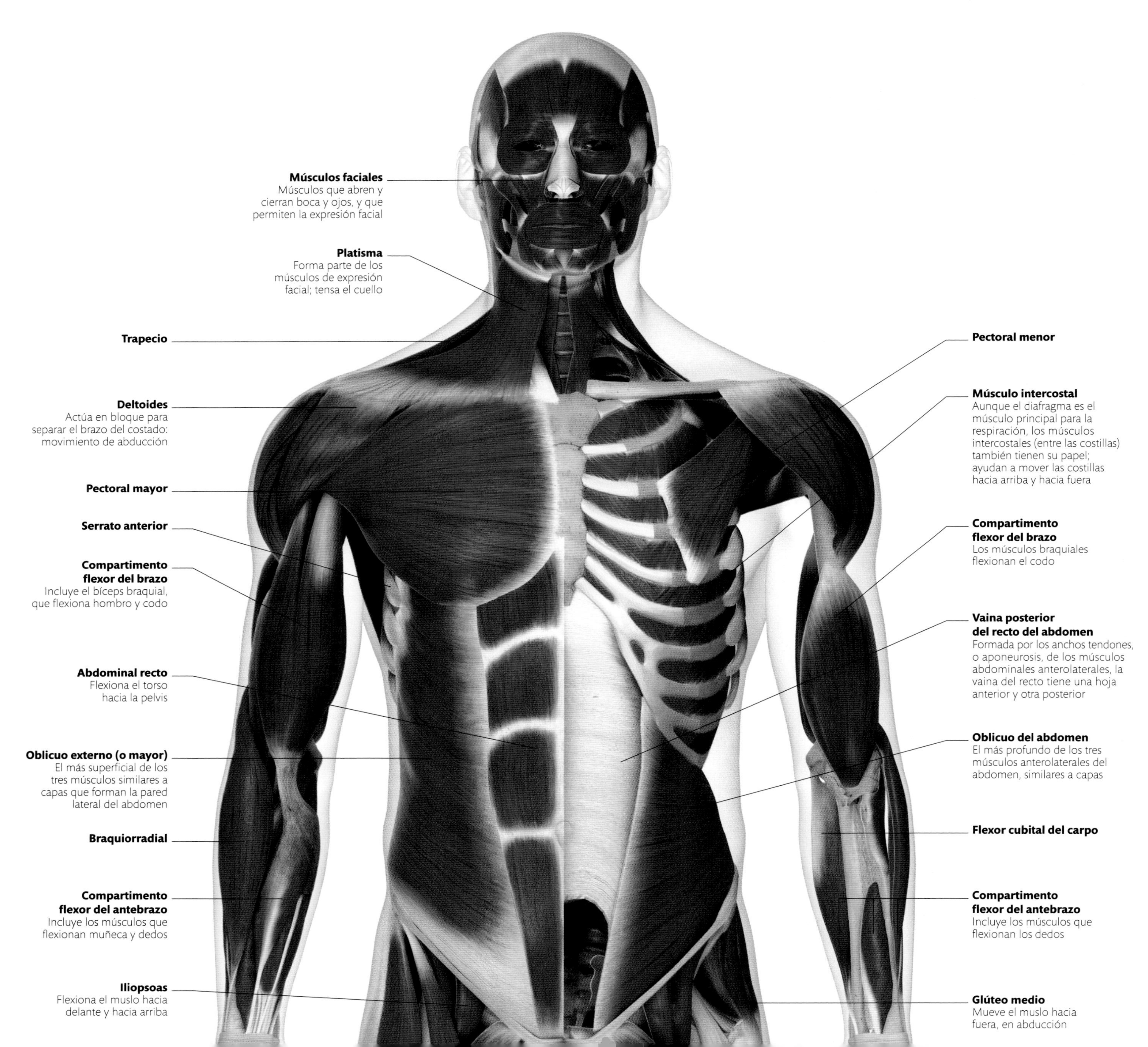

Músculos faciales
Músculos que abren y cierran boca y ojos, y que permiten la expresión facial
Platisma
Forma parte de los músculos de expresión facial; tensa el cuello
Trapecio
Deltoides
Actúa en bloque para separar el brazo del costado: movimiento de abducción
Pectoral mayor
Serrato anterior
Compartimento flexor del brazo
Incluye el bíceps braquial, que flexiona hombro y codo
Abdominal recto
Flexiona el torso hacia la pelvis
Oblicuo externo (o mayor)
El más superficial de los tres músculos similares a capas que forman la pared lateral del abdomen
Braquiorradial
Compartimento flexor del antebrazo
Incluye los músculos que flexionan muñeca y dedos
Iliopsoas
Flexiona el muslo hacia delante y hacia arriba
Pectoral menor
Músculo intercostal
Aunque el diafragma es el músculo principal para la respiración, los músculos intercostales (entre las costillas) también tienen su papel; ayudan a mover las costillas hacia arriba y hacia fuera
Compartimento flexor del brazo
Los músculos braquiales flexionan el codo
Vaina posterior del recto del abdomen
Formada por los anchos tendones, o aponeurosis, de los músculos abdominales anterolaterales, la vaina del recto tiene una hoja anterior y otra posterior
Oblicuo del abdomen
El más profundo de los tres músculos anterolaterales del abdomen, similares a capas
Flexor cubital del carpo
Compartimento flexor del antebrazo
Incluye los músculos que flexionan los dedos
Glúteo medio
Mueve el muslo hacia fuera, en abducción

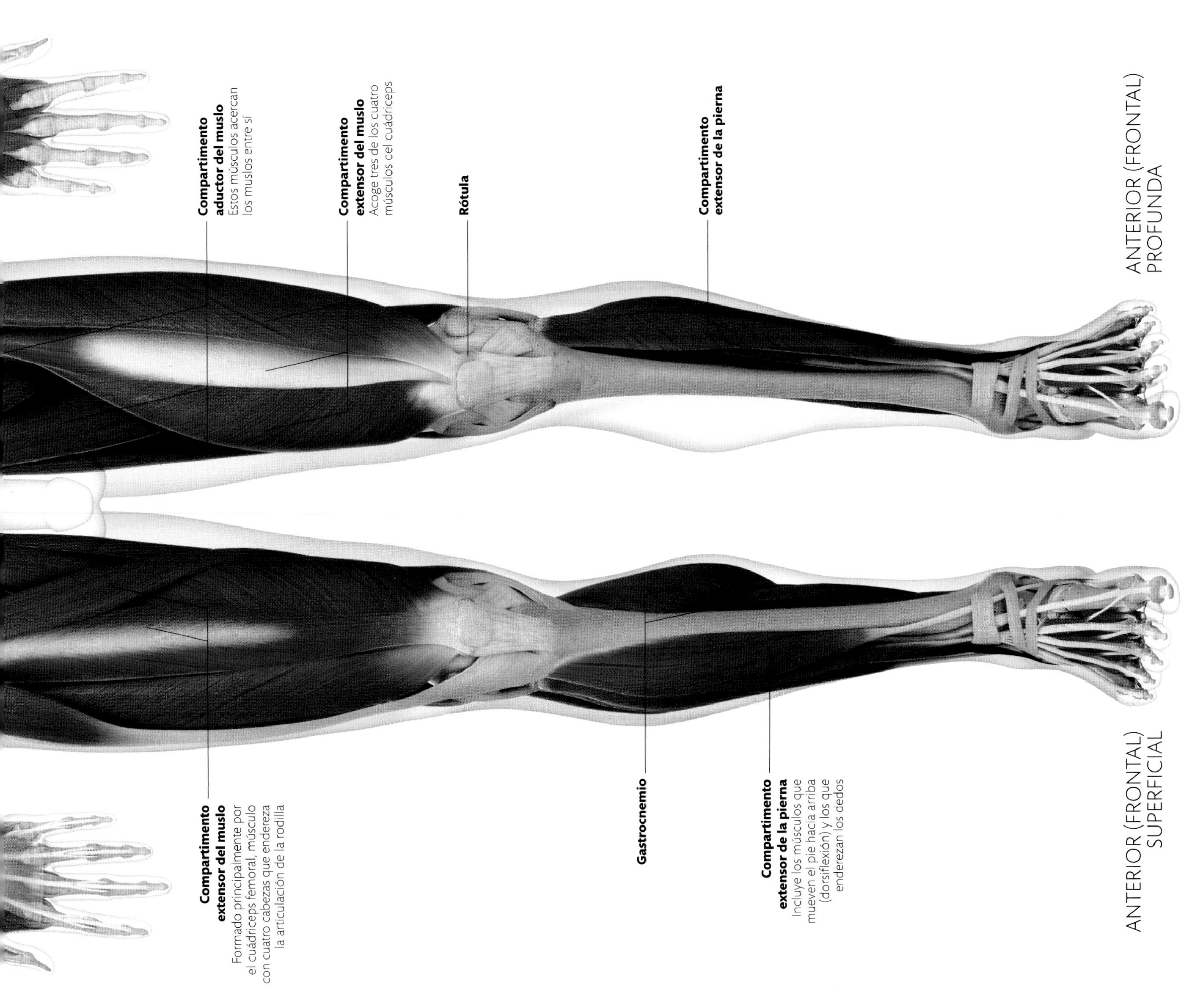
Compartimento aductor del muslo
Estos músculos acercan los muslos entre sí
Compartimento extensor del muslo
Acoge tres de los cuatro músculos del cuádriceps
Rótula
Compartimento extensor de la pierna
ANTERIOR (FRONTAL) PROFUNDA
Compartimento extensor del muslo
Formado principalmente por el cuádriceps femoral, músculo con cuatro cabezas que endereza la articulación de la rodilla
Gastrocnemio
Compartimento extensor de la pierna
Incluye los músculos que mueven el pie hacia arriba (dorsiflexión) y los que enderezan los dedos
ANTERIOR (FRONTAL) SUPERFICIAL

SISTEMA MUSCULAR

Los músculos se fijan al esqueleto mediante tendones, aponeurosis (tendones planos similares a láminas) y fascias, unas bandas de tejido conjuntivo. Su color rojizo se debe a la abundancia de vasos sanguíneos; los tendones parecen blancos por su escaso suministro vascular. Se llama acción de un músculo al movimiento que produce al contraerse. La acción muscular ha sido observada tanto en personas vivas como en cadáveres, diseccionados para identificar los puntos de fijación exactos. La electromiografía (EMG), que usa electrodos para detectar la actividad eléctrica que acompaña a la contracción muscular, ha resultado muy útil para establecer qué músculos actúan en la ejecución de un movimiento específico.

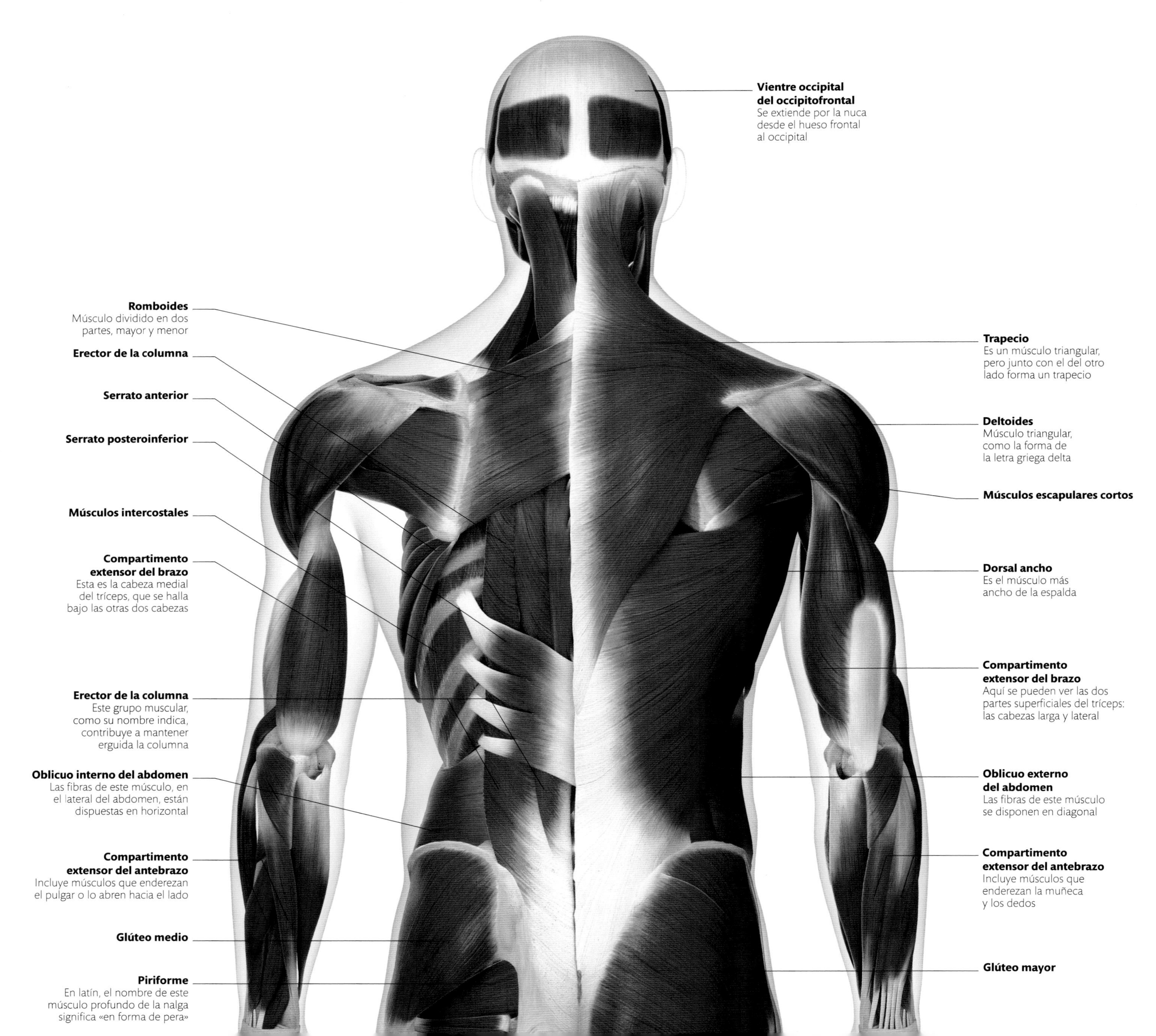

Vientre occipital del occipitofrontal
Se extiende por la nuca desde el hueso frontal al occipital
Romboides
Músculo dividido en dos partes, mayor y menor
Erector de la columna
Serrato anterior
Serrato posteroinferior
Músculos intercostales
Compartimento extensor del brazo
Esta es la cabeza medial del tríceps, que se halla bajo las otras dos cabezas
Erector de la columna
Este grupo muscular, como su nombre indica, contribuye a mantener erguida la columna
Oblicuo interno del abdomen
Las fibras de este músculo, en el lateral del abdomen, están dispuestas en horizontal
Compartimento extensor del antebrazo
Incluye músculos que enderezan el pulgar o lo abren hacia el lado
Glúteo medio
Piriforme
En latín, el nombre de este músculo profundo de la nalga significa «en forma de pera»
Trapecio
Es un músculo triangular, pero junto con el del otro lado forma un trapecio
Deltoides
Músculo triangular, como la forma de la letra griega delta
Músculos escapulares cortos
Dorsal ancho
Es el músculo más ancho de la espalda
Compartimento extensor del brazo
Aquí se pueden ver las dos partes superficiales del tríceps: las cabezas larga y lateral
Oblicuo externo del abdomen
Las fibras de este músculo se disponen en diagonal
Compartimento extensor del antebrazo
Incluye músculos que enderezan la muñeca y los dedos
Glúteo mayor

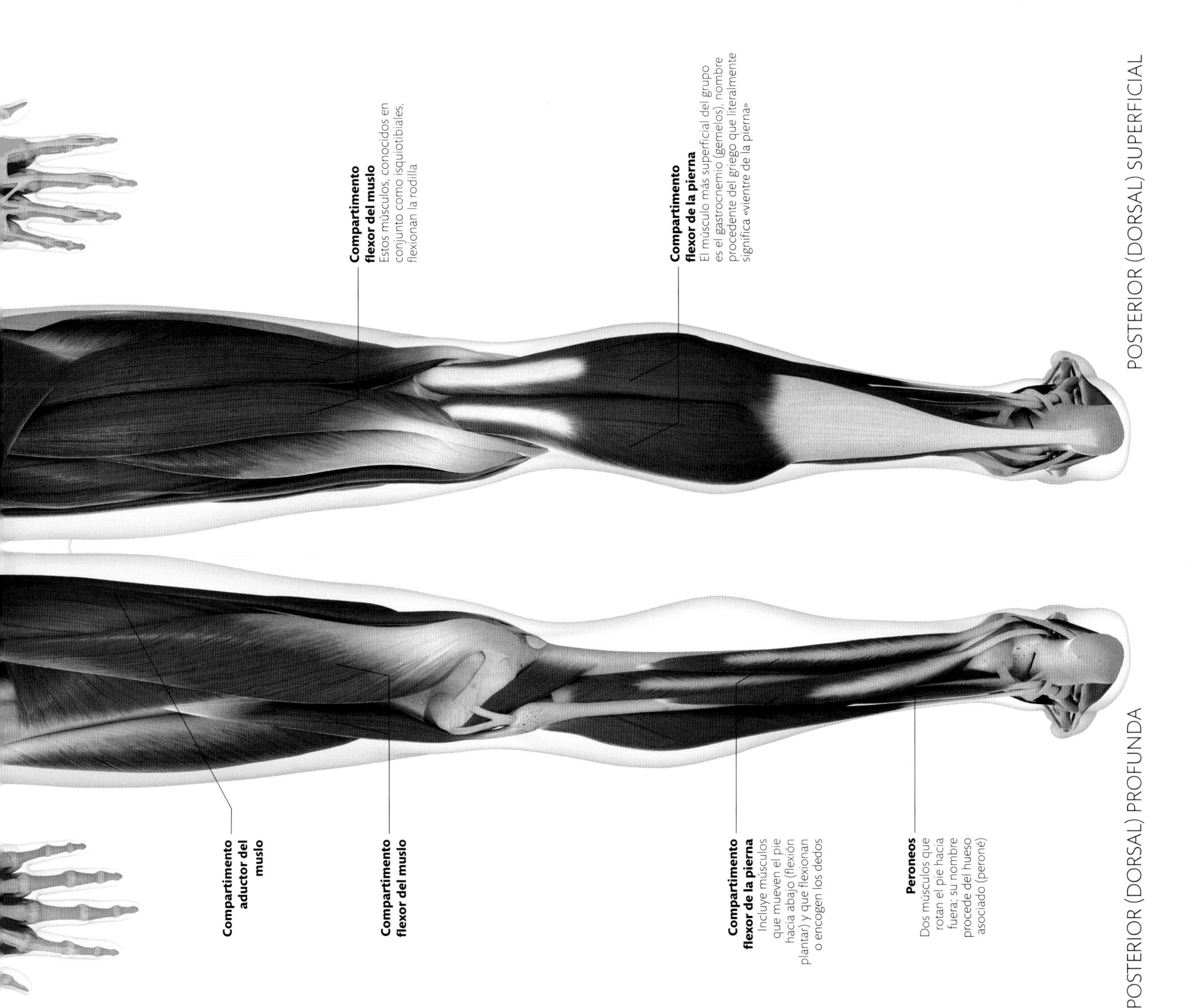
POSTERIOR (DORSAL) SUPERFICIAL
Compartimento flexor del muslo
Estos músculos, conocidos en conjunto como isquiotibiales, flexionan la rodilla
Compartimento flexor de la pierna
El músculo más superficial del grupo es el gastrocnemio (gemelos), nombre procedente del griego que literalmente significa «vientre de la pierna»
POSTERIOR (DORSAL) PROFUNDA
Compartimento aductor del muslo
Compartimento flexor del muslo
Compartimento flexor de la pierna
Incluye músculos que mueven el pie hacia abajo (flexión plantar) y que flexionan o encogen los dedos
Peroneos
Dos músculos que rotan el pie hacia fuera; su nombre procede del hueso asociado (peroné)

SISTEMA MUSCULAR

Muchos nombres de músculos proceden del griego o del latín. Pueden referirse a su forma, tamaño, unión, número de cabezas, posición o profundidad en el cuerpo, o a la acción que producen al contraerse. El sufijo -oides indica forma: deltoides, por ejemplo, significa «con forma de delta» (triángulo), y romboides, «con forma de rombo». Otros tienen nombres bimembres, que suelen aludir a una característica del músculo y a su posición en el cuerpo: el recto abdominal es un músculo recto del abdomen, y el bíceps braquial es el músculo con dos cabezas del brazo. Otros tienen nombres que describen su acción, como el flexor común de los dedos.

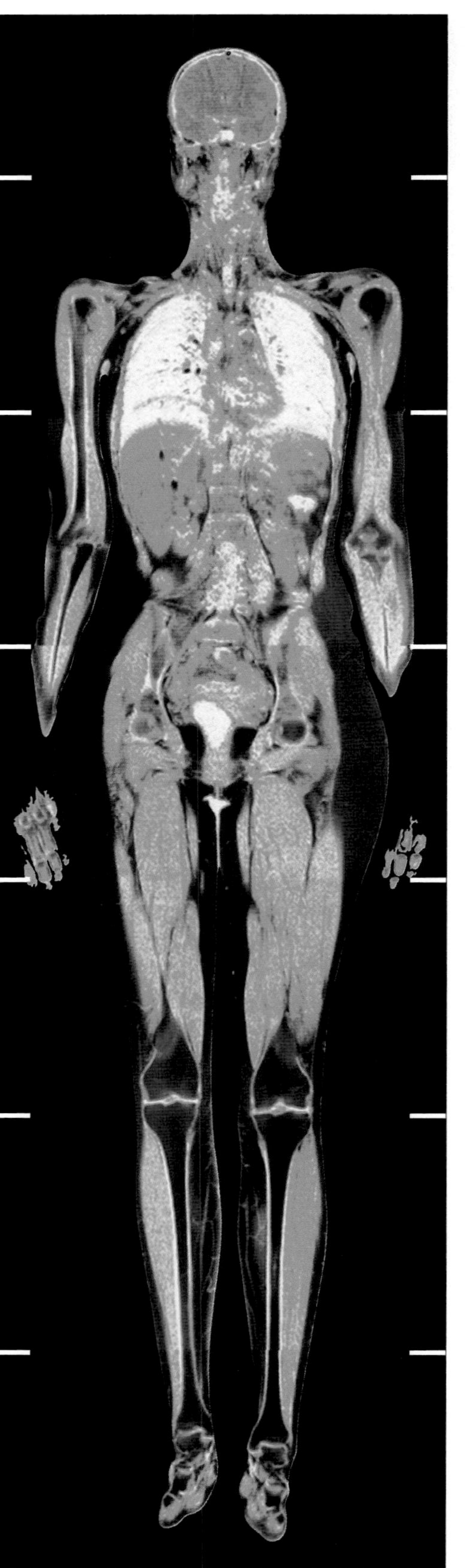

IRM coloreada: sección coronal
A diferencia de las radiografías, las exploraciones por RM y TC muestran en detalle los tejidos blandos, incluidos los músculos. Los huesos y la grasa subcutánea aparecen aquí en morado, y los músculos, en verde.

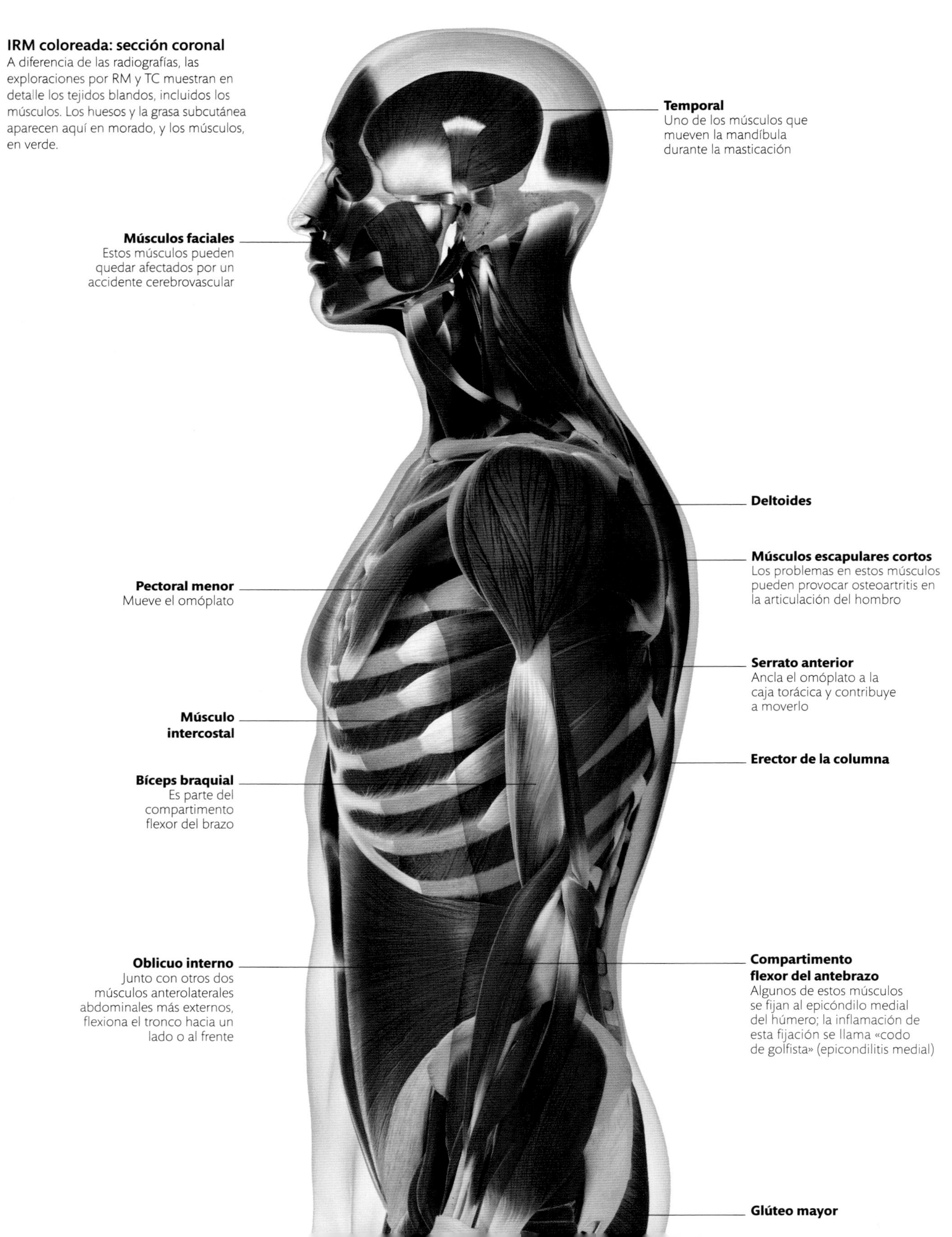
Temporal
Uno de los músculos que mueven la mandíbula durante la masticación
Músculos faciales
Estos músculos pueden quedar afectados por un accidente cerebrovascular
Deltoides
Músculos escapulares cortos
Los problemas en estos músculos pueden provocar osteoartritis en la articulación del hombro
Pectoral menor
Mueve el omóplato
Serrato anterior
Ancla el omóplato a la caja torácica y contribuye a moverlo
Músculo intercostal
Erector de la columna
Bíceps braquial
Es parte del compartimento flexor del brazo
Oblicuo interno
Junto con otros dos músculos anterolaterales abdominales más externos, flexiona el tronco hacia un lado o al frente
Compartimento flexor del antebrazo
Algunos de estos músculos se fijan al epicóndilo medial del húmero; la inflamación de esta fijación se llama «codo de golfista» (epicondilitis medial)
Glúteo mayor

SISTEMA MUSCULAR

La fuerza producida por los músculos varía en parte según su forma. Los músculos largos y finos tienden a contraerse mucho pero ejercen poca fuerza. Los fijados a un tendón en ángulo mediante muchas fibras, como el deltoides, se contraen menos, pero ejercen una fuerza mayor. Por otra parte, independientemente de la forma del músculo, la fuerza generada por la contracción de las fibras musculares siempre se dirige a lo largo de la línea del tendón. Las fibras musculares se agrandan en respuesta al ejercicio intenso, y al revés: si los músculos dejan de usarse tan solo unos meses, empiezan a consumirse. Por tanto, la actividad física es muy importante para el mantenimiento de la masa muscular.

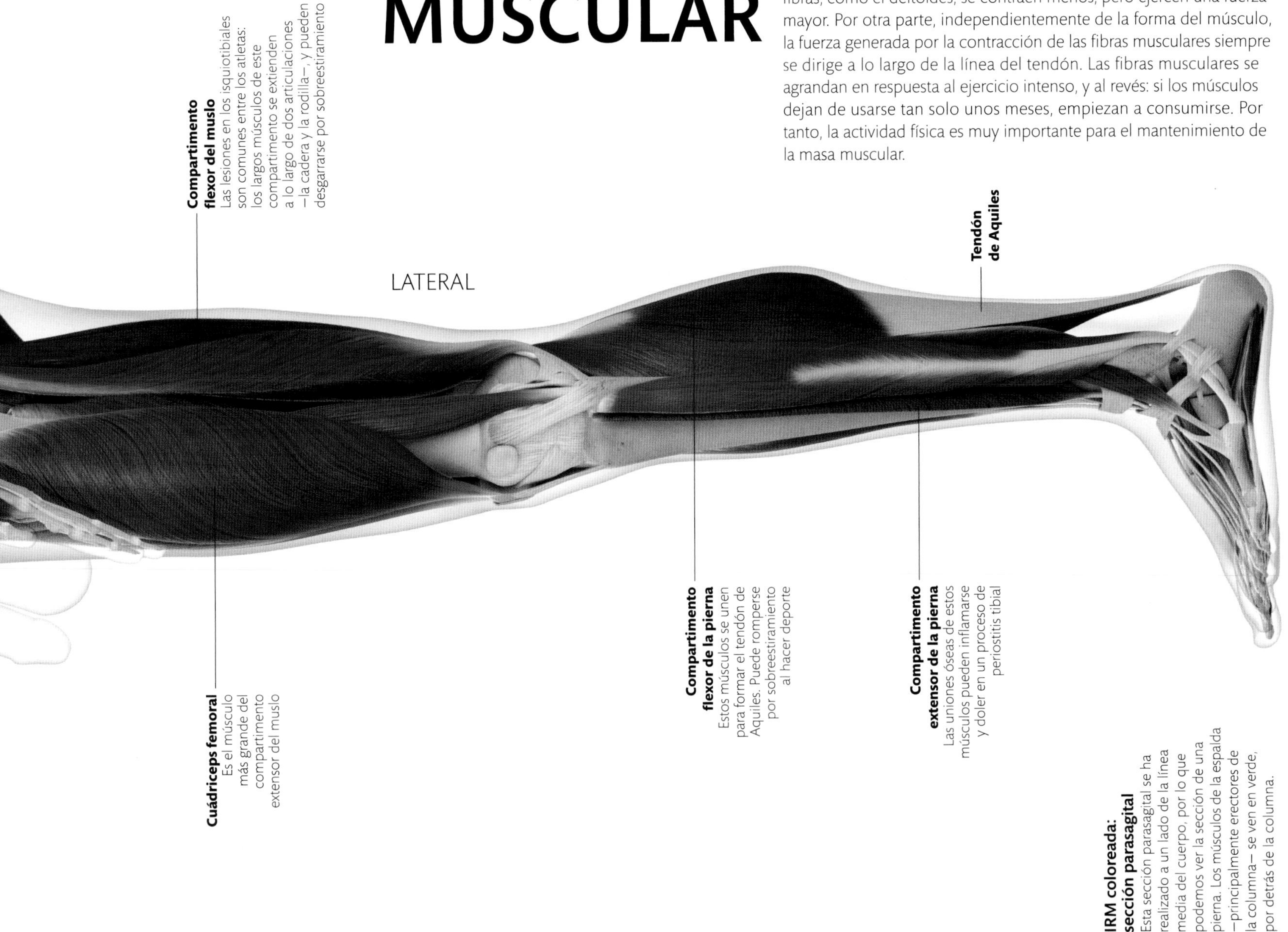
LATERAL
Compartimento flexor del muslo
Las lesiones en los isquiotibiales son comunes entre los atletas: los largos músculos de este compartimento se extienden a lo largo de dos articulaciones —la cadera y la rodilla—, y pueden desgarrarse por sobreestiramiento
Tendón de Aquiles
Cuádriceps femoral
Es el músculo más grande del compartimento extensor del muslo
Compartimento flexor de la pierna
Estos músculos se unen para formar el tendón de Aquiles. Puede romperse por sobreestiramiento al hacer deporte
Compartimento extensor de la pierna
Las uniones óseas de estos músculos pueden inflamarse y doler en un proceso de periostitis tibial

IRM coloreada: sección parasagital
Esta sección parasagital se ha realizado a un lado de la línea media del cuerpo, por lo que podemos ver la sección de una pierna. Los músculos de la espalda —principalmente erectores de la columna— se ven en verde, por detrás de la columna.

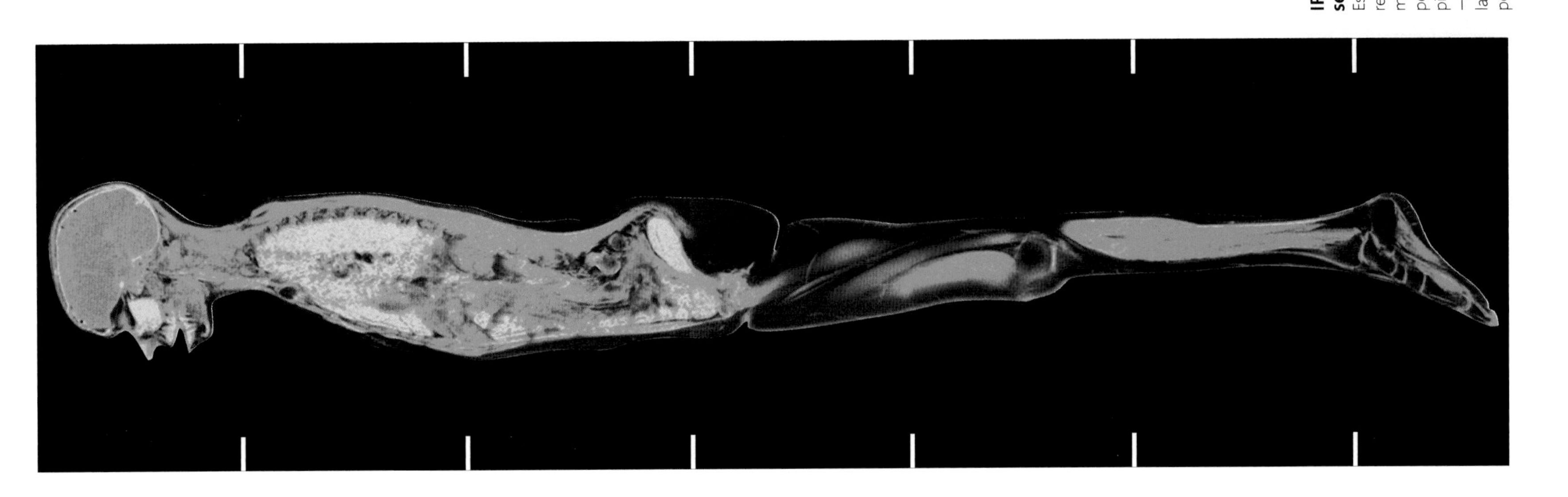

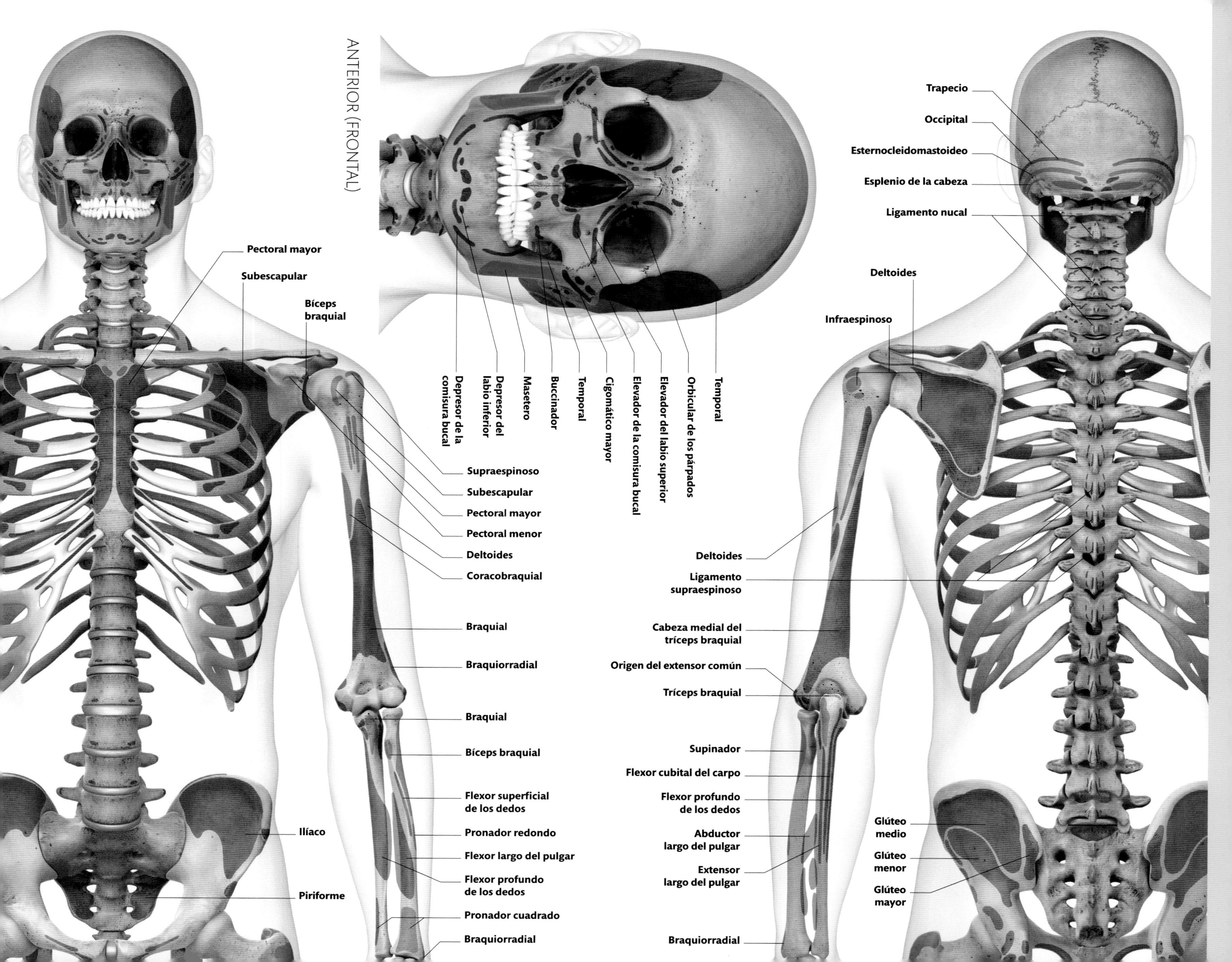

ANTERIOR (FRONTAL)
Pectoral mayor
Subescapular
Bíceps braquial
Supraespinoso
Subescapular
Pectoral mayor
Pectoral menor
Deltoides
Coracobraquial
Braquial
Braquiorradial
Braquial
Bíceps braquial
Flexor superficial de los dedos
Pronador redondo
Flexor largo del pulgar
Flexor profundo de los dedos
Pronador cuadrado
Braquiorradial
Ilíaco
Piriforme
Depresor de la comisura bucal
Depresor del labio inferior
Masetero
Buccinador
Temporal
Cigomático mayor
Elevador de la comisura bucal
Elevador del labio superior
Orbicular de los párpados
Temporal
Trapecio
Occipital
Esternocleidomastoideo
Esplenio de la cabeza
Ligamento nucal
Deltoides
Infraespinoso
Deltoides
Ligamento supraespinoso
Cabeza medial del tríceps braquial
Origen del extensor común
Tríceps braquial
Supinador
Flexor cubital del carpo
Flexor profundo de los dedos
Abductor largo del pulgar
Extensor largo del pulgar
Braquiorradial
Glúteo medio
Glúteo menor
Glúteo mayor

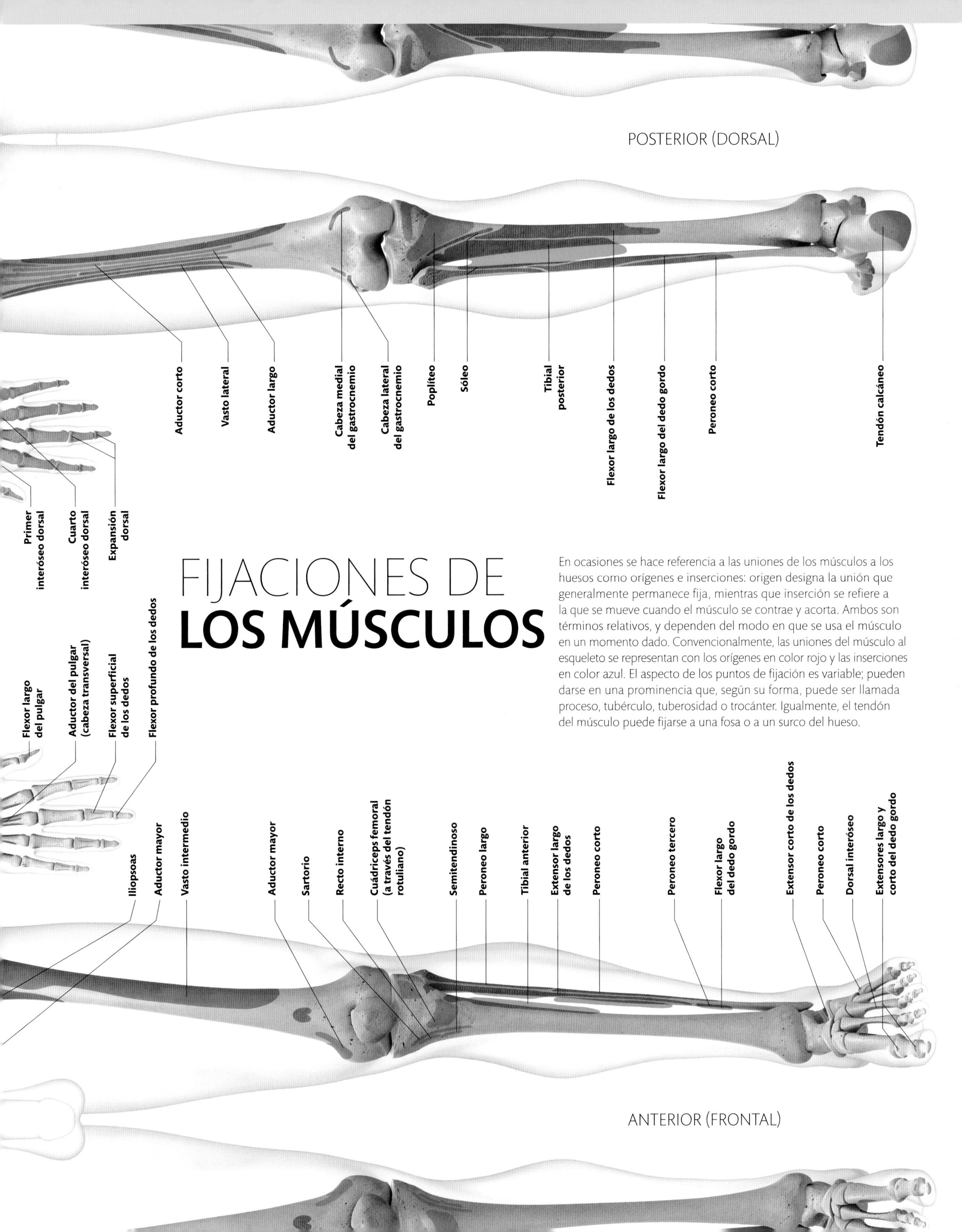
POSTERIOR (DORSAL)
Aductor corto
Vasto lateral
Aductor largo
Cabeza medial del gastrocnemio
Cabeza lateral del gastrocnemio
Poplíteo
Sóleo
Tibial posterior
Flexor largo de los dedos
Flexor largo del dedo gordo
Peroneo corto
Tendón calcáneo
Primer interóseo dorsal
Cuarto interóseo dorsal
Expansión dorsal
Flexor largo del pulgar
Aductor del pulgar (cabeza transversal)
Flexor superficial de los dedos
Flexor profundo de los dedos
Iliopsoas
Aductor mayor
Vasto intermedio
Aductor mayor
Sartorio
Recto interno
Cuádriceps femoral (a través del tendón rotuliano)
Semitendinoso
Peroneo largo
Tibial anterior
Extensor largo de los dedos
Peroneo corto
Peroneo tercero
Flexor largo del dedo gordo
Extensor corto de los dedos
Peroneo corto
Dorsal interóseo
Extensores largo y corto del dedo gordo
ANTERIOR (FRONTAL)

FIJACIONES DE LOS MÚSCULOS

En ocasiones se hace referencia a las uniones de los músculos a los huesos como orígenes e inserciones: origen designa la unión que generalmente permanece fija, mientras que inserción se refiere a la que se mueve cuando el músculo se contrae y acorta. Ambos son términos relativos, y dependen del modo en que se usa el músculo en un momento dado. Convencionalmente, las uniones del músculo al esqueleto se representan con los orígenes en color rojo y las inserciones en color azul. El aspecto de los puntos de fijación es variable; pueden darse en una prominencia que, según su forma, puede ser llamada proceso, tubérculo, tuberosidad o trocánter. Igualmente, el tendón del músculo puede fijarse a una fosa o a un surco del hueso.

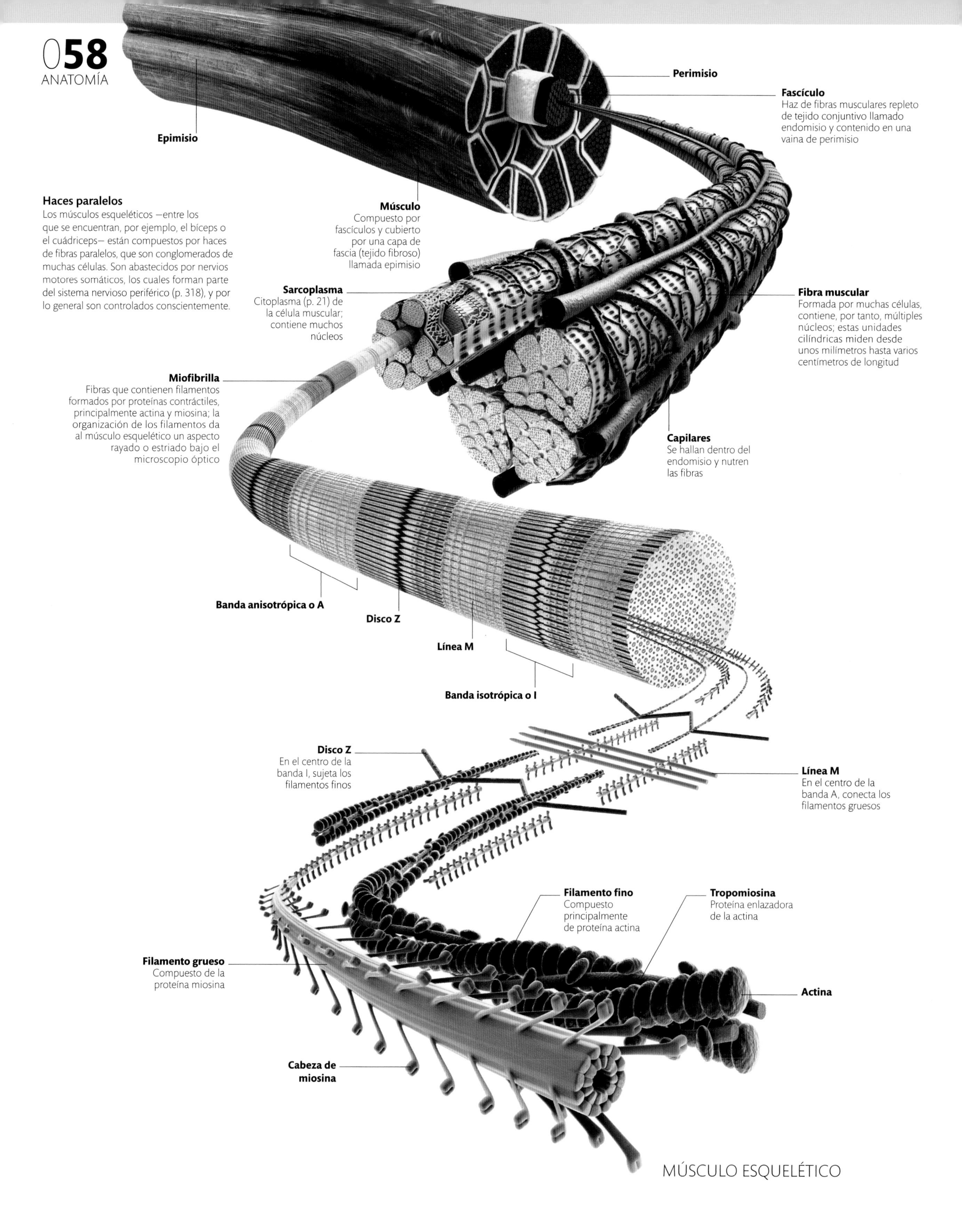
Perimisio
Fascículo
Haz de fibras musculares repleto de tejido conjuntivo llamado endomisio y contenido en una vaina de perimisio
Epimisio
Músculo
Compuesto por fascículos y cubierto por una capa de fascia (tejido fibroso) llamada epimisio
Sarcoplasma
Citoplasma (p. 21) de la célula muscular; contiene muchos núcleos
Fibra muscular
Formada por muchas células, contiene, por tanto, múltiples núcleos; estas unidades cilíndricas miden desde unos milímetros hasta varios centímetros de longitud
Miofibrilla
Fibras que contienen filamentos formados por proteínas contráctiles, principalmente actina y miosina; la organización de los filamentos da al músculo esquelético un aspecto rayado o estriado bajo el microscopio óptico
Capilares
Se hallan dentro del endomisio y nutren las fibras
Banda anisotrópica o A
Disco Z
Línea M
Banda isotrópica o I
Disco Z
En el centro de la banda I, sujeta los filamentos finos
Línea M
En el centro de la banda A, conecta los filamentos gruesos
Filamento fino
Compuesto principalmente de proteína actina
Tropomiosina
Proteína enlazadora de la actina
Filamento grueso
Compuesto de la proteína miosina
Actina
Cabeza de miosina

Haces paralelos

Los músculos esqueléticos —entre los que se encuentran, por ejemplo, el bíceps o el cuádriceps— están compuestos por haces de fibras paralelos, que son conglomerados de muchas células. Son abastecidos por nervios motores somáticos, los cuales forman parte del sistema nervioso periférico (p. 318), y por lo general son controlados conscientemente.

MÚSCULO ESTRUCTURA

Las células musculares, llamadas también miocitos, poseen la capacidad especial de contraerse: están repletas de las proteínas actina y miosina, largas y filamentosas, que se alternan una tras otra para variar la longitud de la propia célula (p. 312). El cuerpo humano tiene tres tipos básicos de músculos: esquelético o voluntario, cardíaco, y liso o involuntario. Cada uno tiene una estructura microscópica propia. El músculo esquelético, además, varía de forma y estructura globales según su función.

MÚSCULO CARDÍACO

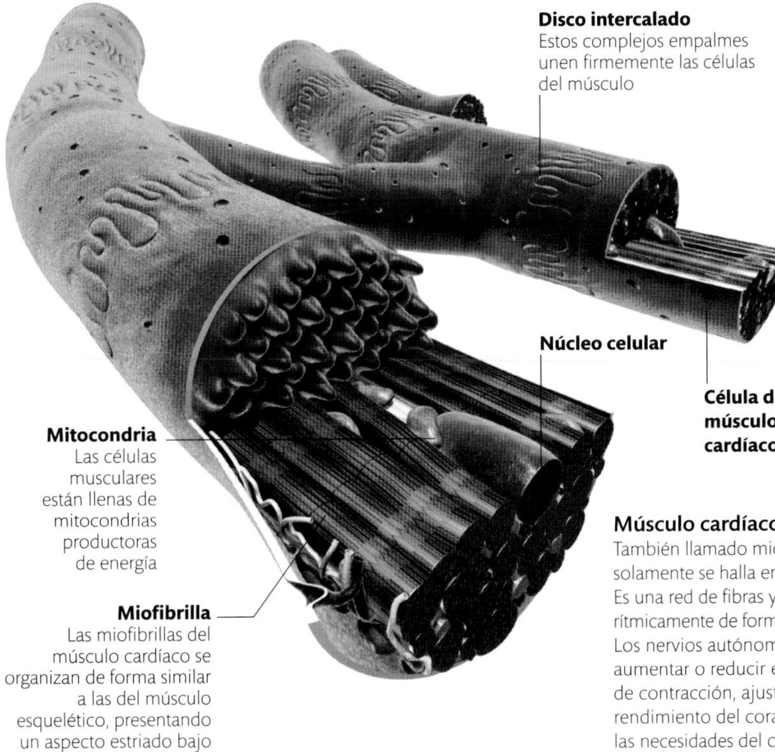
Disco intercalado
Estos complejos empalmes unen firmemente las células del músculo
Núcleo celular
Célula del músculo cardíaco
Mitocondria
Las células musculares están llenas de mitocondrias productoras de energía
Miofibrilla
Las miofibrillas del músculo cardíaco se organizan de forma similar a las del músculo esquelético, presentando un aspecto estriado bajo el microscopio óptico

Músculo cardíaco
También llamado miocardio, solamente se halla en el corazón. Es una red de fibras y se contrae rítmicamente de forma espontánea. Los nervios autónomos pueden aumentar o reducir el ritmo de contracción, ajustando el rendimiento del corazón a las necesidades del cuerpo.

MÚSCULO LISO

Célula muscular lisa
Estas células ahusadas contienen actina y miosina; a diferencia de los músculos cardíaco y esquelético, sus proteínas no están alineadas, por lo que el músculo liso no aparece estriado

Mitocondria

Filamento intermedio

Cuerpo denso

Núcleo celular

Filamento de actina

Filamento de miosina

Células ahusadas
Este tipo de músculo se compone de células de forma ahusada abastecidas por los nervios motores autónomos que controlan el funcionamiento de los sistemas orgánicos, por lo general de modo inconsciente. Se halla en los órganos, en especial en las paredes de tubos como el intestino, los vasos sanguíneos y el tracto respiratorio.

FORMAS MUSCULARES

UNIPENIFORME

BIPENIFORME

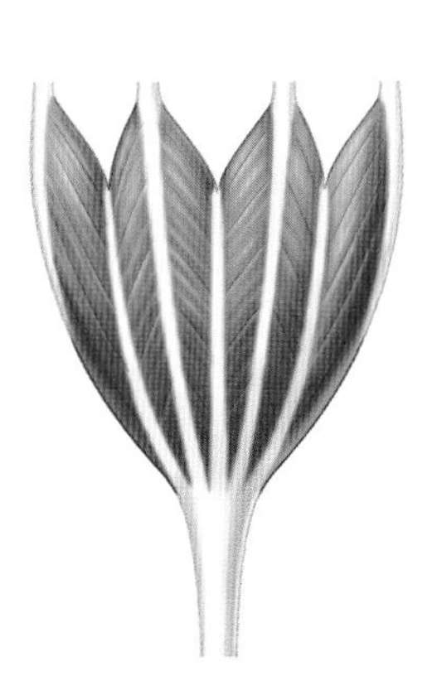
MULTIPENIFORME

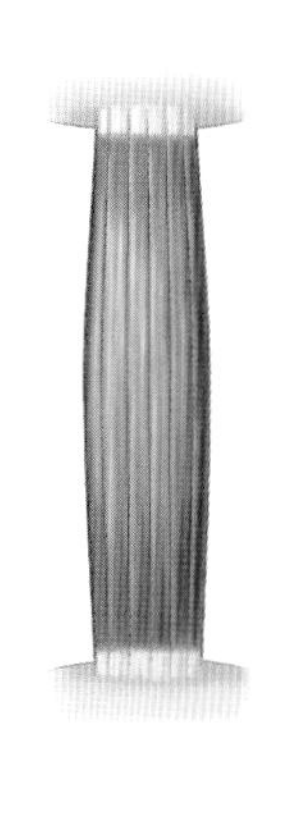
PLANO

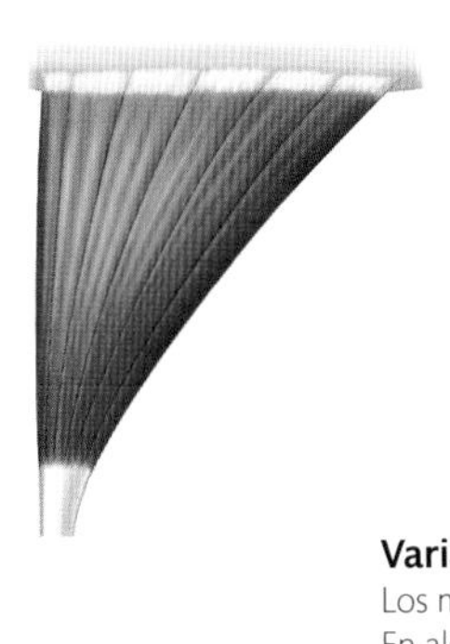
TRIANGULAR

CUADRADO

CIRCULAR U ORBICULAR

Variación muscular
Los músculos esqueléticos varían en tamaño y forma. En algunos, como los planos o los cuadrados, las fibras son paralelas a la dirección de tracción; en otros, como en los triangulares o los peniformes (en forma de pluma), las fibras se orientan oblicuamente.

FUSIFORME

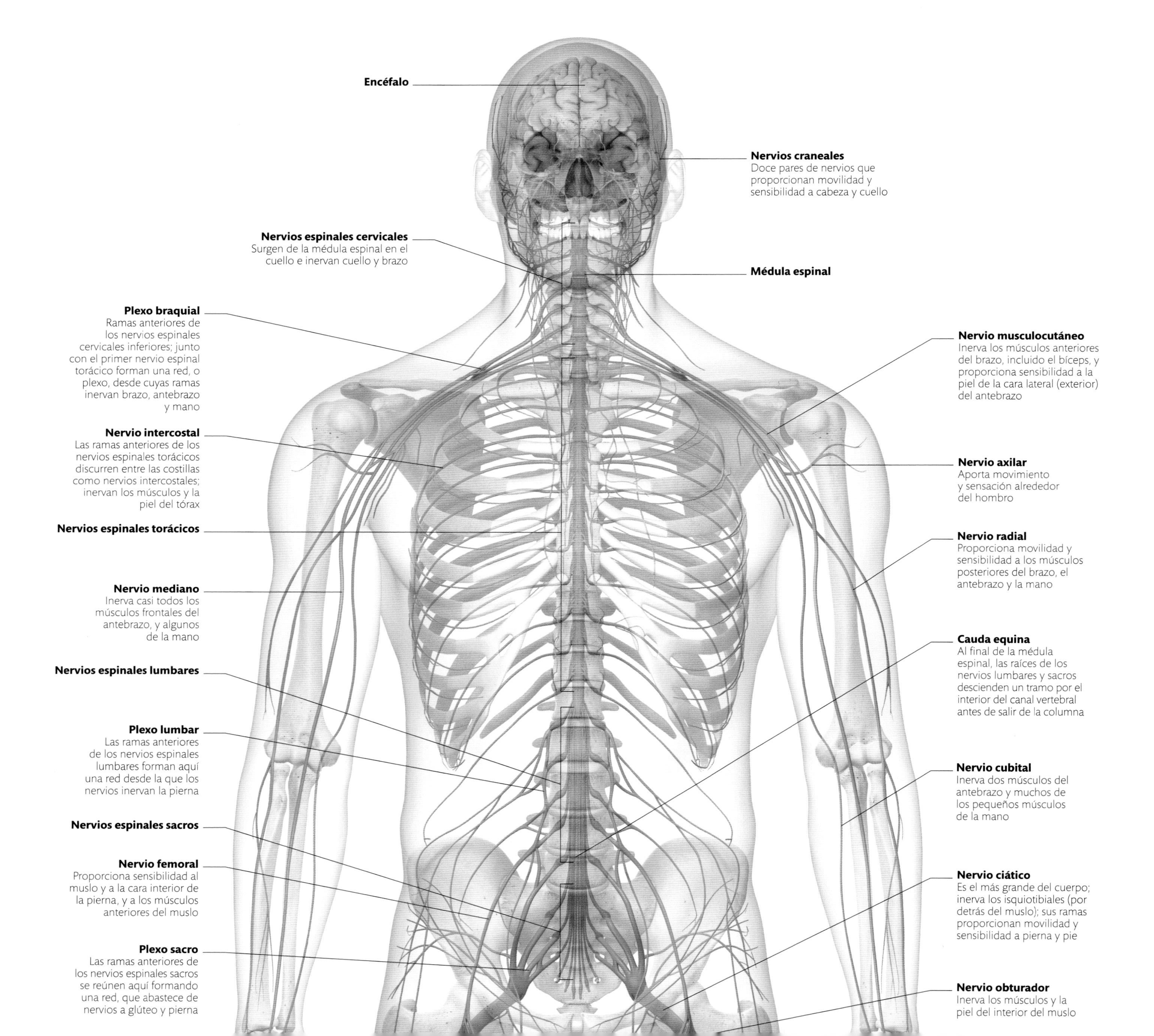
Encéfalo
Nervios craneales
Doce pares de nervios que proporcionan movilidad y sensibilidad a cabeza y cuello
Nervios espinales cervicales
Surgen de la médula espinal en el cuello e inervan cuello y brazo
Médula espinal
Plexo braquial
Ramas anteriores de los nervios espinales cervicales inferiores; junto con el primer nervio espinal torácico forman una red, o plexo, desde cuyas ramas inervan brazo, antebrazo y mano
Nervio musculocutáneo
Inerva los músculos anteriores del brazo, incluido el bíceps, y proporciona sensibilidad a la piel de la cara lateral (exterior) del antebrazo
Nervio intercostal
Las ramas anteriores de los nervios espinales torácicos discurren entre las costillas como nervios intercostales; inervan los músculos y la piel del tórax
Nervio axilar
Aporta movimiento y sensación alrededor del hombro
Nervios espinales torácicos
Nervio radial
Proporciona movilidad y sensibilidad a los músculos posteriores del brazo, el antebrazo y la mano
Nervio mediano
Inerva casi todos los músculos frontales del antebrazo, y algunos de la mano
Cauda equina
Al final de la médula espinal, las raíces de los nervios lumbares y sacros descienden un tramo por el interior del canal vertebral antes de salir de la columna
Nervios espinales lumbares
Plexo lumbar
Las ramas anteriores de los nervios espinales lumbares forman aquí una red desde la que los nervios inervan la pierna
Nervio cubital
Inerva dos músculos del antebrazo y muchos de los pequeños músculos de la mano
Nervios espinales sacros
Nervio femoral
Proporciona sensibilidad al muslo y a la cara interior de la pierna, y a los músculos anteriores del muslo
Nervio ciático
Es el más grande del cuerpo; inerva los isquiotibiales (por detrás del muslo); sus ramas proporcionan movilidad y sensibilidad a pierna y pie
Plexo sacro
Las ramas anteriores de los nervios espinales sacros se reúnen aquí formando una red, que abastece de nervios a glúteo y pierna
Nervio obturador
Inerva los músculos y la piel del interior del muslo

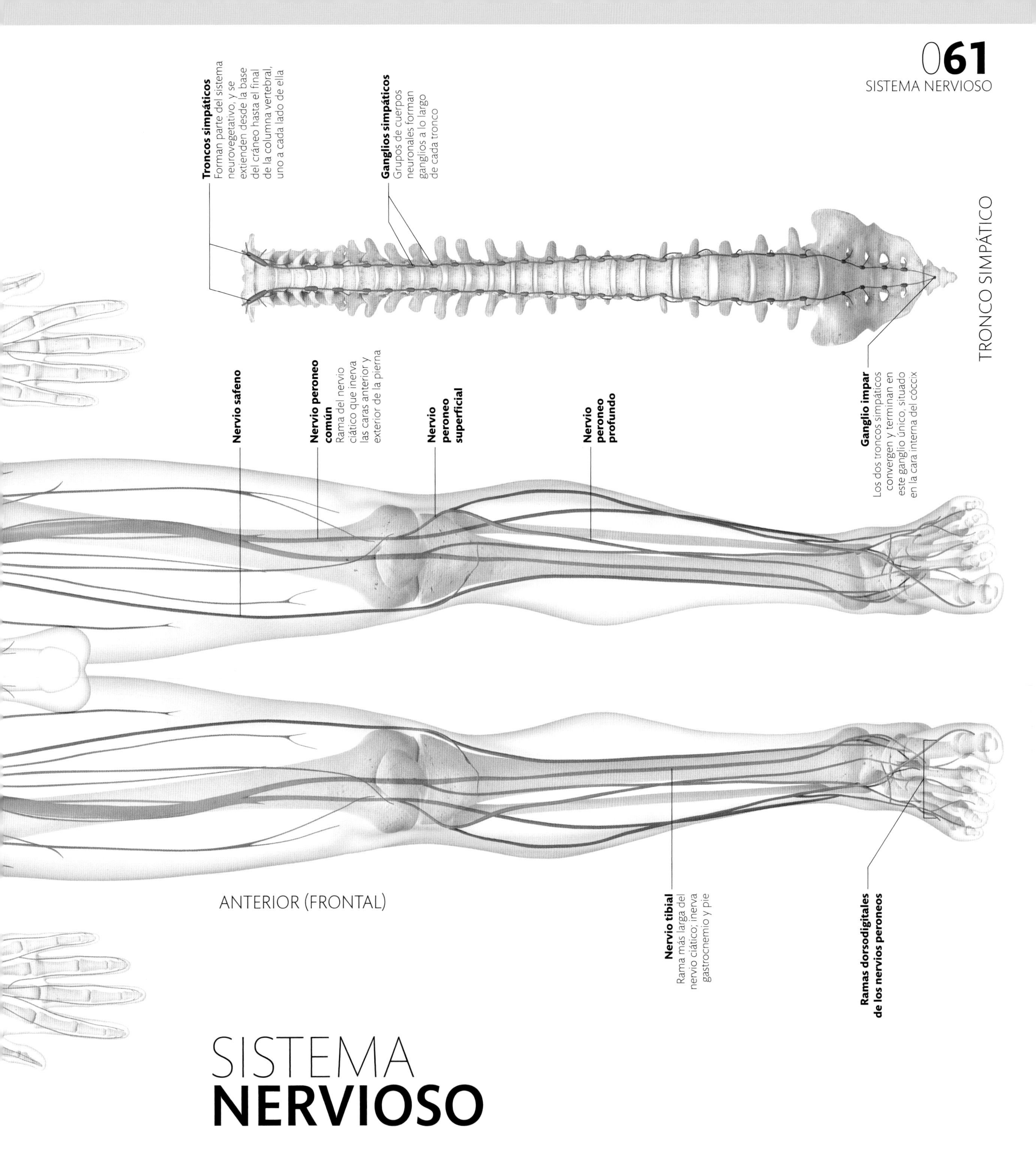
TRONCO SIMPÁTICO
Troncos simpáticos Forman parte del sistema neurovegetativo, y se extienden desde la base del cráneo hasta el final de la columna vertebral, uno a cada lado de ella
Ganglios simpáticos Grupos de cuerpos neuronales forman ganglios a lo largo de cada tronco
Ganglio impar Los dos troncos simpáticos convergen y terminan en este ganglio único, situado en la cara interna del cóccix
Nervio safeno
Nervio peroneo común Rama del nervio ciático que inerva las caras anterior y exterior de la pierna
Nervio peroneo superficial
Nervio peroneo profundo
ANTERIOR (FRONTAL)
Nervio tibial Rama más larga del nervio ciático; inerva gastrocnemio y pie
Ramas dorsodigitales de los nervios peroneos

SISTEMA **NERVIOSO**

El sistema nervioso contiene miles de millones de células nerviosas, o neuronas, intercomunicadas. Puede dividirse en sistema nervioso central (encéfalo y médula espinal) y sistema nervioso periférico (nervios craneales y espinales con sus ramas). El encéfalo y la médula están protegidos respectivamente por el cráneo y la columna vertebral. Los nervios craneales salen a través de unos huecos en el cráneo para inervar cabeza y cuello; los espinales salen por los huecos intervertebrales e inervan el resto del cuerpo. El sistema nervioso también puede dividirse en partes según su función: el sistema nervioso somático está constituido por las neuronas que regulan las funciones voluntarias, y el sistema nervioso autónomo (o neurovegetativo), por las que regulan las funciones involuntarias o inconscientes —como las glandulares o el ritmo cardíaco—.

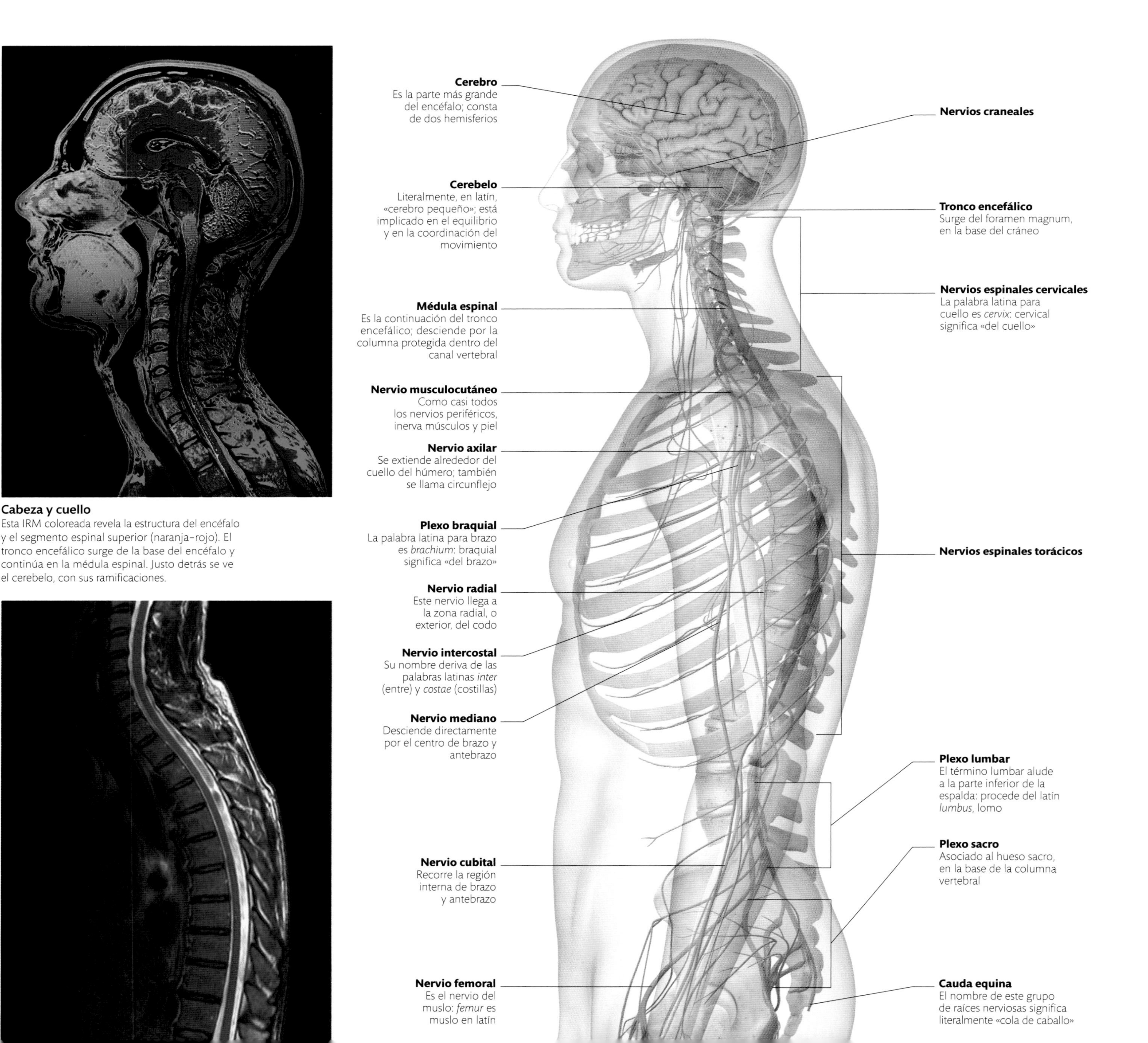

Cerebro
Es la parte más grande del encéfalo; consta de dos hemisferios
Cerebelo
Literalmente, en latín, «cerebro pequeño»; está implicado en el equilibrio y en la coordinación del movimiento
Médula espinal
Es la continuación del tronco encefálico; desciende por la columna protegida dentro del canal vertebral
Nervio musculocutáneo
Como casi todos los nervios periféricos, inerva músculos y piel
Nervio axilar
Se extiende alrededor del cuello del húmero; también se llama circunflejo
Plexo braquial
La palabra latina para brazo es *brachium*: braquial significa «del brazo»
Nervio radial
Este nervio llega a la zona radial, o exterior, del codo
Nervio intercostal
Su nombre deriva de las palabras latinas *inter* (entre) y *costae* (costillas)
Nervio mediano
Desciende directamente por el centro de brazo y antebrazo
Nervio cubital
Recorre la región interna de brazo y antebrazo
Nervio femoral
Es el nervio del muslo: *femur* es muslo en latín
Nervios craneales
Tronco encefálico
Surge del foramen magnum, en la base del cráneo
Nervios espinales cervicales
La palabra latina para cuello es *cervix*: cervical significa «del cuello»
Nervios espinales torácicos
Plexo lumbar
El término lumbar alude a la parte inferior de la espalda: procede del latín *lumbus*, lomo
Plexo sacro
Asociado al hueso sacro, en la base de la columna vertebral
Cauda equina
El nombre de este grupo de raíces nerviosas significa literalmente «cola de caballo»

Cabeza y cuello
Esta IRM coloreada revela la estructura del encéfalo y el segmento espinal superior (naranja-rojo). El tronco encefálico surge de la base del encéfalo y continúa en la médula espinal. Justo detrás se ve el cerebelo, con sus ramificaciones.

SISTEMA **NERVIOSO**

Del encéfalo surgen doce nervios craneales que inervan las estructuras de cabeza y cuello, incluidos ojos, orejas, nariz y boca. De la médula espinal brotan 31 pares de nervios espinales: ocho cervicales, doce torácicos, cinco lumbares, cinco sacros y un coccígeo a cada lado. Estos se ramifican para inervar los tejidos posteriores y anteriores de la columna vertebral. En las regiones cervical, lumbar y sacra, los nervios se unen para formar redes, o plexos, antes de volver a ramificarse para inervar los miembros. La mayoría de los nervios periféricos contienen tanto fibras nerviosas que transportan mensajes a los músculos, como fibras que llevan información sensorial de vuelta al sistema nervioso central.

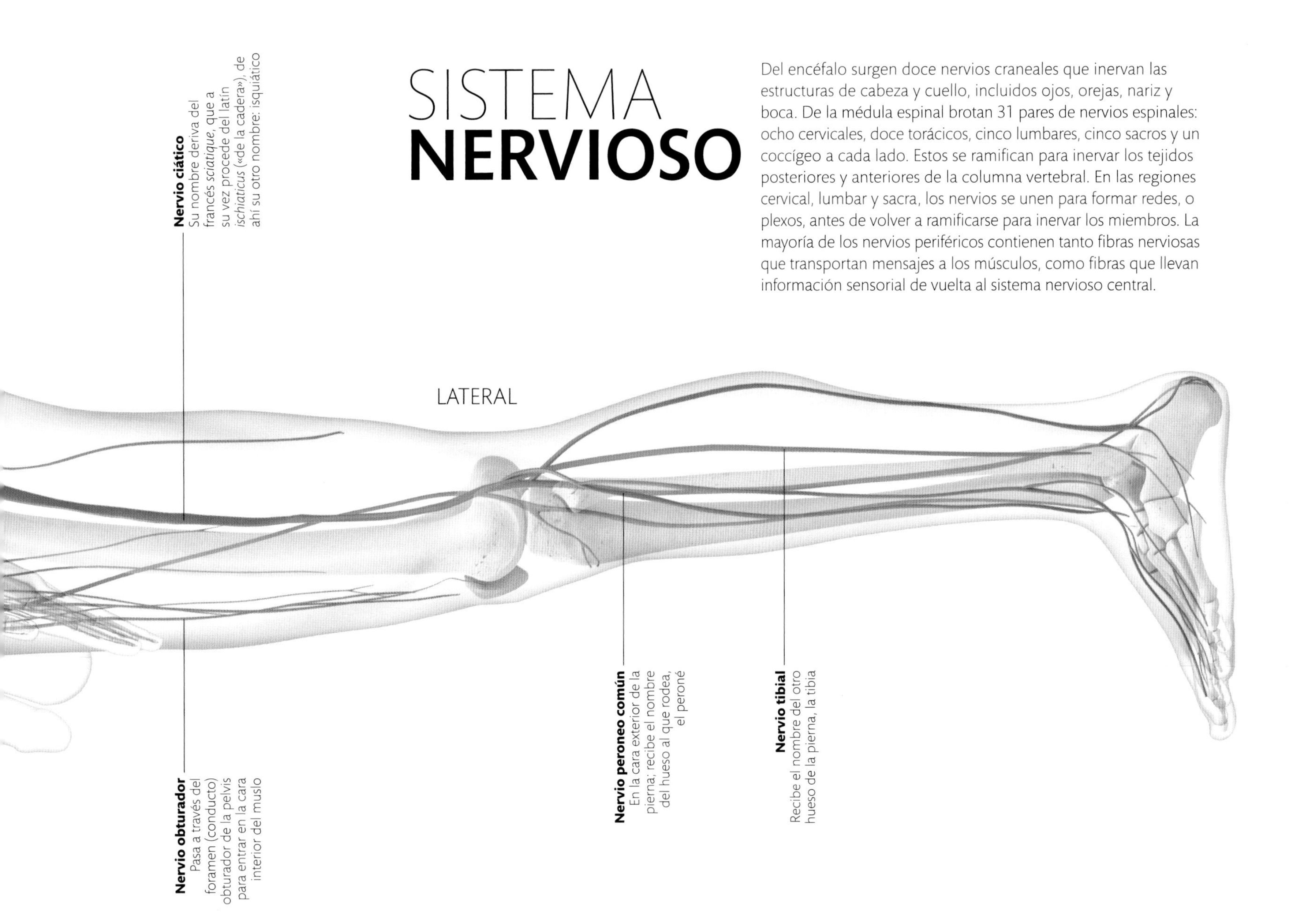
LATERAL
Nervio ciático
Su nombre deriva del francés *sciatique*, que a su vez procede del latín *ischiaticus* («de la cadera»), de ahí su otro nombre: isquiático
Nervio obturador
Pasa a través del foramen (conducto) obturador de la pelvis para entrar en la cara interior del muslo
Nervio peroneo común
En la cara exterior de la pierna; recibe el nombre del hueso al que rodea, el peroné
Nervio tibial
Recibe el nombre del otro hueso de la pierna, la tibia

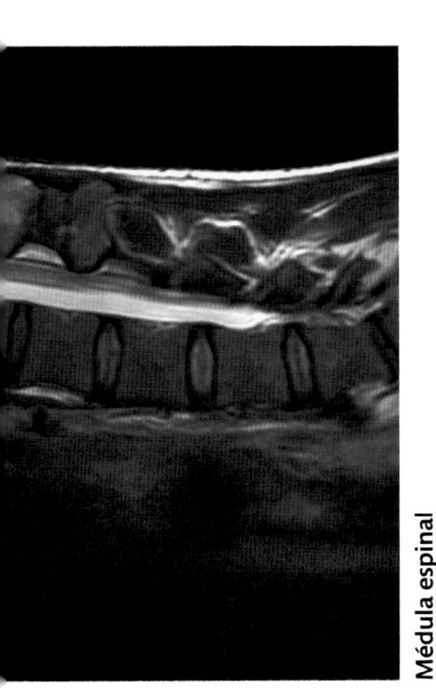

Médula espinal
En esta IRM de la columna vertebral, las vértebras que rodean la médula espinal aparecen como bloques azules. La médula espinal es la columna azul oscuro que se halla dentro de la vaina clara de la duramadre. En la parte inferior derecha se encuentra la cauda equina.

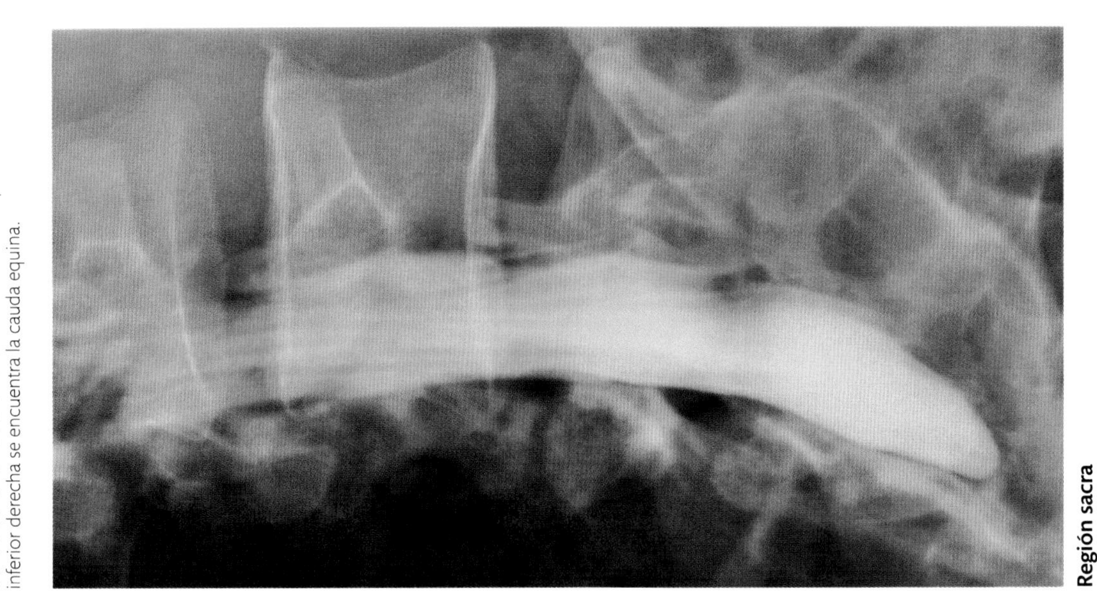

Región sacra
Esta radiografía coloreada muestra el saco dural (blanco) que envuelve la médula espinal y sus nervios emergentes. La columna de vértebras (naranja) termina en el sacro, que las conecta a la pelvis.

ESTRUCTURA NEURONAL

El sistema nervioso contiene miles de millones de células nerviosas (neuronas) interconectadas. De cada cuerpo celular (soma) neuronal surgen unas proyecciones delgadas y fuertes, las dendritas. Por lo general, una es más larga y fina que las demás: es el axón. En el cerebro hay axones de menos de 1 mm; otros, que van de la médula espinal a los miembros, miden más de 1 m.

El movimiento de partículas cargadas a través de los canales de la membrana neuronal genera impulsos eléctricos que viajan a lo largo del axón. En los axones que carecen de capa aislante de mielina, estos impulsos (llamados potenciales de acción) se desplazan con lentitud y tienden a desvanecerse. En los axones mielínicos, un pequeño tramo de la membrana queda expuesto entre los segmentos de mielina y el impulso «salta» hasta el siguiente hueco, lo que acelera su conducción. En el extremo del axón, la señal se transmite cruzando el diminuto espacio (sinapsis) hasta la siguiente neurona o hasta una célula muscular mediante la liberación de unas sustancias químicas llamadas neurotransmisores.

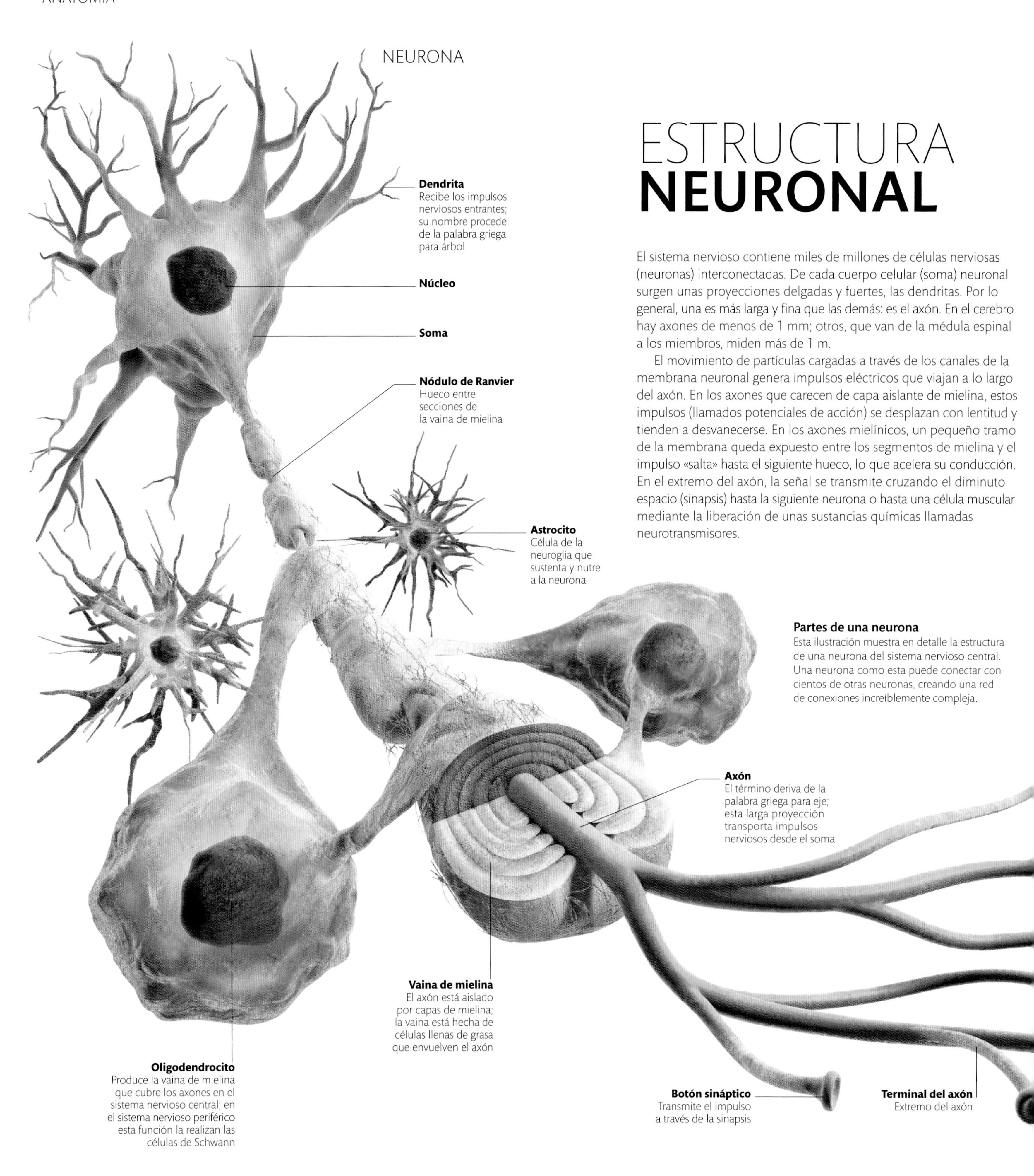
NEURONA
Dendrita
Recibe los impulsos nerviosos entrantes; su nombre procede de la palabra griega para árbol
Núcleo
Soma
Nódulo de Ranvier
Hueco entre secciones de la vaina de mielina
Astrocito
Célula de la neuroglia que sustenta y nutre a la neurona
Axón
El término deriva de la palabra griega para eje; esta larga proyección transporta impulsos nerviosos desde el soma
Vaina de mielina
El axón está aislado por capas de mielina; la vaina está hecha de células llenas de grasa que envuelven el axón
Oligodendrocito
Produce la vaina de mielina que cubre los axones en el sistema nervioso central; en el sistema nervioso periférico esta función la realizan las células de Schwann
Botón sináptico
Transmite el impulso a través de la sinapsis
Terminal del axón
Extremo del axón

Partes de una neurona
Esta ilustración muestra en detalle la estructura de una neurona del sistema nervioso central. Una neurona como esta puede conectar con cientos de otras neuronas, creando una red de conexiones increíblemente compleja.

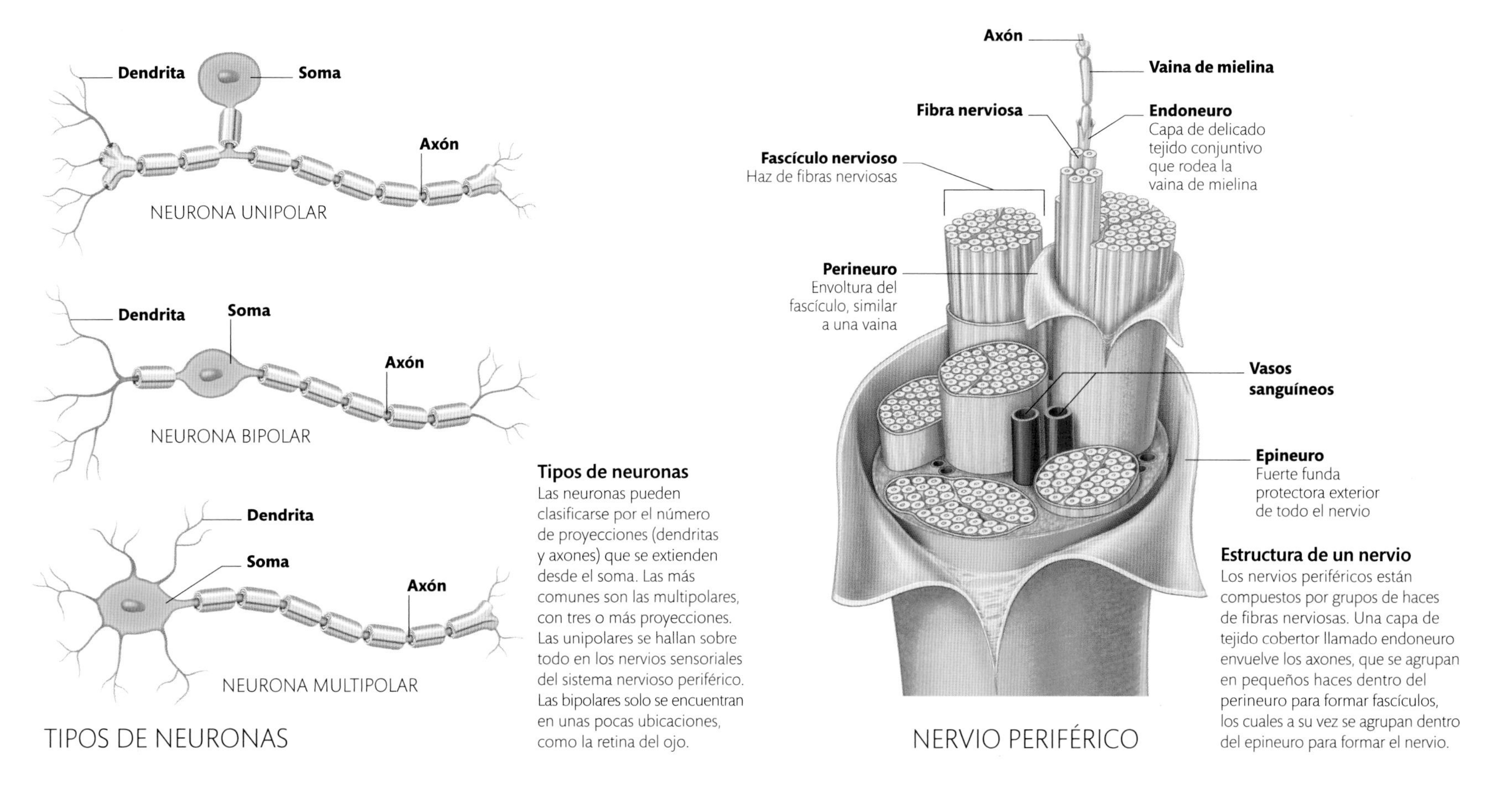
Dendrita
Soma
Axón
NEURONA UNIPOLAR
Dendrita
Soma
Axón
NEURONA BIPOLAR
Dendrita
Soma
Axón
NEURONA MULTIPOLAR
Axón
Vaina de mielina
Fibra nerviosa
Endoneuro
Capa de delicado tejido conjuntivo que rodea la vaina de mielina
Fascículo nervioso
Haz de fibras nerviosas
Perineuro
Envoltura del fascículo, similar a una vaina
Vasos sanguíneos
Epineuro
Fuerte funda protectora exterior de todo el nervio

TIPOS DE NEURONAS

Tipos de neuronas
Las neuronas pueden clasificarse por el número de proyecciones (dendritas y axones) que se extienden desde el soma. Las más comunes son las multipolares, con tres o más proyecciones. Las unipolares se hallan sobre todo en los nervios sensoriales del sistema nervioso periférico. Las bipolares solo se encuentran en unas pocas ubicaciones, como la retina del ojo.

NERVIO PERIFÉRICO

Estructura de un nervio
Los nervios periféricos están compuestos por grupos de haces de fibras nerviosas. Una capa de tejido cobertor llamado endoneuro envuelve los axones, que se agrupan en pequeños haces dentro del perineuro para formar fascículos, los cuales a su vez se agrupan dentro del epineuro para formar el nervio.

Estructura de la médula espinal
Como el encéfalo, la médula contiene materia gris (principalmente soma neuronal) y materia blanca (axones), y está cubierta por las mismas tres capas de meninges: duramadre, aracnoides y piamadre (p. 119).

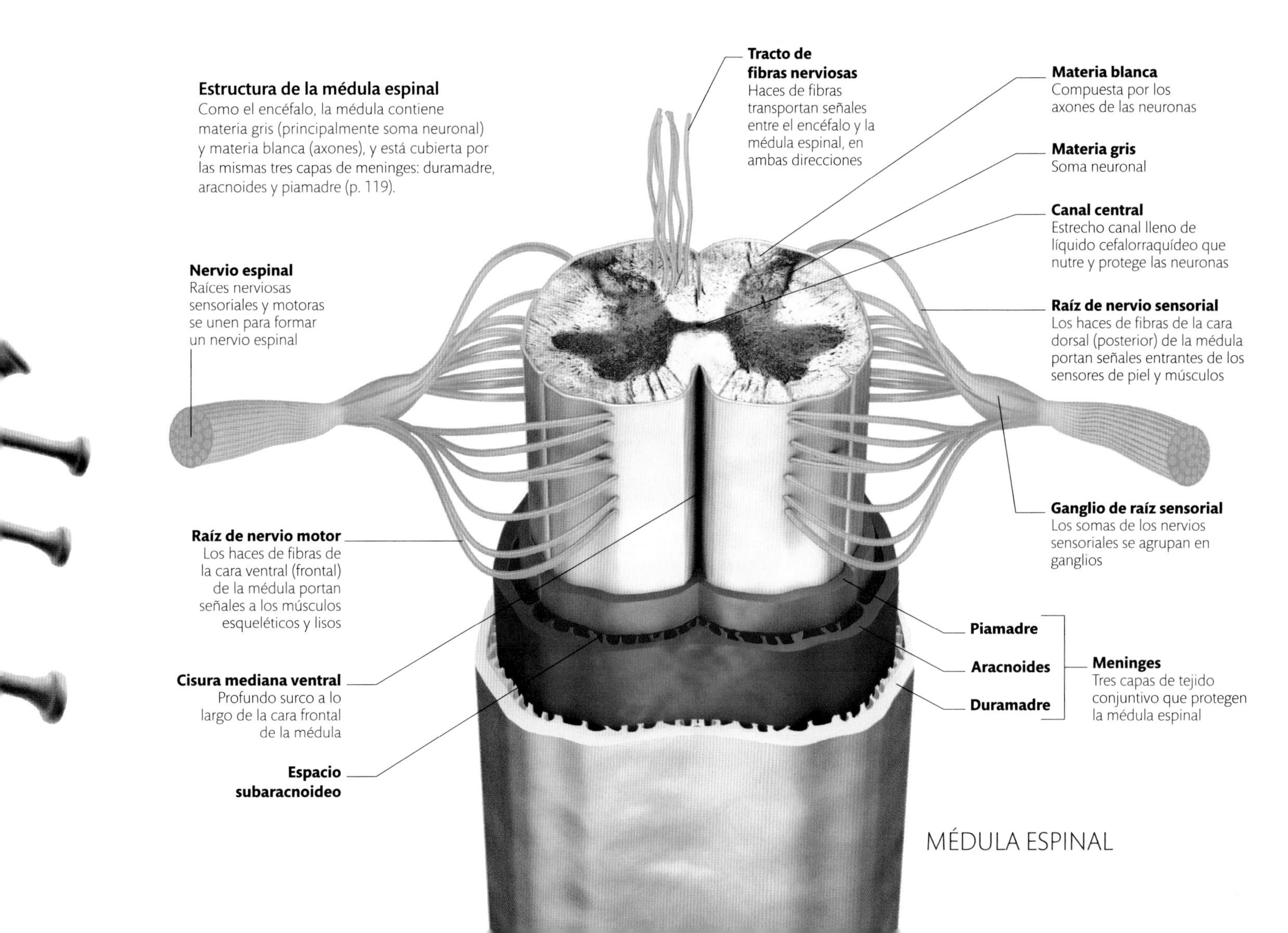
Tracto de fibras nerviosas
Haces de fibras transportan señales entre el encéfalo y la médula espinal, en ambas direcciones
Materia blanca
Compuesta por los axones de las neuronas
Materia gris
Soma neuronal
Canal central
Estrecho canal lleno de líquido cefalorraquídeo que nutre y protege las neuronas
Nervio espinal
Raíces nerviosas sensoriales y motoras se unen para formar un nervio espinal
Raíz de nervio sensorial
Los haces de fibras de la cara dorsal (posterior) de la médula portan señales entrantes de los sensores de piel y músculos
Ganglio de raíz sensorial
Los somas de los nervios sensoriales se agrupan en ganglios
Raíz de nervio motor
Los haces de fibras de la cara ventral (frontal) de la médula portan señales a los músculos esqueléticos y lisos
Piamadre
Aracnoides
Duramadre
Meninges
Tres capas de tejido conjuntivo que protegen la médula espinal
Cisura mediana ventral
Profundo surco a lo largo de la cara frontal de la médula
Espacio subaracnoideo

MÉDULA ESPINAL

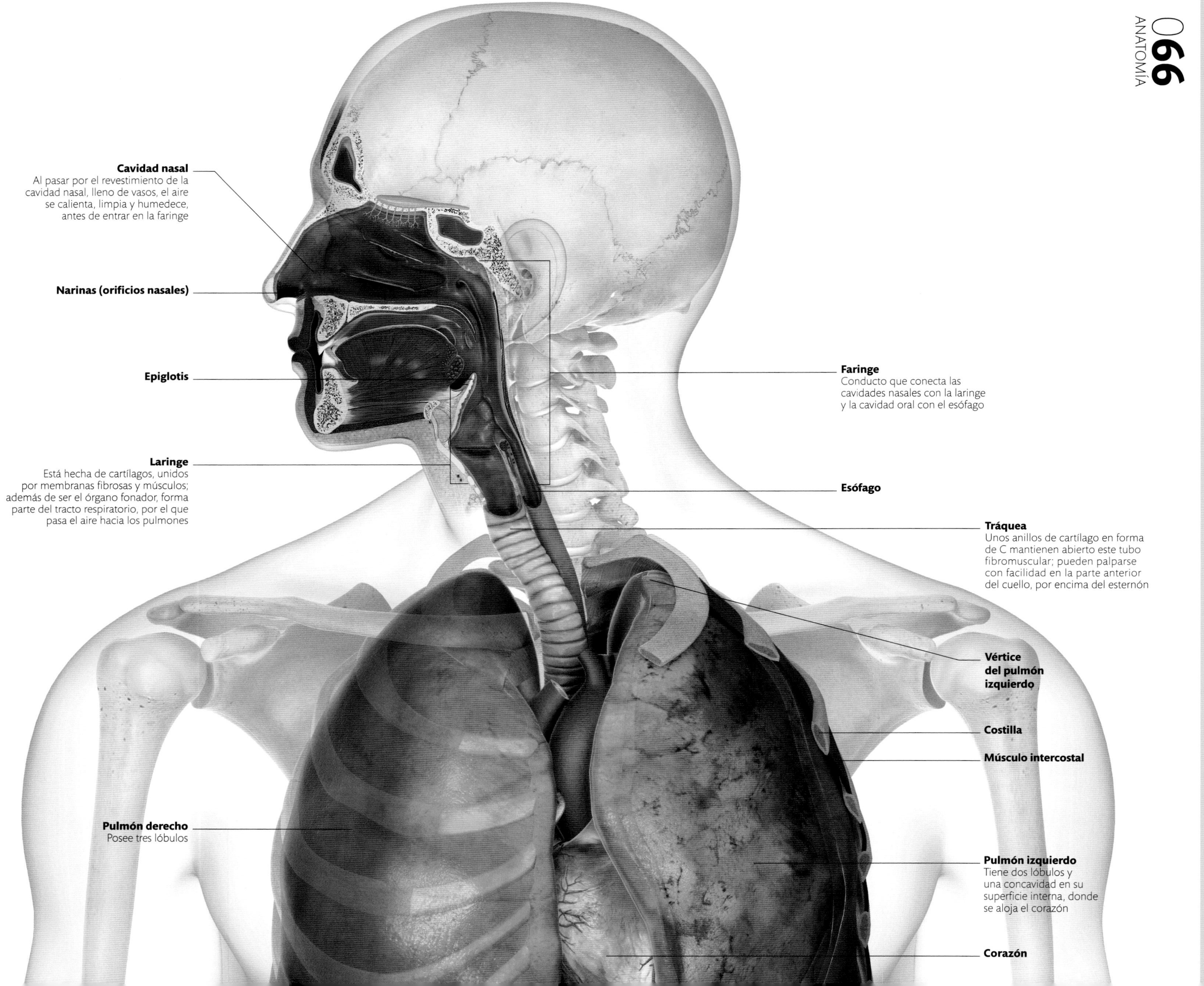

Cavidad nasal
Al pasar por el revestimiento de la cavidad nasal, lleno de vasos, el aire se calienta, limpia y humedece, antes de entrar en la faringe

Narinas (orificios nasales)

Epiglotis

Laringe
Está hecha de cartílagos, unidos por membranas fibrosas y músculos; además de ser el órgano fonador, forma parte del tracto respiratorio, por el que pasa el aire hacia los pulmones

Pulmón derecho
Posee tres lóbulos

Faringe
Conducto que conecta las cavidades nasales con la laringe y la cavidad oral con el esófago

Esófago

Tráquea
Unos anillos de cartílago en forma de C mantienen abierto este tubo fibromuscular; pueden palparse con facilidad en la parte anterior del cuello, por encima del esternón

Vértice del pulmón izquierdo

Costilla

Músculo intercostal

Pulmón izquierdo
Tiene dos lóbulos y una concavidad en su superficie interna, donde se aloja el corazón

Corazón

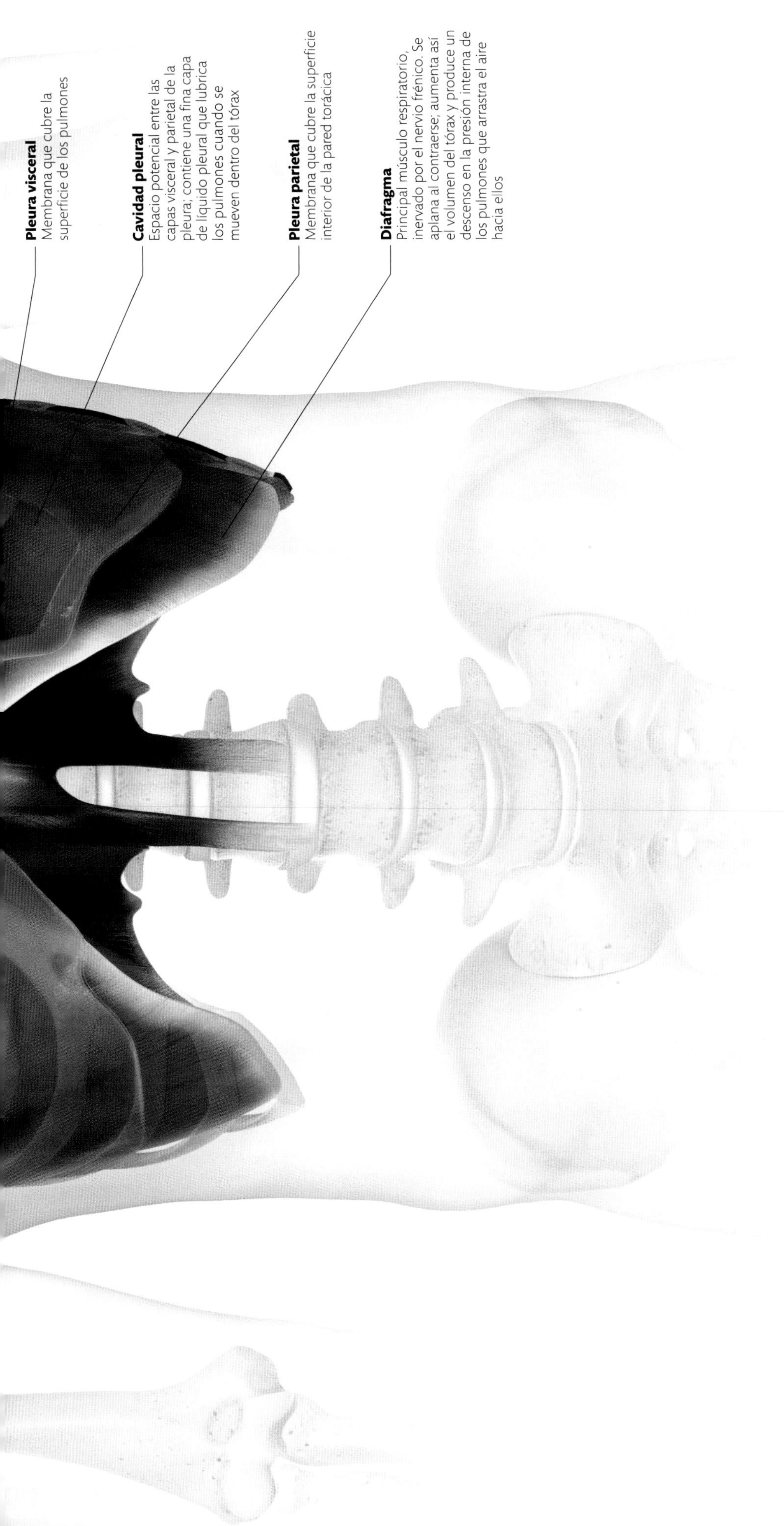
Pleura visceral
Membrana que cubre la superficie de los pulmones
Cavidad pleural
Espacio potencial entre las capas visceral y parietal de la pleura; contiene una fina capa de líquido pleural que lubrica los pulmones cuando se mueven dentro del tórax
Pleura parietal
Membrana que cubre la superficie interior de la pared torácica
Diafragma
Principal músculo respiratorio, inervado por el nervio frénico. Se aplana al contraerse; aumenta así el volumen del tórax y produce un descenso en la presión interna de los pulmones que arrastra el aire hacia ellos

SISTEMA **RESPIRATORIO**

Todas las células del cuerpo necesitan recibir oxígeno y eliminar dióxido de carbono. Estos gases son transportados por el cuerpo en la sangre, pero la transferencia de gases entre esta y el aire se produce en los pulmones, que poseen unas membranas sumamente delgadas que los gases pueden atravesar con facilidad. Pero el aire debe entrar y salir regularmente de los pulmones para poder expulsar el dióxido de carbono generado y absorber oxígeno nuevo; este proceso es la respiración. Además de los pulmones, el sistema respiratorio incluye las vías que llevan el aire hasta ellos: las cavidades nasales, la faringe, la laringe, la tráquea y los bronquios (p. 157).

ANTERIOR (FRONTAL)

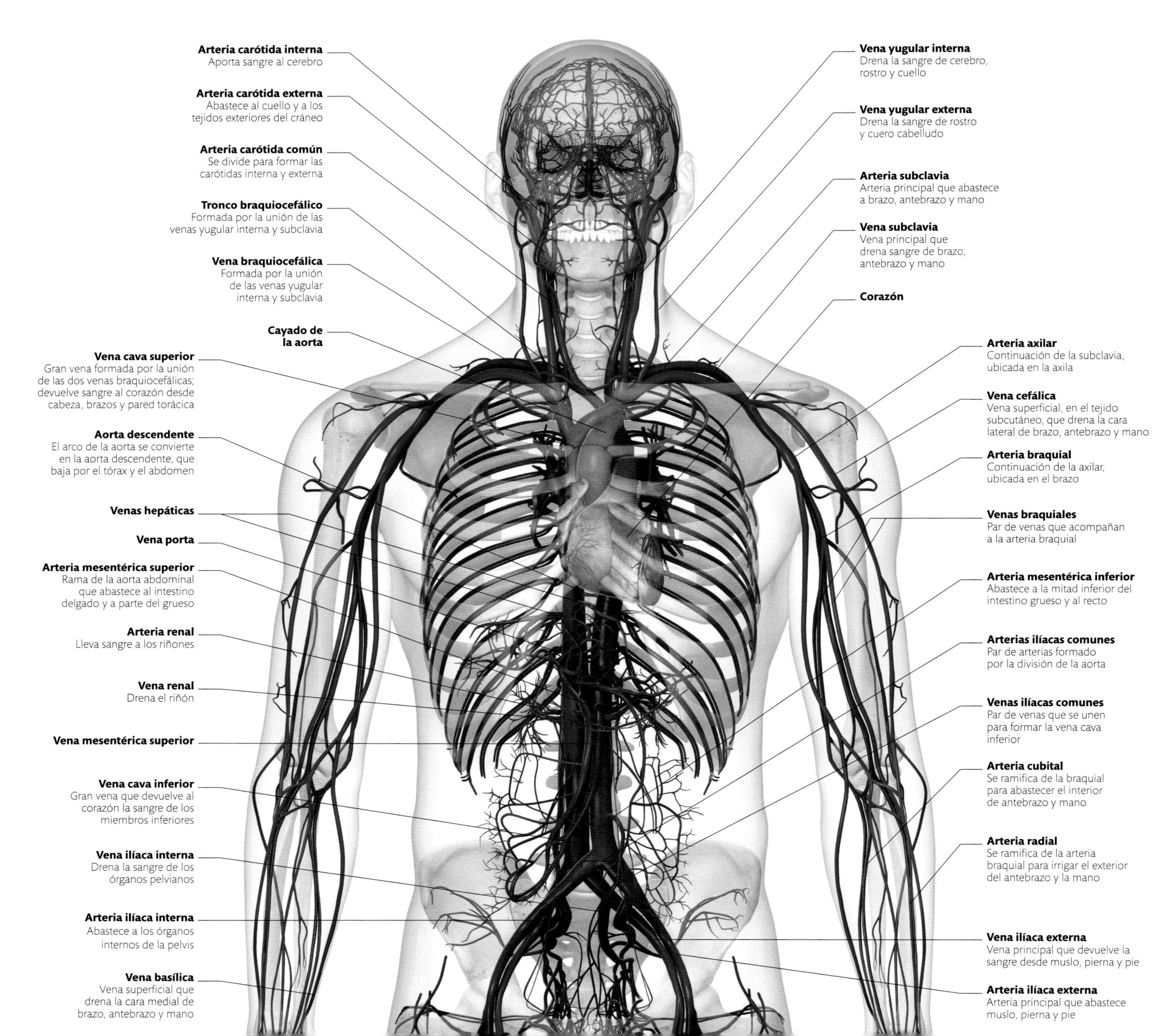
Arteria carótida interna
Aporta sangre al cerebro
Arteria carótida externa
Abastece al cuello y a los tejidos exteriores del cráneo
Arteria carótida común
Se divide para formar las carótidas interna y externa
Tronco braquiocefálico
Formada por la unión de las venas yugular interna y subclavia
Vena braquiocefálica
Formada por la unión de las venas yugular interna y subclavia
Cayado de la aorta
Vena cava superior
Gran vena formada por la unión de las dos venas braquiocefálicas; devuelve sangre al corazón desde cabeza, brazos y pared torácica
Aorta descendente
El arco de la aorta se convierte en la aorta descendente, que baja por el tórax y el abdomen
Venas hepáticas
Vena porta
Arteria mesentérica superior
Rama de la aorta abdominal que abastece al intestino delgado y a parte del grueso
Arteria renal
Lleva sangre a los riñones
Vena renal
Drena el riñón
Vena mesentérica superior
Vena cava inferior
Gran vena que devuelve al corazón la sangre de los miembros inferiores
Vena ilíaca interna
Drena la sangre de los órganos pelvianos
Arteria ilíaca interna
Abastece a los órganos internos de la pelvis
Vena basílica
Vena superficial que drena la cara medial de brazo, antebrazo y mano
Vena yugular interna
Drena la sangre de cerebro, rostro y cuello
Vena yugular externa
Drena la sangre de rostro y cuero cabelludo
Arteria subclavia
Arteria principal que abastece a brazo, antebrazo y mano
Vena subclavia
Vena principal que drena sangre de brazo, antebrazo y mano
Corazón
Arteria axilar
Continuación de la subclavia, ubicada en la axila
Vena cefálica
Vena superficial, en el tejido subcutáneo, que drena la cara lateral de brazo, antebrazo y mano
Arteria braquial
Continuación de la axilar, ubicada en el brazo
Venas braquiales
Par de venas que acompañan a la arteria braquial
Arteria mesentérica inferior
Abastece a la mitad inferior del intestino grueso y al recto
Arterias ilíacas comunes
Par de arterias formado por la división de la aorta
Venas ilíacas comunes
Par de venas que se unen para formar la vena cava inferior
Arteria cubital
Se ramifica de la braquial para abastecer el interior de antebrazo y mano
Arteria radial
Se ramifica de la arteria braquial para irrigar el exterior del antebrazo y la mano
Vena ilíaca externa
Vena principal que devuelve la sangre desde muslo, pierna y pie
Arteria ilíaca externa
Arteria principal que abastece muslo, pierna y pie

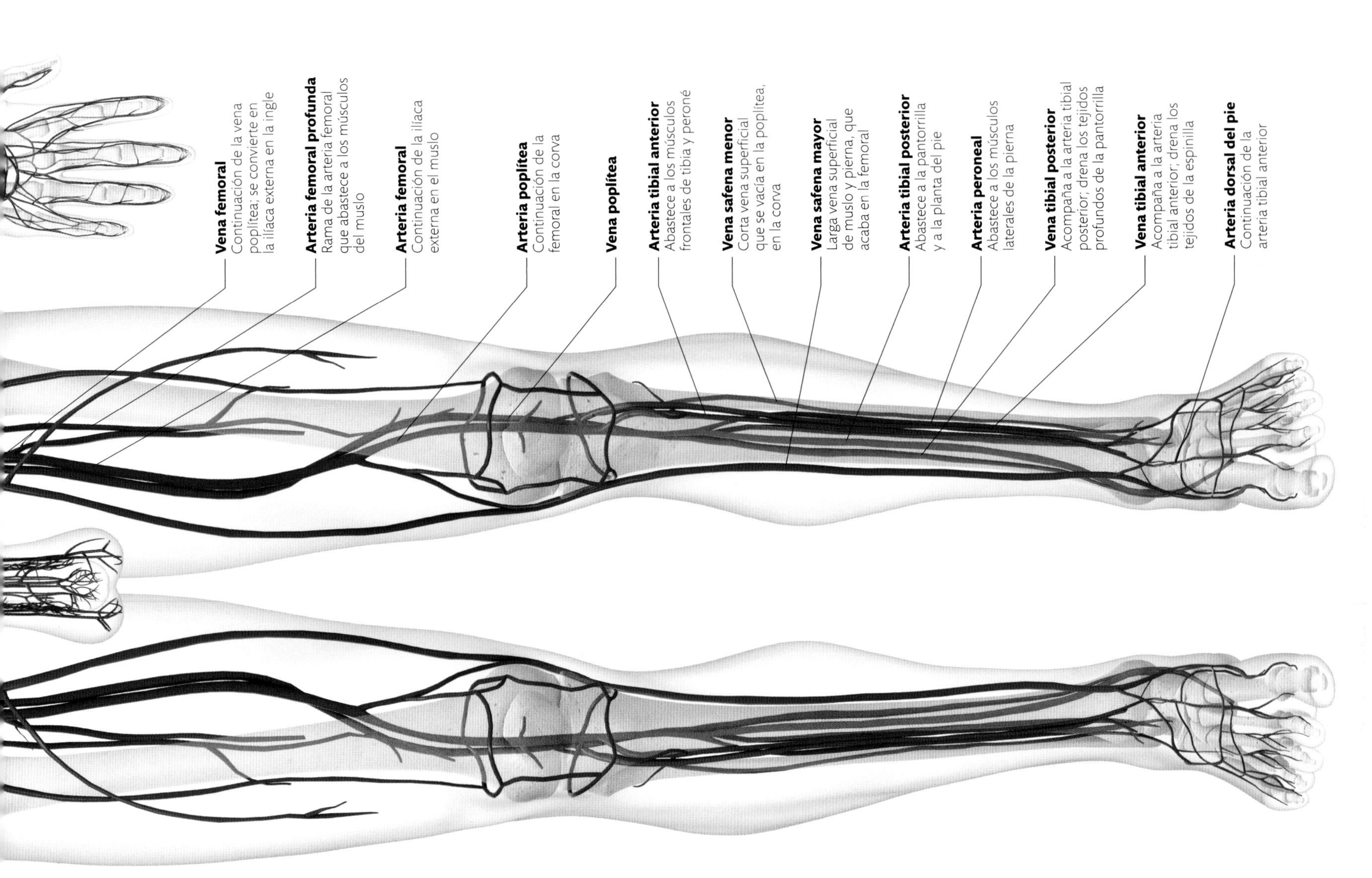
Vena femoral
Continuación de la vena poplítea; se convierte en la ilíaca externa en la ingle
Arteria femoral profunda
Rama de la arteria femoral que abastece a los músculos del muslo
Arteria femoral
Continuación de la ilíaca externa en el muslo
Arteria poplítea
Continuación de la femoral en la corva
Vena poplítea
Arteria tibial anterior
Abastece a los músculos frontales de tibia y peroné
Vena safena menor
Corta vena superficial que se vacía en la poplítea, en la corva
Vena safena mayor
Larga vena superficial de muslo y pierna, que acaba en la femoral
Arteria tibial posterior
Abastece a la pantorrilla y a la planta del pie
Arteria peroneal
Abastece a los músculos laterales de la pierna
Vena tibial posterior
Acompaña a la arteria tibial posterior; drena los tejidos profundos de la pantorrilla
Vena tibial anterior
Acompaña a la arteria tibial anterior; drena los tejidos de la espinilla
Arteria dorsal del pie
Continuación de la arteria tibial anterior

ANTERIOR (FRONTAL)

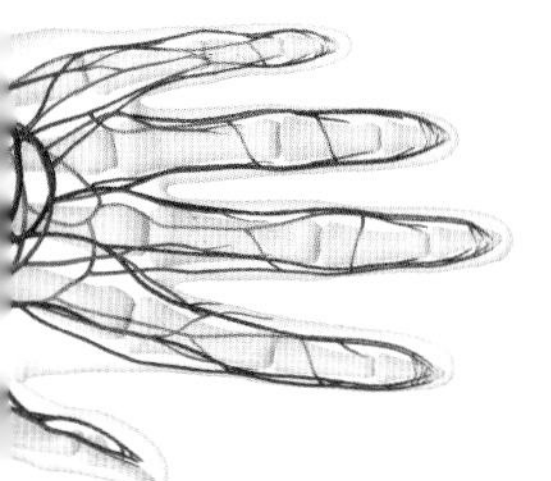

SISTEMA CARDIOVASCULAR

El corazón y los vasos sanguíneos reparten sustancias útiles a los tejidos del cuerpo: oxígeno de los pulmones, nutrientes del tracto digestivo, leucocitos para combatir infecciones, y hormonas. Además, la sangre elimina productos de desecho y los retira de otros órganos —el hígado y los riñones principalmente— para su excreción. El corazón es una bomba muscular que se contrae para poder empujar la sangre a través de la red de vasos sanguíneos. Las arterias son vasos que portan sangre desde el corazón; las venas la devuelven. Además, las arterias se ramifican en vasos cada vez menores, hasta convertirse en capilares. Los diminutos vasos que retiran la sangre de la red de capilares se unen, del mismo modo que los afluentes de un río, para formar las venas.

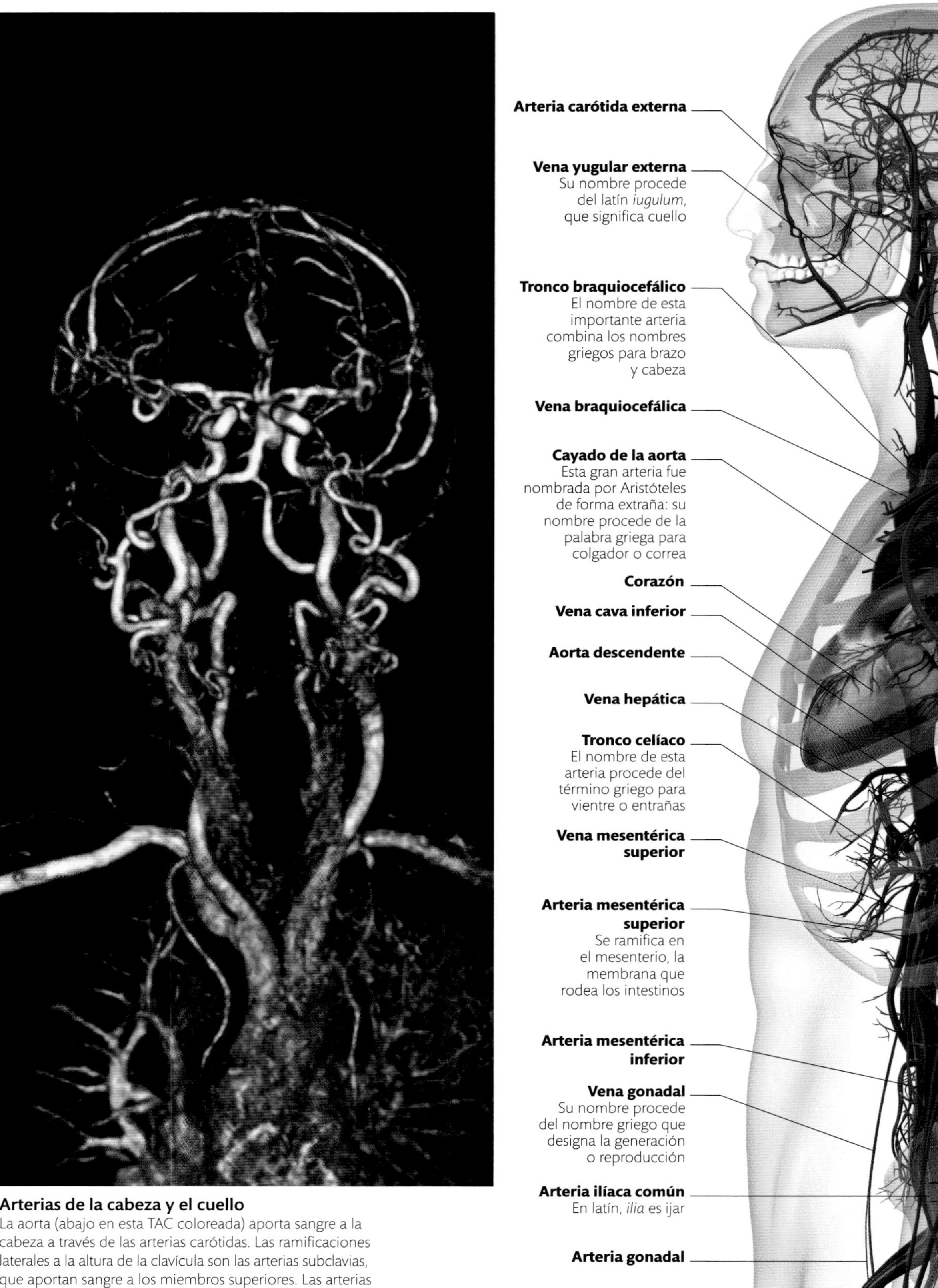

Arterias de la cabeza y el cuello
La aorta (abajo en esta TAC coloreada) aporta sangre a la cabeza a través de las arterias carótidas. Las ramificaciones laterales a la altura de la clavícula son las arterias subclavias, que aportan sangre a los miembros superiores. Las arterias pulmonares son visibles como una red de vasos a cada lado de la aorta.

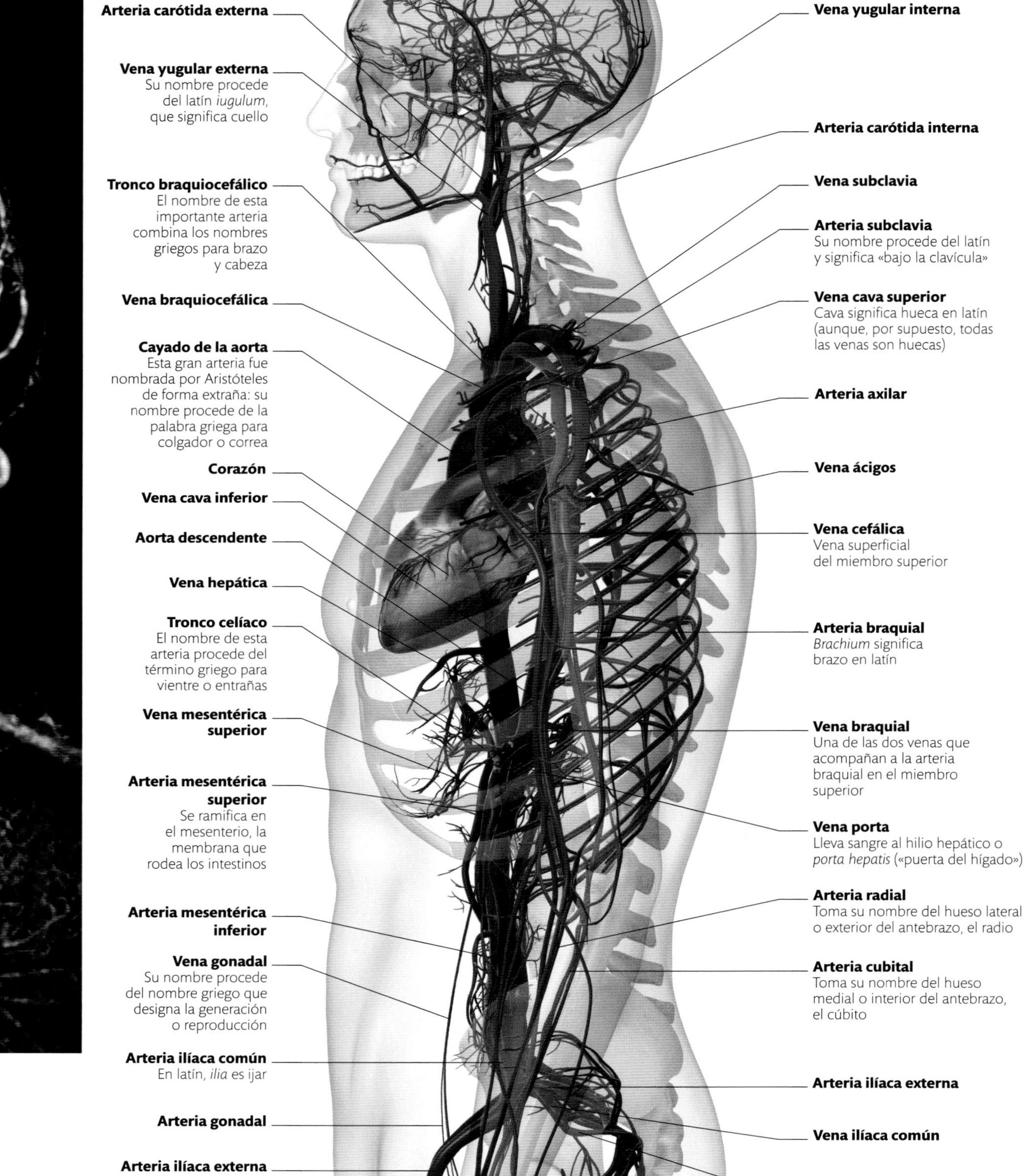
Arteria carótida externa
Vena yugular externa Su nombre procede del latín *iugulum*, que significa cuello
Tronco braquiocefálico El nombre de esta importante arteria combina los nombres griegos para brazo y cabeza
Vena braquiocefálica
Cayado de la aorta Esta gran arteria fue nombrada por Aristóteles de forma extraña: su nombre procede de la palabra griega para colgador o correa
Corazón
Vena cava inferior
Aorta descendente
Vena hepática
Tronco celíaco El nombre de esta arteria procede del término griego para vientre o entrañas
Vena mesentérica superior
Arteria mesentérica superior Se ramifica en el mesenterio, la membrana que rodea los intestinos
Arteria mesentérica inferior
Vena gonadal Su nombre procede del nombre griego que designa la generación o reproducción
Arteria ilíaca común En latín, *ilia* es ijar
Arteria gonadal
Arteria ilíaca externa
Vena yugular interna
Arteria carótida interna
Vena subclavia
Arteria subclavia Su nombre procede del latín y significa «bajo la clavícula»
Vena cava superior Cava significa hueca en latín (aunque, por supuesto, todas las venas son huecas)
Arteria axilar
Vena ácigos
Vena cefálica Vena superficial del miembro superior
Arteria braquial *Brachium* significa brazo en latín
Vena braquial Una de las dos venas que acompañan a la arteria braquial en el miembro superior
Vena porta Lleva sangre al hilio hepático o *porta hepatis* («puerta del hígado»)
Arteria radial Toma su nombre del hueso lateral o exterior del antebrazo, el radio
Arteria cubital Toma su nombre del hueso medial o interior del antebrazo, el cúbito
Arteria ilíaca externa
Vena ilíaca común
Vena ilíaca interna

SISTEMA CARDIOVASCULAR

La circulación puede dividirse en dos circuitos: la circulación pulmonar lleva la sangre bombeada por el lado derecho del corazón a los pulmones, y la sistémica lleva la sangre bombeada por el lado izquierdo del corazón, más potente, al resto del cuerpo. La presión de la circulación pulmonar es relativamente baja, lo que evita que la sangre desborde los capilares y entre en los alvéolos pulmonares. La presión de la circulación sistémica (que es la que se mide en el brazo con un tensiómetro) es muy superior, lo suficiente para empujar la sangre en todo su recorrido hasta el cerebro y los demás órganos, y hasta los dedos de manos y pies.

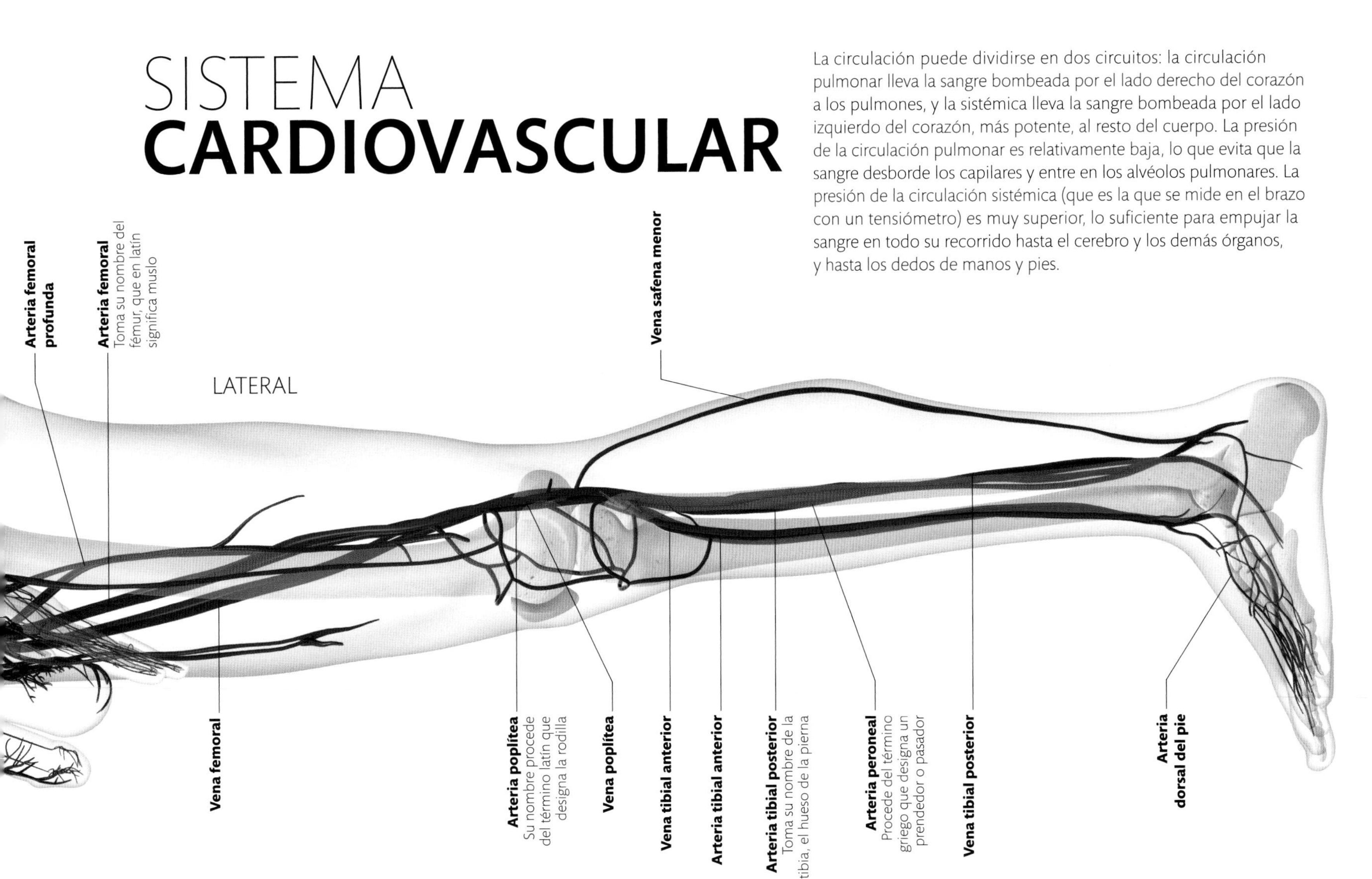
Arteria femoral profunda
Arteria femoral
Toma su nombre del fémur, que en latín significa muslo
LATERAL
Vena safena menor
Vena femoral
Arteria poplítea
Su nombre procede del término latín que designa la rodilla
Vena poplítea
Vena tibial anterior
Arteria tibial anterior
Arteria tibial posterior
Toma su nombre de la tibia, el hueso de la pierna
Arteria peroneal
Procede del término griego que designa un prendedor o pasador
Vena tibial posterior
Arteria dorsal del pie

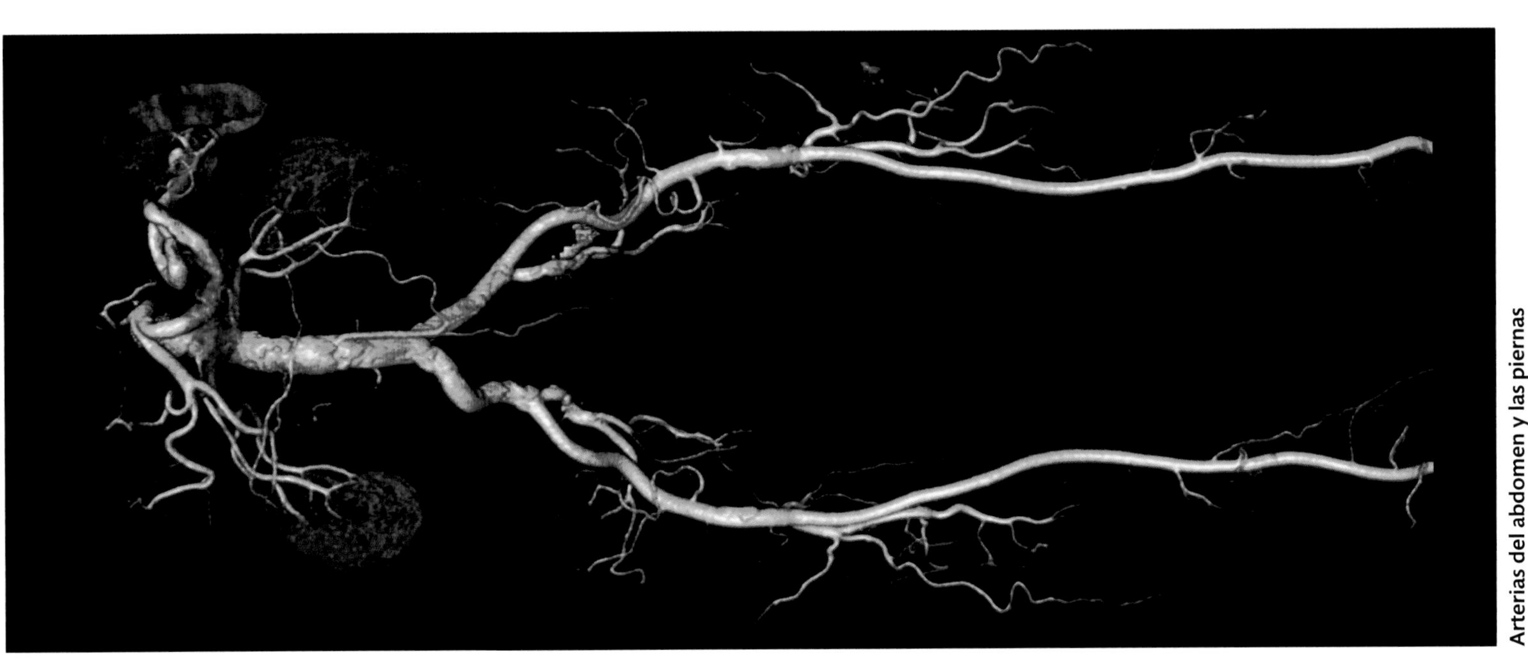

Arterias del abdomen y las piernas
Este angiograma por TAC coloreado muestra la aorta abdominal y las arterias de las piernas. También son visibles los riñones y el bazo. La gran arteria que recorre cada muslo es la femoral, que se convierte en la poplítea detrás de las rodillas para ramificarse luego en las arterias tibiales.

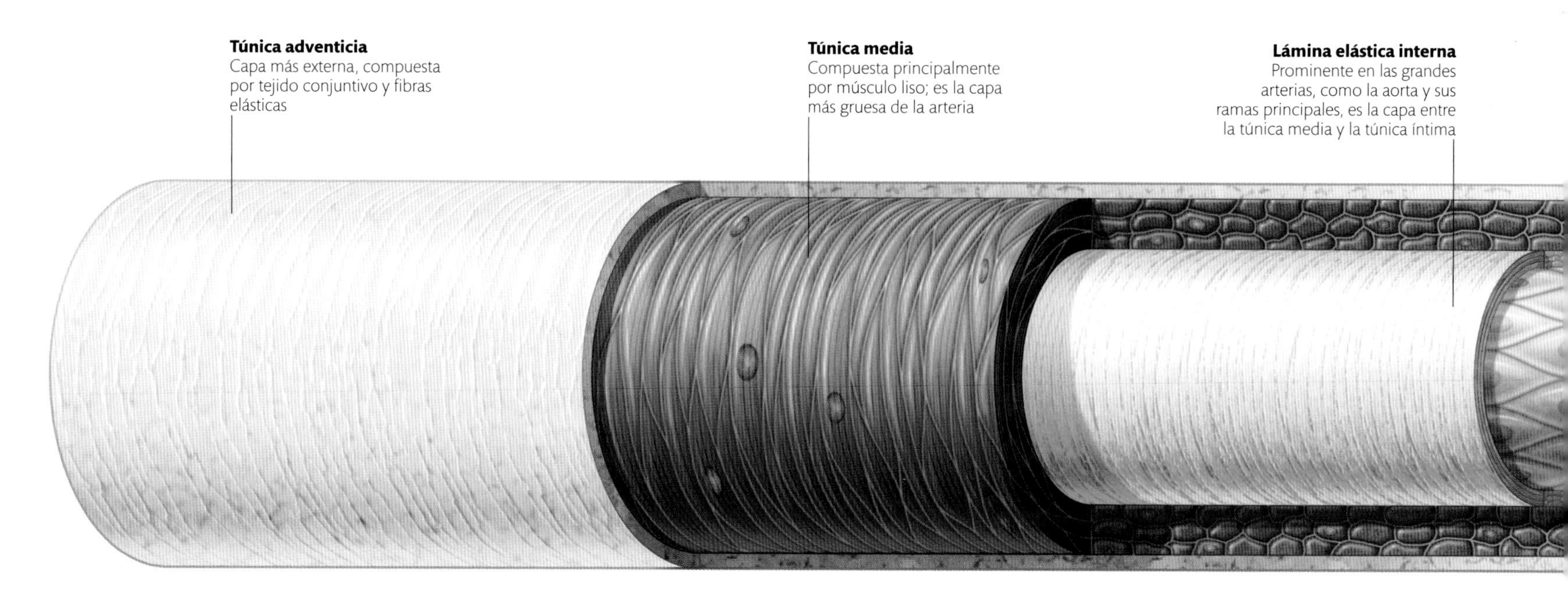
Túnica adventicia
Capa más externa, compuesta por tejido conjuntivo y fibras elásticas
Túnica media
Compuesta principalmente por músculo liso; es la capa más gruesa de la arteria
Lámina elástica interna
Prominente en las grandes arterias, como la aorta y sus ramas principales, es la capa entre la túnica media y la túnica íntima

ARTERIA

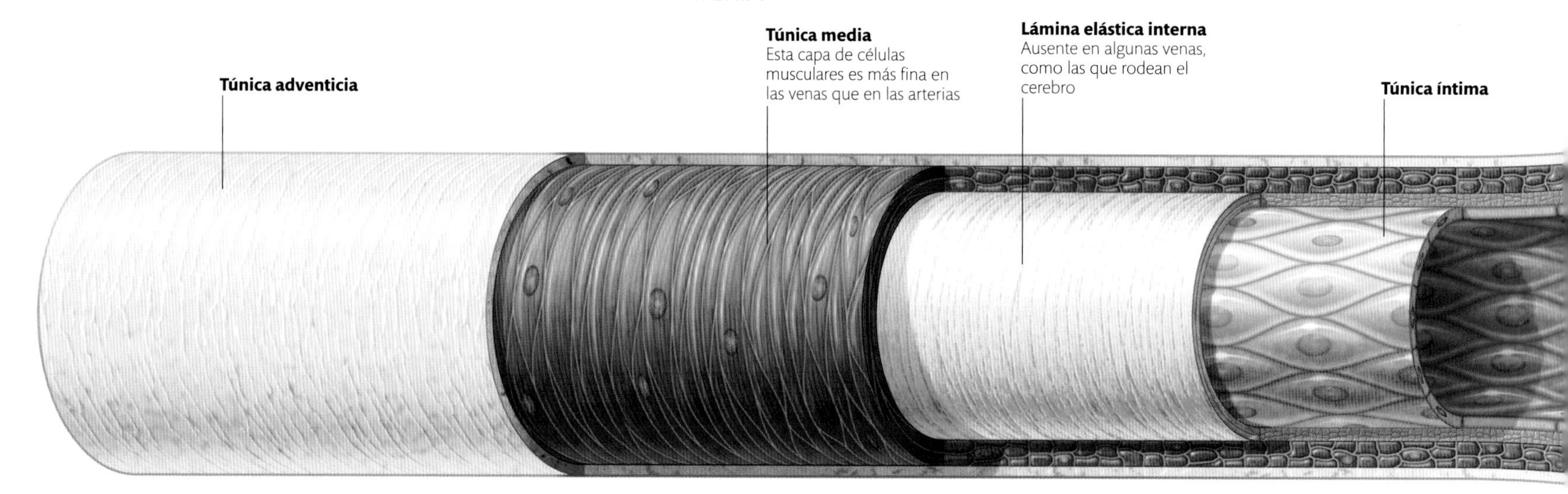
Túnica adventicia
Túnica media
Esta capa de células musculares es más fina en las venas que en las arterias
Lámina elástica interna
Ausente en algunas venas, como las que rodean el cerebro
Túnica íntima

VENA

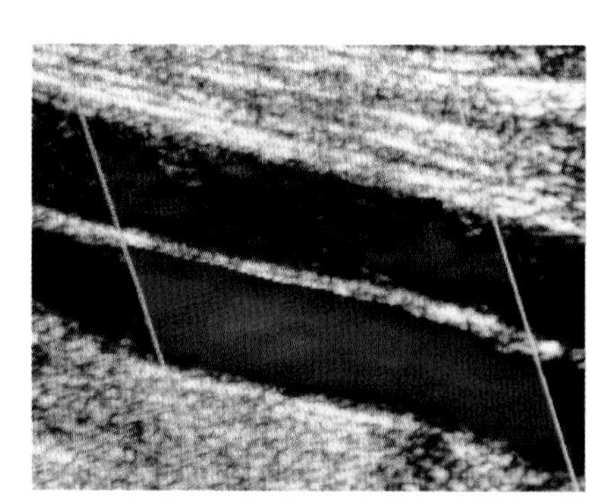

Doppler coloreada
Una ecografía Doppler puede detectar la diferencia de dirección y velocidad del flujo sanguíneo. Aquí se muestra la sangre de una arteria de la pierna en rojo, y la sangre de una vena en azul.

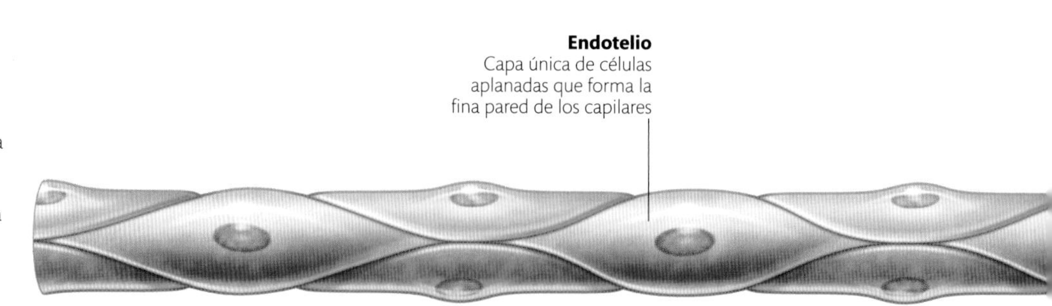
Endotelio
Capa única de células aplanadas que forma la fina pared de los capilares

CAPILAR

ARTERIAS, VENAS Y CAPILARES
ESTRUCTURA

El sistema cardiovascular consta de corazón, sangre y vasos sanguíneos (arterias, arteriolas, venas y vénulas).

El corazón se contrae para mantener la sangre en continuo movimiento a través de una vasta red de vasos. Las arterias llevan la sangre del corazón a los órganos y tejidos, mientras que las venas la devuelven al corazón. Arterias y venas tienen paredes compuestas por tres capas principales: la capa interior o túnica íntima, la túnica media, y la envoltura exterior o túnica adventicia. La túnica media, gruesa en las arterias, es muy delgada en las venas e inexistente en los capilares, cuyas paredes se componen de una sola capa de células endoteliales.

El sistema cardiovascular transporta oxígeno de los pulmones, nutrientes del tracto digestivo, hormonas, y leucocitos para el sistema de defensa del cuerpo. Además retira desechos de los tejidos y los lleva a los órganos apropiados para su excreción.

Túnica íntima
Es el revestimiento más interior de una arteria, compuesto por una única capa de células aplanadas, también llamada endotelio

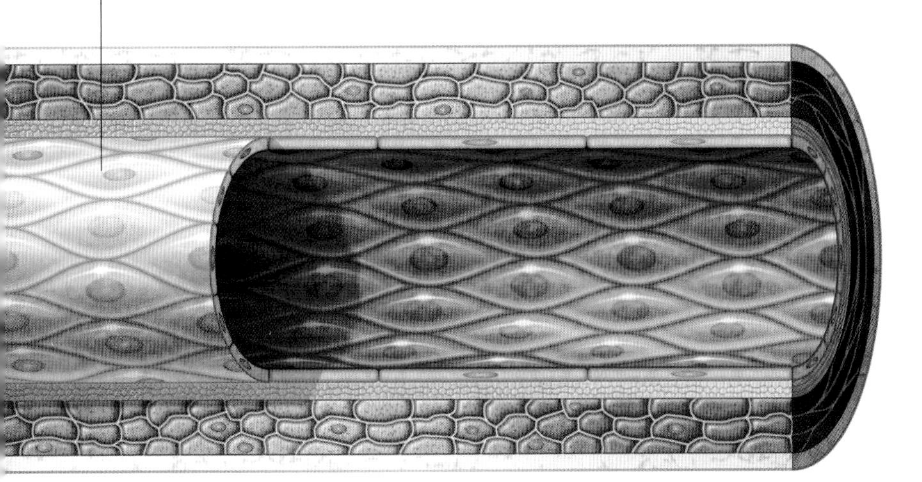

Corte transversal de arteria
El diámetro de las arterias va de menos de 1 mm a 3 cm

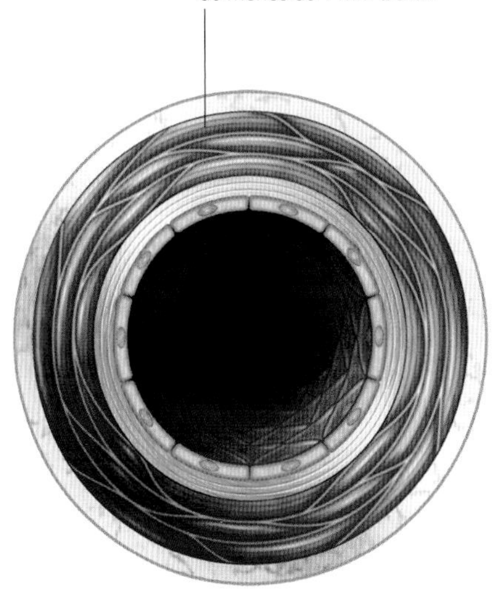

Arteria

Las mayores arterias del cuerpo tienen una alta proporción de tejido elástico en la lámina elástica interna y la túnica media. Las gruesas paredes y la elasticidad de las arterias les permiten soportar la elevada presión producida al contraerse el corazón y mantener la sangre en movimiento entre latido y latido. Las arterias musculares, más pequeñas, tienen menos tejido elástico, y menos aún las finas arteriolas.

Válvula
Permite que la sangre fluya solo en dirección al corazón

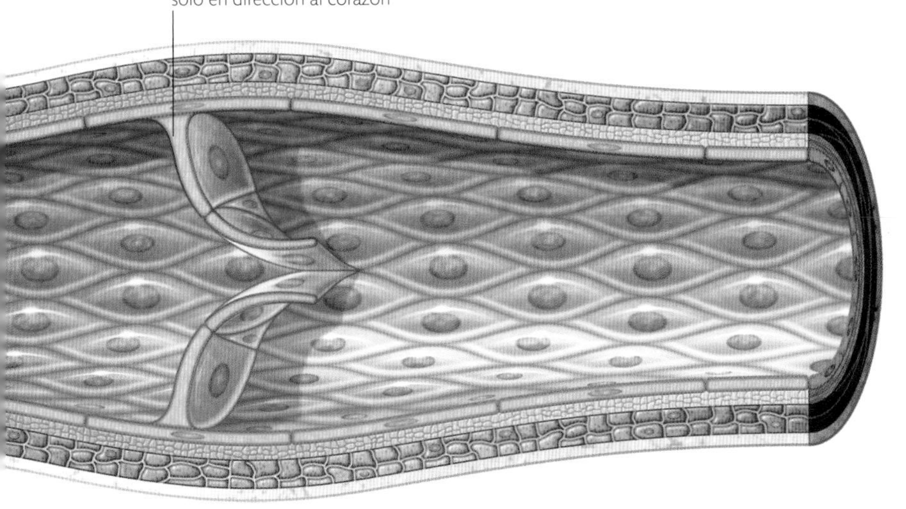

Corte transversal de vena
Las venas más grandes miden hasta 3 cm de diámetro

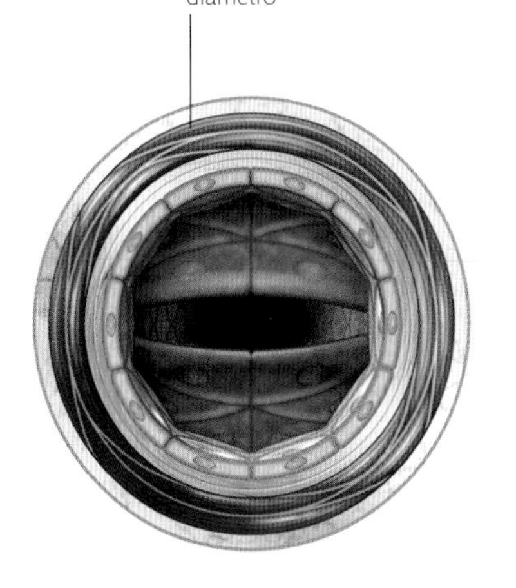

Vena

Las venas tienen paredes mucho más delgadas que las arterias. En proporción tienen menos tejido muscular y más tejido conjuntivo y elástico. Los capilares convergen para crear vénulas, que a su vez se unen en venas más grandes. La mayoría de ellas tienen unas sencillas válvulas que mantienen el flujo sanguíneo en la dirección apropiada.

Corte transversal de capilar
Los capilares miden apenas 0,01 mm de diámetro (la escala de esta ilustración no es la misma que la de los otros vasos)

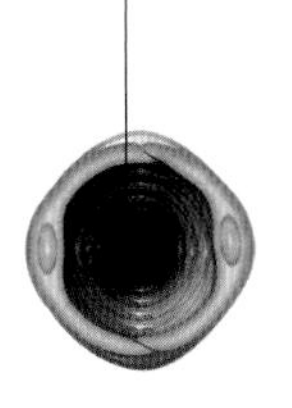

Capilares

Las paredes de un capilar, formadas por una sola capa de células aplanadas, son sumamente delgadas; esto permite que las sustancias de la sangre las atraviesen y abastezcan al tejido circundante. Algunos capilares tienen poros, o fenestras, que facilitan aún más el intercambio de sustancias.

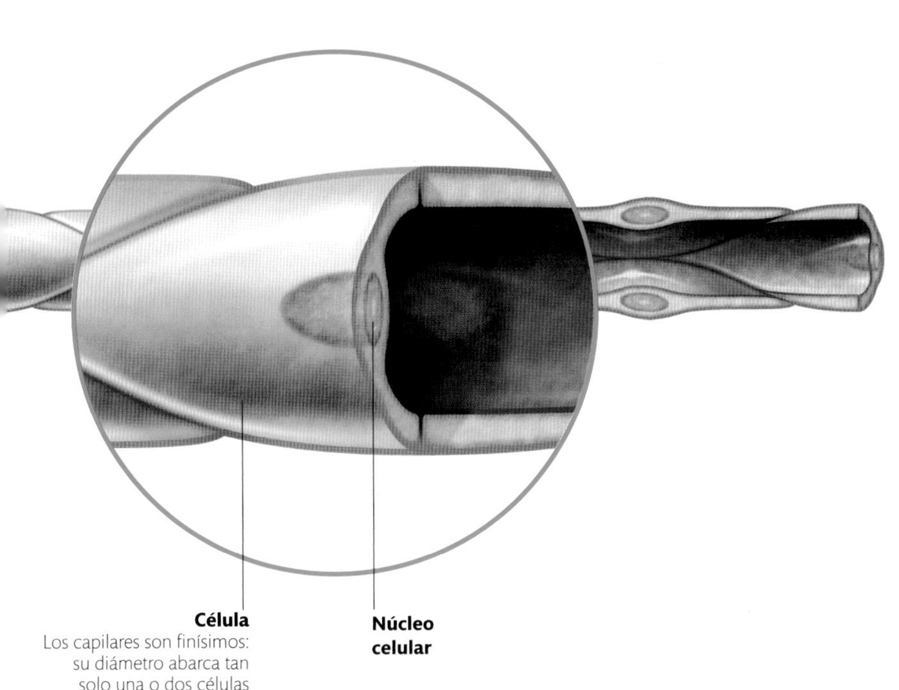

Célula
Los capilares son finísimos: su diámetro abarca tan solo una o dos células

Núcleo celular

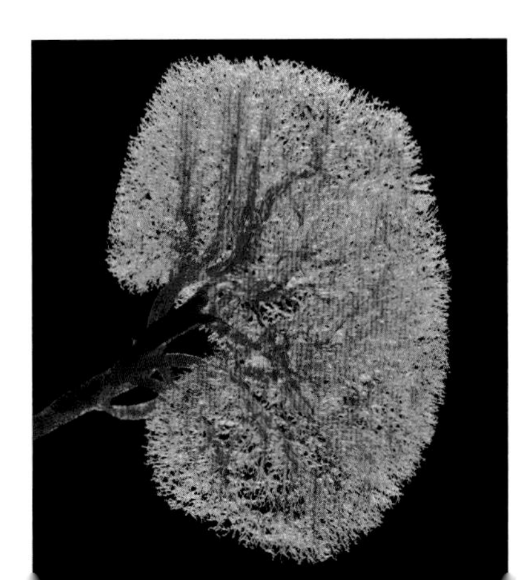

Molde de capilares renales
Para revelar la densa red de capilares que riega el riñón, se inyectó resina en la arteria renal y se dejó que se solidificara. El tejido del órgano se disolvió.

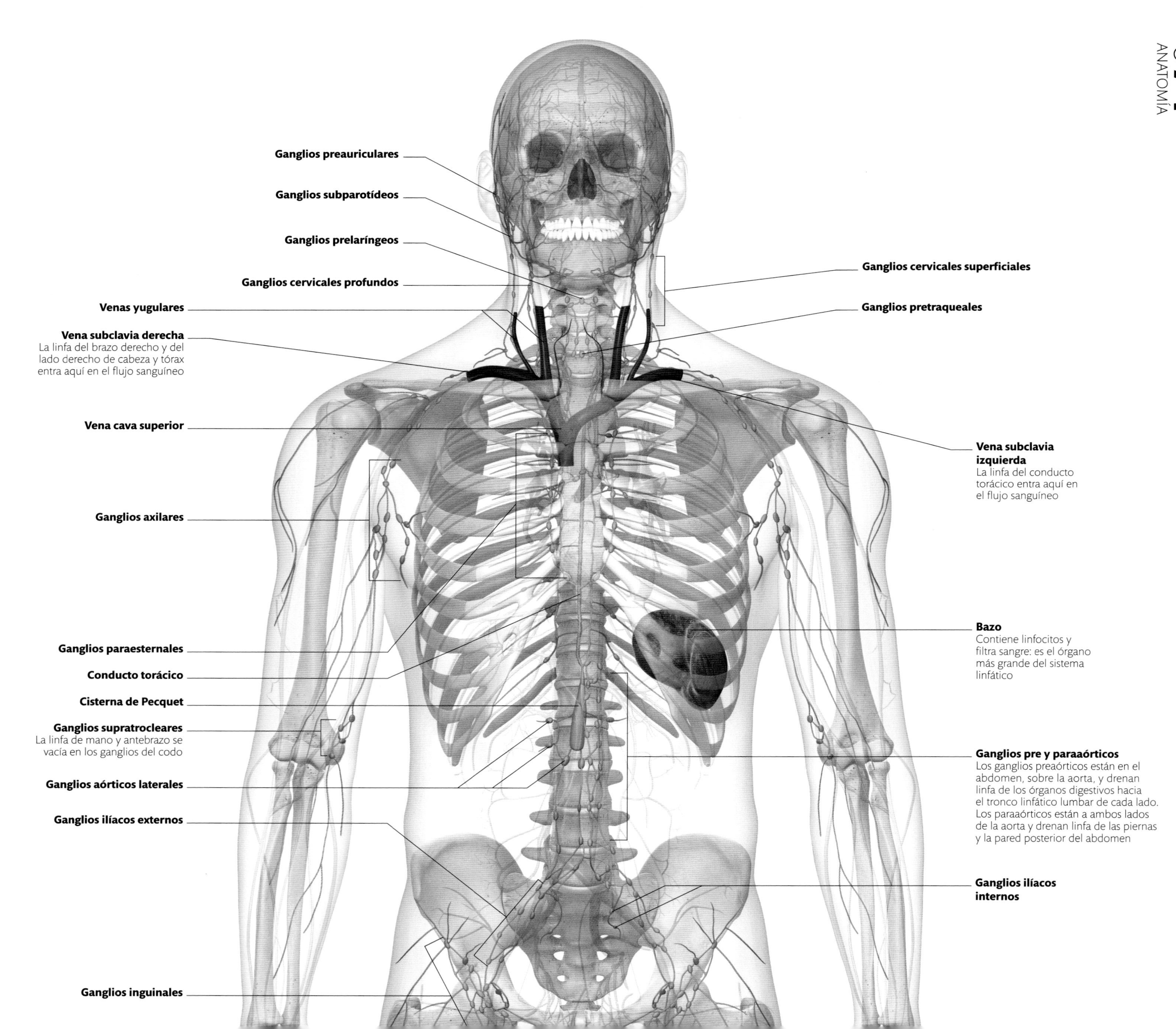
Ganglios preauriculares
Ganglios subparotídeos
Ganglios prelaríngeos
Ganglios cervicales profundos
Venas yugulares
Vena subclavia derecha
La linfa del brazo derecho y del lado derecho de cabeza y tórax entra aquí en el flujo sanguíneo
Vena cava superior
Ganglios axilares
Ganglios paraesternales
Conducto torácico
Cisterna de Pecquet
Ganglios supratrocleares
La linfa de mano y antebrazo se vacía en los ganglios del codo
Ganglios aórticos laterales
Ganglios ilíacos externos
Ganglios inguinales
Ganglios cervicales superficiales
Ganglios pretraqueales
Vena subclavia izquierda
La linfa del conducto torácico entra aquí en el flujo sanguíneo
Bazo
Contiene linfocitos y filtra sangre: es el órgano más grande del sistema linfático
Ganglios pre y paraaórticos
Los ganglios preaórticos están en el abdomen, sobre la aorta, y drenan linfa de los órganos digestivos hacia el tronco linfático lumbar de cada lado. Los paraaórticos están a ambos lados de la aorta y drenan linfa de las piernas y la pared posterior del abdomen
Ganglios ilíacos internos

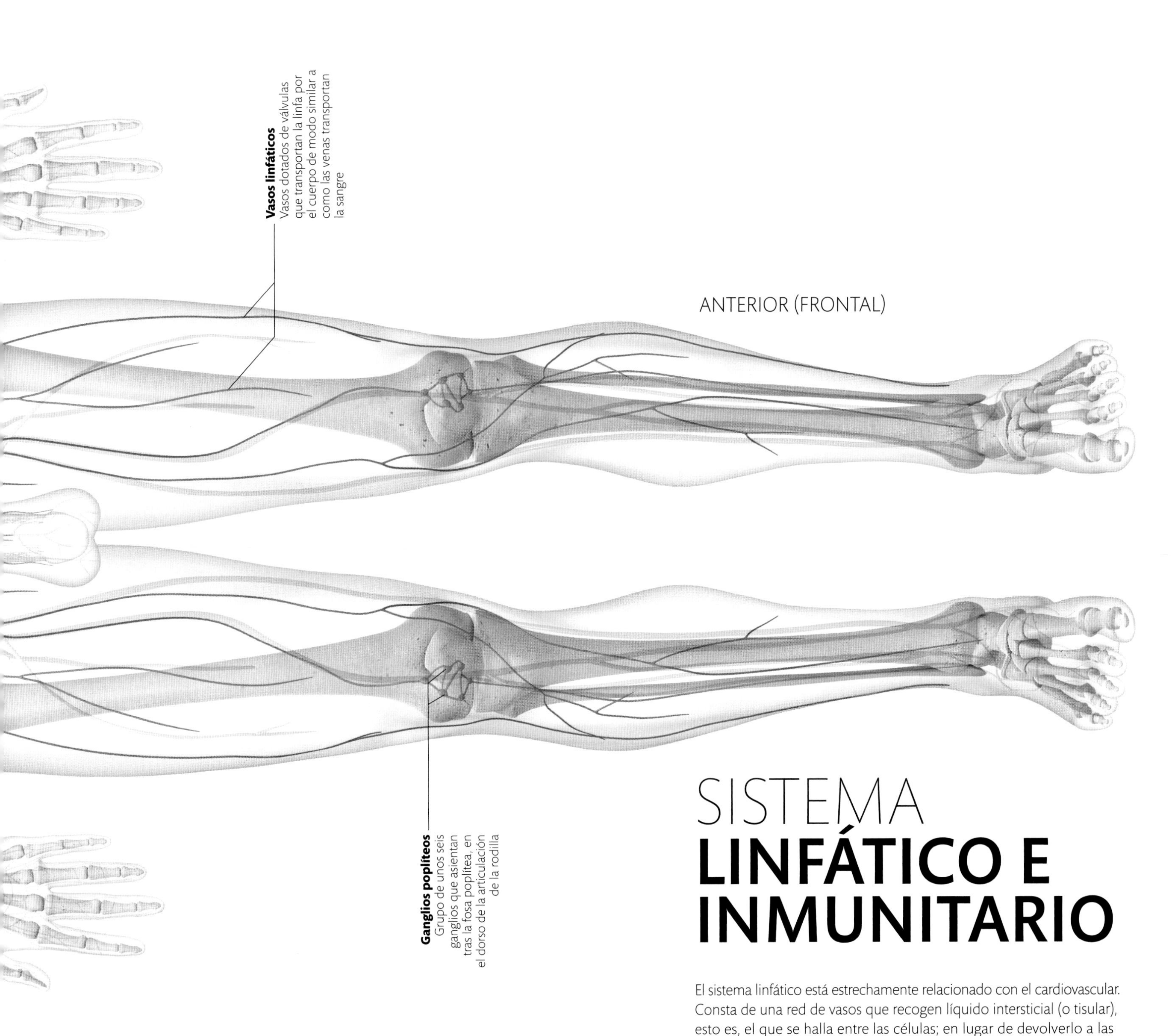
Vasos linfáticos
Vasos dotados de válvulas que transportan la linfa por el cuerpo de modo similar a como las venas transportan la sangre
ANTERIOR (FRONTAL)
Ganglios poplíteos
Grupo de unos seis ganglios que asientan tras la fosa poplítea, en el dorso de la articulación de la rodilla

SISTEMA **LINFÁTICO E INMUNITARIO**

El sistema linfático está estrechamente relacionado con el cardiovascular. Consta de una red de vasos que recogen líquido intersticial (o tisular), esto es, el que se halla entre las células; en lugar de devolverlo a las venas directamente, los vasos linfáticos lo depositan antes en los ganglios. Estos, entre los que se hallan las amígdalas, el bazo y el timo, son tejidos linfáticos: contienen células inmunes llamadas linfocitos; por tanto, los ganglios forman parte del sistema inmunitario. También hay áreas de tejido linfático en las paredes de los bronquios y el tracto digestivo. El bazo, alojado bajo las costillas en el lado izquierdo del abdomen, tiene dos importantes funciones: es un órgano linfático y, además, retira los eritrocitos viejos de la circulación.

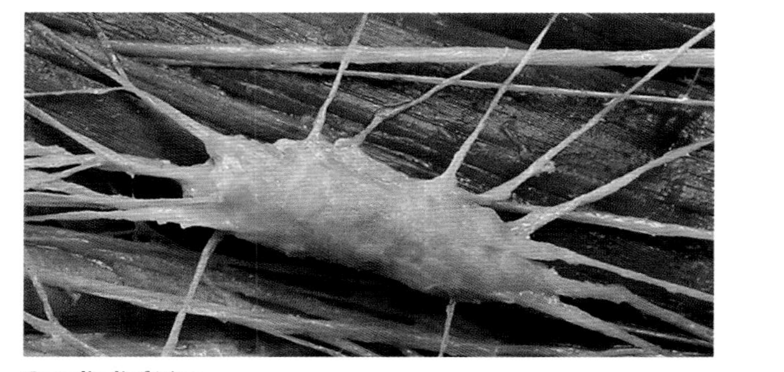

Ganglio linfático
En un cuerpo adulto hay unos 450 ganglios linfáticos. Su longitud varía desde 1 mm hasta más de 2 cm, y suelen ser ovalados. Cada ganglio recibe linfa por varios vasos, pero solo tiene uno de salida.

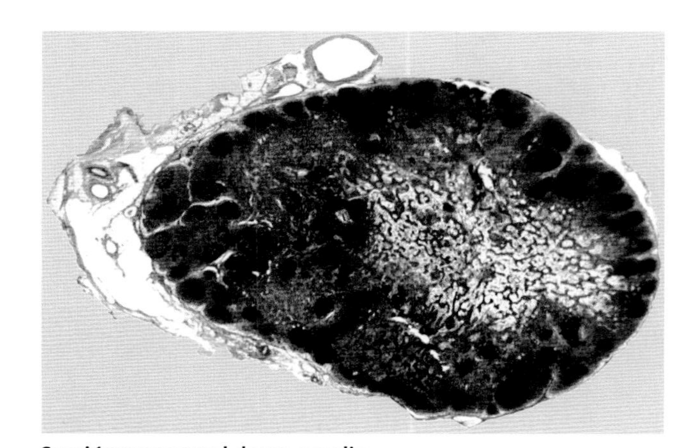

Sección transversal de un ganglio
Los ganglios linfáticos poseen una cápsula (tintada de rosa en la imagen), una corteza exterior llena de linfocitos (morado), y una médula interna formada por canales linfáticos (azul).

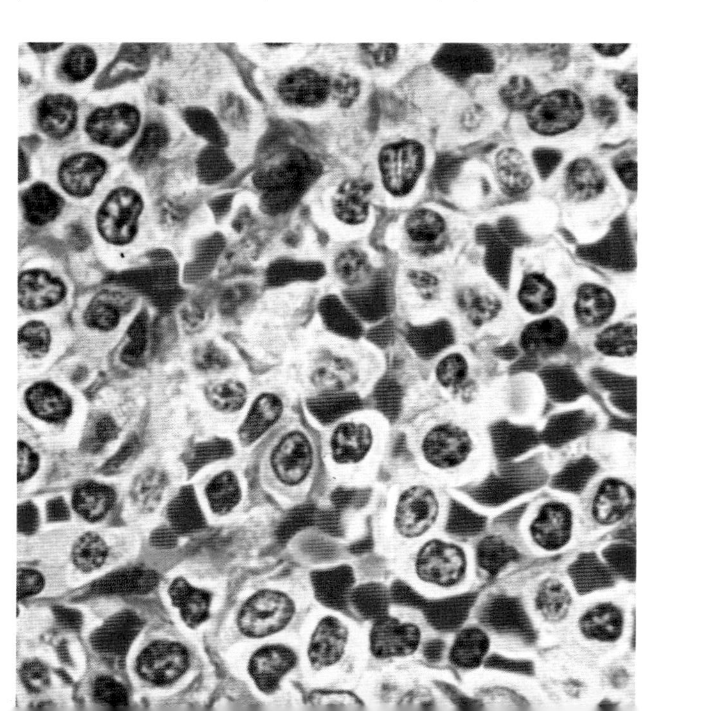

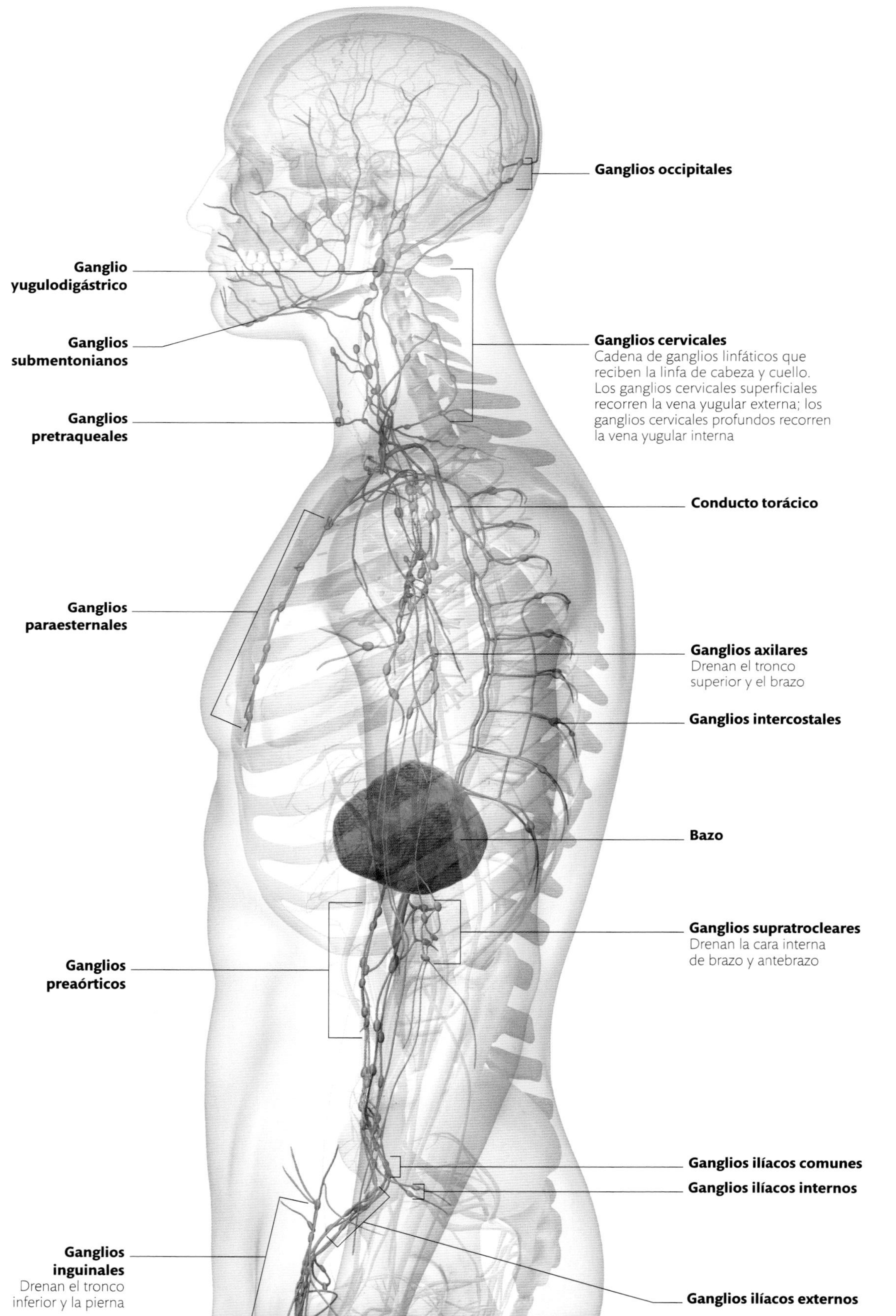
Ganglios occipitales
Ganglio yugulodigástrico
Ganglios submentonianos
Ganglios pretraqueales
Ganglios cervicales
Cadena de ganglios linfáticos que reciben la linfa de cabeza y cuello. Los ganglios cervicales superficiales recorren la vena yugular externa; los ganglios cervicales profundos recorren la vena yugular interna
Conducto torácico
Ganglios paraesternales
Ganglios axilares
Drenan el tronco superior y el brazo
Ganglios intercostales
Bazo
Ganglios supratrocleares
Drenan la cara interna de brazo y antebrazo
Ganglios preaórticos
Ganglios ilíacos comunes
Ganglios ilíacos internos
Ganglios inguinales
Drenan el tronco inferior y la pierna
Ganglios ilíacos externos

SISTEMA **LINFÁTICO E INMUNITARIO**

El sistema inmunitario es el mecanismo de defensa del cuerpo contra las amenazas exteriores e interiores. La piel forma una barrera física contra la infección, y el sebo antibacteriano secretado en ella es una barrera química. Hay asimismo importantes moléculas inmunitarias, como los anticuerpos, y diversas células inmunitarias, como los linfocitos, todas ellas producidas por la médula ósea. Algunos linfocitos maduran en la médula, y otros pasan al timo para desarrollarse. El timo es una gran glándula situada en la base del cuello en los niños (p. 167), que casi desaparece en la edad adulta. Los linfocitos maduros se alojan en los ganglios linfáticos, donde controlan el fluido tisular entrante en busca de invasores potenciales.

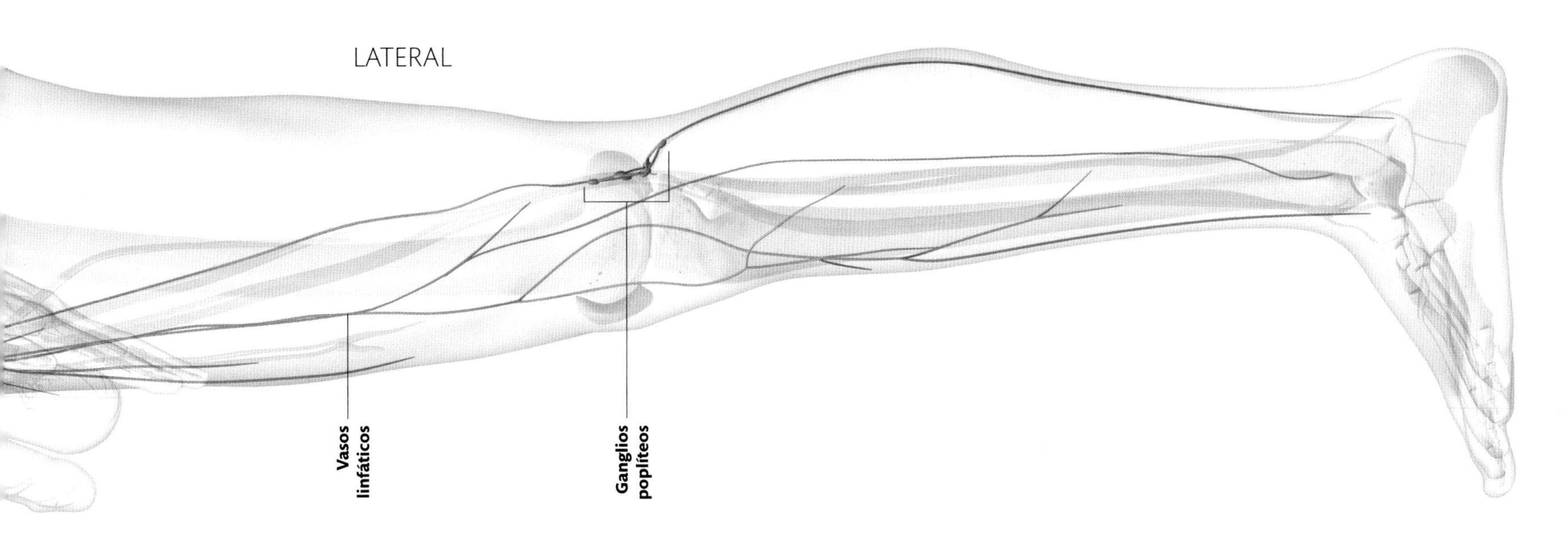
LATERAL
Vasos linfáticos
Ganglios poplíteos

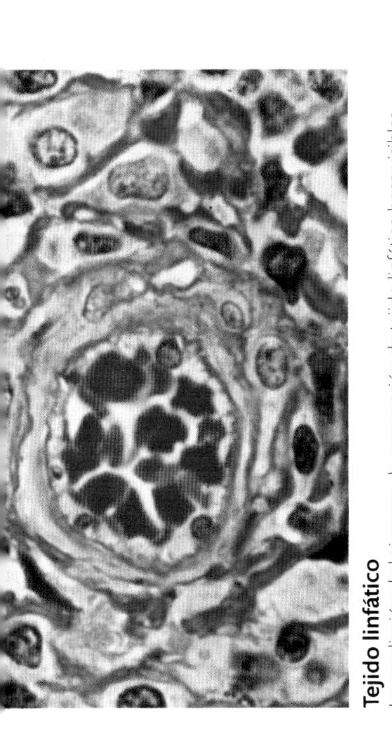

Tejido linfático
La ampliación de la imagen de una sección de tejido linfático hace visibles los linfocitos (morado). El círculo azul que se ve en la parte inferior de la imagen es una arteriola, llena de eritrocitos (tintados de rosa).

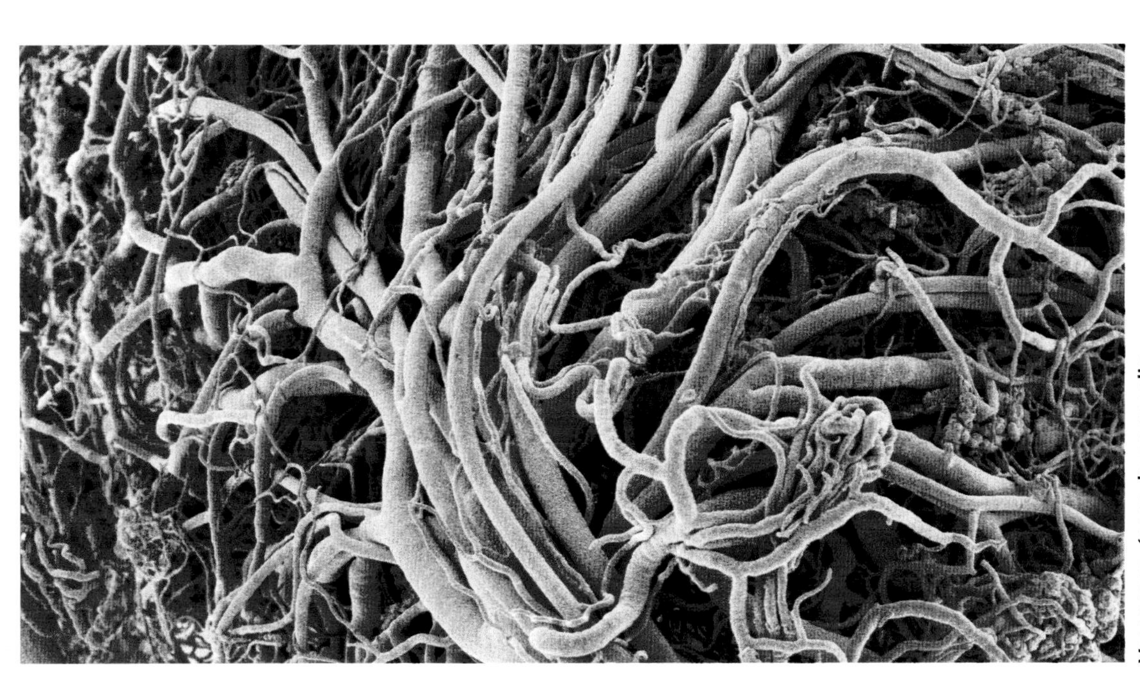

Vasos sanguíneos de un ganglio
Esta imagen, obtenida con un microscopio electrónico de barrido, muestra un molde en resina de la densa red de diminutos vasos sanguíneos que se halla dentro de un ganglio linfático.

SISTEMA **DIGESTIVO**

El sistema digestivo comprende los órganos que nos permiten ingerir alimento, descomponerlo física y químicamente, extraer nutrientes útiles de él y, por último, excretar lo que no necesitamos. Este proceso empieza en la boca, donde dientes, lengua y saliva trabajan juntos para transformar la comida en un bolo húmedo que puede ser deglutido. Boca, faringe, estómago, intestinos, recto y canal anal forman un largo conducto que recibe el nombre de tracto digestivo. Normalmente, la comida ingerida tarda entre uno y dos días en realizar el recorrido completo desde la boca al ano. El sistema digestivo incluye además otros órganos, como las glándulas salivales, el hígado, la vesícula biliar y el páncreas.

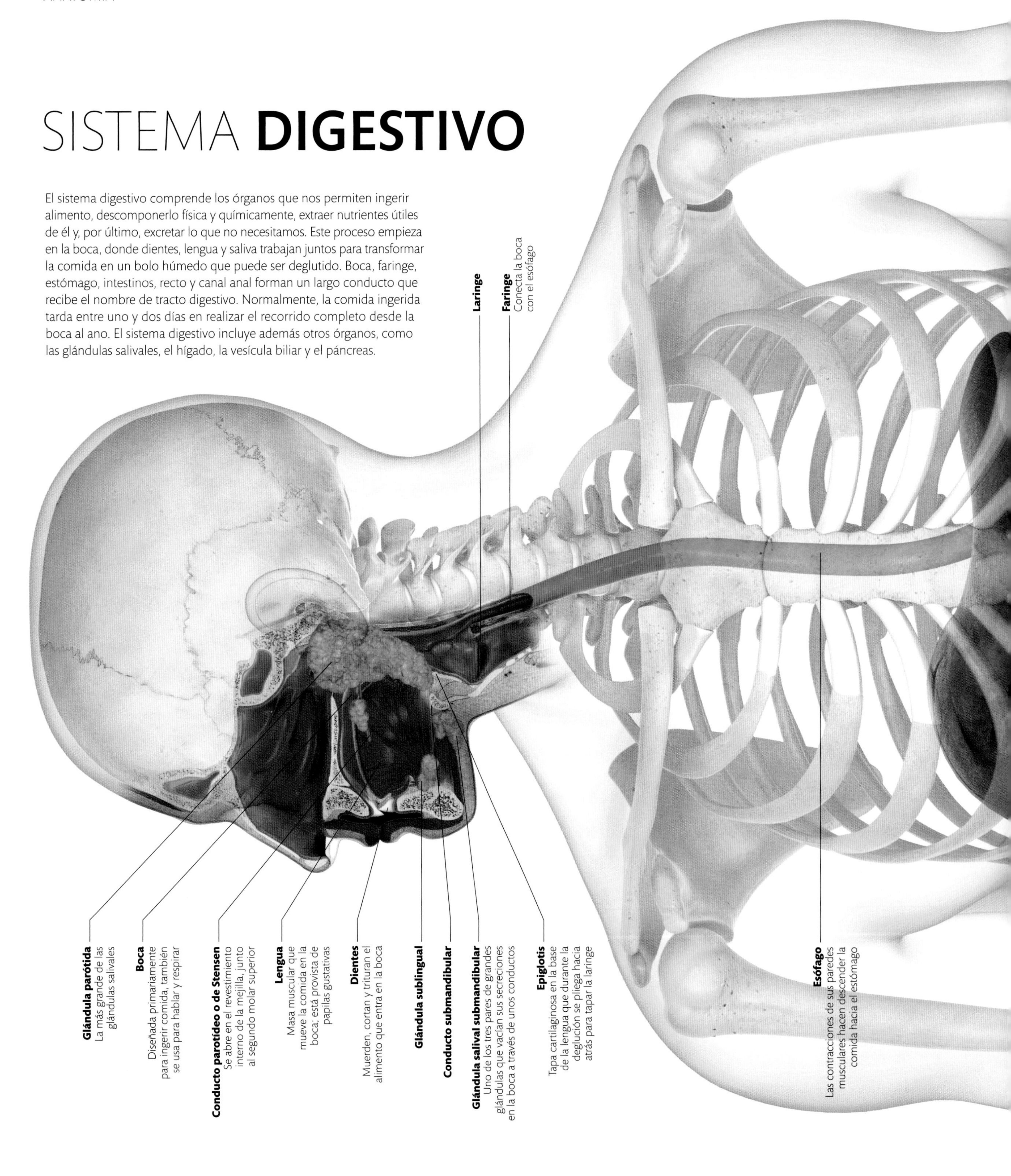
Laringe
Faringe Conecta la boca con el esófago
Glándula parótida La más grande de las glándulas salivales
Boca Diseñada primariamente para ingerir comida, también se usa para hablar y respirar
Conducto parotídeo o de Stensen Se abre en el revestimiento interno de la mejilla, junto al segundo molar superior
Lengua Masa muscular que mueve la comida en la boca; está provista de papilas gustativas
Dientes Muerden, cortan y trituran el alimento que entra en la boca
Glándula sublingual
Conducto submandibular
Glándula salival submandibular Uno de los tres pares de grandes glándulas que vacían sus secreciones en la boca a través de unos conductos
Epiglotis Tapa cartilaginosa en la base de la lengua que durante la deglución se pliega hacia atrás para tapar la laringe
Esófago Las contracciones de sus paredes musculares hacen descender la comida hacia el estómago

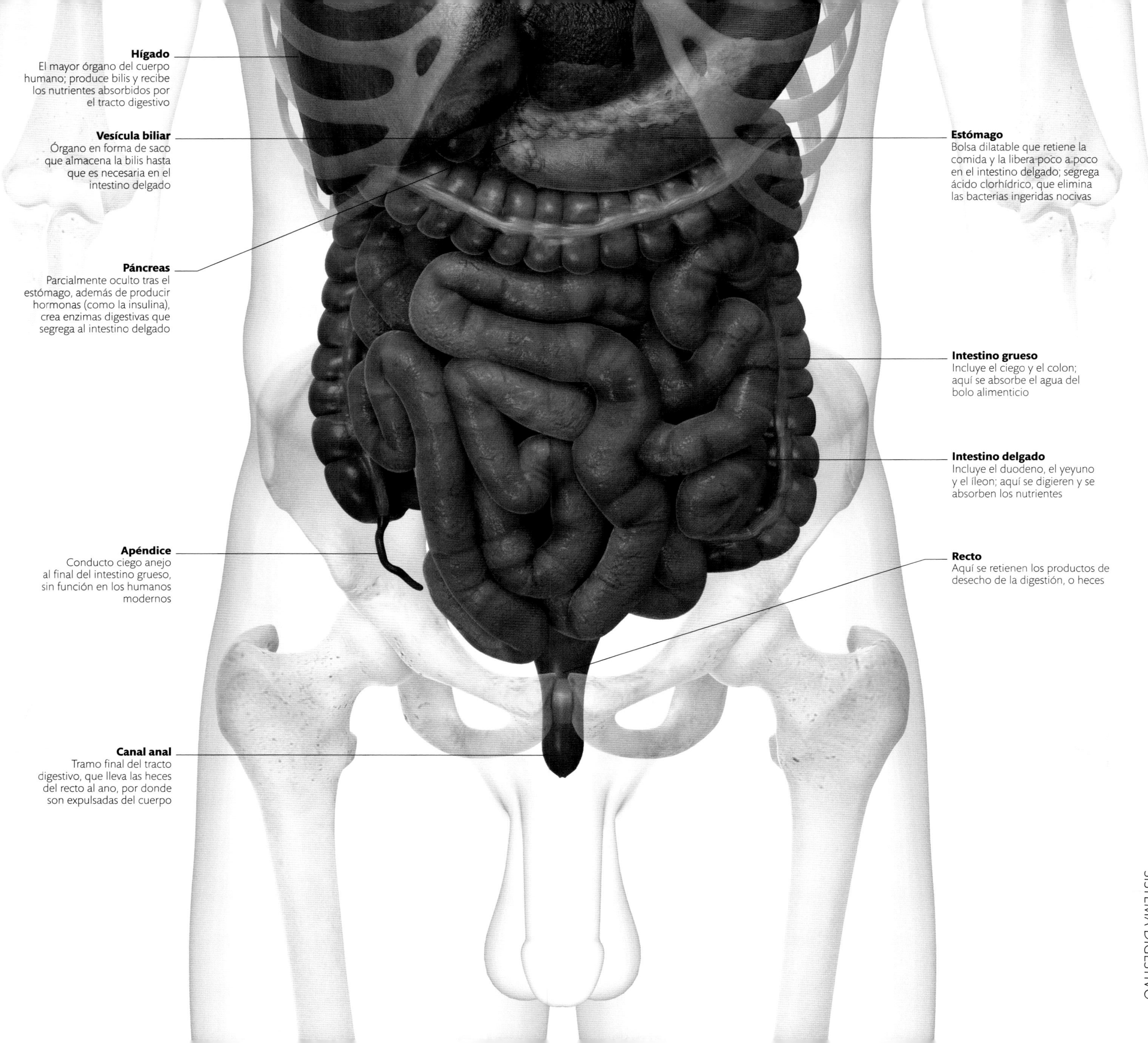
Hígado
El mayor órgano del cuerpo humano; produce bilis y recibe los nutrientes absorbidos por el tracto digestivo
Vesícula biliar
Órgano en forma de saco que almacena la bilis hasta que es necesaria en el intestino delgado
Páncreas
Parcialmente oculto tras el estómago, además de producir hormonas (como la insulina), crea enzimas digestivas que segrega al intestino delgado
Apéndice
Conducto ciego anejo al final del intestino grueso, sin función en los humanos modernos
Canal anal
Tramo final del tracto digestivo, que lleva las heces del recto al ano, por donde son expulsadas del cuerpo
Estómago
Bolsa dilatable que retiene la comida y la libera poco a poco en el intestino delgado; segrega ácido clorhídrico, que elimina las bacterias ingeridas nocivas
Intestino grueso
Incluye el ciego y el colon; aquí se absorbe el agua del bolo alimenticio
Intestino delgado
Incluye el duodeno, el yeyuno y el íleon; aquí se digieren y se absorben los nutrientes
Recto
Aquí se retienen los productos de desecho de la digestión, o heces

SISTEMA URINARIO

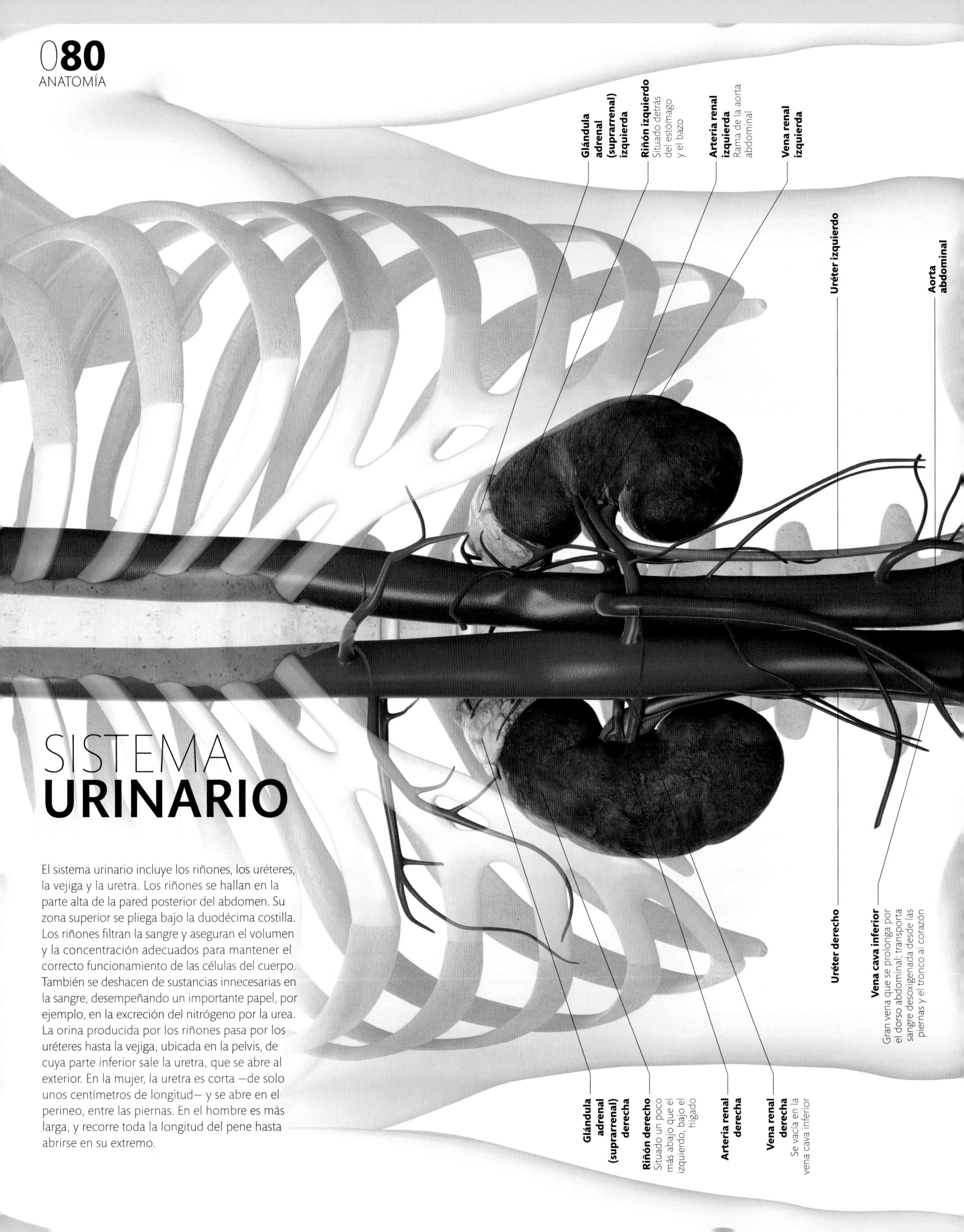
Glándula adrenal (suprarrenal) izquierda
Riñón izquierdo
Situado detrás del estómago y el bazo
Arteria renal izquierda
Rama de la aorta abdominal
Vena renal izquierda
Uréter izquierdo
Aorta abdominal
Glándula adrenal (suprarrenal) derecha
Riñón derecho
Situado un poco más abajo que el izquierdo, bajo el hígado
Arteria renal derecha
Vena renal derecha
Se vacía en la vena cava inferior
Uréter derecho
Vena cava inferior
Gran vena que se prolonga por el dorso abdominal; transporta sangre desoxigenada desde las piernas y el tronco al corazón

El sistema urinario incluye los riñones, los uréteres, la vejiga y la uretra. Los riñones se hallan en la parte alta de la pared posterior del abdomen. Su zona superior se pliega bajo la duodécima costilla. Los riñones filtran la sangre y aseguran el volumen y la concentración adecuados para mantener el correcto funcionamiento de las células del cuerpo. También se deshacen de sustancias innecesarias en la sangre, desempeñando un importante papel, por ejemplo, en la excreción del nitrógeno por la urea. La orina producida por los riñones pasa por los uréteres hasta la vejiga, ubicada en la pelvis, de cuya parte inferior sale la uretra, que se abre al exterior. En la mujer, la uretra es corta –de solo unos centímetros de longitud– y se abre en el perineo, entre las piernas. En el hombre es más larga, y recorre toda la longitud del pene hasta abrirse en su extremo.

ANTERIOR (FRONTAL) / HOMBRE

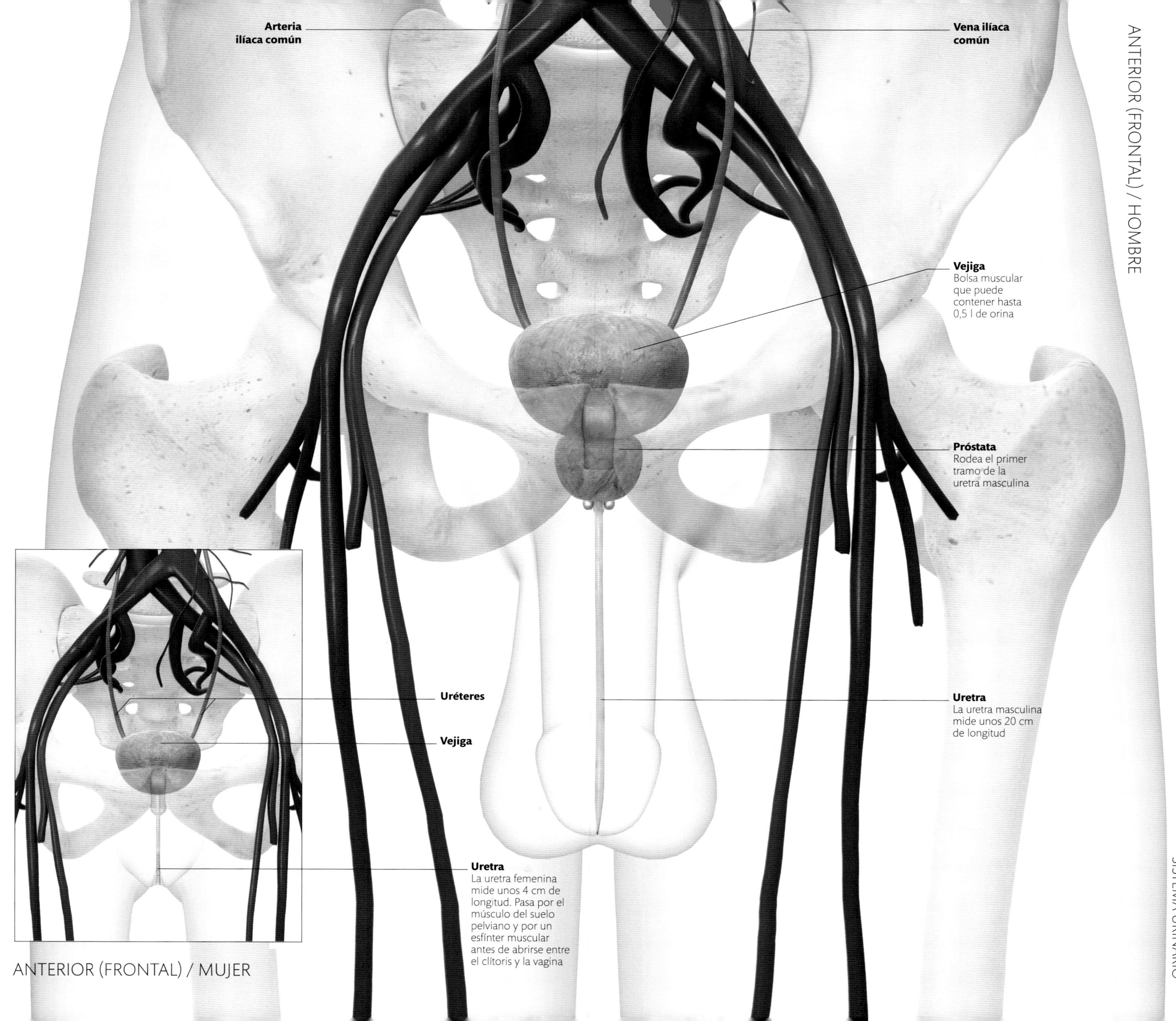
Arteria ilíaca común
Vena ilíaca común
Vejiga
Bolsa muscular que puede contener hasta 0,5 l de orina
Próstata
Rodea el primer tramo de la uretra masculina
Uretra
La uretra masculina mide unos 20 cm de longitud
Uréteres
Vejiga
Uretra
La uretra femenina mide unos 4 cm de longitud. Pasa por el músculo del suelo pelviano y por un esfínter muscular antes de abrirse entre el clítoris y la vagina
ANTERIOR (FRONTAL) / MUJER

082
ANATOMÍA

SISTEMA REPRODUCTOR

FEMENINO

La mayoría de los órganos del cuerpo son similares en el hombre y en la mujer, pero en lo relativo a los órganos reproductores, hay muchas diferencias. En la mujer, los ovarios, que producen óvulos y hormonas sexuales femeninas, están ocultos en el interior de la pelvis, que también aloja la vagina, el útero y dos oviductos, o trompas de Falopio, que conducen los óvulos desde los ovarios al útero. El sistema reproductor femenino incluye también las glándulas mamarias, mediante las cuales la mujer provee de leche al recién nacido.

MASCULINO

En el hombre, los testículos, que producen espermatozoides y hormonas sexuales, cuelgan en el escroto, fuera de la pelvis. Completan su sistema reproductor un par de tubos llamados vasos deferentes, las glándulas sexuales accesorias (vesículas seminales y próstata) y la uretra.

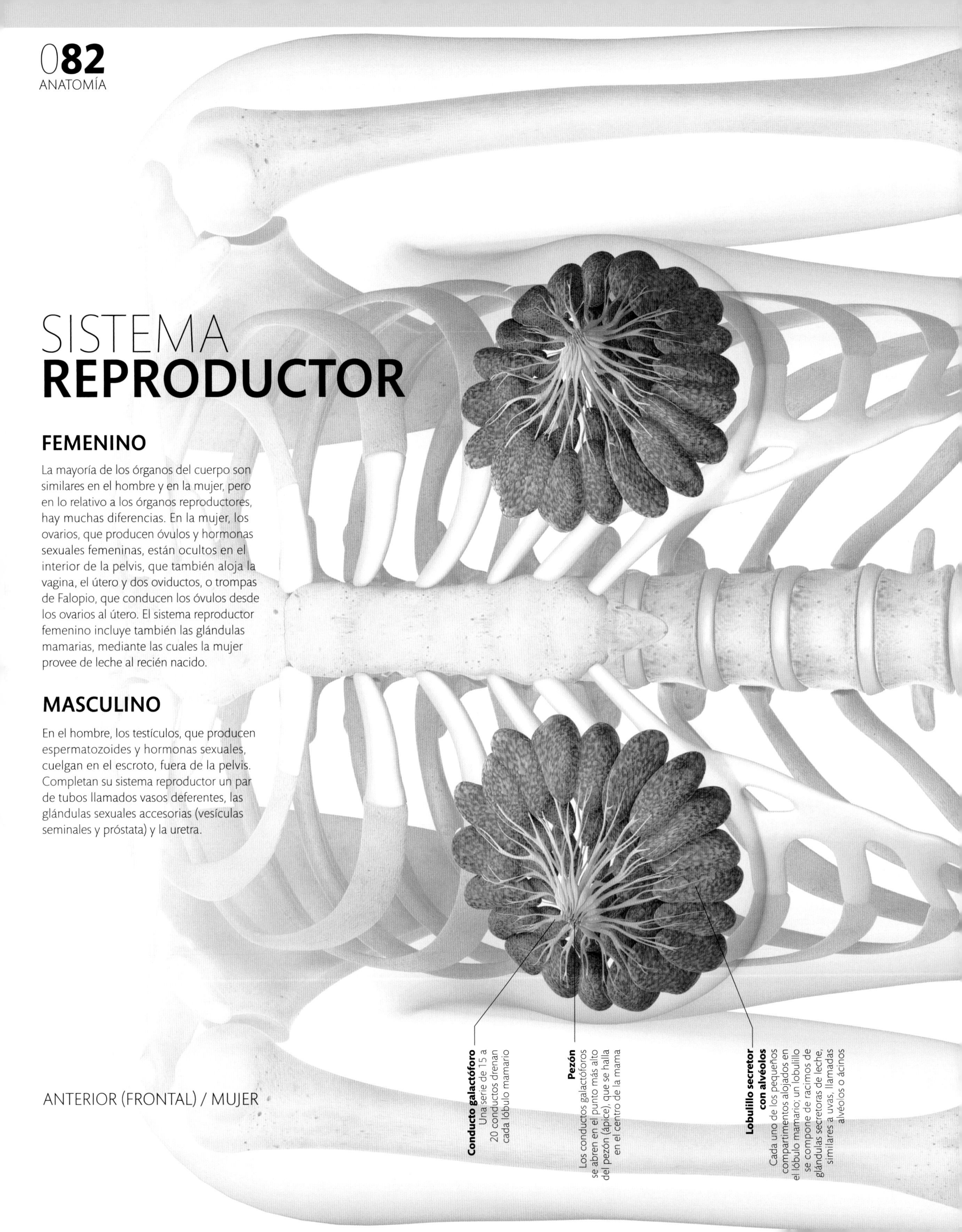

Conducto galactóforo Una serie de 15 a 20 conductos drenan cada lóbulo mamario
Pezón Los conductos galactóforos se abren en el punto más alto del pezón (ápice), que se halla en el centro de la mama
Lobulillo secretor con alvéolos Cada uno de los pequeños compartimentos alojados en el lóbulo mamario; un lobulillo se compone de racimos de glándulas secretoras de leche, similares a uvas, llamadas alvéolos o ácinos

ANTERIOR (FRONTAL) / MUJER

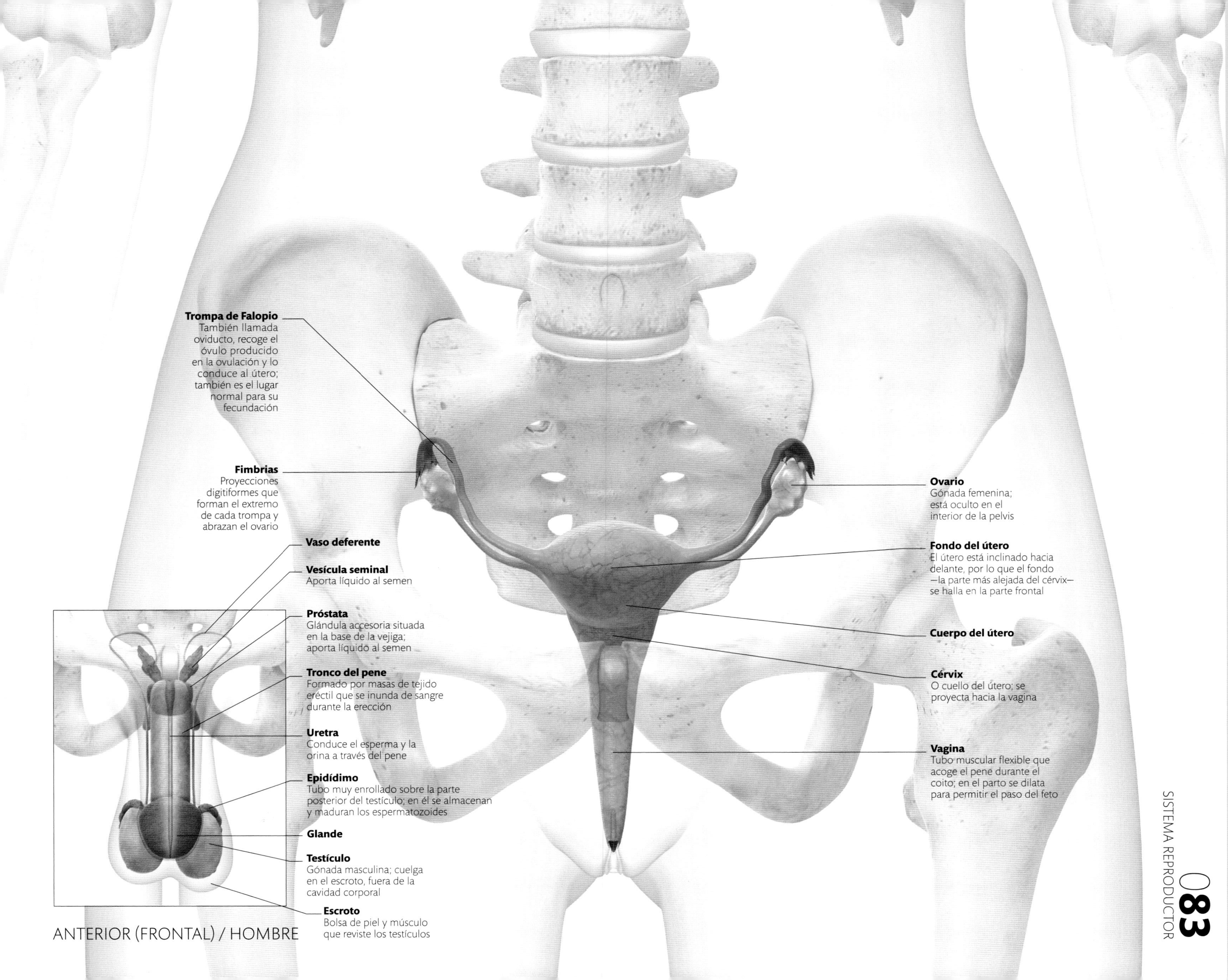

Trompa de Falopio
También llamada oviducto, recoge el óvulo producido en la ovulación y lo conduce al útero; también es el lugar normal para su fecundación

Fimbrias
Proyecciones digitiformes que forman el extremo de cada trompa y abrazan el ovario

Ovario
Gónada femenina; está oculto en el interior de la pelvis

Fondo del útero
El útero está inclinado hacia delante, por lo que el fondo —la parte más alejada del cérvix— se halla en la parte frontal

Cuerpo del útero

Cérvix
O cuello del útero; se proyecta hacia la vagina

Vagina
Tubo muscular flexible que acoge el pene durante el coito; en el parto se dilata para permitir el paso del feto

Vaso deferente

Vesícula seminal
Aporta líquido al semen

Próstata
Glándula accesoria situada en la base de la vejiga; aporta líquido al semen

Tronco del pene
Formado por masas de tejido eréctil que se inunda de sangre durante la erección

Uretra
Conduce el esperma y la orina a través del pene

Epidídimo
Tubo muy enrollado sobre la parte posterior del testículo; en él se almacenan y maduran los espermatozoides

Glande

Testículo
Gónada masculina; cuelga en el escroto, fuera de la cavidad corporal

Escroto
Bolsa de piel y músculo que reviste los testículos

ANTERIOR (FRONTAL) / HOMBRE

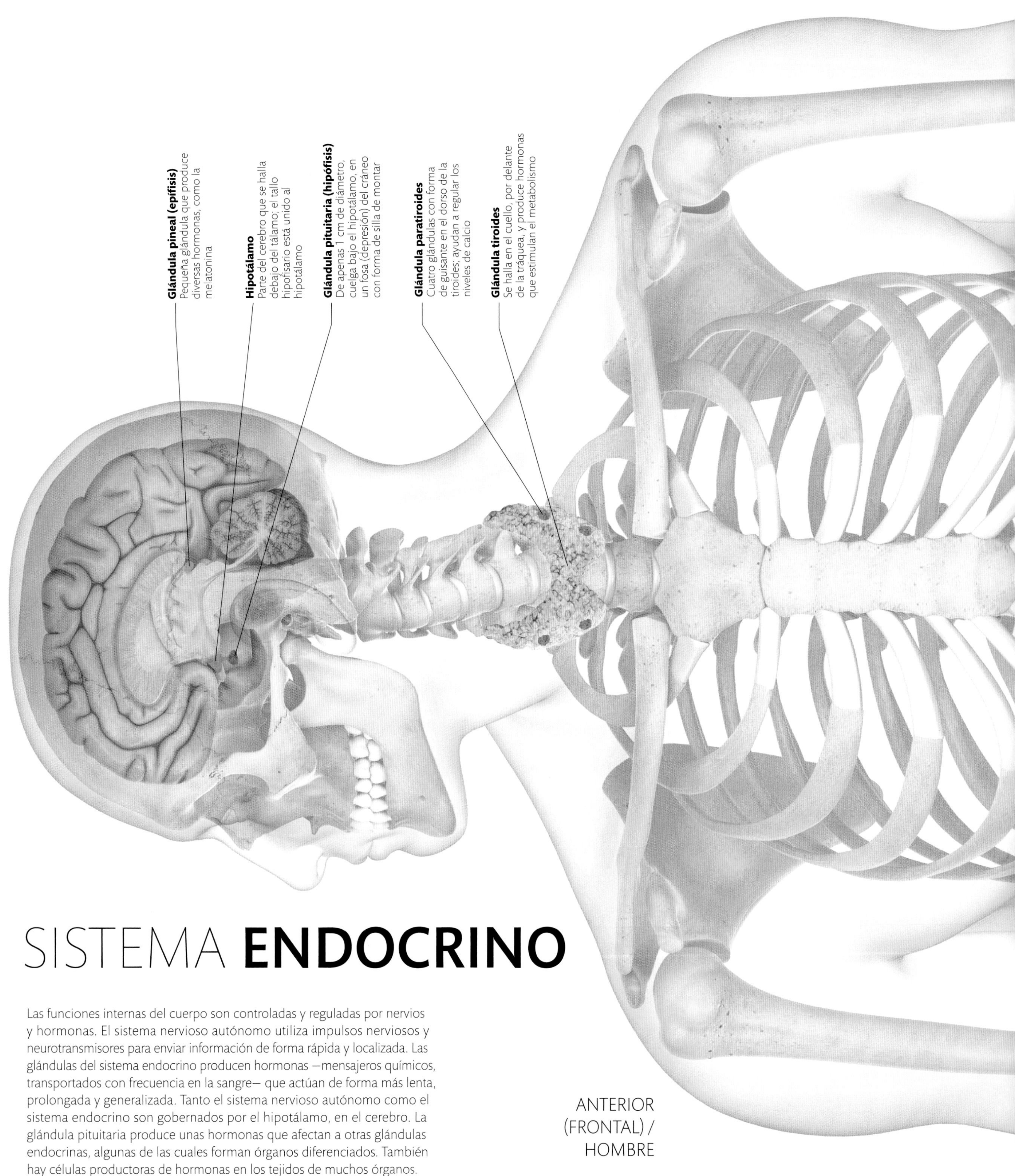

Glándula pineal (epífisis)
Pequeña glándula que produce diversas hormonas, como la melatonina
Hipotálamo
Parte del cerebro que se halla debajo del tálamo; el tallo hipofisario está unido al hipotálamo
Glándula pituitaria (hipófisis)
De apenas 1 cm de diámetro, cuelga bajo el hipotálamo, en un fosa (depresión) del cráneo con forma de silla de montar
Glándula paratiroides
Cuatro glándulas con forma de guisante en el dorso de la tiroides; ayudan a regular los niveles de calcio
Glándula tiroides
Se halla en el cuello, por delante de la tráquea, y produce hormonas que estimulan el metabolismo

SISTEMA **ENDOCRINO**

Las funciones internas del cuerpo son controladas y reguladas por nervios y hormonas. El sistema nervioso autónomo utiliza impulsos nerviosos y neurotransmisores para enviar información de forma rápida y localizada. Las glándulas del sistema endocrino producen hormonas —mensajeros químicos, transportados con frecuencia en la sangre— que actúan de forma más lenta, prolongada y generalizada. Tanto el sistema nervioso autónomo como el sistema endocrino son gobernados por el hipotálamo, en el cerebro. La glándula pituitaria produce unas hormonas que afectan a otras glándulas endocrinas, algunas de las cuales forman órganos diferenciados. También hay células productoras de hormonas en los tejidos de muchos órganos.

ANTERIOR (FRONTAL) / HOMBRE

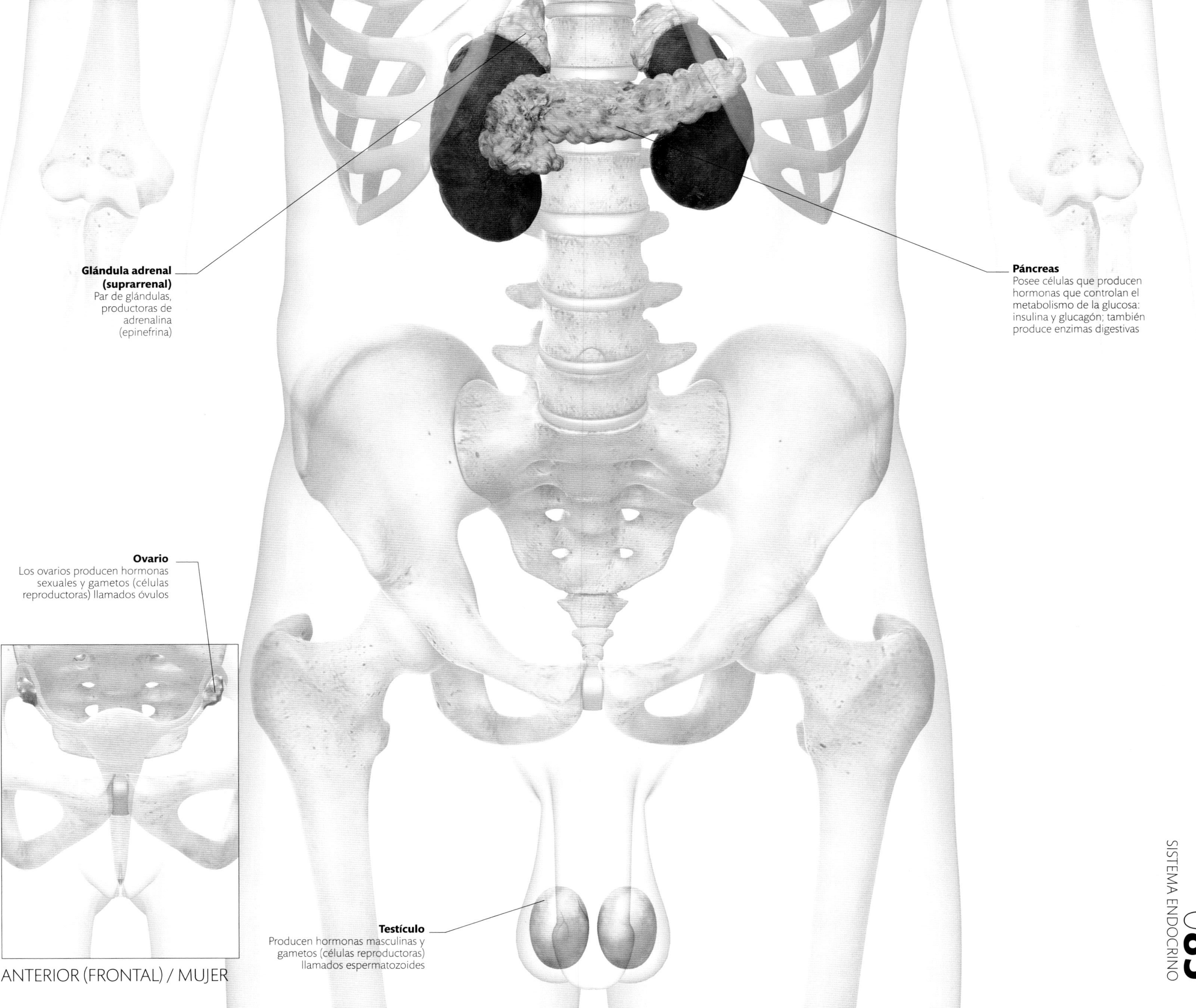
Glándula adrenal (suprarrenal)
Par de glándulas, productoras de adrenalina (epinefrina)
Páncreas
Posee células que producen hormonas que controlan el metabolismo de la glucosa: insulina y glucagón; también produce enzimas digestivas
Ovario
Los ovarios producen hormonas sexuales y gametos (células reproductoras) llamados óvulos
Testículo
Producen hormonas masculinas y gametos (células reproductoras) llamados espermatozoides
ANTERIOR (FRONTAL) / MUJER

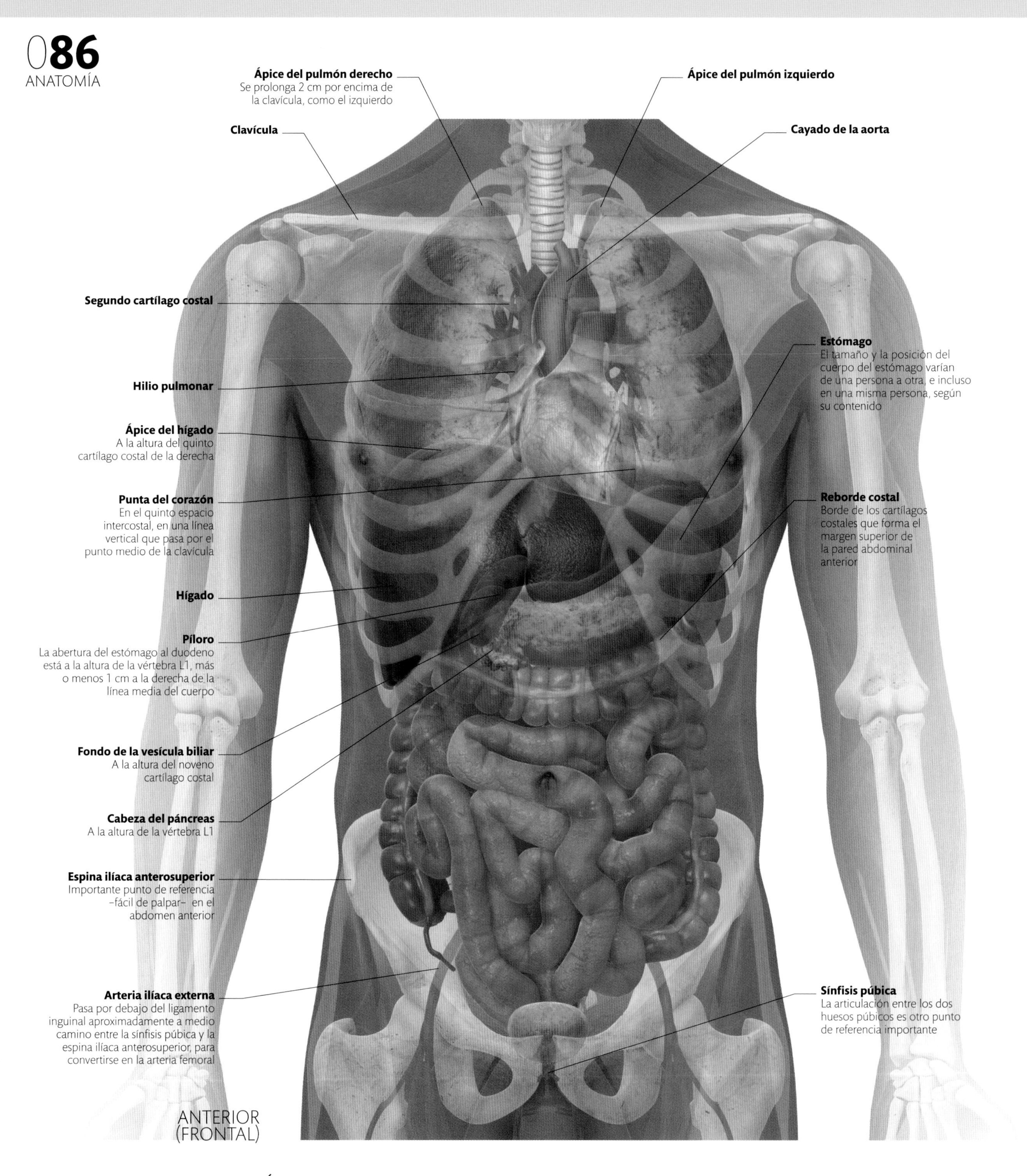
Ápice del pulmón derecho
Se prolonga 2 cm por encima de la clavícula, como el izquierdo
Ápice del pulmón izquierdo
Clavícula
Cayado de la aorta
Segundo cartílago costal
Estómago
El tamaño y la posición del cuerpo del estómago varían de una persona a otra, e incluso en una misma persona, según su contenido
Hilio pulmonar
Ápice del hígado
A la altura del quinto cartílago costal de la derecha
Punta del corazón
En el quinto espacio intercostal, en una línea vertical que pasa por el punto medio de la clavícula
Reborde costal
Borde de los cartílagos costales que forma el margen superior de la pared abdominal anterior
Hígado
Píloro
La abertura del estómago al duodeno está a la altura de la vértebra L1, más o menos 1 cm a la derecha de la línea media del cuerpo
Fondo de la vesícula biliar
A la altura del noveno cartílago costal
Cabeza del páncreas
A la altura de la vértebra L1
Espina ilíaca anterosuperior
Importante punto de referencia –fácil de palpar– en el abdomen anterior
Arteria ilíaca externa
Pasa por debajo del ligamento inguinal aproximadamente a medio camino entre la sínfisis púbica y la espina ilíaca anterosuperior, para convertirse en la arteria femoral
Sínfisis púbica
La articulación entre los dos huesos púbicos es otro punto de referencia importante
ANTERIOR (FRONTAL)

ANATOMÍA DE SUPERFICIE

El conocimiento preciso de la posición de los órganos y vasos sanguíneos en relación con algunos puntos de referencia óseos como las costillas y las vértebras es fundamental para el examen clínico, al permitir al médico saber si un órgano está agrandado o desplazado, o dónde buscar el pulso. Tan solo con un estetoscopio el médico podrá detectar si un lóbulo pulmonar o una válvula cardíaca en concreto suenan normales o anómalos. Si bien actualmente las pruebas de imagen son de gran ayuda para el diagnóstico, la anatomía de superficie y el examen clínico siguen siendo los conocimientos básicos e imprescindibles de la medicina.

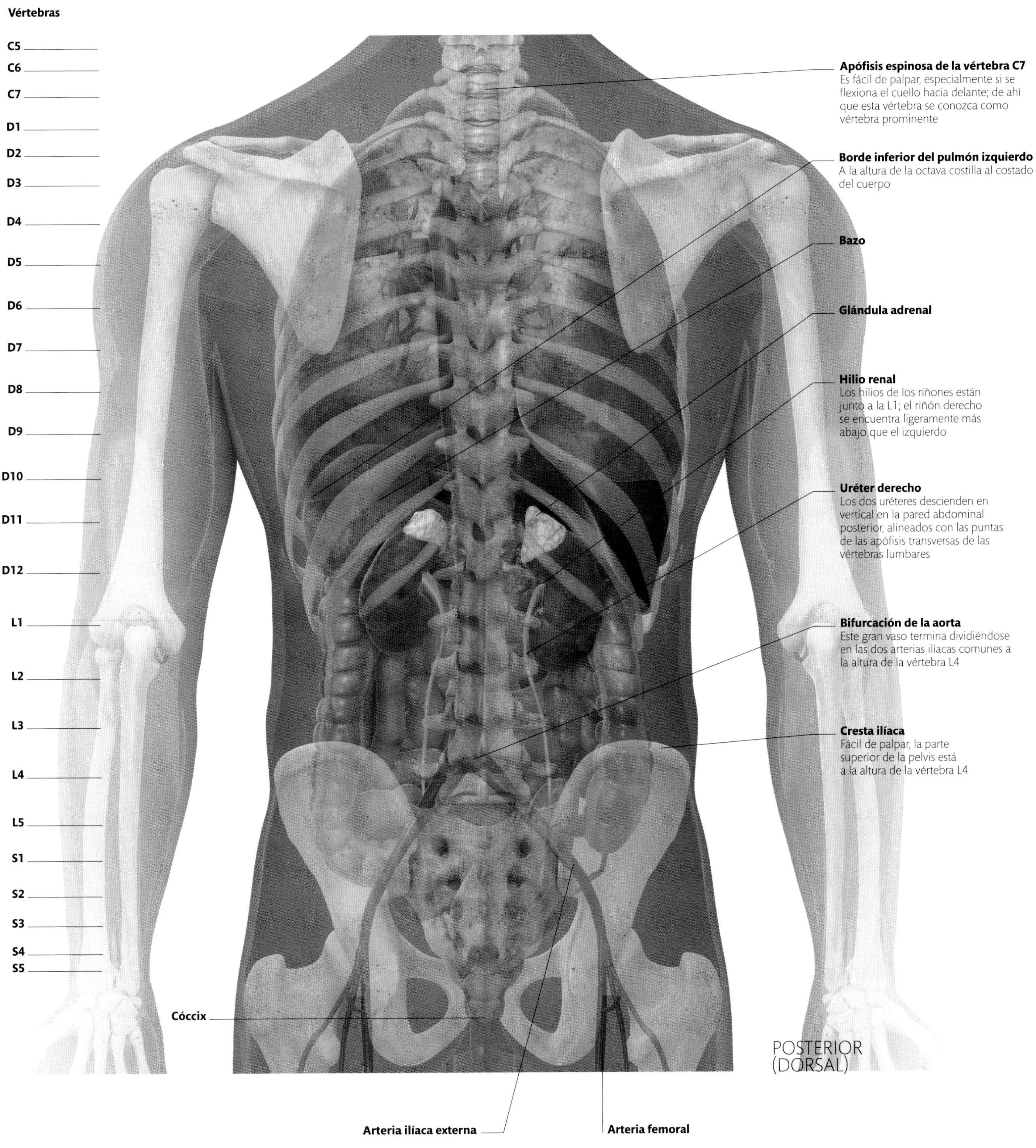

Vértebras

C5
C6
C7
D1
D2
D3
D4
D5
D6
D7
D8
D9
D10
D11
D12
L1
L2
L3
L4
L5
S1
S2
S3
S4
S5

Apófisis espinosa de la vértebra C7
Es fácil de palpar, especialmente si se flexiona el cuello hacia delante; de ahí que esta vértebra se conozca como vértebra prominente

Borde inferior del pulmón izquierdo
A la altura de la octava costilla al costado del cuerpo

Bazo

Glándula adrenal

Hilio renal
Los hilios de los riñones están junto a la L1; el riñón derecho se encuentra ligeramente más abajo que el izquierdo

Uréter derecho
Los dos uréteres descienden en vertical en la pared abdominal posterior, alineados con las puntas de las apófisis transversas de las vértebras lumbares

Bifurcación de la aorta
Este gran vaso termina dividiéndose en las dos arterias ilíacas comunes a la altura de la vértebra L4

Cresta ilíaca
Fácil de palpar, la parte superior de la pelvis está a la altura de la vértebra L4

Cóccix

POSTERIOR (DORSAL)

Arteria ilíaca externa

Arteria femoral

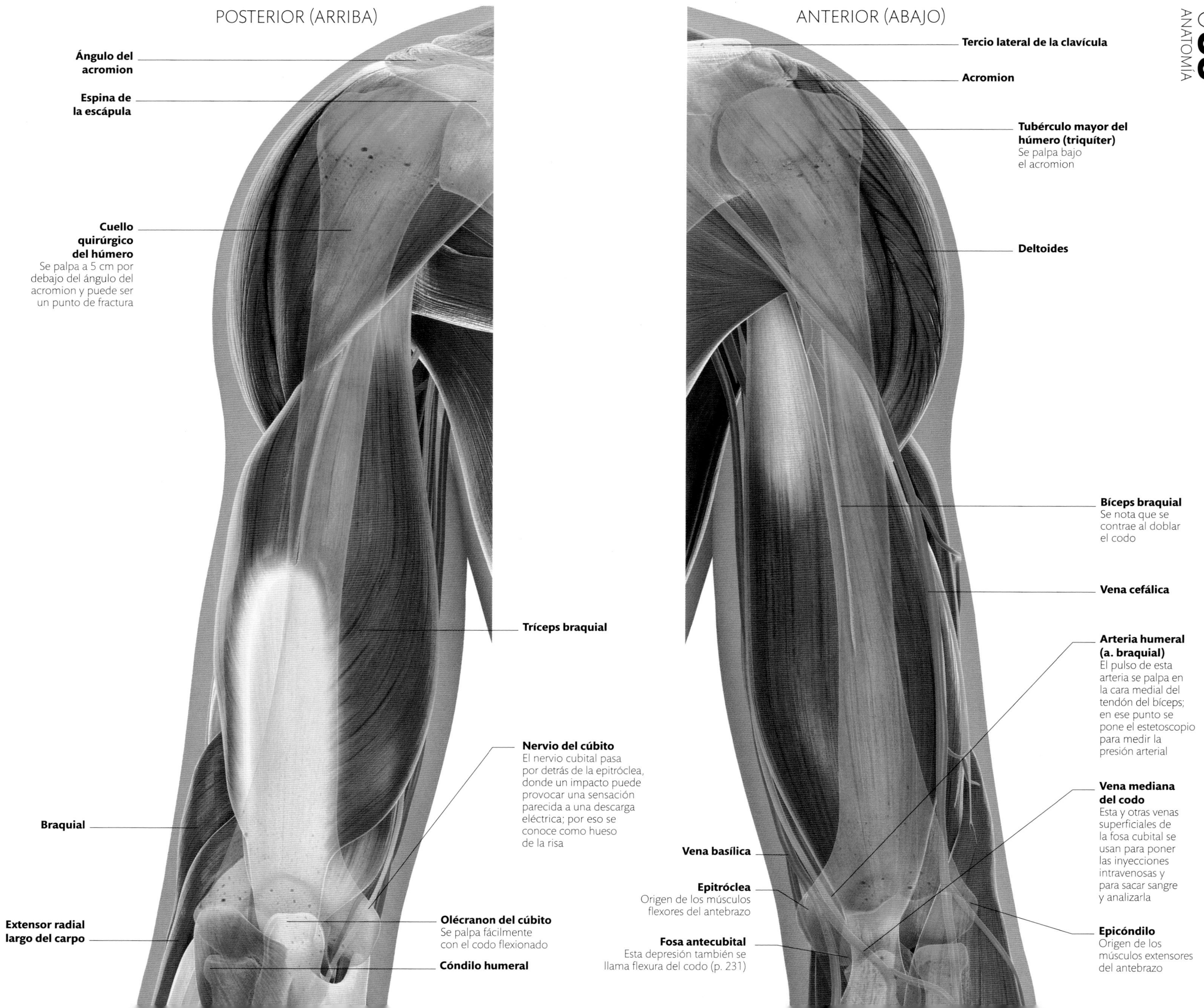

POSTERIOR (ARRIBA)

Ángulo del acromion

Espina de la escápula

Cuello quirúrgico del húmero
Se palpa a 5 cm por debajo del ángulo del acromion y puede ser un punto de fractura

Tríceps braquial

Nervio del cúbito
El nervio cubital pasa por detrás de la epitróclea, donde un impacto puede provocar una sensación parecida a una descarga eléctrica; por eso se conoce como hueso de la risa

Braquial

Extensor radial largo del carpo

Olécranon del cúbito
Se palpa fácilmente con el codo flexionado

Cóndilo humeral

ANTERIOR (ABAJO)

Tercio lateral de la clavícula

Acromion

Tubérculo mayor del húmero (triquíter)
Se palpa bajo el acromion

Deltoides

Bíceps braquial
Se nota que se contrae al doblar el codo

Vena cefálica

Arteria humeral (a. braquial)
El pulso de esta arteria se palpa en la cara medial del tendón del bíceps; en ese punto se pone el estetoscopio para medir la presión arterial

Vena mediana del codo
Esta y otras venas superficiales de la fosa cubital se usan para poner las inyecciones intravenosas y para sacar sangre y analizarla

Vena basílica

Epitróclea
Origen de los músculos flexores del antebrazo

Epicóndilo
Origen de los músculos extensores del antebrazo

Fosa antecubital
Esta depresión también se llama flexura del codo (p. 231)

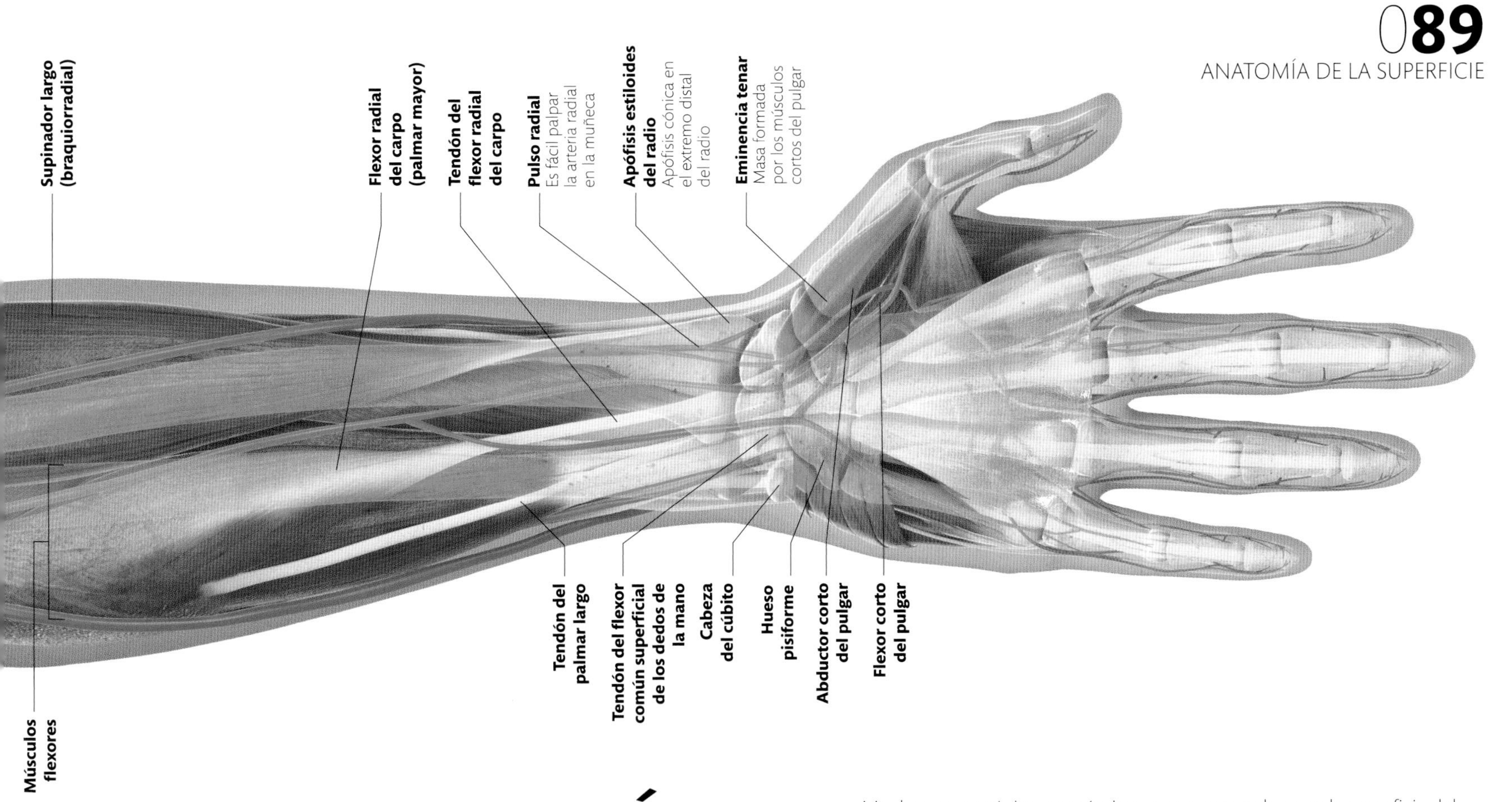
Supinador largo (braquiorradial)
Flexor radial del carpo (palmar mayor)
Tendón del flexor radial del carpo
Pulso radial
Es fácil palpar la arteria radial en la muñeca
Apófisis estiloides del radio
Apófisis cónica en el extremo distal del radio
Eminencia tenar
Masa formada por los músculos cortos del pulgar
Músculos flexores
Tendón del palmar largo
Tendón del flexor común superficial de los dedos de la mano
Cabeza del cúbito
Hueso pisiforme
Abductor corto del pulgar
Flexor corto del pulgar

ANATOMÍA DE LA SUPERFICIE DEL MIEMBRO SUPERIOR

Muchas características anatómicas se ven o se palpan en la superficie del cuerpo, lo que es útil para un examen clínico. La anatomía de la superficie puede orientar el diagnóstico y permite describir con precisión dónde se localiza un daño o un dolor corporal. Además de la exploración visual y el tacto, otras técnicas utilizadas en la superficie del cuerpo son la percusión (golpeteo) y la auscultación (escucha), con las que se suelen explorar el tórax y el abdomen. En la extremidad superior, algunas partes de los huesos, las articulaciones y determinados músculos, tendones y nervios se palpan con facilidad, mientras que otras se encuentran a más profundidad. El conocimiento de la posición de las venas superficiales es esencial para extraer sangre y para poner una vía para administrar fluidos. En muchos puntos de varias arterias de la extremidad superior se puede tomar el pulso.

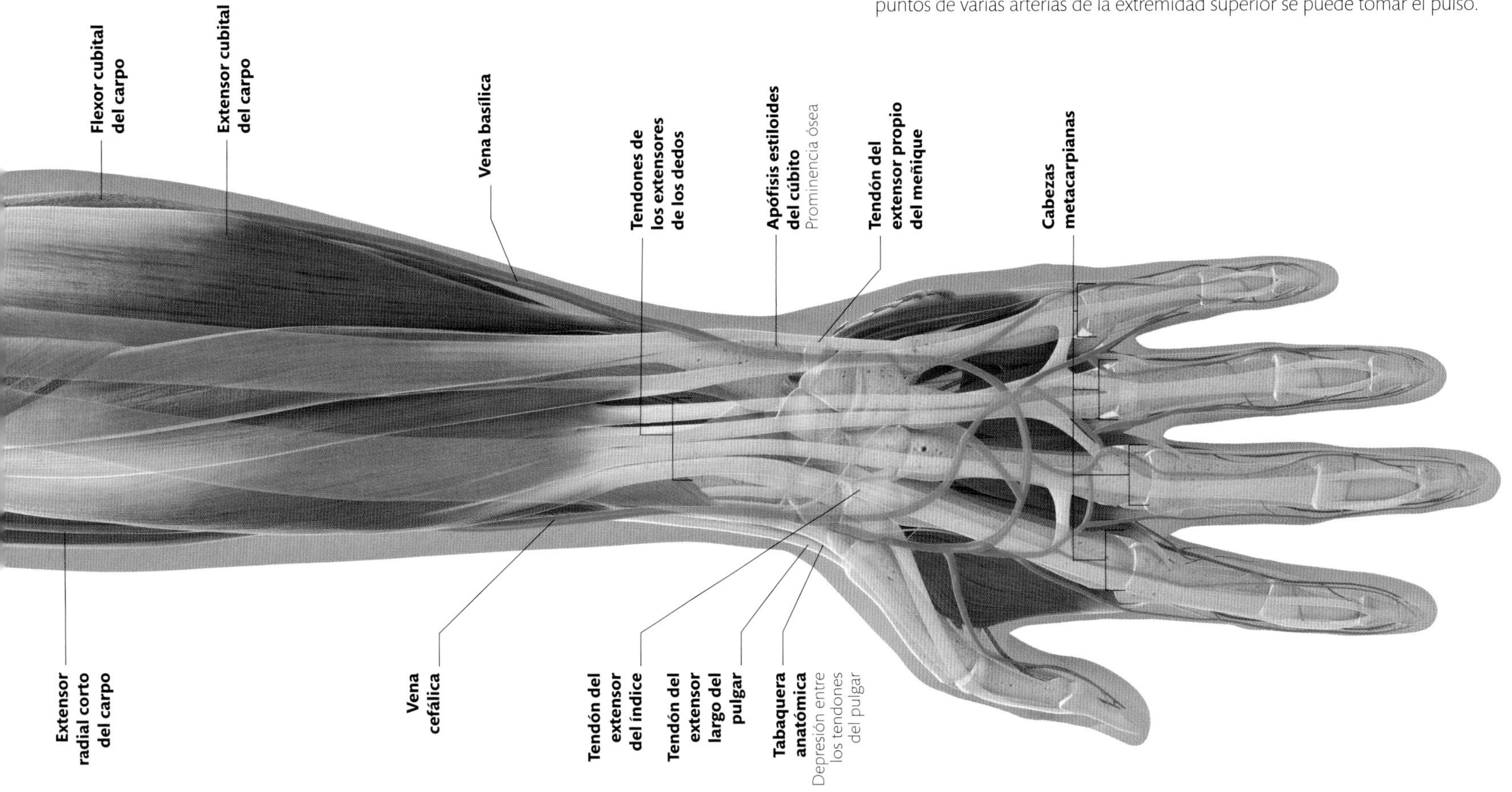
Flexor cubital del carpo
Extensor cubital del carpo
Vena basílica
Tendones de los extensores de los dedos
Apófisis estiloides del cúbito
Prominencia ósea
Tendón del extensor propio del meñique
Cabezas metacarpianas
Extensor radial corto del carpo
Vena cefálica
Tendón del extensor del índice
Tendón del extensor largo del pulgar
Tabaquera anatómica
Depresión entre los tendones del pulgar

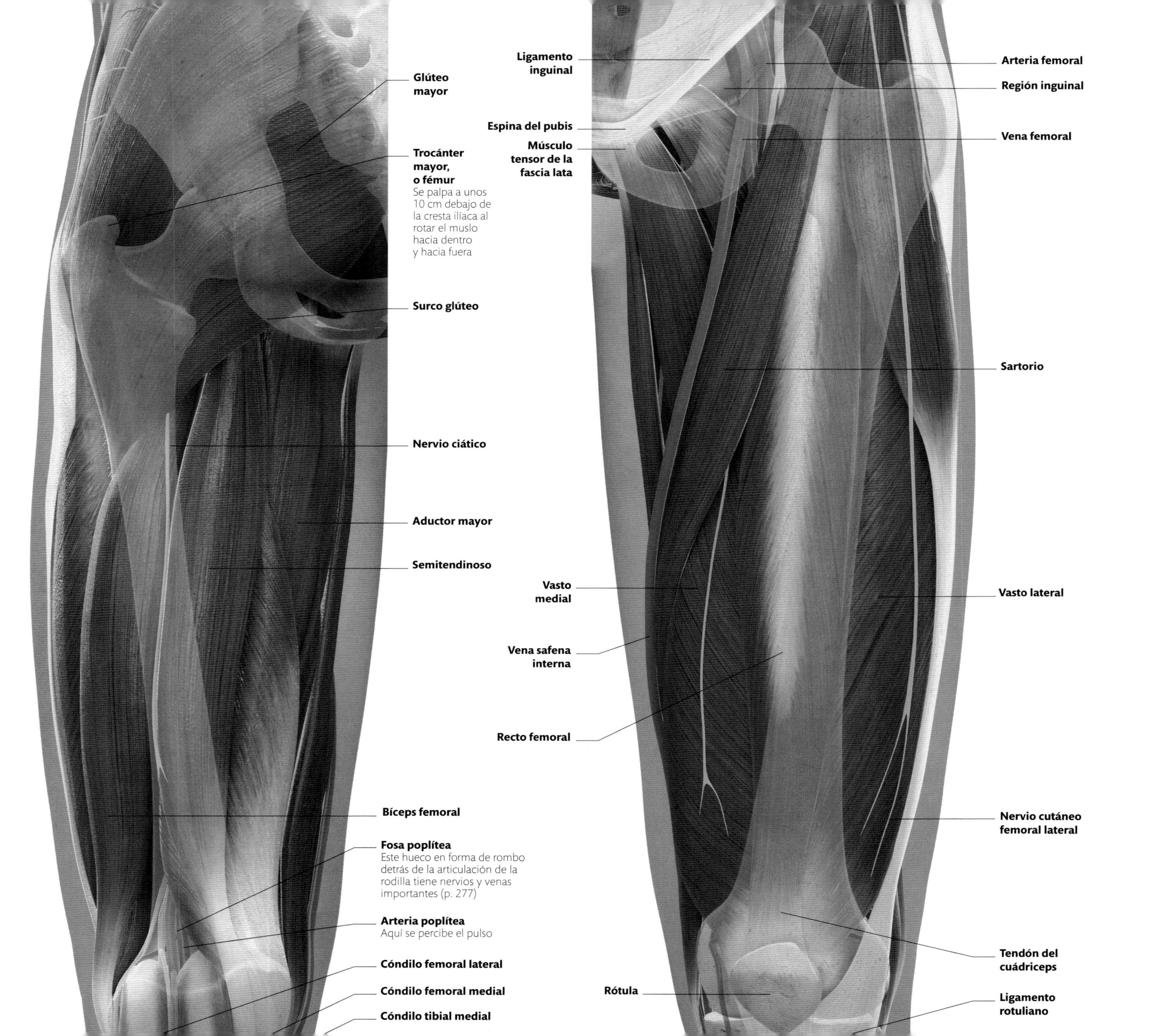
Glúteo mayor
Trocánter mayor, o fémur
Se palpa a unos 10 cm debajo de la cresta ilíaca al rotar el muslo hacia dentro y hacia fuera
Surco glúteo
Nervio ciático
Aductor mayor
Semitendinoso
Bíceps femoral
Fosa poplítea
Este hueco en forma de rombo detrás de la articulación de la rodilla tiene nervios y venas importantes (p. 277)
Arteria poplítea
Aquí se percibe el pulso
Cóndilo femoral lateral
Cóndilo femoral medial
Cóndilo tibial medial
Ligamento inguinal
Espina del pubis
Músculo tensor de la fascia lata
Vasto medial
Vena safena interna
Recto femoral
Rótula
Arteria femoral
Región inguinal
Vena femoral
Sartorio
Vasto lateral
Nervio cutáneo femoral lateral
Tendón del cuádriceps
Ligamento rotuliano

ANATOMÍA DE LA SUPERFICIE DEL MIEMBRO INFERIOR

Los médicos deben conocer bien la anatomía superficial de los miembros inferiores. Es esencial para practicar una exploración y describir las zonas afectadas. Las partes de los huesos se palpan fácilmente en la superficie, igual que algunos músculos. El pulso de varias arterias es perceptible en puntos concretos donde se palpan los vasos: la arteria femoral por debajo del ligamento inguinal, la arteria poplítea en la parte posterior de la rodilla, la arteria tibial detrás del maléolo medial e incluso la arteria dorsal del pie. Conocer la anatomía superficial de los nervios es necesario para evitarlos (por ejemplo, proteger el nervio ciático al poner una inyección intramuscular en la nalga) o si se trata del objetivo en un bloqueo nervioso.

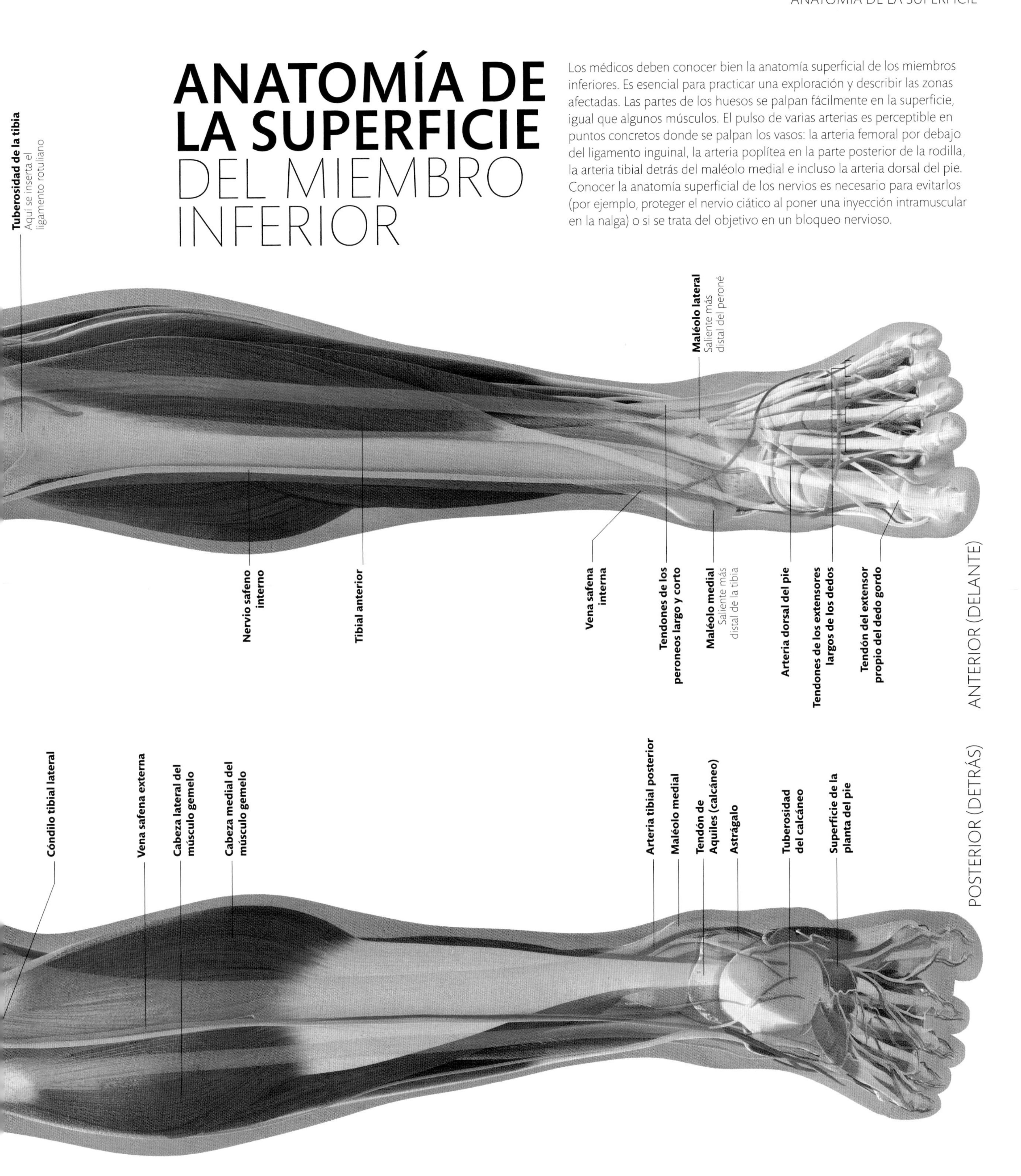
Tuberosidad de la tibia
Aquí se inserta el ligamento rotuliano
Maléolo lateral
Saliente más distal del peroné
Nervio safeno interno
Tibial anterior
Vena safena interna
Tendones de los peroneos largo y corto
Maléolo medial
Saliente más distal de la tibia
Arteria dorsal del pie
Tendones de los extensores largos de los dedos
Tendón del extensor propio del dedo gordo
ANTERIOR (DELANTE)
POSTERIOR (DETRÁS)
Cóndilo tibial lateral
Vena safena externa
Cabeza lateral del músculo gemelo
Cabeza medial del músculo gemelo
Arteria tibial posterior
Maléolo medial
Tendón de Aquiles (calcáneo)
Astrágalo
Tuberosidad del calcáneo
Superficie de la planta del pie

TÓRAX

ABDOMEN Y PELVIS

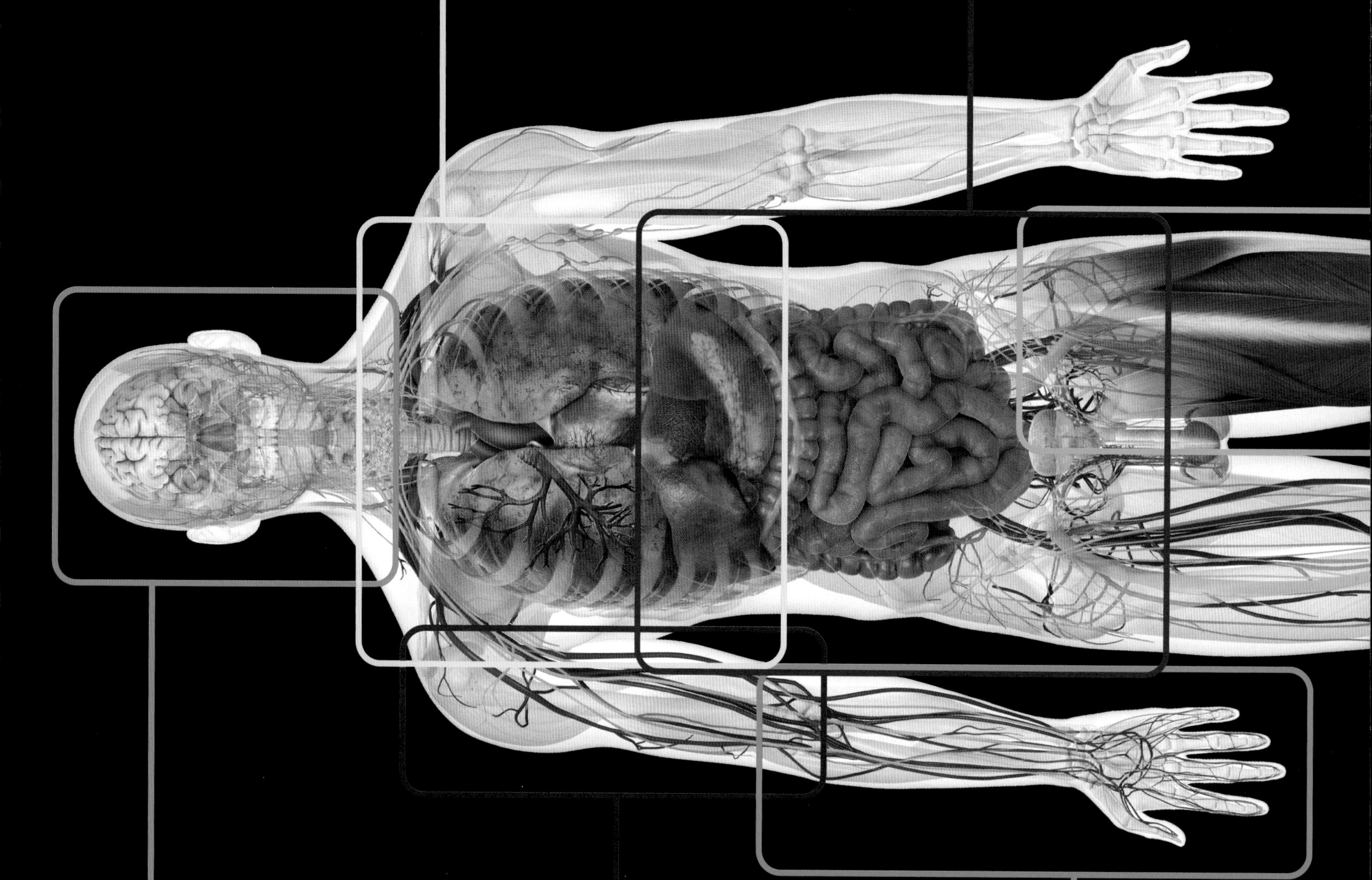

CABEZA Y CUELLO

HOMBRO Y BRAZO

ANTEBRAZO Y MANO

ATLAS
ANATÓMICO

CADERA Y MUSLO

PIERNA Y PIE

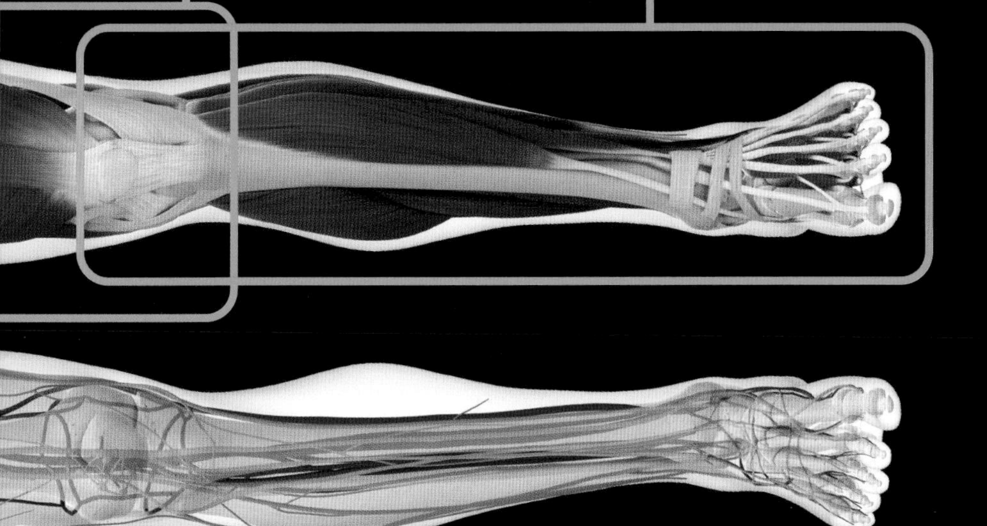

El **atlas anatómico** divide el cuerpo en siete regiones, empezando por la cabeza y el cuello, y descendiendo hasta la pierna y el pie. El estudio de cada región se desglosa en el de los sistemas que aloja: esquelético, muscular, nervioso, respiratorio, cardiovascular, linfático e inmunitario, endocrino y reproductor. Las exploraciones realizadas mediante RM al final de cada sección muestran imágenes auténticas del cuerpo.

CABEZA Y CUELLO
ESQUELÉTICO

La calavera está compuesta por cráneo y maxilar inferior. Alberga y protege cerebro, ojos, orejas, nariz y boca. Aloja el primer tramo de las vías respiratorias y proporciona fijación para los músculos de la cabeza y el cuello. El cráneo comprende más de veinte huesos unidos entre sí por articulaciones fibrosas llamadas suturas. En el cráneo de un adulto joven, las suturas aparecen como unas líneas tortuosas entre los huesos craneales, que se fusionan gradualmente con la edad. Aparte de los huesos principales señalados en estas páginas, puede haber más huesos a lo largo de las suturas. El maxilar inferior de un recién nacido tiene dos mitades con una articulación fibrosa en el centro, que se fusiona en la primera infancia y que acaba por convertirse en un único hueso.

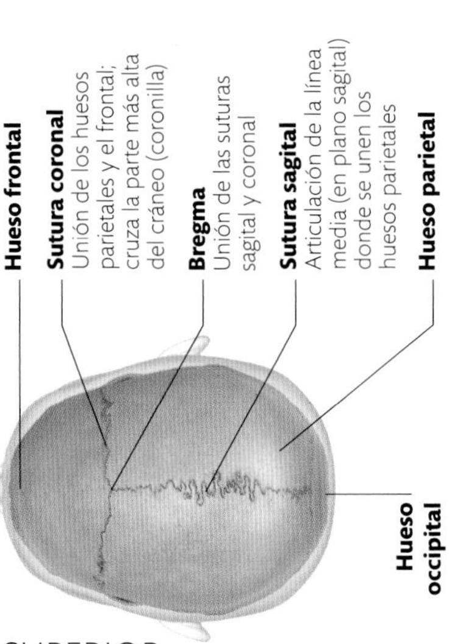
Hueso frontal
Sutura coronal Unión de los huesos parietales y el frontal; cruza la parte más alta del cráneo (coronilla)
Bregma Unión de las suturas sagital y coronal
Sutura sagital Articulación de la línea media (en plano sagital) donde se unen los huesos parietales
Hueso parietal
Hueso occipital

SUPERIOR

Huesos parietales Par de huesos que forman gran parte de la bóveda y las paredes craneales

Sutura sagital

Sutura lamboidea Entre los huesos parietales y el occipital

Lambda Punto donde se encuentran las suturas sagital y lamboidea

Hueso occipital Forma la parte posteroinferior del cráneo y posterior de la base craneal

DORSAL

Arco superciliar También llamado cresta supraorbitaria; del latín *supercilium* (ceja)

Hueso nasal Dos pequeños huesos forman el puente óseo de la nariz

Órbita Término técnico para la cuenca del ojo

Apófisis frontal del maxilar superior Asciende por la cara medial (interior) de la órbita

Orificio piriforme Abertura con forma de pera (piriforme); también llamada orificio nasal anterior

Cornete nasal inferior La más baja de las tres protrusiones rizadas de la pared lateral de la cavidad nasal; también llamado concha nasal

Apófisis cigomática del maxilar superior Parte del maxilar que se proyecta lateralmente

Hueso frontal

Glabela Región entre los arcos superciliares; su nombre es el diminutivo del latín *glab* («sin pelo»), en alusión a la zona desnuda entre las cejas

Foramen supraorbitario El nervio supraorbitario pasa por este agujero para aportar sensibilidad a la frente

Apófisis cigomática del hueso frontal Desciende hasta unirse con la apófisis frontal del hueso cigomático

Cisura supraorbitaria Hueco entre las aletas mayor y menor del hueso esfenoides, que se abre a la órbita ocular

Cisura infraorbitaria Hueco entre el maxilar superior y el ala mayor del hueso esfenoides, abierta al dorso de la órbita

Foramen infraorbitario Agujero para la rama infraorbitaria del nervio maxilar, que aporta sensibilidad a la mejilla

Cresta nasal Punto de unión de los dos maxilares; sobre ella se asienta el vómer (parte del septo nasal)

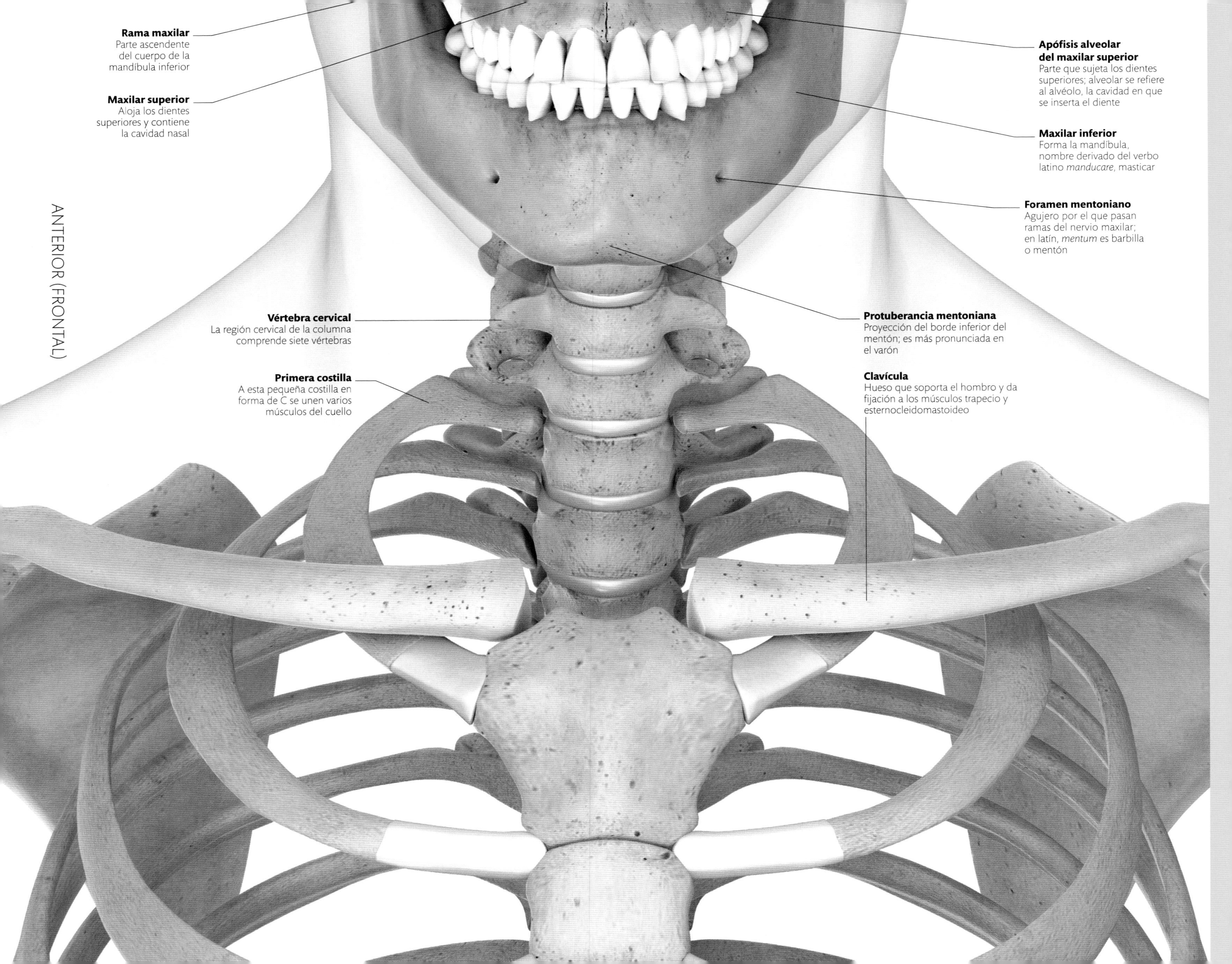

Rama maxilar
Parte ascendente del cuerpo de la mandíbula inferior
Maxilar superior
Aloja los dientes superiores y contiene la cavidad nasal
ANTERIOR (FRONTAL)
Vértebra cervical
La región cervical de la columna comprende siete vértebras
Primera costilla
A esta pequeña costilla en forma de C se unen varios músculos del cuello
Apófisis alveolar del maxilar superior
Parte que sujeta los dientes superiores; alveolar se refiere al alvéolo, la cavidad en que se inserta el diente
Maxilar inferior
Forma la mandíbula, nombre derivado del verbo latino *manducare*, masticar
Foramen mentoniano
Agujero por el que pasan ramas del nervio maxilar; en latín, *mentum* es barbilla o mentón
Protuberancia mentoniana
Proyección del borde inferior del mentón; es más pronunciada en el varón
Clavícula
Hueso que soporta el hombro y da fijación a los músculos trapecio y esternocleidomastoideo

CABEZA Y CUELLO
ESQUELÉTICO

La columna cervical incluye siete vértebras; las dos superiores tienen nombres específicos. La primera, que sustenta el cráneo, es el atlas, nombre del titán griego que soportaba el cielo sobre sus hombros; los movimientos de asentimiento se producen en la articulación entre el atlas y el cráneo. La segunda es el axis (eje), llamada así porque, al negar con la cabeza, el atlas rota sobre ella. En esta vista lateral podemos ver más huesos que conforman el cráneo, así como la articulación temporomandibular, entre el maxilar inferior y el cráneo. También es visible el hueso hioides: este pequeño hueso es un soporte de gran importancia para los músculos que forman la lengua y el suelo de la boca, así como para aquellos que se fijan a la laringe y la faringe.

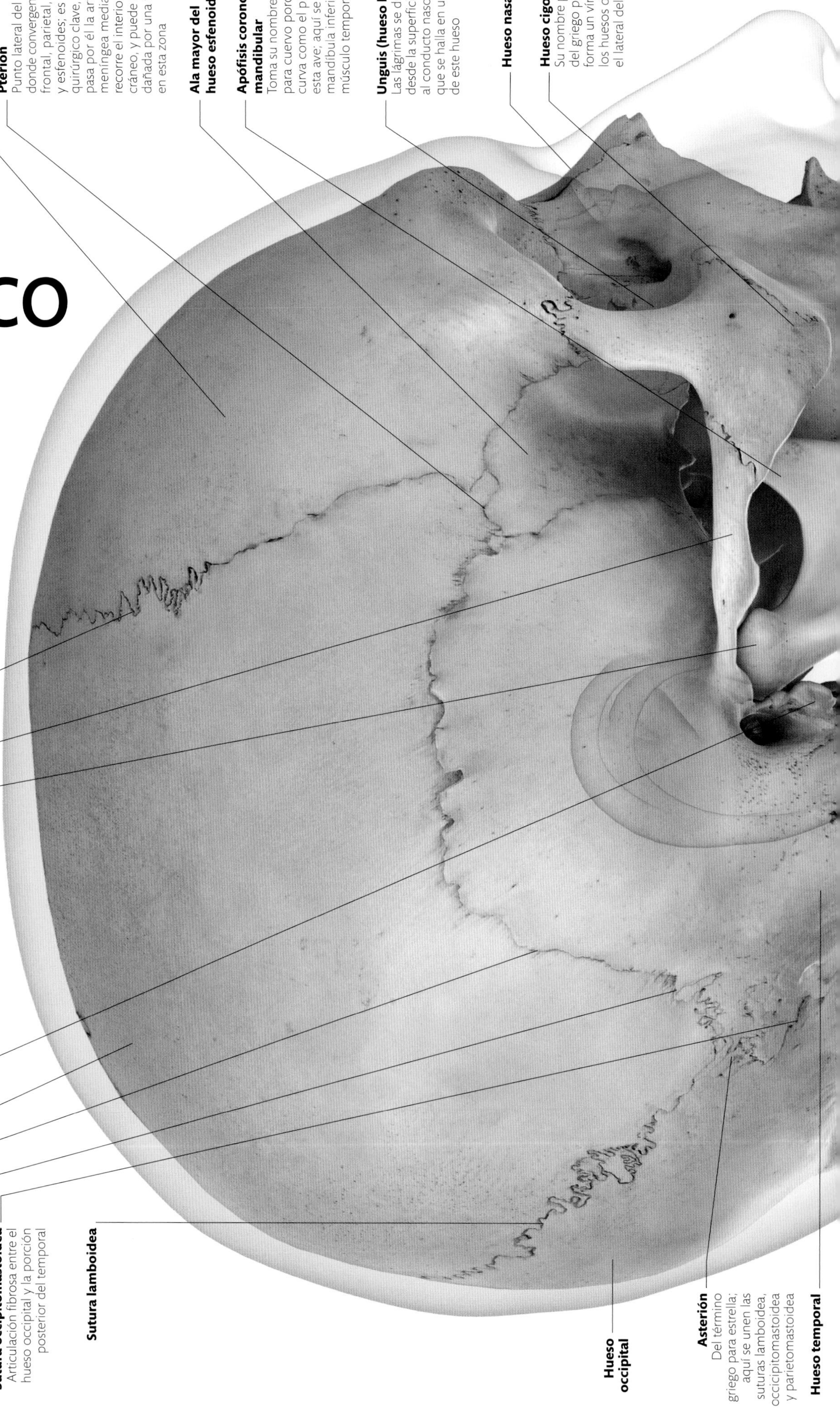

Hueso frontal

Pterión
Punto lateral del cráneo donde convergen los huesos frontal, parietal, temporal y esfenoides; es un punto quirúrgico clave, ya que pasa por él la arteria meníngea media que recorre el interior del cráneo, y puede resultar dañada por una fractura en esta zona

Ala mayor del hueso esfenoides

Apófisis coronoides mandibular
Toma su nombre del griego para cuervo porque es curva como el pico de esta ave; aquí se fija a la mandíbula inferior el músculo temporal

Unguis (hueso lagrimal)
Las lágrimas se drenan desde la superficie del ojo al conducto nasolagrimal, que se halla en un surco de este hueso

Hueso nasal

Hueso cigomático
Su nombre procede del griego para yugo; forma un vínculo entre los huesos del rostro y el lateral del cráneo

Sutura coronal

Arco cigomático
Formado por la apófisis cigomática del hueso temporal, se proyecta frontalmente hasta unirse a la apófisis temporal del hueso cigomático

Cóndilo
La apófisis condilar se proyecta hacia arriba y finaliza en el cóndilo, o cabeza de la mandíbula, que se articula con el cráneo en la articulación temporomandibular

Porción timpánica del hueso temporal
Forma el suelo del meato acústico externo, en cuyo extremo interior se halla la membrana timpánica o tímpano

Hueso parietal

Sutura escamosa
Articulación entre la porción escamosa de los huesos temporal y parietal

Sutura parietomastoidea
Aquí se encuentran el hueso parietal y la porción posterior del temporal o apófisis mastoidea

Sutura occipitomastoidea
Articulación fibrosa entre el hueso occipital y la porción posterior del temporal

Sutura lamboidea

Hueso occipital

Asterión
Del término griego para estrella; aquí se unen las suturas lamboidea, occicipitomastoidea y parietomastoidea

Hueso temporal

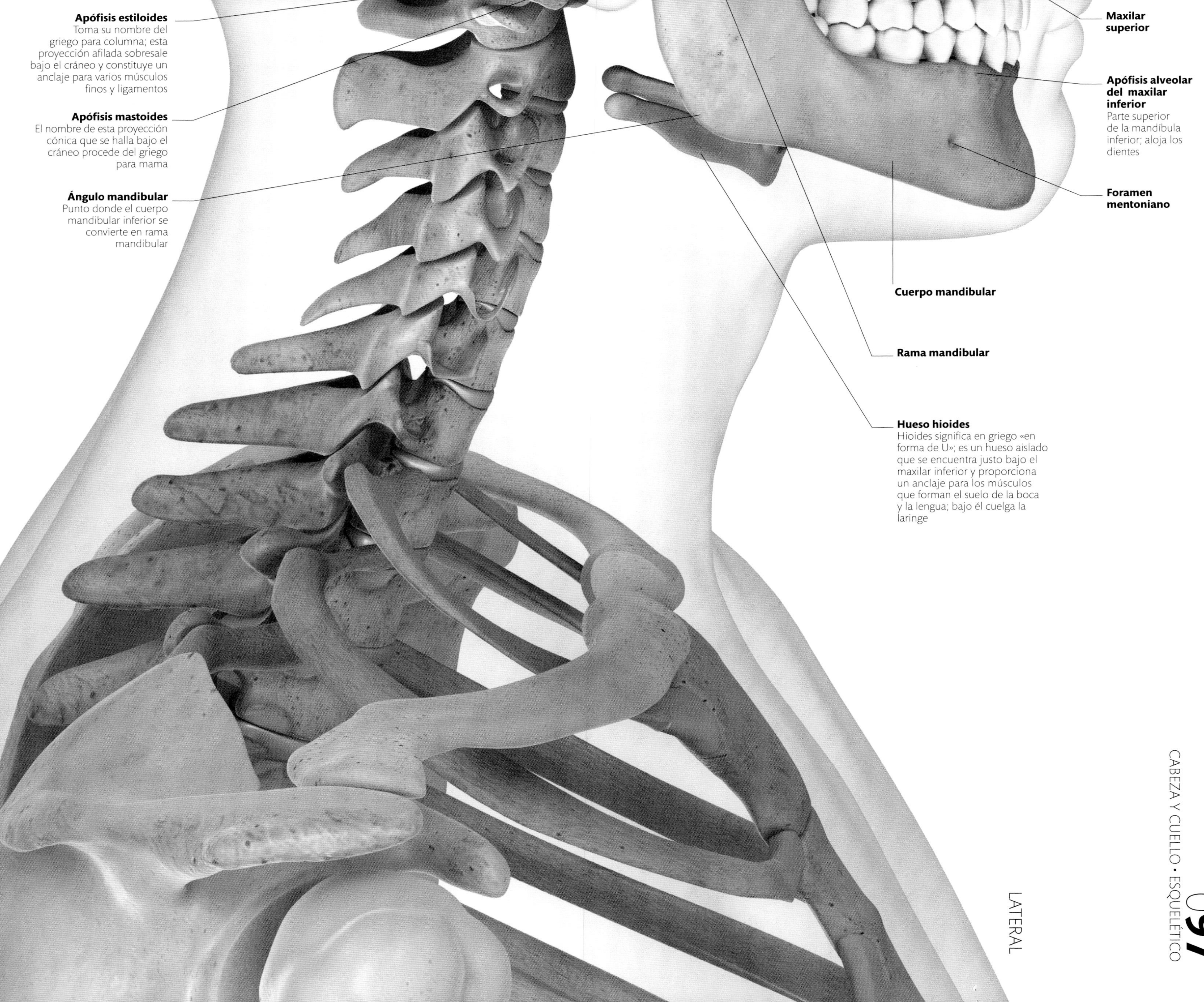
Apófisis estiloides
Toma su nombre del griego para columna; esta proyección afilada sobresale bajo el cráneo y constituye un anclaje para varios músculos finos y ligamentos
Apófisis mastoides
El nombre de esta proyección cónica que se halla bajo el cráneo procede del griego para mama
Ángulo mandibular
Punto donde el cuerpo mandibular inferior se convierte en rama mandibular
Maxilar superior
Apófisis alveolar del maxilar inferior
Parte superior de la mandíbula inferior; aloja los dientes
Foramen mentoniano
Cuerpo mandibular
Rama mandibular
Hueso hioides
Hioides significa en griego «en forma de U»; es un hueso aislado que se encuentra justo bajo el maxilar inferior y proporciona un anclaje para los músculos que forman el suelo de la boca y la lengua; bajo él cuelga la laringe

LATERAL

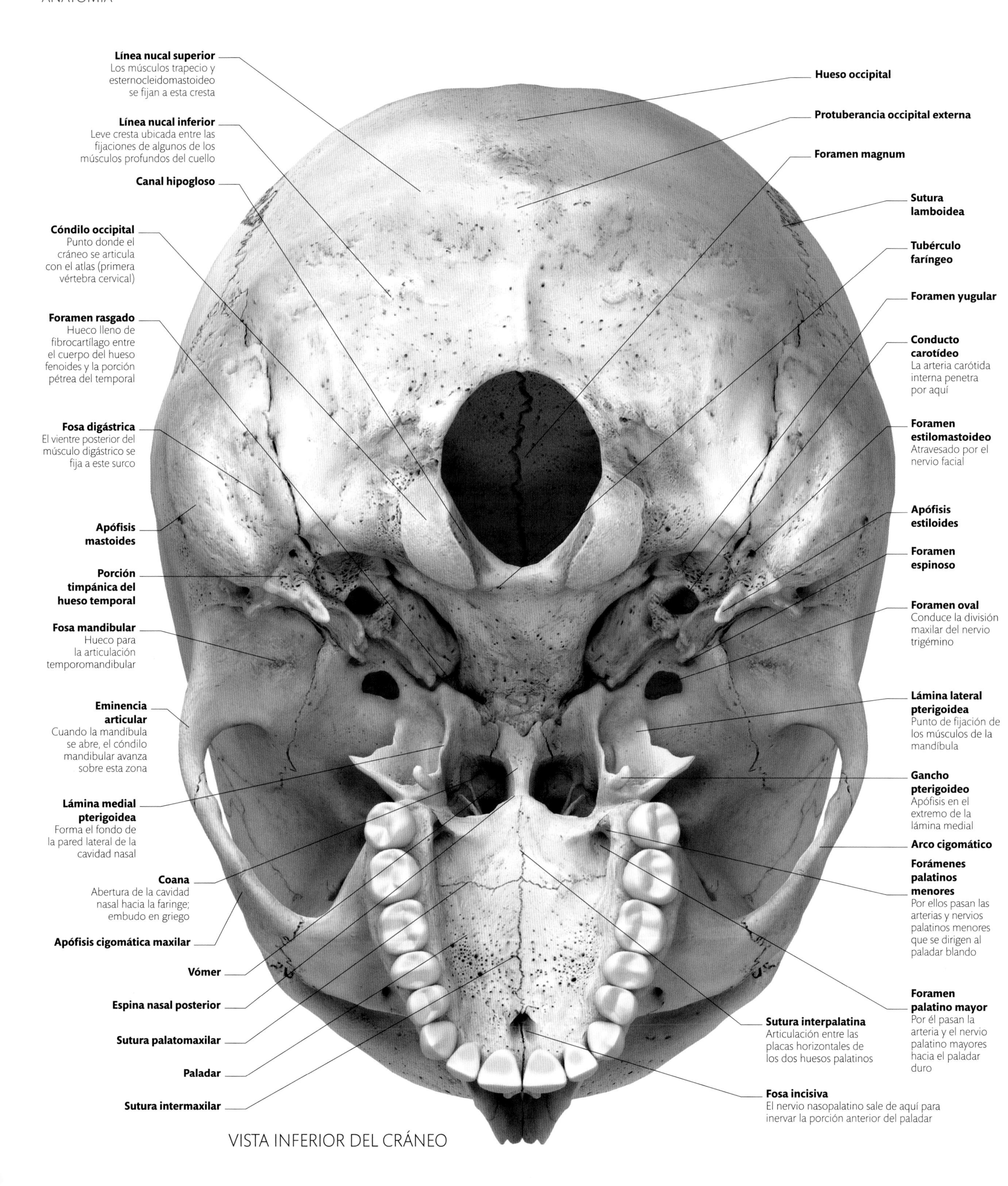
Línea nucal superior
Los músculos trapecio y esternocleidomastoideo se fijan a esta cresta
Línea nucal inferior
Leve cresta ubicada entre las fijaciones de algunos de los músculos profundos del cuello
Canal hipogloso
Cóndilo occipital
Punto donde el cráneo se articula con el atlas (primera vértebra cervical)
Foramen rasgado
Hueco lleno de fibrocartílago entre el cuerpo del hueso fenoides y la porción pétrea del temporal
Fosa digástrica
El vientre posterior del músculo digástrico se fija a este surco
Apófisis mastoides
Porción timpánica del hueso temporal
Fosa mandibular
Hueco para la articulación temporomandibular
Eminencia articular
Cuando la mandíbula se abre, el cóndilo mandibular avanza sobre esta zona
Lámina medial pterigoidea
Forma el fondo de la pared lateral de la cavidad nasal
Coana
Abertura de la cavidad nasal hacia la faringe; embudo en griego
Apófisis cigomática maxilar
Vómer
Espina nasal posterior
Sutura palatomaxilar
Paladar
Sutura intermaxilar
Hueso occipital
Protuberancia occipital externa
Foramen magnum
Sutura lamboidea
Tubérculo faríngeo
Foramen yugular
Conducto carotídeo
La arteria carótida interna penetra por aquí
Foramen estilomastoideo
Atravesado por el nervio facial
Apófisis estiloides
Foramen espinoso
Foramen oval
Conduce la división maxilar del nervio trigémino
Lámina lateral pterigoidea
Punto de fijación de los músculos de la mandíbula
Gancho pterigoideo
Apófisis en el extremo de la lámina medial
Arco cigomático
Forámenes palatinos menores
Por ellos pasan las arterias y nervios palatinos menores que se dirigen al paladar blando
Foramen palatino mayor
Por él pasan la arteria y el nervio palatino mayores hacia el paladar duro
Sutura interpalatina
Articulación entre las placas horizontales de los dos huesos palatinos
Fosa incisiva
El nervio nasopalatino sale de aquí para inervar la porción anterior del paladar

VISTA INFERIOR DEL CRÁNEO

CABEZA Y CUELLO **ESQUELÉTICO**

Visto desde estos ángulos, los rasgos más llamativos del cráneo son los agujeros que posee. En el centro hay uno de gran tamaño —el foramen magnum—, a través del cual sale el tronco encefálico que se fusiona con la médula espinal. Pero los hay mucho menores, la mayoría de los cuales constituyen pares; a través de ellos pasan los nervios craneales que inervan músculos, piel, mucosas y glándulas de cabeza y cuello. Los vasos sanguíneos también atraviesan algunos de ellos en su trayecto hacia y desde el cerebro. En la parte frontal podemos ver los dientes superiores, asentados en los alvéolos del maxilar, y el paladar duro.

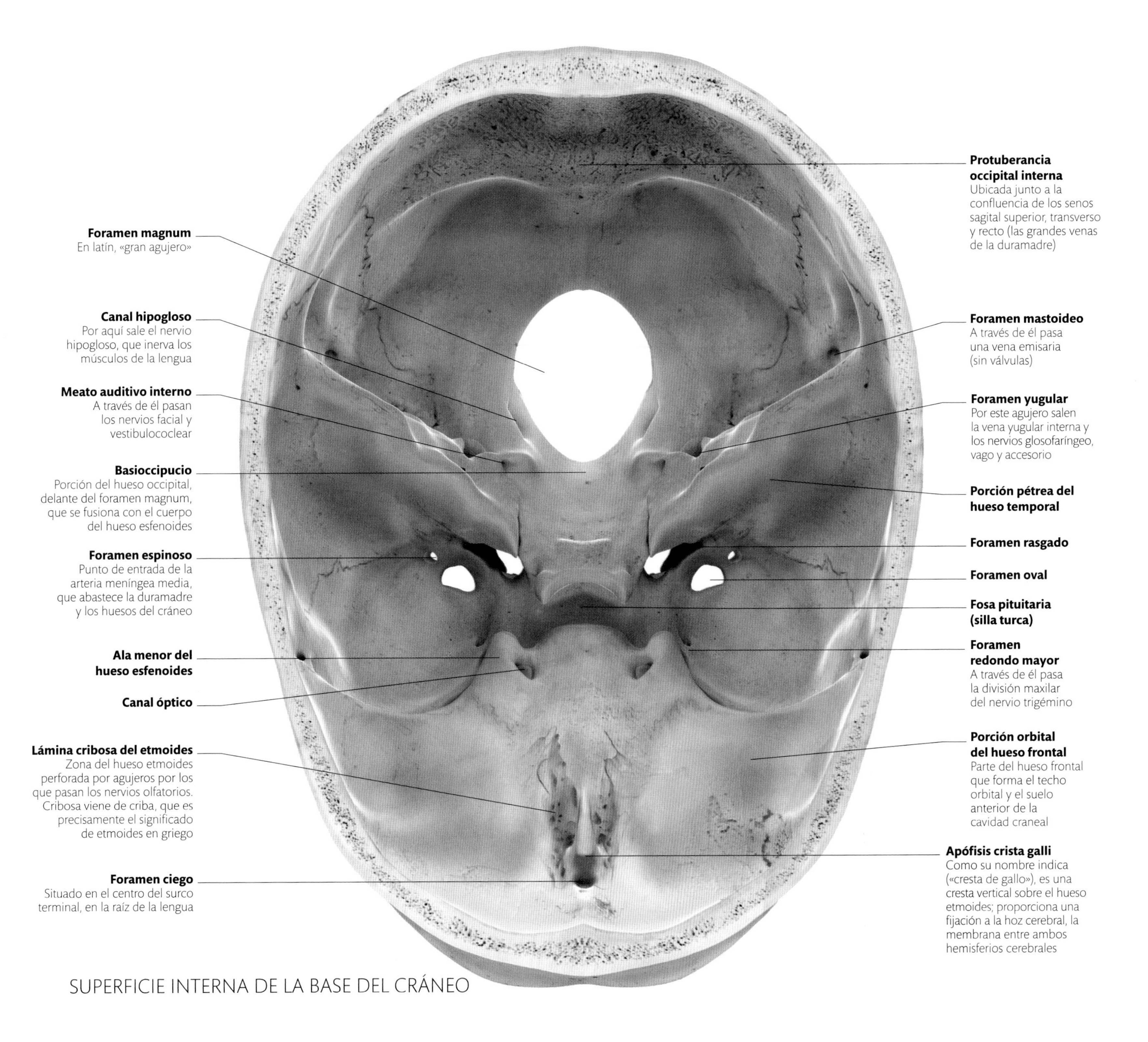
Foramen magnum
En latín, «gran agujero»
Canal hipogloso
Por aquí sale el nervio hipogloso, que inerva los músculos de la lengua
Meato auditivo interno
A través de él pasan los nervios facial y vestibulococlear
Basioccipucio
Porción del hueso occipital, delante del foramen magnum, que se fusiona con el cuerpo del hueso esfenoides
Foramen espinoso
Punto de entrada de la arteria meníngea media, que abastece la duramadre y los huesos del cráneo
Ala menor del hueso esfenoides
Canal óptico
Lámina cribosa del etmoides
Zona del hueso etmoides perforada por agujeros por los que pasan los nervios olfatorios. Cribosa viene de criba, que es precisamente el significado de etmoides en griego
Foramen ciego
Situado en el centro del surco terminal, en la raíz de la lengua
Protuberancia occipital interna
Ubicada junto a la confluencia de los senos sagital superior, transverso y recto (las grandes venas de la duramadre)
Foramen mastoideo
A través de él pasa una vena emisaria (sin válvulas)
Foramen yugular
Por este agujero salen la vena yugular interna y los nervios glosofaríngeo, vago y accesorio
Porción pétrea del hueso temporal
Foramen rasgado
Foramen oval
Fosa pituitaria (silla turca)
Foramen redondo mayor
A través de él pasa la división maxilar del nervio trigémino
Porción orbital del hueso frontal
Parte del hueso frontal que forma el techo orbital y el suelo anterior de la cavidad craneal
Apófisis crista galli
Como su nombre indica («cresta de gallo»), es una cresta vertical sobre el hueso etmoides; proporciona una fijación a la hoz cerebral, la membrana entre ambos hemisferios cerebrales

SUPERFICIE INTERNA DE LA BASE DEL CRÁNEO

CABEZA Y CUELLO
ESQUELÉTICO

Esta sección sagital realizada por la línea media del cráneo nos desvela algunos secretos. Podemos apreciar con claridad el tamaño de la cavidad craneal, ocupada casi completamente por el encéfalo, con apenas un pequeño espacio para membranas, fluidos y vasos sanguíneos. Algunos de estos dejan profundos surcos en la pared interior del cráneo: podemos seguir el trazado de los grandes senos venosos y de las ramas de la arteria meníngea media. También podemos ver que los huesos del cráneo no son sólidos, sino que contienen hueso trabecular (o diploe), que a su vez contiene médula roja. Algunos huesos alojan además cavidades aéreas, como el seno esfenoidal, aquí visible. También se aprecia aquí el gran tamaño de la cavidad nasal, oculta en el interior del cráneo.

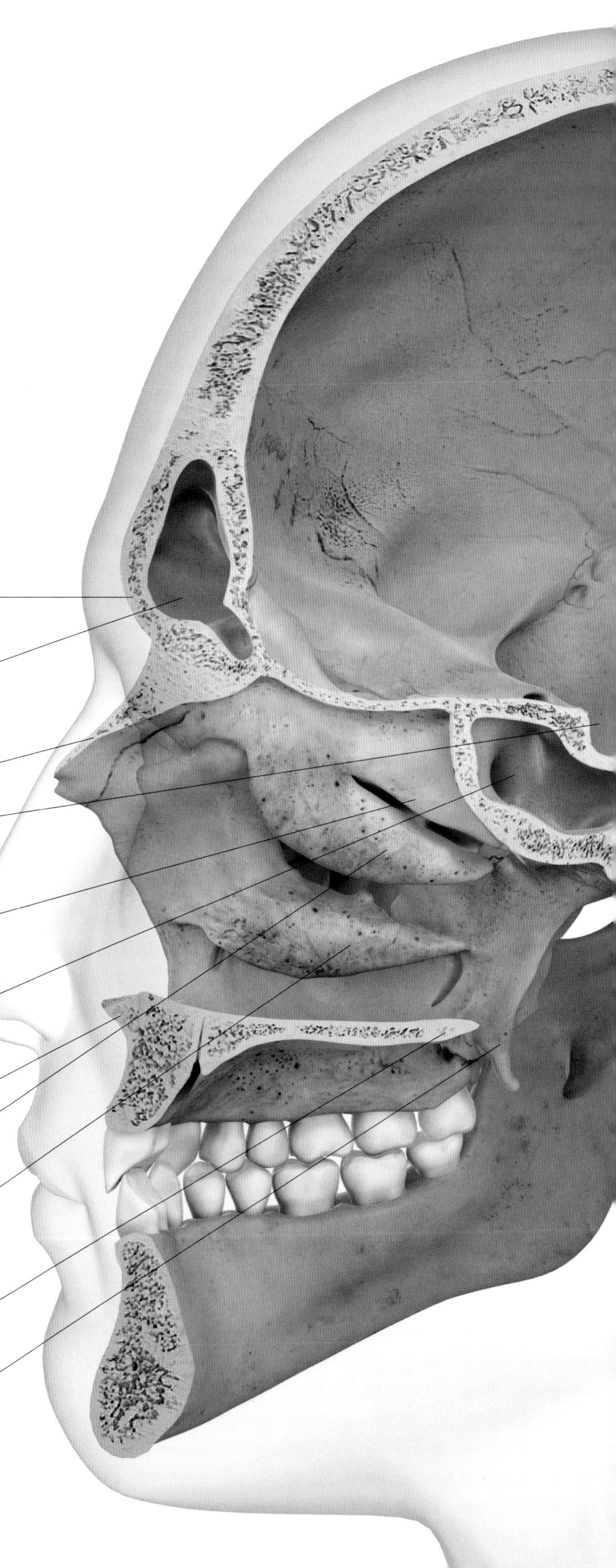

Hueso frontal
Forma la fosa craneal anterior, donde se asientan los lóbulos frontales del cerebro

Seno frontal
Uno de los senos paranasales, que drenan en la cavidad nasal; es una cavidad aérea dentro del hueso frontal

Hueso nasal

Fosa pituitaria (silla turca)
En esta pequeña cavidad en la superficie superior del hueso esfenoides se halla la glándula pituitaria

Cornete nasal superior
Parte del hueso etmoides que forma la bóveda y la porción superior de las paredes de la cavidad nasal

Seno esfenoidal
Otro seno paranasal; se halla dentro del cuerpo del hueso esfenoides

Cresta nasal anterior

Cornete nasal medio
Como el superior, forma parte del hueso etmoides

Cornete nasal inferior
Hueso separado, unido a la cara interior del maxilar superior; los cornetes aumentan la superficie de la cavidad nasal

Hueso palatino
Se une a los maxilares para formar la parte posterior del paladar duro

Apófisis pterigoides
Proyectada hacia abajo desde el ala mayor del hueso esfenoides, flanquea el fondo de la cavidad nasal y proporciona fijación a músculos del paladar y la mandíbula

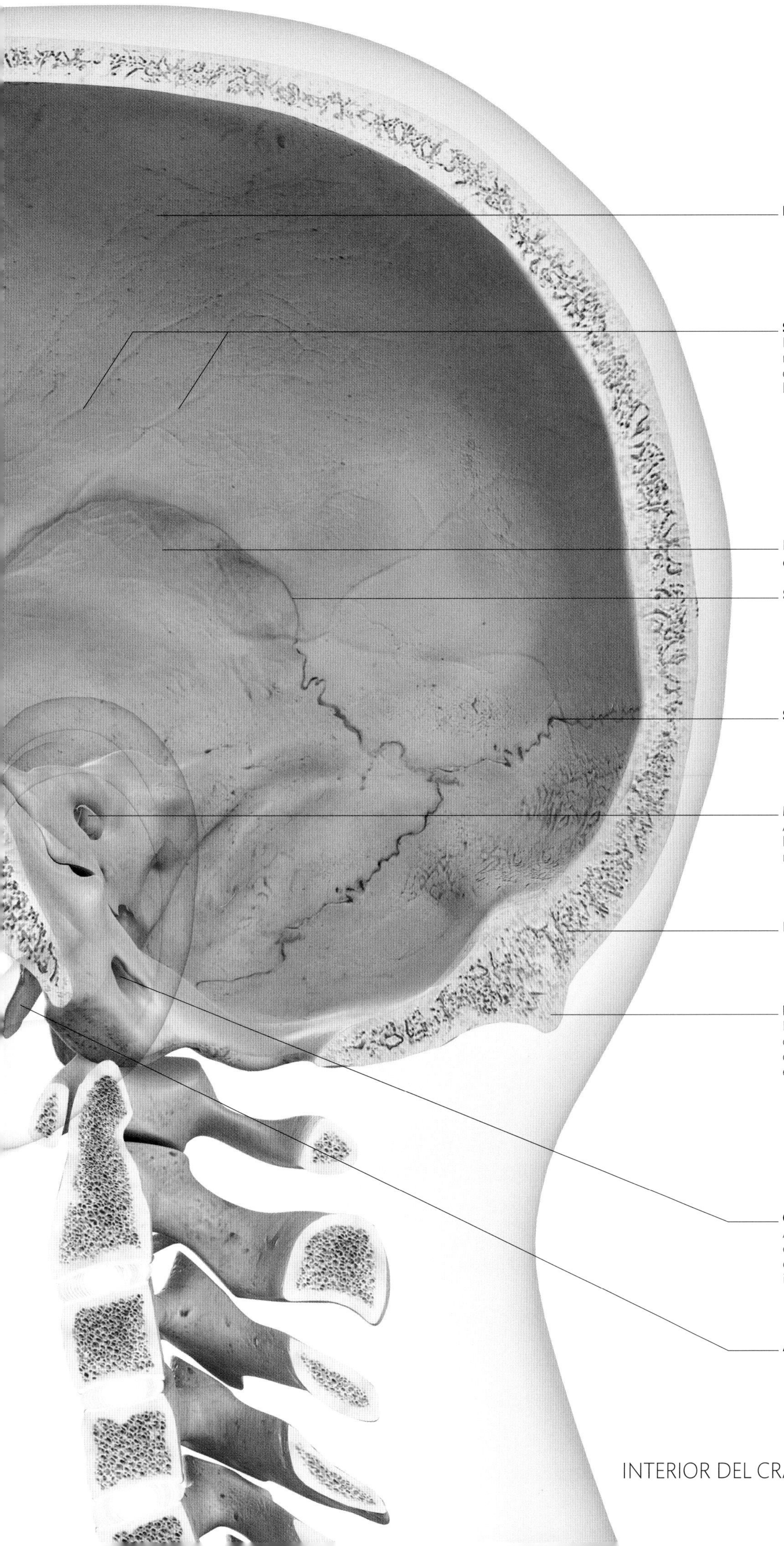

Hueso parietal

Surcos de las arterias
Las arterias meníngeas se ramifican en el interior del cráneo y dejan surcos en los huesos

Porción escamosa del hueso temporal

Sutura escamosa

Sutura lamboidea

Meato auditivo interno
Agujero en la porción pétrea del hueso temporal que conduce los nervios facial y vestibulococlear

Hueso occipital

Protuberancia occipital externa
Proyección del hueso occipital que da fijación al ligamento nucal del cuello; es mucho más pronunciada en el varón que en la mujer

Canal hipogloso
Agujero que atraviesa el hueso occipital, en la base del cráneo; conduce el nervio hipogloso, que inerva los músculos de la lengua

Apófisis estiloides

INTERIOR DEL CRÁNEO

CABEZA Y CUELLO
ESQUELÉTICO

Esta ilustración muestra cómo se encajan los distintos huesos craneales para crear la forma que nos resulta familiar. El hueso esfenoides, con forma de mariposa, está justo en el centro: forma parte de la base del cráneo, las paredes laterales y las órbitas, y se articula con muchos de los otros huesos craneales. Los huesos temporales también forman parte de la base y las paredes laterales del cráneo; sus porciones pétreas, extremadamente densas, contienen y protegen los delicados mecanismos del oído, incluidos los diminutos osículos (martillo, yunque y estribo) que transmiten las vibraciones desde el tímpano al oído interno.

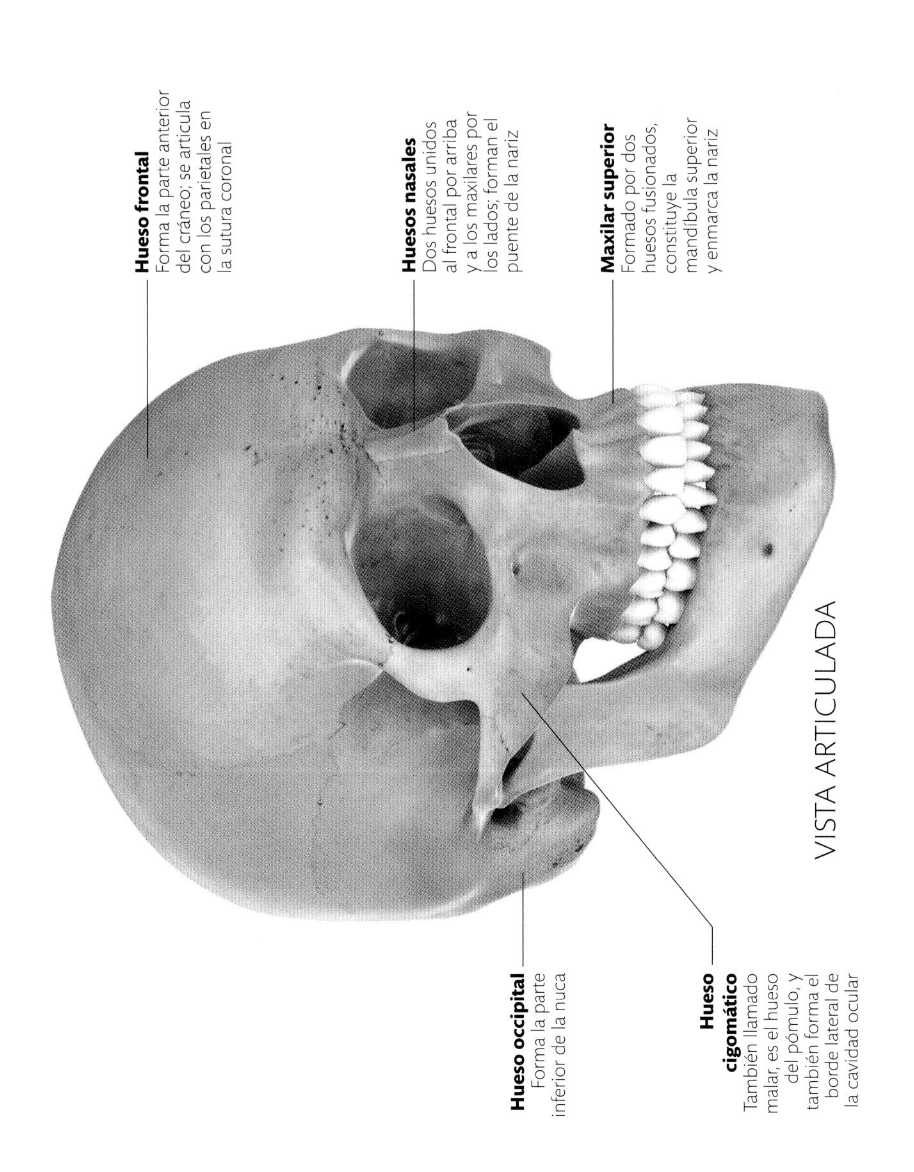
Hueso frontal Forma la parte anterior del cráneo; se articula con los parietales en la sutura coronal
Huesos nasales Dos huesos unidos al frontal por arriba y a los maxilares por los lados; forman el puente de la nariz
Maxilar superior Formado por dos huesos fusionados, constituye la mandíbula superior y enmarca la nariz
Hueso occipital Forma la parte inferior de la nuca
Hueso cigomático También llamado malar, es el hueso del pómulo, y también forma el borde lateral de la cavidad ocular
VISTA ARTICULADA

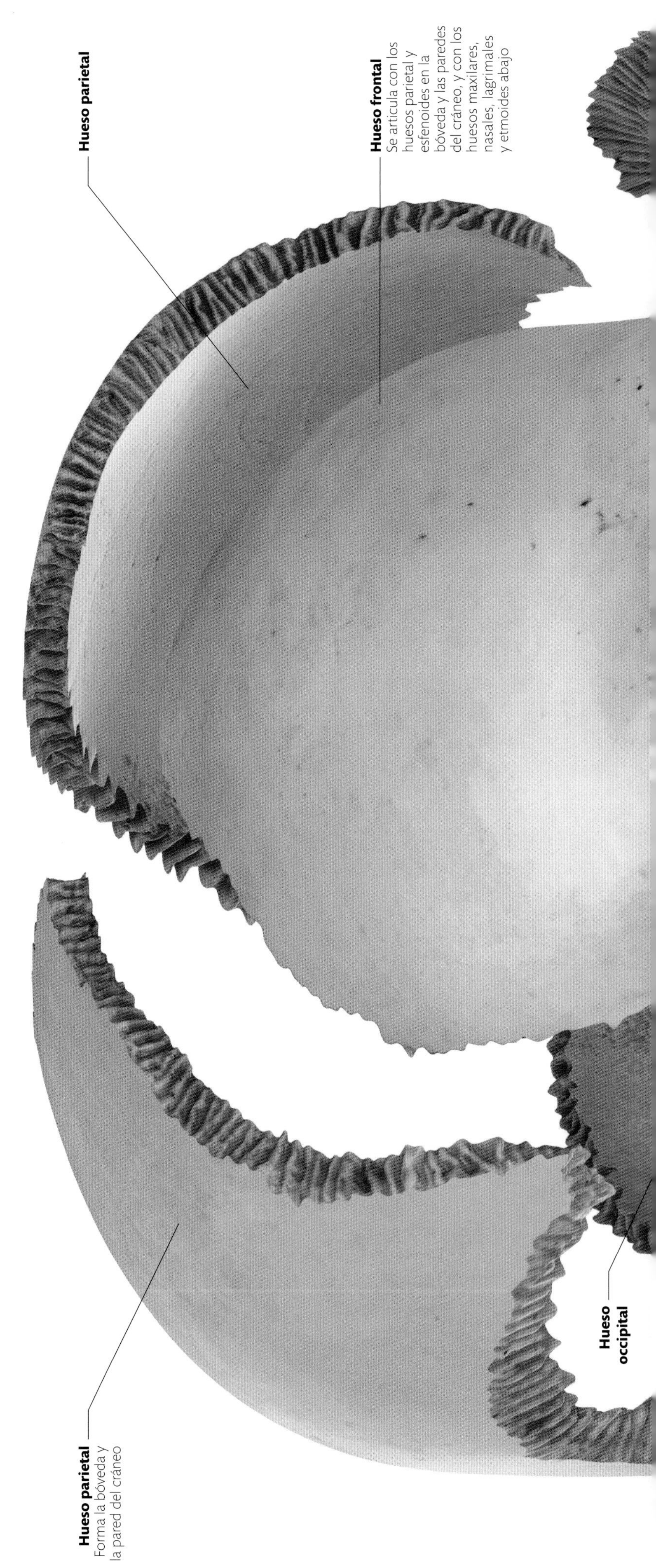
Hueso parietal
Hueso frontal Se articula con los huesos parietal y esfenoides en la bóveda y las paredes del cráneo, y con los huesos maxilares, nasales, lagrimales y etmoides abajo
Hueso parietal Forma la bóveda y la pared del cráneo
Hueso occipital

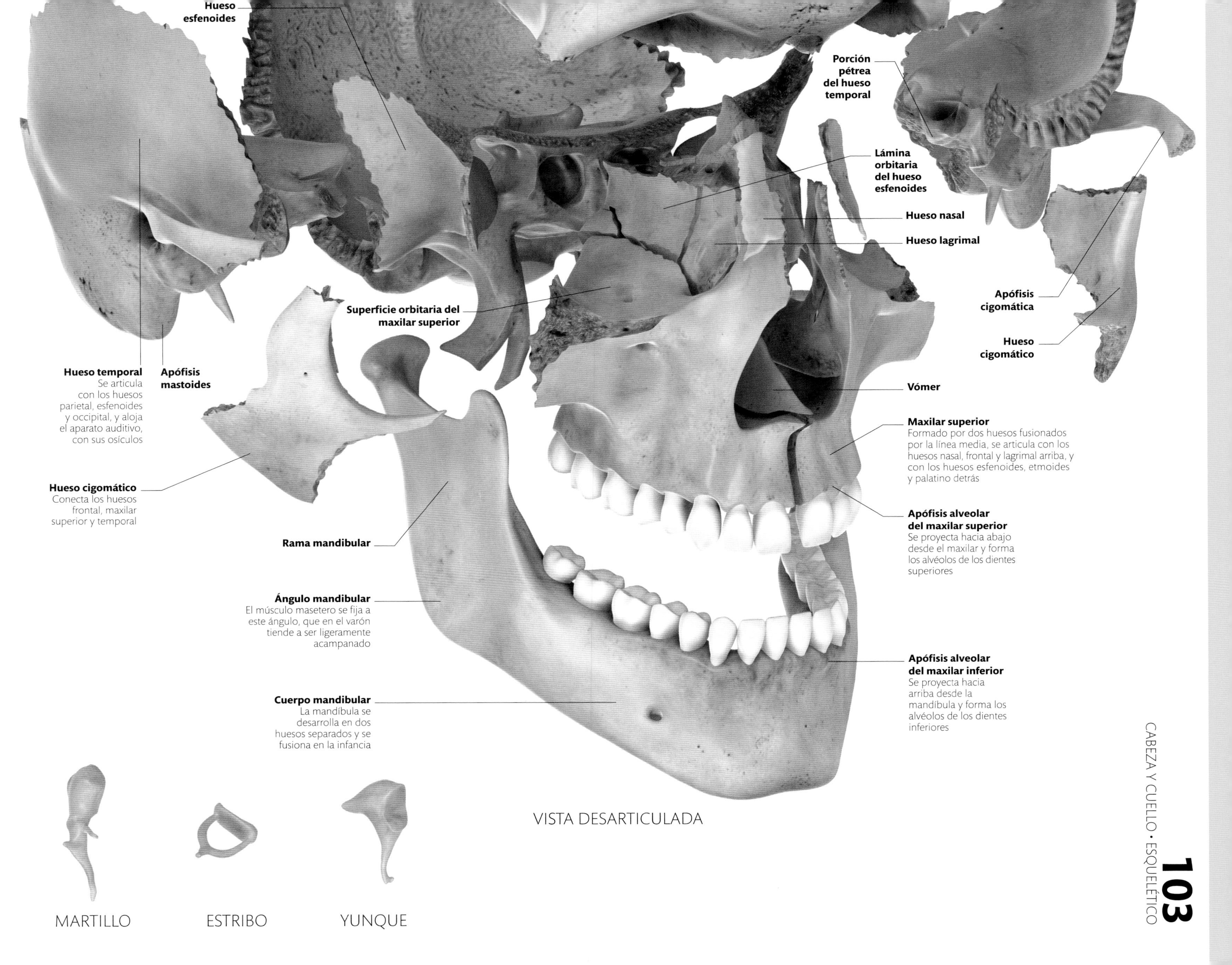
Hueso esfenoides
Porción pétrea del hueso temporal
Lámina orbitaria del hueso esfenoides
Hueso nasal
Hueso lagrimal
Apófisis cigomática
Hueso cigomático
Superficie orbitaria del maxilar superior
Hueso temporal
Se articula con los huesos parietal, esfenoides y occipital, y aloja el aparato auditivo, con sus osículos
Apófisis mastoides
Vómer
Maxilar superior
Formado por dos huesos fusionados por la línea media, se articula con los huesos nasal, frontal y lagrimal arriba, y con los huesos esfenoides, etmoides y palatino detrás
Hueso cigomático
Conecta los huesos frontal, maxilar superior y temporal
Apófisis alveolar del maxilar superior
Se proyecta hacia abajo desde el maxilar y forma los alvéolos de los dientes superiores
Rama mandibular
Ángulo mandibular
El músculo masetero se fija a este ángulo, que en el varón tiende a ser ligeramente acampanado
Apófisis alveolar del maxilar inferior
Se proyecta hacia arriba desde la mandíbula y forma los alvéolos de los dientes inferiores
Cuerpo mandibular
La mandíbula se desarrolla en dos huesos separados y se fusiona en la infancia
VISTA DESARTICULADA
MARTILLO
ESTRIBO
YUNQUE

CABEZA Y CUELLO **MUSCULAR**

ANTERIOR (FRONTAL)

Los músculos del rostro tienen funciones muy importantes, como abrir y cerrar sus aberturas: ojos, nariz y boca. Pero además desempeñan un papel crucial en la comunicación, y ésa es la razón por la que son conocidos, conjuntamente, como «músculos de la expresión facial». Estos músculos, unidos al hueso por un extremo y a la piel por el otro, nos permiten alzar las cejas para mostrar sorpresa, fruncir el ceño al concentrarnos, arrugar la nariz con disgusto, sonreír, reír abiertamente o hacer mohínes. A medida que envejecemos, nuestra piel forma pliegues y arrugas perpendiculares a la dirección de las fibras musculares subyacentes que reflejan las expresiones que hemos usado a lo largo de nuestra vida.

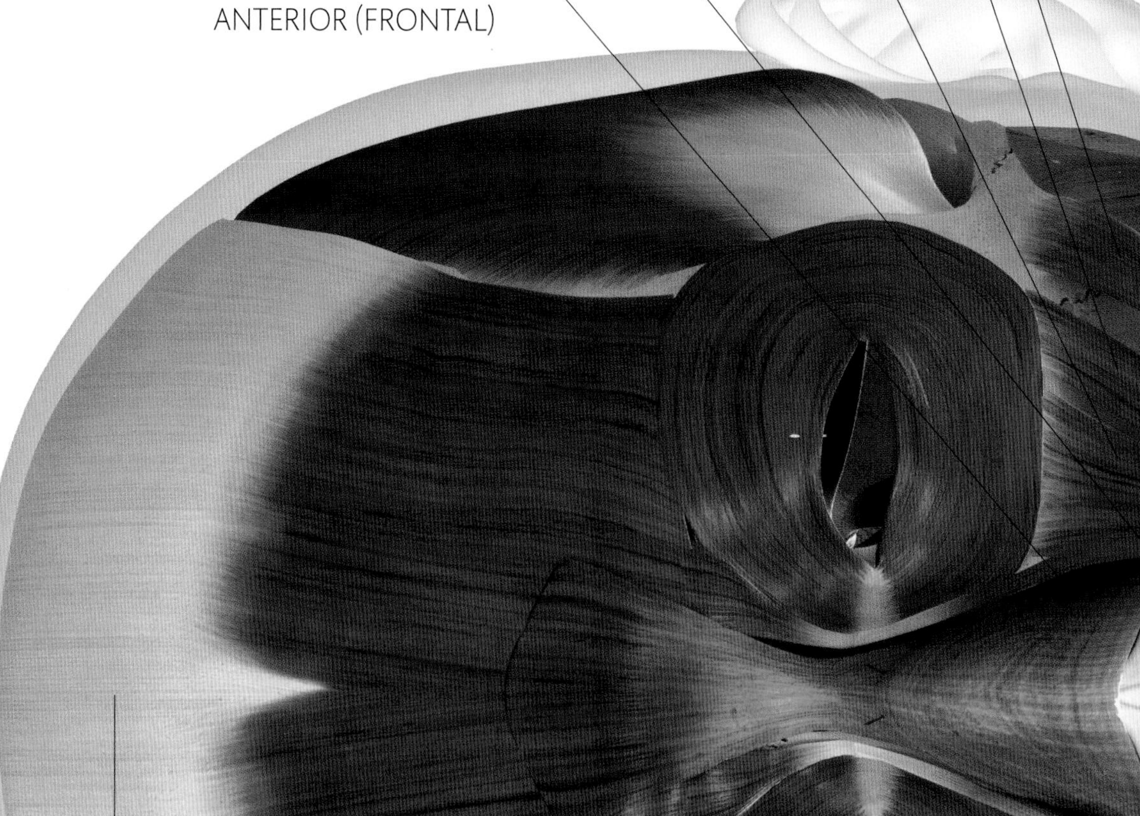
Nasal La porción superior de este músculo comprime la nariz; la inferior ensancha los orificios nasales
Elevador común del labio superior y de las aletas de la nariz Este pequeño músculo eleva el labio superior y las aletas de la nariz para hacer un gesto de desagrado
Elevador del labio Eleva el labio superior
Cigomático menor
Cigomático mayor Ambos cigomáticos se fijan al arco cigomático (hueso del pómulo), a un lado del labio superior, y se usan para sonreír
Aponeurosis epicraneal Conecta los vientres frontal y occipital del músculo occipitofrontal
Vientre frontal del occipitofrontal El occipitofrontal se extiende desde las cejas a la línea nucal superior, y permite alzar las cejas y mover el cuero cabelludo
Temporal Uno de los cuatro músculos pares masticadores; actúa para cerrar la boca y unir los dientes
Orbicular de los párpados Estas fibras musculares rodean el ojo y actúan para cerrarlo
Cartílago de la nariz externa

Vientre frontal del occipitofrontal
Aponeurosis epicraneal
Temporal
Vientre occipital del occipitofrontal

SUPERIOR

Temporal
Vientre occipital del occipitofrontal
Semiespinoso de la cabeza (complejo mayor)
Esplenio de la cabeza
Esternocleidomastoideo
Trapecio
Elevador del omóplato
Romboides menor
Romboides mayor
Acromion del omóplato
Espina del omóplato

SUPERFICIAL

PROFUNDA

POSTERIOR (DORSAL)

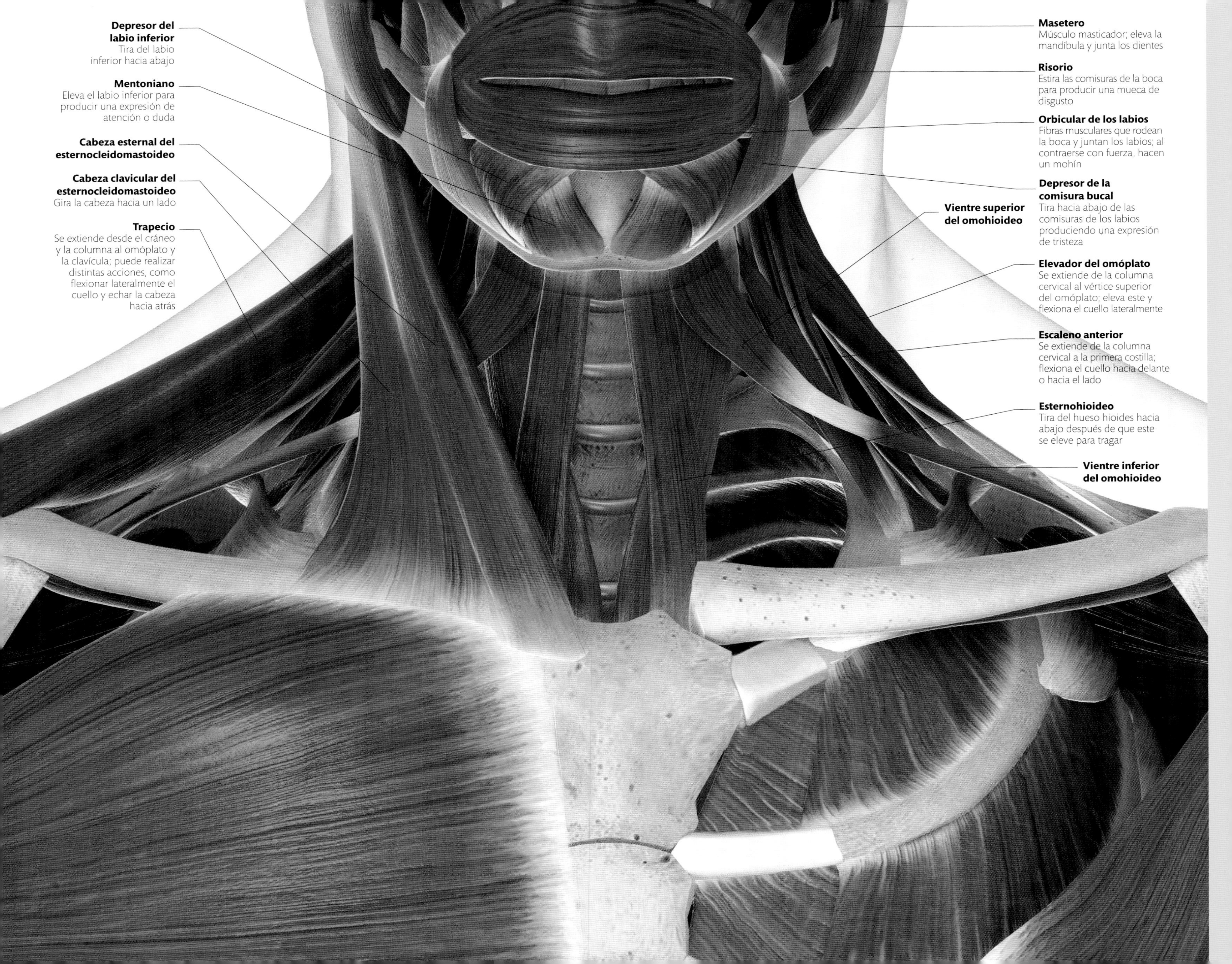

Depresor del labio inferior
Tira del labio inferior hacia abajo
Mentoniano
Eleva el labio inferior para producir una expresión de atención o duda
Cabeza esternal del esternocleidomastoideo
Cabeza clavicular del esternocleidomastoideo
Gira la cabeza hacia un lado
Trapecio
Se extiende desde el cráneo y la columna al omóplato y la clavícula; puede realizar distintas acciones, como flexionar lateralmente el cuello y echar la cabeza hacia atrás
Masetero
Músculo masticador; eleva la mandíbula y junta los dientes
Risorio
Estira las comisuras de la boca para producir una mueca de disgusto
Orbicular de los labios
Fibras musculares que rodean la boca y juntan los labios; al contraerse con fuerza, hacen un mohín
Depresor de la comisura bucal
Tira hacia abajo de las comisuras de los labios produciendo una expresión de tristeza
Vientre superior del omohioideo
Elevador del omóplato
Se extiende de la columna cervical al vértice superior del omóplato; eleva este y flexiona el cuello lateralmente
Escaleno anterior
Se extiende de la columna cervical a la primera costilla; flexiona el cuello hacia delante o hacia el lado
Esternohioideo
Tira del hueso hioides hacia abajo después de que este se eleve para tragar
Vientre inferior del omohioideo

CABEZA Y CUELLO **MUSCULAR**

Los músculos masticadores van del cráneo al maxilar inferior; actúan para abrir y cerrar la boca, y para apretar los dientes y triturar la comida que ingerimos. En esta vista lateral podemos ver los dos músculos mayores, el temporal y el masetero. Otros dos más pequeños se fijan en la cara interior del maxilar inferior. La mandíbula inferior humana no solo puede abrirse y cerrarse; además se mueve de lado a lado, y estos cuatro músculos actúan juntos para realizar movimientos masticatorios complejos. En esta vista también podemos observar cómo los vientres (porciones centrales carnosas) frontales del músculo occipitofrontal conectan con los vientres occipitales en la nuca, por medio de un tendón delgado y plano, o aponeurosis; ello permite que el cuero cabelludo se mueva sobre el cráneo.

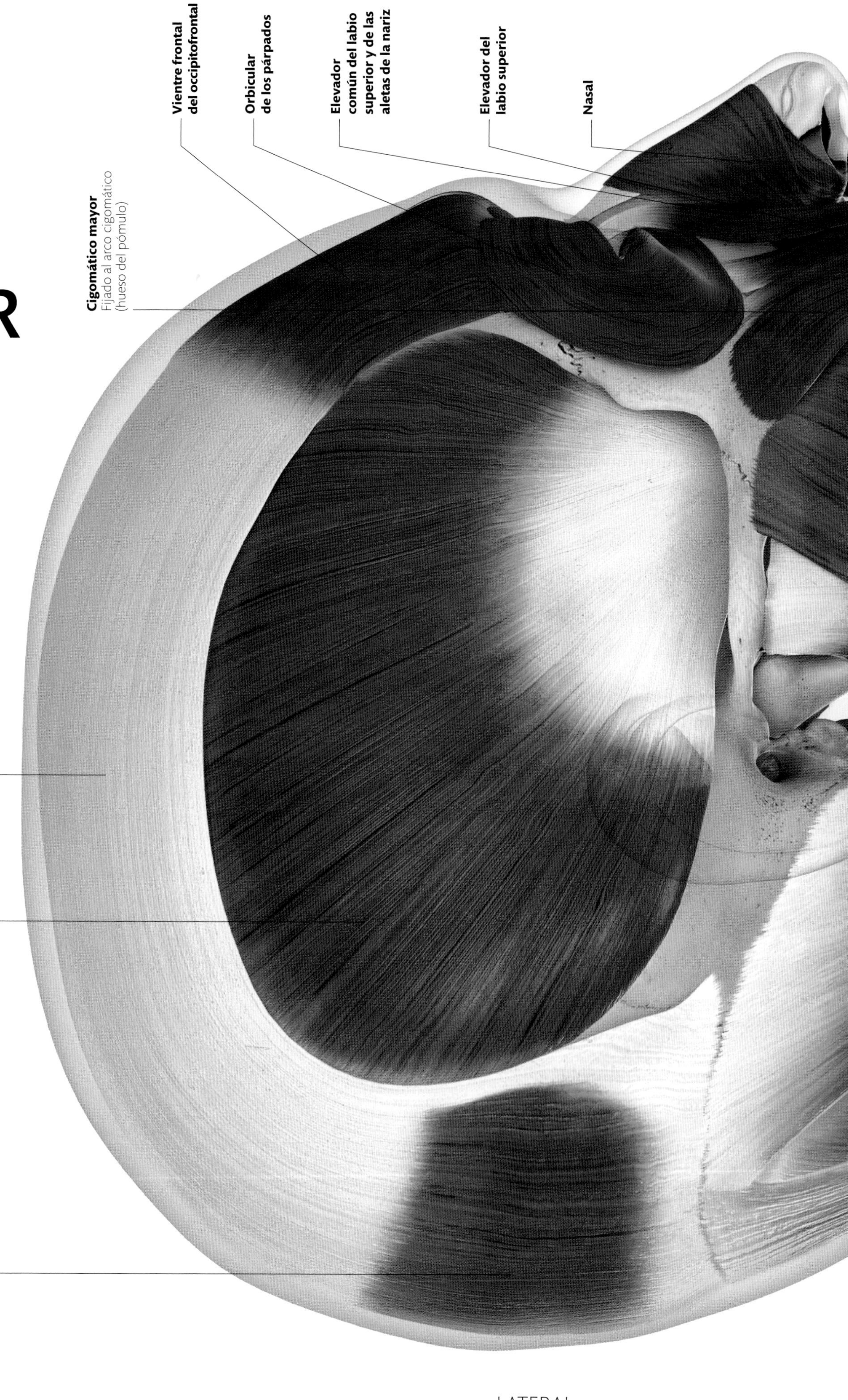
Vientre frontal del occipitofrontal
Orbicular de los párpados
Elevador común del labio superior y de las aletas de la nariz
Elevador del labio superior
Nasal
Cigomático mayor
Fijado al arco cigomático (hueso del pómulo)
Aponeurosis epicraneal
Temporal
Se extiende desde el hueso temporal, en el cráneo, a la apófisis coronoides mandíbular
Vientre occipital del occipitofrontal
LATERAL

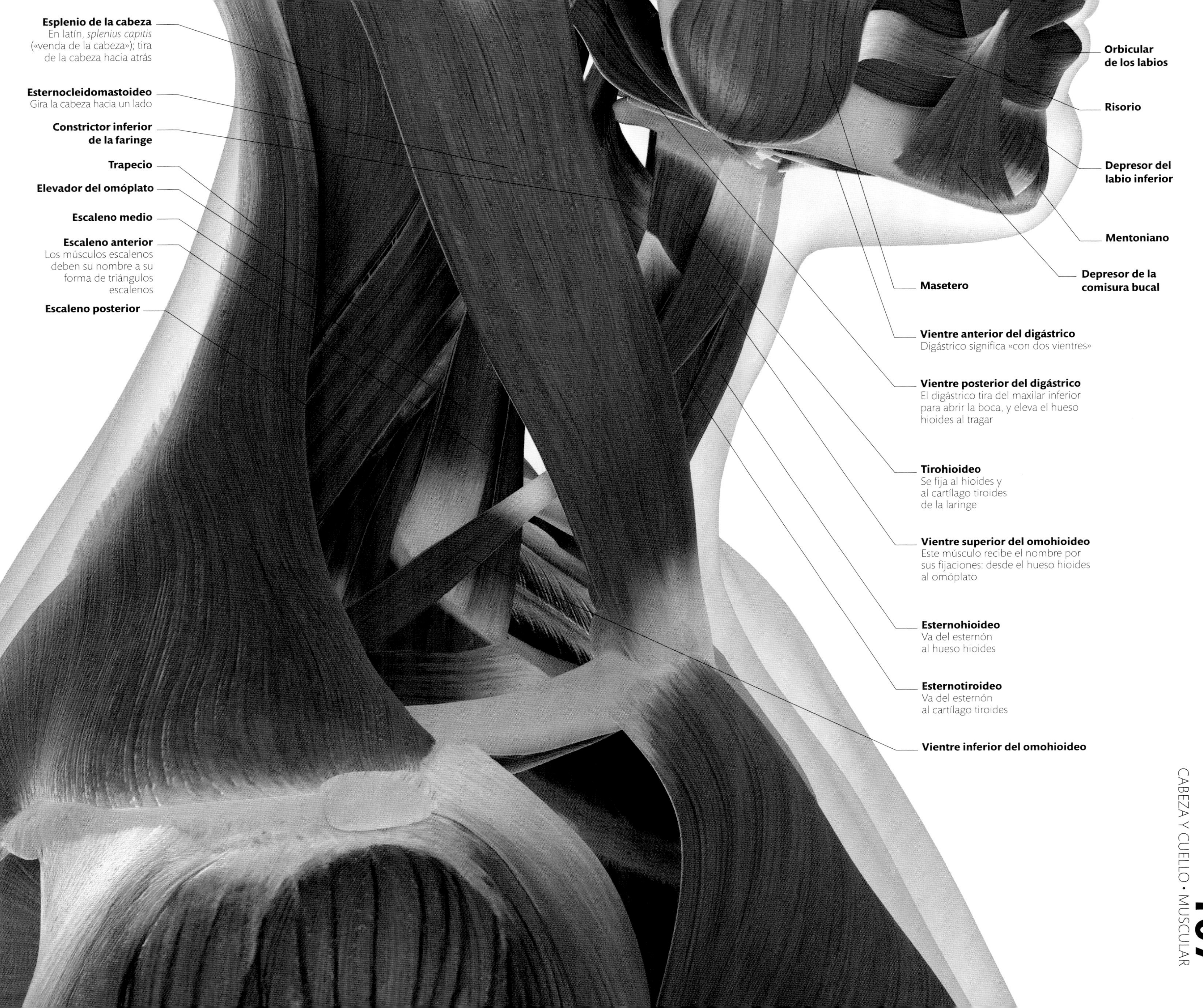
Esplenio de la cabeza
En latín, *splenius capitis* («venda de la cabeza»); tira de la cabeza hacia atrás
Esternocleidomastoideo
Gira la cabeza hacia un lado
Constrictor inferior de la faringe
Trapecio
Elevador del omóplato
Escaleno medio
Escaleno anterior
Los músculos escalenos deben su nombre a su forma de triángulos escalenos
Escaleno posterior
Orbicular de los labios
Risorio
Depresor del labio inferior
Mentoniano
Depresor de la comisura bucal
Masetero
Vientre anterior del digástrico
Digástrico significa «con dos vientres»
Vientre posterior del digástrico
El digástrico tira del maxilar inferior para abrir la boca, y eleva el hueso hioides al tragar
Tirohioideo
Se fija al hioides y al cartílago tiroides de la laringe
Vientre superior del omohioideo
Este músculo recibe el nombre por sus fijaciones: desde el hueso hioides al omóplato
Esternohioideo
Va del esternón al hueso hioides
Esternotiroideo
Va del esternón al cartílago tiroides
Vientre inferior del omohioideo

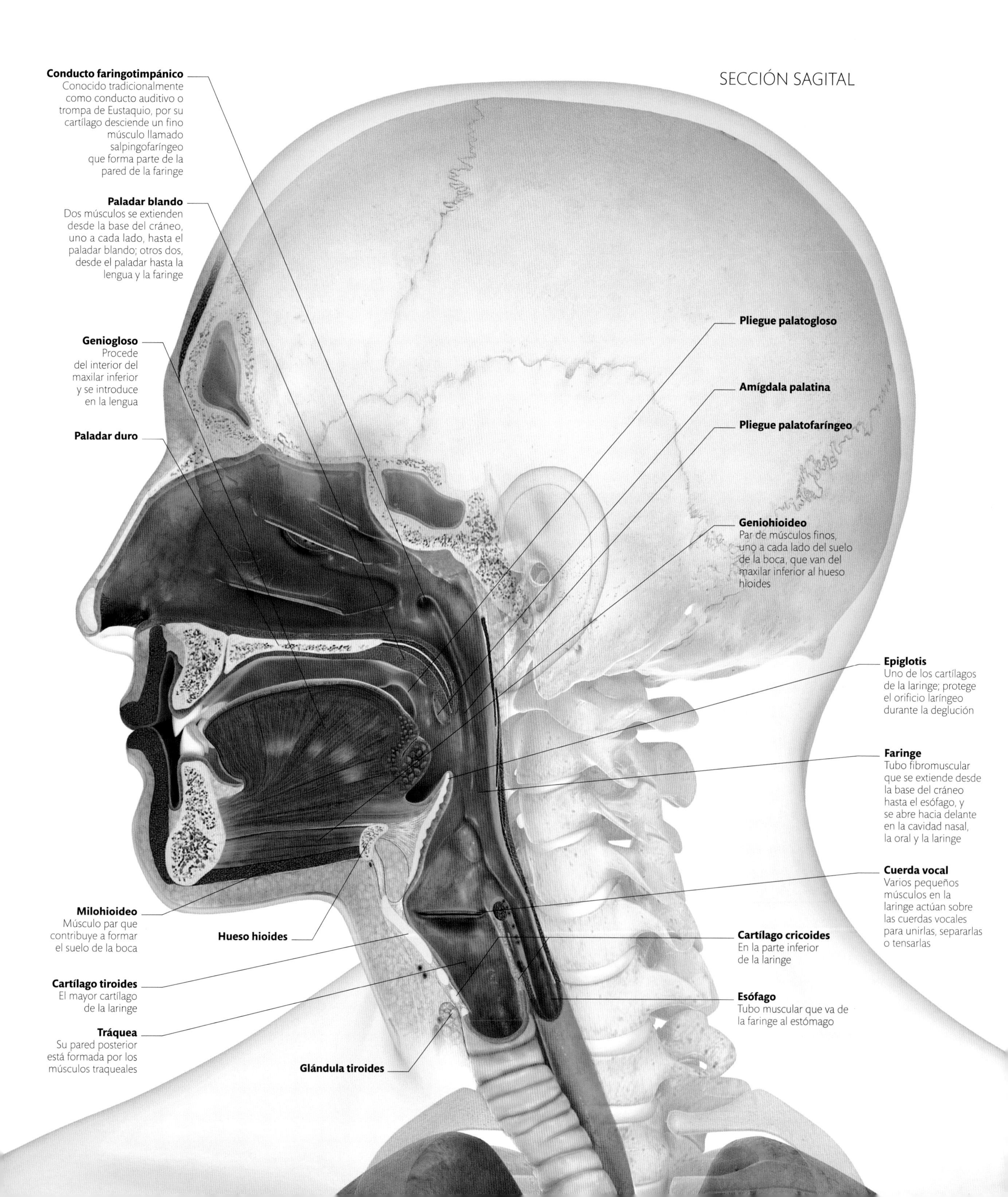
SECCIÓN SAGITAL
Conducto faringotimpánico
Conocido tradicionalmente como conducto auditivo o trompa de Eustaquio, por su cartílago desciende un fino músculo llamado salpingofaríngeo que forma parte de la pared de la faringe
Paladar blando
Dos músculos se extienden desde la base del cráneo, uno a cada lado, hasta el paladar blando; otros dos, desde el paladar hasta la lengua y la faringe
Geniogloso
Procede del interior del maxilar inferior y se introduce en la lengua
Paladar duro
Milohioideo
Músculo par que contribuye a formar el suelo de la boca
Hueso hioides
Cartílago tiroides
El mayor cartílago de la laringe
Tráquea
Su pared posterior está formada por los músculos traqueales
Glándula tiroides
Pliegue palatogloso
Amígdala palatina
Pliegue palatofaríngeo
Geniohioideo
Par de músculos finos, uno a cada lado del suelo de la boca, que van del maxilar inferior al hueso hioides
Epiglotis
Uno de los cartílagos de la laringe; protege el orificio laríngeo durante la deglución
Faringe
Tubo fibromuscular que se extiende desde la base del cráneo hasta el esófago, y se abre hacia delante en la cavidad nasal, la oral y la laringe
Cuerda vocal
Varios pequeños músculos en la laringe actúan sobre las cuerdas vocales para unirlas, separarlas o tensarlas
Cartílago cricoides
En la parte inferior de la laringe
Esófago
Tubo muscular que va de la faringe al estómago

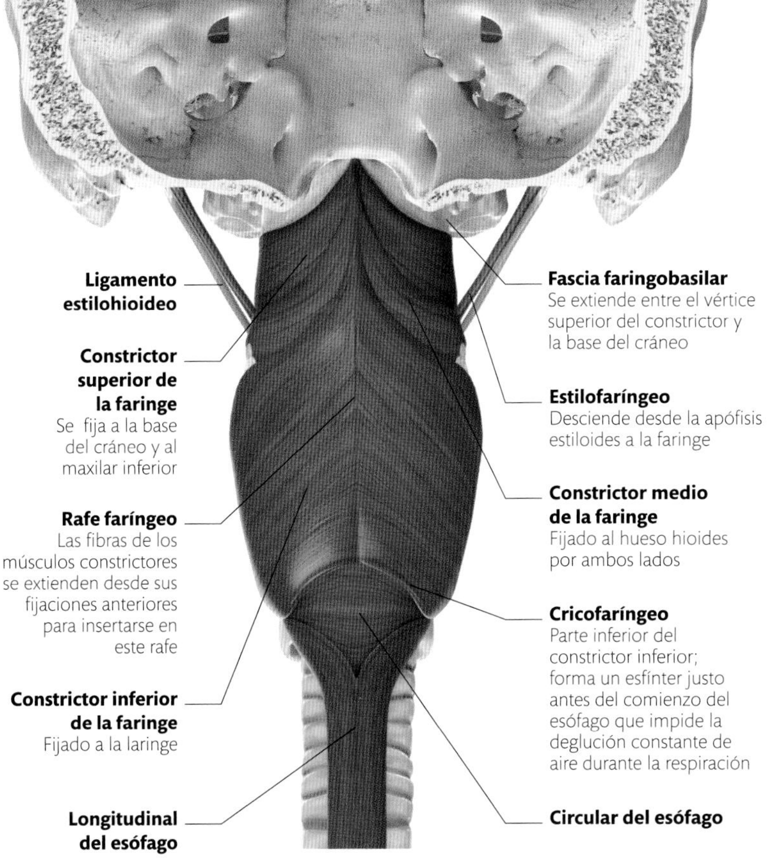
Ligamento estilohioideo
Constrictor superior de la faringe
Se fija a la base del cráneo y al maxilar inferior
Rafe faríngeo
Las fibras de los músculos constrictores se extienden desde sus fijaciones anteriores para insertarse en este rafe
Constrictor inferior de la faringe
Fijado a la laringe
Longitudinal del esófago
Fascia faringobasilar
Se extiende entre el vértice superior del constrictor y la base del cráneo
Estilofaríngeo
Desciende desde la apófisis estiloides a la faringe
Constrictor medio de la faringe
Fijado al hueso hioides por ambos lados
Cricofaríngeo
Parte inferior del constrictor inferior; forma un esfínter justo antes del comienzo del esófago que impide la deglución constante de aire durante la respiración
Circular del esófago

FARINGE POSTERIOR (DORSAL)

CABEZA Y CUELLO **MUSCULAR**

En la sección sagital de la cabeza (p. anterior) vemos el paladar blando, la lengua, la faringe y la laringe; todos ellos contienen músculos. El paladar blando comprende cinco pares que, en relajación, cuelgan al fondo de la boca; sin embargo, durante la deglución, se tensan y tiran hacia arriba para bloquear las vías respiratorias. La lengua es una gran masa muscular cubierta de mucosa: algunos de sus músculos la anclan al hueso hioides y al maxilar inferior, y la mueven; otros son completamente internos y hacen que cambie de forma. Los músculos faríngeos son importantes en la deglución, y los laríngeos controlan las cuerdas vocales. Los músculos que mueven el ojo pueden verse en la p. 122.

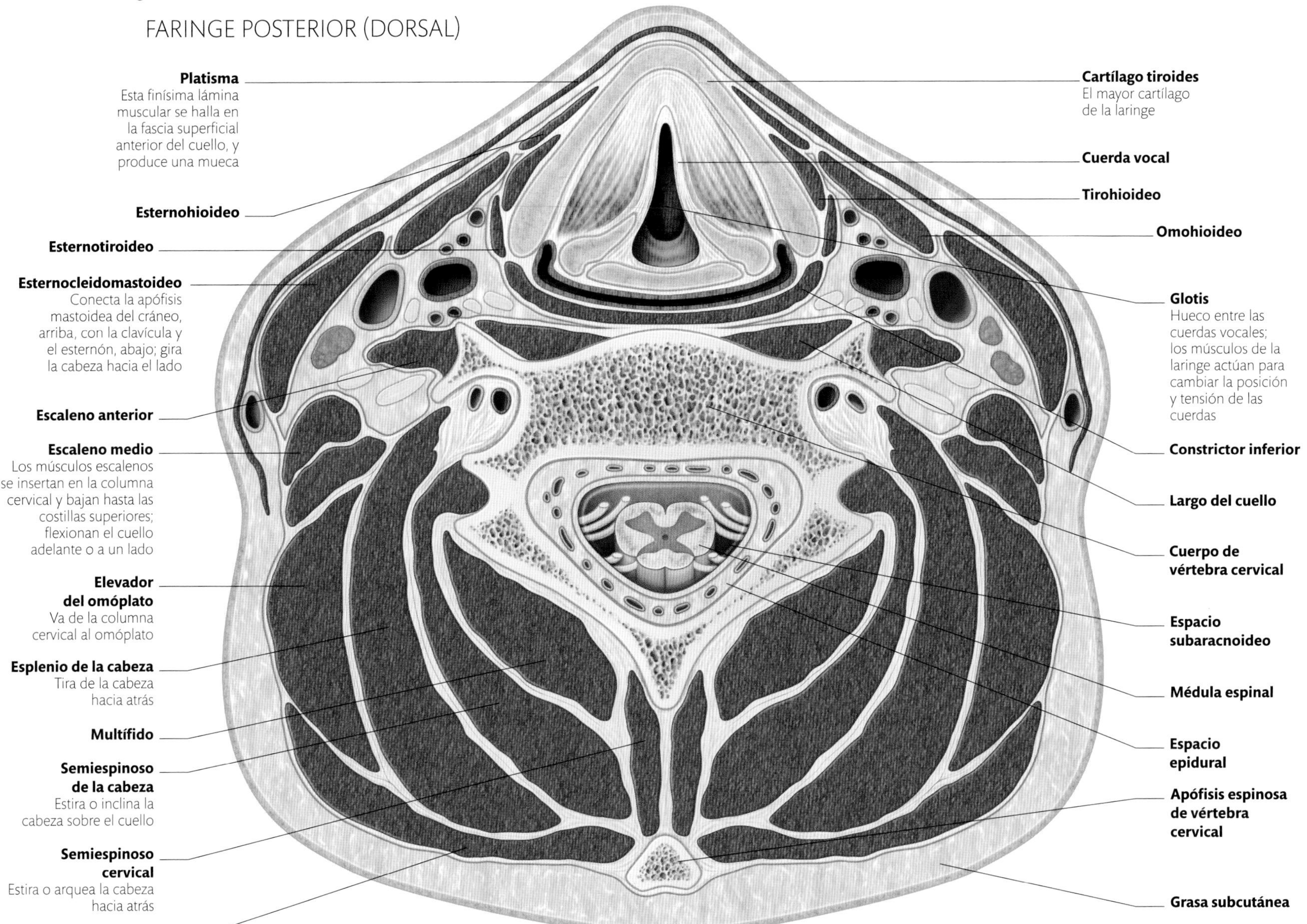
Platisma
Esta finísima lámina muscular se halla en la fascia superficial anterior del cuello, y produce una mueca
Esternohioideo
Esternotiroideo
Esternocleidomastoideo
Conecta la apófisis mastoidea del cráneo, arriba, con la clavícula y el esternón, abajo; gira la cabeza hacia el lado
Escaleno anterior
Escaleno medio
Los músculos escalenos se insertan en la columna cervical y bajan hasta las costillas superiores; flexionan el cuello adelante o a un lado
Elevador del omóplato
Va de la columna cervical al omóplato
Esplenio de la cabeza
Tira de la cabeza hacia atrás
Multífido
Semiespinoso de la cabeza
Estira o inclina la cabeza sobre el cuello
Semiespinoso cervical
Estira o arquea la cabeza hacia atrás
Trapecio
Cartílago tiroides
El mayor cartílago de la laringe
Cuerda vocal
Tirohioideo
Omohioideo
Glotis
Hueco entre las cuerdas vocales; los músculos de la laringe actúan para cambiar la posición y tensión de las cuerdas
Constrictor inferior
Largo del cuello
Cuerpo de vértebra cervical
Espacio subaracnoideo
Médula espinal
Espacio epidural
Apófisis espinosa de vértebra cervical
Grasa subcutánea

SECCIÓN TRANSVERSAL DEL CUELLO A LA ALTURA DE C5 CON LAS CUERDAS VOCALES

CABEZA Y CUELLO
NERVIOSO

Comparados con otros animales, los humanos tenemos un encéfalo grande en relación con el tamaño corporal. El encéfalo humano ha ido creciendo en el curso de la evolución, hasta el punto de que sus lóbulos frontales se hallan sobre las órbitas oculares. Si pensamos en cualquier otro mamífero, como un perro o un gato, advertiremos enseguida la extraña forma de la cabeza humana; y su rareza se debe, en gran parte, al enorme tamaño del encéfalo. En una vista lateral, son visibles los lóbulos que conforman cada hemisferio cerebral: frontal, parietal, temporal y occipital (distinguidos por colores abajo). Plegado bajo ambos hemisferios, en la parte posterior, está el cerebelo (en latín, «cerebro pequeño»). El tronco encefálico desciende, a través del foramen magnum, hacia la médula espinal.

Circunvolución frontal media
El término circunvolución designa cualquiera de los repliegues de la corteza (córtex) cerebral

Circunvolución frontal superior

Circunvolución frontal inferior
Incluye el área de Broca, porción de la corteza cerebral implicada en la generación del habla

Bulbo olfatorio

Nervio óptico
Porta fibras nerviosas desde la retina al quiasma óptico

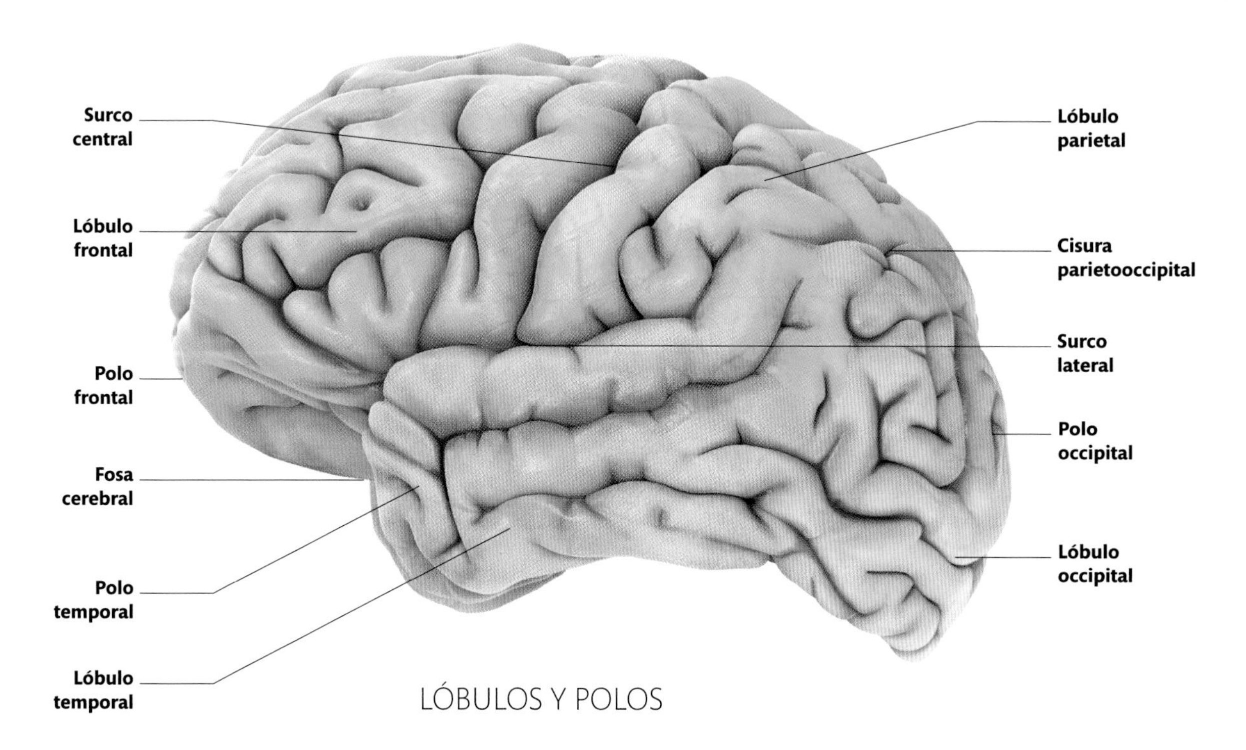
Surco central
Lóbulo frontal
Polo frontal
Fosa cerebral
Polo temporal
Lóbulo temporal
Lóbulo parietal
Cisura parietooccipital
Surco lateral
Polo occipital
Lóbulo occipital

LÓBULOS Y POLOS

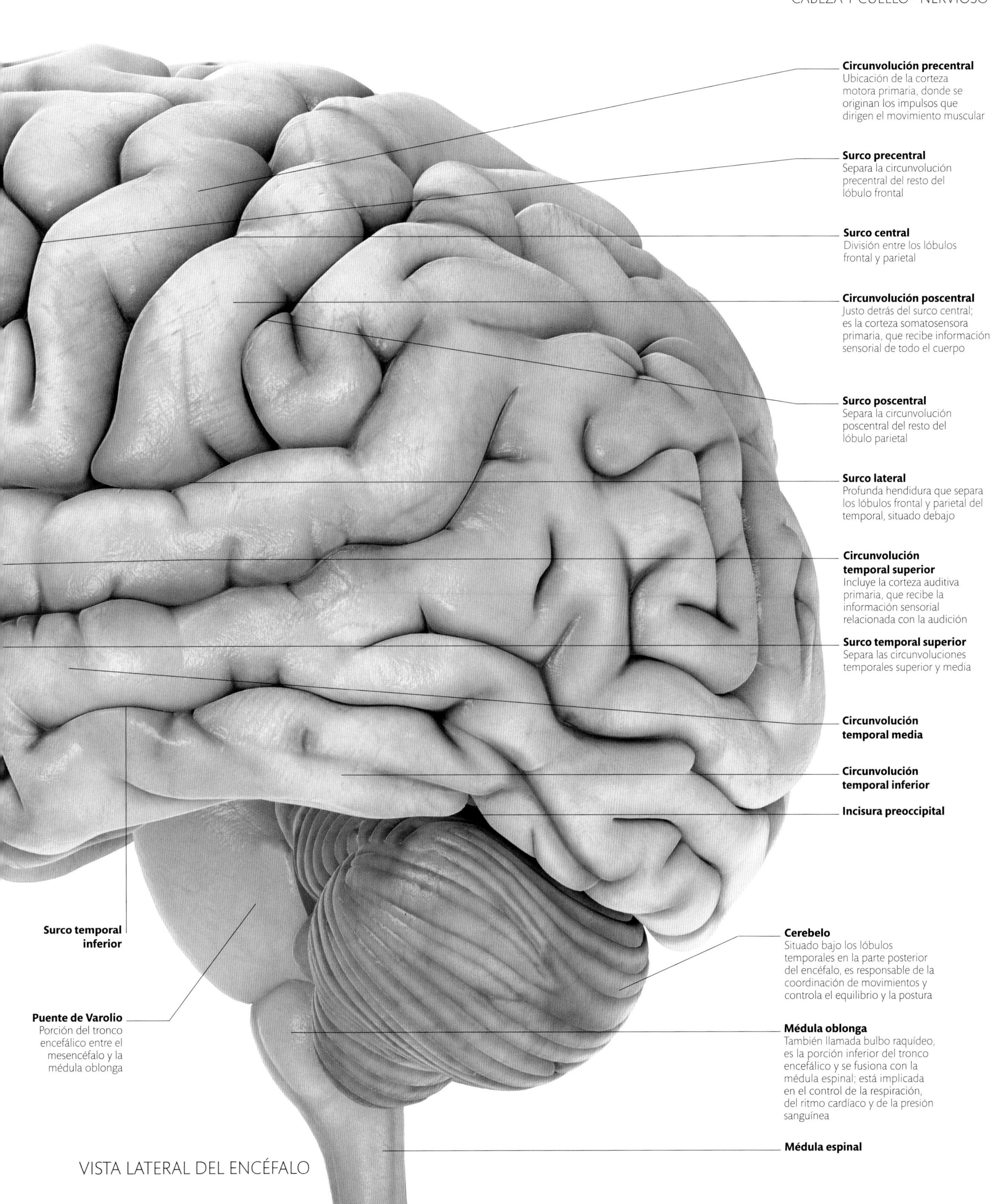
Circunvolución precentral
Ubicación de la corteza motora primaria, donde se originan los impulsos que dirigen el movimiento muscular
Surco precentral
Separa la circunvolución precentral del resto del lóbulo frontal
Surco central
División entre los lóbulos frontal y parietal
Circunvolución poscentral
Justo detrás del surco central; es la corteza somatosensora primaria, que recibe información sensorial de todo el cuerpo
Surco poscentral
Separa la circunvolución poscentral del resto del lóbulo parietal
Surco lateral
Profunda hendidura que separa los lóbulos frontal y parietal del temporal, situado debajo
Circunvolución temporal superior
Incluye la corteza auditiva primaria, que recibe la información sensorial relacionada con la audición
Surco temporal superior
Separa las circunvoluciones temporales superior y media
Circunvolución temporal media
Circunvolución temporal inferior
Incisura preoccipital
Surco temporal inferior
Cerebelo
Situado bajo los lóbulos temporales en la parte posterior del encéfalo, es responsable de la coordinación de movimientos y controla el equilibrio y la postura
Puente de Varolio
Porción del tronco encefálico entre el mesencéfalo y la médula oblonga
Médula oblonga
También llamada bulbo raquídeo, es la porción inferior del tronco encefálico y se fusiona con la médula espinal; está implicada en el control de la respiración, del ritmo cardíaco y de la presión sanguínea
Médula espinal

VISTA LATERAL DEL ENCÉFALO

CABEZA Y CUELLO
NERVIOSO

Desde el punto de vista de un anatomista, el encéfalo es un órgano bastante poco atractivo; es parecido a una gran nuez de un color gris rosáceo. La capa exterior de materia gris, llamada corteza o córtex, está sumamente plegada. Por debajo pueden verse otros detalles más, como algunos nervios craneales que surgen del mismo encéfalo. A simple vista no hay mucho que sugiera que se trata del órgano más complejo del cuerpo humano. Su auténtica complejidad solo es visible al microscopio, que revela miles de millones de neuronas conectadas entre sí para formar las vías que procesan nuestras sensaciones y pensamientos, y que gobiernan la actividad de nuestro cuerpo.

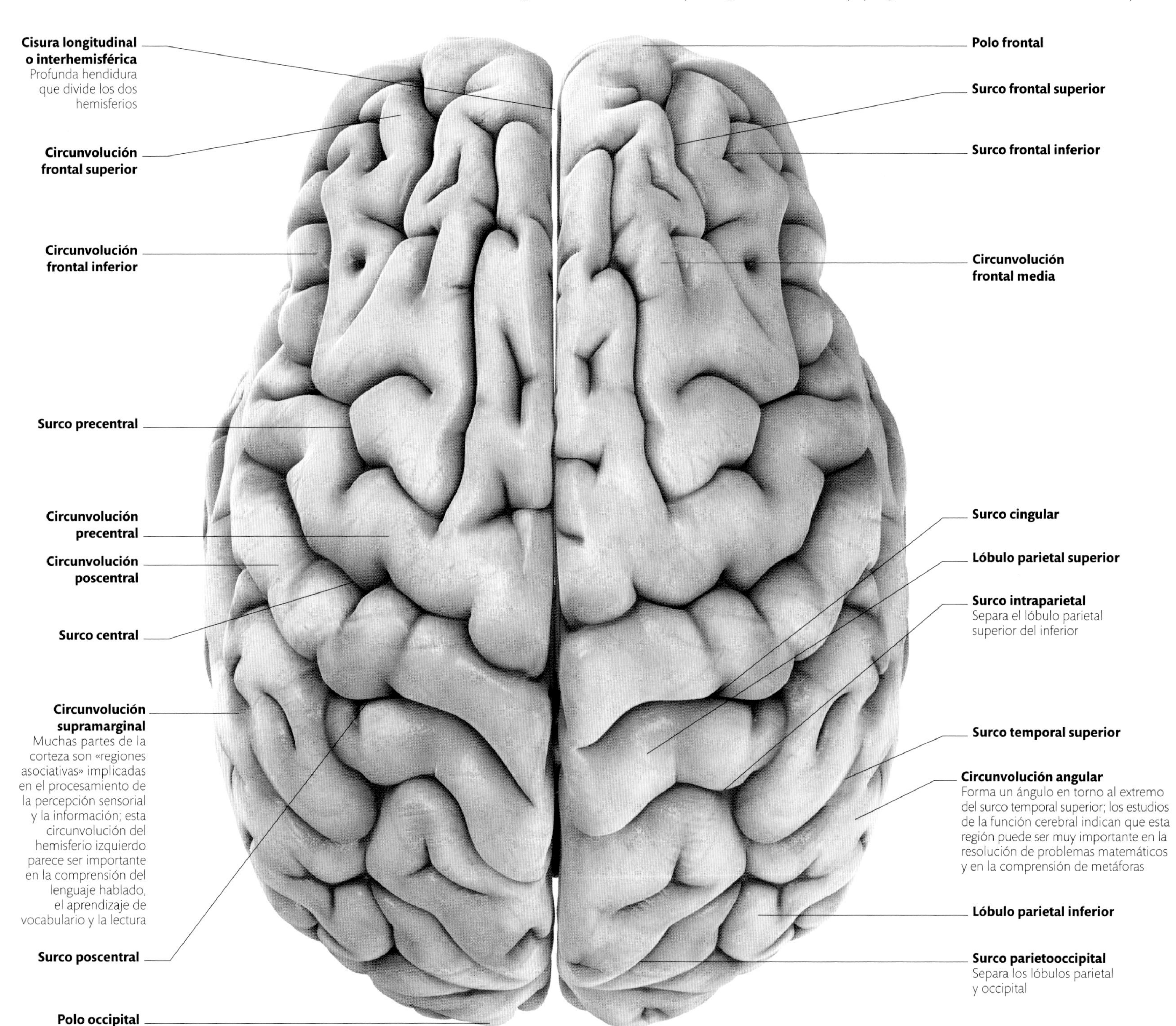
Cisura longitudinal o interhemisférica
Profunda hendidura que divide los dos hemisferios
Circunvolución frontal superior
Circunvolución frontal inferior
Surco precentral
Circunvolución precentral
Circunvolución poscentral
Surco central
Circunvolución supramarginal
Muchas partes de la corteza son «regiones asociativas» implicadas en el procesamiento de la percepción sensorial y la información; esta circunvolución del hemisferio izquierdo parece ser importante en la comprensión del lenguaje hablado, el aprendizaje de vocabulario y la lectura
Surco poscentral
Polo occipital
Polo frontal
Surco frontal superior
Surco frontal inferior
Circunvolución frontal media
Surco cingular
Lóbulo parietal superior
Surco intraparietal
Separa el lóbulo parietal superior del inferior
Surco temporal superior
Circunvolución angular
Forma un ángulo en torno al extremo del surco temporal superior; los estudios de la función cerebral indican que esta región puede ser muy importante en la resolución de problemas matemáticos y en la comprensión de metáforas
Lóbulo parietal inferior
Surco parietooccipital
Separa los lóbulos parietal y occipital

VISTA SUPERIOR DEL ENCÉFALO

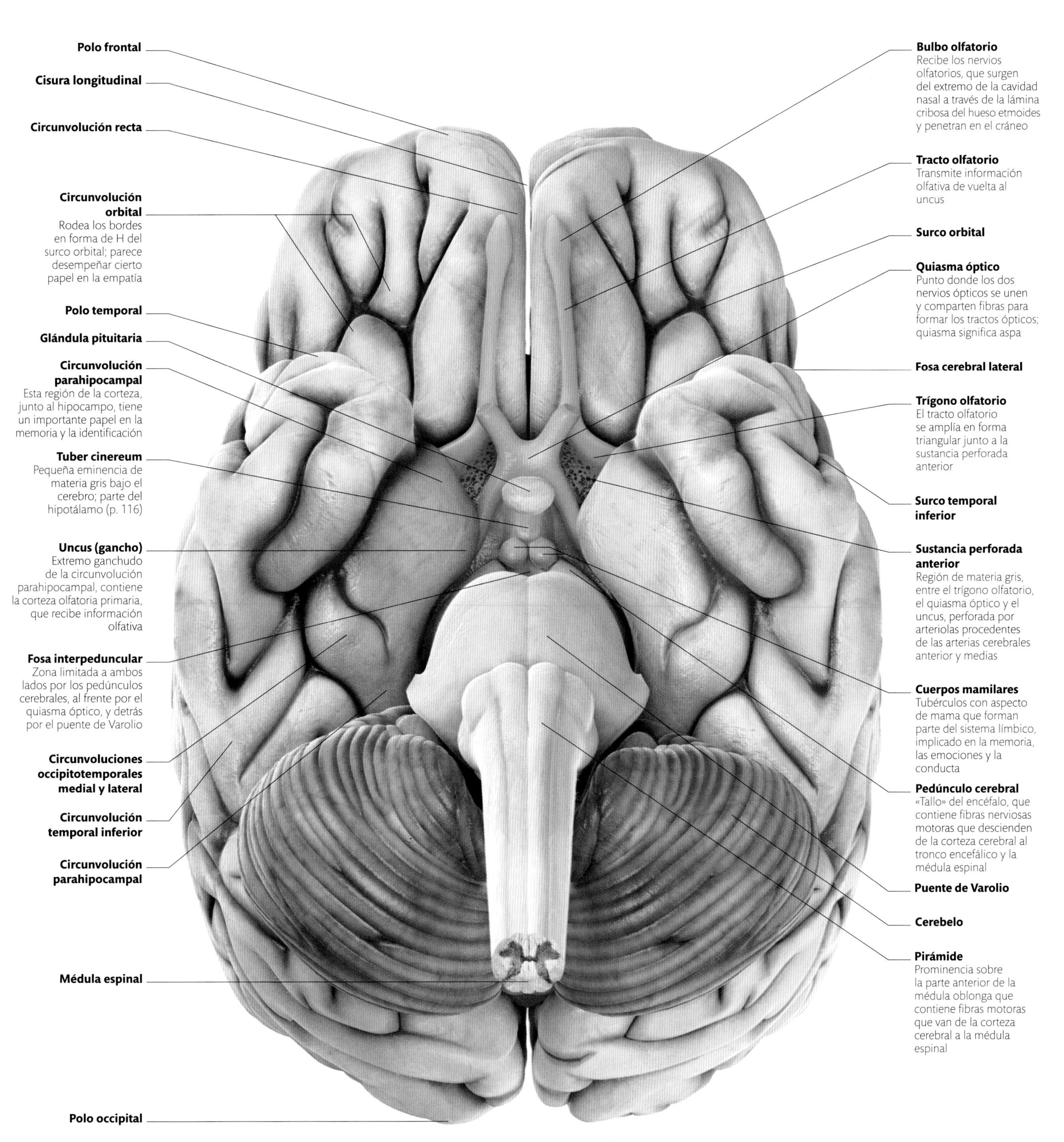
Polo frontal
Cisura longitudinal
Circunvolución recta
Circunvolución orbital
Rodea los bordes en forma de H del surco orbital; parece desempeñar cierto papel en la empatía
Polo temporal
Glándula pituitaria
Circunvolución parahipocampal
Esta región de la corteza, junto al hipocampo, tiene un importante papel en la memoria y la identificación
Tuber cinereum
Pequeña eminencia de materia gris bajo el cerebro; parte del hipotálamo (p. 116)
Uncus (gancho)
Extremo ganchudo de la circunvolución parahipocampal, contiene la corteza olfatoria primaria, que recibe información olfativa
Fosa interpeduncular
Zona limitada a ambos lados por los pedúnculos cerebrales, al frente por el quiasma óptico, y detrás por el puente de Varolio
Circunvoluciones occipitotemporales medial y lateral
Circunvolución temporal inferior
Circunvolución parahipocampal
Médula espinal
Polo occipital
Bulbo olfatorio
Recibe los nervios olfatorios, que surgen del extremo de la cavidad nasal a través de la lámina cribosa del hueso etmoides y penetran en el cráneo
Tracto olfatorio
Transmite información olfativa de vuelta al uncus
Surco orbital
Quiasma óptico
Punto donde los dos nervios ópticos se unen y comparten fibras para formar los tractos ópticos; quiasma significa aspa
Fosa cerebral lateral
Trígono olfatorio
El tracto olfatorio se amplía en forma triangular junto a la sustancia perforada anterior
Surco temporal inferior
Sustancia perforada anterior
Región de materia gris, entre el trígono olfatorio, el quiasma óptico y el uncus, perforada por arteriolas procedentes de las arterias cerebrales anterior y medias
Cuerpos mamilares
Tubérculos con aspecto de mama que forman parte del sistema límbico, implicado en la memoria, las emociones y la conducta
Pedúnculo cerebral
«Tallo» del encéfalo, que contiene fibras nerviosas motoras que descienden de la corteza cerebral al tronco encefálico y la médula espinal
Puente de Varolio
Cerebelo
Pirámide
Prominencia sobre la parte anterior de la médula oblonga que contiene fibras motoras que van de la corteza cerebral a la médula espinal

VISTA INFERIOR DEL ENCÉFALO

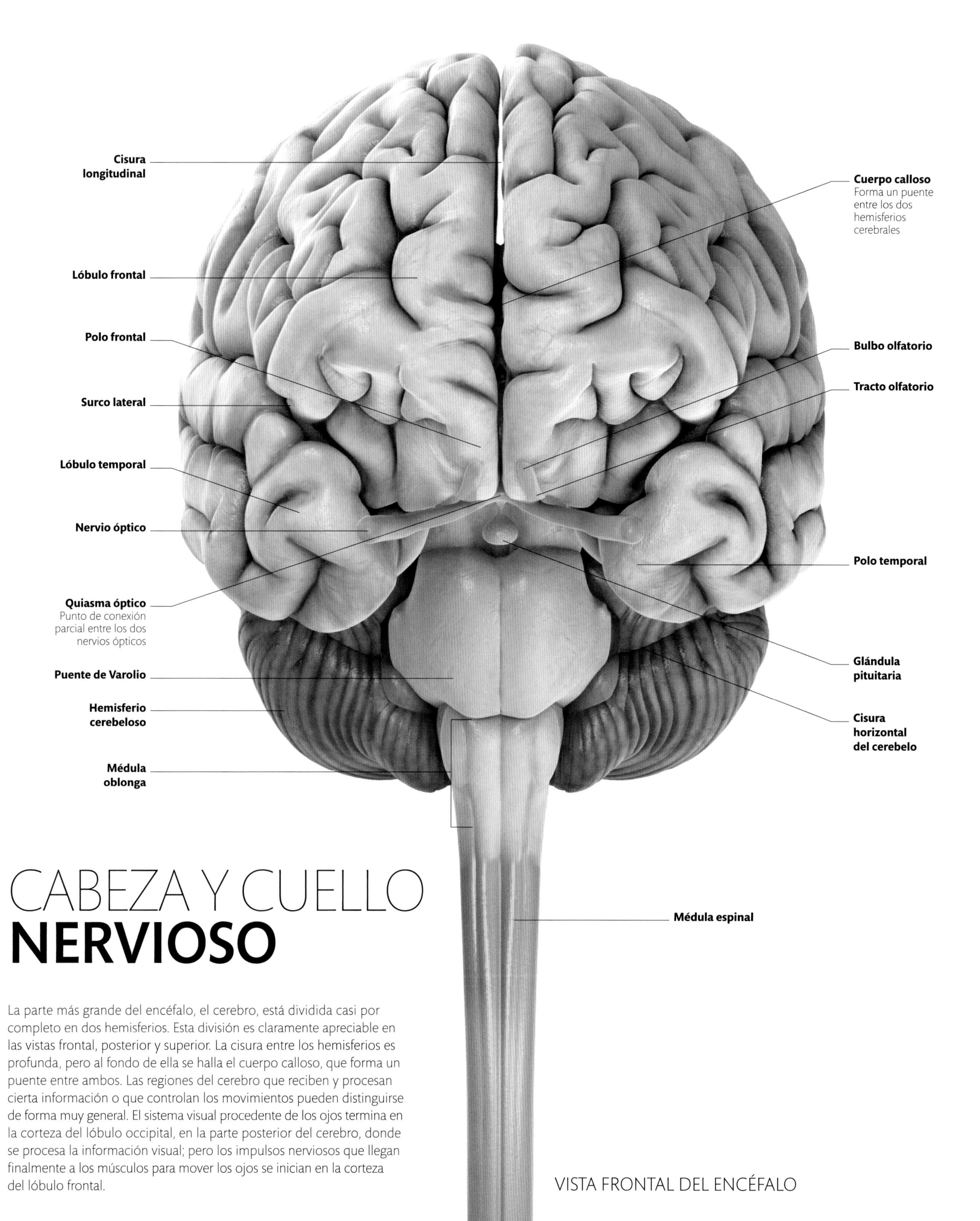
Cisura longitudinal
Lóbulo frontal
Polo frontal
Surco lateral
Lóbulo temporal
Nervio óptico
Quiasma óptico
Punto de conexión parcial entre los dos nervios ópticos
Puente de Varolio
Hemisferio cerebeloso
Médula oblonga
Cuerpo calloso
Forma un puente entre los dos hemisferios cerebrales
Bulbo olfatorio
Tracto olfatorio
Polo temporal
Glándula pituitaria
Cisura horizontal del cerebelo
Médula espinal

CABEZA Y CUELLO
NERVIOSO

La parte más grande del encéfalo, el cerebro, está dividida casi por completo en dos hemisferios. Esta división es claramente apreciable en las vistas frontal, posterior y superior. La cisura entre los hemisferios es profunda, pero al fondo de ella se halla el cuerpo calloso, que forma un puente entre ambos. Las regiones del cerebro que reciben y procesan cierta información o que controlan los movimientos pueden distinguirse de forma muy general. El sistema visual procedente de los ojos termina en la corteza del lóbulo occipital, en la parte posterior del cerebro, donde se procesa la información visual; pero los impulsos nerviosos que llegan finalmente a los músculos para mover los ojos se inician en la corteza del lóbulo frontal.

VISTA FRONTAL DEL ENCÉFALO

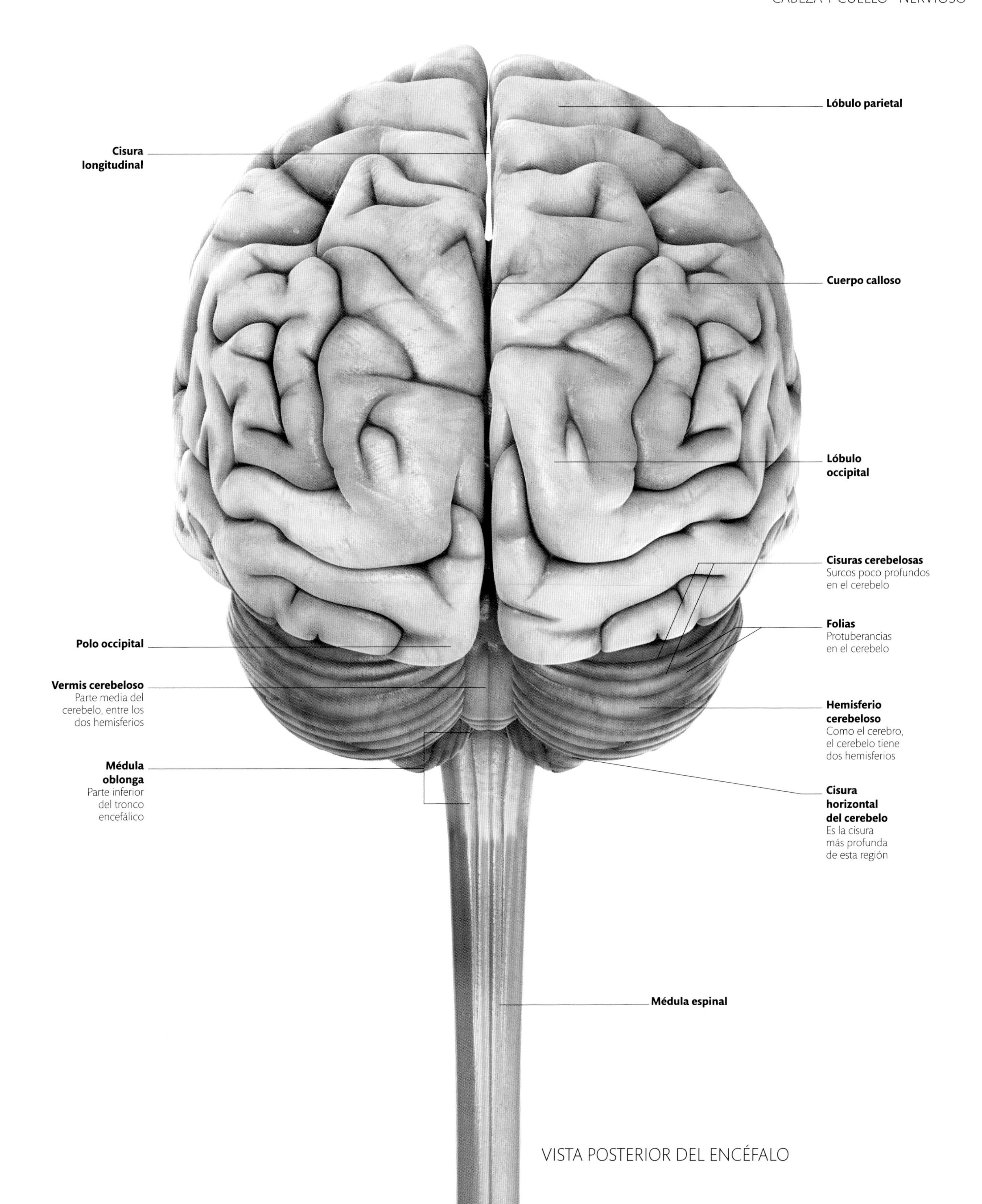
Lóbulo parietal
Cisura longitudinal
Cuerpo calloso
Lóbulo occipital
Cisuras cerebelosas
Surcos poco profundos en el cerebelo
Folias
Protuberancias en el cerebelo
Polo occipital
Vermis cerebeloso
Parte media del cerebelo, entre los dos hemisferios
Hemisferio cerebeloso
Como el cerebro, el cerebelo tiene dos hemisferios
Médula oblonga
Parte inferior del tronco encefálico
Cisura horizontal del cerebelo
Es la cisura más profunda de esta región
Médula espinal

VISTA POSTERIOR DEL ENCÉFALO

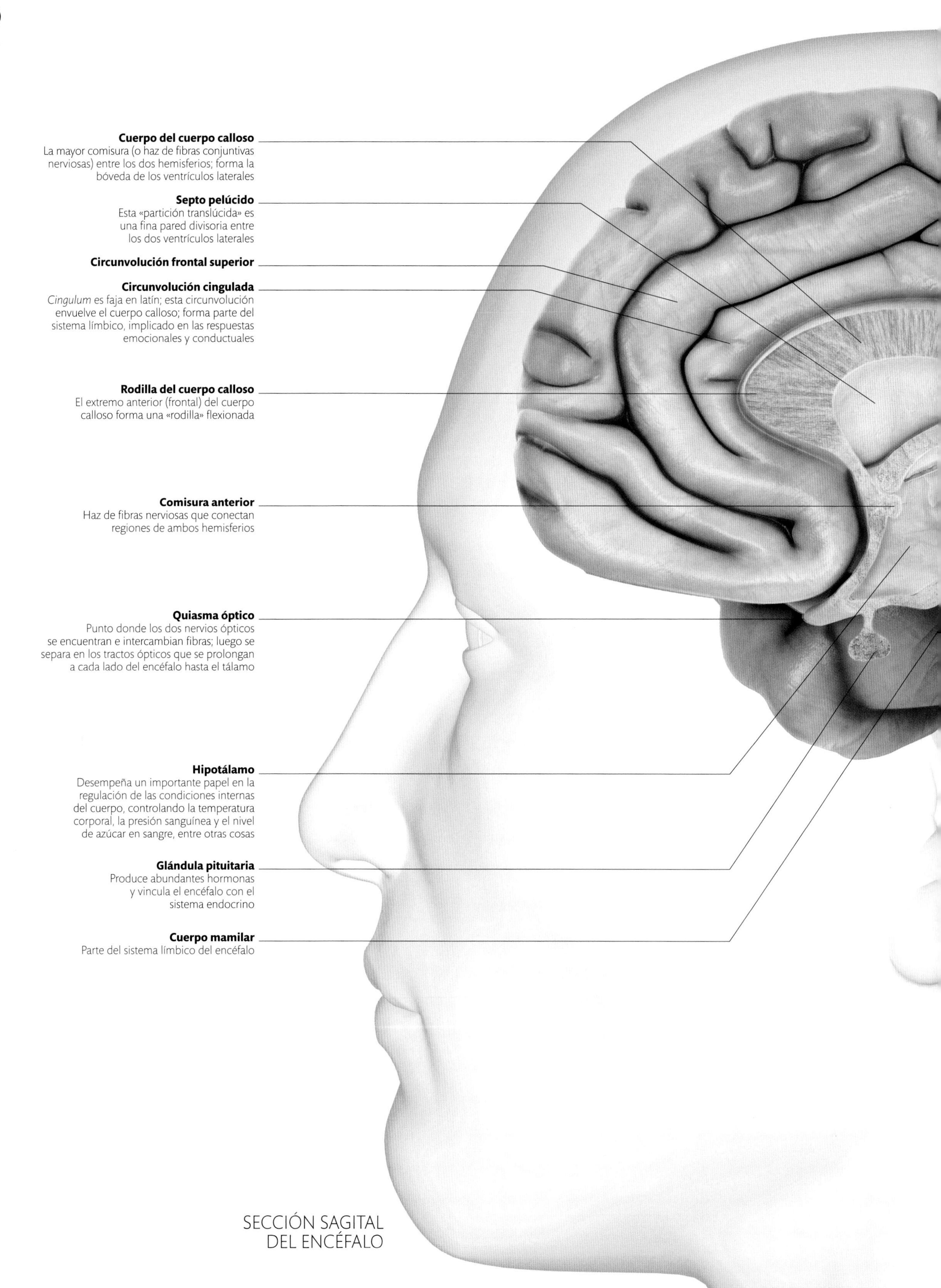
Cuerpo del cuerpo calloso
La mayor comisura (o haz de fibras conjuntivas nerviosas) entre los dos hemisferios; forma la bóveda de los ventrículos laterales
Septo pelúcido
Esta «partición translúcida» es una fina pared divisoria entre los dos ventrículos laterales
Circunvolución frontal superior
Circunvolución cingulada
Cingulum es faja en latín; esta circunvolución envuelve el cuerpo calloso; forma parte del sistema límbico, implicado en las respuestas emocionales y conductuales
Rodilla del cuerpo calloso
El extremo anterior (frontal) del cuerpo calloso forma una «rodilla» flexionada
Comisura anterior
Haz de fibras nerviosas que conectan regiones de ambos hemisferios
Quiasma óptico
Punto donde los dos nervios ópticos se encuentran e intercambian fibras; luego se separa en los tractos ópticos que se prolongan a cada lado del encéfalo hasta el tálamo
Hipotálamo
Desempeña un importante papel en la regulación de las condiciones internas del cuerpo, controlando la temperatura corporal, la presión sanguínea y el nivel de azúcar en sangre, entre otras cosas
Glándula pituitaria
Produce abundantes hormonas y vincula el encéfalo con el sistema endocrino
Cuerpo mamilar
Parte del sistema límbico del encéfalo
SECCIÓN SAGITAL
DEL ENCÉFALO

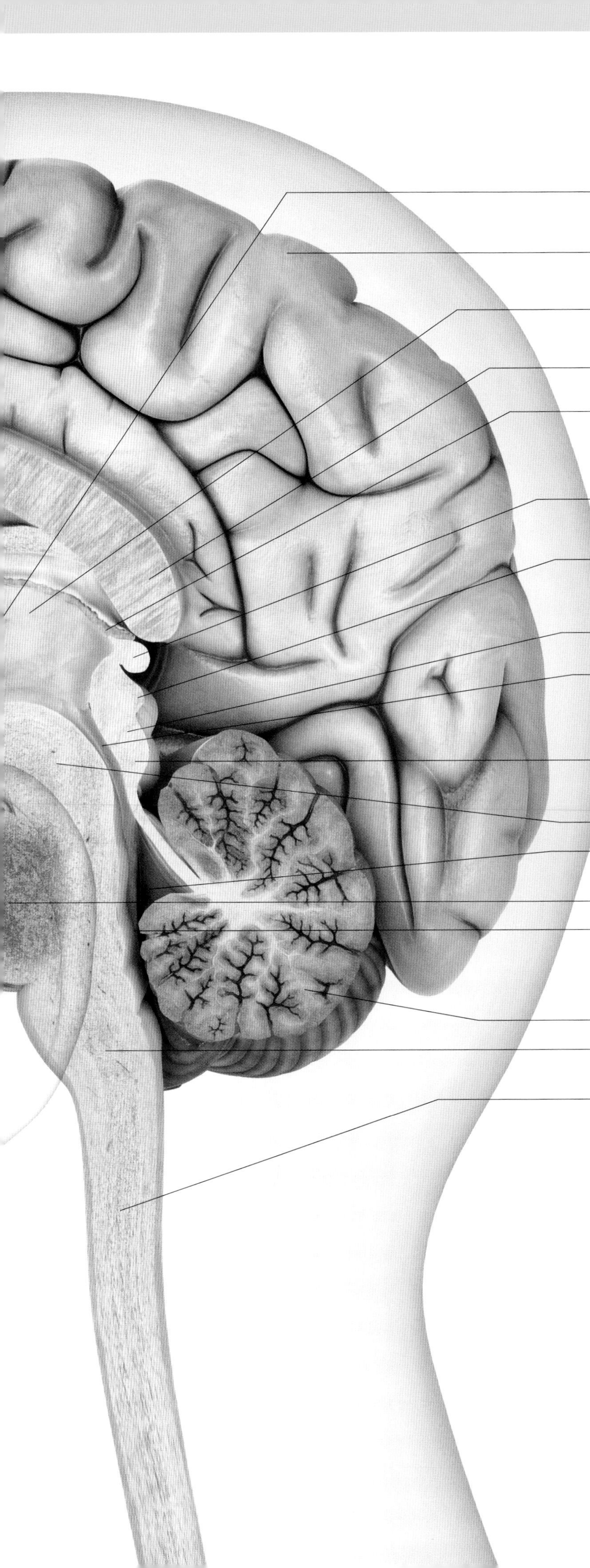

Adherencia intertalámica
También llamada comisura gris, es la conexión entre los tálamos de ambos lados del encéfalo

Cerebro
La parte más grande del encéfalo, formada por dos hemisferios

Tálamo
Procesa y transmite información sensorial y motora a los centros encefálicos superiores

Esplenio del cuerpo calloso
Extremo posterior del cuerpo calloso

Plexo coroideo del III ventrículo
Un plexo coroideo se forma allí donde se unen las membranas interior y exterior del encéfalo; está lleno de capilares y produce líquido cefalorraquídeo, que fluye al ventrículo

Glándula pineal
Produce la hormona melatonina, e interviene en la regulación de los ciclos de vigilia y sueño

Colículo superior
Interviene en el sistema visual reflejo, como el reflejo pupilar a la luz, que contrae la pupila cuando la luz incide en la retina

Tectum del mesencéfalo
El techo del cerebro medio

Acueducto de Silvio
Estrecho canal que conecta los ventrículos III y IV

Colículo inferior
Interviene en el sistema auditivo, por ejemplo, en la respuesta refleja a ruidos fuertes

Tegmento del mesencéfalo

IV ventrículo

Puente de Varolio

Abertura media del IV ventrículo
El líquido cefalorraquídeo fluye desde el IV ventrículo al espacio subaracnoideo que rodea el encéfalo y la médula espinal a través de este orificio, en la línea media, y de otras dos aberturas situadas una a cada lado

Cerebelo

Médula oblonga

Médula espinal

CABEZA Y CUELLO
NERVIOSO

Esta sección sagital media del encéfalo muestra claramente el cuerpo calloso, que vincula los dos hemisferios. También revela que el encéfalo no es macizo, sino que tiene cavidades en su interior: un ventrículo en cada hemisferio cerebral y otros dos en el mesencéfalo. Estos espacios están llenos de líquido cefalorraquídeo. En la parte posterior, debajo del cerebro, se halla el cerebelo. Los pliegues de su corteza gris son más delicados que los del cerebro, y unas cisuras separan sus hojas (o folia); el interior del cerebelo revela un hermoso diseño arbóreo. Esta sección también muestra claramente todas las partes del tronco encefálico: mesencéfalo, puente de Varolio y médula oblonga.

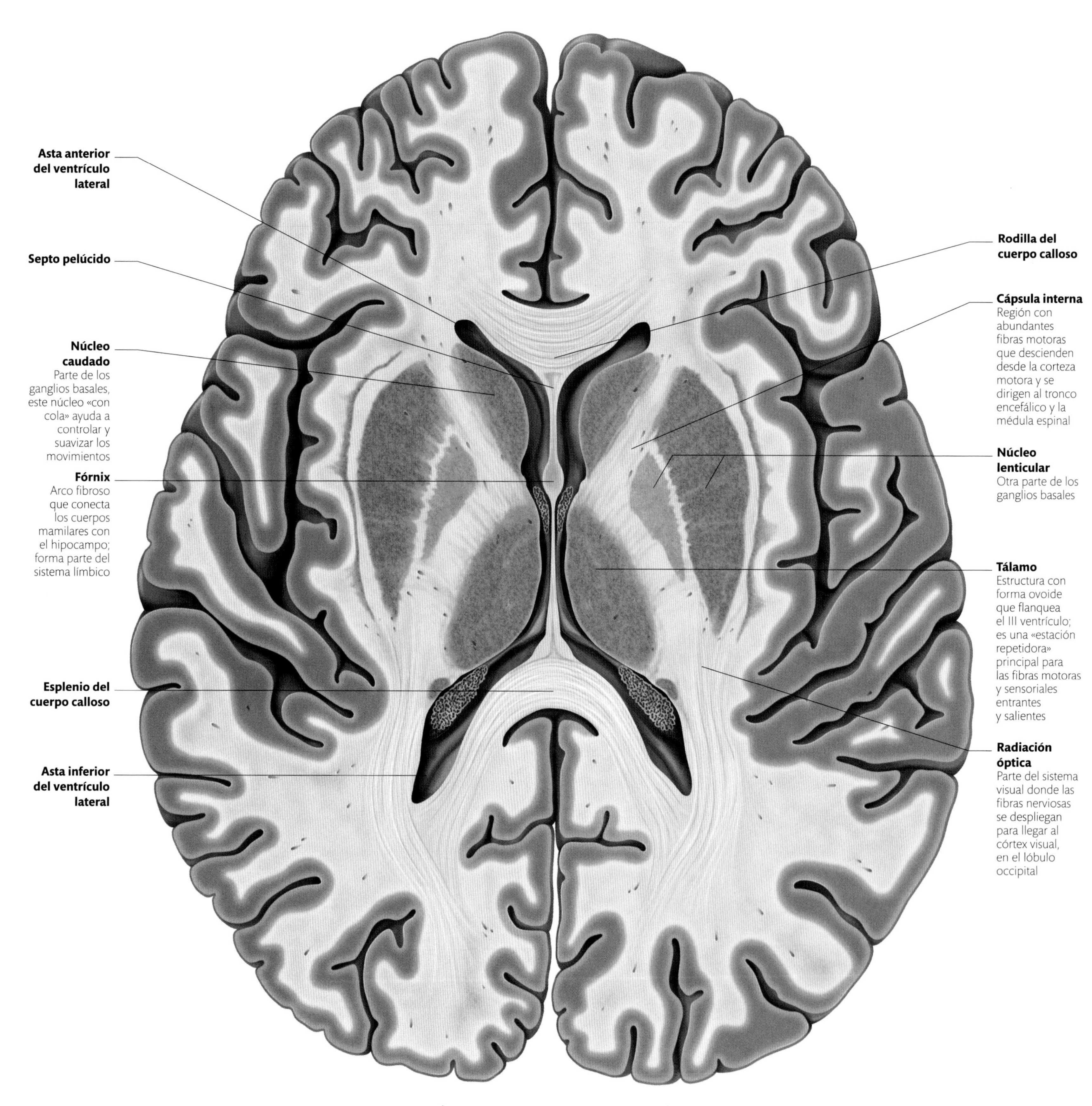
Asta anterior del ventrículo lateral
Septo pelúcido
Núcleo caudado
Parte de los ganglios basales, este núcleo «con cola» ayuda a controlar y suavizar los movimientos
Fórnix
Arco fibroso que conecta los cuerpos mamilares con el hipocampo; forma parte del sistema límbico
Esplenio del cuerpo calloso
Asta inferior del ventrículo lateral
Rodilla del cuerpo calloso
Cápsula interna
Región con abundantes fibras motoras que descienden desde la corteza motora y se dirigen al tronco encefálico y la médula espinal
Núcleo lenticular
Otra parte de los ganglios basales
Tálamo
Estructura con forma ovoide que flanquea el III ventrículo; es una «estación repetidora» principal para las fibras motoras y sensoriales entrantes y salientes
Radiación óptica
Parte del sistema visual donde las fibras nerviosas se despliegan para llegar al córtex visual, en el lóbulo occipital

SECCIÓN TRANSVERSAL DEL ENCÉFALO

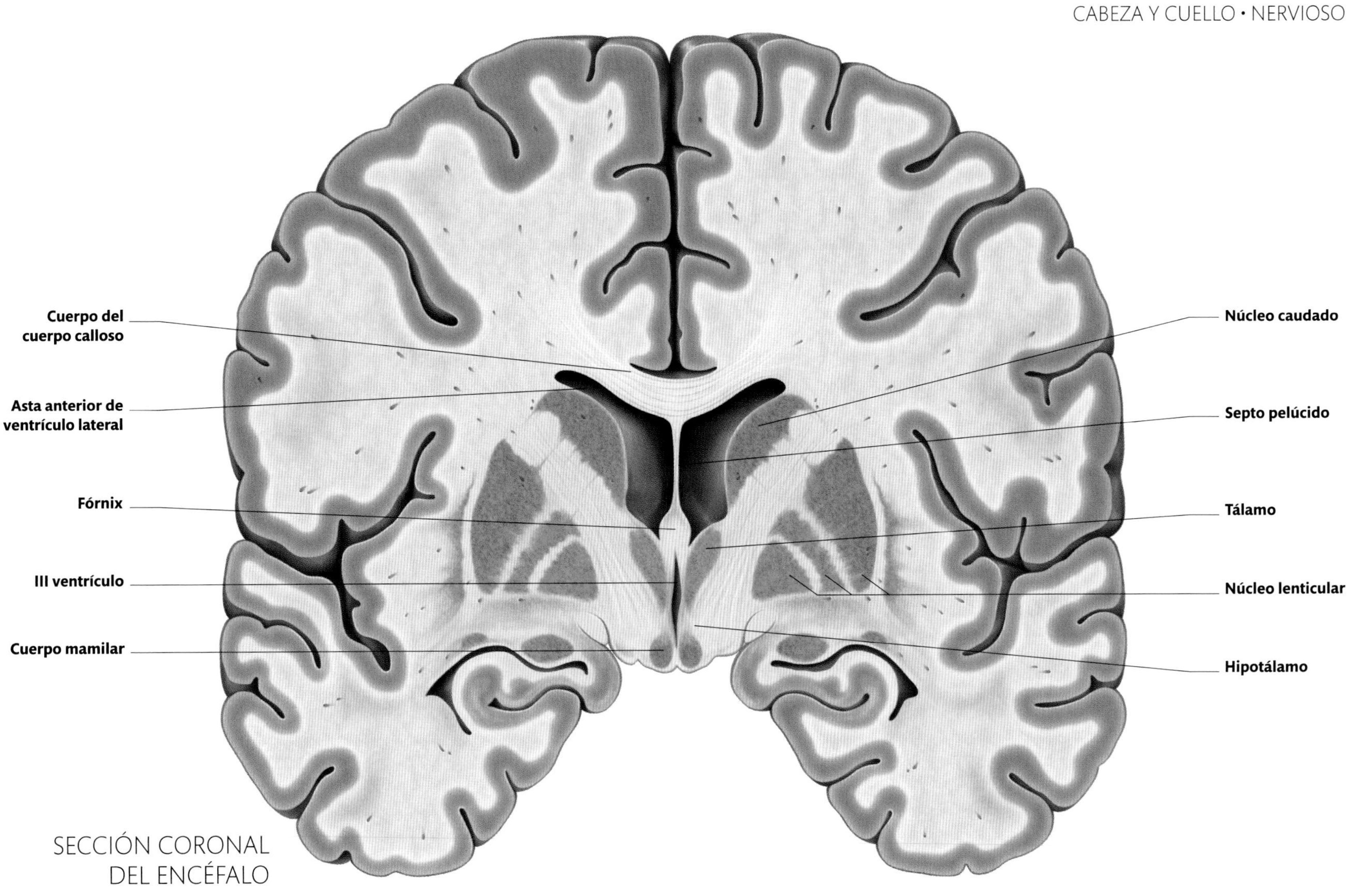
Cuerpo del cuerpo calloso
Asta anterior de ventrículo lateral
Fórnix
III ventrículo
Cuerpo mamilar
Núcleo caudado
Septo pelúcido
Tálamo
Núcleo lenticular
Hipotálamo

SECCIÓN CORONAL DEL ENCÉFALO

CABEZA Y CUELLO **NERVIOSO**

El encéfalo está protegido por tres membranas llamadas meninges (que se inflaman en la meningitis). La fuerte capa exterior es la duramadre, que envuelve el encéfalo y la médula espinal. Bajo ella, similar a una telaraña, se encuentra la aracnoides. La piamadre, por último, es la fina membrana que cubre la superficie del encéfalo. Entre piamadre y aracnoides hay un delgado espacio, llamado subaracnoideo, que contiene líquido cefalorraquídeo. Producido principalmente por el plexo coroideo, en los ventrículos laterales, este líquido fluye a través del III ventrículo hasta el IV, desde donde escapa al espacio subaracnoideo a través de unas pequeñas aberturas.

Asta anterior del ventrículo lateral Parte del ventrículo lateral situada en el lóbulo frontal

Asta inferior del ventrículo lateral Parte frontal del ventrículo que se proyecta hacia abajo y entra en el lóbulo temporal

Foramen interventricular Conecta los dos ventrículos laterales

Cuerpo del ventrículo lateral Techado por el cuerpo calloso

III ventrículo Cavidad rodeada por el tálamo

Acueducto de Silvio Conecta los ventrículos III y IV a través del mesencéfalo

IV ventrículo Cavidad entre el puente de Varolio y el cerebelo

Abertura media del IV ventrículo Abertura central en la bóveda del IV ventrículo por donde fluye el líquido cefalorraquídeo

Asta posterior del ventrículo lateral Parte del ventrículo lateral que se extiende al lóbulo occipital

VENTRÍCULOS DEL ENCÉFALO

Hoz cerebral

Piamadre Fina membrana, la más interior de las meninges, que reviste el cerebro

Aracnoides Capa meníngea media

Granulaciones aracnoideas Bolsa de espacio subaracnoideo donde el líquido cefalorraquídeo retorna a la sangre

Duramadre Capa meníngea exterior, adherida a los huesos del cráneo

Seno sagital superior

Cráneo

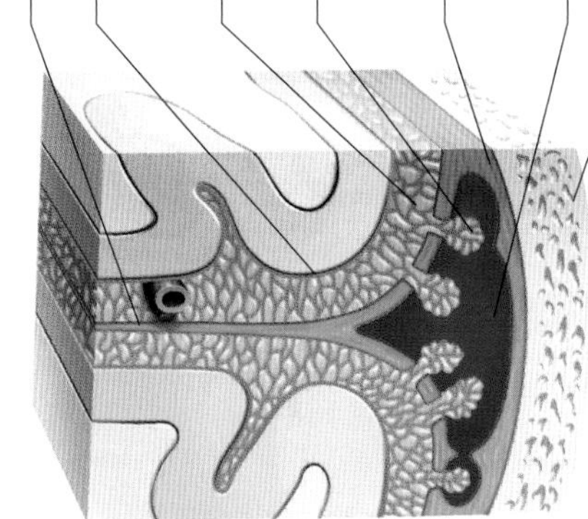

SECCIÓN DE LAS MENINGES

CABEZA Y CUELLO **NERVIOSO**

Los doce pares de nervios craneales salen del encéfalo y el tronco encefálico a través de agujeros, o forámenes, en la base del cráneo. Algunos nervios son puramente sensoriales y otros exclusivamente motores, pero la mayoría de ellos tienen una mezcla de fibras motoras y sensoriales; unos pocos tienen, además, fibras nerviosas autónomas. Los pares de nervios olfatorio y óptico se fijan al propio encéfalo; los otros diez pares surgen del tronco encefálico. Todos los nervios craneales inervan zonas de la cabeza y el cuello, a excepción del nervio vago, que tiene ramas en el cuello pero se extiende más allá para inervar órganos del tórax y el abdomen. El examen de los nervios craneales, mediante pruebas de visión, movimiento de ojos y cabeza, gusto, etcétera, puede ayudar a diagnosticar problemas neurológicos en la cabeza y el cuello.

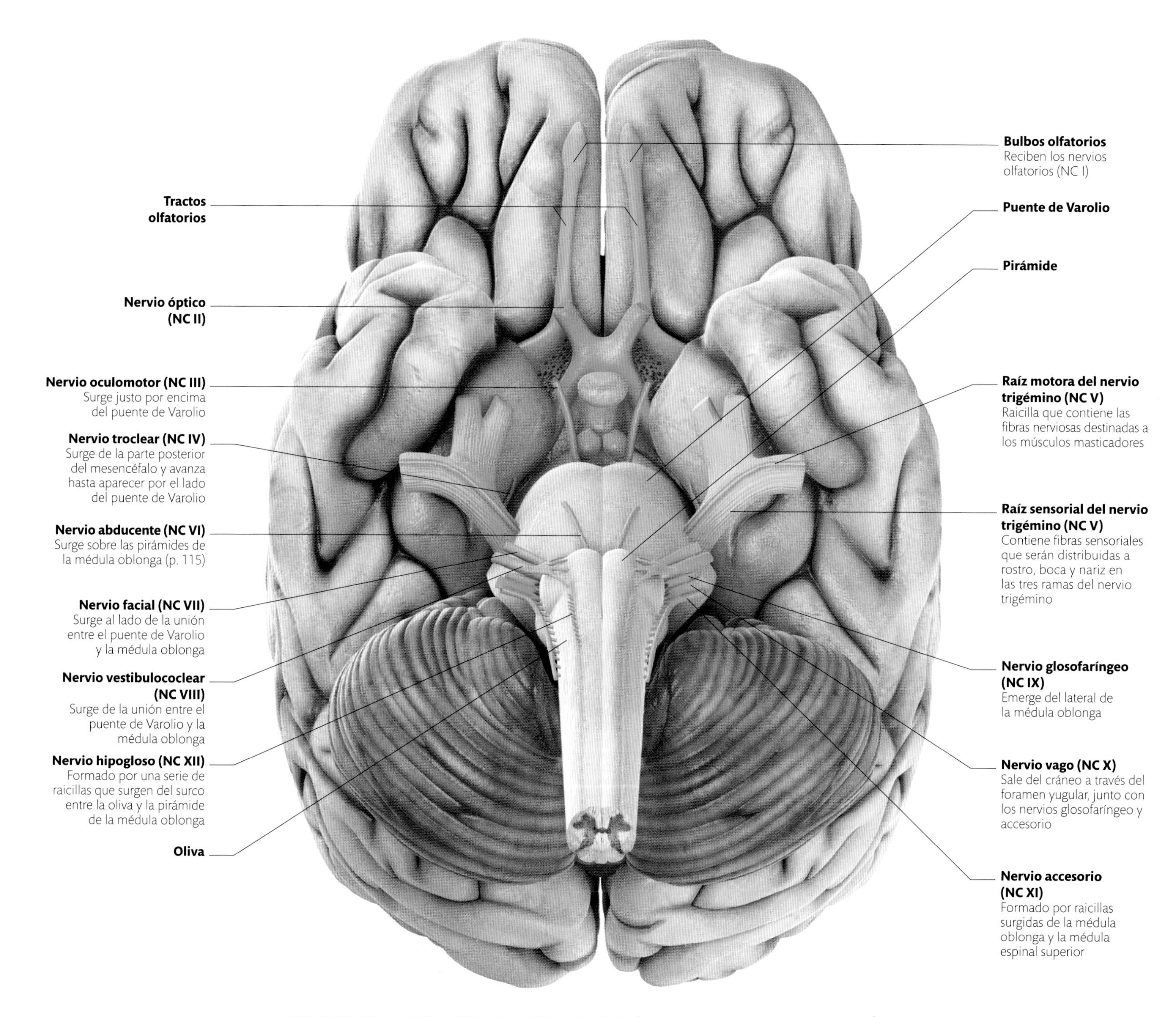
Tractos olfatorios
Nervio óptico (NC II)
Nervio oculomotor (NC III)
Surge justo por encima del puente de Varolio
Nervio troclear (NC IV)
Surge de la parte posterior del mesencéfalo y avanza hasta aparecer por el lado del puente de Varolio
Nervio abducente (NC VI)
Surge sobre las pirámides de la médula oblonga (p. 115)
Nervio facial (NC VII)
Surge al lado de la unión entre el puente de Varolio y la médula oblonga
Nervio vestibulococlear (NC VIII)
Surge de la unión entre el puente de Varolio y la médula oblonga
Nervio hipogloso (NC XII)
Formado por una serie de raicillas que surgen del surco entre la oliva y la pirámide de la médula oblonga
Oliva
Bulbos olfatorios
Reciben los nervios olfatorios (NC I)
Puente de Varolio
Pirámide
Raíz motora del nervio trigémino (NC V)
Raicilla que contiene las fibras nerviosas destinadas a los músculos masticadores
Raíz sensorial del nervio trigémino (NC V)
Contiene fibras sensoriales que serán distribuidas a rostro, boca y nariz en las tres ramas del nervio trigémino
Nervio glosofaríngeo (NC IX)
Emerge del lateral de la médula oblonga
Nervio vago (NC X)
Sale del cráneo a través del foramen yugular, junto con los nervios glosofaríngeo y accesorio
Nervio accesorio (NC XI)
Formado por raicillas surgidas de la médula oblonga y la médula espinal superior

ORIGEN DE LOS NERVIOS CRANEALES (VISTA INFERIOR DEL ENCÉFALO)

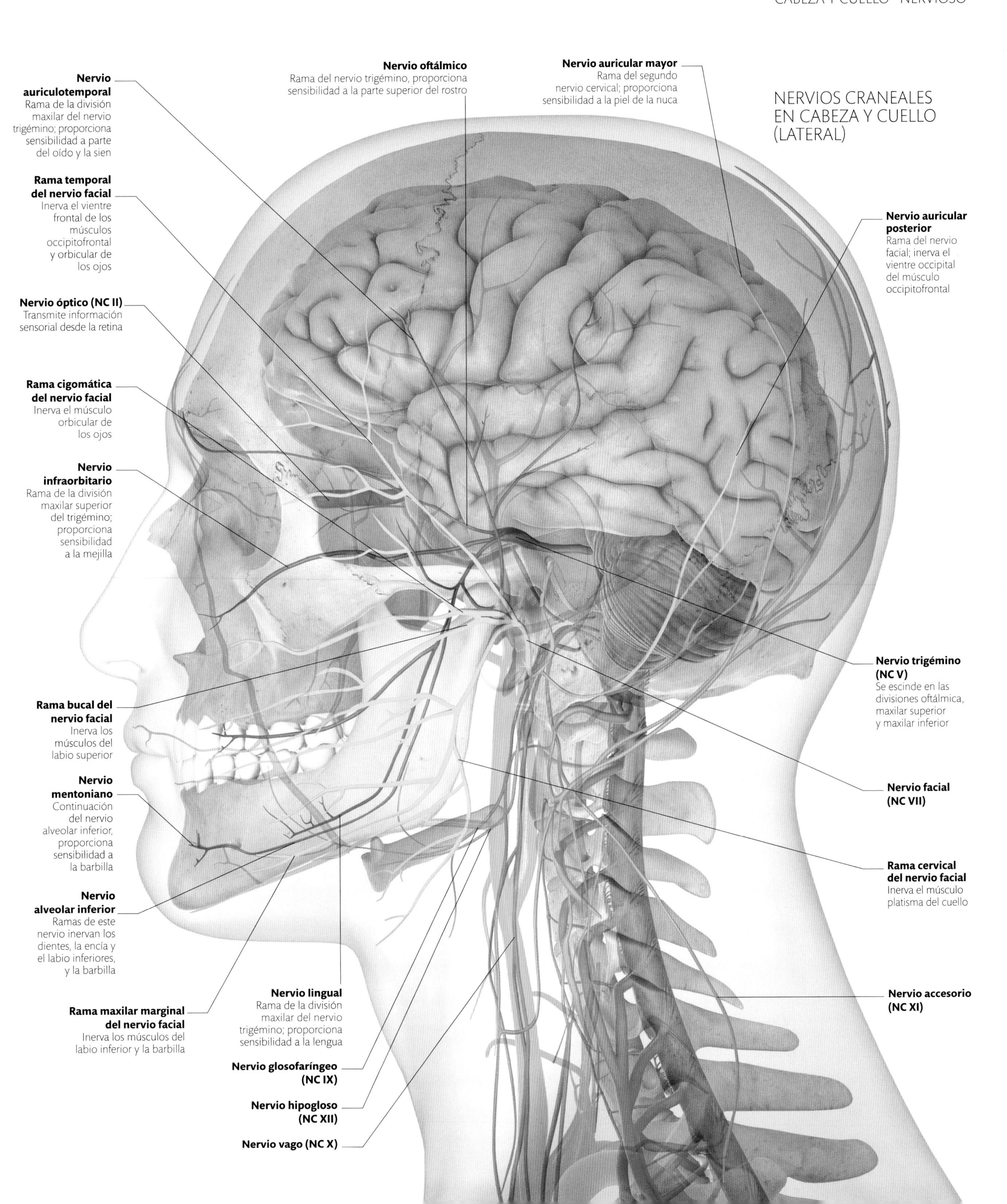
NERVIOS CRANEALES EN CABEZA Y CUELLO (LATERAL)
Nervio auriculotemporal
Rama de la división maxilar del nervio trigémino; proporciona sensibilidad a parte del oído y la sien
Nervio oftálmico
Rama del nervio trigémino, proporciona sensibilidad a la parte superior del rostro
Nervio auricular mayor
Rama del segundo nervio cervical; proporciona sensibilidad a la piel de la nuca
Rama temporal del nervio facial
Inerva el vientre frontal de los músculos occipitofrontal y orbicular de los ojos
Nervio auricular posterior
Rama del nervio facial; inerva el vientre occipital del músculo occipitofrontal
Nervio óptico (NC II)
Transmite información sensorial desde la retina
Rama cigomática del nervio facial
Inerva el músculo orbicular de los ojos
Nervio infraorbitario
Rama de la división maxilar superior del trigémino; proporciona sensibilidad a la mejilla
Nervio trigémino (NC V)
Se escinde en las divisiones oftálmica, maxilar superior y maxilar inferior
Rama bucal del nervio facial
Inerva los músculos del labio superior
Nervio mentoniano
Continuación del nervio alveolar inferior, proporciona sensibilidad a la barbilla
Nervio facial (NC VII)
Rama cervical del nervio facial
Inerva el músculo platisma del cuello
Nervio alveolar inferior
Ramas de este nervio inervan los dientes, la encía y el labio inferiores, y la barbilla
Nervio accesorio (NC XI)
Rama maxilar marginal del nervio facial
Inerva los músculos del labio inferior y la barbilla
Nervio lingual
Rama de la división maxilar del nervio trigémino; proporciona sensibilidad a la lengua
Nervio glosofaríngeo (NC IX)
Nervio hipogloso (NC XII)
Nervio vago (NC X)

CABEZA Y CUELLO NERVIOSO

OJO

Los ojos son órganos preciosos. Se hallan protegidos dentro de las órbitas oculares del cráneo y también por los párpados, y están bañados en lágrimas producidas por las glándulas lagrimales. El globo ocular tiene solo 2,5 cm de diámetro. La órbita proporciona fijación a los músculos que mueven el ojo, y el resto de su espacio interior está relleno principalmente de grasa. Unos agujeros y cisuras al fondo de esta caverna ósea dan paso a nervios y vasos sanguíneos, como el nervio óptico, que transmite información sensorial de la retina al encéfalo. Otros nervios inervan los músculos oculares y las glándulas lagrimales, e incluso se prolongan por el rostro para proporcionar sensibilidad a la piel de párpados y frente.

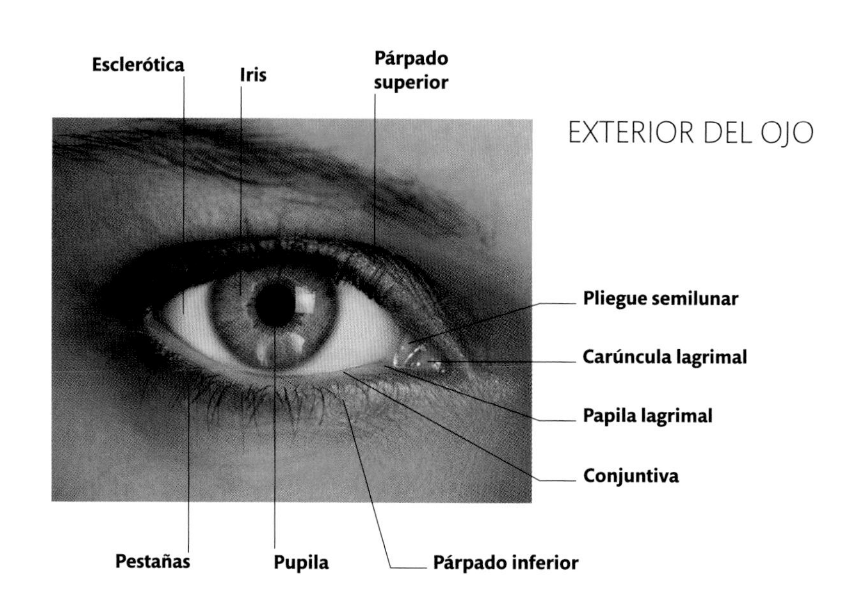
Esclerótica
Iris
Párpado superior
Pliegue semilunar
Carúncula lagrimal
Papila lagrimal
Conjuntiva
Pestañas
Pupila
Párpado inferior

EXTERIOR DEL OJO

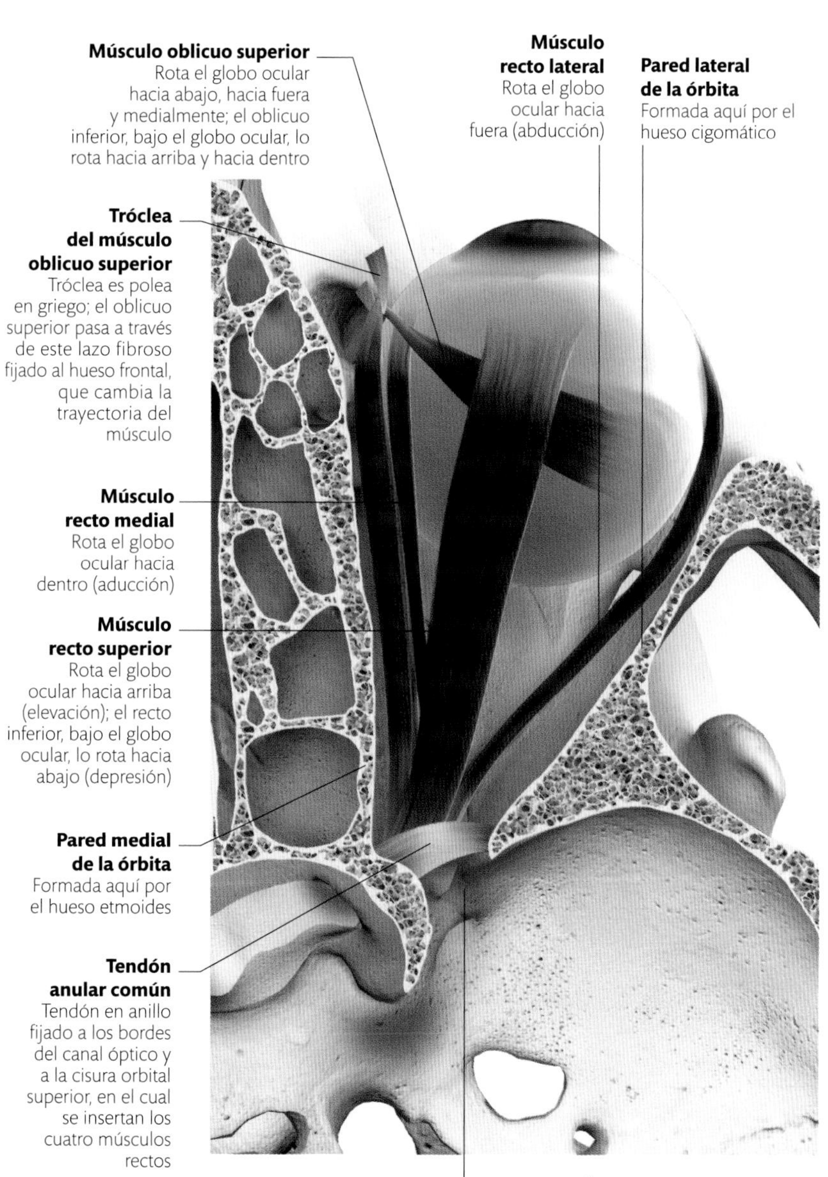
Músculo oblicuo superior Rota el globo ocular hacia abajo, hacia fuera y medialmente; el oblicuo inferior, bajo el globo ocular, lo rota hacia arriba y hacia dentro
Músculo recto lateral Rota el globo ocular hacia fuera (abducción)
Pared lateral de la órbita Formada aquí por el hueso cigomático
Tróclea del músculo oblicuo superior Tróclea es polea en griego; el oblicuo superior pasa a través de este lazo fibroso fijado al hueso frontal, que cambia la trayectoria del músculo
Músculo recto medial Rota el globo ocular hacia dentro (aducción)
Músculo recto superior Rota el globo ocular hacia arriba (elevación); el recto inferior, bajo el globo ocular, lo rota hacia abajo (depresión)
Pared medial de la órbita Formada aquí por el hueso etmoides
Tendón anular común Tendón en anillo fijado a los bordes del canal óptico y a la cisura orbital superior, en el cual se insertan los cuatro músculos rectos
Cisura orbital superior Agujero en el hueso esfenoides, en el fondo de la órbita

MÚSCULOS DEL OJO (DESDE ARRIBA)

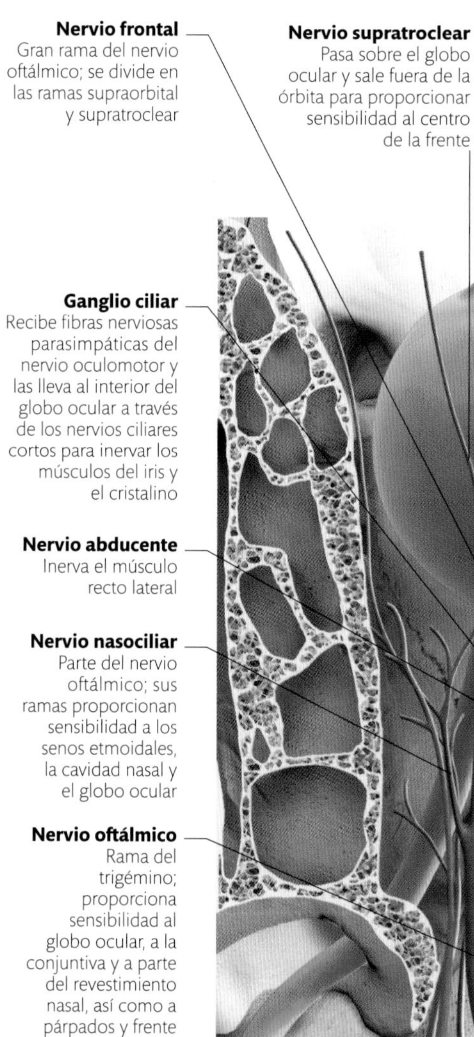
Nervio frontal Gran rama del nervio oftálmico; se divide en las ramas supraorbital y supratroclear
Nervio supratroclear Pasa sobre el globo ocular y sale fuera de la órbita para proporcionar sensibilidad al centro de la frente
Nervio supraorbital Sobrepasa la órbita y asciende sobre el hueso frontal para inervar el párpado superior
Nervio lagrimal Inerva la piel sobre el párpado superior y el lateral de la frente
Glándula lagrimal
Ganglio ciliar Recibe fibras nerviosas parasimpáticas del nervio oculomotor y las lleva al interior del globo ocular a través de los nervios ciliares cortos para inervar los músculos del iris y el cristalino
Nervio abducente Inerva el músculo recto lateral
Nervio nasociliar Parte del nervio oftálmico; sus ramas proporcionan sensibilidad a los senos etmoidales, la cavidad nasal y el globo ocular
Nervio oftálmico Rama del trigémino; proporciona sensibilidad al globo ocular, a la conjuntiva y a parte del revestimiento nasal, así como a párpados y frente
Nervio óptico Lleva fibras sensoriales desde la retina
Nervio oculomotor Inerva todos los músculos que mueven el ojo, excepto el oblicuo superior y el recto lateral
Nervio troclear Inerva el músculo oblicuo superior

NERVIOS DE LA ÓRBITA (DESDE ARRIBA)

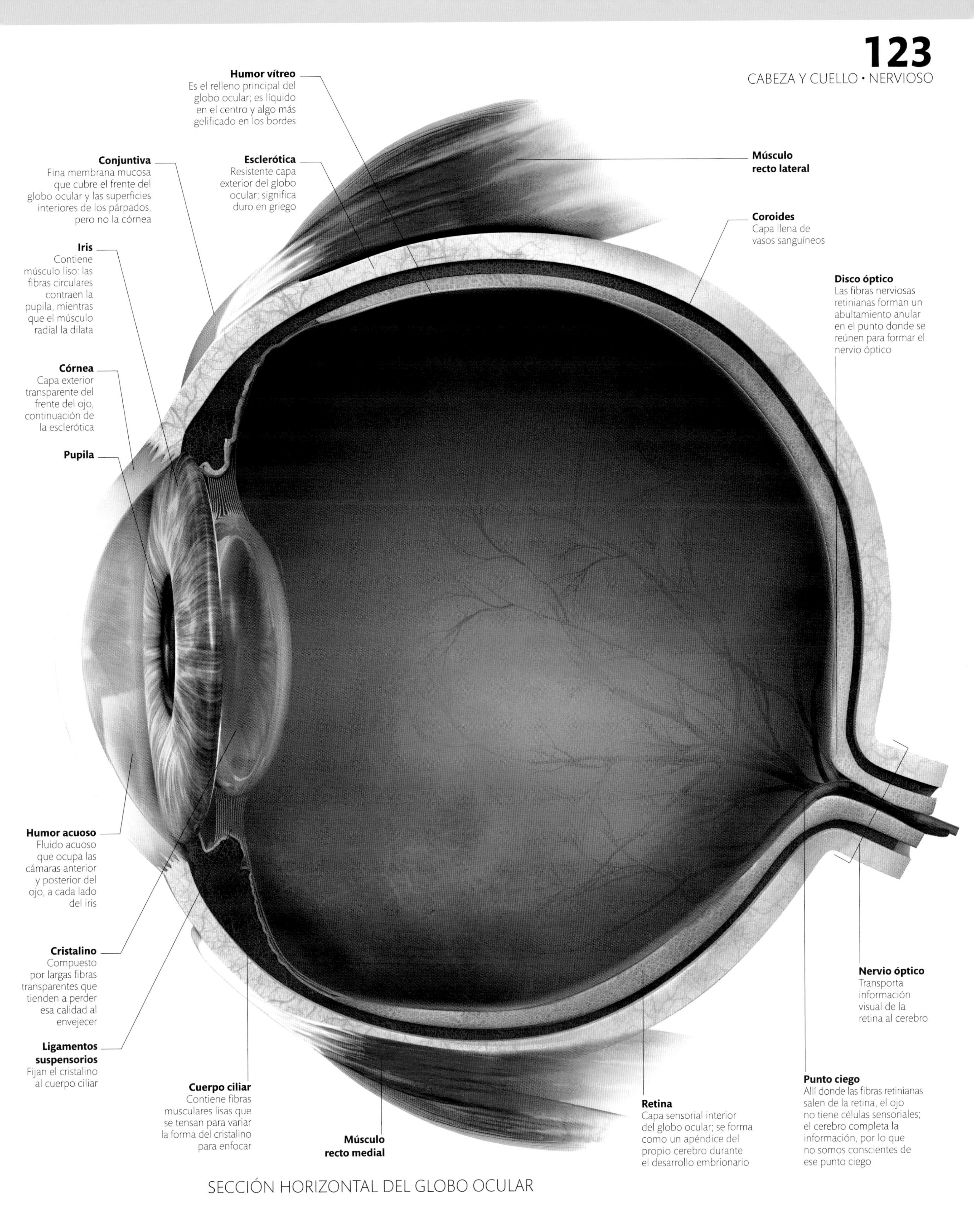
Humor vítreo
Es el relleno principal del globo ocular; es líquido en el centro y algo más gelificado en los bordes
Conjuntiva
Fina membrana mucosa que cubre el frente del globo ocular y las superficies interiores de los párpados, pero no la córnea
Esclerótica
Resistente capa exterior del globo ocular; significa duro en griego
Músculo recto lateral
Coroides
Capa llena de vasos sanguíneos
Iris
Contiene músculo liso: las fibras circulares contraen la pupila, mientras que el músculo radial la dilata
Disco óptico
Las fibras nerviosas retinianas forman un abultamiento anular en el punto donde se reúnen para formar el nervio óptico
Córnea
Capa exterior transparente del frente del ojo, continuación de la esclerótica
Pupila
Humor acuoso
Fluido acuoso que ocupa las cámaras anterior y posterior del ojo, a cada lado del iris
Cristalino
Compuesto por largas fibras transparentes que tienden a perder esa calidad al envejecer
Nervio óptico
Transporta información visual de la retina al cerebro
Ligamentos suspensorios
Fijan el cristalino al cuerpo ciliar
Cuerpo ciliar
Contiene fibras musculares lisas que se tensan para variar la forma del cristalino para enfocar
Músculo recto medial
Retina
Capa sensorial interior del globo ocular; se forma como un apéndice del propio cerebro durante el desarrollo embrionario
Punto ciego
Allí donde las fibras retinianas salen de la retina, el ojo no tiene células sensoriales; el cerebro completa la información, por lo que no somos conscientes de ese punto ciego

SECCIÓN HORIZONTAL DEL GLOBO OCULAR

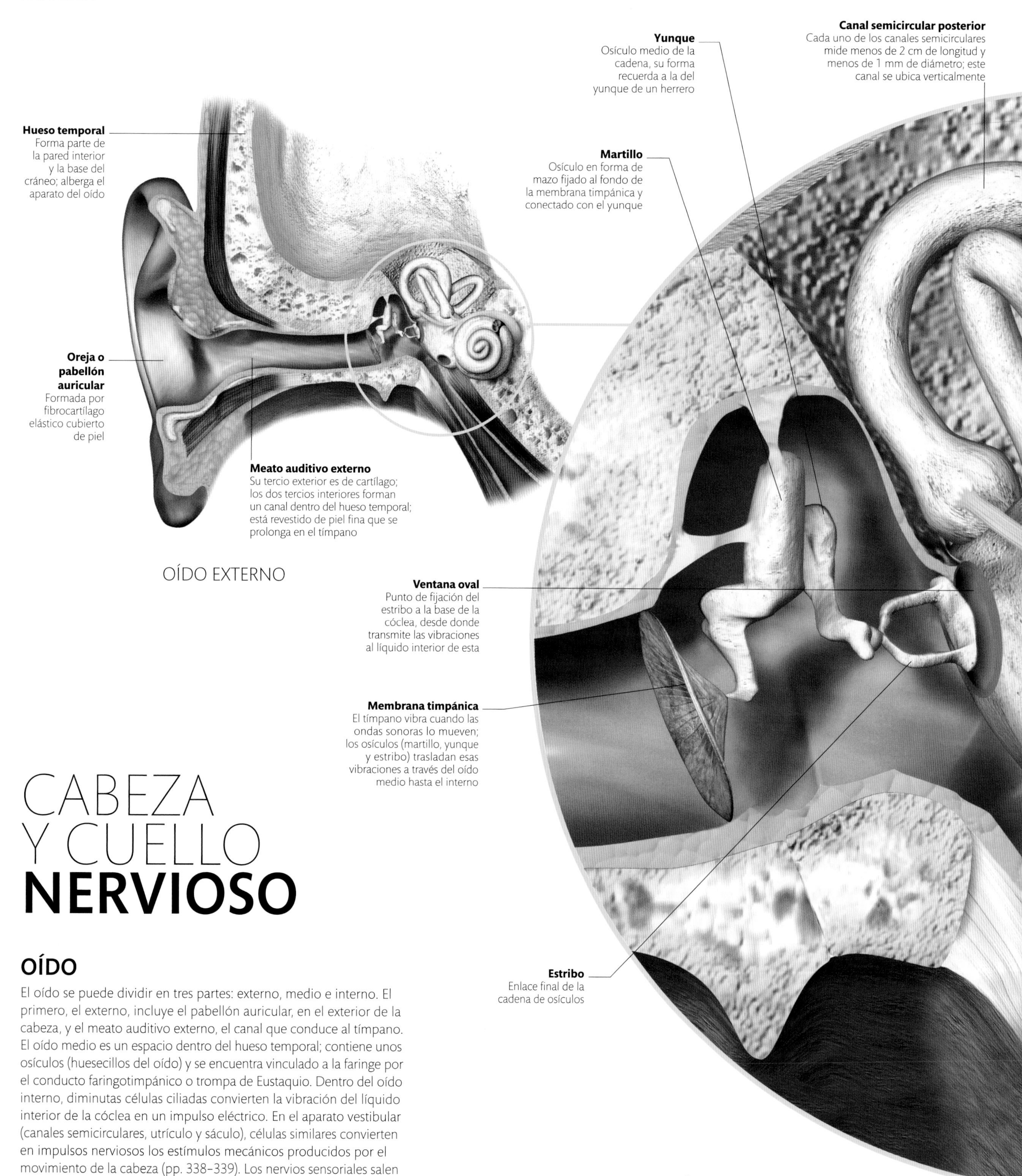
Hueso temporal
Forma parte de la pared interior y la base del cráneo; alberga el aparato del oído
Oreja o pabellón auricular
Formada por fibrocartílago elástico cubierto de piel
Meato auditivo externo
Su tercio exterior es de cartílago; los dos tercios interiores forman un canal dentro del hueso temporal; está revestido de piel fina que se prolonga en el tímpano
OÍDO EXTERNO
Yunque
Osículo medio de la cadena, su forma recuerda a la del yunque de un herrero
Canal semicircular posterior
Cada uno de los canales semicirculares mide menos de 2 cm de longitud y menos de 1 mm de diámetro; este canal se ubica verticalmente
Martillo
Osículo en forma de mazo fijado al fondo de la membrana timpánica y conectado con el yunque
Ventana oval
Punto de fijación del estribo a la base de la cóclea, desde donde transmite las vibraciones al líquido interior de esta
Membrana timpánica
El tímpano vibra cuando las ondas sonoras lo mueven; los osículos (martillo, yunque y estribo) trasladan esas vibraciones a través del oído medio hasta el interno
Estribo
Enlace final de la cadena de osículos
OÍDO MEDIO E INTERNO

CABEZA Y CUELLO NERVIOSO

OÍDO

El oído se puede dividir en tres partes: externo, medio e interno. El primero, el externo, incluye el pabellón auricular, en el exterior de la cabeza, y el meato auditivo externo, el canal que conduce al tímpano. El oído medio es un espacio dentro del hueso temporal; contiene unos osículos (huesecillos del oído) y se encuentra vinculado a la faringe por el conducto faringotimpánico o trompa de Eustaquio. Dentro del oído interno, diminutas células ciliadas convierten la vibración del líquido interior de la cóclea en un impulso eléctrico. En el aparato vestibular (canales semicirculares, utrículo y sáculo), células similares convierten en impulsos nerviosos los estímulos mecánicos producidos por el movimiento de la cabeza (pp. 338–339). Los nervios sensoriales salen juntos del oído para formar el nervio vestibulococlear.

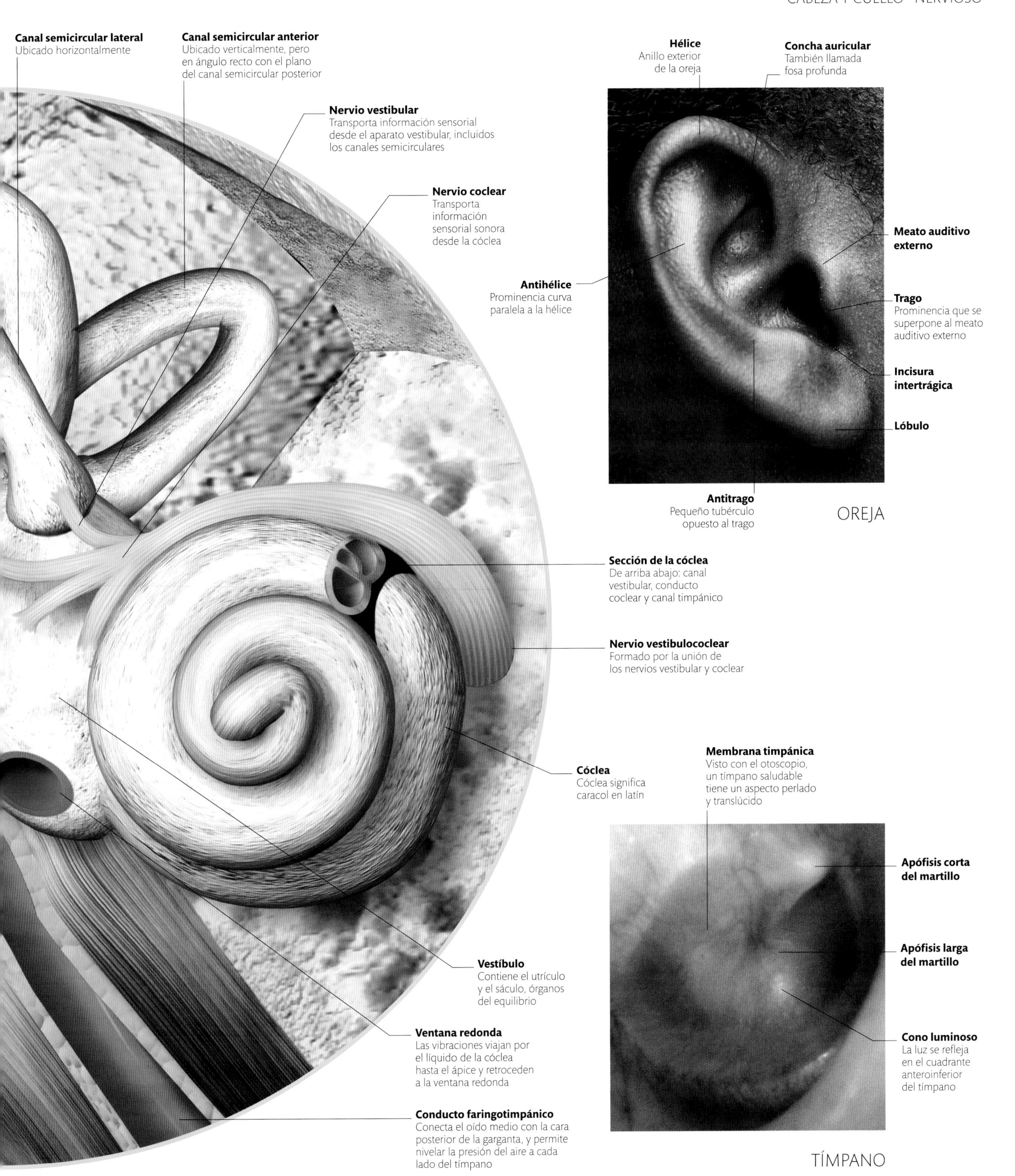
Canal semicircular lateral
Ubicado horizontalmente
Canal semicircular anterior
Ubicado verticalmente, pero en ángulo recto con el plano del canal semicircular posterior
Nervio vestibular
Transporta información sensorial desde el aparato vestibular, incluidos los canales semicirculares
Nervio coclear
Transporta información sensorial sonora desde la cóclea
Sección de la cóclea
De arriba abajo: canal vestibular, conducto coclear y canal timpánico
Nervio vestibulococlear
Formado por la unión de los nervios vestibular y coclear
Cóclea
Cóclea significa caracol en latín
Vestíbulo
Contiene el utrículo y el sáculo, órganos del equilibrio
Ventana redonda
Las vibraciones viajan por el líquido de la cóclea hasta el ápice y retroceden a la ventana redonda
Conducto faringotimpánico
Conecta el oído medio con la cara posterior de la garganta, y permite nivelar la presión del aire a cada lado del tímpano
Hélice
Anillo exterior de la oreja
Concha auricular
También llamada fosa profunda
Meato auditivo externo
Antihélice
Prominencia curva paralela a la hélice
Trago
Prominencia que se superpone al meato auditivo externo
Incisura intertrágica
Lóbulo
Antitrago
Pequeño tubérculo opuesto al trago
OREJA
Membrana timpánica
Visto con el otoscopio, un tímpano saludable tiene un aspecto perlado y translúcido
Apófisis corta del martillo
Apófisis larga del martillo
Cono luminoso
La luz se refleja en el cuadrante anteroinferior del tímpano
TÍMPANO

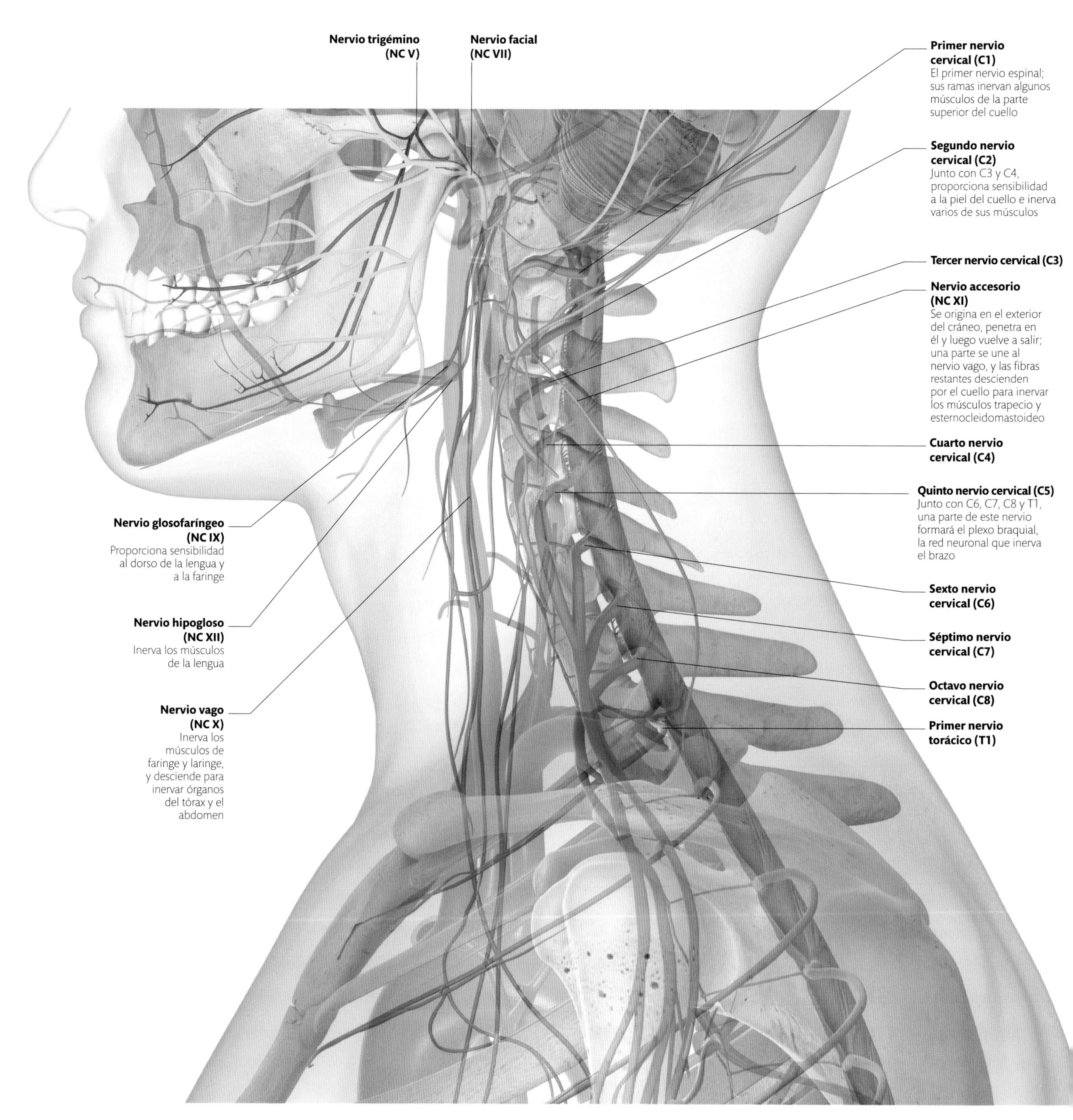
Nervio trigémino (NC V)
Nervio facial (NC VII)
Primer nervio cervical (C1)
El primer nervio espinal; sus ramas inervan algunos músculos de la parte superior del cuello
Segundo nervio cervical (C2)
Junto con C3 y C4, proporciona sensibilidad a la piel del cuello e inerva varios de sus músculos
Tercer nervio cervical (C3)
Nervio accesorio (NC XI)
Se origina en el exterior del cráneo, penetra en él y luego vuelve a salir; una parte se une al nervio vago, y las fibras restantes descienden por el cuello para inervar los músculos trapecio y esternocleidomastoideo
Cuarto nervio cervical (C4)
Quinto nervio cervical (C5)
Junto con C6, C7, C8 y T1, una parte de este nervio formará el plexo braquial, la red neuronal que inerva el brazo
Sexto nervio cervical (C6)
Séptimo nervio cervical (C7)
Octavo nervio cervical (C8)
Primer nervio torácico (T1)
Nervio glosofaríngeo (NC IX)
Proporciona sensibilidad al dorso de la lengua y a la faringe
Nervio hipogloso (NC XII)
Inerva los músculos de la lengua
Nervio vago (NC X)
Inerva los músculos de faringe y laringe, y desciende para inervar órganos del tórax y el abdomen

NERVIOS DEL CUELLO (LATERAL)

CABEZA Y CUELLO
NERVIOSO

Los cuatro últimos nervios craneales aparecen en el cuello. El glosofaríngeo inerva la glándula parótida y el dorso de la lengua, y después desciende por la faringe. El vago discurre emparedado entre la arteria carótida común y la vena yugular interna, y se ramifica en la faringe y la laringe antes de proseguir bajando hasta el tórax. El accesorio inerva los músculos esternocleidomastoideo y trapecio en el cuello. Por último, el hipogloso se hunde bajo el maxilar inferior y después se curva para inervar los músculos de la lengua. En el cuello también podemos ver nervios espinales: los cuatro nervios cervicales superiores inervan sus músculos y su piel; los cuatro inferiores contribuyen al plexo braquial y van destinados al brazo.

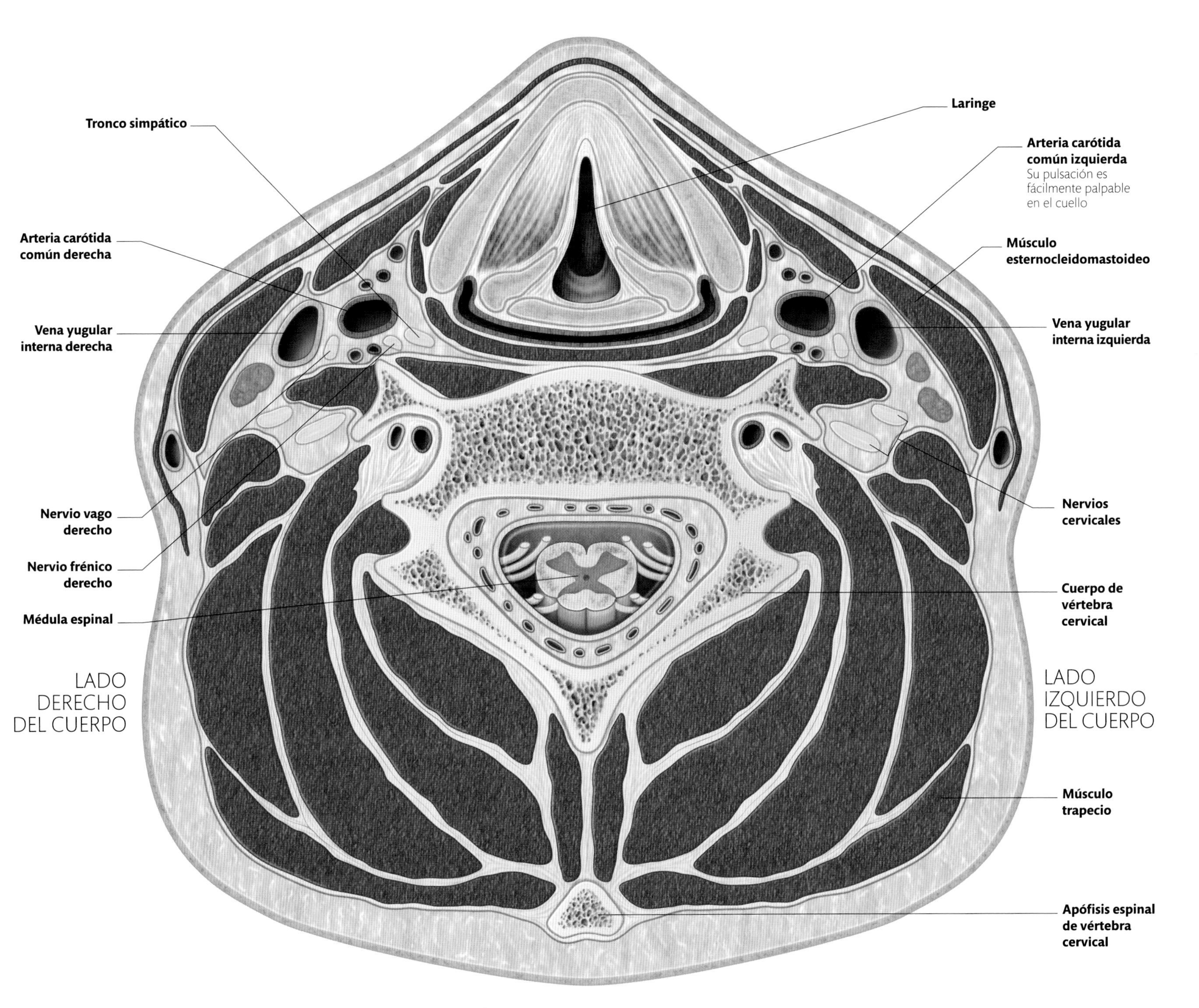
Tronco simpático
Laringe
Arteria carótida común izquierda
Su pulsación es fácilmente palpable en el cuello
Arteria carótida común derecha
Músculo esternocleidomastoideo
Vena yugular interna derecha
Vena yugular interna izquierda
Nervio vago derecho
Nervios cervicales
Nervio frénico derecho
Cuerpo de vértebra cervical
Médula espinal
LADO DERECHO DEL CUERPO
LADO IZQUIERDO DEL CUERPO
Músculo trapecio
Apófisis espinal de vértebra cervical

SECCIÓN TRANSVERSAL DEL CUELLO

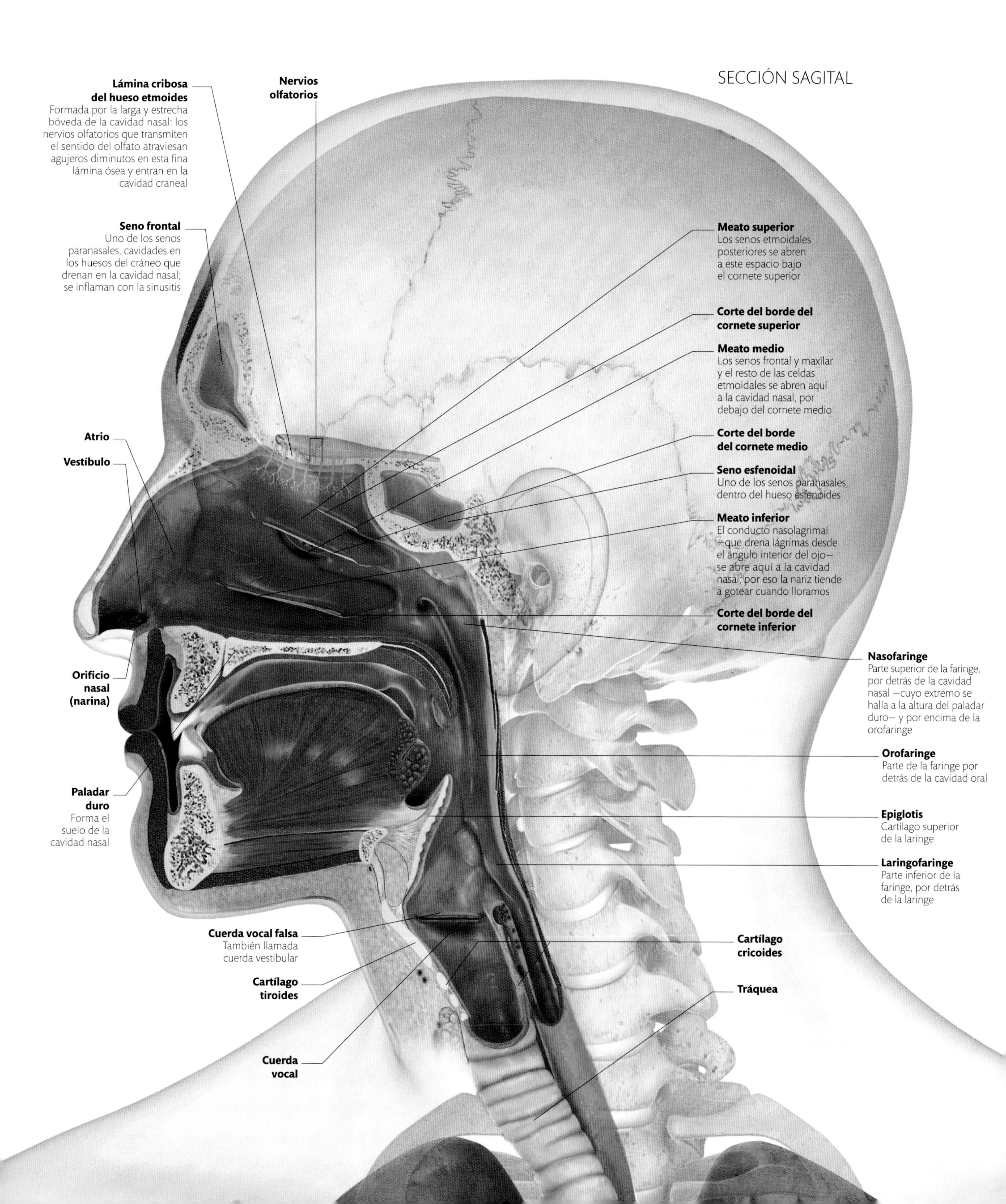
SECCIÓN SAGITAL
Lámina cribosa del hueso etmoides
Formada por la larga y estrecha bóveda de la cavidad nasal: los nervios olfatorios que transmiten el sentido del olfato atraviesan agujeros diminutos en esta fina lámina ósea y entran en la cavidad craneal
Nervios olfatorios
Seno frontal
Uno de los senos paranasales, cavidades en los huesos del cráneo que drenan en la cavidad nasal; se inflaman con la sinusitis
Atrio
Vestíbulo
Orificio nasal (narina)
Paladar duro
Forma el suelo de la cavidad nasal
Cuerda vocal falsa
También llamada cuerda vestibular
Cartílago tiroides
Cuerda vocal
Meato superior
Los senos etmoidales posteriores se abren a este espacio bajo el cornete superior
Corte del borde del cornete superior
Meato medio
Los senos frontal y maxilar y el resto de las celdas etmoidales se abren aquí a la cavidad nasal, por debajo del cornete medio
Corte del borde del cornete medio
Seno esfenoidal
Uno de los senos paranasales, dentro del hueso esfenoides
Meato inferior
El conducto nasolagrimal —que drena lágrimas desde el ángulo interior del ojo— se abre aquí a la cavidad nasal; por eso la nariz tiende a gotear cuando lloramos
Corte del borde del cornete inferior
Nasofaringe
Parte superior de la faringe, por detrás de la cavidad nasal —cuyo extremo se halla a la altura del paladar duro— y por encima de la orofaringe
Orofaringe
Parte de la faringe por detrás de la cavidad oral
Epiglotis
Cartílago superior de la laringe
Laringofaringe
Parte inferior de la faringe, por detrás de la laringe
Cartílago cricoides
Tráquea

CABEZA Y CUELLO
RESPIRATORIO

Al inspirar introducimos aire por los orificios de la nariz hacia la cavidad nasal. Aquí el aire es limpiado, calentado y humedecido antes de proseguir su viaje. La cavidad nasal está dividida por la delgada partición del septo nasal, compuesto por placas de cartílago y hueso. Las paredes laterales de la cavidad nasal son más elaboradas, con espirales óseas (cornetes) que aumentan la superficie sobre la que fluye el aire. La cavidad nasal está cubierta de mucosa, que produce moco; esta sustancia, a veces infravalorada, cumple el papel de atrapar partículas y humedecer el aire. Los senos paranasales, también cubiertos de mucosa, se abren a la cavidad nasal por diminutos orificios. Por debajo y por delante de la faringe está la laringe, el órgano del habla: el tránsito del aire a su través puede modularse para producir sonido.

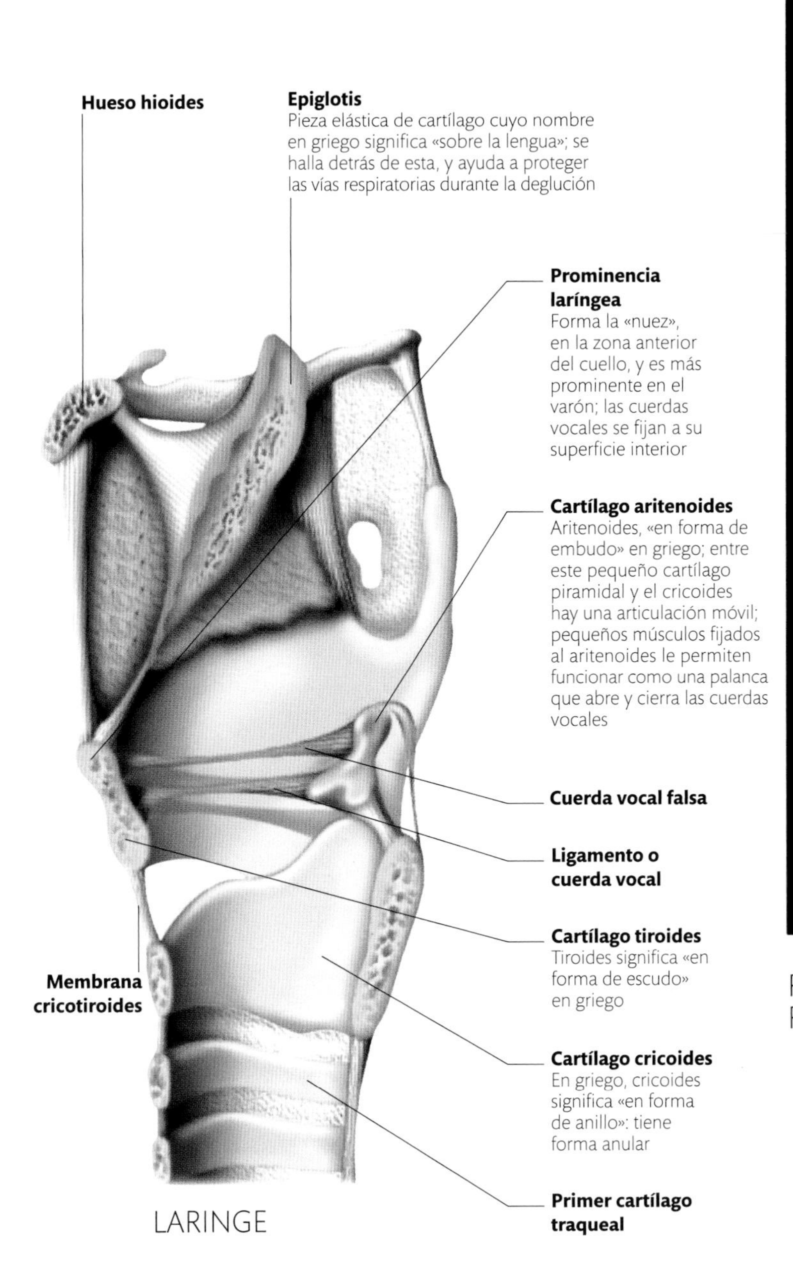
Hueso hioides
Epiglotis
Pieza elástica de cartílago cuyo nombre en griego significa «sobre la lengua»; se halla detrás de esta, y ayuda a proteger las vías respiratorias durante la deglución
Prominencia laríngea
Forma la «nuez», en la zona anterior del cuello, y es más prominente en el varón; las cuerdas vocales se fijan a su superficie interior
Cartílago aritenoides
Aritenoides, «en forma de embudo» en griego; entre este pequeño cartílago piramidal y el cricoides hay una articulación móvil; pequeños músculos fijados al aritenoides le permiten funcionar como una palanca que abre y cierra las cuerdas vocales
Cuerda vocal falsa
Ligamento o cuerda vocal
Cartílago tiroides
Tiroides significa «en forma de escudo» en griego
Membrana cricotiroides
Cartílago cricoides
En griego, cricoides significa «en forma de anillo»: tiene forma anular
Primer cartílago traqueal

LARINGE

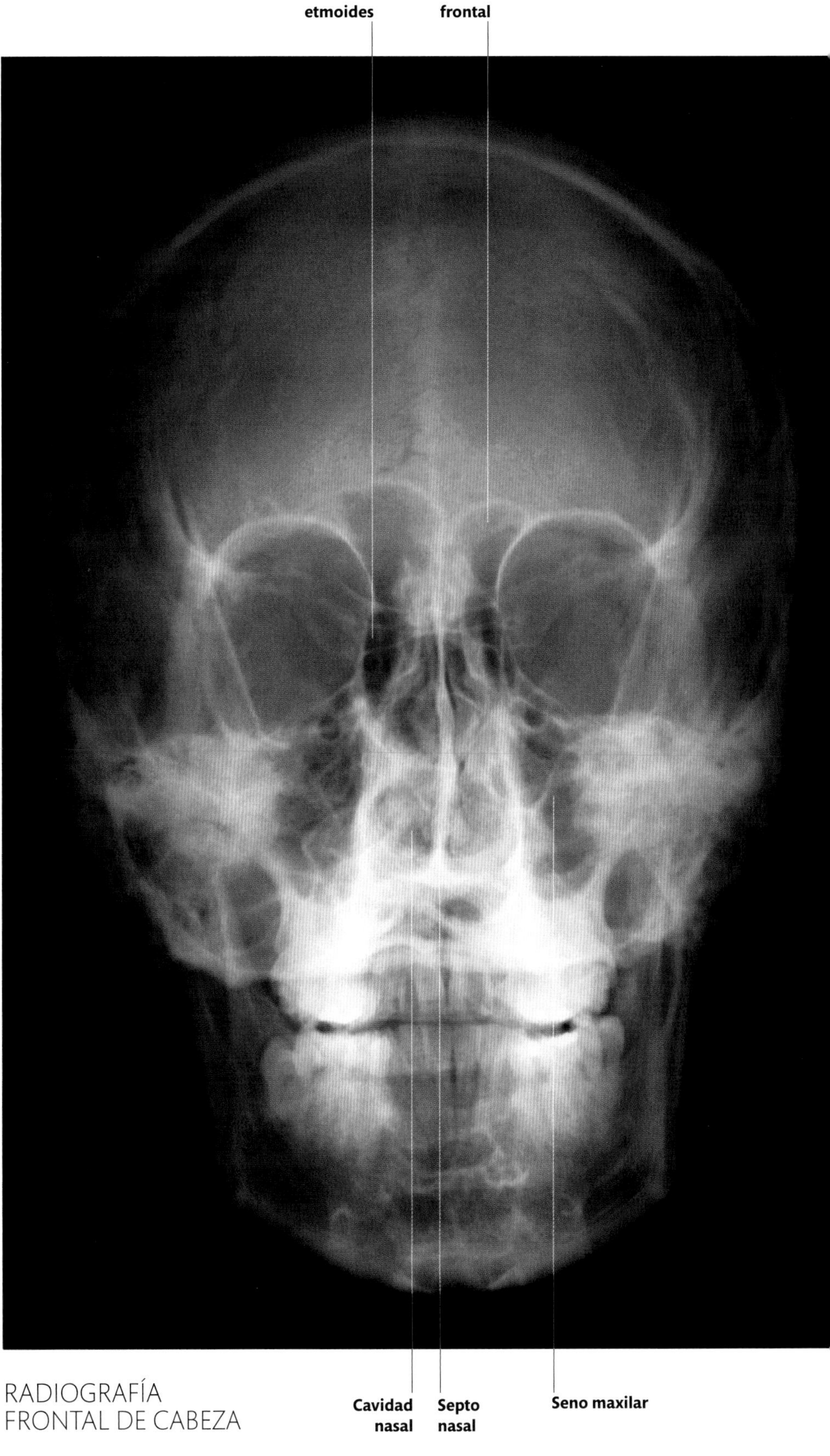
Seno etmoides
Seno frontal
Cavidad nasal
Septo nasal
Seno maxilar

RADIOGRAFÍA FRONTAL DE CABEZA

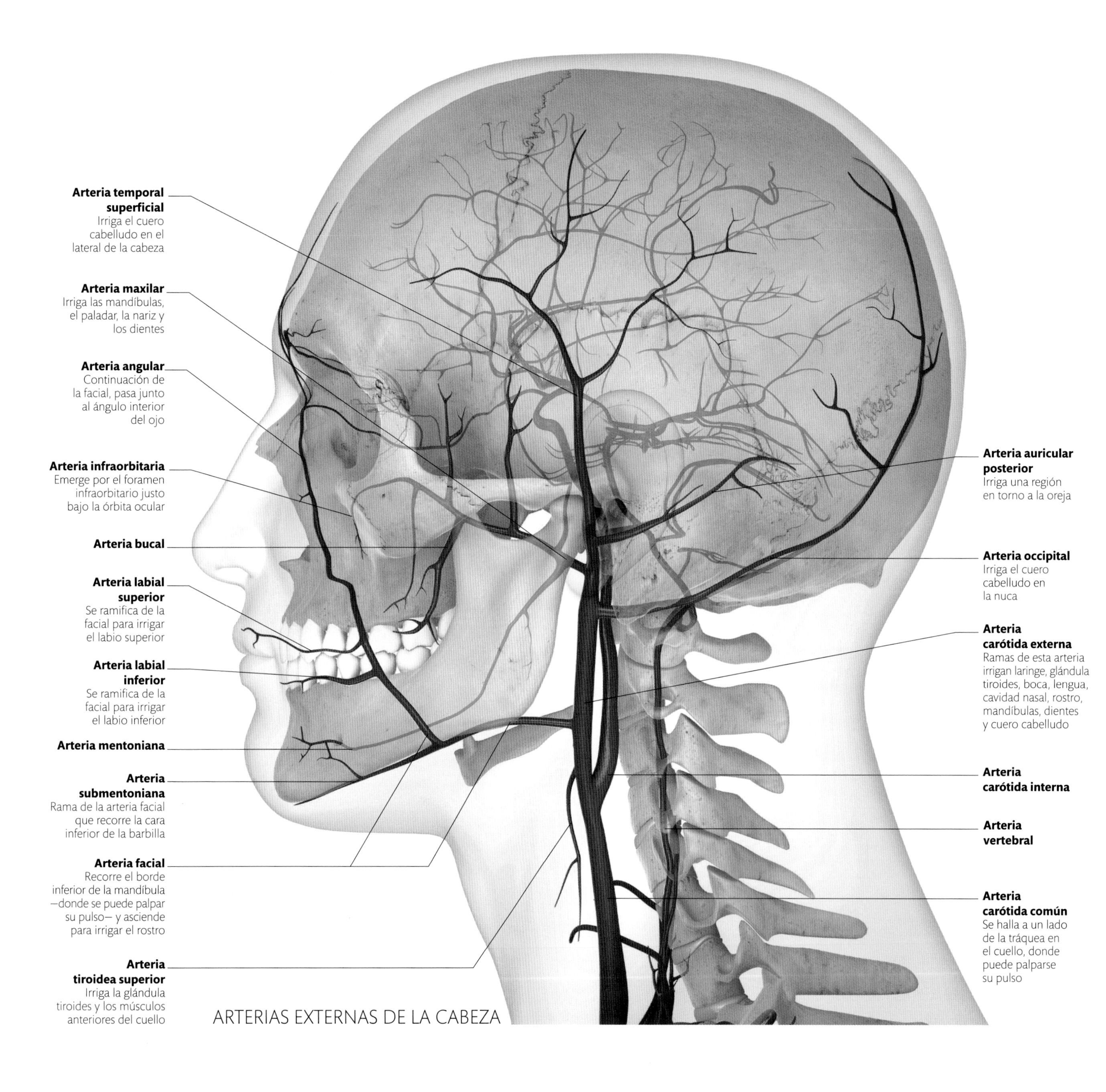
Arteria temporal superficial
Irriga el cuero cabelludo en el lateral de la cabeza
Arteria maxilar
Irriga las mandíbulas, el paladar, la nariz y los dientes
Arteria angular
Continuación de la facial, pasa junto al ángulo interior del ojo
Arteria infraorbitaria
Emerge por el foramen infraorbitario justo bajo la órbita ocular
Arteria bucal
Arteria labial superior
Se ramifica de la facial para irrigar el labio superior
Arteria labial inferior
Se ramifica de la facial para irrigar el labio inferior
Arteria mentoniana
Arteria submentoniana
Rama de la arteria facial que recorre la cara inferior de la barbilla
Arteria facial
Recorre el borde inferior de la mandíbula —donde se puede palpar su pulso— y asciende para irrigar el rostro
Arteria tiroidea superior
Irriga la glándula tiroides y los músculos anteriores del cuello
Arteria auricular posterior
Irriga una región en torno a la oreja
Arteria occipital
Irriga el cuero cabelludo en la nuca
Arteria carótida externa
Ramas de esta arteria irrigan laringe, glándula tiroides, boca, lengua, cavidad nasal, rostro, mandíbulas, dientes y cuero cabelludo
Arteria carótida interna
Arteria vertebral
Arteria carótida común
Se halla a un lado de la tráquea en el cuello, donde puede palparse su pulso

ARTERIAS EXTERNAS DE LA CABEZA

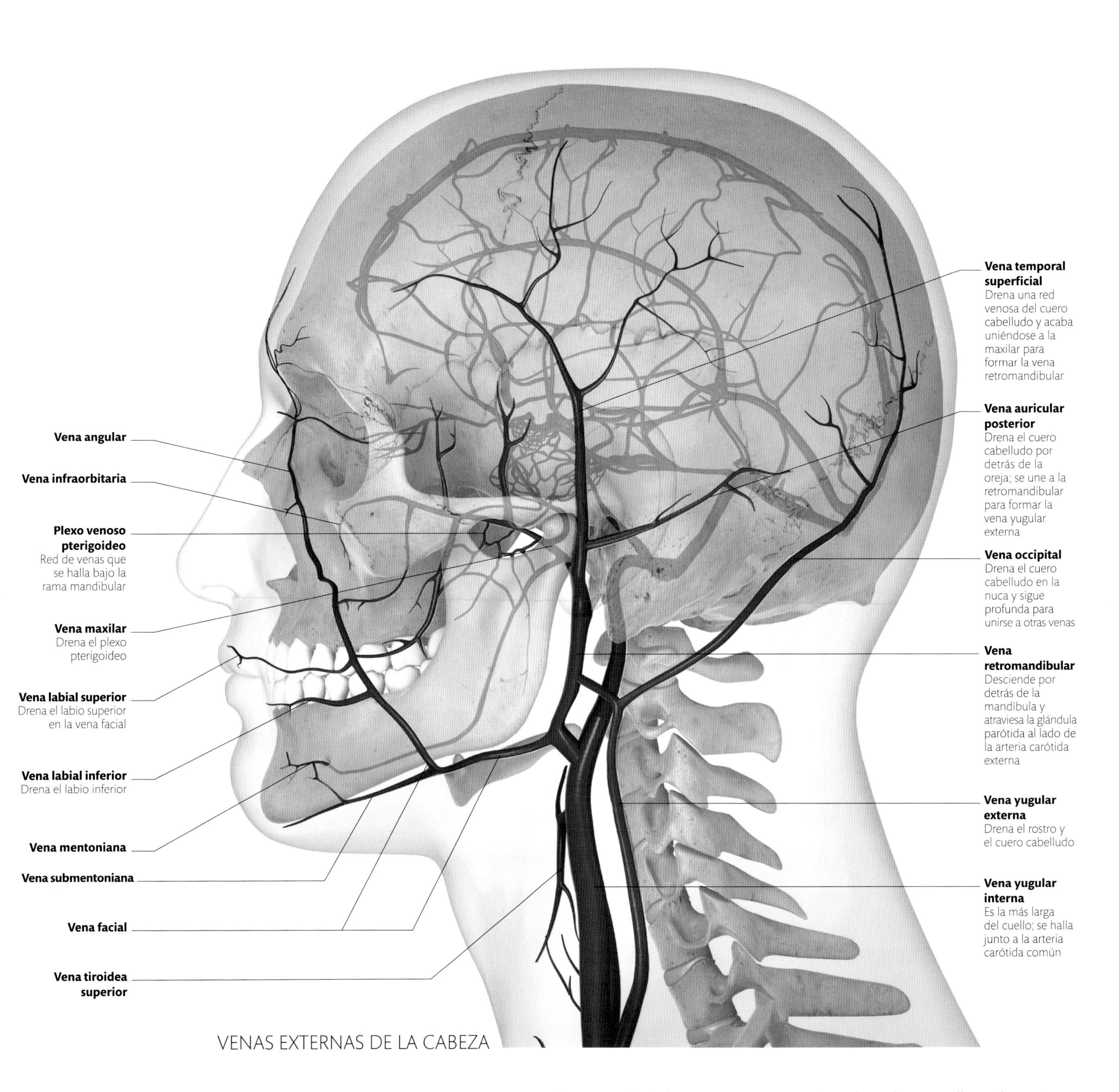
Vena temporal superficial
Drena una red venosa del cuero cabelludo y acaba uniéndose a la maxilar para formar la vena retromandibular
Vena auricular posterior
Drena el cuero cabelludo por detrás de la oreja; se une a la retromandibular para formar la vena yugular externa
Vena occipital
Drena el cuero cabelludo en la nuca y sigue profunda para unirse a otras venas
Vena retromandibular
Desciende por detrás de la mandíbula y atraviesa la glándula parótida al lado de la arteria carótida externa
Vena yugular externa
Drena el rostro y el cuero cabelludo
Vena yugular interna
Es la más larga del cuello; se halla junto a la arteria carótida común
Vena angular
Vena infraorbitaria
Plexo venoso pterigoideo
Red de venas que se halla bajo la rama mandibular
Vena maxilar
Drena el plexo pterigoideo
Vena labial superior
Drena el labio superior en la vena facial
Vena labial inferior
Drena el labio inferior
Vena mentoniana
Vena submentoniana
Vena facial
Vena tiroidea superior
VENAS EXTERNAS DE LA CABEZA

CABEZA Y CUELLO **CARDIOVASCULAR**

Los vasos principales que aportan sangre oxigenada a cabeza y cuello son la artería carótida común y las arterias vertebrales. Las arterias vertebrales ascienden a través de agujeros en las vértebras cervicales y se introducen en el cráneo por el foramen magnum. La carótida común asciende por el cuello y se divide en dos: la carótida interna irriga el cerebro, y la externa se subdivide en numerosas ramas, algunas de las cuales irrigan la glándula tiroides, la boca, la lengua y la cavidad nasal. Las venas de cabeza y cuello se van uniendo como afluentes y drenan en la gran vena yugular interna, detrás del músculo esternocleidomastoideo, y en la subclavia, en la base del cuello.

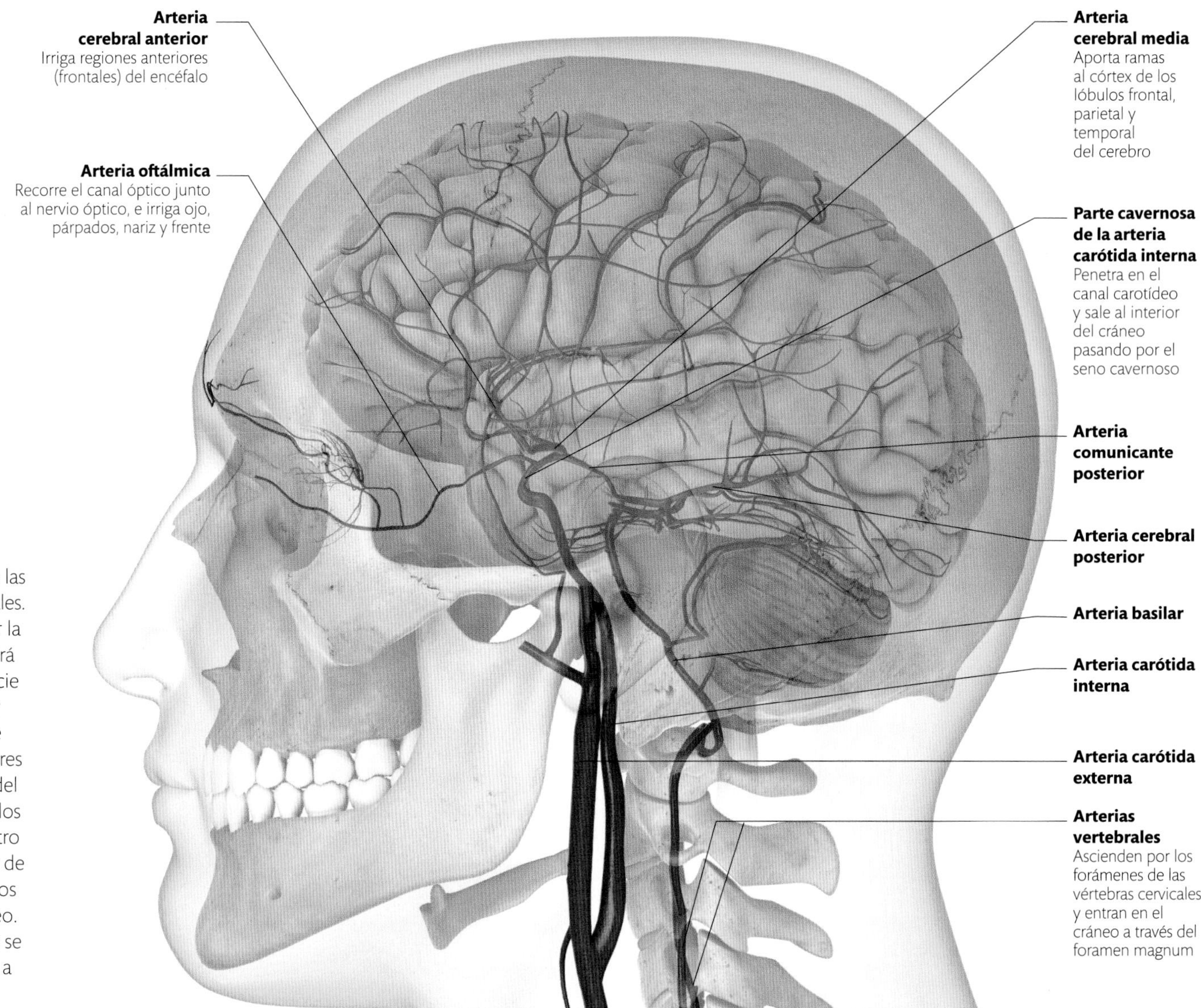
Arteria cerebral anterior
Irriga regiones anteriores (frontales) del encéfalo
Arteria oftálmica
Recorre el canal óptico junto al nervio óptico, e irriga ojo, párpados, nariz y frente
Arteria cerebral media
Aporta ramas al córtex de los lóbulos frontal, parietal y temporal del cerebro
Parte cavernosa de la arteria carótida interna
Penetra en el canal carotídeo y sale al interior del cráneo pasando por el seno cavernoso
Arteria comunicante posterior
Arteria cerebral posterior
Arteria basilar
Arteria carótida interna
Arteria carótida externa
Arterias vertebrales
Ascienden por los forámenes de las vértebras cervicales y entran en el cráneo a través del foramen magnum
Arteria carótida común

ARTERIAS QUE RODEAN EL ENCÉFALO

El encéfalo tiene un rico aporte sanguíneo, que le llega a través de las arterias carótida interna y vertebrales. Estas últimas se unen para formar la arteria basilar, que a su vez se unirá a la carótida interna en la superficie inferior del encéfalo para formar el círculo de Willis. Desde ahí, se introducen en el encéfalo tres pares de arterias cerebrales. Las venas del encéfalo y el cráneo se vacían en los senos venosos que se hallan dentro de la duramadre (la capa exterior de las meninges) y que forman surcos en la superficie interior del cráneo. Los senos se reúnen y finalmente se vacían en la vena yugular interna a la altura de la base del cráneo.

CABEZA Y CUELLO
CARDIOVASCULAR

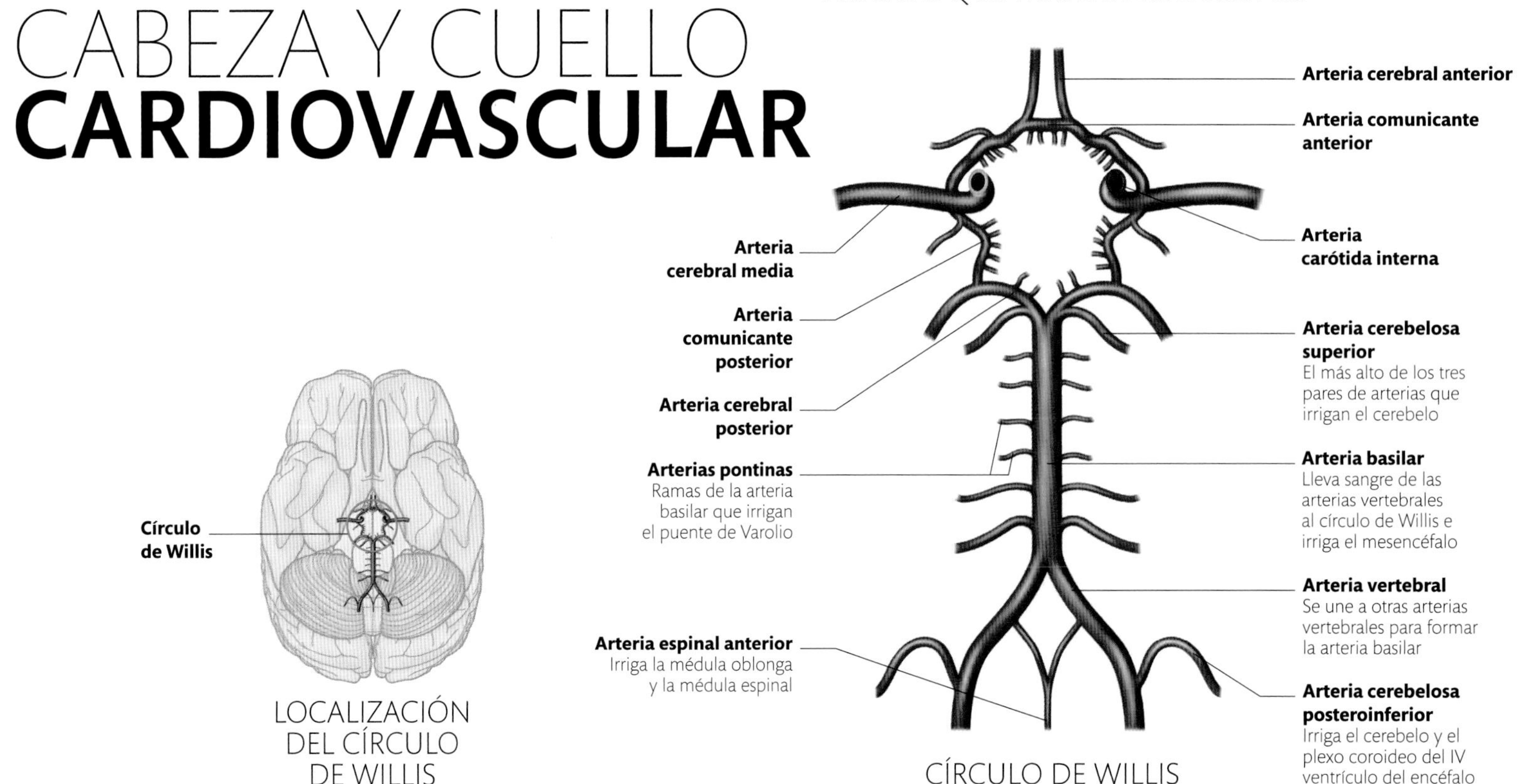
Círculo de Willis
Arteria cerebral anterior
Arteria comunicante anterior
Arteria cerebral media
Arteria carótida interna
Arteria comunicante posterior
Arteria cerebelosa superior
El más alto de los tres pares de arterias que irrigan el cerebelo
Arteria cerebral posterior
Arterias pontinas
Ramas de la arteria basilar que irrigan el puente de Varolio
Arteria basilar
Lleva sangre de las arterias vertebrales al círculo de Willis e irriga el mesencéfalo
Arteria vertebral
Se une a otras arterias vertebrales para formar la arteria basilar
Arteria espinal anterior
Irriga la médula oblonga y la médula espinal
Arteria cerebelosa posteroinferior
Irriga el cerebelo y el plexo coroideo del IV ventrículo del encéfalo

LOCALIZACIÓN DEL CÍRCULO DE WILLIS

CÍRCULO DE WILLIS

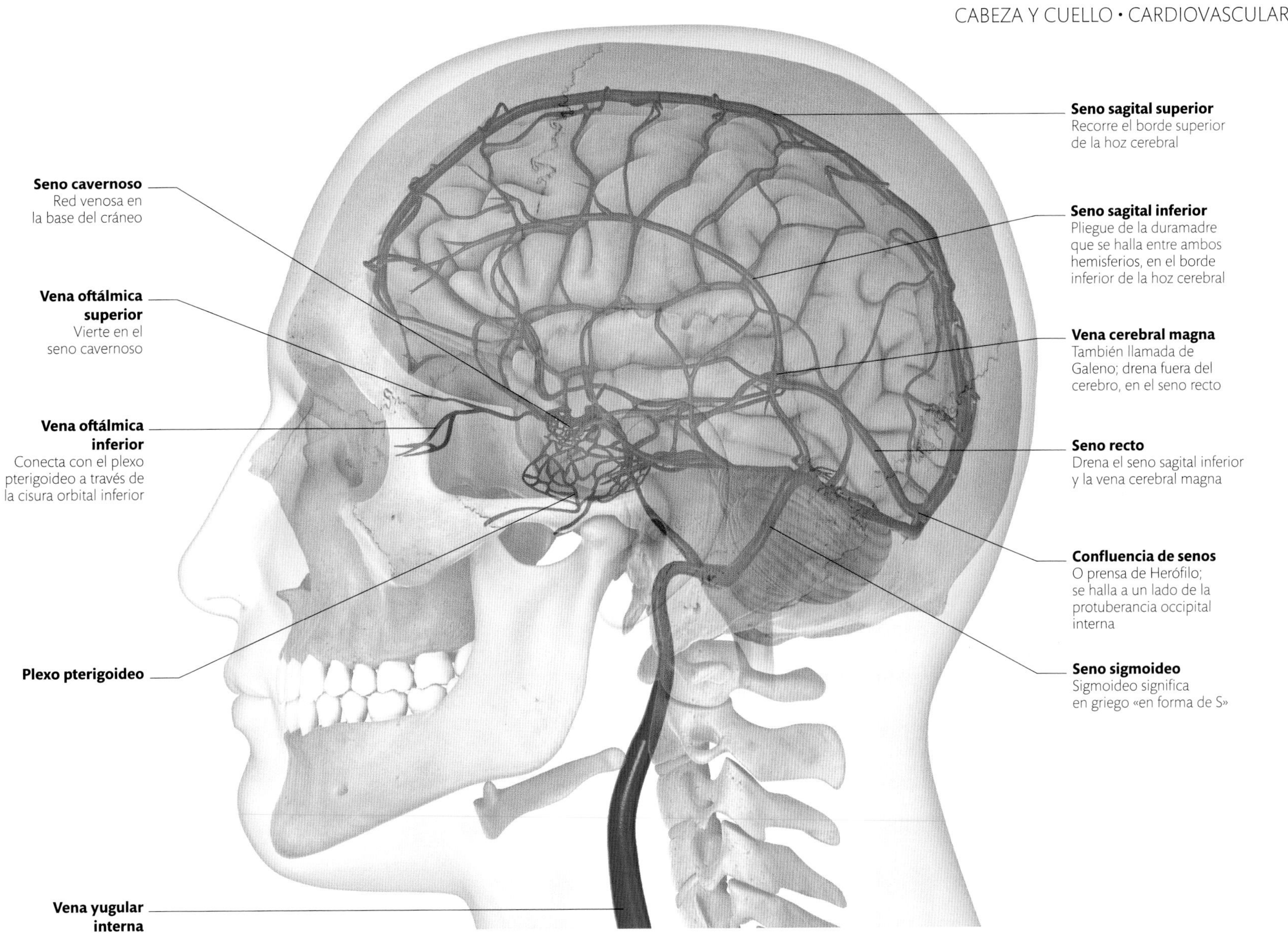
Seno sagital superior
Recorre el borde superior de la hoz cerebral
Seno cavernoso
Red venosa en la base del cráneo
Seno sagital inferior
Pliegue de la duramadre que se halla entre ambos hemisferios, en el borde inferior de la hoz cerebral
Vena oftálmica superior
Vierte en el seno cavernoso
Vena cerebral magna
También llamada de Galeno; drena fuera del cerebro, en el seno recto
Vena oftálmica inferior
Conecta con el plexo pterigoideo a través de la cisura orbital inferior
Seno recto
Drena el seno sagital inferior y la vena cerebral magna
Confluencia de senos
O prensa de Herófilo; se halla a un lado de la protuberancia occipital interna
Plexo pterigoideo
Seno sigmoideo
Sigmoideo significa en griego «en forma de S»
Vena yugular interna

VENAS QUE RODEAN EL ENCÉFALO

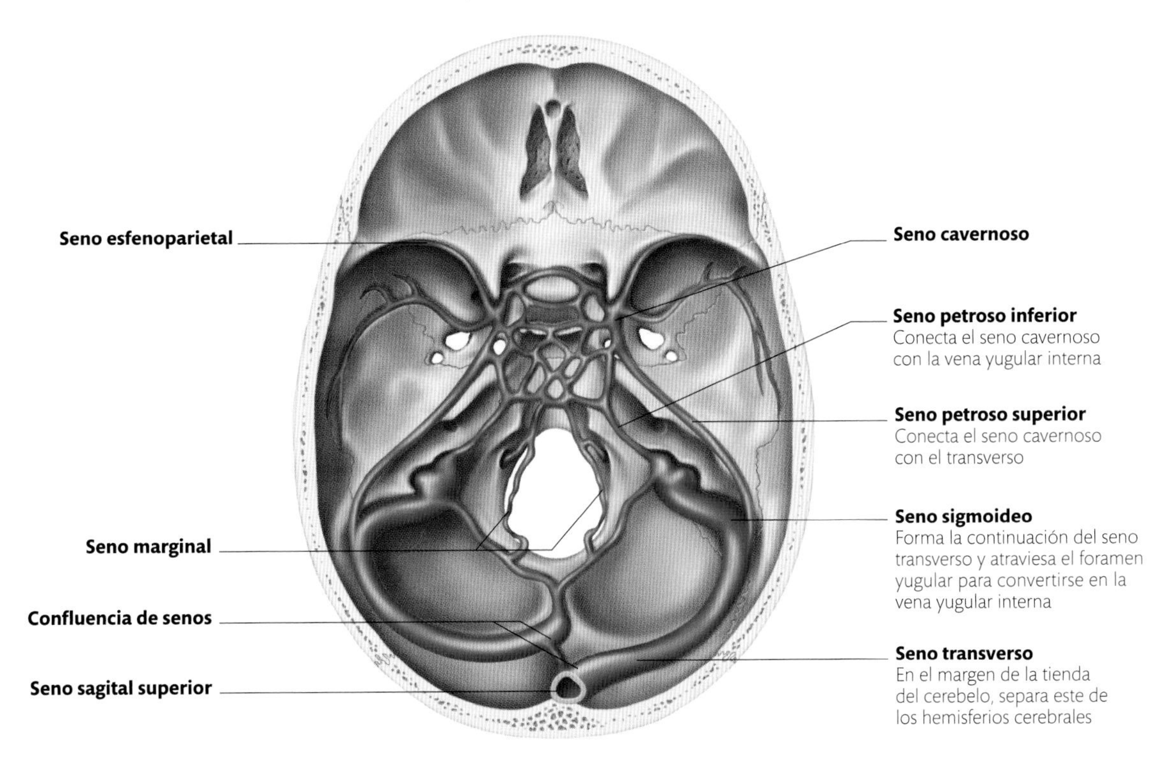
Seno esfenoparietal
Seno cavernoso
Seno petroso inferior
Conecta el seno cavernoso con la vena yugular interna
Seno petroso superior
Conecta el seno cavernoso con el transverso
Seno sigmoideo
Forma la continuación del seno transverso y atraviesa el foramen yugular para convertirse en la vena yugular interna
Seno marginal
Confluencia de senos
Seno transverso
En el margen de la tienda del cerebelo, separa este de los hemisferios cerebrales
Seno sagital superior

SENOS VENOSOS DURALES

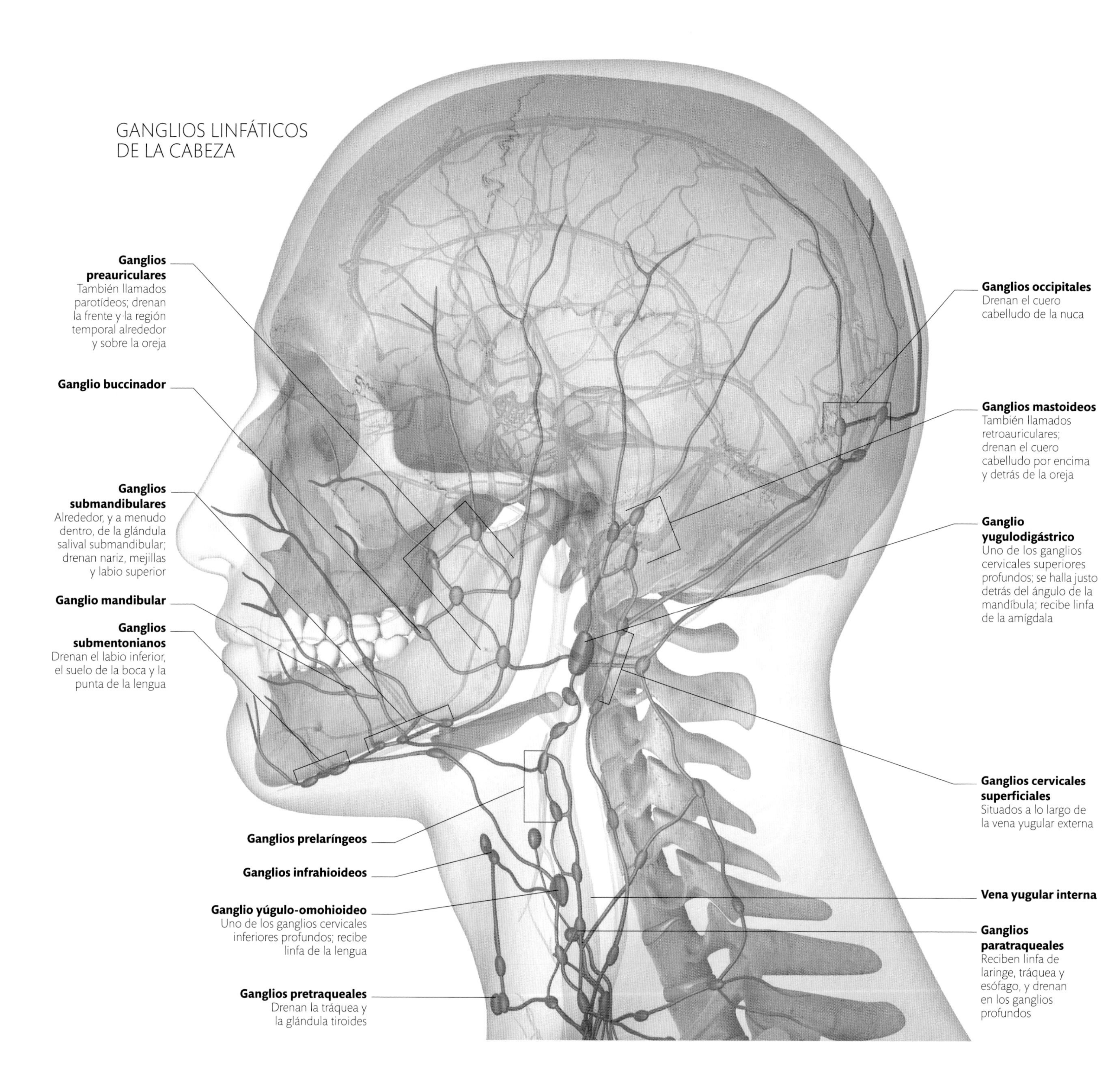
GANGLIOS LINFÁTICOS DE LA CABEZA
Ganglios preauriculares También llamados parotídeos; drenan la frente y la región temporal alrededor y sobre la oreja
Ganglio buccinador
Ganglios submandibulares Alrededor, y a menudo dentro, de la glándula salival submandibular; drenan nariz, mejillas y labio superior
Ganglio mandibular
Ganglios submentonianos Drenan el labio inferior, el suelo de la boca y la punta de la lengua
Ganglios prelaríngeos
Ganglios infrahioideos
Ganglio yúgulo-omohioideo Uno de los ganglios cervicales inferiores profundos; recibe linfa de la lengua
Ganglios pretraqueales Drenan la tráquea y la glándula tiroides
Ganglios occipitales Drenan el cuero cabelludo de la nuca
Ganglios mastoideos También llamados retroauriculares; drenan el cuero cabelludo por encima y detrás de la oreja
Ganglio yugulodigástrico Uno de los ganglios cervicales superiores profundos; se halla justo detrás del ángulo de la mandíbula; recibe linfa de la amígdala
Ganglios cervicales superficiales Situados a lo largo de la vena yugular externa
Vena yugular interna
Ganglios paratraqueales Reciben linfa de laringe, tráquea y esófago, y drenan en los ganglios profundos

CABEZA Y CUELLO
LINFÁTICO E INMUNITARIO

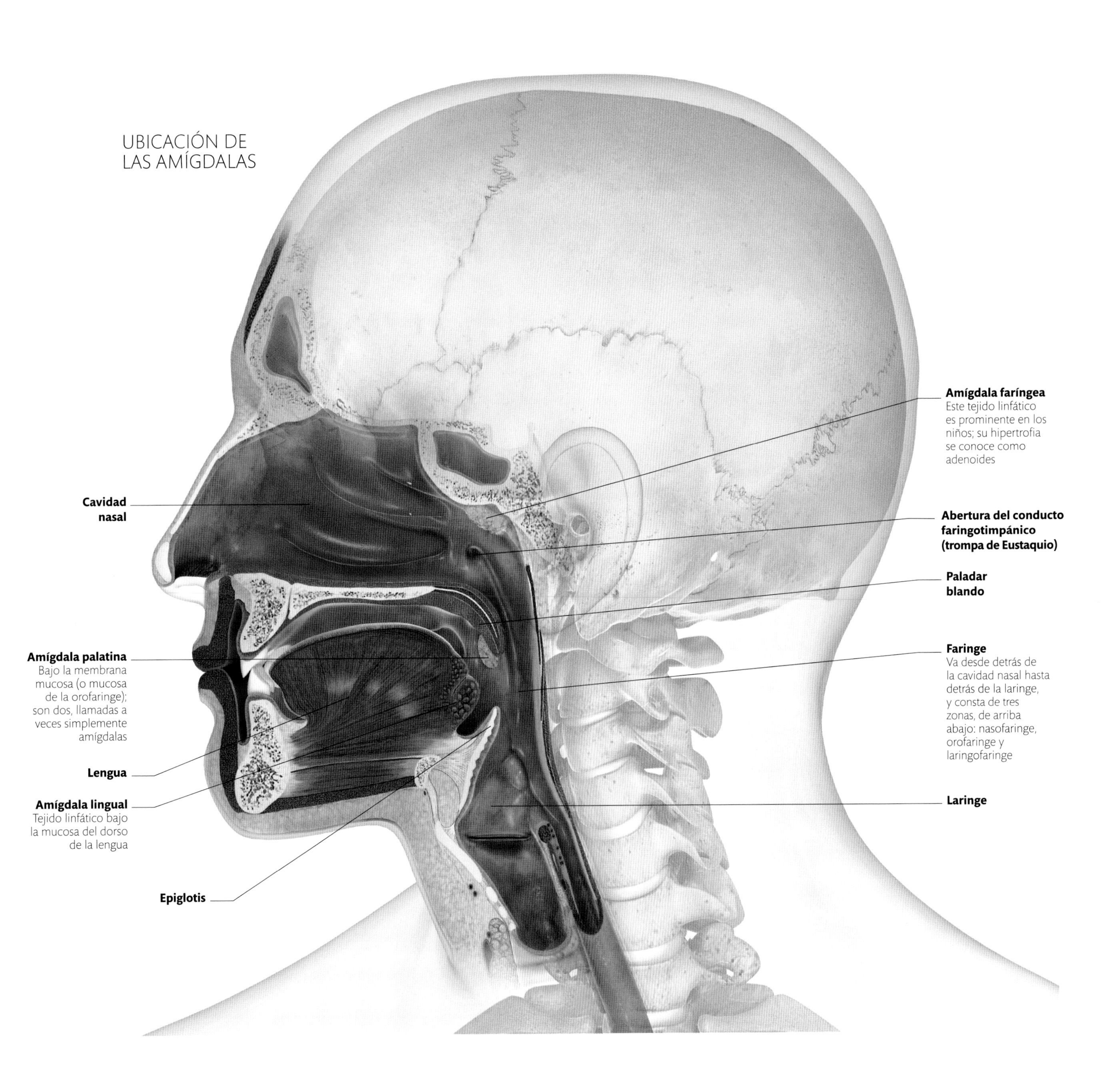
UBICACIÓN DE LAS AMÍGDALAS
Amígdala faríngea
Este tejido linfático es prominente en los niños; su hipertrofia se conoce como adenoides
Cavidad nasal
Abertura del conducto faringotimpánico (trompa de Eustaquio)
Paladar blando
Amígdala palatina
Bajo la membrana mucosa (o mucosa de la orofaringe); son dos, llamadas a veces simplemente amígdalas
Faringe
Va desde detrás de la cavidad nasal hasta detrás de la laringe, y consta de tres zonas, de arriba abajo: nasofaringe, orofaringe y laringofaringe
Lengua
Amígdala lingual
Tejido linfático bajo la mucosa del dorso de la lengua
Laringe
Epiglotis

En la unión de cabeza y cuello existe un anillo de ganglios linfáticos cercanos a la piel, desde los occipitales (en la nuca) a los submandibulares y submentonianos (plegados bajo la mandíbula). Los ganglios superficiales se despliegan por la región lateral y anterior del cuello, y los profundos se agrupan en torno a la vena yugular interna, cubiertos por el músculo esternocleidomastoideo. La linfa de todos los demás nodos pasa a los profundos y después al tronco yugular, antes de vaciarse en las venas de la base del cuello. El tejido linfático, bajo la forma de amígdalas palatinas, faríngeas y linguales, forma un anillo protector en torno a la región superior de los tractos respiratorio y digestivo.

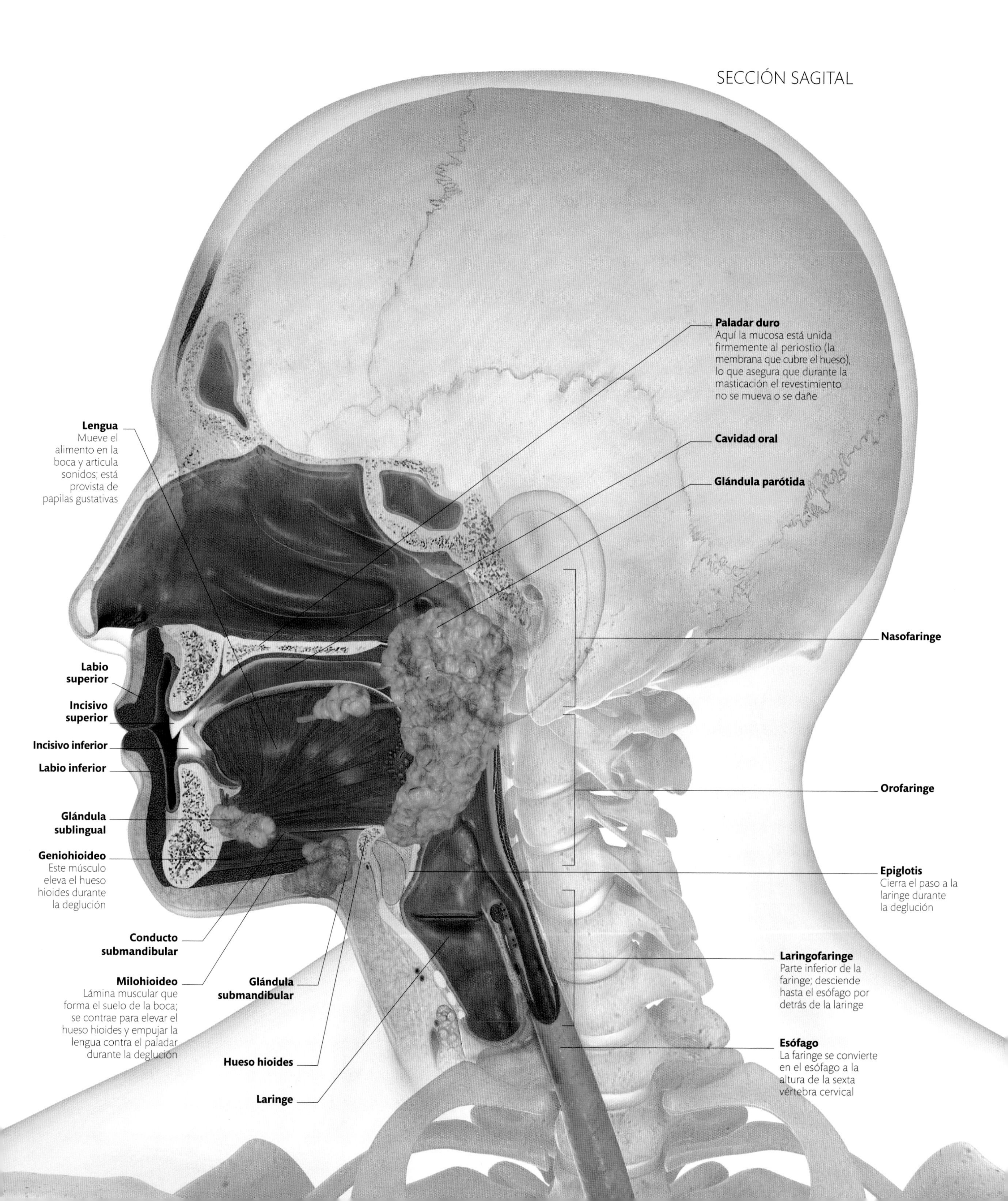
SECCIÓN SAGITAL
Paladar duro
Aquí la mucosa está unida firmemente al periostio (la membrana que cubre el hueso), lo que asegura que durante la masticación el revestimiento no se mueva o se dañe
Cavidad oral
Glándula parótida
Lengua
Mueve el alimento en la boca y articula sonidos; está provista de papilas gustativas
Nasofaringe
Labio superior
Incisivo superior
Incisivo inferior
Labio inferior
Orofaringe
Glándula sublingual
Geniohioideo
Este músculo eleva el hueso hioides durante la deglución
Epiglotis
Cierra el paso a la laringe durante la deglución
Conducto submandibular
Laringofaringe
Parte inferior de la faringe; desciende hasta el esófago por detrás de la laringe
Milohioideo
Lámina muscular que forma el suelo de la boca; se contrae para elevar el hueso hioides y empujar la lengua contra el paladar durante la deglución
Glándula submandibular
Esófago
La faringe se convierte en el esófago a la altura de la sexta vértebra cervical
Hueso hioides
Laringe

Agujero ciego
Este pequeño agujero sin salida en la parte posterior de la lengua es un vestigio del inicio del desarrollo embrionario de la glándula tiroides, antes de descender al cuello

Parte faríngea de la lengua
Presenta tejido linfático que forma la amígdala lingual

Surco terminal
Límite entre las partes faríngea y oral de la lengua, ubicadas respectivamente en las cavidades orofaríngea y oral

Papilas caliciformes
En la parte posterior de la lengua hay una docena de estas grandes papilas gustativas, cada una de ellas rodeada por un surco circular

Papilas foliadas
Estas papilas gustativas con forma de hoja forman surcos a cada lado de la parte posterior de la lengua

Papilas fungiformes
Las llamadas papilas gustativas fungiformes, esto es, «con forma de hongo», se hallan dispersas por la lengua por entre las papilas filiformes

Parte oral de la lengua

Papilas filiformes
Finas papilas gustativas que dan a la lengua su textura suave

LENGUA

CABEZA Y CUELLO DIGESTIVO

La boca es la primera parte del tracto digestivo, donde comienza el proceso de digestión mecánica y química. Los dientes trituran cada bocado, y los tres pares de glándulas salivales mayores –parótidas, submandibulares y sublinguales– segregan saliva a través de conductos en la boca. La saliva contiene enzimas digestivas que comienzan la descomposición química de la comida en la boca. La lengua, que remueve la comida, tiene papilas gustativas que permiten apreciar los sabores y distinguir con rapidez las toxinas potencialmente nocivas. Al deglutir, la lengua se pega al paladar duro, el paladar blando sella la vía respiratoria, y el tubo muscular de la faringe se contrae en un movimiento ondulatorio para empujar hacia el esófago el bolo alimenticio, listo para la siguiente etapa de su trayecto.

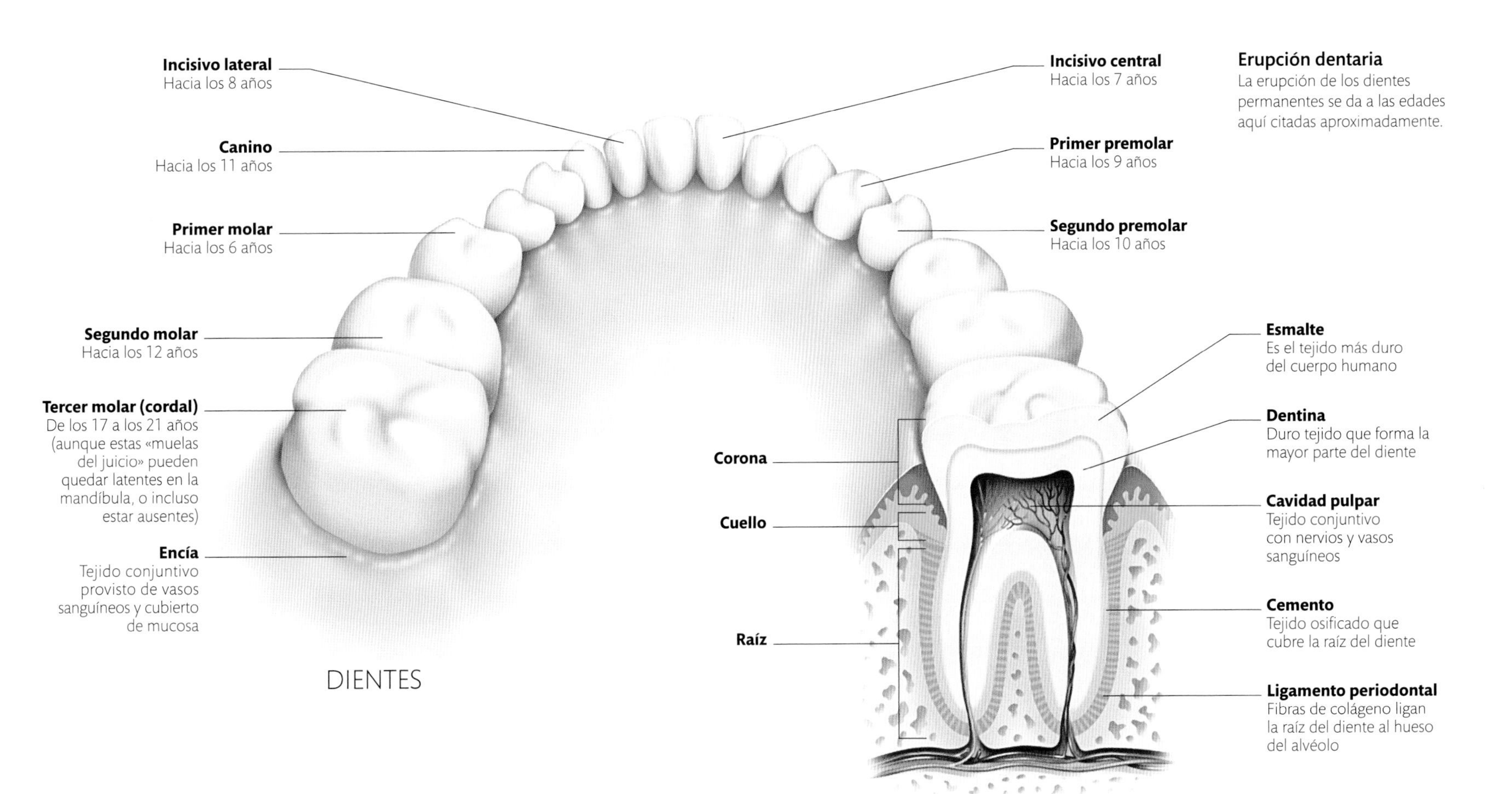
Incisivo lateral
Hacia los 8 años
Canino
Hacia los 11 años
Primer molar
Hacia los 6 años
Segundo molar
Hacia los 12 años
Tercer molar (cordal)
De los 17 a los 21 años (aunque estas «muelas del juicio» pueden quedar latentes en la mandíbula, o incluso estar ausentes)
Encía
Tejido conjuntivo provisto de vasos sanguíneos y cubierto de mucosa
Incisivo central
Hacia los 7 años
Primer premolar
Hacia los 9 años
Segundo premolar
Hacia los 10 años
Erupción dentaria
La erupción de los dientes permanentes se da a las edades aquí citadas aproximadamente.
Corona
Cuello
Raíz
Esmalte
Es el tejido más duro del cuerpo humano
Dentina
Duro tejido que forma la mayor parte del diente
Cavidad pulpar
Tejido conjuntivo con nervios y vasos sanguíneos
Cemento
Tejido osificado que cubre la raíz del diente
Ligamento periodontal
Fibras de colágeno ligan la raíz del diente al hueso del alvéolo

DIENTES

CABEZA Y CUELLO **ENDOCRINO**

El interior de nuestros cuerpos es regulado por los sistemas nervioso autónomo y endocrino. Existen solapamientos entre ambos, y sus funciones están integradas y son controladas en el interior del hipotálamo, en el encéfalo. La glándula pituitaria tiene dos lóbulos: el posterior se desarrolla como una extensión del hipotálamo (pp. 408–409). Ambos lóbulos segregan hormonas en el torrente sanguíneo en respuesta a señales nerviosas o a los factores de liberación segregados en la sangre por el hipotálamo. Muchas de las hormonas pituitarias actúan sobre otras glándulas endocrinas, como la tiroides, las adrenales y los ovarios o testículos.

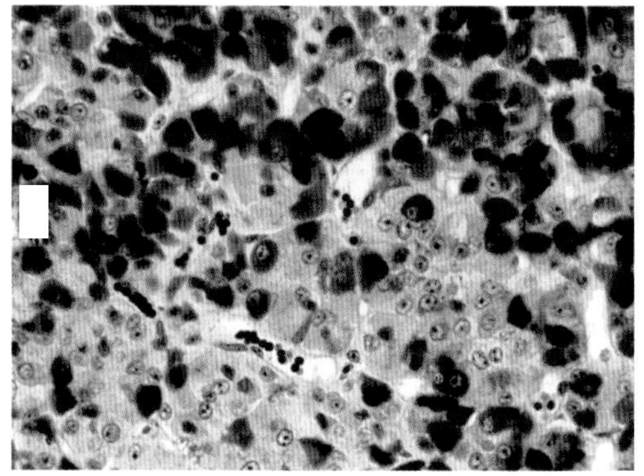

Tejido pituitario
En esta imagen aparecen tintadas en rojo algunas células secretoras de hormonas de la pituitaria anterior, entre ellas las que producen la hormona del crecimiento.

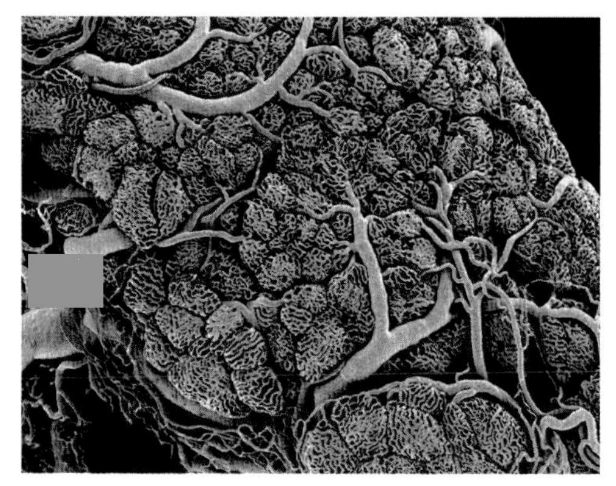

Irrigación sanguínea de la tiroides
Este molde de resina de la glándula tiroides muestra los capilares que envuelven las células secretoras (redondas) que liberan hormonas en el torrente sanguíneo.

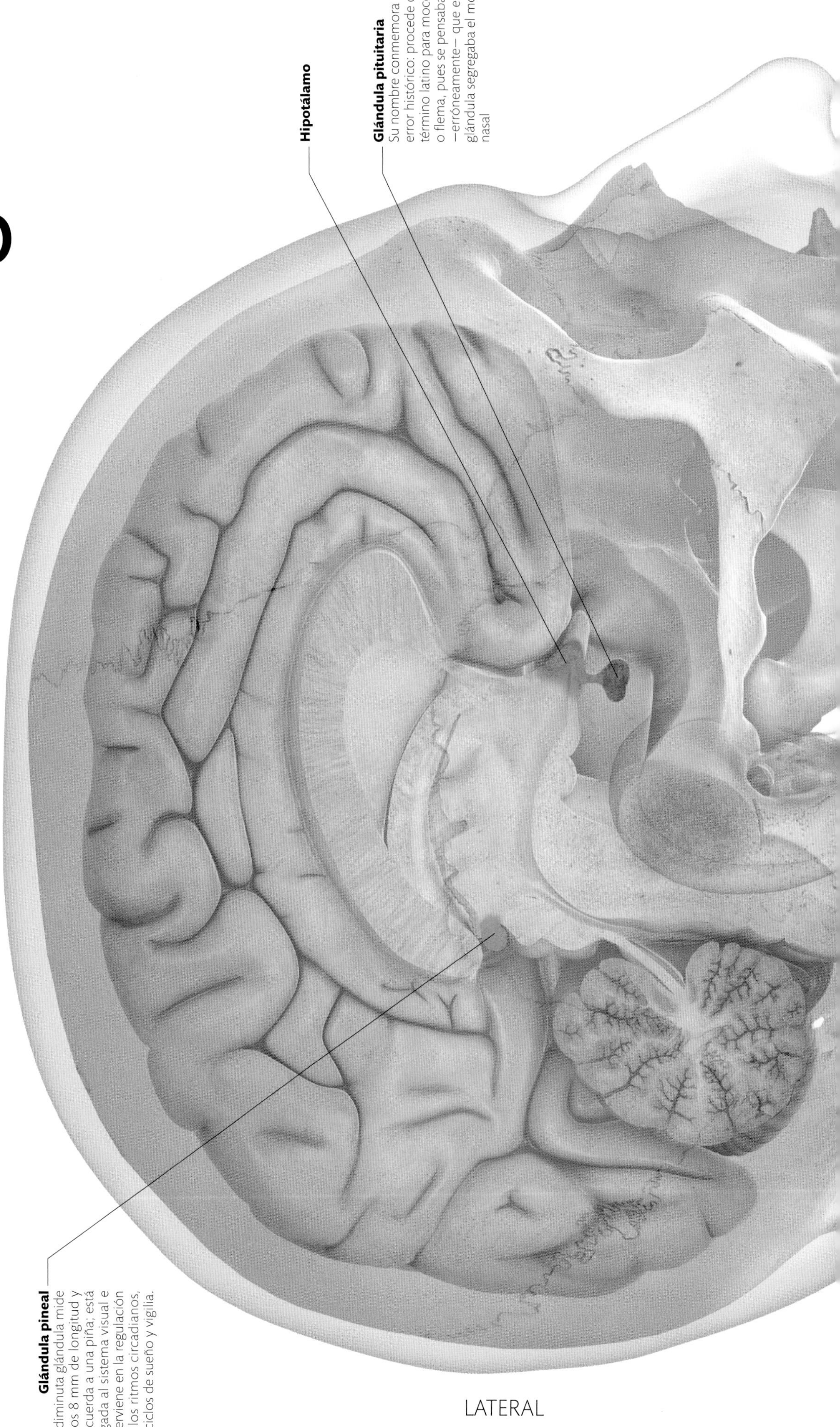
Hipotálamo
Glándula pituitaria
Su nombre conmemora un error histórico: procede del término latino para moco o flema, pues se pensaba –erróneamente– que esta glándula segregaba el moco nasal
Glándula pineal
Esta diminuta glándula mide unos 8 mm de longitud y recuerda a una piña; está ligada al sistema visual e interviene en la regulación de los ritmos circadianos, los ciclos de sueño y vigilia.
LATERAL

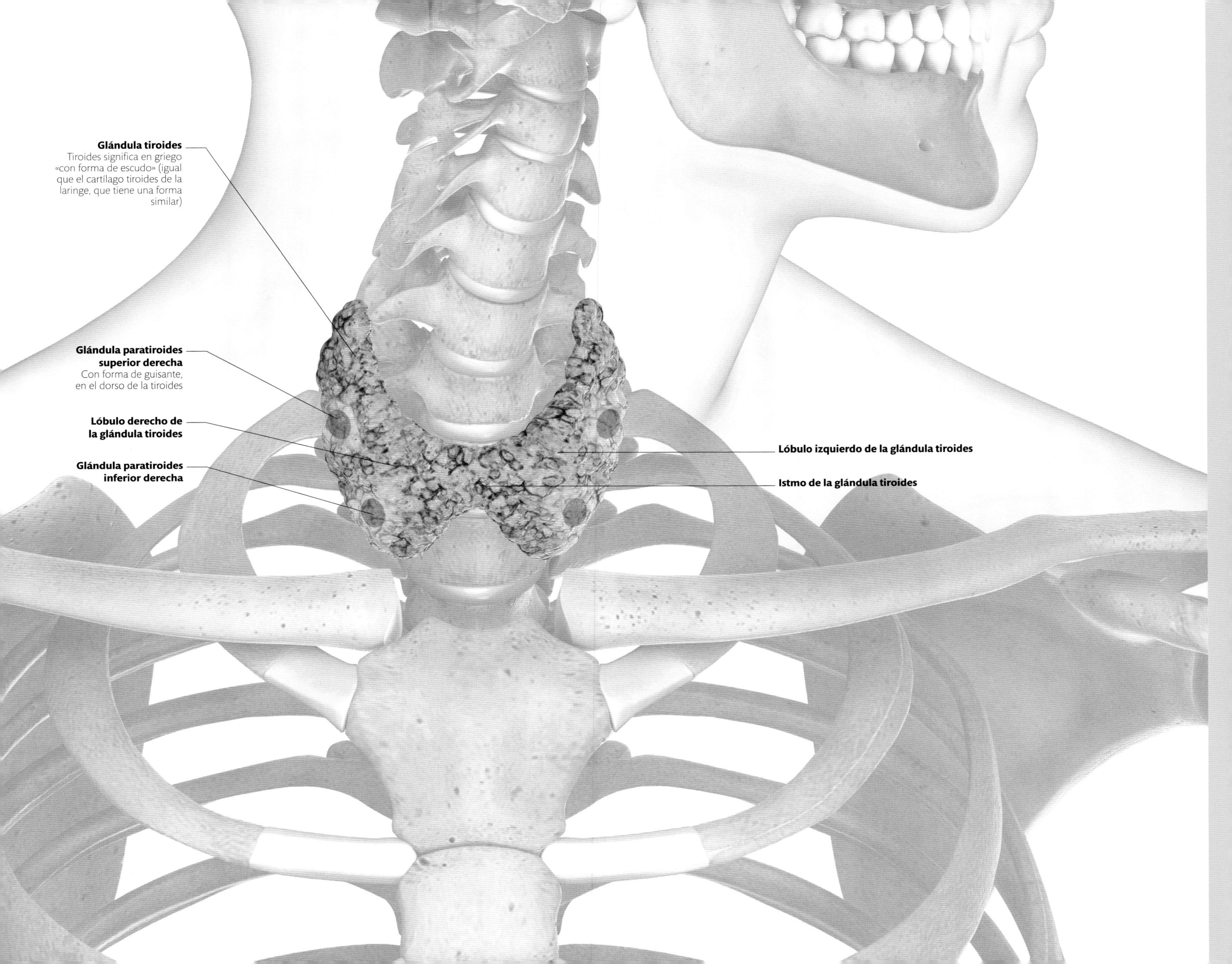
Glándula tiroides
Tiroides significa en griego «con forma de escudo» (igual que el cartílago tiroides de la laringe, que tiene una forma similar)
Glándula paratiroides superior derecha
Con forma de guisante, en el dorso de la tiroides
Lóbulo derecho de la glándula tiroides
Glándula paratiroides inferior derecha
Lóbulo izquierdo de la glándula tiroides
Istmo de la glándula tiroides

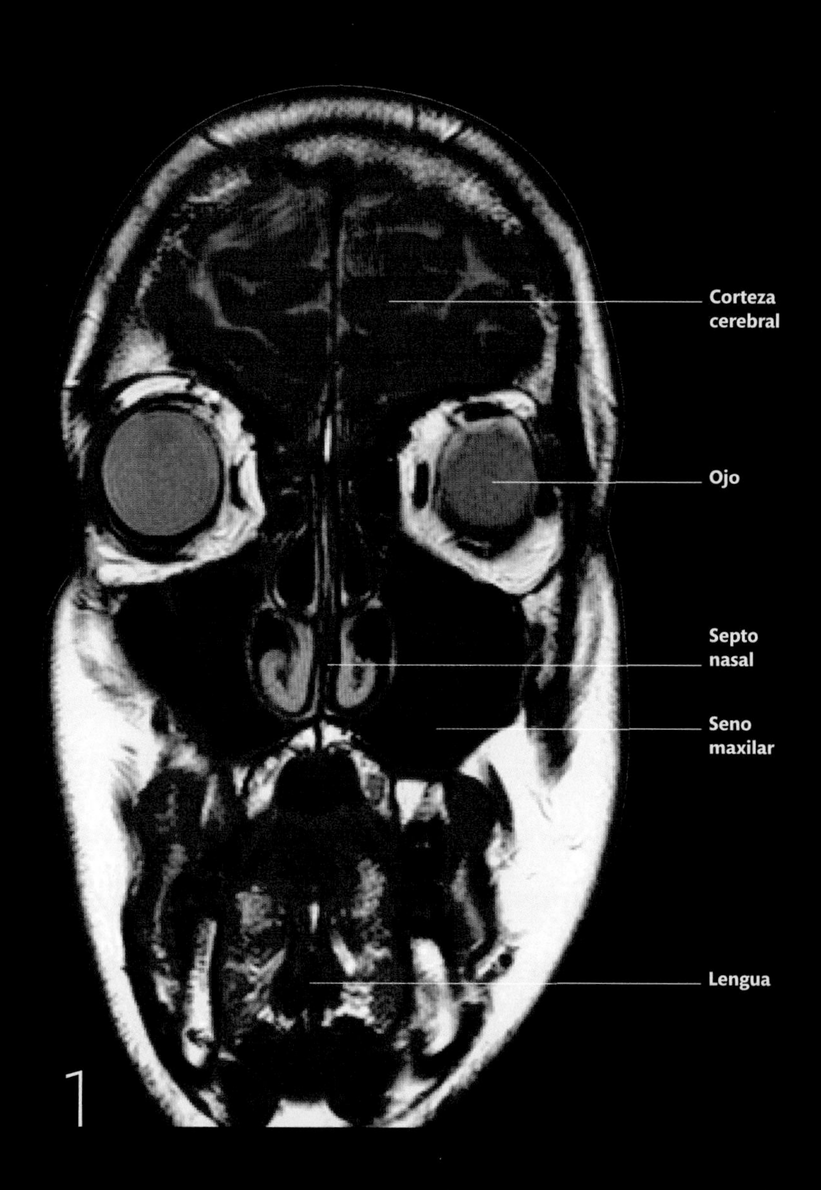
Corteza cerebral
Ojo
Septo nasal
Seno maxilar
Lengua
1

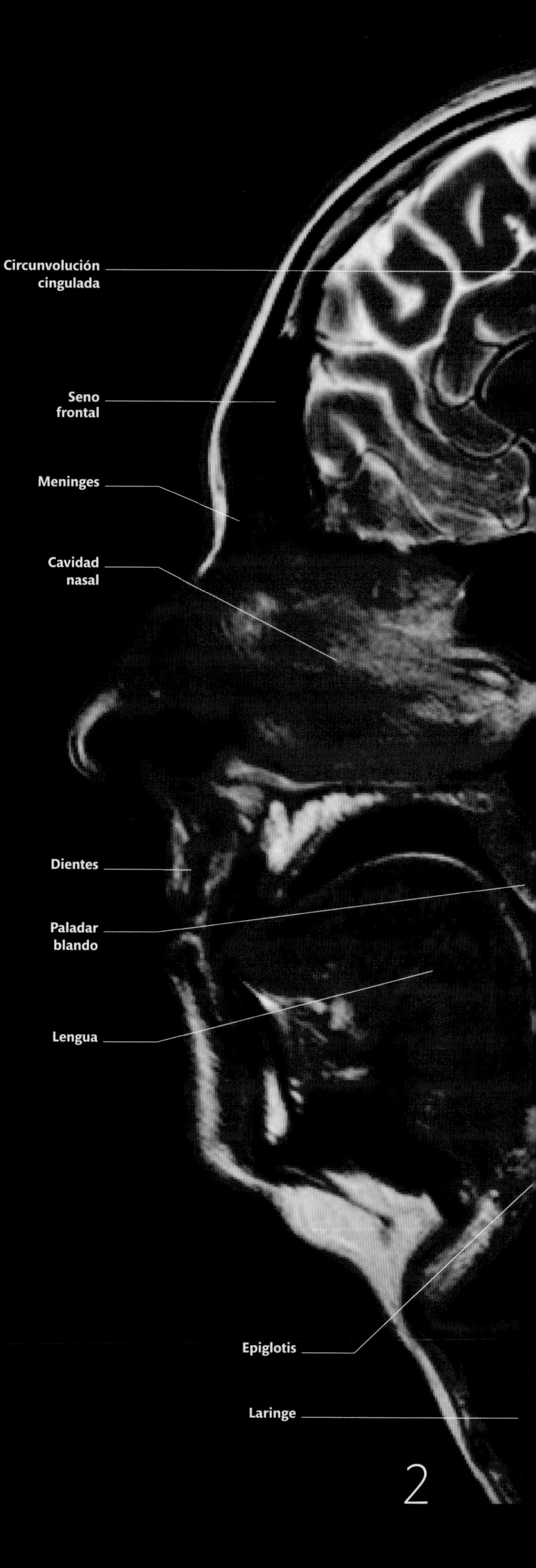
Circunvolución cingulada
Seno frontal
Meninges
Cavidad nasal
Dientes
Paladar blando
Lengua
Epiglotis
Laringe
2

CABEZA Y CUELLO **IRM**

El descubrimiento de los rayos X a finales del siglo XIX supuso la posibilidad de analizar el interior del cuerpo humano sin tener que abrirlo. Hoy, además de usarse para el estudio de la anatomía y la fisiología, la imagen médica es una importante herramienta diagnóstica. En la tomografía computerizada (TC), los rayos X se utilizan para obtener secciones virtuales del cuerpo. Otra forma de imagen seccional, que usa campos magnéticos en lugar de rayos X, es la imagen por resonancia magnética (IRM), mostrada aquí. La IRM es muy útil para observar en detalle tejidos blandos, como los músculos, los tendones o el encéfalo. En estas secciones también se ven claramente los ojos (1 y 3), la lengua (1 y 2), la laringe, las vértebras y la médula espinal (2 y 5).

ZONAS DE EXPLORACIÓN

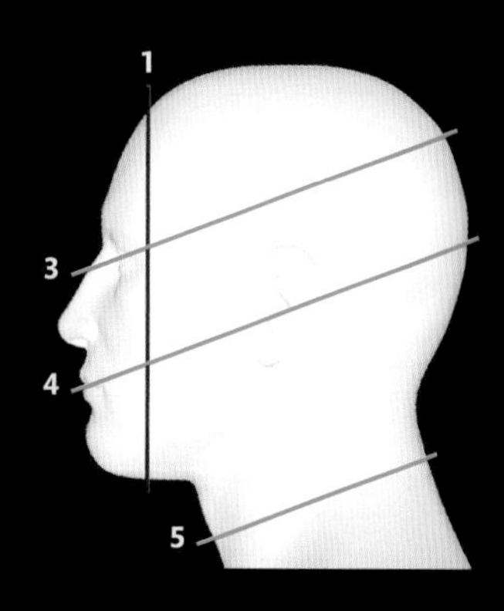
1
3
4
5

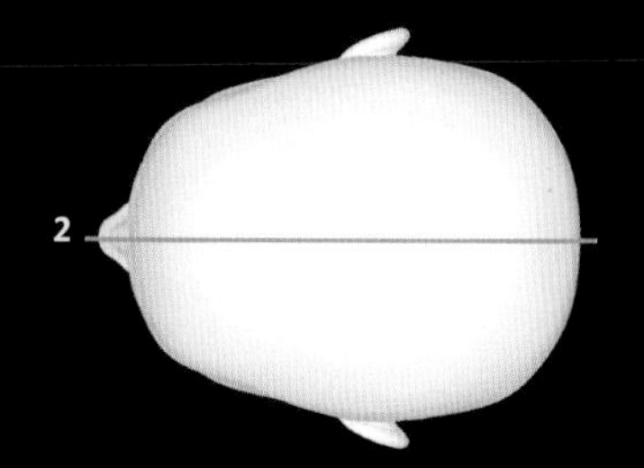
2

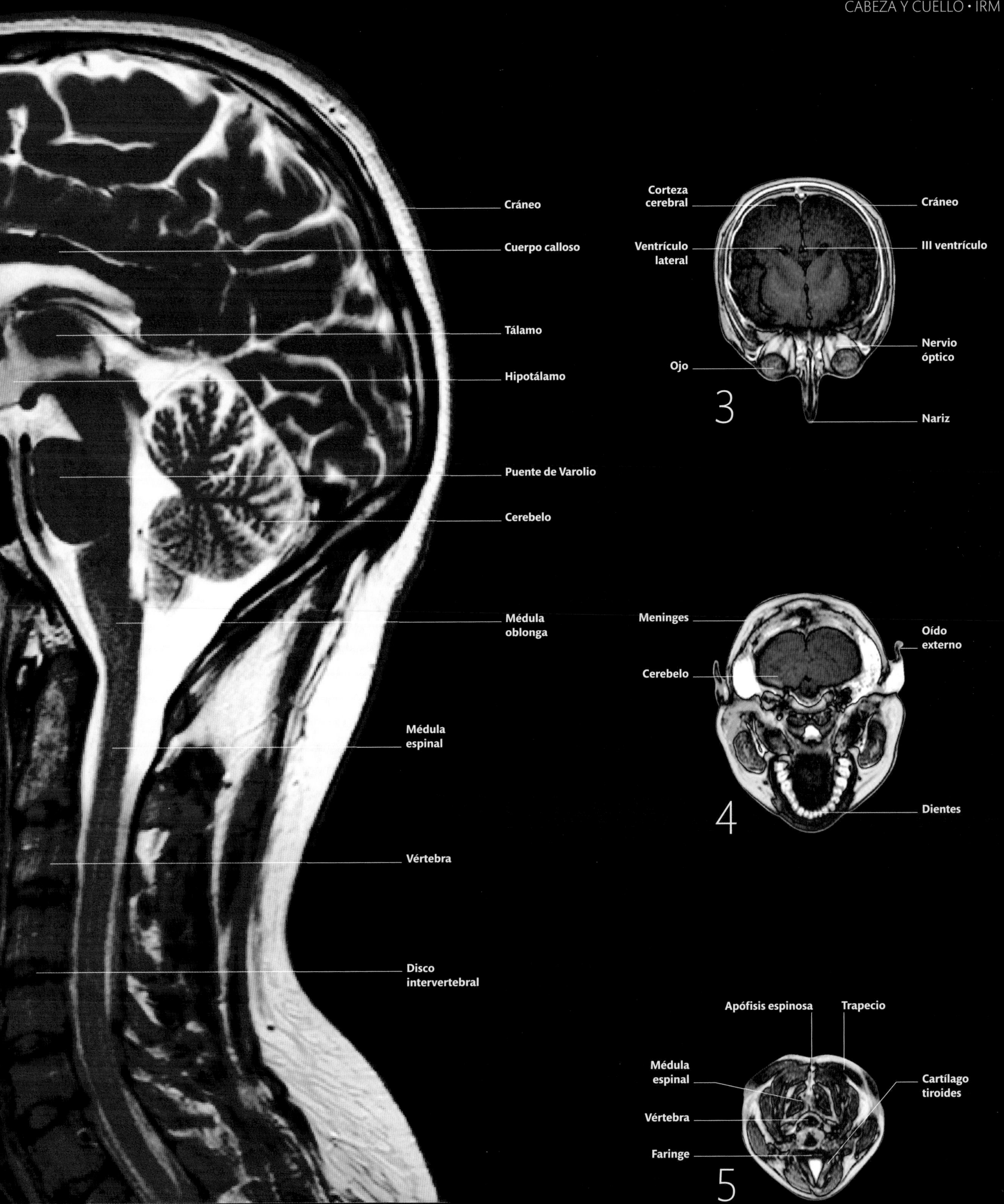
Cráneo
Cuerpo calloso
Tálamo
Hipotálamo
Puente de Varolio
Cerebelo
Médula oblonga
Médula espinal
Vértebra
Disco intervertebral
Corteza cerebral
Cráneo
Ventrículo lateral
III ventrículo
Nervio óptico
Ojo
3
Nariz
Meninges
Oído externo
Cerebelo
4
Dientes
Apófisis espinosa
Trapecio
Médula espinal
Cartílago tiroides
Vértebra
Faringe
5

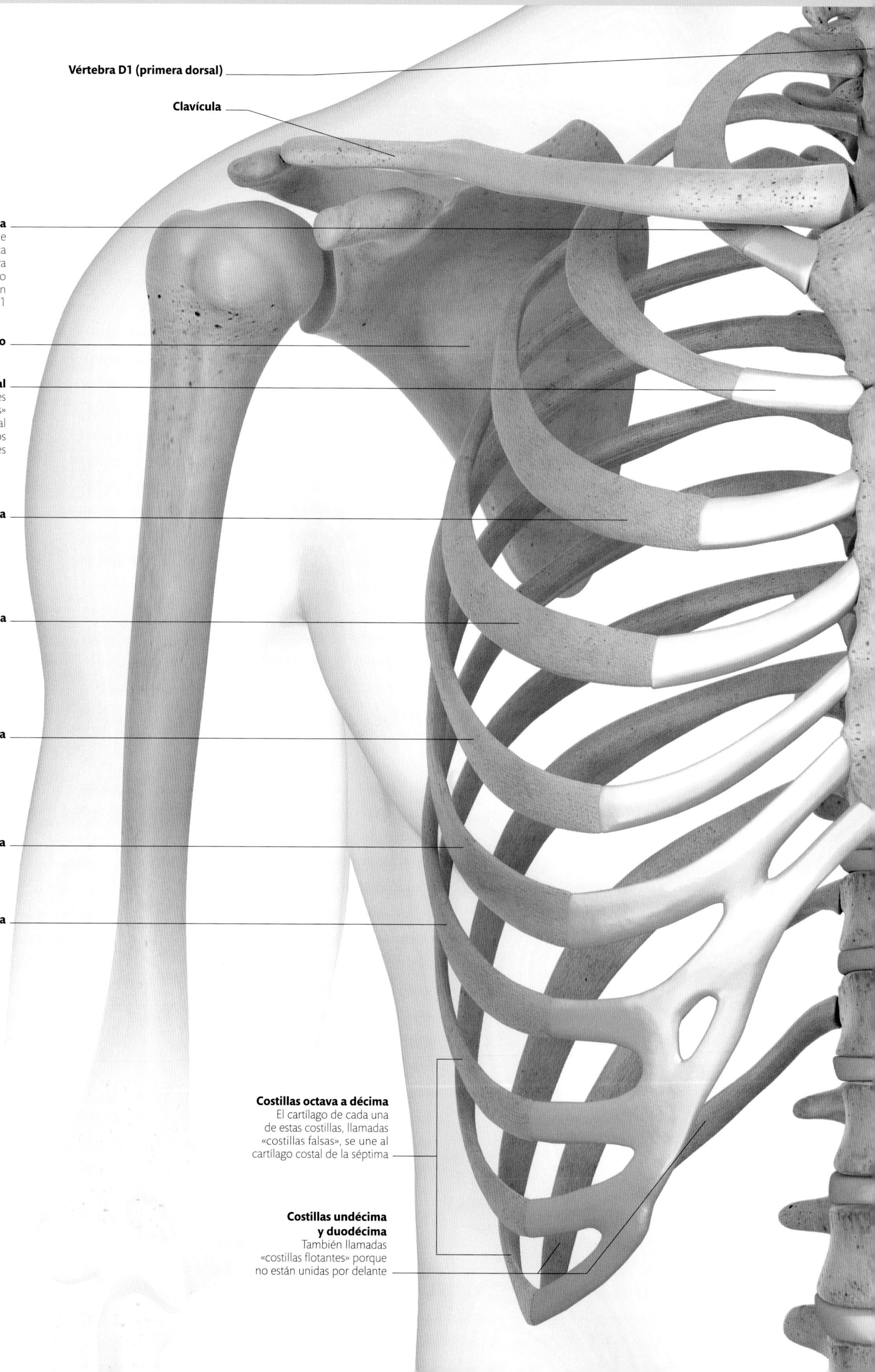

Vértebra D1 (primera dorsal)

Clavícula

Primera costilla
Más pequeña y curvada que las demás; la abertura torácica está formada por la primera costilla de cada lado, junto con el manubrio del esternón y el cuerpo de la vértebra D1

Omóplato

Segundo cartílago costal
Las siete costillas superiores son las «costillas verdaderas» que se fijan directamente al esternón mediante los cartílagos costales

Tercera costilla

Cuarta costilla

Quinta costilla

Sexta costilla

Séptima costilla

Costillas octava a décima
El cartílago de cada una de estas costillas, llamadas «costillas falsas», se une al cartílago costal de la séptima

Costillas undécima y duodécima
También llamadas «costillas flotantes» porque no están unidas por delante

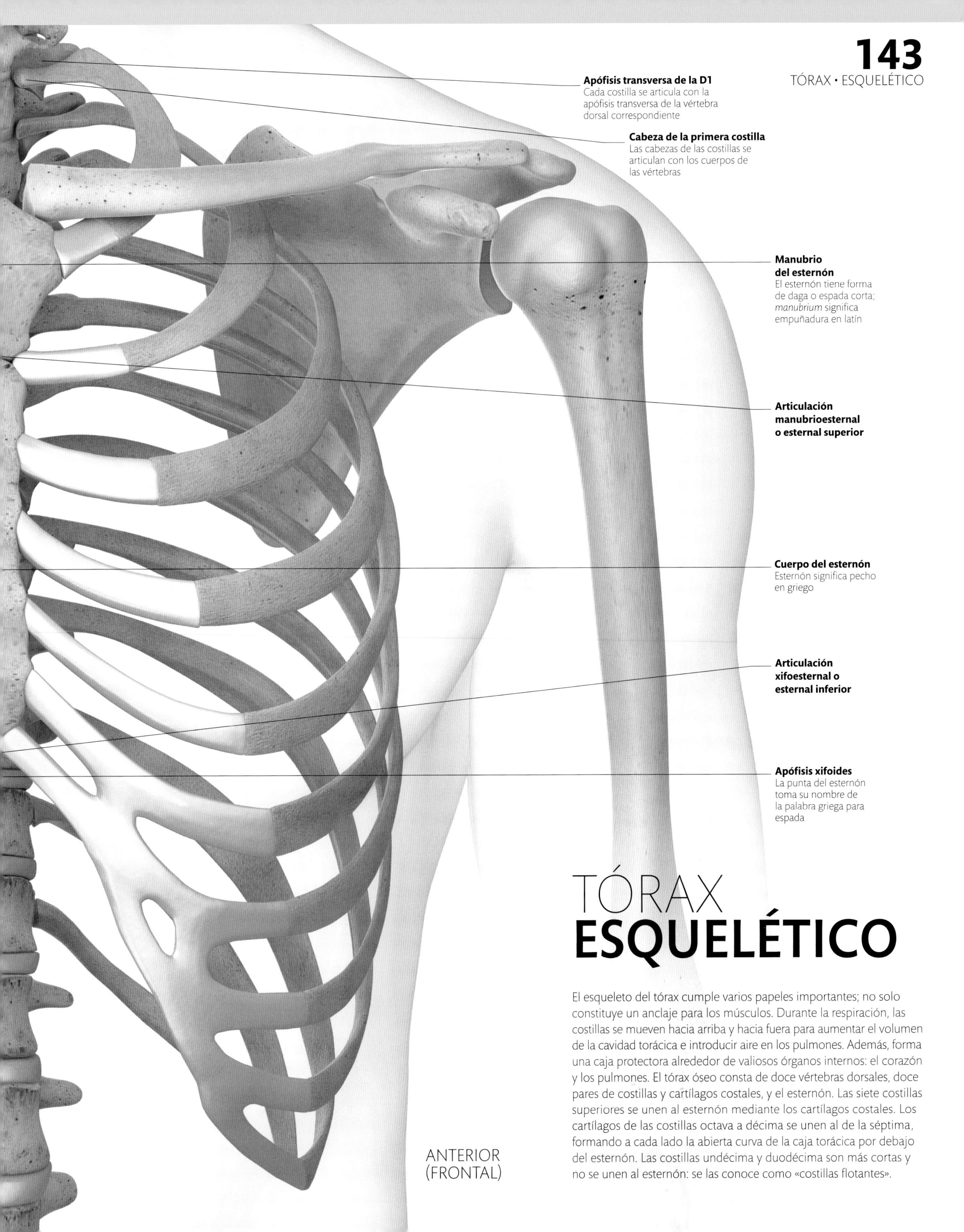
Apófisis transversa de la D1
Cada costilla se articula con la apófisis transversa de la vértebra dorsal correspondiente
Cabeza de la primera costilla
Las cabezas de las costillas se articulan con los cuerpos de las vértebras
Manubrio del esternón
El esternón tiene forma de daga o espada corta; *manubrium* significa empuñadura en latín
Articulación manubrioesternal o esternal superior
Cuerpo del esternón
Esternón significa pecho en griego
Articulación xifoesternal o esternal inferior
Apófisis xifoides
La punta del esternón toma su nombre de la palabra griega para espada
ANTERIOR (FRONTAL)

TÓRAX **ESQUELÉTICO**

El esqueleto del tórax cumple varios papeles importantes; no solo constituye un anclaje para los músculos. Durante la respiración, las costillas se mueven hacia arriba y hacia fuera para aumentar el volumen de la cavidad torácica e introducir aire en los pulmones. Además, forma una caja protectora alrededor de valiosos órganos internos: el corazón y los pulmones. El tórax óseo consta de doce vértebras dorsales, doce pares de costillas y cartílagos costales, y el esternón. Las siete costillas superiores se unen al esternón mediante los cartílagos costales. Los cartílagos de las costillas octava a décima se unen al de la séptima, formando a cada lado la abierta curva de la caja torácica por debajo del esternón. Las costillas undécima y duodécima son más cortas y no se unen al esternón: se las conoce como «costillas flotantes».

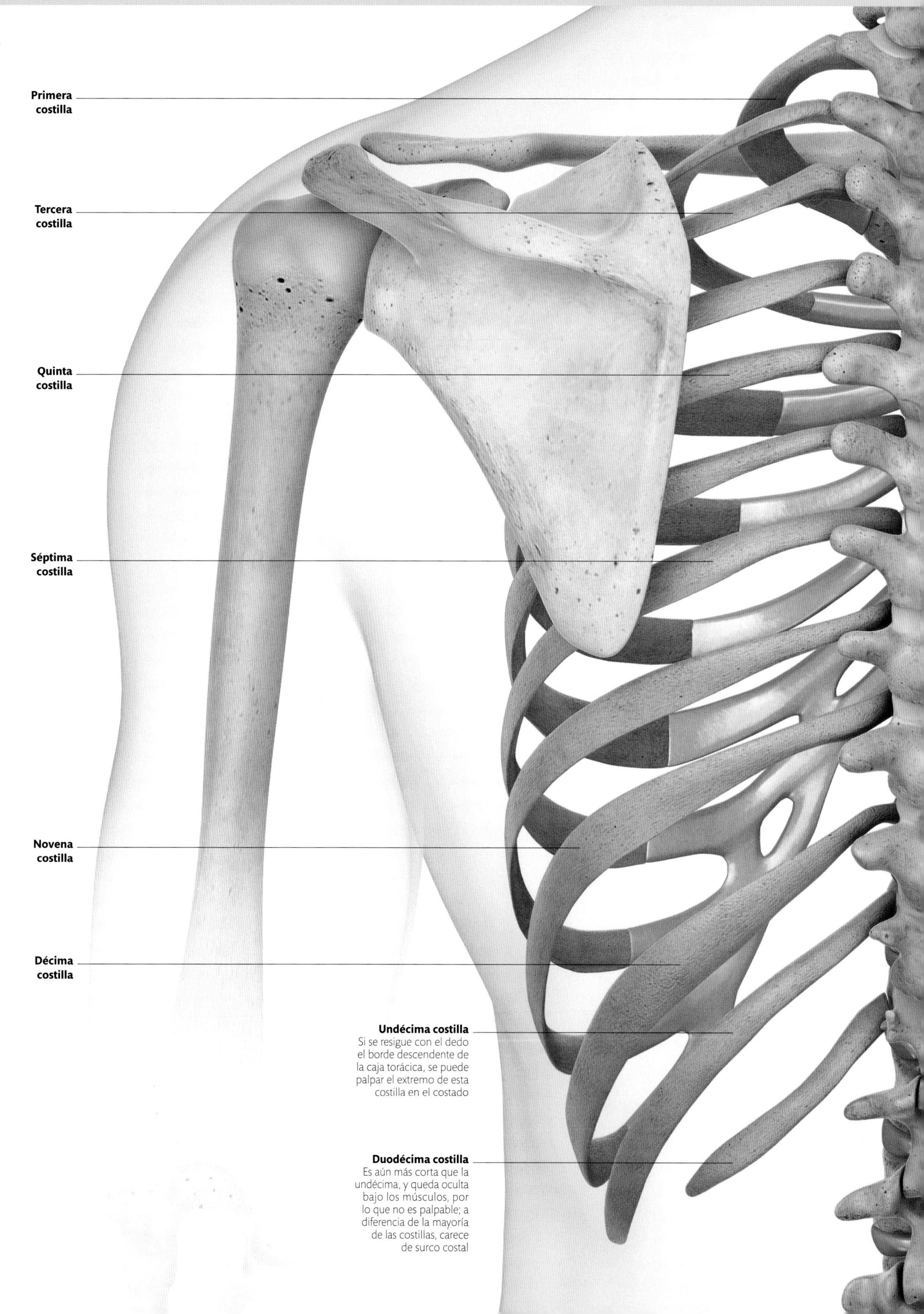
Primera costilla
Tercera costilla
Quinta costilla
Séptima costilla
Novena costilla
Décima costilla
Undécima costilla
Si se resigue con el dedo el borde descendente de la caja torácica, se puede palpar el extremo de esta costilla en el costado
Duodécima costilla
Es aún más corta que la undécima, y queda oculta bajo los músculos, por lo que no es palpable; a diferencia de la mayoría de las costillas, carece de surco costal

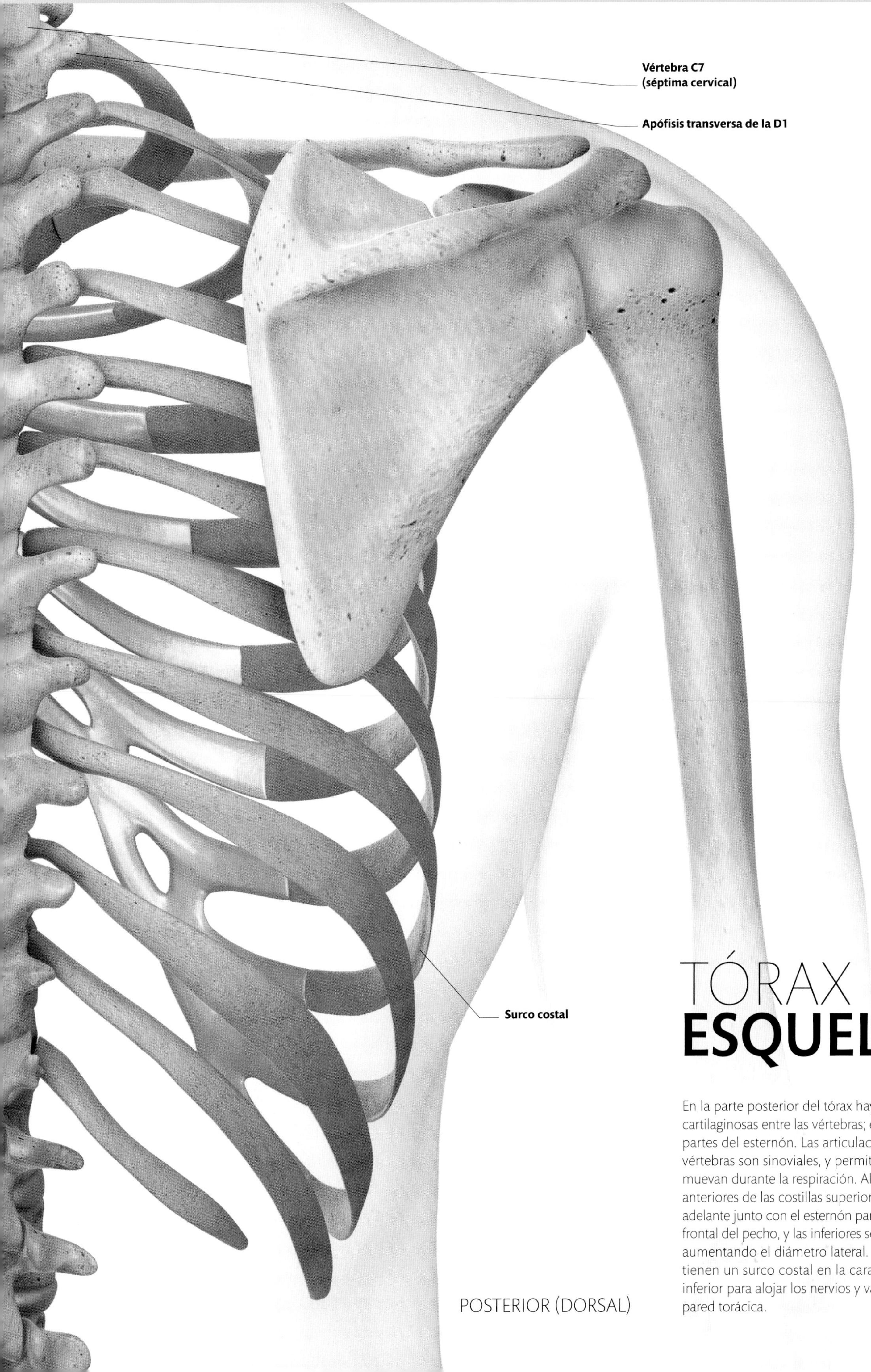

Vértebra C7 (séptima cervical)

Apófisis transversa de la D1

Surco costal

POSTERIOR (DORSAL)

TÓRAX ESQUELÉTICO

En la parte posterior del tórax hay articulaciones cartilaginosas entre las vértebras; en la anterior, entre las partes del esternón. Las articulaciones entre costillas y vértebras son sinoviales, y permiten que las costillas se muevan durante la respiración. Al inspirar, los extremos anteriores de las costillas superiores se mueven arriba y adelante junto con el esternón para aumentar el diámetro frontal del pecho, y las inferiores se mueven arriba y afuera aumentando el diámetro lateral. Casi todas las costillas tienen un surco costal en la cara interna de su borde inferior para alojar los nervios y vasos sanguíneos de la pared torácica.

TÓRAX ESQUELÉTICO

COLUMNA VERTEBRAL

La columna vertebral ocupa una posición central en el esqueleto, y desempeña varios papeles de extrema importancia: sustenta el tronco, encierra y protege la médula espinal, proporciona puntos de fijación a los músculos y contiene médula ósea, productora de sangre. La columna completa mide unos 70 cm en el varón y unos 60 cm en la mujer. Alrededor de la cuarta parte de su longitud está compuesta por discos intervertebrales cartilaginosos. La cantidad de vértebras varía entre 32 y 35, debido principalmente a la variación en el número de pequeñas vértebras que conforman el cóccix. Aunque siguen un patrón general –casi todas poseen un cuerpo, un arco neural y apófisis espinosas y transversas–, hay ciertos rasgos que diferencian a las vértebras de cada sección de la columna.

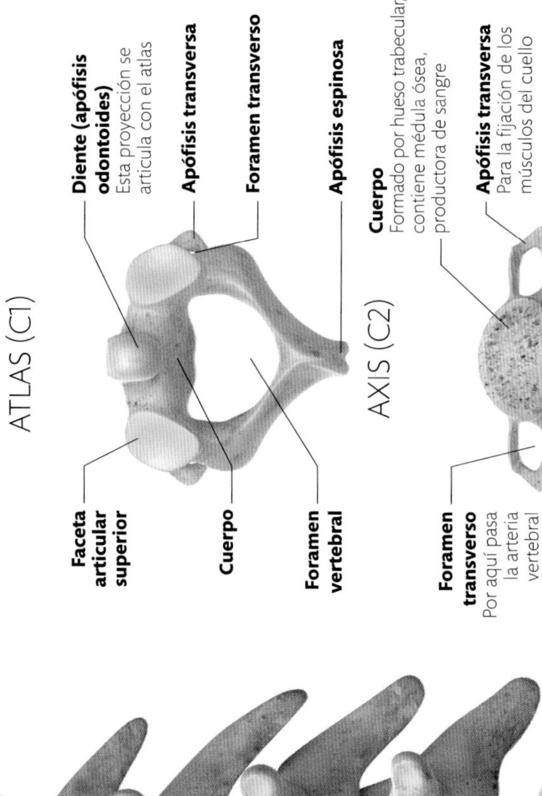
ATLAS (C1)
Arco anterior El atlas no tiene cuerpo, pero sí un arco anterior que se articula con el diente del axis
Foramen transverso
Arco posterior
Faceta articular superior Se articula con el cóndilo del hueso occipital, sobre la base del cráneo
Masa lateral
Foramen vertebral
AXIS (C2)
Diente (apófisis odontoides) Esta proyección se articula con el atlas
Apófisis transversa
Foramen transverso
Apófisis espinosa
Faceta articular superior
Cuerpo
Foramen vertebral
CERVICAL
Cuerpo Formado por hueso trabecular, contiene médula ósea, productora de sangre
Apófisis transversa Para la fijación de los músculos del cuello
Faceta articular superior
Apófisis espinosa Suele ser pequeña y ahorquillada; para la fijación de los músculos dorsales
Lámina
Foramen transverso Por aquí pasa la arteria vertebral
Foramen vertebral Grande en relación con el cuerpo; contiene la médula espinal

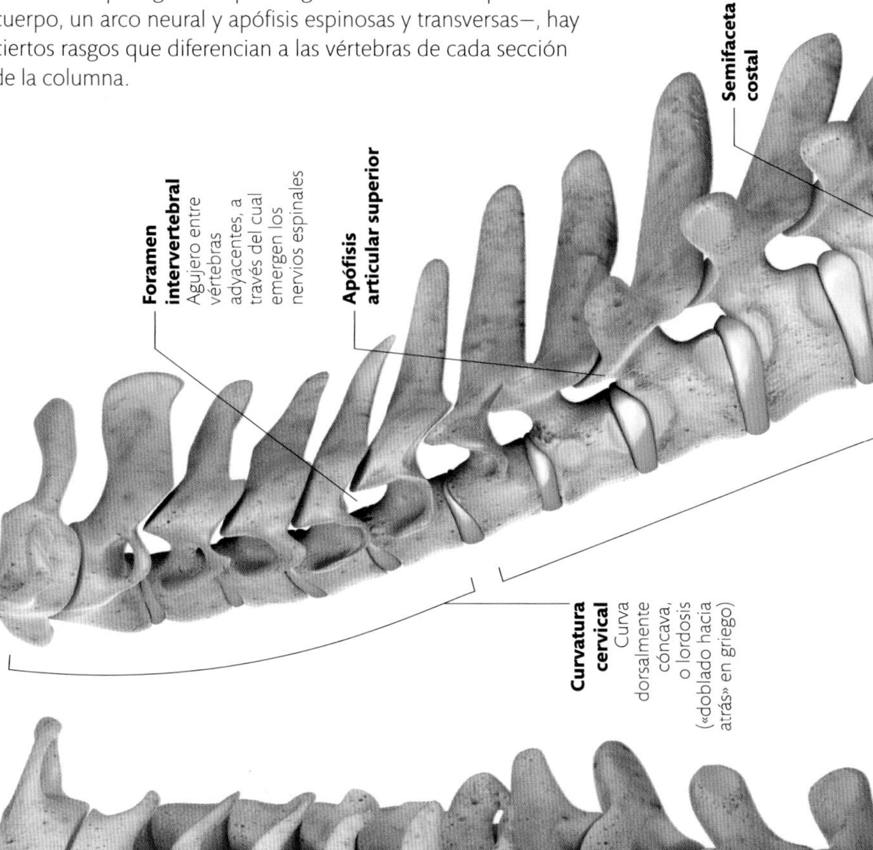
Foramen intervertebral Agujero entre vértebras adyacentes, a través del cual emergen los nervios espinales
Apófisis articular superior
Semifaceta costal
Curvatura cervical Curva dorsalmente cóncava, o lordosis («doblado hacia atrás» en griego)
Disco intervertebral Articulación cartilaginosa de soporte de carga compuesta por un anillo fibroso exterior y un núcleo pulposo interior
Curvatura torácica El nombre técnico de este tipo de curvatura dorsalmente convexa es cifosis, encorvado en griego

C1 (atlas) **C2 (axis)** **C3** **C4** **C5** **C6** **C7** **D1** **D2** **D3** **D4** **D5** **D6** **D7** **D8** **D9** **D10**

Columna cervical
(Siete vértebras que constituyen la columna en el cuello)

Columna torácica
(Doce vértebras que ofrecen fijación a doce pares de costillas)

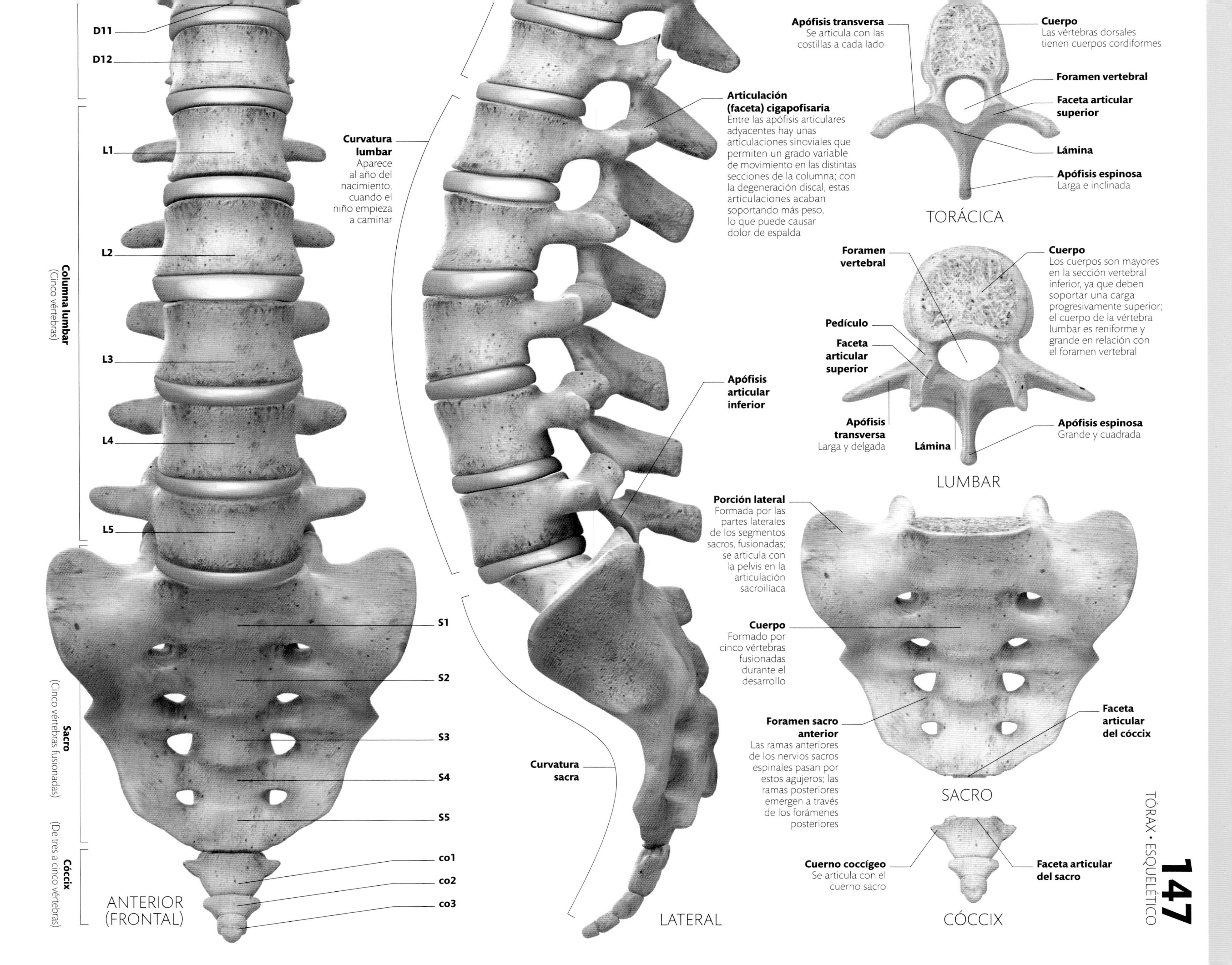
D11
D12
L1
L2
L3
L4
L5
Columna lumbar
(Cinco vértebras)
S1
S2
S3
S4
S5
Sacro
(Cinco vértebras fusionadas)
co1
co2
co3
Cóccix
(De tres a cinco vértebras)
ANTERIOR (FRONTAL)
Curvatura lumbar
Aparece al año del nacimiento, cuando el niño empieza a caminar
Articulación (faceta) cigapofisaria
Entre las apófisis articulares adyacentes hay unas articulaciones sinoviales que permiten un grado variable de movimiento en las distintas secciones de la columna; con la degeneración discal, estas articulaciones acaban soportando más peso, lo que puede causar dolor de espalda
Apófisis articular inferior
Curvatura sacra
LATERAL
Apófisis transversa
Se articula con las costillas a cada lado
Cuerpo
Las vértebras dorsales tienen cuerpos cordiformes
Foramen vertebral
Faceta articular superior
Lámina
Apófisis espinosa
Larga e inclinada
TORÁCICA
Foramen vertebral
Pedículo
Faceta articular superior
Apófisis transversa
Larga y delgada
Lámina
Cuerpo
Los cuerpos son mayores en la sección vertebral inferior, ya que deben soportar una carga progresivamente superior; el cuerpo de la vértebra lumbar es reniforme y grande en relación con el foramen vertebral
Apófisis espinosa
Grande y cuadrada
LUMBAR
Porción lateral
Formada por las partes laterales de los segmentos sacros, fusionadas; se articula con la pelvis en la articulación sacroilíaca
Cuerpo
Formado por cinco vértebras fusionadas durante el desarrollo
Foramen sacro anterior
Las ramas anteriores de los nervios sacros espinales pasan por estos agujeros; las ramas posteriores emergen a través de los forámenes posteriores
Faceta articular del cóccix
SACRO
Cuerno coccígeo
Se articula con el cuerno sacro
Faceta articular del sacro
CÓCCIX

Esternocleidomastoideo

Clavícula

Pectoral mayor
Este gran músculo pectoral se fija a la clavícula, el esternón y las costillas, y se inserta en la parte superior del húmero; durante la inspiración profunda tira de las costillas arriba y afuera

Serrato anterior
Las digitaciones (similares a dedos) de este músculo se fijan a las ocho o nueve costillas superiores

Recto abdominal
Este par de músculos rectos, cruzados por bandas fibrosas, se fijan al borde inferior del esternón y la caja torácica

Oblicuo externo
La más exterior de las tres capas laterales del abdomen; se fija a las costillas inferiores y, junto con otros músculos abdominales, interviene durante la espiración forzada para comprimir el abdomen y, así, empujar hacia arriba el diafragma ayudando a expulsar el aire de los pulmones

ANTERIOR (FRONTAL)
SUPERFICIAL

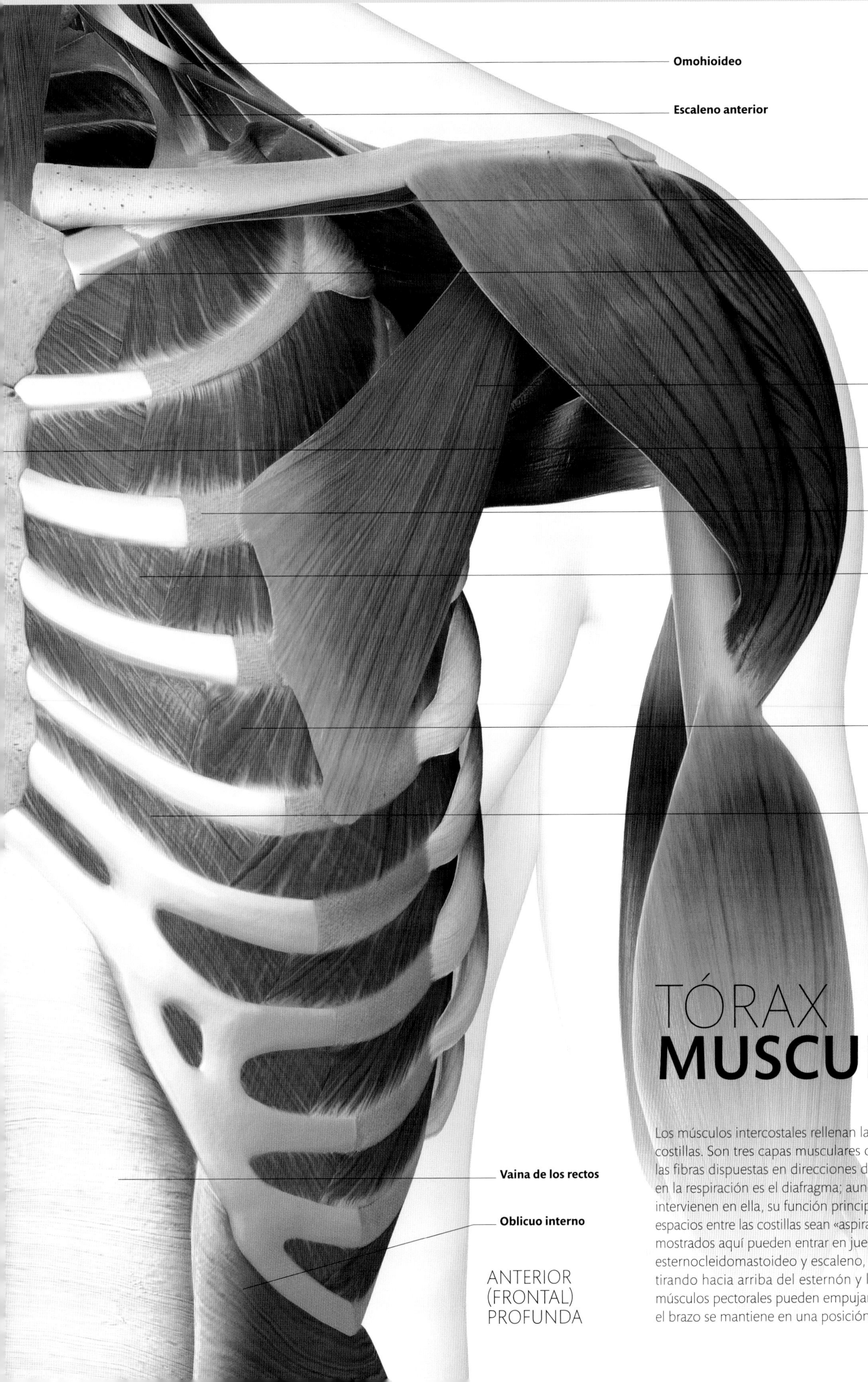

Omohioideo

Escaleno anterior

Subclavio

Cartílago costal

Pectoral menor

Esternón

Costilla

Músculos intercostales
En los espacios entre las costillas se hallan tres capas de músculos: los intercostales externos, internos e íntimos

Músculo intercostal externo

Músculo intercostal interno
Las fibras musculares de esta capa intermedia se extienden diagonalmente en la dirección opuesta a las del músculo intercostal externo

Vaina de los rectos

Oblicuo interno

ANTERIOR (FRONTAL) PROFUNDA

TÓRAX MUSCULAR

Los músculos intercostales rellenan las paredes del tórax entre las costillas. Son tres capas musculares cada una de las cuales tiene las fibras dispuestas en direcciones diferentes. El músculo central en la respiración es el diafragma; aunque los intercostales también intervienen en ella, su función principal parece ser impedir que los espacios entre las costillas sean «aspirados». También otros músculos mostrados aquí pueden entrar en juego en la respiración profunda: esternocleidomastoideo y escaleno, en el cuello, pueden ayudar tirando hacia arriba del esternón y las costillas superiores; y los músculos pectorales pueden empujar las costillas arriba y afuera si el brazo se mantiene en una posición fija.

Romboides menor
Los romboides actúan tirando del omóplato hacia la línea media

Espina del omóplato

Romboides mayor

Infraespinoso
Uno de los del manguito rotador, o músculos escapulares cortos

Redondo menor

Redondo mayor

Borde vertebral (medial) del omóplato

Ángulo inferior del omóplato

Espinal
Sección íntima (más medial) del erector de la columna; se fija a las apófisis espinosas de las vértebras

Grupo erector de la columna

Costilla

Serrato posteroinferior
Este músculo se extiende desde las vértebras torácica inferior y lumbar superior hasta las cuatro costillas inferiores; también hay un serrato posterosuperior, oculto bajo los romboides

Músculo intercostal

POSTERIOR (DORSAL) PROFUNDA

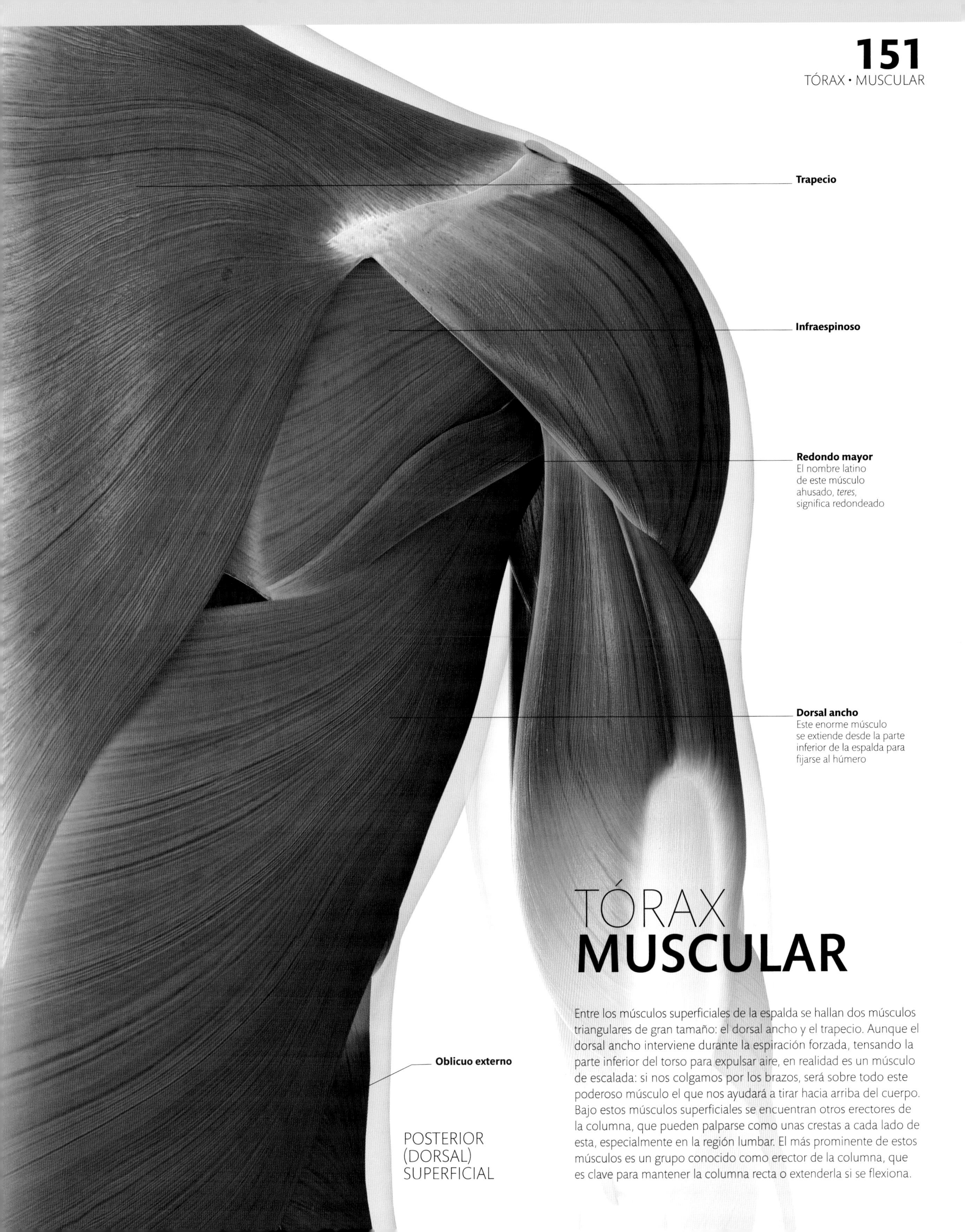
Trapecio
Infraespinoso
Redondo mayor
El nombre latino de este músculo ahusado, *teres*, significa redondeado
Dorsal ancho
Este enorme músculo se extiende desde la parte inferior de la espalda para fijarse al húmero
Oblicuo externo
POSTERIOR (DORSAL) SUPERFICIAL

TÓRAX MUSCULAR

Entre los músculos superficiales de la espalda se hallan dos músculos triangulares de gran tamaño: el dorsal ancho y el trapecio. Aunque el dorsal ancho interviene durante la espiración forzada, tensando la parte inferior del torso para expulsar aire, en realidad es un músculo de escalada: si nos colgamos por los brazos, será sobre todo este poderoso músculo el que nos ayudará a tirar hacia arriba del cuerpo. Bajo estos músculos superficiales se encuentran otros erectores de la columna, que pueden palparse como unas crestas a cada lado de esta, especialmente en la región lumbar. El más prominente de estos músculos es un grupo conocido como erector de la columna, que es clave para mantener la columna recta o extenderla si se flexiona.

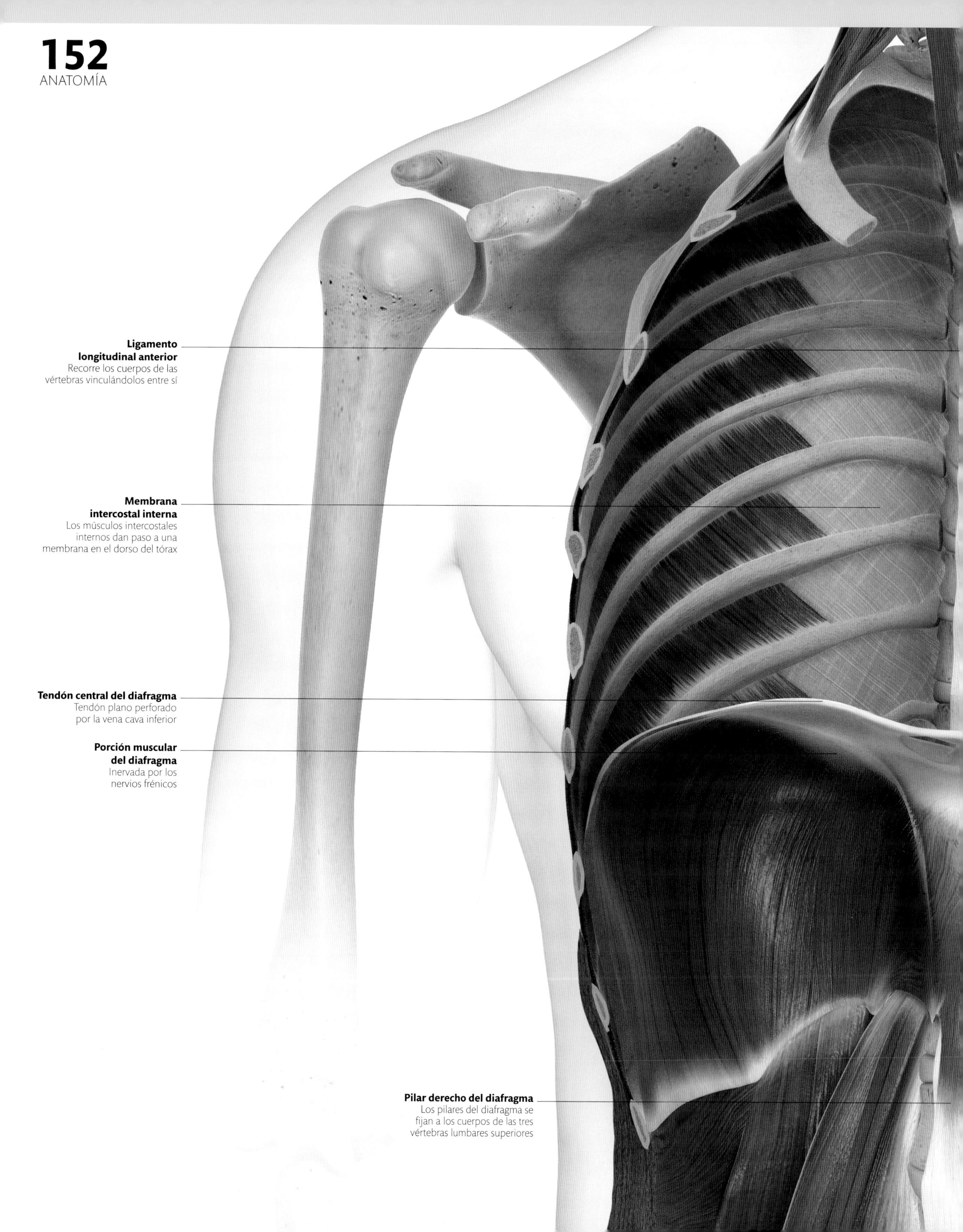
Ligamento longitudinal anterior
Recorre los cuerpos de las vértebras vinculándolos entre sí
Membrana intercostal interna
Los músculos intercostales internos dan paso a una membrana en el dorso del tórax
Tendón central del diafragma
Tendón plano perforado por la vena cava inferior
Porción muscular del diafragma
Inervada por los nervios frénicos
Pilar derecho del diafragma
Los pilares del diafragma se fijan a los cuerpos de las tres vértebras lumbares superiores

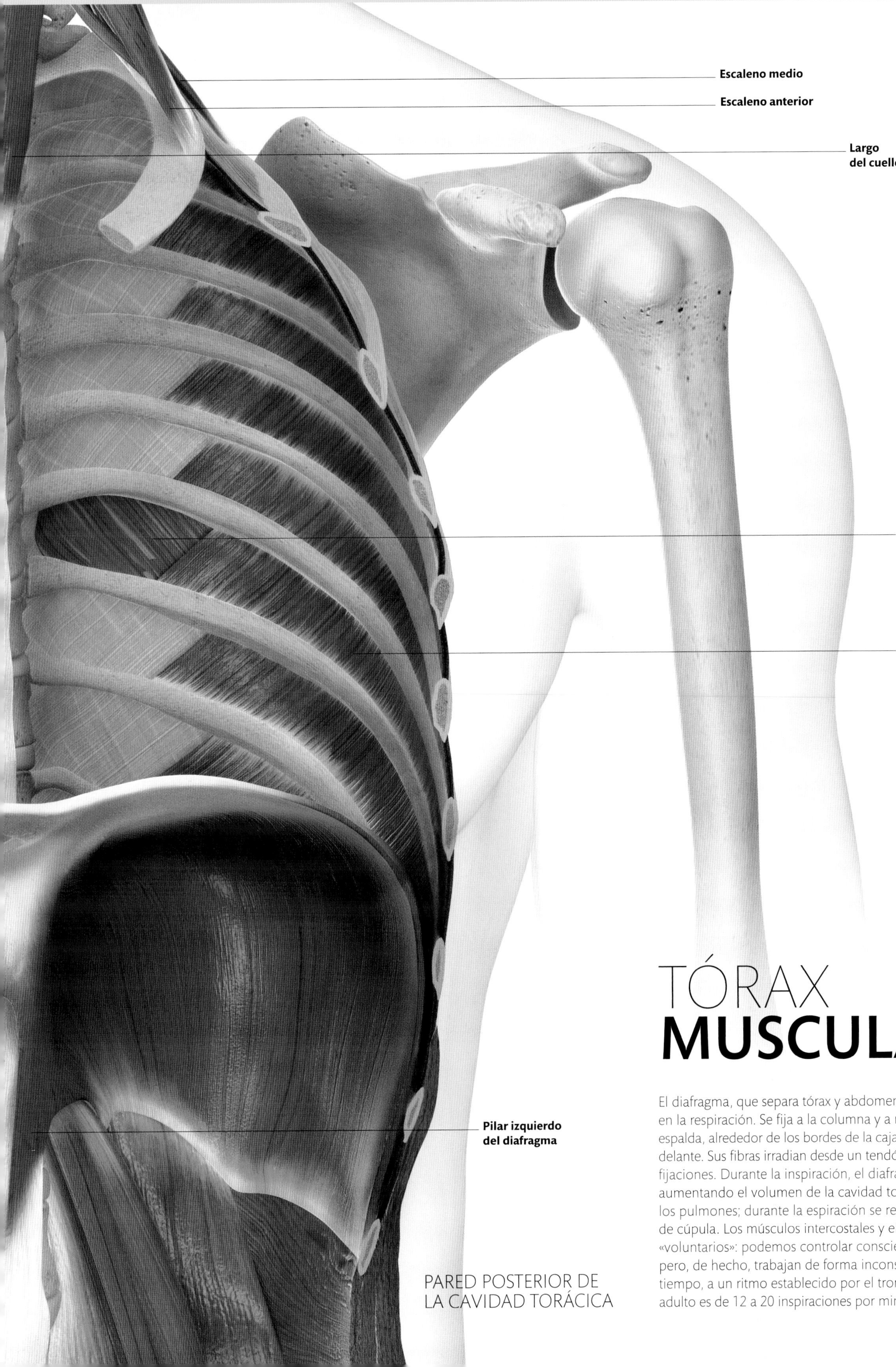

Escaleno medio

Escaleno anterior

Largo del cuello

Intercostal externo
Estos músculos dan paso a la membrana intercostal externa en la parte frontal del tórax

Intercostal interno
Los músculos intercostales son inervados por los nervios intercostales

Pilar izquierdo del diafragma

TÓRAX MUSCULAR

El diafragma, que separa tórax y abdomen, es el músculo principal en la respiración. Se fija a la columna y a músculos profundos en la espalda, alrededor de los bordes de la caja torácica, y al esternón por delante. Sus fibras irradian desde un tendón central plano hasta esas fijaciones. Durante la inspiración, el diafragma se contrae y aplana, aumentando el volumen de la cavidad torácica y atrayendo aire a los pulmones; durante la espiración se relaja y recupera su forma de cúpula. Los músculos intercostales y el diafragma son músculos «voluntarios»: podemos controlar conscientemente la respiración; pero, de hecho, trabajan de forma inconsciente la mayor parte del tiempo, a un ritmo establecido por el tronco encefálico, que en un adulto es de 12 a 20 inspiraciones por minuto.

PARED POSTERIOR DE LA CAVIDAD TORÁCICA

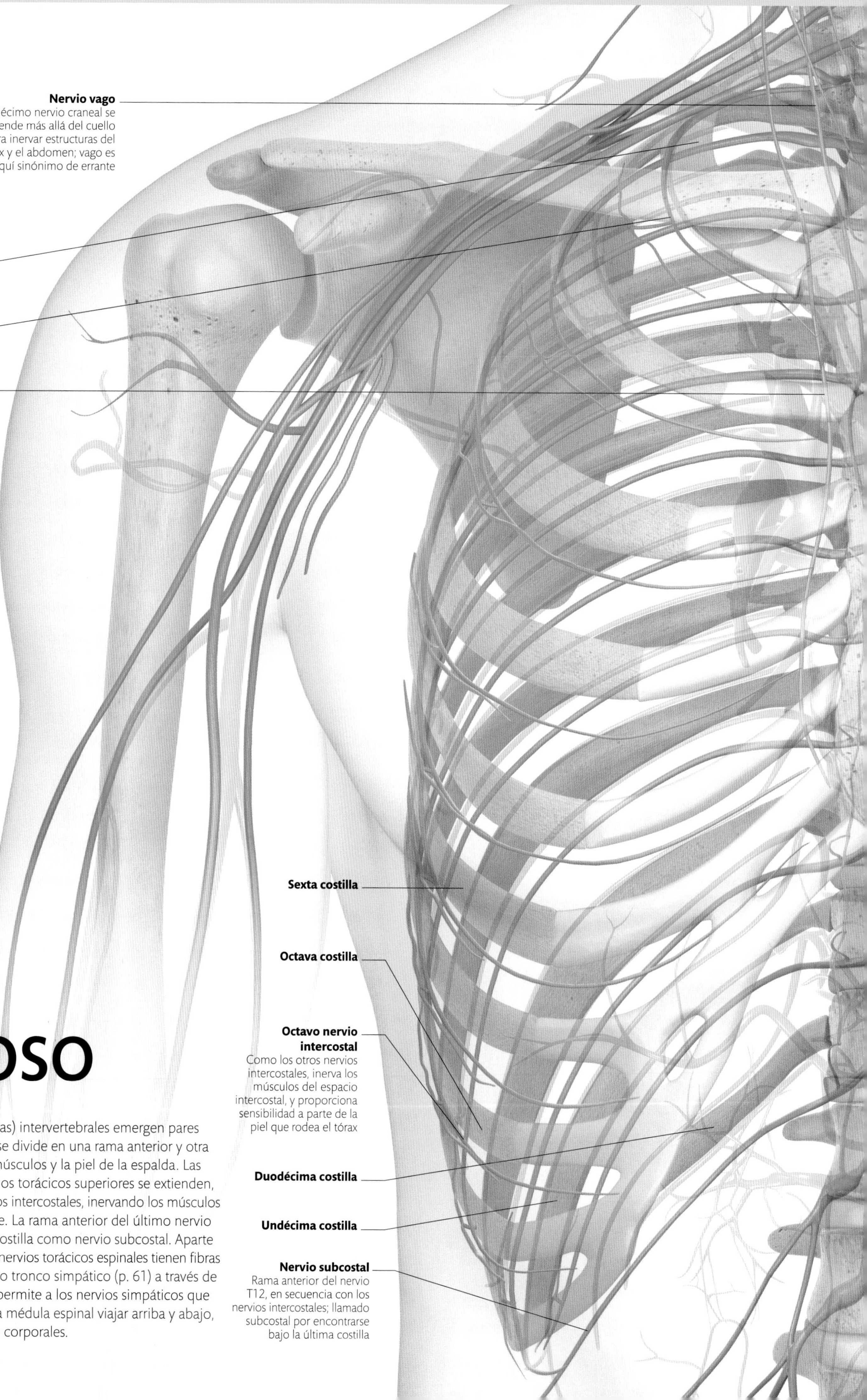

Nervio vago
El décimo nervio craneal se extiende más allá del cuello para inervar estructuras del tórax y el abdomen; vago es aquí sinónimo de errante
Primera costilla
Primer nervio intercostal
Rama anterior del nervio espinal T1 (primero torácico)
Nervio frénico
Procede de los nervios cervicales tercero, cuarto y quinto; inerva el músculo del diafragma y las membranas laterales que lo revisten: la pleura en la porción torácica y el peritoneo en la abdominal
ANTERIOR (FRONTAL)
Sexta costilla
Octava costilla
Octavo nervio intercostal
Como los otros nervios intercostales, inerva los músculos del espacio intercostal, y proporciona sensibilidad a parte de la piel que rodea el tórax
Duodécima costilla
Undécima costilla
Nervio subcostal
Rama anterior del nervio T12, en secuencia con los nervios intercostales; llamado subcostal por encontrarse bajo la última costilla

TÓRAX NERVIOSO

A través de los forámenes (aberturas) intervertebrales emergen pares de nervios espinales. Cada nervio se divide en una rama anterior y otra posterior. La posterior inerva los músculos y la piel de la espalda. Las ramas anteriores de los once nervios torácicos superiores se extienden, una bajo cada costilla, como nervios intercostales, inervando los músculos intercostales y la piel que los cubre. La rama anterior del último nervio torácico pasa bajo la duodécima costilla como nervio subcostal. Aparte de fibras motoras y sensoriales, los nervios torácicos espinales tienen fibras simpáticas vinculadas a la cadena o tronco simpático (p. 61) a través de diminutas ramas conectoras. Ello permite a los nervios simpáticos que surgen de los diversos puntos de la médula espinal viajar arriba y abajo, y extenderse a distintos segmentos corporales.

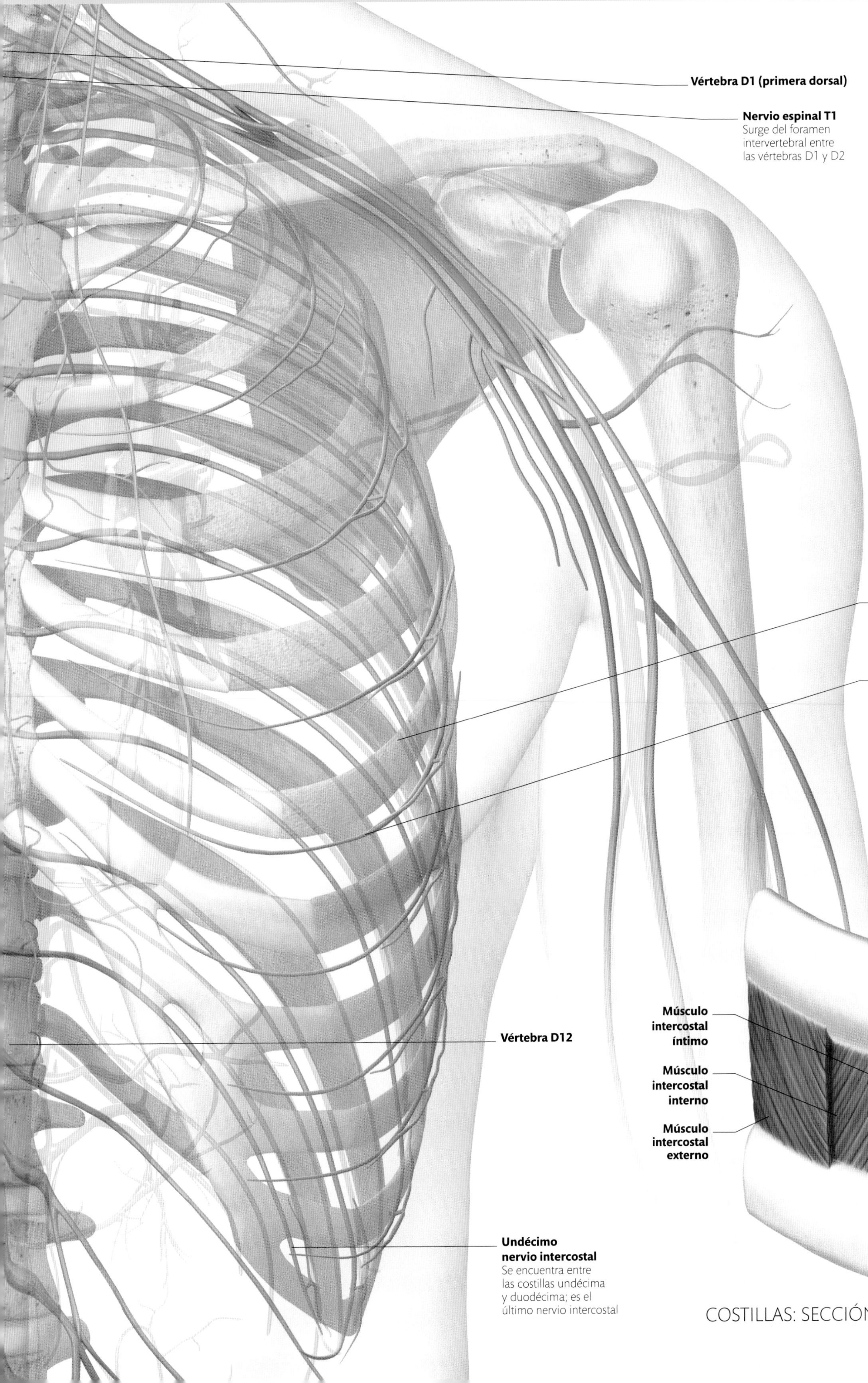

Vértebra D1 (primera dorsal)

Nervio espinal T1
Surge del foramen intervertebral entre las vértebras D1 y D2

Quinta costilla

Quinto nervio intercostal
Rama anterior del nervio espinal T5; se halla en el hueco entre la quinta y la sexta costilla

Vértebra D12

Undécimo nervio intercostal
Se encuentra entre las costillas undécima y duodécima; es el último nervio intercostal

Costilla

Músculo intercostal íntimo

Músculo intercostal interno

Músculo intercostal externo

Nervio intercostal
Siempre tiene una arteria y una vena por encima

Rama colateral de nervio intercostal
Pequeños nervios (y arterias y venas) discurren por encima de las costillas

COSTILLAS: SECCIÓN TRANSVERSAL

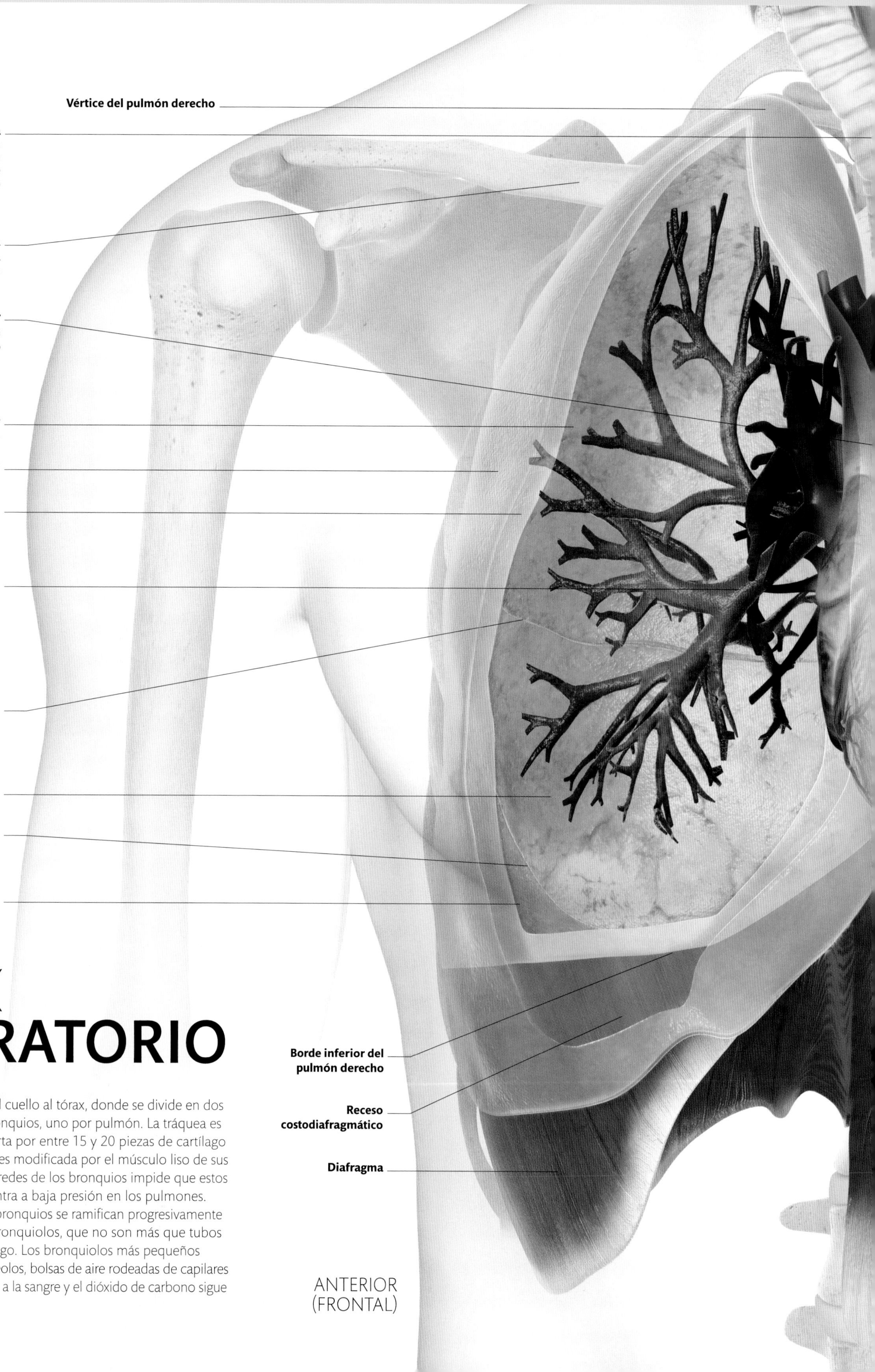

Vértice del pulmón derecho
Tráquea
La tráquea (rugosa, en griego) mide unos 12 cm de largo y 1,5–2 cm de ancho en un adulto
Clavícula derecha (cortada para mostrar el pulmón)
Borde anterior del pulmón derecho
Lóbulo superior del pulmón derecho
Pleura parietal
Pleura visceral
Bronquio del pulmón derecho
Dentro del pulmón, los bronquios se ramifican en bronquiolos
Cisura horizontal
Hendidura profunda que separa los lóbulos superior y medio del pulmón derecho
Lóbulo medio del pulmón derecho
Cisura oblicua del pulmón derecho
Separa los lóbulos medio e inferior del pulmón derecho
Lóbulo inferior del pulmón derecho
Borde inferior del pulmón derecho
Receso costodiafragmático
Diafragma
ANTERIOR (FRONTAL)

TÓRAX RESPIRATORIO

La tráquea desciende desde el cuello al tórax, donde se divide en dos vías respiratorias llamadas bronquios, uno por pulmón. La tráquea es sostenida y se mantiene abierta por entre 15 y 20 piezas de cartílago en forma de C, cuya anchura es modificada por el músculo liso de sus paredes. El cartílago de las paredes de los bronquios impide que estos se colapsen cuando el aire entra a baja presión en los pulmones. Dentro de los pulmones, los bronquios se ramifican progresivamente en pequeñas vías llamadas bronquiolos, que no son más que tubos musculares carentes de cartílago. Los bronquiolos más pequeños terminan en un racimo de alvéolos, bolsas de aire rodeadas de capilares donde el oxígeno pasa del aire a la sangre y el dióxido de carbono sigue la dirección opuesta.

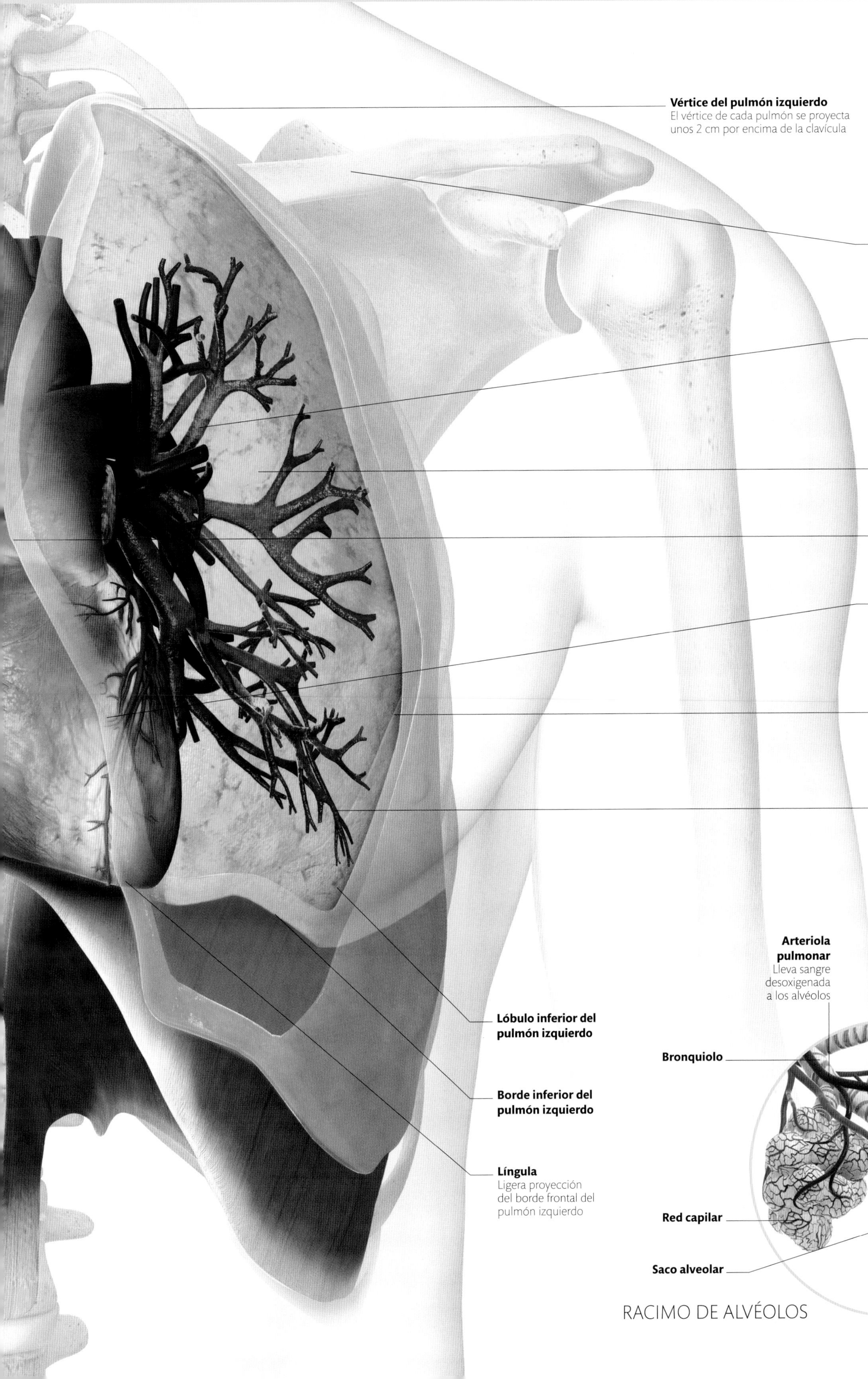

Vértice del pulmón izquierdo
El vértice de cada pulmón se proyecta unos 2 cm por encima de la clavícula

Clavícula izquierda (cortada para mostrar el pulmón)

Bronquio del pulmón izquierdo
Los bronquios están revestidos de epitelio, que produce moco para atrapar partículas, y forrados de unas diminutas proyecciones llamadas cilios que empujan el moco fuera de los pulmones

Lóbulo superior del pulmón izquierdo

Borde anterior del pulmón izquierdo

Incisura cardíaca del pulmón izquierdo
El borde anterior del pulmón izquierdo se curva ligeramente hacia dentro para alojar el corazón

Cisura oblicua del pulmón izquierdo
Divide los lóbulos superior e inferior del pulmón izquierdo

Bronquiolo

Lóbulo inferior del pulmón izquierdo

Borde inferior del pulmón izquierdo

Língula
Ligera proyección del borde frontal del pulmón izquierdo

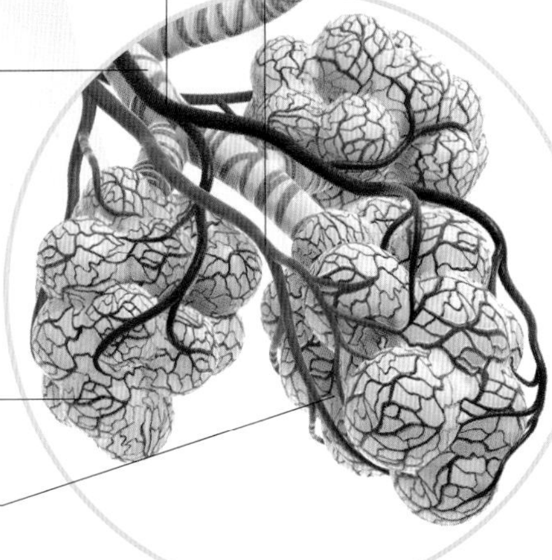

Arteriola pulmonar
Lleva sangre desoxigenada a los alvéolos

Vénula pulmonar
Retira sangre oxigenada

Bronquiolo

Red capilar

Saco alveolar

RACIMO DE ALVÉOLOS

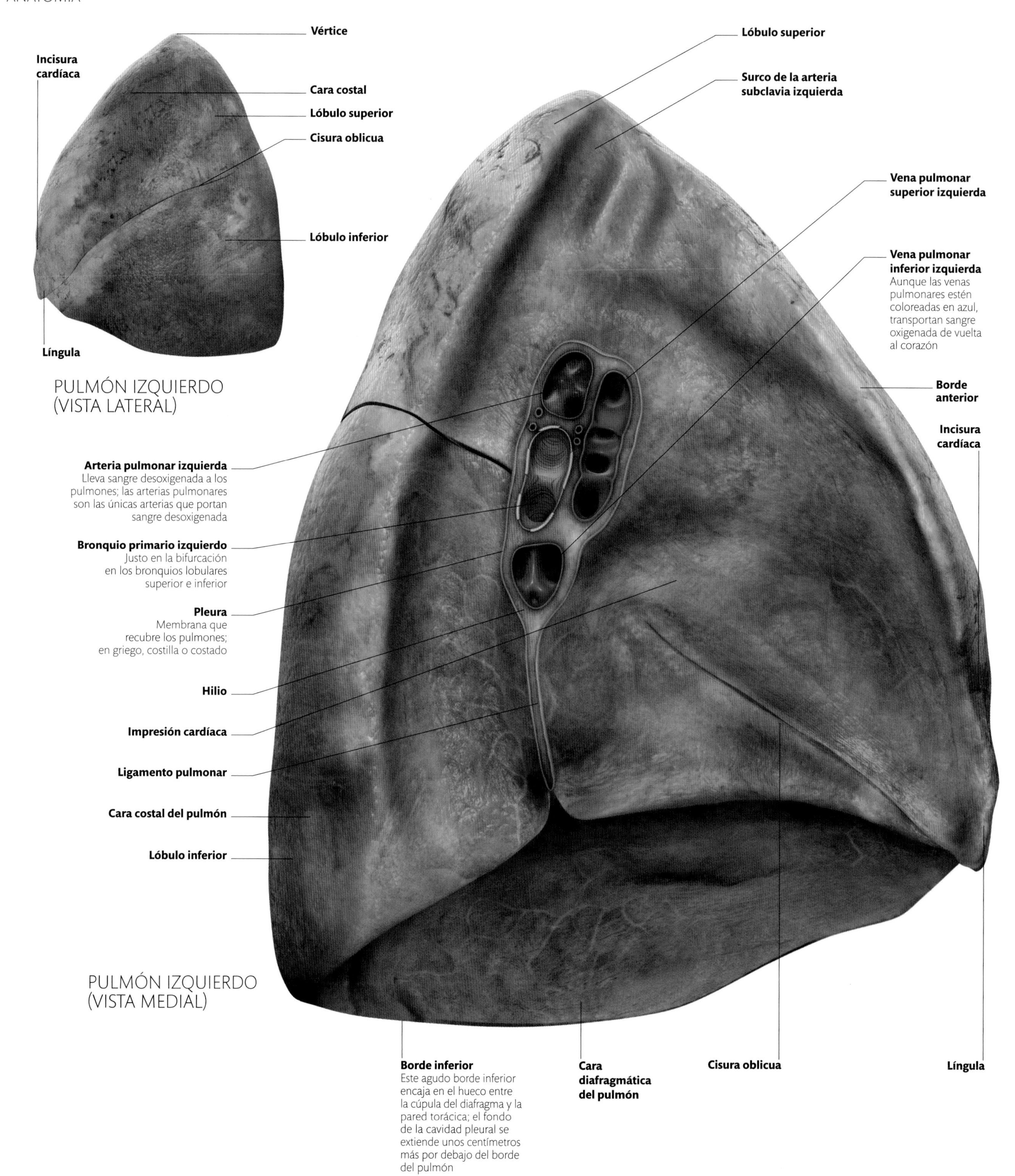
Vértice
Incisura cardíaca
Cara costal
Lóbulo superior
Cisura oblicua
Lóbulo inferior
Língula
PULMÓN IZQUIERDO (VISTA LATERAL)
Lóbulo superior
Surco de la arteria subclavia izquierda
Vena pulmonar superior izquierda
Vena pulmonar inferior izquierda
Aunque las venas pulmonares estén coloreadas en azul, transportan sangre oxigenada de vuelta al corazón
Borde anterior
Incisura cardíaca
Arteria pulmonar izquierda
Lleva sangre desoxigenada a los pulmones; las arterias pulmonares son las únicas arterias que portan sangre desoxigenada
Bronquio primario izquierdo
Justo en la bifurcación en los bronquios lobulares superior e inferior
Pleura
Membrana que recubre los pulmones; en griego, costilla o costado
Hilio
Impresión cardíaca
Ligamento pulmonar
Cara costal del pulmón
Lóbulo inferior
PULMÓN IZQUIERDO (VISTA MEDIAL)
Borde inferior
Este agudo borde inferior encaja en el hueco entre la cúpula del diafragma y la pared torácica; el fondo de la cavidad pleural se extiende unos centímetros más por debajo del borde del pulmón
Cara diafragmática del pulmón
Cisura oblicua
Língula

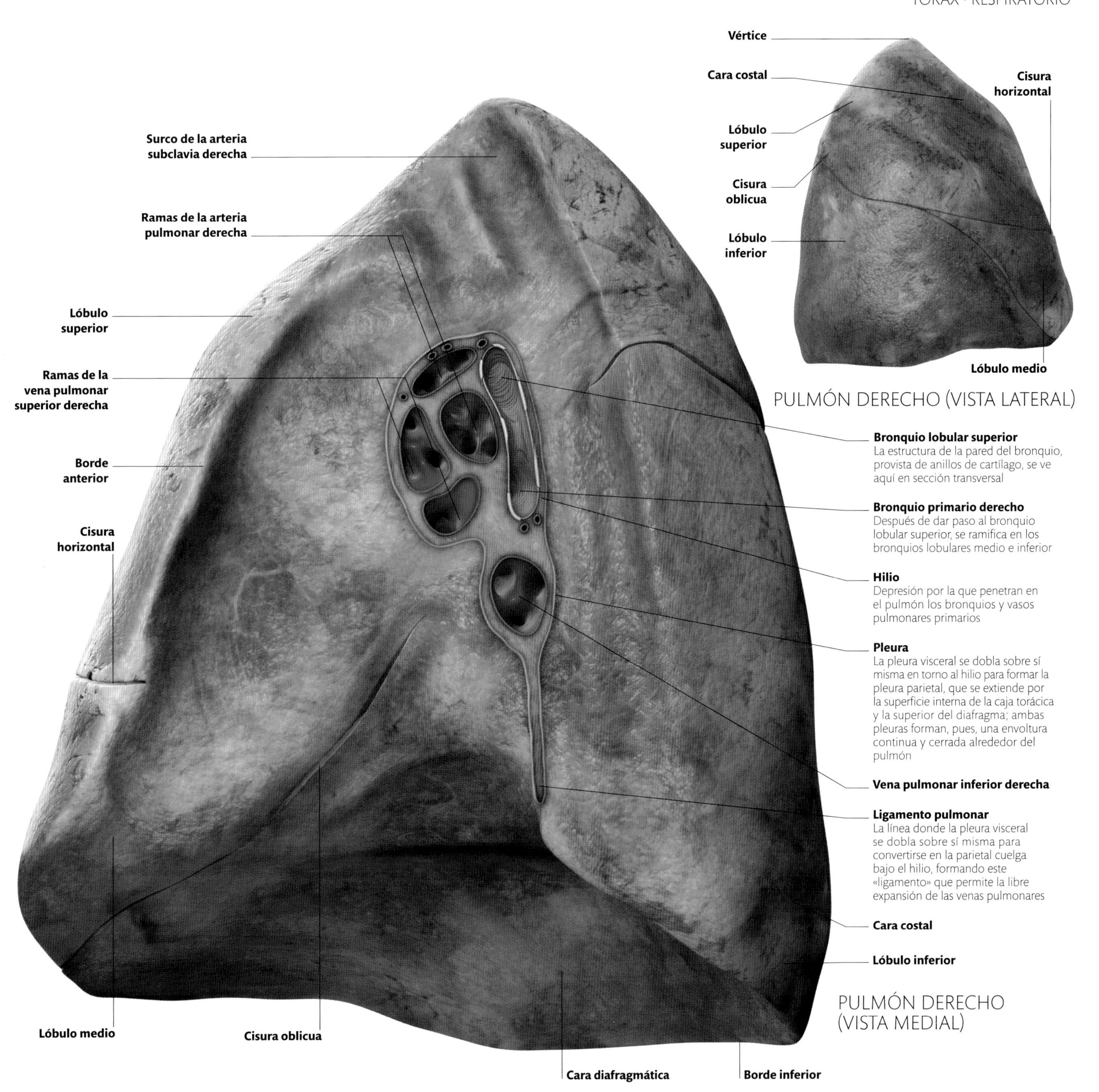
Vértice
Cara costal
Cisura horizontal
Lóbulo superior
Cisura oblicua
Lóbulo inferior
Lóbulo medio
PULMÓN DERECHO (VISTA LATERAL)
Surco de la arteria subclavia derecha
Ramas de la arteria pulmonar derecha
Lóbulo superior
Ramas de la vena pulmonar superior derecha
Borde anterior
Cisura horizontal
Lóbulo medio
Cisura oblicua
Cara diafragmática
Borde inferior
Bronquio lobular superior
La estructura de la pared del bronquio, provista de anillos de cartílago, se ve aquí en sección transversal
Bronquio primario derecho
Después de dar paso al bronquio lobular superior, se ramifica en los bronquios lobulares medio e inferior
Hilio
Depresión por la que penetran en el pulmón los bronquios y vasos pulmonares primarios
Pleura
La pleura visceral se dobla sobre sí misma en torno al hilio para formar la pleura parietal, que se extiende por la superficie interna de la caja torácica y la superior del diafragma; ambas pleuras forman, pues, una envoltura continua y cerrada alrededor del pulmón
Vena pulmonar inferior derecha
Ligamento pulmonar
La línea donde la pleura visceral se dobla sobre sí misma para convertirse en la parietal cuelga bajo el hilio, formando este «ligamento» que permite la libre expansión de las venas pulmonares
Cara costal
Lóbulo inferior
PULMÓN DERECHO (VISTA MEDIAL)

TÓRAX
RESPIRATORIO

Cada pulmón está encajado en un lado de la cavidad torácica. Su superficie está cubierta por una fina membrana pleural (pleura visceral), y el interior de la caja torácica está revestido por la pleura parietal. Entre ambas capas pleurales hay una fina película de líquido lubricante que permite a los pulmones deslizarse dentro de la caja torácica durante los movimientos respiratorios, pero que a la vez adhiere los pulmones a las costillas y al diafragma. Al inspirar, esta adherencia hace que los pulmones sean empujados hacia fuera en todas las direcciones para dar entrada al aire. Los bronquios y vasos sanguíneos penetran en cada pulmón por el hilio, en su cara interna o medial. Ambos pulmones son asimétricos aunque parezcan similares a primera vista: el izquierdo es cóncavo para dar cabida al corazón, y tiene solo dos lóbulos, mientras que el derecho tiene tres, delimitados por profundas cisuras.

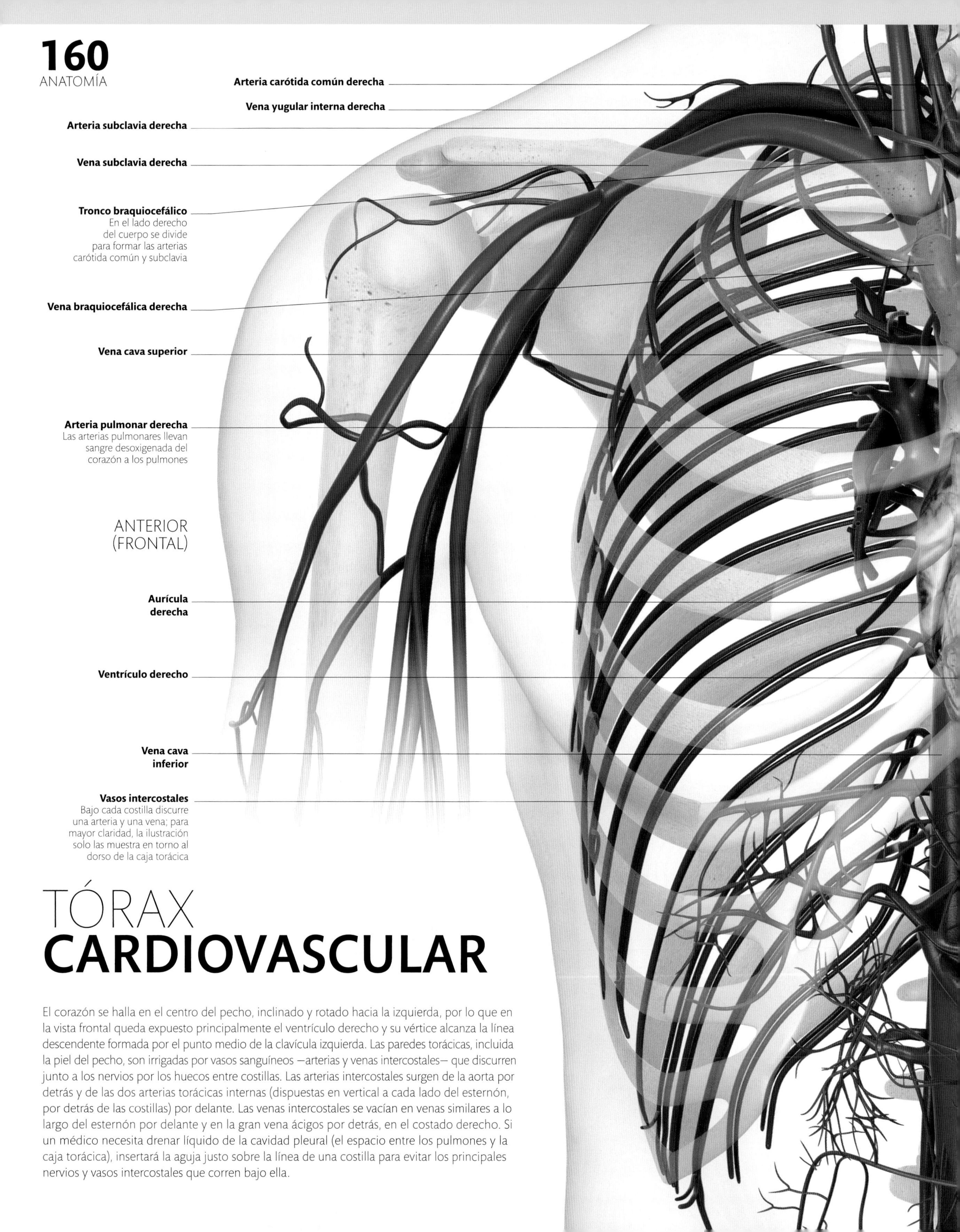
Arteria carótida común derecha
Vena yugular interna derecha
Arteria subclavia derecha
Vena subclavia derecha
Tronco braquiocefálico
En el lado derecho del cuerpo se divide para formar las arterias carótida común y subclavia
Vena braquiocefálica derecha
Vena cava superior
Arteria pulmonar derecha
Las arterias pulmonares llevan sangre desoxigenada del corazón a los pulmones
ANTERIOR (FRONTAL)
Aurícula derecha
Ventrículo derecho
Vena cava inferior
Vasos intercostales
Bajo cada costilla discurre una arteria y una vena; para mayor claridad, la ilustración solo las muestra en torno al dorso de la caja torácica

TÓRAX CARDIOVASCULAR

El corazón se halla en el centro del pecho, inclinado y rotado hacia la izquierda, por lo que en la vista frontal queda expuesto principalmente el ventrículo derecho y su vértice alcanza la línea descendente formada por el punto medio de la clavícula izquierda. Las paredes torácicas, incluida la piel del pecho, son irrigadas por vasos sanguíneos —arterias y venas intercostales— que discurren junto a los nervios por los huecos entre costillas. Las arterias intercostales surgen de la aorta por detrás y de las dos arterias torácicas internas (dispuestas en vertical a cada lado del esternón, por detrás de las costillas) por delante. Las venas intercostales se vacían en venas similares a lo largo del esternón por delante y en la gran vena ácigos por detrás, en el costado derecho. Si un médico necesita drenar líquido de la cavidad pleural (el espacio entre los pulmones y la caja torácica), insertará la aguja justo sobre la línea de una costilla para evitar los principales nervios y vasos intercostales que corren bajo ella.

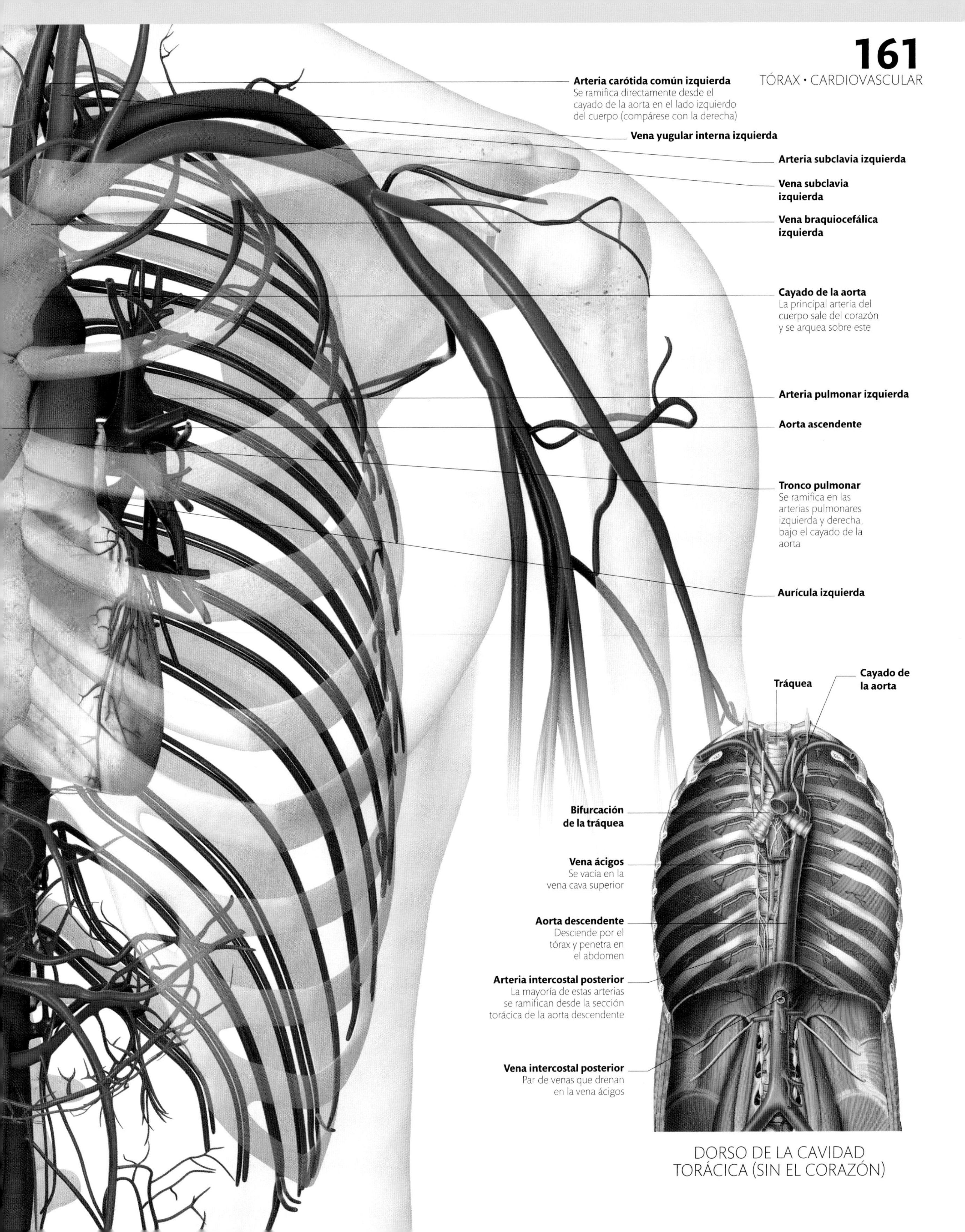
Arteria carótida común izquierda
Se ramifica directamente desde el cayado de la aorta en el lado izquierdo del cuerpo (compárese con la derecha)
Vena yugular interna izquierda
Arteria subclavia izquierda
Vena subclavia izquierda
Vena braquiocefálica izquierda
Cayado de la aorta
La principal arteria del cuerpo sale del corazón y se arquea sobre este
Arteria pulmonar izquierda
Aorta ascendente
Tronco pulmonar
Se ramifica en las arterias pulmonares izquierda y derecha, bajo el cayado de la aorta
Aurícula izquierda
Tráquea
Cayado de la aorta
Bifurcación de la tráquea
Vena ácigos
Se vacía en la vena cava superior
Aorta descendente
Desciende por el tórax y penetra en el abdomen
Arteria intercostal posterior
La mayoría de estas arterias se ramifican desde la sección torácica de la aorta descendente
Vena intercostal posterior
Par de venas que drenan en la vena ácigos

DORSO DE LA CAVIDAD TORÁCICA (SIN EL CORAZÓN)

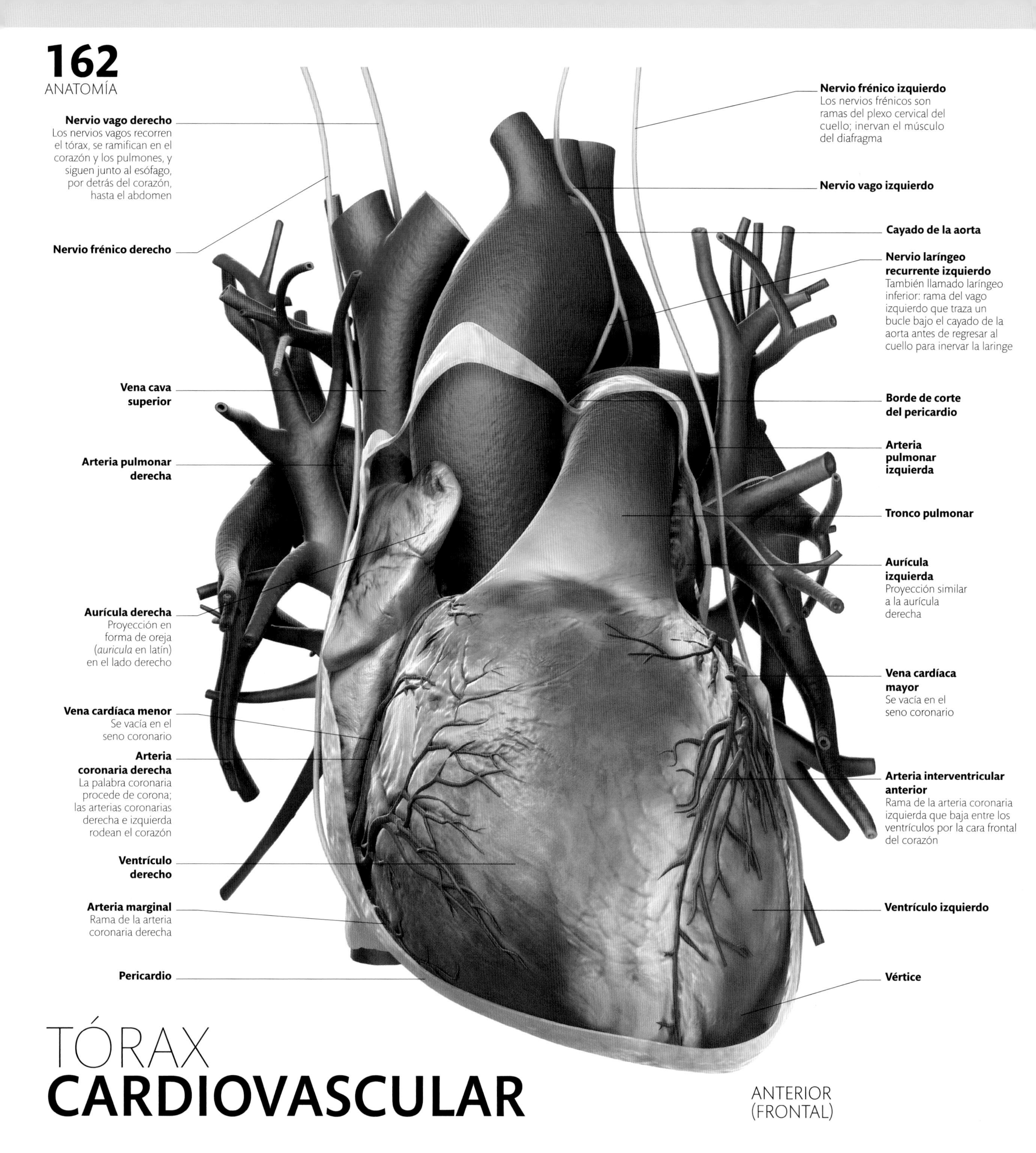
Nervio vago derecho
Los nervios vagos recorren el tórax, se ramifican en el corazón y los pulmones, y siguen junto al esófago, por detrás del corazón, hasta el abdomen
Nervio frénico derecho
Vena cava superior
Arteria pulmonar derecha
Aurícula derecha
Proyección en forma de oreja (auricula en latín) en el lado derecho
Vena cardíaca menor
Se vacía en el seno coronario
Arteria coronaria derecha
La palabra coronaria procede de corona; las arterias coronarias derecha e izquierda rodean el corazón
Ventrículo derecho
Arteria marginal
Rama de la arteria coronaria derecha
Pericardio
Nervio frénico izquierdo
Los nervios frénicos son ramas del plexo cervical del cuello; inervan el músculo del diafragma
Nervio vago izquierdo
Cayado de la aorta
Nervio laríngeo recurrente izquierdo
También llamado laríngeo inferior: rama del vago izquierdo que traza un bucle bajo el cayado de la aorta antes de regresar al cuello para inervar la laringe
Borde de corte del pericardio
Arteria pulmonar izquierda
Tronco pulmonar
Aurícula izquierda
Proyección similar a la aurícula derecha
Vena cardíaca mayor
Se vacía en el seno coronario
Arteria interventricular anterior
Rama de la arteria coronaria izquierda que baja entre los ventrículos por la cara frontal del corazón
Ventrículo izquierdo
Vértice
ANTERIOR (FRONTAL)

TÓRAX
CARDIOVASCULAR

El corazón está rodeado por el pericardio, que tiene una resistente capa exterior fusionada con el diafragma por abajo y con tejido conjuntivo en torno a los grandes vasos superiores del corazón. Revistiendo el interior de este cilindro (y la superficie externa del corazón) se halla la fina membrana del pericardio seroso. Una fina película líquida entre ambas capas lubrica el movimiento del corazón al latir. La inflamación de esta membrana, o pericarditis, puede ser sumamente dolorosa. Ramas de las arterias coronarias derecha e izquierda, que surgen de la aorta ascendente, irrigan el propio músculo cardíaco. El corazón es drenado por las venas cardíacas, la mayoría de las cuales se vacían en el seno coronario.

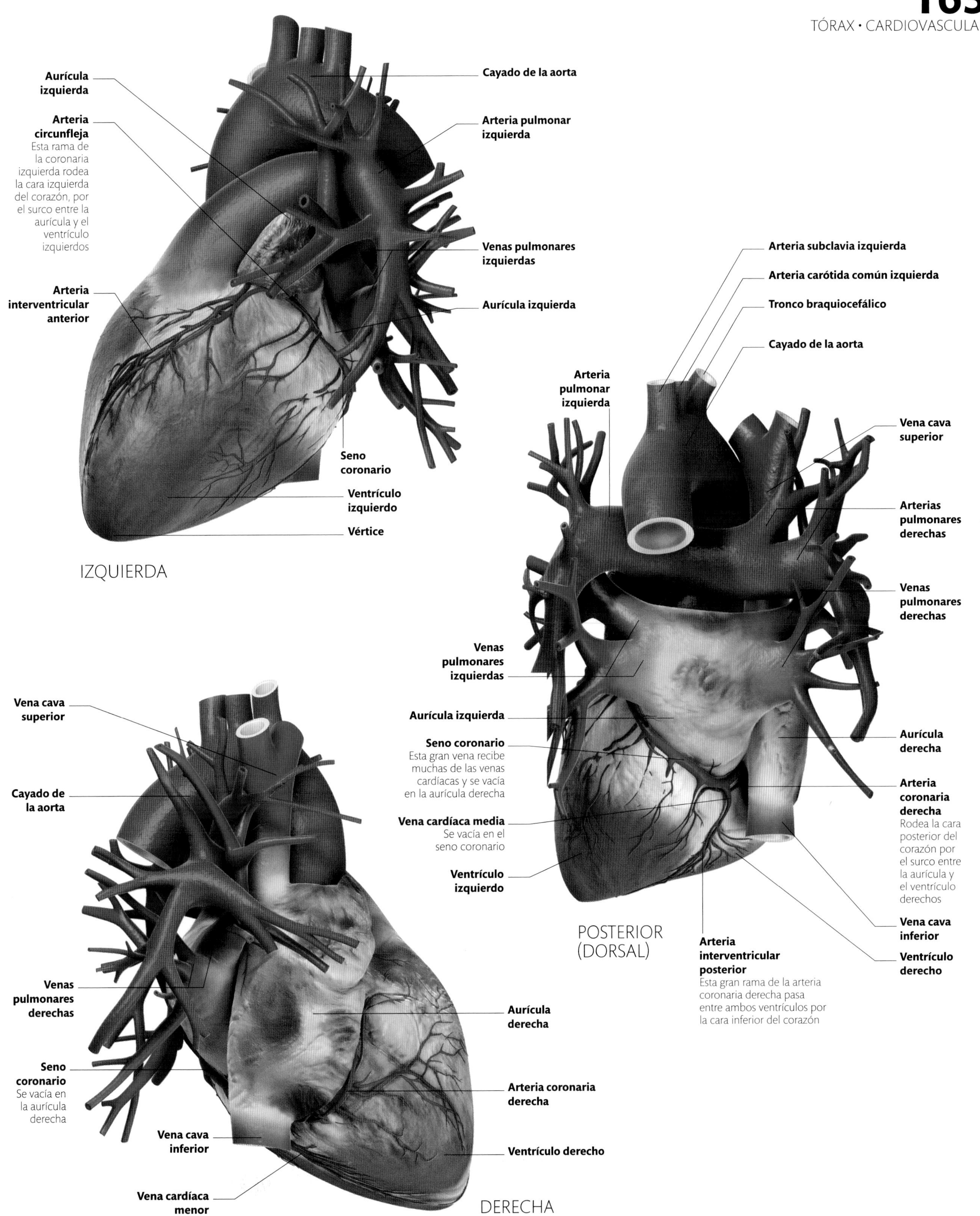
Aurícula izquierda
Arteria circunfleja
Esta rama de la coronaria izquierda rodea la cara izquierda del corazón, por el surco entre la aurícula y el ventrículo izquierdos
Arteria interventricular anterior
Cayado de la aorta
Arteria pulmonar izquierda
Venas pulmonares izquierdas
Aurícula izquierda
Seno coronario
Ventrículo izquierdo
Vértice
IZQUIERDA
Arteria subclavia izquierda
Arteria carótida común izquierda
Tronco braquiocefálico
Cayado de la aorta
Arteria pulmonar izquierda
Vena cava superior
Arterias pulmonares derechas
Venas pulmonares derechas
Venas pulmonares izquierdas
Aurícula izquierda
Seno coronario
Esta gran vena recibe muchas de las venas cardíacas y se vacía en la aurícula derecha
Vena cardíaca media
Se vacía en el seno coronario
Ventrículo izquierdo
Aurícula derecha
Arteria coronaria derecha
Rodea la cara posterior del corazón por el surco entre la aurícula y el ventrículo derechos
Vena cava inferior
Ventrículo derecho
Arteria interventricular posterior
Esta gran rama de la arteria coronaria derecha pasa entre ambos ventrículos por la cara inferior del corazón
POSTERIOR (DORSAL)
Vena cava superior
Cayado de la aorta
Venas pulmonares derechas
Seno coronario
Se vacía en la aurícula derecha
Vena cava inferior
Vena cardíaca menor
Aurícula derecha
Arteria coronaria derecha
Ventrículo derecho
DERECHA

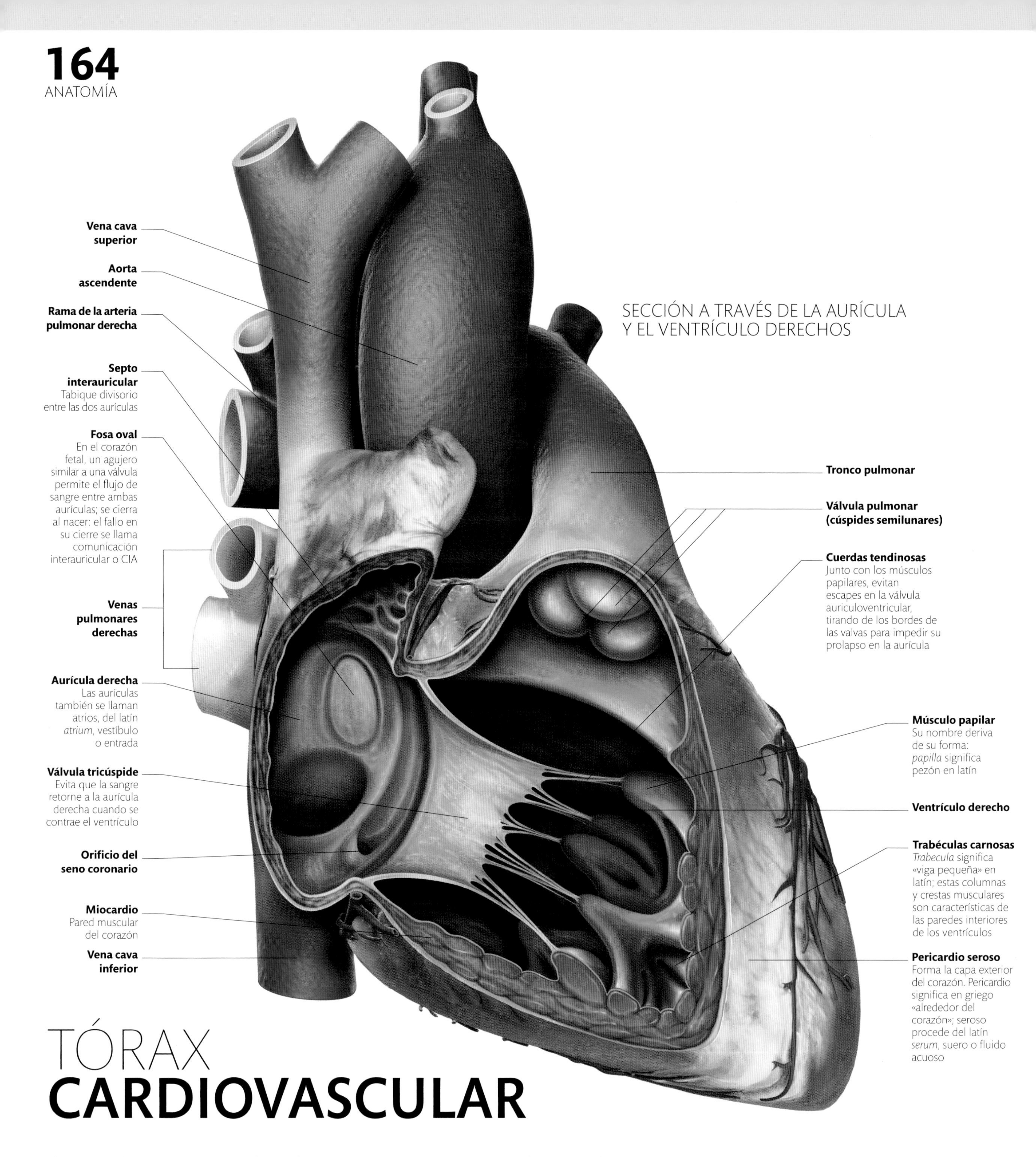
SECCIÓN A TRAVÉS DE LA AURÍCULA Y EL VENTRÍCULO DERECHOS
Vena cava superior
Aorta ascendente
Rama de la arteria pulmonar derecha
Septo interauricular Tabique divisorio entre las dos aurículas
Fosa oval En el corazón fetal, un agujero similar a una válvula permite el flujo de sangre entre ambas aurículas; se cierra al nacer: el fallo en su cierre se llama comunicación interauricular o CIA
Venas pulmonares derechas
Aurícula derecha Las aurículas también se llaman atrios, del latín *atrium*, vestíbulo o entrada
Válvula tricúspide Evita que la sangre retorne a la aurícula derecha cuando se contrae el ventrículo
Orificio del seno coronario
Miocardio Pared muscular del corazón
Vena cava inferior
Tronco pulmonar
Válvula pulmonar (cúspides semilunares)
Cuerdas tendinosas Junto con los músculos papilares, evitan escapes en la válvula auriculoventricular, tirando de los bordes de las valvas para impedir su prolapso en la aurícula
Músculo papilar Su nombre deriva de su forma: *papilla* significa pezón en latín
Ventrículo derecho
Trabéculas carnosas *Trabecula* significa «viga pequeña» en latín; estas columnas y crestas musculares son características de las paredes interiores de los ventrículos
Pericardio seroso Forma la capa exterior del corazón. Pericardio significa en griego «alrededor del corazón»; seroso procede del latín *serum*, suero o fluido acuoso

TÓRAX **CARDIOVASCULAR**

El corazón recibe sangre de las venas y la devuelve por las arterias. Tiene cuatro cámaras: dos aurículas y dos ventrículos. Los lados derecho e izquierdo del corazón están separados: el derecho recibe sangre desoxigenada del cuerpo a través de las venas cavas superior e inferior, y la bombea a los pulmones por el tronco pulmonar; el izquierdo recibe sangre oxigenada de los pulmones a través de las venas pulmonares y la bombea a la aorta para su distribución. Cada aurícula se abre a su ventrículo a través de una válvula auriculoventricular (la tricúspide a la derecha y la bicúspide a la izquierda), que se cierra al contraerse el ventrículo para evitar el retorno de sangre a la aurícula. La aorta y el tronco pulmonar también tienen válvulas.

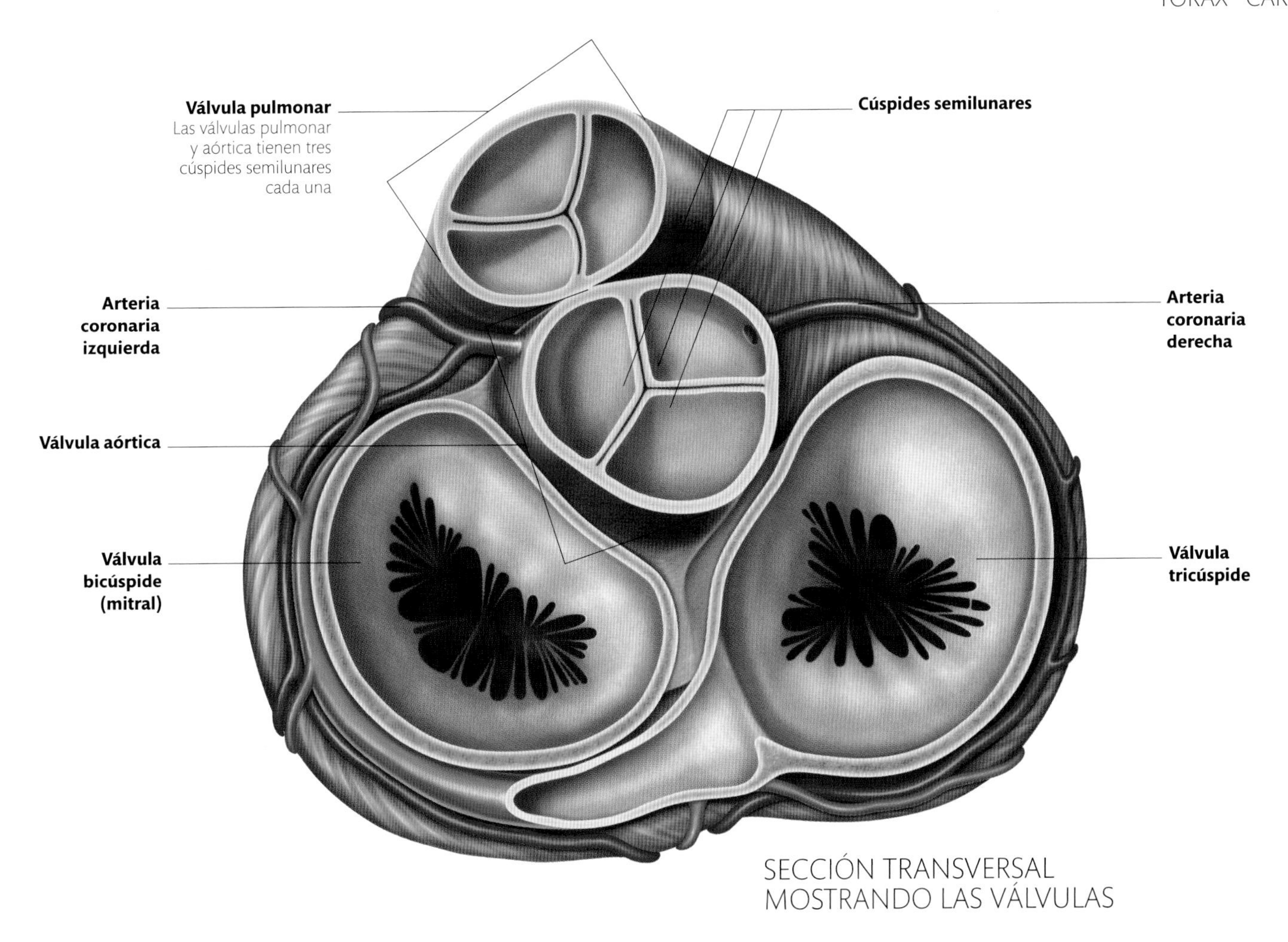
Válvula pulmonar
Las válvulas pulmonar y aórtica tienen tres cúspides semilunares cada una
Cúspides semilunares
Arteria coronaria izquierda
Arteria coronaria derecha
Válvula aórtica
Válvula bicúspide (mitral)
Válvula tricúspide

SECCIÓN TRANSVERSAL MOSTRANDO LAS VÁLVULAS

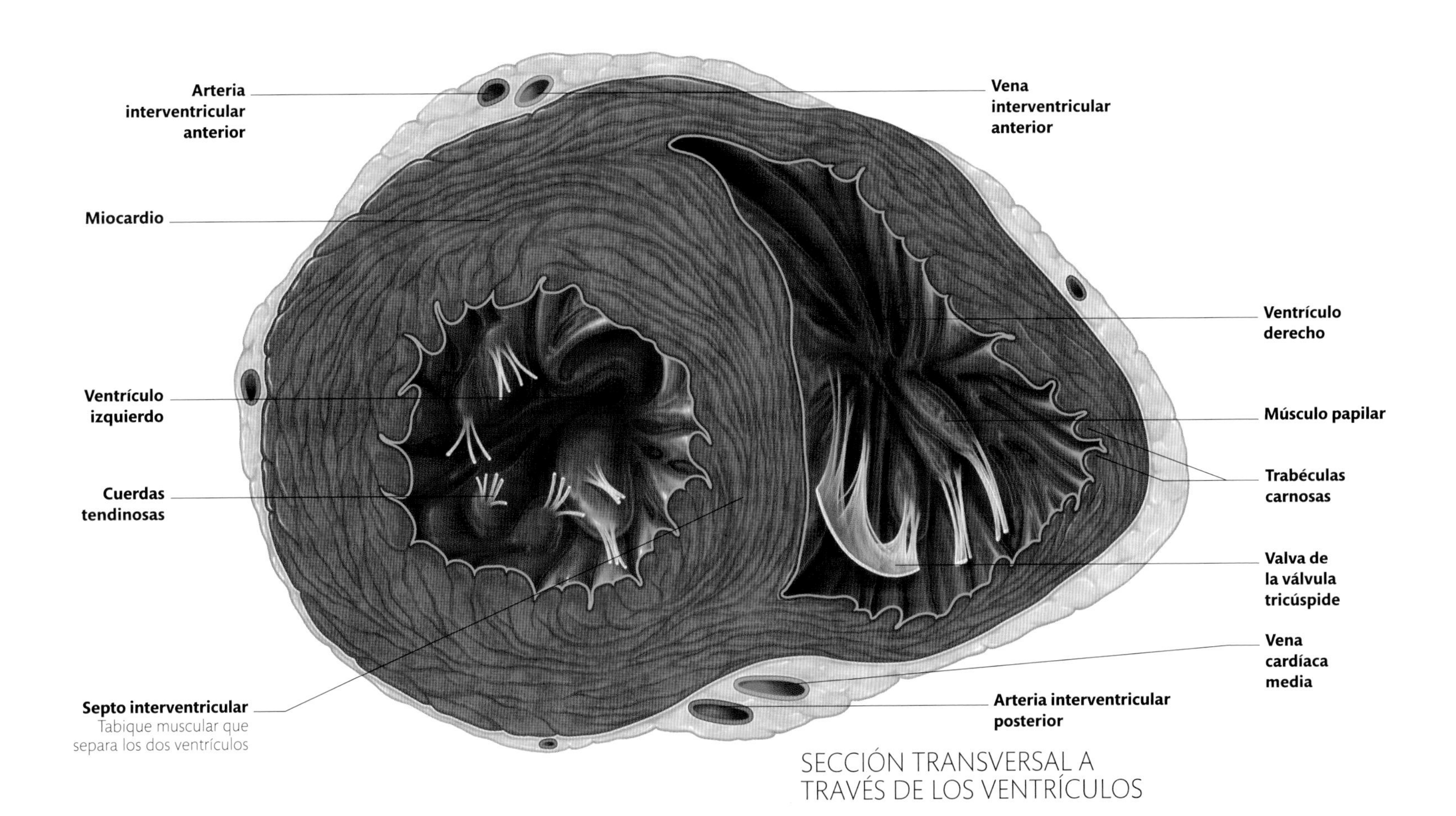
Arteria interventricular anterior
Vena interventricular anterior
Miocardio
Ventrículo derecho
Ventrículo izquierdo
Músculo papilar
Trabéculas carnosas
Cuerdas tendinosas
Valva de la válvula tricúspide
Vena cardíaca media
Septo interventricular
Tabique muscular que separa los dos ventrículos
Arteria interventricular posterior

SECCIÓN TRANSVERSAL A TRAVÉS DE LOS VENTRÍCULOS

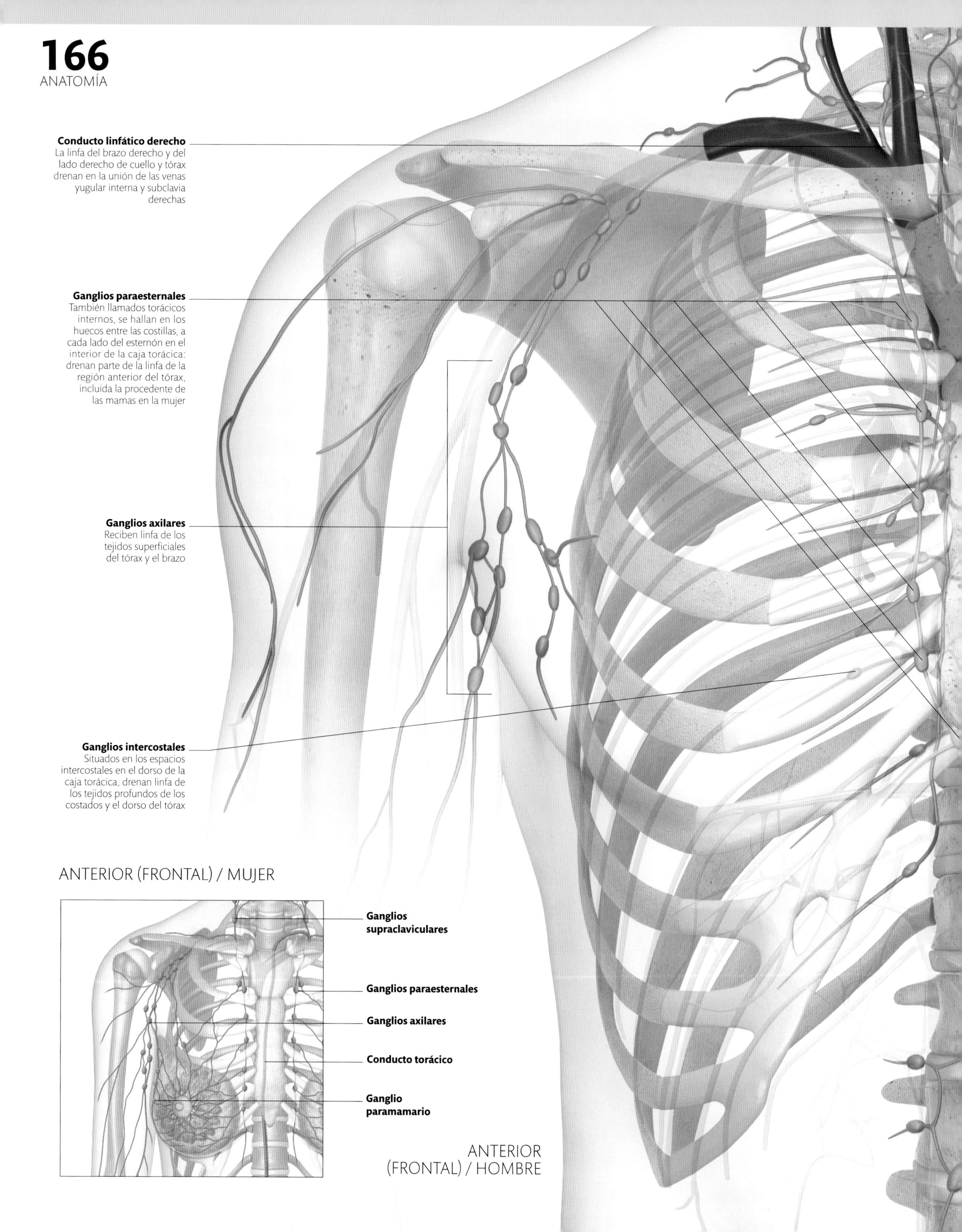
Conducto linfático derecho
La linfa del brazo derecho y del lado derecho de cuello y tórax drenan en la unión de las venas yugular interna y subclavia derechas
Ganglios paraesternales
También llamados torácicos internos, se hallan en los huecos entre las costillas, a cada lado del esternón en el interior de la caja torácica: drenan parte de la linfa de la región anterior del tórax, incluida la procedente de las mamas en la mujer
Ganglios axilares
Reciben linfa de los tejidos superficiales del tórax y el brazo
Ganglios intercostales
Situados en los espacios intercostales en el dorso de la caja torácica, drenan linfa de los tejidos profundos de los costados y el dorso del tórax
ANTERIOR (FRONTAL) / MUJER
Ganglios supraclaviculares
Ganglios paraesternales
Ganglios axilares
Conducto torácico
Ganglio paramamario
ANTERIOR (FRONTAL) / HOMBRE

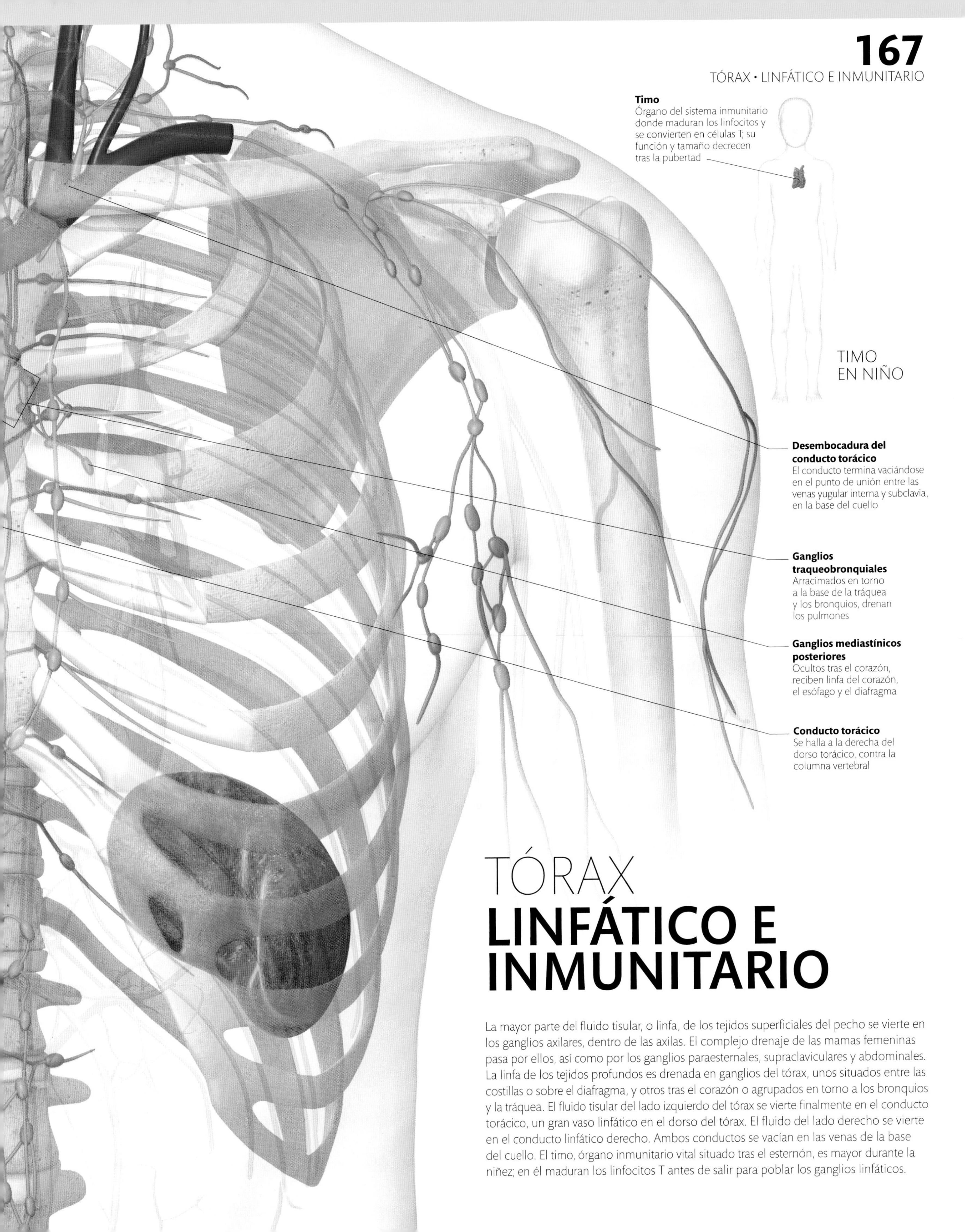
Timo
Órgano del sistema inmunitario donde maduran los linfocitos y se convierten en células T; su función y tamaño decrecen tras la pubertad
TIMO EN NIÑO
Desembocadura del conducto torácico
El conducto termina vaciándose en el punto de unión entre las venas yugular interna y subclavia, en la base del cuello
Ganglios traqueobronquiales
Arracimados en torno a la base de la tráquea y los bronquios, drenan los pulmones
Ganglios mediastínicos posteriores
Ocultos tras el corazón, reciben linfa del corazón, el esófago y el diafragma
Conducto torácico
Se halla a la derecha del dorso torácico, contra la columna vertebral

TÓRAX
LINFÁTICO E INMUNITARIO

La mayor parte del fluido tisular, o linfa, de los tejidos superficiales del pecho se vierte en los ganglios axilares, dentro de las axilas. El complejo drenaje de las mamas femeninas pasa por ellos, así como por los ganglios paraesternales, supraclaviculares y abdominales. La linfa de los tejidos profundos es drenada en ganglios del tórax, unos situados entre las costillas o sobre el diafragma, y otros tras el corazón o agrupados en torno a los bronquios y la tráquea. El fluido tisular del lado izquierdo del tórax se vierte finalmente en el conducto torácico, un gran vaso linfático en el dorso del tórax. El fluido del lado derecho se vierte en el conducto linfático derecho. Ambos conductos se vacían en las venas de la base del cuello. El timo, órgano inmunitario vital situado tras el esternón, es mayor durante la niñez; en él maduran los linfocitos T antes de salir para poblar los ganglios linfáticos.

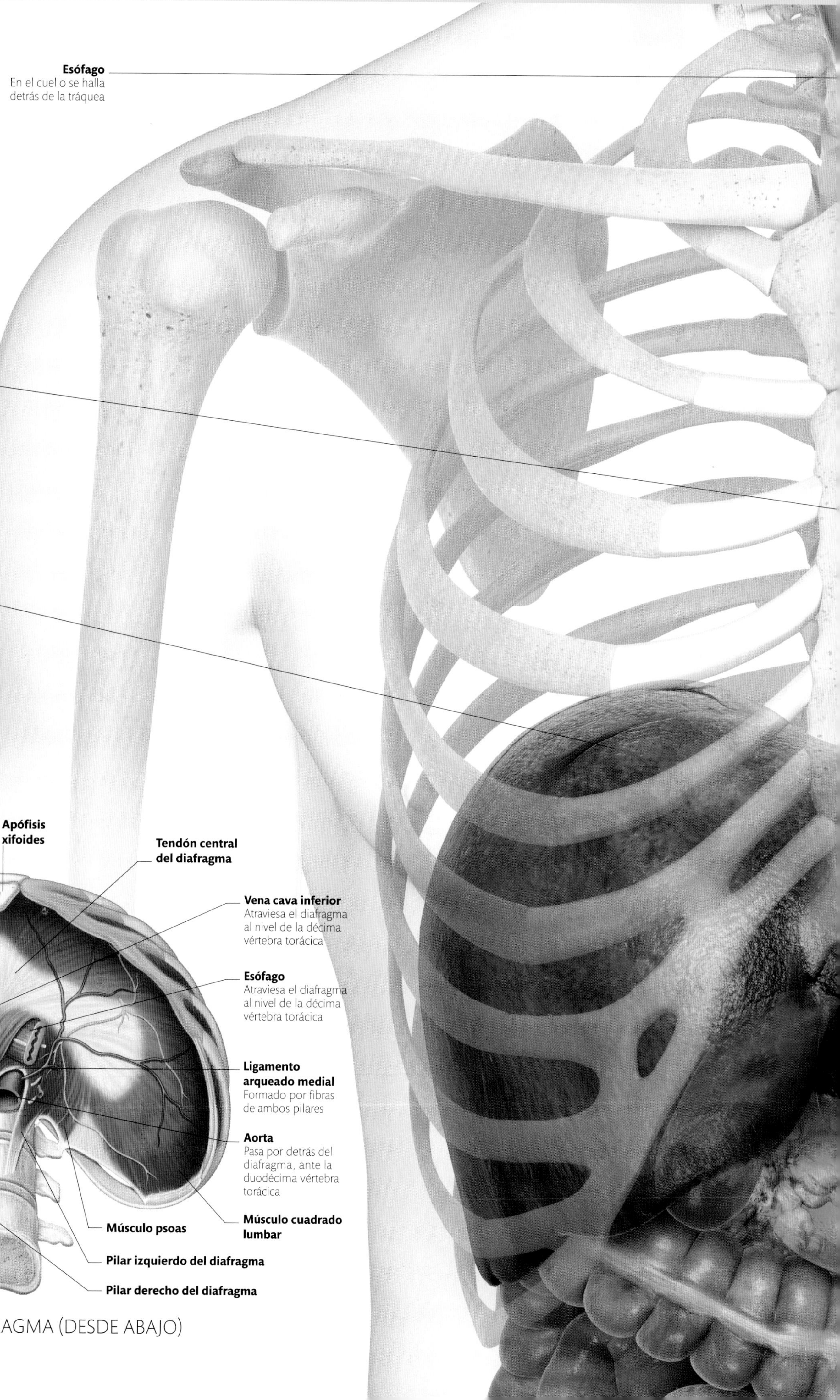

Esófago
En el cuello se halla detrás de la tráquea

Porción torácica del esófago
Aquí el esófago está ligeramente oprimido por el bronquio primario izquierdo, que cruza por delante de él

Hígado
Se halla bajo la cúpula derecha del diafragma, y cubierto en gran parte por las costillas

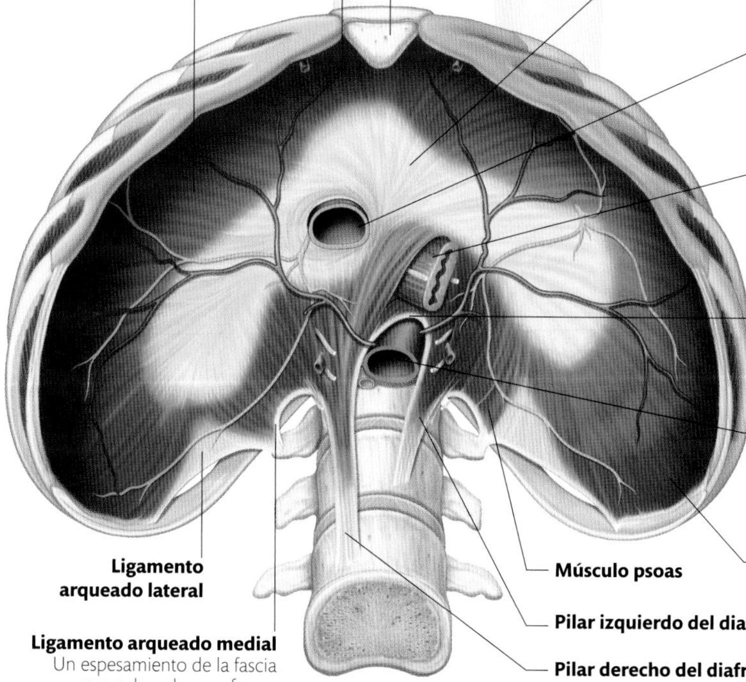

Porción muscular del diafragma

Porción esternal

Apófisis xifoides

Tendón central del diafragma

Vena cava inferior
Atraviesa el diafragma al nivel de la décima vértebra torácica

Esófago
Atraviesa el diafragma al nivel de la décima vértebra torácica

Ligamento arqueado medial
Formado por fibras de ambos pilares

Aorta
Pasa por detrás del diafragma, ante la duodécima vértebra torácica

Músculo cuadrado lumbar

Músculo psoas

Pilar izquierdo del diafragma

Pilar derecho del diafragma

Ligamento arqueado lateral

Ligamento arqueado medial
Un espesamiento de la fascia que cubre el psoas forma una fijación para las fibras musculares del diafragma

DIAFRAGMA (DESDE ABAJO)

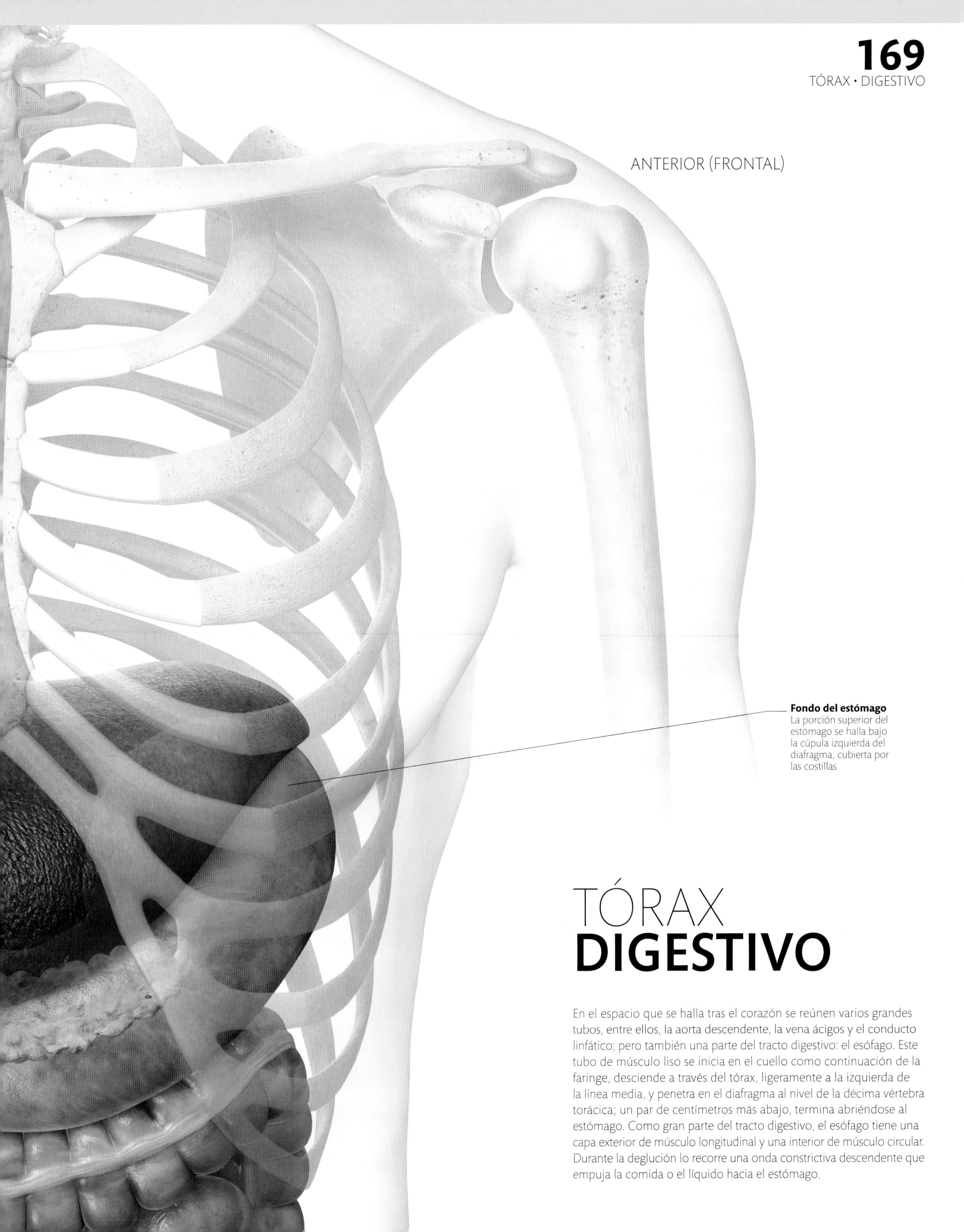
ANTERIOR (FRONTAL)
Fondo del estómago
La porción superior del estómago se halla bajo la cúpula izquierda del diafragma, cubierta por las costillas

TÓRAX **DIGESTIVO**

En el espacio que se halla tras el corazón se reúnen varios grandes tubos, entre ellos, la aorta descendente, la vena ácigos y el conducto linfático; pero también una parte del tracto digestivo: el esófago. Este tubo de músculo liso se inicia en el cuello como continuación de la faringe, desciende a través del tórax, ligeramente a la izquierda de la línea media, y penetra en el diafragma al nivel de la décima vértebra torácica; un par de centímetros más abajo, termina abriéndose al estómago. Como gran parte del tracto digestivo, el esófago tiene una capa exterior de músculo longitudinal y una interior de músculo circular. Durante la deglución lo recorre una onda constrictiva descendente que empuja la comida o el líquido hacia el estómago.

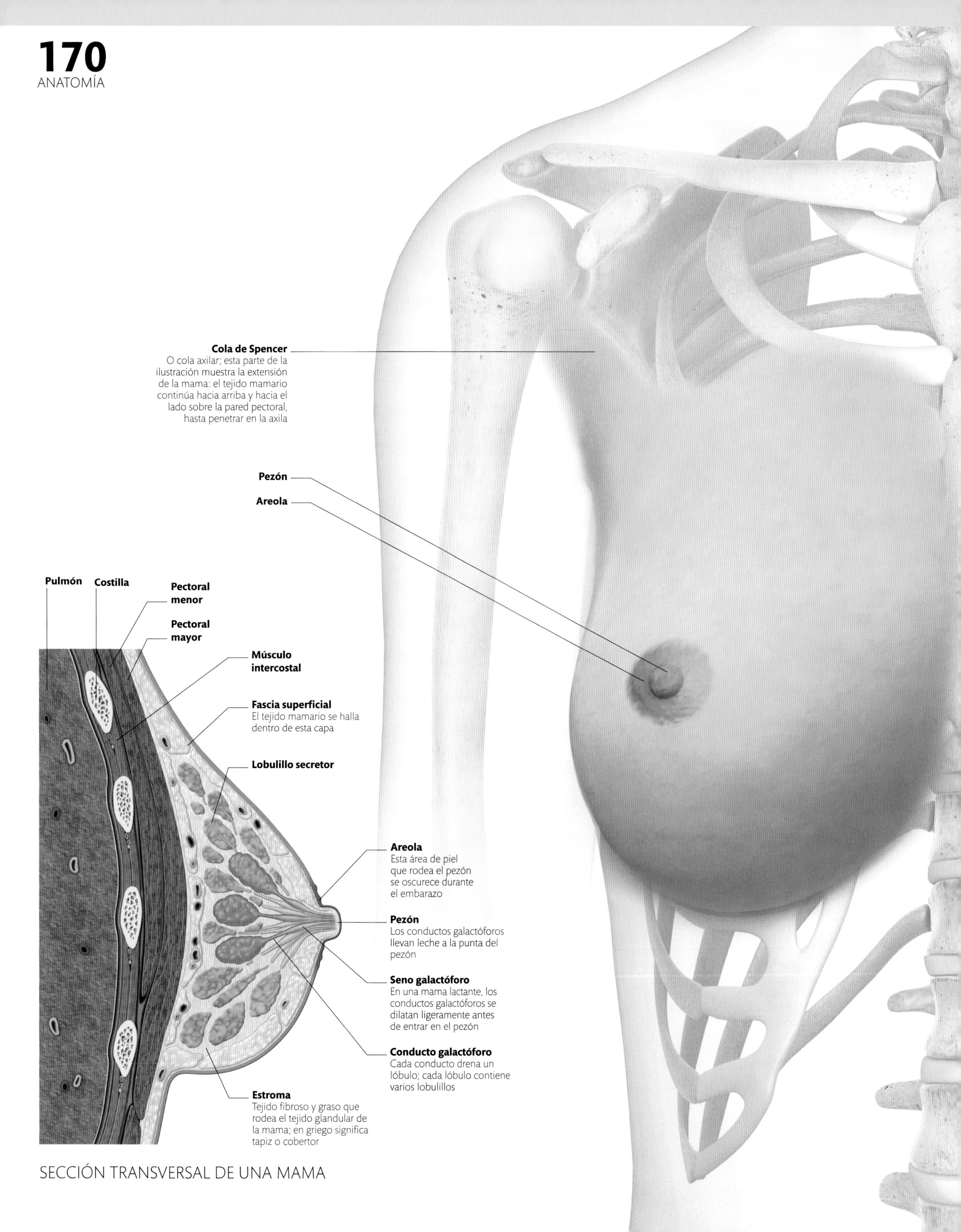
Cola de Spencer
O cola axilar; esta parte de la ilustración muestra la extensión de la mama: el tejido mamario continúa hacia arriba y hacia el lado sobre la pared pectoral, hasta penetrar en la axila
Pezón
Areola
Pulmón
Costilla
Pectoral menor
Pectoral mayor
Músculo intercostal
Fascia superficial
El tejido mamario se halla dentro de esta capa
Lobulillo secretor
Areola
Esta área de piel que rodea el pezón se oscurece durante el embarazo
Pezón
Los conductos galactóforos llevan leche a la punta del pezón
Seno galactóforo
En una mama lactante, los conductos galactóforos se dilatan ligeramente antes de entrar en el pezón
Conducto galactóforo
Cada conducto drena un lóbulo; cada lóbulo contiene varios lobulillos
Estroma
Tejido fibroso y graso que rodea el tejido glandular de la mama; en griego significa tapiz o cobertor

SECCIÓN TRANSVERSAL DE UNA MAMA

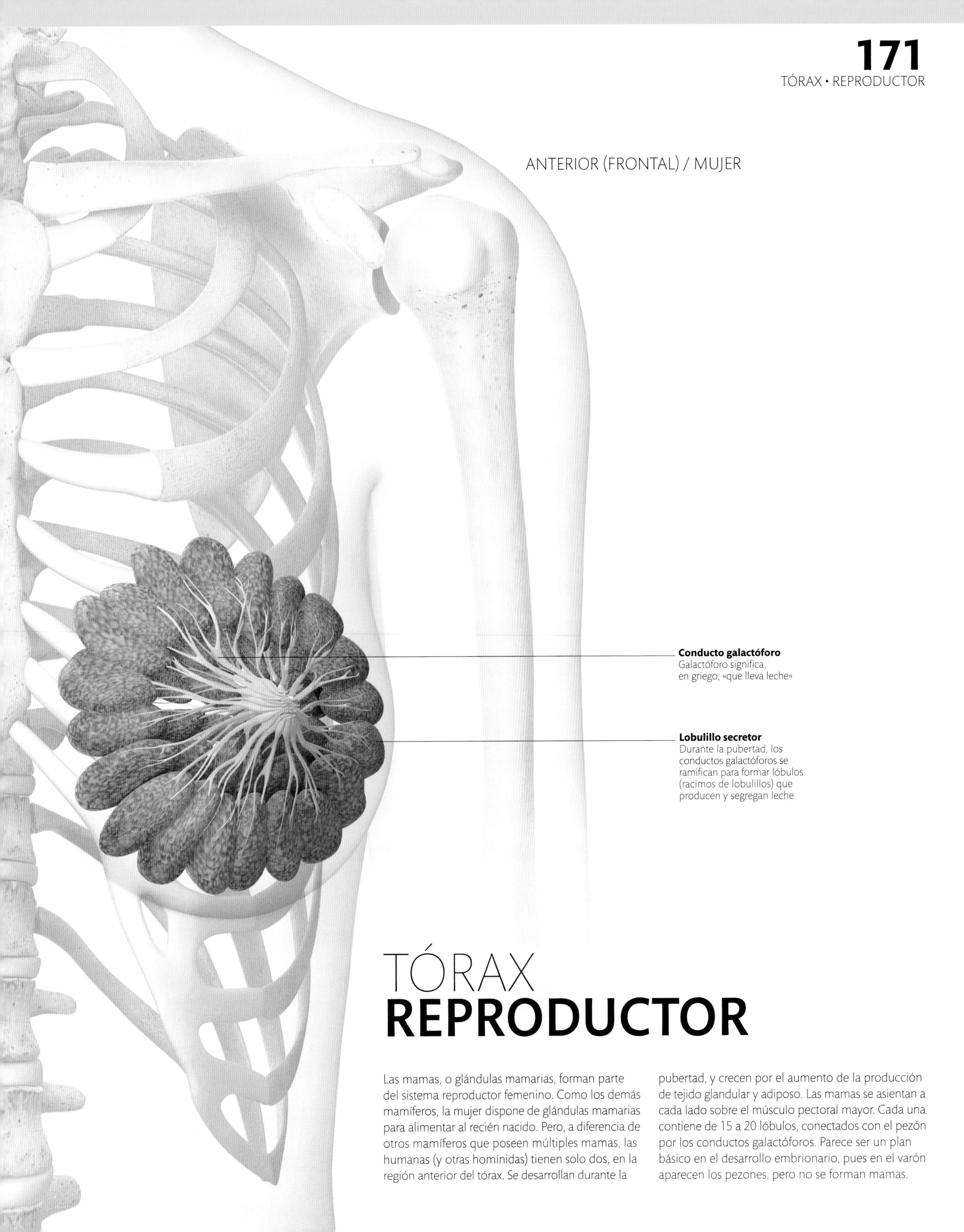
ANTERIOR (FRONTAL) / MUJER
Conducto galactóforo
Galactóforo significa, en griego, «que lleva leche»
Lobulillo secretor
Durante la pubertad, los conductos galactóforos se ramifican para formar lóbulos (racimos de lobulillos) que producen y segregan leche

TÓRAX
REPRODUCTOR

Las mamas, o glándulas mamarias, forman parte del sistema reproductor femenino. Como los demás mamíferos, la mujer dispone de glándulas mamarias para alimentar al recién nacido. Pero, a diferencia de otros mamíferos que poseen múltiples mamas, las humanas (y otras homínidas) tienen solo dos, en la región anterior del tórax. Se desarrollan durante la pubertad, y crecen por el aumento de la producción de tejido glandular y adiposo. Las mamas se asientan a cada lado sobre el músculo pectoral mayor. Cada una contiene de 15 a 20 lóbulos, conectados con el pezón por los conductos galactóforos. Parece ser un plan básico en el desarrollo embrionario, pues en el varón aparecen los pezones, pero no se forman mamas.

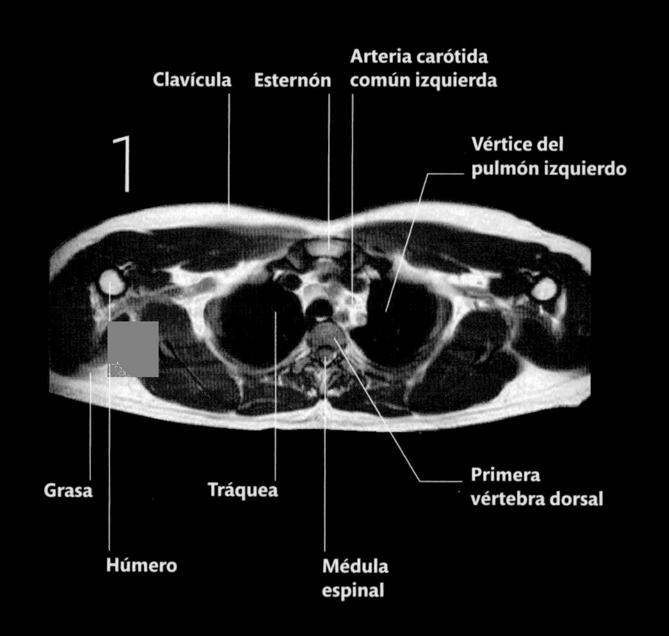
1
Clavícula
Esternón
Arteria carótida común izquierda
Vértice del pulmón izquierdo
Grasa
Tráquea
Primera vértebra dorsal
Húmero
Médula espinal

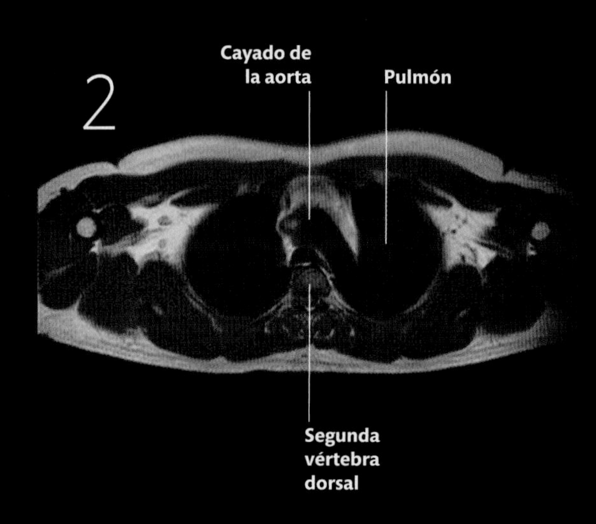
2
Cayado de la aorta
Pulmón
Segunda vértebra dorsal

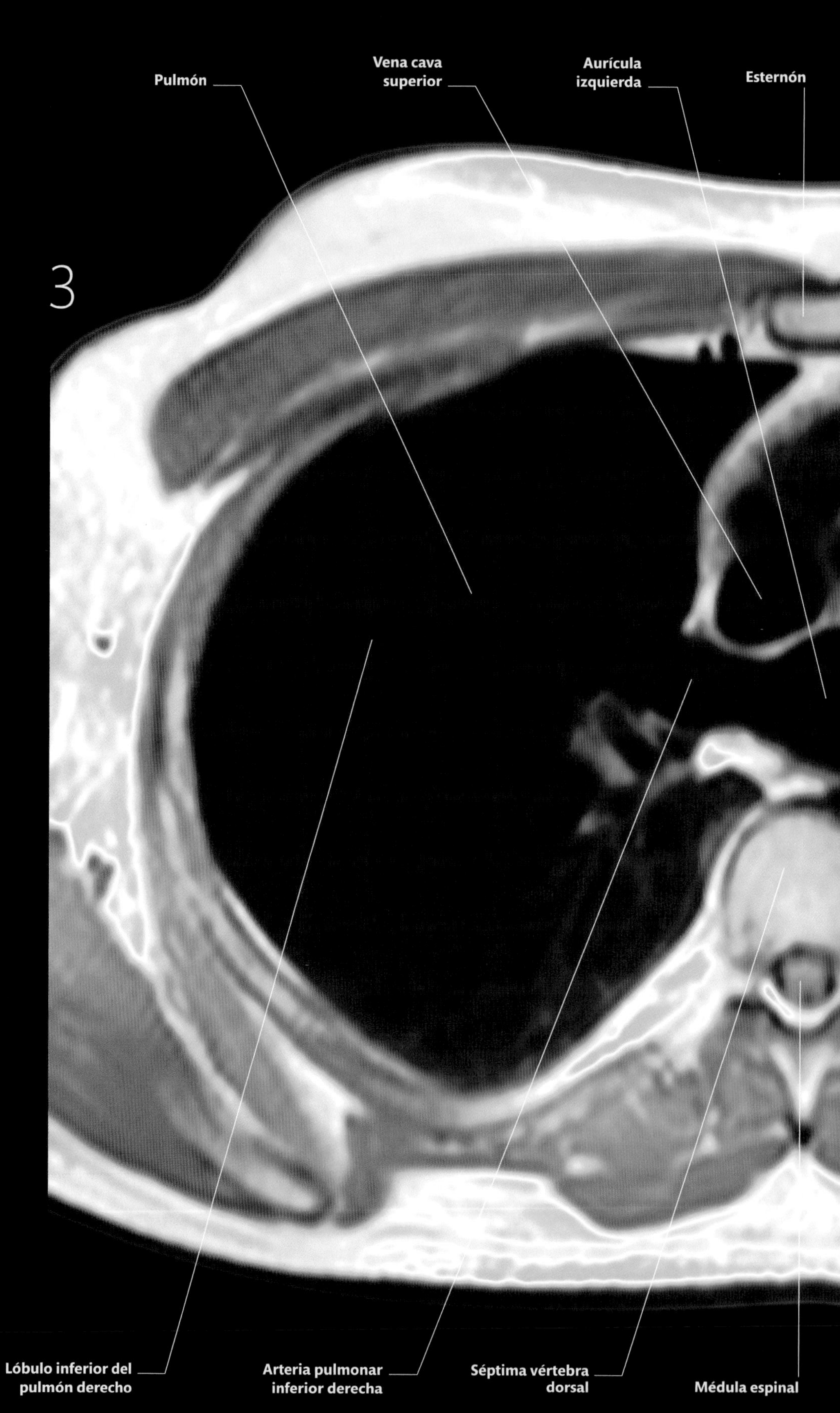
3
Pulmón
Vena cava superior
Aurícula izquierda
Esternón
Lóbulo inferior del pulmón derecho
Arteria pulmonar inferior derecha
Séptima vértebra dorsal
Médula espinal

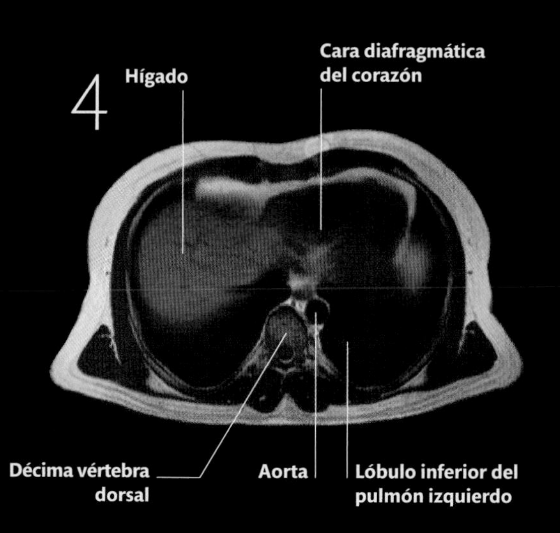
4
Hígado
Cara diafragmática del corazón
Décima vértebra dorsal
Aorta
Lóbulo inferior del pulmón izquierdo

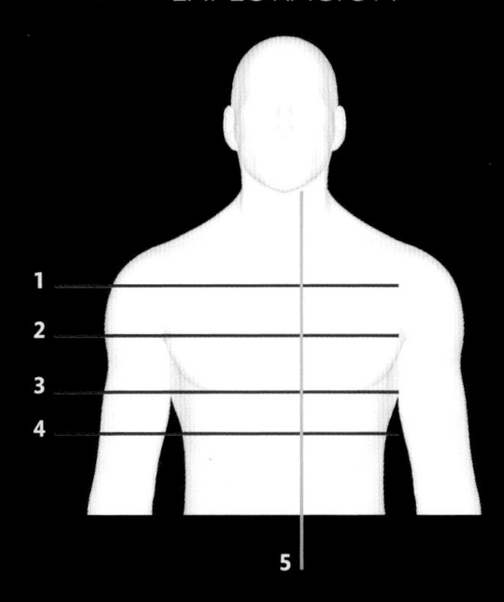
NIVELES DE
EXPLORACIÓN
1
2
3
4
5

TÓRAX **IRM**

Las secciones axiales, o transversales, del pecho (secciones 1-4) muestran el corazón y los grandes vasos en la región medial del tórax, flanqueados por los pulmones y todo ello encerrado en la envoltura protectora de la caja torácica. La sección 1 muestra las clavículas unidas al esternón por delante, el vértice de los pulmones y los grandes vasos que discurren entre cuello y tórax. La sección 2 está trazada justo sobre el corazón, mientras que la sección 3 muestra con detalle las distintas cavidades cardíacas. En esta imagen la aorta aparece a la derecha de la columna, y no a la izquierda, pero esta es la forma en que se suele visualizar una exploración. Uno debe imaginarse en posición erguida a los pies de una cama, mirando hacia el paciente; de esta forma, el lado izquierdo del cuerpo aparece a la derecha de la imagen que uno ve. La sección 4 muestra el fondo del corazón y los lóbulos inferiores de los pulmones.

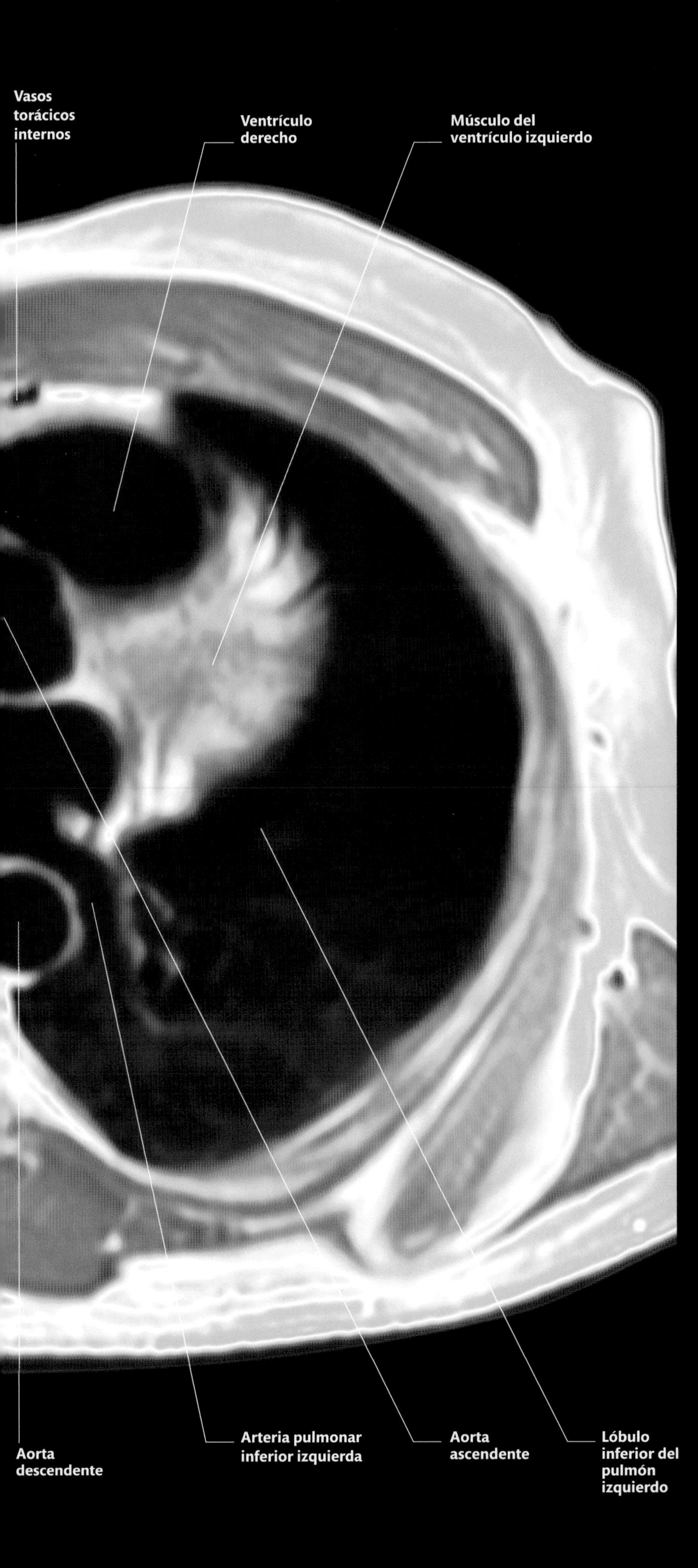
Vasos torácicos internos
Ventrículo derecho
Músculo del ventrículo izquierdo
Aorta descendente
Arteria pulmonar inferior izquierda
Aorta ascendente
Lóbulo inferior del pulmón izquierdo

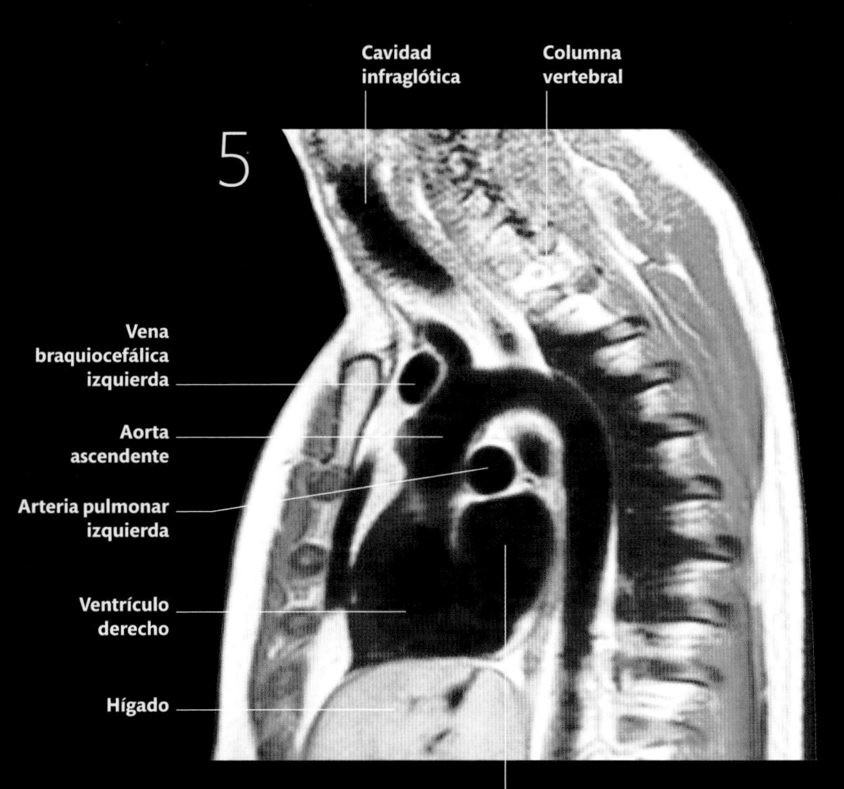
Cavidad infraglótica
Columna vertebral
5
Vena braquiocefálica izquierda
Aorta ascendente
Arteria pulmonar izquierda
Ventrículo derecho
Hígado
Aurícula izquierda

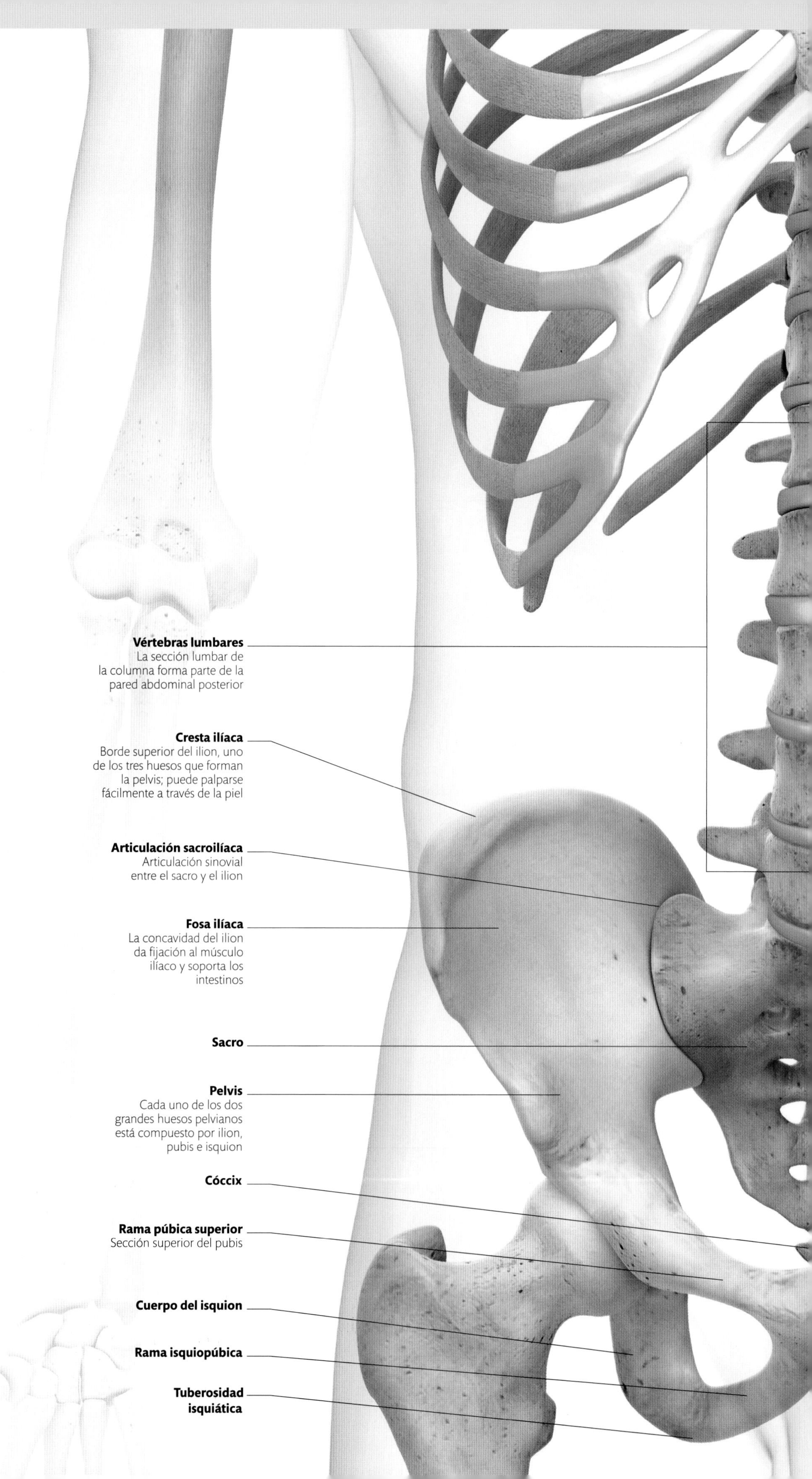
Vértebras lumbares
La sección lumbar de la columna forma parte de la pared abdominal posterior
Cresta ilíaca
Borde superior del ilion, uno de los tres huesos que forman la pelvis; puede palparse fácilmente a través de la piel
Articulación sacroilíaca
Articulación sinovial entre el sacro y el ilion
Fosa ilíaca
La concavidad del ilion da fijación al músculo ilíaco y soporta los intestinos
Sacro
Pelvis
Cada uno de los dos grandes huesos pelvianos está compuesto por ilion, pubis e isquion
Cóccix
Rama púbica superior
Sección superior del pubis
Cuerpo del isquion
Rama isquiopúbica
Tuberosidad isquiática

ABDOMEN Y PELVIS ESQUELÉTICO

Los límites óseos del abdomen son las cinco vértebras lumbares por detrás, el margen inferior de las costillas por arriba, y el pubis y la cresta ilíaca por abajo. La misma cavidad abdominal, debido a la forma acampanada del diafragma, se interna en la caja torácica hasta llegar al espacio entre la quinta y la sexta costillas. Ello implica que algunos órganos abdominales como el hígado, el estómago y el bazo se encuentran en gran parte arropados por las costillas. La pelvis tiene forma de cuenco, y está rodeada por los dos huesos pelvianos (o innominados) por delante y por los lados, y por el sacro por detrás. Cada hueso pelviano está compuesto por tres huesos fusionados: el ilion (posterior), el isquion (anteroinferior) y, sobre este, el pubis.

Duodécima costilla

Ala del sacro
Las masas óseas laterales del sacro se llaman alas

Forámenes sacros anteriores
Las ramas anteriores (frontales) de los nervios sacros espinales pasan por estos agujeros

Espina ilíaca anterosuperior
Es el extremo anterior de la cresta ilíaca

Sínfisis púbica
Articulación de cartílago entre los dos huesos púbicos

Tubérculo púbico
Esta pequeña proyección ósea proporciona un punto de fijación para el ligamento inguinal

Foramen obturador
La mayor parte de este agujero está cerrada por la membrana obturatriz, y los músculos se fijan a ambos lados

Fémur

ANTERIOR (FRONTAL)

ABDOMEN Y PELVIS **ESQUELÉTICO**

La orientación de las articulaciones facetarias intervertebrales de la columna lumbar hace que la rotación de las vértebras sea limitada, pero la flexión y la extensión son libres. Sin embargo, la articulación lumbosacra tiene rotación, lo que permite el balanceo de la pelvis al caminar. Las sacroilíacas son articulaciones sinoviales (normalmente muy móviles), pero su movimiento está especialmente limitado debido a que los poderosos ligamentos sacroilíacos que las rodean sujetan con fuerza el ilion (parte de la pelvis) al sacro por ambos lados. Más abajo, los ligamentos sacroespinoso y sacrotuberoso se extienden desde el sacro y el cóccix al ilion, proporcionando estabilidad y sostén adicionales.

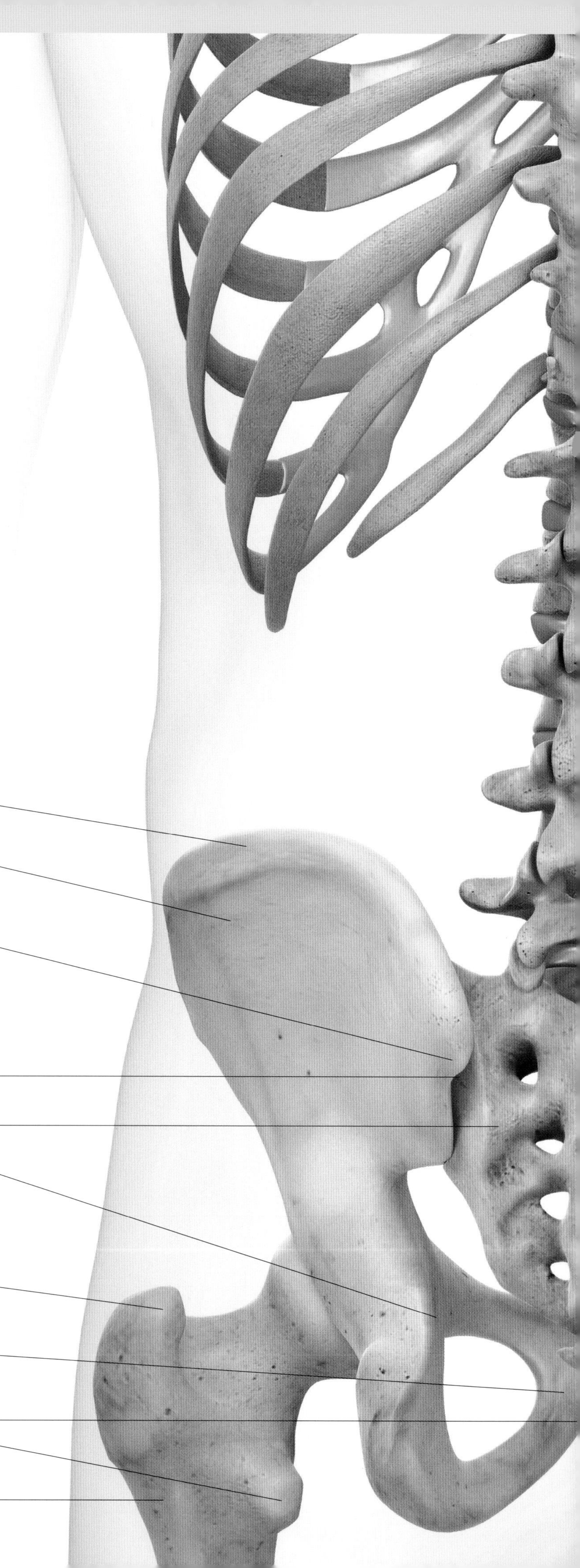
Cresta ilíaca
Superficie glútea del ilion
Aquí se fijan a la pelvis los músculos glúteos
Espina ilíaca posterosuperior
Extremo dorsal de la cresta ilíaca
Articulación sacroilíaca
Sacro
Espina isquiática
Esta proyección del isquion constituye el punto de fijación para el ligamento sacroespinoso de la pelvis
Trocánter mayor
Aquí se fijan los músculos glúteos
Cuerpo del pubis
Porción ancha y plana del hueso púbico
Cóccix
Trocánter menor
Punto de fijación para el músculo psoas
Fémur

Duodécima costilla

Vértebras lumbares
La columna lumbar o inferior está formada por cinco vértebras

Articulación lumbosacra
Punto de encuentro entre la quinta vértebra lumbar y el sacro

Forámenes sacros posteriores
Las ramas posteriores (dorsales) de los nervios sacros espinales pasan por estos agujeros

Rama púbica superior
Porción del pubis que conecta con el ilion

Foramen obturador

Rama isquiopúbica

Tuberosidad isquiática

POSTERIOR (DORSAL)

ABDOMEN Y PELVIS ESQUELÉTICO

La pelvis es la parte del esqueleto que presenta más diferencia entre sexos, pues la femenina constituye el canal del parto. Al comparar los huesos pelvianos del varón y la mujer se observan diferencias obvias: el anillo compuesto por el sacro y los dos huesos pelvianos —el borde pelviano— suele ser un amplio óvalo en la mujer, y es cordiforme y más estrecho en el varón. El ángulo subpúbico, debajo de la articulación entre los dos huesos del pubis, es mucho más estrecho en el varón. Como el resto del esqueleto, la pelvis masculina suele ser más maciza o robusta, con crestas más evidentes en las zonas de fijación muscular.

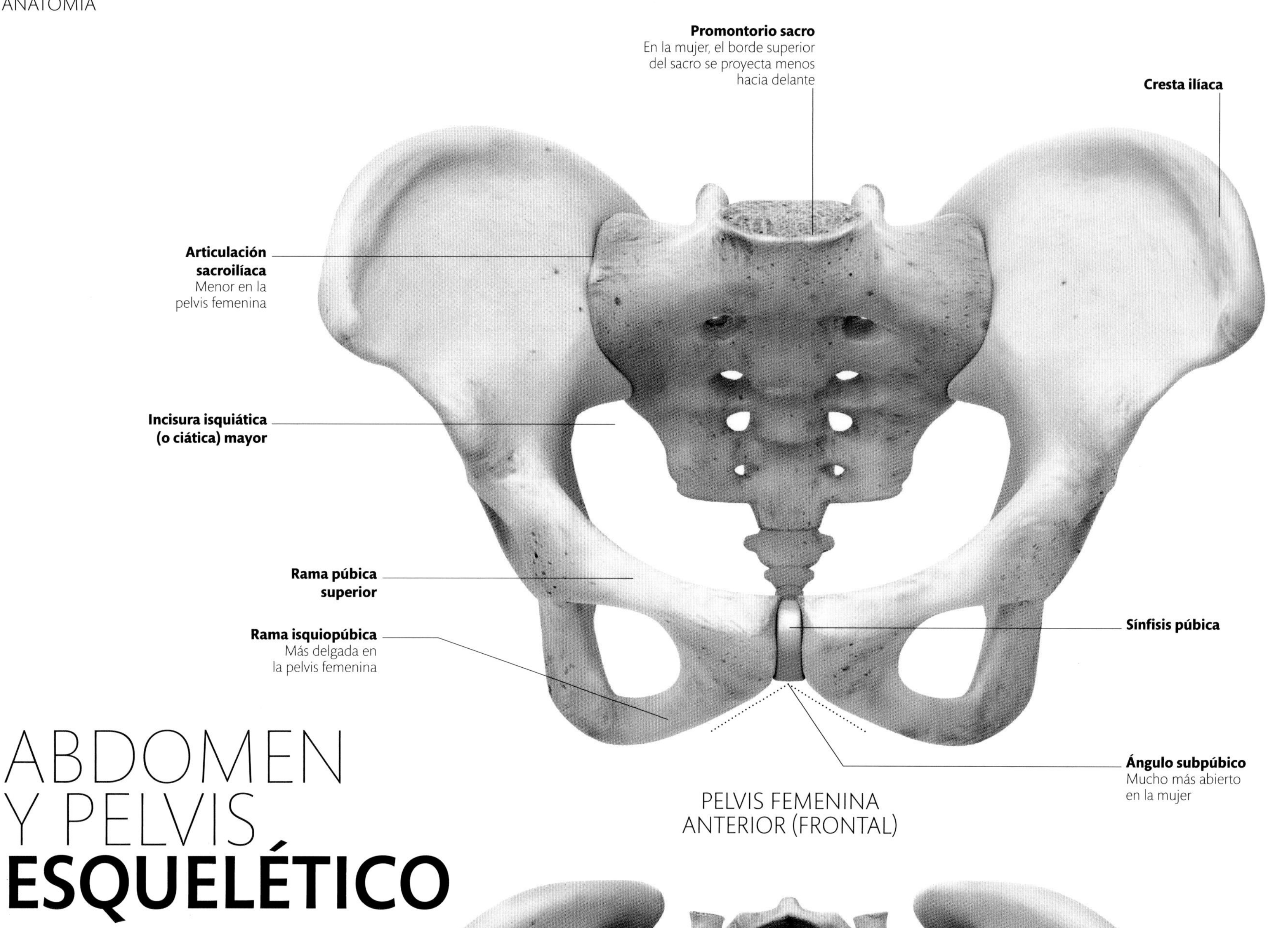
Promontorio sacro
En la mujer, el borde superior del sacro se proyecta menos hacia delante
Cresta ilíaca
Articulación sacroilíaca
Menor en la pelvis femenina
Incisura isquiática (o ciática) mayor
Rama púbica superior
Rama isquiopúbica
Más delgada en la pelvis femenina
Sínfisis púbica
Ángulo subpúbico
Mucho más abierto en la mujer

PELVIS FEMENINA ANTERIOR (FRONTAL)

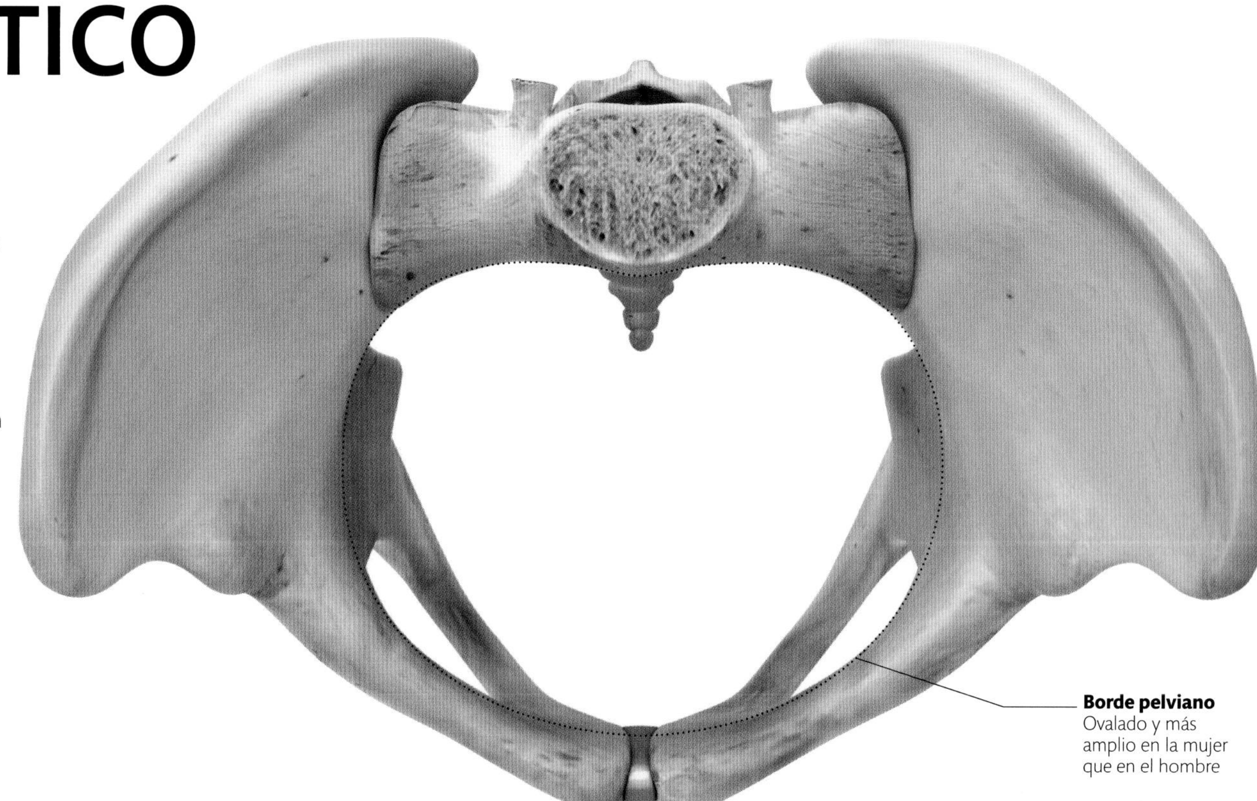
Borde pelviano
Ovalado y más amplio en la mujer que en el hombre

PELVIS FEMENINA VISTA DESDE ARRIBA

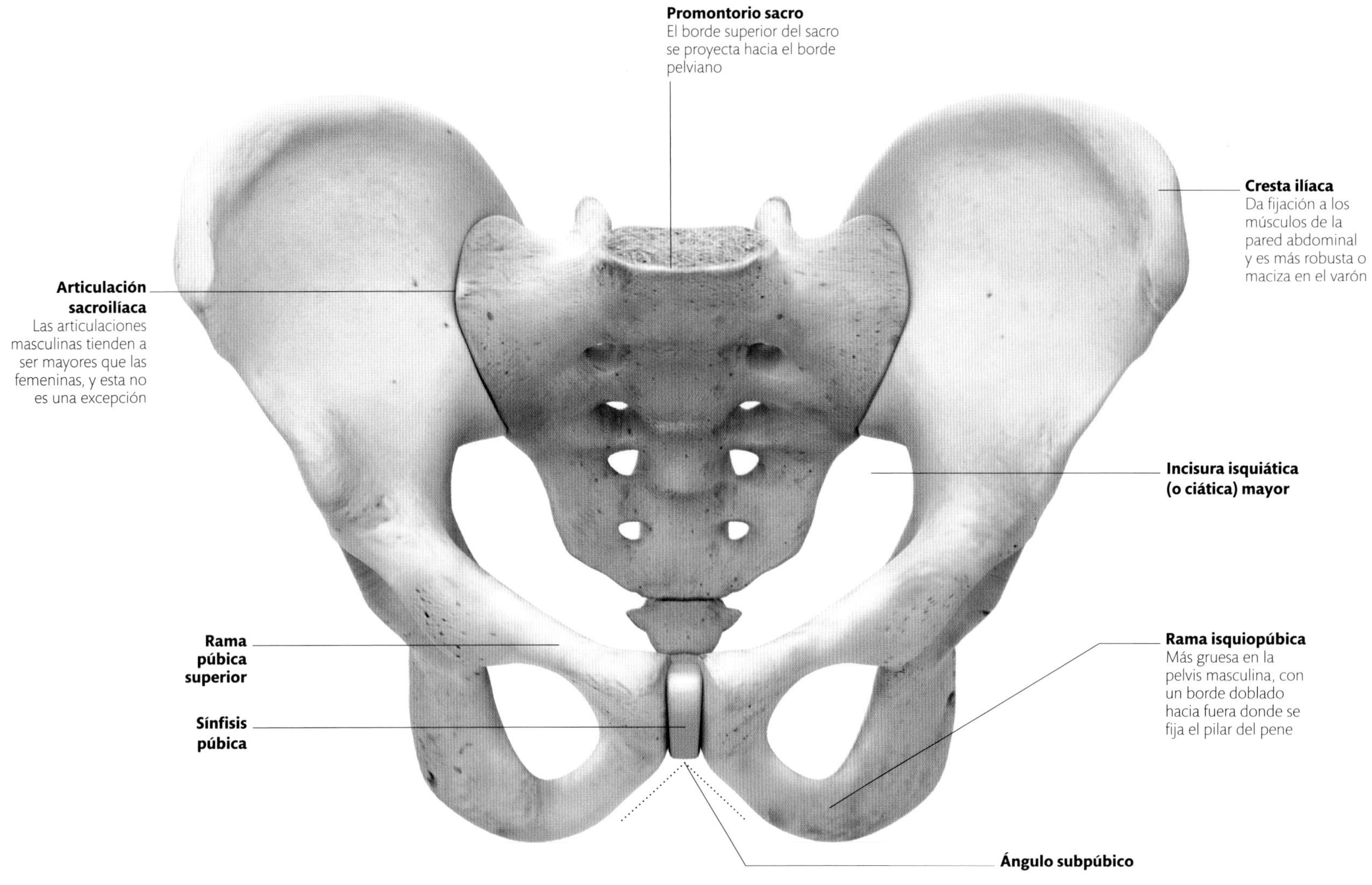
Promontorio sacro
El borde superior del sacro se proyecta hacia el borde pelviano
Cresta ilíaca
Da fijación a los músculos de la pared abdominal y es más robusta o maciza en el varón
Articulación sacroilíaca
Las articulaciones masculinas tienden a ser mayores que las femeninas, y esta no es una excepción
Incisura isquiática (o ciática) mayor
Rama púbica superior
Rama isquiopúbica
Más gruesa en la pelvis masculina, con un borde doblado hacia fuera donde se fija el pilar del pene
Sínfisis púbica
Ángulo subpúbico

PELVIS MASCULINA
ANTERIOR (FRONTAL)

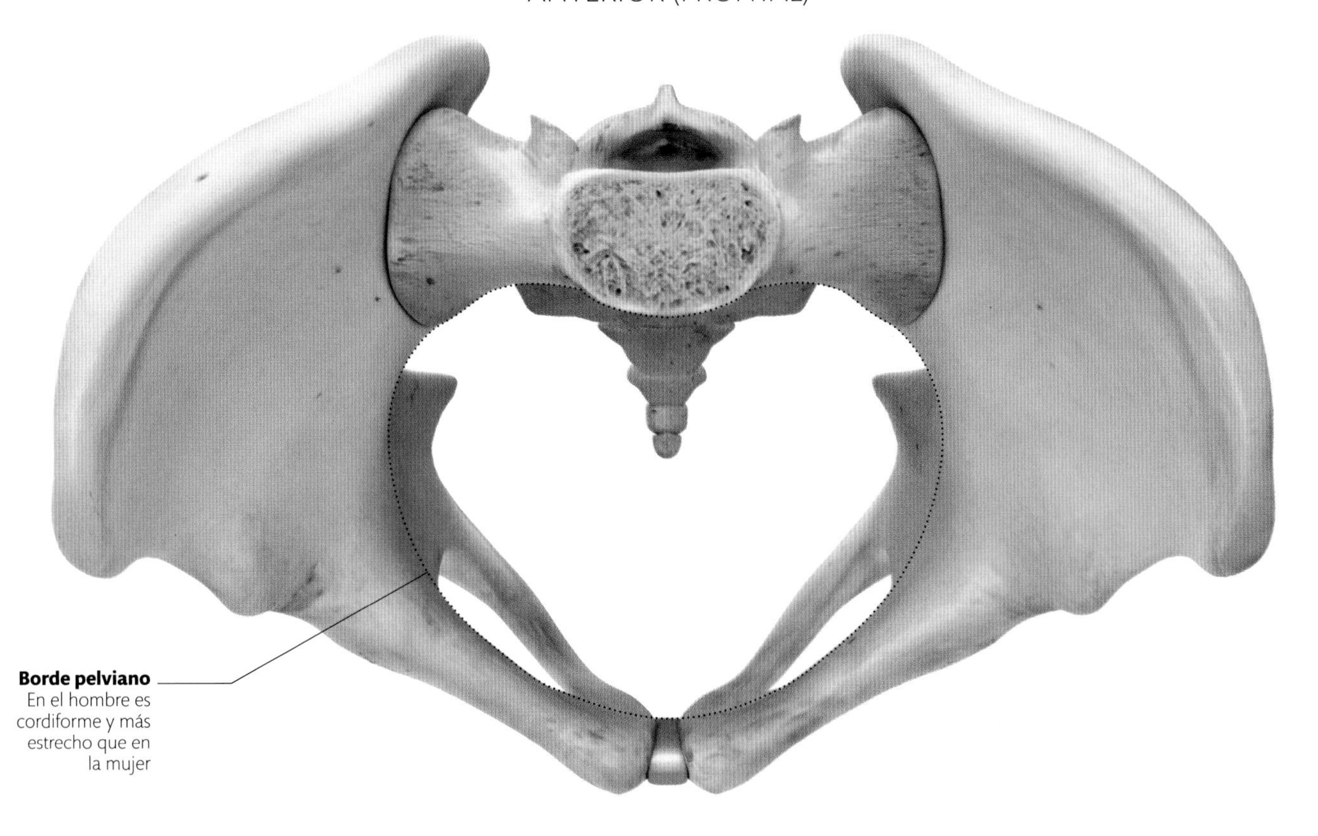
Borde pelviano
En el hombre es cordiforme y más estrecho que en la mujer

PELVIS MASCULINA VISTA DESDE ARRIBA

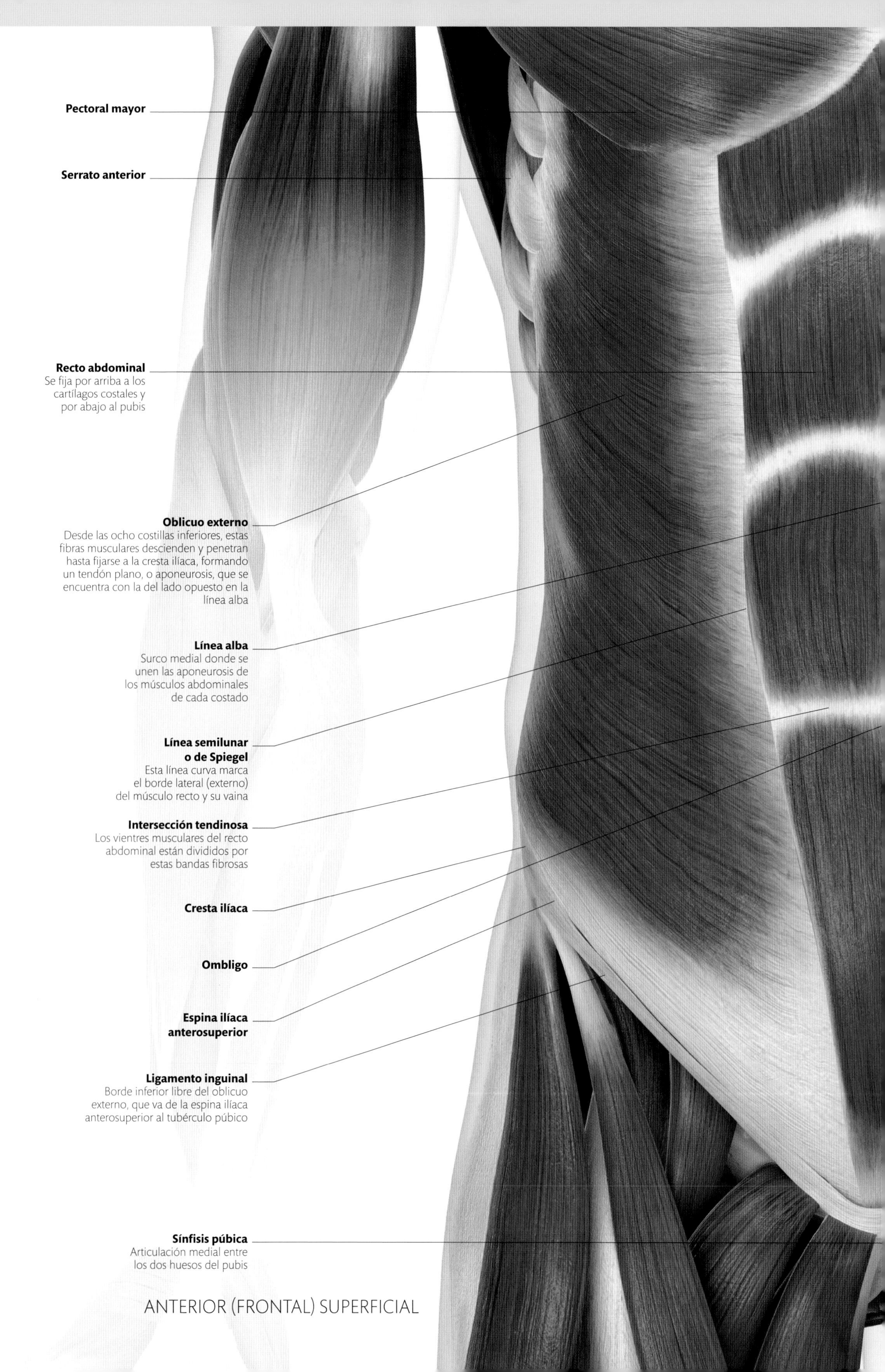
Pectoral mayor
Serrato anterior
Recto abdominal
Se fija por arriba a los cartílagos costales y por abajo al pubis
Oblicuo externo
Desde las ocho costillas inferiores, estas fibras musculares descienden y penetran hasta fijarse a la cresta ilíaca, formando un tendón plano, o aponeurosis, que se encuentra con la del lado opuesto en la línea alba
Línea alba
Surco medial donde se unen las aponeurosis de los músculos abdominales de cada costado
Línea semilunar o de Spiegel
Esta línea curva marca el borde lateral (externo) del músculo recto y su vaina
Intersección tendinosa
Los vientres musculares del recto abdominal están divididos por estas bandas fibrosas
Cresta ilíaca
Ombligo
Espina ilíaca anterosuperior
Ligamento inguinal
Borde inferior libre del oblicuo externo, que va de la espina ilíaca anterosuperior al tubérculo púbico
Sínfisis púbica
Articulación medial entre los dos huesos del pubis

ANTERIOR (FRONTAL) SUPERFICIAL

ABDOMEN Y PELVIS MUSCULAR

Los músculos abdominales pueden mover el tronco: flexionan la columna hacia delante o giran el abdomen de lado a lado. Son importantes músculos posturales, ya que ayudan a mantener la columna erguida cuando uno está de pie o sentado, e intervienen a la hora de levantar objetos pesados. Como comprimen el abdomen y aumentan la presión interna, están implicados en la defecación, la micción y la espiración forzada. Ubicados frontalmente, a ambos lados de la línea media, están los dos músculos rectos abdominales, similares a bandas; en una persona esbelta y con buen tono muscular, estos músculos están fraccionados por tendones horizontales. A cada lado flanquean el recto abdominal tres capas de anchos músculos planos.

Capa posterior de la vaina del recto
La vaina del recto está formada por las aponeurosis de los músculos laterales: oblicuo interno y transverso abdominal
Aponeurosis del oblicuo interno (borde de corte)
Oblicuo interno
Se halla bajo el oblicuo externo; sus fibras surgen del ligamento inguinal y la cresta ilíaca, y se abren hacia dentro y hacia arriba, fijándose a las costillas inferiores y entre sí en la línea media
Línea semicircular o de Douglas
En este punto convergen las aponeurosis de los músculos laterales y pasan ante los rectos abdominales, quedando solo una capa fascial por detrás de estos
Tubérculo púbico

ANTERIOR (FRONTAL) PROFUNDA

ABDOMEN Y PELVIS **MUSCULAR**

El músculo más superficial de la región lumbar es el amplísimo dorsal ancho. Bajo él, y a cada lado a lo largo de la columna, hay un gran grupo muscular que forma dos crestas en la zona lumbar de una persona en buena forma: son los erectores de la columna, nombre que sugiere su importancia para mantener esta erguida. Cuando la columna se flexiona hacia delante, los erectores pueden tirar hacia atrás para devolver la columna a la posición vertical e incluso más allá, en un movimiento de extensión. En esta masa muscular pueden distinguirse tres bandas principales a cada lado: iliocostal, dorsal largo y espinal. Gran parte de la masa muscular de cada nalga corresponde a un solo músculo: el glúteo mayor, que extiende la articulación de la cadera. Ocultos bajo él hay diversos músculos menores que también mueven la cadera.

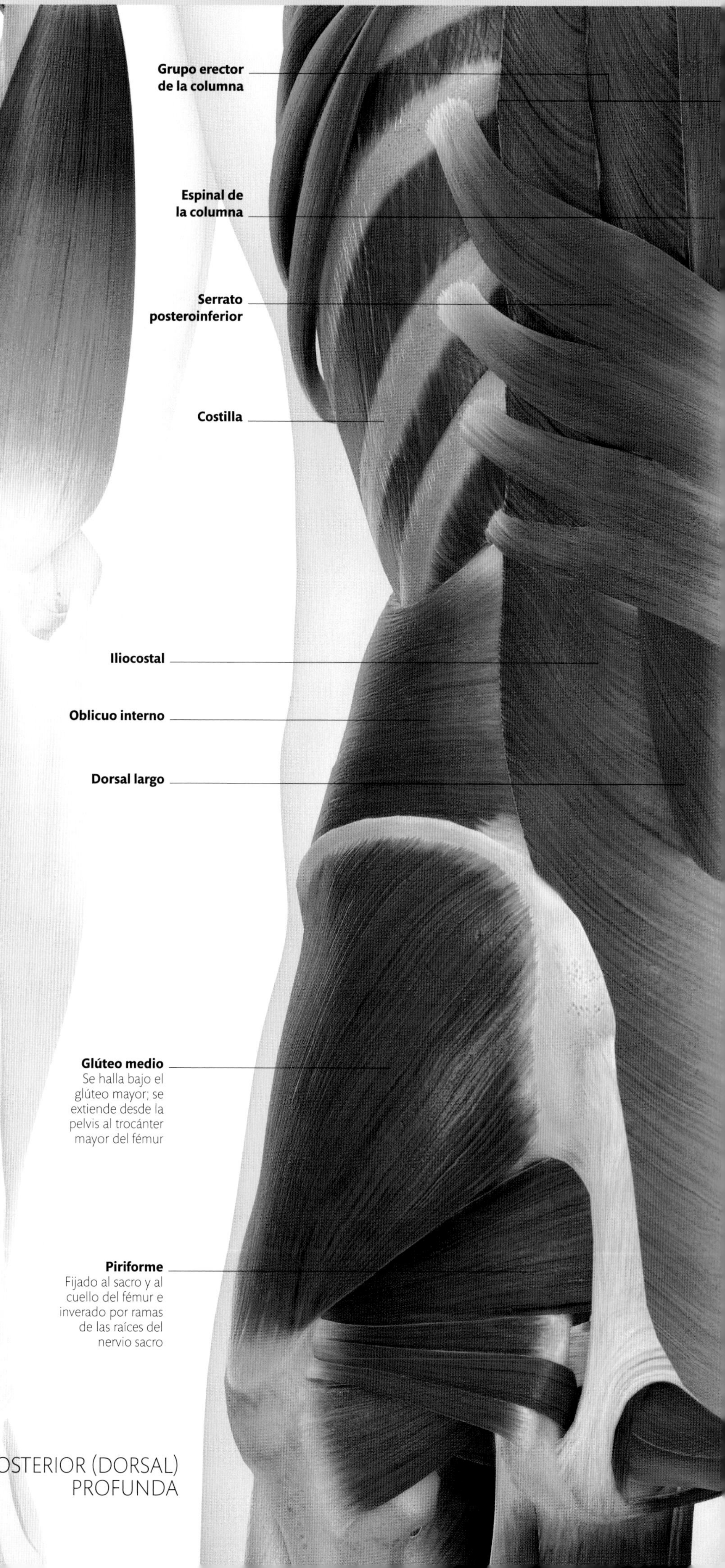

Grupo erector de la columna

Espinal de la columna

Serrato posteroinferior

Costilla

Iliocostal

Oblicuo interno

Dorsal largo

Glúteo medio
Se halla bajo el glúteo mayor; se extiende desde la pelvis al trocánter mayor del fémur

Piriforme
Fijado al sacro y al cuello del fémur e inverado por ramas de las raíces del nervio sacro

POSTERIOR (DORSAL) PROFUNDA

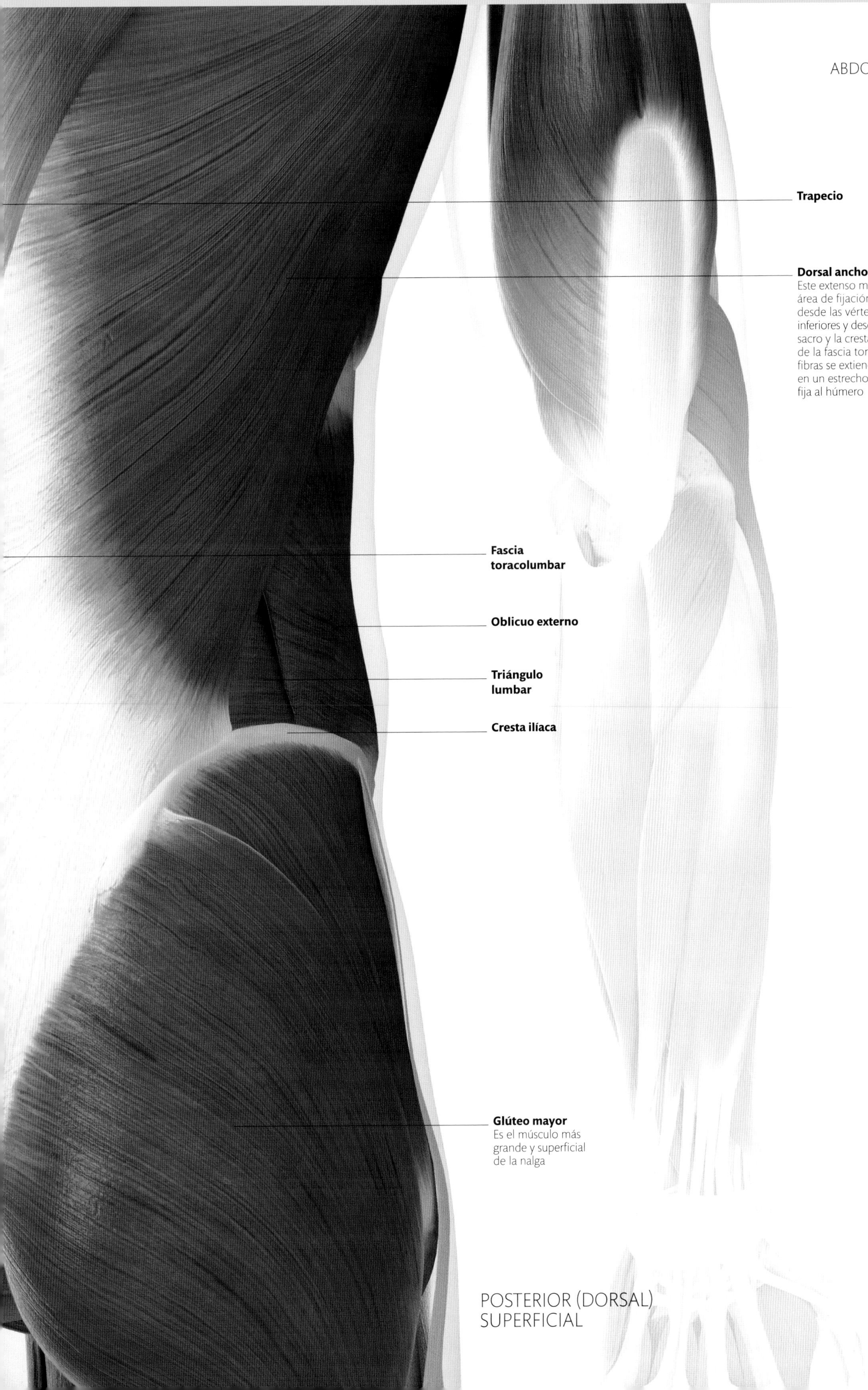

Trapecio

Dorsal ancho
Este extenso músculo tiene un área de fijación muy amplia: desde las vértebras torácicas inferiores y desde las lumbares, el sacro y la cresta ilíaca por medio de la fascia toracolumbar, sus fibras se extienden y convergen en un estrecho tendón que se fija al húmero

Fascia toracolumbar

Oblicuo externo

Triángulo lumbar

Cresta ilíaca

Glúteo mayor
Es el músculo más grande y superficial de la nalga

POSTERIOR (DORSAL)
SUPERFICIAL

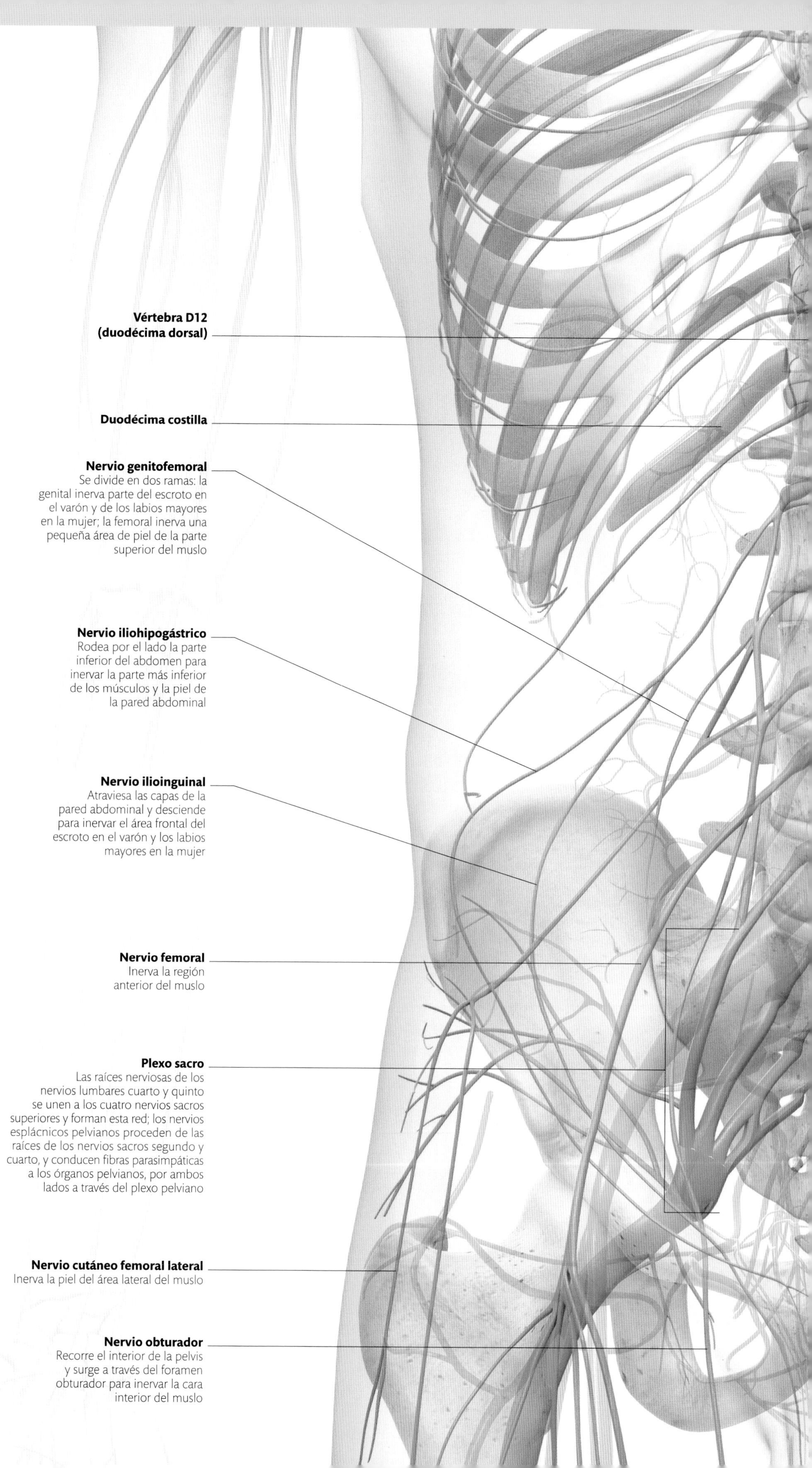
Vértebra D12 (duodécima dorsal)
Duodécima costilla
Nervio genitofemoral
Se divide en dos ramas: la genital inerva parte del escroto en el varón y de los labios mayores en la mujer; la femoral inerva una pequeña área de piel de la parte superior del muslo
Nervio iliohipogástrico
Rodea por el lado la parte inferior del abdomen para inervar la parte más inferior de los músculos y la piel de la pared abdominal
Nervio ilioinguinal
Atraviesa las capas de la pared abdominal y desciende para inervar el área frontal del escroto en el varón y los labios mayores en la mujer
Nervio femoral
Inerva la región anterior del muslo
Plexo sacro
Las raíces nerviosas de los nervios lumbares cuarto y quinto se unen a los cuatro nervios sacros superiores y forman esta red; los nervios esplácnicos pelvianos proceden de las raíces de los nervios sacros segundo y cuarto, y conducen fibras parasimpáticas a los órganos pelvianos, por ambos lados a través del plexo pelviano
Nervio cutáneo femoral lateral
Inerva la piel del área lateral del muslo
Nervio obturador
Recorre el interior de la pelvis y surge a través del foramen obturador para inervar la cara interior del muslo

ABDOMEN Y PELVIS **NERVIOSO**

En la región anterior, los nervios intercostales inferiores sobrepasan la caja torácica para inervar los músculos y la piel de la pared abdominal. La parte inferior del abdomen es abastecida por los nervios subcostal e iliohipogástrico. La porción abdominal del tronco simpático recibe nervios torácicos y los dos primeros espinales lumbares, y envía nervios de regreso a todos los espinales. Los nervios espinales lumbares surgen de la columna y penetran en el músculo psoas mayor en el dorso del abdomen; se reúnen dentro del músculo y despliegan fibras para formar una red o plexo. Las ramas de este plexo lumbar surgen en torno y a través del psoas y siguen hacia el muslo. Más abajo, ramas del plexo sacro inervan los órganos pelvianos y penetran en los glúteos. Una de estas ramas, el nervio ciático, es la más larga del cuerpo; inerva el dorso del muslo y desciende por la pierna hasta el pie.

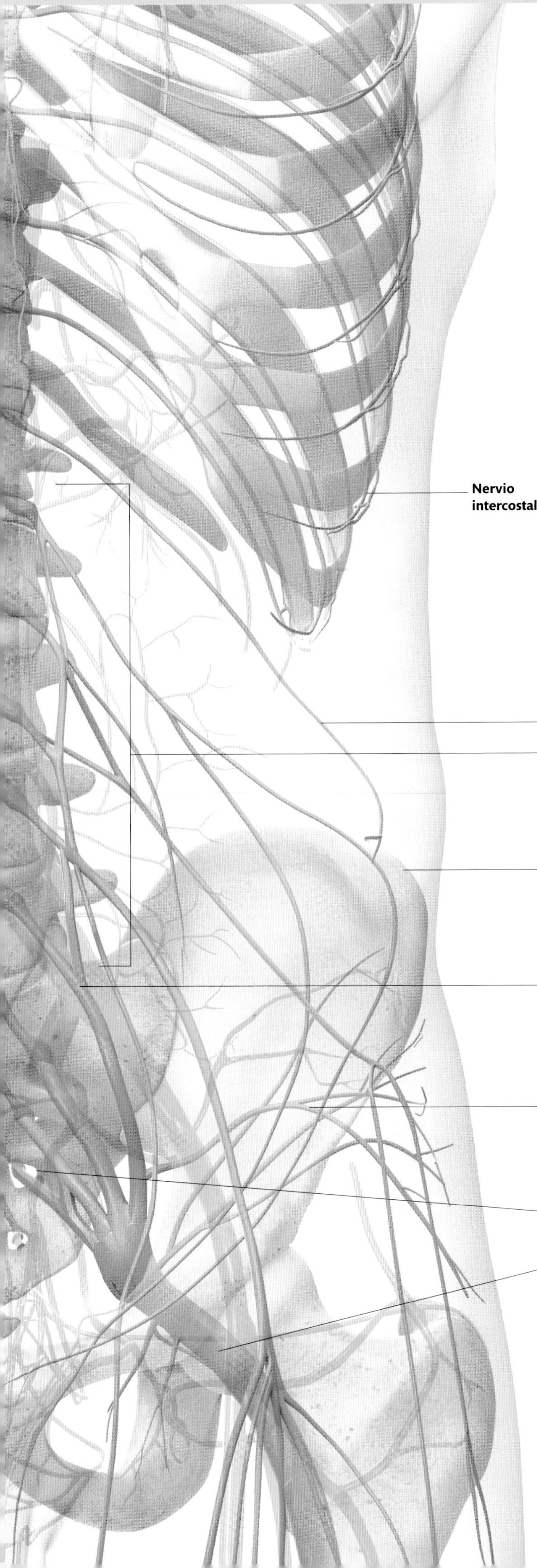

Nervio intercostal
Nervio subcostal
Plexo lumbar
Cresta ilíaca
Tronco lumbosacro
Conduce fibras nerviosas de los nervios lumbares cuarto y quinto para unirlas al plexo sacro
Nervio glúteo superior
Rama del plexo sacro que inerva los músculos y la piel de la nalga
Foramen sacro anterior
Nervio ciático

ANTERIOR (FRONTAL)

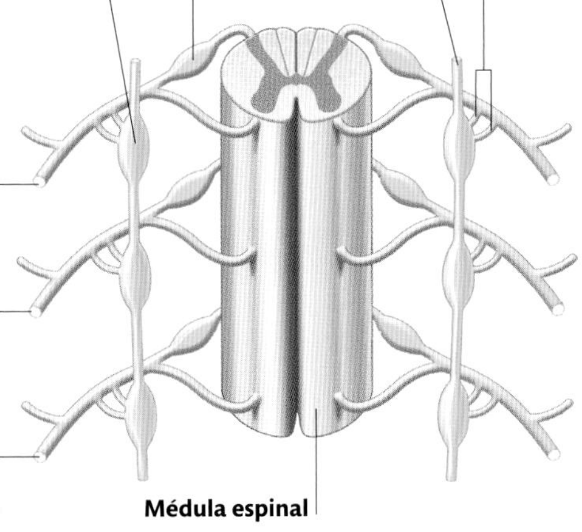

Ganglio espinal
Ramas comunicantes
Ganglio simpático
Tronco simpático
Nervios espinales
Médula espinal

SECCIÓN DEL TRONCO SIMPÁTICO Y LA MÉDULA ESPINAL

ABDOMEN Y PELVIS CARDIOVASCULAR

La aorta pasa por detrás del diafragma a la altura de la duodécima vértebra torácica y penetra en el abdomen; se ramifica lateralmente en pares de arterias que abastecen de sangre oxigenada las paredes del abdomen, los riñones, las glándulas adrenales y los testículos u ovarios. De la cara frontal de la aorta abdominal emerge una serie de ramas que abastece a los órganos del abdomen: el tronco celíaco aporta ramas a hígado, estómago, páncreas y vesícula, y las arterias mesentéricas abastecen a los intestinos. La aorta abdominal termina dividiéndose en las dos arterias ilíacas comunes, que se dividen a su vez para formar una arteria ilíaca interna (que abastece a los órganos pelvianos) y una externa (que desciende por el muslo y se convierte en la arteria femoral). A la izquierda de la aorta se encuentra la vena principal del abdomen: la vena cava inferior.

Arteria hepática derecha
Vena porta
Formada por la unión de las venas esplénica y mesentérica superior, lleva sangre de los intestinos al hígado
Arteria hepática común
Se ramifica en las arterias hepáticas derecha e izquierda
Arteria renal derecha
Abastece al riñón derecho
Vena renal derecha
Drena el riñón derecho
Vena mesentérica superior
Drena sangre del intestino delgado, el ciego y la mitad del colon; termina uniéndose a la vena esplénica para formar la vena porta
Vena cava inferior
Arteria ileocólica
Rama de la mesentérica superior que abastece el extremo del íleon, el ciego, el inicio del colon ascendente y el apéndice
Vena ilíaca común derecha
Arteria ilíaca común derecha
Se divide en las arterias ilíacas interna y externa derechas
Arteria ilíaca interna derecha
Aporta ramas a vejiga, recto, perineo y genitales, a los músculos del interior del muslo, a los huesos ilion y sacro y a la nalga, así como a útero y vagina en la mujer
Vena ilíaca interna derecha
Arteria ilíaca externa derecha
Aporta una rama a la sección inferior de la pared abdominal anterior antes de pasar sobre el pubis y bajo el ligamento inguinal para convertirse en la arteria femoral
Arteria glútea superior derecha
Es la rama más larga de la ilíaca interna; pasa a través del dorso de la pelvis para abastecer la parte superior de la nalga
Vena ilíaca externa derecha
Arteria gonadal derecha
En la mujer, abastece el ovario; en el varón se extiende hasta el escroto para abastecer el testículo
Vena gonadal derecha
Drena el ovario o el testículo y acaba uniéndose a la vena cava inferior
Arteria femoral derecha
Arteria principal de la pierna, continuación de la ilíaca externa en el muslo
Vena femoral derecha

ANTERIOR (FRONTAL)

Tronco celíaco
De apenas un 1 cm de longitud, se ramifica en las arterias gástrica y esplénica izquierdas y en la hepática común

Arteria esplénica
Abastece el bazo, gran parte del páncreas y la sección superior del estómago

Vena esplénica
Drena el bazo y recibe otras venas del estómago y el páncreas, así como la vena mesentérica inferior

Arteria renal izquierda
Más corta que la derecha, abastece el riñón izquierdo

Vena renal izquierda
Más larga que la derecha, drena el riñón izquierdo y recibe la vena gonadal izquierda

Vena mesentérica inferior
Drena sangre del colon y el recto y acaba vertiendo en la vena esplénica

Arteria mesentérica superior
Se ramifica dentro del mesenterio para abastecer gran parte del intestino, incluidos el yeyuno y el íleon y la mitad del colon

Aorta abdominal
La aorta torácica se convierte en abdominal al pasar por detrás del diafragma, al nivel de la duodécima vértebra torácica

Arteria mesentérica inferior
Abastece el tercio inferior del colon transverso, el colon descendente y sigmoideo, y el recto

Bifurcación de la aorta
La aorta abdominal se divide ante la cuarta vértebra lumbar

Arteria rectal superior
La rama final de la arteria mesentérica inferior atraviesa la pelvis para abastecer el recto

Arteria ilíaca común izquierda

Vena ilíaca común izquierda
Formada por la unión de las venas ilíacas externa e interna

Vena ilíaca externa izquierda
Continuación de la vena femoral después de penetrar en la pelvis

Arteria ilíaca interna izquierda

Arteria ilíaca externa izquierda

Vena ilíaca interna izquierda
Drena los órganos pelvianos, el perineo y la nalga

Arteria gonadal izquierda
Las arterias gonadales se ramifican de la aorta justo debajo de las renales

Vena gonadal izquierda
Drena el ovario o el testículo, y se vacía en la vena renal izquierda

Arteria femoral izquierda

Vena femoral izquierda
Vena principal de la pierna, se convierte en la ilíaca externa

ABDOMEN Y PELVIS
LINFÁTICO E INMUNITARIO

Los ganglios linfáticos del abdomen se agrupan en torno a las arterias. Los que se encuentran a cada lado de la aorta reciben linfa de estructuras pares, como los músculos de la pared abdominal, los riñones y glándulas adrenales, y los testículos u ovarios. Los ganglios ilíacos recogen linfa devuelta desde las piernas y la pelvis; los agrupados en torno a las ramas frontales de la aorta la recogen de los intestinos y órganos abdominales. Finalmente, toda esa linfa procedente de piernas, pelvis y abdomen llega a un abultado conducto linfático, la cisterna del quilo, que se estrecha hasta convertirse en el conducto torácico, que penetra en el tórax. La mayoría de los ganglios linfáticos son pequeñas estructuras reniformes, pero el abdomen también contiene un gran órgano importante en el sistema inmunitario: el bazo.

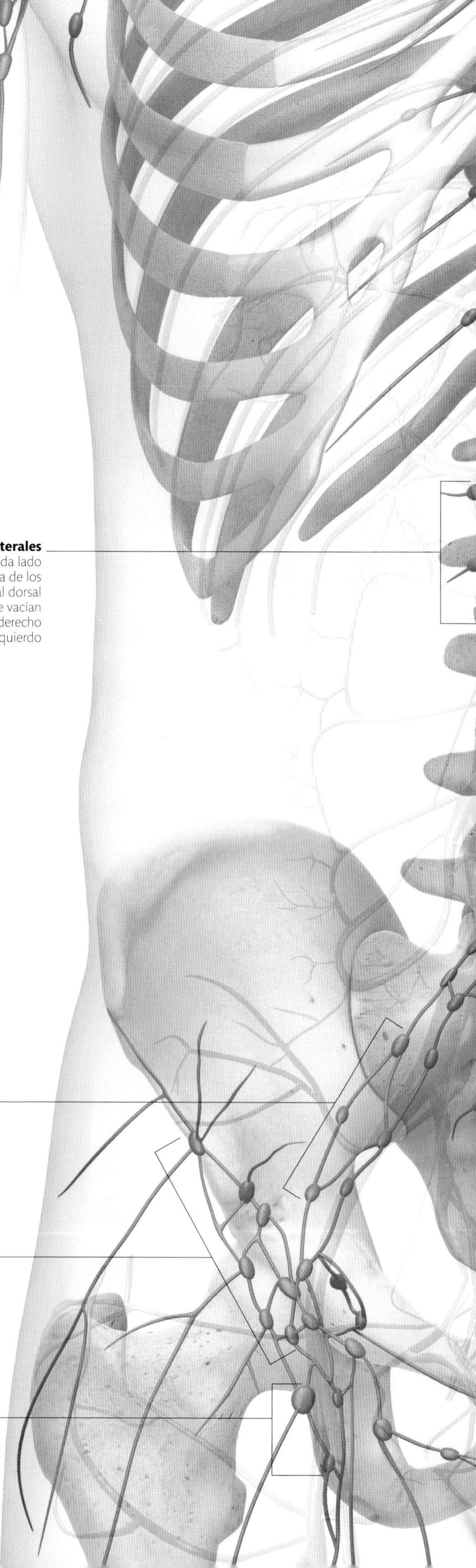

Ganglios aórticos laterales
Situados a lo largo de cada lado de la aorta, recogen linfa de los riñones, la pared abdominal dorsal y las vísceras pelvianas; se vacían en los troncos intestinales derecho e izquierdo

Ganglios ilíacos externos
Recogen linfa de los ganglios inguinales, del perineo y de la cara interna del muslo

Ganglios inguinales superficiales proximales
Situados bajo el ligamento inguinal, este grupo superior de ganglios inguinales superficiales recibe linfa de la pared abdominal inferior (por debajo del ombligo) y de los genitales

Ganglios inguinales superficiales distales
Los ganglios inferiores de la ingle drenan gran parte de los vasos linfáticos del muslo y la pierna

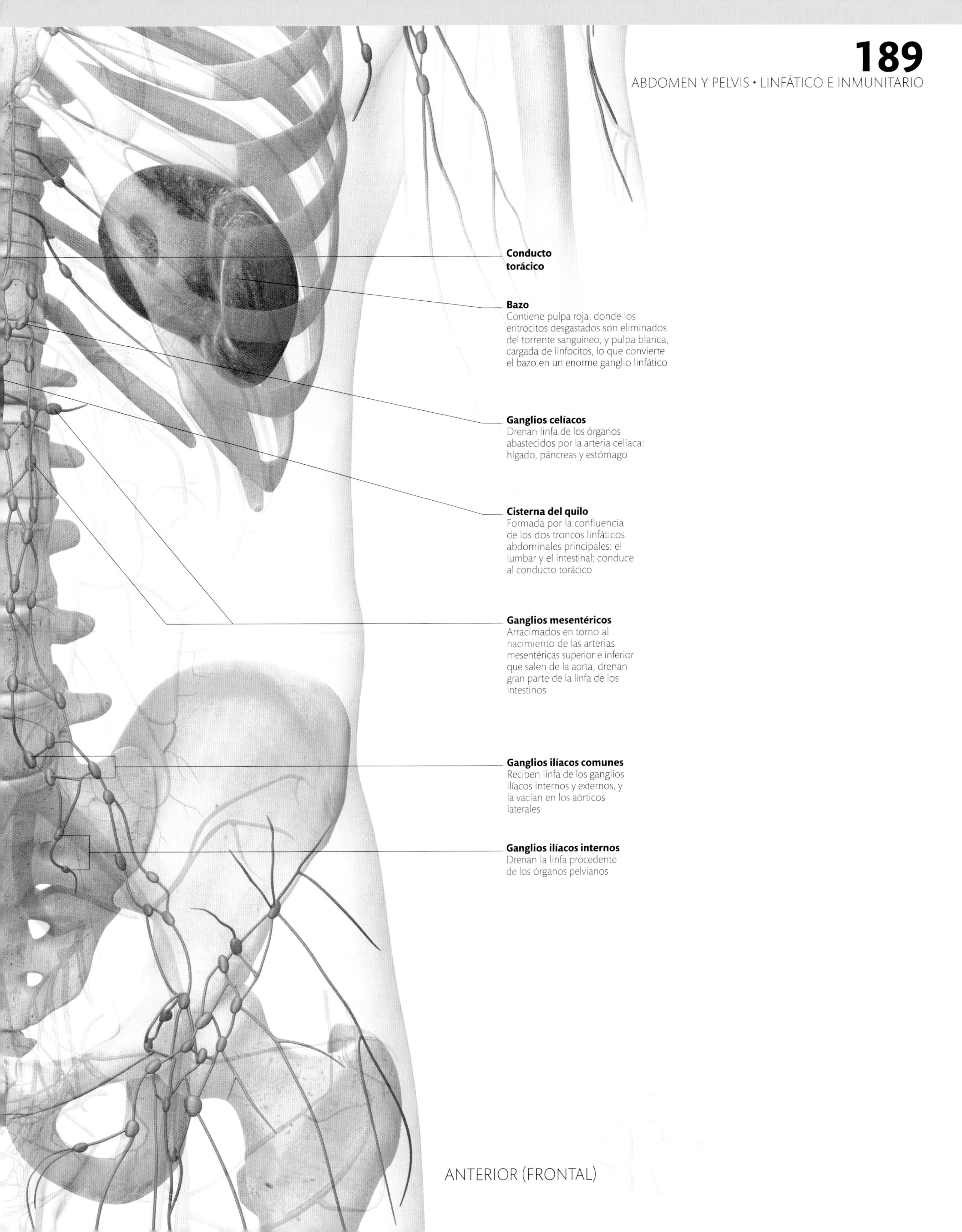
Conducto torácico

Bazo
Contiene pulpa roja, donde los eritrocitos desgastados son eliminados del torrente sanguíneo, y pulpa blanca, cargada de linfocitos, lo que convierte el bazo en un enorme ganglio linfático

Ganglios celíacos
Drenan linfa de los órganos abastecidos por la arteria celíaca: hígado, páncreas y estómago

Cisterna del quilo
Formada por la confluencia de los dos troncos linfáticos abdominales principales: el lumbar y el intestinal; conduce al conducto torácico

Ganglios mesentéricos
Arracimados en torno al nacimiento de las arterias mesentéricas superior e inferior que salen de la aorta, drenan gran parte de la linfa de los intestinos

Ganglios ilíacos comunes
Reciben linfa de los ganglios ilíacos internos y externos, y la vacían en los aórticos laterales

Ganglios ilíacos internos
Drenan la linfa procedente de los órganos pelvianos

ANTERIOR (FRONTAL)

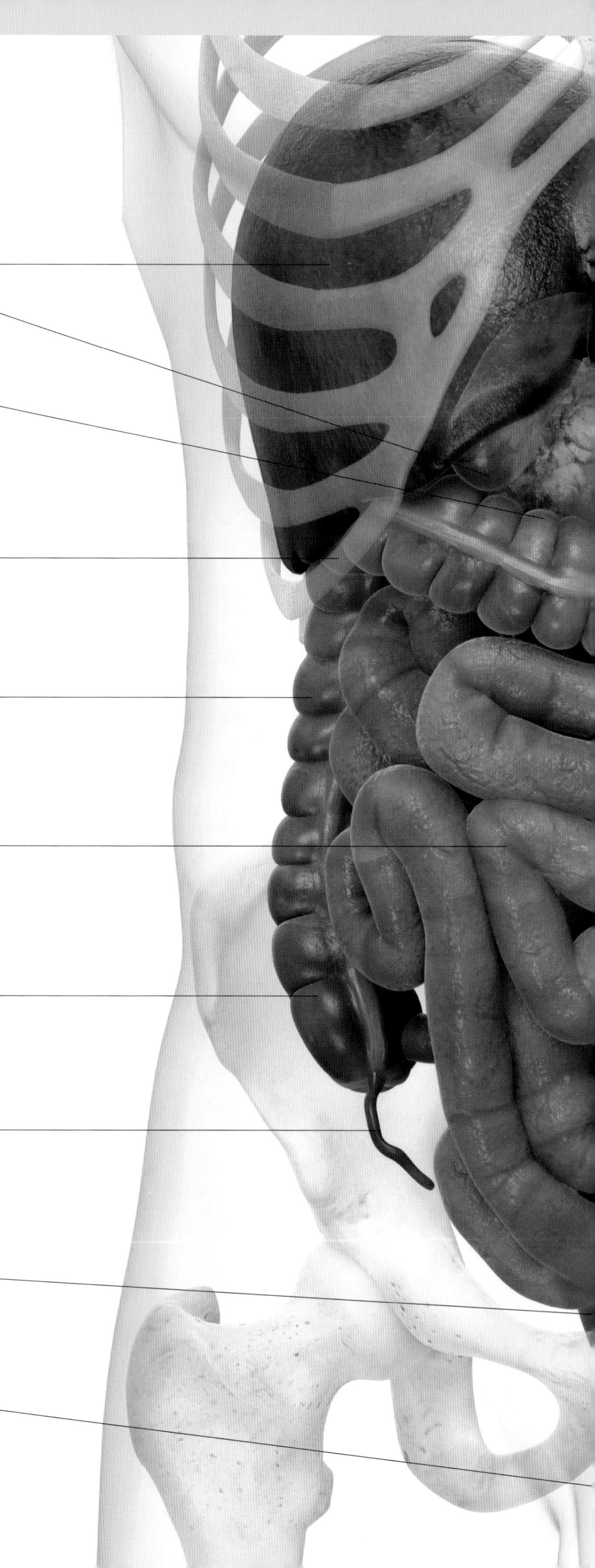
Lóbulo hepático derecho

Fondo de la vesícula biliar
Parte inferior del saco de la vesícula, situada en una fosa bajo el lóbulo hepático

Colon transverso
Tendido bajo el hígado y el estómago, esta sección del colon tiene un mesenterio (pliegue del peritoneo que conecta el intestino a la pared abdominal dorsal) a través del cual discurren sus vasos sanguíneos y nervios

Flexura hepática del colon
Tramo de unión entre el colon ascendente y el transverso, escondido bajo el hígado

Colon ascendente
Esta sección del intestino grueso está firmemente fijada a la pared dorsal del abdomen

Íleon
Situado principalmente en la región suprapúbica del abdomen, esta sección del intestino delgado mide unos 4 m; en latín, *ileum* significa entrañas

Ciego
Primer tramo del intestino grueso, se halla en la fosa ilíaca derecha del abdomen

Apéndice
Llamado propiamente apéndice vermiforme (con forma de gusano), suele tener unos pocos centímetros de longitud; está lleno de tejido linfoide y, por tanto, forma parte del sistema inmunitario intestinal

Recto
Penúltima sección del intestino, tiene unos 12 cm de longitud y es elástico; puede expandirse para almacenar heces hasta que llegue el momento de evacuarlas

Canal anal
Está rodeado de esfínteres musculares que lo mantienen cerrado y que se relajan durante la defecación, cuando los músculos del diafragma y la pared abdominal se contraen para aumentar la presión en el abdomen y forzar la expulsión de las heces

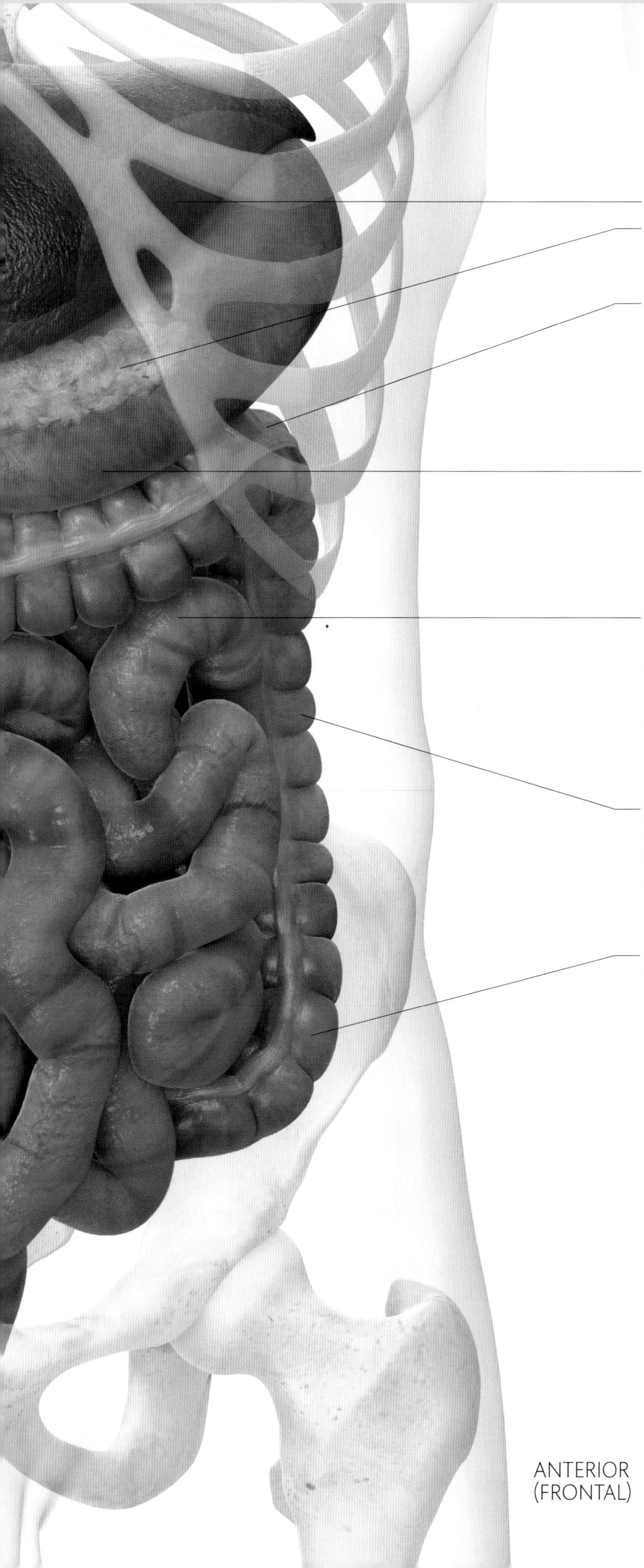

Lóbulo hepático izquierdo

Páncreas

Flexura esplénica del colon
Tramo de unión entre el colon transverso y el descendente, cerca del bazo (no mostrado aquí)

Estómago

Yeyuno
Esta sección del intestino delgado, de unos 2 m de longitud, está más vascularizada que el íleon (y por ello es más rojiza); se halla principalmente en la región umbilical del abdomen; en latín, *ieiunus* significa ayuno, tal vez debido a que la comida pasa rápidamente por él

Colon descendente
Como el colon ascendente, esta sección del intestino grueso carece de mesenterio y está firmemente fijada al dorso de la pared abdominal

Colon sigmoideo
Esta sección del colon en forma de S sí tiene mesenterio

ABDOMEN Y PELVIS **DIGESTIVO**

Con los órganos *in situ*, resulta evidente hasta qué punto asciende la cavidad abdominal bajo las costillas. Los órganos superiores —hígado, estómago y bazo— quedan en gran parte cubiertos por la caja torácica; esto les proporciona cierta protección, pero también implica que son vulnerables en caso de fractura de alguna costilla inferior. El intestino grueso traza una M en el abdomen: empieza abajo, en el ciego; el colon ascendente sube por el flanco derecho, plegándose bajo el hígado; el colon transverso cuelga bajo el hígado y el estómago, y el colon descendente baja por el flanco izquierdo del abdomen para dar paso a la S del colon sigmoideo, que desciende hasta la pelvis, donde se convierte en el recto. Las espirales del intestino delgado ocupan la parte central del abdomen.

ANTERIOR (FRONTAL)

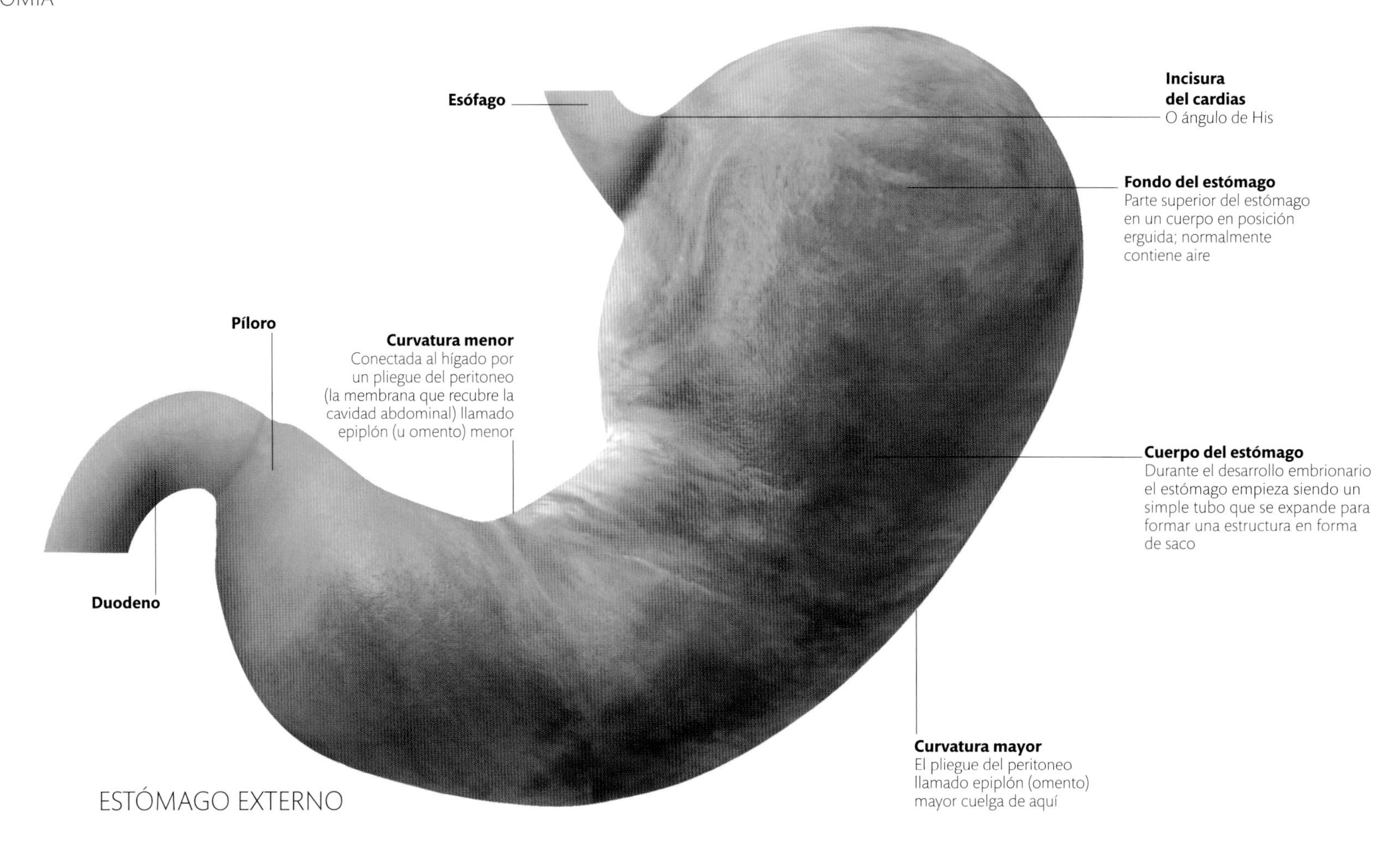
Esófago
Incisura del cardias
O ángulo de His
Fondo del estómago
Parte superior del estómago en un cuerpo en posición erguida; normalmente contiene aire
Píloro
Curvatura menor
Conectada al hígado por un pliegue del peritoneo (la membrana que recubre la cavidad abdominal) llamado epiplón (u omento) menor
Cuerpo del estómago
Durante el desarrollo embrionario el estómago empieza siendo un simple tubo que se expande para formar una estructura en forma de saco
Duodeno
Curvatura mayor
El pliegue del peritoneo llamado epiplón (omento) mayor cuelga de aquí

ESTÓMAGO EXTERNO

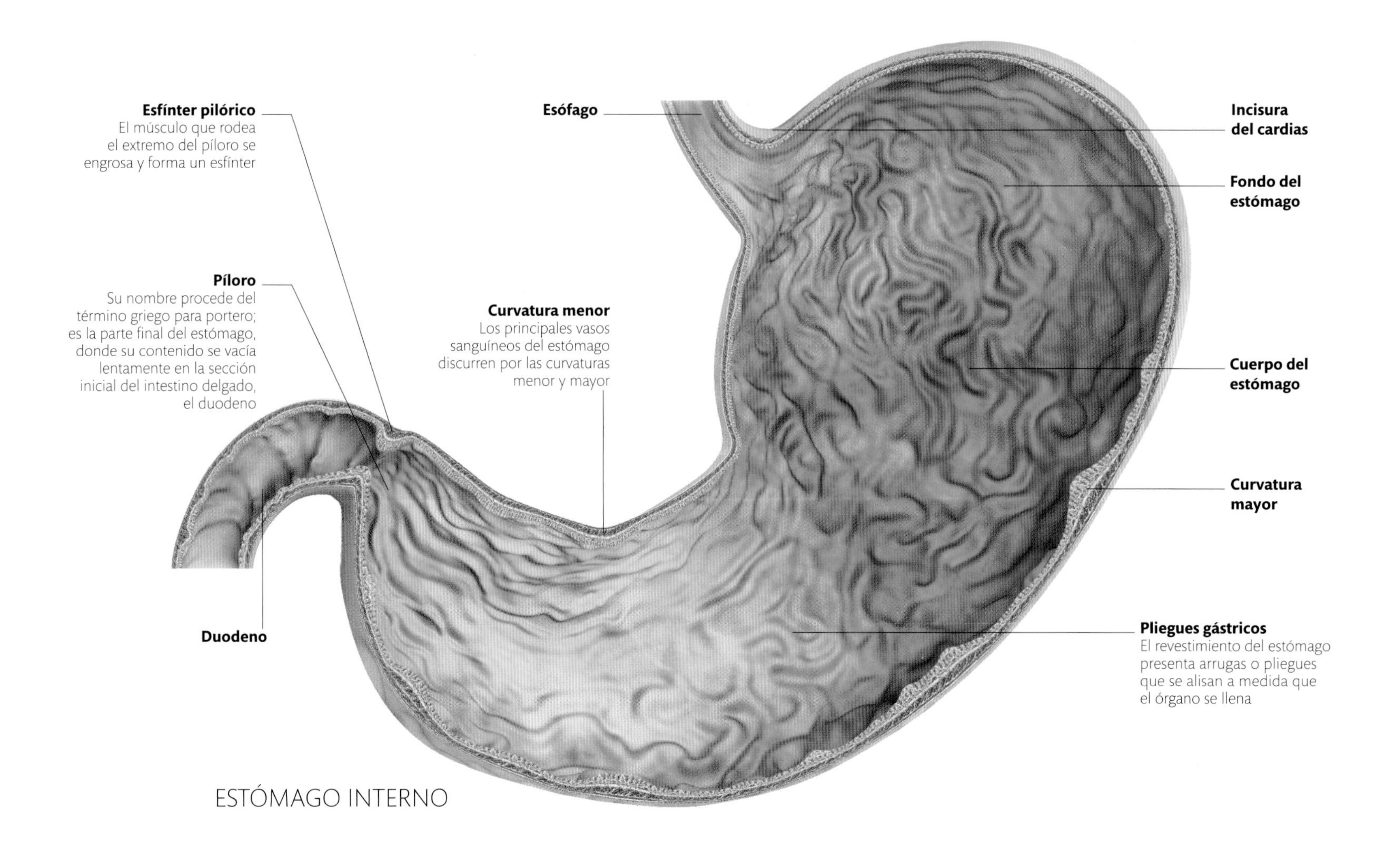
Esfínter pilórico
El músculo que rodea el extremo del píloro se engrosa y forma un esfínter
Esófago
Incisura del cardias
Fondo del estómago
Píloro
Su nombre procede del término griego para portero; es la parte final del estómago, donde su contenido se vacía lentamente en la sección inicial del intestino delgado, el duodeno
Curvatura menor
Los principales vasos sanguíneos del estómago discurren por las curvaturas menor y mayor
Cuerpo del estómago
Curvatura mayor
Duodeno
Pliegues gástricos
El revestimiento del estómago presenta arrugas o pliegues que se alisan a medida que el órgano se llena

ESTÓMAGO INTERNO

ABDOMEN Y PELVIS
DIGESTIVO

El estómago es un saco muscular donde se almacena la comida antes de pasar al intestino. En su interior, el bolo alimenticio es sometido a la acción de una mezcla de ácido clorhídrico, que elimina las bacterias, y de enzimas que digieren las proteínas. Las capas musculares de la pared del estómago se contraen para remover su contenido. La comida semidigerida pasa del estómago al primer tramo del intestino delgado, el duodeno, donde se añaden bilis y jugos pancreáticos. Luego, las contracciones de la pared intestinal empujan la comida en estado líquido hacia el yeyuno y el íleon, donde prosigue la digestión. El resto pasa al ciego, inicio del intestino grueso; en su sección siguiente, el colon, se absorbe el agua, por lo que el contenido intestinal adquiere más solidez. Las heces resultantes pasan al recto, donde se almacenan hasta su excreción.

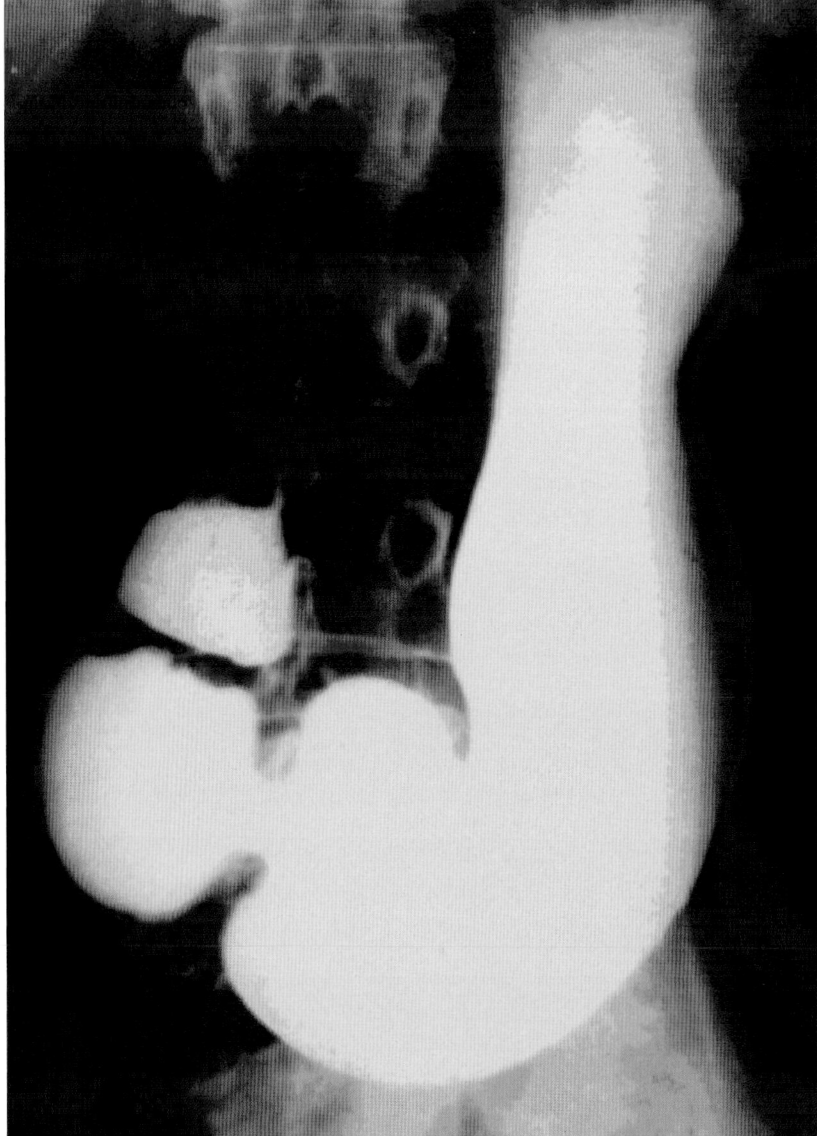

Papilla de bario
Esta radiografía coloreada muestra la cavidad torácica tras la ingestión de una papilla de bario, empleada para definir la estructura del estómago y revelar alteraciones en el tracto digestivo.

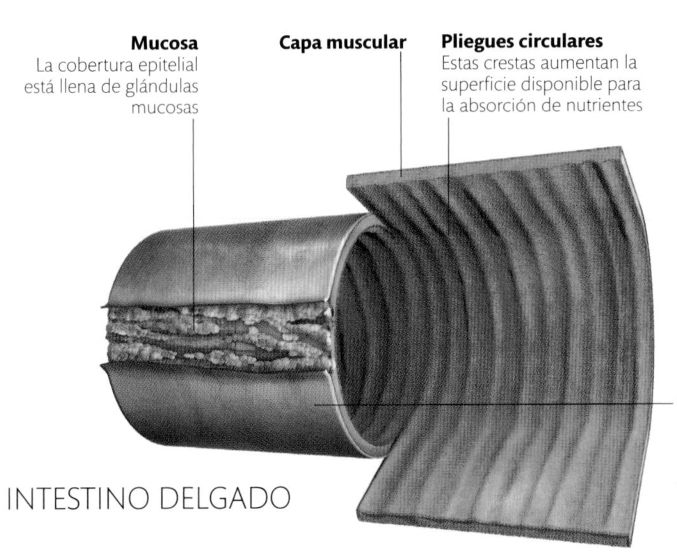
Mucosa
La cobertura epitelial está llena de glándulas mucosas
Capa muscular
Pliegues circulares
Estas crestas aumentan la superficie disponible para la absorción de nutrientes
Capa serosa
Está formada por el mesenterio (pliegues membranosos) que envuelve los intestinos

INTESTINO DELGADO

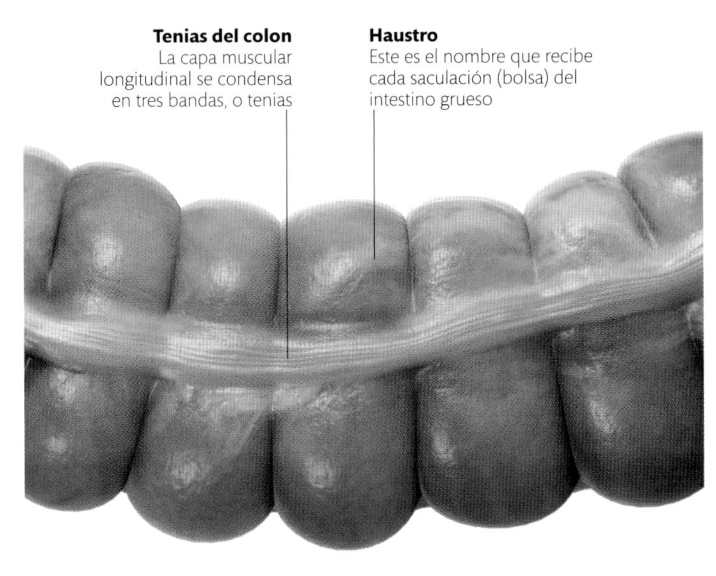
Tenias del colon
La capa muscular longitudinal se condensa en tres bandas, o tenias
Haustro
Este es el nombre que recibe cada saculación (bolsa) del intestino grueso

INTESTINO GRUESO

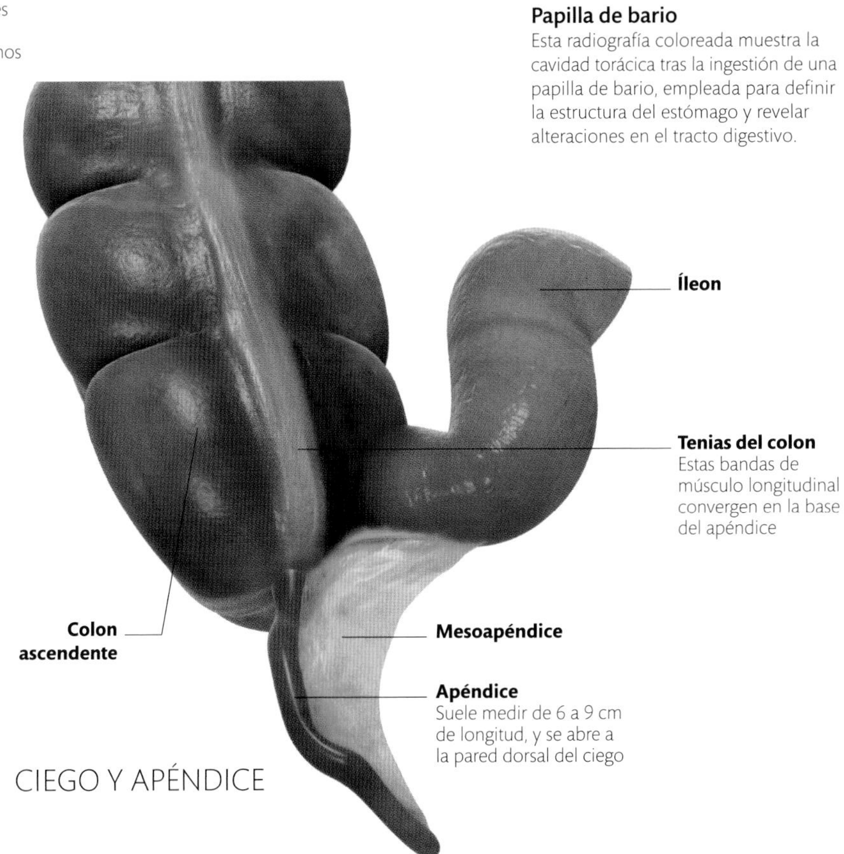
Íleon
Tenias del colon
Estas bandas de músculo longitudinal convergen en la base del apéndice
Colon ascendente
Mesoapéndice
Apéndice
Suele medir de 6 a 9 cm de longitud, y se abre a la pared dorsal del ciego

CIEGO Y APÉNDICE

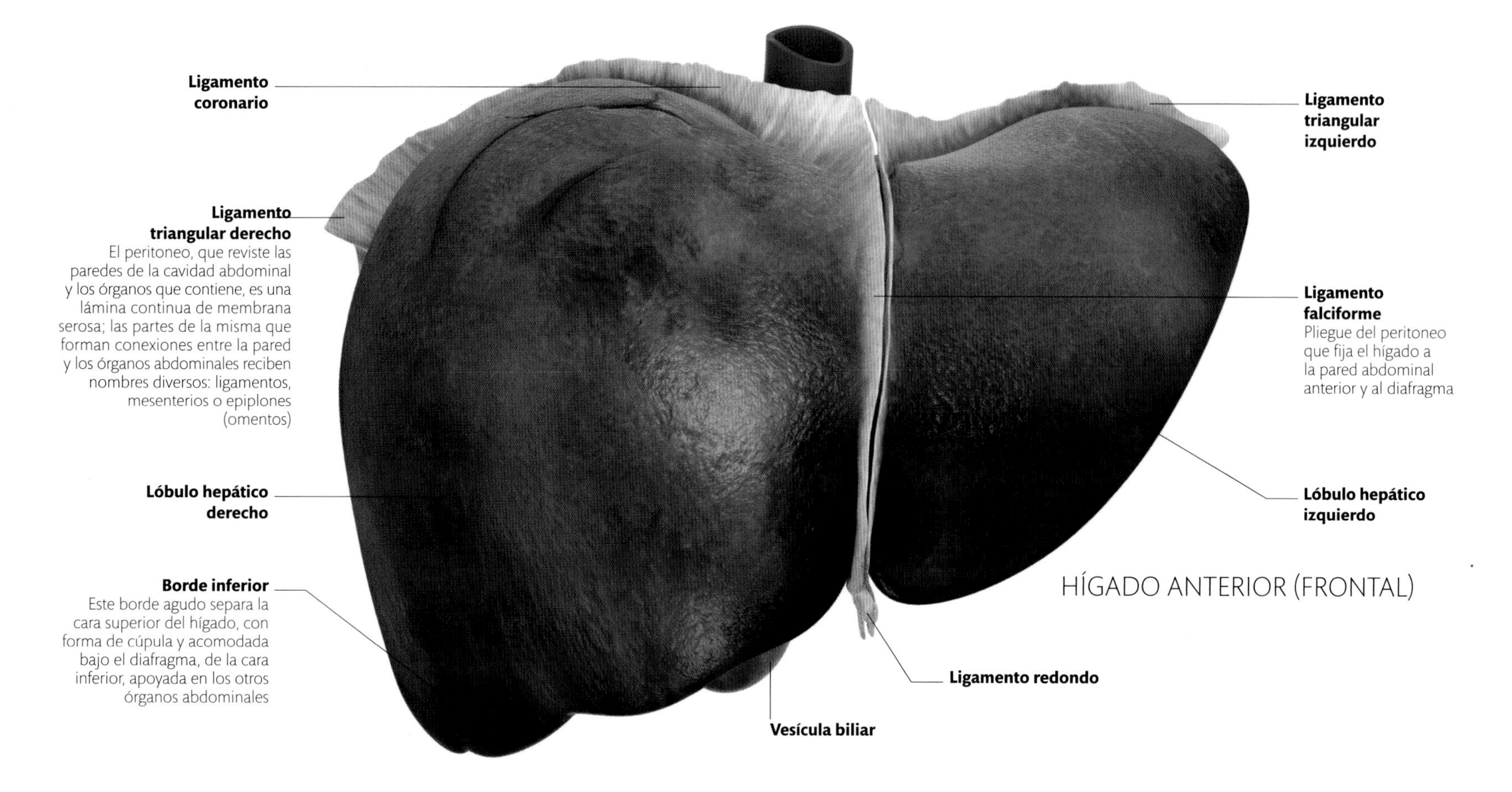
Ligamento coronario
Ligamento triangular izquierdo
Ligamento triangular derecho
El peritoneo, que reviste las paredes de la cavidad abdominal y los órganos que contiene, es una lámina continua de membrana serosa; las partes de la misma que forman conexiones entre la pared y los órganos abdominales reciben nombres diversos: ligamentos, mesenterios o epiplones (omentos)
Ligamento falciforme
Pliegue del peritoneo que fija el hígado a la pared abdominal anterior y al diafragma
Lóbulo hepático derecho
Lóbulo hepático izquierdo
Borde inferior
Este borde agudo separa la cara superior del hígado, con forma de cúpula y acomodada bajo el diafragma, de la cara inferior, apoyada en los otros órganos abdominales
Ligamento redondo
Vesícula biliar

HÍGADO ANTERIOR (FRONTAL)

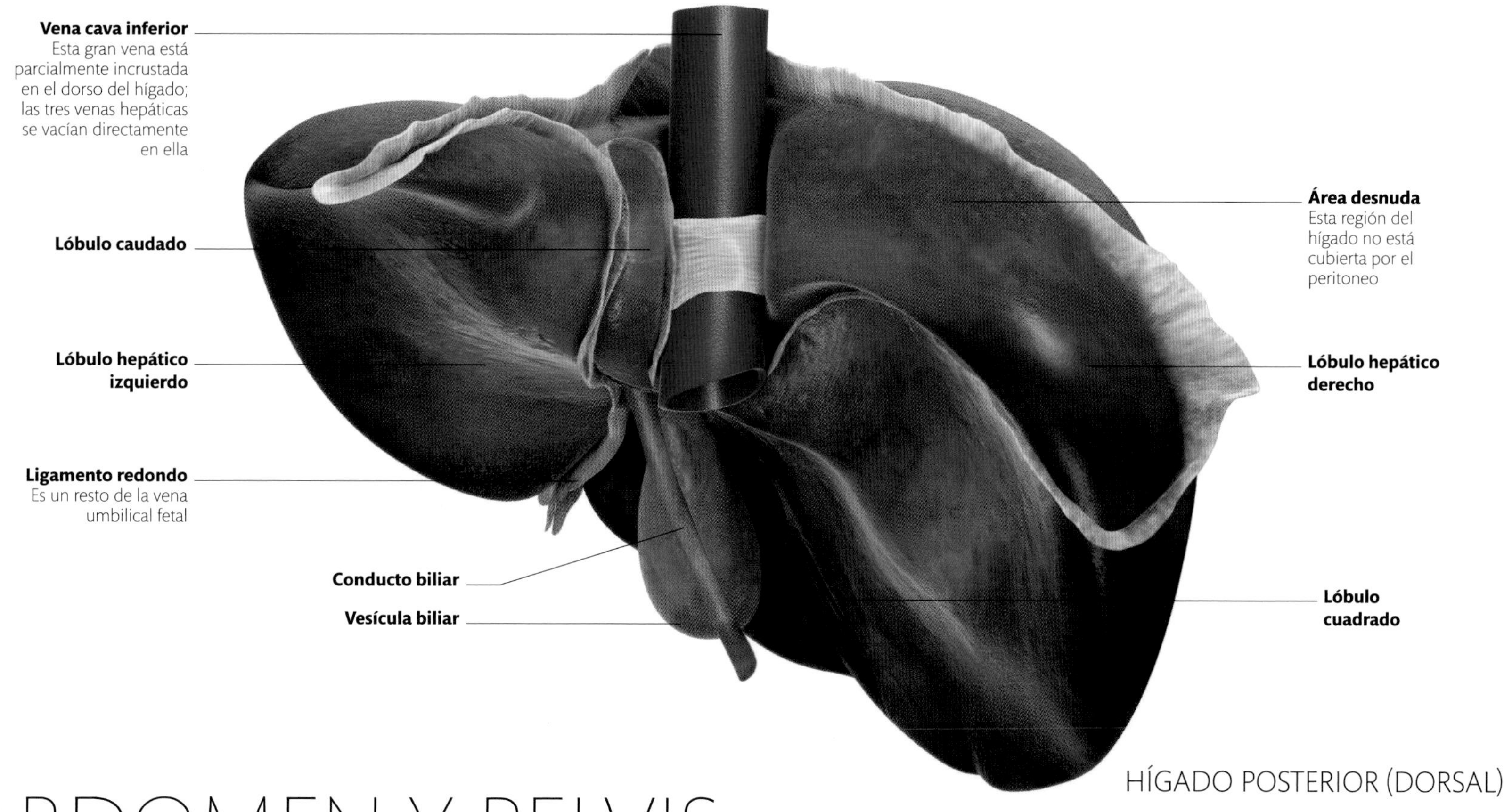
Vena cava inferior
Esta gran vena está parcialmente incrustada en el dorso del hígado; las tres venas hepáticas se vacían directamente en ella
Área desnuda
Esta región del hígado no está cubierta por el peritoneo
Lóbulo caudado
Lóbulo hepático izquierdo
Lóbulo hepático derecho
Ligamento redondo
Es un resto de la vena umbilical fetal
Conducto biliar
Vesícula biliar
Lóbulo cuadrado

HÍGADO POSTERIOR (DORSAL)

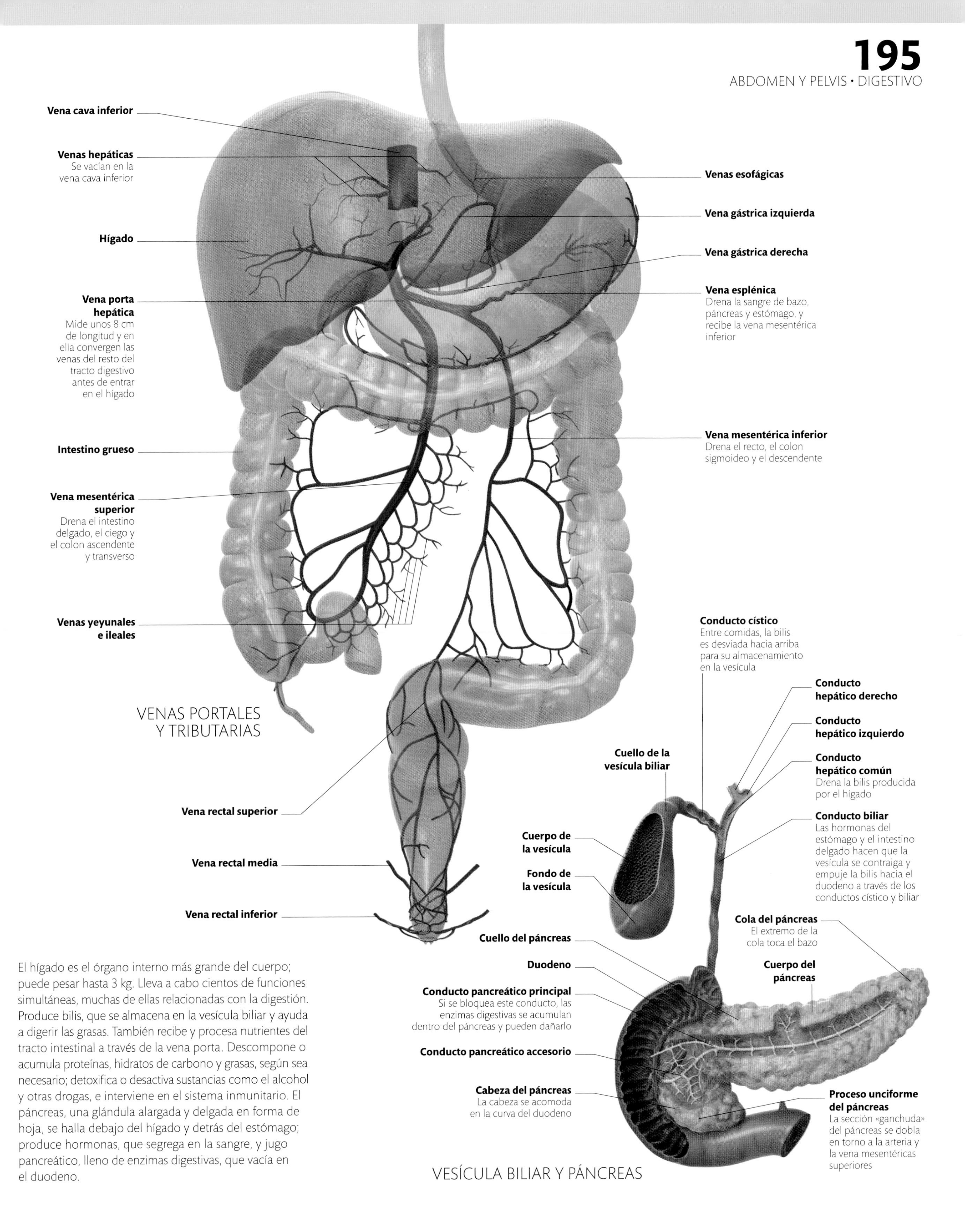
Vena cava inferior
Venas hepáticas
Se vacían en la vena cava inferior
Hígado
Vena porta hepática
Mide unos 8 cm de longitud y en ella convergen las venas del resto del tracto digestivo antes de entrar en el hígado
Intestino grueso
Vena mesentérica superior
Drena el intestino delgado, el ciego y el colon ascendente y transverso
Venas yeyunales e ileales
Venas esofágicas
Vena gástrica izquierda
Vena gástrica derecha
Vena esplénica
Drena la sangre de bazo, páncreas y estómago, y recibe la vena mesentérica inferior
Vena mesentérica inferior
Drena el recto, el colon sigmoideo y el descendente
VENAS PORTALES Y TRIBUTARIAS
Vena rectal superior
Vena rectal media
Vena rectal inferior
Conducto cístico
Entre comidas, la bilis es desviada hacia arriba para su almacenamiento en la vesícula
Conducto hepático derecho
Conducto hepático izquierdo
Conducto hepático común
Drena la bilis producida por el hígado
Conducto biliar
Las hormonas del estómago y el intestino delgado hacen que la vesícula se contraiga y empuje la bilis hacia el duodeno a través de los conductos cístico y biliar
Cuello de la vesícula biliar
Cuerpo de la vesícula
Fondo de la vesícula
Cuello del páncreas
Duodeno
Conducto pancreático principal
Si se bloquea este conducto, las enzimas digestivas se acumulan dentro del páncreas y pueden dañarlo
Conducto pancreático accesorio
Cabeza del páncreas
La cabeza se acomoda en la curva del duodeno
Cola del páncreas
El extremo de la cola toca el bazo
Cuerpo del páncreas
Proceso unciforme del páncreas
La sección «ganchuda» del páncreas se dobla en torno a la arteria y la vena mesentéricas superiores
VESÍCULA BILIAR Y PÁNCREAS

El hígado es el órgano interno más grande del cuerpo; puede pesar hasta 3 kg. Lleva a cabo cientos de funciones simultáneas, muchas de ellas relacionadas con la digestión. Produce bilis, que se almacena en la vesícula biliar y ayuda a digerir las grasas. También recibe y procesa nutrientes del tracto intestinal a través de la vena porta. Descompone o acumula proteínas, hidratos de carbono y grasas, según sea necesario; detoxifica o desactiva sustancias como el alcohol y otras drogas, e interviene en el sistema inmunitario. El páncreas, una glándula alargada y delgada en forma de hoja, se halla debajo del hígado y detrás del estómago; produce hormonas, que segrega en la sangre, y jugo pancreático, lleno de enzimas digestivas, que vacía en el duodeno.

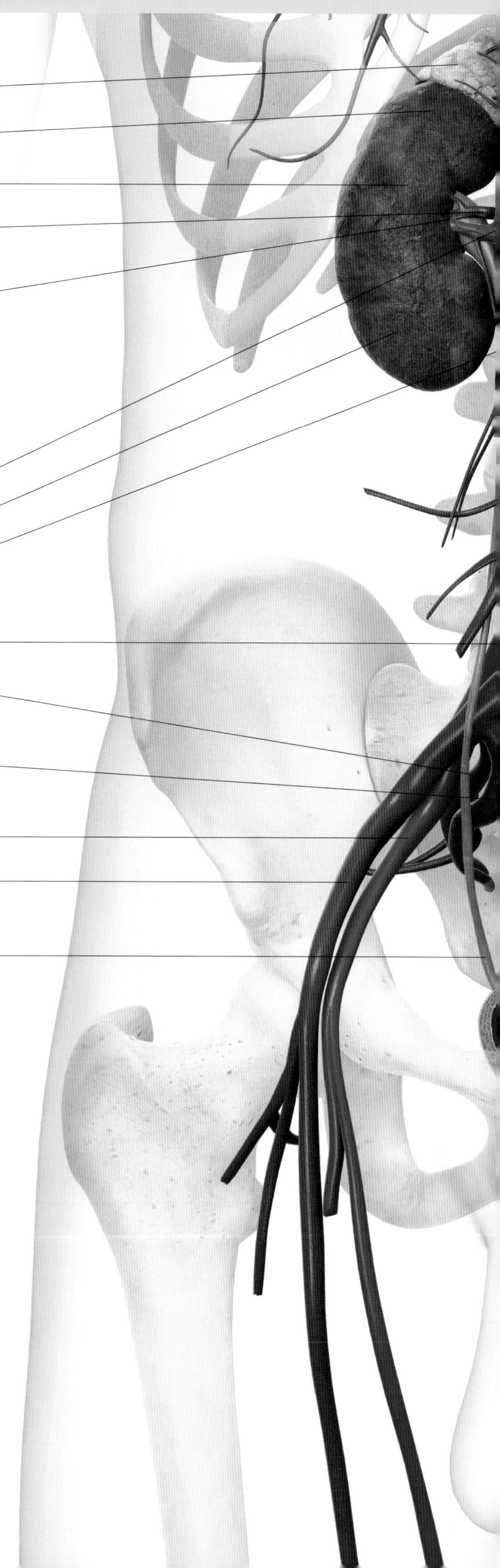
Glándula adrenal (suprarrenal)
Polo superior
Riñón derecho
Arteria renal derecha
Hilio
Punto del riñón por el que entra la arteria y salen el uréter y la vena; en botánica este término se emplea para designar el área de unión del pericarpio a la semilla, como el ojo de una alubia
Vena renal derecha
Polo inferior
Vena cava inferior
Vena ilíaca común derecha
Vena ilíaca interna derecha
Las venas procedentes de la vejiga se vacían en las venas ilíacas internas
Arteria ilíaca interna derecha
Las ramas vesicales de la arteria ilíaca interna abastecen la vejiga
Vena ilíaca externa derecha
Arteria ilíaca externa derecha
Uréter derecho
Los dos uréteres son tubos musculares; las contracciones peristálticas (ondulantes) hacen descender la orina hasta la vejiga, incluso estando el cuerpo cabeza abajo; cada uréter mide unos 25 cm de longitud
ANTERIOR (FRONTAL)

ABDOMEN Y PELVIS **URINARIO**

Los riñones se hallan en la región dorsal superior del abdomen, bajo las costillas duodécimas. Cada riñón está protegido por una fina capa de grasa perinéfrica. Los riñones filtran la sangre aportada por las arterias renales: mantienen controlados su volumen y concentración, y eliminan los productos de desecho. La orina que producen se acumula primero en los cálices renales, que se unen para formar la pelvis renal, y después desciende a través de unos estrechos tubos musculares, llamados uréteres, hasta la vejiga, en la pelvis. La vejiga es una bolsa muscular que puede expandirse hasta contener 0,5 l de orina, y que se vacía cuando el individuo lo considera conveniente; entonces la orina pasa por la uretra y sale al exterior.

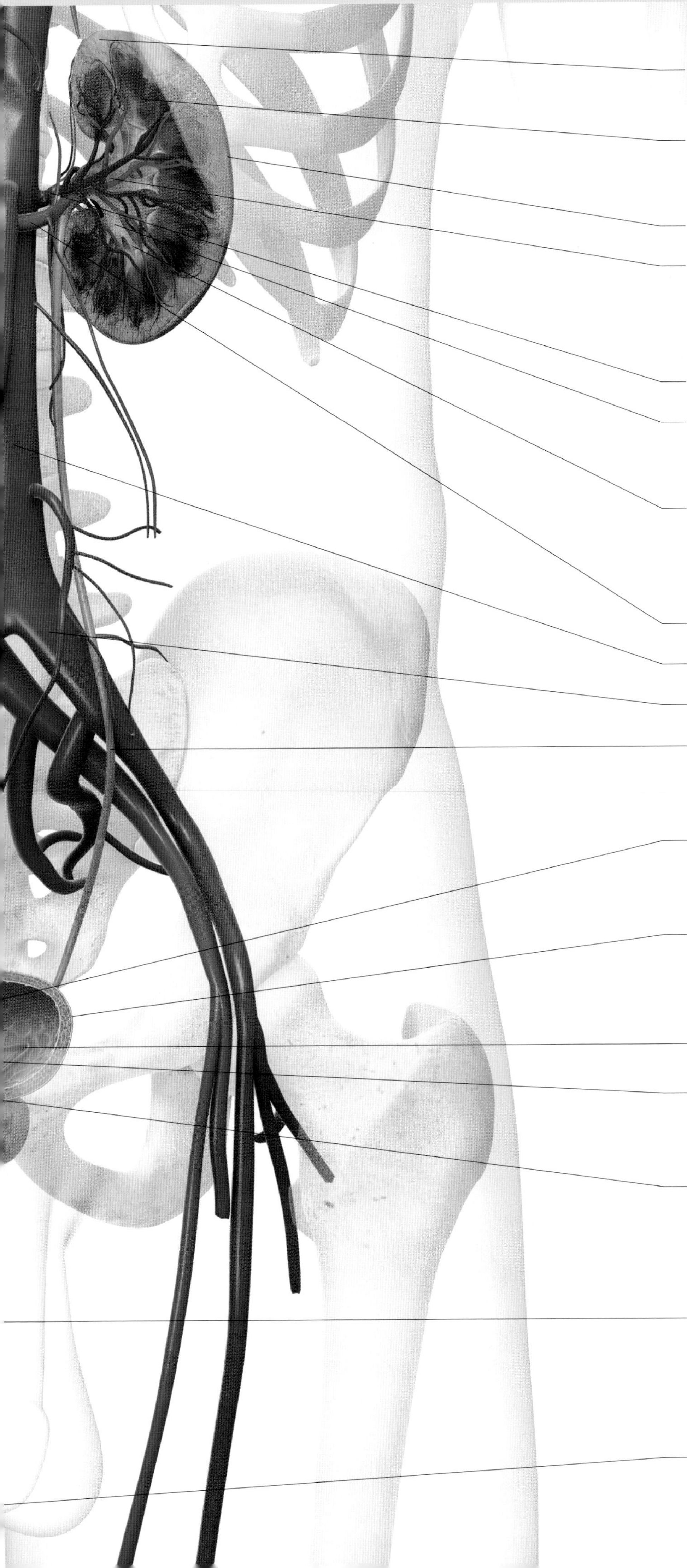

Corteza renal
Es el tejido exterior del riñón

Pirámide renal
También llamada pirámide de Malpighi: tejido medular del riñón, de estructura piramidal; en sección transversal parece triangular

Riñón izquierdo

Pelvis renal
Recoge la orina del riñón y se vacía en el uréter; en latín, *pelvis* significa vasija, y esta no debe confundirse con la ósea, que también tiene forma de vasija

Arteria renal izquierda

Cáliz mayor
Los cálices mayores reciben la orina de los menores, y luego se unen para formar la pelvis renal

Cáliz menor
La orina recogida por los microtúbulos renales fluye a los cálices menores

Vena renal izquierda

Aorta abdominal

Arteria ilíaca común izquierda

Uréter izquierdo
Los dos uréteres transportan la orina de los riñones a la vejiga

Vejiga
La vejiga vacía se apoya sobre la pelvis, por detrás de la sínfisis púbica; al llenarse, se dilata hacia arriba dentro del abdomen

Músculo detrusor
El grupo de músculo liso entrecruzado de la pared vesical da un aspecto reticulado a la superficie interna de la vejiga

Orificio ureteral

Trígono vesical
Sección triangular de la pared dorsal de la vejiga, entre los orificios ureterales y el orificio uretral interno

Orificio uretral interno
Abertura de la vejiga a la uretra

Uretra
Este tubo lleva la orina de la vejiga al exterior, y mide unos 4 cm en la mujer y unos 20 cm en el varón (ya que recorre la longitud del pene); el nombre procede del término griego para orinar

Orificio uretral externo
Abertura de la uretra al exterior

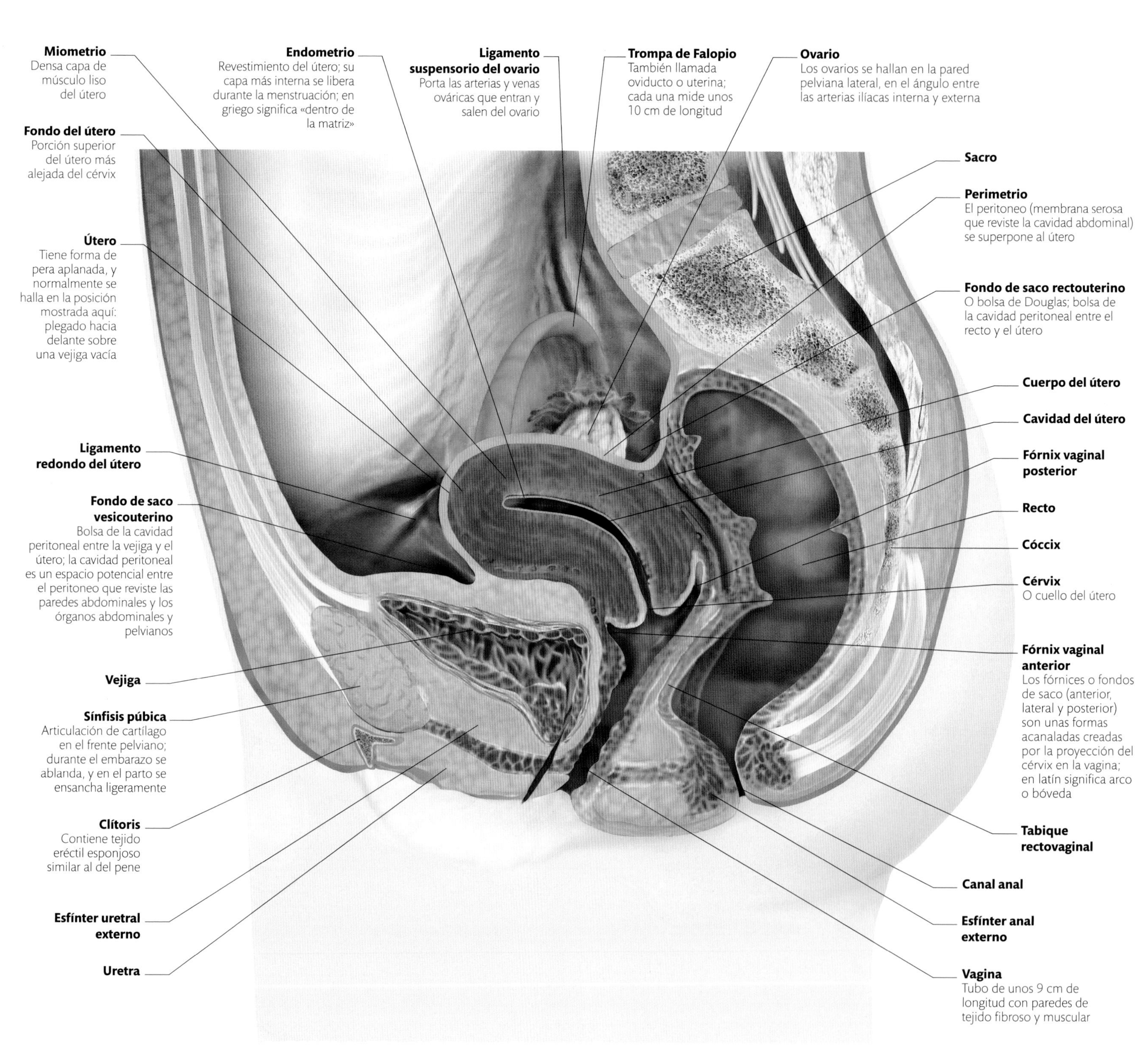
Miometrio
Densa capa de músculo liso del útero
Endometrio
Revestimiento del útero; su capa más interna se libera durante la menstruación; en griego significa «dentro de la matriz»
Ligamento suspensorio del ovario
Porta las arterias y venas ováricas que entran y salen del ovario
Trompa de Falopio
También llamada oviducto o uterina; cada una mide unos 10 cm de longitud
Ovario
Los ovarios se hallan en la pared pelviana lateral, en el ángulo entre las arterias ilíacas interna y externa
Fondo del útero
Porción superior del útero más alejada del cérvix
Útero
Tiene forma de pera aplanada, y normalmente se halla en la posición mostrada aquí: plegado hacia delante sobre una vejiga vacía
Ligamento redondo del útero
Fondo de saco vesicouterino
Bolsa de la cavidad peritoneal entre la vejiga y el útero; la cavidad peritoneal es un espacio potencial entre el peritoneo que reviste las paredes abdominales y los órganos abdominales y pelvianos
Vejiga
Sínfisis púbica
Articulación de cartílago en el frente pelviano; durante el embarazo se ablanda, y en el parto se ensancha ligeramente
Clítoris
Contiene tejido eréctil esponjoso similar al del pene
Esfínter uretral externo
Uretra
Sacro
Perimetrio
El peritoneo (membrana serosa que reviste la cavidad abdominal) se superpone al útero
Fondo de saco rectouterino
O bolsa de Douglas; bolsa de la cavidad peritoneal entre el recto y el útero
Cuerpo del útero
Cavidad del útero
Fórnix vaginal posterior
Recto
Cóccix
Cérvix
O cuello del útero
Fórnix vaginal anterior
Los fórnices o fondos de saco (anterior, lateral y posterior) son unas formas acanaladas creadas por la proyección del cérvix en la vagina; en latín significa arco o bóveda
Tabique rectovaginal
Canal anal
Esfínter anal externo
Vagina
Tubo de unos 9 cm de longitud con paredes de tejido fibroso y muscular

SECCIÓN SAGITAL / MUJER

ABDOMEN Y PELVIS
REPRODUCTOR

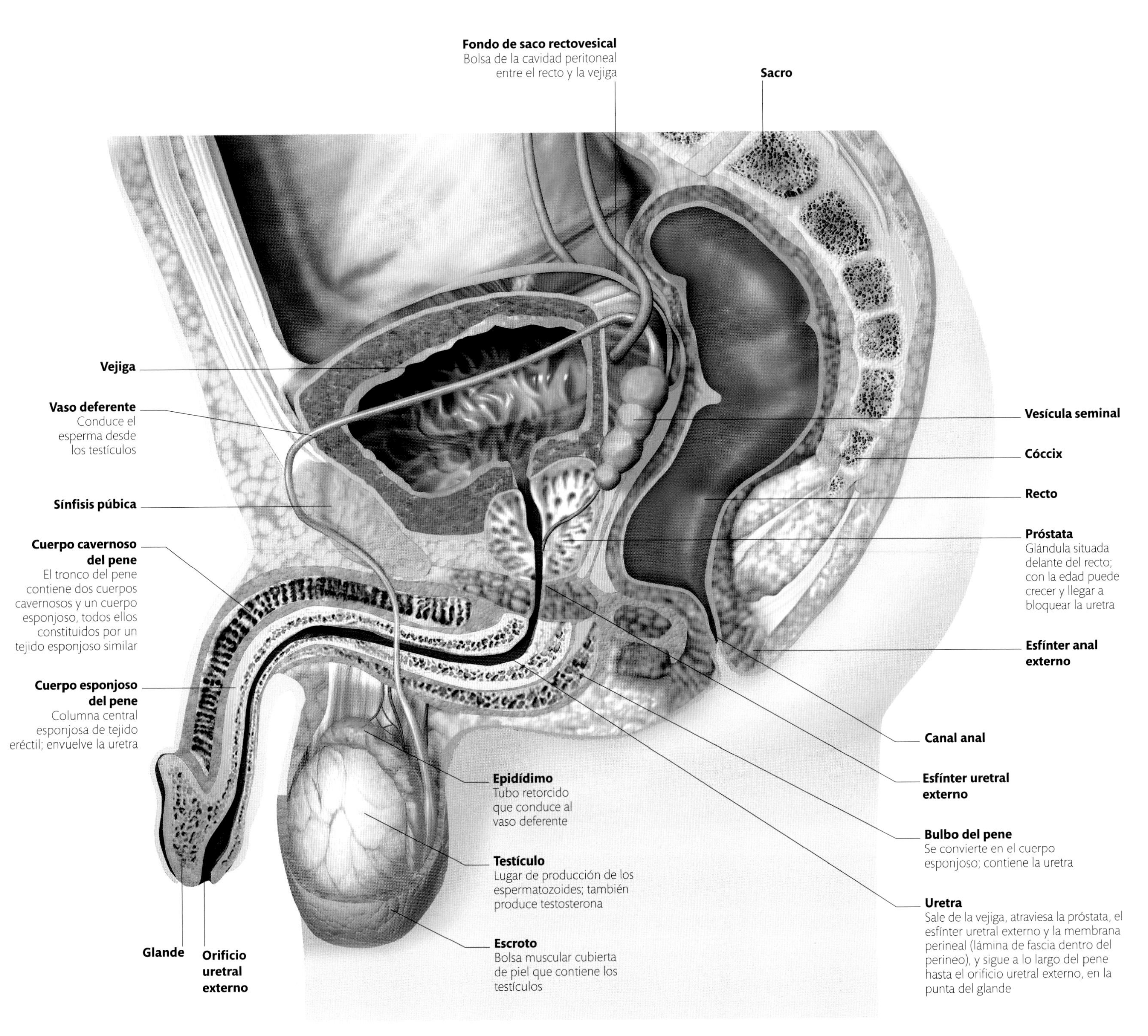
Fondo de saco rectovesical
Bolsa de la cavidad peritoneal entre el recto y la vejiga
Sacro
Vejiga
Vaso deferente
Conduce el esperma desde los testículos
Sínfisis púbica
Cuerpo cavernoso del pene
El tronco del pene contiene dos cuerpos cavernosos y un cuerpo esponjoso, todos ellos constituidos por un tejido esponjoso similar
Cuerpo esponjoso del pene
Columna central esponjosa de tejido eréctil; envuelve la uretra
Glande
Orificio uretral externo
Epidídimo
Tubo retorcido que conduce al vaso deferente
Testículo
Lugar de producción de los espermatozoides; también produce testosterona
Escroto
Bolsa muscular cubierta de piel que contiene los testículos
Vesícula seminal
Cóccix
Recto
Próstata
Glándula situada delante del recto; con la edad puede crecer y llegar a bloquear la uretra
Esfínter anal externo
Canal anal
Esfínter uretral externo
Bulbo del pene
Se convierte en el cuerpo esponjoso; contiene la uretra
Uretra
Sale de la vejiga, atraviesa la próstata, el esfínter uretral externo y la membrana perineal (lámina de fascia dentro del perineo), y sigue a lo largo del pene hasta el orificio uretral externo, en la punta del glande

SECCIÓN SAGITAL / HOMBRE

Los sistemas reproductores femenino y masculino están compuestos por una serie de órganos internos y externos, estructuralmente muy distintos. Ambos sexos poseen gónadas (ovarios y testículos), y un tracto o conjunto de tubos; pero las similitudes terminan ahí. Cuando observamos la anatomía de la pelvis de cada sexo, las diferencias resultan evidentes. La pelvis del varón contiene solo una parte del tracto reproductor, además de las partes inferiores de los tractos digestivo y urinario, como el recto y la vejiga. Por debajo de esta se halla la próstata, que es donde los vasos deferentes, que conducen los espermatozoides desde los testículos, se vacían en la uretra. La cavidad pelviana femenina contiene más tracto reproductor que la masculina; la vagina y el útero se ubican entre la vejiga y el recto, en la pelvis.

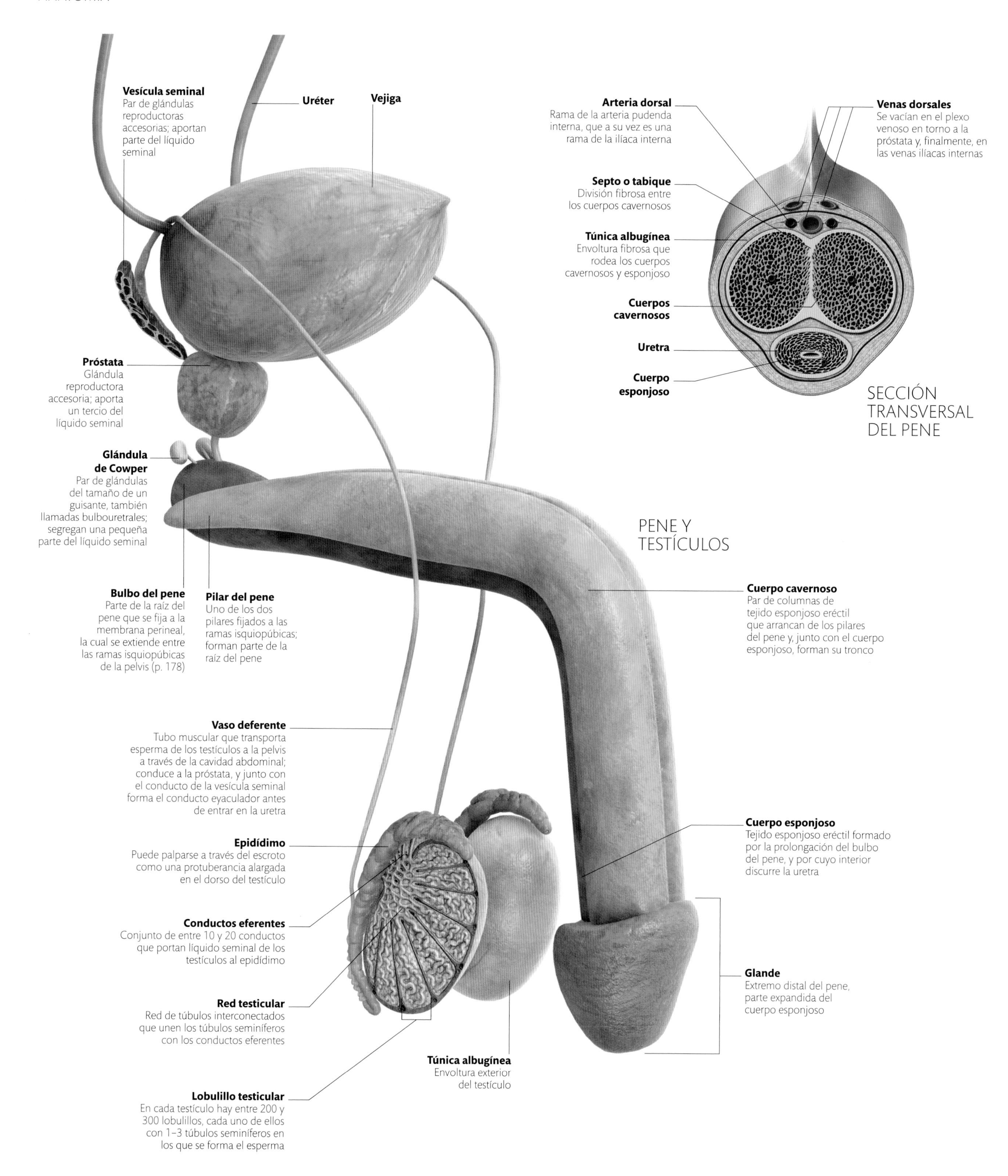
Vesícula seminal
Par de glándulas reproductoras accesorias; aportan parte del líquido seminal
Uréter
Vejiga
Próstata
Glándula reproductora accesoria; aporta un tercio del líquido seminal
Glándula de Cowper
Par de glándulas del tamaño de un guisante, también llamadas bulbouretrales; segregan una pequeña parte del líquido seminal
Bulbo del pene
Parte de la raíz del pene que se fija a la membrana perineal, la cual se extiende entre las ramas isquiopúbicas de la pelvis (p. 178)
Pilar del pene
Uno de los dos pilares fijados a las ramas isquiopúbicas; forman parte de la raíz del pene
Vaso deferente
Tubo muscular que transporta esperma de los testículos a la pelvis a través de la cavidad abdominal; conduce a la próstata, y junto con el conducto de la vesícula seminal forma el conducto eyaculador antes de entrar en la uretra
Epidídimo
Puede palparse a través del escroto como una protuberancia alargada en el dorso del testículo
Conductos eferentes
Conjunto de entre 10 y 20 conductos que portan líquido seminal de los testículos al epidídimo
Red testicular
Red de túbulos interconectados que unen los túbulos seminíferos con los conductos eferentes
Lobulillo testicular
En cada testículo hay entre 200 y 300 lobulillos, cada uno de ellos con 1–3 túbulos seminíferos en los que se forma el esperma
Túnica albugínea
Envoltura exterior del testículo
PENE Y TESTÍCULOS
Cuerpo cavernoso
Par de columnas de tejido esponjoso eréctil que arrancan de los pilares del pene y, junto con el cuerpo esponjoso, forman su tronco
Cuerpo esponjoso
Tejido esponjoso eréctil formado por la prolongación del bulbo del pene, y por cuyo interior discurre la uretra
Glande
Extremo distal del pene, parte expandida del cuerpo esponjoso
Arteria dorsal
Rama de la arteria pudenda interna, que a su vez es una rama de la ilíaca interna
Venas dorsales
Se vacían en el plexo venoso en torno a la próstata y, finalmente, en las venas ilíacas internas
Septo o tabique
División fibrosa entre los cuerpos cavernosos
Túnica albugínea
Envoltura fibrosa que rodea los cuerpos cavernosos y esponjoso
Cuerpos cavernosos
Uretra
Cuerpo esponjoso
SECCIÓN TRANSVERSAL DEL PENE

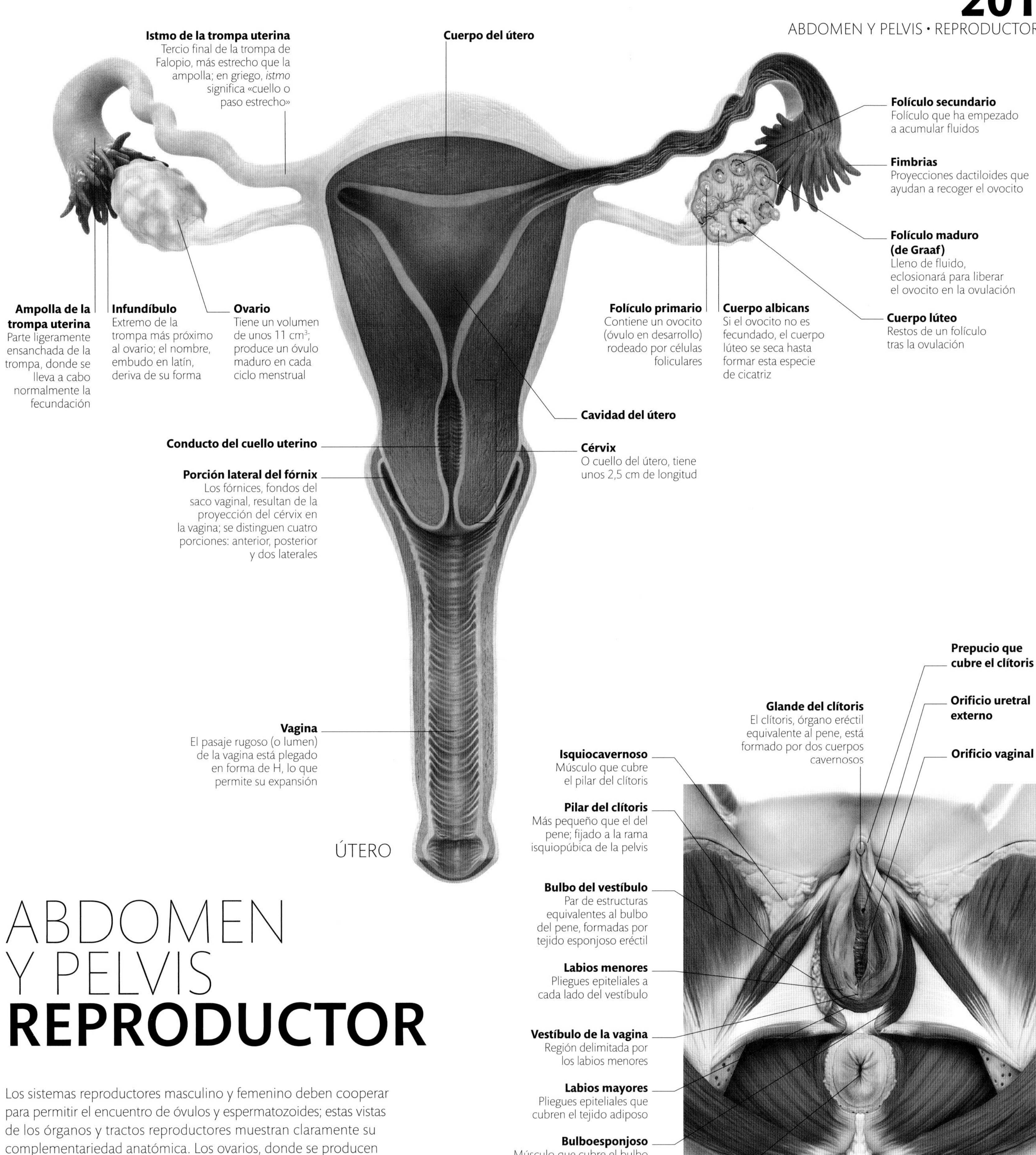
Istmo de la trompa uterina
Tercio final de la trompa de Falopio, más estrecho que la ampolla; en griego, *istmo* significa «cuello o paso estrecho»
Cuerpo del útero
Folículo secundario
Folículo que ha empezado a acumular fluidos
Fimbrias
Proyecciones dactiloides que ayudan a recoger el ovocito
Folículo maduro (de Graaf)
Lleno de fluido, eclosionará para liberar el ovocito en la ovulación
Ampolla de la trompa uterina
Parte ligeramente ensanchada de la trompa, donde se lleva a cabo normalmente la fecundación
Infundíbulo
Extremo de la trompa más próximo al ovario; el nombre, embudo en latín, deriva de su forma
Ovario
Tiene un volumen de unos 11 cm³; produce un óvulo maduro en cada ciclo menstrual
Folículo primario
Contiene un ovocito (óvulo en desarrollo) rodeado por células foliculares
Cuerpo albicans
Si el ovocito no es fecundado, el cuerpo lúteo se seca hasta formar esta especie de cicatriz
Cuerpo lúteo
Restos de un folículo tras la ovulación
Cavidad del útero
Conducto del cuello uterino
Cérvix
O cuello del útero, tiene unos 2,5 cm de longitud
Porción lateral del fórnix
Los fórnices, fondos del saco vaginal, resultan de la proyección del cérvix en la vagina; se distinguen cuatro porciones: anterior, posterior y dos laterales
Vagina
El pasaje rugoso (o lumen) de la vagina está plegado en forma de H, lo que permite su expansión
ÚTERO
Prepucio que cubre el clítoris
Orificio uretral externo
Glande del clítoris
El clítoris, órgano eréctil equivalente al pene, está formado por dos cuerpos cavernosos
Orificio vaginal
Isquiocavernoso
Músculo que cubre el pilar del clítoris
Pilar del clítoris
Más pequeño que el del pene; fijado a la rama isquiopúbica de la pelvis
Bulbo del vestíbulo
Par de estructuras equivalentes al bulbo del pene, formadas por tejido esponjoso eréctil
Labios menores
Pliegues epiteliales a cada lado del vestíbulo
Vestíbulo de la vagina
Región delimitada por los labios menores
Labios mayores
Pliegues epiteliales que cubren el tejido adiposo
Bulboesponjoso
Músculo que cubre el bulbo del vestíbulo; contribuye a aumentar la presión en el tejido esponjoso subyacente
Ano
GENITALES FEMENINOS

ABDOMEN Y PELVIS
REPRODUCTOR

Los sistemas reproductores masculino y femenino deben cooperar para permitir el encuentro de óvulos y espermatozoides; estas vistas de los órganos y tractos reproductores muestran claramente su complementariedad anatómica. Los ovarios, donde se producen los óvulos, se hallan en el interior de la pelvis femenina; los óvulos son recogidos en las trompas de Falopio, un par de tubos donde se produce normalmente la fecundación. El óvulo fecundado (cigoto) avanza después por la trompa, dividiéndose en una bola de células que finalmente alcanza el útero, diseñado para alojar y sustentar al embrión en desarrollo. Además de constituir la vía de acceso del esperma, la vagina es la ruta de salida del recién nacido.

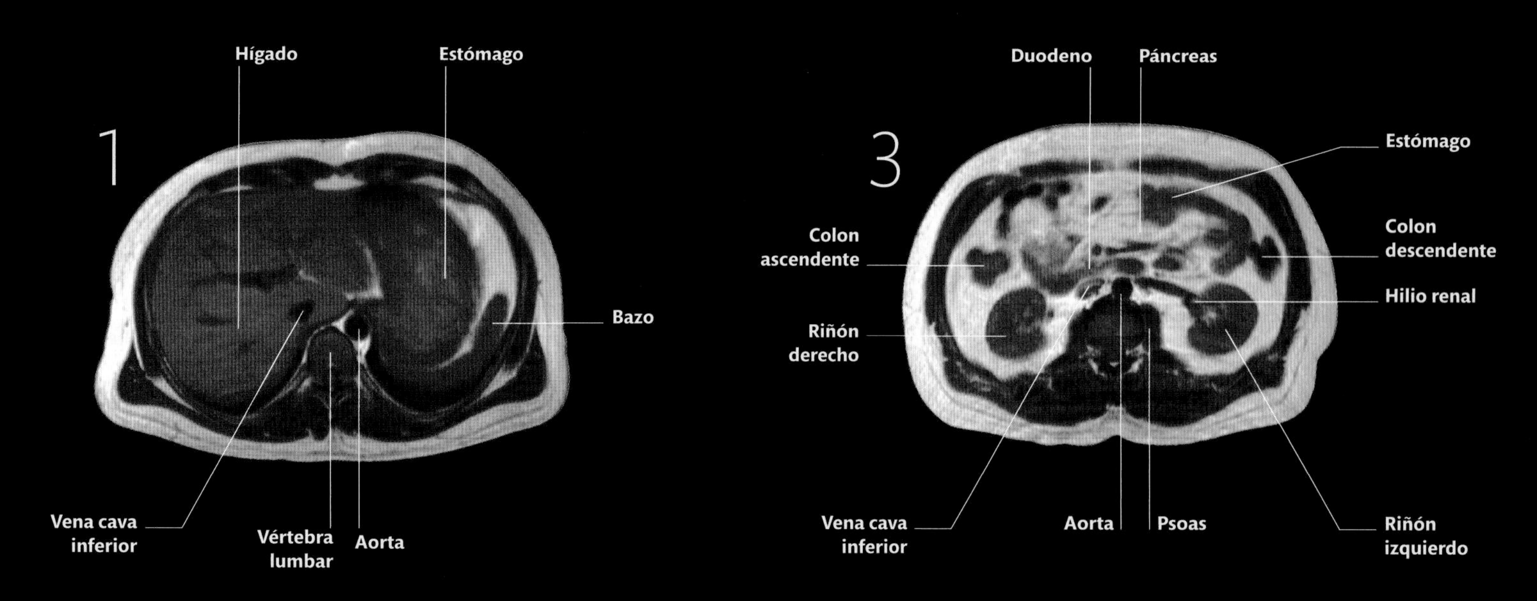
1
Hígado
Estómago
Bazo
Vena cava inferior
Vértebra lumbar
Aorta
3
Duodeno
Páncreas
Estómago
Colon ascendente
Colon descendente
Hilio renal
Riñón derecho
Vena cava inferior
Aorta
Psoas
Riñón izquierdo

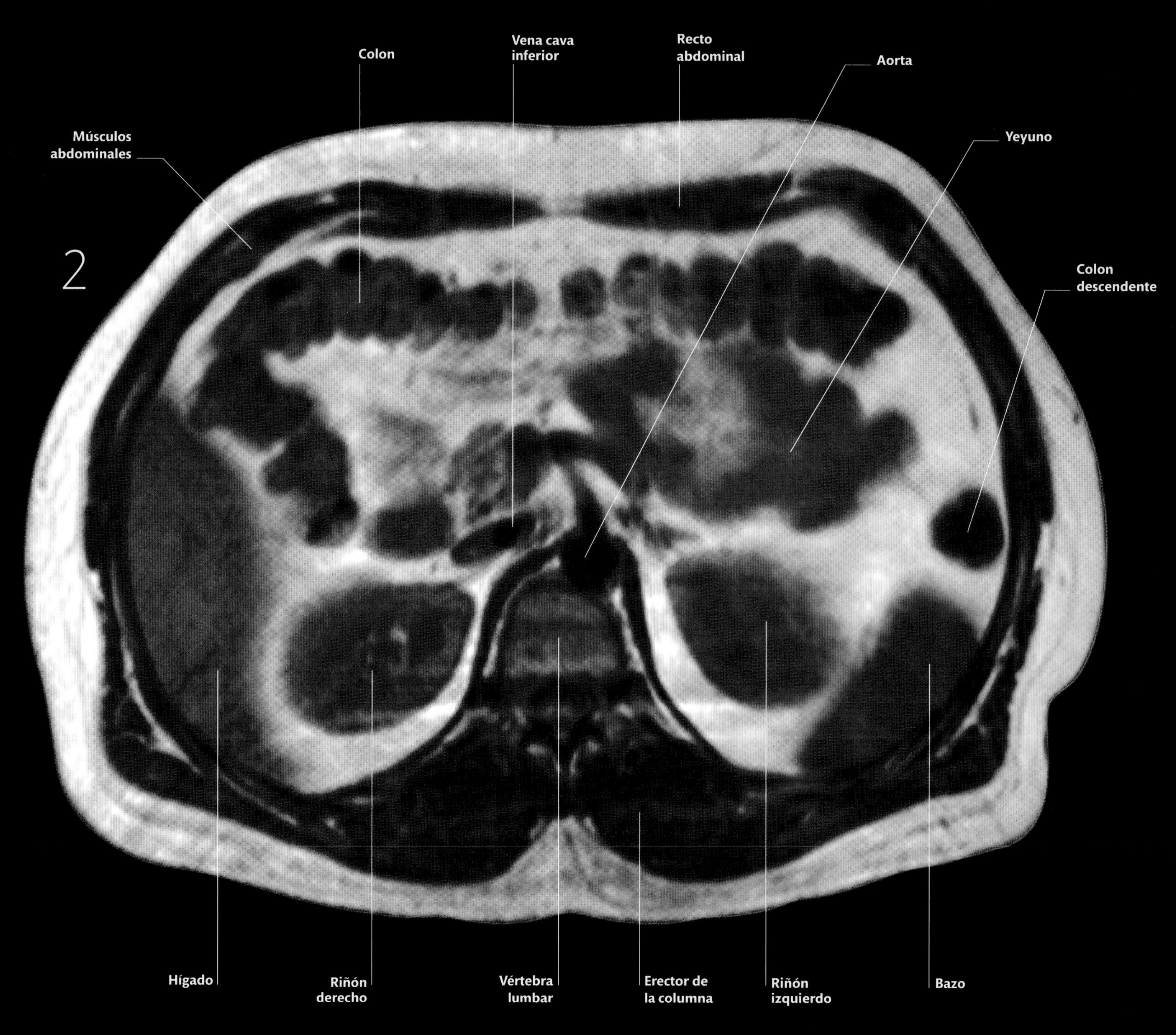
2
Colon
Vena cava inferior
Recto abdominal
Aorta
Músculos abdominales
Yeyuno
Colon descendente
Hígado
Riñón derecho
Vértebra lumbar
Erector de la columna
Riñón izquierdo
Bazo

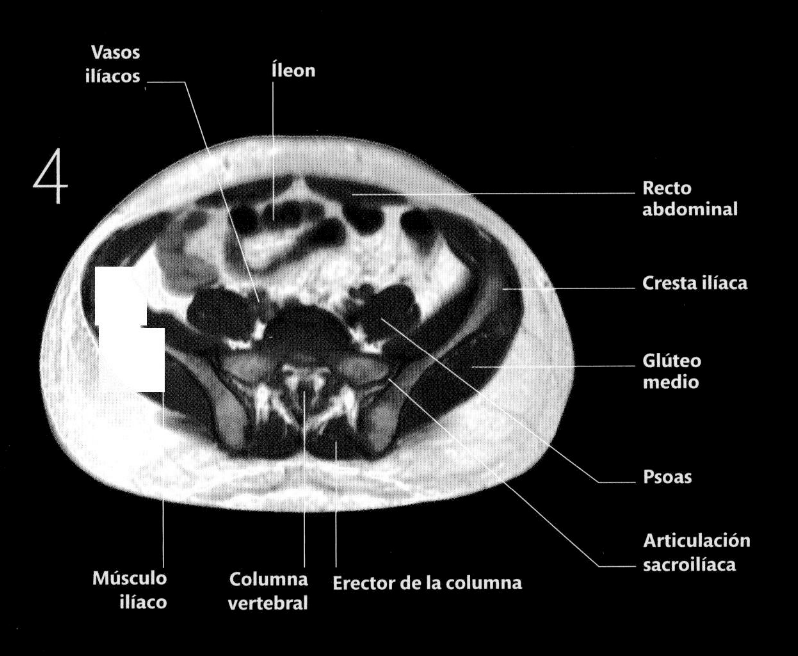
4
Vasos ilíacos
Íleon
Recto abdominal
Cresta ilíaca
Glúteo medio
Psoas
Articulación sacroilíaca
Músculo ilíaco
Columna vertebral
Erector de la columna

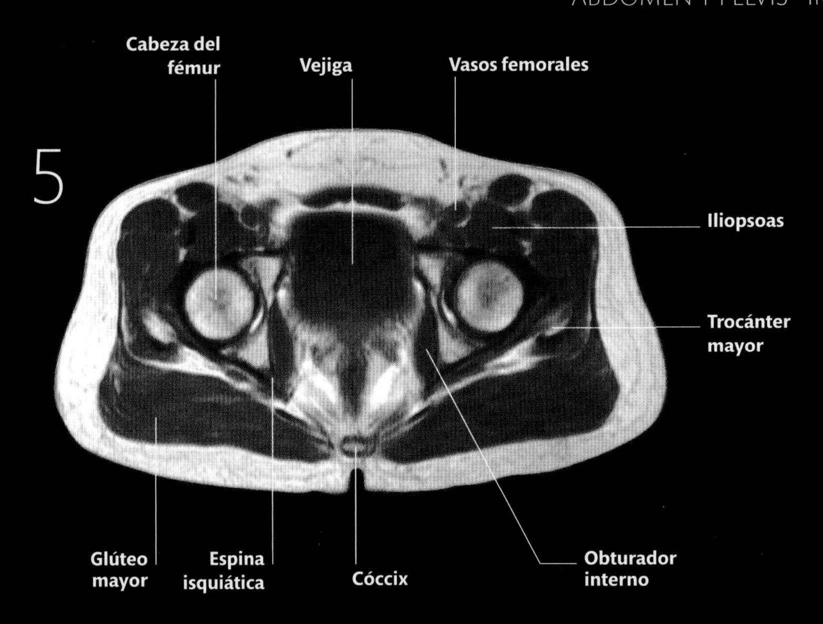
5
Cabeza del fémur
Vejiga
Vasos femorales
Iliopsoas
Trocánter mayor
Glúteo mayor
Espina isquiática
Cóccix
Obturador interno

ABDOMEN Y PELVIS **IRM**

La IRM es [illegible] buen medio para ver los tejidos blandos y los órganos del abdomen y la pelvis, qu[illegible] en una radiografía normal solo aparecen como tenues sombras. En esta serie de seccio[illegible] axiales y transversales se pueden ver con claridad el denso hígado y los vasos san[illegible] os que se ramifican dentro de él (sección 1); el riñón derecho, muy cerca del híga[illegible] el izquierdo, junto al bazo (sección 2); los riñones a la altura del acceso de las ver[illegible] ales (sección 3), con el estómago y el páncreas delante; partes del intestino delgad[illegible] el íleon, en la parte baja del abdomen, sostenidos por el ilion (sección 4), y [illegible] s pelvianos al nivel de las articulaciones de la cadera (sección 5). La vista sagital [illegible] muestra la poca profundidad de la cavidad abdominal ante la columna [illegible] en una persona delgada es posible palpar, presionando la parte inferior del abdomen, la pulsación de la aorta descendente, situada en el dorso del abdomen.

NIVELES DE EXPLORACIÓN

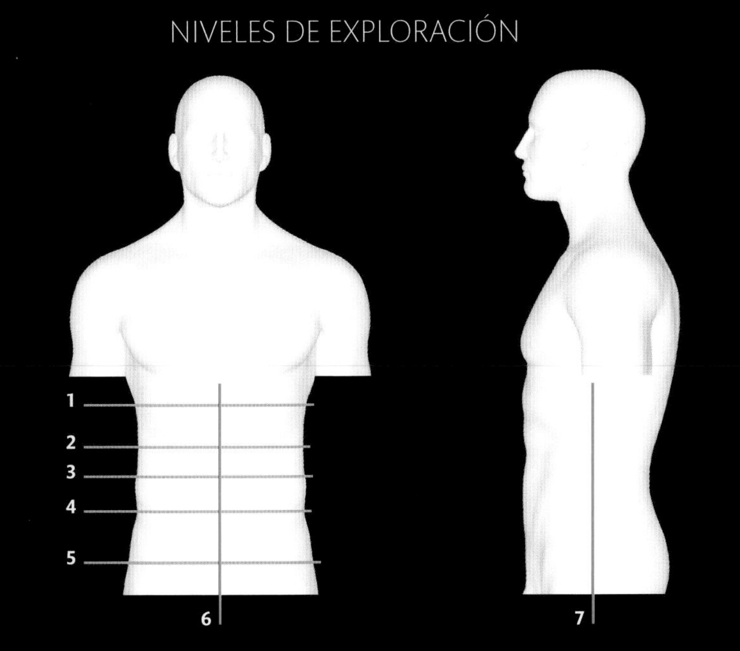
1
2
3
4
5
6
7

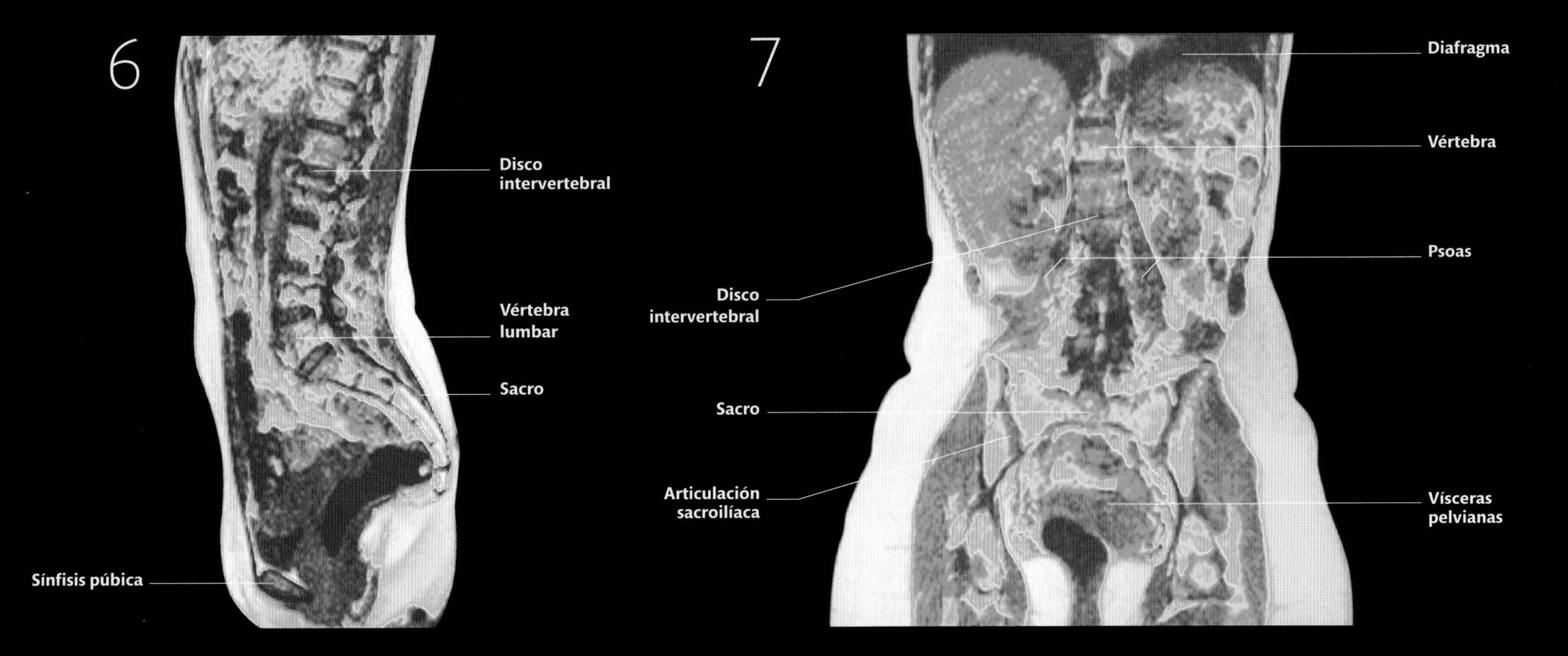
6
Disco intervertebral
Vértebra lumbar
Sacro
Sínfisis púbica
7
Diafragma
Vértebra
Psoas
Disco intervertebral
Sacro
Articulación sacroilíaca
Vísceras pelvianas

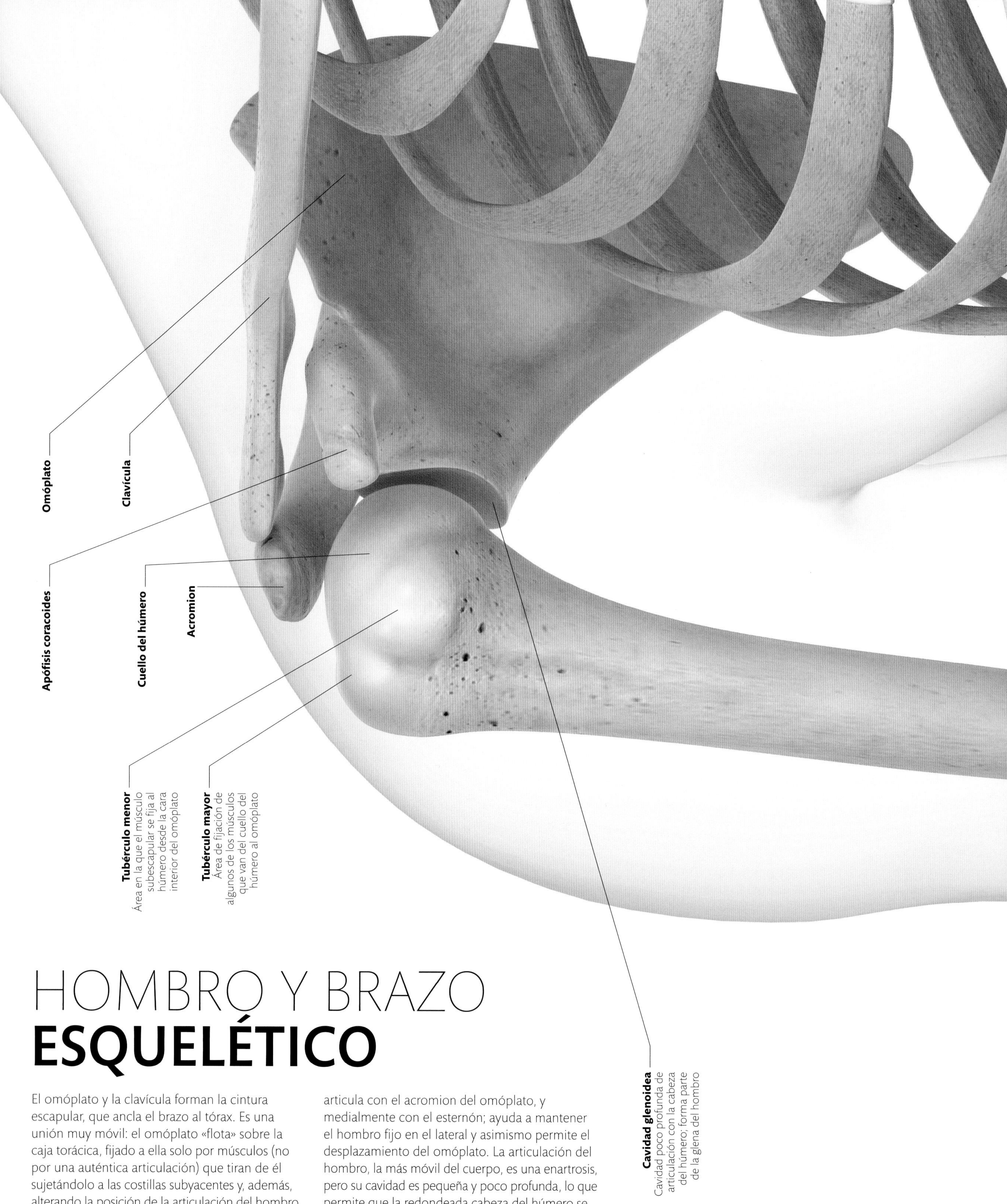

Omóplato
Clavícula
Apófisis coracoides
Cuello del húmero
Acromion
Tubérculo menor
Área en la que el músculo subescapular se fija al húmero desde la cara interior del omóplato
Tubérculo mayor
Área de fijación de algunos de los músculos que van del cuello del húmero al omóplato
Cavidad glenoidea
Cavidad poco profunda de articulación con la cabeza del húmero; forma parte de la glena del hombro

HOMBRO Y BRAZO **ESQUELÉTICO**

El omóplato y la clavícula forman la cintura escapular, que ancla el brazo al tórax. Es una unión muy móvil: el omóplato «flota» sobre la caja torácica, fijado a ella solo por músculos (no por una auténtica articulación) que tiran de él sujetándolo a las costillas subyacentes y, además, alterando la posición de la articulación del hombro. La clavícula sí tiene articulaciones: distalmente se articula con el acromion del omóplato, y medialmente con el esternón; ayuda a mantener el hombro fijo en el lateral y asimismo permite el desplazamiento del omóplato. La articulación del hombro, la más móvil del cuerpo, es una enartrosis, pero su cavidad es pequeña y poco profunda, lo que permite que la redondeada cabeza del húmero se mueva libremente.

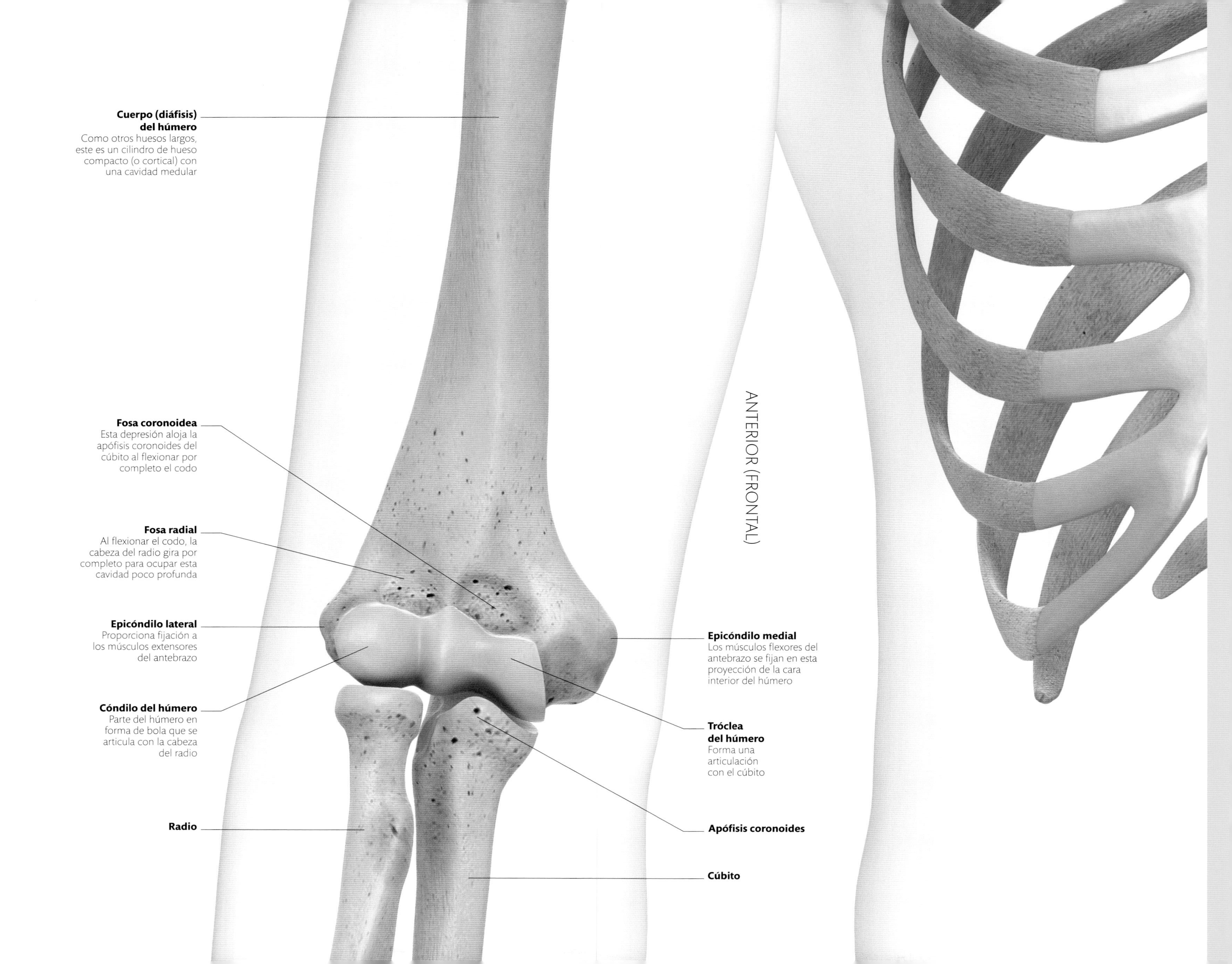

Cuerpo (diáfisis) del húmero
Como otros huesos largos, este es un cilindro de hueso compacto (o cortical) con una cavidad medular
ANTERIOR (FRONTAL)
Fosa coronoidea
Esta depresión aloja la apófisis coronoides del cúbito al flexionar por completo el codo
Fosa radial
Al flexionar el codo, la cabeza del radio gira por completo para ocupar esta cavidad poco profunda
Epicóndilo lateral
Proporciona fijación a los músculos extensores del antebrazo
Epicóndilo medial
Los músculos flexores del antebrazo se fijan en esta proyección de la cara interior del húmero
Cóndilo del húmero
Parte del húmero en forma de bola que se articula con la cabeza del radio
Tróclea del húmero
Forma una articulación con el cúbito
Radio
Apófisis coronoides
Cúbito

HOMBRO Y BRAZO
ESQUELÉTICO

El dorso del omóplato está dividido en dos secciones por su espina. Los músculos que se fijan a él por encima de la espina se llaman supraespinosos, y los que se fijan por debajo, infraespinosos; forman parte del grupo muscular llamado manguito rotador, que permite el movimiento del hombro y estabiliza su articulación. La espina del omóplato se prolonga lateralmente y se proyecta en el acromion, que puede palparse con facilidad sobre el hombro. Cuando el brazo cae a lo largo del cuerpo, el omóplato descansa en la posición aquí mostrada; cuando se alza lateralmente, todo el omóplato rota de modo que la cavidad glenoidea apunta hacia arriba y el ángulo inferior se mueve hacia fuera.

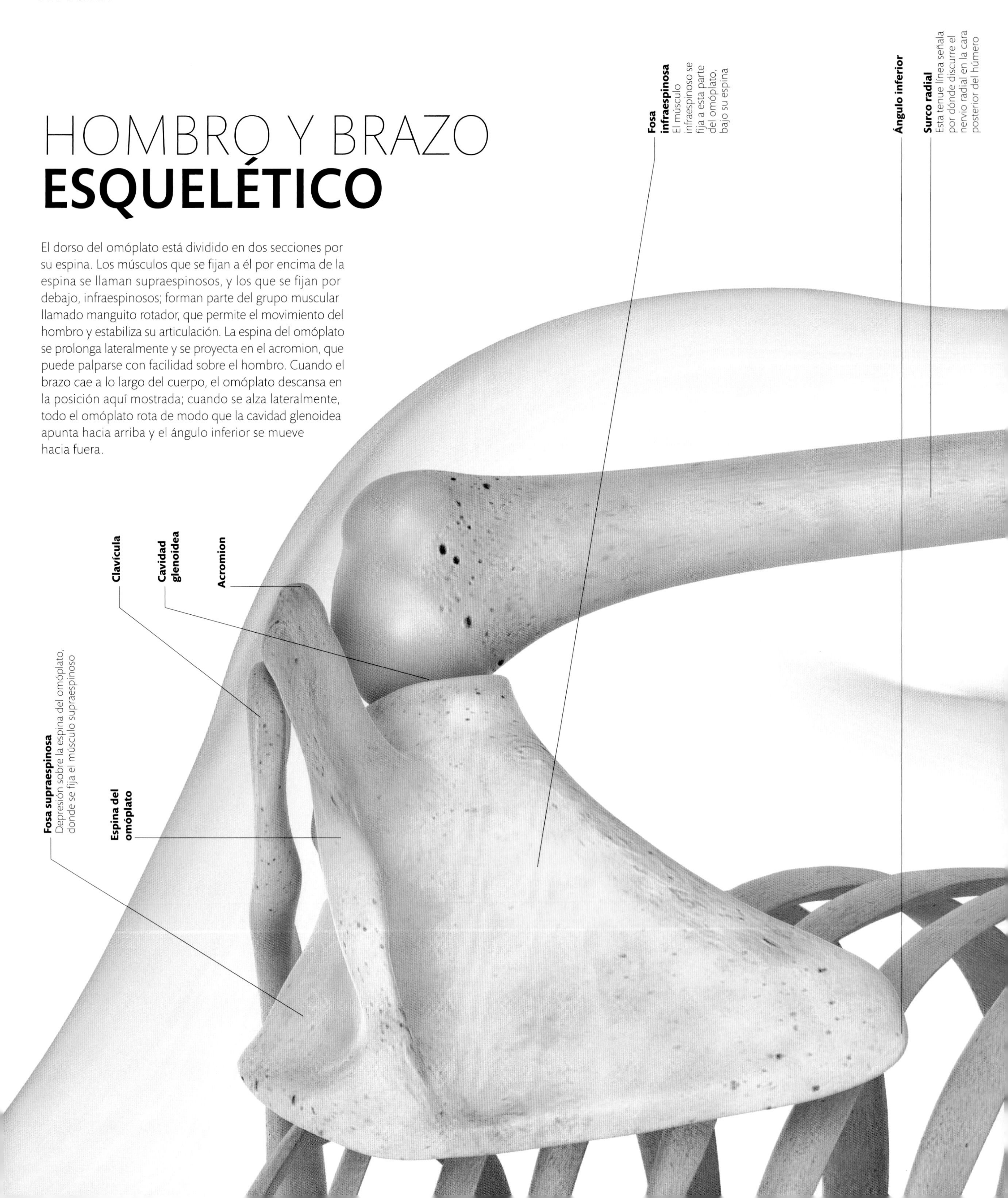
Fosa infraespinosa El músculo infraespinoso se fija a esta parte del omóplato, bajo su espina
Ángulo inferior
Surco radial Esta tenue línea señala por dónde discurre el nervio radial en la cara posterior del húmero
Clavícula
Cavidad glenoidea
Acromion
Fosa supraespinosa Depresión sobre la espina del omóplato, donde se fija el músculo supraespinoso
Espina del omóplato

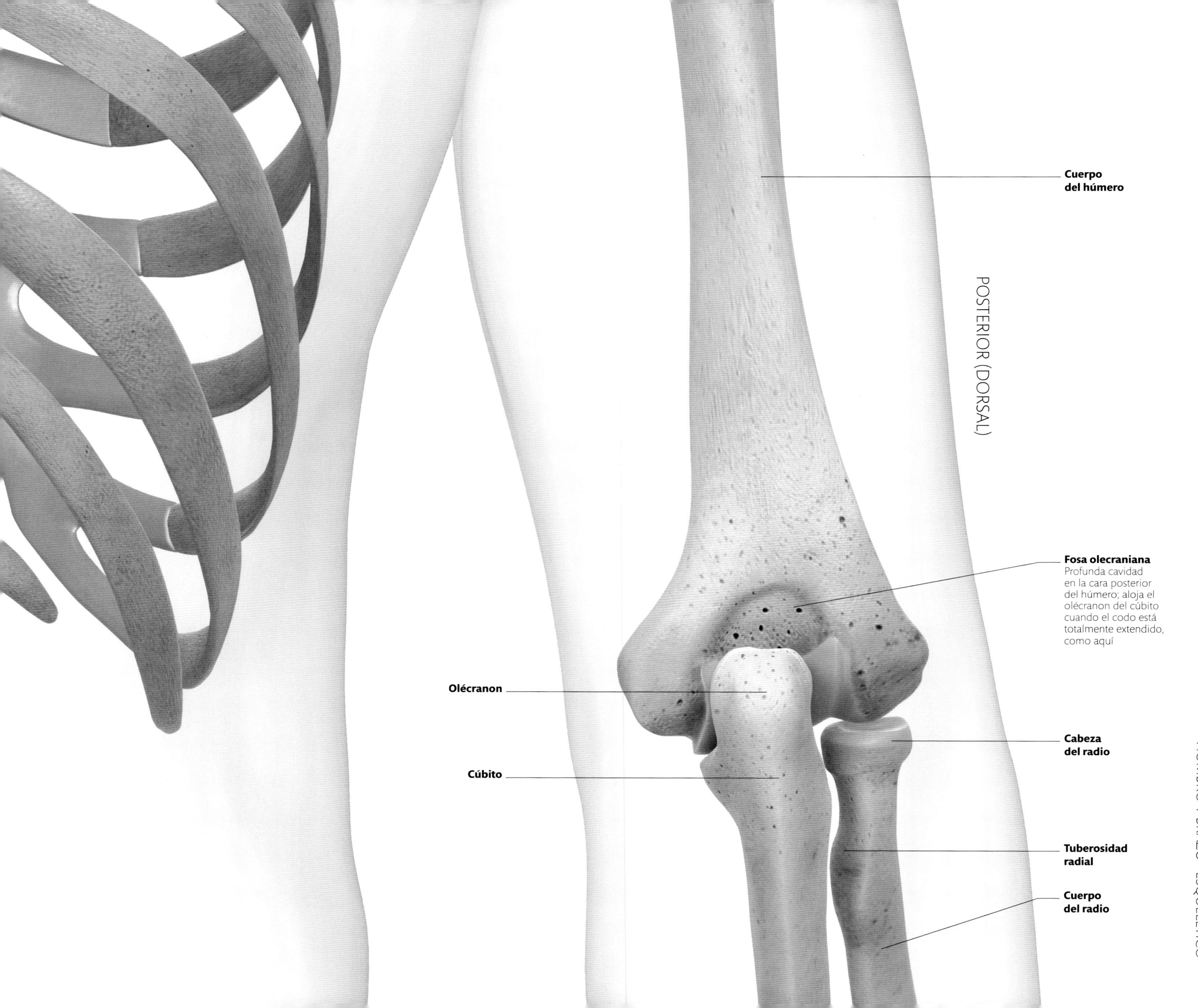
POSTERIOR (DORSAL)
Cuerpo del húmero
Fosa olecraniana
Profunda cavidad en la cara posterior del húmero; aloja el olécranon del cúbito cuando el codo está totalmente extendido, como aquí
Olécranon
Cúbito
Cabeza del radio
Tuberosidad radial
Cuerpo del radio

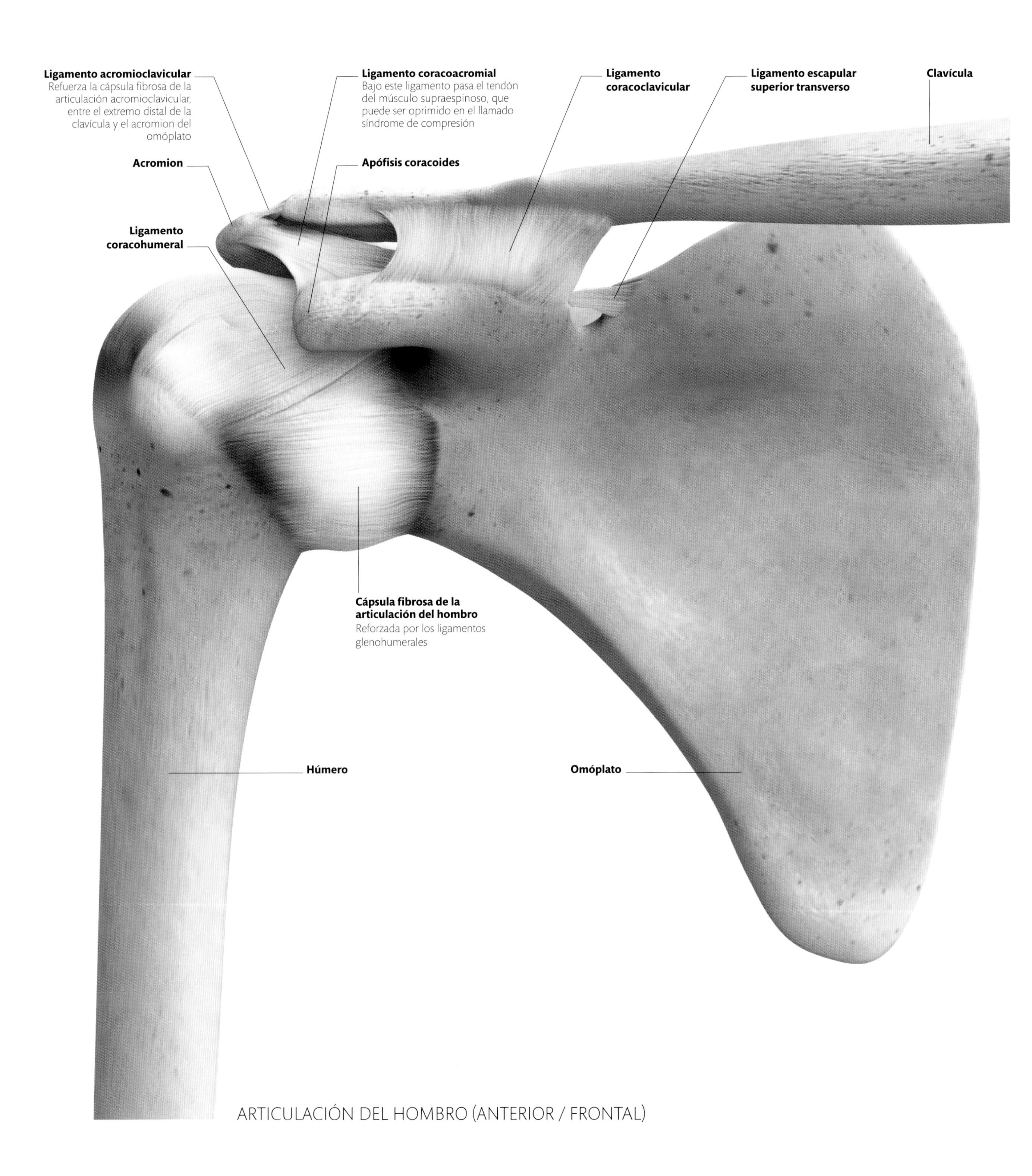
Ligamento acromioclavicular
Refuerza la cápsula fibrosa de la articulación acromioclavicular, entre el extremo distal de la clavícula y el acromion del omóplato
Ligamento coracoacromial
Bajo este ligamento pasa el tendón del músculo supraespinoso, que puede ser oprimido en el llamado síndrome de compresión
Ligamento coracoclavicular
Ligamento escapular superior transverso
Clavícula
Acromion
Apófisis coracoides
Ligamento coracohumeral
Cápsula fibrosa de la articulación del hombro
Reforzada por los ligamentos glenohumerales
Húmero
Omóplato

ARTICULACIÓN DEL HOMBRO (ANTERIOR / FRONTAL)

HOMBRO Y BRAZO
ESQUELÉTICO

En toda articulación se da una oposición entre movilidad y estabilidad. La del hombro, muy móvil, es naturalmente inestable, y por esta razón es la articulación que se disloca con más frecuencia. El arco coracoacromial, formado entre el acromion y la apófisis coracoides del omóplato, con el fuerte ligamento coracroacromial extendido entre ambos, evita la dislocación hacia arriba; cuando la cabeza del húmero se disloca, suele hacerlo en dirección descendente. La articulación del codo es la formada entre el húmero y los huesos del antebrazo: la tróclea se articula con el cúbito, y el cóndilo con la cabeza del radio. El codo es una articulación troclear (de bisagra), estabilizada por ligamentos colaterales.

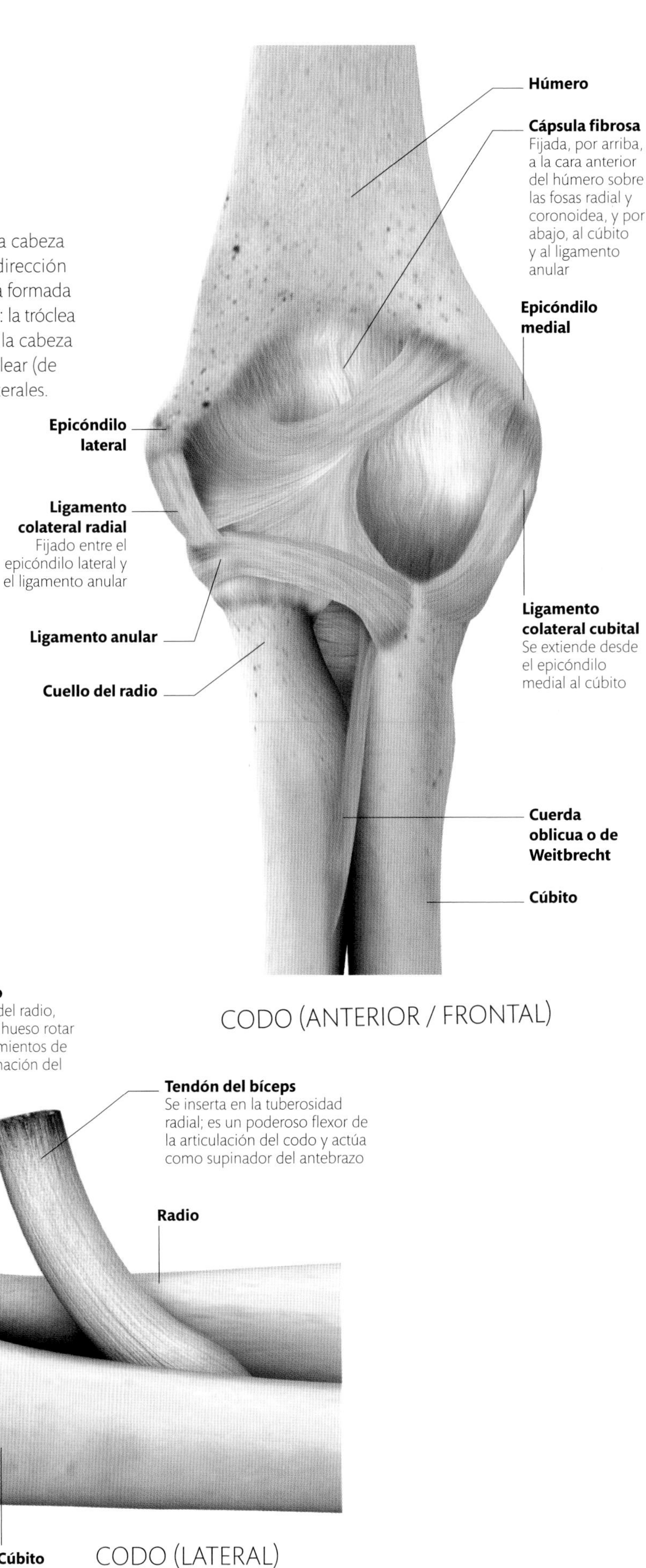
Húmero
Cápsula fibrosa
Fijada, por arriba, a la cara anterior del húmero sobre las fosas radial y coronoidea, y por abajo, al cúbito y al ligamento anular
Epicóndilo medial
Epicóndilo lateral
Ligamento colateral radial
Fijado entre el epicóndilo lateral y el ligamento anular
Ligamento anular
Cuello del radio
Ligamento colateral cubital
Se extiende desde el epicóndilo medial al cúbito
Cuerda oblicua o de Weitbrecht
Cúbito

CODO (ANTERIOR / FRONTAL)

Húmero
Epicóndilo medial
Constituye también el origen flexor común: la fijación de muchos de los músculos flexores del antebrazo
Ligamento anular del radio
Rodea la cabeza del radio, lo que permite al hueso rotar durante los movimientos de pronación y supinación del antebrazo
Tendón del bíceps
Se inserta en la tuberosidad radial; es un poderoso flexor de la articulación del codo y actúa como supinador del antebrazo
Radio
Olécranon del cúbito
Ligamento lateral cubital
Cúbito

CODO (LATERAL)

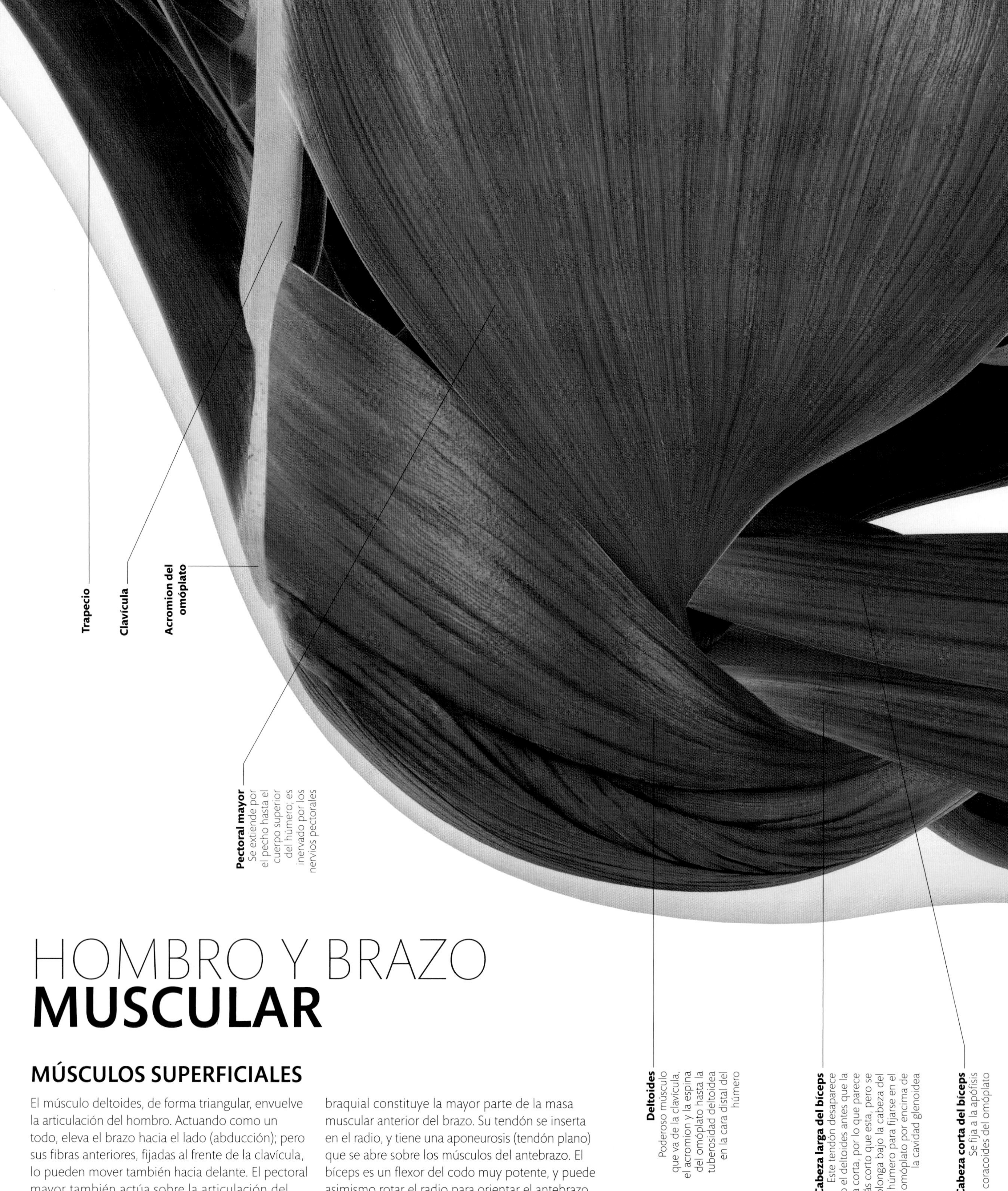
Trapecio
Clavícula
Acromion del omóplato
Pectoral mayor
Se extiende por el pecho hasta el cuerpo superior del húmero; es inervado por los nervios pectorales
Deltoides
Poderoso músculo que va de la clavícula, el acromion y la espina del omóplato hasta la tuberosidad deltoidea en la cara distal del húmero
Cabeza larga del bíceps
Este tendón desaparece bajo el deltoides antes que la cabeza corta, por lo que parece más corto que esta, pero se prolonga bajo la cabeza del húmero para fijarse en el omóplato por encima de la cavidad glenoidea
Cabeza corta del bíceps
Se fija a la apófisis coracoides del omóplato

HOMBRO Y BRAZO **MUSCULAR**

MÚSCULOS SUPERFICIALES

El músculo deltoides, de forma triangular, envuelve la articulación del hombro. Actuando como un todo, eleva el brazo hacia el lado (abducción); pero sus fibras anteriores, fijadas al frente de la clavícula, lo pueden mover también hacia delante. El pectoral mayor también actúa sobre la articulación del hombro, flexionando el brazo frontalmente o aproximándolo al costado (aducción). El bíceps braquial constituye la mayor parte de la masa muscular anterior del brazo. Su tendón se inserta en el radio, y tiene una aponeurosis (tendón plano) que se abre sobre los músculos del antebrazo. El bíceps es un flexor del codo muy potente, y puede asimismo rotar el radio para orientar el antebrazo con la palma de la mano hacia arriba, lo que conocemos por supinación.

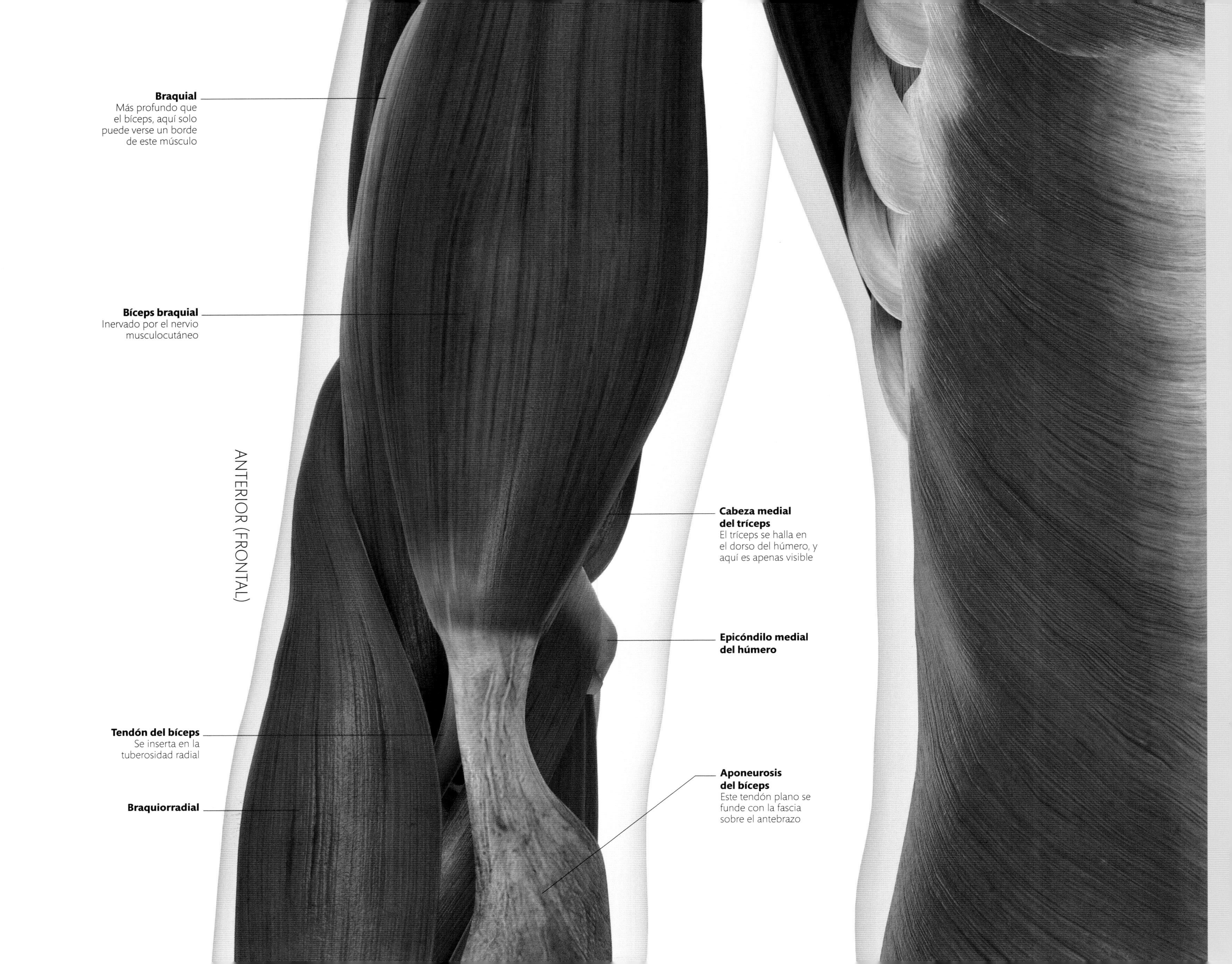

Braquial
Más profundo que el bíceps, aquí solo puede verse un borde de este músculo
Bíceps braquial
Inervado por el nervio musculocutáneo
ANTERIOR (FRONTAL)
Tendón del bíceps
Se inserta en la tuberosidad radial
Braquiorradial
Cabeza medial del tríceps
El tríceps se halla en el dorso del húmero, y aquí es apenas visible
Epicóndilo medial del húmero
Aponeurosis del bíceps
Este tendón plano se funde con la fascia sobre el antebrazo

HOMBRO Y BRAZO **MUSCULAR**

MÚSCULOS SUPERFICIALES

Las fibras posteriores del deltoides bajan desde la espina del omóplato al húmero, y esta porción del músculo permite echar atrás el brazo o extenderlo. El dorsal ancho, amplio músculo que arranca en el dorso del tronco y finaliza en un estrecho tendón fijado sobre el húmero, también interviene en la extensión del brazo. El tríceps braquial es el único músculo extensor del codo. En una disección superficial (representada aquí) solamente son visibles dos de las tres cabezas del tríceps: la larga y la lateral. El tendón del tríceps se inserta en el olécranon del cúbito, que forma la protuberancia ósea posterior del codo.

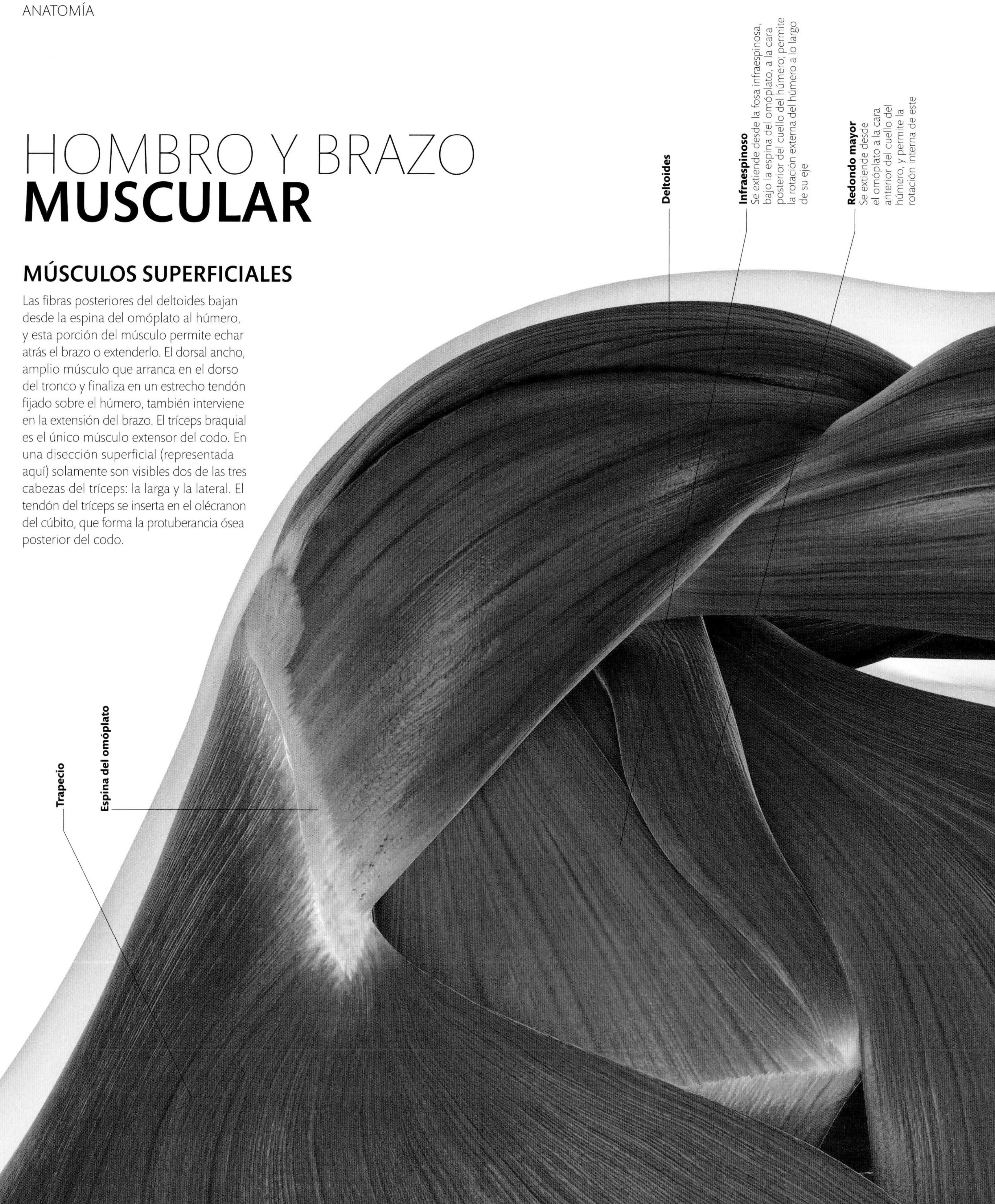
Deltoides
Infraespinoso
Se extiende desde la fosa infraespinosa, bajo la espina del omóplato, a la cara posterior del cuello del húmero; permite la rotación externa del húmero a lo largo de su eje
Redondo mayor
Se extiende desde el omóplato a la cara anterior del cuello del húmero, y permite la rotación interna de este
Trapecio
Espina del omóplato

POSTERIOR (DORSAL)
Dorsal ancho
Con el brazo extendido hacia arriba, este gran músculo puede tirar de él hacia el costado del cuerpo o, en sentido opuesto, levantar el peso del cuerpo hacia los brazos (al trepar, por ejemplo)
Cabeza lateral del tríceps
Esta cabeza y la larga son superficiales; la medial queda oculta bajo ellas. Las tres son inervadas por el nervio radial
Cabeza larga del tríceps
Se fija al omóplato por debajo de la cavidad glenoidea
Braquial
Tendón del tríceps
Ancóneo
Epicóndilo medial
Olécranon

Subclavio
Subescapular
Permite la rotación interna del húmero; como parte del manguito rotador, también tiene un importante papel en la estabilización de la articulación del hombro
Fibras medias del deltoides
Fibras anteriores del deltoides
Dorsal ancho
Redondo mayor
Pectoral menor

HOMBRO Y BRAZO **MUSCULAR**

MÚSCULOS PROFUNDOS

Entre los músculos profundos que rodean el hombro se halla el grupo muscular llamado manguito rotador, que incluye, entre otros, el músculo subescapular (que viene de la superficie profunda del omóplato) y el supraespinoso (que viene desde el omóplato, sobre la articulación del hombro, para fijarse al húmero). El tendón del supraespinoso pasa por el estrecho hueco entre la cabeza del húmero y el acromion del omóplato, donde puede resultar dañado por el síndrome de pinzamiento. Por delante del húmero se ha eliminado el bíceps (p. 211) a fin de mostrar el braquial, que desciende desde el húmero inferior al cúbito; como el bíceps, el braquial es un flexor del codo.

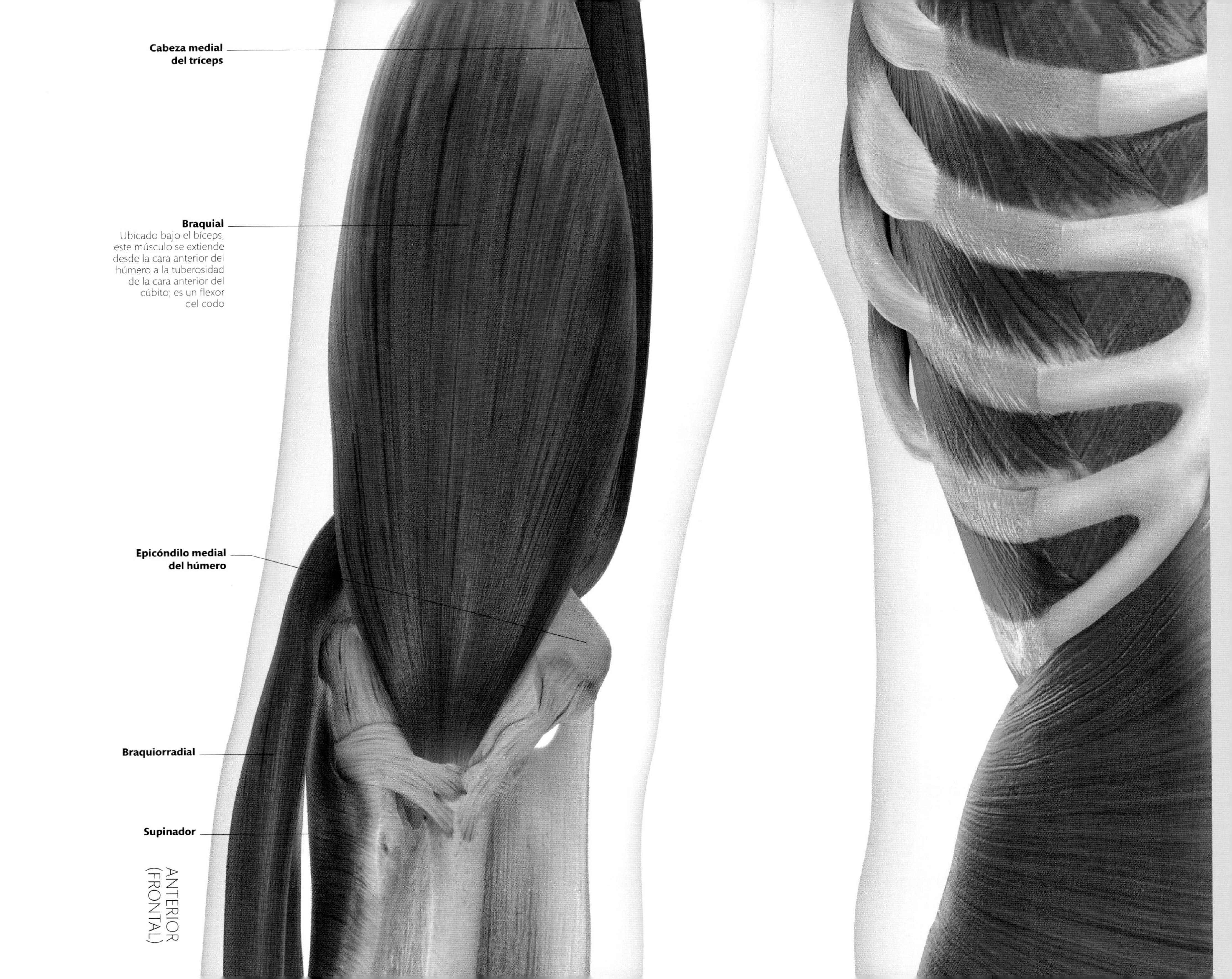
Cabeza medial del tríceps
Braquial
Ubicado bajo el bíceps, este músculo se extiende desde la cara anterior del húmero a la tuberosidad de la cara anterior del cúbito; es un flexor del codo
Epicóndilo medial del húmero
Braquiorradial
Supinador
ANTERIOR (FRONTAL)

HOMBRO Y BRAZO **MUSCULAR**

MÚSCULOS PROFUNDOS

Muchos de los músculos del manguito rotador –supraespinoso, infraespinoso y redondo menor– se revelan en la vista posterior. Mueven la articulación del hombro en distintas direcciones y permiten su rotación; además, contribuyen a estabilizar la articulación: encajan la cabeza del húmero en su hueco cuando se mueve el hombro. Una vista más profunda del dorso del brazo revela la tercera cabeza del tríceps, la medial, que se extiende desde la cara posterior del húmero y se une con las cabezas lateral y larga para formar el tendón del tríceps, que se fija al olécranon. La mayoría de los músculos del antebrazo tiene su fijación en los epicóndilos del húmero, sobre el codo, pero el braquiorradial y el extensor largo radial del carpo se originan más arriba, en la cara distal del húmero, como puede verse aquí.

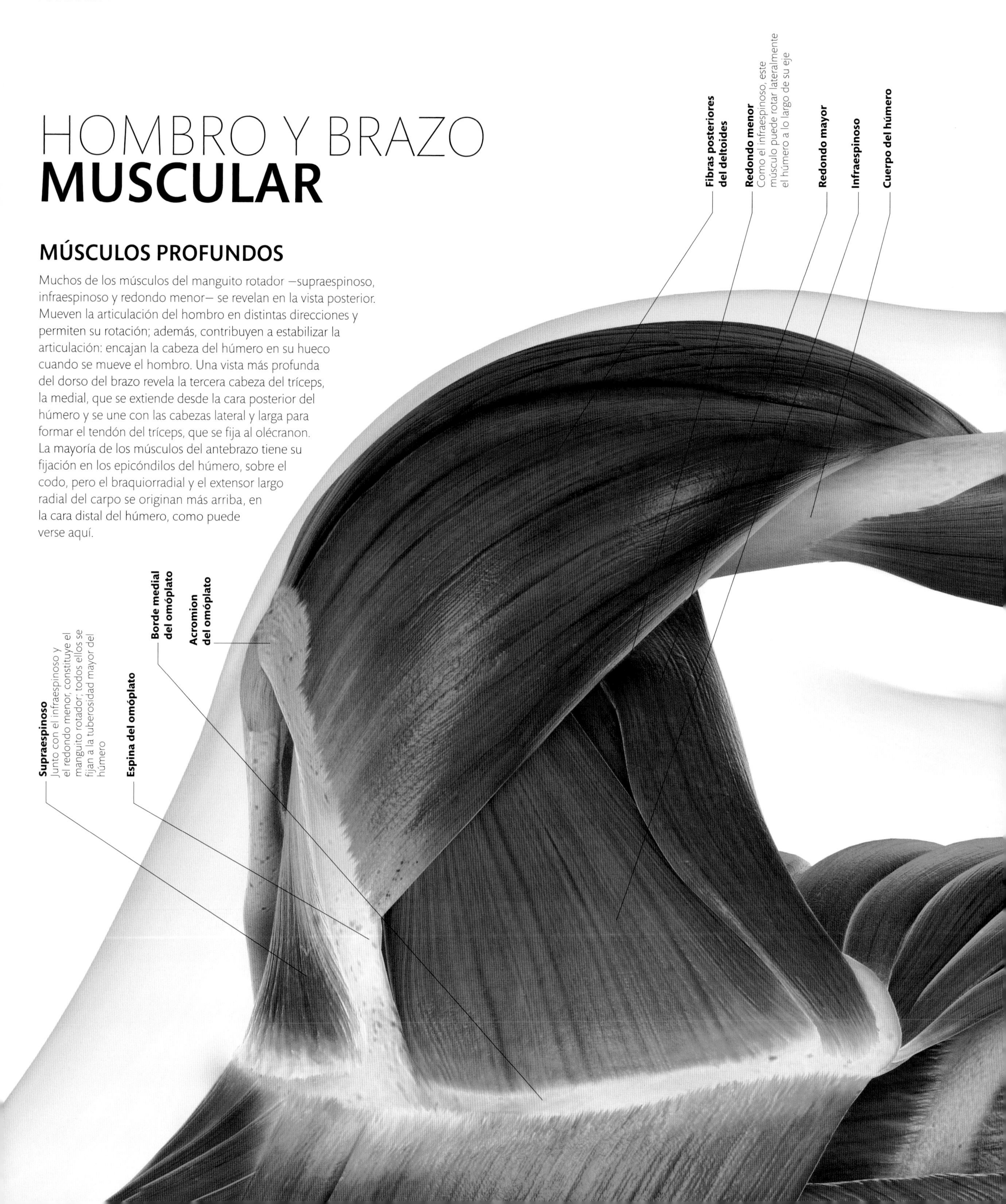
Fibras posteriores del deltoides
Redondo menor
Como el infraespinoso, este músculo puede rotar lateralmente el húmero a lo largo de su eje
Redondo mayor
Infraespinoso
Cuerpo del húmero
Supraespinoso
Junto con el infraespinoso y el redondo menor, constituye el manguito rotador; todos ellos se fijan a la tuberosidad mayor del húmero
Espina del omóplato
Borde medial del omóplato
Acromion del omóplato

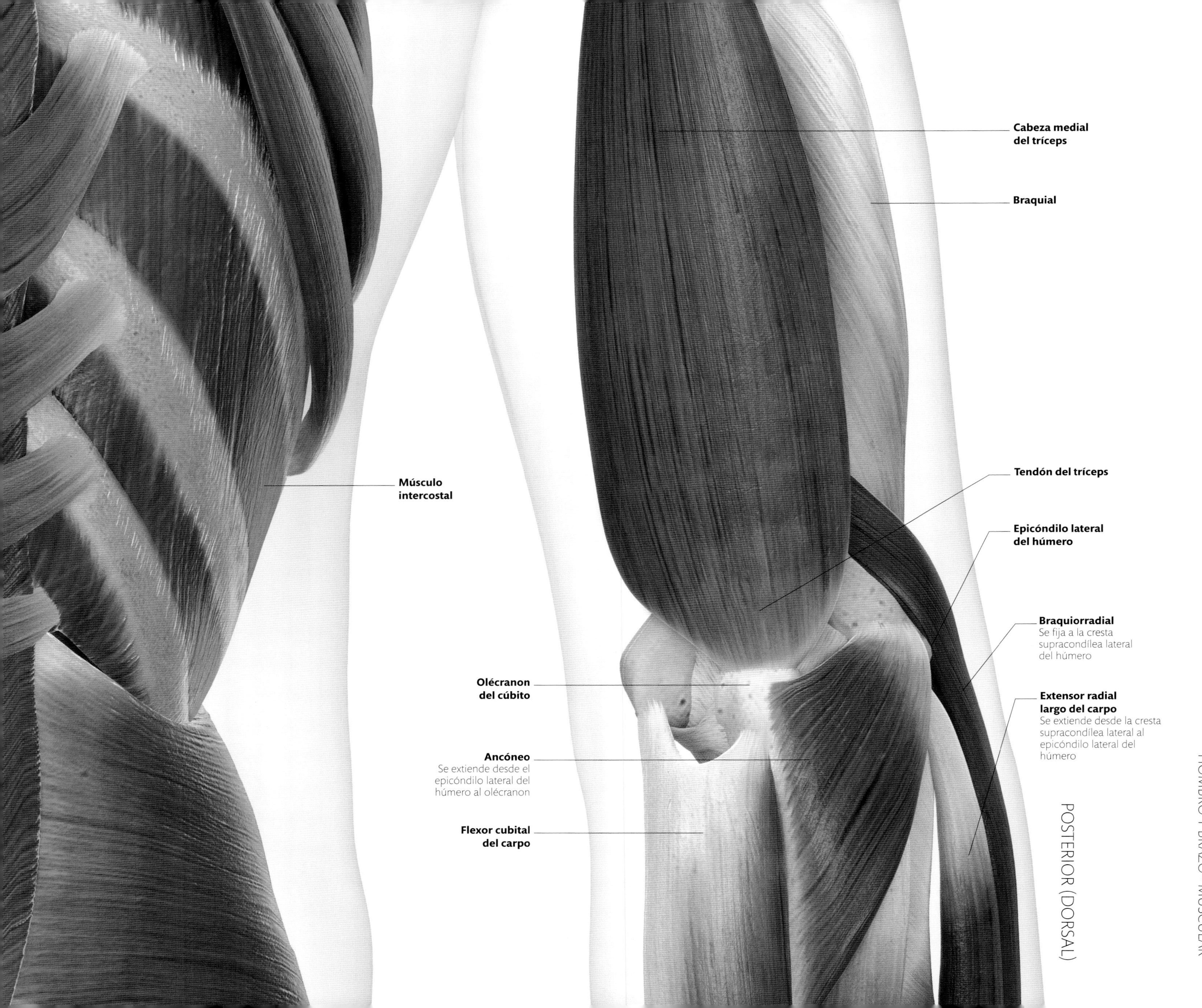
POSTERIOR (DORSAL)
Cabeza medial del tríceps
Braquial
Músculo intercostal
Tendón del tríceps
Epicóndilo lateral del húmero
Braquiorradial
Se fija a la cresta supracondílea lateral del húmero
Olécranon del cúbito
Extensor radial largo del carpo
Se extiende desde la cresta supracondílea lateral al epicóndilo lateral del húmero
Ancóneo
Se extiende desde el epicóndilo lateral del húmero al olécranon
Flexor cubital del carpo

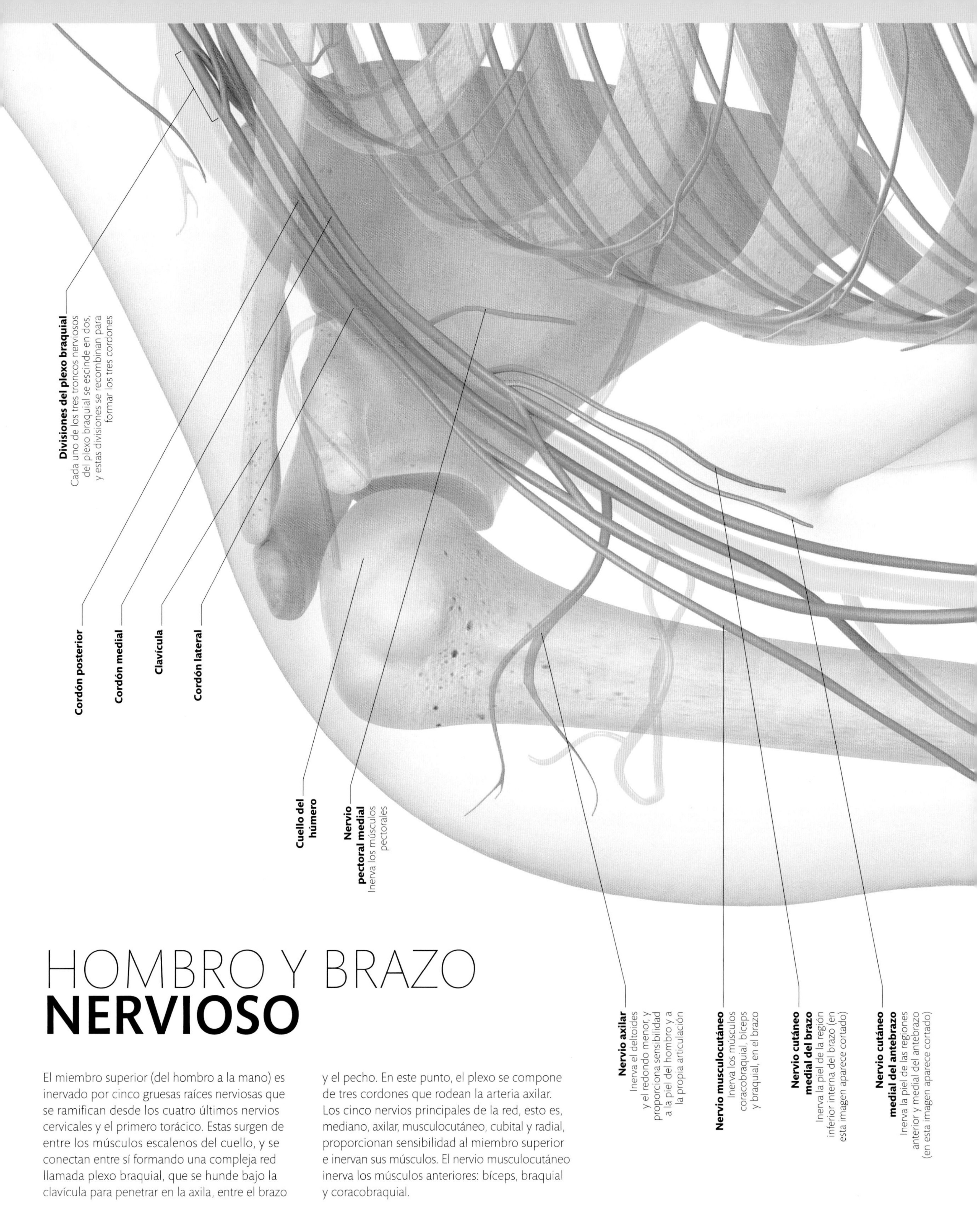

Divisiones del plexo braquial
Cada uno de los tres troncos nerviosos del plexo braquial se escinde en dos, y estas divisiones se recombinan para formar los tres cordones
Cordón posterior
Cordón medial
Clavícula
Cordón lateral
Cuello del húmero
Nervio pectoral medial
Inerva los músculos pectorales
Nervio axilar
Inerva el deltoides y el redondo menor, y proporciona sensibilidad a la piel del hombro y a la propia articulación
Nervio musculocutáneo
Inerva los músculos coracobraquial, bíceps y braquial, en el brazo
Nervio cutáneo medial del brazo
Inerva la piel de la región inferior interna del brazo (en esta imagen aparece cortado)
Nervio cutáneo medial del antebrazo
Inerva la piel de las regiones anterior y medial del antebrazo (en esta imagen aparece cortado)

HOMBRO Y BRAZO **NERVIOSO**

El miembro superior (del hombro a la mano) es inervado por cinco gruesas raíces nerviosas que se ramifican desde los cuatro últimos nervios cervicales y el primero torácico. Estas surgen de entre los músculos escalenos del cuello, y se conectan entre sí formando una compleja red llamada plexo braquial, que se hunde bajo la clavícula para penetrar en la axila, entre el brazo y el pecho. En este punto, el plexo se compone de tres cordones que rodean la arteria axilar. Los cinco nervios principales de la red, esto es, mediano, axilar, musculocutáneo, cubital y radial, proporcionan sensibilidad al miembro superior e inervan sus músculos. El nervio musculocutáneo inerva los músculos anteriores: bíceps, braquial y coracobraquial.

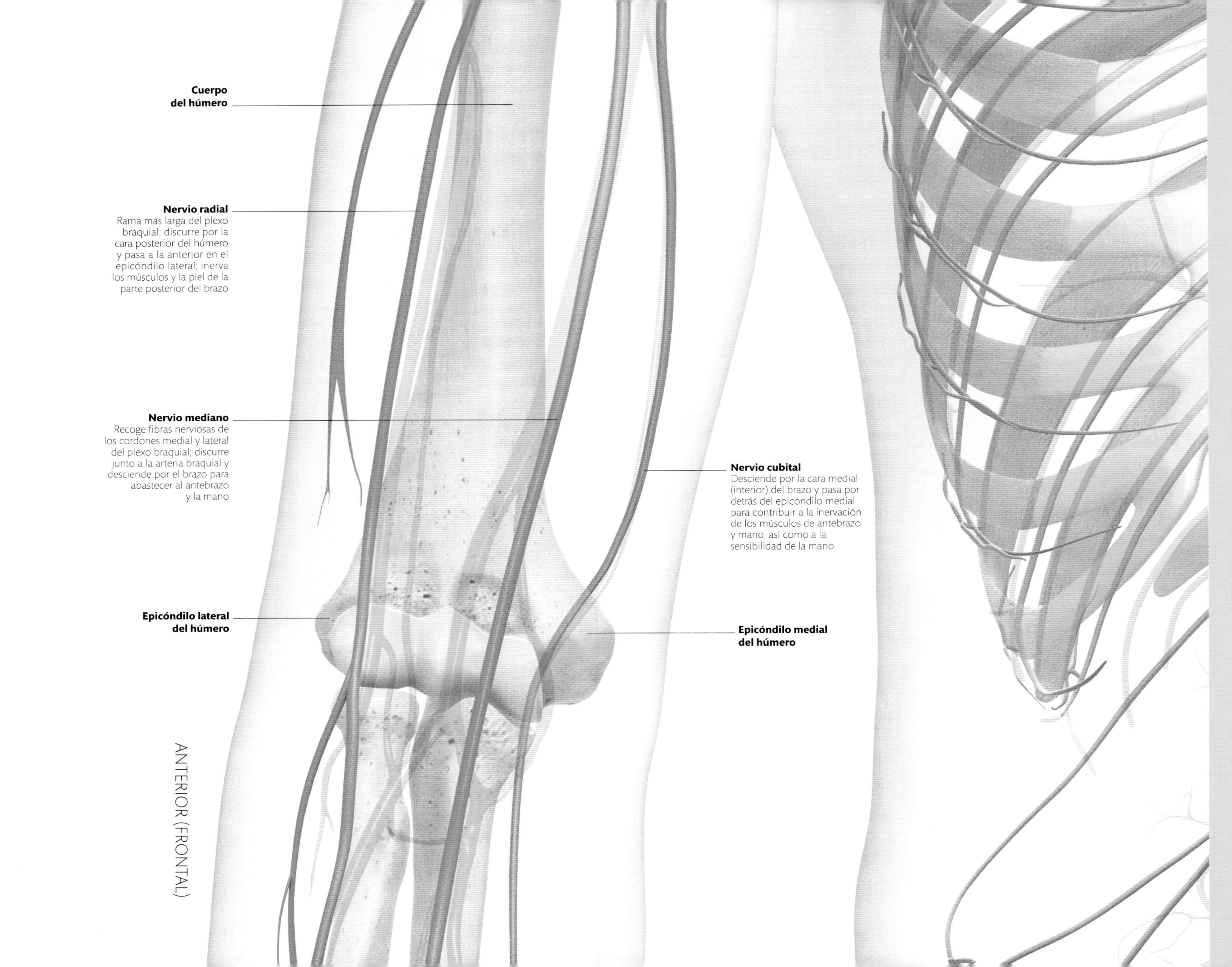

Cuerpo del húmero
Nervio radial
Rama más larga del plexo braquial; discurre por la cara posterior del húmero y pasa a la anterior en el epicóndilo lateral; inerva los músculos y la piel de la parte posterior del brazo
Nervio mediano
Recoge fibras nerviosas de los cordones medial y lateral del plexo braquial; discurre junto a la arteria braquial y desciende por el brazo para abastecer al antebrazo y la mano
Epicóndilo lateral del húmero
Nervio cubital
Desciende por la cara medial (interior) del brazo y pasa por detrás del epicóndilo medial para contribuir a la inervación de los músculos de antebrazo y mano, así como a la sensibilidad de la mano
Epicóndilo medial del húmero
ANTERIOR (FRONTAL)

HOMBRO Y BRAZO
NERVIOSO

Los nervios axilar y radial salen desde el dorso del plexo braquial y discurren por detrás del húmero. El axilar rodea el cuello del húmero justo por debajo de la articulación del hombro, e inerva el deltoides. El radial –rama más larga del plexo braquial– inerva todos los músculos extensores de brazo y antebrazo. Rodea la cara posterior del húmero, pegado al hueso, y envía ramas que inervan las cabezas del tríceps; y luego continúa su espiral y pasa a la cara frontal a la altura del epicóndilo medial del húmero, en el codo.

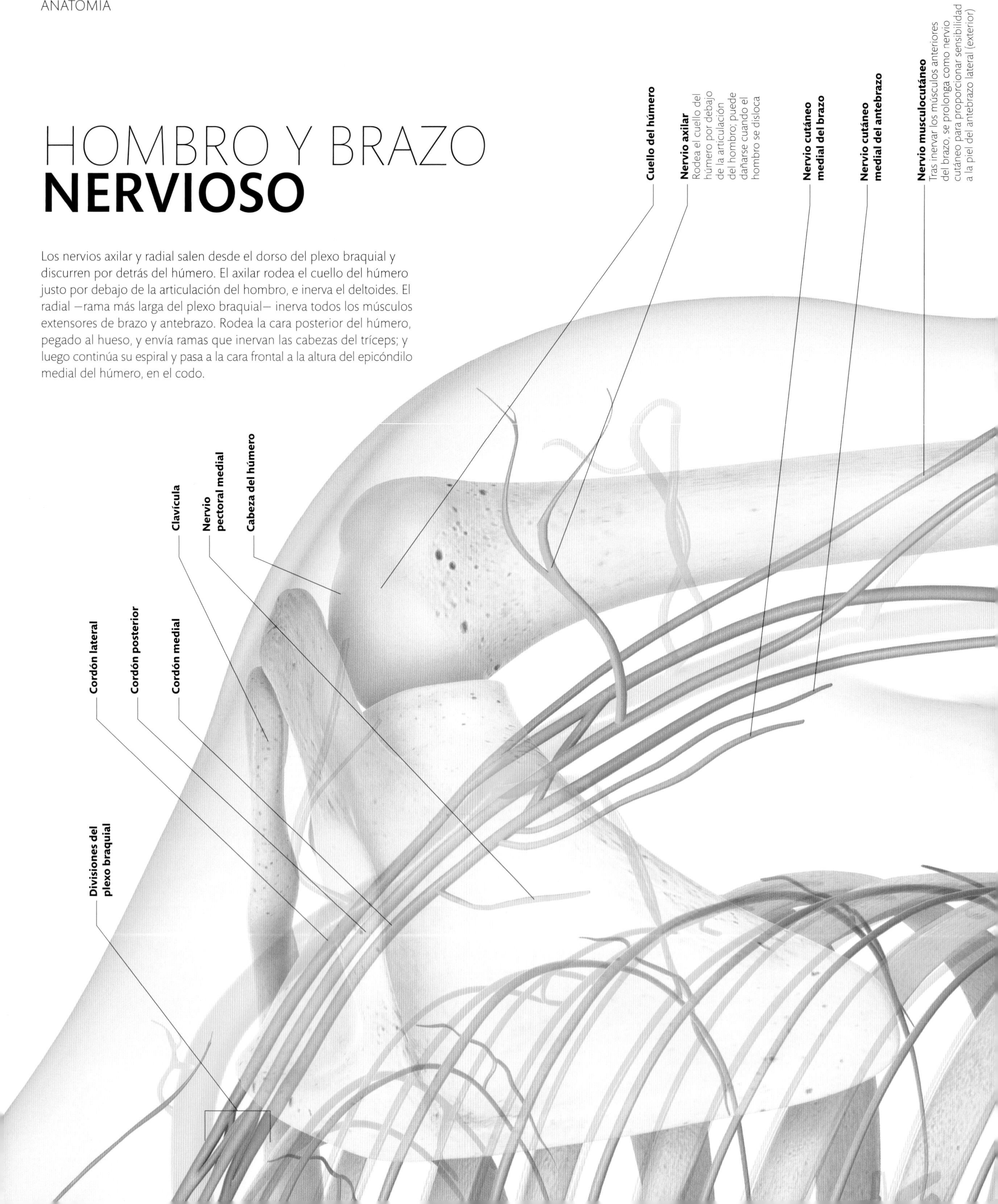
Cuello del húmero
Nervio axilar
Rodea el cuello del húmero por debajo de la articulación del hombro; puede dañarse cuando el hombro se disloca
Nervio cutáneo medial del brazo
Nervio cutáneo medial del antebrazo
Nervio musculocutáneo
Tras inervar los músculos anteriores del brazo, se prolonga como nervio cutáneo para proporcionar sensibilidad a la piel del antebrazo lateral (exterior)
Clavícula
Nervio pectoral medial
Cabeza del húmero
Cordón lateral
Cordón posterior
Cordón medial
Divisiones del plexo braquial

POSTERIOR (DORSAL)

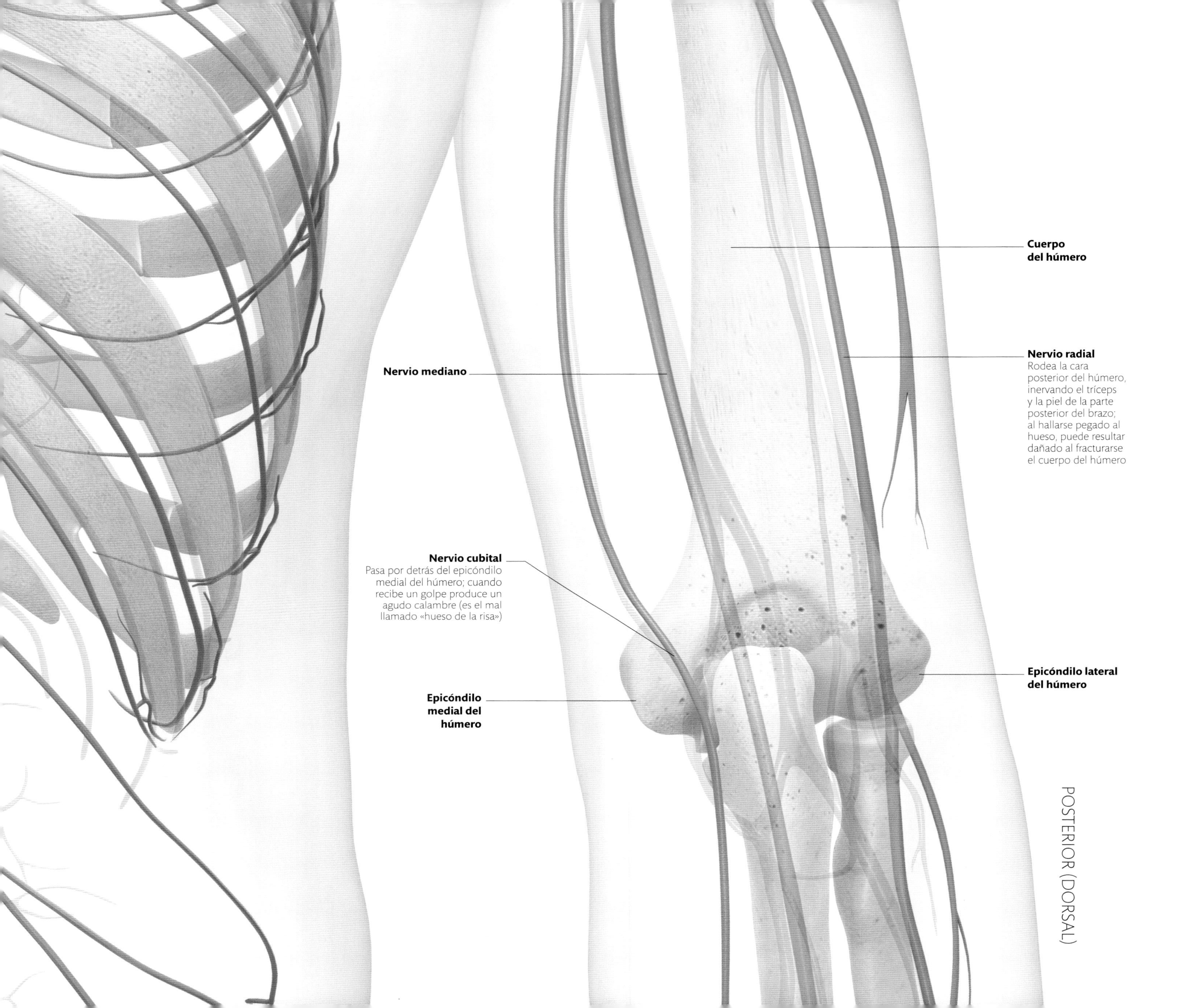
Cuerpo del húmero
Nervio radial Rodea la cara posterior del húmero, inervando el tríceps y la piel de la parte posterior del brazo; al hallarse pegado al hueso, puede resultar dañado al fracturarse el cuerpo del húmero
Nervio mediano
Nervio cubital Pasa por detrás del epicóndilo medial del húmero; cuando recibe un golpe produce un agudo calambre (es el mal llamado «hueso de la risa»)
Epicóndilo medial del húmero
Epicóndilo lateral del húmero

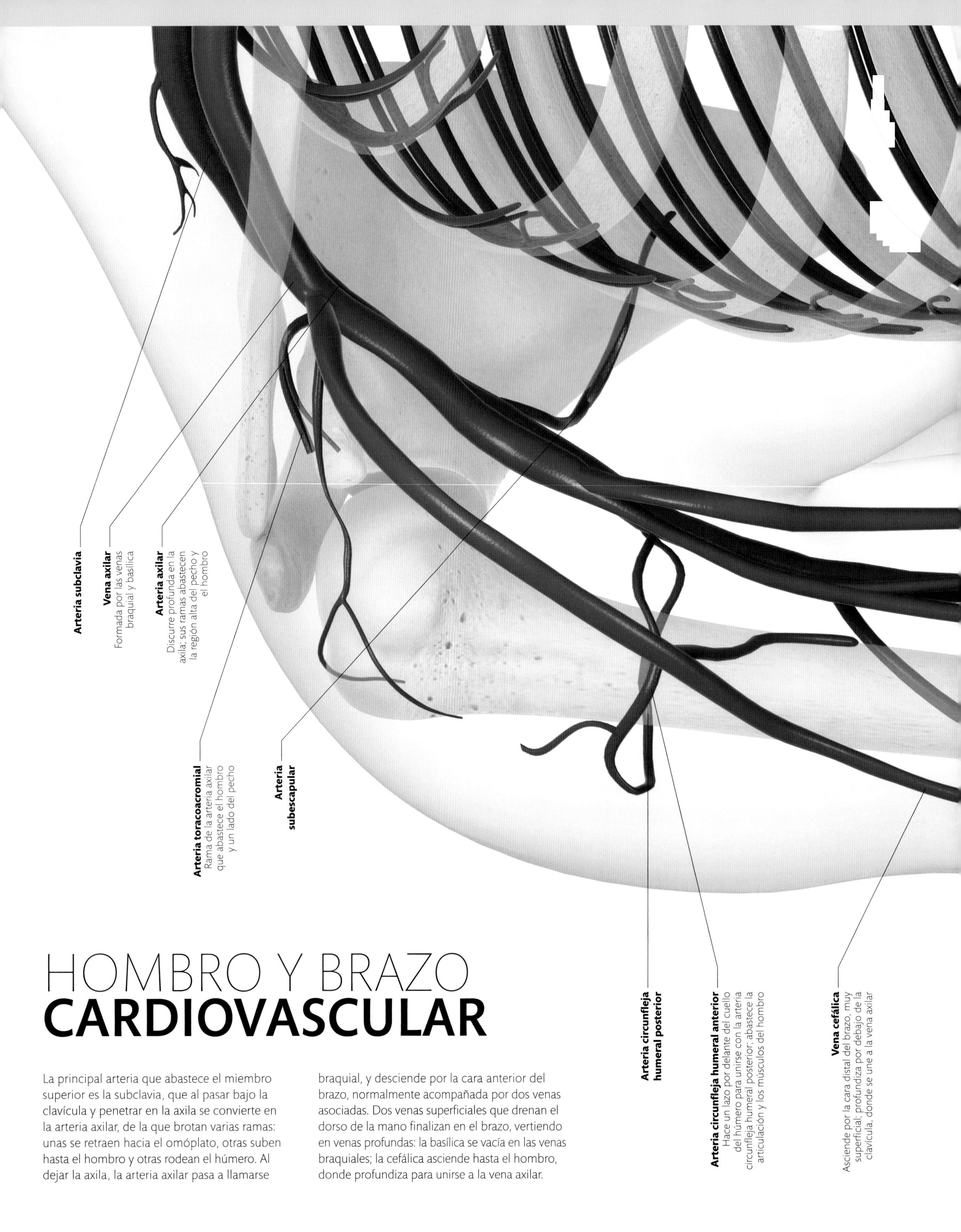
Arteria subclavia
Vena axilar
Formada por las venas braquial y basílica
Arteria axilar
Discurre profunda en la axila; sus ramas abastecen la región alta del pecho y el hombro
Arteria toracoacromial
Rama de la arteria axilar que abastece el hombro y un lado del pecho
Arteria subescapular
Arteria circunfleja humeral posterior
Arteria circunfleja humeral anterior
Hace un lazo por delante del cuello del húmero para unirse con la arteria circunfleja humeral posterior; abastece la articulación y los músculos del hombro
Vena cefálica
Asciende por la cara distal del brazo, muy superficial; profundiza por debajo de la clavícula, donde se une a la vena axilar

HOMBRO Y BRAZO CARDIOVASCULAR

La principal arteria que abastece el miembro superior es la subclavia, que al pasar bajo la clavícula y penetrar en la axila se convierte en la arteria axilar, de la que brotan varias ramas: unas se retraen hacia el omóplato, otras suben hasta el hombro y otras rodean el húmero. Al dejar la axila, la arteria axilar pasa a llamarse braquial, y desciende por la cara anterior del brazo, normalmente acompañada por dos venas asociadas. Dos venas superficiales que drenan el dorso de la mano finalizan en el brazo, vertiendo en venas profundas: la basílica se vacía en las venas braquiales; la cefálica asciende hasta el hombro, donde profundiza para unirse a la vena axilar.

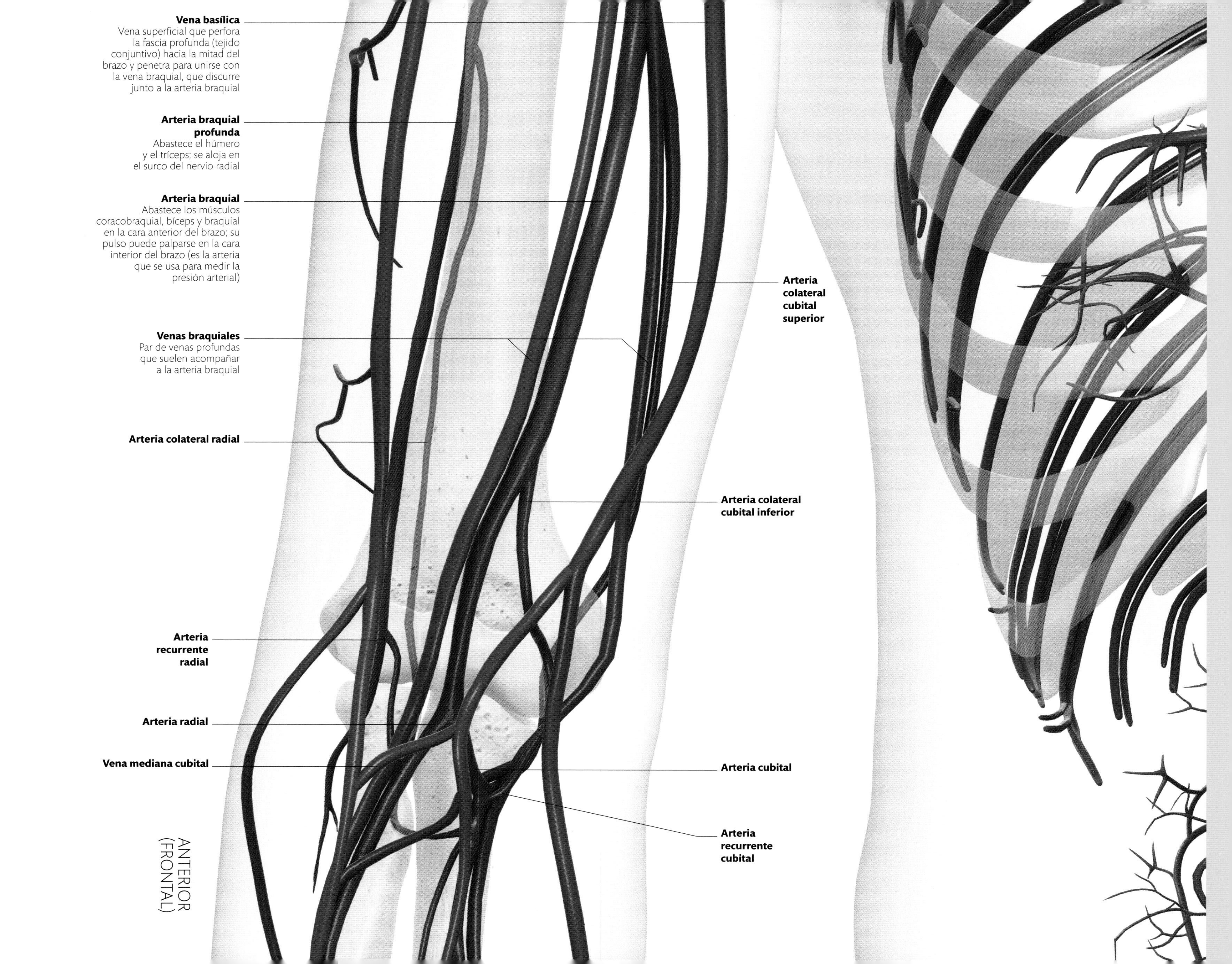

Vena basílica
Vena superficial que perfora la fascia profunda (tejido conjuntivo) hacia la mitad del brazo y penetra para unirse con la vena braquial, que discurre junto a la arteria braquial
Arteria braquial profunda
Abastece el húmero y el tríceps; se aloja en el surco del nervio radial
Arteria braquial
Abastece los músculos coracobraquial, bíceps y braquial en la cara anterior del brazo; su pulso puede palparse en la cara interior del brazo (es la arteria que se usa para medir la presión arterial)
Venas braquiales
Par de venas profundas que suelen acompañar a la arteria braquial
Arteria colateral radial
Arteria recurrente radial
Arteria radial
Vena mediana cubital
ANTERIOR (FRONTAL)
Arteria colateral cubital superior
Arteria colateral cubital inferior
Arteria cubital
Arteria recurrente cubital

HOMBRO Y BRAZO CARDIOVASCULAR

Diversas ramas procedentes de las arterias axilar y braquial abastecen el dorso de hombro y brazo. La arteria circunfleja humeral posterior, que discurre junto al nervio axilar, se enrolla en el extremo superior del húmero. La arteria braquial profunda, que acompaña al nervio radial, gira en torno al dorso del hueso. Desde esta arteria, y desde la propia arteria braquial, descienden por el brazo ramas que se unen, o anastomosan, con ramas recurrentes que retroceden desde las arterias cubital y radial del antebrazo. También hay anastomosis (enlaces) en el hombro, entre ramas de las arterias subclavia y axilar. Estas anastomosis, donde se reúnen ramas de regiones distintas, pueden proporcionar rutas alternativas para que la sangre fluya en caso de estrangulamiento o bloqueo del vaso principal.

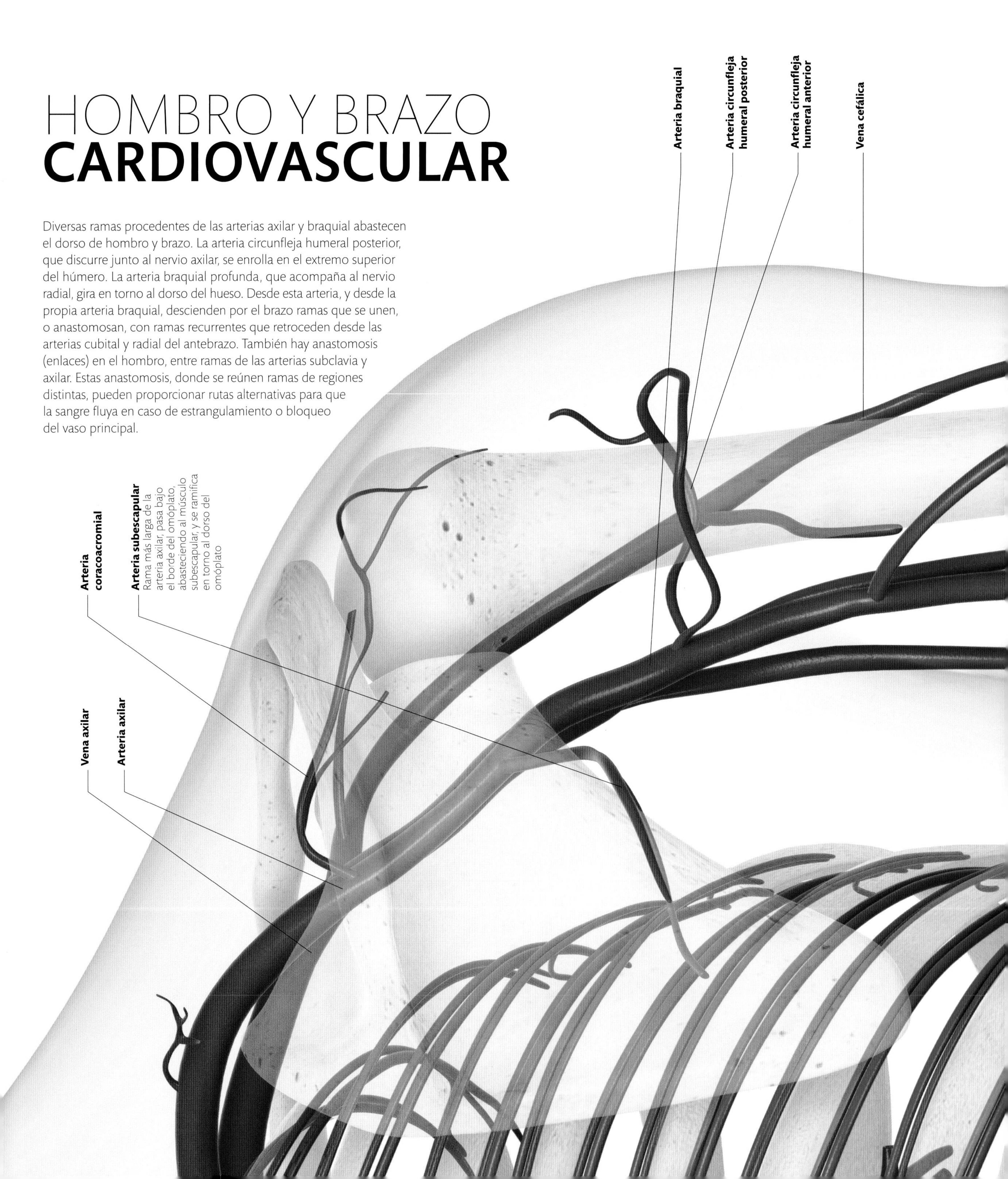
Arteria braquial
Arteria circunfleja humeral posterior
Arteria circunfleja humeral anterior
Vena cefálica
Arteria coracoacromial
Arteria subescapular
Rama más larga de la arteria axilar, pasa bajo el borde del omóplato, abasteciendo al músculo subescapular, y se ramifica en torno al dorso del omóplato
Vena axilar
Arteria axilar

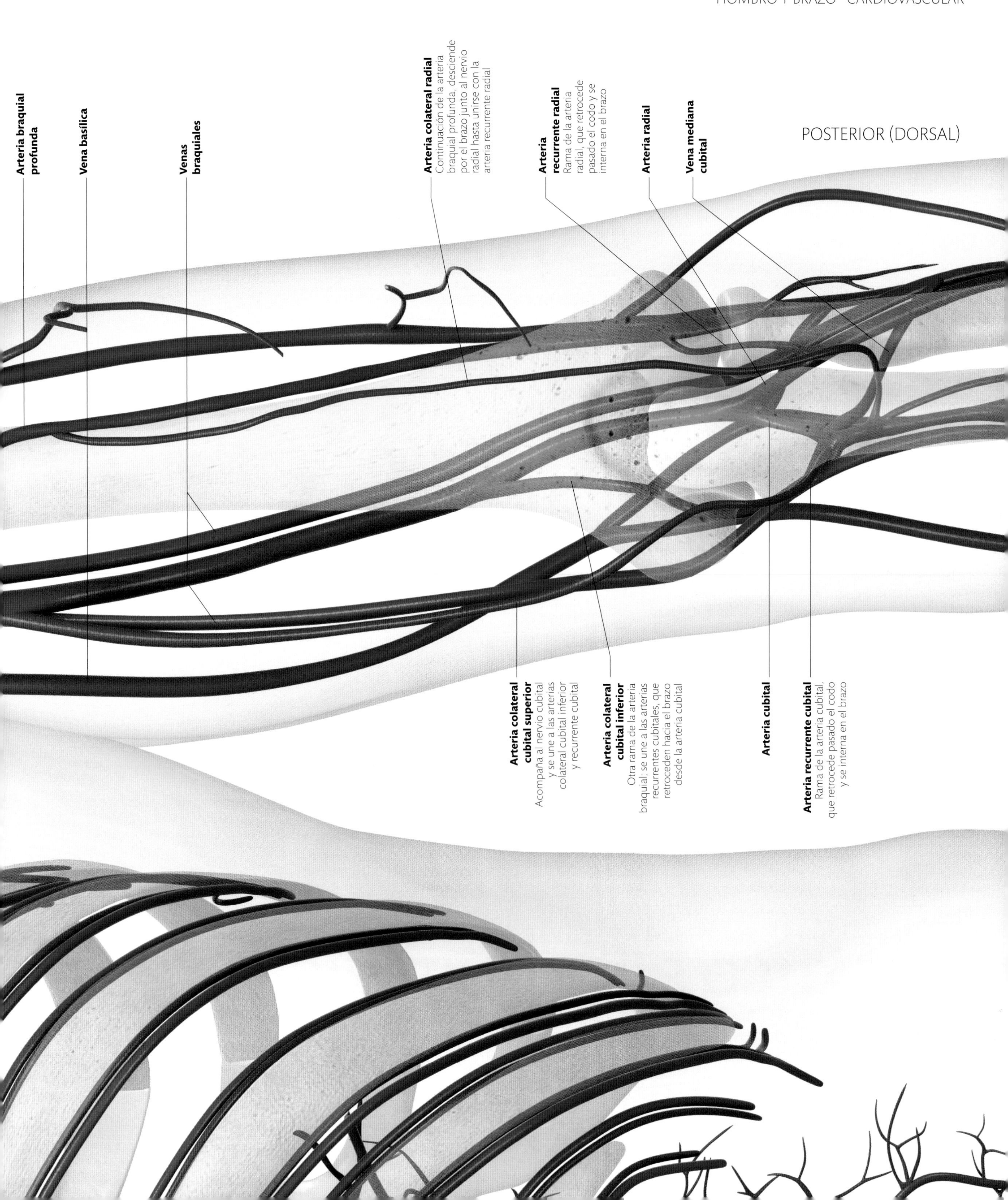
POSTERIOR (DORSAL)
Arteria braquial profunda
Vena basílica
Venas braquiales
Arteria colateral radial
Continuación de la arteria braquial profunda, desciende por el brazo junto al nervio radial hasta unirse con la arteria recurrente radial
Arteria recurrente radial
Rama de la arteria radial, que retrocede pasado el codo y se interna en el brazo
Arteria radial
Vena mediana cubital
Arteria colateral cubital superior
Acompaña al nervio cubital y se une a las arterias colateral cubital inferior y recurrente cubital
Arteria colateral cubital inferior
Otra rama de la arteria braquial; se une a las arterias recurrentes cubitales, que retroceden hacia el brazo desde la arteria cubital
Arteria cubital
Arteria recurrente cubital
Rama de la arteria cubital, que retrocede pasado el codo y se interna en el brazo

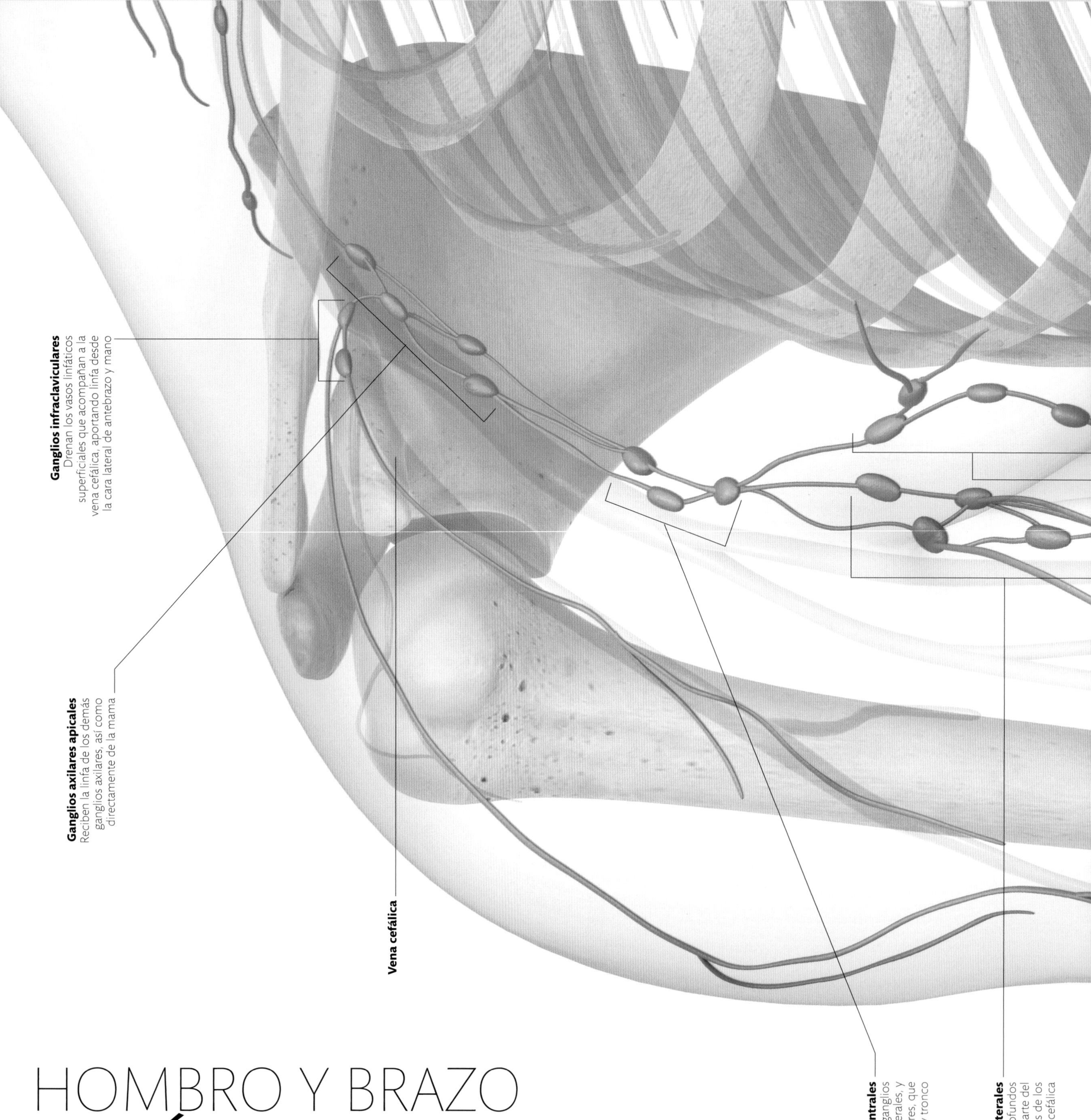
Ganglios infraclaviculares
Drenan los vasos linfáticos superficiales que acompañan a la vena cefálica, aportando linfa desde la cara lateral de antebrazo y mano
Ganglios axilares apicales
Reciben la linfa de los demás ganglios axilares, así como directamente de la mama
Vena cefálica
Ganglios axilares centrales
Reciben linfa de los ganglios axilares anteriores y laterales, y también de los posteriores, que drenan el dorso de cuello y tronco
Ganglios axilares laterales
Reciben vasos linfáticos profundos y superficiales de gran parte del miembro superior, además de los que acompañan a la vena cefálica

HOMBRO Y BRAZO
LINFÁTICO E INMUNITARIO

Toda la linfa procedente de mano, antebrazo y brazo acaba vaciándose en los ganglios axilares. Pero en su recorrido hacia la axila, la linfa debe atravesar algunos ganglios del brazo. Los ganglios supratrocleares se hallan en la grasa subcutánea de la cara interna del brazo, por encima del codo, y recogen la linfa drenada de la cara interior de la mano y el antebrazo. Los ganglios infraclaviculares, situados a lo largo de la vena cefálica por debajo de la clavícula, reciben vasos procedentes del pulgar y de la cara lateral de antebrazo y brazo. Los ganglios axilares drenan la linfa del brazo y de la pared torácica; en caso de cáncer de mama, pueden resultar afectados por la diseminación de las células cancerosas.

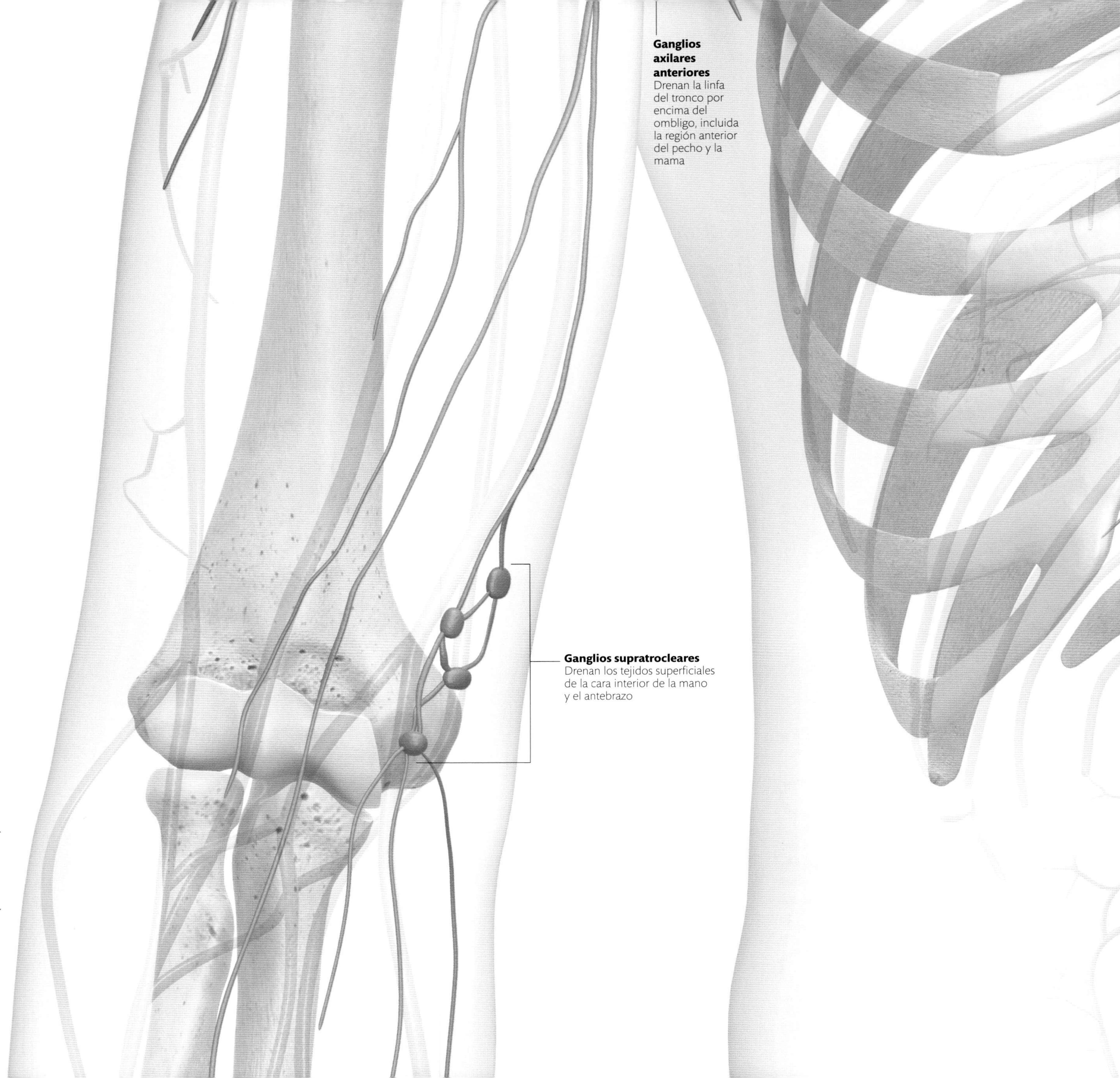

Ganglios axilares anteriores
Drenan la linfa del tronco por encima del ombligo, incluida la región anterior del pecho y la mama
Ganglios supratrocleares
Drenan los tejidos superficiales de la cara interior de la mano y el antebrazo

ANTERIOR (FRONTAL)

HOMBRO Y BRAZO
HOMBRO

La articulación del hombro es extremadamente móvil, lo cual permite mover el brazo dentro de una amplia gama de posiciones. Heredamos esta movilidad de nuestros más antiguos antepasados, los primates arborícolas que necesitaban brazos flexibles para desplazarse con facilidad entre los árboles. De hecho, los seres humanos actuales siguen siendo buenos trepadores, y la posibilidad de alzar los brazos por encima de los hombros resulta muy útil para lanzar objetos y para nadar. No obstante, esta movilidad tiene un precio.

Además de ser propenso a dislocarse, el hombro se ve afectado con frecuencia por trastornos degenerativos.

La causa más común del dolor de hombro es la lesión del manguito rotador, cuando se bloquean, se desgastan e incluso se rompen los músculos y tendones que rodean la articulación. También puede verse afectada la bolsa de líquido que hay bajo el acromion. La axila, un espacio piramidal entre la parte superior del húmero y el costado del tórax, contiene nervios y arterias importantes que salen del cuello, pasan bajo la clavícula y descienden al brazo.

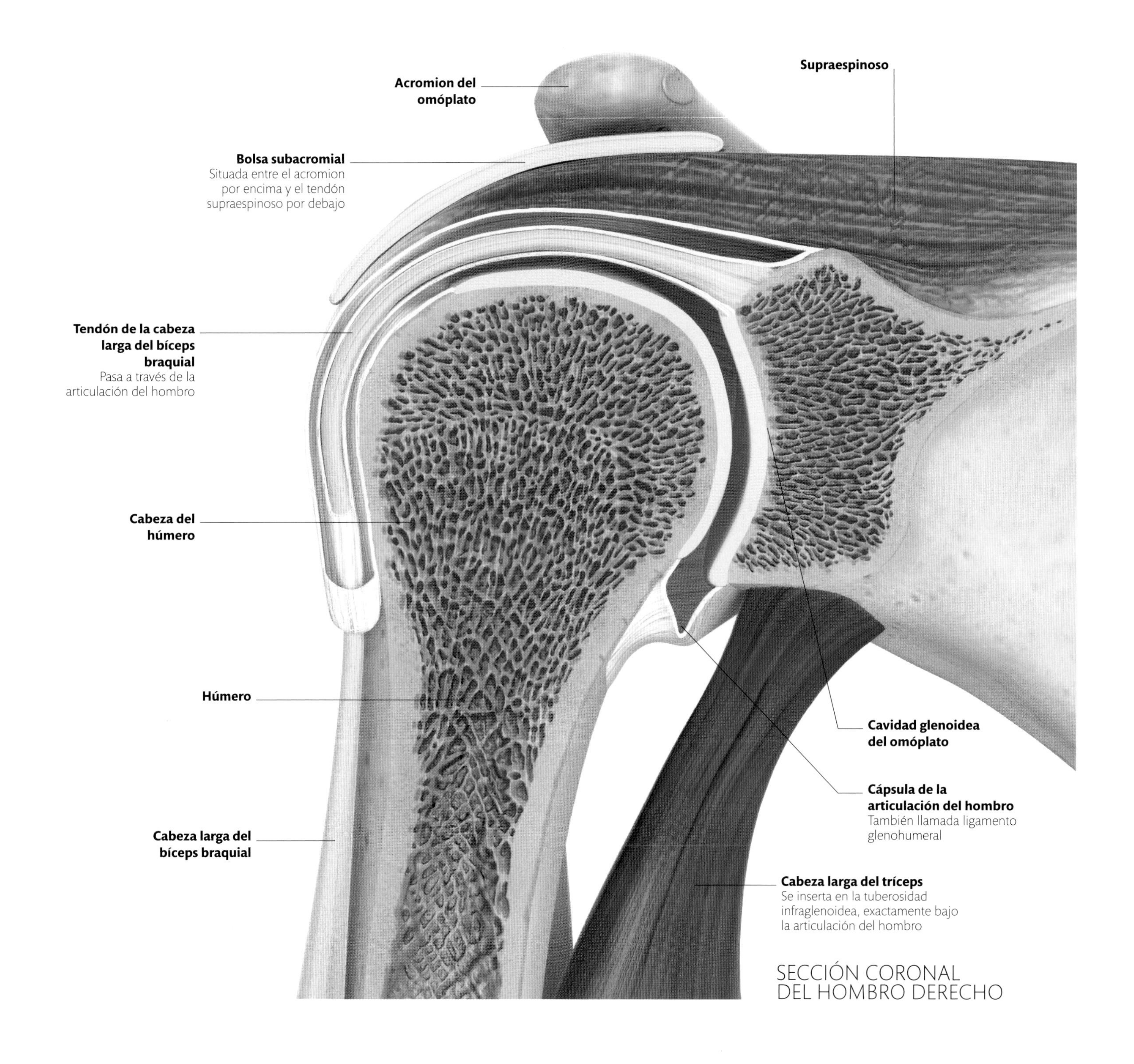
Acromion del omóplato
Supraespinoso
Bolsa subacromial
Situada entre el acromion por encima y el tendón supraespinoso por debajo
Tendón de la cabeza larga del bíceps braquial
Pasa a través de la articulación del hombro
Cabeza del húmero
Húmero
Cavidad glenoidea del omóplato
Cápsula de la articulación del hombro
También llamada ligamento glenohumeral
Cabeza larga del bíceps braquial
Cabeza larga del tríceps
Se inserta en la tuberosidad infraglenoidea, exactamente bajo la articulación del hombro

SECCIÓN CORONAL DEL HOMBRO DERECHO

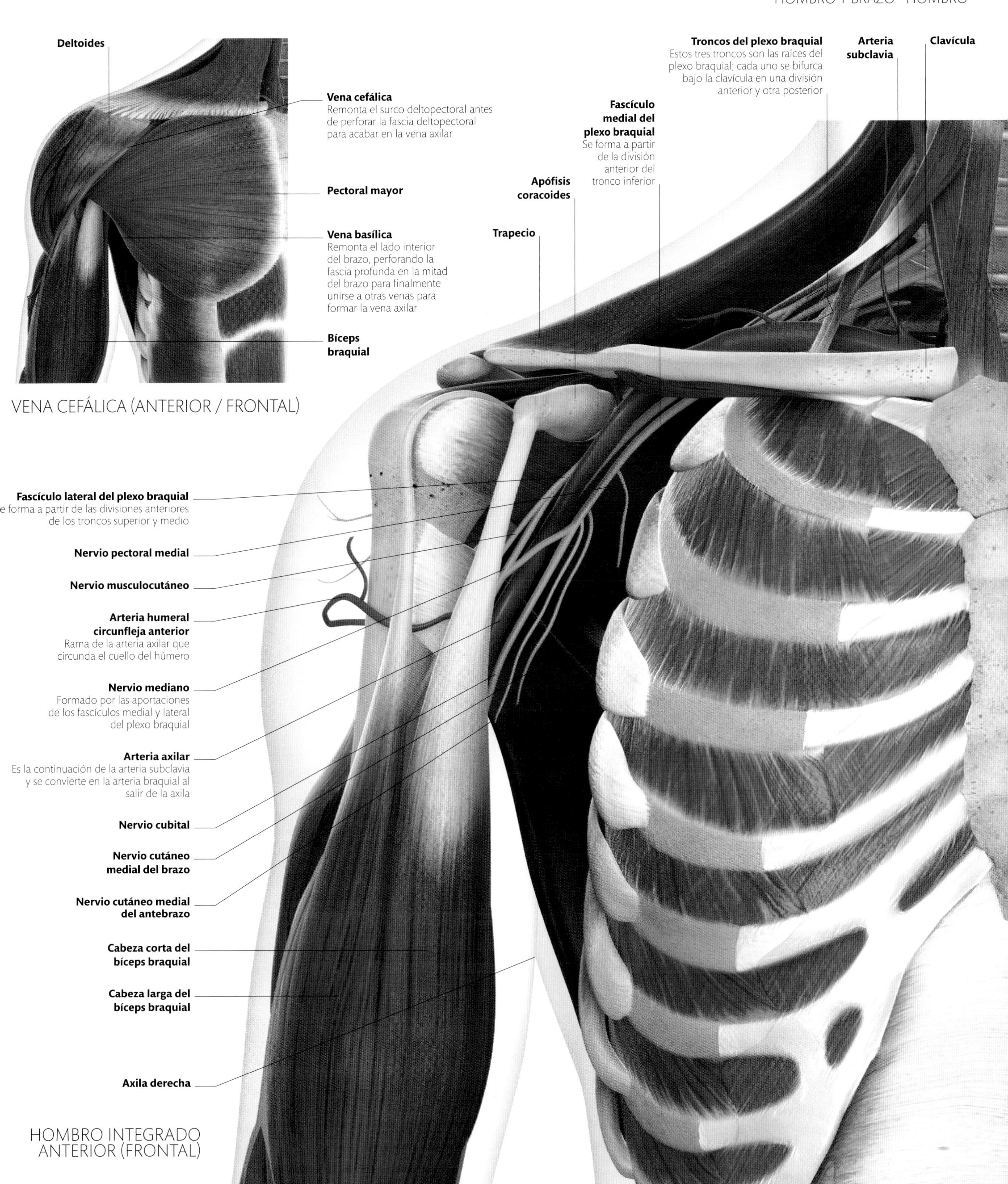
Deltoides
Vena cefálica
Remonta el surco deltopectoral antes de perforar la fascia deltopectoral para acabar en la vena axilar
Pectoral mayor
Vena basílica
Remonta el lado interior del brazo, perforando la fascia profunda en la mitad del brazo para finalmente unirse a otras venas para formar la vena axilar
Bíceps braquial
Troncos del plexo braquial
Estos tres troncos son las raíces del plexo braquial; cada uno se bifurca bajo la clavícula en una división anterior y otra posterior
Arteria subclavia
Clavícula
Fascículo medial del plexo braquial
Se forma a partir de la división anterior del tronco inferior
Apófisis coracoides
Trapecio
Fascículo lateral del plexo braquial
e forma a partir de las divisiones anteriores de los troncos superior y medio
Nervio pectoral medial
Nervio musculocutáneo
Arteria humeral circunfleja anterior
Rama de la arteria axilar que circunda el cuello del húmero
Nervio mediano
Formado por las aportaciones de los fascículos medial y lateral del plexo braquial
Arteria axilar
Es la continuación de la arteria subclavia y se convierte en la arteria braquial al salir de la axila
Nervio cubital
Nervio cutáneo medial del brazo
Nervio cutáneo medial del antebrazo
Cabeza corta del bíceps braquial
Cabeza larga del bíceps braquial
Axila derecha

VENA CEFÁLICA (ANTERIOR / FRONTAL)

HOMBRO INTEGRADO ANTERIOR (FRONTAL)

ESPACIOS ANATÓMICOS **DEL MIEMBRO SUPERIOR**

Comprender la disposición de las estructuras en espacios anatómicos definidos proporciona la oportunidad de familiarizarse con el entresijo de nervios y vasos de todo el cuerpo, sobre los huesos, bajo los ligamentos y entre los músculos. Pero, además, estos espacios son relevantes en la atención médica, ya que en ellos se palpan los pulsos, los nervios se lesionan y se pueden bloquear con anestésicos locales, y son el punto de extracción de sangre de arterias o venas.

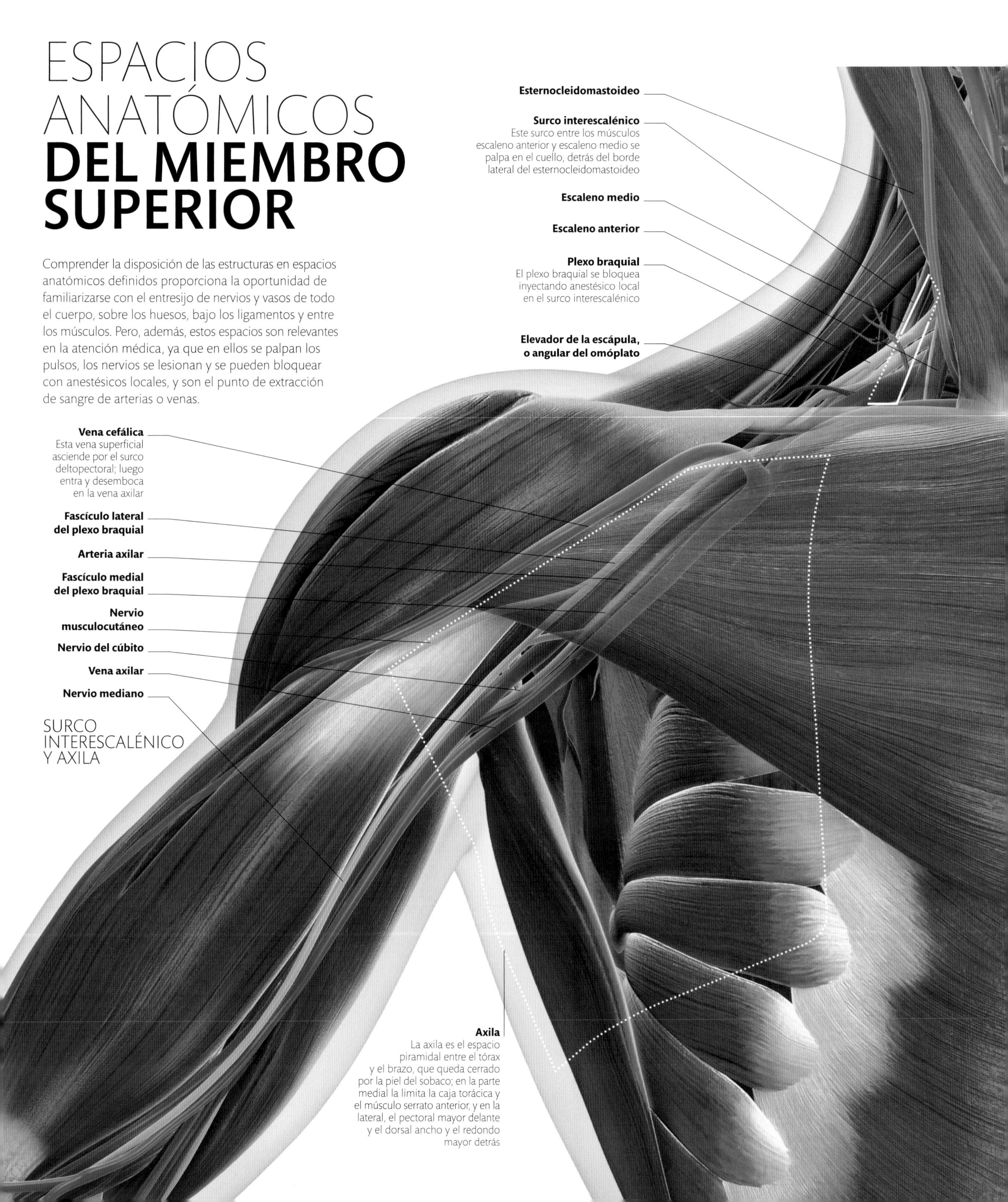
Esternocleidomastoideo
Surco interescalénico
Este surco entre los músculos escaleno anterior y escaleno medio se palpa en el cuello, detrás del borde lateral del esternocleidomastoideo
Escaleno medio
Escaleno anterior
Plexo braquial
El plexo braquial se bloquea inyectando anestésico local en el surco interescalénico
Elevador de la escápula, o angular del omóplato
Vena cefálica
Esta vena superficial asciende por el surco deltopectoral; luego entra y desemboca en la vena axilar
Fascículo lateral del plexo braquial
Arteria axilar
Fascículo medial del plexo braquial
Nervio musculocutáneo
Nervio del cúbito
Vena axilar
Nervio mediano
Axila
La axila es el espacio piramidal entre el tórax y el brazo, que queda cerrado por la piel del sobaco; en la parte medial la limita la caja torácica y el músculo serrato anterior, y en la lateral, el pectoral mayor delante y el dorsal ancho y el redondo mayor detrás

SURCO INTERESCALÉNICO Y AXILA

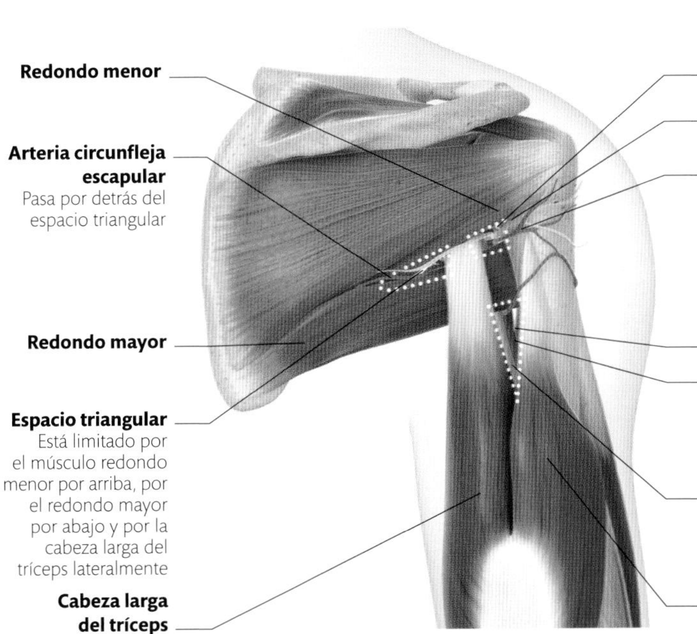
Redondo menor
Arteria circunfleja escapular
Pasa por detrás del espacio triangular
Redondo mayor
Espacio triangular
Está limitado por el músculo redondo menor por arriba, por el redondo mayor por abajo y por la cabeza larga del tríceps lateralmente
Cabeza larga del tríceps
Cuadrilátero húmero-tricipital
Nervio axilar
Arteria circunfleja humeral posterior
Acompaña al nervio axilar pasando a través del cuadrilátero húmero-tricipital
Triángulo húmero-tricipital
Arteria profunda del brazo
Pasa a través del triángulo húmero-tricipital con el nervio radial
Nervio radial
Pasa por detrás del triángulo húmero-tricipital
Cabeza lateral del tríceps

ESPACIOS DEL HOMBRO

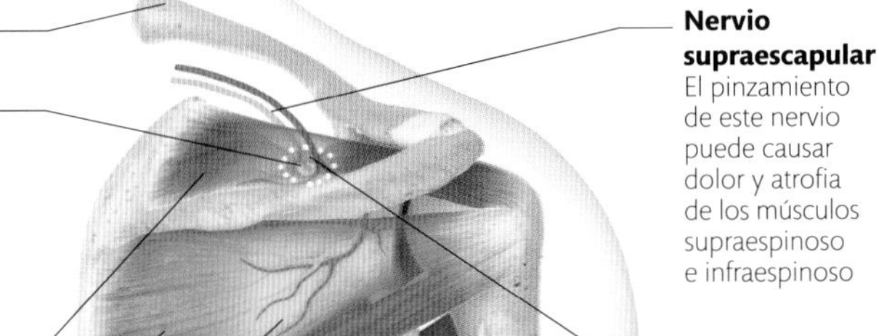
Clavícula
Escotadura supraescapular
Puede convertirse en un foramen (orificio) si el ligamento superior se osifica
Supraespinoso
Infraespinoso
Omóplato (escápula)
Nervio supraescapular
El pinzamiento de este nervio puede causar dolor y atrofia de los músculos supraespinoso e infraespinoso
Ligamento transverso superior de la escápula
Se puede osificar (convertir en hueso)
Húmero

ESCOTADURA SUPRAESCAPULAR

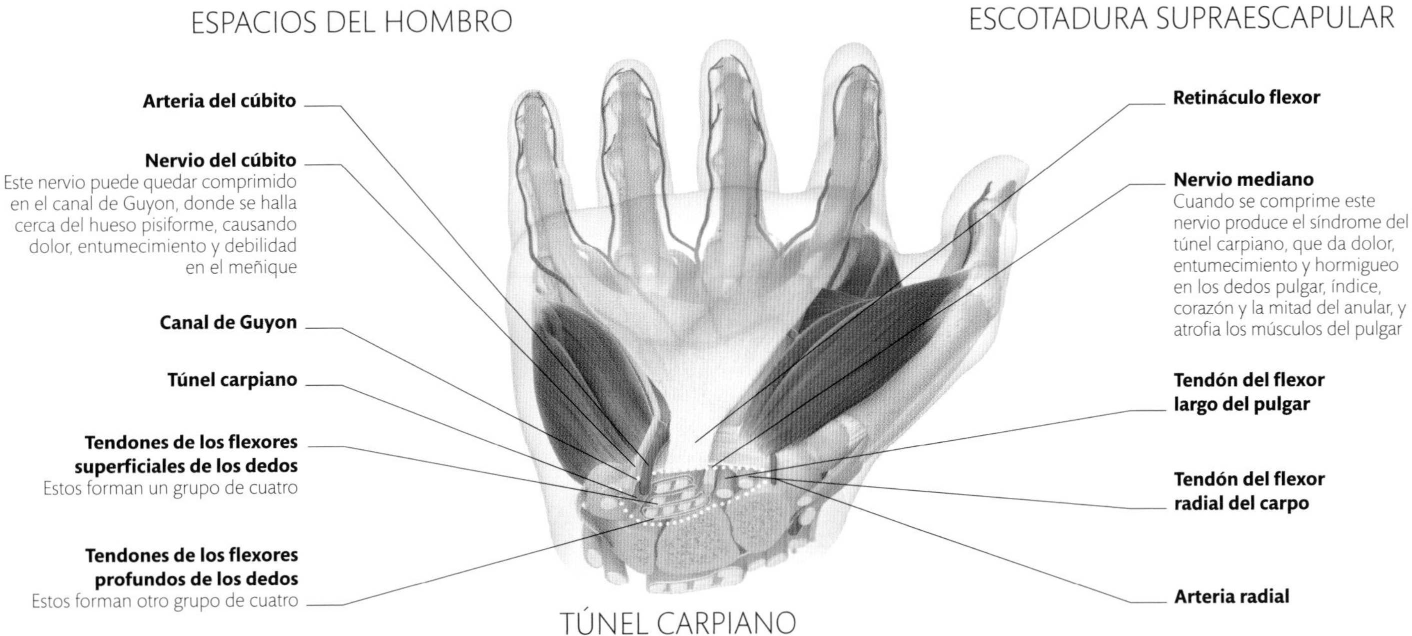
Arteria del cúbito
Nervio del cúbito
Este nervio puede quedar comprimido en el canal de Guyon, donde se halla cerca del hueso pisiforme, causando dolor, entumecimiento y debilidad en el meñique
Canal de Guyon
Túnel carpiano
Tendones de los flexores superficiales de los dedos
Estos forman un grupo de cuatro
Tendones de los flexores profundos de los dedos
Estos forman otro grupo de cuatro
Retináculo flexor
Nervio mediano
Cuando se comprime este nervio produce el síndrome del túnel carpiano, que da dolor, entumecimiento y hormigueo en los dedos pulgar, índice, corazón y la mitad del anular, y atrofia los músculos del pulgar
Tendón del flexor largo del pulgar
Tendón del flexor radial del carpo
Arteria radial

TÚNEL CARPIANO

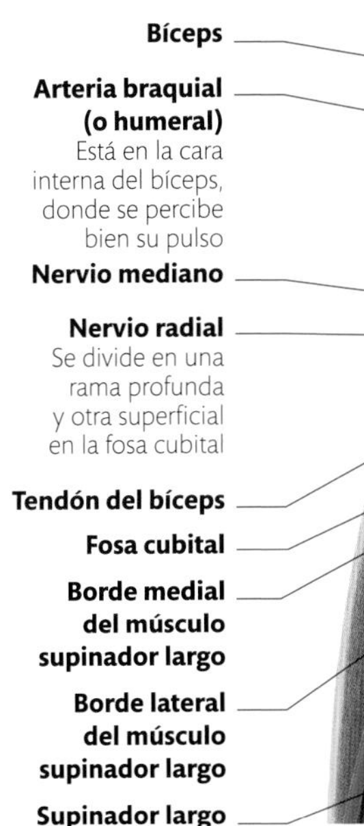
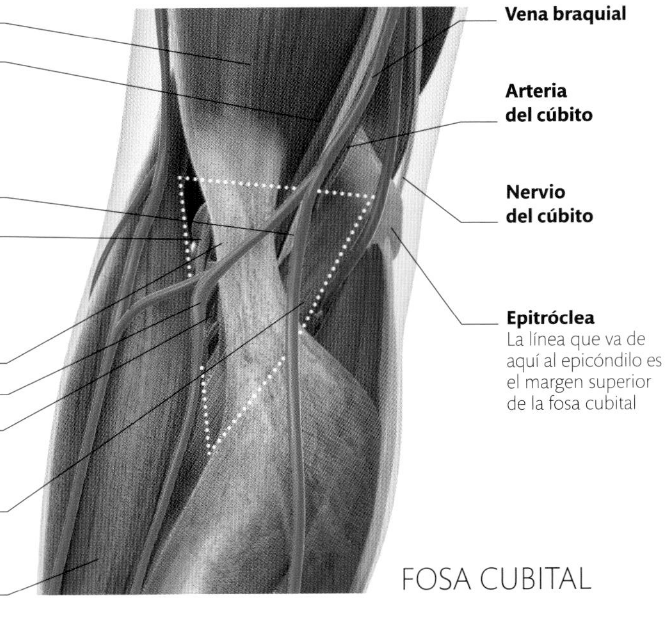
Bíceps
Arteria braquial (o humeral)
Está en la cara interna del bíceps, donde se percibe bien su pulso
Nervio mediano
Nervio radial
Se divide en una rama profunda y otra superficial en la fosa cubital
Tendón del bíceps
Fosa cubital
Borde medial del músculo supinador largo
Borde lateral del músculo supinador largo
Supinador largo (braquiorradial)
Vena braquial
Arteria del cúbito
Nervio del cúbito
Epitróclea
La línea que va de aquí al epicóndilo es el margen superior de la fosa cubital

FOSA CUBITAL

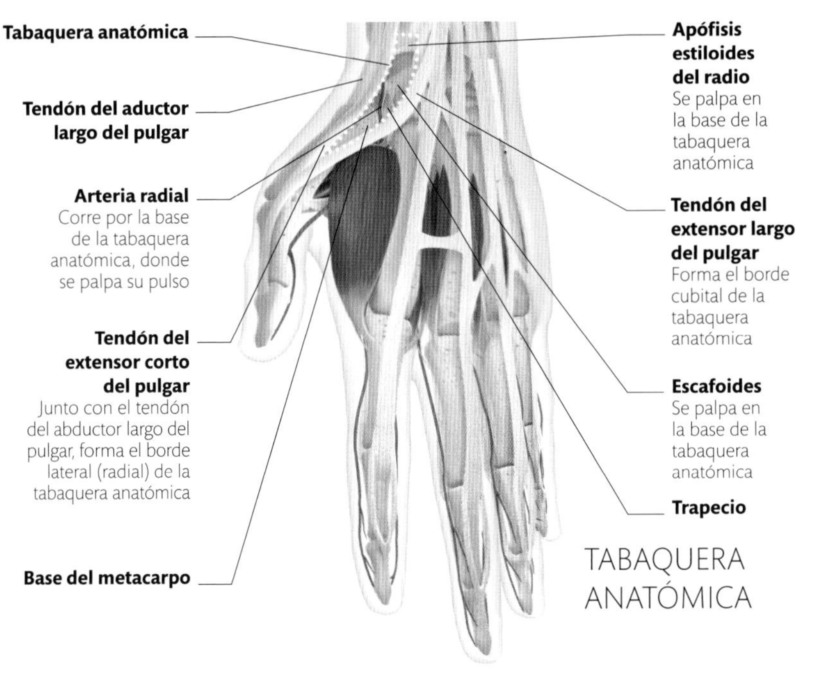
Tabaquera anatómica
Tendón del aductor largo del pulgar
Arteria radial
Corre por la base de la tabaquera anatómica, donde se palpa su pulso
Tendón del extensor corto del pulgar
Junto con el tendón del abductor largo del pulgar, forma el borde lateral (radial) de la tabaquera anatómica
Base del metacarpo
Apófisis estiloides del radio
Se palpa en la base de la tabaquera anatómica
Tendón del extensor largo del pulgar
Forma el borde cubital de la tabaquera anatómica
Escafoides
Se palpa en la base de la tabaquera anatómica
Trapecio

TABAQUERA ANATÓMICA

HOMBRO Y BRAZO **CODO**

La anatomía de la zona del codo es vital desde el punto de vista clínico. En ella hay nervios que pueden comprimirse y causar trastornos en el antebrazo y la mano. El nervio cubital puede quedar comprimido en el túnel cubital, detrás del epicóndilo medial del húmero, donde pasa entre las cabezas cubital y humeral del músculo flexor cubital del carpo. Con menos frecuencia el nervio mediano puede sufrir compresión delante del codo, por donde pasa entre las cabezas del músculo pronador redondo. Las venas superficiales de la parte anterior del codo, en la zona llamada fosa cubital, son las que se usan para extraer sangre. La arteria braquial, que a la altura del codo está en posición medial con respecto al tendón del bíceps, puede servir para tomar el pulso y para medir la presión arterial.

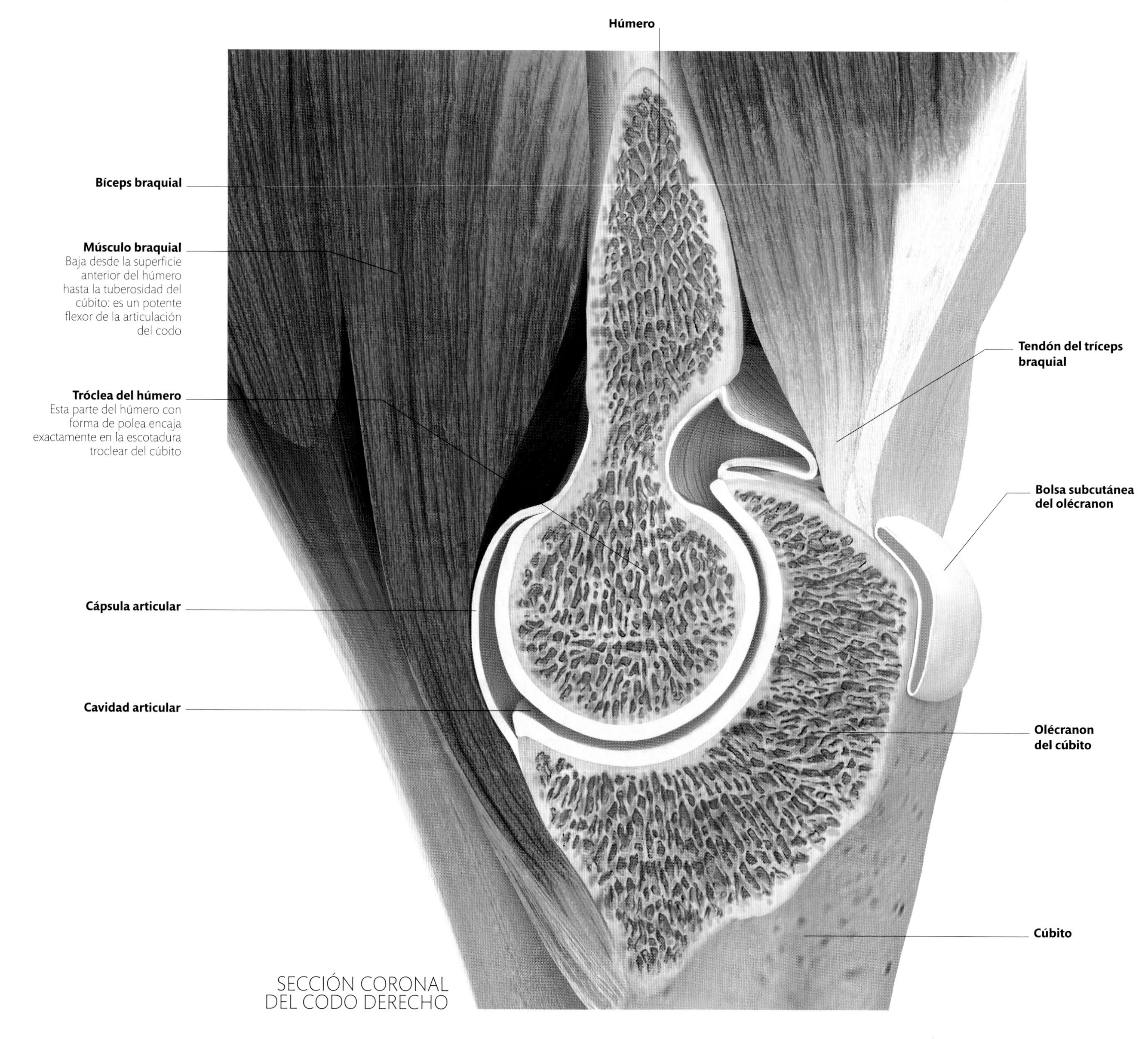
Húmero
Bíceps braquial
Músculo braquial
Baja desde la superficie anterior del húmero hasta la tuberosidad del cúbito: es un potente flexor de la articulación del codo
Tróclea del húmero
Esta parte del húmero con forma de polea encaja exactamente en la escotadura troclear del cúbito
Cápsula articular
Cavidad articular
Tendón del tríceps braquial
Bolsa subcutánea del olécranon
Olécranon del cúbito
Cúbito

SECCIÓN CORONAL DEL CODO DERECHO

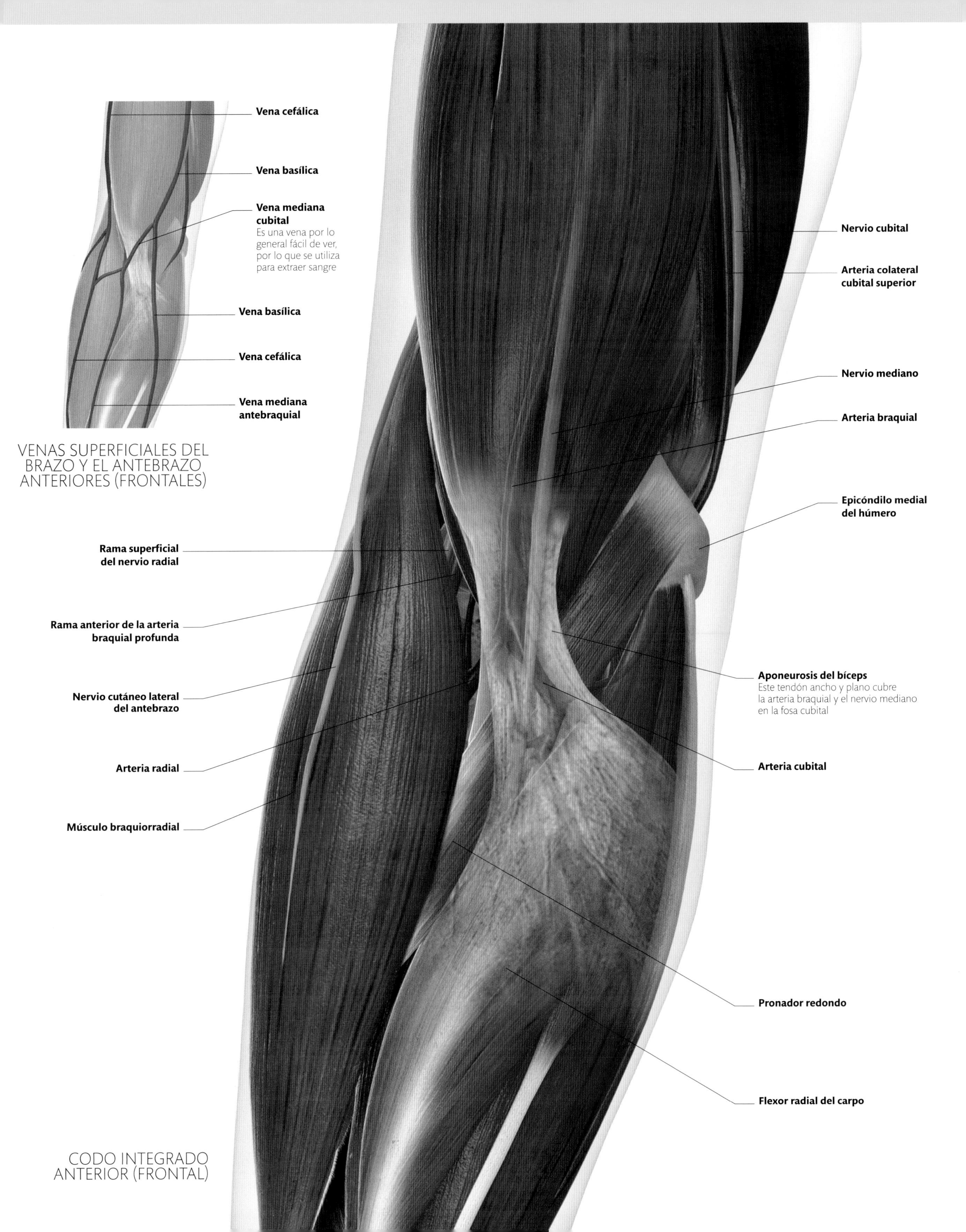

Vena cefálica
Vena basílica
Vena mediana cubital
Es una vena por lo general fácil de ver, por lo que se utiliza para extraer sangre
Vena basílica
Vena cefálica
Vena mediana antebraquial
VENAS SUPERFICIALES DEL BRAZO Y EL ANTEBRAZO ANTERIORES (FRONTALES)
Nervio cubital
Arteria colateral cubital superior
Nervio mediano
Arteria braquial
Epicóndilo medial del húmero
Rama superficial del nervio radial
Rama anterior de la arteria braquial profunda
Nervio cutáneo lateral del antebrazo
Arteria radial
Músculo braquiorradial
Aponeurosis del bíceps
Este tendón ancho y plano cubre la arteria braquial y el nervio mediano en la fosa cubital
Arteria cubital
Pronador redondo
Flexor radial del carpo
CODO INTEGRADO ANTERIOR (FRONTAL)

ANTEBRAZO Y MANO **ESQUELÉTICO**

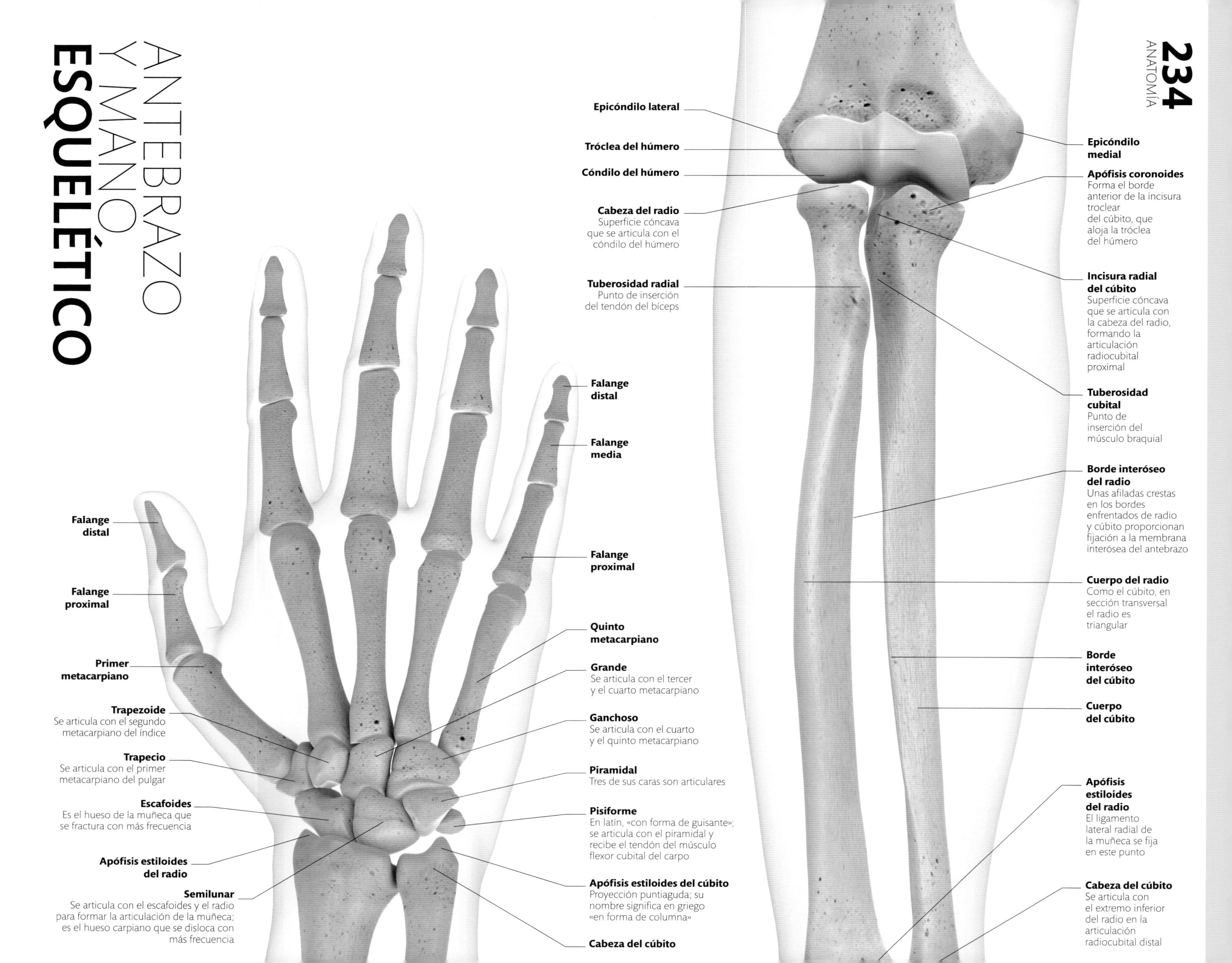
Epicóndilo lateral
Tróclea del húmero
Cóndilo del húmero
Cabeza del radio Superficie cóncava que se articula con el cóndilo del húmero
Tuberosidad radial Punto de inserción del tendón del bíceps
Epicóndilo medial
Apófisis coronoides Forma el borde anterior de la incisura troclear del cúbito, que aloja la tróclea del húmero
Incisura radial del cúbito Superficie cóncava que se articula con la cabeza del radio, formando la articulación radiocubital proximal
Tuberosidad cubital Punto de inserción del músculo braquial
Borde interóseo del radio Unas afiladas crestas en los bordes enfrentados de radio y cúbito proporcionan fijación a la membrana interósea del antebrazo
Cuerpo del radio Como el cúbito, en sección transversal el radio es triangular
Borde interóseo del cúbito
Cuerpo del cúbito
Apófisis estiloides del radio El ligamento lateral radial de la muñeca se fija en este punto
Cabeza del cúbito Se articula con el extremo inferior del radio en la articulación radiocubital distal
Falange distal
Falange media
Falange proximal
Quinto metacarpiano
Grande Se articula con el tercer y el cuarto metacarpiano
Ganchoso Se articula con el cuarto y el quinto metacarpiano
Piramidal Tres de sus caras son articulares
Pisiforme En latín, «con forma de guisante»; se articula con el piramidal y recibe el tendón del músculo flexor cubital del carpo
Apófisis estiloides del cúbito Proyección puntiaguda; su nombre significa en griego «en forma de columna»
Cabeza del cúbito
Falange distal
Falange proximal
Primer metacarpiano
Trapezoide Se articula con el segundo metacarpiano del índice
Trapecio Se articula con el primer metacarpiano del pulgar
Escafoides Es el hueso de la muñeca que se fractura con más frecuencia
Apófisis estiloides del radio
Semilunar Se articula con el escafoides y el radio para formar la articulación de la muñeca; es el hueso carpiano que se disloca con más frecuencia

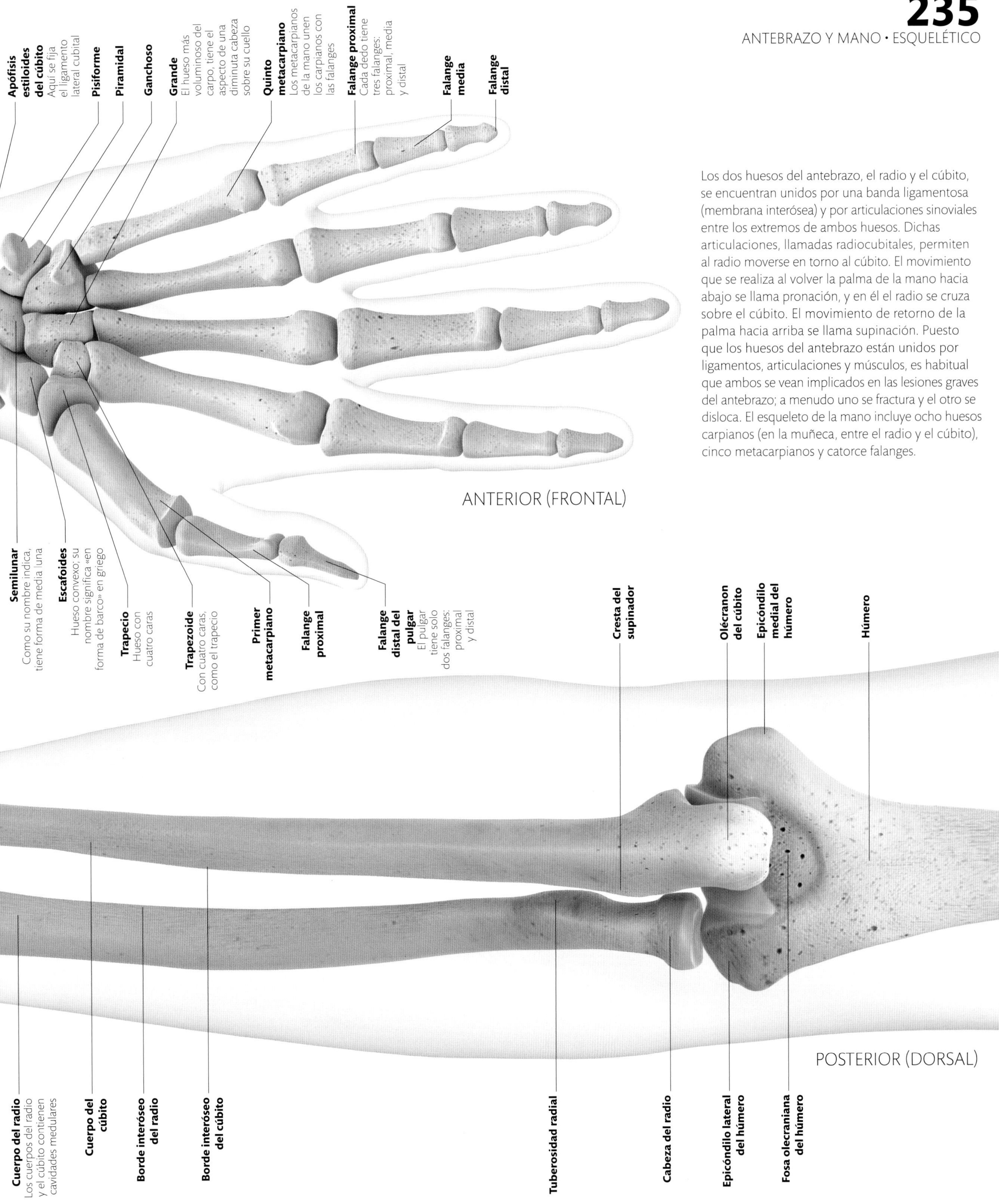
Apófisis estiloides del cúbito Aquí se fija el ligamento lateral cubital
Pisiforme
Piramidal
Ganchoso
Grande El hueso más voluminoso del carpo, tiene el aspecto de una diminuta cabeza sobre su cuello
Quinto metacarpiano Los metacarpianos de la mano unen los carpianos con las falanges
Falange proximal Cada dedo tiene tres falanges: proximal, media y distal
Falange media
Falange distal
ANTERIOR (FRONTAL)
Semilunar Como su nombre indica, tiene forma de media luna
Escafoides Hueso convexo; su nombre significa «en forma de barco» en griego
Trapecio Hueso con cuatro caras
Trapezoide Con cuatro caras, como el trapecio
Primer metacarpiano
Falange proximal
Falange distal del pulgar El pulgar tiene solo dos falanges: proximal y distal
Cresta del supinador
Olécranon del cúbito
Epicóndilo medial del húmero
Húmero
POSTERIOR (DORSAL)
Cuerpo del radio Los cuerpos del radio y el cúbito contienen cavidades medulares
Cuerpo del cúbito
Borde interóseo del radio
Borde interóseo del cúbito
Tuberosidad radial
Cabeza del radio
Epicóndilo lateral del húmero
Fosa olecraniana del húmero

Los dos huesos del antebrazo, el radio y el cúbito, se encuentran unidos por una banda ligamentosa (membrana interósea) y por articulaciones sinoviales entre los extremos de ambos huesos. Dichas articulaciones, llamadas radiocubitales, permiten al radio moverse en torno al cúbito. El movimiento que se realiza al volver la palma de la mano hacia abajo se llama pronación, y en él el radio se cruza sobre el cúbito. El movimiento de retorno de la palma hacia arriba se llama supinación. Puesto que los huesos del antebrazo están unidos por ligamentos, articulaciones y músculos, es habitual que ambos se vean implicados en las lesiones graves del antebrazo; a menudo uno se fractura y el otro se disloca. El esqueleto de la mano incluye ocho huesos carpianos (en la muñeca, entre el radio y el cúbito), cinco metacarpianos y catorce falanges.

ANTEBRAZO Y MANO
ESQUELÉTICO

ARTICULACIONES

El radio se ensancha en su extremo distal para formar la articulación de la muñeca con los dos huesos carpianos más cercanos, el semilunar y el escafoides; esta articulación permite la flexión, extensión, aducción y abducción (p. 34). Además, hay articulaciones sinoviales (p. 49) entre los huesos carpianos, lo que aumenta la amplitud de movimientos al flexionar y extender la muñeca. Las articulaciones sinoviales entre los metacarpianos y las falanges permiten separar y juntar los dedos, así como flexionarlos y extenderlos por completo; las articulaciones entre falanges permiten doblarlos y estirarlos.

Como en muchos otros primates, los pulgares de los humanos son oponibles. La forma de las articulaciones de la base del pulgar es distinta a la del resto de los dedos; la articulación entre el metacarpiano del pulgar y los huesos de la muñeca es especialmente móvil, y permite a este cruzarse sobre la palma de la mano y tocar las yemas de los otros dedos.

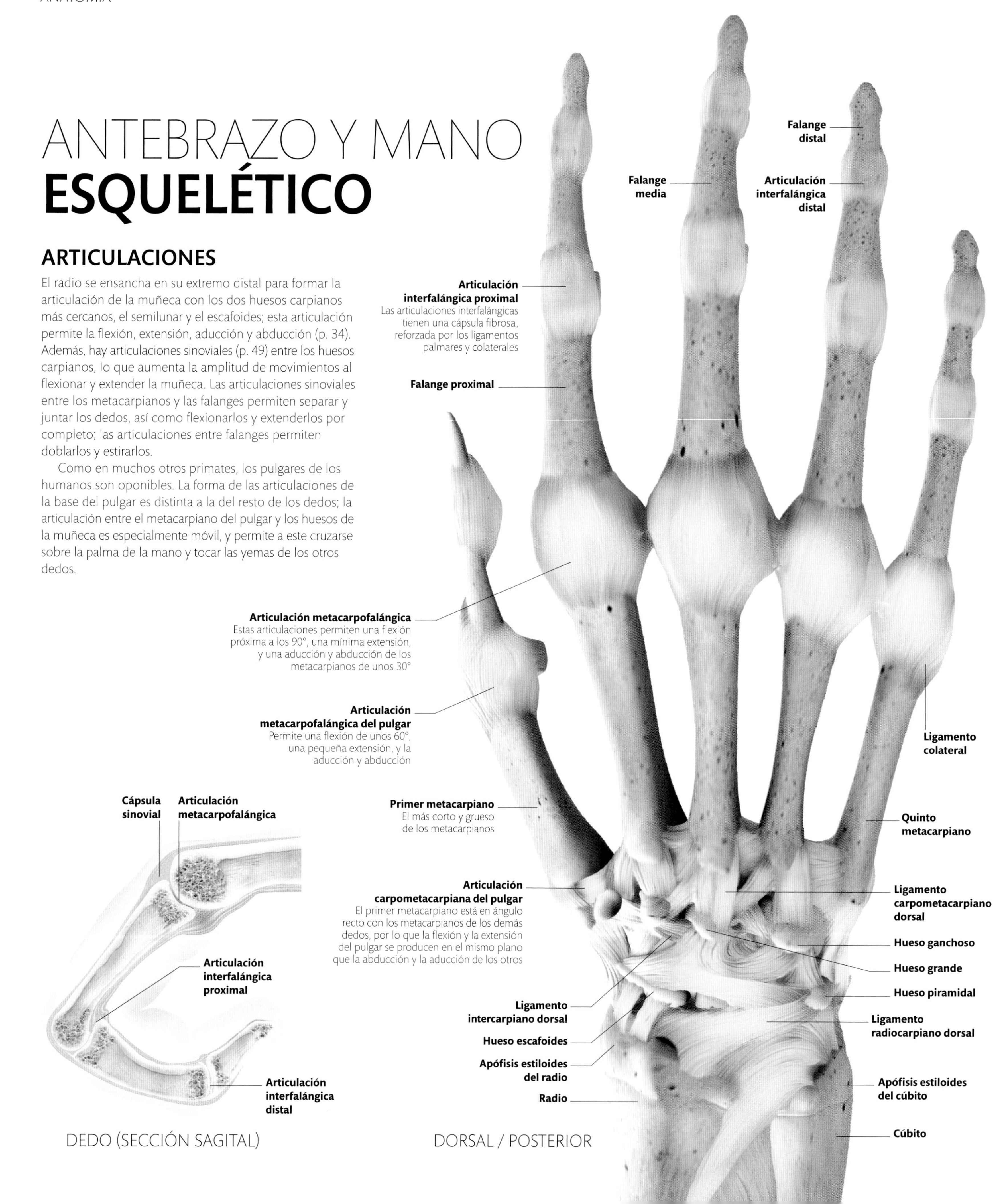
Falange distal
Falange media
Articulación interfalángica distal
Articulación interfalángica proximal
Las articulaciones interfalángicas tienen una cápsula fibrosa, reforzada por los ligamentos palmares y colaterales
Falange proximal
Articulación metacarpofalángica
Estas articulaciones permiten una flexión próxima a los 90°, una mínima extensión, y una aducción y abducción de los metacarpianos de unos 30°
Articulación metacarpofalángica del pulgar
Permite una flexión de unos 60°, una pequeña extensión, y la aducción y abducción
Ligamento colateral
Primer metacarpiano
El más corto y grueso de los metacarpianos
Quinto metacarpiano
Articulación carpometacarpiana del pulgar
El primer metacarpiano está en ángulo recto con los metacarpianos de los demás dedos, por lo que la flexión y la extensión del pulgar se producen en el mismo plano que la abducción y la aducción de los otros
Ligamento carpometacarpiano dorsal
Hueso ganchoso
Hueso grande
Hueso piramidal
Ligamento intercarpiano dorsal
Ligamento radiocarpiano dorsal
Hueso escafoides
Apófisis estiloides del radio
Apófisis estiloides del cúbito
Radio
Cúbito
Cápsula sinovial
Articulación metacarpofalángica
Articulación interfalángica proximal
Articulación interfalángica distal
DEDO (SECCIÓN SAGITAL)
DORSAL / POSTERIOR

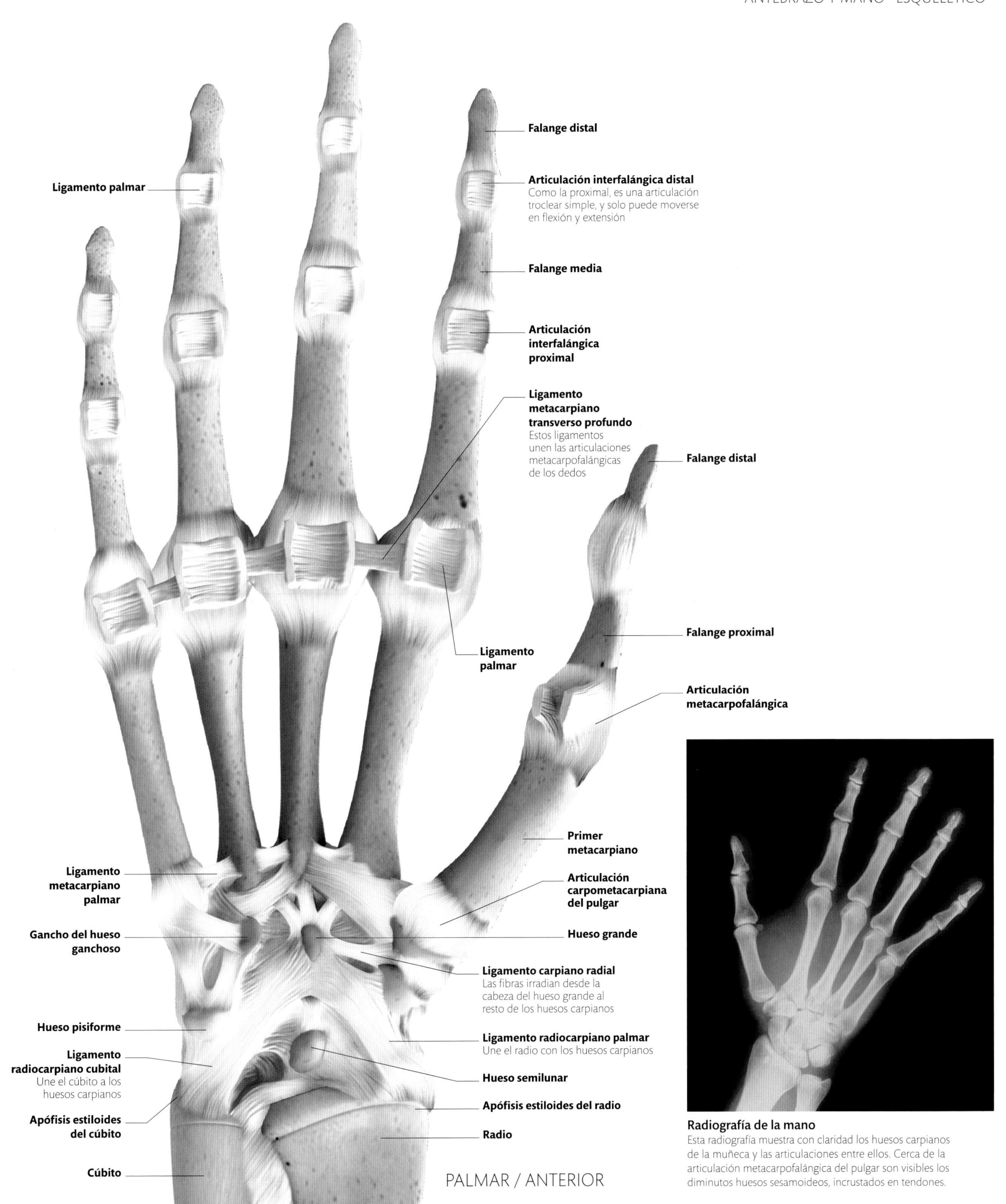
Falange distal
Ligamento palmar
Articulación interfalángica distal
Como la proximal, es una articulación troclear simple, y solo puede moverse en flexión y extensión
Falange media
Articulación interfalángica proximal
Ligamento metacarpiano transverso profundo
Estos ligamentos unen las articulaciones metacarpofalángicas de los dedos
Falange distal
Falange proximal
Ligamento palmar
Articulación metacarpofalángica
Primer metacarpiano
Ligamento metacarpiano palmar
Articulación carpometacarpiana del pulgar
Gancho del hueso ganchoso
Hueso grande
Ligamento carpiano radial
Las fibras irradian desde la cabeza del hueso grande al resto de los huesos carpianos
Hueso pisiforme
Ligamento radiocarpiano palmar
Une el radio con los huesos carpianos
Ligamento radiocarpiano cubital
Une el cúbito a los huesos carpianos
Hueso semilunar
Apófisis estiloides del radio
Apófisis estiloides del cúbito
Radio
Cúbito
PALMAR / ANTERIOR

Radiografía de la mano
Esta radiografía muestra con claridad los huesos carpianos de la muñeca y las articulaciones entre ellos. Cerca de la articulación metacarpofalángica del pulgar son visibles los diminutos huesos sesamoideos, incrustados en tendones.

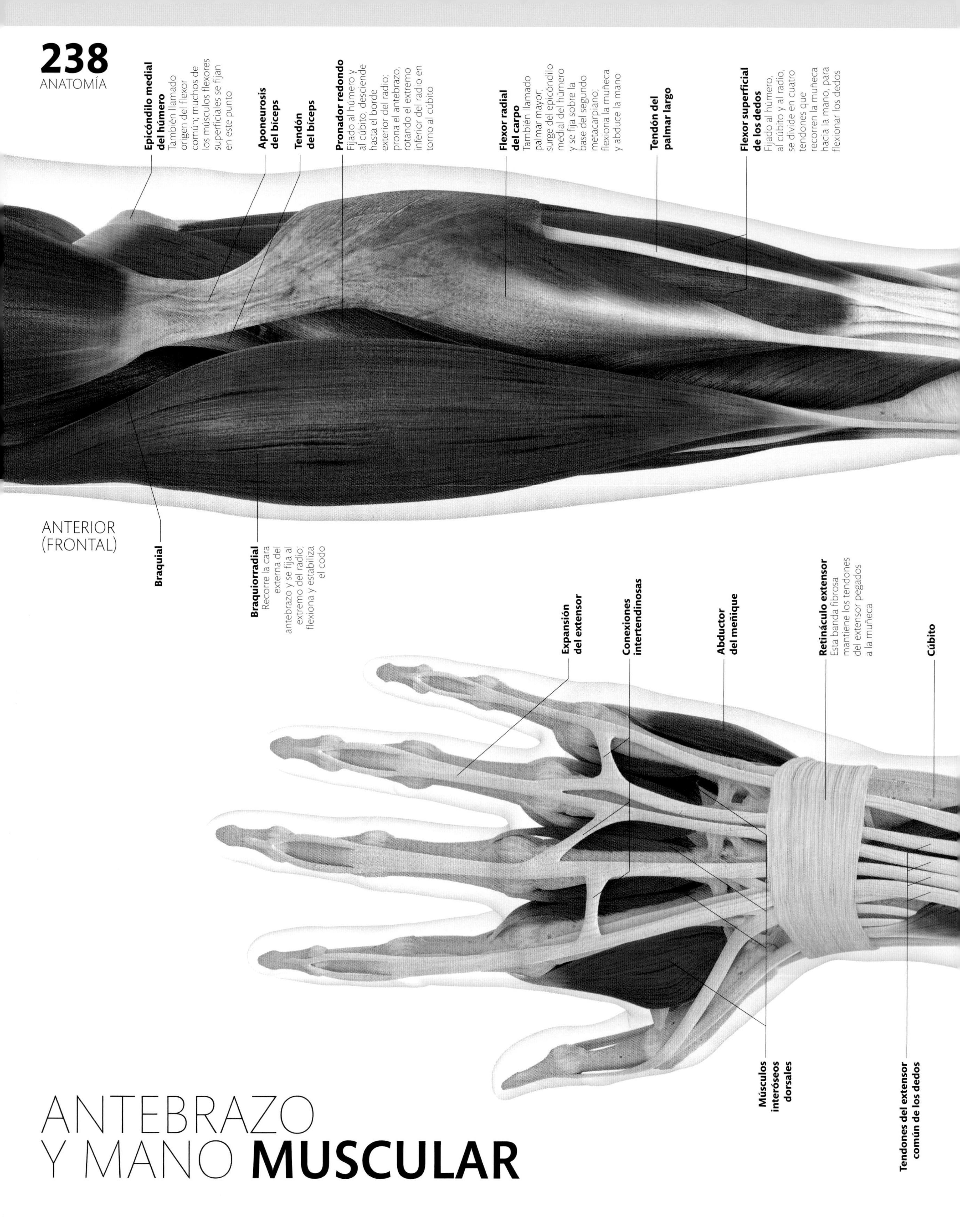
Epicóndilo medial del húmero
También llamado origen del flexor común; muchos de los músculos flexores superficiales se fijan en este punto
Aponeurosis del bíceps
Tendón del bíceps
Pronador redondo
Fijado al húmero y al cúbito, desciende hasta el borde exterior del radio; prona el antebrazo, rotando el extremo inferior del radio en torno al cúbito
Flexor radial del carpo
También llamado palmar mayor; surge del epicóndilo medial del húmero y se fija sobre la base del segundo metacarpiano; flexiona la muñeca y abduce la mano
Tendón del palmar largo
Flexor superficial de los dedos
Fijado al húmero, al cúbito y al radio, se divide en cuatro tendones que recorren la muñeca hacia la mano, para flexionar los dedos
ANTERIOR (FRONTAL)
Braquial
Braquiorradial
Recorre la cara externa del antebrazo y se fija al extremo del radio; flexiona y estabiliza el codo
Expansión del extensor
Conexiones intertendinosas
Abductor del meñique
Retináculo extensor
Esta banda fibrosa mantiene los tendones del extensor pegados a la muñeca
Cúbito
Músculos interóseos dorsales
Tendones del extensor común de los dedos

ANTEBRAZO Y MANO **MUSCULAR**

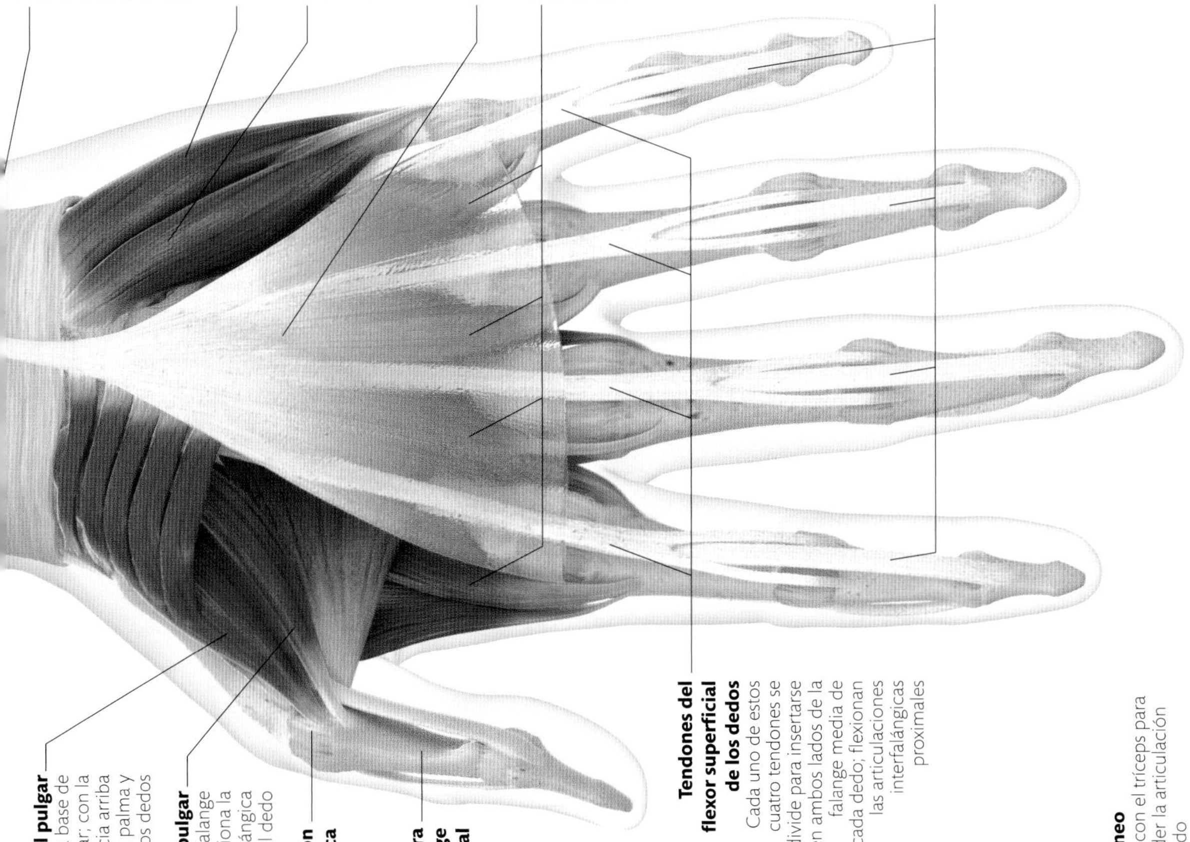

MÚSCULOS SUPERFICIALES

En la cara frontal del antebrazo hay cinco músculos superficiales; todos estos músculos se originan en el epicóndilo lateral del húmero. El pronador redondo se fija en torno al radio y puede tirar del hueso en movimiento de pronación (giro de la palma hacia abajo). Los demás músculos descienden más, hasta convertirse en delgados tendones que se fijan en torno a la muñeca o continúan hacia la mano. El flexor superficial de los dedos se divide en cuatro tendones, uno por cada dedo. En el dorso del antebrazo, siete músculos extensores superficiales se fijan al epicóndilo lateral del húmero; la mayoría de sus tendones descienden a la muñeca o a la mano.

Retináculo flexor Esta banda fibrosa mantiene los tendones del flexor pegados a la muñeca e impide que se arqueen hacia fuera

Abductor del meñique

Flexor corto del meñique Flexiona la articulación metacarpofalángica del dedo meñique

Aponeurosis palmar

Lumbricales El nombre de estos pequeños músculos significa lombriz en latín

Tendones del flexor profundo de los dedos Estos tendones surgen a través del tendón superficial y avanzan hasta fijarse a una falange distal; flexionan las articulaciones interfalángicas distales de los dedos

Abductor corto del pulgar Se fija a la cara exterior de la base de la falange proximal del pulgar; con la palma hacia arriba, tira hacia arriba del pulgar, alejándolo de la palma y del resto de los dedos

Flexor corto del pulgar Se fija a la base de la falange proximal del pulgar; flexiona la articulación metacarpofalángica del dedo

Articulación metacarpofalángica

Primera falange proximal

Tendones del flexor superficial de los dedos Cada uno de estos cuatro tendones se divide para insertarse en ambos lados de la falange media de cada dedo; flexionan las articulaciones interfalángicas proximales

Ancóneo Actúa con el tríceps para extender la articulación del codo

Olécranon

Tríceps

POSTERIOR (DORSAL)

Extensor del meñique El tendón de este músculo extensor se une a los del extensor común de los dedos en el dorso del dedo meñique

Extensor común de los dedos Fijado al epicóndilo lateral, se convierte en cuatro tendones que se abren sobre el dorso de la mano formando la expansión del extensor

Extensor cubital del carpo Proviene del epicóndilo lateral y se fija a la base del quinto metacarpiano; produce los movimientos de extensión de la muñeca y aducción de la mano

Extensor radial corto del carpo Proveniente del epicóndilo lateral del húmero, desciende hasta la base del tercer metacarpiano

Extensor radial largo del carpo Proveniente de la cresta supracondilar lateral, desciende hasta la base del segundo metacarpiano

Epicóndilo lateral del húmero También llamado origen del extensor común: muchos de los músculos del antebrazo se fijan aquí

Braquiorradial

ANTEBRAZO Y MANO **MUSCULAR**

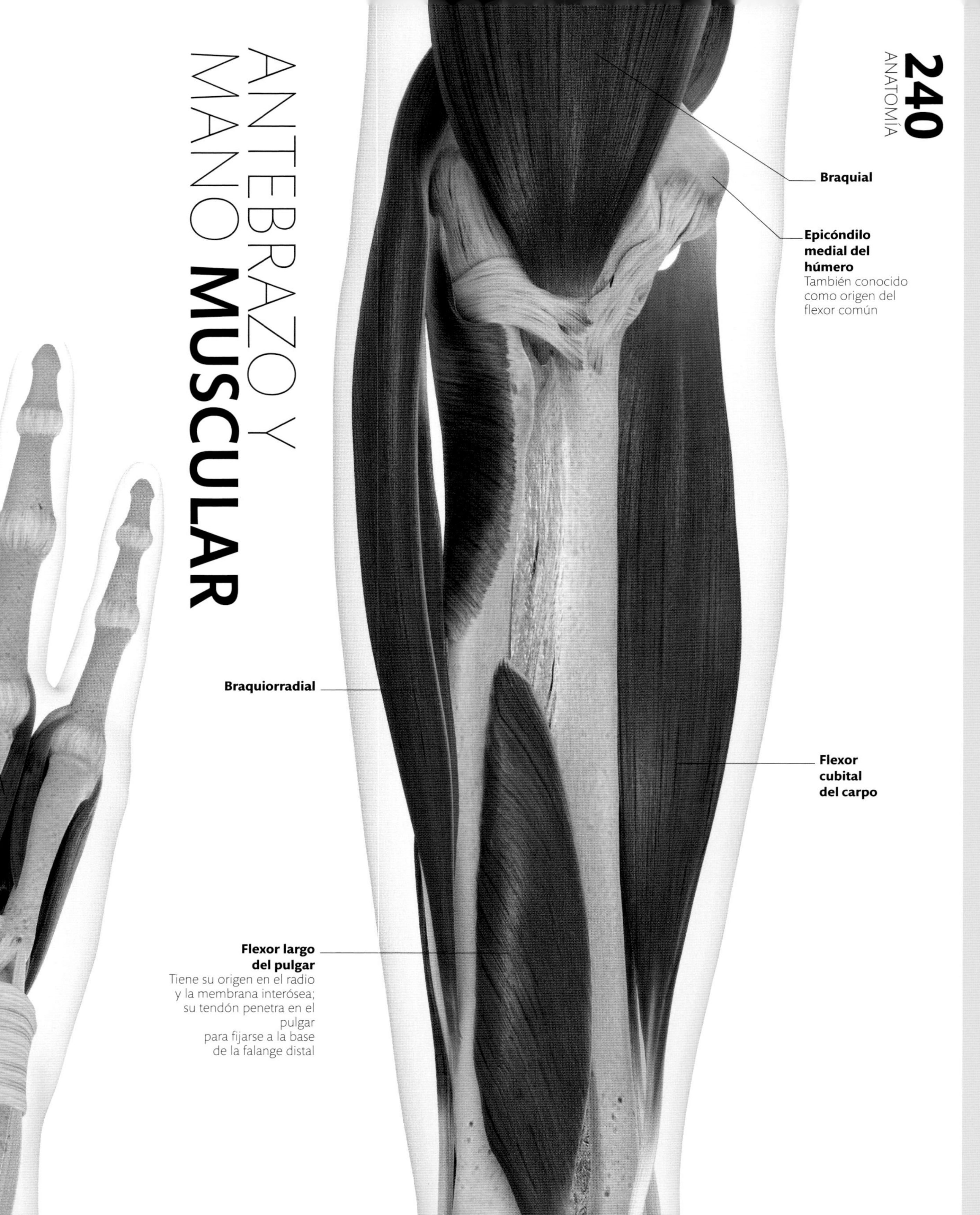
Braquial
Epicóndilo medial del húmero
También conocido como origen del flexor común
Braquiorradial
Flexor cubital del carpo
Flexor largo del pulgar
Tiene su origen en el radio y la membrana interósea; su tendón penetra en el pulgar para fijarse a la base de la falange distal

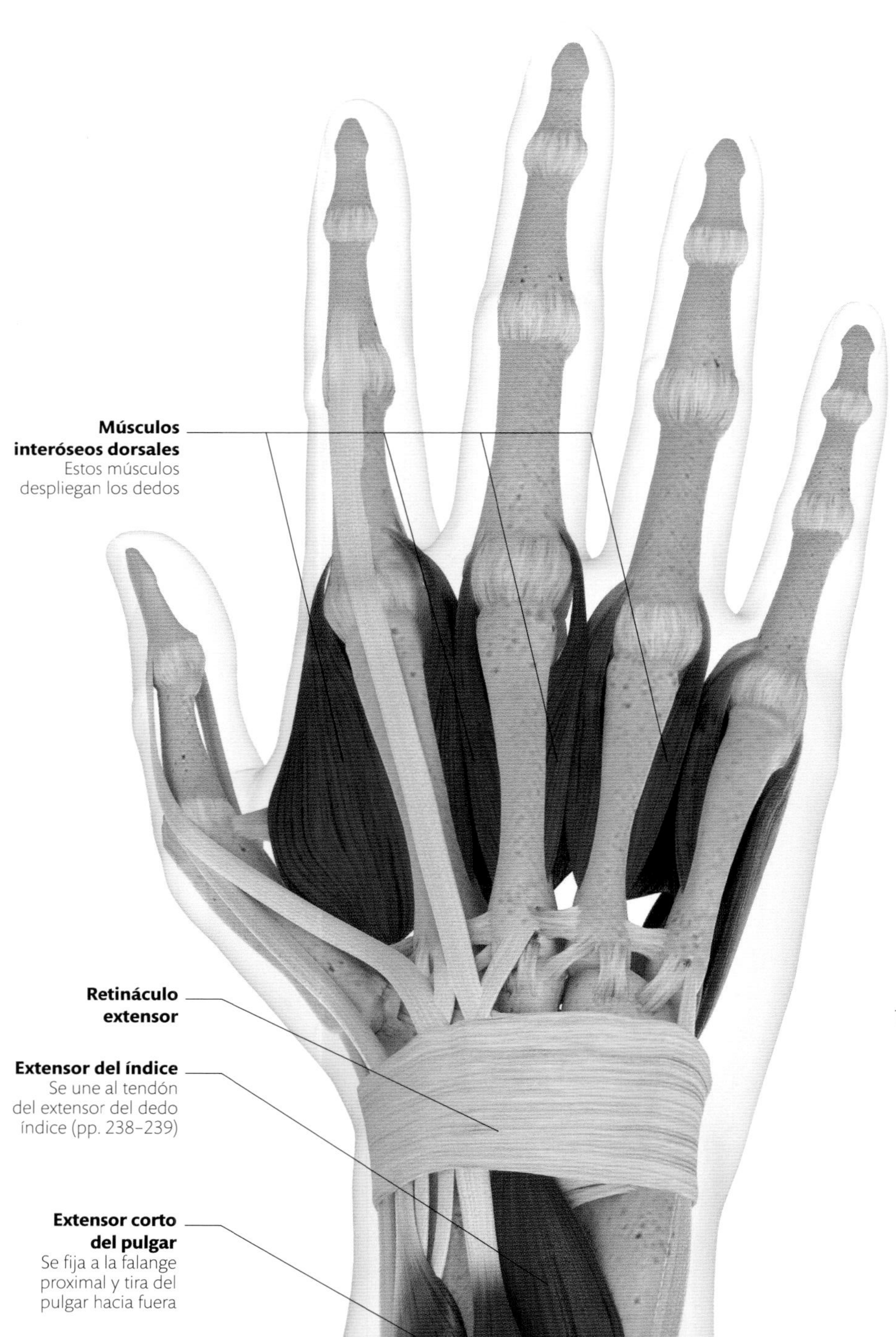
Músculos interóseos dorsales
Estos músculos despliegan los dedos
Retináculo extensor
Extensor del índice
Se une al tendón del extensor del dedo índice (pp. 238–239)
Extensor corto del pulgar
Se fija a la falange proximal y tira del pulgar hacia fuera

MÚSCULOS PROFUNDOS

Al retirar los músculos superficiales frontales del antebrazo se ve una capa profunda fijada al radio y al cúbito y a la membrana interósea; y es visible el largo flexor del pulgar, con forma de pluma. Los músculos profundos del dorso del antebrazo incluyen los largos extensores de pulgar e índice y el supinador, que tira del radio para rotar el brazo en pronación (con la palma hacia abajo) hacia la supinación (con la palma hacia arriba). La disección profunda de la mano revela los músculos interóseos, que actúan sobre las articulaciones que unen los metacarpianos y las falanges para separar o juntar los dedos.

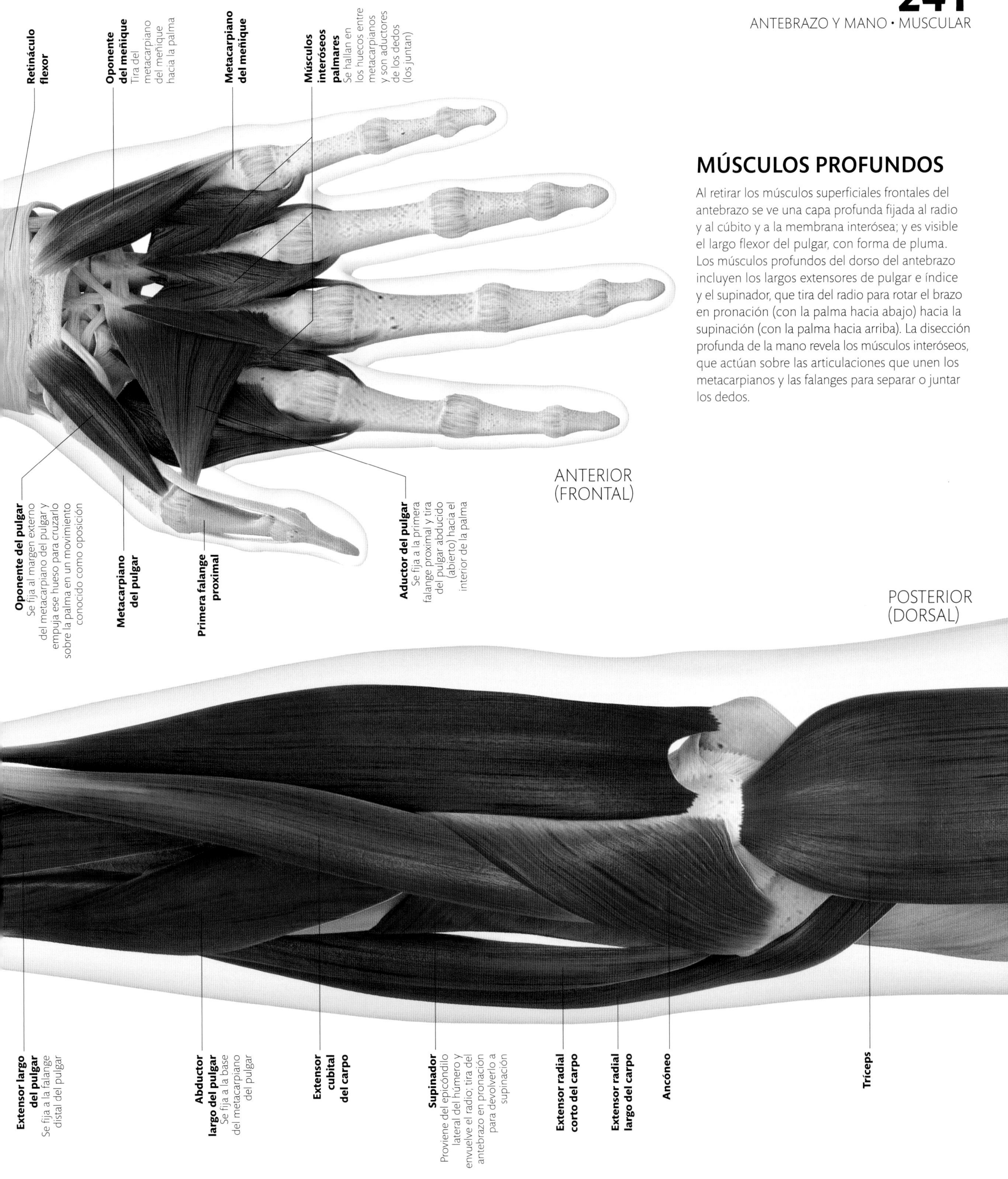
Retináculo flexor
Oponente del meñique Tira del metacarpiano del meñique hacia la palma
Metacarpiano del meñique
Músculos interóseos palmares Se hallan en los huecos entre metacarpianos y son aductores de los dedos (los juntan)
ANTERIOR (FRONTAL)
Oponente del pulgar Se fija al margen externo del metacarpiano del pulgar y empuja ese hueso para cruzarlo sobre la palma en un movimiento conocido como oposición
Metacarpiano del pulgar
Primera falange proximal
Aductor del pulgar Se fija a la primera falange proximal y tira del pulgar abducido (abierto) hacia el interior de la palma
POSTERIOR (DORSAL)
Extensor largo del pulgar Se fija a la falange distal del pulgar
Abductor largo del pulgar Se fija a la base del metacarpiano del pulgar
Extensor cubital del carpo
Supinador Proviene del epicóndilo lateral del húmero y envuelve el radio; tira del antebrazo en pronación para devolverlo a supinación
Extensor radial corto del carpo
Extensor radial largo del carpo
Ancóneo
Tríceps

ANTEBRAZO Y MANO **NERVIOSO**

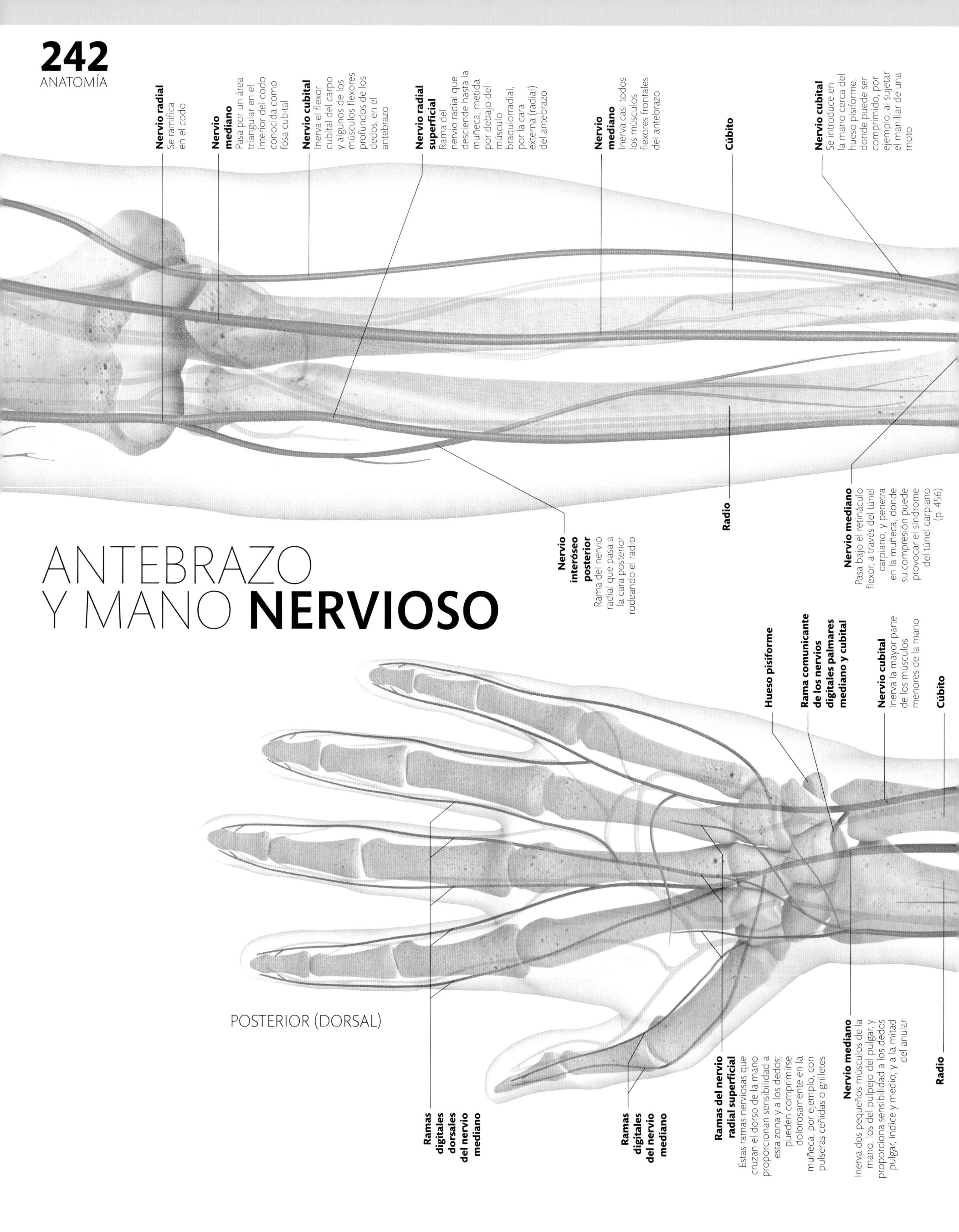
Nervio radial
Se ramifica en el codo
Nervio mediano
Pasa por un área triangular en el interior del codo conocida como fosa cubital
Nervio cubital
Inerva el flexor cubital del carpo y algunos de los músculos flexores profundos de los dedos, en el antebrazo
Nervio radial superficial
Rama del nervio radial que desciende hasta la muñeca, metida por debajo del músculo braquiorradial, por la cara externa (radial) del antebrazo
Nervio mediano
Inerva casi todos los músculos flexores frontales del antebrazo
Cúbito
Nervio cubital
Se introduce en la mano cerca del hueso pisiforme, donde puede ser comprimido, por ejemplo, al sujetar el manillar de una moto
Nervio interóseo posterior
Rama del nervio radial que pasa a la cara posterior rodeando el radio
Radio
Nervio mediano
Pasa bajo el retináculo flexor, a través del túnel carpiano, y penetra en la muñeca, donde su compresión puede provocar el síndrome del túnel carpiano (p. 456)
Hueso pisiforme
Rama comunicante de los nervios digitales palmares mediano y cubital
Nervio cubital
Inerva la mayor parte de los músculos menores de la mano
Cúbito
POSTERIOR (DORSAL)
Ramas digitales dorsales del nervio mediano
Ramas digitales del nervio mediano
Ramas del nervio radial superficial
Estas ramas nerviosas que cruzan el dorso de la mano proporcionan sensibilidad a esta zona y a los dedos; pueden comprimirse dolorosamente en la muñeca, por ejemplo, con pulseras ceñidas o grilletes
Nervio mediano
Inerva dos pequeños músculos de la mano, los del pulpejo del pulgar, y proporciona sensibilidad a los dedos pulgar, índice y medio, y a la mitad del anular
Radio

La parte frontal del antebrazo es inervada por los nervios musculocutáneo, mediano y cubital. El musculocutáneo proporciona sensibilidad a la cara lateral del antebrazo. El mediano baja por el centro del antebrazo, inervando la mayor parte de los músculos flexores; luego pasa por la muñeca y entra en la mano para inervar algunos músculos del pulgar y proporcionar sensibilidad a la palma, el pulgar y otros dedos. El cubital desciende por la cara interna del antebrazo, donde solo inerva dos músculos; continúa bajando para inervar la mayor parte de los músculos pequeños de la mano y dar sensibilidad a la cara interna del anular y al meñique. En el dorso del antebrazo, el nervio radial y sus ramas inervan todos los músculos extensores; sus ramas se despliegan sobre el dorso de la mano, proporcionándole sensibilidad.

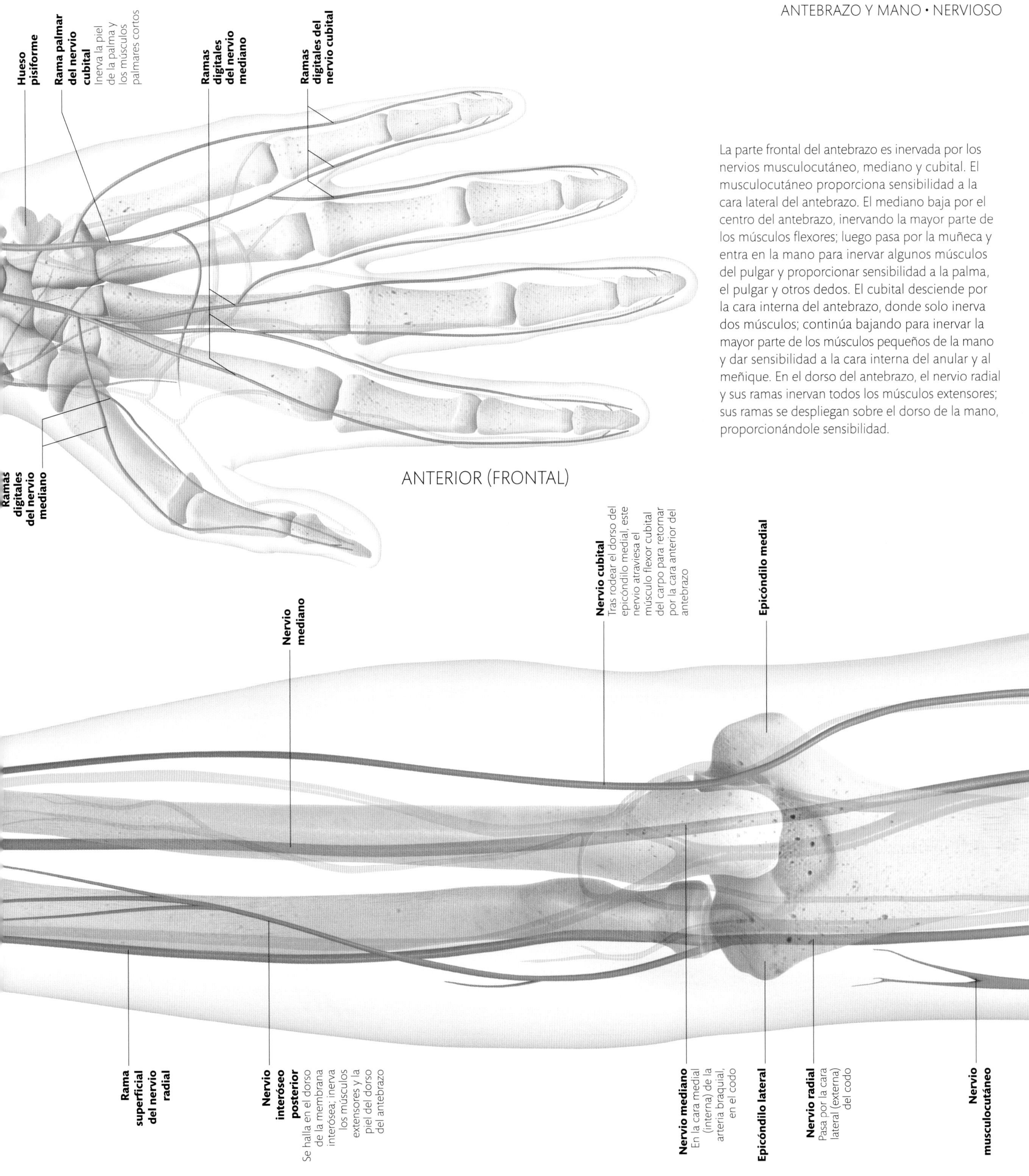
Hueso pisiforme
Rama palmar del nervio cubital Inerva la piel de la palma y los músculos palmares cortos
Ramas digitales del nervio mediano
Ramas digitales del nervio cubital
Ramas digitales del nervio mediano
ANTERIOR (FRONTAL)
Nervio cubital Tras rodear el dorso del epicóndilo medial, este nervio atraviesa el músculo flexor cubital del carpo para retornar por la cara anterior del antebrazo
Epicóndilo medial
Nervio mediano
Rama superficial del nervio radial
Nervio interóseo posterior Se halla en el dorso de la membrana interósea; inerva los músculos extensores y la piel del dorso del antebrazo
Nervio mediano En la cara medial (interna) de la arteria braquial, en el codo
Epicóndilo lateral
Nervio radial Pasa por la cara lateral (externa) del codo
Nervio musculocutáneo

ANTEBRAZO Y MANO CARDIOVASCULAR

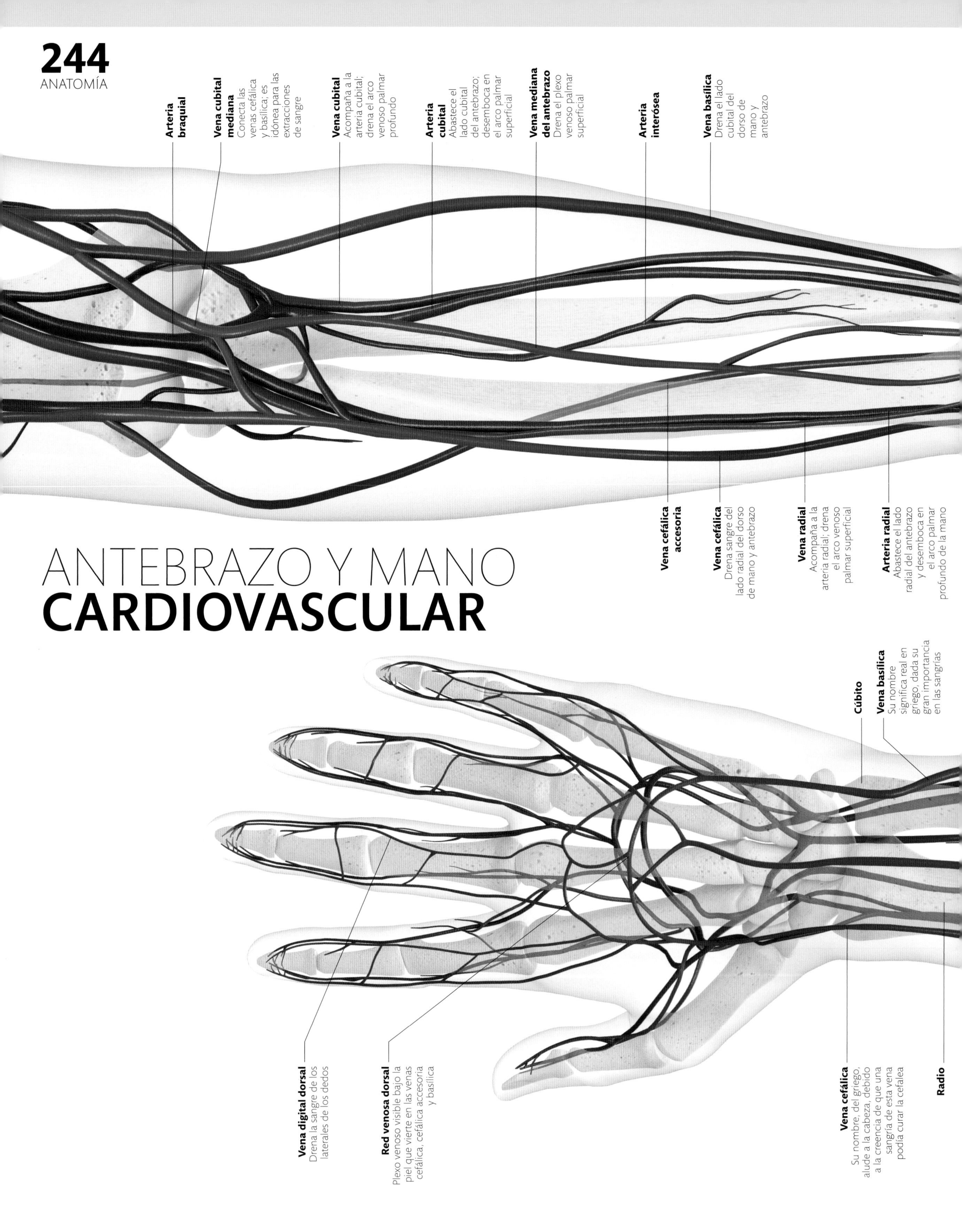
Arteria braquial
Vena cubital mediana Conecta las venas cefálica y basílica; es idónea para las extracciones de sangre
Vena cubital Acompaña a la arteria cubital; drena el arco venoso palmar profundo
Arteria cubital Abastece el lado cubital del antebrazo; desemboca en el arco palmar superficial
Vena mediana del antebrazo Drena el plexo venoso palmar superficial
Arteria interósea
Vena basílica Drena el lado cubital del dorso de mano y antebrazo
Vena cefálica accesoria
Vena cefálica Drena sangre del lado radial del dorso de mano y antebrazo
Vena radial Acompaña a la arteria radial; drena el arco venoso palmar superficial
Arteria radial Abastece el lado radial del antebrazo y desemboca en el arco palmar profundo de la mano
Cúbito
Vena basílica Su nombre significa real en griego, dada su gran importancia en las sangrías
Vena digital dorsal Drena la sangre de los laterales de los dedos
Red venosa dorsal Plexo venoso visible bajo la piel que vierte en las venas cefálica, cefálica accesoria y basílica
Vena cefálica Su nombre, del griego, alude a la cabeza, debido a la creencia de que una sangría de esta vena podía curar la cefalea
Radio

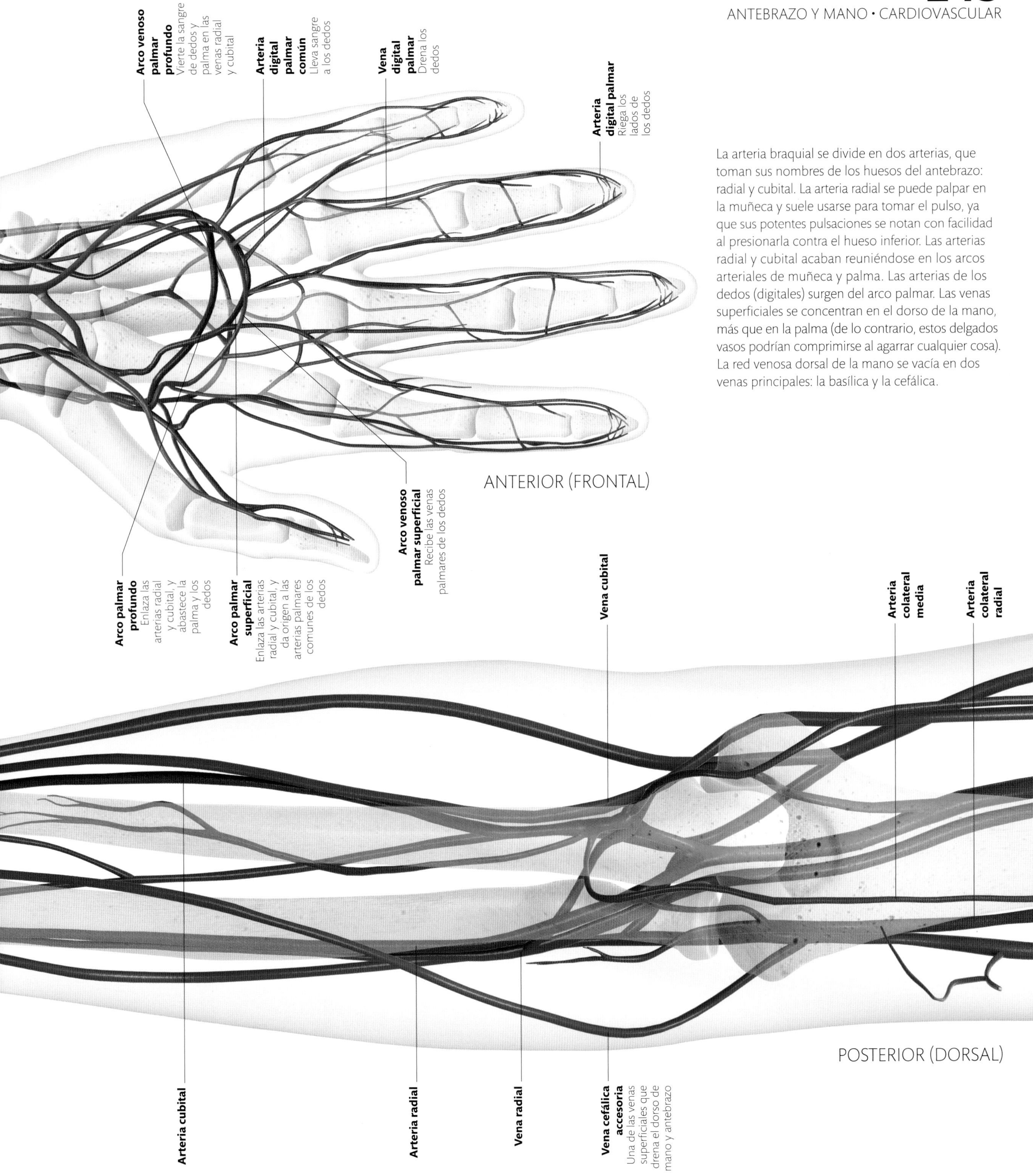
Arco venoso palmar profundo
Vierte la sangre de dedos y palma en las venas radial y cubital
Arteria digital palmar común
Lleva sangre a los dedos
Vena digital palmar
Drena los dedos
Arteria digital palmar
Riega los lados de los dedos
ANTERIOR (FRONTAL)
Arco venoso palmar superficial
Recibe las venas palmares de los dedos
Arco palmar profundo
Enlaza las arterias radial y cubital, y abastece la palma y los dedos
Arco palmar superficial
Enlaza las arterias radial y cubital, y da origen a las arterias palmares comunes de los dedos
Vena cubital
Arteria colateral media
Arteria colateral radial
POSTERIOR (DORSAL)
Arteria cubital
Arteria radial
Vena radial
Vena cefálica accesoria
Una de las venas superficiales que drena el dorso de mano y antebrazo

La arteria braquial se divide en dos arterias, que toman sus nombres de los huesos del antebrazo: radial y cubital. La arteria radial se puede palpar en la muñeca y suele usarse para tomar el pulso, ya que sus potentes pulsaciones se notan con facilidad al presionarla contra el hueso inferior. Las arterias radial y cubital acaban reuniéndose en los arcos arteriales de muñeca y palma. Las arterias de los dedos (digitales) surgen del arco palmar. Las venas superficiales se concentran en el dorso de la mano, más que en la palma (de lo contrario, estos delgados vasos podrían comprimirse al agarrar cualquier cosa). La red venosa dorsal de la mano se vacía en dos venas principales: la basílica y la cefálica.

ANTEBRAZO Y MANO
MANO

Las venas superficiales que forman el plexo venoso dorsal de la mano son lugares habituales de canalización intravenosa, es decir, la inserción de un tubito de plástico en una vena para introducir líquidos directamente en el torrente circulatorio.

Bajo la piel de la palma se hallan los tendones flexores largos que salen de los músculos del antebrazo y descienden hasta los dedos, así como músculos cortos que se originan cerca de la muñeca o en lo profundo de la palma y se insertan en las falanges. El grupo de músculos cortos que rodean la base del pulgar forma una prominencia conocida como eminencia tenar. En el lado opuesto de la mano, los músculos más pequeños que van hacia el dedo meñique constituyen la eminencia hipotenar. Las arterias cubital y radial forman conexiones en la palma que a su vez se dirigen hacia las arterias digitales que alimentan los dedos.

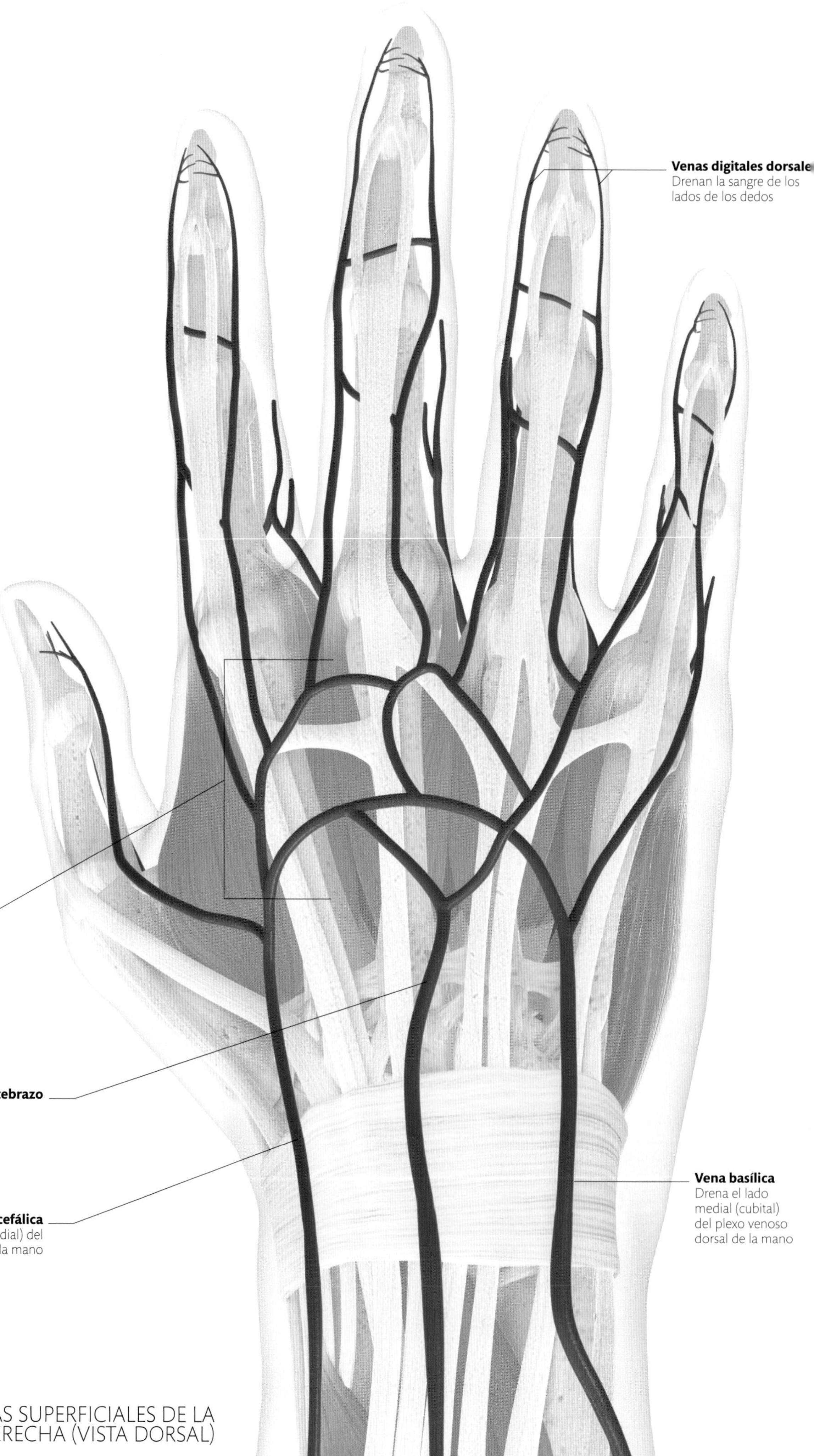
Venas digitales dorsale
Drenan la sangre de los lados de los dedos
Plexo venoso dorsal
Estas venas superficiales suelen ser muy visibles, por lo que constituyen un lugar habitual para la canulación (inserción de un tubo para administrar líquidos o medicamentos)
Vena mediana del antebrazo
Vena cefálica
Drena la parte lateral (radial) del plexo venoso dorsal de la mano
Vena basílica
Drena el lado medial (cubital) del plexo venoso dorsal de la mano

VENAS SUPERFICIALES DE LA MANO DERECHA (VISTA DORSAL)

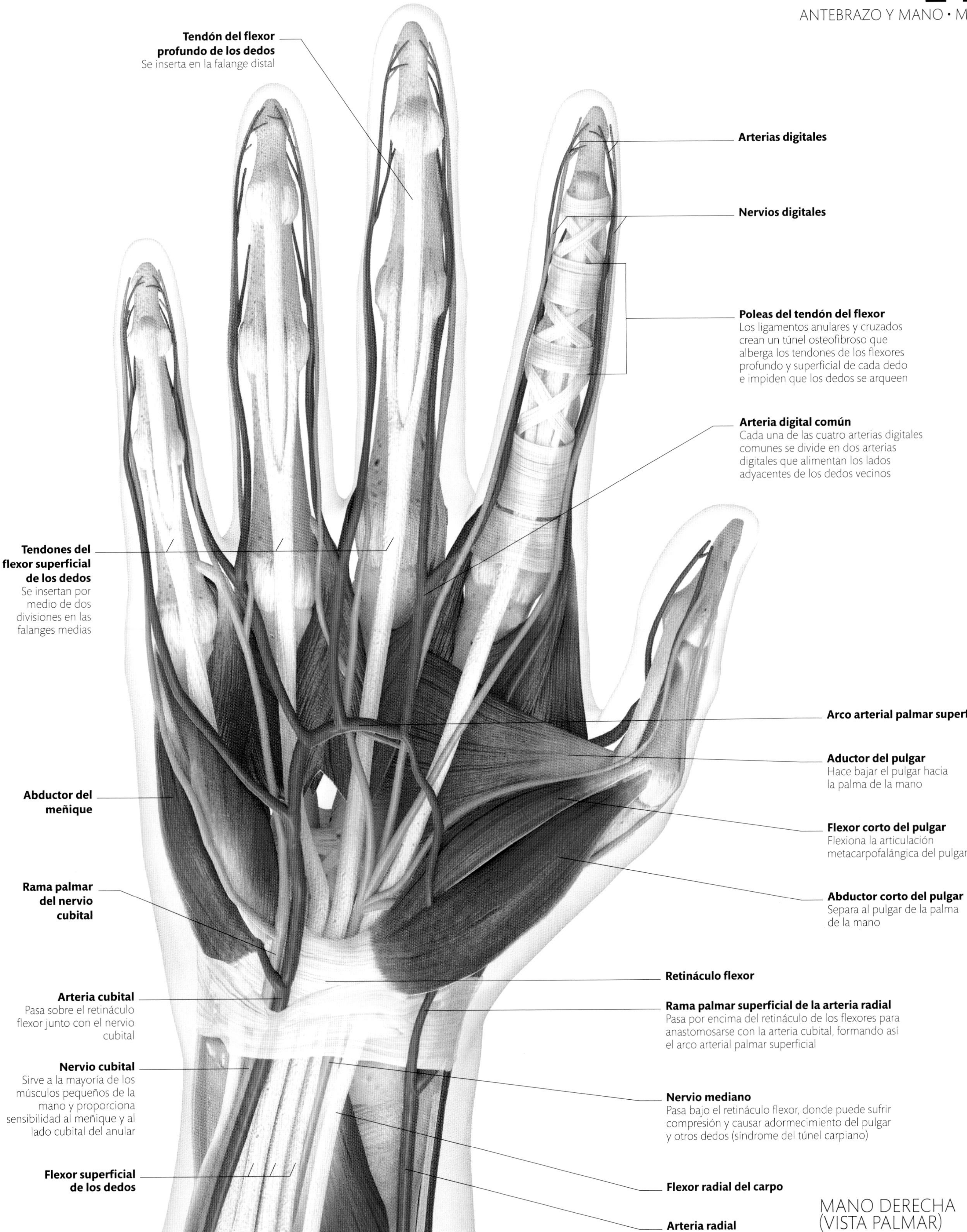
Tendón del flexor profundo de los dedos
Se inserta en la falange distal
Arterias digitales
Nervios digitales
Poleas del tendón del flexor
Los ligamentos anulares y cruzados crean un túnel osteofibroso que alberga los tendones de los flexores profundo y superficial de cada dedo e impiden que los dedos se arqueen
Arteria digital común
Cada una de las cuatro arterias digitales comunes se divide en dos arterias digitales que alimentan los lados adyacentes de los dedos vecinos
Tendones del flexor superficial de los dedos
Se insertan por medio de dos divisiones en las falanges medias
Arco arterial palmar superficial
Aductor del pulgar
Hace bajar el pulgar hacia la palma de la mano
Abductor del meñique
Flexor corto del pulgar
Flexiona la articulación metacarpofalángica del pulgar
Abductor corto del pulgar
Separa al pulgar de la palma de la mano
Rama palmar del nervio cubital
Retináculo flexor
Arteria cubital
Pasa sobre el retináculo flexor junto con el nervio cubital
Rama palmar superficial de la arteria radial
Pasa por encima del retináculo de los flexores para anastomosarse con la arteria cubital, formando así el arco arterial palmar superficial
Nervio cubital
Sirve a la mayoría de los músculos pequeños de la mano y proporciona sensibilidad al meñique y al lado cubital del anular
Nervio mediano
Pasa bajo el retináculo flexor, donde puede sufrir compresión y causar adormecimiento del pulgar y otros dedos (síndrome del túnel carpiano)
Flexor superficial de los dedos
Flexor radial del carpo
Arteria radial

MANO DERECHA (VISTA PALMAR)

TEBRAZO
IANO
M

de brazo, antebrazo y mano muestran lo compactas que
cturas. La sección 1 revela los huesos de la muñeca, los
mblados como un puzle; la articulación misma es la unión
l escafoides y el semilunar. En la sección 2 es visible parte
ón del codo; la cabeza del radio, que es cóncava, aloja el
deado del húmero. Los músculos del antebrazo se reúnen
por delante de los huesos y la membrana interósea,
r detrás, los extensores. Al comparar las secciones
a 8 con las de la pierna (pp. 294-295) puede verse que
ros tienen un solo hueso en su parte superior (húmero o
la inferior (radio y cúbito en el antebrazo, tibia y peroné
un grupo óseo en muñeca y tobillo (carpianos y tarsianos)
ga en los cinco dedos del extremo de cada miembro.
e, estos elementos constituyen el desarrollo de las
eta de un pez.

NIVELES DE EXPLORACIÓN

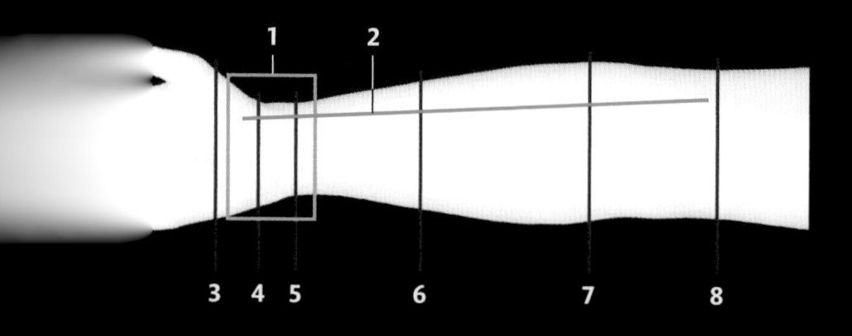
1
2
3
4
5
6
7
8

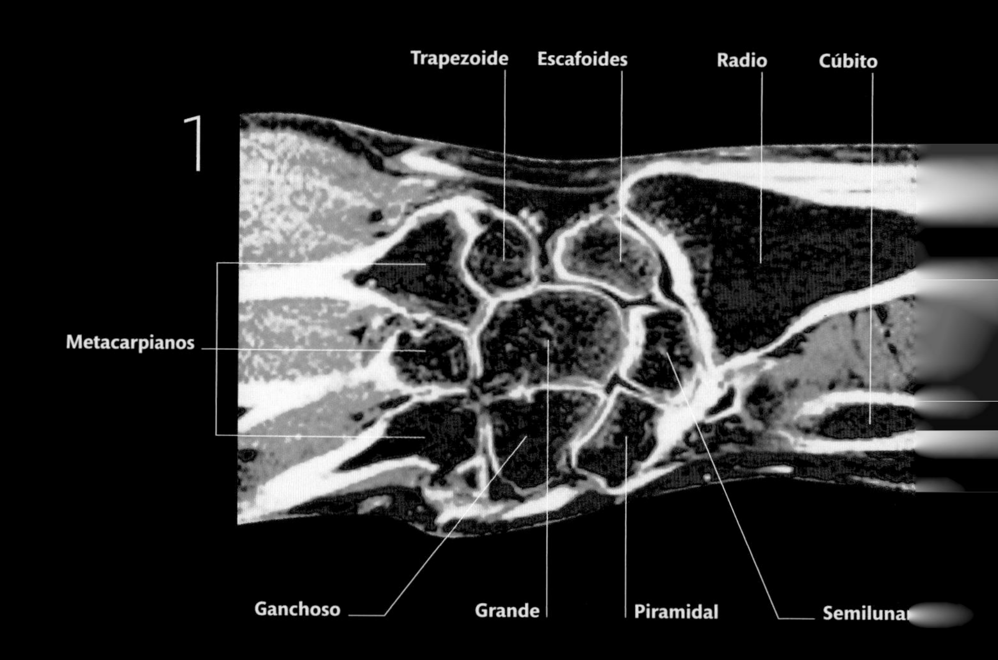
1
Trapezoide
Escafoides
Radio
Cúbito
Metacarpianos
Ganchoso
Grande
Piramidal
Semilunar

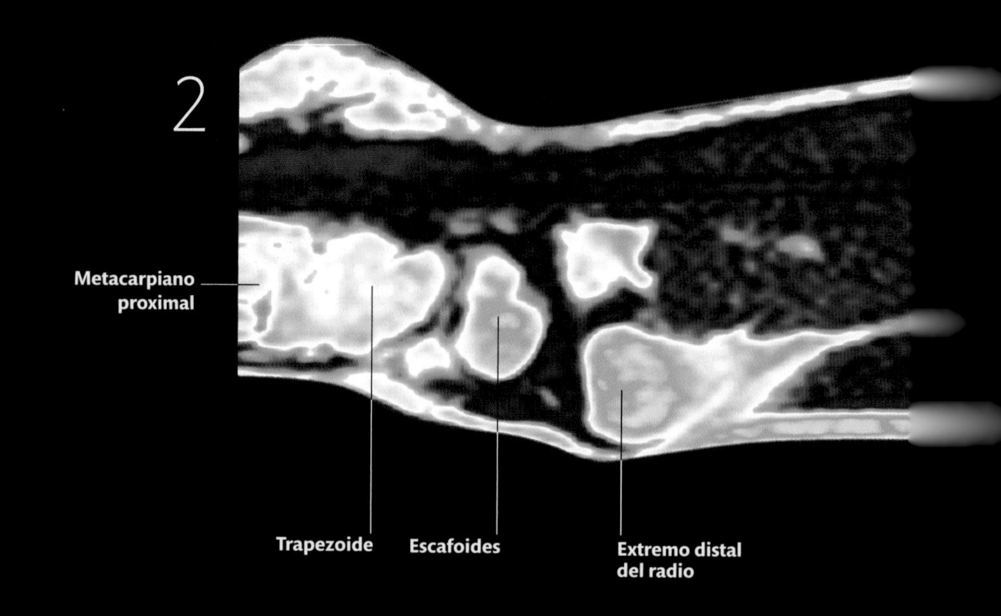
2
Metacarpiano proximal
Trapezoide
Escafoides
Extremo distal del radio

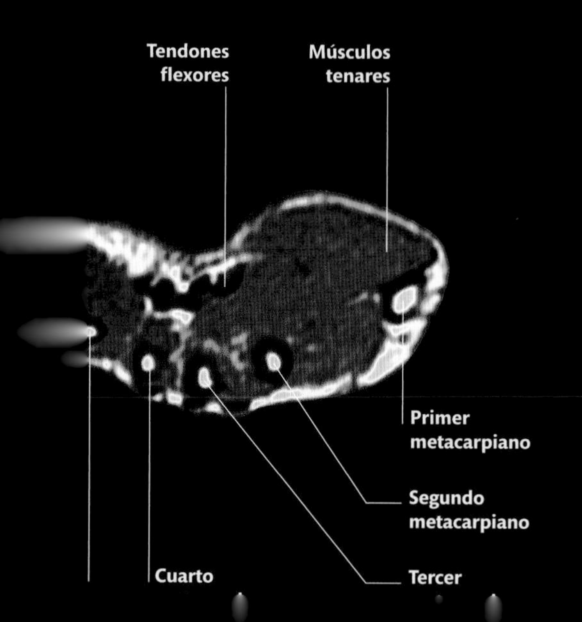
Tendones flexores
Músculos tenares
Primer metacarpiano
Segundo metacarpiano
Cuarto
Tercer

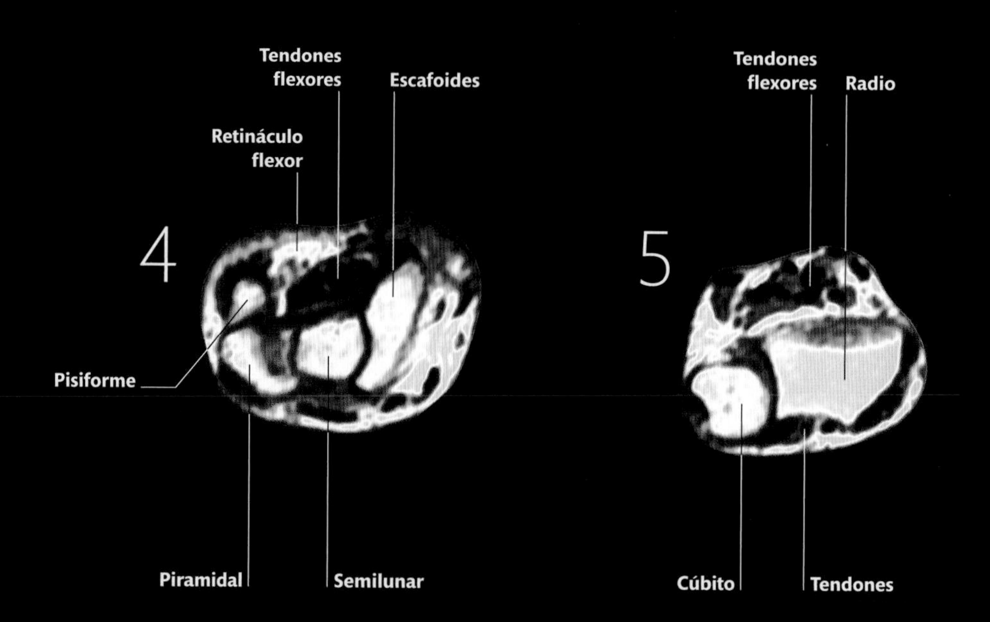
Tendones flexores
Escafoides
Retináculo flexor
4
Pisiforme
Piramidal
Semilunar
Tendones flexores
Radio
5
Cúbito
Tendones

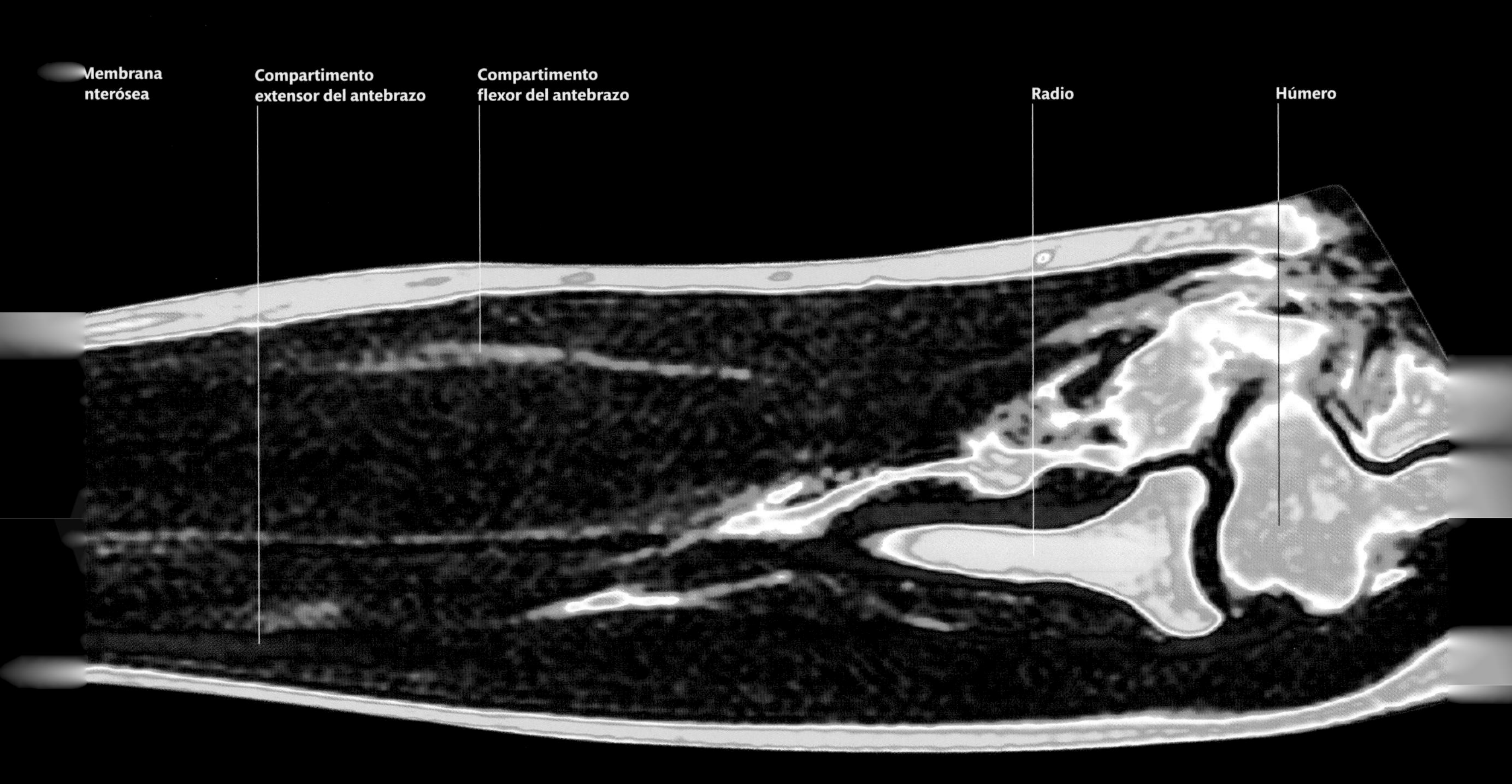
Membrana
interósea
Compartimento
extensor del antebrazo
Compartimento
flexor del antebrazo
Radio
Húmero

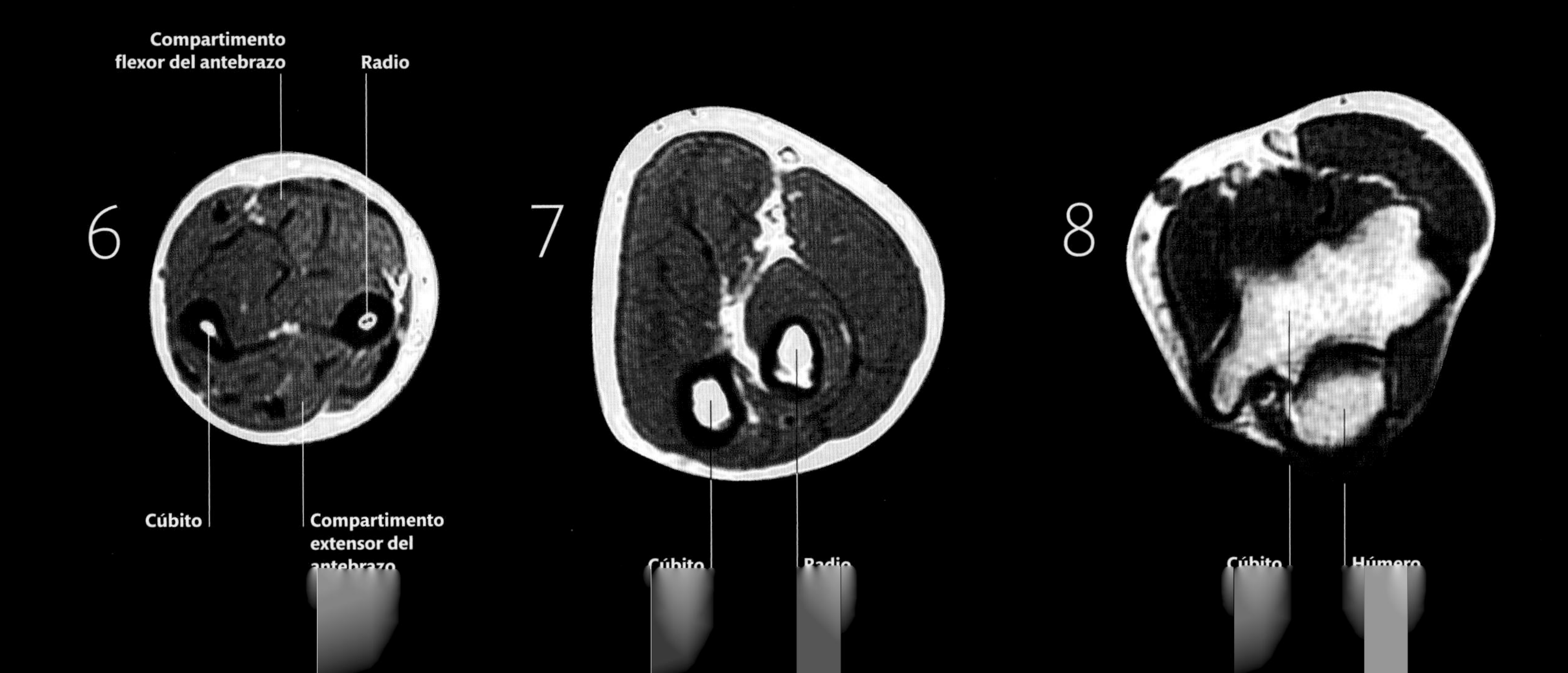
Compartimento
flexor del antebrazo
Radio
6
Cúbito
Compartimento
extensor del
antebrazo
7
Cúbito
Radio
8
Cúbito
Húmero

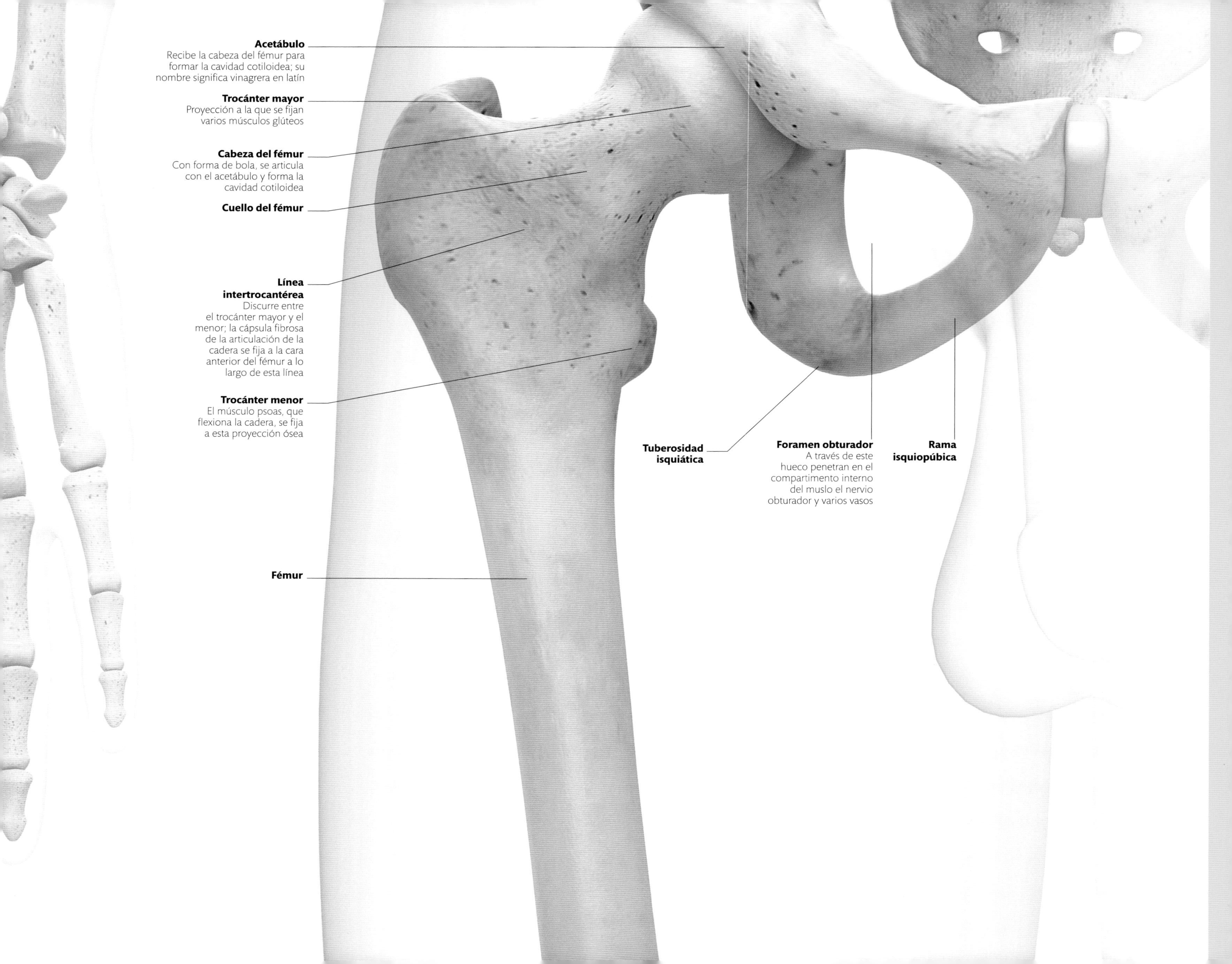

Acetábulo
Recibe la cabeza del fémur para formar la cavidad cotiloidea; su nombre significa vinagrera en latín
Trocánter mayor
Proyección a la que se fijan varios músculos glúteos
Cabeza del fémur
Con forma de bola, se articula con el acetábulo y forma la cavidad cotiloidea
Cuello del fémur
Línea intertrocantérea
Discurre entre el trocánter mayor y el menor; la cápsula fibrosa de la articulación de la cadera se fija a la cara anterior del fémur a lo largo de esta línea
Trocánter menor
El músculo psoas, que flexiona la cadera, se fija a esta proyección ósea
Fémur
Tuberosidad isquiática
Foramen obturador
A través de este hueco penetran en el compartimento interno del muslo el nervio obturador y varios vasos
Rama isquiopúbica

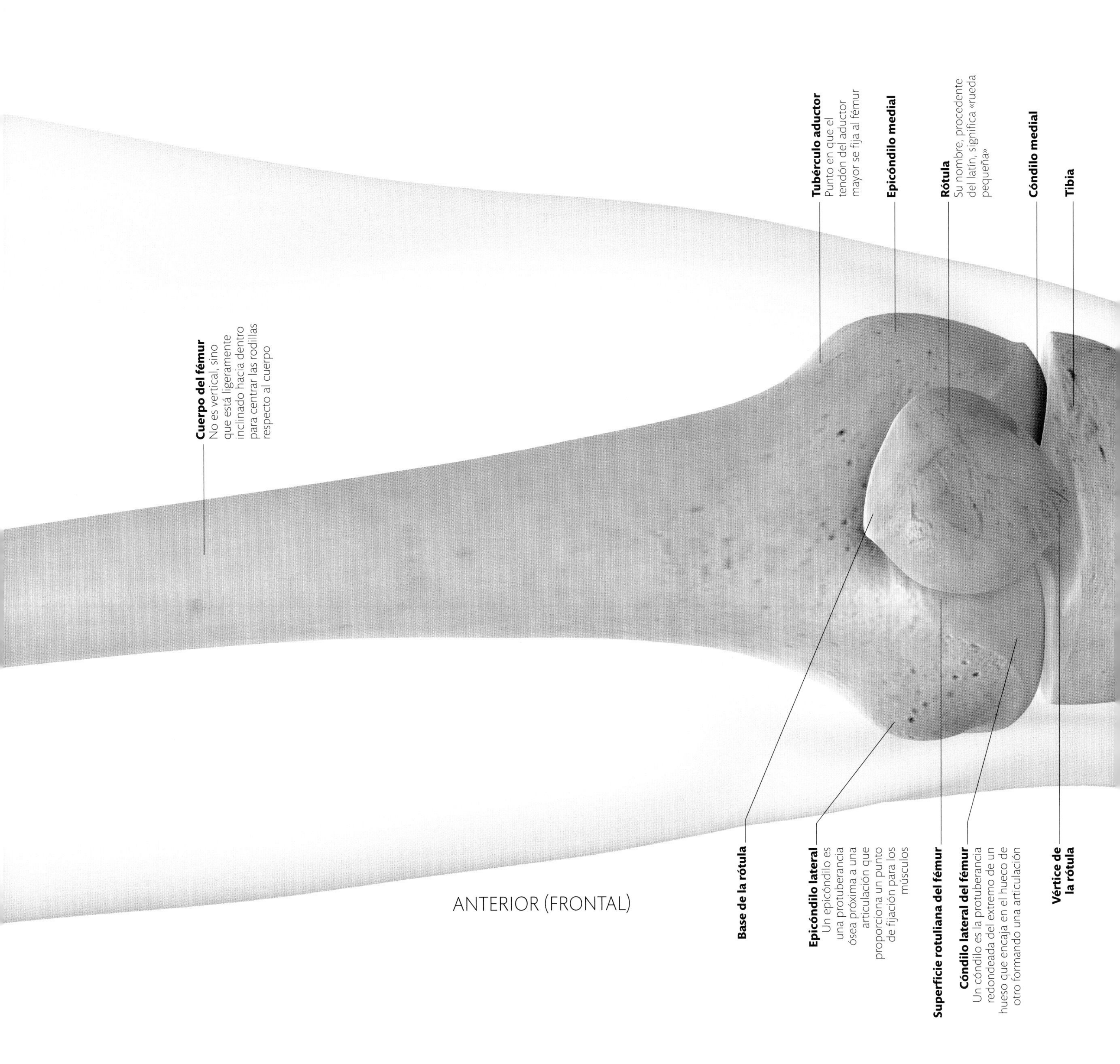
Cuerpo del fémur
No es vertical, sino que está ligeramente inclinado hacia dentro para centrar las rodillas respecto al cuerpo
Tubérculo aductor
Punto en que el tendón del aductor mayor se fija al fémur
Epicóndilo medial
Rótula
Su nombre, procedente del latín, significa «rueda pequeña»
Cóndilo medial
Tibia
Base de la rótula
Epicóndilo lateral
Un epicóndilo es una protuberancia ósea próxima a una articulación que proporciona un punto de fijación para los músculos
Superficie rotuliana del fémur
Cóndilo lateral del fémur
Un cóndilo es la protuberancia redondeada del extremo de un hueso que encaja en el hueco de otro formando una articulación
Vértice de la rótula

ANTERIOR (FRONTAL)

CADERA Y MUSLO **ESQUELÉTICO**

La pierna o, para ser anatómicamente precisos, el miembro inferior, está unido a la columna por la pelvis. Su configuración es mucho más estable que la de la cintura escapular, que sujeta el brazo, porque piernas y pelvis deben sustentar el peso del cuerpo cuando está erguido. La articulación sacroilíaca proporciona una unión robusta entre el ilion y el sacro, y la articulación de la cadera es una enartrosis más estable que la del hombro. El cuello del fémur se une a la cabeza en ángulo obtuso. En la cara anterior del cuello, una línea diagonal con un ligero relieve (línea intertrocantérea) revela dónde se fija al hueso la cápsula fibrosa de la articulación de la cadera.

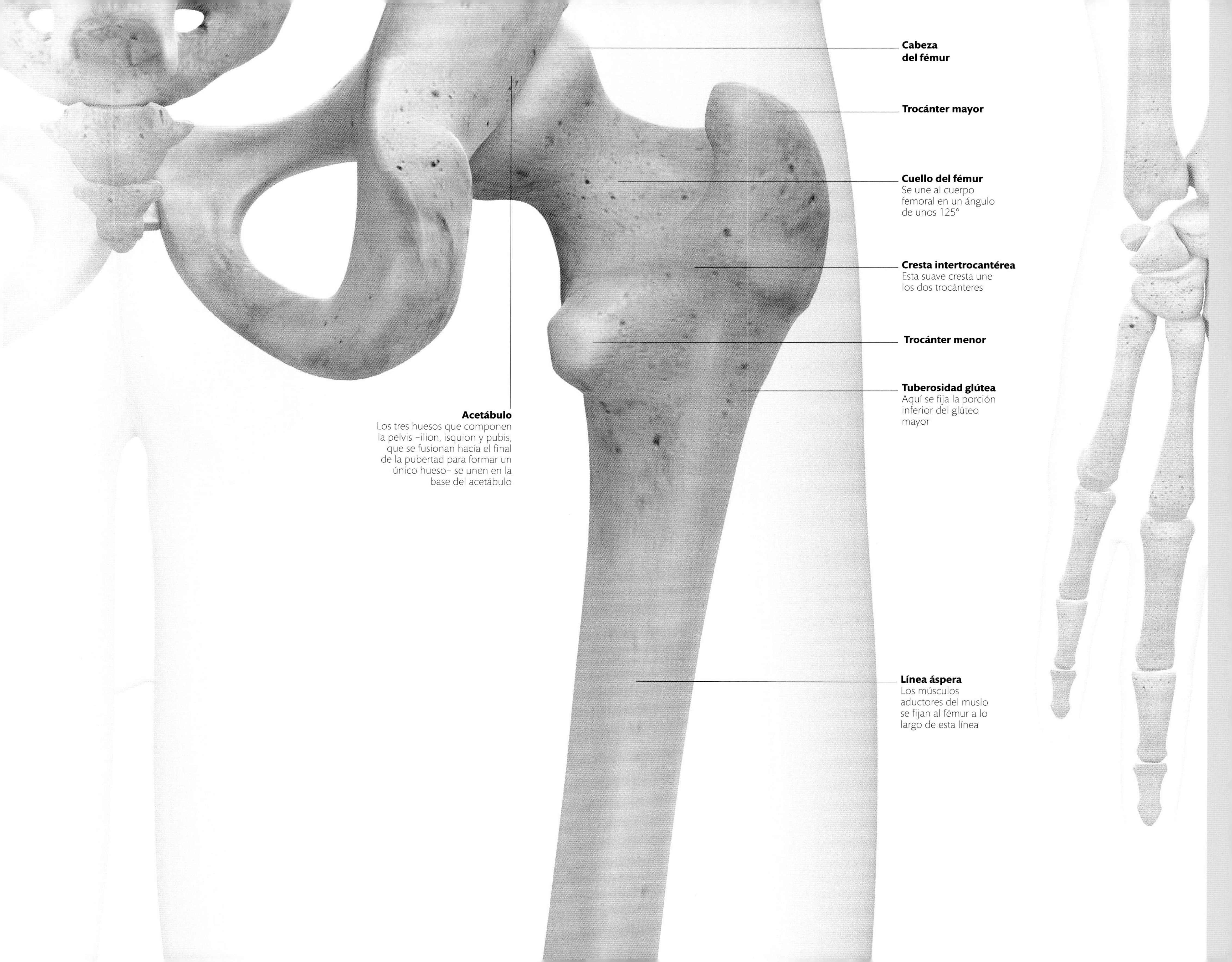
Cabeza del fémur
Trocánter mayor
Cuello del fémur
Se une al cuerpo femoral en un ángulo de unos 125°
Cresta intertrocantérea
Esta suave cresta une los dos trocánteres
Trocánter menor
Tuberosidad glútea
Aquí se fija la porción inferior del glúteo mayor
Línea áspera
Los músculos aductores del muslo se fijan al fémur a lo largo de esta línea
Acetábulo
Los tres huesos que componen la pelvis –ilion, isquion y pubis, que se fusionan hacia el final de la pubertad para formar un único hueso– se unen en la base del acetábulo

CADERA Y MUSLO **ESQUELÉTICO**

El cuerpo del fémur es cilíndrico, tiene cavidad medular y su dorso es recorrido por la línea áspera, en la cual se fijan al fémur los músculos aductores internos del muslo. También se fijan a la línea áspera las secciones del cuádriceps que abrazan el dorso del muslo. En el extremo inferior (o distal), hacia la rodilla, el fémur se ensancha para formar la articulación de la rodilla junto con la tibia y la rótula. Por detrás, este extremo tiene una forma distintiva en dos nudillos: sus dos cóndilos (protuberancias redondeadas), que se articulan con la tibia.

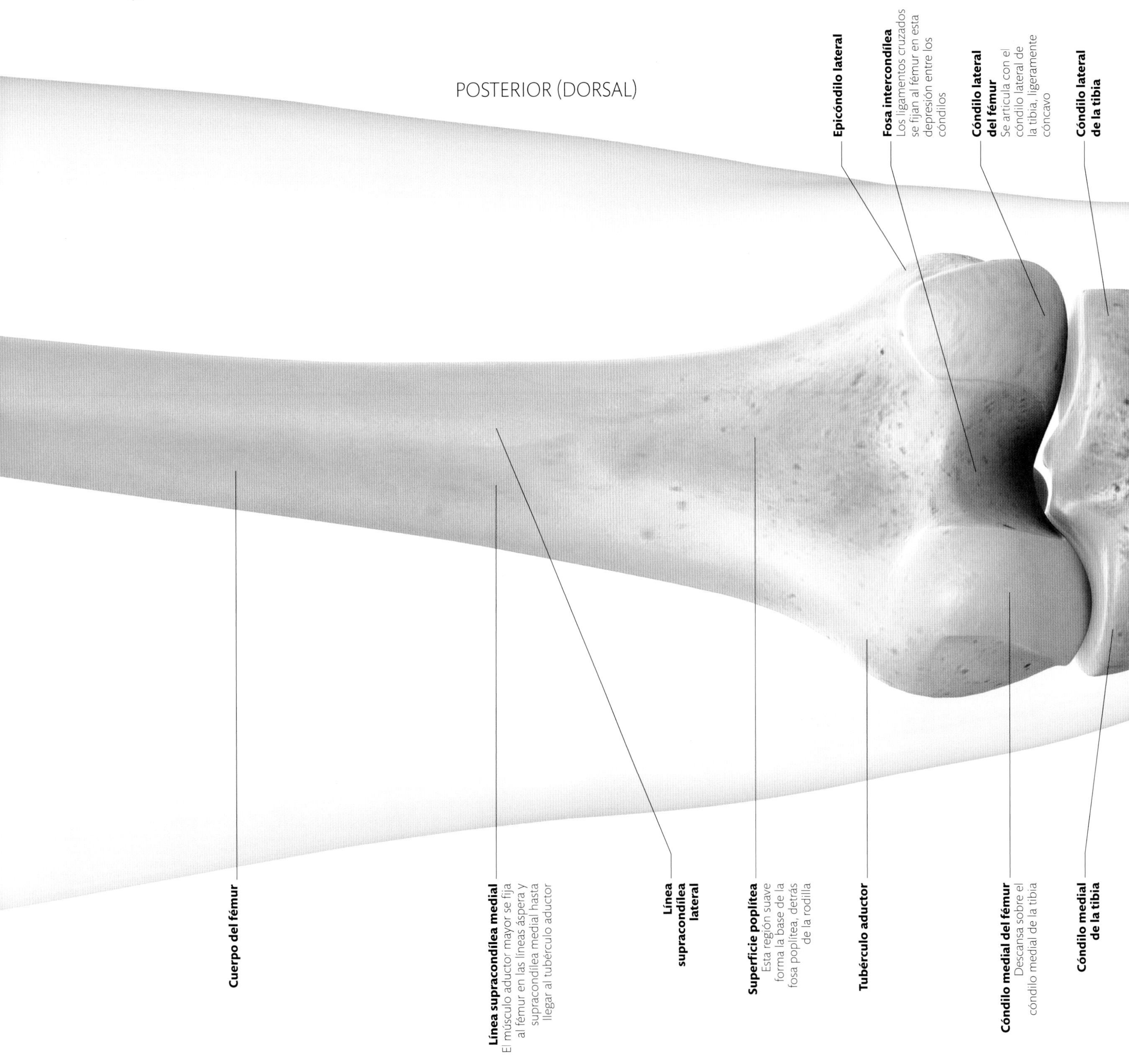
POSTERIOR (DORSAL)
Epicóndilo lateral
Fosa intercondílea
Los ligamentos cruzados se fijan al fémur en esta depresión entre los cóndilos
Cóndilo lateral del fémur
Se articula con el cóndilo lateral de la tibia, ligeramente cóncavo
Cóndilo lateral de la tibia
Cuerpo del fémur
Línea supracondílea medial
El músculo aductor mayor se fija al fémur en las líneas áspera y supracondílea medial hasta llegar al tubérculo aductor
Línea supracondílea lateral
Superficie poplítea
Esta región suave forma la base de la fosa poplítea, detrás de la rodilla
Tubérculo aductor
Cóndilo medial del fémur
Descansa sobre el cóndilo medial de la tibia
Cóndilo medial de la tibia

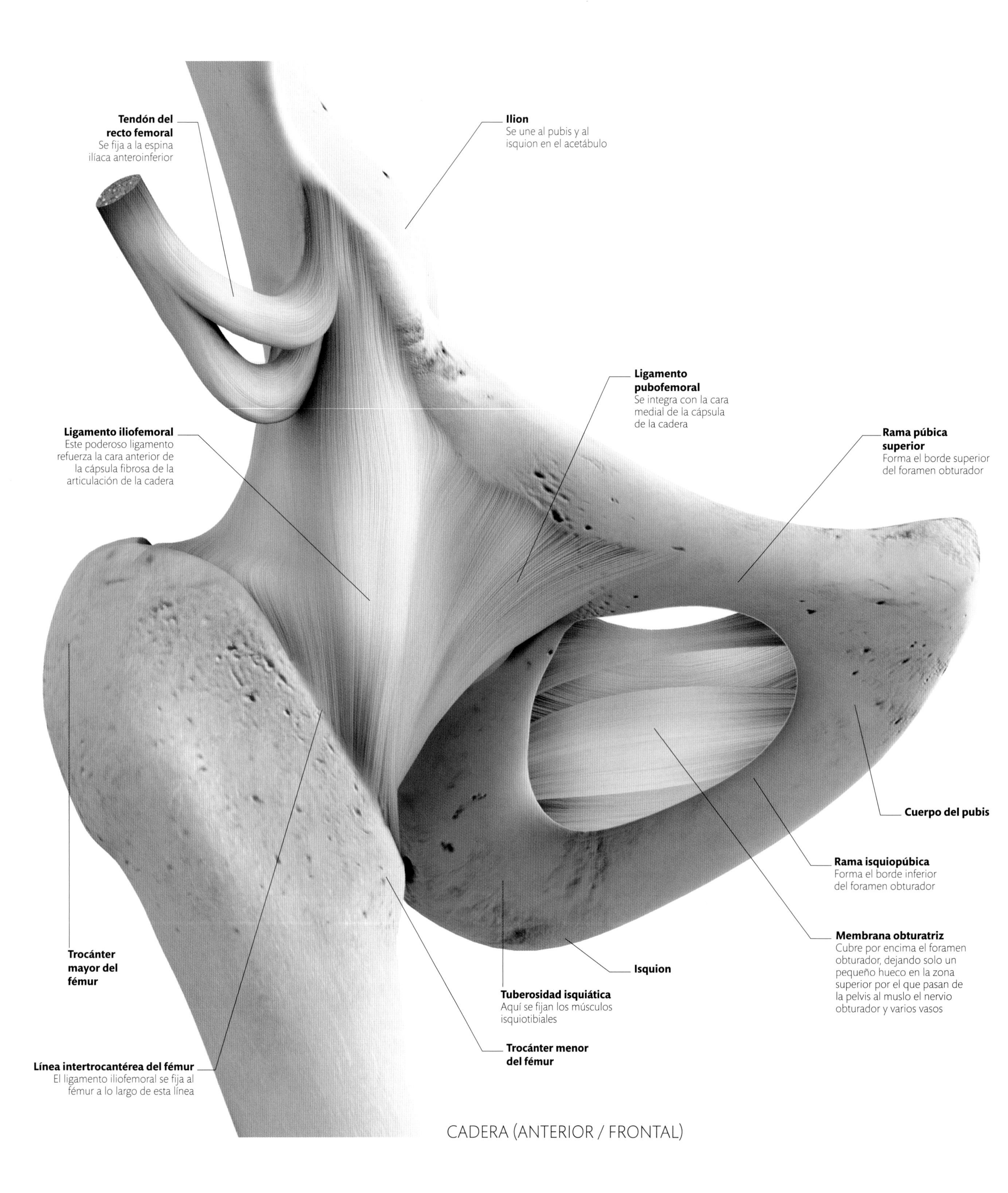
Tendón del recto femoral
Se fija a la espina ilíaca anteroinferior
Ilion
Se une al pubis y al isquion en el acetábulo
Ligamento pubofemoral
Se integra con la cara medial de la cápsula de la cadera
Ligamento iliofemoral
Este poderoso ligamento refuerza la cara anterior de la cápsula fibrosa de la articulación de la cadera
Rama púbica superior
Forma el borde superior del foramen obturador
Cuerpo del pubis
Rama isquiopúbica
Forma el borde inferior del foramen obturador
Membrana obturatriz
Cubre por encima el foramen obturador, dejando solo un pequeño hueco en la zona superior por el que pasan de la pelvis al muslo el nervio obturador y varios vasos
Isquion
Trocánter mayor del fémur
Tuberosidad isquiática
Aquí se fijan los músculos isquiotibiales
Trocánter menor del fémur
Línea intertrocantérea del fémur
El ligamento iliofemoral se fija al fémur a lo largo de esta línea

CADERA (ANTERIOR / FRONTAL)

CADERA Y MUSLO ESQUELÉTICO

La articulación de la cadera es muy estable. La cavidad articular está formada por el acetábulo, que se profundiza por el labrum acetabular y el ligamento transverso. La cápsula fibrosa de la articulación de la cadera se une al cuello del fémur a partir del labrum y está reforzada por ligamentos que van desde el cuello del fémur hasta el hueso pelviano: los ligamentos iliofemoral y pubofemoral en la parte anterior, y el ligamento isquiofemoral en la posterior. Dentro de la cápsula articular, un pequeño ligamento va desde el borde del acetábulo (cavidad articular) hasta la cabeza del fémur.

La cadera es una articulación grande que soporta pesos y es una localización habitual de la artrosis. Al ser tan estable, rara vez se disloca: una luxación de cadera requiere una fuerza considerable y normalmente va asociada a fracturas de la pelvis.

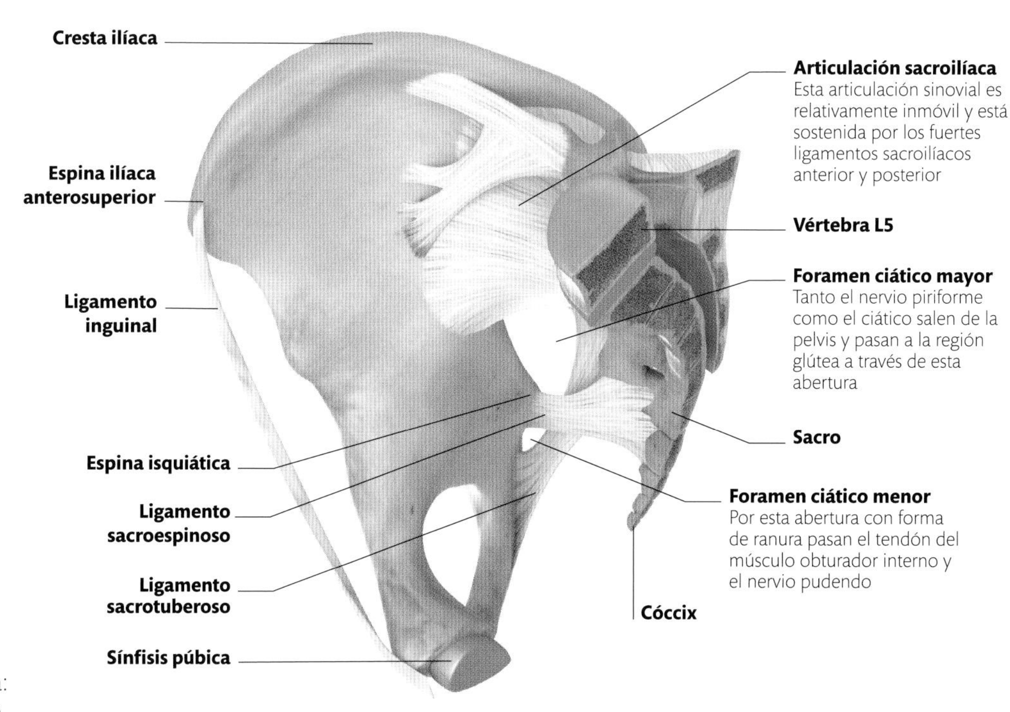
Cresta ilíaca
Espina ilíaca anterosuperior
Ligamento inguinal
Espina isquiática
Ligamento sacroespinoso
Ligamento sacrotuberoso
Sínfisis púbica
Articulación sacroilíaca
Esta articulación sinovial es relativamente inmóvil y está sostenida por los fuertes ligamentos sacroilíacos anterior y posterior
Vértebra L5
Foramen ciático mayor
Tanto el nervio piriforme como el ciático salen de la pelvis y pasan a la región glútea a través de esta abertura
Sacro
Foramen ciático menor
Por esta abertura con forma de ranura pasan el tendón del músculo obturador interno y el nervio pudendo
Cóccix

CINTURA PELVIANA

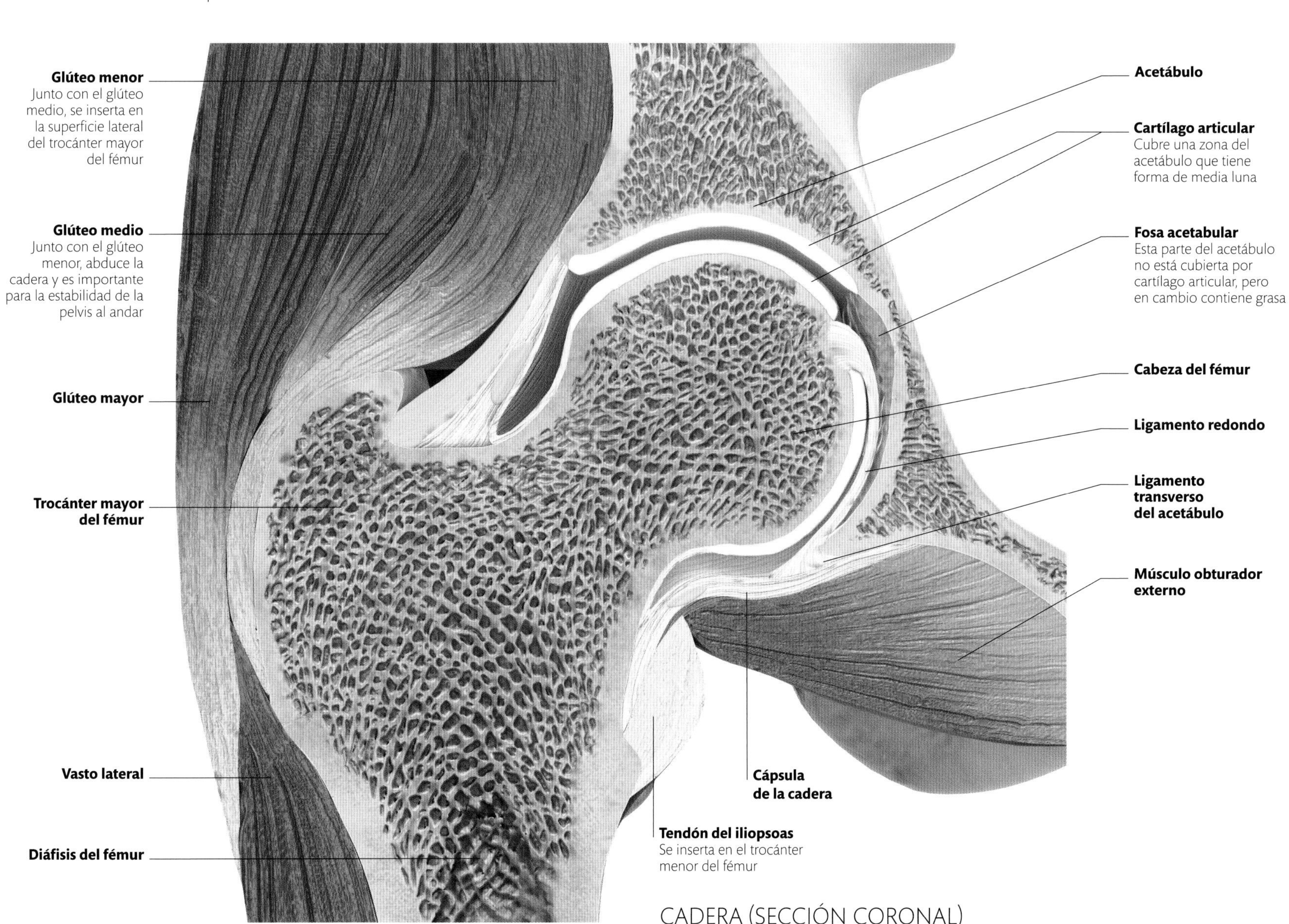
Glúteo menor
Junto con el glúteo medio, se inserta en la superficie lateral del trocánter mayor del fémur
Glúteo medio
Junto con el glúteo menor, abduce la cadera y es importante para la estabilidad de la pelvis al andar
Glúteo mayor
Trocánter mayor del fémur
Vasto lateral
Diáfisis del fémur
Acetábulo
Cartílago articular
Cubre una zona del acetábulo que tiene forma de media luna
Fosa acetabular
Esta parte del acetábulo no está cubierta por cartílago articular, pero en cambio contiene grasa
Cabeza del fémur
Ligamento redondo
Ligamento transverso del acetábulo
Músculo obturador externo
Cápsula de la cadera
Tendón del iliopsoas
Se inserta en el trocánter menor del fémur

CADERA (SECCIÓN CORONAL)

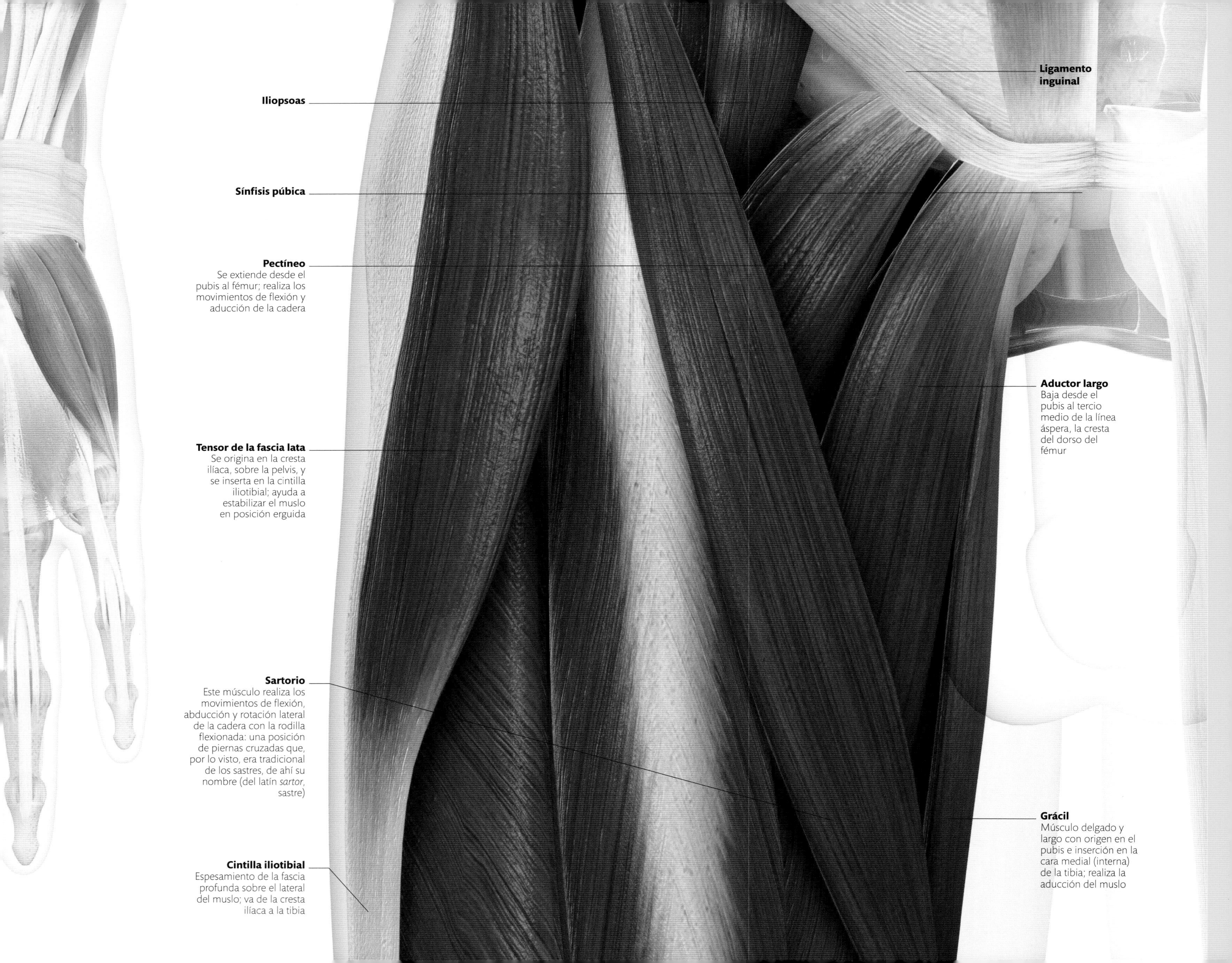

Iliopsoas
Sínfisis púbica
Pectíneo
Se extiende desde el pubis al fémur; realiza los movimientos de flexión y aducción de la cadera
Tensor de la fascia lata
Se origina en la cresta ilíaca, sobre la pelvis, y se inserta en la cintilla iliotibial; ayuda a estabilizar el muslo en posición erguida
Sartorio
Este músculo realiza los movimientos de flexión, abducción y rotación lateral de la cadera con la rodilla flexionada: una posición de piernas cruzadas que, por lo visto, era tradicional de los sastres, de ahí su nombre (del latín sartor, sastre)
Cintilla iliotibial
Espesamiento de la fascia profunda sobre el lateral del muslo; va de la cresta ilíaca a la tibia
Ligamento inguinal
Aductor largo
Baja desde el pubis al tercio medio de la línea áspera, la cresta del dorso del fémur
Grácil
Músculo delgado y largo con origen en el pubis e inserción en la cara medial (interna) de la tibia; realiza la aducción del muslo

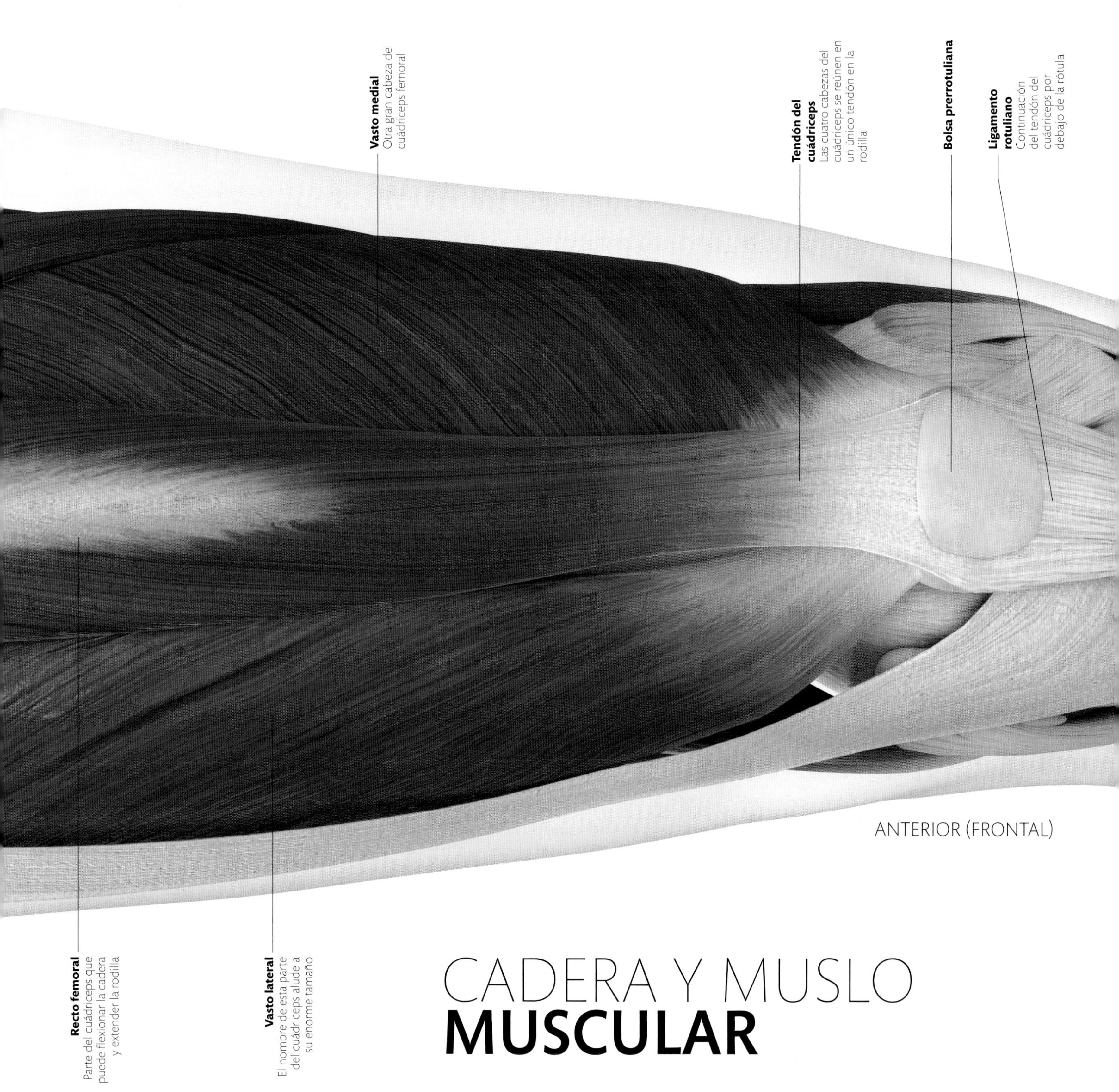
Vasto medial
Otra gran cabeza del cuádriceps femoral
Tendón del cuádriceps
Las cuatro cabezas del cuádriceps se reúnen en un único tendón en la rodilla
Bolsa prerrotuliana
Ligamento rotuliano
Continuación del tendón del cuádriceps por debajo de la rótula
ANTERIOR (FRONTAL)
Recto femoral
Parte del cuádriceps que puede flexionar la cadera y extender la rodilla
Vasto lateral
El nombre de esta parte del cuádriceps alude a su enorme tamaño

CADERA Y MUSLO MUSCULAR

MÚSCULOS SUPERFICIALES

Gran parte de la masa muscular frontal del muslo corresponde al cuádriceps femoral. En una disección superficial son visibles tres de sus cabezas: recto femoral, vasto lateral y vasto medial. El cuádriceps extiende la rodilla, pero también puede flexionar la cadera, ya que el recto femoral se origina en la pelvis, sobre la articulación de la cadera. La rótula está incrustada en el tendón del cuádriceps; protege el tendón del desgaste natural, y a la vez ofrece mayor palanca al cuádriceps para extender la rodilla. La parte de tendón que queda debajo de la rótula suele llamarse ligamento rotuliano; al golpearlo ligeramente, se produce una contracción en el cuádriceps: el reflejo rotuliano.

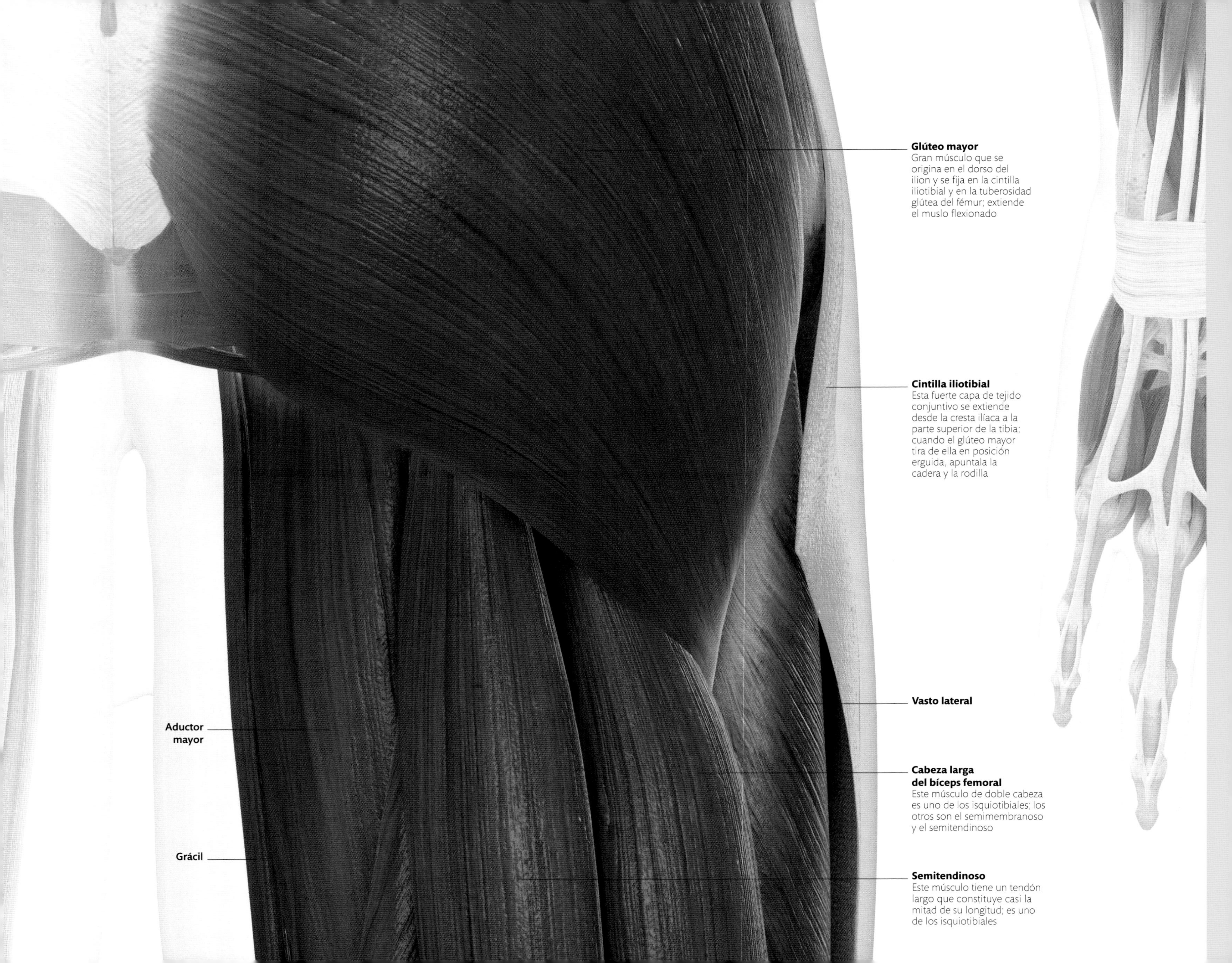
Glúteo mayor
Gran músculo que se origina en el dorso del ilion y se fija en la cintilla iliotibial y en la tuberosidad glútea del fémur; extiende el muslo flexionado
Cintilla iliotibial
Esta fuerte capa de tejido conjuntivo se extiende desde la cresta ilíaca a la parte superior de la tibia; cuando el glúteo mayor tira de ella en posición erguida, apuntala la cadera y la rodilla
Vasto lateral
Cabeza larga del bíceps femoral
Este músculo de doble cabeza es uno de los isquiotibiales; los otros son el semimembranoso y el semitendinoso
Semitendinoso
Este músculo tiene un tendón largo que constituye casi la mitad de su longitud; es uno de los isquiotibiales
Aductor mayor
Grácil

CADERA Y MUSLO MUSCULAR

MÚSCULOS SUPERFICIALES

En la parte dorsal de cadera y muslo, una disección superficial revela el gran glúteo mayor, un extensor de la articulación de la cadera, y los tres isquiotibiales. El glúteo mayor actúa al extender la articulación y al balancear la pierna hacia atrás. Aunque no interviene en la ambulación lenta, es fundamental para correr, y también para la extensión de la cadera desde una posición flexionada, como al subir escaleras o al incorporarse desde el suelo. Los isquiotibiales —semimembranoso, semitendinoso y bíceps femoral— se originan en la tuberosidad isquiática de la pelvis y descienden por el dorso del muslo hasta tibia y peroné; son los principales flexores de la rodilla.

POSTERIOR (DORSAL)
Semimembranoso
El tercero de los músculos isquiotibiales
Cabeza medial del gastrocnemio
Cabeza lateral del gastrocnemio

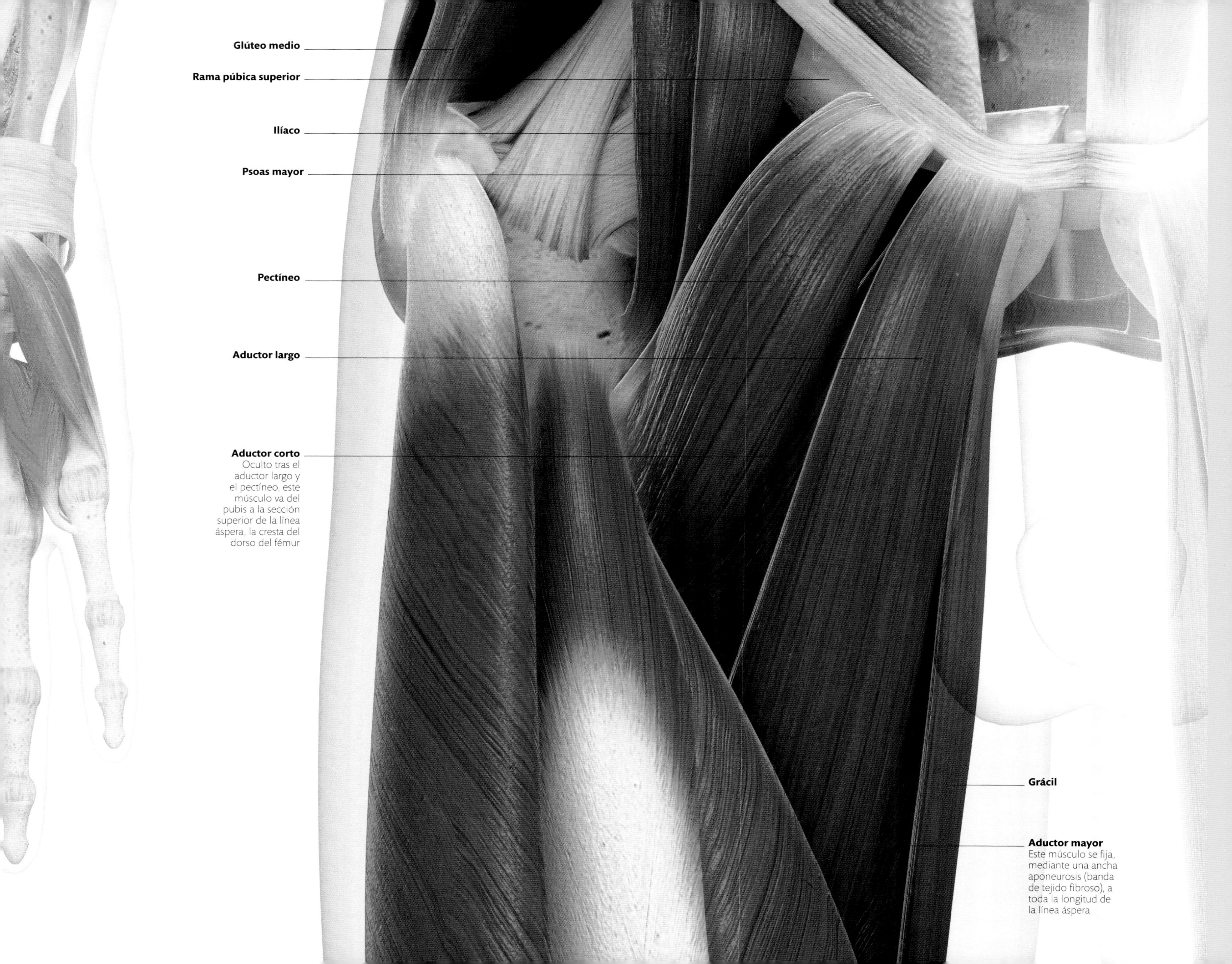
Glúteo medio
Rama púbica superior
Ilíaco
Psoas mayor
Pectíneo
Aductor largo
Aductor corto
Oculto tras el aductor largo y el pectíneo, este músculo va del pubis a la sección superior de la línea áspera, la cresta del dorso del fémur
Grácil
Aductor mayor
Este músculo se fija, mediante una ancha aponeurosis (banda de tejido fibroso), a toda la longitud de la línea áspera

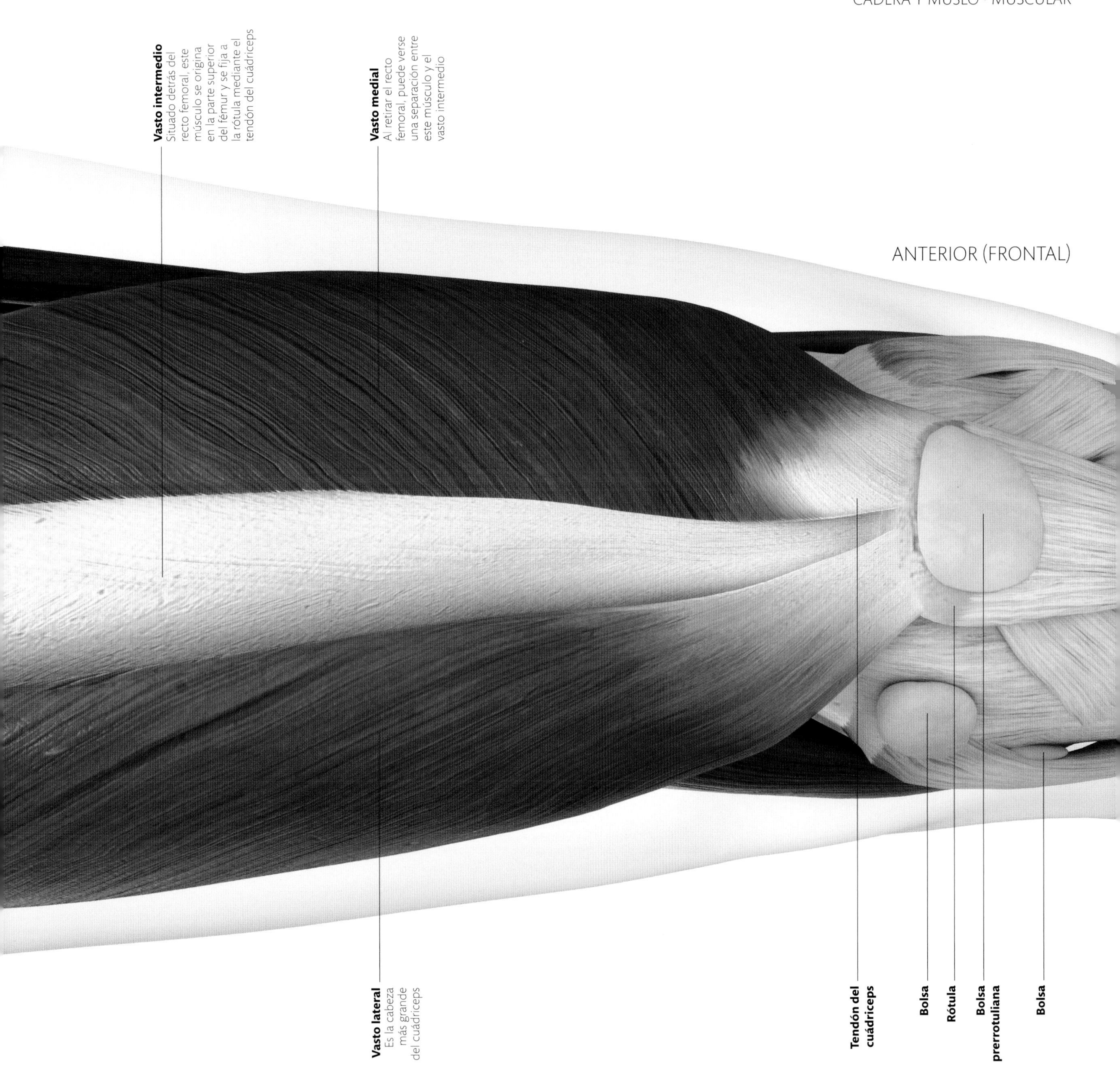
Vasto intermedio
Situado detrás del recto femoral, este músculo se origina en la parte superior del fémur y se fija a la rótula mediante el tendón del cuádriceps
Vasto medial
Al retirar el recto femoral, puede verse una separación entre este músculo y el vasto intermedio
ANTERIOR (FRONTAL)
Vasto lateral
Es la cabeza más grande del cuádriceps
Tendón del cuádriceps
Bolsa
Rótula
Bolsa prerrotuliana
Bolsa

CADERA Y MUSLO MUSCULAR

MÚSCULOS PROFUNDOS

Al retirar el recto femoral y el sartorio, se puede ver la profunda cuarta cabeza del cuádriceps, llamada vasto intermedio. También se ven claramente los músculos aductores, que juntan los muslos, entre ellos el grácil, largo y delgado, como sugiere su nombre. El músculo aductor más grande, el aductor mayor, tiene un agujero en su tendón, a través del cual pasa la arteria principal de la pierna, la arteria femoral. El desgarro de los tendones del aductor, que se fijan al pubis y al isquion de la pelvis, es una lesión deportiva frecuente.

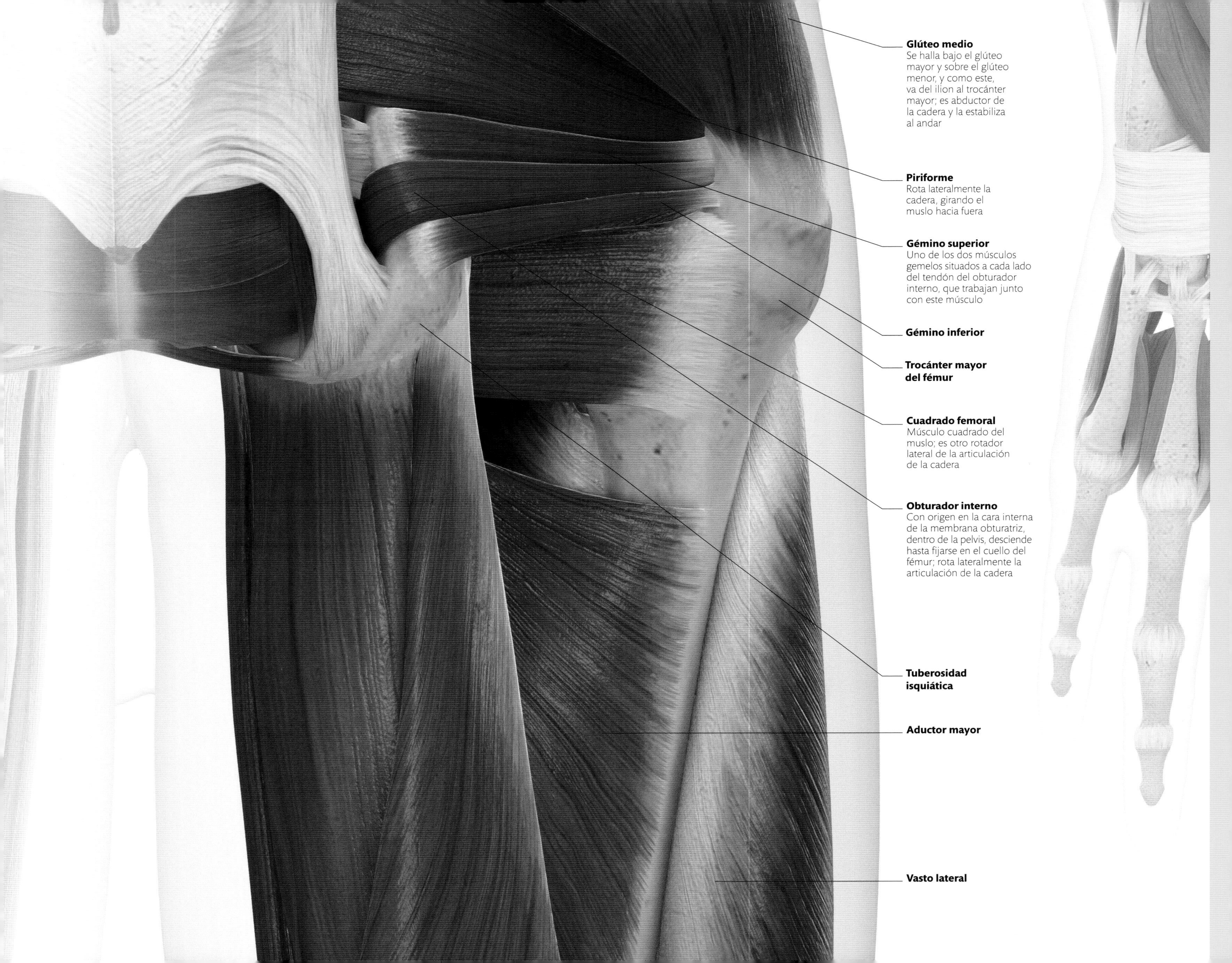

Glúteo medio
Se halla bajo el glúteo mayor y sobre el glúteo menor, y como este, va del ilion al trocánter mayor; es abductor de la cadera y la estabiliza al andar
Piriforme
Rota lateralmente la cadera, girando el muslo hacia fuera
Gémino superior
Uno de los dos músculos gemelos situados a cada lado del tendón del obturador interno, que trabajan junto con este músculo
Gémino inferior
Trocánter mayor del fémur
Cuadrado femoral
Músculo cuadrado del muslo; es otro rotador lateral de la articulación de la cadera
Obturador interno
Con origen en la cara interna de la membrana obturatriz, dentro de la pelvis, desciende hasta fijarse en el cuello del fémur; rota lateralmente la articulación de la cadera
Tuberosidad isquiática
Aductor mayor
Vasto lateral

CADERA Y MUSLO MUSCULAR

MÚSCULOS PROFUNDOS

Una vez retirado el glúteo mayor, en el dorso de la cadera son claramente visibles los músculos cortos que la rotan lateralmente: piriforme, obturador interno y cuadrado femoral. Al retirar la cabeza larga del bíceps femoral puede verse la cabeza corta, más profunda, fijada en la línea áspera del dorso del fémur.

Asimismo, al retirar el músculo semitendinoso aparece el semimembranoso, con su tendón plano similar a una membrana en el extremo superior. En el dorso de la articulación de la rodilla es visible el músculo poplíteo, así como una de las muchas bolsas sinoviales que rodean la articulación.

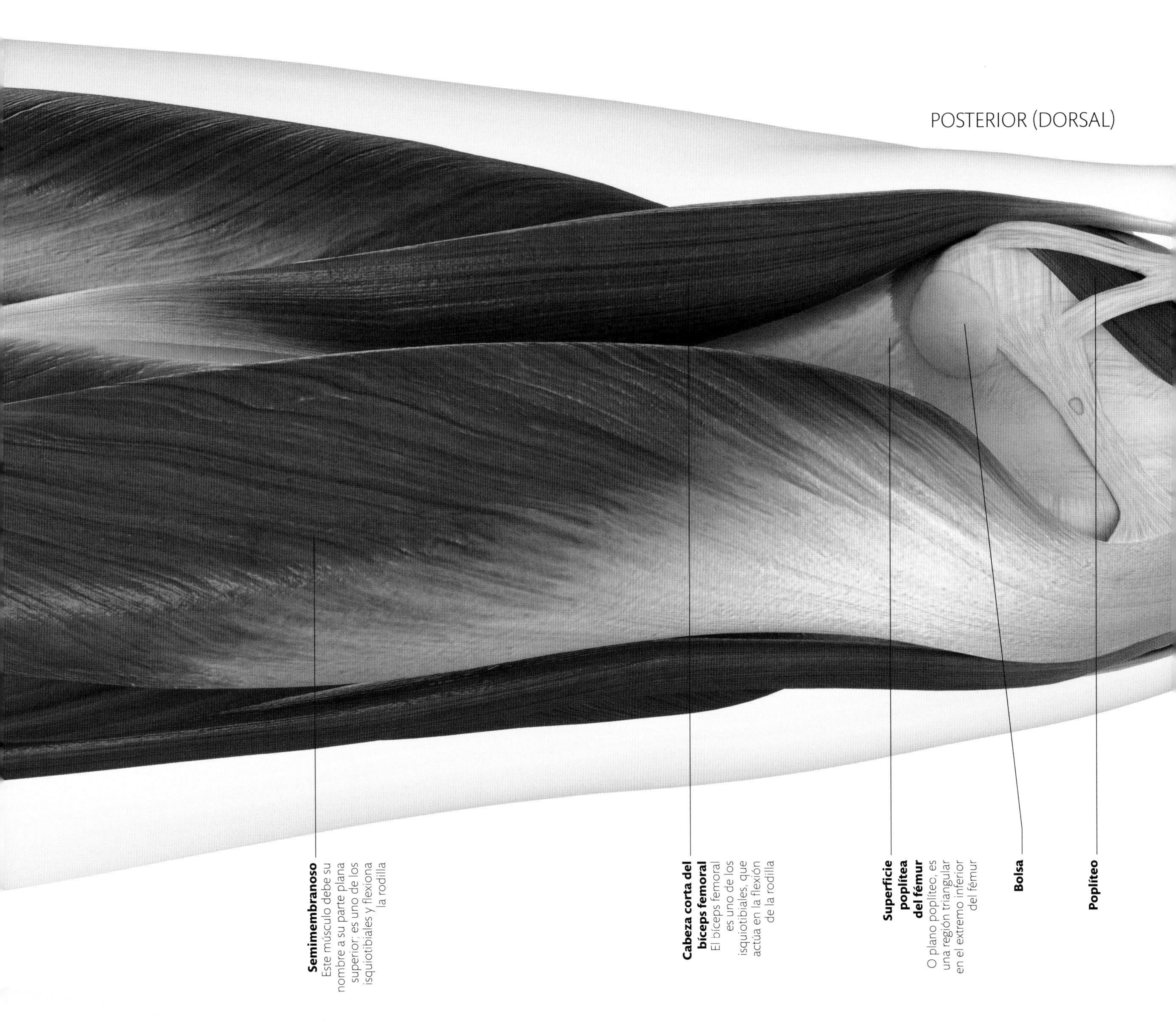
POSTERIOR (DORSAL)
Semimembranoso Este músculo debe su nombre a su parte plana superior; es uno de los isquiotibiales y flexiona la rodilla
Cabeza corta del bíceps femoral El bíceps femoral es uno de los isquiotibiales, que actúa en la flexión de la rodilla
Superficie poplítea del fémur O plano poplíteo, es una región triangular en el extremo inferior del fémur
Bolsa
Poplíteo

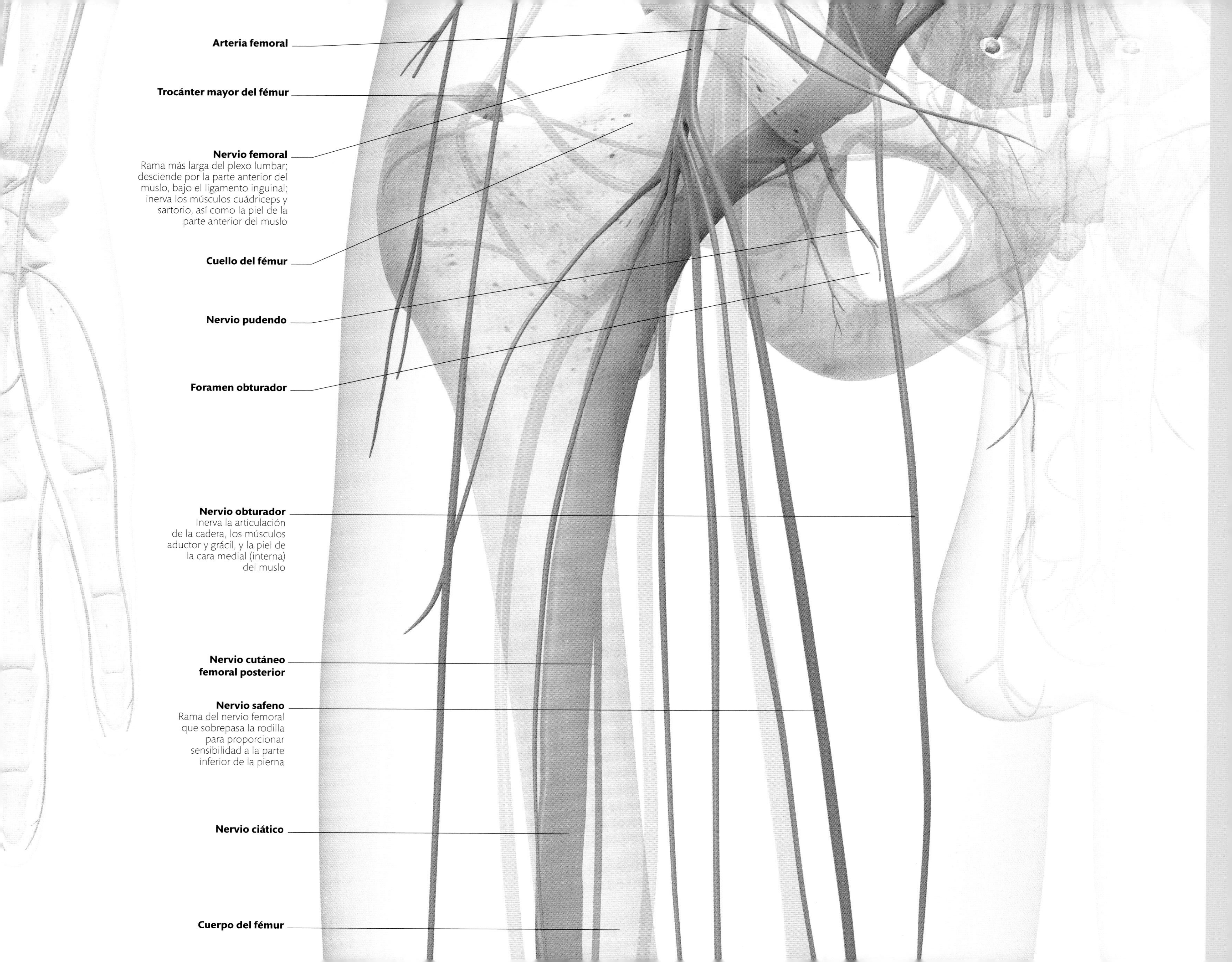

Arteria femoral
Trocánter mayor del fémur
Nervio femoral
Rama más larga del plexo lumbar; desciende por la parte anterior del muslo, bajo el ligamento inguinal; inerva los músculos cuádriceps y sartorio, así como la piel de la parte anterior del muslo
Cuello del fémur
Nervio pudendo
Foramen obturador
Nervio obturador
Inerva la articulación de la cadera, los músculos aductor y grácil, y la piel de la cara medial (interna) del muslo
Nervio cutáneo femoral posterior
Nervio safeno
Rama del nervio femoral que sobrepasa la rodilla para proporcionar sensibilidad a la parte inferior de la pierna
Nervio ciático
Cuerpo del fémur

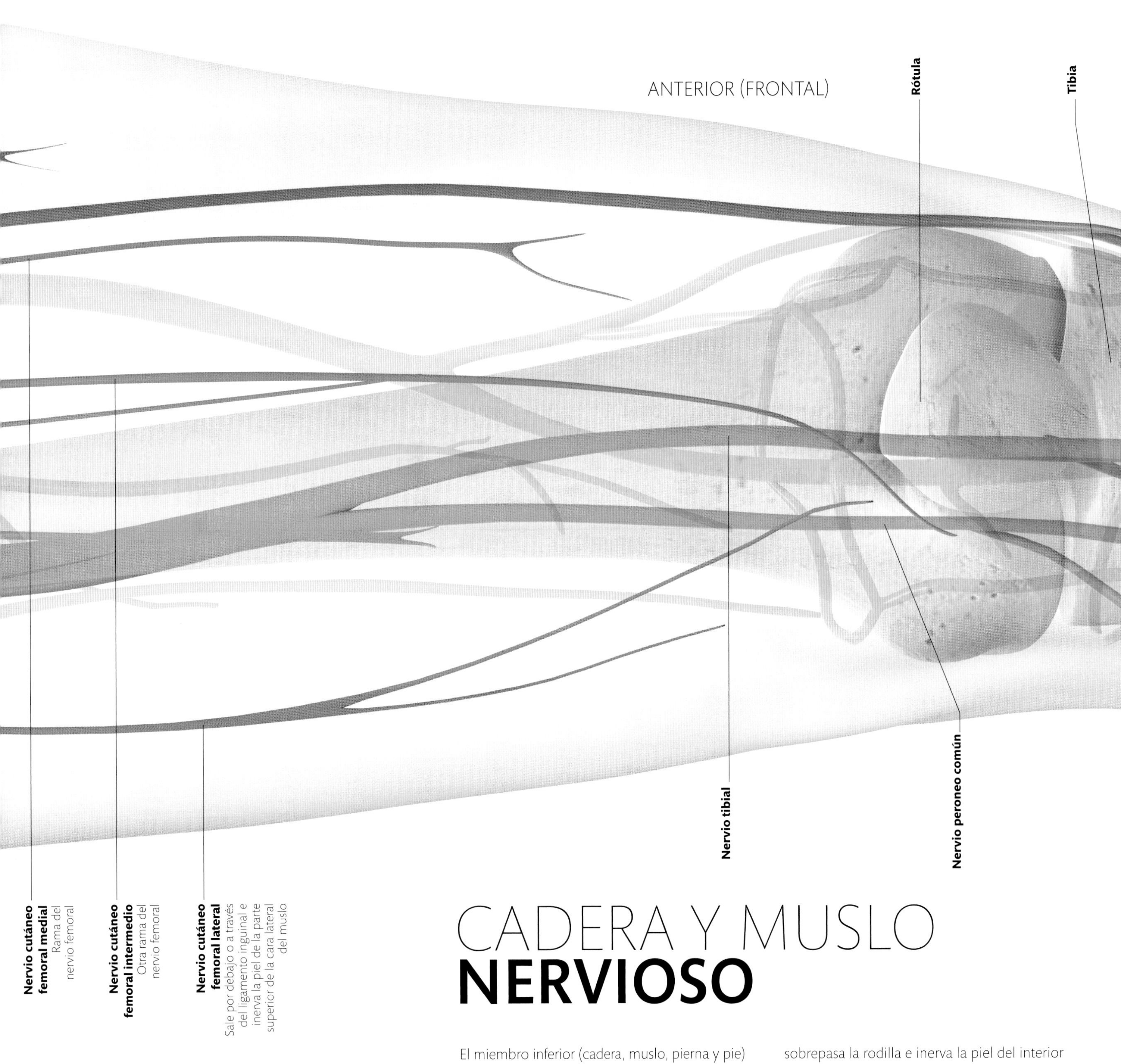
ANTERIOR (FRONTAL)
Rótula
Tibia
Nervio tibial
Nervio peroneo común
Nervio cutáneo femoral medial
Rama del nervio femoral
Nervio cutáneo femoral intermedio
Otra rama del nervio femoral
Nervio cutáneo femoral lateral
Sale por debajo o a través del ligamento inguinal e inerva la piel de la parte superior de la cara lateral del muslo

CADERA Y MUSLO
NERVIOSO

El miembro inferior (cadera, muslo, pierna y pie) recibe nervios de los plexos lumbar y sacro. Los músculos del muslo son inervados por tres nervios principales: femoral, obturador y ciático (este por el dorso). El femoral pasa sobre el pubis para inervar los músculos anteriores cuádriceps y sartorio. El safeno, delgada rama del femoral, sobrepasa la rodilla e inerva la piel del interior de la pierna y la cara interna del pie. El obturador atraviesa el foramen obturador, en la pelvis, para inervar el músculo aductor en la cara interna del muslo y proporcionar sensibilidad a la piel de la zona. Algunos nervios menores, como los cutáneos femorales (o femorocutáneos), inervan solo la piel.

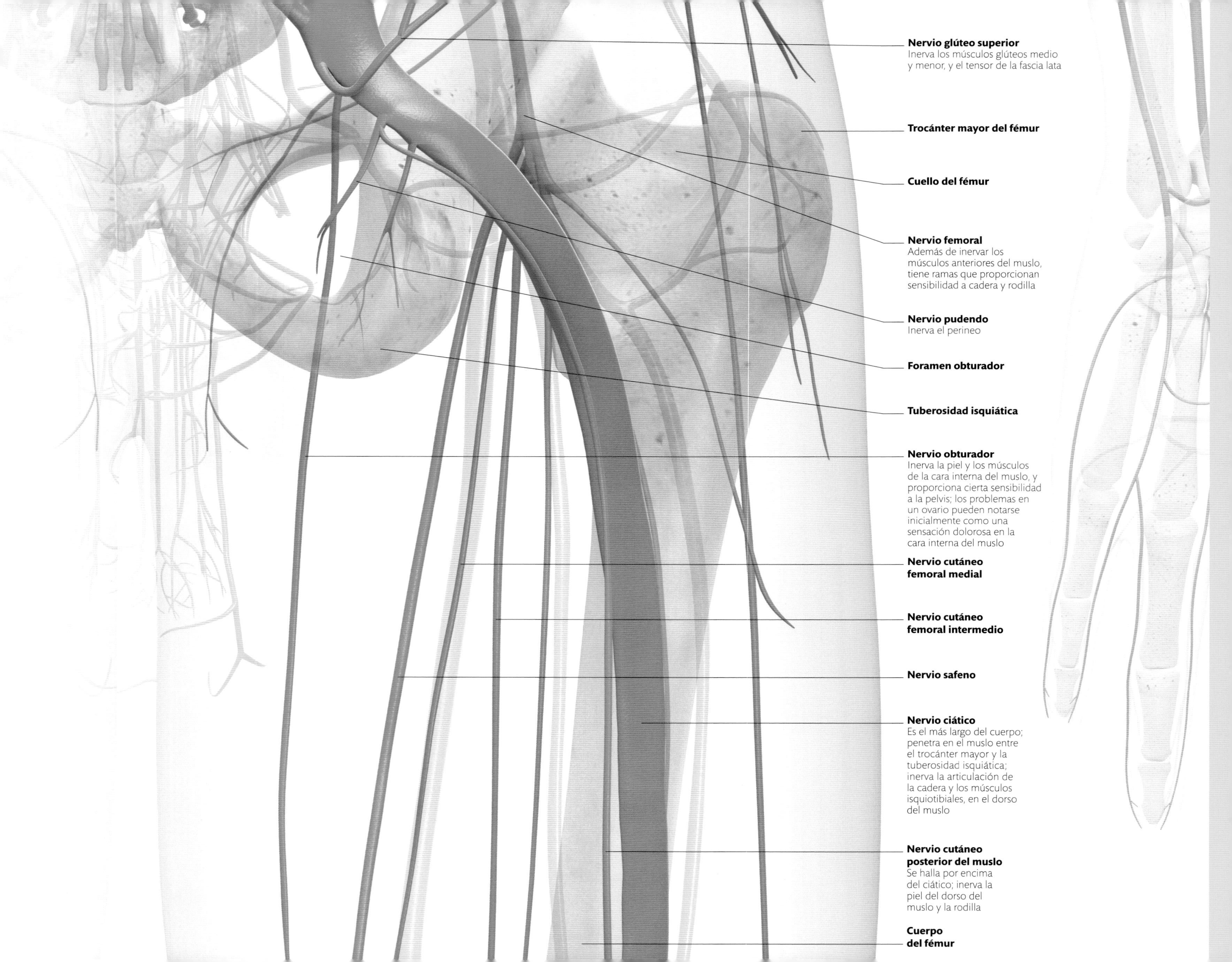

Nervio glúteo superior
Inerva los músculos glúteos medio y menor, y el tensor de la fascia lata
Trocánter mayor del fémur
Cuello del fémur
Nervio femoral
Además de inervar los músculos anteriores del muslo, tiene ramas que proporcionan sensibilidad a cadera y rodilla
Nervio pudendo
Inerva el perineo
Foramen obturador
Tuberosidad isquiática
Nervio obturador
Inerva la piel y los músculos de la cara interna del muslo, y proporciona cierta sensibilidad a la pelvis; los problemas en un ovario pueden notarse inicialmente como una sensación dolorosa en la cara interna del muslo
Nervio cutáneo femoral medial
Nervio cutáneo femoral intermedio
Nervio safeno
Nervio ciático
Es el más largo del cuerpo; penetra en el muslo entre el trocánter mayor y la tuberosidad isquiática; inerva la articulación de la cadera y los músculos isquiotibiales, en el dorso del muslo
Nervio cutáneo posterior del muslo
Se halla por encima del ciático; inerva la piel del dorso del muslo y la rodilla
Cuerpo del fémur

CADERA Y MUSLO
NERVIOSO

Los nervios glúteos procedentes del plexo sacro atraviesan el foramen (agujero) ciático mayor para inervar los músculos y la piel de las nalgas. El nervio ciático también llega a la nalga a través de este foramen. El glúteo mayor es un buen lugar para las inyecciones intramusculares, pero deben ser administradas en la región superior externa de la nalga para asegurarse de que la aguja no toque el nervio ciático. Este nervio desciende por el dorso del muslo inervando los músculos isquiotibiales; en muchas personas se escinde en dos ramas a la mitad del muslo: los nervios tibial y peroneo común, que continúan hacia la fosa poplítea (dorso de la rodilla) y recorren la parte inferior de la pierna.

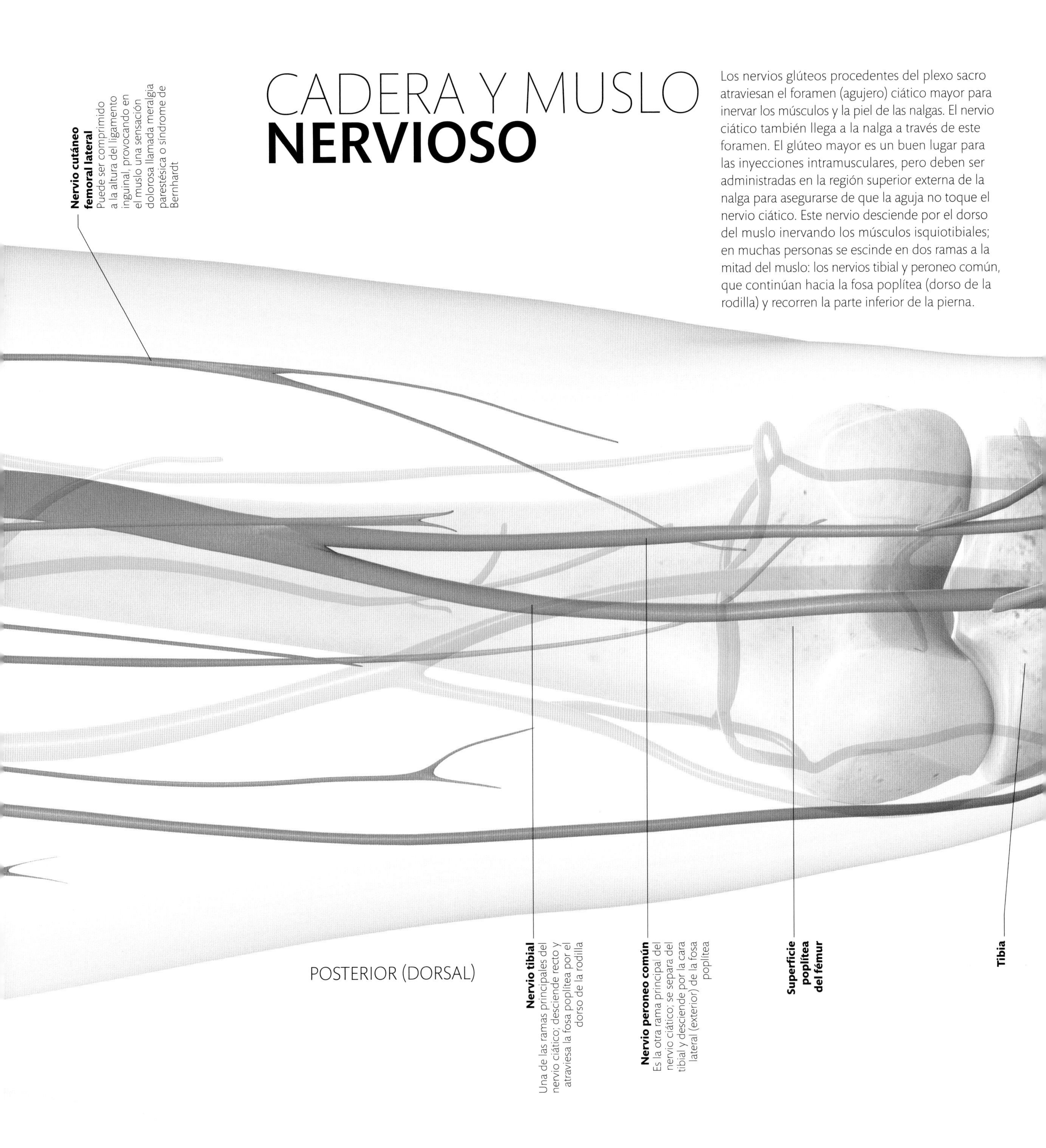
Nervio cutáneo femoral lateral
Puede ser comprimido a la altura del ligamento inguinal, provocando en el muslo una sensación dolorosa llamada meralgia parestésica o síndrome de Bernhardt
Nervio tibial
Una de las ramas principales del nervio ciático; desciende recto y atraviesa la fosa poplítea por el dorso de la rodilla
Nervio peroneo común
Es la otra rama principal del nervio ciático; se separa del tibial y desciende por la cara lateral (exterior) de la fosa poplítea
Superficie poplítea del fémur
Tibia
POSTERIOR (DORSAL)

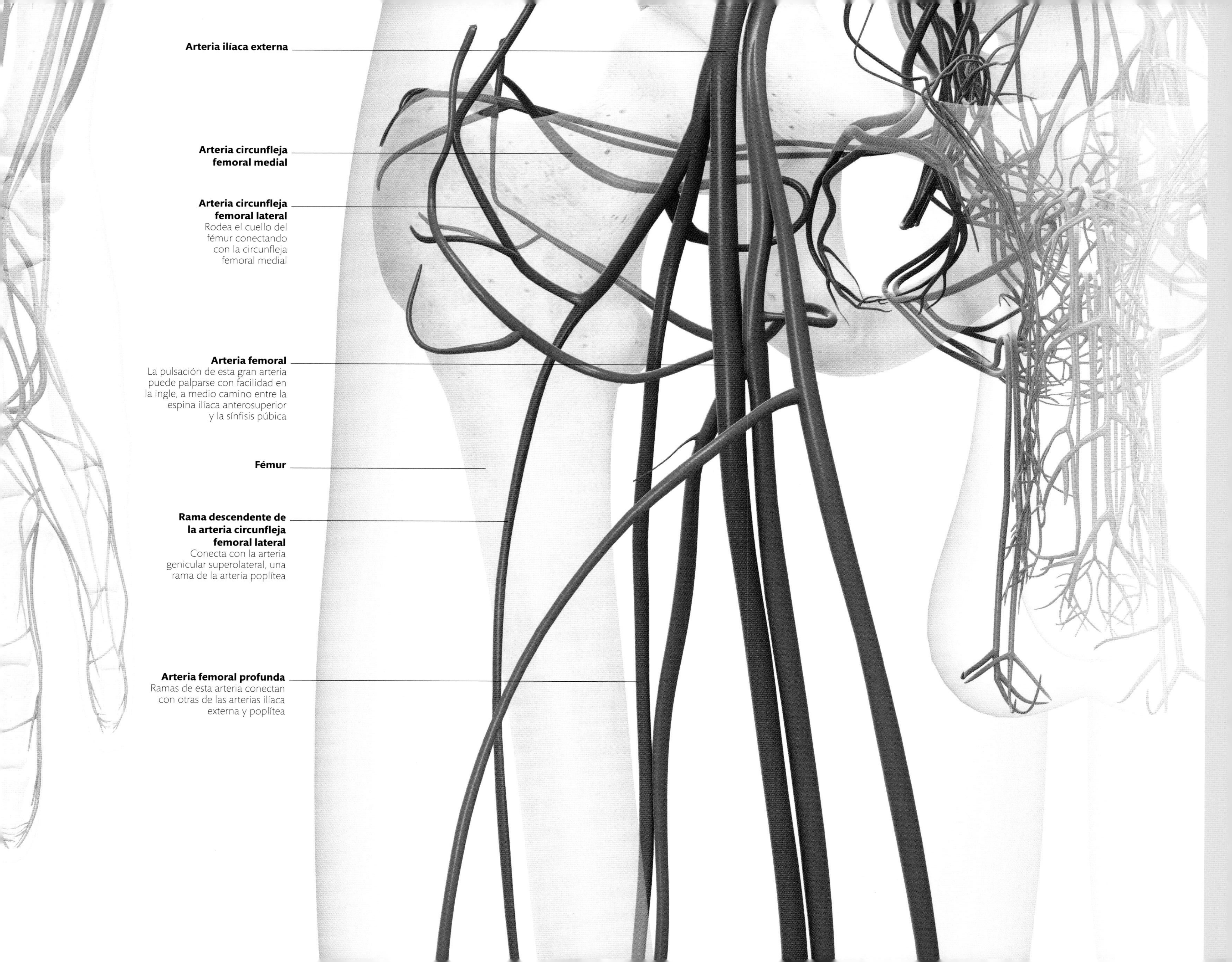

Arteria ilíaca externa
Arteria circunfleja femoral medial
Arteria circunfleja femoral lateral
Rodea el cuello del fémur conectando con la circunfleja femoral medial
Arteria femoral
La pulsación de esta gran arteria puede palparse con facilidad en la ingle, a medio camino entre la espina ilíaca anterosuperior y la sínfisis púbica
Fémur
Rama descendente de la arteria circunfleja femoral lateral
Conecta con la arteria genicular superolateral, una rama de la arteria poplítea
Arteria femoral profunda
Ramas de esta arteria conectan con otras de las arterias ilíaca externa y poplítea

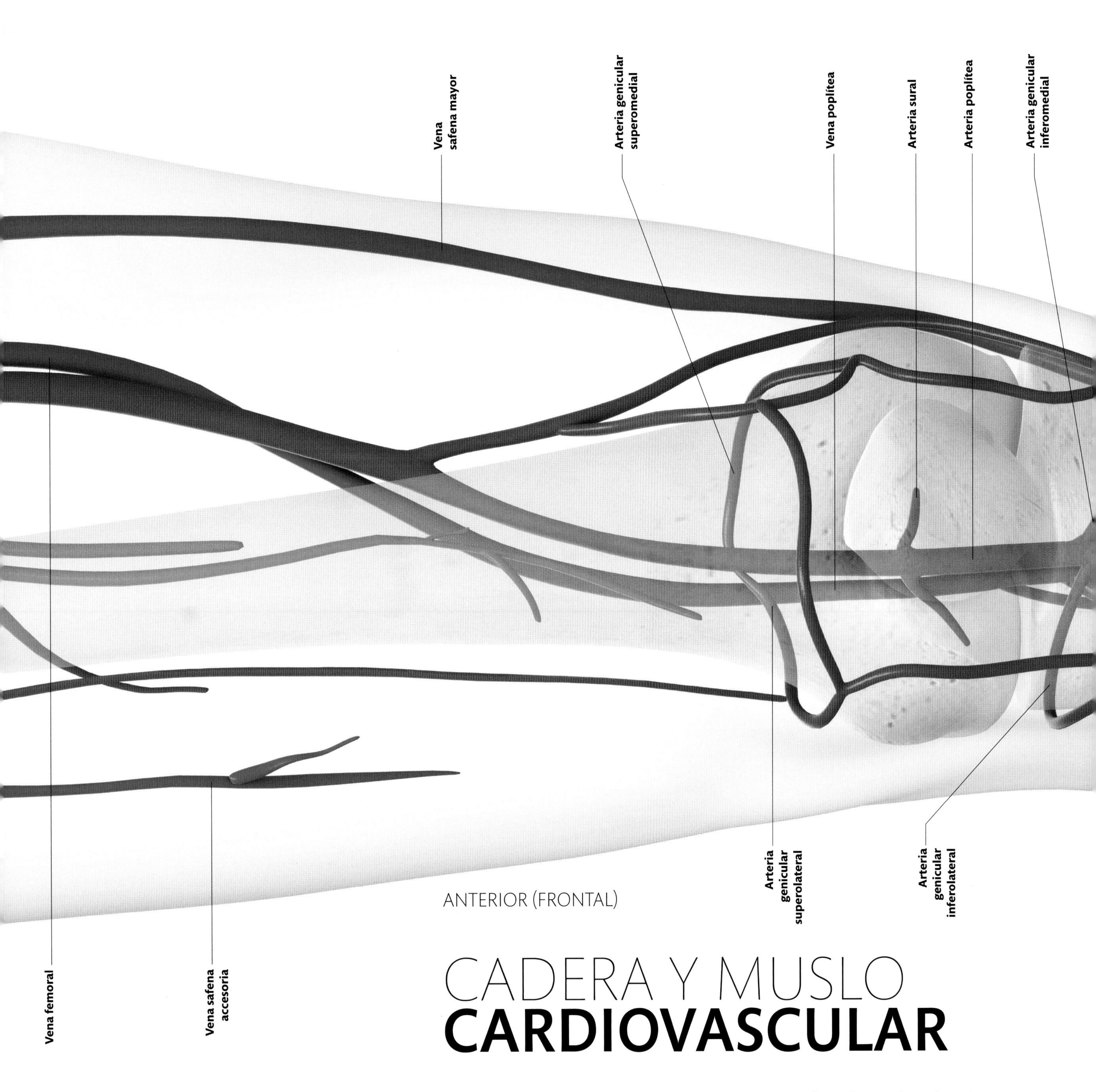
Vena safena mayor
Arteria genicular superomedial
Vena poplítea
Arteria sural
Arteria poplítea
Arteria genicular inferomedial
Vena femoral
Vena safena accesoria
Arteria genicular superolateral
Arteria genicular inferolateral

ANTERIOR (FRONTAL)

CADERA Y MUSLO CARDIOVASCULAR

Después de pasar sobre el pubis y bajo el ligamento inguinal, la arteria ilíaca externa cambia su nombre por el de arteria femoral: el vaso principal que abastece de sangre al miembro inferior. Esta arteria se encuentra exactamente en la línea central entre la espina ilíaca superior de la pelvis y la sínfisis púbica. De ella surge una gran rama, la arteria femoral profunda, que abastece los músculos del muslo.

La arteria femoral avanza luego hacia la cara interna del muslo, atraviesa el agujero del tendón del aductor mayor y entonces pasa a llamarse arteria poplítea. Junto a las arterias discurren venas profundas, pero —como en el brazo— también hay venas superficiales; la vena safena mayor drena la cara interna de pierna y muslo, y acaba uniéndose a la vena femoral cerca de la cadera.

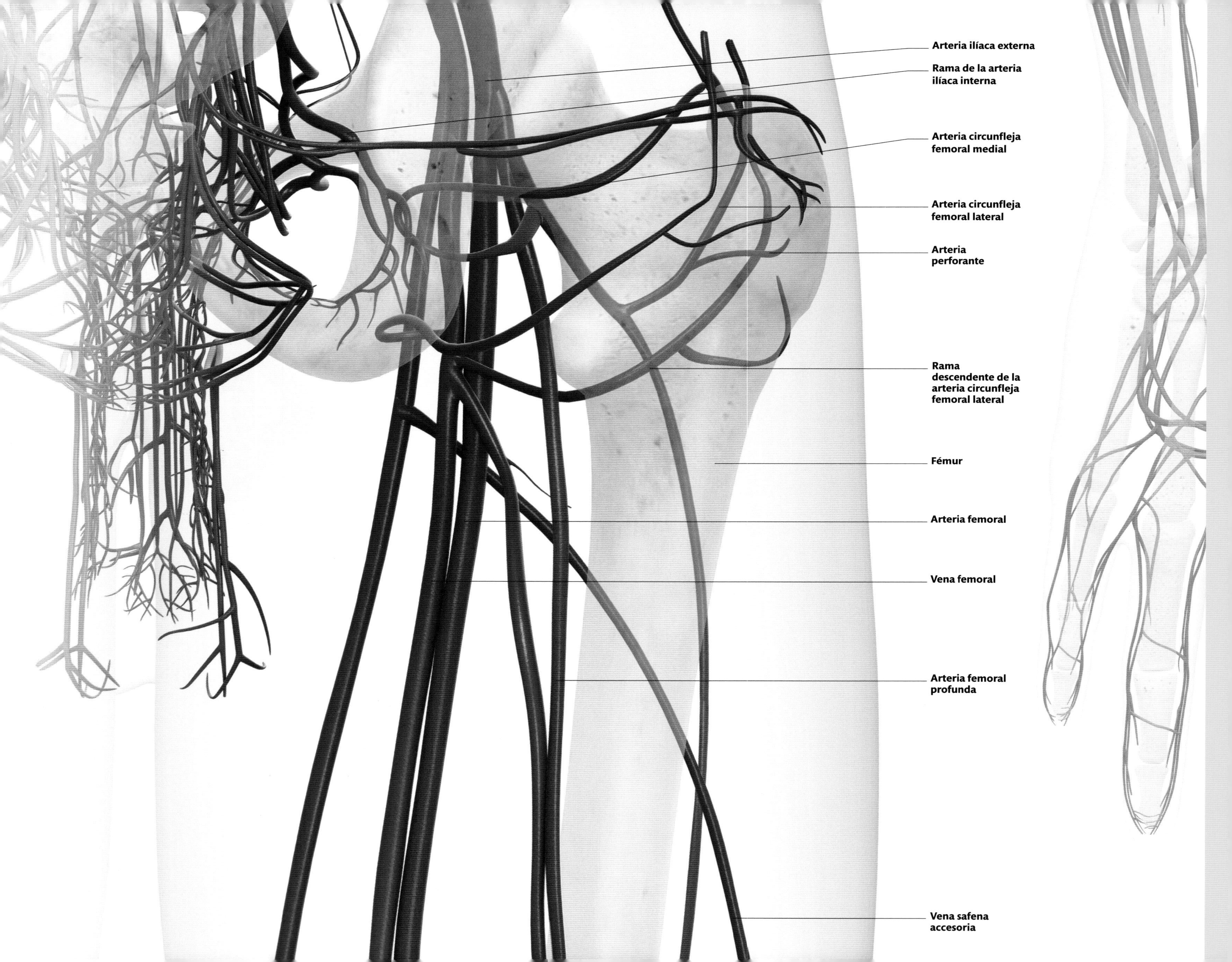
Arteria ilíaca externa
Rama de la arteria ilíaca interna
Arteria circunfleja femoral medial
Arteria circunfleja femoral lateral
Arteria perforante
Rama descendente de la arteria circunfleja femoral lateral
Fémur
Arteria femoral
Vena femoral
Arteria femoral profunda
Vena safena accesoria

CADERA Y MUSLO
CARDIOVASCULAR

En esta vista dorsal pueden verse claramente las ramas glúteas de la arteria ilíaca interna surgiendo a través del foramen (agujero) ciático mayor para abastecer la nalga. Los músculos y la piel de las caras interna y dorsal del muslo son abastecidos por ramas de la arteria femoral profunda: las arterias perforantes, llamadas así porque atraviesan el músculo aductor mayor. Más arriba, las arterias circunflejas femorales rodean el fémur. La arteria poplítea, ramificación de la femoral tras el paso de esta a través del hiato (o anillo) del aductor mayor, se halla en el dorso del fémur, más profunda que la vena poplítea.

POSTERIOR (DORSAL)

Vena safena mayor

Arteria genicular superolateral

Arteria genicular superomedial

Arteria poplítea
Se halla en lo profundo de la fosa poplítea, en el dorso de la rodilla, donde su pulso es más palpable con la rodilla flexionada

Vena poplítea

Arteria sural
La arteria poplítea se ramifica en dos arterias surales, que abastecen los músculos de la pantorrilla

Arteria genicular inferolateral

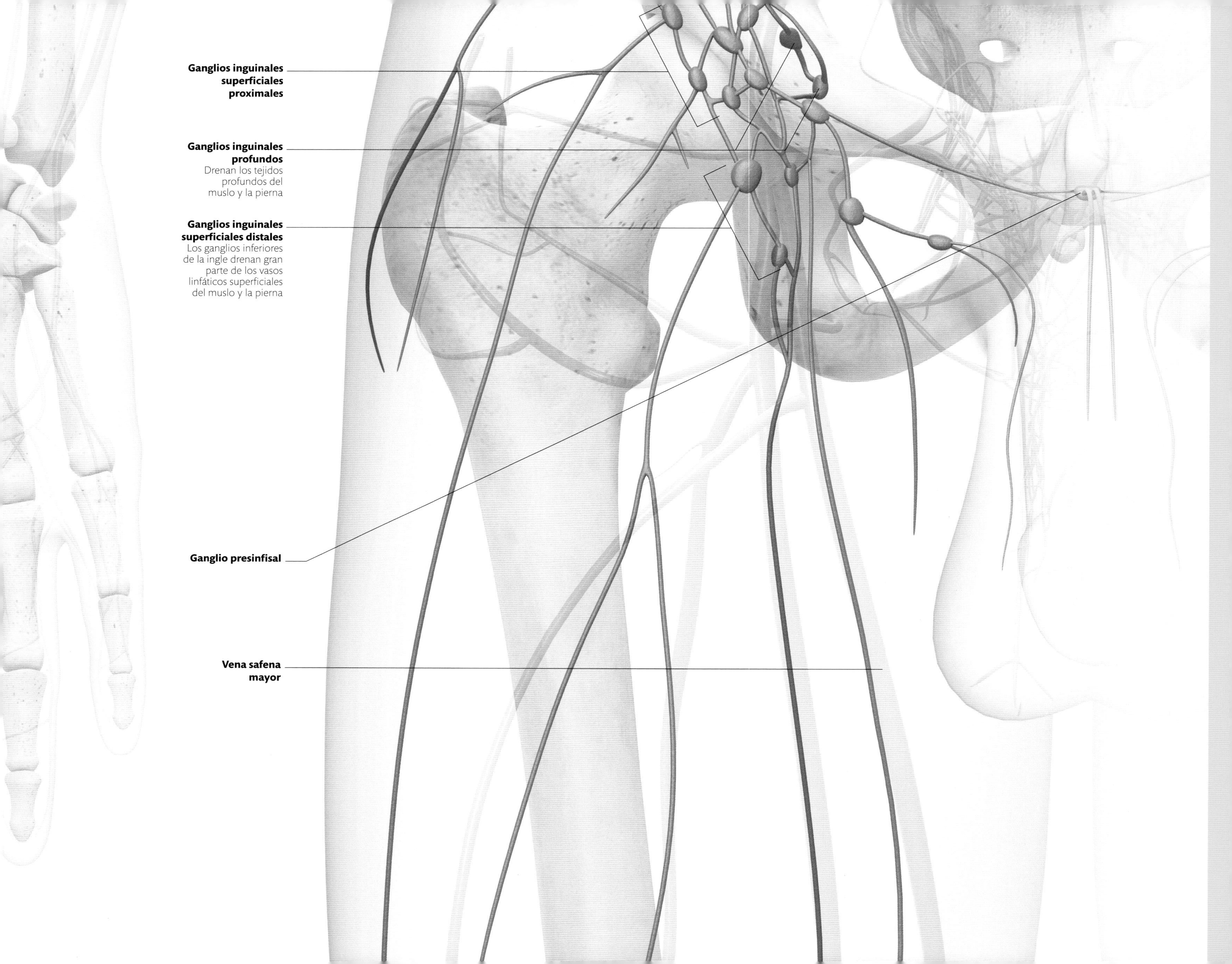

Ganglios inguinales superficiales proximales
Ganglios inguinales profundos
Drenan los tejidos profundos del muslo y la pierna
Ganglios inguinales superficiales distales
Los ganglios inferiores de la ingle drenan gran parte de los vasos linfáticos superficiales del muslo y la pierna
Ganglio presinfisal
Vena safena mayor

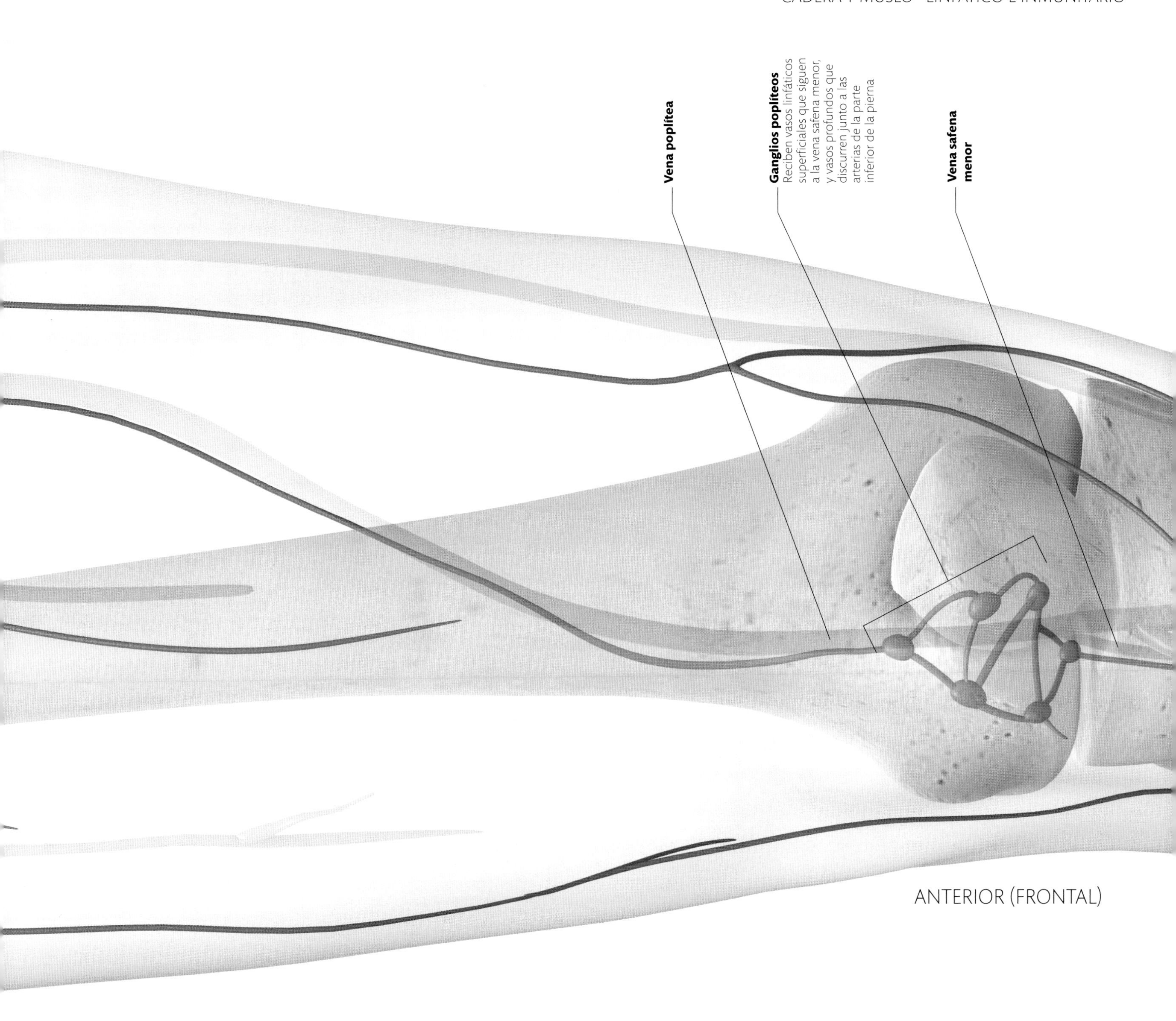
Vena poplítea
Ganglios poplíteos
Reciben vasos linfáticos superficiales que siguen a la vena safena menor, y vasos profundos que discurren junto a las arterias de la parte inferior de la pierna
Vena safena menor

ANTERIOR (FRONTAL)

CADERA Y MUSLO
LINFÁTICO E INMUNITARIO

La mayor parte de la linfa de muslo, pierna y pie pasa por el grupo inguinal de ganglios linfáticos. Pero la procedente de los tejidos profundos de la nalga pasa directamente a los ganglios internos de la pelvis (p. 188), situados a lo largo de las arterias ilíacas común e interna. Finalmente, toda la linfa de la pierna llega a los ganglios aórticos laterales, en la pared dorsal del abdomen. Igual que en el brazo, hay grupos de ganglios arracimados allí donde las venas superficiales se vacían en otras profundas. Los ganglios poplíteos se hallan cerca del punto en que la vena safena menor se vacía en la poplítea, y los ganglios inguinales, cerca del lugar en que la vena safena mayor se vacía en la femoral.

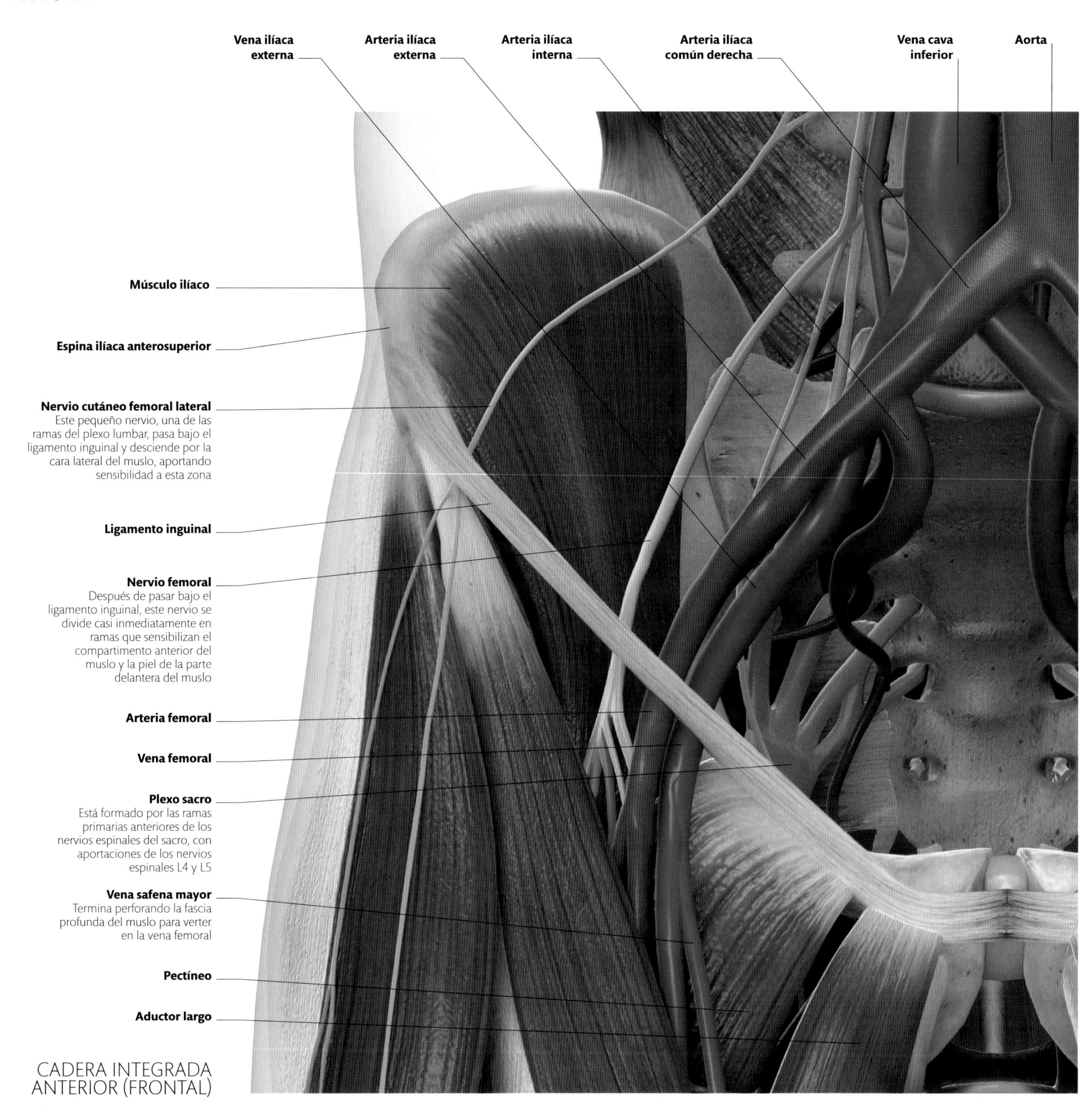
Vena ilíaca externa
Arteria ilíaca externa
Arteria ilíaca interna
Arteria ilíaca común derecha
Vena cava inferior
Aorta
Músculo ilíaco
Espina ilíaca anterosuperior
Nervio cutáneo femoral lateral
Este pequeño nervio, una de las ramas del plexo lumbar, pasa bajo el ligamento inguinal y desciende por la cara lateral del muslo, aportando sensibilidad a esta zona
Ligamento inguinal
Nervio femoral
Después de pasar bajo el ligamento inguinal, este nervio se divide casi inmediatamente en ramas que sensibilizan el compartimento anterior del muslo y la piel de la parte delantera del muslo
Arteria femoral
Vena femoral
Plexo sacro
Está formado por las ramas primarias anteriores de los nervios espinales del sacro, con aportaciones de los nervios espinales L4 y L5
Vena safena mayor
Termina perforando la fascia profunda del muslo para verter en la vena femoral
Pectíneo
Aductor largo

CADERA INTEGRADA ANTERIOR (FRONTAL)

CADERA
Y MUSLO
CADERA

Alrededor de la cadera hay muchos nervios y vasos de gran importancia clínica. El triángulo femoral, en la parte anterior de la cadera y enmarcado por el aductor largo y el ligamento inguinal, alberga el nervio, la arteria y la vena femorales. En esa zona es fácil captar el pulso de la arteria femoral. Aquí termina la vena safena mayor, que transcurre hacia arriba por la parte medial o lateral interior de la pierna y el muslo, y drena en la vena femoral.

La región glútea va desde la cresta ilíaca por arriba hasta el pliegue glúteo por abajo. Bajo el glúteo mayor se abren paso muchos nervios y arterias desde la pelvis hacia la región glútea, entre ellos el nervio ciático, que sale de debajo del músculo piriforme.

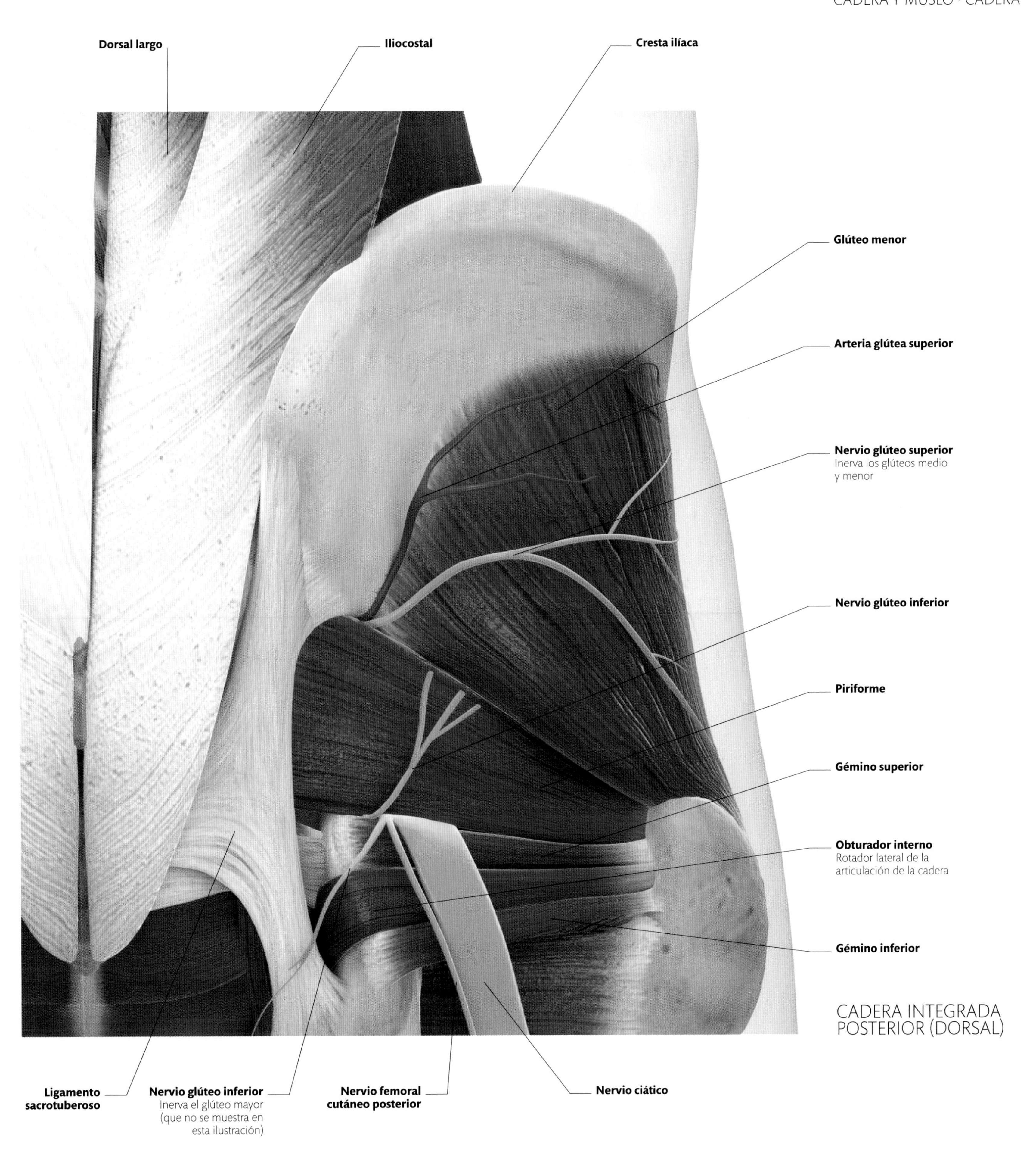
Dorsal largo
Iliocostal
Cresta ilíaca
Glúteo menor
Arteria glútea superior
Nervio glúteo superior
Inerva los glúteos medio y menor
Nervio glúteo inferior
Piriforme
Gémino superior
Obturador interno
Rotador lateral de la articulación de la cadera
Gémino inferior
Ligamento sacrotuberoso
Nervio glúteo inferior
Inerva el glúteo mayor (que no se muestra en esta ilustración)
Nervio femoral cutáneo posterior
Nervio ciático

CADERA INTEGRADA POSTERIOR (DORSAL)

ESPACIOS ANATÓMICOS DEL MIEMBRO INFERIOR

En la extremidad inferior, el triángulo femoral es una depresión rodeada por músculos y delimitada por el ligamento inguinal por arriba, el borde interno del músculo sartorio lateralmente y el borde interno del músculo aductor largo en su parte medial. El aductor largo se inclina hacia dentro y forma la base del triángulo, junto con los músculos pectíneo, psoas e ilíaco. El triángulo femoral contiene la arteria, la vena y el nervio femorales.

En la parte posterior de la articulación de la cadera, debajo del glúteo mayor, está el espacio subglúteo. Su base es la superficie posterior del cuello femoral y su límite lateral es la línea áspera (un borde del eje del fémur). Contiene el músculo piramidal, el tendón del músculo obturador interno flanqueado por los músculos géminos y el músculo cuadrado femoral. Además de los nervios y los vasos glúteos, en este espacio está el nervio ciático.

También se muestran aquí la vista medial y la lateral del tobillo, en las que se ve el túnel tarsiano. Los maléolos estabilizan la articulación del tobillo sujetando firmemente el astrágalo. Además actúan como poleas; los largos tendones de varios músculos de la pierna se enrollan detrás de cada maléolo y luego pasan por la parte delantera del pie.

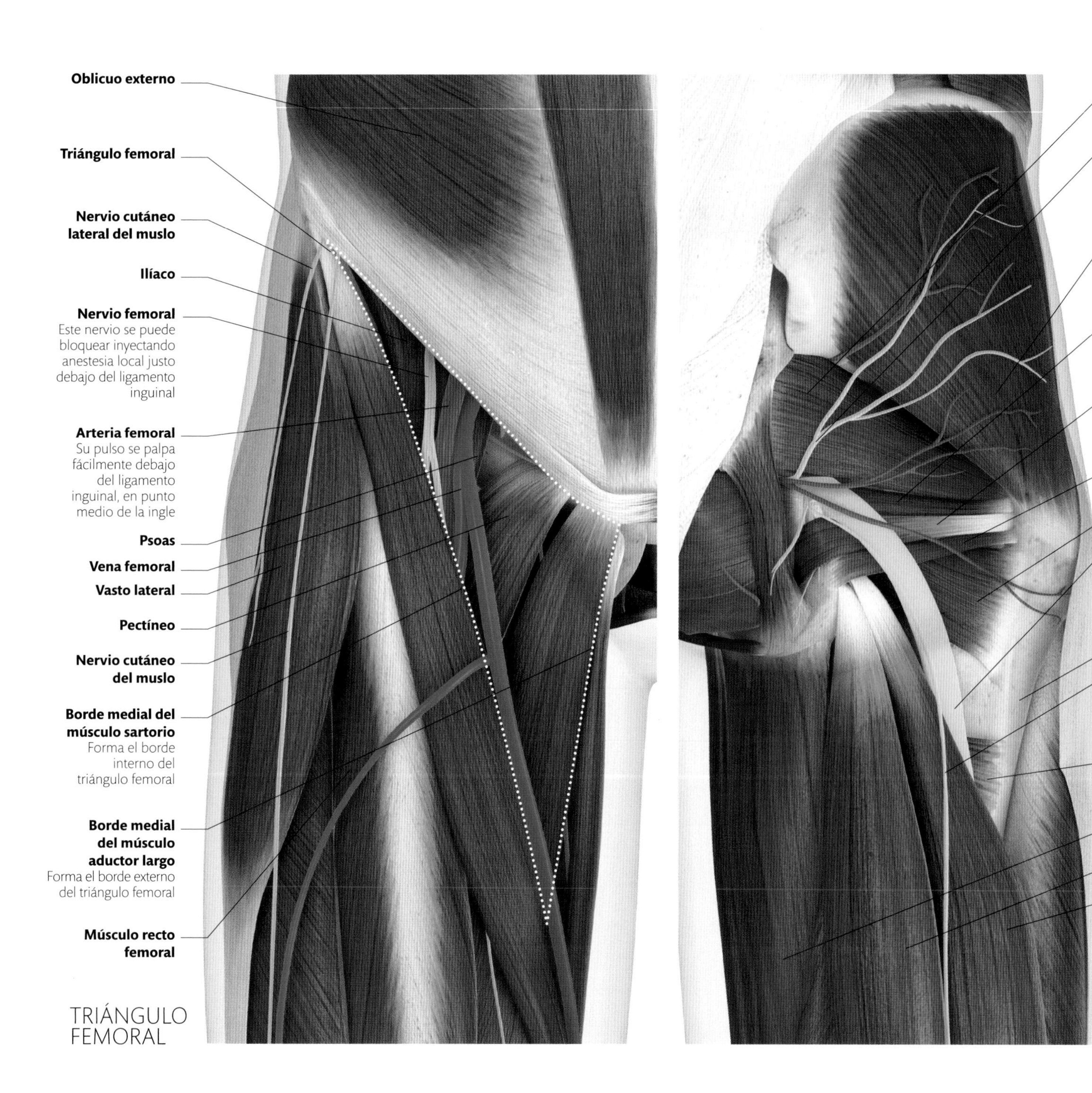
Oblicuo externo
Triángulo femoral
Nervio cutáneo lateral del muslo
Ilíaco
Nervio femoral
Este nervio se puede bloquear inyectando anestesia local justo debajo del ligamento inguinal
Arteria femoral
Su pulso se palpa fácilmente debajo del ligamento inguinal, en punto medio de la ingle
Psoas
Vena femoral
Vasto lateral
Pectíneo
Nervio cutáneo del muslo
Borde medial del músculo sartorio
Forma el borde interno del triángulo femoral
Borde medial del músculo aductor largo
Forma el borde externo del triángulo femoral
Músculo recto femoral
Piramidal
Nervio glúteo superior
Glúteo medio
Gémino superior
Tendón del obturador interno
Gémino inferior
Cuadrado femoral
Nervio ciático
Nace en la nalga, bajo el músculo piramidal, y desciende por la parte posterior del muslo
Fémur
Nervio cutáneo femoral posterior
Aductor mayor
Semimembranoso
Semitendinoso
Cabeza larga del tríceps

TRIÁNGULO FEMORAL

ESPACIO SUBGLÚTEO

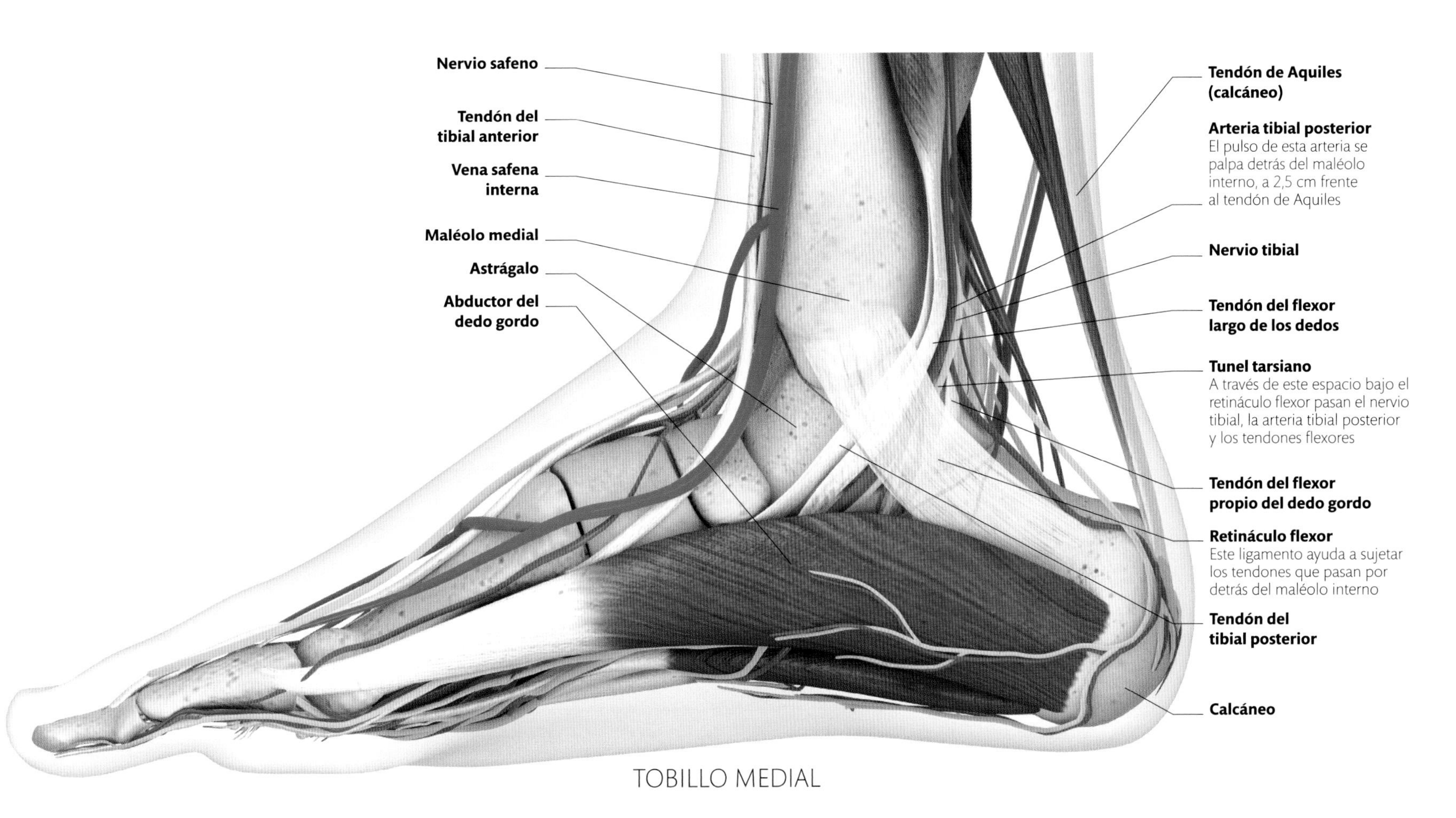
Nervio safeno
Tendón del tibial anterior
Vena safena interna
Maléolo medial
Astrágalo
Abductor del dedo gordo
Tendón de Aquiles (calcáneo)
Arteria tibial posterior
El pulso de esta arteria se palpa detrás del maléolo interno, a 2,5 cm frente al tendón de Aquiles
Nervio tibial
Tendón del flexor largo de los dedos
Tunel tarsiano
A través de este espacio bajo el retináculo flexor pasan el nervio tibial, la arteria tibial posterior y los tendones flexores
Tendón del flexor propio del dedo gordo
Retináculo flexor
Este ligamento ayuda a sujetar los tendones que pasan por detrás del maléolo interno
Tendón del tibial posterior
Calcáneo
TOBILLO MEDIAL

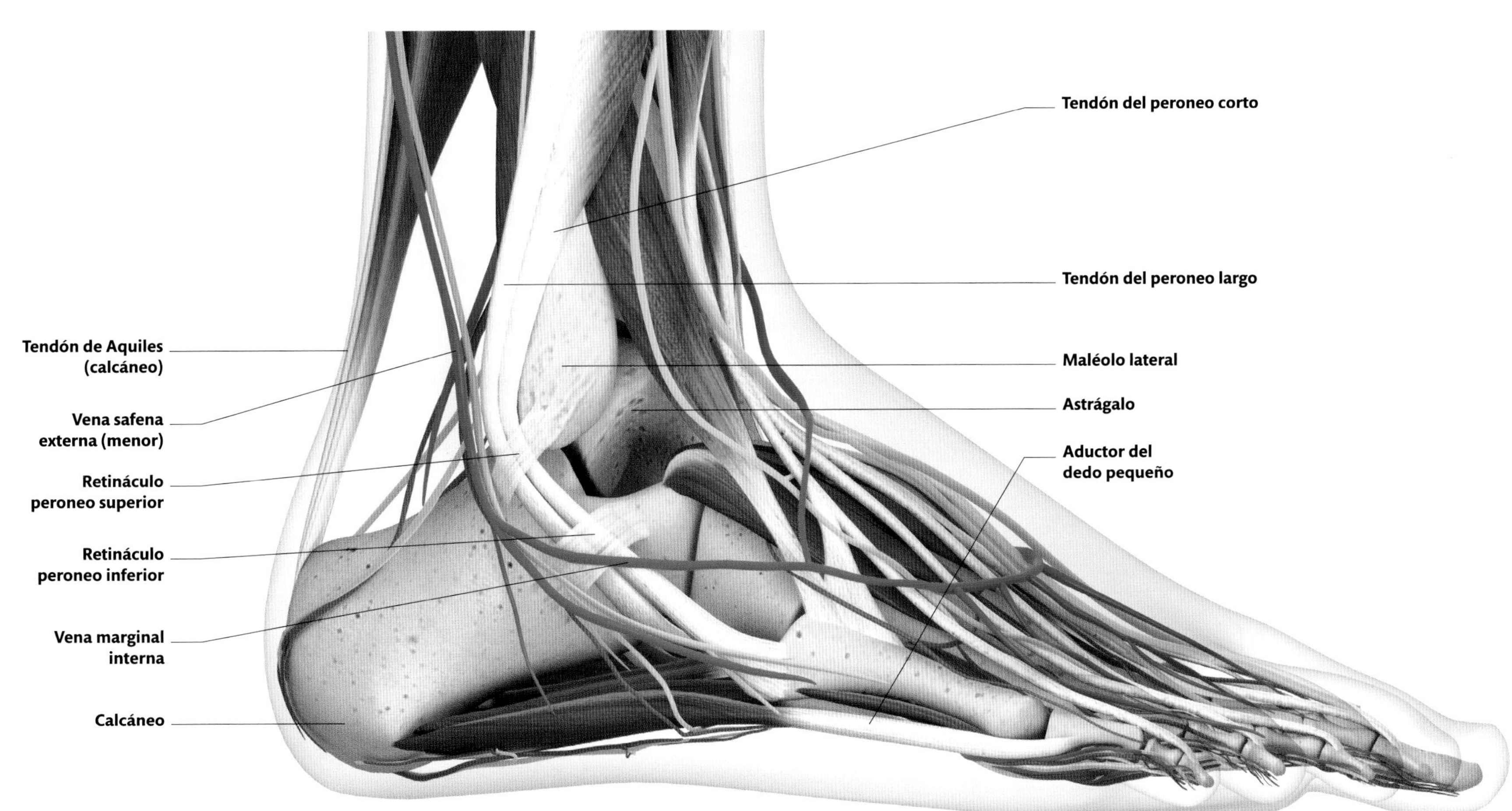
Tendón del peroneo corto
Tendón del peroneo largo
Maléolo lateral
Astrágalo
Aductor del dedo pequeño
Tendón de Aquiles (calcáneo)
Vena safena externa (menor)
Retináculo peroneo superior
Retináculo peroneo inferior
Vena marginal interna
Calcáneo
TOBILLO LATERAL

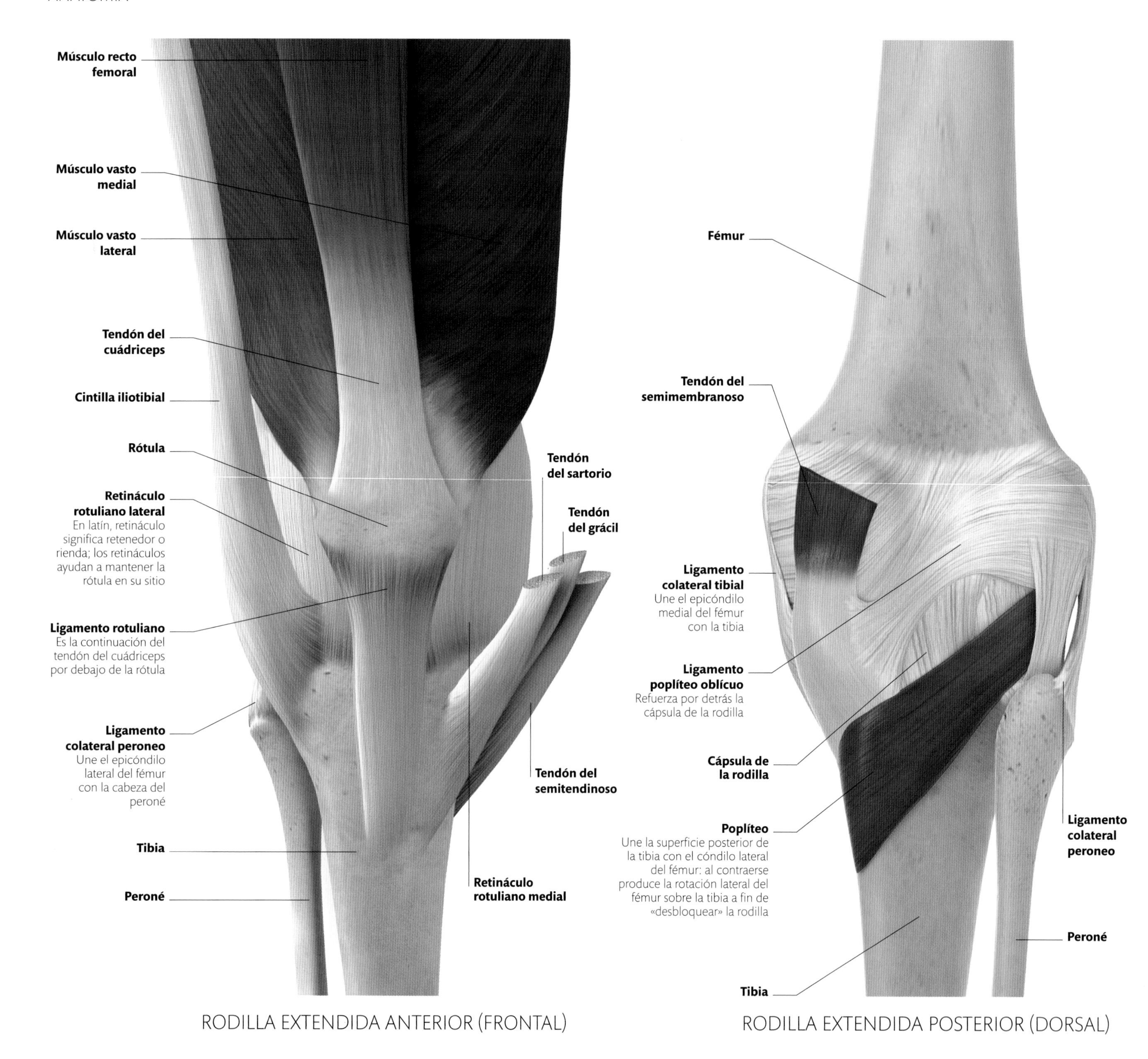
Músculo recto femoral
Músculo vasto medial
Músculo vasto lateral
Tendón del cuádriceps
Cintilla iliotibial
Rótula
Retináculo rotuliano lateral
En latín, retináculo significa retenedor o rienda; los retináculos ayudan a mantener la rótula en su sitio
Ligamento rotuliano
Es la continuación del tendón del cuádriceps por debajo de la rótula
Ligamento colateral peroneo
Une el epicóndilo lateral del fémur con la cabeza del peroné
Tibia
Peroné
Tendón del sartorio
Tendón del grácil
Tendón del semitendinoso
Retináculo rotuliano medial
Fémur
Tendón del semimembranoso
Ligamento colateral tibial
Une el epicóndilo medial del fémur con la tibia
Ligamento poplíteo oblícuo
Refuerza por detrás la cápsula de la rodilla
Cápsula de la rodilla
Poplíteo
Une la superficie posterior de la tibia con el cóndilo lateral del fémur: al contraerse produce la rotación lateral del fémur sobre la tibia a fin de «desbloquear» la rodilla
Ligamento colateral peroneo
Peroné
Tibia

RODILLA EXTENDIDA ANTERIOR (FRONTAL)

RODILLA EXTENDIDA POSTERIOR (DORSAL)

CADERA Y MUSLO

RODILLA

La articulación de la rodilla está formada por la unión del fémur con la tibia y el peroné. Aunque básicamente es una articulación troclear, también permite cierta rotación, junto con la flexión y la extensión. Esta variedad de movimientos se refleja en la complejidad de la propia articulación: los ligamentos cruzados unen el fémur y la tibia pasando uno sobre otro, como su nombre indica; sobre las facetas articulares de la tibia se encuentran dos discos fibrocartilaginosos de forma semilunar: los meniscos medial y lateral, y entre huesos, ligamentos y tendones existen numerosas bolsas de líquido sinovial que contribuye a la movilidad del conjunto.

La zona posterior, conocida como fosa poplítea, contiene una gran cantidad de grasa, pero también importantes nervios y vasos sanguíneos que pasan entre el muslo y la pierna.

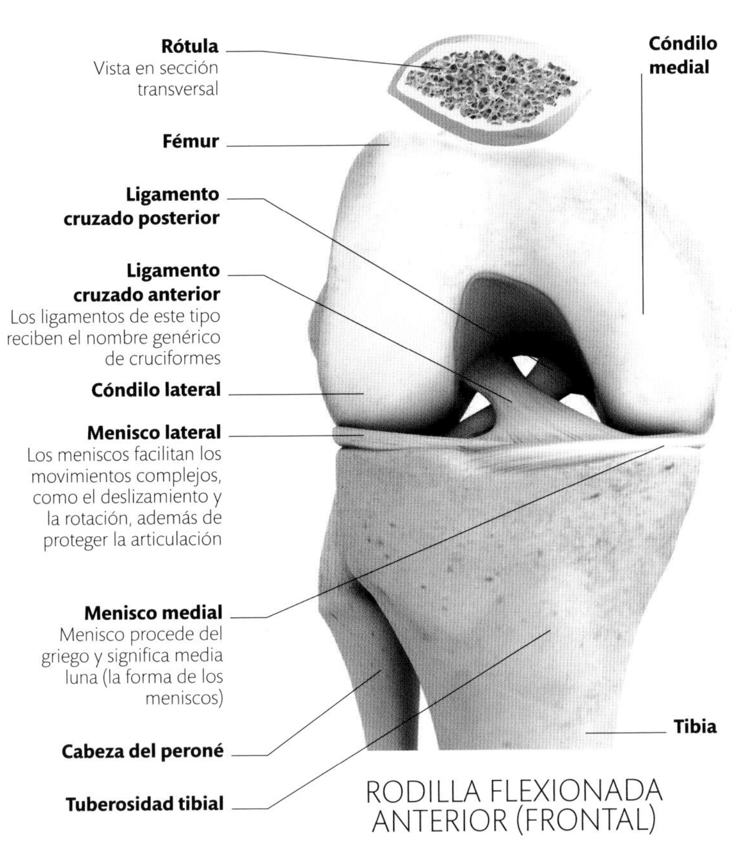
Rótula
Vista en sección transversal
Cóndilo medial
Fémur
Ligamento cruzado posterior
Ligamento cruzado anterior
Los ligamentos de este tipo reciben el nombre genérico de cruciformes
Cóndilo lateral
Menisco lateral
Los meniscos facilitan los movimientos complejos, como el deslizamiento y la rotación, además de proteger la articulación
Menisco medial
Menisco procede del griego y significa media luna (la forma de los meniscos)
Tibia
Cabeza del peroné
Tuberosidad tibial

RODILLA FLEXIONADA ANTERIOR (FRONTAL)

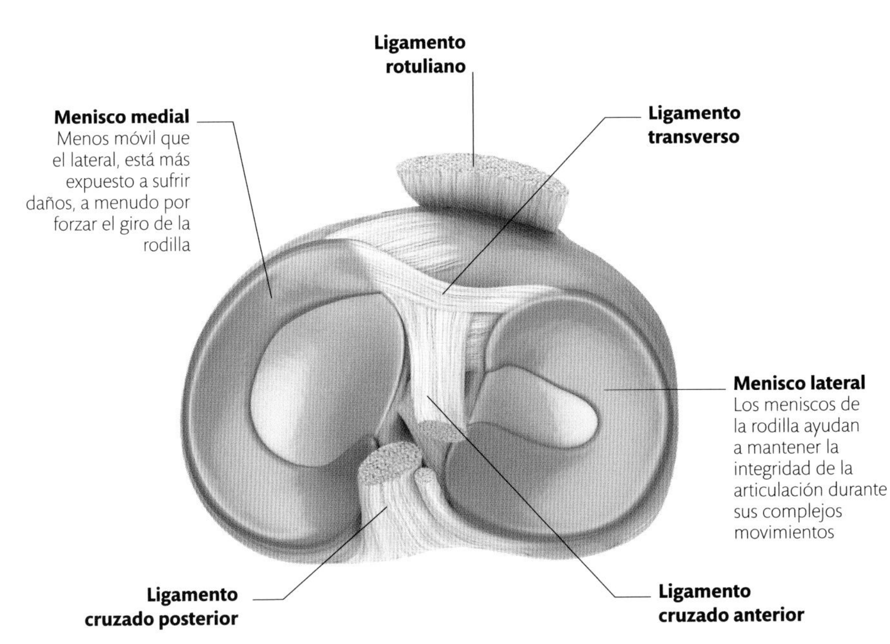
Ligamento rotuliano
Menisco medial
Menos móvil que el lateral, está más expuesto a sufrir daños, a menudo por forzar el giro de la rodilla
Ligamento transverso
Menisco lateral
Los meniscos de la rodilla ayudan a mantener la integridad de la articulación durante sus complejos movimientos
Ligamento cruzado posterior
Ligamento cruzado anterior

MESETA TIBIAL (VISTA SUPERIOR)

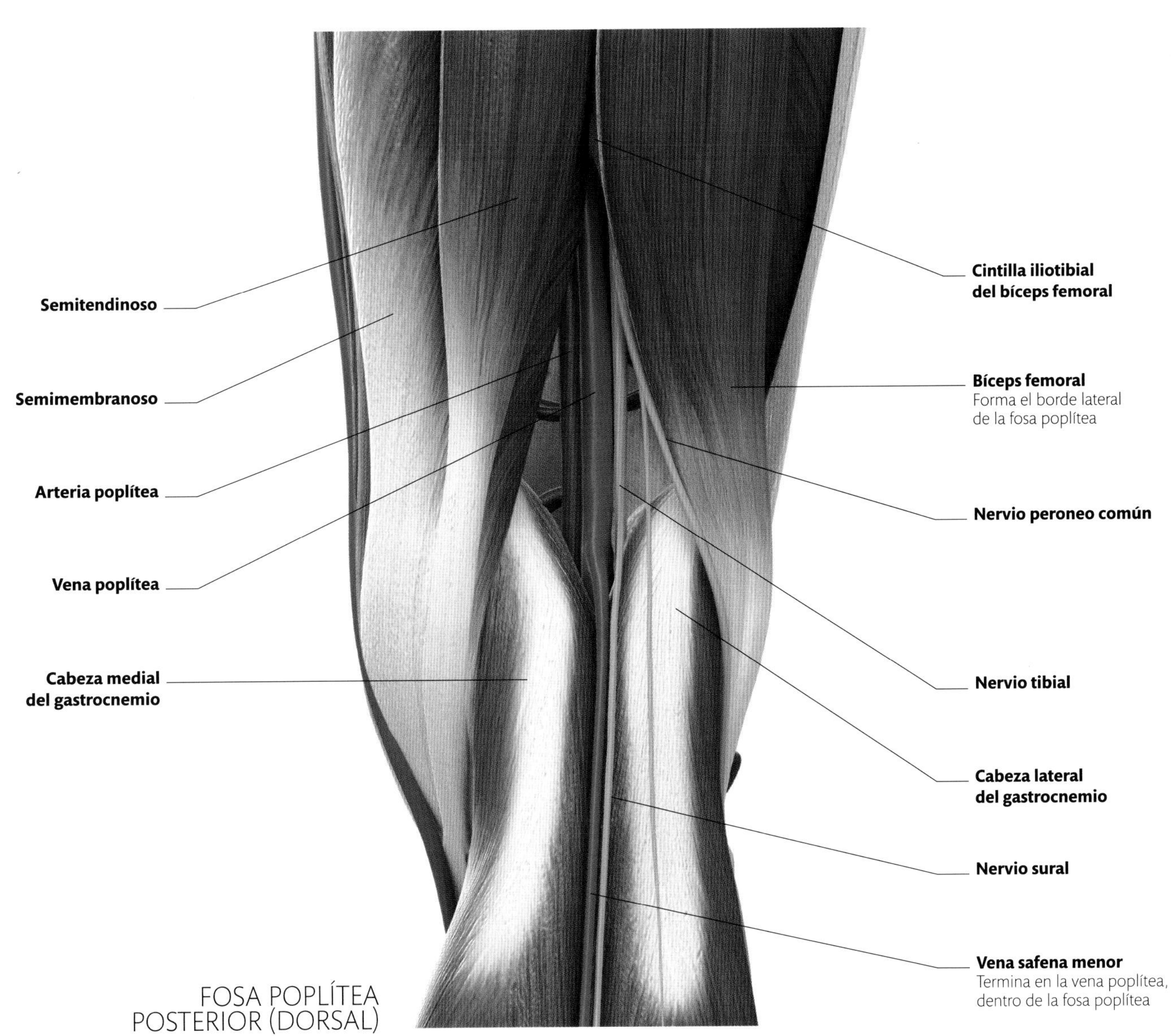
Semitendinoso
Semimembranoso
Arteria poplítea
Vena poplítea
Cabeza medial del gastrocnemio
Cintilla iliotibial del bíceps femoral
Bíceps femoral
Forma el borde lateral de la fosa poplítea
Nervio peroneo común
Nervio tibial
Cabeza lateral del gastrocnemio
Nervio sural
Vena safena menor
Termina en la vena poplítea, dentro de la fosa poplítea

FOSA POPLÍTEA POSTERIOR (DORSAL)

PIERNA Y PIE **ESQUELÉTICO**

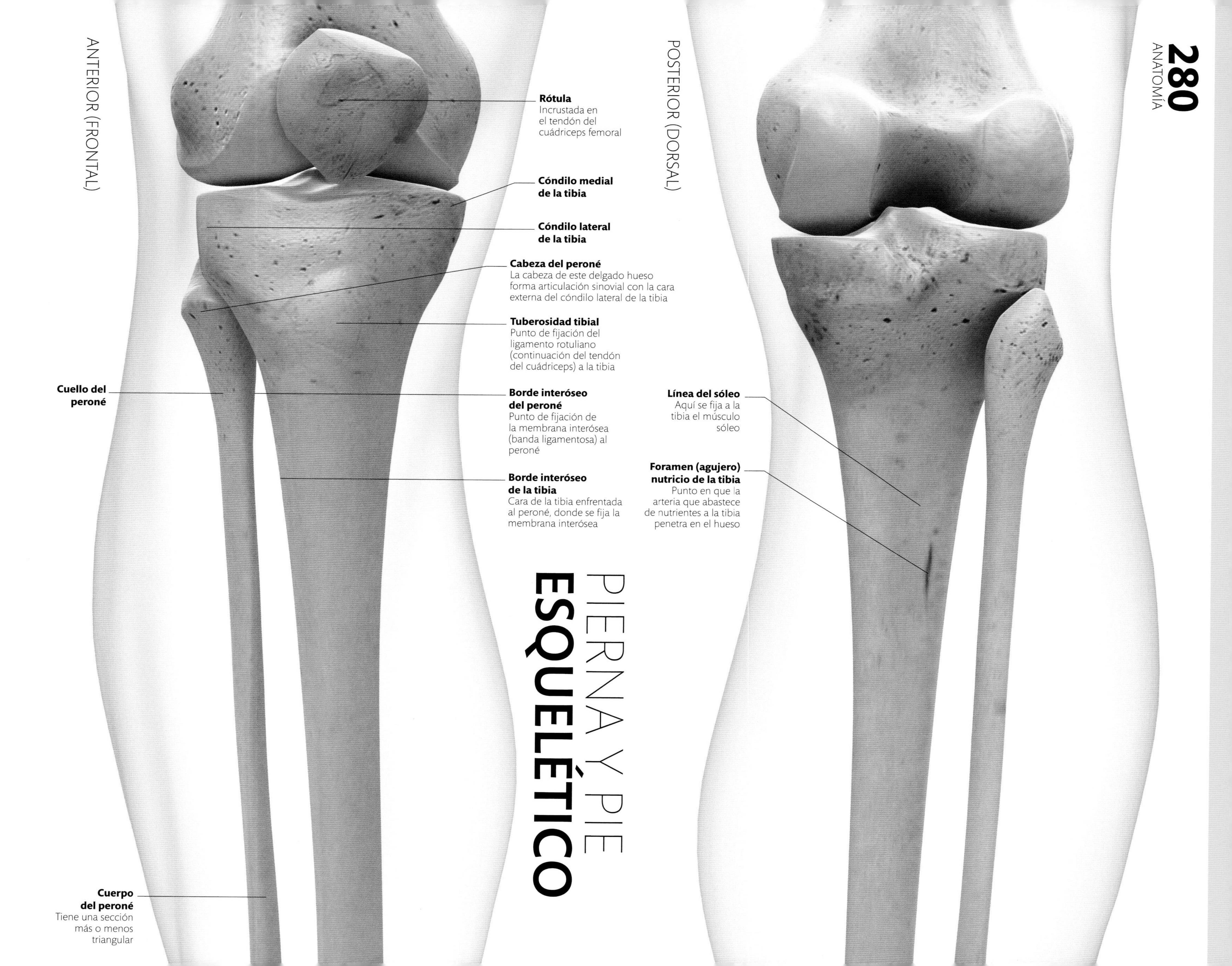
ANTERIOR (FRONTAL)
Rótula Incrustada en el tendón del cuádriceps femoral
Cóndilo medial de la tibia
Cóndilo lateral de la tibia
Cabeza del peroné La cabeza de este delgado hueso forma articulación sinovial con la cara externa del cóndilo lateral de la tibia
Tuberosidad tibial Punto de fijación del ligamento rotuliano (continuación del tendón del cuádriceps) a la tibia
Cuello del peroné
Borde interóseo del peroné Punto de fijación de la membrana interósea (banda ligamentosa) al peroné
Borde interóseo de la tibia Cara de la tibia enfrentada al peroné, donde se fija la membrana interósea
Cuerpo del peroné Tiene una sección más o menos triangular
POSTERIOR (DORSAL)
Línea del sóleo Aquí se fija a la tibia el músculo sóleo
Foramen (agujero) nutricio de la tibia Punto en que la arteria que abastece de nutrientes a la tibia penetra en el hueso

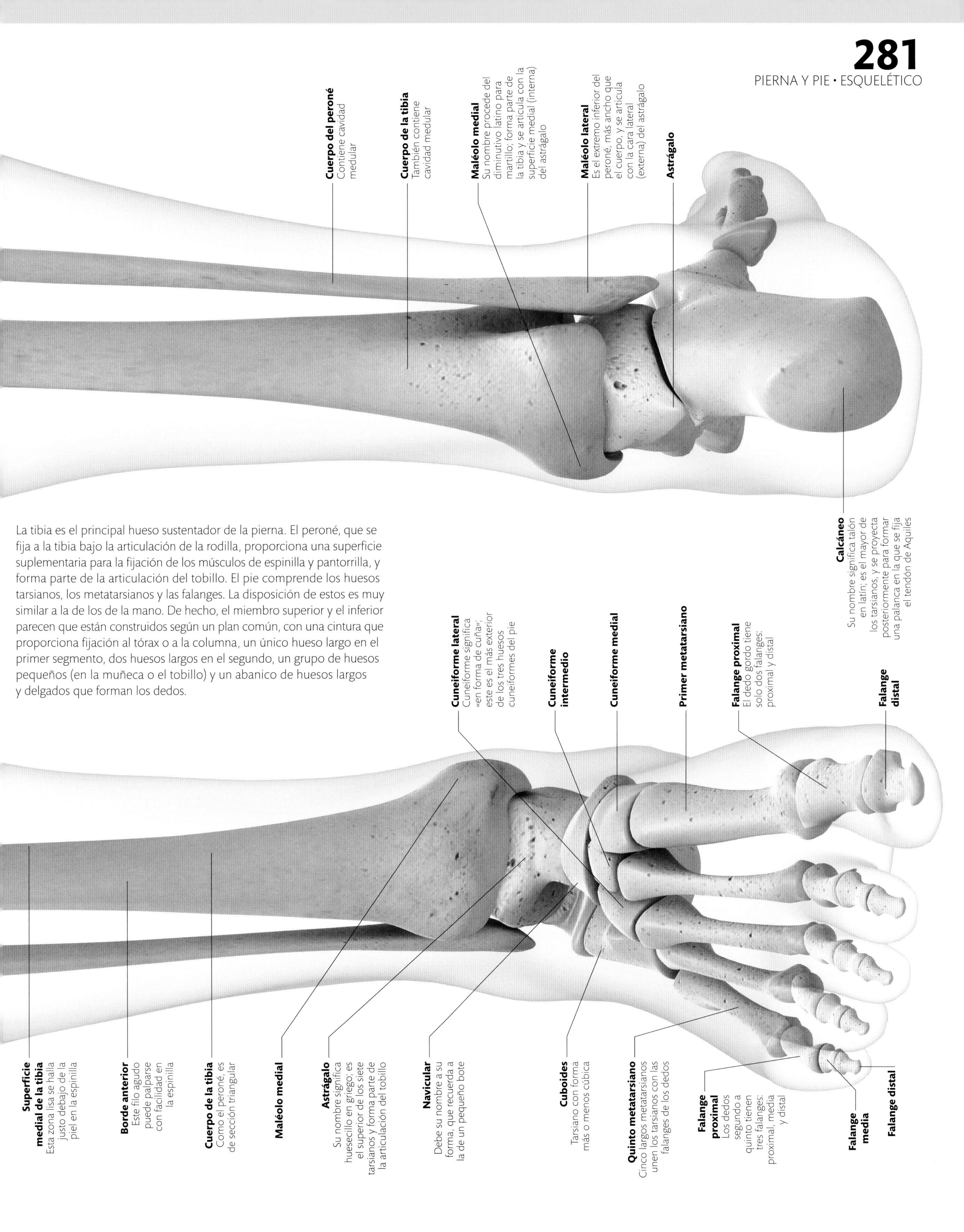
Cuerpo del peroné
Contiene cavidad medular
Cuerpo de la tibia
También contiene cavidad medular
Maléolo medial
Su nombre procede del diminutivo latino para martillo; forma parte de la tibia y se articula con la superficie medial (interna) del astrágalo
Maléolo lateral
Es el extremo inferior del peroné, más ancho que el cuerpo, y se articula con la cara lateral (externa) del astrágalo
Astrágalo
Calcáneo
Su nombre significa talón en latín; es el mayor de los tarsianos, y se proyecta posteriormente para formar una palanca en la que se fija el tendón de Aquiles
Cuneiforme lateral
Cuneiforme significa «en forma de cuña»; este es el más exterior de los tres huesos cuneiformes del pie
Cuneiforme intermedio
Cuneiforme medial
Primer metatarsiano
Falange proximal
El dedo gordo tiene solo dos falanges: proximal y distal
Falange distal
Superficie medial de la tibia
Esta zona lisa se halla justo debajo de la piel en la espinilla
Borde anterior
Este filo agudo puede palparse con facilidad en la espinilla
Cuerpo de la tibia
Como el peroné, es de sección triangular
Maléolo medial
Astrágalo
Su nombre significa huesecillo en griego; es el superior de los siete tarsianos y forma parte de la articulación del tobillo
Navicular
Debe su nombre a su forma, que recuerda a la de un pequeño bote
Cuboides
Tarsiano con forma más o menos cúbica
Quinto metatarsiano
Cinco largos metatarsianos unen los tarsianos con las falanges de los dedos
Falange proximal
Los dedos segundo a quinto tienen tres falanges: proximal, media y distal
Falange media
Falange distal

La tibia es el principal hueso sustentador de la pierna. El peroné, que se fija a la tibia bajo la articulación de la rodilla, proporciona una superficie suplementaria para la fijación de los músculos de espinilla y pantorrilla, y forma parte de la articulación del tobillo. El pie comprende los huesos tarsianos, los metatarsianos y las falanges. La disposición de estos es muy similar a la de los de la mano. De hecho, el miembro superior y el inferior parecen que están construidos según un plan común, con una cintura que proporciona fijación al tórax o a la columna, un único hueso largo en el primer segmento, dos huesos largos en el segundo, un grupo de huesos pequeños (en la muñeca o el tobillo) y un abanico de huesos largos y delgados que forman los dedos.

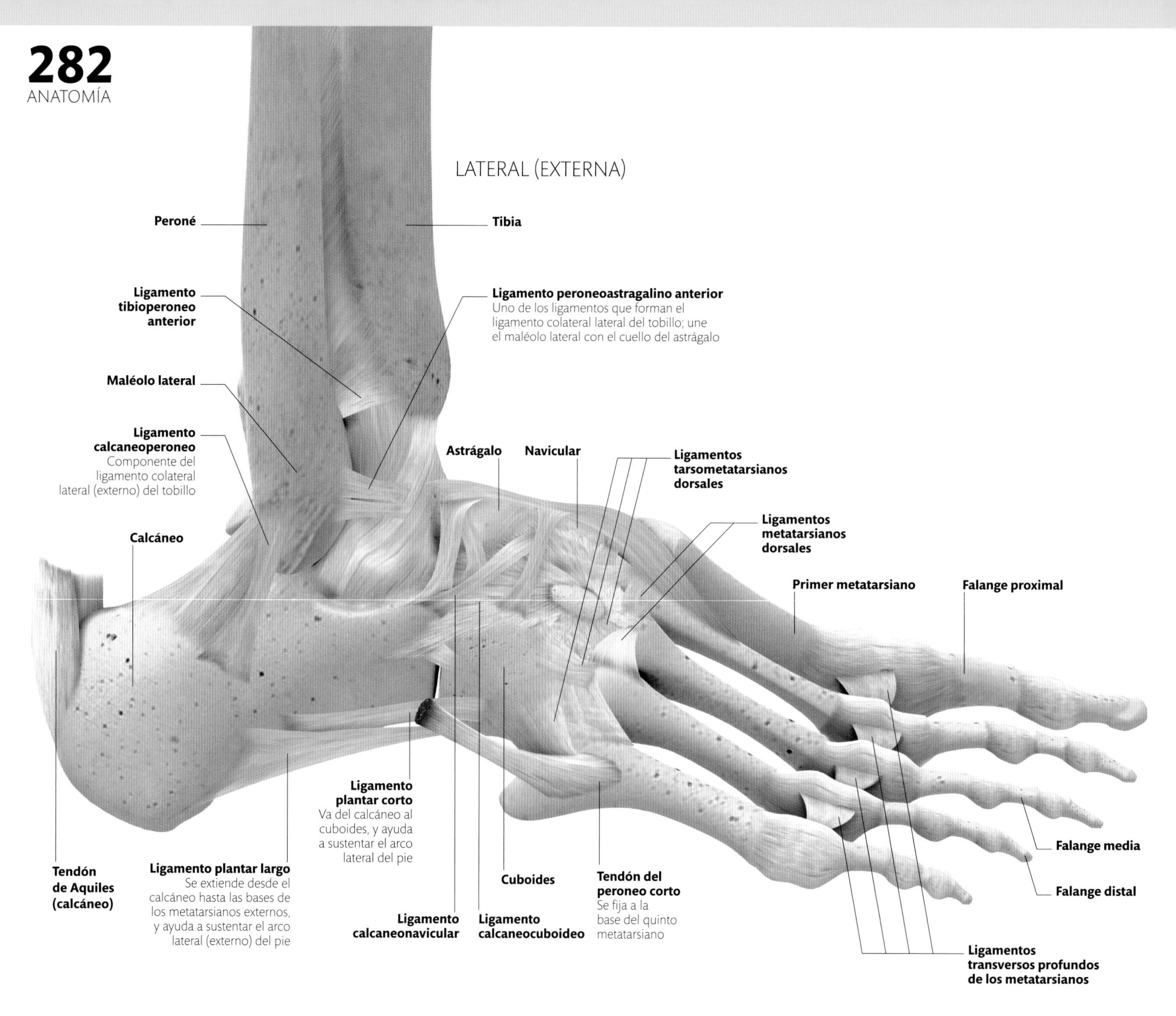
LATERAL (EXTERNA)
Peroné
Tibia
Ligamento tibioperoneo anterior
Ligamento peroneoastragalino anterior
Uno de los ligamentos que forman el ligamento colateral lateral del tobillo; une el maléolo lateral con el cuello del astrágalo
Maléolo lateral
Ligamento calcaneoperoneo
Componente del ligamento colateral lateral (externo) del tobillo
Astrágalo
Navicular
Ligamentos tarsometatarsianos dorsales
Ligamentos metatarsianos dorsales
Calcáneo
Primer metatarsiano
Falange proximal
Ligamento plantar corto
Va del calcáneo al cuboides, y ayuda a sustentar el arco lateral del pie
Falange media
Tendón de Aquiles (calcáneo)
Ligamento plantar largo
Se extiende desde el calcáneo hasta las bases de los metatarsianos externos, y ayuda a sustentar el arco lateral (externo) del pie
Cuboides
Tendón del peroneo corto
Se fija a la base del quinto metatarsiano
Falange distal
Ligamento calcaneonavicular
Ligamento calcaneocuboideo
Ligamentos transversos profundos de los metatarsianos

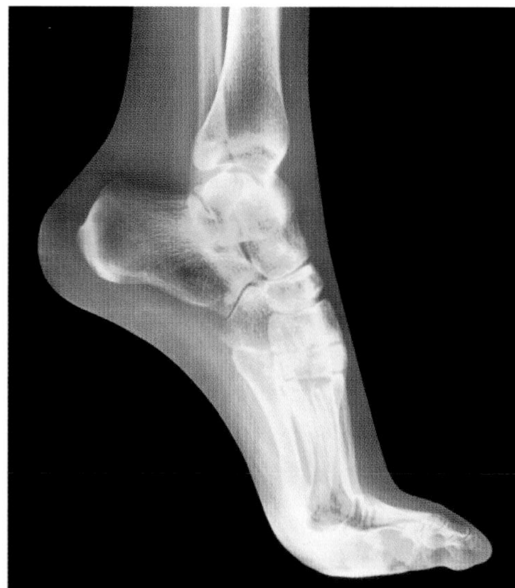

Radiografía de puntillas
Los músculos de la pantorrilla tiran de la palanca del calcáneo para flexionar el tobillo (flexión plantar), mientras las articulaciones metatarsofalángicas están extendidas.

PIERNA Y PIE
ESQUELÉTICO

La articulación del tobillo es una articulación troclear simple. Los extremos inferiores de tibia y peroné están firmemente unidos por ligamentos que forman una potente articulación fibrosa que se ajusta en torno al calcáneo limpiamente. Unos fuertes ligamentos colaterales a ambos lados estabilizan la articulación. El astrágalo forma articulaciones sinoviales (p. 49) con el calcáneo por detrás y con el navicular por delante; a la altura de esta última articulación hay otra entre el calcáneo y el cuboides. Estas articulaciones permiten que el pie gire hacia dentro y hacia fuera en los movimientos de inversión y eversión, respectivamente. El esqueleto del pie es una estructura elástica en que los huesos forman arcos unidos por ligamentos y sustentados por tendones.

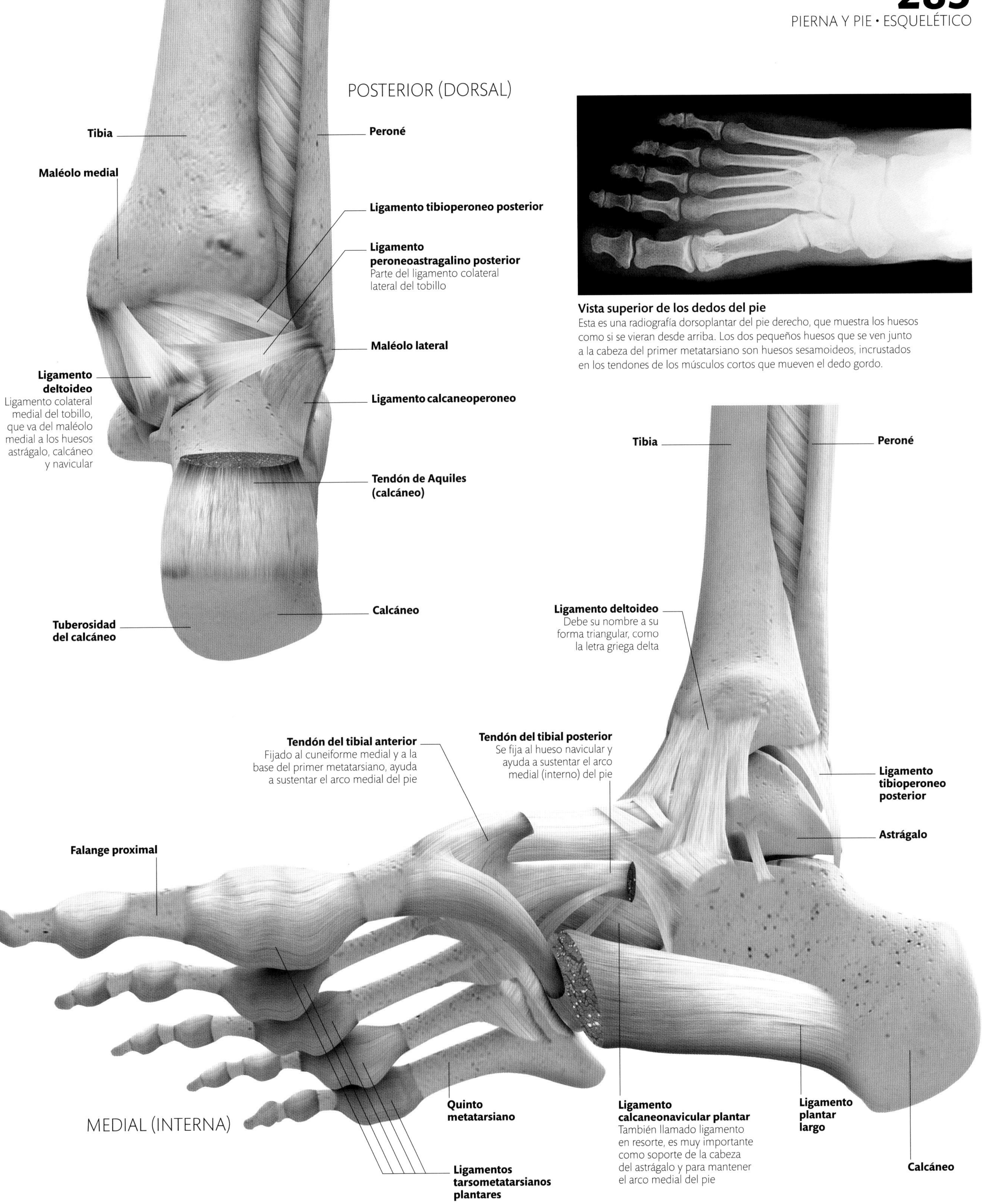
POSTERIOR (DORSAL)
Tibia
Peroné
Maléolo medial
Ligamento tibioperoneo posterior
Ligamento peroneoastragalino posterior
Parte del ligamento colateral lateral del tobillo
Maléolo lateral
Ligamento deltoideo
Ligamento colateral medial del tobillo, que va del maléolo medial a los huesos astrágalo, calcáneo y navicular
Ligamento calcaneoperoneo
Tendón de Aquiles (calcáneo)
Calcáneo
Tuberosidad del calcáneo
Tibia
Peroné
Ligamento deltoideo
Debe su nombre a su forma triangular, como la letra griega delta
Tendón del tibial anterior
Fijado al cuneiforme medial y a la base del primer metatarsiano, ayuda a sustentar el arco medial del pie
Tendón del tibial posterior
Se fija al hueso navicular y ayuda a sustentar el arco medial (interno) del pie
Ligamento tibioperoneo posterior
Astrágalo
Falange proximal
Quinto metatarsiano
Ligamento calcaneonavicular plantar
También llamado ligamento en resorte, es muy importante como soporte de la cabeza del astrágalo y para mantener el arco medial del pie
Ligamento plantar largo
Calcáneo
MEDIAL (INTERNA)
Ligamentos tarsometatarsianos plantares

Vista superior de los dedos del pie
Esta es una radiografía dorsoplantar del pie derecho, que muestra los huesos como si se vieran desde arriba. Los dos pequeños huesos que se ven junto a la cabeza del primer metatarsiano son huesos sesamoideos, incrustados en los tendones de los músculos cortos que mueven el dedo gordo.

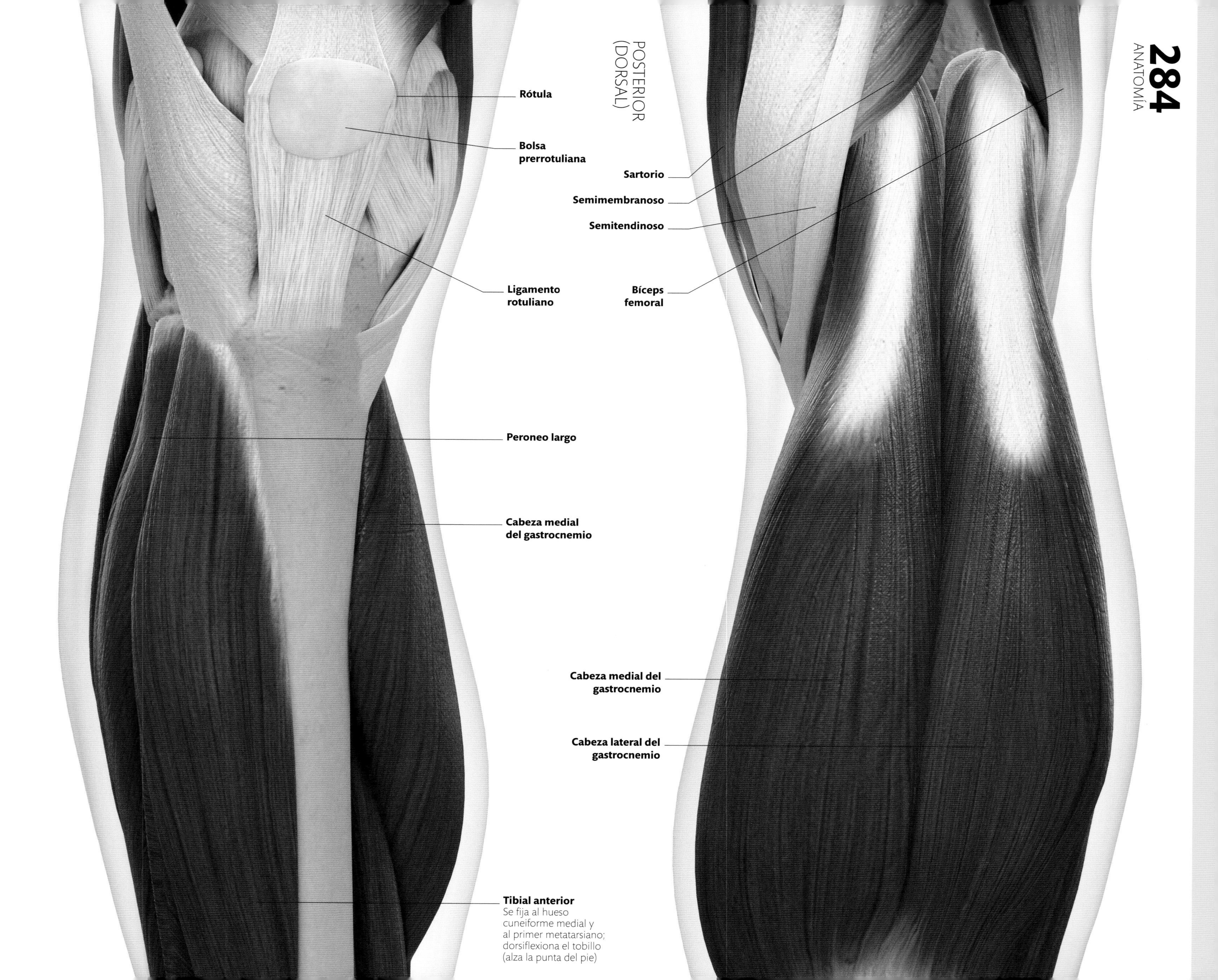
Rótula
Bolsa
prerrotuliana
Ligamento
rotuliano
Peroneo largo
Cabeza medial
del gastrocnemio
Tibial anterior
Se fija al hueso
cuneiforme medial y
al primer metatarsiano;
dorsiflexiona el tobillo
(alza la punta del pie)
POSTERIOR
(DORSAL)
Sartorio
Semimembranoso
Semitendinoso
Bíceps
femoral
Cabeza medial del
gastrocnemio
Cabeza lateral del
gastrocnemio

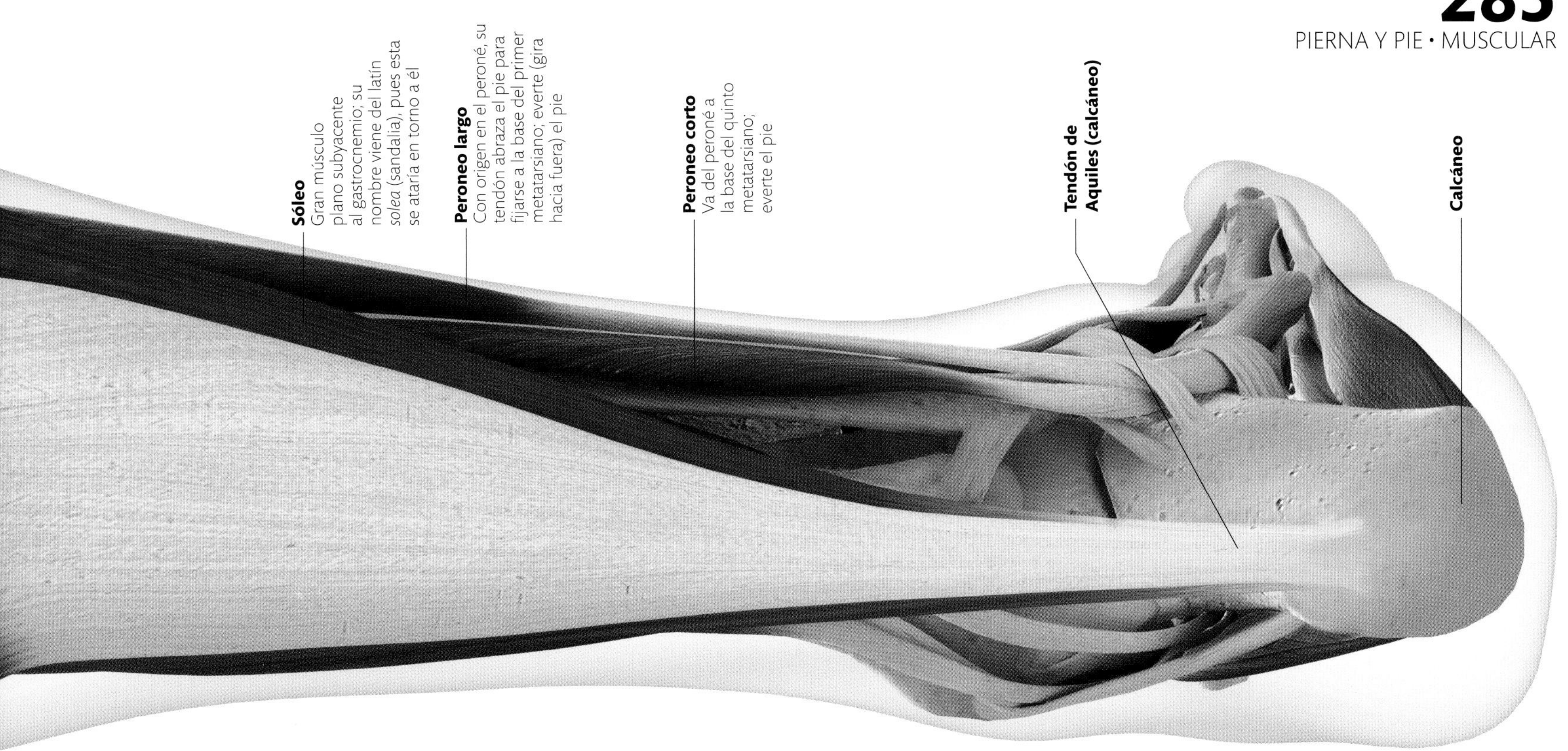
Sóleo
Gran músculo plano subyacente al gastrocnemio; su nombre viene del latín *solea* (sandalia), pues esta se ataría en torno a él
Peroneo largo
Con origen en el peroné, su tendón abraza el pie para fijarse a la base del primer metatarsiano; everte (gira hacia fuera) el pie
Peroneo corto
Va del peroné a la base del quinto metatarsiano; everte el pie
Tendón de Aquiles (calcáneo)
Calcáneo

PIERNA Y PIE **MUSCULAR**

MÚSCULOS SUPERFICIALES

La superficie medial de la tibia es fácilmente palpable bajo la piel de la espinilla. Si se mueven los dedos del pie hacia arriba, se notará el agudo borde del hueso junto a un borde blando muscular a lo largo del mismo. Estos músculos tienen tendones que descienden hasta el pie, y que pueden levantarlo mediante la dorsiflexión del tobillo; algunos tendones extensores siguen hasta los dedos. Los músculos del dorso de la pierna forman la pantorrilla. Los dos mayores, el gastrocnemio y el sóleo, bajo él, se unen para formar el tendón de Aquiles: tiran hacia arriba de la palanca del calcáneo, empujando hacia abajo la eminencia metatarsiana (la bola del pie), e intervienen para alzar el talón del suelo al andar o al correr.

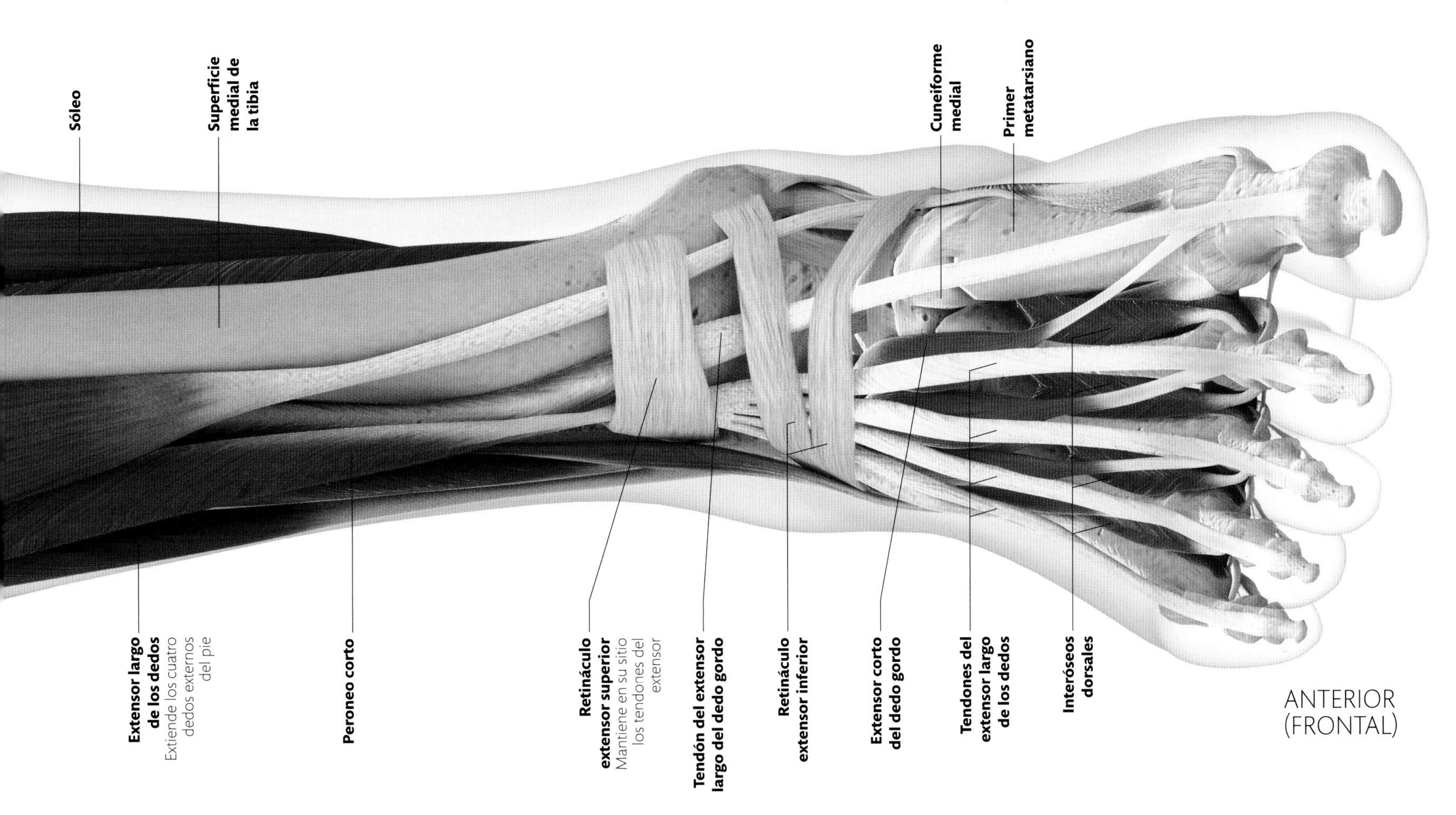
Sóleo
Superficie medial de la tibia
Cuneiforme medial
Primer metatarsiano
Extensor largo de los dedos
Extiende los cuatro dedos externos del pie
Peroneo corto
Retináculo extensor superior
Mantiene en su sitio los tendones del extensor
Tendón del extensor largo del dedo gordo
Retináculo extensor inferior
Extensor corto del dedo gordo
Tendones del extensor largo de los dedos
Interóseos dorsales
ANTERIOR (FRONTAL)

PIERNA Y PIE
MUSCULAR

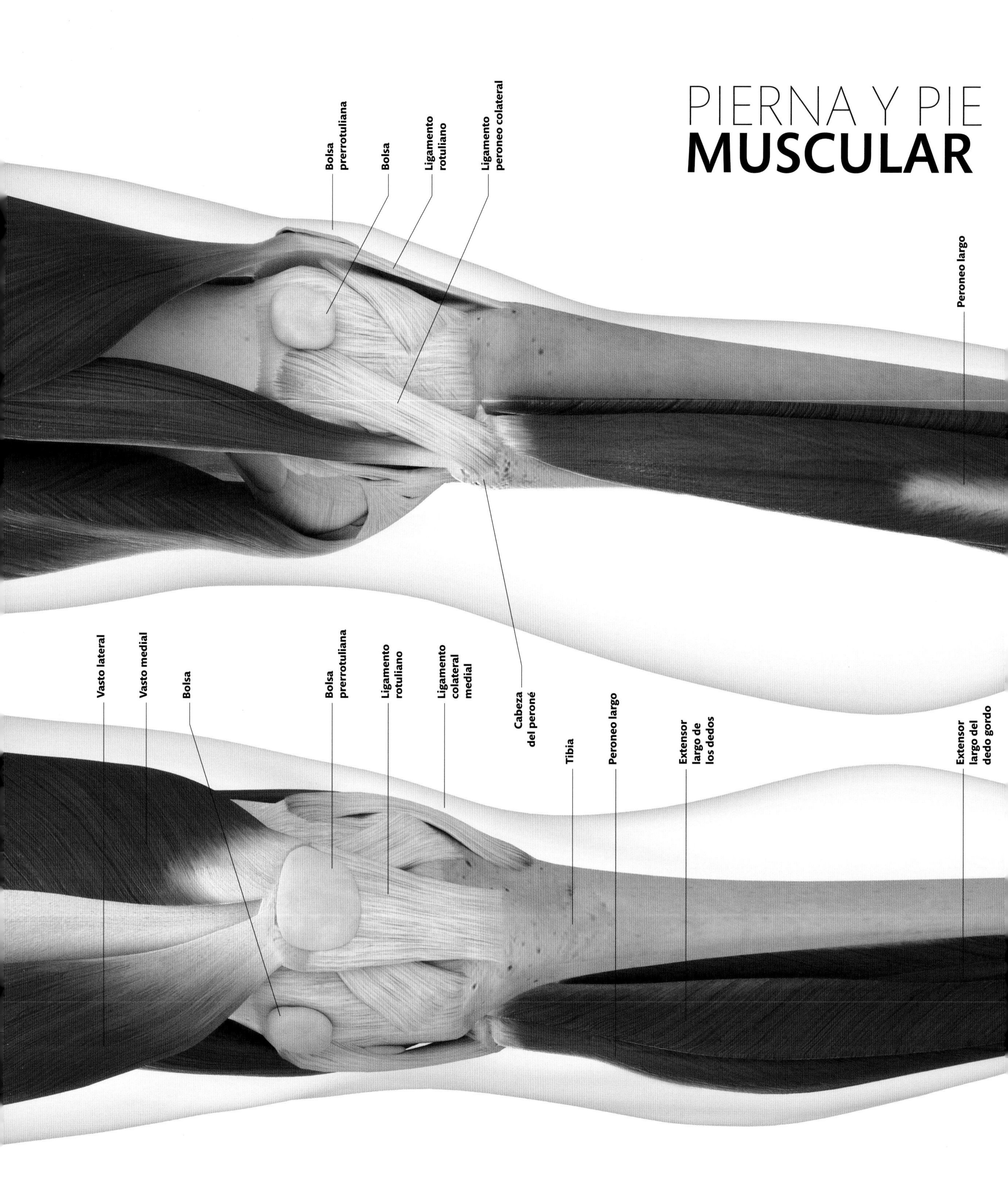
Bolsa prerrotuliana
Bolsa
Ligamento rotuliano
Ligamento peroneo colateral
Peroneo largo
Vasto lateral
Vasto medial
Bolsa
Bolsa prerrotuliana
Ligamento rotuliano
Ligamento colateral medial
Cabeza del peroné
Tibia
Peroneo largo
Extensor largo de los dedos
Extensor largo del dedo gordo

MÚSCULOS PROFUNDOS

Dos músculos recorren toda la cara lateral (externa) de la pierna hasta el pie: el peroneo largo y el corto (p. 285), que tiran hacia arriba de la parte externa del pie en un movimiento llamado eversión. El tendón del peroneo largo recorre el pie por debajo hasta fijarse en la cara interna, y ayuda a mantener el arco transverso del pie. El flexor largo del dedo gordo se origina en el peroné y la membrana interósea, y su tendón desciende por detrás del maléolo medial y llega a la planta del pie, donde se fija a la falange distal del dedo gordo.

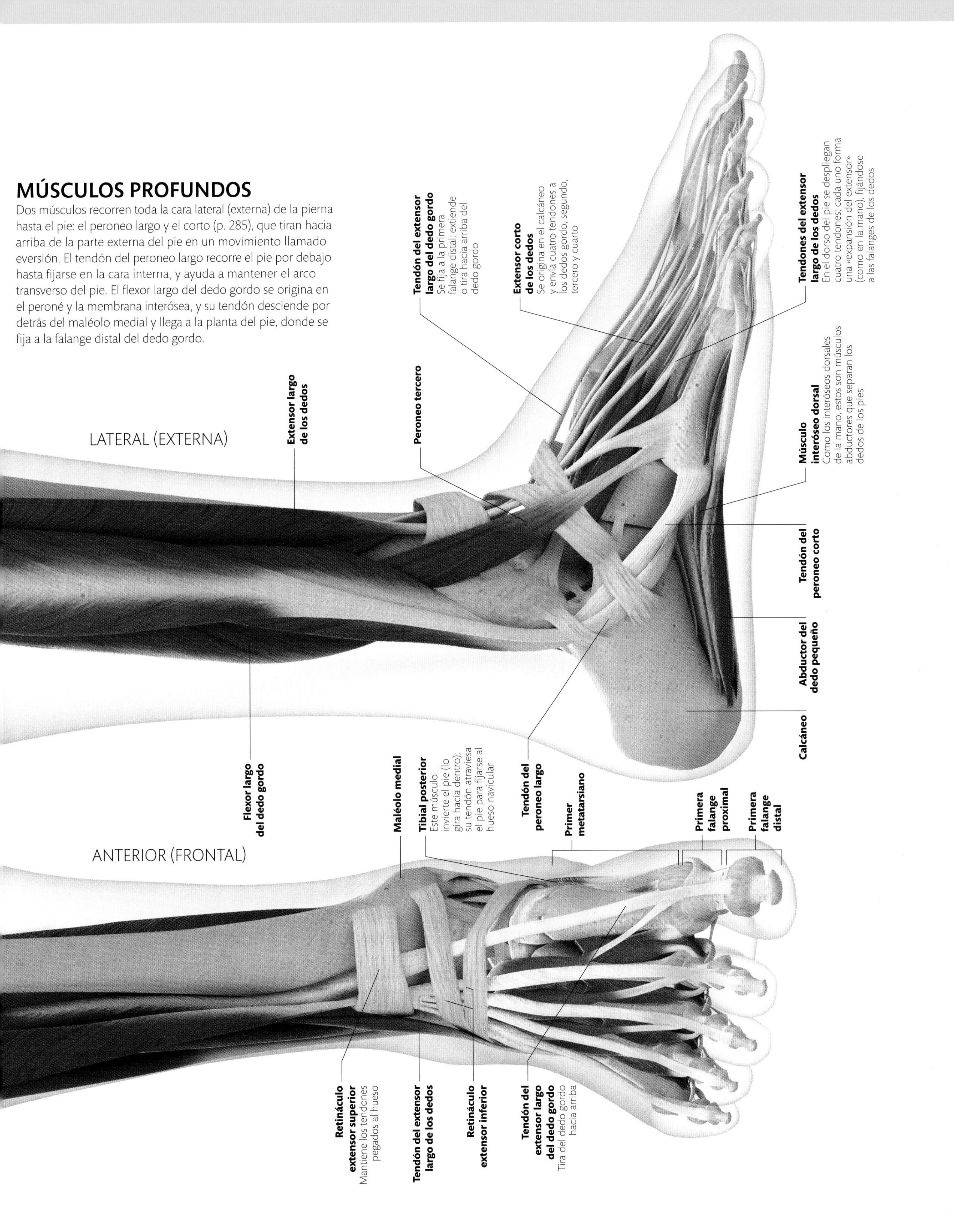
LATERAL (EXTERNA)
Extensor largo de los dedos
Peroneo tercero
Tendón del extensor largo del dedo gordo
Se fija a la primera falange distal; extiende o tira hacia arriba del dedo gordo
Extensor corto de los dedos
Se origina en el calcáneo y envía cuatro tendones a los dedos gordo, segundo, tercero y cuarto
Tendones del extensor largo de los dedos
En el dorso del pie se despliegan cuatro tendones; cada uno forma una «expansión del extensor» (como en la mano), fijándose a las falanges de los dedos
Músculo interóseo dorsal
Como los interóseos dorsales de la mano, estos son músculos abductores que separan los dedos de los pies
Tendón del peroneo corto
Abductor del dedo pequeño
Calcáneo
Tendón del peroneo largo
Flexor largo del dedo gordo
ANTERIOR (FRONTAL)
Maléolo medial
Tibial posterior
Este músculo invierte el pie (lo gira hacia dentro); su tendón atraviesa el pie para fijarse al hueso navicular
Primer metatarsiano
Primera falange proximal
Primera falange distal
Retináculo extensor superior
Mantiene los tendones pegados al hueso
Tendón del extensor largo de los dedos
Retináculo extensor inferior
Tendón del extensor largo del dedo gordo
Tira del dedo gordo hacia arriba

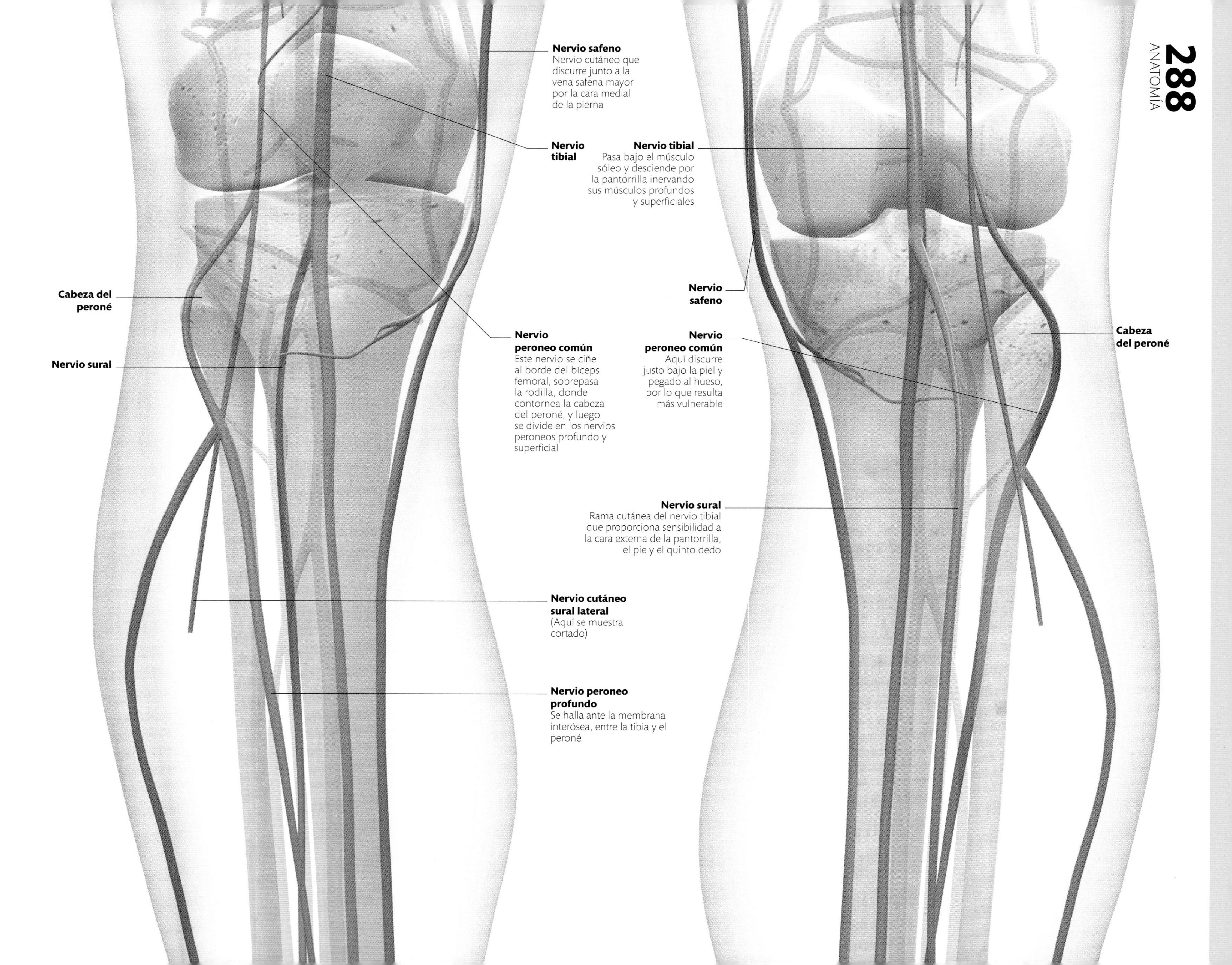
Cabeza del peroné
Nervio sural
Nervio safeno
Nervio cutáneo que discurre junto a la vena safena mayor por la cara medial de la pierna
Nervio tibial
Nervio peroneo común
Este nervio se ciñe al borde del bíceps femoral, sobrepasa la rodilla, donde contornea la cabeza del peroné, y luego se divide en los nervios peroneos profundo y superficial
Nervio cutáneo sural lateral
(Aquí se muestra cortado)
Nervio peroneo profundo
Se halla ante la membrana interósea, entre la tibia y el peroné
Nervio tibial
Pasa bajo el músculo sóleo y desciende por la pantorrilla inervando sus músculos profundos y superficiales
Nervio safeno
Nervio peroneo común
Aquí discurre justo bajo la piel y pegado al hueso, por lo que resulta más vulnerable
Cabeza del peroné
Nervio sural
Rama cutánea del nervio tibial que proporciona sensibilidad a la cara externa de la pantorrilla, el pie y el quinto dedo

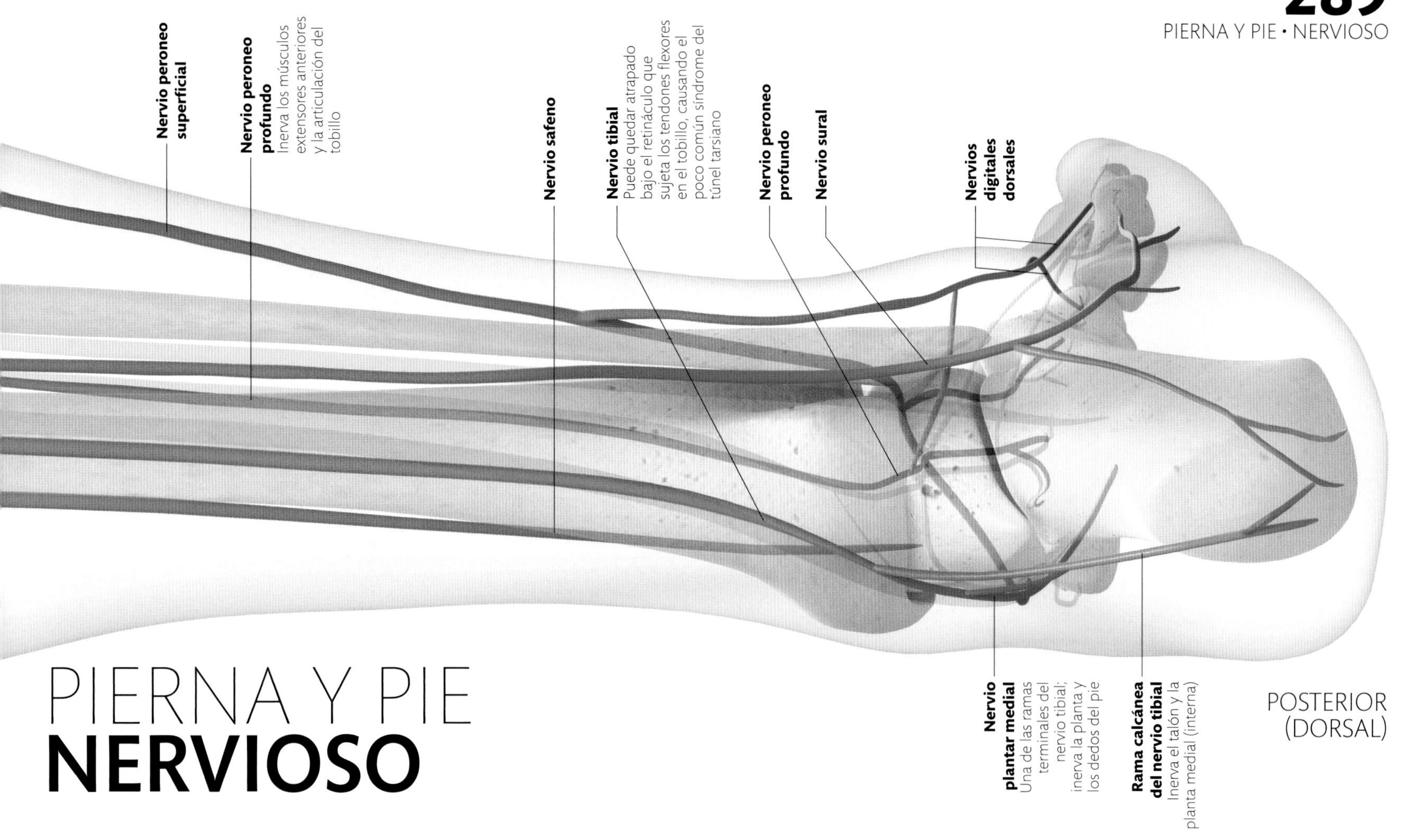
Nervio peroneo superficial
Nervio peroneo profundo Inerva los músculos extensores anteriores y la articulación del tobillo
Nervio safeno
Nervio tibial Puede quedar atrapado bajo el retináculo que sujeta los tendones flexores en el tobillo, causando el poco común síndrome del túnel tarsiano
Nervio peroneo profundo
Nervio sural
Nervios digitales dorsales
Nervio plantar medial Una de las ramas terminales del nervio tibial; inerva la planta y los dedos del pie
Rama calcánea del nervio tibial Inerva el talón y la planta medial (interna)
POSTERIOR (DORSAL)

PIERNA Y PIE **NERVIOSO**

El nervio peroneo común desciende por la rodilla, abraza la cabeza del peroné y se divide en los nervios peroneos profundo y superficial. El peroneo profundo inerva los músculos extensores de la espinilla y luego se ramifica para proporcionar sensibilidad a la piel del dorso del pie. El peroneo superficial discurre por el lateral de la pierna e inerva los músculos peroneos.

El nervio tibial atraviesa la fosa poplítea (dorso de la rodilla) y pasa bajo el músculo sóleo y entre los músculos profundos y superficiales de la pantorrilla, inervándolos; después sigue por detrás del maléolo medial y por debajo del pie para dividirse en dos nervios plantares que inervan los músculos pequeños del pie y la piel de la planta.

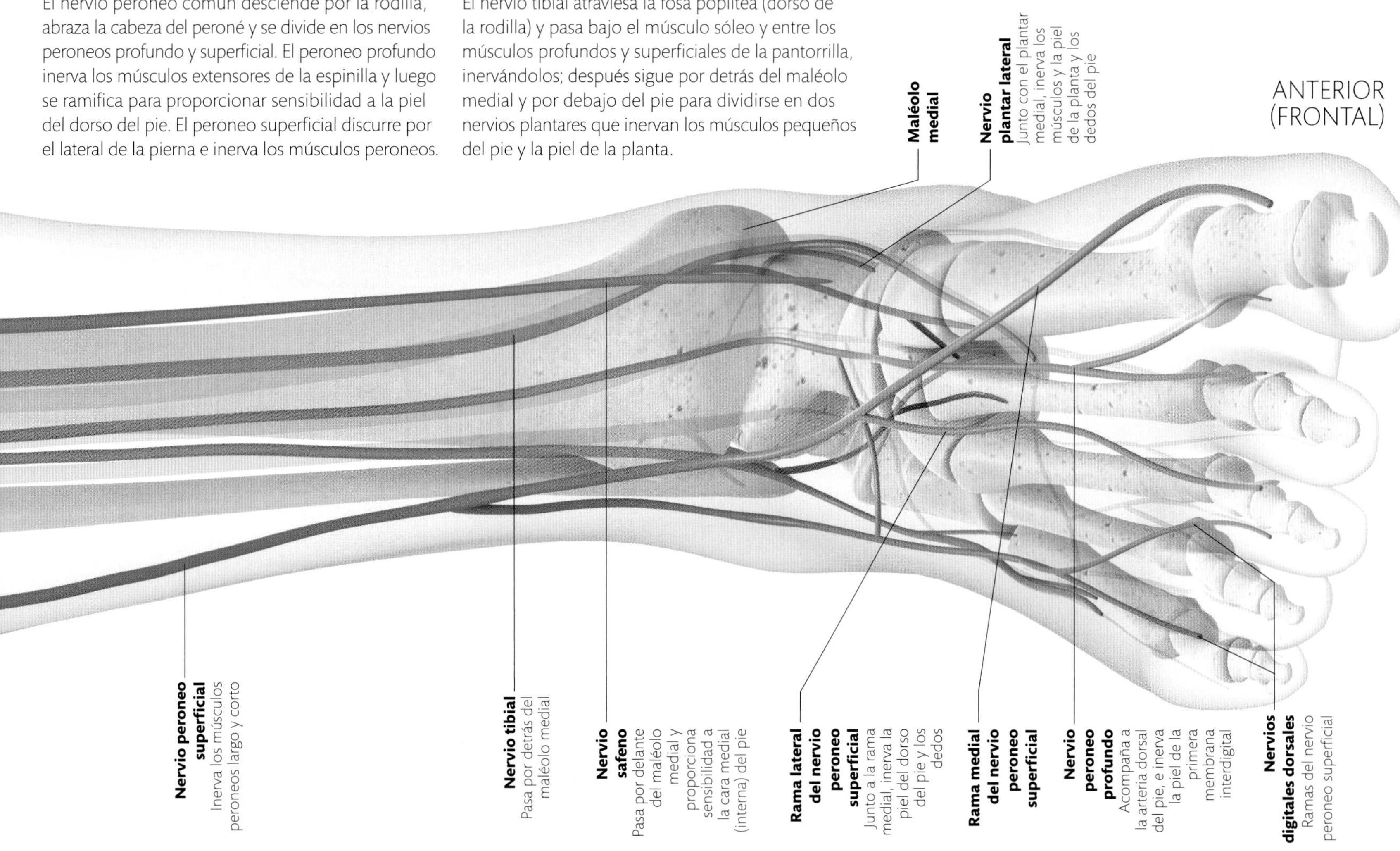
ANTERIOR (FRONTAL)
Maléolo medial
Nervio plantar lateral Junto con el plantar medial, inerva los músculos y la piel de la planta y los dedos del pie
Nervio peroneo superficial Inerva los músculos peroneos largo y corto
Nervio tibial Pasa por detrás del maléolo medial
Nervio safeno Pasa por delante del maléolo medial y proporciona sensibilidad a la cara medial (interna) del pie
Rama lateral del nervio peroneo superficial Junto a la rama medial, inerva la piel del dorso del pie y los dedos
Rama medial del nervio peroneo superficial
Nervio peroneo profundo Acompaña a la arteria dorsal del pie, e inerva la piel de la primera membrana interdigital
Nervios digitales dorsales Ramas del nervio peroneo superficial

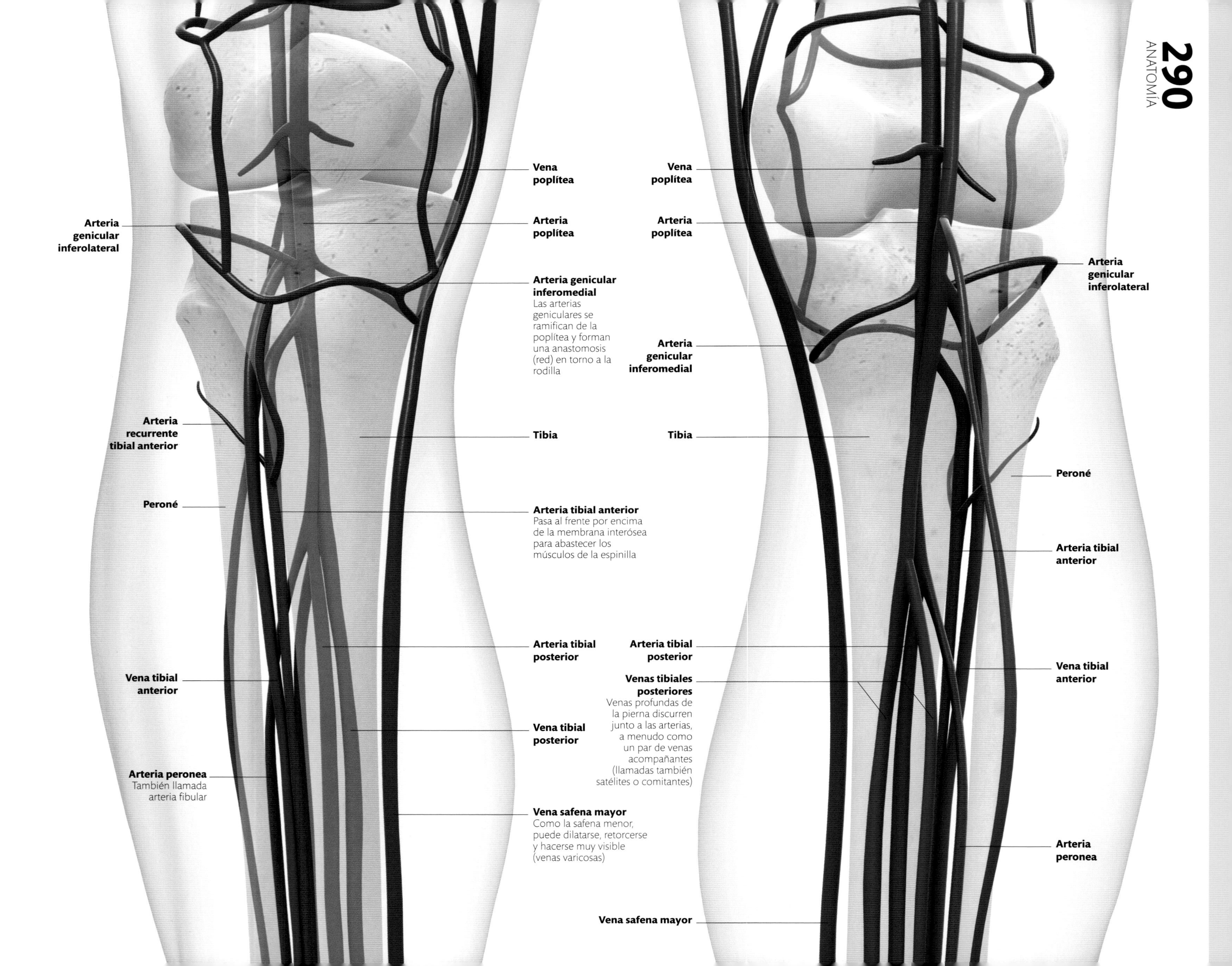
Arteria genicular inferolateral
Vena poplítea
Arteria poplítea
Arteria genicular inferomedial
Las arterias geniculares se ramifican de la poplítea y forman una anastomosis (red) en torno a la rodilla
Arteria recurrente tibial anterior
Tibia
Peroné
Arteria tibial anterior
Pasa al frente por encima de la membrana interósea para abastecer los músculos de la espinilla
Arteria tibial posterior
Vena tibial anterior
Vena tibial posterior
Arteria peronea
También llamada arteria fibular
Vena safena mayor
Como la safena menor, puede dilatarse, retorcerse y hacerse muy visible (venas varicosas)
Vena poplítea
Arteria poplítea
Arteria genicular inferolateral
Arteria genicular inferomedial
Tibia
Peroné
Arteria tibial anterior
Arteria tibial posterior
Venas tibiales posteriores
Venas profundas de la pierna discurren junto a las arterias, a menudo como un par de venas acompañantes (llamadas también satélites o comitantes)
Vena tibial anterior
Arteria peronea
Vena safena mayor

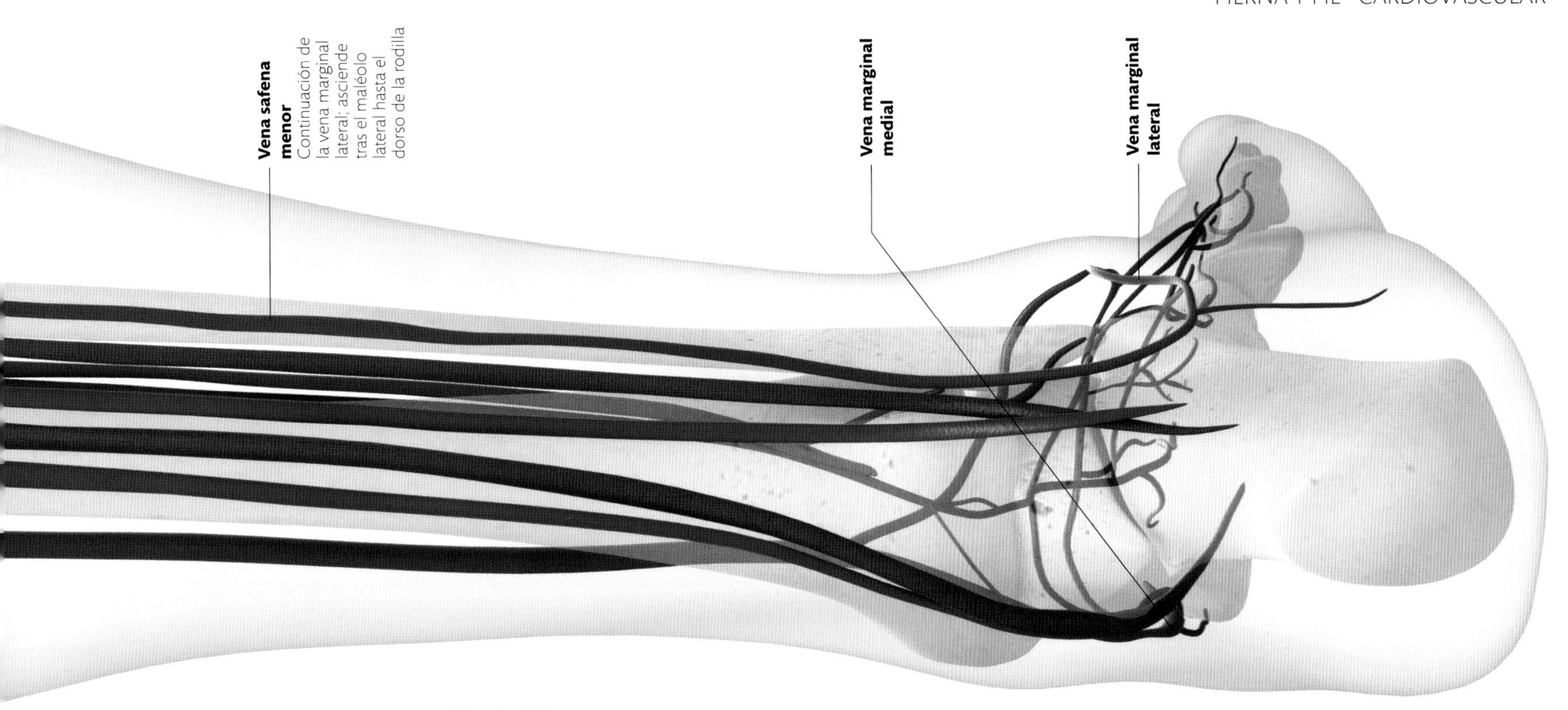
Vena safena menor
Continuación de la vena marginal lateral; asciende tras el maléolo lateral hasta el dorso de la rodilla
Vena marginal medial
Vena marginal lateral

POSTERIOR (DORSAL)

PIERNA Y PIE **CARDIOVASCULAR**

La arteria poplítea cruza profunda el dorso de la rodilla, dividiéndose en dos ramas: las arterias tibiales anterior y posterior. La tibial anterior cruza al frente, perforando la membrana interósea entre tibia y peroné, para abastecer así los músculos extensores de la espinilla; y desciende por el tobillo hasta el dorso del pie convertida en arteria dorsal del pie. De la tibial posterior surge una rama peronea que abastece los músculos y la piel de la cara lateral de la pierna; la propia tibial sigue por la pantorrilla, desciende junto al nervio tibial y, como este, se divide en ramas plantares para abastecer la planta del pie. En el dorso del pie hay una red de venas (arco venoso) que se vacía en las venas safenas.

ANTERIOR (FRONTAL)

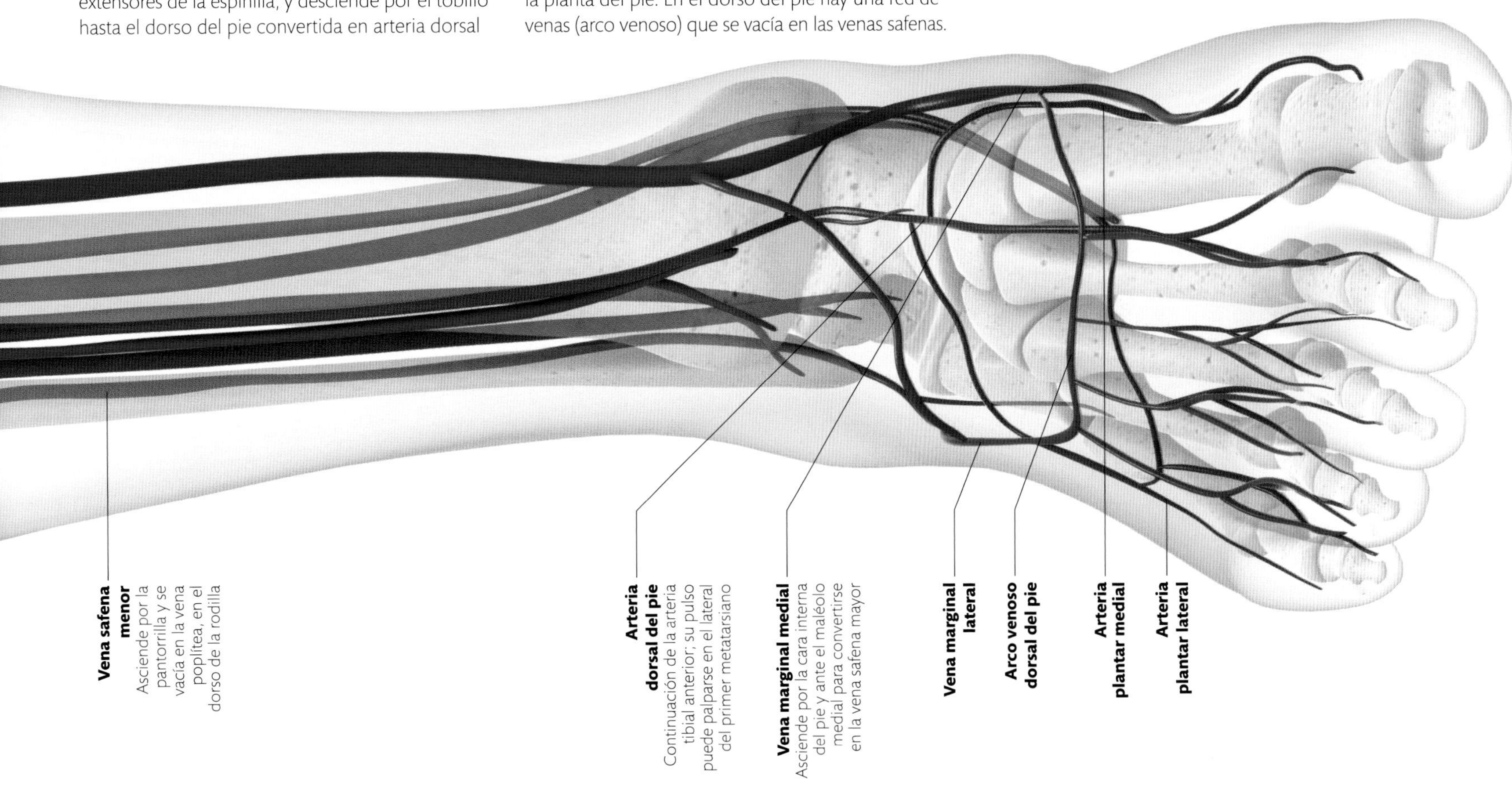
Vena safena menor
Asciende por la pantorrilla y se vacía en la vena poplítea, en el dorso de la rodilla
Arteria dorsal del pie
Continuación de la arteria tibial anterior; su pulso puede palparse en el lateral del primer metatarsiano
Vena marginal medial
Asciende por la cara interna del pie y ante el maléolo medial para convertirse en la vena safena mayor
Vena marginal lateral
Arco venoso dorsal del pie
Arteria plantar medial
Arteria plantar lateral

PIERNA Y PIE
PIE

La anatomía de la planta del pie se parece mucho a la de la palma de la mano: los tendones flexores largos se prolongan a lo largo de ella junto con una serie de músculos cortos que mueven los dedos. El nervio tibial acaba dividiéndose en los nervios plantares lateral y medial que inervan estos músculos cortos y también proporcionan sensibilidad a la piel de la planta del pie. La arteria tibial inferior se puede notar como un pulso detrás del maléolo medial de la tibia, en el tobillo.

Con una disposición similar a la de las venas superficiales de la mano, la planta posee una red o plexo de venas en la parte dorsal del pie. Este plexo venoso dorsal vierte en las venas safenas mayor y menor.

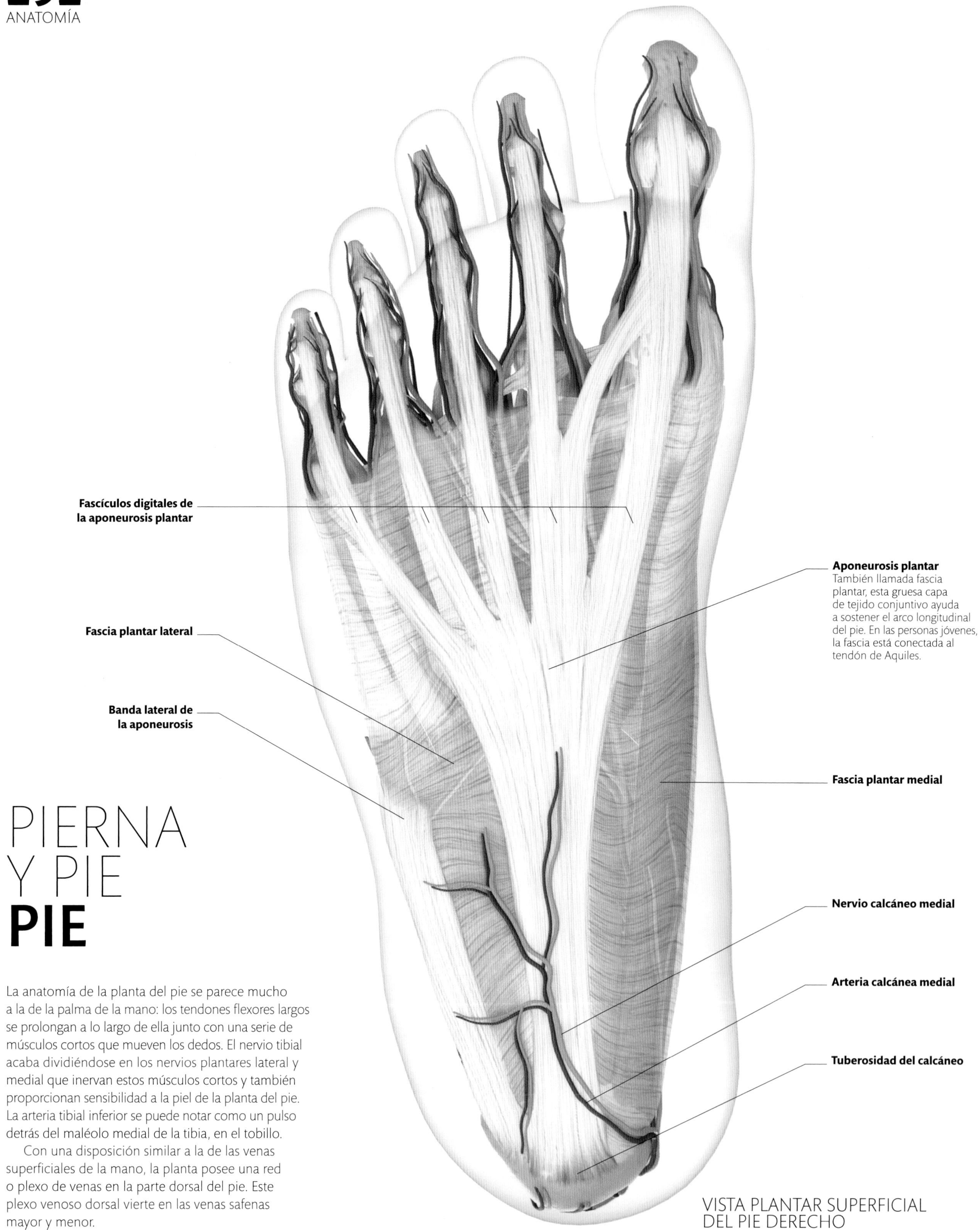
Fascículos digitales de la aponeurosis plantar
Fascia plantar lateral
Banda lateral de la aponeurosis
Aponeurosis plantar
También llamada fascia plantar, esta gruesa capa de tejido conjuntivo ayuda a sostener el arco longitudinal del pie. En las personas jóvenes, la fascia está conectada al tendón de Aquiles.
Fascia plantar medial
Nervio calcáneo medial
Arteria calcánea medial
Tuberosidad del calcáneo

VISTA PLANTAR SUPERFICIAL DEL PIE DERECHO

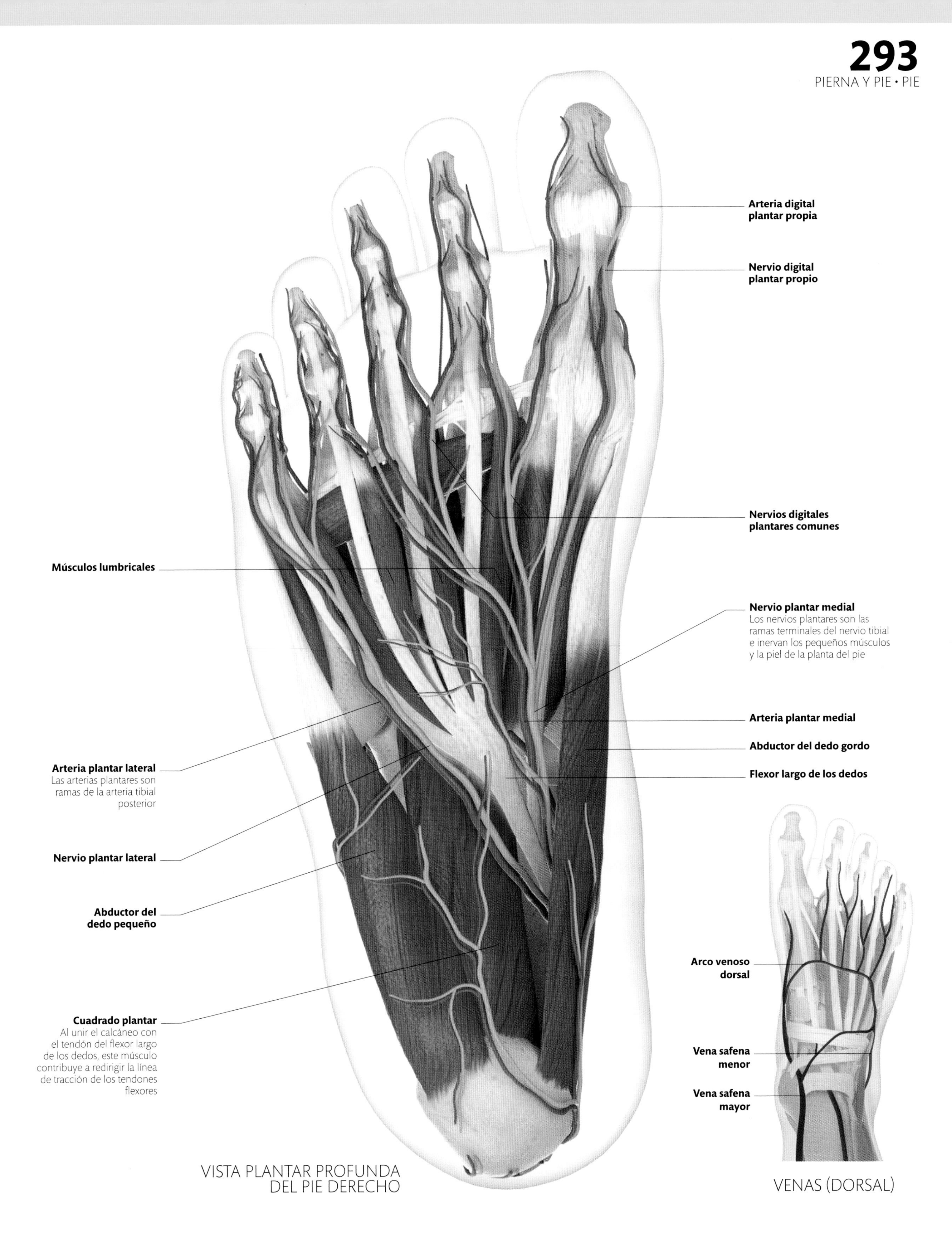
Arteria digital plantar propia
Nervio digital plantar propio
Nervios digitales plantares comunes
Músculos lumbricales
Nervio plantar medial
Los nervios plantares son las ramas terminales del nervio tibial e inervan los pequeños músculos y la piel de la planta del pie
Arteria plantar medial
Abductor del dedo gordo
Flexor largo de los dedos
Arteria plantar lateral
Las arterias plantares son ramas de la arteria tibial posterior
Nervio plantar lateral
Abductor del dedo pequeño
Cuadrado plantar
Al unir el calcáneo con el tendón del flexor largo de los dedos, este músculo contribuye a redirigir la línea de tracción de los tendones flexores
Arco venoso dorsal
Vena safena menor
Vena safena mayor

VISTA PLANTAR PROFUNDA DEL PIE DERECHO

VENAS (DORSAL)

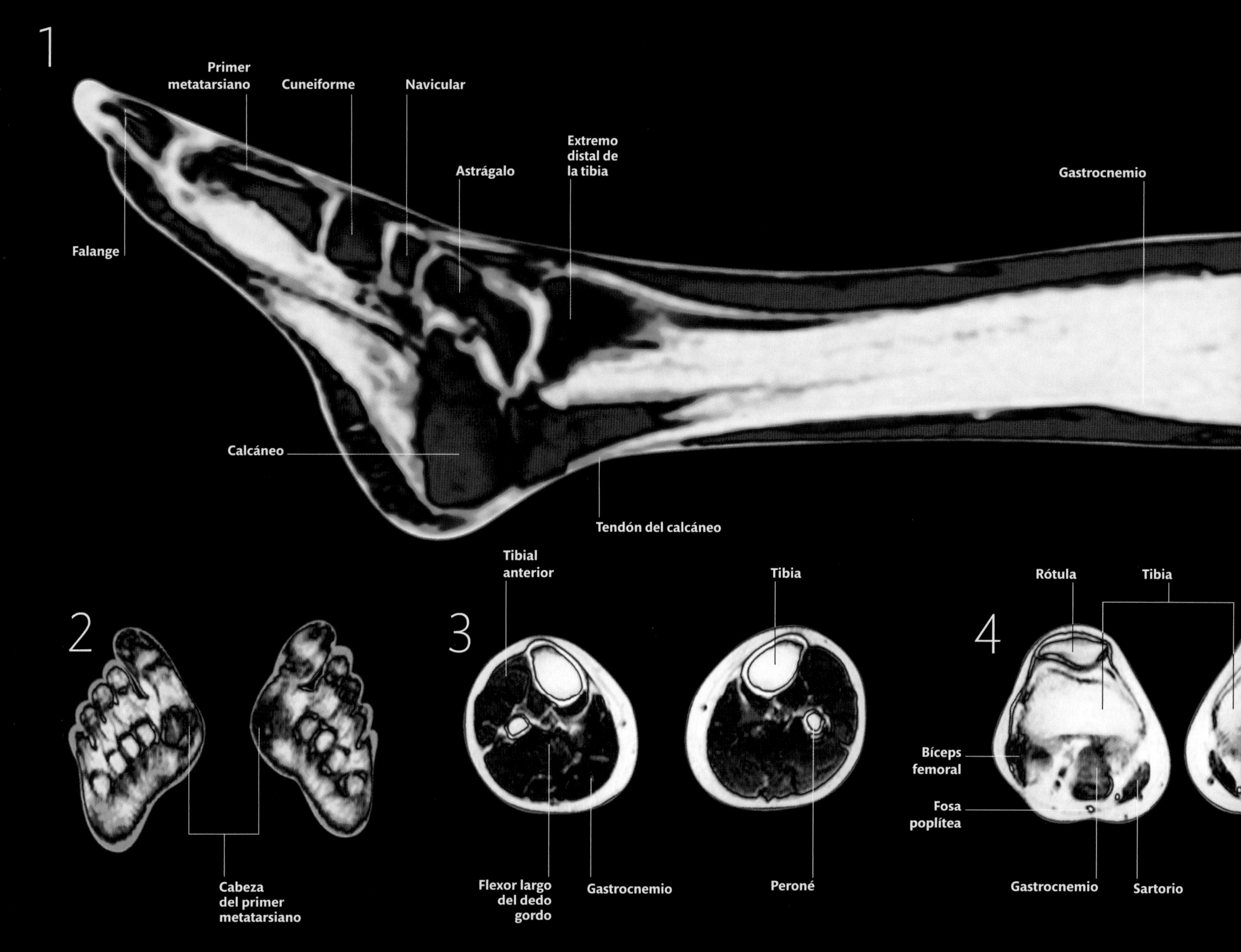
1
Primer metatarsiano
Cuneiforme
Navicular
Astrágalo
Extremo distal de la tibia
Gastrocnemio
Falange
Calcáneo
Tendón del calcáneo
2
Cabeza del primer metatarsiano
3
Tibial anterior
Tibia
Flexor largo del dedo gordo
Gastrocnemio
Peroné
4
Rótula
Tibia
Bíceps femoral
Fosa poplítea
Gastrocnemio
Sartorio

PIERNA Y PIE **IRM**

La secuencia de secciones axiales y transversales de muslo y pierna muestra la disposición de los músculos en torno a los huesos. Los grupos musculares quedan unidos por fascias –tejido fibroso envolvente–, formando tres compartimentos en el muslo (músculos flexores, extensores y aductores) y otros tres en la pierna (músculos flexores, extensores y peroneos). Los nervios y los vasos sanguíneos profundos también quedan unidos en vainas de fascia, formando fascículos neurovasculares. La sección 2 muestra los huesos de los dedos del pie; la sección 3, los músculos que rodean tibia y peroné. En la sección 4, que muestra la articulación de la rodilla, puede verse cómo encaja la rótula en la forma recíproca de los cóndilos femorales; aquí es claramente visible el fascículo neurovascular en la fosa poplítea (el dorso de la rodilla), con los músculos isquiotibiales a cada lado. Las secciones 5 y 6, a través del muslo medio y superior, muestran el poderoso cuádriceps y los isquiotibiales rodeando el fémur.

NIVELES DE EXPLORACIÓN

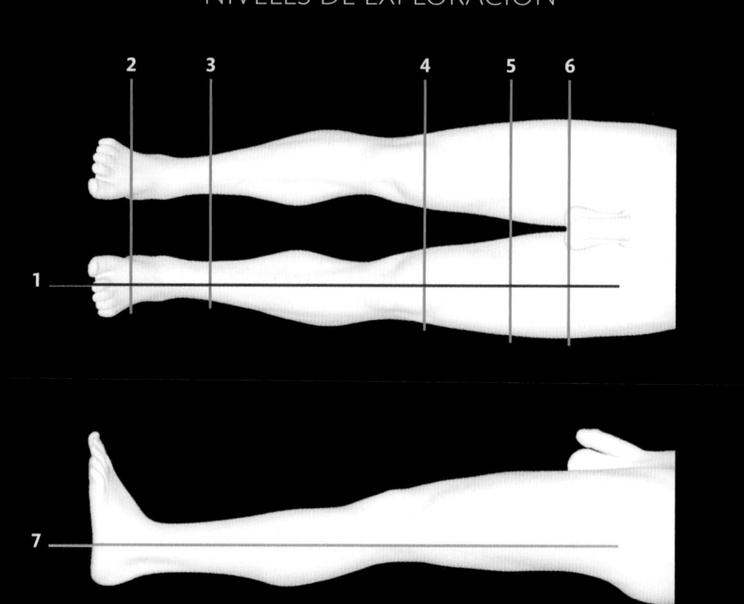
2
3
4
5
6
1
7

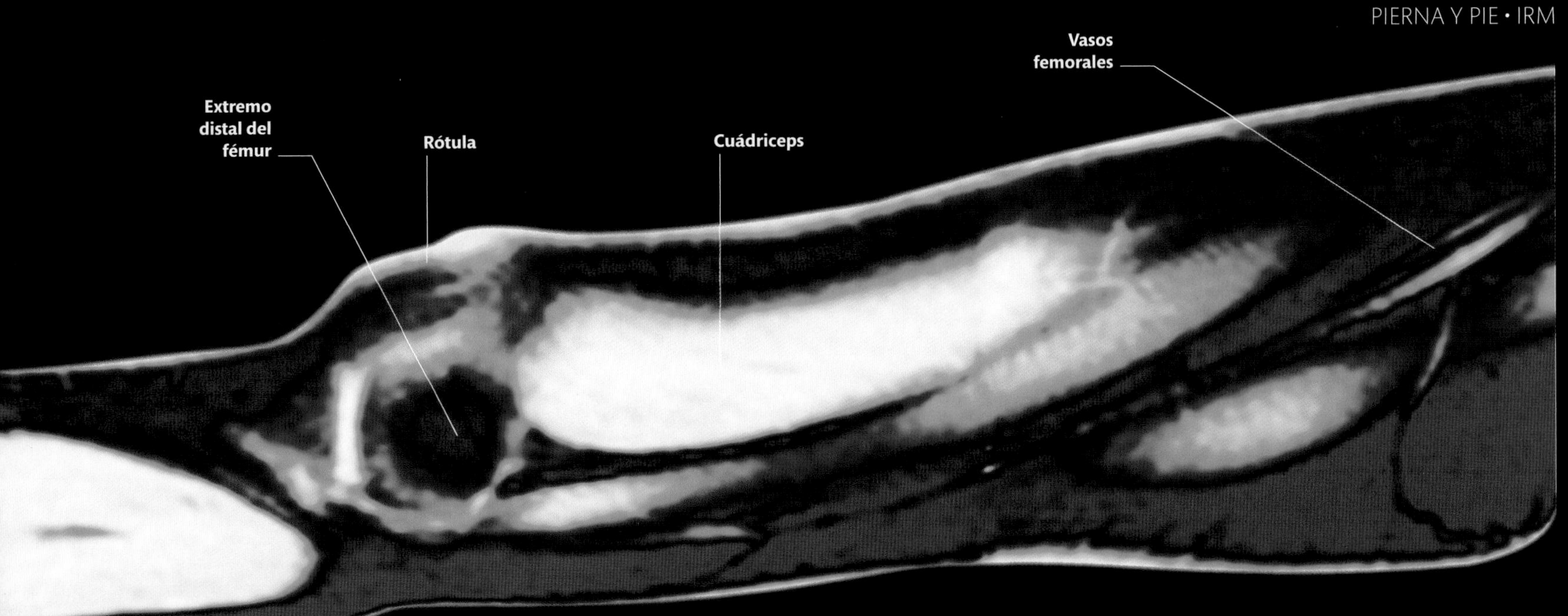
Vasos femorales
Extremo distal del fémur
Rótula
Cuádriceps

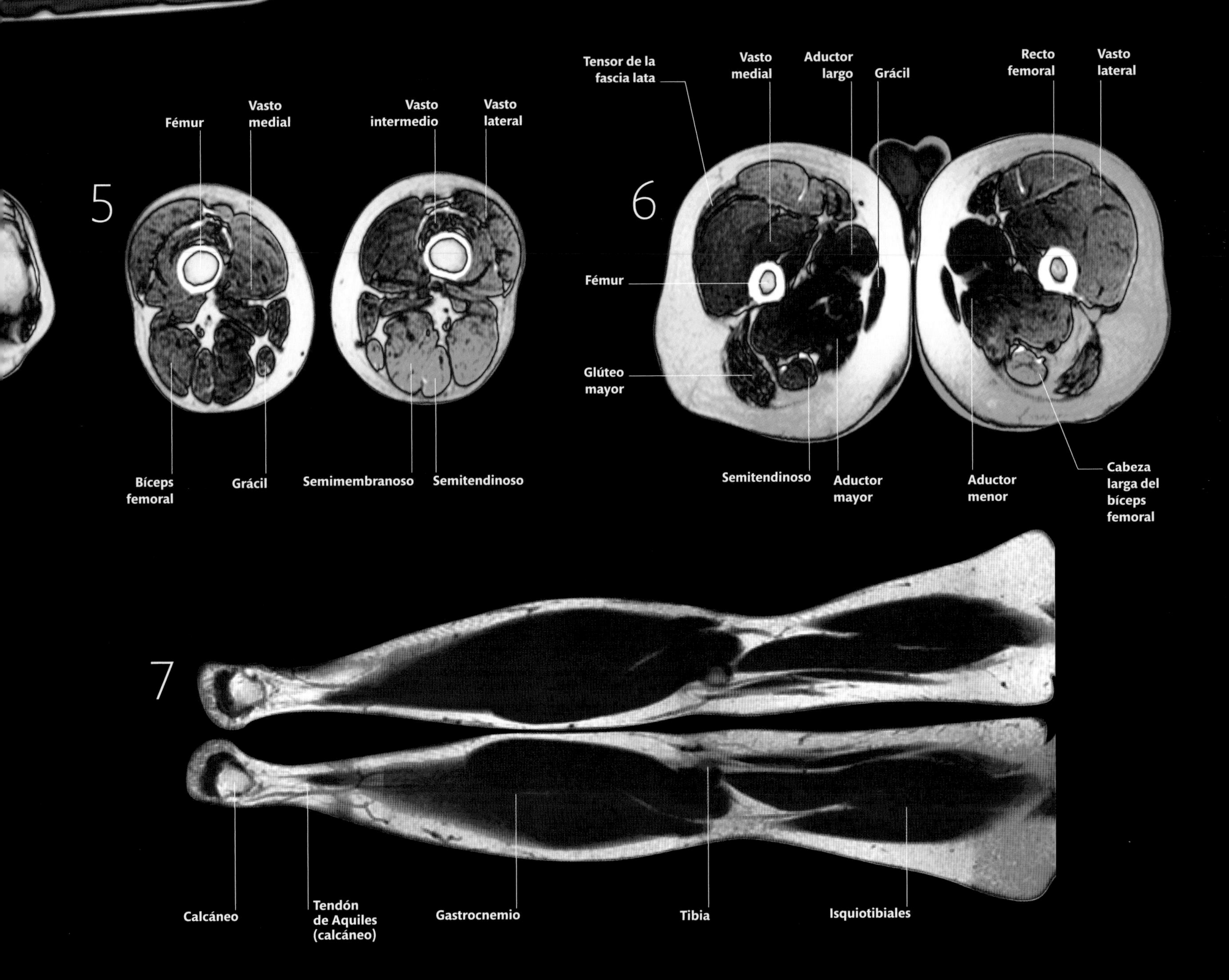
5
Fémur
Vasto medial
Vasto intermedio
Vasto lateral
Bíceps femoral
Grácil
Semimembranoso
Semitendinoso
6
Tensor de la fascia lata
Vasto medial
Aductor largo
Grácil
Recto femoral
Vasto lateral
Fémur
Glúteo mayor
Semitendinoso
Aductor mayor
Aductor menor
Cabeza larga del bíceps femoral
7
Calcáneo
Tendón de Aquiles (calcáneo)
Gastrocnemio
Tibia
Isquiotibiales

cómo funciona el cuerpo

El funcionamiento del cuerpo empieza a nivel molecular: cualquier percepción puede ser reducida a minúsculas reacciones bioquímicas. En cualquier momento se da en nuestro cuerpo una miríada de procesos, desde los involuntarios, que nos mantienen con vida, hasta los deliberados.

296
CÓMO FUNCIONA EL CUERPO

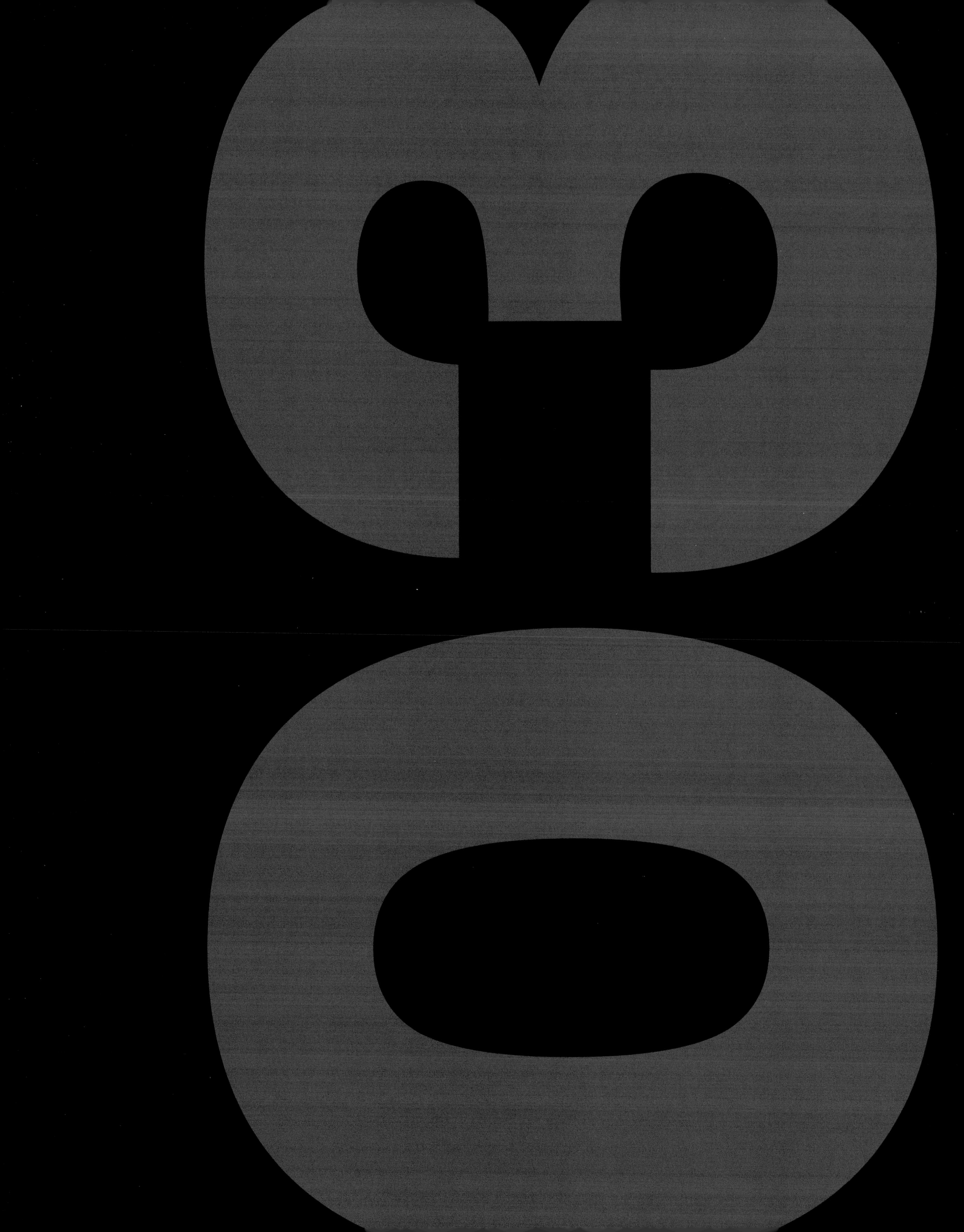

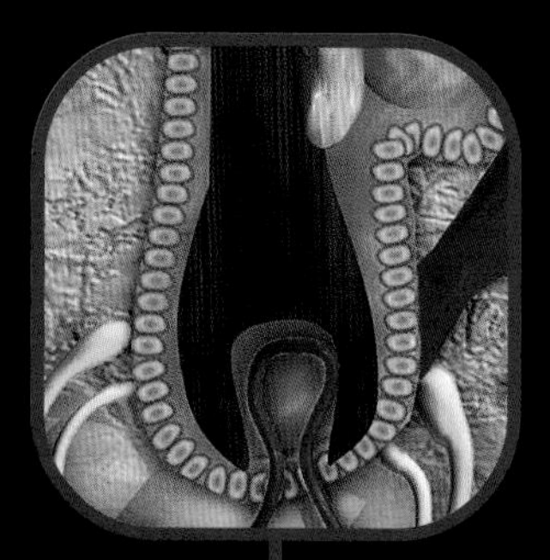

PELO

Los cabellos contribuyen a conservar el calor de la cabeza; el vello del cuerpo, más fino, aumenta la sensibilidad de la piel. El pelo visible está muerto, solo está vivo en la raíz; y no crece continuamente, sino que sigue un ciclo de crecimiento y reposo.

PIEL

La capa externa de la epidermis se renueva completamente cada mes. La textura de la piel es distinta en cada individuo, por lo que las huellas dactilares son únicas.

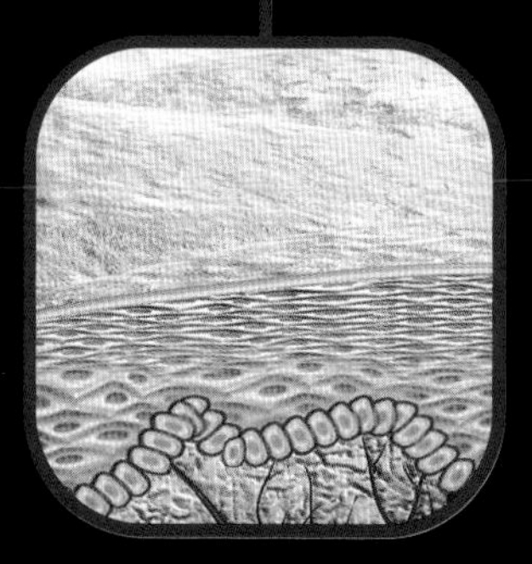

PIEL, PELO Y UÑAS

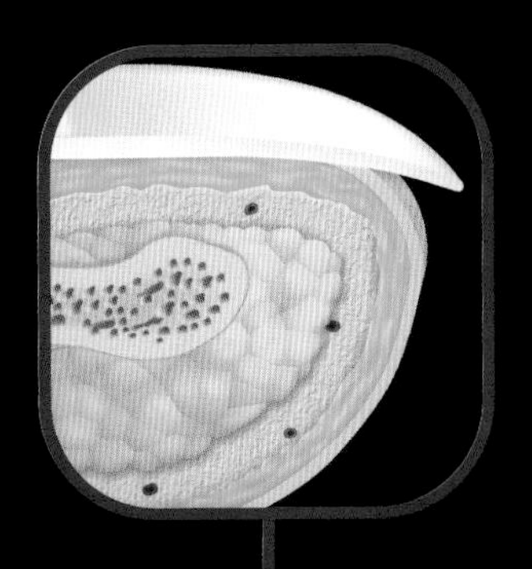

UÑAS

Las uñas no solo protegen los dedos de las manos y los pies, sino que además aumentan su sensibilidad.

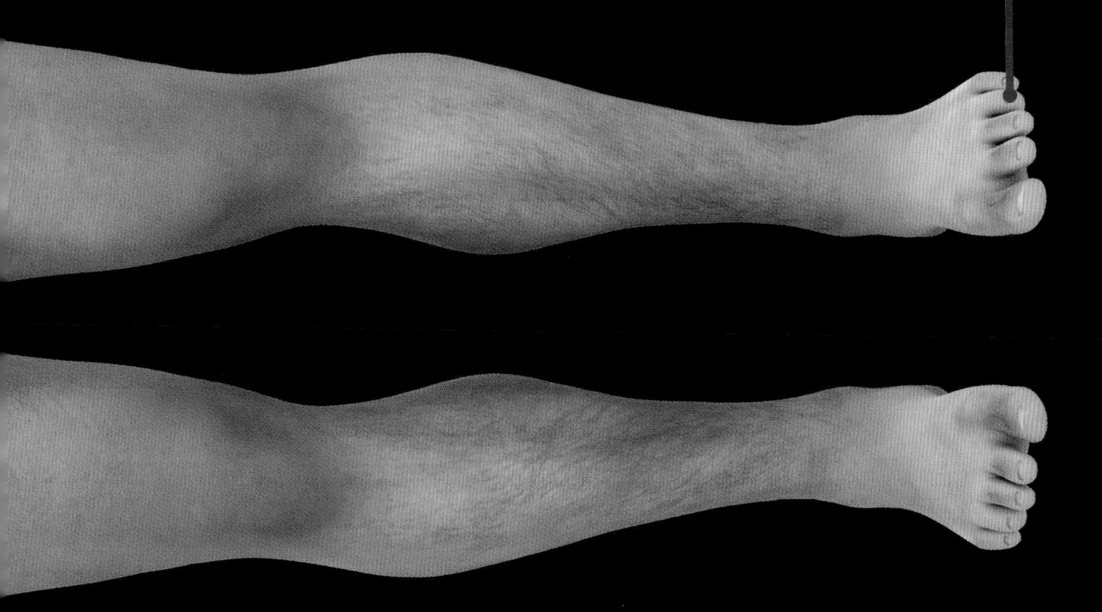

El cuerpo está protegido por una capa externa compuesta de piel, pelo y uñas, que deben su resistencia a la queratina, una proteína fibrosa. El brillo del cabello y el tono de la piel revelan aspectos de la salud y el estilo de vida, como la dieta.

PIEL, PELO Y UÑAS

La piel, el pelo y las uñas, esto es, el sistema tegumentario, constituyen la envoltura exterior del cuerpo. La piel, en particular, desempeña varias funciones: interviene en el sentido del tacto, la regulación de la temperatura, la producción de vitamina D y la protección de los tejidos internos.

PROTECCIÓN

La piel cubre todo el cuerpo y desempeña diversas funciones de protección, a cargo sobre todo de la epidermis, la capa externa. Así, la parte superior de la epidermis se compone de células muertas llenas de queratina, una proteína resistente e impermeable. La epidermis es una barrera física que se repara a sí misma, protege los tejidos internos del cuerpo y, al ser impermeable, impide que el agua se filtre dentro o fuera de los tejidos. La epidermis, además, filtra los rayos del sol.

Estructura de la piel
Esta sección transversal de la piel muestra sus dos capas: la epidermis, compuesta por células epiteliales, y la dermis, más gruesa y compuesta de tejido conjuntivo. Bajo la dermis hay una capa de grasa que retiene el calor.

Epidermis
Capa externa protectora, compuesta de células planas y resistentes

Dermis
Contiene vasos sanguíneos, glándulas y terminaciones nerviosas

Grasa subcutánea
Actúa como aislante, amortigua los golpes y almacena energía

REPARACIÓN DE LA PIEL

La piel sufre muchas agresiones, pero cuenta con mecanismos que reparan los pequeños cortes y heridas, lo que impide la entrada de suciedad y gérmenes. Cuando la superficie cutánea se rasga, las células dañadas liberan unas sustancias químicas que atraen plaquetas, que provocan la formación de un coágulo; neutrófilos, que ingieren gérmenes, y fibroblastos, que reparan el tejido conjuntivo.

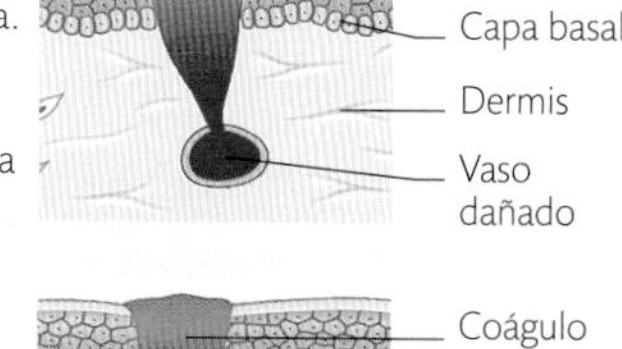
Lesión
Epidermis
Capa basal
Dermis
Vaso dañado

Lesión
Un pequeño corte provoca una hemorragia. Las células dañadas liberan sustancias que atraen células de defensa y reparación.

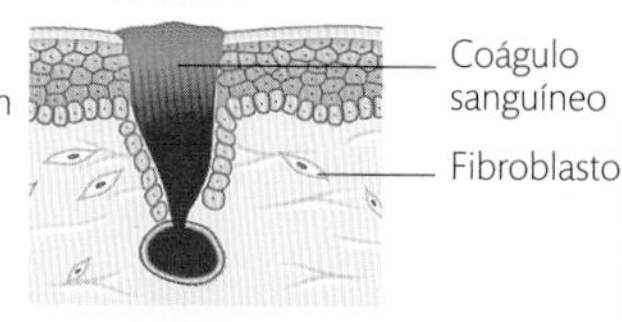
Coágulo sanguíneo
Fibroblasto

Coagulación
Las plaquetas transforman el fibrinógeno en fibras que atrapan hematíes para formar un coágulo y detener la hemorragia.

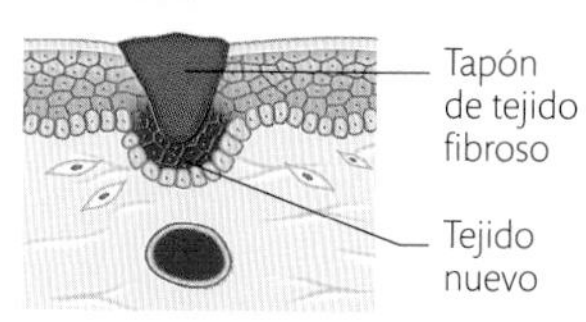
Tapón de tejido fibroso
Tejido nuevo

Taponamiento
El coágulo se contrae y tapona la herida. Los fibroblastos se multiplican y reparan el tejido dañado.

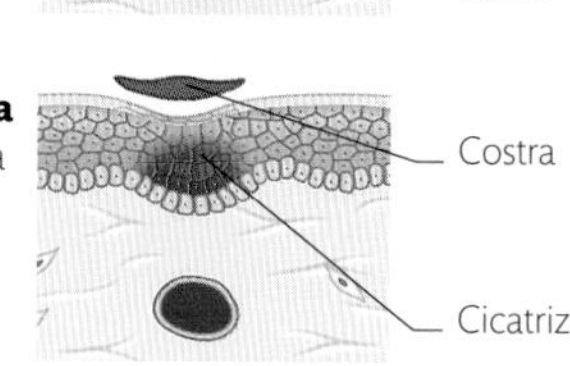
Costra
Cicatriz

Formación de la costra
El tapón se seca y forma una costra que protege los tejidos mientras se reparan, y luego se desprende.

RAYOS ULTRAVIOLETA

Los rayos del sol presentan diversas formas de radiación, entre ellas la luz visible, los rayos infrarrojos y los ultravioleta (UV). Los UV de onda media (UVB) pueden alterar el ADN de las células epidérmicas basales y provocar cáncer de piel. La piel se protege de estos rayos con un pigmento marrón oscuro, la melanina, que absorbe y filtra la radiación UVB. Esta la producen los melanocitos, células dispersas entre las células «normales», o queratinocitos, en la base de la epidermis.

Liberación de melanina
La melanina se produce en unos cuerpos celulares membranosos llamados melanosomas, que migran a lo largo de las dendritas de los melanocitos hasta las capas superiores de las células circundantes, donde liberan gránulos de melanina.

Superficie
Células muertas

Gránulos de melanina
Dispersos en los queratinocitos

Queratinocito
Célula epidérmica

Dendrita
Lleva los melanosomas a los queratinocitos

Melanocito
Fabrica melanosomas

GROSOR

El grosor de la piel varía en función del área del cuerpo, de los 0,5 mm en las zonas más delicadas del cuerpo, como los párpados y los labios, a los 4 mm en la planta de los pies (más en quienes suelen ir descalzos), debido al desgaste que sufre esa zona. A pesar de que la dermis constituye la mayor parte del grosor de la piel, es la epidermis, resistente y queratinizada, la que más se engrosa en las zonas más expuestas a una fricción intensa.

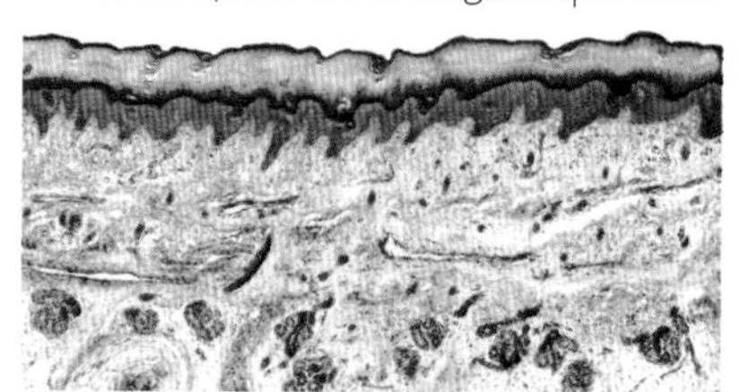

Piel fina
Esta sección de la piel del párpado muestra lo delgada que es aquí la epidermis (la franja dentada de color lila) respecto a la dermis.

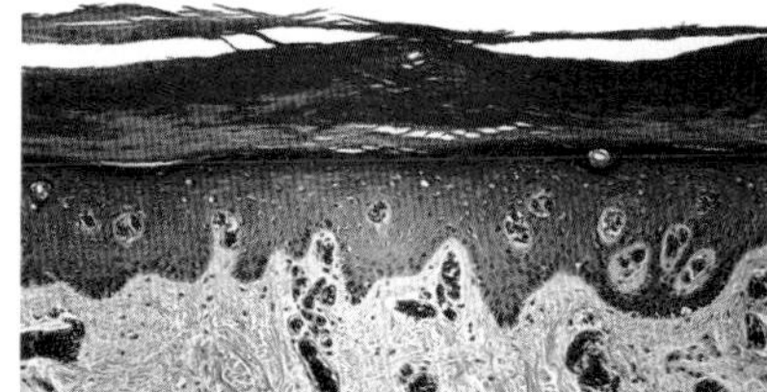

Piel gruesa
Esta sección de la piel de la planta del pie revela el grosor que tiene aquí la capa epidérmica (de color lila), a modo de protección.

EL TACTO

La piel es un órgano que detecta los distintos aspectos del «tacto». Responde a estímulos externos y transmite señales al área sensorial del cerebro (p. 343). A diferencia de otros órganos sensoriales, como los ojos, donde los receptores sensoriales se concentran en un lugar concreto, en el caso de la piel los receptores están distribuidos por toda su superficie. Algunas zonas, como los labios, tienen más receptores que, por ejemplo, la zona posterior de las piernas y, por tanto, son más sensibles. La mayoría de los receptores son mecanorreceptores, que envían impulsos nerviosos al cerebro cuando notan una presión; otros receptores son termorreceptores, que detectan cambios en la temperatura; y otros son nociceptores, o receptores de dolor (p. 333), que detectan las sustancias que se liberan cuando la piel resulta dañada.

Sensores de la piel
Según su función, cada receptor se halla a una profundidad determinada de la dermis. Los más grandes están a mayor profundidad y detectan la presión, mientras que los más pequeños y superficiales detectan el tacto ligero. Los receptores son terminaciones nerviosas que pueden estar recubiertas de una cápsula de tejido conjuntivo (encapsuladas) o no (sin cápsula o libres).

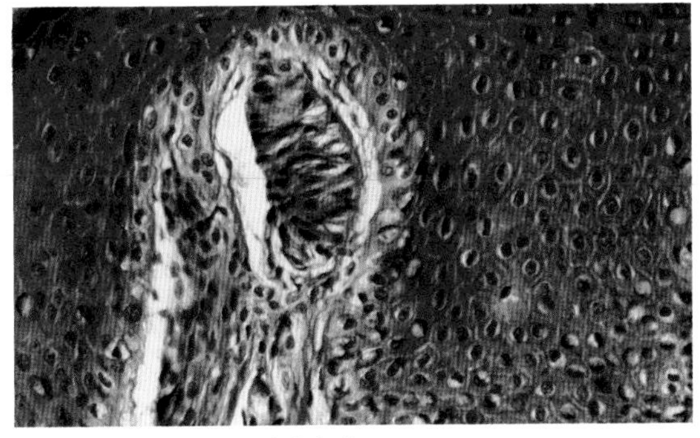

Receptor de la yema del dedo
Esta sección microscópica de la piel de la yema de un dedo muestra un corpúsculo de Meissner, uno de los muchos receptores sensoriales, ceñido a la epidermis y rodeado por multitud de células epidérmicas.

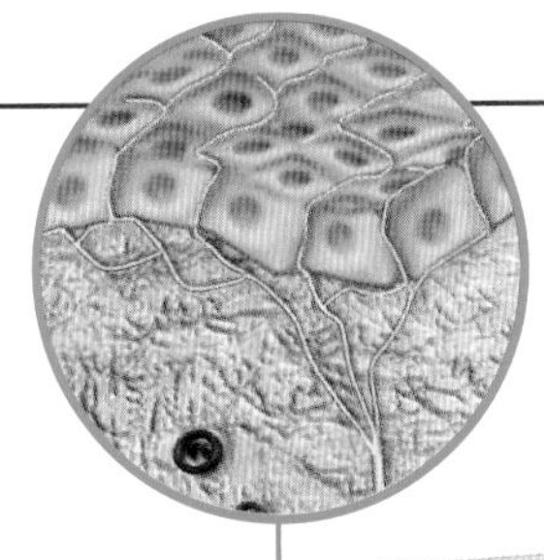

Terminaciones nerviosas libres
Receptores ramificados y sin cápsula que pueden penetrar en la epidermis. Algunos reaccionan ante el calor y el frío, permitiendo detectar los cambios de temperatura; otros son nociceptores, que detectan el dolor.

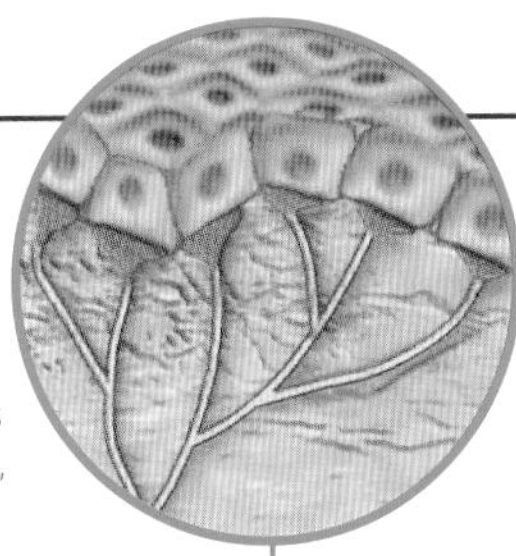

Disco de Merkel
Receptores sin cápsula asociados a células epidérmicas con forma de disco. Suelen encontrarse en la frontera entre la dermis y la epidermis y detectan el tacto leve y la presión ligera.

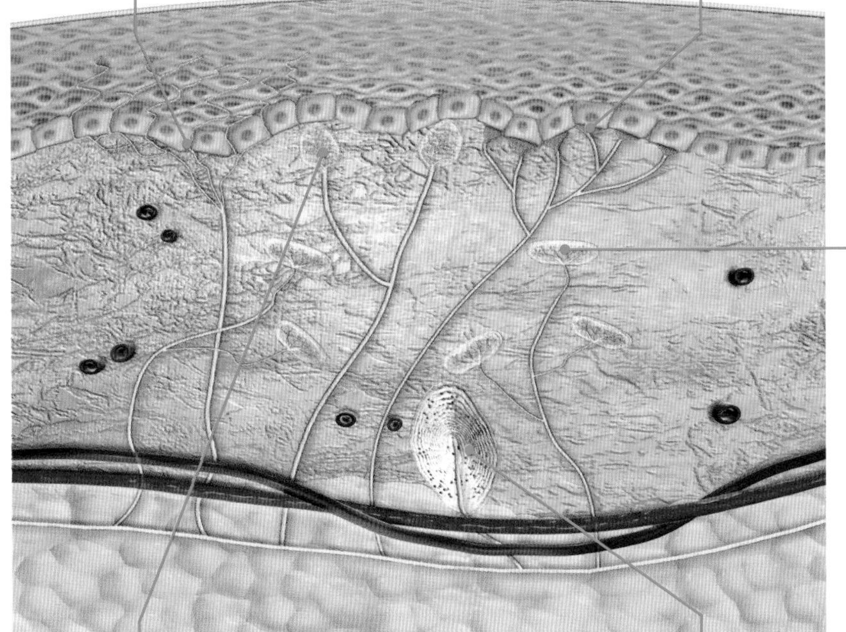

Corpúsculo de Ruffini
Terminaciones ramificadas y encapsuladas. Detectan el estiramiento de la piel y la presión intensa y continua. En la yema de los dedos, detectan el movimiento deslizante, contribuyendo indirectamente al agarre.

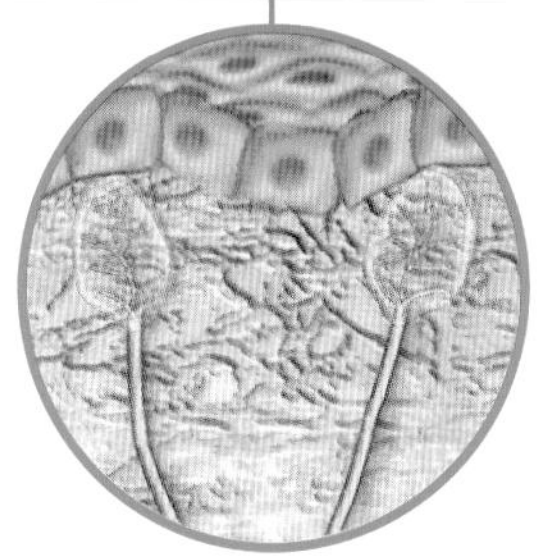

Corpúsculo de Meissner
Receptores encapsulados comunes en zonas muy sensibles y sin pelo, como las yemas de los dedos, las palmas de las manos y las plantas de los pies, los párpados, los pezones y los labios. Sensibles al tacto leve y la presión ligera.

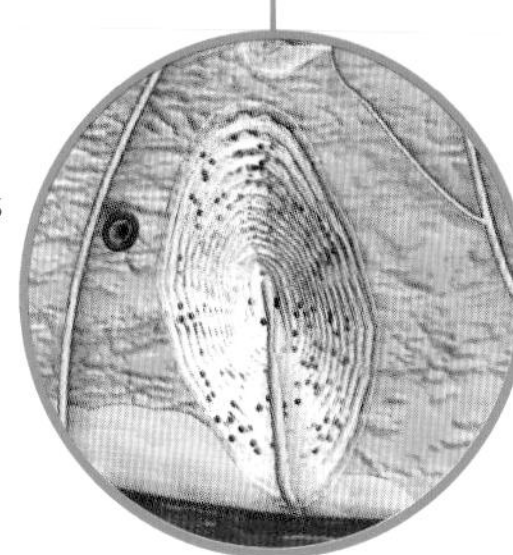

Corpúsculo de Pacini
Grandes receptores situados en la dermis profunda y cuya terminación nerviosa está encapsulada en capas, como una cebolla. Estos receptores perciben la presión fuerte y prolongada y las vibraciones.

TERMORREGULACIÓN

La piel, controlada por el sistema nervioso autónomo (p. 319), es fundamental en la regulación de la temperatura corporal, que ha de mantenerse a 37 °C para un funcionamiento celular óptimo. La regula mediante dos mecanismos básicos: la constricción y dilatación de los vasos sanguíneos de la dermis, y la sudoración. La erección de los pelos en respuesta a la temperatura es un rasgo de los mamíferos que apenas tiene ya funcionalidad en los humanos.

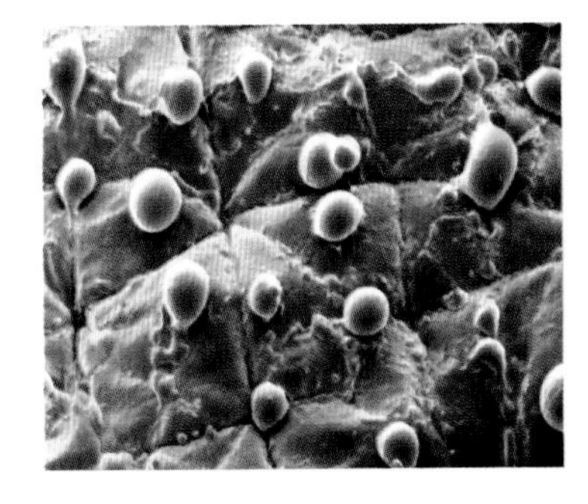

Sudor
Para reducir la temperatura del cuerpo y enfriarlo, las glándulas sudoríparas liberan a la superficie cutánea diminutas gotas de sudor, que se evaporan.

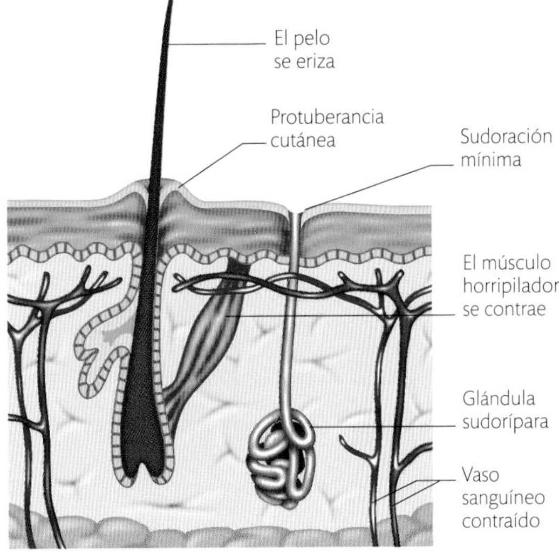
El pelo se eriza
Protuberancia cutánea
Sudoración mínima
El músculo horripilador se contrae
Glándula sudorípara
Vaso sanguíneo contraído

Percepción del frío
Los vasos sanguíneos se contraen y reducen el flujo sanguíneo para limitar la pérdida de calor. Las glándulas sudoríparas producen poco sudor cuando el cuerpo está frío, para así retener el calor.

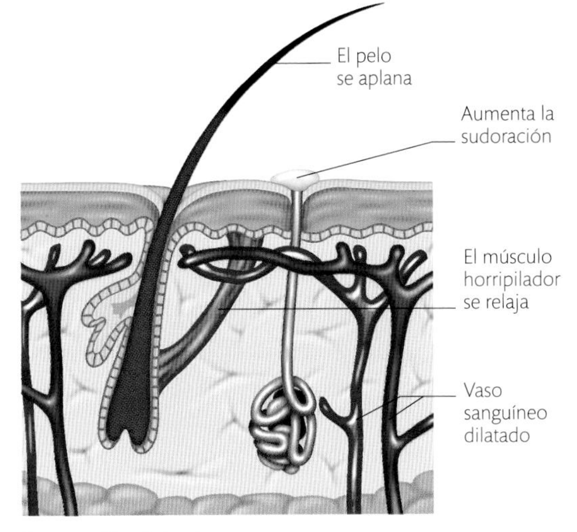
El pelo se aplana
Aumenta la sudoración
El músculo horripilador se relaja
Vaso sanguíneo dilatado

Percepción del calor
Los vasos sanguíneos se dilatan y aumentan el flujo de sangre, para liberar más calor a través de la superficie. La sudoración abundante reduce el calor del cuerpo y lo enfría.

ADHERENCIA

Las palmas de las manos y las plantas de los pies son las únicas zonas del cuerpo donde la piel presenta unos surcos separados por delgadas crestas que, juntos, forman un dibujo único en cada persona; de ahí la utilidad de las huellas dactilares para la identificación de individuos. Las crestas aumentan la fricción y mejoran considerablemente la adherencia de las manos y los pies, y cuentan con abundantes glándulas sudoríparas, sobre todo en los dedos.

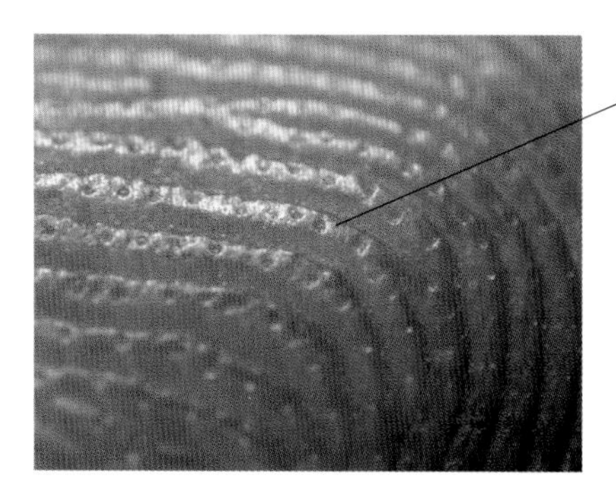

Poros sudoríparos
Las crestas están cubiertas de poros sudoríparos

Crestas epidérmicas
Esta imagen aumentada muestra con detalle las crestas de la yema de un dedo.

RENOVACIÓN DE LA PIEL

La parte superior de la epidermis se compone de células planas muertas y se renueva completamente a medida que las células se van desprendiendo a un ritmo de varios miles por minuto y son sustituidas por células de la capa basal de la epidermis, que se dividen rápidamente por mitosis (p. 21) para producir células nuevas. A medida que ascienden hacia la superficie de la piel, se unen entre sí y se llenan de queratina, hasta que se aplanan y mueren, y forman una barrera escamosa y bien trabada. El proceso completo dura aproximadamente un mes.

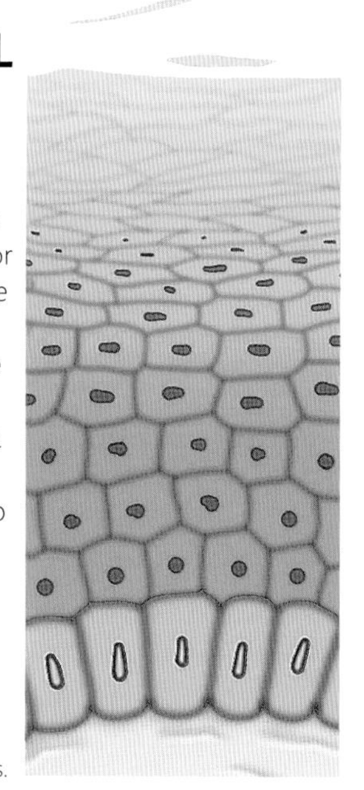

Capas de la epidermis
Las células que componen las distintas capas de la epidermis son las células basales, las células espinosas, las células granulares y las células muertas.

Célula de la capa superficial
Célula aplanada y muerta, llena de queratina

Célula granular
Célula con gránulos de queratina

Célula espinosa
Célula de varias caras que se une estrechamente a sus vecinas

Célula basal
Célula especializada que se multiplica continuamente

PIGMENTACIÓN DE LA PIEL

El color de la piel depende de la cantidad y la distribución del pigmento melanina. Los melanocitos producen la melanina y la almacenan en los melanosomas. Cada melanocito se ramifica en dendritas que entran en contacto con los queratinocitos cercanos y liberan los melanosomas. La piel oscura tiene melanocitos más grandes (no es que sean más numerosos) que la piel clara, y así estos producen más melanosomas, que liberan más melanina, que es distribuida mediante los queratinocitos. La radiación UV del sol activa la producción de melanina en todos los tipos de piel, estimulando el bronceado.

Piel clara, piel oscura
Esta comparación de tres tonalidades de piel muestra con claridad las diferencias en el tamaño de los melanocitos y en la distribución de la melanina y de los melanosomas.

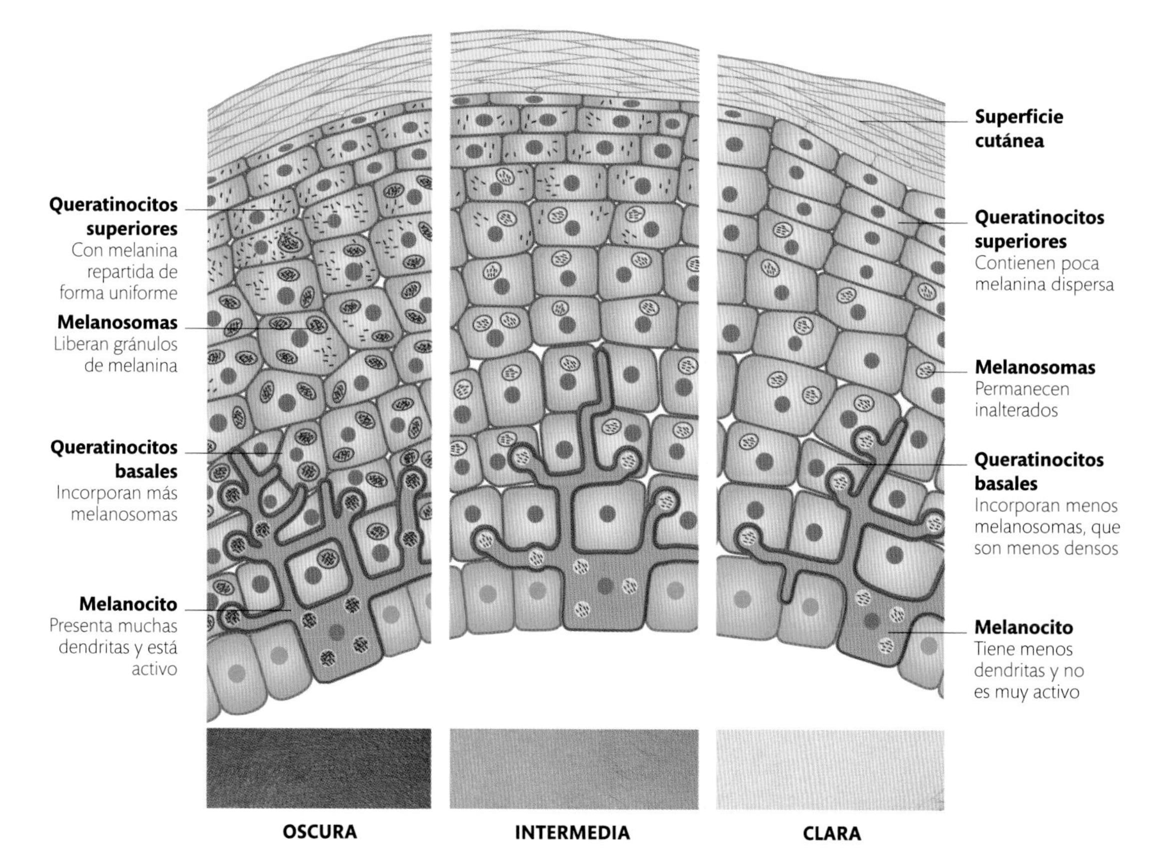
Queratinocitos superiores
Con melanina repartida de forma uniforme
Melanosomas
Liberan gránulos de melanina
Queratinocitos basales
Incorporan más melanosomas
Melanocito
Presenta muchas dendritas y está activo
Superficie cutánea
Queratinocitos superiores
Contienen poca melanina dispersa
Melanosomas
Permanecen inalterados
Queratinocitos basales
Incorporan menos melanosomas, que son menos densos
Melanocito
Tiene menos dendritas y no es muy activo
OSCURA
INTERMEDIA
CLARA

4 kilos

Peso de la piel de un adulto medio; es, por lo tanto, el **órgano más pesado** del cuerpo.

SÍNTESIS DE LA VITAMINA D

Además de obtenerla mediante la dieta, el cuerpo sintetiza vitamina D en la piel aprovechando la luz solar. Los rayos UVB que atraviesan la epidermis convierten el 7-colesterol en colecalciferol, una forma relativamente inactiva de vitamina D. La sangre lo lleva a los riñones; allí se transforma en calcitriol, o vitamina D activa. Como la melanina filtra la luz UV, los que tienen la piel oscura necesitan más radiación UV para sintetizar la misma cantidad de vitamina D. La radiación UV puede medirse con un índice.

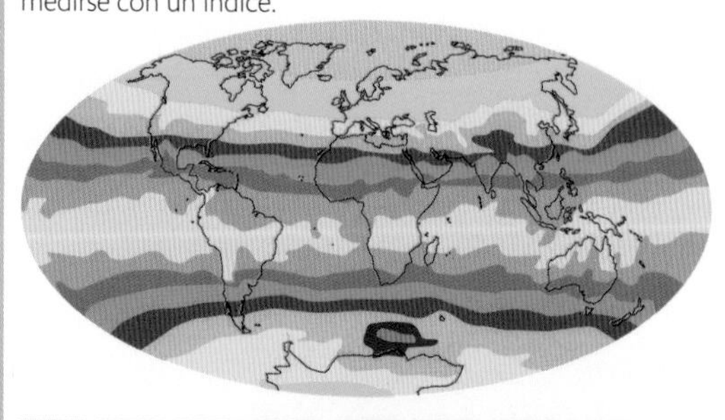

0,5 2,5 4,5 6,5 8,5 10,5 12,5 14,5
Baja | Moderada | Elevada | Muy elevada | Extrema

Índice de radiación UV
Este mapa muestra las diferencias en la intensidad de la radiación UV. Una persona de piel oscura con una dieta pobre en una región con baja radiación UV podría padecer deficiencia de vitamina D.

FUNCIONES DEL PELO

El cuerpo humano está cubierto por millones de pelos; solo el cuero cabelludo tiene más de 100 000. Las únicas zonas sin vello son los labios, los pezones, las palmas de las manos, las plantas de los pies, y parte de los genitales. Un abundante vello corporal proporcionaba aislamiento a nuestros primeros ancestros, función que ahora desempeña la ropa. Hay dos tipos de pelo: los gruesos pelos terminales, como los de la cabeza o las fosas nasales a todas las edades, y los de las axilas y los genitales en los adultos; y el vello corto y fino que cubre la mayor parte del cuerpo de los niños y las mujeres. El pelo tiene funciones distintas según dónde se encuentre.

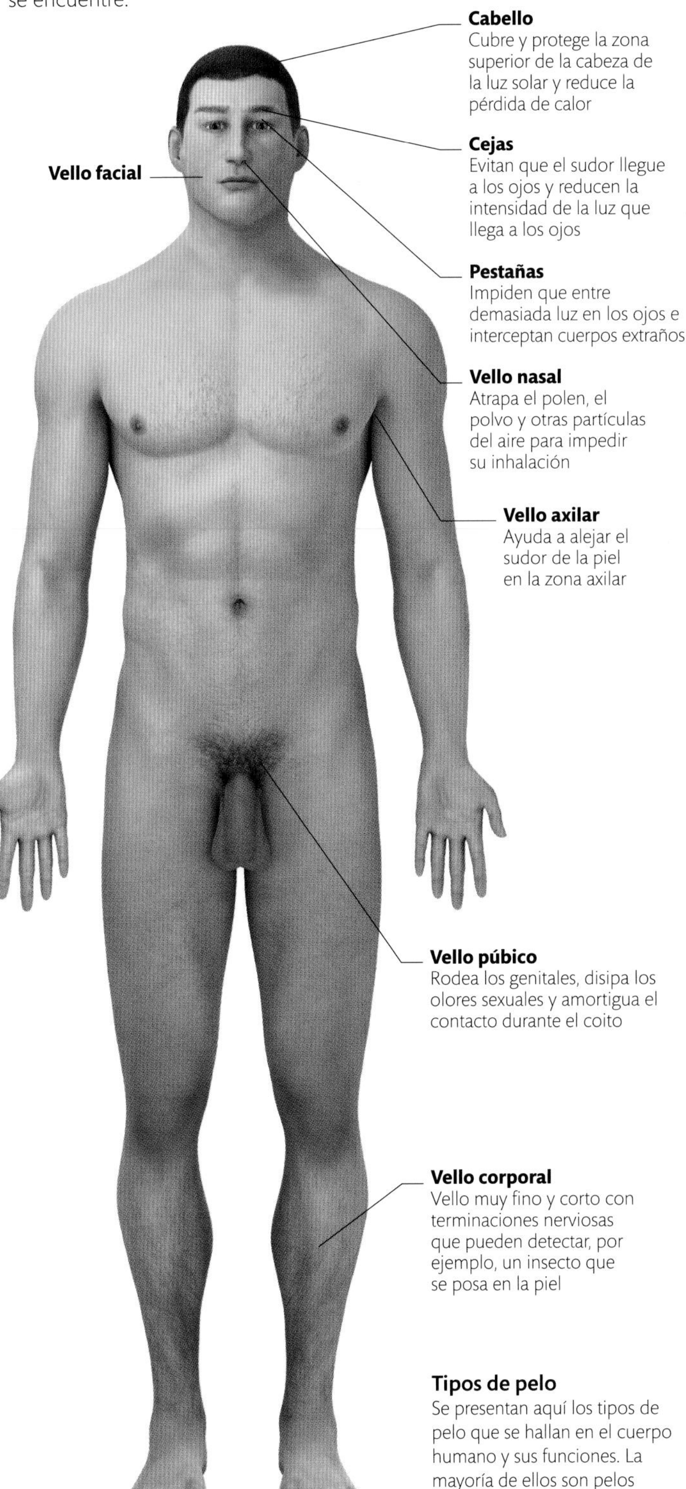
Cabello
Cubre y protege la zona superior de la cabeza de la luz solar y reduce la pérdida de calor
Vello facial
Cejas
Evitan que el sudor llegue a los ojos y reducen la intensidad de la luz que llega a los ojos
Pestañas
Impiden que entre demasiada luz en los ojos e interceptan cuerpos extraños
Vello nasal
Atrapa el polen, el polvo y otras partículas del aire para impedir su inhalación
Vello axilar
Ayuda a alejar el sudor de la piel en la zona axilar
Vello púbico
Rodea los genitales, disipa los olores sexuales y amortigua el contacto durante el coito
Vello corporal
Vello muy fino y corto con terminaciones nerviosas que pueden detectar, por ejemplo, un insecto que se posa en la piel

Tipos de pelo
Se presentan aquí los tipos de pelo que se hallan en el cuerpo humano y sus funciones. La mayoría de ellos son pelos gruesos terminales.

CRECIMIENTO DEL PELO

Los pelos son fibras de células muertas queratinizadas que crecen desde los folículos pilosos de la dermis. La punta del pelo atraviesa la superficie cutánea, mientras que la raíz queda debajo. En la base, el pelo se ensancha en un bulbo que contiene células que se dividen rápidamente. Las células nuevas empujan hacia arriba aumentando así la longitud del pelo. Este crecimiento es cíclico, con fases de reposo. Durante la fase de crecimiento, los cabellos crecen cerca de 1 cm al mes, y duran entre 3 y 5 años. Durante la fase de reposo, el crecimiento cesa, hasta que el pelo se separa de la base. Cada día caen unos 100 cabellos, que son sustituidos por otros.

AL LÍMITE

PELO MUY LARGO

Algunas personas pueden llegar a lucir una cabellera de hasta 5,5 m de longitud. Esto es posible porque la fase de crecimiento de su cabello es mucho más larga de lo normal, por lo que tiene más tiempo para crecer y alcanzar longitudes extraordinarias antes de llegar a la fase de reposo y caerse.

Larga cabellera
El cabello de este santón indio alcanza una longitud de más de 4,5 m.

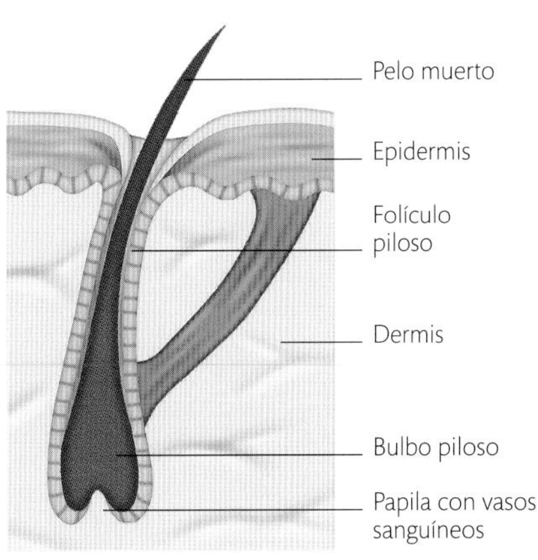
Pelo muerto
Epidermis
Folículo piloso
Dermis
Bulbo piloso
Papila con vasos sanguíneos

Fase de reposo
La fase de reposo se inicia cuando el pelo alcanza su máxima longitud y dura unos meses. Las células del bulbo dejan de dividirse, la raíz se encoge y el pelo visible deja de crecer.

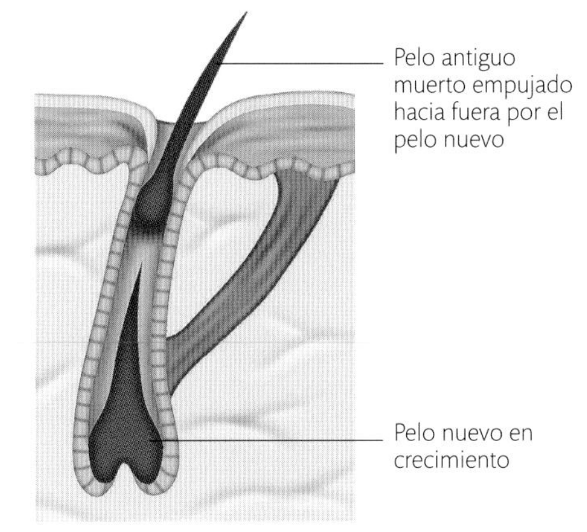
Pelo antiguo muerto empujado hacia fuera por el pelo nuevo
Pelo nuevo en crecimiento

Fase de crecimiento
Cuando finaliza la fase de reposo, las células de la base del folículo piloso empiezan a dividirse y brota un pelo nuevo, que crece rápidamente y expulsa del folículo al pelo muerto.

UÑAS

Las uñas son placas duras que cubren y protegen las puntas de los dedos de las manos y los pies. Tienen una raíz incrustada en la piel, un cuerpo y un borde libre. Las células ungueales se producen en la matriz, avanzan y se llenan de queratina a medida que la uña se desliza por el lecho ungueal. Las uñas de las manos crecen tres veces más rápido que las de los pies, y a mayor velocidad en verano que en invierno.

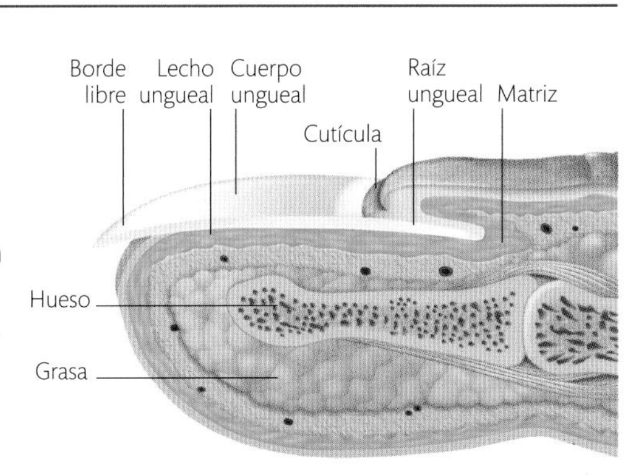
Borde libre
Lecho ungueal
Cuerpo ungueal
Raíz ungueal
Matriz
Cutícula
Hueso
Grasa

QUERATINA

Las uñas se componen de células muertas y aplanadas llenas de queratina, una proteína estructural dura. Esta micrografía muestra cómo esas células aplanadas forman delgadas placas bien trabadas que proporcionan dureza a las uñas y asimismo las hacen translúcidas, de forma que dejan ver la rosada dermis subyacente. La queratina también se encuentra en el cabello y en las células epidérmicas.

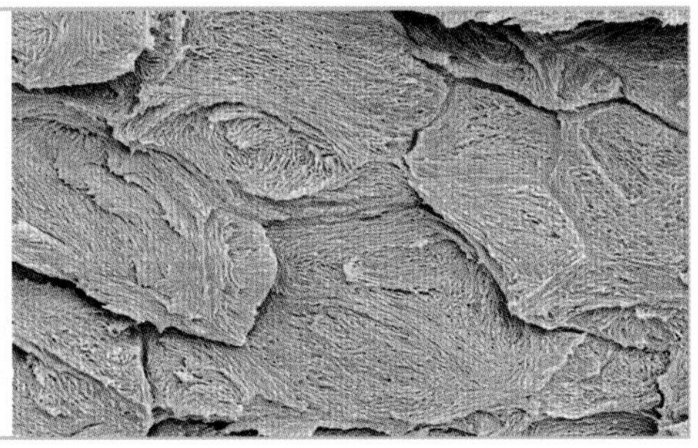

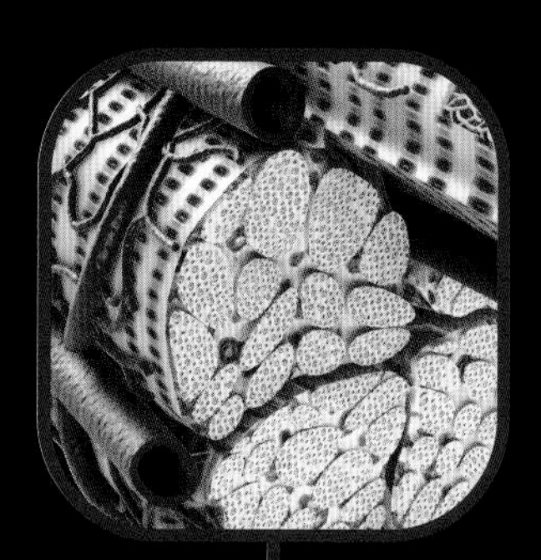

MÚSCULO

El músculo esquelético contiene miofilamentos gruesos y finos que posibilitan las potentes contracciones que mueven el cuerpo.

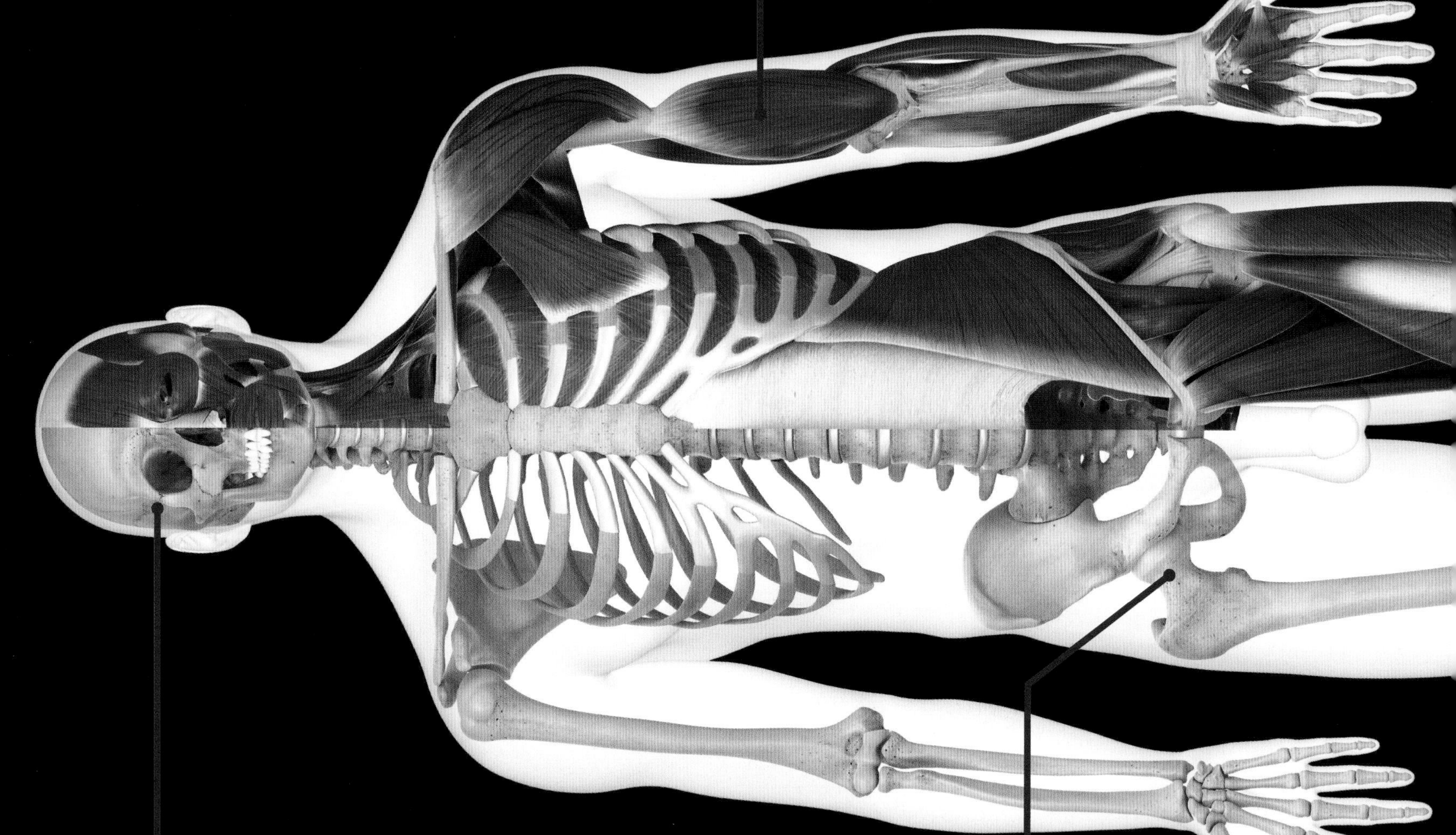

HUESO

El esqueleto tiene unos 206 huesos. Son muy resistentes y algunos contienen médula ósea, que produce glóbulos rojos.

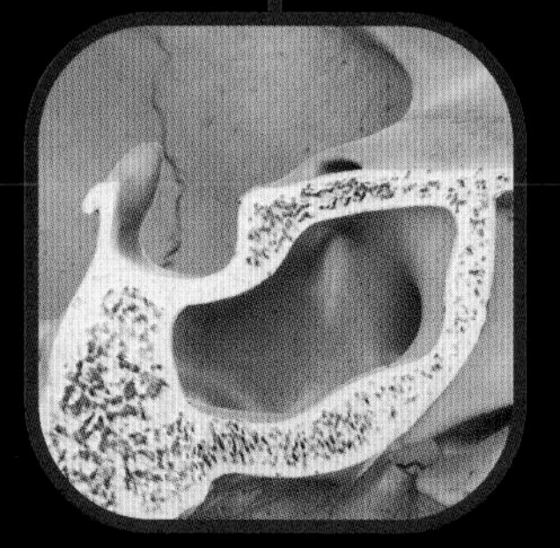

LIGAMENTO

Los ligamentos, que unen los huesos entre sí, son elásticos para permitir el movimiento y asimismo resistentes para dar estabilidad a las articulaciones.

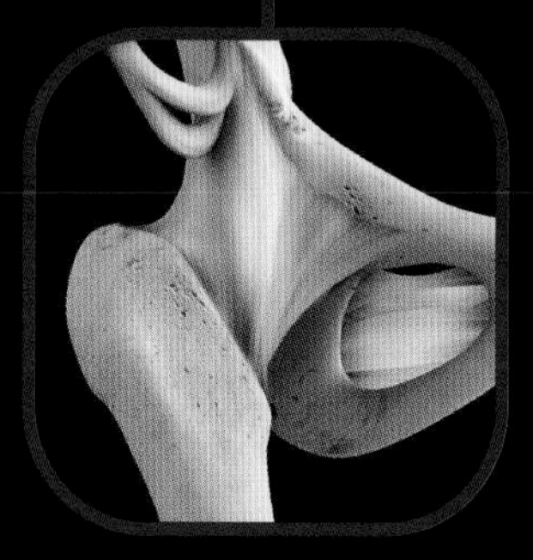

SISTEMA MUSCULOESQUELÉTICO

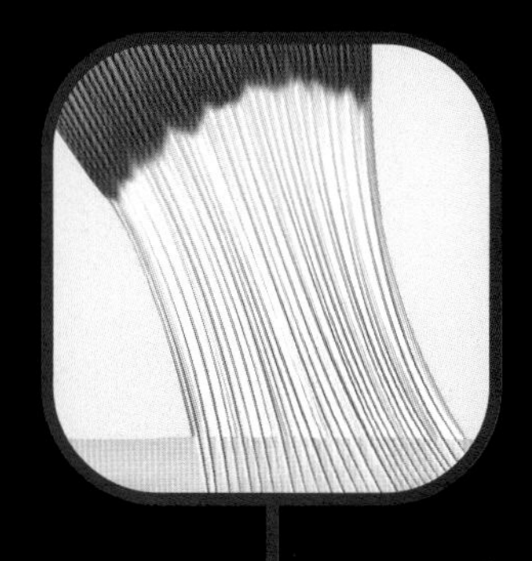

TENDÓN

Los tendones conectan músculos y huesos. Son flexibles y resistentes para aguantar el tirón del músculo y permanecer anclados al hueso.

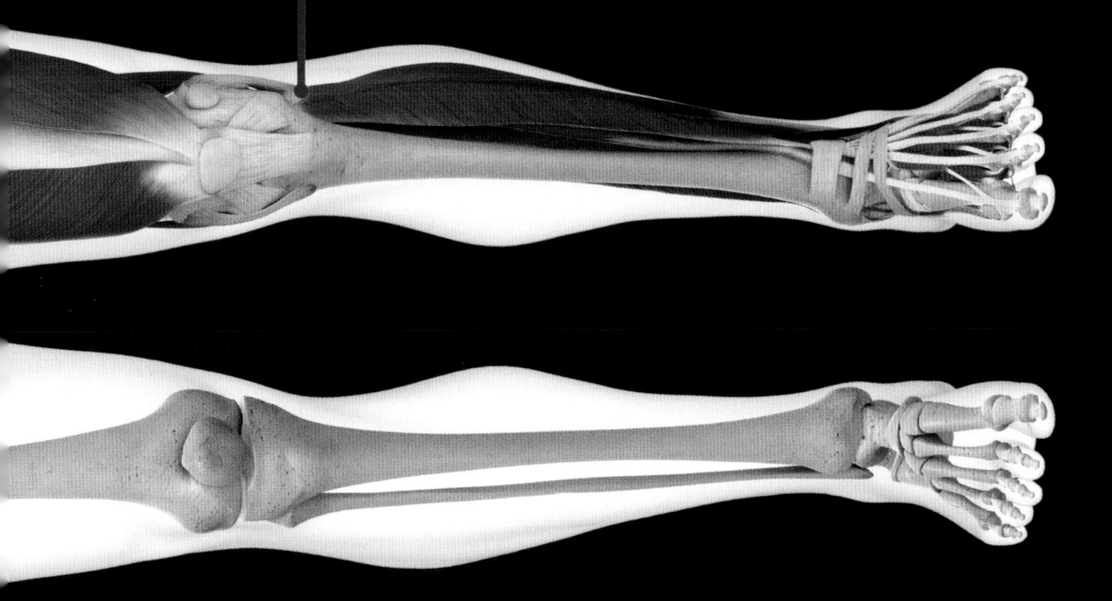

El sistema que integra a huesos, músculos, tendones y ligamentos permite al cuerpo realizar movimientos, desde los que implican a todo el cuerpo, como el andar, hasta los precisos movimientos de los dedos del pianista.

EL ESQUELETO EN ACCIÓN

Lejos de ser una estructura inerte, el esqueleto es una estructura viva, flexible, fuerte y ligera que sostiene el cuerpo, protege los delicados órganos internos y posibilita el movimiento. Además, los huesos almacenan minerales y la médula ósea produce células sanguíneas nuevas.

DIVISIÓN ESQUELÉTICA

Para facilitar la descripción de sus partes y de sus funciones, el esqueleto puede dividirse en dos, el esqueleto axial y el esqueleto apendicular. El axial comprende 80 de los 206 huesos del cuerpo y constituye el eje longitudinal que recorre el centro del cuerpo proporcionando protección y sostén; se compone del cráneo, la columna vertebral, las costillas y el esternón. El apendicular, con sus 126 huesos, posibilita el desplazamiento y la manipulación de objetos; consiste en los huesos de las extremidades superiores e inferiores y en las cinturas óseas que los unen al esqueleto axial. Las cinturas escapulares se componen de omóplato y clavícula, y unen los huesos superiores del brazo al resto del esqueleto; la cintura pelviana, compuesta por las dos caderas y el sacro, ancla ambos fémures.

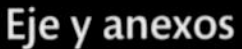

Eje y anexos
Este esqueleto bicolor muestra claramente la centralidad del esqueleto axial, al que se une el esqueleto apendicular.

CLAVE

Esqueleto apendicular

Esqueleto axial

APOYO

Sin el sostén del esqueleto, el cuerpo sería una masa amorfa. El esqueleto constituye la subestructura que modela y sostiene el cuerpo, ya sea en posición erguida, sedente o en cualquier otra posición (derecha). En el esqueleto pueden diferenciarse distintos elementos de apoyo. La columna vertebral, el mayor eje del cuerpo, sostiene el tronco; su sección superior, el cuello, soporta la cabeza; la columna proporciona además puntos de apoyo a la caja torácica, que, a su vez, constituye el armazón del tórax. A través de la pelvis, la columna transmite el peso del tronco a las piernas, que son los pilares del cuerpo cuando se halla en posición erguida. La pelvis sostiene los órganos de la parte inferior del abdomen, como la vejiga y los intestinos.

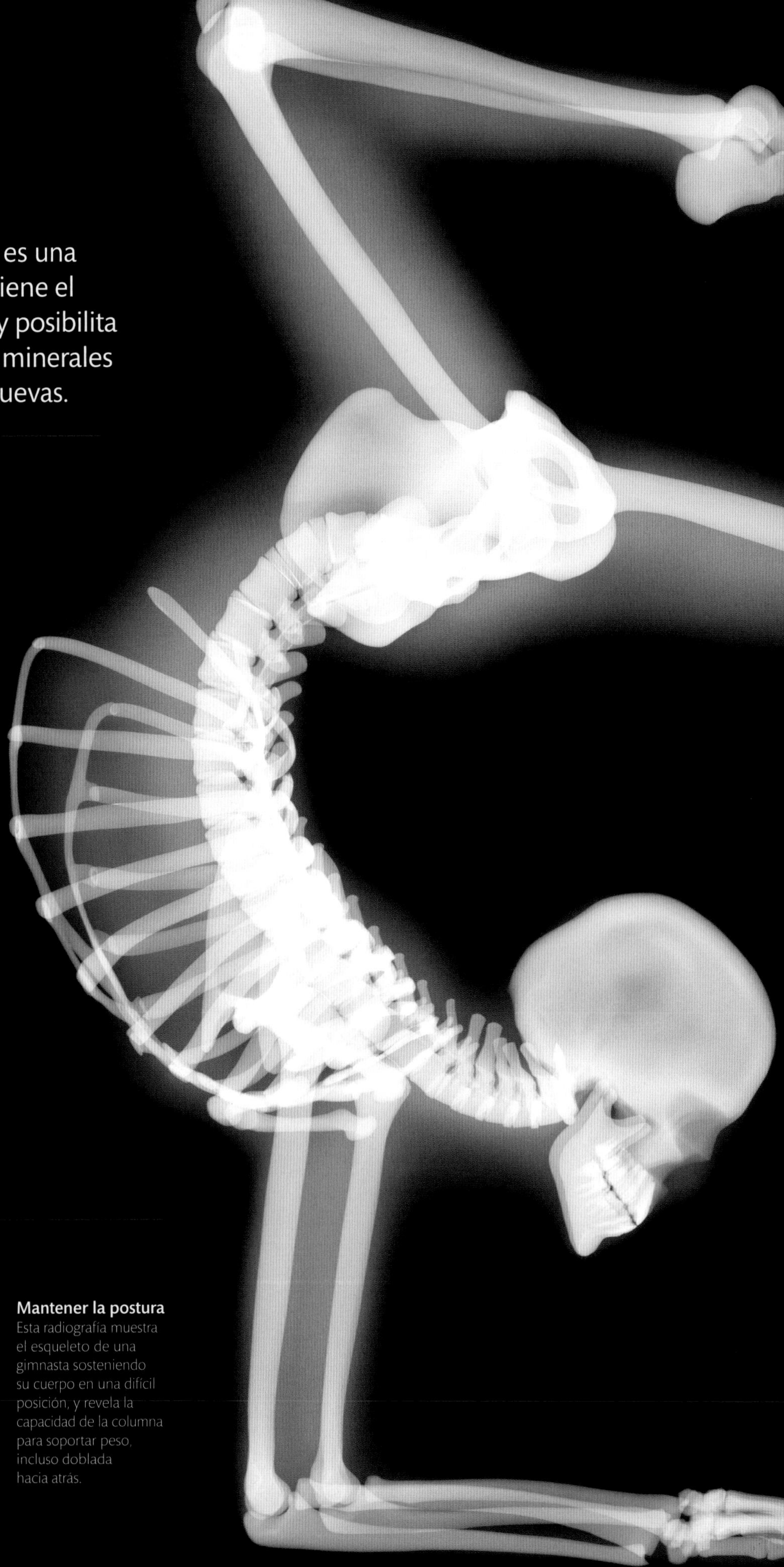

Mantener la postura
Esta radiografía muestra el esqueleto de una gimnasta sosteniendo su cuerpo en una difícil posición, y revela la capacidad de la columna para soportar peso, incluso doblada hacia atrás.

MOVIMIENTO

El esqueleto humano no es una estructura rígida. Los huesos se unen formando articulaciones, la mayoría de las cuales son flexibles y permiten el movimiento. La amplitud de movimiento de cada articulación depende de varios factores, como su conformación y la tensión en que la mantienen los ligamentos y los músculos esqueléticos. Cada hueso presenta unos puntos en los que los músculos esqueléticos se fijan mediante tendones. Los músculos se contraen y tiran de los huesos para producir movimientos tan diversos como correr, agarrar objetos y respirar.

Precisión
Los bailarines se entrenan durante años para lograr la flexibilidad articular y la fuerza muscular necesarias para llevar a cabo movimientos tan gráciles, controlados y equilibrados como los de la imagen.

PROTECCIÓN

Los órganos del cuerpo, como el encéfalo y el corazón, serían muy vulnerables sin la protección del esqueleto, sobre todo la del cráneo y la caja torácica. El cráneo se compone de huesos soldados, ocho de los cuales forman la bóveda craneal, la sólida estructura que envuelve el encéfalo. Los huesos del cráneo también albergan el oído interno y, junto con los huesos faciales, componen las órbitas que alojan los ojos. La caja torácica es cónica y moldea el tórax, al mismo tiempo que protege el corazón y los pulmones, además de los principales vasos sanguíneos, como la aorta y las venas cava superior e inferior, que se encuentran en la cavidad torácica. La caja torácica, por otro lado, también ofrece protección en parte al hígado, al estómago, además de a otros órganos que se encuentran en la parte superior del abdomen.

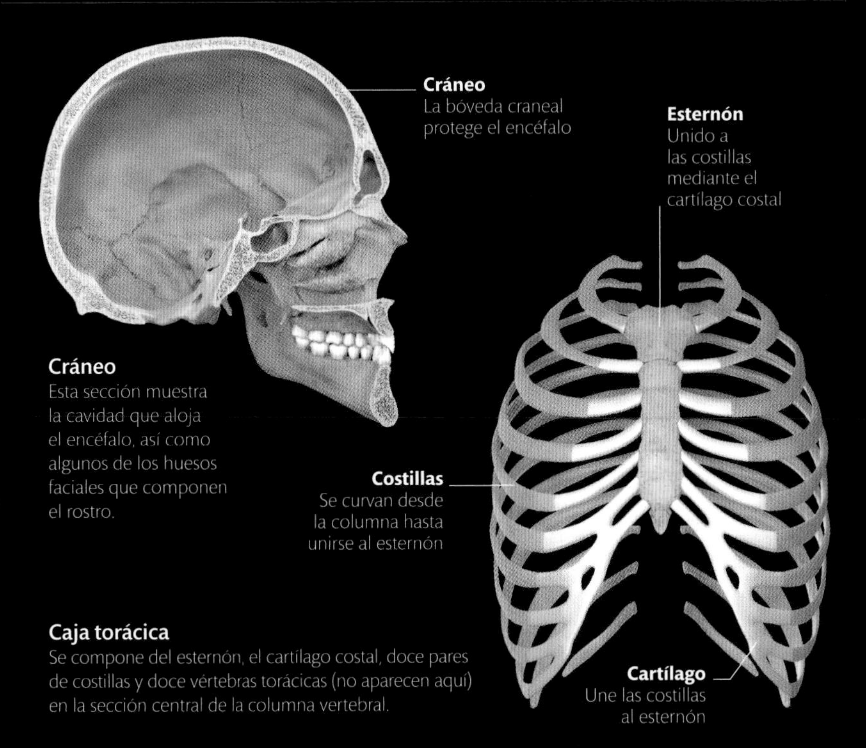
Cráneo
La bóveda craneal protege el encéfalo
Esternón
Unido a las costillas mediante el cartílago costal
Costillas
Se curvan desde la columna hasta unirse al esternón
Cartílago
Une las costillas al esternón

Cráneo
Esta sección muestra la cavidad que aloja el encéfalo, así como algunos de los huesos faciales que componen el rostro.

Caja torácica
Se compone del esternón, el cartílago costal, doce pares de costillas y doce vértebras torácicas (no aparecen aquí) en la sección central de la columna vertebral.

PRODUCCIÓN DE SANGRE

La médula ósea produce miles de millones de células sanguíneas nuevas cada día. En los adultos, se encuentra en el esqueleto axial, en las cinturas escapular y pelviana, y en los extremos superiores de cada fémur y húmero. En la médula ósea, las células sanguíneas se generan a partir de células madre no especializadas, los hemocitoblastos. Estos se dividen y, en función del proceso de maduración que sigan, se convierten en glóbulos rojos o blancos. En el caso de los rojos, generaciones sucesivas de hemocitoblastos pierden sus núcleos y se llenan de hemoglobina (p. 349) para acabar convirtiéndose en hematíes.

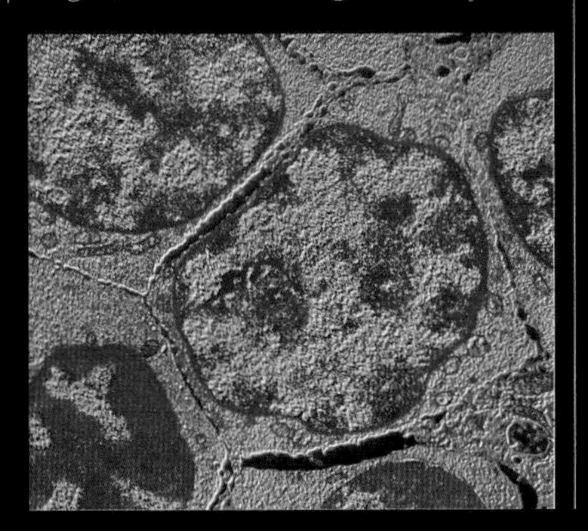

Eritroblastos
En las primeras fases de la producción de glóbulos rojos, los eritroblastos aún conservan un núcleo grande (en rojo) y se dividen rápidamente.

ALMACÉN MINERAL

Los huesos contienen el 99 % del calcio del cuerpo y almacenan otros minerales, como el fosfato. Los iones de calcio y de fosfato se liberan del torrente sanguíneo según sea necesario. Los iones de calcio son claves para las contracciones musculares, la transmisión de impulsos nerviosos y la coagulación de la sangre. Las sales de calcio endurecen los dientes y los huesos. Los huesos se remodelan continuamente, en respuesta a la tensión a la que se someten y a los efectos antagónicos de la hormona calcitonina y la hormona paratiroidea (HPT), que estimulan el depósito y la liberación de calcio en los huesos. Combinadas, estas influencias garantizan que el calcio entre y salga de los depósitos minerales óseos de modo que el nivel de calcio en sangre se mantenga constante.

HUESOS

Aunque parezcan órganos inertes, los huesos están formados por células y tejidos activos que les permiten crecer durante las etapas fetal e infantil, y asimismo remodelarse a lo largo de la vida, para garantizar que sigan siendo fuertes y capaces de resistir la tensión a la que se ven sometidos a diario.

CÓMO CRECEN LOS HUESOS

El crecimiento y el desarrollo del esqueleto empieza muy pronto en la vida del embrión y prosigue hasta el final de la adolescencia. En un principio, el esqueleto embrionario se compone de tejidos conjuntivos flexibles, ya sean membranas fibrosas o cartílago hialino. Alrededor de las ocho semanas de edad, el proceso de osificación empieza a sustituir estas estructuras por tejido óseo duro y, a lo largo de los meses siguientes, los huesos crecen y se desarrollan. Son dos los procesos de osificación que reemplazan el tejido conjuntivo original por una matriz ósea. Por un lado, la osificación intramembranosa forma los huesos del cráneo a partir de membranas fibrosas (abajo). Por su parte, la osificación endocondral transforma el cartílago hialino y forma todos los huesos, a excepción de los del cráneo. La secuencia (derecha) muestra el proceso de osificación endocondral de los huesos largos, desde la plantilla cartilaginosa de un embrión a los huesos duros y resistentes de un niño de seis años, que continuarán creciendo durante los próximos años.

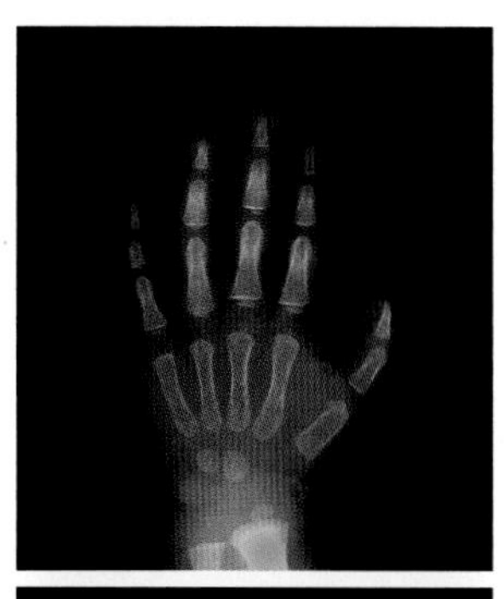

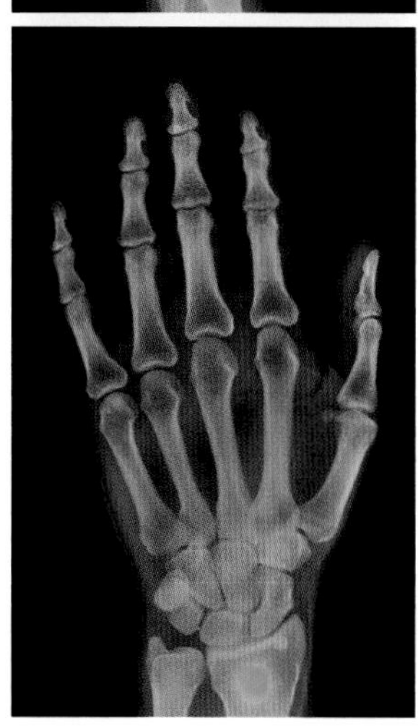

Desarrollo óseo
Radiografía de la mano de un niño de tres años (arriba), frente a la mano de un adulto (abajo). La radiografía de la mano del niño muestra grandes zonas cartilaginosas en la muñeca y en las falanges; la mano del adulto ya tiene formados todos los huesos y articulaciones.

LOS HUESOS DEL CRÁNEO

Los huesos planos del cráneo crecen y se desarrollan mediante el proceso de osificación intramembranosa, que empieza en el feto unos dos meses después de la fecundación (p. 421). Las membranas de tejido conjuntivo fibroso forman las plantillas óseas. Dentro de las membranas se desarrollan centros de osificación, que forman una matriz ósea y, finalmente, dan lugar a un tejido de hueso esponjoso rodeado de hueso compacto. En el momento del parto, la osificación todavía no ha finalizado y los huesos del cráneo se unen mediante las fontanelas, secciones no osificadas de membrana fibrosa (p. 426) que se cierran hacia los dos años de edad. Estas placas flexibles y fibrosas permiten que el cráneo se deforme para facilitar el paso del bebé por el canal del parto.

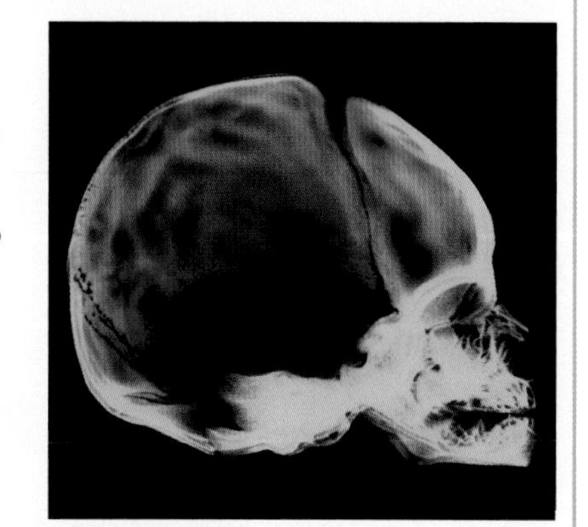

Cráneo de bebé
Esta radiografía muestra la fontanela anterior (zona oscura) entre dos huesos del cráneo. Las fontanelas permiten la expansión y el crecimiento del cerebro.

Embrión de 7 semanas
Las células cartilaginosas crean la plantilla de un hueso largo. Esta tiene una diáfisis (cuerpo) con una epífisis (cabeza) en cada extremo. Las células cartilaginosas se dividen y producen más matriz ósea, alargando y engrosando el hueso.

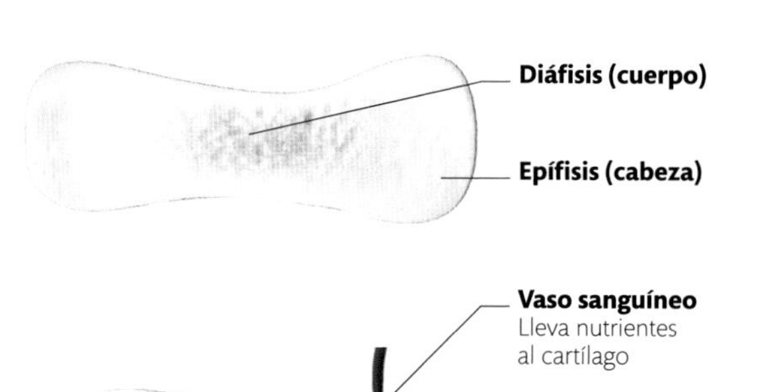
Diáfisis (cuerpo)
Epífisis (cabeza)

Feto de 10 semanas
Las células cartilaginosas del interior de la diáfisis calcifican (endurecen) la matriz circundante. Como resultado, se abren pequeñas cavidades que son invadidas por vasos sanguíneos repletos de nutrientes y por osteoblastos, que producen hueso esponjoso para formar el centro de osificación primario.

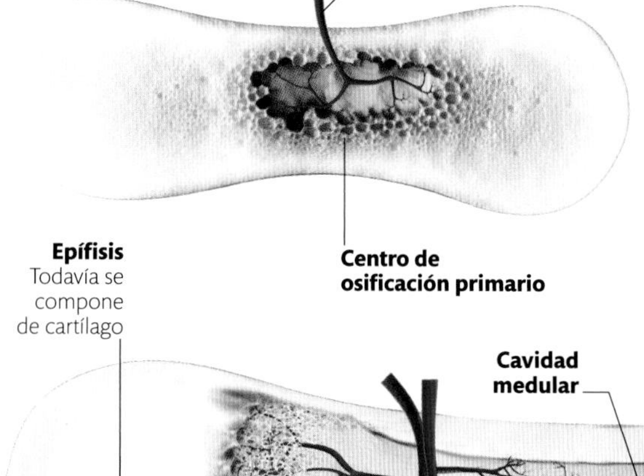
Vaso sanguíneo
Lleva nutrientes al cartílago
Epífisis
Todavía se compone de cartílago
Centro de osificación primario

Feto de 12 semanas
El centro de osificación primario ocupa la mayor parte de la diáfisis crecida y osificada. En el centro de la misma, los osteoclastos (células destructoras de hueso) rompen el hueso esponjoso recién formado para crear una cavidad medular. Las células cartilaginosas de las epífisis se dividen para alargar el hueso. Al mismo tiempo, el cartílago de la base de cada epífisis es sustituido por hueso.

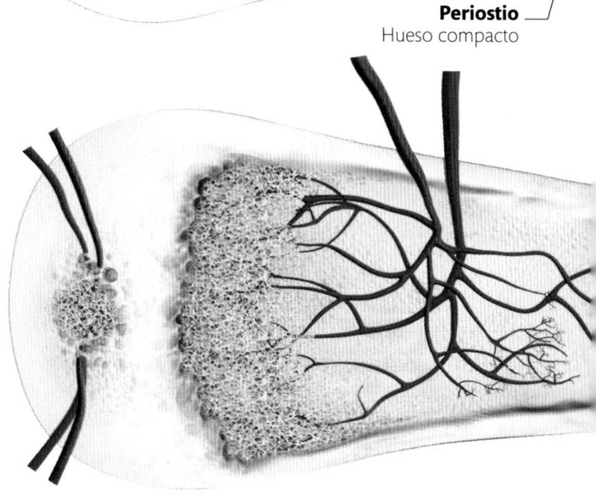
Cavidad medular
Periostio
Hueso compacto

Bebé, al nacer
Los huesos siguen alargándose y el centro de osificación primario continúa activo. En el centro de cada epífisis se desarrolla un centro de osificación secundario, con su propio suministro de sangre. Ahí, el cartílago es sustituido por hueso esponjoso que se conservará, ya que en las epífisis no se forman cavidades medulares. Las cavidades medulares de las diáfisis se llenan de médula ósea, que fabricará glóbulos rojos.

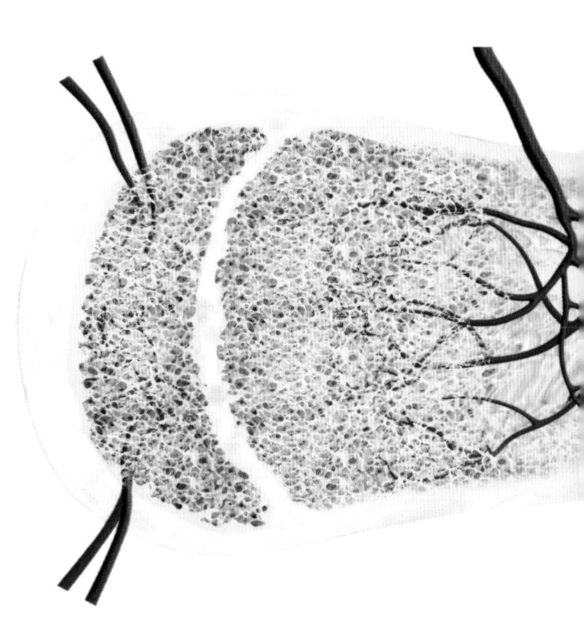

Durante la infancia
Ahora solo hay cartílago hialino en dos lugares: alrededor de las epífisis, como cartílago articular, y entre las epífisis y la diáfisis, como placas de crecimiento epifisarias. Las células cartilaginosas de las placas epifisarias se dividen y alejan a la epífisis de la diáfisis, alargando así el hueso. Al mismo tiempo, el cartílago de las placas epifisarias adyacente a la diáfisis es sustituido por hueso. Este proceso continúa hasta el final de la adolescencia, en que las placas epifisarias desaparecen, las epífisis y la diáfisis se fusionan y finaliza el crecimiento óseo.

REMODELACIÓN ÓSEA

Los huesos se van remodelando en un proceso por el que se elimina tejido óseo viejo y se añade tejido nuevo. Esto maximiza la resistencia de los huesos para responder a los cambios en las demandas mecánicas. Cada año puede renovarse hasta un 10% del esqueleto de un adulto. Este proceso tiene dos fases, la reabsorción ósea y la deposición ósea, que realizan células especializadas, los osteoclastos y los osteoblastos, cuyas acciones son contrapuestas. Los osteoclastos descomponen y eliminan la matriz ósea vieja para que un equipo de osteoblastos pueda generar matriz nueva. Dos mecanismos controlan la remodelación ósea. Primero, los osteoclastos y los osteoblastos responden a la presión mecánica que la gravedad y la tensión muscular ejercen sobre los huesos. A continuación, dos hormonas, la hormona paratiroidea (HPT) y la calcitonina, estimulan o inhiben respectivamente la actividad de los osteoclastos y regulan la liberación de iones de calcio en la matriz ósea. Esto mantiene constantes los niveles plasmáticos de calcio, elemento clave para la contracción muscular y muchos otros procesos.

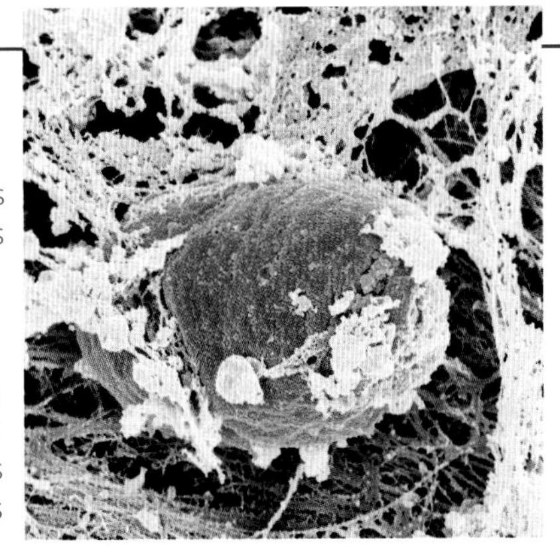

Osteoblasto
Un osteoblasto (rojo) segrega la parte orgánica de la matriz ósea, que acaba rodeándolo. Las sales de calcio la mineralizan para formar matriz dura.

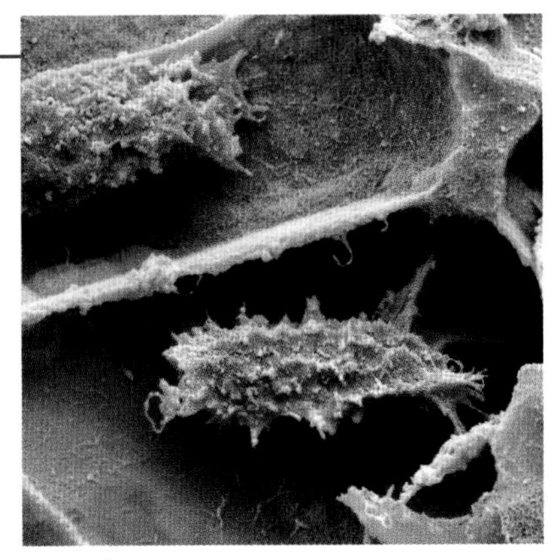

Osteoclastos
Los osteoclastos (lila) se desplazan por la superficie ósea y excavan cavidades mediante enzimas y ácido, que descomponen la matriz orgánica y mineral.

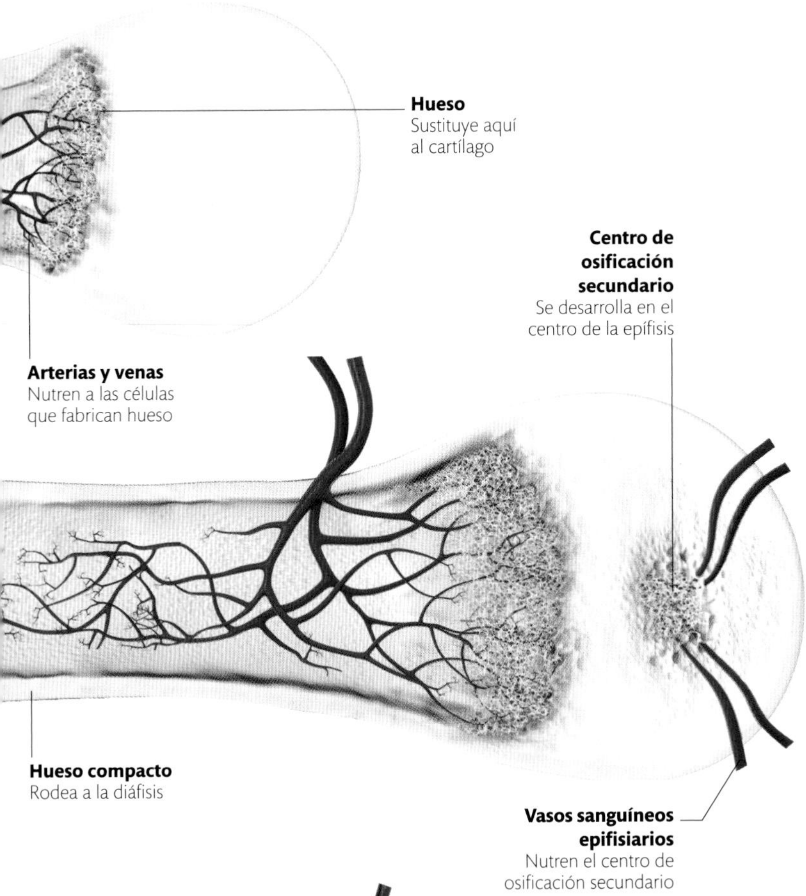
Hueso
Sustituye aquí al cartílago
Centro de osificación secundario
Se desarrolla en el centro de la epífisis
Arterias y venas
Nutren a las células que fabrican hueso
Hueso compacto
Rodea a la diáfisis
Vasos sanguíneos epifisiarios
Nutren el centro de osificación secundario

EJERCICIO

Los huesos se ven sometidos a dos tipos de presión o estrés mecánico: el peso que soportan por la fuerza de la gravedad y la fuerza de la tensión que ejercen los músculos al tirar de ellos. El estrés se intensifica cuando se realiza un ejercicio que requiere soportar el propio peso, como andar, correr o jugar a tenis. Si se practica varias veces a la semana, este tipo de ejercicio estimula las células óseas para que remodelen los huesos, cuya masa acaba siendo significativamente mayor que en una persona inactiva.

La masa ósea alcanza su punto máximo entre los 20 y los 40 años, en que el ejercicio regular y la dieta saludable pagan dividendos. A partir de los 40, la masa y la fuerza de los huesos se reducen; si durante la juventud se ha practicado ejercicio, la pérdida de hueso asociada a la edad se ralentiza. Los ejercicios con pesas en personas mayores pueden invertir este proceso, lo que reduce el riesgo de osteoporosis (p. 449).

AL LÍMITE

EJERCICIO EN EL ESPACIO

Un astronauta a bordo de la Estación Espacial Internacional hace ejercicio para contrarrestar los efectos de la ingravidez. En la Tierra, los huesos conservan su fuerza y su masa al soportar el peso corporal que genera la fuerza de la gravedad. En el espacio, los huesos apenas tienen gravedad a la que oponerse, por lo que se debilitan y pierden aproximadamente un 1% de su masa cada mes. Aunque practicar ejercicio reduce la pérdida de masa ósea, no la detiene.

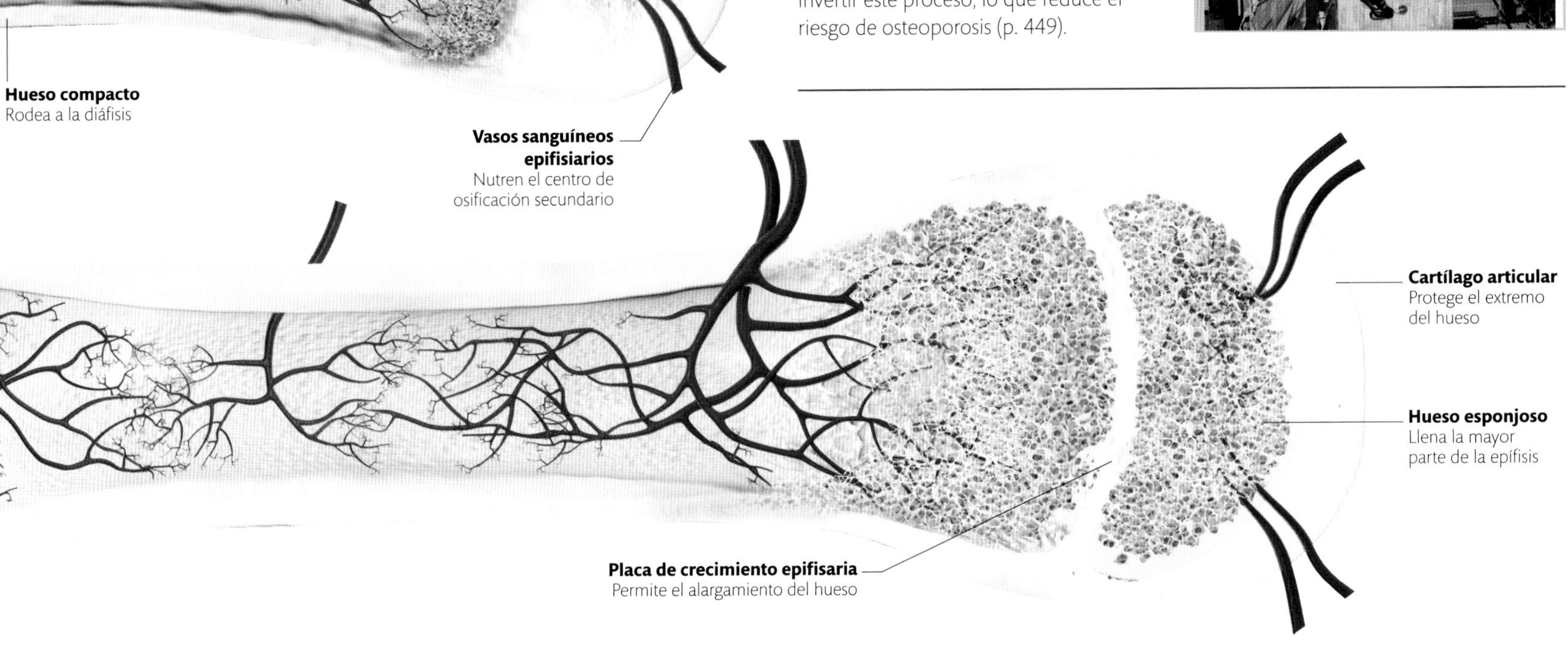
Cartílago articular
Protege el extremo del hueso
Hueso esponjoso
Llena la mayor parte de la epífisis
Placa de crecimiento epifisaria
Permite el alargamiento del hueso

ARTICULACIONES

Las articulaciones son el punto de unión de dos o más huesos en cualquier parte del cuerpo. Dotan de flexibilidad y movilidad al esqueleto, que se mueve cuando los músculos tiran de los huesos a través de las articulaciones. Estas se clasifican en función de su estructura y del tipo de movimiento que permiten.

CÓMO FUNCIONAN LAS ARTICULACIONES

La mayoría de las aproximadamente 320 articulaciones del cuerpo, incluyendo las de las rodillas y los codos, son sinoviales y de movimiento libre. Permiten que el cuerpo lleve a cabo gran variedad de movimientos, como andar, masticar y escribir. En una articulación sinovial, los extremos del hueso están cubiertos y protegidos por cartílago articular, que es cartílago hialino liso. Este tipo de cartílago es el más abundante en el cuerpo; es fuerte pero compresible. Los cartílagos articulares reducen la fricción entre los huesos cuando se mueven y amortiguan los golpes durante el movimiento, para evitar que se dañen. La articulación sinovial está rodeada por una cápsula llena de tejido fibroso que, con la ayuda de los ligamentos, contribuye a mantener unida la articulación. Su capa más interna, la membrana sinovial, segrega fluido sinovial, un líquido aceitoso que lubrica la cavidad entre los cartílagos articulares para que la fricción generada por el movimiento articular sea mínima. Hay ocho tipos de articulación sinovial (derecha); cada uno permite un movimiento distinto, según la forma de la superficie articular.

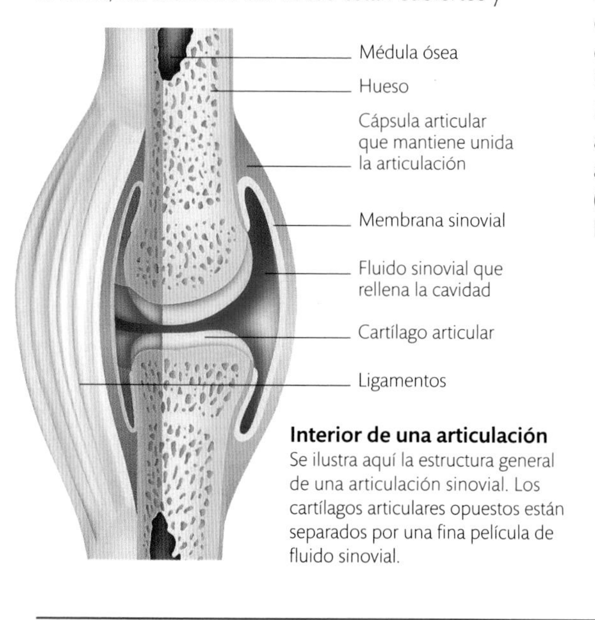
Médula ósea
Hueso
Cápsula articular que mantiene unida la articulación
Membrana sinovial
Fluido sinovial que rellena la cavidad
Cartílago articular
Ligamentos

Interior de una articulación
Se ilustra aquí la estructura general de una articulación sinovial. Los cartílagos articulares opuestos están separados por una fina película de fluido sinovial.

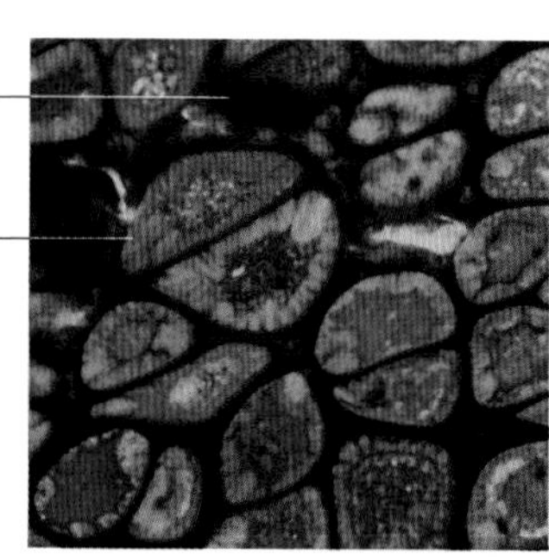
Matriz
Contiene fibras de colágeno
Condrocitos
Segregan matriz cartilaginosa

Cartílago hialino
Consiste en células separadas por una matriz inerte (lila), tal y como muestra la micrografía.

1 ELIPSOIDAL

Este tipo de articulación está compuesta por el extremo ovoide de un hueso que encaja en la cavidad elipsoidal de otro. Se encuentra en la muñeca, entre el radio y el escafoides, y permite movimientos laterales, de flexión y de estiramiento.

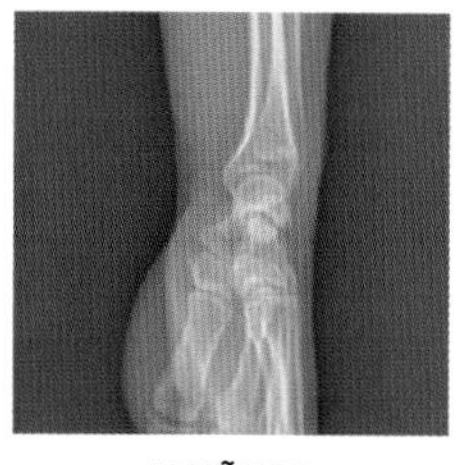

MUÑECA

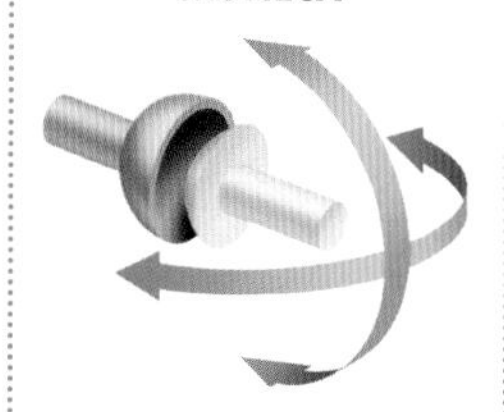

2 DESLIZANTE

Las superficies de los huesos que se unen son casi planas y permiten movimientos cortos y deslizantes, limitados por fuertes ligamentos. Algunas articulaciones entre los tarsianos (tobillo) y los carpianos (muñeca) son deslizantes.

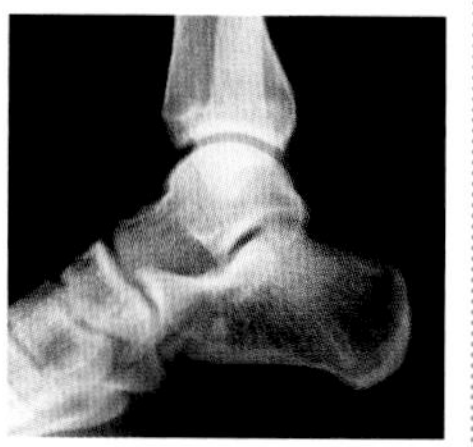

PIE

ARTICULACIONES SEMIMÓVILES Y FIJAS

Algunas articulaciones son semimóviles o fijas: lo que pierden en flexibilidad respecto a las sinoviales, lo ganan en fuerza y estabilidad. En las articulaciones semimóviles, como la sínfisis púbica en la cintura pelviana, los huesos están separados por un disco de fibrocartílago, que es resistente y compresible y permite un movimiento limitado. En las articulaciones fijas, sobre todo en las suturas entre los huesos del cráneo, un tejido fibroso traba los ondulados bordes de los huesos adyacentes; en los niños, esto permite el crecimiento de los huesos craneales.

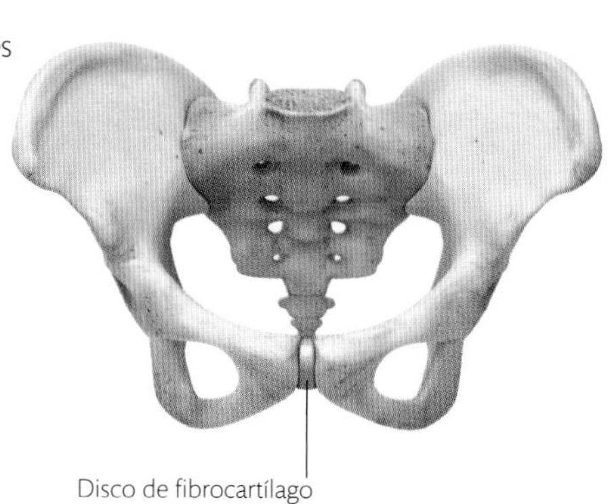
Disco de fibrocartílago

Sínfisis púbica
Esta articulación semimóvil une los dos huesos púbicos que forman la parte anterior de la cintura pelviana.

Cráneo adulto
Esta imagen muestra las suturas entre los huesos. En la madurez, el tejido fibroso entre las suturas se osifica y los huesos adyacentes se funden.

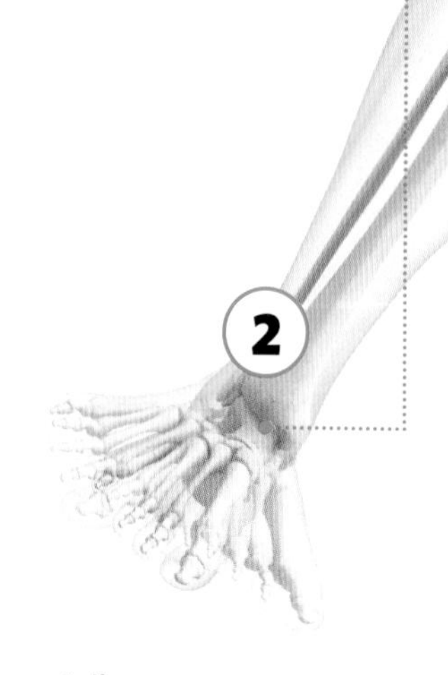

Articulaciones móviles
He aquí los principales tipos de articulación sinovial, con la explicación de los movimientos asociados a cada uno de ellos y ejemplos.

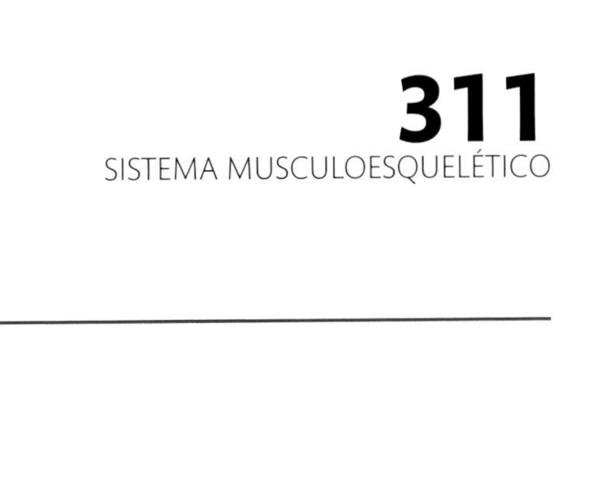

3 ENARTRÓSICA

Es la articulación con más movilidad; el hombro y la cadera son ejemplos de ello. En la cadera, por ejemplo, la cabeza redondeada del fémur encaja en el acetábulo en forma de copa de la pelvis, permitiendo el movimiento en múltiples direcciones.

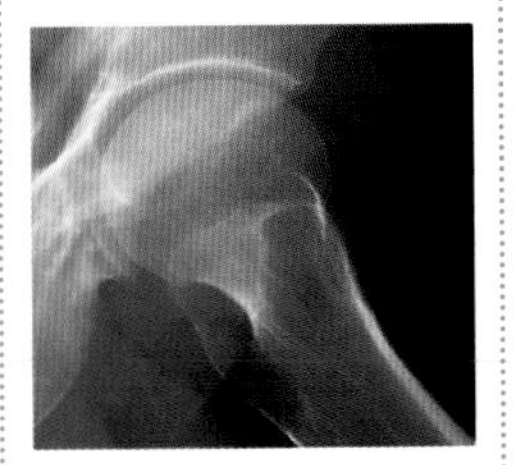

CADERA

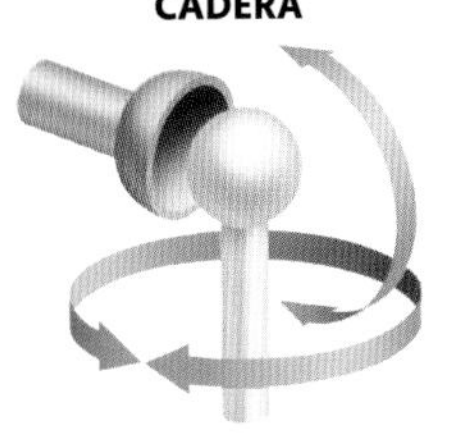

4 PIVOTANTE

Una proyección tipo clavija de un hueso gira dentro del acetábulo en forma de anillo del otro, lo que permite la rotación. Por ejemplo, en el cuello, la articulación pivotante entre las dos primeras vértebras cervicales permite mover el cráneo de un lado al otro en rotación.

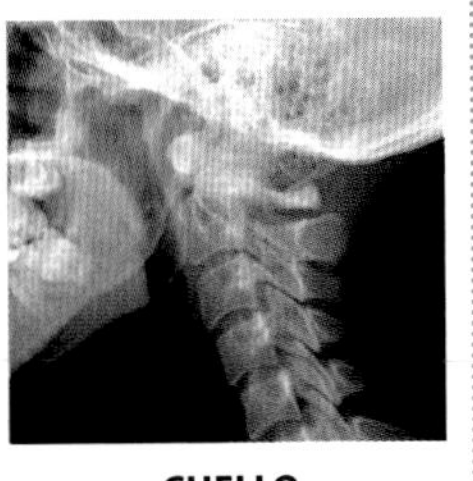

CUELLO

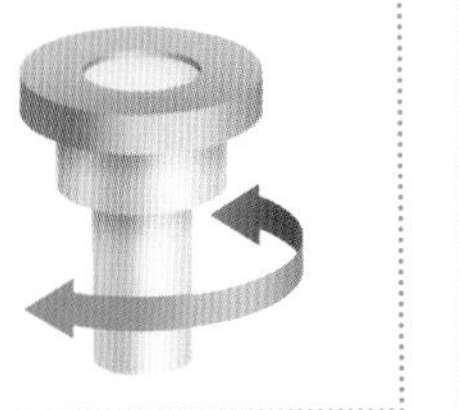

5 DE BISAGRA

También llamada troclear: la superficie convexa de un hueso encaja en la superficie cóncava de otro y permite un movimiento de vaivén en un mismo plano, como en la rodilla y el codo; en este, además, permite una rotación limitada de los huesos del antebrazo.

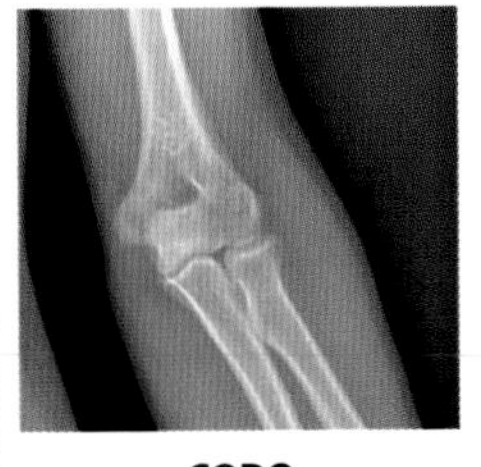

CODO

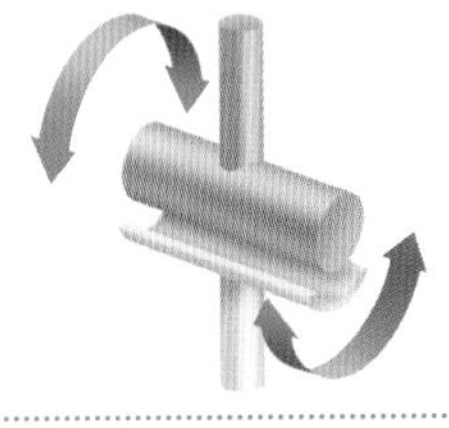

6 EN SILLA DE MONTAR

Consiste en dos superficies articulares en forma de U. Únicamente se encuentra en la base del pulgar, y permite el movimiento en dos planos, para que el pulgar pueda cruzar la palma de la mano y hacer la pinza.

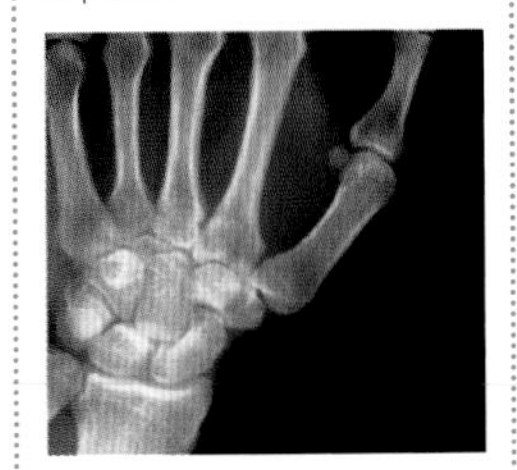

PULGAR

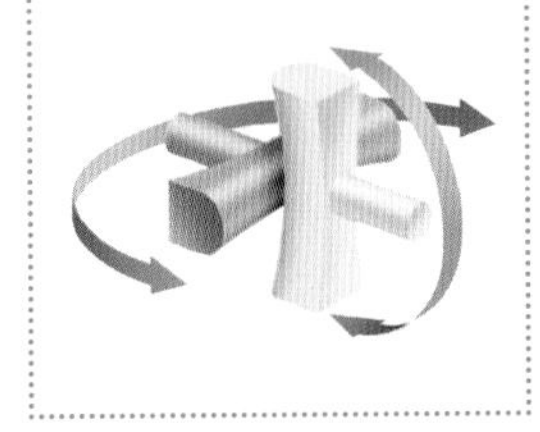

FLEXIBILIDAD DE LA COLUMNA VERTEBRAL

Dos tipos de articulación permiten un movimiento limitado entre vértebras adyacentes. Los discos intervertebrales de fibrocartílago forman articulaciones semimóviles que permiten movimientos de flexión y de torsión, además de amortiguar los impactos al correr y al saltar. Las articulaciones sinoviales entre las apófisis articulares permiten un deslizamiento limitado. Estas articulaciones dan a la columna una flexibilidad considerable.

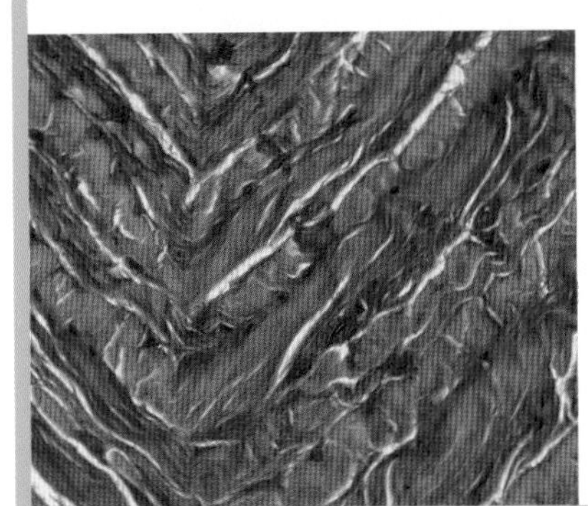

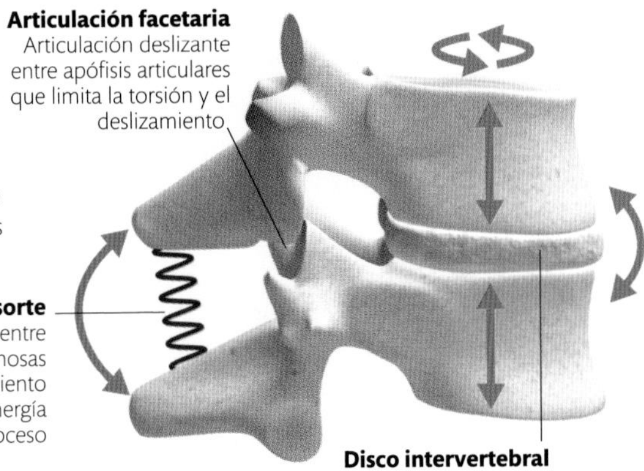

Articulación facetaria
Articulación deslizante entre apófisis articulares que limita la torsión y el deslizamiento

Ligamento resorte
Los ligamentos entre apófisis espinosas limitan el movimiento y acumulan energía para el retroceso

Fibrocartílago
Está compuesto por capas alternas de matriz y de colágeno (rosa), y resiste la tensión y la presión.

Disco intervertebral
Es de fibrocartílago resistente y flexible, con un núcleo gelatinoso

Articulaciones vertebrales
Están limitadas por ligamentos, pero permiten pequeños movimientos que, combinados con los de las otras vértebras, posibilitan que la columna gire y se curve.

MÚSCULOS EN ACCIÓN

Los músculos tienen la capacidad de contraerse y ejercer fuerza. Lo hacen gracias a la energía que obtienen de los alimentos, que activa la interacción entre los filamentos de proteína que contienen las células musculares e inician el movimiento. En los esqueléticos, la contracción es resultado de los impulsos nerviosos que llegan del cerebro cuando decidimos movernos.

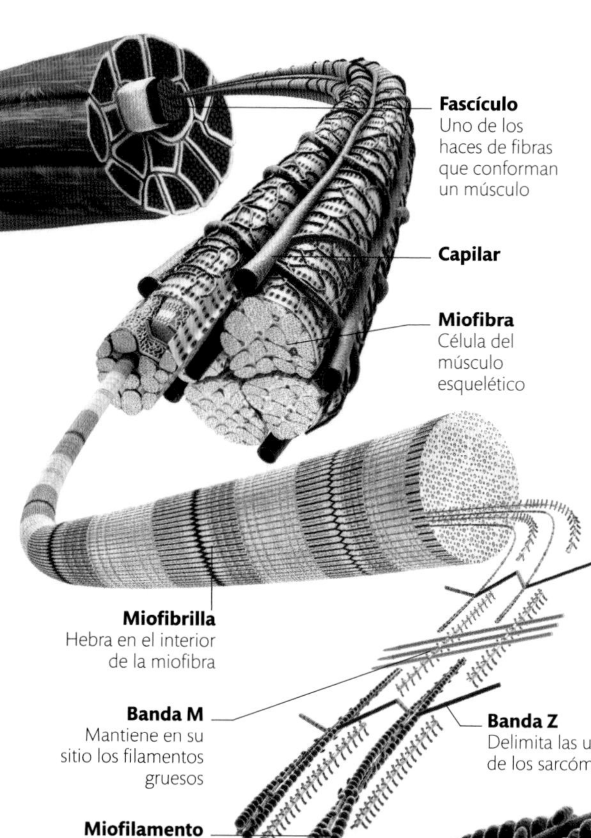
Fascículo
Uno de los haces de fibras que conforman un músculo
Capilar
Miofibra
Célula del músculo esquelético
Miofibrilla
Hebra en el interior de la miofibra
Banda M
Mantiene en su sitio los filamentos gruesos
Banda Z
Delimita las uniones de los sarcómeros
Tropomiosina
Miofilamento fino
Consiste en hebras retorcidas de actina
Miofilamento grueso
Compuesto de miosina
Cabeza de miosina
Forma puentes cruzados con la actina durante la contracción

CONTRACCIÓN MUSCULAR

Para entender cómo se contrae la musculatura esquelética, es básico desentrañar su estructura. El músculo consiste en células cilíndricas y alargadas llamadas miofibras, dispuestas longitudinalmente y en paralelo en haces llamados fascículos. Cada miofibra está llena de miofibrillas en forma de varilla que contienen dos tipos de filamentos de proteína: miosina y actina. Estos filamentos no recorren la miofibrilla longitudinalmente, sino que se superponen en segmentos, los sarcómeros, que dan a la miofibrilla y a la miofibra su apariencia estriada. Los delgados filamentos de actina se extienden hacia el interior desde una «banda Z», que separa los sarcómeros adyacentes y que rodea y se superpone a los filamentos de miosina en el centro del sarcómero. Cuando el músculo recibe el impulso nervioso que le ordena contraerse, pequeñas «cabezas» que se extienden desde cada filamento de miosina interactúan con los filamentos de actina para acortar la miofibrilla.

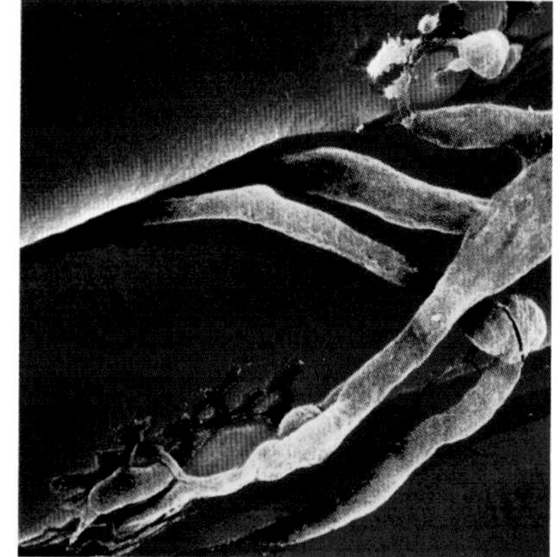

Unión neuromuscular
Las neuronas motoras (verde) transmiten los impulsos nerviosos a las miofibras (rojo) para que se contraigan. Las neuronas terminan en un axón que forma las uniones nervio-músculo en las miofibras.

CICLO DE CONTRACCIÓN

El impulso nervioso activa la miofibra y causa la contracción. Los puntos de unión de los filamentos de actina quedan expuestos, lo que permite a las cabezas de miosina, que han sido activadas por la molécula de energía adenosintrifosfato (ATP), ligarse, doblarse, soltarse y volver a ligarse. Esto tira de los delgados filamentos hacia el centro de los sarcómeros y contrae la miofibra.

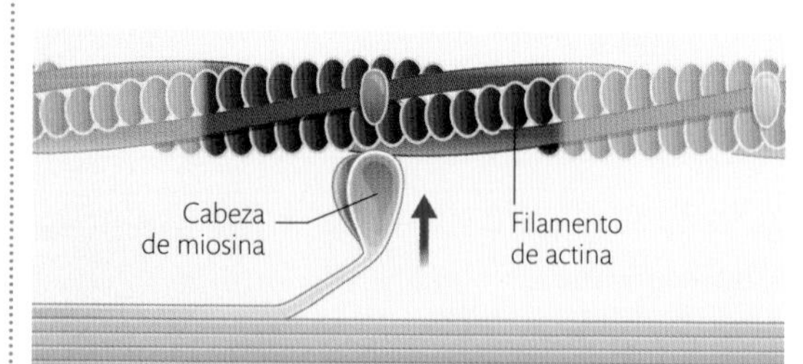
Cabeza de miosina
Filamento de actina

1 Acoplamiento
En su configuración de alta energía, la cabeza de miosina activada se liga al punto de unión de la actina que ha quedado expuesto y forma un puente cruzado entre filamentos.

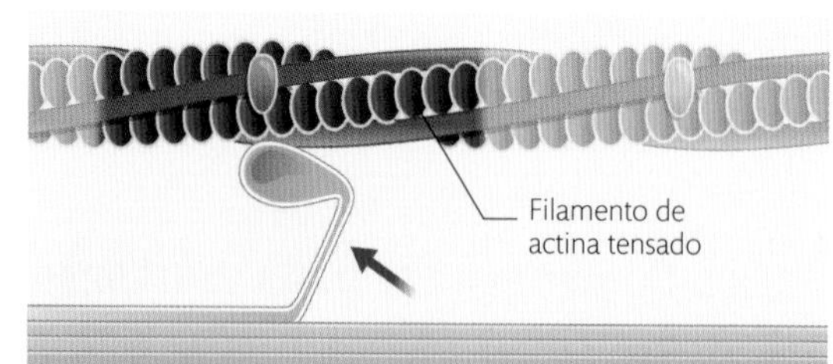
Filamento de actina tensado

2 Golpe activo
Durante lo que se conoce como «golpe activo», la cabeza de miosina pivota y se dobla para tirar del filamento de actina hacia el centro del sarcómero.

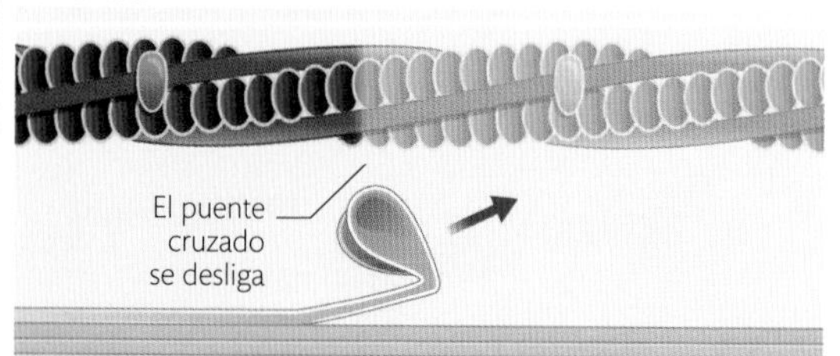
El puente cruzado se desliga

3 Desacoplamiento
Una molécula de ATP se liga a la cabeza de miosina, que se desliga del punto de unión del filamento de actina y libera el puente cruzado.

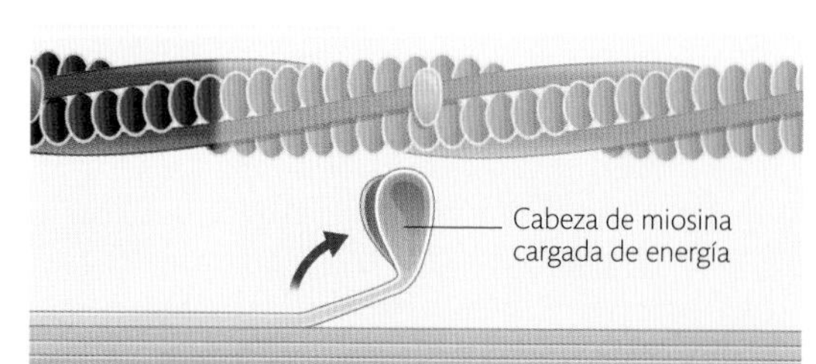
Cabeza de miosina cargada de energía

4 Liberación de energía
El ATP libera energía y la cabeza de miosina pasa de su posición doblada y de baja energía a su configuración de alta energía, preparada para el siguiente ciclo.

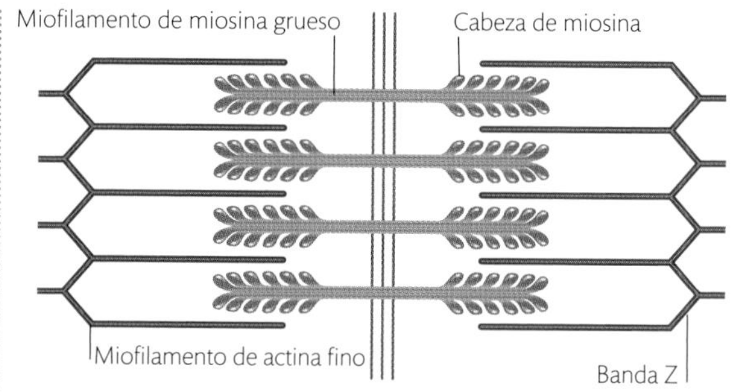
Miofilamento de miosina grueso
Cabeza de miosina
Miofilamento de actina fino
Banda Z

Músculo relajado
Este diagrama muestra la sección longitudinal de un sarcómero (sección entre bandas Z) en un músculo relajado. Los miofilamentos gruesos y finos solo se superponen ligeramente. Las cabezas de miosina están «cargadas» y preparadas para la acción, pero no interactúan con los miofilamentos de actina.

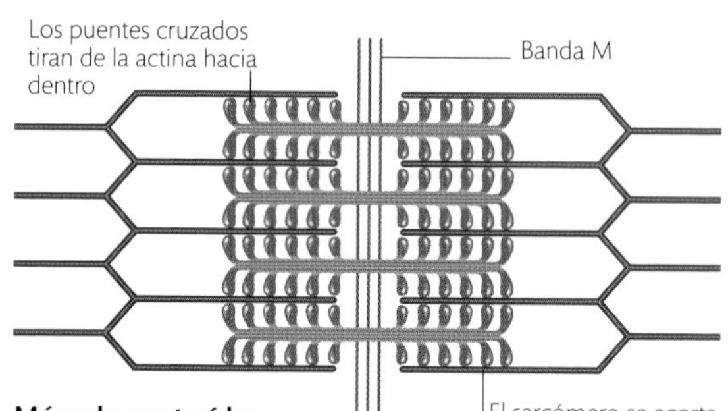
Los puentes cruzados tiran de la actina hacia dentro
Banda M
El sarcómero se acorta

Músculo contraído
Durante la contracción muscular, los sucesivos ciclos de acoplamiento y desacoplamiento de los puentes cruzados tiran de los miofilamentos de actina para que se deslicen por encima de los miofilamentos gruesos, acorten el sarcómero y aumenten la superposición entre miofilamentos. Así, los músculos se acortan significativamente respecto a su longitud en reposo.

TIPOS DE CONTRACCIÓN

Cuando un músculo se activa, ejerce una fuerza sobre el objeto que mueve o sostiene. Si la tensión muscular se equipara a la de la carga, el músculo no se acorta y la contracción es isométrica, por ejemplo, cuando sostenemos un libro para leerlo. Las contracciones isométricas de los músculos del cuello, de la espalda y de las piernas mantienen la postura erguida del cuerpo. Si la fuerza muscular supera a la de la carga, aparece el movimiento. Un movimiento constante requiere una fuerza constante, o contracción isotónica. Las acciones cotidianas, como coger un libro, son una compleja mezcla de contracciones isotónicas e isométricas.

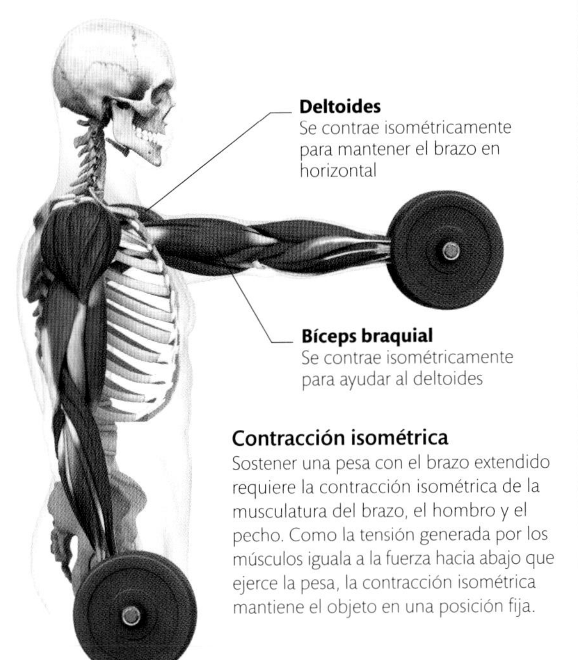

Contracción isotónica
Levantar una pesa hacia arriba doblando el brazo requiere la contracción isotónica de la musculatura superior del brazo. Esta se acorta para generar y mantener la tensión suficiente para superar la fuerza hacia abajo que ejerce la pesa y completar la flexión.

Bíceps braquial
Se contrae isotónicamente para flexionar el brazo

Pesa
Ejerce fuerza hacia abajo

Fuerza hacia arriba
Generada por la contracción isotónica

Deltoides
Se contrae isométricamente para mantener el brazo en horizontal

Bíceps braquial
Se contrae isométricamente para ayudar al deltoides

Contracción isométrica
Sostener una pesa con el brazo extendido requiere la contracción isométrica de la musculatura del brazo, el hombro y el pecho. Como la tensión generada por los músculos iguala a la fuerza hacia abajo que ejerce la pesa, la contracción isométrica mantiene el objeto en una posición fija.

AL LÍMITE
CULTURISTAS

Los levantadores de pesas aumentan su masa muscular con ejercicios que multiplican las miofibrillas de las miofibras; así ganan fuerza. Los culturistas aumentan además la cantidad de sarcoplasma líquido en el interior de las miofibras, para así incrementar el volumen muscular. Esto, junto a una dieta rica en proteínas y ejercicio aeróbico para reducir la grasa corporal, les proporciona el aspecto físico que les caracteriza.

Músculos hiperdesarrollados
Una culturista tensa la musculatura para mostrar su extraordinaria definición.

CRECIMIENTO Y REPARACIÓN

Las fibras de los músculos esqueléticos no se multiplican por división celular, pero pueden crecer en la infancia e hipertrofiarse en la edad adulta. La hipertrofia muscular es el aumento de tamaño de las miofibras y es producto del entrenamiento físico. Una de las causas es el microtrauma: el ejercicio intenso causa diminutos desgarrones musculares, las células musculares satélite reparan el tejido desgarrado y, así, las fibras (y el músculo) aumentan de tamaño.

METABOLISMO MUSCULAR

La musculatura no puede usar directamente los «carburantes» ricos en energía, como la glucosa, para contraerse; estos se han de transformar en ATP (adenosintrifosfato), que almacena, transporta y libera energía. Durante la contracción, el ATP permite que la miosina y la actina interactúen (p. anterior). Dos tipos de respiración celular (aeróbica y anaeróbica) generan ATP en el interior de la miofibra. Cada miofibra contiene ATP suficiente para contraerse durante algunos segundos. Luego, las concentraciones de ATP han de mantenerse a un nivel constante.

Aminoácidos
Ácidos grasos
Oxígeno

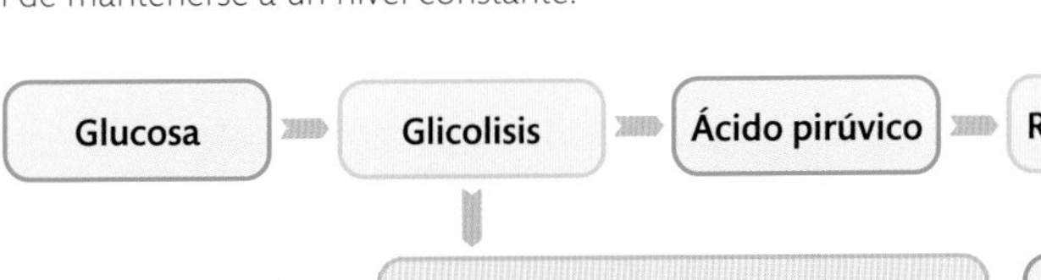
Glucosa
Glicolisis
Ácido pirúvico

Respiración aeróbica en las mitocondrias
Dióxido de carbono
Agua

Respiración aeróbica
La respiración aeróbica de una persona en reposo o que hace un ejercicio suave, proporciona la mayoría del ATP necesario para la contracción muscular. En la respiración aeróbica, la glucosa y otros combustibles (ácidos grasos y aminoácidos) se descomponen por completo en agua y en dióxido de carbono, en una secuencia de reacciones que tiene lugar en el interior de las mitocondrias. Este proceso requiere el aporte de oxígeno.

2 moléculas de ATP
Esta fase inicial se da en el citoplasma. La glucosa se descompone en acido pirúvico y produce un poco de ATP, que se introduce en las mitocondrias para la siguiente fase de la respiración aeróbica.

Producto residual
Las reacciones de la respiración en las mitocondrias liberan dióxido de carbono, que los pulmones expulsan.

36 moléculas de ATP
Cuando el ácido pirúvico entra en la mitocondria, se produce una serie de reacciones químicas. Se libera dióxido de carbono, que se eliminará, e hidrógeno, que pasa por una cadena de transporte de electrones que usa la energía almacenada en el hidrógeno para producir hasta 36 moléculas de ATP por cada molécula de glucosa. Al final del proceso, el hidrógeno se combina con el oxígeno para producir agua.

1825

Fondista
Durante un ejercicio aeróbico prolongado, como una maratón, los vasos sanguíneos aportan suficiente oxígeno a los músculos para que descompongan glucosa y, sobre todo, ácidos grasos, para producir ATP.

Glucosa
Glicolisis
Ácido pirúvico
Fermentación
Ácido láctico

Respiración anaeróbica
Durante el ejercicio intenso, en que los músculos se contraen al máximo, los vasos sanguíneos que aportan oxígeno a las miofibras quedan aplastados, por lo que el aporte de oxígeno se restringe. En estas circunstancias, las miofibras adoptan la respiración anaeróbica, que no requiere oxígeno, para satisfacer sus necesidades energéticas. Esta respiración libera menos energía que la aeróbica, pero es mucho más rápida.

2 moléculas de ATP
La glicolisis en la respiración anaeróbica es la misma que en la aeróbica y libera dos moléculas de ATP por cada molécula de glucosa descompuesta. Esta energía es toda la que produce la respiración anaeróbica.

Fatiga muscular
La fermentación transforma el ácido pirúvico en ácido láctico, que causa fatiga muscular y, si se acumula, calambres. Luego vuelve a transformarse en ácido pirúvico y se recicla.

Sprinter
Un *sprint* no dura más que unos segundos. Durante este estallido de actividad intensa, la respiración anaeróbica «quema» cantidades enormes de glucosa sin oxígeno para producir el ATP necesario para las contracciones musculares.

MECÁNICA MUSCULAR

Para poder desempeñar bien su función, los músculos se disponen en una organización específica. Los tendones, fuertes y compactos, los unen a los huesos y actúan como palancas para mover distintas partes del cuerpo. Los músculos funcionan como antagonistas con efectos opuestos para producir un amplio abanico de movimientos controlados.

FIJACIÓN MUSCULAR

Unos cordones fibrosos, los tendones, unen los músculos a los huesos y transmiten la fuerza de las contracciones. Compuestos de haces paralelos de resistentes fibras de colágeno, que atraviesan el periostio (la membrana ósea exterior) para anclarse firmemente en la capa externa del hueso, los tendones tienen una fuerza tensora enorme. Mediante los tendones, el músculo se fija por un extremo a un hueso, se extiende sobre una articulación y se fija por el otro extremo a otro hueso. Cuando el músculo se contrae, uno de los huesos al que está unido se mueve y el otro no. La fijación del músculo a un hueso inmóvil se conoce como origen, y la fijación a un hueso móvil, como inserción (pp. 56–57).

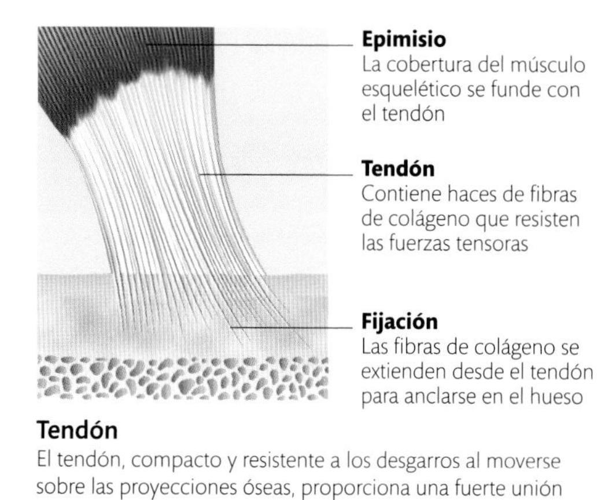
Epimisio
La cobertura del músculo esquelético se funde con el tendón
Tendón
Contiene haces de fibras de colágeno que resisten las fuerzas tensoras
Fijación
Las fibras de colágeno se extienden desde el tendón para anclarse en el hueso

Tendón
El tendón, compacto y resistente a los desgarros al moverse sobre las proyecciones óseas, proporciona una fuerte unión entre el músculo y el hueso.

Orígenes del bíceps braquial
Articulación enartrósica entre el húmero y el omóplato
Bíceps braquial
Orígenes del tríceps braquial
Húmero
Tríceps braquial
Inserción del tríceps braquial
Cúbito
Radio
Articulación de bisagra entre el húmero y el cúbito y el radio
Inserción del bíceps braquial

Orígenes e inserciones
En el brazo, el tríceps braquial se inserta en el cúbito y tiene tres orígenes en el omóplato y el húmero. El bíceps braquial se inserta en el cúbito y tiene dos orígenes en el omóplato.

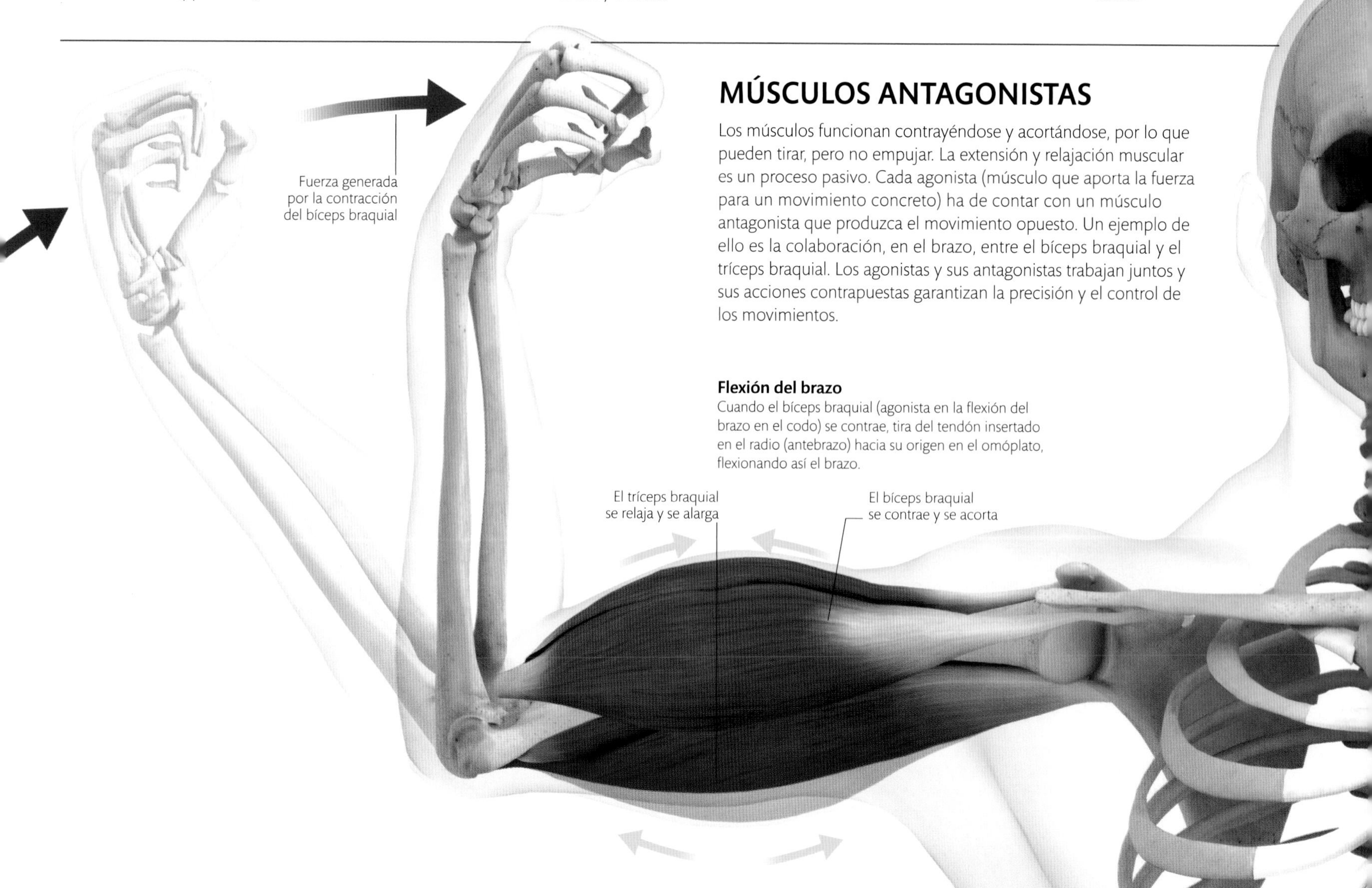
Fuerza generada por la contracción del bíceps braquial
El tríceps braquial se relaja y se alarga
El bíceps braquial se contrae y se acorta

MÚSCULOS ANTAGONISTAS

Los músculos funcionan contrayéndose y acortándose, por lo que pueden tirar, pero no empujar. La extensión y relajación muscular es un proceso pasivo. Cada agonista (músculo que aporta la fuerza para un movimiento concreto) ha de contar con un músculo antagonista que produzca el movimiento opuesto. Un ejemplo de ello es la colaboración, en el brazo, entre el bíceps braquial y el tríceps braquial. Los agonistas y sus antagonistas trabajan juntos y sus acciones contrapuestas garantizan la precisión y el control de los movimientos.

Flexión del brazo
Cuando el bíceps braquial (agonista en la flexión del brazo en el codo) se contrae, tira del tendón insertado en el radio (antebrazo) hacia su origen en el omóplato, flexionando así el brazo.

PALANCAS CORPORALES

La palanca es la máquina más sencilla: se compone de una barra que pivota sobre un fulcro. Cuando se aplica una fuerza en un punto de la palanca, esta pivota sobre el fulcro levantando una carga en otro punto de la misma. Las palancas tienen múltiples usos; unas tijeras, por ejemplo, tienen un mecanismo de palanca. Los principios mecánicos de la palanca se aplican también a la interacción entre huesos, articulaciones y músculos para generar movimiento. Los huesos actúan como palancas, las articulaciones son el fulcro y los músculos se contraen para aplicar la fuerza que mueve el cuerpo o la carga. Diversos sistemas de palanca generan una amplia gama de movimientos, como levantar y transportar objetos. Como todas las palancas, las del cuerpo se clasifican según la posición relativa de la fuerza, el fulcro y la carga. En los ejemplos de cada tipo, las flechas rojas indican la dirección de la fuerza; las azules, el movimiento de la carga.

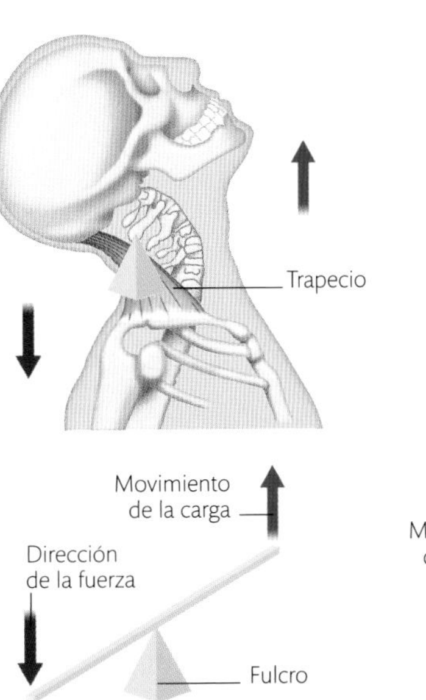
Trapecio
Movimiento
de la carga
Dirección
de la fuerza
Fulcro

Palanca de primer tipo
El fulcro está situado entre la fuerza y la carga, como en un balancín. Por ejemplo, los músculos posteriores del cuello y el hombro tiran de la nuca, que pivota sobre las cervicales, para levantar el rostro.

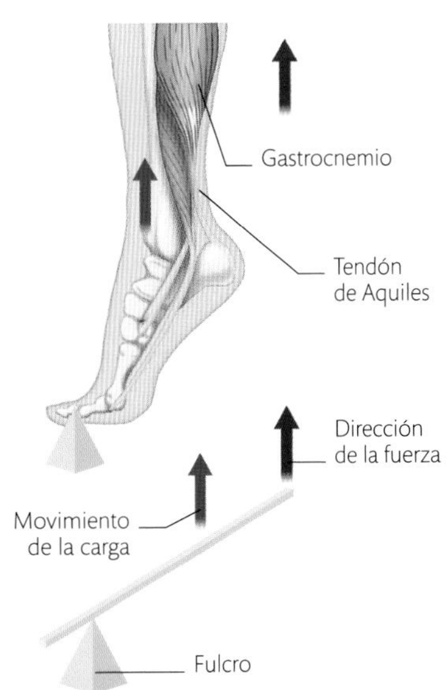
Gastrocnemio
Tendón
de Aquiles
Dirección
de la fuerza
Movimiento
de la carga
Fulcro

Palanca de segundo tipo
La carga se apoya entre la fuerza y el fulcro, como en una carretilla. Por ejemplo, los músculos de la pantorrilla se contraen y levantan el talón y el cuerpo, usando los dedos del pie como fulcro.

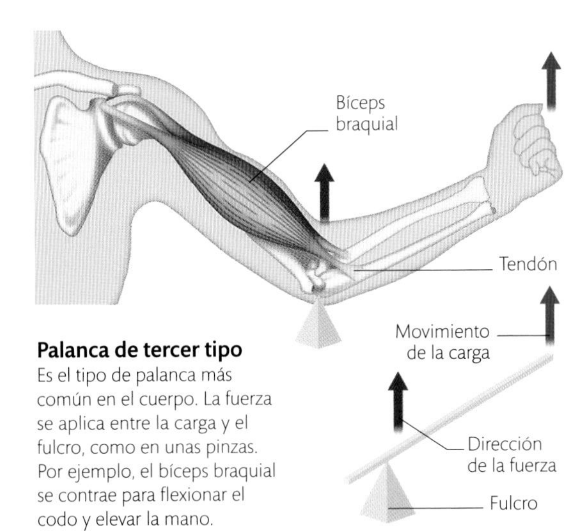
Bíceps
braquial
Tendón
Movimiento
de la carga
Dirección
de la fuerza
Fulcro

Palanca de tercer tipo
Es el tipo de palanca más común en el cuerpo. La fuerza se aplica entre la carga y el fulcro, como en unas pinzas. Por ejemplo, el bíceps braquial se contrae para flexionar el codo y elevar la mano.

Los **músculos antagonistas** que flexionan y extienden las articulaciones se llaman **flexores** y **extensores**, respectivamente.

Fuerza generada
por la contracción
del tríceps braquial
El bíceps braquial
se relaja y se alarga
El tríceps braquial se
contrae y se acorta

Extensión del brazo
El tríceps braquial es un antagonista de los flexores del brazo, sobre todo del bíceps braquial; por eso es uno de los principales extensores del brazo. Cuando se contrae, el tríceps braquial tira de su inserción en el cúbito del antebrazo para extender el codo.

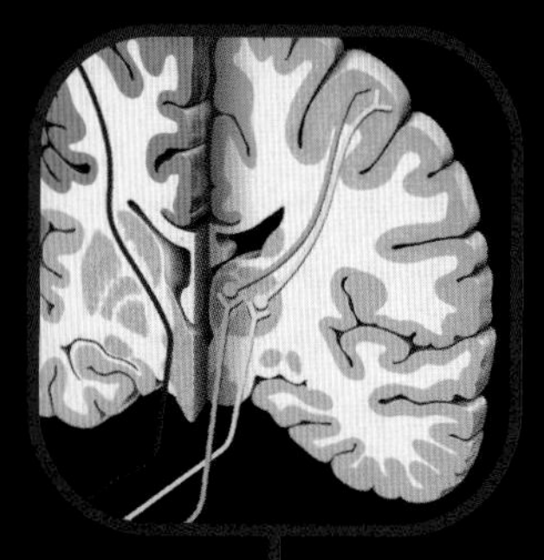

ENCÉFALO

Con más de cien mil millones de neuronas, el encéfalo trabaja en tándem con la médula espinal para controlar todo lo que sentimos y hacemos.

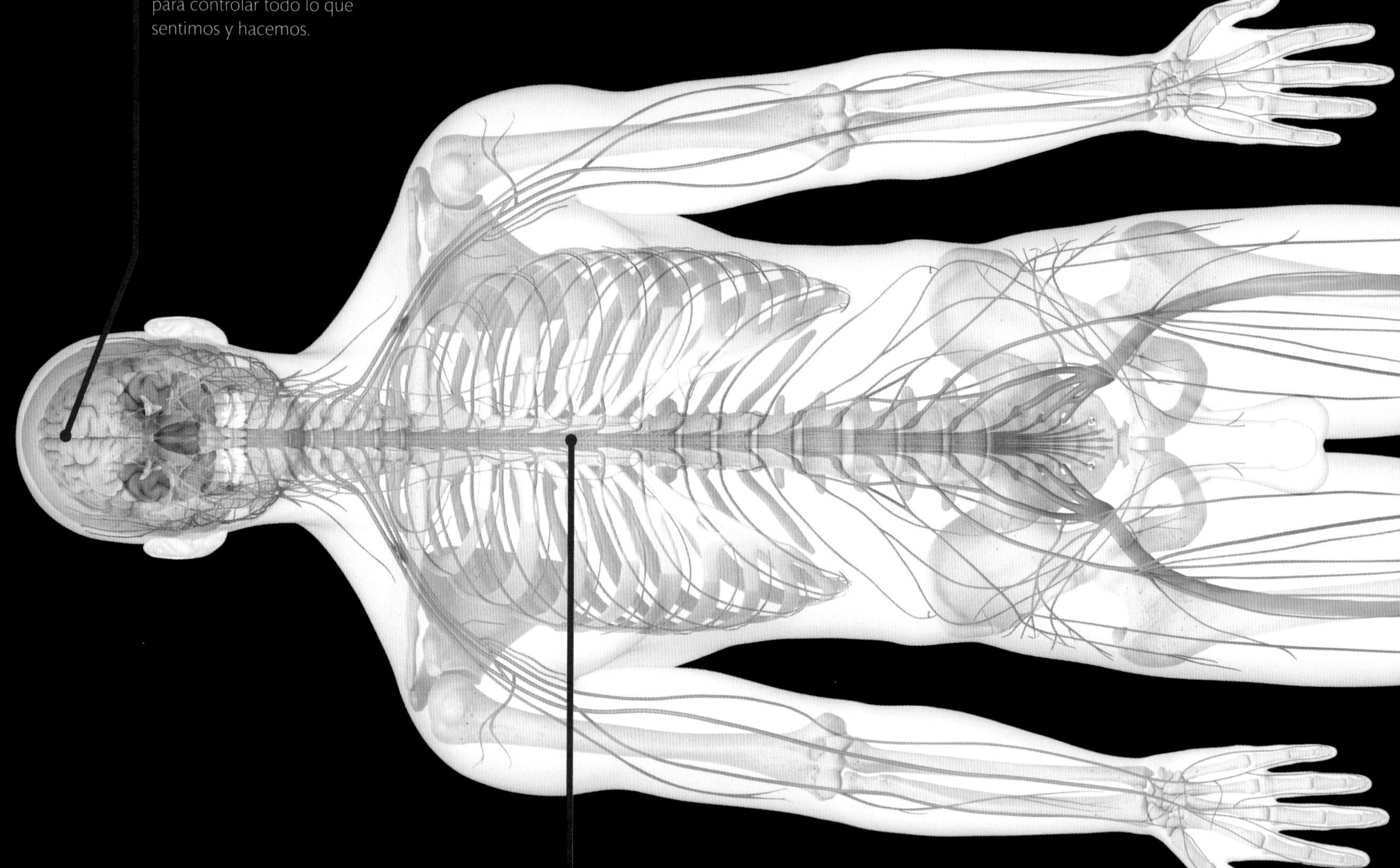

MÉDULA ESPINAL

Este haz de nervios extremadamente organizado transmite información y la procesa de camino al cerebro.

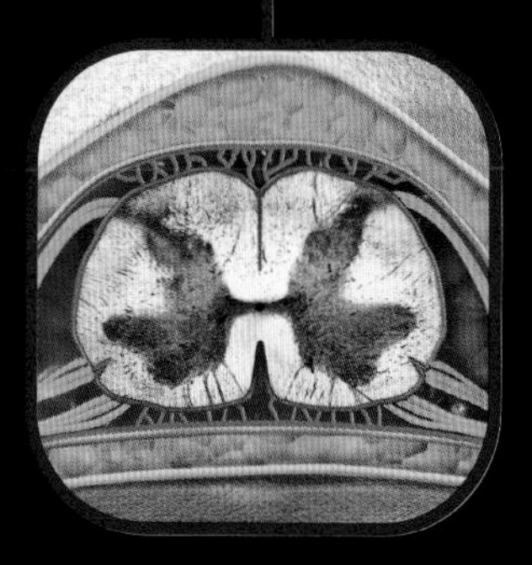

SISTEMA NERVIOSO

Orden, control y coordinación: el sistema nervioso es el auténtico núcleo de la vida del cuerpo. Nos permite adaptarnos al entorno: percibimos el mundo que nos rodea, y así podemos actuar en consecuencia.

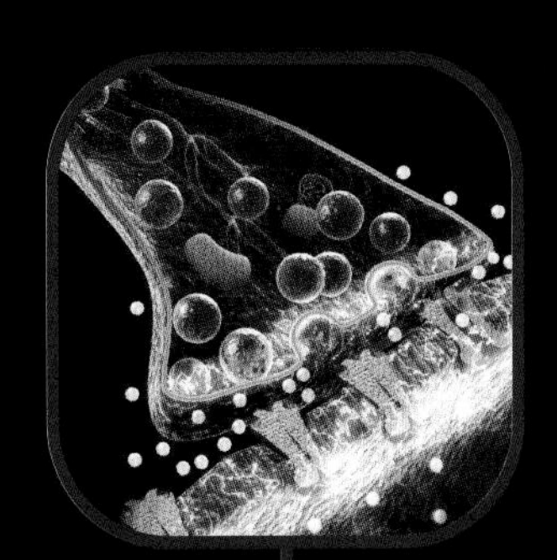

NERVIO

Los nervios transmiten la información hacia y desde el encéfalo y la médula espinal, mediante un «lenguaje» de impulsos eléctricos diminutos.

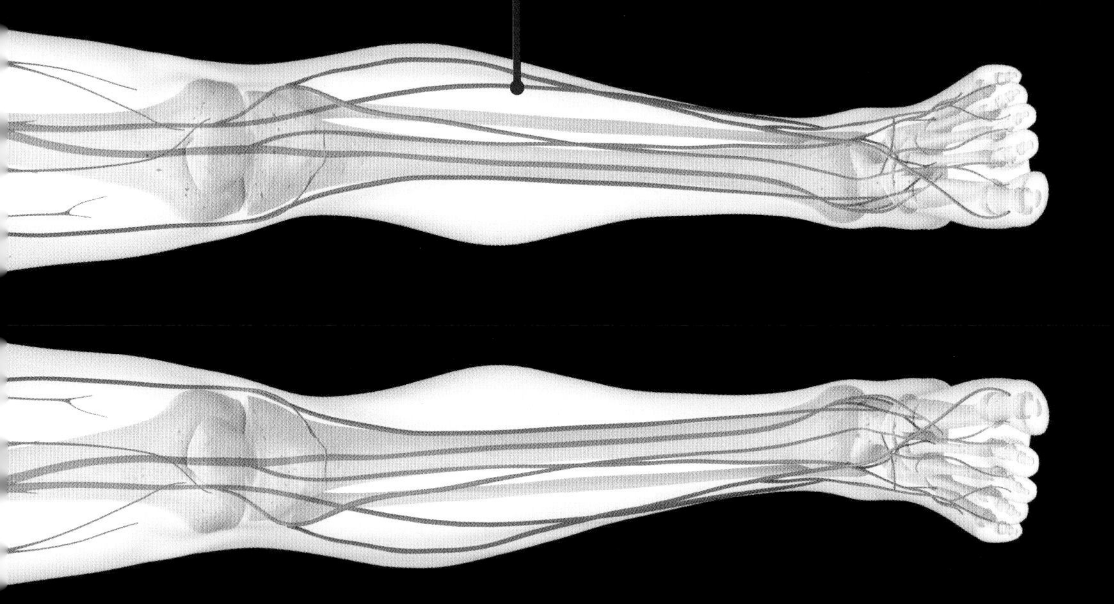

CIRCUITOS NERVIOSOS

El sistema nervioso tiene tres partes fundamentales: el central, el periférico y el autónomo. Las diferencias entre ellos son tanto anatómicas como funcionales. El control de algunos nervios es consciente, mientras que la actividad de otros es automática y está diseñada para mantener el equilibrio del organismo.

SUBDIVISIONES DEL SISTEMA NERVIOSO

El sistema nervioso central (SNC) se compone del encéfalo, en el cráneo, y de la médula espinal, que sale de él y discurre por el interior de la columna vertebral. El sistema nervioso periférico (SNP) incluye todos los nervios que se ramifican desde el SNC: 12 pares de nervios craneales desde el encéfalo y 31 pares de nervios espinales desde la médula espinal. Por último, la tercera subdivisión básica es el sistema nervioso autónomo (SNA), que comparte algunas estructuras con el SNC y el SNP.

LA DIVISIÓN SOMÁTICA

La división somática del SNP se ocupa de los movimientos voluntarios, esto es, de las acciones conscientes controladas por la voluntad. El cerebro envía instrucciones (información motriz) a los músculos esqueléticos a fin de controlar con precisión el proceso de contracción y relajación. Además, la división somática del SNP está también encargada de recibir y gestionar los datos (la información sensorial) que proceden de la piel y de otros órganos sensoriales.

El poder del tacto
La división somática del SNP media las íntimas sensaciones del tacto, además de coordinar los delicados movimientos de los dedos.

LA DIVISIÓN ENTÉRICA

La división entérica del SNP controla la mayoría de las vísceras, sobre todo el tracto gastrointestinal (estómago e intestinos) y, en cierta medida, el sistema urinario. Estos funcionan básicamente de forma automática, sin que el cerebro los estimule ni los controle. Las contracciones musculares en el tracto gastrointestinal tienen que estar muy coordinadas para que el alimento digerido discurra al ritmo adecuado. La división entérica tiene sus propias neuronas sensoras y motoras, con interneuronas que procesan la información entre ellas. Algunas regiones de la división entérica funcionan junto con el SNA (p. siguiente).

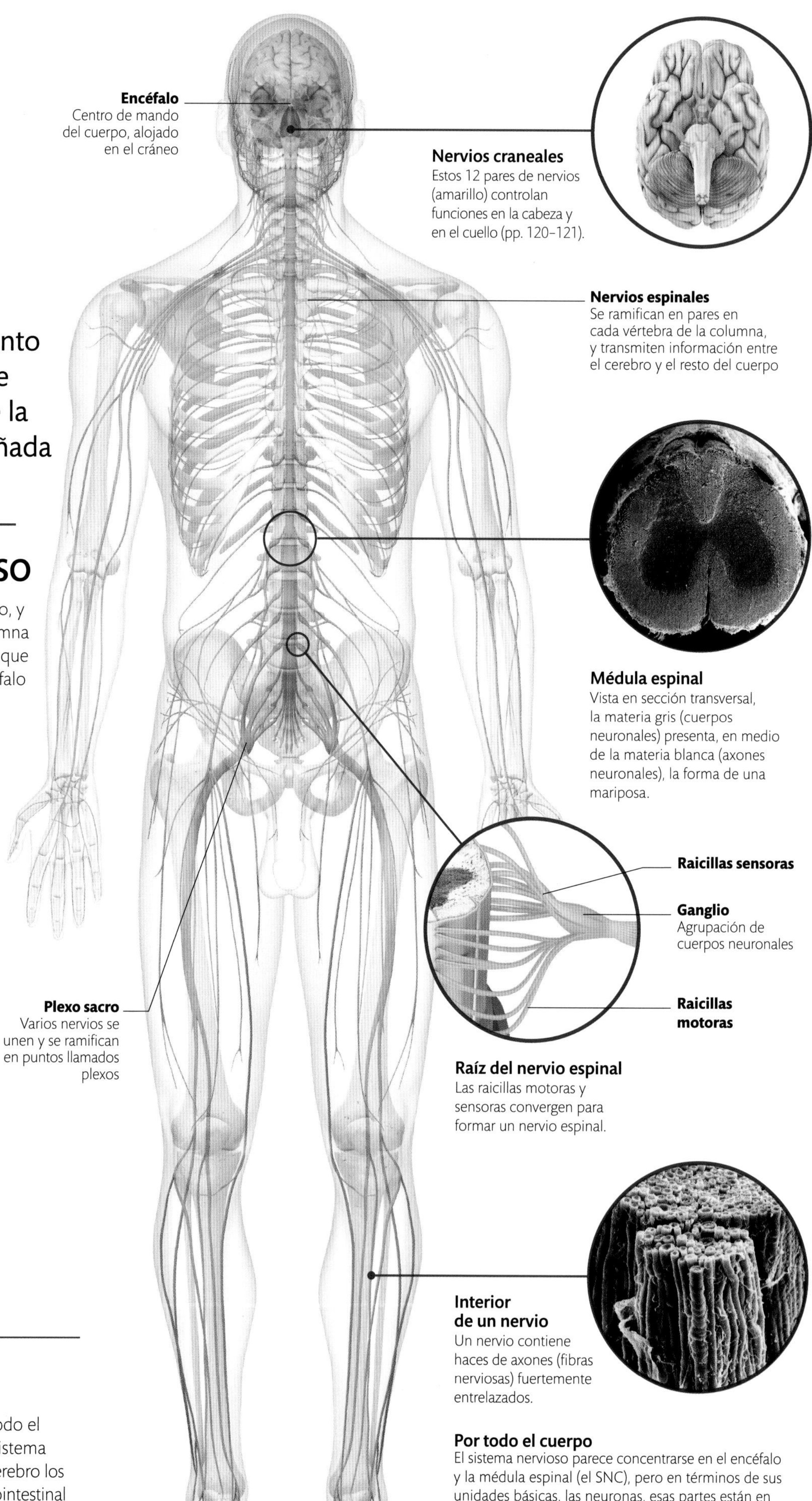
Encéfalo
Centro de mando del cuerpo, alojado en el cráneo
Nervios craneales
Estos 12 pares de nervios (amarillo) controlan funciones en la cabeza y en el cuello (pp. 120–121).
Nervios espinales
Se ramifican en pares en cada vértebra de la columna, y transmiten información entre el cerebro y el resto del cuerpo
Médula espinal
Vista en sección transversal, la materia gris (cuerpos neuronales) presenta, en medio de la materia blanca (axones neuronales), la forma de una mariposa.
Raicillas sensoras
Ganglio
Agrupación de cuerpos neuronales
Raicillas motoras
Plexo sacro
Varios nervios se unen y se ramifican en puntos llamados plexos
Raíz del nervio espinal
Las raicillas motoras y sensoras convergen para formar un nervio espinal.
Interior de un nervio
Un nervio contiene haces de axones (fibras nerviosas) fuertemente entrelazados.

Por todo el cuerpo
El sistema nervioso parece concentrarse en el encéfalo y la médula espinal (el SNC), pero en términos de sus unidades básicas, las neuronas, esas partes están en franca minoría respecto a la red del SNP. Los nervios se ramifican gradualmente y pasan de ser gruesos como dedos a ser más finos que un cabello. Llegan, rodean y se introducen en casi todos los tejidos y órganos, desde el cuero cabelludo a los dedos de los pies.

GRANDES AVANCES
JOHN NEWPORT LANGLEY

En 1921 se publicó la primera parte del influyente libro *El sistema nervioso autónomo*. Su autor, John Newport Langley, de la Universidad de Cambridge (Inglaterra), acuñó el término «autónomo» para describir lo que hasta entonces se había llamado «sistema nervioso vegetativo». Presentó subsistemas antagonistas, demostró que el SNA tenía elementos centrales y periféricos, y sugirió la existencia de sinapsis con las glándulas y los músculos lisos.

EL SISTEMA NERVIOSO AUTÓNOMO

Es extraordinaria la cantidad de actividad nerviosa que tiene lugar por debajo del umbral de conciencia del cerebro. Esta actividad compete sobre todo al SNA (junto con la división entérica), que podría considerarse como un «piloto automático»: controla condiciones internas como la temperatura y los niveles de sustancias químicas, que mantiene dentro de unos límites muy precisos; asimismo, controla procesos como los latidos del corazón, la respiración, la digestión y la excreción, mediante la estimulación de contracciones musculares y secreciones glandulares. El SNA cuenta con dos divisiones, la división simpática y la división parasimpática, cuyas acciones complementarias se explican a continuación.

Fuera de control
Las emociones abrumadoras que agitan todo el cuerpo, como la pena profunda, son producto sobre todo de la actividad del SNA. La mente necesita tiempo y esfuerzo para recuperar el control consciente.

DIVISIÓN SIMPÁTICA

La función de la división simpática del SNA es, sobre todo, de estimulación; es decir, aumenta la actividad de los órganos y tejidos diana. El ritmo cardíaco, la respiración y los niveles de diversas hormonas aumentan y preparan al cuerpo para afrontar situaciones de estrés (respuesta de huida o lucha). La información fluye desde el cerebro a la médula espinal y de ahí a dos cadenas ganglionares a ambos lados de la columna vertebral, antes de pasar a los músculos (como los del estómago, que digieren la comida) y a las glándulas (como las adrenales, que segregan adrenalina).

DIVISIÓN PARASIMPÁTICA

En la división parasimpática, la información fluye desde el cerebro y la médula espinal a lo largo de grandes nervios y directamente hacia los objetivos, donde grupos de neuronas parecidos a ganglios integran la actividad. Esta división contrarresta la estimulación simpática reduciendo la actividad de los tejidos y los órganos diana, por lo que induce un efecto relajante. Por ejemplo, el corazón se acelera y luego recupera el ritmo normal gracias a la actividad parasimpática. Ambas divisiones controlan estrechamente el cuerpo, en un equilibrio de «tira y afloja».

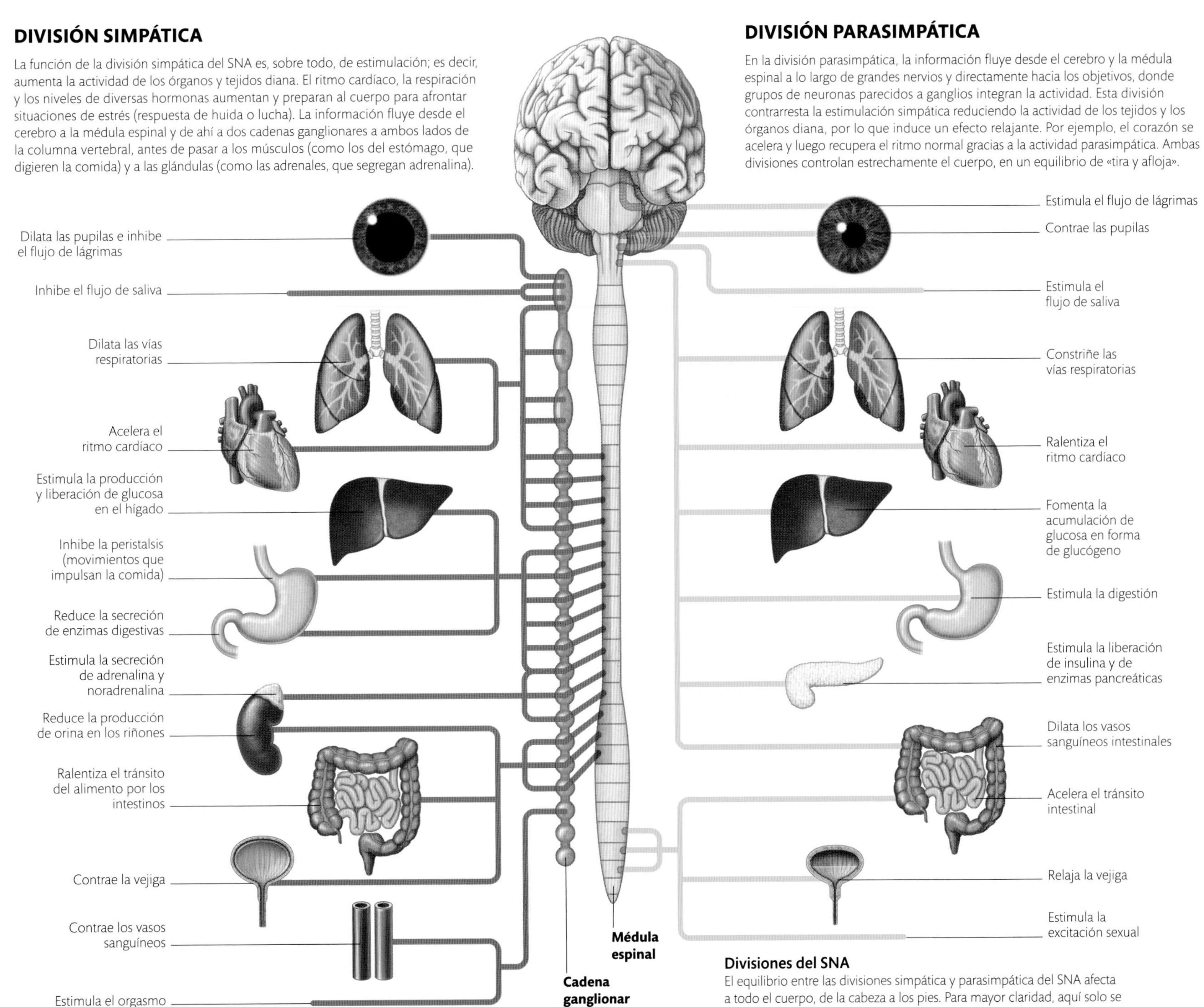
Dilata las pupilas e inhibe el flujo de lágrimas
Inhibe el flujo de saliva
Dilata las vías respiratorias
Acelera el ritmo cardíaco
Estimula la producción y liberación de glucosa en el hígado
Inhibe la peristalsis (movimientos que impulsan la comida)
Reduce la secreción de enzimas digestivas
Estimula la secreción de adrenalina y noradrenalina
Reduce la producción de orina en los riñones
Ralentiza el tránsito del alimento por los intestinos
Contrae la vejiga
Contrae los vasos sanguíneos
Estimula el orgasmo
Cadena ganglionar simpática
Médula espinal
Estimula el flujo de lágrimas
Contrae las pupilas
Estimula el flujo de saliva
Constriñe las vías respiratorias
Ralentiza el ritmo cardíaco
Fomenta la acumulación de glucosa en forma de glucógeno
Estimula la digestión
Estimula la liberación de insulina y de enzimas pancreáticas
Dilata los vasos sanguíneos intestinales
Acelera el tránsito intestinal
Relaja la vejiga
Estimula la excitación sexual

Divisiones del SNA
El equilibrio entre las divisiones simpática y parasimpática del SNA afecta a todo el cuerpo, de la cabeza a los pies. Para mayor claridad, aquí solo se muestra un lado de la cadena ganglionar simpática.

NEURONAS

Todas las partes del cuerpo están formadas por células. Las neuronas son las células principales en el sistema nervioso. El cerebro contiene más de cien mil millones de ellas, y se comunican entre sí mediante señales nerviosas.

CÓMO FUNCIONAN LAS NEURONAS

Las neuronas se componen de los mismos elementos básicos que las demás células (pp. 20–21). Lo que las convierte en unas de las células más delicadas y especializadas es una combinación de su forma y del modo en que la membrana celular externa transmite las señales nerviosas. Cada señal viaja por la membrana como una onda eléctrica causada por el movimiento de los iones, partículas con carga eléctrica (p. siguiente). Cada neurona tiene su propia forma, normalmente con múltiples ramificaciones cortas, las dendritas, y una más larga, delgada y filiforme, el axón (pp. 64–65). Las dendritas reciben señales nerviosas de otras neuronas; el cuerpo celular, o soma, las combina y las integra y después las envía a otras neuronas o a células musculares o glandulares a través del axón.

Cuerpo celular (soma)
Es básicamente un líquido espeso, citoplasma, en el que flotan o se mueven otros elementos
Núcleo
Centro de control celular que contiene el ADN
Dendrita
Ramificación que recibe las señales de otras neuronas
Cono axonal
Punto en que el cuerpo celular se estrecha para formar el axón; aquí se generan las señales nerviosas
Astrocito
Proporciona apoyo físico y nutrición a la neurona

FUNCIONES DE APOYO

Las neuronas no constituyen ni la mitad de las células cerebrales. La mayoría del resto son células gliales (o neuroglía) de diversos tipos. Juntas, apoyan, nutren, mantienen y reparan las neuronas. Los astrocitos forman una estructura por la que avanzan las dendritas y los axones cuando crecen y se ramifican. Intervienen en la reparación de los daños causados por la falta temporal de sangre, por toxinas o por infecciones. Los oligodendrocitos fabrican la vaina de mielina para ciertos axones del SNC; las células de Schwann desempeñan esta misma función en el SNP. Las células ependimales revisten los ventrículos encefálicos y el conducto ependimal de la médula espinal, y producen líquido cefalorraquídeo (pp. 324–325).

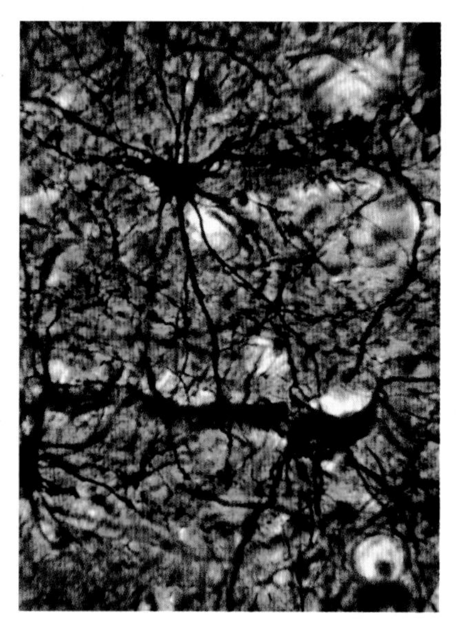

Estructura de astrocitos
Los astrocitos tienen forma de estrella y se comunican entre sí mediante el calcio, que les ayuda a coordinar su crecimiento y el apoyo que dan a las neuronas.

AISLAMIENTO ESPECIALIZADO

La mielina constituye una barrera para los impulsos eléctricos y los movimientos químicos. En el cerebro y en la médula espinal la fabrican los oligodendrocitos, que extienden sus cuerpos celulares y envuelven en espiral los axones de ciertas neuronas para formar un revestimiento de varias capas, al que se llama vaina de mielina. Este revestimiento no es continuo; se compone de segmentos de 1 mm de longitud separados por los nódulos de Ranvier. El aislamiento de mielina impide que las ondas eléctricas de las señales nerviosas se pierdan en los fluidos y células circundantes. Además, acelera la conducción nerviosa, porque obliga a los impulsos a «saltar» de un nódulo al siguiente en un proceso que se conoce como conducción saltatoria; así, las señales nerviosas son más rápidas y fuertes en los axones mielinizados.

Señales superveloces
Las capas aislantes de mielina (marrón) que rodean a este axón permiten una transmisión nerviosa superrápida en comparación con la de los axones no mielinizados (verde).

ELECTRICIDAD Y SEÑALES NERVIOSAS

Las señales nerviosas son ondas eléctricas causadas por el movimiento masivo de diminutas partículas llamadas iones. La carga eléctrica es una propiedad fundamental de la materia. Minerales como el sodio y el potasio se disuelven en los fluidos corporales y existen en forma de iones con carga positiva. Cuantos más iones haya en un sitio concreto, más elevada será la carga. La carga de los fluidos intra y extracelulares es neutra, pero las membranas celulares tienen una capa de carga polarizadora que da lugar al potencial de reposo. Cuando los iones atraviesan la membrana, el movimiento de carga asociado crea un impulso eléctrico, o potencial de acción, que tiene una potencia de unos 100 mV y dura 1/250 de segundo.

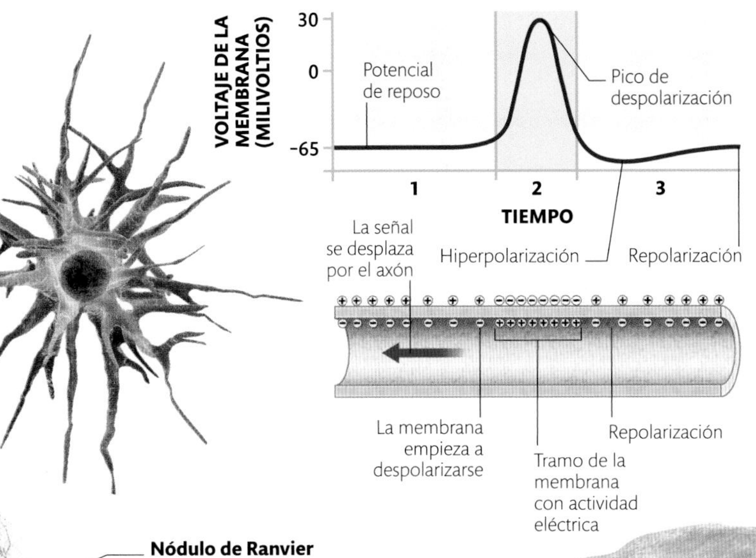
VOLTAJE DE LA MEMBRANA (MILIVOLTIOS)
30
0
-65
Potencial de reposo
Pico de despolarización
1
2
3
TIEMPO
La señal se desplaza por el axón
Hiperpolarización
Repolarización
La membrana empieza a despolarizarse
Tramo de la membrana con actividad eléctrica
Repolarización

Potencial de acción Los iones entran y salen de la membrana axonal; generan un potencial de acción al cambiar el voltaje de la célula.

Transmisión de la señal La región axonal donde se ha invertido la carga entra en «efervescencia», como un fusible encendido, antes de transmitir el mensaje en una sinapsis (p. 322). Las cargas que atraviesan la membrana se alteran antes y tras la despolarización.

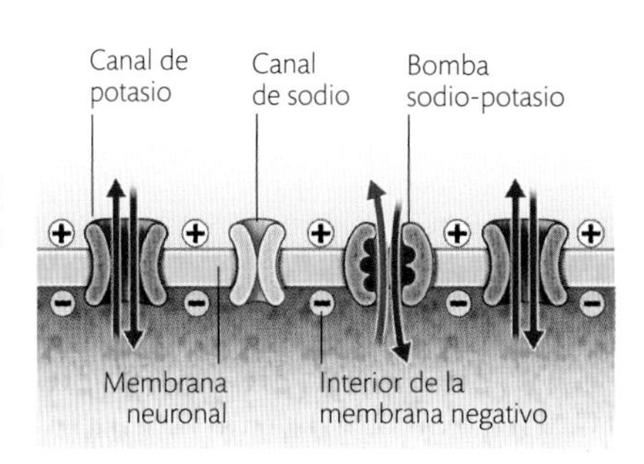
Canal de potasio
Canal de sodio
Bomba sodio-potasio
Membrana neuronal
Interior de la membrana negativo

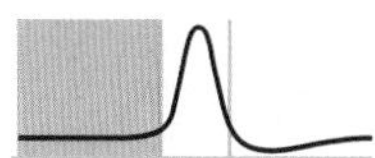

1 Potencial de reposo Las bombas sodio-potasio de la neurona distribuyen sodio y potasio a lo largo de la membrana celular, lo que genera diferencias en la concentración y polariza la carga eléctrica de la membrana (potencial de reposo), con su interior negativo.

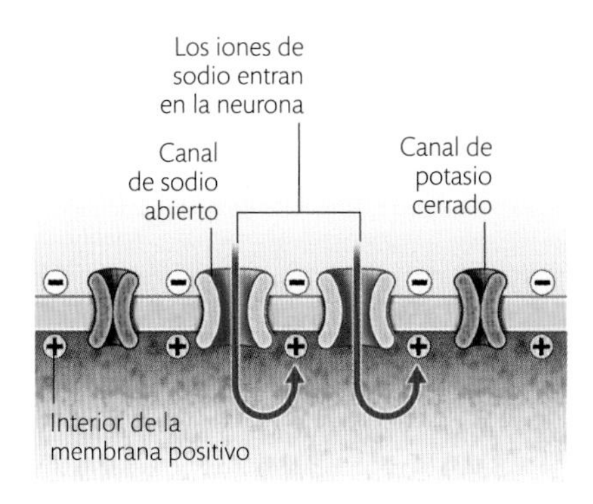
Los iones de sodio entran en la neurona
Canal de sodio abierto
Canal de potasio cerrado
Interior de la membrana positivo

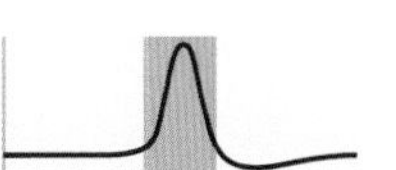

2 Despolarización Un estímulo abre los canales de sodio dependientes de voltaje. Los iones de sodio entran en la neurona e invierten la carga, ahora positiva. Si esta despolarización (inversión de la polaridad de la membrana) alcanza un nivel crítico (umbral), la membrana generará un potencial de acción.

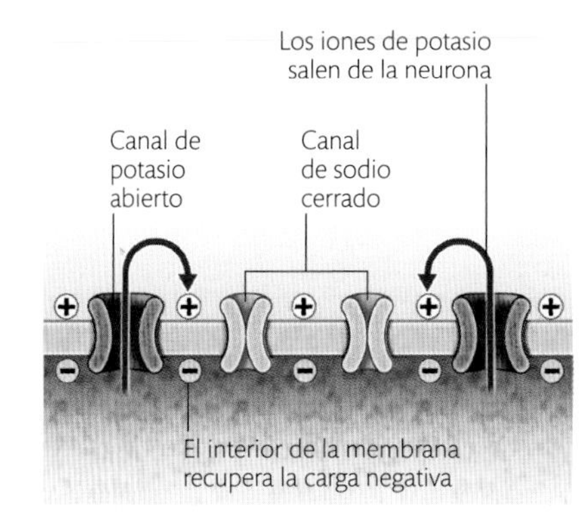
Los iones de potasio salen de la neurona
Canal de potasio abierto
Canal de sodio cerrado
El interior de la membrana recupera la carga negativa

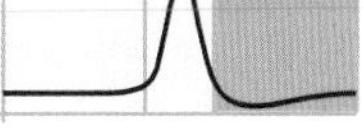

3 Repolarización El cambio de voltaje de la despolarización cierra los canales de sodio y abre los de potasio. Ahora, los iones de potasio salen de la neurona, eliminando así la carga positiva de los iones de sodio. De hecho, se da una breve hiperpolarización (el interior es aún más negativo) antes de volver al potencial de reposo.

Nódulo de Ranvier Espacio entre segmentos de la vaina de mielina de un axón

Oligodendrocito Fabrica las vainas de mielina en el SNC; con sus «brazos» puede abarcar más de 30 neuronas

Botón sináptico Transmite las señales a otras células mediante la sinapsis (pp. 322–323)

Vaina de mielina Revestimiento en espiral que aísla el axón y acelera la conducción de las señales

Axón Es la proyección más larga y fina de la neurona; transmite impulsos desde el soma hasta la sinapsis

Neurona típica Los elementos básicos de la neurona son similares en todo el sistema nervioso: un cuerpo celular redondeado con varias ramificaciones dendríticas y un único axón filiforme, que puede llegar a alcanzar hasta 1 m de longitud.

Terminal del axón Extremo del axón, que puede ser único o ramificado

PASAR EL MENSAJE

Las señales nerviosas se desplazan a lo largo de cada neurona como diminutas ondas eléctricas. Adoptan una forma química, como moléculas de neurotransmisores, para superar los pequeños espacios interneuronales, o sinapsis.

En la sinapsis

Las neuronas no llegan a tocarse en las sinapsis, los principales puntos de comunicación. Las membranas celulares se separan por una hendidura sináptica, de solo 20 nanómetros de anchura. Cuando el impulso nervioso de la neurona emisora llega a la sinapsis, activa la liberación de neurotransmisores, que «saltan» y desatan un impulso nervioso en la neurona receptora.

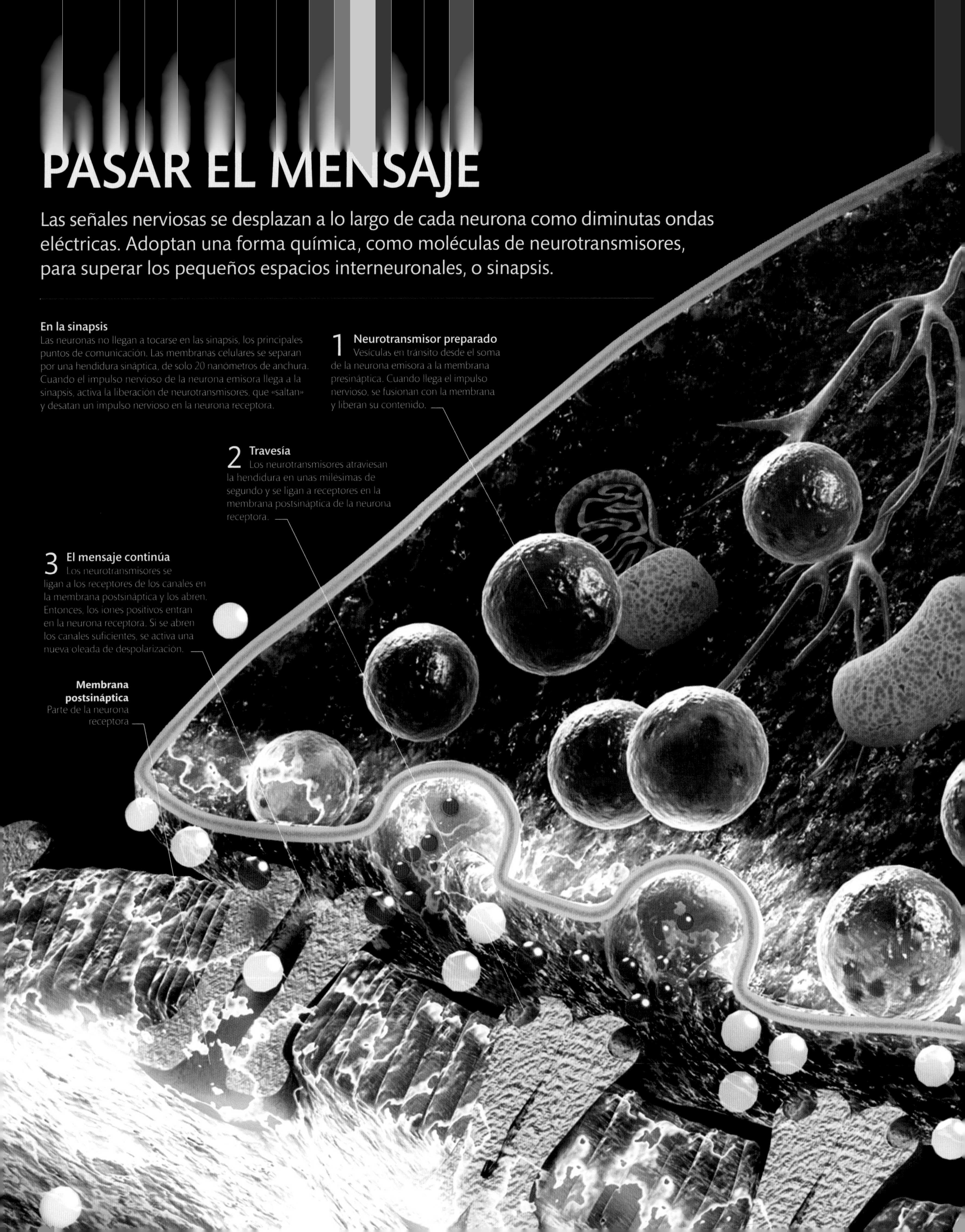

1 Neurotransmisor preparado
Vesículas en tránsito desde el soma de la neurona emisora a la membrana presináptica. Cuando llega el impulso nervioso, se fusionan con la membrana y liberan su contenido.
2 Travesía
Los neurotransmisores atraviesan la hendidura en unas milésimas de segundo y se ligan a receptores en la membrana postsináptica de la neurona receptora.
3 El mensaje continúa
Los neurotransmisores se ligan a los receptores de los canales en la membrana postsináptica y los abren. Entonces, los iones positivos entran en la neurona receptora. Si se abren los canales suficientes, se activa una nueva oleada de despolarización.
Membrana postsináptica
Parte de la neurona receptora

CÓMO SE COMUNICAN LAS NEURONAS

El «lenguaje» básico del sistema nervioso consiste en señales o impulsos nerviosos. Este se basa en un código de frecuencias, es decir, «habla» en términos digitales, no analógicos. La información concreta que transmiten los nervios depende de la cantidad de impulsos, de su velocidad, de su procedencia y de su destino.

Una neurona en reposo puede enviar un impulso cada uno o dos segundos, pero una neurona excitada (ante una presión repentina en la piel, por ejemplo) puede enviar hasta 50 impulsos por segundo. Estas señales pasan a neuronas con las que tiene conexiones sinápticas. La pauta de conexiones entre neuronas va cambiando con el tiempo debido al desarrollo natural del cuerpo y al aprendizaje (p. 321).

En la corteza cerebral, una única neurona puede llegar a establecer más de 200 000 sinapsis, por lo que una porción de corteza del tamaño de esta «o» contiene más de 100 000 millones de sinapsis. A continuación se explica cómo procesa cada neurona las señales que recibe y cómo las retransmite.

Microtúbulo
Cinta transportadora microscópica que lleva las vesículas hasta la sinapsis

Axón neuronal
Los impulsos nerviosos se desplazan por él desde el soma hasta la sinapsis

Vesícula
Bolsa de moléculas neurotransmisoras

Ión
Partícula con carga eléctrica que flota a ambos lados de la membrana celular

Neurotransmisor
Unidad de «mensajería» química relativamente grande; los hay de varios tipos, como el GABA (ácido gamma-aminobutírico), la acetilcolina y la dopamina

Membrana presináptica
Membrana del axón de la neurona emisora

Hendidura sináptica
Espacio lleno de líquido con un ancho inferior a 1/5000 de un cabello humano

SEÑALES MÚLTIPLES

Algunos de los impulsos nerviosos que llegan a la sinapsis son excitatorios (causan despolarización) y, por tanto, contribuyen a la generación de impulsos similares en la neurona receptora, que retransmitirá el mensaje. Otros impulsos son inhibitorios (causan hiperpolarización) e impiden que el impulso vuelva a formarse en la neurona receptora. Que la neurona receptora «dispare» un potencial de acción, o impulso, depende de la suma de los estímulos excitatorios e inhibitorios que recibe. El tipo de neurotransmisor en la sinapsis también es importante, como también lo es la estructura del receptor postsináptico.

Sumatorio de señales

En cualquier momento, la actividad de una neurona se ve afectada por la suma de la cantidad y el tipo de señales que recibe, así como por su ubicación en las dendritas y en el soma (y en el axón en algunas neuronas).

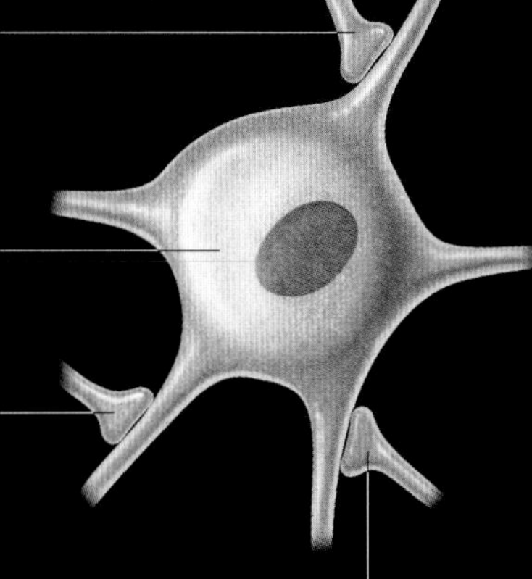

Estímulo excitatorio (A)
Estímulo procedente de una neurona cercana

Soma neuronal
El soma recibe los estímulos, al igual que las dendritas

Estímulo excitatorio (B)
El terminal de este axón pertenece a una neurona a muchos centímetros de distancia

Estímulo inhibitorio (C)
La información recibida aquí contrarresta los estímulos excitatorios

¿Enviar o no enviar?

Cada estímulo neuronal (A, B o C) varía en función de la frecuencia de las señales recibidas, de si son excitatorias o inhibitorias, y de la ubicación de la sinapsis. Cuando una compleja red de ondas eléctricas llega a la membrana, la neurona puede transmitir (o no) su propia señal.

POTENCIA DEL ESTÍMULO (MILIVOLTIOS)
UMBRAL
A
A+A
A+B
A+A
C
0
UMBRAL
-65
TIEMPO
Cuando se alcanza el umbral, se genera una respuesta de todo o nada

Estimulación subliminal
La despolarización que causa el estímulo excitatorio (A) es insuficiente y no llega al umbral, por lo que la neurona no «dispara» el potencial de acción.

Estimulación en el umbral
Cuanto mayor es el estímulo excitatorio (A+A), más probable es que alcance el umbral; durante el periodo de excitación neuronal aparece una serie de potenciales de acción.

Hiperestimulación
Cuando se reciben aún más estímulos excitatorios (A+B) y superan con creces el umbral, dan lugar a una secuencia aún mayor de señales salientes.

Inhibición
El estímulo inhibitorio (C) anula los impulsos excitatorios (A+A), lo que normalmente despolarizaría la neurona, y no se generarían más señales.

ENCÉFALO Y MÉDULA ESPINAL

El sistema nervioso central (el encéfalo y la médula espinal) recibe información de todo el cuerpo y responde con instrucciones a los tejidos y órganos. Estos centros nerviosos reciben protección y alimento de un complejo sistema de membranas y fluidos, como la sangre.

PROCESAMIENTO DE LA INFORMACIÓN

La médula espinal recibe mensajes del torso y las extremidades y las transmite al encéfalo. Sin embargo, no es un mero transmisor de señales, sino que también lleva a cabo «tareas de mantenimiento» básicas y recibe y envía mensajes sin implicar al encéfalo. En general, cuanto más «arriba» llega la información (hasta la parte superior del encéfalo), más se acerca al nivel de la conciencia. La médula espinal y el encéfalo se unen en el tronco encefálico, donde hay centros que controlan y ajustan funciones vitales, como la frecuencia cardíaca y la respiración, sin que, en general, deba intervenir la parte superior del encéfalo. Más arriba se encuentra el tálamo, el «portero» que decide qué información puede acceder al área más superior, la corteza cerebral. Muchas de las funciones mentales superiores se dan en la corteza: pensamientos, imaginación, aprendizaje y toma de decisiones conscientes.

PROTECCIÓN DEL ENCÉFALO

La mayor parte del encéfalo está envuelta por la carcasa dura y redondeada del cráneo. Este y el encéfalo están separados por tres delgadas membranas (las meninges) y dos capas de fluido. La membrana exterior es la duramadre, muy resistente, que reviste el interior del cráneo. Le sigue la aracnoides, esponjosa y rica en sangre. Los espacios entre la duramadre y la aracnoides son senos venosos que contienen líquido de amortiguación: sangre venosa lenta que sale del cerebro de vuelta al corazón. Dentro de la aracnoides hay otra capa de amortiguación que contiene líquido cefalorraquídeo (p. siguiente). Debajo de ella está la membrana más fina, la piamadre, que reviste la superficie del encéfalo.

Entre el encéfalo y el cráneo
El líquido cefalorraquídeo circula por el estrecho espacio subaracnoideo (p. siguiente), entre la aracnoides y la piamadre. Meninges y fluidos contribuyen a absorber y dispersar las fuerzas mecánicas para evitar lesiones en el encéfalo.

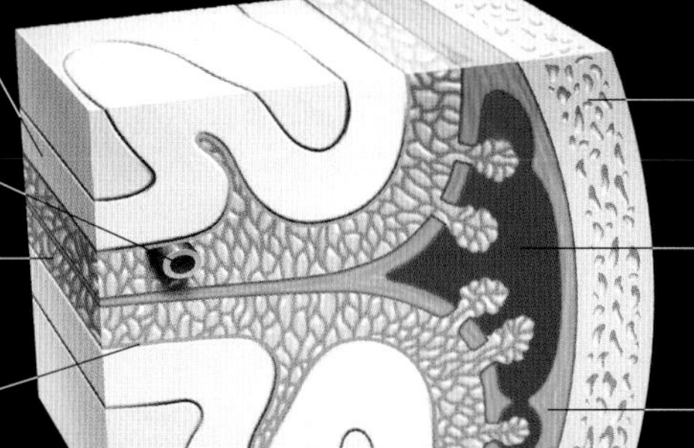
Corteza cerebral
Capa más externa del cerebro
Vaso sanguíneo
Aracnoides
Capa parecida a una tela de araña rica en fluido y vasos sanguíneos
Piamadre
Delgada membrana que reviste la superficie del encéfalo
Cráneo
Seno venoso
Acoge sangre venosa procedente del cerebro
Duramadre
La más exterior y resistente de las membranas

Cerebro
Parte más voluminosa del encéfalo, con dos hemisferios y una corteza muy plegada

Cerebelo
Parte posterior del encéfalo, estriada, encargada de la coordinación muscular

Tálamo
Centro de control con forma ovoide

Médula oblonga
Parte inferior del tronco encefálico

Médula espinal
Vía de comunicación principal entre el cerebro y el cuerpo; tiene el grosor del dedo índice, aproximadamente

Vértebra cervical

ALIMENTACIÓN DEL ENCÉFALO

El encéfalo tiene dos sistemas básicos de alimentación y de eliminación de residuos. Uno es la sangre, que llevan sobre todo las arterias carótidas y vertebral hasta el círculo de Willis, en la base del cerebro. El segundo es el líquido cefalorraquídeo, un derivado de la sangre. Este se produce a un ritmo lento, pero constante, en los plexos coroideos, que recubren las paredes internas de los ventrículos laterales del cerebro, y fluye por el interior y alrededor del encéfalo. Cada día se produce cerca de medio litro y en todo momento hay unos 150 mililitros en circulación. Transporta glucosa, proteínas y otros materiales a los tejidos encefálicos, y retira los materiales residuales; también transporta linfocitos, que protegen de las infecciones. Además de llevar a cabo funciones metabólicas, el líquido cefalorraquídeo protege al encéfalo y a la médula espinal, que «flotan» en él.

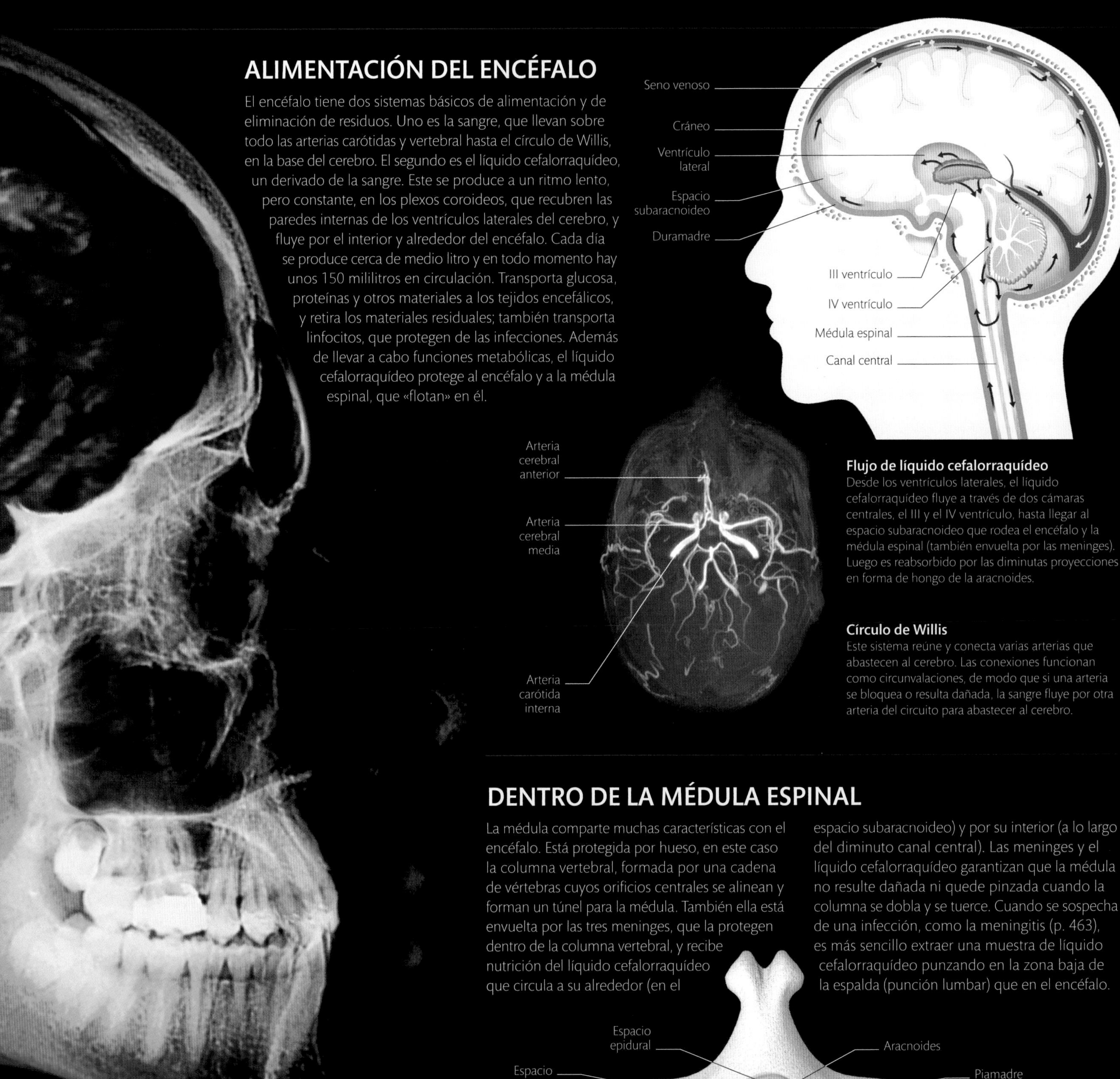
Seno venoso
Cráneo
Ventrículo lateral
Espacio subaracnoideo
Duramadre
III ventrículo
IV ventrículo
Médula espinal
Canal central
Arteria cerebral anterior
Arteria cerebral media
Arteria carótida interna

Flujo de líquido cefalorraquídeo
Desde los ventrículos laterales, el líquido cefalorraquídeo fluye a través de dos cámaras centrales, el III y el IV ventrículo, hasta llegar al espacio subaracnoideo que rodea el encéfalo y la médula espinal (también envuelta por las meninges). Luego es reabsorbido por las diminutas proyecciones en forma de hongo de la aracnoides.

Círculo de Willis
Este sistema reúne y conecta varias arterias que abastecen al cerebro. Las conexiones funcionan como circunvalaciones, de modo que si una arteria se bloquea o resulta dañada, la sangre fluye por otra arteria del circuito para abastecer al cerebro.

DENTRO DE LA MÉDULA ESPINAL

La médula comparte muchas características con el encéfalo. Está protegida por hueso, en este caso la columna vertebral, formada por una cadena de vértebras cuyos orificios centrales se alinean y forman un túnel para la médula. También ella está envuelta por las tres meninges, que la protegen dentro de la columna vertebral, y recibe nutrición del líquido cefalorraquídeo que circula a su alrededor (en el espacio subaracnoideo) y por su interior (a lo largo del diminuto canal central). Las meninges y el líquido cefalorraquídeo garantizan que la médula no resulte dañada ni quede pinzada cuando la columna se dobla y se tuerce. Cuando se sospecha de una infección, como la meningitis (p. 463), es más sencillo extraer una muestra de líquido cefalorraquídeo punzando en la zona baja de la espalda (punción lumbar) que en el encéfalo.

Espacio epidural
Espacio subaracnoideo
Duramadre
Líquido cefalorraquídeo
Aracnoides
Piamadre
Canal central
Cuerpo vertebral
PARTE ANTERIOR

Sección de la médula espinal
La médula se aloja en el espacio central de la columna vertebral; las raíces nerviosas (amarillo) salen por los espacios intervertebrales.

Sección del encéfalo
Esta IRM de una sección longitudinal del encéfalo y la médula espinal revela sus partes principales. Las áreas más oscuras son los ventrículos, cámaras internas llenas de fluido. En azul, alrededor del encéfalo, se aprecian los huesos del cráneo, y a cada lado de la médula espinal, las vértebras cervicales.

EL SNC EN ACCIÓN

El encéfalo y la médula espinal están en actividad constante: se comunican sin cesar entre sí y con el resto del cuerpo. Los mensajes arrancan del sistema nervioso periférico (SNP) y son enviados al sistema nervioso central (SNC), que los procesa y responde con instrucciones.

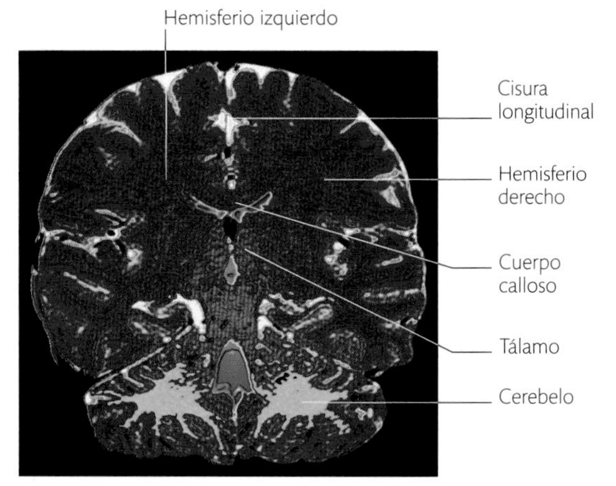
Hemisferio izquierdo
Cisura longitudinal
Hemisferio derecho
Cuerpo calloso
Tálamo
Cerebelo

Los dos hemisferios
Esta sección vertical del cerebro muestra la cisura longitudinal como una profunda hendidura entre los hemisferios derecho e izquierdo. En la base, el cuerpo calloso, un puente con más de 200 millones de fibras nerviosas, une ambos hemisferios.

DERECHA E IZQUIERDA

Anatómicamente, el sistema nervioso presenta simetría derecha e izquierda (pp. 60–63), pero en términos funcionales, el asunto no es tan sencillo. El cerebro está prácticamente dividido por la mitad por una profunda hendidura longitudinal que lo escinde en dos hemisferios. Aunque los hemisferios puedan parecer similares exteriormente, cada uno controla funciones mentales concretas (tabla derecha). Ambos hemisferios «se hablan» de forma constante a través del cuerpo calloso, un haz de fibras nerviosas.

La información que procede del cuerpo cambia de lado de camino al cerebro: las señales nerviosas se desplazan por haces de fibras nerviosas, llamadas tractos, que cruzan del lado izquierdo del cuerpo al derecho y viceversa. Así, por ejemplo, la información sensorial que procede de la parte izquierda del cuerpo acaba en el hemisferio cerebral derecho, y las instrucciones motoras enviadas por el hemisferio izquierdo controlan la musculatura de la parte derecha del cuerpo.

HEMISFERIO IZQUIERDO	HEMISFERIO DERECHO
Descompone un todo en sus partes	Combina intuitivamente las partes en un todo
Actividad analítica, con secuenciación progresiva	Tiende a la asociación y la relación aleatoria
Tiende a la objetividad, la imparcialidad y el desapego	Más subjetivo e individualista
Más activo con palabras y números	Más activo con sonidos, imágenes y objetos
Trata más con la lógica y la implicación	Trata más con las ideas y la creatividad
Aporta racionalidad a la resolución de problemas	Salta intuitivamente a posibles soluciones
Ubicación de los centros del habla y del lenguaje	Rara vez domina el lenguaje y el habla
Retiene las palabras y la gramática	Otorga contexto y énfasis al lenguaje
Más activo en el recuerdo de nombres	Más activo en el reconocimiento facial
Controla el lado derecho del cuerpo	Controla el lado izquierdo del cuerpo

¿Quién se encarga de qué?
Los escáneres y los estudios de enfermedades y lesiones revelan que el hemisferio izquierdo, más analítico, se encarga de la lógica y del razonamiento; el derecho, más integrador, es más intuitivo y holístico. En todo caso, ambos hemisferios cooperan.

IDA Y VUELTA AL CEREBRO

La información que recibimos del mundo que nos rodea llega al cerebro a través de los órganos sensoriales principales (p. 332). Células receptoras especializadas transforman un estímulo externo en impulsos nerviosos, que inician un viaje a través de los nervios sensoriales del sistema nervioso periférico hasta llegar a los centros encefálicos superiores; la ruta hasta la corteza cerebral puede implicar a hasta diez neuronas unidas por sinapsis (p. 322). En cada estación de relevo, se envían mensajes adicionales a través de otras vías, que se extienden como las ramas de un árbol. Una vez en la corteza, tomamos conciencia del estímulo y decidimos actuar. El resultado es una cascada de mensajes motores salientes que viajan en la dirección inversa, hacia diversos músculos y glándulas.

Ganglio de la raíz dorsal
Los somas neuronales y las sinapsis llevan el mensaje a la médula espinal

Raíz dorsal
Lleva nervios sensoriales a la médula espinal

Tracto columna dorsal-lemnisco medial
La información sensorial (excepto el dolor) diverge en la médula espinal: una rama se queda en la médula para establecer sinapsis con otra neurona; la otra asciende por ella hasta la médula oblonga

Axón mielinizado
La vaina de mielina acelera la transmisión del impulso nervioso

SECCIÓN TRANSVERSAL DE LA MÉDULA ESPINAL

Receptor sensorial
Responde a la activación enviando impulsos nerviosos a lo largo de su axón

Materia gris y blanca
La materia blanca (axones) rodea a la materia gris (somas neuronales, dendritas de interconexión y sinapsis)

Mensajes motores
Los impulsos nerviosos motores descienden por el tracto corticoespinal y se desplazan por más axones hasta los músculos del brazo y de la mano

Tracto espinotalámico
La información sobre el dolor establece sinapsis con la siguiente neurona y cruza al otro lado en este punto de la médula antes de ascender al cerebro

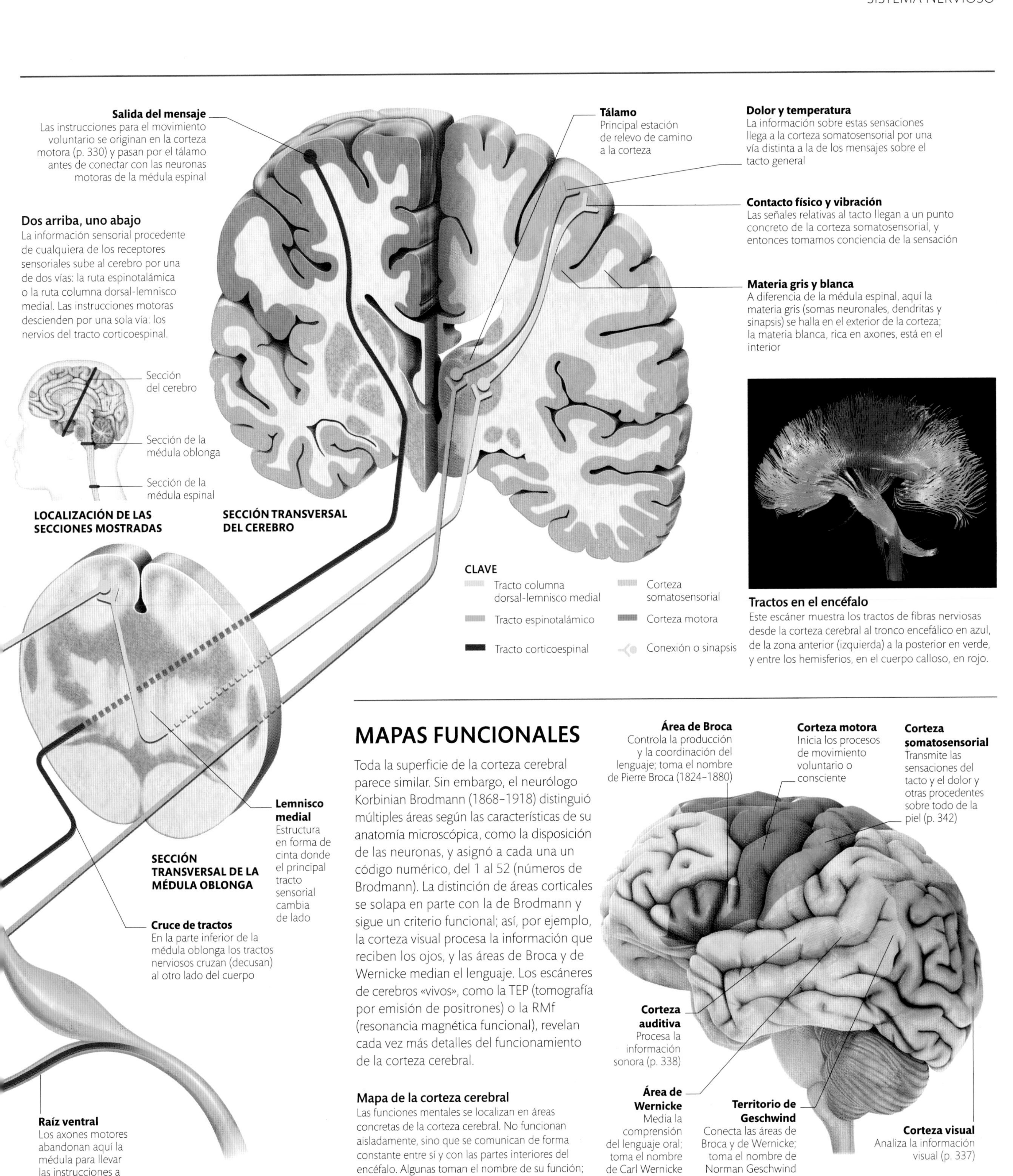
Salida del mensaje
Las instrucciones para el movimiento voluntario se originan en la corteza motora (p. 330) y pasan por el tálamo antes de conectar con las neuronas motoras de la médula espinal
Dos arriba, uno abajo
La información sensorial procedente de cualquiera de los receptores sensoriales sube al cerebro por una de dos vías: la ruta espinotalámica o la ruta columna dorsal-lemnisco medial. Las instrucciones motoras descienden por una sola vía: los nervios del tracto corticoespinal.
Sección del cerebro
Sección de la médula oblonga
Sección de la médula espinal
LOCALIZACIÓN DE LAS SECCIONES MOSTRADAS
SECCIÓN TRANSVERSAL DEL CEREBRO
Tálamo
Principal estación de relevo de camino a la corteza
Dolor y temperatura
La información sobre estas sensaciones llega a la corteza somatosensorial por una vía distinta a la de los mensajes sobre el tacto general
Contacto físico y vibración
Las señales relativas al tacto llegan a un punto concreto de la corteza somatosensorial, y entonces tomamos conciencia de la sensación
Materia gris y blanca
A diferencia de la médula espinal, aquí la materia gris (somas neuronales, dendritas y sinapsis) se halla en el exterior de la corteza; la materia blanca, rica en axones, está en el interior
CLAVE
Tracto columna dorsal-lemnisco medial
Tracto espinotalámico
Tracto corticoespinal
Corteza somatosensorial
Corteza motora
Conexión o sinapsis
Lemnisco medial
Estructura en forma de cinta donde el principal tracto sensorial cambia de lado
SECCIÓN TRANSVERSAL DE LA MÉDULA OBLONGA
Cruce de tractos
En la parte inferior de la médula oblonga los tractos nerviosos cruzan (decusan) al otro lado del cuerpo
Raíz ventral
Los axones motores abandonan aquí la médula para llevar las instrucciones a los músculos
Área de Broca
Controla la producción y la coordinación del lenguaje; toma el nombre de Pierre Broca (1824–1880)
Corteza motora
Inicia los procesos de movimiento voluntario o consciente
Corteza somatosensorial
Transmite las sensaciones del tacto y el dolor y otras procedentes sobre todo de la piel (p. 342)
Corteza auditiva
Procesa la información sonora (p. 338)
Área de Wernicke
Media la comprensión del lenguaje oral; toma el nombre de Carl Wernicke (1848–1905)
Territorio de Geschwind
Conecta las áreas de Broca y de Wernicke; toma el nombre de Norman Geschwind (1926–1984)
Corteza visual
Analiza la información visual (p. 337)

Tractos en el encéfalo
Este escáner muestra los tractos de fibras nerviosas desde la corteza cerebral al tronco encefálico en azul, de la zona anterior (izquierda) a la posterior en verde, y entre los hemisferios, en el cuerpo calloso, en rojo.

MAPAS FUNCIONALES

Toda la superficie de la corteza cerebral parece similar. Sin embargo, el neurólogo Korbinian Brodmann (1868–1918) distinguió múltiples áreas según las características de su anatomía microscópica, como la disposición de las neuronas, y asignó a cada una un código numérico, del 1 al 52 (números de Brodmann). La distinción de áreas corticales se solapa en parte con la de Brodmann y sigue un criterio funcional; así, por ejemplo, la corteza visual procesa la información que reciben los ojos, y las áreas de Broca y de Wernicke median el lenguaje. Los escáneres de cerebros «vivos», como la TEP (tomografía por emisión de positrones) o la RMf (resonancia magnética funcional), revelan cada vez más detalles del funcionamiento de la corteza cerebral.

Mapa de la corteza cerebral
Las funciones mentales se localizan en áreas concretas de la corteza cerebral. No funcionan aisladamente, sino que se comunican de forma constante entre sí y con las partes interiores del encéfalo. Algunas toman el nombre de su función; otras llevan el del científico que las descubrió.

MEMORIA Y EMOCIÓN

La memoria es algo más que el almacenamiento y la recuperación de datos. Abarca todo tipo de información, hechos, experiencias y contextos, así como estados emocionales ligados a determinadas situaciones.

Áreas cerebrales implicadas en la memoria
No hay un «centro de memoria» único. La información se procesa, se selecciona y se almacena en varios lugares. Así, por ejemplo, en el caso del recuerdo de una subida a una montaña rusa, las imágenes se encuentran en la región visual, los sonidos en la región auditiva, etc. Los datos se combinan para recuperar la experiencia completa.

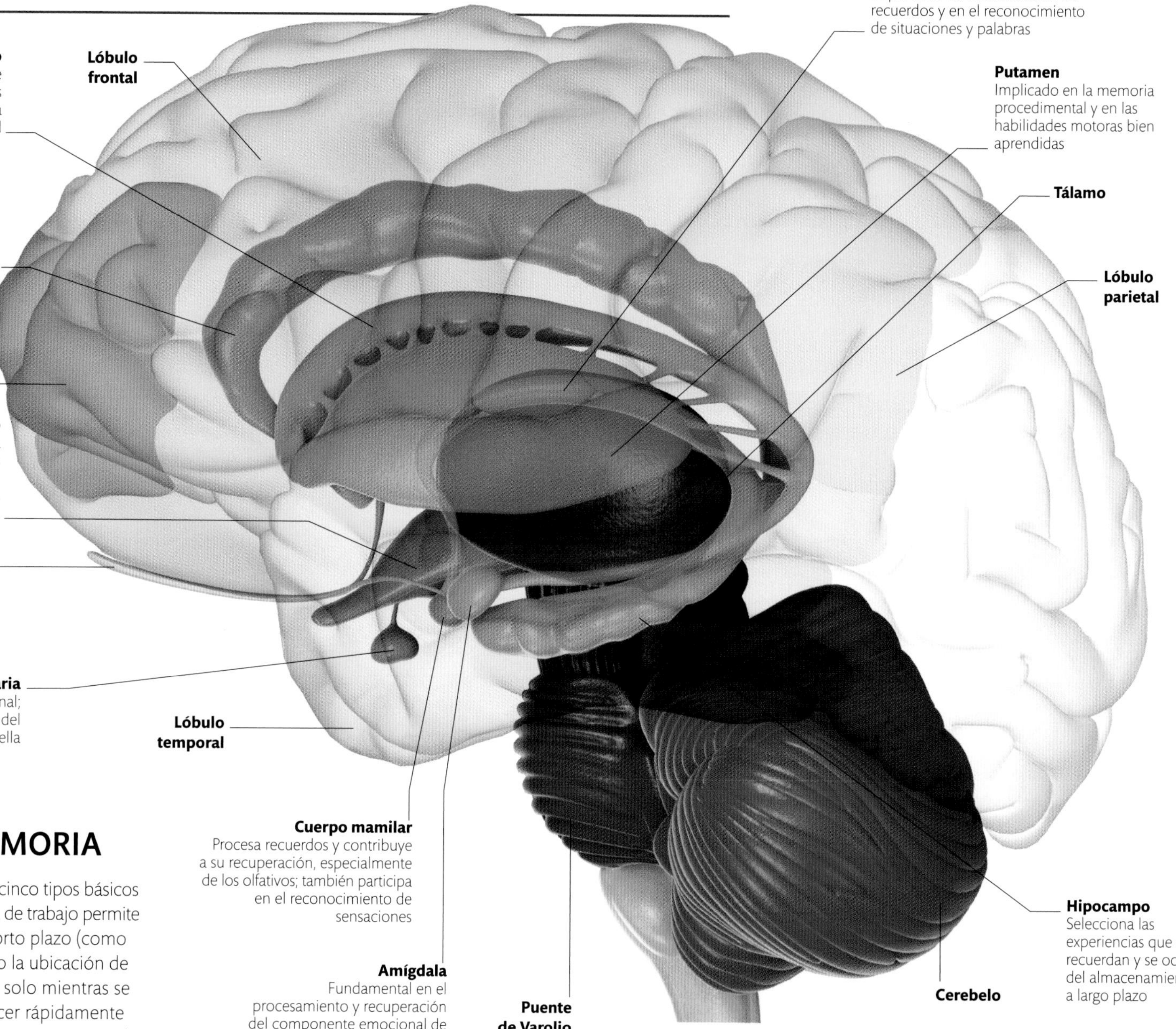

Núcleo caudado
Interviene en el aprendizaje y modifica los recuerdos implicados en la memoria procedimental

Lóbulo frontal

Circunvolución cingulada
Ligada al aprendizaje y al procesamiento de recuerdos; reprime las reacciones y comportamientos desmesurados

Corteza prefrontal
Área de coordinación que recupera información de otras áreas y elabora planes de acción

Hipotálamo
Vincula cerebro y sistema hormonal; centro de los principales impulsos, instintos, reacciones emocionales y sentimientos

Bulbo olfatorio
Preprocesa los olores (muy vinculados a las emociones) antes que las áreas olfativas

Glándula pituitaria
Principal glándula hormonal; responde a las instrucciones del hipotálamo, justo encima de ella

Lóbulo temporal

Fórnix
Importante en la elaboración de recuerdos y en el reconocimiento de situaciones y palabras

Putamen
Implicado en la memoria procedimental y en las habilidades motoras bien aprendidas

Tálamo

Lóbulo parietal

Cuerpo mamilar
Procesa recuerdos y contribuye a su recuperación, especialmente de los olfativos; también participa en el reconocimiento de sensaciones

Amígdala
Fundamental en el procesamiento y recuperación del componente emocional de los recuerdos

Puente de Varolio
Conecta la corteza cerebral y el cerebelo

Cerebelo

Hipocampo
Selecciona las experiencias que se recuerdan y se ocupa del almacenamiento a largo plazo

TIPOS DE MEMORIA

La teoría actual describe cinco tipos básicos de memoria. La memoria de trabajo permite retener información a corto plazo (como un número de teléfono o la ubicación de las puertas en una sala), solo mientras se necesita, para desaparecer rápidamente después. La memoria semántica comprende eventos ajenos a nuestra existencia, como la fecha de un hecho histórico importante. La episódica recupera sucesos y situaciones desde la perspectiva personal; esto incluye sensaciones y emociones, como una fiesta de cumpleaños agradable. La memoria procedimental atañe a acciones motoras aprendidas y muy practicadas, como andar, montar en bicicleta o atarse los cordones de los zapatos. La memoria implícita afecta inconscientemente; de esta manera, por ejemplo, tendemos a creer que algo es cierto si ya lo hemos oído antes.

Procesamiento de recuerdos
Varias áreas cerebrales se coordinan para dar lugar a los cuatro tipos de memoria mejor conocidos. El tálamo vendría a ser el portero principal, y el lóbulo frontal tiene una capacidad ejecutiva general tanto para el aprendizaje como para la recuperación de casi todo tipo de recuerdos.

TIPO DE MEMORIA	TÁLAMO	LÓBULO PARIETAL	NÚCLEO CAUDADO	CUERPO MAMILAR	LÓBULO FRONTAL	PUTAMEN	AMÍGDALA	LÓBULO TEMPORAL	HIPOCAMPO	CEREBELO	CIRCUNVOL. CINGULADA	BULBO OLFATORIO	FÓRNIX	CORTEZA PREFRONTAL
DE TRABAJO	■	■	■		■	■			■		■		■	■
SEMÁNTICA	■				■		■	■	■				■	
EPISÓDICA	■			■	■		■	■	■		■	■	■	
PROCEDIMENTAL	■		■			■			■	■				

LAS EMOCIONES Y LA MEMORIA

La expresión «cerebro emocional» suele usarse para referirse al sistema límbico, un grupo de órganos que se halla entre la parte superior del tronco encefálico y la bóveda del cerebro: son la amígdala, el hipocampo, el fórnix, el tálamo y los cuerpos mamilares (p. anterior), además de áreas mediales de la corteza cerebral y de la circunvolución cingulada que las rodea como un collar.

El sistema límbico media las emociones profundas y las reacciones que parecen surgir de nuestro interior en momentos de gran intensidad emocional y que las regiones racionales del cerebro difícilmente pueden controlar. En concreto, el hipotálamo (del tamaño de la yema de un dedo y casi en el centro anatómico del cerebro) desempeña funciones clave en impulsos básicos para la supervivencia, como la sed, el hambre, el deseo sexual y las intensas emociones que pueden acompañarlos, como ira o alegría. El hipotálamo envía señales nerviosas a varias áreas cerebrales que después transmiten sus propias señales a los músculos, con frecuencia a través del sistema nervioso autónomo (p. 319). De esta manera, por ejemplo, ante un sobresalto, el hipotálamo asume el control y manda al corazón que lata más rápido, a los músculos esqueléticos que se tensen y a las glándulas adrenales que segreguen adrenalina, en preparación para una respuesta rápida (de «lucha o huida»). El hipotálamo también se encuentra unido a la pituitaria mediante un delgado tallo (p. 408); para complementar y reforzar las acciones del sistema nervioso, esta glándula segrega varias hormonas y sustancias que afectan a otras glándulas hormonales.

Diversas partes del sistema límbico participan de forma activa también en la formación de recuerdos, especialmente de los episódicos (p. anterior). Esto explica por qué, en estados de intensidad emocional, los recuerdos se fijan con tal intensidad y por qué volvemos a emocionarnos al recordarlos.

La **memoria de trabajo** retiene un promedio de cinco palabras, seis letras o siete dígitos. Mediante el **entrenamiento** de esta memoria se puede llegar a **duplicar su capacidad**.

Recuerdos duraderos
Acontecimientos como el primer día de escuela, la primera vez que montamos en bicicleta o la propia boda tienen un gran componente emocional, con elementos como la ansiedad y la satisfacción, por lo que su recuerdo suele ser muy duradero.

FORMACIÓN DE RECUERDOS

Cada recuerdo está formado por una red única de conexiones entre miles de millones de neuronas en varias zonas cerebrales, especialmente en la corteza. La fijación del recuerdo en cuestión, ya sea un número o el encuentro con un famoso, empieza con un grupo de neuronas que se envían señales entre sí durante la experiencia inicial. Al activar de nuevo este grupo de señales mediante el recuerdo, se refuerzan las uniones, un proceso conocido como potenciación; tras varias activaciones, las uniones se vuelven semipermanentes. Si un pensamiento o experiencia nuevos activan algunas de ellas, se activa toda la red de conexiones y se recupera el recuerdo.

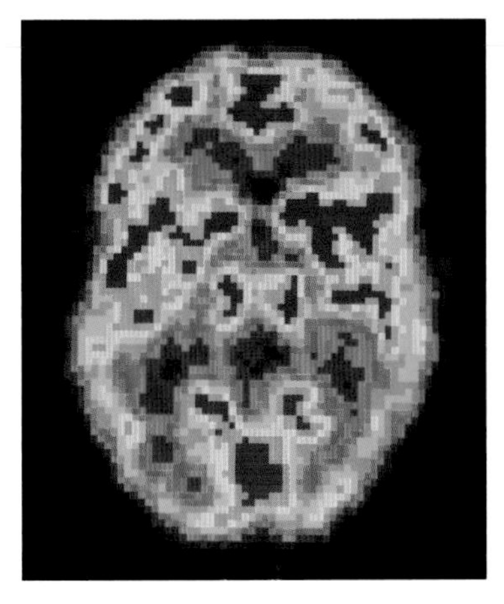

Sueño y recuerdos
Los escáneres cerebrales demuestran que el cerebro está muy activo durante el sueño. Sin la distracción de los pensamientos conscientes, los circuitos de la memoria pueden procesar los hechos recientes, almacenarlos y consolidar los recuerdos ya existentes.

CLAVE
Niveles de actividad cerebral, medidos por el consumo de glucosa

MAYOR
MENOR

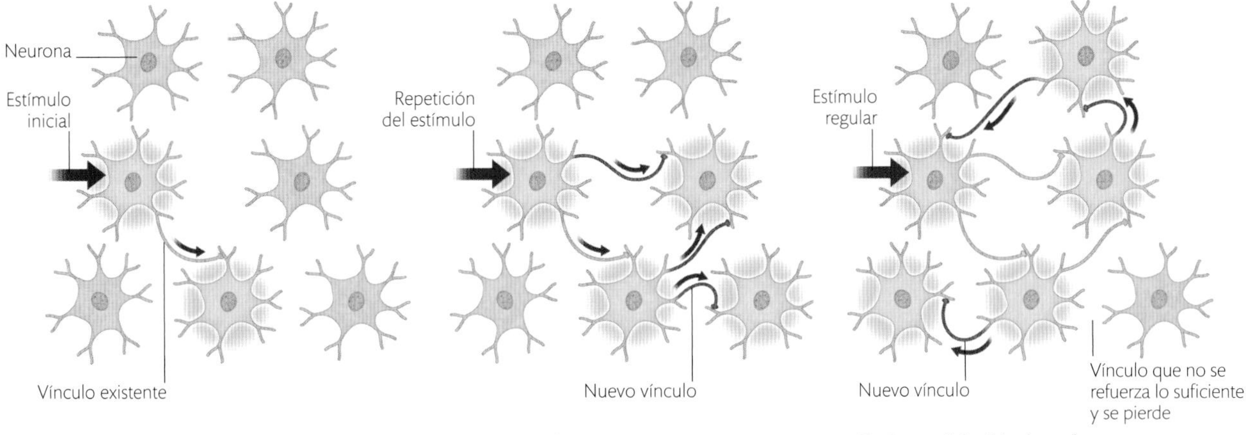
Neurona
Estímulo inicial
Vínculo existente
Repetición del estímulo
Nuevo vínculo
Estímulo regular
Nuevo vínculo
Vínculo que no se refuerza lo suficiente y se pierde

1 Experiencia inicial
Un estímulo provoca un «disparo» neuronal, que envía una serie precisa de señales nerviosas a la siguiente neurona. Es parte del proceso del pensamiento y de la conciencia de un hecho, experiencia o habilidad.

2 Modificación posterior
La repetición del estímulo refuerza la unión inicial, o comunicación sináptica, e incorpora a más neuronas en la red. De hecho, esto ocurre con miles de neuronas.

3 Consolidación (o no)
La activación regular de los vínculos los conserva y aumenta la fuerza de las señales sinápticas interneuronales. Los vínculos que no se activan con frecuencia tienden a disiparse y desaparecer.

AL LÍMITE

PERSONAS QUE NO PUEDEN OLVIDAR

La memoria total, o síndrome hipertiméstico, es una rara enfermedad por la cual los afectados retienen grandes cantidades de información, desde lo más significativo a lo más trivial, durante décadas. Aunque intenten olvidar, no pueden. Con todo, los recuerdos no suelen ser «totales», es decir, no suelen retener todos los detalles: quizá se recordará el lugar, la fecha y lo que se dijo en dicha situación, pero no la ropa que llevaban las personas. De igual forma, la mayoría de los recuerdos están vinculados a las experiencias personales, más que a lo que sucede en el mundo. Las personas hipertiméstícas tienden a mostrar rasgos obsesivo-compulsivos; suelen coleccionar objetos y escribir diarios.

Síndrome hipertiméstico
Jill Price, cuyo caso fue uno de los primeros que se estudiaron en EE UU, recuerda cada día desde que tenía 14 años.

EL MOVIMIENTO

Cada segundo, el cerebro coordina con precisión la tensión y contracción de más de 600 músculos de todo el cuerpo, tanto para correr como para parpadear. Tal empresa sería imposible si todos los músculos estuvieran bajo control consciente, por lo que el cerebro tiene una jerarquía de delegación.

MOVIMIENTO VOLUNTARIO

El movimiento cotidiano
La corteza motora colabora estrechamente con otras áreas encefálicas implicadas en el movimiento, como el cerebelo (derecha), para que podamos movernos casi sin pensar.

Las acciones voluntarias son las que se planifican conscientemente y se llevan a cabo con un objetivo. Las páginas de un libro se pueden pasar con mayor o menor atención, pero siempre se trata de un acto intencional. La corteza motora, crucial para el movimiento voluntario, es una franja de materia gris que va «de oreja a oreja» por la superficie externa del cerebro (p. 327). Envía y recibe millones de impulsos nerviosos cada segundo, incluso cuando no nos movemos, ya que los músculos han de sostener el cuerpo para que no se desplome.

Diferentes áreas de la corteza motora envían instrucciones a distintas partes del cuerpo; se halla en ella, pues, un «mapa» de especialización similar al de la corteza somatosensorial (p. 343). Las partes que necesitan un control muscular complejo, como los labios y los dedos, están asociadas a un área mayor de la corteza motora que las que no necesitan un control tan refinado, como el muslo.

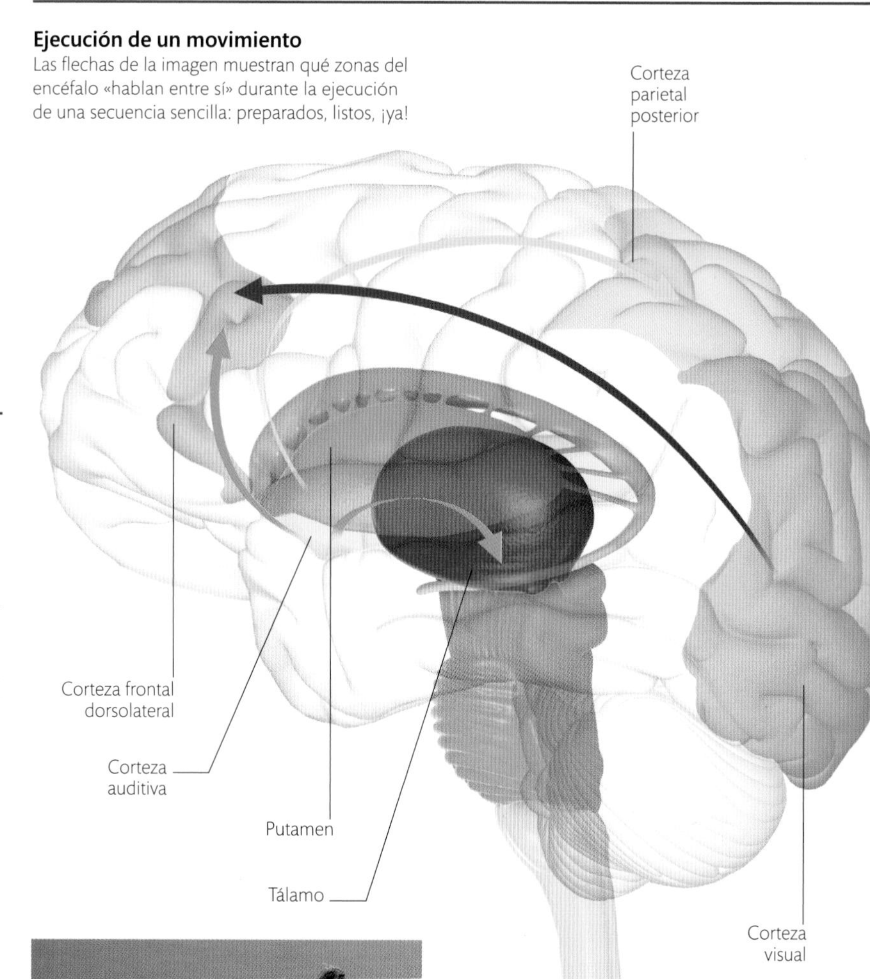
Corteza parietal posterior
Corteza frontal dorsolateral
Corteza auditiva
Putamen
Tálamo
Corteza visual

Ejecución de un movimiento
Las flechas de la imagen muestran qué zonas del encéfalo «hablan entre sí» durante la ejecución de una secuencia sencilla: preparados, listos, ¡ya!

PREPARADOS...

Los centros cerebrales visual y auditivo envían información sensorial a la corteza frontal dorsolateral, que evalúa el momento de iniciar el movimiento. El putamen aporta a la corteza parietal posterior (cuya actividad es eminentemente inconsciente) el recuerdo de pautas motoras aprendidas.

MOVIMIENTO INVOLUNTARIO Y REFLEJOS

La mayoría de las acciones involuntarias se inician a un nivel inconsciente: se incoan automáticamente, aunque una vez iniciadas, se toma conciencia de ellas y pueden modificarse. Muchas acciones involuntarias son reflejos, pautas motoras en respuesta a situaciones o estímulos específicos. Los reflejos, como levantar el pie al pisar un objeto afilado, son importantes para la supervivencia; protegen al cuerpo haciendo que reaccione rápidamente ante el peligro. Los reflejos reciben mensajes nerviosos sensoriales sobre un estímulo, los «cortocircuitan» por la médula espinal o las zonas inconscientes del cerebro, y envían una señal motora para iniciar una acción muscular, sin el «permiso» de la mente consciente. Una fracción de segundo después las señales llegan también a los centros encefálicos superiores, donde se registran de forma consciente. Entonces se asume el control voluntario de la acción.

Agacharse y cubrirse
Los reflejos protectores, como agacharse para esquivar un objeto que se acerca, se remontan a nuestro pasado evolutivo. En el boxeo, la acción del *ducking* encadena cuatro reflejos como si fueran uno solo (derecha). El orden refleja el trayecto de las señales motoras desde el encéfalo inferior al cuerpo, pasando por la médula.

Percepción del peligro
El entrenamiento pasado y la percepción presente advierten que se acerca un golpe a la cabeza.

Procesamiento inconsciente
La información sensorial alerta a los niveles inferiores de conciencia, sobre todo al tálamo.

Inicio de la acción motora
Las áreas motoras planifican la acción en menos de un segundo, antes de llegar a la conciencia.

Parpadear
Reflejo 1: los párpados se cierran para proteger los ojos.

Volver la cara
Reflejo 2: los músculos del cuello giran la cabeza hacia un lado.

Bajar la cabeza
Reflejo 3: los músculos del tronco tiran de la cabeza hacia abajo.

Levantar las manos
Reflejo 4: los músculos de los brazos las elevan para protegerse.

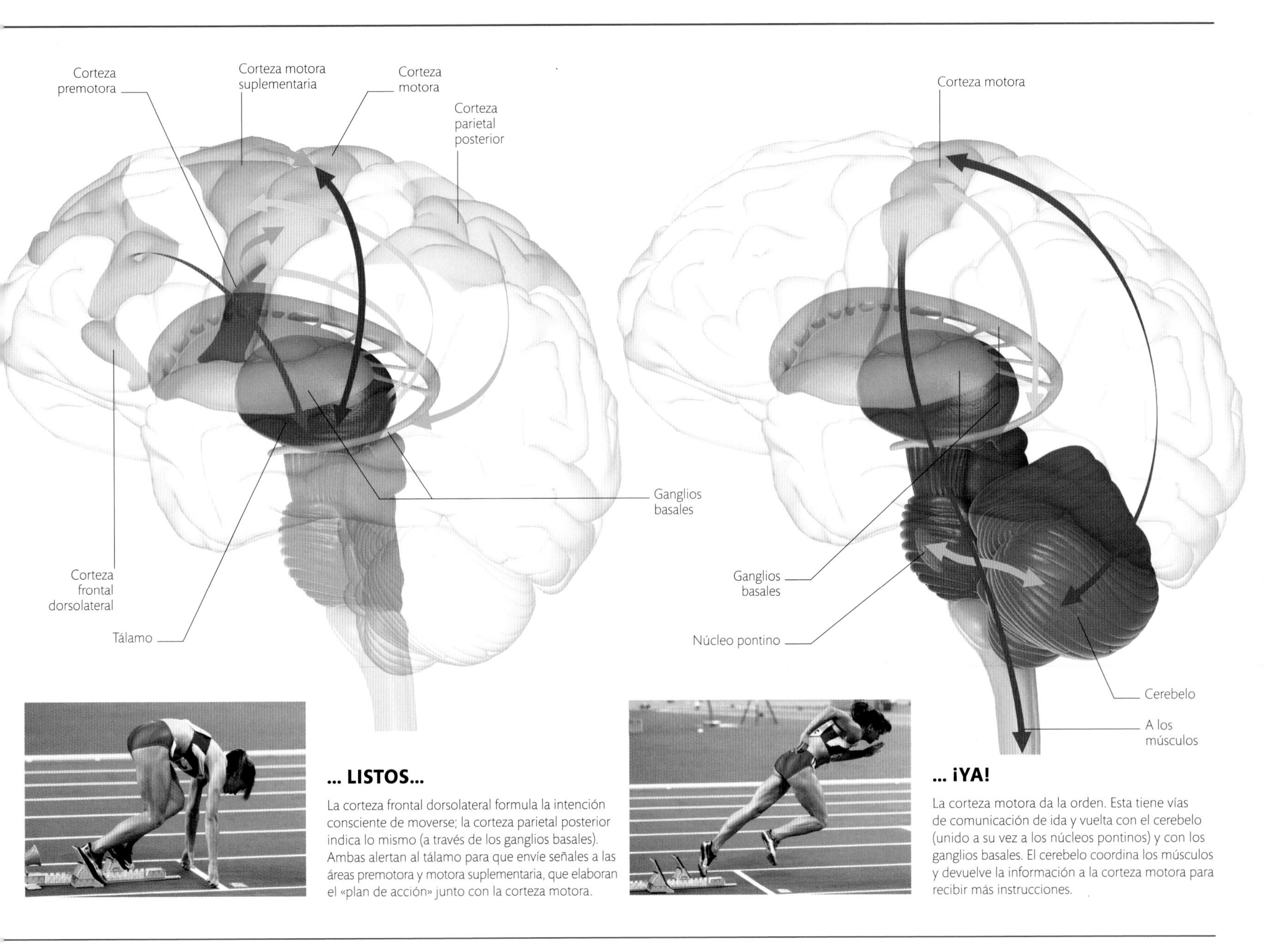
Corteza premotora
Corteza motora suplementaria
Corteza motora
Corteza parietal posterior
Ganglios basales
Corteza frontal dorsolateral
Tálamo
Corteza motora
Ganglios basales
Núcleo pontino
Cerebelo
A los músculos

... LISTOS...

La corteza frontal dorsolateral formula la intención consciente de moverse; la corteza parietal posterior indica lo mismo (a través de los ganglios basales). Ambas alertan al tálamo para que envíe señales a las áreas premotora y motora suplementaria, que elaboran el «plan de acción» junto con la corteza motora.

... ¡YA!

La corteza motora da la orden. Esta tiene vías de comunicación de ida y vuelta con el cerebelo (unido a su vez a los núcleos pontinos) y con los ganglios basales. El cerebelo coordina los músculos y devuelve la información a la corteza motora para recibir más instrucciones.

EL CEREBELO

En cierto modo, el cerebelo («cerebro pequeño»), redondeado y estriado, situado en la parte posterior e inferior del encéfalo, es un reflejo del cerebro, que está sobre él. Al igual que el cerebro, tiene una capa externa, o corteza, que contiene materia gris, formada por somas neuronales, dendritas y sinapsis, y una médula interna compuesta principalmente por fibras (axones) dispuestas en tractos o haces que se unen a muchas otras áreas del encéfalo. La corteza del cerebelo está aún más plegada que la cerebral. Su ubicación anatómica implica que el cerebelo «ve» toda la información sensorial que se dirige al encéfalo y todas las instrucciones motoras que parten del encéfalo hacia el cuerpo. Además, está estrechamente relacionado con otras partes que controlan el movimiento, como los ganglios basales. Su función principal es añadir detalles precisos a las instrucciones motoras generales que proceden de la corteza motora, devolver estas a la corteza motora para que las transmita a los músculos, y valorar el resultado para garantizar que todos los movimientos son fluidos, diestros y coordinados. La investigación más reciente demuestra que el cerebelo también interviene en la atención y en la articulación y comprensión del lenguaje.

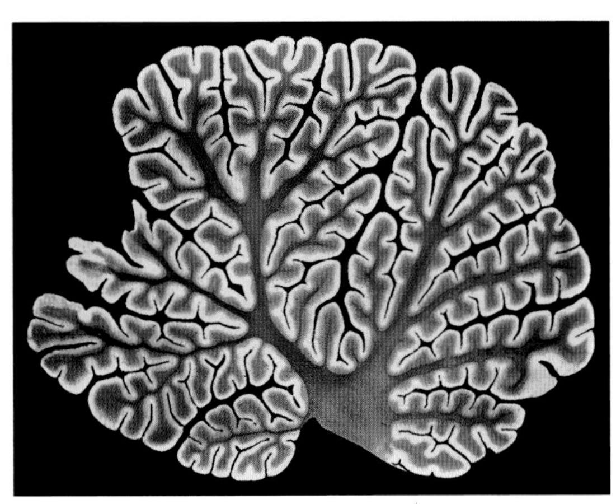

Sección transversal del cerebelo
La corteza cerebelosa (amarillo) está muy plegada en torno a un ramificado sistema de tractos de fibras nerviosas (rojo). En los «troncos» más gruesos hay agrupaciones de neuronas —materia gris— conocidas como núcleos cerebelosos, que coordinan la inmensa cantidad de mensajes nerviosos motores entrantes y salientes.

El **cerebelo** constituye solamente el **10 %** del volumen encefálico, pero contiene **más del doble de neuronas** que el **90 %** restante junto.

CÓMO PERCIBIMOS EL MUNDO

El encéfalo es sorprendentemente insensible. Apenas cuenta con receptores sensoriales propios y no puede sentir ni el contacto físico ni el daño. Sin embargo, es muy sensible a lo que sucede en el resto del cuerpo y en el entorno gracias a los órganos sensoriales, que responden a muchos tipos de estímulos.

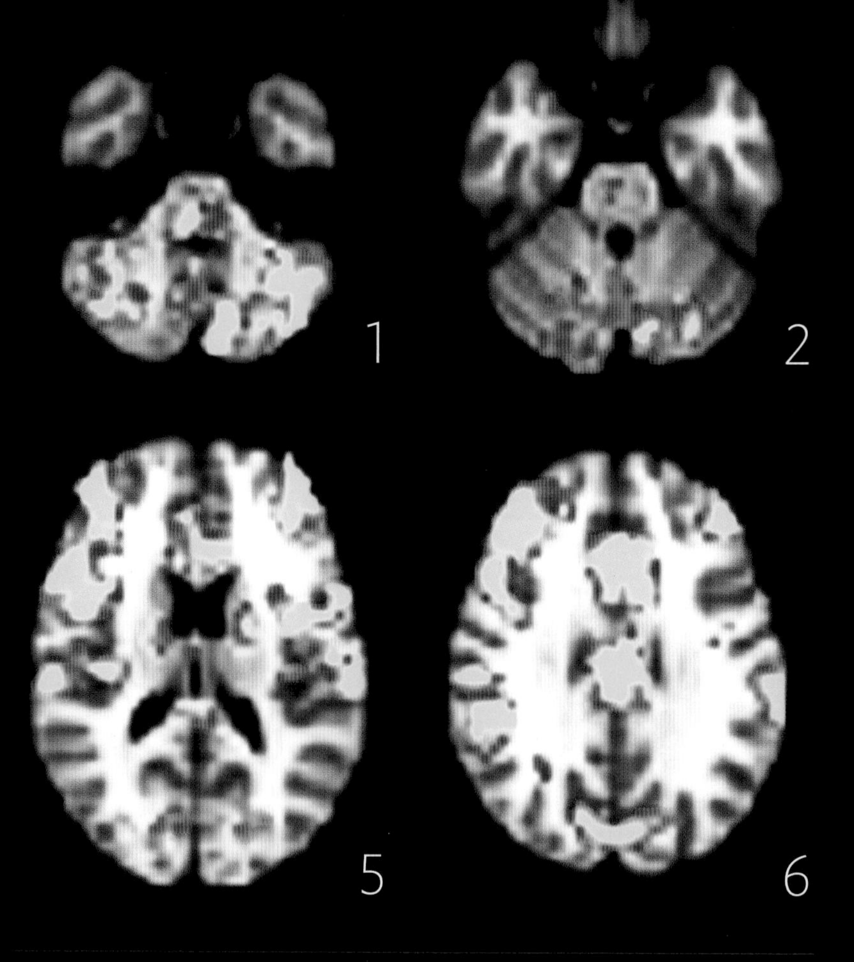

1
2
5
6

SENTIDOS PRINCIPALES

El concepto de los cinco sentidos es una simplificación. Cuatro de ellos, así como sus estímulos, están bien definidos: la visión percibe la luz (p. 334); el oído, las ondas sonoras (p. 338); el olfato, las moléculas de olor suspendidas en el aire (p. 340); y el gusto, las moléculas de sabor solubles en agua (p. 340).

Otros sentidos son más complejos. El equilibrio (p. 338) no es tanto un sentido diferenciado como un proceso continuo que implica a varios sentidos, además del sistema muscular. El tacto se basa en la piel, pero no exclusivamente, y es un sentido multifactorial que no responde solo al contacto físico, sino también a la vibración y a la temperatura (p. 342). El dolor, por su parte, es procesado por el sistema nervioso de un modo distinto al resto de las sensaciones (p. siguiente).

El cuerpo tiene receptores internos en los músculos, las articulaciones y otras partes (p. siguiente: «Sentido interno»). Con todo, al nivel más simple, todas las partes receptoras hacen lo mismo. Científicamente, son transductores, que convierten la energía de los estímulos específicos en el «lenguaje» común del sistema nervioso: impulsos nerviosos.

Un mundo de sensaciones
Podemos imaginar las sensaciones que reflejan estas imágenes (sonido, equilibrio, gusto, olor, tacto, vista); con todo, el único sentido del lector implicado aquí es la vista.

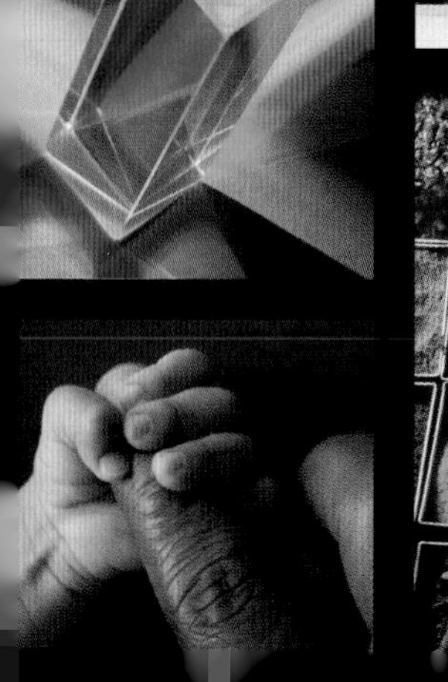

SINESTESIA

En condiciones normales, los mensajes sensoriales viajan del órgano sensorial a unas áreas específicas del encéfalo, especialmente la corteza cerebral, donde dan lugar a la percepción consciente. Así, por ejemplo, las señales de los ojos acaban en la corteza visual. En raras ocasiones, las señales se desvían y llegan a otras regiones sensoriales; en estos casos, la persona puede experimentar más de una sensación a partir de un único tipo de estímulo. Así, la visión del color azul puede traer el sabor del queso, u oír el rasgueo de una guitarra, el sabor de una copa de vino. Este trastorno se conoce como sinestesia y afecta a una de cada 25 personas, aunque en diverso grado. Ciertos productos químicos, sobre todo las drogas psicodélicas, pueden tener también efectos sinestésicos.

Pintar con música
El artista David Hockney tiene sinestesia. Hablando de la creación de los decorados de la Ópera de Los Ángeles, comentaba que las formas y los colores «se pintaban solos» cuando escuchaba la música.

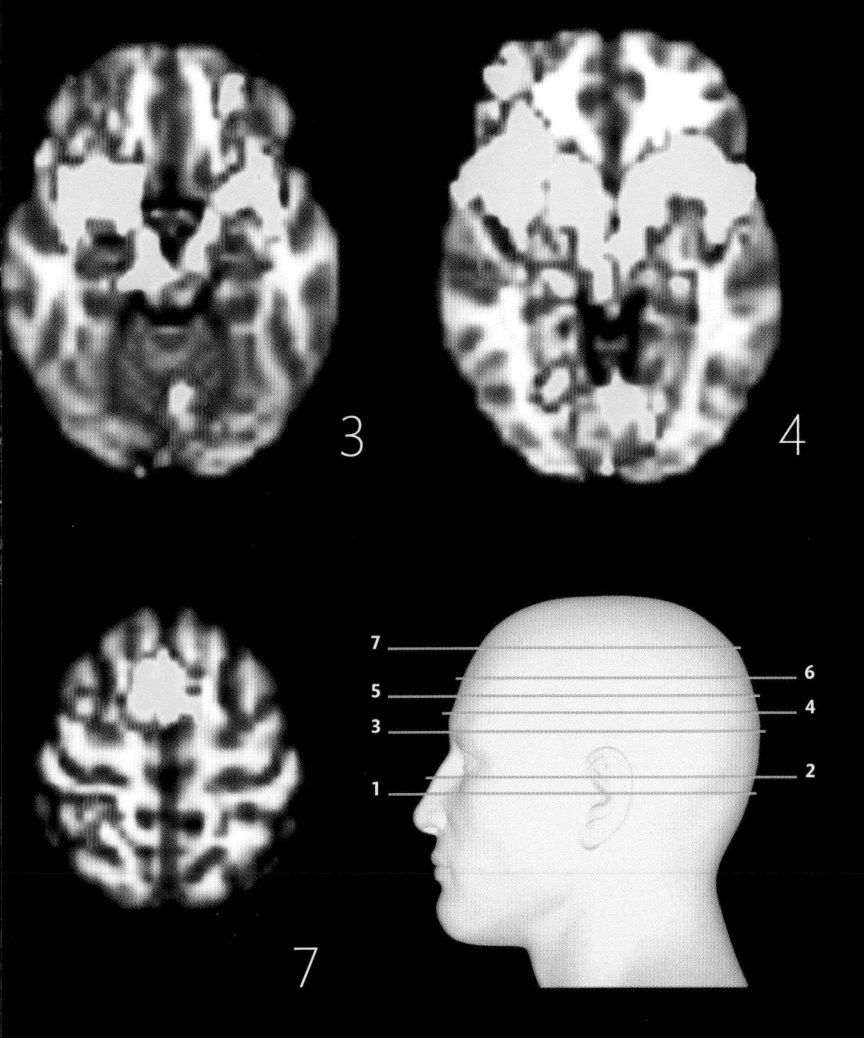
3
4
7
7
5
3
1
6
4
2

EL DOLOR

Es muy difícil medir objetivamente la sensación de dolor, aunque se usan diversos términos para describirlo: punzante, agudo, sordo... El dolor se inicia en terminaciones nerviosas (nociceptores) en la piel y en muchas otras partes del cuerpo. Cuando los nociceptores o los tejidos se lesionan, liberan sustancias como bradiquinina, prostaglandinas o adenosintrifosfato (ATP), que activan los nociceptores para que transmitan señales de dolor. Las señales del dolor siguen vías distintas a las del tacto y el resto de las sensaciones experimentadas en esa parte del cuerpo (p. 326), sobre todo en la espina dorsal. La mayoría acaba en la corteza cerebral, donde se perciben como dolor asociado a una parte específica del cuerpo.

El dolor en el cerebro
Izquierda: estas IRMf muestran cortes horizontales secuenciales del cerebro de una persona sana sometida a estímulos dolorosos. Las áreas amarillas reflejan actividad cerebral, y revelan la amplitud de la gestión del dolor en distintas áreas del cerebro.

Las vías del dolor
Derecha: las señales nerviosas necesitan cierto tiempo para viajar desde los receptores hasta el cerebro y entrar en la conciencia. En el caso de las señales dolorosas, el lapso de un segundo podría implicar ya un daño significativo.

INICIO DEL DOLOR
La liberación de sustancias como prostaglandinas y bradiquinina lleva a los nociceptores a transmitir señales de dolor.

MÉDULA ESPINAL
Las señales nerviosas viajan por axones asociados al dolor hasta las astas dorsales de la médula espinal, que las retransmiten.

TRONCO ENCEFÁLICO
Las señales pasan por la médula oblonga y activan la división simpática del sistema autónomo (p. 319).

MESENCÉFALO
Las regiones que registran el dolor activan la liberación de analgésicos endógenos en el tronco encefálico y la médula espinal.

CORTEZA CEREBRAL
Las señales llegan a la corteza cerebral. El dolor se hace consciente y se asocia a una parte del cuerpo.

SENTIDO INTERNO

Sin necesidad de mirar ni tocar, sabemos dónde tenemos los brazos y las piernas, si estamos de pie o tendidos, o cómo nos movemos en el espacio. Esta percepción del cuerpo (de la posición y del movimiento) se llama propiocepción.

La propiocepción depende de unos elementos sensoriales internos, principalmente microscópicos, llamados propioceptores. Son varios miles y están repartidos por todo el cuerpo, sobre todo en los músculos y tendones y en los ligamentos y las cápsulas de las articulaciones. Responden a los cambios de tensión, longitud y presión en un área concreta, como cuando se estira un músculo que estaba relajado. Esta información se integra con señales relativas a cambios de orientación y posición en el espacio, por ejemplo, mediante las células ciliares del vestíbulo y los canales semicirculares del oído interno (p. 338).

En cuanto los propioceptores reciben un estímulo, envían haces de señales nerviosas al encéfalo mediante el sistema nervioso periférico. Así, por ejemplo, las señales procedentes de los propioceptores del bíceps informan al encéfalo de que este se está contrayendo y acortando, es decir, de que el codo se está flexionando.

BLOQUEAR EL DOLOR Y LAS SENSACIONES

A pesar de ser desagradable, el dolor tiene una función adaptativa, ya que advierte de problemas en alguna parte del cuerpo, a la que hay que proteger y dejar descansar para que se recupere. El cuerpo cuenta con sus propias sustancias analgésicas, principalmente del grupo de las endorfinas, que el hipotálamo y la pituitaria segregan y se extienden por el torrente sanguíneo y el sistema nervioso. Estas alteran la transmisión de las señales nerviosas portadoras del dolor interfiriendo, por ejemplo, al nivel de las sinapsis (p. 322) impidiendo la producción de ciertos neurotransmisores o bloqueando receptores para que los impulsos no pasen a la neurona receptora.

Niveles de alivio
Las señales de dolor viajan a los centros encefálicos superiores a través de una serie de neuronas y de sus sinapsis. Por tanto, hay varias ocasiones para bloquear esas vías y aliviar el dolor percibido.

ANALGÉSICOS	MECANISMO DE ACCIÓN
OPIOIDES (morfina, por ejemplo)	Al igual que las endorfinas, actúan sobre todo en el sistema nervioso central e inhiben la capacidad del cerebro de percibir el dolor.
PARACETAMOL	Este analgésico es similar a un opioide suave. Inhibe la formación de prostaglandina y afecta también a la del neurotransmisor AEA (anandamida), sobre todo en el sistema nervioso central.
AINE (antiinflamatorios no esteroideos)	El ibuprofeno y otros AINE impiden la formación de ciertas prostaglandinas que, de otro modo, producirían sensación de dolor. Actúan sobre todo en el sistema nervioso periférico.

ANESTÉSICOS	MECANISMO DE ACCIÓN
ANESTÉSICOS GENERALES	Actúan primariamente sobre el cerebro pero también sobre la médula espinal, causando relajación muscular y pérdida de conciencia. El mecanismo preciso de su acción aún no se conoce bien.
ANESTÉSICOS LOCALES	Frenan los impulsos nerviosos periféricos en un área determinada, por ejemplo, bloqueando los canales de sodio en las membranas neuronales (p. 321) para inhibir la información sensorial.
ANESTÉSICOS EPIDURALES	Se inyectan en el fluido cefalorraquídeo que envuelve la duramadre (la más externa de las meninges) de la médula espinal y bloquean las sensaciones por debajo del punto de la inyección.

LA VISIÓN

Para la mayoría de las personas, la vista es el sentido más importante. Los ojos reciben información en forma de rayos de luz y el cerebro elabora con ella imágenes claras del mundo que nos permiten percibir nuestro entorno.

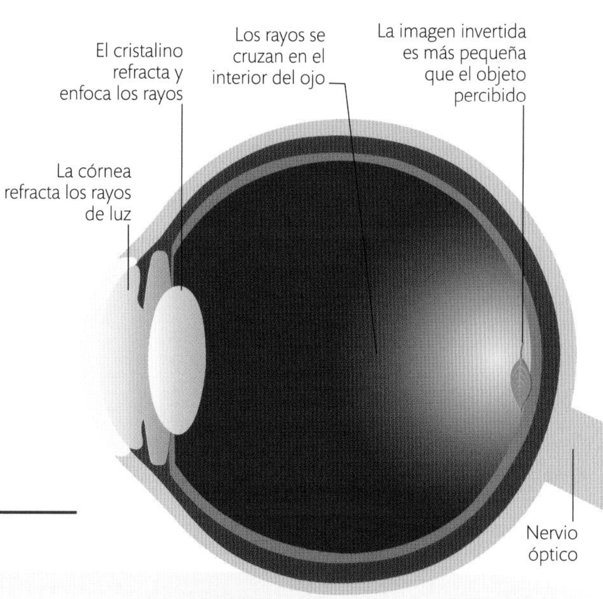
El cristalino refracta y enfoca los rayos
Los rayos se cruzan en el interior del ojo
La imagen invertida es más pequeña que el objeto percibido
Rayos de luz reflejados por el objeto
A
B
La córnea refracta los rayos de luz
Nervio óptico

Producción de imágenes
La córnea refracta los rayos de luz, que la atraviesan y crean en la retina una imagen definida e invertida del objeto percibido.

EL SISTEMA VISUAL

Las órbitas alojan los ojos, las lágrimas los limpian y los párpados los secan al abrirse y cerrarse; así, los ojos pueden recorrer incansablemente el mundo que los rodea para captar los rayos de luz reflejados o producidos por los objetos en el campo visual. Los rayos entran en el ojo a través de una ventana transparente y abombada, la córnea. Con la ayuda del cristalino, que se encuentra detrás, la córnea centra los rayos de luz en la retina, una delgada capa de receptores fotosensibles que tapiza la parte interna posterior del globo ocular. Al igual que en las cámaras fotográficas modernas, el enfoque es automático, así como la modificación del tamaño del iris, que controla la luz que entra en el ojo. Cuando la luz llega a los fotorreceptores de la retina, estos generan miles de millones de impulsos nerviosos que recorren el nervio óptico hasta llegar a las áreas visuales en la parte posterior del cerebro. Las señales se analizan ahí para obtener una impresión mental de lo que se está viendo, dónde está y si se mueve.

LOS RAYOS DE LUZ

Los rayos de luz suelen viajar en línea recta entre los objetos. Cuando pasan por la córnea y el cristalino se desvían, o refractan. Como resultado de la refracción, se proyecta en la retina una imagen clara e invertida del mundo exterior. La córnea es la principal responsable de la refracción, pero su forma y, por tanto, su poder refractivo no se alteran. Es el elástico cristalino el que cambia de forma para enfocar la luz (p. siguiente).

Córnea
Membrana transparente y convexa que cubre la parte frontal del ojo y refracta la luz

REFRACCIÓN DE LA LUZ

Cuando la luz pasa de un medio transparente a otro, se desvía, o refracta. Esto es lo que sucede cuando la luz entra y sale del cristalino del ojo, que es biconvexo (se curva hacia fuera por ambos lados). Cuanto mayor sea el ángulo en que la luz incide sobre la superficie de la lente convexa, más se refractará hacia el interior.

Lente convexa
Los rayos de luz refractados por una lente convexa se concentran en un punto focal. La mayor o menor refracción de la luz depende en parte del grosor de la lente.

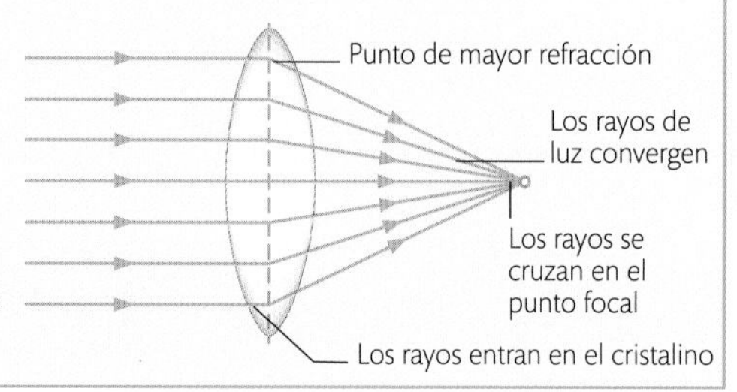
Punto de mayor refracción
Los rayos de luz convergen
Los rayos se cruzan en el punto focal
Los rayos entran en el cristalino

LUZ INTENSA
Pupila contraída
Las fibras circulares se contraen

LUZ NORMAL

PENUMBRA
Pupila dilatada
Las fibras radiales se contraen

CONTROL DE LA LUZ

En la mayoría de las condiciones lumínicas, los ojos funcionan gracias a un sistema que regula automática e inconscientemente la cantidad de luz que entra por la pupila. El iris, la parte coloreada del ojo, tiene dos capas de fibras musculares: una de fibras circulares concéntricas y otra de fibras radiales, dispuestas como los radios de una rueda. Estos músculos se contraen por orden de señales procedentes del sistema nervioso autónomo (p. 319). Sus ramas simpática y parasimpática se encargan de que la pupila se contraiga para evitar el deslumbramiento por exceso de luz y de que se dilate para permitir que, en la penumbra, entre luz suficiente para ver.

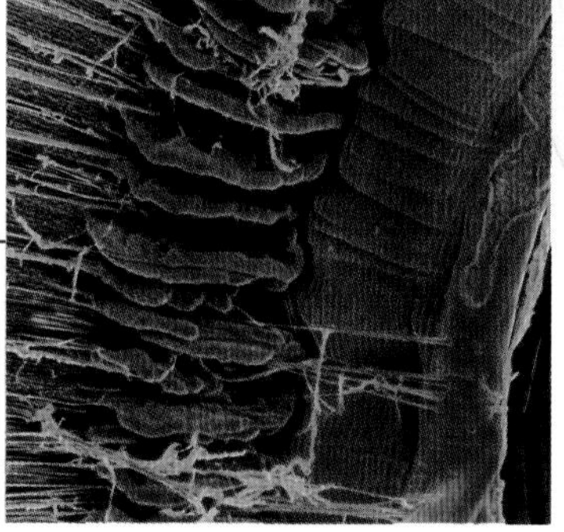

Dentro del iris
Esta micrografía electrónica coloreada muestra la superficie interna del iris (rosa). A la derecha (azul oscuro) se halla el borde de la pupila, y las estructuras plegadas rojas a la izquierda del iris son los procesos ciliares.

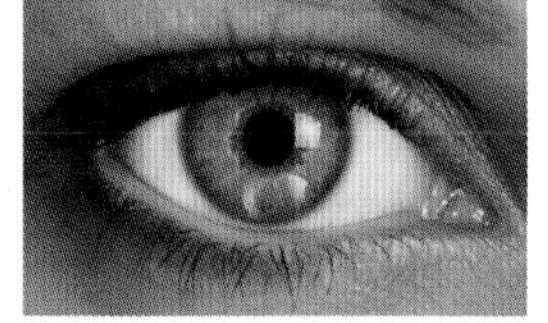

Pupila contraída
Las fibras musculares circulares del iris, estimuladas por los nervios parasimpáticos, se contraen para estrechar la pupila: entra menos luz.

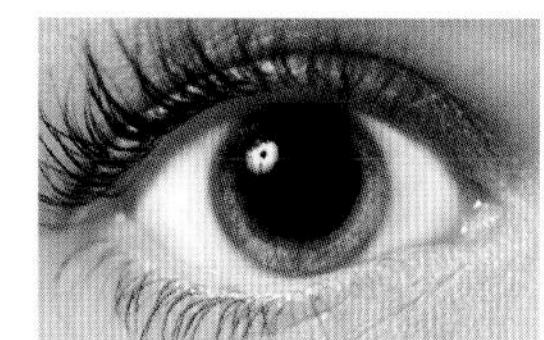

Pupila normal
En condiciones lumínicas normales, tanto las fibras musculares circulares como las radiales se contraen parcialmente.

Pupila dilatada
Estimuladas por los nervios simpáticos, las fibras musculares radiales del iris se contraen para ensanchar la pupila: entra más luz.

En condiciones normales, las pupilas de ambos ojos **responden de modo idéntico** al estímulo de la luz, **sin importar qué ojo** sea estimulado.

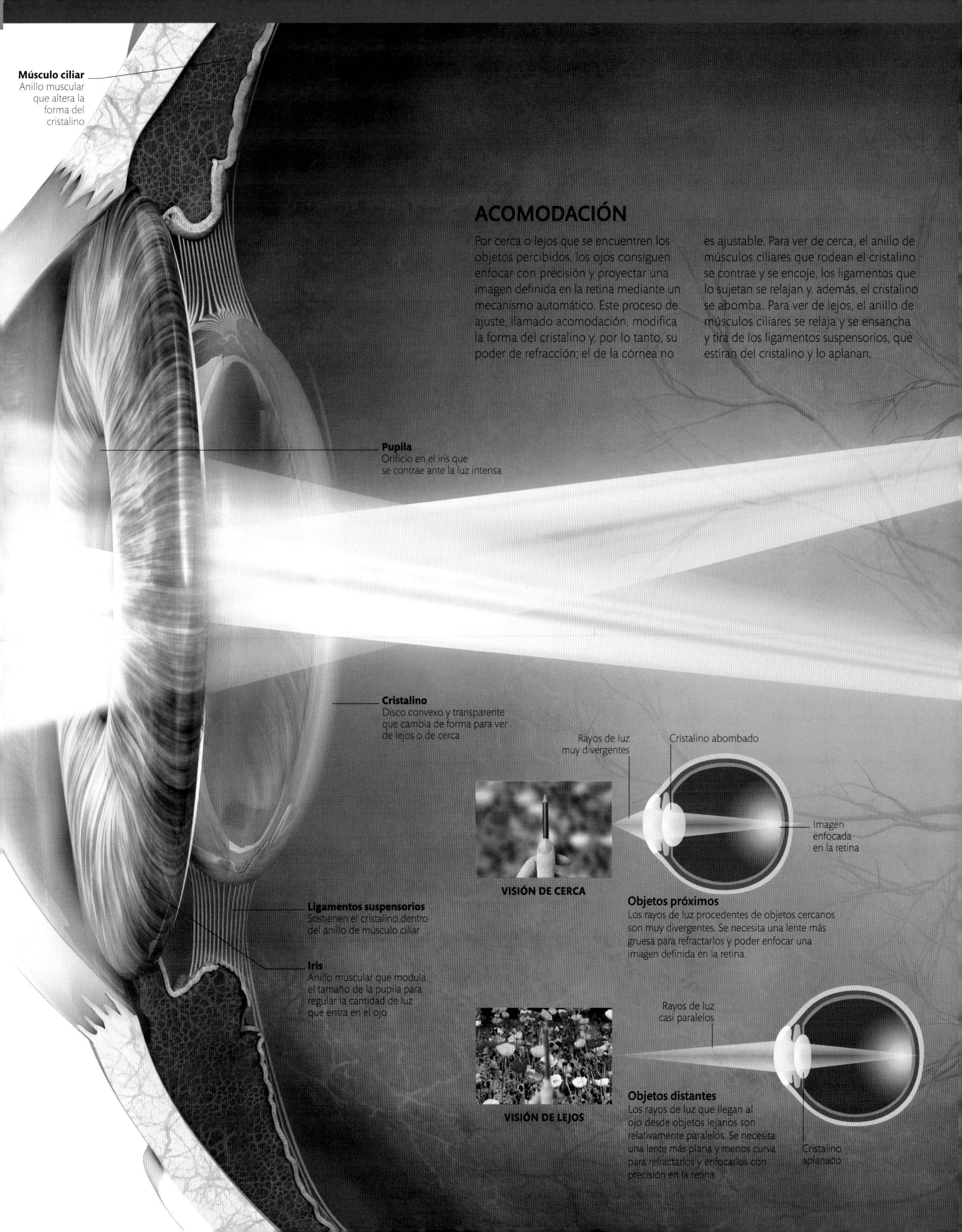
Músculo ciliar
Anillo muscular que altera la forma del cristalino
ACOMODACIÓN
Por cerca o lejos que se encuentren los objetos percibidos, los ojos consiguen enfocar con precisión y proyectar una imagen definida en la retina mediante un mecanismo automático. Este proceso de ajuste, llamado acomodación, modifica la forma del cristalino y, por lo tanto, su poder de refracción; el de la córnea no es ajustable. Para ver de cerca, el anillo de músculos ciliares que rodean el cristalino se contrae y se encoje, los ligamentos que lo sujetan se relajan y, además, el cristalino se abomba. Para ver de lejos, el anillo de músculos ciliares se relaja y se ensancha y tira de los ligamentos suspensorios, que estiran del cristalino y lo aplanan.
Pupila
Orificio en el iris que se contrae ante la luz intensa
Cristalino
Disco convexo y transparente que cambia de forma para ver de lejos o de cerca
Rayos de luz muy divergentes
Cristalino abombado
Imagen enfocada en la retina
VISIÓN DE CERCA
Objetos próximos
Los rayos de luz procedentes de objetos cercanos son muy divergentes. Se necesita una lente más gruesa para refractarlos y poder enfocar una imagen definida en la retina.
Ligamentos suspensorios
Sostienen el cristalino dentro del anillo de músculo ciliar
Iris
Anillo muscular que modula el tamaño de la pupila para regular la cantidad de luz que entra en el ojo
Rayos de luz casi paralelos
VISIÓN DE LEJOS
Objetos distantes
Los rayos de luz que llegan al ojo desde objetos lejanos son relativamente paralelos. Se necesita una lente más plana y menos curva para refractarlos y enfocarlos con precisión en la retina
Cristalino aplanado

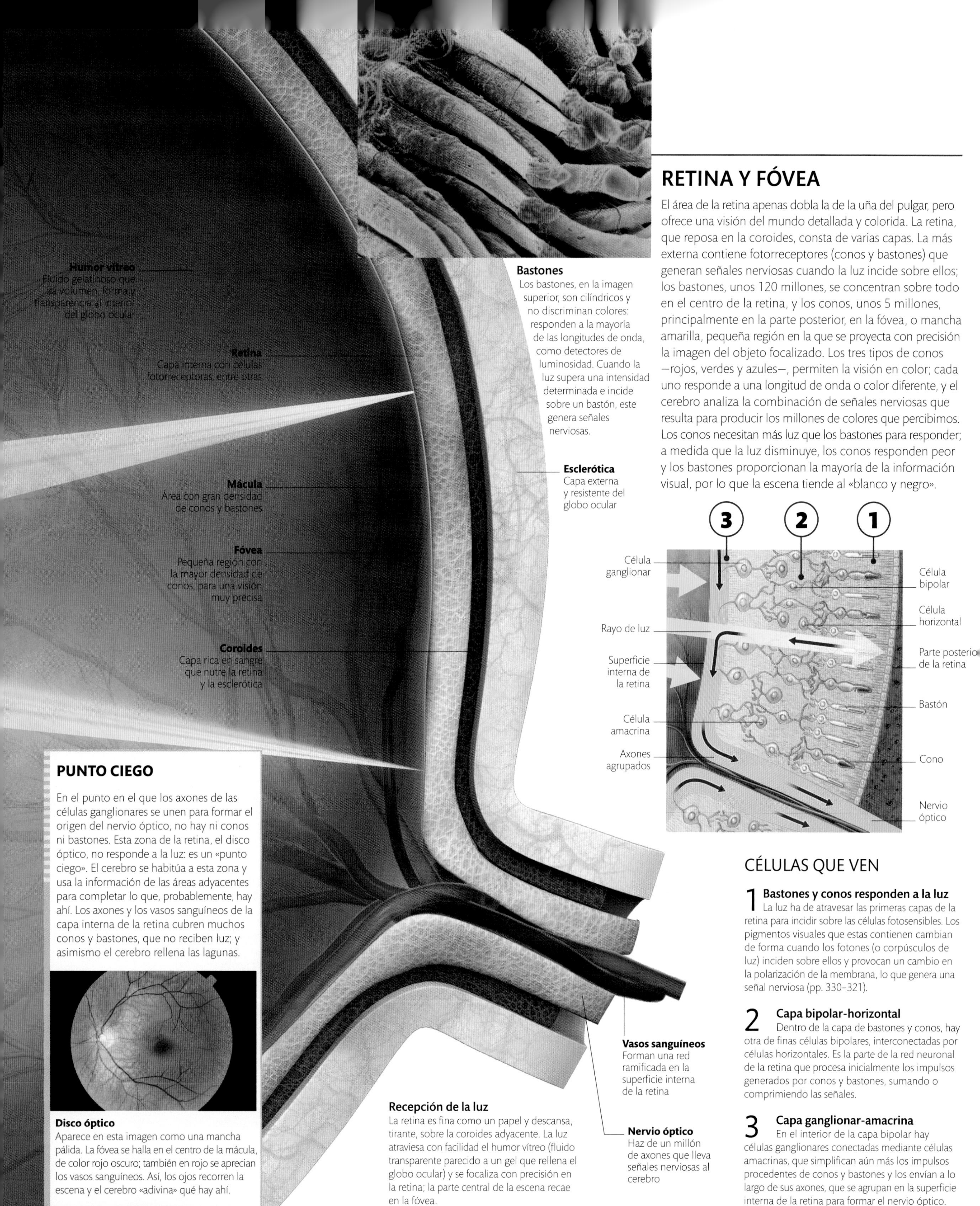

Humor vítreo
Fluido gelatinoso que da volumen, forma y transparencia al interior del globo ocular
Retina
Capa interna con células fotorreceptoras, entre otras
Mácula
Área con gran densidad de conos y bastones
Fóvea
Pequeña región con la mayor densidad de conos, para una visión muy precisa
Coroides
Capa rica en sangre que nutre la retina y la esclerótica
Bastones
Los bastones, en la imagen superior, son cilíndricos y no discriminan colores: responden a la mayoría de las longitudes de onda, como detectores de luminosidad. Cuando la luz supera una intensidad determinada e incide sobre un bastón, este genera señales nerviosas.
Esclerótica
Capa externa y resistente del globo ocular
3
2
1
Célula ganglionar
Rayo de luz
Superficie interna de la retina
Célula amacrina
Axones agrupados
Célula bipolar
Célula horizontal
Parte posterio de la retina
Bastón
Cono
Nervio óptico
Vasos sanguíneos
Forman una red ramificada en la superficie interna de la retina
Nervio óptico
Haz de un millón de axones que lleva señales nerviosas al cerebro

RETINA Y FÓVEA

El área de la retina apenas dobla la de la uña del pulgar, pero ofrece una visión del mundo detallada y colorida. La retina, que reposa en la coroides, consta de varias capas. La más externa contiene fotorreceptores (conos y bastones) que generan señales nerviosas cuando la luz incide sobre ellos; los bastones, unos 120 millones, se concentran sobre todo en el centro de la retina, y los conos, unos 5 millones, principalmente en la parte posterior, en la fóvea, o mancha amarilla, pequeña región en la que se proyecta con precisión la imagen del objeto focalizado. Los tres tipos de conos —rojos, verdes y azules—, permiten la visión en color; cada uno responde a una longitud de onda o color diferente, y el cerebro analiza la combinación de señales nerviosas que resulta para producir los millones de colores que percibimos. Los conos necesitan más luz que los bastones para responder; a medida que la luz disminuye, los conos responden peor y los bastones proporcionan la mayoría de la información visual, por lo que la escena tiende al «blanco y negro».

PUNTO CIEGO

En el punto en el que los axones de las células ganglionares se unen para formar el origen del nervio óptico, no hay ni conos ni bastones. Esta zona de la retina, el disco óptico, no responde a la luz: es un «punto ciego». El cerebro se habitúa a esta zona y usa la información de las áreas adyacentes para completar lo que, probablemente, hay ahí. Los axones y los vasos sanguíneos de la capa interna de la retina cubren muchos conos y bastones, que no reciben luz; y asimismo el cerebro rellena las lagunas.

Disco óptico
Aparece en esta imagen como una mancha pálida. La fóvea se halla en el centro de la mácula, de color rojo oscuro; también en rojo se aprecian los vasos sanguíneos. Así, los ojos recorren la escena y el cerebro «adivina» qué hay ahí.

Recepción de la luz
La retina es fina como un papel y descansa, tirante, sobre la coroides adyacente. La luz atraviesa con facilidad el humor vítreo (fluido transparente parecido a un gel que rellena el globo ocular) y se focaliza con precisión en la retina; la parte central de la escena recae en la fóvea.

CÉLULAS QUE VEN

1 Bastones y conos responden a la luz
La luz ha de atravesar las primeras capas de la retina para incidir sobre las células fotosensibles. Los pigmentos visuales que estas contienen cambian de forma cuando los fotones (o corpúsculos de luz) inciden sobre ellos y provocan un cambio en la polarización de la membrana, lo que genera una señal nerviosa (pp. 330–321).

2 Capa bipolar-horizontal
Dentro de la capa de bastones y conos, hay otra de finas células bipolares, interconectadas por células horizontales. Es la parte de la red neuronal de la retina que procesa inicialmente los impulsos generados por conos y bastones, sumando o comprimiendo las señales.

3 Capa ganglionar-amacrina
En el interior de la capa bipolar hay células ganglionares conectadas mediante células amacrinas, que simplifican aún más los impulsos procedentes de conos y bastones y los envían a lo largo de sus axones, que se agrupan en la superficie interna de la retina para formar el nervio óptico.

VÍAS VISUALES

A pesar de que los ojos están delante del cerebro, las regiones cerebrales que procesan la información visual se encuentran en la parte posterior. Los impulsos nerviosos procedentes de los ojos pasan por el millón de axones (fibras nerviosas) de sendos nervios ópticos. Ambos convergen en la base del cerebro, en el quiasma óptico, donde la mitad de las fibras de cada tracto cruzan al otro lado. Así, cada haz de fibras pasa a un área especializada del tálamo, el núcleo geniculado lateral (p. 324). Ahí se analiza la relevancia de la información para seleccionar la que debe pasar a la conciencia y relacionarla con la de otros sentidos. A continuación, los axones de cada núcleo se ramifican a través del tejido cerebral (radiación óptica) para llegar a la corteza visual primaria en la base posterior del cerebro, donde se llevan a cabo el procesamiento y la clasificación iniciales de la información, que luego pasa a otras áreas del cerebro, como la corteza visual secundaria, que detecta características como líneas, ángulos, colores, formas y movimientos, y el lóbulo temporal, que reconoce objetos familiares.

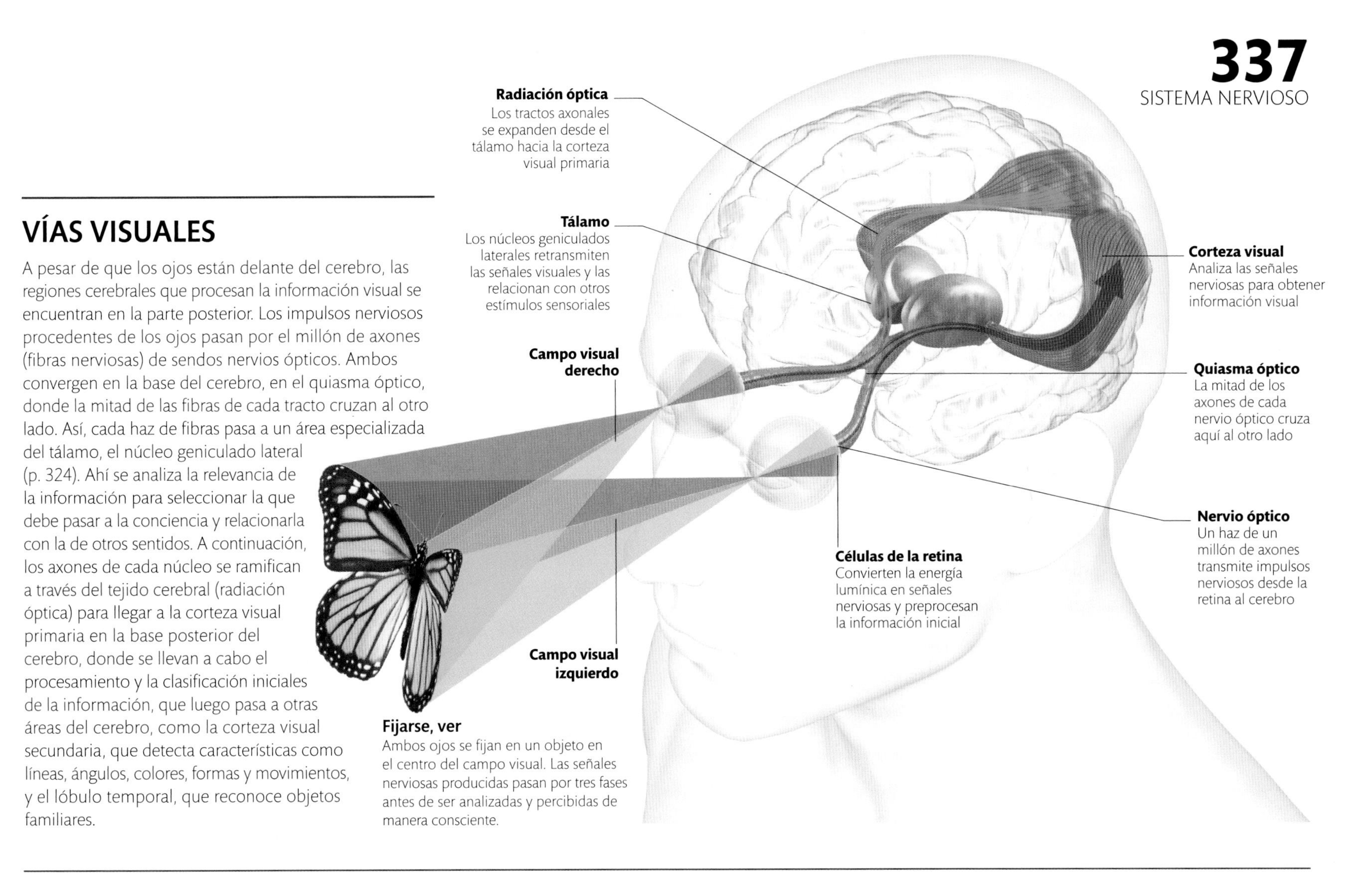
Radiación óptica
Los tractos axonales se expanden desde el tálamo hacia la corteza visual primaria
Tálamo
Los núcleos geniculados laterales retransmiten las señales visuales y las relacionan con otros estímulos sensoriales
Campo visual derecho
Campo visual izquierdo
Corteza visual
Analiza las señales nerviosas para obtener información visual
Quiasma óptico
La mitad de los axones de cada nervio óptico cruza aquí al otro lado
Nervio óptico
Un haz de un millón de axones transmite impulsos nerviosos desde la retina al cerebro
Células de la retina
Convierten la energía lumínica en señales nerviosas y preprocesan la información inicial

Fijarse, ver
Ambos ojos se fijan en un objeto en el centro del campo visual. Las señales nerviosas producidas pasan por tres fases antes de ser analizadas y percibidas de manera consciente.

PROFUNDIDAD Y DIMENSIÓN

Percibimos el campo visual en tres dimensiones y podemos determinar si un objeto está más cerca que otro. Esto es posible porque el cerebro combina información de múltiples fuentes. La memoria es clave: recordamos que los ratones son pequeños y que los elefantes son grandes; relacionamos este hecho con el tamaño relativo de los elementos en el campo visual; suponemos que un ratón que percibimos como grande está más cerca que un elefante que parece más pequeño. Los movimientos en y alrededor del ojo ofrecen más información sobre la distancia de los objetos que se ven. Cuanto más cerca está el objeto, menor es el ángulo de foco de los ojos —tal y como lo notan los sensores de los músculos oculares— y más se abomba el cristalino por la contracción de los músculos ciliares. Influye el hecho de que tengamos dos ojos y las vías visuales transmitan información contralateral. Cada lado tiene su campo visual, y ambos se solapan en el centro para formar la visión binocular. Las fibras nerviosas se cruzan en el quiasma óptico, por lo que la parte izquierda del campo visual de cada ojo acaba en la corteza visual izquierda y la parte derecha en la corteza visual derecha. El cerebro compara la diferencia entre ambas imágenes, conocida como disparidad binocular.

17 000

Promedio de veces que **el ojo humano parpadea a diario: una vez cada cinco segundos.**

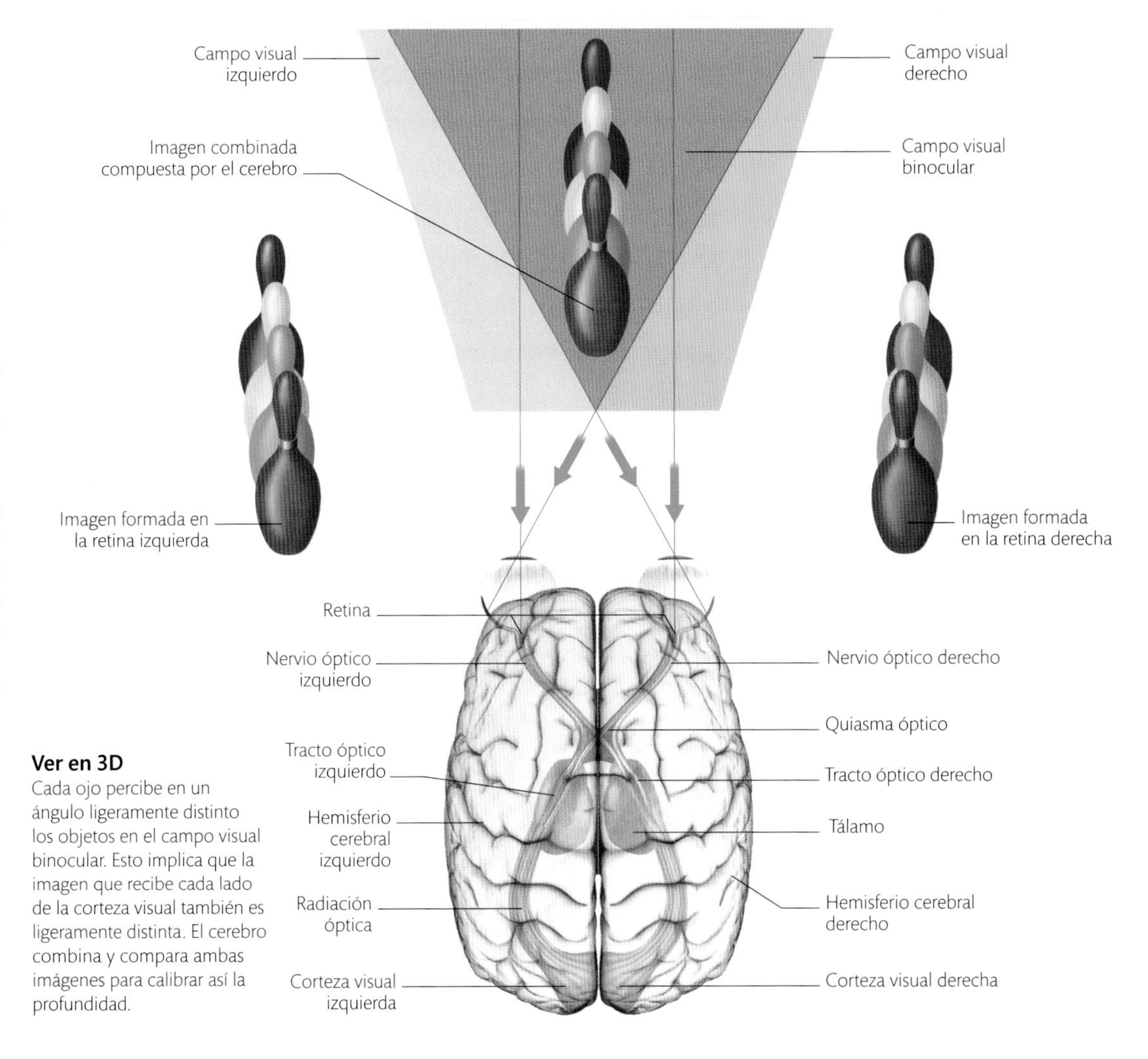
Campo visual izquierdo
Campo visual derecho
Imagen combinada compuesta por el cerebro
Campo visual binocular
Imagen formada en la retina izquierda
Imagen formada en la retina derecha
Retina
Nervio óptico izquierdo
Nervio óptico derecho
Quiasma óptico
Tracto óptico izquierdo
Tracto óptico derecho
Tálamo
Hemisferio cerebral izquierdo
Hemisferio cerebral derecho
Radiación óptica
Corteza visual izquierda
Corteza visual derecha

Ver en 3D
Cada ojo percibe en un ángulo ligeramente distinto los objetos en el campo visual binocular. Esto implica que la imagen que recibe cada lado de la corteza visual también es ligeramente distinta. El cerebro combina y compara ambas imágenes para calibrar así la profundidad.

AUDICIÓN Y EQUILIBRIO

Los oídos complementan a los ojos proporcionando información sobre el mundo que nos rodea: con frecuencia podemos oír lo que no podemos ver. El equilibrio es anatómicamente adyacente a la audición y se basa en principios fisiológicos similares, pero no tiene con ella una relación directa.

La cóclea
La cóclea traza una espiral de tres vueltas llenas de fluido y transmite las vibraciones sonoras. El canal vestibular y el canal timpánico se conectan en la helicotrema, o punto ß, de la espiral. Entre ambos se encuentra el conducto coclear, separado del canal timpánico por la membrana basilar, que sostiene al órgano de Corti.

Vibración

CÓMO OÍMOS

Los sonidos consisten en áreas alternas de presión alta y baja, las ondas sonoras, que se propagan por el aire. La audición permite que la mente perciba sonidos gracias a una serie de conversiones. La primera ocurre cuando las ondas de sonido inciden sobre la membrana timpánica (o tímpano). Las ondas de presión pasan entonces del tímpano al oído medio, produciendo vibraciones en la cadena de osículos, compuesta por los tres huesos más pequeños del cuerpo. El último de ellos golpea otra membrana flexible, la ventana oval, que se halla en una cámara llena de líquido en el oído interno. En este fluido, las vibraciones se transforman en ondas y se transmiten a la cóclea, que tiene forma de caracol. En la cóclea se halla el órgano de Corti, que contiene una membrana con células ciliadas incrustadas, que se mueven debido a las vibraciones y generan señales nerviosas. Estas señales pasan por el nervio coclear, que deviene parte del nervio auditivo que llega a la corteza auditiva, justo debajo del cráneo, junto a la oreja. Aquí, los impulsos nerviosos se analizan para valorar la frecuencia (tono) y la intensidad (volumen) de las ondas de presión originales; y entonces, oímos.

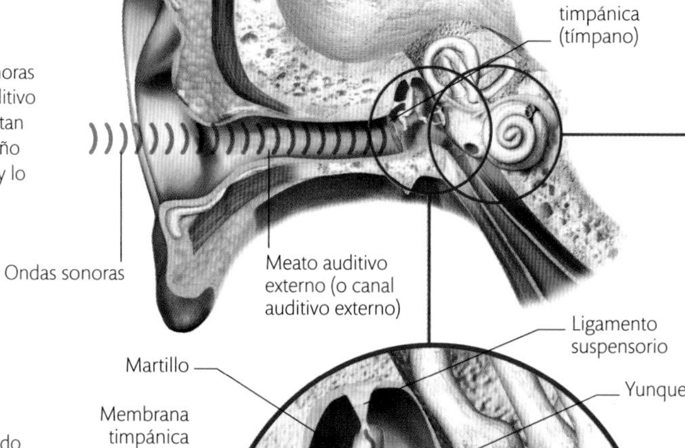
Membrana timpánica (tímpano)
Ondas sonoras
Meato auditivo externo (o canal auditivo externo)

Recepción de las ondas sonoras
El pabellón auricular concentra las ondas sonoras en el meato o canal auditivo externo. Las ondas rebotan en el tímpano, del tamaño de la uña del meñique, y lo hacen vibrar.

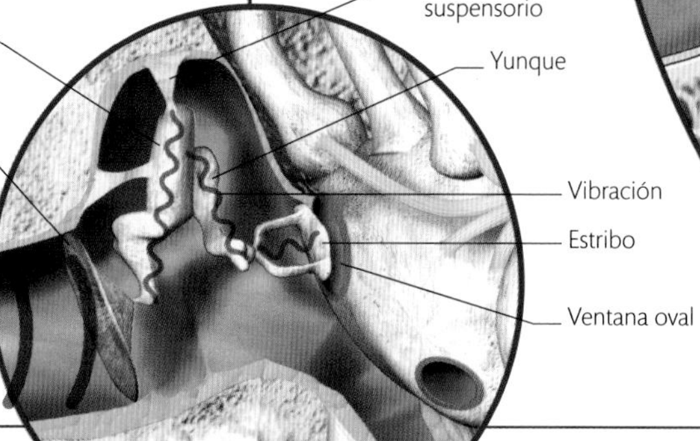
Ligamento suspensorio
Martillo
Yunque
Membrana timpánica (tímpano)
Onda sonora
Vibración
Estribo
Ventana oval

Vibraciones en el oído medio
El tímpano está conectado con el primer osículo, el martillo. Las vibraciones pasan desde él, a través de la cavidad del oído medio, por el yunque y el estribo. La base del estribo presiona la membrana de la ventana oval y, cuando vibra, la afecta.

EQUILIBRIO

Es un proceso que coordina múltiples estímulos sensoriales. Funciona principalmente a nivel subconsciente y permite al cuerpo mantener el porte y modificar la postura. Así, por ejemplo, la vista controla el ángulo de la cabeza respecto a líneas horizontales como el suelo, la piel registra la presión, y los músculos y articulaciones detectan los niveles de tensión (propiocepción, p. 333). Tienen un papel clave el vestíbulo y los canales semicirculares del oído interno, rellenos de líquido, que envían la información a través del nervio vestibular.

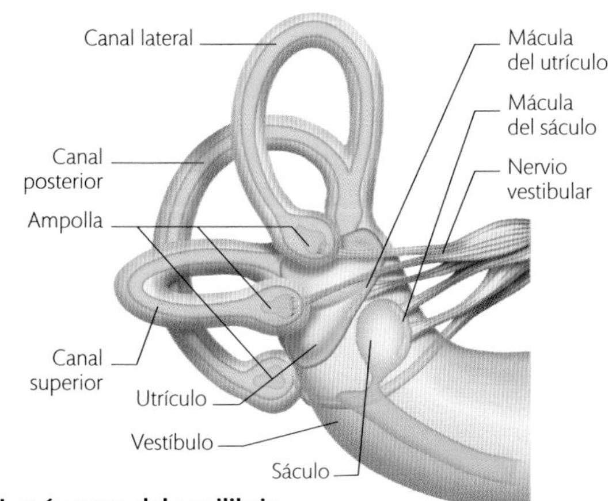
Canal lateral
Canal posterior
Ampolla
Canal superior
Utrículo
Vestíbulo
Sáculo
Mácula del utrículo
Mácula del sáculo
Nervio vestibular

Los órganos del equilibrio
En el oído interno, los tres canales semicirculares detectan los movimientos de la cabeza, mientras que las dos cámaras del vestíbulo –utrículo y sáculo– responden al equilibrio estático.

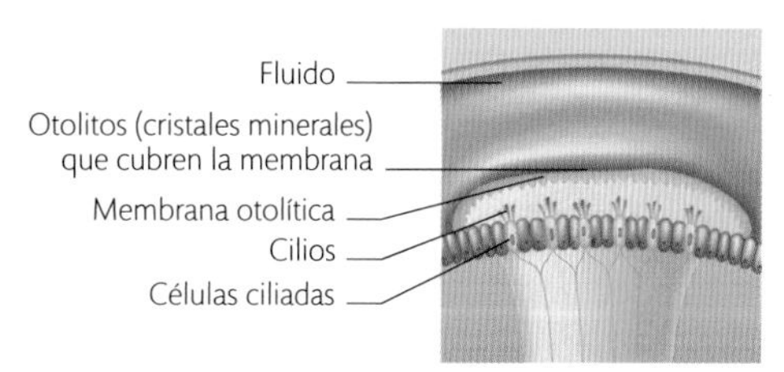
Fluido
Otolitos (cristales minerales) que cubren la membrana
Membrana otolítica
Cilios
Células ciliadas

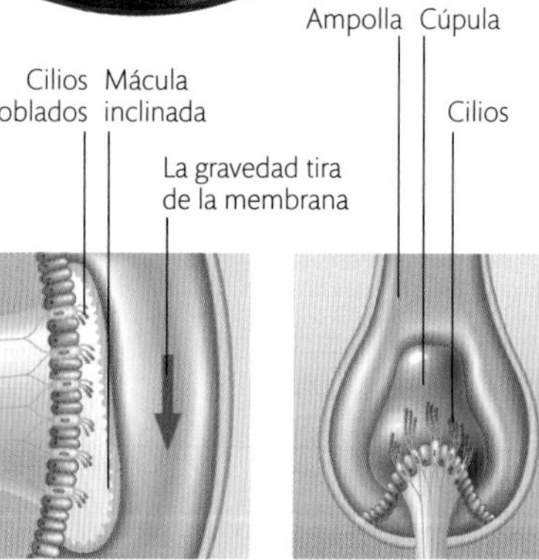
Cilios doblados
Mácula inclinada
La gravedad tira de la membrana

Ampolla
Cúpula
Cilios
El líquido se mueve
La cúpula se inclina

Respuesta al movimiento
El utrículo y el sáculo tienen una mácula con células ciliadas, cuyos extremos se extienden dentro de una membrana cubierta de cristales minerales. La fuerza que ejerce la gravedad sobre la membrana depende de la posición de la cabeza. En el extremo de cada uno de los canales semicirculares hay un engrosamiento, la ampolla, con células ciliadas en la cúpula.

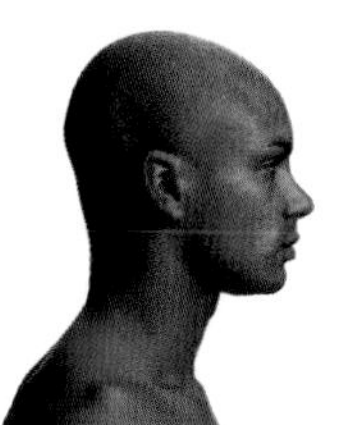

Utrículo y sáculo
Con la cabeza erguida, la fuerza de la gravedad sobre la membrana es uniforme. Al inclinarla, la gravedad mueve los cilios, que emiten señales nerviosas.

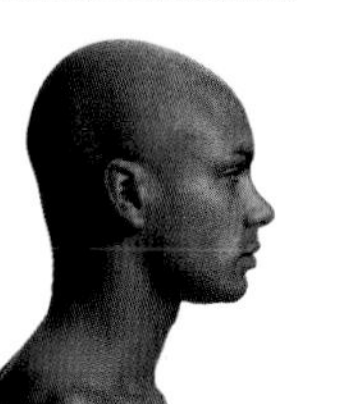

Canales semicirculares
El movimiento de la cabeza provoca la agitación del líquido de al menos un canal; la cúpula se inclina, los cilios se doblan y se generan impulsos nerviosos.

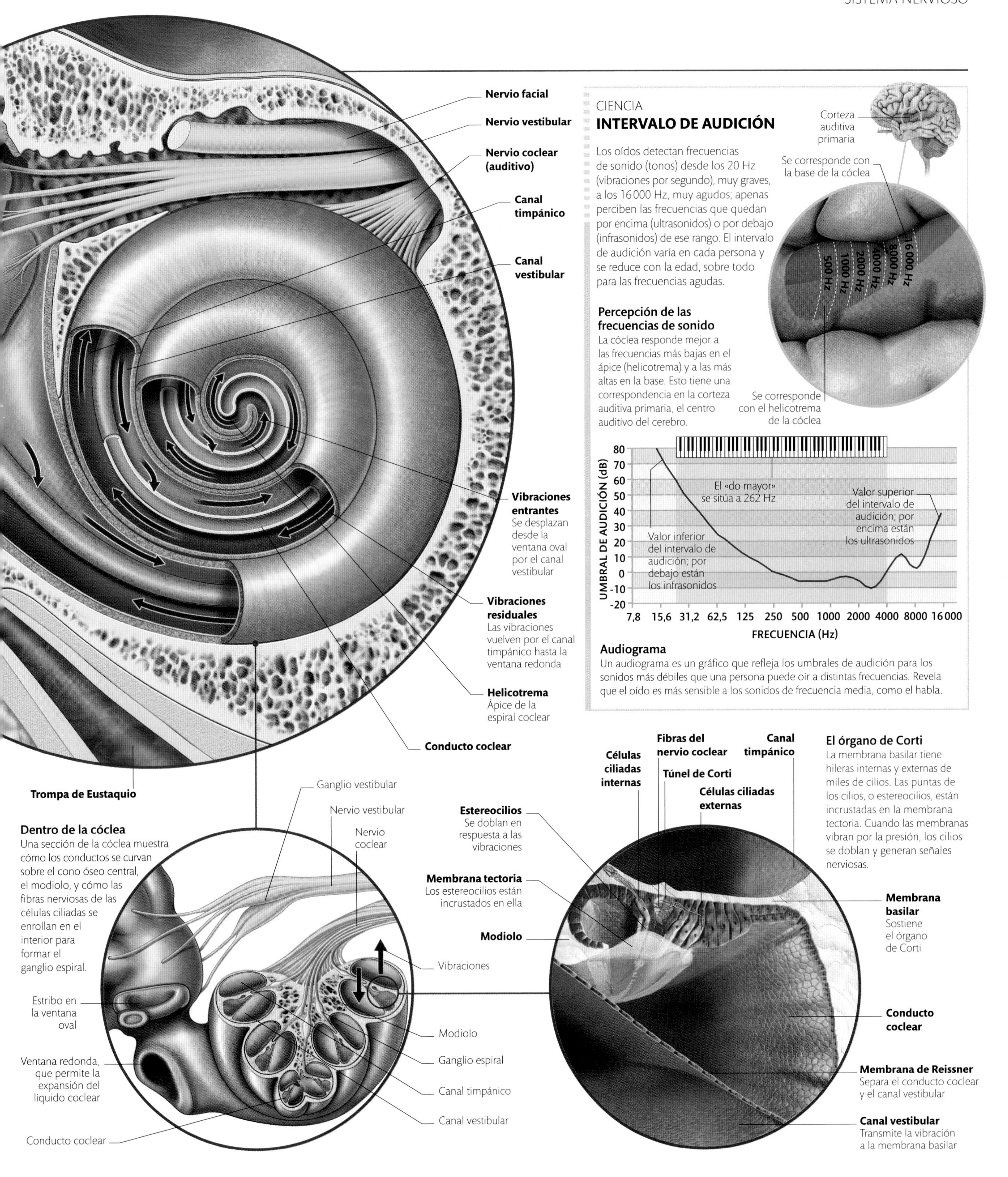
Nervio facial
Nervio vestibular
Nervio coclear (auditivo)
Canal timpánico
Canal vestibular
Vibraciones entrantes
Se desplazan desde la ventana oval por el canal vestibular
Vibraciones residuales
Las vibraciones vuelven por el canal timpánico hasta la ventana redonda
Helicotrema
Ápice de la espiral coclear
Conducto coclear
Trompa de Eustaquio
Corteza auditiva primaria
Se corresponde con la base de la cóclea
16 000 Hz
8000 Hz
4000 Hz
2000 Hz
1000 Hz
500 Hz
Se corresponde con el helicotrema de la cóclea
UMBRAL DE AUDICIÓN (dB)
80
70
60
50
40
30
20
10
0
-10
-20
El «do mayor» se sitúa a 262 Hz
Valor superior del intervalo de audición; por encima están los ultrasonidos
Valor inferior del intervalo de audición; por debajo están los infrasonidos
7,8 15,6 31,2 62,5 125 250 500 1000 2000 4000 8000 16 000
FRECUENCIA (Hz)
Ganglio vestibular
Nervio vestibular
Nervio coclear
Vibraciones
Modiolo
Ganglio espiral
Canal timpánico
Canal vestibular
Conducto coclear
Estribo en la ventana oval
Ventana redonda, que permite la expansión del líquido coclear
Fibras del nervio coclear
Canal timpánico
Células ciliadas internas
Túnel de Corti
Células ciliadas externas
Estereocilios
Se doblan en respuesta a las vibraciones
Membrana tectoria
Los estereocilios están incrustados en ella
Modiolo
Membrana basilar
Sostiene el órgano de Corti
Conducto coclear
Membrana de Reissner
Separa el conducto coclear y el canal vestibular
Canal vestibular
Transmite la vibración a la membrana basilar

CIENCIA

INTERVALO DE AUDICIÓN

Los oídos detectan frecuencias de sonido (tonos) desde los 20 Hz (vibraciones por segundo), muy graves, a los 16 000 Hz, muy agudos; apenas perciben las frecuencias que quedan por encima (ultrasonidos) o por debajo (infrasonidos) de ese rango. El intervalo de audición varía en cada persona y se reduce con la edad, sobre todo para las frecuencias agudas.

Percepción de las frecuencias de sonido

La cóclea responde mejor a las frecuencias más bajas en el ápice (helicotrema) y a las más altas en la base. Esto tiene una correspondencia en la corteza auditiva primaria, el centro auditivo del cerebro.

Audiograma

Un audiograma es un gráfico que refleja los umbrales de audición para los sonidos más débiles que una persona puede oír a distintas frecuencias. Revela que el oído es más sensible a los sonidos de frecuencia media, como el habla.

Dentro de la cóclea

Una sección de la cóclea muestra cómo los conductos se curvan sobre el cono óseo central, el modiolo, y cómo las fibras nerviosas de las células ciliadas se enrollan en el interior para formar el ganglio espiral.

El órgano de Corti

La membrana basilar tiene hileras internas y externas de miles de cilios. Las puntas de los cilios, o estereocilios, están incrustadas en la membrana tectoria. Cuando las membranas vibran por la presión, los cilios se doblan y generan señales nerviosas.

GUSTO Y OLFATO

Los sentidos del gusto y el olfato son adyacentes, ambos detectan sustancias químicas, tienen un funcionamiento similar, son básicos para la supervivencia y parecen indistinguibles cuando comemos. Sin embargo, no hay una conexión directa entre ellos hasta que las sensaciones llegan al cerebro.

CÓMO PERCIBIMOS EL OLOR

El epitelio olfatorio, un área del tamaño de la huella del pulgar en el techo de sendas cavidades nasales, detecta las moléculas olorosas. Cada epitelio contiene varios millones de células olfativas especializadas, cuyos extremos inferiores se proyectan en el moco que tapiza la cavidad nasal y presentan cilios, donde se hallan los receptores. Cuando las moléculas olorosas se disuelven en el moco y estimulan los receptores, las células emiten impulsos nerviosos. Esto puede suceder al encajar una molécula con el receptor adecuado según el sistema de «llave y cerradura», pero también hay un elemento de «codificación difusa» menos conocido, por el que cada olor genera una pauta de impulsos variable. La información olorosa se analiza en la corteza olfatoria, que está muy relacionada con las áreas límbicas, entre ellas las ligadas a las respuestas emocionales; es por ello por lo que los olores tienen una gran capacidad de evocar recuerdos y emociones (p. 329).

Células epiteliales
Un haz de cilios pende del extremo de cada célula receptora olfativa en la superficie del epitelio olfatorio.

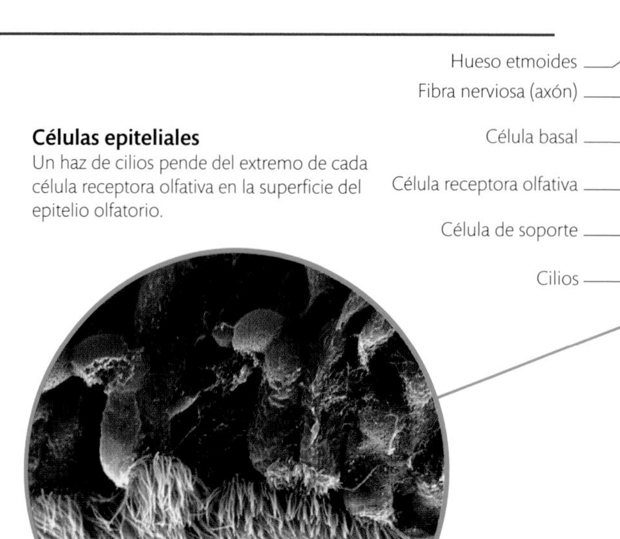
Cilios
Duramadre
Glándula secretora de moco
Glomérulo
Bulbo olfatorio
Hueso etmoides
Fibra nerviosa (axón)
Célula basal
Célula receptora olfativa
Célula de soporte
Cilios
Flujo de aire
Moco
Molécula olorosa

Epitelio olfatorio
Las células receptoras envían señales al bulbo olfatorio a lo largo de sus axones, a través de los orificios del hueso etmoides. El bulbo procesa las señales en agrupaciones de terminaciones nerviosas (glomérulos) y las envía por el conducto olfatorio.

CÓMO PERCIBIMOS EL SABOR

Como el olfato, el sentido del gusto percibe sustancias químicas: moléculas de sabor disueltas en los jugos de los alimentos y en la saliva que cubre la lengua y el interior de la boca. El principal órgano es la lengua, con varios miles de diminutas agrupaciones celulares, las papilas gustativas, distribuidas sobre todo en la punta y en el dorso de los laterales y la parte posterior. Las papilas detectan distintas combinaciones de los cinco sabores principales (dulce, salado, amargo, ácido y umami). La mayoría se detecta del mismo modo en todas las regiones linguales que cuentan con papilas gustativas. Es probable que el gusto funcione mediante un sistema de «llave y cerradura» parecido al del olfato, con receptores para distintas moléculas situados en los cilios de las células receptoras de cada papila gustativa.

Hasta **tres cuartas partes** de lo que percibimos como sabor es una **combinación simultánea de sabor y olor**: si nos tapamos la nariz, la comida resulta insípida.

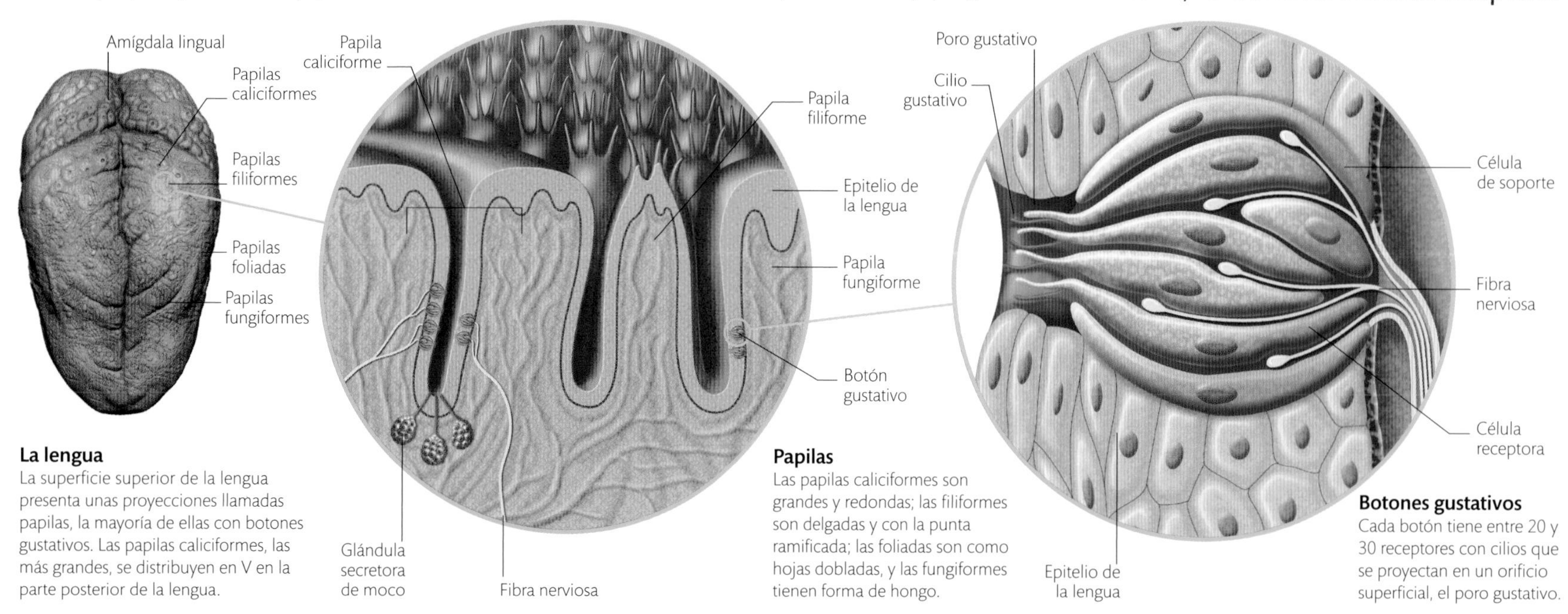
Amígdala lingual
Papilas caliciformes
Papilas filiformes
Papilas foliadas
Papilas fungiformes
Papila caliciforme
Papila filiforme
Epitelio de la lengua
Papila fungiforme
Botón gustativo
Glándula secretora de moco
Fibra nerviosa
Poro gustativo
Cilio gustativo
Célula de soporte
Fibra nerviosa
Célula receptora
Epitelio de la lengua

La lengua
La superficie superior de la lengua presenta unas proyecciones llamadas papilas, la mayoría de ellas con botones gustativos. Las papilas caliciformes, las más grandes, se distribuyen en V en la parte posterior de la lengua.

Papilas
Las papilas caliciformes son grandes y redondas; las filiformes son delgadas y con la punta ramificada; las foliadas son como hojas dobladas, y las fungiformes tienen forma de hongo.

Botones gustativos
Cada botón tiene entre 20 y 30 receptores con cilios que se proyectan en un orificio superficial, el poro gustativo.

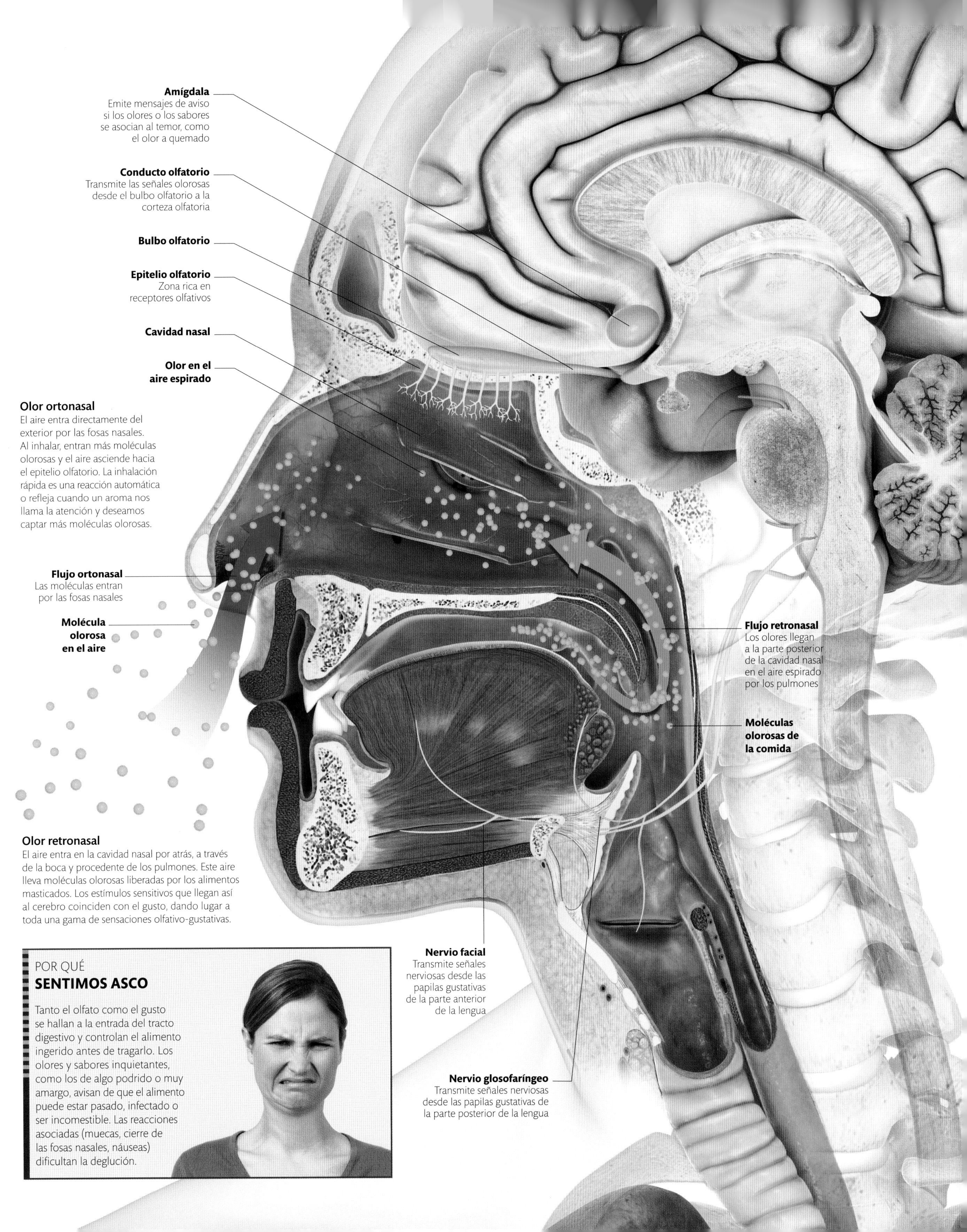
Amígdala
Emite mensajes de aviso si los olores o los sabores se asocian al temor, como el olor a quemado
Conducto olfatorio
Transmite las señales olorosas desde el bulbo olfatorio a la corteza olfatoria
Bulbo olfatorio
Epitelio olfatorio
Zona rica en receptores olfativos
Cavidad nasal
Olor en el aire espirado
Olor ortonasal
El aire entra directamente del exterior por las fosas nasales. Al inhalar, entran más moléculas olorosas y el aire asciende hacia el epitelio olfatorio. La inhalación rápida es una reacción automática o refleja cuando un aroma nos llama la atención y deseamos captar más moléculas olorosas.
Flujo ortonasal
Las moléculas entran por las fosas nasales
Molécula olorosa en el aire
Flujo retronasal
Los olores llegan a la parte posterior de la cavidad nasal en el aire espirado por los pulmones
Moléculas olorosas de la comida
Olor retronasal
El aire entra en la cavidad nasal por atrás, a través de la boca y procedente de los pulmones. Este aire lleva moléculas olorosas liberadas por los alimentos masticados. Los estímulos sensitivos que llegan así al cerebro coinciden con el gusto, dando lugar a toda una gama de sensaciones olfativo-gustativas.
Nervio facial
Transmite señales nerviosas desde las papilas gustativas de la parte anterior de la lengua
Nervio glosofaríngeo
Transmite señales nerviosas desde las papilas gustativas de la parte posterior de la lengua
POR QUÉ
SENTIMOS ASCO
Tanto el olfato como el gusto se hallan a la entrada del tracto digestivo y controlan el alimento ingerido antes de tragarlo. Los olores y sabores inquietantes, como los de algo podrido o muy amargo, avisan de que el alimento puede estar pasado, infectado o ser incomestible. Las reacciones asociadas (muecas, cierre de las fosas nasales, náuseas) dificultan la deglución.

EL TACTO

El tacto hace mucho más que detectar el contacto físico. Aporta información sobre temperatura, presión, textura, movimiento y propiocepción. El dolor cuenta con sus propios receptores y vías sensoriales.

VÍAS NERVIOSAS DEL TACTO

La piel contiene millones de receptores del tacto de varios tipos, como los discos de Merkel, los corpúsculos de Meissner y de Pacini y terminaciones nerviosas libres (p. 301). A pesar de que la mayoría de ellos reaccionan en mayor o menor medida a cualquier tipo de contacto, están especializados; los corpúsculos de Meissner, por ejemplo, reaccionan intensamente al contacto ligero. Cuanto mayor es la estimulación del receptor, más rápido produce este impulsos nerviosos. Estos discurren a lo largo de los nervios periféricos hasta el sistema nervioso central en la médula espinal, y luego por el tracto columna dorsal-lemnisco medial (p. 326) hasta el cerebro, que identifica el tipo de contacto a partir del patrón de los impulsos.

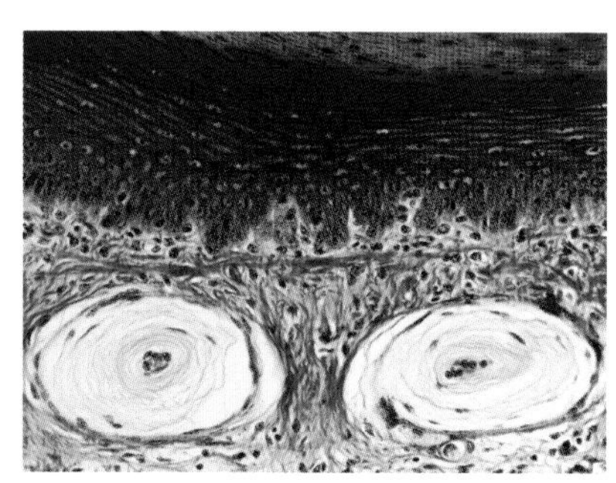

Bajo presión
Los corpúsculos de Pacini miden 1 mm de longitud y son los receptores más grandes de la piel. Registran especialmente los cambios de presión y las vibraciones rápidas.

NERVIOS ESPINALES

Por los pequeños espacios intervertebrales salen desde la médula espinal 31 pares de nervios espinales (pp. 154–155 y 184–185). Estos se dividen en nervios periféricos más pequeños que llegan a todos los órganos y tejidos, incluida la piel. La mayoría de ellos transmiten tanto señales táctiles de la piel a la médula, como señales motoras de la médula a los músculos.

Dermatomas
Cada nervio espinal transmite información a la médula espinal desde un área de la piel (o dermatoma) específica. La piel facial (V1-3) es inervada por nervios craneales (p. 120).

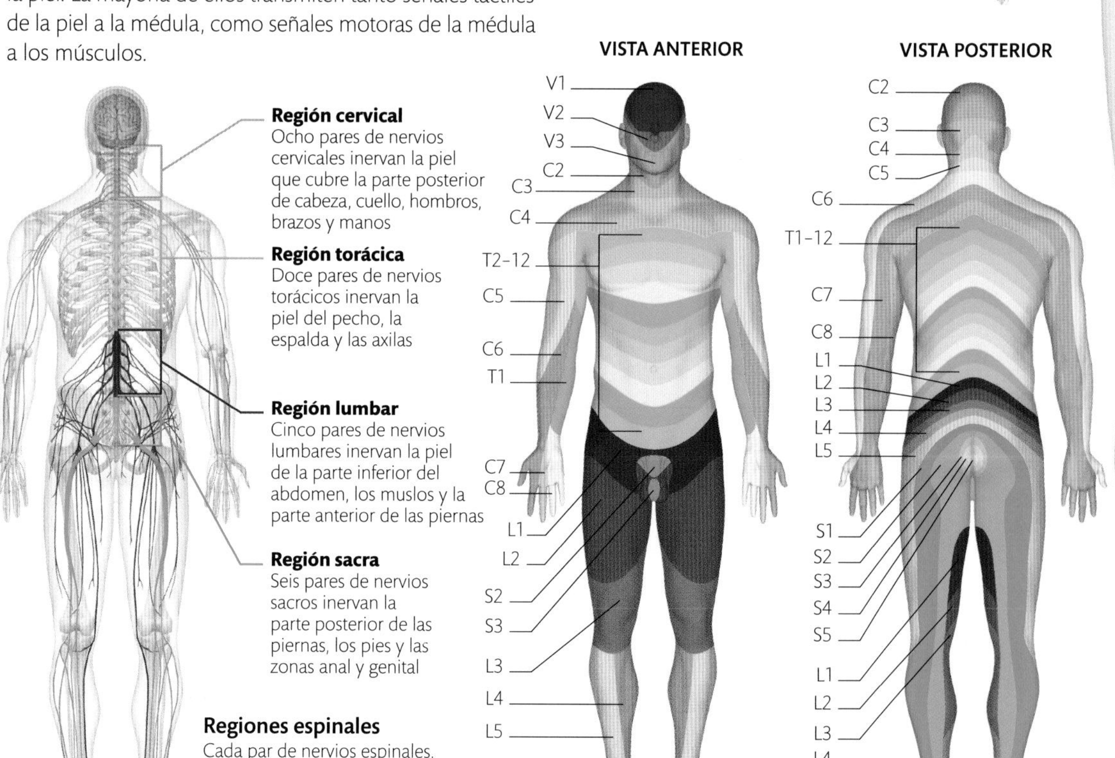
Región cervical
Ocho pares de nervios cervicales inervan la piel que cubre la parte posterior de cabeza, cuello, hombros, brazos y manos
Región torácica
Doce pares de nervios torácicos inervan la piel del pecho, la espalda y las axilas
Región lumbar
Cinco pares de nervios lumbares inervan la piel de la parte inferior del abdomen, los muslos y la parte anterior de las piernas
Región sacra
Seis pares de nervios sacros inervan la parte posterior de las piernas, los pies y las zonas anal y genital
VISTA ANTERIOR
V1
V2
V3
C2
C3
C4
T2-12
C5
C6
T1
C7
C8
L1
L2
S2
S3
L3
L4
L5
S1
VISTA POSTERIOR
C2
C3
C4
C5
C6
T1-12
C7
C8
L1
L2
L3
L4
L5
S1
S2
S3
S4
S5
L1
L2
L3
L4
S1
S2
L5

Regiones espinales
Cada par de nervios espinales, desde el cuello hasta la zona lumbar, está ligado a una de estas cuatro regiones corporales.

Corteza somatosensorial
El lado izquierdo recibe señales táctiles del lado derecho del cuerpo

Lemnisco medial
Las fibras cruzan al otro lado en este punto

Médula espinal
Transmite las señales al tronco encefálico por los tractos ascendentes

Del pie al cerebro
Un estímulo táctil en el pie envía señales nerviosas a la médula espinal por las fibras periféricas de la pierna; ascienden hasta el tronco encefálico y cruzan al otro lado, aquí del derecho al izquierdo, en el lemnisco medial, y continúan hasta el tálamo y la corteza somatosensorial (derecha).

Ganglio
Concentración de somas neuronales

Plexo sacro
Cruce de fibras nerviosas donde se comparte y se coordina la información

Rama lateral del nervio tibial
Transmite los impulsos nerviosos por la pierna

Estímulo
Contacto ligero en la piel del talón

EL CEREBRO SENSIBLE

El «centro táctil» principal del cerebro es la corteza somatosensorial primaria, que se extiende sobre la superficie externa del lóbulo parietal, justo detrás de la corteza motora, y que tiene dos partes (derecha e izquierda). Las fibras nerviosas cambian de lado en el tronco encefálico (izquierda), por lo que la corteza somatosensorial izquierda recibe información táctil de la piel y el ojo del lado derecho, y viceversa. La información táctil procedente de una zona concreta del cuerpo, como los dedos, acaba siempre en la región de la corteza somatosensorial que le corresponde. Las zonas de la piel con mayor densidad de receptores y, por lo tanto, con mayor sensibilidad, cuentan con regiones proporcionalmente mayores en la corteza.

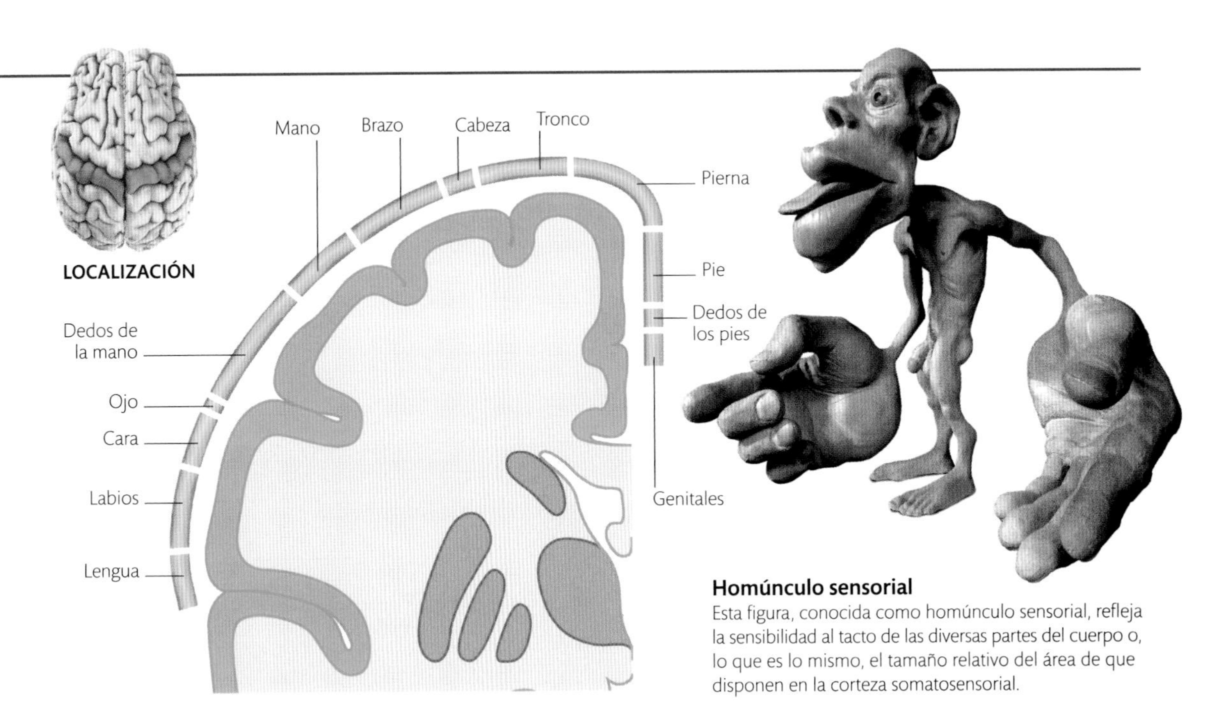
LOCALIZACIÓN
Mano
Brazo
Cabeza
Tronco
Pierna
Pie
Dedos de los pies
Genitales
Dedos de la mano
Ojo
Cara
Labios
Lengua

Mapa del tacto
La correspondencia entre las diversas áreas de la piel y las de la corteza somatosensorial es bien conocida. El orden de estas áreas, desde la parte externa hasta la medial o interna, refleja las partes del cuerpo de la cabeza a los pies.

Homúnculo sensorial
Esta figura, conocida como homúnculo sensorial, refleja la sensibilidad al tacto de las diversas partes del cuerpo o, lo que es lo mismo, el tamaño relativo del área de que disponen en la corteza somatosensorial.

PERCEPCIÓN DEL DOLOR

La información sobre el dolor procede de receptores especializados, los nociceptores, presentes no solo en la piel, sino en todo el cuerpo. Con todo, es en la piel donde se concentran mayoritariamente, por lo que es en ella donde se detecta el dolor con mayor facilidad, mientras que el dolor en los órganos y en los tejidos es más difuso y difícil de localizar. Los nociceptores responden a todo tipo de estímulos: temperaturas extremas, presión, tensión y ciertas sustancias químicas, sobre todo aquellas que liberan las células cuando el cuerpo sufre una herida o una infección microbiana (p. 333). Los nociceptores envían señales nerviosas a la médula espinal a lo largo de fibras nerviosas especializadas (axones) de dos tipos: A-delta y C. En vez de cruzar al otro lado en el tronco encefálico, como sucede con las señales táctiles (p. anterior), la información sobre el dolor cruza en el punto de entrada en la médula espinal (pp. 326–327); de esta pasa a la médula oblonga y el tálamo, donde activa reacciones automáticas, como los reflejos.

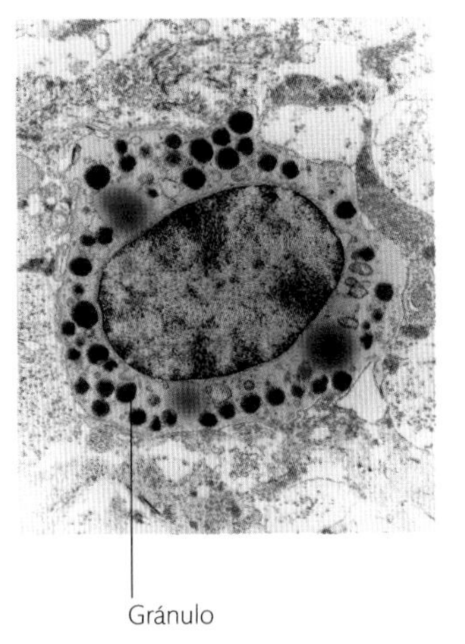
Gránulo

Mastocito
Los mastocitos se encuentran en todos los tejidos e intervienen en la inflamación que sigue a una herida y en las respuestas alérgicas. Cuando se dañan o han de combatir microbios, liberan gránulos (lila oscuro en la micrografía) que contienen heparina e histamina. La heparina evita la coagulación de la sangre, y la histamina aumenta el flujo sanguíneo y la inflamación.

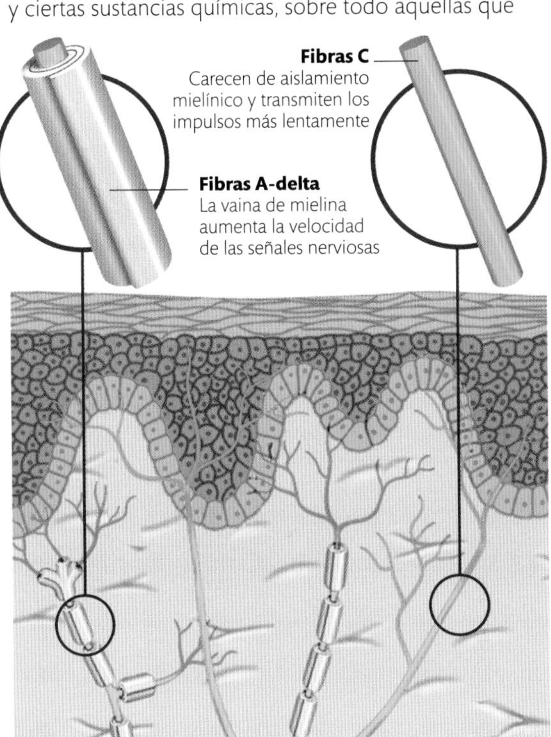
Fibras C
Carecen de aislamiento mielínico y transmiten los impulsos más lentamente
Fibras A-delta
La vaina de mielina aumenta la velocidad de las señales nerviosas

Fibras del dolor
Fibras nerviosas especializadas transmiten la información sobre el dolor al cerebro. Las A-delta están mielinizadas, transmiten impulsos rápidamente e inervan áreas pequeñas, normalmente de 1 mm^2 de piel. Las fibras C están más extendidas y son más difusas, y sus impulsos son más lentos.

«Sopa» inflamatoria
Los «ataques» contra el cuerpo rompen tejidos y dañan células, que liberan sustancias en el fluido extracelular para generar una inflamación y comenzar a reparar los daños. Varias de estas sustancias, como la bradiquinina, las prostaglandinas y el ATP, estimulan los nociceptores.

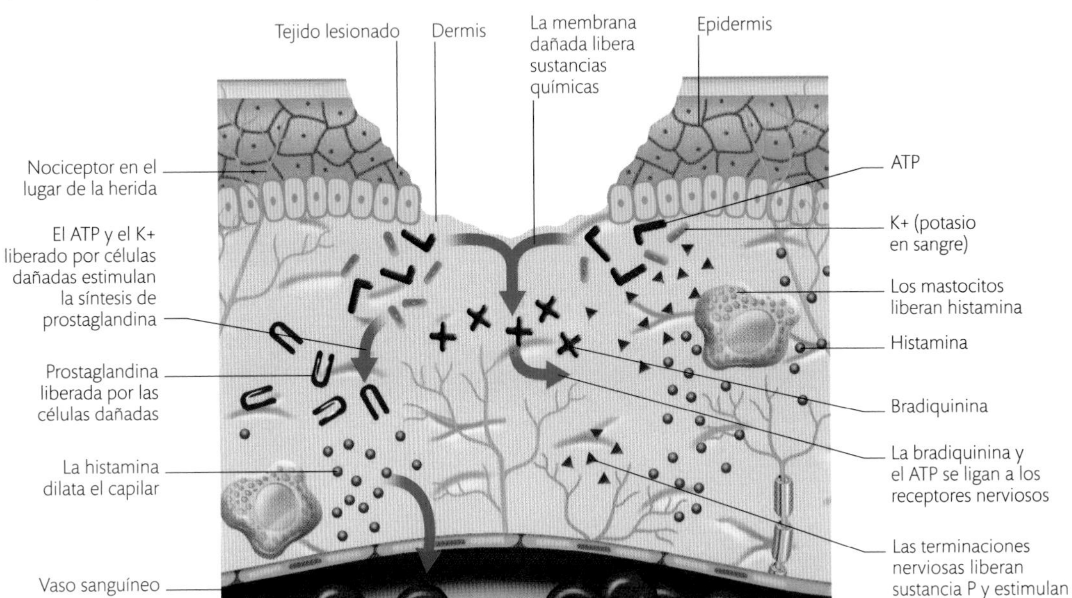
Tejido lesionado
Dermis
La membrana dañada libera sustancias químicas
Epidermis
Nociceptor en el lugar de la herida
El ATP y el K+ liberado por células dañadas estimulan la síntesis de prostaglandina
Prostaglandina liberada por las células dañadas
La histamina dilata el capilar
Vaso sanguíneo
Glóbulo rojo
ATP
K+ (potasio en sangre)
Los mastocitos liberan histamina
Histamina
Bradiquinina
La bradiquinina y el ATP se ligan a los receptores nerviosos
Las terminaciones nerviosas liberan sustancia P y estimulan otros nervios para que hagan lo mismo, enrojeciendo así el lugar de la herida

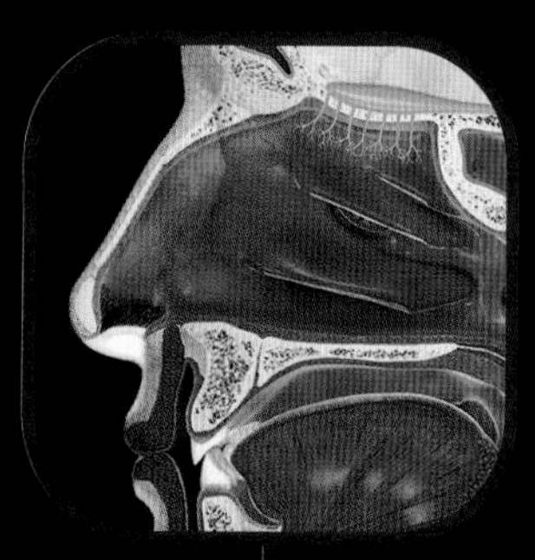

NARIZ

El aire suele entrar en el cuerpo por las fosas nasales, que se abren a la cavidad nasal. Su revestimiento filtra las partículas de polvo.

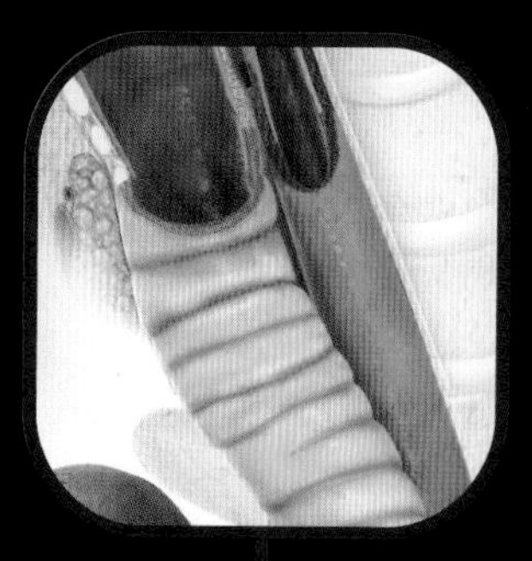

TRÁQUEA

Vía aérea principal, que canaliza el aire desde la nariz y la laringe a los pulmones.

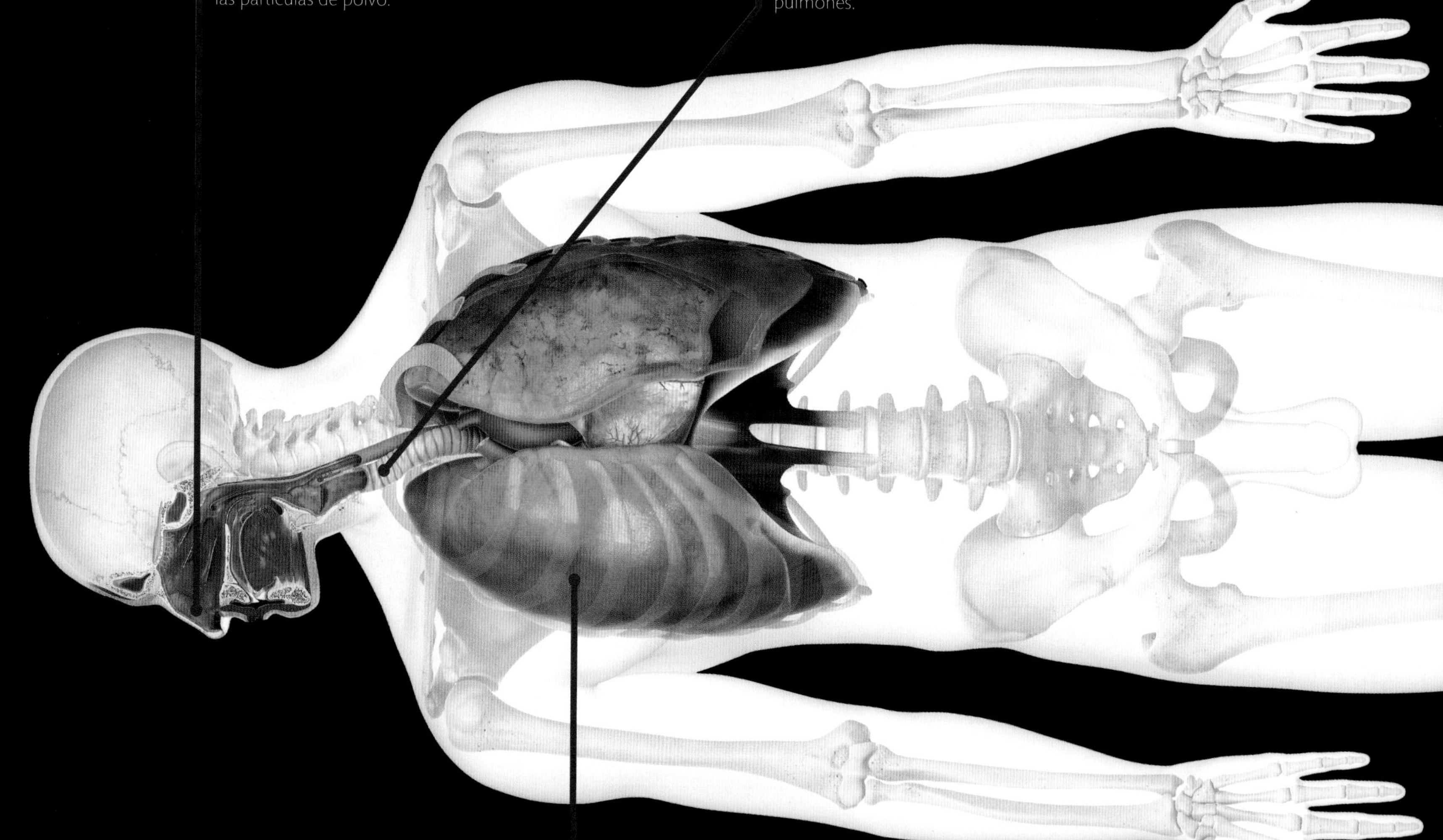

PULMÓN

Cada pulmón aloja un «árbol» de tubos muy ramificado que acaba en millones de alvéolos, donde se da el intercambio gaseoso.

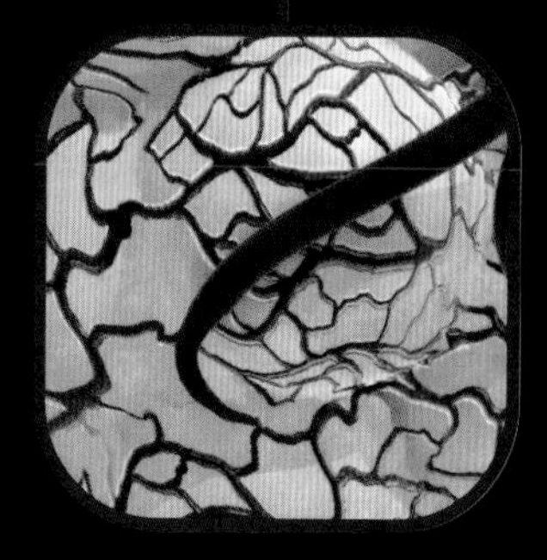

SISTEMA RESPIRATORIO

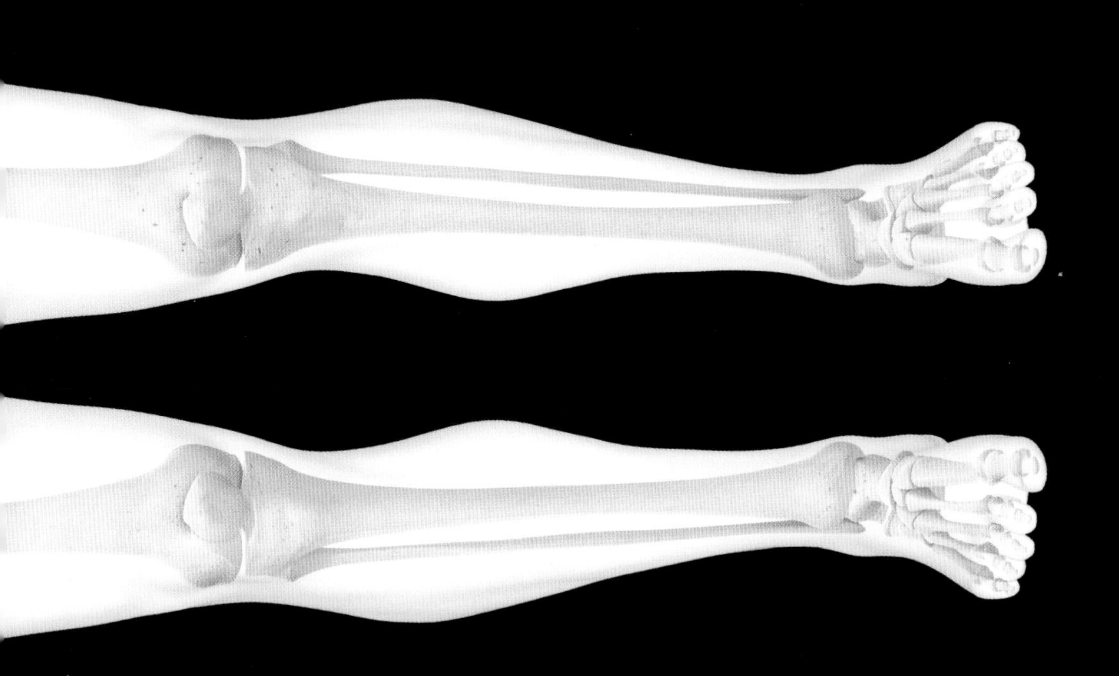

Todas las células vivas del cuerpo necesitan un suministro constante de oxígeno y la eliminación del dióxido de carbono residual. El sistema respiratorio introduce en el cuerpo el aire de la atmósfera para que se lleve a cabo este intercambio de gases.

EL VIAJE DEL AIRE

El tracto respiratorio es el responsable del transporte del aire hacia y desde los pulmones, y del esencial intercambio de oxígeno y dióxido de carbono entre la sangre y el aire en los pulmones. Además, protege el cuerpo contra las partículas inhaladas potencialmente perjudiciales.

FLUJO DE AIRE

Con cada inspiración, el aire llega a los alvéolos pulmonares por el tracto respiratorio: entra por la nariz o la boca, pasa por la faringe, desciende por la laringe y llega a la tráquea, que se divide en dos tubos más pequeños, los bronquios primarios, cada uno de los cuales entra en un pulmón. Estos bronquios se ramifican en bronquios cada vez más pequeños y luego en bronquiolos que acaban en alvéolos, diminutos sacos de aire. Durante este viaje, el aire alcanza la temperatura corporal y las partículas de polvo se filtran. El aire usado hace el trayecto inverso y puede utilizarse para la fonación a su paso por la laringe.

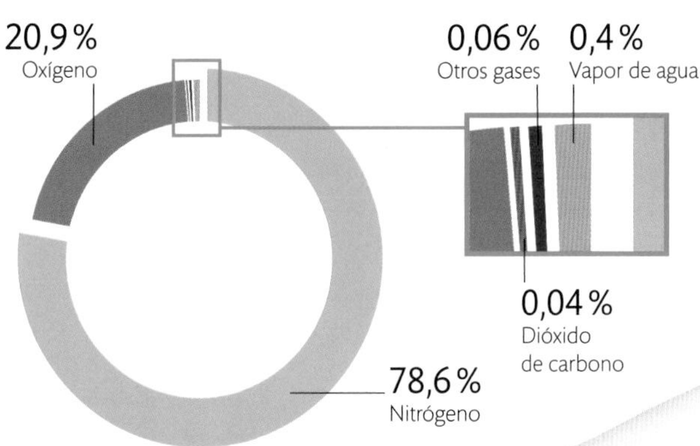
20,9 %
Oxígeno
0,06 %
Otros gases
0,4 %
Vapor de agua
0,04 %
Dióxido de carbono
78,6 %
Nitrógeno

Aire respirable
El nitrógeno constituye la mayor parte del aire atmosférico, pero a nivel del mar apenas se disuelve en la sangre humana, por lo que puede entrar y salir del cuerpo de manera inocua.

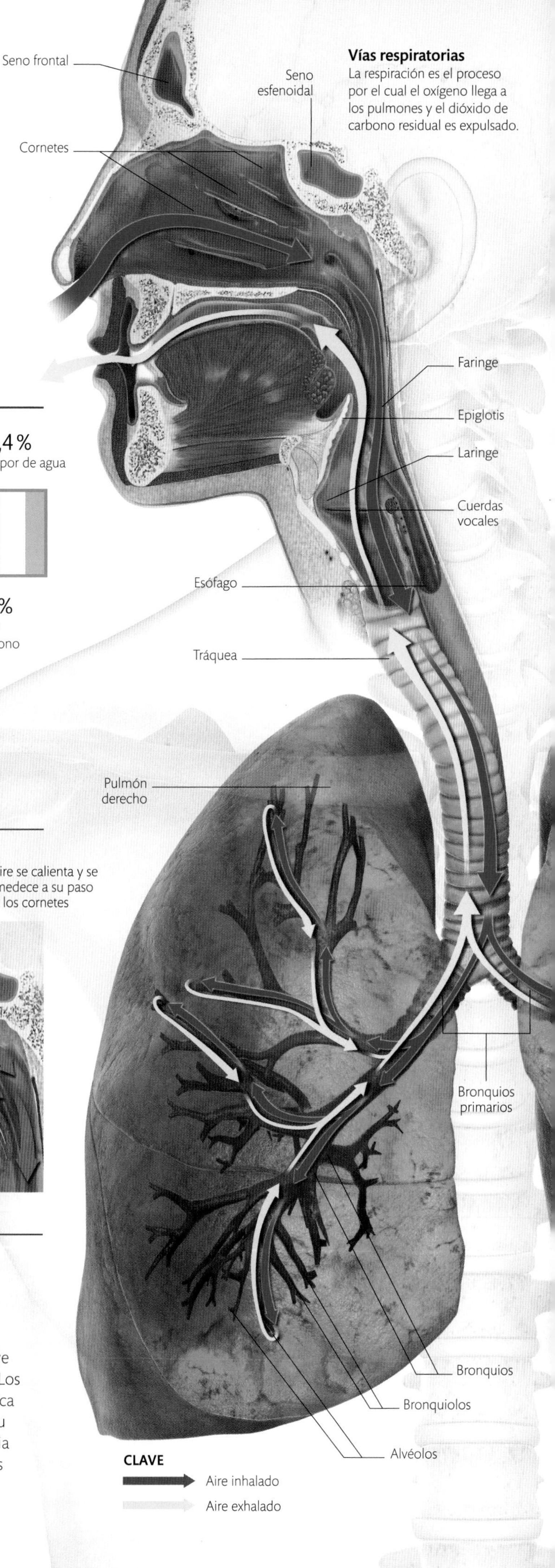
Seno frontal
Seno esfenoidal
Cornetes
Faringe
Epiglotis
Laringe
Cuerdas vocales
Esófago
Tráquea
Pulmón derecho
Bronquios primarios
Bronquios
Bronquiolos
Alvéolos
CLAVE
Aire inhalado
Aire exhalado

Vías respiratorias
La respiración es el proceso por el cual el oxígeno llega a los pulmones y el dióxido de carbono residual es expulsado.

CORNETES NASALES

La cavidad nasal presenta tres proyecciones que obstruyen el paso del aire inhalado, forzando su difusión por toda la superficie. Esto tiene varios fines: los cornetes, húmedos y cubiertos de moco, humidifican el aire y atrapan las partículas inhaladas, al tiempo que sus numerosas redes de capilares lo calientan para que alcance la temperatura corporal antes de llegar a los pulmones. Los nervios de los cornetes perciben la temperatura del aire y, si es necesario, los expanden (si está frío, una mayor superficie lo calienta más fácilmente), lo que da lugar a la sensación de congestión nasal.

Protección
El aire inhalado está frío, pero los cornetes lo calientan y lo humidifican a su paso por su superficie.

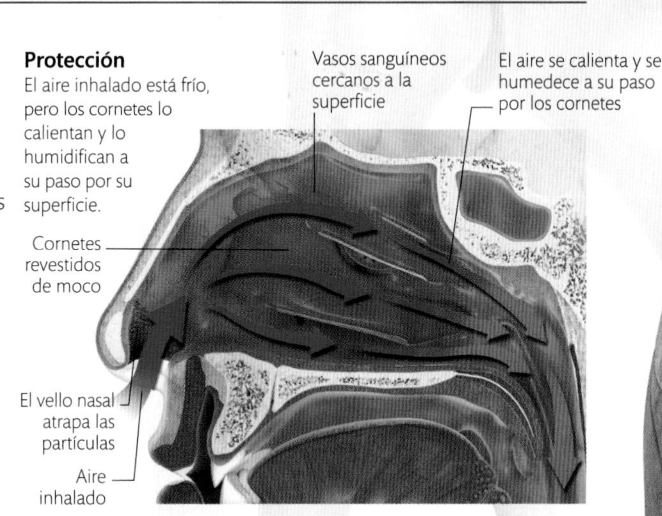
Vasos sanguíneos cercanos a la superficie
El aire se calienta y se humedece a su paso por los cornetes
Cornetes revestidos de moco
El vello nasal atrapa las partículas
Aire inhalado

Seno frontal
Seno etmoidal
Seno maxilar
Seno esfenoidal

Espacio continuo
Los senos paranasales están llenos de aire que entra y sale por las vías nasales.

SENOS PARANASALES

Los huesos faciales tienen cuatro pares de cavidades llenas de aire, los senos paranasales. Estos están tapizados de células productoras de moco, que fluye hacia las vías nasales a través de orificios diminutos. Los senos aligeran el peso del cráneo y mejoran la acústica de la voz actuando como cámaras de resonancia; su efectividad en este sentido resulta obvia durante los resfriados, cuando las fosas nasales se bloquean y la voz adquiere un tono nasal.

TRÁQUEA

La tráquea es el conducto por el que el aire pasa de la laringe a los pulmones. Permanece abierta gracias a unos anillos cartilaginosos en forma de C, dispuestos a intervalos en toda su longitud y conectados por músculos que se contraen para aumentar la velocidad del aire expulsado al toser. Para tragar, la tráquea se cierra contra la epiglotis, una lámina de cartílago, y las cuerdas vocales se cierran con fuerza. Las células que tapizan la tráquea producen moco o bien presentan cilios (abajo) que llevan el moco a la boca.

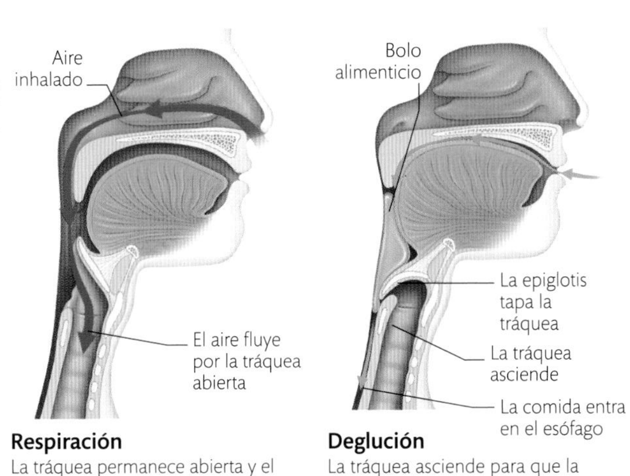
Aire inhalado
El aire fluye por la tráquea abierta
Bolo alimenticio
La epiglotis tapa la tráquea
La tráquea asciende
La comida entra en el esófago

Respiración
La tráquea permanece abierta y el aire fluye libremente hacia y desde los pulmones.

Deglución
La tráquea asciende para que la epiglotis pueda cerrarla. La comida pasa por el esófago.

RONQUIDOS

Más de un tercio de la población ronca. La incidencia es mayor entre las personas ancianas o con sobrepeso. El ruido se produce por la vibración de los tejidos blandos de las vías respiratorias al inspirar y expirar. Durante la vigilia, los tejidos blandos de la parte posterior de la boca se mantienen alejados del canal del flujo del aire gracias al tono de los músculos en torno; durante el sueño, los músculos se relajan y los tejidos blandos cuelgan, por lo que vibran y producen ruidos.

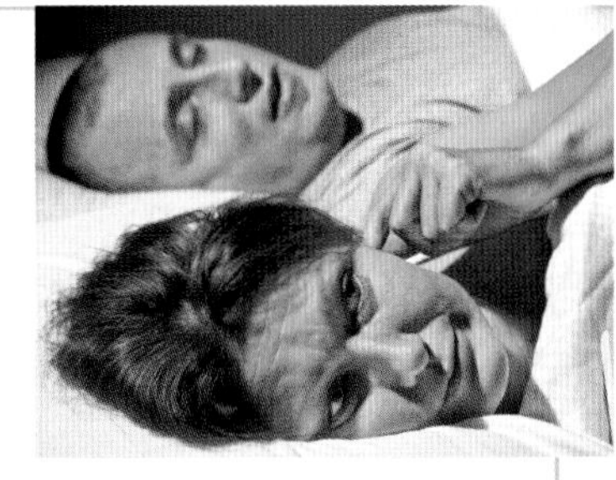

Noches en vela
Roncar puede ser síntoma de apnea obstructiva del sueño, trastorno por el que se deja de respirar durante el sueño.

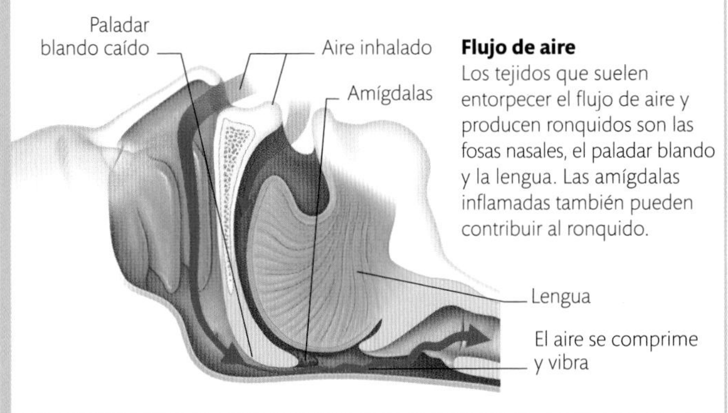
Paladar blando caído
Aire inhalado
Amígdalas
Lengua
El aire se comprime y vibra

Flujo de aire
Los tejidos que suelen entorpecer el flujo de aire y producen ronquidos son las fosas nasales, el paladar blando y la lengua. Las amígdalas inflamadas también pueden contribuir al ronquido.

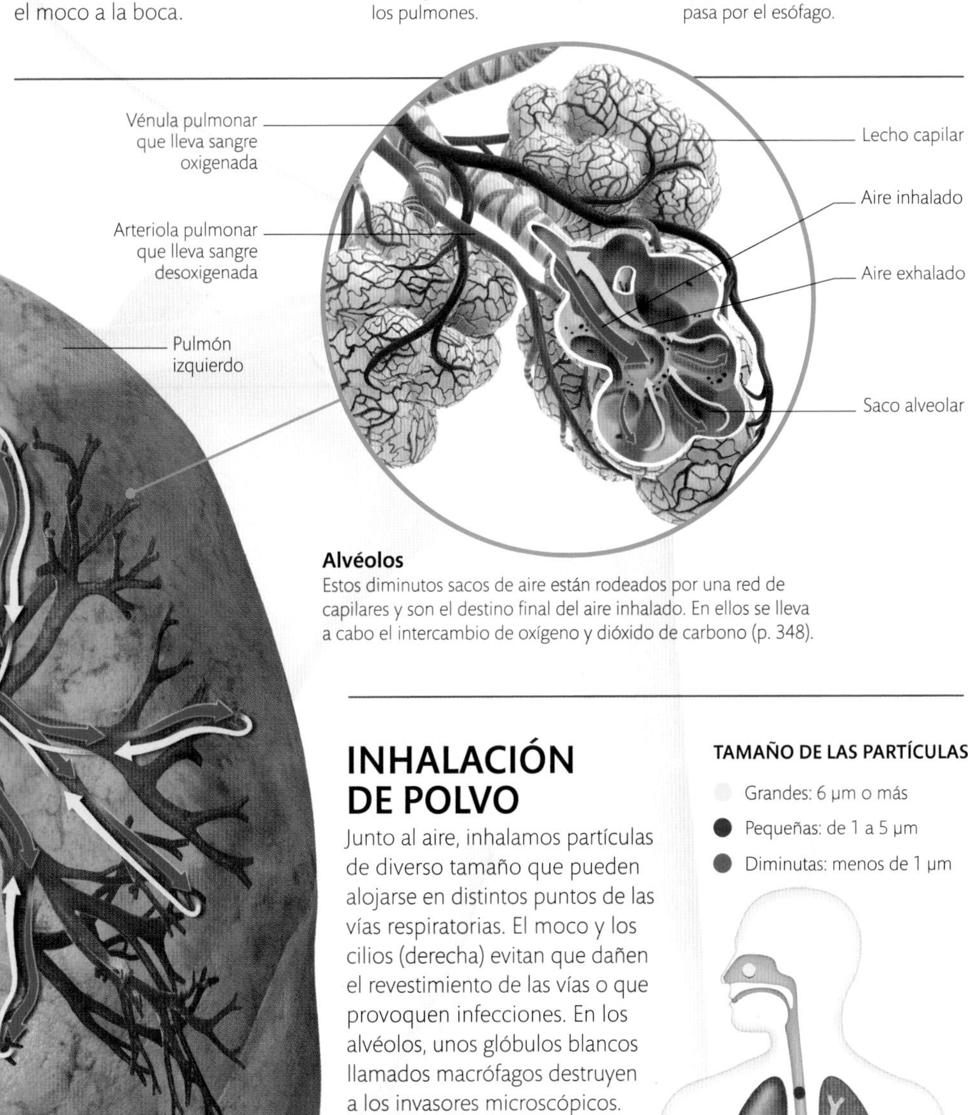
Vénula pulmonar que lleva sangre oxigenada
Arteriola pulmonar que lleva sangre desoxigenada
Pulmón izquierdo
Lecho capilar
Aire inhalado
Aire exhalado
Saco alveolar

Alvéolos
Estos diminutos sacos de aire están rodeados por una red de capilares y son el destino final del aire inhalado. En ellos se lleva a cabo el intercambio de oxígeno y dióxido de carbono (p. 348).

CILIOS

Las vías respiratorias están tapizadas desde la nariz a los bronquios por dos tipos de células, las epiteliales y las caliciformes. Las epiteliales son más numerosas y tienen en la superficie proyecciones pilosas, o cilios, que se mueven continuamente hacia las vías respiratorias superiores. Las caliciformes segregan moco en el revestimiento de las vías respiratorias para que atrape partículas como el polvo. Los cilios actúan como una cinta transportadora que aleja el moco —y las partículas atrapadas en él— de los pulmones para llevarlo hacia las vías respiratorias superiores, donde o bien se expulsa mediante la tos o el estornudo, o bien se traga.

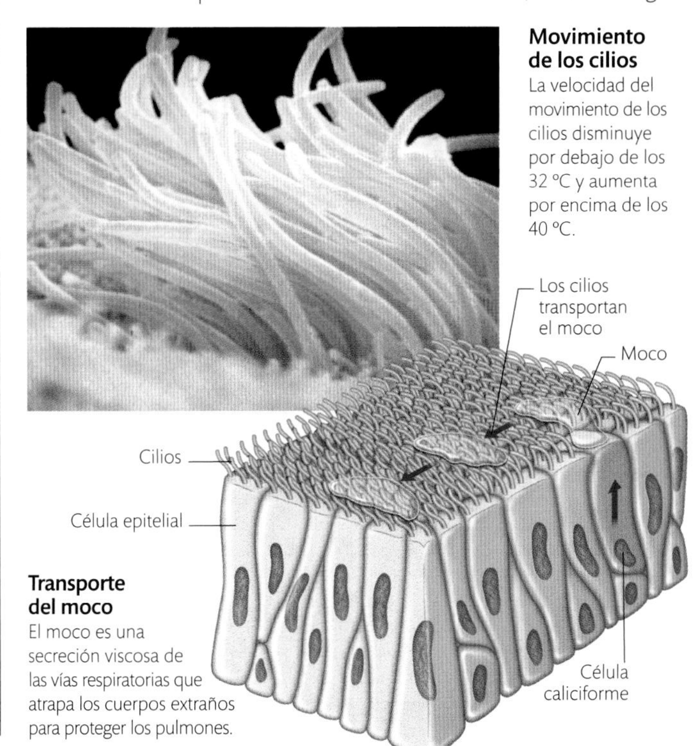
Los cilios transportan el moco
Moco
Cilios
Célula epitelial
Célula caliciforme

Movimiento de los cilios
La velocidad del movimiento de los cilios disminuye por debajo de los 32 °C y aumenta por encima de los 40 °C.

Transporte del moco
El moco es una secreción viscosa de las vías respiratorias que atrapa los cuerpos extraños para proteger los pulmones.

INHALACIÓN DE POLVO

Junto al aire, inhalamos partículas de diverso tamaño que pueden alojarse en distintos puntos de las vías respiratorias. El moco y los cilios (derecha) evitan que dañen el revestimiento de las vías o que provoquen infecciones. En los alvéolos, unos glóbulos blancos llamados macrófagos destruyen a los invasores microscópicos.

TAMAÑO DE LAS PARTÍCULAS
- Grandes: 6 μm o más
- Pequeñas: de 1 a 5 μm
- Diminutas: menos de 1 μm

La retaguardia
Un macrófago (verde) busca partículas extrañas en una célula pulmonar. Después de destruirlas, migrará a los bronquiolos para ser expulsado de las vías respiratorias con el moco.

Filtro de polvo
Las partículas grandes, como el polvo, se alojan en la cavidad nasal; las pequeñas, como el polvo de carbón, en la tráquea; y las diminutas, como las del humo de tabaco, llegan a los alvéolos.

INTERCAMBIO GASEOSO

Las células necesitan un suministro continuo de oxígeno, que combinan con glucosa para producir energía. Este proceso genera dióxido de carbono sin cesar, residuo que se intercambia por el oxígeno en los pulmones.

Cientos de **millones** de **alvéolos** proporcionan una **superficie total** de 70 m^2 para el intercambio gaseoso.

EL PROCESO DE INTERCAMBIO

El tracto respiratorio actúa como un sistema de transporte y lleva aire a los millones de alvéolos pulmonares, donde el oxígeno se intercambia por dióxido de carbono. Dicho intercambio gaseoso solo puede darse en los alvéolos, pero, durante la respiración normal, el aire solamente llega hasta los bronquiolos, lo que implica que los alvéolos no cuentan con un flujo regular de aire fresco, sino que conservan aire usado rico en dióxido de carbono. Por tanto, el dióxido de carbono y el oxígeno tienen que intercambiarse por un gradiente de concentración: las moléculas de oxígeno migran al área donde escasean y las de dióxido de carbono hacen lo mismo. Este proceso se conoce como difusión y permite que el oxígeno entre en los alvéolos y que, desde ahí, se difunda por la sangre (abajo), mientras el dióxido de carbono sale de los alvéolos y pasa a los bronquiolos, desde donde se exhala.

Tejido pulmonar
Micrografía coloreada de una sección de pulmón humano que muestra los numerosos alvéolos donde tiene lugar el intercambio gaseoso.

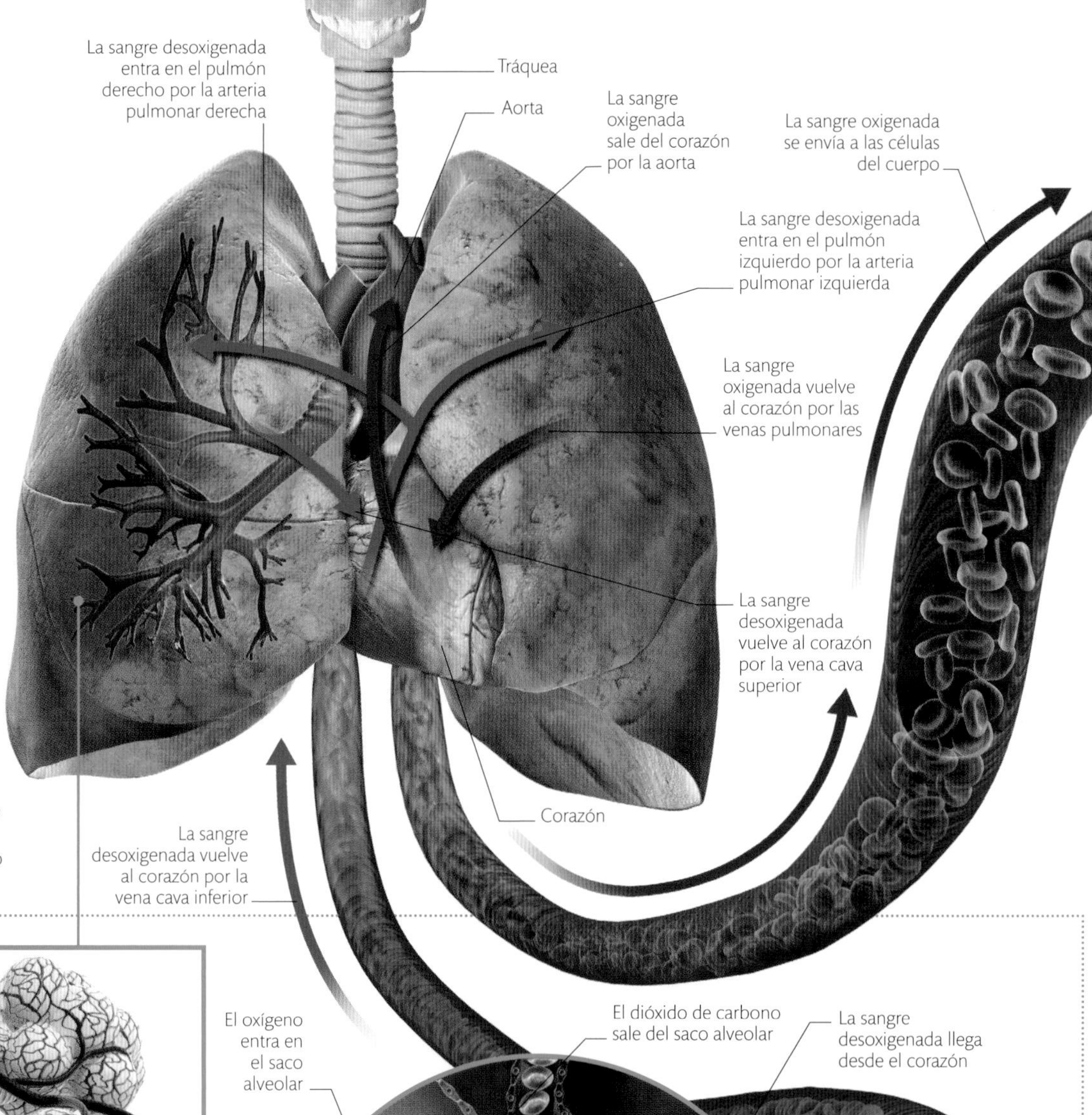
La sangre desoxigenada entra en el pulmón derecho por la arteria pulmonar derecha
Tráquea
Aorta
La sangre oxigenada sale del corazón por la aorta
La sangre oxigenada se envía a las células del cuerpo
La sangre desoxigenada entra en el pulmón izquierdo por la arteria pulmonar izquierda
La sangre oxigenada vuelve al corazón por las venas pulmonares
La sangre desoxigenada vuelve al corazón por la vena cava superior
Corazón
La sangre desoxigenada vuelve al corazón por la vena cava inferior

DIFUSIÓN ALVEOLAR

Los pulmones de los seres humanos tienen casi 500 millones de alvéolos de unos 0,2 mm de diámetro cada uno, que juntos proporcionan una gran superficie para el intercambio gaseoso. Para pasar del aire a la sangre y viceversa, el oxígeno y el dióxido de carbono tienen que atravesar la membrana respiratoria, compuesta por las paredes de los alvéolos y de los capilares circundantes. El espesor de estas paredes es solo de una célula. Por tanto, la distancia que tienen que recorrer las moléculas de oxígeno y las de dióxido de carbono para entrar y salir del plasma sanguíneo es mínima. El intercambio gaseoso a través de la membrana respiratoria es un proceso pasivo, por difusión, en que los gases pasan de áreas de alta a baja concentración. El oxígeno se disuelve en las capas surfactante y acuosa (p. 351) de los alvéolos antes de entrar en la sangre; el dióxido de carbono, por su parte, se difunde en sentido opuesto, de la sangre al aire alveolar.

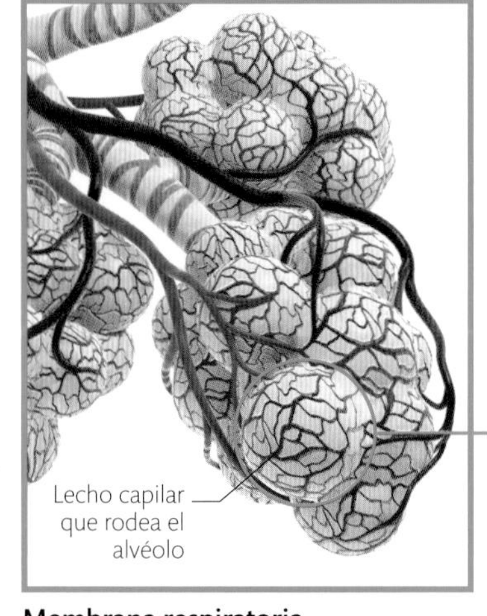
Lecho capilar que rodea el alvéolo

Membrana respiratoria
Es tal la cantidad de capilares que rodean los alvéolos que, en un momento dado, pueden intervenir en el intercambio gaseoso hasta 900 ml de sangre.

El oxígeno entra en el saco alveolar
Capilar
El dióxido de carbono sale del saco alveolar
La sangre desoxigenada llega desde el corazón
El dióxido de carbono se difunde en el aire
El oxígeno se difunde en la sangre
La sangre oxigenada vuelve al corazón

Intercambio gaseoso
Los capilares que rodean a los alvéolos liberan el dióxido de carbono residual y reciben oxígeno a través de la membrana respiratoria.

HEMOGLOBINA

Es una molécula especializada en el transporte de oxígeno y se encuentra en los glóbulos rojos. Se compone de cuatro cadenas de unidades proteínicas con un grupo hemo cada una. El grupo hemo contiene hierro, que liga el oxígeno a la hemoglobina para mantenerlo en el interior del glóbulo rojo (y oxigenar la sangre). Cuando los niveles de oxígeno son altos, por ejemplo en los pulmones, las moléculas de oxígeno se ligan rápidamente a la hemoglobina; si los niveles son bajos, por ejemplo en un músculo, se desligan de la hemoglobina y pasan libremente a los somas celulares.

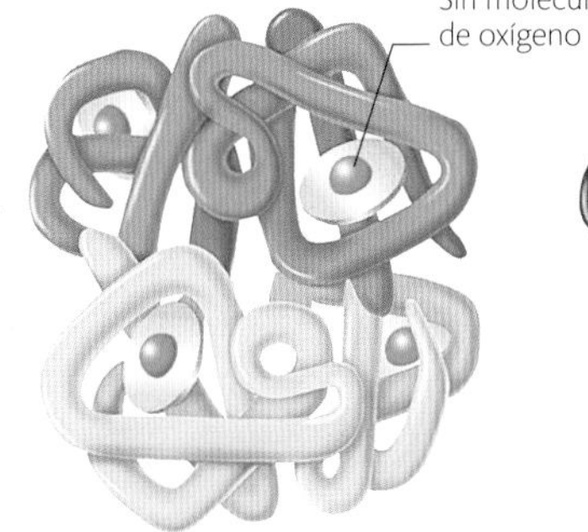
Sin moléculas de oxígeno

Desoxihemoglobina
La desoxihemoglobina es la hemoglobina sin oxígeno. Cuando pierde una molécula de oxígeno, la hemoglobina cambia de forma para facilitar la liberación del oxígeno restante.

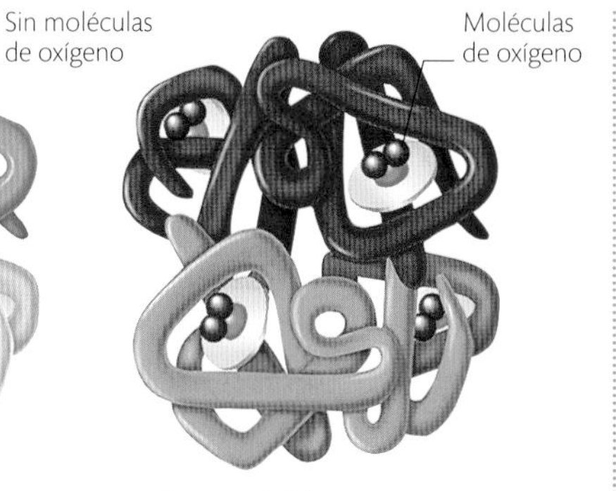
Moléculas de oxígeno

Oxihemoglobina
El oxígeno se liga a la desoxihemoglobina en los pulmones para formar oxihemoglobina. Cuando recibe una molécula de oxígeno, la estructura de la hemoglobina cambia para, de esta forma, facilitar la entrada de más oxígeno.

DIFUSIÓN EN LOS TEJIDOS CELULARES

La hemoglobina aporta oxígeno sin cesar a los cuerpos celulares (izquierda), que excretan sus residuos en el plasma sanguíneo. Como resultado, la concentración de oxígeno en los capilares es reducida y la de productos de desecho es alta, lo cual provoca que la hemoglobina libere su oxígeno. El oxígeno libre se difunde en las células, donde se utiliza para generar energía, mientras que el dióxido de carbono sale de las células por difusión para pasar al plasma sanguíneo. La hemoglobina recoge un 20 % de este dióxido de carbono, pero la mayor parte se disuelve en el plasma y vuelve a los pulmones.

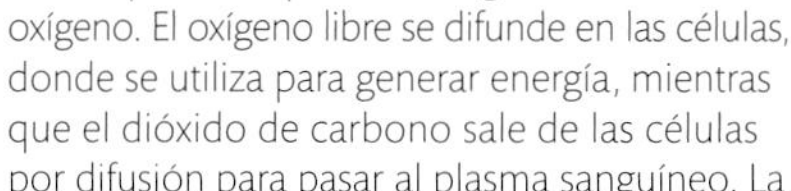

Glóbulos rojos oxigenados entran en el capilar
El dióxido de carbono sale por difusión de los tejidos celulares, atraviesa la pared capilar y llega al plasma sanguíneo
La hemoglobina de los glóbulos rojos libera oxígeno

Intercambio gaseoso en los capilares
La sangre fluye por los capilares, donde la hemoglobina libera oxígeno y el dióxido de carbono se disuelve en el plasma para volver a los pulmones.

Glóbulo rojo oxigenado

Suministro vital
Los pulmones absorben oxígeno que la sangre lleva al lado izquierdo del corazón, desde donde se bombea al resto del cuerpo. Cuando llega a los capilares, el oxígeno se intercambia por dióxido de carbono, que la sangre transporta hasta el lado derecho del corazón, que lo bombea a los pulmones para que lo exhalen.

Cuerpos celulares

Lecho capilar

Inhalación de humo
Las partículas de humo inhaladas llegan a los pulmones: dañan las paredes alveolares, que pierden grosor y se estiran; los sacos se fusionan y la superficie disponible para el intercambio gaseoso se reduce. Con el tiempo, pueden surgir dificultades respiratorias.

Glóbulo rojo desoxigenado

Sangre desoxigenada de vuelta al corazón

SÍNDROME DE DESCOMPRESIÓN

Los buceadores respiran aire a mucha presión, así que la sangre recibe más nitrógeno del habitual (p. 346). Si ascienden demasiado rápido, el nitrógeno forma burbujas de aire en la sangre que bloquean los vasos sanguíneos y causan un daño generalizado. Hay que disolver las burbujas en una cámara de descompresión hasta que el nivel de nitrógeno vuelve a la normalidad.

MECÁNICA DE LA RESPIRACIÓN

La entrada y salida de aire de los pulmones, esto es, la respiración, resulta de la acción conjunta de los músculos de cuello, tórax y abdomen, que alteran el volumen de la cavidad torácica. La inspiración lleva aire fresco a los pulmones y la espiración devuelve el aire usado a la atmósfera.

MÚSCULOS DE LA RESPIRACIÓN

El diafragma es el músculo fundamental de la respiración. Es una lámina muscular que separa el tórax del abdomen y que está unido al esternón por delante, a las vértebras torácicas por detrás, y a las seis costillas inferiores. Hay varios músculos auxiliares en cuello, tórax y abdomen, pero solamente se utilizan en la respiración forzada. En la respiración normal, el diafragma se contrae y se aplana para aumentar la profundidad de la cavidad torácica y llevar el aire a los pulmones durante la inspiración. La espiración normal es pasiva y consecuencia de la relajación del diafragma y el retroceso elástico de los pulmones. Cuando se necesita un esfuerzo respiratorio adicional, como durante el ejercicio, en que las células necesitan más oxígeno para funcionar, la contracción de los músculos auxiliares refuerza la acción del diafragma y permite una respiración más profunda. Los músculos auxiliares que participan en la inspiración y en la espiración son distintos.

CAVIDAD PLEURAL

Es el estrecho espacio que hay entre la capa que reviste los pulmones y la que recubre la cavidad torácica. Contiene una pequeña cantidad de líquido lubricante (fluido pleural) que impide que los pulmones rocen cuando se expanden y se contraen en la cavidad torácica. El fluido pleural se halla bajo una presión ligeramente negativa, lo que produce un efecto de succión entre los pulmones y la pared torácica que mantiene los pulmones abiertos y evita que los alvéolos se cierren tras la espiración: si se cerraran por completo, se necesitaría demasiada energía para volver a hincharlos en la inspiración.

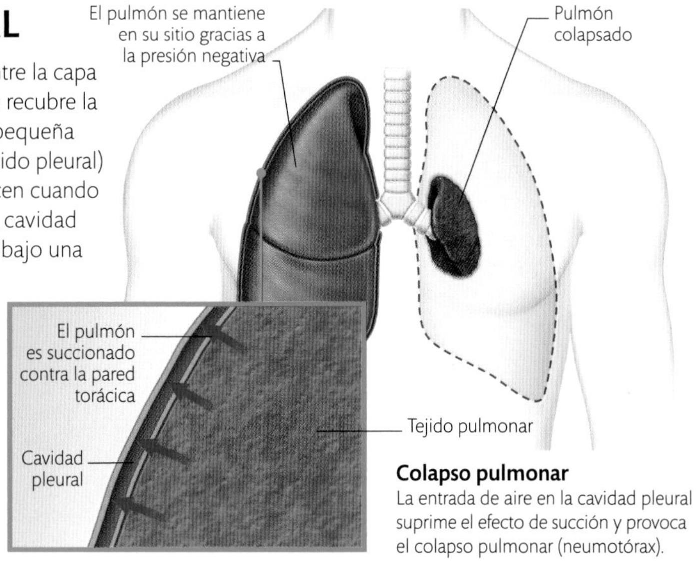
El pulmón se mantiene en su sitio gracias a la presión negativa
Pulmón colapsado
El pulmón es succionado contra la pared torácica
Cavidad pleural
Tejido pulmonar

Colapso pulmonar
La entrada de aire en la cavidad pleural suprime el efecto de succión y provoca el colapso pulmonar (neumotórax).

INSPIRACIÓN

En la inspiración forzada, la contracción diafragmática se combina con la de tres músculos auxiliares clave: los intercostales externos, los escalenos y el esternocleidomastoideo. Esto aumenta notablemente el volumen de la cavidad torácica.

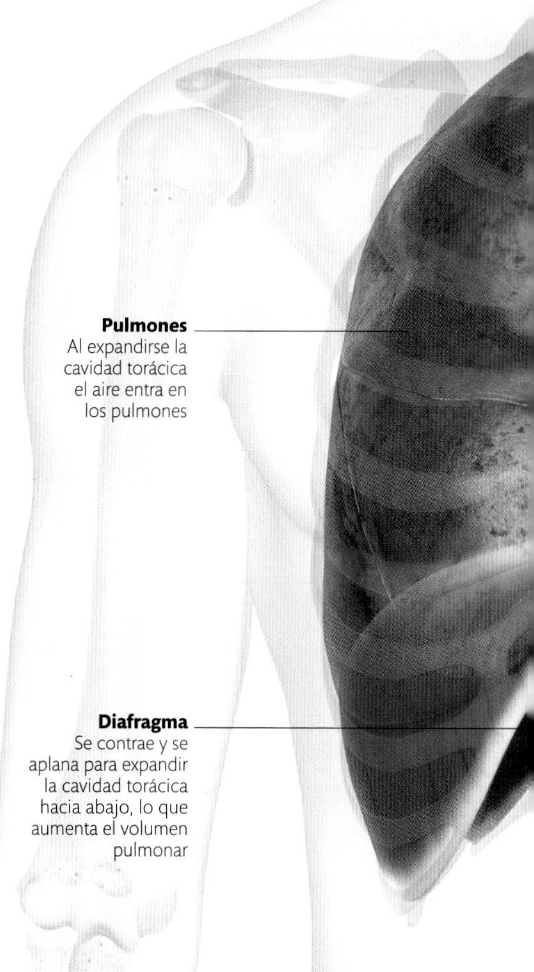

Pulmones
Al expandirse la cavidad torácica el aire entra en los pulmones

Diafragma
Se contrae y se aplana para expandir la cavidad torácica hacia abajo, lo que aumenta el volumen pulmonar

La respiración circular permite la **espiración continua**, al inhalar por la nariz al tiempo que se exhala el aire almacenado **en la boca**; la espiración más larga registrada supera la **hora**.

PRESIÓN NEGATIVA Y POSITIVA

La generación de gradientes de presión permite que el aire entre y salga de los pulmones. Cuando los músculos de la inspiración se contraen para aumentar el volumen de la cavidad torácica, los pulmones, pegados a la pared torácica por el efecto del líquido pleural, se expanden. Esto reduce la presión pulmonar en relación a la atmosférica, y el aire fluye por el gradiente de presión y desciende hasta los pulmones. Durante la espiración, el retroceso elástico de los pulmones comprime el aire en su interior, que es expulsado a la atmósfera.

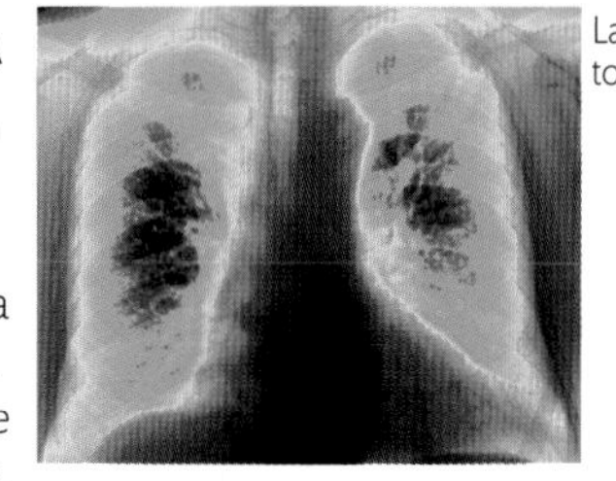
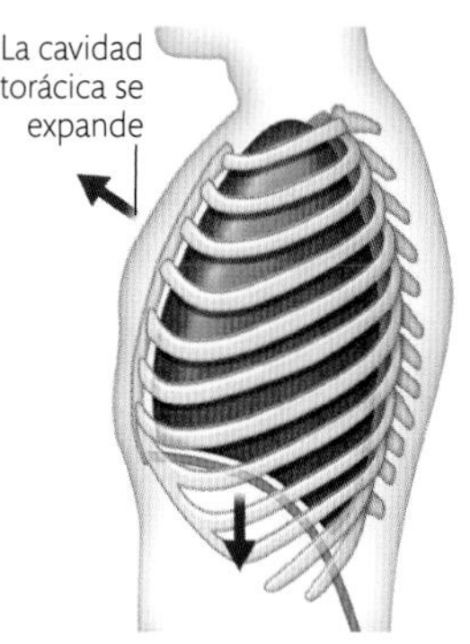
La cavidad torácica se expande

Inspiración
La expansión de la cavidad torácica genera una presión negativa en los pulmones, atrayendo aire hacia ellos.

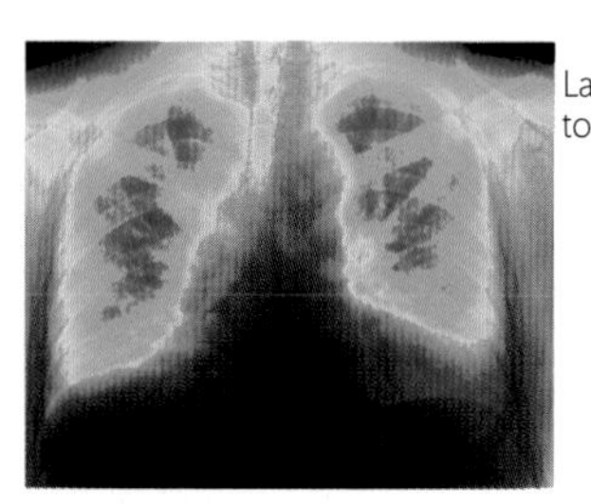
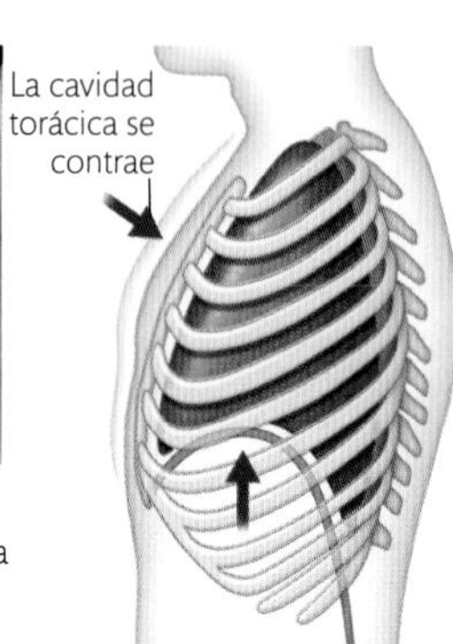
La cavidad torácica se contrae

Espiración
La contracción de la cavidad torácica ejerce una presión positiva sobre el tejido pulmonar y expulsa el aire.

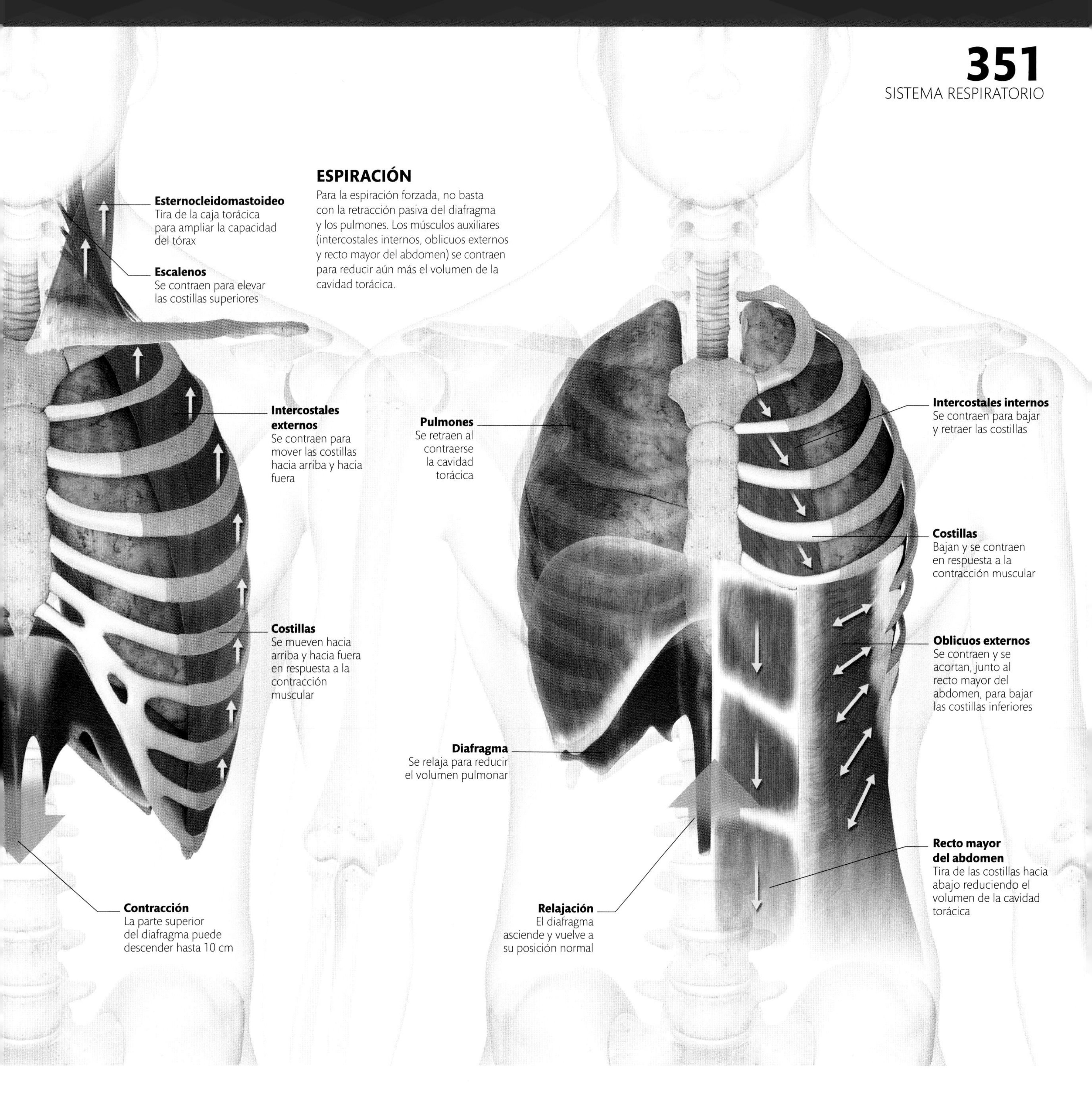
Esternocleidomastoideo
Tira de la caja torácica para ampliar la capacidad del tórax
Escalenos
Se contraen para elevar las costillas superiores
Intercostales externos
Se contraen para mover las costillas hacia arriba y hacia fuera
Costillas
Se mueven hacia arriba y hacia fuera en respuesta a la contracción muscular
Contracción
La parte superior del diafragma puede descender hasta 10 cm
Pulmones
Se retraen al contraerse la cavidad torácica
Diafragma
Se relaja para reducir el volumen pulmonar
Relajación
El diafragma asciende y vuelve a su posición normal
Intercostales internos
Se contraen para bajar y retraer las costillas
Costillas
Bajan y se contraen en respuesta a la contracción muscular
Oblicuos externos
Se contraen y se acortan, junto al recto mayor del abdomen, para bajar las costillas inferiores
Recto mayor del abdomen
Tira de las costillas hacia abajo reduciendo el volumen de la cavidad torácica

ESPIRACIÓN

Para la espiración forzada, no basta con la retracción pasiva del diafragma y los pulmones. Los músculos auxiliares (intercostales internos, oblicuos externos y recto mayor del abdomen) se contraen para reducir aún más el volumen de la cavidad torácica.

SURFACTANTE

Las células que tapizan los alvéolos están recubiertas por una capa de moléculas de agua. Estas tienen una alta afinidad entre sí, por lo que esta capa acuosa tiende a contraerse y juntar las células alveolares. Para impedir que los alvéolos se cierren por la presión, una capa de surfactante cubre la superficie acuosa. Las moléculas surfactantes tienen base oleosa y muy poca afinidad entre sí, por lo que contrarrestan la atracción de las moléculas de agua y garantizan que los alvéolos permanezcan abiertos. Dos tipos de células componen los alvéolos: las de tipo I forman las paredes alveolares y las de tipo II segregan surfactante.

Capa oleosa
El extremo acuoso de la molécula surfactante se disuelve en el agua; el extremo oleoso forma una barrera con el aire.

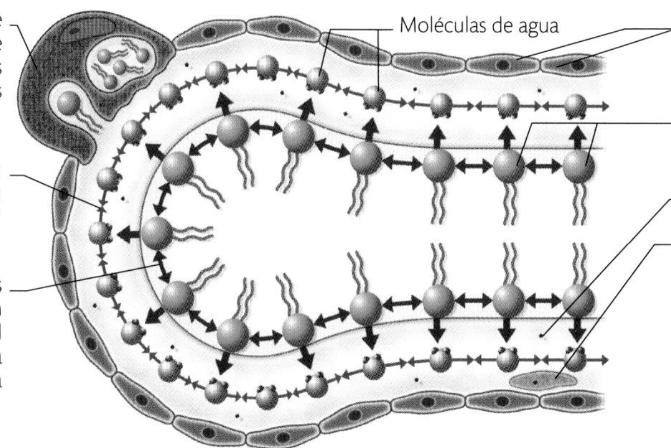
Célula alveolar de tipo II que produce nuevas moléculas surfactantes
Moléculas de agua
Células de tipo I forman la pared alveolar
Moléculas surfactantes
Moléculas de agua que se atraen entre sí
Partícula de polvo
Macrófago alveolar que engulle las diminutas partículas de polvo que entran en el saco alveolar (p. 347)
Moléculas surfactantes con baja afinidad que resisten la atracción del agua

RESPIRACIÓN INSTINTIVA

El objetivo de la respiración es mantener los niveles adecuados de oxígeno y dióxido de carbono en la sangre en función del nivel de actividad. Tanto el impulso de respirar como la respiración son subconscientes, pero su ritmo y su fuerza se pueden modificar conscientemente.

IMPULSO RESPIRATORIO

El oxígeno es vital para el funcionamiento celular, pero lo que determina el impulso de respirar es el nivel de dióxido de carbono en sangre. La hemoglobina, que transporta oxígeno (p. 349), tiene una reserva interna y puede suministrar oxígeno a las células cuando los niveles en sangre sean bajos. Sin embargo, el dióxido de carbono se disuelve rápidamente en el plasma sanguíneo y se convierte en ácido carbónico, que perjudica el funcionamiento celular. De esta forma, el impulso respiratorio responde al aumento de los niveles de dióxido o ácido de carbono, y solo niveles muy bajos de oxígeno estimulan la respiración. Células especializadas, los quimiorreceptores, controlan los niveles en sangre y envían señales nerviosas al centro respiratorio del tronco encefálico, en la médula oblonga; mensajes cerebrales subsiguientes activan los músculos respiratorios.

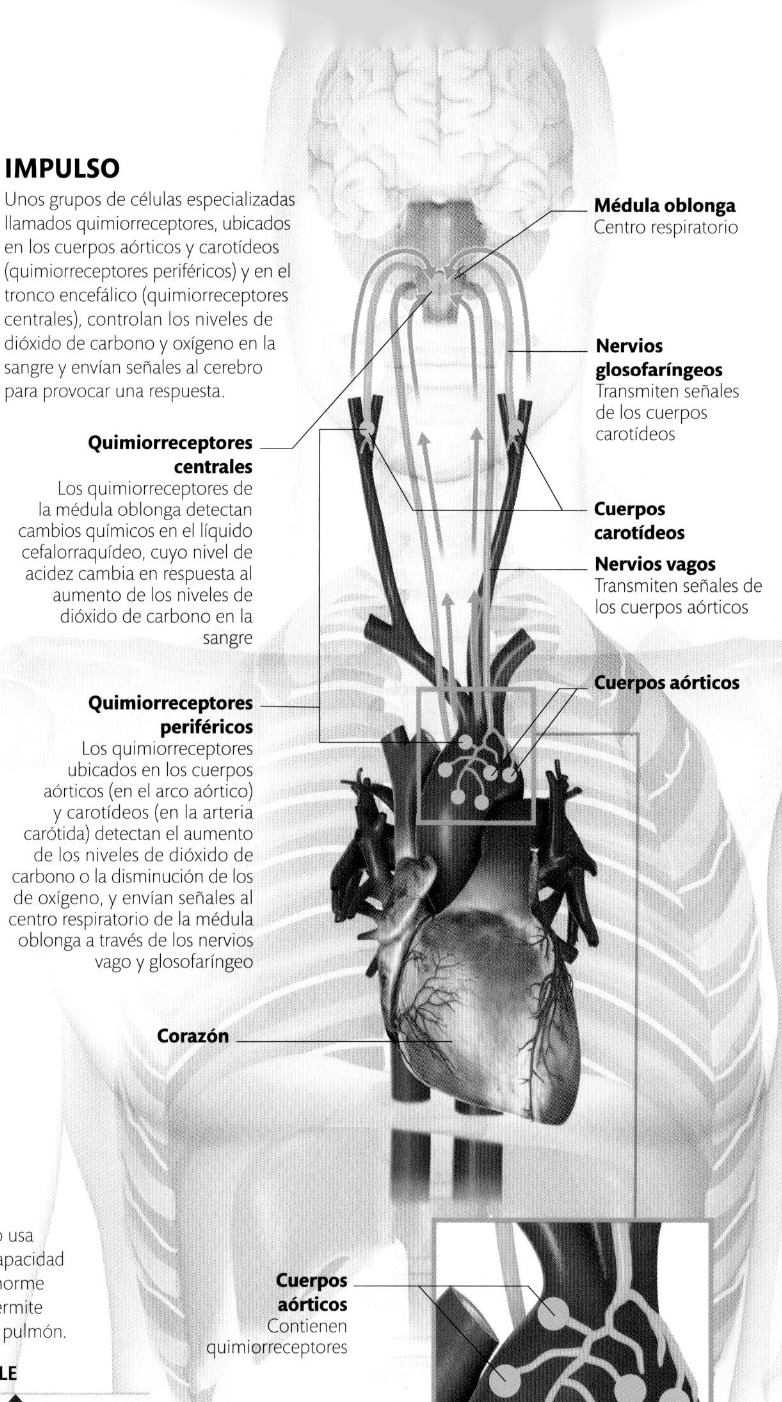
Médula oblonga
Centro respiratorio
Nervios glosofaríngeos
Transmiten señales de los cuerpos carotídeos
Quimiorreceptores centrales
Los quimiorreceptores de la médula oblonga detectan cambios químicos en el líquido cefalorraquídeo, cuyo nivel de acidez cambia en respuesta al aumento de los niveles de dióxido de carbono en la sangre
Cuerpos carotídeos
Nervios vagos
Transmiten señales de los cuerpos aórticos
Quimiorreceptores periféricos
Los quimiorreceptores ubicados en los cuerpos aórticos (en el arco aórtico) y carotídeos (en la arteria carótida) detectan el aumento de los niveles de dióxido de carbono o la disminución de los de oxígeno, y envían señales al centro respiratorio de la médula oblonga a través de los nervios vago y glosofaríngeo
Cuerpos aórticos
Corazón
Cuerpos aórticos
Contienen quimiorreceptores
Arco aórtico

IMPULSO
Unos grupos de células especializadas llamados quimiorreceptores, ubicados en los cuerpos aórticos y carotídeos (quimiorreceptores periféricos) y en el tronco encefálico (quimiorreceptores centrales), controlan los niveles de dióxido de carbono y oxígeno en la sangre y envían señales al cerebro para provocar una respuesta.

Muestras de sangre
Los cuerpos aórticos se hallan a lo largo del arco aórtico. Al igual que los carotídeos, cuentan con su propio suministro de sangre, donde miden los niveles de gas y de ácido.

PAUTAS RESPIRATORIAS

Durante la respiración normal, solo entran y salen de los pulmones unos 500 ml de aire; este es el llamado volumen corriente. Los pulmones tienen una capacidad de reserva adicional (capacidad vital) tanto para la inspiración como para la espiración, que permite aumentar la cantidad de aire que toman durante el ejercicio.

La máxima cantidad de aire que pueden acoger los pulmones es de unos 5800 ml; después de cada espiración quedan siempre en las vías respiratorias unos 1000 ml: es el volumen residual, que no puede expulsarse voluntariamente.

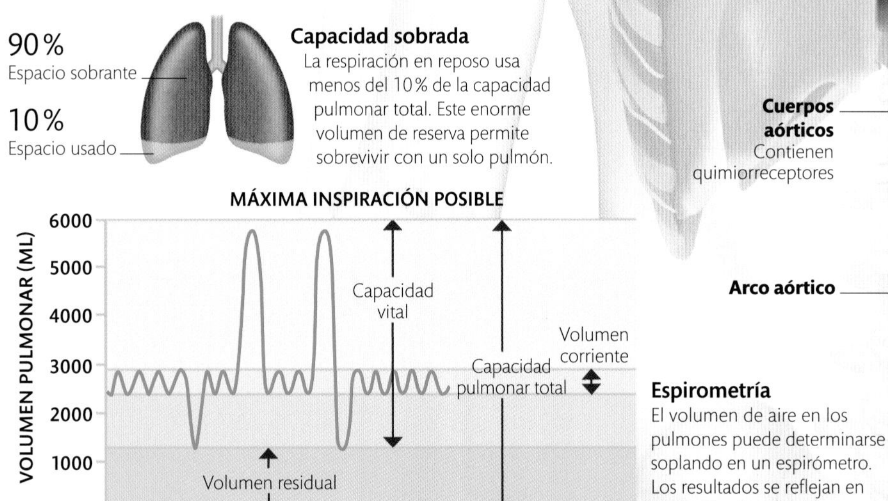
90%
Espacio sobrante
10%
Espacio usado
MÁXIMA INSPIRACIÓN POSIBLE
VOLUMEN PULMONAR (ML)
6000
5000
4000
3000
2000
1000
0
Capacidad vital
Volumen corriente
Capacidad pulmonar total
Volumen residual

Capacidad sobrada
La respiración en reposo usa menos del 10% de la capacidad pulmonar total. Este enorme volumen de reserva permite sobrevivir con un solo pulmón.

Espirometría
El volumen de aire en los pulmones puede determinarse soplando en un espirómetro. Los resultados se reflejan en una gráfica (izquierda).

Los buceadores pueden **superar** los 100 m de profundidad, lo que implica **no respirar** durante varios minutos seguidos.

AL LÍMITE

INMERSIÓN EN APNEA

Uno de los retos del buceo libre consiste en llegar a la mayor profundidad posible sin ayuda para respirar. Se entrena en la superficie, haciendo ejercicio mientras se contiene la respiración, para acostumbrar a los músculos a trabajar sin oxígeno. Algunos buceadores hiperventilan antes de sumergirse para eliminar el máximo dióxido de carbono posible de la sangre, ya que los niveles elevados suelen estimular la necesidad de inhalar; así, pueden bucear durante más tiempo sin tener que respirar. Sin embargo, esto es muy peligroso, porque las células pueden agotar el oxígeno antes de que el cerebro perciba la necesidad de respirar; se arriesgan a perder el conocimiento en el agua y ahogarse.

En las profundidades
La monoaleta proporciona propulsión adicional y permite al buceador alcanzar profundidades considerables.

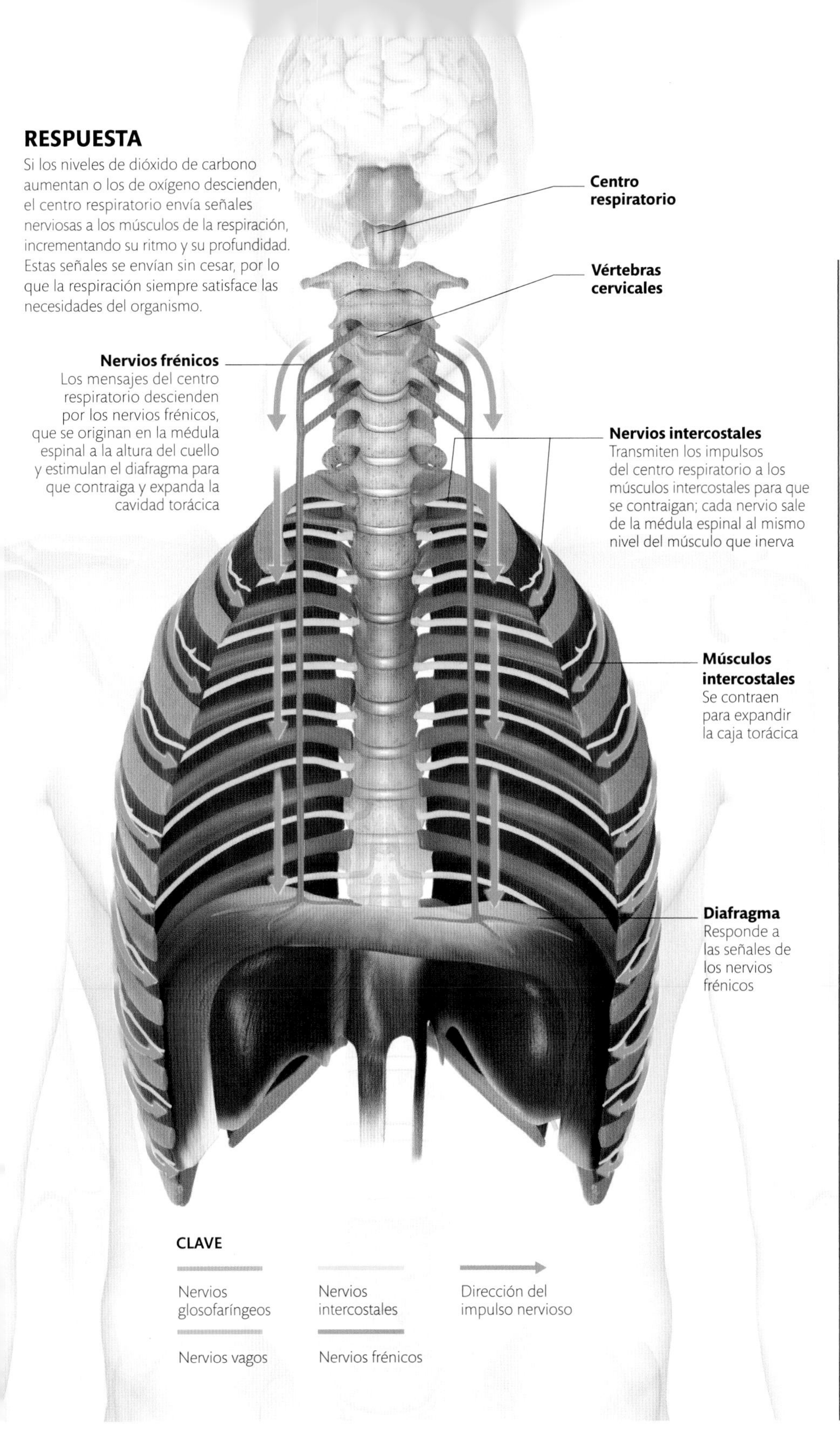
RESPUESTA
Si los niveles de dióxido de carbono aumentan o los de oxígeno descienden, el centro respiratorio envía señales nerviosas a los músculos de la respiración, incrementando su ritmo y su profundidad. Estas señales se envían sin cesar, por lo que la respiración siempre satisface las necesidades del organismo.
Centro respiratorio
Vértebras cervicales
Nervios frénicos
Los mensajes del centro respiratorio descienden por los nervios frénicos, que se originan en la médula espinal a la altura del cuello y estimulan el diafragma para que contraiga y expanda la cavidad torácica
Nervios intercostales
Transmiten los impulsos del centro respiratorio a los músculos intercostales para que se contraigan; cada nervio sale de la médula espinal al mismo nivel del músculo que inerva
Músculos intercostales
Se contraen para expandir la caja torácica
Diafragma
Responde a las señales de los nervios frénicos
CLAVE
Nervios glosofaríngeos
Nervios intercostales
Dirección del impulso nervioso
Nervios vagos
Nervios frénicos

REFLEJOS

El aire inhalado suele contener partículas de polvo o sustancias corrosivas que podrían dañar la superficie pulmonar y entorpecer su funcionamiento. Los reflejos de la tos y el estornudo detectan y expulsan estos irritantes antes de que lleguen a los alvéolos. Las terminaciones nerviosas del tracto respiratorio son muy sensibles al tacto y a la irritación química y, si se estimulan, envían impulsos al cerebro para iniciar la secuencia de actos que expulsan la partícula o sustancia indeseada mediante la tos o el estornudo.

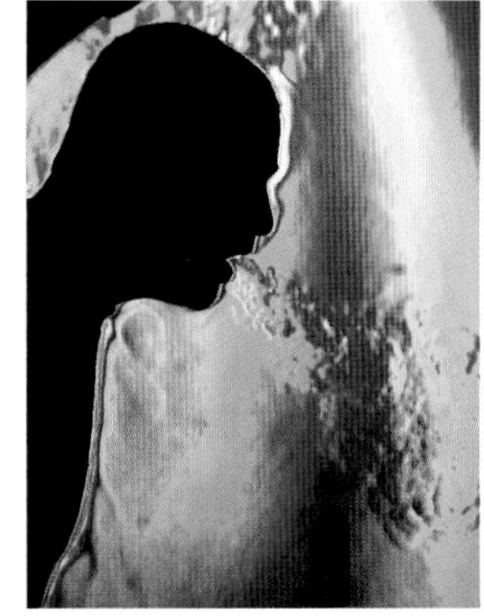
Expulsión forzosa
La fotografía Schlieren, que registra los cambios de densidad, revela aquí las turbulencias aéreas que causa la tos.

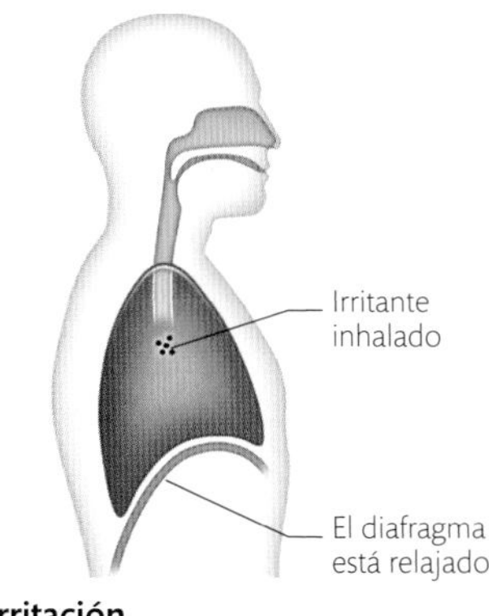
Irritante inhalado
El diafragma está relajado

1. Irritación
Las partículas o sustancias inhaladas irritan las terminaciones nerviosas, que envían señales para alertar al cerebro.

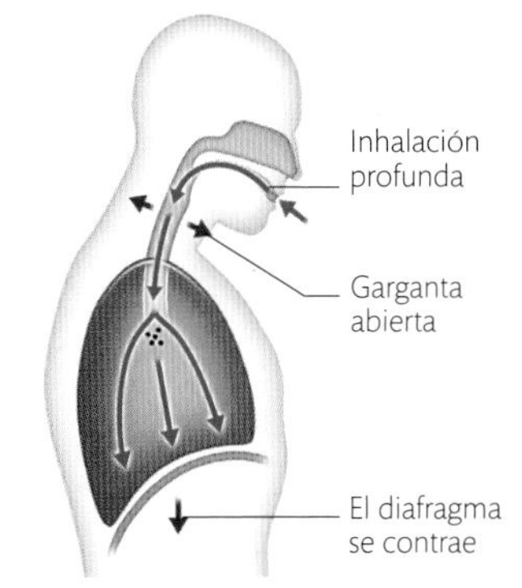
Inhalación profunda
Garganta abierta
El diafragma se contrae

2. Inhalación
El cerebro ordena a los músculos respiratorios que se contraigan y provoca una súbita y profunda inhalación (2500 ml).

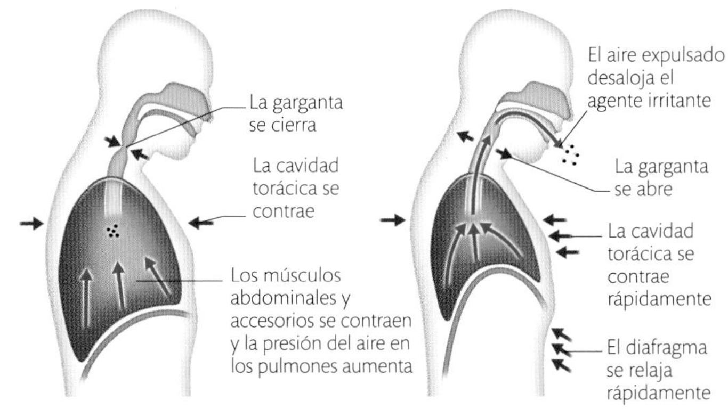
La garganta se cierra
La cavidad torácica se contrae
Los músculos abdominales y accesorios se contraen y la presión del aire en los pulmones aumenta
El aire expulsado desaloja el agente irritante
La garganta se abre
La cavidad torácica se contrae rápidamente
El diafragma se relaja rápidamente

3. Compresión
Las cuerdas vocales y la epiglotis se cierran y los músculos abdominales se contraen, lo que eleva la presión pulmonar.

4. Expulsión
La epiglotis y las cuerdas vocales se abren de golpe, expulsando el aire a gran velocidad y, con él, el agente irritante.

FONACIÓN

El habla requiere la compleja interacción de cerebro, cuerdas vocales, paladar blando, lengua y labios. Cuando el aire pasa por las cuerdas vocales, estas vibran y producen ruido. Los músculos que las sujetan a la laringe pueden separarlas, para la respiración normal; juntarlas, para producir sonido; o estirarlas, para agudizar el tono. El paladar blando, los labios y la lengua pueden articular las vibraciones en palabras. Para aumentar el volumen hay que incrementar la presión del aire que pasa por las cuerdas. La voz resuena en los senos paranasales (p. 346).

Las cuerdas vocales vibran a distintas velocidades en función de lo tensas que estén; y las vibraciones más rápidas dan lugar a sonidos más agudos. Así, por ejemplo, las cuerdas vocales de un bajo vibran unas 60 veces por segundo, mientras que las de una soprano pueden vibrar hasta 2000 veces por segundo.

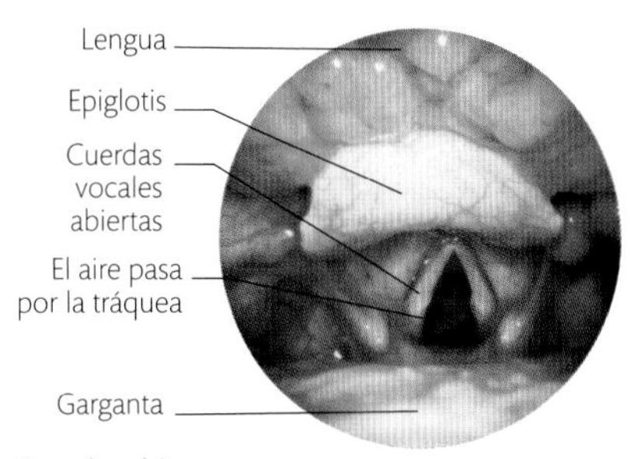
Lengua
Epiglotis
Cuerdas vocales abiertas
El aire pasa por la tráquea
Garganta

Respiración
Durante la respiración, las cuerdas vocales están totalmente abiertas; el aire pasa con facilidad sin causar vibraciones ni generar sonidos.

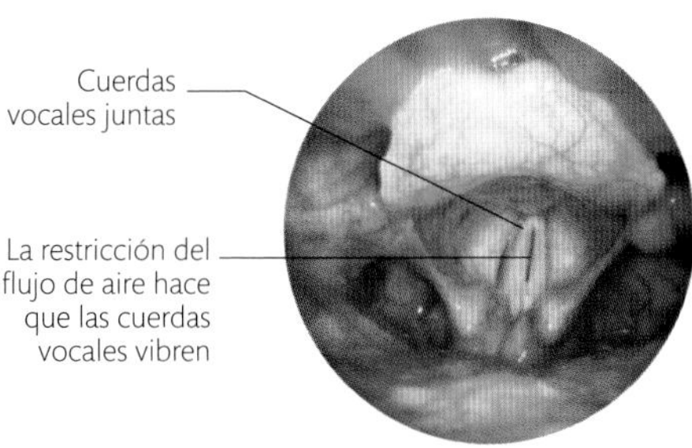
Cuerdas vocales juntas
La restricción del flujo de aire hace que las cuerdas vocales vibren

Habla
Durante el habla normal, los músculos de la laringe juntan las cuerdas vocales para que el aire que pasa por ellas las haga vibrar.

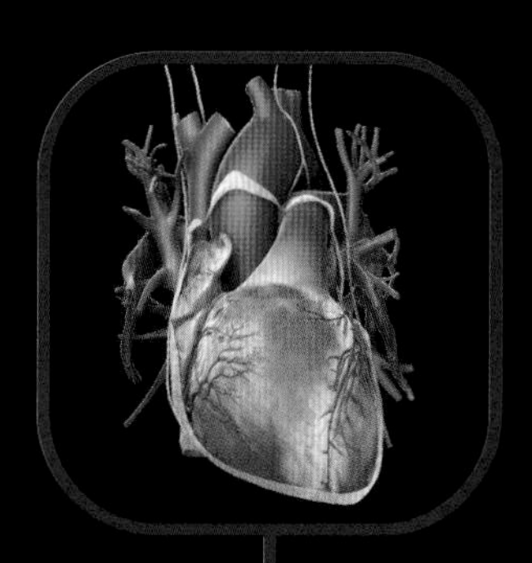

CORAZÓN

Núcleo del sistema circulatorio, el músculo cardíaco bombea toda la sangre a todo el cuerpo cada minuto.

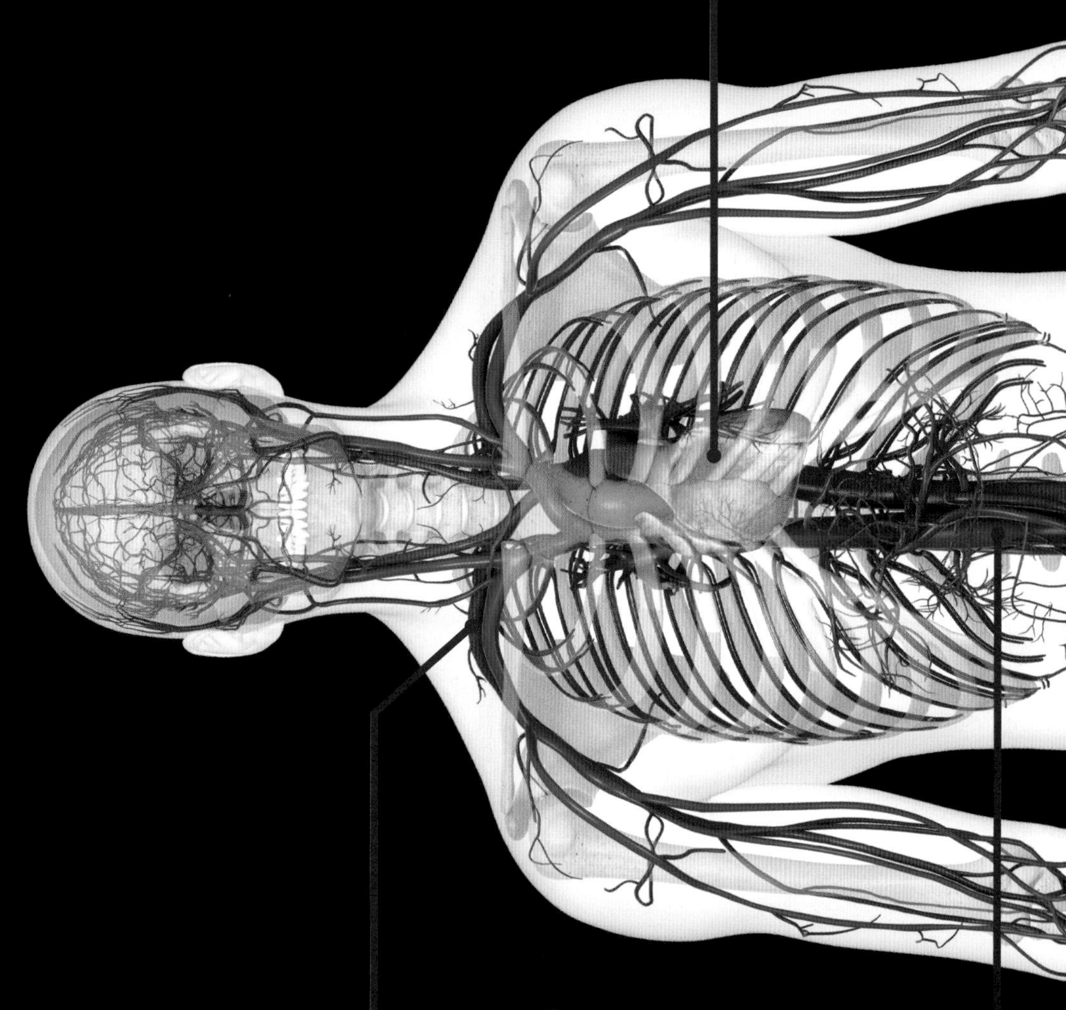

ARTERIAS

Estos vasos llevan la sangre que sale del corazón; tienen unas paredes gruesas, musculosas y elásticas para soportar la elevada presión que genera el latido cardíaco.

VENAS

Estos vasos por donde la sangre vuelve al corazón tienen unas paredes más delgadas y flexibles, y válvulas unidireccionales que impiden el reflujo.

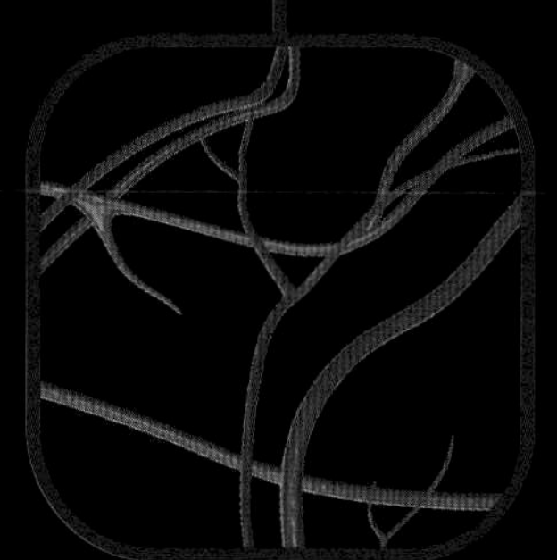

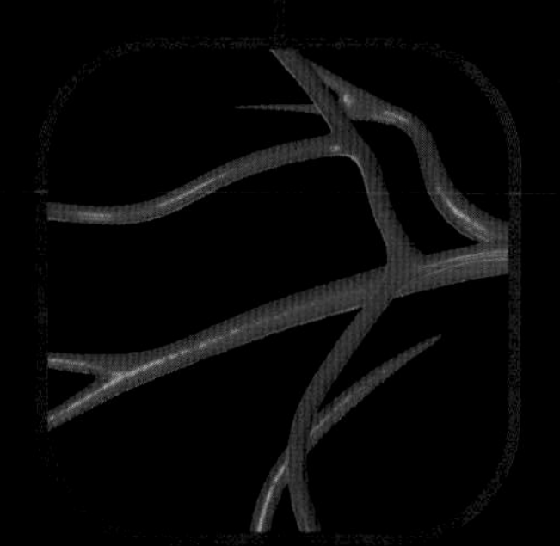

SISTEMA CARDIOVASCULAR

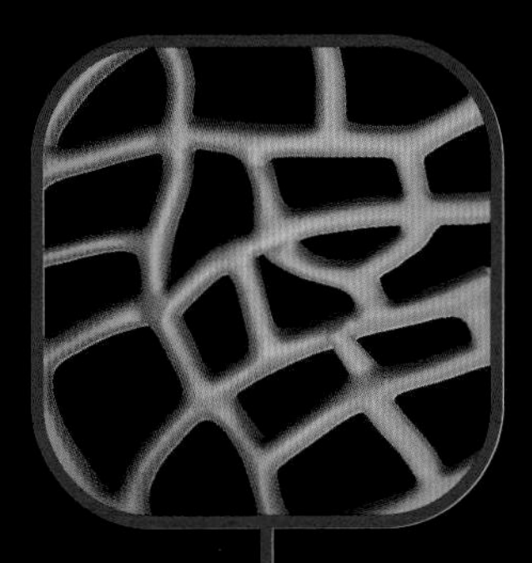

CAPILARES

Estos diminutos vasos sanguíneos suministran oxígeno a las células y retiran el dióxido de carbono.

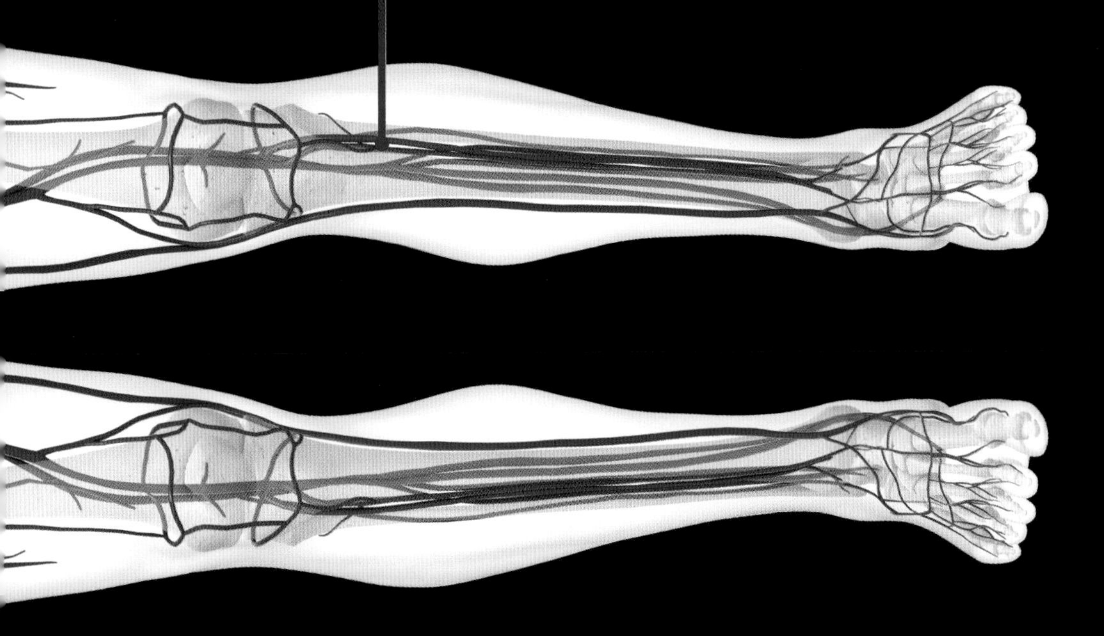

El corazón funciona como una bomba y se encarga de hacer circular la sangre por todo el cuerpo. La sangre arterial lleva oxígeno, nutrientes y células inmunitarias a todo el organismo, y la sangre venosa recoge los materiales de desecho

LA SANGRE

Un adulto tiene unos cinco litros de sangre. La sangre, compuesta por células especializadas suspendidas en plasma, aporta oxígeno y nutrientes a las células y recoge los residuos. También transporta hormonas, anticuerpos y células que combaten infecciones.

LA SANGRE COMO TRANSPORTE

La sangre es el principal sistema de transporte del cuerpo. Cada minuto, el corazón de un adulto en reposo bombea los cinco litros de sangre a todo el cuerpo. Distintos elementos de la sangre recogen los nutrientes absorbidos por los intestinos y el oxígeno de los pulmones para llevarlos a las células. La sangre también recoge los residuos químicos de las células, como la urea y el ácido láctico, y los lleva al hígado y a los riñones, que los descomponen o excretan; el dióxido de carbono es expulsado por los pulmones.

La sangre también transporta hormonas (p. 406) desde las glándulas que las producen a las células sobre las que actúan, así como células y otras sustancias implicadas en la curación y en la lucha contra infecciones que solo se activan cuando son necesarias.

En circulación
Esta imagen ampliada revela las células y las plaquetas sanguíneas.

COMPOSICIÓN DE LA SANGRE

El componente líquido de la sangre (plasma) es agua en un 92 %, pero también contiene glucosa, minerales, enzimas, hormonas y residuos, como dióxido de carbono, urea y ácido láctico. Algunas de estas sustancias, como el dióxido de carbono, están disueltas en el plasma. Otras, como los minerales de cobre y de hierro, se ligan a proteínas plasmáticas transportadoras especializadas. El plasma también contiene anticuerpos que combaten infecciones.

Sobre todo agua
La sangre presenta un 46 % de elementos sólidos (células), suspendidos en un 54 % de plasma.

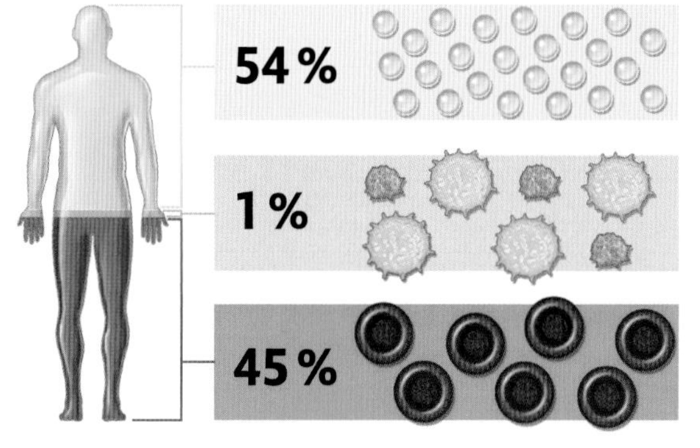
54 %
1 %
45 %

Plasma
El plasma es un líquido amarillento que constituye la mayor parte de la sangre.

Glóbulos blancos y plaquetas
Fundamentales para el sistema inmunitario y la coagulación.

Glóbulos rojos
Cada mililitro de sangre contiene unos 5000 millones de eritrocitos.

COAGULACIÓN

Cuando un vaso sanguíneo se lesiona, las plaquetas acuden para taponar el orificio. Se adhieren al tejido lesionado y liberan sustancias químicas que activan la cascada de coagulación, por la que se forman fibras de una proteína llamada fibrina, que se entreteje para formar un sólido tapón, o coágulo, con plaquetas y eritrocitos en su interior.

Flujo sanguíneo
Las plaquetas acuden para tapar el orificio
Glóbulo rojo

Tapón de plaquetas
Las plaquetas llegan a las fibras de colágeno expuestas en la lesión del vaso sanguíneo y forman un tapón.

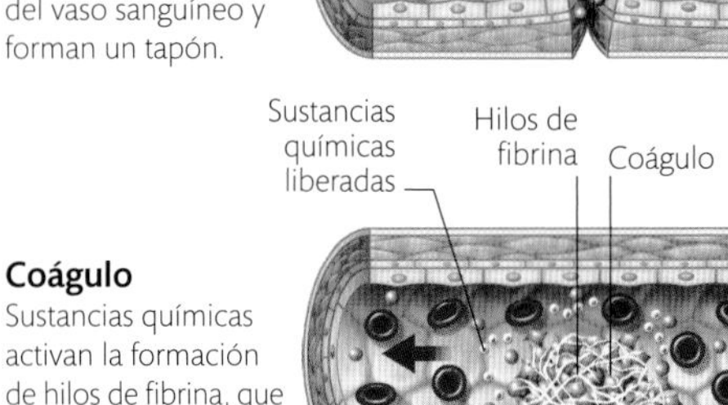
Sustancias químicas liberadas
Hilos de fibrina
Coágulo

Coágulo
Sustancias químicas activan la formación de hilos de fibrina, que unen las plaquetas y los glóbulos rojos.

PRODUCCIÓN DE CÉLULAS

La médula ósea produce eritrocitos, leucocitos y plaquetas, que pasan al torrente sanguíneo. Los leucocitos, que forman parte del sistema inmunitario, también pueden pasar al linfático (pp. 366-371). Los eritrocitos sin núcleo permanecen en la sangre, donde pueden vivir hasta 120 días.

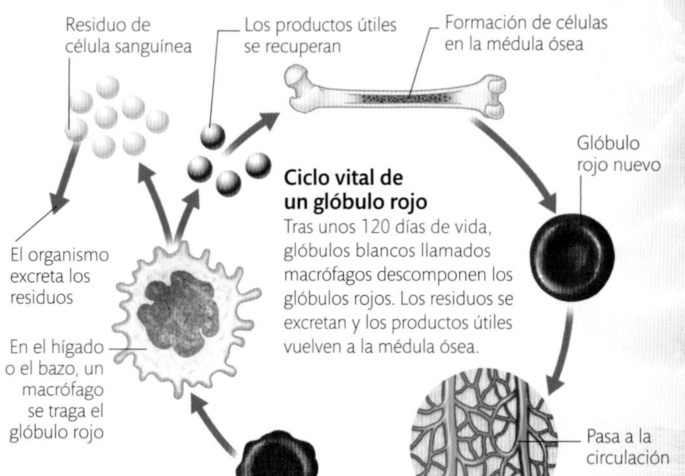
Residuo de célula sanguínea
Los productos útiles se recuperan
Formación de células en la médula ósea
Glóbulo rojo nuevo
El organismo excreta los residuos
En el hígado o el bazo, un macrófago se traga el glóbulo rojo
Pasa a la circulación
Glóbulo rojo agotado

Ciclo vital de un glóbulo rojo
Tras unos 120 días de vida, glóbulos blancos llamados macrófagos descomponen los glóbulos rojos. Los residuos se excretan y los productos útiles vuelven a la médula ósea.

Suministro constante
La sangre fluye hasta llegar a todas las células del organismo. Las células liberan sin cesar sustancias químicas para asegurarse de recibir la sangre necesaria para obtener nutrientes y eliminar residuos.

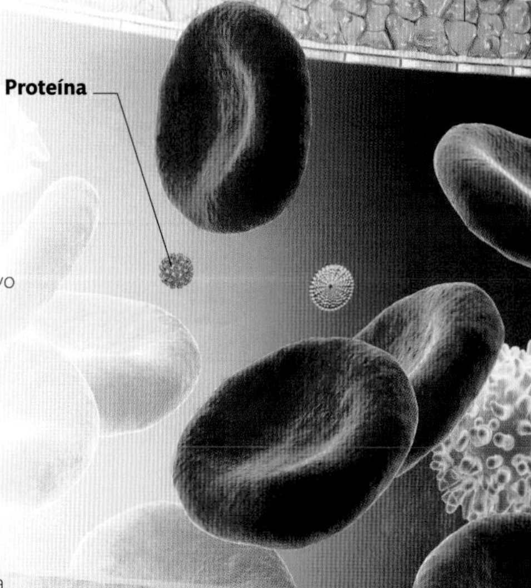
Vaso sanguíneo
Red de capilares
Pared del vaso sanguíneo
Proteína

GRUPOS SANGUÍNEOS

El grupo sanguíneo es hereditario y viene determinado por los antígenos, proteínas que se hallan en la superficie de los glóbulos rojos. Los dos principales son el A y el B, y las células pueden tener antígenos A (sangre del grupo A), antígenos B (grupo B), ambos (grupo AB) o ninguno (grupo O). Activan el sistema inmunitario, que pasa por alto los antígenos de sus propios glóbulos rojos, pero produce anticuerpos que reconocen y destruyen las células extrañas con otros antígenos. Por ejemplo, los glóbulos rojos del grupo sanguíneo A tienen antígenos A que el sistema inmunitario ignora, pero este produce anticuerpos para el antígeno B y destruye a las células extrañas que lo presentan.

Antígenos
Los glóbulos rojos pueden presentar hasta 30 antígenos distintos; los más conocidos son el A, el B y el O.

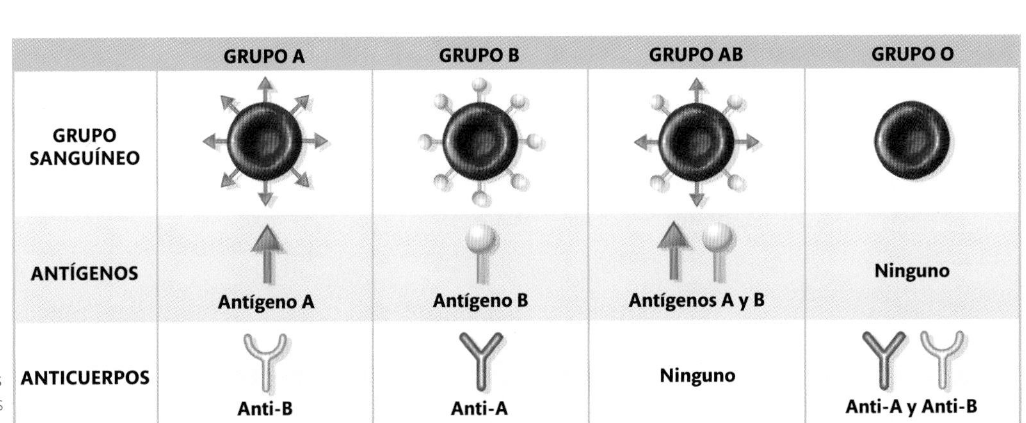

	GRUPO A	GRUPO B	GRUPO AB	GRUPO O
GRUPO SANGUÍNEO				
ANTÍGENOS	Antígeno A	Antígeno B	Antígenos A y B	Ninguno
ANTICUERPOS	Anti-B	Anti-A	Ninguno	Anti-A y Anti-B

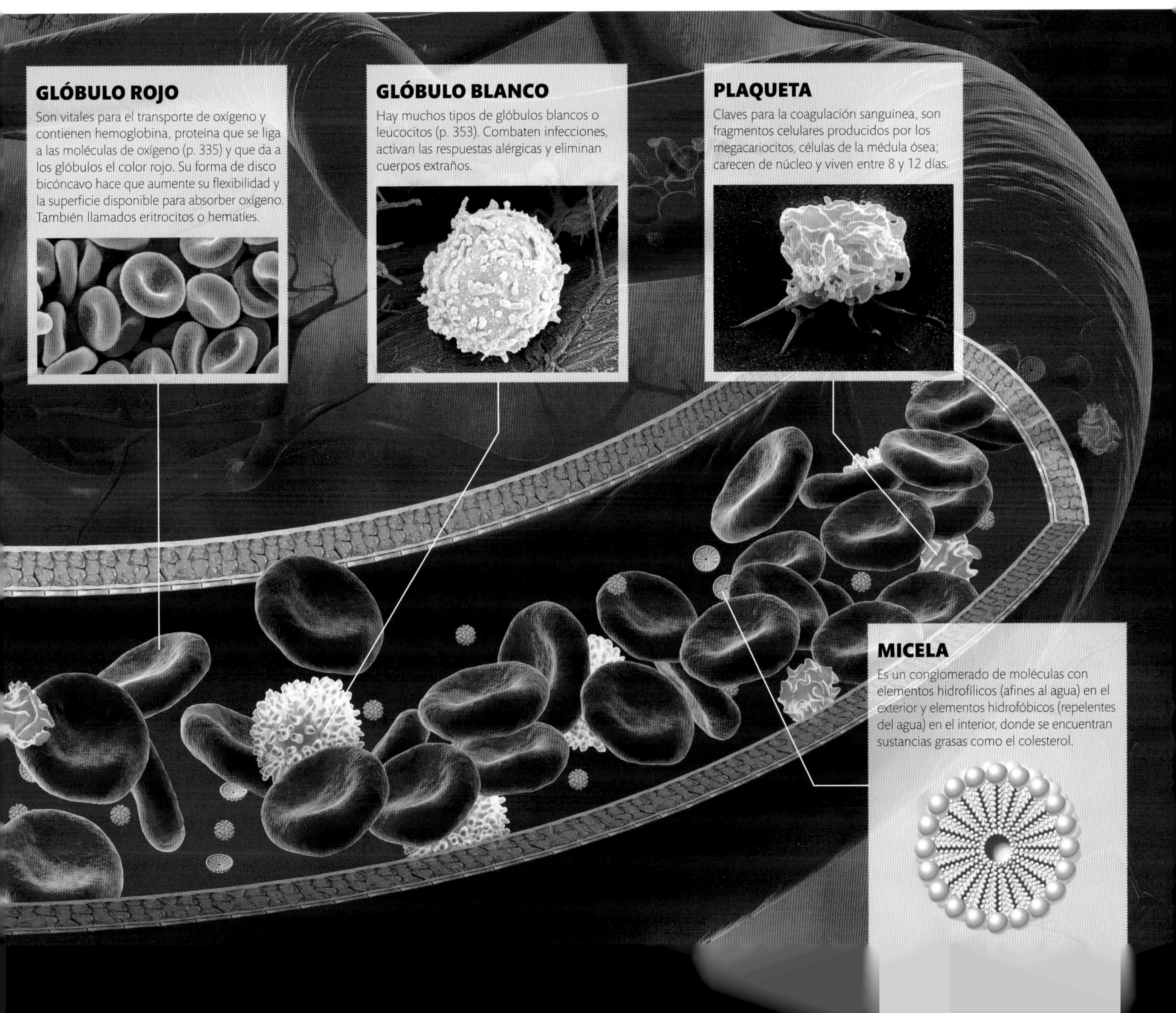

GLÓBULO ROJO
Son vitales para el transporte de oxígeno y contienen hemoglobina, proteína que se liga a las moléculas de oxígeno (p. 335) y que da a los glóbulos el color rojo. Su forma de disco bicóncavo hace que aumente su flexibilidad y la superficie disponible para absorber oxígeno. También llamados eritrocitos o hematíes.

GLÓBULO BLANCO
Hay muchos tipos de glóbulos blancos o leucocitos (p. 353). Combaten infecciones, activan las respuestas alérgicas y eliminan cuerpos extraños.

PLAQUETA
Claves para la coagulación sanguínea, son fragmentos celulares producidos por los megacariocitos, células de la médula ósea; carecen de núcleo y viven entre 8 y 12 días.

MICELA
Es un conglomerado de moléculas con elementos hidrofílicos (afines al agua) en el exterior y elementos hidrofóbicos (repelentes del agua) en el interior, donde se encuentran sustancias grasas como el colesterol.

EL CICLO CARDÍACO

El corazón es una doble bomba muscular. El lado derecho recibe sangre desoxigenada y la bombea a los pulmones, donde se carga de oxígeno. El lado izquierdo recibe la sangre oxigenada desde los pulmones y la bombea al resto del cuerpo.

BOMBA CARDÍACA

El corazón combina dos bombas distintas en un único órgano: una bomba para la sangre oxigenada (izquierda) y otra para la desoxigenada (derecha). En reposo, late un promedio de 100 000 veces al día. Cada latido consta de la contracción (sístole) y relajación (diástole) coordinadas de las cuatro cámaras cardíacas. Dichos pulsos musculares llevan la sangre desde las dos cámaras superiores (aurículas) a las dos inferiores (ventrículos) mediante un sistema de válvulas, y la expulsan del corazón por las arterias aorta y pulmonar. Este proceso, llamado ciclo cardíaco, se divide en cinco fases (p. siguiente).

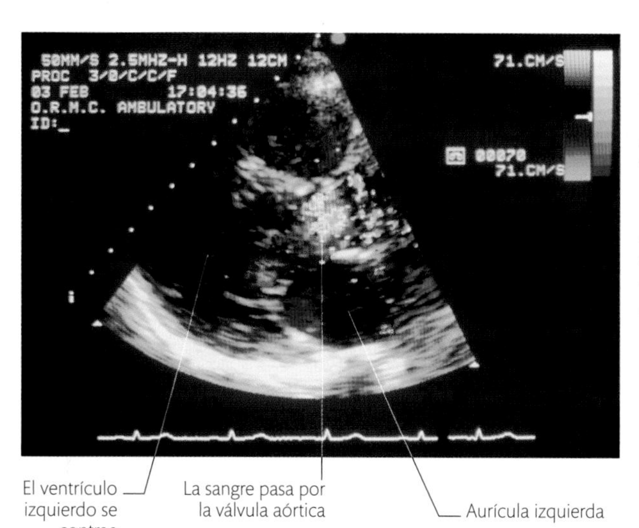
50MM/S 2.5MHZ-H 12HZ 12CM
PROC 3/0/C/C/F
03 FEB 17:04:36
O.R.M.C. AMBULATORY
ID:_
71.CM/S
00070
71.CM/S
El ventrículo izquierdo se contrae
La sangre pasa por la válvula aórtica
Aurícula izquierda

Ecocardiografía
Una ecocardiografía es una imagen por ultrasonidos del corazón, que registra visualmente y en tiempo real el movimiento de la sangre por las cuatro cámaras cardíacas. Puede revelar cualquier anomalía en las válvulas o en la capacidad de bombeo del corazón.

Ciclo cardíaco
La contracción del miocardio es una respuesta a la actividad eléctrica en el interior del sistema conductor cardíaco (p. 360). En circunstancias normales, esta actividad eléctrica sigue una pauta estricta que produce la contracción regular de las cámaras cardíacas. Con todo, el corazón puede responder fácilmente a las exigencias del cuerpo y alterar con rapidez el ritmo y la fuerza de las contracciones.

MÚSCULO CARDÍACO

El músculo cardíaco (miocardio) se distingue del resto de los músculos (esqueléticos y lisos) por su aspecto y funcionamiento. Las fibras musculares cardíacas se asemejan a las esqueléticas menos en que son estriadas, pero su funcionamiento es muy distinto. Las separaciones entre las células del miocardio son muy permeables, lo que permite que los impulsos eléctricos (potenciales de acción) fluyan con rapidez y facilidad entre ellas, y así todas las que se encuentran en una misma región puedan contraerse al unísono. El miocardio contiene muchas mitocondrias, que producen energía e impiden que el corazón se fatigue como el músculo esquelético.

Músculo estriado
Fibras musculares (rosa) y mitocondrias (verde) en una micrografía coloreada.

VÁLVULAS

Cuatro válvulas, dos en las salidas de las aurículas y dos en las de los ventrículos, impiden que la sangre retroceda hacia las cámaras cardíacas. Las válvulas se abren o se cierran pasivamente, en función de la presión de la sangre que las envuelve. Si la presión en la parte posterior de la válvula supera a la de la anterior, se abre; si la presión en la parte anterior es superior, se cierra (es al cerrarse cuando las válvulas producen el característico sonido del latido). Las válvulas mitral y tricúspide, situadas entre las aurículas y los ventrículos, cuentan con músculos papilares y cordones tendinosos que impiden que se abran hacia atrás, en dirección a la aurícula, cuando la presión ventricular aumenta.

Corazón

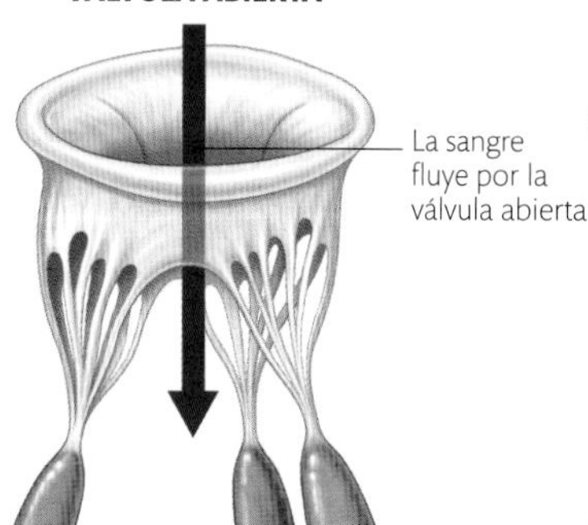
VÁLVULA ABIERTA
La sangre fluye por la válvula abierta

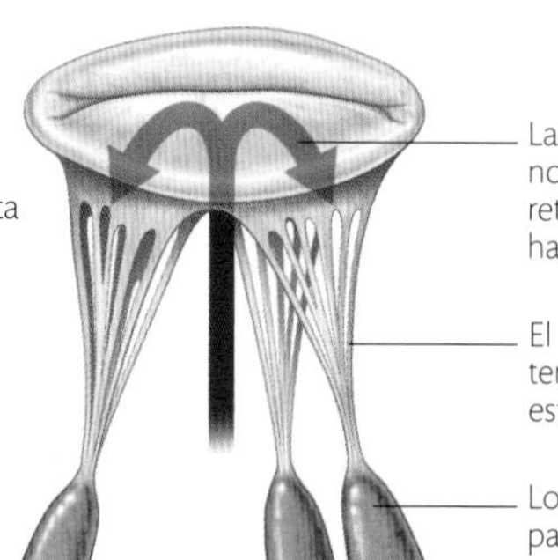
VÁLVULA CERRADA
La sangre no puede retroceder hacia la aurícula
El cordón tendinoso está tenso
Los músculos papilares se contraen

Bien cerrada
Los músculos papilares se contraen con el ventrículo y tensan los cordones tendinosos, unidos a la válvula, para mantenerla bien cerrada.

Las venas pulmonares traen sangre de los pulmones

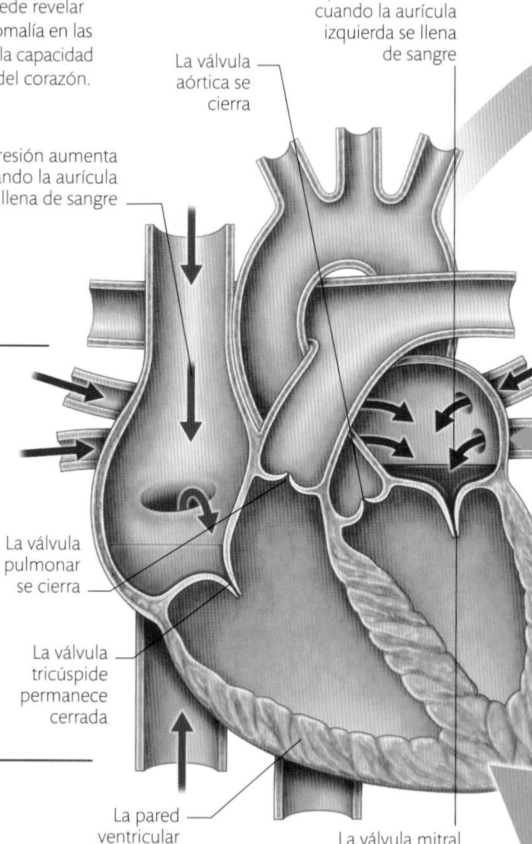
La presión aumenta cuando la aurícula izquierda se llena de sangre
La válvula aórtica se cierra
La presión aumenta cuando la aurícula derecha se llena de sangre
La válvula pulmonar se cierra
La válvula tricúspide permanece cerrada
La pared ventricular se relaja
La válvula mitral permanece cerrada

5 RELAJACIÓN ISOVOLUMÉTRICA

Es la primera fase de la diástole. Los ventrículos se relajan y la presión de la sangre en su interior desciende por debajo de la presión de la sangre en las venas aorta y pulmonar; por lo tanto, las válvulas aórtica y pulmonar se cierran. Sin embargo, la presión en los ventrículos aún es demasiado alta para que las válvulas mitral y tricúspide puedan abrirse.

Válvulas y presión
La presión ventricular desciende y las válvulas pulmonar y aórtica se cierran, pero aún no es lo bastante baja como para que las válvulas mitral y tricúspide se abran.

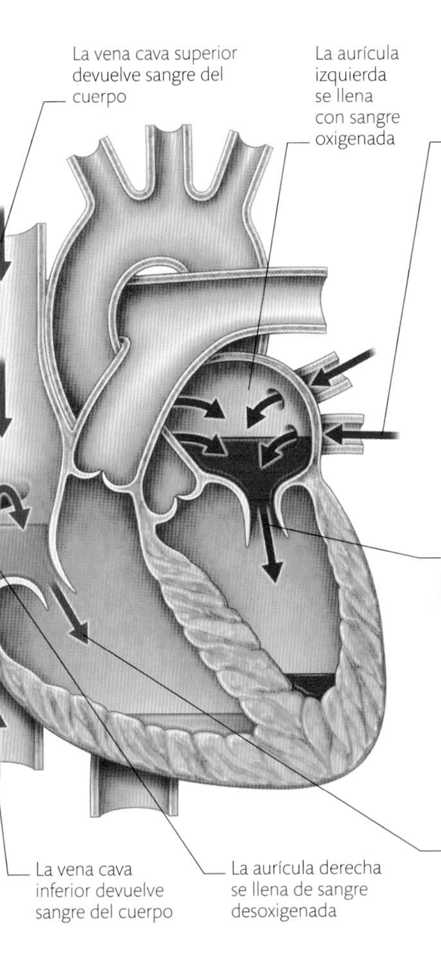
La vena cava superior devuelve sangre del cuerpo
La aurícula izquierda se llena con sangre oxigenada
Las venas pulmonares traen sangre de los pulmones
La válvula mitral se abre y la sangre fluye pasivamente hacia el ventrículo izquierdo
La vena cava inferior devuelve sangre del cuerpo
La aurícula derecha se llena de sangre desoxigenada
La válvula tricúspide se abre y la sangre fluye pasivamente hacia el ventrículo derecho

1 DIÁSTOLE

En esta fase los ventrículos se relajan. Al principio, las válvulas mitral y tricúspide se abren y la sangre acumulada durante la sístole en las aurículas se vierte en los ventrículos. Después la sangre que vuelve al corazón fluye pasivamente de las aurículas a los ventrículos. Al final de esta fase, los ventrículos se llenan hasta un 75% de su capacidad.

Válvulas y presión

La elevada presión en las aurículas abre las válvulas mitral y tricúspide. La baja presión ventricular mantiene cerradas las válvulas aórtica y pulmonar.

La aurícula derecha se contrae

La aurícula izquierda se contrae

La sangre que queda en la aurícula pasa al ventrículo derecho

La sangre que queda en la aurícula pasa al ventrículo izquierdo

2 SÍSTOLE AURICULAR

Las aurículas derecha e izquierda se contraen simultáneamente y fuerzan el paso de la sangre restante a los ventrículos, que siguen relajados, por las válvulas mitral y tricúspide. Tras la sístole auricular los ventrículos están llenos, pero la contracción auricular solo ha aportado el 25% del volumen de sangre.

Válvulas y presión

La presión aún mayor de las aurículas contraídas mantiene abiertas las válvulas mitral y tricúspide. La aórtica y la pulmonar siguen cerradas.

Un **corazón adulto** bombea un promedio de **7200 litros** de **sangre cada día**.

3 CONTRACCIÓN ISOVOLUMÉTRICA

Es la primera fase de la sístole, en que el músculo de los ventrículos empieza a contraerse y aumenta la presión de la sangre que contienen. El aumento de la presión basta para cerrar las válvulas mitral y tricúspide, pero no para abrir la aórtica y la pulmonar. Así, en esta fase los ventrículos se contraen como un sistema cerrado.

Válvulas y presión

El aumento de la presión ventricular cierra las válvulas mitral y tricúspide pero no basta para abrir la aórtica y la pulmonar.

La aurícula derecha sigue llenándose de sangre

La válvula pulmonar sigue cerrada

La aurícula izquierda sigue llenándose de sangre

La válvula mitral se cierra

La válvula tricúspide se cierra

La válvula aórtica sigue cerrada

El ventrículo derecho empieza a contraerse

El ventrículo izquierdo empieza a contraerse

4 EXPULSIÓN

Finalmente, la contracción ventricular hace que la presión de la sangre en los ventrículos supere a la presión en las arterias aorta y pulmonar. Esto fuerza la apertura de las válvulas aórtica y pulmonar y la sangre sale con fuerza de los ventrículos. Los músculos papilares impiden que las válvulas mitral y tricúspide se abran.

Válvulas y presión

Las válvulas aórtica y pulmonar se abren debido a la elevada presión en los ventrículos. Las válvulas mitral y tricúspide permanecen cerradas.

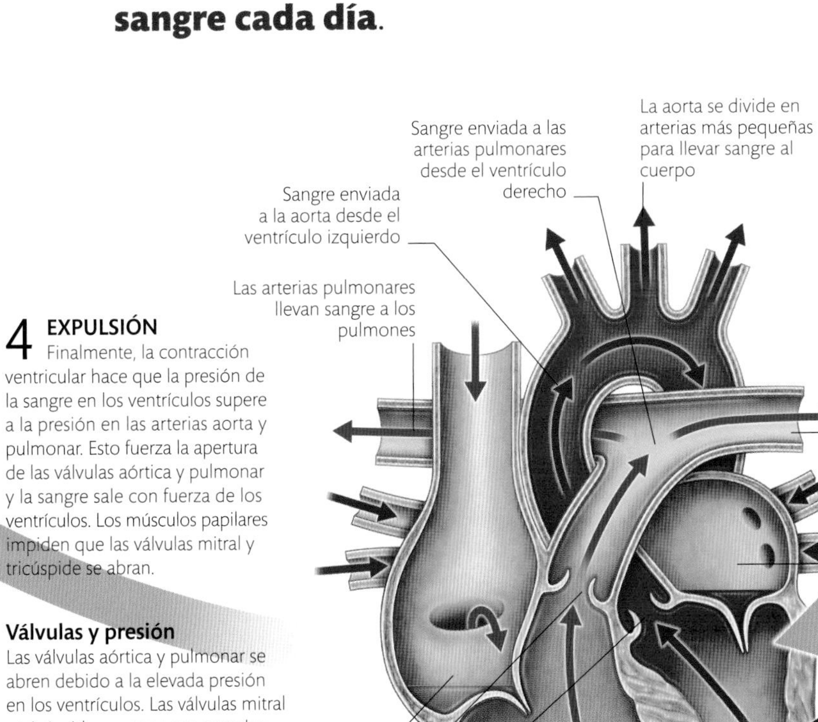
Sangre enviada a las arterias pulmonares desde el ventrículo derecho
La aorta se divide en arterias más pequeñas para llevar sangre al cuerpo
Sangre enviada a la aorta desde el ventrículo izquierdo
Las arterias pulmonares llevan sangre a los pulmones
Las arterias pulmonares llevan sangre a los pulmones
La aurícula izquierda sigue llenándose de sangre
La aurícula derecha sigue llenándose de sangre
La válvula pulmonar se abre
La válvula aórtica se abre
El ventrículo derecho se contrae por completo
Aorta descendente
El ventrículo izquierdo se contrae por completo

CIENCIA

CORAZÓN ARTIFICIAL

Muchas personas fallecen esperando un trasplante de corazón, pues no hay donantes suficientes. Para ayudarles a sobrevivir hasta que haya un corazón disponible, se han desarrollado corazones artificiales, que podrían llegar a sustituir por completo a los corazones trasplantados y permitirían a más pacientes llevar una vida normal.

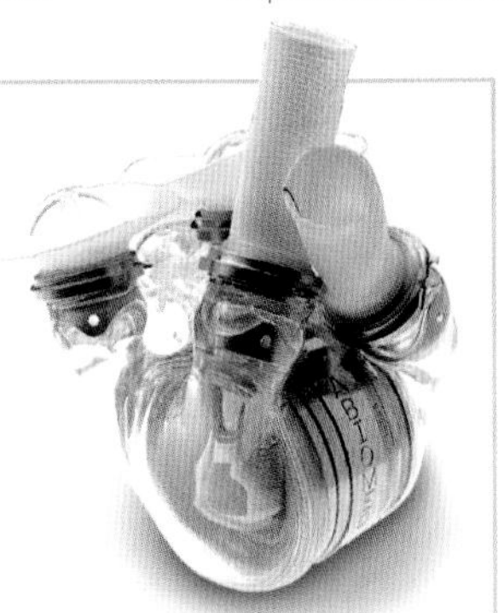

EL CONTROL DEL CORAZÓN

El corazón late unas 70 veces por minuto, aunque el ritmo varía mucho a lo largo del día. Nervios y hormonas circulantes controlan con gran precisión el ritmo cardíaco para garantizar que todas las células del organismo reciben la sangre que necesitan.

SISTEMA CONDUCTOR DEL CORAZÓN

El sistema conductor del corazón lo constituye un conjunto de células especializadas que transmiten impulsos eléctricos a través del músculo cardíaco para provocar su contracción. El impulso empieza en el nodo sinoauricular (SA), ubicado en la aurícula derecha, y atraviesa ambas aurículas con rapidez provocando su contracción (sístole auricular). La electricidad no puede pasar directamente de las aurículas a los ventrículos, sino que se canaliza al nodo auriculoventricular (AV), donde se ralentiza para garantizar que la contracción auricular haya finalizado antes de que los ventrículos empiecen a contraerse. Tras salir del nodo AV, el impulso eléctrico atraviesa el haz de His y las fibras de Purkinje, que lo conducen a través de las paredes ventriculares para estimular la contracción de los ventrículos.

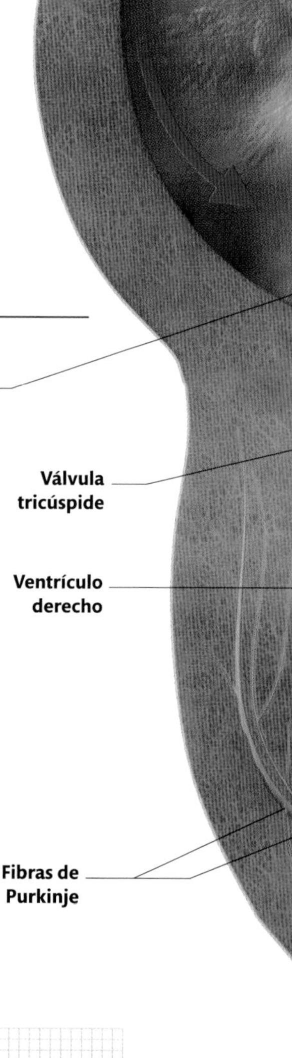
Nodo sinoauricular
Considerado como el marcapasos del corazón, emite un impulso eléctrico que recorre las paredes auriculares y estimula la sístole auricular, provocando el latido
Aurícula derecha
Corrientes
Impulsos eléctricos atraviesan la pared auricular
Nodo auriculoventricular
La corriente eléctrica no puede atravesar el tejido fibroso que separa aurículas y ventrículos; entra en el nodo AV y se retrasa 0,13 segundos, antes de pasar rápidamente a través de las paredes ventriculares
Válvula tricúspide
Ventrículo derecho
Fibras de Purkinje
Músculo papilar

Conductores cardíacos
Tanto el nodo SA como el AV pueden autoestimularse, es decir, que el corazón puede latir sin estímulo del sistema nervioso: los nervios regulan más que estimulan el latido (p. siguiente). El nodo SA marca el ritmo cardíaco, pero si el impulso auricular se bloquea, el nodo AV puede estimular la contracción ventricular.

ACTIVIDAD ELÉCTRICA

El electrocardiograma (ECG) registra la actividad eléctrica cardíaca. Se colocan electrodos en tórax y extremidades para registrar las corrientes eléctricas en todas las áreas del corazón. El registro refleja el voltaje entre pares de electrodos. En un ECG típico, cada latido produce tres ondas características (P, QRS y T) que muestran un latido regular. Además de registrar el ritmo cardíaco, el ECG puede revelar si hay alteraciones en el flujo eléctrico y dónde, pues en tal caso las ondas presentarán una pauta inusual.

Ritmo eléctrico
El flujo eléctrico a través del músculo estimula el latido en una secuencia que el ECG puede detectar. Las desviaciones de la línea horizontal son consecuencia de la actividad eléctrica que conlleva el movimiento en el corazón.

La actividad eléctrica del nodo SA provoca la sístole auricular
Impulso eléctrico
El nodo SA se prepara para el siguiente latido
El nodo AV transmite el impulso eléctrico para contraer los ventrículos
El corazón se relaja y el impulso eléctrico se desvanece

1. Onda P
Los impulsos eléctricos parten del nodo SA, atraviesan la aurícula y llegan al nodo AV.

2. Complejo QRS
La actividad eléctrica pasa del nodo AV a los ventrículos para producir la contracción ventricular.

3. Onda T
Representa la recuperación eléctrica (repolarización) de los ventrículos. Aurículas y ventrículos se relajan totalmente.

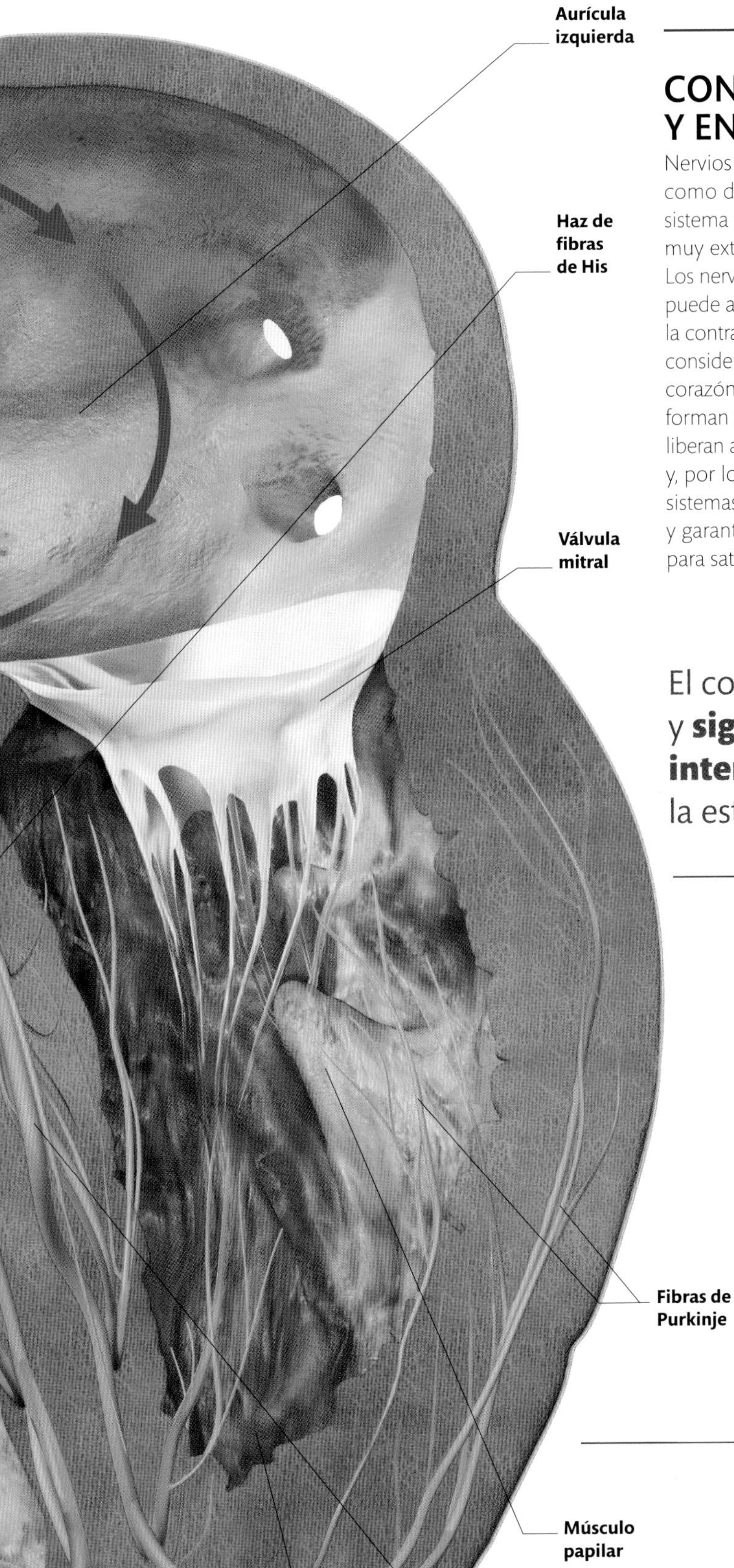
Aurícula izquierda
Haz de fibras de His
Válvula mitral
Fibras de Purkinje
Músculo papilar
Ventrículo izquierdo

Haz de fibras de His y fibras de Purkinje
Estas fibras conductoras especializadas transmiten con gran rapidez los impulsos eléctricos por las paredes ventriculares, para garantizar que todas las células de los ventrículos se contraigan casi de forma simultánea

CONTROL NERVIOSO Y ENCEFÁLICO

Nervios tanto del sistema nervioso simpático como del parasimpático (p. 319) inervan el sistema conductor del corazón, además de estar muy extendidos por todo el músculo cardíaco. Los nervios simpáticos liberan noradrenalina, que puede aumentar tanto el ritmo como la fuerza de la contracción cardíaca; esto incrementa de forma considerable el volumen de sangre que expulsa el corazón (gasto cardíaco). Los nervios vagos, que forman parte del sistema nervioso parasimpático, liberan acetilcolina, que ralentiza el ritmo cardíaco y, por lo tanto, reduce el gasto cardíaco. Estos sistemas complementarios regulan el miocardio y garantizan que bombee la sangre necesaria para satisfacer las necesidades del organismo.

El corazón es **autoexcitable** y **sigue latiendo** aunque se **interrumpa** completamente la estimulación nerviosa.

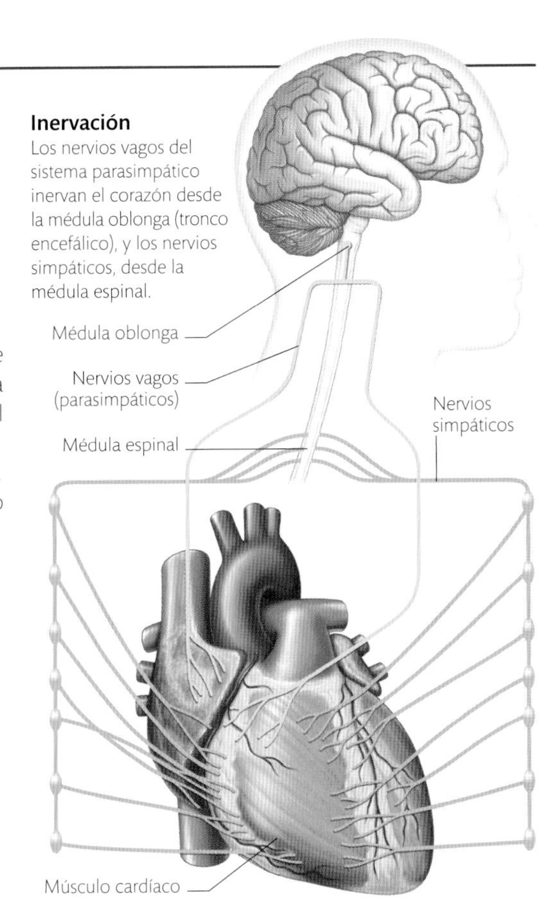
Médula oblonga
Nervios vagos (parasimpáticos)
Nervios simpáticos
Médula espinal
Músculo cardíaco

Inervación
Los nervios vagos del sistema parasimpático inervan el corazón desde la médula oblonga (tronco encefálico), y los nervios simpáticos, desde la médula espinal.

SUMINISTRO DE SANGRE

El corazón es el músculo más activo del cuerpo y precisa un suministro constante de sangre que aporte energía y oxígeno a sus células y retire sus residuos. Pese a que las cámaras cardíacas están siempre llenas de sangre, esta no puede llegar a todas las células de sus gruesas paredes, por lo que el corazón cuenta con su propia red de vasos: la circulación coronaria. Las arterias coronarias que abastecen el corazón se cierran forzosamente cuando este se contrae; así, solamente se llenan durante la diástole, cuando el corazón se encuentra relajado.

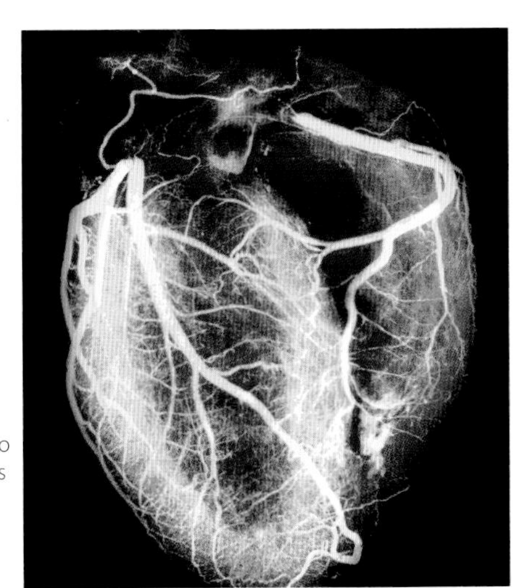

Suministro vital
Este angiograma coloreado muestra cómo las grandes arterias coronarias se ramifican en una red de vasos más pequeños que abastecen el corazón.

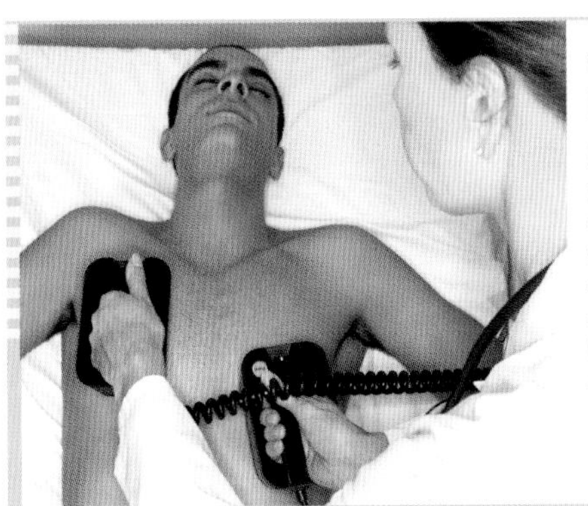

CIENCIA
DESFIBRILADOR

Mediante descargas eléctricas, los desfibriladores pueden devolver el ritmo normal a un corazón que ha dejado de latir correctamente. También se usan para tratar ritmos cardíacos anómalos, en que las células del corazón se contraen arrítmicamente. La dosis de electricidad externa hace que todas las células cardíacas se contraigan a la vez y empiecen a trabajar coordinadamente. Estas máquinas suelen ser de uso externo, como la de la imagen, pero pueden implantarse en pacientes con un ritmo cardíaco anómalo.

VASOS SANGUÍNEOS

Los vasos sanguíneos constituyen una gran red de tubos ramificados que forma parte del sistema circulatorio. Se dilatan y se contraen para ajustar el flujo sanguíneo y regulan el suministro de sangre a los órganos, además de contribuir a la termorregulación.

La pared de la arteriola está relajada
Flujo sanguíneo

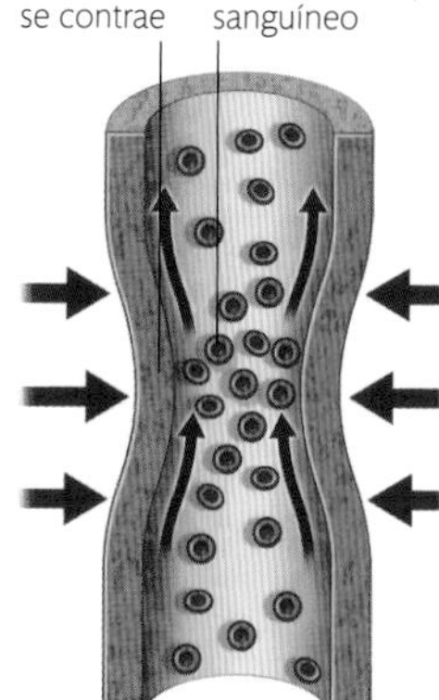
La pared de la arteriola se contrae
La arteriola se estrecha para restringir el flujo sanguíneo

Diámetro arteriolar
Los músculos de sus paredes permiten a las arteriolas alterar su diámetro y modificar el flujo sanguíneo para responder a las necesidades de las células cercanas.

VASOS SANGUÍNEOS

Los vasos sanguíneos presentan una gran variedad de tamaños y estructuras, en función de su tarea específica. Las arterias transportan sangre oxigenada desde el corazón; se dilatan para llenarse de sangre y, al recuperar su diámetro normal, la propulsan hacia delante. Las venas, menos musculosas, devuelven la sangre desoxigenada al corazón a través de una serie de válvulas. Los capilares son los vasos más pequeños y realizan el intercambio gaseoso (pp. 348–349); sus paredes tienen el grosor de una célula, lo que facilita la difusión gaseosa; los más pequeños son de tan solo 7 µm de diámetro, mientras que el de la aorta (la mayor arteria) es de 2,5 cm, y tiene unas paredes tan gruesas que necesitan riego sanguíneo propio.

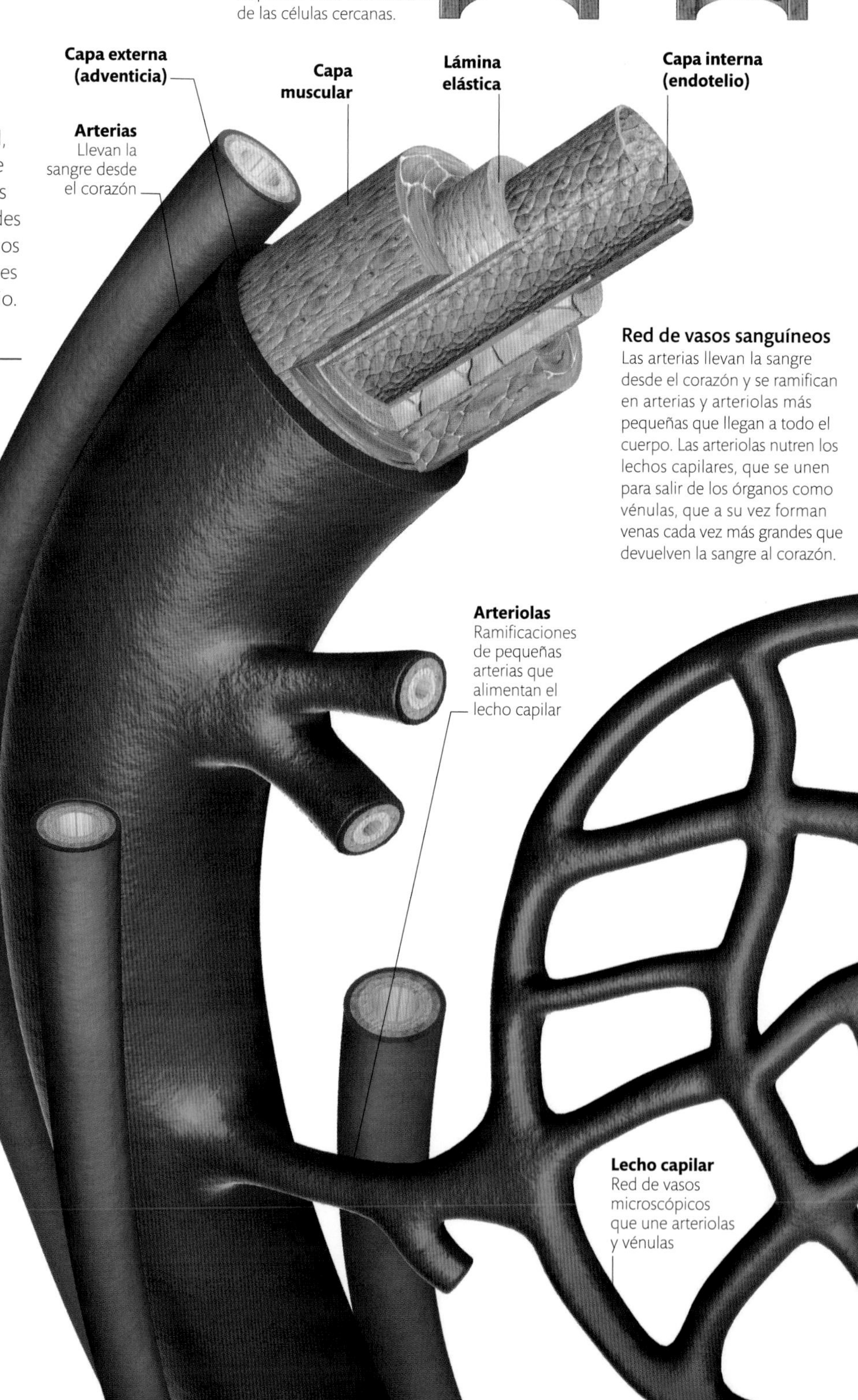
Capa externa (adventicia)
Capa muscular
Lámina elástica
Capa interna (endotelio)
Arterias Llevan la sangre desde el corazón
Arteriolas Ramificaciones de pequeñas arterias que alimentan el lecho capilar
Lecho capilar Red de vasos microscópicos que une arteriolas y vénulas

Red de vasos sanguíneos
Las arterias llevan la sangre desde el corazón y se ramifican en arterias y arteriolas más pequeñas que llegan a todo el cuerpo. Las arteriolas nutren los lechos capilares, que se unen para salir de los órganos como vénulas, que a su vez forman venas cada vez más grandes que devuelven la sangre al corazón.

CIRCULACIÓN DOBLE

La circulación se divide en dos sistemas principales: el pulmonar y el sistémico. La circulación pulmonar lleva la sangre del lado derecho del corazón a los pulmones; allí se oxigena y libera dióxido de carbono, antes de volver a la parte izquierda del corazón. La circulación sistémica lleva la sangre oxigenada a las células del cuerpo, donde recoge dióxido de carbono y otros residuos antes de volver a la parte derecha del corazón.

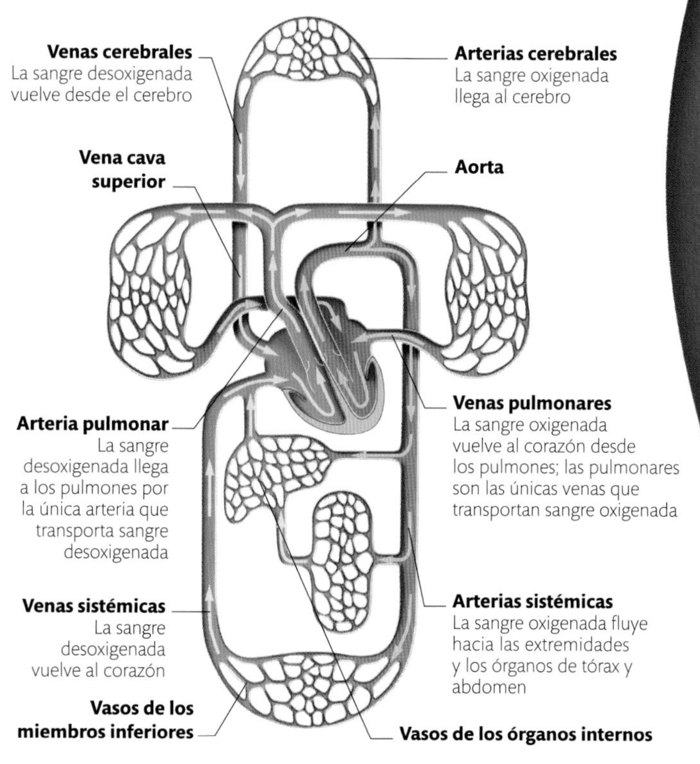
Venas cerebrales La sangre desoxigenada vuelve desde el cerebro
Arterias cerebrales La sangre oxigenada llega al cerebro
Vena cava superior
Aorta
Arteria pulmonar La sangre desoxigenada llega a los pulmones por la única arteria que transporta sangre desoxigenada
Venas pulmonares La sangre oxigenada vuelve al corazón desde los pulmones; las pulmonares son las únicas venas que transportan sangre oxigenada
Venas sistémicas La sangre desoxigenada vuelve al corazón
Arterias sistémicas La sangre oxigenada fluye hacia las extremidades y los órganos de tórax y abdomen
Vasos de los miembros inferiores
Vasos de los órganos internos

Suministro múltiple
Los sistemas circulatorios pulmonar y sistémico garantizan un suministro constante de sangre a los pulmones y el cuerpo. Un tercer sistema, la circulación coronaria, suministra sangre directamente al propio corazón (p. 361).

TERMORREGULACIÓN

Cuando la temperatura ambiente sube, sustancias químicas circulantes ordenan a los vasos sanguíneos de la piel que se dilaten. Así, la sangre se desvía hacia la piel, donde pierde calor y, por lo tanto, se enfría el cuerpo. Cuando la temperatura desciende, los vasos sanguíneos se contraen para que la piel pierda menos calor y el interior del cuerpo, donde se hallan los órganos vitales, pueda conservarlo. Este mecanismo ayuda a mantener la temperatura corporal a un nivel constante alrededor de los 37 °C.

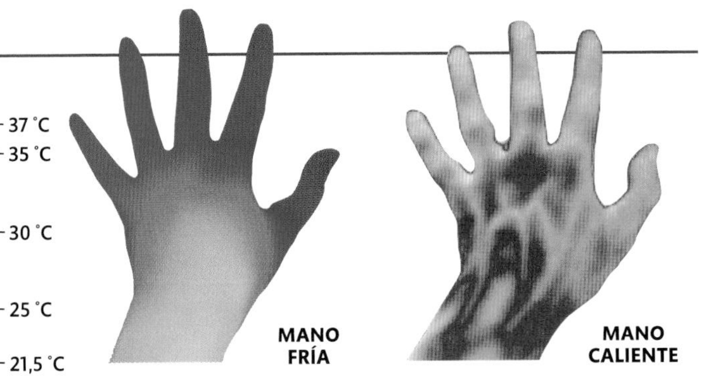
37 °C
35 °C
30 °C
25 °C
21,5 °C
MANO FRÍA
MANO CALIENTE

Imágenes térmicas
La mano de la derecha está caliente, la sangre fluye en abundancia por sus vasos e irradia calor. La mano de la izquierda está fría, el flujo sanguíneo en ella es reducido, por lo que irradia menos calor.

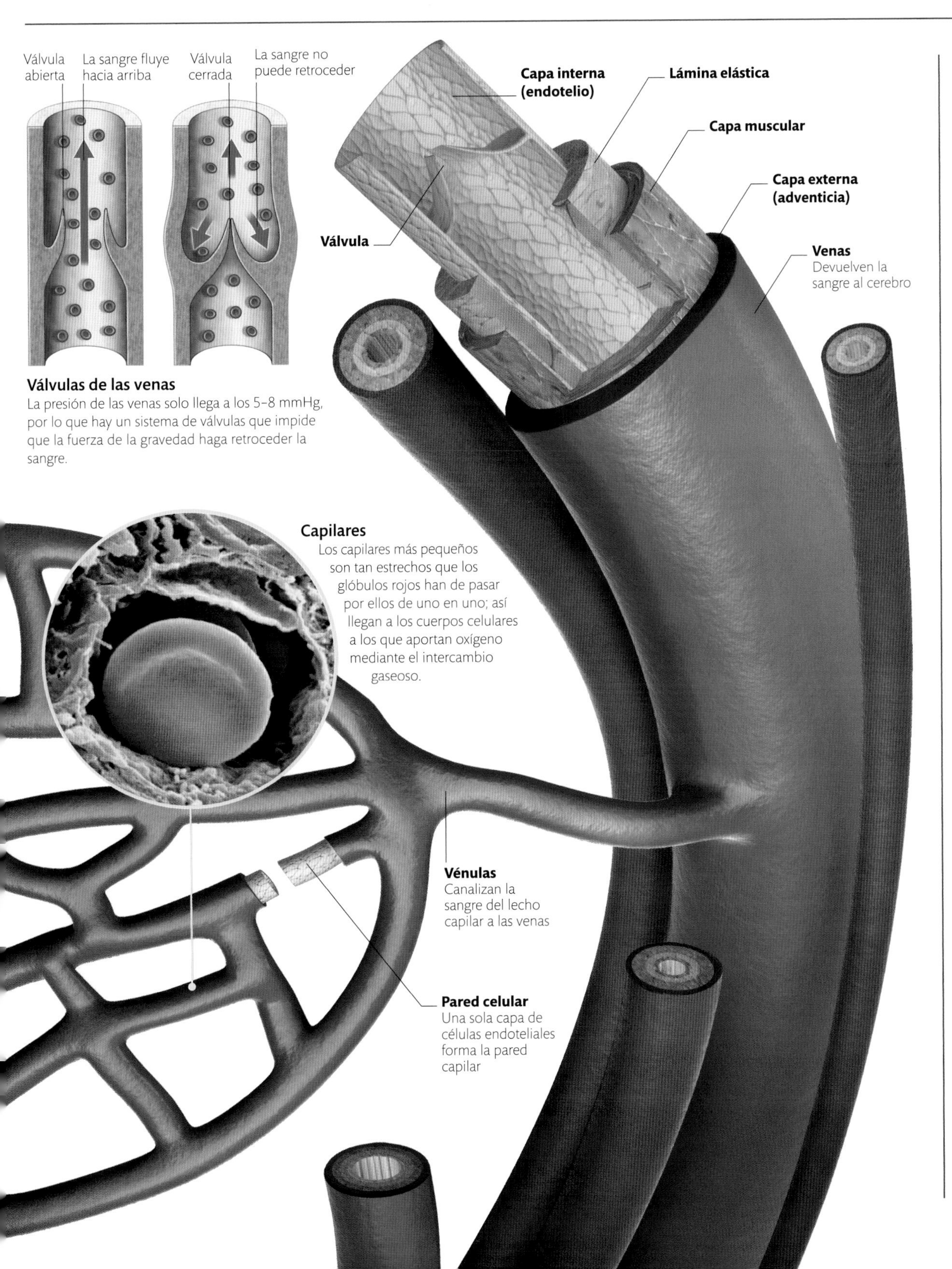
Válvula abierta
La sangre fluye hacia arriba
Válvula cerrada
La sangre no puede retroceder
Capa interna (endotelio)
Lámina elástica
Capa muscular
Capa externa (adventicia)
Válvula
Venas
Devuelven la sangre al cerebro
Capilares
Los capilares más pequeños son tan estrechos que los glóbulos rojos han de pasar por ellos de uno en uno; así llegan a los cuerpos celulares a los que aportan oxígeno mediante el intercambio gaseoso.
Vénulas
Canalizan la sangre del lecho capilar a las venas
Pared celular
Una sola capa de células endoteliales forma la pared capilar

Válvulas de las venas
La presión de las venas solo llega a los 5-8 mmHg, por lo que hay un sistema de válvulas que impide que la fuerza de la gravedad haga retroceder la sangre.

BOMBA MUSCULAR

La presión en las venas es demasiado baja para permitirles bombear la sangre de vuelta al corazón contra la gravedad, por lo que dependen de la presión de los tejidos circundantes para lograrlo. En el tórax y el abdomen, órganos como el hígado contribuyen a esta tarea. En las extremidades, la contracción y relajación de la musculatura en movimiento «bombea» la sangre hacia el corazón.

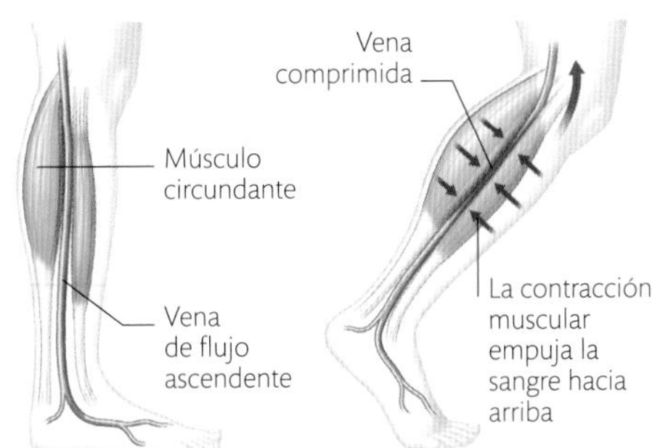
Vena comprimida
Músculo circundante
Vena de flujo ascendente
La contracción muscular empuja la sangre hacia arriba
MÚSCULO RELAJADO
MÚSCULO CONTRAÍDO

Músculos que bombean
Cuando el músculo se contrae, la sangre que hay en las venas es empujada hacia arriba. Cuando se relaja, las válvulas unidireccionales impiden que vuelva a bajar.

PRESIÓN SANGUÍNEA

Se mide en mililitros de mercurio (mmHg) y refleja la presión en las arterias. La máxima presión (sistólica) se da cuando la sangre es bombeada en las arterias. Cuando el corazón se relaja, la presión desciende hasta alcanzar un mínimo (presión diastólica); el tono muscular de la pared arterial impide que la presión llegue a cero, por lo que la sangre siempre fluye.

Picos y valles
El latido tiene una presión sistólica (máxima) y diastólica (mínima).

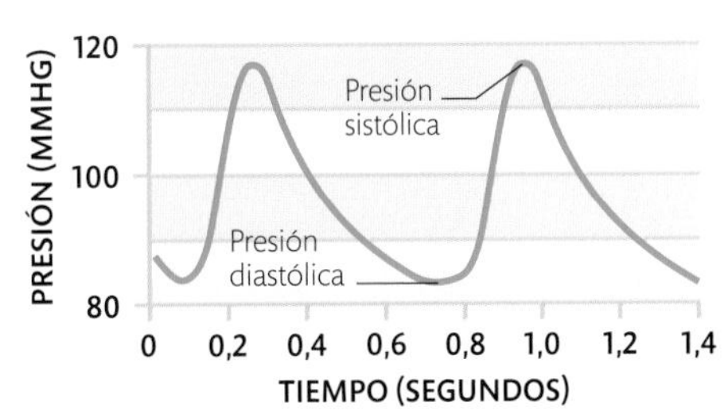
PRESIÓN (MMHG)
120
100
80
Presión sistólica
Presión diastólica
0
0,2
0,4
0,6
0,8
1,0
1,2
1,4
TIEMPO (SEGUNDOS)

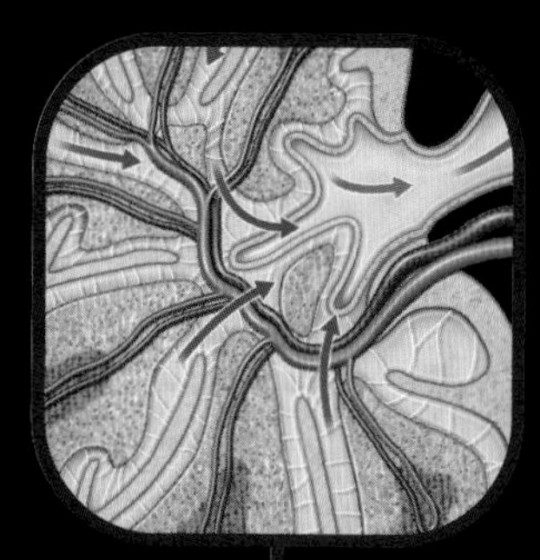

GANGLIO LINFÁTICO

La linfa fluye lentamente a través de los ganglios, que la filtran. En caso de infección, estos ganglios o nódulos producen anticuerpos y se inflaman.

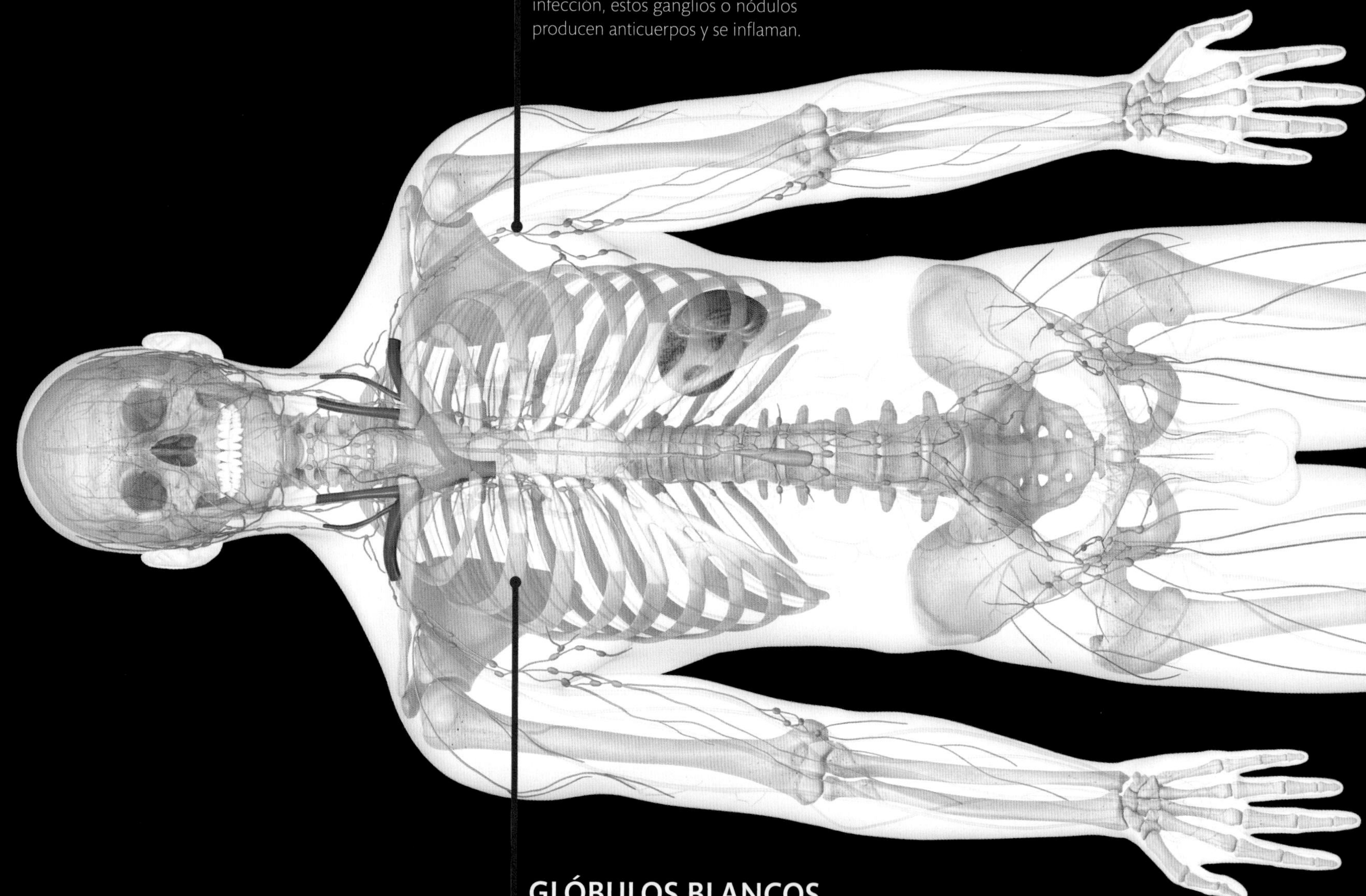

GLÓBULOS BLANCOS

Los glóbulos blancos se producen en la médula ósea. Entre ellos, los linfocitos, importantes células inmunitarias, se almacenan en el bazo y en los ganglios linfáticos.

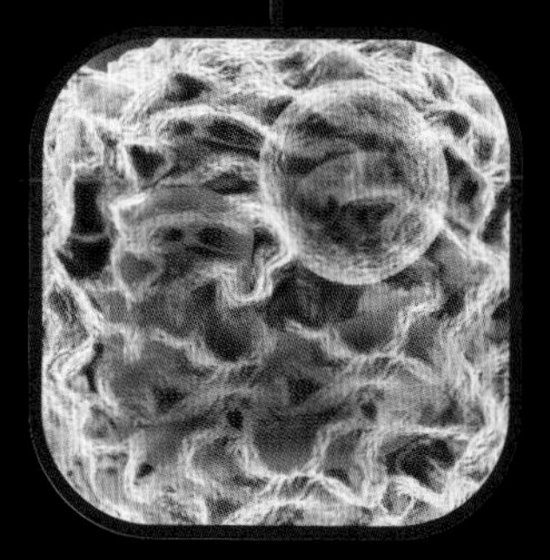

SISTEMA LINFÁTICO E INMUNITARIO

VASO

Los delgados vasos linfáticos funcionan de un modo parecido a las venas; disponen de válvulas y llevan la linfa a todo el cuerpo.

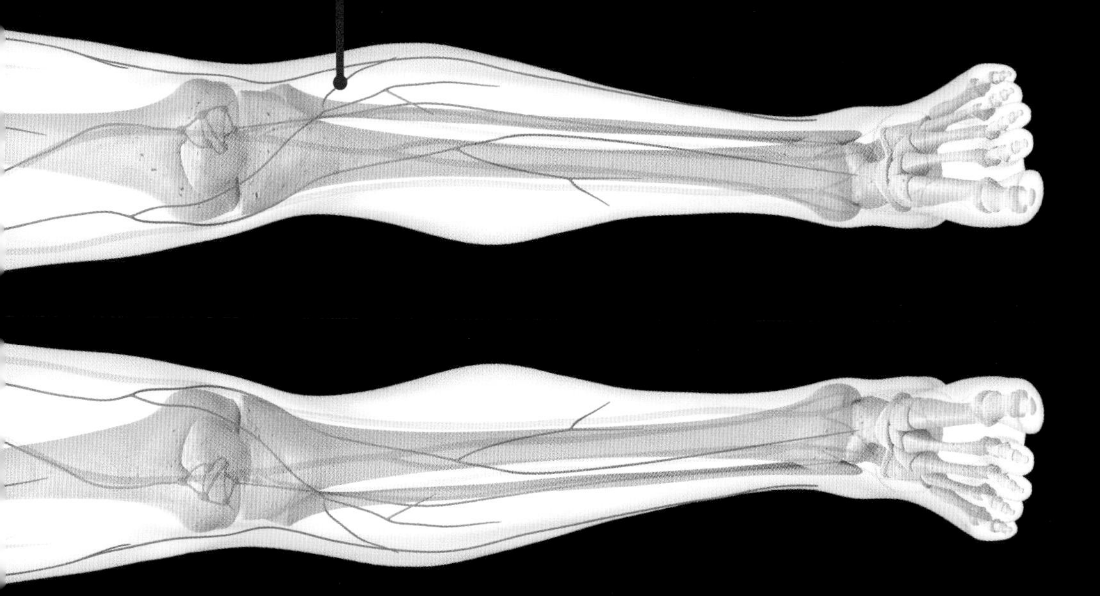

El sistema linfático es paralelo al de la circulación sanguínea. Mediante una red de ganglios y vasos, recoge el exceso de líquido de los tejidos del cuerpo y lo devuelve a la sangre. Desempeña funciones inmunitarias vitales.

EL SISTEMA LINFÁTICO

Red de vasos, conductos y ganglios que recoge y drena los fluidos de los tejidos. Desempeña una función clave en el mantenimiento del equilibrio de los fluidos, en la absorción de la grasa de los alimentos y en el funcionamiento del sistema inmunitario.

CIRCULACIÓN LINFÁTICA

La circulación linfática está muy relacionada con la sanguínea y desempeña una función clave en el drenaje de los fluidos de los tejidos del organismo. El suministro de nutrientes a las células y la recogida de residuos por parte de la sangre no es un proceso directo, sino que se lleva a cabo mediante el fluido intersticial, un derivado del plasma sanguíneo (abajo) que baña las células. Para impedir que se acumule, el sistema linfático lo recoge y lo devuelve a la sangre mediante una serie de vasos repartidos por el cuerpo; una vez en el sistema linfático, se le llama linfa. La linfa vuelve a la sangre por conductos que desembocan en las venas subclavias (derecha).

El sistema linfático constituye además la base de una efectiva red de vigilancia para las células del sistema inmunitario (leucocitos) que controlan los tejidos en busca de signos de infección. Estas se mueven por el cuerpo suspendidos en la linfa y a través de los ganglios linfáticos (p. siguiente).

Vena subclavia derecha

Vena yugular interna derecha

Vena yugular interna izquierda

Vena subclavia izquierda

Conducto linfático derecho
La linfa vuelve a la sangre en la unión de las venas yugular interna y subclavia derechas

Conducto torácico
La linfa vuelve a la sangre en la unión de las venas yugular interna y subclavia izquierdas

Drenaje del conducto linfático derecho

Drenaje del conducto torácico

Drenaje del cuerpo
El conducto linfático derecho drena el fluido del lado derecho de cabeza y cuello, del brazo derecho y de parte del tórax. El conducto linfático izquierdo, o torácico, drena el resto del cuerpo.

MOVIMIENTO DE LA LINFA

Los componentes fluidos del plasma sanguíneo, que contiene nutrientes, hormonas y aminoácidos, salen de la sangre por las paredes de los capilares y entran en los espacios intersticiales de los tejidos del organismo. El fluido intersticial se segrega más rápidamente de lo que tarda en reabsorberse. Canales ciegos (prelinfáticos) permiten que el exceso de fluido pase al sistema linfático a través de válvulas unidireccionales y forme la linfa. Los leucocitos también llegan al sistema linfático de este modo.

Los canales prelinfáticos desembocan en los vasos linfáticos principales, que llevan la linfa a todo el cuerpo. Estos tienen paredes contráctiles, que contribuyen al avance de la linfa, y válvulas bicúspides que impiden que retroceda.

Válvulas
Una válvula bicúspide (izquierda) hace que el flujo sea unidireccional; si la linfa retrocede, la válvula se cierra.

Presión de los fluidos
Cuando la presión del fluido fuera del canal prelinfático supera la del fluido dentro de él, la válvula se abre, el fluido intersticial entra y, entonces, forma la linfa.

Sangre y linfa
Este esquema del cuerpo muestra la estrecha asociación que existe entre los vasos sanguíneos y los vasos linfáticos que drenan los tejidos.

Vasos de la cabeza y de la parte superior del cuerpo

Conducto linfático derecho

Conducto torácico (linfático izquierdo)

Pulmón izquierdo

Corazón

Pulmón derecho

Vasos de la cavidad abdominal

Los vasos del intestino delgado permiten la absorción de lípidos y de vitaminas liposolubles

Válvula
Permite la entrada de fluido en el canal prelinfático

Cuerpo celular

Vasos de la parte inferior del cuerpo

Cuerpos celulares

Espacio intersticial

Canal prelinfático

El plasma sale de los capilares

Canal prelinfático
Punto de entrada de la linfa en el sistema linfático

La linfa pasa a la circulación

El fluido intersticial, que transporta leucocitos, entra en los canales prelinfáticos

TEJIDOS Y ÓRGANOS LINFÁTICOS

Los tejidos linfáticos primarios son el timo y la médula ósea, que participan en la producción y maduración de células inmunitarias. Los secundarios (ganglios linfáticos, bazo, adenoides, amígdalas y tejido linfático asociado al intestino) originan las respuestas inmunitarias adaptativas (pp. 370–371). Los ganglios linfáticos están integrados en el sistema linfático, y el bazo actúa como el ganglio linfático de la sangre. Las adenoides, las amígdalas y el tejido linfático asociado al intestino son clave en las respuestas inmunitarias de las mucosas.

Adenoides
Amígdalas
Timo
Ganglios linfáticos
Médula ósea
Ganglios pulmonares
Tejido linfático asociado al intestino
Bazo

CLAVE

- Tejidos linfáticos primarios
- Ganglios linfáticos y bazo
- Tejido linfático asociado a mucosas

Guardianes del cuerpo
La ubicación de las estructuras linfáticas revela su estrecha relación con los puntos de entrada de las infecciones.

PRODUCCIÓN DE CÉLULAS INMUNITARIAS

La médula ósea produce todos los leucocitos (abajo). Las células implicadas en la inmunidad innata (pp. 368–369) migran a la sangre y a los tejidos tras madurar. Las células de la inmunidad adquirida son los linfocitos T y B: los T maduran en el timo y los B en la médula ósea. La maduración les permite reconocer un amplio abanico de agentes patógenos (pp. 370–371). Los linfocitos maduros migran a los tejidos linfáticos secundarios, por donde circulan alertas a las infecciones.

Centros de producción
La mayoría de los huesos producen células sanguíneas, pero a partir de la pubertad, su producción se concentra en el esternón, las vértebras, la pelvis y las costillas.

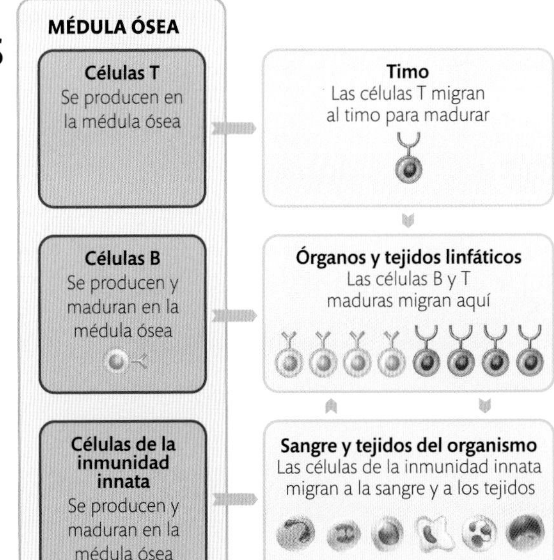
MÉDULA ÓSEA
Células T
Se producen en la médula ósea
Células B
Se producen y maduran en la médula ósea
Células de la inmunidad innata
Se producen y maduran en la médula ósea
Timo
Las células T migran al timo para madurar
Órganos y tejidos linfáticos
Las células B y T maduras migran aquí
Sangre y tejidos del organismo
Las células de la inmunidad innata migran a la sangre y a los tejidos

FILTROS DE LA LINFA

Los ganglios o nódulos linfáticos son pequeñas estructuras encapsuladas que filtran la linfa. Albergan células del sistema inmunitario, sobre todo linfocitos T y B, pero también otras, como las células dendríticas. Las células B se concentran en la corteza externa, mientras que las T son más abundantes en la región interna (paracortical). La linfa entra por los vasos linfáticos aferentes y sale por los eferentes. Cuando atraviesa el ganglio, las células inmunitarias la analizan en busca de signos de infección. El patógeno puede entrar en el ganglio suspendido en la linfa o transportado por otra célula inmunitaria, que lo presenta a los linfocitos residentes; el reconocimiento de la infección activa la respuesta inmunitaria adquirida (pp. 370–371). Los vasos de drenaje linfático cuentan con numerosos ganglios dispuestos a intervalos regulares que les permiten controlar las diversas regiones del cuerpo.

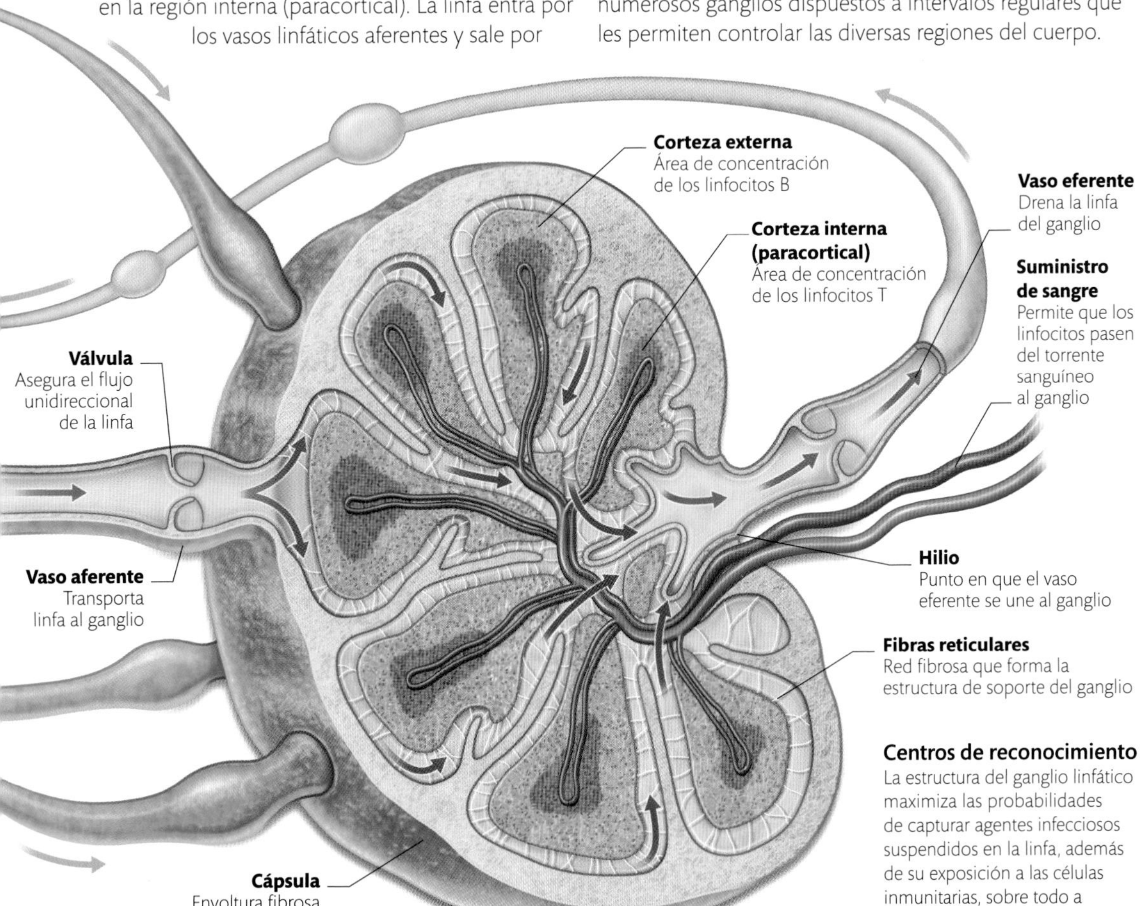
Corteza externa
Área de concentración de los linfocitos B
Corteza interna (paracortical)
Área de concentración de los linfocitos T
Vaso eferente
Drena la linfa del ganglio
Suministro de sangre
Permite que los linfocitos pasen del torrente sanguíneo al ganglio
Válvula
Asegura el flujo unidireccional de la linfa
Vaso aferente
Transporta linfa al ganglio
Hilio
Punto en que el vaso eferente se une al ganglio
Fibras reticulares
Red fibrosa que forma la estructura de soporte del ganglio
Cápsula
Envoltura fibrosa del ganglio

Centros de reconocimiento
La estructura del ganglio linfático maximiza las probabilidades de capturar agentes infecciosos suspendidos en la linfa, además de su exposición a las células inmunitarias, sobre todo a los linfocitos T y B.

CÉLULAS INMUNITARIAS

Los responsables de las respuestas inmunitarias son los leucocitos. Su diversidad refleja la variedad de funciones en el combate contra las infecciones. Se dividen en dos grandes grupos: los innatos responden de forma similar a las infecciones, y los adquiridos responden a patógenos específicos.

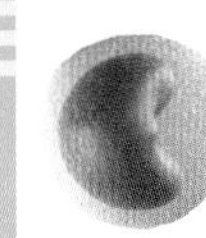

Monocito (innato)
Precursor de célula inmunitaria que se halla en la sangre. Migra a los tejidos, donde se diferencia en macrófagos y células dendríticas.

Neutrófilo (innato)
Fagocito. Suele ser la primera célula inmunitaria en llegar al punto de la infección. Tiene un ciclo vital corto e ingiere los microbios por fagocitosis (p. 369).

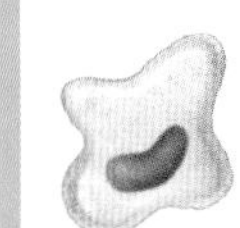

Macrófago (innato)
Fagocito. Tiene un ciclo vital largo y suele residir en los tejidos. Puede activar la respuesta inmunitaria adquirida interaccionando con los linfocitos.

Célula asesina natural (innata)
Célula citotóxica. Especializada en atacar a patógenos intracelulares y a células tumorales malignas.

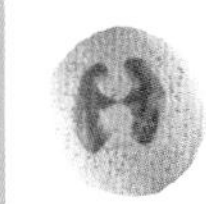

Mastocito / Basófilo (innatos)
Células inflamatorias. Cuando se activan, liberan factores inflamatorios que fomentan la respuesta inmunitaria. Intervienen en las reacciones alérgicas.

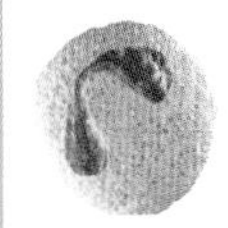

Eosinófilo (innato)
Célula inflamatoria. Especializado en atacar a patógenos de gran tamaño, como los gusanos parásitos. Asociado con las reacciones alérgicas.

Célula dendrítica (innata)
Principal célula presentadora de antígeno (p. 370). Presenta el material asociado a la infección a los linfocitos para activar la respuesta inmunitaria.

Linfocitos T y B (adquiridos)
Células clave del sistema inmunitario adquirido. Los T actúan sobre cuerpos celulares infectados por patógenos específicos; los B segregan anticuerpos que señalan microbios para su destrucción.

INMUNIDAD INNATA

Con el apoyo de la barrera inmunitaria, las células y moléculas del sistema inmunitario innato responden rápidamente a los signos típicos de infección que aparecen cuando agentes patógenos logran introducirse en el organismo. Aunque es muy efectiva, la inmunidad innata depende de la identificación de características patógenas genéricas, y no funciona contra todas las infecciones.

BARRERA INMUNITARIA

Para prevenir las infecciones, es clave impedir la entrada de organismos perjudiciales. La inmunidad de barrera, o pasiva, es una primera línea de defensa contra agentes patógenos constituida por las barreras físicas y químicas de las distintas superficies del cuerpo, tanto externas, como la piel, como internas, como las paredes recubiertas de moco de las vías respiratorias y los intestinos.

La barrera física inicial de la superficie corporal se ve reforzada por la secreción de sustancias que tienen propiedades antibacterianas, como las enzimas. Ciertos mecanismos, como la tos, el sudor y la orina, sirven a su vez para expulsar microbios del cuerpo.

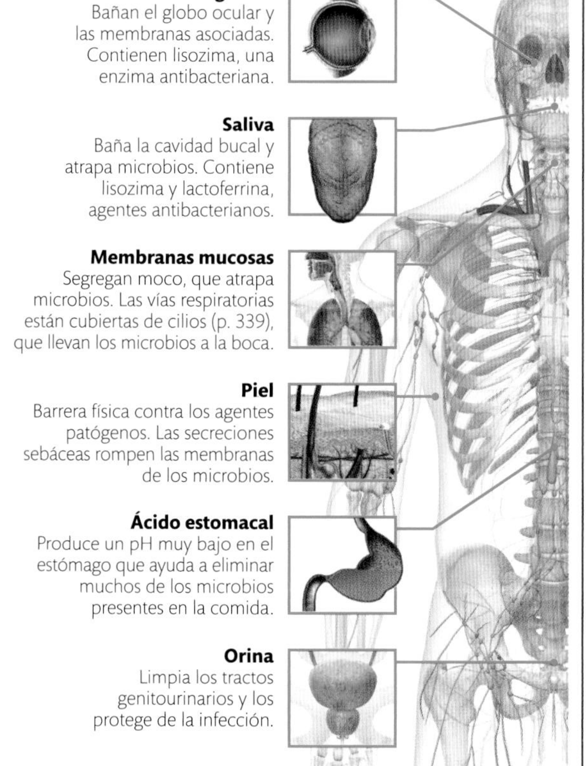
Lágrimas
Bañan el globo ocular y las membranas asociadas. Contienen lisozima, una enzima antibacteriana.
Saliva
Baña la cavidad bucal y atrapa microbios. Contiene lisozima y lactoferrina, agentes antibacterianos.
Membranas mucosas
Segregan moco, que atrapa microbios. Las vías respiratorias están cubiertas de cilios (p. 339), que llevan los microbios a la boca.
Piel
Barrera física contra los agentes patógenos. Las secreciones sebáceas rompen las membranas de los microbios.
Ácido estomacal
Produce un pH muy bajo en el estómago que ayuda a eliminar muchos de los microbios presentes en la comida.
Orina
Limpia los tractos genitourinarios y los protege de la infección.

Primera línea de defensa
Las barreras físicas, químicas y mecánicas del cuerpo son permanentes y, como tales, son medios de defensa pasivos. Cuando no logran mantener fuera del organismo a los agentes patógenos, se activa la respuesta inmunitaria.

INMUNIDAD ACTIVA

Si la barrera es violada a causa, por ejemplo, de una herida en la piel, y los agentes patógenos acceden al organismo, se activa el sistema inmunitario innato: se desencadena una respuesta inflamatoria y se inicia el despliegue de células inmunitarias (p. 367).

El daño tisular provoca una inflamación, que ayuda a impedir que los microbios se propaguen. Las paredes capilares del área afectada se tornan más permeables, por lo que las células inmunitarias pueden entrar fácilmente en el líquido intersticial y acceder así al tejido infectado. Las células dañadas liberan sustancias químicas que atraen a las células inmunitarias una vez han salido del torrente sanguíneo. Las primeras células en llegar suelen ser fagocitos (sobre todo neutrófilos), pero también pueden intervenir otros agentes, como las células asesinas naturales (abajo) y el sistema del complemento (p. siguiente). Si la respuesta inmunitaria innata no puede acabar con la infección, es posible que se active el sistema inmunitario adquirido (pp. 370–371).

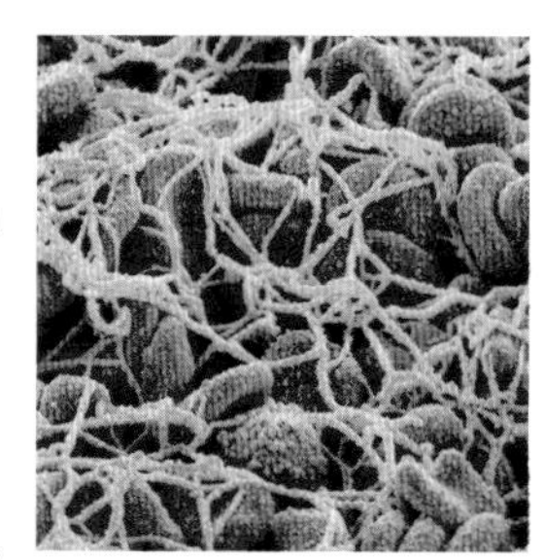

Coágulo de sangre
El coágulo (p. 356) sella los tejidos rotos e impide la entrada de microbios perjudiciales.

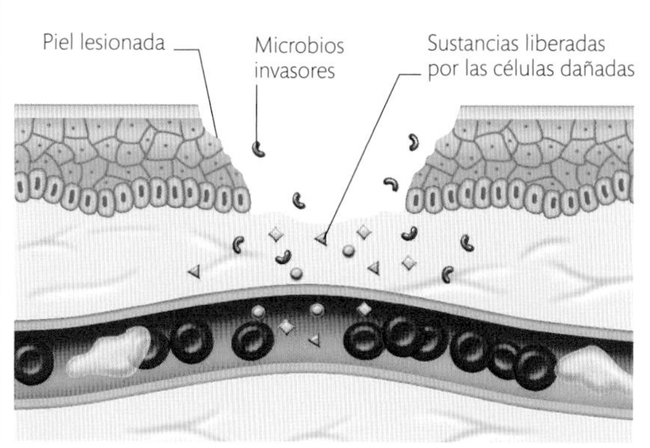
Piel lesionada
Microbios invasores
Sustancias liberadas por las células dañadas

Violación de la barrera
Las lesiones en la superficie del cuerpo permiten que las bacterias lleguen a los tejidos internos. Para minimizar los daños, se activa una respuesta inflamatoria, por la que las células dañadas liberan sustancias que atraen a los fagocitos. La inflamación de los tejidos tiene cuatro características fundamentales: hinchazón, calor, dolor y enrojecimiento.

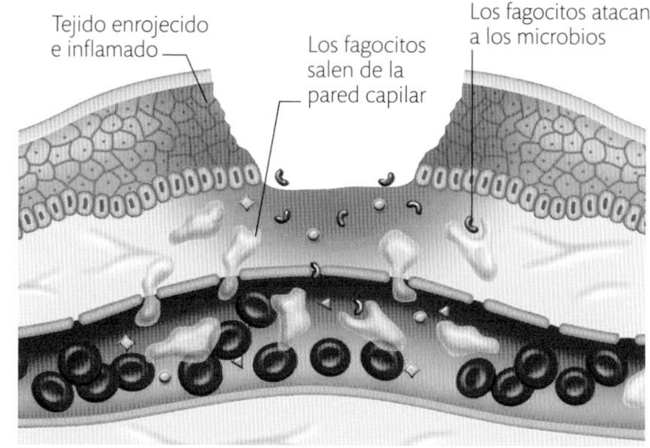
Tejido enrojecido e inflamado
Los fagocitos salen de la pared capilar
Los fagocitos atacan a los microbios

Respuesta inflamatoria
Los vasos sanguíneos locales se dilatan para aumentar el suministro de sangre a la zona. La permeabilidad del tejido al plasma sanguíneo aumenta y los capilares, ahora más porosos, permiten que los fagocitos accedan al fluido intersticial. La «huella química» que deja el tejido lesionado les conduce al lugar de la infección, donde atacan a los microbios invasores.

INFECCIONES INTRACELULARES

Las células asesinas naturales (NK) atacan a las células del organismo infectadas por agentes patógenos. Las células disponen de receptores superficiales (complejo principal de histocompatibilidad) que proporcionan información sobre el medio interno de la célula y avisan en caso de infección. Las NK controlan estos receptores, pues las células infectadas pueden ocultarlos para no ser detectados; no obstante, si las NK detectan un descenso de los receptores en la superficie celular, se activan y destruyen la célula.

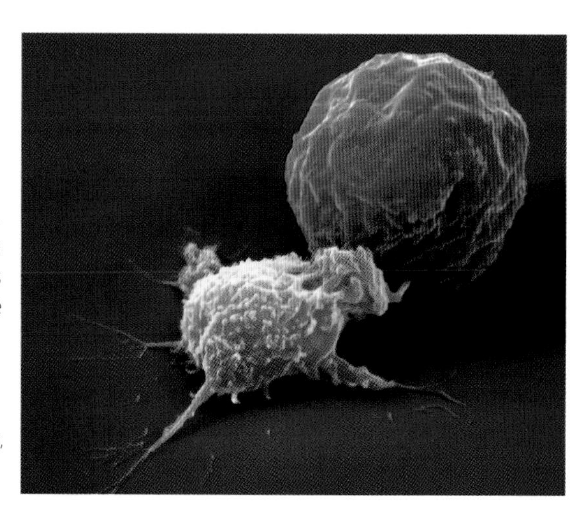

Objetivos malignos
Las NK también pueden identificar y atacar a células tumorales malignas, como la de esta micrografía electrónica. Las largas proyecciones de la NK (blanca) envuelven a la célula cancerosa (rosa).

INFECCIONES EXTRACELULARES

Los fagocitos (macrófagos y neutrófilos) son esenciales en la respuesta inmunitaria innata, y engullen a los microbios que infectan el líquido de los tejidos en un proceso llamado fagocitosis. La superficie celular de las bacterias se compone de materiales distintos a los de los tejidos humanos, lo que ha permitido la evolución de un sistema de reconocimiento por contacto. Una vez identificado, el germen invasor es envuelto, absorbido y digerido por el fagocito.

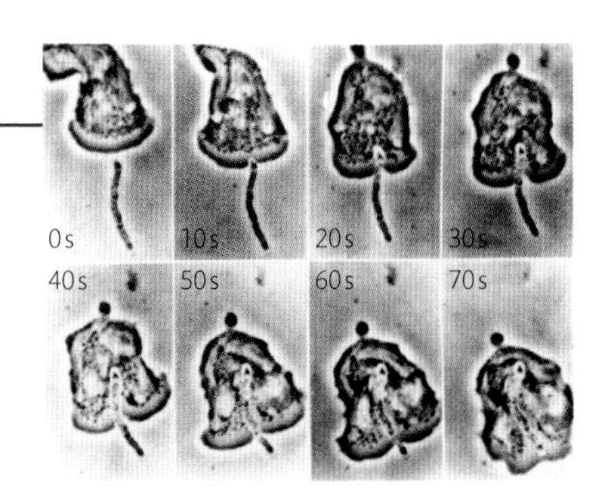
0s
10s
20s
30s
40s
50s
60s
70s

Fagocitosis
Esta secuencia de imágenes microscópicas ilustra el proceso de la fagocitosis. El fagocito (rojo) identifica la bacteria (verde) por contacto, y en un periodo de tiempo de 70 segundos la ha engullido completamente.

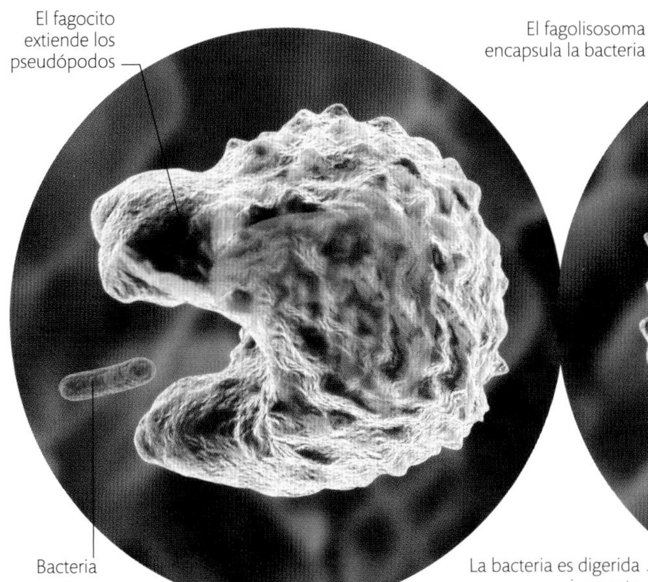
El fagocito extiende los pseudópodos
Bacteria
El fagolisosoma encapsula la bacteria
La bacteria es digerida progresivamente
El fagocito expulsa los residuos
Fragmentos celulares digeridos

Reconocimiento
El fagocito reconoce la bacteria cuando entra en contacto con ella; entonces extiende unas proyecciones (pseudópodos) que la envuelven y la absorben.

Digestión
La bacteria queda retenida en una vesícula especial, el fagolisosoma, donde los mecanismos internos de destrucción molecular del fagocito la neutralizan y destruyen.

Expulsión
Agresivas reacciones químicas garantizan la rápida destrucción de la bacteria. El fagocito expulsa los fragmentos digeridos que no puede continuar descomponiendo.

SISTEMA DEL COMPLEMENTO

Unas proteínas especializadas, conocidas en conjunto como sistema del complemento, circulan libremente por el plasma sanguíneo, donde atacan a los microbios. Suelen presentarse como moléculas independientes, pero cuando se activan, actúan juntas «en cascada», iniciando así una reacción complementaria en cadena que ataca y destruye los microbios. Al igual que los fagocitos, se activan por contacto con la superficie de la bacteria, lo que les permite responder a infecciones en todo el cuerpo con facilidad y acceder a los tejidos mediante la inflamación (p. anterior). Reaccionan también ante los patógenos ligados a anticuerpos (p. 371).

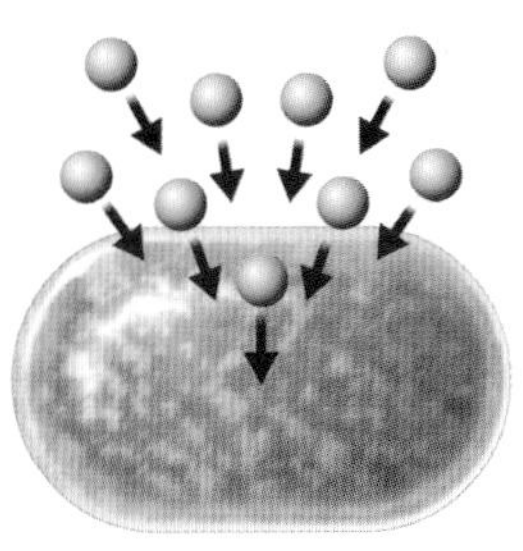

Acercamiento
Las proteínas de la superficie de la bacteria activan el sistema del complemento y las proteínas se reúnen en la superficie celular.

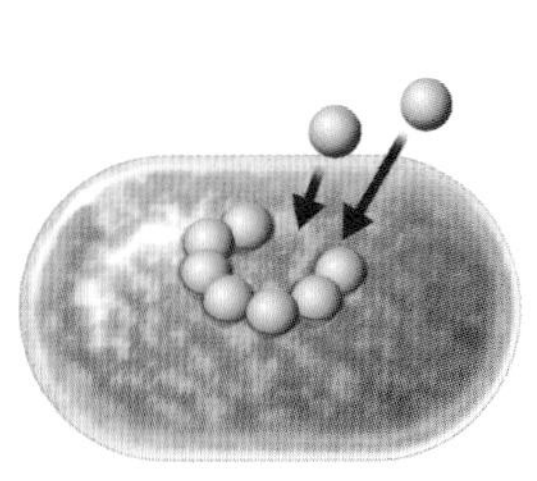

Ataque a la membrana
Las proteínas se combinan para formar el complejo de ataque a la membrana, una estructura que perfora la superficie de la bacteria.

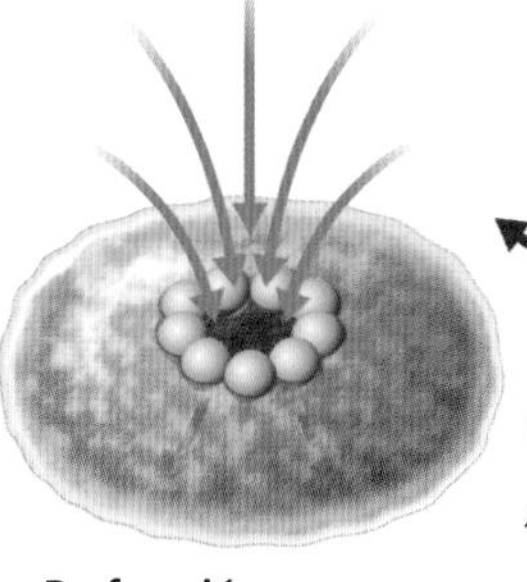

Perforación
El orificio resultante permite que el fluido extracelular entre en la bacteria. Este proceso se repite en toda la superficie celular.

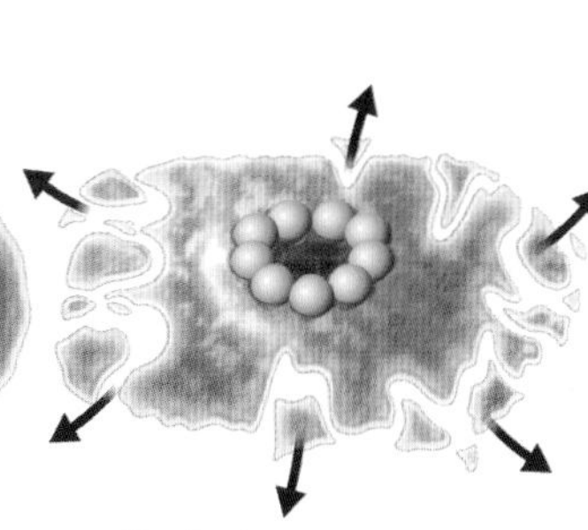

Ruptura
El influjo de líquido hace que la bacteria se hinche y explote.

AGENTES INFECCIOSOS

Suelen ser microscópicos y se dividen en cinco categorías básicas. Las bacterias y los virus son los más pequeños y prevalentes. Los hongos infectan la sangre y las mucosas internas y provocan enfermedades sistémicas en personas inmunodeprimidas. Los protozoos (seres unicelulares con núcleo) provocan enfermedades graves como la malaria. Los gusanos parásitos infectan áreas como los intestinos y provocan enfermedades debilitantes e incluso mortales.

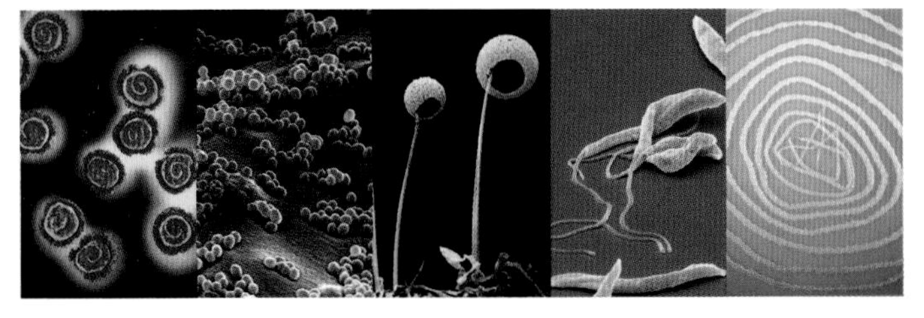

VIRUS **BACTERIAS** **HONGOS** **PROTOZOOS** **GUSANO PARÁSITO**

BACTERIAS AMIGAS

El intestino humano ofrece una amplia superficie susceptible a las infecciones. La población de bacterias inofensivas que colonizan la pared intestinal es un elemento de barrera clave contra la infección: estas bacterias «amigas» impiden que las bacterias perjudiciales infecten el organismo.

INMUNIDAD ADQUIRIDA

El sistema inmunitario adquirido permite que el organismo desarrolle respuestas inmunitarias específicas ante patógenos particulares. Tales respuestas pueden reactivarse rápidamente si la infección reaparece.

RESPUESTA ESPECÍFICA

En la respuesta inmunitaria adquirida, los linfocitos T y B son agentes clave. A diferencia de las células inmunitarias innatas, reconocen y atacan a patógenos específicos cuando se introducen en el organismo; recuerdan tales patógenos y actúan con gran rapidez si vuelven a infectar. Si atacan a agentes específicos es porque, gracias a una serie de receptores en su superficie, son capaces de reconocer moléculas concretas, los antígenos, como cuerpos extraños.

Las infecciones celulares activan dos tipos de células T: por un lado, las asesinas, o citotóxicas (que atacan); por otro, las células colaboradoras (que coordinan); las células B responden a las infecciones en los fluidos (p. siguiente). Estas células circulan por todo el organismo a través de los tejidos linfáticos secundarios en busca de sus antígenos objetivo.

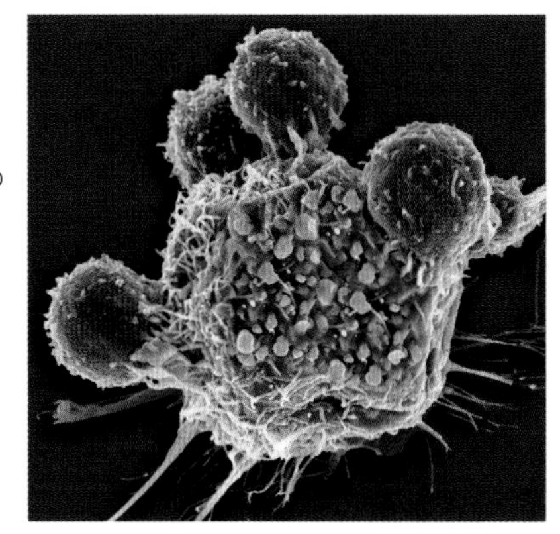

Ataque múltiple
Los linfocitos T pueden atacar a células que se han vuelto malignas. En esta micrografía, cuatro linfocitos T (rojo) atacan a una célula cancerosa (gris).

Receptores en la superficie

CÉLULA T COLABORADORA | CÉLULA T ASESINA | CÉLULA B

Maduración de los linfocitos T y B
Al madurar, los linfocitos T y B desarrollan receptores que les permiten reconocer un amplio rango de antígenos específicos. Durante la maduración, eliminan todas las células que reconocen y que podrían agredir al organismo. Esto garantiza en general que los antígenos reconocidos son de origen externo.

PRESENTACIÓN DE ANTÍGENOS

Los linfocitos T solo pueden reconocer antígenos si otra célula inmunitaria (sobre todo las dendríticas, pero los macrófagos también) se los «presenta». Estas son conocidas como células presentadoras de antígenos (CPA) y se hallan en todos los tejidos del organismo. En la infección, absorben fragmentos de antígenos y migran por los vasos linfáticos hacia un ganglio cercano, donde presentan el fragmento a los linfocitos T residentes. Si alguno tiene el receptor adecuado, reconoce el antígeno y ataca (p. siguiente). Los linfocitos B pueden interactuar de forma directa con los antígenos suspendidos en la linfa, sin la mediación de las CPA. Para las células del sistema inmunitario adquirido el sistema linfático constituye, por tanto, una red de vigilancia de todo el cuerpo.

Captación del antígeno
La célula infectada estalla y libera antígenos patógenos. Las CPA los absorben para presentárselos a los linfocitos T en el ganglio linfático.

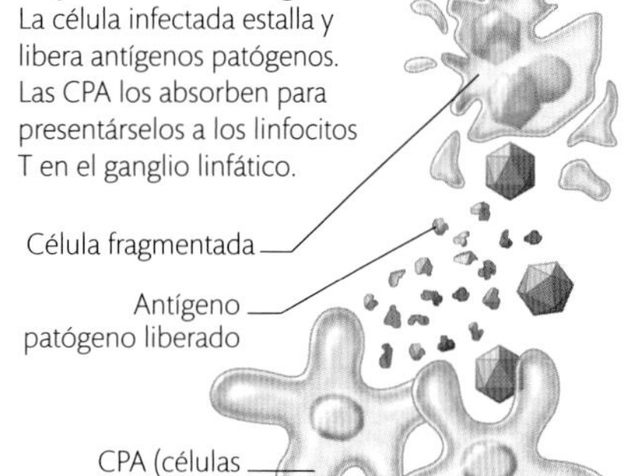
Célula fragmentada
Antígeno patógeno liberado
CPA (células dendríticas)

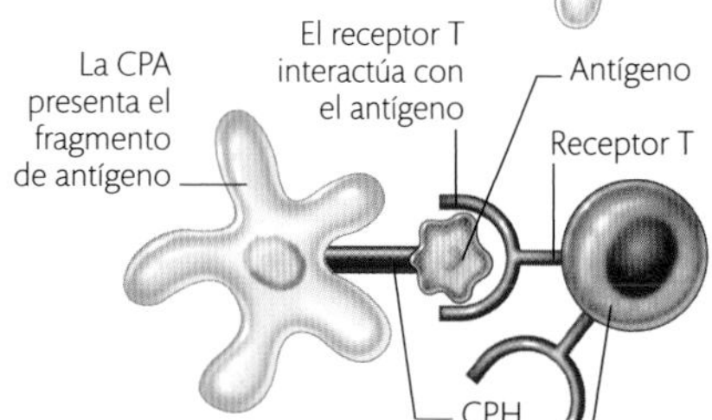
La CPA presenta el fragmento de antígeno
El receptor T interactúa con el antígeno
Antígeno
Receptor T
CPH
Linfocito T

Presentación del antígeno
Una CPA presenta un antígeno a un linfocito T mediante un receptor del complejo principal de histocompatibilidad (CPH). Si reconoce el antígeno, el linfocito T se activa (p. siguiente).

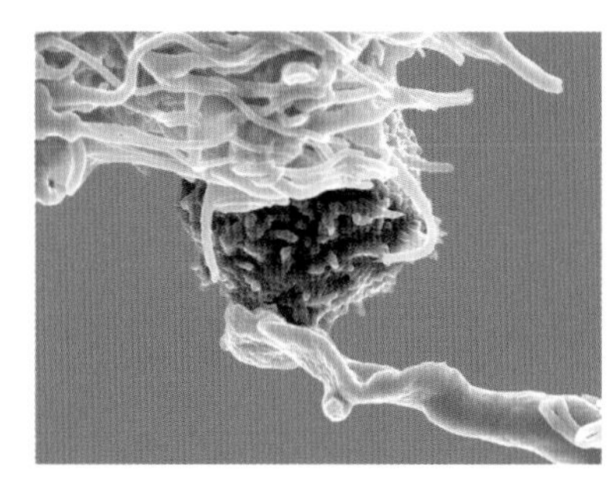

Interacción
Esta micrografía electrónica captó la interacción entre un linfocito T (rosa) y una célula dendrítica (verde) durante la presentación de antígenos.

RESPUESTA MEDIADA POR CÉLULAS

Esta respuesta inmunitaria ataca a los agentes patógenos que infectan el cuerpo, como los virus. Se produce cuando una CPA con un antígeno microbiano procedente de tejido infectado migra a un ganglio linfático y presenta el antígeno al linfocito T que puede reconocerlo. Cuando lo reconoce, se activa y da lugar a una serie de reacciones que generan un ataque coordinado. Las células T asesinas atacan a la célula infectada, mientras que las células T colaboradoras generan moléculas que modelan la respuesta inmunitaria. El organismo cuenta con pocas células T especializadas, pero su rápida circulación maximiza la probabilidad de encontrar al antígeno objetivo.

RECONOCIMIENTO
La CPA presenta el antígeno en el ganglio linfático y la célula T asesina lo reconoce. Si los linfocitos T colaboradores cercanos confirman la identificación con sus señales, la célula T asesina se activa.

CPA
Presenta el antígeno a la célula T asesina

Fragmento de antígeno

Célula T asesina
Reconoce el antígeno

EXPANSIÓN CLONAL
Una vez activada, la célula T asesina inicia un proceso de proliferación conocido como expansión clonal y produce células efectoras y de memoria. Las células efectoras salen del ganglio linfático para localizar y atacar al agente patógeno (la CPA ha informado a la célula T asesina original acerca del lugar de la infección, información que trasladará a las células efectoras). Las células de memoria permanecen en el ganglio linfático, pero pueden ser activadas posteriormente para proporcionar una respuesta rápida si el mismo agente patógeno repite la infección.

Célula T asesina activada
Inicia la expansión clonal para producir cientos de células T clónicas

Células de memoria
Permanecen en el ganglio linfático para reconocer infecciones futuras

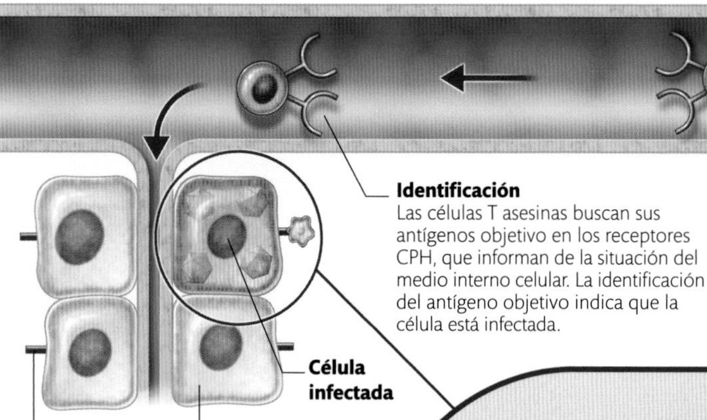
Célula infectada
Célula

Identificación
Las células T asesinas buscan sus antígenos objetivo en los receptores CPH, que informan de la situación del medio interno celular. La identificación del antígeno objetivo indica que la célula está infectada.

Receptor CPH
Informa del estado del medio interno celular

Granzimas
Atraviesan la membrana para inducir la descomposición química de la célula

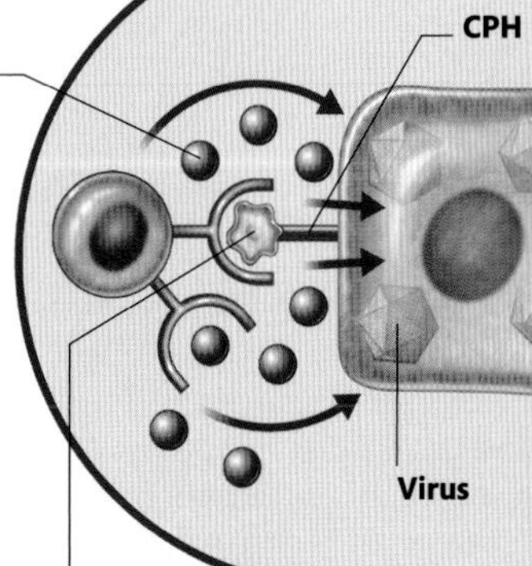
CPH
Virus

CÉLULAS QUE MATAN
Una vez identificada la célula infectada, la célula T asesina la ataca. Libera moléculas citotóxicas (granzimas), que atraviesan la membrana celular y provocan la muerte de la célula por apoptosis, que consiste en la degradación del contenido de la célula sin que los componentes se liberen, lo que limita la posible propagación a las células cercanas de las partículas del virus.

Antígeno microbiano
El CPH en la superficie de la célula lo presenta para indicar que la célula está infectada

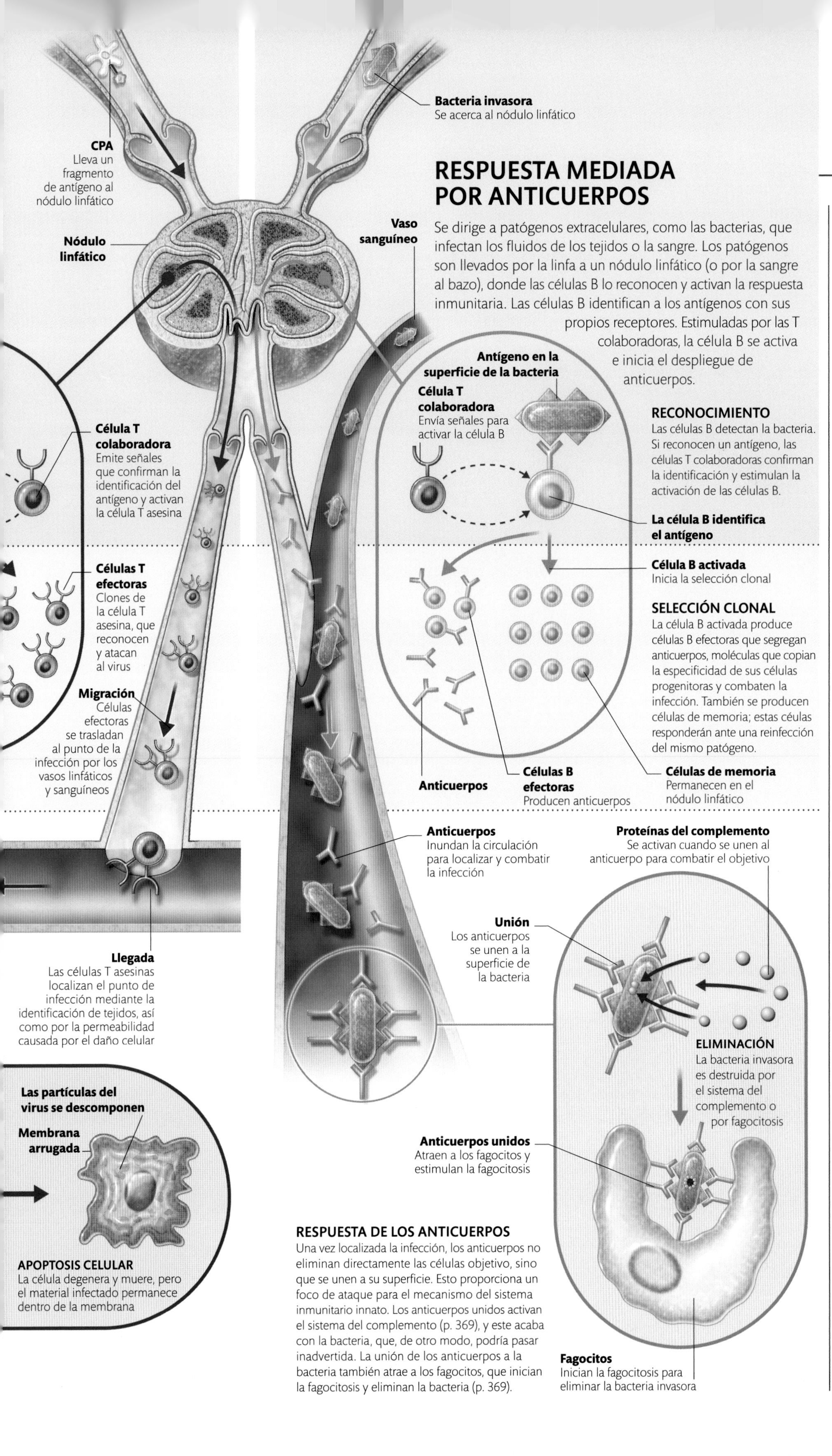
Bacteria invasora
Se acerca al nódulo linfático
CPA
Lleva un fragmento de antígeno al nódulo linfático
Nódulo linfático
Vaso sanguíneo
Célula T colaboradora
Emite señales que confirman la identificación del antígeno y activan la célula T asesina
Células T efectoras
Clones de la célula T asesina, que reconocen y atacan al virus
Migración
Células efectoras se trasladan al punto de la infección por los vasos linfáticos y sanguíneos
Llegada
Las células T asesinas localizan el punto de infección mediante la identificación de tejidos, así como por la permeabilidad causada por el daño celular
Las partículas del virus se descomponen
Membrana arrugada
APOPTOSIS CELULAR
La célula degenera y muere, pero el material infectado permanece dentro de la membrana
Antígeno en la superficie de la bacteria
Célula T colaboradora
Envía señales para activar la célula B
RECONOCIMIENTO
Las células B detectan la bacteria. Si reconocen un antígeno, las células T colaboradoras confirman la identificación y estimulan la activación de las células B.
La célula B identifica el antígeno
Célula B activada
Inicia la selección clonal
SELECCIÓN CLONAL
La célula B activada produce células B efectoras que segregan anticuerpos, moléculas que copian la especificidad de sus células progenitoras y combaten la infección. También se producen células de memoria; estas céulas responderán ante una reinfección del mismo patógeno.
Anticuerpos
Células B efectoras
Producen anticuerpos
Células de memoria
Permanecen en el nódulo linfático
Anticuerpos
Inundan la circulación para localizar y combatir la infección
Proteínas del complemento
Se activan cuando se unen al anticuerpo para combatir el objetivo
Unión
Los anticuerpos se unen a la superficie de la bacteria
ELIMINACIÓN
La bacteria invasora es destruida por el sistema del complemento o por fagocitosis
Anticuerpos unidos
Atraen a los fagocitos y estimulan la fagocitosis
Fagocitos
Inician la fagocitosis para eliminar la bacteria invasora

RESPUESTA MEDIADA POR ANTICUERPOS

Se dirige a patógenos extracelulares, como las bacterias, que infectan los fluidos de los tejidos o la sangre. Los patógenos son llevados por la linfa a un nódulo linfático (o por la sangre al bazo), donde las células B lo reconocen y activan la respuesta inmunitaria. Las células B identifican a los antígenos con sus propios receptores. Estimuladas por las T colaboradoras, la célula B se activa e inicia el despliegue de anticuerpos.

RESPUESTA DE LOS ANTICUERPOS

Una vez localizada la infección, los anticuerpos no eliminan directamente las células objetivo, sino que se unen a su superficie. Esto proporciona un foco de ataque para el mecanismo del sistema inmunitario innato. Los anticuerpos unidos activan el sistema del complemento (p. 369), y este acaba con la bacteria, que, de otro modo, podría pasar inadvertida. La unión de los anticuerpos a la bacteria también atrae a los fagocitos, que inician la fagocitosis y eliminan la bacteria (p. 369).

MEMORIA INMUNITARIA

La retención de células de memoria durante las respuestas inmunitarias adquiridas es clave para que las células B y T puedan desarrollar su memoria inmunitaria. La desventaja de la respuesta inicial de estos linfocitos es que su desarrollo es relativamente lento, reflejo del tiempo que se necesita para que las células adaptativas proliferen y se diferencien en células de memoria y efectoras. La inmunidad innata es clave, por lo tanto, durante una infección inicial. Pero si un mismo patógeno reinfecta el organismo, activará una población preformada de células específicas (las células de memoria), por lo que la respuesta secundaria es mucho más rápida.

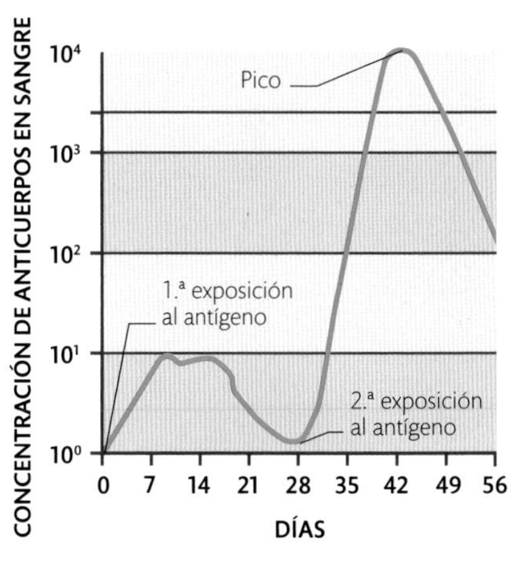
CONCENTRACIÓN DE ANTICUERPOS EN SANGRE
10^4
10^3
10^2
10^1
10^0
Pico
1.ª exposición al antígeno
2.ª exposición al antígeno
0 7 14 21 28 35 42 49 56
DÍAS

Respuesta inmunitaria primaria y secundaria
Esta gráfica ilustra la diferencia entre la exposición inicial y las subsiguientes a un mismo patógeno. La respuesta secundaria es mucho más rápida y amplia.

INMUNIZACIÓN

Una vacuna proporciona inmunidad ante una enfermedad que aún no se ha padecido. Las vacunas inducen la infección de forma segura para activar la generación de células de memoria específicas. Pueden emplear un germen muerto o debilitado (por tanto, inofensivo) o bien un antígeno derivado de fragmentos del patógeno. Además, la respuesta inmunitaria puede reforzarse con la administración de otras sustancias (coadyuvantes). Se garantiza de este modo el despliegue de la respuesta primaria sin los aspectos menos deseables de la infección natural. Si posteriormente se produce una exposición al patógeno, se inicia la respuesta de memoria preparada, equivalente a la respuesta secundaria y que permite acabar con la infección rápidamente y, a menudo, sin que llegue a aparecer ningún síntoma.

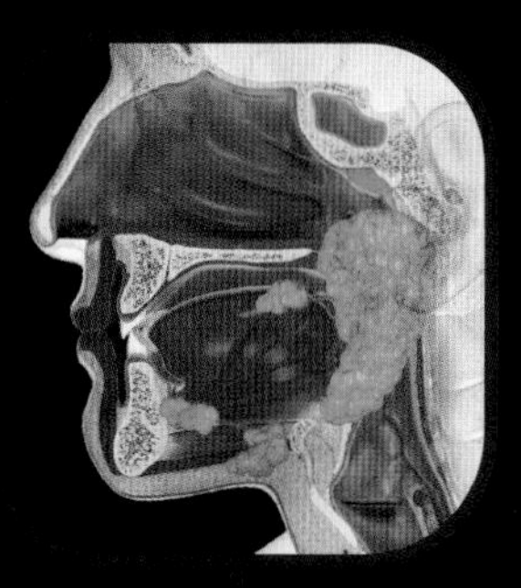

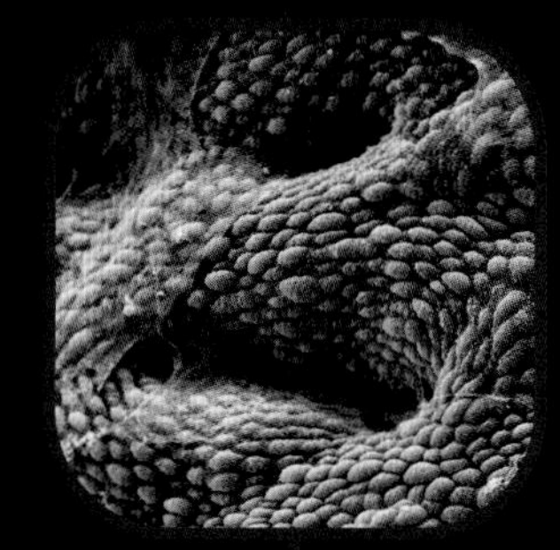

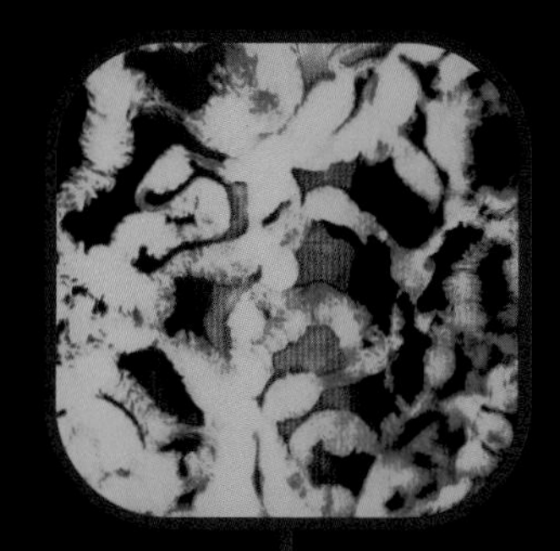

BOCA

Tres pares de glándulas salivales segregan cada día 1,5 litros de saliva, que humedece el alimento y facilita la deglución.

ESTÓMAGO

El ácido y las enzimas constituyen un entorno hostil para las bacterias y perfecto para la descomposición física y química del alimento.

INTESTINO DELGADO

El interior de este tubo está muy plegado y proporciona una superficie de unos 290 m^2 para la absorción de nutrientes.

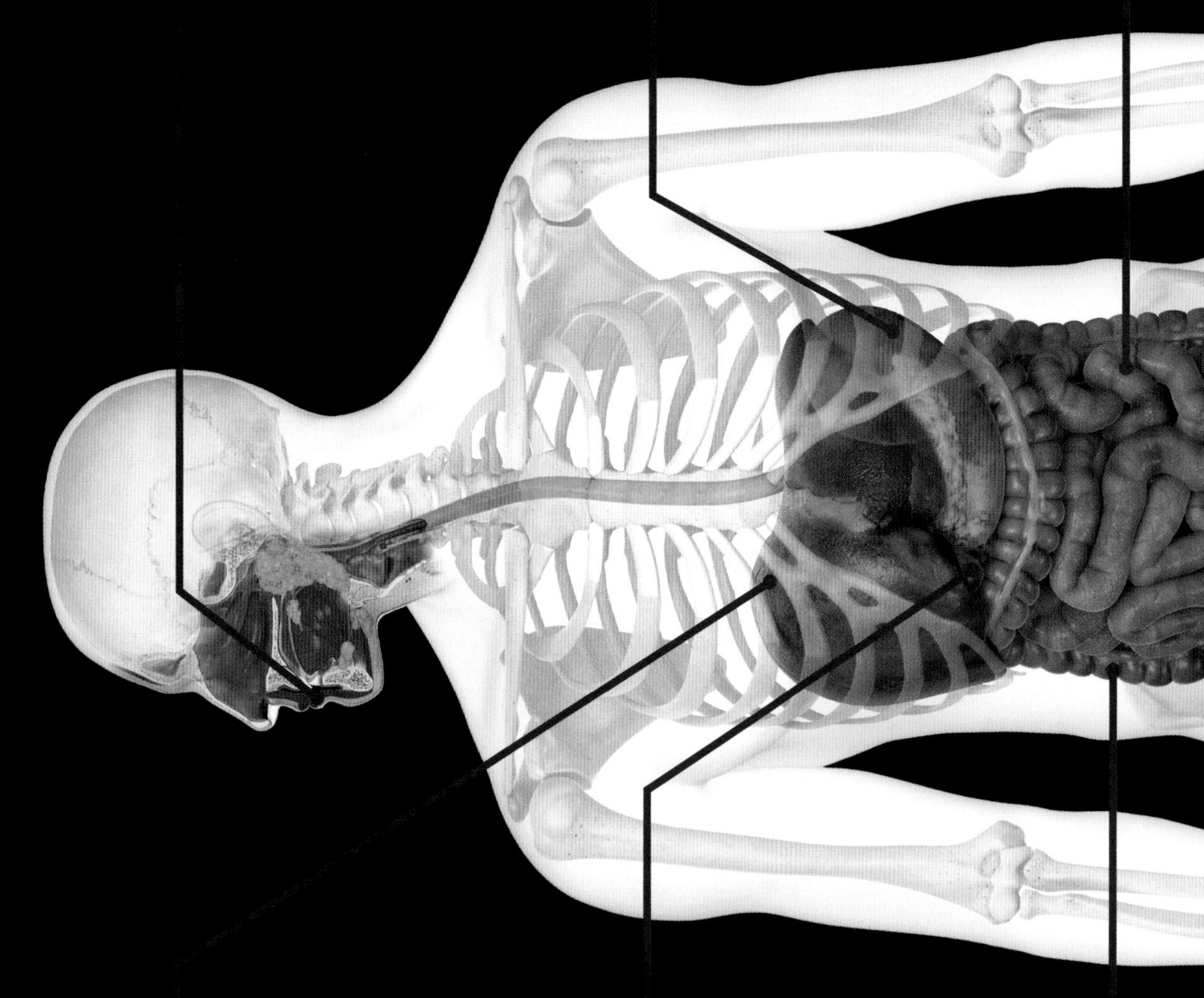

HÍGADO

Este órgano almacena y regula el nivel de los nutrientes en la sangre, asegurando un suministro ininterrumpido a las células.

VESÍCULA BILIAR Y PÁNCREAS

Las secreciones de estos órganos descomponen el alimento durante la primera fase de la digestión en el intestino delgado.

INTESTINO GRUESO

El colon transporta los residuos no digeribles del intestino delgado, junto con agua y sales, hasta el recto, desde donde se expulsan.

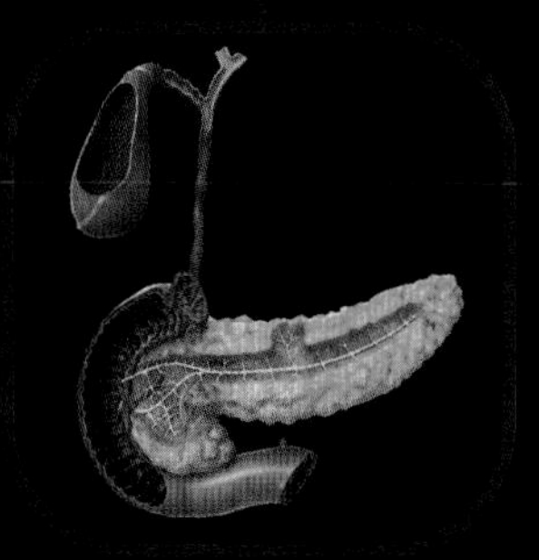

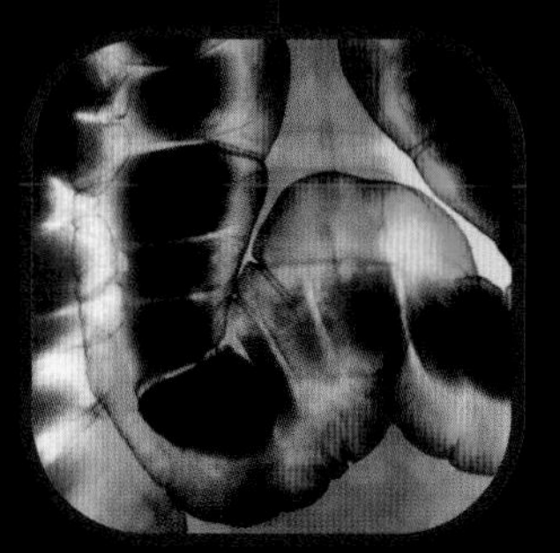

SISTEMA DIGESTIVO

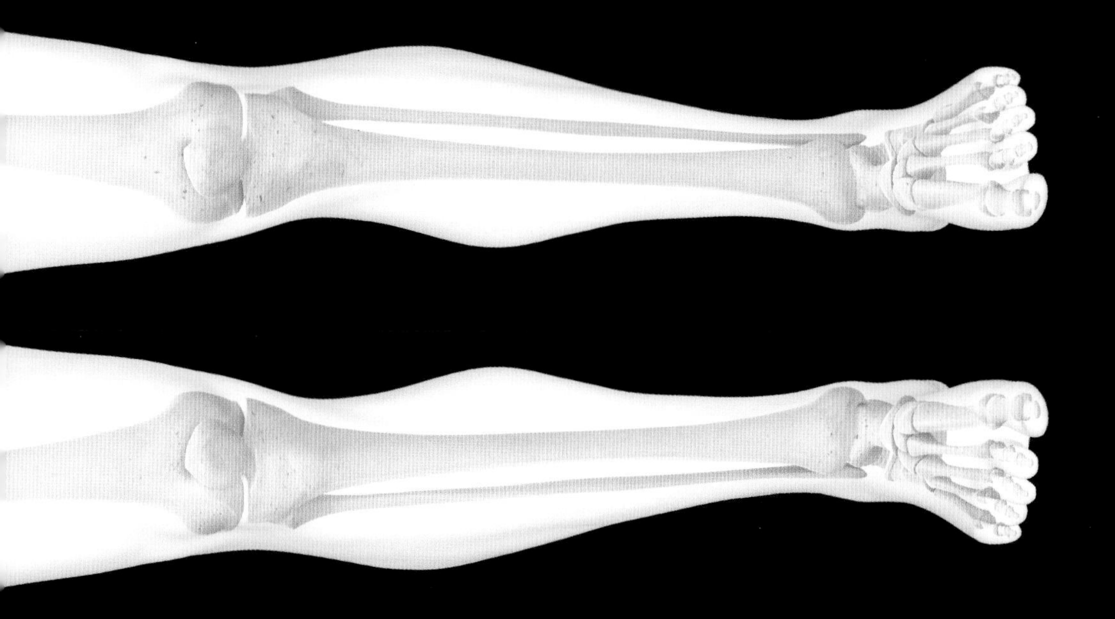

El hambre y la sed nos incitan a comer y a beber. A partir de ahí, el sistema digestivo se encarga de todo lo demás. A medida que avanza el proceso de la digestión, que dura hasta dos días, el alimento se descompone y libera nutrientes esenciales.

BOCA Y GARGANTA

A diferencia de otros animales, el ser humano no puede tragar grandes trozos de alimento. Antes ha de masticarlo y transformarlo en una masa blanda y húmeda, que pasa luego a la garganta y se traga, hasta llegar al estómago.

MORDER Y MASTICAR

Anclados en los alvéolos de las mandíbulas superior e inferior, hay cuatro tipos de dientes, que muerden, desgarran y trituran el alimento para poder tragarlo. Los incisivos, con forma de cincel, muerden y cortan; los caninos, más afilados, desgarran; los premolares, con dos cúspides, trituran; y los anchos molares, con cuatro cúspides, acaban de moler el alimento. Todo ello es posible gracias a los fuertes músculos que elevan la mandíbula inferior para que ambas filas de dientes entren en contacto.

Dentina
Este tejido de tipo óseo forma la estructura interna y la raíz de cada diente, y subyace al esmalte.

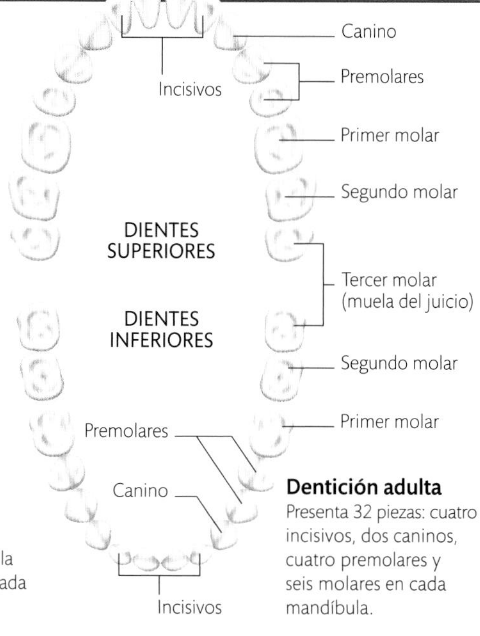
Incisivos
Canino
Premolares
Primer molar
Segundo molar
DIENTES SUPERIORES
Tercer molar (muela del juicio)
DIENTES INFERIORES
Segundo molar
Primer molar
Premolares
Canino
Incisivos

Dentición adulta
Presenta 32 piezas: cuatro incisivos, dos caninos, cuatro premolares y seis molares en cada mandíbula.

MASTICACIÓN DEL ALIMENTO

La lengua, que ocupa la base de la boca, es un órgano muscular muy flexible que puede cambiar de forma, estirarse, retraerse y moverse de lado a lado. Durante la masticación, la lengua mueve el alimento entre los dientes y mezcla las partículas de comida con saliva. Su superficie superior está cubierta por unos bultitos, las papilas, que contribuyen a la sujeción del alimento y que contienen receptores para el sabor, el calor, el frío y el contacto. Cuando el alimento está bien masticado, la lengua lo compacta en una masa, o bolo, aplastándolo contra el paladar; a continuación empuja el bolo hacia la garganta para su deglución.

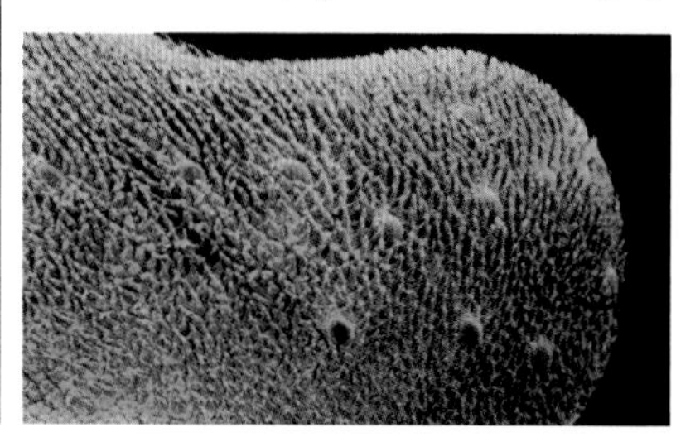

Superficie de la lengua
Las papilas puntiagudas atrapan el alimento; las redondeadas detectan los sabores dulce, amargo, salado, ácido y umami.

10

Son los **segundos** que la comida tarda en pasar de la **boca** al **estómago**.

AL LÍMITE
TRAGASABLES

El arte del tragasables consiste en introducirse una espada de al menos 38 cm de longitud por el tracto digestivo superior y requiere años de práctica. Aunque la espada sigue el trayecto del alimento, el mecanismo es distinto. Los tragasables aprenden a reprimir el reflejo de náusea que garantiza que solo la comida pase por la garganta; asimismo, inhiben las contracciones musculares involuntarias que empujan la comida por la garganta y el esófago, y aprenden a estirar el cuello para alinear la boca, la garganta, el esófago y la boca del estómago.

Todo un arte
Esta radiografía demuestra que no hay truco y que los auténticos tragasables se tragan realmente las espadas. La cabeza se inclina hacia atrás para permitir el paso de la espada por la garganta y el esófago.

GLÁNDULAS SALIVALES

Tres pares de glándulas salivales –parótidas, sublinguales y submandibulares– segregan saliva en la cavidad bucal por los conductos salivales. El propio revestimiento de la boca cuenta también con unas glándulas salivales diminutas. La saliva es agua en un 99,5 %, pero también contiene moco, la enzima digestiva amilasa (que convierte el almidón de la comida en maltosa, un azúcar) y la enzima antibacteriana lisozima. La saliva se segrega sin cesar para humedecer y limpiar la boca y los dientes. Asimismo, el agua y el moco de la saliva humedecen y lubrican el alimento para facilitar la masticación y la deglución; es por ello que, cuando se tiene hambre, el sabor, el olor, la visión o el pensamiento de la comida producen una copiosa secreción salival.

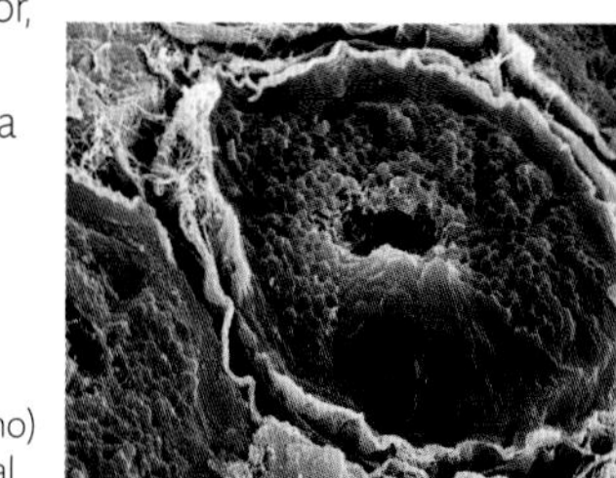

Glándula salival
Dentro de la glándula salival, un grupo de células glandulares (acino) vierte saliva en el conducto central.

PERISTALSIS

En la última fase de la deglución, el esófago empuja el alimento hacia el estómago mediante una serie de contracciones musculares (peristalsis) que son el principal sistema de propulsión en el tracto digestivo. La pared del esófago tiene unas capas de músculo liso de control involuntario; durante la peristalsis, ondas alternas de contracción y relajación recorren el esófago y propulsan el bolo alimenticio hacia su destino. Las contracciones son tan potentes que el alimento llega al estómago aunque la persona se halle boca abajo. Al final del esófago, el esfínter esofágico inferior, que suele estar cerrado para impedir el reflujo de la comida, se relaja para permitir su paso al estómago.

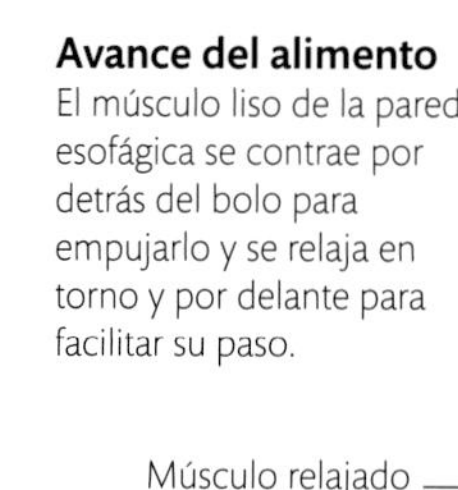

Avance del alimento
El músculo liso de la pared esofágica se contrae por detrás del bolo para empujarlo y se relaja en torno y por delante para facilitar su paso.

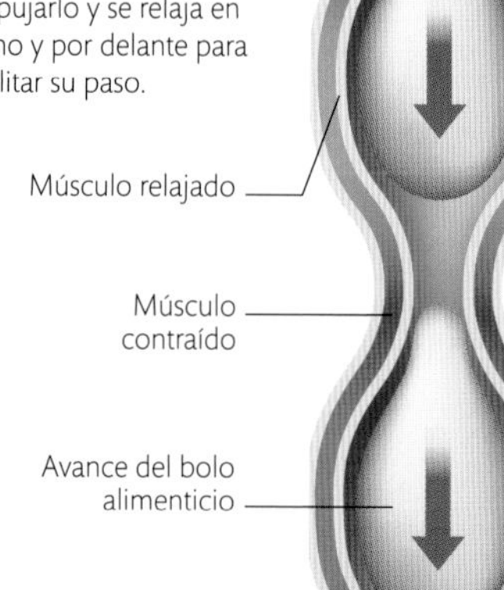
Músculo relajado
Músculo contraído
Avance del bolo alimenticio

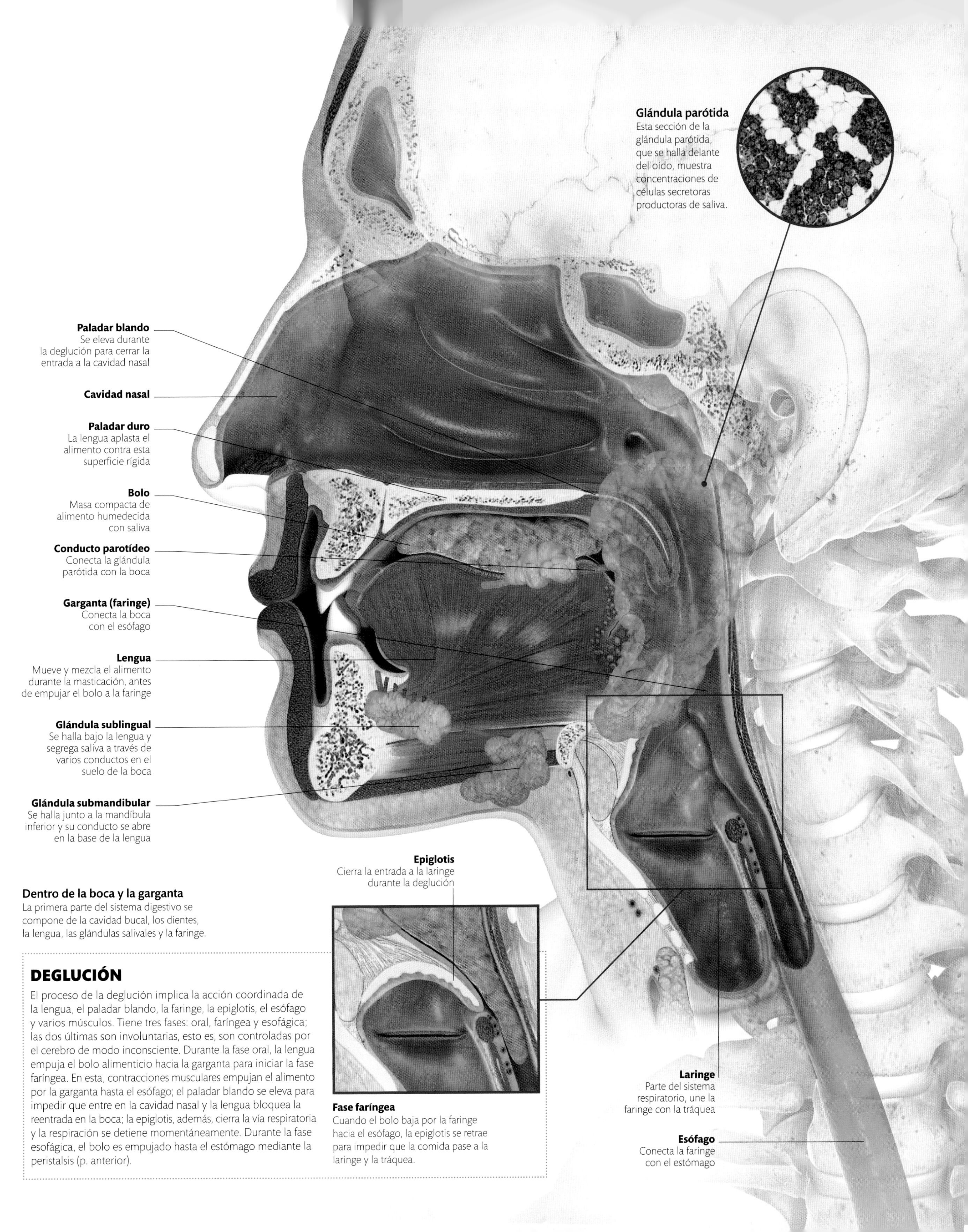
Glándula parótida
Esta sección de la glándula parótida, que se halla delante del oído, muestra concentraciones de células secretoras productoras de saliva.
Paladar blando
Se eleva durante la deglución para cerrar la entrada a la cavidad nasal
Cavidad nasal
Paladar duro
La lengua aplasta el alimento contra esta superficie rígida
Bolo
Masa compacta de alimento humedecida con saliva
Conducto parotídeo
Conecta la glándula parótida con la boca
Garganta (faringe)
Conecta la boca con el esófago
Lengua
Mueve y mezcla el alimento durante la masticación, antes de empujar el bolo a la faringe
Glándula sublingual
Se halla bajo la lengua y segrega saliva a través de varios conductos en el suelo de la boca
Glándula submandibular
Se halla junto a la mandíbula inferior y su conducto se abre en la base de la lengua
Epiglotis
Cierra la entrada a la laringe durante la deglución
Fase faríngea
Cuando el bolo baja por la faringe hacia el esófago, la epiglotis se retrae para impedir que la comida pase a la laringe y la tráquea
Laringe
Parte del sistema respiratorio, une la faringe con la tráquea
Esófago
Conecta la faringe con el estómago

Dentro de la boca y la garganta

La primera parte del sistema digestivo se compone de la cavidad bucal, los dientes, la lengua, las glándulas salivales y la faringe.

DEGLUCIÓN

El proceso de la deglución implica la acción coordinada de la lengua, el paladar blando, la faringe, la epiglotis, el esófago y varios músculos. Tiene tres fases: oral, faríngea y esofágica; las dos últimas son involuntarias, esto es, son controladas por el cerebro de modo inconsciente. Durante la fase oral, la lengua empuja el bolo alimenticio hacia la garganta para iniciar la fase faríngea. En esta, contracciones musculares empujan el alimento por la garganta hasta el esófago; el paladar blando se eleva para impedir que entre en la cavidad nasal y la lengua bloquea la reentrada en la boca; la epiglotis, además, cierra la vía respiratoria y la respiración se detiene momentáneamente. Durante la fase esofágica, el bolo es empujado hasta el estómago mediante la peristalsis (p. anterior).

ESTÓMAGO

El estómago, la parte más amplia del canal alimentario, es un saco con forma de J que une el esófago y el intestino delgado. Inicia el proceso de la digestión mezclando el alimento con los jugos gástricos, que contienen enzimas digestivas.

FUNCIONAMIENTO

Cuando recibe el alimento, el estómago se dilata e inicia dos tipos de digestión simultáneos que dan lugar al quimo, una mezcla pastosa de alimento semidigerido. La digestión química es realizada por la pepsina, una de las enzimas del ácido jugo gástrico, que inicia la descomposición de las proteínas. La digestión mecánica es obra de las tres capas de músculos de la pared estomacal, que se contraen generando las ondas peristálticas (derecha). Este proceso mezcla el alimento con los jugos gástricos, lo licua y luego lo empuja hacia el esfínter pilórico (abertura muscular), en la salida del estómago. El estómago almacena el alimento y libera el quimo a través del esfínter pilórico en pequeñas cantidades; de esta manera, el estómago evita superar la capacidad digestiva del intestino delgado (pp. 378–379).

Un estómago sano
Esta radiografía de contraste coloreada del estómago muestra las curvas superior e inferior y el duodeno (izquierda).

Dentro del estómago (abajo)
La pared estomacal tiene tres capas musculares y es muy elástica. Cuando el estómago está vacío y encogido, su revestimiento interno presenta profundos pliegues.

Esfínter pilórico
Anillo muscular que controla el paso al duodeno

Duodeno
Corta sección inicial del intestino delgado

Moco
Cubre la mucosa y la protege del ácido jugo gástrico

Célula mucosa
Segrega moco

Mucosa gástrica

JUGO GÁSTRICO

La mucosa gástrica que tapiza el interior del estómago cuenta con millones de profundas criptas gástricas que llevan a las glándulas gástricas; dentro de estas, diferentes tipos de células segregan los diversos componentes del jugo gástrico. Las células mucosas segregan moco. Las células parietales segregan ácido clorhídrico, que aporta gran acidez al contenido estomacal, activa la pepsina y elimina las bacterias ingeridas con la comida. Las células cimógenas segregan pepsinógeno, la forma inactiva de la pepsina. Las células enteroendocrinas segregan hormonas que ayudan a controlar las secreciones y las contracciones gástricas.

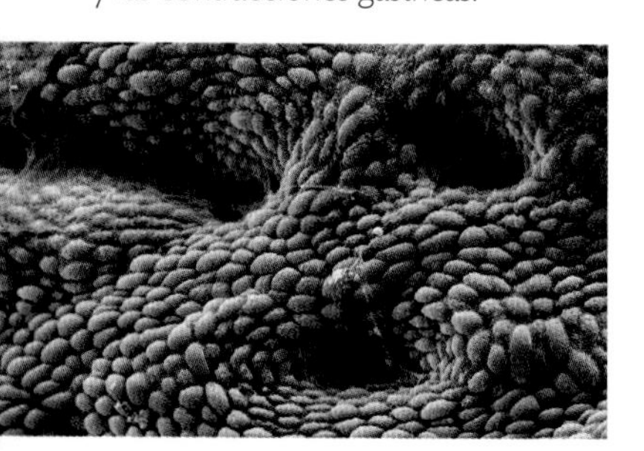

Mucosa gástrica
Esta imagen aumentada de la mucosa gástrica muestra las apretadas células epiteliales y las criptas gástricas (agujeros oscuros) que llevan a las glándulas gástricas.

Célula cimógena
Segrega pepsinógeno

Célula parietal
Segrega ácido clorhídrico

Célula enteroendocrina
Segrega hormonas

Muscular
Compuesta por tres capas de músculo liso

Submucosa
Debajo de la mucosa

Mucosa

Ácido clorhídrico
Acidifica el jugo gástrico

Cripta gástrica
Lleva a una glándula gástrica

Glándula gástrica
Produce jugo gástrico

Glándulas gástricas
Una sección de la pared estomacal muestra las profundas glándulas gástricas en la mucosa y las distintas células secretoras que contienen. La capa submucosa conecta la muscular con la mucosa.

Péptido

Pepsina (enzima)

Proteína

La pepsina y la digestión de las proteínas
La pepsina, que se segrega como pepsinógeno inactivo para evitar que digiera la mucosa gástrica, se activa por el ácido estomacal y descompone las proteínas en cadenas de aminoácidos más cortas (péptidos).

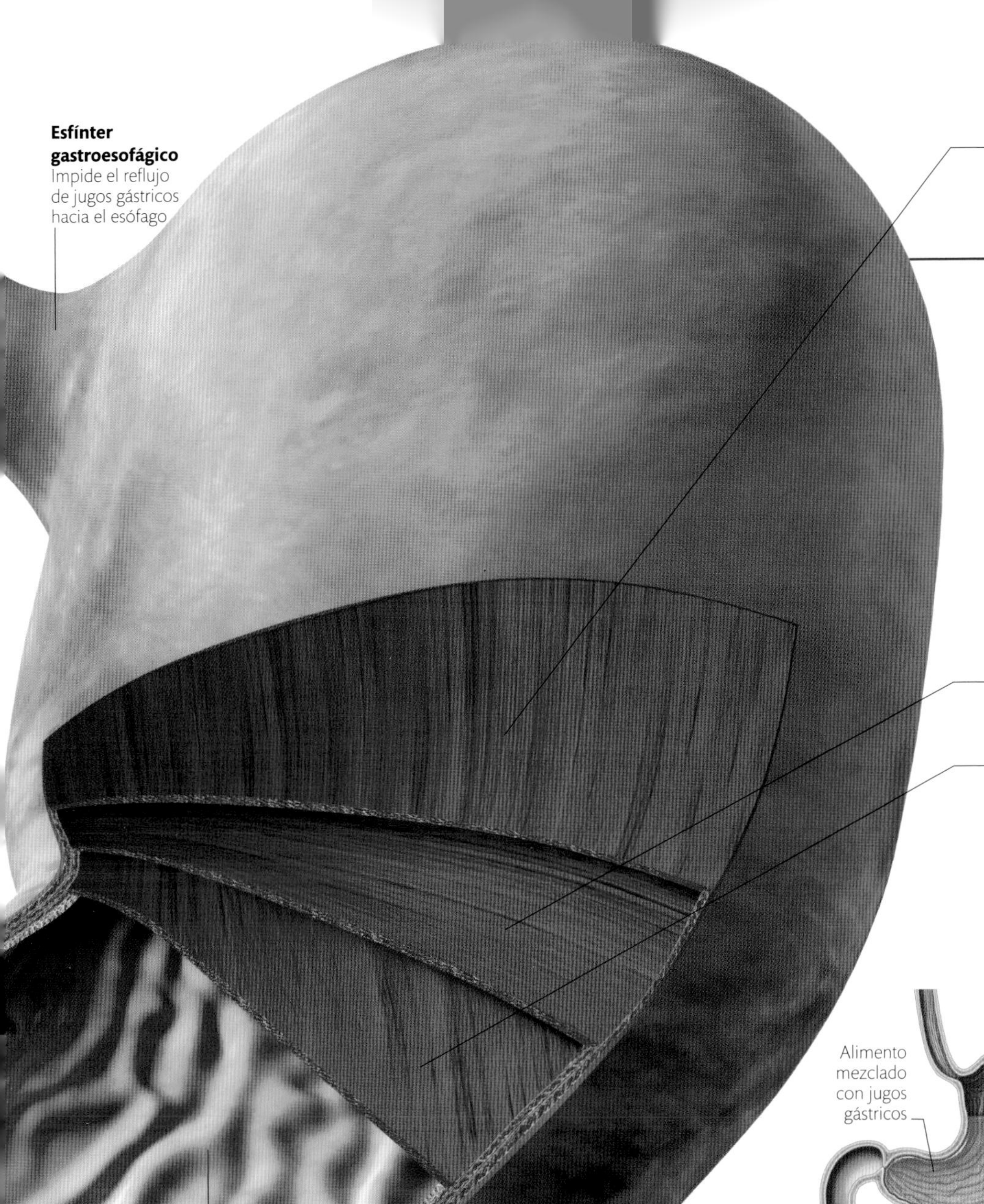
Esfínter gastroesofágico
Impide el reflujo de jugos gástricos hacia el esófago
Capa muscular longitudinal
Dispuesta a lo largo del estómago
Capa muscular circular
Dispuesta en sentido transversal
Capa muscular oblicua
Dispuesta en diagonal
Pliegues gástricos
Desaparecen cuando el estómago se dilata
Quimo
Líquido cremoso producido por la digestión del alimento en el estómago

LLENADO Y VACIADO

Al llenarse con el alimento recién masticado que llega por el esófago, el estómago se dilata como un globo. Las ondas peristálticas generadas por las tres capas de músculo liso de la pared estomacal mezclan el alimento con los jugos gástricos. Las contracciones ganan fuerza a medida que empujan el alimento hacia el esfínter pilórico cerrado, donde ya cuentan con la potencia suficiente para convertir el alimento en quimo. Cuando este ya es líquido totalmente, el estómago lo deja pasar poco a poco por el esfínter pilórico, ahora relajado.

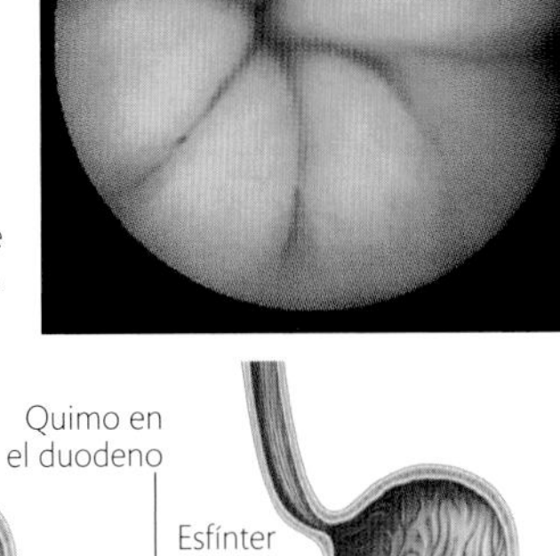

Esfínter pilórico cerrado
Esta imagen endoscópica muestra el esfínter pilórico bien cerrado para impedir el paso de alimento al duodeno durante la digestión en el estómago.

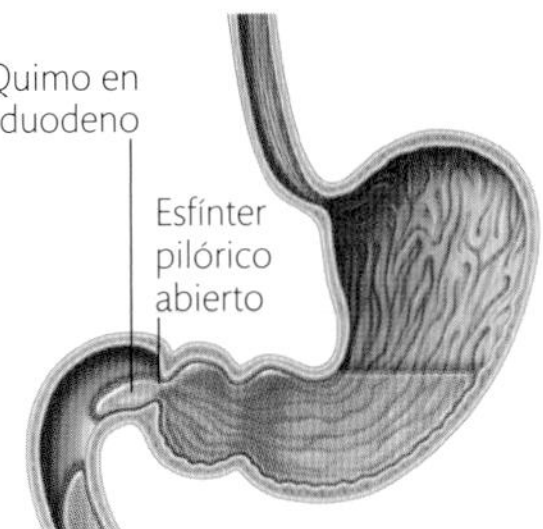
Alimento mezclado con jugos gástricos
Contracción peristáltica
Esfínter pilórico cerrado
Quimo en el duodeno
Esfínter pilórico abierto

1 Durante la comida
El estómago se llena; las contracciones musculares mezclan el alimento con los jugos segregados por las glándulas gástricas.

2 1-2 horas después
Las potentes contracciones musculares y los jugos gástricos semidigeridos transforman el alimento en quimo.

3 3-4 horas después
El esfínter pilórico se abre a intervalos para dejar pasar pequeñas cantidades de quimo al duodeno.

3
Son las **horas** que pasa el alimento en el **estómago** antes de entrar en el **intestino delgado**.

REGULACIÓN

El sistema nervioso autónomo y las hormonas liberadas en el tracto digestivo regulan la secreción de jugos gástricos y las contracciones de la pared estomacal. Esta regulación consta de tres fases que se solapan: cefálica (cabeza), gástrica (estómago) e intestinal. Antes de comer y durante la masticación, la fase cefálica avisa al estómago de que está a punto de recibir alimento. El pensamiento, la visión, el olor o el sabor del alimento estimulan la secreción de jugos gástricos por parte de las glándulas gástricas y la peristalsis. Cuando el alimento llega al estómago, empieza la fase gástrica: la secreción de jugos gástricos aumenta de forma notable y la peristalsis adquiere más fuerza. Al pasar el alimento al duodeno, la fase intestinal inhibe la secreción de jugos gástricos y las contracciones peristálticas de la pared estomacal.

POR QUÉ
VOMITAMOS

El vómito puede responder a diversos factores, pero el más común es la irritación del estómago por parte de bacterias tóxicas. Los receptores de la mucosa estomacal detectan los irritantes y envían señales al centro del vómito en el tronco encefálico (en la base del cerebro), que activa el reflejo del vómito para expulsar el agente irritante. Durante el vómito, el diafragma y los músculos abdominales se contraen para comprimir el estómago y forzar la salida del alimento semidigerido por el esófago, la faringe y, finalmente, la boca.

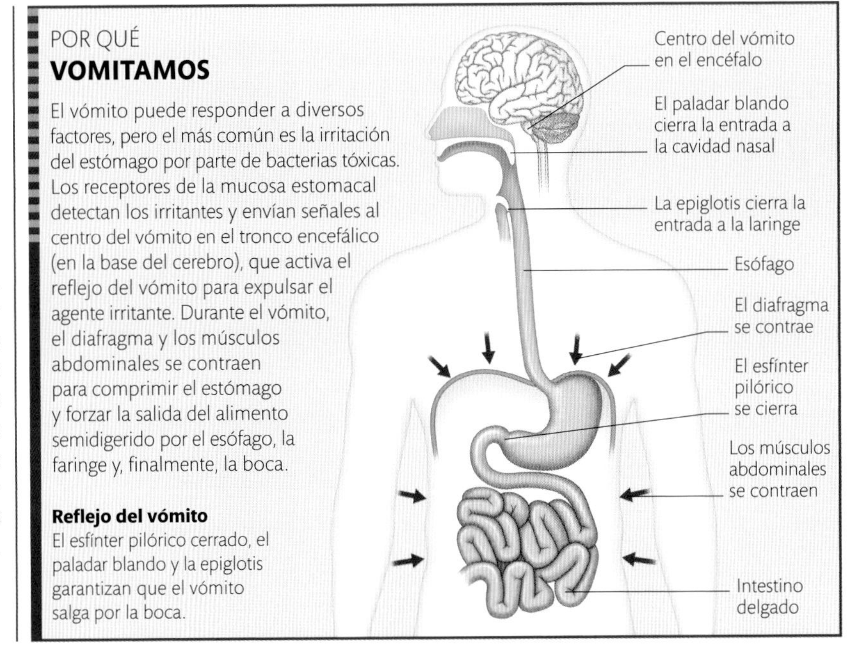
Centro del vómito en el encéfalo
El paladar blando cierra la entrada a la cavidad nasal
La epiglotis cierra la entrada a la laringe
Esófago
El diafragma se contrae
El esfínter pilórico se cierra
Los músculos abdominales se contraen
Intestino delgado

Reflejo del vómito
El esfínter pilórico cerrado, el paladar blando y la epiglotis garantizan que el vómito salga por la boca.

INTESTINO DELGADO

El intestino delgado es la parte más larga y más importante del sistema digestivo y ocupa la mayor parte del abdomen. Es en este conducto enrollado donde, con la ayuda del páncreas y de la vesícula biliar, la digestión finaliza y los nutrientes pasan al torrente sanguíneo.

FUNCIONAMIENTO

El intestino delgado se extiende desde el estómago al intestino grueso y consta de tres partes: el duodeno, que recibe el alimento del estómago, y el yeyuno y el íleon, que constituyen la sección más larga y realizan las etapas finales de la digestión y la absorción de nutrientes. La digestión en el intestino delgado tiene dos fases. Primero, las enzimas pancreáticas trabajan digiriendo las moléculas de nutrientes mientras los músculos de las paredes intestinales se contraen para empujar el alimento. Luego, las enzimas unidas a la superficie de las vellosidades intestinales (millones de estructuras digitiformes que se proyectan desde la mucosa intestinal) completan la digestión antes de que las vellosidades absorban los nutrientes.

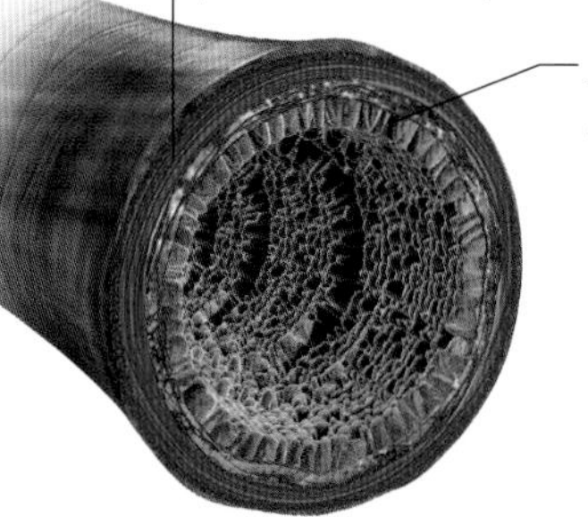
Muscular
Consta de dos capas de músculo
Mucosa
Tapiza el interior del intestino

Pared del intestino delgado
Está formada por dos capas de músculo liso que mezclan y empujan el alimento a lo largo del tubo. Su mucosa se encuentra cubierta por unas diminutas prolongaciones llamadas vellosidades.

VESÍCULA BILIAR Y PÁNCREAS

Estos dos órganos desempeñan una función clave en la digestión en el duodeno, la primera parte del intestino delgado, cuando el quimo semidigerido llega desde el estómago. La vesícula biliar queda semioculta tras el hígado, de mayor tamaño, y es un pequeño saco muscular que recibe, almacena y concentra la bilis hepática, y la vierte en el duodeno a través del conducto biliar para que ayude a digerir los lípidos. El páncreas produce jugo pancreático, que contiene varias enzimas digestivas y que llega al duodeno a través del conducto pancreático, que se une al conducto biliar.

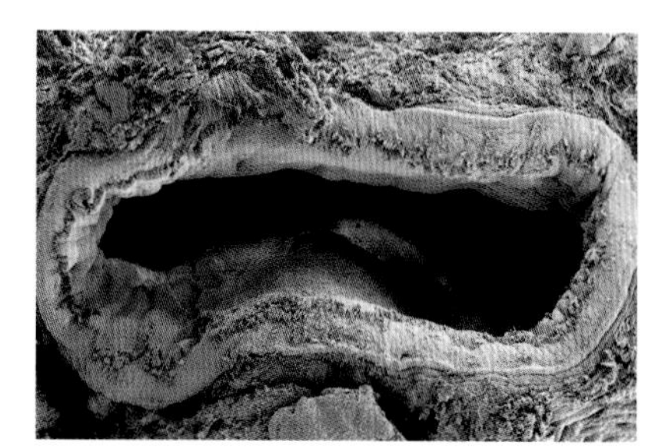

Conducto biliar
Esta micrografía muestra una sección del conducto biliar, que lleva la bilis de la vesícula biliar al duodeno, absorbiendo agua de la bilis.

Páncreas
Segrega jugos pancreáticos y los vierte en el duodeno
Duodeno
Vesícula biliar
Almacena bilis y la vierte en el duodeno cuando el alimento llega al estómago
Yeyuno
Sección media del intestino delgado, entre el duodeno y el íleon
Íleon
Sección más larga del intestino delgado

Tracto digestivo medio
El intestino delgado, el páncreas y la vesícula biliar componen la parte central del tracto digestivo, o tracto digestivo medio.

DIGESTIÓN Y ABSORCIÓN

Las enzimas que cubren las vellosidades siguen digiriendo el alimento a medida que avanza por el yeyuno y el íleon. Estas diminutas proyecciones multiplican por varios miles la superficie interna del intestino delgado disponible para la digestión y absorción de nutrientes. Enzimas como la maltasa y la peptidasa descomponen, respectivamente, la maltosa y los péptidos en unidades simples (glucosa y aminoácidos), que son absorbidas por los capilares sanguíneos de las vellosidades y transportadas al hígado. Mientras tanto, los ácidos grasos y los monoglicéridos, resultado de la digestión enzimática pancreática, pasan a los capilares linfáticos y al hígado por el conducto y el sistema circulatorio linfáticos.

7 metros

Es la **longitud** del intestino delgado.

ENZIMAS PANCREÁTICAS

El alimento licuado, semidigerido y ácido llega al duodeno y activa la secreción de hormonas en la pared intestinal. A su vez, estas activan la liberación de jugo pancreático y bilis en el duodeno. El jugo pancreático es alcalino y contiene más de 15 enzimas (lipasa, amilasa, proteasas...), que catalizan la descomposición de diversas moléculas nutritivas. La bilis contiene sales, que emulsionan gotas de lípidos y aceites y las convierten en gotitas que presentan una mayor superficie para que la lipasa pueda digerirlas. Tras la digestión de las enzimas pancreáticas, los nutrientes pasan a la superficie de las vellosidades, que acaban de digerirlas y las absorben.

Monoglicérido
Lipasa
Ácido graso

Lípidos
Después del «tratamiento» con sales biliares, la lipasa descompone los lípidos (triglicéridos) en ácidos grasos libres y en monoglicéridos (un ácido graso unido a glicerol).

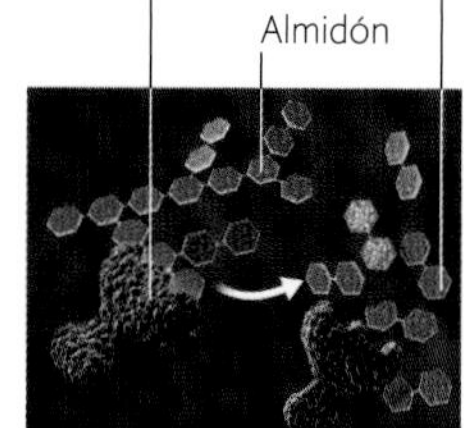
Amilasa
Maltosa
Almidón

Hidratos de carbono
La amilasa descompone las complejas cadenas de hidratos de carbono, como el almidón, en azúcares disacáridos, como la maltosa (dos moléculas de glucosa).

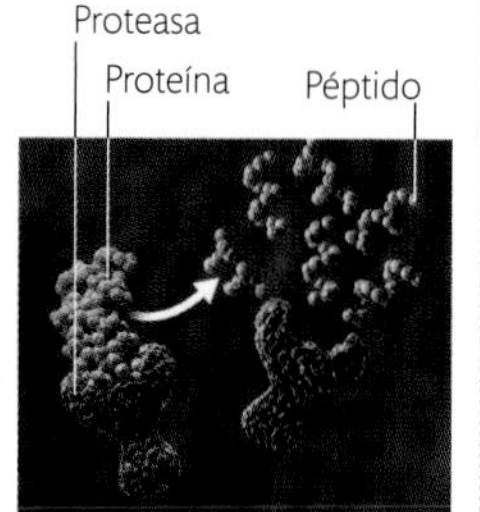
Proteasa
Proteína
Péptido

Proteínas
Las proteasas pancreáticas descomponen las proteínas en aminoácidos de cadena corta (péptidos). Las peptidasas descomponen los péptidos en aminoácidos sencillos.

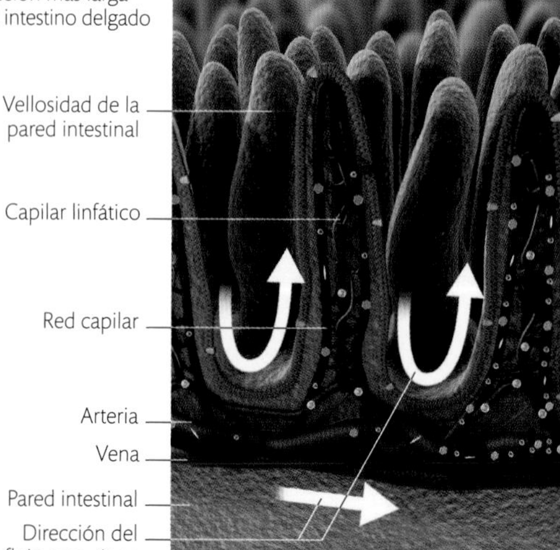
Vellosidad de la pared intestinal
Capilar linfático
Red capilar
Arteria
Vena
Pared intestinal
Dirección del flujo sanguíneo

Absorción en las vellosidades
Las vellosidades proporcionan una gran superficie para la absorción de los productos de la digestión, que se incorporan a la circulación sanguínea (en la imagen, de izquierda a derecha).

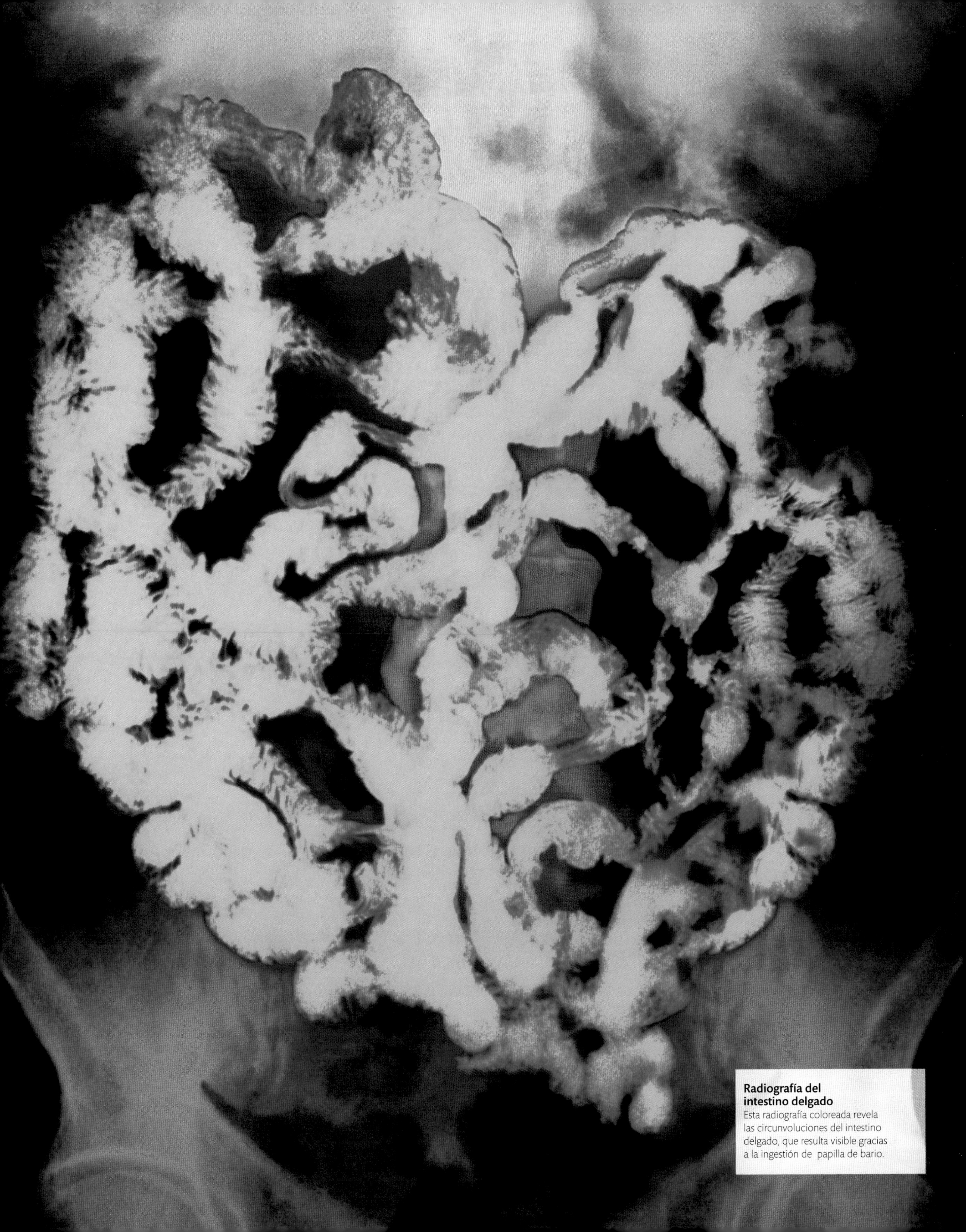

Radiografía del intestino delgado
Esta radiografía coloreada revela las circunvoluciones del intestino delgado, que resulta visible gracias a la ingestión de papilla de bario.

HÍGADO

El hígado es el órgano interno más grande del cuerpo y desempeña un papel crucial en el mantenimiento de la homeostasis –la estabilidad del organismo– mediante diversas funciones metabólicas y de regulación que garantizan la constancia de la composición de la sangre.

FUNCIÓN DEL HÍGADO

Su color rojo oscuro es un indicador externo de su función: procesa grandes volúmenes de sangre para controlar su composición química. Casi todas sus funciones –excepto la eliminación de residuos, que llevan a cabo las células de Kupffer– son realizadas por millones de hepatocitos, las células que constituyen el motor del hígado. Cuando la sangre pasa por los hepatocitos, estos absorben nutrientes y otras sustancias para ser almacenadas, usadas en procesos metabólicos o descompuestas, y vierten en ella productos segregados y nutrientes almacenados. La única participación directa del hígado en la digestión es la producción de bilis, que la vesícula biliar almacena antes de verterla en el duodeno; eso sí, una vez finalizada la digestión, intercepta los nutrientes que llegan del intestino y los procesa.

ALGUNAS FUNCIONES HEPÁTICAS

Además de producir bilis, controlar el metabolismo de los hidratos de carbono, lípidos y proteínas de los alimentos, y almacenar vitaminas y minerales, el hígado lleva a cabo otras muchas funciones: fabrica diversas proteínas que circulan en el plasma sanguíneo; descompone fármacos y otras sustancias químicas peligrosas; degrada los hematíes agotados y recicla el hierro que contienen (p. 356); y elimina los agentes patógenos y los residuos de la sangre, entre otras.

Producción de bilis
Los hepatocitos producen hasta un litro diario de este fluido verdoso. La bilis contiene una mezcla de sales y residuos, como la bilirrubina (de la descomposición de la hemoglobina), que se excretan con las heces. Las sales biliares contribuyen a la digestión de los lípidos en el duodeno, tras lo cual regresan al hígado, donde vuelven a ser segregadas con la bilis.

Síntesis de proteínas
El hígado sintetiza la mayoría de las proteínas plasmáticas a partir de los aminoácidos de los alimentos o de los hepatocitos. Entre estas proteínas se hallan la albúmina, que mantiene el equilibrio de agua en la sangre; proteínas de transporte, que llevan lípidos y vitaminas liposolubles; y fibrinógeno, para la coagulación de la sangre.

Producción de hormonas
Las hormonas, los mensajeros químicos del cuerpo, funcionan modificando la actividad de sus tejidos diana; son destruidas cuando han cumplido su cometido, pues de otro modo seguirían funcionando descontroladas. Muchas hormonas son descompuestas por los hepatocitos, y sus residuos suelen ser excretados en la orina.

Generación de calor
La enorme cantidad de procesos metabólicos que tienen lugar en los hepatocitos generan un calor considerable. Ese calor, junto con el que produce el funcionamiento de los músculos, es distribuido por la sangre por todo el cuerpo, lo que contribuye a mantener la temperatura corporal constante.

ESTRUCTURA Y SUMINISTRO SANGUÍNEO

Los hepatocitos, unidades funcionales básicas del hígado, se agrupan en unidades superiores, los lobulillos, del tamaño de semillas de sésamo. En cada lobulillo, las capas de hepatocitos irradian desde una vena central. El hígado tiene la particularidad de contar con dos suministros de sangre. La arteria hepática le suministra sangre oxigenada, un 20% del total; el resto le llega por la vena porta hepática y es sangre pobre en oxígeno y rica en nutrientes y otras sustancias absorbidas durante la digestión. Toda esta sangre se mezcla en los lobulillos y se procesa a su paso por los hepatocitos.

Célula de Kupffer
Elimina de la sangre bacterias, glóbulos rojos viejos y otros residuos

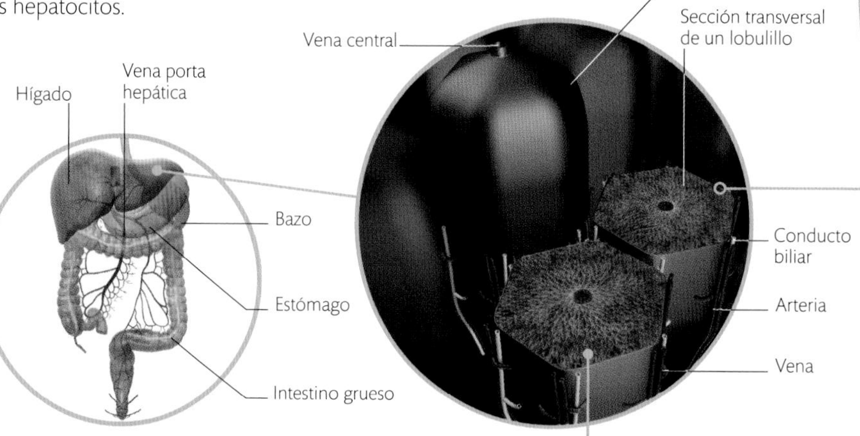
Vena central
Hígado
Vena porta hepática
Bazo
Estómago
Intestino grueso
Exterior del lobulillo
Sección transversal de un lobulillo
Conducto biliar
Arteria
Vena

Sistema portal hepático
Un sistema portal es un sistema de vasos sanguíneos con redes capilares en cada extremo. En este caso, las venas de los órganos digestivos, como los intestinos y el estómago, confluyen para formar la vena porta que entra en el hígado.

Estructura de un lobulillo hepático
Los diminutos lobulillos hepáticos parecen tener seis caras. Tres vasos recorren cada vértice: una vena, una arteria y un conducto biliar, que aportan sangre o retiran bilis del lobulillo.

Interior de un lobulillo
La sangre fluye por los sinusoides a través de los hepatocitos hasta la vena central; la bilis fluye en dirección opuesta.

Sinusoide
Recibe sangre de la vena porta y la arteria hepática

Hepatocitos
Filtran la sangre y fabrican bilis

Vena central
Retira la sangre procesada para devolverla al corazón

Rama de la vena porta
Suministra sangre rica en nutrientes al lobulillo

Rama del conducto biliar
Retira la bilis del hepatocito que la ha producido

Rama de la arteria hepática
Suministra sangre oxigenada al lobulillo

CLAVE
Flujo de sangre rica en nutrientes
Flujo de sangre rica en oxígeno
Flujo de bilis

500
Cantidad de **funciones** químicas distintas que lleva a cabo el **hígado**.

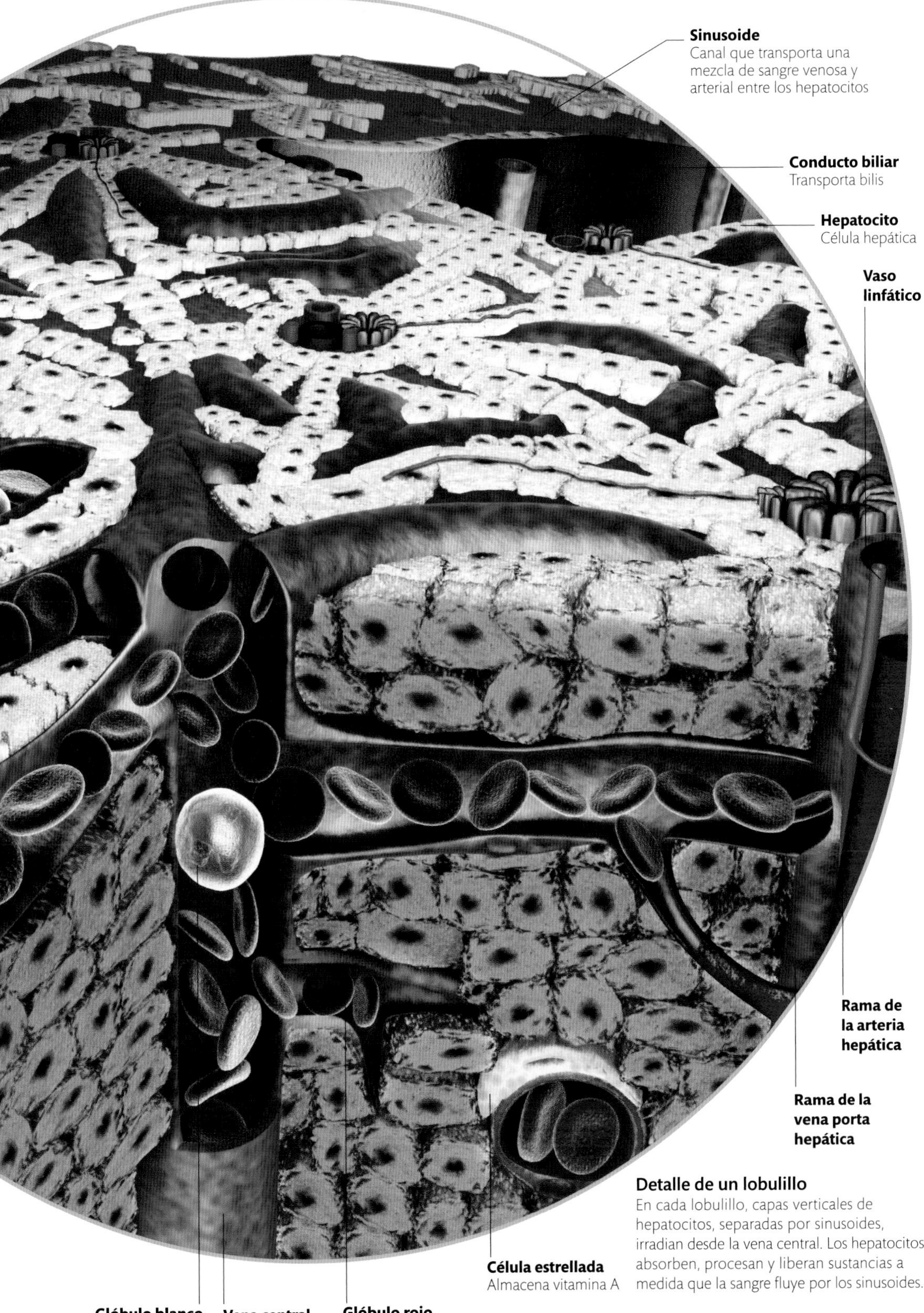
Sinusoide
Canal que transporta una mezcla de sangre venosa y arterial entre los hepatocitos
Conducto biliar
Transporta bilis
Hepatocito
Célula hepática
Vaso linfático
Rama de la arteria hepática
Rama de la vena porta hepática
Célula estrellada
Almacena vitamina A
Glóbulo blanco
Destruye patógenos
Vena central
Recibe la sangre procesada en los sinusoides
Glóbulo rojo
Transporta oxígeno

Detalle de un lobulillo
En cada lobulillo, capas verticales de hepatocitos, separadas por sinusoides, irradian desde la vena central. Los hepatocitos absorben, procesan y liberan sustancias a medida que la sangre fluye por los sinusoides.

DEPURACIÓN

Los fármacos ayudan al organismo a corto plazo, pero resultan perjudiciales si se quedan en la sangre. El hígado desempeña una función clave en la depuración sanguínea: descompone fármacos, toxinas bacterianas, venenos artificiales y otros contaminantes. Los hepatocitos depuran estas sustancias convirtiéndolas en compuestos más seguros que se pueden excretar. Con el tiempo, no obstante, una sobrecarga en la función depuradora, como la que provoca el alcohol, puede provocar el crecimiento de tejido fibroso que entorpece el funcionamiento del hígado.

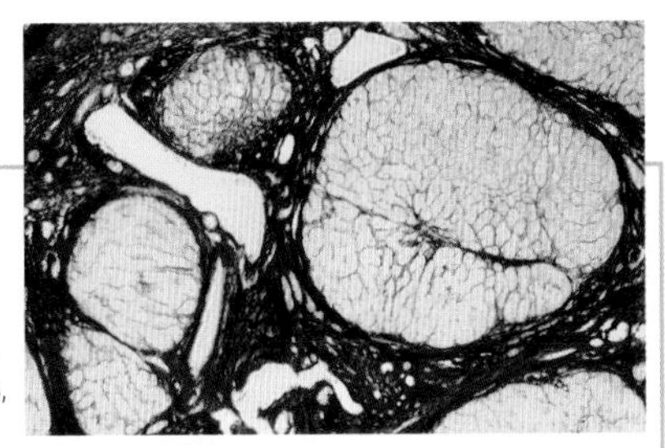

Cirrosis hepática
Esta sección del hígado de una persona alcohólica muestra los lobulillos hepáticos (blanco) rodeados de tejido cicatricial fibroso (rojo) causado por el exceso de depuración.

PROCESAMIENTO DE NUTRIENTES

El hígado procesa los nutrientes, especialmente la glucosa, los ácidos grasos y los aminoácidos, cuando llegan al torrente sanguíneo tras la digestión. La glucosa es la principal fuente de energía del cuerpo y sus niveles en sangre se han de mantener constantes. Los hepatocitos recogen glucosa; la almacenan como glucógeno cuando los niveles de glucosa en sangre son elevados y la liberan cuando descienden; y además, convierten el excedente en grasa. El hígado descompone los ácidos grasos para liberar energía o los almacena como grasas; además produce unos paquetes llamados lipoproteínas, que transportan las grasas desde y hacia las células del organismo. El hígado descompone el excedente de aminoácidos para liberar energía y convierte su nitrógeno en urea residual, que se excreta con la orina.

ALMACÉN DE VITAMINAS Y MINERALES

El hígado almacena, y libera cuando es necesario, diversas vitaminas, sobre todo la B_{12} y las liposolubles A, D, E y K. Puede almacenar vitamina A suficiente para dos años y vitaminas D y B_{12} para cuatro meses. Como las vitaminas se almacenan y el excedente no puede excretarse, es básico no ingerir un exceso de suplementos vitamínicos, ya que la presencia de demasiadas vitaminas liposolubles puede dañar el hígado. Este también almacena hierro, necesario para la producción de hemoglobina (p. 349), y cobre, fundamental en las reacciones metabólicas.

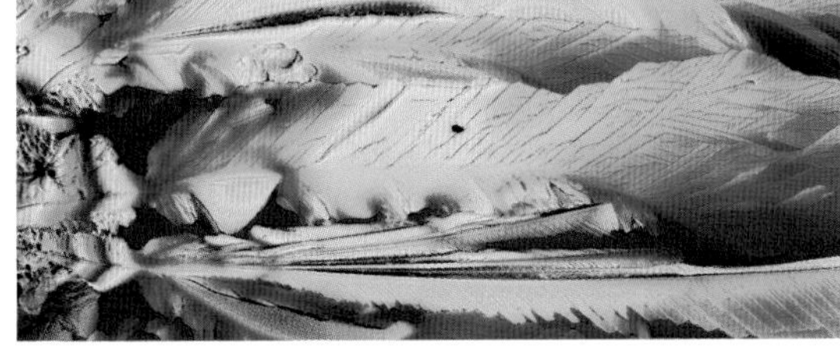

Cristales de vitamina D
Esta es una de las vitaminas que almacenan los hepatocitos, una vitamina crucial para la absorción normal de iones de calcio, necesarios para la formación de hueso y muchas otras funciones.

ELIMINACIÓN DE ERITROCITOS

Los eritrocitos muertos son destruidos por las células de Kupffer, macrófagos que forman parte del revestimiento de los sinusoides (también se destruyen en el bazo). El hierro de una parte de las moléculas de hemoglobina de la célula y los hepatocitos se recupera y almacena para usarlo cuando es necesario; otra parte de las moléculas de hemoglobinas se descompone en bilirrubina y se excreta con la bilis. Las células de Kupffer también eliminan bacterias y otros residuos de la sangre e interceptan toxinas.

Célula de Kupffer
Esta micrografía muestra una célula de Kupffer (amarillo) atrapando y «comiendo» eritrocitos agotados (rojo) suspendidos en la sangre (azul) entre hepatocitos (marrón).

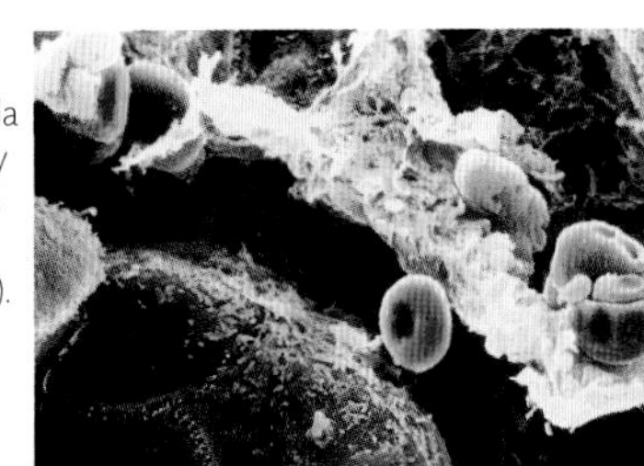

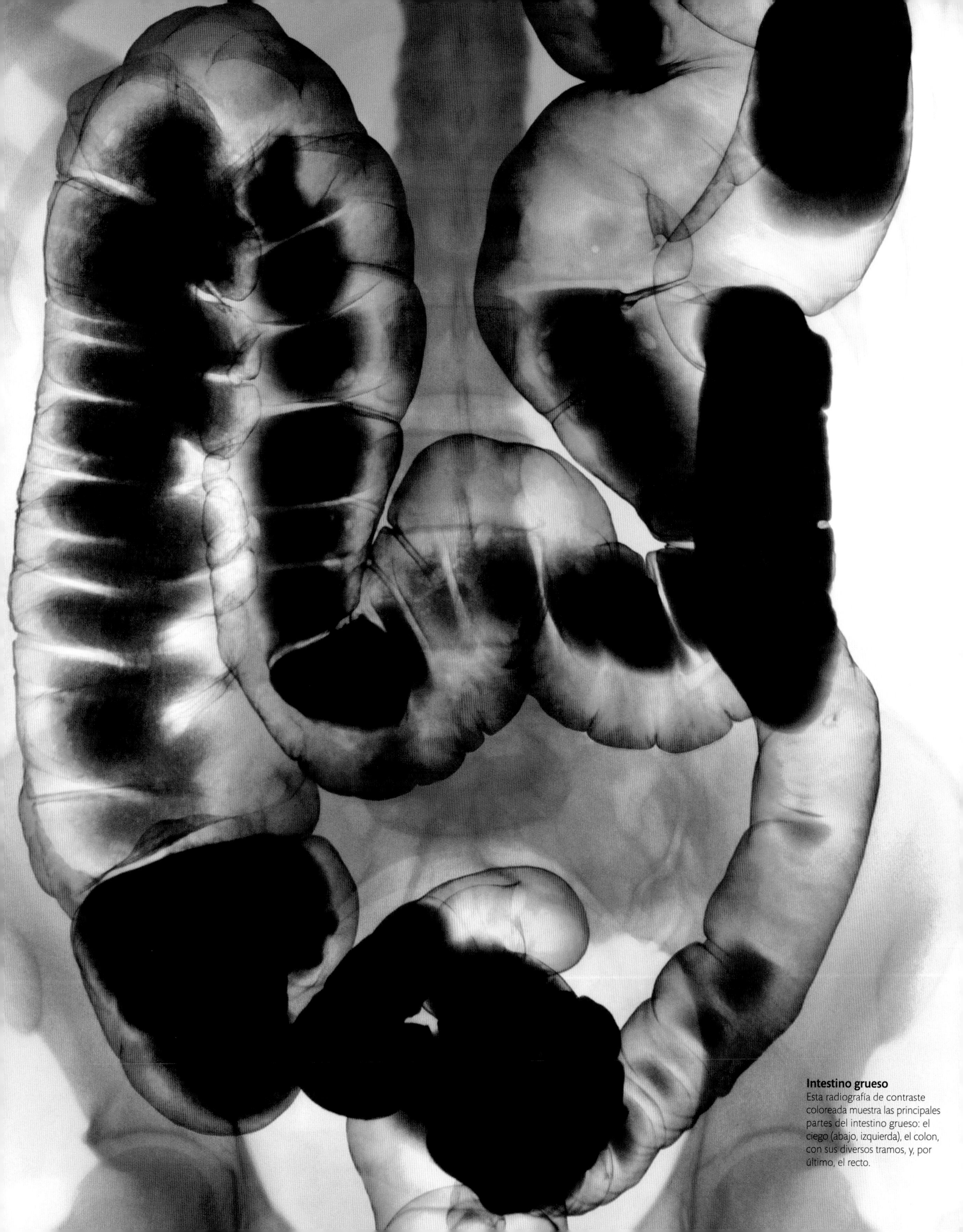

Intestino grueso
Esta radiografía de contraste coloreada muestra las principales partes del intestino grueso: el ciego (abajo, izquierda), el colon, con sus diversos tramos, y, por último, el recto.

INTESTINO GRUESO

La parte final del tracto digestivo es el doble de ancha que el intestino delgado, pero es cuatro veces más corto que este. El intestino grueso comprende el ciego, el colon y el recto, y procesa los residuos no digeribles para formar heces.

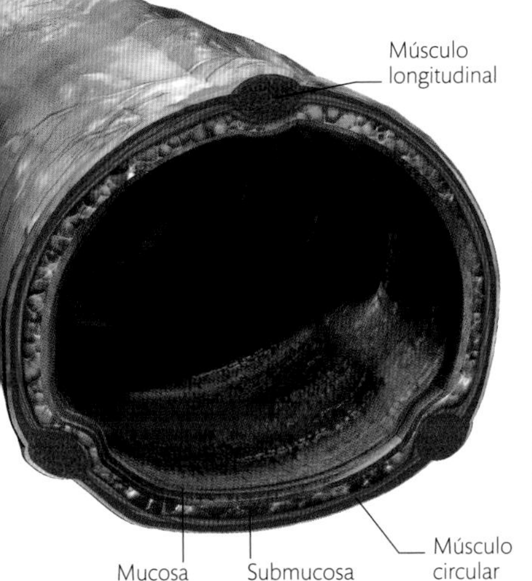
Músculo longitudinal
Mucosa
Submucosa
Músculo circular

FUNCIÓN DEL COLON Y EL RECTO

Con 1,5 m de longitud, el colon es la parte más larga del intestino grueso. Cada día recibe del intestino delgado 1,5 litros de residuos semisólidos no digeridos. La función fundamental del colon es convertir estos residuos en heces para que el cuerpo pueda eliminarlos, al tiempo que reabsorbe agua y sales (sobre todo sodio y cloruros) que devuelve a la sangre. La reabsorción del agua ayuda al organismo a conservar su contenido de agua y evitar la deshidratación, y además convierte los residuos semilíquidos en heces sólidas, más fáciles de mover y de expulsar. Además de residuos de alimentos, las heces contienen células muertas que proceden de la mucosa intestinal, y bacterias, que pueden llegar a constituir un 50% del peso fecal total. Al final del colon, el recto almacena las heces hasta que las expulsa por el ano.

Capas de la pared del colon
Esta sección muestra las capas de músculo longitudinal y circular que generan los movimientos intestinales. La mucosa produce moco para facilitar el tránsito de las heces.

POR QUÉ
TENEMOS APÉNDICE

El apéndice vermiforme se proyecta desde el ciego, el saco que se halla al inicio del intestino grueso. Durante mucho tiempo se ha creído que era el vestigio de un órgano que tuvo una función en el pasado pero que actualmente no tenía ninguna, a no ser la de inflamarse durante una apendicitis. Sin embargo, la investigación más reciente sugiere que contiene tejido linfático que forma parte del sistema inmunitario y que constituye una reserva de bacterias «buenas» para repoblar la flora intestinal del colon en caso de que esta se perdiera.

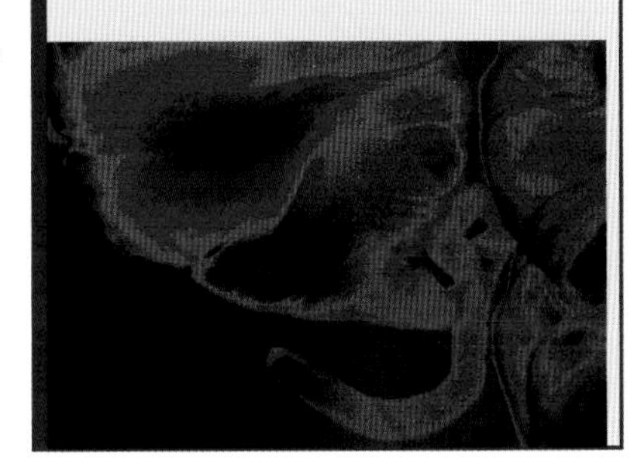

MOVIMIENTOS DEL COLON

Durante las 12 a 36 horas que los residuos no digeribles necesitan para poder llegar del intestino delgado al recto, el colon realiza tres tipos de movimiento: segmentación, contracciones peristálticas y movimientos de masa. Estos tres movimientos son producidos por las contracciones de una capa de músculo circular y tres bandas de músculo longitudinal; suelen ser más lentos y breves que los de otras partes del tracto digestivo, para permitir la reabsorción del agua. Además, la fuerza y la eficiencia de las contracciones del colon aumentan cuando la dieta es rica en fibra.

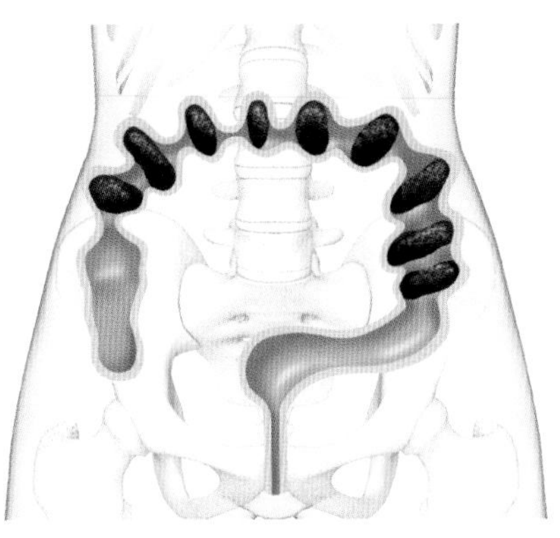

1 Segmentación
Cuando las bandas de músculo longitudinal se contraen, el colon forma unas bolsas que aplastan y mezclan las heces, pero que apenas las mueven. La segmentación se da cada media hora.

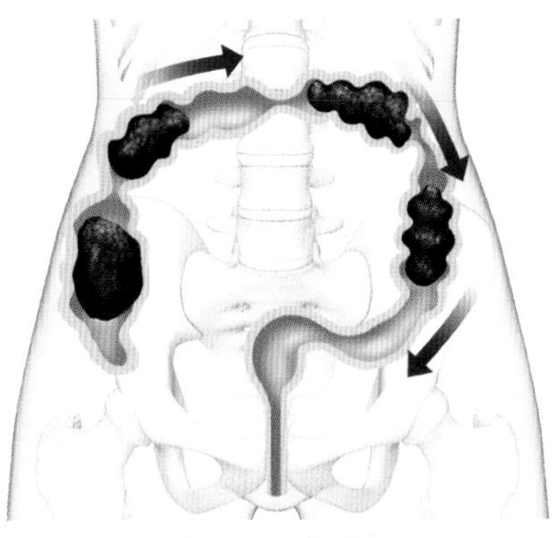

2 Contracciones peristálticas
Son similares a los movimientos peristálticos del resto del tracto digestivo: pequeñas ondas de contracción y relajación muscular que avanzan por el colon e impulsan las heces hacia el recto.

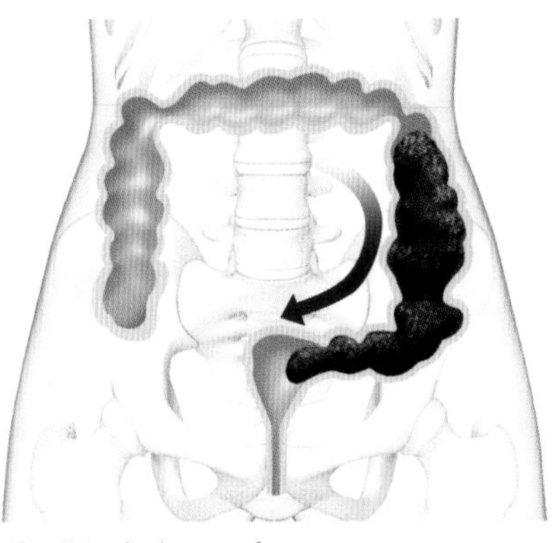

3 Movimientos de masa
Dos o tres veces al día, y estimuladas por la llegada de alimento al estómago, estas potentes ondas peristálticas empujan las heces desde el colon transverso y descendente hasta el recto.

PAPEL DE LAS BACTERIAS

El colon está colonizado por microorganismos, sobre todo bacterias, que constituyen la llamada flora intestinal. Son inofensivos siempre que no pasen a otras partes del cuerpo. Las bacterias digieren nutrientes, como la celulosa de la fibra vegetal, que las enzimas humanas no pueden digerir. La digestión bacteriana libera ácidos grasos, vitaminas del complejo B y vitamina K, que son absorbidas a través de la pared del colon y aprovechadas por el cuerpo. Libera gases, como los inodoros nitrógeno, metano y dióxido de carbono, o el oloroso sulfuro de hidrógeno. Las bacterias del colon controlan los microbios perjudiciales que entran en el intestino grueso impidiendo su proliferación. Ayudan al sistema inmunitario en la producción de anticuerpos y en la formación de tejido linfático en la mucosa intestinal.

DEFECACIÓN

Por lo general, el recto está vacío y los esfínteres anales interno (bajo control involuntario) y externo (bajo control voluntario) se encuentran contraídos para mantener el ano cerrado. Cuando un movimiento de masa empuja heces al recto, sus paredes se ensanchan, lo que es detectado por receptores, que inician el reflejo de defecación enviando señales a la médula espinal a través de fibras nerviosas sensitivas. Entonces, las señales motoras de la médula espinal ordenan la relajación del esfínter interno y la contracción de la pared rectal, lo que aumenta la presión en el interior del recto. Los mensajes que llegan al cerebro hacen que la persona sea consciente de la necesidad de defecar y relaje el esfínter externo para que, de este modo, las heces puedan salir por el ano abierto.

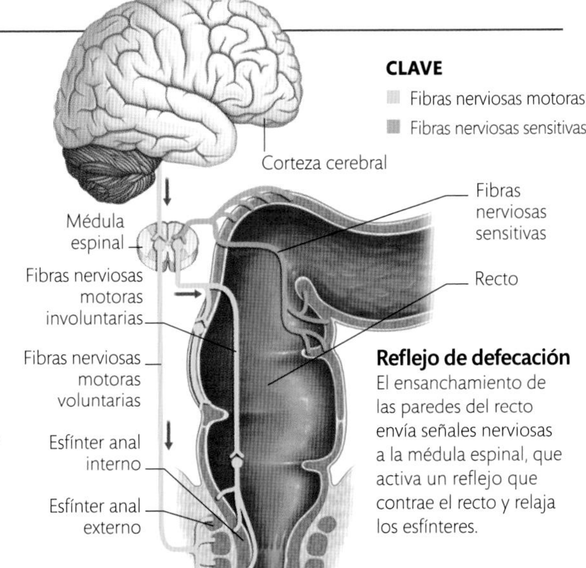
CLAVE
Fibras nerviosas motoras
Fibras nerviosas sensitivas
Corteza cerebral
Médula espinal
Fibras nerviosas sensitivas
Recto
Fibras nerviosas motoras involuntarias
Fibras nerviosas motoras voluntarias
Esfínter anal interno
Esfínter anal externo

Reflejo de defecación
El ensanchamiento de las paredes del recto envía señales nerviosas a la médula espinal, que activa un reflejo que contrae el recto y relaja los esfínteres.

NUTRICIÓN Y METABOLISMO

La digestión produce una serie de nutrientes simples que proporcionan la materia prima para el metabolismo, el conjunto de reacciones químicas que dan vida a las células. Antes de ser utilizados, no obstante, la mayoría de los nutrientes han de ser procesados por el hígado.

NUTRIENTES

Durante la digestión, las enzimas descomponen los hidratos de carbono complejos, las grasas y las proteínas en glucosa, ácidos grasos y aminoácidos, respectivamente. Estas moléculas simples, junto con las vitaminas y los minerales, son nutrientes, sustancias esenciales para el cuerpo, al que proporcionan energía y materiales de construcción, y también para la eficiencia del metabolismo. Los nutrientes son absorbidos del intestino delgado y la mayoría llega al hígado por la vena porta hepática; los ácidos grasos llegan al hígado por el sistema linfático y después por la sangre. Según sean las necesidades inmediatas del organismo, y para mantener constantes los niveles de nutrientes en sangre, el hígado almacena algunos de los nutrientes, descompone otros o, sencillamente, permite que sigan fluyendo y lleguen a las células.

Vaso sanguíneo
Red capilar

Vasos sanguíneos del intestino delgado
Este molde muestra las finas redes de capilares sanguíneos que se infiltran en la pared del intestino delgado para recoger los nutrientes recién absorbidos.

CATABOLISMO Y ANABOLISMO

En las células se dan sin cesar miles de reacciones químicas, la mayoría de ellas catalizadas por enzimas. Dichas reacciones constituyen el metabolismo del cuerpo, que comprende dos procesos interrelacionados: el catabolismo y el anabolismo. El primer proceso consiste en la descomposición de moléculas complejas en otras más simples, normalmente para liberar energía; en el tracto digestivo, las reacciones catabólicas descomponen el alimento. El anabolismo es el proceso inverso: consiste en la síntesis de moléculas complejas a partir de otras moléculas más simples, como la unión de aminoácidos para formar proteínas.

Descomposición y síntesis
Durante el metabolismo, nutrientes como la glucosa, los aminoácidos y los ácidos grasos absorbidos durante la digestión se descomponen o se sintetizan.

Moléculas simples del alimento digerido

Procesos catabólicos
Muchos procesos catabólicos desdoblan moléculas energéticas, como la glucosa, para liberar energía. El catabolismo proporciona energía para otras reacciones químicas.

Energía

Procesos anabólicos
Las enzimas catalizan reacciones anabólicas que utilizan energía para unir moléculas sencillas y producir otras más complejas, como diversas proteínas o glucógeno.

Moléculas complejas

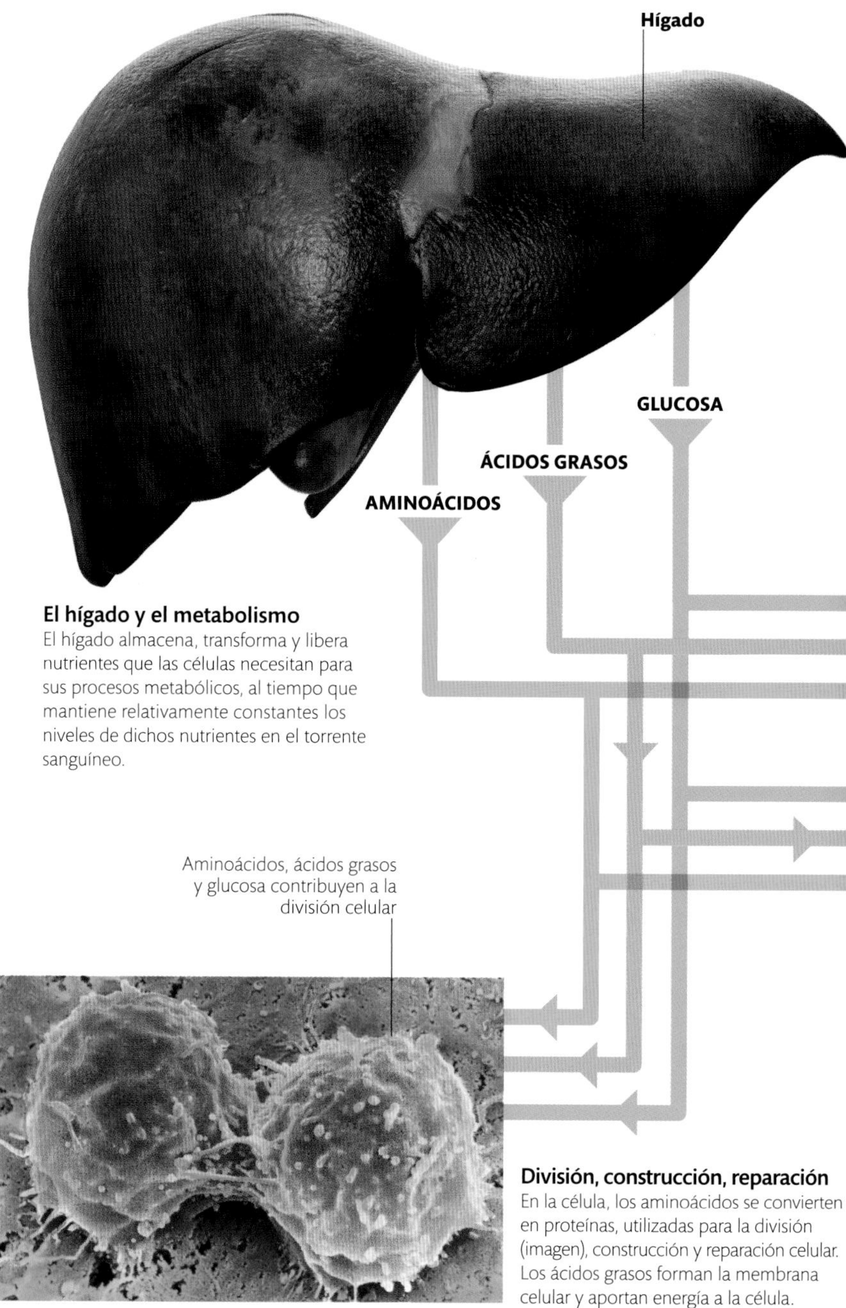
Hígado
GLUCOSA
ÁCIDOS GRASOS
AMINOÁCIDOS
Aminoácidos, ácidos grasos y glucosa contribuyen a la división celular

El hígado y el metabolismo
El hígado almacena, transforma y libera nutrientes que las células necesitan para sus procesos metabólicos, al tiempo que mantiene relativamente constantes los niveles de dichos nutrientes en el torrente sanguíneo.

División, construcción, reparación
En la célula, los aminoácidos se convierten en proteínas, utilizadas para la división (imagen), construcción y reparación celular. Los ácidos grasos forman la membrana celular y aportan energía a la célula.

EQUILIBRIO ENERGÉTICO

Este gráfico (abajo) refleja las necesidades energéticas en kilocalorías (Kcal) y kilojulios (KJ) en función de la edad, el género y el nivel de actividad de la persona. Así, por ejemplo, un adolescente necesita una gran cantidad de energía, pues su cuerpo está creciendo rápidamente. La energía que se obtiene del alimento ha de equilibrarse con la energía que se consume, ya que el excedente se almacena en forma de grasa.

NECESIDADES ENERGÉTICAS DIARIAS

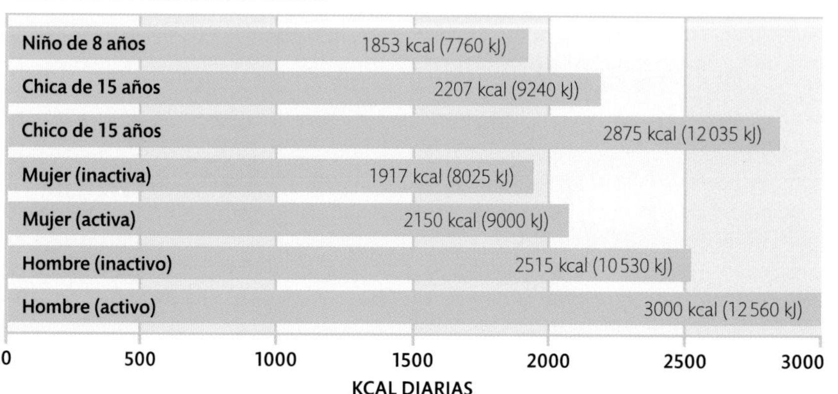
Niño de 8 años
1853 kcal (7760 kJ)
Chica de 15 años
2207 kcal (9240 kJ)
Chico de 15 años
2875 kcal (12 035 kJ)
Mujer (inactiva)
1917 kcal (8025 kJ)
Mujer (activa)
2150 kcal (9000 kJ)
Hombre (inactivo)
2515 kcal (10 530 kJ)
Hombre (activo)
3000 kcal (12 560 kJ)
0
500
1000
1500
2000
2500
3000
KCAL DIARIAS

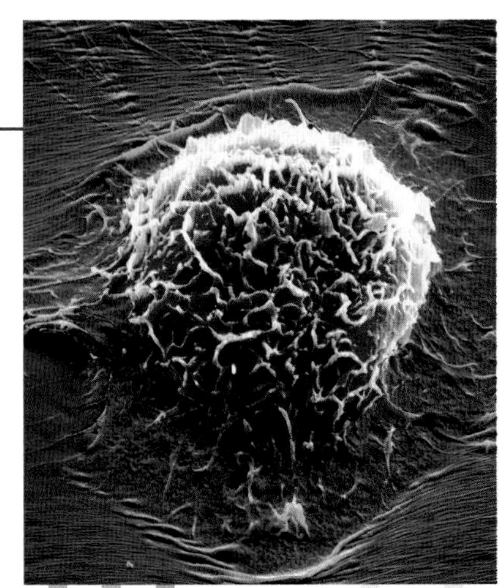

USO DE LOS NUTRIENTES

En el hígado (pp. 380–381), la glucosa es absorbida por los hepatocitos y almacenada como glucógeno, o permanece en la sangre para proporcionar a las células una fuente de energía rápida. Los ácidos grasos pueden quedar almacenados en el hígado, aportar energía al hígado o a los músculos, o ser utilizados para construir membranas dentro y alrededor de las células; no obstante, la mayoría de ellos son enviados al tejido adiposo para ser almacenados en forma de grasa, que proporciona al cuerpo aislamiento y una reserva de energía. En cuanto a los aminoácidos, algunos son descompuestos por hepatocitos, y otros son utilizados para producir proteínas plasmáticas, como el fibrinógeno, que interviene en la coagulación de la sangre; la mayoría de ellos, no obstante, permanecen en la sangre para que células de todo el cuerpo puedan usarlos para construir la gran variedad de proteínas necesarias para el crecimiento y el mantenimiento del organismo. Los aminoácidos sobrantes no pueden almacenarse, y los hepatocitos los transforman en glucosa o en ácidos grasos.

Liberación de energía
La fuente de energía principal de esta célula de la piel es la glucosa; las fibras musculares y los hepatocitos también usan ácidos grasos. En caso de inanición, también pueden usarse los aminoácidos.

CLAVE
- El hígado libera glucosa para ser utilizada
- Liberación de glucosa almacenada
- El hígado libera ácidos grasos para ser almacenados
- Liberación de ácidos grasos almacenados
- El hígado libera aminoácidos para ser utilizados

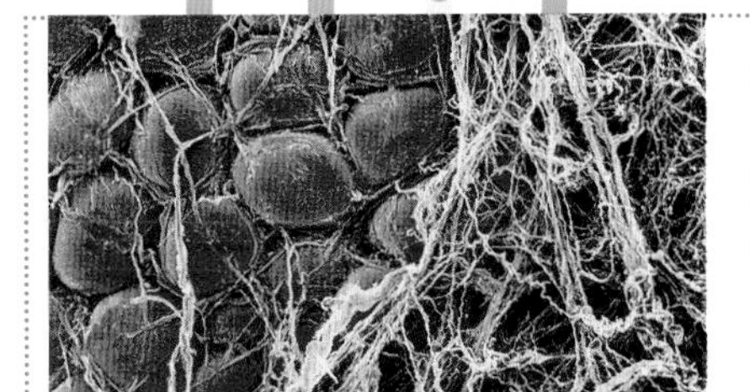

Células adiposas
Los ácidos grasos, ricos en energía, se almacenan como grasa en el interior de las células adiposas, y se liberan en la sangre cuando se necesita energía. El excedente de glucosa también se transforma en grasa.

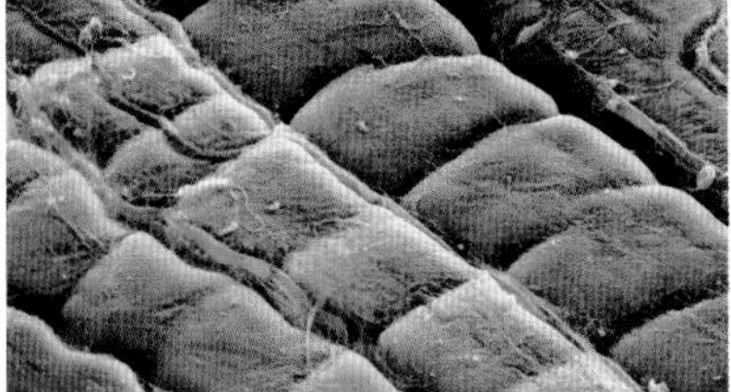

Células musculares
Al igual que los hepatocitos, estas pueden almacenar glucosa en forma de glucógeno, que liberarán para aportar la energía necesaria en la contracción muscular o cuando sus niveles en sangre desciendan.

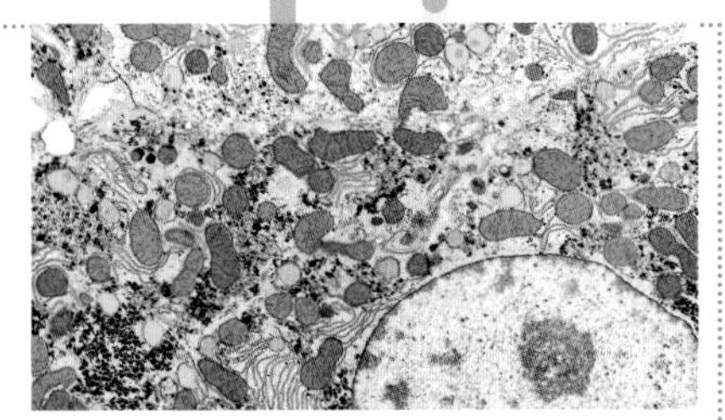

Hepatocitos
Almacenan la glucosa sobrante en forma de gránulos de glucógeno (marrón), que liberan cuando es necesario. Múltiples mitocondrias (verde) generan la energía necesaria para el funcionamiento celular.

VITAMINAS Y MINERALES

Son básicos para el funcionamiento del cuerpo y, en su mayoría, solo se pueden obtener del alimento. Las vitaminas son sustancias orgánicas (contienen carbono) que actúan como coenzimas, ayudando a muchas de las enzimas que controlan los procesos metabólicos. Las vitaminas pueden ser liposolubles (A, D, E y K) o hidrosolubles (complejo B y C). Por su parte, los minerales son sustancias inorgánicas necesarias para el funcionamiento de las enzimas y en procesos como la formación ósea. Algunos, como el calcio y el magnesio, se requieren en grandes cantidades, y otros, como el hierro o el cinc, en cantidades mínimas.

Uso de las vitaminas y los minerales
He aquí un esquema de las principales funciones de las vitaminas y los minerales. El déficit persistente de algunos de ellos altera el funcionamiento del cuerpo y da lugar a enfermedades.

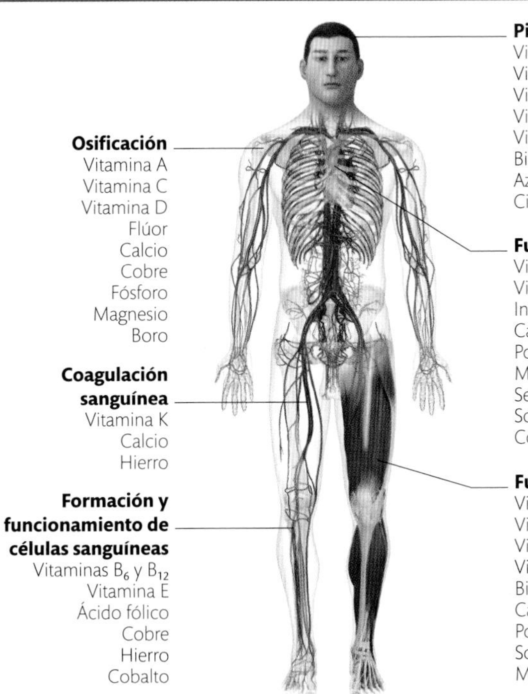
Osificación
Vitamina A
Vitamina C
Vitamina D
Flúor
Calcio
Cobre
Fósforo
Magnesio
Boro
Coagulación sanguínea
Vitamina K
Calcio
Hierro
Formación y funcionamiento de células sanguíneas
Vitaminas B_6 y B_{12}
Vitamina E
Ácido fólico
Cobre
Hierro
Cobalto
Piel y cabello sanos
Vitamina A
Vitamina B_2
Vitamina B_3
Vitamina B_6
Vitamina B_{12}
Biotina
Azufre
Cinc
Función cardíaca
Vitamina B_1
Vitamina D
Inositol
Calcio
Potasio
Magnesio
Selenio
Sodio
Cobre
Función muscular
Vitamina B (Tiamina)
Vitamina B_6
Vitamina B_{12}
Vitamina E
Biotina
Calcio
Potasio
Sodio
Magnesio

POR QUÉ
SENTIMOS HAMBRE

La sensación de hambre que nos impulsa a comer se genera en el hipotálamo en respuesta a una serie de señales enviadas por el cuerpo, entre ellas varias hormonales. Por ejemplo, la hormona grelina, liberada por el estómago vacío, activa algunas de las regiones hipotalámicas que generan la sensación de hambre. La hormona leptina, liberada por las reservas de grasa después de haber comido, induce al hipotálamo a inhibir el hambre y producir la sensación de saciedad.

Hipotálamo

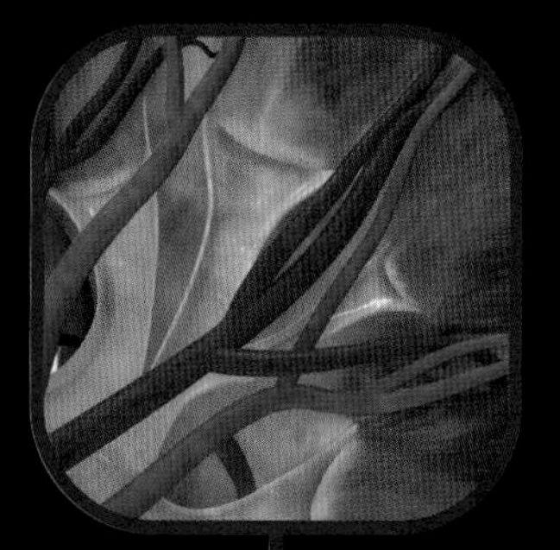

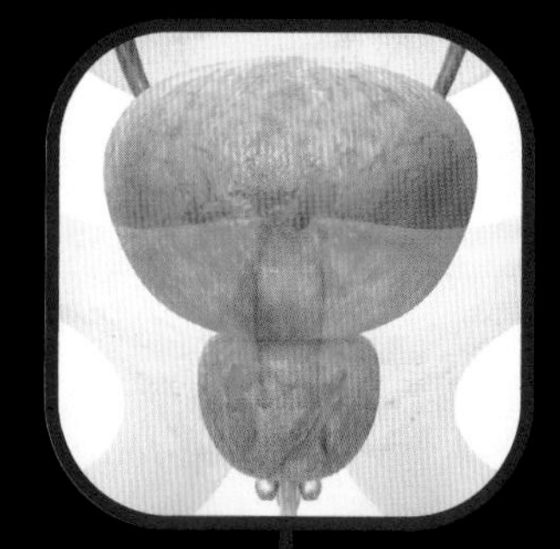

RIÑÓN

Este órgano con forma de judía (poroto) limpia y filtra toda la sangre del cuerpo cada 25 minutos. Los residuos se excretan con la orina.

VEJIGA

A medida que se llena de orina, esta bolsa muscular y elástica se estira y se dilata; durante la micción, se contrae.

URÉTER

Este conducto urinario sale del riñón y lleva la orina a la vejiga, donde se almacena de forma temporal.

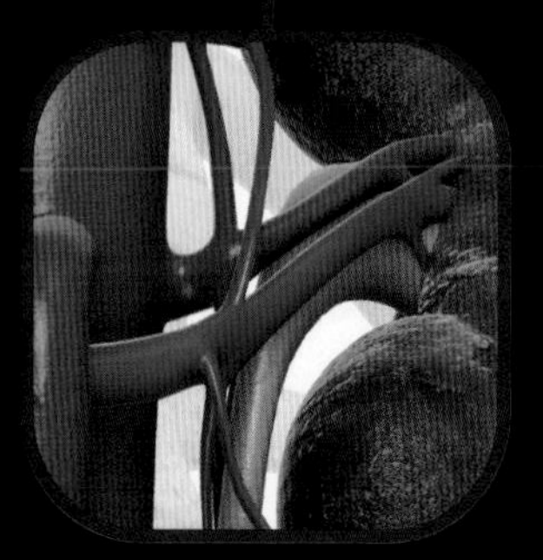

SISTEMA URINARIO

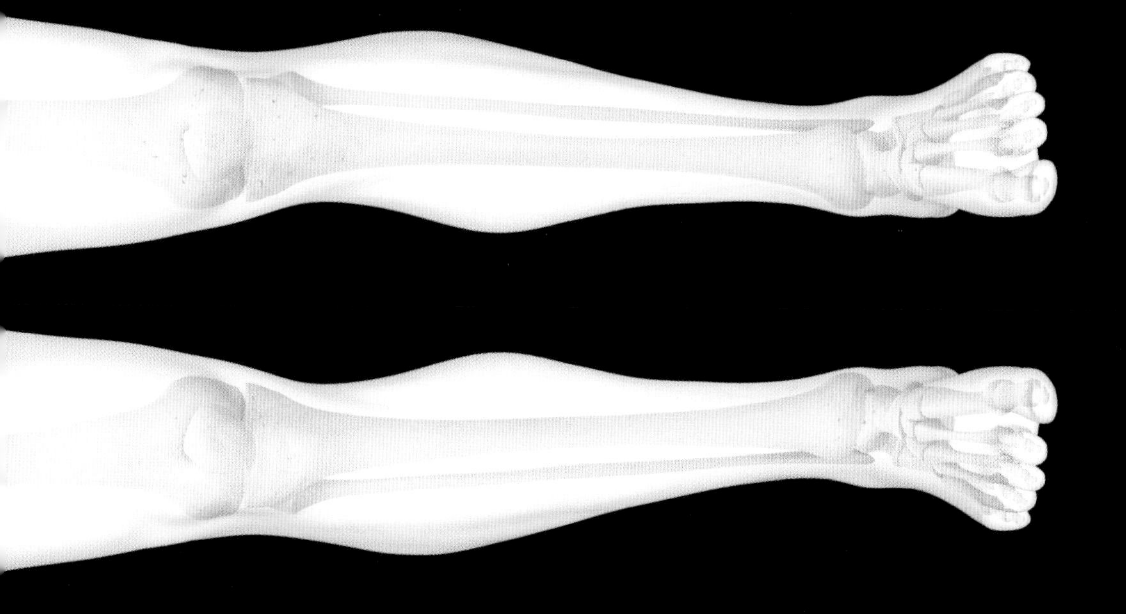

El sistema urinario se encarga de eliminar los residuos generados por las células y de mantener el equilibrio químico del organismo. Los riñones filtran la sangre para retirar las toxinas y otras sustancias sobrantes, que son expulsadas con la orina.

FUNCIÓN RENAL

El sistema urinario tiene un papel vital en el mantenimiento del equilibrio de la composición química del cuerpo y en la depuración de la sangre. Los riñones controlan el equilibrio de los fluidos corporales, filtran los residuos y las toxinas de la sangre y regulan la acidez sanguínea.

INTERIOR DE UN RIÑÓN

La corteza (parte externa) de cada riñón contiene cerca de un millón de nefronas, unidades de filtrado compuestas por un glomérulo y un túbulo. El glomérulo consiste en una red capilar rodeada por una cápsula glomerular (o de Bowman); el túbulo es un tubo doblado conectado al glomérulo. Juntos, filtran a diario hasta 180 litros de plasma sanguíneo, reabsorben la mayor parte del agua y de las sustancias químicas útiles, y producen entre uno y dos litros de orina como producto de desecho. Las asas de las nefronas se introducen en la médula renal (la parte más interna del riñón), que controla la cantidad de sal y de agua en la orina. Alrededor del 85 % de las nefronas son corticales (de asa corta), y el resto son yuxtamedulares (de asa larga). Los conductos colectores llevan el producto de las nefronas a la pelvis renal, desde donde la orina pasa al uréter y a la vejiga para ser excretada. El riñón, en fin, desempeña también funciones hormonales secundarias (p. 413).

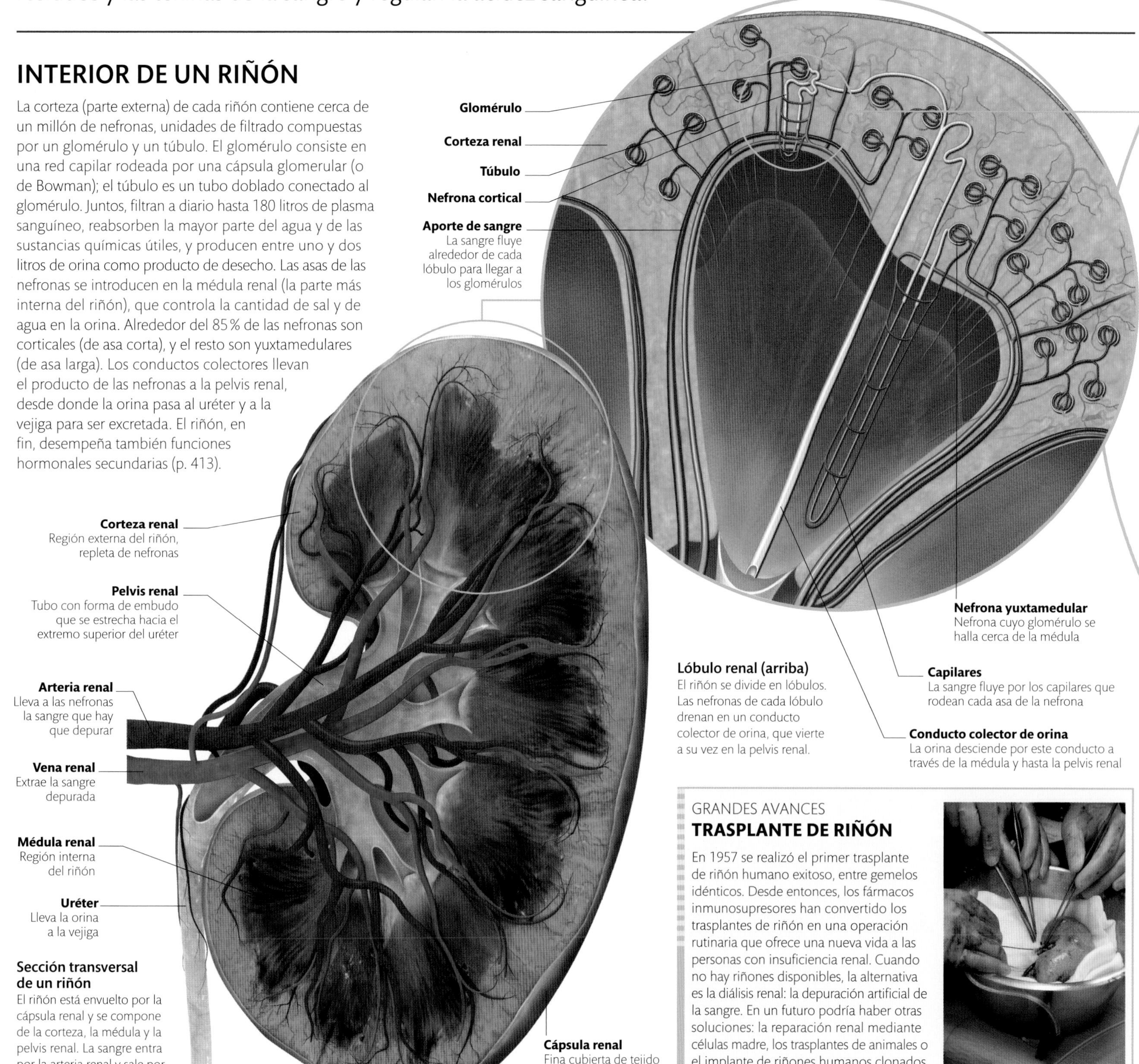
Glomérulo
Corteza renal
Túbulo
Nefrona cortical
Aporte de sangre
La sangre fluye alrededor de cada lóbulo para llegar a los glomérulos
Corteza renal
Región externa del riñón, repleta de nefronas
Pelvis renal
Tubo con forma de embudo que se estrecha hacia el extremo superior del uréter
Arteria renal
Lleva a las nefronas la sangre que hay que depurar
Vena renal
Extrae la sangre depurada
Médula renal
Región interna del riñón
Uréter
Lleva la orina a la vejiga
Cápsula renal
Fina cubierta de tejido fibroso blanco
Lóbulo renal (arriba)
El riñón se divide en lóbulos. Las nefronas de cada lóbulo drenan en un conducto colector de orina, que vierte a su vez en la pelvis renal.
Nefrona yuxtamedular
Nefrona cuyo glomérulo se halla cerca de la médula
Capilares
La sangre fluye por los capilares que rodean cada asa de la nefrona
Conducto colector de orina
La orina desciende por este conducto a través de la médula y hasta la pelvis renal

Sección transversal de un riñón
El riñón está envuelto por la cápsula renal y se compone de la corteza, la médula y la pelvis renal. La sangre entra por la arteria renal y sale por la vena renal.

GRANDES AVANCES

TRASPLANTE DE RIÑÓN

En 1957 se realizó el primer trasplante de riñón humano exitoso, entre gemelos idénticos. Desde entonces, los fármacos inmunosupresores han convertido los trasplantes de riñón en una operación rutinaria que ofrece una nueva vida a las personas con insuficiencia renal. Cuando no hay riñones disponibles, la alternativa es la diálisis renal: la depuración artificial de la sangre. En un futuro podría haber otras soluciones: la reparación renal mediante células madre, los trasplantes de animales o el implante de riñones humanos clonados.

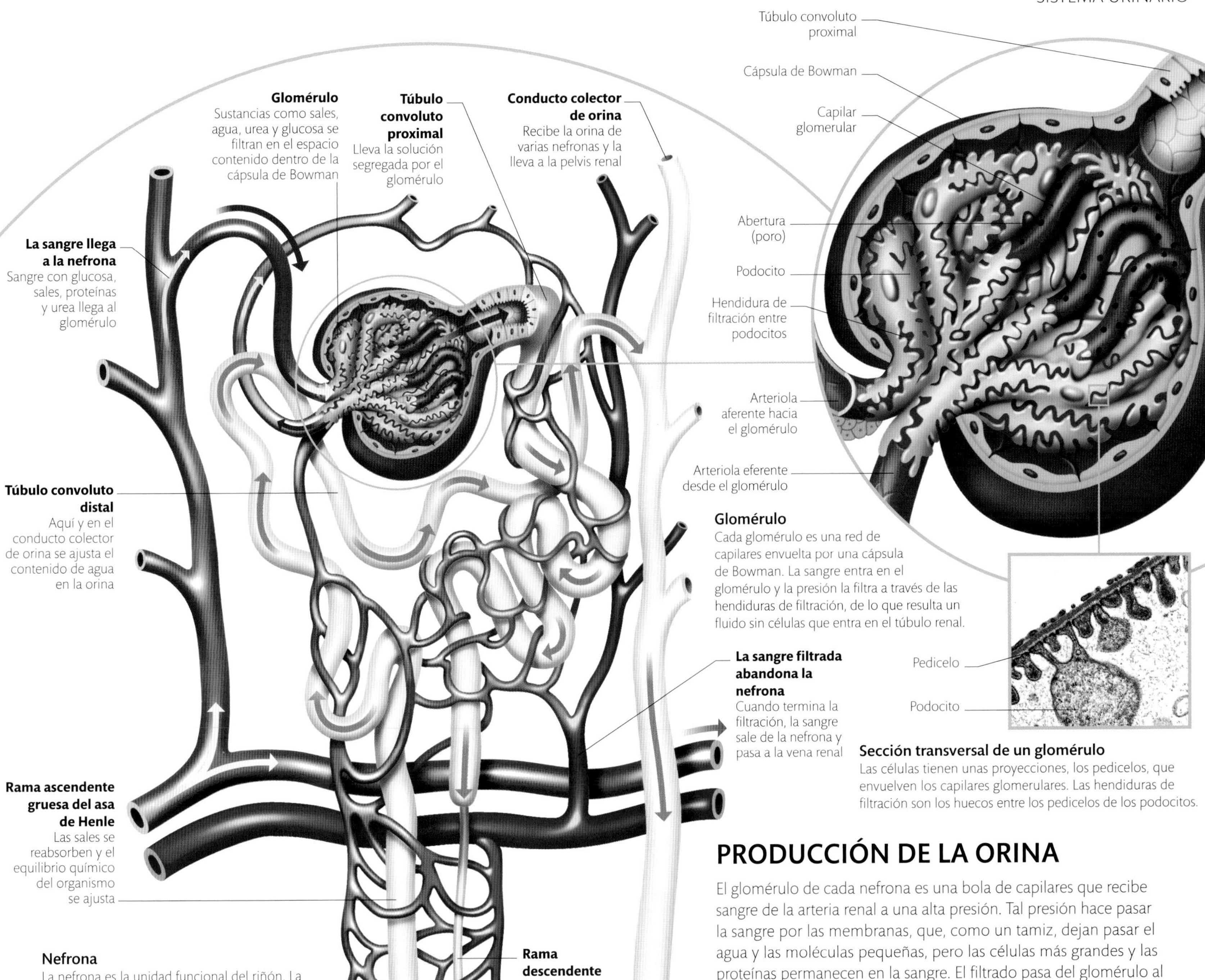
Túbulo convoluto proximal
Cápsula de Bowman
Capilar glomerular
Abertura (poro)
Podocito
Hendidura de filtración entre podocitos
Arteriola aferente hacia el glomérulo
Arteriola eferente desde el glomérulo
Glomérulo
Sustancias como sales, agua, urea y glucosa se filtran en el espacio contenido dentro de la cápsula de Bowman
Túbulo convoluto proximal
Lleva la solución segregada por el glomérulo
Conducto colector de orina
Recibe la orina de varias nefronas y la lleva a la pelvis renal
La sangre llega a la nefrona
Sangre con glucosa, sales, proteínas y urea llega al glomérulo
Túbulo convoluto distal
Aquí y en el conducto colector de orina se ajusta el contenido de agua en la orina
La sangre filtrada abandona la nefrona
Cuando termina la filtración, la sangre sale de la nefrona y pasa a la vena renal
Rama ascendente gruesa del asa de Henle
Las sales se reabsorben y el equilibrio químico del organismo se ajusta
Rama descendente fina del asa de Henle
Las sales atraviesan la pared del asa y pasan a la solución y a los capilares circundantes
Rama ascendente fina del asa de Henle
Aquí, el agua se bombea fuera del túbulo y la orina se concentra
Pedicelo
Podocito

Glomérulo
Cada glomérulo es una red de capilares envuelta por una cápsula de Bowman. La sangre entra en el glomérulo y la presión la filtra a través de las hendiduras de filtración, de lo que resulta un fluido sin células que entra en el túbulo renal.

Sección transversal de un glomérulo
Las células tienen unas proyecciones, los pedicelos, que envuelven los capilares glomerulares. Las hendiduras de filtración son los huecos entre los pedicelos de los podocitos.

Nefrona
La nefrona es la unidad funcional del riñón. La sangre que llega al riñón contiene urea, producto de desecho producido en el hígado como resultado del metabolismo celular. El objetivo de la filtración en los riñones es eliminar la urea y otras sustancias tóxicas junto con el exceso de sales y de agua, así como devolver células sanguíneas, proteínas y otras sustancias al torrente sanguíneo.

PRODUCCIÓN DE LA ORINA

El glomérulo de cada nefrona es una bola de capilares que recibe sangre de la arteria renal a una alta presión. Tal presión hace pasar la sangre por las membranas, que, como un tamiz, dejan pasar el agua y las moléculas pequeñas, pero las células más grandes y las proteínas permanecen en la sangre. El filtrado pasa del glomérulo al túbulo convoluto proximal (el más cercano). Este túbulo es la primera parte de un retorcido tubo que desciende hasta la médula en un asa (asa de Henle) y vuelve a ascender por el túbulo convoluto distal (más alejado) para unirse a los túbulos de otras nefronas que desembocan en los conductos colectores. En el túbulo proximal, la glucosa es reabsorbida y devuelta a la sangre. En el asa de Henle, la mayor parte del agua es reabsorbida por los capilares que la rodean. En el túbulo distal la mayoría de las sales se reabsorben. Lo que queda es orina concentrada, con urea y otros productos de desecho.

1700

Número de **litros de sangre** que recibe el riñón cada **24 horas**.

Composición de la orina
La orina se compone principalmente de agua, urea y otros residuos. La composición exacta depende de la ingesta de fluidos y sales, de las condiciones ambientales y de la salud.

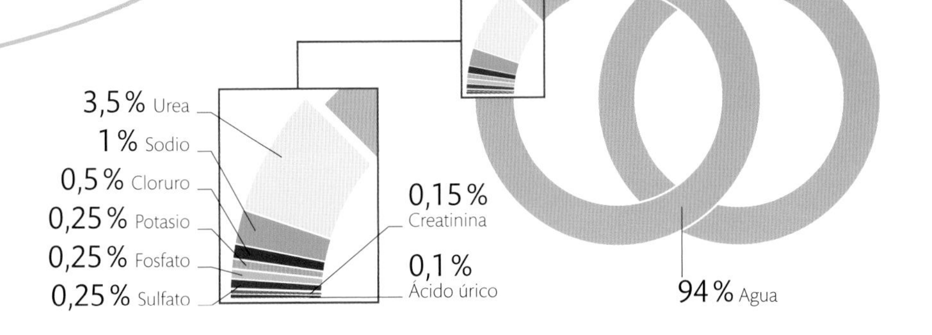
3,5 % Urea
1 % Sodio
0,5 % Cloruro
0,25 % Potasio
0,25 % Fosfato
0,25 % Sulfato
0,15 % Creatinina
0,1 % Ácido úrico
94 % Agua

CONTROL DE LA VEJIGA

La vejiga es una bolsa muscular que se dilata para almacenar orina y se contrae para expulsarla. La capacidad de inhibir la micción espontánea se aprende durante la primera infancia, pero puede perderse como resultado de daños en el suelo pelviano o en los nervios que lo inervan.

Revestimiento de la vejiga
Esta micrografía coloreada muestra los pliegues de la superficie interna de la vejiga cuando está vacía. La vejiga se dilata y se contrae al llenarse y vaciarse.

EVACUACIÓN DE ORINA

Las contracciones musculares en las paredes de los uréteres empujan la orina desde los riñones a la vejiga; una vez allí, un sistema de válvulas impide que regrese a los uréteres; esto es fundamental para prevenir la llegada de microbios a los riñones. En la salida de la vejiga hay dos esfínteres que impiden que la orina se vierta en la uretra: el esfínter interno, en el cuello de la vejiga, se abre y se cierra automáticamente, pero el esfínter externo, situado más abajo, se controla voluntariamente. Cuando la vejiga se encuentra vacía, el músculo detrusor de la pared está relajado y ambos esfínteres están cerrados. A medida que se llena, las paredes se estiran, lo que activa un pequeño reflejo de contracción en el músculo detrusor y provoca las ganas de orinar. Este impulso puede contenerse voluntariamente manteniendo el esfínter externo cerrado hasta el momento oportuno; cuando dicho momento llega, entonces se relajan de forma consciente el esfínter externo y el suelo pelviano, y el músculo detrusor se contrae para expulsar la orina de la vejiga.

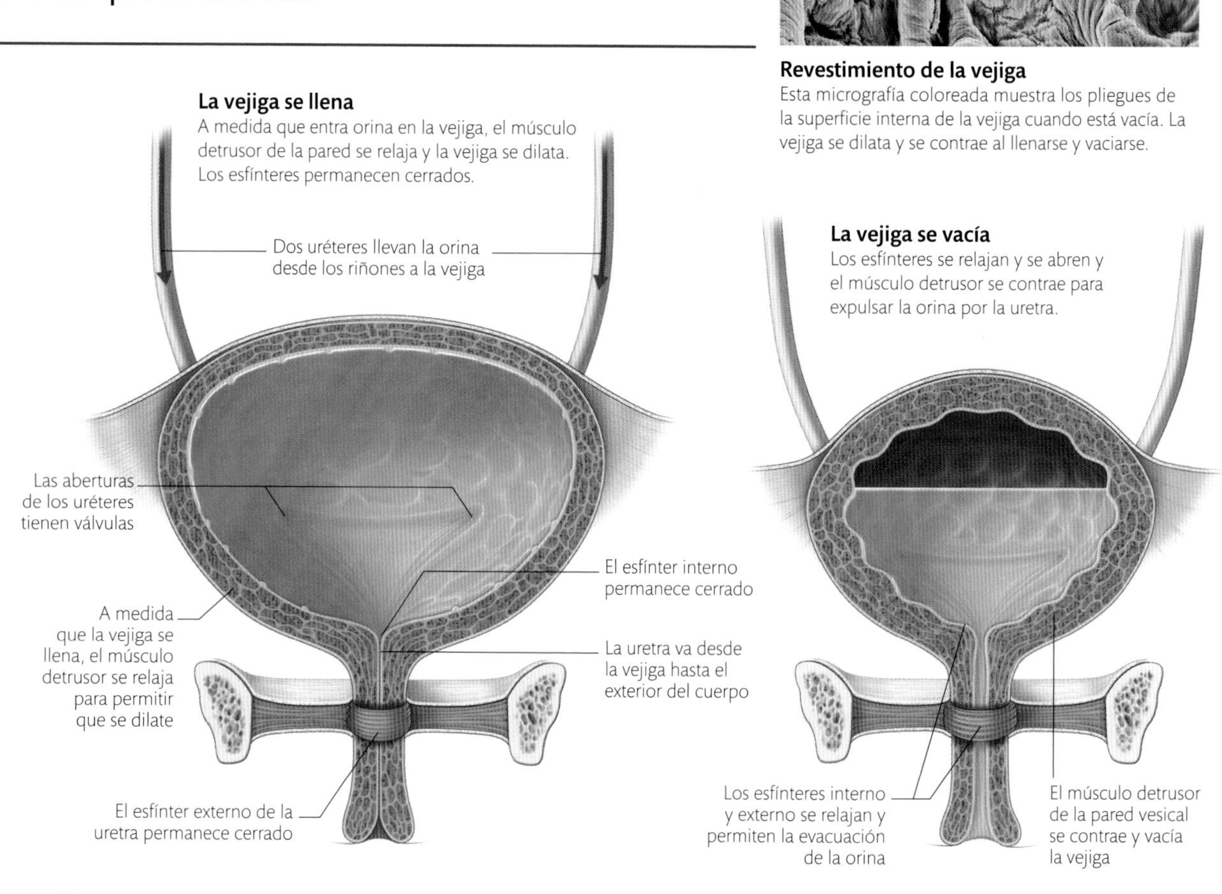
Dos uréteres llevan la orina desde los riñones a la vejiga
Las aberturas de los uréteres tienen válvulas
A medida que la vejiga se llena, el músculo detrusor se relaja para permitir que se dilate
El esfínter interno permanece cerrado
La uretra va desde la vejiga hasta el exterior del cuerpo
El esfínter externo de la uretra permanece cerrado
Los esfínteres interno y externo se relajan y permiten la evacuación de la orina
El músculo detrusor de la pared vesical se contrae y vacía la vejiga

La vejiga se llena
A medida que entra orina en la vejiga, el músculo detrusor de la pared se relaja y la vejiga se dilata. Los esfínteres permanecen cerrados.

La vejiga se vacía
Los esfínteres se relajan y se abren y el músculo detrusor se contrae para expulsar la orina por la uretra.

TAMAÑO DE LA VEJIGA

El tamaño y la forma de la vejiga varían según la cantidad de orina que contenga. Cuando está vacía, tiene una forma chata y triangular; a medida que se va llenado, la pared se va distendiendo hacia arriba hasta adquirir una forma esférica que sobresale de la pelvis hacia la cavidad abdominal. Al dilatarse, su longitud puede pasar de los 5 cm a los 12 cm o más.

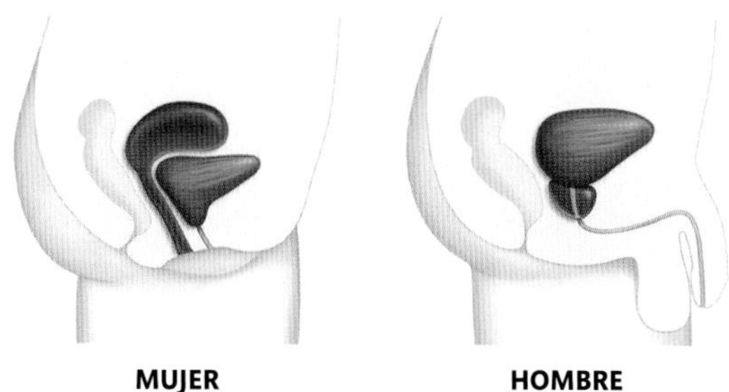
MUJER

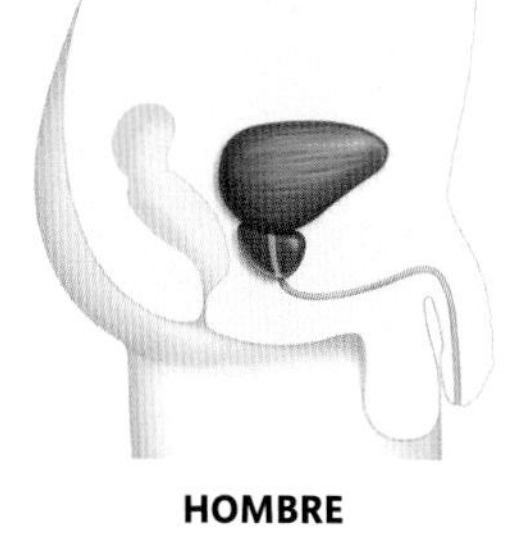
HOMBRE

Tamaños distintos
La vejiga femenina suele ser más pequeña que la masculina y tiene menos margen de dilatación.

CLAVE
Vejiga
Uretra
Próstata
Útero

SEÑALES NERVIOSAS

El control de la micción corresponde a centros nerviosos en el encéfalo y la médula espinal, y a nervios periféricos que inervan la vejiga, los esfínteres y el suelo pelviano. Cuando la vejiga se llena, aumenta la presión en su interior. Los receptores de estiramiento en la pared envían señales al centro sacro de la micción en los segmentos S2 a S4 de la médula, lo que activa el reflejo de contracción del músculo detrusor. Las señales enviadas al centro de la micción encefálico posibilitan el control voluntario y, pese a que la necesidad de orinar se hace consciente, se inhibe el reflejo sacro. Cuando entonces se decide orinar, el músculo detrusor de la pared vesical se contrae y los esfínteres interno y externo se relajan, este último de forma voluntaria. Además, una vez que se ha iniciado la micción, reflejos adicionales de la uretra provocan la contracción del músculo detrusor y la relajación de los esfínteres.

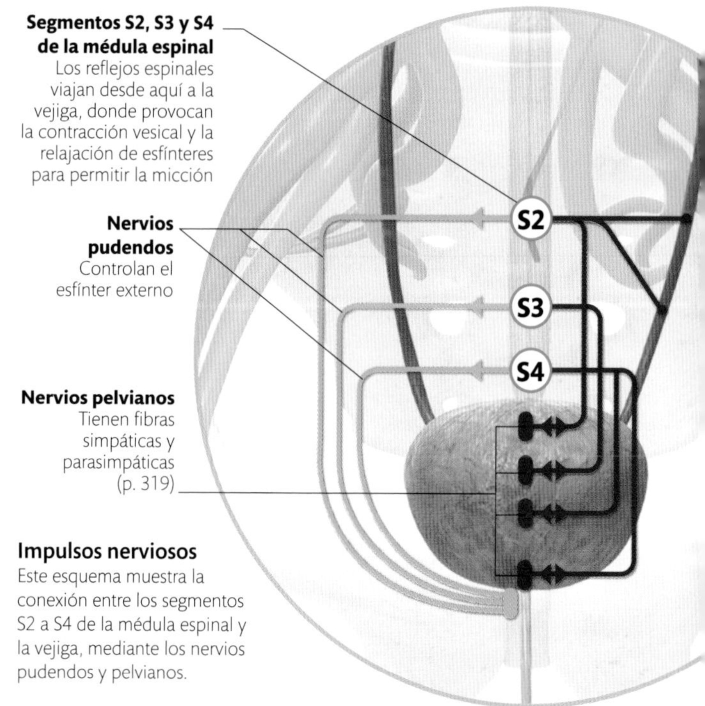
Segmentos S2, S3 y S4 de la médula espinal
Los reflejos espinales viajan desde aquí a la vejiga, donde provocan la contracción vesical y la relajación de esfínteres para permitir la micción
Nervios pudendos
Controlan el esfínter externo
Nervios pelvianos
Tienen fibras simpáticas y parasimpáticas (p. 319)
S2
S3
S4

Impulsos nerviosos
Este esquema muestra la conexión entre los segmentos S2 a S4 de la médula espinal y la vejiga, mediante los nervios pudendos y pelvianos.

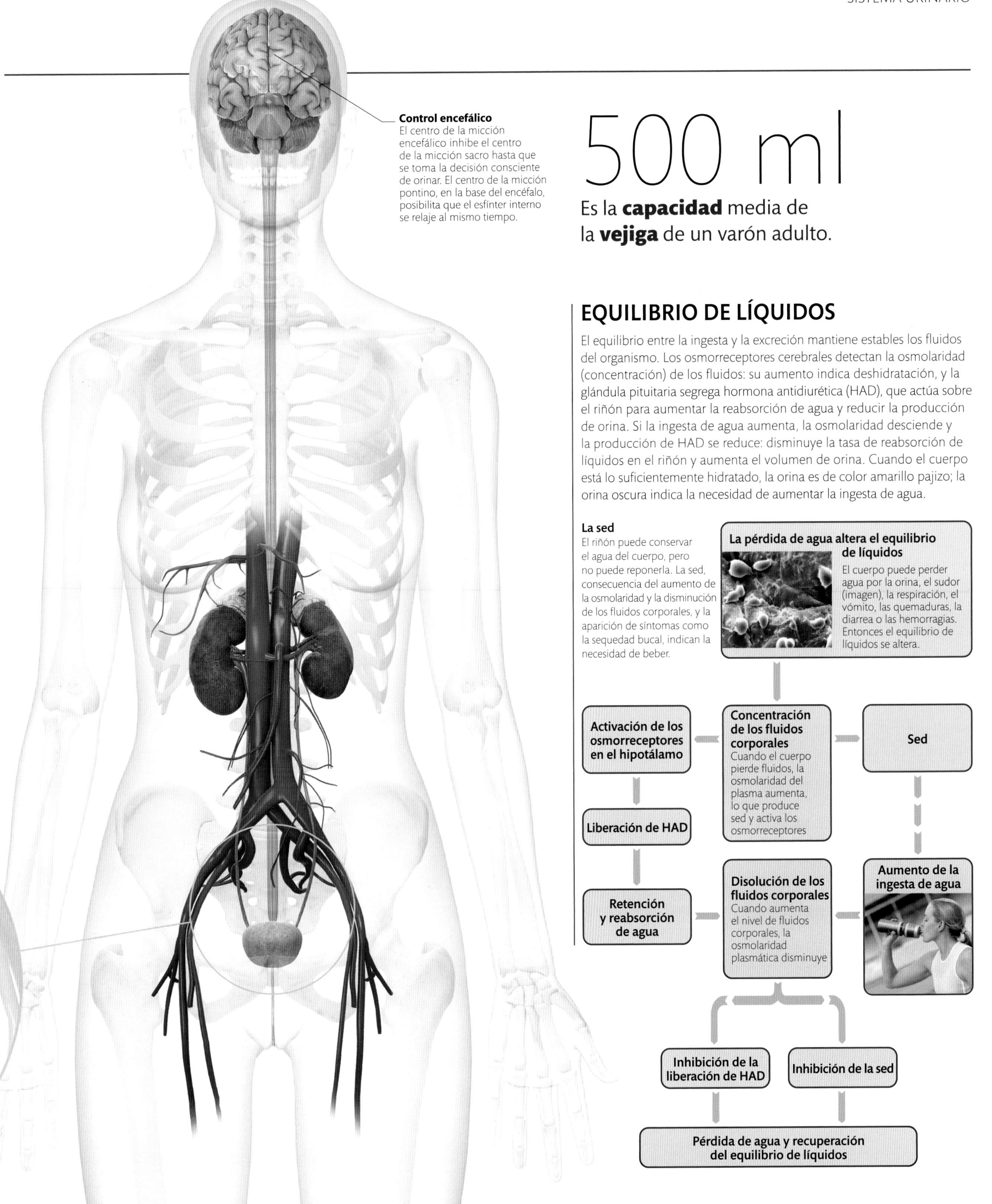

Control encefálico
El centro de la micción encefálico inhibe el centro de la micción sacro hasta que se toma la decisión consciente de orinar. El centro de la micción pontino, en la base del encéfalo, posibilita que el esfínter interno se relaje al mismo tiempo.

500 ml

Es la **capacidad** media de la **vejiga** de un varón adulto.

EQUILIBRIO DE LÍQUIDOS

El equilibrio entre la ingesta y la excreción mantiene estables los fluidos del organismo. Los osmorreceptores cerebrales detectan la osmolaridad (concentración) de los fluidos: su aumento indica deshidratación, y la glándula pituitaria segrega hormona antidiurética (HAD), que actúa sobre el riñón para aumentar la reabsorción de agua y reducir la producción de orina. Si la ingesta de agua aumenta, la osmolaridad desciende y la producción de HAD se reduce: disminuye la tasa de reabsorción de líquidos en el riñón y aumenta el volumen de orina. Cuando el cuerpo está lo suficientemente hidratado, la orina es de color amarillo pajizo; la orina oscura indica la necesidad de aumentar la ingesta de agua.

La sed
El riñón puede conservar el agua del cuerpo, pero no puede reponerla. La sed, consecuencia del aumento de la osmolaridad y la disminución de los fluidos corporales, y la aparición de síntomas como la sequedad bucal, indican la necesidad de beber.

La pérdida de agua altera el equilibrio de líquidos
El cuerpo puede perder agua por la orina, el sudor (imagen), la respiración, el vómito, las quemaduras, la diarrea o las hemorragias. Entonces el equilibrio de líquidos se altera.
Concentración de los fluidos corporales
Cuando el cuerpo pierde fluidos, la osmolaridad del plasma aumenta, lo que produce sed y activa los osmorreceptores
Activación de los osmorreceptores en el hipotálamo
Liberación de HAD
Retención y reabsorción de agua
Sed
Aumento de la ingesta de agua
Disolución de los fluidos corporales
Cuando aumenta el nivel de fluidos corporales, la osmolaridad plasmática disminuye
Inhibición de la liberación de HAD
Inhibición de la sed
Pérdida de agua y recuperación del equilibrio de líquidos

MAMA

Tanto mujeres como hombres tienen mamas y glándulas mamarias. En las mujeres, son más grandes y producen leche después del parto.

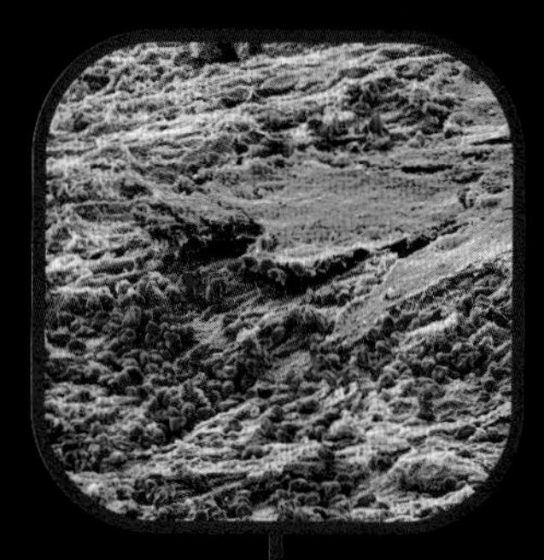

ÚTERO

Este saco muscular se desprende de su revestimiento durante la menstruación. En su interior, un óvulo fecundado puede convertirse en un feto.

OVARIO

Dos órganos, uno a cada lado del útero, albergan y maduran los óvulos, y liberan uno cada mes, durante la ovulación.

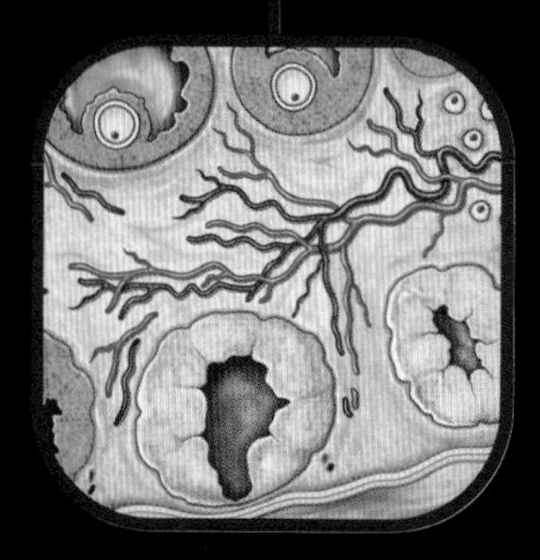

SISTEMA REPRODUCTOR

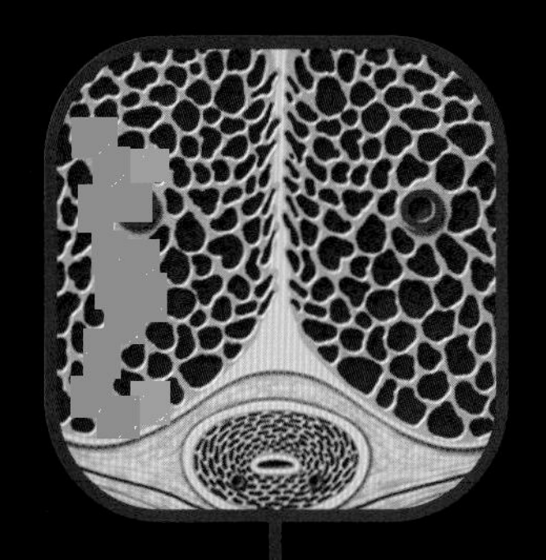

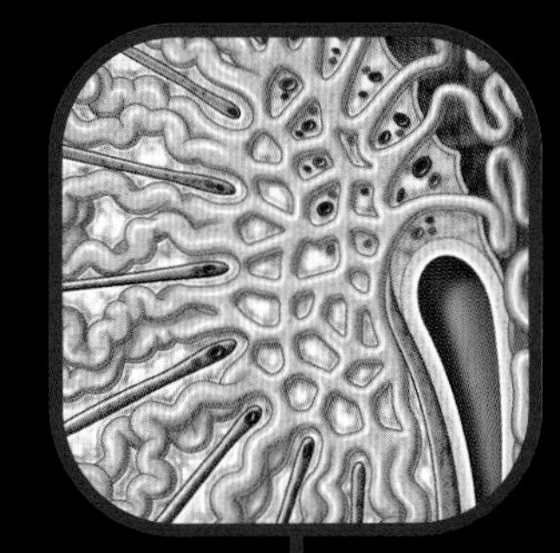

PENE

La estructura y vascularización del pene permiten que se yerga y mantenga la firmeza necesaria para eyacular esperma durante el coito.

TESTÍCULOS

Los espermatozoides se forman y maduran en una red de túbulos dentro de ambos testículos.

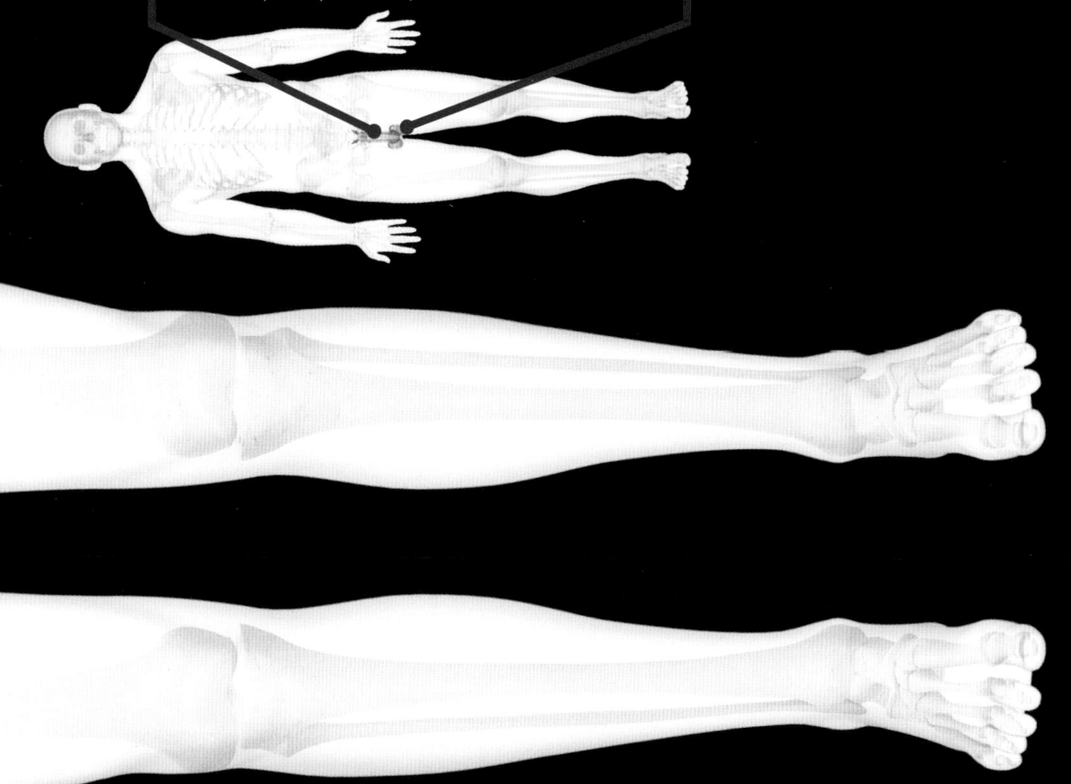

El único sistema que presenta diferencias significativas entre el cuerpo masculino y el femenino es el sistema reproductor, diseñado para producir descendencia, el objetivo biológico primordial del cuerpo humano y de todos los seres vivos.

SISTEMA REPRODUCTOR MASCULINO

Los órganos reproductores de un varón adulto producen espermatozoides, que junto con las secreciones de otras glándulas componen el semen que se expulsa en la eyaculación. Además de espermatozoides, los testículos producen testosterona, la hormona sexual masculina.

PRODUCCIÓN DE ESPERMA

La espermatogénesis es la producción de espermatozoides. Cada testículo tiene unos 500 túbulos seminíferos, que contienen células germinales inmaduras (espermatogonios). Así, estas células germinales se multiplican inicialmente mediante mitosis (p. 21) para producir espermatocitos, que siguen un proceso de división reproductiva especial, la meiosis (p. 418), en que el número de cromosomas de cada célula se reduce a la mitad, de 46 a 23. Estas células, que contienen la mitad del material genético para formar un nuevo ser humano, se denominan células haploides (el resto de las células del cuerpo son diploides). Las divisiones posteriores producen espermátides, que se convertirán al fin en espermatozoides maduros. Desde la pubertad hasta la vejez, se producen cada día varios cientos de millones de espermatozoides.

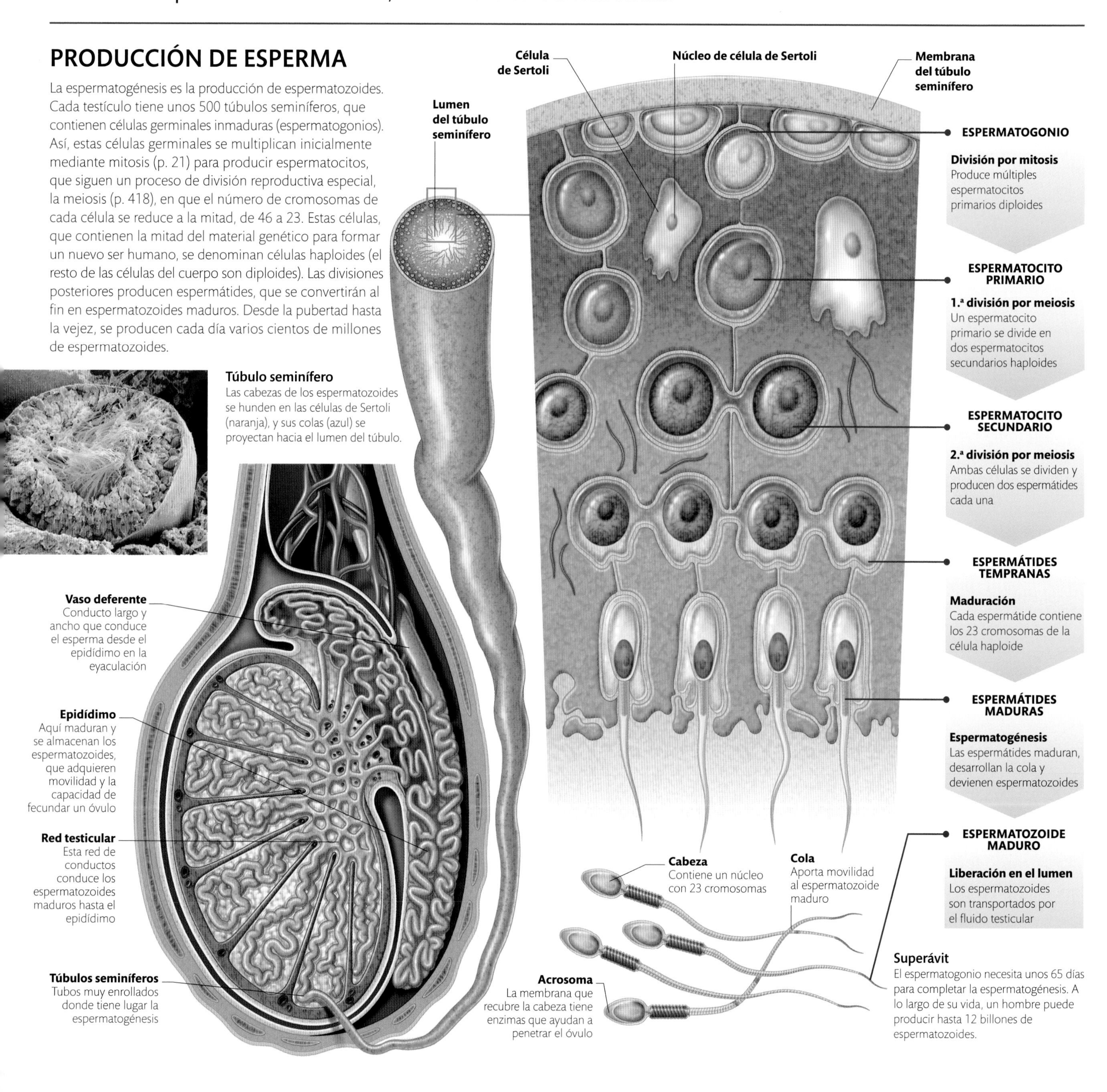
Túbulo seminífero
Las cabezas de los espermatozoides se hunden en las células de Sertoli (naranja), y sus colas (azul) se proyectan hacia el lumen del túbulo.
Lumen del túbulo seminífero
Célula de Sertoli
Núcleo de célula de Sertoli
Membrana del túbulo seminífero
ESPERMATOGONIO
División por mitosis
Produce múltiples espermatocitos primarios diploides
ESPERMATOCITO PRIMARIO
1.ª división por meiosis
Un espermatocito primario se divide en dos espermatocitos secundarios haploides
ESPERMATOCITO SECUNDARIO
2.ª división por meiosis
Ambas células se dividen y producen dos espermátides cada una
ESPERMÁTIDES TEMPRANAS
Maduración
Cada espermátide contiene los 23 cromosomas de la célula haploide
ESPERMÁTIDES MADURAS
Espermatogénesis
Las espermátides maduran, desarrollan la cola y devienen espermatozoides
ESPERMATOZOIDE MADURO
Liberación en el lumen
Los espermatozoides son transportados por el fluido testicular
Vaso deferente
Conducto largo y ancho que conduce el esperma desde el epidídimo en la eyaculación
Epidídimo
Aquí maduran y se almacenan los espermatozoides, que adquieren movilidad y la capacidad de fecundar un óvulo
Red testicular
Esta red de conductos conduce los espermatozoides maduros hasta el epidídimo
Túbulos seminíferos
Tubos muy enrollados donde tiene lugar la espermatogénesis
Cabeza
Contiene un núcleo con 23 cromosomas
Cola
Aporta movilidad al espermatozoide maduro
Acrosoma
La membrana que recubre la cabeza tiene enzimas que ayudan a penetrar el óvulo
Superávit
El espermatogonio necesita unos 65 días para completar la espermatogénesis. A lo largo de su vida, un hombre puede producir hasta 12 billones de espermatozoides.

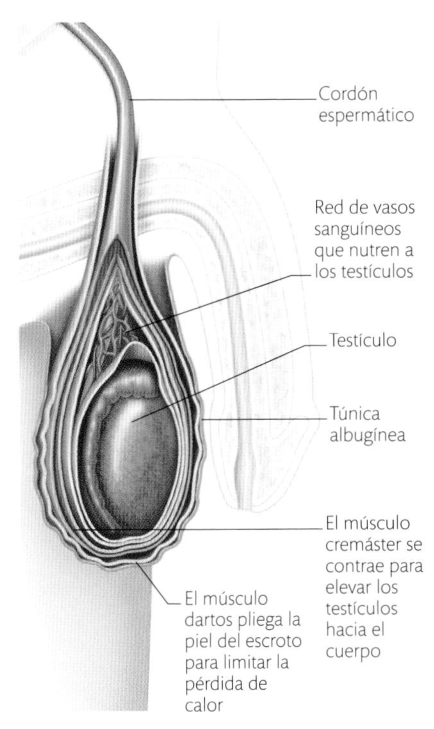
Cordón espermático
Red de vasos sanguíneos que nutren a los testículos
Testículo
Túnica albugínea
El músculo cremáster se contrae para elevar los testículos hacia el cuerpo
El músculo dartos pliega la piel del escroto para limitar la pérdida de calor

LOS TESTÍCULOS

Los túbulos seminíferos constituyen un 95 % del volumen testicular. Contienen células germinales, que se convierten en espermatozoides, y células de Sertoli, que nutren a los espermatozoides en desarrollo. El tejido fibroso entre los túbulos contiene células de Leydig, que producen testosterona. Cada testículo está envuelto por una capa resistente, la túnica albugínea, y descansa en el escroto, un saco de piel y músculo. Los músculos del escroto son cruciales para la termorregulación de los espermatozoides, que deben permanecer entre 2 y 3 °C por debajo de la temperatura corporal para sobrevivir: el escroto aproxima o aleja los testículos del cuerpo en respuesta a las fluctuaciones de la temperatura externa.

Termorregulación
Cuando hace frío, el escroto se contrae y eleva los testículos, aproximándolos al cuerpo y conservando así su temperatura; cuando hace calor, se relaja y los testículos descienden, de modo que se enfrían.

PROTECCIÓN

En los túbulos seminíferos, las células de Sertoli forman un denso entramado, la barrera hematoespermática, que separa los túbulos de los vasos sanguíneos e impide que sustancias nocivas en la sangre dañen a los espermatozoides en desarrollo. Si la barrera se rompiera, las células espermáticas podrían pasar a la sangre y provocar una respuesta inmunitaria, si el cuerpo las confundiera con invasores externos; los anticuerpos podrían entrar en los túbulos y, entonces, atacar a los espermatozoides, perjudicando la fertilidad.

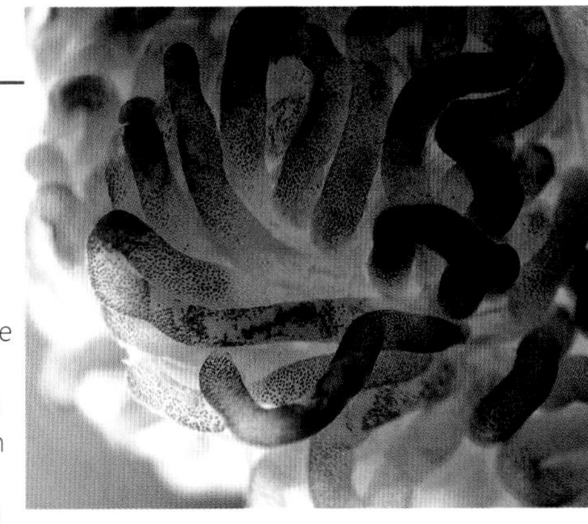

Células de Sertoli
En los túbulos seminíferos, las células de Sertoli (azul) nutren a los espermatozoides y les proporcionan la protección de la barrera hematoespermática.

CONTROL HORMONAL

El hipotálamo segrega hormona liberadora de gonadotropina (HLGn), que activa la liberación de hormona luteinizante (HL) y de hormona estimulante del folículo (HEF). La HL estimula las células de Leydig, productoras de testosterona, responsable de la espermatogénesis y de los rasgos sexuales masculinos secundarios. La HEF hace que las células de Sertoli protejan a los espermatozoides en desarrollo. Un sistema de retroalimentación reduce la secreción de HLGn ante el aumento de los niveles de testosterona.

Micrografía de testosterona
La testosterona fomenta la espermatogénesis y mantiene las características sexuales masculinas, como la voz grave y el vello facial y corporal.

Vesícula seminal
Vejiga
Vaso deferente
Glándula de Cowper
Próstata
Los espermatozoides salen del epidídimo
Uretra

Eyaculación
El vaso deferente impulsa los espermatozoides al conducto eyaculador, donde se mezclan con otras secreciones para formar el semen que pasa a la uretra con la ayuda de las contracciones musculares de la próstata.

EL ESPERMA

Los espermatozoides constituyen menos del 5 % del volumen del semen o esperma. Al pasar de los túbulos seminíferos al largo conducto llamado epidídimo, continúan madurando; adquieren así movilidad y capacidad de fecundación antes de entrar en el vaso deferente, un tubo muscular que se une al conducto de la vesícula seminal (detrás de la vejiga) para formar un conducto eyaculador. La vesícula seminal añade una solución rica en fructosa que aporta energía y nutrientes a los espermatozoides y que constituye dos terceras partes del volumen seminal; es muy alcalina (para compensar la acidez vaginal) y contiene prostaglandinas, que limitan la respuesta inmunitaria vaginal ante el semen. Cuando este llega a la uretra, la próstata añade un fluido ligeramente alcalino que representa una cuarta parte del volumen seminal. Por último, la glándula de Cowper segrega un fluido (menos del 1 % del volumen seminal) que lubrica la uretra y elimina los restos de orina antes de la eyaculación.

FUNCIÓN ERÉCTIL

El pene está implicado tanto en el sistema urinario como en el reproductivo, puesto que la uretra transporta orina y semen. La uretra se halla dentro de un tubo llamado cuerpo esponjoso, que recorre toda la longitud del pene; a ambos lados hay dos tubos más grandes, los cuerpos cavernosos, cada uno de los cuales presenta una gran arteria central rodeada de un tejido esponjoso y eréctil que se llena de sangre durante las erecciones, debido a impulsos nerviosos que dilatan los vasos sanguíneos. Esto suele suceder durante la excitación sexual, pero también puede darse sin estimulación. Antes de la eyaculación, las contracciones de los conductos llevan el semen a la uretra; y las contracciones rítmicas de los músculos del perineo durante el orgasmo expulsan el semen del cuerpo.

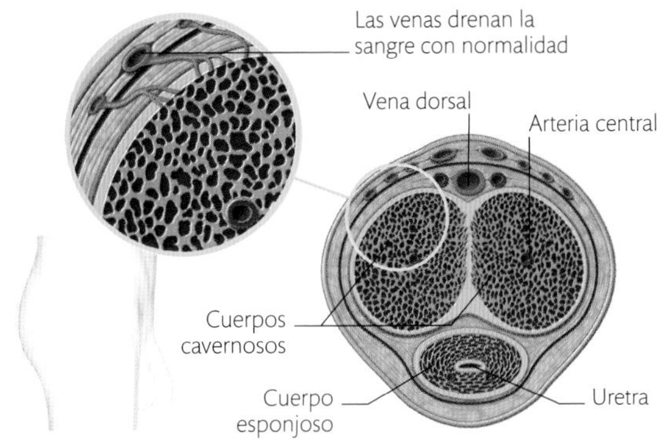
Las venas drenan la sangre con normalidad
Vena dorsal
Arteria central
Cuerpos cavernosos
Cuerpo esponjoso
Uretra

Pene flácido
En estado de flacidez, el flujo sanguíneo en los cuerpos cavernosos es mínimo y las venas del pene están abiertas y llenas. El pene pende y es blando y flexible.

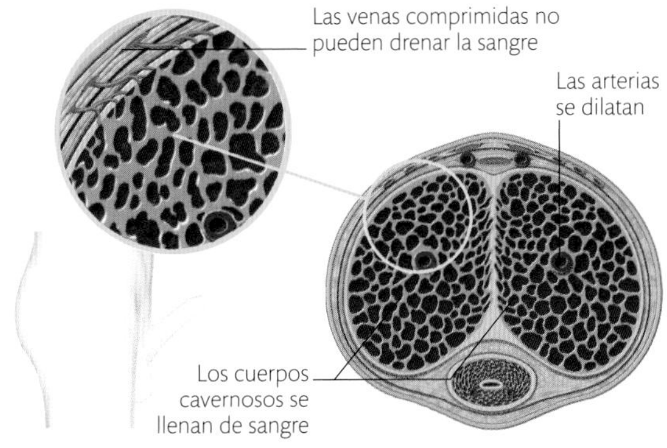
Las venas comprimidas no pueden drenar la sangre
Las arterias se dilatan
Los cuerpos cavernosos se llenan de sangre

Pene erecto
Durante la erección, los cuerpos cavernosos se llenan de sangre y las venas se comprimen, restringiendo el drenaje de sangre. Tal congestión provoca el agrandamiento, endurecimiento y elevación del pene.

SISTEMA REPRODUCTOR FEMENINO

Los órganos reproductores femeninos liberan un óvulo cada mes. Este óvulo puede desprenderse del revestimiento del útero durante la menstruación, o bien ser fecundado y dar lugar a un embrión.

OVULACIÓN

Los ovarios son dos órganos ovalados del tamaño de una almendra que se hallan al final de las trompas de Falopio. Las células germinales femeninas (óvulos) maduran en los ovarios y son liberadas periódicamente en un proceso llamado ovulación.

Cada mes, diez o más folículos, las envolturas que protegen los óvulos (abajo), empiezan a madurar, pero normalmente solo uno de ellos libera su óvulo; además, este procede del ovario derecho en el 60% de las ocasiones. De esta manera, el óvulo desciende por la trompa de Falopio hasta el útero y es expulsado del cuerpo junto con el revestimiento uterino durante la siguiente menstruación. Pero si el óvulo es fecundado en la trompa de Falopio, la masa celular resultante puede implantarse en la pared uterina.

Un óvulo **no fecundado** permanece en el tracto reproductivo entre **12 y 24 horas** tras la ovulación.

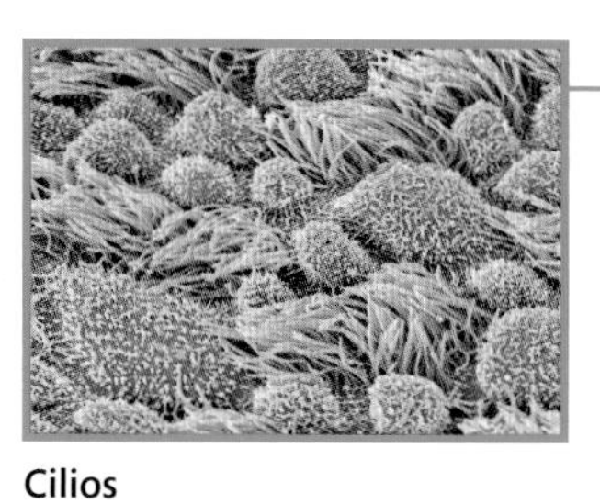

Cilios
El interior de la trompa de Falopio está recubierto de cilios (amarillo) que ayudan a transportar el óvulo hasta el útero.

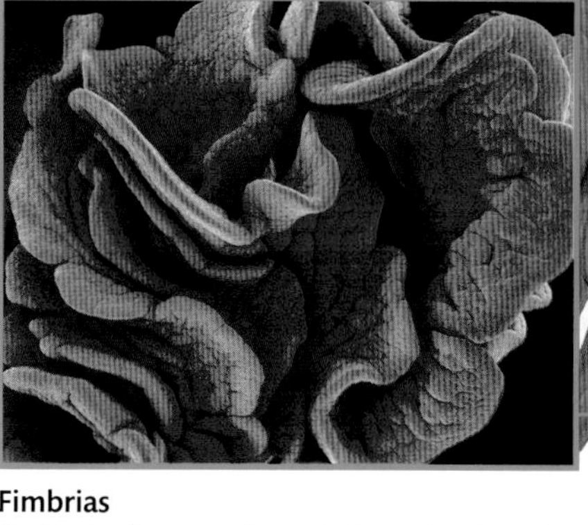

Fimbrias
Diminutos pliegues en forma de flecos, situados en la unión de cada trompa de Falopio con su ovario, atrapan el óvulo y lo guían hacia la trompa tras la ovulación.

El óvulo desciende por la trompa de Falopio

Trompa de Falopio
El óvulo recorre un trayecto de 10 cm hasta el útero

El óvulo sale hacia el útero
A la mitad de cada ciclo el ovario libera un óvulo, que llega al útero entre 6 y 12 días después. Solo una ínfima minoría de óvulos, o incluso ninguno, llega a fecundarse.

Óvulo liberado

Fimbrias
Ayudan a introducir el óvulo en la trompa de Falopio

DESARROLLO FOLICULAR

Los óvulos inmaduros están protegidos por unas capas de células llamadas folículos ováricos. Los folículos más pequeños, o primordiales, tienen una única capa de células; cada mes, algunos de ellos se desarrollan y se convierten en folículos maduros, o de Graaf. Justo antes de la ovulación, un folículo maduro va hacia la superficie ovárica y la atraviesa para liberar su óvulo. Los restos del folículo forman el cuerpo lúteo (amarillo) que, si el óvulo no es fecundado, degenera en el cuerpo albicans (blanco), un tejido cicatricial. Cuando nacen, las niñas tienen cerca de un millón de folículos en cada ovario, número que se reduce a 350 000 en la pubertad y a 1500 en la menopausia.

Ovulación
Imagen aumentada de la liberación de un óvulo por parte de un folículo.

Desarrollo cíclico
Cada mes, folículos primordiales crecen y se transforman en folículos primarios y luego secundarios, hasta que maduran plenamente. Los folículos se desarrollan en ambos ovarios de forma continua.

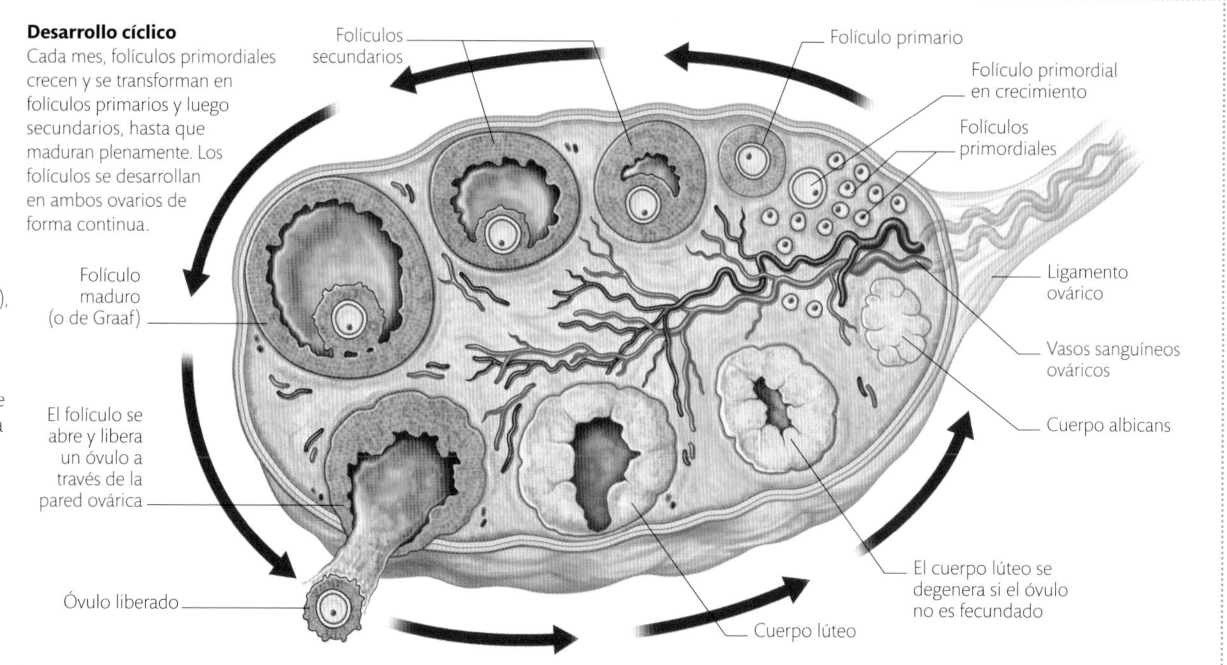
Folículos secundarios
Folículo primario
Folículo primordial en crecimiento
Folículos primordiales
Ligamento ovárico
Vasos sanguíneos ováricos
Cuerpo albicans
Folículo maduro (o de Graaf)
El folículo se abre y libera un óvulo a través de la pared ovárica
Óvulo liberado
Cuerpo lúteo
El cuerpo lúteo se degenera si el óvulo no es fecundado

MENSTRUACIÓN

El ciclo menstrual se inicia en el primer día de la menstruación y dura entre 28 y 32 días. Justo antes de la ovulación, que suele ocurrir en el día 14.°, el revestimiento uterino (endometrio) se engrosa para preparar un posible embarazo. Si no se produce la fecundación, la capa externa del endometrio (funcional) se desprende en forma de sangre menstrual; la capa interna (basal) permanece y regenera la funcional en cada ciclo. Pero si un óvulo es fecundado, el endometrio se conserva íntegramente para proteger al embrión.

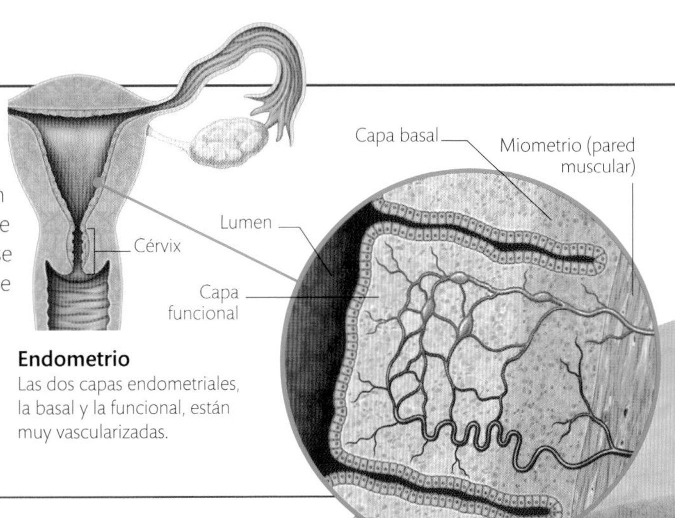
Capa basal
Miometrio (pared muscular)
Lumen
Cérvix
Capa funcional

Endometrio
Las dos capas endometriales, la basal y la funcional, están muy vascularizadas.

Desprendimiento del revestimiento uterino
Esta micrografía electrónica muestra el proceso de la menstruación: el endometrio (rojo) se separa de la pared uterina y se expulsa como sangre.

El óvulo llega a la entrada del útero

Ligamento ovárico

Miometrio
Pared muscular del útero

Endometrio
Revestimiento uterino, parte del cual se desprende durante la menstruación

Trayecto del óvulo
El óvulo no fecundado es expulsado del útero durante la menstruación

CONTROL HORMONAL

El ciclo reproductivo es controlado por dos hormonas segregadas por la glándula pituitaria (p. 394). La hormona estimulante del folículo (HEF) hace que los folículos maduren y segreguen estrógenos. Cuando son suficientemente altos los niveles de estrógenos, un incremento de la hormona luteinizante (HL) provoca la maduración definitiva del óvulo, que es liberado del ovario. Después de la ovulación, al caer los niveles de estrógenos, la producción de HEF vuelve a aumentar para repetir el ciclo.

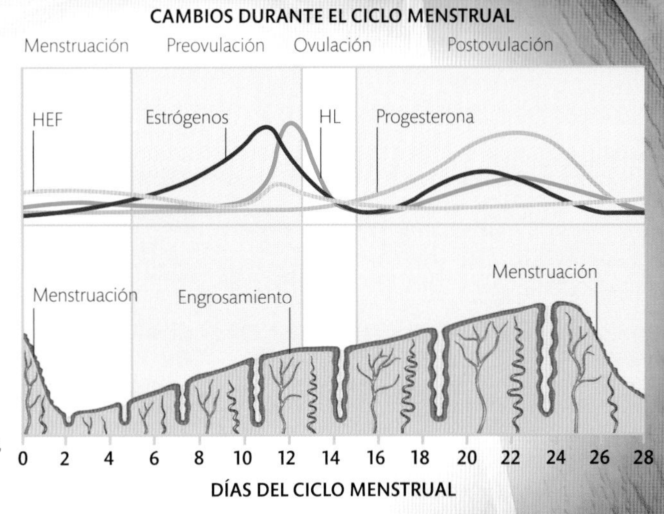
CAMBIOS DURANTE EL CICLO MENSTRUAL
Menstruación
Preovulación
Ovulación
Postovulación
HORMONAS
HEF
Estrógenos
HL
Progesterona
ENDOMETRIO
Menstruación
Engrosamiento
Menstruación
0 2 4 6 8 10 12 14 16 18 20 22 24 26 28
DÍAS DEL CICLO MENSTRUAL

Respuesta endometrial
Los estrógenos estimulan el engrosamiento del endometrio, que se mantiene gracias a la progesterona del cuerpo lúteo pero que se desprende cuando los niveles descienden.

FUNCIÓN DEL CÉRVIX

El cérvix, que conecta el útero con la vagina y constituye una importante barrera ante el exterior, segrega un moco cuya consistencia y función varían a lo largo del ciclo reproductor. Durante la mayor parte del ciclo y durante el embarazo este moco es denso y pegajoso; protege el útero de infecciones y resulta impenetrable al esperma. En el periodo fértil, el aumento de los niveles de estrógenos lo hacen más fino y elástico, similar a la clara de huevo, permitiendo que el esperma atraviese el cérvix y llegue al óvulo.

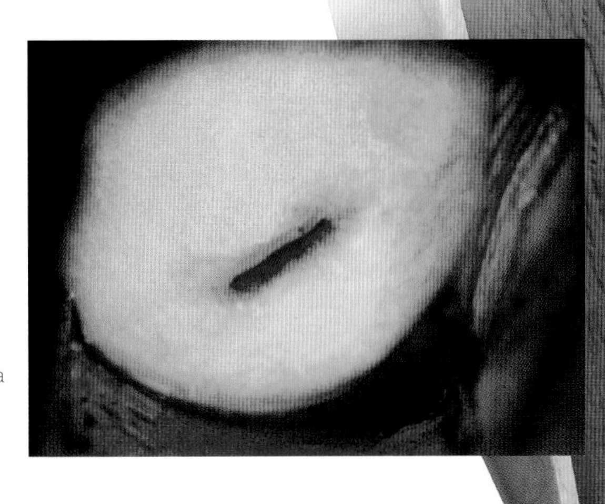

Cérvix sano
Esta imagen muestra con claridad la estrecha entrada al útero. El moco cervical fértil protege el esperma de la acidez vaginal.

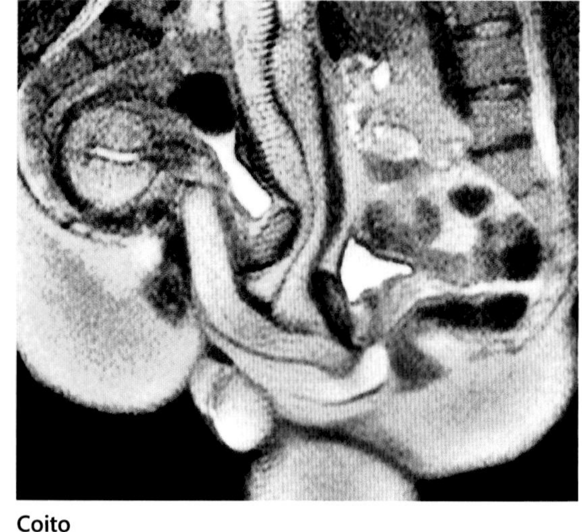

Coito
Esta curiosa resonancia magnética muestra una pareja durante el coito. El útero aparece coloreado en amarillo.

UNA NUEVA VIDA

La reproducción humana implica la unión de un espermatozoide y un óvulo: cada cual lleva la mitad de la información genética necesaria para formar un feto que se desarrollará en un nuevo ser humano.

EL ACTO SEXUAL

En ambos sexos, la excitación sexual conlleva el aumento de la tensión muscular, la frecuencia cardíaca y la presión sanguínea, así como el engrosamiento progresivo de los genitales. El pene entra en erección y el clítoris y los labios vaginales aumentan de tamaño. La vagina se alarga y segrega fluidos lubricantes para facilitar la introducción del pene, que eyaculará semen en la parte superior de la vagina, cerca de la abertura del cérvix.

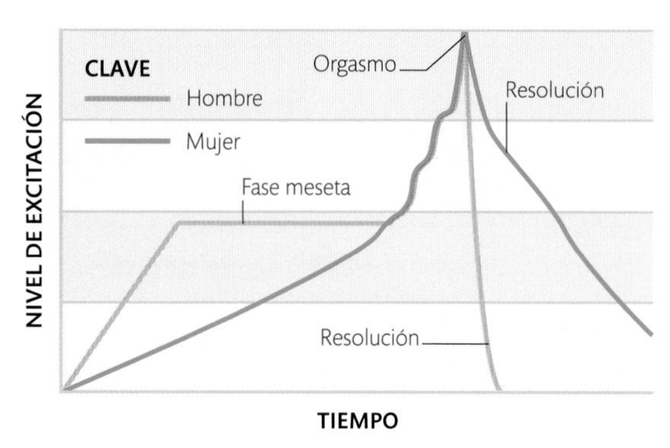
CLAVE
Hombre
Mujer
Orgasmo
Resolución
Fase meseta
Resolución
NIVEL DE EXCITACIÓN
TIEMPO

Excitación
La respuesta sexual pasa por varias fases, cuyos tiempos difieren para el hombre y la mujer.

Tras el **coito**, los hombres pasan por un **periodo refractario**, durante el cual no pueden tener otro orgasmo. Las mujeres pueden experimentar **orgasmos múltiples**.

LA CARRERA HACIA EL ÓVULO

La fertilidad masculina depende de una producción de espermatozoides enorme si se considera que solo se necesita uno para fecundar el óvulo. En una eyaculación normal se expulsan entre 2 y 5 ml de semen y unos 280 millones de espermatozoides, que solo durante la ovulación podrán sobrevivir a la acidez vaginal y superar la barrera del flujo uterino para iniciar la carrera hacia el óvulo.

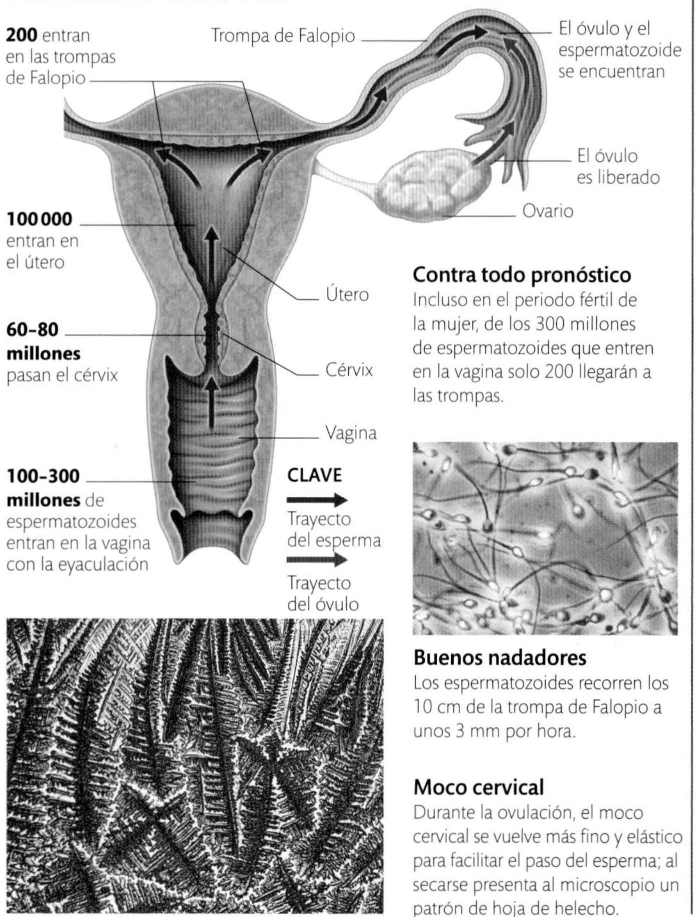
200 entran en las trompas de Falopio
Trompa de Falopio
El óvulo y el espermatozoide se encuentran
El óvulo es liberado
Ovario
100 000 entran en el útero
Útero
60-80 millones pasan el cérvix
Cérvix
Vagina
100-300 millones de espermatozoides entran en la vagina con la eyaculación
CLAVE
Trayecto del esperma
Trayecto del óvulo

Contra todo pronóstico
Incluso en el periodo fértil de la mujer, de los 300 millones de espermatozoides que entren en la vagina solo 200 llegarán a las trompas.

Buenos nadadores
Los espermatozoides recorren los 10 cm de la trompa de Falopio a unos 3 mm por hora.

Moco cervical
Durante la ovulación, el moco cervical se vuelve más fino y elástico para facilitar el paso del esperma; al secarse presenta al microscopio un patrón de hoja de helecho.

FECUNDACIÓN E IMPLANTACIÓN

El primer espermatozoide que llega al óvulo se une a su superficie; el acrosoma que envuelve su cabeza (p. 394) libera enzimas que le ayudan a atravesar la capa protectora. El óvulo responde liberando sus propias enzimas para impedir que entren otros espermatozoides, que abandonan. Entonces el óvulo absorbe al espermatozoide vencedor, que pierde su cola. Los núcleos del óvulo y del espermatozoide se fusionan y unen así su material genético: la concepción ha tenido lugar.

El óvulo recién fecundado prosigue su trayecto por la trompa de Falopio y pasa por varias fases de división celular hasta convertirse en una bola de células, el blastocisto, que se implanta en el útero.

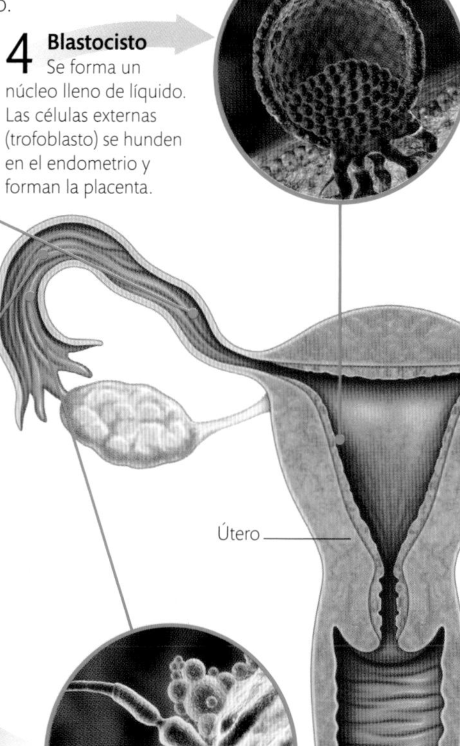
Útero

1 Fecundación
Un espermatozoide se introduce en el óvulo y sus núcleos se unen. El óvulo es unas 20 veces mayor que el espermatozoide.

2 Cigoto
El cigoto, la célula única resultante de la fecundación, contiene todo el ADN humano. Unas 24 horas después de la fecundación, se divide en dos.

3 Mórula
La división celular continúa. Las células se hallan encerradas en la membrana original del óvulo, por lo que cada vez son más pequeñas. Hacia el cuarto día, forman una bola de unas 30 células, la mórula.

4 Blastocisto
Se forma un núcleo lleno de líquido. Las células externas (trofoblasto) se hunden en el endometrio y forman la placenta.

El trayecto
El óvulo fecundado inicia un proceso de división celular que, al principio, solo aumenta el número de células en la masa. Tras la implantación, las células empiezan a especializarse para producir los distintos tejidos del embrión.

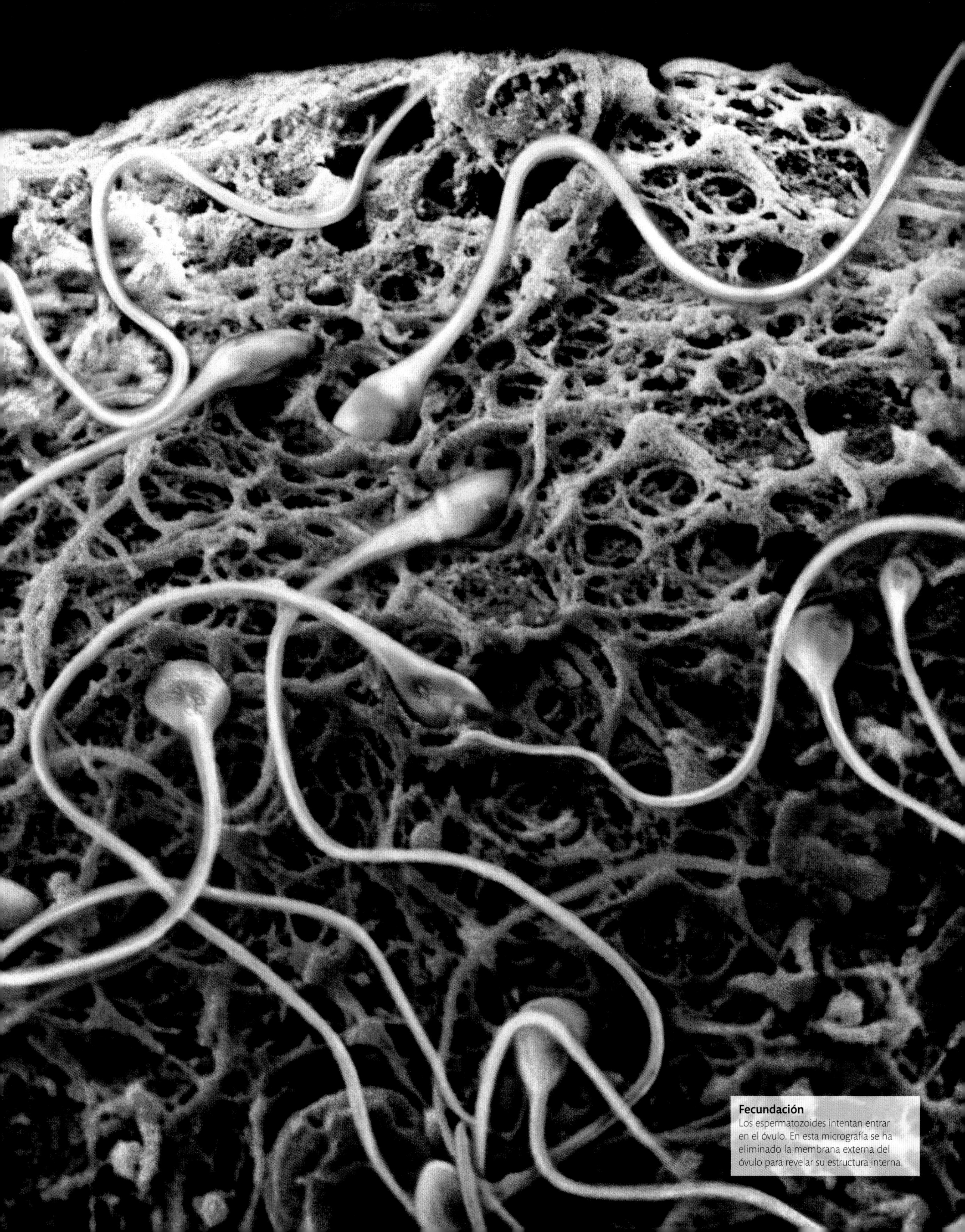

Fecundación
Los espermatozoides intentan entrar en el óvulo. En esta micrografía se ha eliminado la membrana externa del óvulo para revelar su estructura interna.

EL CUERPO GESTANTE

El embarazo es un periodo de grandes cambios corporales: las oleadas hormonales y las exigencias metabólicas que conlleva afectan a todos los tejidos y órganos. La sangre, los sistemas cardiovascular y respiratorio, los órganos gastrointestinales y los riñones están implicados en el proceso.

MEDIR EL EMBARAZO

Las semanas del embarazo se cuentan a partir del primer día del último periodo menstrual de la mujer, ya que no se suele conocer la fecha exacta de la fecundación. El embarazo dura unas 40 semanas y se divide arbitrariamente en tres trimestres. Los primeros signos del embarazo son el cese de la menstruación (o a veces un sangrado irregular), las náuseas o vómitos, la sensibilidad mamaria, el cansancio y el aumento de la frecuencia urinaria. A medida que el embarazo avanza, el útero se eleva sobre la pelvis; el punto en el que puede notarse su extremo superior (la altura del fondo uterino) es un indicador clave del crecimiento y desarrollo fetales.

Aumento de peso
Durante el embarazo, una mujer sana engordará entre 11 y 16 kg, de los cuales solo una cuarta parte corresponde al peso del bebé.

7% Mamas
7% Útero
26% Fluidos corporales
7% Líquido amniótico
5% Placenta
25% Bebé
23% Grasas y proteínas

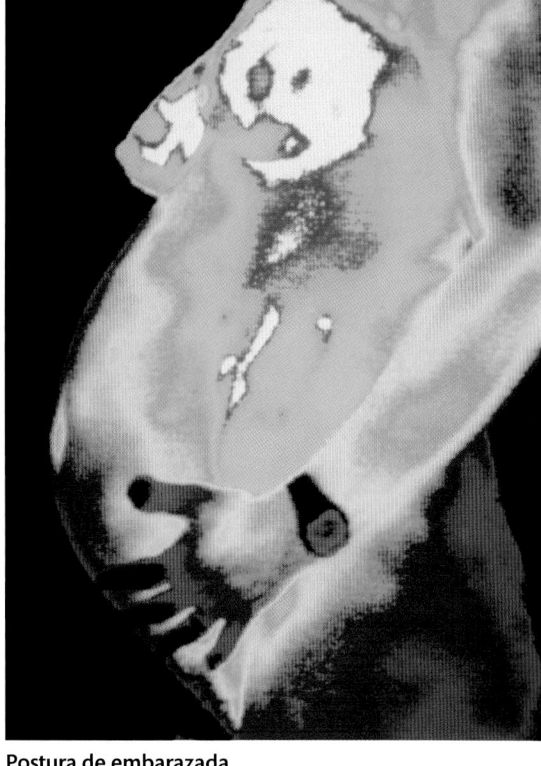

Postura de embarazada
El peso del útero dilatado adelanta el centro de gravedad de la embarazada, obligándola a arquear la espalda hacia atrás. Los dolores de espalda son habituales.

Los lóbulos mamarios crecen
Hígado
El perímetro de la cintura puede aumentar
Intestinos
El feto en desarrollo flota en líquido amniótico

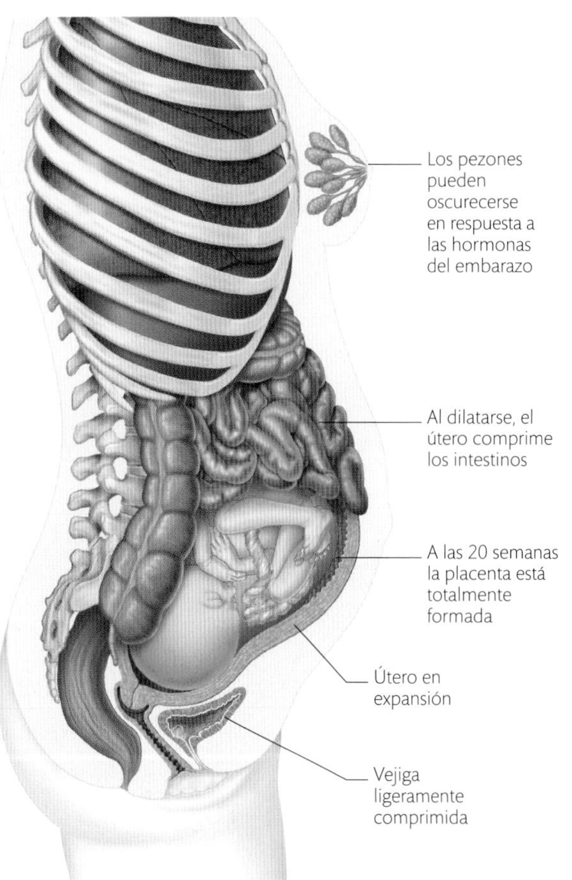
Los pezones pueden oscurecerse en respuesta a las hormonas del embarazo
Al dilatarse, el útero comprime los intestinos
A las 20 semanas la placenta está totalmente formada
Útero en expansión
Vejiga ligeramente comprimida

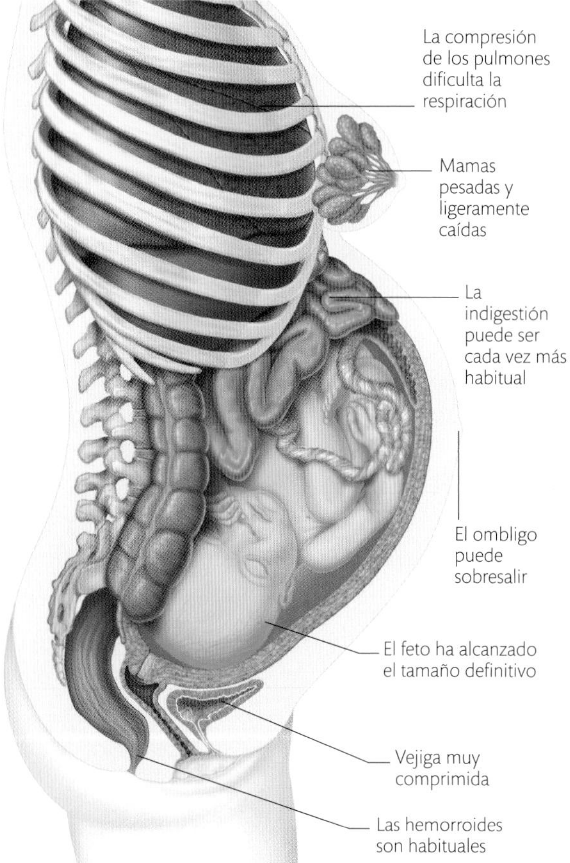
La compresión de los pulmones dificulta la respiración
Mamas pesadas y ligeramente caídas
La indigestión puede ser cada vez más habitual
El ombligo puede sobresalir
El feto ha alcanzado el tamaño definitivo
Vejiga muy comprimida
Las hemorroides son habituales

Primer trimestre
Las náuseas son habituales, aumenta el tamaño y la sensibilidad de las mamas, y asimismo la frecuencia urinaria. Aumenta el ritmo cardíaco y la mujer siente un cansancio desacostumbrado. El tránsito intestinal se ralentiza y pueden aparecer estreñimiento o ardor de estómago.

Segundo trimestre
Los mareos y las náuseas desaparecen y pueden aparecer antojos. Se gana peso rápidamente. El dolor de espalda y las estrías en el abdomen son habituales. El aumento de la circulación sanguínea puede causar hemorragias nasales y de encías.

Tercer trimestre
El abdomen alcanza el tamaño máximo y el ombligo puede sobresalir. Pueden aparecer calambres en las piernas, así como hinchazón de manos y pies. En las semanas previas al parto suelen notarse las contracciones de Braxton-Hicks, irregulares.

0–12 SEMANAS

13–24 SEMANAS

25–40 SEMANAS

ALIMENTACIÓN DEL FETO

La placenta deriva del trofoblasto (p. 398) y recibe del endometrio la sangre necesaria para alimentar al feto durante su desarrollo, eliminar los productos de desecho y protegerle de los microorganismos. El feto flota en el líquido amniótico, fluido transparente que le protege y permite el movimiento y el desarrollo de los pulmones. Así, a medida que crece, el útero aumenta el suministro de sangre y los ligamentos suspensorios se estiran. Aumenta el volumen de sangre, de fluidos y de grasa corporal de la madre, en preparación para el parto y el posterior amamantamiento; es fundamental que la madre siga una dieta saludable, rica en calcio, hierro, vitaminas y minerales.

Sistema de soporte vital
La placenta está muy vascularizada y aporta al feto el oxígeno y los nutrientes que necesita.

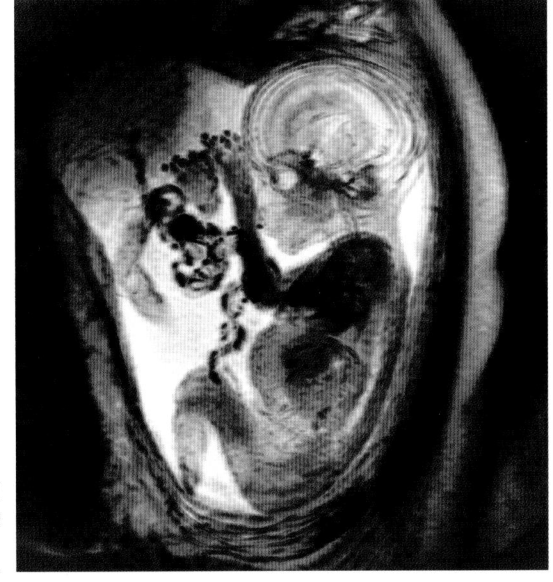

Refugio seguro
El cálido líquido amniótico protege al feto, y la placenta le alimenta mediante el cordón umbilical.

NO EMBARAZADA		Pera
8 SEMANAS		Naranja
14 SEMANAS		Melón cantalupo
20 SEMANAS		Melón amarillo
A TÉRMINO		Sandía

Tamaño relativo del útero
Se representa aquí el crecimiento del útero durante el embarazo. El cambio es tal que en ocasiones el útero nunca recupera el tamaño original.

CAMBIOS HORMONALES

Tras la fecundación, la progesterona segregada por el cuerpo lúteo en el ovario provoca el engrosamiento del endometrio, que se prepara para recibir el óvulo fecundado. Unos días después de la implantación, el trofoblasto produce gonadotropina coriónica humana (GCH), hormona que estimula al cuerpo lúteo a producir más progesterona, y estrógenos. Los estrógenos estimulan el crecimiento del útero, la circulación sanguínea, el agrandamiento de las mamas y el desarrollo fetal; junto con la oxitocina, otra hormona, provocan las contracciones uterinas. La progesterona, que mantiene el revestimiento uterino y la placenta, tiende a relajar el útero; en el segundo trimestre, la progesterona es producida por la placenta, y, junto con la relaxina, ablanda los cartílagos y afloja las articulaciones y los ligamentos, lo que facilita la expansión de la pelvis. Además, el lactógeno placentario humano (LPH) y la prolactina inducen la producción de leche.

Oleada química
Es el enorme aumento de gonadotropina coriónica humana al inicio de la gestación lo que hace que la prueba de embarazo dé resultado positivo.

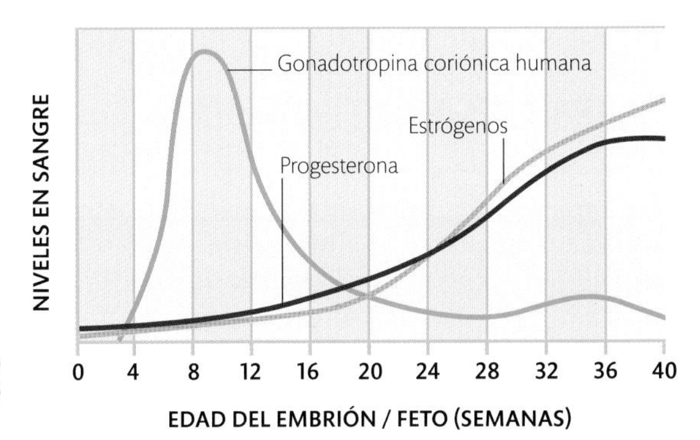
Gonadotropina coriónica humana
Estrógenos
Progesterona
NIVELES EN SANGRE
0
4
8
12
16
20
24
28
32
36
40
EDAD DEL EMBRIÓN / FETO (SEMANAS)

CAMBIOS EN EL CÉRVIX

Antes de poder dilatarse para el parto, el músculo cervical se ablanda y luego se borra, en un proceso en el que el tejido se adelgaza, o se acorta. Durante el embarazo, el cérvix segrega un flujo muy espeso que forma un tapón en el canal cervical para proteger al feto de posibles infecciones.

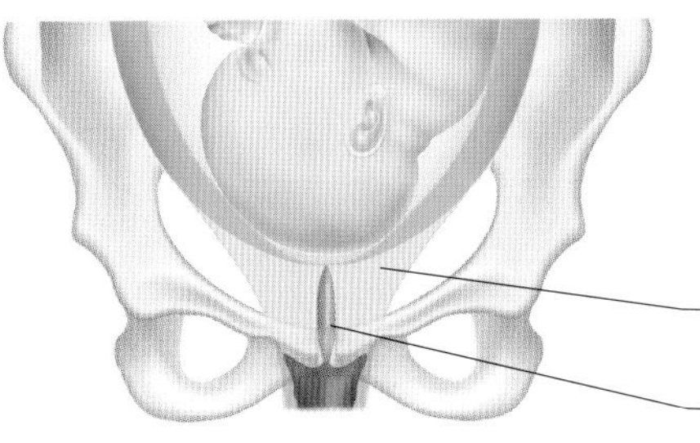
El tejido cervical forma un canal en forma de cuello
Tapón mucoso

Ablandamiento cervical
Hacia el final del embarazo, las prostaglandinas presentes en la sangre ablandan y vuelven maleables los tejidos del cérvix.

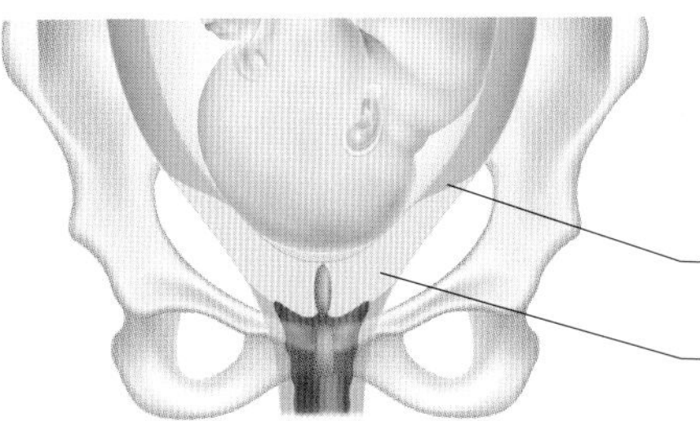
El cérvix se retrae de forma gradual y se fusiona con el útero
El tejido cervical empieza a adelgazarse (borrarse)

Borramiento cervical
Al ablandarse, el cérvix empieza a adelgazarse (borrarse) y se fusiona con la parte inferior del útero.

CAMBIOS EN LAS MAMAS

Durante el embarazo, las mamas aumentan de tamaño y pueden volverse muy sensibles. Los pezones y las areolas que los rodean crecen y se oscurecen por efecto de las hormonas del embarazo, y alrededor de las areolas surgen unos bultitos, los tubérculos de Montgomery. El aumento del flujo sanguíneo hace que las venas sean más visibles. Cuando se acerca el parto, los pezones pueden segregar un líquido amarillento llamado calostro, muy rico en minerales y anticuerpos para alimentar y proteger al bebé. Tras el parto, la succión estimula la secreción de oxitocina, que provoca contracciones uterinas y facilita la expulsión de la placenta.

Lóbulos mamarios

Producción de leche
Las glándulas areolares y los conductos galactóforos se multiplican y crecen desde el comienzo del embarazo, y pueden producir leche ya en el segundo trimestre.

EMBARAZOS MÚLTIPLES

Pueden ser resultado de la división de un óvulo fecundado, lo que da lugar a gemelos monocigóticos, o idénticos; los fetos poseen el mismo ADN y son genéticamente idénticos. Pero con más frecuencia es resultado de la fecundación de dos o más óvulos distintos, lo que da lugar a mellizos (dicigóticos); estos no son idénticos, son tan parecidos como dos hermanos cualesquiera. Los embarazos múltiples suponen un esfuerzo adicional para el cuerpo de la mujer y el riesgo de adversidades es mayor.

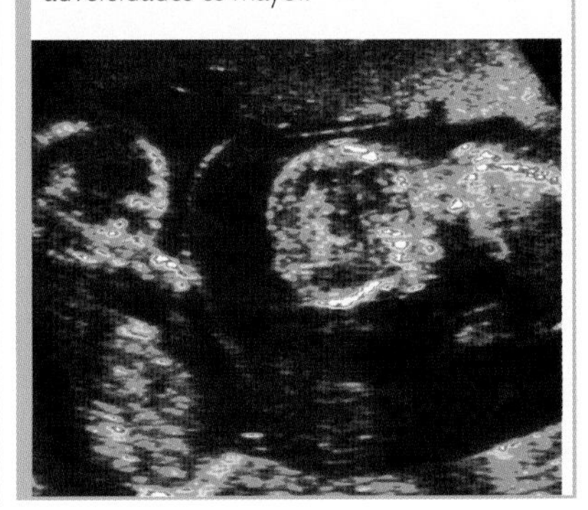

EL PARTO

El parto, el proceso por el que nacen los bebés, puede ser una experiencia tan gozosa como traumática. Desde las primeras contracciones hasta la expulsión de la placenta, la madre sufre un gran estrés físico y emocional.

Micrografía de oxitocina
Se aprecian aquí los cristales de la oxitocina, hormona segregada por la glándula pituitaria que estimula el parto. Aún no se conoce qué activa su liberación.

CONTRACCIONES

Las fuertes contracciones del músculo uterino durante el parto abren el cérvix y expulsan al bebé por el canal del parto. Mucho antes, durante el embarazo, pueden haber aparecido contracciones irregulares, llamadas de Braxton-Hicks. A medida que el parto avanza, las contracciones son más fuertes, más largas y más regulares a intervalos cada vez más cortos. La mayoría de las mujeres optan por la analgesia. El cardiotocógrafo (derecha), con sensores en el abdomen de la madre y en la cabeza del bebé cuando se presenta en el cérvix abierto, permite controlar las contracciones y la respuesta fetal.

Cardiotocógrafo
El cardiotocógrafo (CTG) muestra dos líneas relacionadas: la fuerza de las contracciones uterinas y la frecuencia cardíaca del feto. La frecuencia cardíaca fetal normal es de 110 a 160 latidos por minuto, y las pautas anómalas, como la desaceleración, indican sufrimiento fetal durante las contracciones.

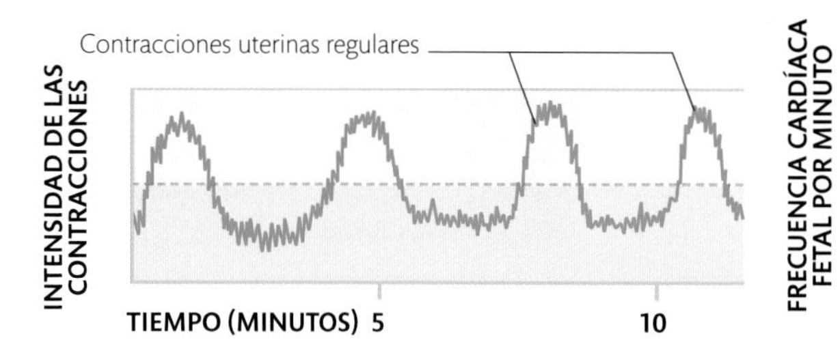
Contracciones uterinas regulares
INTENSIDAD DE LAS CONTRACCIONES
TIEMPO (MINUTOS) 5
10

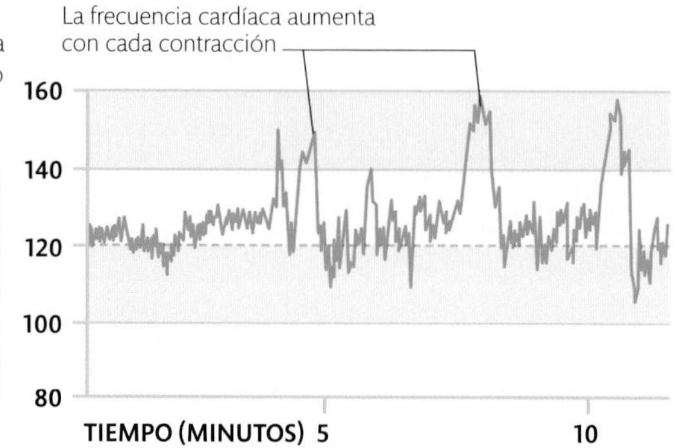
La frecuencia cardíaca aumenta con cada contracción
FRECUENCIA CARDÍACA FETAL POR MINUTO
160
140
120
100
80
TIEMPO (MINUTOS) 5
10

FASES DEL PARTO

El parto empieza en respuesta a la liberación de oxitocina, hormona que estimula las contracciones uterinas, y tiene tres fases. La primera consiste en la dilatación del cérvix, que pasa de los 4 a los 10 cm; durante la segunda, el bebé desciende por el canal del parto; en la tercera se expulsa el bebé y, finalmente, la placenta. Durante la segunda fase, la madre sincroniza los empujones con las contracciones para facilitar la salida del bebé. El dolor de la madre, sobre todo en la segunda y la tercera fases, puede controlarse con analgésicos orales, inyectados o inhalados, o con anestesia epidural. Los problemas más habituales son la falta de progresión, las presentaciones anormales (por ejemplo, de nalgas), el desgarro del canal de parto y del perineo, y las dificultades para expulsar la placenta (pp. 500–501). En ocasiones, se usan fórceps o ventosas para ayudar al bebé a salir; la cesárea (parto abdominal) se practica cuando hay riesgo para el bebé o para la madre.

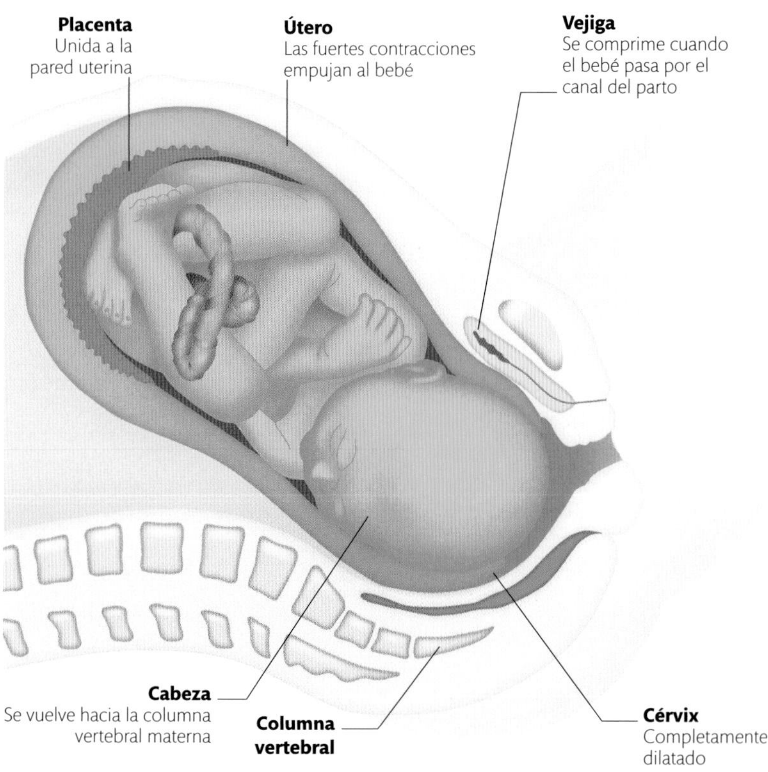
Placenta Unida a la pared uterina
Útero Las fuertes contracciones empujan al bebé
Vejiga Se comprime cuando el bebé pasa por el canal del parto
Cabeza Se vuelve hacia la columna vertebral materna
Columna vertebral
Cérvix Completamente dilatado

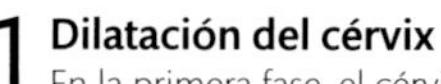

1 Dilatación del cérvix
En la primera fase, el cérvix se dilata y pasa de los 4 a los 10 cm, lo que puede llevar horas. La expulsión solo puede empezar cuando el cérvix está totalmente dilatado. El bebé se vuelve hacia la columna vertebral de la madre para que la parte más ancha de su cabeza pase por la parte más ancha de la pelvis materna.

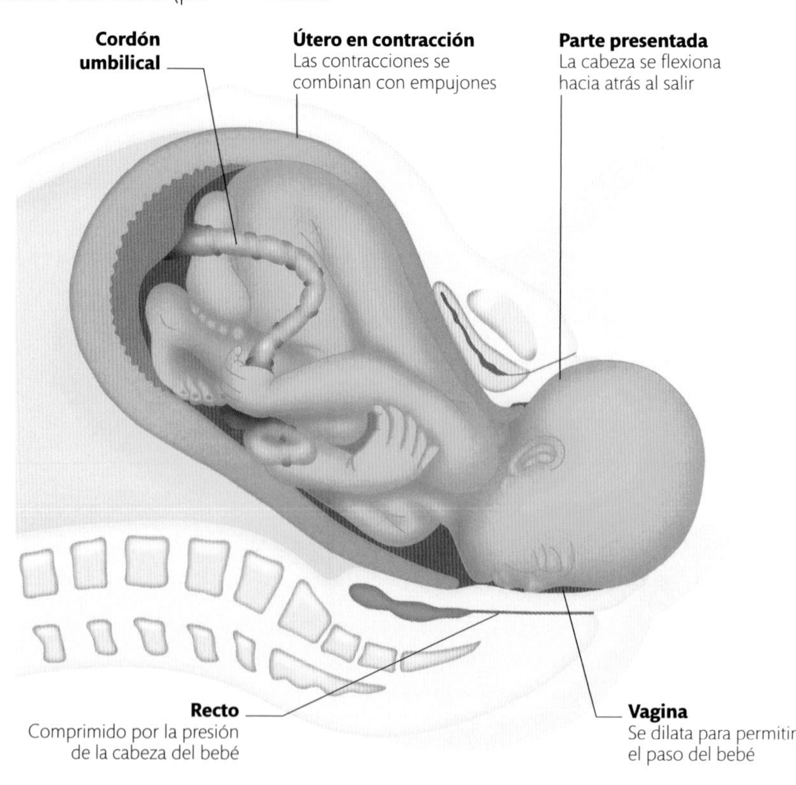
Cordón umbilical
Útero en contracción Las contracciones se combinan con empujones
Parte presentada La cabeza se flexiona hacia atrás al salir
Recto Comprimido por la presión de la cabeza del bebé
Vagina Se dilata para permitir el paso del bebé

2 Descenso por el canal del parto
La parte presentada, normalmente la cabeza, avanza gracias a las repetidas contracciones y empujones. La cabeza pasa por el cérvix dilatado y por la vagina, hasta que asoma en el perineo (coronación); entonces empieza a flexionarse hacia atrás para permitir que salga el resto del cuerpo.

DILATACIÓN CERVICAL

Después del borramiento cervical (p. 401), el parto empieza con las contracciones del útero, regulares y dolorosas, que causan la dilatación del cérvix. Las contracciones, que son cada vez más fuertes y frecuentes, se producen sobre todo en la parte superior del útero, y provocan el estiramiento y distensión del segmento uterino inferior y del cérvix, que llega a dilatarse hasta un máximo de 10 cm, una abertura suficientemente ancha como para que el bebé pueda salir.

En un primer parto, el cérvix se dilata aproximadamente 1 cm por hora; sin embargo, en partos posteriores la dilatación suele ser más rápida. El cérvix pasa de la posición posterior a la anterior y, cuando está completamente dilatado, la cabeza del feto gira, se flexiona y se amolda antes de descender al canal del parto.

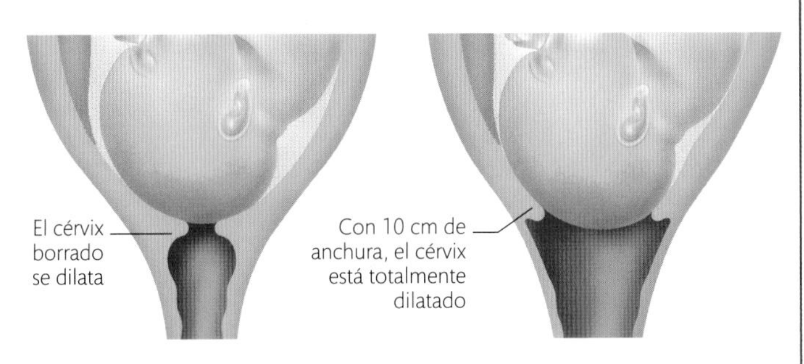
El cérvix borrado se dilata
Con 10 cm de anchura, el cérvix está totalmente dilatado

Dilatación inicial
El cérvix borrado empieza a dilatarse en respuesta a las contracciones uterinas. En un primer parto, se dilata cerca de 1 cm por hora.

Dilatación completa
Las contracciones, regulares y dolorosas, son cada vez más fuertes y frecuentes. El cérvix se dilata progresivamente por el esfuerzo y la presión de la cabeza del feto.

ROTURA DE MEMBRANAS

Poco antes del inicio del parto, la membrana del saco amniótico que envuelve el feto se rompe y el líquido amniótico sale por el canal de parto; es lo se llama «romper aguas», y la mayoría de las mujeres inician un parto espontáneo al cabo de 24 horas. Si esto sucede antes de las 37 semanas, se considera una rotura prematura, y entonces el feto corre riesgo de infecciones o de parto prematuro. A la inversa, si las membranas no se rompen naturalmente o se decide inducir el parto, pueden romperse artificialmente para acelerar el parto y permitir la colocación de un monitor fetal en la cabeza del bebé.

1 Pérdida del tapón mucoso
Cuando el cérvix empieza a abrirse, antes o durante el parto, el tapón mucoso, que hasta ahora sellaba el canal cervical, se desprende.

2 Contracciones
Las contracciones musculares en la parte superior del útero (fondo uterino) provocan la distensión y dilatación del cérvix, abriendo paso al feto.

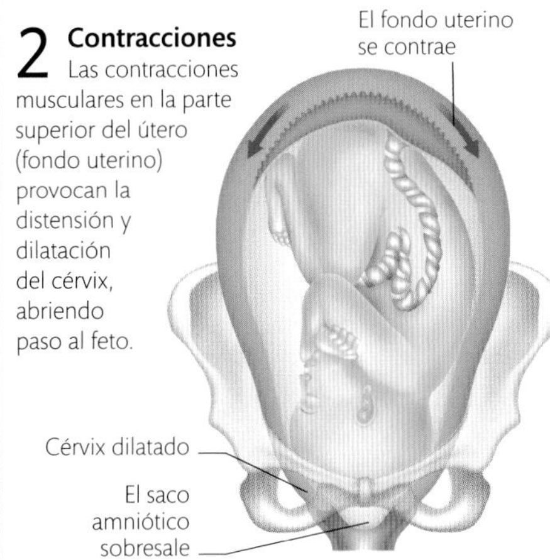
El fondo uterino se contrae
Cérvix dilatado
El saco amniótico sobresale

3 Rotura de aguas
El saco amniótico se estira y acaba rompiéndose por la presión de las contracciones, y el líquido amniótico se derrama y sale por el canal del parto.

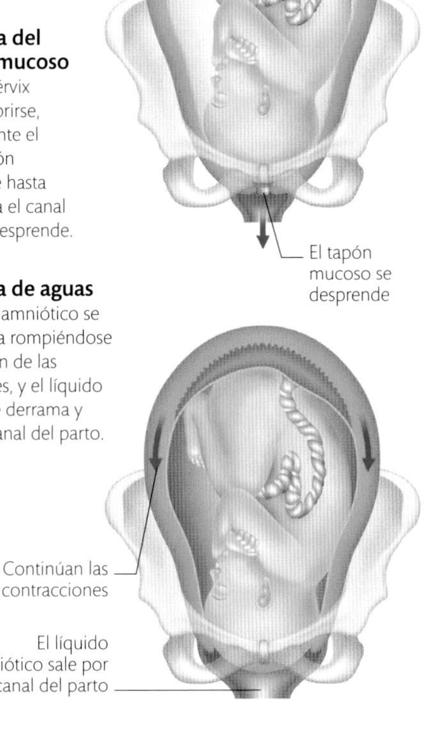
Placenta
Pared uterina
Saco amniótico
El tapón mucoso se desprende
Continúan las contracciones
El líquido amniótico sale por el canal del parto

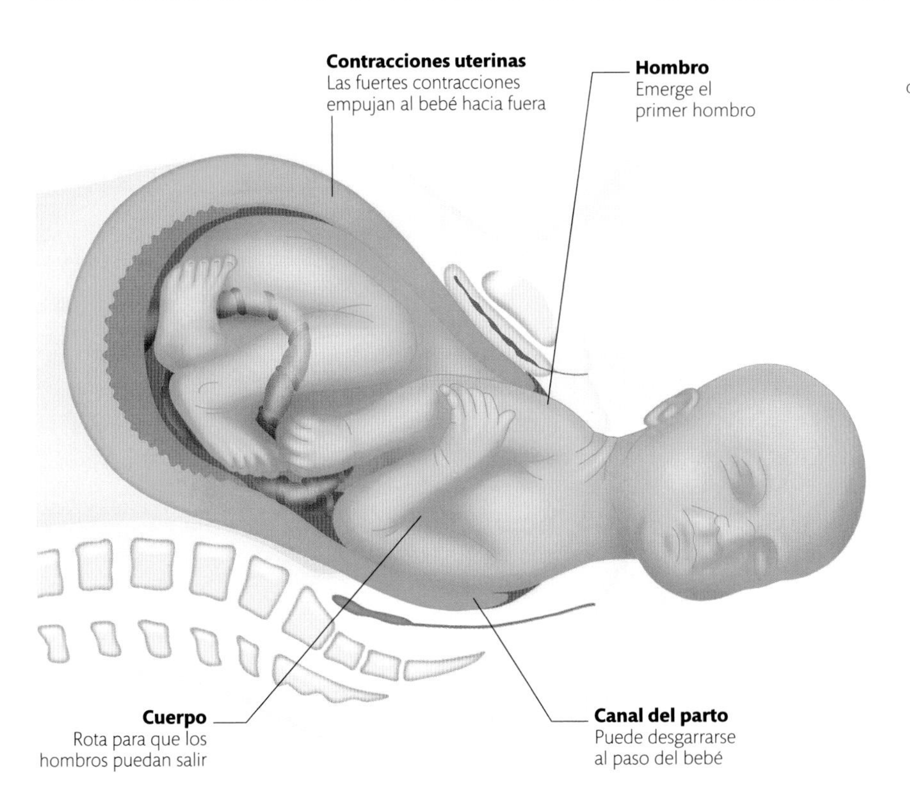
Contracciones uterinas Las fuertes contracciones empujan al bebé hacia fuera
Hombro Emerge el primer hombro
Cuerpo Rota para que los hombros puedan salir
Canal del parto Puede desgarrarse al paso del bebé

3 Expulsión del bebé
Cuando la cabeza del bebé emerge, se limpia el moco de su nariz y su boca y se comprueba que el cordón umbilical no esté enrollado en su cuello. El bebé se gira en el canal del parto para que los hombros puedan salir; el resto del cuerpo sale fácilmente.

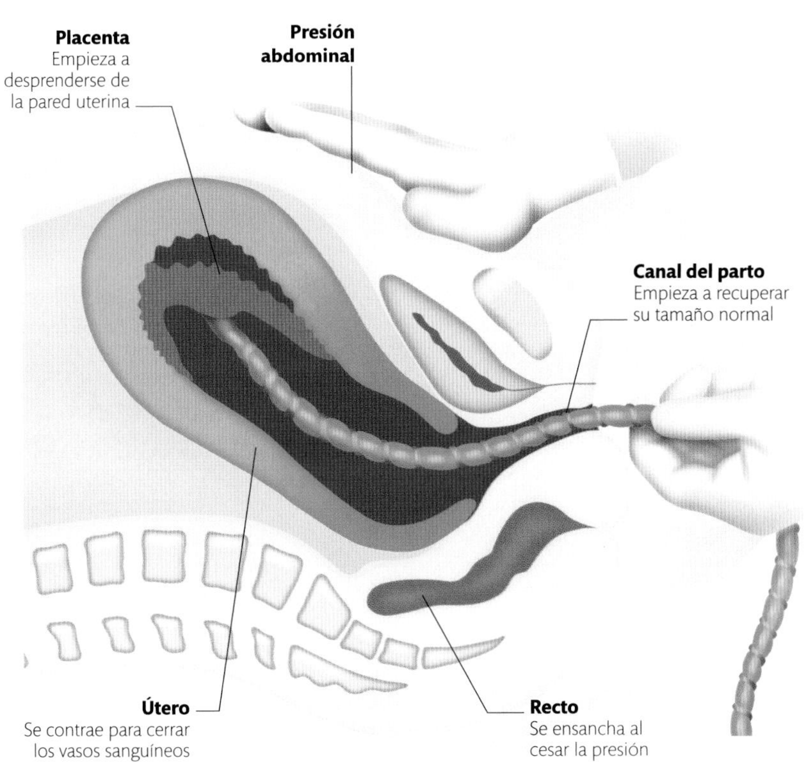
Placenta Empieza a desprenderse de la pared uterina
Presión abdominal
Canal del parto Empieza a recuperar su tamaño normal
Útero Se contrae para cerrar los vasos sanguíneos
Recto Se ensancha al cesar la presión

4 Expulsión de la placenta
Contracciones posteriores al nacimiento del bebé comprimen los vasos sanguíneos uterinos e impiden las hemorragias. Se extrae la placenta tirando del cordón umbilical y presionando la pared abdominal inferior; una inyección de oxitocina puede acelerar el proceso de expulsión.

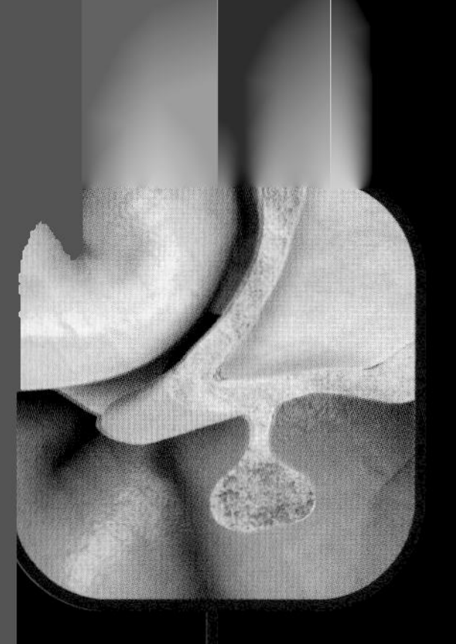

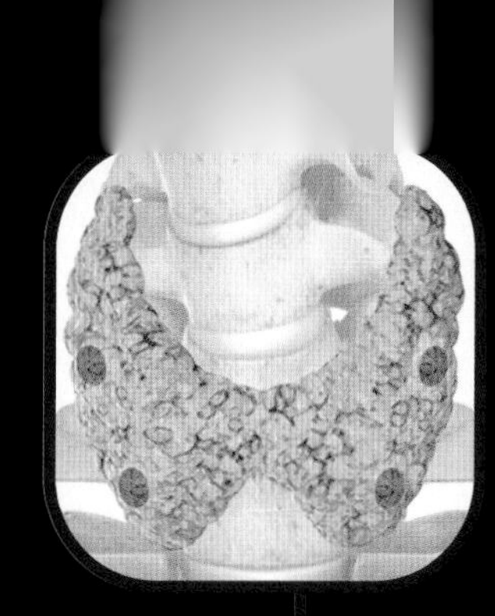

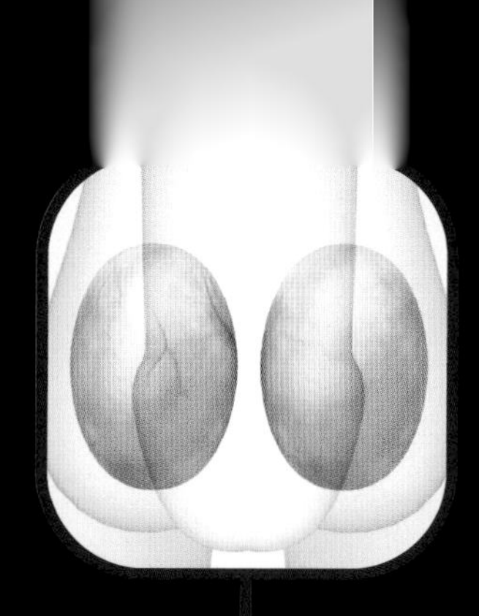

HIPOTÁLAMO

El hipotálamo une los sistemas endocrino y nervioso; segrega hormonas que ponen en marcha la pituitaria.

GLÁNDULA TIROIDES

Esta glándula con forma de mariposa produce hormonas que regulan el metabolismo y el ritmo cardíaco.

TESTÍCULOS

Producen hormonas que estimulan el desarrollo sexual y la producción de esperma.

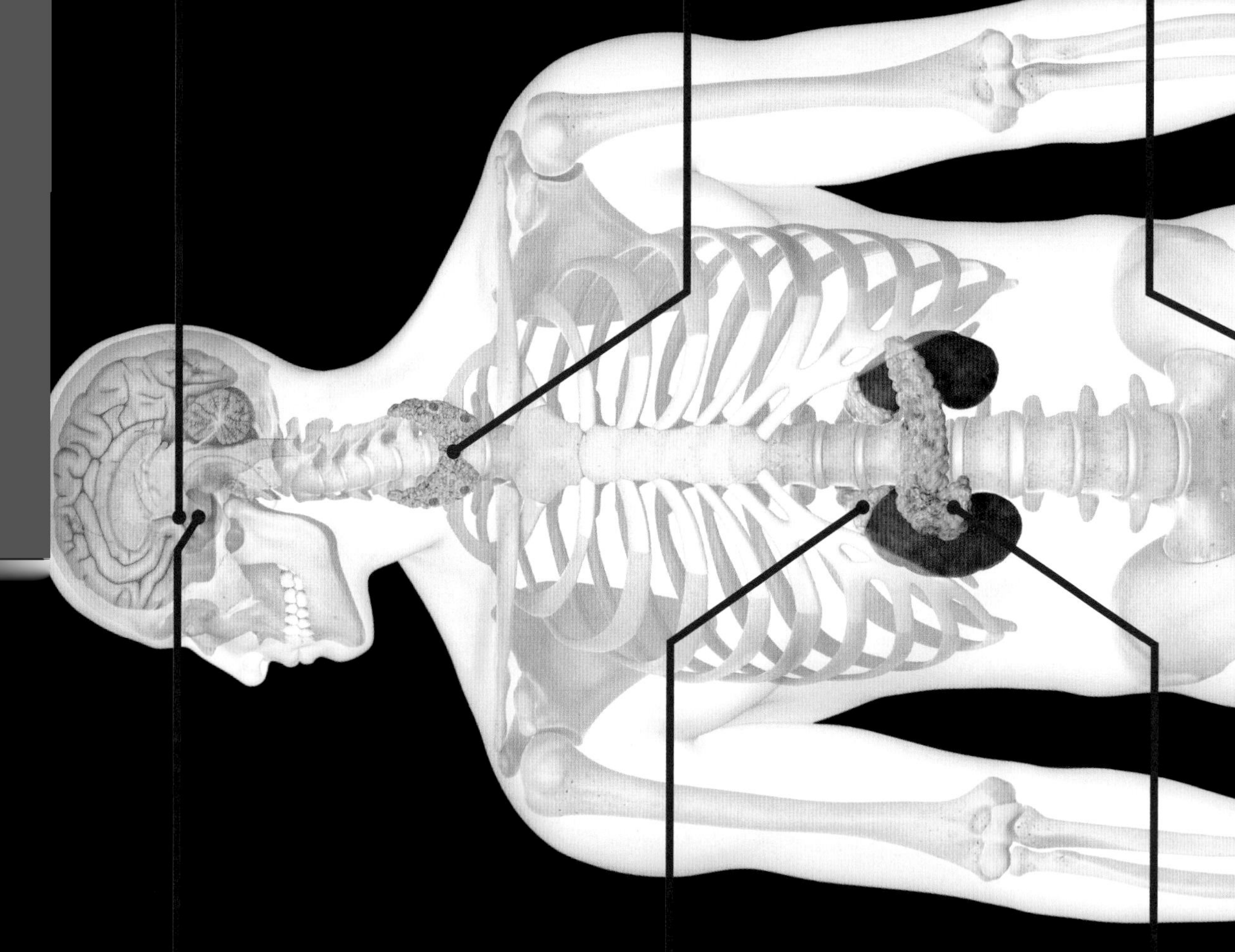

GLÁNDULA PITUITARIA

Llamada «glándula maestra», controla las actividades de muchas otras glándulas. Está íntimamente relacionada con el hipotálamo.

GLÁNDULAS ADRENALES

Las dos partes de esta glándula (médula y corteza) producen hormonas que ayudan a sobrellevar el estrés y mantienen la homeostasis.

PÁNCREAS

Esta glándula tiene una doble función: segrega las hormonas insulina y glucagón, así como enzimas digestivas.

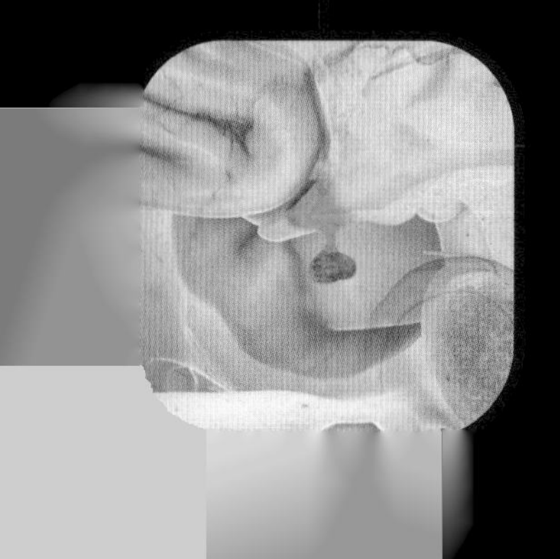

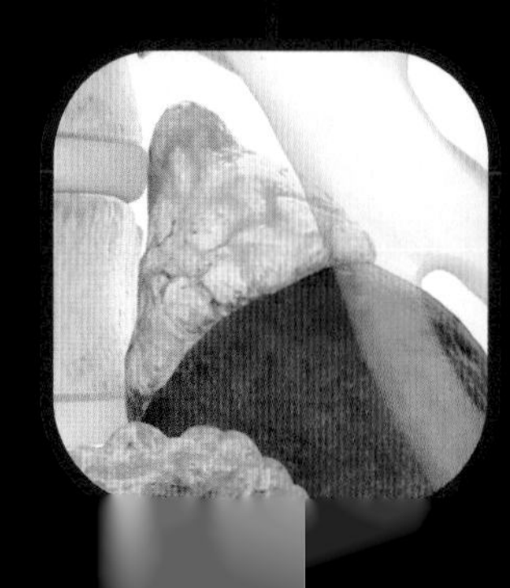

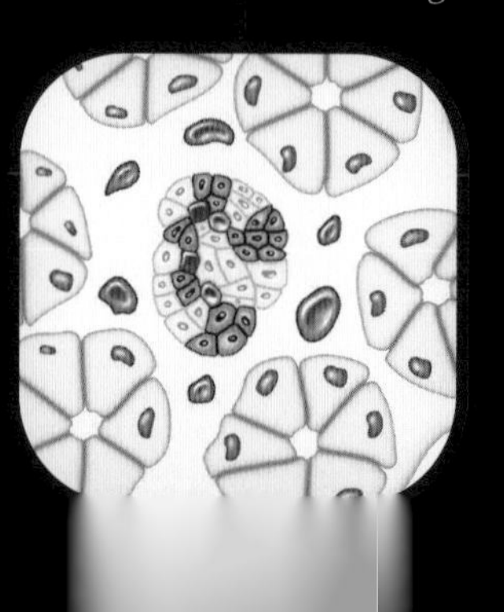

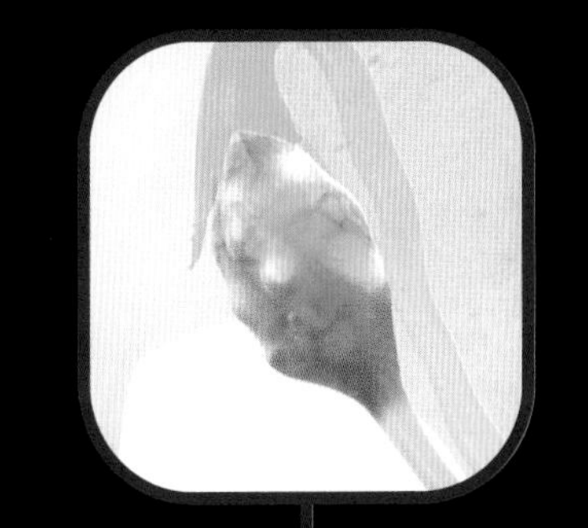

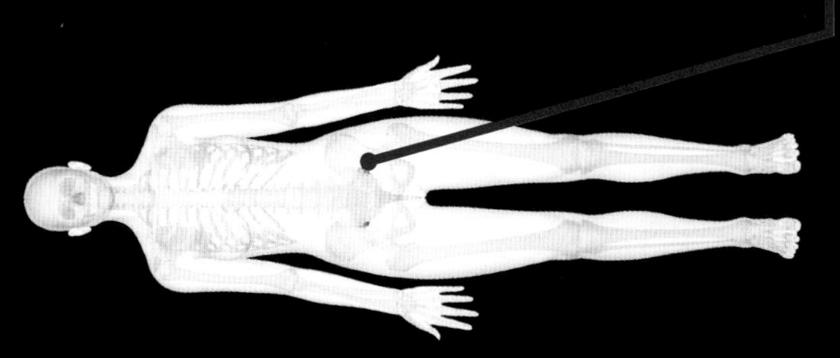

OVARIOS

Producen progesterona, que refuerza el endometrio (pared del útero), y estrógenos, que hacen madurar los óvulos.

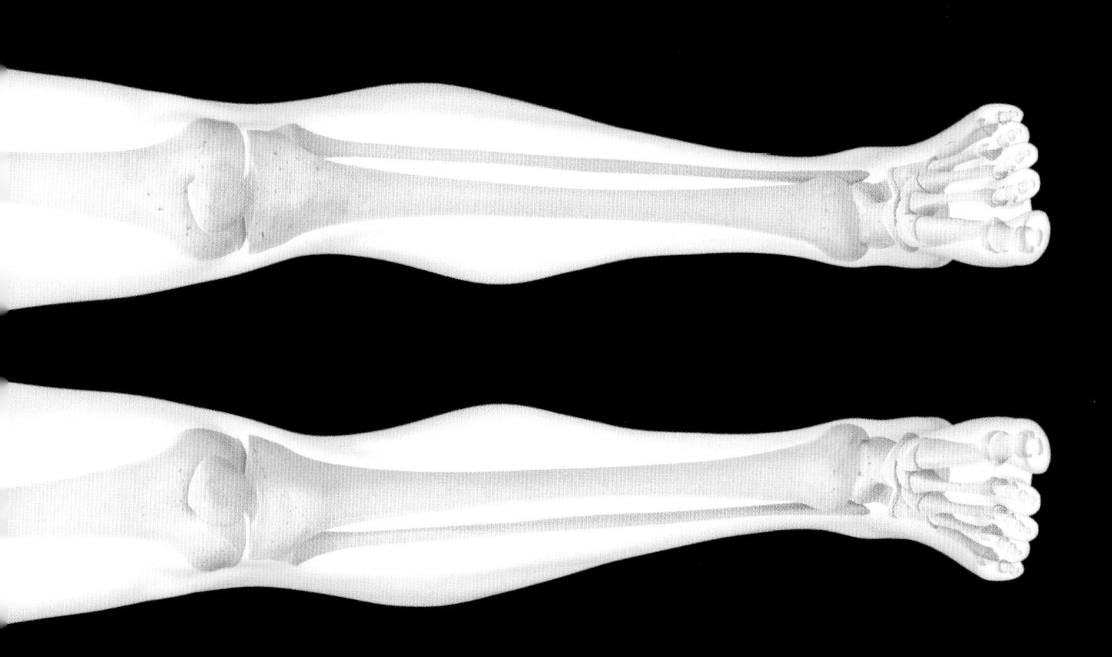

SISTEMA ENDOCRINO

El medio corporal es regulado mediante una red de comunicación química. Las glándulas endocrinas, trabajando conjuntamente con el sistema nervioso, producen hormonas que controlan y coordinan muchas funciones corporales.

HORMONAS EN ACCIÓN

Las hormonas son sustancias químicas que alteran la actividad de sus células diana. Una hormona no desencadena las reacciones bioquímicas de una célula, pero influye en el ritmo de esas reacciones. Las células endocrinas segregan las hormonas en el fluido que las rodea; las hormonas viajan en la sangre y afectan a las células y tejidos de diversas partes del cuerpo.

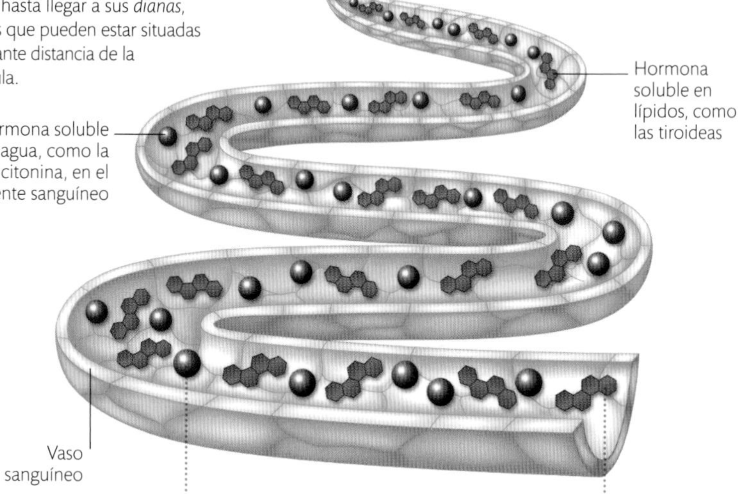
Tejido endocrino
GLÁNDULA TIROIDES
Hormona soluble en lípidos, como las tiroideas
Hormona soluble en agua, como la calcitonina, en el torrente sanguíneo
Vaso sanguíneo

Hormonas en camino
Las glándulas endocrinas, como la tiroides, segregan las hormonas en el torrente sanguíneo y estas viajan hasta llegar a sus *dianas*, células que pueden estar situadas a bastante distancia de la glándula.

CÓMO FUNCIONAN LAS HORMONAS

A pesar de que las hormonas entran en contacto con todas las células del cuerpo, solo producen su efecto en determinadas células, llamadas células diana. Estas células tienen receptores que la hormona reconoce y a los que se une, causando una respuesta en la célula. Una hormona puede afectar solamente a las células diana específicas que tienen el receptor adecuado. Así, por ejemplo, una hormona tiroidea se enlaza solo con los receptores de las células de la glándula tiroides. El mecanismo es similar a las emisiones de radio: aunque la señal llega a todo el mundo en su radio de acción, solamente podrán oírla quienes estén en la frecuencia adecuada.

Una hormona puede tener varias células diana. No obstante, no todas estas reaccionan de igual manera a la hormona. La insulina, por ejemplo, estimula células del hígado para que almacenen glucosa, pero hace que las células adiposas acumulen ácidos grasos. Una vez que las hormonas alcanzan sus células diana, existen dos mecanismos diferentes por los que se enlazan a los receptores de una célula y provocan su reacción, en función de si la hormona es hidrosoluble o liposoluble (derecha). Las hormonas solubles en agua se componen de aminoácidos (los bloques básicos de proteínas), mientras que las solubles en grasas se componen de colesterol.

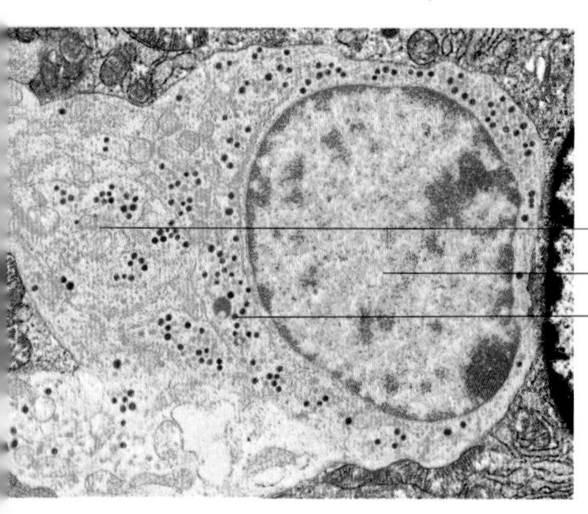
Citoplasma
Núcleo de la célula
Gránulo secretor

Célula endocrina
Esta microfotografía muestra una célula parafolicular de la tiroides, que produce y segrega calcitonina. Los puntos rojos del citoplasma son gránulos secretores, en los que se acumula la calcitonina.

CIENCIA

PROSTAGLANDINAS

Unas sustancias químicas llamadas prostaglandinas actúan como las hormonas, estimulando la actividad de células diana, pero solo actúan localmente, cerca de donde se producen, en vez de viajar por el torrente sanguíneo. Casi todas las membranas celulares liberan prostaglandinas, con diferentes efectos, como bajar la presión sanguínea o aumentar las contracciones del útero en el parto. También están implicadas en las inflamaciones, y su liberación contribuye a la sensación de dolor.

Cristales de prostaglandina
Esta micrografía con luz polarizada muestra cristales de prostaglandina. Hay más de veinte tipos de prostaglandinas.

HORMONAS HIDROSOLUBLES

Estas hormonas no pueden atravesar la membrana celular, que posee capas lípidas. Para actuar sobre las células diana, enlazan con receptores en la superficie de la célula. La mayoría de las hormonas son hidrosolubles.

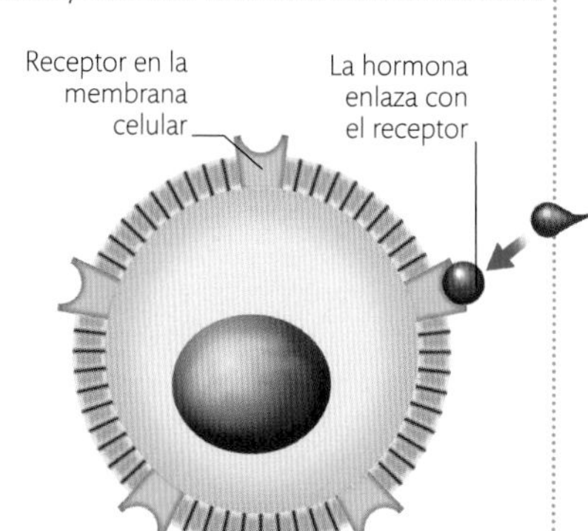
Receptor en la membrana celular
La hormona enlaza con el receptor

1 Enlace con el receptor
La hormona reconoce un receptor en la membrana de la célula diana y se une a él. Funciona como una llave en una cerradura.

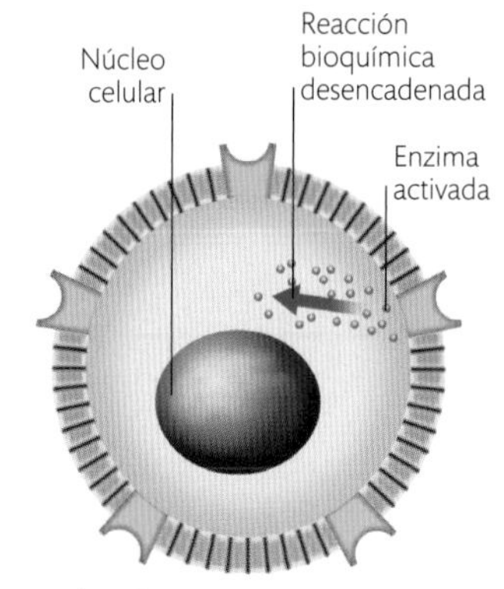
Núcleo celular
Reacción bioquímica desencadenada
Enzima activada

2 Activación
Las enzimas de la célula se activan alterando su actividad bioquímica, aumentando o disminuyendo los ritmos de los procesos celulares ordinarios.

HORMONAS LIPOSOLUBLES

Las hormonas solubles en grasa pueden atravesar la membrana celular. Producen su efecto uniéndose a receptores internos de la célula. Las hormonas liposolubles incluyen las hormonas sexuales y las tiroideas.

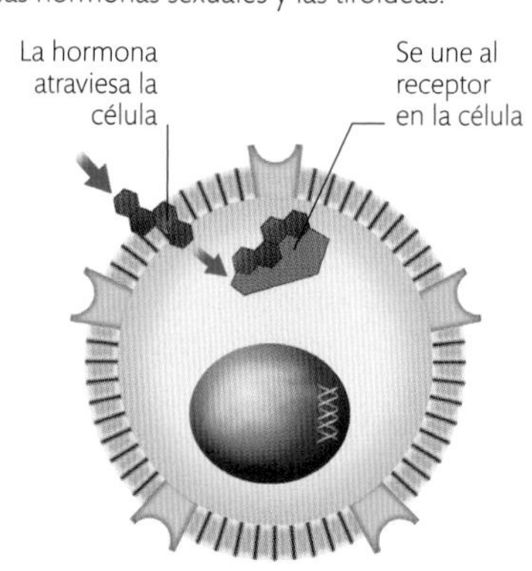
La hormona atraviesa la célula
Se une al receptor en la célula

1 Enlace con el receptor
La hormona atraviesa la membrana celular y se une a un receptor que viaja por dentro de la célula. Esta se activa con el enlace.

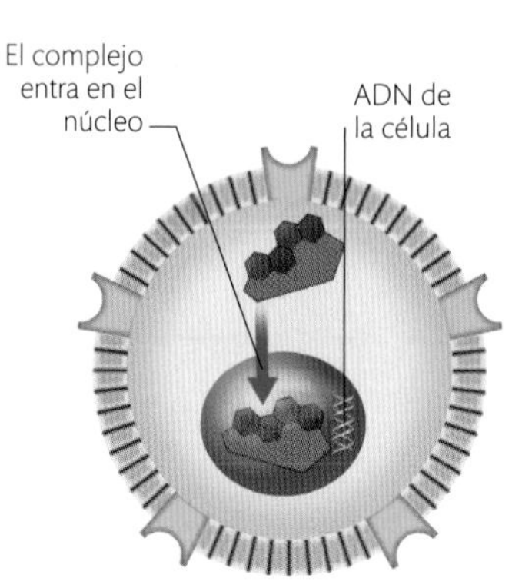
El complejo entra en el núcleo
ADN de la célula

2 Genes activados
El complejo hormona-receptor avanza hacia el núcleo; allí se une al ADN. Esto activa unos genes que «encienden» o «apagan» enzimas que alteran la actividad bioquímica de la célula.

CATALIZADORES DE LA SECRECIÓN DE HORMONAS

Los factores que estimulan la producción y liberación de hormonas varían. La presencia de ciertos minerales o nutrientes en la sangre activa ciertas glándulas endocrinas. Así pues, niveles bajos de calcio en sangre estimulan las glándulas paratiroides (p. 410) para que liberen hormona paratiroidea, mientras que la insulina, producida en el páncreas, se libera como respuesta a niveles crecientes de azúcar en sangre.

Muchas glándulas endocrinas responden a hormonas producidas por otras glándulas. Por ejemplo, las hormonas producidas por el hipotálamo estimulan la glándula pituitaria anterior, que comienza a producir sus propias hormonas. Estas hormonas estimulan otras glándulas; por ejemplo, la adrenocorticotropina estimula la corteza de las glándulas adrenales para producir hormonas corticosteroides.

La estimulación hormonal lleva a la secreción rítmica de hormonas, de modo que los niveles de estas suben y bajan según un determinado patrón. En algunos casos, la secreción se desencadena por señales del sistema nervioso. Un ejemplo es la médula de las glándulas adrenales, que segregan adrenalina (epinefrina) cuando las fibras del sistema nervioso simpático las estimulan. En este tipo de estimulación, la secreción de hormonas no ocurre de forma rítmica, sino en ráfagas.

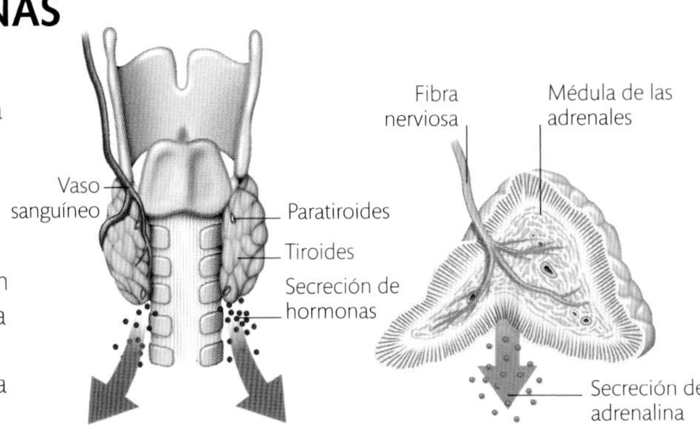
Vaso sanguíneo
Paratiroides
Tiroides
Secreción de hormonas
Fibra nerviosa
Médula de las adrenales
Secreción de adrenalina

Respuesta a niveles en sangre
El bajo calcio en sangre hace que la paratiroides segregue hormona paratiroidea, que eleva los niveles de calcio e inhibe la secreción de calcitonina de la tiroides.

Estimulación nerviosa
A una señal del hipotálamo, las fibras nerviosas del sistema nervioso simpático hacen que la médula de las adrernales libere adrenalina ante el estrés.

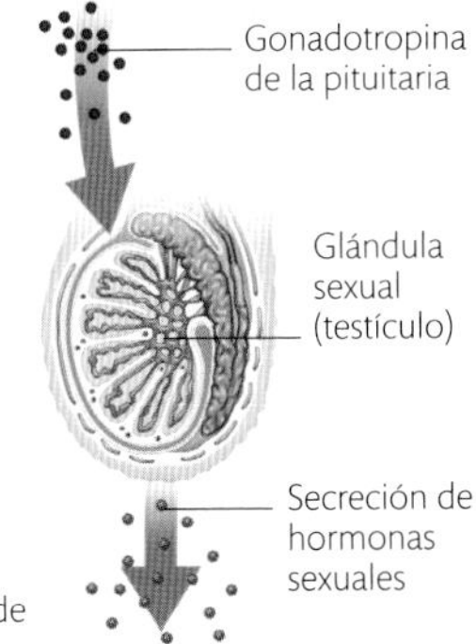
Gonadotropina de la pituitaria
Glándula sexual (testículo)
Secreción de hormonas sexuales

Respuesta a hormonas
La gonadotropina de la pituitaria estimula las glándulas sexuales (ovarios y testículos) para que segreguen más hormonas sexuales.

REGULACIÓN DE LAS HORMONAS

Las hormonas son poderosas, y afectan a los órganos diana aun en bajas concentraciones. Pero la duración de su efecto es limitada –de unos segundos a unas pocas horas–, por lo que el nivel en sangre se mantiene dentro de unos límites, a la medida de la propia hormona y de las necesidades del cuerpo. Muchas hormonas se regulan mediante un mecanismo de retroalimentación negativa que funciona como el termostato de una calefacción: se programa el termostato a la temperatura deseada y su sensor controla el aire; si la temperatura baja, una unidad de control en el termostato enciende la caldera; cuando se llega a la temperatura deseada, la unidad de control apaga la caldera. En un sistema de retroalimentación hormonal, los niveles de una hormona (o sustancia química) en sangre equivalen a la temperatura, y el complejo hipotálamo-pituitaria es el termostato. Si el nivel en sangre de una hormona (o sustancia química) cae por debajo de lo óptimo, la glándula endocrina se «enciende» y segrega hormonas; cuando los niveles suben, la glándula endocrina se «apaga».

Secreción de hormonas
Estimulada por hormonas de la pituitaria, la glándula tiroides segrega hormona tiroidea (amarilla). Las hormonas entran en los capilares (azules) y viajan a través del torrente sanguíneo.

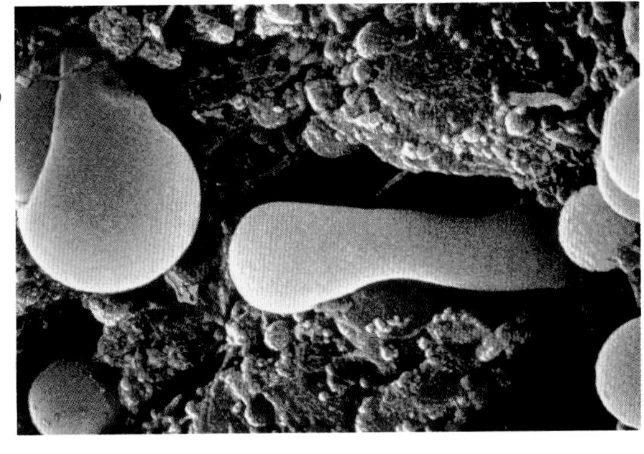

Ciclo de retroalimentación negativa
Las hormonas en sangre se mantienen en un nivel óptimo (u homeostasis) mediante mecanismos de retroalimentación negativa: si el nivel sube o baja demasiado la producción disminuye o aumenta.

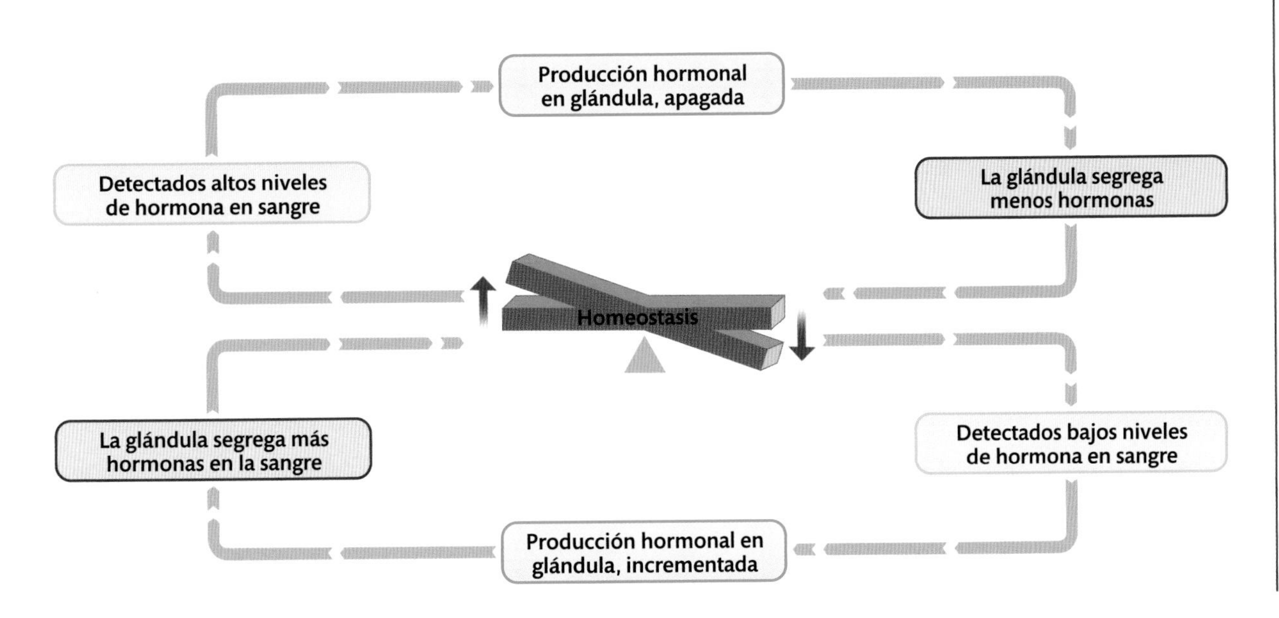
Producción hormonal en glándula, apagada
Detectados altos niveles de hormona en sangre
La glándula segrega menos hormonas
Homeostasis
La glándula segrega más hormonas en la sangre
Detectados bajos niveles de hormona en sangre
Producción hormonal en glándula, incrementada

RITMO HORMONAL

Los niveles en sangre de algunas hormonas varían en función del momento del mes o del día. Los niveles de hormonas sexuales femeninas siguen un ciclo mensual (p. 397) regulado por la secreción rítmica de gonadoliberina (HLGn) por el hipotálamo. La HLGn regula la secreción de hormonas por la pituitaria: la hormona estimulante del folículo, que hace que se desarrollen los folículos del óvulo, y la hormona luteinizante, que desencadena la liberación del óvulo. La hormona de crecimiento (HC), el cortisol de las adrenales y la melatonina de la glándula pineal siguen ciclos diurnos. La HC y la melatonina tienen por la noche mayor concentración, y el cortisol, por la mañana. El ritmo hormonal diurno va ligado a los ciclos de sueño-vigilia y claridad-oscuridad.

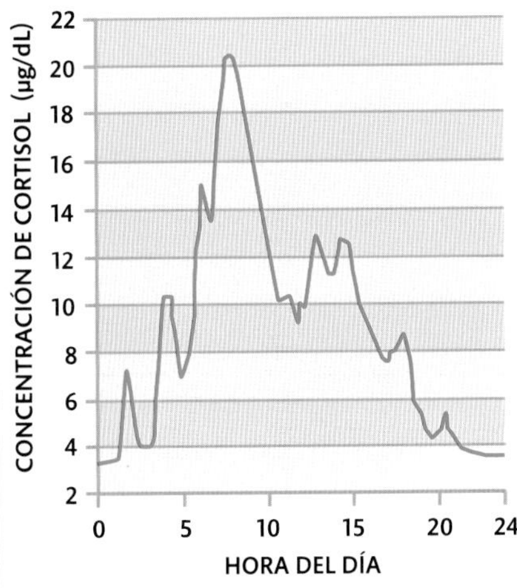
CONCENTRACIÓN DE CORTISOL (µg/dL)
22
20
18
16
14
12
10
8
6
4
2
0
5
10
15
20
24
HORA DEL DÍA

Niveles de cortisol
La hormona cortisol afecta al metabolismo y sus niveles siguen un ciclo de 24 horas. La máxima concentración se da entre las 7 y las 8 de la mañana, y la menor, a medianoche.

LA GLÁNDULA PITUITARIA

La pequeña glándula pituitaria, en la base del encéfalo, segrega hormonas que estimulan a las demás glándulas a producir hormonas. Suele llamarse glándula maestra debido a su gran influencia, aunque el verdadero amo de las glándulas es el hipotálamo, que vincula los sistemas endocrino y nervioso.

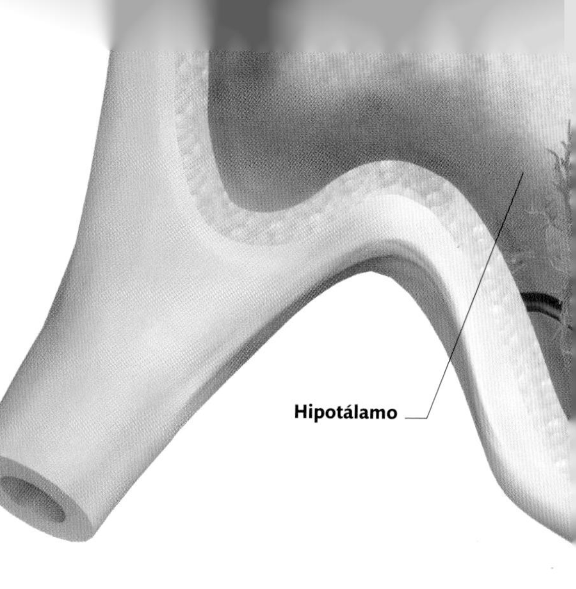
Hipotálamo

CONTROLADORES DE HORMONAS

La glándula pituitaria está compuesta de dos partes anatómica y funcionalmente diferenciadas: un lóbulo anterior y uno posterior. El lóbulo anterior constituye el grueso de la glándula, y se compone de tejido glandular que fabrica hormonas. El lóbulo posterior es en realidad parte del encéfalo y deriva del tejido hipotálamico; no produce hormonas, sino que almacena y libera las fabricadas por el hipotálamo.

Ambos lóbulos están unidos de manera diferente al hipotálamo. El lóbulo anterior se une mediante una red de vasos sanguíneos llamada sistema portal. En un sistema portal la sangre de arterias y venas se conecta directamente sin pasar antes por el corazón. Este sistema permite dispersar rápidamente las hormonas del hipotálamo por la pituitaria anterior. El lóbulo posterior se une al hipotálamo mediante un haz de nervios, las neuronas del cual (productoras de hormonas) se originan en el hipotálamo. Los axones de estas neuronas se extienden al lóbulo posterior y transportan allí sus hormonas para almacenarlas; a una señal nerviosa de estas neuronas, se segregan las hormonas en función de la necesidad.

Lóbulo anterior
En los bordes de esta imagen coloreada de microscopio electrónico de barrido se pueden ver las células secretoras, que producen hormonas. Las hormonas de control del hipotálamo llegan a las células secretoras a través de los capilares, uno de los cuales se puede ver en la parte inferior de la imagen; el interior del capilar contiene un macrófago, un tipo de célula que ayuda a combatir las infecciones.

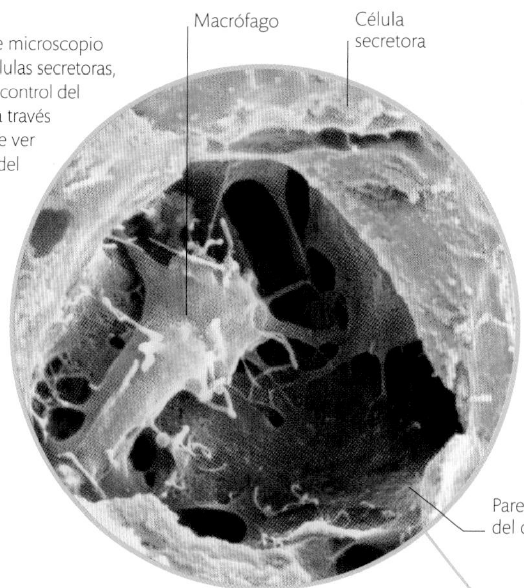
Macrófago
Célula secretora
Pared del capilar

9
Número de **hormonas** que produce esta glándula del **tamaño de un guisante**.

Glándula pituitaria

LOCALIZACIÓN

Sistema portal
Sistema de vasos sanguíneos que transporta las hormonas reguladoras del hipotálamo al lóbulo anterior de la pituitaria

HORMONAS DEL LÓBULO ANTERIOR

En el lóbulo anterior de la pituitaria se producen siete hormonas. Cuatro de estas, las hormonas tróficas, hacen que otras glándulas segreguen sus hormonas; se trata de la hormona estimulante de la tiroides (HET), la estimulante de la corteza adrenal o adrenocorticotropina (HACT), la estimulante del folículo (HEF) y la luteinizante (HL). Las demás —la hormona del crecimiento (HC), la prolactina y la estimulante de los melanocitos (HEM)— actúan sobre otros órganos diana directamente. El hipotálamo regula la secreción de hormonas del lóbulo anterior segregando hormonas inhibidoras o estimulantes. A pesar de que diversas hormonas del hipotálamo llegan al lóbulo anterior, las células secretoras reconocen las destinadas a ellas y a su vez segregan o liberan sus hormonas. Estas se vierten en los capilares, y así se introducen en el torrente sanguíneo para llegar a sus órganos diana.

Capilar
Las hormonas del hipotálamo entran en el lóbulo por los capilares

Célula secretora
Células del lóbulo anterior que producen y segregan hormonas

Lóbulo anterior

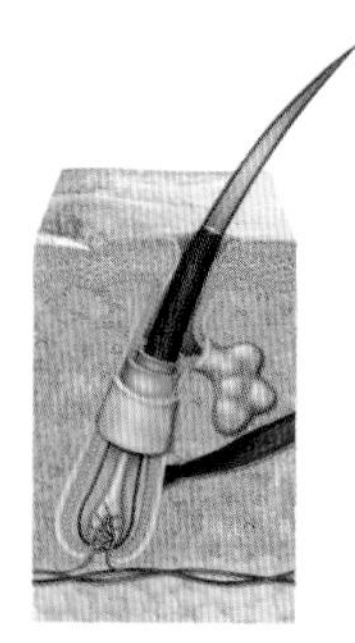

Piel
La HEM influye en los melanocitos, células de la piel que producen la hormona melanina. Un exceso puede causar el oscurecimiento de la piel.

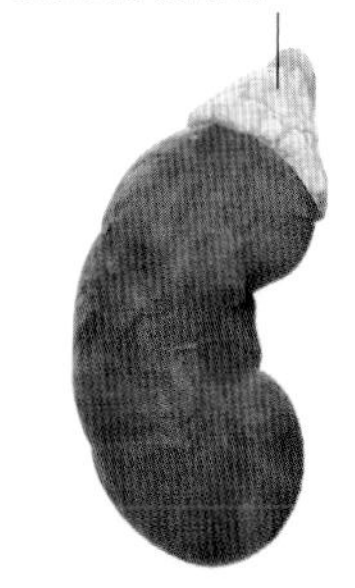
Glándula adrenal

Glándulas adrenales
La HACT estimula la corteza de las glándulas adrenales para secretar hormonas esteroides que ayudan a resistir el estrés; estas también afectan al metabolismo.

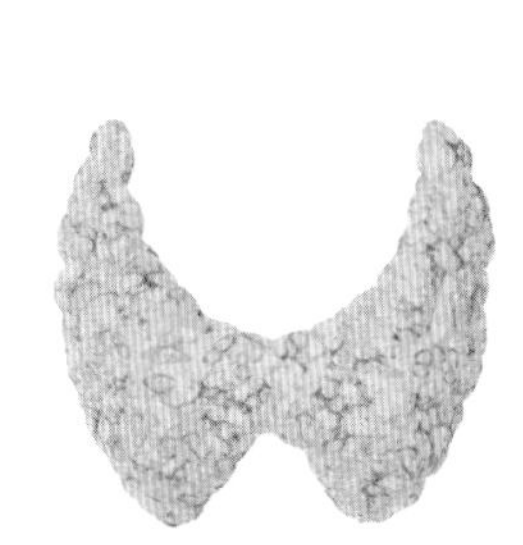

Glándula tiroides
La HET estimula la tiroides, que segrega hormonas que afectan al metabolismo y a la temperatura corporal, y que favorecen el desarrollo de muchos sistemas del cuerpo.

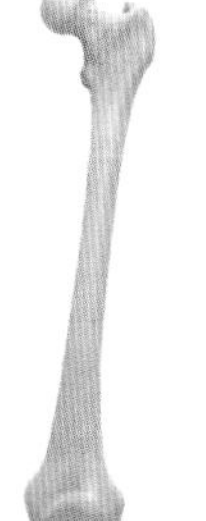

Huesos, músculos esqueléticos e hígado
La HC favorece el crecimiento de los huesos, el incremento de la masa muscular y la creación y renovación de tejidos.

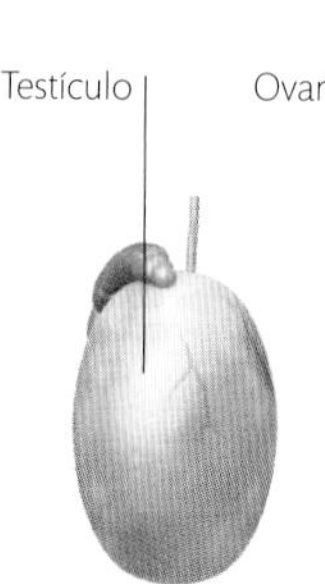
Testículo
Ovario

Glándulas sexuales
La HL y la HEF estimulan las glándulas sexuales para fabricar hormonas. Provocan la ovulación y la maduración de los óvulos, y asimismo, la producción de esperma.

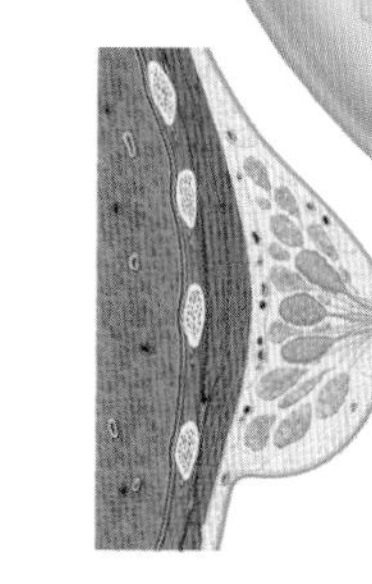

Mama
La prolactina estimula la producción de leche de las glándulas mamarias. Los niveles suben antes de la menstruación, lo que causa hipersensibilidad en los pechos.

Vénula
Pequeñas venas (o vénulas) transportan las hormonas desde la glándula pituitaria al torrente sanguíneo

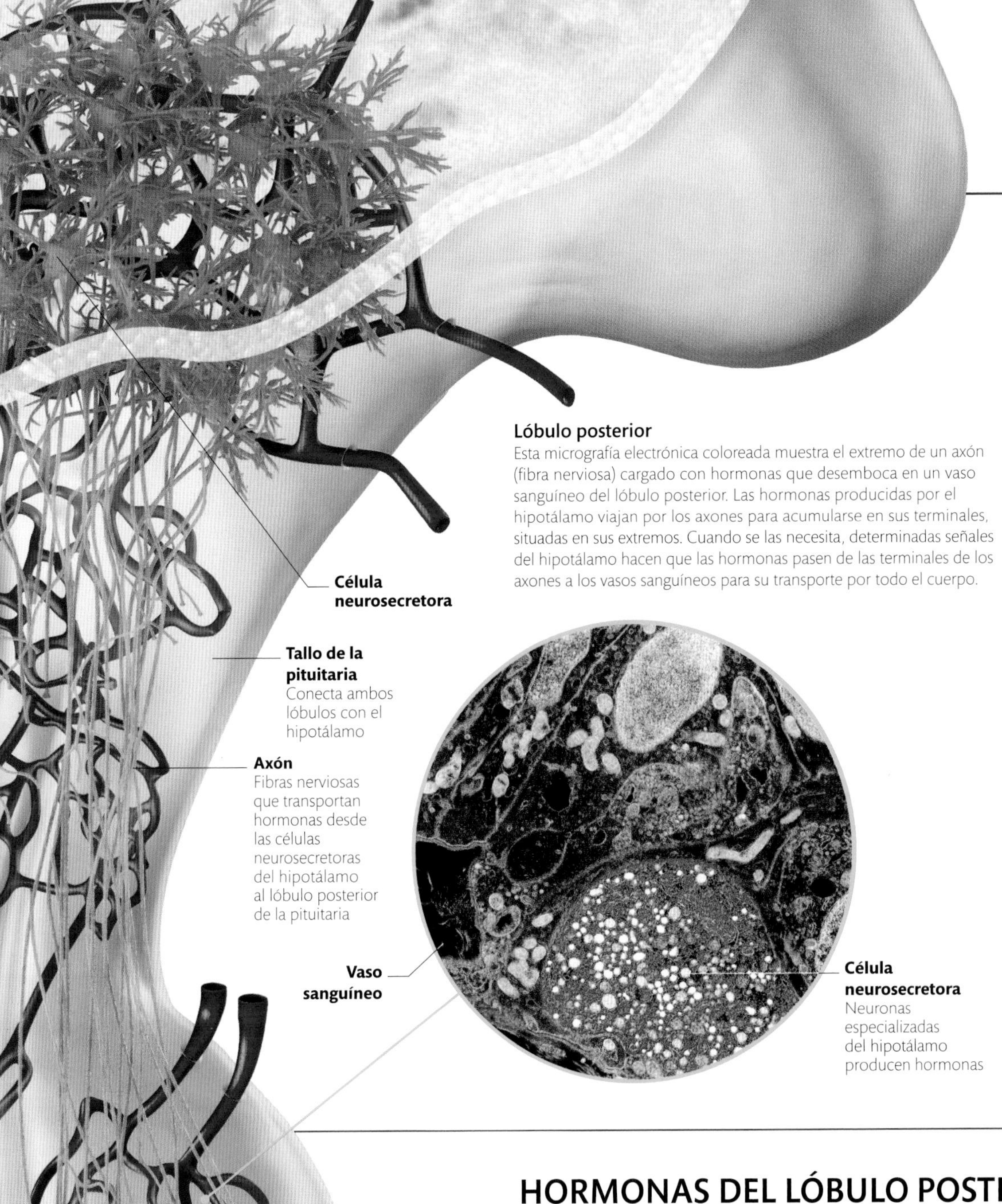
Célula
neurosecretora
Tallo de la
pituitaria
Conecta ambos
lóbulos con el
hipotálamo
Axón
Fibras nerviosas
que transportan
hormonas desde
las células
neurosecretoras
del hipotálamo
al lóbulo posterior
de la pituitaria
Vaso
sanguíneo
Célula
neurosecretora
Neuronas
especializadas
del hipotálamo
producen hormonas
Terminal
de axón
Aquí se
almacenan
y distribuyen
las hormonas
producidas por
el hipotálamo
Lóbulo posterior

Lóbulo posterior
Esta micrografía electrónica coloreada muestra el extremo de un axón (fibra nerviosa) cargado con hormonas que desemboca en un vaso sanguíneo del lóbulo posterior. Las hormonas producidas por el hipotálamo viajan por los axones para acumularse en sus terminales, situadas en sus extremos. Cuando se las necesita, determinadas señales del hipotálamo hacen que las hormonas pasen de las terminales de los axones a los vasos sanguíneos para su transporte por todo el cuerpo.

SALUD
LA HORMONA DEL CRECIMIENTO

Durante la infancia y la adolescencia, la hormona del crecimiento (HC) es fundamental para un crecimiento normal. En los adultos es necesaria para mantener la masa muscular y ósea, así como para reparar tejidos. Si durante la infancia se produce demasiada HC, los huesos se ven afectados y la persona crece demasiado, pero con proporciones corporales relativamente normales; si se produce demasiado poca, el resultado son unos huesos de poca longitud y una escasa estatura. Un exceso de HC tras el crecimiento de los huesos largos produce unas extremidades anormalmente largas, pues los huesos de manos, pies y cara siguen respondiendo a la hormona. La escasez de HC en la vida adulta no suele causar problemas. Si se identifica una escasez antes de la pubertad, el tratamiento con hormona del crecimiento sintética ayuda al niño a crecer con normalidad.

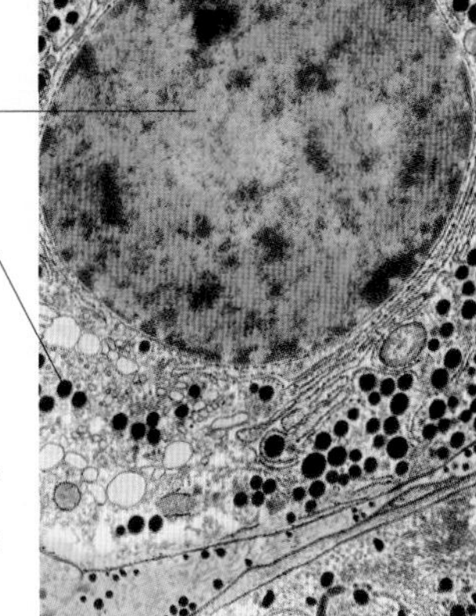
Núcleo
Gránulo

Somatotrofo
La hormona del crecimiento (HC) se produce en células llamadas somatotrofos, en el lóbulo anterior de la pituitaria. Esta micrografía electrónica coloreada muestra numerosos gránulos con hormonas en el citoplasma de la célula.

HORMONAS DEL LÓBULO POSTERIOR

En el lóbulo posterior de la glándula pituitaria se almacenan dos hormonas, la oxitocina y la antidiurética (HAD). Estas hormonas no se producen en esta glándula, sino en neuronas situadas en dos áreas diferentes del hipotálamo. Después de su producción, las hormonas son empaquetadas en minúsculos sacos y transportadas por los axones (fibras nerviosas) hasta sus terminales; allí se almacenan hasta que sean requeridas. Impulsos nerviosos de las mismas neuronas que las produjeron desencadenan la secreción de las hormonas en los capilares; de estos pasan a las venas, para ser distribuidas por el cuerpo hasta sus dianas. La oxitocina y la HAD tienen una estructura casi idéntica: las dos están compuestas por nueve aminoácidos, y solo dos difieren entre una y otra. No obstante, tienen efectos diferentes: la oxitocina estimula las contracciones de músculos lisos, sobre todo los de útero, cérvix y pecho, y la HAD influye en el equilibrio de agua en el cuerpo (p. 391).

Anatomía de la glándula pituitaria
La glándula pituitaria se compone de dos lóbulos y un tallo o infundíbulo que conecta ambos con el hipotálamo; a lo largo del tallo, unos vasos sanguíneos y fibras nerviosas transportan las hormonas desde el hipotálamo.

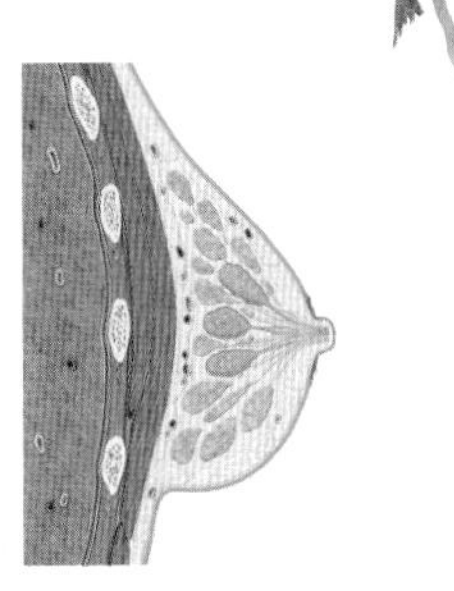

Mama
La oxitocina provoca la secreción de leche en las glándulas mamarias durante la maternidad. La succión del bebé desencadena esta respuesta hormonal.

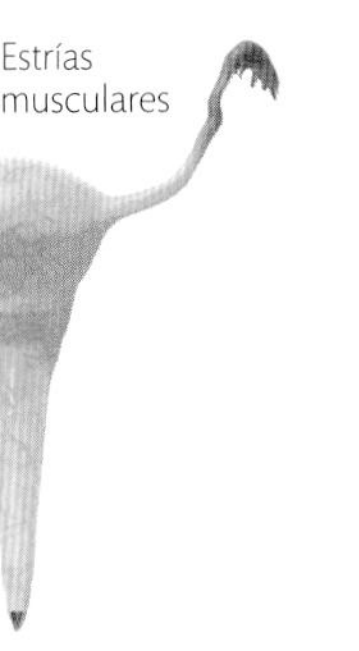
Estrías
musculares

Útero
La oxitocina estimula las contracciones durante el parto. La distensión del útero provoca que el hipotálamo produzca oxitocina, que es liberada por el lóbulo posterior.

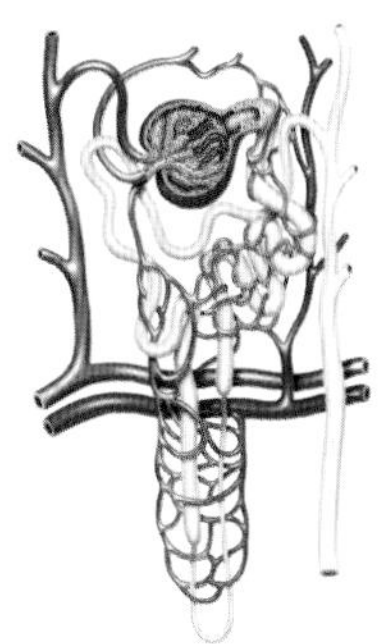

Nefrón
La HAD provoca la devolución de agua a la sangre por unos tubos de filtrado, los nefrones, lo que produce una orina más concentrada. También afecta a la presión sanguínea.

Hormona de las caricias
La oxitocina se produce de forma natural durante el nacimiento y se cree que desempeña un papel muy importante en la conducta maternal. Podría ser responsable, también, de la satisfacción posterior al acto sexual.

PRODUCCIÓN DE HORMONAS

La glándula tiroides, la paratiroides, las adrenales y la pineal son órganos del sistema endocrino que solo producen hormonas. Otros órganos y tejidos considerados también como parte del sistema endocrino, pero que no son órganos exclusivamente endocrinos, se estudian en las páginas 412 y 413.

GLÁNDULA TIROIDES

La glándula tiroides con forma de mariposa se compone básicamente de unos sacos esféricos llamados folículos, las paredes de los cuales producen dos hormonas importantes: T3 (triiodotironina) y T4 (tiroxina), llamadas genéricamente hormona tiroidea (HT). Casi todas las células del cuerpo tienen receptores de HT, de forma que esta tiene amplios efectos en todo el cuerpo. La tiroides es única entre las glándulas endocrinas por su capacidad de almacenar hormonas: un aporte de HT para 100 días como máximo. En sus células parafoliculares (situadas entre los folículos) produce además calcitonina. Un efecto importante de esta hormona es que inhibe el paso de calcio de los huesos a la sangre; es de la máxima importancia durante la niñez, en la que el crecimiento esquelético es muy rápido.

PROCESOS QUE IMPLICAN A LA HT	EFECTOS
Metabolismo basal (MB)	Aumenta el MB estimulando la conversión de combustibles (glucosa y grasas) en energía, y así también aumenta el metabolismo de hidratos de carbono, grasas y proteínas.
Regulación de la temperatura (calorigénesis)	Hace que las células produzcan y usen más energía, con lo que aumenta la emisión de calor y se eleva la temperatura corporal.
Metabolismo de grasas y hidratos de carbono	Facilita el uso de glucosa y grasas como combustibles; mejora la renovación de colesterol, reduciéndolo en sangre.
Crecimiento y desarrollo	Actúa con las hormonas del crecimiento y la insulina favoreciendo el desarrollo del sistema nervioso en el feto y el niño, y el crecimiento y la maduración del esqueleto.
Reproducción	La reproducción es necesaria para el desarrollo normal del sistema reproductor masculino; favorece la capacidad reproductiva normal y la lactancia en la mujer.
Función cardíaca	Aumenta la frecuencia cardíaca y la fuerza de los latidos; mejora la sensibilidad del sistema cardiovascular a las señales del sistema nervioso simpático (p. 319).

Regulación de hormonas tiroideas
La hormona liberadora de tirotropina (HLT) del hipotálamo y la hormona estimulante de la tiroides (HET) del lóbulo anterior de la pituitaria estimulan la producción y secreción de hormonas tiroideas (HT). Pituitaria e hipotálamo controlan los niveles de TH para estimular o inhibir la actividad.

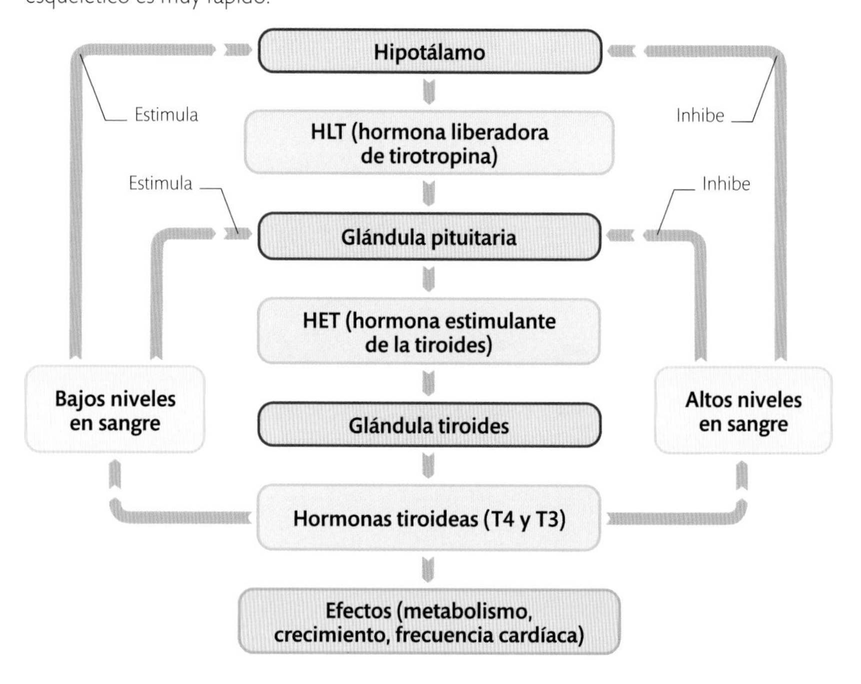
Hipotálamo
Estimula
Inhibe
HLT (hormona liberadora de tirotropina)
Estimula
Inhibe
Glándula pituitaria
HET (hormona estimulante de la tiroides)
Bajos niveles en sangre
Glándula tiroides
Altos niveles en sangre
Hormonas tiroideas (T4 y T3)
Efectos (metabolismo, crecimiento, frecuencia cardíaca)

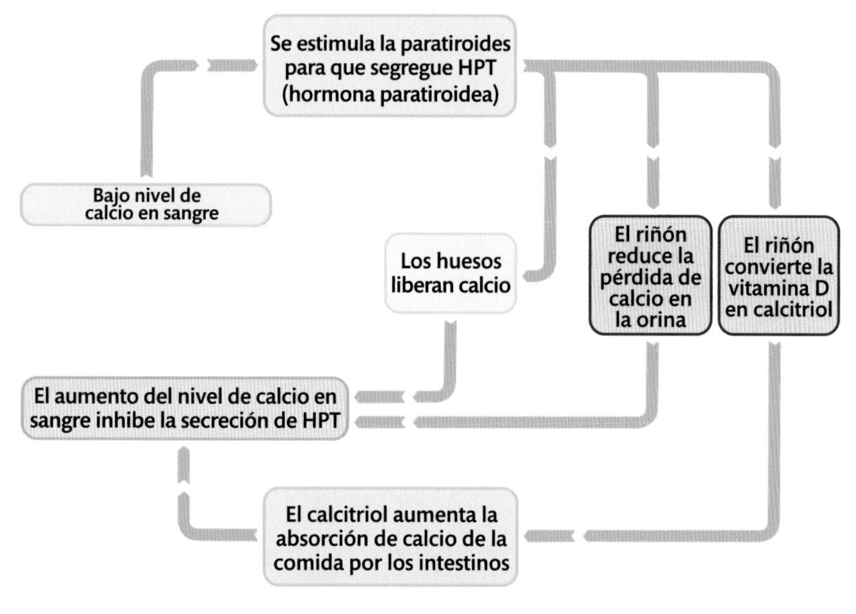
Se estimula la paratiroides para que segregue HPT (hormona paratiroidea)
Bajo nivel de calcio en sangre
Los huesos liberan calcio
El riñón reduce la pérdida de calcio en la orina
El riñón convierte la vitamina D en calcitriol
El aumento del nivel de calcio en sangre inhibe la secreción de HPT
El calcitriol aumenta la absorción de calcio de la comida por los intestinos

GLÁNDULAS PARATIROIDES

Las cuatro glándulas paratiroides, en la parte posterior de la glándula tiroides, producen la hormona paratiroidea (HPT), el mayor agente regulador del nivel de calcio en sangre. El correcto nivel de calcio es fundamental para muchas funciones, como las contracciones musculares y la transmisión de los impulsos nerviosos, por lo que ha de controlarse de forma precisa. Cuando el nivel de calcio cae demasiado, la HPT estimula la secreción de calcio de los huesos en la sangre y reduce la pérdida de calcio de los riñones por la orina. Indirectamente aumenta la absorción de calcio de la comida ingerida en el intestino delgado. Para que este absorba el calcio, se necesita vitamina D, pero la forma ingerida es inactiva: la HPT estimula a los riñones para que conviertan la vitamina C en su forma activa, el calcitriol.

Efectos de la hormona paratiroidea
Actúa sobre huesos, riñones e indirectamente sobre el intestino delgado para aumentar la cantidad de calcio en sangre.

La **hormona paratiroidea** tiene una **vida relativamente corta** en la sangre: sus niveles caen a **la mitad cada 4 minutos**.

GLÁNDULAS ADRENALES

Las regiones interna y externa de estas glándulas tienen una estructura diferente y producen hormonas distintas. La corteza adrenal exterior es tejido glandular, mientras que la médula interior es parte del sistema nervioso simpático y tiene haces de fibras nerviosas. La corteza adrenal produce tres grupos de hormonas: los corticoides minerales, los glucocorticoides y los andrógenos. Un mineralocorticoide importante es la aldosterona, que regula el equilibrio entre sodio y potasio y ayuda a ajustar la presión y el volumen sanguíneos (p. 413). El cortisol es el glucocorticoide más importante, que controla el uso que el cuerpo hace de grasas, proteínas, minerales e hidratos de carbono. Ayuda a reducir el estrés causado por el ejercicio, la hemorragia, las infecciones o las temperaturas extremas. Los andrógenos producidos por estas glándulas tienen unos efectos relativamente débiles, comparados con los producidos por los testículos y los ovarios al final de la pubertad y en la edad adulta; desempeñan probablemente un papel en la aparición de vello en el pubis y bajo las axilas en ambos sexos, y en la mujer adulta están vinculados al deseo sexual. La médula adrenal produce adrenalina y noradrenalina. En situaciones de estrés, cuando se activa el sistema nervioso simpático, el hipotálamo estimula la médula adrenal para segregar estas hormonas, que incrementan la respuesta al estrés (derecha).

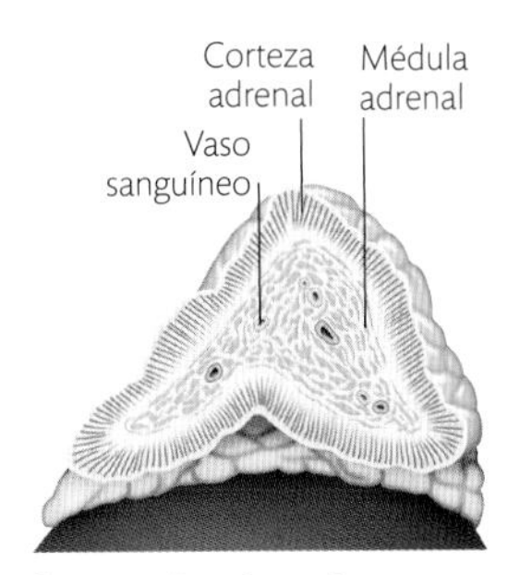
Corteza adrenal
Médula adrenal
Vaso sanguíneo

Anatomía adrenal
Cada glándula adrenal se asienta sobre un cojín adiposo en la parte superior del riñón. La corteza ocupa la mayor parte de la glándula. La médula contiene fibras nerviosas y vasos sanguíneos.

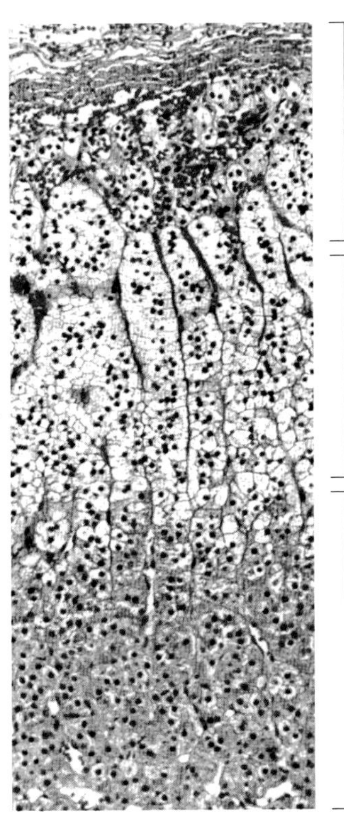
Zona glomerular
Segrega corticoides minerales, sobre todo aldosterona, importante para mantener el equilibrio mineral y la presión sanguínea.
Zona fascicular
Segrega glucocorticoides, sobre todo cortisol, que regula el metabolismo y ayuda al cuerpo en situaciones de estrés.
Zona reticular
Segrega andrógenos débiles, que provocan el crecimiento de vello púbico y axilar en la pubertad. Son responsables del deseo sexual femenino.

La corteza adrenal
Tiene tres capas, compuestas por células de un tipo diferente y que producen sus propias hormonas. La zona exterior o glomerular se halla justo bajo la cápsula fibrosa que envuelve la glándula. La zona media o fascicular es la más gruesa y posee células columnarias. Las células de la zona interior o reticular tienen forma de cuerda.

RESPUESTA AL ESTRÉS

Cuando se detecta estrés, el hipotálamo envía impulsos nerviosos que activan el sistema nervioso simpático, incluida la médula adrenal. Estos nervios dan lugar a una respuesta de alerta. Las hormonas de la médula adrenal prolongan la respuesta. Luego el cuerpo intenta responder a la emergencia. Esta reacción comienza principalmente en el hipotálamo, que libera hormonas que ordenan a la pituitaria anterior que segregue hormona del crecimiento y otras hormonas que hacen que la tiroides y la corteza adrenal segreguen sus propias hormonas. Estas movilizan glucosa y proteínas para aportar energía y reparar daños.

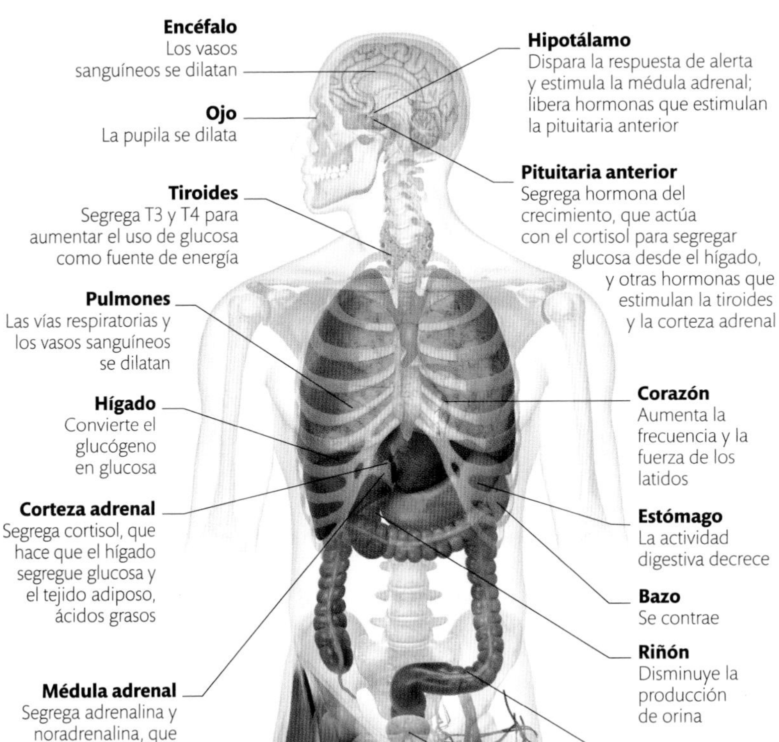
Encéfalo
Los vasos sanguíneos se dilatan
Ojo
La pupila se dilata
Tiroides
Segrega T3 y T4 para aumentar el uso de glucosa como fuente de energía
Pulmones
Las vías respiratorias y los vasos sanguíneos se dilatan
Hígado
Convierte el glucógeno en glucosa
Corteza adrenal
Segrega cortisol, que hace que el hígado segregue glucosa y el tejido adiposo, ácidos grasos
Médula adrenal
Segrega adrenalina y noradrenalina, que complementan los efectos de la respuesta del sistema nervioso simpático
Músculo esquelético
Los vasos sanguíneos se dilatan
Hipotálamo
Dispara la respuesta de alerta y estimula la médula adrenal; libera hormonas que estimulan la pituitaria anterior
Pituitaria anterior
Segrega hormona del crecimiento, que actúa con el cortisol para segregar glucosa desde el hígado, y otras hormonas que estimulan la tiroides y la corteza adrenal
Corazón
Aumenta la frecuencia y la fuerza de los latidos
Estómago
La actividad digestiva decrece
Bazo
Se contrae
Riñón
Disminuye la producción de orina
Intestinos
Movimientos más lentos
Vejiga
El esfínter urinario se contrae
Piel
Los vasos sanguíneos se contraen, el vello se eriza y los poros se abren

GLÁNDULA PINEAL

La glándula pineal, en forma de piña, se halla cerca del centro del encéfalo, detrás del tálamo. Segrega melatonina, implicada en el ciclo sueño-vigilia del cuerpo. Con luz brillante su actividad decrece, de modo que los niveles de melatonina son bajos durante el día, pero aumentan casi diez veces por la noche, provocando sueño. No es que la luz la afecte directamente: el impacto luminoso estimula el núcleo supraquiasmático (parte del hipotálamo), que envía señales a la glándula pineal mediante conexiones nerviosas de la médula espinal. El núcleo supraquiasmático controla también otros ritmos biológicos diurnos, como el apetito y la temperatura corporal, y es posible que los ciclos de la melatonina afecten también a estos procesos. La melatonina es además un antioxidante y podría proteger al cuerpo de los daños causados por los radicales libres. Se sabe que la melatonina inhibe la función reproductora en los animales de reproducción estacional, pero no se sabe si afecta a la reproducción en los humanos.

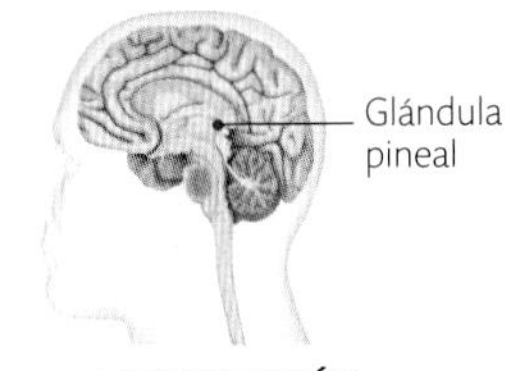
Glándula pineal
LOCALIZACIÓN

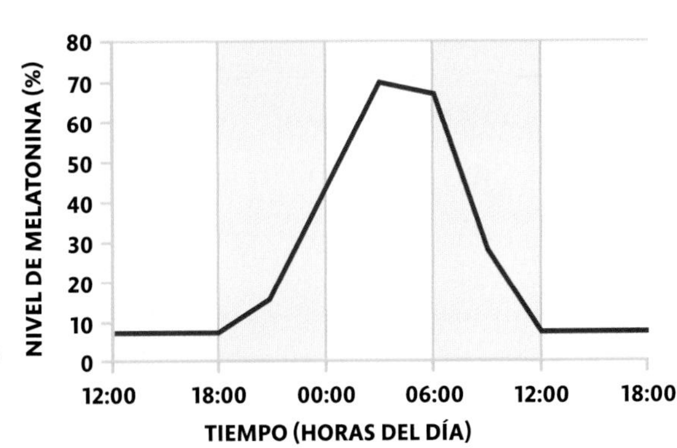
NIVEL DE MELATONINA (%)
80
70
60
50
40
30
20
10
0
12:00
18:00
00:00
06:00
12:00
18:00
TIEMPO (HORAS DEL DÍA)

Niveles de melatonina
Aumentan por la noche o cuando oscurece, creando así un ritmo diario de niveles hormonales ascendentes y descendentes.

PÁNCREAS

El páncreas es una glándula con funciones tanto digestivas como endocrinas. La mayor parte de la glándula consiste en células acinares, que producen enzimas para la digestión (pp. 384 y 385). Distribuidos entre estas células hay un millón de islotes de Langerhans aproximadamente, grupos de células que producen hormonas pancreáticas. Hay cuatro tipos de células endocrinas pancreáticas. Las células beta fabrican insulina, que facilita el transporte de glucosa a las células, donde se consume para obtener energía o se convierte en glucógeno y se almacena; así, las células beta disminuyen el nivel de azúcar en sangre. Las células alfa segregan glucagón, que tiene el efecto contrario a la insulina, estimulan así la secreción de glucosa por el hígado y aumentan el nivel de azúcar en sangre. Las células delta segregan somatostatina, que regula las células alfa y beta. Por último, hay unas pocas células F, que segregan un polipéptido pancreático que inhibe la secreción de bilis y enzimas digestivas pancreáticas.

Islotes pancreáticos
Rodeados por células acinares productoras de enzimas, contienen cuatro tipos de células: alfa, beta, delta y F.

Célula beta
Célula delta
Célula F
Célula alfa
Célula acinosa

Regulación del nivel de azúcar en sangre
El cuerpo necesita regular los niveles de glucosa en sangre para que las células reciban la energía necesaria. La principal fuente de combustible es la glucosa, que se transporta por la sangre; su excedente se acumula en el hígado, los músculos y las células adiposas. Las hormonas pancreáticas insulina y glucagón facilitan el almacenaje y secreción de glucosa, estabilizando sus niveles.

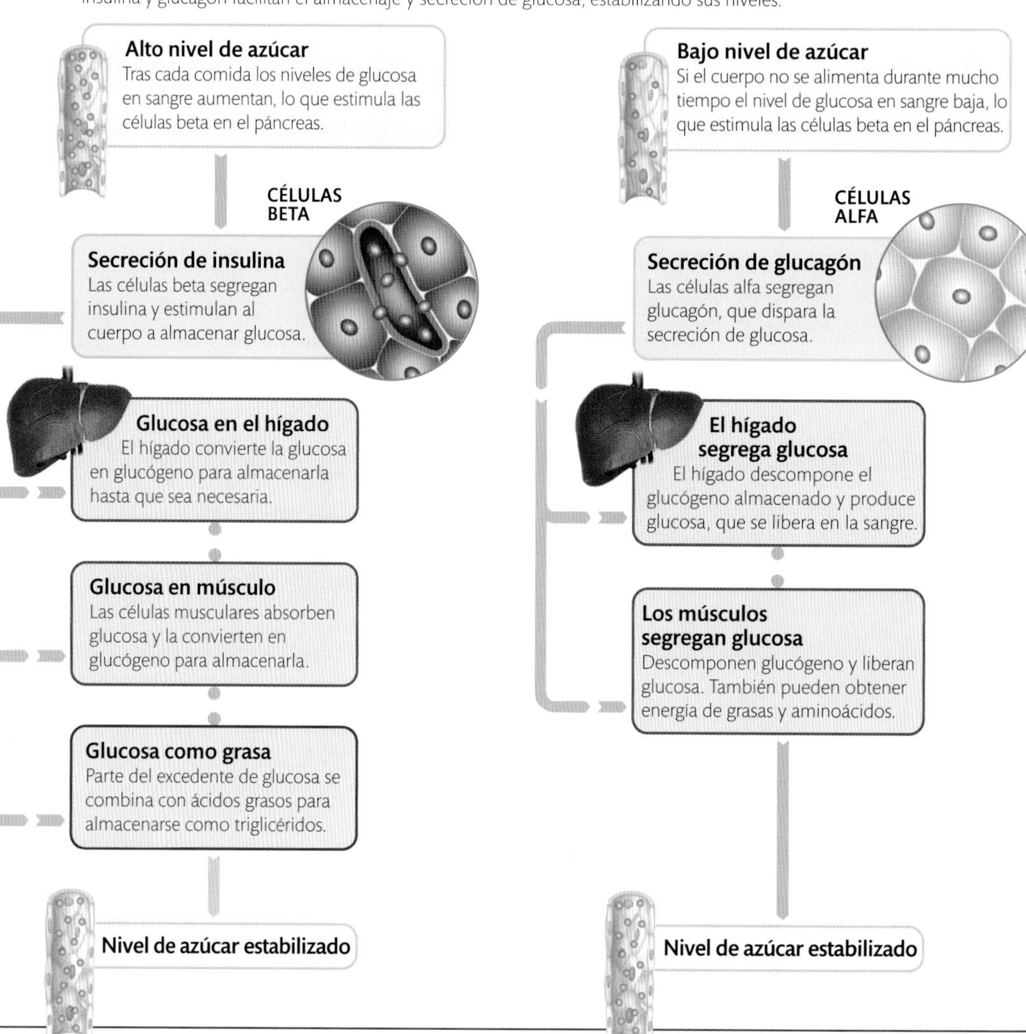
Alto nivel de azúcar
Tras cada comida los niveles de glucosa en sangre aumentan, lo que estimula las células beta en el páncreas.
CÉLULAS BETA
Secreción de insulina
Las células beta segregan insulina y estimulan al cuerpo a almacenar glucosa.
Glucosa en el hígado
El hígado convierte la glucosa en glucógeno para almacenarla hasta que sea necesaria.
Glucosa en músculo
Las células musculares absorben glucosa y la convierten en glucógeno para almacenarla.
Glucosa como grasa
Parte del excedente de glucosa se combina con ácidos grasos para almacenarse como triglicéridos.
Nivel de azúcar estabilizado
Bajo nivel de azúcar
Si el cuerpo no se alimenta durante mucho tiempo el nivel de glucosa en sangre baja, lo que estimula las células beta en el páncreas.
CÉLULAS ALFA
Secreción de glucagón
Las células alfa segregan glucagón, que dispara la secreción de glucosa.
El hígado segrega glucosa
El hígado descompone el glucógeno almacenado y produce glucosa, que se libera en la sangre.
Los músculos segregan glucosa
Descomponen glucógeno y liberan glucosa. También pueden obtener energía de grasas y aminoácidos.
Nivel de azúcar estabilizado

OVARIOS Y TESTÍCULOS

Los ovarios y los testículos, también llamados gónadas, producen óvulos y esperma, respectivamente. Producen también hormonas sexuales, principalmente estrógenos y progesterona en la mujer y testosterona en los hombres. Desde la pituitaria anterior, la hormona estimulante del folículo (HEF) y la luteinizante (HL) estimulan la secreción de esas hormonas. Antes de la pubertad casi no hay HEF ni HL en el torrente sanguíneo, pero en la pubertad comienzan a subir sus niveles, con lo que ovarios y testículos aumentan la producción hormonal. Con ello aparecen los rasgos sexuales secundarios y el cuerpo se prepara para la reproducción. La hormona inhibina inhibe la secreción de HEF y HL; en los hombres regula la producción de esperma y en las mujeres tiene un papel relevante en el ciclo menstrual. Los ovarios producen también relaxina, que prepara al cuerpo para el parto.

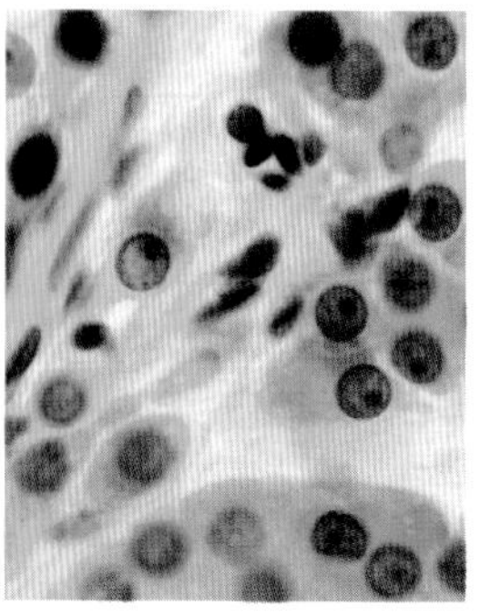
TEJIDO TESTICULAR

TEJIDO OVÁRICO

Células productoras de hormonas
En los testículos, las células intersticiales (círculos oscuros) segregan testosterona. En los ovarios, las células granulosas (puntos púrpura, en la foto junto a un folículo ovular) producen estrógenos.

HORMONAS OVÁRICAS	HORMONAS TESTICULARES
Estrógenos y progesterona Estimulan la producción de óvulos; regulan el ciclo menstrual; mantienen el embarazo; preparan los pechos para la lactancia; favorecen el desarrollo de rasgos sexuales secundarios en la pubertad.	**Testosterona** Afecta al «sexo» cerebral en el feto; estimula el descenso de los testículos antes del nacimiento; regula la producción de esperma; favorece el desarrollo de rasgos sexuales secundarios en la pubertad.
Relaxina Flexibiliza la sínfisis púbica durante el embarazo; ensancha el cérvix durante el parto.	**Inhibina** Inhibe la secreción de hormona estimulante del folículo por la pituitaria anterior.
Inhibina Inhibe la secreción de hormona estimulante del folículo por la pituitaria anterior.	

OTROS PRODUCTORES DE HORMONAS

Muchos órganos del cuerpo que tienen otra función primaria producen también hormonas, entre ellos los riñones, el corazón, la piel, el tejido adiposo y el tracto gastrointestinal. Pese a que estas hormonas no son tan conocidas como las de glándulas puramente endocrinas como la tiroides, son importantes para controlar funciones vitales. Las hormonas de riñones y corazón controlan la presión sanguínea y estimulan la producción de glóbulos rojos. La piel suministra gran parte de la vitamina D del cuerpo a través del colecalciferol, una forma de la vitamina. Las células endocrinas que cubren el tracto gastrointestinal segregan varias hormonas, muchas de las cuales intervienen en el proceso digestivo. Algunas de estas hormonas, las incretinas, afectan a diversos tejidos corporales: estimulan la producción de insulina en el páncreas, favorecen la formación de los huesos, mejoran el almacenamiento energético y, dirigiéndose al cerebro, suprimen el apetito. Los investigadores esperan que, en el futuro, las incretinas puedan ser útiles en el tratamiento de la diabetes mellitus y la obesidad. La leptina, producida por el tejido adiposo, afecta también al apetito, y podría ser útil para el control del peso.

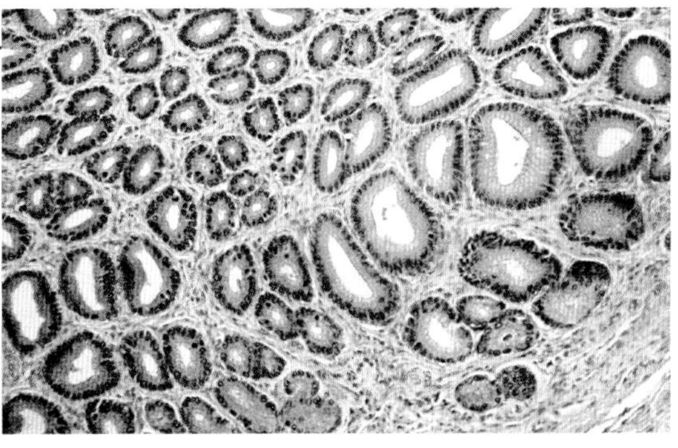

Glándulas en el píloro
Esta micrografía muestra una sección de las glándulas gástricas (rosa) del estómago, que contienen células endocrinas que producen gastrina.

El **tejido adiposo** no es solo un almacén pasivo de energía, sino un activo órgano endocrino que puede ser **clave para controlar la obesidad** y sus efectos.

Tejidos productores de hormonas
Varios órganos no clasificados como glándulas endocrinas contienen grupos celulares aislados que producen hormonas. Estas regulan varios procesos importantes en el cuerpo.

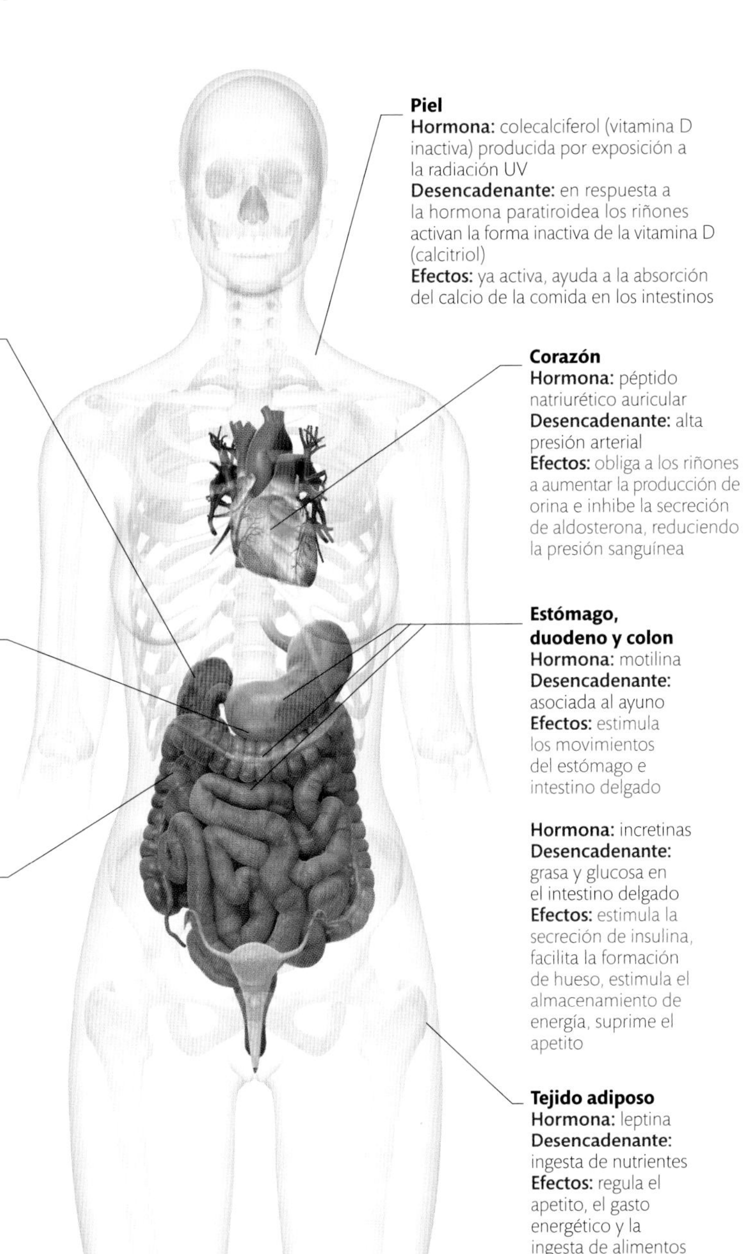

Riñón
Hormona: eritropoyetina
Desencadenante: bajos niveles de oxígeno en sangre
Efectos: estimula la producción de glóbulos rojos en la médula ósea

Hormona: renina
Desencadenante: baja presión o volumen sanguíneo
Efectos: inicia el mecanismo de secreción de aldosterona por la corteza adrenal; devuelve la presión sanguínea a la normalidad

Estómago
Hormona: gastrina
Desencadenante: respuesta a la comida
Efectos: estimula los ácidos gástricos

Hormona: ghrelina
Desencadenante: mucho tiempo sin comer
Efectos: parece estimular el apetito; estimula la secreción de hormona del crecimiento

Duodeno
Hormona: gastrina intestinal
Desencadenante: respuesta a la comida
Efectos: estimula los ácidos gástricos y los movimientos del tracto gastrointestinal

Hormona: secretina
Desencadenante: entorno ácido
Efectos: estimula la secreción de jugos ricos en bicarbonato por el páncreas y los conductos biliares; inhibe la producción de ácidos gástricos en el estómago

Hormona: colecistoquinina
Desencadenante: respuesta a las grasas en los alimentos
Efectos: estimula la secreción de enzimas en el páncreas y la contracción y vaciado de la vesícula biliar para permitir que bilis y enzimas pancreáticas entren en el duodeno

Piel
Hormona: colecalciferol (vitamina D inactiva) producida por exposición a la radiación UV
Desencadenante: en respuesta a la hormona paratiroidea los riñones activan la forma inactiva de la vitamina D (calcitriol)
Efectos: ya activa, ayuda a la absorción del calcio de la comida en los intestinos

Corazón
Hormona: péptido natriurético auricular
Desencadenante: alta presión arterial
Efectos: obliga a los riñones a aumentar la producción de orina e inhibe la secreción de aldosterona, reduciendo la presión sanguínea

Estómago, duodeno y colon
Hormona: motilina
Desencadenante: asociada al ayuno
Efectos: estimula los movimientos del estómago e intestino delgado

Hormona: incretinas
Desencadenante: grasa y glucosa en el intestino delgado
Efectos: estimula la secreción de insulina, facilita la formación de hueso, estimula el almacenamiento de energía, suprime el apetito

Tejido adiposo
Hormona: leptina
Desencadenante: ingesta de nutrientes
Efectos: regula el apetito, el gasto energético y la ingesta de alimentos

SALUD

CONTROL HORMONAL DE LA PRESIÓN SANGUÍNEA

El sistema nervioso responde a los cambios repentinos en la presión sanguínea, pero el control a largo plazo lo gestionan las hormonas. La baja presión sanguínea hace que los riñones segreguen renina. Esta genera angiotensina, que contrae las arterias y eleva la presión sanguínea. El corazón, las glándulas adrenales y la pituitaria responden a la alta o baja presión sanguínea segregando, respectivamente, aldosterona, HAD (hormona antidiurética) y natriurética. Estas hormonas alteran la cantidad de fluido excretado por los riñones, que afecta al volumen de la sangre en el cuerpo y, por tanto, a la presión sanguínea.

Glándula pituitaria
La HAD producida por el hipotálamo se almacena aquí y se segrega cuando cae la presión sanguínea

HAD
Facilita la retención de agua por los riñones, lo que eleva la presión sanguínea

Hormona natriurética atrial
Actúa sobre los riñones para disminuir la presión sanguínea inhibiendo la secreción de renina y promoviendo la excreción de sodio y agua

Corazón
La alta presión sanguínea dilata las aurículas cardíacas, estimulando las células endocrinas auriculares para producir hormona natriurética atrial

Glándulas adrenales
Estimuladas por la angiotensina, activada a su vez por la renina de los riñones, producen aldosterona

Riñones
La baja presión sanguínea reduce el flujo de sangre por los riñones y los estimula a producir renina

Aldosterona
Hace que los riñones retengan sodio y agua. Aumenta así la cantidad de fluido en el cuerpo y eleva la presión sanguínea

Renina
Activa la angiotensina en las arterias

Acción hormonal
Las hormonas que aumentan o disminuyen la presión sanguínea son eficaces al cabo de algunas horas; sus efectos pueden durar días.

el ciclo vital

Cada ser humano es único, tiene una configuración genética única. Esta sección, partiendo del estudio de la herencia genética, recorre los cambios que tienen lugar a lo largo de la vida, desde la etapa prenatal, pasando por la infancia, la pubertad, la madurez y la vejez, hasta la muerte.

04

EL VIAJE VITAL

Como todos los organismos vivos, cada ser humano está formado a partir de elementos de sus padres. Tras pasar de la infancia a la madurez, etapa en la que puede reproducirse, un envejecimiento gradual precede al declive final y la muerte.

Signos de la edad
Las arrugas se forman a medida que la piel se vuelve más seca, fina, flácida y menos elástica.

DE LA CONCEPCIÓN A LA MUERTE

Desde la fecundación, y mediante el desarrollo de una masa de células que contienen una nueva combinación de material genético, el feto crece. Sus órganos funcionan cuando nace, pero su tamaño y proporciones irán cambiando. Los cambios más notorios se dan en la pubertad, cuando se desarrollan los rasgos sexuales secundarios, preparando el cuerpo para la reproducción. La fertilidad de la mujer tiene un límite de tiempo; en la menopausia su sistema reproductor empieza a ser menos receptivo a los estímulos hormonales, y finalmente cesa la ovulación. Los hombres producen esperma hasta el fin de su vida, aunque con menor eficacia cada vez. A medida que se envejece, los tejidos poseen cada vez menos capacidad de regeneración y las enfermedades van desarrollándose, llevando el cuerpo a la muerte.

En 2018, por primera vez en la historia de la humanidad, el número de personas de más de **65 años superará** el de menores de **5 años.**

EL ENVEJECIMIENTO

Se desconoce cómo y por qué ocurre el proceso de envejecimiento. Durante el desarrollo hay pruebas de cambios degenerativos en muchos componentes celulares. Las células son las estructuras fundamentales de los órganos. Los factores que afectan a las funciones, la división y la reparación celulares (radicales libres, radiación UV) reducen su longevidad y, por tanto, la función del órgano. A escala macroscópica, es posible encontrar enfermedades que comenzaron a cursar ya en la infancia, como la aterosclerosis. La multiplicación, regeneración y muerte de las células es un proceso necesario de la vida, pero en algún punto su capacidad de regenerarse adecuadamente falla. Cuando la regeneración se da sin control y las células se multiplican rápidamente de forma anómala aparecen los cánceres; cuando las células no pueden regenerarse se da el fallo orgánico. Los índices de mortalidad se disparan a partir de los 30 años. Las mujeres suelen vivir más años que los hombres, seguramente gracias a los efectos protectores de las hormonas femeninas antes de la menopausia. Así, el deterioro de las funciones celulares por la edad implica muchos factores diferentes, pero la muerte siempre sobreviene como resultado de un fallo orgánico.

Jóvenes y ancianos
Las manos de bebés y adultos son similares en estructura y forma, pero el tamaño, la musculatura, el color y la textura de la piel, así como las marcas, atestiguan la edad de cada individuo.

Las etapas de la vida humana
Todos los órganos y tejidos crecen hasta el final de la pubertad. El desarrollo cerebral suele conllevar el de las primeras habilidades motrices, como caminar y utilizar herramientas con las manos, así como el de funciones superiores como el habla y el pensamiento lógico. Tras la madurez estas habilidades comienzan a decaer debido al deterioro cerebral, y los tejidos corporales, incluidos los músculos, se debilitan y responden peor a las órdenes del cerebro.

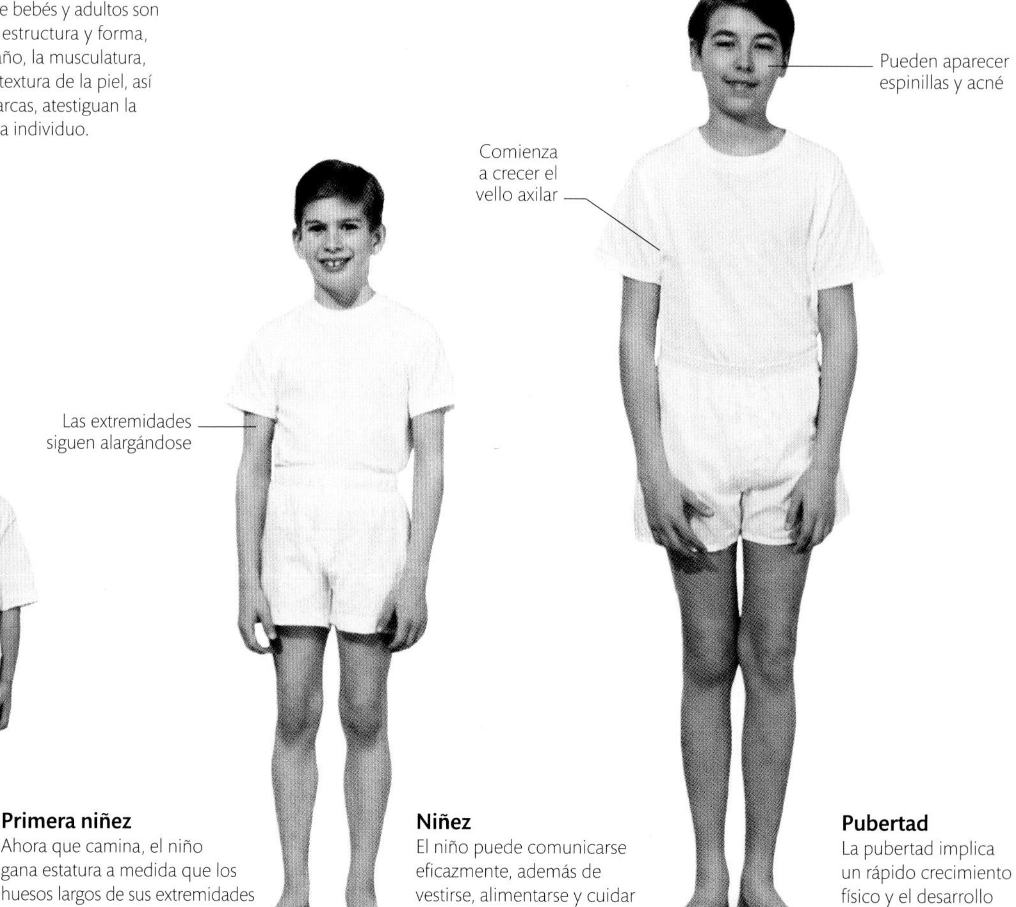
Pueden aparecer espinillas y acné
Comienza a crecer el vello axilar
Las extremidades siguen alargándose
Las proporciones esqueléticas y musculares comienzan a cambiar

Infancia
Durante el primer año, un niño desarrolla muchas habilidades motoras: gatear, caminar cada vez con más destreza, etc.

Primera niñez
Ahora que camina, el niño gana estatura a medida que los huesos largos de sus extremidades crecen. Se desarrollan la destreza y el lenguaje.

Niñez
El niño puede comunicarse eficazmente, además de vestirse, alimentarse y cuidar de sí mismo con un nivel básico de independencia.

Pubertad
La pubertad implica un rápido crecimiento físico y el desarrollo de rasgos sexuales secundarios.

ESPERANZA DE VIDA

Son muchos los factores que determinan la esperanza de vida. Las mujeres suelen vivir más que los hombres, posiblemente por el efecto protector de las hormonas segregadas antes de la menopausia. La esperanza media de vida varía ampliamente en todo el mundo: desde menos de 50 años en algunos países africanos hasta más de 80 en Japón, Canadá, Australia y parte de Europa. Esto se debe a tendencias genéticas, al estilo de vida, al acceso a los servicios sanitarios y a la prevalencia de enfermedades infecciosas. A lo largo de la historia, el número de años que viven las personas ha ido aumentando a medida que mejoraban las condiciones higiénicas, la atención médica y la nutrición, entre otros factores.

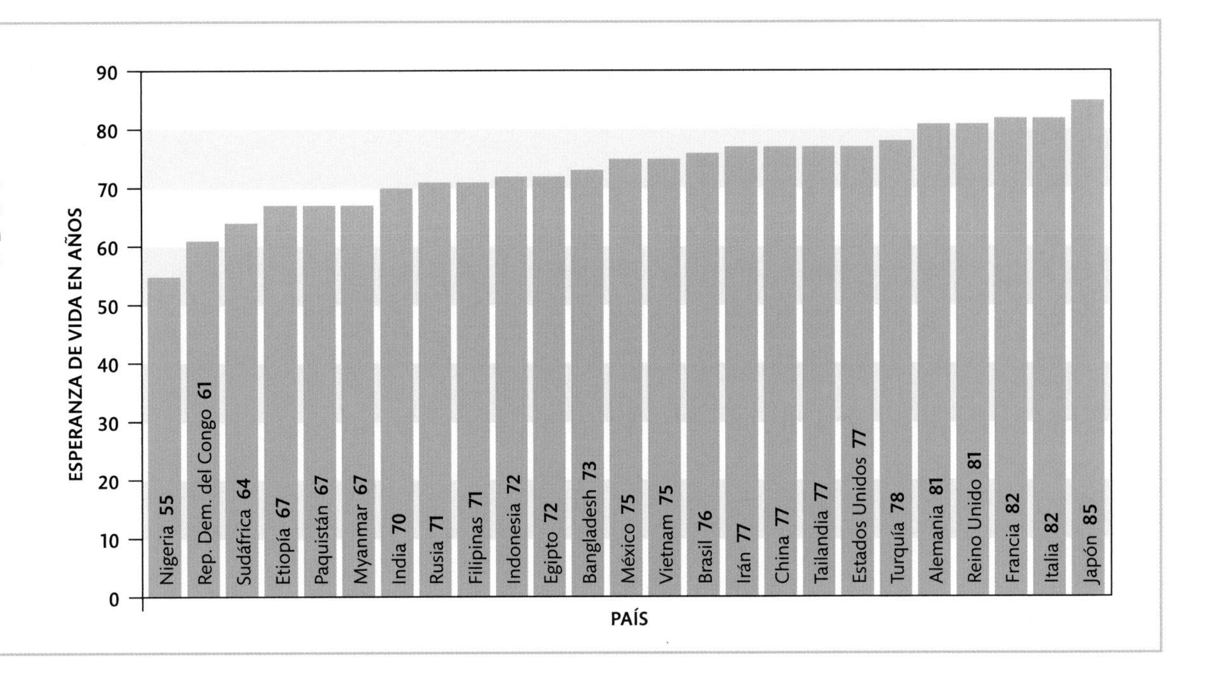
ESPERANZA DE VIDA EN AÑOS
90
80
70
60
50
40
30
20
10
0
Nigeria 55
Rep. Dem. del Congo 61
Sudáfrica 64
Etiopía 67
Paquistán 67
Myanmar 67
India 70
Rusia 71
Filipinas 71
Indonesia 72
Egipto 72
Bangladesh 73
México 75
Vietnam 75
Brasil 76
Irán 77
China 77
Tailandia 77
Estados Unidos 77
Turquía 78
Alemania 81
Reino Unido 81
Francia 82
Italia 82
Japón 85
PAÍS

Esperanza de vida en el mundo
Este gráfico muestra la esperanza de vida (compilada en 2020) en los 25 países más poblados del mundo. Es menor en los países pobres y en los afectados por la guerra, y mayor en el mundo desarrollado.

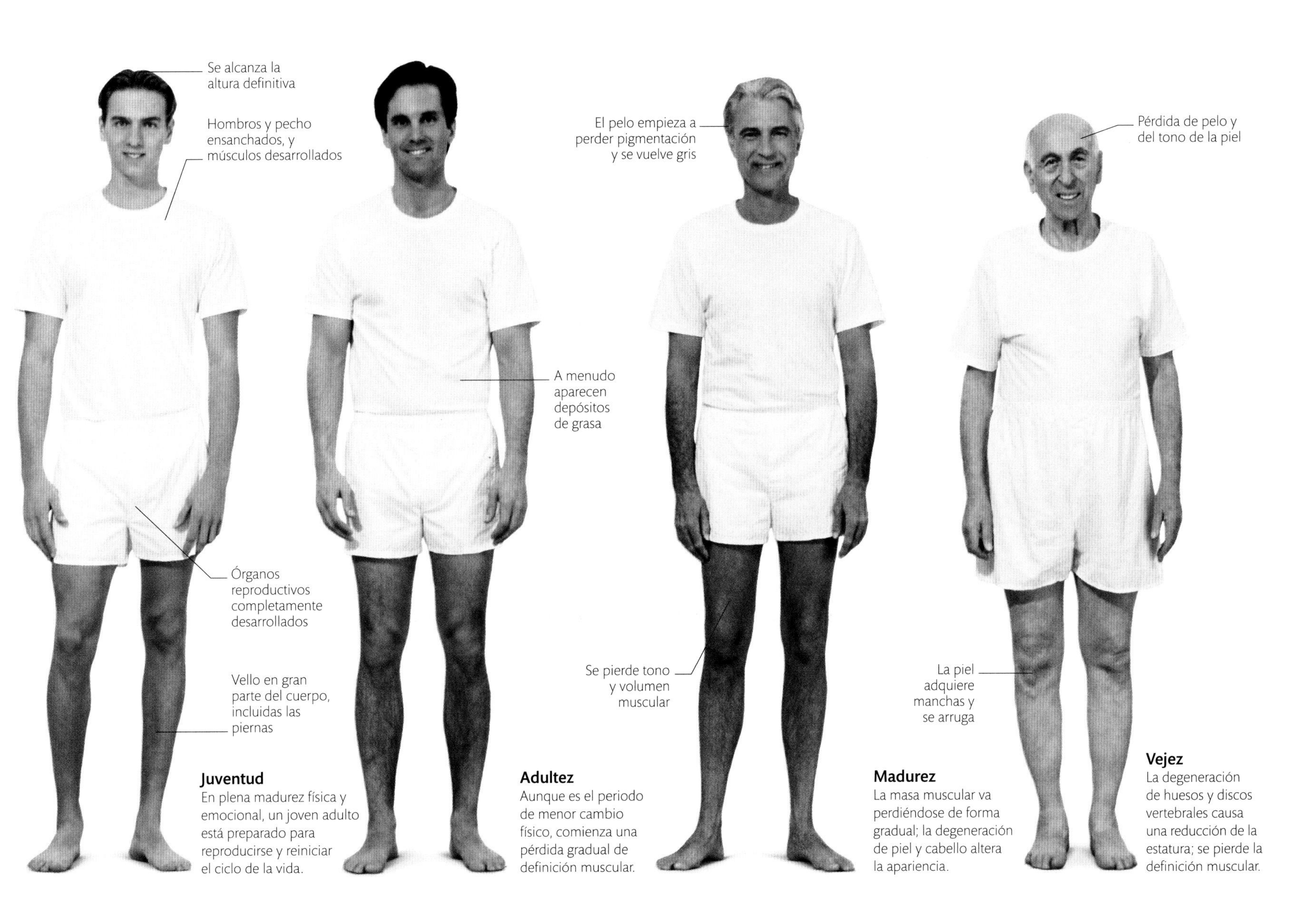
Se alcanza la altura definitiva
Hombros y pecho ensanchados, y músculos desarrollados
Órganos reproductivos completamente desarrollados
Vello en gran parte del cuerpo, incluidas las piernas
A menudo aparecen depósitos de grasa
El pelo empieza a perder pigmentación y se vuelve gris
Se pierde tono y volumen muscular
Pérdida de pelo y del tono de la piel
La piel adquiere manchas y se arruga

Juventud
En plena madurez física y emocional, un joven adulto está preparado para reproducirse y reiniciar el ciclo de la vida.

Adultez
Aunque es el periodo de menor cambio físico, comienza una pérdida gradual de definición muscular.

Madurez
La masa muscular va perdiéndose de forma gradual; la degeneración de piel y cabello altera la apariencia.

Vejez
La degeneración de huesos y discos vertebrales causa una reducción de la estatura; se pierde la definición muscular.

HERENCIA GENÉTICA

Los datos básicos de la herencia genética están en la combinación de genes que se halla en los cromosomas de las células. Esta combinación es la plantilla de todas las formas y funciones celulares del cuerpo.

DE GENERACIÓN EN GENERACIÓN

Los cromosomas se heredan en una combinación parental única. La mayoría de los tejidos se componen de células con dos juegos de 23 cromosomas (diploides). Estas se dividen por mitosis para crear réplicas con el mismo contenido cromosómico. Sin embargo, las células sexuales (óvulos u espermatozoides) tienen un solo juego de cromosomas. Cuando se fusionan durante la concepción, las células embrionarias resultantes tienen ya dos juegos, y combinan los 23 cromosomas de padre y madre. Los rasgos de uno y otro progenitor pueden expresarse o no, dependiendo de lo que se hereda y de si son dominantes o recesivos (p. siguiente). La expresión física de un gen (fenotipo), como el color del pelo, puede ser obvia, pero también se pueden heredar rasgos invisibles, como la tendencia a sufrir cierta enfermedad. Las mutaciones que se dan durante la división celular pueden transmitirse de generación en generación.

Los cromosomas sexuales, identificados como X e Y por su forma, determinan el sexo biológico: las mujeres tienen dos cromosomas X, los hombres tienen uno X y uno Y. No obstante, a veces, hay un desajuste entre los cromosomas sexuales de una persona y el aspecto de sus genitales y órganos reproductores. Son las alteraciones del desarrollo sexual (ADS) o, intersexualidad. Estas afecciones pueden deberse a diferencias en los cromosomas o en la respuesta del organismo a las hormonas. Las ADS pueden aparecer al nacer el bebé; otras veces la persona no las percibe hasta la pubertad, cuando los cambios se hacen más evidentes. Algunas personas creen firmemente que su sexo biológico no coincide con su identidad de género. Esto se conoce como *disforia de género*.

CREACIÓN DE CÉLULAS SEXUALES

Las células sexuales no se dividen de manera mitótica (p. 21) sino mediante un proceso, la meiosis, que difiere de la mitosis e incluye una división más, de modo que el contenido cromosómico de los gametos resultantes se divide por la mitad y vuelve a combinarse.

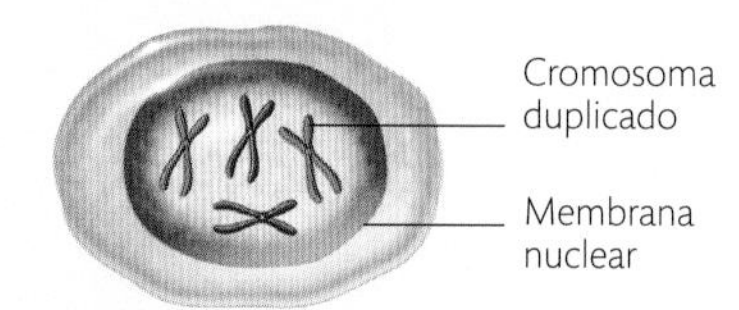
Cromosoma duplicado
Membrana nuclear

1 Preparación Las hebras de ADN de las células se dividen hasta formar dos juegos idénticos de cada par de cromosomas. La membrana nuclear comienza a romperse.

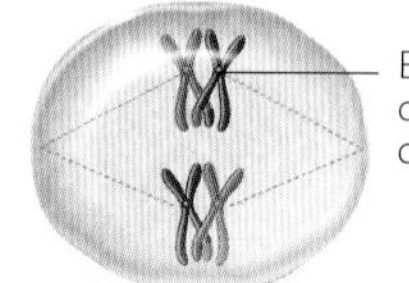
Emparejamiento de los pares de cromosomas

2 Emparejamiento Los dos juegos se dividen y vuelven a dividirse; el material genético de ambos pares puede cruzarse, y da lugar a una nueva combinación para las células resultantes.

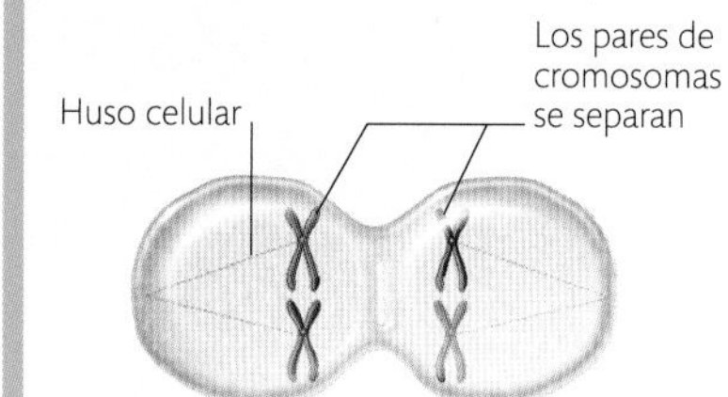
Huso celular
Los pares de cromosomas se separan

3 Primera separación Los husos celulares separan los cromosomas tirando de ellos, de modo que queda un par en cada una de las dos células que se formarán.

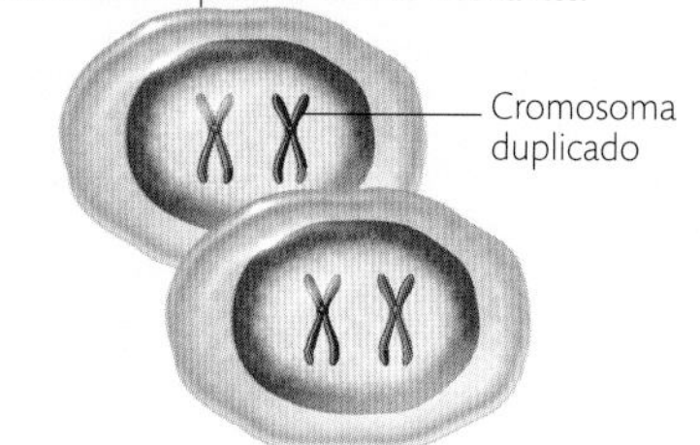
Cromosoma duplicado

4 Dos células hijas Ahora hay dos células hijas; cada célula hija una posee un par de los 23 cromosomas, pero son ligeramente diferentes de los originales.

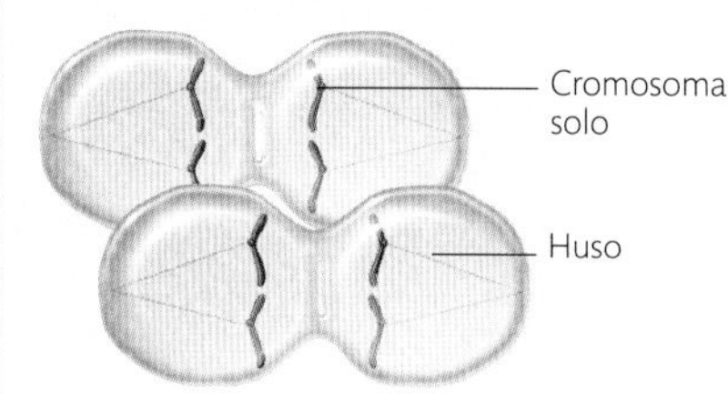
Cromosoma solo
Huso

5 Segunda separación El contenido cromosómico se vuelve a dividir, de modo que cada célula sexual contiene solo un juego de 23 cromosomas.

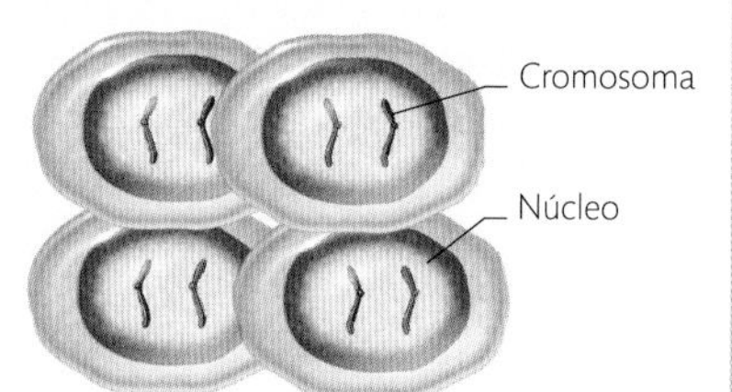
Cromosoma
Núcleo

6 Cuatro células hijas Las cuatro células poseen un solo juego de 23 cromosomas; cada juego contiene una combinación de los genes del par original.

CIENCIA
EPIGENÉTICA

Aunque el genoma humano se ha mapeado y explica en parte algunas enfermedades hereditarias, los factores ambientales también influyen. La epigenética es la ciencia que estudia todas las modificaciones genéticas que no provienen de la secuencia del ADN. Diversos cambios intracelulares, llamados procesos epigenéticos, alteran la actividad de los genes, activando o desactivando algunos de ellos. Aunque cada célula contiene un juego completo de ADN, cada célula silencia algunos genes epigenéticamente, dejando activos solo los que necesita. Cuando el proceso se ve afectado por procesos externos (ambientales) pueden desarrollarse células anómalas, que pueden crecer de forma descontrolada en forma de tumor. A medida que la epigenética avanza, se conoce mejor cómo afecta el ambiente a los genes y cómo pueden tratarse o prevenirse las afecciones resultantes.

Estudios en gemelos
Los estudios en gemelos idénticos (monocigóticos) prueban que, los factores ambientales afectan a la expresión de algunos genes.

COMBINACIÓN DE GENES

El material genético de cada individuo es heredado de sus padres, que a su vez lo heredaron de los suyos, y así durante generaciones. La tecnología más sofisticada permite el estudio de secuencias genéticas dentro de varias generaciones de una familia. Esto permite a los científicos averiguar el origen de un gen en particular, así como predecir el riesgo de que un rasgo o enfermedad asociado a ese gen se desarrolle en las generaciones actuales o futuras.

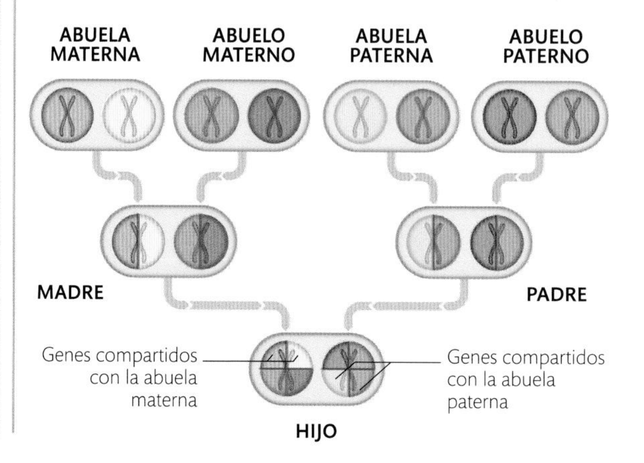
ABUELA MATERNA
ABUELO MATERNO
ABUELA PATERNA
ABUELO PATERNO
MADRE
PADRE
Genes compartidos con la abuela materna
Genes compartidos con la abuela paterna
HIJO

Unidades de herencia
Este diagrama muestra cómo los genes se transmiten de generación en generación y se combinan (no se mezclan) para dar nuevas combinaciones.

GENES DOMINANTES Y RECESIVOS

Que los efectos de un mensaje codificado en un gen del par cromosómico se expresen o no depende de si se trata de un gen recesivo o dominante. Si ambos genes son el mismo, se dice que el individuo es homocigótico para ese gen, y si son diferentes, se dice que es heterocigótico. Los genes dominantes imponen su mensaje a los recesivos, de modo que basta con que un gen del par sea dominante para que se aprecien sus efectos. Los genes recesivos pueden expresar su mensaje si los dos genes del par son recesivos, pero si solo lo es uno, queda anulado por la presencia del dominante.

Gen recesivo para ojos azules

OJOS AZULES

OJOS AZULES

Recesivo y recesivo
Si ambos progenitores son homocigóticos para un gen recesivo, aquí el gen de los ojos azules, el fenotipo podrá expresarse porque ningún gen dominante le impone su mensaje. Esto significa que toda la descendencia tendrá ojos azules.

TODOS LOS INDIVIDUOS TIENEN OJOS AZULES

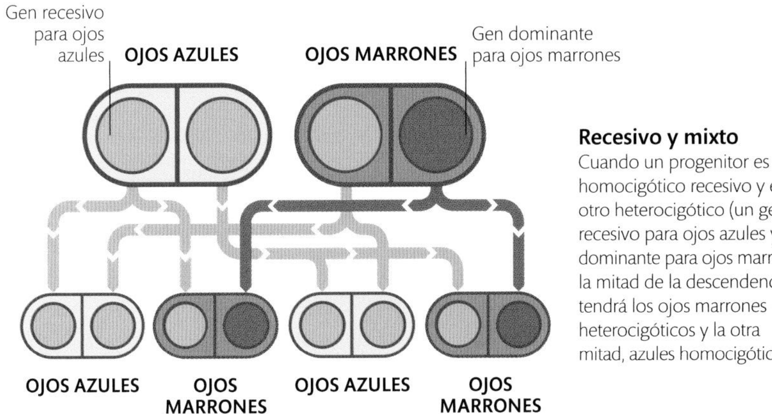
Gen recesivo para ojos azules
OJOS AZULES
OJOS MARRONES
Gen dominante para ojos marrones
OJOS AZULES
OJOS MARRONES
OJOS AZULES
OJOS MARRONES

Recesivo y mixto
Cuando un progenitor es homocigótico recesivo y el otro heterocigótico (un gen recesivo para ojos azules y uno dominante para ojos marrones), la mitad de la descendencia tendrá los ojos marrones heterocigóticos y la otra mitad, azules homocigóticos.

Gen recesivo para ojos azules

Gen dominante para ojos marrones

Mixto y mixto
Si ambos progenitores son heterocigóticos de ojos marrones, la mitad de su descendencia será heterocigótica de ojos marrones; una cuarta parte heredará dos genes recesivos y tendrá ojos azules homocigóticos, y otra cuarta parte heredará dos genes dominantes y tendrá ojos marrones homocigóticos.

OJOS AZULES

OJOS MARRONES

OJOS MARRONES

OJOS MARRONES

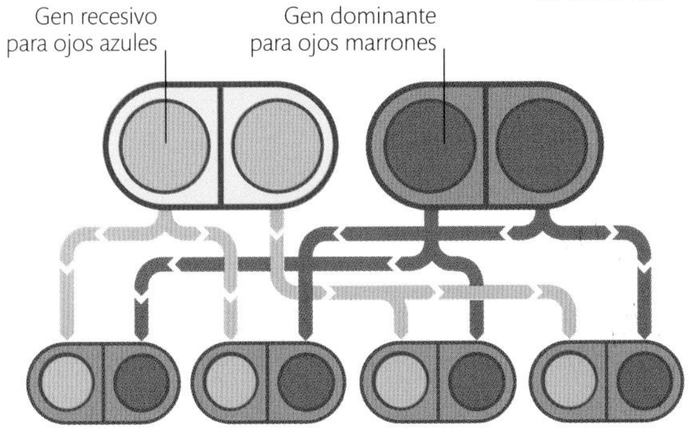
Gen recesivo para ojos azules
Gen dominante para ojos marrones

Dominante y recesivo
Con dos progenitores homocigóticos, uno homocigótico recesivo para ojos azules y el otro homocigótico dominante para ojos marrones, toda la descendencia tendrá ojos marrones heterocigóticos.

TODOS LOS INDIVIDUOS TIENEN OJOS MARRONES

HERENCIA RELACIONADA CON EL SEXO

Como los hombres poseen solo un cromosoma X, si los cromosomas sexuales transportan fenotipos genéticos recesivos, mostrarán un patrón hereditario relacionado con la herencia. Dado que las mujeres tienen dos cromosomas X, un gen dominante en uno puede ocultar un fenotipo recesivo en el otro, y la mujer «portará» el gen. En los hombres, sin embargo, un solo cromosoma X permite que el gen se exprese ya sea recesivo o dominante.

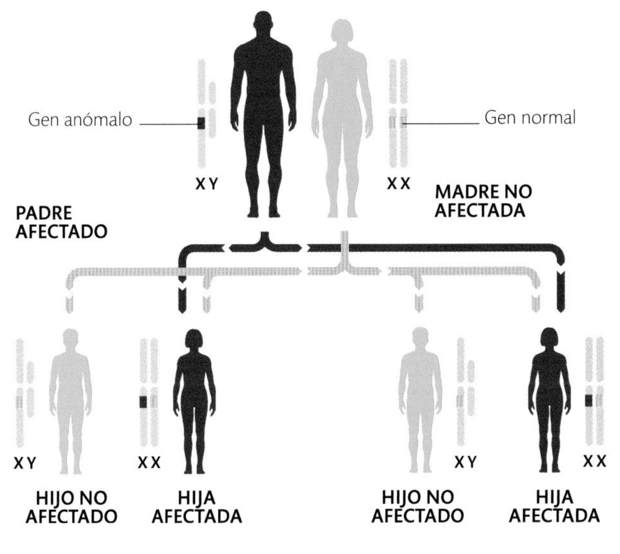
Gen anómalo
Gen normal
XY
XX
PADRE AFECTADO
MADRE NO AFECTADO
XY
XX
XY
XX
HIJO NO AFECTADO
HIJA AFECTADA
HIJO NO AFECTADO
HIJA AFECTADA

Herencia ligada al gen X dominante
El gen «anómalo» está en el cromosoma X del padre. Este ejemplo muestra un gen anómalo heredado de forma dominante. El gen se expresa incluso si se halla un gen normal.

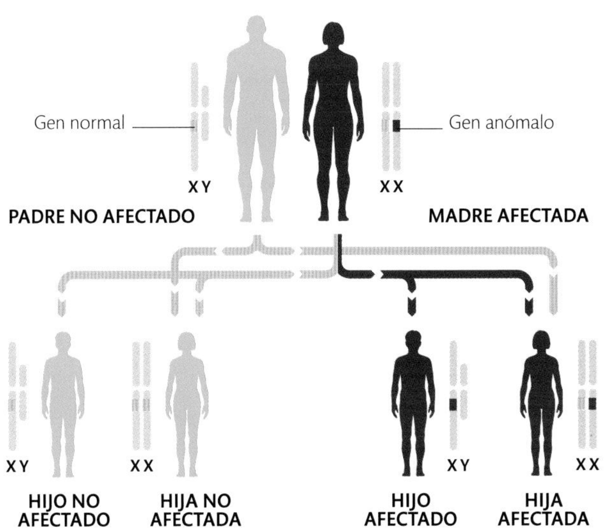
Gen normal
Gen anómalo
XY
XX
PADRE NO AFECTADO
MADRE AFECTADA
XY
XX
XY
XX
HIJO NO AFECTADO
HIJA NO AFECTADA
HIJO AFECTADO
HIJA AFECTADA

Madre afectada, padre no afectado
En este caso la madre está afectada. Hay un 50 % de posibilidades de que un hijo o hija hereden el gen defectuoso y por tanto la enfermedad.

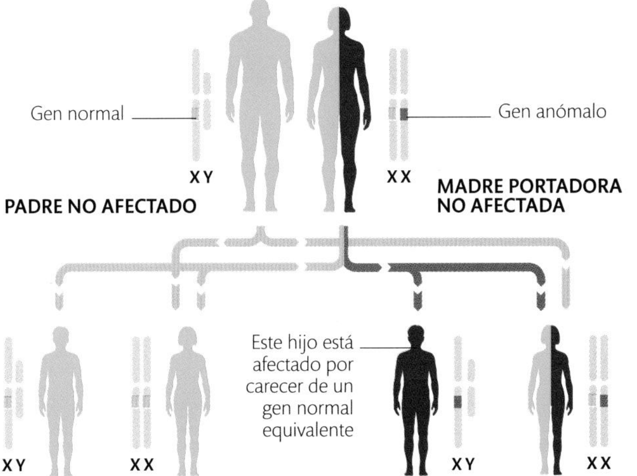
Gen normal
Gen anómalo
XY
XX
PADRE NO AFECTADO
MADRE PORTADORA NO AFECTADA
Este hijo está afectado por carecer de un gen normal equivalente
XY
XX
XY
XX
HIJO NO AFECTADO
HIJA NO AFECTADA
HIJO AFECTADO
HIJA PORTADORA NO AFECTADA

Gen recesivo ligado al cromosoma X
En este caso ningún progenitor está afectado, pero la madre porta el gen anómalo en uno de sus cromosomas X. La mitad de sus hijos varones se verán afectados, pero la otra mitad heredará el cromosoma X normal. La mitad de sus hijas portará la enfermedad, dado que tendrán un cromosoma afectado.

EL EMBRIÓN

Entre la fecundación y el final de la octava semana de embarazo el embrión crece muy rápido, y pasa de ser una bola de células a una masa con tejidos y estructuras diferenciados, que se convertirán en órganos con forma humana.

ESTRUCTURAS CORPORALES EMERGENTES

La masa celular o embrión que resulta de la fecundación pasa por un periodo de división celular entre las primeras 24 y 36 horas, hasta convertirse en dos células. Unas 12 horas después se divide en cuatro células, y seguirá subdividiéndose hasta ser una bola de entre 16 y 32 células, llamada mórula. Durante la división celular el embrión baja por las trompas de Falopio hasta llegar a la cavidad uterina. Hacia el sexto día la mórula desarrolla una cavidad central; entonces se le llama blastocisto. Este se implanta en el endometrio, la parte interna del útero, muy irrigada.

Fecundación
El esperma se aproxima a la zona pelúcida (la capa o coraza exterior del óvulo). Un solo espermatozoide la perforará a fin de fecundar el óvulo.

A medida que los genes se activan y desactivan las células comienzan a diferenciarse en tipos específicos. En la masa celular interior se forma un disco embrionario constituido por las tres capas germinativas primarias: endodermo, ectodermo y mesodermo. Estas capas son el origen de todas las estructuras del cuerpo. Las células del endodermo formarán la base de sistemas como el gastrointestinal, el respiratorio y el genitourinario, así como algunas glándulas y conductos de órganos como el hígado. Las del ectodermo formarán la epidermis de la piel, el esmalte de los dientes, las células receptoras de los órganos sensoriales y otras partes del sistema nervioso; el mesodermo, en fin, formará la dermis de la piel, los tejidos conjuntivos de músculos, cartílagos y huesos, la sangre y el sistema linfático y algunas glándulas.

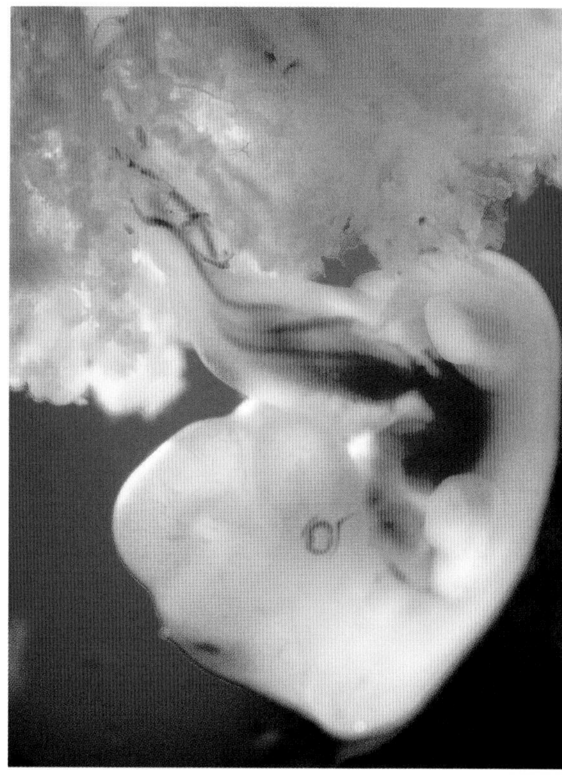

Embrión de 5 semanas
Ya son visibles algunos rasgos externos del embrión (los ojos, el inicio de las extremidades), así como el cordón umbilical. Los escáneres detectan latidos cardíacos y los órganos principales están ya en su sitio, sin desarrollar.

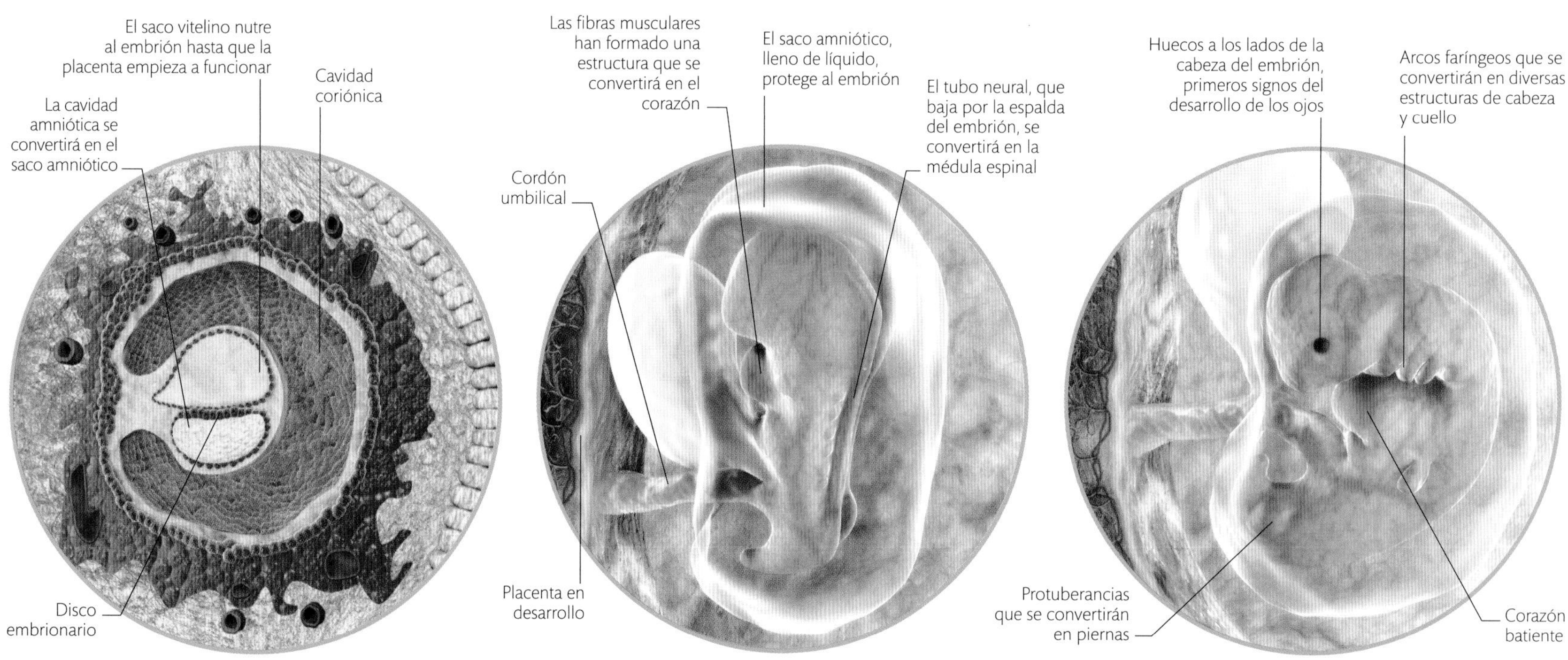
El saco vitelino nutre al embrión hasta que la placenta empieza a funcionar
Cavidad coriónica
La cavidad amniótica se convertirá en el saco amniótico
Disco embrionario
Las fibras musculares han formado una estructura que se convertirá en el corazón
El saco amniótico, lleno de líquido, protege al embrión
El tubo neural, que baja por la espalda del embrión, se convertirá en la médula espinal
Cordón umbilical
Placenta en desarrollo
Huecos a los lados de la cabeza del embrión, primeros signos del desarrollo de los ojos
Arcos faríngeos que se convertirán en diversas estructuras de cabeza y cuello
Protuberancias que se convertirán en piernas
Corazón batiente

Diferenciación
Una vez fijado en el endometrio materno, el embrión, con 2 semanas, comienza a diferenciar sus tipos de células. Las capas exteriores forman la placenta, que proporciona nutrición a través de la sangre materna, si bien la principal fuente de energía procede del saco vitelino, que se ha desarrollado al mismo tiempo que el embrión.

Formación del tubo neural
Unido a la placenta por el cordón umbilical, y suspendido en el fluido amniótico, el embrión, de 3 mm de longitud, ha formado un tubo neural que se acabará convirtiendo en la médula espinal. Un área ligeramente más ancha en un extremo formará el cerebro, mientras que el otro extremo se curva en forma de cola. Las fibras musculares del corazón comienzan a desarrollar una simple estructura de tubos que late.

Formación de los órganos principales
A las 4 semanas, el embrión, de 5 mm de longitud, posee ya unos rudimentos de los órganos principales. El corazón se ha reorganizado en cuatro cámaras y bombea sangre a un sistema vascular básico. Ya se hallan los riñones, el sistema gastrointestinal, los pulmones, el hígado y el páncreas, así como un sistema esquelético cartilaginoso que proporciona soporte.

2 SEMANAS

3 SEMANAS

4 SEMANAS

DESARROLLO DE LA PLACENTA

La placenta se desarrolla a partir de la capa exterior del blastocisto, la bola de células resultante de la fecundación del óvulo por el espermatozoide. La placenta tiene varias funciones. Esta membrana constituye una barrera para proteger al bebé de sustancias dañinas o extrañas, como las bacterias, de la sangre materna; permite el paso de los nutrientes y el oxígeno de la sangre materna y la expulsión de los desechos. Además, produce hormonas fundamentales para la continuación del embarazo.

1 El trofoblasto aumenta La capa externa del blastocisto se convierte en el trofoblasto, que se introduce en los vasos sanguíneos del endometrio materno. Este forma el lecho de la placenta, a través del cual pasan los nutrientes y el oxígeno a la sangre del feto, y se expulsan los residuos.

2 Se forman las vellosidades coriónicas En el trofoblasto crecen unas proyecciones, las vellosidades coriónicas, que entran en el tejido de los senos sanguíneos maternos para aumentar su superficie y la transferencia de nutrientes. Los vasos sanguíneos fetales se introducen entonces en las vellosidades coriónicas.

3 Placenta formada Al quinto mes la placenta ya está formada, con una gran red de vellosidades introducidas en las cavidades de sangre materna (o lagunas). Tras la implantación, la placenta produce la hormona gonadotropina coriónica humana.

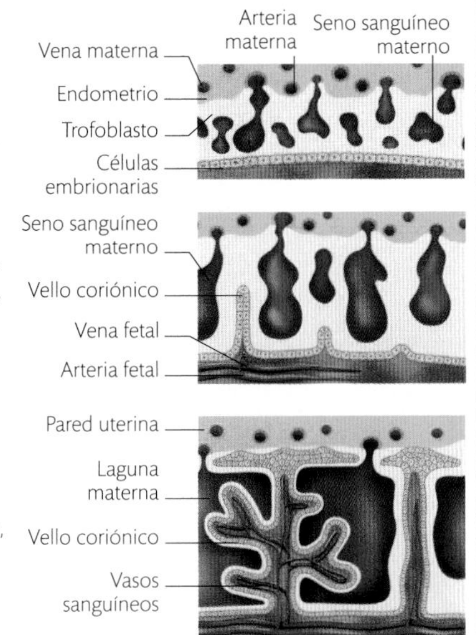
Arteria materna
Seno sanguíneo materno
Vena materna
Endometrio
Trofoblasto
Células embrionarias
Seno sanguíneo materno
Vello coriónico
Vena fetal
Arteria fetal
Pared uterina
Laguna materna
Vello coriónico
Vasos sanguíneos

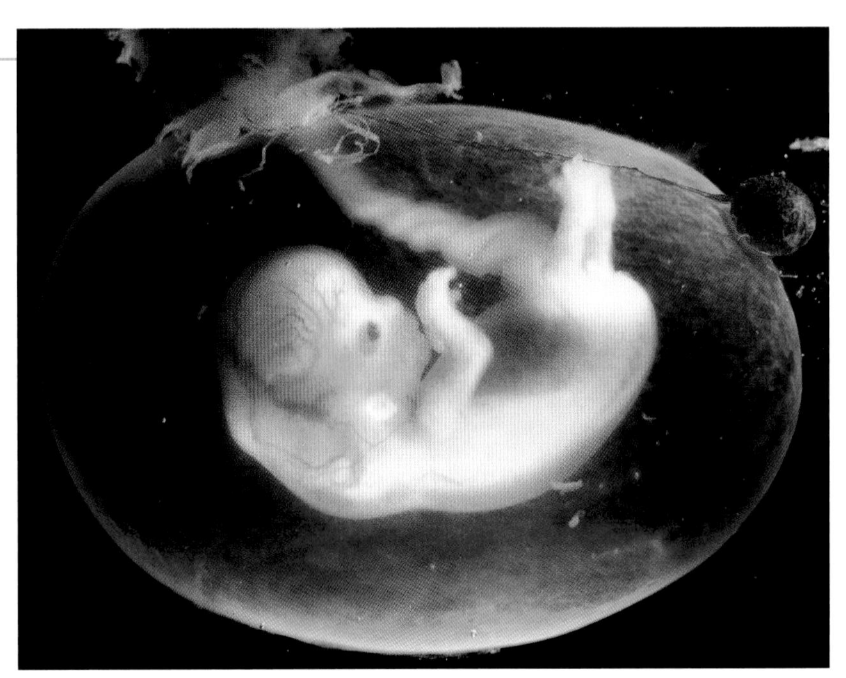

Feto protegido
Feto de 8 semanas suspendido del cordón umbilical dentro del saco amniótico intacto. A la derecha se puede ver, en rojo, el saco vitelino abandonado, colgando de la raíz del cordón umbilical.

Ya se han formado todos los **órganos** básicos y el **cartílago esquelético** comienza a convertirse en **hueso**. Se dan **movimientos** espontáneos.

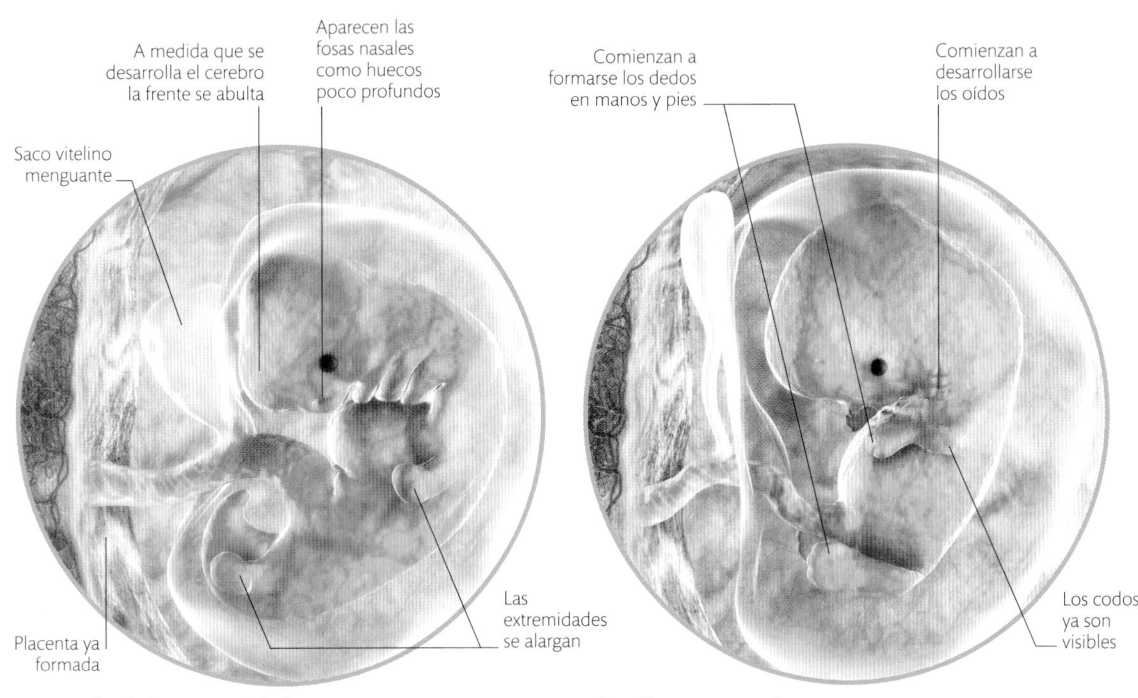
A medida que se desarrolla el cerebro la frente se abulta
Aparecen las fosas nasales como huecos poco profundos
Saco vitelino menguante
Placenta ya formada
Las extremidades se alargan
Comienzan a formarse los dedos en manos y pies
Comienzan a desarrollarse los oídos
Los codos ya son visibles

Desarrollo de las extremidades
A medida que las extremidades se alargan y la «cola» se reabsorbe, el embrión empieza a presentar una forma humana reconocible. El tejido neural se especializa rápidamente en áreas sensoriales especializadas, como el ojo y la estructura coclear del oído interno. A través de la placenta le llega una cantidad cada vez mayor de nutrientes, y el saco vitelino empieza a menguar.

Detalles estructurales
El embrión tiene ya 23 mm de longitud; crece rápidamente y va adquiriendo sus detalles estructurales más delicados. Cuando tiene 6 semanas, las manos y los pies tienen los dedos formados, y los rudimentarios ojos se han diferenciado en estructuras que incluyen el cristalino, la retina y los párpados. Ya hay actividad eléctrica en el cerebro y los nervios sensoriales se van desarrollando.

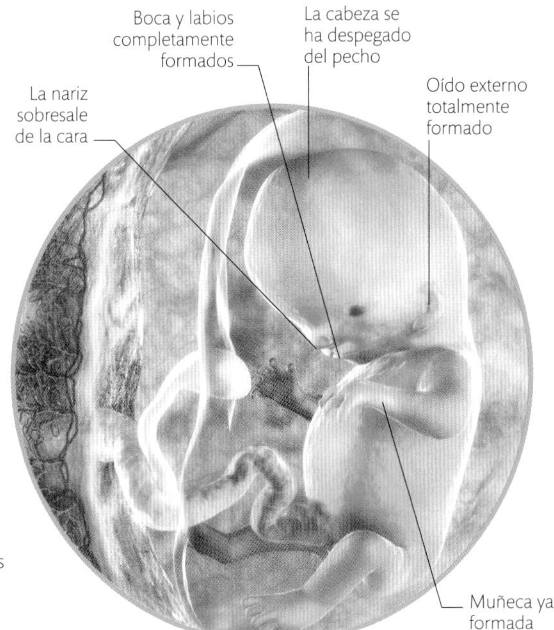
Boca y labios completamente formados
La cabeza se ha despegado del pecho
La nariz sobresale de la cara
Oído externo totalmente formado
Muñeca ya formada

Forma humana básica
Con 40 mm de longitud el embrión posee ya una forma humana evidente, un rostro reconocible e incluso huellas digitales. El embrión tiene todos los órganos internos básicos y el esqueleto cartilaginoso comienza a convertirse en óseo. Se dan movimientos espontáneos. Después de la octava semana, al embrión se le llama feto.

5 SEMANAS

6 SEMANAS

8 SEMANAS

DESARROLLO DEL FETO

Desde la octava semana hasta el parto el feto aumenta rápidamente de tamaño y peso. Durante este tiempo los sistemas corporales se desarrollan hasta que el feto llega a ser suficientemente maduro como para sobrevivir fuera del vientre materno.

EL BEBÉ CRECE

Para cuando el embrión se convierte en feto ya tiene una evidente forma humana. Desde este momento, con 2,5 cm de longitud, tiene 32 semanas para alcanzar un peso medio de 3 a 4 kg en los países desarrollados (menor en los países en desarrollo, donde la salud materna no es tan segura). El crecimiento depende de varios factores: la salud de la madre, las enfermedades o anomalías placentarias o fetales y las tendencias familiares y étnicas en tamaño y peso. El feto está protegido contra las enfermedades maternas leves o temporales, pero enfermedades más graves pueden afectar a su crecimiento. El feto, que al principio flotaba libremente en el líquido amniótico, va ocupando el espacio y su movimiento se va viendo restringido hasta llenar por completo el útero. Al principio el crecimiento consiste en el aumento del tamaño de los órganos, la longitud del cuerpo y su estructura; luego viene el incremento de la grasa corporal. Los huesos crecen por división celular a partir de los cartílagos de crecimiento de cada extremo de los huesos largos. Las células especializadas del sistema nervioso, como las de la retina, se refinan, y las del cerebro acumulan información a medida que aumentan los estímulos sensibles.

Feto con 12 semanas
Esta ecografía revela el pulso cardíaco, la columna vertebral, las extremidades e incluso rasgos faciales reconocibles.

Feto con 20 semanas
La piel está cubierta de vérnix caseoso, una sustancia grasa que lo protege del contacto prolongado con el líquido amniótico.

Los ojos se han desplazado a la parte frontal del rostro pero siguen cerrados

El cuerpo no posee grasa y los huesos se intuyen bajo la piel

Las extremidades crecen deprisa

Los dedos se han separado

Desarrollo de la sensibilidad
Con unos 45 g de peso y unos 9 cm de longitud, el feto es ahora activo y es capaz de estirarse y probar sus músculos. Los ojos están cerrados pero el encéfalo y el sistema nervioso se han desarrollado lo suficiente como para que el feto sienta presión en sus manos y sus pies, y abra y cierre los puños y los dedos de los pies como respuesta a esos estímulos.

Mayor movilidad en las manos: el feto puede chuparse el pulgar

En el cerebro, las neuronas crecen desde el área central a las periféricas

El intestino puede absorber pequeños sorbos de líquido amniótico

Chupar, respirar y tragar
En esta fase el feto ha desarrollado la capacidad de tragar e ingiere líquido amniótico, que su cuerpo absorbe. Los riñones funcionan, filtrando la sangre y devolviendo la orina al fluido amniótico a través de la vejiga y la uretra. Se dan movimientos respiratorios y el feto descubre su boca con las manos: puede comenzar a chuparse el dedo.

En las niñas los ovarios han descendido del abdomen a la pelvis

Comienzan a crecer las uñas

La piel está cubierta de un fino vello (lanugo) y de vérnix

Haciendo sentir su presencia
Con 15 cm de longitud y entre 300 y 400 g, el feto es ya muy activo y la madre comienza a sentir una ligera agitación a través de la pared uterina. (Ahora la parte superior del útero puede sentirse sobre el hueso púbico.) Las huellas digitales de pies y manos se han formado definitivamente, y el corazón y los vasos sanguíneos están completamente desarrollados.

11 SEMANAS **14 SEMANAS** **19 SEMANAS**

CÓMO FUNCIONA LA PLACENTA

La placenta suministra al feto nutrientes (glucosa, aminoácidos, minerales y oxígeno) y se deshace de desechos como el dióxido de carbono. Actúa como una barrera entre los flujos sanguíneos materno y fetal: permite el paso de aquellas moléculas al tiempo que protege al feto de los residuos maternos, de las variaciones en su metabolismo y de bacterias. La placenta segrega además hormonas, como estrógeno, progesterona y gonadotropina coriónica humana. Los anticuerpos maternos pueden atravesar la placenta en la fase final del embarazo, dando así al feto una inmunidad pasiva contra infecciones; además, la placenta posee varios mecanismos para evitar que el sistema inmunitario de la madre considere al feto como un cuerpo extraño y lo ataque.

Músculo uterino
Vasos sanguíneos maternos
Flujo de desechos
Vasos sanguíneos del feto
Laguna de sangre materna
Flujo de nutrientes
Cordón umbilical
Dirección del flujo sanguíneo desde el feto
Dirección del flujo sanguíneo hacia el feto

Intercambio de nutrientes
El intercambio de nutrientes y desechos se da a través de los vasos sanguíneos de la pared placentaria.

Las manos son ya muy activas, y tocan la cara, el cuerpo y el cordón umbilical
Los órganos del oído interno han madurado lo suficiente y envían señales al cerebro
Los pulmones, llenos de fluido, no están aún preparados para el mundo exterior
Todos los huesos del cuerpo contienen médula, que produce glóbulos rojos
Se almacenan bajo la piel capas de grasa corporal, que contribuye al desarrollo del sistema nervioso

Posibilidades de supervivencia
A partir de las 22 semanas el feto empieza a tener escasas pero crecientes posibilidades de sobrevivir en caso de parto prematuro. La mayor parte de sus sistemas están preparados para enfrentarse a la vida fuera del vientre materno, pero no así el respiratorio: aunque ya existe el reflejo respiratorio, los pulmones todavía no son capaces de secretar la capa surfactante que los mantienen abiertos.

22 SEMANAS

CONECTADO Y NUTRIDO

El cordón umbilical, de 15 cm de longitud, conecta los vasos sanguíneos de la placenta al sistema sanguíneo del feto, permitiendo el flujo de nutrientes y la devolución de residuos. Al contrario que la mayoría de los vasos sanguíneos adultos, la vena umbilical suministra sangre oxigenada y nutrientes, mientras que las dos arterias transportan sangre sin oxigenar y residuos a la placenta. Ciertas anomalías (ser muy corto o largo, o tener solo una arteria) se asocian a malformaciones del feto. El cordón, que tiene algunos nervios sensoriales, se corta tras el nacimiento.

Cordón umbilical
Los vasos sanguíneos del cordón umbilical están protegidos por una sustancia gelatinosa llamada gelatina de Wharton.

A partir de las **22 semanas,** el feto empieza a tener escasas pero crecientes **posibilidades de sobrevivir** en caso de parto **prematuro**.

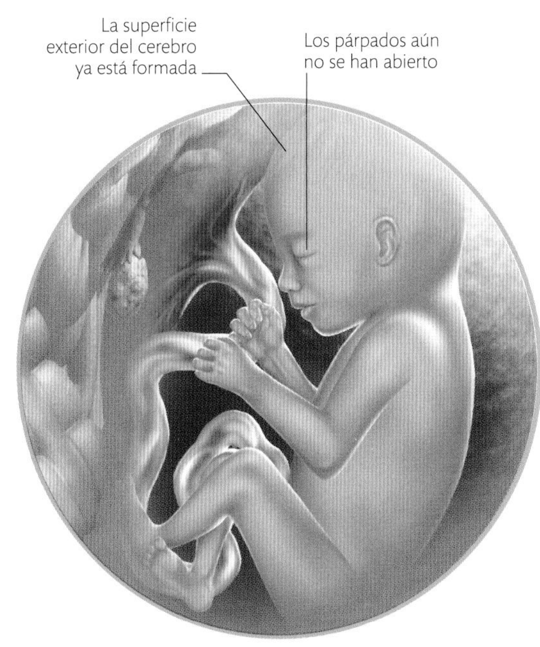
La superficie exterior del cerebro ya está formada
Los párpados aún no se han abierto

Respuesta a sonidos y movimientos
El feto, rodeado de constantes ruidos internos de la madre (pulso cardíaco, flujo sanguíneo, ruidos intestinales), responde a los ruidos o movimientos externos acelerando su pulso cardíaco y aumentando sus movimientos, que la madre siente como patadas y que disminuyen cuando se tranquiliza. Sus mecanismos de equilibrio están desarrollados, y percibe los cambios de posición.

25 SEMANAS

SALIENDO DE CUENTAS

Durante los últimos tres meses el desarrollo del feto consiste sobre todo en la consolidación de los órganos, formados pero aún inmaduros. El feto todavía continúa refinando sus actividades y funciones, como la respiración, el movimiento, la ingestión y la micción. Los intestinos presentan una actividad rítmica, pero tienen un tapón de contenido estéril llamado meconio, compuesto de líquido amniótico, células epiteliales, lanugo y vérnix, que no suele expulsar hasta después del parto. El feto acumula rápidamente reservas de grasa, y sus pulmones van adquiriendo la madurez que les permitirá respirar en caso de parto prematuro.

Los sentidos se agudizan: los ojos, sensibles a la luz, se abren, los oídos captan sonidos familiares, y el feto comienza a desarrollar una idea de su entorno y del estado de su madre: si esta se relaja, el feto tiende a relajarse, mientras que si la madre se siente ansiosa, él responde a este sentimiento.

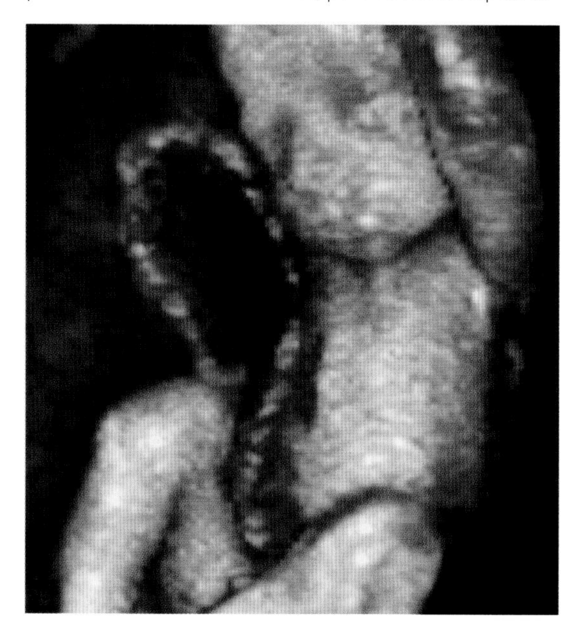

Feto con 26 semanas
Esta ecografía en 4D muestra una imagen completa del feto: cabeza, torso, extremidades, cordón umbilical y placenta. Cuando el bebé se mueve (el tiempo es la cuarta dimensión), se constata su movimiento y su desarrollo estructural.

Las **ondas cerebrales,** que revelan actividad nerviosa, se detectan desde las 6 semanas, y hacia las 26 semanas ya se da el **movimiento rápido ocular** (REM) asociado a los **sueños**.

AVANCES DECISIVOS

BEBÉS MILAGRO

La mayor disponibilidad de cuidados médicos de alta calidad para bebés prematuros, pequeños o enfermos ha aumentado los índices de supervivencia: incluso los bebés nacidos con tan solo 22 o 23 semanas tienen hoy posibilidades de alcanzar una vida saludable. Todos los aspectos del cuidado neonatal, como la respiración asistida, la alimentación mediante sonda, la administración de fluidos y medicamentos por vía intravenosa, ayudan al bebé prematuro hasta que puede recibir cuidados normales. Los electrocardiogramas, los oxímetros (que miden el oxígeno en sangre) y las tomas de muestras de sangre son herramientas básicas para mantener su estado estable.

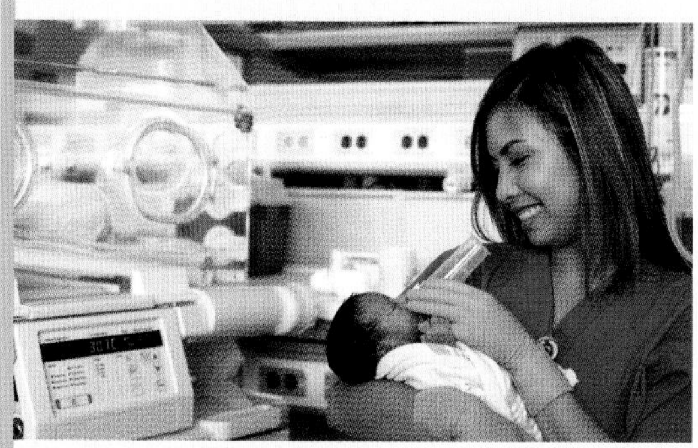

Unidad de cuidados especiales
Las incubadoras están controladas termostáticamente y equipadas para el seguimiento del ritmo cardíaco, la tensión arterial, el oxígeno en sangre, la respiración y otras funciones corporales de los bebés prematuros, con poco peso o enfermos.

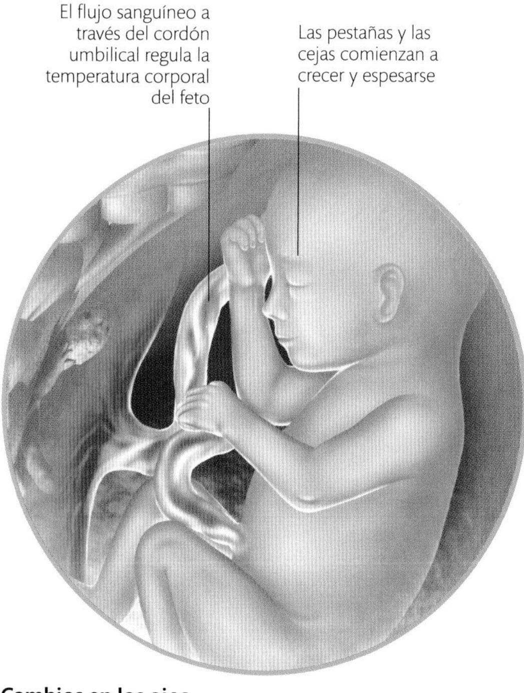
El flujo sanguíneo a través del cordón umbilical regula la temperatura corporal del feto
Las pestañas y las cejas comienzan a crecer y espesarse

Cambios en los ojos
Con 33 cm de longitud y unos 850 g de peso, el feto tiene ya pestañas y cejas, pero aún tardará una o dos semanas en abrir los ojos, cuando los párpados superiores e inferiores se separen. El color inicial del ojo será el azul; la pigmentación auténtica se desarrolla más tarde, a menudo incluso después del nacimiento.

26 SEMANAS

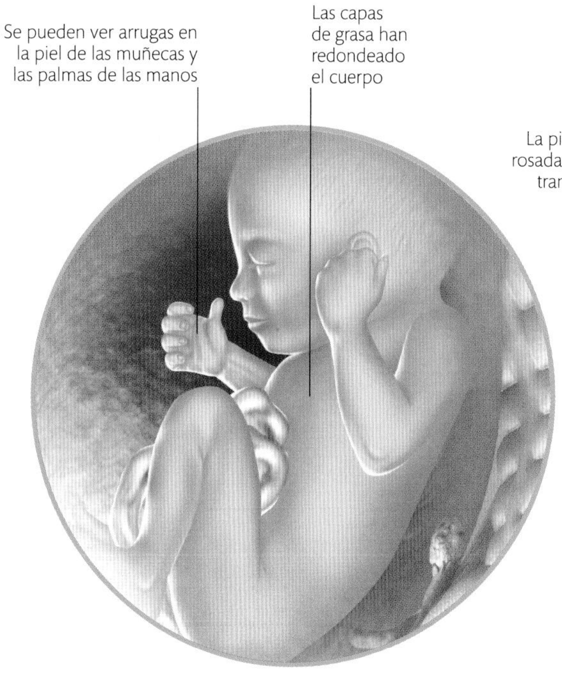
Se pueden ver arrugas en la piel de las muñecas y las palmas de las manos
Las capas de grasa han redondeado el cuerpo

Maduración pulmonar
El corazón del feto disminuye ligeramente su ritmo, de 160 a 110–150 pulsaciones por minuto. Las células que revisten los pulmones comienzan a segregar una sustancia (surfactante) que les ayudará a inflarse con la primera respiración del bebé. En los niños, los testículos ya han descendido del abdomen al escroto.

30 SEMANAS

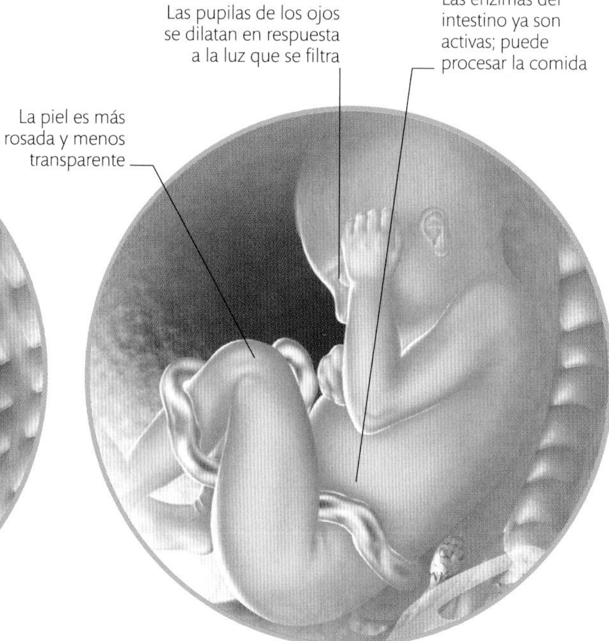
La piel es más rosada y menos transparente
Las pupilas de los ojos se dilatan en respuesta a la luz que se filtra
Las enzimas del intestino ya son activas; puede procesar la comida

Cambios en la piel y restricciones espaciales
El feto tiene ya un peso de 1,9 kg, y la grasa causa pliegues en su piel. El vérnix caseoso y el lanugo comienzan a desaparecer y la piel se hace opaca. El feto sonríe y parpadea, pero tiene poco espacio para realizar movimientos amplios. Los movimientos respiratorios pueden ocasionarle hipo (inofensivos espasmos del diafragma).

35 SEMANAS

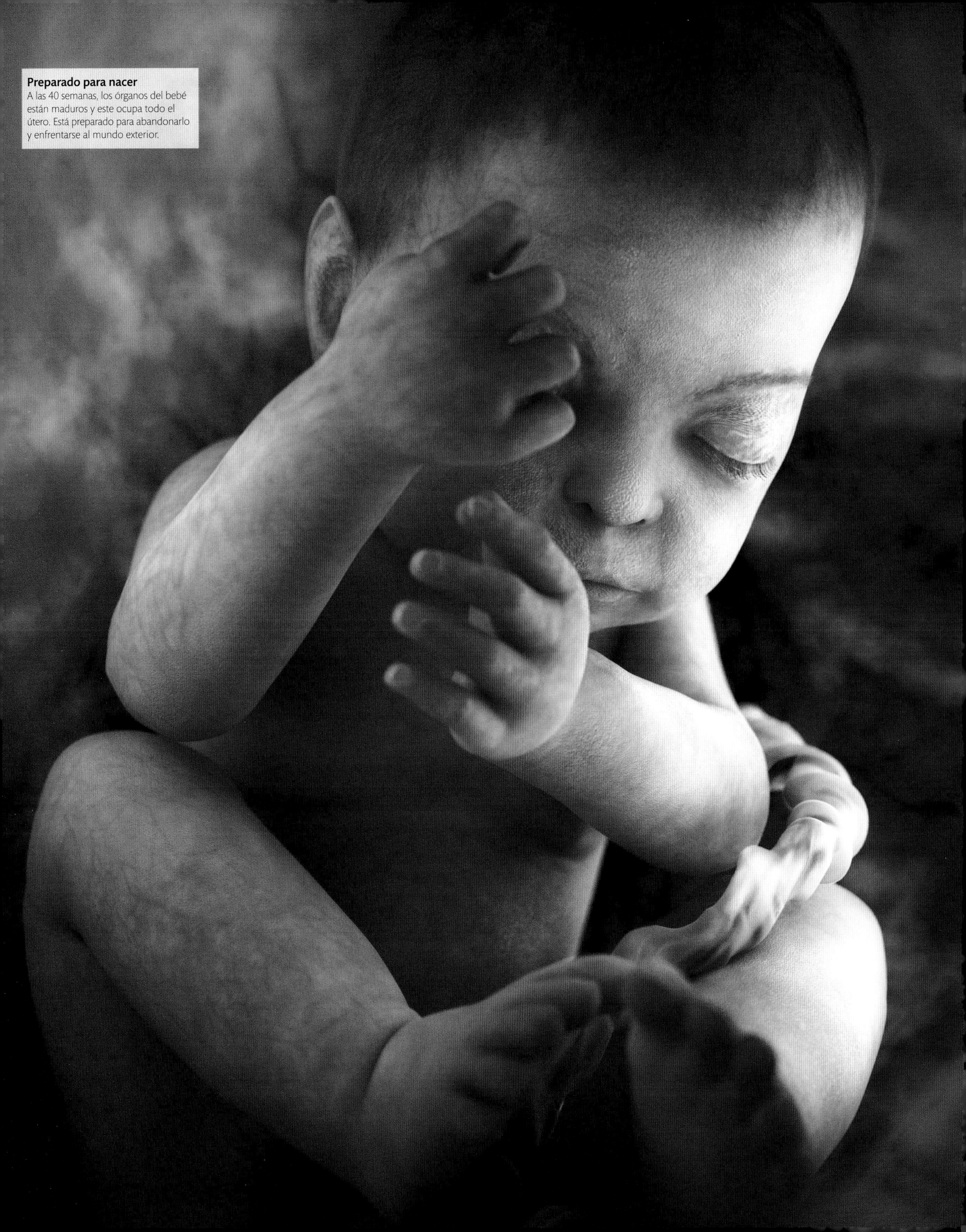

Preparado para nacer
A las 40 semanas, los órganos del bebé están maduros y este ocupa todo el útero. Está preparado para abandonarlo y enfrentarse al mundo exterior.

EL RECIÉN NACIDO

Las cuatro primeras semanas de vida de un bebé, llamadas periodo neonatal, son un tiempo de intensos cambios y adaptaciones. Es también uno de los periodos más peligrosos de la vida, con un riesgo de muerte mayor que ningún otro excepto la vejez.

COMENZANDO A VIVIR

Al nacer el bebé posee una cabeza muy grande en proporción con el cuerpo, que a menudo se deforma durante el paso a través del canal del parto. El abdomen es relativamente grande y abombado, mientras que el pecho es acampanado y tiene más o menos el mismo diámetro que el abdomen, por lo que parece pequeño. Los pezones pueden estar hinchados debido a la acción de las hormonas maternas, y pueden excretar un fluido claro y lechoso. La mayoría de los bebés nacen con un color pálido, a veces cianótico (azulado), pero en cuanto comienzan a respirar adquieren rubor. Algunos bebés presentan una capa de un fino vello claro llamado lanugo, que desaparece en semanas o meses. Más del 80% de los bebés posee alguna marca de nacimiento, un área de piel más pigmentada que suele desaparecer o aclararse con la edad.

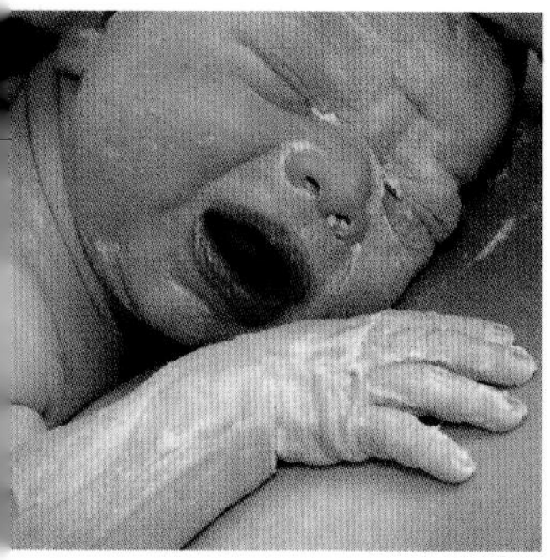

Piel protegida
La delicada piel del bebé está protegida por una sustancia blanca y grasienta, similar a la cera, llamada vérnix caseoso.

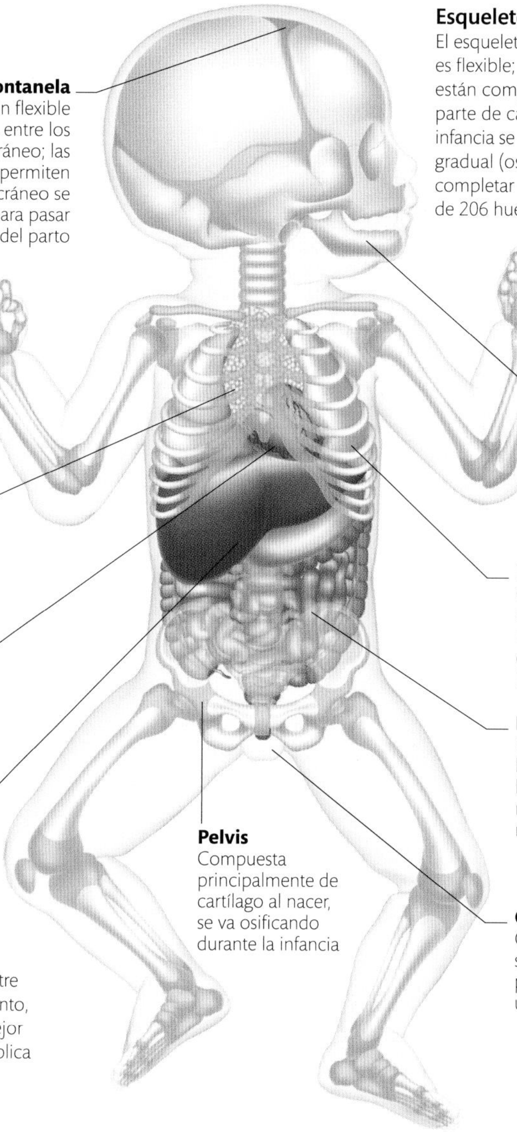

SIGNO	PUNTOS: 0	PUNTOS: 1	PUNTOS: 2
FRECUENCIA CARDÍACA	Nula	Inferior a 100	Superior a 100
FRECUENCIA RESPIRATORIA	Nula	Lenta o irregular; llanto débil	Regular; llanto fuerte
TONO MUSCULAR	Flacidez	Ligera flexión de las extremidades	Movimientos activos
RESPUESTAS REFLEJAS	Nula	Mueca o lloriqueo	Llanto, estornudo o tos
COLOR	Pálido o cianótico	Extremidades cianóticas	Rosado

Índice de Apgar
La salud de un neonato se valora entre uno y cinco minutos tras su nacimiento, en función de cinco factores. La mejor puntuación es 10; un 3 o menos implica la reanimación inmediata.

Esqueleto de un bebé
El esqueleto de un recién nacido es flexible; los huesos inmaduros están compuestos en buena parte de cartílago. Durante la infancia se da un endurecimiento gradual (osificación), hasta completar el esqueleto adulto de 206 huesos.

Fontanela
Unión flexible y fibrosa entre los huesos del cráneo; las fontanelas permiten que el cráneo se deforme para pasar por el canal del parto

Mandíbula
Contiene la dentición primaria ya formada, que no comienza a salir hasta los seis meses de edad

Timo
Glándula del sistema inmunitario; al nacer es grande porque este sistema está madurando a gran velocidad

Pulmones
Con la primera respiración, se llenan de aire y se expanden; comienza la respiración regular

Corazón
Su estructura se modifica al nacer para permitir la circulación de la sangre a través de los pulmones en lugar de la placenta

Intestinos
Excretan las primeras heces, una mezcla de bilis y moco de color negro verdoso llamada meconio

Hígado
Relativamente grande al nacer, por lo que sobresale bajo la caja torácica

Pelvis
Compuesta principalmente de cartílago al nacer, se va osificando durante la infancia

Genitales
Grandes en ambos sexos; las niñas pueden presentar un pequeño flujo

Recién llegado
En los países desarrollados el peso medio de un recién nacido está en torno a los 3,4 kg, y la longitud de coronilla a talón es de unos 50 cm.

CAMBIOS EN LA CIRCULACIÓN

En el útero, incapaz de respirar y alimentarse por sí mismo, el feto recibe nutrición y oxígeno a través del cordón umbilical, procedentes de la sangre que circula por la placenta, y se deshace de los residuos, incluido el dióxido de carbono, mediante la sangre que devuelve a la placenta. La circulación sanguínea del feto está adaptada a este sistema gracias a unos vasos especializados que transportan sangre hacia y desde el cordón umbilical y permiten a la mayor parte de la sangre tomar una ruta que evita los pulmones y el hígado, aún inmaduros. Al nacer, con la primera respiración, los pulmones se inflan, causando cambios de presión que incrementan el flujo de sangre a través de los pulmones y cierran esos canales especiales. El bebé ha hecho así la transición a la respiración aérea.

Suministro de sangre de la parte superior del cuerpo
Arteria pulmonar
El foramen oval, una ventana entre las aurículas, es un atajo para la sangre que pasa de la placenta al feto
El conducto venoso conecta la vena umbilical con la vena cava inferior
La vena umbilical transporta los nutrientes y gases disueltos
La placenta conecta los suministros de sangre de madre y bebé
Suministro de sangre a la parte superior del cuerpo
El conducto arterial permite que la sangre umbilical evite los pulmones
Aurícula izquierda
Pulmón izquierdo
Corazón
Aorta descendente
Vena cava inferior
Las arterias umbilicales devuelven los productos residuales y la sangre sin oxígeno a la placenta
Suministro de sangre a la parte inferior del cuerpo

Circulación fetal
La sangre rica en oxígeno y nutrientes es suministrada a través de la placenta, y la sangre sin oxígeno, con residuos, es devuelta a ella para enriquecerse de nuevo.

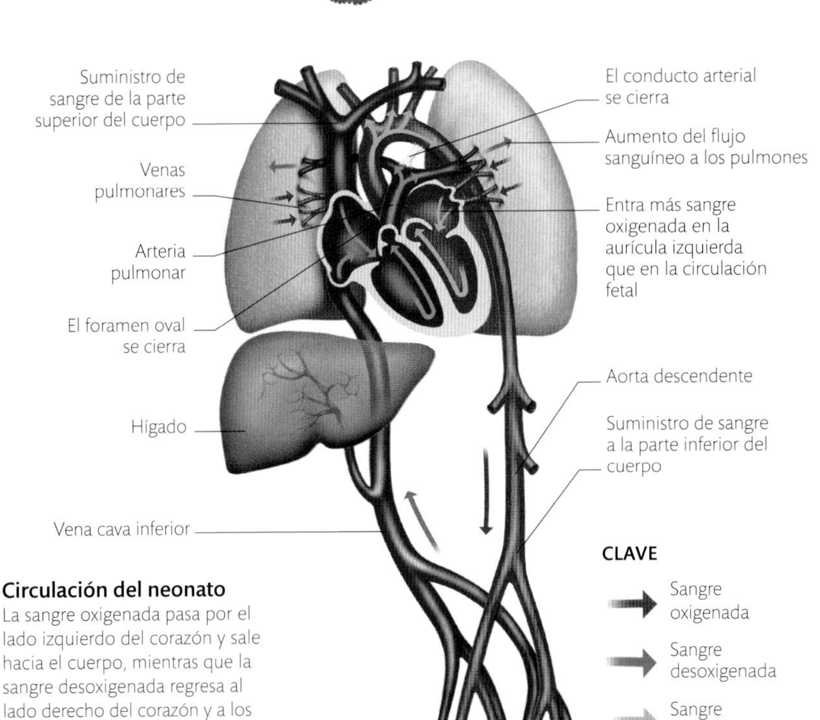
Suministro de sangre de la parte superior del cuerpo
Venas pulmonares
Arteria pulmonar
El foramen oval se cierra
Hígado
Vena cava inferior
El conducto arterial se cierra
Aumento del flujo sanguíneo a los pulmones
Entra más sangre oxigenada en la aurícula izquierda que en la circulación fetal
Aorta descendente
Suministro de sangre a la parte inferior del cuerpo
CLAVE
Sangre oxigenada
Sangre desoxigenada
Sangre mixta

Circulación del neonato
La sangre oxigenada pasa por el lado izquierdo del corazón y sale hacia el cuerpo, mientras que la sangre desoxigenada regresa al lado derecho del corazón y a los pulmones para completar el ciclo.

CORTE DEL CORDÓN

A menos que se corte antes, el cordón umbilical seguirá latiendo unos 20 minutos después del nacimiento, manteniendo el suministro de oxígeno y el flujo de sangre placentaria hasta que ya no son necesarios. Entonces el cordón umbilical se puede pinzar y cortar: es una operación indolora, puesto que apenas hay nervios en él. En el momento del nacimiento tiene unos 50 cm de longitud, y se suele dejar un muñón que sobresale unos 2 o 3 cm del ombligo. La placenta se expulsa de forma natural entre 20 y 60 minutos después del nacimiento del bebé. No obstante, su expulsión también se puede anticipar mediante una inyección administrada durante el parto. Entretanto, el bebé ya puede empezar a mamar.

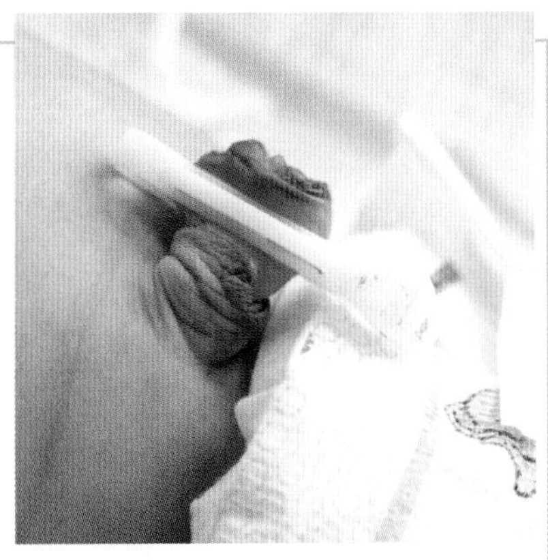

Cicatriz umbilical
El muñón umbilical se irá secando y arrugando, y caerá por sí mismo al cabo de entre una y tres semanas, dejando a la vista el ombligo, que puede sobresalir.

ALIMENTARSE PARA VIVIR

El neonato busca instintivamente los pechos maternos para alimentarse. Gracias al llamado reflejo de búsqueda, el bebé dirige su cara hacia todo lo que toque su mejilla o su boca, y comienza a succionar. Si se le pone al pecho, lo asirá, abrirá la boca de forma automática y empezará a chupar. Tras unos segundos, el reflejo materno de expulsión de la leche se activa, y la leche comienza a fluir. El calostro, que sale antes de la leche, contiene bacterias beneficiosas que protegen de las infecciones al intestino aún inmaduro del bebé. La leche materna es nutricionalmente idónea y contiene anticuerpos contra posibles infecciones. Los bebés alimentados con leche materna tienen menos riesgo de desarrollar alergias en la edad adulta.

Instinto de succión
El instinto de mamar es especialmente fuerte alrededor de media hora después del parto, cuando la lactancia también estimula las hormonas maternas que ayudan a que el útero se contraiga y expulse la placenta.

LA VIDA FUERA DEL ÚTERO

La mayoría de los recién nacidos duermen gran parte del día y de la noche, pero se despiertan para alimentarse cada pocas horas. Un bebé llora entre una y tres horas al día. Durante las primeras 24 horas el bebé orinará y defecará por primera vez; los primeros días las heces serán meconio, una sustancia viscosa de color negro verdoso que constituye el contenido intestinal del feto. Una vez adquirida la rutina alimentaria, el bebé producirá heces granulosas y marrones, y más tarde amarillentas. En la primera o dos primeras semanas los bebés pierden hasta el 10% de su peso corporal y después empiezan a ganar peso progresivamente.

Mirar y tocar
Los bebés comienzan pronto a explorar el mundo mirando y tocando. Los bebés más jóvenes enfocan mejor a una distancia de unos 20–35 cm, y les encanta fijarse en los rostros. La boca y las manos son clave para recibir sensaciones táctiles.

INFANCIA

La infancia es un periodo de continuos cambios y desarrollo físico a una escala que no se volverá a dar en la vida. Junto al crecimiento en altura y peso viene la adquisición de habilidades físicas y mentales, de conocimientos sociales y de madurez emocional.

Explorando el mundo
Los niños tienen una curiosidad innata por el mundo y aprenderán de todo aquello que llame su atención.

Cuando el niño ha superado una **meta**, la experiencia y el entusiasmo **lo espolean** hacia la siguiente.

CRECIMIENTO Y DESARROLLO

Los dos primeros años de vida están marcados por un crecimiento físico muy acelerado, tras los cuales el ritmo baja hasta la pubertad. El tamaño y el peso de todos los órganos y tejidos del cuerpo aumentan, a excepción del sistema linfático, que disminuye. El ritmo de crecimiento y la estatura final dependen en gran parte de la herencia genética, de modo que, hasta cierto punto, es posible predecir la estatura definitiva de un niño en función de la de sus padres. Con todo, el entorno también es un factor influyente en el crecimiento y en el desarrollo, y la salud o la enfermedad, la nutrición, la estimulación intelectual, además del apoyo emocional, contribuyen al que será el resultado final.

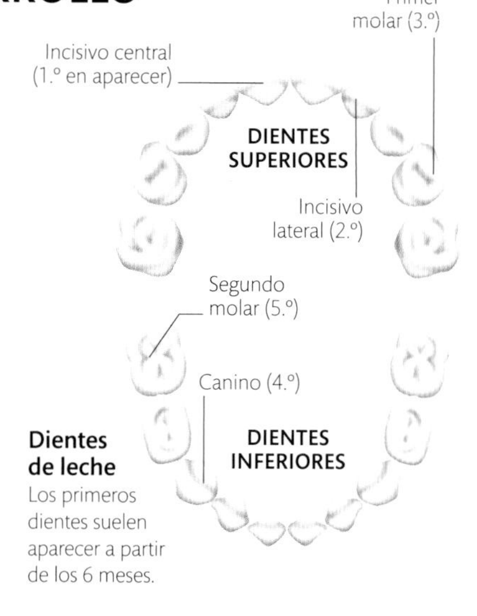
Primer molar (3.º)
Incisivo central (1.º en aparecer)
DIENTES SUPERIORES
Incisivo lateral (2.º)
Segundo molar (5.º)
Canino (4.º)
DIENTES INFERIORES

Dientes de leche
Los primeros dientes suelen aparecer a partir de los 6 meses.

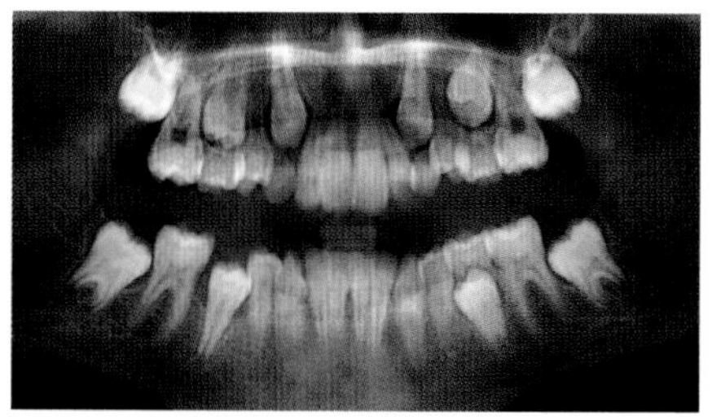

Erupción dentaria
Hacia los 6 años de edad caen los dientes de leche y comienzan a salir los definitivos. Hacia los 13 años la dentición definitiva ya está completa, excepto las muelas del juicio.

Las junturas cartilaginosas del cráneo del bebé facilitan un rápido crecimiento cerebral. El cerebro del recién nacido tiene una cuarta parte de su tamaño definitivo, y hacia el tercer año de vida habrá llegado a un 80 % de su volumen final. Aunque casi todas las neuronas del cerebro están presentes al nacer, sus conexiones son escasas y continuarán desarrollándose hasta la vida adulta. El desarrollo dentario durante la infancia está marcado por la sustitución de la dentición primaria por la definitiva, que brota atravesando las encías.

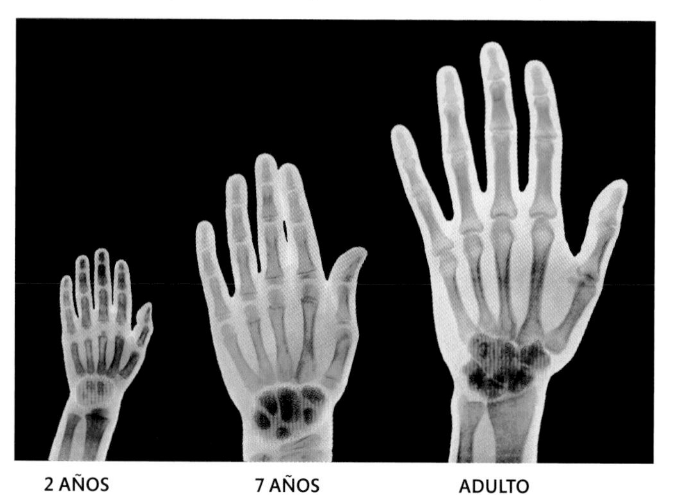
2 AÑOS
7 AÑOS
ADULTO

Huesos en desarrollo
Al crecer el niño, el cartílago del esqueleto se va convirtiendo en hueso. En los adultos la muñeca tiene ocho huesos, desarrollados a partir del cartílago durante la infancia.

CAMBIO DE PROPORCIONES

Después del parto, la cabeza del bebé es relativamente grande, y constituye entre una cuarta y una tercera parte de la longitud del cuerpo; en un adulto representa una octava parte. Su cráneo es bastante grande si lo comparamos con el tamaño de su cara. El tronco representa unas tres octavas partes de su longitud total, una proporción similar a la de un adulto, aunque los hombros y las caderas son estrechos, y las extremidades, relativamente cortas. Esto implica que, a medida que crece, el aumento de estatura y peso viene acompañado de cambios en las proporciones corporales. El tronco crece a un ritmo regular a lo largo de la infancia, mientras que la cabeza crece relativamente poco; la cara se hace más grande en relación con el cráneo, y las extremidades crecen mucho proporcionalmente, a menudo como a estirones. El responsable del aumento de la talla durante la infancia es en buena parte el crecimiento de los huesos largos. Los dos primeros años son los de máximo crecimiento. Por lo general, en el primer año de vida el niño crece unos 25 cm y triplica su peso. Tras los dos años el crecimiento se ralentiza hasta alcanzar un ritmo estable de 6 cm por año hasta llegar a la pubertad (p. 430), y cesa entre los 18 y los 20 años.

Proporciones entre cabeza y cuerpo
La cabeza de un recién nacido tiene casi el mismo tamaño que la de un adulto, mientras que sus extremidades son relativamente cortas. Al crecer, el aumento de peso y estatura viene acompañado por cambios en las proporciones corporales.

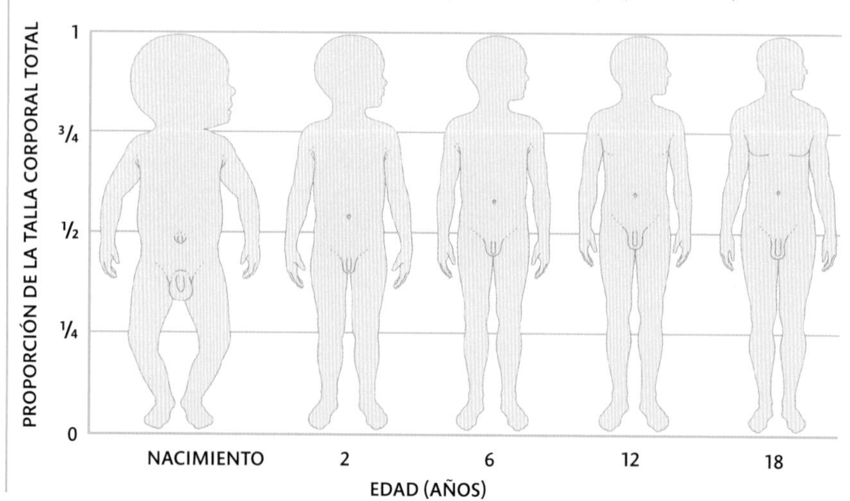
PROPORCIÓN DE LA TALLA CORPORAL TOTAL
1
3/4
1/2
1/4
0
NACIMIENTO
2
6
12
18
EDAD (AÑOS)

ETAPAS DEL DESARROLLO

La adquisición de habilidades en las diferentes esferas por parte del niño es un camino jalonado por ciertos logros o metas, peldaños hacia el desarrollo futuro: los niños han de saber caminar antes de comenzar a correr, y entender y vocalizar palabras sencillas antes de poder construir oraciones. Cuando el niño ha superado una meta, la experiencia y el entusiasmo lo espolean hacia la siguiente. Cada niño se desarrolla a un ritmo diferente; por eso, incluso entre hermanos, la edad a la que consiguen estos logros o habilidades puede variar enormemente. Algunos niños se saltan algunas etapas y pasan a la siguiente directamente, y un niño que va «adelantado» en ciertas áreas se puede quedar rezagado en otras. Los cambios de circunstancias, como puede ser el estrés y los problemas domésticos (un cambio de domicilio, un nuevo hermano), pueden retrasar los logros, pero la mayoría de los niños se adaptan bien con tiempo y apoyo. Abajo se presenta una guía de las edades promedio en que se superan estos hitos del desarrollo.

LA IMPORTANCIA DEL JUEGO

El juego no es en absoluto una actividad trivial: es crucial para la adquisición de habilidades físicas, mentales y sociales. A diferencia del entretenimiento pasivo, requiere implicación, imaginación y recursos. Los juegos de simulación estimulan la creatividad y la comprensión, y el juego con otros niños estimula las habilidades comunicativas y sociales. Para un padre, jugar con su hijo poniéndose a su nivel es una de las mejores maneras de ofrecerle seguridad emocional y fortalecer los lazos entre ambos.

Destreza manual
Los niños desarrollan muy pronto la habilidad de agarrar y manipular objetos. Con el tiempo aprenden a realizar movimientos cada vez más complejos.

EDAD (AÑOS)

0 1 2 3 4 5

HABILIDADES FÍSICAS

Muchas de las respuestas físicas del neonato son reflejos involuntarios, como el de succión. Gradualmente, el niño empieza a llevar a cabo movimientos mucho más activos y resueltos, aprendiendo consecutivamente a alzar la cabeza, girarse, gatear, ponerse de pie y andar. Al mismo tiempo mejora su equilibrio y su coordinación, y así adquiere al fin las complejas habilidades motrices necesarias para ir en bicicleta o escribir.

- Alza la cabeza y el torso
- Se lleva la mano a la boca
- Toma objetos con las manos

- Alcanza objectos
- Se da la vuelta
- Soporta su propio peso con los pies

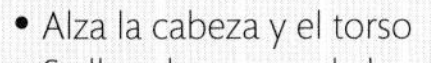

- Gatea y camina aferrado a los muebles
- Golpea objetos
- Come con los dedos

- Sube escaleras gateando
- Se agacha para recoger objetos.
- Salta con ambos pies

- Camina y comienza a correr
- Arrastra o empuja juguetes
- Puede patear una pelota
- Sube y baja escaleras
- Sostiene y usa lápices
- Muestra preferencia por una mano
- Controla sus intestinos

- Corre con facilidad
- Conduce un triciclo
- Pasa páginas de libros
- Controla la vejiga de día

- Abre picaportes y frascos
- Dibuja líneas rectas y círculos
- Construye torres de hasta seis bloques

- Salta
- Se viste sin ayuda
- Sube y baja escaleras sin ayuda
- Atrapa una pelota de rebote y la lanza
- Dibuja formas y figuras básicas
- Usa tijeras

- Sujeta lápices correctamente
- Escribe algunas palabras
- Come con cubiertos
- Va al baño solo

RAZONAMIENTO Y LENGUAJE

El desarrollo del habla y el lenguaje es fundamental para la capacidad del niño de interactuar con su entorno. El niño puede entender palabras y órdenes básicas antes incluso de comenzar a hablar, y desarrolla las habilidades verbales por imitación. Cuanto más le hablen sus padres y las personas implicadas en su cuidado, más y mejor hablará. Junto a la creciente comprensión del mundo, el lenguaje le ayuda a desarrollar el pensamiento, el razonamiento y la resolución de problemas.

- Sonríe ante voces de sus padres; imita sonidos

- Comienza a balbucear
- Investiga con manos y boca
- Intenta alcanzar objetos distantes
- Entiende «no», «arriba» y «abajo»

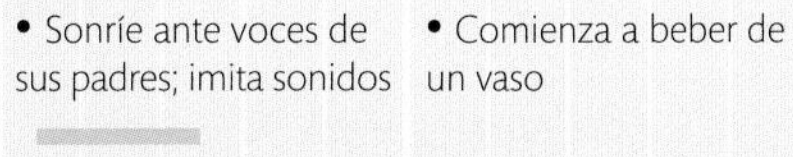

- Reconoce su nombre
- Responde a órdenes sencillas
- Usa las primeras palabras
- Imita comportamientos

- Comienza a beber de un vaso

- Señala objetos si se le nombran
- Diferencia formas y colores
- Pronuncia frases sencillas
- Sigue instrucciones sencillas
- Utiliza la fantasía para jugar

- Usa oraciones sencillas
- Da su nombre, edad y género
- Usa pronombres («yo», «tú», «nosotros», «él», «ellos»)
- Comprende la situación espacial («en», «sobre», «debajo»)
- Comienza a entender los números

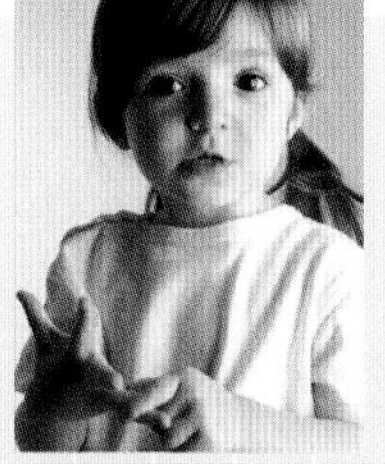

- Comprende la gramática básica y cuenta historias
- Comienza a contar y a comprender el tiempo
- Sigue órdenes de tres partes

- Comprende el tiempo futuro
- Puede dar su nombre y dirección
- Nombra cuatro o más colores
- Puede colorear siluetas
- Puede contar más de diez objetos
- Distingue la realidad de la fantasía
- Comprende el concepto de dinero
- Es consciente de su género

DESARROLLO SOCIAL Y EMOCIONAL

El bebé reconoce a su madre desde el nacimiento y la prefiere claramente a los demás. Muchos niños pasan por épocas de timidez ante los desconocidos, pero la mayoría se muestran entusiasmados ante la interacción con otras personas. Pronto desarrollan una independencia cada vez mayor y la capacidad de controlar su propio comportamiento, sentir empatía, comprender reglas sociales y cooperar.

- Hace contacto ocular
- Reconoce a personas
- Llora para llamar la atención
- Sonríe a su madre
- Mira fijamente a la cara
- Reconoce las voces de sus padres

- Responde a su nombre

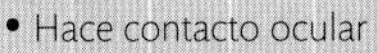

- Llora cuando uno de sus padres se va
- Muestra preferencia por algunos objetos y personas

- Imita el comportamiento de otros
- Disfruta en compañía de otros niños
- Muestra una actitud rebelde

- Ansiedad en la separación

- Muestra afecto por otros niños
- Respeta los turnos en el juego
- Comprende la posesión («mío», «tuyo»)

- Interesado en nuevas experiencias
- Coopera y negocia con otros niños
- Puede imaginar amenazas como «monstruos»

- Quiere agradar y ser como sus amigos
- Es más independiente
- Le gusta exhibir habilidades
- Muestra empatía con los demás

0 2 4 6 8 10 12 14 16 18 20 22 24 26 28 30 32 34 36 38 40 42 44 46 48 50 52 54 56 58 60

EDAD (MESES)

ADOLESCENCIA Y PUBERTAD

La adolescencia es el periodo de transición entre la niñez y la vida adulta, durante la cual la pubertad se hace notar en chicos y chicas mediante una gran transformación física y el despertar de la madurez sexual.

Chicas y chicos
Las chicas llegan a la pubertad un par de años antes. La diferencia de edad con respecto a la madurez sexual es paralela al desarrollo físico y mental.

TRANSICIÓN A LA MADUREZ

Durante la adolescencia, la progresiva madurez física viene acompañada de cambios de comportamiento que marcan el comienzo de la vida adulta. Al tiempo que los adolescentes buscan afirmar su propia identidad, la interacción con sus amigos e iguales va ganando importancia, y sus habilidades sociales crecen. Los adolescentes se ven atraídos por los intereses de sus iguales, como la música o la moda, y se distancian de sus padres. Necesitan descubrir su propia individualidad y probar su independencia de pensamiento y acción, por lo que suelen adoptar los valores de su grupo de amigos. Esto los hace vulnerables a la influencia de sus semejantes. Al carecer de una identidad y autoconfianza sólidas, corren el riesgo de experimentar con el alcohol, las drogas, el tabaco y las relaciones sexuales. Muchos se sienten confusos al intentar establecer sus propios valores, lo que puede llevarles a la rebeldía y a la discordia familiar, al fracaso escolar o a problemas con la autoridad. Ante los cambios físicos y hormonales, los adolescentes suelen sentirse inseguros sobre su desarrollo corporal, su apariencia y su atractivo sexual; esta inseguridad puede ocasionarles problemas de imagen que, a su vez, pueden desembocar en trastornos alimentarios. Con toda esta presión, incluida la académica y la del futuro laboral, es comprensible que con frecuencia el carácter de los adolescentes pueda ser voluble e irritable.

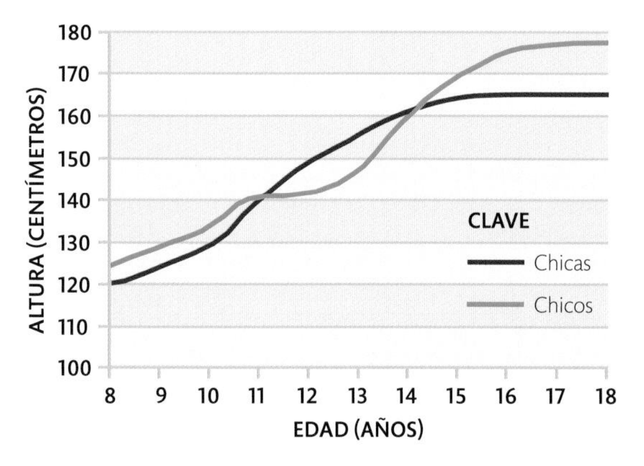
ALTURA (CENTÍMETROS)
180
170
160
150
140
130
120
110
100
8
9
10
11
12
13
14
15
16
17
18
EDAD (AÑOS)
CLAVE
Chicas
Chicos

El «estirón»
La pubertad es un momento de rápido crecimiento producido por brotes hormonales. Los chicos suelen dar el «estirón» más tarde, pero crecen más durante los brotes.

HORMONAS EN EBULLICIÓN

Las descargas hormonales que se producen durante la pubertad son responsables de algunos de los cambios más notables que experimenta el cuerpo humano. En ambos sexos el desencadenante de la pubertad es la secreción de la hormona liberadora de gonadotropina (HLGn) por parte del hipotálamo. Esta estimula a la glándula pituitaria, que libera dos hormonas, la luteinizante (HL) y la estimulante del folículo (HEF). Estas, a su vez, viajan por el torrente sanguíneo para desencadenar la producción de hormonas sexuales, sobre todo estrógenos y progesterona por los ovarios y testosterona por los testículos. Estas hormonas son responsables de todos los cambios que se dan en ambos sexos en la pubertad. Las hormonas sexuales femeninas hacen que los ovarios comiencen a ovular y que el cuerpo se prepare para un eventual embarazo, y las masculinas, por su parte, provocan que los testículos empiecen a producir esperma.

Los **cambios físicos** asociados a la pubertad son desencadenados por **hormonas del cerebro**.

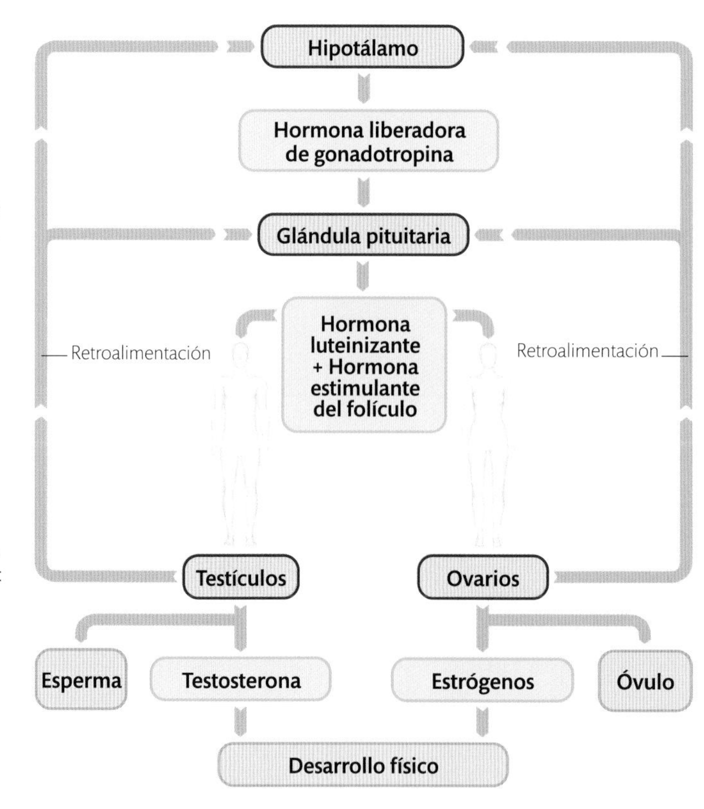
Hipotálamo
Hormona liberadora de gonadotropina
Glándula pituitaria
Hormona luteinizante + Hormona estimulante del folículo
Retroalimentación
Retroalimentación
Testículos
Ovarios
Esperma
Testosterona
Estrógenos
Óvulo
Desarrollo físico

Ciclos de retroalimentación
La producción hormonal se regula mediante ciclos de retroalimentación: una determinada cantidad de una sustancia en el sistema determina cuánta se produce.

EMOCIONES CONFUSAS

Se suele responsabilizar a los brotes hormonales de los cambios emocionales y de humor en la pubertad. No obstante, las hormonas sexuales no tienen al parecer un papel determinante: son las influencias sociales y del entorno, y los cambios físicos que experimenta el cerebro las que tienen un mayor efecto sobre las emociones.

Preocupación por la apariencia
Los cambios físicos de la pubertad provocan cierta ansiedad acerca de la propia apariencia y atractivo físico.

DESARROLLO FÍSICO

La edad del inicio de los cambios físicos que marcan el comienzo de la pubertad es variable, pero suele coincidir con la edad en que empezó para el progenitor del mismo sexo. La mayoría de las niñas entran en la pubertad entre los 8 y los 13 años; la mayoría de los chicos, entre los 10 y los 15. En ambos sexos, la serie de cambios corporales que culmina en la madurez física dura entre 2 y 5 años; acaba hacia los 15 años en las chicas, y en los chicos, hacia los 17. Ambos sexos experimentan brotes de crecimiento notables en la pubertad, que en casos extremos llega a los 9 cm por año en los chicos y a los 8 cm por año en las chicas (p. anterior). Aunque al entrar en la pubertad los chicos suelen ser 2 cm más bajos que las chicas de su misma edad, al llegar a su talla final adulta suelen ser, de promedio, 13 cm más altos.

Además de disparar la estatura, la pubertad marca el comienzo del desarrollo sexual: el crecimiento y la maduración de los órganos sexuales (testículos y ovarios) que posibilitan la fertilidad, junto con el desarrollo de los rasgos sexuales secundarios. En ambos sexos esto implica un aumento del tamaño de los genitales, la aparición de vello axilar y púbico y cambios en la piel que pueden causar acné. En el caso de las chicas, crecen los pechos, se ensanchan las caderas y aparece una nueva capa de grasa aislante; comienza la menstruación, normalmente antes del inicio de la ovulación. En los chicos, se agranda la nuez, las cuerdas vocales se ensanchan y la voz se vuelve más grave, aumenta la masa muscular y surge nuevo vello facial y corporal; la mayoría experimentará poluciones nocturnas durante y tras la pubertad.

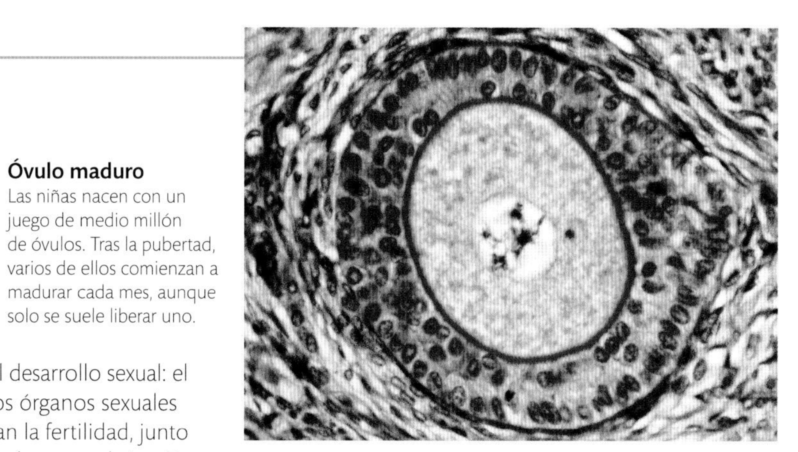

Óvulo maduro
Las niñas nacen con un juego de medio millón de óvulos. Tras la pubertad, varios de ellos comienzan a madurar cada mes, aunque solo se suele liberar uno.

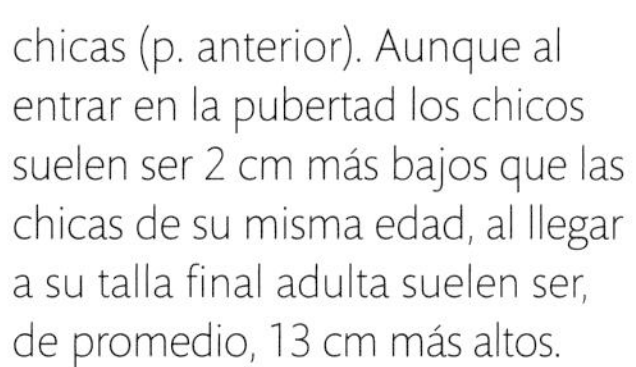

Producción de esperma
La pubertad dispara la producción de esperma en los testículos. El proceso de maduración de un espermatozoide dura unos 72 días.

La **pubertad** marca el inicio del **desarrollo sexual**: el **crecimiento** y la **maduración** de los órganos sexuales que posibilitan la **fertilidad**.

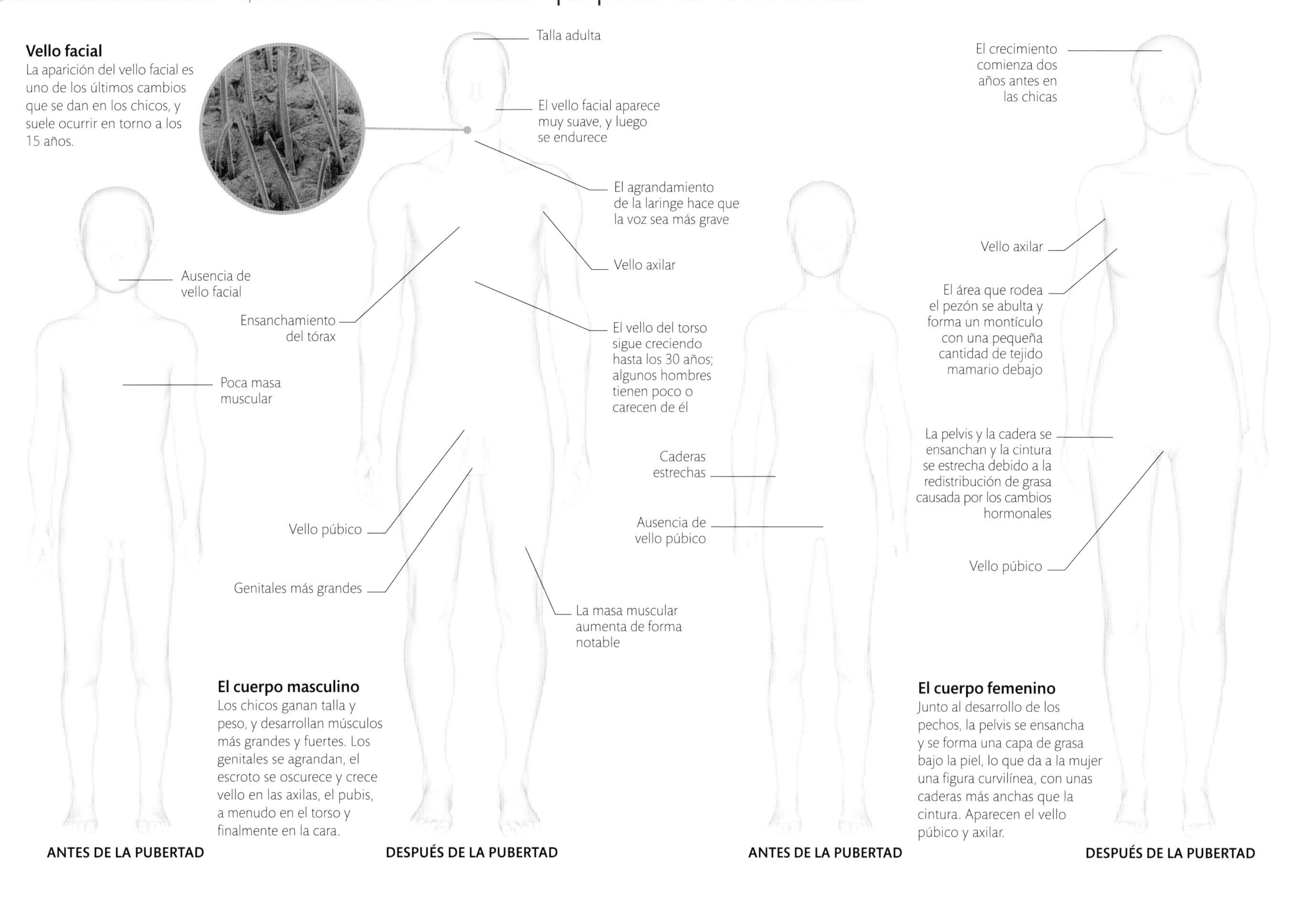
Talla adulta
El vello facial aparece muy suave, y luego se endurece
El agrandamiento de la laringe hace que la voz sea más grave
Vello axilar
Ausencia de vello facial
Ensanchamiento del tórax
El vello del torso sigue creciendo hasta los 30 años; algunos hombres tienen poco o carecen de él
Poca masa muscular
Vello púbico
Genitales más grandes
La masa muscular aumenta de forma notable
El crecimiento comienza dos años antes en las chicas
Vello axilar
El área que rodea el pezón se abulta y forma un montículo con una pequeña cantidad de tejido mamario debajo
La pelvis y la cadera se ensanchan y la cintura se estrecha debido a la redistribución de grasa causada por los cambios hormonales
Caderas estrechas
Ausencia de vello púbico
Vello púbico
ANTES DE LA PUBERTAD
DESPUÉS DE LA PUBERTAD
ANTES DE LA PUBERTAD
DESPUÉS DE LA PUBERTAD

Vello facial
La aparición del vello facial es uno de los últimos cambios que se dan en los chicos, y suele ocurrir en torno a los 15 años.

El cuerpo masculino
Los chicos ganan talla y peso, y desarrollan músculos más grandes y fuertes. Los genitales se agrandan, el escroto se oscurece y crece vello en las axilas, el pubis, a menudo en el torso y finalmente en la cara.

El cuerpo femenino
Junto al desarrollo de los pechos, la pelvis se ensancha y se forma una capa de grasa bajo la piel, lo que da a la mujer una figura curvilínea, con unas caderas más anchas que la cintura. Aparecen el vello púbico y axilar.

MADUREZ Y VEJEZ

El paso de la vida adulta a la madurez y después a la vejez va acompañado de cambios graduales en todos los sistemas del cuerpo. Aunque hay muchos factores que contribuyen al envejecimiento, la ciencia no acaba de explicar por qué envejecemos como lo hacemos.

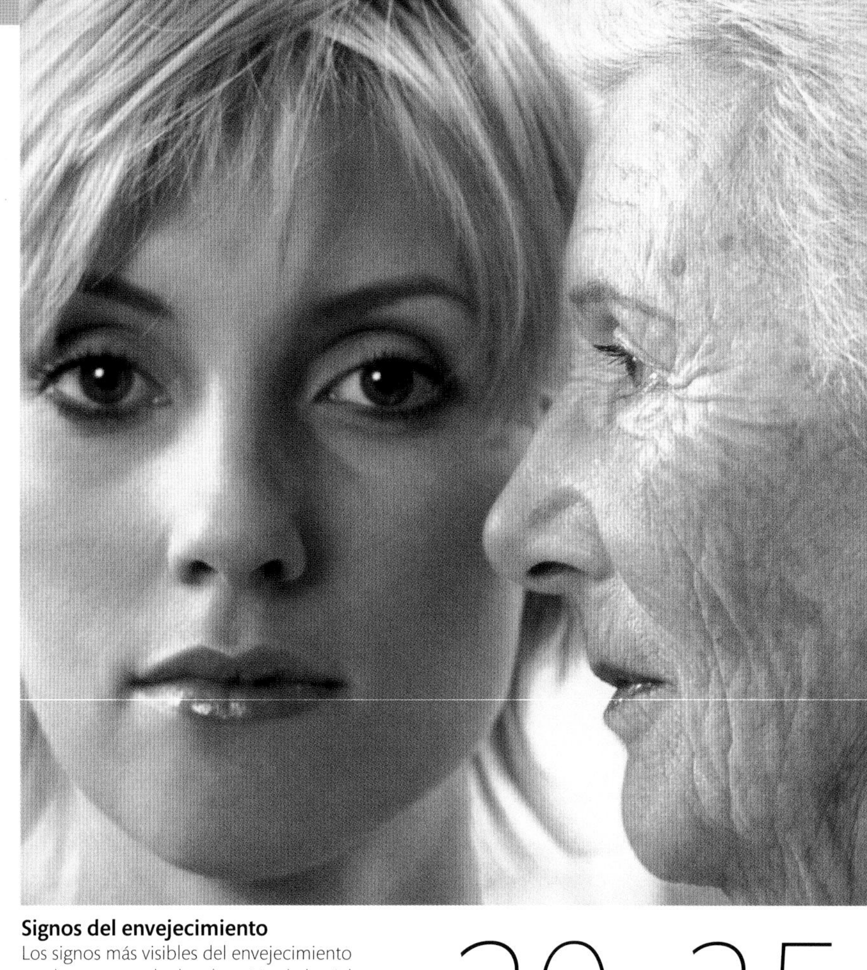

Signos del envejecimiento
Los signos más visibles del envejecimiento son las arrugas y la decoloración de la piel y el encanecimiento del cabello por pérdida de pigmento.

EL ENVEJECIMIENTO

Con la edad, las células del cuerpo sufren cambios progresivos que afectan a los tejidos y órganos. A lo largo de su vida las células acumulan residuos, se agrandan y se vuelven menos eficaces, menos capaces de transportar nutrientes y oxígeno, o de deshacerse de los residuos metabólicos; son cada vez menos capaces también de reproducirse y reemplazarse. Esto conlleva el endurecimiento de los tejidos conjuntivos, la pérdida de elasticidad de las paredes de las arterias; la disminución de la inmunidad, y la pérdida funcional de los órganos.

Al envejecer, el individuo es cada vez menos capaz de enfrentarse a las exigencias físicas. Así, por ejemplo, con el músculo cardíaco envejecido, el corazón es cada vez menos capaz de incrementar su ritmo durante el ejercicio o en situaciones de estrés. La capacidad de los pulmones y los riñones también se ve disminuida. El cuerpo es menos capaz de expulsar las sustancias tóxicas, lo que implica que la gente mayor es más vulnerable a los efectos colaterales de los fármacos.

Con la reducción de la función inmunitaria, el cuerpo es cada vez más vulnerable a las enfermedades y menos capaz de luchar contra ellas. Con el tiempo, las funciones de reparación y renovación del cuerpo son tan bajas que es incapaz de recuperarse de una enfermedad.

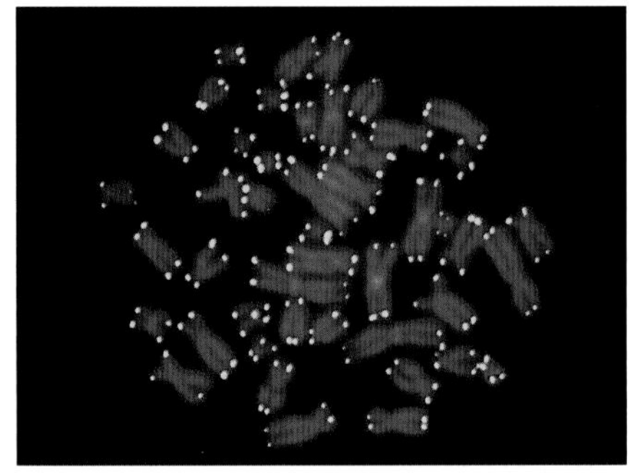

Telómeros
Las hebras de ADN de los extremos de los cromosomas se acortan cada vez que la célula se divide, lo que limita el número de divisiones posibles. Esta podría ser una pista para la comprensión del envejecimiento.

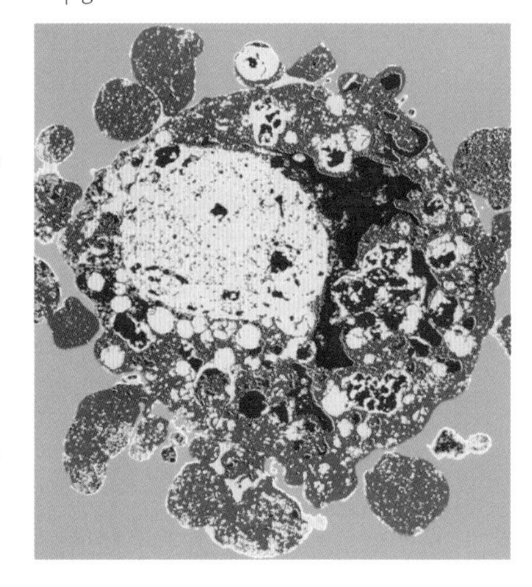

20-35
Entre estas edades, las **funciones biológicas** y el **rendimiento físico** del cuerpo llegan a su punto culminante.

Célula moribunda
La reparación y renovación de los tejidos depende de un proceso de muerte celular programada llamado apoptosis. Normalmente, la muerte de las células es controlada de modo que otras las reemplacen. Con la edad, la apoptosis se regula cada vez peor, lo que contribuye a la enfermedad.

METABOLISMO Y HORMONAS

La edad afecta a la producción de hormonas y a la forma en que los órganos diana responden a estas. La respuesta a las hormonas tiroideas, que controlan el metabolismo corporal, puede declinar con la edad, en paralelo a la pérdida de tejido muscular, que consume más energía que grasa. Por ello el ritmo metabólico decae con la edad, de modo que el cuerpo quema menos calorías de la comida. A menos que se incremente la masa muscular, la gente mayor puede desarrollar la tendencia a aumentar sus niveles de grasa. A partir de la madurez las células corporales son menos sensibles a los efectos de la insulina, producida en el páncreas, por lo que los niveles de glucosa en sangre aumentan lentamente, de tal modo que los ancianos tienen más posibilidades de desarrollar diabetes. Los bajos niveles de hormona paratiroidea pueden afectar a los niveles de calcio en sangre, lo que puede contribuir a la reducción del tejido óseo (osteoporosis). La disminución de la secreción de aldosterona, la hormona de las glándulas adrenales que regula los fluidos corporales y el equilibrio químico, puede afectar a la regulación de la tensión arterial. El cortisol es otra hormona de las glándulas adrenales; se produce como respuesta al estrés, y los niveles altos parecen acelerar los cambios relacionados con la edad. En la mujer, los niveles de estrógenos decaen después de la menopausia; en el hombre, los niveles de testosterona lo hacen más lentamente; por eso puede ser fértil hasta una edad avanzada.

MENOPAUSIA

La menopausia señala el final de la vida fértil de la mujer y es causada por el declive en la producción de estrógenos por los ovarios, que lleva finalmente al cese de la ovulación. La transición puede durar varios años, y la última menstruación se da, de media, a los 51 años en los países desarrollados. Tras la menopausia la mujer es más vulnerable a la osteoporosis, las enfermedades cardiovasculares y los cánceres de mama y de endometrio.

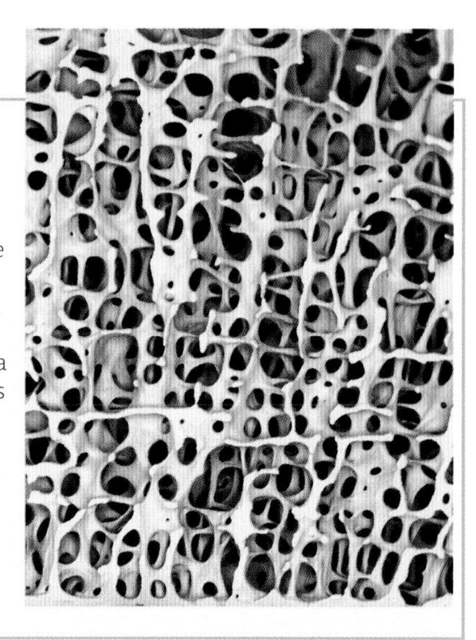

Osteoporosis
Con la osteoporosis los huesos van perdiendo densidad y resistencia y pueden fracturarse más fácilmente, especialmente la cadera y la columna vertebral (p. 449).

PIEL

Con la edad, la capa exterior de la piel y la capa de grasa subcutánea se hacen más finas. La piel, al envejecer, pierde elasticidad, resistencia y sensibilidad, por lo que, además de colgar, se daña con más facilidad. Los vasos sanguíneos del tejido subcutáneo se vuelven más frágiles, por lo que la piel se amorata más fácilmente. Las glándulas sebáceas producen menos sebo, y así la piel tiende a secarse y puede picar.

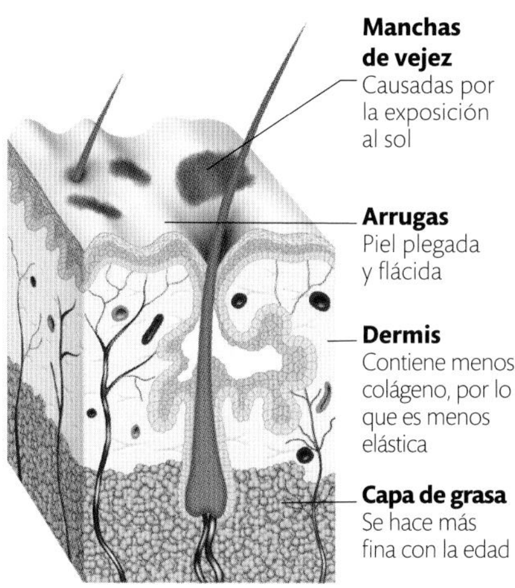
Manchas de vejez
Causadas por la exposición al sol
Arrugas
Piel plegada y flácida
Dermis
Contiene menos colágeno, por lo que es menos elástica
Capa de grasa
Se hace más fina con la edad

Piel envejecida
Tiene menos grasa subcutánea y menos tejido elástico, y produce menos sebo. El número de las células de pigmento disminuye, pero pueden crecer. La piel es más pálida y puede presentar manchas.

ESQUELETO, MÚSCULOS Y ÓRGANOS

Con la edad se dan muchos cambios en el sistema esquelético-muscular, como la pérdida de masa y tono muscular, la pérdida de densidad ósea y el endurecimiento articular. Los ancianos son más propensos a la osteoporosis, en que el esqueleto pierde calcio y otros minerales; los huesos se tornan porosos y quebradizos, menos resistentes, y aumenta el riesgo de fracturas. Una buena dosis de calcio y vitamina D y los ejercicios con pesas refuerzan los huesos y mitigan algunos de estos cambios. El ejercicio mitiga la pérdida de masa muscular y compensa parcialmente la rigidez articular y la artritis relacionada con la edad. Aun así, la vejez suele implicar un encorvamiento de la postura, debilidad muscular, pérdida de agilidad y lentitud de movimientos, lo que afecta a la manera de andar, empeorada además por la pérdida de equilibrio. Con la edad, la capacidad cardíaca disminuye y la pérdida de elasticidad de las arterias puede causar un aumento de tensión, que conlleva un mayor esfuerzo a un corazón debilitado. Las anomalías cardíacas son cada vez más habituales a medida que el sistema de conducción eléctrica del corazón se deteriora. Por su parte, la capacidad de los pulmones decrece a medida que el apoyo elástico de las vías aéreas se debilita, y a partir de los 65 años de edad, esto produce una reducción de la cantidad de oxígeno disponible para los tejidos.

Pérdida de cartílago en la articulación de la cadera

Artrosis
El uso erosiona gradualmente el cartílago de las articulaciones y provoca artrosis allá donde las superficies articulares se tocan. Con la edad, el dolor y la rigidez se vuelven más habituales.

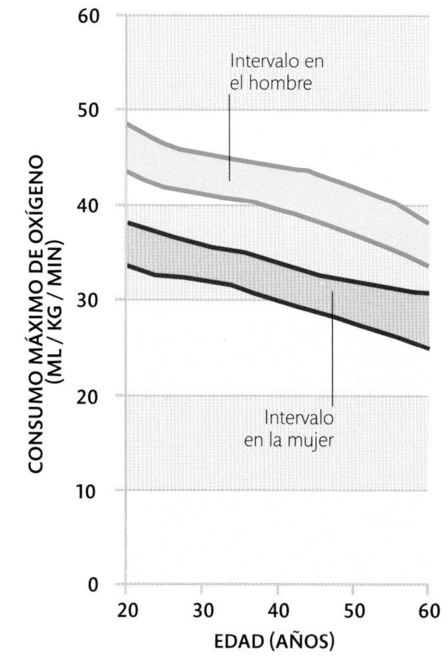
60
50
40
30
20
10
0
Intervalo en el hombre
Intervalo en la mujer
CONSUMO MÁXIMO DE OXÍGENO (ML / KG / MIN)
20
30
40
50
60
EDAD (AÑOS)

Rendimiento cardiopulmonar
Las funciones del corazón y los pulmones decaen con la edad, y disminuye la capacidad para enfrentarse a demandas adicionales.

El **ejercicio** mitiga la pérdida de **masa muscular** y compensa parcialmente la rigidez articular y la **artrosis** relacionada con la edad.

CEREBRO, SISTEMA NERVIOSO Y SENTIDOS

Como las demás células, las del sistema nervioso funcionan peor al envejecer. El cerebro y la médula espinal pierden células, y las que permanecen pueden acumular desechos que ralentizan los impulsos nerviosos, reducen los reflejos y la sensibilidad y merman las habilidades cognitivas. Así, la vista y el oído pierden agudeza, y los sentidos del tacto, el olfato, el equilibrio y la propiocepción se ven disminuidos. Aunque un estilo de vida saludable con una buena nutrición, ejercicio físico y estimulación mental puede mitigar algunos cambios, los ancianos son mucho más propensos a sufrir accidentes, pérdida de memoria, merma nutricional y, en general, un empeoramiento del nivel de vida. La demencia senil no es inevitable ni habitual, pero los ancianos son más propensos al mal de Alzheimer. La mayoría de las personas pierden visión lejana con la edad, y necesitan usar gafas para leer; la agudeza visual y la percepción del color disminuyen y son habituales los trastornos oculares como las cataratas. La merma de los sentidos del gusto y el olfato puede disminuir el gusto por la comida y contribuir a deficiencias nutricionales.

PÉRDIDA AUDITIVA (DECIBELIOS): 0, 10, 20, 30, 40, 50, 60
FRECUENCIA (HERCIOS): 400, 3000, 20 000

Pérdida auditiva
La pérdida auditiva debida a la edad afecta sobre todo en las frecuencias más altas, como las voces de mujeres y niños o los timbres de teléfono. Es más frecuente en aquellas personas que se han expuesto habitualmente a sonidos fuertes.

CLAVE
20 años
30 años
50 años
70 años

Ventrículo
Espacio subaracnoideo

Cerebro de 27 años
El cerebro de una persona joven muestra una escasa atrofia (la disminución que representa la pérdida de células debida a la edad) y unos ventrículos y espacios subaracnoideos de tamaño normal.

Ventrículo
Espacio subaracnoideo

Cerebro de 87 años
Esta imagen revela una notable atrofia y pérdida de tejido cerebral, con unos ventrículos y espacios subaracnoideos agrandados. Hay menos células en el hipocampo, el área donde se localiza la memoria.

EL FINAL DE LA VIDA

La muerte es el cese de las funciones biológicas. Puede ser resultado de una enfermedad, de un traumatismo o de la falta de nutrientes vitales. Si no se da ninguno de estos casos, la muerte sobreviene por simple envejecimiento.

DEFINIR LA MUERTE

Tradicionalmente se ha considerado que la muerte es el cese del latido cardíaco y la respiración, casi inevitablemente seguido del deterioro y descomposición del cuerpo. La moderna tecnología médica permite mantener artificialmente las funciones vitales, de modo que la frontera entre la vida y la muerte es cada vez más borrosa. Se puede intervenir en acontecimientos que hasta ahora eran irreversibles, como las paradas cardiorrespiratorias, de modo que hoy la muerte se percibe más como un proceso que como un acontecimiento, y sus definiciones varían. La muerte clínica coincide con la definición tradicional de la ausencia de signos vitales (el pulso y la respiración), pero se puede reanimar a los individuos. La muerte cerebral, un criterio desarrollado para facilitar la extracción de órganos para transplante, se dictamina cuando se juzga que el fallo cerebral es permanente e irreversible, incluso si pulso y respiración se mantienen artificialmente. La muerte encefálica se produce cuando el cerebro no es capaz de mantener las funciones vitales. Se habla de muerte legal cuando el médico declara la muerte; puede ser contemporánea al dictamen de muerte cerebral o posterior a la muerte clínica.

122
La edad de Jeanne Calment, la **persona más longeva**.

Mascarilla mortuoria
En siglos pasados, era común realizar mascarillas mortuorias para tener un recuerdo de la apariencia de los difuntos. Se hacían en cera o escayola inmediatamente después de la muerte, antes de que las facciones pudieran distorsionarse. Esta es la del escritor austríaco Adalbert Stifter.

CERCA DE LA MUERTE

Personas que han revivido después de ser declaradas clínicamente muertas o tras sufrir una parada cardiorrespiratoria proporcionan historias curiosamente coincidentes, y que se conocen como experiencias cercanas a la muerte. Incluyen experiencias extracorpóreas, la sensación de atravesar un túnel hacia una luz brillante y, además, el encuentro con figuras conocidas de su pasado. Por lo general, estas experiencias suelen ser positivas. Algunas personas creen que representan cambios fisiológicos en el cerebro moribundo; otras, en cambio, opinan que se trata de pruebas de la vida después de la muerte.

Visiones comunes
Las experiencias cercanas a la muerte suelen coincidir en la sensación de flotar fuera del cuerpo y en la de atravesar un túnel hacia una luz brillante.

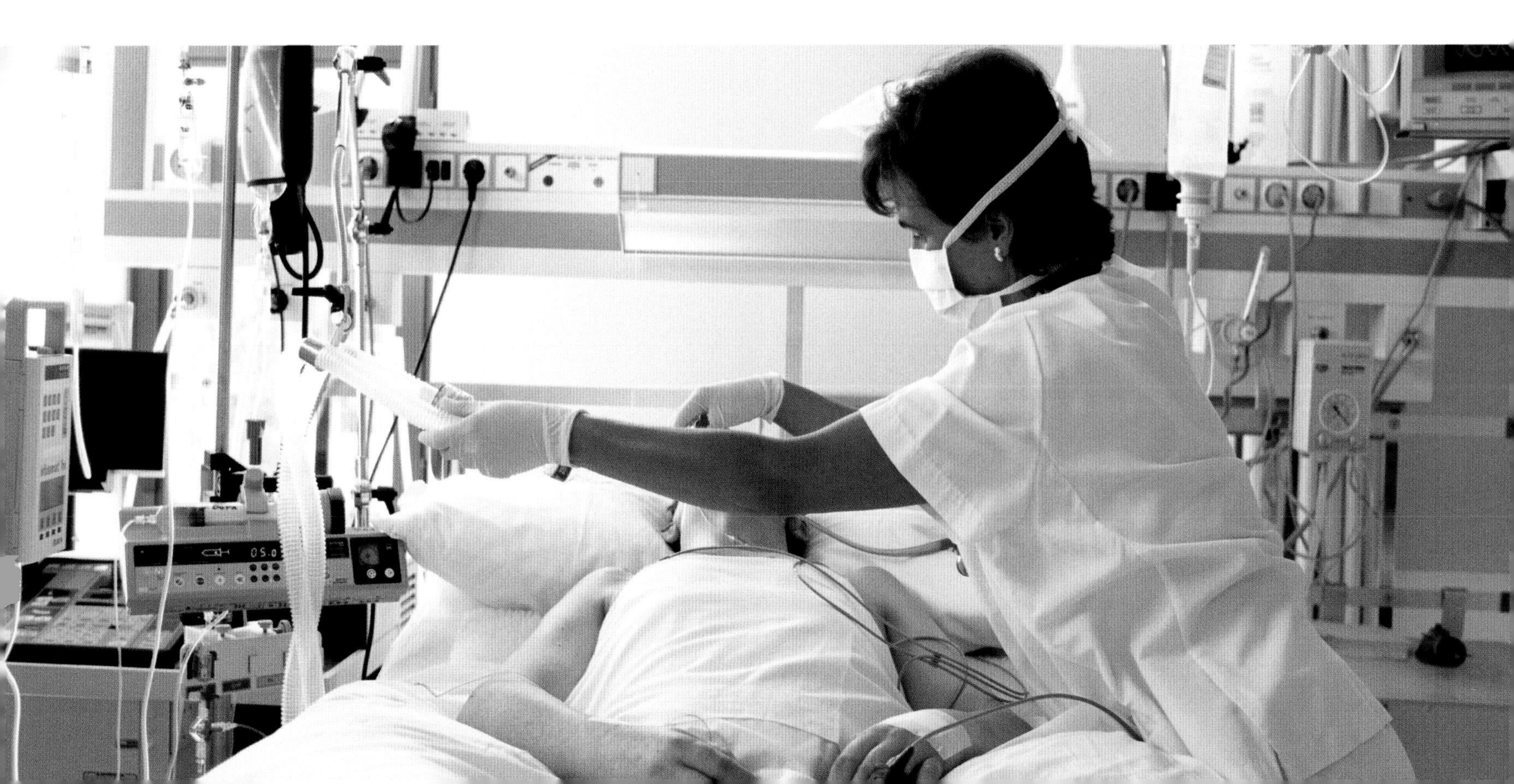

Cuidados intensivos
Con los avances tecnológicos, los fallos en las funciones vitales se pueden sortear manteniendo artificialmente al paciente a través de máquinas de soporte vital.

CAUSAS DE MUERTE

A nivel mundial, las principales causas de muerte se relacionan con enfermedades cardiovasculares en gran medida evitables. Los científicos han demostrado que nueve factores de estilo de vida potencialmente modificables, entre ellos el tabaquismo y la obesidad, son responsables de más del 90% de las cardiopatías. En comparación con los países ricos, los países en desarrollo presentan una prevalencia mucho mayor de muertes por enfermedades infecciosas, hecho debido en gran parte a los efectos de la pobreza: carencia de tratamientos médicos y nutrición e higiene inadecuados.

ESCALA MUNDIAL	PAÍSES EN DESARROLLO	PAÍSES DESARROLLADOS
Cardiopatías coronarias **12,2%**	Infecciones del aparato respiratorio **11,2%**	Cardiopatías coronarias **16,3%**
Ictus y enfermedades cerebrovasculares **9,7%**	Cardiopatías coronarias **9,4%**	Ictus y enfermedades cerebrovasculares **9,3%**
Infecciones del aparato respiratorio **7,1%**	Diarrea **6,9%**	Cáncer de tráquea, bronquios o pulmón **5,9%**
Enf. pulmonares obstructivas crónicas **5,1%**	VIH / SIDA **5,7%**	Infecciones del aparato respiratorio **3,8%**
Diarrea **3,7%**	Ictus y enfermedades cerebrovasculares **5,6%**	Enf. pulmonares obstructivas crónicas **3,5%**
VIH / SIDA **3,5%**	Enf. pulmonares obstructivas crónicas **3,6%**	Alzheimer y otras demencias **3,4%**
Tuberculosis **2,5%**	Tuberculosis **3,5%**	Cánceres de recto y colon **3,3%**
Cáncer de tráquea, bronquios o pulmón **2,3%**	Infecciones neonatales **3,4%**	Diabetes mellitus **2,8%**
Accidentes de tráfico **2,2%**	Malaria **3,3%**	Cáncer de mama **2,0%**
Nacimiento prematuro o con poco peso **2,0%**	Nacimiento prematuro o con poco peso **3,2%**	Cáncer de estómago **1,8%**

Causas más comunes
Esta tabla muestra las diez causas de muerte principales en todo el mundo en 2010, y compara las de los países desarrollados con las de los países en vías de desarrollo.

TRAS LA MUERTE

El cuerpo humano sufre muchos cambios tras la muerte, que sirven para establecer la hora del fallecimiento si esta se desconoce. Después de un periodo inicial sin cambios de entre 30 minutos y 3 horas, el cuerpo va perdiendo temperatura a un ritmo medio de 1,5 °C por hora hasta llegar a la temperatura ambiente. Los músculos del cuerpo sufren cambios químicos que los vuelven rígidos. Este proceso, llamado *rigor mortis*, comienza por los músculos faciales y baja hasta los músculos de las extremidades; además, es más rápido en personas delgadas y a altas temperaturas. Después de 8-12 horas el cuerpo queda rígido en la posición en que murió; a partir de este momento los tejidos empiezan a descomponerse, y durante las 48 horas siguientes el cuerpo va perdiendo la rigidez. A medida que cesa el flujo de sangre, esta se estanca en diversas partes del cuerpo, que presentan un tono morado o lividez. Inicialmente la localización de la decoloración se ve afectada por la posición del cuerpo, pero después de 6 u 8 horas se estabiliza. Finalmente, las enzimas y las bacterias comienzan a descomponer los tejidos, y después de 24-36 horas el cuerpo empezará a oler mal. La piel, entonces, adquiere un color parduzco, y los orificios pueden perder líquidos y emitir gases producidos por la putrefacción de la carne. De esta forma, el trabajo de los tanatoprácticos tiene el objetivo de evitar esto hasta después del funeral.

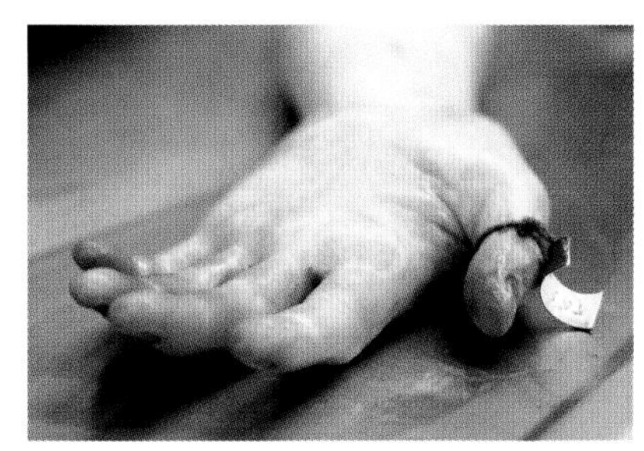

Cambios físicos
Tras la muerte, el cuerpo se enfría hasta alcanzar la temperatura del ambiente y se vuelve rígido temporalmente, quedando las articulaciones en la postura del momento de la muerte.

Los cuerpos **sepultados en tierra** tardan unos **10 años** en convertirse en esqueletos.

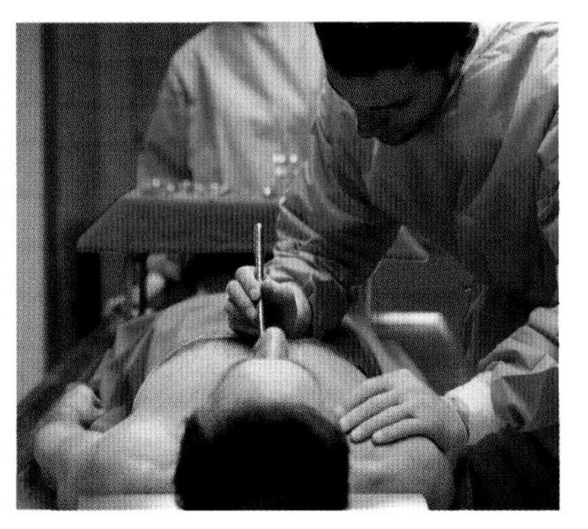

Post mortem
Los médicos forenses pueden examinar un cuerpo para investigar la causa de la muerte.

ENGAÑAR A LA MUERTE

En el futuro, nuevas técnicas para reparar el daño causado por el envejecimiento podrían elevar la esperanza de vida. Una línea muy prometedora es el uso de células madre, que se pueden reproducir de forma indefinida y convertirse en cualquier célula del cuerpo. Con ellas podrían regenerarse órganos desgastados o enfermos, y evitar o retrasar muchas de las principales causas de muerte. Esto implicaría emplear las propias células madre de una persona, transplantándolas donde fueran necesarias. Entre las aplicaciones potenciales se cuentan la reparación del músculo cardíaco y de los daños del sistema nervioso, la cura de la ceguera y la sordera y el tratamiento de enfermedades como el cáncer y el Alzheimer. Otros enfoques de la medicina regenerativa incluyen la manipulación de las influencias genéticas subyacentes a las principales enfermedades asociadas a la vejez, centrándose en el metabolismo corporal y en las hormonas para retrasar los cambios vinculados a la edad, así como la investigación de los factores que contribuyen a la longevidad natural: el estudio del estilo de vida de los centenarios podría proporcionar algunas pistas.

Vivir más tiempo
Las japonesas tienen la esperanza de vida más alta (87 años). Los estudios sugieren que podría deberse a la combinación de una buena dieta, poco estrés y abundante actividad física.

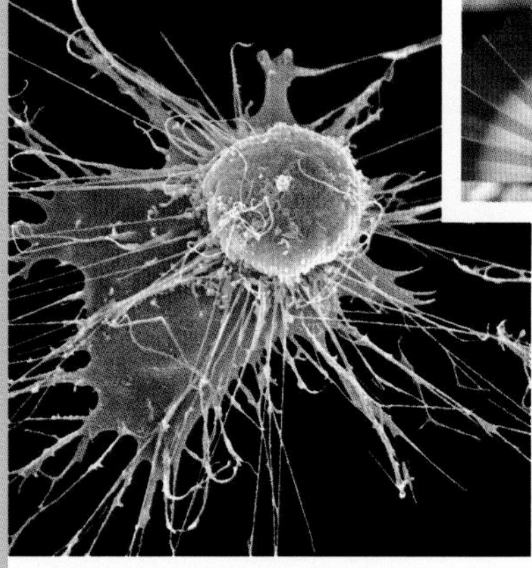

Investigación con células madre
Con la edad, las células madre adultas se vuelven menos eficaces. Los científicos esperan hallar la manera de reemplazarlas o rejuvenecerlas y reparar así los órganos y tejidos dañados o envejecidos.

Aunque los **antecedentes familiares** influyen en la **esperanza de vida** de una persona, muchos de los factores que afectan a esta se pueden **controlar**.

enfermedades y trastornos

El cuerpo es un mecanismo complejo, vulnerable a enfermedades y disfunciones o fallos. Esta sección abarca las enfermedades y trastornos más importantes, comenzando por los no específicos de ningún sistema corporal, como las enfermedades infecciosas y el cáncer, seguidos de los que afectan a cada sistema en particular.

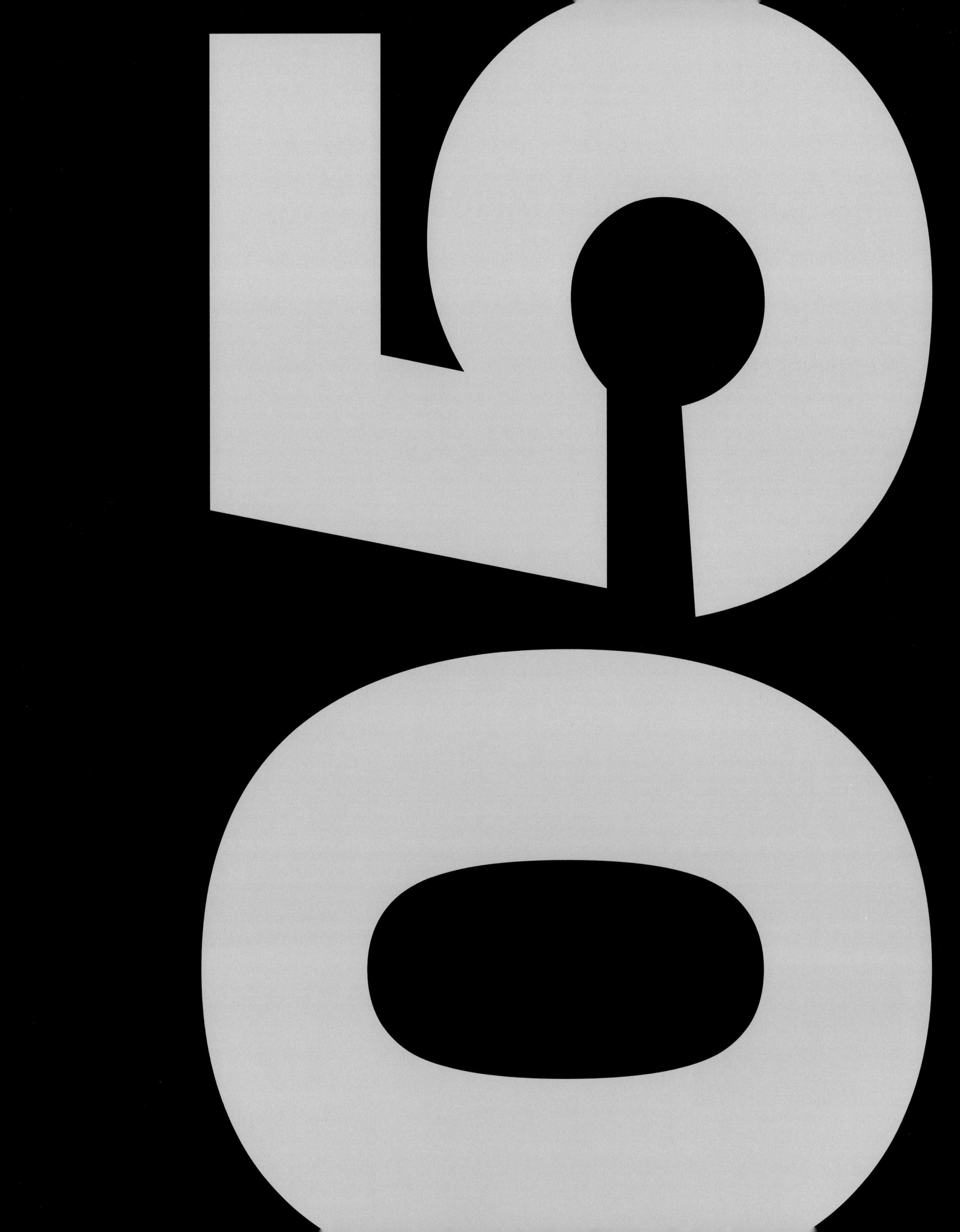

TRASTORNOS HEREDITARIOS

Habitualmente los genes defectuosos y los trastornos cromosómicos pasan de padres a hijos. La causa de los trastornos cromosómicos es un defecto en el número o la estructura de los cromosomas; los genéticos se deben a un defecto de alguno de los genes transportados por los cromosomas.

TRASTORNOS CROMOSÓMICOS

Los cromosomas son fragmentos de la espiral de ADN, el material genético que dicta a las células cómo crecer y comportarse. Los humanos poseen 23 pares de cromosomas: en cada par hay uno del padre y uno de la madre. Las anomalías más importantes de los cromosomas pueden causar graves deficiencias y enfermedades. Los fallos –roturas, segmentos que faltan o sobran, o translocaciones (cuando los segmentos se combinan mal)–, pueden darse en cualquier cromosoma y suelen ser fruto de errores durante la meiosis (división celular para formar óvulos o espermatozoides).

SÍNDROME DE DOWN

Una copia de más, entera o parcial, del cromosoma 21 es la causante del síndrome de Down. El material genético sobrante provoca anomalías en muchos sistemas.

Es la anomalía cromosómica más común con la que el feto puede sobrevivir. Su causa es un error durante la gametogénesis (producción de óvulos o espermatozoides) de los padres, que origina un óvulo o un espermatozoide con material genético extra. Es más probable en los óvulos más viejos, por lo que se da con mayor frecuencia en madres de más edad. No obstante, en el 3% de los casos se debe a una translocación (fijación de un segmento del cromosoma 21 en otro cromosoma) en uno de los progenitores. Este patrón hereditario no depende de la edad de los padres.

El síndrome de Down se puede detectar mediante pruebas en los primeros meses de embarazo y confirmar con un análisis de sangre tras el nacimiento. Provoca dificultades en el aprendizaje y una apariencia física peculiar, caracterizada por extremidades sin fuerza, cara redondeada y ojos achinados. Los niños afectados suelen requerir cuidados médicos durante mucho tiempo.

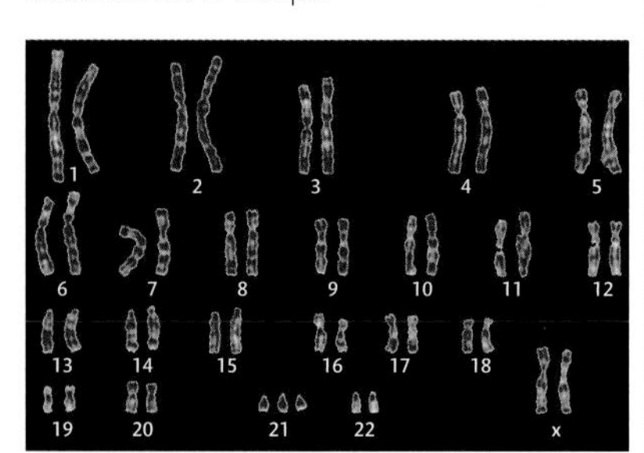
1
2
3
4
5
6
7
8
9
10
11
12
13
14
15
16
17
18
19
20
21
22
x

Cromosomas en el síndrome de Down
En este juego de cromosomas de un niño se aprecia la triple copia (trisomía) del cromosoma 21 que causa la condición.

SÍNDROME DE TURNER

Las niñas con este trastorno nacen con un solo cromosoma X activo en cada célula en vez de dos. No afecta a los chicos.

Las chicas con este síndrome poseen rasgos físicos comunes, como corta estatura y útero y ovarios anormales o ausentes, y son estériles; también pueden presentar distintas anomalías en corazón, tiroides o riñones de manera individual. El síndrome de Turner se suele detectar cuando la niña no llega a la pubertad a la edad normal. El error genético subyacente podría producirse durante la gametogénesis. En algunos casos existe mosaicismo (los dos cromosomas X están presentes en unas células, y no en otras). Solo el 2% de los fetos afectados con el síndrome de Turner llega a término. Además, este síndrome se da en 1 de cada 2500 nacimientos. No se hereda, ya que las afectadas no pueden reproducirse.

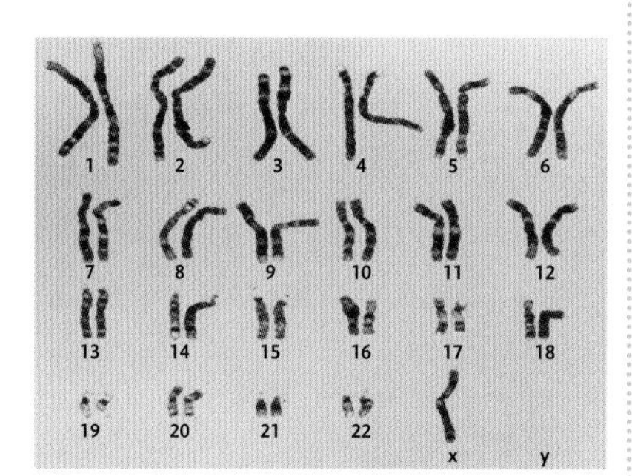
1
2
3
4
5
6
7
8
9
10
11
12
13
14
15
16
17
18
19
20
21
22
x
y

Cromosomas del síndrome de Turner
Este juego de cromosomas de una mujer con síndrome de Turner muestra un solo cromosoma X en vez de los dos habituales.

AMNIOCENTESIS

Es una de las pruebas prenatales que se llevan a cabo para detectar anomalías hereditarias. Hacia las 16 o 18 semanas de embarazo se extrae, con una larga aguja guiada por ultrasonidos, una pequeña cantidad de líquido amniótico y se examinan las células del bebé que flotan en él en busca de información genética sencilla, como la presencia de cromosomas de más o de menos.

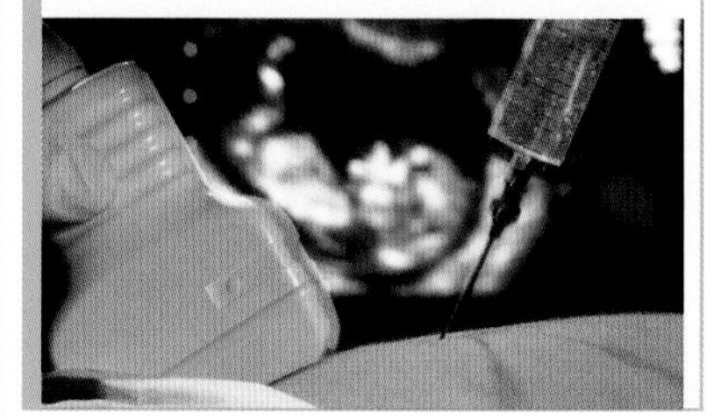

SÍNDROME DE KLINEFELTER

Solo afecta a los chicos. Lo causa un cromosoma X adicional en cada célula, que se hereda junto a los X e Y normales.

Los individuos con síndrome de Klinefelter son físicamente varones debido a la presencia del cromosoma Y. Casi 1 de cada 500 hombres posee un cromosoma X adicional. La agrupación de cromosomas XXY es resultado de un error durante la división de las células sexuales, que origina un espermatozoide o un óvulo con un cromosoma X de más. Esto da lugar a chicos con dos cromosomas X activos. La presencia del cromosoma Y permite que algunos genes de los X supernumerarios se expresen; estos se llaman genes triploides, y se cree que causan el síndrome. Este trastorno provoca diversas características físicas y conductuales, incluida la esterilidad por ausencia de espermartozoides. Los afectados tienen bajos niveles de testosterona y suelen ser tímidos y carecer de la musculatura típica masculina, aunque en ocasiones no se puede detectar el trastorno. Algunos hombres con Klinefelter producen espermatozoides, y la reproducción asistida es posible.

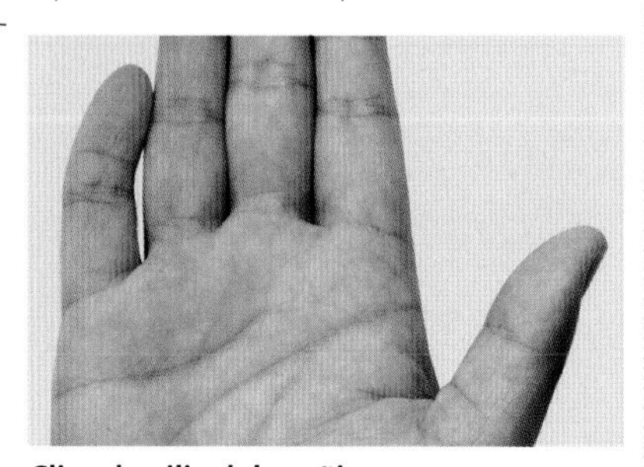

Clinodactilia del meñique
La curvatura anómala del meñique hacia el anular se suele asociar a individuos con síndrome de Klinefelter. Sin embargo, puede darse sin anomalía genética alguna.

DEFECTOS CONGÉNITOS

Las anomalías cromosómicas y genéticas pueden ser relativamente leves, o bien incompatibles con un desarrollo completo y hacer que el feto no llegue a nacer.

Son relativamente poco frecuentes y pueden deberse a factores hereditarios o de conducta. Muchos fetos afectados se pierden al principio del embarazo por anomalías que los hacen inviables. El aborto espontáneo es bastante habitual: puede que afecte a 1 de cada 4 óvulos fecundados y a muchos más durante las fases iniciales. Esto puede deberse a interrupciones y problemas durante las complejas series de maniobras genéticas que tienen lugar durante la fecundación del óvulo. Es posible que nunca se sepa qué proporción de interacciones entre óvulo y espermatozoide sean defectuosas.

TRASTORNOS GENÉTICOS

Los cromosomas contienen miles de genes. Cada gen proporciona las instrucciones para crear una proteína en particular que el cuerpo necesita para funcionar. Las alteraciones de los genes pueden dar lugar al envío de instrucciones defectuosas a las células en división. Los genes anómalos se pueden heredar. Existen unos 4000 trastornos reconocidos cuya causa son defectos de genes aislados. Las enfermedades recesivas se heredan cuando ambos progenitores poseen un gen defectuoso; las dominantes se expresan total o parcialmente cuando solo se hereda un gen anómalo.

ENFERMEDAD DE HUNTINGTON

Un gen anómalo en el cromosoma 4 causa esta enfermedad, también llamada corea de Huntington, un trastorno cerebral que provoca cambios de personalidad, movimientos involuntarios y demencia.

Es un trastorno genético dominante: si una persona hereda el gen anómalo del padre o de la madre, desarrollará la enfermedad. Los hijos de un progenitor afectado tienen el 50% de posibilidades de padecerla, aunque no se manifiesta hasta el quinto decenio de vida. Esta enfermedad degenerativa del cerebro causa pérdida progresiva de sus funciones, a menudo con movimientos anómalos y demencia.

El diagnóstico se realiza mediante TC, análisis de sangre y examen físico. El tratamiento consiste en aliviar los síntomas, ya que no tiene cura. Las personas de riesgo pueden hacerse una prueba, aunque solo les puede afectar en el futuro.

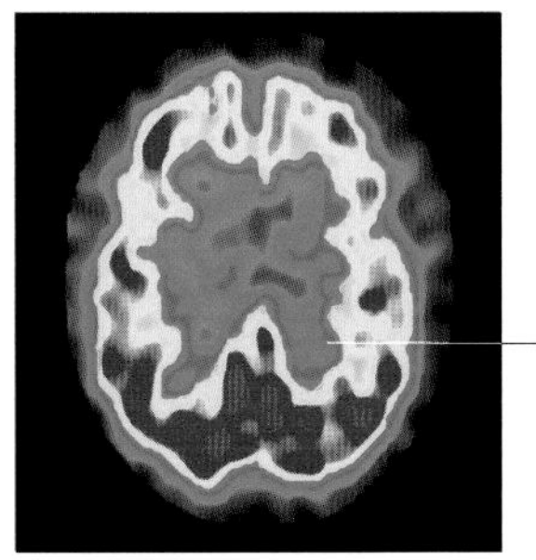
Ventrículos hipertrofiados

Cerebro con enfermedad de Huntington
Esta tomografía muestra los ventrículos agrandados típicos de la enfermedad, que conlleva pérdida de funciones cerebrales.

ALBINISMO

Con este nombre se conoce un conjunto de trastornos genéticos que causan carencia del pigmento que da color a piel, ojos y pelo.

Es un trastorno recesivo: los dos progenitores tienen que tener genes afectados para que pase a los hijos. Si ambos son portadores, el hijo tiene el 25% de probabilidades de heredar la condición, y el 50% de ser portador. No existe prueba prenatal posible, a menos que los progenitores hayan tenido antes un hijo con albinismo, de modo que se pueda detectar la anomalía genética específica. Habitualmente los genes responsables de dar la orden de crear pigmento son anómalos. Las personas albinas tienen mala vista y poco o nada de pigmento en ojos, piel y pelo, por lo que presentan tez pálida, cabello muy claro (incluso blanco) y ojos por lo general azules o violetas, a veces con un fino iris que tiende a proporcionar un reflejo rojo ante una luz intensa. No tiene curación, pero se aconseja a quienes lo padecen que no se expongan al sol. Los problemas de visión se pueden corregir hasta cierto punto.

Herencia recesiva
Si los progenitores portan los genes del albinismo, pero no presentan la condición, sus hijos tienen 1 probabilidad de 4 de heredar dos genes defectuosos.

DALTONISMO

La discromatopsia, o incapacidad de distinguir colores, conocida como ceguera para los colores o daltonismo, es un trastorno más frecuente en hombres.

Este trastorno suele deberse a genes anómalos en el cromosoma X (muchos de cuyos genes tienen relación con la visión en color) que carecen de equivalentes en el cromosoma Y. Esto causa un defecto en los conos del ojo, sensibles a los distintos colores. Si el gen anómalo es recesivo, una mujer solamente se verá afectada si posee los dos genes anómalos; un hombre se verá afectado si posee un gen anómalo procedente de la madre, puesto que el padre, que aporta el cromosoma Y, no le habrá dotado del gen equivalente. Esto se denomina herencia recesiva ligada al cromosoma X. También se expresará en mujeres con dos genes anómalos (uno de padre afectado y otro de madre portadora).

El 8% de los hombres, y solo el 0,5% de las mujeres, son daltónicos. Se suelen confundir los colores rojo y verde, pero existen más variantes; algunas empeoran a lo largo de la vida mientras que otras permanecen estables y causan pocas complicaciones.

FIBROSIS QUÍSTICA

El gen de este trastorno hereditario lo portan 1 de cada 25 personas. Produce espesas secreciones en pulmones y páncreas.

Un hijo de dos progenitores portadores tiene el 25% de probabilidades de padecerla y el 50% de ser portador. Existen pruebas para saber si se es portador, incluso para el feto.

En condiciones normales, el gen responsable crea la proteína reguladora de la conductancia transmembrana de la fibrosis quística, vital para regular el sudor, los jugos gástricos y el moco. La dolencia se caracteriza por la acumulación en los pulmones de un moco espeso y deshidratado que atrae infecciones y causa daños permanentes; la secreción de jugos pancreáticos también se ve afectada, lo cual reduce la absorción de nutrientes por la sangre. Además, su gravedad puede variar. Las modernas técnicas médicas han contribuido enormemente a mejorar la salud y la esperanza de vida de los afectados.

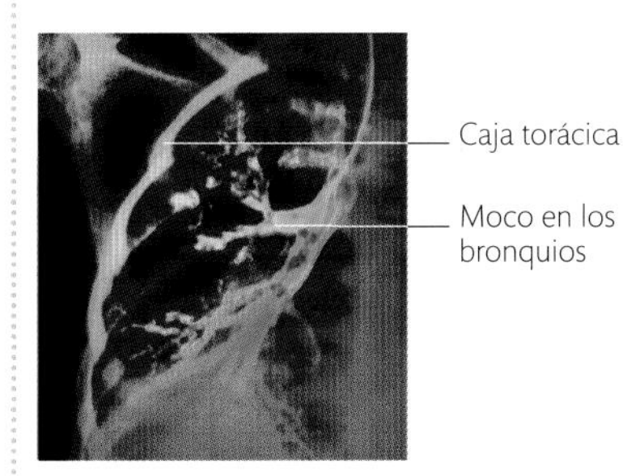
Caja torácica
Moco en los bronquios

Pulmón con fibrosis quística
Pulmón de una persona con fibrosis quística en una radiografía coloreada. Los bronquios aparecen llenos de moco, causa de infecciones recurrentes.

ACONDROPLASIA

El crecimiento óseo defectuoso debido a un gen anómalo es la causa más habitual del enanismo.

Afecta a 1 de cada 25 000 personas. Las que la sufren no suelen pasar de 131 cm de altura debido a una mutación en el gen que atañe al crecimiento de los huesos. También puede provocar la alteración de las proporciones corporales. Las personas con acondroplasia poseen un gen anómalo, aunque el compañero de este en el par es normal. La combinación de dos genes afectados es fatal antes o después del nacimiento. Si ambos progenitores padecen acondroplasia, hay 1 probabilidad entre 4 de que el bebé no sobreviva y 1 entre 2 de que desarrolle enanismo; también existe un 25% de probabilidades de que tenga una estatura normal. Sin embargo, la mayoría de los casos se deben a nuevas mutaciones de genes, que ningún progenitor sufre. No es posible ser portador del gen sin que sus efectos sean visibles. No existe cura, y rara vez se precisa tratamiento.

HERENCIA MULTIFACTORIAL

La mayoría de enfermedades hereditarias son multifactoriales, es decir, el resultado de factores genéticos y ambientales combinados. Los genes pueden provocar o aumentar las probabilidades de sufrir la enfermedad, cuya gravedad puede variar mucho. Este tipo de herencia es difícil de rastrear en las familias. El autismo es un ejemplo de herencia multifactorial y puede estar causado por diversos genes.

Niña autista
Generalmente diagnosticados en la infancia, los autistas presentan problemas de relación social y de comunicación, a veces junto con capacidades inusuales.

CÁNCER

Muy a menudo el cáncer es una excrecencia o un bulto debido a la multiplicación anormal de células que se extienden más allá de su espacio natural. No se trata de una sola enfermedad, sino de un gran grupo de trastornos con diferentes síntomas, que pueden estar causados por genes defectuosos, la edad o agentes cancerígenos desconocidos.

TUMORES BENIGNOS Y MALIGNOS

Un tumor es un bulto o excrecencia. Los tumores malignos pueden invadir tejidos normales y propagarse a otras partes del cuerpo. Los benignos no suelen propagarse.

Un tumor es una masa de células que se dividen anormalmente rápido y no cumplen su función específica. Los tumores pueden ser benignos (no cancerosos) o malignos (cancerosos) según su comportamiento.

Por lo general, los tumores malignos tienen una mayor capacidad de causar daños, aunque no todos lo hagan. Un crecimiento rápido, una división acelerada de células estructuralmente anómalas y su propagación sugieren mayor grado de agresividad. Los tumores benignos también se caracterizan por células anómalas que se multiplican de manera anómala y no realizan su función habitual, pero crecen más lentamente y no se propagan.

Los benignos se pueden tratar si sangran o presionan estructuras importantes, aunque es menos probable que se propaguen y causen daños. Es clave distinguir si un tumor es benigno o maligno porque las células cancerosas pueden dispersarse por todo el cuerpo. Para ello se toma una muestra del tejido afectado y se examina su comportamiento al microscopio. Algunos cánceres pueden producir sustancias químicas específicas, y medir los niveles de estas puede ayudar a diagnosticar el tipo de cáncer.

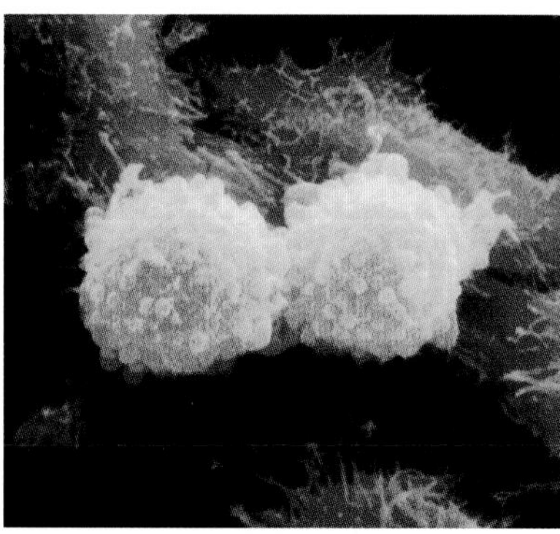

Células cancerosas dividiéndose
La imagen muestra la división de una célula cancerosa en dos con material genético defectuoso. Las células cancerosas sin tratar se multiplican de manera incontrolada y se dispersan por el cuerpo.

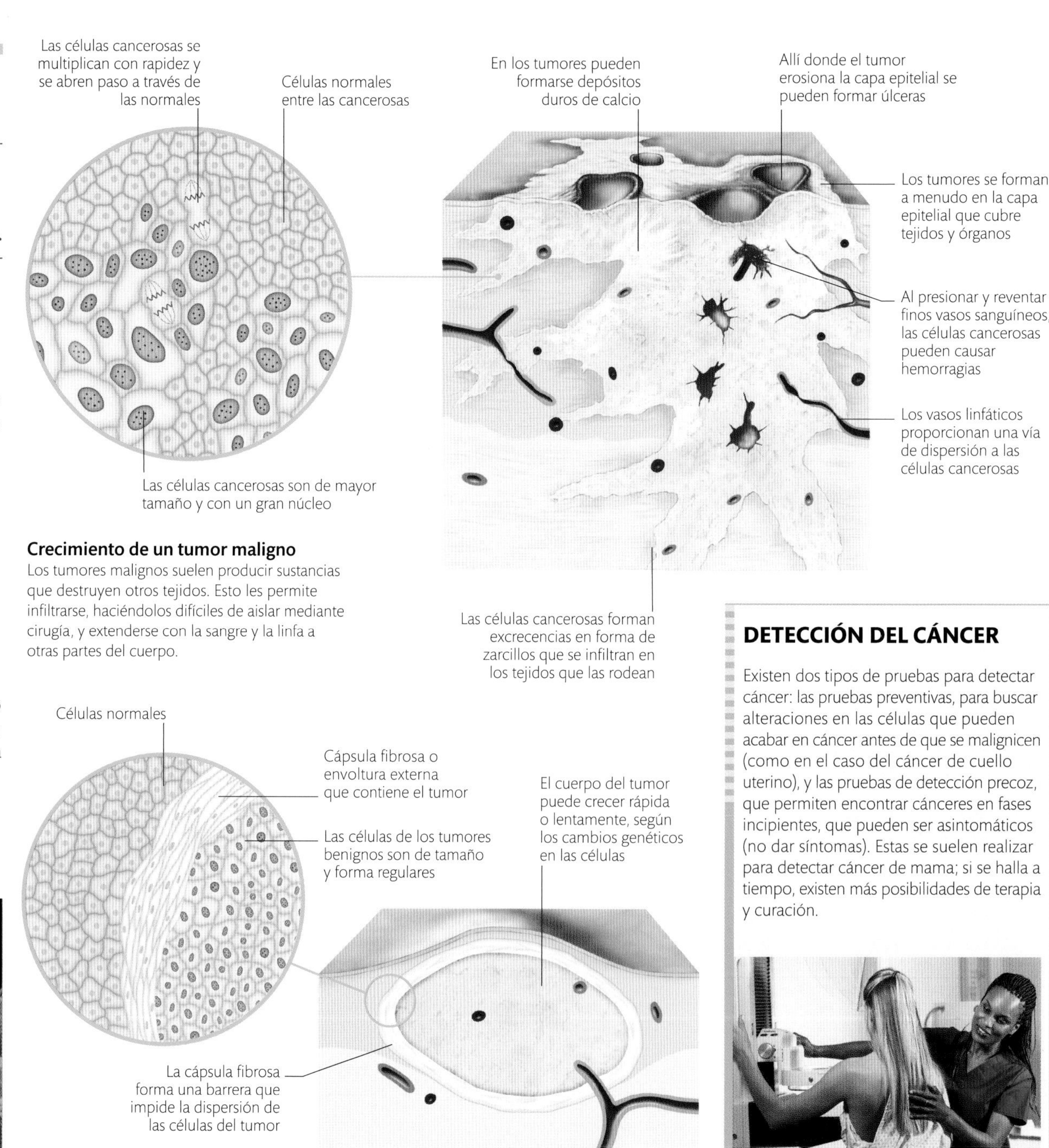
Las células cancerosas se multiplican con rapidez y se abren paso a través de las normales
Células normales entre las cancerosas
En los tumores pueden formarse depósitos duros de calcio
Allí donde el tumor erosiona la capa epitelial se pueden formar úlceras
Los tumores se forman a menudo en la capa epitelial que cubre tejidos y órganos
Al presionar y reventar finos vasos sanguíneos, las células cancerosas pueden causar hemorragias
Los vasos linfáticos proporcionan una vía de dispersión a las células cancerosas
Las células cancerosas son de mayor tamaño y con un gran núcleo
Las células cancerosas forman excrecencias en forma de zarcillos que se infiltran en los tejidos que las rodean
Células normales
Cápsula fibrosa o envoltura externa que contiene el tumor
Las células de los tumores benignos son de tamaño y forma regulares
El cuerpo del tumor puede crecer rápida o lentamente, según los cambios genéticos en las células
La cápsula fibrosa forma una barrera que impide la dispersión de las células del tumor
Un sistema de vasos sanguíneos permite que lleguen oxígeno y nutrientes al tumor

Crecimiento de un tumor maligno
Los tumores malignos suelen producir sustancias que destruyen otros tejidos. Esto les permite infiltrarse, haciéndolos difíciles de aislar mediante cirugía, y extenderse con la sangre y la linfa a otras partes del cuerpo.

Estructura de un tumor benigno
Los tumores benignos a menudo son fáciles de separar de su entorno. No atacan otros tejidos ni se extienden, sino que quedan encapsulados. Solo causan problemas si crecen demasiado o presionan los órganos adyacentes.

DETECCIÓN DEL CÁNCER

Existen dos tipos de pruebas para detectar cáncer: las pruebas preventivas, para buscar alteraciones en las células que pueden acabar en cáncer antes de que se malignicen (como en el caso del cáncer de cuello uterino), y las pruebas de detección precoz, que permiten encontrar cánceres en fases incipientes, que pueden ser asintomáticos (no dar síntomas). Estas se suelen realizar para detectar cáncer de mama; si se halla a tiempo, existen más posibilidades de terapia y curación.

Mamografía
El cáncer de mama se detecta mediante mamografía. Esta técnica de radiografía especial muestra los tejidos mamarios y permite detectar el cáncer en una fase inicial.

INICIO DEL CÁNCER

A menudo, un agente carcinógeno, como el humo del tabaco, desencadena el cáncer. Los genes defectuosos pueden aumentar el riesgo de desarrollar la enfermedad.

Para que surja un cáncer han de concurrir varios factores. El desencadenante habitual es un daño causado al ADN de unos genes llamados oncogenes, que programan el comportamiento de las células. Si estos sufren mutaciones o daños, en vez de permitir la muerte normal de las células (apoptosis), les dan la orden de continuar dividiéndose.

Muchas sustancias pueden dañar el ADN: la radiación solar, tóxicos como el alcohol y los subproductos de la combustión del tabaco. Las hormonas sexuales pueden provocar cáncer al sobreestimular el crecimiento celular. Los virus también pueden dañar el ADN, como el de la hepatitis C. Aunque se producen daños celulares continuamente, el ADN del cuerpo suele repararse solo. Pero para que lo haga correctamente se necesita un sistema inmunitario sano, así que el riesgo aumenta si se padece una enfermedad que debilita dicho sistema (como el sida). El cáncer es más probable cuando el daño se repite, es grave o se mantiene a lo largo del tiempo, o si la se han heredado oncogenes defectuosos. En estos casos el daño se vuelve permanente, y las funciones celulares básicas se ven irreparablemente afectadas.

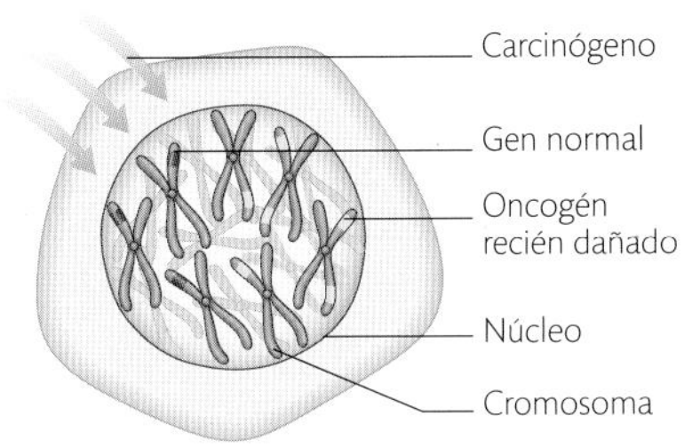
Carcinógeno
Gen normal
Oncogén recién dañado
Núcleo
Cromosoma

1 Daño por carcinógenos
Los carcinógenos dañan el ADN de los oncogenes, que restringen el crecimiento celular. Toxinas, radiaciones y virus pueden dañar el ADN, sometido a constantes ataques.

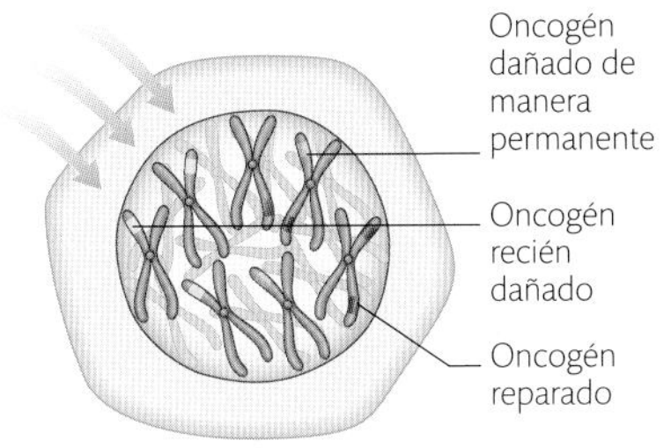
Oncogén dañado de manera permanente
Oncogén recién dañado
Oncogén reparado

2 Daños permanentes
El ADN puede regenerarse, pero si el daño es grave o sostenido, o si falla el mecanismo de reparación, los oncogenes pueden quedar dañados para siempre y pierden su capacidad de evitar el cáncer.

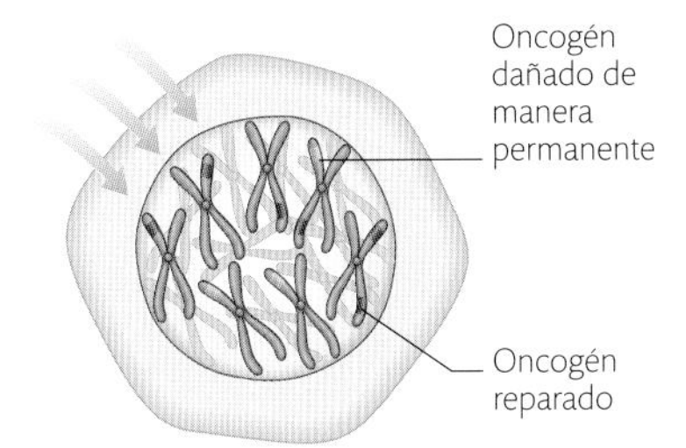
Oncogén dañado de manera permanente
Oncogén reparado

3 La célula se vuelve cancerosa
Si el oncogén queda permanentemente dañado, comienza el crecimiento celular anómalo. La malignidad depende de la naturaleza de las células afectadas y de cómo crecen.

PROPAGACIÓN DEL CÁNCER

El cáncer se extiende por crecimiento localizado. Cuando las células sobrepasan el tumor, la sangre y el sistema linfático las transportan a otras partes del cuerpo.

El crecimiento localizado del cáncer se produce por multiplicación de las células cancerosas en su lugar de origen. Si las células parecen normales y se comportan normalmente, extendiéndose limpiamente presionado los tejidos en lugar de abrirse paso a través de ellos, el tumor se comporta de manera benigna, aunque puede extenderse con rapidez. Las células cancerosas malignas producen sustancias que les permiten entrar en otras estructuras, atravesando otros tejidos (invasión localizada) y destruyendo las paredes de vasos sanguíneos y linfáticos.

Las principales rutas de su propagación son los sistemas circulatorio y linfático, vías por las que el cuerpo distribuye nutrientes y recoge residuos. Cuando las células cancerosas entran en estas vías, pueden llegar a otros lugares del cuerpo, como hígado, cerebro, pulmones o huesos. Una vez que se han alojado en estas áreas distantes, los cánceres más agresivos se pueden establecer y pueden comenzar a crecer independientemente del tumor original. Este proceso y los tumores resultantes se denominan metástasis. Algunos cánceres tienen tendencia a extenderse a lugares característicos: así, por ejemplo, el cáncer intestinal suele propagarse al hígado a través de los vasos sanguíneos que conducen a este para procesar los productos de la digestión.

PROPAGAGIÓN POR LA LINFA

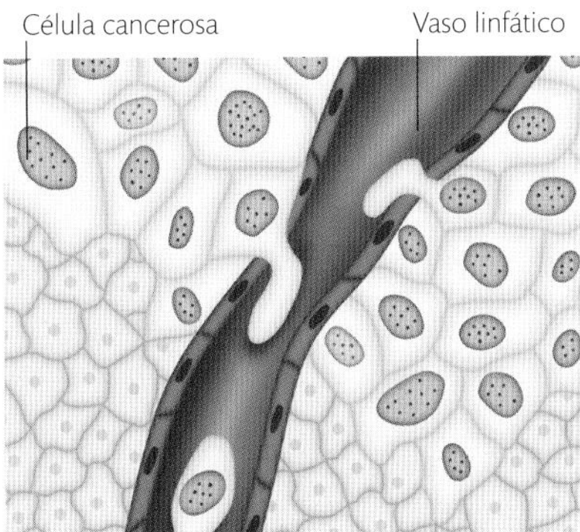
Célula cancerosa
Vaso linfático

1 Rotura de vaso linfático
Al crecer el tumor primario, sus células invaden los tejidos adyacentes. Los vasos linfáticos son un medio de transporte ideal para las células anómalas, que viajan por todo el cuerpo.

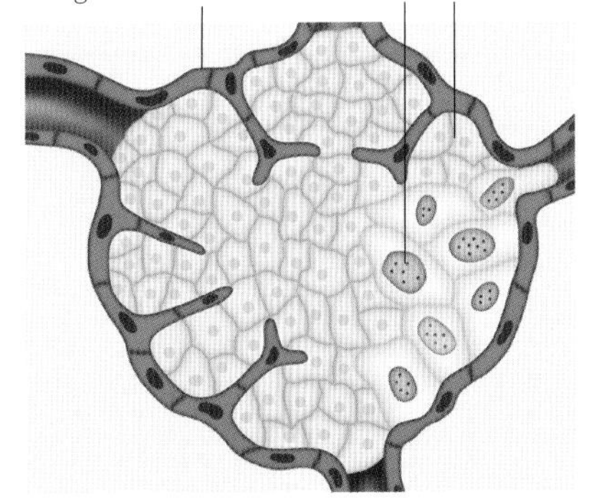
Ganglio linfático
Célula cancerosa
Célula inmunitaria

2 Tumor en ganglio linfático
Las células cancerosas que penetran en un ganglio linfático se dividen y crean un tumor secundario (metástasis). Las células inmunitarias pueden detener temporalmente su crecimiento.

PROPAGACIÓN POR LA SANGRE

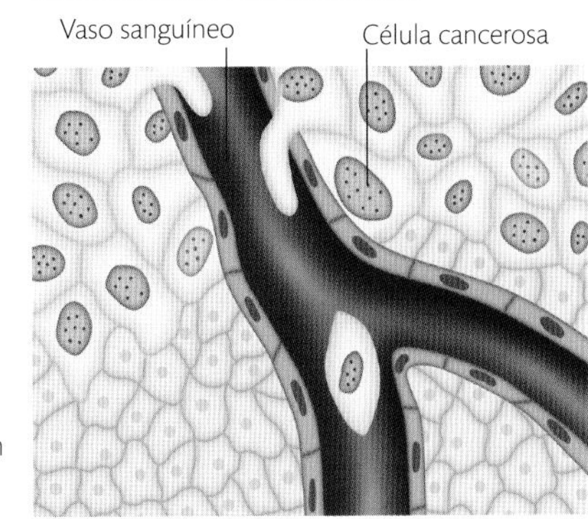
Vaso sanguíneo
Célula cancerosa

1 Rotura de vaso sanguíneo
La rotura de un vaso sanguíneo a medida que un tumor se expande puede causar hemorragias y permite a las células tumorales entrar en el torrente sanguíneo. Así logran llegar a otras partes del cuerpo.

Tejido normal
Tumor secundario

2 Tumor secundario
Las células cancerosas pueden ser más grandes que los glóbulos rojos y alojarse en vasos estrechos. Al dividirse se abren paso en los tejidos adyacentes, estableciendo así un tumor secundario.

TRATAMIENTO DEL CÁNCER

El cáncer se puede tratar con cirugía para extirpar el tumor, con radioterapia o con fármacos (quimioterapia) que matan las células cancerosas.

Algunos cánceres (los detectados en fases iniciales y los menos malignos) se pueden tratar quirúrgicamente, extirpando el tumor. También se requiere cirugía para reducir el tamaño de los tumores antes de otros tratamientos, o para evitar que dañen tejidos adyacentes. La radioterapia, que destruye las células cancerosas mediante radiación de alta intensidad, puede curar la enfermedad o retrasar e incluso prevenir el crecimiento tumoral, y permite apuntar a los tumores más inaccesibles. Sus efectos secundarios son fatiga, vómitos, falta de apetito y dolor en la piel sobre el lugar tratado. Se puede aplicar junto con otros tratamientos.

La quimioterapia comprende muchos fármacos diferentes cuyo objetivo son los oncogenes dañados (que han sufrido mutaciones y causan tumores), los factores de crecimiento y la división de las células cancerosas. Algunas sustancias actúan contra la división celular; otras, contra las características de algunos cánceres, por lo que su objetivo son todas las células que posean esos rasgos. El tratamiento puede curar la enfermedad o paliar sus síntomas, y se puede administrar oralmente o inyectar en el torrente sanguíneo o en la médula espinal. Los fármacos pueden causar efectos secundarios como náuseas y alopecia, ya que son sustancias muy tóxicas. El éxito del tratamiento depende de la edad y la salud general del paciente, así como del tipo de cáncer.

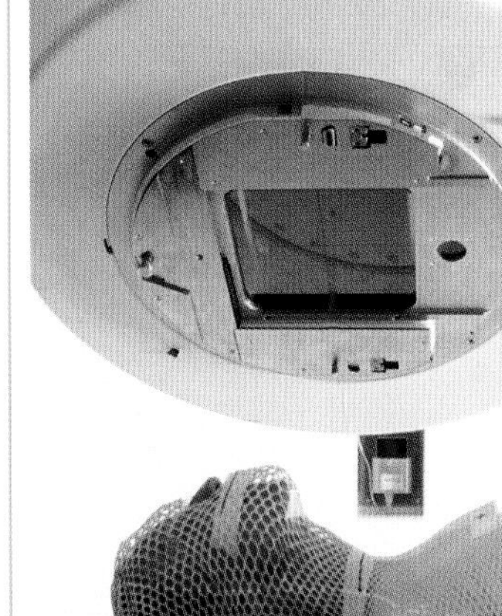

Tratamiento con radioterapia
Su objetivo es eliminar células cancerosas. Durante el tratamiento se bombardea con precisión el área cancerosa con radiación de alta intensidad para destruirla o frenar su crecimiento.

ENFERMEDADES INFECCIOSAS

Una infección es la invasión del cuerpo por microorganismos patógenos que se multiplican en los tejidos corporales. Son susceptibles de causar enfermedades infecciosas los virus, bacterias, hongos, protozoos, parásitos y unas proteínas irregulares llamadas priones.

VÍAS DE INFECCIÓN

El cuerpo está siempre expuesto a infecciones, pero las enfermedades solo se producen cuando un organismo infeccioso supera las defensas del sistema inmunitario.

Los organismos infecciosos pueden entrar en el cuerpo por cualquier brecha en sus defensas naturales: a través de la piel, por un pinchazo o una herida; o a través de las mucosas de ojos, nariz, oídos, tracto digestivo, pulmones y genitales, por inhalación, absorción o ingestión. Desde allí pueden propagarse por la sangre (como el VIH); por los nervios (como en la rabia), o invadiendo tejidos corporales (como en las gastroenteritis). La mayoría de patógenos, excepto los priones, son organismos vivos, y cuando penetran en el cuerpo, el sistema inmunitario se organiza para combatirlos. Esto produce los síntomas de la enfermedad, como fiebre, inflamación y aumento de mucosidad. La gravedad del trastorno depende de la fuerza y el número de los agentes invasores, y de la respuesta inmunitaria. Algunas infecciones duran poco tiempo antes de ser vencidas por las defensas del huésped o de matar a este; otras se vuelven crónicas o se transmiten a otros.

Infecciones de transmisión aérea
Muchos virus y bacterias se transmiten por las gotitas en suspensión expulsadas por la nariz o la boca al estornudar y toser, y entran en un nuevo huésped a través de las mucosas.

INFECCIONES VÍRICAS

Los patógenos víricos oscilan entre los «inofensivos», como los causantes de verrugas o del resfriado común, a los potencialmente mortales, como el coronavirus (p. 470).

Los virus, formados por material genético encerrado en una cápsula de proteína, son el tipo de organismo infeccioso más pequeño. Incapaces de multiplicarse por sí mismos, invaden células y usan sus mecanismos de reproducción. Las nuevas partículas salen de la célula haciéndola estallar y destruyéndola, o brotando a través de su superficie, y viajan para infectar nuevas células. Las infecciones suelen ser sistémicas, implicando a varias partes del cuerpo simultáneamente.

Muchos de los síntomas que causan se deben en parte a la activación del sistema inmunitario para combatir la infección, como glándulas inflamadas y congestión nasal. La respuesta inmunitaria comienza con fiebre, en un intento de frenar la replicación de virus elevando la temperatura corporal por encima del nivel óptimo para ello; la inflamación aparece cuando el sistema inmunitario envía leucocitos y sustancias químicas a combatir en el área afectada. Los virus suelen causar erupciones cutáneas, pero sin dolor. La excepción son los virus del herpes que provocan herpes labial y genital, varicela y herpes zóster.

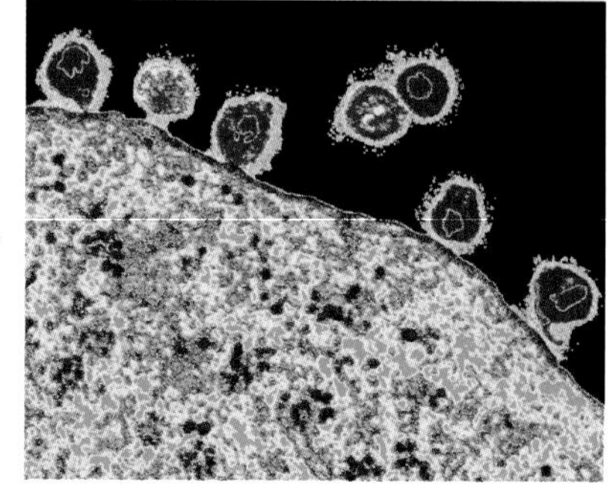

VIH brotando de una célula
Una vez el virus ha usado el ADN y los mecanismos reproductores celulares para replicarse, sus «hijos» brotan de la célula, libres para infectar nuevas células.

INFECCIONES BACTERIANAS

Las bacterias pueden causar infecciones cuando se multiplican tan rápido que el sistema inmunitario no logra controlarlas, o al liberar toxinas que dañan los tejidos.

Las bacterias son organismos unicelulares más grandes que los virus, capaces de reproducirse de forma independiente. Están por todas partes, y el cuerpo contiene muchas variedades, sobre todo en piel e intestinos. La mayoría no causa daños, y muchas son incluso beneficiosas. Pero si el sistema inmunitario está debilitado por una lesión, como una quemadura, o por una enfermedad, algunas pueden provocar una infección: *Staphylococcus aureus* vive en la piel, pero puede causar forúnculos en personas con el sistema inmunitario debilitado.

Otros trastornos se producen por patógenos bacterianos que invaden el cuerpo y se diseminan por la sangre y los fluidos o tejidos corporales. Pueden infectar un área concreta, como las membranas del encéfalo y la médula espinal en la meningitis, o el cuerpo entero, como en la septicemia (envenenamiento de la sangre). Los síntomas pueden variar según sea el lugar de infección: comprenden fiebre, dolor, irritación de garganta, vómitos o diarrea (el cuerpo intenta expulsar la infección), inflamación y pus (mezcla de leucocitos y material muerto). Una infección bacteriana puede seguir a una vírica, ya que los tejidos inflamados por un virus permiten la multiplicación de bacterias. Muchas infecciones se tratan hoy con antibióticos, que matan las bacterias, aunque algunas han desarrollado resistencia a dichos fármacos (derecha).

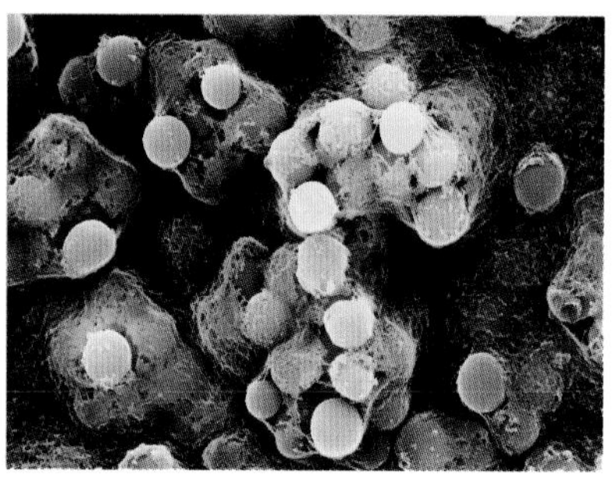

Estreptococos
Micrografía electrónica de *Streptococcus pyogenes*, bacteria que causa la escarlatina. Los afectados presentan garganta inflamada y con pus, lengua roja, fiebre y erupción cutánea de color escarlata.

RESISTENCIA A LOS ANTIBIÓTICOS

Todos los organismos se adaptan a los cambios de su entorno. Desde que se comenzó a usar antibióticos, las bacterias han desarrollado mecanismos para resistir a ellos. Una vez generado aleatoriamente un método de resistencia en una de los millones de bacterias en división, se codifica en un fragmento de material genético llamado plásmido y se transfiere entre bacterias, de modo que el fármaco resulta inútil.

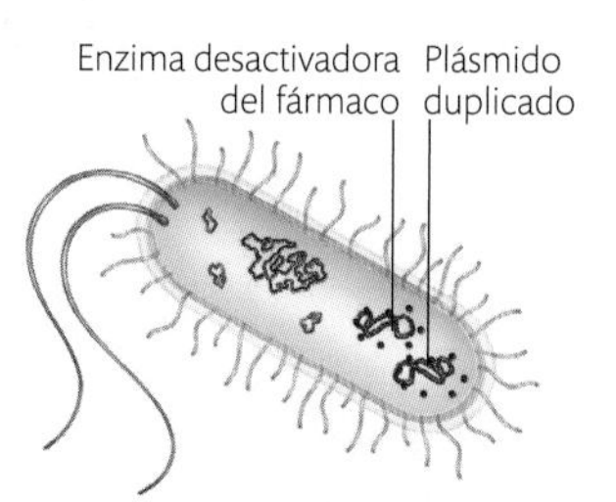
Enzima desactivadora del fármaco
Plásmido duplicado

1 Acción de los plásmidos
Los plásmidos hacen que la bacteria produzca enzimas contra los antibióticos, o alteran sus receptores, a los que se fijan los antibióticos. Luego se copian a sí mismos.

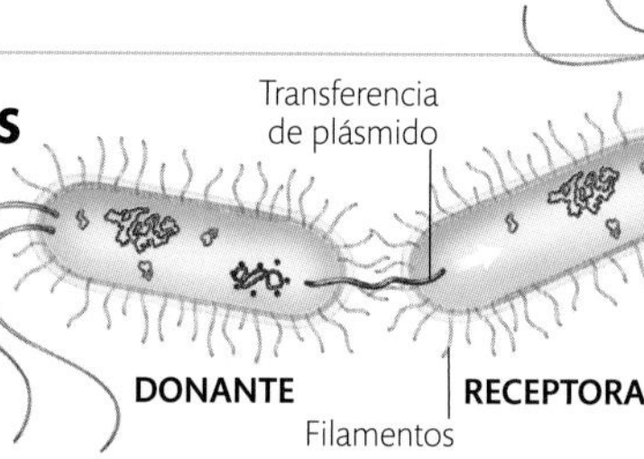
Transferencia de plásmido
DONANTE
RECEPTORA
Filamentos

2 Transferencia de plásmidos
Se realiza durante un proceso llamado conjugación. La bacteria donante pasa a la receptora una copia del plásmido a través de un tubo llamado filamento.

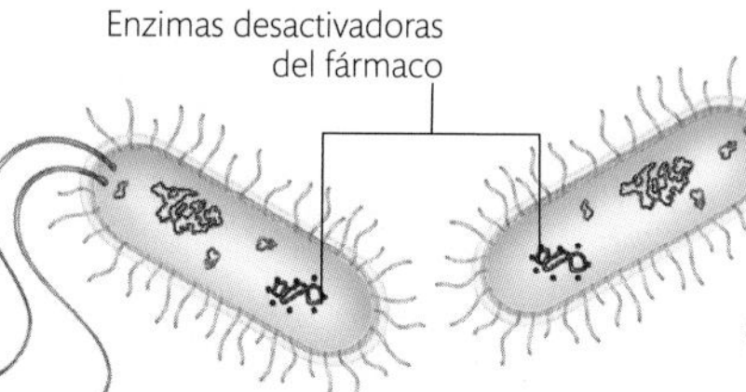
Enzimas desactivadoras del fármaco

3 Cepas resistentes a fármacos
Poblaciones enteras de bacterias se hacen resistentes a un tipo de antibióticos, como *Staphylococcus aureus* resistente a la meticilina (SARM).

INFECCIONES FÚNGICAS

Las infecciones por hongos o levaduras rara vez son peligrosas, a menos que el sistema inmunitario esté debilitado; en ese caso puede darse una infección masiva.

Las levaduras y los hongos son organismos simples que crecen en colonias de células redondeadas (levaduras) o en largos hilos (hongos filamentosos). Muchos viven en zonas húmedas de la piel, donde solo causan problemas menores, como erupciones o escamas. También pueden habitar en mucosas como las de la boca o la vagina: *Candida albicans* puede causar aftas, con síntomas como dolor o picor, y descarga vaginal. Los hongos infecciosos pueden entrar en el cuerpo procedentes del suelo o plantas en putrefacción.

Algunos penetran por desgarros en la piel, como en la esporotricosis, que suele provocar una infección cutánea; otros pueden inhalarse y pasar de los pulmones al resto del cuerpo, como en la aspergilosis. Las infecciones fúngicas causan escasos daños en personas sanas y por lo general se curan con fármacos antifúngicos. En pacientes con el sistema inmunitario deprimido, como los enfermos de sida, los hongos más inofensivos pueden ocasionar enfermedades graves.

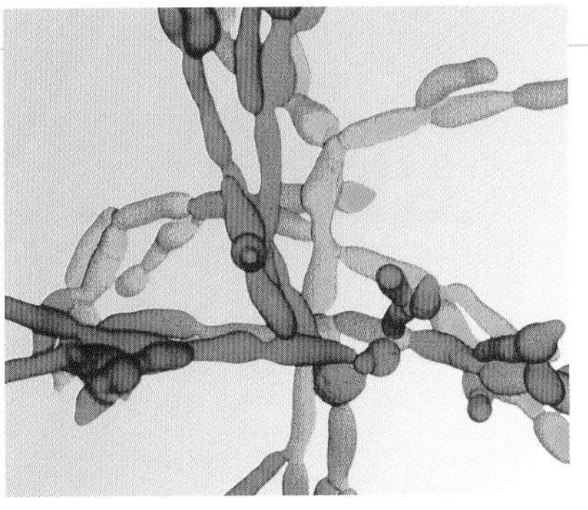

Cándidas
Candida albicans, una levadura infecciosa que vive en condiciones normales en los intestinos, puede ser un patógeno oportunista en otras partes del cuerpo de personas con el sistema inmunitario débil.

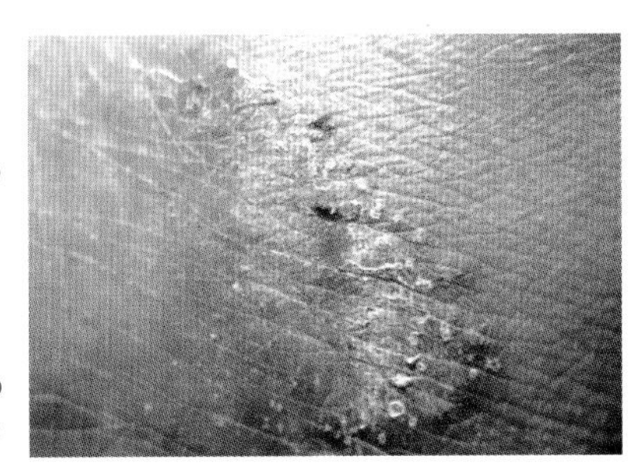

Pie de atleta
O tiña del pie, es una infección fúngica de la piel, habitualmente entre los dedos. El hongo causante prefiere espacios húmedos y cálidos, y también infecta el cuero cabelludo y las ingles.

INFECCIONES POR PROTOZOOS

Frecuentes en regiones tropicales o áreas con poca higiene, los protozoos pueden entrar en el cuerpo mediante vectores (portadores) como los mosquitos, o con la comida y el agua.

Los protozoos son organismos unicelulares; algunos viven en el agua u otros líquidos, y proliferan en climas cálidos. La malaria, causada por los parásitos *Plasmodium*, es la infección por protozoos más conocida. Los parásitos pasan algunas fases de su ciclo vital en mosquitos que transmiten la infección a los humanos. Tras entrar en el torrente sanguíneo, se multiplican y penetran en los glóbulos rojos y los destruyen. Causa fiebre alta, escalofríos, dolor de cabeza y confusión. En el África subsahariana se está administrando una vacuna a los niños. Se puede limitar la difusión de la infección con medidas de control de los mosquitos, mosquiteros y repelente.

Otras infecciones, como la amebiasis y la giardiasis, se transmiten por agua y alimentos contaminados; causan síntomas digestivos como diarrea y dolor abdominal. La toxoplasmosis se puede contraer por contacto con heces de gato o por comer carne poco cocida.

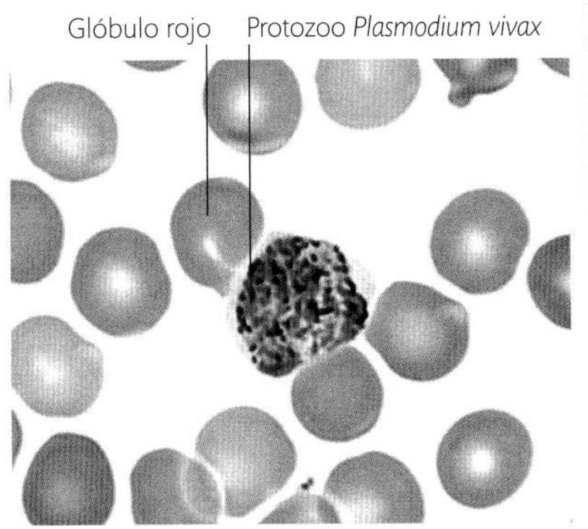
Glóbulo rojo
Protozoo *Plasmodium vivax*

Protozoos de la malaria
Los parásitos *Plasmodium* pasan parte de su ciclo vital en los glóbulos rojos de la sangre humana. Al multiplicarse los destruyen y liberan nuevos parásitos que invadirán nuevos glóbulos rojos.

INFESTACIÓN POR GUSANOS

Los gusanos interfieren en el suministro de nutrientes del cuerpo, aprovechándolos para su beneficio. Se transmiten por agua, heces y alimentos poco cocidos.

Los gusanos parasitarios (helmintos) viven dentro de huéspedes vivos, adhiriéndose a su intestino con una estructura bucal para absorber sangre. Son hermafroditas secuenciales, es decir, pueden ser macho o hembra en distintos momentos de su vida. Entran en el cuerpo por ingestión, se reproducen en el tracto digestivo y ponen huevos, que pueden transferirse a un nuevo huésped. Hay millones de personas afectadas en el mundo: en los países en desarrollo, son una causa habitual de anemia. La infestación más común en Occidente es la de los oxiuros (lombrices).

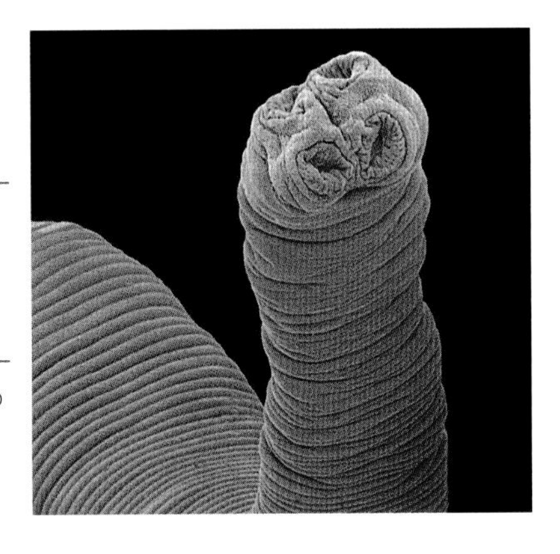

Tenia o solitaria
Este cestodo vive en el intestino de su huésped: hace que pierda peso a pesar del aumento de ingesta de alimentos. Los humanos se infestan al comer carne contaminada con larvas, o ingerir restos de heces.

ZOONOSIS

Son enfermedades que pueden transmitirse entre especies animales. Muchas son muy graves y algunas pueden causar epidemias.

Al evolucionar, algunos patógenos pueden mutar y cruzar la barrera de la especie, ya sean virus (rabia), bacterias (peste), proteínas anómalas (enfermedad de Creutzfeldt-Jakob), protozoos (toxoplasmosis) o gusanos. Así empezaron muchas enfermedades humanas (sarampión, gripe, viruela, infección por VIH). El catarro o resfriado común probablemente provino de las aves, y la tuberculosis podría haber empezado también en animales. Durante las fases tempranas del encuentro, cuando los organismos todavía no se han adaptado bien a su nuevo huésped, y este no ha adaptado su sistema inmunitario a ellos, la infección es catastrófica, ya que el huésped muere rápidamente.

Un organismo infeccioso, para sobrevivir y reproducirse con éxito, necesita prosperar en un huésped vivo. En enfermedades zoonóticas graves, el ser humano es un huésped final y se infecta accidentalmente, como en el caso del carbunco, la rabia y el VIH. Estas enfermedades dieron el «salto entre especies» recientemente en términos evolutivos. Con el tiempo, el patógeno se va adaptando al nuevo huésped, que a su vez adquiere inmunidad, y las zoonosis son cada vez menos graves.

Enfermedad de Lyme
Causada por una bacteria transmitida por garrapatas en América del Norte y Europa, provoca erupción cutánea y síntomas gripales.

INMUNIZACIÓN

Tras sobrevivir a una infección, el cuerpo se vuelve inmune a ella. Sin embargo, la inmunización activa permite desarrollar las defensas sin tener que exponerse a la enfermedad. Se suele obtener mediante vacunación: la inyección de una forma «atenuada» del agente patógeno (que está vivo, pero es inofensivo) o de una vacuna muerta (obtenida de la capa proteica del patógeno) hacen que el sistema inmunitario ataque al organismo infeccioso. También se puede administrar anticuerpos (proteínas del sistema inmunitario) que proceden de animales u otros humanos. De esta forma, la inmunización resulta útil contra muchas enfermedades bacterianas y víricas comunes, como tétanos, difteria, polio, meningitis C, covid-19 y gripe, y ha conseguido erradicar la viruela. Otros organismos infecciosos, como el VIH, suponen un auténtico desafío, pues cambian de forma rápidamente y a menudo.

Vacunación contra el sarampión
El sarampión solía ser una enfermedad infecciosa habitual en la infancia. No obstante, la inmunización activa de poblaciones infantiles enteras ha permitido tenerla bajo control en Occidente.

TRASTORNOS DE PIEL, PELO Y UÑAS

La piel está en contacto con microorganismos y sustancias irritantes, y puede inflamarse e infectarse. Los cánceres de piel están causados por la exposición excesiva al sol. Los trastornos de pelo y uñas pueden deberse a enfermedades específicas o a problemas de salud general.

DERMATITIS ATÓPICA

Llamada comúnmente eccema, es una enfermedad crónica que causa picor, enrojecimiento, sequedad y agrietamiento de la piel, generalmente en niños propensos a alergias.

El 20% de los niños desarrolla un eccema atópico, que en la mayoría de los casos desaparece con la edad. Rara vez aparece en la vida adulta. Es una enfermedad hereditaria y suele darse junto con alergias y asma. Afecta por igual a ambos sexos. Puede surgir en brotes desencadenados por ingestión de alérgenos (productos lácteos o trigo); por contacto con alérgenos (ácaros del polvo, polen y pelo de animales), y por estrés y fatiga. Se da en los pliegues de la piel alrededor de codos, rodillas, tobillos, muñecas y cuello.

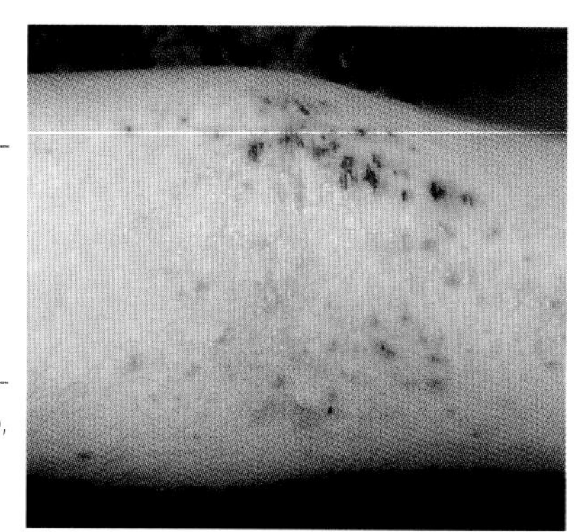

Eccema en el brazo
La piel afectada se vuelve rojiza y más gruesa, con marcas prominentes, costras y fisuras. Pica mucho y puede doler.

Comienza con manchas de piel enrojecida y pruriginosa (con picor), que va progresando hacia la descamación y la aparición de fisuras. La piel puede hacerse más gruesa, con las líneas acentuadas y marcada sequedad, cortada y agrietada. No se cura y además puede causar un grave problema emocional. El tratamiento consiste en evitar los desencadenantes y en el empleo de medicamentos contra el picor y emolientes para reducir la sequedad de la piel. Los corticosteroides tópicos se aplican durante los brotes o de forma regular, según la gravedad. Si el eccema se infecta requiere antibióticos.

MARCAS DE NACIMIENTO

Se trata de marcas pigmentadas que se desarrollan en la piel antes o poco después de nacer. Incluyen las manchas café con leche (permanentes, color marrón claro) y de vino de oporto (permanentes, color rojo o púrpura). El nevus en fresa (foto) se debe a una distribución anómala de vasos sanguíneos y suele disminuir alrededor de los 6 años. Los «picotazos de cigüeña» (rosadas) y las manchas mongólicas, que parecen cardenales, son otras marcas.

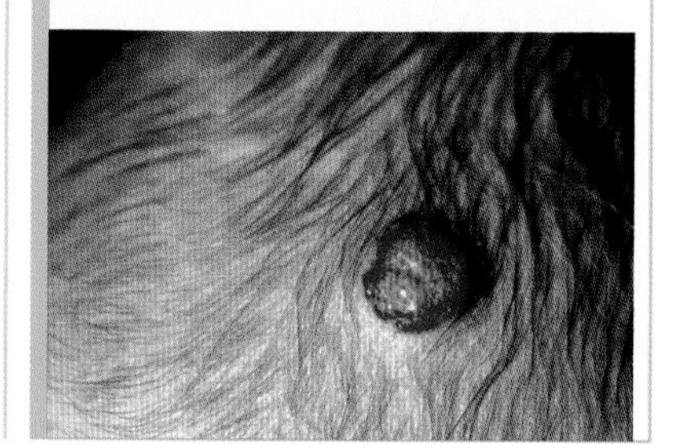

DERMATITIS DE CONTACTO

Inflamación de la piel causada por una reacción alérgica o por irritación directa.

La dermatitis de contacto irritativa es más común que la alérgica y puede deberse a una amplia variedad de irritantes químicos o físicos. Las causas químicas más comunes son abrasivos, disolventes, ácidos y álcalis, y jabones; entre las causas físicas se hallan el roce prolongado con determinada ropa y ciertas plantas. La dermatitis de contacto alérgica suele estar causada por metales (como el níquel empleado en bisutería), látex, adhesivos y cosméticos. Los síntomas de esta dermatitis comprenden picor o erupción dolorosa, urticaria y ampollas. Si es alérgica, puede tardar hasta 3 días en desarrollarse; si se debe a un agente irritante, la inflamación suele ser inmediata. La piel afectada puede volverse más gruesa, seca y agrietada. El tratamiento se basa en evitar los factores desencadenantes y aplicar emolientes y corticosteroides tópicos.

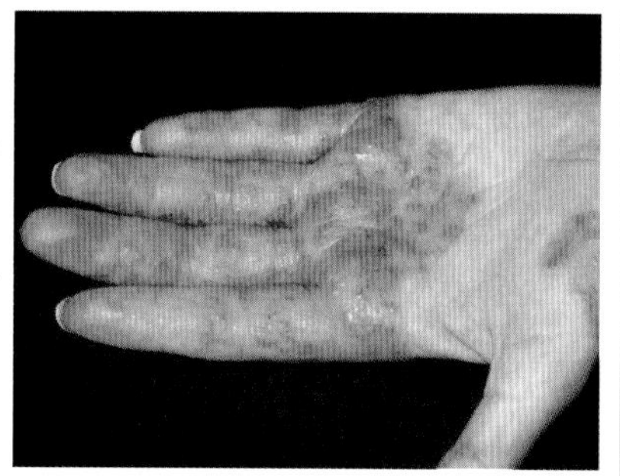

Piel con dermatitis
La dermatitis de contacto ocupacional es frecuente en profesiones como la peluquería, donde las manos están expuestas de continuo a los productos químicos suaves de los champúes.

IMPÉTIGO

Infección bacteriana superficial de la piel, generalmente en la cara, muy contagiosa. Rara vez causa complicaciones.

Se reconocen dos tipos de impétigo: el más común es el no ampolloso, o no bulloso. Suele comenzar con una pequeña vesícula roja que estalla pronto y deja escapar un líquido; este forma una costra, generalmente alrededor de la boca y la nariz. En el impétigo ampolloso o bulloso, las ampollas son más grandes (bullas) y pueden tardar días en reventar y formar la costra; son más frecuentes en tronco, brazos y piernas. Se cura al cabo de unos días y no deja cicatriz. Es habitual en niños y en personas que viven en entornos cerrados o practican deportes de contacto. Para tratar la infección y evitar el contagio se usan antibióticos tópicos u orales. Es muy contagioso por contacto directo con las lesiones o por compartir servilletas o toallas. Las complicaciones son raras e incluyen celulitis y septicemia.

Infección de impétigo
Una pústula o vesícula llena de líquido se rompe y desarrolla una costra de color miel (en pieles claras). Si se toca, la infección se puede transmitir a otras áreas del cuerpo y a otras personas.

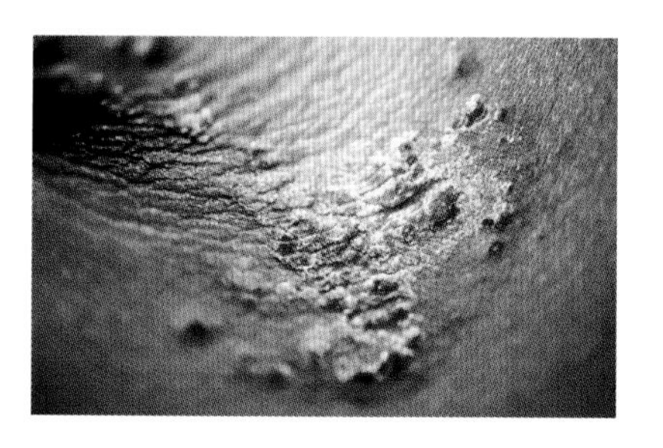

PSORIASIS

Es un trastorno crónico en que las células de la piel se reproducen demasiado rápido, formando placas con escamas y picor.

La psoriasis afecta a 1 de cada 50 personas. Ambos sexos son afectados por igual, y es hereditaria. La psoriasis comienza entre los 10 y los 45 años, y pueden desencadenarla una infección de garganta, heridas en la piel, fármacos y el estrés físico o emocional. Casi el 80% de los afectados sufre psoriasis en placas, o vulgar, caracterizada por placas rojas e irregulares cubiertas de escamas blancas, generalmente en codos, rodillas y cuero cabelludo, que pican y se inflaman. En la psoriasis invertida, o de pliegues, aparecen placas menores en los pliegues de la piel, como ingles y axilas. La psoriasis en gotas consiste en placas rojas y escamosas que cubren todo el cuerpo de las personas afectadas, con frecuencia jóvenes, después de una infección de garganta; suele desaparecer por completo. La psoriasis puede afectar solamente al cuero cabelludo. Se diagnostica por su aspecto y responde bien a la fototerapia con rayos UV, pero suele ser crónica. Los tratamientos tópicos comprenden emolientes, preparados a base de brea, corticosteroides, ditranol y análogos de las vitaminas D y A.

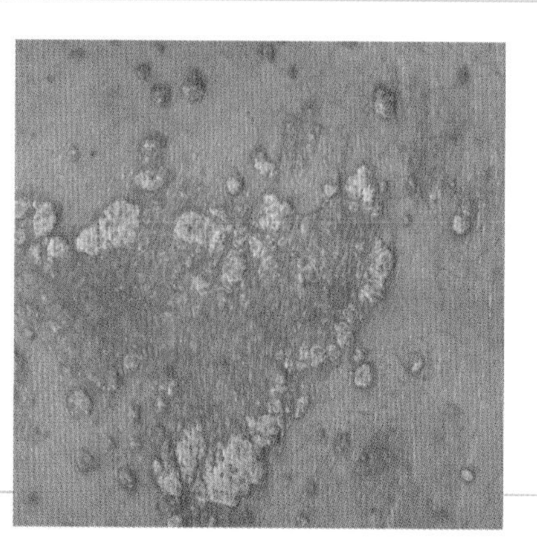

Psoriasis en placas
Las placas de la piel son gruesas, rojizas, irregulares y cubiertas de escamas blancas, con el borde elevado. Suelen picar y pueden causar escozor.

TIÑA

Con este nombre se conocen diversas infecciones fúngicas de las uñas, el cuero cabelludo y la piel.

Las tiñas se clasifican según el lugar infectado, generalmente zonas húmedas y cálidas que permiten proliferar a los hongos. En la tiña del cuerpo, o de la piel lampiña, aparece una erupción cutánea rojiza, amplia, gruesa y con forma de anillo en áreas expuestas (por ejemplo, cara y extremidades). Se contagia por contacto directo con animales u objetos infectados, como ropa y superficies de baño. La tiña de la cabeza afecta sobre todo a niños; se desarrollan placas escamosas en el cuero cabelludo, con pérdida de pelo en la zona. La tiña inguinal forma en los pliegues de las ingles una erupción roja y gruesa, acompañada de picor, que se vuelve más grande y rojiza hacia los bordes. La tiña del pie (o pie de atleta) produce descamación y picor en la piel de los pies, sobre todo entre los dedos. La onicomicosis (infección de las uñas por hongos) vuelve las uñas amarillentas, gruesas, deformes y quebradizas. Las infecciones fúngicas se diagnostican por su apariencia y con análisis microscópicos de raspados de piel o uñas. El tratamiento consiste en antifúngicos orales o tópicos, según el lugar y la gravedad.

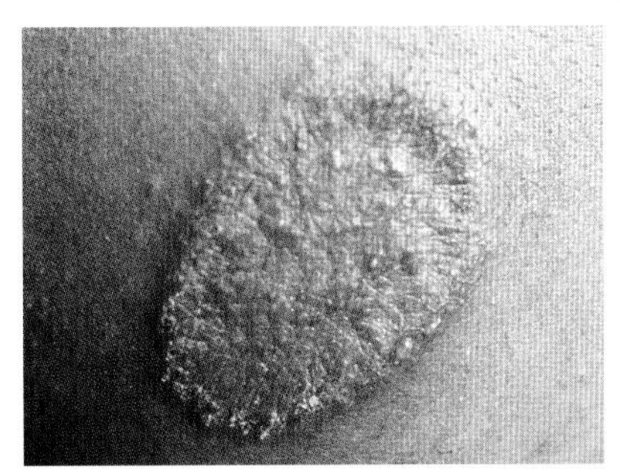

Erupción de la tiña del cuerpo
Un anillo rojizo y elevado, con el centro menos afectado, caracteriza este tipo de tiña; puede desarrollar escamas, costras y pápulas, en el borde externo especialmente. Es habitual en niños.

URTICARIA

Consiste en bultos rojos en la piel con picor. Suele deberse a una reacción alérgica y dura algunas horas.

Está causada por la secreción de histamina y sustancias inflamatorias por las células de la piel. Estas sustancias hacen que los pequeños vasos sanguíneos de la capa inferior de la piel segreguen fluido. Casi el 25 % de las personas desarrolla urticaria durante su vida, en la infancia o la adolescencia generalmente, y sobre todo las mujeres. La aguda dura menos de 6 semanas, y en la mayoría de casos, solo unas horas.

La urticaria alérgica suele deberse a alergias alimentarias o a fármacos, o al contacto directo de la piel con ciertas sustancias. Entre las causas no alérgicas están algunos alimentos (pescado en mal estado), el estrés y enfermedades víricas agudas. En las infrecuentes urticarias físicas, la presión, el ejercicio, el calor y el frío, la luz del sol y las vibraciones pueden ser la causa. La urticaria crónica (de larga duración), suele durar más de 6 semanas (a veces, años); no se suele hallar su causa y puede ser difícil de tratar. Se investigan posibles alergias y desencadenantes. El tratamiento consiste en evitar estos factores y en antihistamínicos orales durante los ataques o para prevenirlos. Para la urticaria crónica se pueden utilizar corticosteroides orales.

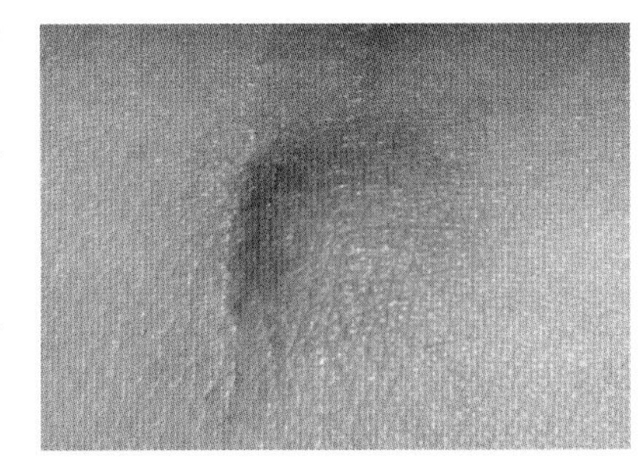

Habón causado por urticaria
Es un bulto rojizo que causa picor y puede variar de tamaño y forma. Suele ser redondeado, pero puede formar anillos o grandes placas.

ACNÉ COMÚN

La obstrucción e inflamación de las glándulas sebáceas provoca granos en cara, pecho y espalda. El acné afecta a casi todos los adolescentes.

El acné puede durar muchos años, con brotes repetidos, pero suele desaparecer hacia los 25 años de edad. Es más habitual en los chicos y puede ser hereditario. En adultos suele darse en mujeres y puede empeorar unos días antes de la menstruación o en el embarazo. Fármacos como los corticosteroides o la fenitoína pueden causarlo. El acné no es infeccioso ni se debe a una mala higiene, pero puede causar problemas psicológicos.

La piel adquiere aspecto grasiento. Los granos que se forman van desde comedones (espinillas) y puntos negros, hasta pápulas y pústulas (granos con pus). En los casos graves aparecen quistes (granos dolorosos y purulentos, con aspecto de forúnculos) y nódulos (bultos duros, grandes, profundos y dolorosos). Si se revientan, pueden dejar cicatrices similares a agujeros en la piel, o cicatrices queloides, rojas y abultadas. Para evitarlas no se debe apretar ni reventar los granos. El acné se diagnostica por su apariencia. El tratamiento depende de la gravedad y comprende combinaciones de antibióticos por vía oral durante meses, junto con fármacos tópicos como peróxido de benzoilo, retinoides, antibióticos y ácido azelaico. Pueden pasar entre 2 y 3 meses hasta notar una mejora visible. El acné grave puede requerir de 4 a 6 meses de retinoides orales, un poderoso fármaco utilizado por especialistas. Las cicatrices pueden precisar dermoabrasión o laserterapia.

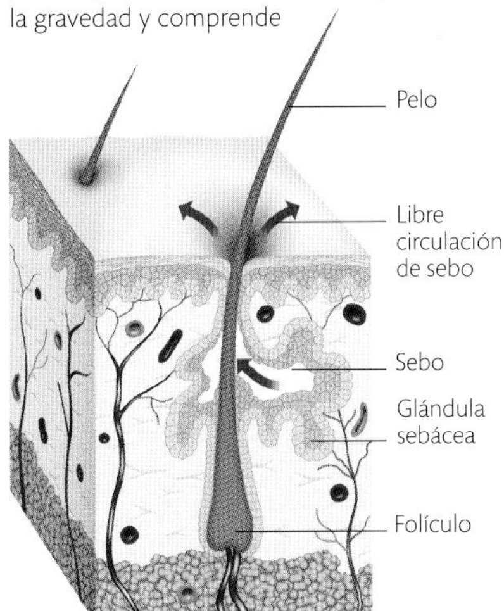
Pelo
Libre circulación de sebo
Sebo
Glándula sebácea
Folículo

Folículo piloso normal
La unidad pilosebácea consta de un folículo piloso, una glándula sebácea y un conducto sebáceo. La glándula produce un aceite (sebo), que fluye por el poro y lubrica el pelo y la piel.

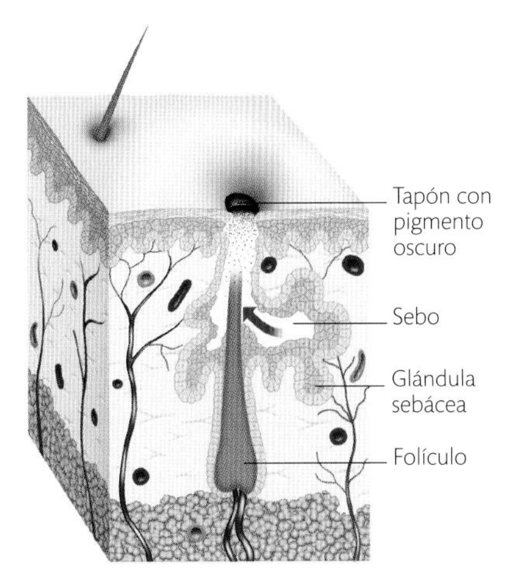
Tapón con pigmento oscuro
Sebo
Glándula sebácea
Folículo

Punto negro
En el acné se produce un exceso de sebo que, junto con células muertas de la piel, bloquea el folículo y forma un tapón en el poro, oscuro a causa de la pigmentación (punto negro).

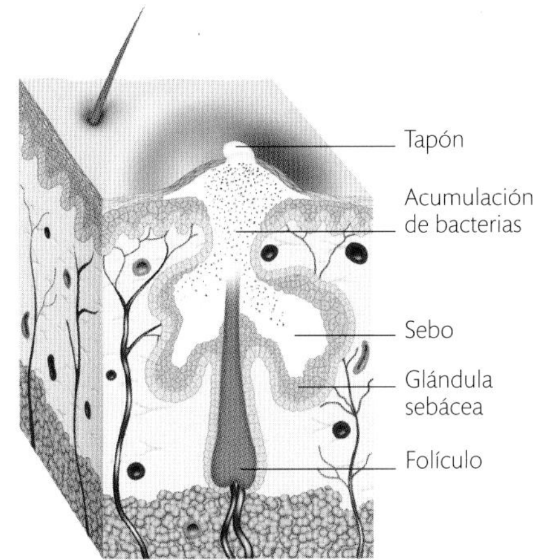
Tapón
Acumulación de bacterias
Sebo
Glándula sebácea
Folículo

Folículo infectado
Las bacterias, normalmente inofensivas, que viven en la piel contaminan el folículo taponado y causan inflamación e infección, que originan pústulas, nódulos y quistes.

ROSÁCEA

Es un trastorno crónico de la piel de la cara que afecta a personas de tez clara, causando congestión y enrojecimiento.

La rosácea es dos veces más frecuente en mujeres que en hombres y comienza pasados los 30 años de edad. Causa enrojecimiento facial que se puede extender a cuello y pecho, y dura unos minutos. Existen múltiples factores desencadenantes: cafeína, alcohol, luz del sol, viento, alimentos picantes y estrés. Se puede desarrollar un enrojecimiento permanente en mejillas, nariz, frente y barbilla, así como granos y pústulas, y hacerse visibles los capilares faciales (telangiectasia). La piel puede hacerse más gruesa y, en raros casos, la nariz adquiere forma bulbosa (rinofima).

La rosácea se diagnostica por su apariencia característica. El tratamiento comprende evitar los factores desencadenantes y, en los casos graves, antibióticos tópicos u orales. Se puede usar cosméticos para ocultar las rojeces y tratar la telangectasia con laserterapia. El rinofima puede requerir cirugía plástica.

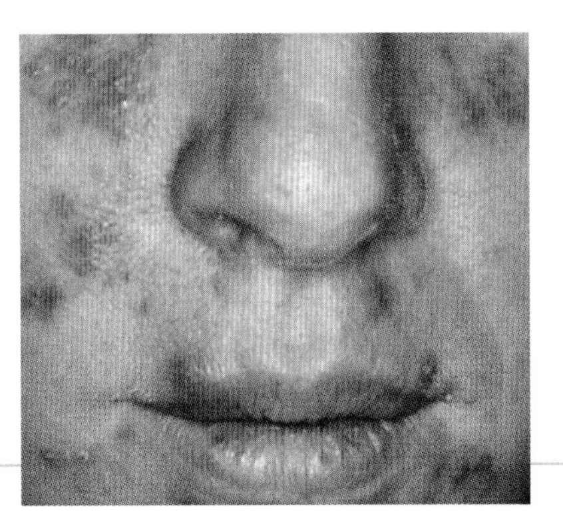

Rojez facial por rosácea
La cara enrojece y se ruboriza fácilmente. Se forman pápulas rojas y pústulas que se pueden confundir con las del acné común.

QUEMADURAS Y HEMATOMAS

Las quemaduras son lesiones cutáneas por calor, frío, electricidad, rozamiento, sustancias químicas o radiaciones. Los hematomas se forman por sangrado interno de los capilares.

Las quemaduras de primer grado afectan solo a la epidermis (capa externa de la piel) y causan hinchazón leve, enrojecimiento y dolor; rara vez dejan cicatriz. Las de segundo grado superficiales afectan a la epidermis y a la capa superficial de la dermis, y causan dolor, coloración roja oscura o violácea, hinchazón, ampollas y exudación de un fluido blanco; las profundas afectan a la epidermis y a toda la dermis, aparecen blancas o moteadas y duelen menos debido al daño de los nervios. Las de tercer grado afectan a la epidermis, la dermis y la capa de grasa subcutánea, y duelen poco o nada. La quemadura puede estar negra o carbonizada, correosa y marrón, o blanca y dúctil. Las quemaduras de cuarto grado alcanzan tejidos y estructuras subyacentes. El tratamiento depende de su gravedad, extensión y localización: las de tercer y cuarto grado pueden requerir trasplantes de piel; las extensas se pueden infectar fácilmente y causar pérdida masiva de líquidos.

Un gran hematoma en la piel se denomina equimosis, cardenal o moratón, y si mide menos de 3 mm, petequia. El tratamiento consiste en analgésicos, así como protección, descanso, hielo, compresión y elevación. Los hematomas sin explicación pueden indicar otros trastornos: problemas de coagulación, septicemia o leucemia.

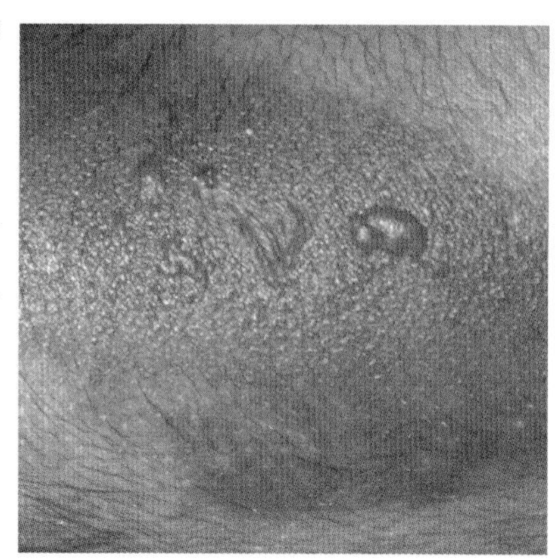

Escaldadura
Es una quemadura por líquido o vapor calientes, como el agua hirviendo de una olla. Como se ve en la imagen, presenta un área bien delimitada, con hinchazón, enrojecimiento y ampollas.

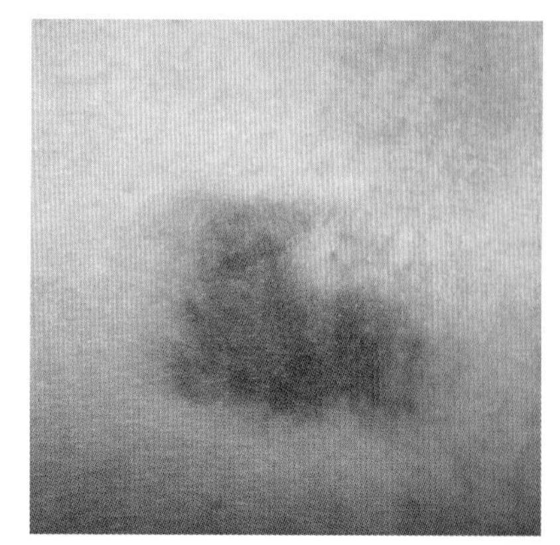

Cardenal
Los cardenales son machas violáceas que cambian de color cuando la hemoglobina de los glóbulos rojos se descompone en sustancias químicas de varios colores (verde, amarillo, marrón).

CÁNCER DE PIEL

Son los cánceres más diagnosticados en todo el mundo. Los más comunes son los carcinomas de células basales y escamosas, y el melanoma.

Los carcinomas de células basales y escamosas suelen estar causados por exposición acumulativa a los rayos ultravioleta (UV) de la luz solar o en cabinas bronceadoras. Son más comunes en personas de piel clara que viven en países con altos niveles de luz ultravioleta. Afectan con más frecuencia a hombres que a mujeres, quizá debido a diferencias de exposición a lo largo de la vida.

El carcinoma basocelular o de células basales surge de la capa de estas células y es raro antes de los 40 años. Representa el 80% de los cánceres de piel. La lesión surge como un bulto suave, rosa o marrón grisáceo, con un borde irisado, que puede dejar ver vasos sanguíneos. No causa dolor ni picor. El centro puede presentar úlceras o pigmentación. Crece lentamente y no suele crear metástasis. Se diagnostica mediante una biopsia, y normalmente se cura con extirpación quirúrgica.

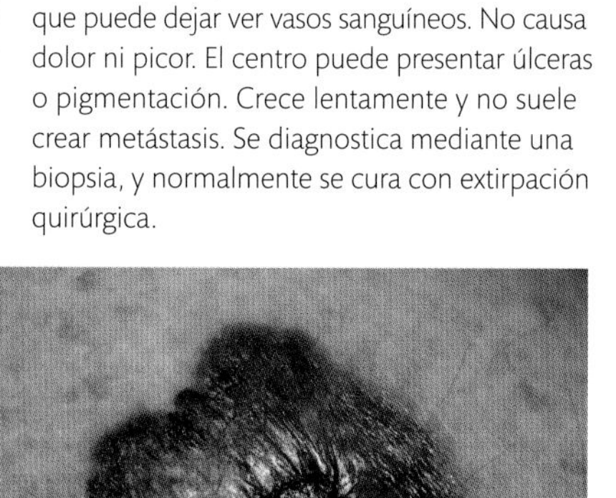

Melanoma de piel
Los signos que advierten de la malignización de un lunar comprenden un rápido crecimiento, cambios de color, forma o relieve, sangrado, picor, ulceración, forma irregular, color variable y bordes asimétricos.

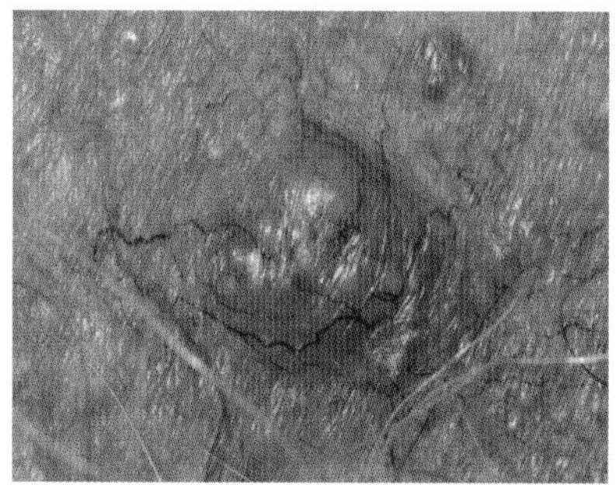

Carcinoma de células basales
Típico bulto rosado de carcinoma basocelular. El centro puede presentar costra y sangrar, y describirse como una llaga que no se cura.

El carcinoma de células escamosas surge de la capa de células escamosas, la más superficial. Puede causarlo la exposición a rayos UV y, más raramente, a carcinógenos químicos (como el alquitrán) o a radiación ionizante. Aunque la edad puede variar, suele aparecer a partir de los 60 años. Representa el 16% de los cánceres de piel. La lesión es un bulto duro, rosado y con descamación; puede ulcerarse, sangrar y formar costra. Crece lentamente, en ocasiones hasta formar una masa de cierto tamaño, y rara vez metastatiza. Se diagnostica mediante biopsia, y el tratamiento comprende la extirpación quirúrgica, que suele curarlo.

El melanoma surge de los melanocitos (células productoras de pigmento) de la piel. La exposición al sol, especialmente en la infancia; episodios de quemaduras solares con ampollas; el bronceado en cabina y un historial familiar son factores de aumento de riesgo. Es más común en personas de piel clara y con muchos lunares. Se puede desarrollar a partir de un lunar preexistente o aparecer como uno nuevo, negro o marrón, que crece (abajo). El pronóstico depende de la profundidad y la extensión del tumor. Se trata extirpándolo quirúrgicamente. Con frecuencia metastatiza y es fatal en un 10% de los casos. Se recomiendan las exploraciones periódicas y evitar el sol (ropa protectora, gafas, cremas de protección total, evitar la exposición a mediodía).

BIOPSIA DE PIEL

La biopsia de piel consiste en extraer una pequeña muestra de la lesión epitelial para examinarla al microscopio con el objetivo de diagnosticar infecciones, cánceres u otros trastornos de la piel. En una biopsia excisional se extirpa la lesión y un margen de piel normal a su alrededor. En una biopsia por perforación se extrae el núcleo de la lesión con una cuchilla cilíndrica, dejando el resto en el lugar si es grande. En una biopsia incisional se corta una fina capa de la parte superior de la lesión; esto puede bastar para extirpar por completo una lesión superficial.

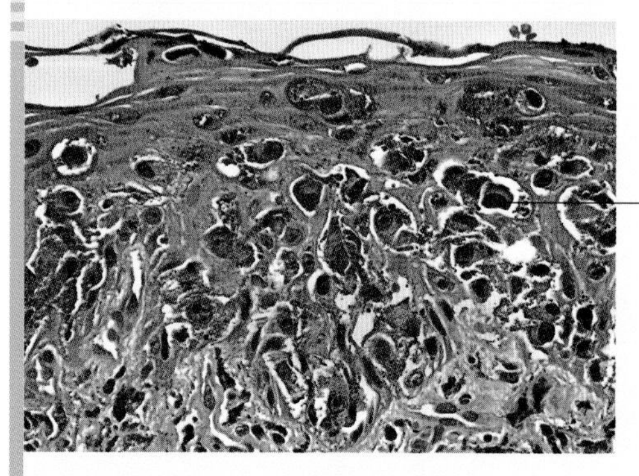
Melanocito

Biopsia de melanoma cutáneo
Esta imagen de una muestra de tejido vista al microscopio revela melanocitos cancerosos, con pigmento marrón, que han invadido la capa epidérmica (superior).

TRASTORNOS DE PIGMENTACIÓN

La pérdida del color normal de la piel puede deberse a la incapacidad de producir melanina. Puede ser hereditaria o desarrollarse a lo largo de la vida.

La melanina es el pigmento que da color a la piel. Una pigmentación anómala puede deberse a varios trastornos, entre ellos albinismo y vitíligo. El albinismo (p. 439) es un trastorno genético debido a la carencia de dicho pigmento. Puede afectar solo a los ojos (albinismo ocular) o a ojos, piel y cabello (albinismo oculocutáneo).

El vitíligo afecta a 1 de cada 50 personas. Es un trastorno autoinmunitario que se da cuando los anticuerpos reaccionan contra sus propios tejidos destruyendo las células que producen melanina. Aparecen zonas sin coloración, de piel pálida, generalmente en cara y manos, que van creciendo, y pueden desarrollarse nuevas zonas por todo el cuerpo. No tiene cura, pero la fototerapia y la terapia con láser pueden repigmentar algunas áreas. Los cosméticos ayudan a camuflar las áreas más pequeñas, y se pueden aplicar tratamientos tópicos.

Vitíligo
Las manchas de piel sin pigmentación suelen aparecer simétricamente en las extremidades o en la cara, entre la infancia y los 30 años. El vitíligo causa estrés y puede ir asociado a otros trastornos autoinmunitarios, como el hipertiroidismo.

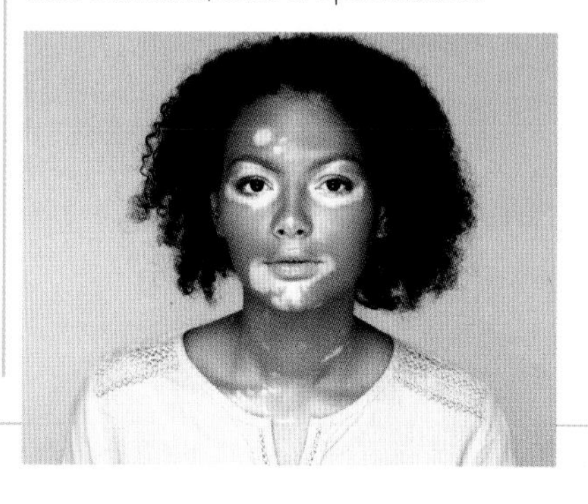

LUNARES, VERRUGAS, QUISTES Y FORÚNCULOS

El crecimiento local excesivo de ciertas células de la piel puede causar un lunar o una verruga. Un quiste sebáceo o un forúnculo forman un bulto.

Las verrugas comunes son excrecencias rugosas que suelen salir en manos y rodillas; las verrugas plantares aparecen sobre todo en las zonas de presión del pie y forman excrecencias dolorosas. Se diagnostican por su aspecto. Con frecuencia desaparecen espontáneamente, pero se pueden tratar con crioterapia (aplicación de frío) y tratamientos tópicos con ácido salicílico.

Los quistes sebáceos son bultos lisos y redondeados, de diversos tamaños y que se mueven libremente bajo la piel; crecen con lentitud y son indoloros si no se infectan. Suelen ser inofensivos y se diagnostican por su aspecto. Si causan estrés o se infectan se pueden extirpar quirúrgicamente. Un forúnculo es un nódulo caliente, blando y doloroso que desarrolla un punto central blanco o amarillento con pus y después desaparece. Los grupos de forúnculos interconectados forman foliculitis (ántrax). Los forúnculos recidivantes se suelen dar en diabéticos o personas con el sistema inmunitario debilitado. Los más graves pueden requerir incisión y drenado.

Los lunares o nevus son lesiones oscuras, pigmentadas, a veces con relieve, de distinto tamaño que surgen en cualquier parte del cuerpo, generalmente antes de los 20 años. Se pueden extirpar si se malignizan o se sospecha melanoma (p. opuesta). Son señales de peligro los cambios de tamaño y forma, el picor, el sangrado, la ulceración, la forma irregular o la variación de color. Algunas enfermedades hereditarias provocan numerosos lunares, con mayor riesgo de contraer melanoma.

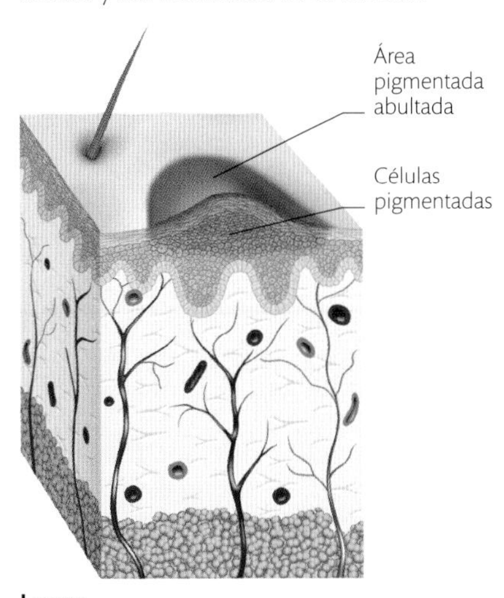
Área pigmentada abultada
Células pigmentadas

Lunar
La superproducción y la acumulación localizadas de melanocitos crean un área pigmentada, a veces elevada. Al no ser cancerosas, las células no pasan de la epidermis.

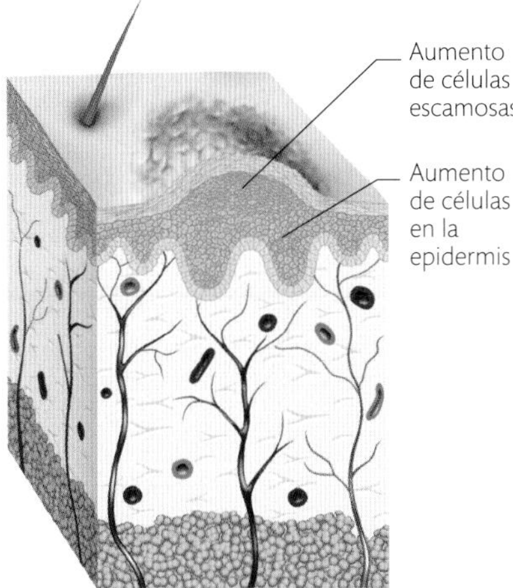
Aumento de células escamosas
Aumento de células en la epidermis

Verruga
Son excrecencias de células epidérmicas causadas por el virus del papiloma humano (VPH). Se contagian por contacto directo o con objetos usados por afectados.

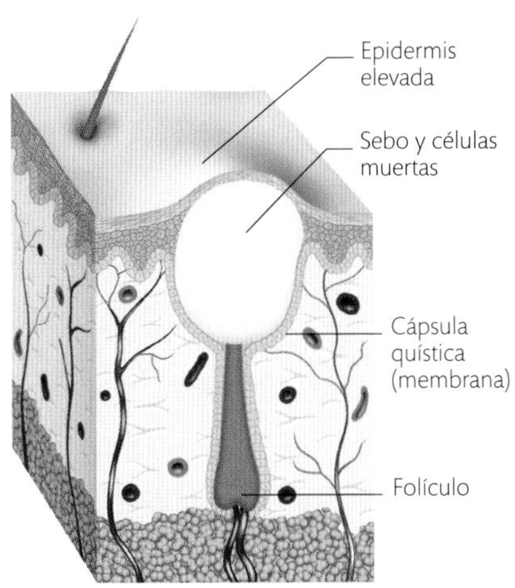
Epidermis elevada
Sebo y células muertas
Cápsula quística (membrana)
Folículo

Quiste sebáceo
Se trata de un saco estanco, lleno de sebo y células muertas, situado bajo la superficie de la piel. Suele formarse en las áreas pilosas de cuero cabelludo, cara, tronco y genitales.

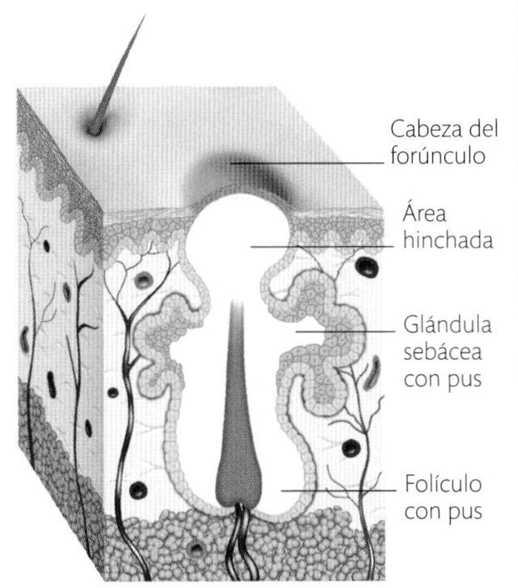
Cabeza del forúnculo
Área hinchada
Glándula sebácea con pus
Folículo con pus

Forúnculo
Son acumulaciones de pus en los folículos pilosos que a veces implican a las glándulas sebáceas, causadas por una infección de *Staphylococcus*. Suelen desaparecer en 2 meses.

TRASTORNOS DE LAS UÑAS

Las infecciones localizadas, inflamaciones y deformidades de las uñas son frecuentes. Las uñas también pueden mostrar signos de enfermedades más generales.

La onicólisis (desprendimiento de la uña de su lecho) puede deberse a infecciones, fármacos o traumatismos. Los traumatismos ungueales pueden causar dolorosas acumulaciones de sangre bajo las uñas; esta sangre sale practicando un agujero en la uña. La onicomicosis (infección fúngica de las uñas) causa fragilidad, decoloración y engrosamiento en las uñas. Se diagnostica examinando recortes de uña en busca de hongos y se trata con antifúngicos locales u orales.

La paroniquia (infección bacteriana o vírica en la piel que rodea la uña) causa una hinchazón dolorosa, pulsante y rojiza, y responde a los antibióticos, pero puede requerir drenaje si hay pus. La coiloniquia (uñas en forma de cuchara) aparece en personas con anemia por la falta de hierro (p. 480). Todas las anemias provocan palidez de las uñas, pero esta también puede deberse a enfermedades renales o hepáticas. La psoriasis (p. 444) puede causar uñas picadas. La leuconiquia punctata (manchas blancas en las uñas) suele deberse a lesiones en la base de las uñas y desaparece al crecer estas.

Si no se cuidan, las uñas pueden engrosarse, presentar surcos y decolorarse (onicogrifosis). Las uñas también se curvan y abomban, al mismo tiempo que las puntas de los dedos. Esto ocurre en enfermedades crónicas de corazón o pulmones, malabsorción, enfermedad inflamatoria intestinal y cirrosis.

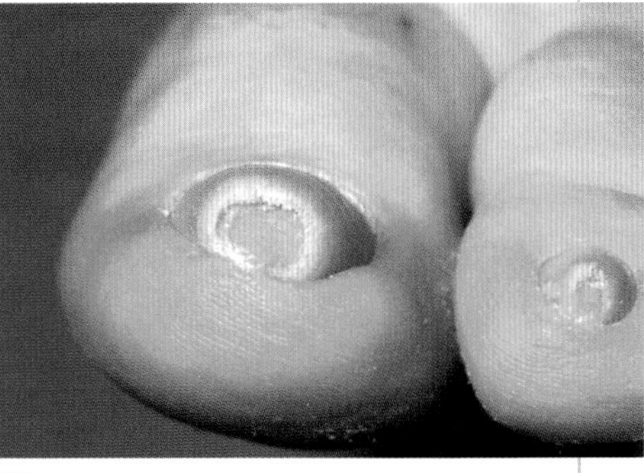

Uñero
Las uñas encarnadas cortan los lados del lecho ungueal, causando a menudo hinchazón, enrojecimiento y dolor, a veces con pus y sangrado. Pueden requerir cirugía menor.

HIRSUTISMO

El hirsutismo, crecimiento excesivo del vello en áreas donde habitualmente no crece o es mínimo, puede causar estrés y tener una causa grave.

Alrededor de 1 de cada 10 diez mujeres presenta vello oscuro y grueso en barbilla, labio superior, espalda, abdomen y muslos. Entre sus causas más graves figuran el ovario poliquístico, el síndrome de Cushing, el uso de esteroides anabolizantes, el hipotiroidismo y los tumores productores de hormonas masculinas. La investigación del hirsutismo puede incluir análisis de niveles hormonales y control del ciclo menstrual. Las terapias con fármacos comprenden combinaciones de píldoras anticonceptivas.

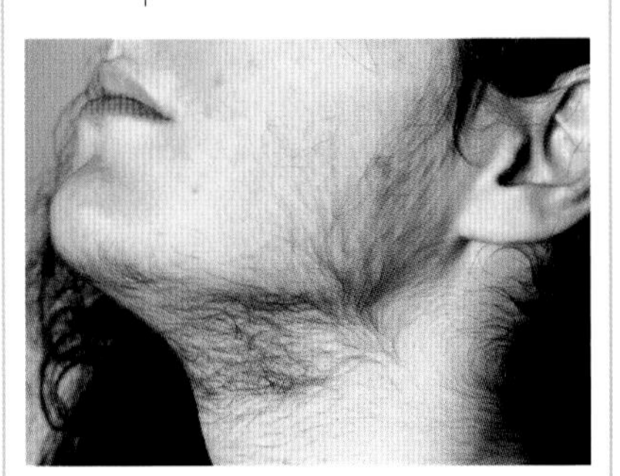

Crecimiento excesivo de vello
El afeitado, la depilación a la cera, con pinzas, electrólisis o cremas y la decoloración pueden contribuir al exceso de vello, sobre todo en la cara.

ALOPECIA

La pérdida temporal o definitiva de pelo en la cabeza o el cuerpo puede darse en un área o en general, y ser indicio de una enfermedad subyacente.

La alopecia androgénica (calvicie de patrón masculino) hace que la línea del nacimiento del cabello retroceda y es más habitual en hombres. La alopecia areata está causada por un ataque autoinmunitario contra los folículos. Trastornos del cuero cabelludo como la tiña de la cabeza y quemaduras o lesiones producidas por productos químicos pueden causar la pérdida generalizada de cabello. El estrés físico o psicológico puede causar efluvio telogénico agudo (caída de cabello difusa y generalizada) al interrumpir el ciclo vital del pelo. La quimioterapia puede provocar la pérdida total de pelo corporal.

Alopecia areata
La pérdida de pelo por zonas en el cuero cabelludo suele terminar al cabo de unos meses, pero también puede ser permanente y afectar a todo el cuerpo.

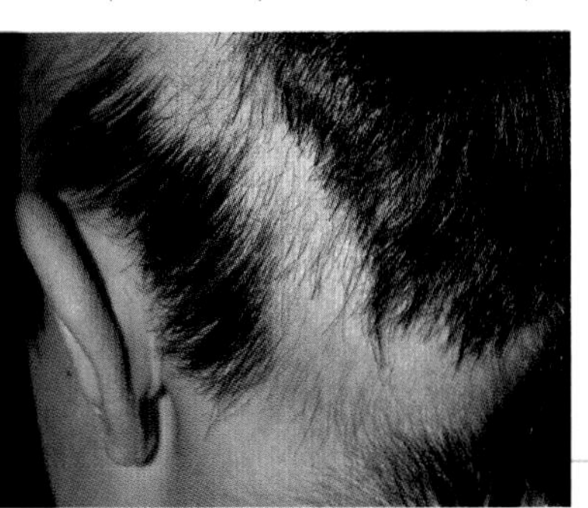

TRASTORNOS ÓSEOS Y ARTICULARES

Heridas o enfermedades pueden dañar los huesos y las articulaciones. Muchos trastornos se vuelven más frecuentes con la edad, a medida que los huesos se van debilitando. Algunos trastornos son hereditarios o se asocian al estilo de vida o a una nutrición deficiente.

FRACTURAS

Puede ser una rotura completa, una fisura o una sección parcial a lo largo de un hueso en cualquier parte del cuerpo.

Los huesos soportan la mayoría de los golpes fuertes, pero pueden romperse si se someten a fuerzas violentas. Una fuerza repetida o sostenida también puede causar una fractura. Enfermedades como la osteoporosis (p. siguiente) pueden provocar fragilidad de los huesos y hacerlos menos capaces de soportar los impactos. Se distinguen dos tipos básicos de fractura ósea: la cerrada es una rotura limpia, en la que el hueso no traspasa la piel, mientras que en la fractura expuesta o abierta el hueso roto llega a perforar la piel, con un riesgo mayor de hemorragia e infección. Los huesos también pueden romperse sin separarse en fragmentos: esto se llama fisura o fractura de trazo capilar. Si hay más de dos fragmentos se llama fractura múltiple o conminuta.

En niños y adolescentes, los huesos largos de los brazos y las piernas crecen a partir de unas zonas de sus extremos llamadas placas de crecimiento que pueden dañarse en una fractura, lo cual puede afectar al desarrollo del hueso. Los huesos de los niños de corta edad son menos quebradizos y pueden doblarse y fisurarse, sin llegar a partirse: esto se denomina fractura en tallo verde. Siempre que las partes rotas no se hayan desplazado o quedado en un ángulo anómalo, la fractura sanará si se sujetan las partes en su posición; si no, entonces es preciso realinearlas antes. Las fracturas son muy dolorosas siempre. Los huesos rotos sangran, y en ocasiones se produce una considerable hemorragia; cada movimiento incrementa el dolor. Se suele poner un yeso para ayudar a la curación. El proceso de consolidación oscila entre algunas semanas y varios meses, según la edad de la persona y el tipo de fractura.

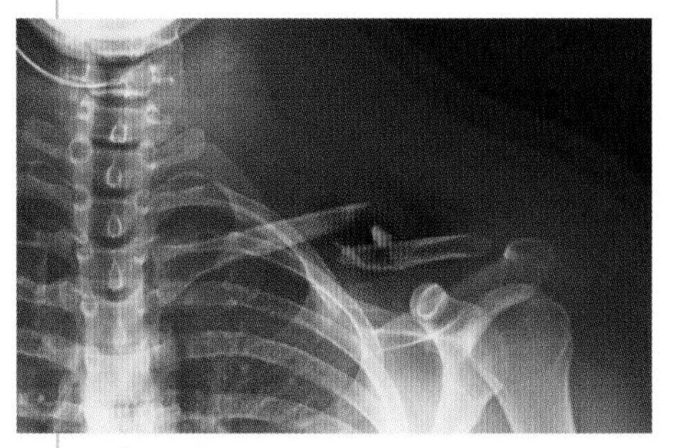

Clavícula rota
Radiografía coloreada de una clavícula fracturada en tres fragmentos. Es preciso realinear los fragmentos antes de que comiencen a soldarse.

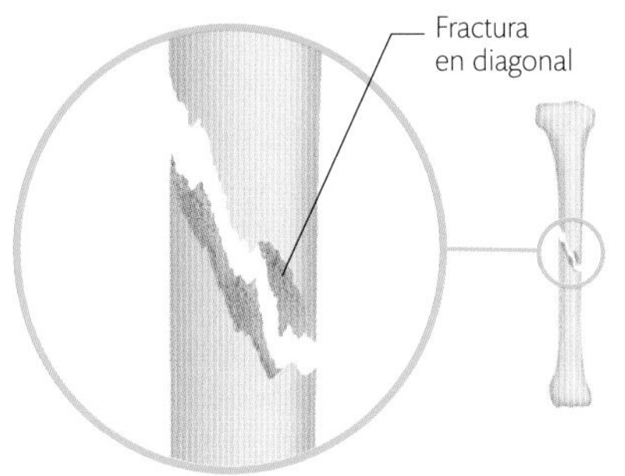
Fractura
en diagonal

Fractura en espiral
Un fuerte retorcimiento puede romper un hueso largo en diagonal a través de la diáfisis. Los extremos irregulares pueden ser difíciles de realinear.

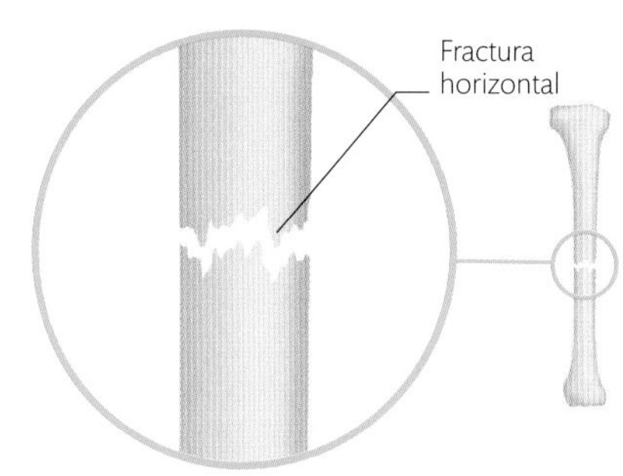
Fractura
horizontal

Fractura transversa
Un fuerte golpe puede causar una fractura ósea perpendicular al eje. La lesión suele ser estable; es improbable que los fragmentos se desplacen.

CÓMO SANAN LOS HUESOS

Los huesos tienen su propio proceso de reparación. Se inicia tras la fractura, cuando la sangre que mana de los vasos sanguíneos afectados empieza a coagularse; en las siguientes semanas, los extremos rotos generan nuevo tejido óseo. Se usa un yeso o una férula para mantener los extremos alineados mientras sanan.

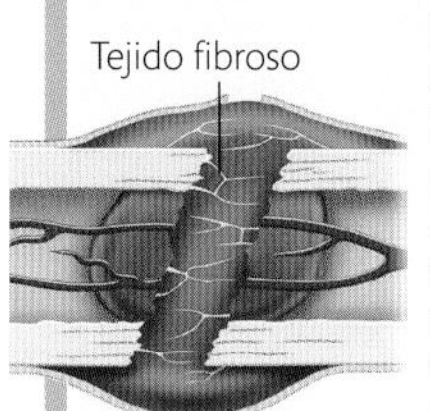
Tejido fibroso

Primeros días
Unas células llamadas fibroblastos forman una red de tejido fibroso en la fractura. Los leucocitos destruyen residuos y células dañadas, y los osteoclastos absorben el hueso dañado.

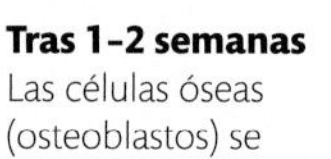
Nuevo tejido
óseo (callo)

Tras 1-2 semanas
Las células óseas (osteoblastos) se multiplican y forman el callo (nuevo tejido óseo), que crece desde cada extremo para llenar la fractura.

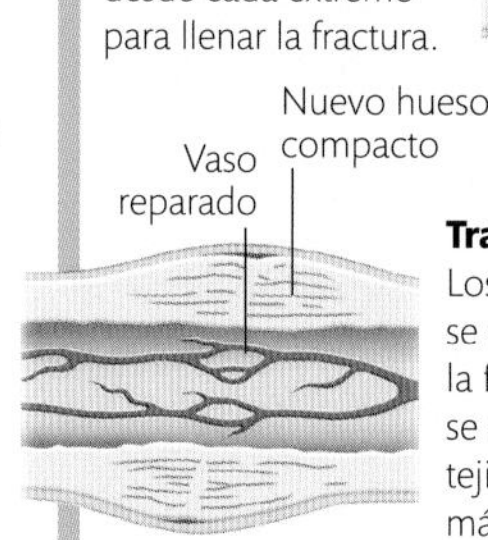
Nuevo hueso
compacto
Vaso
reparado

Tras 2-4 meses
Los vasos sanguíneos se unen a través de la fractura. El callo se reduce y el nuevo tejido óseo se vuelve más denso y compacto.

ENFERMEDAD DE PAGET

Afecta al crecimiento de los huesos, deformándolos y haciéndolos más débiles.

En condiciones normales, el hueso se destruye y se regenera continuamente para mantener fuerte el esqueleto. En la enfermedad de Paget, las células que destruyen el hueso (osteoclastos) se vuelven hiperactivas, lo que obliga a funcionar con más rapidez a las células que producen nuevo hueso (osteoblastos), y el hueso resultante es débil y de baja calidad. A veces la enfermedad es hereditaria, pero se desconoce su causa. Las localizaciones más habituales de la enfermedad de Paget son cráneo, columna, pelvis y piernas, aunque puede afectar a cualquier hueso. Suele cursar con dolor óseo, que suele confundirse con artritis, y puede causar fracturas de los huesos largos. Puede provocar cefaleas, dolor dental y sordera en el cráneo debido a la afectación de los huesecillos del oído, que pueden presionar los nervios auditivos. También puede oprimir nervios del cuello y de la columna. En casos raros se desarrolla cáncer en las áreas afectadas. La enfermedad es incurable, pero se puede controlar con medicación.

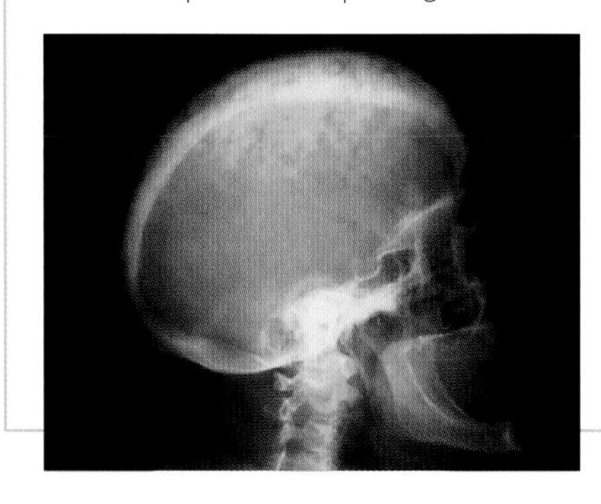

Cráneo hipertrofiado
Esta radiografía coloreada muestra anomalías por la enfermedad de Paget: hueso muy grueso y denso (áreas blancas) y cráneo anormalmente grande.

CURVATURA ANÓMALA DE LA COLUMNA

La columna vertebral normal tiene una suave curvatura, pero enfermedades y posturas incorrectas pueden doblarla en exceso.

La columna vertebral presenta dos curvas principales: la torácica, en el área del pecho, y la lumbar, en la parte inferior de la espalda. La curvatura torácica excesiva se denomina cifosis, y la lumbar, lordosis. La curvatura anormal suele ser frecuente en niños, especialmente en niñas, sin que exista una causa obvia, aunque puede ser hereditaria. En los adultos, una curvatura excesiva puede deberse a debilitamiento de las vértebras, obesidad o mala postura. En la mayoría de niños se suele corregir con el crecimiento, pero en los casos graves puede precisar un corrector o cirugía para evitar deformidades permanentes. Los adultos suelen requerir fisioterapia.

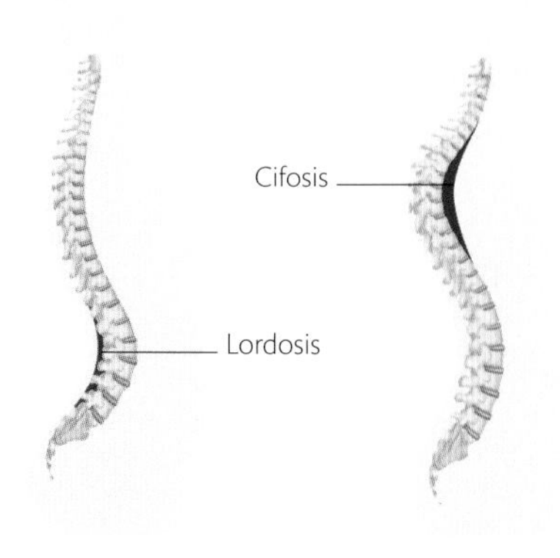
Cifosis
Lordosis

Tipos de curvatura de columna
Una curva pronunciada hacia fuera en la parte alta de la espalda se llama cifosis; hacia dentro, en la parte inferior, se denomina lordosis.

OSTEOPOROSIS

Más habitual en ancianos, se trata de una pérdida de tejido óseo que incrementa el riesgo de fracturas.

En los huesos sanos, las células que crean tejido óseo (osteoblastos) trabajan en equilibrio con las que absorben el dañado o viejo (osteoclastos). Con la edad, este equilibrio se altera y se forma menos hueso. Como resultado, los huesos pierden densidad, se vuelven más frágiles y se pueden romper con un traumatismo menor.

La osteoporosis es una enfermedad frecuente en la vejez, aunque en algunos casos comienza mucho antes. La genética, una dieta inapropiada, la falta de ejercicio físico, fumar y abusar del alcohol son factores de riesgo. Las hormonas desempeñan un papel importante: la carencia de estrógenos (que favorecen el aporte de minerales para el reemplazo óseo) o niveles elevados de hormona tiroidea pueden causar una pérdida de hueso más rápida.

Las mujeres suelen desarrollar osteoporosis tras la menopausia, cuando el nivel de estrógenos desciende de forma drástica. También influyen los tratamientos prolongados con corticosteroides, y las personas que padecen insuficiencia renal o artritis reumatoidea crónica presentan un riesgo más alto. El trastorno asociado más habitual es la fractura por fragilidad de los huesos, sobre todo del radial, en la muñeca; el cuello del fémur (cadera), y las vértebras lumbares, donde las fracturas por aplastamiento debilitan la columna. Se diagnostica mediante la medición de la densidad ósea (derecha), y existen fármacos que frenan su avance. Se puede prevenir siguiendo una dieta saludable, rica en calcio y vitamina D, y practicando ejercicio regular con pesas, evitando fumar y limitando el consumo de alcohol.

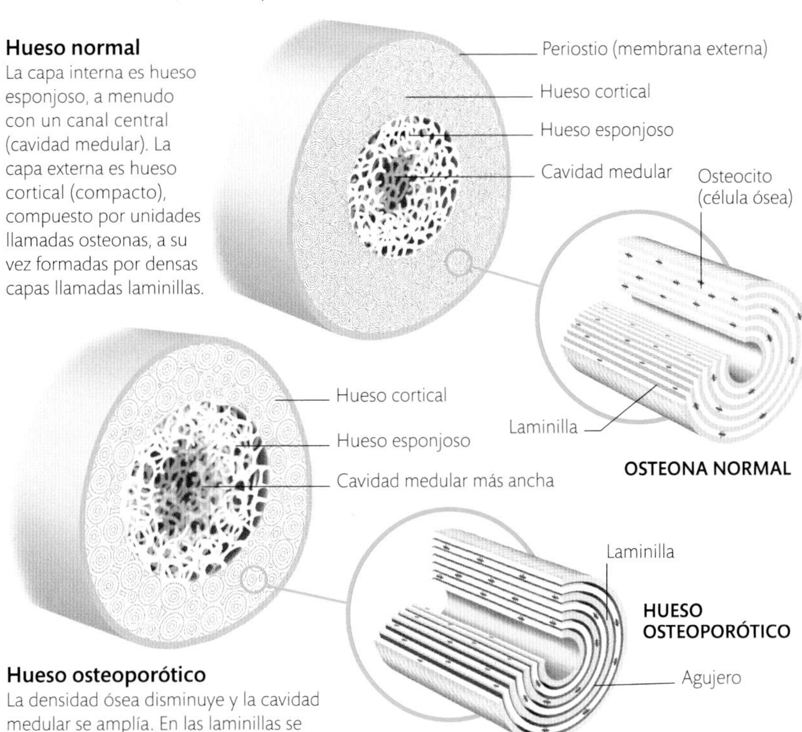
Periostio (membrana externa)
Hueso cortical
Hueso esponjoso
Cavidad medular
Osteocito (célula ósea)
Laminilla
OSTEONA NORMAL
Hueso cortical
Hueso esponjoso
Cavidad medular más ancha
Laminilla
HUESO OSTEOPORÓTICO
Agujero

Hueso normal
La capa interna es hueso esponjoso, a menudo con un canal central (cavidad medular). La capa externa es hueso cortical (compacto), compuesto por unidades llamadas osteonas, a su vez formadas por densas capas llamadas laminillas.

Hueso osteoporótico
La densidad ósea disminuye y la cavidad medular se amplía. En las laminillas se forman agujeros que aumentan la fragilidad del hueso.

DENSITOMETRÍA ÓSEA

La técnica llamada radioabsorciometría de doble energía (DEXA), se utiliza para detectar pérdida de masa ósea y ayudar al diagnóstico de la osteoporosis. Así, un ordenador mide la variación de la absorción de los rayos X a medida que pasan por el cuerpo y la muestra en una imagen. El ordenador calcula la densidad ósea media y la compara con la normal en función de la edad y sexo de la persona. Se suele realizar en la parte inferior de la columna y en las caderas.

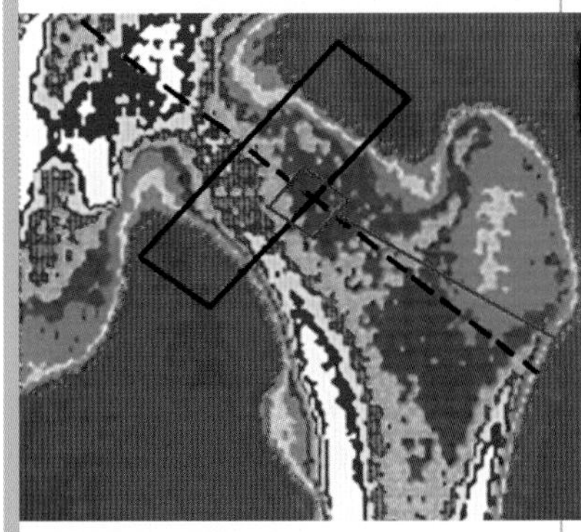

Densitometría de cadera
La densidad ósea se muestra como una imagen codificada en colores. Las áreas menos densas aparecen azules o verdes, y las más densas, blancas.

OSTEOMALACIA

En este doloroso trastorno, llamado raquitismo en niños, los huesos se ablandan y pueden doblarse y romperse.

Se debe a una carencia de la vitamina D necesaria para que el cuerpo absorba calcio y fosfatos, los minerales dan resistencia y densidad al hueso. En las personas sanas, la piel fabrica vitamina D. Pescados grasos, huevos, verduras, margarina vitaminada y leche aportan pequeñas cantidades. Suele darse en personas que siguen dietas restrictivas o van con la piel cubierta, y la absorción se ve reducida en personas con la piel oscura. Los síntomas comprenden huesos inflamados y dolorosos, dificultad para subir escaleras y fracturas por traumatismos leves. El tratamiento depende de la causa y puede incluir suplementos de calcio y vitamina D.

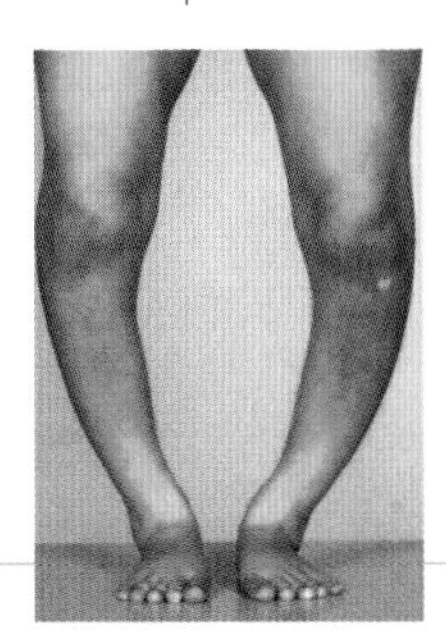

Raquitismo
Este niño sufre raquitismo, debido a la deficiencia de vitamina D. Los huesos se vuelven blandos y débiles, causando dolor y deformidad.

TRASTORNOS DE CADERA EN NIÑOS

El más frecuente es la «cadera irritable», a menudo relacionada con una infección vírica, pero se pueden dar problemas más importantes.

Uno de los más graves es la displasia congénita de cadera. Se trata de un mal alineamiento de la cabeza del fémur (hueso del muslo) respecto al acetábulo, la cavidad de encaje articular de la cadera, y puede variar desde un defecto mínimo a la luxación completa. Se detecta durante la exploración del recién nacido y es fácil de tratar antes de los 12 meses de edad. Si no se trata puede causar artritis articular de la cadera. El desplazamiento de la cabeza del fémur se produce en periodos de rápido crecimiento y es más frecuente en adolescentes varones. Consiste en el deslizamiento hacia abajo de la placa de crecimiento respecto al cuerpo del fémur a consecuencia de traumatismos leves. Causa síntomas en la cadera o la rodilla que van desde una leve molestia al dolor incapacitante y en ocasiones requiere corrección quirúrgica. El síndrome de Legg-Calvé-Perthes se da cuando la cabeza del fémur se daña por falta de riego sanguíneo. Su causa se desconoce. Provoca dolor en cadera, rodilla e ingle, y afecta a niños más que a niñas, sobre todo antes de la pubertad.

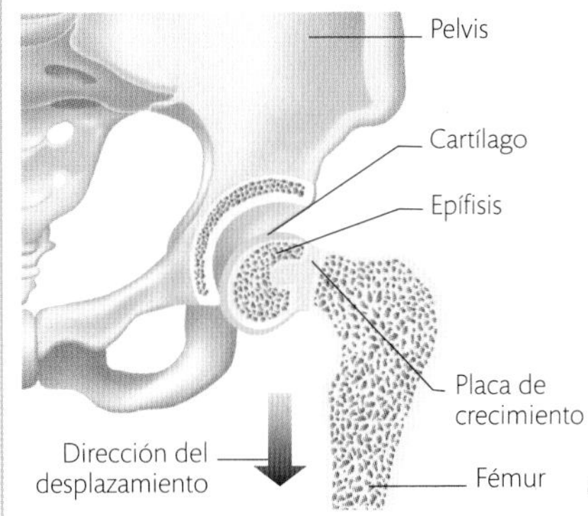
Pelvis
Cartílago
Epífisis
Placa de crecimiento
Dirección del desplazamiento
Fémur

Desplazamiento de epífisis femoral
En los huesos largos de los niños, una placa de crecimiento separa la epífisis (extremo o cabeza) del cuello del hueso. Si la placa superior del fémur se debilita, la epífisis puede desplazarse.

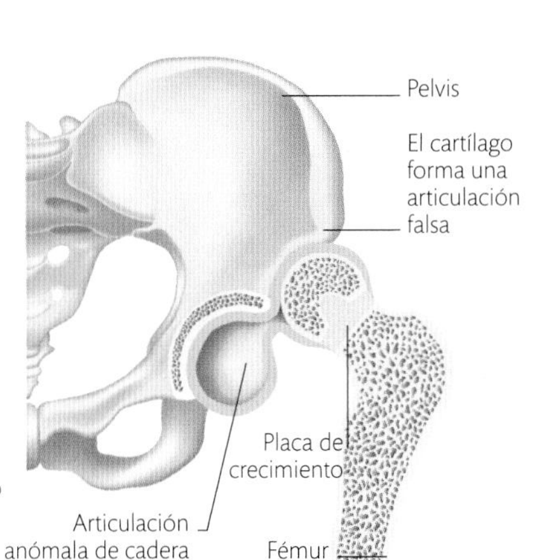
Pelvis
El cartílago forma una articulación falsa
Placa de crecimiento
Articulación anómala de cadera
Fémur

Displasia congénita de cadera
La imagen muestra un caso grave de displasia o luxación de cadera: la cabeza del fémur no logra encajar en una articulación poco profunda, y forma una articulación falsa en la pelvis.

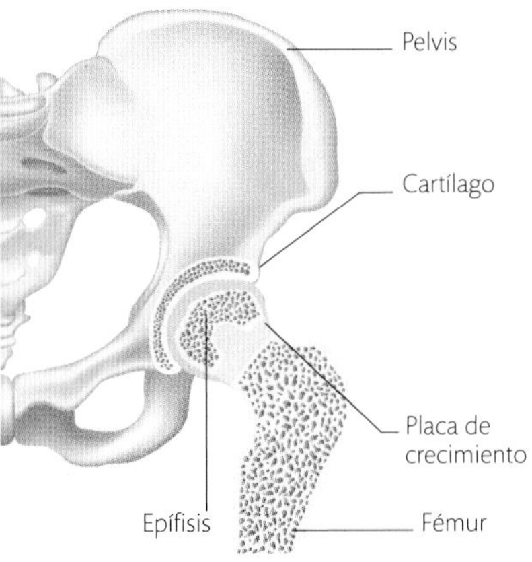
Pelvis
Cartílago
Placa de crecimiento
Epífisis
Fémur

Síndrome de Legg-Calvé-Perthes
Este trastorno se debe a un aporte insuficiente de sangre a la epífisis (cabeza) del fémur, que pierde su forma esférica y no encaja bien en el acetábulo, lo cual limita el movimiento.

ARTROSIS

Este trastorno degenerativo articular, también llamado osteoartritis, afecta a mayores de 50 años y está causado en gran medida por el envejecimiento.

La artrosis puede afectar a cualquier articulación, aunque suele darse en caderas, rodillas, manos y vértebras lumbares. En una articulación sana, los extremos de los huesos están protegidos por una capa lisa de cartílago, y las membranas sinoviales que rodean la cápsula articular segregan un líquido que facilita el movimiento.

En la artrosis, el cartílago desgastado produce un roce que causa inflamación de las membranas con dolor, ardor y producción excesiva de líquido sinovial. En respuesta a la inflamación aparecen excrecencias óseas o espolones (osteofitos) en los bordes de las articulaciones que incrementan el rozamiento y la limitación de la movilidad. La inflamación puede aparecer y desaparecer, pero finalmente el cartílago queda tan dañado que los huesos se tocan; pueden quedar sueltos restos de cartílago u osteofitos que causan un bloqueo articular repentino. Las articulaciones afectadas también pueden ceder de forma inesperada. Se puede realizar ejercicios para limitar la presión sobre las articulaciones y para aumentar el tono muscular para sostenerlas. Los casos más graves requieren cirugía para retirar residuos, pulir los extremos óseos o reemplazar la articulación.

PRÓTESIS ARTICULAR

Una articulación gravemente dañada por la enfermedad o por una lesión se puede reemplazar quirúrgicamente. El procedimiento (artroplastia) implica retirar parcial o totalmente la superficie articular y las partes de hueso dañadas, y después sustituirlas por una prótesis de metal y plástico de alta resistencia o cerámica. No todas las articulaciones se pueden reemplazar, pero la rodilla y la cadera se suelen tratar de esta forma. La artroplastia es un último recurso cuando el dolor o la limitación funcional disminuyen gravemente la calidad de vida. Puede acabar con el dolor y permitir mayor movilidad, pero la nueva articulación durará entre 10 y 20 años, y también deberá sustituirse.

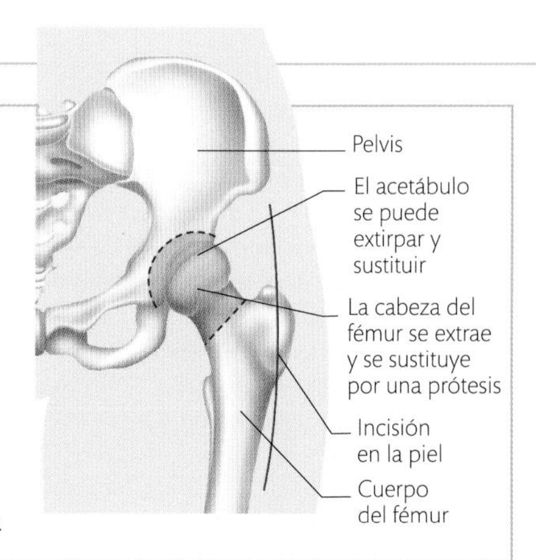
Pelvis
El acetábulo se puede extirpar y sustituir
La cabeza del fémur se extrae y se sustituye por una prótesis
Incisión en la piel
Cuerpo del fémur

Sustitución protésica total de cadera
Tras extraer la parte superior del fémur y vaciar el acetábulo de la cadera, se inserta una prótesis en el cuerpo del fémur y un nuevo acetábulo en la pelvis.

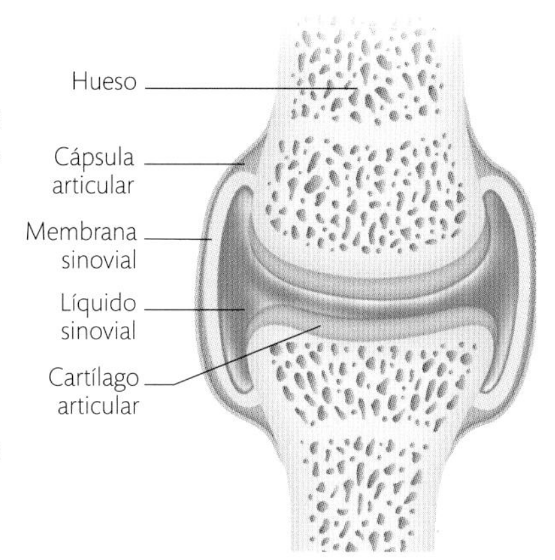
Hueso
Cápsula articular
Membrana sinovial
Líquido sinovial
Cartílago articular

Articulación sana
La superficie de los huesos está protegida por cartílago liso. El interior de la cápsula (tejido que cubre la articulación) está revestido por la membrana sinovial, que produce líquido lubricante.

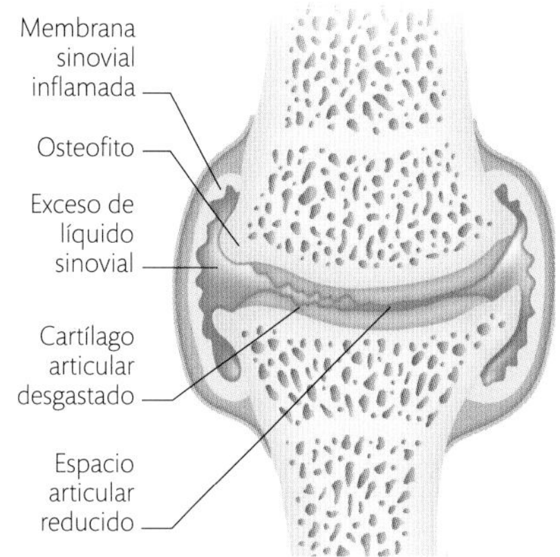
Membrana sinovial inflamada
Osteofito
Exceso de líquido sinovial
Cartílago articular desgastado
Espacio articular reducido

Artrosis inicial
Comienzan el deterioro y la degeneración del cartílago. El espacio articular se estrecha, aumenta el roce y se produce excesivo líquido sinovial, causando hinchazón, calor y dolor.

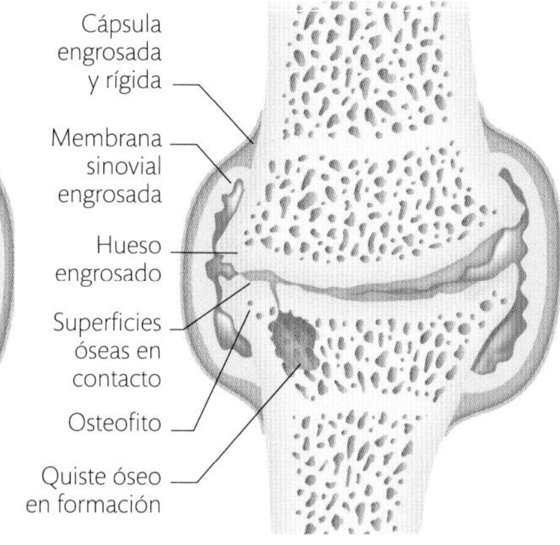
Cápsula engrosada y rígida
Membrana sinovial engrosada
Hueso engrosado
Superficies óseas en contacto
Osteofito
Quiste óseo en formación

Artrosis avanzada
El cartílago ha desaparecido en parte, y los extremos óseos están dañados. Hay quistes y osteofitos, la membrana sinovial se engrosa de forma crónica y la articulación no se mueve bien.

ESPONDILITIS ANQUILOSANTE

Es una forma de artritis que afecta sobre todo a la columna vertebral y la pelvis, causando rigidez y dolor y, en casos graves, fusión de huesos.

La espondilitis anquilosante (EA) es un trastorno autoinmunitario. Forma parte de un grupo de enfermedades inflamatorias llamadas artropatías; afectan al tejido conjuntivo de las articulaciones y si no se tratan, pueden causar un daño progresivo e irreversible. En el caso de la EA, el daño suele afectar a la columna vertebral y la pelvis. En los peores casos, las articulaciones de la columna se fusionan y pierden flexibilidad; la persona afectada tendrá un andar rígido y movilidad reducida permanentemente.

Existe una tendencia hereditaria a sufrir EA. Suele afectar a hombres e iniciarse en la veintena, causando dolor lumbar y en glúteos que mejora al caminar y empeora por la noche. Casi la mitad de los afectados sufre problemas oculares, sobre todo iritis (inflamación del iris), que cursa con dolor, enrojecimiento y reducción temporal de la visión. La EA se asocia también con la psoriasis y la enfermedad de Crohn, con las que comparte genes de predisposición. La EA es incurable, pero la fisioterapia y el ejercicio ayudan a controlar su avance. Para mitigar el dolor se emplean antiinflamatorios no esteroideos (AINES), y para reducir la inflamación, se usan fármacos que modifican la respuesta inmunitaria (inmunomoduladores).

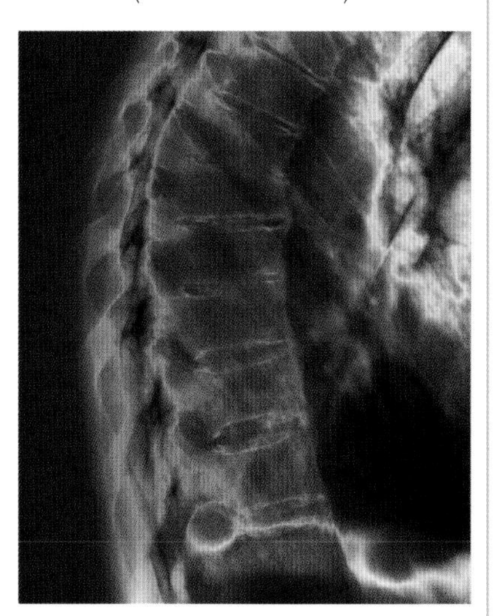

Columna en caña de bambú
En esta radiografía de columna con EA avanzada se aprecia la inflamación, la destrucción de espacios articulares y la fusión articular causantes de la deformidad de la espalda.

OSTEOMIELITIS Y ARTRITIS SÉPTICA

La osteomielitis es una infección ósea que daña tejidos adyacentes. La artritis séptica es una infección de las cápsulas articulares que puede dañar las articulaciones.

Los huesos pueden infectarse por heridas, cirugía, propagación de infecciones de piel y tejidos blandos o a través de la sangre. En el mundo desarrollado, la mayoría de casos de osteomielitis se deben a una infección por *Staphylococcus aureus*, pero a escala mundial la tuberculosis es una causa frecuente.

La enfermedad puede ser aguda (aparecer en 2 semanas) o crónica (desarrollarse varios meses después). Causa dolor, inflamación y fiebre. En la osteomielitis crónica, la infección puede matar al hueso, y se tiene que extirpar el tejido muerto quirúrgicamente. La médula ósea puede infectarse. La artritis séptica también suele deberse a *S. aureus*. Tiende a ser aguda y, además, causa fiebre, dolor articular y movilidad restringida. Si se acumulan pus y líquido en la cápsula articular, la articulación puede quedar dañada de manera permanente. Estas dos enfermedades se tratan con antibióticos.

ARTRITIS PSORIÁSICA

Es una forma de artritis asociada a la psoriasis de la piel y puede ser extremadamente destructiva si no se trata.

La padecen hasta el 30 % de las personas con psoriasis (p. 444). Puede afectar a articulaciones mayores y menores, habitualmente en manos, espalda y cuello, o a diversas articulaciones. En los casos leves solo se ven afectadas algunas (generalmente las de los extremos de los dedos de manos y pies). En los casos graves pueden resultar afectadas muchas articulaciones, las de la columna vertebral incluidas. A menudo, la artritis se da al mismo tiempo que los síntomas de psoriasis. Si no se trata, puede dar lugar a la artritis mutilante, cuyos daños son tan graves que llevan a la destrucción de las articulaciones.

Las articulaciones afectadas quedan completamente inmóviles, con subluxación (deslizamiento bajo articulaciones adyacentes) y colapso de los huesos. Esta condición es más visible en las manos y los pies. La artritis puede tratarse con fármacos para reducir el dolor y la inflamación, y con medicación para frenar su avance.

ARTRITIS REUMATOIDEA

Este trastorno del tejido conjuntivo causa inflamación en muchos sistemas del cuerpo, pero ataca sobre todo a los tejidos que rodean las articulaciones, causando un daño progresivo.

La artritis reumatoidea (AR) es un trastorno autoinmunitario que ataca los tejidos conjuntivos (tejidos fibrosos que soportan y que conectan estructuras corporales). Tiende a ser hereditaria y afecta más a las mujeres. Comienza hacia los 40 años, aunque puede aparecer a cualquier edad. Los primeros síntomas son hinchazón y rigidez dolorosas en las articulaciones de los dedos de manos y pies, que empeoran por la mañana. La AR aparece de manera intermitente e impredecible; los ataques pueden ser incapacitantes y durar días o meses, a veces con intervalos libres de síntomas. Si no se trata, puede extenderse a otras áreas del cuerpo. Las articulaciones pueden sufrir sinovitis, esto es (inflamación de la membrana sinovial de la cápsula articular), que puede causar erosión de las superficies articulares. Al avanzar el deterioro de la articulación, los dedos pueden quedar permanentemente deformados. También suelen aparecer nódulos dolorosos en la piel y sobre las articulaciones. La enfermedad puede afectar a corazón, pulmones, vasos sanguíneos, ojos y riñones. Los síntomas más habituales son fiebre, cansancio y pérdida de peso, así como anemia. Quienes la padecen tienen mayor riesgo de padecer osteoporosis y cardiopatías. Para detectar la artritis reumatoidea se emplean análisis de sangre en busca de «marcadores» (factor reumatoideo). Este trastorno no tiene cura; el tratamiento combina el control de los síntomas con fármacos modificadores de la enfermedad; de esta forma se frena su avance a largo plazo.

Artritis reumatoidea
Esta radiografía revela deformaciones de la muñeca y los dedos causadas por AR.

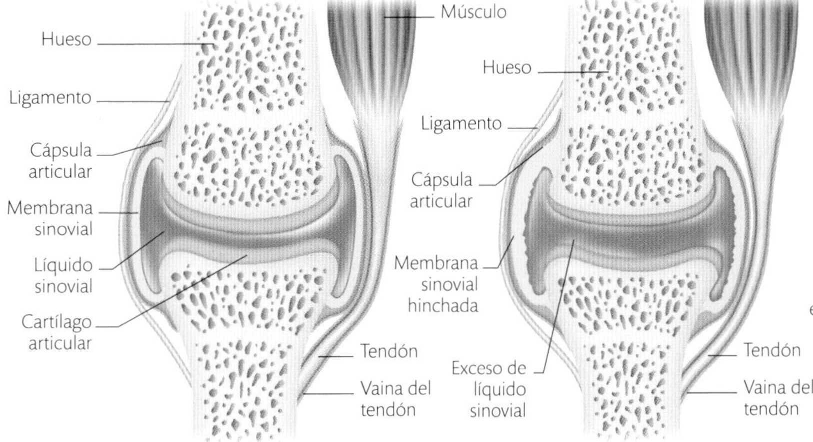
Hueso
Ligamento
Cápsula articular
Membrana sinovial
Líquido sinovial
Cartílago articular
Músculo
Tendón
Vaina del tendón
Hueso
Ligamento
Cápsula articular
Membrana sinovial hinchada
Exceso de líquido sinovial
Tendón
Vaina del tendón

Articulación sana
Un cartílago liso y regular cubre los extremos de los huesos. La cápsula articular, tapizada por membranas sinoviales, está lubricada por el líquido sinovial, que facilita el movimiento.

Artritis reumatoidea inicial
La membrana sinovial se inflama y produce demasiado líquido. Este líquido contiene destructivas células inmunitarias que atacan al cartílago y distorsionan el espacio articular.

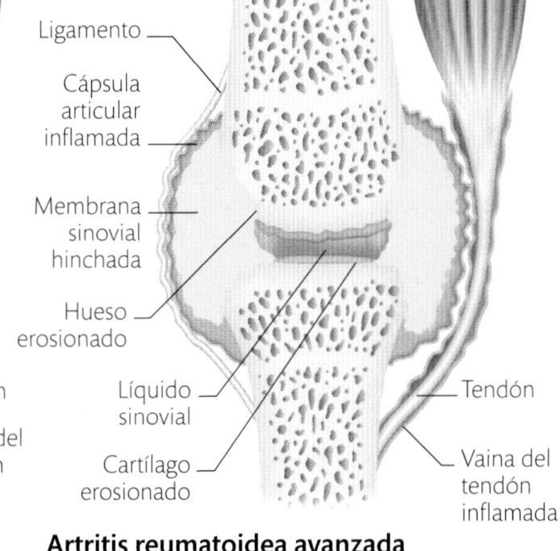
Ligamento
Cápsula articular inflamada
Membrana sinovial hinchada
Hueso erosionado
Líquido sinovial
Cartílago erosionado
Tendón
Vaina del tendón inflamada

Artritis reumatoidea avanzada
El líquido sinovial y las células inmunitarias forman un *pannus*, tejido sinovial engrosado que produce enzimas. Estas destruyen con rapidez cartílago y hueso, y atacan otros tejidos.

TUMORES ÓSEOS

Los huesos pueden verse afectados por varios tipos de tumores, que involucran al propio tejido óseo, a la médula o a las articulaciones.

Los tumores de los huesos pueden ser benignos (no cancerosos) o malignos (cancerosos). Los benignos son bastante comunes y se suelen dar en adolescentes y en niños. Entre ellos están el osteoma, el osteocondroma, los quistes óseos (agujeros que se forman en los huesos en crecimiento) y la displasia fibrosa. Entre los tumores malignos primarios (cánceres generados en el hueso) se hallan el sarcoma de Ewing y el osteosarcoma, que se desarrollan en el mismo hueso, y el mieloma, que se desarrolla en la médula.

Los tumores óseos secundarios están causados por la propagación de otro cáncer a través de la sangre. Se asocian a cánceres de mama, pulmón y próstata, y son más frecuentes que los tumores óseos primarios. También los tumores de tejidos blandos pueden extenderse e invadir tejido óseo adyacente. El síntoma más notable de estos tumores es un dolor punzante y persistente que empeora con el movimiento, pero que se puede controlar con analgésicos y antiinflamatorios. El área afectada se debilita y, además, puede fracturarse; el hueso anómalo fracturado es incapaz de sanar.

Para identificar un tumor, pueden utilizarse radiografías, TAC, resonancias magnéticas, biopsias y pruebas de isótopos. Los benignos pueden no precisar tratamiento y solamente se extirpan si crecen mucho, presionan nervios o restringen el movimiento. El mieloma se trata con quimioterapia, pero los demás cánceres óseos primarios requieren además cirugía. Los cánceres secundarios se pueden tratar mediante quimioterapia o radioterapia, según sea su naturaleza y localización.

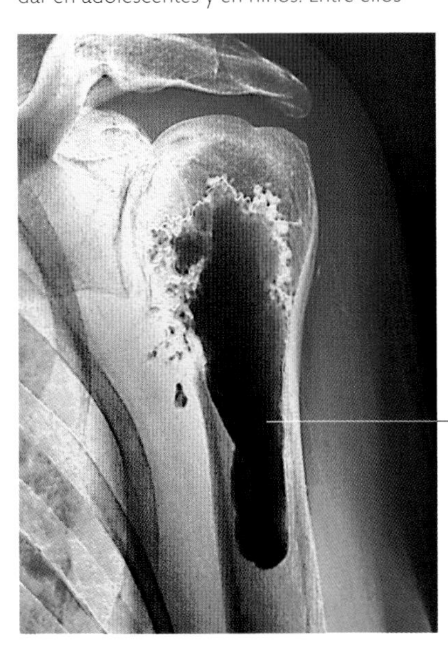
Tumor maligno

Tumor maligno
Aunque las metástasis (cánceres secundarios) pueden darse en cualquier parte del esqueleto, la mayoría se desarrolla en el esqueleto axial (cráneo, tronco, pelvis y columna vertebral).

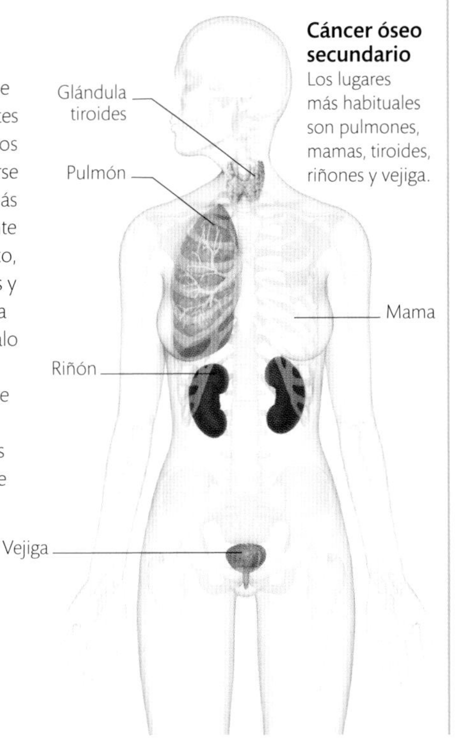
Glándula tiroides
Pulmón
Mama
Riñón
Vejiga

Cáncer óseo secundario
Los lugares más habituales son pulmones, mamas, tiroides, riñones y vejiga.

GOTA Y SEUDOGOTA

Son trastornos por acumulación de cristales de sustancias químicas en las articulaciones que causan inflamación y dolor intenso.

La gota se debe a un nivel excesivo de ácido úrico (producto residual de la descomposición celular y proteínica) en la sangre. Este ácido se deposita en cristales en los espacios articulares, causando inflamación y un dolor intenso. Los alimentos con purinas (despojos, cerveza, pescados grasos) y algunos fármacos pueden desencadenar ataques de gota, sobre todo en hombres de mediana edad, que suelen durar alrededor de una semana. El tratamiento consiste en evitar los desencadenantes y en medicación para reducir el nivel de ácido úrico. La seudogota, causada por acumulación de pirofosfato de calcio, es más habitual en ancianos con trastornos articulares o renales. Causa dolor intenso, calor e hinchazón.

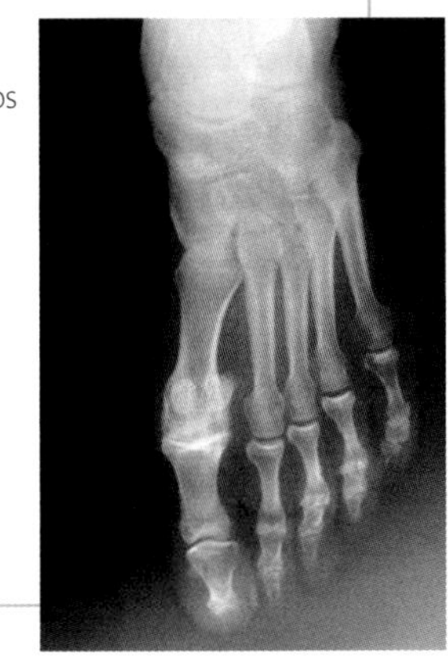

Pie gotoso
Esta radiografía muestra la gota como un área blanca densa en la base del dedo gordo, su localización más habitual.

TRASTORNOS DE MÚSCULOS, TENDONES Y LIGAMENTOS

Los músculos permiten que esqueleto y órganos se muevan; los tendones unen los músculos esqueléticos a los huesos, y los ligamentos unen unos huesos con otros. Los trastornos que afectan a cualquiera de estas estructuras pueden interferir con los movimientos conscientes y otras funciones musculares.

MIOPATÍAS

Las miopatías, o trastornos de las fibras musculares, pueden causar calambres, dolor muscular, rigidez, debilidad y cansancio.

Abarcan desde los calambres, o rampas, a la distrofia muscular. Algunas son hereditarias, como las miotonías (contracciones musculares anormalmente prolongadas) y las distrofias (debilitamiento muscular); otras son adquiridas y pueden deberse a enfermedades inflamatorias autoinmunitarias, como la polimiositis. También pueden estar asociadas a enfermedades renales avanzadas o la diabetes. Algunas miopatías pueden empeorar y amenazar la supervivencia si es que afectan a los músculos respiratorios. El tratamiento depende de la causa; en muchos casos solo es posible un tratamiento paliativo.

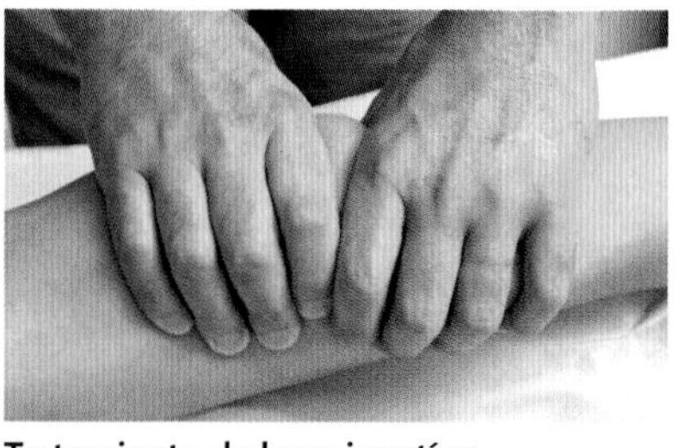

Tratamiento de las miopatías
El tratamiento tiene por objeto principal aliviar los síntomas de las miopatías: fisioterapia para fortalecer los músculos y proporcionarles más movilidad, junto con analgésicos para el dolor.

MIASTENIA GRAVIS

Es una enfermedad autoinmunitaria relativamente rara que causa fatiga y debilidad en los músculos voluntarios.

Surge cuando los anticuerpos del sistema inmunitario atacan a los receptores musculares de las señales nerviosas. En consecuencia, los músculos afectados responden solo débilmente a los impulsos nerviosos, o bien no lo hacen en absoluto. La causa se desconoce, pero muchos de los afectados presentan un timoma (tumor en el timo, una glándula inmunitaria situada en el cuello). La enfermedad suele progresar despacio y su gravedad varía según la fuctuación de los niveles de anticuerpos. Los músculos afectados funcionan hasta cierto punto y se cansan con rapidez, aunque se recuperan con el descanso. Afecta sobre todo a los músculos de los ojos y los párpados, pero también a los faciales y de las extremidades, causando dificultades para tragar y respirar, así como pérdida de fuerza. Un ataque grave, o crisis miasténica, puede provocar parálisis de los músculos respiratorios. No tiene cura. No obstante, una timectomía (extirpación del timo) y los fármacos alivian los síntomas.

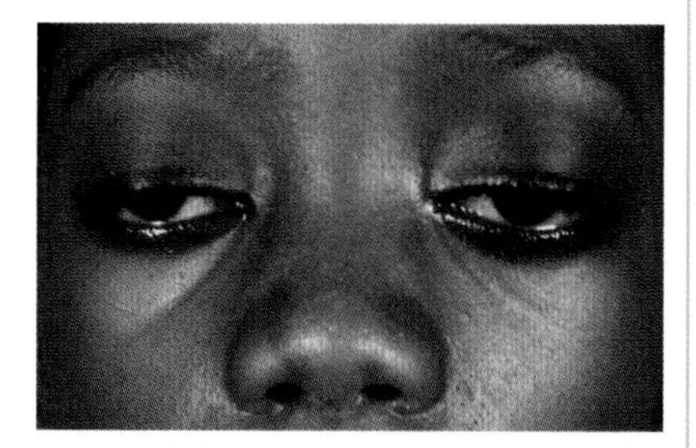

Miastenia gravis ocular
La miastenia gravis suele afectar a los músculos que controlan los párpados, que caen. También pueden verse afectadas otras partes del cuerpo.

FIBROMIALGIA

Esta enfermedad de causa desconocida suele provocar dolor muscular y cansancio, y puede durar meses o años.

Se desarrolla gradualmente a lo largo del tiempo, con dolor muscular generalizado y debilidad. Los músculos tienen aspecto normal y son funcionales, pero los pacientes experimentan cansancio, problemas de sueño y de memoria, síntomas sensoriales mezclados, ansiedad y depresión. No se ha encontrado una causa específica, pero se ha sugerido que puede deberse a un problema relativo a la forma en que el cerebro registra las señales de dolor.

También se ha sugerido que algunas anomalías cerebrales podrían estar asociadas a algunos síntomas. El estrés y la inactividad física empeoran los síntomas; en cambio, ayudan los programas que incluyen analgésicos, ejercicio, terapia conductual cognitiva y educación.

DISTROFIA MUSCULAR DE DUCHENNE

Es la forma más común de distrofia muscular y afecta sobre todo a los chicos, causando debilidad muscular progresiva y grave hasta la muerte prematura.

Se trata de una enfermedad genética ligada al cromosoma X. Las mujeres pueden ser portadoras en uno de sus dos cromosomas X, pero están protegidas por el otro cromosoma X normal del par. Al tener solo un cromosoma X y uno Y, los hombres heredan el gen anómalo de madres portadoras y desarrollan la enfermedad.

Los bebés afectados empiezan a andar más tarde de lo normal; se muestran torpes y débiles hacia los 3 o 4 años, y pierden la capacidad de andar alrededor de los 12 años. La debilidad y el deterioro progresivos de los músculos esqueléticos (unidos a los huesos) conllevan deformidades que afectan a la columna y a la respiración, aunque muchos pacientes llegan a la treintena e incluso viven más años gracias a las técnicas quirúrgicas correctoras actuales.

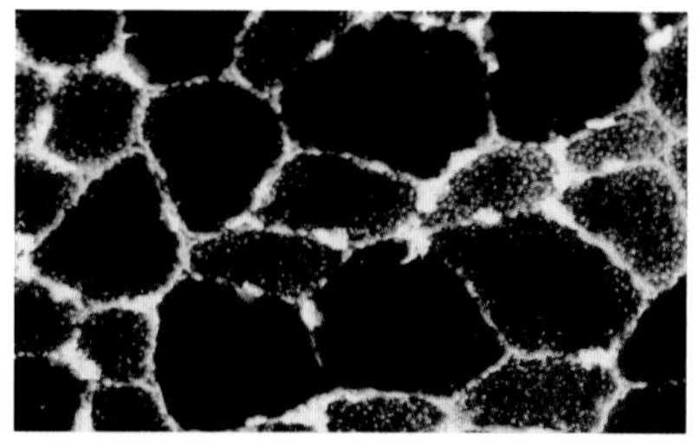

MÚSCULO NORMAL

Grasa

Membrana dañada

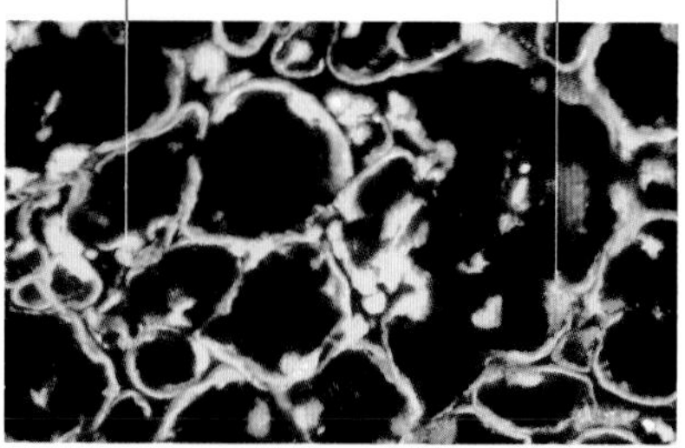

MÚSCULO ANÓMALO

Efectos de la distrofia muscular
En las imágenes se aprecia la progresiva destrucción del músculo cuando las células sufren daños en sus membranas externas y son reemplazadas por tejido conjuntivo y grasa.

SÍNDROMES CRÓNICOS DE LAS EXTREMIDADES SUPERIORES

Comprenden diversos trastornos de manos y brazos, como las lesiones por esfuerzo repetitivo (LER), que causan dolor y limitación del movimiento.

Se incluyen en este grupo trastornos inflamatorios como el síndrome del túnel carpiano (p. 456), que afecta a la mano y al antebrazo por compresión de los nervios de la muñeca; el codo de tenista; el codo de golfista y la tenosinovitis de Quervain, derivados de la inflamación de los tendones por un esfuerzo repetido y forzado. Con frecuencia las LER se deben a movimientos y esfuerzos relacionados con el trabajo. Los síntomas son un dolor que se inicia gradualmente, con frecuencia difuso, y sensación de hinchazón pese a que esta no se observa ni se detecta. El entumecimiento y el hormigueo son habituales. Los síntomas, que pueden llegar a perturbar el sueño, se alivian con descanso, ejercicio suave y modificando la actividad causante del trastorno.

El uso de una férula para la muñeca puede mitigar el dolor durante las actividades que agravan la dolencia.

Esfuerzo repetitivo
Realizar trabajos con acciones repetitivas, como teclear, puede causar dolor en codos, antebrazos, cuello y hombros.

TENDINITIS Y TENOSINOVITIS

Estas enfermedades implican inflamación de los tejidos que conectan músculos y huesos, a menudo debida a lesiones por un uso excesivo.

Los tendones son tejidos fibrosos que unen músculos y huesos y permiten que estos se muevan al contraerse los músculos. Su inflamación se denomina tendinitis y suele presentarse con tenosinovitis, inflamación de la vaina que envuelve el tendón. Ambos trastornos causan dolor al mover la articulación; a veces esta se «traba» en un punto cuando se mueve el tendón afectado.

Algunos tendones actúan a modo de poleas, como en el hombro, donde el tendón del supraespinoso pasa por un surco sobre la articulación; si un tendón inflamado se «traba», el movimiento de rotación será doloroso. Una de las tendinitis más frecuentes es la tendinitis aquilea (del tendón de Aquiles), que afecta a la parte posterior del talón y causa dolor al apoyar el pie en el suelo.

La tenosinovitis puede presentarse como un trastorno degenerativo o en enfermedades del tejido conjuntivo, artritis, lesiones por uso excesivo, o con tendinitis. La tenosinovitis de Quervain, que afecta a la vaina del tendón que rodea los dos tendones que alejan el pulgar de la palma de la mano, causa dolor, hinchazón, inflamación y dificultad para asir objetos. Puede causar agarrotamiento de los dedos, como en el «dedo en gatillo». Se puede tratar con descanso o modificación del empleo del tendón mediante férulas o aparatos ortopédicos, antiinflamatorios, analgésicos y retorno progresivo al ejercicio.

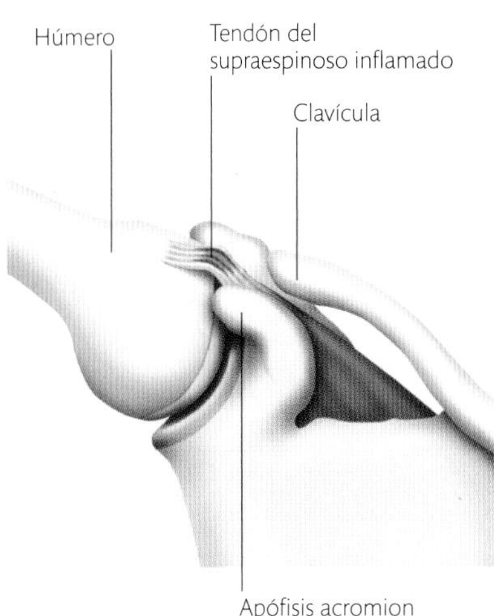
Húmero
Tendón del supraespinoso inflamado
Clavícula
Apófisis acromion

Tendinitis
Los tendones transmiten el movimiento muscular a los huesos. Una lesión o el exceso de uso pueden causar inflamación o desgarro de sus tejidos, con dolor y, a veces, crepitaciones al mover el brazo.

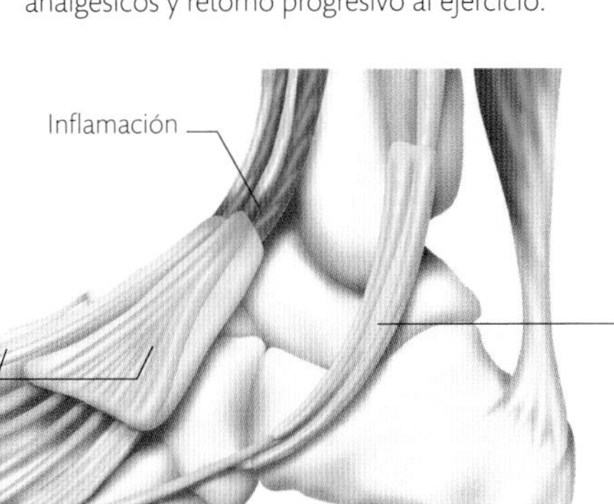
Inflamación
Vaina del tendón

Vaina de los tendones
Tendones

Tenosinovitis
La vaina sinovial protectora que cubre algunos tendones produce líquido para que el tendón se deslice con facilidad. La inflamación de estos tejidos causa dolor y sensibilidad.

TRATAMIENTO DE URGENCIA

Las heridas en los músculos, los tendones y los ligamentos se pueden tratar fácil y rápidamente con la técnica PRICE (siglas en inglés de «Protección, Descanso, Hielo, Compresión y Elevación»). La protección evita daños posteriores; el descanso alivia el área lesionada; el hielo aplicado cada pocas horas reduce el dolor, la inflamación y el hematoma; la compresión con venda elástica contribuye a reducir la hinchazón, al igual que la elevación, que ayuda al cuerpo a dispersar los fluidos y residuos del proceso de reparación. Así se reduce el flujo de sangre a la lesión y, por tanto, la hemorragia, los hematomas y la hinchazón.

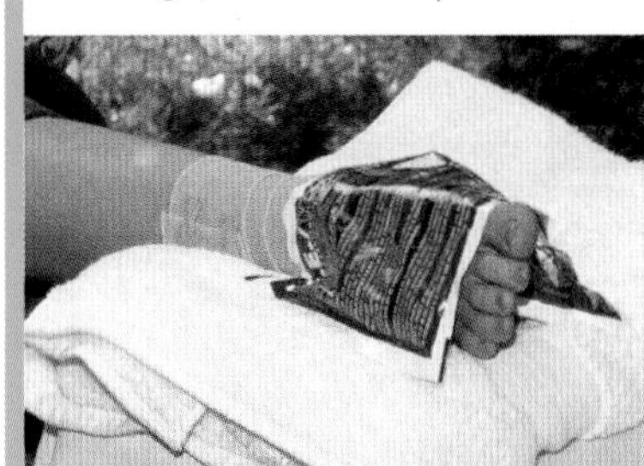

Tratamiento de esguinces y desgarros
Incluye la aplicación de hielo en el área lesionada y colocar la extremidad afectada en posición elevada respecto al nivel del corazón.

DESGARROS DE LIGAMENTOS Y ESGUINCES

Los ligamentos son bandas de tejido conjuntivo que sujetan los huesos. Son gruesos y resistentes, pero poco elásticos, por lo que tienden a sufrir desgarros.

Los ligamentos pueden estirarse gradualmente bajo tensión, lo cual permite a gimnastas y bailarines lograr posiciones corporales extremas. Se vuelven más elásticos durante el embarazo, para permitir que la pelvis «ceda» un poco más en el momento del parto. Los deportistas deben hacer ejercicios de calentamiento para proteger sus ligamentos. Aunque son tejidos que no se desgarran fácilmente gracias a su resistencia, se pueden dañar por caídas, movimientos bruscos o torceduras. Las lesiones van desde un esguince (desgarro menor) a una rotura completa y son frecuentes en muñecas y tobillos. Los síntomas se presentan inmediatamente e incluyen dolor, hinchazón y restricción del movimiento en la articulación. Los ligamentos dañados se curan con relativa lentitud, pues su riego sanguíneo es menos abundante que el de los músculos. Los esguinces leves se pueden curar mediante la técnica PRICE (arriba), pero las lesiones graves o incapacitantes requieren atención médica para evitar la dislocación de la articulación.

Esguince de tobillo
El tobillo es propenso a sufrir esguinces por torceduras repentinas. Son lesiones frecuentes el desgarro del ligamento lateral cuando el pie se tuerce hacia dentro y el del medial cuando se tuerce e hacia fuera.

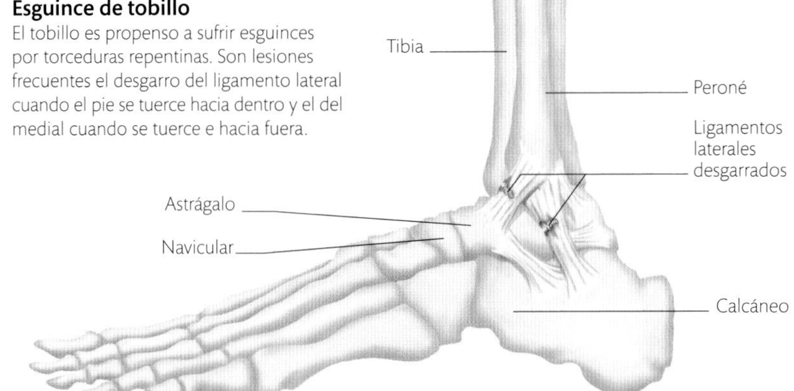
Tibia
Peroné
Ligamentos laterales desgarrados
Astrágalo
Navicular
Calcáneo

TIRONES Y DESGARROS MUSCULARES

Un esfuerzo excesivo puede causar un estiramiento muscular, o tirón, e incluso un desgarro total del músculo.

Las lesiones musculares son muy frecuentes y van desde un leve tirón (estiramiento), en que algunas de las fibras que componen el músculo se estiran a lo largo, pero sin desgarrarse, hasta un desgarro total, que puede causar dolor, una rápida hinchazón y hemorragia. Los tirones se deben por lo general al sobreestiramiento o la sobrecontracción del músculo al hacer deporte o un esfuerzo excesivo. Algunos tirones pueden volverse crónicos debido a un sobreesfuerzo muscular continuado.

Las lesiones son especialmente habituales por cambios direccionales repentinos, como al girar sobre uno mismo al correr; por caídas o por levantar objetos pesados. Requieren tratamiento inmediato con la técnica PRICE (arriba), y el músculo afectado se debe inmovilizar durante unos días. Gracias al rico suministro sanguíneo que reciben, los músculos sanan relativamente rápido. No obstante, el tiempo de recuperación dependerá de la gravedad de la lesión, de la variabilidad natural del proceso de curación entre individuos y del nivel de actividad que se requiere normalmente del músculo.

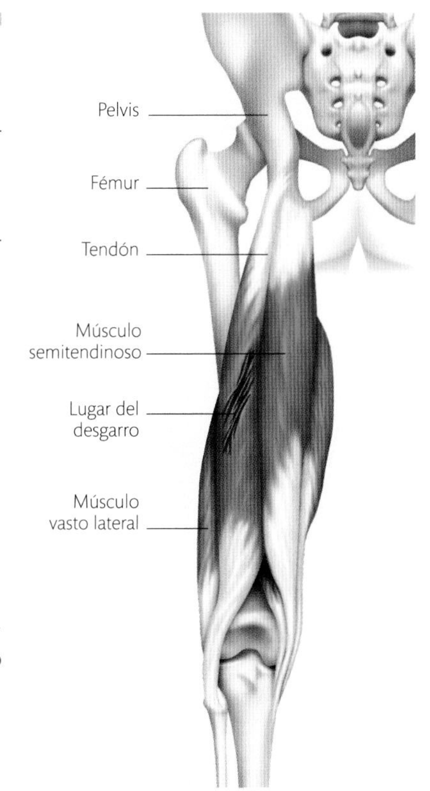
Pelvis
Fémur
Tendón
Músculo semitendinoso
Lugar del desgarro
Músculo vasto lateral

Desgarro de isquiotibial
Los isquiotibiales son los músculos posteriores del muslo que doblan la rodilla y estiran la pierna hacia atrás. Sus lesiones son frecuentes en deportistas que saltan y corren de manera habitual.

PROBLEMAS DE ESPALDA, CUELLO Y HOMBROS

Los trastornos de columna vertebral y hombros son frecuentes y llegan a ser incapacitantes. La parte inferior de la espalda, que soporta la mayor parte del peso del cuerpo y está siempre bajo presión, girando y doblándose, es muy vulnerable. También lo es el hombro, donde se halla la articulación con mayor movilidad de todo el cuerpo.

LATIGAZO CERVICAL

Con este nombre se conoce una gama de lesiones causadas por un repentino movimiento del cuello hacia delante y hacia atrás, o hacia los lados.

El latigazo cervical se produce sobre todo en accidentes de tráfico, por desaceleración brusca: el impacto repentino flexiona el cuello hacia delante; luego lo estira, al frenar el cuerpo la velocidad de la cabeza, y por último, esta rebota hacia atrás. La gravedad de la lesión va de una distensión leve, con desgarro de pocas fibras musculares, a un traumatismo grave, con desgarro de ligamentos del cuello. El repentino estirón que ejercen músculos y tendones puede romper partes de las vértebras cervicales. Los nervios pueden resultar dañados, provocando dolor en cuello, hombros y brazos, y muy posiblemente visión borrosa y mareos; algunas personas también presentan problemas de memoria y depresión. En las horas posteriores se dan hemorragias en los tejidos, así como hinchazón y espasmos musculares. La lesión llega a su punto más peligroso durante las primeras 48 horas. Puede tardar semanas o meses en mejorar. Se trata con antiinflamatorios y fisioterapia.

Disco pinzado entre dos vértebras
Desgarro de ligamentos
Disco
Columna cervical
Ligamento

1 Hiperextensión En un golpe por detrás, la cabeza retrocede rápidamente y luego rebota hacia delante. El latigazo hacia atrás sobreestira la columna cervical.

2 Flexión Tras la hiperextensión se produce la flexión de la columna a medida que la inercia de la cabeza la lleva hacia delante y hace que la barbilla baje.

TORTÍCOLIS

La tortícolis, o torcedura de cuello, suele implicar un espasmo de los músculos del cuello, que tiran de la cabeza hacia un lado causando rigidez y dolor.

Se cree que la tortícolis se debe a un tirón en los ligamentos profundos del cuello, que provoca un espasmo muscular. Puede darse en bebés a causa de un parto difícil o de una posición forzada en el útero; en adultos puede deberse a daños articulares en la base del cráneo o a un trastorno nervioso. Con frecuencia, la causa es sencillamente el dormir en mala postura; en este caso suele mejorar a los 2 o 3 días y se puede aliviar con antiinflamatorios y antiespasmódicos, masaje y reposo. Las tortícolis de más duración pueden requerir tratamiento posterior.

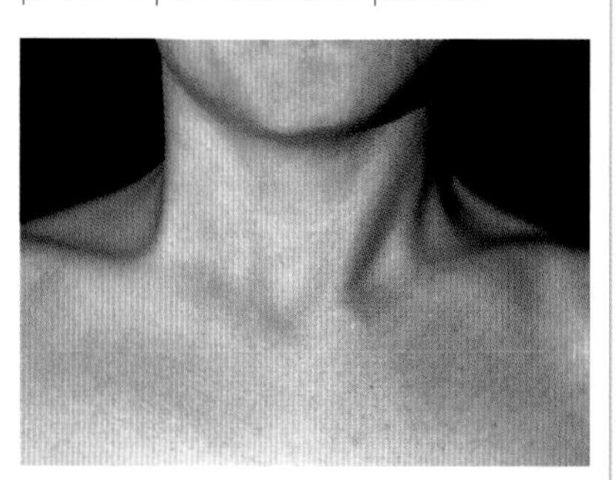

Tortícolis
El espasmo de un músculo largo del cuello causa tortícolis, que mantiene el cuello inclinado e impide girar la cabeza.

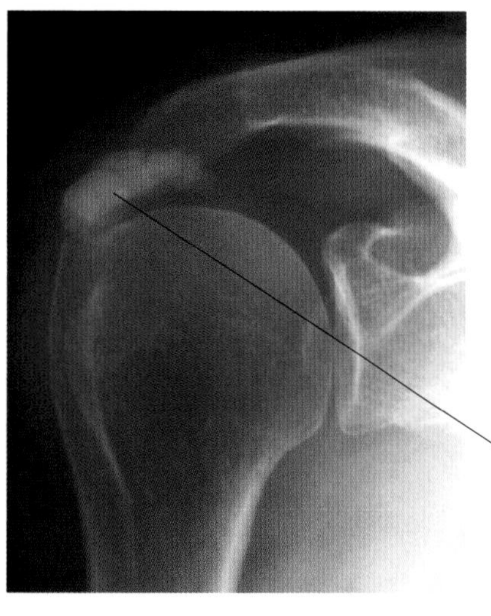

Calcificación del manguito rotador

Articulación del hombro inflamada
La inflamación crónica de los tejidos que rodean la articulación del hombro puede originar depósitos de calcio, como se ve en esta radiografía.

HOMBRO CONGELADO

En este trastorno, el tejido que rodea el hombro se inflama y causa rigidez, dolor y limitación grave del movimiento.

En la articulación del hombro, el húmero (hueso del brazo) y el omóplato (hueso de la paletilla) están envueltos en una cápsula de tejido fibroso lubricada por un líquido que facilita el movimiento articular. La inflamación de estos tejidos fibrosos provoca capsulitis adhesiva del hombro, conocida como hombro congelado. Aunque su causa se desconoce, es más frecuente en personas con otros problemas articulares o musculares, así como en diabéticos. Comienza gradualmente, con dolor e inflamación en un área o un grupo muscular, pero va progresando hasta la articulación, formándose adherencias (bandas de tejido cicatricial) entre los tejidos. El dolor puede impedir conciliar el sueño. Los casos típicos presentan tres fases: «congelación» lenta y dolorosa del hombro durante semanas o meses; una fase de «congelado» que dura meses, con menos dolor pero más rigidez, y varias semanas de «descongelación» (recuperación). Se trata con fisioterapia, analgésicos y, a veces, inyecciones de corticosteroides en el hombro.

HOMBRO DISLOCADO

Una luxación, o dislocación, es toda lesión en que el hueso de una articulación se desplaza de su posición normal. El hombro es propenso a dislocarse, generalmente por impactos repentinos.

El hombro es una articulación enartrósica en que la cabeza del húmero se aloja en una cavidad del extremo de la clavícula. Los huesos del hombro se mantienen en su sitio gracias al manguito rotador, un grupo de músculos que rodea la articulación y que permite al brazo una gama de movimientos amplia; sin embargo, también hace que el hombro sea inestable y se disloque fácilmente bajo presión. La luxación suele producirse por caídas o por impactos en deportes como el rugby, pero también puede causarla una laxitud articular hereditaria. El hombro dislocado duele, se hincha y puede parecer deforme. Se precisa una radiografía para confirmar y evaluar la lesión. El tratamiento incluye maniobras de recolocación para devolver los huesos a su lugar.

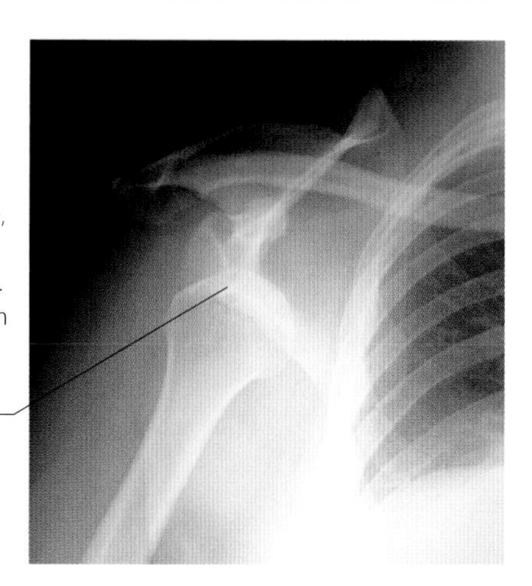

Luxación de la cabeza del húmero

Radiografía de hombro dislocado
Esta radiografía nuestra una luxación anterior (hacia delante), la más frecuente, ya que el manguito rotador es más débil en la parte frontal.

DOLOR DE ESPALDA MECÁNICO

La mayoría de las personas sufre de dolor de espalda en algún momento, a menudo debido a tirones musculares y esguinces. La parte inferior de la espalda suele ser la más afectada.

El dolor de espalda mecánico proviene de lesiones en las estructuras de la columna a causa de un esfuerzo excesivo. Suele aparecer al inclinarse, torcerse o levantar pesos. Es especialmente vulnerable el área lumbar, justo debajo de la cintura, ya que soporta gran parte del peso del cuerpo. Además, las personas que adoptan malas posturas, de pie o sentadas, o las que levantan objetos pesados de manera incorrecta, usan en exceso y mal los músculos lumbares. El dolor puede provenir de vértebras, ligamentos o discos intervertebrales y nervios, pero su causa más habitual es de origen muscular.

El dolor de espalda crónico es resultado de años de malas posturas, por lo que suele afectar más a ancianos. También puede estar causado por artritis degenerativa, obesidad, lesiones u otros trastornos de la columna, o por una actividad normal reducida. En muchos casos se puede combatir con antiinflamatorios, ejercicio suave, analgésicos y aplicación de calor. Si es muy intenso o dura más de unos días, puede precisar tratamiento médico o fisioterapia.

CUIDAR LA ESPALDA

Después de una lesión de espalda, conviene moverse y volver a las actividades habituales lo antes posible. El dolor de espalda suele mejorar al cabo de 2 o 3 semanas con ejercicio y analgésicos, pero el crónico puede requerir además fisioterapia y programas de rehabilitación. Perder peso, corregir malos hábitos posturales o aprender un método para utilizar correctamente los músculos de la espalda (por ejemplo, la técnica Alexander) pueden contribuir a aliviar el dolor y evitar recidivas.

Tratamiento del dolor de espalda
El tratamiento comprende actividad física regular, fármacos antiespasmódicos y analgésicos, fisioterapia para reforzar la espalda y consejos sobre higiene postural.

HERNIA DISCAL Y CIÁTICA

Las vértebras están separadas entre ellas por discos de tejido blando; si uno de estos se desplaza o se rompe puede presionar un nervio y causar dolor.

Los discos que separan las vértebras se componen de una cubierta fibrosa resistente y un núcleo blando gelatinoso. A veces, un esfuerzo intenso con la espalda puede hacer que un disco se salga de su lugar. Si el disco se aplasta, la cubierta puede romperse y el núcleo sobresale: esto se denomina prolapso o hernia discal. Es más habitual en los discos lumbares, sometidos a un mayor esfuerzo, especialmente cuando han comenzado a degenerar por la edad. La hernia discal puede producirse poco a poco o repentinamente, después de levantar un peso o tras una lesión, y provocar dolor y dificultad para andar.

Un disco prolapsado puede presionar nervios espinales y causar ciática, dolor agudo y pulsante en el nervio ciático y que recorre la nalga y la parte posterior de la pierna hasta el pie. En muchos casos se logra la recuperación en 6 u 8 semanas con analgésicos y ejercicio suave. Los casos más graves pueden requerir fisioterapia o reparación quirúrgica del disco.

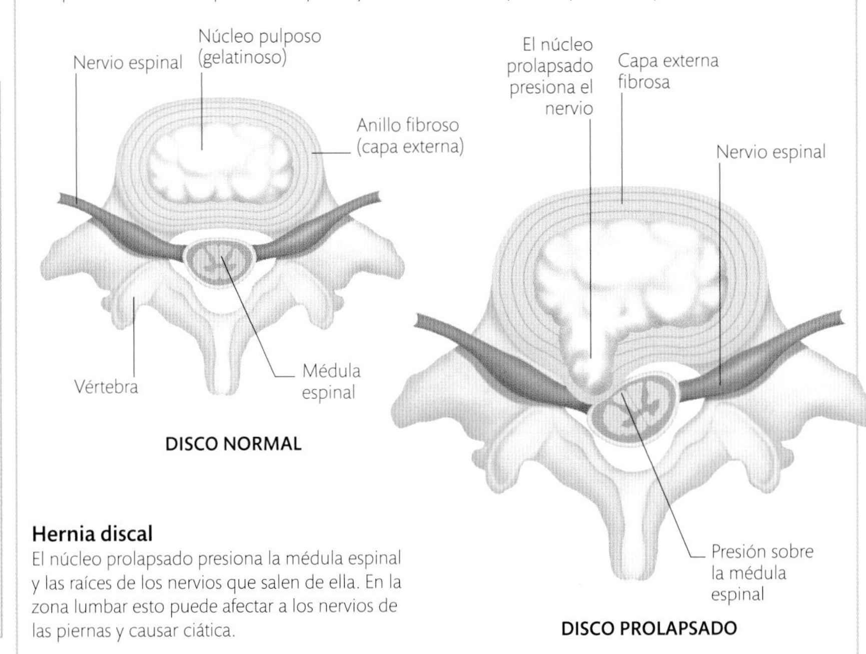
Nervio espinal
Núcleo pulposo (gelatinoso)
Anillo fibroso (capa externa)
Vértebra
Médula espinal
DISCO NORMAL
El núcleo prolapsado presiona el nervio
Capa externa fibrosa
Nervio espinal
Presión sobre la médula espinal
DISCO PROLAPSADO

Hernia discal
El núcleo prolapsado presiona la médula espinal y las raíces de los nervios que salen de ella. En la zona lumbar esto puede afectar a los nervios de las piernas y causar ciática.

ESTENOSIS VERTEBRAL

La estenosis (estrechamiento) del canal medular puede comprimir la médula espinal o las raíces de los nervios. Está asociada al envejecimiento.

Las alteraciones de la columna vertebral relacionadas con la edad pueden comenzar a mediados de la tercera década de vida, pero sus síntomas más evidentes son poco habituales antes de los 60 años. La estenosis vertebral comienza con rigidez de las articulaciones intervertebrales y formación de osteofitos (excrecencias óseas) que invaden el canal que aloja la médula espinal y los orificios por los que salen las raíces de los nervios. Puede afectar a cualquier sección de la columna y causar dolor, calambres y debilidad en piernas, espalda, cuello, hombros y brazos. Se trata con antiinflamatorios y fisioterapia; los casos graves pueden requerir cirugía de descompresión: se extirpa hueso y tejido para aliviar la presión sobre la médula.

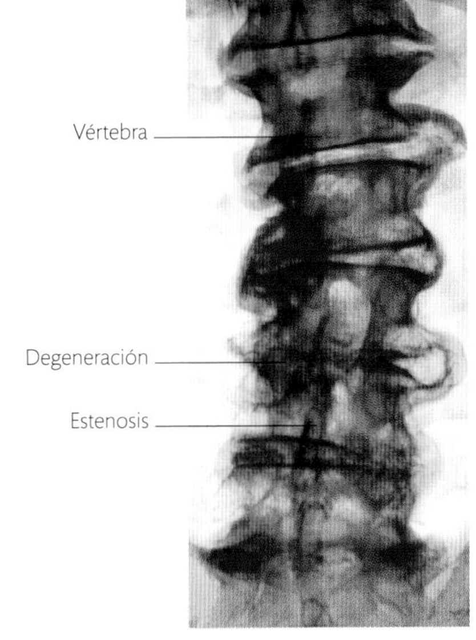
Vértebra
Degeneración
Estenosis

Radiografía de columna
Esta radiografía coloreada muestra estenosis vertebral causada por degeneración grave de la columna. Las áreas rojas son huesos deformados por osteofitos, y la verde, la médula espinal.

ESPONDILOLISTESIS

Es el deslizamiento de una vértebra sobre otra. No suele dar síntomas, aunque en los peores casos puede comprimir la médula espinal.

Puede deberse a una deformidad de columna congénita (desde el nacimiento) o surgir durante el crecimiento, hacia la pubertad; no obstante, la mayoría de los casos se da en adultos y proviene de cambios degenerativos en las articulaciones de las vértebras que alteran el ángulo de los huesos y permiten que las vértebras superiores se deslicen sobre las inferiores. En la mayoría de los casos no provoca síntomas; sin embargo, hay pacientes que refieren dolor, rigidez o ciática (arriba). Si coexiste con una estenosis vertebral (izquierda), los síntomas pueden empeorar. En los casos de más gravedad (cuando la vértebra superior está desalineada más de un 50%) pueden ejercer una notable presión sobre la médula espinal y requerir cirugía de descompresión.

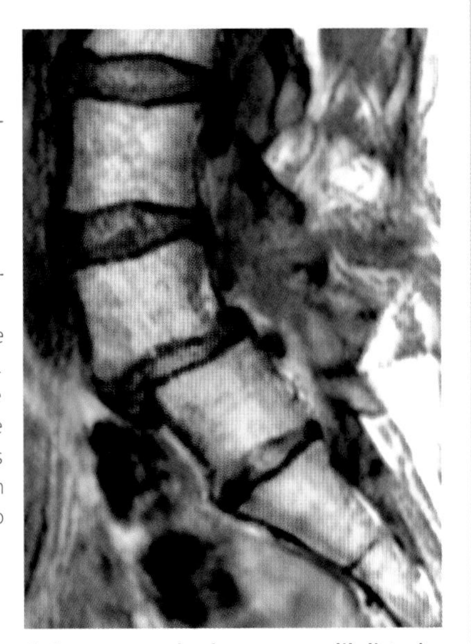

Columna vertebral con espondilolistesis
La espondilolistesis suele afectar a la sección lumbar de la columna. En esta imagen se ve claramente la mala alineación de la vértebra superior desplazada.

TRASTORNOS ARTICULARES DE LAS EXTREMIDADES

Los problemas de músculos, tendones y demás tejidos blandos que rodean las articulaciones suelen estar causados por la manera en que se usan estas articulaciones. Pueden provocar un dolor intenso, pero la mayoría mejoran por sí solos o con reposo y tratamiento en casa.

EPICONDILITIS

Incluye el codo de tenista y el codo de golfista, y consiste en la inflamación de los epicóndilos (protuberancias óseas de cada lado de la articulación del codo).

El codo de tenista, que afecta al epicóndilo exterior, y el codo de golfista, que afecta al epicóndilo interior, suelen estar causados por el uso excesivo de los músculos esqueléticos que se insertan en esos puntos, y por lesión directa ocasionalmente. El daño provoca la inflamación de los tendones que unen los músculos a los epicóndilos. El codo de tenista suele aparecer a consecuencia de repetidos servicios en tenis, y el de golfista, por el *swing*; sin embargo, ambos trastornos son muy comunes por otros usos excesivos. El área se inflama, y el dolor se intensifica con el movimiento: en el codo de golfista aumenta al levantar el brazo con la palma hacia arriba; en el de tenista, al elevarlo con la palma hacia abajo.

El dolor se propaga por un lado del brazo hasta la mano, con hormigueo en el antebrazo y calor, dolor e hinchazón cerca del epicóndilo. El tratamiento consiste sobre todo en descanso y antiinflamatorios. Una férula o cabestrillo para evitar esfuerzos al músculo puede ayudar. Se puede recomendar fisioterapia y, si el dolor es grave, infiltraciones de corticosteroides.

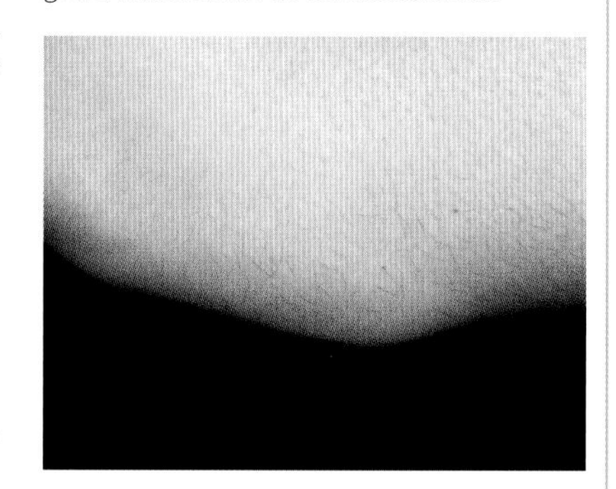

Codo de tenista
La epicondilitis puede afectar a ambos lados del codo. Uno de los síntomas es una zona enrojecida, inflamada y dolorosa en torno a la articulación.

SÍNDROME DEL TÚNEL CARPIANO

Lo causa la compresión del nervio mediano, que pasa por el túnel carpiano de la muñeca.

El nervio mediano desciende por el antebrazo hasta la mano, donde inerva los músculos de la base del pulgar y controla la sensibilidad de la mitad de la palma cercana a este dedo. A su paso atraviesa el túnel carpiano, un espacio entre los huesos de la muñeca cerrado por un ligamento. Además del nervio, pasan por este túnel 10 tendones. Este síndrome se produce cuando el nervio queda comprimido. Esto se puede deber a hinchazón de los tendones o acumulación de líquido en el túnel por artritis, fluctuaciones hormonales, problemas tiroideos, diabetes o uso excesivo. Una mínima presión provoca dolor, pérdida de la capacidad de prensión y hormigueo en el pulgar, los dos primeros dedos y la mitad del anular y, en los casos graves, incapacidad de los músculos del pulgar. Los casos leves se tratan con reposo, férulas y analgésicos. En ocasiones deben administrarse infiltraciones de corticosteroides para reducir la inflamación. En casos graves está indicada la descompresión quirúrgica para aliviar la presión mediante el corte del ligamento.

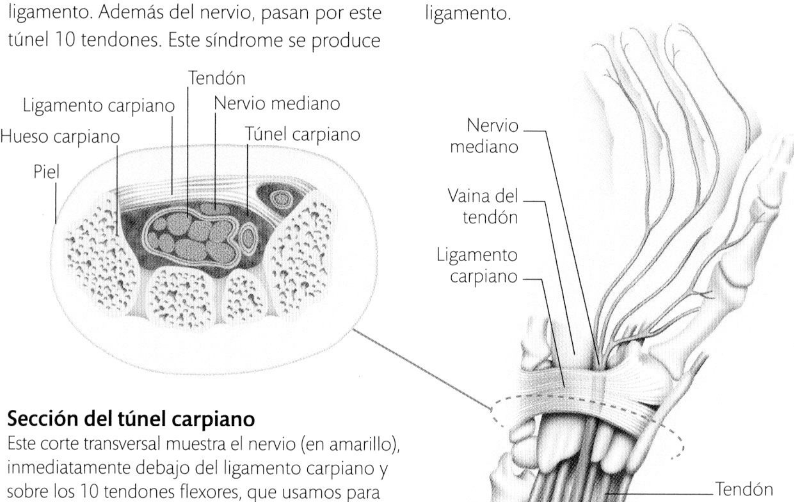
Tendón
Ligamento carpiano
Nervio mediano
Hueso carpiano
Túnel carpiano
Piel
Nervio mediano
Vaina del tendón
Ligamento carpiano
Tendón

Sección del túnel carpiano
Este corte transversal muestra el nervio (en amarillo), inmediatamente debajo del ligamento carpiano y sobre los 10 tendones flexores, que usamos para doblar los dedos, la muñeca y la palma.

GANGLIÓN

Los ganglios, habituales en la muñeca, son bultos blandos e inofensivos que suelen desaparecer sin necesidad de tratamiento.

Los ganglios son quistes bajo la piel, sobre la vaina de un tendón. Suelen aparecen junto a una articulación, en cuyo caso tienden a estar unidos a ella. Los lugares más habituales en los que aparecen son pies y manos, sobre todo en el lado extensor (superior) de la muñeca. Los ganglios contienen líquido sinovial. Si no causan molestias se puede esperar a que desaparezcan por sí solos; si duelen o impiden el movimiento se pueden drenar o extirpar.

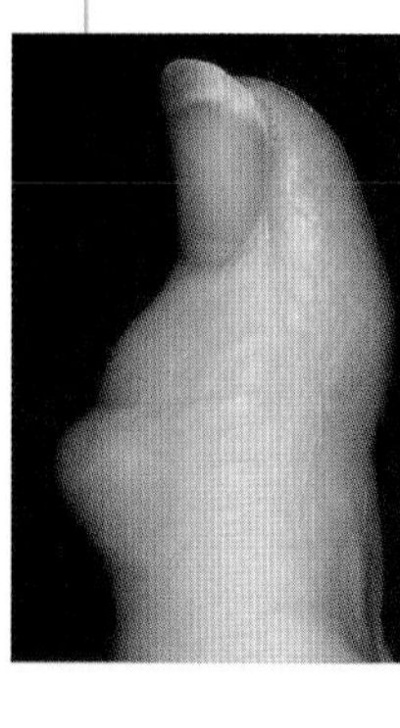

Ganglión en el pulgar
Como la mayoría de ganglios, este se halla en la cara extensora (superior) de la articulación.

DERRAME ARTICULAR DE RODILLA

El derrame de líquido sinovial puede causar hinchazón y, a veces, rigidez y reducción de movilidad en las articulaciones.

En las articulaciones, los extremos óseos están rodeados por una membrana llamada sinovial que produce un líquido lubricante. Una lesión o un trastorno infeccioso o inflamatorio (como artrosis o gota) pueden hacer que la membrana produzca demasiado líquido sinovial. La acumulación de este líquido se conoce como derrame articular.

Las rodillas, que han de soportar fuerzas verticales y rotatorias importantes, son muy propensas a los derrames articulares. Los síntomas suelen ser una hinchazón visible, blanda y dolorosa, y dificultad para apoyarse en la pierna afectada. El tratamiento dependerá de la causa: puede incluir drenaje del líquido sinovial y medicación con antiinflamatorios y corticosteroides.

BURSITIS

La inflamación de una bolsa sinovial, uno de los pequeños cojines que amortiguan las articulaciones, causa dolor e inflamación.

Las bolsas llenas de líquido sinovial actúan como amortiguadores entre las partes móviles de la mayoría de articulaciones. Una lesión o una infección pueden hacer que se produzca líquido en exceso y que este se acumule en la bolsa. El área enrojece, se hincha y duele. Es más habitual en codos y rodillas, posiblemente porque estas articulaciones suelen sufrir más golpes. En la parte posterior del codo, la bolsa olecraniana puede hincharse mucho, pues la piel, elástica, permite su expansión. Las bolsas se suelen recuperar solas; se pueden drenar, pero tienden a volverse a hinchar.

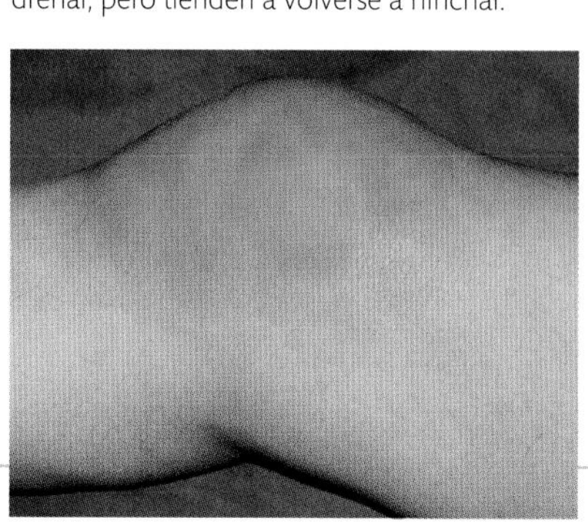

Rodilla de beata
Con este nombre se conoce la bursitis prerrotuliana, frecuente en personas que por su actividad pasan mucho tiempo de rodillas.

CONDROMALACIA

La condromalacia rotuliana es el dolor en la parte frontal de la rodilla relacionado con el uso articular excesivo y frecuente en jóvenes activos.

El dolor puede deberse al rozamiento crónico entre la rótula y la articulación de la rodilla (el punto en que pasa hacia delante y hacia atrás al flexionarla y extenderla) en adolescentes. Es un trastorno inofensivo, aunque doloroso, y suele desaparecer al cabo de un par de años. El reposo y la fisioterapia pueden ayudar, pero los adolescentes que practiquen un deporte intensivo tendrán que elegir entre continuar y aceptar el dolor o abandonarlo. Antiguamente se recurría a la cirugía para «limpiar» la parte posterior de la rótula. Sin embargo, el trastorno suele curar por sí solo, y en general los médicos prefieren evitar una operación que podría dejar tejido cicatricial en la articulación.

ENFERMEDAD DE OSGOOD-SCHLATTER

Tipo de osteocondrosis frecuente en adolescentes activos, causada por una inflamación en la parte frontal superior de la tibia.

Suele darse en las fases de crecimiento rápido de la adolescencia, sobre todo en individuos muy deportistas. Se desarrolla en la tuberosidad tibial, una punta ósea de la parte superior de la tibia en la que los músculos cuádriceps, situados en la parte anterior del muslo, se unen al hueso mediante el ligamento rotuliano (que conecta la rótula a la tibia). Se cree que es debida a una presión excesiva sobre las tuberosidades tibiales en un momento en que los huesos largos crecen más rápido que los músculos.

La repetida contracción del cuádriceps sobreestirado se transmite a la tuberosidad, causando dolor e hinchazón. En los casos más graves aparecen astillas óseas, fracturas de la placa de crecimiento del extremo de la tibia. Cuando el cuerpo intenta soldar las fracturas produce hueso nuevo que causa protuberancias en la tuberosidad; da lugar así a un bulto inflamado. El trastorno es tan doloroso que puede impedir la práctica de ejercicio, especialmente si hay astillas. Suele desaparecer en un par de años y a menudo no requiere más que reposo y analgésicos.

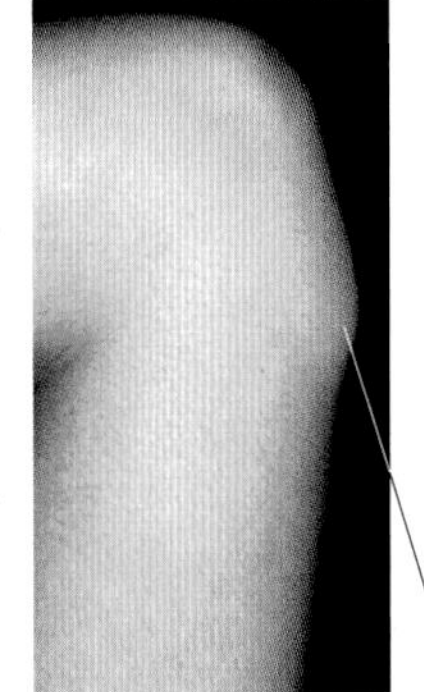
Prominencia ósea

Enfermedad de Osgood-Schlatter
La imagen muestra la tuberosidad tibial prominente en una persona con esta enfermedad. Las pequeñas fracturas continuadas llevan a la aparición de una protuberancia ósea, dolorosa si se golpea.

TENDINITIS AQUILEA

El tendón de Aquiles, que conecta los músculos de la pantorrilla al tobillo, se inflama con frecuencia en atletas y corredores.

Está causada por pequeños desgarros del tejido que se producen al apoyar el pie en el suelo con demasiada fuerza (por ejemplo, cuando se corre sobre superficies duras). Se manifiesta con hinchazón y dolor en la parte posterior del tobillo. El tendón inflamado es muy doloroso si se ha sobreestirado (como cuando se flexiona el talón para «despegar» en cada zancada durante una carrera). En muchos casos, el reposo, la aplicación de hielo y los analgésicos son suficientes para aliviar este trastorno. Si la tendinitis aquilea persiste, el tratamiento comprenderá fisioterapia o un dispositivo ortopédico temporal (una plantilla para reducir la presión sobre el tendón al pisar). Como está poco irrigado, el tendón de Aquiles tiende a tardar en sanar.

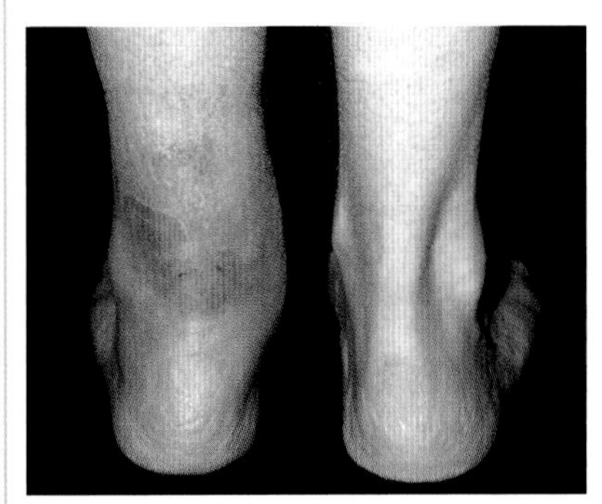

Tendinitis aquilea
Si el tendón de Aquiles se inflama mucho (como se ve en esta fotografía) puede acumular líquido, que desciende a causa de la gravedad y hace que se hinchen todo el tobillo y el talón.

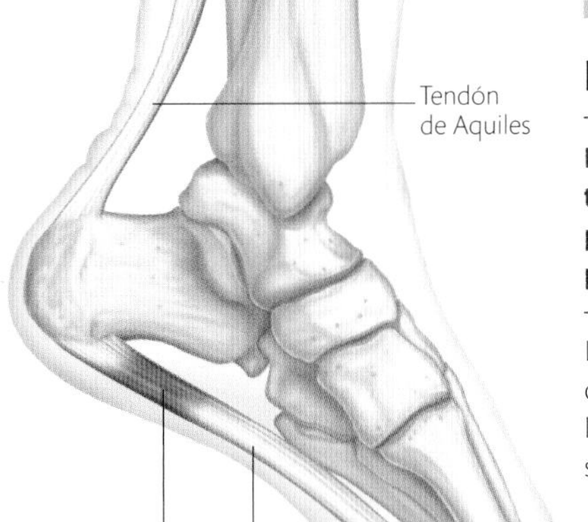
Tendón de Aquiles
Inflamación
Fascia plantar

FASCITIS PLANTAR

La fascia plantar es una gruesa banda de tejido fibroso y resistente de la planta del pie que soporta el arco. Su inflamación puede ser muy dolorosa.

La fascia plantar es la continuación del tendón de Aquiles y conecta el calcáneo con la base de los dedos del pie. La inflamación de este tejido se produce de manera similar a la del tendón de Aquiles (derecha), por un sobreestiramiento recurrente. Es habitual en personas que andan mucho sobre terreno irregular o que corren, pero puede ser una enfermedad degenerativa y suele acompañar a la artritis inflamatoria, la obesidad, la artrosis y la diabetes. El dolor aparece al estirar la planta del pie y suele ser más intenso junto al talón y en las primeras horas de la mañana.

El tratamiento inicial comprende reposo, aplicación de hielo y analgésicos. Se pueden prescribir ejercicios para estirar los tejidos gradualmente. Hay pacientes que necesitan ortopedia (aparatos que, en los zapatos, alivian el estiramiento de la fascia al pisar). Los casos graves pueden tratarse con inyecciones de corticosteroides y anestésicos locales.

Tratamiento de la fascitis plantar
El dolor afecta sobre todo a la parte posterior de la planta, donde la fascia se une al calcáneo (hueso del talón).

DEFORMIDADES PODALES

Las anomalías de huesos, músculos y ligamentos del pie pueden alterar su forma y causar problemas funcionales.

La forma del pie se desarrolla a medida que el niño crece. En el pie del adulto, huesos, ligamentos y fascia (tejido conjuntivo) forman un arco en la planta. Esta estructura proporciona flexibilidad y actúa como un amortiguador. Los trastornos estructurales pueden afectar a la forma del arco, causando pies planos o pie cavos. En el pie plano, el arco desaparece o ni siquiera llega a desarrollarse, y toda la planta entra en contacto con el suelo al andar. Puede ser doloroso, pero el calzado con plantillas adecuadas ayuda. El pie cavo posee un arco anormalmente alto; puede ser hereditario o deberse a trastornos musculares o nerviosos. No suele producir síntomas, pero puede ser difícil encontrar zapatos adecuados. El pie varo es un defecto congénito en que uno o ambos pies están torcidos hacia dentro. Se trata con calzado especial y manipulación gradual y suave. Su causa es desconocida.

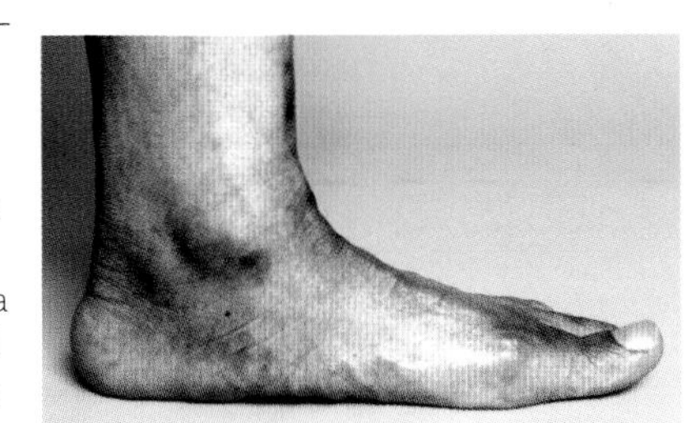

Pie plano
Esta imagen muestra el aplanamiento del arco debido al colapso de las estructuras óseas bajo el peso del paciente. Se aprecia cómo toda la planta del pie toca el suelo.

JUANETES

Algunas personas padecen una deformidad estructural en la articulación de la base del dedo gordo del pie que causa un juanete.

La deformidad empieza con el desplazamiento gradual del dedo gordo hacia dentro (hallux valgus), en ocasiones acompañado por los otros dedos. A medida que se desvía de su posición, la articulación entre su base y la cabeza del primer metatarsiano (en la planta) queda expuesta, por lo que se inflama y duele; la inflamación de la bolsa superior de la articulación aumenta el engrosamiento y la presión. La protuberancia ósea resultante se llama juanete. El trastorno tiende a ser hereditario. Su causa es compleja e implica un desarrollo anormal del pie, a veces combinado con años de empleo de zapatos puntiagudos y estrechos que comprimen los dedos en ángulo. El dedo afectado puede desarrollar artritis. Algunas personas tienen dificultades para encontrar zapatos que se adapten a los juanetes. Plantillas, dispositivos ortopédicos y calzado cómodo alivian la presión, pero si los síntomas son graves se requerirá cirugía para extirpar el hueso adicional y realinear el dedo.

Parte engrosada de la articulación

Juanete
La desviación del dedo gordo del pie deforma el hueso y engrosa los tejidos blandos en torno a la articulación, formando así un juanete.

TRASTORNOS CEREBROVASCULARES

El sistema cerebrovascular comprende los vasos sanguíneos que riegan el cerebro. Estos son propensos a las enfermedades que afectan a otros vasos en cualquier lugar del cuerpo, como embolias y aterosclerosis, pero que en el cerebro tienen efectos específicos y a veces catastróficos.

ICTUS

Por la interrupción del riego sanguíneo, causa daños repentinos e irreversibles en distintas áreas del cerebro: es el equivalente cerebral de un infarto de miocardio.

El cerebro precisa un rico suministro de oxígeno y nutrientes procedentes de la sangre para funcionar bien. Si se interrumpe el riego sanguíneo, las células cerebrales pueden fallar y morir: esto es un infarto cerebral o ictus. La causa más común es la obstrucción de un vaso sanguíneo, generalmente por una combinación de trombos (coágulos) y aterosclerosis (estrechamiento de los vasos por colesterol y grasas). La carencia de oxígeno resultante interfiere con las funciones físicas o mentales controladas por la parte afectada. Una minoría de ictus son hemorrágicos (causados por un sangrado), que pueden deberse a un tumor o a una malformación de los vasos sanguíneos. Se produce cuando el daño causado no se logra revertir en 24 horas. Puede involucrar áreas cerebrales más o menos amplias; es bastante común que al principio solo comprometa a un lado del cerebro (ictus hemipléjico), causando parálisis de medio cuerpo. La deglución, el habla, la visión, la personalidad, el humor y la memoria pueden verse afectadas. El cerebro dañado sufre inflamación, y pueden pasar semanas o meses antes de que remita. En este tiempo se pueden recuperar gradualmente las funciones y, con rehabilitación, es posible reaprender habilidades. Se reduce el riesgo controlando el nivel de colesterol y la presión sanguínea, y dejando de fumar. Puede minimizar o revertir el daño un tratamiento a tiempo con anticoagulantes.

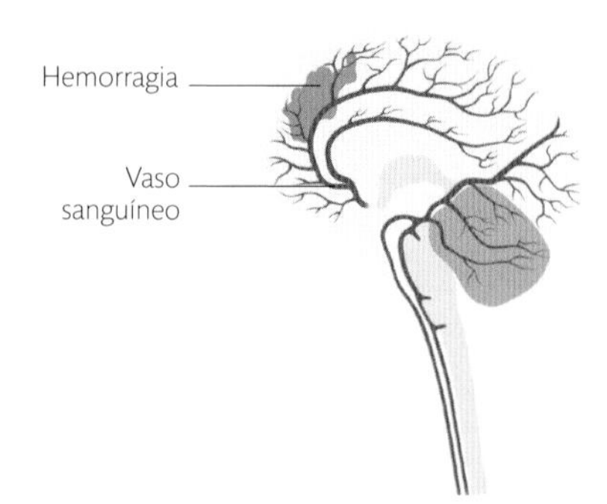
Hemorragia
Vaso sanguíneo

Hemorragia cerebral
Se llama hemorragia intracerebral al sangrado por rotura de vasos sanguíneos en el cerebro. Es la causa de ictus menos habitual y suele deberse a un tumor o una anomalía vascular preexistente.

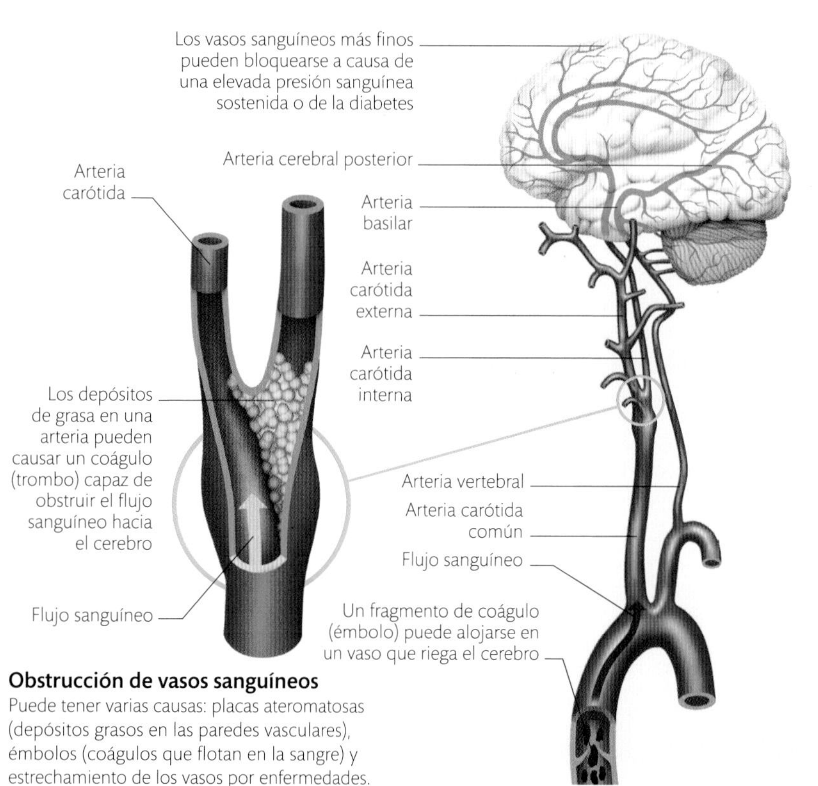
Los vasos sanguíneos más finos pueden bloquearse a causa de una elevada presión sanguínea sostenida o de la diabetes
Arteria cerebral posterior
Arteria carótida
Arteria basilar
Arteria carótida externa
Arteria carótida interna
Los depósitos de grasa en una arteria pueden causar un coágulo (trombo) capaz de obstruir el flujo sanguíneo hacia el cerebro
Arteria vertebral
Arteria carótida común
Flujo sanguíneo
Flujo sanguíneo
Un fragmento de coágulo (émbolo) puede alojarse en un vaso que riega el cerebro

Obstrucción de vasos sanguíneos
Puede tener varias causas: placas ateromatosas (depósitos grasos en las paredes vasculares), émbolos (coágulos que flotan en la sangre) y estrechamiento de los vasos por enfermedades.

EFECTOS DEL ICTUS A LARGO PLAZO

Dependen de la parte del cerebro afectada, de la gravedad y permanencia de los daños y de la rapidez con que el cerebro aprenda nuevas rutas para sus tareas. Incluso un ictus grave puede tener una recuperación gradual pero espectacular. El habla suele verse afectada, especialmente a la hora de encontrar y formar palabras, así como la personalidad: en los afectados son muy comunes la depresión y los trastornos emocionales.

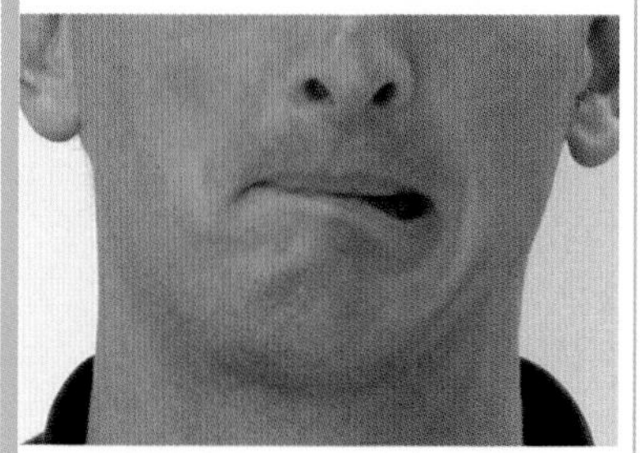

Parálisis facial
La parálisis facial que a veces aparece tras un ictus suele afectar a un lado de la cara, lo que impide cerrar el ojo y la boca por completo.

ATAQUE ISQUÉMICO TRANSITORIO

Breve interrupción del riego sanguíneo del cerebro que causa una pérdida repentina, pero temporal, de sus funciones.

Si el ictus es el equivalente cerebral del infarto de miocardio, los ataques o accidentes isquémicos transitorios (AIT) equivalen a la angina de pecho. El proceso es similar al de una trombosis, excepto por ser temporal y probablemente solo parcial, y desaparecer antes de causar daños cerebrales permanentes. Puede durar segundos u horas, y afectar a las mismas funciones que un ictus. Es un signo de advertencia de futuros ictus, sobre todo si los ataques se hacen más prolongados o frecuentes. Por ello, un AIT requiere investigación inmediata, incluyendo ecografías de la carótida (que irriga el cerebro) y del corazón para hallar la fuente del material causante del bloqueo.

Los factores de riesgo, como los del ictus, son la presión sanguínea alta, la diabetes (no controlada), el fumar y un nivel de colesterol elevado, pues todos ellos aumentan el riesgo de aterosclerosis y de formación de depósitos grasos en los vasos sanguíneos. El objetivo del tratamiento es reducir los factores de riesgo y hacer que la sangre sea más fluida gracias a medicamentos anticoagulantes.

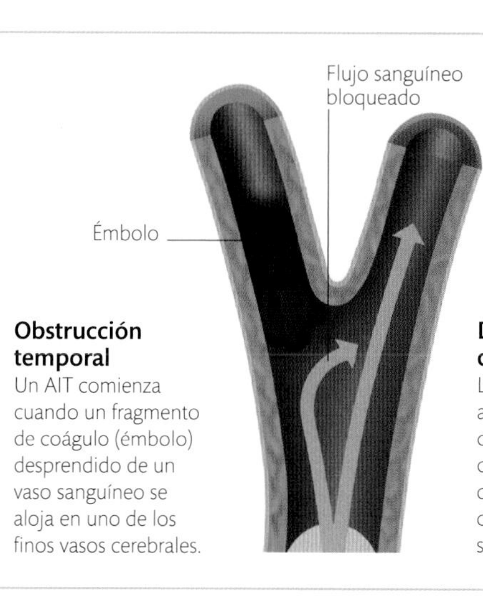
Flujo sanguíneo bloqueado
Émbolo

Obstrucción temporal
Un AIT comienza cuando un fragmento de coágulo (émbolo) desprendido de un vaso sanguíneo se aloja en uno de los finos vasos cerebrales.

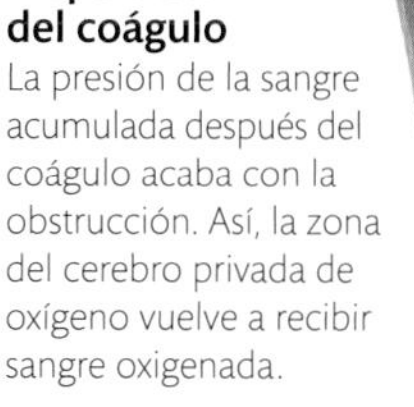
Partículas dispersadas
El riego sanguíneo se restablece

Dispersión del coágulo
La presión de la sangre acumulada después del coágulo acaba con la obstrucción. Así, la zona del cerebro privada de oxígeno vuelve a recibir sangre oxigenada.

HEMATOMA SUBDURAL

Se produce por una hemorragia o derrame de sangre, que se acumula en el espacio entre las dos meninges externas que recubren el cerebro.

Las hemorragias subdurales suelen producirse por un desgarro de las venas que atraviesan el espacio subdural, entre la duramadre (meninge externa) y la aracnoides, y pueden ser repentinas, agudas y graves, o lentas y crónicas. La sangre vertida se acumula formando un hematoma que presiona el tejido cerebral. Una hemorragia grave ejerce una gran presión sobre el cerebro, con rápida pérdida de consciencia.

Los hematomas subdurales agudos suelen deberse a traumatismos craneales graves. Son más habituales en jóvenes y en bebés, debido posiblemente a malos tratos (síndrome del bebé sacudido). Las hemorragias subdurales crónicas producen en el paciente confusión y pérdida de consciencia graduales; son más frecuentes en ancianos, en los que se pueden tomar por demencia, y también en personas que abusan del alcohol. Esto se debe a que la edad y el alcohol se asocian con una tendencia a la reducción del volumen cerebral, que estira las venas que recorren las meninges y las hace más propensas a romperse.

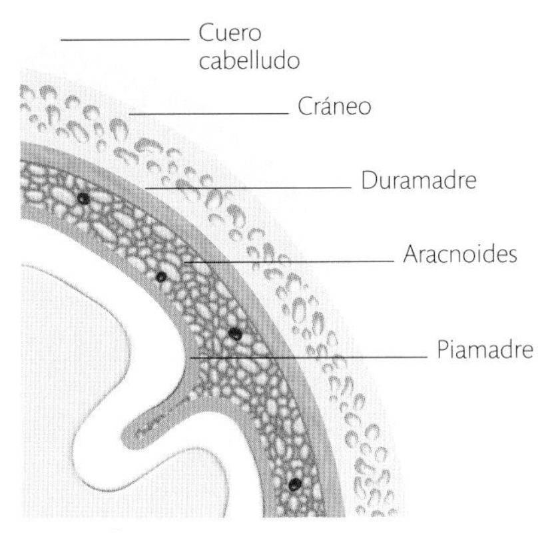
Cuero cabelludo
Cráneo
Duramadre
Aracnoides
Piamadre

Normal
El cerebro está envuelto por tres capas de membranas (meninges): duramadre, aracnoides y piamadre, que transportan nervios sensoriales y vasos por la superficie cerebral.

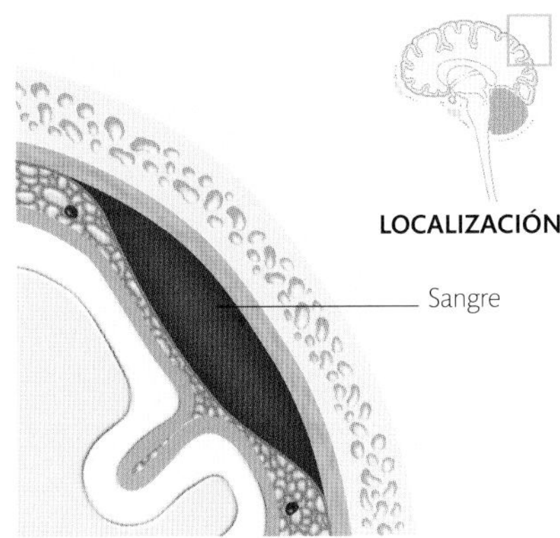
LOCALIZACIÓN
Sangre

Hematoma subdural
El hematoma, o acumulación de sangre, entre las dos capas externas ejerce presión sobre el cerebro. Puede crecer rápidamente, en unas horas, o tardar semanas e incluso meses.

HEMORRAGIA SUBARACNOIDEA

Este peligroso trastorno consiste en un derrame de sangre entre las dos meninges más internas que envuelven el cerebro.

Una hemorragia subaracnoidea se produce cuando una arteria cercana a la superficie del cerebro se rompe repentinamente y la sangre se vierte en el espacio subaracnoideo, entre las dos meninges internas (piamadre y aracnoides). En la mayoría de los casos se debe a la rotura de un aneurisma sacular (una zona debilitada e hinchada como un saquito en la unión entre dos arterias cerebrales), y en algunas personas, a malformaciones de los vasos sanguíneos.

Ambos problemas pueden estar presentes, sin detectarse, desde el nacimiento. La hemorragia causa una cefalea repentina y muy intensa, con vómitos, confusión, intolerancia a la luz y, en los casos más graves, coma y muerte. Podrían darse cefaleas de advertencia antes de la rotura arterial. Se puede realizar una TC o una punción lumbar para descubrir el origen de la hemorragia, y es posible reparar de forma quirúrgica los vasos afectados; sin embargo, no siempre se logra la recuperación completa, y casi la mitad de los casos tienen un desenlace fatal.

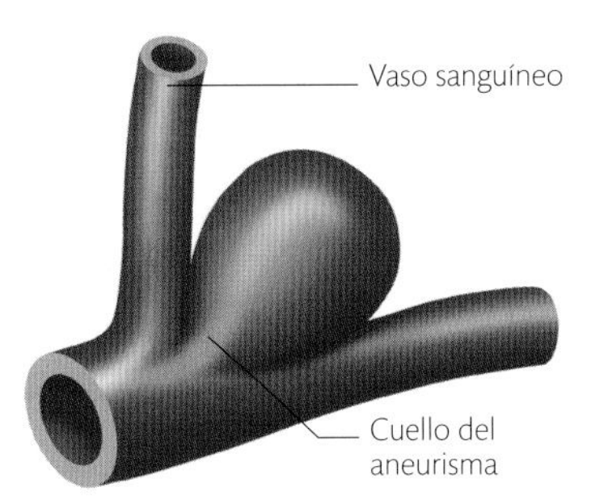
Vaso sanguíneo
Cuello del aneurisma

Aneurisma sacular
Se forma por la dilatación de un vaso sanguíneo que crea una bolsita en un punto débil situado en la unión con otro vaso. Suele desarrollarse en la base del cerebro.

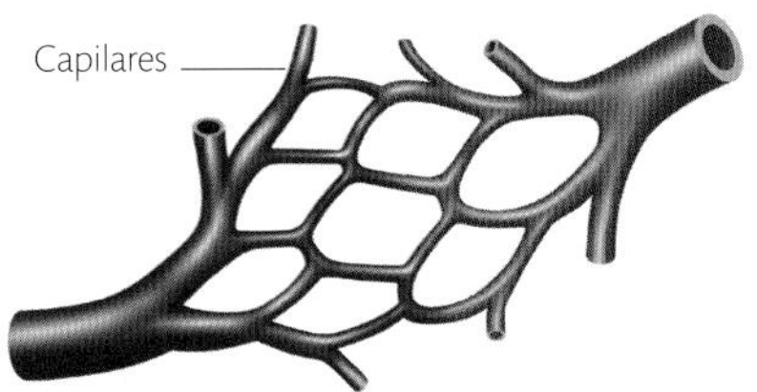
Capilares
NORMAL

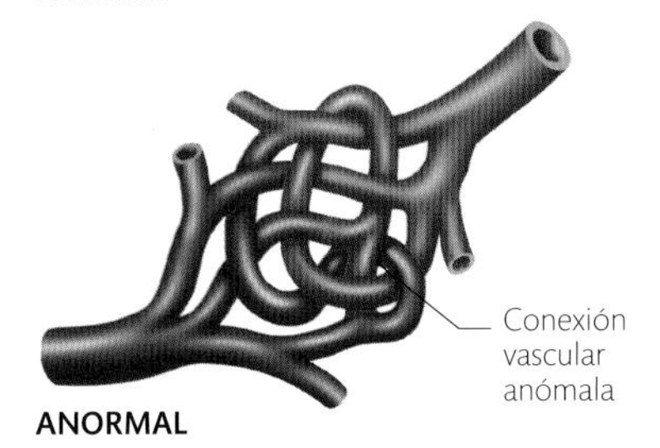
Conexión vascular anómala
ANORMAL

Malformación arteriovenosa
Las conexiones de venas y arterias anómalas forman un nudo. Estos puntos donde la sangre arterial, a alta presión, se encuentra con la venosa, a menor presión, son propensos a hemorragias.

MIGRAÑA

Es un dolor recurrente y a menudo severo, generalmente en un lado de la cabeza, que cursa con visión alterada, náuseas y otras sensaciones anómalas.

Afecta más a mujeres que a hombres y tiende a ser hereditaria. Puede aparecer por primera vez a cualquier edad, aunque raramente antes de los 50 años. No se conocen por completo las causas de la migraña; una teoría sugiere que comienza con una súbita contracción de los vasos sanguíneos de las meninges (membranas que cubren el cerebro), que causa una leve isquemia transitoria, seguida por una dilatación que estira los sensibles venas y nervios, y provoca el dolor. Pueden desencadenarla factores como el estrés, el hambre, el cansancio y ciertos alimentos y bebidas, entre ellos el chocolate, el vino tinto y la cafeína. En las mujeres, los ataques pueden estar asociados a fluctuaciones hormonales y suelen darse antes de la menstruación.

Los ataques suelen ser incapacitantes y pueden durar hasta 3 días. Presentan, por lo general, cuatro fases: pródromo (signos de advertencia), aura, cefalea y posdromo (resolución). Los síntomas del pródromo comprenden pérdida de apetito y cambios de humor o conducta. El aura (si se da) suele consistir en anomalías visuales (visión borrosa y de puntos brillantes o destellos) y sensoriales, como entumecimiento u hormigueo intenso; dificultades en el habla, y pérdida de equilibrio y coordinación. La cefalea suele ser un intenso dolor pulsátil en un lado de la cabeza, con náuseas, vómitos, intolerancia a la luz y al ruido, y sensaciones anómalas en el cuero cabelludo.

Casi un 15% de los pacientes presentan migraña con aura (migraña clásica); la migraña sin aura se denomina migraña común. Existen varios patrones atípicos de migraña (cefalea punzante o taladrante, opresiva o «en banda de sombrero») que tienden a ser recurrentes en algunas personas. No tiene cura, pero se puede controlar evitando los desencadenantes y con fármacos para prevenir o limitar los ataques, o aliviar el dolor y las náuseas.

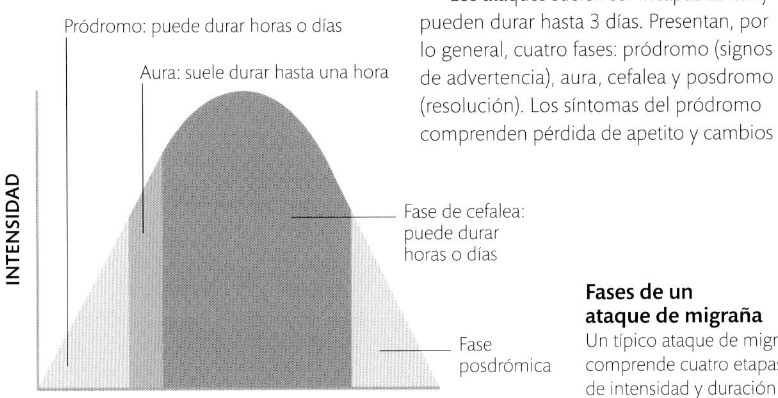
Pródromo: puede durar horas o días
Aura: suele durar hasta una hora
Fase de cefalea: puede durar horas o días
Fase posdrómica
INTENSIDAD
TIEMPO

Fases de un ataque de migraña
Un típico ataque de migraña comprende cuatro etapas de intensidad y duración variables.

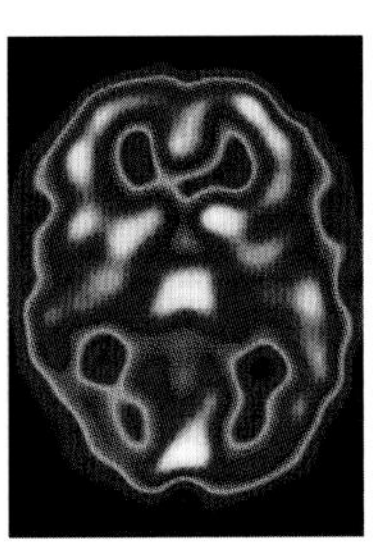

Ataque de migraña
Esta imagen muestra la actividad cerebral durante una migraña: en rojo y amarillo, las áreas de alta actividad, y en gris y azul, las menos activas.

CEFALEA

La mayoría de las cefaleas (dolores de cabeza) son tensionales, causadas por el estrés. Un tipo más doloroso es la cefalea en racimos, que se manifiesta en breves ataques varias veces al día.

La cefalea tensional es una aparente constricción en la frente, causada por rigidez de los músculos de cabeza y cuello. Suele empeorar al final del día e intensificarse por el estrés y el cansancio. El dolor se puede aliviar con analgésicos y relajación.

La cefalea en racimos es un fuerte dolor en un lado de la cabeza, en torno al ojo o la sien, acompañado de lagrimeo y enrojecimiento de los ojos, y de congestión nasal. Se debe a la dilatación de los vasos sanguíneos; aunque no se conoce la causa, los cambios de temperatura y el alcohol pueden desencadenar un ataque. Como su nombre sugiere, se da en breves periodos o brotes que duran desde unos minutos hasta un par de horas y se repiten varias veces al día. Se trata con medicación, oxigenoterapia o estimulación eléctrica transcutánea del nervio vago.

TRASTORNOS DEL CEREBRO Y LA MÉDULA ESPINAL

El cerebro y la médula espinal procesan la información de los nervios sensoriales y de sustancias químicas de la sangre, y dan respuestas que se transmiten a los tejidos corporales. El daño de estas estructuras puede deteriorar las funciones corporales y cerebrales.

LESIONES EN LA CABEZA

Muchos golpes y hematomas en la cabeza son leves, pero un fuerte impacto o una herida importante pueden dañar el tejido cerebral.

Las lesiones graves de cabeza comprenden las abiertas, que dejan expuesto el tejido cerebral, y las cerradas, en que el cerebro se sacude dentro del cráneo. Las fracturas de cráneo abiertas suelen deberse a un fuerte impacto y pueden exponer a traumatismos e infecciones al tejido cerebral y al líquido cefalorraquídeo (que amortigua y protege el encéfalo y la médula espinal). Una fractura en la base del cráneo puede causar pérdida de líquido cefalorraquídeo por la nariz o el oído. Cualquier lugar donde se produzca la pérdida de líquido será una puerta de entrada para la infección. Una sacudida del cerebro en el interior del cráneo puede causar una hemorragia; si la sangre se acumula se formará un hematoma, que puede ser extradural (entre el hueso y las meninges) o subdural (entre el cerebro y las meninges). La presión de la sangre sobre el cerebro produce dolor y alteración de consciencia.

El cerebro también puede lesionarse por una desaceleración brusca (cuando el cuerpo se desplaza a alta velocidad y se detiene de repente, como en un accidente de tráfico). El cerebro, sacudido, choca contra la superficie interna del cráneo y se lesiona en el lugar del impacto y en el opuesto, al rebotar. Esto causa una conmoción cerebral, que a su vez provoca vómitos, visión doble y cefaleas.

El cerebro puede inflamarse, causando confusión, pérdida de consciencia, ataques epilépticos y, a veces, la muerte. Se precisa tratamiento urgente para reducir la presión en el cerebro y un posible sangrado; y rehabilitación durante meses.

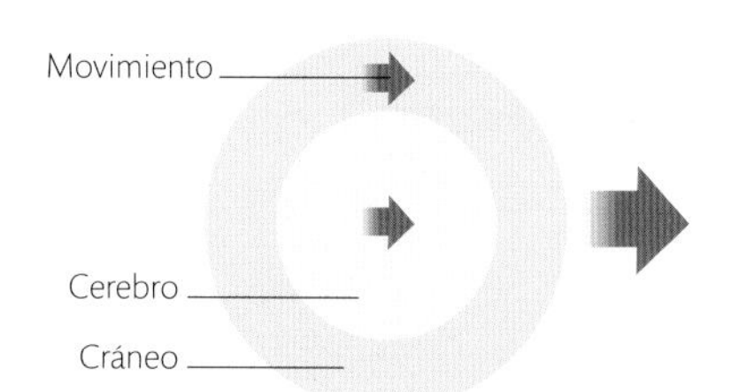
Movimiento
Cerebro
Cráneo

1 Desplazamiento a gran velocidad
Cuando una persona se desplaza rápido (por ejemplo, en coche), su cráneo y su cerebro se mueven a la misma velocidad que su cuerpo y el vehículo.

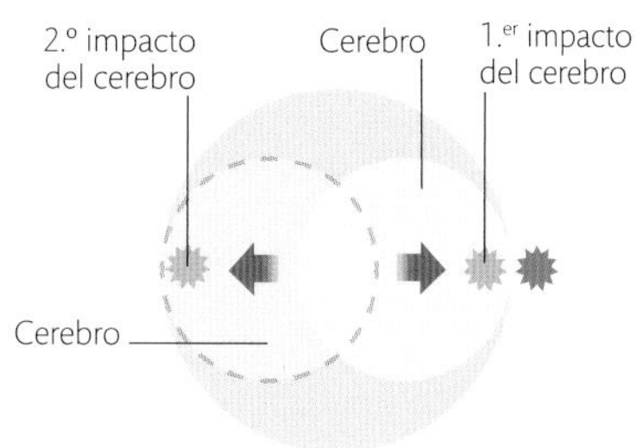
2.º impacto del cerebro
Cerebro
1.er impacto del cerebro
Cerebro

2 Impacto
Si el movimiento se detiene de repente, el cerebro golpea la parte frontal del cráneo, rebota y golpea la parte posterior (lesión por «contragolpe»).

Fractura de cráneo
Esta TC tridimensional revela varias fracturas graves. Las lesiones de este tipo pueden causar daños cerebrales e incluso la muerte.

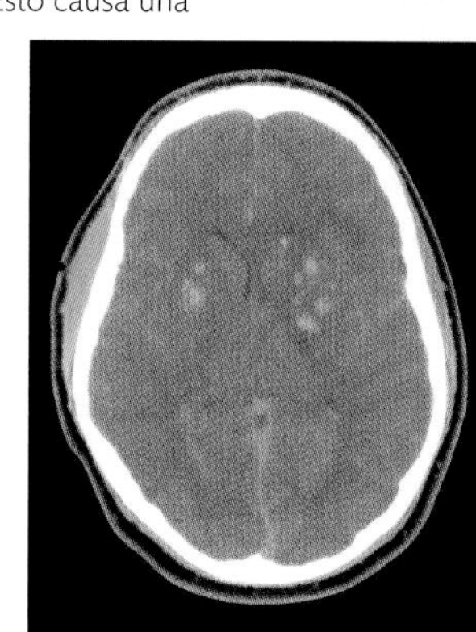

Hematoma
En esta imagen, el área azul es un hematoma (acumulación de sangre) formado fuera del cráneo. En color naranja se aprecia una grave hemorragia cerebral.

PARÁLISIS CEREBRAL

Es un grupo de trastornos derivados de lesiones cerebrales que causan dificultades posturales y motoras.

En muchos casos el daño se produce antes del nacimiento, en el cerebro todavía inmaduro; en otros, el cerebro ha sido privado de oxígeno justo antes, durante o inmediatamente después del parto. Las lesiones o anomalías causantes de la parálisis cerebral afectan a la corteza motora y conllevan dificultad para mantenerse en pie y moverse. En los casos graves existe espasticidad (rigidez) en brazos y piernas; los niños levemente afectados mostrarán solo una ligera rigidez y movimientos «de tijeras» de las piernas, con marcha inestable. Pero los procesos cognitivos, y con ellos la inteligencia, no tienen por qué estar disminuidos. El niño requerirá fisioterapia para mantener flexibles sus músculos y, posiblemente, ayuda para desarrollar y mejorar el habla y el lenguaje. La condición no empeorará, y muchos niños se adaptan bien a sus dificultades.

HIDROCEFALIA

Enfermedad causada por un exceso de líquido cefalorraquídeo, que presiona los tejidos cerebrales y puede dañarlos.

El líquido cefalorraquídeo baña el cerebro y llena sus ventrículos (espacios). Además de nutrir al cerebro, hace de amortiguador, y la sangre absorbe cualquier exceso. El excedente puede deberse a una sobreproducción o a un fallo del mecanismo de absorción debido a un bloqueo o una anomalía. En los bebés, cuyos huesos craneales aún sin fusionar están unidos por cartílago elástico, el líquido acumulado hace que los huesos se separen y que el cráneo se vuelva grande y translúcido.

En los adultos, la hidrocefalia incrementa la presión sobre el cerebro, con cefaleas persistentes que empeoran por la mañana; problemas al andar y de visión, y letargia o somnolencia. El líquido se puede drenar con una derivación cerebral (tubo de drenaje) que lo lleva a otras partes del cuerpo.

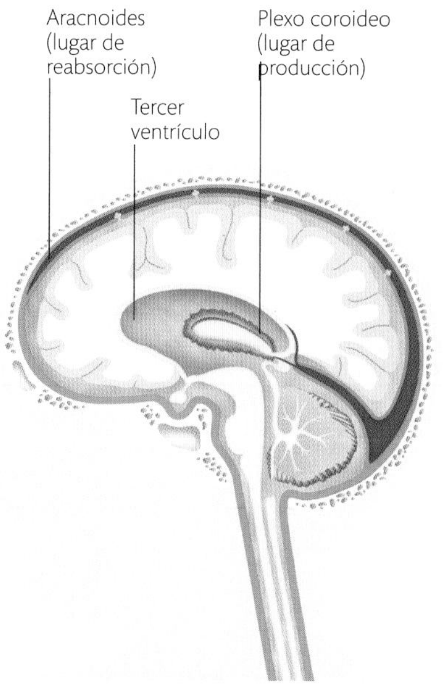
Aracnoides (lugar de reabsorción)
Plexo coroideo (lugar de producción)
Tercer ventrículo

Líquido en el cerebro
Los plexos coroideos de los ventrículos cerebrales producen el líquido cefalorraquídeo que baña encéfalo y médula espinal. El excedente se absorbe a través de la membrana aracnoides.

ABSCESOS CEREBRALES Y MEDULARES

Un absceso es una bolsa de pus de origen infeccioso formada en un tejido corporal; en el cerebro o la médula espinal puede causar daños graves e incluso letales.

El material infectado puede llegar al cerebro o la médula espinal directamente a través de una herida, desde infecciones en los senos paranasales o auditivos, o por transmisión a través de la sangre. Los abscesos cerebrales o medulares son raros, pero sus síntomas son graves. La presión ejercida por un absceso en el cerebro puede provocar confusión, fiebre, cefalea y posible colapso si la infección es grave. Los abscesos en torno a la médula pueden producir dolor y parálisis, y desencadenar una meningitis (p. 463) a medida que el líquido cefalorraquídeo transmite la infección a las meninges. Puede requerirse cirugía para drenar el absceso y fármacos para acabar con la infección y evitar ictus.

DEMENCIA

Este nombre hace referencia a la pérdida gradual de capacidades cognitivas: comprensión, razonamiento y memoria.

La demencia suele afectar a los ancianos y generalmente se debe a enfermedades del cerebro o sus vasos sanguíneos. La forma de demencia más frecuente es la enfermedad de Alzheimer, en que las células cerebrales degeneran y se forman depósitos de proteínas en el tejido. En la demencia vascular, la oclusión de los vasos más finos del cerebro por coágulos origina múltiples áreas de daño cerebral. La demencia por cuerpos de Lewy es un trastorno en que unos pequeños nódulos redondeados (cuerpos de Lewy) se acumulan en el cerebro e interfieren en su funcionamiento, con síntomas como alucinaciones.

La demencia puede aparecer también en personas más jóvenes debido a lesiones cerebrales crónicas y a las enfermedades de Parkinson y de Huntington. Todos los tipos de demencia empeoran con los años. Los parientes del paciente notarán que pierde la memoria, sobre todo la reciente, aun conservando nítidos recuerdos de sucesos lejanos en el tiempo. En un principio es difícil de distinguir del proceso de envejecimiento habitual; sin embargo, los síntomas comenzarán a empeorar, y la persona olvidará datos básicos como dónde vive. Puede presentar dificultad para hablar, incontinencia y cambios de personalidad. En los casos graves, el paciente puede olvidar completamente a sus seres queridos y precisar cuidados intensivos.

Para identificar la demencia se realizan análisis de sangre, radiografías y exámenes de capacidades mentales. No tiene cura, pero la memoria y la calidad de vida pueden mejorar con rehabilitación cognitiva, ejercitando la memoria y, ocasionalmente, con medicación.

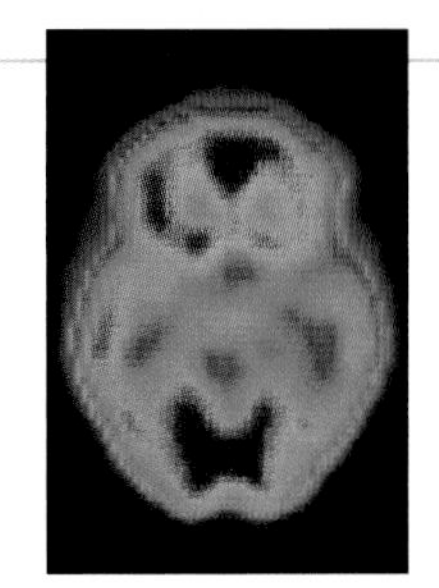
NORMAL

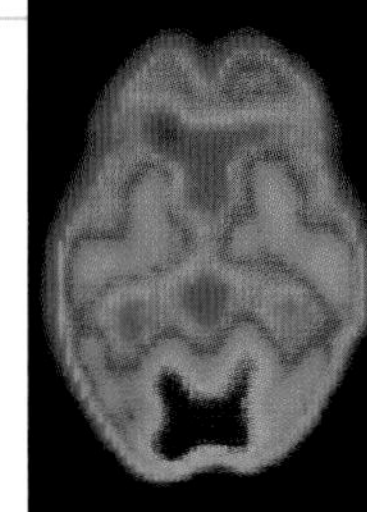
CON ALZHEIMER

Actividad cerebral
Estas TEP muestran el resultado de la estimulación cerebral en una persona sana y en una persona con Alzheimer. Las áreas azules revelan una actividad cerebral reducida en la persona enferma.

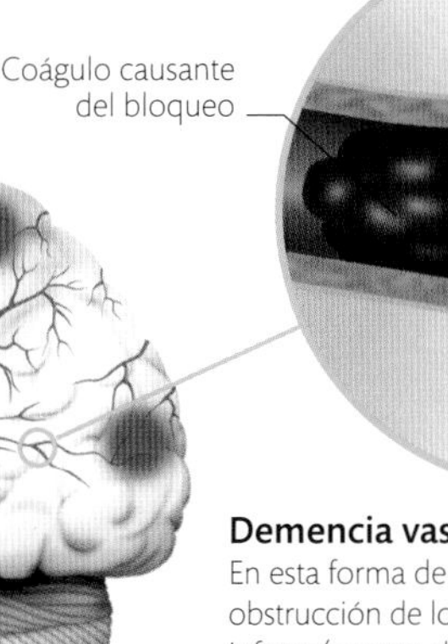
Vaso sanguíneo
Coágulo causante del bloqueo
Área de tejido muerto

Demencia vascular
En esta forma de demencia, el bloqueo u obstrucción de los vasos finos del cerebro causa el infarto (muerte de tejidos) de las zonas que irrigan. La enfermedad empeora por fases, a medida que se ven afectados nuevos vasos sanguíneos.

EPILEPSIA

Este trastorno se caracteriza por crisis (ataques) recurrentes debidas a una actividad eléctrica anómala en el cerebro.

Las células envían mensajes unas a otras, y al resto del sistema nervioso, en forma de señales eléctricas. Las crisis se producen cuando estas señales se ven temporalmente alteradas. En la epilepsia, la actividad cerebral anómala es recurrente y sin causa aparente. Puede darse espontáneamente o debido a enfermedades o lesiones en el cerebro. Las crisis se pueden desencadenar por estrés o falta de alimento o sueño. Los síntomas varían en función del lugar en que se produce la actividad anómala. Las crisis parciales implican solo a una mitad del cerebro. Las crisis parciales simples, limitadas a un área reducida, producen espasmos en una parte del cuerpo, mientras que las parciales complejas, cuando la alteración se extiende a áreas cercanas, causan confusión y movimientos extraños. Las crisis generalizadas, que afectan a todo el cerebro, producen colapso, pérdida de conocimiento y convulsiones, seguidos de un periodo de consciencia alterada y cansancio. Muchos pacientes perciben un «aura» justo antes de una crisis, con sensaciones anómalas. Puede tratarse con medicación para controlar las crisis y cambios de estilo de vida para prevenir daños.

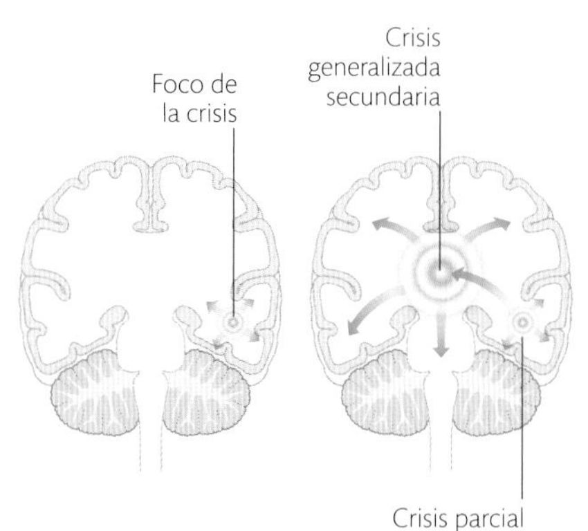
Foco de la crisis
Crisis generalizada secundaria
Crisis parcial

Crisis parcial
La actividad cerebral anómala se origina en un lóbulo y queda limitada en esa área. A veces, una crisis parcial se generaliza (arriba, derecha).

Foco de la crisis

Crisis generalizada
La actividad anómala se extiende por el cerebro. Los síntomas varían, pero suelen incluir movimientos incontrolados de todo el cuerpo y pérdida de consciencia durante uno o varios minutos.

ELECTROENCEFALOGRAFÍA

La electroencefalografía (EEG) es una técnica de exploración de la actividad eléctrica cerebral mediante pequeños electrodos fijados al cuero cabelludo; los resultados de la EEG se muestran en gráficas (llamadas electroencefalogramas) sobre papel o pantalla. Se suele realizar a pacientes que sufren insomnio, en los cuales las anomalías aparecen más claras. Durante una crisis epiléptica, un EEG mostrará áreas de actividad cerebral anormal, y puede haber centros visibles de actividad anómala incluso si la persona no sufre un ataque.

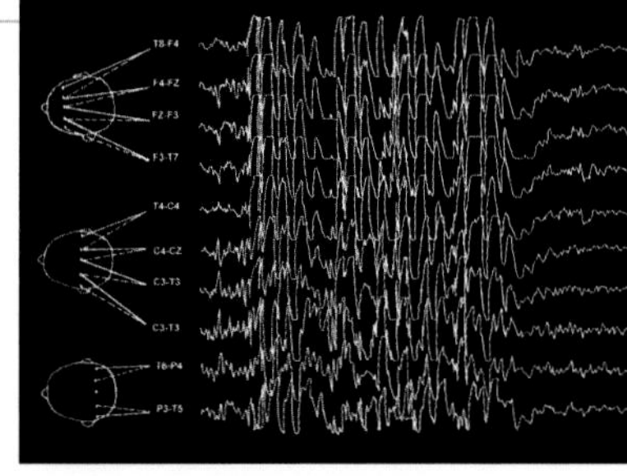

EEG durante crisis generalizada
Este EEG registra una actividad eléctrica en todas las áreas del cerebro correspondiente a una crisis epiléptica generalizada.

TUMORES CEREBRALES

Ya sean benignos (no cancerosos) o malignos (cancerosos), pueden producir serios trastornos de las funciones cerebrales.

La mayoría de ellos son metastásicos, es decir, crecen a partir de células cancerosas propagadas por el torrente sanguíneo desde otra parte del cuerpo. Los cánceres de pulmón y de mama son propensos a metastatizar en el cerebro y suelen ser una señal de que la enfermedad primaria acelera su curso. El cáncer cerebral primario (originado en el cerebro) es mucho menos común. Los tumores malignos crecen y se extienden rápido; los benignos crecen más despacio y permanecen en un área, pero todos pueden causar daños al cerebro al presionarlo, ya que no hay espacio suficiente en el cráneo para que crezcan. Los síntomas varían según el área afectada: cefaleas graves, confusión, visión borrosa, dificultad para hablar o para entender lo que se dice, parálisis parcial y cambios de personalidad. Si un tumor causa hemorragia, puede aparecer un dolor repentino y pérdida de consciencia. Es posible extirparlos quirúrgicamente, aunque depende de su localización. Los tumores malignos no se suelen extirpar porque separarlos del tejido cerebral sería demasiado destructivo, pero la quimioterapia y la radioterapia los pueden reducir. Muchas personas con tumores benignos se recuperan, mientras que la esperanza de vida de las que padecen cáncer suele ser corta.

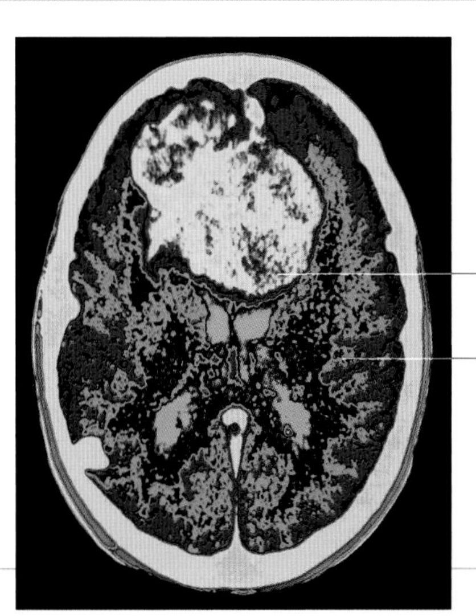
Localización del tumor
Hemisferio cerebral

Meningioma
Este gran tumor en los lóbulos frontales empuja al tejido cerebral sano hacia los lados. Dichos lóbulos están involucrados en la personalidad, y un cambio en esta área genera conducta anómala.

TRASTORNOS GENERALES DEL SISTEMA NERVIOSO

El sistema nervioso transporta continuamente señales de los tejidos corporales al cerebro y las respuestas del cerebro al resto del cuerpo. Sin embargo, algunos trastornos causan degeneración del tejido cerebral y nervioso, con la consiguiente interrupción o alteración de estas señales.

ESCLEROSIS MÚLTIPLE

En la esclerosis múltiple (EM), los nervios del cerebro y la médula espinal sufren un deterioro progresivo que causa problemas en muchas funciones corporales.

Las señales eléctricas entre el cerebro y el resto del cuerpo se transmiten a través de los nervios. Los nervios sanos, en el cerebro y la médula espinal, poseen una vaina o cubierta protectora de una sustancia grasa llamada mielina que permite a las señales viajar con más rapidez y eficacia. La EM es un trastorno autoinmunitario que conduce a la destrucción progresiva de las vainas de mielina. La causa se desconoce, aunque al parecer existen factores tanto genéticos como ambientales.

Por lo general aparece entre los 20 y los 40 años de edad. Algunos de los síntomas pueden ser problemas de visión y del habla, dificultades de equilibrio y coordinación, entumecimiento u hormigueo, debilidad, espasmos musculares, dolor nervioso o muscular, fatiga, incontinencia y cambios de humor. Algunas personas padecen síntomas intermitentes, con un aumento del deterioro tras cada episodio, mientras que otras empeoran gradualmente. Es una enfermedad incurable, pero se usan diversos fármacos para paliar los síntomas y frenar su avance.

Linfocito T

Vaina de mielina

Axón

Fase inicial
Los linfocitos T y macrófagos (células del sistema inmunitario) atacan las vainas de mielina de los nervios. En las fases iniciales, estas pueden repararse.

Cuerpo celular

Vaina de mielina dañada

Área desmielinizada

Fase avanzada
La EM produce pronto lesiones nerviosas significativas. En fases avanzadas, el daño es ya irreversible, con muerte de nervios y cicatrización e inflamación del tejido nervioso.

ENFERMEDAD DE PARKINSON

Trastorno crónico y progresivo que causa temblores, rigidez y lentitud de los movimientos voluntarios.

Se debe a la degeneración de las células de los ganglios basales, una parte del cerebro implicada en el inicio del movimiento. Normalmente estas células producen un neurotransmisor (sustancia química que transporta información entre nervios) llamado dopamina, que coordina la actividad muscular; en la enfermedad de Parkinson, la producción es mucho menor y las señales a los músculos se vuelven lentas y defectuosas.

Es más habitual en ancianos, pero también puede afectar a adultos jóvenes e incluso a niños. En la mayoría de casos no existe una causa obvia, aunque hay indicios de origen genético. También puede ser resultado de una encefalitis o de daños causados a los ganglios basales por ciertas drogas o traumatismos repetidos. Los principales síntomas son: temblor en una mano, un brazo o una pierna que progresa hasta afectar a las extremidades del lado opuesto; rigidez muscular, que dificulta el inicio de los movimientos y los ralentiza, y problemas de equilibrio. También puede haber movimientos anómalos de la cabeza y pérdida de expresividad de la cara a medida que los músculos faciales van perdiendo movilidad. Los pacientes experimentan cambios de humor, depresión, dificultades para andar, y problemas de habla, cognitivos y de sueño.

Se utilizan fármacos para imitar la producción de dopamina, aunque pueden perder efectividad con el tiempo. La fisioterapia y los cambios del estilo de vida ayudan a preservar la movilidad. A algunos pacientes se les ofrece estimulación cerebral profunda, un procedimiento quirúrgico consistente en implantar electrodos en los ganglios basales para controlar los temblores.

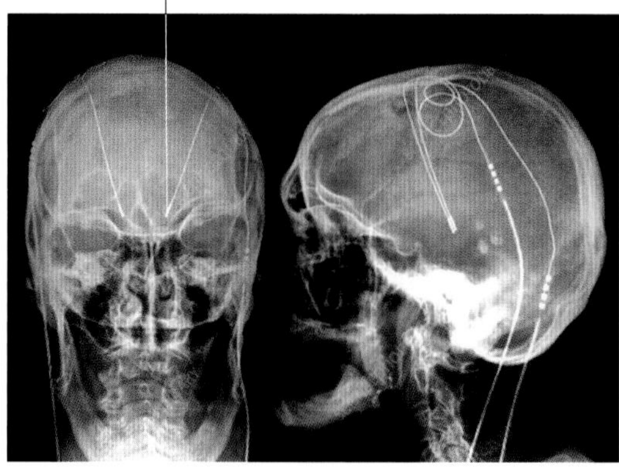
Los electrodos transmiten la estimulación de alta frecuencia

Estimulación cerebral
Un generador de impulsos (como un marcapasos) estimula áreas específicas del cerebro a través de cables delgados.

ENFERMEDAD DE LAS NEURONAS MOTORAS

Este trastorno incurable causa una pérdida gradual e inevitable de la función de los nervios motores, que transportan señales del cerebro para los movimientos conscientes.

Suele comenzar entre los 50 y los 70 años de edad y afecta a nervios y músculos: como los nervios motores pierden la capacidad de estimular a los músculos, estos se atrofian y debilitan. No se conoce la causa, aunque en algunas personas existe una propensión genética. La debilidad aparece primero en manos, brazos y piernas. Puede haber rigidez, calambres y contracción muscular. Actividades cotidianas como subir escaleras o sostener objetos se vuelven dificultosas, y la persona comienza a dar traspiés. La enfermedad, al empeorar, causa espasticidad (graves espasmos musculares), habla mal articulada y dificultad para tragar. Las facultades mentales no suelen deteriorarse, pero el control emocional puede verse afectado. La mayoría sobrevive unos años tras el diagnóstico, aunque se dan excepciones.

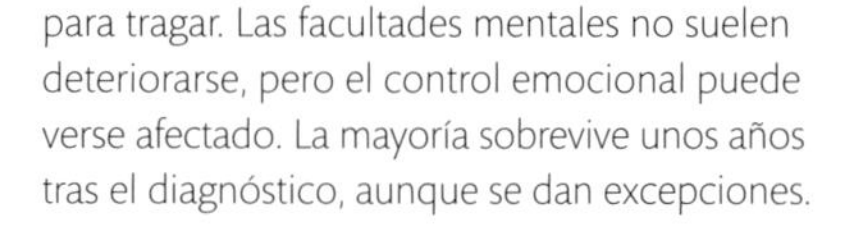

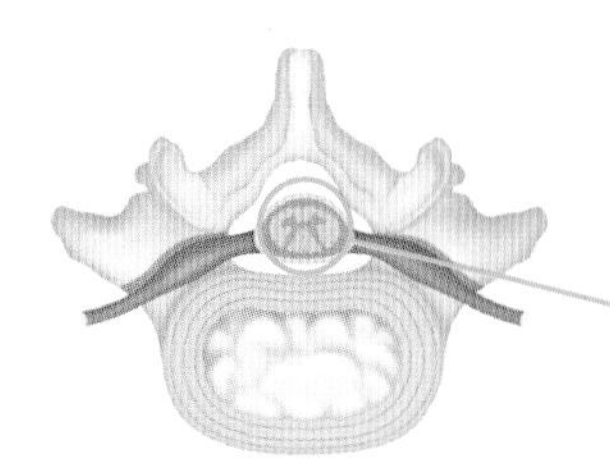

Neuronas motoras en la médula espinal
Esta enfermedad destruye los nervios motores en las astas ventrales de la médula espinal. La forma más habitual ataca primero en este lugar, lo que causa debilidad en manos, pies y boca.

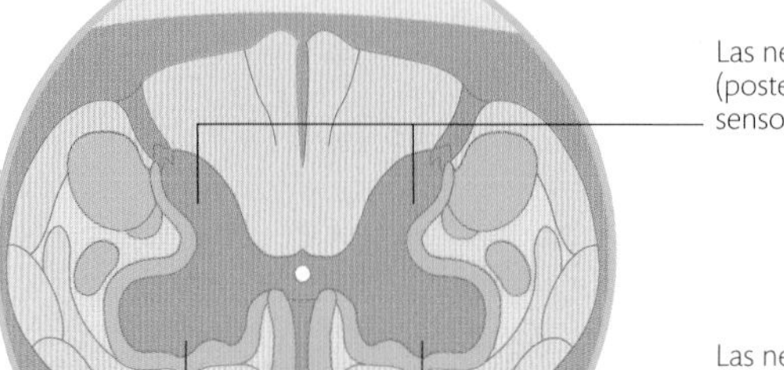
Las neuronas de las astas dorsales (posteriores) reciben información sensorial de todo el cuerpo.
Las neuronas de las astas ventrales (frontales) envían mensajes a través de las fibras nerviosas a los músculos esqueléticos, haciendo así que se contraigan.

INFECCIONES DEL SISTEMA NERVIOSO

El encéfalo y la médula espinal están muy bien protegidos de infecciones, pero los organismos infecciosos que logran penetrar en ellos pueden causar inflamaciones o anomalías de los tejidos que pueden resultar graves e incluso letales.

MENINGITIS

Consiste en la inflamación de las meninges (las tres capas de membranas que rodean el encéfalo y la médula espinal), por lo general a causa de una infección.

Las formas de meningitis más habituales en Occidente son la vírica y la bacteriana. La vírica (causada por organismos como los enterovirus) es más frecuente, pero relativamente benigna; la bacteriana (generalmente causada por *Neisseria meningitidis* o *Streptococcus pneumoniae*) es mucho más grave. Otras formas de meningitis se dan en países en desarrollo o en personas con inmunidad reducida. La meningitis puede deberse también a reacciones a ciertas drogas o a hemorragias cerebrales. En la meningitis vírica, los síntomas aparecen de forma gradual, pero en la bacteriana se manifiestan en unas horas. La inflamación puede extenderse de las meninges a los vasos sanguíneos y el tejido cerebral. Los síntomas comprenden fiebre, cefalea con intolerancia a la luz, rigidez del cuello, vómitos y alteración de consciencia. Puede ser mortal y causar daños cerebrales permanentes. Requiere atención hospitalaria urgente para administrar fármacos que puedan combatir la infección.

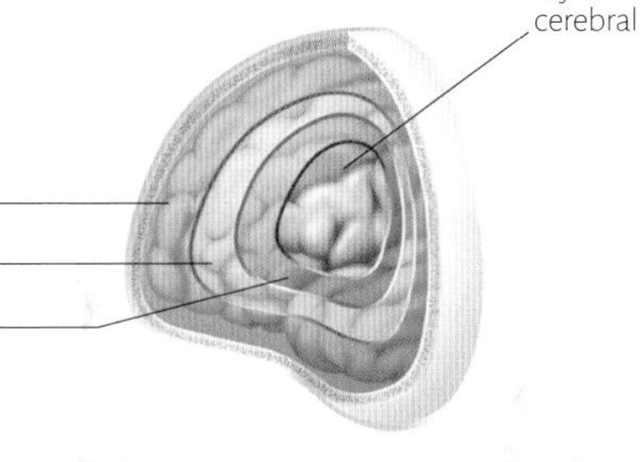
Tejido cerebral
Duramadre
Aracnoides
Piamadre

Meninges
Las meninges son: duramadre (capa externa), aracnoides (capa media) y piamadre (capa interna).

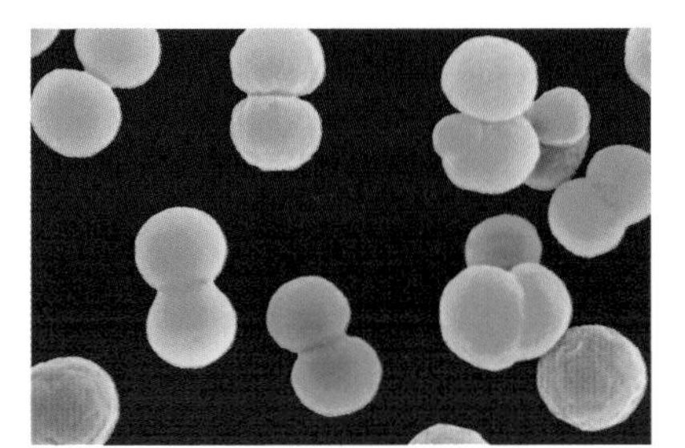

Meningococos
Los meningococos (imagen) son las bacterias que provocan una de las formas más graves de meningitis. Se vacuna a los bebés para protegerlos de esta y otras variantes de meningitis bacteriana.

Lugares de infección
Las meningitis bacterianas suelen estár causadas por bacterias transmitidas por la sangre. Estas también entran en el encéfalo o la médula por traumatismos craneales o espinales, abscesos cerebrales o cirugía.

PUNCIÓN LUMBAR

Consiste en extraer una muestra del líquido cefalorraquídeo que baña el encéfalo y la médula espinal desde esta última con una fina aguja. Se utiliza principalmente para diagnosticar meningitis, identificando los organismos infecciosos y mostrando altos niveles de leucocitos (que combaten la infección). También para detectar niveles anómalos de proteínas y anticuerpos si se sospecha esclerosis múltiple, así como hemorragias o tumores cerebrales. Se puede utilizar ocasionalmente para retirar líquido cefalorraquídeo si este ejerce demasiada presión sobre el cerebro.

Procedimiento
Con el paciente tendido de lado y lo más encogido posible, se inserta la aguja entre dos vértebras lumbares hasta el espacio subaracnoideo bajo el extremo inferior de la médula espinal.

Líquido cefalorraquídeo
Médula espinal
Columna vertebral
Aguja hueca

ENCEFALITIS

La inflamación del encéfalo suele deberse a infecciones y, a veces, a un ataque autoinmunitario. Es una urgencia médica rara, pero potencialmente letal.

Casi siempre es vírica, aunque también la pueden causar bacterias y otros microorganismos. Las causas víricas más comunes son el herpes simple (herpes labial), el sarampión y las paperas; su incidencia en niños se ha reducido mucho desde que se extendió la vacunación. Suele ser resultado de infecciones sistémicas (de todo el cuerpo) que traspasan las defensas del cerebro, pero puede aparecer como enfermedad secundaria a una meningitis (izquierda) o absceso cerebral (p. 460). Sus síntomas son similares a los de la gripe: fiebre y cefalea. Los casos graves progresan rápidamente, con confusión, pérdida de consciencia, convulsiones y coma. Puede darse dificultad para hablar y parálisis parcial. No es frecuente y afecta sobre todo a ancianos y niños menores de 7 años. Se diagnostica mediante resonancia magnética y se trata con fármacos para combatir la infección. La recuperación puede ser lenta e incompleta, y las secuelas a largo plazo incluyen problemas de memoria, epilepsia y cambio de personalidad.

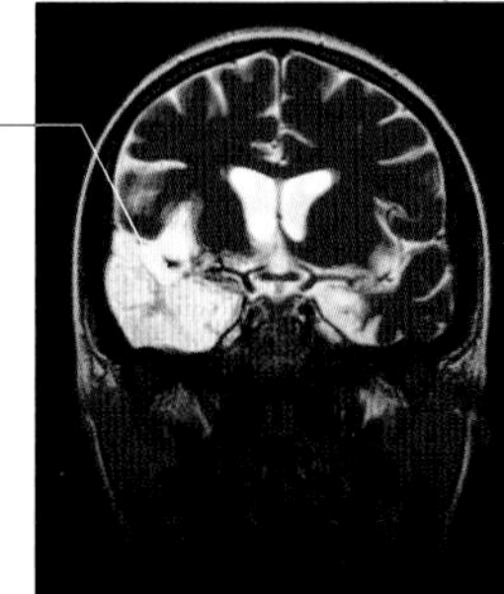

Tejido infectado en el lóbulo temporal

Encefalitis vírica
Esta IRM muestra tejido infectado por una encefalitis debida al virus del herpes simple.

HERPES ZÓSTER

Infección causada por la reactivación del virus de la varicela. También llamado zona.

La varicela suele causar erupción cutánea con vesículas y malestar general leve, y dura una semana aproximadamente. Sin embargo, en adultos y adolescentes que no han pasado la enfermedad en la infancia, en embarazadas y en personas con el sistema inmunitario debilitado puede ser más complicada. Una vez desaparece la enfermedad, el virus queda latente en el cuerpo y puede reactivarse posteriormente causando herpes zóster: una erupción cutánea con vesículas, picor y dolor intenso a lo largo de un nervio. El herpes zóster puede provocar inflamación e infección de varios órganos. En el cerebro puede causar mala coordinación, problemas de habla y encefalitis (arriba), y es potencialmente mortal. Se puede tratar con antivirales y analgésicos.

ENFERMEDAD DE CREUTZFELDT-JAKOB (ECJ)

Similar a la encefalopatía espongiforme bovina (EEB), o enfermedad de las vacas locas, y a la tembladera de las ovejas, puede contraerse al ingerir carne contaminada o ser hereditaria.

Se cree que la causan los priones, proteínas anómalas que se comportan como organismos infecciosos con una afinidad especial por el tejido nervioso. Diagnosticada por primera vez en 1996, la nueva variante ECJv se adquiere a partir de carne contaminada por priones; existe una rara variante hereditaria. El prión desencadena un plegamiento anómalo de las proteínas normales del cerebro: las células cerebrales mueren y son sustituidas por priones. Esto causa pérdida de funciones corporales, demencia, fallo cerebral y muerte al año de los primeros síntomas.

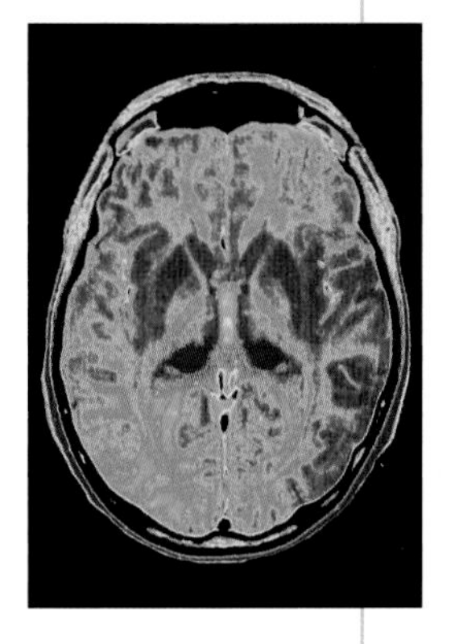

Cerebro con ECJ
En esta IRM, las áreas rojas muestran el tálamo, donde el tejido ha degenerado.

TRASTORNOS MENTALES

Afectan al estado de ánimo (ansiedad y depresión); al razonamiento (TOC), o implican alteraciones graves de las funciones cerebrales. Las terapias de diálogo y los fármacos pueden paliar los síntomas, pero las enfermedades recurrentes más graves son incurables.

DEPRESIÓN

En términos generales se trata de un trastorno caracterizado por un bajo estado de ánimo y sentimientos de tristeza, pero afecta de distinta manera a personas diferentes.

Causa un estado de ánimo bajo, desgana e incapacidad de disfrutar, con un sentimiento de tristeza y desesperanza. Difiere del estrés, una respuesta natural ante las dificultades y desafíos que, aunque puede ser desagradable, ayuda a la persona a superarlos. También es algo más que la tristeza temporal o pasajera: se trata de un trastorno que puede afectar a la vida cotidiana gravemente. Para quienes la sufren, todo el mundo, incluidos ellos mismos, parece inútil y sin sentido. Algunas personas pierden el interés, sufren apatía y comen y duermen en exceso; otras sienten más ansiedad, con agitación y falta de sueño y de apetito. En casos más graves, los pacientes piensan en el suicidio o desarrollan psicosis (ideas delirantes). El trastorno suele durar meses. El tratamiento puede incluir terapias de diálogo, como terapia cognitiva-conductual o psicoterapia, y fármacos antidepresivos.

Corteza prefrontal
Hipocampo
Amígdala

Áreas encefálicas y estado de ánimo
Estados de ánimo y sentimientos están regulados por tres áreas principales: la amígdala y el hipocampo producen respuestas emocionales, y la corteza cerebral prefrontal genera pensamientos sobre esas emociones.

ABUSO DE SUSTANCIAS

Las drogas y fármacos de uso restringido (heroína, anfetaminas, cocaína, cannabis, benzodiazepinas y LSD) son las principales sustancias adictivas de las que se abusa. Estas actúan sobreestimulando el sistema de recompensa del cerebro (que responde a estímulos agradables y hace que se desee repetir la actividad). Así es como el cerebro se vuelve adicto a ellas; si se interrumpe el consumo, aparece el síndrome de abstinencia. Además, el consumo de drogas puede desencadenar problemas y trastornos mentales como paranoia y psicosis.

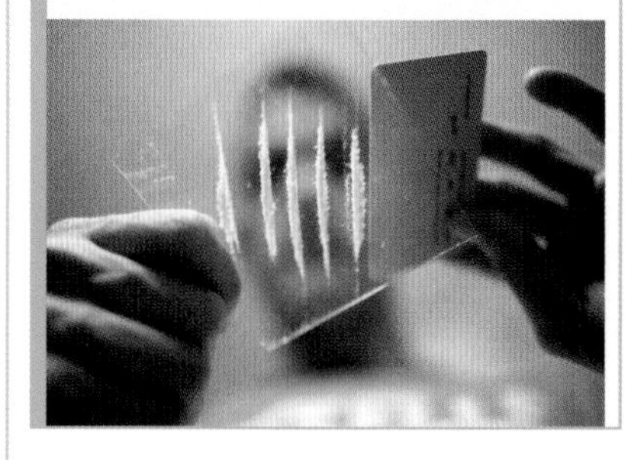

TRASTORNOS DE ANSIEDAD

La ansiedad es un estado emocional que causa miedo, inquietud, insomnio, pérdida de apetito y síntomas físicos.

Es una respuesta natural a situaciones de estrés que se origina en la amígdala y el hipocampo (las partes del encéfalo más antiguas en términos evolutivos). Se trata de la reacción de «lucha o huida», que permitía a nuestros antepasados salvarse de los peligros que les acechaban. Esta respuesta, primitiva pero vital, aún opera en el mundo moderno, pero sus desencadenantes son problemas laborales o de relación personal. Algunas personas tienen una respuesta natural más fuerte, que puede ser hereditaria. Por otra parte, la ansiedad puede aparecer a raíz de experiencias traumáticas como la pérdida del empleo. La ansiedad crónica provoca síntomas como ritmo cardíaco acelerado, sudoración, nerviosismo y acidez de estómago. También causa sensación de tener los nervios a flor de piel, ira, insomnio, falta de concentración y dificultad para enfrentarse a situaciones de estrés normal. En casos graves puede llevar a ataques de pánico, con temblores, sudoración, taquicardia y sensación de muerte inminente.

El tratamiento de la ansiedad comprende técnicas de relajación o terapia de diálogo, como terapia cognitiva-conductual para controlar así los patrones de pensamiento que conducen al estrés. También se pueden prescribir antidepresivos.

TRASTORNO OBSESIVO-COMPULSIVO

Las características principales de este trastorno son las conductas repetitivas y los pensamientos intrusivos que interfieren con la vida cotidiana.

Muchas personas presentan en mayor o menor grado tendencias a las conductas obsesivas o compulsivas. Sin embargo, en el trastorno obsesivo-compulsivo (TOC) la necesidad de realizar una determinada acción se vuelve muy intensa, y la persona puede sentir una gran ansiedad si se ve impedida de llevarla a cabo. Además, el paciente puede presentar pensamientos intrusivos o aterradores, como que sus seres queridos morirán si no realiza la acción. Muchos pacientes pueden ser tratados con ansiolíticos y terapia para afrontar y gestionar el miedo subyacente a sus conductas.

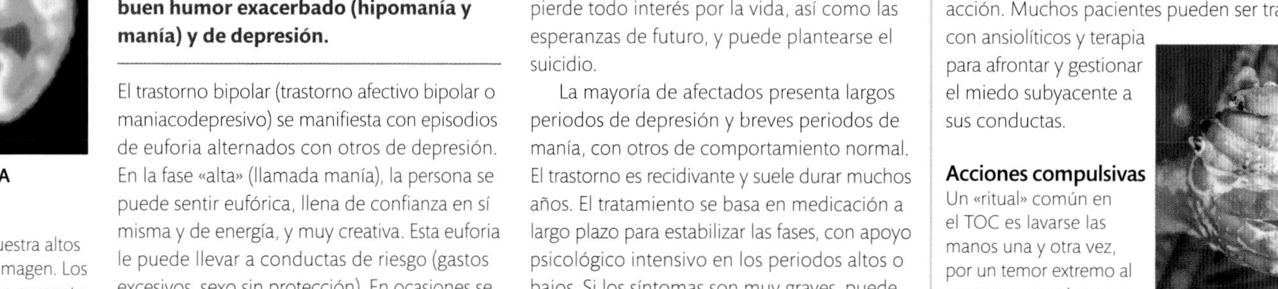

Acciones compulsivas
Un «ritual» común en el TOC es lavarse las manos una y otra vez, por un temor extremo al contacto con gérmenes o suciedad.

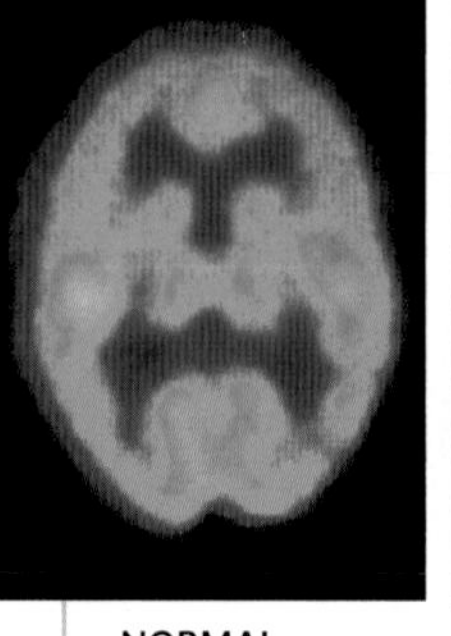

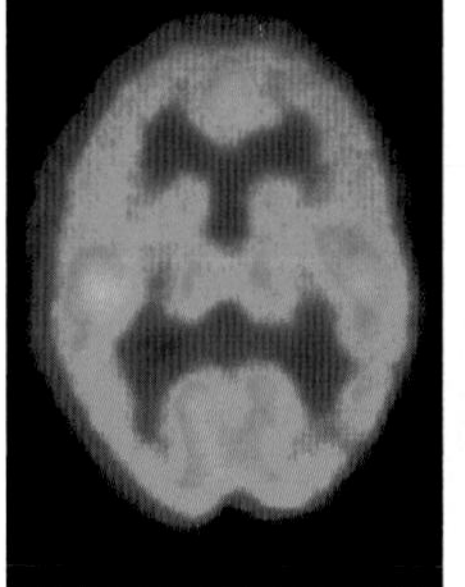

NORMAL MANÍA

Prueba de actividad cerebral
Durante la fase maníaca, el cerebro muestra altos niveles de actividad, como revela esta imagen. Los síntomas más comunes comprenden un aumento de energía y menor necesidad de sueño.

TRASTORNO BIPOLAR

Esta enfermedad causa cambios anímicos extremos, con alternancia de periodos de buen humor exacerbado (hipomanía y manía) y de depresión.

El trastorno bipolar (trastorno afectivo bipolar o maniacodepresivo) se manifiesta con episodios de euforia alternados con otros de depresión. En la fase «alta» (llamada manía), la persona se puede sentir eufórica, llena de confianza en sí misma y de energía, y muy creativa. Esta euforia le puede llevar a conductas de riesgo (gastos excesivos, sexo sin protección). En ocasiones se puede sentir indestructible, con pensamientos inconexos y delirios de grandeza que pueden ponerla a ella (habitualmente) o bien a otras personas (ocasionalmente) en peligro. En los casos más graves, la manía desemboca en psicosis, percepción alterada o alucinaciones. En cambio, en las fases depresivas la persona pierde todo interés por la vida, así como las esperanzas de futuro, y puede plantearse el suicidio.

La mayoría de afectados presenta largos periodos de depresión y breves periodos de manía, con otros de comportamiento normal. El trastorno es recidivante y suele durar muchos años. El tratamiento se basa en medicación a largo plazo para estabilizar las fases, con apoyo psicológico intensivo en los periodos altos o bajos. Si los síntomas son muy graves, puede requerir hospitalización.

ESQUIZOFRENIA

Se caracteriza por la pérdida de contacto con la realidad, alucinaciones y delirios.

La esquizofrenia comprende una mezcla de síntomas «positivos», como las alucinaciones, que tienden a presentarse en las primeras fases del trastorno, y síntomas «negativos», como la imposibilidad de hallar placer en la vida, que predominan posteriormente al desaparecer los positivos. Las alucinaciones suelen ser voces que hablan a la persona afectada. Presenta delirios, como creer que las personas que aparecen en el televisor le hablan solo a él. Otros síntomas de la esquizofrenia incluyen pensamientos inconexos y movimientos extraños repetitivos.

Estas experiencias suelen causar temor o terror en el paciente. Los síntomas negativos incluyen la pérdida de expresividad emocional y el retraimiento social. Este trastorno mental tiene cierta base genética y suele aparecer al final de la adolescencia o poco después de los veinte años. Acontecimientos vitales estresantes pueden desencadenar su aparición o los brotes. Además, la esquizofrenia requiere tratamiento a largo plazo con antipsicóticos, psicoterapia, apoyo social y rehabilitación, pero los índices de enfermedades físicas asociadas, ansiedad y depresión son muy altos.

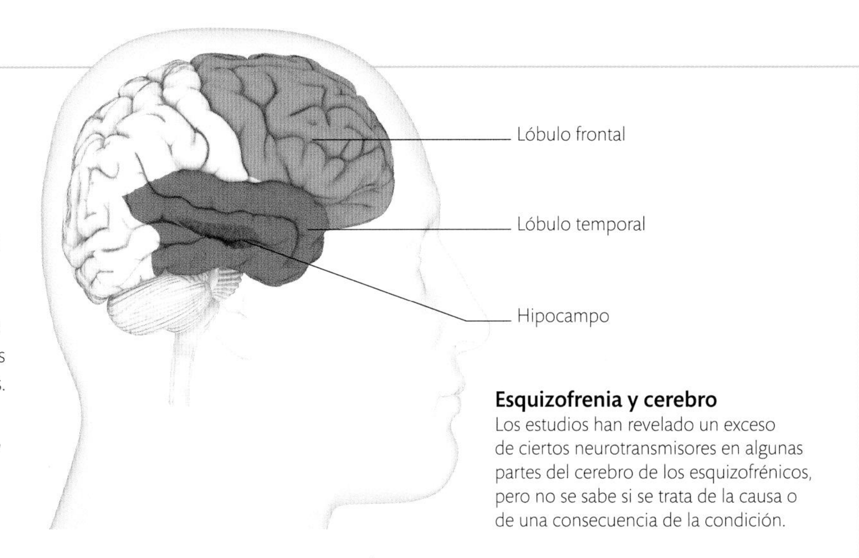
Lóbulo frontal
Lóbulo temporal
Hipocampo

Esquizofrenia y cerebro
Los estudios han revelado un exceso de ciertos neurotransmisores en algunas partes del cerebro de los esquizofrénicos, pero no se sabe si se trata de la causa o de una consecuencia de la condición.

TRASTORNOS ALIMENTARIOS

Estos trastornos impulsan a muchas personas a evitar comer o, por el contrario, a hacerlo de forma compulsiva.

La anorexia y la bulimia nerviosas son los dos trastornos alimentarios más frecuentes; muchos de los afectados presentan elementos de ambos. Los anoréxicos se ven gordos incluso estando muy por debajo de su peso óptimo. El trastorno comienza con severas restricciones de calorías, pero puede progresar hasta el rechazo total de alimentos y líquidos. En las mujeres, cesa la menstruación y aparece por el cuerpo un fino vello. Si continúa, la anorexia puede ser mortal.

El trastorno de la bulimia implica algunas actitudes similares, pero los pacientes alternan breves periodos de ayuno total con atracones compulsivos, a menudo de alimentos hipercalóricos o «prohibidos», seguidos de vómito autoinducido o abuso de laxantes. Los bulímicos pueden tener un peso normal, pero corren el riesgo de padecer desequilibrio de sales, rotura dental y desgarro gástrico.

Otros trastornos son la ingesta masiva compulsiva o de elementos no alimentarios, como papel. Las causas de los trastornos alimentarios pueden ser el estrés y la necesidad de controlar la propia vida, aun a costa de llegar a perderla. El tratamiento comprende ayuda psicológica y soporte nutricional.

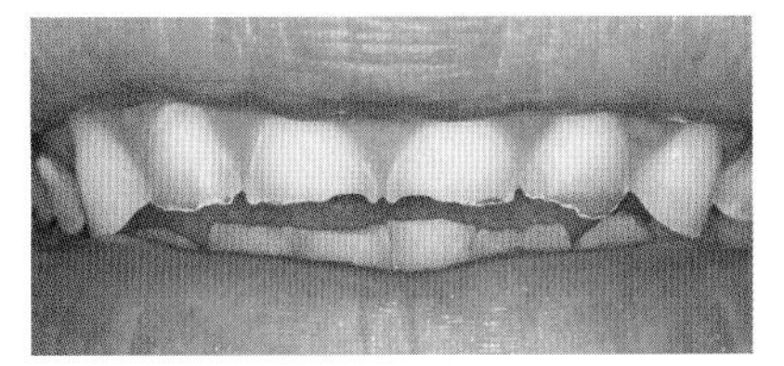

Erosión dental por ácido en bulímicos
El vómito recurrente hace que los dientes se vean expuestos repetidamente a los ácidos gástricos, que atacan el esmalte. Finalmente, este desaparece, y los dientes se deterioran.

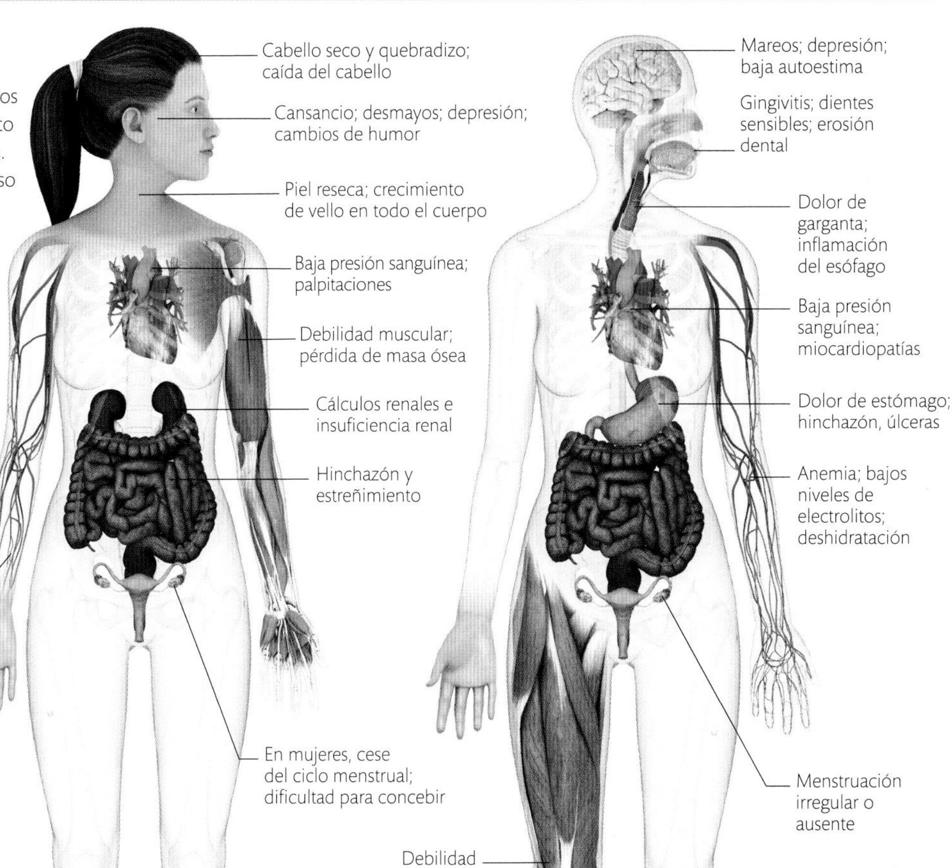
Cabello seco y quebradizo; caída del cabello
Cansancio; desmayos; depresión; cambios de humor
Piel reseca; crecimiento de vello en todo el cuerpo
Baja presión sanguínea; palpitaciones
Debilidad muscular; pérdida de masa ósea
Cálculos renales e insuficiencia renal
Hinchazón y estreñimiento
Anemia; bajos niveles de electrolitos
En mujeres, cese del ciclo menstrual; dificultad para concebir
ANOREXIA NERVIOSA
Mareos; depresión; baja autoestima
Gingivitis; dientes sensibles; erosión dental
Dolor de garganta; inflamación del esófago
Baja presión sanguínea; miocardiopatías
Dolor de estómago; hinchazón, úlceras
Anemia; bajos niveles de electrolitos; deshidratación
Menstruación irregular o ausente
Debilidad muscular
BULIMIA NERVIOSA

Efectos en el cuerpo
Anorexia y bulimia tienen efectos generalizados en todo el cuerpo y en casi todos los sistemas.

TRASTORNOS DE LA PERSONALIDAD

Estos trastornos causan disfunciones persistentes y fijas de las percepciones y las relaciones interpersonales.

Al llegar a la vida adulta, la personalidad suele hallarse ya establecida y en la mayoría de las personas sigue desarrollándose en respuesta a nuevas experiencias; sin embargo, las personas con trastornos de la personalidad muestran patrones de conducta rígidos y disfuncionales que les causan problemas a ellas y a las demás. Estos trastornos se clasifican en tres grupos: los del primero (paranoide, esquizoide, esquizotípico) se caracterizan por pensamientos excéntricos; los del segundo (histriónico, límite, narcisista y antisocial) implican conductas emocionales, impulsivas, crueles y de búsqueda de atención; los del tercero (por evitación, dependencia, obsesivo-compulsivo) muestran pensamientos ansiosos o de temor. Estos trastornos no tienen cura; su control incluye terapias de diálogo y apoyo para ayudar al paciente a adaptar su conducta para llevar una vida normal.

FOBIAS

Temor persistente e intenso a objetos, personas, animales o situaciones, de modo que la persona siente una gran ansiedad si se le fuerza a mantener contacto con ellos.

Algunos miedos (a animales peligrosos o a las alturas) son mecanismos de supervivencia naturales y, por tanto, normales. En cambio, una fobia es el temor a un objeto, animal o situación carentes de peligro, cuya intensidad lo convierte en un problema para la vida cotidiana. Muchas personas gestionan sus fobias eficazmente evitando el contacto. Algunas fobias (como la agorafobia, o temor a los espacios abiertos) llegan a imposibilitar la vida normal, y desafiarlas puede provocar una gran ansiedad. Las fobias se pueden curar mediante la exposición gradual a la fuente del miedo, a veces con ayuda de sedantes. A veces también se emplean betabloqueantes para reducir los síntomas de ansiedad que provocan las fobias, como las palpitaciones. El contracondicionamiento es un tercer método; incluye técnicas de relajación para modificar la respuesta de miedo.

TRASTORNOS DEL OÍDO

El oído es una compleja estructura cuyas funciones comprenden la conversión de ondas sonoras de diferentes amplitudes y frecuencias en impulsos nerviosos para su transmisión a la corteza auditiva; la localización del sonido y el sentido del equilibrio y de la posición corporal.

TRASTORNOS DEL OÍDO EXTERNO

El oído externo comprende la oreja y el canal auditivo, que lleva al tímpano. Sus trastornos pueden causar molestias, pero en general tienen cura.

El canal auditivo externo segrega cera, o cerumen, para limpiarse y lubricarse. La cera acumulada en exceso se puede limpiar con aceite de oliva o gotas específicas, que la funden y alivian la sensación de taponamiento. Pero el uso de objetos como bastoncillos para la limpieza del oído impide la salida natural de la cera, ya que la comprimen contra el tímpano, y puede dañar la piel del canal auditivo. La infección de este canal (otitis externa) suele aparecer cuando su delicado revestimiento queda dañado, con frecuencia por la irritación causada por detergentes como el agua clorada o el champú, por insertar objetos en él o por infecciones procedentes del oído medio. Puede ser dolorosa, pero se trata con gotas. Las personas con infecciones recurrentes se pueden beneficiar de la aplicación nocturna de gotas de aceite de oliva para proteger el canal auditivo y reducir la frecuencia de los ataques.

Canal auditivo infectado
Las otitis externas suelen causar supuración de un fluido amarillento, procedente de los tejidos inflamados, mezclado con cera licuada por el aumento de temperatura debido a la infección.

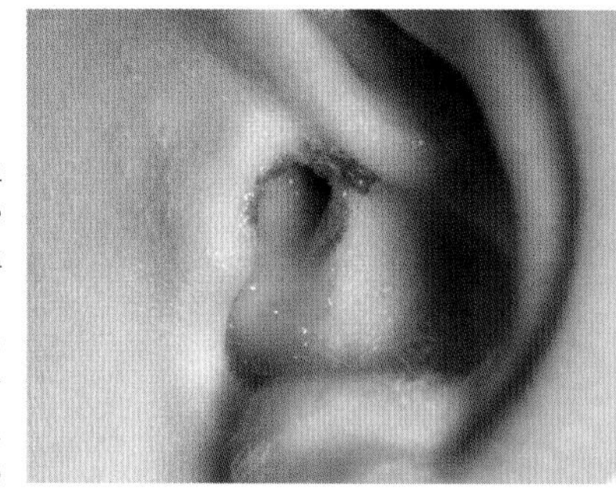

INFECCIONES DEL OÍDO MEDIO

El tímpano y el espacio adyacente posterior son estructuras muy sensibles, propensas a infecciones muy dolorosas.

El oído medio contiene tres huesecillos (osículos) que transmiten las vibraciones del tímpano a una ventana interna conectada a los nervios auditivos, que las transmiten al cerebro como señales eléctricas. Normalmente está lleno de aire, que entra por las trompas de Eustaquio. Las infecciones u otitis del oído medio pueden surgir durante un resfriado, cuando el moco se acumula en ese espacio y no deja que entre aire. Este moco se espesa y se infecta con virus y, en algunos casos, bacterias; esto causa dolor y reducción de la capacidad auditiva. A veces ejerce tanta presión sobre el tímpano que este se rompe y deja salir el moco. Estas infecciones son más frecuentes en niños menores de 6 años, cuyas trompas de Eustaquio son más cortas y rectas que las de los adultos, lo que facilita el paso de las bacterias al oído medio.

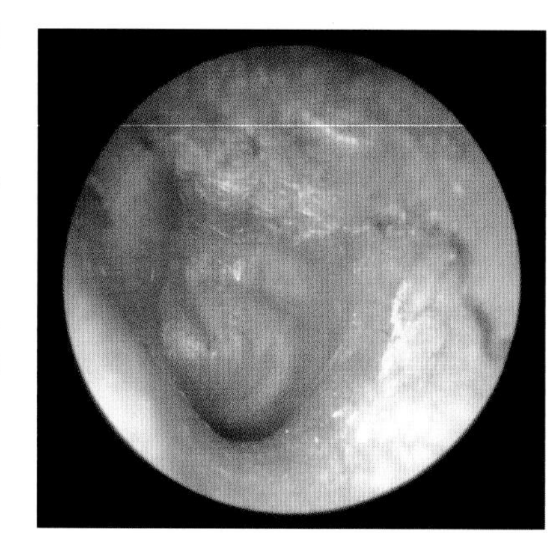

Infección de oído
Cuando el oído se infecta, el tímpano, normalmente translúcido, aparece opaco y puede abombarse debido a la presión.

TÍMPANO PERFORADO

El tímpano se halla entre el canal auditivo y el oído medio. Amplifica el sonido y protege al oído medio de una eventual otitis.

Las infecciones de oído externo o medio pueden inflamar el tímpano. La presión ejercida por el fluido en el oído puede reventar el tímpano y se pueden producir descargas de un líquido sanguinolento, aunque el dolor remite en gran parte. El tímpano puede perforarse por objetos que se utilizan para limpiar el canal auditivo.

En general, el tímpano perforado sana solo en un par de semanas; durante la recuperación, el canal auditivo y el tímpano deben permanecer secos. Si no se cura puede requerir cirugía reparadora.

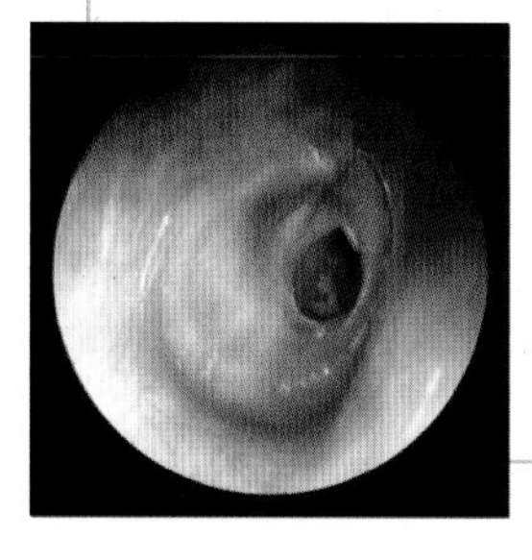

Aspecto de un tímpano perforado
El tímpano ha reventado para permitir la salida de pus.

OTITIS MEDIA ADHESIVA

Se debe a la acumulación de moco en la cavidad del oído medio, que normalmente contiene aire. Es frecuente en niños.

En los adultos, este trastorno se debe a la obstrucción prolongada de las trompas de Eustaquio (asociadas a problemas de los senos paranasales). Estas trompas conectan el espacio del oído medio con la parte posterior de la garganta, manteniendo ese espacio ventilado y a la presión adecuada. Si se bloquean, el aire no puede pasar al oído medio; lo sustituye un moco espeso y pegajoso que, al acumularse, reduce la capacidad de los osículos para transmitir el sonido. El paciente oye menos y nota el oído congestionado. De vez en cuando, las trompas de Eustaquio se pueden abrir para dejar pasar un poco de aire, con un sonido de «destaponamiento».

En los niños, este trastorno suele seguir a infecciones del oído medio, cuando el moco tarda en desaparecer. Si el niño sufre varias infecciones de oído seguidas, la obstrucción puede hacerse persistente y provocar un déficit auditivo prolongado que afecta al rendimiento escolar y al desarrollo verbal. Si ocurre esto, se inserta un pequeño tubo de drenaje timpánico (llamado diábolo) para permitir la entrada de aire al oído medio. Los diábolos no evitan las infecciones, pero ayudan a drenar el moco y mejoran la audición. Es habitual antes de los 6 años, cuando las trompas de Eustaquio son más cortas y rectas, y propensas a infecciones víricas procedentes de la garganta. Al surgir la dentición adulta, la mandíbula crece y las trompas se alargan y se vuelven menos rectas.

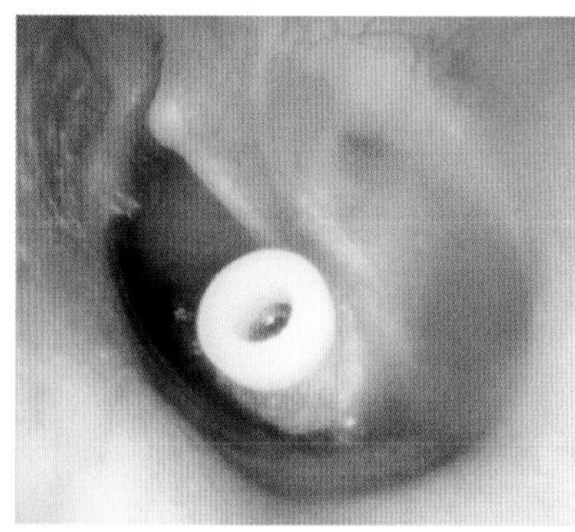

Otitis media adhesiva
El diábolo insertado en el tímpano permite que entre aire en la cavidad del oído medio con el fin de evitar que la obstrucción se haga crónica. La enfermedad suelen causarla bacterias o virus.

LABERINTITIS

Este trastorno habitual, que cursa con mareos y náuseas, está causado por una inflamación del oído interno. Es indoloro, pero sus efectos suelen ser desagradables.

El laberinto es una estructura del oído interno llena de líquido que comprende la cóclea o caracol (órgano auditivo) y el sistema vestibular (aparato del equilibrio). El papel del sistema vestibular es detectar la posición de la cabeza en relación con la gravedad, indicando si se encuentra erguida o inclinada, y ayudar a los ojos a mantenerse centrados en los objetos cuando la cabeza gira. La inflamación del laberinto produce náuseas, desorientación y problemas de equilibrio. Si ambos laberintos se ven afectados, los síntomas pueden ser graves.

El cerebro es capaz de compensar las molestias del oído interno, pero los sonidos fuertes y los movimientos de cabeza repentinos estimulan al laberinto y empeoran los síntomas. La laberintitis vírica es la forma más habitual y puede durar días o semanas; la bacteriana es menos frecuente, pero si no se trata puede causar pérdida de audición permanente.

SORDERA EN ADULTOS

Cierto grado de pérdida de audición es normal durante el envejecimiento, pero también se puede perder capacidad auditiva por ruidos fuertes, lesiones y enfermedades.

La sordera puede ser conductiva (por una mala transmisión de las ondas sonoras) o neurosensorial (por daños nerviosos). La conductiva suele estar causada por un tapón de cera y ser temporal; se resuelve limpiando el oído con agua a presión. En los niños, la causa puede ser una otitis media (izquierda). La sordera neurosensorial es más frecuente durante el proceso de envejecimiento, cuando la cóclea se deteriora: se llama presbiacusia y aparece a partir de los 50 años.

La exposición continuada a ruidos fuertes, al dañar rápidamente los nervios, así como la enfermedad de Ménière (derecha) o los daños en la cóclea también pueden provocar sordera neurosensorial. La audición de sonidos de las frecuencias más altas (agudos) es la primera en verse reducida, y el problema se detecta por la dificultad para distinguir las frecuencias del habla. Se pueden llevar a cabo pruebas para determinar la causa y la gravedad del trastorno. Los audífonos (abajo) pueden ayudar a los pacientes a sobrellevar la sordera.

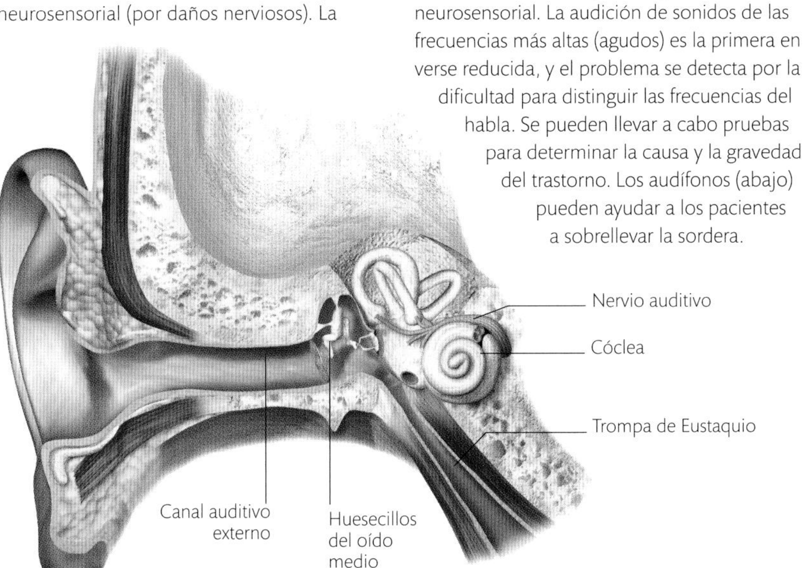
Nervio auditivo
Cóclea
Trompa de Eustaquio
Canal auditivo externo
Huesecillos del oído medio

Estructura del oído
El oído puede verse afectado en varias de sus estructuras, con sordera total o parcial. Por lo general, la pérdida de audición de los adultos está relacionada con la edad.

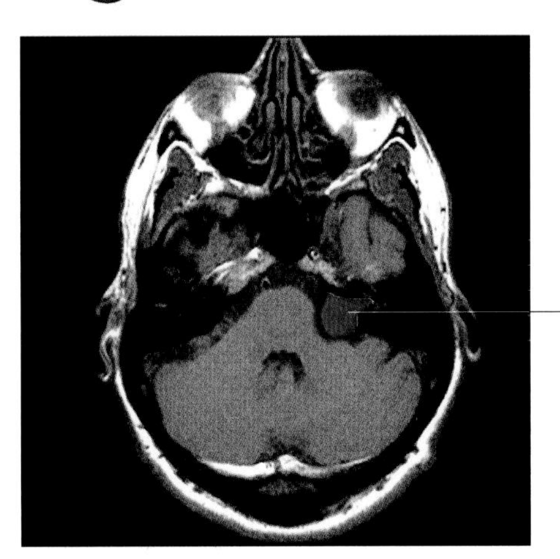
Tumor

Tumor en el canal auditivo interno izquierdo
Este neuroma acústico está creciendo en el nervio coclear. Los tumores de este tipo son benignos, pero causan sordera progresiva, con vértigo y acúfenos, y suelen requerir cirugía.

AUDÍFONO

El propósito de un audífono es amplificar el sonido que llega al oído interno. El aparato es un amplificador electroacústico, consistente en un micrófono, un amplificador y un altavoz. La limitación de los audífonos es que solo amplifican el sonido, pero no lo filtran, y gran parte de la sordera tiene que ver con sonidos de alta frecuencia, como las consonantes. En consecuencia, el habla se percibe menos clara, no de bajo volumen. Con el fin de combatir este problema se han desarrollado aparatos FM con receptores inalámbricos integrados en audífonos.

Uso de los audífonos
Los audífonos se colocan dentro o detrás de la oreja. Algunos tienen un receptor que se inserta en el canal auditivo con un amplificador tras la oreja, y otros se implantan con cirugía.

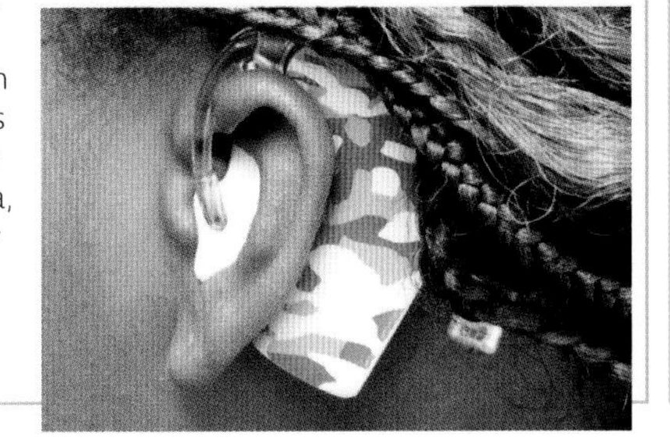

ACÚFENOS

Los daños del aparato auditivo pueden causar acúfenos, o percepción de sonidos inexistentes.

Los sonidos asociados a los acúfenos, o tinnitus, van desde los suaves e intermitentes hasta los constantes y fuertes, y pueden percibirse en uno o en los dos oídos. Incluyen siseos, susurros, sonidos musicales y metálicos, y zumbidos. El origen puede ser el pulso de los vasos sanguíneos en el oído, o señales falsas de nervios dañados. Entre las causas de un acúfeno temporal figuran el cerumen, las otitis y la exposición a ruidos. Los permanentes se deben al deterioro de los nervios auditivos, incluida la sordera relacionada con la edad (en estos casos, la frecuencia de los sonidos corresponde a la gama que ya no se puede oír). El trastorno puede ser difícil de tolerar, pues las personas afectadas deben desarrollar estrategias para ignorar o enmascarar el sonido. Otra opción es la sonoterapia, que consiste en educar el cerebro para que «ignore» los acúfenos.

ENFERMEDAD DE MÉNIÈRE

Este trastorno del oído interno es frecuente, de larga duración y difícil de tratar. Sus síntomas pueden ser incapacitantes.

Es un trastorno del líquido del laberinto, que contiene órganos del oído y del equilibrio. Suele causar acúfenos (arriba), sordera, vértigo (abajo) y sensación de congestión en el oído, y puede afectar a un único oído o a los dos. La causa subyacente es un problema de drenaje del líquido del sistema vestibular (responsable del equilibrio) cuyo resultado es un aumento de la presión que daña los nervios sensoriales. Surge habitualmente de manera progresiva, pero son frecuentes los ataques de vértigo repentinos, que duran menos de 24 horas y pueden provocar caídas. Se ignora el desencadenante, aunque se ha sugerido una infección por el virus del herpes. La enfermedad de Ménière no tiene cura, pero algunos síntomas se suavizan con medicamentos. En casos muy graves se recurre a la cirugía.

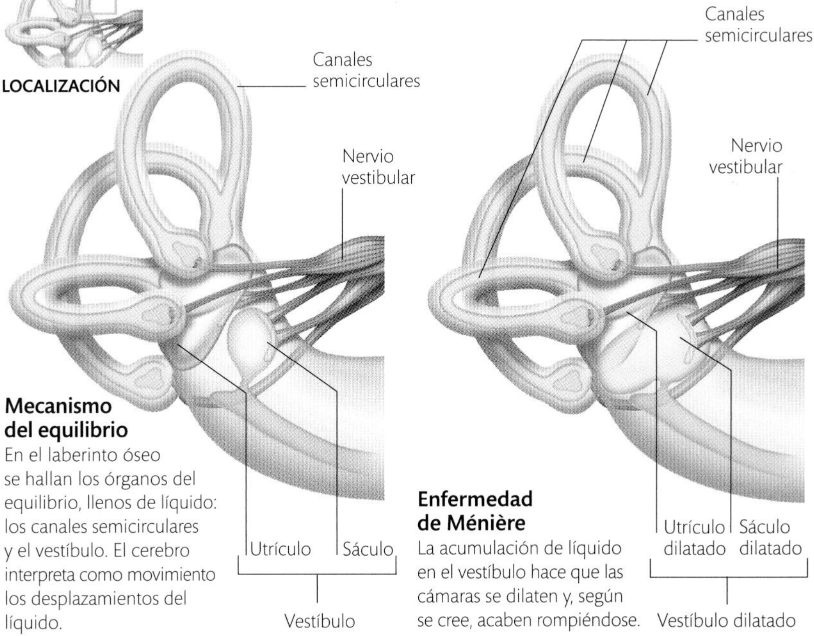
LOCALIZACIÓN
Canales semicirculares
Nervio vestibular
Utrículo
Sáculo
Vestíbulo
Canales semicirculares
Nervio vestibular
Utrículo dilatado
Sáculo dilatado
Vestíbulo dilatado

Mecanismo del equilibrio
En el laberinto óseo se hallan los órganos del equilibrio, llenos de líquido: los canales semicirculares y el vestíbulo. El cerebro interpreta como movimiento los desplazamientos del líquido.

Enfermedad de Ménière
La acumulación de líquido en el vestíbulo hace que las cámaras se dilaten y, según se cree, acaben rompiéndose.

VÉRTIGO

Puede deberse a estímulos visuales o a dar vueltas, pero también puede ser síntoma de un trastorno del equilibrio.

El vértigo consiste en una sensación de giro o inclinación del cuerpo o del entorno, a veces con náuseas y vómitos. En algunas personas lo causan las alturas. Puede deberse a un trastorno del oído interno (vértigo posicional paroxístico benigno o VPPB), causado por el desplazamiento de pequeños cristales en el sistema del equilibrio. Otras causas posibles son un riego sanguíneo deficiente (sobre todo por aterosclerosis), la enfermedad de Ménière o una infección de oído. También puede ser consecuencia de problemas en los centros del equilibrio cerebrales debidos, por ejemplo, a un ictus o una migraña. Los ruidos fuertes y los súbitos movimientos de cabeza lo empeoran; los fármacos contra las náuseas y cerrar los ojos lo alivian parcialmente.

TRASTORNOS OCULARES

El ojo capta y enfoca la luz, y convierte las señales lumínicas en mensajes nerviosos que permiten al cerebro reconstruir una imagen del mundo precisa y en color. Todas las partes de esta estructura sorprendentemente resistente son susceptibles de padecer diversos trastornos.

TRASTORNOS DEL PÁRPADO

Los párpados pueden irritarse o infectarse en la superficie, en los bordes o en sus estructuras internas.

Los párpados protegen la superficie del ojo, tanto de forma directa como mediante lágrimas y fluido lubricante. Los trastornos más frecuentes que los afectan son la inflamación de los bordes (blefaritis), los orzuelos y los chalaziones.

La blefaritis está causada por la infección de los folículos de las pestañas, generalmente por estafilococos (bacterias que suelen causar conjuntivitis) o por hongos (asociados con frecuencia a dermatitis seborreica, un tipo de eccema). Este trastorno causa una sensación irritante y de objeto extraño en el ojo, pero se puede aliviar limpiando los párpados con champú infantil diluido y aplicando calor en los bordes para derretir y liberar el sebo (aceite lubricante del ojo) atrapado.

La rosácea es una inflamación de la piel frecuente en mujeres mayores; esta inflamación puede bloquear las glándulas del párpado, con similares resultados. Los chalaziones aparecen en las pequeñas glándulas de Meibomio (que segregan un fluido oleoso para lubricar el ojo) y son más grandes y profundos que los orzuelos. Ambos trastornos requieren tratamiento con antibióticos. Una buena higiene de los párpados, una limpieza del maquillaje adecuada y sustituir con regularidad el rímel pueden ayudar a evitar estos trastornos.

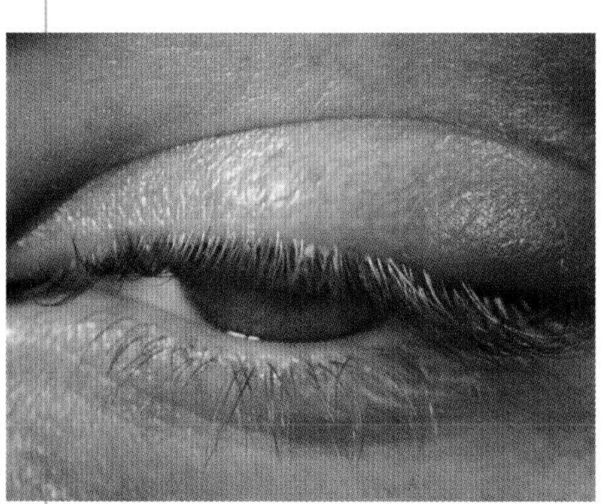

Orzuelo
El orzuelo, un trastorno común de los párpados, causa dolor al parpadear, a veces con supuración. Suele darse en personas que padecen dermatitis seborreica, un tipo de eccema.

INFLAMACIÓN DE LA SUPERFICIE DEL OJO

La conjuntiva, una sensible capa de células que cubre la esclerótica (el blanco del ojo), el interior de los párpados y la córnea, puede sufrir daños por muchas causas.

La conjuntivitis infecciosa puede estar causada por bacterias (habitualmente estafilococos) o por virus (a menudo adenovirus). Los usuarios de lentillas son especialmente vulnerables. La conjuntivitis química se debe a agentes irritantes que entran en contacto con la superficie del ojo. Muchas sustancias pueden irritar el ojo, como el cloro de las piscinas o el ácido pirúvico que liberan las cebollas al cortarlas. La conjuntivitis alérgica suele estar causada por polen, en cuyo caso es estacional, pero puede darse todo el año si es fruto de otros alérgenos.

La irritación atmosférica por viento, calor, radiación solar, luz ultravioleta o polvo puede dañar progresivamente la córnea, llevando a su engrosamiento y degeneración. Estos cambios originan la pinguécula, un área engrosada amarillenta, o el pterigio, un tejido que crece en la superficie del ojo; si estas áreas se extienden por la córnea, pueden requerir cirugía.

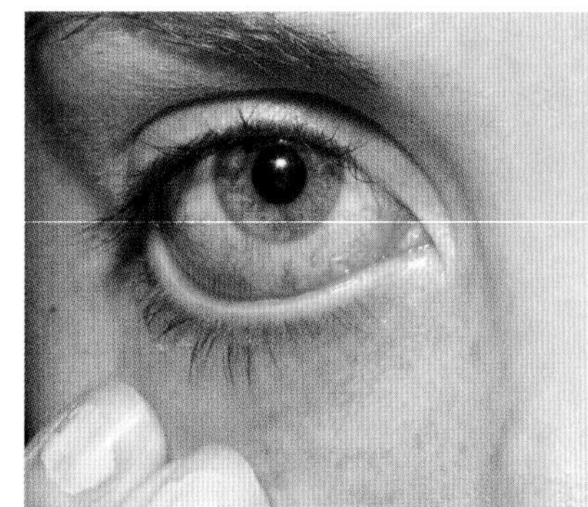

Conjuntivitis
La inflamación de la conjuntiva provoca escozor, ardor y enrojecimiento del ojo, a menudo con sensibilidad a la luz y descargas pegajosas que forman costras, pero sin disminución de la visión.

GLAUCOMA

Una de las causas comunes de ceguera, suele ser hereditario y su frecuencia aumenta con la edad.

Normalmente, una estructura llamada cuerpo ciliar segrega un líquido (humor acuoso) en la parte anterior del globo ocular para nutrir los tejidos y mantener la forma del ojo. El excedente se drena por un canal llamado de Schlemm. En el glaucoma, el sistema que permite este drenaje (red trabecular) queda bloqueado, y el líquido se acumula en el ojo. La presión intraocular (PIO) alta es un factor de riesgo; no obstante, la mayoría de personas con PIO alta no llegan a sufrir la enfermedad. Puede ser crónico (a largo plazo) o agudo (de corta duración). El crónico es indoloro y puede pasar desapercibido durante años. El aumento de la presión intraocular reduce el riego sanguíneo a los nervios óptico y retiniano, lo cual crea un deterioro progresivo de estos nervios y áreas de pérdida de visión.

En el glaucoma agudo, la presión en el ojo aumenta rápidamente porque el iris se abomba y bloquea el canal de Schlemm. Causa dolor intenso y pérdida repentina de visión; es una urgencia médica, pero una pequeña operación quirúrgica lo resuelve. El glaucoma agudo es más frecuente en hipermétropes, ya que su globo ocular es más pequeño y más propenso a problemas funcionales y estructurales.

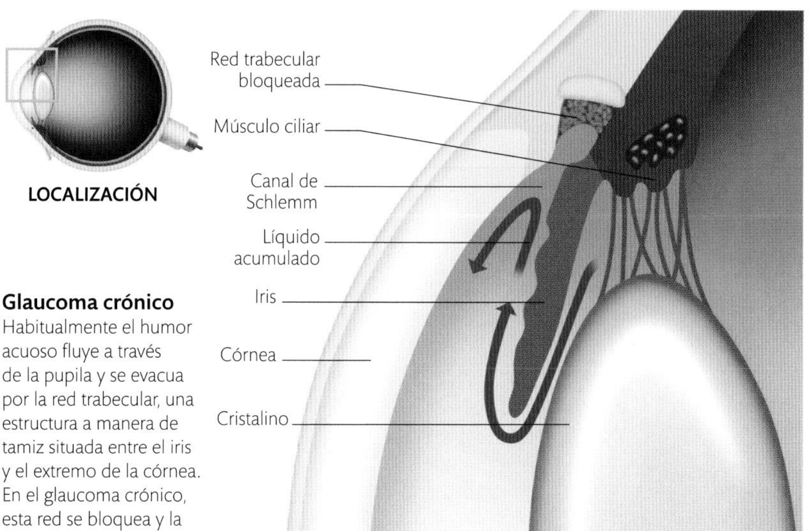
LOCALIZACIÓN
Red trabecular bloqueada
Músculo ciliar
Canal de Schlemm
Líquido acumulado
Iris
Córnea
Cristalino

Glaucoma crónico
Habitualmente el humor acuoso fluye a través de la pupila y se evacua por la red trabecular, una estructura a manera de tamiz situada entre el iris y el extremo de la córnea. En el glaucoma crónico, esta red se bloquea y la presión intraocular sube.

PROBLEMAS DEL CRISTALINO

La catarata es el trastorno más común del cristalino, que pierde transparencia y es incapaz de enfocar correctamente.

El cristalino, entre la parte anterior y el espacio posterior del ojo, es similar a una lente que cambia de forma para enfocar con precisión la luz en la retina. La catarata es una opacificación del cristalino de un color blanco lechoso. Entre sus síntomas están la visión nublada o borrosa y un «halo» alrededor de los objetos enfocados. Si no se trata, conduce a la ceguera. Sus causas pueden ser traumatismos oculares, fármacos (empleo prolongado de corticosteroides), la sobreexposición a irritantes ambientales como luz ultravioleta o radiación solar, o cambios debidos a la vejez. Se puede corregir con cirugía, fragmentando y extrayendo la parte central del cristalino para implantar una lente de plástico.

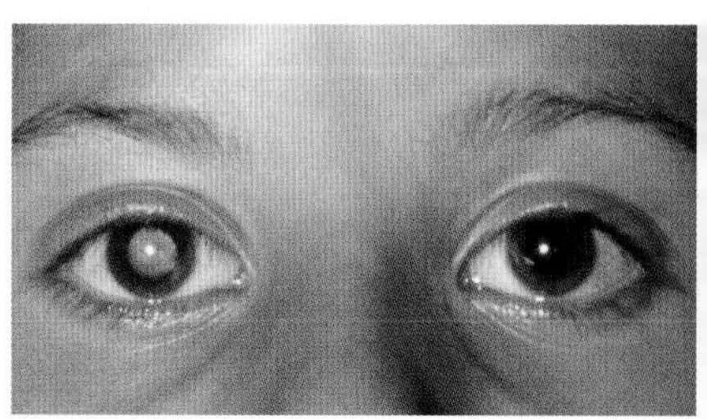

Catarata (cristalino opaco)
Las cataratas pueden afectar a un solo ojo o a los dos, con mayor gravedad en uno de ellos. En este caso, el derecho presenta una catarata muy densa, que hace que toda la pupila parezca opaca.

PROBLEMAS DE ENFOQUE

Los trastornos visuales más frecuentes son los refractivos (de enfoque), que se pueden corregir casi siempre con gafas.

La principal estructura implicada en el enfoque visual es el cristalino, aunque también intervienen la córnea y el líquido intraocular. El cristalino es responsable de la acomodación, o ajuste del enfoque entre objetos cercanos y lejanos. Esto se consigue gracias al cuerpo ciliar, un anillo muscular que se contrae para redondear más el globo ocular o se relaja para achatarlo.

La capacidad del cristalino para cambiar de forma declina con la edad, debido en parte a la rigidez causada por el envejecimiento y en parte al debilitamiento de los músculos ciliares. Hacia los 60 años de edad, la mayoría de las personas es incapaz de enfocar de manera correcta de cerca (como para leer) sin gafas o lentes de contacto: esto se llama presbicia (vista cansada) y difiere de la miopía (vista corta) y la hipermetropía (vista larga), que afectan a todos los aspectos de la visión. En la hipermetropía, el globo ocular es demasiado corto o la córnea no se curva lo suficiente, por lo que los rayos de luz no se enfocan directamente en la retina sino que el punto focal está detrás del ojo, de modo que la visión se vuelve borrosa. En la miopía ocurre lo contrario: los rayos de luz convergen antes de llegar a la retina porque el globo ocular es demasiado largo, la córnea está muy curvada o el cristalino es demasiado potente para la longitud del ojo. El grado de miopía se mide por la potencia de la lente correctora que se necesita. Una miopía muy alta supone un riesgo mayor de desprendimiento de retina. El astigmatismo, en el que existen irregularidades en la forma del cristalino, también afecta al enfoque. Hoy, estos trastornos se corrigen con gafas, lentes de contacto o cirugía con láser.

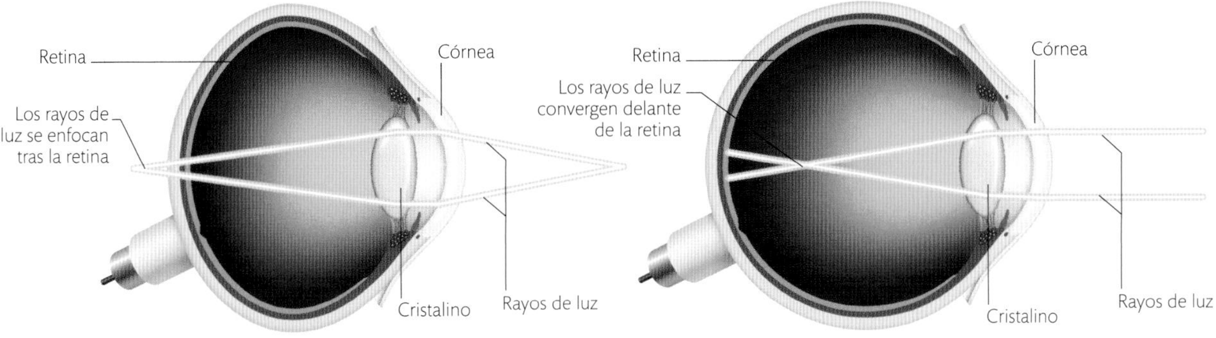
Retina
Córnea
Los rayos de luz se enfocan tras la retina
Cristalino
Rayos de luz
HIPERMETROPÍA SIN CORREGIR
Retina
Los rayos de luz convergen delante de la retina
Córnea
Cristalino
Rayos de luz
MIOPÍA SIN CORREGIR

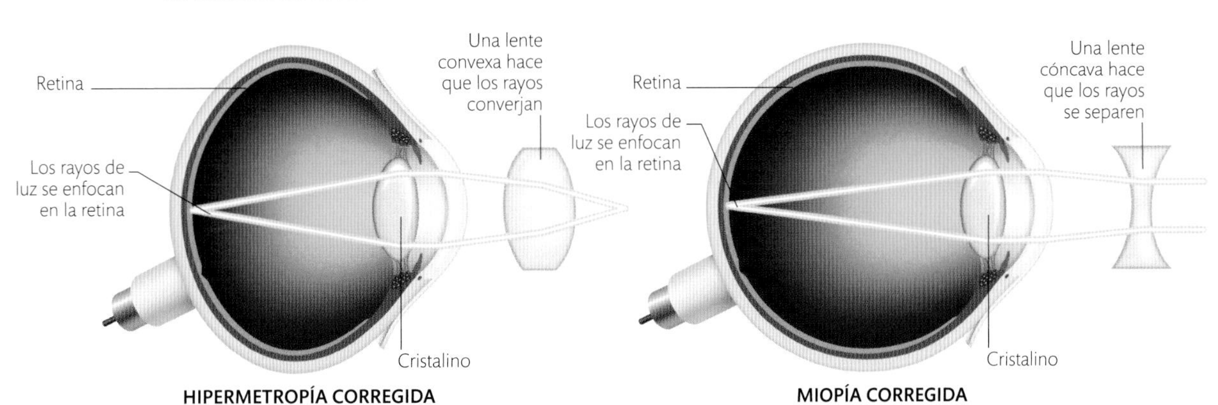
Retina
Una lente convexa hace que los rayos converjan
Los rayos de luz se enfocan en la retina
Cristalino
HIPERMETROPÍA CORREGIDA
Retina
Los rayos de luz se enfocan en la retina
Una lente cóncava hace que los rayos se separen
Cristalino
MIOPÍA CORREGIDA

Hipermetropía
El globo ocular es muy corto en relación con la capacidad de enfoque de la córnea y el cristalino: la luz se enfoca detrás de la retina. Una lente convexa hace que los rayos converjan adecuadamente en la retina.

Miopía
El globo ocular es muy largo en relación con la capacidad de enfoque del cristalino: la luz se enfoca delante de la retina. Una lente cóncava separa los rayos para que converjan adecuadamente en la retina.

TRATAMIENTO CON LÁSER

Se utiliza para dar nueva forma a la córnea, eliminando así la necesidad de emplear gafas en casos de miopía, hipermetropía y astigmatismo. Sin embargo, la corrección con láser no suprime una necesidad previa de gafas para leer, ya que la pérdida de acomodación debida a la edad no está relacionada con el cristalino ni con la curvatura de la córnea. Así, los nuevos avances indican que pronto será posible.

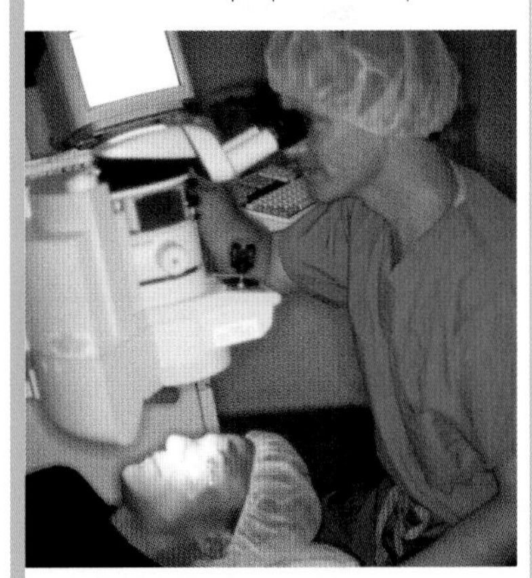

Tratamiento ocular con láser
En esta operación quirúrgica se abre la superficie corneal y se retira parte del tejido de debajo o una parte de la capa externa para aplanar la córnea.

UVEÍTIS E IRITIS

Estos términos describen la inflamación de un grupo de estructuras oculares (la úvea) y del iris, la parte coloreada del ojo.

La uveítis y la iritis (uveítis anterior) son dolorosas y reducen la visión. Entre sus posibles causas, las más frecuentes son trastornos inflamatorios, como la enfermedad de Crohn, e infecciones, especialmente por virus del herpes, como la varicela. Los trastornos inflamatorios articulares, como la artritis reumatoidea, también pueden afectar a los ojos. Los síntomas comprenden enrojecimiento y dolor ocular, y visión borrosa. Pueden dañar permanentemente la visión al causar cicatrización y fijación de las estructuras oculares y requieren intervención del especialista.

TRASTORNOS DE LA RETINA

La retina es una estructura sensible a la luz que tapiza el interior del globo ocular. Se puede dañar como consecuencia de diversos trastornos y lesiones.

La retina recibe una imagen desde las estructuras de enfoque del ojo y la convierte en mensajes nerviosos que se envían al cerebro. Contiene células fotosensibles, así como una red de vasos sanguíneos que la nutre. Dependiendo del área de la retina afectada, el problema puede causar ceguera. Un daño permanente provoca la pérdida de visión en el área correspondiente del campo visual. Entre las posibles causas está el riego sanguíneo deficiente por oclusiones vasculares o hemorragias debido a la rotura de vasos sanguíneos. Este trastorno, denominado retinopatía, es más frecuente en diabéticos e hipertensos.

El glaucoma crónico también puede dañar la retina por la compresión de los vasos sanguíneos superficiales, que restringe el aporte sanguíneo. La degeneración macular es una causa frecuente de ceguera y se debe a cambios degenerativos alrededor de la mácula (punto central de la visión). La retina también puede desprenderse de la parte posterior del ojo y quedar privada de sangre, por ejemplo, a causa de una lesión, con la consiguiente pérdida de la vista. Si se interviene a las pocas horas, se puede volver a fijar con láser y restaurar la visión con éxito.

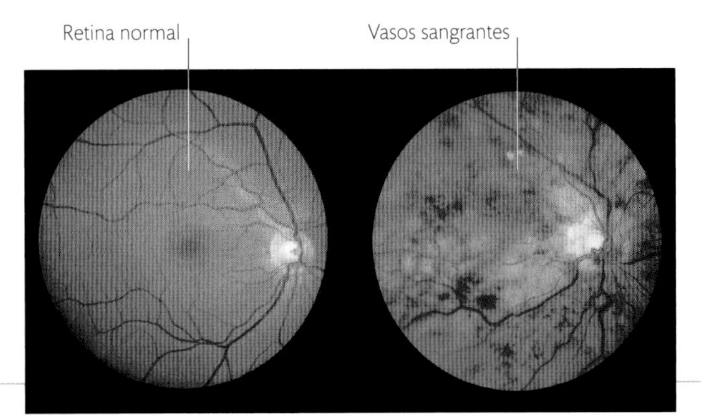
Retina normal
Vasos sangrantes

Retinopatía diabética
Retina de un ojo sano (izquierda) y de otro afectado de diabetes, una causa común de retinopatía. En el ojo enfermo se aprecian hemorragias y oclusiones de vasos sanguíneos.

TRASTORNOS RESPIRATORIOS

El tracto respiratorio superior inhala constantemente microbios y se infecta a menudo. El tracto inferior se puede irritar y resultar dañado por agentes inhalados, especialmente el humo de tabaco, la principal causa de cáncer de pulmón y de enfermedad pulmonar obstructiva crónica.

RESFRIADOS Y GRIPES

Las infecciones víricas del tracto respiratorio superior son más frecuentes en invierno. El resfriado o catarro común es leve y de poca duración; la gripe puede tener complicaciones graves.

Los virus del resfriado y la gripe flotan en el aire en diminutas gotitas expulsadas por la tos o el estornudo, o en finas capas de humedad que se transfiere por contacto, al compartir objetos o dar la mano. La mayoría de adultos contrae un resfriado común unas cuatro veces al año; los niños con más frecuencia. Lo causan más de 200 virus diferentes, y de momento no hay vacuna. Se inicia con estornudos y goteo nasal (con moco claro, después más espeso y oscuro), para dar paso a cefaleas y fiebre leve, ojos rojos e inflamados, tos e inflamación de garganta. Se cura con reposo e hidratación.

La gripe está causada por tres tipos de virus principales: A, B y C. Los síntomas son fiebre alta, cansancio, dolores musculares, tos, estornudos, escalofríos y sudoración. Dura una semana, pero la fatiga puede persistir. Algunas complicaciones son neumonía, bronquitis, meningitis y encefalitis. El tratamiento comprende ingesta de líquidos frecuente, reposo y antivíricos para las personas de riesgo, incluidos los mayores de 65 años, así como las que padecen otros trastornos. Las cepas de virus gripales restringidas a los animales rara vez pasan a los humanos: un ejemplo reciente es la gripe aviar.

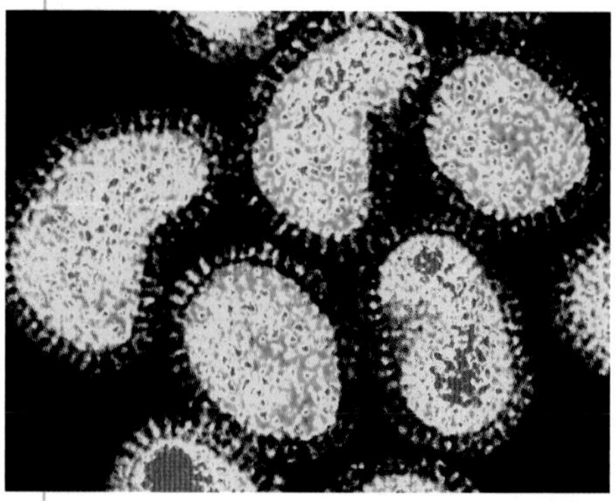

Micrografía de virus de la gripe
Los virus gripales constan de un núcleo de material genético (ARN, en rojo) rodeado por una cubierta proteica con púas que cambia de estructura para crear una nueva cepa.

RINITIS Y SINUSITIS

La inflamación de los tejidos de la cavidad nasal y la de los senos paranasales se pueden dar simultáneamente y ser agudas o crónicas. Se deben a infecciones u otras causas.

La rinitis produce goteo nasal, estornudos y congestión. Puede ser alérgica (p. 482), infecciosa (como un resfriado) o vasomotora. Así, en la rinitis vasomotora, los vasos sanguíneos de la nariz se vuelven hipersensibles y reaccionan en exceso a cambios de tiempo, emociones, alcohol, comidas picantes o inhalación de irritantes como los de la contaminación atmosférica. Se trata evitando los desencadenantes y con esprays nasales.

La sinusitis puede ser aguda (desaparece en 12 semanas) o crónica (dura más de 12 semanas). La aguda es la más frecuente y suele seguir a un resfriado. Los síntomas incluyen cefaleas, dolor facial, presión en la cara al inclinarse hacia delante, supuración nasal y fiebre. Se trata con analgésicos y descongestivos. Se pueden usar antibióticos en la sinusitis bacteriana o crónica. Esta última a veces requiere cirugía.

Senos paranasales
Existen cuatro pares de senos, que drenan a través de pequeños canales. Estos canales se pueden bloquear al inflamarse, causando acumulación de fluido y sensación de presión.

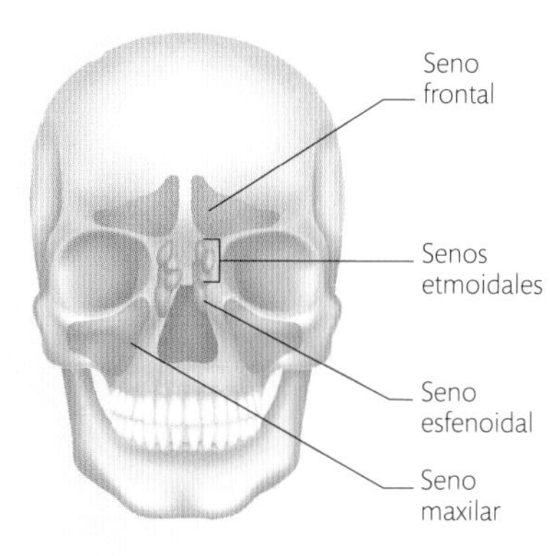
Seno frontal
Senos etmoidales
Seno esfenoidal
Seno maxilar
VISTA FRONTAL

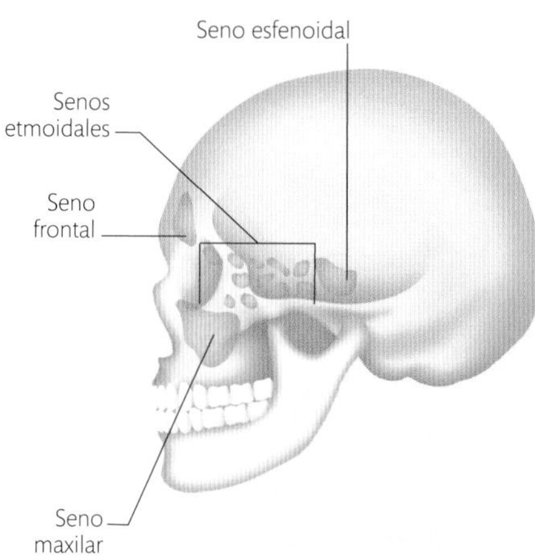
Seno esfenoidal
Senos etmoidales
Seno frontal
Seno maxilar
VISTA LATERAL

TRASTORNOS DE GARGANTA

La inflamación de las amígdalas o la faringe causa irritación de garganta; la de la laringe, ronquera; y la de la epiglotis, bloqueo de las vías aéreas.

La faringe conecta la parte posterior de boca y nariz con la laringe (órgano de la fonación) y el esófago. Las infecciones de las amígdalas (amigdalitis, o anginas) o de la faringe (faringitis) pueden ser bacterianas o víricas. Los síntomas comprenden irritación de garganta, dolor al tragar, fiebre, escalofríos y ganglios linfáticos hinchados en el cuello. Se trata con reposo, líquidos, analgésicos y pastillas y esprays para la tos. Se puede administrar antibióticos.

La infección bacteriana de la epiglotis (epiglotitis) afecta sobre todo a niños. Causa fiebre, salivación y babeo, ronquera y estridor (pitido agudo al respirar). Requiere atención médica urgente.

La inflamación de laringe (laringitis) puede deberse a infecciones, abuso de las cuerdas vocales, reflujo gastroesofágico o fumar, beber o toser en exceso. Produce ronquera o disfonía, y si es infecciosa, fiebre y síntomas gripales o catarrales. La laringitis crónica se trata curando la causa subyacente, con reposo y terapia para la voz. En la crónica se forman en las cuerdas vocales unas placas blanquecinas (leucoplasia) que pueden volverse cancerosas y precisan tratamiento especializado. Una ronquera o un cambio en la voz que dure más de 2 semanas requiere asistencia médica especializada.

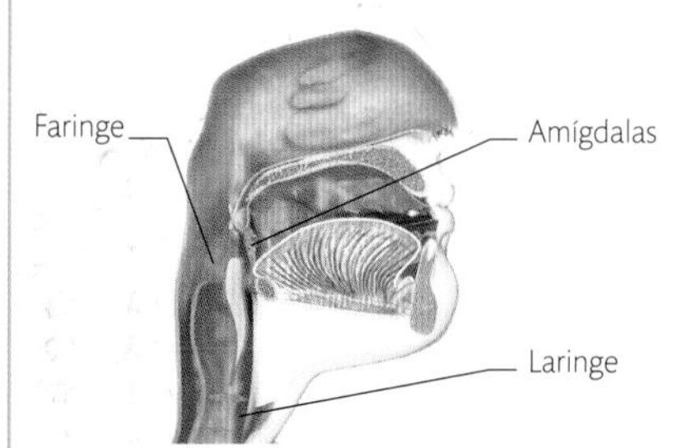
Faringe
Amígdalas
Laringe

Lugares de infección
Las infecciones de nariz, senos, faringe y laringe suelen ser víricas y no responden a los antibióticos. Estos se pueden administrar a pacientes con enfermedades pulmonares subyacentes.

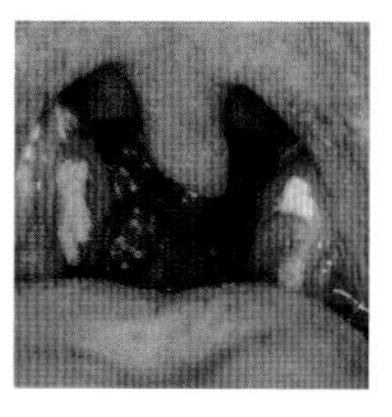

Amigdalitis
Las amígdalas se inflaman y aparecen manchas de pus. Si se padecen episodios recurrentes, se opera para extirparlas (amigdalectomía).

ENFERMEDAD POR CORONAVIRUS (COVID-19)

La covid-19 es una enfermedad infecciosa causada por el virus SARS-CoV-2, que ocasionó la pandemia que se desencadenó a principios del 2020.

La mayoría de las personas infectadas por el virus contraen una enfermedad respiratoria leve o moderada, con síntomas como tos, fiebre y, a veces, pérdida del gusto y del olfato. Algunas personas no presentan ningún síntoma, pero otras caen muy enfermas y necesitan tratamiento hospitalario y asistencia para respirar. Las personas mayores y las que ya padecen algunos trastornos, como diabetes o cáncer, son más propensas a desarrollar una enfermedad grave. Los síntomas pueden durar semanas o meses, una situación que se conoce como *covid persistente*. La covid-19 puede ser mortal a cualquier edad. El virus se propaga a través de pequeñas gotitas que una persona infectada expulsa al toser, estornudar, hablar o respirar. Se han desarrollado varias vacunas eficaces contra la covid-19 y se han aplicado programas de vacunación en todo el mundo para prevenir la propagación de la infección.

BRONQUITIS AGUDA

La inflamación de los bronquios suele deberse a infecciones víricas o bacterianas; causa tos seca y suele desaparecer a las dos semanas.

La bronquitis aguda suele seguir a un resfriado o una gripe y es más frecuente en fumadores. Comienza con una tos seca que unos días más tarde se vuelve productiva, con esputo verde, amarillento o gris. Los síntomas pueden incluir malestar general, fatiga, sibilancias y falta de aliento. A veces se requiere radiografía de tórax y muestras de esputo para análisis microbianos. Dado que el 90% de los casos son víricos, los antibióticos no suelen usarse. Se recomienda a las personas con bronquitis que dejen de fumar, se hidraten y guarden reposo. Las bronquitis no infecciosas pueden estar causadas por irritantes como contaminantes atmosféricos, humo de tabaco o gases químicos.

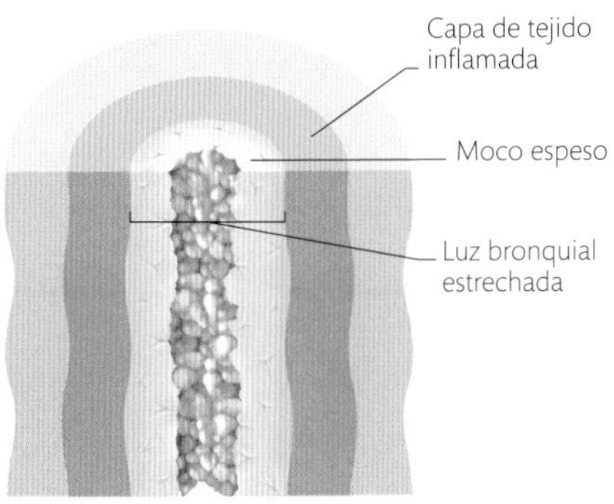
Capa de tejido inflamada
Moco espeso
Luz bronquial estrechada

Bronquios inflamados
La infección de las mucosas causa una inflamación que estrecha la luz bronquial, con un exceso de moco saturado de leucocitos para combatir la infección.

ESPIROMETRÍA

Es una prueba de la función pulmonar que mide el volumen y/o la velocidad del aire durante la inhalación y la espiración. El flujo espiratorio máximo (FEM) de aire pulmonar da una medida de la obstrucción de las vías aéreas. Las personas que sufren asma (p. 472) o EPOC (derecha) pueden someterse a pruebas periódicas para controlar la actividad de la enfermedad y la respuesta al tratamiento.

ENFERMEDAD PULMONAR OBSTRUCTIVA CRÓNICA (EPOC)

Consiste en el estrechamiento crónico de las vías aéreas que reduce el flujo de aire a los pulmones, lo que causa falta de aliento. Sus formas más comunes son la bronquitis crónica y el enfisema, que con frecuencia coexisten en el mismo paciente y suelen estar causadas por el hábito de fumar o, con menos frecuencia, por la exposición a polvos o gases (en la minería o la industria textil, por ejemplo).

BRONQUITIS CRÓNICA

La inflamación crónica de los bronquios, con producción excesiva de mucosidad, conlleva la obstrucción de las vías aéreas y tos con esputo.

La bronquitis crónica se define clínicamente como una tos persistente con esputo que dura al menos 3 meses en 2 años consecutivos. Es más frecuente en hombres de más de 40 años de edad, fumadores habituales durante largo tiempo. La tos empeora en épocas de frío y humedad elevada, con esputo blanco.

La falta de aliento y el jadeo van en aumento, con frecuentes y repetidas infecciones de pecho, esputo verdoso o amarillento y empeoramiento de la dificultad respiratoria y las sibilancias. Por último, una insuficiencia cardiorrespiratoria (de mal pronóstico) que causa aumento de peso, cianosis (coloración azulada de labios y dedos) y tobillos hinchados (edema). Los exámenes incluyen análisis de sangre, pruebas de la función pulmonar, radiografía torácica y análisis de esputo. Se prescriben inhaladores que, en algunos casos, relajan los músculos de las paredes bronquiales, pero en general la obstrucción de las vías aéreas es irreversible. Los corticosteroides orales pueden ayudar en ataques agudos. Las infecciones torácicas en casos de bronquitis crónica suelen ser víricas, pero se utilizan antibióticos si se sospecha infección bacteriana. La formación acerca de la enfermedad, el ejercicio físico, los consejos nutricionales y la ayuda psicológica son útiles para muchas personas.

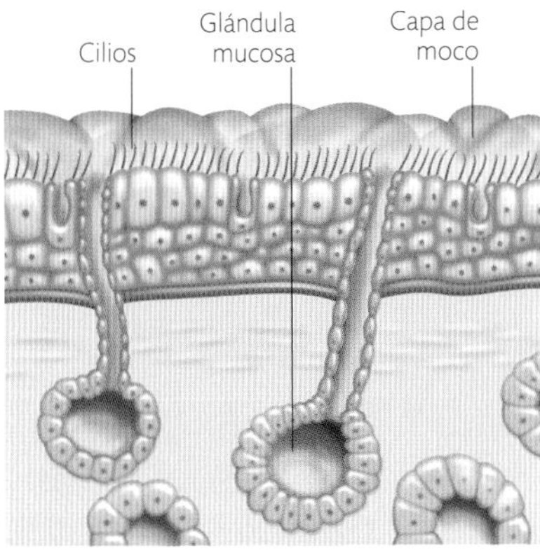
Cilios
Glándula mucosa
Capa de moco

Vía aérea normal
Las glándulas producen moco para atrapar polvo y microbios inhalados. Unos finos pelos (cilios) de las células empujan el moco hacia la garganta para expulsarlo al toser o estornudar.

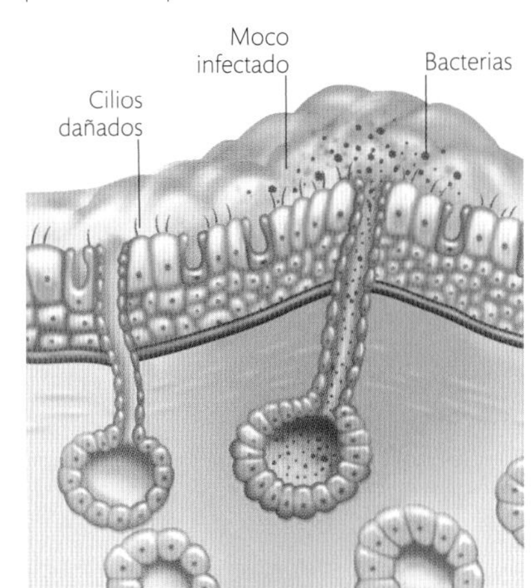
Cilios dañados
Moco infectado
Bacterias

Vía aérea con bronquitis crónica
La mucosa está inflamada y produce más moco de lo normal, que obstruye las vías aéreas. Los cilios, dañados, no retiran adecuadamente el moco, lo que facilita la infección.

ENFISEMA

La destrucción de las paredes de los sacos alveolares por el enfisema reduce la superficie de intercambio gaseoso y hace que las vías aéreas menores se colapsen durante la espiración.

El enfisema suele deberse al abuso del tabaco, pero también puede causarlo un raro trastorno hereditario llamado déficit de alfa-1 antitripsina. Es más frecuente en hombres de más de 40 años con un largo historial de fumadores. Causa pérdida progresiva de aliento y en la fase avanzada puede aparecer tos sin esputo. Los afectados pierden peso; sus pulmones se inflan en exceso, lo que da al tórax una forma de tonel característica, y a menudo respiran a través de los labios fruncidos.

Las pruebas para el diagnóstico incluyen gasometría arterial, pruebas de la función pulmonar y radiografías de tórax. La TC revela agujeros característicos (bullas) en los pulmones. Para frenar una eventual progresión irreversible es vital dejar de fumar, evitar inhalar humo de tabaco e irritantes pulmonares. El tratamiento incluye inhaladores de efecto inmediato y a largo plazo, que actúan sobre los músculos bronquiales para dilatar las vías aéreas, corticosteroides orales y esteroides inhalados. Puede que se precise un suplemento de oxígeno ocasional o permanente. El reflujo gástrico y las alergias empeoran la enfermedad. Los casos graves pueden requerir cirugía de reducción de volumen pulmonar o trasplante de pulmón. La rehabilitación pulmonar suele ser beneficiosa. Se recomienda la vacunación anual contra la gripe.

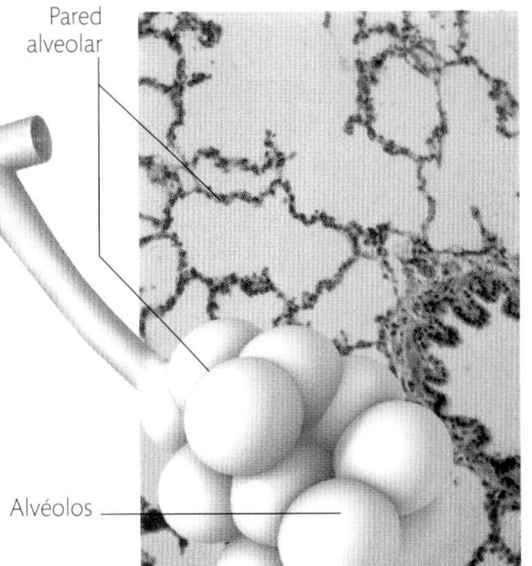
Pared alveolar
Alvéolos

Tejido sano
Los alvéolos (sacos aéreos) de los pulmones se agrupan en racimos. Cada saco está parcialmente separado de los demás. Sus paredes ayudan a expulsar el aire durante la espiración.

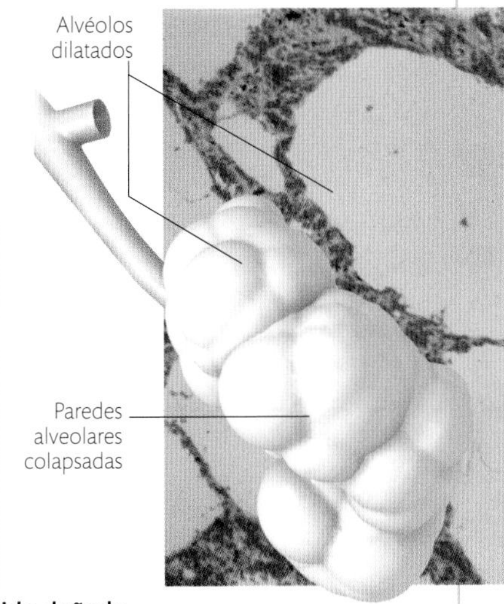
Alvéolos dilatados
Paredes alveolares colapsadas

Tejido dañado
Las paredes alveolares han quedado destruidas, con una rápida pérdida de su elasticidad. Los alvéolos están dilatados y fusionados, reduciéndose así la superficie de intercambio de gases.

ASMA

El asma, un estrechamiento temporal de las vías aéreas, se debe a una inflamación crónica y causa dificultad para respirar y opresión en el pecho.

El asma afecta al 7% de las personas y a menudo es hereditario. Suele comenzar en la infancia, pero puede aparecer a cualquier edad. Quienes lo padecen sufren ataques recurrentes cuando los músculos de las vías aéreas se contraen y estrechan. Este estrechamiento es reversible, y algunos asmáticos experimentan los síntomas solo algunas veces, debido a desencadenantes comunes como alérgenos (polen, ácaros, pelo de animales de compañía) o medicamentos, ejercicio, infecciones del tracto respiratorio superior, estrés o inhalación de polvo o productos químicos.

Los ataques causan una súbita opresión en el pecho, dificultad respiratoria, sibilancias y tos. Entre ataque y ataque, los síntomas de algunos pacientes son menos graves, como tos nocturna crónica, ligera opresión en el pecho y aliento corto al hacer esfuerzos. El asma se confirma mediante espirometría y lecturas del FEM (p. 471) que muestren la reversibilidad del estrechamiento de las vías aéreas. El tratamiento incluye evitar los desencadenantes, así como fármacos inhalados para aliviar los síntomas. El asma leve requiere inhaladores a corto plazo para dilatar las vías aéreas. Los esteroides inhalados de manera regular (inhaladores de prevención) se usan para los síntomas más persistentes. En casos graves se administran corticosteroides orales.

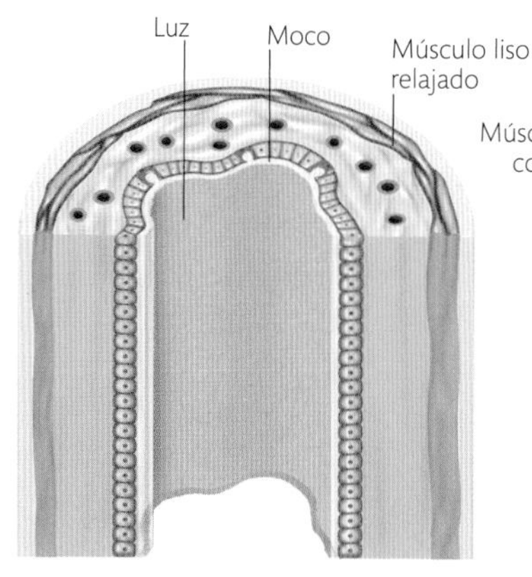
Luz
Moco
Músculo liso relajado

Vía aérea sana
El músculo liso está relajado y no se contrae fácilmente en respuesta a los desencadenantes. Una fina capa de moco cubre la mucosa. La luz (pasaje para el aire) es amplia.

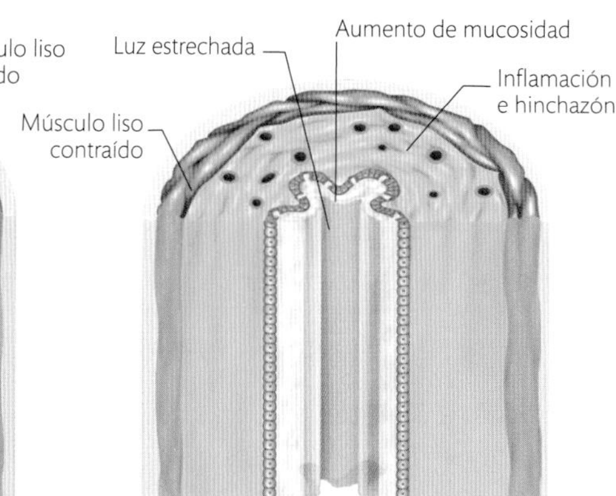
Luz estrechada
Aumento de mucosidad
Inflamación e hinchazón
Músculo liso contraído

Vía aérea con asma
El músculo liso se contrae. La mucosa se inflama y la capa de moco se espesa. Esto estrecha la luz, lo que causa sibilancias y problemas respiratorios como la cortedad del aliento.

NEUMONÍA

También llamada pulmonía, es la inflamación de los alvéolos (diminutos sacos aéreos) del pulmón. Suele ser infecciosa, pero también la pueden causar una lesión o un agente químico.

La neumonía infecciosa es más frecuente en bebés y niños pequeños, fumadores, ancianos y personas con el sistema inmunitario debilitado. Está causada por la bacteria *Streptococcus pneumoniae* y puede afectar a un lóbulo pulmonar total o parcialmente, en parches. Las neumonías víricas se deben sobre todo a los virus del resfriado, la gripe y la varicela. Los síntomas son dificultad respiratoria, respiración rápida y agitada, tos con esputo sanguinolento, fiebre, escalofríos, sudoración, malestar general y dolor torácico. El diagnóstico se confirma con una radiografía; también se pueden llevar a cabo análisis de sangre y esputo. Se trata con el antibiótico adecuado. La neumonía bacteriana se cura, con tratamiento, en un mes; la vírica puede tardar más. La causada por aspiración de vómito, comida, objetos extraños o sustancias nocivas se denomina neumonía aspirativa.

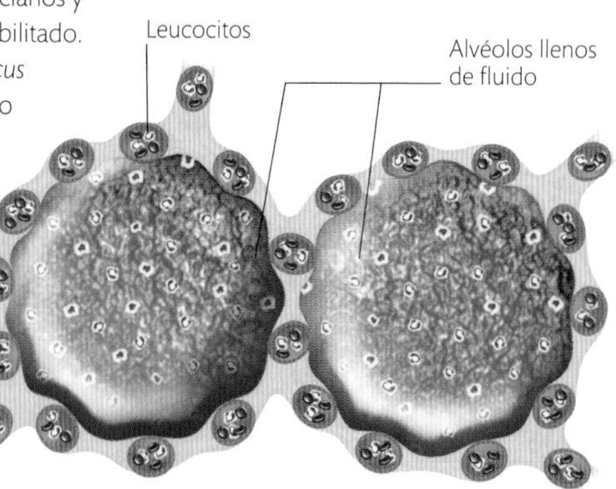
Leucocitos
Alvéolos llenos de fluido

Alvéolos inflamados
Los espacios de aire se llenan de fluido cargado de leucocitos que matan bacterias. El fluido acumulado reduce la absorción de oxígeno.

TUBERCULOSIS

La tuberculosis, una infección bacteriana que afecta a los pulmones, es un problema sanitario global. Casi un tercio de la población mundial la porta en forma latente.

La tuberculosis se contagia al inhalar gotitas de fluido expulsado al toser o estornudar por una persona infectada. La mayoría de los infectados vencen a la bacteria; otros desarrollan la enfermedad y otros la portan en forma latente, pero un 10% de estos padecerán la forma activa en el futuro. La bacteria se multiplica muy lentamente, y los síntomas pueden tardar años en manifestarse.

La tuberculosis pulmonar causa tos crónica con esputo a veces sanguinolento, dolor en el tórax, dificultad para respirar, fatiga, pérdida de peso y fiebre. Puede extenderse a ganglios linfáticos, huesos y articulaciones, sistema nervioso y tracto genitourinario. Se trata con una combinación de antibióticos durante meses. Si no se trata, causa la muerte de cerca del 50 % de los infectados. Hoy, la tuberculosis farmacorresistente es un problema mundial. La vacunación protege contra la enfermedad.

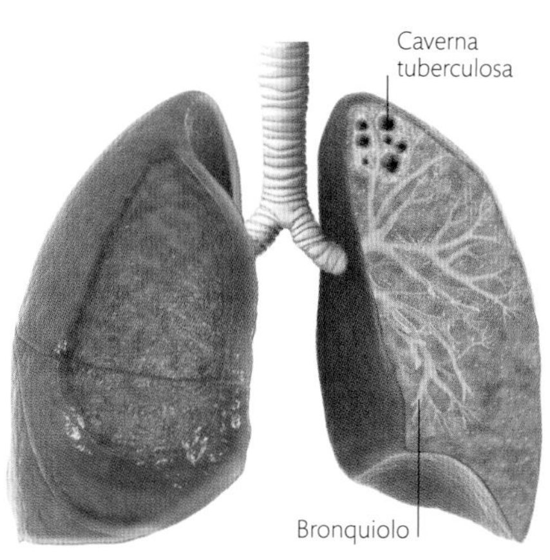
Caverna tuberculosa
Bronquiolo

Cavernas pulmonares
En la tuberculosis pulmonar activa surgen cavernas (áreas necróticas), en el ápice de los pulmones. El paso del aire entre tejidos infectados y bronquios extiende la tuberculosis por las vías aéreas.

ENFERMEDAD PULMONAR INTERSTICIAL

Grupo de enfermedades que pueden afectar a los tejidos y al espacio que rodea los alvéolos de diferente manera que las enfermedades respiratorias obstructivas.

La mayoría de tipos de enfermedad pulmonar intersticial (EPI) implican fibrosis (exceso de tejido conjuntivo). La EPI suele afectar a adultos y estar causada por fármacos (quimioterapia, algunos antibióticos), infecciones pulmonares, radiación, enfermedades del tejido conjuntivo (polimiositis, dermatomiositis, LES, artritis reumatoidea) y exposición ambiental a sustancias como dióxido de silicio, amianto o berilio. A veces no se logra determinar la causa subyacente. Los síntomas suelen desarrollarse a lo largo de muchos años e incluyen dificultad para respirar, tos seca y sibilancias. Las uñas de las manos se abultan, se vuelven muy convexas, con engrosamiento de la punta de los dedos (dedos en palillo de tambor). Para el diagnóstico se realizan pruebas de la función pulmonar y tomografías torácicas de alta resolución. Puede requerirse biopsia de tejido pulmonar mediante broncoscopia (inserción de un tubo por las vías aéreas). El tratamiento dependerá de la causa, aunque la fibrosis suele ser irreversible. Es preciso evitar las causas ambientales de la enfermedad y el tabaco. En trabajos de alto riesgo de enfermedad pulmonar se debe utilizar ropa protectora y mascarilla.

SARCOIDOSIS

Es una enfermedad sistémica que se caracteriza por nódulos inflamatorios (granulomas) que afectan a pulmones y ganglios linfáticos.

La sarcoidosis afecta habitualmente a personas de entre 30 y 40 años, aunque se puede dar a cualquier edad, y es más frecuente en el norte de Europa. Es una enfermedad autoinmunitaria, y su causa exacta se desconoce. Muchos casos son asintomáticos; otros presentan síntomas pulmonares como tos seca, dificultades para respirar y problemas oculares y de piel. Las lesiones cutáneas típicas son placas, eritema nudoso (nódulos enrojecidos, dolorosos e hinchados) y pápulas rojizas o marrones. Los problemas oculares comprenden uveítis y retinitis (p. 469). Los síntomas generales son pérdida de peso, fatiga, fiebre y malestar.

La sarcoidosis puede afectar a cualquier órgano, incluidos corazón, hígado y cerebro. Si los pulmones se ven afectados puede llevar a una fibrosis pulmonar progresiva, y entre el 20 y el 30% de los pacientes desarrollan daños permanentes. Muchas personas no requieren tratamiento, y sus síntomas remiten de forma espontánea. Los síntomas más graves se tratan con fármacos como los corticosteroides. La mayoría de pacientes se recupera por completo al cabo de 1-3 años, pero entre el 10 y el 15% desarrolla sarcoidosis crónica con periodos de agravamiento de los síntomas.

DERRAME PLEURAL

La acumulación de líquido en el espacio pleural se debe a diversas causas. Puede obstaculizar la expansión pulmonar y causar dificultades respiratorias.

El espacio lubricado que existe entre las pleuras (las dos membranas que tapizan los pulmones y la pared torácica interna) causa dificultades respiratorias y, si las pleuras se irritan (pleuritis), dolor torácico, que suele empeorar al inspirar. Entre las causas habituales están la insuficiencia cardíaca, la cirrosis, la neumonía, la embolia pulmonar, la tuberculosis y enfermedades autoinmunitarias como el lupus eritematoso sistémico. El líquido se puede drenar con una aguja hueca, que permite también investigar la causa examinando el líquido.

Los derrames graves se pueden drenar mediante intubación torácica. Los derrames recurrentes se pueden evitar adhiriendo la superficie de las pleuras química o quirúrgicamente.

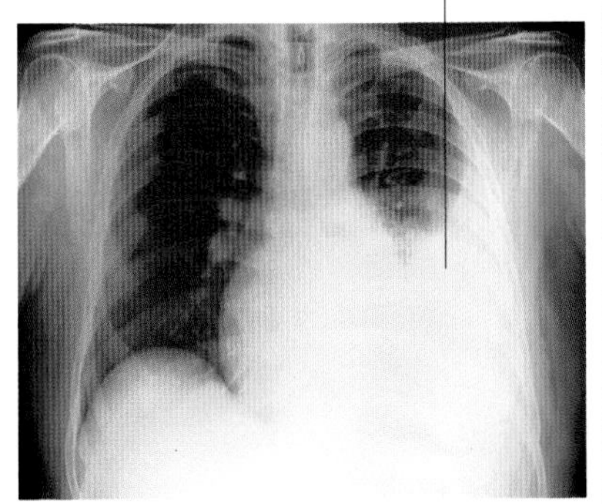
Acumulación de líquido

Derrame pleural
Esta radiografía coloreada muestra un gran derrame pleural en el lado izquierdo que impide ver el borde izquierdo del corazón y llena la parte inferior del pecho.

NEUMOTÓRAX

Consiste en la acumulación de aire o gas en la cavidad pleural que hace que el pulmón se colapse, causando dolor torácico y dificultad para respirar.

El neumotórax puede ser espontáneo (más frecuente en hombres delgados y altos) o deberse a un traumatismo torácico o a patologías pulmonares, como el asma, las infecciones, la tuberculosis, la fibrosis quística, una enfermedad pulmonar intersticial y la sarcoidosis. Una herida penetrante puede causar un neumotórax a tensión, en el que con cada inspiración aumenta el aire en el espacio pleural y la presión sobre el corazón y las estructuras adyacentes hacia el otro lado del pecho; sin tratamiento médico urgente puede ser fatal y se confirma mediante radiografía. Los síntomas comprenden dificultad respiratoria y dolor torácico repentinos. Un pequeño neumotórax puede resolverse por sí solo. Si ha entrado una gran cantidad de aire en el espacio pleural se requiere descompresión pulmonar mediante la inserción a través de la pared torácica de una aguja hueca o de un tubo de drenaje (toracostomía).

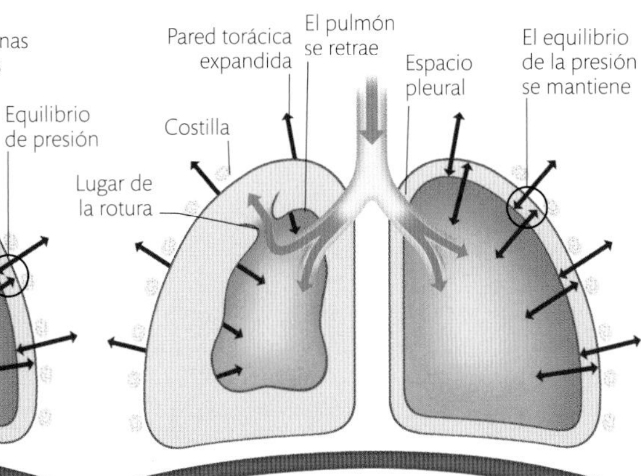
El aire entra en los pulmones
Bronquio
Membranas pleurales
Equilibrio de presión
Pared torácica expandida
El pulmón se retrae
Espacio pleural
El equilibrio de la presión se mantiene
Costilla
Lugar de la rotura

Respiración normal
Al expandirse la pared torácica disminuye la presión interna del espacio pleural, y el pulmón, actuando como una unidad hermética, se distiende debido a la diferencia de presión.

Pulmón colapsado
El aire del pulmón derecho se filtra al espacio pleural, y el pulmón se desinfla: al no poder actuar como una unidad hermética, es incapaz de expandirse gracias a la diferencia de presión.

EMBOLIA PULMONAR

El bloqueo de una arteria pulmonar suele deberse a un trombo (coágulo) desprendido de una vena profunda; en el caso de la trombosis venosa profunda (TVP), se trata de una vena de la pierna.

Es la obstrucción de las arterias pulmonares causada por un objeto que normalmente no circula en la sangre. Puede ser aire, grasa o líquido amniótico (en embarazadas), pero, por lo general, se trata de un coágulo sanguíneo que origina una trombosis venosa profunda (p. 478). Los síntomas comprenden dificultad respiratoria, dolor torácico que empeora al inhalar y tos con sangre. Los casos más graves pueden causar labios y dedos azulados, pérdida de consciencia y shock. Se diagnostica con una TC específica. La embolia pulmonar se trata con anticoagulantes (heparina y warfarina); los casos más graves requieren trombolíticos para disgregar el coágulo, o su extirpación quirúrgica (trombectomía pulmonar). Si no se trata, causa la muerte del 25–30% de los afectados.

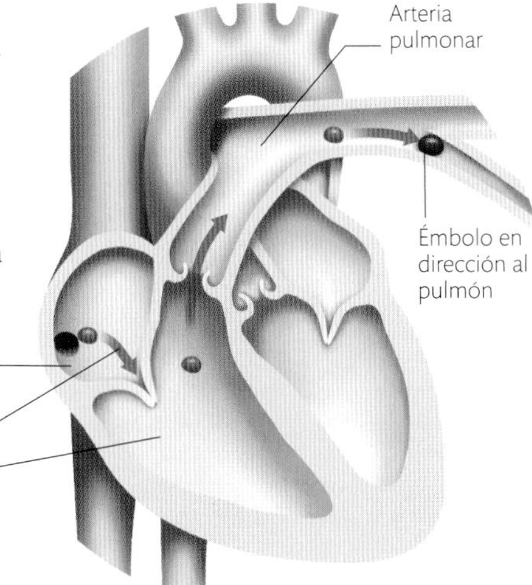
Arteria pulmonar
Émbolo en dirección al pulmón
Aurícula derecha
Trayectoria del émbolo
Ventrículo derecho

Embolia pulmonar
El coágulo viaja desde una vena profunda de las piernas hasta la aurícula derecha, de donde pasa al ventrículo y a la arteria pulmonar.

CÁNCER DE PULMÓN

Los tumores malignos en los tejidos pulmonares son la principal causa de las muertes por cáncer a escala mundial.

El cáncer de pulmón primario aparece en el propio pulmón. Hay dos tipos principales: el carcinoma pulmonar microcítico (CPM) o de células pequeñas, en el 20% de los casos totales, y el no microcítico (CPNM) o de células no pequeñas; el primero es el más agresivo y se extiende más rápido. El cáncer de pulmón se da sobre todo en personas de más de 70 años y en el 90% de los casos se debe al tabaco. El riesgo está en relación con el número de cigarrillos fumados y el tiempo como fumador. Respirar el humo de cigarrillos ajenos (ser fumador pasivo) también es un factor de riesgo. Puede deberse, con menor frecuencia, al amianto, a productos químicos tóxicos o al gas radón. Cuando se diagnostica, la mayoría de cánceres de pulmón ya se ha diseminado. Los síntomas comprenden tos persistente, cambios en el patrón de la tos, esputos con sangre, dolor pectoral, sibilancia, sensación de falta de aire, fatiga, dificultad para tragar, pérdida de peso y de apetito, y ronquera.

El diagnóstico se realiza mediante radiografía y tomografía torácicas, y se confirma después con una biopsia (muestra de tejido), obtenida por broncoscopia (introduciendo un tubo por la boca hasta los pulmones). Así, el tratamiento depende del tipo, localización y extensión del tumor. El CPM se suele tratar con radioterapia y quimioterapia y tiene peor pronóstico; el CPNM se puede extirpar quirúrgicamente y curarse. En torno a un 40% de los pacientes con cáncer de pulmón sobrevive un año tras el diagnóstico.

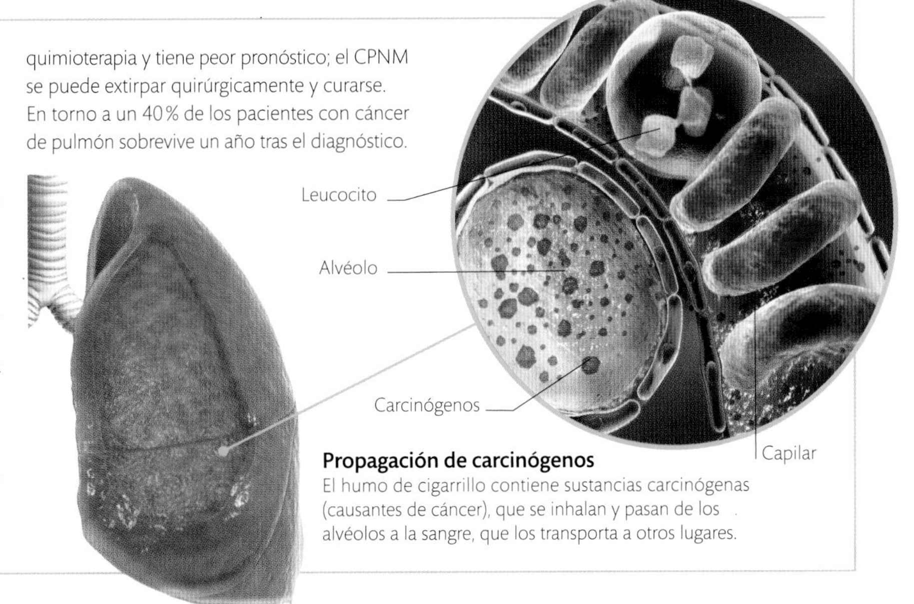
Leucocito
Alvéolo
Carcinógenos
Capilar

Propagación de carcinógenos
El humo de cigarrillo contiene sustancias carcinógenas (causantes de cáncer), que se inhalan y pasan de los alvéolos a la sangre, que los transporta a otros lugares.

TRASTORNOS CARDIOVASCULARES

El corazón y el sistema circulatorio pueden verse afectados por muchas enfermedades, las más graves potencialmente mortales. Aspectos del estilo de vida como la dieta pueden ser factores de riesgo, pero algunos trastornos se deben a anomalías estructurales como defectos de válvulas y músculos cardíacos.

ATEROSCLEROSIS

Los depósitos de grasa y residuos inflamatorios en las paredes arteriales a lo largo de muchos años causan aterosclerosis, endurecimiento y estrechamiento de las arterias.

Puede comenzar en la infancia, incluso en personas sanas, aunque aceleran su desarrollo factores de riesgo como fumar, un nivel alto de colesterol, la obesidad, la presión sanguínea alta y la diabetes. Los depósitos de grasa que se acumulan en las paredes arteriales forman unas placas llamadas ateromas. Estas propician inflamaciones que dañan el músculo de la pared arterial haciendo que se engrose; en consecuencia, el riego sanguíneo queda restringido y los tejidos reciben menos oxígeno y nutrientes. La placa puede acabar desprendiéndose en la arteria y causar un bloqueo total de la sangre. En las arterias coronarias (que irrigan el corazón), este trastorno puede causar angina de pecho o infarto de miocardio; en el cerebro, ictus o demencia; en los riñones, insuficiencia renal, y en las piernas, gangrena. Es irreversible, pero se puede detener su avance dejando de fumar y con fármacos para controlar la hipertensión.

Placas ateromatosas
Los depósitos de grasa y la reacción inflamatoria en la pared arterial restringen la circulación en el vaso sanguíneo. Si se rompen, las placas pueden obstruir la arteria completamente.

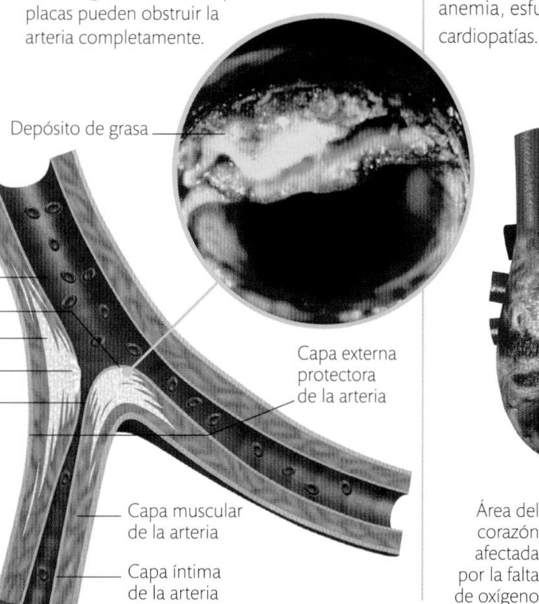
Depósito de grasa
Glóbulos rojos
Confluencia de ramas arteriales
Núcleo graso de la placa
Extremo fibroso
Canal arterial estrechado
Capa externa protectora de la arteria
Capa muscular de la arteria
Capa íntima de la arteria

Flujo sanguíneo restringido
La aterosclerosis suele comenzar en un área dañada de la pared arterial. Al formarse una placa, la pared se inflama y el área se engrosa; en consecuencia, el calibre arterial queda reducido y disminuye el flujo sanguíneo.

ANGINA DE PECHO

Un aporte deficiente de sangre al corazón por las arterias coronarias puede provocar una angina de pecho (dolor causado por la carencia de sangre en el músculo cardíaco).

Suele deberse al estrechamiento de las arterias coronarias por aterosclerosis (izquierda), pero también a otros factores como trombos (coágulos) espasmos de las paredes arteriales, anemia, esfuerzo físico, taquicardia u otras cardiopatías. El dolor se nota en pecho, cuello, brazos o abdomen, con sensación de ahogo. Se manifiesta con el ejercicio físico y remite con reposo o vasodilatadores (fármacos que dilatan las arterias para facilitar el flujo sanguíneo). Los tratamientos a largo plazo comprenden cambios en el estilo de vida y control de la aterosclerosis, nitroglicerina, aspirina en dosis bajas y betabloqueantes para proteger el corazón. A veces se requiere cirugía para ensanchar o derivar las arterias estrechadas.

Qué provoca la angina de pecho
El dolor aparece cuando parte del canal o luz de una arteria coronaria se estrecha tanto, debido a ateromas o espasmos, que el área que irriga queda privada de sangre y oxígeno.

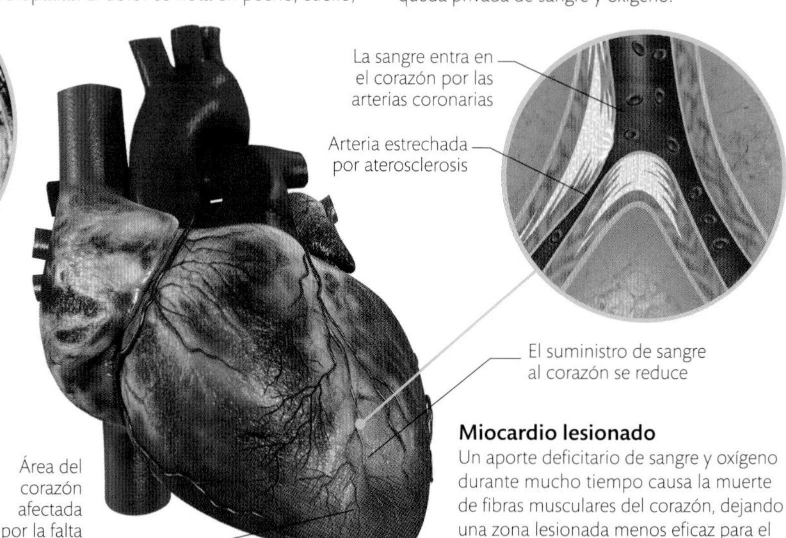
La sangre entra en el corazón por las arterias coronarias
Arteria estrechada por aterosclerosis
El suministro de sangre al corazón se reduce
Área del corazón afectada por la falta de oxígeno

Miocardio lesionado
Un aporte deficitario de sangre y oxígeno durante mucho tiempo causa la muerte de fibras musculares del corazón, dejando una zona lesionada menos eficaz para el bombeo de sangre.

ANGIOPLASTIA

Este procedimiento se usa para ensanchar arterias coronarias o de otra parte del cuerpo, y en particular para tratar anginas de pecho graves e infartos de miocardio. Consiste en insertar un diminuto balón hinchable en la arteria, bajo anestesia local, para ampliar el área estrechada; para mantenerla abierta se puede dejar un tubito de malla, llamado stent.

Existen diversas técnicas y tipos de stent para diferentes problemas ateroscleróticos. Algunos stents están recubiertos de fármacos para evitar la reaparición de placas. Tras una angioplastia se administran aspirina u otros fármacos anticoagulantes para reducir el riesgo de trombosis.

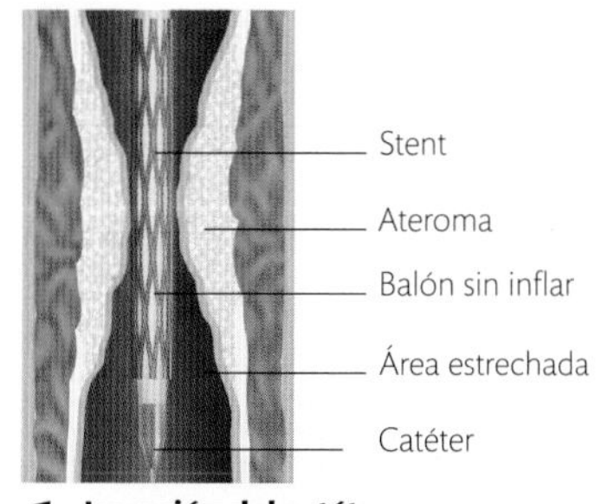
Stent
Ateroma
Balón sin inflar
Área estrechada
Catéter

1 Inserción del catéter
El catéter se pasa a través de una incisión en una arteria de la pierna o el brazo hasta que su punta, que porta un balón desinflado cubierto por un stent, alcanza el área estrechada de la arteria coronaria.

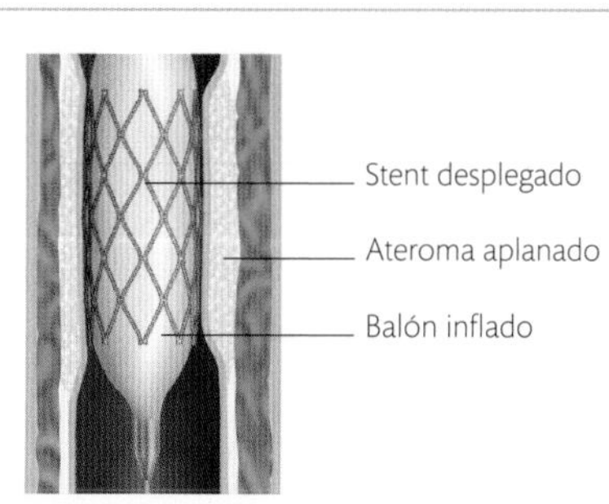
Stent desplegado
Ateroma aplanado
Balón inflado

2 Balón inflado
La posición del balón se controla por rayos X. Una vez colocado en el lugar correcto, el balón se infla, expandiendo de esta forma el stent para abrir la arteria.

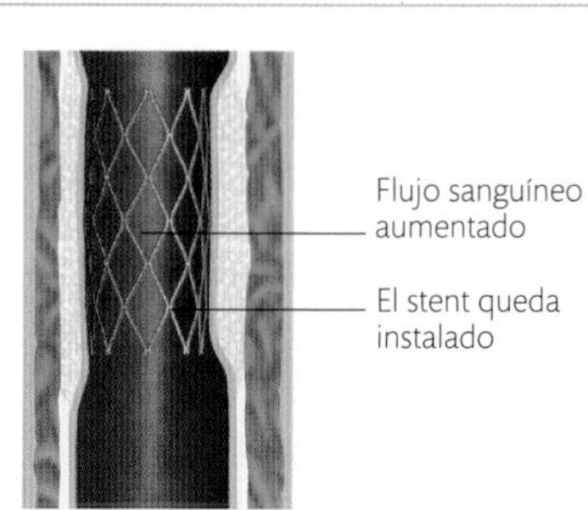
Flujo sanguíneo aumentado
El stent queda instalado

3 Se retira el catéter
Una vez que el stent ha alcanzado la anchura adecuada, se desinfla el balón y entonces se retira el catéter del cuerpo. El stent queda instalado.

INFARTO DE MIOCARDIO

El infarto de miocardio (IM), o ataque al corazón, se debe al bloqueo total de una arteria coronaria o de una de sus ramas.

El infarto (necrosis) de miocardio o músculo cardíaco se produce cuando una arteria coronaria queda obstruida, generalmente a causa de una placa ateromatosa desprendida o un trombo (coágulo); el área del músculo que debería irrigar se queda sin oxígeno y muere. El daño y las complicaciones dependen de la arteria implicada; así, las arterias más grandes suministran sangre a áreas más extensas, de modo que aumenta el riesgo de fallo cardíaco (abajo). Un IM produce dolor en el pecho y colapso, aunque puede no presentar síntomas en ancianos (IM silencioso). El diagnóstico se confirma mediante un electrocardiograma y detectando altos niveles de enzimas cardíacas en sangre (sustancias segregadas por el músculo dañado). Un tratamiento de urgencia con anticoagulantes o angioplastia puede deshacer el coágulo y restaurar el suministro de sangre. Otros tratamientos incluyen fármacos betabloqueantes para proteger al corazón de arritmias (abajo) y aspirina para prevenir futuros coágulos.

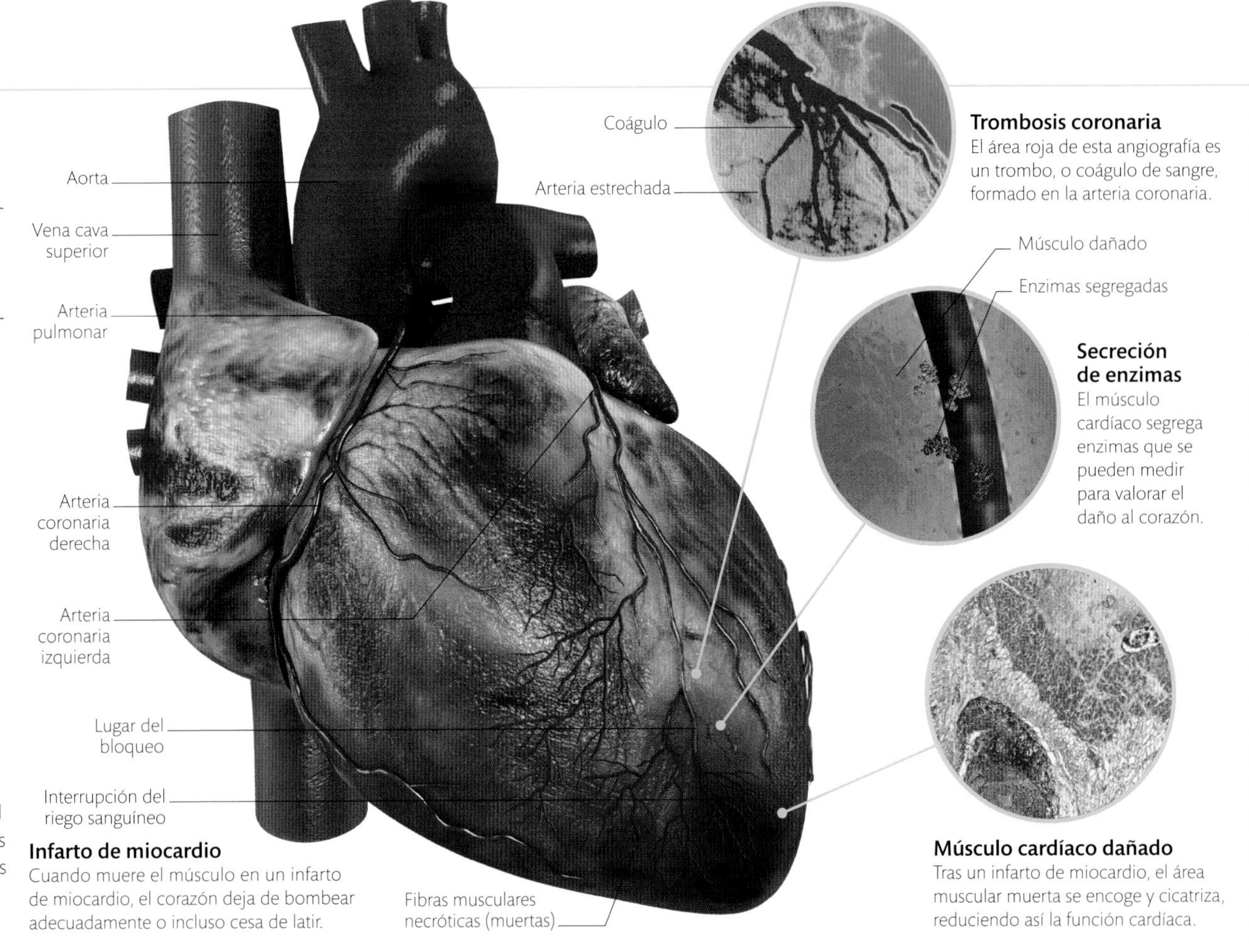
Aorta
Vena cava superior
Arteria pulmonar
Arteria coronaria derecha
Arteria coronaria izquierda
Lugar del bloqueo
Interrupción del riego sanguíneo
Coágulo
Arteria estrechada
Músculo dañado
Enzimas segregadas
Fibras musculares necróticas (muertas)

Infarto de miocardio
Cuando muere el músculo en un infarto de miocardio, el corazón deja de bombear adecuadamente o incluso cesa de latir.

Trombosis coronaria
El área roja de esta angiografía es un trombo, o coágulo de sangre, formado en la arteria coronaria.

Secreción de enzimas
El músculo cardíaco segrega enzimas que se pueden medir para valorar el daño al corazón.

Músculo cardíaco dañado
Tras un infarto de miocardio, el área muscular muerta se encoge y cicatriza, reduciendo así la función cardíaca.

TRASTORNOS DEL RITMO CARDÍACO

Un ritmo cardíaco anómalo puede deberse a la alteración del sistema eléctrico que controla las contracciones del corazón.

El nodo sinoauricular (SA), que envía al corazón la señal para que se contraiga a través de impulsos eléctricos, es un «marcapasos» natural situado en la aurícula derecha. La señal viaja a través de las dos aurículas por el nodo auriculoventricular, el tabique y los ventrículos. Las arritmias (ritmos cardíacos anómalos) se producen por una mala transmisión de la señal o por anomalías de la actividad eléctrica. En la fibrilación auricular (FA), uno de los tipos de arritmia más frecuentes, los emplazamientos anormales del «marcapasos» afectan al nodo SA, originando un patrón de contracciones ineficaz.

La FA se trata mediante reversión cardíaca eléctrica, que restaura el ritmo normal o con medicación. En la fibrilación ventricular (FV), una urgencia médica, las contracciones rápidas y aleatorias en diferentes áreas de los ventrículos impiden el bombeo eficaz de la sangre, que deja de fluir a diferentes partes del cuerpo, como el cerebro. Se requiere desfibrilación inmediata, junto con fármacos para estabilizar el corazón. Cuando la señal no se transmite por la vía habitual pueden aparecer problemas como bloqueo cardíaco.

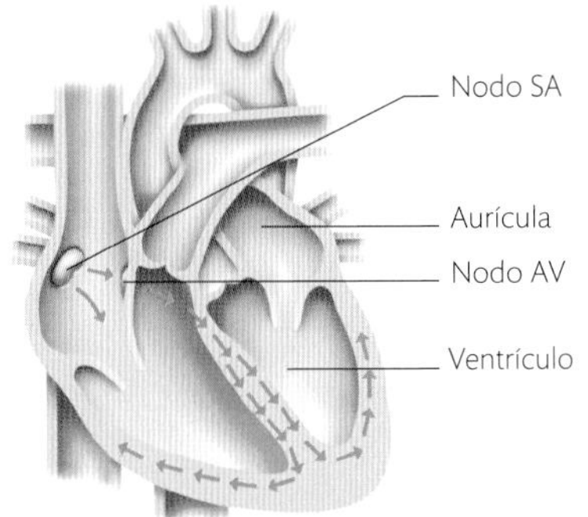
Nodo SA
Aurícula
Nodo AV
Ventrículo

Taquicardia sinusal
Este trastorno, un promedio de más de 100 pulsaciones por minuto con ritmo normal, puede deberse a la ansiedad o al ejercicio, pero también a fiebre, anemia o enfermedad de la tiroides.

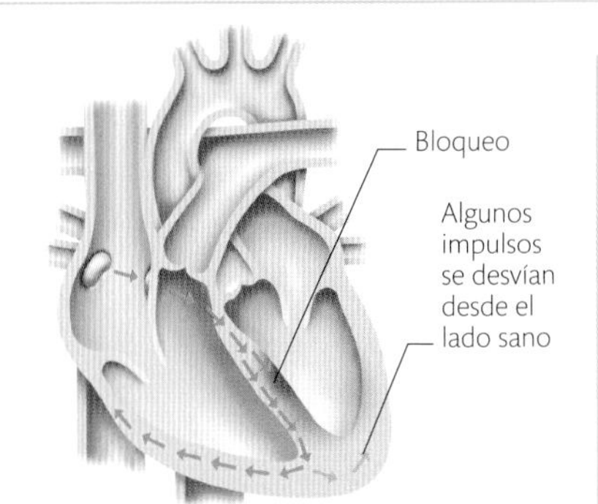
Bloqueo
Algunos impulsos se desvían desde el lado sano

Bloqueo de rama
El bloqueo total o parcial de los impulsos del nodo SA disminuye las contracciones ventriculares. Si el bloqueo es total, los ventrículos se contraen a un promedio de solo 20-40 pulsaciones por minuto.

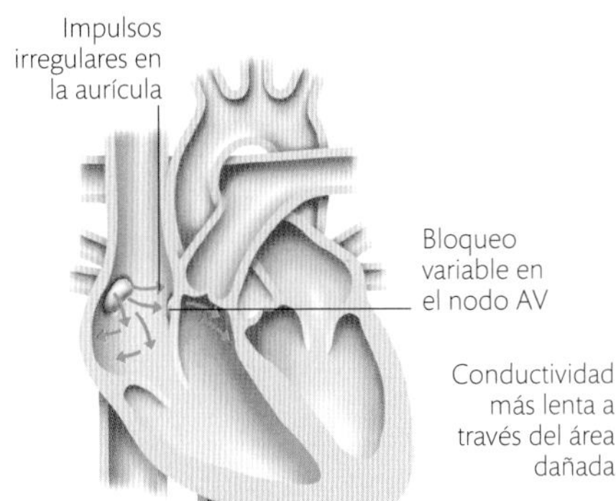
Impulsos irregulares en la aurícula
Bloqueo variable en el nodo AV

Fibrilación auricular
Si el nodo SA se ve anulado por actividad eléctrica aleatoria en la aurícula, los impulsos pasan a través del nodo AV de manera errática, con contracciones ventriculares muy rápidas e irregulares.

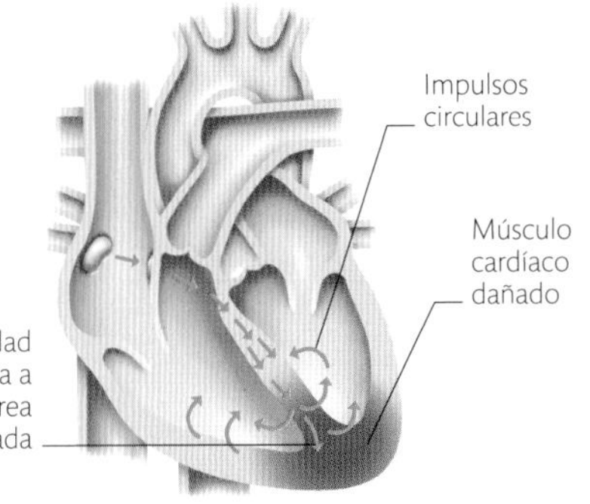
Impulsos circulares
Músculo cardíaco dañado
Conductividad más lenta a través del área dañada

Taquicardia ventricular
Los impulsos eléctricos anómalos en el músculo ventricular hacen que los ventrículos se contraigan rápidamente, anulando la señal sinoauricular y causando un bombeo rápido, regular pero ineficaz.

INSUFICIENCIA CARDÍACA

La ineficacia del corazón para bombear sangre puede deberse a un infarto de miocardio, lesiones en las válvulas o fármacos administrados para otros trastornos.

El corazón bombea sangre a los pulmones, donde se carga de oxígeno, y a los tejidos para oxigenarlos y nutrirlos. Cuando el corazón falla aparecen síntomas como falta de aliento, fatiga y edema (acumulación de líquido en los tejidos). Además, órganos como el hígado y los riñones no reciben suficiente sangre y también empiezan a fallar. La insuficiencia cardíaca puede ser aguda (repentina), como resultado de un infarto, o crónica (de larga duración) debido a trastornos persistentes como aterosclerosis, hipertensión, EPOC o problemas de las válvulas cardíacas. Se clasifica según el área y la fase del ciclo de bombeo afectadas.

En la insuficiencia cardíaca izquierda el líquido se acumula en los pulmones, y en la derecha (que suele seguir a la izquierda), en hígado, páncreas y tejidos bajo la piel. La insuficiencia cardíaca aguda se trata con oxígeno y diuréticos, y fármacos para ayudar a los músculos a contraerse. La crónica se trata con betabloqueantes e inhibidores de la ECA (enzima convertidora de la angiotensina), y controlando la causa subyacente.

SOPLO CARDÍACO

Se trata de un sonido producido por un flujo sanguíneo turbulento al pasar por las válvulas cardíacas y puede indicar un trastorno valvular o una circulación anómala en el corazón.

Los ruidos anormales, como zumbidos o aleteos, que se perciben al cerrarse las válvulas o al fluir la sangre por el corazón se conocen como soplos. Sus causas más frecuentes son defectos de las válvulas (muy rígidas o muy débiles, o que no se cierran bien). Los defectos congénitos que pueden producir un flujo sanguíneo anómalo comprenden defectos septales (orificios entre las aurículas y los ventrículos) y el conducto arterial persistente (cuando el vaso que conecta las arterias pulmonares con la aorta del bebé no se cierra tras el parto). Los soplos también pueden darse durante el embarazo o en trastornos como la anemia, aunque el corazón esté sano. La auscultación proporciona pistas del trastorno, pero una ecocardiografía confirmará el tipo de defecto. Los soplos no requieren tratamiento a menos que el problema subyacente cause otros síntomas. En tal caso se pueden reparar quirúrgicamente válvulas defectuosas u otros problemas.

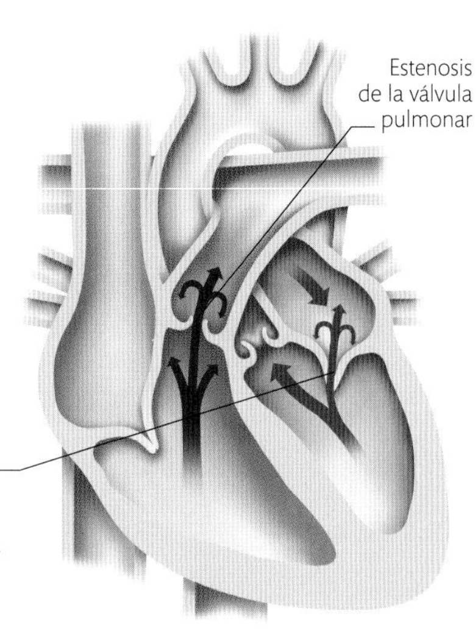
Estenosis de la válvula pulmonar
Incompetencia mitral

Flujo anómalo
Normalmente la sangre entra y sale del corazón atravesando válvulas de un solo sentido. Al atravesar válvulas defectuosas, el flujo se altera: la sangre pasa a alta presión o refluye parcialmente por la válvula.

TRASTORNOS DE LAS VÁLVULAS CARDÍACAS

Cuatro válvulas permiten que la sangre fluya en la dirección adecuada dentro del corazón, pero los trastornos pueden endurecerlas o debilitarlas.

Las válvulas cardíacas se encuentran entre las aurículas (cámaras superiores) y los ventrículos (cámaras inferiores) y en los lugares por los que la sangre sale de los ventrículos. Sus funciones pueden verse disminuidas por defectos congénitos, infecciones como fiebre reumática y endocarditis, y aterosclerosis. Una válvula rígida (estenósica) obliga al corazón a bombear con más fuerza para superar el estrechamiento; una debilitada le exige mayor esfuerzo para bombear toda la sangre, pues una parte retrocede. En ambos casos el esfuerzo agranda el corazón y le resta eficacia. El resultado puede ser una insuficiencia cardíaca (p. 475). Los trastornos valvulares aumentan también el riesgo de coágulos e ictus. El tipo de defecto se identifica mediante ECG, radiografía o ecocardiografía. Los fármacos para aliviar el esfuerzo cardíaco pueden ayudar, pero si los síntomas persisten puede necesitarse cirugía para reparar o reemplazar la válvula.

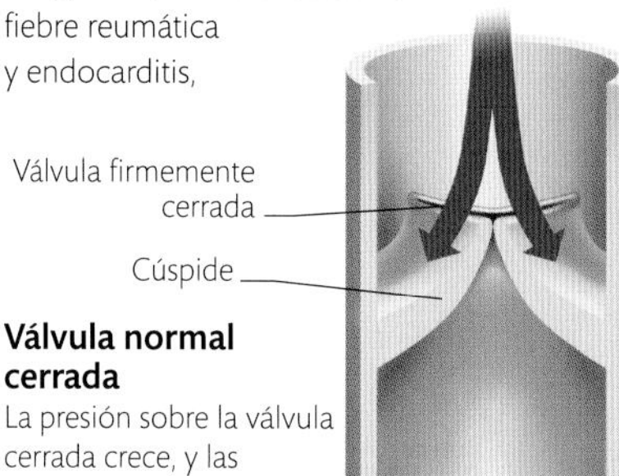
Válvula firmemente cerrada
Cúspide

Válvula normal cerrada
La presión sobre la válvula cerrada crece, y las cúspides unidas impiden que la sangre retroceda.

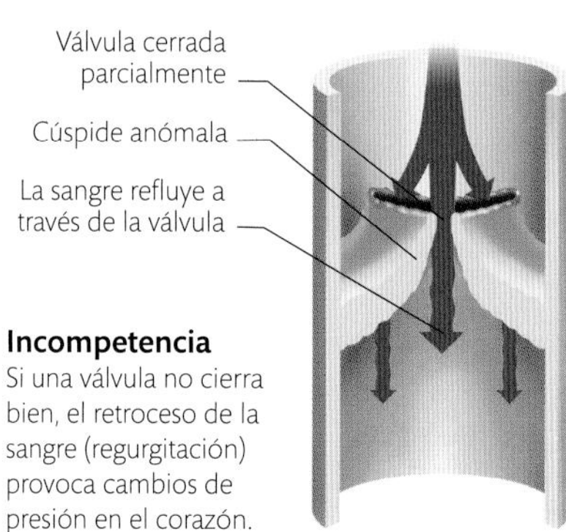
Válvula cerrada parcialmente
Cúspide anómala
La sangre refluye a través de la válvula

Incompetencia
Si una válvula no cierra bien, el retroceso de la sangre (regurgitación) provoca cambios de presión en el corazón.

CIRUGÍA VALVULAR

Las válvulas cardíacas se reparan o sustituyen con varios procedimientos quirúrgicos. Entre las técnicas reparadoras están la valvuloplastia o la valvulotomía, para abrir una válvula estrechada. Una válvula puede sustituirse por la de un donante humano o animal, o por una artificial. La cirugía percutánea de la válvula aórtica consiste en colocar una nueva válvula en la dañada.

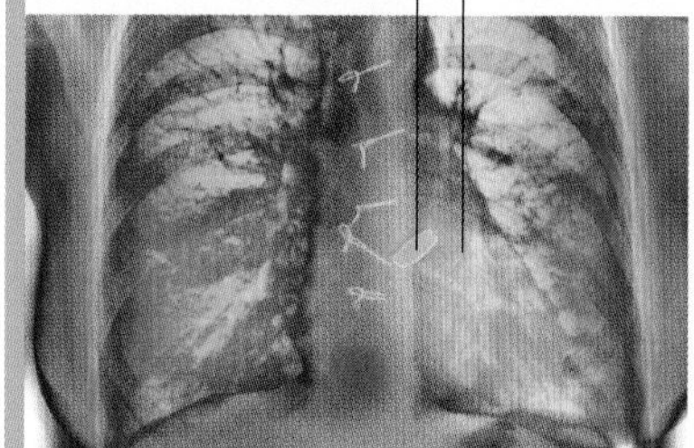
Válvula aórtica artificial
Corazón

Válvula cardíaca
Esta radiografía de tórax coloreada muestra una válvula artificial. Las líneas verdes sobre el esternón indican dónde ha sido reparado este tras la cirugía a corazón abierto.

ENDOCARDITIS INFECCIOSA

Se trata de una grave infección del endocardio (revestimiento interno del corazón) que puede producirse tras la sustitución de una válvula cardíaca.

Las bacterias circulantes en la sangre pueden adherirse a la superficie de las válvulas dañadas y protésicas y causar una infección que se extiende al endocardio. El área superior de la válvula se inflama y en ella pueden acumularse materiales infectados y coágulos. Los síntomas de endocarditis comprenden fiebre persistente, fatiga y sensación de ahogo. Para el diagnóstico, se llevan a cabo análisis de sangre, ECG (para evaluar la actividad eléctrica del corazón), y ecocardiografías. Es potencialmente mortal y precisa tratamiento urgente e intensivo con antibióticos durante varias semanas; si persiste, puede requerir cirugía para reparar o sustituir las válvulas (derecha).

CARDIOPATÍAS CONGÉNITAS

Las anomalías cardíacas de nacimiento se registran en 8 de cada 1000 bebés; por lo general son defectos menores, pero algunos pueden resultar mortales.

El complejo desarrollo fetal del corazón puede dar lugar a diversas anomalías. Las válvulas cardíacas pueden sufrir malformaciones, como la estenosis valvular pulmonar (estrechamiento de la válvula que permite el flujo sanguíneo hacia los pulmones). También pueden existir defectos septales (comunicación interventricular o interauricular debido a orificios en los septos o tabiques de las cámaras cardíacas), e incluso faltar cámaras. Los grandes vasos que llegan al corazón o salen de él pueden tener tamaño, forma o localización anómalos, como en el caso de la coartación (estrechez) aórtica. El conducto arterial persistente hace que la sangre fluya en dirección errónea debido a que un vaso que debería haberse cerrado al nacer sigue abierto. Pueden darse varias anomalías a la vez, como en la tetralogía de Fallot (estenosis de la válvula pulmonar, comunicación interventricular, desviación de la aorta e hipertrofia ventricular derecha). Las posibles causas son anomalías cromosómicas, enfermedades maternas durante el embarazo que afectan al desarrollo del corazón del bebé, y el abuso de fármacos, drogas, alcohol o tabaco por la madre.

Las cardiopatías congénitas se pueden diagnosticar durante el embarazo si el feto es demasiado pequeño para su edad gestacional, o tras el parto, si el bebé está cianótico por falta de oxígeno. El tratamiento depende del defecto, la edad y el estado del afectado, y la presencia de otras enfermedades. Los defectos extremos pueden requerir cirugía inmediata y quizá varias veces, mientras que los defectos menores de las válvulas pueden manifestarse muy tarde.

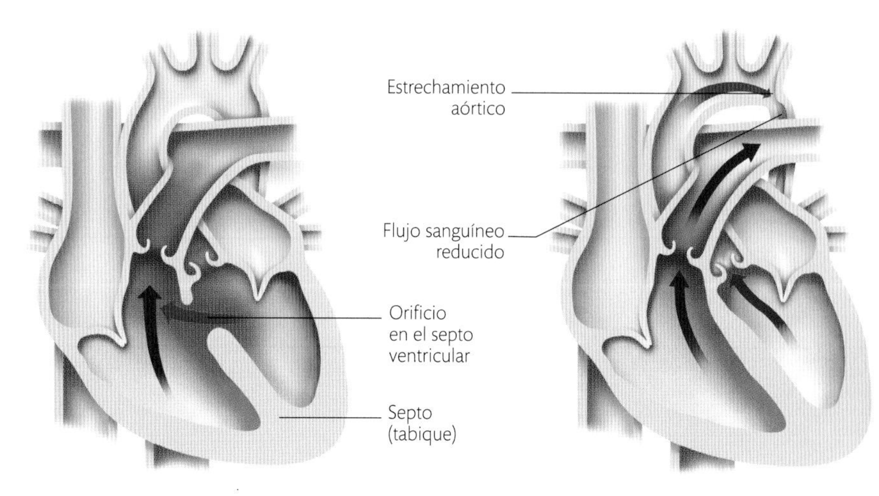
Estrechamiento aórtico
Flujo sanguíneo reducido
Orificio en el septo ventricular
Septo (tabique)

Comunicación interventricular
Una tercio de los defectos congénitos afectan al septo ventricular (tabique entre las dos cámaras inferiores), que presenta un orificio por el que la sangre retrocede del ventrículo izquierdo al derecho.

Coartación de la aorta
Un estrechamiento de la aorta (una de las arterias cardíacas mayores) causa anomalías circulatorias, con alteración de la presión arterial y flujo sanguíneo deficiente hacia la mitad inferior del cuerpo.

MIOCARDIOPATÍAS

De las enfermedades que pueden afectar al músculo cardíaco, las miocardiopatías son cuatro tipos de trastorno de causa desconocida.

Las miocardiopatías se clasifican en función de los cambios que producen en el músculo cardíaco: hipertróficas (engrosamiento); dilatadas (aumento de tamaño); restrictivas (endurecimiento) y arritmogénicas (cuando depósitos fibrosos dificultan el bombeo, causando latido irregular). Puede existir un factor genético, y algunos casos se asocian a factores específicos (así, por ejemplo, una miocardiopatía hipertrófica puede asociarse a la hipertensión, y una dilatada, al abuso del alcohol). Todas ellas conducen a un bombeo ineficaz y a la insuficiencia cardíaca, con síntomas como dolor torácico, falta de aliento, fatiga y edema (exceso de líquido en los tejidos). Se trata con fármacos para reducir el edema y mejorar la función cardíaca. Puede requerir cirugía, pero la opción final es el trasplante de corazón.

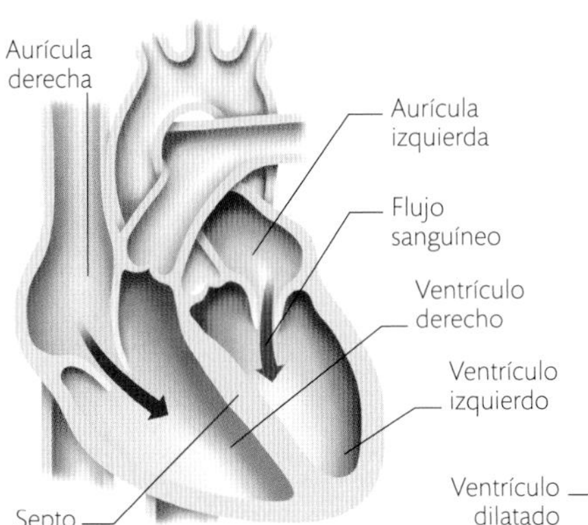
Aurícula derecha
Aurícula izquierda
Flujo sanguíneo
Ventrículo derecho
Ventrículo izquierdo
Septo

Corazón normal
La buena circulación depende de contracciones eficaces para bombear la sangre del lado derecho del corazón a los pulmones, donde se oxigena, y luego del lado izquierdo a los tejidos corporales.

Coágulo sanguíneo
Ventrículo dilatado

Miocardiopatía dilatada
Si las fibras musculares se debilitan, los ventrículos se expanden y quedan flácidos. Así se contraen con menos fuerza, y su pérdida de eficacia puede causar insuficiencia cardíaca.

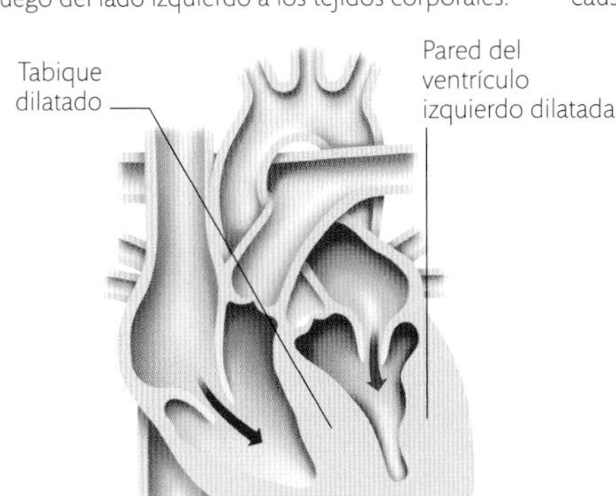
Tabique dilatado
Pared del ventrículo izquierdo dilatada

Miocardiopatía hipertrófica
El engrosamiento del músculo, a menudo en el ventrículo izquierdo o el tabique, impide que entre la cantidad normal de sangre y que las válvulas cierren bien, reduciendo así el flujo de salida.

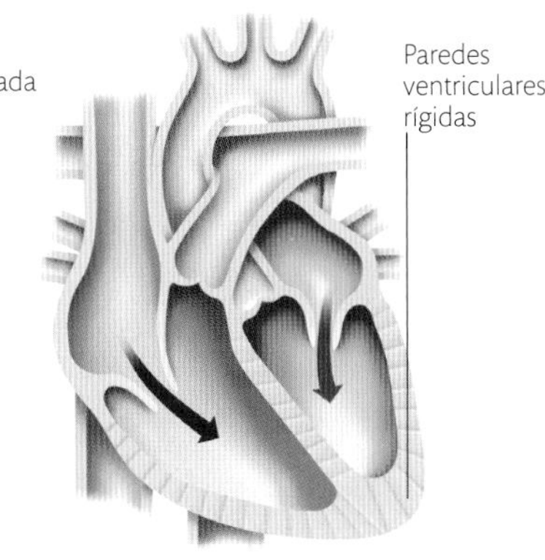
Paredes ventriculares rígidas

Miocardiopatía restrictiva
El músculo no se relaja adecuadamente entre latido y latido porque las fibras musculares enfermas vuelven rígidas las paredes ventriculares, incapaces de llenarse o bombear con eficacia.

PERICARDITIS

La inflamación del pericardio, la doble membrana que rodea el corazón, puede restringir la capacidad de bombeo cardíaco.

Es una respuesta a un daño, infecciones, infarto de miocardio o una enfermedad inflamatoria como la fiebre reumática. Puede ser aguda (repentina) o crónica (persistente), causando cicatrización de las membranas. Puede haber acumulación de líquido entre las dos capas. Los síntomas son dolor del tórax, dificultad respiratoria, tos, fiebre y fatiga. Se confirma mediante ECG, radiografía de tórax u otras técnicas de imagen, así como análisis de sangre. La inflamación se reduce con fármacos y se drena el líquido acumulado. Si la cicatrización (fibrosis) produce constricción, se corta o extirpa parte del pericardio quirúrgicamente.

Capa externa (fibrosa) del pericardio
Líquido pericárdico
Derrame pericárdico
Capa interna (serosa) del pericardio
Músculo cardíaco

Derrame pericárdico
El líquido acumulado entre las capas del pericardio impide al corazón expandirse adecuadamente.

HIPERTENSIÓN

Definida comúnmente como presión sanguínea alta, daña poco a poco el corazón, los vasos sanguíneos y otros tejidos, pero suele ser fácil de tratar.

La presión sanguínea, o arterial, es el resultado de la fuerza con que el corazón impulsa la sangre a través del sistema circulatorio. Varía con la edad, y solamente cuando supera los valores normales de manera constante se considera que existe hipertensión. Aunque la presión alta no suele dar síntomas, si no se trata, el corazón puede dilatarse y bombear sangre con menos eficacia. Los efectos a largo plazo en otros tejidos son daños en ojos y riñones, así como mayor riesgo de infarto de miocardio e ictus. Las causas comprenden una tendencia genética, exceso de sal en la dieta, la obesidad, la inactividad física, fumar y beber demasiado alcohol. Puede influir el estrés. La hipertensión secundaria se puede deber a enfermedades renales, hormonales o metabólicas, o puede ser un efecto de ciertos medicamentos. Una dieta adecuada y diuréticos para eliminar líquidos y normalizar la presión sirven para controlar la hipertensión, mientras que otros tratamientos, como fármacos para bajar el colesterol y aspirina en pequeñas dosis, se usan para reducir el riesgo de infarto.

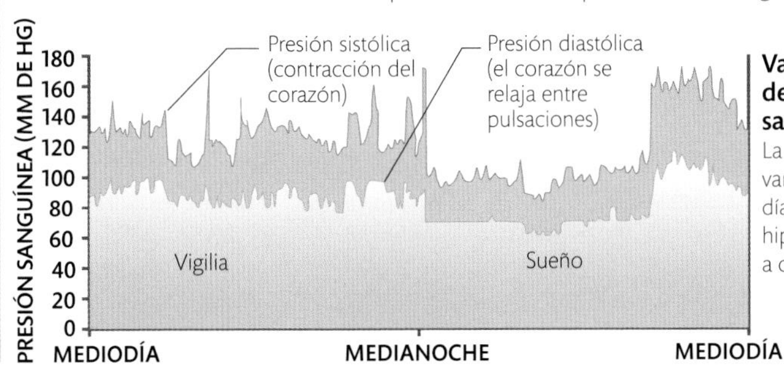
PRESIÓN SANGUÍNEA (MM DE HG)
180
160
140
120
100
80
60
40
20
0
Presión sistólica (contracción del corazón)
Presión diastólica (el corazón se relaja entre pulsaciones)
Vigilia
Sueño
MEDIODÍA
MEDIANOCHE
MEDIODÍA

Variación de la presión sanguínea
La presión sanguínea varía a lo largo del día. Para detectar la hipertensión se llevan a cabo varias lecturas.

HIPERTENSIÓN PULMONAR

Una presión anormalmente alta en las arterias que llevan sangre a los pulmones es difícil de tratar y puede ser fatal.

La sangre pasa del lado derecho del corazón a las arterias pulmonares a baja presión. Si la presión es demasiado alta, el lado derecho ha de bombear con más fuerza, y con el tiempo el ventrículo se hipertrofia y se desarrolla insuficiencia cardíaca. La hipertensión pulmonar puede aparecer después de una enfermedad pulmonar o cardíaca crónica. En algunas familias existe una tendencia genética, y en otras una relación con otros trastornos, pero a menudo se desconoce la causa. Los síntomas comprenden dolor torácico, falta de aliento, fatiga y mareos. La oxigenoterapia y los fármacos pueden ayudar a mejorar la función cardíaca y evitar coágulos, pero no tiene cura. El trasplante de pulmón es una opción si falla la medicación.

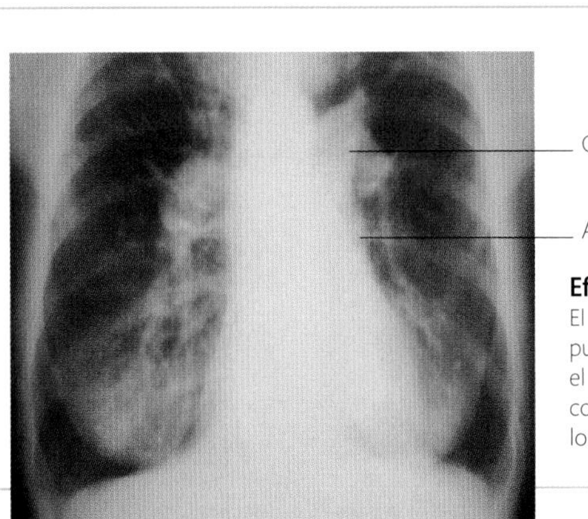
Cayado de la aorta
Arteria pulmonar

Efectos de la hipertensión pulmonar
El aumento de presión en las arterias pulmonares las dilata. Esta radiografía muestra el corazón visiblemente dilatado por trabajar con más intensidad para bombear sangre a los pulmones.

TRASTORNOS VASCULARES PERIFÉRICOS

El sistema vascular periférico comprende las arterias, que llevan sangre del corazón a los tejidos, y el sistema venoso, que devuelve la sangre al corazón. Cualquier parte del sistema puede dañase por enfermedades que se extienden a otros órganos y tejidos.

ANEURISMA

Es una dilatación o ensanchamiento en una arteria; en la aorta puede ser fatal.

Los defectos en un sector de las paredes arteriales pueden debilitar la zona de forma que, bajo la presión del flujo sanguíneo, se estire y se rompa. Los aneurismas se pueden formar en cualquier arteria, pero los aórticos suponen mayor riesgo de hemorragia mortal. Los torácicos se forman cerca del corazón; los abdominales son más comunes.

Las causas comprenden daños por aterosclerosis (p. 474) o, con menos frecuencia, infecciones o trastornos genéticos. En muchos casos, los aneurismas no dan síntomas y solo se detectan cuando se rompen, o de manera casual durante una exploración o una operación quirúrgica. Los pequeños se pueden controlar, pero si crecen mucho pueden requerir cirugía.

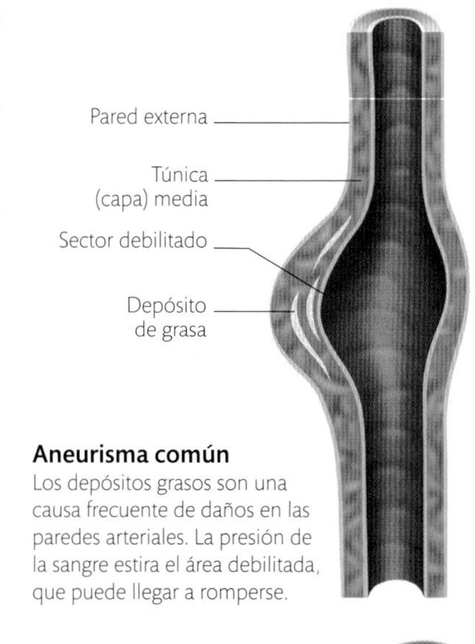
Pared externa
Túnica (capa) media
Sector debilitado
Depósito de grasa

Aneurisma común
Los depósitos grasos son una causa frecuente de daños en las paredes arteriales. La presión de la sangre estira el área debilitada, que puede llegar a romperse.

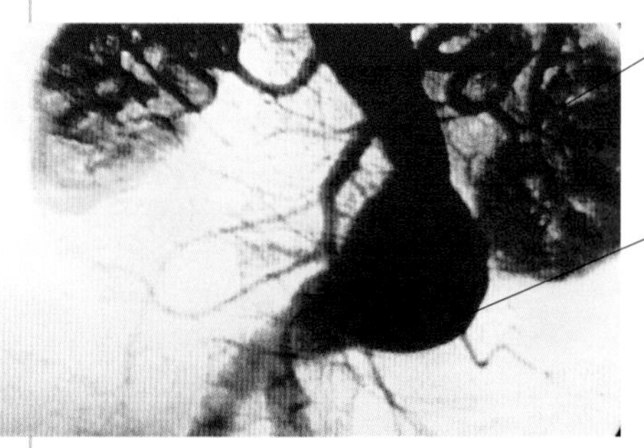
Riñón
Pared dilatada de la aorta abdominal

Aneurisma aórtico abdominal
En esta angiografía (radiografía tras la inyección de un colorante radioopaco en la sangre) se ve claramente la aorta ensanchada entre los riñones.

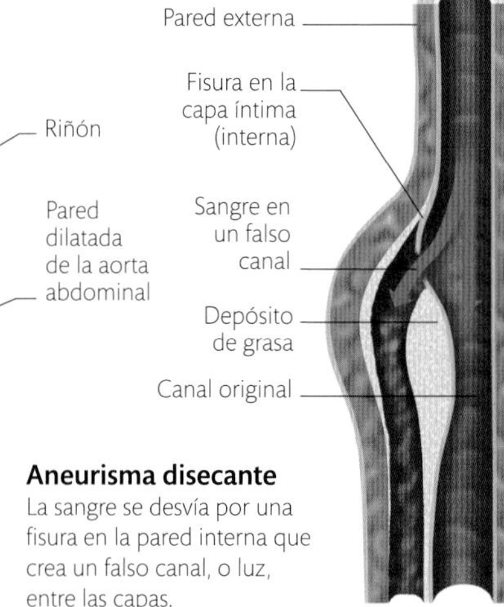
Pared externa
Fisura en la capa íntima (interna)
Sangre en un falso canal
Depósito de grasa
Canal original

Aneurisma disecante
La sangre se desvía por una fisura en la pared interna que crea un falso canal, o luz, entre las capas.

TROMBOSIS

Un trombo o coágulo se puede formar en cualquier vaso y reducir el flujo sanguíneo por él, o desprenderse y circular en la sangre como un émbolo.

Se pueden formar diferentes tipos de trombos (coágulos) en cualquier parte del cuerpo. En las venas se forman cuando la sangre fluye despacio o es más espesa debido a trastornos genéticos, o cuando existen lesiones en las paredes internas a las que la sangre se adhiere. En las arterias suelen aparecer donde una placa de grasa (ateroma) ha dañado la pared.

La trombosis suele ser asintomática hasta que se bloquea un vaso: entonces causa dolor, enrojecimiento e inflamación alrededor de los tejidos privados de riego sanguíneo. Para evitar la formación de trombos se administran fármacos anticoagulantes. Si el trombo es grande o no se logra disolverlo rápidamente, se precisa cirugía.

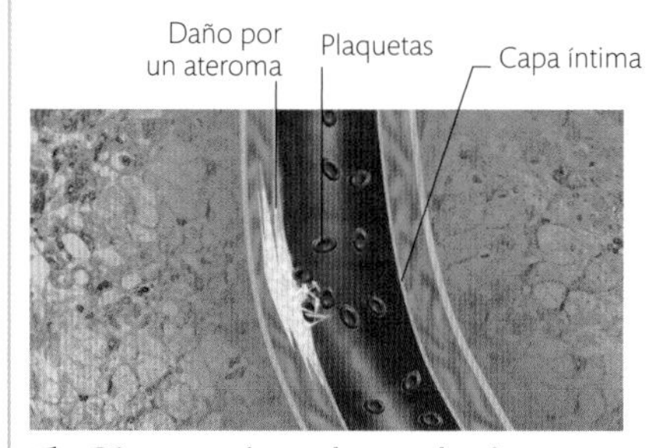
Daño por un ateroma
Plaquetas
Capa íntima

1 Cómo comienza la trombosis
Se forma una placa ateromatosa a partir de un depósito de grasa, residuos, calcio y fibrina, una proteína que interviene en la coagulación.

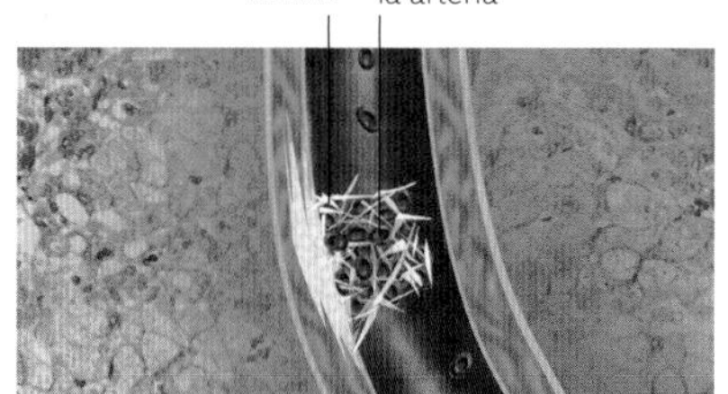
Red de fibrina
Trombo bloqueando la arteria

2 Formación del coágulo
Al crecer, el ateroma reduce el flujo sanguíneo y el aporte de oxígeno a los tejidos. La placa se rompe y se forma repentinamente un coágulo.

TROMBOSIS VENOSA PROFUNDA (TVP)

Es más frecuente en las venas de las piernas, por estasis o circulación lenta de la sangre que tiende a formar coágulos. La piel aparece roja, hinchada y dura, y duele.

Son factores de riesgo los trastornos de coagulación; altos niveles de estrógenos (durante el embarazo o si se toma la píldora anticonceptiva combinada), y la inmovilidad. El riesgo es que parte de un coágulo (émbolo) se aloje en la arteria coronaria o la pulmonar. El tratamiento incluye anticoagulantes y a veces cirugía para extraer el coágulo.

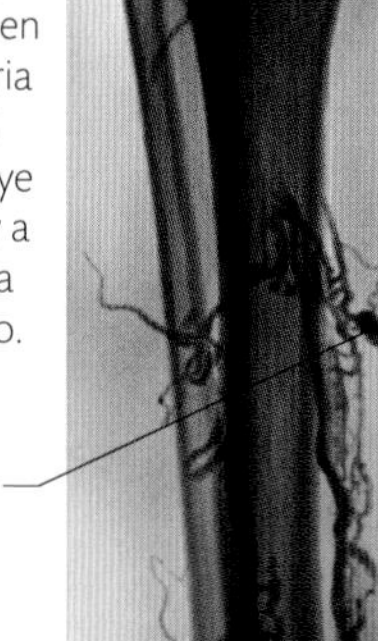
Coágulo

Trombosis en la pierna
El lugar más frecuente de la TVP es la pantorrilla. En la imagen, un coágulo bloquea una vena cerca de la tibia.

EMBOLIA

La oclusión repentina de una arteria por un émbolo (un tapón de materia que flota en la sangre) es grave y puede resultar fatal.

Muchas embolias son tromboembolias, es decir, causadas por fragmentos de un coágulo (trombo) desprendidos en un vaso sanguíneo. También se pueden formar émbolos si entra grasa en la sangre, generalmente por fractura de pelvis o de tibia. Otros tipos son la embolia gaseosa (cuando una burbuja de aire entra en el torrente sanguíneo por traumatismo o cirugía) y la embolia por cuerpo extraño. Cuando un émbolo bloquea una arteria, el tejido que depende de ella muere. En la embolia pulmonar (p. 473) el daño de los tejidos pulmonares causa dificultad para respirar, dolor torácico y colapso circulatorio. Los émbolos que llegan al cerebro (generalmente trombos) pueden causar ictus. Las embolias grasas pueden afectar a los pulmones, el cerebro o la piel, y las gaseosas pueden ser mortales. Si se sospecha embolia, es obligatoria la hospitalización hasta determinar su tipo y localización. Para disolver coágulos se utilizan trombolíticos, y los émbolos más grandes, sean coágulos, grasa u objetos extraños se pueden extraer mediante cirugía. Con frecuencia se trata de émbolos pequeños, pero se administran anticoagulantes para evitar posibles embolias procedentes de la misma fuente.

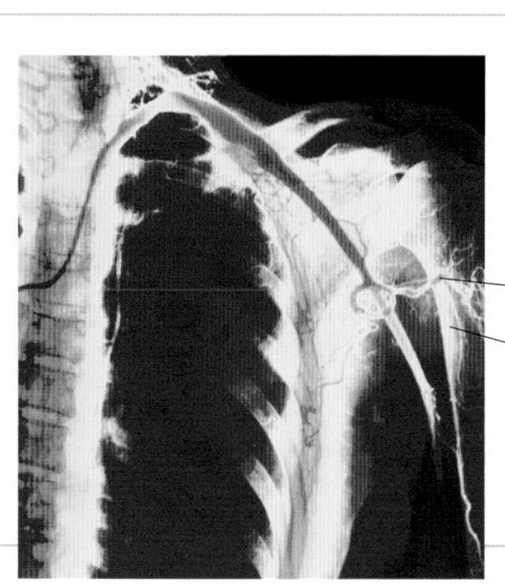
Émbolo bloqueando el flujo sanguíneo
Arteria subclavia

Arteria ocluida por un émbolo
Las embolias más frecuentes son tromboembolias, originadas por un trozo de coágulo que viaja por la sangre hasta alojarse en una arteria menor (imagen).

ISQUEMIA DE LAS EXTREMIDADES INFERIORES

La parte inferior de las piernas es muy propensa a la isquemia (falta de oxígeno en los tejidos) por riego sanguíneo deficiente.

Se produce cuando el flujo sanguíneo por una arteria se reduce a causa de un trombo, un ateroma, una embolia o la constricción por una herida o presión en la zona. Si es aguda, como cuando un gran trombo ocluye una arteria mayor, la pierna está fría, dolorosa, sin pulso y azulada, y requiere tratamiento urgente para evitar shock y gangrena. Para restaurar la circulación se disuelven los coágulos con fármacos o se extraen quirúrgicamente; si el tejido muere, la única opción es la amputación.

La isquemia crónica puede producir claudicación intermitente (dolor similar a un calambre al andar) porque los músculos no reciben suficiente oxígeno de las arterias estrechadas. Si la causa es la aterosclerosis, se necesitará medicación para hacer más líquida la sangre y ayudarla a fluir, o angioplastia para dilatar las arterias.

SÍNDROME DE RAYNAUD

El rasgo característico de este síndrome es el fenómeno de Raynaud, la constricción de los vasos más finos de las extremidades.

En este fenómeno, los dedos de manos y pies, las orejas e incluso la nariz palidecen y se enfrían al constreñirse sus vasos, para volverse azulados, violáceos e incluso negros al descender el nivel de oxígeno. Después los vasos se dilatan y, al aumentar el riego sanguíneo, los tejidos enrojecen con un dolor pulsátil. Pueden darse dolores articulares, hinchazón, urticarias y debilidad muscular. Cuando se desconoce su causa, el trastorno se denomina enfermedad de Raynaud. Algunas personas pueden desarrollar un Raynaud secundario por artritis reumatoidea, lupus eritematoso sistémico, esclerodermia o esclerosis múltiple, o padecer estas dolencias tras los síntomas del Raynaud. El «síndrome de vibración mano-brazo», habitual en aquellos que usan herramientas vibratorias, es otra causa. Tanto en la enfermedad de Raynaud como en el Raynaud secundario, el estrés y el frío pueden desencadenar los ataques. Los síntomas se evitan manteniendo calientes las extremidades, con ropa interior térmica, guantes y calcetines, y evitando fumar o los fármacos vasoconstrictores. Para mejorar la circulación se puede administrar medicación. En el Raynaud secundario es preciso controlar las causas.

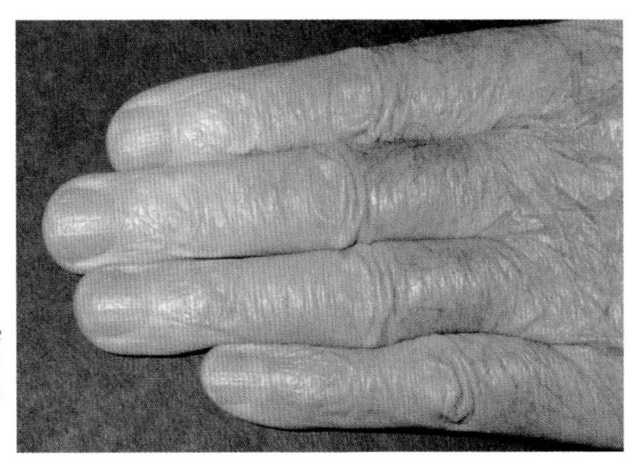

Fenómeno de Raynaud
Al constreñirse las arterias y reducirse el riego sanguíneo, las extremidades se vuelven pálidas y frías. Cuando los vasos se dilatan son frecuentes el dolor pulsátil y el entumecimiento.

VASCULITIS

La inflamación de los vasos sanguíneos es rara, pero puede afectar a cualquier órgano o sistema del cuerpo.

Se desconoce la causa de la mitad de los casos de vasculitis; los restantes se deben a infecciones, enfermedades inflamatorias como cáncer, artritis reumatoidea, medicamentos o contacto con irritantes químicos. Los síntomas dependen del tamaño y la localización de los vasos afectados. Los problemas más frecuentes son lesiones cutáneas, urticarias y úlceras; también puede haber hemorragia interna e hinchazón o bloqueo de los vasos u órganos. El diagnóstico se confirma por evaluación médica, análisis de sangre en busca de inflamación y trastornos autoinmunitarios, y pruebas radiológicas.

El tratamiento depende de la causa subyacente; por ejemplo, habrá que evitar los medicamentos que provocan vasculitis y eliminar la infección. Otros tratamientos dependen de los órganos afectados y de la salud general del paciente. En casos poco frecuentes se requiere cirugía para reparar grandes vasos dañados.

ÚLCERAS VENOSAS

Afectan especialmente a la parte inferior de la pierna y el tobillo, suelen ser llagas muy dolorosas, persistentes y muy frecuentes en ancianos.

Si las paredes venosas se debilitan, la circulación de retorno no es eficiente y la sangre comienza a presionar las venas. Este aumento de presión hace que se filtre líquido a los tejidos adyacentes. Los tejidos y la piel que están por encima de las venas se inflaman y la superficie de la piel puede llegar a romperse; se forma así una llaga. El tejido expuesto (en carne viva) puede ser doloroso y contraer una infección secundaria. Si no se trata, amplias áreas de piel se necrosan y mueren, dejando al descubierto tejido graso o muscular. Las úlceras venosas se pueden identificar por su apariencia. Para evaluar la circulación, el médico comparará la presión sanguínea en el tobillo con la del brazo, pues una mala circulación proporciona un valor inferior de presión en el tobillo. El tratamiento comprende vendajes de compresión en la pierna para ayudar a que la sangre regrese al corazón y reducir la presión de los fluidos en los tejidos, así como elevación de la pierna, con el mismo objetivo. Si la úlcera no se cura, puede requerir cirugía vascular o injertos de piel como solución permanente.

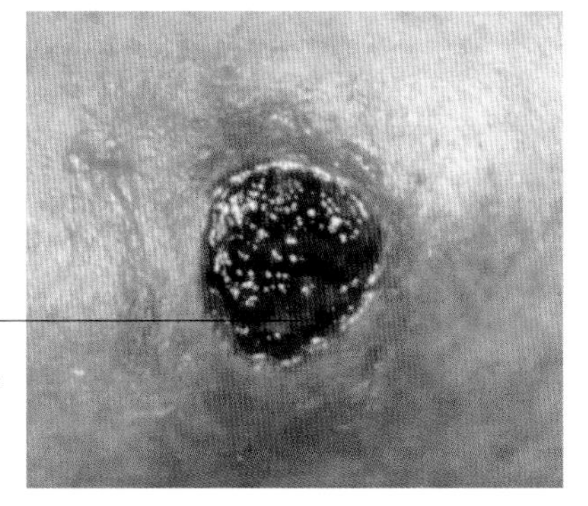
Úlcera venosa

Ulceración
La mala circulación puede causar daños permanente en los tejidos y úlceras, similares a cráteres poco profundos en la piel, que dejan expuesto el tejido subyacente y pueden ser difíciles de curar.

Venas varicosas en la pierna
Cualquier vena puede sufrir varices, pero estas son más habituales en la parte inferior de la pierna, donde las venas hinchadas y deformadas se hacen más visibles si se está de pie mucho tiempo.

VARICES

Se perciben como abultamientos en las venas; pueden ser hereditarias y son más frecuentes en las mujeres.

Las contracciones musculares de las piernas ayudan a la sangre a subir por las venas hacia el corazón, y las válvulas venosas unidireccionales evitan que retroceda. Las venas varicosas surgen sobre todo en las piernas cuando estas válvulas no se cierran de forma correcta: esto facilita el retroceso de la sangre y el aumento de la presión en las venas, que se hinchan. A menudo la causa del aumento de presión en las piernas es un abdomen voluminoso, ya sea por obesidad o embarazo, así como el estar mucho tiempo de pie. En casos poco frecuentes las paredes de las venas son anormalmente elásticas o faltan válvulas, de modo que las venas se hinchan aunque la presión sanguínea sea normal. Las varices pueden ser asintomáticas o provocar dolor, pesadez, picor e hinchazón en la pierna. El diagnóstico se lleva a cabo mediante examen clínico, pero se pueden realizar ecografías especiales del flujo sanguíneo, especialmente si hay complicaciones o el problema es recurrente.

TRATAMIENTO DE LAS VARICES

Las varices leves solo requieren medias elásticas para reforzar la pared venosa y diversas medidas para evitar que empeoren como hacer ejercicio, adelgazar y evitar estar de pie durante periodos largos. Sin embargo, las úlceras, dermatitis o hinchazones de tobillo pueden agravarlas. Puede conseguirse alguna mejora con la cirugía, pero el trastorno puede ser recurrente. Según su gravedad y localización, se puede usar escleroterapia y técnicas de radiofrecuencia o láser para sellar las venas.

Escleroterapia
El tratamiento esclerosante consiste en inyectar una sustancia química en las venas para sellarlas. Previamente se localizan mediante ecografía y se marcan sobre la piel (imagen).

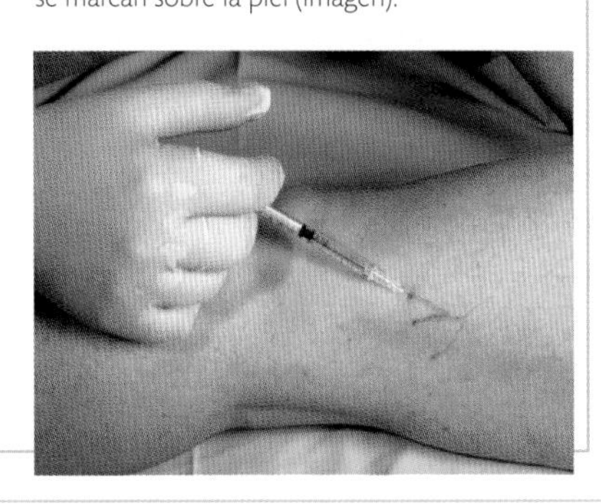

TRASTORNOS DE LA SANGRE

Las alteraciones de número y forma de glóbulos rojos, leucocitos y plaquetas pueden aparecer en una gran variedad de trastornos, incluidas la anemia y la leucemia. Las anomalías coagulatorias pueden provocar una coagulación de la sangre excesivamente rápida, causa de trombosis, o insuficiente, que origina hemorragias y hematomas.

ANEMIA

En la anemia se da una reducción del número de glóbulos rojos (eritrocitos o hematíes) o de la concentración de hemoglobina (el pigmento de los glóbulos rojos que transporta oxígeno al cuerpo). La anemia puede causar hipoxia (falta de oxígeno) en las células. Se distinguen diferentes tipos de anemia en función del tamaño de los glóbulos rojos: en la macrocítica son más pequeños de lo normal; en la macrocítica, mayores, y en la normocítica, normales. Las anomalías de las moléculas de hemoglobina pueden dar lugar a otras variantes.

TALASEMIA

Grupo de defectos genéticos causantes de la formación de moléculas de hemoglobina anómalas que provocan anemia. El más frecuente es la betatalasemia.

La betatalasemia mayor es un trastorno hereditario frecuente en el área del Mediterráneo y en el Sureste asiático. Un fallo en la producción de hemoglobina causa rigidez y fragilidad de los glóbulos rojos, que se destruyen con facilidad: esto conduce a una anemia grave hacia los 6 meses de edad y a un retraso del crecimiento. A medida que la médula ósea se expande para producir más glóbulos rojos, los huesos largos se vuelven finos y propensos a fracturas; el cráneo y los huesos faciales se deforman. El hígado y el bazo se agrandan al intentar producir a su vez glóbulos rojos. Se diagnostica con una analítica de los niveles de hemoglobina en la sangre. Las transfusiones y los tratamientos quelantes del hierro (que evitan la acumulación de hierro) ayudan a corregir la anemia. El trasplante de médula ósea es el único tratamiento curativo.

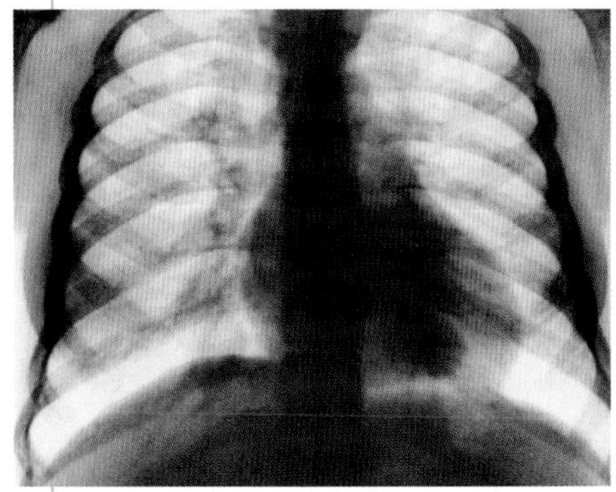

Tórax de una persona con talasemia
Esta radiografía coloreada muestra una caja torácica deforme debido a la expansión de la médula ósea. Los huesos se deforman a medida que el cuerpo intenta producir más glóbulos rojos.

ANEMIA MICROCÍTICA Y ANEMIA MACROCÍTICA

La anemia microcítica suele deberse a un déficit de hierro en la dieta. La macrocítica, menos frecuente, suele deberse a la falta de vitamina B12 o ácido fólico.

Si se pierde sangre y el hierro no se restituye con la dieta puede desarrollarse ferropenia (déficit de hierro) y anemia microcítica; en este trastorno, los glóbulos rojos son más pequeños de lo normal. Las causas de la pérdida de sangre pueden ser infecciones parasitarias, gastritis, úlceras pépticas o cáncer de estómago. El tratamiento depende de la causa, pero incluye reposición de hierro. La anemia macrocítica (si los glóbulos rojos son más grandes de lo normal) puede deberse a hipotiroidismo (p. 504) o alcoholismo. La carencia de vitamina B12 o ácido fólico puede causar un tipo de anemia macrocítica llamada megaloblástica. Los suplementos dietéticos pueden ayudar a tratar esta variante. La anemia perniciosa es otro tipo de anemia macrocítica causada por la carencia de factor intrínseco, una proteína del estómago necesaria para absorber la vitamina B12 de los alimentos; se trata con inyecciones de B12. La normocítica, en que los glóbulos rojos tienen un tamaño normal pero con bajos niveles de hemoglobina, se da en la anemia aplásica (derecha), en enfermedades crónicas y trastornos que cursan con aumento de la destrucción de glóbulos rojos. Falta de aliento, fatiga, dificultad respiratoria y palidez de la piel y del lecho de las uñas son los síntomas de la anemia. El tratamiento depende de la causa.

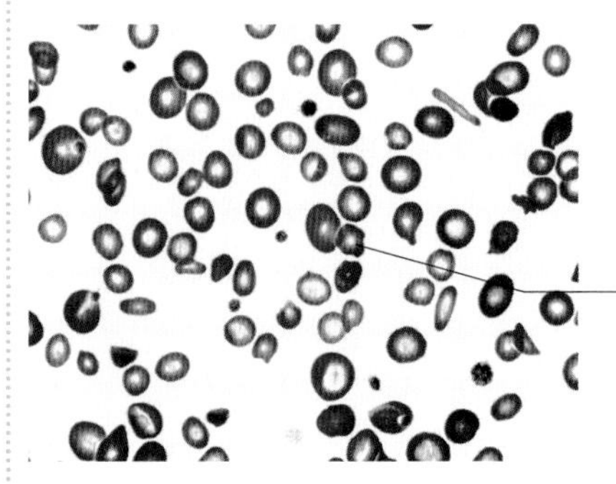
Glóbulo rojo deforme

Anemia microcítica grave
Este frotis de sangre muestra glóbulos rojos más pálidos y pequeños de lo normal, así como algunos deformes. Es característico de la anemia microcítica.

ANEMIA APLÁSICA

La médula ósea no produce suficientes células sanguíneas y plaquetas para mantener la normalidad funcional.

A menudo es de causa desconocida, o bien se debe a toxinas, radiación y ciertos fármacos. La falta de plaquetas suficientes en la sangre causa hemorragias y hematomas. Los bajos niveles de leucocitos favorecen infecciones inusuales y con riesgo de muerte. La carencia de glóbulos rojos causa anemia, con palidez, fatiga y dificultad respiratoria. Se diagnostica con una biopsia de la médula ósea. El tratamiento es el trasplante de médula.

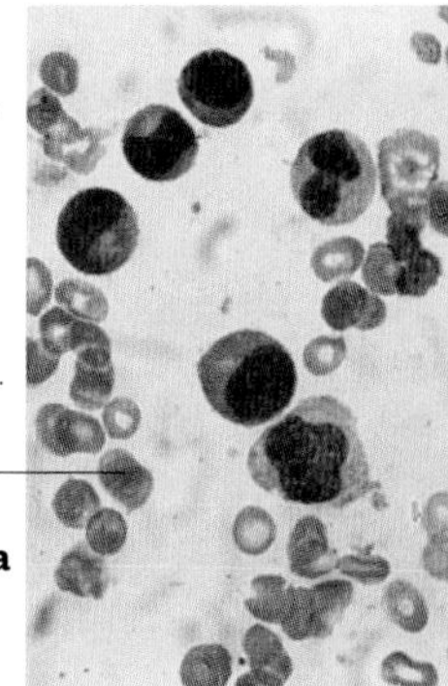
Glóbulo rojo

Frotis de médula ósea
Esta imagen revela la carencia de glóbulos rojos y leucocitos.

ANEMIA FALCIFORME

Una mutación en el gen de la hemoglobina hace que los glóbulos rojos adquieran forma curva, rígida y frágil que les impide pasar por los vasos más finos.

En la anemia falciforme, de células falciformes o drepanocítica, los glóbulos rojos contienen un tipo anómalo de hemoglobina. Se diagnostica a partir de los 4 meses. Las células anómalas restringen el suministro sanguíneo a algunos órganos, con episodios de dolor intenso (crisis drepanocítica) y daño orgánico. Las crisis, de gravedad, frecuencia y duración diferentes, se desencadenan por infecciones y deshidratación.

Los síntomas son dolor óseo y articular, dolor abdominal intenso, dolor torácico, dificultad respiratoria y fiebre. El diagnóstico se realiza mediante análisis de sangre. El tratamiento se enfoca hacia la prevención y el alivio de las crisis con hidratación, analgésicos potentes y transfusiones. En los casos más graves se puede recurrir al trasplante de médula ósea.

Célula falciforme

Glóbulo rojo deforme
Las células falciformes son frágiles, pasan con dificultad por los vasos sanguíneos y tienen una vida corta, lo cual produce anemia crónica.

LEUCEMIA

El cáncer de médula ósea y leucocitos provoca insuficiencia medular, con inmunosupresión, anemia y bajos recuentos de plaquetas.

En la leucemia aguda proliferan leucocitos inmaduros y malignos que reducen el número de células sanguíneas normales y después se diseminan con la sangre a otros órganos. La falta de plaquetas causa hematomas, hemorragias abundantes y petequias (puntitos rojos causados por hemorragia). El mal funcionamiento de los leucocitos los incapacita para luchar contra infecciones, aumentando así el riesgo de contraer alguna infección infrecuente y potencialmente mortal. La falta de glóbulos rojos causa anemia. La leucemia se diagnostica mediante análisis de sangre y biopsia de médula ósea.

La leucemia aguda es mortal sin tratamiento, que comprende quimioterapia y trasplante de médula ósea o de células madre. En niños, el pronóstico con tratamiento es excelente. En la leucemia crónica, leucocitos maduros malignos proliferan despacio durante meses o años, de modo que el funcionamiento de la médula ósea se mantiene más tiempo. Las células se propagan al hígado, el bazo y los ganglios linfáticos, y los dilatan. Afecta sobre todo a ancianos y se trata con quimioterapia o trasplante de médula ósea.

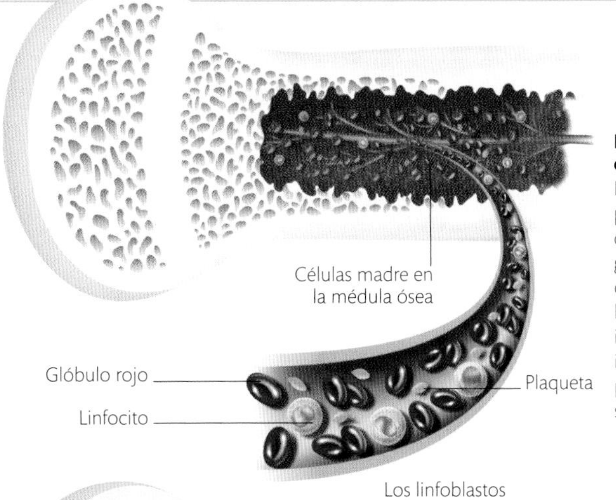
Células madre en la médula ósea
Glóbulo rojo
Linfocito
Plaqueta
Los linfoblastos se multiplican
Menos plaquetas
Menos glóbulos rojos
Linfoblastos circulando en la sangre

Producción de células sanguíneas
Las células de la sangre provienen de células madre de la médula ósea. Los glóbulos rojos transportan oxígeno; los linfocitos son leucocitos que luchan contra infecciones, y las plaquetas intervienen en la coagulación para reducir la pérdida de sangre por hemorragia.

Leucemia linfoblástica aguda
Los linfoblastos (linfocitos inmaduros malignos) proliferan en la médula ósea rápidamente. Esto altera la producción normal de células sanguíneas. Los linfoblastos se diseminan con el torrente sanguíneo y transportan el cáncer a otros órganos y tejidos del cuerpo.

TRASPLANTE DE MÉDULA ÓSEA

Se puede trasplantar médula ósea sana a personas que precisan reemplazar la suya defectuosa o cancerosa. Este tipo de trasplante está indicado para trastornos potencialmente mortales, como leucemia o anemia aplásica. Se destruye la médula enferma mediante radiación y se trasfunden en el torrente circulatorio del paciente células de médula sana que se extraen de un hueso grande, como los de la pelvis. El donante debe tener el mismo tipo de tejido que el paciente, por lo que suele ser un pariente cercano o el propio paciente. Se pueden hacer trasplantes con células madre de un donante o del cordón umbilical.

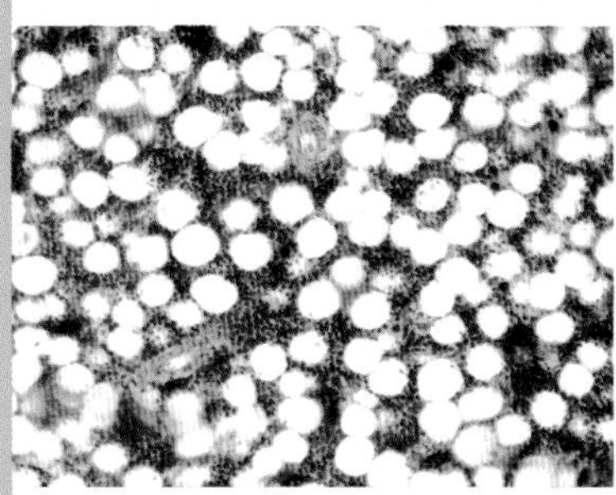

Médula ósea
Vista microscópica de una médula ósea sana, que se puede extraer y usar para reemplazar una médula enferma.

LINFOMAS

Son cánceres que surgen cuando los linfocitos (un tipo de leucocitos) del sistema inmunitario se agrupan en tumores en el sistema linfático.

Existen más de 40 tipos de linfomas, clasificados por el tipo de células. Las categorías principales son los linfocíticos derivados de linfocitos B y T, y el linfoma de Hodgkin. Todos causan hinchazón de los ganglios linfáticos del cuello, las axilas o las ingles, fiebre, pérdida de peso, sudoración nocturna profusa y fatiga. El linfoma de Hodgkin es menos frecuente; afecta a adultos de entre 15 y 35 años o mayores de 50, con una evolución muy agresiva. Es más fácil de curar en jóvenes, y ligeramente más difícil en los adultos de más edad. Los demás linfomas se dan sobre todo en personas de más de 60 años y pueden ser agresivos o indolentes (de curso lento).

Se diagnostica con la biopsia (análisis de una muestra de tejido) de un ganglio linfático y con la búsqueda de su dispersión mediante diversas técnicas de imagen. El tratamiento comprende quimioterapia, radioterapia, terapia con anticuerpos monoclonales y corticosteroides, y da mejores resultados si se aplica pronto.

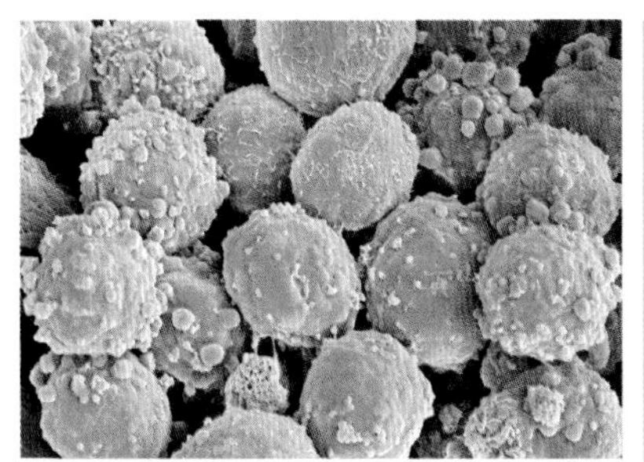

Linfocitos de un linfoma
Se puede conocer la fase del linfoma comprobando si las células están confinadas en un grupo de ganglios o se han diseminado más allá del sistema linfático, al hígado, la piel y los pulmones.

TRASTORNOS DE LA COAGULACIÓN

La coagulación sanguínea deficiente puede ser de origen genético o autoinmunitario, o adquirida por otras razones.

La hemofilia A es un raro trastorno hereditario caracterizado por el déficit de una proteína de la sangre, el factor VIII, básico para la coagulación. El resultado es una tendencia a hemorragias prolongadas y recurrentes tras un traumatismo o espontáneas. El sangrado puede ser interno: en músculos y articulaciones provoca dolor intenso y destrucción articular.

La hemofilia se trata con infusiones regulares del factor coagulante que falta. La enfermedad de Von Willebrand es un trastorno hereditario que no suele dar síntomas, pero pueden surgir hematomas y sangrado nasal y de las encías; no suele requerir tratamiento. Otros trastornos se pueden deber a insuficiencia hepática, leucemia o falta de vitamina K. Se pueden realizar pruebas de tiempo de coagulación y aplicar tratamientos para mantener alto el nivel de los factores de coagulación a fin de evitar hemorragias.

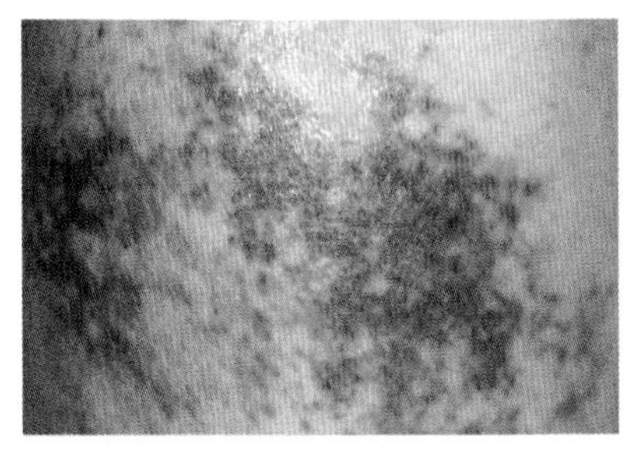

Hematoma causado por la hemofilia
En los casos de hemofilia graves se producen hematomas incluso tras un golpe leve. El sangrado espontáneo es frecuente en nariz y encías.

TRASTORNOS DE LAS PLAQUETAS

Las plaquetas ayudan a que se coagule la sangre. Si hay de más, puede producirse una trombosis; su carencia causa hemorragias excesivas.

Los trastornos de las plaquetas se diagnostican mediante un hemograma o una biopsia de médula ósea. La concentración de plaquetas puede aumentar tras una inflamación, una intervención quirúrgica, una hemorragia o la deficiencia de hierro, o por causas desconocidas, y no suele requerir tratamiento. Un número elevado de plaquetas no produce síntomas, pero aumenta el riesgo de trombosis; para reducirlo se puede tomar aspirina. La disminución del número de plaquetas (trombocitopenia) la pueden provocar trastornos como la anemia aplásica (p. 480) y la leucemia (arriba), o resultar de la destrucción de plaquetas por enfermedades como el lupus y la púrpura trombocitopénica idiopática (PTI, recuento bajo de plaquetas sin causa conocida). La PTI puede requerir corticosteroides y otros fármacos. Algunos tratamientos que suprimen la médula ósea reducen el número de plaquetas, lo que provoca hematomas, hemorragias excesivas y manchas rojas o moradas en el cuerpo (petequias).

ALERGIAS Y TRASTORNOS AUTOINMUNITARIOS

La base de una alergia es una reacción inapropiada del sistema inmunitario en respuesta a ciertas sustancias. En los trastornos autoinmunitarios, el sistema inmunitario reacciona contra las células y los tejidos del propio organismo, desencadenando así diversas enfermedades.

RINITIS ALÉRGICA

El contacto con alérgenos en suspensión en el aire provoca una respuesta inmunitaria en la mucosa nasal, con hinchazón, picor y producción excesiva de moco.

Los síntomas de la rinitis alérgica estacional (fiebre del heno) aparecen cuando hay ciertos pólenes en el aire. Es muy poco frecuente antes de los 6 años de edad; suele desarrollarse antes de los 30 y afecta a 1 de cada 5 personas. Se asocia a menudo a la dermatitis (p. 444) y al asma (p. 472). La rinitis perenne puede aparecer todo el año y generalmente está causada por ácaros del polvo o por pelo y escamas de piel (caspa) de animal.

Ácaros del polvo
En las camas y alfombras domésticas viven millones de ácaros. Sus heces provocan reacciones alérgicas en algunas personas.

A los pocos minutos de la exposición comienzan los estornudos, el goteo nasal, el enrojecimiento de los ojos, a veces con lagrimeo, y el picor de garganta; la nariz se bloquea horas después. Las pruebas de alergia comprenden punciones de piel y análisis de sangre; en el caso de la rinitis alérgica estacional, el momento en que se da indica el tipo de polen responsable. Se previene o reduce evitando los desencadenantes y con antihistamínicos orales, corticosteroides por vía nasal y colirio de cromoglicato de sodio. En los casos crónicos y más graves se recurre a terapia de desensibilización e inmunoterapia.

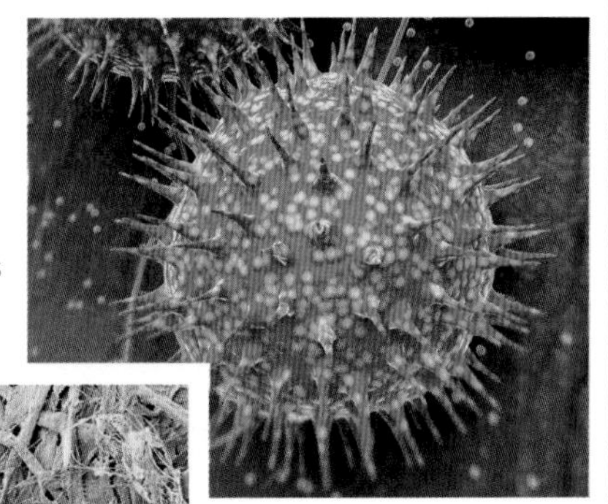

Grano de polen
Una causa frecuente de alergia es el polen de gramíneas. La concentración de polen en el aire es más alto desde la primavera hasta principios del verano.

ANAFILAXIA

La respuesta inmunitaria masiva contra un alérgeno provoca anafilaxia, una reacción multisistémica grave a pocos minutos u horas de la exposición.

Es una reacción alérgica potencialmente mortal, causada por la exposición a un alérgeno (frutos secos, fármacos, veneno de insectos, etc.) que puede ser ingerido, tocado, inoculado, inyectado o inhalado. Al principio aparece sensación de ansiedad, con picor y congestión, seguida por problemas como bajada de la presión sanguínea catastrófica (shock anafiláctico). Además, esto produce desmayo y pérdida de consciencia, sibilancias, constricción de vías aéreas, dificultad para respirar y, al final, insuficiencia respiratoria. Puede aparecer también dolor torácico, náuseas y vómitos, palpitaciones, diarrea, angioedema (derecha), y trastornos de la piel, como urticaria (p. 445).

Aparece de pronto y progresa con rapidez. Es una urgencia médica con riesgo de muerte, ya que la circulación y las vías aéreas se ven gravemente afectadas en minutos. Se trata con reanimación y administración inmediata de adrenalina para abrir las vías aéreas, estimular el corazón y contraer los vasos sanguíneos. Se previene evitando los desencadenantes, desarrollando tolerancia gradual al alérgeno y llevando adrenalina para posibles emergencias.

ANGIOEDEMA

Es una hinchazón local bajo la piel debida a la filtración de líquido de los vasos sanguíneos. Suele estar causada por una reacción alérgica.

Suele afectar a la piel de la cara y la boca, y a las mucosas de la boca, la nariz y la lengua. Si la tumefacción llega a dificultar la respiración, hay que mantener abiertas las vías aéreas con un tubo. Los cacahuetes, el marisco y las picaduras de insectos son los desencadenantes alérgicos frecuentes. Algunos fármacos pueden inducir angioedema no alérgico. Se requiere evitar los desencadenantes conocidos, y en casos graves, se puede exponer de forma gradual al paciente a la causa a fin de que desarrolle tolerancia (desensibilización). Se trata con antihistamínicos.

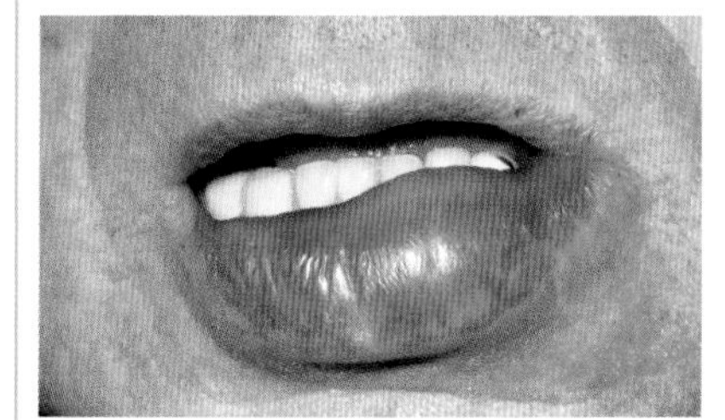

Labio inferior hinchado
En el angioedema, la hinchazón se da bajo la piel en torno a la boca, y no en la superficie. Puede durar horas e incluso días.

ALERGIAS ALIMENTARIAS

La respuesta inmunitaria adversa a proteínas de los alimentos puede causar trastornos como shock anafiláctico y dermatitis.

Afectan al 6% de los niños, pero son menos frecuentes en los adultos. Los desencadenantes habituales son productos lácteos o con sésamo, huevos, frutos secos, marisco, soja y trigo. Los síntomas pueden ser picor, urticaria, náuseas, espasmos abdominales y diarrea. También pueden producir sibilancias y dificultad para tragar, debido al estrechamiento de las vías aéreas, y angioedema (derecha). No debe confundirse con la intolerancia a algunos alimentos, en que los síntomas se deben a toxinas (una intoxicación bacteriana, por ejemplo), a problemas con enzimas digestivas (como la intolerancia a la lactosa) o la acción directa de sustancias químicas presentes en los alimentos (como los temblores por la cafeína).

Cuando se sospecha una alergia alimentaria se pueden realizar análisis de sangre y pruebas cutáneas (derecha) para hallar la causa; si no se identifica, se puede administrar el alérgeno sospechoso bajo supervisión hospitalaria para provocar la reacción. Los alérgicos deben evitar comidas que desencadenen el trastorno. Se pueden administrar antihistamínicos para las alergias leves. Las personas con alergias más graves pueden necesitar un inyector de adrenalina para casos de emergencia.

PRUEBAS CUTÁNEAS

La prueba de punción consiste en aplicar sobre la piel, tras rascarla o pincharla con una aguja, unas gotas con alérgenos potenciales. Una reacción positiva (picor, enrojecimiento, hinchazón) indica que la persona puede ser alérgica a esa sustancia. En las pruebas de parche, utilizadas para diagnosticar dermatitis alérgica de contacto, el alérgeno se aplica sobre la piel, cubierto con cinta adhesiva, y se comprueba la reacción días después.

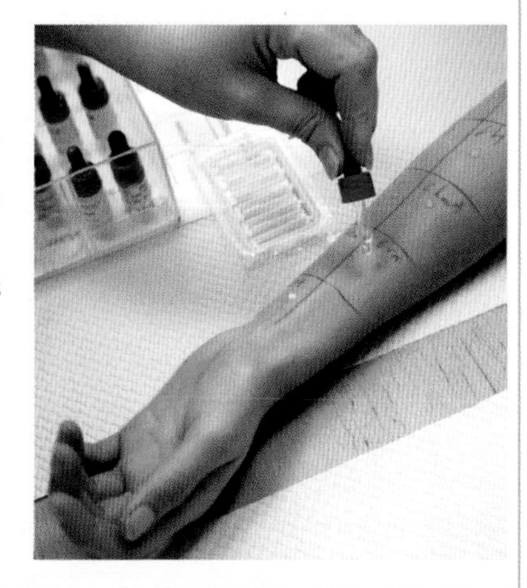

Prueba cutánea de punción
Se realiza para diagnosticar alergias comunes a pólenes, polvo, caspa (escamas de piel) y pelo de animal, y alimentos.

LUPUS ERITEMATOSO SISTÉMICO (LES)

Es una enfermedad autoinmunitaria del tejido que proporciona estructura a la piel, las articulaciones y los órganos internos.

Comúnmente llamada lupus, afecta a 2-15 personas por cada 10000 y puede ser hereditaria. Es más frecuente en mujeres y se desarrolla a partir de la adolescencia. Se debe a que los anticuerpos del sistema inmunitario reaccionan contra el tejido conjuntivo del cuerpo y hace que se inflame.

Pueden desencadenarla infecciones, la pubertad, la menopausia, el estrés, la luz solar y ciertos fármacos. La gravedad de sus síntomas es variable, con periodos de agravamiento y de remisión. Los brotes pueden durar semanas y desaparecer durante meses o años. Además, la progresión varía de muy lenta a rápida. Los síntomas más comunes son fatiga, dolores articulares, fiebre y pérdida de peso. Hasta la mitad de los afectados desarrolla la típica erupción en forma de mariposa en nariz y mejillas. Se diagnostica mediante análisis de sangre en busca de ciertos anticuerpos. No se cura, pero se administran fármacos como corticosteroides e inmunosupresores para controlar así los síntomas y evitar brotes o reducir su gravedad.

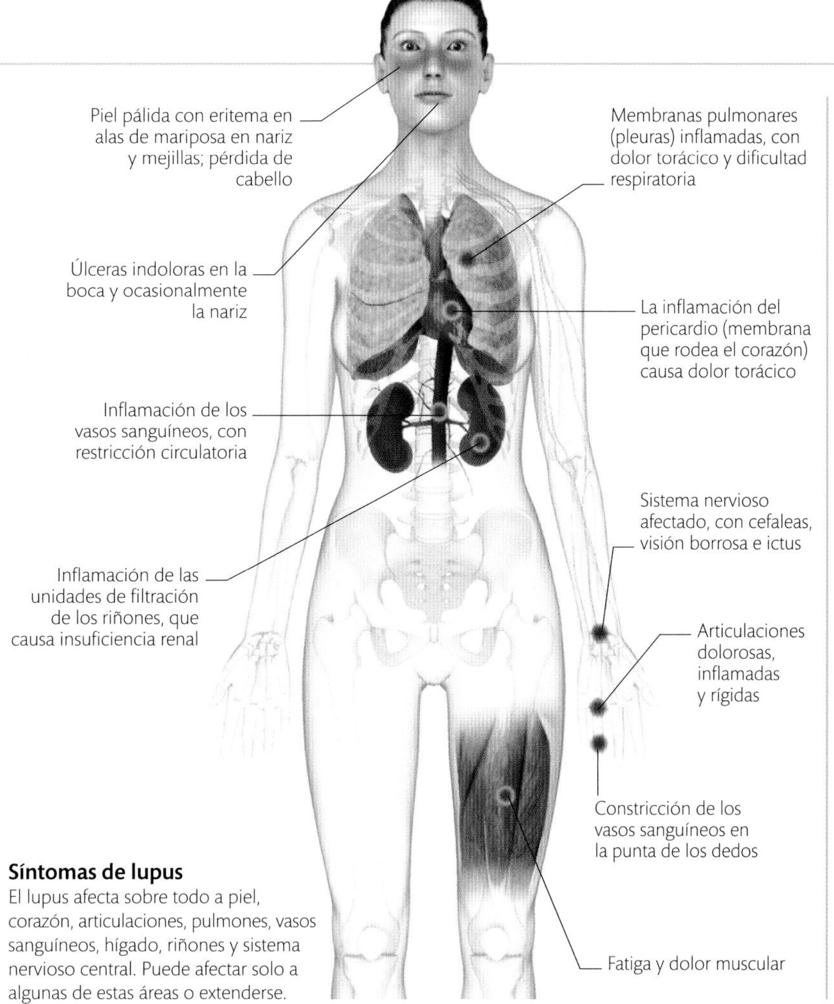
Piel pálida con eritema en alas de mariposa en nariz y mejillas; pérdida de cabello
Úlceras indoloras en la boca y ocasionalmente la nariz
Inflamación de los vasos sanguíneos, con restricción circulatoria
Inflamación de las unidades de filtración de los riñones, que causa insuficiencia renal
Membranas pulmonares (pleuras) inflamadas, con dolor torácico y dificultad respiratoria
La inflamación del pericardio (membrana que rodea el corazón) causa dolor torácico
Sistema nervioso afectado, con cefaleas, visión borrosa e ictus
Articulaciones dolorosas, inflamadas y rígidas
Constricción de los vasos sanguíneos en la punta de los dedos
Fatiga y dolor muscular

Síntomas de lupus
El lupus afecta sobre todo a piel, corazón, articulaciones, pulmones, vasos sanguíneos, hígado, riñones y sistema nervioso central. Puede afectar solo a algunas de estas áreas o extenderse.

POLIMIOSITIS Y DERMATOMIOSITIS

En estas dos raras enfermedades autoinmunitarias, las fibras musculares se inflaman. La dermatomiositis también afecta a la piel.

Las dos enfermedades son más frecuentes en mujeres que en hombres y suelen aparecer en la madurez, aunque la dermatomiositis puede darse en niños. En ambos trastornos los músculos de brazos y piernas se debilitan, lo cual origina una típica dificultad para levantarse de una silla o alzar los brazos por encima de la cabeza. Otros síntomas de polimiositis pueden ser fatiga, fiebre y pérdida de peso. Si el esófago está afectado se producirán dificultades para tragar. La debilidad de los músculos de la pared torácica y el diafragma provoca dificultades respiratorias.

La dermatomiositis causa cambios en la piel que comprenden una erupción escamosa rojiza en nudillos, rodillas y codos; piel agrietada y seca en la punta de los dedos; hinchazón y coloración violácea alrededor de los ojos, y áreas rojizas sin relieve en cara, cuello y pecho; estos cambios pueden preceder a los problemas musculares. Se diagnostica con análisis de sangre, pruebas eléctricas de los músculos y nervios y biopsia muscular, y se trata con corticosteroides e inmunodepresores.

POLIARTERITIS NODOSA

Este trastorno autoinmunitario causa una inflamación de las paredes de las arterias finas y medianas que restringe el aporte sanguíneo a los tejidos.

Esta rara enfermedad autoinmunitaria que se da en personas de 40 a 60 años, afecta a las arterias que irrigan corazón, riñones, piel, hígado, tracto digestivo, páncreas, testículos, músculos esqueléticos y sistema nervioso central. Las áreas irrigadas por las arterias inflamadas pueden ulcerarse, morir o atrofiarse. Las arterias inflamadas se pueden dilatar y romper, y causar así nódulos, manchas violáceas (livedo reticular), úlceras y gangrena. Los afectados experimentan malestar general, pérdida de peso, fiebre y pérdida de apetito. Puede provocar insuficiencia renal (p. 491) hipertensión (p. 477) e infarto de miocardio (p. 475).

Los problemas digestivos comprenden hemorragia y perforación de intestino. Los hombres pueden sufrir orquitis (inflamación de testículos). La afectación músculoesquelética puede causar dolor y artritis. El diagnóstico se basa en biopsia de tejidos de un órgano o una arteria. Además, se trata con corticosteroides e inmunosupresores.

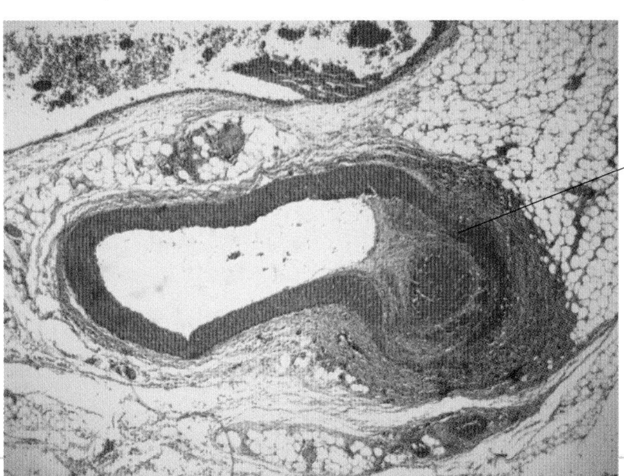
Pared arterial debilitada

Arteritis
En esta sección transversal se aprecia una importante inflamación de la pared arterial, que se ha debilitado y podría romperse.

ESCLERODERMIA

En este raro trastorno, los anticuerpos dañan los vasos sanguíneos más finos y provocan el endurecimiento del tejido conjuntivo.

Es hereditaria, más frecuente en mujeres, y comienza entre los 30 y los 50 años de edad. Si cursa con morfea (esclerodermia cutánea localizada) afecta solamente a la piel. En la esclerodermia cutánea difusa (sistémica) se ven afectados grandes áreas de piel y órganos internos, y la enfermedad avanza rápidamente. La piel inflamada se vuelve más gruesa, brillante y tirante, dificultando el movimiento articular, especialmente en las manos. Muchos afectados desarrollan el síndrome de Raynaud (p. 479). El endurecimiento del tejido conjuntivo puede afectar a pulmones, corazón, riñones y tracto digestivo. Los problemas para tragar y el reflujo gástrico son consecuencia del endurecimiento de los músculos esofágicos.

El diagnóstico se realiza por biopsia de piel y comprobación de la presencia de anticuerpos (que atacan al propio tejido corporal) en la sangre. Los inmunosupresores pueden frenar e incluso revertir el avance, y se pueden aplicar otros tratamientos para paliar los síntomas, pero no tiene cura. Se precisa un control periódico de la enfermedad, ya que pueden aparecer complicaciones.

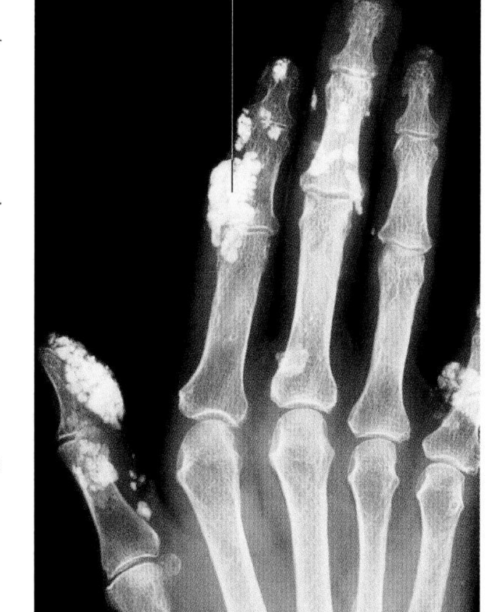
Depósitos de calcio

Radiografía de mano con esclerodermia
Los depósitos de calcio bajo la piel en los dedos y otras áreas del cuerpo (calcinosis), pueden requerir extirpación quirúrgica.

TRASTORNOS DEL TRACTO DIGESTIVO SUPERIOR

Los trastornos más frecuentes de boca, esófago, estómago y duodeno suelen deberse a una irritación que causa inflamación y problemas como las úlceras. Algunos de estos trastornos se relacionan con infecciones gástricas por bacterias como *Helicobacter pylori*.

GINGIVITIS

Es la inflamación de las encías y esta causada por la acumulación de placa dental, habitualmente por mala higiene bucal.

La placa dental es una capa de bacterias que se acumula en el límite entre el diente y la encía. Estas bacterias inflaman las encías, que se oscurecen e hinchan, y tienden a sangrar con el cepillado. Si no se trata, pueden formarse bolsas periodontales entre los dientes y las encías e inflamarse los tejidos de alrededor (periodontitis), con pérdida de dientes. El alcohol y el tabaco aumentan el riesgo, pero el cepillado regular, el uso de hilo dental, y las revisiones periódicas ayudan a prevenirlo.

AFTAS

Una lesión con pérdida de sustancia en la mucosa de la boca puede causar una llaga abierta y dolorosa. Las úlceras aftosas, o aftas, son el tipo más común de llaga bucal.

Las aftas son dolorosas llagas abiertas en el interior de la boca. Las menores se deben a un cepillado vigoroso, a morderse el interior de las mejillas, unos dientes demasiado afilados, ortodoncias o dentaduras postizas. La llaga tiene forma de cráter pálido, con los bordes inflamados. Las aftas de menor tamaño desaparecen al cabo de unas 2 semanas. Las aftas menores recurrentes afectan a 1 de cada 5 personas, en grupos de 4 o 6. Las mayores, de más de 1 cm de diámetro, más profundas y dolorosas, tardan varias semanas en sanar y pueden dejar cicatriz. Se tratan con enjuagues con agua salada, corticosteroides orales y geles anestésicos. Toda úlcera que persista más de 3 semanas requiere investigación.

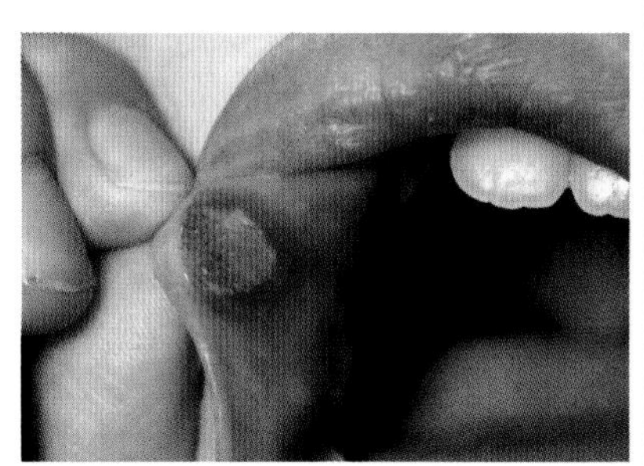

Afta en el interior del labio
Las úlceras aftosas menores son pequeñas, dolorosas, de color blanquecino o grisáceo, con forma de cráter ovalado y bordes inflamados.

ENDOSCOPIA

Un endoscopio es un tubo fino, rígido o flexible, con fibras ópticas por las que pasa la luz para iluminar estructuras internas y enviar imágenes a un monitor. Contiene también canales por los que se puede introducir instrumentos o herramientas para cortar muestras de tejido (biopsia), sujetar objetos o permitir tratamientos de láser y electrocauterización. Se usan diferentes tipos de endoscopio para cada área del cuerpo, como, por ejemplo, el colonoscopio, para el intestino grueso, o el gastroscopio, para el estómago. Para el estudio de la mayoría de trastornos del tracto digestivo superior se sustituye la endoscopia por la radiografía con bario (un líquido blanco que se traga y que contrasta en la imagen).

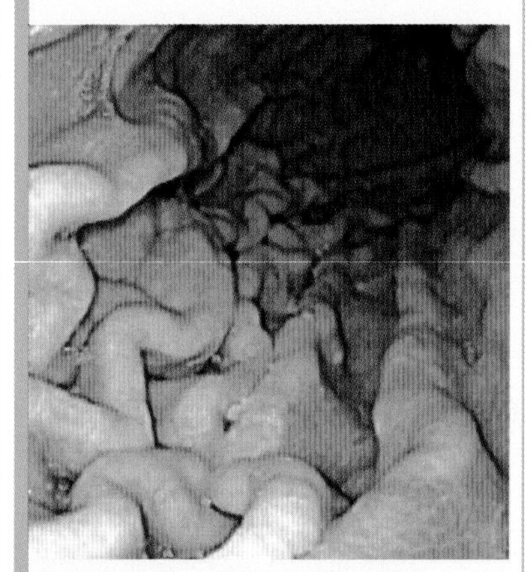

Vista endoscópica del estómago
Mucosa gástrica de un estómago sano, vista por un endoscopio. Este procedimiento se puede utilizar para investigar trastornos del tracto digestivo superior.

CÁNCER DE ESÓFAGO

Los tumores malignos en el esófago suelen asociarse al tabaco y al abuso de bebidas alcohólicas y tienen mal pronóstico.

Más frecuente en hombres de más de 60 años, esta forma de cáncer causa dificultad para tragar alimentos sólidos, luego papillas y, finalmente, líquidos. Suele producir una notable pérdida de peso; otros síntomas son regurgitación de la comida, tos, ronquera y vómito sanguinolento. Para el diagnóstico se realiza una radiografía con contraste de sulfato de bario o endoscopia con biopsia, pero para entonces suele estar extendido. Es preciso extirpar el tumor, y puede ser necesario un tubo extensor (stent) para permitir la ingestión.

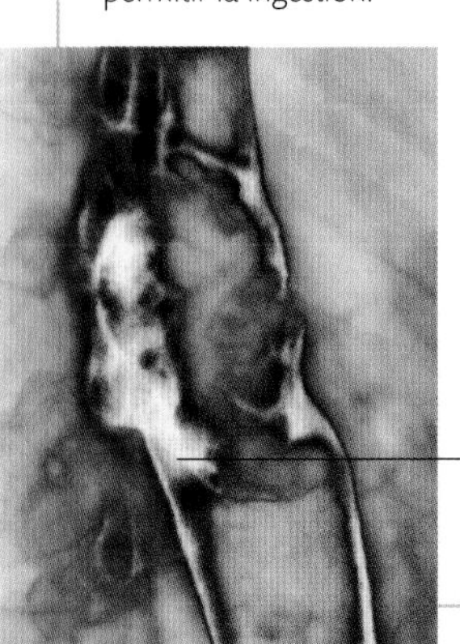
Tumor

Tumor en el esófago
Esta radiografía con bario coloreada muestra el perfil irregular de un tumor (blanco) que sobresale hacia el interior del esófago.

CÁLCULOS SALIVALES

En las glándulas salivales se pueden formar piedras de fosfato o carbonato de calcio y otros minerales que causan dolorosas inflamaciones.

Los cálculos o piedras de las glándulas salivales (sialolitos) pueden ser únicos o múltiples. El cálculo causa una inflamación dolorosa que empeora durante las comidas, al aumentar el flujo salival. Se forman sobre todo en las glándulas submandibulares, en la mandíbula inferior, y se asocian a infecciones glandulares crónicas, deshidratación, salivación escasa y lesiones en los conductos. Se diagnostica por exploración visual o palpación de un bulto en la glándula y mediante radiografía, ecografía o TC. Algunas piedras se pueden sacar masajeando el conducto salival; si no, se requiere cirugía. Además, la obstrucción del conducto por un cálculo puede causar una infección glandular bacteriana (sialoadenitis), que se trata con antibióticos intravenosos o drenaje quirúrgico.

REFLUJO GASTROESOFÁGICO

El retroceso del contenido ácido del estómago hacia el esófago causa la dolorosa sensación llamada acidez o ardor de estómago.

La parte inferior del esófago pasa por una abertura del diafragma antes de unirse al estómago. Normalmente esta abertura está tensa y, junto con el esfínter esofágico inferior (cardias), un anillo muscular de la base del esófago, impide que los contenidos ácidos del estómago vuelvan hacia el esófago (reflujo gastroesofágico). Si esta estructura se debilita y no puede contener el reflujo del contenido estomacal se produce acidez o sensación de ardor tras el esternón. Las causas más frecuentes son comidas copiosas o muy grasas, exceso de café o alcohol, fumar, obesidad y embarazo. Si es persistente o grave, puede causar inflamación del esófago, y a su vez úlceras y hemorragia. Con el tiempo, la esofagitis puede estrechar el esófago o causar alteraciones cancerosas. Se diagnostica con endoscopia y se puede aliviar cambiando algunos hábitos. El tratamiento comprende fármacos para reducir la producción de ácidos en el estómago, estrechar el esfínter esofágico o neutralizar la acidez. Para reforzar el esfínter esofágico se puede emplear cirugía (funduplicatura).

Esofagitis
Vista endoscópica del esófago con ulceración e inflamación causadas por el reflujo. Con el tiempo, la inflamación puede provocar estenosis esofágica o degeneración cancerosa.

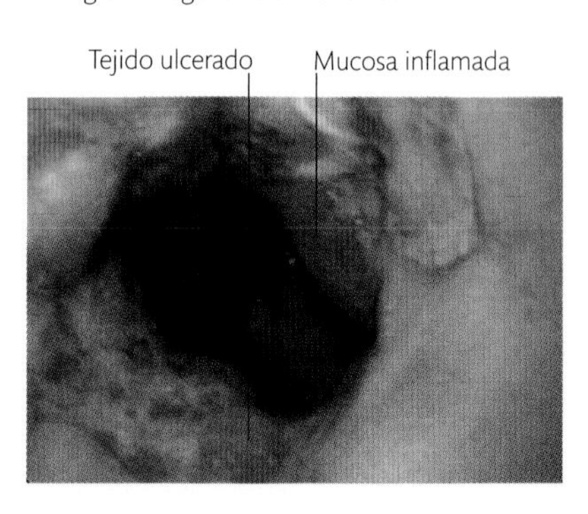
Tejido ulcerado
Mucosa inflamada

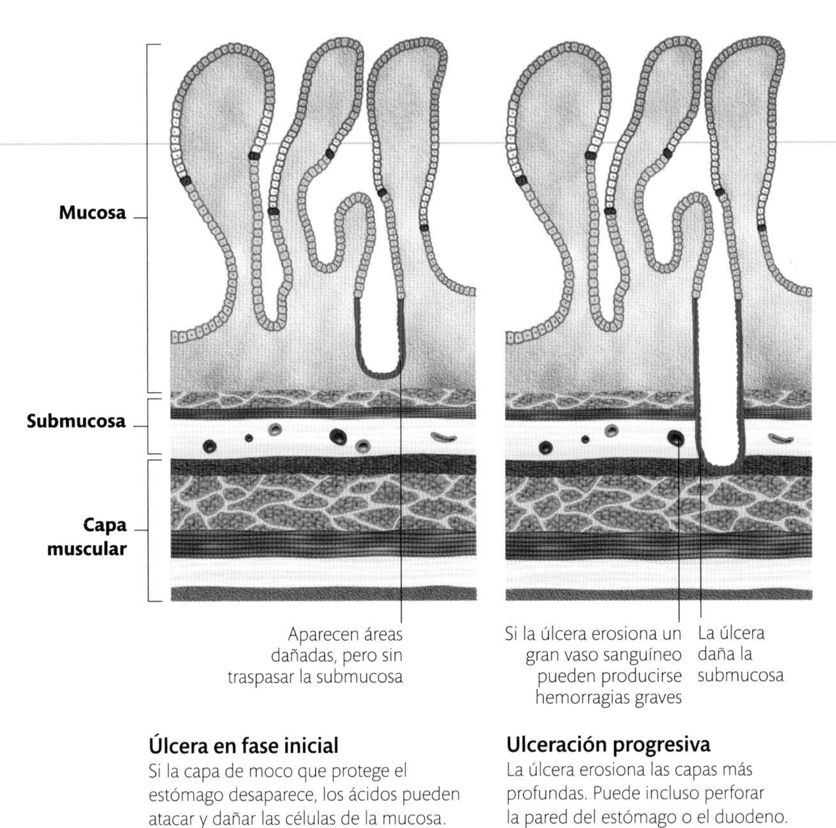
Mucosa
Submucosa
Capa muscular
Aparecen áreas dañadas, pero sin traspasar la submucosa
Si la úlcera erosiona un gran vaso sanguíneo pueden producirse hemorragias graves
La úlcera daña la submucosa

Úlcera en fase inicial
Si la capa de moco que protege el estómago desaparece, los ácidos pueden atacar y dañar las células de la mucosa.

Ulceración progresiva
La úlcera erosiona las capas más profundas. Puede incluso perforar la pared del estómago o el duodeno.

ÚLCERA PÉPTICA

Una erosión en la mucosa del estómago o la primera porción del duodeno puede causar dolor y hemorragia.

Las células que tapizan estómago y duodeno segregan una capa de moco que los protege de los ácidos gástricos. Si esta capa tiene una brecha se puede formar una úlcera. La mayoría de úlceras pépticas se debe a inflamaciones persistentes por *Helicobacter pylori*; otra causa frecuente es el consumo de antiinflamatorios no esteroideos (AINES), como aspirina o ibuprofeno, que reducen la secreción de moco. El tabaco, el alcohol, el historial familiar y la dieta son otros factores. Los síntomas son dolor abdominal, a menudo relacionado con la comida; distensión abdominal y náuseas. Las úlceras duran días o semanas, y pueden recidivar durante meses. Si sangran, pueden causar hematemesis (vómito de sangre) o melena (heces negras y grumosas). Las más graves pueden perforar el estómago o el duodeno. Se detectan con endoscopia, y la infección por *H. pylori* se confirma con biopsia y análisis de sangre, de heces o de aliento. Se utilizan fármacos para reducir la producción de ácido gástrico y permitir que la úlcera sane, así como para erradicar la infección.

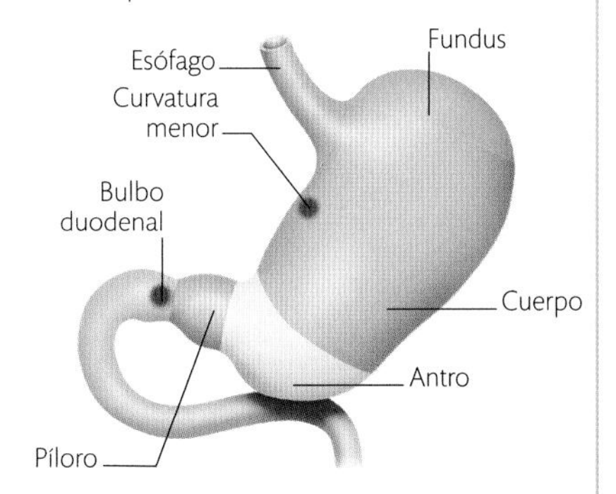
Esófago
Fundus
Curvatura menor
Bulbo duodenal
Cuerpo
Antro
Píloro

Localización de las úlceras pépticas
El lugar más habitual es el bulbo duodenal, la primera parte del duodeno, donde el estómago vierte su contenido. En el estómago, se suelen formar en la curvatura menor.

GASTRITIS

La inflamación de la mucosa del estómago puede ser aguda o crónica y tiene muchas causas, a menudo relacionadas con una irritación o una infección.

El revestimiento interno del estómago está protegido de la acidez por una capa de moco, pero si esta barrera se rompe se puede producir una gastritis (inflamación). La gastritis aguda (repentina) por lo general se debe a un exceso de alcohol, que irrita la pared del estómago, o por antiinflamatorios no esteroideos (AINES), como aspirina, ibuprofeno o naproxeno, que reducen la producción de moco por la mucosa estomacal. Los síntomas comprenden dolor en la parte superior del abdomen, vómitos (a veces con sangre), náuseas y distensión. La gastritis crónica (de larga evolución) suele deberse a una infección de la mucosa del estómago por la bacteria *Helicobacter pylori*, que debilita la barrera de moco protectora. Se diagnostica con endoscopia, y el tratamiento comprende corregir la causa subyacente y fármacos para neutralizar o disminuir la acidez.

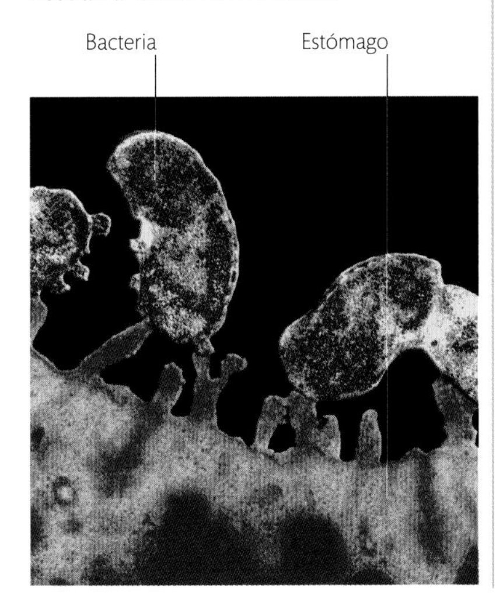
Bacteria
Estómago

Bacterias en el estómago
Más del 50 % de las personas portan la bacteria *H. pylori*, que causa una inflamación leve y permanente de la mucosa estomacal, gastritis crónica y cáncer de estómago.

HERNIA DE HIATO

Un desgarro o la debilidad del diafragma (el músculo plano que separa las cavidades torácica y abdominal) pueden permitir que parte del estómago protruya (sobresalga) hacia el tórax.

En la hernia de hiato por deslizamiento, la forma más frecuente, la unión entre estómago y esófago sube por encima del diafragma. Este tipo de hernia hiatal es común en personas mayores de 50 años. No da síntomas, aunque si es grande puede causar reflujo gastroesofágico. Para aliviar el problema se puede dormir con almohadas altas, evitar la siesta tras las comidas, perder peso y tomar fármacos para reducir así la producción de ácido en el estómago y reforzar el esfínter esofágico. En la hernia paraesofágica, menos frecuente, la parte superior del estómago puede quedar constreñida (hernia estrangulada) en el tórax, con falta de riego sanguíneo; requiere cirugía urgente. La hernia de hiato se diagnostica mediante endoscopia o radiografía de contraste con bario. En personas con síntomas graves o reflujo crónico puede requerir cirugía. Durante la operación, la parte superior del estómago se envuelve alrededor de la última sección del esófago, lo que acaba con la protrusión a través del hiato.

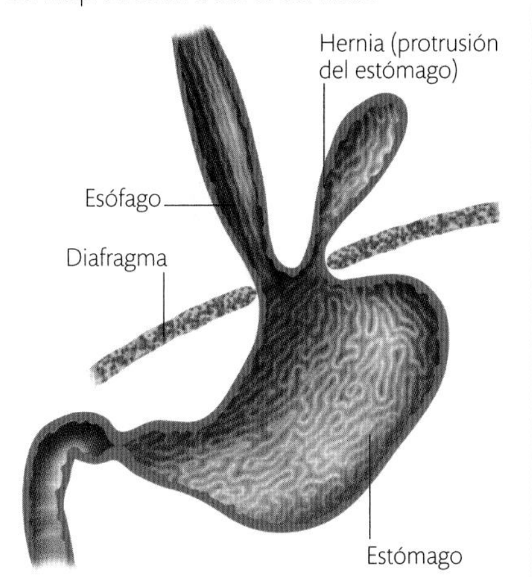
Hernia (protrusión del estómago)
Esófago
Diafragma
Estómago

Hernia de hiato paraesofágica
Una parte del estómago con forma de bolsa sobresale a través de la abertura (hiato) del diafragma por la que pasa el esófago para unirse al estómago.

CÁNCER DE ESTÓMAGO

El tumor maligno de estómago es una forma de cáncer frecuente en todo el mundo; cuando se detecta ya suele estar extendido y tiene mal pronóstico.

Los hombres mayores de 40 años son más propensos a desarrollar cáncer de estómago. Son factores de riesgo las infecciones por *Helicobacter pylori*, fumar, un historial familiar de cáncer, la dieta rica en picantes, sal o encurtidos (como en Japón), trastornos como la anemia perniciosa y cirugía previa de estómago. Los síntomas comprenden pérdida de apetito, pérdida de peso inexplicada, náuseas, vómitos, distensión y sensación de hartazgo después de las comidas. Una hemorragia estomacal puede causar hematemesis (vómito de sangre), melena (heces negruzcas) o anemia. Se diagnostica con endoscopia con biopsia o radiografía con bario. El tratamiento más frecuente es la extirpación de parte del estómago (gastrectomía) y, si el tumor se halla en la parte superior del estómago, también parte del esófago (esofagogastrectomía). Por lo general, cuando se diagnostica ya se ha extendido; por ello, aunque se puede tratar con quimioterapia y radioterapia, el pronóstico es malo.

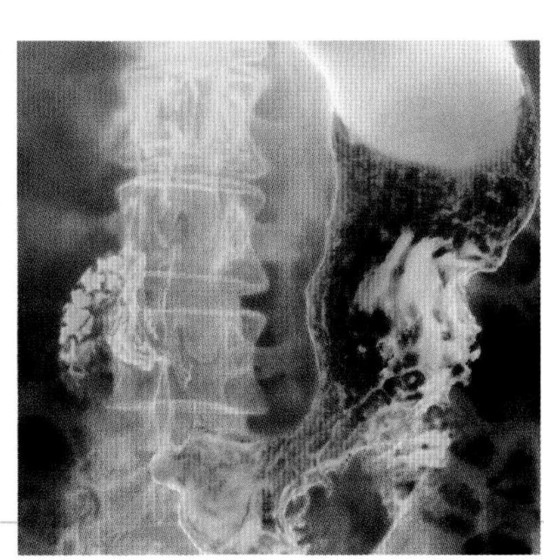

Cáncer en la parte inferior del estómago
Esta radiografía con contraste de bario coloreada muestra un tumor grande e irregular en la parte inferior del estómago. Para averiguar si se ha extendido se pueden realizar ecografías, TC o RM.

TRASTORNOS DEL TRACTO DIGESTIVO INFERIOR

Muchos trastornos que afectan a los intestinos y al recto están causados por inflamaciones, como la enfermedad inflamatoria intestinal (EII). Otros trastornos se deben a alteraciones estructurales, como la diverticulosis. Los cánceres de colon y de recto son frecuentes.

ENFERMEDAD CELÍACA

Es un trastorno del intestino delgado debido a la reacción del sistema inmunitario contra la gliadina, una proteína del gluten del trigo y otros cereales.

La mucosa del intestino delgado posee millones de prominencias con forma de dedo (vellosidades) que absorben los nutrientes de la comida. En la enfermedad celíaca, las vellosidades dañadas por la reacción del sistema inmunitario contra el gluten presente en el sistema digestivo, se aplanan y dejan de cumplir su función. Los síntomas varían mucho y comprenden hinchazón del abdomen, diarrea (típicamente clara, fétida y abundante), vómitos, fatiga, pérdida de peso y crecimiento retardado. Es mucho más frecuente en mujeres y puede ser hereditaria. A menudo coexiste con otros trastornos autoinmunitarios como diabetes mellitus de tipo 1. Se diagnostica mediante la detección de anticuerpos antigliadina en la sangre, una endoscopia (p. 484) y una biopsia del intestino delgado. Los afectados deben seguir toda su vida una estricta dieta sin gluten (evitando trigo, centeno y cebada) y tomar suplementos dietéticos para corregir de esta forma las deficiencias nutricionales.

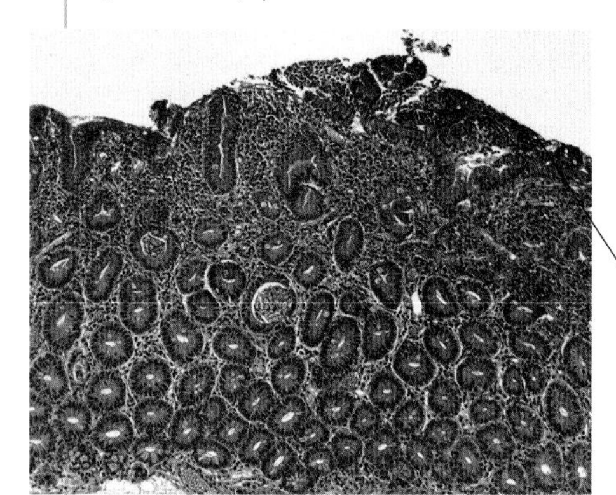
Superficie plana por pérdida de vellosidades

Enfermedad celíaca
Esta micrografía de una sección del duodeno de un celíaco muestra la pérdida de vellosidades intestinales. Como resultado, el intestino es menos capaz de absorber nutrientes.

SÍNDROME DEL INTESTINO IRRITABLE (SII)

Es un trastorno crónico frecuente, sin origen estructural o bioquímico, que causa molestias abdominales y alteración de los hábitos intestinales.

Afecta a 1 de cada 5 personas, sobre todo entre los 20 y los 30 años, y es más frecuente en mujeres que en hombres. Causa dolor abdominal y posible distensión, con cambios de frecuencia y aspecto de las deposiciones. Generalmente el dolor remite tras defecar. No se conoce la causa, pero una gastroenteritis puede desencadenarla. Es una enfermedad crónica e intermitente; el alcohol, la cafeína, el estrés y ciertos alimentos pueden producir brotes. Se diagnostica por los síntomas y cuando el examen físico y el análisis de sangre descartan otras causas. Cambiar de estilo de vida, modificar la dieta y consumir más fibra soluble pueden paliar los síntomas. Durante los brotes, algunos fármacos ayudan a regular el movimiento intestinal y aliviar los espasmos.

DIARREA Y ESTREÑIMIENTO

La diarrea aguda (deposiciones frecuentes, líquidas o semilíquidas) suele deberse a infecciones víricas o bacterianas que causan gastroenteritis (inflamación de estómago e intestino delgado), pero se puede deber a muchas causas. El estreñimiento (incapacidad o dificultad para defecar) suele deberse a la escasa ingesta de fibra y líquidos, pero también a diversos problemas intestinales, tumores incluidos.

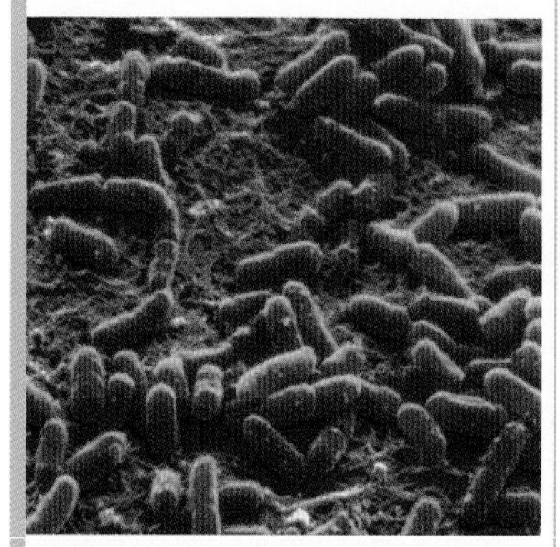

Bacterias intestinales
E. coli vive en los intestinos. Las cepas suelen ser inofensivas, pero algunas causan espasmos abdominales, vómitos y diarrea con sangre, y pueden producir toxinas que dañan los riñones.

ENFERMEDAD DE CROHN

Es un trastorno autoinmunitario frecuente que causa inflamación en cualquier tramo del tracto digestivo, a veces en varios lugares a la vez.

Afecta por igual a ambos sexos y puede ser hereditaria. Aparece durante la adolescencia o en adultos jóvenes, o de manera tardía en la vida adulta. La inflamación que causa implica a todo el espesor de la pared intestinal y presenta diversas variantes: así pues, en la estenosante, el área afectada se estrecha y puede dar lugar a obstrucciones; en la fistulizante se forman orificios anómalos entre las áreas afectadas y las estructuras próximas. Los síntomas fluctúan a lo largo de semanas o meses: diarrea grave (a menudo sanguinolenta), dolor abdominal, pérdida de apetito y peso, fatiga profunda y anemia. También puede causar trastornos de piel, hígado y articulaciones. No tiene cura, pero se puede administrar antiinflamatorios e inmunosupresores. Con frecuencia se precisa extirpación quirúrgica de las áreas enfermas.

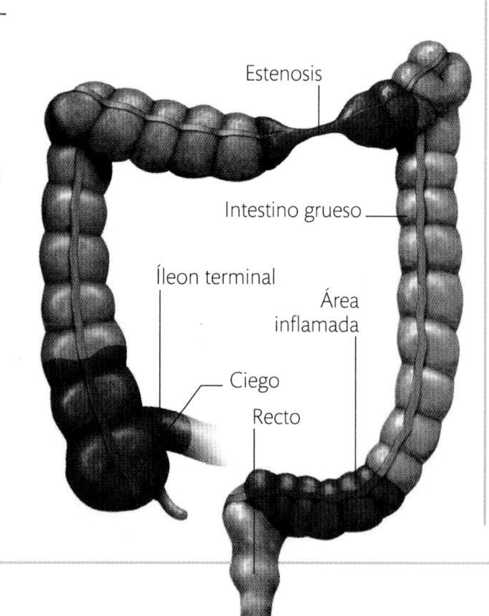
Estenosis
Intestino grueso
Íleon terminal
Área inflamada
Ciego
Recto

Áreas inflamadas
La enfermedad de Crohn suele afectar al íleon (última porción del intestino delgado), pero puede aparecer en cualquier parte, de la boca al ano. Los estrechamientos del intestino pueden causar obstrucción.

COLITIS ULCEROSA

Este infrecuente trastorno del intestino grueso causa inflamación y ulceración (llagas) en colon y recto.

Afecta a adolescentes y adultos jóvenes o, con menos frecuencia, a adultos entre los 50 y los 70 años de edad. La inflamación se produce en la mucosa del colon y el recto, y causa ulceraciones con hemorragia y pus. Los síntomas aparecen y desaparecen a lo largo de semanas o meses. Estos síntomas son diarrea con heces mezcladas con moco y sangre, dolor abdominal, fatiga y pérdida de peso. Se cree que es un trastorno autoinmunitario y puede producir también problemas oculares e inflamación articular. Los afectados tienen mayor riesgo de sufrir cáncer de colon. Se diagnostica por endoscopia (p. 484), radiografía con contraste de bario y análisis de sangre. El tratamiento comprende fármacos para suprimir o modular el sistema inmunitario y el control de la inflamación y la diarrea. Hasta un 40% de los casos requiere cirugía para extirpar colon y recto, que suele curar la enfermedad.

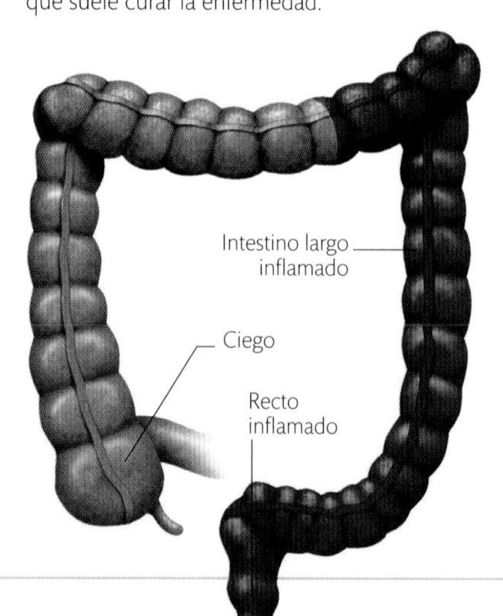
Intestino largo inflamado
Ciego
Recto inflamado

Inflamación y ulceración
En la colitis ulcerosa, la inflamación suele ser continua desde el recto hacia el colon, con una extensión variable, y a veces llega hasta el ciego (pancolitis).

ENFERMEDAD DIVERTICULAR

El desarrollo de divertículos (pequeñas bolsas) en la pared del colon se llama diverticulosis. Si los divertículos se inflaman e infectan pueden dar problemas.

Los divertículos, del tamaño de un guisante, aparecen a partir de los 40 años y sobre todo en ancianos. Los factores de riesgo son la edad avanzada, el estreñimiento y una dieta pobre en fibra y rica en grasas. No provocan síntomas, pero aparecen heces sanguinolentas, distensión y dolor abdominal, diarrea o estreñimiento en algunos casos. Pueden acumular bacterias e inflamarse (diverticulitis aguda); este trastorno cursa de forma habitual con dolor en el lado izquierdo del abdomen, fiebre y posteriormente vómitos. La diverticulosis se diagnostica por colonoscopia o radiografía de colon con bario, y la diverticulitis aguda, mediante TC. Si es necesario, la diverticulosis se puede tratar con una dieta rica en fibra y suplementos de fibra. La diverticulitis aguda suele desaparecer con antibióticos y descanso del intestino, pero los casos más graves pueden requerir cirugía para extirpar la parte infectada.

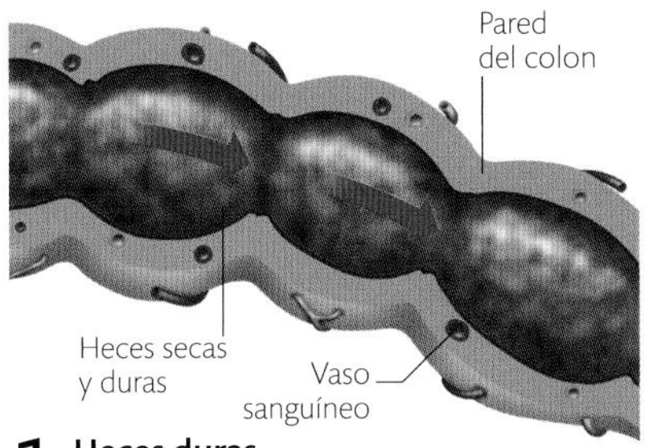
Pared
del colon
Heces secas
y duras
Vaso
sanguíneo

1 Heces duras
Si las heces son pequeñas, duras y secas, la musculatura lisa intestinal se contrae con más fuerza para expulsarlas que si son blandas y suaves.

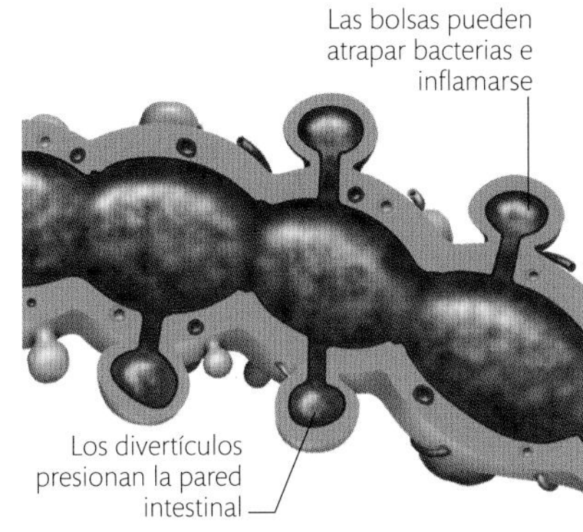
Las bolsas pueden
atrapar bacterias e
inflamarse
Los divertículos
presionan la pared
intestinal

2 Formación de divertículos
La presión al impulsar las heces puede hacer que mucosa y submucosa sobresalgan en puntos débiles de la pared del colon formando bolsitas.

APENDICITIS

Un apéndice inflamado causa dolor intenso y requiere extirpación quirúrgica urgente.

La infección y la oclusión del apéndice pueden hacer que se llene de pus y se inflame. Cuando empeora la inflamación, el apéndice comienza a morir y supura; finalmente revienta (se perfora), y el material infectado que invade el abdomen produce una peritonitis (la inflamación de la membrana que cubre la mayoría de órganos abdominales) que puede resultar mortal. La apendicitis se caracteriza por un dolor súbito e intenso desde el centro del abdomen hacia la parte inferior derecha, donde se encuentra el apéndice, y suele causar inapetencia y a veces fiebre, náusea y vómitos. El diagnóstico se basa en los síntomas, el examen físico y análisis de sangre. Requiere apendicectomía inmediata (extirpación quirúrgica del apéndice) mediante laparotomía (cirugía abierta) o laparoscopia (insertando un tubo).

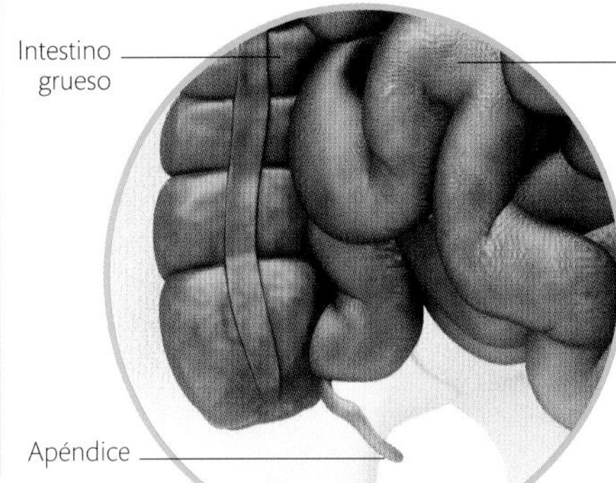
Intestino
grueso
Intestino
delgado
Apéndice

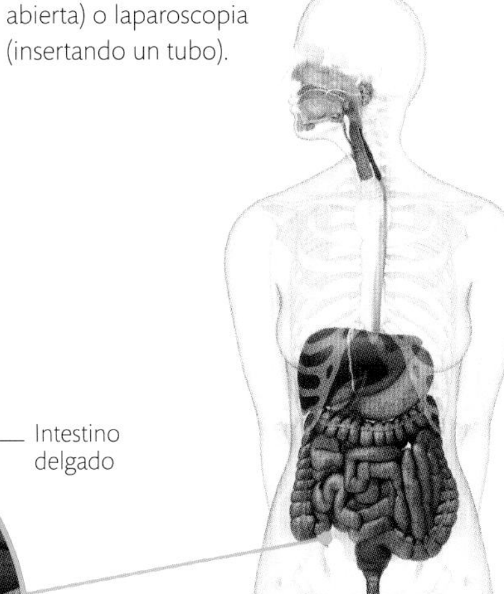

Localización del apéndice
El apéndice es un tubo sin salida que pende del ciego (parte del colon). Su extirpación parece no tener efecto en el funcionamiento de los sistemas digestivo e inmunitario.

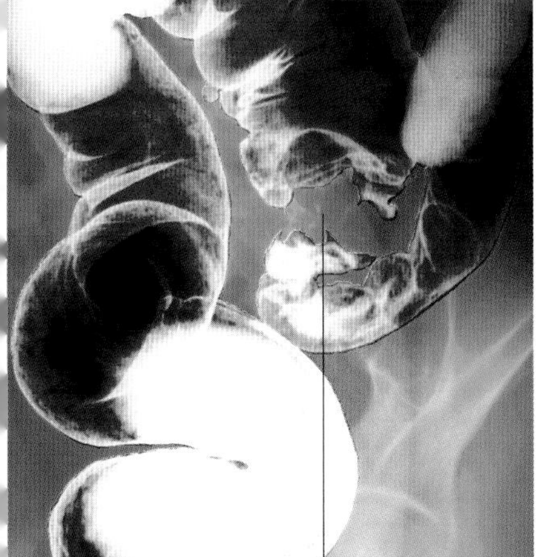
Tumor en el colon

CÁNCER COLORRECTAL

Un tumor maligno en el recto y el colon es una de las formas de cáncer más frecuentes en países avanzados y una de las causas principales de muerte por cáncer.

Aproximadamente 1 de cada 20 personas sufrirá cáncer colorrectal en su vida. Afecta por igual a ambos sexos, y la mayoría de los casos se dan a partir de los 50 años de edad. Son factores de riesgo los pólipos colorrectales (tumoraciones de crecimiento lento en la mucosa del colon o el recto), antecedentes familiares, fumar, una dieta rica en carne roja y pobre en fibra y vegetales, falta de ejercicio, el consumo excesivo de alcohol y un historial de enfermedad inflamatoria intestinal. Los síntomas son: cambio en los hábitos defecatorios y en la consistencia de las heces; moco o sangre en estas; tenesmo (sensación de evacuación incompleta); melena (heces sanguinolentas, negruzcas); dolor abdominal; anemia y pérdida de apetito y peso.

Un tumor grande puede obstruir el intestino, con dolor abdominal y distensión, vómitos y estreñimiento. Se puede detectar con imágenes (radiografía con bario, TC, TEP), endoscopia y análisis de sangre para buscar marcadores tumorales. El tratamiento depende de cuánto se haya extendido el tumor y comprende cirugía y radioterapia; se puede curar si se detecta en fase inicial. En muchos países existen programas de chequeo periódico para detectarlo a tiempo.

Cáncer de colon
Esta radiografía coloreada muestra un tumor en el colon. Se ha administrado al paciente un enema de bario, que resalta la anomalía.

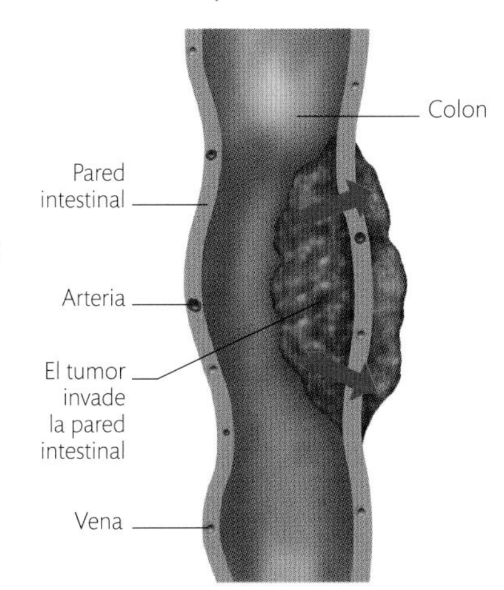
Colon
Pared
intestinal
Arteria
El tumor
invade
la pared
intestinal
Vena

Tumor de colon invasor
Los cánceres pueden extenderse invadiendo estructuras locales, como la pared del colon, o propagarse con la sangre y el sistema linfático.

HEMORROIDES

En las venas del ano y el recto pueden formarse dilataciones varicosas que a veces sobresalen y sangran.

Las hemorroides (almorranas) pueden deberse al esfuerzo para defecar y son frecuentes en casos de estreñimiento y diarrea crónica. Las internas se forman en el interior del recto y son indoloras, pero pueden sangrar (manchas de sangre fresca, roja, en las heces y el papel higiénico o en el inodoro); las más grandes llegan a prolapsarse por el ano, habitualmente tras defecar, pero a menudo retroceden por sí mismas o se pueden reintroducir manualmente. Las externas aparecen fuera del ano. Ambos tipos forman bultos con picor y dolor. Pueden detectarse con proctoscopia (examen visual de ano y recto). El tratamiento consiste en ingerir más líquidos y fibra, y en pomadas, inyecciones, bandas elásticas, laserterapia y cirugía.

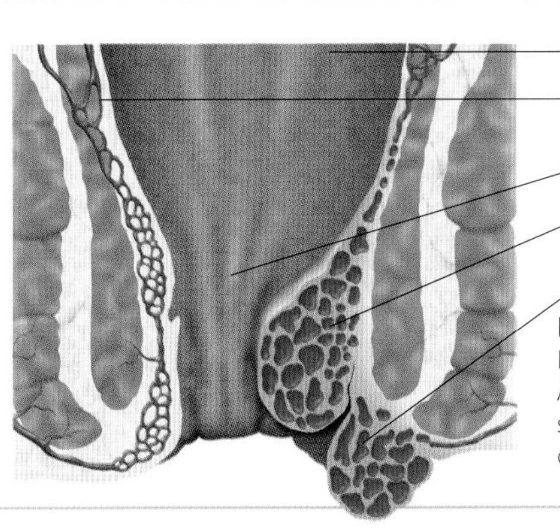
Recto
Red venosa
Canal anal
Hemorroide interna
Hemorroide externa

Hemorroides
La red venosa de la izquierda es normal. A la derecha, las venas se han dilatado y sobresalen en el ano (hemorroides internas) o fuera de este (hemorroides externas).

TRASTORNOS DE HÍGADO, PÁNCREAS Y VESÍCULA BILIAR

El hígado, la vesícula biliar y el páncreas producen sustancias básicas para la digestión y permiten la absorción y el metabolismo de alimentos y otras sustancias como los fármacos. Son vulnerables a infecciones, alteraciones cancerosas y daños por alcohol u otras toxinas.

HEPATOPATÍA ALCOHÓLICA

El abuso continuado del alcohol causa daños progresivos a las células del hígado y puede provocar lesiones irreversibles.

El alcohol se absorbe por el intestino delgado y pasa al hígado donde es metabolizado (descompuesto) para obtener grasa y sustancias químicas, algunas de las cuales pueden dañar las células hepáticas. El primer indicio de daño es el hígado graso, cuyas células acumulan grandes gotas de grasa; no da síntomas, pero un análisis de sangre puede mostrar alteraciones de la función hepática, y la ecografía, un hígado graso y agrandado. Abstenerse de alcohol permite al hígado recuperarse; si se continúa bebiendo se produce hepatitis alcohólica. Los síntomas comprenden hipertrofia del hígado, ictericia y ascitis (líquido en el abdomen). Se diagnostica con pruebas de la función hepática en análisis de sangre. En la cirrosis etílica, el tejido hepático es sustituido por tejido fibroso cicatricial y parte del tejido dañado forma nódulos. Sus síntomas son ascitis, ictericia, hipertrofia mamaria y atrofia testicular en los hombres, palmas rojas, pérdida de peso, confusión y coma. La supresión del alcohol detendrá su avance, pero si el hígado falla es necesario un trasplante.

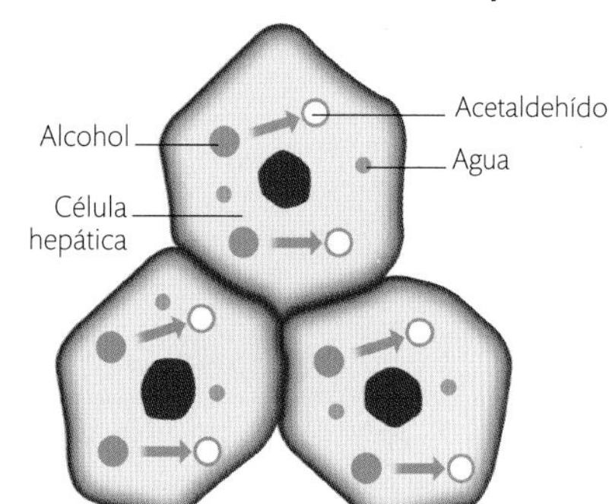
Alcohol
Acetaldehído
Agua
Célula hepática

1 Cómo se produce el daño
Cuando el hígado descompone el etanol (alcohol) produce grasa y acetaldehído, un tóxico para el hígado que se descompone a su vez en agua y dióxido de carbono.

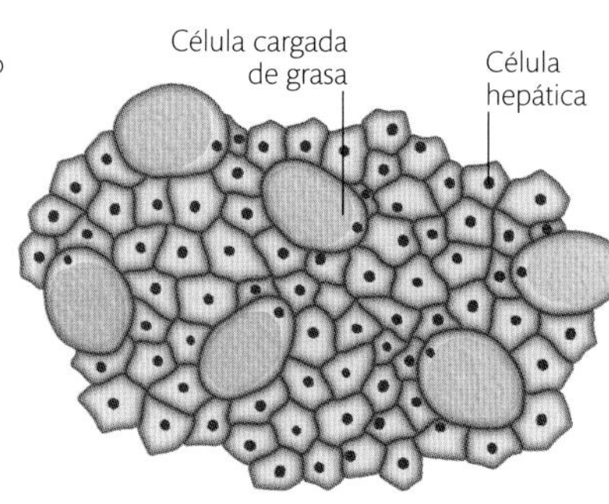
Célula cargada de grasa
Célula hepática

2 Hígado graso
La grasa se acumula en las células hepáticas hasta que los depósitos son tan grandes que las células se hinchan y el núcleo queda desplazado a un lado. El hígado se agranda.

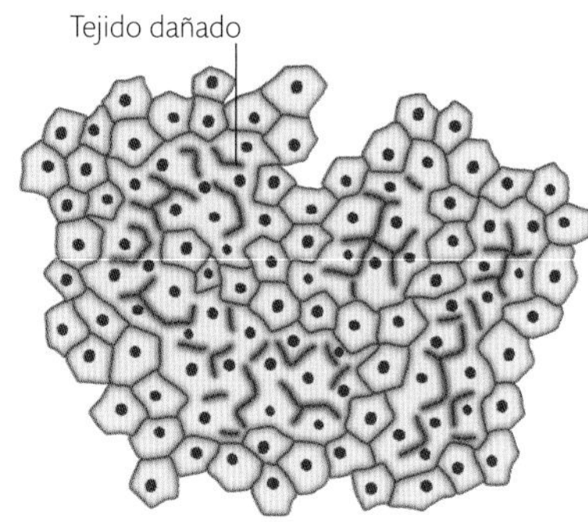
Tejido dañado

3 Hepatitis alcohólica
Si prosigue el consumo excesivo de alcohol, las células hepáticas se inflaman, se dañan y los leucocitos las rodean. Algunas mueren y son sustituidas por tejido fibroso; otras se regeneran.

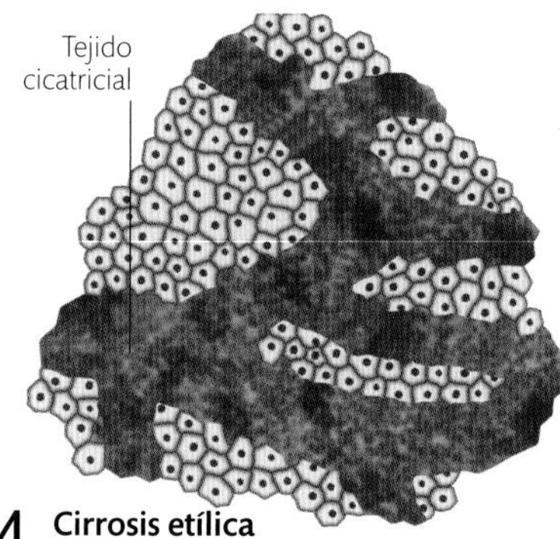
Tejido cicatricial

4 Cirrosis etílica
El abuso del alcohol produce cicatrices permanentes y fibrosis. El hígado se llena de nódulos, encoge y no funciona bien. El resultado es insuficiencia hepática e hipertensión portal.

ICTERICIA

El tono amarillento de la ictericia se debe al exceso de bilirrubina, que se produce al morir glóbulos rojos. El hígado descompone la bilirrubina y segrega bilis. Si se destruyen demasiados glóbulos rojos, aparece la ictericia hemolítica; la obstructiva se debe a un obstáculo que impide a la bilirrubina salir del hígado; en la hepatocelular, el hígado no la metaboliza ni segrega bien.

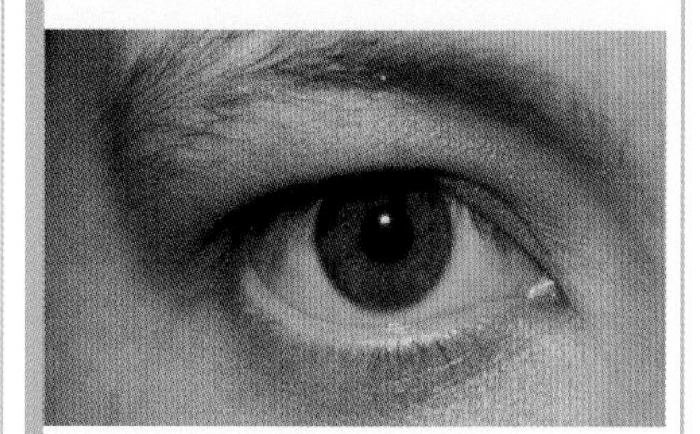

Esclerótica amarilla
La esclerótica (el blanco del ojo) se vuelve amarillenta porque la conjuntiva que la cubre contiene demasiada bilirrubina.

HIPERTENSIÓN PORTAL

La presión elevada en la porta suele deberse a cirrosis etílica, aunque la esquistosomiasis (infección parasitaria por gusanos) es una causa importante en todo el mundo.

El sistema venoso portal recoge sangre de esófago, estómago, intestinos, bazo y páncreas a través de varias venas que se unen para formar la vena porta, que penetra en el hígado y se subdivide para irrigarlo. Un hígado cicatrizado y fibroso ejerce más resistencia a la sangre, y esto crea una presión en sentido opuesto en el sistema portal que hace que las venas se dilaten y tiendan a sangrar. A veces, las varices del esófago producen hemorragias graves con hematemesis (vómito de sangre) que puede resultar mortal. La hemorragia se puede detener con bandas de látex para sellar las venas o con escleroterapia (inyección de sustancias químicas para cicatrizar las varices).

El bazo puede hipertrofiarse y acumularse líquido en la cavidad abdominal. Además, un mal funcionamiento del hígado puede causar encefalopatía hepática, que produce confusión y pérdida de memoria. La hipertensión portal se trata con betabloqueantes, que bajan la presión sanguínea, y en ocasiones, cirugía para reducir la presión en el sistema portal. El último recurso es el trasplante de hígado.

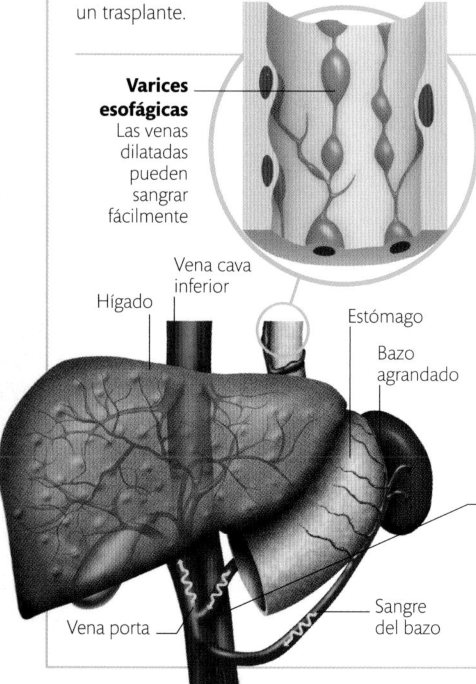
Varices esofágicas Las venas dilatadas pueden sangrar fácilmente
Vena cava inferior
Hígado
Estómago
Bazo agrandado
Vena porta
Sangre del bazo

Sangre del estómago

Flujo sanguíneo obstruido
La restricción del flujo sanguíneo en el sistema portal eleva la presión tras el bloqueo. Esto hace que las venas se dilaten y el bazo se agrande.

HEPATITIS VÍRICA

La inflamación del hígado suele deberse a los virus de la hepatitis A, B, C.

El virus de la hepatitis A (VHA) se transmite por agua y alimentos contaminados por heces infectadas; la enfermedad causa ictericia, fiebre, náuseas, vómitos y dolor en la parte superior del abdomen. La mayoría de afectados se recuperan en 2 meses. Los virus de las hepatitis B (VHB) y C (VHC) se contraen por fluidos corporales infectados como sangre y semen. El VHB causa una hepatitis aguda que puede volverse crónica. A menudo la hepatitis C no presenta síntomas iniciales, pero puede cronificarse. La hepatitis vírica crónica puede causar cirrosis y cáncer de hígado, aunque los antivíricos reducen el riesgo.

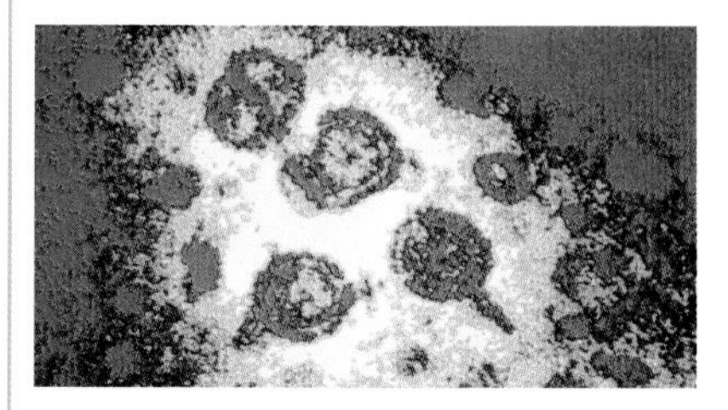

Hepatitis B
El virus se transmite por transfusiones de sangre, contacto sexual, jeringuillas compartidas, equipo de tatuaje sin esterilizar o de la madre al bebé.

TUMORES HEPÁTICOS

Los tumores en el hígado suelen ser benignos (no cancerosos), pero un cáncer surgido en otras partes del cuerpo puede metastatizar en él.

Los tumores hepáticos benignos suelen ser hemangiomas (masas de vasos sanguíneos) o adenomas (proliferación excesiva de células normales); no suelen dar síntomas ni requerir tratamiento. Los cancerosos suelen deberse a un cáncer procedente de otra zona del cuerpo (colon, estómago, mamas, ovarios, pulmones, riñones o próstata). El cáncer originado en el hígado (cáncer hepático primario) más frecuente es el hepatocarcinoma, que puede deberse a hepatitis vírica crónica, cirrosis o exposición a toxinas. Causa dolor abdominal, pérdida de peso, náuseas, vómitos, ictericia y una masa en el abdomen. Se diagnostica por ecografía o TC y biopsia. El tratamiento puede incluir la extirpación quirúrgica del tumor, radioterapia, quimioterapia y el trasplante de hígado. El pronóstico depende de la extensión del cáncer.

ABSCESO HEPÁTICO

Un absceso, o masa llena de pus, en el hígado suele deberse a bacterias procedentes de otras partes del cuerpo.

Un absceso piógeno (bacteriano) suele deberse a bacterias procedentes de una infección abdominal (apendicitis, colangitis, diverticulitis o perforación intestinal) o de la sangre. Causa sensación repentina de malestar, pérdida de apetito, fiebre alta y dolor en el cuadrante superior derecho del abdomen, aunque puede estar presente durante semanas con escasos síntomas. Se detecta con ecografía o TC y se trata drenando el pus con una aguja (a través de la piel o durante una intervención quirúrgica abdominal) y luego con antibióticos. Si no se trata, el índice de mortalidad es elevado. Los abscesos también pueden deberse a infecciones fúngicas o amebianas, sobre todo en los trópicos.

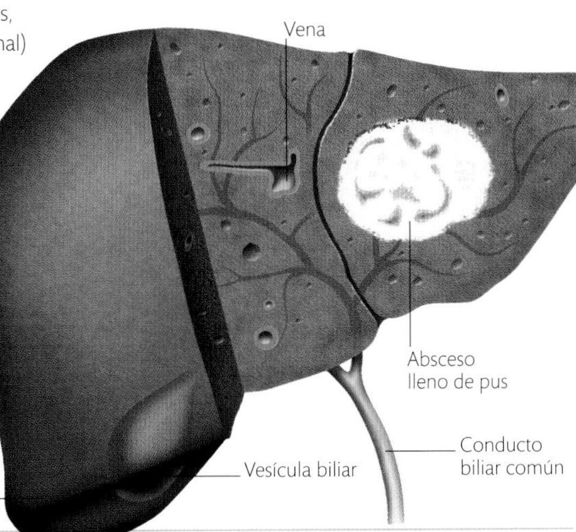
Vena
Absceso lleno de pus
Conducto biliar común
Vesícula biliar
Hígado

Absceso piógeno
Los abscesos pueden ser únicos o múltiples, y suelen localizarse en el lóbulo derecho. Son más frecuentes en diabéticos y personas con el sistema inmunitario debilitado.

CÁLCULOS BILIARES

Son masas de bilis endurecida (piedras) que pueden formarse en cualquier lugar de los conductos biliares, aunque suelen hacerlo en la vesícula.

Pueden ser únicos o múltiples y de tamaño variable (algunos alcanzan varios centímetros de ancho). Casi todos están compuestos por colesterol; algunos son pigmentarios, formados por bilirrubina y calcio, y los demás son una mezcla de ambos tipos. Son más frecuentes en mujeres, personas de raza blanca obesas y ancianos. Tardan años en formarse y no suelen producirse síntomas a menos que se alojen en los conductos que drenan la vesícula o el páncreas. Si esto ocurre, al contraerse la vesícula (por ejemplo, tras una comida grasa) puede aparecer un cólico biliar: dolor intenso y creciente en la parte superior del abdomen, a menudo con náuseas y vómitos. Los cálculos se pueden detectar con ecografía y, si causan dolor, se puede extirpar la vesícula biliar (colecistectomía).

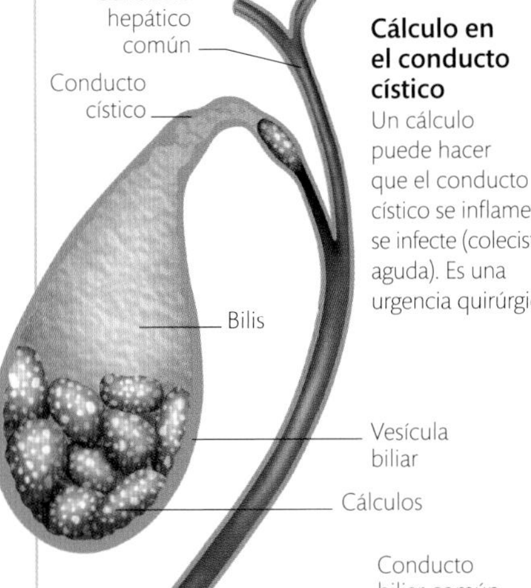
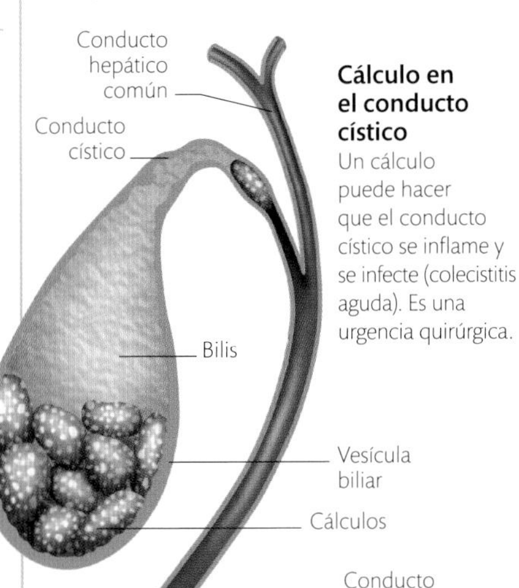
Conducto hepático común
Conducto cístico
Bilis
Vesícula biliar
Cálculos
Conducto biliar común

Cálculo en el conducto cístico
Un cálculo puede hacer que el conducto cístico se inflame y se infecte (colecistitis aguda). Es una urgencia quirúrgica.

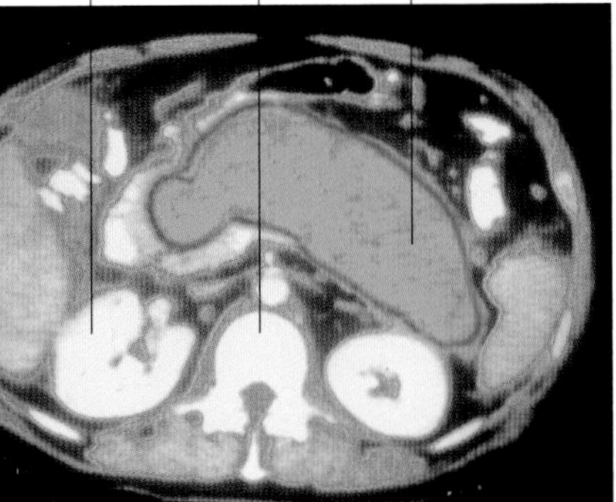
Riñón
Médula espinal
Páncreas

Pancreatitis en una TC abdominal
El área azul que aparece en esta tomografía de abdomen alto corresponde al páncreas agrandado debido a la pancreatitis.

PANCREATITIS

La inflamación del páncreas se debe a enzimas producidas por el propio órgano que dañan sus tejidos (autodigestión).

El páncreas produce enzimas que ayudan a la digestión de los alimentos en el duodeno. Sin embargo, si estas enzimas se activan en el órgano, lo digieren. Esto causa la inflamación del páncreas. Este trastorno puede ser agudo (repentino) o crónico (a largo plazo). Así, la pancreatitis aguda causa un dolor intenso en la zona superior del abdomen que penetra hasta la espalda junto con náuseas graves y/o vómitos, y fiebre, pero el páncreas se cura sin pérdida de funciones. En la pancreatitis crónica, ataques sucesivos de inflamación causan daños permanentes y pérdida de funciones que puede provocar diabetes mellitus y disminución de la capacidad para digerir grasas.

Las causas más importantes son los cálculos biliares, si obstaculizan el drenaje del páncreas, y el abuso prolongado de alcohol, que deteriora las funciones de las células pancreáticas. Otras causas pueden ser lesiones en el páncreas, ciertos fármacos e infecciones víricas. Este trastorno se diagnostica detectando niveles elevados de amilasa (una enzima pancreática) en sangre y alteraciones específicas mediante TC. Se trata con analgésicos y antibióticos, y corrigiendo la causa subyacente.

Cálculo en el conducto cístico
Un cálculo puede hacer que el conducto cístico se inflame y se infecte (colecistitis aguda). Es una urgencia quirúrgica.

Conducto cístico
Vesícula biliar
Bilis
Cálculos
Cálculo en el conducto biliar común

CÁNCER DE PÁNCREAS

Los tumores malignos en el páncreas son una causa frecuente de muerte por cáncer; al no causar síntomas en sus fases iniciales, no se detectan hasta que se extienden.

Es más frecuente en hombres de más de 60 años. Son factores de riesgo el tabaquismo, la obesidad, la dieta inadecuada (exceso de carnes rojas y carnes procesadas), la pancreatitis crónica y antecedentes familiares. Los síntomas no aparecen hasta que la enfermedad ya está avanzada y comprenden dolor en la parte superior del abdomen que pasa hasta la espalda y grave pérdida de peso. El cáncer en la cabeza del páncreas puede obstaculizar el flujo de la bilis desde la vesícula, lo cual causa ictericia, picor generalizado, heces pálidas y orina oscura. El diagnóstico se lleva a cabo buscando marcadores tumorales (sustancias segregadas por el cáncer) en la sangre y con TC y biopsia. Se puede ofrecer cirugía a los pacientes, pero el tratamiento solamente alivia los síntomas: solo un 25 % supera el año de vida tras el diagnóstico.

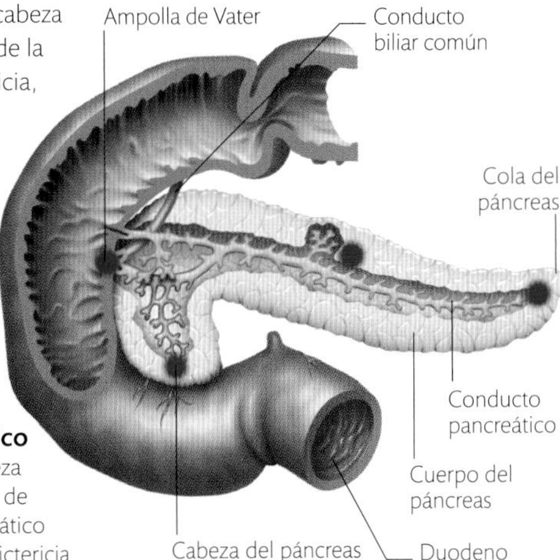
Ampolla de Vater
Conducto biliar común
Cola del páncreas
Conducto pancreático
Cuerpo del páncreas
Cabeza del páncreas
Duodeno

Localizaciones del cáncer pancreático
La mayoría de tumores se forman en la cabeza del páncreas. Los que surgen en la ampolla de Vater, donde se unen los conductos pancreático y biliar común, causan obstrucción biliar e ictericia.

PROBLEMAS RENALES Y URINARIOS

El sistema urinario excreta materiales de desecho de la sangre. Los riñones tienen también un papel importante en el sistema renina-angiotensina, que regula la presión sanguínea, y en el metabolismo de la vitamina D; además segregan eritropoyetina para estimular la producción de glóbulos rojos. Las enfermedades renales afectan a todas estas funciones.

INFECCIONES DEL TRACTO URINARIO

Las infecciones urinarias surgen cuando la orina, normalmente estéril, se contamina con bacterias intestinales. Las bacterias pueden subir por la uretra hasta la vejiga, o, con menos frecuencia, pasar de la sangre al tracto urinario. La presencia de azúcar en la orina, que se da en la diabetes, o de cálculos en el tracto urinario, puede favorecer la invasión bacteriana, especialmente si existen obstrucciones del flujo urinario.

CISTITIS

La inflamación del revestimiento de la vejiga suele deberse a una infección, frecuentemente por bacterias que suelen hallarse en los intestinos.

Es más frecuente en mujeres y produce síntomas como dolor o escozor durante la micción, necesidad frecuente de orinar, dolor abdominal, fiebre y sangre en la orina. En los hombres es rara y su causa suele ser algún trastorno del tracto urinario. El sistema inmunitario puede vencer bajos niveles de bacterias, pero una vez establecida la cistitis se pueden necesitar antibióticos para evitar que la infección se cronifique y detener su avance hacia los riñones. El diagnóstico se realiza a partir de los síntomas y con análisis de orina en busca de leucocitos, nitritos y sangre. Los análisis de orina permiten confirmar la bacteria causante de la infección y se realizan pruebas para encontrar el antibiótico capaz de erradicarla. Beber muchos líquidos (sobre todo agua) y orinar tras el acto sexual ayudan a evitar futuras infecciones. Otras formas de cistitis pueden ser desencadenadas por ciertos alimentos o bebidas, o por clamidias, y el síndrome uretral, en el que enfermedades inflamatorias de la uretra y la vejiga causan síntomas de cistitis.

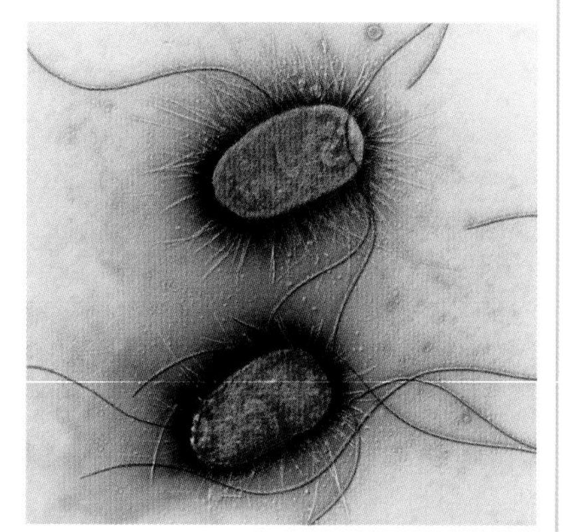

Infección bacteriana
E. coli es un bacilo que vive en los intestinos y el perineo. Suele ser inofensivo, pero puede migrar a otros órganos e infectarlos. Es el responsable de la mayoría de casos de cistitis.

PIELONEFRITIS

La inflamación de los riñones por infección bacteriana se llama pielonefritis. Suele deberse a bacterias que entran en el tracto urinario por la uretra.

La pielonefritis es una infección más grave que la cistitis (arriba), pero si se trata a tiempo no causa daños permanentes en los riñones. En el 80 % de los casos la causa un agresivo subgrupo de la bacteria *Escherichia coli*, que migra de la vejiga a los riñones a través de los uréteres, y con menos frecuencia otros organismos, como bacterias *Proteus* y estafilococos, o la tuberculosis. Los síntomas comprenden micción frecuente y/o dolorosa, fiebre, dolor de espalda, sangre en la orina, cansancio y náuseas. Rara vez se forma un absceso en el riñón, o la infección se disemina por la sangre. Se diagnostica con análisis de orina (a fin de encontrar bacterias). Radiografías, ecografías y otras técnicas de exploración por la imagen se emplean para detectar cálculos u otros daños en los riñones. Pueden ser necesarios largos tratamientos con antibióticos para acabar con la infección, así como cirugía para corregir problemas como los cálculos renales (derecha).

GLOMERULONEFRITIS

En este complejo trastorno, los glomérulos (diminutas unidades de filtración de los riñones) se inflaman y quedan dañados.

La inflamación glomerular puede producirse de forma aislada, por un trastorno del sistema inmunitario o por una infección, así como por otras enfermedades sistémicas, como LES o poliarteritis nodosa (p. 483). Los glomérulos dañados no filtran eficazmente los residuos de la sangre y surgen problemas como insuficiencia renal, síndrome nefrótico (inflamación de los tejidos corporales y proteínas en la orina) y síndrome nefrítico (inflamación de los tejidos corporales y proteínas y sangre en la orina).

Se diagnostica con análisis de sangre y de orina, radiografías, resonancia magnética o biopsia de tejidos del riñón. El tratamiento y el pronóstico dependen de varios factores: la causa del trastorno, su gravedad y la presencia de otras enfermedades.

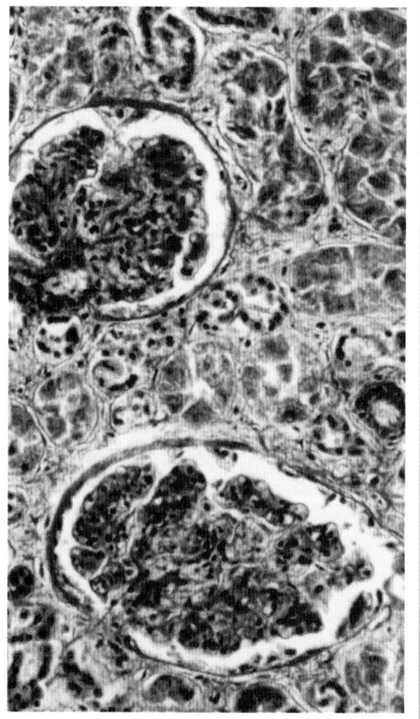

Glomérulos inflamados
Micrografía óptica de tres glomérulos (las áreas de color azul oscuro) en un riñón con glomerulonefritis. Para diagnosticar el trastorno se analiza una muestra de tejido (biopsia) del riñón.

CÁLCULOS RENALES

Los cálculos (piedras) renales se forman a partir de depósitos de materiales de desecho que pasan por los riñones. Son más frecuentes en hombres jóvenes.

No se conoce la causa exacta de la formación de cálculos (litiasis) en los riñones, pero la deshidratación, las afecciones que producen altos niveles de calcio y otros compuestos, y las infecciones urinarias predisponen a ella. En algunos casos están asociados a trastornos genéticos o metabólicos, como la gota. No suelen causar dolor hasta que pasan a la uretra, cuando pueden causar fuerte dolor abdominal, sangre en la orina o infección. El diagnóstico se confirma con radiografía o TC. El 40 % de los cálculos se expulsa al orinar, pero otros causan obstrucciones, infecciones, reflujo de orina e insuficiencia renal, y deben extirparse con técnicas quirúrgicas como litotricia (rotura de la piedra mediante ondas de choque para luego eliminarla con la orina), la ureterorrenoscopia (pasando un tubo por el tracto urinario hasta llegar a la piedra) o cirugía abierta.

Crecimiento de los cálculos renales
La mayoría son pequeños y se expulsan con la orina. Los más grandes crecen lentamente en los cálices y la pelvis renal, en el centro del riñón, adquiriendo una forma redondeada con cuernos.

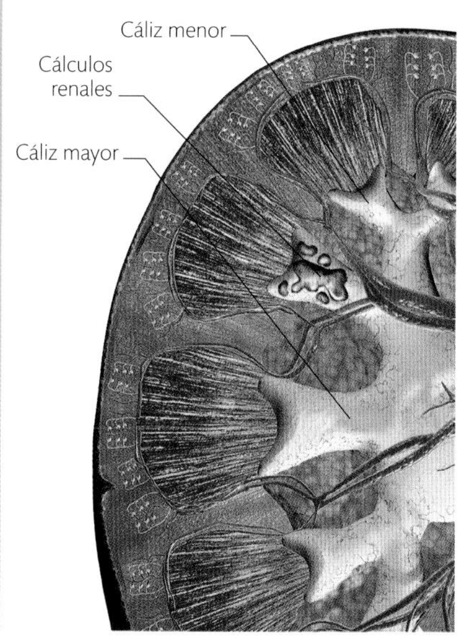
Cáliz menor
Cálculos renales
Cáliz mayor

INSUFICIENCIA RENAL

La pérdida repentina (aguda) de la función renal conlleva un riesgo mortal inmediato; la insuficiencia crónica produce un deterioro lento y progresivo.

La principal función de los riñones (filtrar los residuos de la sangre) puede verse afectada repentinamente por trastornos graves como shock, quemaduras, hemorragias, infecciones, infarto de miocardio, enfermedades del riñón y por trastornos que causan bloqueo del flujo urinario. El paracetamol, los antiinflamatorios, algunos antibióticos y medicamentos para el cáncer y enfermedades cardíacas también pueden reducir la función renal. Los síntomas de la insuficiencia renal aguda comprenden orina escasa, náuseas, vómitos, dificultades respiratorias, confusión y finalmente coma. Se trata con diálisis, un sistema para eliminar los residuos de la sangre, hasta que los riñones se recuperan.

La insuficiencia renal crónica consiste en la pérdida progresiva de células renales y es característica de trastornos crónicos como enfermedades renales, diabetes e hipertensión, y hereditarios, como la poliquistosis renal (riñón poliquístico). Se trata actuando sobre la causa subyacente y mejorando la producción de vitamina D y glóbulos rojos. Si los riñones fallan, puede precisarse diálisis y después trasplante de riñón.

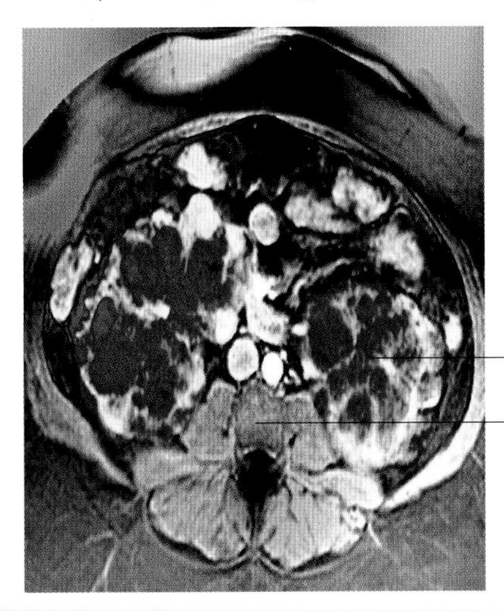
Riñones
Columna vertebral

Riñones poliquísticos
Los quistes crecen lentamente en los túbulos renales y en la edad adulta pueden alcanzar gran tamaño. El daño gradual que causan en el tejido normal conduce al deterioro de la función renal.

DIÁLISIS

Las personas con insuficiencia renal aguda o crónica pueden precisar terapia de sustitución de la función renal de filtrado de la sangre. En la hemodiálisis, la forma más habitual, la sangre pasa del paciente a una máquina a través de una cánula insertada en una vena grande (o de una conexión quirúrgica entre una arteria y una vena); en la máquina, los residuos y el exceso de agua se difunden en el dializado (líquido de diálisis), y luego la sangre filtrada se devuelve al cuerpo. El proceso tarda varias horas y se realiza dos o tres veces por semana. Otra opción es la diálisis peritoneal, en la que se utiliza como filtro la membrana que envuelve los órganos abdominales.

Diálisis peritoneal
El dializado se infunde en la cavidad abdominal mediante un catéter. Los residuos de la sangre pasan al líquido a través de la membrana peritoneal; después se sustituye el dializado.

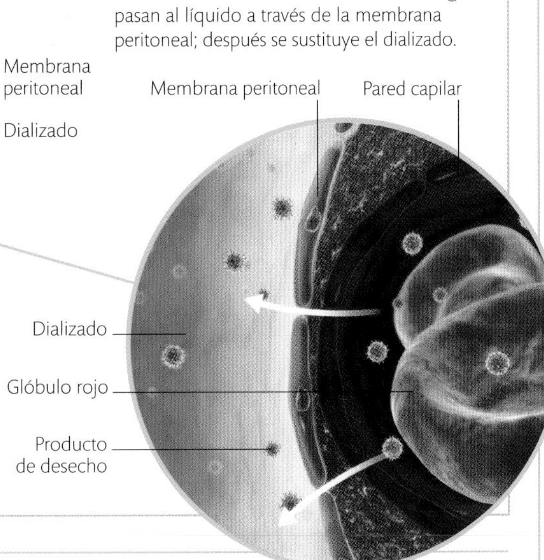
Membrana peritoneal
Dializado
Membrana peritoneal
Pared capilar
Dializado
Glóbulo rojo
Producto de desecho

INCONTINENCIA

Las pérdidas involuntarias de orina son cada más frecuentes con la edad.

Existen varias formas de incontinencia urinaria, como la de esfuerzo o la imperiosa, que consiste en la necesidad urgente e incontrolable de orinar, y el síndrome de la vejiga hiperactiva, que causa sensación de necesidad urgente de orinar, pero sin flujo. Varias enfermedades y la debilidad de algunas estructuras pueden causar fugas de orina (problemas de próstata y bajo tono muscular del suelo de la pelvis en la mujer). El diagnóstico puede requerir pruebas urodinámicas para comprobar aspectos funcionales del tracto urinario, como el caudal, la presión vesical y la acción del esfínter uretral. Se trata cambiando de dieta y de estilo de vida, y con fisioterapia, fármacos y, a veces, cirugía.

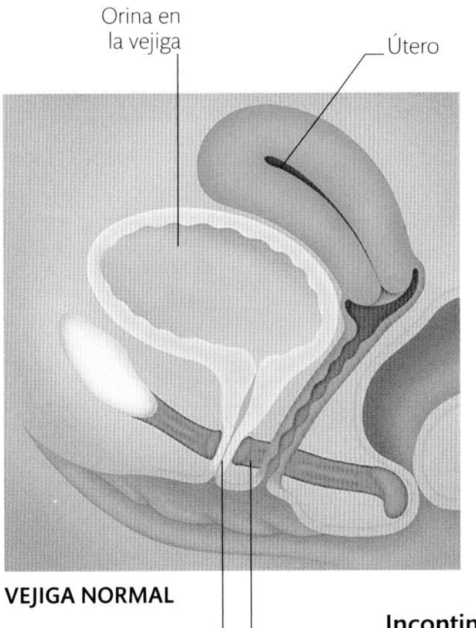
Orina en la vejiga
Útero
Músculo del suelo de la pelvis debilitado
VEJIGA NORMAL
VEJIGA INCONTINENTE
Uretra
Músculo del suelo de la pelvis

Incontinencia de esfuerzo
Procede del debilitamiento del esfínter uretral externo y de los músculos del suelo de la pelvis. Al toser o hacer esfuerzos, la presión en la vejiga supera a la de la uretra, y la orina gotea.

TUMORES RENALES

Suelen ser metástasis (formados por la propagación de otros cánceres), pero también puede surgir un cáncer de las células de los túbulos renales.

Los primeros indicios suelen ser hematuria (sangre en la orina), dolor de espalda, hinchazón abdominal y anemia. Menos frecuentes son los síntomas relacionados con otras funciones renales, como síndromes hormonales e hipertensión. Se extienden deprisa, sobre todo a pulmones, hígado y huesos, y los síntomas de las metástasis, como dolor óseo o dificultad para respirar, surgen en primer lugar. Se diagnostica con ecografía, TC, radiografía y biopsia de tejidos para confirmar la fase del tumor. Los tratamientos comprenden extirpación del riñón, radioterapia e inmunoterapia.

TUMORES DE VEJIGA

La mayoría de tumores vesicales se origina en las células del revestimiento interno, pero pueden desarrollarse también en el músculo y otras células de la vejiga.

El tumor de vejiga es más frecuente en hombres y en personas expuestas a carcinógenos en su trabajo (industrias del caucho y textil e imprenta), así como en fumadores y afectados de irritación vesical crónica por cálculos renales o por la infección tropical esquistosomiasis. A menudo el tumor pasa desapercibido; en ocasiones solo se detecta cuando aparecen síntomas como hematuria o retención de orina, con pérdida de peso y anemia. Los tratamientos comprenden radioterapia, extirpación del tumor o de la vejiga, y derivación de la orina por vía intestinal.

Célula cancerosa vesical
La mayoría de cánceres vesicales se desarrollan a partir de las células epiteliales que tapizan la vejiga y pueden avanzar mucho antes de causar los típicos síntomas de sangre en la orina o hinchazón abdominal.

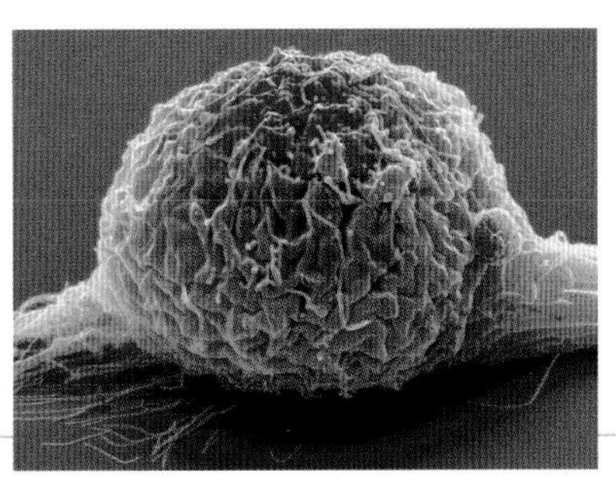

TRASTORNOS DEL APARATO REPRODUCTOR FEMENINO

El funcionamiento del aparato reproductor femenino implica complejas interacciones físicas y hormonales, y sus trastornos pueden deberse a alteraciones en muchos tejidos diferentes. En algunos casos tienen relevancia las influencias genéticas.

CÁNCER DE MAMA

Es el más frecuente en mujeres y puede desarrollarse en una parte de la mama o en los ganglios linfáticos próximos. Es responsable del 15 % de las muertes de mujeres por cáncer.

Se da con más frecuencia en mujeres a partir de los 45 años de edad y es raro antes de los 35. Afecta a 1 de cada 11 mujeres y también a los hombres en un porcentaje bajo. Hasta 1 de cada 10 casos se debe a predisposición genética; los genes implicados más relevantes son BRCA1 y BRCA2. Otros factores de riesgo son fumar, la obesidad y un cáncer previo de ovario o endometrio (revestimiento interno del útero).

El tipo más frecuente es el adenocarcinoma ductal, que se desarrolla en los conductos de la mama, aunque las tumoraciones pueden surgir en cualquier tejido mamario o en los ganglios linfáticos. Los primeros síntomas son un bulto indoloro, cambios en la piel, un pezón retraído (vuelto hacia adentro) o secreciones por el pezón. El diagnóstico se realiza con examen físico, ecografía o mamografía y biopsia de tejido mamario. Se pueden realizar pruebas posteriores, como análisis de sangre, TC o radiografías, para determinar su extensión. Se trata mediante extirpación quirúrgica del tumor, radioterapia o quimioterapia. La detección precoz es clave para aumentar las posibilidades de éxito del tratamiento; por ello, en algunos países se ofrece a las mujeres de la franja de edad con mayor riesgo (50–70 años) un programa de mamografías periódicas.

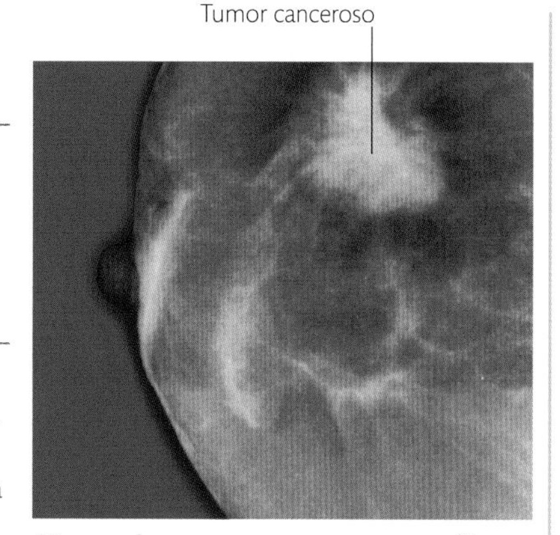
Tumor canceroso

Cáncer de mama en una mamografía
Una mamografía es una radiografía de mama en la que tumores y quistes, aparecen como áreas blancas más densas. Esta técnica radiológica se usa para detectar el cáncer de mama.

BULTOS EN LAS MAMAS

Un tumor maligno (canceroso) solo es uno de los tipos posibles de bultos mamarios. La causa más frecuente de la aparición de bultos antes de la menopausia es la fibroadenosis de mama, o mastopatía fibroquística. En este trastorno, algunas células mamarias se vuelven hiperactivas, tal vez en respuesta a cambios hormonales, y forman una masa sólida, pero no cancerosa (fibroadenoma), que se percibe al tacto como un bulto duro. Generalmente se notan uno o más bultos dolorosos que varían a lo largo del ciclo menstrual.

Los quistes (bolsas llenas de líquido) son más frecuentes en la premenopausia y pueden causar secreción por los pezones. Un bulto benigno suele decrecer a lo largo del siguiente ciclo menstrual, pero los permanentes precisan investigación para descartar el cáncer. Los nódulos sensibles no específicos que pueden aparecer o empeorar antes de la menstruación también pueden estar vinculados a cambios hormonales.

Localización de bultos mamarios
Los bultos pueden aparecer en cualquier lugar de la mama, pero son más frecuentes en el cuadrante lateral superior, cerca de la axila.

Fibroadenoma
Quiste
Tejido adiposo
Nódulo no específico

ENDOMETRIOSIS

Consiste en la proliferación de células parecidas a las del endometrio en otras partes del cuerpo.

El tejido formado por células endometriales fuera de su lugar original suele encontrarse en los ovarios o la cavidad abdominal, e incluso en pulmones, corazón, huesos y piel. Se desconoce la causa, pero se barajan varias teorías, como el reflujo de la sangre menstrual o la diseminación de las células por los vasos sanguíneos y linfáticos. Algunas mujeres no tienen síntomas; otras sufren fuertes dolores menstruales, hemorragia vaginal o anal, dolor durante el acto sexual y problemas de fertilidad. Se trata con antiinflamatorios, hormonas o la píldora anticonceptiva, y cirugía para extirpar tejidos anómalos.

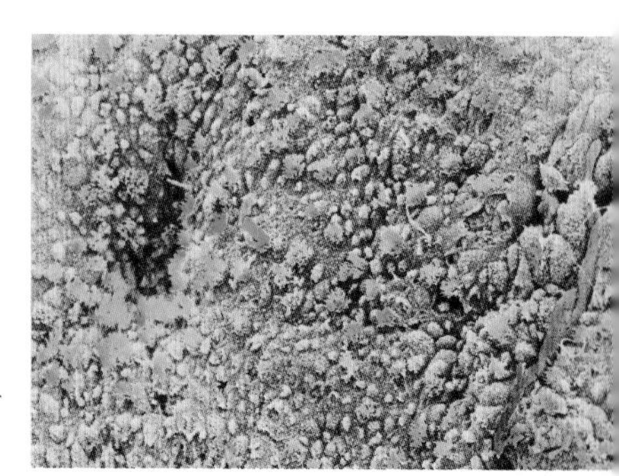

Endometriosis
Las células endometriales (verde y amarillo) que muestra esta micrografía electrónica están sobre un quiste ovárico. Responden a hormonas cíclicas y causan hemorragias en la cavidad pelviana.

Mioma subseroso
Trompa de Falopio
Mioma intramural
Ovario
Útero
Mioma submucoso
Mioma cervical

Localización de los miomas
Los miomas, también llamados fibromas o leiomiomas uterinos, pueden surgir en cualquier parte de la pared del útero y se clasifican según su localización o la capa de tejido en que se originan.

MIOMAS

Estos tumores no cancerosos del músculo liso del interior del útero a menudo no causan síntomas, pero pueden alcanzar un tamaño enorme.

Los miomas afectan a 1 de cada 5 mujeres y son más frecuentes en las que nunca han estado embarazadas. No se conoce su causa, pero al ser estrogenodependientes suelen reducirse tras la menopausia. Los miomas causan hinchazón o distensión del abdomen, dolor abdominal y lumbar, menstruaciones abundantes y dolorosas, y esterilidad; al dar a luz, los muy grandes pueden obstruir el canal del parto. Se localizan mediante ecografía y se tratan con antiinflamatorios u hormonas. Los problemáticos y persistentes pueden requerir extirpación quirúrgica.

TRASTORNOS MENSTRUALES

El ciclo menstrual normal puede verse alterado por numerosos factores, tanto físicos como psicológicos.

El ciclo menstrual está controlado por complejas influencias hormonales desde el cerebro (hormonas estimulante del folículo y lutenizante), los ovarios (estrógenos y progesterona) y otros tejidos. Son frecuentes los desarreglos y trastornos de corta duración causados por variaciones de estas hormonas, o por la dieta, estados mentales o inmunitarios alterados, otras enfermedades o medicación. Pueden darse menstruaciones abundantes, menstruaciones dolorosas (dismenorrea), falta de menstruación (amenorrea) y sangrado en momentos anómalos del ciclo sin graves consecuencias, pero los trastornos recurrentes pueden requerir investigación posterior.

QUISTES OVÁRICOS

Son bolsas llenas de líquido relacionadas con cambios cíclicos. Suelen ser benignos, pero algunos pueden ser cancerosos.

Durante cada ciclo menstrual crece un folículo en torno a un óvulo en el ovario; una vez liberado el óvulo, el folículo vacío (cuerpo lúteo) se reduce. Los folículos pueden convertirse en cualquier fase de desarrollo en «quistes funcionales», el tipo más común, que desaparecen de manera espontánea. Sin embargo, un 6-8% de mujeres sufre el síndrome del ovario poliquístico, en el que se desarrollan múltiples quistes. Este trastorno se asocia a desequilibrios hormonales y altos niveles de testosterona, y cursa con hirsutismo, obesidad, mestruación irregular, reducción de la fertilidad y acné. La dieta ayuda a controlarlo, pero a veces se precisa tratamiento hormonal. Los quistes pueden volverse cancerosos, sobre todo los que aparecen tras la menopausia.

Quiste lleno de líquido

Quiste
Los quistes foliculares y lúteos suelen encoger al final del ciclo menstrual. Los que persisten precisan investigación.

CÁNCER DE OVARIO

Aunque menos frecuente que el cáncer de mama, este puede ser más peligroso, ya que con frecuencia es asintomático hasta que se ha extendido.

Suele presentarse a partir de los 40 años y el riesgo aumenta con la edad. Es más frecuente en mujeres con antecedentes familiares; en las que han tenido periodos prolongados de ovulación continuada; en madres primerizas a edad tardía; en obesas y en fumadoras.

Los anticonceptivos orales proporcionan cierta protección contra el cáncer de ovario al suprimir la ovulación, pero la terapia hormonal sustitutoria (THS) puede aumentar ligeramente el riesgo, ya que este cáncer es sensible a los estrógenos. Los síntomas tardan en manifestarse y comprenden malestar e hinchazón abdominal persistente, dolor lumbar, adelgazamiento y, con menos frecuencia, reglas irregulares, acumulación de orina en la vejiga y peritonitis. Puede extenderse al útero y los intestinos, y a través de los vasos linfáticos y el torrente sanguíneo. Se diagnostica mediante examen físico, técnicas de exploración por la imagen o biopsia. El tumor tiene que extirparse en la medida de lo posible mediante cirugía y precisa quimioterapia a fin de destruir las células cancerosas antes y después de la intervención.

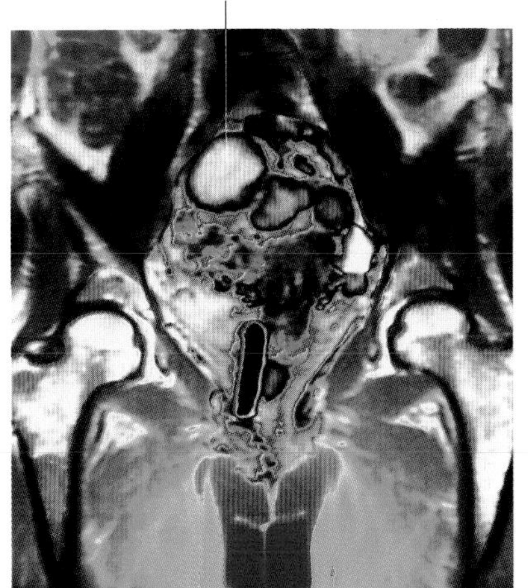
Tumor ovárico

Cáncer de ovario
Esta resonancia magnética coloreada revela un cáncer de ovario (marrón; en el centro, arriba) entre los tejidos de la cavidad pelviana.

CÁNCER CERVICAL

El desarrollo de un cáncer en el cérvix es frecuente entre los 30 y los 40 años de edad. Este tipo de cáncer se relaciona con la infección por virus del papiloma humano (VPH).

Es uno de los cánceres más diagnosticados en mujeres. Se desarrolla lentamente y se puede detectar mediante análisis de células (citología) y tejidos, y tratar en fases iniciales. Algunos de los factores de riesgo son fumar y haber tenido muchos hijos. El síntoma más frecuente es el sangrado vaginal irregular. Se diagnostica por colposcopia (examen físico del cuello uterino con un instrumento de aumento) y biopsia del tejido; posteriormente se llevan a cabo pruebas radiológicas para averiguar si se ha extendido. El tratamiento consiste en la extirpación quirúrgica parcial o total del cérvix o del útero, así como quimioterapia o radioterapia. El resultado depende de la gravedad de las alteraciones y de su extensión. Además, la accesibilidad a la vacuna contra la infección por VPH debería contribuir a reducir su frecuencia.

CITOLOGÍA CERVICAL

La prueba de Papanicolau (citología cervicovaginal) ha reducido la mortalidad por esta enfermedad. Consiste en tomar una muestra (frotis) de células del cérvix para detectar el VPH. Si está presente, se examinan posibles anomalías. Muchas alteraciones celulares son menores y desaparecen en 6 meses, pero las más graves requieren tratamiento. Las células precancerosas se detectan precozmente; suele hallarse en mujeres de menos de 35 años.

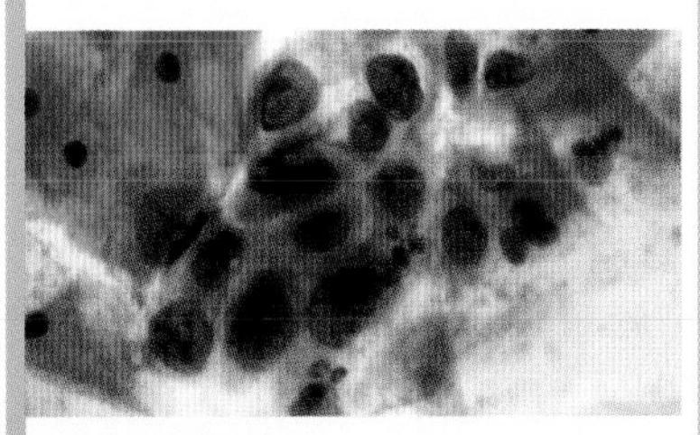

Frotis cervical
Las áreas oscuras de esta muestra corresponden a células precancerosas. La citología permite detectar la enfermedad en una fase inicial y tratable, y evitar el desarrollo del cáncer.

CÁNCER DE ÚTERO

Casi todos los cánceres de útero se originan en el endometrio o revestimiento interno. El miosarcoma (cáncer del tejido muscular) es mucho menos frecuente.

El carcinoma endometrial es infrecuente antes de los 50 años. Suele producir menstruaciones irregulares, sangrado anormal posmenopáusico poscoital, a veces con dolor o secreciones. No se conoce su causa, pero se relaciona con el exceso de estrógenos. Son factores de riesgo la obesidad; la menarquía (inicio de la menstruación) temprana; la menopausia tardía o la nuliparidad (no haber tenido hijos), así como la hiperplasia endometrial (crecimiento excesivo del endometrio) y raros tumores productores de estrógenos. El diagnóstico se confirma por ecografía y biopsia. El tratamiento principal es la cirugía, aunque se puede administrar radioterapia, terapia hormonal o quimioterapia.

Endometrio
Trompa de Falopio
Ovario
Útero
Tumor en crecimiento

Tumor uterino
En la mayoría de los casos, las células endometriales que tapizan la pared interna del útero forman un tumor que crece hacia el interior del órgano.

ENFERMEDAD INFLAMATORIA PÉLVICA

La inflamación del útero y las trompas de Falopio pueden causar esterilidad y mayor riesgo de embarazo ectópico.

La enfermedad inflamatoria pélvica (EIP) suele deberse a enfermedades de transmisión sexual (ETS) que pasan desapercibidas durante semanas o meses. Los factores de riesgo comprenden cambios de pareja sexual, una EIP o una ETS previas, o la inserción de un DIU (dispositivo intrauterino). Puede producir hemorragia y secreciones vaginales anómalas, dolor, fiebre o dolor de espalda, aunque en ocasiones no produce síntomas. Si no se trata, puede causar inflamación, engrosamiento y cicatrización de tejidos, y formación de quistes. El diagnóstico de este trastorno se confirma con frotis de la zona, ecografía y laparoscopia. Se trata con antibióticos.

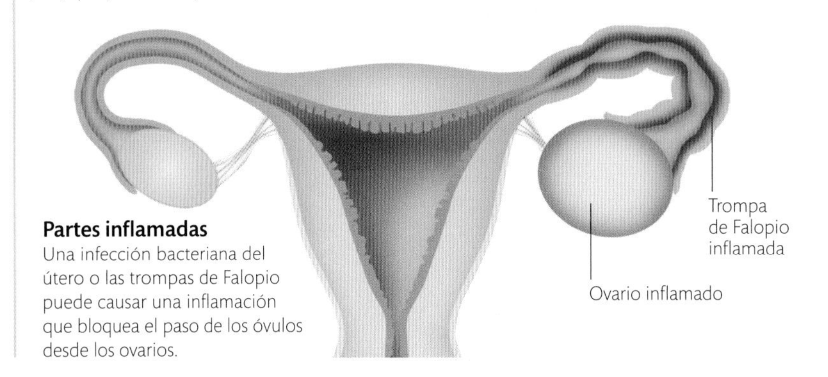
Trompa de Falopio inflamada
Ovario inflamado

Partes inflamadas
Una infección bacteriana del útero o las trompas de Falopio puede causar una inflamación que bloquea el paso de los óvulos desde los ovarios.

TRASTORNOS DEL APARATO REPRODUCTOR MASCULINO

El funcionamiento del aparato reproductor masculino implica complejas interacciones físicas y hormonales entre testículos, pene, próstata y vesículas seminales; la hipófisis y el hipotálamo, en el cerebro; y las glándulas adrenales, el hígado y otros tejidos. Una alteración de cualquiera de estos tejidos puede causar un trastorno.

HIDROCELE

Se trata de una acumulación de líquido alrededor de los testículos y puede ser benigno o un indicio de enfermedades subyacentes que precisa investigación.

El hidrocele es frecuente en neonatos. Se cree que se forma en el feto cuando el conducto por el que descienden los testículos del abdomen al escroto no se cierra correctamente y deja pasar líquido abdominal; a veces se da una hernia asociada, ya que también parte del intestino puede salir hacia el escroto. El hidrocele suele reabsorberse al crecer el bebé; si persiste pasados los 12 o 18 meses de edad puede requerir cirugía para drenarlo y cerrar el conducto. En hombres mayores, un hidrocele puede desarrollarse lentamente hasta alcanzar un tamaño notable antes de que el paciente acuda a la consulta. No suele haber una causa obvia, pero a veces el líquido procede de una inflamación de los testículos por infecciones, lesiones o un tumor. Hay que llevar a cabo una ecografía para poder detectar problemas subyacentes. El tratamiento consiste en extraer el líquido o corregir la causa.

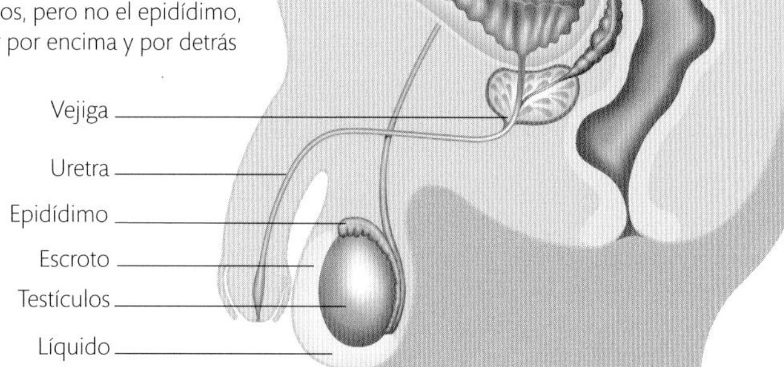
Vejiga
Uretra
Epidídimo
Escroto
Testículos
Líquido

Testículos hinchados
El líquido del hidrocele está contenido en una membrana de doble capa que rodea en parte los testículos, pero no el epidídimo, que se puede notar por encima y por detrás de la hinchazón.

QUISTES DE EPIDÍDIMO

Estas formaciones llenas de líquido se localizan en la parte superior del epidídimo, conducto que almacena espermatozoides procedentes del testículo.

Más frecuentes en hombres de mediana edad y ancianos, estos quistes (espermatoceles) suelen formarse en ambos testículos y ser indoloros. Pueden alcanzar cualquier tamaño, pero no requieren extirpación a menos que duelan o crezcan demasiado. Existe una relación con trastornos genéticos como fibrosis quística y enfermedad poliquística renal. Se detectan con un examen físico: difieren de los hidroceles en que la hinchazón se nota en la parte superior, y de los quistes testiculares en que se notan separados de los testículos. El diagnóstico se confirma con ecografía o, con menos frecuencia, examinando una muestra del contenido. Si son grandes o duelen, pueden extirparse con cirugía.

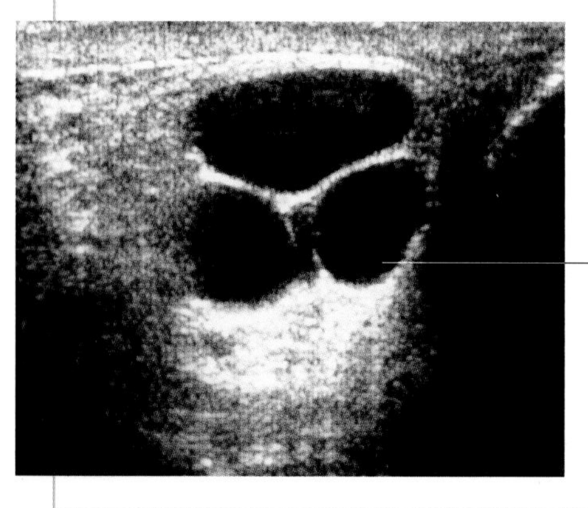
Quiste de epidídimo

Quistes de epidídimo vistos por ecografía
Esta imagen revela tres quistes llenos de líquido en la cabeza del epidídimo. Estos quistes crecen lentamente y son inofensivos.

CÁNCER DE TESTÍCULO

Es el más frecuente entre los 15 y los 45 años, y su incidencia va en aumento. Suele causar un bulto indoloro en uno de los testículos.

La criptorquidia (descenso incompleto de los testículos), el historial familiar, ser de raza blanca y, con menos frecuencia, la esterilidad y ser VIH-positivo son factores de riesgo. Se distinguen varios tipos de cáncer testicular. La mitad son seminomas, que se desarrollan en los túbulos seminíferos (estructuras responsables del desarrollo de espermatozoides). El resto, casi todos teratomas, proceden de otros tipos de células.

El diagnóstico se confirma con ecografía y biopsia, o incluso extirpación del testículo si existen claras posibilidades de cáncer. Los marcadores tumorales en sangre son capaces de indicar ciertos tipos de cáncer, pero un resultado negativo no los excluye todos. Más del 90 % se cura. El tratamiento comprende extirpación quirúrgica, seguida de quimioterapia o radioterapia. Dichos tratamientos pueden producir esterilidad; por ello se puede conservar semen para una posible inseminación artificial. El autoexamen periódico permite detectar la mayoría de bultos en una fase temprana, lo que mejora el pronóstico.

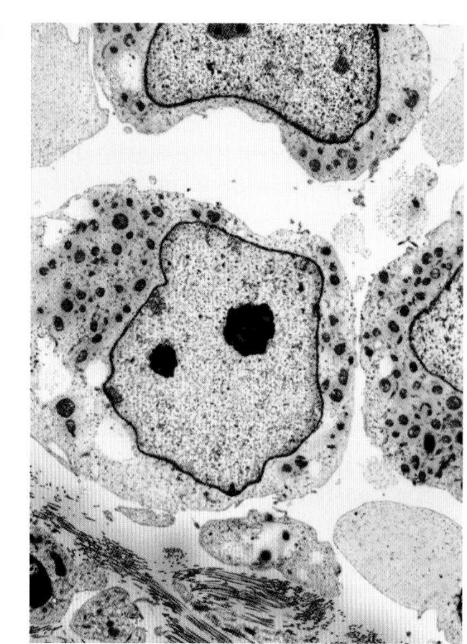

Sección de células cancerosas
En la imagen se aprecian tres células de teratoma maligno (un cáncer testicular), en proceso de rápida división, con grandes núcleos irregulares (marrón claro) y citoplasma verde.

Cáncer
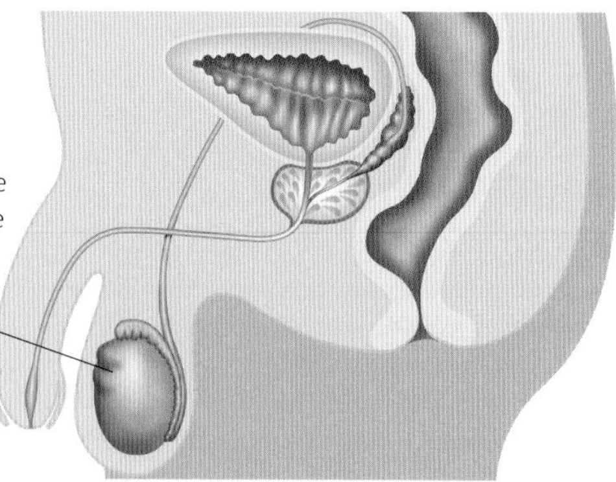

Tumor de testículo
Los tumores testiculares de este tamaño suelen ser indoloros y se notan mediante autoexamen como un bulto o hinchazón dolorosa de la ingle o el testículo.

DISFUNCIÓN ERÉCTIL

La dificultad para lograr o mantener la erección es un problema frecuente que puede ser indicio de estrés o de una enfermedad física.

La disfunción eréctil, o impotencia sexual masculina, abarca desde una erección débil hasta la incapacidad total para la penetración. Las causas más sencillas suelen ser cansancio, consumo de alcohol, estrés o depresión. La propia disfunción puede generar una ansiedad que perpetúa el problema. Las causas físicas comprenden falta de riego sanguíneo, como sucede en la enfermedad vascular periférica; un trastorno neurológico, como en la esclerosis múltiple; o una combinación de ambos, como en la diabetes avanzada o no controlada. El tratamiento comprende psicoterapia o tratar la enfermedad subyacente; los casos persistentes pueden requerir terapias farmacológicas.

TRASTORNOS DE PRÓSTATA

La próstata, una glándula del tamaño de una nuez situada en la base de la vejiga y que rodea la uretra, segrega un líquido alcalino para proteger y nutrir a los espermatozoides. El trastorno más frecuente es la hiperplasia prostática benigna (HPB), consistente en el aumento de tamaño de la glándula con la edad, que a veces obstruye el flujo de la orina por la uretra. Se desconoce su causa, pero hacia los 70 años, el 70 % de varones la padecen. La próstata también puede infectarse e inflamarse, y desarrollar cáncer a partir de cualquier tipo de células.

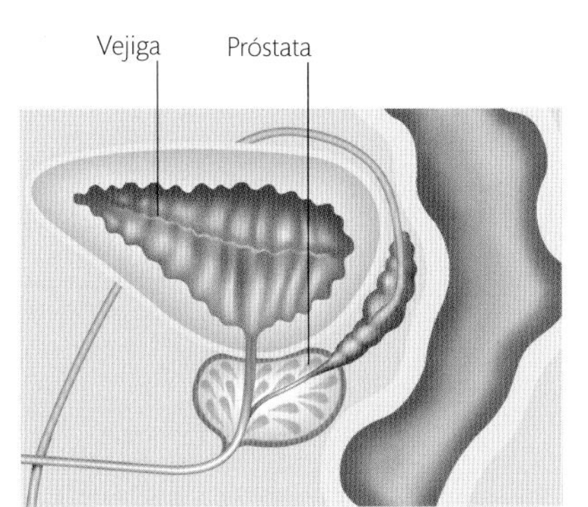
Vejiga
Próstata

Próstata normal
La próstata rodea la uretra en el punto en que esta sale de la vejiga y segrega un líquido que se mezcla con los espermatozoides.

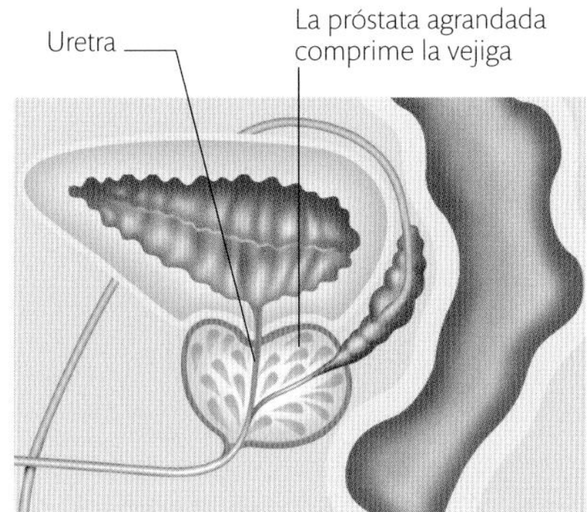
Uretra
La próstata agrandada comprime la vejiga

Próstata hipertrofiada
Al agrandarse, la próstata comprime la uretra y causa flujo de orina escaso e intermitente, y necesidad frecuente de orinar. El bloqueo total requiere cirugía.

HIPERPLASIA DE PRÓSTATA

Existen varias causas posibles del agrandamiento de la próstata, entre ellas la hiperplasia prostática benigna (HPB), la prostatitis y tumores benignos o cancerosos.

La mayoría de hombres ignora su próstata hasta llegar a la mediana edad, cuando los trastornos de la glándula son frecuentes. Los síntomas comprenden una necesidad urgente de orinar, dificultad para hacerlo, micción escasa y goteo, incontinencia o retención de orina. La causa más frecuente de estos problemas es una hiperplasia prostática benigna (HPB) o hipertrofia no cancerosa de la glándula. Para confirmar el diagnóstico de HBP y descartar el cáncer, se lleva a cabo un examen físico de la próstata, a menudo con ecografía, biopsia y prueba del PSA (abajo). También se realizan estudios de flujo de orina y cistografía (examen de la vejiga con cámara endoscópica). En el caso de que los síntomas afecten a la calidad de vida, se puede administrar medicación para relajar la musculatura lisa de la próstata y el cuello de la vejiga para facilitar el flujo de orina. También se puede emplear cirugía para reducir la presión sobre la vejiga y la uretra, o para extirpar toda la glándula.

PROSTATITIS

La inflamación o la infección de la próstata pueden ser agudas (de corta duración) o crónicas (persistentes).

El término prostatitis se aplica a varios trastornos con síntomas similares. La prostatitis bacteriana aguda es un trastorno grave, pero relativamente raro, que puede requerir hospitalización, pero que se trata con eficacia. La prostatitis crónica es una infección bacteriana de larga duración que puede extenderse a vejiga y riñones. En algunos casos no se hallan bacterias, pero existe dolor persistente. Los síntomas comprenden fiebre, escalofríos y dolor en la parte inferior de la espalda. La prostatitis crónica no bacteriana es la más frecuente y también la más difícil de tratar por desconocerse la causa. Los síntomas comprenden dificultad para orinar y dolor en la ingle y el pene. Todos los tipos de prostatitis se diagnostican con análisis de orina y sangre para ETS, o con masaje de la próstata para obtener muestras de líquido prostático, que se analiza en busca de organismos infecciosos. Las prostatitis bacterianas aguda y crónica se tratan con antibióticos, aunque es posible que recidiven; no existe un tratamiento único recomendado para las no bacterianas.

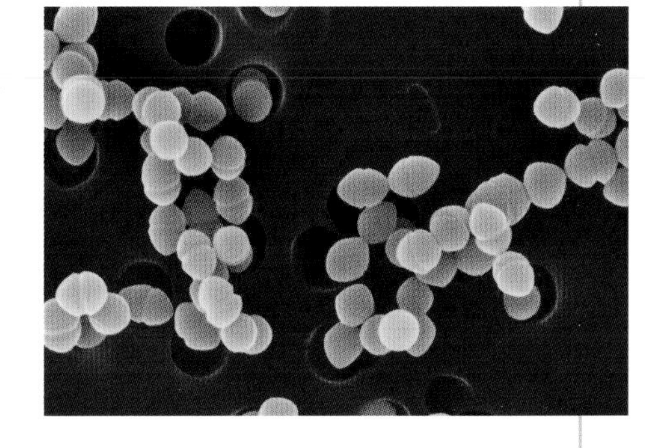

Bacterias asociadas a la prostatitis
La bacteria *Escherichia coli*, presente en gran número en los intestinos, es el agente infeccioso más frecuente de la prostatitis.

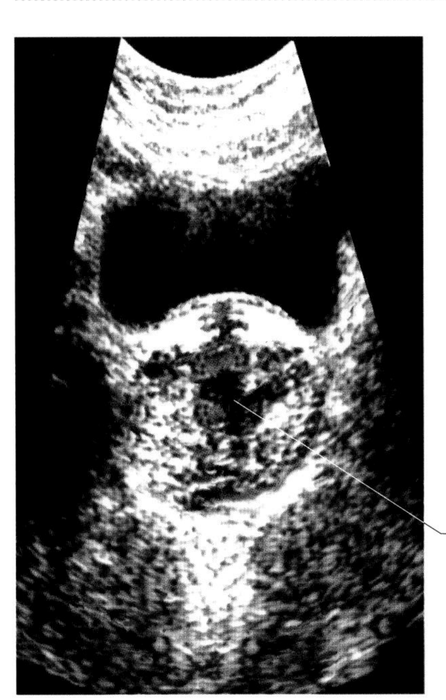

CÁNCER DE PRÓSTATA

Es el cáncer más frecuente en hombres. Poco frecuente antes de los 50 años, a menudo crece lentamente e inadvertido.

A menudo el cáncer de próstata causa pocos síntomas y solo se descubre cuando ya se ha extendido. Al tratarse de un cáncer común en ancianos, que suelen tener otros problemas de salud, rara vez es la causa de la muerte. Es más frecuente en hombres con antecedentes familiares y de ascendencia afrocaribeña. Puede formarse a partir de cualquier tipo de células de la próstata, pero casi todos son adenocarcinomas, que se desarrollan en las células glandulares. El diagnóstico empieza con exploración física y prueba del PSA (abajo), y se confirma con una biopsia de tejidos. Se puede averiguar si se ha extendido mediante TC o RM de huesos e hígado. Se trata extirpando la próstata, con quimioterapia y radioterapia, y con terapia hormonal para bloquear el efecto de la testosterona y limitar el crecimiento del tumor. El tratamiento depende del estadio del cáncer, y de la edad, la salud y la decisión del paciente.

Próstata

Cáncer de próstata visto por ecografía
Una ecografía rectal puede mostrar el tipo de hipertrofia y dar pistas acerca de la causa, como tumores o inflamación.

PRUEBA DEL PSA

El antígeno prostático específico o PSA (sus siglas en inglés) es una proteína que producen las células de la próstata y que se encuentra en la sangre. El cáncer de próstata genera altos niveles de PSA en sangre, por lo que puede detectarse con un análisis de sangre. Sin embargo, un elevado nivel de PSA se puede deber también a HPB (hiperplasia prostática benigna) o a prostatitis, por lo que se precisan más pruebas. Los pacientes deben someterse a controles periódicos para detectar avances de la enfermedad y planear el tratamiento.

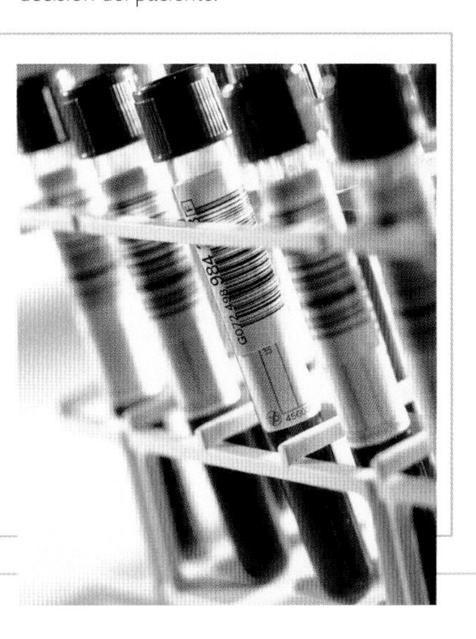

ENFERMEDADES DE TRANSMISIÓN SEXUAL

La mayoría de enfermedades de transmisión sexual (ETS) reduce la calidad de vida y causa problemas crónicos, como dolor e infertilidad. Las más graves, como el sida y la sífilis, pueden ser mortales. La incidencia de las ETS aumenta pese a las campañas preventivas.

INFECCIÓN POR CLAMIDIAS

Es la ETS más frecuente y afecta por igual a hombres y mujeres; causa dolor e infertilidad a largo plazo.

Se cree que afecta a cerca del 10% de las personas jóvenes sexualmente activas, así como a muchos hombres y mujeres mayores. La bacteria causante, *Chlamydia trachomatis*, se transmite por semen y secreciones vaginales, por contacto genital o por el coito. Vive en las células del cuello uterino, la uretra y el recto, o en la garganta y, con menos frecuencia, en los ojos, donde causa conjuntivitis.

Muchos infectados no refieren síntomas o estos son leves; por tanto, la infección puede pasar desapercibida durante semanas o meses y causar una inflamación que puede reducir la fertilidad de ambos miembros de la pareja. Si aparecen síntomas, las mujeres suelen notar una secreción vaginal moderada, dolor en la pelvis o durante la penetración, y sangrado vaginal anómalo; los hombres pueden sentir dolor al orinar, secreciones uretrales o malestar testicular o prostático. A la larga, la infección de las trompas de Falopio produce cicatrización y adherencias, con riesgo de embarazo ectópico e infertilidad. La infección también se puede extender al hígado. Ambos sexos pueden sufrir una inflamación asociada de articulaciones, uretra y ojos llamada síndrome de Reiter, más frecuente en hombres. Durante el embarazo, las clamidias pueden pasar al bebé y causarle neumonía o conjuntivitis al nacer. La infección se puede detectar mediante análisis de orina en hombres y con frotis cervical o vaginal en las mujeres, y se trata con antibióticos. El uso del preservativo y asegurarse de que la pareja no está infectada son importantes medidas preventivas.

Célula infectada por clamidias
La bacteria se multiplica durante más de 48 horas antes de que la célula estalle y libere nuevos organismos infecciosos hacia las células vecinas.

PREVENCIÓN

La única manera totalmente segura de evitar contraer una ETS es la abstinencia sexual. Siendo realistas, la prevención más eficaz es usar preservativo (condón) para todo tipo de contacto sexual. Esto evitará la mayoría de las infecciones, pero no todas, pues algunas pueden contagiarse a través de áreas no protegidas por el condón. El riesgo se puede reducir todavía más si se practica el sexo con personas no infectadas que, a su vez, carezcan de otras parejas sexuales.

Condones de colores
La mayoría de condones es de látex, material que puede disolverse por contacto con algunos productos, pero los lubricantes con base de agua y de silicona son compatibles.

GONORREA

Es una infección bacteriana habitualmente restringida al tracto genital que puede causar daños permanentes y reducir la fertilidad de hombres y mujeres.

La bacteria *Neisseria gonorrhoeae* se transmite por contacto sexual. La infección causa dolor genital, inflamación, supuración amarillenta o verdosa por el pene o la vagina, y dolor al orinar durante varios días o incluso meses. Las mujeres pueden experimentar episodios recurrentes de dolor abdominal, hemorragias irregulares y menstruaciones abundantes y dolorosas; los hombres, dolor testicular o prostático. La bacteria puede alojarse en el cuello uterino, la uretra, el recto y la garganta; en ocasiones se propaga con la sangre a otras áreas, como las articulaciones, que se inflaman. Durante un parto vaginal, la madre puede transmitirla al bebé, en el que causa infecciones oculares y de otro tipo.

Se puede detectar por análisis de orina y frotis de pene, cuello uterino, garganta u ojos, y es fácil de tratar con antibióticos. Si no se trata, la inflamación crónica provoca adherencias en las trompas de Falopio, reduce la fertilidad y aumenta el riesgo de embarazo ectópico al impedir el paso del óvulo. La infección crónica pone en riesgo también a la pareja sexual. El uso del condón y conocer la salud sexual de la pareja ayudan a evitar el contagio.

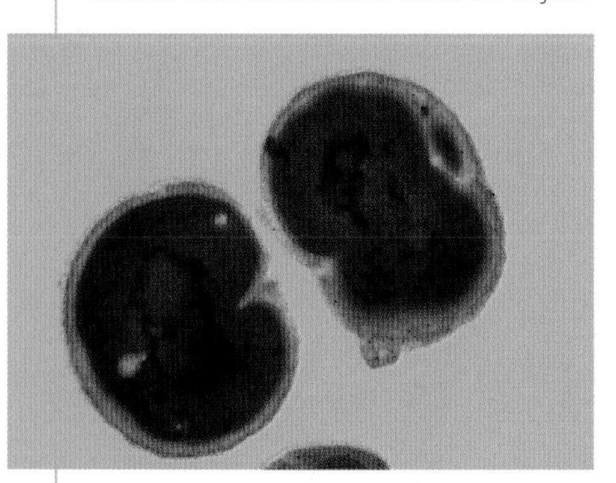

Bacterias de la gonorrea
Neisseria gonorrhoeae, la bacteria causante de la gonorrea, se puede identificar fácilmente con un microscopio óptico.

URETRITIS

La inflamación de la uretra conocida como uretritis inespecífica puede deberse a una infección o a varias otras causas.

Puede darse en hombres y mujeres. Las causas infecciosas comprenden ETS como el herpes, la infección por clamidias y *Trichomonas vaginalis*, así como enfermedades que no se transmiten sexualmente, como candidiasis y vaginosis bacteriana. Sus síntomas pueden aparecer también sin infección, posiblemente por reacción contra un determinado jabón, espermicida, antiséptico o el látex de los condones. Los síntomas dependen de la causa y pueden comprender secreciones, dificultad o dolor al orinar, micciones frecuentes y picor o irritación en el extremo externo de la uretra. Si no se trata, puede extenderse y causar dolor testicular y prostático en los hombres, o (con clamidias) enfermedad inflamatoria pélvica (p. 493) en mujeres. Los análisis de orina y frotis ayudan a identificar la infección, y los organismos infecciosos se eliminan con fármacos. Una de las medidas preventivas es utilizar condones que no sean de látex.

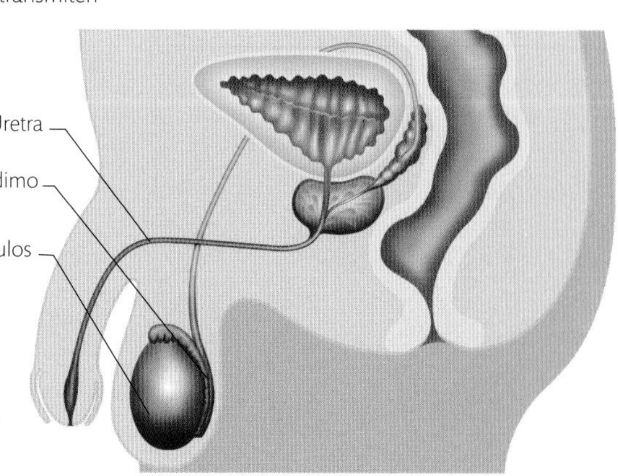
Uretra
Epidídimo
Testículos

Síntomas de uretritis
La uretritis causa inflamación de la uretra. Si no se trata, puede extenderse a los testículos y el epidídimo, que pueden inflamarse e hincharse.

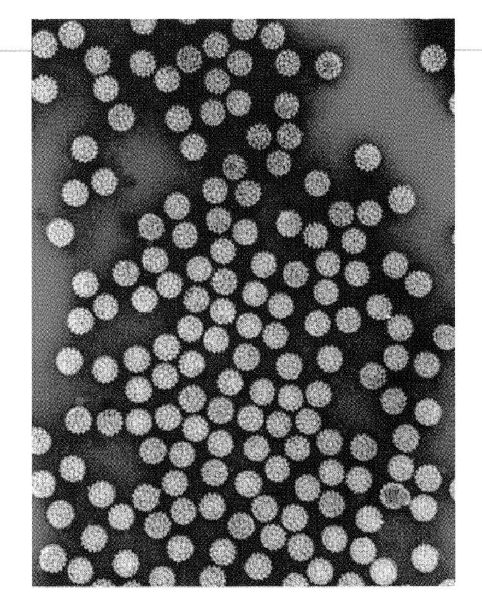

VERRUGAS GENITALES

Algunas cepas del virus del papiloma humano (VPH) causan excrecencias carnosas, o verrugas, en las áreas genital y anal.

Se han identificado más de 100 cepas de VPH, pero no todas causan verrugas genitales. Las cepas de tipo 6 y 11 son responsables del 90% de las verrugas genitales. El VPH afecta a la epidermis (superficie de la piel) y las mucosas, y se transmite por contacto genital de cualquier tipo. Muchas personas no presentan signos de infección y no portan el virus mucho tiempo. Los afectados pueden ignorar que son portadores porque las verrugas pueden tardar semanas, meses o incluso años en desarrollarse. El aspecto de las verrugas es de pequeñas masas carnosas, indoloras, en las zonas genital y anal, interna o externamente. Las consecuencias no son graves y la mayoría acaba desapareciendo, aunque esto puede tardar meses o años, y son infecciosas durante ese tiempo. Los tratamientos con cremas, criocauterización, electrocauterización o con láser pueden acelerar su desaparición; entre tanto se recomienda usar condón para evitar el contagio.

Virus del papiloma humano
El virus que causa las verrugas genitales puede entrar en el cuerpo por la piel que rodea el área genital; por ello el condón no protege totalmente.

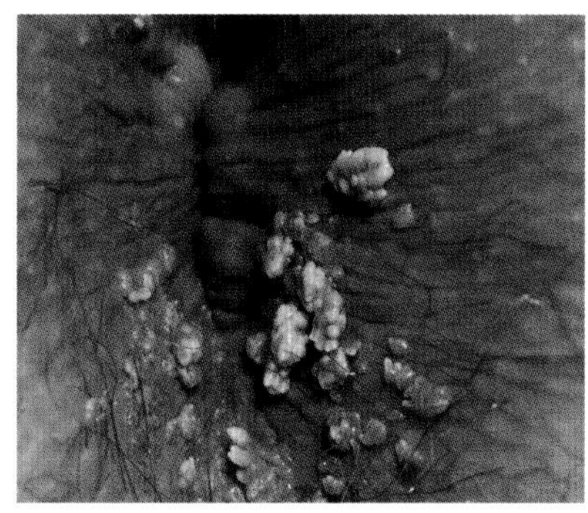

Verrugas anales
Los condilomas acuminados, o verrugas genitales, son muy contagiosos. Estas pequeñas masas con aspecto de coliflor pueden picar, sangrar y supurar, pero también pasar desapercibidas.

SÍFILIS

Intratable hasta la introducción de los antibióticos, si no se trata puede afectar a muchas partes del organismo.

La bacteria que causa la sífilis se transmite por el coito o por contacto epidérmico con una llaga sifilítica, llamada chancro. Las llagas de este tipo, indoloras, surgen en los genitales, pero también en dedos, nalgas y boca. El chancro tarda seis semanas en curar y puede pasar desapercibido. La siguiente fase (sífilis secundaria) se manifiesta tras varias semanas, con una enfermedad similar a la gripe, erupción sin picor y, a veces, lesiones en la piel con aspecto de verrugas. La fase final (sífilis terciaria) puede tardar años en aparecer. Afecta a partes del cuerpo como vasos sanguíneos, riñones, corazón, cerebro y ojos, y puede causar trastornos mentales y la muerte. Las fases primaria y secundaria se pueden tratar con antibióticos; los daños de la fase final son permanentes.

VIH Y SIDA

La infección por el virus de la inmunodeficiencia humana (VIH) dura toda la vida y puede causar el síndrome de inmunodeficiencia adquirida (sida), una enfermedad potencialmente mortal.

El VIH se contagia por contacto con fluidos corporales: sangre, semen, flujo vaginal y leche materna (se cree que el nivel de VIH en saliva y orina es demasiado bajo para ser contagioso). Inicialmente la infección por VIH cursa con un corto periodo de malestar similar a la gripe (seroconversión) con úlceras bucales o erupción que dura hasta 4 semanas, o sin síntomas. Después, el virus se multiplica en el cuerpo durante varios años, dañando así el sistema inmunitario. El daño se puede medir por la reducción del número de células T CD4+ (linfocitos T colaboradores), parte esencial de las defensas contra infecciones. A medida que avanza la enfermedad pueden aparecer fiebre, sudoración nocturna, diarrea, pérdida de peso, glándulas inflamadas e infecciones recurrentes. En la fase avanzada o final, o sida, el recuento de T CD4+ es muy bajo y se contraen infecciones oportunistas causadas por organismos inofensivos para personas sanas, como neumonía por *Pneumocystis*, cándidas o citomegalovirus, así como un cáncer de piel llamado sarcoma de Kaposi. Aunque no hay cura para el sida, varias combinaciones de antirretrovíricos ralentizan la multiplicación del virus y sus daños. Algunas vacunas se encuentran en fase de ensayo clínico.

Los afectados deben someterse a chequeos periódicos y recibir tratamiento para cualquier infección oportunista. Serán contagiosos durante toda su vida, pero pueden evitar transmitir el virus practicando el sexo con condón. Los antirretrovíricos y el parto por cesárea están indicados para las madres infectadas, que pueden transmitir el VIH a sus hijos en la gestación, el parto o la lactancia. El único método eficaz de diagnóstico es un análisis de anticuerpos en sangre, que puede no resultar positivo hasta 3 meses después de la exposición al VIH.

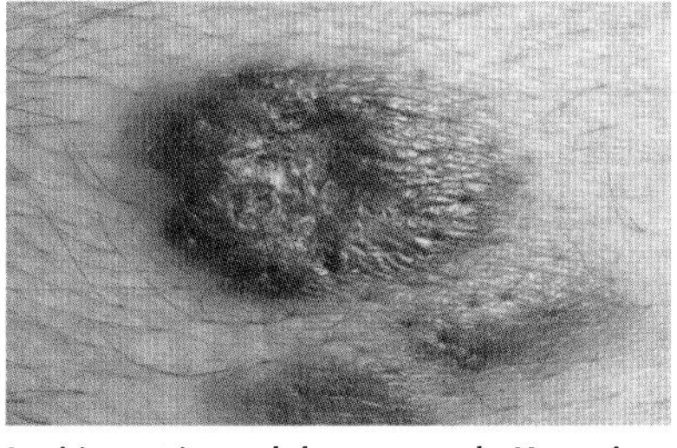

Lesión cutánea del sarcoma de Kaposi
Estos tumores comienzan con manchas planas o bultitos de colores marrón, rojo, azul y púrpura que parecen cardenales y crecen hasta juntarse.

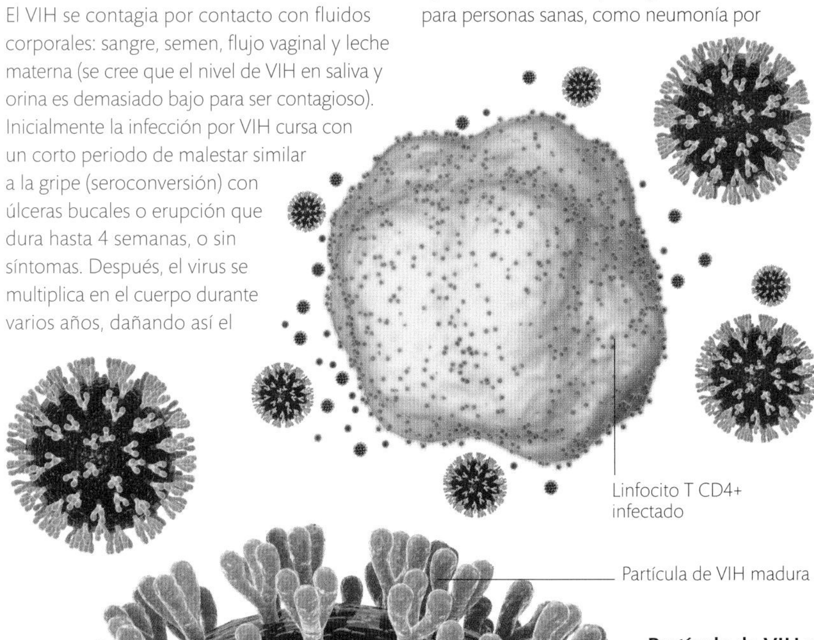
Linfocito T CD4+ infectado
Partícula de VIH madura

Partícula de VIH madura y linfocito T CD4+ infectado
Las células T CD4+ son linfocitos con moléculas de proteína CD4 en su superficie, responsables de iniciar la respuesta del cuerpo ante invasiones de virus. El VIH se une a moléculas CD4 para poder entrar en la célula, dañándola en el proceso.

HERPES GENITAL

Es una erupción dolorosa y con vesículas causada por los virus del herpes simple VHS 1 y VHS 2. Puede ser recurrente.

El virus del herpes simple entra en el cuerpo por contacto con la piel o las mucosas. Tanto el VHS 1 como el VHS 2 pueden causar lesiones genitales y orales algunos días más tarde, o semanas e incluso meses después. Estas llagas pequeñas y dolorosas pueden tardar semanas en desaparecer. Otros síntomas son sensación de cansancio como la de la gripe, dolores, dolor al orinar y glándulas inflamadas. Muchas personas sufren una infección leve y única; otras padecen recidivas periódicas, a menudo desencadenadas por otras enfermedades y que, aunque son cada vez menos graves, debilitan al paciente. Los infectados no son especialmente contagiosos durante la fase latente, cuando no hay síntomas. Las embarazadas con erupciones activas pueden pasar la enfermedad al bebé en el parto. Los brotes de herpes se tratan con antivíricos; estos son más efectivos si se administran en cuanto aparecen los síntomas.

Lesión del herpes simple
Las lesiones del herpes genital suelen ser vesículas dolorosas de forma irregular que revientan para formar úlceras de bordes elevados y enrojecidos, y un área central con exudado.

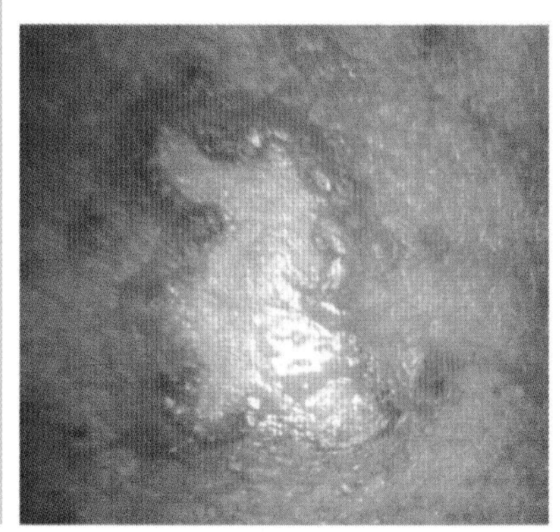

ESTERILIDAD E INFERTILIDAD

Más del 10 % de las parejas sufren esterilidad (dificultad para concebir un bebé). El problema masculino más común es la baja calidad de los espermatozoides; en las mujeres, la fertilidad depende de una compleja interacción entre actividad hormonal, producción de óvulos y capacidad para gestar un feto.

PROBLEMAS DE OVULACIÓN

La ovulación tiene lugar cuando se libera un óvulo listo para ser fecundado. Si los óvulos se liberan de manera intermitente o no se liberan (anovulación), aparecen problemas de concepción.

Cada ciclo menstrual normal de 28 días se desarrolla un óvulo en un folículo de un ovario. Generalmente cada ovario libera un óvulo, alternándose cada mes. En el proceso influyen muchas hormonas, como la gonadotropina, la hormona estimulante del folículo (HEF), la hormona luteinizante (HL), los estrógenos y la progesterona. Hacia el día 14 del ciclo, el folículo revienta para liberar un óvulo, que desciende por la trompa de Falopio hacia el útero. El control de este proceso se basa en la interacción hormonal del hipotálamo y la hipófisis (glándula pituitaria) del cerebro, y los ovarios. Los factores que lo alteran comprenden trastornos hipofisarios y tiroideos, el síndrome del ovario poliquístico, estar por encima o por debajo del peso ideal, el exceso de ejercicio y el estrés. Para evaluar los niveles hormonales y saber si se está produciendo una ovulación se realizan distintas pruebas. El tratamiento puede incluir hormonas liberadoras de gonadotropina, progesterona y clomifeno para estimular la ovulación.

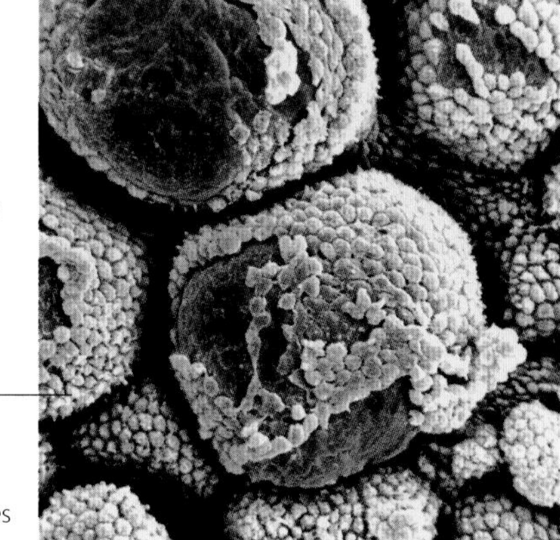
Folículos quísticos

Ovario poliquístico
El síndrome del ovario poliquístico, caracterizado por múltiples quistes ováricos y niveles hormonales anómalos, puede causar esterilidad.

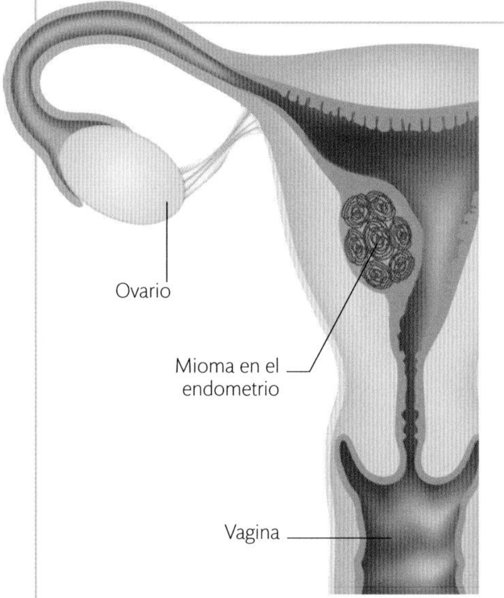
Ovario
Mioma en el endometrio
Vagina

Mioma
Los miomas, tumores benignos (no cancerosos) del músculo liso del útero, pueden crecer lo suficiente como para alterar la cavidad uterina y posiblemente obstaculizar la implantación del óvulo fecundado.

ANOMALÍAS UTERINAS

Diversas anomalías del útero, desde malformaciones hasta tumores, pueden causar esterilidad o infertilidad (incapacidad de gestar).

Durante el desarrollo de un feto femenino, el útero y la vagina forman dos mitades que se fusionan. Una fusión incompleta causa anomalías como un útero con dos cámaras (bicorne) o doble, incluido el cérvix, y vagina doble, dividida por un septo (membrana). Estos problemas pueden reducir la fertilidad de la mujer adulta. Algunos solo se hacen evidentes al inicio del embarazo, si un útero mal formado impide el desarrollo correcto del feto. El aborto tardío y el parto prematuro y difícil son los problemas más frecuentes y pueden deberse a la mala implantación del óvulo o al crecimiento restringido del feto y del útero. Un problema frecuente, pero menos importante, es el himen (membrana que cierra parcialmente la entrada a la vagina) imperforado; esto impide la salida del flujo menstrual y provoca una inflamación que aumenta a medida que se acumula sangre cada mes, así como la penetración del pene, y por tanto, la fecundación del óvulo.

Algunas malformaciones se resuelven con una operación sencilla (por ejemplo, extirpación del septo vaginal); otras requieren cirugía reconstructiva. Algunas anomalías surgen en la edad adulta, como los tumores y el estrechamiento del cérvix, que puede darse tras una conización cervical (realizada para buscar alteraciones precancerosas). Los tumores uterinos más frecuentes son miomas y pólipos endometriales y cervicales. El riesgo de infertilidad depende, por un lado, de su tamaño, y por otro, de su localización en el útero. Muchos de estos tumores son benignos, pero aun así pueden requerir extirpación para aumentar las probabilidades de llevar un embarazo a término.

PROBLEMAS DE CALIDAD DE LOS ÓVULOS

La cantidad y la calidad de los óvulos declinan de manera notable con la edad, especialmente a partir de los 35 años.

Un óvulo de baja calidad puede no ser fecundado o no ser apto para su implantación en el útero; si esta llega a producirse, el riesgo de aborto es muy alto. La calidad del óvulo depende de varios factores, como que posea cromosomas normales, capacidad para combinarlos con los del espermatozoide y energía suficiente para la división celular tras la fecundación. Esta energía desciende con la edad de los óvulos. Fumar es uno de los factores externos que reducen la calidad del óvulo. Es un trastorno difícil de tratar, pero se puede recurrir a la FIV (p. siguiente) para seleccionar óvulos o embriones en buen estado.

OBSTRUCCIÓN TUBÁRICA

Los daños de las trompas de Falopio afectan al transporte de los óvulos y a la implantación del embrión, e incluso pueden impedir la fecundación.

La endometriosis, la enfermedad inflamatoria pélvica (EIP), las adherencias tras cirugía abdominal y algunos trastornos genéticos pueden afectar a la función de las trompas de Falopio al debilitar los cilios de la mucosa que impulsan al óvulo en su recorrido hacia el útero. Si el óvulo no pasa por la trompa, el espermatozoide no llegará a él y la concepción no tendrá lugar. Si el óvulo se implanta en la trompa y el embrión crece en ella, se produce un embarazo ectópico. El crecimiento del embrión puede reventar la trompa, con resultado de aborto, hemorragia y grave riesgo para la madre. Se puede recurrir a la cirugía para abrir las trompas, pero a menudo es preferible la FIV.

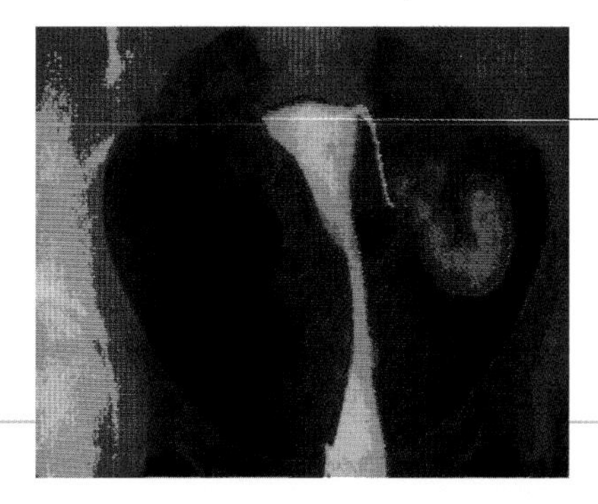
Entrada a la trompa bloqueada

Radiografía de trompas obstruidas
En el procedimiento llamado histerosalpingografía se inyecta a través del cérvix un medio de contraste que revela la obstrucción de las trompas.

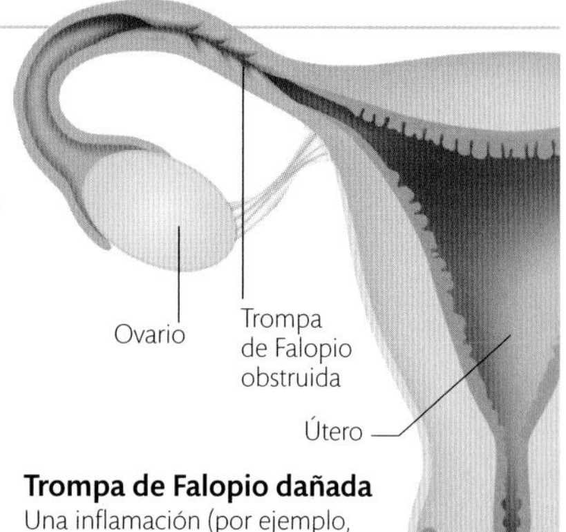
Ovario
Trompa de Falopio obstruida
Útero

Trompa de Falopio dañada
Una inflamación (por ejemplo, por EIP), puede producir obstrucción tubárica.

PROBLEMAS DEL CÉRVIX

El cérvix es la puerta del útero, por la cual pasan los espermatozoides para fecundar al óvulo; sus defectos pueden reducir la fertilidad y aumentar el riesgo de aborto.

Las células cervicales segregan un moco que experimenta cambios cíclicos bajo influencia hormonal: hacia la mitad del ciclo menstrual se hace más claro, fino y copioso para facilitar el paso de los espermatozoides al útero; luego se vuelve más denso para formar una barrera contra infecciones, protegiendo así al feto. Los trastornos del cérvix pueden ser estructurales o funcionales. Una anomalía congénita (de nacimiento) o los pólipos, miomas (p. 492) y quistes cervicales pueden bloquear el paso de los espermatozoides. Durante el embarazo, la incompetencia cervical (cuando la abertura del cérvix no se cierra por completo, debido a lesiones o a cirugía previa) puede causar un aborto. Los problemas funcionales derivan de un moco cervical demasiado espeso o ácido, o con anticuerpos antiespermatozoides. La FIV es una solución para las pacientes cuyo problema no se pueda tratar.

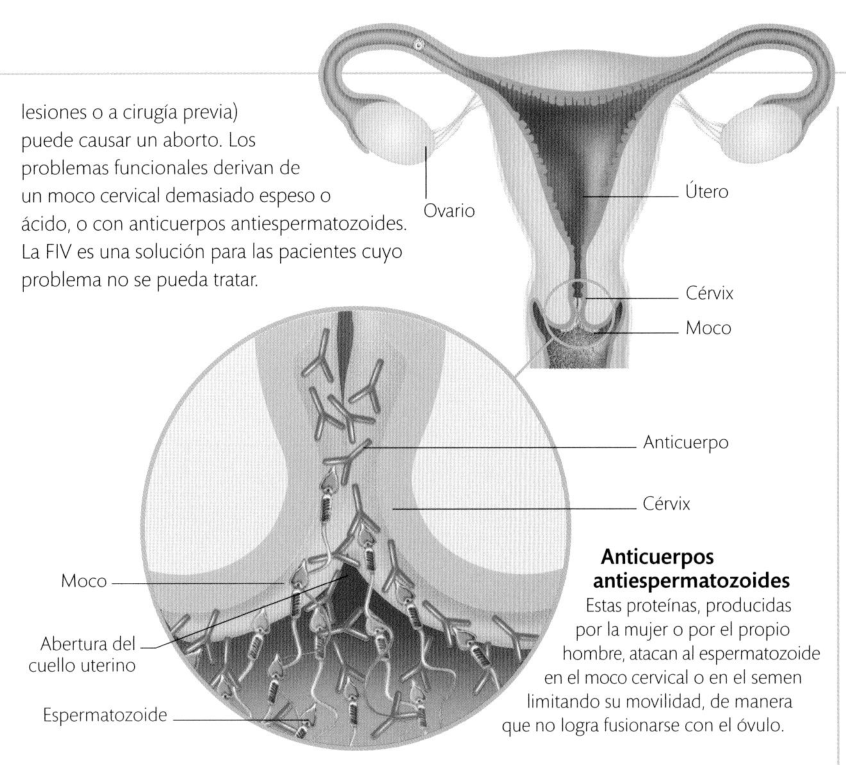
Ovario
Útero
Cérvix
Moco
Anticuerpo
Cérvix
Moco
Abertura del cuello uterino
Espermatozoide

Anticuerpos antiespermatozoides
Estas proteínas, producidas por la mujer o por el propio hombre, atacan al espermatozoide en el moco cervical o en el semen limitando su movilidad, de manera que no logra fusionarse con el óvulo.

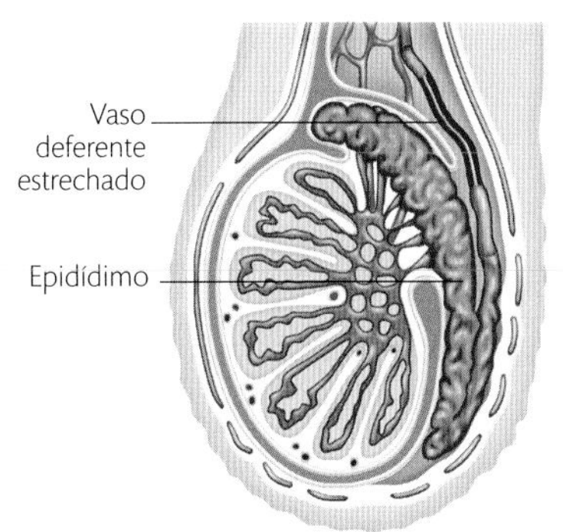
Vaso deferente estrechado
Epidídimo

Vaso deferente inflamado
La inflamación, por lesiones o infecciones, del epidídimo y del vaso deferente, puede causar una obstrucción que detiene la emisión de semen.

PROBLEMAS DEL PASO DE ESPERMATOZOIDES

La obstrucción del conducto que transporta semen de los testículos al pene, o del trayecto del espermatozoide al óvulo puede causar esterilidad.

Los espermatozoides, que transportan el material genético masculino, se producen en cada testículo y se almacenan en dos cámaras llamadas epidídimos; durante la eyaculación, se mezclan con el líquido seminal de la próstata para formar el semen que se expulsa por la uretra y con el que entrarán en la vagina. Menos de 100 000 lograrán pasar por el cuello uterino; para cuando lleguen al óvulo, en algún lugar de las trompas de Falopio, pueden quedar menos de 200. Incluso si todo lo demás es normal, la mayoría se pierde al nadar en dirección errónea, dejar de moverse o sencillamente extenuarse. Además de esto, factores como enfermedades testiculares, la eyaculación retrógrada (el semen se dirige a la vejiga en lugar de ser eyaculado), la dificultad para atravesar el moco cervical, anomalías uterinas o una disfunción de las trompas de Falopio reducen sus posibilidades de fusión con el óvulo. Se trata de problemas difíciles de solucionar y que la FIV permite obviar.

PROBLEMAS DE CALIDAD Y CANTIDAD DE ESPERMATOZOIDES

A estos factores de esterilidad masculina se suma la presencia de anticuerpos que atacan a los espermatozoides.

La búsqueda de los trastornos se realiza con análisis de semen para evaluar su volumen y acidez (pH), así como el número, concentración, movilidad y morfología de los espermatozoides, y la presencia de anticuerpos (proteínas del sistema inmunitario que atacan a los espermatozoides propios). En una prueba poscoital se evalúa la capacidad de los espermatozoides para nadar en el moco cervical femenino. Entre los factores que afectan a la calidad y cantidad de espermatozoides están el tabaco, el alcohol, la exposición laboral a sustancias químicas, el abuso de fármacos y drogas ilegales, enfermedades previas (rubéola o una ETS) y la temperatura testicular elevada. En la actualidad, la IICE (izquierda), que requiere solo algunos espermatozoides, ofrece mayores probabilidades de tener un hijo a los hombres con un bajo recuento de espermatozoides.

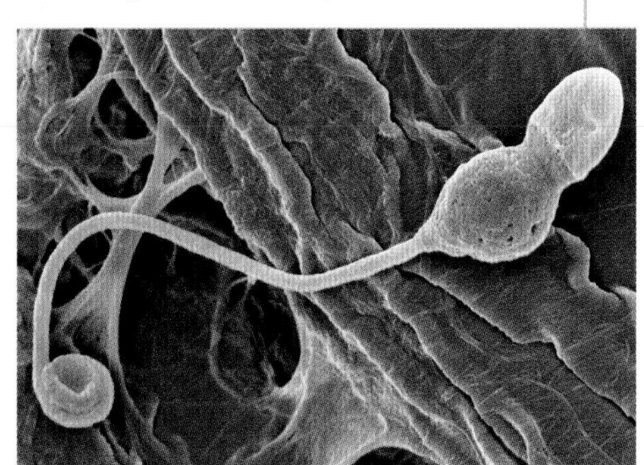

Espermatozoide deforme
En una muestra de semen morfológicamente normal debe haber al menos el 4 % de espermatozoides con la forma correcta.

FECUNDACIÓN IN VITRO (FIV)

Es un método de reproducción asistida que permite solucionar la mayoría de casos de esterilidad, pero no la infertilidad por anomalías anatómicas uterinas. Consiste en fecundar un óvulo fuera del cuerpo, cultivar el embrión en el laboratorio y transferirlo al útero para que se implante y se desarrolle. Antes se administran inyecciones hormonales a la mujer para estimular sus ovarios a fin de que produzcan numerosos óvulos, que se extraen. También se puede usar óvulos y semen de donantes.

La fecundación se consigue incubando los óvulos con los espermatozoides, aunque en casi la mitad de los ciclos de tratamiento de FIV se usa la IICE (inyección del espermatozoide en el óvulo). Los óvulos fecundados se cultivan durante 5 días y se transfieren al útero. A veces se utiliza la eclosión asistida, que consiste en perforar la cápsula del embrión en la fase de ocho células para aumentar las probabilidades de implantación y embarazo.

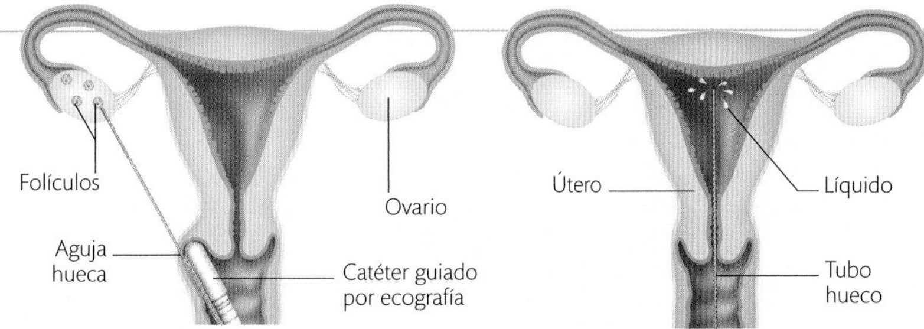
Folículos
Ovario
Aguja hueca
Catéter guiado por ecografía
Útero
Líquido
Tubo hueco

1 Extracción de óvulos Cuando el óvulo alcanza cierta madurez se extrae con una aguja y un catéter, y se incuba con los espermatozoides en un tubo de ensayo.

2 Transferencia de óvulos fecundados Uno o dos de los embriones cultivados se introducen mediante un tubo a través del cérvix en la cavidad uterina.

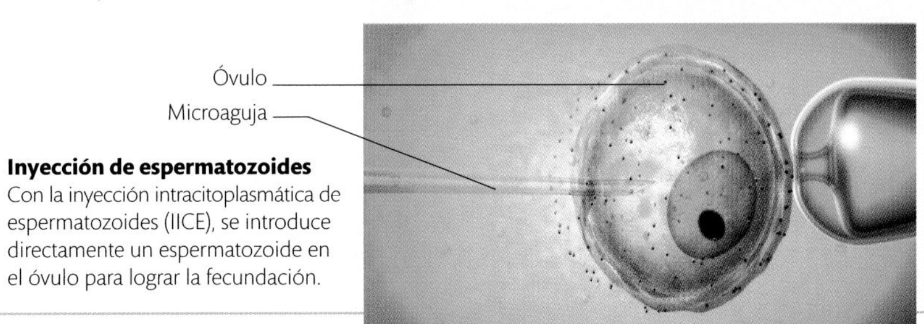
Óvulo
Microaguja

Inyección de espermatozoides
Con la inyección intracitoplasmática de espermatozoides (IICE), se introduce directamente un espermatozoide en el óvulo para lograr la fecundación.

PROBLEMAS DE EYACULACIÓN

Los espermatozoides se liberan mediante la eyaculación, por contracción de vasos deferentes, vesículas seminales, conductos eyaculadores y ciertos músculos.

Los problemas de eyaculación abarcan desde la ausencia total a la eyaculación retrógrada, en la que el semen pasa por reflujo a la vejiga en vez de a la uretra. Pueden deberse a muchos trastornos musculares y neurológicos (ictus, lesiones medulares o diabetes), y aparecer tras cirugía de vejiga y de próstata. La investigación comprende análisis de semen y estudios de la función vesical. La IICE (izquierda) es una opción si el fallo eyaculatorio no es tratable.

TRASTORNOS DEL EMBARAZO Y DEL PARTO

El embarazo normal dura unas 38 semanas a partir de la concepción, o 40 desde la última menstruación. La conclusión del embarazo suele ser el parto de un bebé vivo, pero diversos problemas pueden afectar a la madre o al feto en cualquiera de sus fases.

EMBARAZO ECTÓPICO

Es aquel en que el embrión comienza a desarrollarse fuera de la matriz, por lo general en una de las trompas de Falopio.

El óvulo es fecundado en una trompa de Falopio y después se implanta en la mucosa uterina para crecer como embrión. No obstante, en ocasiones se implanta fuera del útero, generalmente en la trompa. Los síntomas comprenden hemorragia vaginal irregular y dolor a causa del estiramiento de la trompa. La mayoría de los embarazos ectópicos acaba en aborto. Si el embrión continúa creciendo, tras 6 u 8 semanas la trompa puede romperse, con hemorragia interna, shock y dolor. El embarazo ectópico es más probable cuando las trompas han sido dañadas por una infección, sobre todo por clamidias (p. 496), o cirugía.

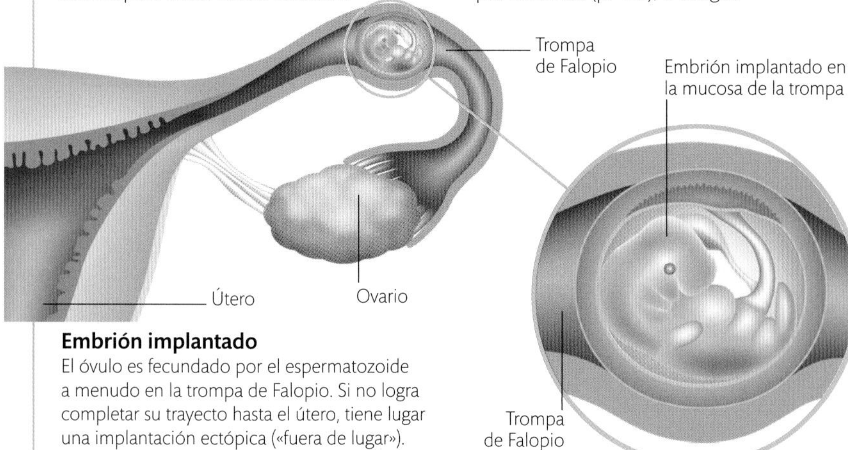
Trompa de Falopio
Embrión implantado en la mucosa de la trompa
Útero
Ovario
Trompa de Falopio

Embrión implantado
El óvulo es fecundado por el espermatozoide a menudo en la trompa de Falopio. Si no logra completar su trayecto hasta el útero, tiene lugar una implantación ectópica («fuera de lugar»).

HEMORRAGIAS AL PRINCIPIO DEL EMBARAZO

Las sufre al menos 1 de cada 8 mujeres y pueden deberse a un aborto o a un embarazo ectópico, pero en la mayoría de casos su causa es menos grave.

Una hemorragia leve en las primeras 4 semanas puede deberse a la implantación del embrión en la pared del útero (hemorragia de implantación) e incluso es posible que se confunda con una menstruación ligera; otra causa muy frecuente es el sangrado del cérvix (cuello uterino) debido a una erosión (área inflamada y enrojecida, que sangra fácilmente) formada por influencia de las hormonas del embarazo. Las hemorragias también pueden originarse en el borde de la placenta o deberse a un embarazo ectópico (izquierda). La mayoría de los episodios de sangrado al inicio del embarazo no conducen al aborto, pero una hemorragia abundante con coágulos o dolor de tipo cólico es un probable indicio de aborto.

ABORTO ESPONTÁNEO

Aproximadamente 1 de cada 4 embarazos acaba en aborto de manera natural, generalmente antes de la semana 24.

Un embarazo puede malograrse por diversos motivos. Puede que el embrión no se haya implantado bien, o que un ligero fallo en la fusión de espermatozoide y óvulo impida sobrevivir al óvulo fecundado. A veces, el feto muere y esto no se descubre (aborto retenido) hasta la siguiente ecografía. La debilidad del cérvix, una infección o enfermedades de la madre como la diabetes pueden provocar el aborto, pero con frecuencia no hay una causa obvia. Los síntomas más comunes son dolor y hemorragia. Muchas afectadas no llegan a saber que estaban embarazadas, pues el aborto puede darse durante o antes de la menstruación. Los abortos tardíos son más dolorosos; su impacto emocional es mayor, con mayor pérdida de sangre y mayor necesidad de atención médica.

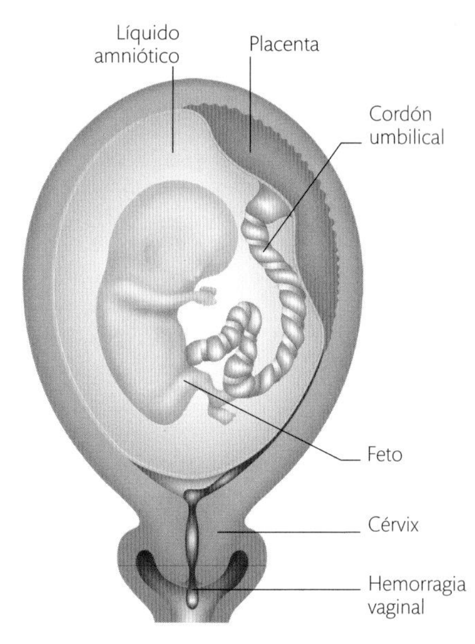
Líquido amniótico
Placenta
Cordón umbilical
Feto
Cérvix
Hemorragia vaginal

Amenaza de aborto
Si existe hemorragia vaginal, pero el cérvix (cuello uterino) sigue cerrado, y el feto, vivo, en muchos casos la gestación prosigue hasta el parto a término, pero a veces termina en aborto.

PREECLAMPSIA

Se caracteriza por hipertensión y edema (hinchazón de tejidos); puede ser leve o tener un desenlace mortal.

La preeclampsia puede aparecer desde la semana 20 del embarazo hasta 6 semanas tras el parto. Es más habitual en un primer embarazo y en embarazos gemelares. Se cree que se debe a que la placenta no se desarrolla adecuadamente. Los síntomas son presión sanguínea alta, edemas (acumulación de líquido en los tejidos) y pérdida de proteínas por los riñones. En los casos más graves desemboca en eclampsia, con convulsiones y posible ictus en la madre, y amenaza la vida de esta y la del bebé. La única cura es el parto, que puede ser inducido antes de término en mujeres con preeclampsia.

PROBLEMAS PLACENTARIOS

Algunas complicaciones del final del embarazo pueden deberse a problemas de la placenta, que mantiene al feto con vida.

La placenta previa es la que se desarrolla en la parte inferior del útero, cerca o encima del cérvix. Puede causar hemorragia indolora de sangre roja y brillante, a menudo entre las semanas 29 y 30 del embarazo, debido al rápido crecimiento del útero en esta fase. A veces la placenta se desplaza hacia arriba al crecer, y el problema se estabiliza. En la placenta previa grave (cuando cubre la abertura del cérvix), la hemorragia puede amenazar la vida de la madre y del bebé. Si la placenta está muy baja, puede impedir el parto vaginal. El desprendimiento precoz de la placenta (separación de la placenta del útero antes de que nazca el bebé) puede causar hemorragia vaginal o hematoma retroplacentario, con intenso dolor en la madre y riesgo de muerte del bebé.

Placenta previa
A veces la placenta se halla muy abajo y puede cubrir el cérvix.

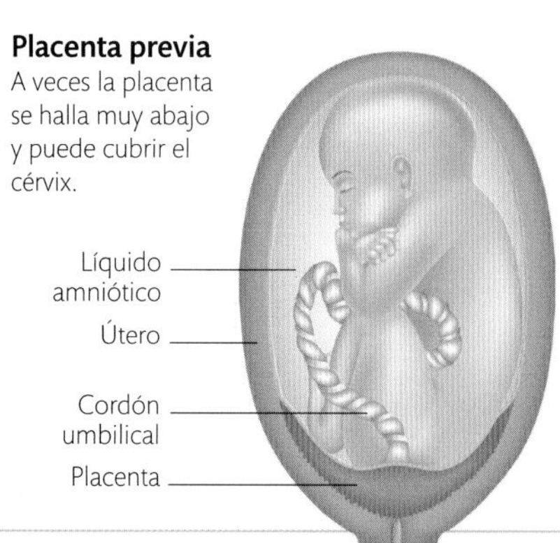
Líquido amniótico
Útero
Cordón umbilical
Placenta

Desprendimiento precoz de la placenta
Si esto ocurre, la sangre sale por la vagina o se acumula tras la placenta.

Placenta
Sangre entre el útero y la placenta
Útero
Cérvix

PROBLEMAS DE CRECIMIENTO Y DESARROLLO DEL FETO

La incapacidad para crecer adecuadamente en el útero, o retraso del crecimiento intrauterino, puede poner en peligro al bebé antes y después de nacer.

La causa de que el feto tenga un tamaño inferior al esperado para su edad gestacional suele ser la falta de oxígeno o de nutrición. Puede deberse a diversos factores que afectan a la madre, al feto o a la placenta (que nutre al feto en el útero).

Entre los factores maternos se encuentran la anemia, que reduce el suministro de oxígeno al feto; la preeclampsia, que puede reducir el flujo sanguíneo a la placenta; infecciones como la rubéola, que pasa al feto y afecta a su crecimiento, y un embarazo prolongado, en que la placenta pierde eficacia y el crecimiento se ralentiza. Las causas placentarias comprenden todo lo que afecte a la circulación placentaria, como el abuso de alcohol o tabaco por parte de la madre, la trombofilia (un trastorno que aumenta el riesgo de formación de coágulos) y la preeclampsia. Los problemas fetales son infecciones como la rubéola, anomalías sanguíneas, anomalías genéticas que afectan al crecimiento, trastornos renales, enfermedad hemolítica por incompatibilidad del Rh (de los grupos sanguíneos de madre e hijo) y formar parte de gemelos, trillizos o más. El trastorno se asocia también con la reducción del líquido protector alrededor del bebé. Un feto cuyo crecimiento se vea seriamente restringido corre el riesgo de morir en el útero, de nacer con un peso demasiado bajo y de sufrir problemas durante el parto y posnatales. El retraso se suele diagnosticar durante el embarazo al controlar el crecimiento del útero. Las ecografías permiten medir al feto y evaluar también el flujo sanguíneo placentario; si hay indicios de problemas en el feto o su crecimiento parece haberse detenido, se puede adelantar el parto.

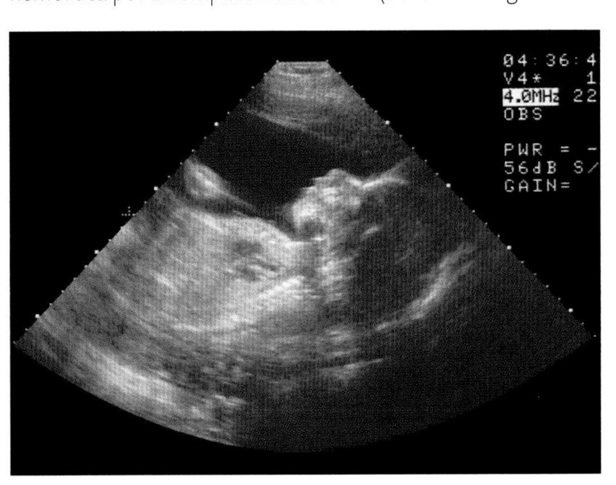

Control del crecimiento
Las imágenes obtenidas por ultrasonidos (ecografía) permiten controlar el tamaño, del feto, comprobar si su desarrollo es normal y medir el flujo sanguíneo en los vasos placentarios.

PRESENTACIÓN ANÓMALA

El bebé debe colocarse en una posición determinada para poder nacer. Cualquier desviación se conoce como presentación anómala y puede dificultar el parto.

Lo ideal es que el bebé se coloque boca abajo, con la cara hacia la espalda de la madre y la cabeza sobre el cérvix para empujar contra él en cada contracción uterina. Las presentaciones anómalas pueden ser «de nalgas» si estas se presentan antes que el resto del cuerpo, o con la cabeza hacia abajo pero en una posición demasiado alta en la pelvis. En raras ocasiones el bebé se coloca atravesado, o en ángulo oblicuo, con un brazo sobre el cérvix.

Se utilizan diversas maniobras para ayudar a nacer a bebés con presentación anómala, pero pueden causar traumatismos a la madre o desprendimiento de la placenta. Es posible girar al bebé y luego romper la bolsa de las aguas, de modo que la cabeza baje de manera controlada, pero esto puede ser arriesgado, ya que puede estar mal colocado por una razón específica (placenta interpuesta o pelvis materna muy estrecha). Con el bebé en posición longitudinal aún es posible un parto normal, pero si la pelvis de la madre es muy estrecha, o la placenta le impide el paso, se precisa una cesárea (abajo).

PROBLEMAS DURANTE EL PARTO

Un parto demasiado largo o difícil puede ser estresante, agotador y arriesgado tanto para la madre como para el bebé.

En un parto normal se distinguen tres fases. En la primera, la pared muscular del útero comienza a contraerse y el cuello uterino se dilata hasta unos 10 cm de ancho; en la segunda nace el bebé, y en la tercera se expulsa la placenta. Durante el parto se controlan las contracciones del útero, la dilatación del cérvix y el latido cardíaco del bebé para detectar cualquier problema. Si la primera fase se alarga y el cérvix se abre demasiado lentamente, el dolor y el agotamiento pueden debilitar a la madre y dificultar más el parto. Una primera fase prolongada es más frecuente en primerizas, cuyas contracciones pueden ser disfuncionales y, por tanto, menos eficaces para abrir el cérvix. Durante las fases primera y segunda, el suministro de sangre al bebé se reduce brevemente cada vez que el útero se contrae. Con el tiempo, sobre todo en partos prolongados, el bebé se cansa y presenta un cuadro de bajo nivel de oxígeno y aumento de acidez en sangre (sufrimiento fetal). Los bebés pequeños o prematuros, los de madres anémicas o con problemas previos son más vulnerables. Si las contracciones son demasiado débiles o aparecen indicios de sufrimiento fetal, se puede administrar hormonas artificiales a la madre para reforzar las contracciones, o realizar un parto asistido (abajo).

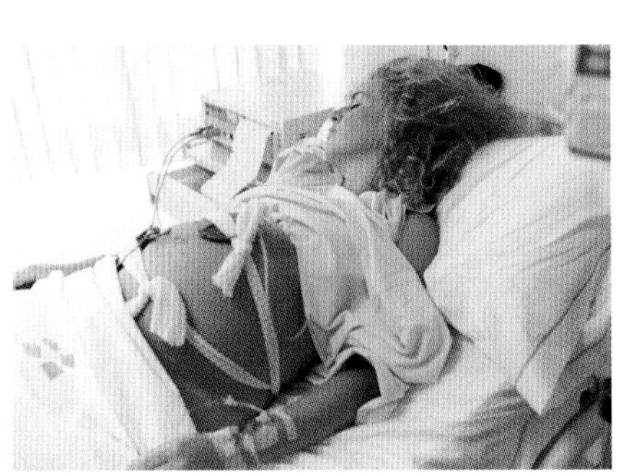

Monitorización fetal
Dos sensores ajustados al abdomen controlan las contracciones y el ritmo cardíaco del bebé. Una serie sostenida de pulsaciones rápidas o caídas prolongadas del ritmo cardíaco indican sufrimiento fetal.

PARTO ASISTIDO

Si la madre no puede dar a luz normalmente o se ha de acelerar el parto, se puede realizar un parto asistido con fórceps o ventosa; si el parto vaginal es imposible, se practica una cesárea. La ventosa es un «cuenco» de látex que se aplica a la cabeza del bebé y de la que se tira suavemente cuando la madre empuja. El fórceps es un instrumento que se ajusta a la cabeza del bebé y se usa de forma similar. La cesárea es una operación quirúrgica para extraer el bebé a través del abdomen (parto abdominal); se puede realizar bajo anestesia total, o con epidural, que insensibiliza el cuerpo de cintura para abajo.

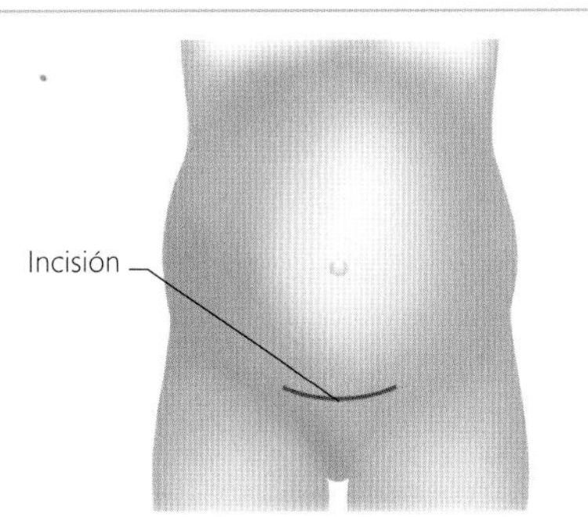
Incisión

Cesárea
Consiste en realizar un corte en la parte inferior del útero y extraer el bebé a través de él. Se emplea cuando el parto vaginal resultaría muy difícil o arriesgado para la madre o el bebé.

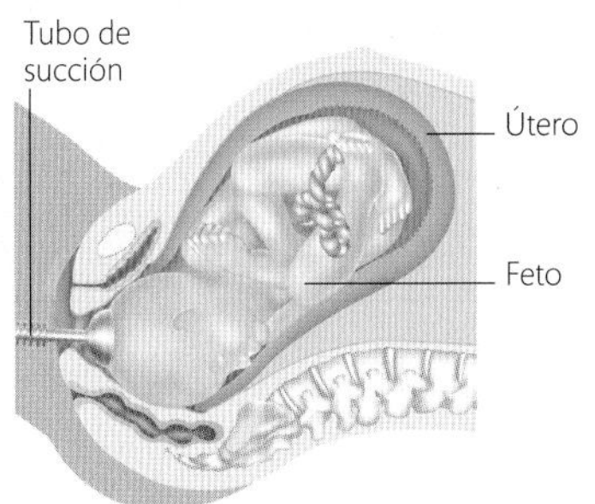
Tubo de succión
Útero
Feto

Extracción por succión
Una ventosa obstétrica es un «cuenco» que se adhiere a la cabeza del bebé haciendo el vacío. Tras el parto, el bebé puede presentar una hinchazón en la cabeza que desaparece pronto.

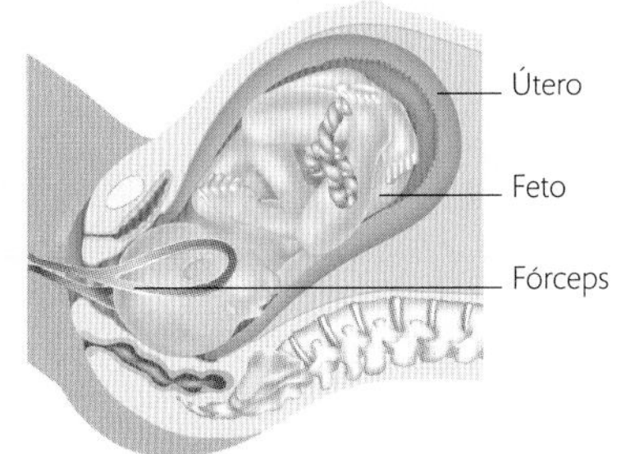
Útero
Feto
Fórceps

Extracción con fórceps
El fórceps obstétrico consta de dos palas o cucharas que se ajustan a los lados de la cabeza del bebé. Cuando la madre empuja, se tira de ellas hasta que la cabeza llega a la vagina.

PARTO PREMATURO

Se considera prematuro el parto antes de la semana 37 de embarazo; si el bebé nace demasiado pronto puede sufrir problemas de salud o morir.

Las posibles causas pueden ser muchas, incluidas las anomalías del feto, la placenta o la madre. El riesgo es mayor para el bebé, que puede nacer antes de que sus pulmones (y muchos otros órganos) hayan madurado. Si el parto se inicia demasiado pronto, se puede administrar fármacos a la madre para retrasar o inhibir las contracciones. Así, es posible detener o retrasar el parto lo suficiente para administrar corticosteroides al bebé, a fin de que sus pulmones maduren y sea menos probable que sufra trastornos respiratorios.

Bebé prematuro
Han sobrevivido bebés nacidos hacia las 22 semanas de gestación, aunque el riesgo de daños pulmonares, cerebrales y oculares es muy alto.

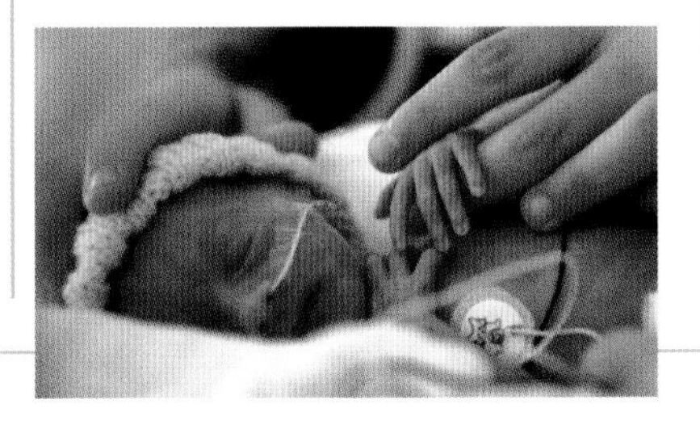

TRASTORNOS ENDOCRINOS

El sistema endocrino se compone de glándulas y tejidos que segregan hormonas en el torrente sanguíneo para regular las funciones de otros órganos y sistemas corporales. Los trastornos de cualquier glándula pueden afectar a otras y alterar uno o más sistemas.

DIABETES TIPO 1

En esta forma de diabetes, las células productoras de insulina del páncreas están dañadas y producen poca insulina o no la producen, por lo que el cuerpo no puede procesar correctamente la glucosa.

El cuerpo obtiene glucosa de los alimentos, la utiliza para producir energía y almacena el excedente en el hígado y los músculos. El nivel de glucosa (azúcar) en sangre se regula mediante una hormona, llamada insulina, producida en el páncreas como respuesta a la ingesta de alimentos. La insulina mantiene estable el nivel de azúcar en sangre ayudando a las células a absorber glucosa; si este proceso falla, el nivel de azúcar en sangre sube demasiado, lo que causa diabetes mellitus.

Hay tres tipos principales de diabetes: tipo 1, tipo 2 y gestacional (p. opuesta). La tipo 1 consiste en una reacción anómala del sistema inmunitario contra las células del páncreas, y podría estar desencadenada por un virus u otra infección; en consecuencia, la producción de insulina se reduce o cesa. Suele darse en jóvenes.

Sin insulina, las células no pueden absorber azúcar, y el cuerpo comienza a usar grasa como fuente alternativa de energía. El nivel de azúcar en sangre sube de forma gradual, con síntomas como aumento de sed, cansancio, náuseas, orina abundante, pérdida de peso, visión borrosa e infecciones recurrentes. Si no se trata, la diabetes tipo 1 causa alteraciones del metabolismo (reacciones químicas continuas que mantienen el cuerpo vivo) y finalmente cetoacidosis, coma y muerte.

La diabetes se diagnostica con análisis de sangre y orina en busca de glucosa y cetonas (productos de la descomposición de las grasas) que muestran altos niveles de glucosa y otros cambios químicos que se producen cuando el cuerpo intenta superar la alteración metabólica.

La diabetes tipo 1 no se puede curar, pero sí controlar mediante un tratamiento de por vida con insulina para regular el azúcar en sangre. Los afectados deben cuidar su dieta, hacer ejercicio y prevenir las posibles complicaciones de la diabetes (p. opuesta); también se les aconseja minimizar los factores que aumentan el riesgo de enfermedades cardiovasculares (un grave riesgo para los diabéticos), como el alto nivel de colesterol, la hipertensión y hábitos como fumar y el alcohol.

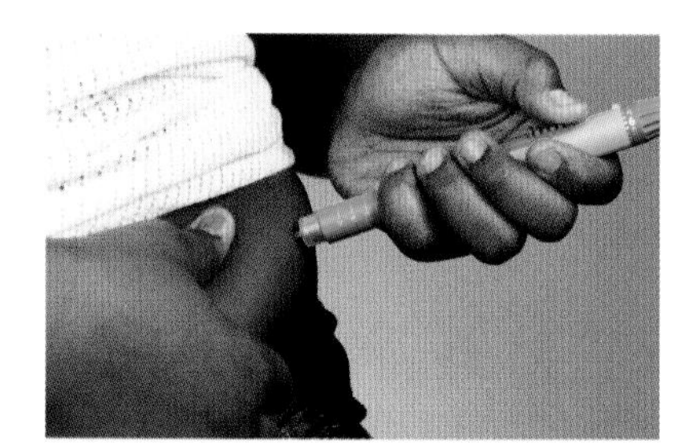

Inyección de insulina
Para controlar el azúcar en sangre se administra insulina varias veces al día con inyecciones o bombas.

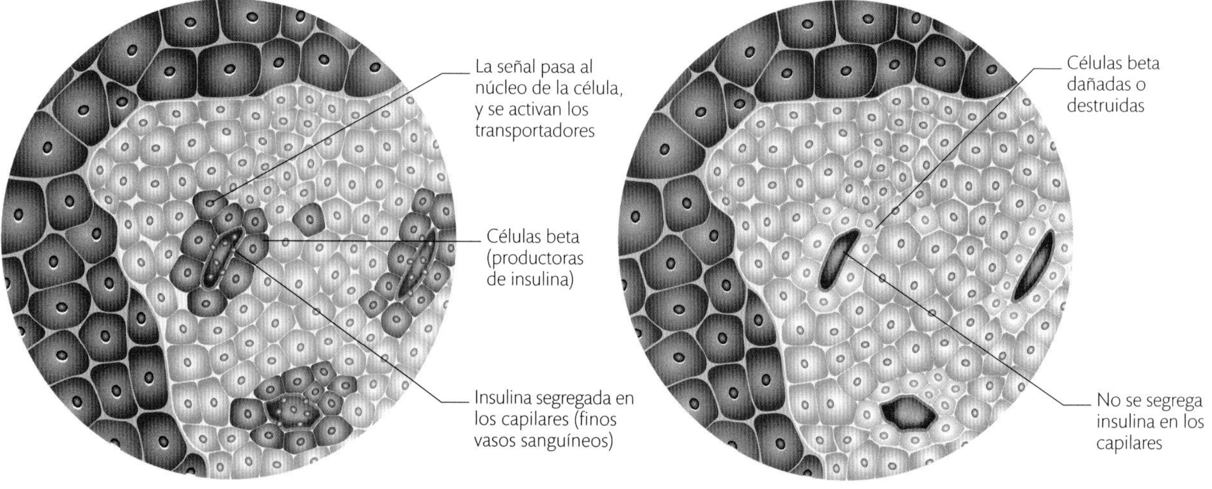
La señal pasa al núcleo de la célula, y se activan los transportadores
Células beta (productoras de insulina)
Insulina segregada en los capilares (finos vasos sanguíneos)
Células beta dañadas o destruidas
No se segrega insulina en los capilares

Funcionamiento normal de las células beta
Las células beta, agrupadas en los islotes de Langerhans del páncreas, regulan el azúcar en la sangre. Segregan insulina, péptido C y amilina durante las comidas y después de estas.

Células beta dañadas
Cuando las infecciones, los traumatismos o la edad dañan las células beta, la secreción de hormonas, como la insulina, se reduce y el cuerpo pierde capacidad para controlar el azúcar en sangre.

REGULACIÓN DEL AZÚCAR EN SANGRE

El azúcar en sangre debe mantenerse dentro de unos límites precisos para que las células dispongan de suficiente glucosa; si aumenta demasiado, resulta nocivo. Las dos hormonas principales que intervienen en la regulación de la glucosa son la insulina y el glucagón, producidas en los islotes de Langerhans, en el páncreas. Tras una comida, el alto nivel de glucosa en sangre y la secreción de hormonas intestinales (incretinas) hacen que las células beta del páncreas produzcan insulina.

Esta hormona hace que las células del cuerpo absorban y consuman más glucosa como combustible; estimula a las células hepáticas y musculares para que almacenen el excedente como glucógeno e induce la síntesis de grasa a partir de glucosa en el hígado y las células adiposas. Entre comidas o durante el ejercicio, los bajos niveles de azúcar estimulan a las células pancreáticas alfa para que segreguen glucagón. Este hace que las células hepáticas y musculares liberen glucosa de reserva, las estimula a crear glucosa a partir de otros elementos nutricionales y aumenta la descomposición de la grasa en ácidos grasos y glicerol para usarlos como combustible celular.

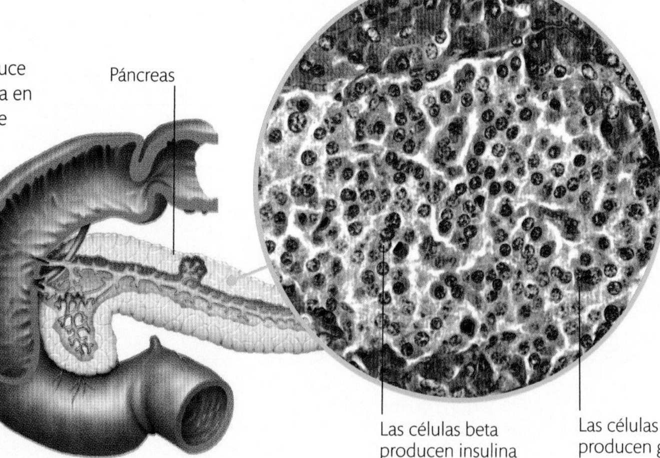
Páncreas
Las células beta producen insulina
Las células alfa producen glucagón

Islotes de Langerhans
Estas áreas de tejido distribuidas por todo el páncreas contienen cinco tipos de células endocrinas. Producen, entre otras, las hormonas insulina, glucagón y somatostatina, implicadas en la regulación del nivel de azúcar en sangre.

DIABETES TIPO 2

En esta enfermedad, el páncreas segrega insulina, pero las células del cuerpo no responden a ella y no absorben glucosa, de manera que el nivel de azúcar en sangre se mantiene alto.

Las células corporales obtienen energía de la glucosa liberada de los alimentos durante la digestión y que llega, a través de la sangre, a todos los tejidos. Una hormona segregada por células del páncreas, la insulina, ayuda a las células a absorber la glucosa. Si se produce poca insulina o las células no consumen suficiente glucosa, el nivel de esta en la sangre permanece elevado, lo cual provoca diabetes mellitus.

Esta diabetes se debe a una combinación de baja producción de insulina, mayor resistencia de las células a sus efectos y escasez de células beta en el páncreas. La genética puede influir, pero la diabetes tipo 2 también está relacionada con la obesidad. Se cree que el rápido aumento de su incidencia en la mayoría de países está relacionado con el de los problemas de sobrepeso y la falta de ejercicio físico, especialmente cuando la grasa se acumula en el abdomen. La enfermedad puede pasar desapercibida al principio, pero los altos niveles de azúcar en sangre provocan síntomas como cansancio, sed e infecciones menores recurrentes. Si no se trata o no se controla bien, el exceso crónico de glucosa puede dañar los vasos sanguíneos que nutren órganos y tejidos de todo el cuerpo y causar daños en la retina, pérdida de visión, insuficiencia renal y lesiones nerviosas. El riesgo de trastornos cardiovasculares como infarto de miocardio, ictus y enfermedad vascular periférica (que afecta a vasos sanguíneos de piernas y pies) también aumenta.

Se diagnostica con análisis de sangre y orina para detectar exceso de glucosa. El tratamiento obliga a regular el nivel de azúcar en sangre. Al principio puede suponer tan solo cambios de estilo de vida, como adoptar una dieta saludable, hacer ejercicio con regularidad y perder peso. Los pacientes deben aprender a controlar su propio nivel de azúcar en sangre. Sin embargo, a medida que avanza la enfermedad pueden necesitar medicación para ayudar al páncreas a producir más insulina o a usar mejor aquella de la que dispone, o para hacer que las células sean más sensibles a ella. Algunos pacientes necesitarán terapia con insulina (inyecciones periódicas). Además, es necesario controlar factores como la hipertensión y un nivel alto de colesterol para evitar daños en riñones, ojos, nervios y vasos sanguíneos periféricos.

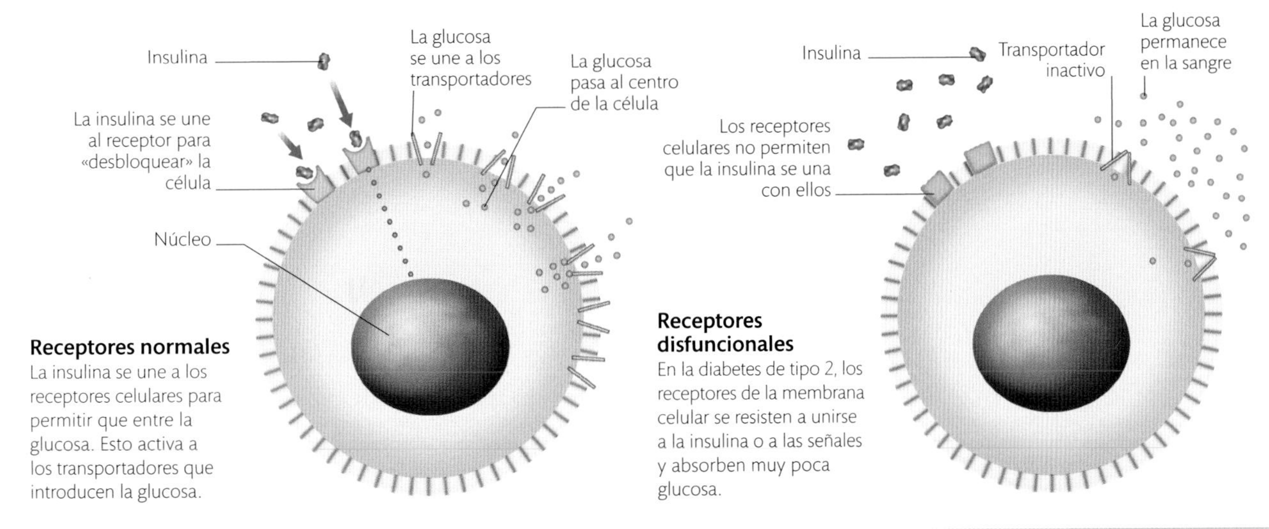
Insulina
La glucosa se une a los transportadores
La glucosa pasa al centro de la célula
La insulina se une al receptor para «desbloquear» la célula
Núcleo
Insulina
Transportador inactivo
La glucosa permanece en la sangre
Los receptores celulares no permiten que la insulina se una con ellos

Receptores normales
La insulina se une a los receptores celulares para permitir que entre la glucosa. Esto activa a los transportadores que introducen la glucosa.

Receptores disfuncionales
En la diabetes de tipo 2, los receptores de la membrana celular se resisten a unirse a la insulina o a las señales y absorben muy poca glucosa.

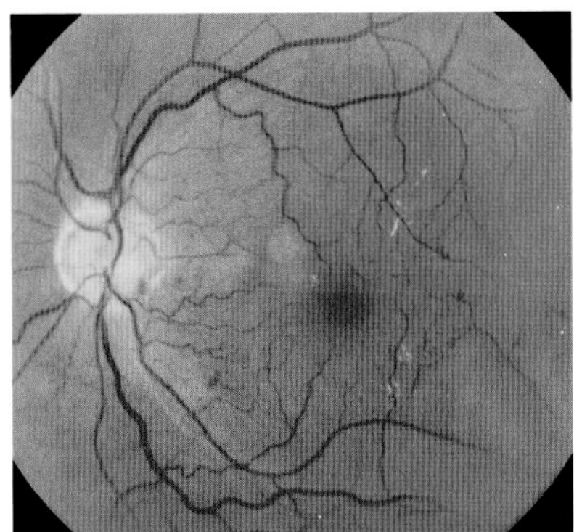

Retinopatía diabética
La diabetes daña los finos vasos sanguíneos del ojo y causa una serie de trastornos (hemorragias, hinchazón y depósitos de grasa) que afectan a las células fotosensibles de la retina.

OBESIDAD

La obesidad, un problema creciente en todo el mundo, aumenta el riesgo de sufrir numerosas enfermedades, como diabetes, cardiopatías, hipertensión, artritis, asma, infertilidad, trastornos ginecológicos y cáncer, como el de páncreas y colon. Los mecanismos por los que el sobrepeso incrementa estos riesgos varían mucho, pero se sabe que la grasa corporal, sobre todo la del abdomen, es un tejido hormonalmente activo que puede tener efecto inflamatorio sobre otros tejidos. La obesidad se define por el índice de masa corporal (IMC) o, de manera más precisa, midiendo la cintura: si mide más de 102 cm en hombres o de 88 cm en mujeres puede indicar exceso de grasa abdominal y mayor riesgo de trastornos como la diabetes.

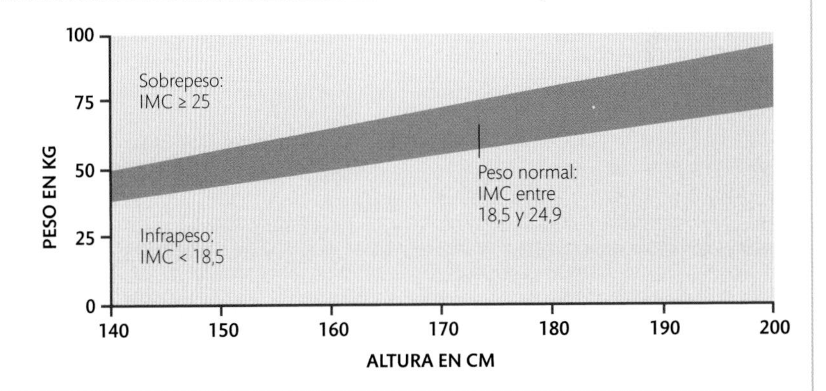
100
75
50
25
0
PESO EN KG
Sobrepeso:
IMC ≥ 25
Peso normal:
IMC entre
18,5 y 24,9
Infrapeso:
IMC < 18,5
140
150
160
170
180
190
200
ALTURA EN CM

Índice de masa corporal
El IMC se calcula dividiendo el peso en kilos por la altura en metros al cuadrado. Un índice de 18,5 a 24,9 se considera saludable, pero el IMC puede verse alterado por la edad y la masa muscular.

DIABETES GESTACIONAL

Los cambios hormonales durante el embarazo pueden causar un tipo de diabetes llamada gestacional, que puede ser una amenaza para la madre y el bebé.

Algunas hormonas del embarazo contrarrestan los efectos de la insulina, que controla el nivel de azúcar en sangre, y hacen que este aumente. La diabetes gestacional es más frecuente en mujeres con sobrepeso y en las que tienen antecedentes familiares o personales de la enfermedad. Los síntomas comprenden sed, cansancio y excesiva producción de orina. Si no se trata, aumenta el riesgo de que el feto crezca demasiado, de malformaciones cardíacas congénitas, aborto, parto de un niño muerto o parto anómalo. Corren peligro la vida de la madre y del neonato. El tratamiento se basa en el control del nivel de azúcar en sangre; la mujer debe seguir pautas nutricionales y hacer ejercicio moderado; si es necesario, deberá administrarse insulina. El feto se controla con ecografías. Tras el parto, el nivel de azúcar en sangre se normaliza rápidamente, pero algunas mujeres serán diabéticas crónicas. El riesgo de recurrencia en futuros embarazos es alto.

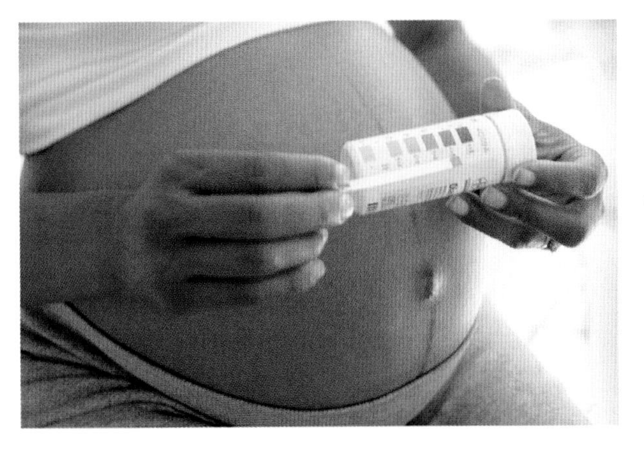

Pruebas de diabetes
La diabetes es relativamente frecuente durante el embarazo, por lo que las gestantes se someten a controles de orina rutinarios: si la prueba da positivo, se confirma el diagnóstico con análisis de sangre.

HIPOPITUITARISMO

La glándula pituitaria segrega hormonas vitales para las principales funciones corporales, de ahí que la baja actividad de esta glándula ocasione graves trastornos.

La hipófisis, o glándula pituitaria, contribuye a regular funciones vitales como el crecimiento, la respuesta al estrés o a las infecciones, y la fertilidad, junto con el hipotálamo y las glándulas adrenales, ovarios y testículos mediante sistemas de retroalimentación. Puede deberse a un tumor, una infección, un trastorno vascular (como un ictus) o autoinmunitario. Los síntomas de este trastorno dependen del déficit hormonal específico y pueden incluir pérdida de apetito sexual, infertilidad, en adultos, y retraso del crecimiento en niños. El tratamiento se basa en corregir la causa subyacente y las deficiencias en hormonas «diana», como las tiroideas.

TUMORES HIPOFISARIOS

Representan alrededor del 10% de los tumores cerebrales y son en su mayoría benignos; suelen crecer despacio y segregan gradualmente más hormonas.

Los tumores de la hipófisis (glandula pituitaria) más frecuentes segregan prolactina y hormona del crecimiento, con síntomas como crecimiento exagerado, acromegalia o excesiva secreción de leche. A veces el tumor causa el efecto contrario, es decir, hiposecreción de hormonas hipofisarias (izquierda). La presión del tumor causa cefaleas, pérdida parcial de visión (al presionar los nervios ópticos) y parálisis o entumecimiento de la cara.

El diágnóstico se lleva a cabo con radiografía facial, RM o TC para visualizar la masa tumoral y sus efectos en tejidos adyacentes, y análisis de sangre para evaluar niveles de hormonas y pruebas de la función hipofisaria. El tratamiento depende de la edad de la persona y también del tamaño y la naturaleza del tumor. Se administran fármacos para suprimir la secreción de prolactina y hormona del crecimiento; la eliminación del tumor puede requerir cirugía, quimioterapia y radioterapia. Posteriormente, los pacientes pueden precisar sustitución hormonal.

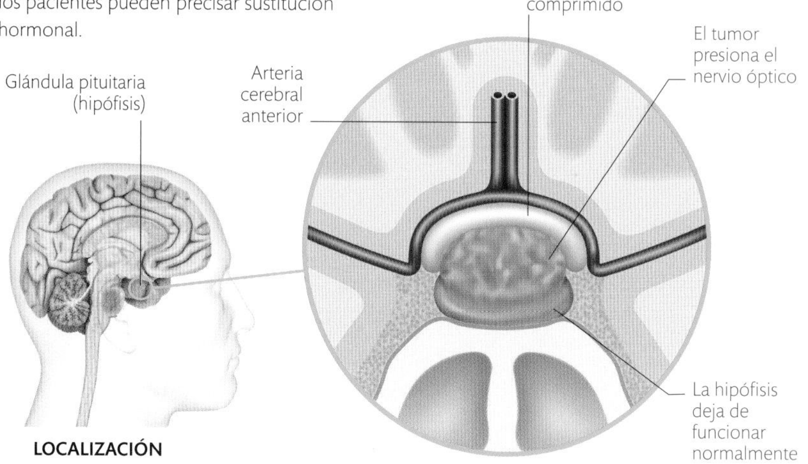
Glándula pituitaria (hipófisis)
Arteria cerebral anterior
LOCALIZACIÓN
Nervio óptico comprimido
El tumor presiona el nervio óptico
La hipófisis deja de funcionar normalmente

Tumor hipofisario
Si el tumor comprime los nervios ópticos que pasan sobre él puede causar cefaleas y pérdida parcial de la visión.

HIPOTIROIDISMO

La escasa producción de hormonas tiroideas ralentiza el metabolismo, la serie de reacciones químicas que mantienen el funcionamiento del cuerpo.

Suele darse en adultos debido a una tiroiditis (inflamación de la glándula tiroides) de origen autoinmunitario, causada por el ataque del sistema inmunitario al tejido de la tiroides. Es más frecuente en mujeres, sobre todo tras la menopausia. También puede aparecer en recién nacidos a causa de un desarrollo anómalo o un trastorno genético o metabólico. Los síntomas derivan de la ralentización de las funciones corporales; comprenden cansancio, aumento de peso, sequedad de cabello y piel, retención de líquidos, apatía y lentidud mental. Los análisis de sangre revelan bajos niveles de tiroxina (T4), segregada por la tiroides, y elevados niveles de hormona estimulante de la tiroides (HET), producida por la hipófisis. Los afectados precisan terapia de sustitución de tiroxina de por vida.

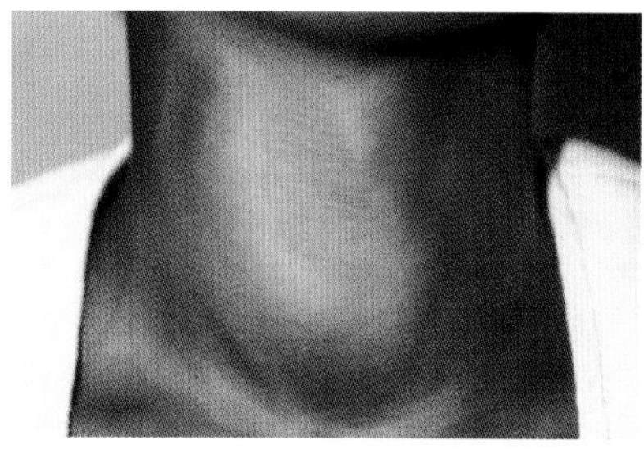

Bocio
Esta hinchazón se debe a una tiroides hipertrofiada (bocio), que se aprecia en la parte anterior del cuello. Puede deberse a trastornos como el hipotiroidismo.

HIPERTIROIDISMO

Este trastorno, también llamado tirotoxicosis, es una consecuencia de la excesiva secreción de hormonas tiroideas y hace que las funciones corporales se aceleren.

La causa más común de la hipersecreción de hormonas tiroideas es un trastrono autoinmunitario en que la tiroides es atacada por el sistema inmunitario, que la estimula a producir hormonas en exceso; este trastorno es conocido como enfermedad de Graves-Basedow. Otras causas son tumores benignos (nódulos tiroideos) y efectos secundarios de una medicación. Los síntomas, que aparecen lentamente, reflejan la hiperactividad metabólica y comprenden desasosiego, ansiedad, pérdida de peso, irritabilidad, palpitaciones, diarrea y dificultades respiratorias. Los afectados por la enfermedad de Graves también pueden desarrollar exoftalmos (protrusión del ojo). Las complicaciones incluyen cardiopatías y osteoporosis. Los análisis de sangre revelan altos niveles de tiroxina y bajos niveles de hormona estimulante de la tiroides (HET), ya que la hipófisis intenta frenar la secreción hormonal.

Los tratamientos tienen por objeto reducir el nivel de tiroxina. Los fármacos, como el carbimazol, se administran durante un periodo de 1 o 2 años, hasta que la enfermedad llegue a estabilizarse; también se puede inyectar yodo radiactivo en la glándula para destruir el tejido hiperactivo, o bien extirpar el exceso de tejido tiroideo.

Enfermedad de Graves-Basedow
La reacción autoinmunitaria de este trastorno provoca inflamación y depósitos anómalos en los músculos y el tejido conjuntivo detrás de los ojos, lo que afecta a su forma y funciones.

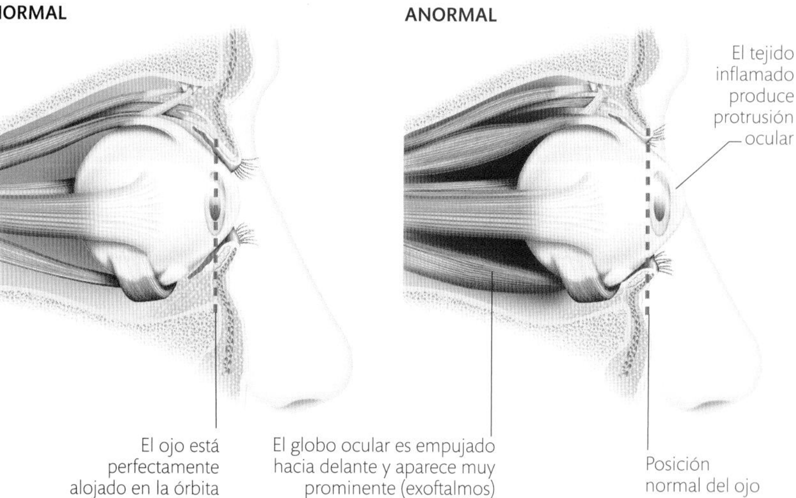
NORMAL
ANORMAL
El tejido inflamado produce protrusión ocular
El ojo está perfectamente alojado en la órbita
El globo ocular es empujado hacia delante y aparece muy prominente (exoftalmos)
Posición normal del ojo

CARCINOMA TIROIDEO

El cáncer de tiroides es poco frecuente y de crecimiento lento; con tratamiento, tiene una excelente tasa de supervivencia.

Se distinguen varios tipos de carcinoma tiroideo según el tipo de células en que se desarrolle: papilar, folicular y medular. El papilar es el más común. Factores como enfermedades tiroideas previas, radioterapia en la cabeza o una dieta pobre en yodo propician su aparición, pero algunos carcinomas medulares son hereditarios. Los carcinomas tiroideos crecen muy despacio y causan un bulto (nódulo) en el cuello, ganglios hinchados y voz ronca.

La presencia del tumor se confirma con ecografía y biopsia, y su extensión se determina con RM, TC y gammagrafía. El tratamiento puede consistir en cirugía, yodo radiactivo o radioterapia para extirpar o destruir el tejido afectado; a veces se extirpa toda la glándula. Generalmente se precisa terapia de sustitución de tiroxina (la hormona que produce la tiroides).

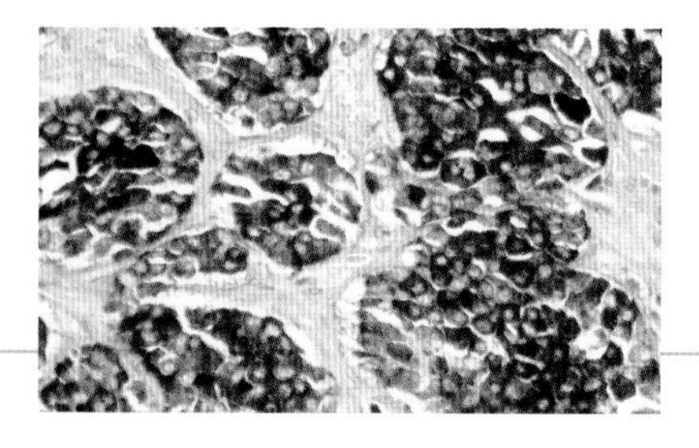

Carcinoma de tiroides
Puede originarse en cualquiera de los principales tipos de células tiroideas. El medular (izquierda) comienza a extenderse antes que los demás.

PROBLEMAS DE CRECIMIENTO

Los trastornos del crecimiento afectan a la estatura, pero también al desarrollo de órganos, la curación de heridas y enfermedades, e incluso a piel, cabello y uñas. La hormona del crecimiento, producida por la glándula pituitaria (hipófisis), desempeña un papel primordial. En niños, su exceso o su defecto afecta a la estatura; en adultos, el exceso causa acromegalia, y el déficit, debilidad muscular, falta de energía y estados depresivos.

ACROMEGALIA

La secreción excesiva de hormona del crecimiento causa acromegalia, o agrandamiento de cara, manos, pies y tejidos blandos.

La acromegalia se debe casi siempre a un tumor de la hipófisis (p. anterior), que segrega hormona del crecimiento (HC) en exceso. Los efectos se perciben en huesos y tejidos blandos. En los niños produce gigantismo o crecimiento excesivo. Aunque los huesos dejan de crecer después de la pubertad, el exceso de HC puede hacer que sigan creciendo en los adultos. Este proceso es gradual y se evidencia sobre todo en el agrandamiento de manos, pies, mandíbula inferior y cuencas oculares; en los tejidos blandos causa labios gruesos, lengua larga y piel oscurecida, grasa y con acné. También se hipertrofian hígado, corazón y tiroides, y surgen problemas como insuficiencia cardíaca. El exceso de HC puede inducir diabetes y otros trastornos metabólicos, hipertensión y daños nerviosos y musculares.

Los análisis de sangre muestran niveles anómalos de hormonas y minerales, y las radiografías, IRM o tomografías revelan alteraciones óseas. Los pacientes con un tumor pueden requerir cirugía o radioterapia. En otros casos se administran fármacos para reducir el nivel de hormona del crecimiento.

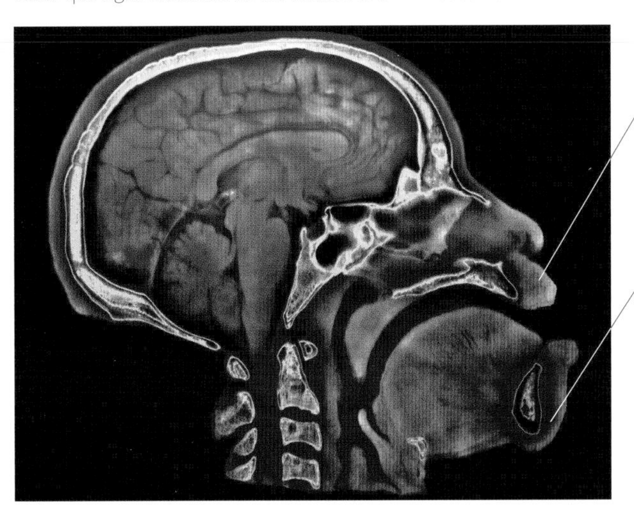
Labios gruesos
Mandíbula hipertrofiada y prominente

Efectos de la acromegalia
Esta IRM muestra la gruesa mandíbula inferior y los rasgos faciales toscos típicos de la acromegalia.

TRASTORNOS DEL CRECIMIENTO INFANTIL

En el crecimiento infantil influyen desde anomalías genéticas, hormonas, la nutrición y la salud general hasta los patrones de crecimiento familiares.

El crecimiento de un niño es muy complejo y puede verse afectado por aspectos de su salud física y mental. Las anomalías del crecimiento se pueden dividir en dos tipos principales. Los patrones de crecimiento anormales pueden deberse a trastornos metabólicos o de programación genética, como en la acondroplasia (p. 439). Algunos trastornos se deben a niveles hormonales demasiado altos o bajos, especialmente de la hormona del crecimiento, producida por la glándula pituitaria: su exceso causa gigantismo, o crecimiento óseo extremo, mientras que un déficit puede retrasar el crecimiento.

La carencia de tiroxina también puede retrasar el crecimiento y el desarrollo. Sin embargo, una estatura baja (comparada con la de niños de la misma edad), pero de proporciones normales, puede deberse a malnutrición o enfermedades crónicas. Obviamente, la causa condicionará el tratamiento.

ENFERMEDAD DE ADDISON

Su causa es una lesión en la corteza (capa externa) de las glándulas adrenales que altera la producción hormonal.

La corteza adrenal produce hormonas que contribuyen a regular el metabolismo, controlar la presión sanguínea y equilibrar los niveles de agua y sales del organismo. Un nivel insuficiente de corticosteroides puede deberse a un trastorno autoinmunitario que afecta a las glándulas adrenales; otras causas menos habituales son infecciones, medicamentos o la interrupción brusca de un tratamiento con corticosteroides. Los síntomas comprenden cansancio, debilidad muscular, náuseas, coloración anómala de la piel, pérdida de peso y depresión. Ante heridas, enfermedades u otras situaciones de estrés físico súbitas, la insuficiencia adrenal puede causar una crisis de Addison, con colapso circulatorio, que requiere atención médica urgente. El tratamiento a largo plazo puede incluir terapia de sustitución con corticosteroides.

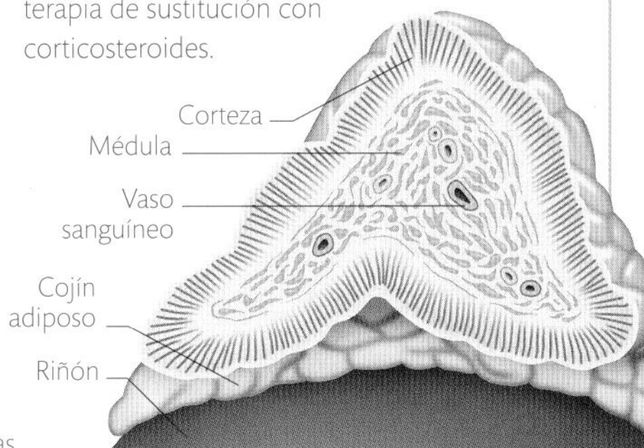
Corteza
Médula
Vaso sanguíneo
Cojín adiposo
Riñón

Anatomía adrenal
Las glándulas adrenales se encuentran sobre los riñones. La médula (centro) segrega adrenalina y noradrenalina; la corteza produce diversas hormonas.

SÍNDROME DE CUSHING

Si las glándulas adrenales causan demasiado cortisol (un tipo de corticosteroide) se puede desarrollar síndrome de Cushing.

Su causa más frecuente es el hipercortisolismo, o enfermedad de Cushing, en que la glándula pituitaria estimula a las adrenales para que segreguen corticosteroides en grandes cantidades. Los síntomas incluyen obesidad, depósitos de grasa en la cara y los hombros, hirsutismo, hipertensión y diabetes. También puede darse adelgazamiento de piel y cabellos, debilidad y osteoporosis, que causa fracturas. Pueden aparecer infecciones recurrentes y alteraciones de las hormonas sexuales, con disfunción eréctil en hombres y menstruacción irregular en mujeres. El tratamiento de este síndrome se basa en identificar y tratar la causa; en el caso de la enfermedad de Cushing se usa cirugía con radioterapia o medicación para reducir la estimulación de las adrenales y su actividad.

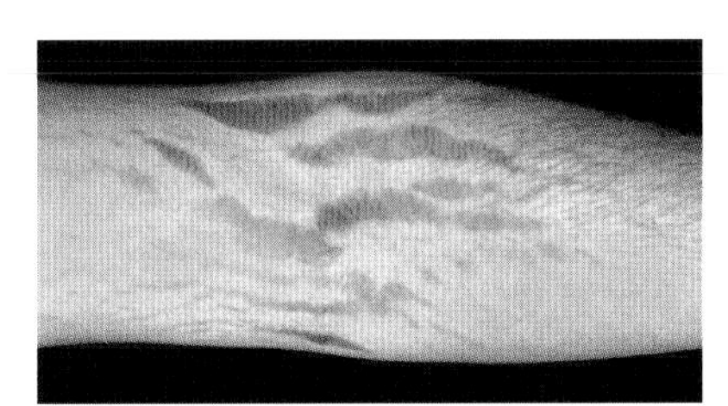

Estrías
Un signo claro de un alto nivel de corticosteroides es la aparición de estrías por estiramiento y desgarro de capas de piel, sobre todo donde se acumula grasa (torso, extremidades superiores).

TRASTORNOS DEL METABOLISMO DEL CALCIO

Una glándula paratiroides muy activa o muy poco activa puede afectar a los niveles de calcio y causar trastornos.

El calcio es necesario para el crecimiento de huesos y tejidos, y para las funciones musculares y nerviosas. La hormona paratiroidea (HPT) se encarga de regular su nivel. Si las glándulas paratiroides son poco activas, el nivel de HPT desciende mucho, y con él, los niveles de calcio: esto provoca calambres y problemas nerviosos. La hiperactividad de dichas glándulas, a menudo debida a tumores, causa un exceso de HPT, que permite el paso del calcio de los huesos a la sangre, y surgen debilidad y fracturas óseas, y depósitos de calcio en riñones y otros tejidos. La baja actividad paratiroidea se trata con suplementos de calcio y vitamina D. Los tumores deben ser extirpados quirúrgicamente.

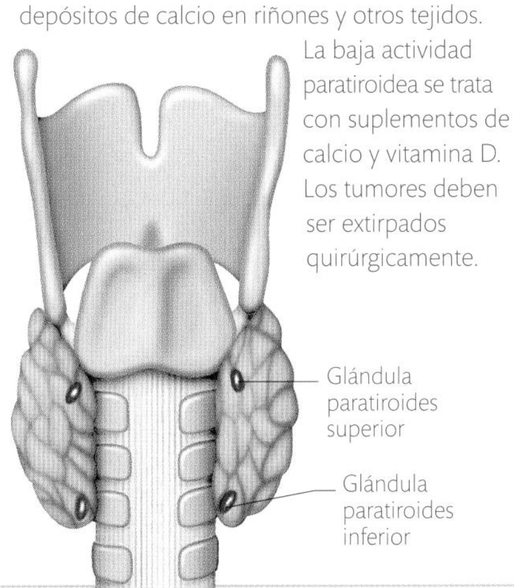
Glándula paratiroides superior
Glándula paratiroides inferior

Glándulas paratiroides
Están en el cuello, en la parte posterior de la tiroides. Si los niveles de calcio son bajos, segregan HPT, que extrae el calcio de los huesos e incrementa su absorción por la sangre.

Glosario

Los términos en *cursiva* corresponden a entradas del glosario. Dentro de las definiciones, los términos derivados o relacionados van destacados en **negrita**.

abducción
Acción de mover un miembro alejándolo de la línea media del cuerpo. Recibe el nombre de **abductor** el músculo que realiza esta acción. Véase también *aducción*.

acetilcolina
Uno de los principales *neurotransmisores* que transporta señales desde los nervios hasta los músculos, así como entre diversos nervios.

adiposo, tejido
Tejido que almacena grasas.

ADN
Abreviatura de **ácido desoxirribonucleico**, larga *molécula* compuesta de pequeñas subunidades, o nucleótidos, que contienen una de cuatro bases (adenina, guanina, timina y citosina). El ADN se halla en los cromosomas de las células; el orden de las bases «dicta» las instrucciones genéticas del organismo. Véase también *gen*.

adrenales, glándulas
También llamadas glándulas suprarrenales, son un par de *glándulas* situadas una sobre cada riñón. Constan de **corteza adrenal**, externa, que segrega *hormonas* corticosteroideas, y **médula adrenal**, interna, que segrega *noradrenalina*. Véase también *corticosteroide*.

adrenalina
Hormona segregada por las *glándulas adrenales* en situaciones estresantes. Prepara al cuerpo para la respuesta de «lucha o huida» aumentando el ritmo *cardíaco*, el flujo de sangre hacia los músculos, etc.

aducción
Acción de mover un miembro acercándolo a la línea media del cuerpo. Se denomina **aductor** el músculo que realiza esta acción. Véase también *abducción*.

aferente
En el caso de los vasos sanguíneos, que lleva sangre a un órgano, y en el de los *nervios*, que envía impulsos al *sistema nervioso central*. Véase también *eferente*.

aldosterona
Véase *corticosteroide*.

alergia
Respuesta inmunitaria innecesaria, y en ocasiones peligrosa, contra una materia extraña por lo demás inocua, como el polen.

almidón
Hidrato de carbono vegetal formado por largas cadenas ramificadas de *moléculas* de *glucosa* enlazadas.

alvéolo
1. Cualquiera de los millones de diminutos sacos de aire de los pulmones en los que tiene lugar el intercambio de gases con la sangre.
2. Cavidad en la que se inserta un diente.

aminoácido
Molécula que contiene nitrógeno constitutiva de las *proteínas*, en las que se hallan hasta veinte tipos diferentes. Los aminoácidos desempeñan también otras funciones en el organismo. Véase también *péptido*.

amnios
Membrana que rodea al *feto* en el *útero*. El líquido que contiene **(líquido amniótico)** protege al feto.

anastomosis
Interconexión de dos vasos sanguíneos que deberían estar separados (por ejemplo, dos *arterias*, o una arteria y una *vena*).

andrógenos
Hormonas esteroideas que estimulan el desarrollo de características físicas y conductuales masculinas. Los hombres segregan muchas más que las mujeres.

anemia
Reducción perjudicial de la cantidad de *hemoglobina* en la sangre. Puede tener diversas causas, desde una hemorragia no detectada a un déficit de *vitaminas*.

angio-
Prefijo relativo a los vasos sanguíneos.

angiografía
En imaginología médica, cualquier técnica utilizada para obtener imágenes de los vasos sanguíneos de un cuerpo vivo.

antagonista
1. Músculo que realiza una acción opuesta a la de otro.
2. Sustancia que interfiere en la acción de una *hormona*, *neurotransmisor*, etc., ligándose a su *receptor*.

antibiótico
Compuesto químico, natural o sintético, que destruye microorganismos (como *bacterias*, levaduras u hongos) o impide su proliferación.

anticoagulante
Sustancia que evita la coagulación de la sangre.

anticuerpo
Proteína defensiva, producida por los leucocitos, que reconoce y se fija a un componente químico «extraño» (*antígeno*), como una *bacteria* o un *virus*. El cuerpo puede producir miles de anticuerpos diferentes contra diferentes invasores y toxinas.

antígeno
Cualquier partícula o sustancia química que estimula al *sistema inmunitario* a producir *anticuerpos* contra ella.

aorta
La mayor *arteria* del cuerpo, que conduce la sangre bombeada por el *ventrículo* izquierdo del corazón. Llega hasta la parte inferior del abdomen, donde se divide en las dos arterias ilíacas comunes.

apófisis
En anatomía, parte sobresaliente de un hueso.

aponeurosis
Tendón plano, similar a una lámina.

ARN
Abreviatura de **ácido ribonucleico**, larga *molécula* similar a la del *ADN*, pero generalmente con una hebra en vez de dos. Uno de sus muchos papeles es hacer copias del código del ADN para la síntesis de *proteínas*.

arteria
Vaso que lleva sangre del corazón a los *tejidos* y órganos. Las paredes de las arterias son más gruesas y tienen más tejido muscular que las de las *venas*.

arteriola
Arteria muy pequeña que desemboca en los *capilares*.

articulación
Unión entre dos o más huesos, que puede ser fija o móvil. Véase también *sinovial, articulación*; *sínfisis*; *sutura*.

-asa
Sufijo que identifica a una enzima. Así pues, la sacarasa es la *enzima* que descompone la *sacarosa*.

ATP
Abreviatura de **adenosintrifosfato**, *molécula* empleada por todas las *células* como fuente de energía.

aurícula
Cada una de las dos cámaras más pequeñas del corazón, que reciben sangre de las *venas* y la pasan al correspondiente *ventrículo*.

autoinmunidad
Situación en que el *sistema inmunitario* ataca a los *tejidos* del propio cuerpo, provocando a menudo una enfermedad.

autónomo, sistema nervioso
Parte del sistema nervioso que controla procesos inconscientes como la actividad de las *glándulas* y los músculos del intestino. Está compuesto por el **sistema nervioso simpático**, que desempeña funciones como preparar al cuerpo ante una situación de peligro súbita, y el **sistema nervioso parasimpático**, que estimula el movimiento y las secreciones en el intestino, produce la erección del pene durante el coito y vacía la vejiga.

axón
Prolongación larga y delgada de una *neurona* que transmite los impulsos nerviosos desde el cuerpo celular.

azúcar
1. Producto alimenticio muy dulce muy utilizado, también llamado *sacarosa*.
2. Cualquiera de las sustancias naturales similares a la sacarosa. Todas son *hidratos de carbono* con moléculas relativamente pequeñas, en contraste con otros hidratos de carbono como el *almidón*, que son *macromoléculas*.

bacteria
Miembro de un gran grupo de organismos unicelulares, algunos de los cuales son peligrosos *patógenos*. Las *células* bacterianas son mucho más pequeñas que las animales y las vegetales, y carecen de *núcleo*.

barrera hematoencefálica
Compleja estructura que protege al encéfalo de sustancias perjudiciales procedentes de la sangre. Comprende *capilares* muy poco permeables a grandes *moléculas*.

basófilo
Un tipo de *leucocito* (glóbulo blanco).

bazo
Estructura del abdomen compuesta por *tejido linfático*. Una de sus funciones es la de almacenar sangre.

bilis
Líquido amarillo verdoso producido por el hígado, almacenado en la *vesícula biliar* y descargado en el intestino a través del

conducto biliar común, o colédoco. Contiene productos de excreción y ácidos que facilitan la digestión de las grasas.

biopsia
Muestra tomada de un cuerpo vivo para analizarla en busca de una infección, un tumor canceroso, etc.; también se llama así el proceso mediante el cual se toma la muestra.

braquial
Relativo al brazo.

bronquios
Conductos aéreos que se ramifican a partir de la *tráquea* y la conectan con los pulmones. Los dos bronquios principales entran en los pulmones derecho e izquierdo respectivamente; allí se ramifican en bronquios secundarios y finalmente en conductos más pequeños llamados **bronquiolos**.

bulbo raquídeo
Véase *médula oblonga*.

cabeza (de un músculo)
Porción de un músculo con varios *orígenes* o fijaciones *proximales*; por ejemplo, el bíceps braquial tiene una cabeza larga y otra corta.

calcitonina
Véase *tiroides*.

cáncer
Proliferación incontrolada de *células* que pueden propagarse y formar colonias en otras partes del cuerpo. Vistas bajo el microscopio, las células cancerosas presentan una forma distinta de la de sus equivalentes no cancerosas. El cáncer puede surgir en muchos *tejidos* diferentes.

cánula
Tubo que se inserta en cualquier parte del cuerpo para drenar fluidos, introducir fármacos, etc. Véase también *catéter*.

capilares
Los vasos sanguíneos más pequeños, cuyas paredes tienen una sola capa de *células*. Reciben sangre de las *arteriolas* y se vacían en las vénulas. Los capilares forman redes, y en ellos se intercambian nutrientes, gases y productos de desecho entre los *tejidos* y la sangre.

cardíaco, ca
Relativo al corazón.

carencial, enfermedad
Enfermedad causada por deficiencia o falta de un componente esencial de la dieta, como *proteínas* o *vitaminas*.

carpiano, na
1. Relativo a la muñeca.
2. Relativo al **carpo**, conjunto de huesos que constituyen el esqueleto de la muñeca, entre el cúbito y el radio, por un lado, y por otro el *metacarpo*.

cartílago
Tejido de soporte flexible y resistente (llamado coloquialmente ternilla), que se halla en diversas formas en el cuerpo.

catéter
Tubo que se inserta en el cuerpo; un catéter urinario, por ejemplo, se introduce en la *uretra* para drenar la orina de la vejiga.

cefalorraquídeo, líquido
Líquido transparente que llena los *ventrículos* cerebrales y baña el encéfalo y la *médula espinal*; contribuye a crear un medio estable y amortigua los golpes.

célula
Diminuta estructura que contiene *genes*, un fluido (citoplasma) que lleva a cabo reacciones químicas, *orgánulos* y una *membrana* que la envuelve. Véase también *núcleo*.

célula asesina natural
También conocida como célula NK (del inglés «natural killer»), es un tipo de linfocito capaz de atacar y matar *células* cancerosas o infectadas por *virus*.

célula madre
Célula del cuerpo que puede dividirse para originar más células, tanto otras células madre como células especializadas de varios tipos. Las células madre contrastan con las altamente especializadas que tienen distintos papeles en el organismo y que pueden haber perdido por completo la capacidad de dividirse, como las *neuronas*.

central, sistema nervioso
Está compuesto por el encéfalo y la *médula espinal*. Los *nervios* que recorren el resto del cuerpo constituyen el sistema nervioso *periférico*.

cerebelo
Región del encéfalo diferenciada anatómicamente, situada bajo la parte posterior del *cerebro*. Es responsable de la coordinación de los movimientos corporales complejos, y del control del equilibrio y la postura.

cerebro
La parte más grande del encéfalo y sede de las actividades mentales «superiores»; en términos evolutivos, parte del prosencéfalo. Está dividido en dos mitades, llamadas **hemisferios cerebrales**.

cervical
1. Relativo al cuello.
2. Relativo al *cérvix*, o cuello del *útero*.

cérvix
Cuello del *útero*, estrecho conducto que se abre en el extremo superior de la vagina; se dilata durante el parto.

ciego
Primera parte del intestino grueso.

cigoto
Huevo (o *célula* huevo), célula formada por la unión de dos *gametos* durante la *fecundación*.

cilio
Estructura microscópica móvil similar a un pelillo, muy numerosa en la superficie de algunas *células*, por ejemplo, en los conductos aéreos de los pulmones. En estos, los cilios contribuyen a la expulsión de partículas extrañas.

circadiano, ritmo
Ritmo corporal *interno* diario, sincronizado con los ciclos de luz y oscuridad.

circunvolución
Cada uno de los pliegues de la superficie externa del cerebro. Véase también *surco*.

clon
Copia o serie de copias idénticas. Según el contexto, puede referirse a una copia de *moléculas* de *ADN*; a un conjunto de descendientes idénticos de una determinada *célula*; o a un animal generado de forma artificial a partir de material genético de un individuo adulto.

cóclea o caracol
Compleja estructura espiral del *oído interno* que convierte las vibraciones sonoras en impulsos nerviosos para su transmisión al cerebro.

colágeno
Proteína estructural, dura y fibrosa, muy extendida en el cuerpo, particularmente en huesos, *cartílagos*, paredes de vasos sanguíneos y piel.

colesterol
Sustancia química natural, componente esencial de las *membranas* de las *células* del cuerpo y *molécula* intermedia en la producción de *hormonas* esteroideas. Es uno de los constituyentes de las placas que provocan el estrechamiento de las *arterias* en la arteriosclerosis.

colon
Parte principal del intestino grueso. Tiene varios tramos: ascendente, transverso, descendente y sigmoideo.

comisura
Unión de dos estructuras, especialmente cualquiera de los *tractos* nerviosos del encéfalo y la *médula espinal* que cruzan la línea media del cuerpo.

compartimento
En el caso de los músculos, este término designa a un grupo de ellos anatómica y funcionalmente diferenciado (por ejemplo, el compartimento flexor del antebrazo).

cóndilo
Prominencia redondeada de un hueso que forma parte de una *articulación*.

conjuntivo, tejido
Cualquier *tejido* cuyas *células* se hallan inmersas en una *matriz* acelular, como el *cartílago*, el hueso, los *tendones*, los *ligamentos* y la sangre.

cordón umbilical
Cordón que une el *feto* a la *placenta* materna dentro del *útero*. La sangre del feto atraviesa los vasos sanguíneos del interior del cordón, que transportan nutrientes, gases disueltos y productos de desecho entre la placenta y el feto.

córnea
Capa protectora, dura y transparente de la parte frontal del ojo; contribuye a enfocar la luz en la *retina*.

coronal, sección
Corte del cuerpo que lo divide de lado a lado, en paralelo a la línea de los hombros; es perpendicular a la *sección sagital*.

corteza o córtex
Parte externa de ciertos órganos, especialmente:
1. La **corteza cerebral** y la **corteza cerebelosa**, capas superficiales de *células* (la «materia gris») de estas partes del encéfalo.
2. La **corteza adrenal**, parte externa de las *glándulas adrenales*.

corticosteroide
Cualquiera de las *hormonas* esteroideas producidas por la *corteza* adrenal (véase *adrenales, glándulas*). Entre ellas se hallan la **cortisona** y el **cortisol** (hidrocortisona), que tienen diversos efectos sobre el *metabolismo* y reducen las *inflamaciones*. La hormona llamada **aldosterona**, que interviene en el control de los minerales, es también un corticosteroide. Véase también *esteroides*.

cromosomas
Estructuras microscópicas del *núcleo* de la *célula* que contienen información genética en forma de *ADN*. Los humanos tienen 23 pares de cromosomas, y hay un juego completo en casi cada célula del cuerpo. Cada cromosoma está compuesto por una *molécula* de ADN combinada con diversas *proteínas*.

cuerpo calloso
Gran *tracto* o haz de fibras nerviosas *(comisura)* que une los dos hemisferios cerebrales.

cutáneo, a
Relativo a la piel.

dendrita
Cada una de las prolongaciones ramificadas de una *neurona* implicadas en la recepción de los impulsos nerviosos.

depresor
Término usado para nombrar diversos músculos que actúan tirando hacia abajo; por ejemplo, el depresor de la comisura bucal. Véase también *elevador*.

diabetes o **diabetes mellitus**
Trastorno metabólico en el que se dan altos niveles de *glucosa (azúcar)* en la sangre a causa de una producción insuficiente de *insulina*.

diafragma
Lámina muscular que separa el tórax del abdomen. En estado de relajación queda abovedado y, al contraerse, se aplana para aumentar el volumen torácico y atraer aire hacia los pulmones. Es el principal músculo implicado en la respiración.

diástole
Fase del ciclo *cardíaco* en que el corazón se relaja y los *ventrículos* se llenan de sangre.

difusión
Tendencia a dispersarse de las *moléculas* de un fluido (gaseoso o líquido), pasando de un área de alta concentración a una de baja concentración.

distal
Se dice de la parte de un órgano o un miembro más alejada del centro del cuerpo o del punto de *origen*. Véase también *proximal*.

dopamina
Neurotransmisor segregado principalmente por grupos de *neuronas* cuyos cuerpos celulares se encuentran en zonas profundas del encéfalo. Las regiones productoras de dopamina están implicadas en la motivación, el humor, el control del movimiento y otras funciones.

dorsal
Relativo a la espalda o la parte posterior del cuerpo, o a la parte superior del encéfalo, así como al **dorso** de la mano o la superficie superior del pie.

duodeno
Primera parte del intestino delgado, que sale del estómago.

eferente
En el caso de los vasos sanguíneos, que transporta sangre desde un órgano, y en el de los nervios, que envía impulsos desde el *sistema nervioso central*. Véase también *aferente*.

electrocardiografía
Registro de la actividad eléctrica producida por el músculo *cardíaco* mediante electrodos aplicados sobre la piel del paciente.

elevador
Término utilizado para denominar diversos músculos que actúan tirando hacia arriba; por ejemplo, el elevador del omóplato. Véase también *depresor*.

embrión
Nombre que recibe el individuo nonato durante la primera fase de su desarrollo en el *útero*, desde la *fecundación* hasta la octava semana de gestación (a partir de ese momento se denomina *feto*).

endocrino, sistema
Sistema constituido por las *glándulas* que producen *hormonas*.

endometrio
Revestimiento interno del *útero*.

endorfinas
Neurotransmisores producidos en el encéfalo entre cuyas funciones se encuentra la disminución de la percepción de dolor.

endotelio
Capa de *células* que constituye el revestimiento interno de los vasos sanguíneos.

enzima
Cualquiera de las muy diversas *moléculas* (casi siempre *proteínas*) que catalizan una reacción química determinada en el cuerpo.

eosinófilo
Un tipo de *leucocito* (glóbulo blanco).

epicóndilo
Pequeña prominencia que tienen algunos huesos cerca de una *articulación* y que suele ser un punto de fijación de un músculo.

epidermis
Capa externa de la piel, cuya superficie se compone de queratinocitos, *células* muertas que contienen una *proteína* dura llamada *queratina*.

epífisis
Véase *pineal, glándula*.

epiglotis
Lámina flexible de *cartílago*, situada en la *laringe*, que desciende para impedir el paso de los alimentos a la *tráquea* durante la deglución.

epinefrina
Véase *adrenalina*.

epitelio
Cualquier *tejido* que forma la superficie de un órgano o una estructura. Puede tener una sola capa de *células* o varias capas.

eritrocito
Glóbulo rojo, también llamado **hematíe**.

escroto
Bolsa de piel colgante que contiene los *testículos*.

esfínter
Anillo muscular que permite el cierre de una estructura corporal hueca o tubular; por ejemplo, los esfínteres anales y el esfínter pilórico (véase *píloro*).

esófago
Parte tubular del canal alimentario, entre la *faringe* y el estómago.

esperma
Véase *semen*.

espermatozoide
Célula sexual *(gameto)* masculina provista de una larga «cola» (flagelo) gracias a la cual se desplaza hacia el *óvulo* y lo fecunda dentro del cuerpo de la hembra.

esquelético, músculo
También llamado *músculo* voluntario o *estriado*, es un tipo de músculo normalmente bajo el control de la voluntad. Visto al microscopio presenta aspecto rayado. Muchos músculos esqueléticos, pero no todos, se unen al esqueleto y son importantes para el movimiento del cuerpo. Véase también *liso, músculo*.

esteroides
Sustancias que comparten una estructura molecular básica consistente en cuatro anillos de átomos de carbono fusionados. Los esteroides, que pueden ser naturales o sintéticos, se clasifican como *lípidos*. Muchas *hormonas* son esteroides, como el cortisol, los *estrógenos*, la *progesterona* y la *testosterona*.

estriado, músculo
Músculo cuyo *tejido* presenta aspecto rayado visto al microscopio. Son músculos estriados los *esqueléticos* y el *cardíaco*. Véase también *liso, músculo*.

estrógenos
Hormonas esteroideas, producidas principalmente por los *ovarios*, que regulan el desarrollo y la *fisiología* femenina. Los estrógenos artificiales se usan en anticonceptivos *orales* y en la terapia de sustitución hormonal. Véase también *esteroides*.

extensión
Movimiento que aumenta el ángulo de una *articulación* o la estira. El nombre de **extensor** se aplica al músculo que realiza esta acción: por ejemplo, el extensor largo de los dedos. Véase también *flexión*.

extracelular
Que está fuera de la *célula*; suele usarse para referirse al fluido o *matriz* que se halla entre las células de un *tejido conjuntivo*.

fagocito
Célula capaz de absorber y eliminar cuerpos extraños, como *bacterias*, así como fragmentos de células del propio cuerpo.

faringe
Tubo muscular que se extiende tras la nariz, la boca y la *laringe* hasta el *esófago*.

fascia
Capa de *tejido* conjuntivo que separa y envuelve músculos, vasos y órganos.

fecundación
Unión de un *espermatozoide* y un *óvulo*, el primer paso para la creación de un nuevo individuo. Véase también *cigoto*.

feto
Nombre del individuo nonato durante su desarrollo en el útero desde las ocho semanas a partir de la *fecundación*. Es el momento en que empieza a tener apariencia humana reconocible. Véase también *embrión*.

fisiología
Estudio del funcionamiento normal de los procesos del organismo; también, conjunto de estos procesos.

flexión
Movimiento por el que se dobla un miembro por una *articulación*. Se da el nombre de **flexor** al músculo que realiza esta acción: por ejemplo, el flexor cubital del carpo, que dobla la muñeca. Véase también *extensión*.

folículo
Pequeña cavidad o estructura con forma de saco, como el folículo piloso, del cual crece cada pelo.

foramen
Abertura, orificio o paso de conexión.

fosa
Depresión poco profunda o cavidad.

fosfolípido
Tipo de *molécula* lipídica con un grupo fosfato (fósforo más oxígeno) en un

extremo. El grupo fosfato es atraído hacia el agua, mientras que el resto de la molécula no lo es. Esta propiedad hace que los fosfolípidos sean ideales para formar *membranas* celulares si dos capas de moléculas se disponen en direcciones opuestas.

frontal
Relativo a la región de la frente o que se encuentra en ella: el **hueso frontal** es el hueso del cráneo que forma la frente; el **lóbulo frontal** es el lóbulo de la parte anterior de cada hemisferio cerebral, situado detrás del hueso homónimo.

gameto
Un *espermatozoide* o un *óvulo*. Los gametos solo tienen un juego de 23 *cromosomas*, mientras que las *células* normales del cuerpo tienen dos juegos (46 cromosomas). Al unirse el espermatozoide y el óvulo durante la *fecundación* se restaura la doble dotación cromosómica. Véase también *cigoto*.

ganglio
1. Agregación de cuerpos de *neuronas*, especialmente fuera del *sistema nervioso central*. Véase también *ganglios basales*.
2. Abultamiento en la vaina de un tendón.

ganglio linfático
Pequeño órgano linfático que sirve para filtrar y eliminar *bacterias* y residuos, como fragmentos de *células*.

ganglios basales
Masas de cuerpos de *neuronas* situadas en la zona profunda del *cerebro*; incluyen el núcleo caudado, el putamen, el globo pálido y el núcleo subtalámico. Entre sus funciones se encuentra el control del movimiento.

gástrico, ca
Relativo al estómago.

gen
Porción de una *molécula* de ADN que contiene una instrucción genética particular. Muchos genes son programas para fabricar moléculas de *proteínas* concretas, mientras que algunos desempeñan una función de control de otros genes. Los miles de diferentes genes del cuerpo proporcionan las instrucciones para que un óvulo fecundado se convierta en un individuo adulto y para todas las actividades esenciales del organismo. Casi todas las *células* del cuerpo contienen un juego de genes (o dotación genética) idéntico, si bien distintos genes se activan en diferentes células.

genoma
Conjunto de los *genes* de un ser humano o de cualquier otra especie. El genoma humano podría contener unos 20 000–25 000 genes.

genotipo
Constitución genética particular de cada individuo. Los gemelos monocigóticos, por ejemplo, tienen el mismo genotipo porque comparten versiones idénticas de todos sus *genes*.

glándula
Estructura del cuerpo cuya función principal es segregar sustancias químicas o fluidos. Las glándulas pueden ser **exocrinas**, que vierten sus secreciones a través de un conducto en una superficie externa o interna, como las glándulas salivales; o **endocrinas**, que liberan *hormonas* en la sangre. Véase también *endocrino, sistema*.

gliales, células
Células del sistema nervioso, distintas de las *neuronas*, que forman la **neuroglía**. Desempeñan diversas funciones de soporte y protección dentro de dicho sistema.

globulina
Nombre genérico de varias *proteínas* que se hallan en la sangre y que tienen forma más bien esférica.

glomérulo
Grupo de terminaciones de *nervios* o *capilares*, como las pequeñas marañas de capilares que se encuentran en la concavidad de la cápsula de Bowman de una *nefrona*.

gloso-
Prefijo relativo a la lengua.

glucagón
Hormona producida por los islotes pancreáticos, o de Langerhans (véase *páncreas*) que aumenta el nivel de glucosa en la sangre; su efecto es el contrario al de la *insulina*.

glucógeno
Hidrato de carbono compuesto por largas cadenas ramificadas o conectadas de *moléculas* de *glucosa*; también se llama **almidón animal**. El cuerpo almacena glucosa en forma de glucógeno, principalmente en los músculos y el hígado.

glucosa
Azúcar simple que constituye la principal fuente de energía de las *células* del cuerpo.

gónada
Órgano que produce *células* sexuales *(gametos)*, es decir, el *ovario* y el *testículo*. Las **gonadotropinas** son *hormonas* que afectan específicamente a las gónadas.

hematuria
Presencia de sangre en la orina.

hemoglobina
Pigmento rojo presente en los *eritrocitos* que da su color a la sangre y lleva oxígeno a los *tejidos*.

hepático, ca
Relativo al hígado.

hidratos de carbono
Sustancias químicas naturales que contienen átomos de carbono, hidrógeno y oxígeno, como los *azúcares*, el *almidón*, la celulosa y el *glucógeno*.

hidrocortisona
Véase *corticosteroide*.

hipófisis
Véase *pituitaria, glándula*.

hipotálamo
Región vital situada en la base del cerebro; constituye el centro de control del *sistema nervioso autónomo* y regula procesos como la temperatura corporal y el apetito. El hipotálamo también es responsable de la secreción de *hormonas* de la *glándula pituitaria*.

histamina
Sustancia producida por *tejidos* dañados o irritados que desencadena una respuesta inflamatoria (véase *inflamación*).

homeostasis
Mantenimiento de condiciones estables en el organismo, por ejemplo, en cuanto al equilibrio químico o la temperatura.

hormona
Mensajero químico producido por una parte del cuerpo y que afecta a otros órganos o partes. También existen **hormonas locales**, que afectan únicamente a *células* y *tejidos* próximos. Desde el punto de vista químico, casi todas las hormonas son *esteroides*, *péptidos* o pequeñas moléculas relacionadas con los *aminoácidos*. Véase también *neurohormona*; *neurotransmisor*.

íleon
Última parte del intestino delgado que termina en la unión con el intestino grueso *(colon)*. También se llama así al ilion, un hueso de la cadera.

implantación
Fijación del *embrión* en el revestimiento interno del útero. Se produce durante la primera semana tras la *fecundación* y va seguida por el desarrollo de la *placenta*.

inflamación
Reacción inmediata de un *tejido* del cuerpo a una lesión: la zona afectada se vuelve roja, caliente, hinchada y dolorosa; al mismo tiempo se acumulan en el lugar glóbulos blancos *(leucocitos)* para atacar a posibles invasores.

inguinal
Relativo a la ingle.

inmunidad
Resistencia al ataque de un *patógeno*; la **inmunidad específica** es el resultado de la preparación del *sistema inmunitario* para resistir a un patógeno determinado.

inmunitaria, respuesta
Conjunto de reacciones de defensa del cuerpo frente a la invasión de una *bacteria*, un *virus*, una toxina, etc. Puede ser general, como la *inflamación*, o específica, cuando un invasor es detectado por un *anticuerpo* particular, que es capaz de identificarlo para que sea destruido o neutralizado.

inmunitario, sistema
Moléculas, *células*, órganos y procesos que intervienen en la defensa del organismo frente a la enfermedad.

inmunoterapia
Tratamiento que tiene por objeto la estimulación o la supresión de la actividad del *sistema inmunitario*.

inserción
Punto en el que fija un músculo a la estructura que se mueve cuando dicho músculo se contrae. Véase también *origen*.

insulina
Hormona producida en los islotes pancreáticos o *islotes de Langerhans* (véase *páncreas*), que estimula la incorporación de la *glucosa* procedente de la sangre, así como su conversión en la molécula de reserva llamada *glucógeno*. Véase también *diabetes*.

interneurona
Neurona que solo se conecta con otras neuronas, y no con receptores, como las neuronas *sensoriales* o *motoras*. Son interneuronas la mayoría de las neuronas del cerebro.

intersticial
Que está entre otras partes o elementos, como *células* o *tejidos*; por ejemplo, el líquido intersticial que rodea las células.

intrínseco, ca
Originado o situado en el interior de un órgano o una parte determinada del cuerpo.

ion
Átomo o *molécula* con carga eléctrica.

islotes de Langerhans
Véase *páncreas*.

isquemia
Disminución del flujo sanguíneo en una parte del organismo.

-itis
Sufijo que significa *inflamación*, usado en términos como **amigdalitis** y **laringitis**.

labios mayores y menores
Los dos pares de pliegues que forman parte de la *vulva*: los mayores son externos; y los menores, internos y más delicados.

lactación
Secreción de leche por las mamas.

laringe
Estructura compleja situada encima de la *tráquea*. Comprende las **cuerdas vocales**, estructuras cuya función es cerrar el paso a la tráquea cuando es necesario, además de producir sonidos cuando sus bordes vibran durante la respiración.

leucocito
Glóbulo blanco, una de las células de la sangre. Existen varios tipos, que actúan de distinta manera para proteger al cuerpo de la enfermedad como parte de la *respuesta inmunitaria*. Además de en la sangre, los leucocitos se encuentran en los *nódulos linfáticos* y otros *tejidos*.

ligamento
Banda fibrosa que une dos huesos. Muchos ligamentos son flexibles, pero no se estiran. El término se aplica también a las bandas de tejido que conectan o sostienen algunos órganos internos.

límbico, sistema
Conjunto de varias regiones conectadas de la base del encéfalo que intervienen en la memoria, la conducta y las emociones.

linfático, tejido
Tejido del sistema linfático, que tiene una función inmunitaria; incluye los *nódulos linfáticos*, el *timo* y el *bazo*.

linfocito
Leucocito especializado que produce anticuerpos; son linfocitos las *células asesinas naturales*, las T y las B.

lípido
Cualquiera de la gran variedad de sustancias grasas o similares que se encuentran de manera natural en los seres vivos y son relativamente insolubles en agua.

liso, músculo
Tejido muscular que carece de estrías visto al microscopio, en contraste con el *músculo estriado*. Se halla en las paredes de órganos y estructuras internas como vasos sanguíneos e intestinos, y en la vegija. No está controlado por la voluntad, sino por el *sistema nervioso autónomo*.

lumbar
Relativo a la parte inferior de la espalda y a los lados del cuerpo entre las costillas más bajas y la parte superior del hueso de la cadera. Las **vértebras lumbares** son las que se encuentran en esta región.

luz
Espacio interior de una estructura tubular, como un vaso sanguíneo o un conducto glandular.

macrófago
Tipo de leucocito grande, capaz de absorber y degradar fragmentos de *células*, *bacterias*, etc.

macromolécula
Molécula de gran tamaño, especialmente la que consta de una cadena de pequeños elementos fundamentales similares unidos. De esta forma, las *proteínas*, el *ADN* y el *almidón* son ejemplos de macromolécula.

matriz
1. Material *extracelular* en el que están inmersas las células de *tejidos conjuntivos*. Puede ser dura, como en el hueso; resistente, como en el *cartílago*, o líquida, como en la *sangre*.
2. *Útero*.

meato
Canal u orificio de paso; por ejemplo, el **meato auditivo** externo, que lleva al conducto o canal auditivo.

medial
Que se halla hacia la línea media o central del cuerpo.

médula
1. En contextos anatómicos, *médula espinal*. Véase también *médula oblonga*.
2. Parte central de algunos órganos como los riñones y las *glándulas adrenales*. Véase también *médula ósea*.

médula espinal
Parte del *sistema nervioso central* que se prolonga desde la parte inferior del encéfalo a través de la columna vertebral. La mayoría de los *nervios* que inervan el cuerpo se originan en ella.

médula oblonga
Bulbo raquídeo, parte inferior alargada del encéfalo que conecta con la *médula espinal*.

médula ósea
Material blando localizado en las cavidades de los huesos; en algunas zonas es un *tejido* principalmente graso, en otras es tejido **hematopoyético** (que forma sangre).

melanina
Molécula pigmentaria de color marrón oscuro, producida de manera natural en grandes cantidades en la piel morena o más oscura; protege a los *tejidos* más profundos de la radiación ultravioleta.

melatonina
Hormona segregada por la epífisis o *glándula* pineal en el cerebro y que interviene en el ciclo sueño-vigilia (véase *circadiano, ritmo*).

membrana
1. Fina lámina de *tejido* que recubre un órgano o separa una parte del cuerpo de otra. Véase también *serosa, membrana*.
2. Cubierta externa de la *célula* (y de estructuras similares dentro de esta). La membrana celular consta de una doble capa de *moléculas* de *fosfolípidos* junto con otras, como las proteínas.

meninges
Membranas que envuelven el encéfalo y la *médula espinal*. La **meningitis** es la *inflamación* de las meninges, generalmente a causa de una infección.

menopausia
Etapa de la vida de la mujer en que cesan definitivamente la *ovulación* y el *ciclo menstrual*.

menstrual, ciclo
Ciclo mensual que tiene lugar en el *útero* de la mujer en edad de procrear que no está embarazada. El *endometrio* se engrosa para prepararse para una posible gestación, y un óvulo se libera del *ovario (ovulación)*; después, si el óvulo no es fecundado, el endometrio se desprende y se expulsa por la vagina en el proceso denominado **menstruación**.

mentoniano, na
Relativo al mentón, o barbilla.

mesencéfalo
Parte superior del *tronco encefálico*.

mesenterio
Lámina plegada del *peritoneo* que constituye la conexión entre los intestinos y la parte posterior de la cavidad abdominal.

metabolismo
Conjunto de reacciones químicas que tienen lugar en el cuerpo. La **tasa metabólica** es la cantidad de energía que consumen dichas reacciones.

metacarpiano, na
Relativo al **metacarpo**, conjunto de los cinco huesos largos de la mano entre el carpo y las falanges de los dedos. Véase también *carpiano, na*.

metatarsiano, na
Relativo al metatarso, conjunto de huesos del esqueleto de la planta del pie.

mielina
Sustancia grasa que forma una capa en torno a algunos *axones* (axones **mielinizados**), para aislarlos y acelerar sus impulsos nerviosos.

mielo-
Prefijo relativo a la médula espinal o a la ósea.

mio-
Prefijo relativo al músculo.

moco o **mucosidad**
Líquido espeso producido por algunas *membranas* para proteger, lubricar, etc.

molécula
La unidad más pequeña de un compuesto químico, formada por dos o más átomos unidos por enlaces químicos. Un ejemplo es la molécula de agua, formada por dos átomos de hidrógeno unidos a un átomo de oxígeno. Véase también *macromolécula*.

monocito
Tipo de leucocito con funciones en el *sistema inmunitario*, entre ellas la de producir *macrófagos*.

mosaicismo genético
Condición del individuo que posee dos poblaciones de *células* con distinto *genotipo*; la causa suele ser una *mutación* durante el desarrollo embrionario que afecta a unas células y no a otras.

motor, ra
Relativo al control de los movimientos musculares, como en el caso de las **neuronas motoras**, la **función motora**, etc. Véase también *sensorial*.

mucosa
Membrana que segrega moco.

mutación
Cambio de la composición genética de una *célula* causada, por ejemplo, por accidentes o errores durante la división celular. Las mutaciones de las células sexuales *(gametos)* pueden hacer que los descendientes posean rasgos genéticos ausentes en sus progenitores

necrosis
Muerte de parte de un órgano o un *tejido*.

nefrona
Unidad estructural del riñón que regula el volumen y la composición de los líquidos del cuerpo mediante la filtración de la sangre para producir orina; también excreta productos de desecho. En cada riñón hay más de un millón de nefronas.

neocorteza
La corteza cerebral, excepto la región implicada en el olfato y la formación hipocampal.

nervio
Estructura similar a un cable que transmite información e instrucciones de control por el cuerpo. Un nervio típico se compone de los *axones* de muchas *neuronas* paralelos, pero aislados unos de otros, y está envuelto en una vaina protectora de *tejido* fibroso. Los nervios pueden contener fibras nerviosas que controlan músculos o *glándulas* (fibras *eferentes*), o que transportan información *sensorial* hacia el cerebro (fibras *aferentes*); algunos contienen fibras de los dos tipos.

nervios craneales
Pares de *nervios* que surgen directamente del encéfalo. Inervan principalmente estructuras de la cabeza y el cuello.

neum-, neumo-
1. Prefijo relativo al aire.
2. Prefijo relativo a los pulmones.

neurohormona
Hormona liberada por una *neurona* en vez de por una *glándula*.

neurología
Rama de la medicina especializada en trastornos del sistema nervioso. El adjetivo **neurológico** se aplica a cualquier síntoma o trastorno relacionado con el ámbito de la neurología.

neurona
Célula del sistema nervioso. Una neurona típica consta de un cuerpo celular **(soma)** redondeado, con finas ramificaciones llamadas *dendritas*, que transmiten los impulsos eléctricos entrantes a la neurona, y una prolongación más larga, o *axón*, que transmite los mensajes de salida. No obstante, existen muchas variantes.

neurotransmisor
Sustancia química liberada en las *sinapsis* por las terminaciones de las *neuronas* para pasar una señal a otra neurona o a un músculo. Algunos neurotransmisores actúan principalmente para estimular la actividad de otras *células*, y otros, para inhibirlas.

neutrófilo
El tipo más común de *leucocito* (glóbulo blanco sanguíneo). Los neutrófilos se trasladan con rapidez hacia los lugares donde se ha producido una lesión y, una vez allí, absorben *bacterias* invasoras, etc.

no disyunción
Disyunción errónea, fallo del proceso de separación correcta de los *cromosomas* durante la división celular que da lugar a *células* hijas con cromosomas de más o de menos.

nódulo linfático
Véase *ganglio linfático*.

noradrenalina
Importante *neurotransmisor* del *sistema nervioso simpático*.

norepinefrina
Véase *noradrenalina*.

núcleo
1. Estructura del interior de la célula que contiene los *cromosomas*.
2. Cualquiera de las diversas concentraciones de *neuronas* del *sistema nervioso central*.
3. Parte central de un átomo.

occipital
Relativo a la parte posterior de la cabeza. El **hueso occipital** es el hueso craneal que forma la parte posterior de la cabeza (occipucio); el **lóbulo occipital** es el situado más atrás en cada hemisferio cerebral, debajo del hueso homónimo.

oído interno
La parte más profunda del oído, llena de líquido, que contiene los órganos del equilibrio (canales semicirculares) y los órganos de la audición dentro del caracol, o *cóclea*. Véase también *oído medio*.

oído medio
Cámara del oído llena de aire situada entre la superficie interna del tímpano y el *oído interno*. Véase también *osículos auditivos*.

olfativo, va
Relativo al sentido del olfato.

óptico, nervio
Nervio que transmite información visual desde la *retina* hacia el cerebro.

órbita
Cuenca del ojo, cavidad del *cráneo* en la que se aloja el globo ocular.

orgánulo
Cualquiera de las diminutas estructuras del interior de una *célula*, generalmente encerradas en una *membrana*, que están especializadas en funciones como la producción de energía o la secreción.

origen
Punto en que se une un músculo a la estructura que normalmente permanece estacionaria cuando dicho músculo se contrae. Véase también *inserción*.

osículos auditivos
Los tres huesecillos del *oído medio* que transmiten las vibraciones de las ondas sonoras desde el tímpano hasta el *oído interno*.

ósmosis
Fenómeno que consiste en el desplazamiento del agua desde una solución de baja concentración hacia otra más concentrada cuando las dos soluciones están separadas por una *membrana* semipermeable.

osteo-
Prefijo relativo al hueso.

ovario
Cada uno de los dos órganos femeninos que producen y liberan *óvulos*. También segregan *hormonas* sexuales.

ovulación
Momento del ciclo menstrual en que el *óvulo* es liberado del *ovario* y se desplaza hacia el *útero*.

óvulo
Célula sexual *(gameto)* femenina no fecundada.

oxitocina
Hormona segregada por la *glándula pituitaria* que interviene en la dilatación del *cérvix* y las contracciones uterinas durante el parto, en la producción de leche y en las respuestas sexuales.

paladar
El cielo de la boca, que comprende el **paladar duro**, óseo, en la parte anterior; y el **paladar blando**, muscular, en la posterior.

páncreas
Glándula grande y alargada situada detrás del estómago, con una doble función. La mayor parte de su *tejido* segrega *enzimas* digestivas en el *duodeno*, pero también contiene grupos de células dispersos, llamados **islotes pancreáticos** o **islotes de Langerhans**, que producen importantes hormonas, como *insulina* y *glucagón*.

parasimpático, sistema nervioso
Véase *autónomo, sistema nervioso*.

paratirodes, glándulas
Cuatro pequeñas *glándulas* que con frecuencia se hallan adheridas a la *tiroides*. Producen la **hormona paratiroidea**, que regula el *metabolismo* del calcio.

parietal
Término derivado del latín *parietalis* (relativo a la pared) con varias aplicaciones en anatomía. Los **huesos parietales** forman las paredes laterales del cráneo y los **lóbulos parietales** del cerebro se encuentran debajo de aquellos. También se llaman parietales las *membranas* (como la *pleura* y el *peritoneo*) unidas a la pared del cuerpo.

patógeno, na
Que causa una enfermedad, como las *bacterias* y los *virus*.

patología
Estudio de las enfermedades; también, conjunto de manifestaciones físicas de una enfermedad.

pelvis
Cavidad rodeada por la *cintura pelviana* o área del cuerpo que contiene la cintura pelviana.

pelvis renal
Cavidad del riñón donde se acumula la orina antes de descender por el *uréter*.

pelviana, cintura
Anillo óseo, formado por los dos huesos **coxales** (de la cadera) y el sacro, que vincula los huesos de las piernas con la columna vertebral.

péptido
Molécula formada por dos o más *aminoácidos*, por lo general en una cadena corta. Existen muchos tipos, algunos de los cuales son importantes *hormonas*. Las *proteínas* son **polipéptidos**, largas cadenas de *aminoácidos*.

periférico, ca
Que está hacia el exterior del cuerpo o de las extremidades. El **sistema nervioso periférico** es el conjunto del sistema nervioso excepto el encéfalo y la *médula espinal*. Véase también *central, sistema nervioso*.

peristalsis
Contracción muscular progresiva producida por los conductos musculares, como la que hace avanzar el alimento digerido por el intestino o la orina por los *uréteres*.

peritoneo
Fina capa de *tejido* lubricada que envuelve y protege casi todos los órganos del abdomen.

píloro
Última parte del estómago. La pared muscular del final del píloro se engrosa para formar el **esfínter pilórico**.

pineal, glándula
También llamada epífisis, es una diminuta estructura que cuelga del tercer ventrículo cerebral y produce sobre todo *melatonina*.

pituitaria, glándula
También llamada hipófisis, es una compleja estructura del tamaño de un guisante situada en la base del cerebro, a veces conocida como la *glándula* «maestra» del organismo. Produce varias *hormonas*, algunas de las cuales afectan de forma directa al cuerpo, mientras que otras controlan la liberación de hormonas por otras glándulas.

placenta
Órgano que se desarrolla en la pared interna del *útero* durante la gestación y permite la transferencia de sustancias, incluidos nutrientes y oxígeno, entre la sangre materna y la fetal. Véase también *cordón umbilical*.

plaquetas
Fragmentos de *células* especializados que circulan en la sangre e intervienen en la coagulación.

plasma
Sangre sin sus componentes celulares (glóbulos rojos y blancos, y *plaquetas*).

pleura
Membrana lubricada que recubre el interior de la cavidad torácica y el exterior de los pulmones.

plexo
Red, generalmente de *nervios* o vasos sanguíneos.

porta, vena
Gran *vena* que lleva sangre de los intestinos al hígado, antes conocida como vena porta hepática.

potencial de acción
Impulso eléctrico nervioso que viaja a lo largo del *axón* de una *neurona*.

progesterona
Hormona esteroidea, producida por los *ovarios* y la *placenta*, que tiene un papel clave en el *ciclo menstrual*, y en el mantenimiento y la regulación de la gestación.

prolactina
Hormona producida por la *glándula pituitaria*, uno de cuyos efectos es estimular la producción de leche por las mamas.

pronación
Rotación del radio en torno al cúbito en el antebrazo para girar la palma de la mano cara abajo o hacia atrás. Se llama **pronador** el músculo que realiza esta acción, por ejemplo, el pronador redondo. Véase también *supinación*.

próstata
Glándula masculina situada bajo la vejiga. Sus secreciones forman parte del *semen*.

proteínas
Moléculas formadas por largas cadenas plegadas de pequeñas unidades enlazadas (*aminoácidos*). Existen miles de tipos en el organismo. Son proteínas casi todas las *enzimas*, así como materiales duros como la *queratina* y el *colágeno*. Véase también *péptido*.

proximal
Próximo, cercano a la línea media del cuerpo o al punto de *origen*. Véase también *distal*.

pubertad
Periodo de maduración sexual entre la infancia y la edad adulta.

queratina
Proteína dura que es el componente esencial de cabello y uñas, da resistencia a la piel, etc.

quiste
Vejiga o bolsa llena de líquido o materia semisólida que se forma anormalmente en alguna parte del cuerpo.

radioterapia
Tratamiento del *cáncer* con radiaciones ionizantes, dirigiendo los rayos hacia el tumor canceroso o introduciendo sustancias radiactivas en el cuerpo.

receptor
1. Órgano sensorial, o parte de él, responsable de recoger información.
2. *Molécula* del interior de una *célula*, o de la *membrana* celular, que responde a un estímulo externo, como la molécula de una *hormona* que se le adhiere.

recto
Porción final corta del intestino grueso que lo conecta con el canal anal.

reflejo
Respuesta involuntaria del sistema nervioso a ciertos estímulos; por ejemplo, la extensión de la pierna que se produce al golpear el tendón de debajo de la rótula (reflejo rotuliano). Algunos reflejos, llamados **reflejos condicionados**, pueden modificarse mediante el aprendizaje.

oral
Relativo a la boca.

renal
Relativo a los riñones.

respiración celular
Serie de procesos bioquímicos que tienen lugar dentro de las *células* y que descomponen las *moléculas* de alimento para obtener energía, generalmente en presencia de oxígeno.

retina
Capa sensible a la luz que reviste el interior del ojo. La luz que incide en las *células* de la retina estimula la generación de impulsos eléctricos que se transmiten al cerebro por el *nervio óptico*.

ribosomas
Partículas del interior de las *células* implicadas en la síntesis de *proteínas*.

RM
Abreviatura de **resonancia magnética**, técnica de diagnóstico por la imagen basada en la energía liberada cuando se aplican al cuerpo campos magnéticos que luego se retiran. Las imágenes obtenidas por resonancia magnética **(IRM)** permiten una visión muy detallada de los tejidos blandos.

sacarosa
Véase *azúcar*.

sacro, cra
Relativo a la región del **sacro**, o situado en ella. El sacro es una estructura ósea compuesta por *vértebras* de la base de la columna fusionadas que forma parte de la *cintura pelviana*.

sagital, sección
Corte real o imaginario de arriba abajo del cuerpo, o de alguna de sus partes, que lo divide en los lados derecho e izquierdo.

sebo
Sustancia oleosa lubricante segregada por las *glándulas* sebáceas de la piel.

semen
Líquido viscoso expulsado a través del pene al eyacular; contiene *espermatozoides* y una mezcla de nutrientes y sales. También llamado **esperma** y **líquido seminal**.

seno
Cavidad o concavidad, y en especial:
1. Cualquiera de las cavidades llenas de aire de los huesos de la cara que conectan con la cavidad nasal.
2. Porción ensanchada de un vaso sanguíneo, por ejemplo, el seno carotídeo y el coronario.

sensorial o **sensorio, ria**
Que interviene en la transmisión de información procedente de los órganos de los sentidos.

serosa, membrana
Tipo de *membrana* que segrega un fluido lubricante y envuelve varios órganos internos y cavidades del organismo. El pericardio, la *pleura* y el *peritoneo* son membranas de este tipo.

serotonina
Neurotransmisor del encéfalo que afecta a muchas actividades mentales, incluido el estado de ánimo. También actúa en el intestino.

shock
Un shock, o choque, circulatorio es la reducción potencialmente fatal del flujo sanguíneo adecuado a las necesidades del organismo como consecuencia de una pérdida de sangre o por otras causas. El término también se usa generalmente para referirse a las respuestas psicológicas a una conmoción, traumatismo, etc.

simpático, sistema nervioso
Véase *autónomo, sistema nervioso*.

sinapsis
Contacto estrecho entre dos *neuronas* que permite el paso de impulsos desde las terminaciones de la primera a la siguiente. Las sinapsis pueden ser eléctricas (cuando la información se transmite eléctricamente) o químicas (en las que una neurona libera *neurotransmisores* para estimular a la siguiente). También existen sinapsis entre *nervios* y músculos.

sínfisis
Articulación cartilaginosa que contiene fibrocartílago.

sistémico, ca
Relativo al cuerpo en general o que afecta a su totalidad. La **circulación sistémica** es la circulación de la sangre que riega todo el cuerpo excepto los pulmones.

sístole
Parte del latido del corazón en que los *ventrículos* se contraen para bombear la sangre.

somático, ca
1. Perteneciente o relativo al cuerpo; por ejemplo, *células* somáticas.
2. Relativo al **soma**, o cuerpo celular.
3. Relativo a la parte del sistema nervioso implicado en el movimiento voluntario y la percepción del mundo exterior.

somatosensorial
Relativo a las sensaciones que se reciben de la piel y los órganos internos, incluidas las del tacto, la temperatura, el dolor y la conciencia de la posición de las *articulaciones*, o propiocepción.

supinación
Rotación del radio en torno al cúbito en el antebrazo para volver la palma de la mano hacia arriba o hacia delante. Es el movimiento contrario a la *pronación*. Se da el nombre de **supinador** al músculo que realiza esta acción; por ejemplo, el supinador del antebrazo.

suprarrenales, glándulas
Véase *adrenales, glándulas*.

surco
Cisura, hendidura alargada de la superficie externa plegada del cerebro. Véase también *circunvolución*.

sutura
1. Costura para cerrar una herida.
2. *Articulación* rígida, como las que existen entre los huesos del cráneo.

tálamo
Estructuras pareadas de la parte profunda del cerebro que actúan como una estación de retransmisión de señales *sensoriales* y *motoras*.

tarsiano, na
1. Relativo al tobillo.
2. Cualquiera de los huesos del **tarso**, la parte del pie entre la tibia y el peroné el *metatarso*.

TC
Abreviatura de **tomografía computerizada**, técnica que permite obtener imágenes del cuerpo por secciones, a modo de «lonchas». También llamada **tomografía axial computerizada (TAC)**.

tegumento
Cubierta protectora externa del cuerpo.

tejido
Cualquier tipo de material vivo del cuerpo que contiene tipos de *células* características, con material *extracelular* generalmente, y que realiza una función específica. Son ejemplos de tejidos el óseo, el muscular, el nervioso y el *conjuntivo*.

temporal
Relativo a la sien (del latín «tempora», sienes).
Los **huesos temporales** son dos huesos del *cráneo*, uno a cada lado de la cabeza; los **lóbulos temporales** del cerebro se encuentran más o menos debajo de dichos huesos.

tendón
Cordón fibroso resistente que une un extremo de un músculo a un hueso u otra estructura. Véase también *aponeurosis*.

testículo
Cada uno de los dos órganos masculinos que producen *células* sexuales *(espermatozoides)*. También segregan la *hormona* sexual llamada *testosterona*.

testosterona
Hormona esteroidea producida principalmente en los *testículos* que estimula el desarrollo y el mantenimiento de las características corporales y conductuales masculinas.

timo
Glándula situada en el pecho y compuesta por *tejido linfático*. Es más grande y activa durante la infancia, y una de sus funciones es la maduración de linfocitos T.

tiroides
Glándula endrocrina situada delante de la tráquea, junto a la *laringe*. Las *hormonas* tiroideas, como la **tiroxina**, intervienen en el control del metabolismo, incluida la regulación de la tasa metabólica. También segrega **calcitonina**, una hormona que regula el calcio en el organismo.

tracto
Estructura alargada o conexión que recorre una parte del cuerpo. En el *sistema nervioso central* se denominan tractos, en vez de *nervios*, los haces de fibras nerviosas que conectan distintas partes del cuerpo.

translocación
1. Transporte de material de una parte del cuerpo a otra.
2. Tipo de *mutación* por la que un *cromosoma*, o una parte de él, se une físicamente a otro cromosoma o a otra parte distinta del cromosoma original.

tráquea
Tubo reforzado por anillos de cartílago que va de la *laringe* a los *bronquios*.

trombo
Coágulo estacionario en un vaso sanguíneo que puede obstaculizar la circulación. La **trombosis** es el proceso de formación de un coágulo de este tipo.

trompa de Falopio
Oviducto, conducto por el que pasa el *óvulo* del *ovario* al *útero* tras la *ovulación*. Cada una de las dos trompas está unida a un lado del útero y se prolonga hasta el ovario correspondiente, con el que se conecta adoptando forma de embudo.

tronco encefálico
Parte inferior del encéfalo que se fusiona con la *médula espinal*. Está compuesto, en orden descendente, por el *mesencéfalo*, el puente de Varolio y el bulbo raquídeo o *médula oblonga*.

urea
Pequeña *molécula* nitrogenada que se forma en el cuerpo para eliminar otros productos de desecho que contienen nitrógeno. Se excreta en la orina.

uréter
Cada uno de los dos tubos que llevan la orina de los riñones a la vejiga.

uretra
Tubo que conduce la orina de la vejiga al exterior del cuerpo y, en los hombres, también el *semen* durante la eyaculación.

útero
Matriz, órgano en el que se desarrolla el feto durante la gestación.

vascular, sistema
Red de *arterias*, *venas* y *capilares* que transporta la sangre por el cuerpo.

vellosidades intestinales
Pequeñas protuberancias, muy densas y parecidas a dedos, de la mucosa del intestino delgado, a la que dan aspecto velludo y mayor área superficial, esencial para la absorción de nutrientes.

vena
Vaso que transporta sangre de los *tejidos* y órganos de vuelta al corazón.

ventral
Relativo al vientre, a la parte frontal del cuerpo, o a la parte inferior del cerebro.

ventrículo
1. Cada una de las dos cámaras grandes del corazón. El ventrículo derecho bombea la sangre hacia los pulmones para que se oxigene, y el izquierdo, de potente musculatura, bombea la sangre oxigenada hacia el resto del cuerpo. Véase también *aurícula*.
2. Cada una de las cuatro cavidades del encéfalo que contienen *líquido cefalorraquídeo*.

vénula
Vena muy pequeña que lleva sangre de vuelta desde los *capilares*.

vértebra
Cada uno de los huesos que forman la columna vertebral o espina dorsal.

vesícula biliar
Órgano hueco en el que se almacena la *bilis* segregada por el hígado antes de ser transferida al intestino. Antiguamente, la vesícula biliar recibía el nombre de vejiga de la bilis, o de la hiel.

vientre (de un músculo)
La parte más ancha de un *músculo esquelético*, que sobresale aun más cuando se contrae.

virus
Parásito diminuto que vive dentro de las *células*, a menudo formado solamente por un fragmento de *ADN* o *ARN* rodeado por una *proteína*. Los virus son mucho más pequeños que las células y actúan «secuestrándolas» para hacer copias de sí mismos, pues no son capaces de autorreplicarse. Muchos de los virus son peligrosos patógenos.

víscera
Órgano interno. El adjetivo **visceral** se aplica, por ejemplo, a los *nervios* o vasos sanguíneos que inervan o riegan alguno de estos órganos.

vitamina
Cualquiera de las sustancias naturales fundamentales para el organismo en pequeñas cantidades, pero que el cuerpo no puede producir. Por este motivo, el cuerpo debe obtener las vitaminas de la dieta.

voluntario, músculo
Véase *esquelético, músculo*.

vulva
Genitales u órganos sexuales externos femeninos, que comprenden la entrada de la vagina y las estructuras que la rodean.

Índice

Los números en **negrita** corresponden a las páginas donde se trata el tema con más extensión.

A

D

F

G

H

N

O

P

Q

R

S

T

U

V

Agradecimientos

Dorling Kindersley desea agradecer a las siguientes personas su ayuda en la preparación de este libdo: Hugh Schermuly y Maxine Pedliham por su ayuda en el diseño; Steve Cdozier por la gestión del color; Nathan Joyce y Laura Palosuo por su ayuda editorial; Anushka Mody por su asistencia en el diseño; Richard Beatty por la elaboración del glosario; Decian O'Regan, del Imperial College, Londres, por las IRM. **Medi-Mation** desea expresar su agradecimiento a: artistas 3D sénior: Rajeev Doshi, Arran Lewis; artistas 3D: Owen Simons, Gavin Whelan, Gunilla Elam. **Antbits Ltd** agradece la ayuda de: Paul Richardson, Martin Woodward, Paul Banville, Rachael Sdemlett. **Dotnamestudios** expresa su agradecimiento a: Peter Minister y Adam Questell.

Los editores agradecen alas siguientes personas e instituciones el permiso para reproducir sus imágenes: (Ciave: a-arriba; b-abajo; c-censdo; e-exsdemo; i-izquierda; d-derecha; s-superior.)

123RF.com: dolgachov 125sd; **Action Plus:** 330c, 331ci, 331cd; **Alamy Images:** Dr. Wilfried Bahnmuller 434r; Alexey Buhantsov 349ci; Kolvenbach 15bi; Gloria-Leigh Logan 416ci; Ross Marks Photography 426ci; Medical-on-Line 505cd; Dr. David E. Scott / Phototake 409c; Hercules Robinson 481b; Jan Tadeusz 347sd. **Sonia Barbate:** 422ci. **BioMedical Engineering Online:** 2006, 5:30 Sjoerd P Niehof, Frank JPM Huygen, Rick WP van der Weerd, Mirjam Westra and Freek J Zijlssda, Imagen termográfica durante termorregulación estática y controlada en síndrome tipo 1 de dolor regional complejo: valor diagnóstico e implicación del sistema central simpático, con permiso de Elsevier; (doi:10.1186/1475-925X-5-30) 355sd; **Camera Press:** 14bi. **Corbis:** Dr John D. Cunningham / Visuals Unlimited 412bi; 81A Productions 13bd; 429bi; Mark Alberhasky 446bc; G. Baden 432sd; Lester V. Bergman 444b, 445sd, 451bd, 468bi, 483bi; Biodisc / Visuals Unlimited 366bi; Markus Botzek 13bc; CNRI 49ci; Dr. John D. Cunningham 320c; Jean-Daniel Sudres/Hemis 332bc; Dennis Kunkel Microscopy, Inc. / Visuals Unlimited 495cd; Dennis Kunkel Microscopy, Inc. / Visuals Unlimited / Terra 463ci; Digital Art 434c; Eye Ubiquitous / Gavin Wickham 468bd; Barbara Galati / Science Faction /Encyclopedia 503sd; Rune Hellestad 427bd; Evan Hurd 313sd; Robbie Jack 307sd; José Luis Peláez, Inc. / Blend Images 19c; Karen Kasmauski 332bi; Peter Lansdorp / Visuals Unlimited 432ci; Lester Lefkowitz 231bi; Dimitri Lundt / TempSport 313bd; Lawrence Manning 496cd; Dr. P. Marazzi 446c; MedicalRF.com 22bi, 499b; Moodboard 332cia; Sebastian Pfuetze 435bi; Photo Quest LTD 23 (conectivo denso); Photo Quest Ltd / Science Photo Library 23 (hueso esponjoso), 47bd; Steve Prezant 469cd; Roger Ressmeyer / Encyclopedia 461s (D55); Martin Ruetschi / Keystone / EPA 464cd; Science Photo Library / Photo Quest Ltd 482ci; Dr. Frederick Skvara / Visuals Unlimited 300bd; Howard Sochurek 488bd; Gilles Poderins / SPL 451ci; Tom Stewart 501bd; Jason Szenes / EPA 330bc; Tetra Images 332cib; Visuals Unlimited 47bc; Visuals Unlimited 446bi, 496bi; Dennis Wilson 420ci; **Dreamstime.com:** Lightfieldstudiosprod 455ci, Monkey Business Images Ltd 428sd, Prostockstudio 409bd; **Lucky Rich Diamond:** 374bi; **Falling Pixel Ltd.:** 13cd. **Fertility and Sterility, Reprinted from:** Vol 90, No 3, September 2008, (doi:10.1016/j.fertnstert.2007.12.049) Jean-Christophe Lousse, MD, and Jacques Donnez, MD, PhD, Departamento de Ginecología, Université Catholique de Louvain, 1200 Bruselas, Bélgica, Observación laparoscópica de la ovulación humana espontánea; © 2008 American Society for Reproductive Medicine, publicado por Elsevier Inc con permiso de Elsevier. 388bi; **Getty Images**: 3D4 Medical.com 482c; 19 (Berber), 319sc, 329bd, 429bc, 429bd, 429ci, 429cia, 430sd, 448ci; Asia Images Group 429sd; Cristian Baitg 426b, 501bi; Barts Hospital 372sd, 379c; BCC Microimagine 481cda; Alan Boyde 432bd; Neil Bromhall 422s; Nancy Brown 19 (mongol); Veronika Burmeister 485c; Peter Cade 442ci; Greg Ceo 19cdb; Matthias Clamer 19 (ojos azules); CMSP / J.L. Carson 442sd; CMSP / J.L. Carson / Collection Mix: Subjects 440bi (D62); Peter Dazeley 44bi, 501s; George Diebold 16bd; f-64 Photo Office / amanaimagesRF 14-15 (arena ligera); Dr. Kenneth Greer / Visuals Unlimited 504c; Ian Hooton / Science Photo Library 503bd; Dr. Fred Hossler 496c; Image Source 122s, 332cb, 334bc, 361bd; Jupiterimages 429cda; Kallista Images / Collection Mix: Subjects 460c; Ashley Karyl 19 (ojos marrones); Dr Richard Kessel & Dr Gene Shih 443ca; Scott Kleinman 334bi; Mehau Kulyk / Science Photo Library 461b; PhotoAlto / Teo Lannie 391bd; Bruce Laurance 19 (asiático); Wang Leng 318bi; S. Lowry, University of Ulster 442bi, 486sd; National Geographic / Alison Wright 19 (Seychelles); National Geographic / Robert B. Goodman 19 (maorí); Yorgos Nikas 399; Peres 443cdb; Peter Adams 19 (boliviano), 19esi; PhotoAlto / Michele Constantini 429cdb; Steven Puetzersb 24ebi; Rubberball 430bd; John Sann / Riser 439sd; Ariel Skelley 329s; AFP 15cia, 303sd, 313cd; SPL 310cda, 311 (bisagra); SPL / Pasieka 6si, 24ci; Stockbyte 19 (pelirrojo); Siqui Sanchez 434b; Michel Tcherevkoff 416-417b; UHB Trust 469b; Ken Usami 330ci; Nick Veasey 125i, 311 (en silla de montar); CMSP 18ci, 443sd, 446sd, 468s; Dr David Phillips / Visuals Unlimited 443si; Ami Vitale 19 (hindú de barba corta); Jochem D Wijnands 19 (hindú); Dr Gladden Willis 23 (tejido blando), 24bc, 411ci, 443bi, 480c; Dr. G.W. Willis 493cd; G W Willis / Photolibrary 504bi; Brad Wilson 19 (asiático); Alison Wright 19 (beduino); ER Productions Limited 424cda, IAN HOOTON / SPL 471bi, kali9 440bd, LWA / Dann Tardif 443bd, George Shelley 418bi, skaman306 427c, SolStock 439bd, David Talukdar / NurPhoto 464bd. **Peter Hurst, University of Otago, NZ:** 22s, 23 (tejido nervioso), 23 (músculo esquelético). **iStockphoto.com:** Johanna Goodyear 334bd. **Lennart Nilsson Image Bank:** 420sd. **Dr Brian McKay / acld.com:** 465ci. **Robert Millard:** Stage Design (c) David Hockney / Cortesía del LA Music Center Opera, Los Ángeles 332bd. **The Natural History Museum, Londres:** 15fci, 343sd. **Mark Nielsen, University of Utah:** 76bi. **NASA:** Koichi Wakata 309cd; **Oregon Brain Aging Study, Portland VAMC and Oregon Health & Science University:** 433bd. **Photolibrary:** Peter Arnold Images 49bi. **Reuters:** Eriko Sugita 435cd. **Rex Features:** Granata / Planie 359bd. **Dr Alice Roberts:** 15bd, 15si, 15sd. **Science Photo Library:** 467bc, ALICE S. / BSIP 452bc, BSIP, PR BOUREE 445ca, DERMPICS / SCIENCE SOURCE 444cdb, GARO / PHANIE 482bd, PEAKSTOCK 446bd, DARRELL PERRY 457bc; David M. Martin, M.D. 377cd, 484cd; Profesores P.M. Motta & S. Correr 408cd; 17bi, 45bi, 63bd, 343cd, 361cd, 372bd, 381bc, 382, 389cd, 401bd, 435cdb, 444sc, 448bi, 476cd, 477bd, 478cd, 485bd, 498bi; AJ Photo 452ci; Dr M.A. Ansary 452c; Apogee 325c; Tom Barrick, Chris Clark, SGHMS 327cd; Alex Bartel 428ci; Dr Lewis Baxter 464bi; BCC Microimaging 481cd; Juergen Berger 369 (hongos); PRJ Bernard / CNRI 76-77b; Biophoto Associates 23 (conjuntivo laxo), 193si, 311bc, 449bi, 456c, 471bd, 480cb; Chris Bjornberg 369 (virus); Neil Borden 71; BSIP VEM 439cd, 474c, 489ci; BSIP, Raguet 441bd; Scott Camazine 455bi; Scott Camazine & Sue Trainor 428bi; Cardio-Thoracic Centre, Freeman Hospital, Newcastle-upon-Tyne 475sd; Dr. Isabelle Cartier, ISM 398bi; CC, ISM 466bi, 466sd; CIMN / ISM 424si; Hervé Conge, ISM 300bc; E. R. Degginger 13bi; Michelle Del Guercio 479bi; Departamento de medicina nuclear, Charing Cross Hospital 459c; Dept. de fotografía médica, St Stephen's Hospital, Londres 497c; Dept. Of Clinical Cytogenetics, Addenbrookes Hospital 438c; Du Cane Medical Imaging Ltd 401sc; Edelmann 423sd; Eye of Science 340sc, 368bd, 369 (protozoos), 372sc, 374ci, 376bi, 385c, 399, 490c; Don Fawcett 312cda, 401si; Mauro Fermariello 310cd, 435c; Simon Fraser / Royal Victoria Infirmary, Newcastle Upon Tyne 463bd; Gastrolab 484bd; GJLP 462cd; Pascal Goetgheluck 479bd; Eric Grave 369 (gusano parásito); Paul Gunning 309sc; Gustioimages 282bi; Gusto Images 44bd, 45bd, 306-307ci, 473ci; Dr M O Habert, Pitie-Salpetriere, Ism 439ci; Innerspace Imaging 310c, 412bc; Makoto Iwafuji 19cd; Coneyl Jay 416s, 502s; John Radcliffe Hospital 447bc; Kwangshin Kim 497si; James King-Holmes 72bi; Mehau Kulyk 478bc; Patrick Landmann 452cd; Lawrence Livermore Laboratory 16sd; Jackie Lewin, Royal Free Hospital 480bd; Living Art Enterprises 283sd, 326si; Living Art Enterprises, LCC 467ci; Living Art Enterprises, Llc 311 (pivotante), 454bd; Look At Sciences 438bi; Richard Lowenberg 400sd; Lunagrafix 383cd; Dr P. Marazzi 433c, 444c, 444sd, 446sc, 447sd, 454bi, 455bd, 456bi, 457cd, 457sc, 466si, 470cdb, 479cd, 479s, 482cd, 484sc, 494bi, 497sd; David M. Martin, M.D. 377cd, 484cd; Arno Massee 388bd; Carolyn A. McKeone 453cda; Medimage 20ci, 385cd; Hank Morgan 329c; Dr. G. Moscoso 421sd; Prof. P. Motta / Dept. de Anatomía / Universidad 'La Sapienza', Roma 381bd; Prof. P. Motta / Dept. de Anatomía / Universidad 'La Sapienza', Roma 374cd; Profesores P. Motta & D. Palermo 384cd; Profesores P. Motta & G. Familiari 492sd; Profesores P. M. Motta & S. Makabe 498sd; Zephyr 449cd, 451bi, 460sd, 463cd, 487ci, 491si, 492ca, 493c; Dr Gopal Murti 432c; National Cancer Institute 356si; Susumu Nishinaga 77bd, 138bi, 303bd, 357ci, 368sd, 385ci, 394ci, 396c, 431ci; Omikron 369sd; David M. Phillips 369 (bacterias); Photo Insolite Realite 348ci; Alain Pol / ISM 478ci; K R Porter 20bc; Jean-Claude Revy ISM 385sd; Dave Roberts 308bc; Antoine Rosset 70b; Schleichkorn 358ca; W.W Schultz / British Medical Journal 398sd; Dr. Oliver Schwartz Institute Pasteur 370bi; Astrid & Hans-Frieder Michler 301ci; Martin Dohrn 302si; Richard Wehr / Custom Medical Stock Photo 301bi; Sovereign, ISM 62bi, 62-63b, 311 (enartrósica), 324-325c, 454c, 461cd, 495bi, 505ci; SPL 308ci; St Bartholomew's Hospital, Londres 456bd; Dr Linda Stannard, UCT 470bi; Volker Steger 12cd, 24bci; Saturn Stills 438cd; Astrid & Hanns-Frieder Michler 375sd, 490bi; CNRI 307bc, 353bc, 353bd, 445b, 450bi, 475cd, 480bi, 484bi; Dee Breger 347bi, 407c; Dr G. Moscoso 347bd; Dr Gary Settles 353sd; Geoff Bryant 335bc, 335cb; ISM 350bc, 350bd, 486ci; Manfred Kage 73bd, 342ca; Michael W. Davidson 406bc; Pasieka 376sd, 381cd, 395ci, 402sd, Paul Parker 336bi; Richard Wehr / Custom Medical Stock Photop710/226 391cd; Steve Gschmeissner 23 (tejido adiposo), 23 (tejido epitelial), 76bc, 138ci, 309sd, 318bd, 318cda, 320bi, 331bd, 334cd, 336sc, 357c, 357cd, 358ci, 363ci, 370c, 374cdb, 378sd, 384ci, 390sd, 396sc, 397sd, 406cib, 409cd, 413sd, 431cib, 431sd, 491bd, 494sd, 499cd; Dr. Harout Tanielian 447bd; TEK Image 495bd; Javier Trueba / MSF 14cia, 15c, 15cd; David Parker 18cd; M.I. Walker 23 (cartílago); Garry Watson 488sd; John Wilson 497bd; Profesor Tony Wright 466bd. **SeaPics.com:** Dan Burton 352bd; www.skullsunlimited.com <http://www.skullsunlimited.com> 14ci; **Shutterstock.com:** attaphong 438bc; **Robert Steiner MRI Unit, Imperial College, Londres:** 8-9, 24bi, 34c, 34-35b, 34-35s, 54b, 55b, 140-141 (todas), 172-173 (todas), 202-203 (todas), 248-249 (todas), 294-295; **Claire E. Stevens, MA PA:** 397b. **Stone Age Institute:** Dr. Scott Simpson (proyecto paleontológico) 14cb. **UNEP/ GRID-Arendal:** Emmanuelle Bournay / Sources: GMES, 2006; INTERSUN, el proyecto Global UV es una colaboración de WHO, UNEP, WMO, la International Agency on Cancer Research (IARC) y la International Commission on Non-Ionizing Radiation Protection (ICNIRP). 302bd. **Cortesía de U.S. Navy:** Mass Communication Specialist 2nd Class Jayme Pastoric 349bd. **Dra. Katy Vincent, University of Oxford:** 332-333s. **Wellcome Images:** 125bd; Joe Mee & Austin Smith 395sd; Dra. Joyce Harper 398cib; Wellcome Photo Library 483bd. **Wits University, Johannesburg:** foto de Brett Eloff 14cda

Las demás imágenes © Dorling Kindersley

Para más información: www.dkimages.com